LEHRBUCH
DER LEBENSMITTELCHEMIE

VON

JOSEF SCHORMÜLLER

EMER. O. PROFESSOR DR.-ING. · EHEMALS DIREKTOR DES INSTITUTES
FÜR LEBENSMITTELCHEMIE UND LEBENSMITTELTECHNOLOGIE
DER TECHNISCHEN UNIVERSITÄT BERLIN

MIT 129 ABBILDUNGEN
UND 165 TABELLEN

2. VOLLSTÄNDIG NEUBEARB. AUFLAGE

SPRINGER-VERLAG
BERLIN · HEIDELBERG · NEW YORK
1974

ISBN-13: 978-3-642-65779-5 e-ISBN-13: 978-3-642-65778-8
DOI: 10.1007/978-3-642-65778-8

Softcover reprint of the hardcover 2nd edition 1974

2329/3321-5432

ZUM GEDENKEN AN

BENNO BLEYER

16. 2. 1885 – 24. 11. 1945

Vorwort zur 1. Auflage

Seit dem ausgezeichneten, im Jahre 1927 erschienenen „Lehrbuch der Lebensmittelchemie“ von J. TILLMANS ist in der deutschen Literatur kein neues, entsprechendes Werk erschienen. Ich bin deshalb gerne der Anregung des Verlages nachgekommen, ein Lehrbuch im akademischen Sinne zu schreiben, das dem Stande unseres heutigen Wissens gerecht werden will. Welche Ausweitung der hier zu bewältigende Wissensstoff seit den Tagen TILLMANS' erfahren hat, geht beispielsweise aus einem Satz im Vorwort des genannten Autors hervor, wenn er vor mehr als 30 Jahren bemerkte, daß auf dem Gebiet der Vitamine „das Dunkel, welches noch über der chemischen Beschaffenheit dieser Stoffe ausgebreitet lag, sich allmählich zu lichten“ beginne.

Problemstellungen und Arbeitsgänge der Lebensmittelchemie wie der Lebensmitteltechnologie wurden in den letzten Jahrzehnten durch alle Zweige der Naturwissenschaft in einem kaum mehr zu überblickenden Ausmaß befruchtet, und Forderungen der neuen Lebensmittelgesetzgebung trugen Fragestellungen an unseren Berufsstand heran, deren drängende Lösung über das allgemeine Grundwissen des Chemikers hinaus zur Beschäftigung mit Disziplinen zwingt, wie sie in der physikalischen Chemie, Biochemie, Mikrobiologie, Ernährungsphysiologie, Hygiene und Toxikologie einerseits, den Ingenieurwissenschaften lebensmitteltechnologischer und gewerbeüblicher Verfahrenstechnik andererseits gegeben sind.

Das Buch trägt zunächst der Kenntnis von der Zusammensetzung unserer Lebensmittel Rechnung und berücksichtigt dabei zahlreiche neuentdeckte, für Aroma, Geschmack und Genußwert wesentliche, mengenmäßig zwar zurücktretende, doch recht spezifische Komponenten. Es versucht weiterhin, durch Schilderung und bildmäßige Darstellung zahlreicher Verfahrensgänge grundlegendes Verständnis für die Gewinnung, Verarbeitung und Erhaltung unserer Nahrung zu wecken, wobei der Statistik ein bescheidener Raum gegönnt wird. Und schließlich trägt es weitgehend Rechnung der modernen Entwicklung unserer Wissenschaft, wonach die Dynamik der Biochemie entscheidende Beiträge zum Wissen um das Verhalten der Lebensmittel als lebender Substanz liefert. Dies soll dem Studierenden die Einsicht vermitteln, daß im Verhalten unserer Lebensmittel die gleichen Gesetzmäßigkeiten wie im Umsatz aller belebten Materie gelten und daß diese Gesetzmäßigkeiten allen Zweigen der Lebensmittelchemie und der Lebensmitteltechnologie ein naturgegebenes Verhalten aufzwingen. Zur klaren Sicht und zur Erkenntnis so vielfältiger Verknüpfungen sowie zur Vermeidung der Gefahr, isolierte Fakten aufzunehmen, erschien es unerläßlich, die Grundlagen der Ernährungswissenschaft zu schildern, auf hygienische, physiologische und toxikologische Gesichtspunkte hinzuweisen und dem Gebiet der Wirkstoffe, zu denen in gewissem Ausmaß auch die Proteine rechnen, einen breiteren Raum zu gewähren. Das rein Stoffliche der anorganischen, organischen, analytischen und physiologischen Chemie und der Umfang lebensmittelrechtlicher Erörterungen wurde bewußt beschränkt, da hierüber ausgezeichnete Spezialwerke vorliegen. Um das Streben nach dem so wichtigen Studium der Originalliteratur beim jungen Fachkollegen zu wecken und wachzuhalten, wurden die wichtigsten Autoren einzelner Arbeitsgebiete mit dem Erscheinungsjahr der wesentlichen Arbeiten eingefügt. Auf Grund dieser Angaben möge der Studierende die Mühe nicht scheuen, über die großen Referatenorgane zum Quellenstudium vorzustoßen. Bedeutsame zusammenfassende Werke oder Abhandlungen sind am Schluß der einzelnen Kapitel angefügt. Neu sich anbahnende Entwicklungen, die nicht in allen Ländern Anerkennung gefunden haben oder Hypothesen über den Ablauf mancher Prozesse wurde kritisch aufgenommen, um das stets Werdende, nie Abgeschlossene unserer Disziplin zu zeigen. Als „Einmannbuch" trägt das Werk zweifellos den Keim mancher Mängel und Fehler, weist daneben jedoch den Vorzug einheitlicher Schau und Prägung auf. Geschrieben wurde es in erster Linie als Beitrag zur Förderung des Nachwuchses im Rahmen exakter Grundausbildung und nicht zuletzt im Hinblick auf die neue Studienregelung. Möge es darüber hinaus allen Berufskollegen und den Vertretern der Nachbardisziplinen das Wissen um die eine oder andere neue Entwicklung mehren.

Dank sagen will ich zunächst der bewährten Verwalterin des Archivs und der Bibliothek, Fräulein M. Wieczorek, die mich bei der Literaturbeschaffung und bei der Durchsicht des Manuskriptes vortrefflich unterstützte. Mein Dank gilt weiterhin für das Lesen der Korrektur den Damen E. Bachmann, M. Knuth, M. Wittchen und Ch. Uglorz, für wertvolle Ratschläge Herrn Oberchemierat Dr. H. J. Henning. Verpflichtet bin ich schließlich Kollegen aus aller Welt für die Überlassung von Separaten, der Industrie für die Bereitstellung von Bildmaterial und besonders dem Verlag, der in würdiger Wahrung seiner Tradition allen Wünschen nach Ausstattung, Gestaltung und Umfang des Buches Rechnung trug.

Meine Bitte geht dahin, mich beim weiteren Ausbau durch fördernde Hinweise und fruchtbare Kritik zu unterstützen, um Lücken zu füllen, Überholtes zu beseitigen und Fehler auszumerzen. Auch in unserer Disziplin ist dem einzelnen der Überblick über alle Tatsachen und Theorien des Fachgebietes nicht mehr möglich.

Die Literatur wurde bis Ende 1959 berücksichtigt.

Berlin, im März 1961 Josef Schormüller

Vorwort zur 2. Auflage

Die gute Aufnahme des vorliegenden Lehrbuchs erleichterte es mir, dem Wunsch des Verlages nachzukommen, eine Neuauflage zu besorgen. Beibehalten blieb die didaktisch bewährte Stoffgliederung, verzichtet wurde auch hier, um den Umfang nicht untragbar auszuweiten, auf eingehende Darstellung biochemischer Grundlagen und auf lückenlose Zitierung des Rechtstoffes, zumal die neue Prüfungsordnung hier gesonderte Ausbildungsnotwendigkeiten vorsieht. Besondere Sorgfalt wurde der kritischen Überprüfung des Zahlenmaterials gewidmet, das in erweitertem Umfang tabellarisch gebracht wird. Die stürmische Entwicklung unserer Disziplin, das Auftreten neuer Probleme und die intensive Beschäftigung mit Schadstoffen im weitesten Sinne erforderte die Neuaufnahme entsprechender Kapitel, und schließlich war den berechtigten Forderungen Rechnung zu tragen, moderne Verfahren der Lebensmitteltechnologie mehr zu berücksichtigen. Anstelle der bloßen Zitierung von Autoren wurde spezielle Literatur im Anhang angefügt, die einem vertieften Studium dienen soll. Bei dieser vollständigen Neubearbeitung durfte ich mich wiederum der ausgezeichneten Hilfe meiner bewährten Mitarbeiterinnen, der Damen E. Bachmann und M. Wieczorek erfreuen, die mir wesentliche Unterstützung boten. Zu danken habe ich außerdem Fachkollegen aus dem In- und Ausland. Ihre Kritik und ihre Hinweise wurden so weit wie möglich berücksichtigt, die Fülle überlassener Separate erleichterte die Stoffbeherrschung. Dankbar verpflichtet bin ich wiederum dem Verlag, der allen Wünschen des Autors Rechnung trug und nicht zuletzt der Industrie, die mich großzügig durch Überlassung von Bildmaterial und Mitteilung statistischer Angaben unterstützte. Die Literatur wurde bis März 1973 berücksichtigt. Möge dem Werk der Kreis alter Freunde erhalten bleiben, möge es viele neue Interessenten, vor allem auch unter dem lernwilligen Nachwuchs unserer Disziplin finden.

Berlin, im März 1973 JOSEF SCHORMÜLLER

Inhaltsverzeichnis

ERSTER TEIL

ZWEITER TEIL

ERSTER TEIL

A. Die Entwicklung der Lebensmittelwissenschaft

Das Streben nach stofflicher Erkenntnis unserer Lebensmittel, nach Ergründung der Beschaffenheit, Zusammensetzung, Umwandlungsmöglichkeit und Wirkung und schließlich Bemühungen, die Nahrungsstoffe rein zu halten und vor dem Verderb zu bewahren, sind wohl so alt wie die Menschheit selbst. Sie zwangen den Menschen, das gesamte Reich der Natur nach Stoffen zu durchforschen, die zur Befriedigung des Nahrungsbedürfnisses geeignet waren, lehrten ihn Gift- und Heilwirkungen verschiedener Pflanzen oder Tiere abzugrenzen und führten zum ersten wichtigsten Schritt der Kulturentwicklung: der Nahrungszubereitung mit Hilfe des Feuers. Mit dem Eintritt in die geschichtliche Zeit schuf der Mensch bald lebensmitteltechnologische Prozesse von oft überraschend hoher Stufe, wie die molkereimäßige Verarbeitung der Milch bis zur Butter, die Auftrennung des Getreidekornes im Mahlprozeß, die Wein- und Bierbereitung, die Gewinnung von Öl aus fetthaltigen Quellen oder die Aufbereitung von Gewürzen und alkaloidhaltigen Naturprodukten, wie Kaffee, Tee und Kakao. Eng verknüpft damit sind frühzeitig gewonnene Erkenntnisse über zielbewußte Pflanzen- und Tierzüchtung, Sammlung besonders haltbarer Lebensmittel (Knollen, Früchte, Samen, Honig) und Bestrebungen, Ernteprodukte über längere Zeiträume haltbar zu machen (Trocknen, Erhitzen, Salzen, Pökeln, Einlegen in zuckerhaltiges Material, Gewinnung von Sauerteig, Sauergemüse oder Brotbier). Endlich fehlen auch nicht Bemühungen, Reinheit und Quantität dem Verbraucher zu garantieren, wobei Höchstpreisforderungen und Zwangsbewirtschaftung in Zeiten von Hungersnot sowie Schaffung von Gewichts- und Volumenmassen die Hauptrolle spielten. Ohne Verschiedenheiten oder qualitative Minderungen durch stoffliche Untersuchungen oder durch Kenntnis des ursächlichen Verhaltens unterbauen zu können, kannte man sehr wohl, z.B. bei den alten Nilvölkern, auch Unterschiede in der Bekömmlichkeit und im Nährwert, trennte nach Qualitäten und Sorten und schuf so durch grobsinnliche Beurteilung die Grundlage der „Verbrauchererwartung".

Die Jahrhunderte späterer Zeit bieten ein recht zwielichtiges Bild. Sie sind zunächst durch den ersten großartigen Versuch gekennzeichnet, unserer abendländischen Welt und damit auch für unsere Disziplin entscheidend ein „physiologisch-chemisches" Weltbild aufzubauen, in dem Aristoteles (384—322 v. Chr.) lehrte, daß die *Urmaterie* sich durch verschieden gestaltete Teilchen der Elemente Wasser, Erde, Luft und Feuer bilde, die durch Eigenschaften wie warm und kalt, trocken und feucht miteinander verknüpft sind und ihrerseits durch Mischungen in verschiedenen Verhältnissen alle Einzelstoffe zu liefern vermögen. Damit sind die Elemente nicht so sehr verschiedene *Grundstoffe*, sondern *Träger* jener vier verschiedenen Qualitäten. Die aristotelische Anschauung beherrschte fast 2000 Jahre lang das gesamte Gebiet der Naturwissenschaft und genügte den Menschen dieses Zeitraumes für die Erklärung allen Stoffgeschehens in der Natur. Begriffe wie der einer „Urmaterie", des „Steines der Weisen" oder des „Arcanums" und der „roten Tinktur" waren in erster Linie einer auf praktische Bedürfnisse zugeschnittenen Naturbeobachtung beigeordnet, jedoch experimentell wenig unterbaut und gesichert. So meint Zosimos im vierten nachchristlichen Jahrhundert: „Alles stammt aus der Einheit, alles ordnet sich ihr ein, sie erzeugt alles". Trotz ihrer kompilierenden, zusammenraffenden und verallgemeinernden Natur, die in Vertretern verschiedenster Epochen bis zum „iatrochemischen" Zeitalter, wie in Hippokrates (460 bis 377 v. Chr.), Galen (129—201 n. Chr.), Albertus Magnus (1193—1280), Paracelsus (1493—1541) oder J. van Helmont (1577—1644) und nicht zuletzt in den forschenden Geistern des arabischen Kulturkreises (Dschabir, etwa 720—800, Al-Chazini, etwa 1100, Ibn Al Baitar, 1197—1248) ihren Ausdruck fand, bescherte sie uns eine Fülle neuer Erkenntnisse vor allem lebensmitteltechnologischer Art. Es sind dies z.B. die Weinverbesserung mit Kalk, die Rohrzuckergewinnung, die Destillation des Weingeistes, die Benutzung verschiedener Heferassen, die Herstellung von Weinstein, Essig, Branntwein u.a.m. Mit zunehmender Lösung aus der Scheu des antiken Menschen vor dem Experiment kam es zu Entdeckungen, die auch für die Lebensmittelchemie von größter Bedeutung waren, wie zur Erforschung der Hefezelle durch Th. Schwann (1837), zur Kenntnis vom Wesen der Atmung und Gärung durch A. L. Lavoisier (1743—1794), zum Studium der Mikroorganismen durch L. Pasteur (1822—1895), der Katalyse durch J. J. Berzelius (1779—1848) oder der Aufstellung des Calorienbegriffes in der Mitte des 19. Jahrhunderts durch Joule. Hand in Hand damit ging die Erforschung und Entdeckung zahlloser Naturstoffe, wie die der Milchsäure in saurer Milch, der Fuselöle in Gärprodukten, organischer Säuren in Lebensmitteln durch C. W. Scheele (1742—1786), die Reindarstellung des Coffeins durch F. F. Runge (1820), die Klärung der Natur von Fetten durch M. E. Chevreul (1786—1889), der Nachweis des Rohrzuckers in Runkelrüben durch A. S. Marggraf (1747), die Entdeckung der Glykoside durch J. v. Liebig (1803—1873). 1785 entdeckte J. C. Irvine die Verzuckerung der Stärke, 1814 K. G. S. Kirchhoff die Diastase im Weizen. 1836 prägt Th. Schwann für das eiweißverflüssigende Enzym des Magensaftes den Namen Pepsin, 1837 nannten J. v. Liebig und Fr. Wöhler das Enzym der Mandeln Emulsin. Die klassische Harnstoffsynthese von Liebigs Freund und Schüler Fr. Wöhler (1800—1882) lehrte, Substanzen der belebten Natur in vitro herzustellen, regte zum raschen Ausbau derartiger Synthesen an und hat die Bedeutung von Modelsubstanzen für das Studium biologischer Gesetzmäßigkeiten, z.B. auf dem Vitamin- und Enzymgebiet, entscheidend befruchtet. Krönung dieser Entwicklung war die Zeit Justus von Liebigs. Er erlebte in jungen Jahren neben dem Aufblühen der reinen organischen Chemie auch die Entwicklung der physiologischen Chemie, und es sind ohne Zweifel physiologische Gesichtspunkte gewesen, die dieser Zeit Leben und Auftrieb verschafften. Liebig verdanken wir die Auftrennung der Nährstoffe über die rein chemische Unterscheidung hinaus in „respiratorische" Gruppen (Fette, Kohlenhydrate) und in „plastische" Komponenten (stickstoffhaltige Bestandteile). Liebig hat weiterhin durch praktische Anwendung des damaligen Wissens um die Ernährung von Tier und Pflanze die Wissenschaft der Agrikulturchemie begründet. Trotz mancher Irrtümer, die den heutigen Erkenntnissen der Ernährungswissenschaft nicht standhalten, verdanken wir dem genialen Scharfblick Liebigs wesentliche Beiträge zur endgültigen Überwindung des „Vitalismus", demzufolge die Bildung organischer Substanzen und damit auch die Erneuerung der Körpersubstanz durch eine besondere „Lebenskraft" erfolgen soll. Bedeutungsvoll im Rahmen systematischer ernährungswissenschaftlicher Forschung war weiterhin das Wirken des Physiologen Jacob

Moleschott, der 1850 seine beiden Bücher: „Die Physiologie der Nahrungsmittel" und „Lehre der Nahrungsmittel für das Volk" veröffentlichte.

Es ist wohl verständlich, daß diese Epoche gleichzeitig umfassendes, auch dem Lebensmittelchemiker dienendes analytisches Rüstzeug lieferte, beispielsweise den Ausbau der quantitativen Analyse mit einfachen Mitteln durch Berzelius, die Begründung der Stöchiometrie durch V. v. Richter (1762—1807) und L. Proust (1754—1826), die Analytik organischer Lebensmittelbestandteile durch A. Wurtz (1817—1884), die Einführung spektralphotometrischer Verfahren durch R. W. Bunsen (1811—1899) und G. Kirchhoff, die Bestimmung des Stickstoffs als Ammoniak durch H. Will und Fr. Varrentrap (1841) sowie durch J. Kjeldahl (1883), die Zerstörung organischer Substanz im Bombenrohr durch Fr. Wöhler, den Ausbau der Maßanalyse durch L. J. Gay-Lussac (1778—1850), Fr. Mohr (1806—1879), J. Volhard (1834—1910) u.a. oder die Entwicklung der Giftanalytik durch R. Orfila, Fresenius, Otto, Stas, H. Dragendorff usw. Auf Grund solcher Vorarbeit wurden bereits vor 1830 gute und bemerkenswert vollständige Lebensmittelanalysen durchgeführt; die Sammlung analytischer Daten im Standardwerk von J. König: „Die Chemie der menschlichen Nahrungs- und Genußmittel" bildet mit dem Erscheinungsjahr (1878) einen Markstein in der Begründung der Lebensmittelchemie als einem selbständigen Zweig der Naturwissenschaft. Im Rahmen dieser Entwicklung darf schließlich nicht die Forschung auf dem Gebiet der Ernährung, des Stoffwechsels und der Energiebeschaffung vergessen werden, wie sie durch die klassischen Untersuchungen eines Robert Mayer (1814—1878), C. Voit und Bischoff und seit 1866 durch die Namen von M. Rubner und M. v. Pettenkofer gekennzeichnet ist.

In der Entwicklungstendenz dieser Epoche zeichnen sich neben fördernden Momenten zweifellos auch verhängnisvolle Gesichtspunkte ab. Ungünstig für die weitere Entwicklung war der Umstand, daß zunehmende Betonung rein chemisch-analytischer und präparativer Seiten die biochemischen Interessen zurückdrängte. Notwendige und fruchtbare Folgen für die weitere Entwicklung der Lebensmittelchemie sind darin zu sehen, daß trotz zunächst wenig kritischer, wenn auch eifriger Sammlung von Stoffmaterial ein analytisch und präparativ gesicherter Erkenntnisschatz gehortet wurde, mit dem später große Forscher biochemische Fragestellungen meistern konnten, die bis in unsere Zeit auch für die Lebensmittelchemie von größter Bedeutung sind. Ein Umstand, den die Zeitgenossen nicht zu erkennen vermochten, denn noch 1874 schrieb der Baseler Physiologe Fr. Miescher: „Die physiologische Chemie besteht aus einem solchen Haufen unzusammenhängender Facta, daß es wenig Sinn hat, noch mehr Häckerlinge hinzutun zu wollen."

Die eigentliche Lebensmittelchemie, so wie sie sich heute darstellt, begann ihre Entwicklung zur selbständigen naturwissenschaftlichen Disziplin im letzten Viertel des vergangen Jahrhunderts, etwa um das Jahr 1875.

Die Stoffe, denen unsere Aufmerksamkeit als Lebensmittelchemiker gilt, die Lebensmittel, sind von zwei Gesichtspunkten her zu betrachten, wenn wir uns eine erschöpfende Vorstellung von ihrem Wesen machen wollen. Auf der einen Seite treten sie uns als Objekte der Technologie und des Handels entgegen, als Produkte, die in der Volkswirtschaft eine ungeheure Rolle spielen und wertmäßig, z.B. Milch und Milchprodukte, oft die größten Aktivposten der Technik wie Bergbau oder Eisenproduktion überflügeln. Ihre Bewertung wird sich deshalb, von seiten des Verbrauchers gesehen, vornehmlich auf Reinheit, Unverfälschtheit, Preiswürdigkeit, Unverdorbenheit und gesundheitliche Unbedenklichkeit, auf richtige, nicht irreführende Bezeichnung, zweckmäßige Lagerung, einwandfreien Vertrieb u. a. m. zu erstrecken haben. Mit anderen Worten: *wirtschaftliche* und *hygienische* Forderungen stehen im Vordergrund. Derartige Gesichtspunkte treten gerade heute, in den Zeiten langer Transportwege, weitgespannter Lebensmitteldifferenzierung, -raffination oder „-veredelung", ausgedehnter Vorratshaltung und nicht zuletzt durch die hochgesteigerten Ansprüche nach ernährungsphysiologisch optimaler Kost immer schärfer hervor. Wenn wir von den uralten obenerwähnten Bestrebungen nach Reinhaltung der Nahrung, von den oft mit drastischen Strafen bedachten unzähligen örtlichen Vorschriften, Reichsabschieden und Kaiserlichen Erlassen des Mittelalters, den gewerblichen Sachkundigen aus Zünften jener Zeit und von der schon frühzeitig aufkommenden Gesundheitspolizei absehen, so wurde die deutsche Lebensmittelchemie zeit- und aufgabenbedingt als selbständige Disziplin gewissermaßen durch einen Gesetzesakt, durch den Erlaß des Nahrungsmittelgesetzes vom 14. Mai 1879 begründet. Sein Vollzug setzte analytisch durchgebildete, mit der Materie vertraute, sachkundige Bearbeiter voraus und brachte gleichzeitig die dringliche Forderung mit sich, zuverlässige, schnell durchführbare und auf die Eigenart der einzelnen Lebensmittel zugeschnittene Spezial-Untersuchungsmethoden zu entwickeln. Dabei mußte auf Hilfswissenschaften zurückgegriffen werden, wie auf die Toxikologie, Biologie, Mikrobiologie, Hygiene, Human- und Veterinärmedizin, und zwangsläufig erwuchsen innerhalb der Lebensmittelchemie neue bedeutsame Zweige aus Grenzgebieten der physikalischen Chemie, Kolloidchemie, Mikroanalyse und Bakteriologie.

Gründung des „Kaiserlichen Gesundheitsamtes" im Jahre 1876, Ausbau der Nahrungsmittelüberwachung, Einrichtung zahlreicher Lebensmitteluntersuchungsämter, Schaffung von Lehrstühlen für Lebensmittelchemie und Erlaß einer speziellen Prüfungsordnung für Nahrungsmittelchemiker (1894) sind Meilensteine dieser Zeit, geknüpft an Namen wie J. König, A. Bömer, Th. Paul, J. Tillmans, A. Beythien, A. Hilger, B. Bleyer, A. Juckenack und viele andere. Interessenverbände, wie der „Bund Deutscher Nahrungsmittelfabrikanten und -händler" oder der „Verein Deutscher Nahrungsmittelchemiker" entstanden.

Kernstück der Untersuchungen und Beurteilung von Lebensmitteln ist ohne Zweifel die analytische Chemie, wenngleich nicht verschwiegen werden soll, daß dieser Aufgabenbereich zuweilen nicht Mittel zum Zweck blieb, sondern Selbst- und Endzweck wurde. Die Beurteilung des Lebensmittels erfolgte oft rein statisch auf Grund arithmetrischer Summierung aller gefundenen Bestandteile. Diese historisch verständliche Einseitigkeit darf aber nicht darüber hinwegtäuschen, daß wir damit nur einen Teil der Eigentümlichkeit unserer Lebensmittel erfassen, und so ergibt sich die zweite Seite unserer Wissenschaft, die zunehmende Bedeutung erlangt und über Gesichtspunkte alter Prägung hinausreicht, indem sie *dynamische Aspekte* berücksichtigt. Im Sinne solcher Betrachtungsweise sind alle Produkte, die wir im Rahmen der Erhaltung unseres Lebens als „Lebensmittel" bezeichnen, darüber hinaus in den meisten Fällen dadurch gekennzeichnet, daß sie ein *eigenes* Leben führen, eine organische, meist sogar „organisierte", „lebendige„ Substanz darstellen (K. Täufel, 1954). In ihnen besteht die Wirkung von Enzymen zelleigner oder mikrobieller Herkunft und die anderer Wirkstoffe noch fort, äußere Einflüsse können zu tiefgreifenden, oft erwünschten (Reifung, Alterung, Ablagerung, Fermentierung), weit häufiger jedoch zu unerwünschten (Geruchs- und Geschmacksminderung, Altwerden, Zersetzung und Fäulnis, Bakterien- und Schimmelbefall) Änderungen führen. Wie beim Menschen stellt auch bei Tier und Pflanze der gesunde Organismus ein im stets wechselnden, also dynamischen Gleichgewicht stehendes Stoffsystem physiologisch-chemischer Harmonie dar, dessen Störung durch äußere Einflüsse wie durch pathologische Veränderungen sich zwangsläufig in Abweichungen von der „normalen" stofflichen Zusammensetzung ausprägen muß und sich — wie die Lebensmittelchemie auf

Schritt und Tritt zeigt — auch tatsächlich ausprägt. Wird nun die im Leben von Tier und Pflanze synthetisierte, nach dem „Tod" des Organismus (Ernte, Gewinnung, Schlachtprozeß) ein Eigenleben weiterführende Substanz dem menschlichen Körper als Nahrung zugeführt, dann tritt sie in ein anderes, jedoch wiederum nach den gleichen Grundgesetzen ablaufendes physiologisch-chemisches Geschehen ein.

Es leuchtet ein, daß ein unseren heutigen Möglichkeiten entsprechendes und umfassendes Bild für ein bestimmtes Lebensmittel nur dann entworfen werden kann, wenn wir es seiner Herkunft wie seiner Verwendung nach physiologisch-chemisch erfassen. Nur unter Berücksichtigung derartiger Gedankengänge werden wir wesentliche, die Analytik entscheidend ergänzende Aufschlüsse gewinnen, die unser Urteil über biologischen oder diätetischen Wert und Bekömmlichkeit, über zweckmäßige Verarbeitungsgänge, Vorratspflege und Erhaltung festigen. Die Betrachtung der Lebensmittel als meist recht komplizierte Stoffgebilde muß zwangsläufig einseitig sein. Sie liefert unter dieser Blickrichtung zweifellos eine Fülle von Material über Bestandteile und Aufbau der Nähr- und Wirkstoffträger, dringt aber nicht zur entscheidend wichtigen Frage nach den *kausalen* Zusammenhängen all dieser Erscheinungen vor und verzichtet auf wesentliche, in ihrer Ausschöpfung fördernde und klärende Forschungsmöglichkeiten, wie sie die physiologische Chemie in überreicher Zahl darbietet. Gleich jenem Fachgebiet, das lange Zeit nach dem obenerwähnten Wort von Miescher über „Häckerlinge" verfügte, weist die Lebensmittelchemie ein reiches in langen Jahrzehnten ohne zunächst strenge Sichtung gesammeltes Material zur Kenntnis vieler, mengenmäßig zurücktretender, doch spezifisch die Eigenart eines Lebensmittels bedingender Begleitstoffe auf, deren Einordnung in drei wichtigen Fragestellungen präzisiert werden kann (K. Täufel, 1943/56):

1. Welches Bild bieten uns bei physiologisch-chemischer Betrachtungsweise die *Lebensmittelbausteine*?
2. Wie treten *nichtphysiologische* Umsetzungen an Lebensmitteln in Erscheinung?
3. Wie fassen wir vom physiologisch-chemischen Standpunkt aus *Veränderungen* der Lebensmittel bei Verarbeitung und Lagerung auf?

Zum ersten Punkt. Die Vollanalyse eines Lebensmittels stellt uns oft vor große Schwierigkeiten. Es findet sich eine Vielheit von Komponenten, die in Konzentrationen ganz verschiedener Größenordnung auftreten können, chemisch zuweilen schwer faßbare Unterschiede aufweisen und innerhalb eines Lebensmittels je nach Art, Rasse, Gewinnung, Verarbeitung und Aufbewahrung starken Schwankungen unterliegen, wobei Gehaltsänderungen solcher Bestandteile meist eng verknüpft mit organoleptisch erkennbaren Unterschieden sind. Die allgemein übliche, gruppenweise zusammenfassende und klassifizierende „Vollanalyse" stellt nur einen Notbehelf dar. Zur schnellen Beurteilung im Rahmen der Lebensmittelkontrolle oder vom calorisch-energetischen Standpunkt aus wird sie stets ihre Bedeutung behalten. Wollen wir jedoch vertiefte Kenntnis über Herkunft und Stellung der einzelnen Bestandteile, über den Gesamtaufbau des Lebensmittels gewinnen, so setzt dies primär eine präzise Fragestellung voraus, die ausschlaggebend für Forschungsweise und Forschungsmittel und nur durch physiologisch-chemische Betrachtungsweisen zu gewinnen ist. Diacetyl beispielsweise kann als Aromastoff schlechthin, darüber hinaus als natürlicher Bestandteil von Blut, Harn, melkfrischer Kuhmilch und anderen biologischen Substraten analytisch erfaßt werden. Fragt man nach der Herkunft dieses Diketons, so ergeben sich Beziehungen zur Brenztraubensäure, der intermediären Stoffwechsel-Schlüsselsubstanz, von dort aus zur Acetaldehydbildung unter Mitwirkung der Carboxylase und schließlich zur Entstehung des Acetoins. Ähnlich liegen die Verhältnisse bei anderen Substraten fast unübersehbarer Vielfalt. Erinnert sei nur an die Citronensäure und andere Genußsäuren, an intermediäre Zwischenprodukte des aeroben wie des anaeroben Kohlenhydratstoffwechsels (Glycerinaldehyd, Methylglyoxal, Aceton, Glycerinsäure, Triosephosphorsäuren, Milchsäure, Acetaldehyd, Essig-, Propion-, Bernstein-, Fumar-, Äpfel- und Oxalessigsäure, Glycerin usw.), an Umwandlungsprodukte schwefelhaltiger Aminosäuren (H_2S, Methional, Mercaptane), an die verschiedensten, oft hochkompliziert aufgebauten Aromaträger (Terpene, Carbonylverbindungen) und schließlich an antibiotisch wirksame Substanzen des Knoblauchöls (Alliin) oder milchwirtschaftlich bedeutsamer Mikroorganismen (Subtilin).

Ohne Berücksichtigung dynamischer Aspekte und ohne eingehendes Studium der Genese hat der Lebensmittelchemiker seit langer Zeit derartige Zwischen- oder Endstufen der Stoffumwandlung in die Analytik eingebaut z.B. das Glycerin oder Milch- und Äpfelsäure des Weines, Aldehyde und Ketone bei der Fettzersetzung, flüchtige Fettsäuren verschiedener Lebensmittel; analytisch benutzte er außerdem Biokatalysatoren solcher Prozesse, wie z.B. das Schardinger Enzym und die Reduktasen der Milch, Amylase und Diastase des Honigs, Peroxidasen der Gemüsearten und proteolytische Enzyme zur Bestimmung der Verdaulichkeit eiweißhaltigen Materials.

Zum zweiten Punkt. Das Wesen nichtphysiologischer Umsetzungen in Lebensmitteln ist vor allem und eng an einen kennzeichnenden Begriff der lebenden Substanz gebunden, nämlich an den der „*physiologischen Reversibilität*". Er wurde insbesondere in den Arbeiten von F. Knoop, F. G. Hopkins, H. Wieland, O. Warburg und D. Keilin entwickelt und kommt z.B. im Redoxpotential oder in der Dehydrasenwirkung zum Ausdruck. Er setzt ganz allgemein reaktionsfähige Zwischenprodukte voraus, die entweder hochmolekulare Substanzen aus Körpern geringer Molekülgröße liefern (Glucose → Stärke; Milchsäure → Glykogen) oder als Brükkenköpfe beim Auf- und Abbau von Kohlenhydraten wirken (α-Ketoglutarsäure, Oxalessigsäure, Brenztraubensäure) oder schließlich im schrittweisen Abbau eine ökonomische Freisetzung der lebensnotwendigen Energie ermöglichen (Zwischenstufen des Kohlenhydrat- und Fettabbaues). Chemisch verständlich und im Ablauf begünstigt sind vor allem Abbaureaktionen, wenn die in den Stoffwechsel eingehende Substanz mehr oder minder weitgehend präformiert und instabil ist, so wenn der Zellverband in seiner Struktur nicht mehr dem des lebenden Organismus entspricht (Fleisch geschlachteter Tiere, Gefrierfisch, extrahierte, gepreßte oder ausgeschmolzene Fette, zerkleinertes Fruchtfleisch). Diese Labilität wird sich naheliegend auch bei allen technologischen Operationen der Gewinnung, Verarbeitung, Zubereitung und Aufbewahrung der Lebensmittel auswirken und eine Fülle von Fragestellungen schaffen, deren Kenntnis zwar noch lückenhaft ist, doch wertvoll vertieft werden kann, wenn man Gesichtspunkte physiologisch gesteuerter Prozesse als Vergleichsbasis heranzieht.

Zum dritten Punkt. Erwartungsgemäß sind die wertvollsten und greifbarsten Ergebnisse aus Fragestellungen zu gewinnen, die sich mit Veränderungen unserer Lebensmittel bei der Verarbeitung und Lagerung befassen. Physiologisch-chemisch gesehen enthalten fast alle Lebensmittel keine statisch gesicherten, unveränderlichen Komponenten. Vielmehr sind in der organischen Substanz auf Grund der Entwicklungsgeschichte des betreffenden Produktes neben den nach Menge vorherrschenden Substraten der vollendeten Assimilation auch solche des intermediären Stoffwechsels und der beendeten Dissimilation zu finden. Jedes Lebensmittel spiegelt also Anfang, Mitte und Ende der Substanzumwandlungen wider, wobei die einzelnen Komponenten sehr verschiedene Beständigkeit aufweisen können. Solange das Enzymsystem des lebenden Organismus in Ordnung ist, werden die physiologischen Umsetzungen sich im Rahmen der großartigen Ökonomie abspielen, bei der ein Reaktionszug den anderen kontrolliert, regelt oder ergänzt, steigert oder hemmt, kurzum, bei dem wir vom „normalen" Leben sprechen. Wird jedoch die Harmonie des Lebens gestört, der Enzymapparat und das System der Einzelkomponenten aus seiner in sich ruhenden Bindung gelöst, gelangen die Faktoren der Umgebung in lebensfremder Weise zur Wirkung, sei es im „pathologisch" lebenden Organismus oder in geernteten oder geschlachteten Organismenpartien, dann sind unphysiologische Prozesse zu erwarten, deren Ausmaß und Richtung nicht minder verwickelt sein kann als das normale Lebensgeschehen. Beispiele hierfür sind zahllos. Wir finden sie bei der enzymatischen Bräunung von Obst, Gemüse und deren Erzeugnissen, von Obstsäften und Weinen, bei Lagerungsschäden von Trockenei, Trockenvollmilch, Mehl, Fleisch oder Fisch, beim Bitterwerden von Hafer-, Soja- oder Maiserzeugnissen, bei Qualitätsverlusten von Bier, beim Auftreten eines „strohigen" Geschmackes von Gefrierfisch und Trockengemüse, bei den unterschiedlichsten Aromaänderungen in der Milchwirtschaft und nicht zuletzt bei falsch einsetzenden oder in falscher Richtung ablaufenden Reifungs-(Fermentierungs-)Prozessen von Fleisch, Käse, Tabak, Tee oder alkoholischen Getränken. Eine Hauptaufgabe der Lebensmittelgewinnung und -verarbeitung liegt in der Ausschaltung oder Hemmung derartiger, biochemisch bedingter Gefahrenquellen, ein wesentlicher Teil der Lebensmittelkontrolle und -überwachung gilt der Feststellung und Kennzeichnung solcher Folgen einer „physiologischen Anarchie". Wie sehr biochemische Gesetzmäßigkeiten das Schicksal unserer Lebensmittel steuern, zeigt jedes Kapitel des Buches. Zwar wissen wir über die inneren Zusammenhänge solcher Mechanismen noch verhältnismäßig wenig. Sie zu klären ist eine der wichtigsten Aufgaben der modernen Lebensmittelchemie, deren Bearbeitung in aller Welt zunehmende Beachtung als wertvoller, zukunftsträchtiger Schritt von theoretisch wie praktisch gleich großer Reichweite anzusehen ist. Methodisch stehen hierfür u. a. die Verteilungs- und Gaschromatographie, die Massenspektrometrie, physikalisch-chemische und mikrobiologische sowie mikrochemische Verfahren zur Verfügung, wie sie benachbarte Disziplinen zu großer Vollkommenheit entwickelt haben. Die Lebensmittelchemie befindet sich heute in dieser Hinsicht etwa auf dem Stand der physiologischen Chemie vor etwa 30 Jahren und muß gleich dieser bestrebt sein, die Unzahl der vom Forscherfleiß gesammelten „Häckerlinge" in ihrer inneren Bindung zu einem Bild zu gestalten, dessen Elemente nicht so sehr von der *Teil*- als vielmehr von der *Ganzheits*betrachtung stammen. Dies gelingt aber nur dann, wenn der Lebensmittelchemiker neben seiner eigenen Sprache auch die versteht, wie sie in den Nachbardisziplinen der Biochemie, physikalischen Chemie, Pharmakologie und Kolloidchemie, der Botanik und Toxikologie gesprochen wird. Auch heute noch erscheint manchem das Streben nach erschöpfender Erfassung biochemischer Systeme als Anmaßung und wirkt auf ihn, wie F. G. Hopkins einmal meint, etwa wie eine Hamletaufführung ohne Hamlet. Es besteht jedoch aller Grund zur Annahme — und die Ergebnisse der physiologischen Chemie bestätigen dies —, daß biochemische Fragestellungen auch in der Lebensmittelchemie die hier anstehenden Probleme zu lösen vermögen, zumal Gesetzmäßigkeiten der Lebensäußerungen in ihren grundsätzlichen Mechanismen für alle Lebewesen gleich sind: „Jedes physiologische Problem ist in letzter Linie auf ein chemisches zurückzuführen" (E. H. Starling, **1906**). Voraussetzung ist allerdings das stets neu gestellte, neu gewandelte und neu präzisierte Experiment, um aus ihm Gesetze allgemeiner Gültigkeit herzuleiten. Das beste Charakteristikum für den Entwicklungszustand einer Wissenschaft und damit auch für den der Lebensmittelchemie ist nach M. Planck im allgemeinen Sinne die Art und Weise, wie sie ihre Grundbegriffe definiert und wie sie ihre verschiedenen Gebiete einteilt. „Denn in der Schärfe und Zweckmäßigkeit der Definitionen und in der Einteilung des Stoffes liegen, wie allen, die sich denkend in der Wissenschaft bewegen, wohl bekannt ist, oft die letzten, reifsten Resultate der Forschung schon implizite enthalten.“

Unter solchen Gesichtspunkten bleibt in der Lebensmittelchemie moderner und exakter Prägung bei aller Ehrfurcht vor den tiefsten Problemen des Lebens und bei allen Willen, „das Unerforschliche ruhig zu verehren“, kein Platz für gefühlsmäßig oder sektiererisch unterbaute, auf „Intuition“ gegründete Betrachtungsweisen, wie sie unter Schlagworten einer „Sonnenkraft“ oder eines „Energiepotentials der Strahlungen im Vitalen“ oder auch unter dem Begriff der „Vitalstoffe“ im Rahmen einer „dynamischen Vitalstofflehre“ propagiert werden.

Ziehen wir die Folgerungen aus dem Gesagten, so ergibt sich, daß die Lebensmittelwissenschaft sich unter der Vielzahl aller beteiligten Zweige der Naturwissenschaft hauptsächlich auf die *Chemie* zu stützen hat. Im Sinne biochemischer Fragestellungen zur Verhaltungsweise unserer Nahrungsträger gewinnt zunehmend und mit gutem Recht die *funktionell-dynamische* Analyse und Betrachtung an Bedeutung. Derartige Gesichtspunkte schließen nun keineswegs aus, daß die Grundlage lebensmittelchemischer Praxis eine auf sorgfältige Analytik aufgebaute chemische Untersuchung nach statisch-stofflichen Gesichtspunkten ist und bleibt. Ergänzt durch die Nachbardisziplinen, dient sie der laufenden Überwachung und gesundheitlichen Sicherung unserer Ernährung. Träger der Lebensmitteluntersuchung und -beurteilung sind staatliche, Kreis- und kommunale Untersuchungsämter, wissenschaftliche Forschungsinstitute sowie Forschungs- und Untersuchungslaboratorien der Lebensmittelindustrie. Neben Lebensmittelchemikern sind physiologische Chemiker, Pharmazeuten, Mikrobiologen, Toxikologen, Biologen, Tierärzte und Ärzte in entsprechenden Bereichen beteiligt. Wissenschaft und Praxis der Lebensmittelchemie dienen einerseits der Sicherstellung optimaler Versorgung des Menschen mit hochwertigen einwandfreien Lebensmitteln, andererseits dem Schutz des Verbrauchers im Lebensmittelverkehr vor gesundheitlichen Schäden und vor wirtschaftlicher Übervorteilung. Die Grundlage für den Schutz des Verbrauchers in Deutschland gibt das Lebensmittelgesetz als Rahmengesetz mit den dazu erlassenen Verordnungen, eine Reihe von Sondergesetzen, ministerielle Erlasse sowie in Übereinstimmung von Wirtschaft und Gesundheitsbehörde geschaffene Richtlinien für den normalen Handelsbrauch. Diese Gesetze und Vorschriften umfassen den Verkehr mit Lebensmitteln und einer großen Reihe, in § 2 des Lebensmittelgesetzes genannten Gegenstände des täglichen Bedarfs („Bedarfsgegenstände“). Der Schutz vor wirtschaftlichen Schäden im Lebens mittelverkehr erstreckt sich auf Täuschungen der verschiedensten Art, nimmt aber auf ausschließlich finanzielle Übervorteilung keine Rücksicht.

Für einen zuverlässigen Verbraucherschutz bedarf es spezifizierter Vorschriften über die normale Beschaffenheit der einzelnen Lebensmittel, um diese bei Abweichungen von der Norm als gesundheitsschädlich, verfälscht, verdorben, nachgemacht oder irreführend aufgemacht beurteilen zu können. Diese Vorschriften sind der Entwicklung von Verbrauchererwartung, Wissenschaft und Technik laufend anzupassen. Hierfür die zeitweise verlorengegangenen Voraussetzungen zu geben und gleichzeitig die bestehenden Vorschriften zu erneuern und zu vereinheitlichen, war das Ziel der 1959 begonnenen „Großen Reform“ des Lebensmittelrechts in Deutschland. Neben dem grundsätzlichen Verbot „fremder Stoffe“ und gesundheitlich bedenklicher Behandlungsvserfahren bei Lebensmitteln (Gesetz zur Änderung und Ergänzung des Lebensmittelgesetzes vom 21. 12. 1958) und dem Erlaß einer Reihe von Verordnungen (19.12. 1959), in denen Ausnahmen von diesem Verbot soweit technologisch unvermeidbar und gesundheitlich unbedenklich — grundsätzlich unter Kenntlichmachung — zugelassen werden, ist unter den neuen gesetzlichen Vorschriften besonders die Gründung einer ständig arbeitenden Kommission hervorzuheben, die nach Artikel 7 des Lebensmittelgesetzes dem Vorbild der österreichischen Lebensmittelgesetzgebung entsprechend ein „Deutsches Lebensmittelbuch" schaffen soll, in dem die Beurteilungsmerkmale hinsichtlich der Zusammensetzung und der Eigenschaften einzelner Lebensmittel oder Gruppen von Lebensmitteln festzustellen und in Leitfäden zusammenzufassen sind.

Die Arbeit dieser bereits 1962 gebildeten „Deutschen Lebensmittelbuch-Kommission" ist auch im „*Entwurf eines Gesetzes zur Neuordnung und Bereinigung des Rechts im Verkehr mit Lebensmitteln, Tabakerzeugnissen, kosmetischen Mitteln und sonstigen Bedarfsgegenständen* (*Gesetz zur Gesamtreform des Lebensmittelrechts*)" in § 33 verankert. Dieser Entwurf, vom Bundestag in erster Lesung beraten, stellt in der Gesamtreform des Lebensmittelrechts wohl „das umfangreichste Gesetzesvorhaben auf dem Gebiet des Verbraucherschutzes" dar. Auf Einzelheiten, wie den Begriff der „*Zusatzstoffe*", der Abgrenzung einzelner Gebiete (Tabakerzeugnisse, kosmetische Mittel, Bedarfsgegenstände), der Ablösung veralteter Spezialgesetze u.a.m. kann hier nicht eingegangen werden. Weitere Trends zeichnen sich ab in dem am 17. 9. 1970 beschlossenen *Sofortprogramm für den Umweltschutz* zur Eindämmung der Belastung der Umwelt mit Biociden, in der Entwicklung der Arbeiten zur *Rechtsangleichung in der EWG*, sowie in der Annahme von Standards der Codex-Alimentarius-Kommission mit dem Ziel der Harmonisierung des Lebensmittelrechts auf EWG- und weltweiter Ebene. Soweit hier bereits gesicherter Rechtsstoff vorliegt oder in naher Verwirklichung steht, wird an entsprechender Stelle darauf eingegangen.

Zum Studium lebensmittelrechtlicher Fragen allgemeiner wie spezieller Art wird nachdrücklich auf den gegebenen Rechtsstoff, insbesondere auch auf die aufgeführte Literatur verwiesen.

Literatur

ab 5. vgl. S. 780.

1. Hanssen, E., u. W. Wendt: Geschichte der Lebensmittelwissenschaft. In: Literatur (54), Bd. I., S. 1.
2. Holthöfer/Juckenack/Nüse/Franck: Deutsches Lebensmittelrecht. 5. Aufl. Bd. I—II. 4. Aufl. Bd. II—VI. Berlin: Heymann 1963/71.
3. Klein, G.: Lebensmittelrecht — Textsammlung —. Hamburg: Behr 1972.
4. Täufel, K.: Entwicklungslinien der Lebensmittelforschung. Universitas **4**, 945 (1949); Nahrung und Chemie. Urania **19**, 377 (1956).

B. Die Baustoffe unserer Lebensmittel

I. Eiweißstoffe

Fette und Kohlenhydrate sind mit wenigen Ausnahmen weitgehend unspezifische Energieträger, die aus C_2-Bruchstücken beliebiger Herkunft synthetisiert und ineinander umgewandelt werden können und sich häufig zur Energiebeschaffung gegenseitig vertreten. Beim Eiweiß sind die Beziehungen zwischen Organismus und Nahrung jedoch viel enger. Zwar vermag auch Eiweiß Energie zu liefern und kann im Sinne der „Isodynamie" (M. Rubner) mit den obengenannten Nährstoffgruppen ausgetauscht werden. Die Hauptmenge der Proteine geht jedoch eigene Wege. Die Eiweißstoffe liefern Bau- und Ersatzmaterial beim wachsenden wie beim erwachsenen Organismus für Blut- und Zellplasma, Zellkerne und Intercellulärsubstanz, bauen Gerüststoffe und Anhangsgebilde der Haut auf und sind unentbehrlich für die Synthese von Enzymen, Hormonen und Antikörpern.

Diese Ausnahmestellung der Proteine hat schon E. Pflüger in dem lapidaren Satz zusammengefaßt „Nur das Eiweiß ist lebendig", womit er zum Ausdruck bringen wollte, daß Lebenserscheinungen aller Organismen an Substrate eiweißartiger Natur gebunden sind.

Wesentlich für die Entwicklung unserer Erkenntnisse über die ernährungsphysiologische Bedeutung des Eiweißes waren zunächst zwei grundlegende Begriffe: *die biologische Wertigkeit* der Proteine und die Bedeutung *der essentiellen Aminosäuren.*

Erfahrungsgemäß besitzen Eiweißstoffe je nach ihrer Herkunft ganz verschiedene „konstruktive" Eigenschaften, d. h. es sind recht unterschiedliche Mengen der einzelnen Proteintypen notwendig, um das Stickstoffgleichgewicht des Organismus aufrecht zu erhalten. Im allgemeinen benötigt der Organismus hierzu mehr pflanzliches als tierisches Eiweiß. Die höhere Bewertung der tierischen Einweißstoffe hat ja von alters her ihren Ausdruck im durchweg höheren Preis solcher Eiweißlieferanten wie Fleisch, Fisch, Milch, Milchprodukte, Eier gegenüber Hülsenfrüchten usw. gefunden. Thomas hat zum ersten Mal den Begriff der *biologischen Eiweißwertigkeit* in den Jahren 1909—1911 scharf umrissen: „Die Stickstoffsubstanz des Weißmehles, der Kartoffel, der Milch muß in verschiedenem Grade für den Eiweißbedarf herangezogen werden." K. Thomas (1909) definiert den biologischen Proteinwert als diejenige Menge Körpereiweiß in Grammen, die durch 100 g des betreffenden Nahrungsproteins ersetzt werden kann.

Bei dieser Methode muß die Versuchsperson zunächst durch Verabreichung einer N-freien Diät auf das absolute N-Minimum eingestellt werden. Dann wird das zu testende Protein verabreicht und die Bilanz aufgestellt. Die biologische Wertigkeit ergibt sich als Quotient:

$$\frac{\text{Harn-N (eiweißfreie Diät)} + \text{N-Bilanz}}{\text{N-Aufnahme}} \times 100$$

Die biologische Wertigkeit einiger dieser Definition entsprechenden Proteine für den Menschen ist in der Tabelle 1 zusammengestellt.

Tabelle 1. Biologische Wertigkeit von Proteinen für den Menschen

Protein	Biologische Wertigkeit
Vollei	94
Milch	92—100
Rindfleisch	67—105
Fisch	94
Casein	69—70
Reis	68—77
Kartoffel	71—79
Hefe (Saccharomyces)	71
Roggenbrot (80%ig)	75
Mais (Vollkorn)	24—54
Linsen	60
Erbsen	56

Tabelle 2 zeigt den nach verschiedenen Methoden in einer Gemeinschaftsarbeit bestimmten relativen Wert von 6 Standardproteinen bezogen auf das Eiereiweiß.

Tabelle 2. Relativer Wert von 6 Standardproteinen bezogen auf das Eiereiweiß (Aus K. Lang: 90)

Species	Eiereiweiß	Vollei	Rindfleisch	Casein	Erdnußmehl	Weizengluten
Ratte						
Wachstum	100	95	84	80	31	8
Erhaltung	100	87	73	54	49	69
Hund, Erhaltung	100	76	86	64	49	39
Mensch, Erhaltung	100	103	74	74	62	46

Wissenschaftlich unterbaut wurde der Begriff der biologischen Wertigkeit, als sich herausstellte, daß ein Teil der zur Eiweißsynthese dienenden Aminosäuren vom Organismus selbst aufgebaut werden kann, eine bestimmte eng umgrenzte Gruppe jedoch mit der Nahrung zugeführt werden muß, um den obenerörterten lebensnotwendigen Synthesemöglichkeiten zu genügen. Solche vom Organismus nicht synthetisierbare Aminosäuren nennt man *essentielle* (*exogene, lebensnotwendige*) *Aminosäuren*. Nach Angaben der Literatur werden folgende essentielle Aminosäuren in den gleichzeitig angegebenen Mengen benötigt (s. Tab. 3):

Tabelle 3. Aminosäurebedarf des Menschen
Angegeben ist der Minimalbedarf an den essentiellen L-Aminosäuren in g je Tag. Die Daten für Kinder wurden an 4—12jährigen erhoben (jeweils 3—5) (Aus K. Lang: 90)

Aminosäure	Minimal-Bedarf in g je Tag Männer[1]	Frauen[2]	Kinder[3]
L-Isoleucin	0,70	0,45	1,00
L-Leucin	1,10	0,62	1,50
L-Lysin	0,80	0,50	1,60
L-Methionin (+ Cystin)	1,10	0,55	0,80
L-Phenylalanin (+ Tyrosin)	1,10	1,10	0,80
L-Threonin	0,50	0,31	1,00
L-Tryptophan	0,25	0,16	0,12
L-Valin	0,80	0,65	0,90

[1] W. C. Rose (1957) [2] R. M. Leverton (1959) [3] Nakagawa u. Mitarb. (1963)

Bei L-Methionin können 80 bis 89% des Minimalbedarfes durch L-Cystin, bei L-Phenylalanin entsprechend 70% durch L-Tyrosin ersetzt werden.

Besondere Belastungen oder Bedürfnisse des wachsenden Organismus können diese Durchschnittsforderungen erhöhen und den Kreis der essentiellen Aminosäuren erweitern. So ist die Zufuhr von Arginin und Histidin für den Jugendlichen, nicht aber für den Erwachsenen notwendig.

Für die biologische Wertigkeit von Proteinen kann auch nichtessentieller N bedeutungsvoll sein. Hier wirkt sich die Glutaminsäure besonders günstig aus.

Wesentlich im Rahmen der ausreichenden Versorgung mit lebensnotwendigen Aminosäuren ist außer der erforderlichen absoluten *Menge* auch eine bestimmte *Relation* der einzelnen Aminosäuren. Ist dieses genau definierte, zur optimalen Verwertung in der Nahrung erforderliche Verhältnis gestört, so tritt „*Aminosäure-Imbalanz*" mit schwerwiegenden Ernährungsstörungen ein, auch dann, wenn die notwendigen Aminosäuren zwar ausreichend, doch nicht *gleichzeitig* zugeführt werden.

Die hier kurz erörterten Gesichtspunkte führen zu einem weiteren — für die Praxis ausreichender Versorgung mit essentiellen Aminosäuren — sehr wichtigen Begriff: dem der *Ergänzungswertigkeit*. Er besagt, daß der biologische Wert bestimmter Proteingemische wesentlich höher liegen kann, als nach der Qualität der einzelnen Eiweißkomponenten zu erwarten wäre, dann nämlich, wenn an sich unterwertige Proteine in der gesamten Aminosäurebilanz sich ausgleichen und zu einem hochwertigen Eiweißgemisch ergänzt werden. Fehlende lebensnotwendige Aminosäuren eines Proteins werden aus einem anderen daran reichen Protein beigesteuert. So zeigen z. B. Kombinationen von Cerealien mit Milch, Fleisch, Fisch oder Ei, von Cerealien mit Soja oder Hefe, von Kartoffeln mit Milch, Fleisch, Fisch oder Ei und schließlich von Leguminosen mit den genannten tierischen Eiweißträgern gute gegenseitige Ergänzung. Da unsere tägliche Nahrung naturgemäß in fast allen Fällen (*gemischte Kost*) Gemische recht verschiedener Eiweißtypen enthält, steht der Begriff der Ergänzungswertigkeit im Rahmen der Eiweißversorgung vom praktischen ernährungsphysiologischen Standpunkt aus gegenüber dem der klassischen biologischen Wertigkeit zweifellos im Vordergrund.

Systematische Untersuchungen an Gemischen von Milcheiweiß + Weizen oder Kartoffel bzw. Volleiprotein + Weizen oder Kartoffel zeigten den bisher höchsten biologischen Wert bei einem Gemisch von 35% Eiprotein + 65% Kartoffelprotein. 0,346 g dieses Gemisches je kg Körpergewicht genügten zur Aufrechterhaltung des N-Gleichgewichtes.

Entsprechend den hier entwickelten Gesichtspunkten ist die Frage nach der biologischen und ernährungsphysiologischen Bewertung des mit der Nahrung zugeführten Eiweißes in erster Linie eine Frage nach der chemischen Zusammensetzung, nach dem Gehalt an essentiellen Aminosäuren und nach deren optimaler Mengenrelation geworden. Nach dem auch hier geltenden *Gesetz des Minimums* bestimmt diejenige essentielle Aminosäure den biologischen Wert des Nahrungseiweißes, die in der geringsten Menge vorhanden ist. Probleme, die sich aus derartigen Betrachtungsweisen ergeben, wie z. B. die *Anreicherung* („Verstärkung", „fortification") bestimmter Lebensmittel mit fehlenden oder unzureichend vorhandenen („limitierenden") Aminosäuren, werden an anderer Stelle (vgl. Brot) besprochen.

Bei der großen Bedeutung ausreichender und biologisch hochwertiger Eiweißversorgung hat die Frage der *wünschenswerten Eiweißzufuhr* seit mehr als 100 Jahren die Ernährungsphysiologen bewegt, zumal die tägliche Eiweißsynthese des Menschen nach K. Lang (1953) recht hoch ist (Tab. 4).

Tabelle 4.
Tägliche Eiweißsynthese beim Menschen

	Enzym-eiweiß g	Nichtenzym-eiweiß g
Hämoglobin		8
Plasmaeiweiß		22
Leber	15	8
Verdauungstrakt	8	
Rest des Körpers	26	13
	49	51

Zweifellos ist die ausreichende und biologisch hochwertige Eiweißversorgung das zentrale Problem der Ernährung aller Kulturkreise, insbesondere auch der unterentwickelten Länder. Als Folge derartiger Mangelernährung tritt dort die als „*Kwashiorkor*" bekannte Krankheit auf.

Auch in hochzivilisierten. über alle Nahrungsgüter verfügenden Ernährungskreisen kann es zu Eiweißmangel kommen: dann, wenn die Ernährung des alternden Menschen mengenmäßig reduziert wird, ohne die biologisch hochwertige Proteinzufuhr entsprechend hoch zu halten („Eiweiß als Coffein des Alters").
Über die wünschenswerte Eiweißzufuhr vgl. S. 224. Etwa 40—50% der zugeführten Eiweißmenge sollen tierischer Herkunft sein. Vom Nährwertgehalt der verbrauchten Lebensmittel Deutschlands entfielen 1935/38 im Jahresdurchschnitt des Reiches 85,5 g (43,2 g) und 1956/57 im Bundesgebiet 79,5 g (44,4 g) je Einwohner und Tag auf Eiweiß (in Klammern der Anteil an tierischem Eiweiß). Nach statistischen Angaben der USA nahm dort der Verbraucher in den letzten Jahren pro Kopf und Tag im Durchschnitt 89 g Protein zu sich, das sich bei Personen gehobenen Lebensstandards prozentual folgendermaßen auf die einzelnen Lebensmittelgruppen verteilte: Milch, Käse und Rahmeis 20%, Fleisch, Fisch und Geflügel 31,3%, Getreideprodukte 21%, Eier 7,6%, Bohnen und Nüsse 3,8%, Kartoffeln, Vegetabilien und Früchte 9,5% und Fette sowie Öle 1%.

Die Bedeutung optimaler Eiweißversorgung, insbesondere die Notwendigkeit ausreichender Zufuhr von essentiellen Aminosäuren bringt es mit sich, daß auch der Lebensmittelchemiker solchen Fragen bei der Gewinnung und Verarbeitung unserer Lebensmittel besondere Aufmerksamkeit widmen muß; Möglichkeiten der Eiweißminderung und Eiweißschädigung sind, wie im folgenden ausgeführt, sehr vielfältig gegeben.

1. Das Nahrungseiweiß und sein Verhalten bei der Lebensmittelgewinnung

Es nimmt wunder, daß bei der lange bekannten, in allen Stadien des Stoffwechsels zutage tretenden Labilität und Umsatzbereitschaft der Proteine die systematische Übertragung derartiger Gesichtspunkte, insbesondere die Frage nach der Beständigkeit und dem Schicksal der Aminosäuren in unseren Nahrungsproteinen erst spät Beachtung fand. Dies liegt zunächst daran, daß viele Eiweißveränderungen und -schädigungen mit durchaus erwünschten und geförderten, seit uralten Zeiten geübten Umwandlungen verbunden sind, z. B. beim Backen, Braten, Rösten, Puffen und Bräunen, beim Erhitzen in Gegenwart von Zucker oder bei enzymkatalysierten Reifungsprozessen. Die dabei erreichten Vorzüge ernäherungsphysiologischer und geschmacklicher Art, wie die Erhöhung der Verdaulichkeit, die Ausbildung sekretionsfördernder und appetitanregender Stoffe von hohem Wohlgeschmack und ausgeprägtem Aroma ließen zunächst Fragen etwa eintretender biologischer Wertminderung in den Hintergrund treten. Erst mit der Verfeinerung von Untersuchungsmethoden hat sich immer deutlicher gezeigt, daß der Proteinanteil unserer Nahrung nur recht bedingte Stabilität besitzt.

a) *Lagerung oder Trocknen* von proteinhaltigen Lebensmitteln kann zu einer oft grobsinnlich erkennbaren Schädigung des biologischen Wertes führen, so bei Aufbewahrung von Sonnenblumenkernen, Sojamehl und Sojabohnen, bei der Trocknung grüner Pflanzen oder von Hefen. Eingehend untersucht wurden diese Verhältnisse bei Trockenei und Trockenmilch, wo langdauernde Aufbewahrung schon bei Zimmertemperatur den Gehalt an essentiellen Aminosäuren um 20% zu mindern vermag. Noch höher liegen die Verluste bei gesteigerter Lagertemperatur. Hier setzt offenbar bereits die besonders beim Erhitzen ablaufende *Maillard-Reaktion* (vgl. unten) ein. Luftsauerstoff fördert derartige Schädigungen, kurzfristige Lagerung bei niederen Temperaturen und inerter Gasphase vermag diese Minderungen praktisch auszuschalten.

b) *Hitzeeinwirkung* führt zu wesentlich tiefergreifenderen auch äußerlich in Erscheinung tretenden Veränderungen, die erwünscht oder aber unerwünscht sein können. *Wertsteigernd* wirkt sich die Lockerung des Proteingefüges, die Eiweißdenaturierung und die resorptionsfördernde Freilegung von Aminosäuren auf die Verwertbarkeit der Eiweißstoffe aus. Weiterhin kann durch Hitzebehandlung die Inaktivierung von „*Trypsin-Inhibitoren*" (vgl. S. 192), wie sie in Soja, anderen Leguminosen und zahlreichen weiteren Lebensmitteln vorkommen und die Eiweißverdauung empfindlich zu hemmen vermögen, erreicht werden.

Diesen positiven Effekten steht die ungleich wichtigere und häufigere, biologisch wie chemisch eindeutig erwiesene *Wertminderung* der Nahrungsproteine gegenüber. Sie wurde beobachtet beim Erhitzen und übermäßigen Sterilisieren von Sojamehl, Fleisch und Fleischprodukten, Eiproteinen, Hefen und Molkenpulver beim Backen von Zwieback und Maiskuchen, beim Aufschluß von Cerealien und Leguminosenmehlen. Dabei können beträchtliche Verluste u. a. an Lysin, Histidin, Arginin, Tryptophan, Methionin und Threonin eintreten. Besonders empfindlich ist die Milch, wo übermäßige Trockentemperatur oder Sterilisierung sich schon äußerlich in bräunlicher Verfärbung (Caramelisierung) zeigen. Hier wie bei der Trocknung können in der technologischen Lebensmittelverarbeitung durch entsprechende Gestaltung des Fabrikationsganges Wertminderungen weitgehend eingeschränkt werden. Ein ganz neues Licht auf Erhitzungsschäden bei Proteinen wirft die Mitteilung, wonach neben einer Minderung der biologischen Wertigkeit auch die Bildung toxischer Produkte eintreten kann.

Bei anderen Zubereitungsarten indessen, so beim Backen, Rösten, Braten, Bräunen oder Puffen, Prozessen, wie sie von alters her zur Erhöhung der Schmackhaftigkeit und Bekömmlichkeit üblich sind, wird diese Werterhaltung auch unter Vorsichtsmaßnahmen nicht zu erreichen sein. Hier treten hohe, oft über 200° C liegende Temperaturen auf; beim „Puffen" von Getreide (S. 468) liegt die Arbeitstemperatur sogar bei etwa 300° C. Die thermische Wirkung erfaßt beim Backen und Braten im wesentlichen den Krustenanteil, beim Bräunen und insbesondere beim Rösten und Puffen beträchtliche Mengen des gesamten Lebensmittels. Hierbei kann zunächst rein thermischer Abbau bestimmter Aminosäuren eintreten. Er wurde in vielen Fällen nachgewiesen, so bei Casein, Lactalbumin und Hühnerfleischproteinen. Wichtiger und umfassender ist die Inaktivierung oder Zerstörung durch *Wechselwirkung* der Aminosäuren mit anderen Substraten.

Besondere Bedeutung hat hier die 1912 von L. C. Maillard entdeckte und nach ihm benannte Reaktion erlangt. Das klassische Modellsystem Maillard's war ein Gemisch konzentrierter Lösungen von Glucose und Glycin. Beim Erhitzen traten die in der Folgezeit auch an anderen Systemen studierten Erscheinungen auf: Bildung verschiedener ungesättigter, braungefärbter und stickstoffhaltiger, löslicher bis unlöslicher polymerer Substanzen, die „*Melanoidine*" genannt wurden, Sie spielen bei einer fast unübersehbaren Reihe lebensmittelchemischer und -technologischer Prozesse ein wichtige Rolle. Reaktionspartner sind zunächst verschiedene *Aminosäuren*, insbesondere *Lysin* und *Arginin*, außerdem noch viele andere, wie Histidin, Cystin, Tyrosin oder Tryptophan. Daneben reagieren alle *reduzierenden Zucker*, am stärksten die Pentosen, dann in abnehmender Reihenfolge Glucose, Lactose, Maltose und Fructose, *nicht* aber als nichtreduzierender Zucker die Saccharose, Beteiligt können außerdem sein: Ascorbinsäure (z. B. bei Citrussäften), Zuckersäuren und andere organische Säuren, basische Gruppen der Lipoidfraktion (bei Trockenei) u. a. m. Neben den obengenannten Endprodukten der Melanoidine treten im Reaktionsablauf vor allem ungesättigte reduzierende Substanzen mit *Redukton*-Charakter, *Furfuralderivate*, *Aldehyde* und im Endstadium *Kohlendioxid* auf. Weitere Komplikationen sind dadurch bedingt, daß auch reaktionsfähige Zwischenstufen des *Fettverderbens* hier eingreifen.

Über Aroma- und Farbentwicklung von Glucose-Aminosäuren-Gemischen bei verschiedenen Temperaturen unterrichtet die folgende Tabelle 5. Umfangreiches Material bringt T. F. Stewart (153).

Tabelle 5. Aromabildung beim Erhitzen verschiedener Aminosäuren mit Glucose bei zwei unterschiedlichen Temperaturen. 0 = ohne Farbbildung; + bis ++++ = wenig bis sehr stark gebräunt (Nach W. J. Herz, u. Mitarb., 1960).

Aminosäure	100° C Aroma	100° C Farbe	180° C Aroma	180° C Bräunungsbeginn ° C
Valin	Roggenbrot	+	durchdringend, Schokolade	80
Leucin	süßlich, Schokolade	0	verbrannt, Käse, unangen.	120
Isoleucin	muffig	++	verbrannt, Käse, unangen.	110
Prolin	verbranntes Eiweiß	++	angenehm, Backaroma	120
Methionin	Kartoffeln	+	Kartoffeln	110
Glutaminsäure	Schokolade	++	Krokant	130
Threonin	Schokolade	++	verbrannt	100
Histidin	kein	++	Maisbrot	120
Asparaginsäure	Kandiszucker	0	Caramel	60
Arginin	Popcorn	++++	verbrannter Zucker	60
Lysin (HCl)	kein	+++	brotähnlich	130
Phenylalanin	Veilchen	+	Veilchen, Flieder	80
Glucose allein	kein	0	Caramel	150

Trotz der eminenten Bedeutung derartiger Umwandlungen ist der *Reaktionsablauf noch weithin unbekannt.*

Primär reagiert ein Zucker (z. B. Glucose) mit einer Aminoverbindung (z. B. einer Aminosäure) zum N-Glykosid, das einer Amadori-Umlagerung zum Fructosederivat unterliegt. In weiterer Reaktion kann über *Osone Hydroxymethylfurfural* entstehen. Beide Verbindungsgruppen reagieren mit Aminoverbindungen zu den bekannten, beim Erhitzen von Lebensmitteln auftretenden braunen Pigmenten, die der Reaktionsfolge den Namen „*nichtenzymatische Bräunung*" gaben. Die erwähnten Osone als α-Dicarbonylverbindungen setzen sich mit Aminosäuren zu Aminoketonen und -Aldehyden um. Die als „*Strecker-Abbau*" bekannte Reaktion ist im folgenden Bild dargestellt.

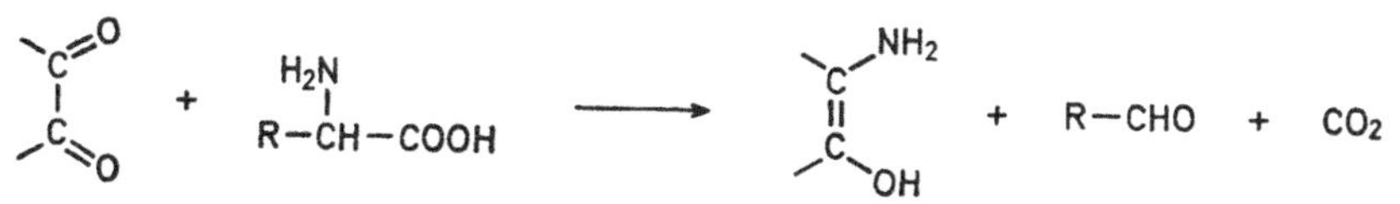

Valin

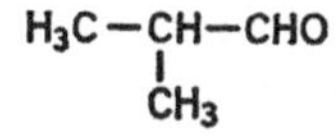

Leucin

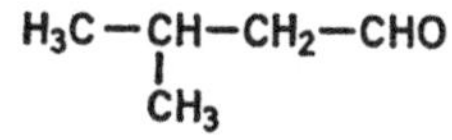

Isoleucin

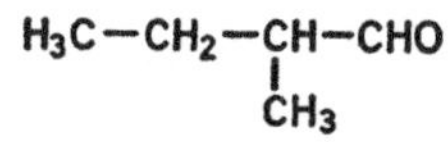

Dabei entsteht z. B. aus Valin 2-Methyl-propanal, aus Leucin 3-Methyl- und aus Isoleucin 2-Methyl-butanal. An weiteren im Rahmen der Maillardreaktion entstehenden Verbindungen seien u. a. genannt: Furanonderivate, n-(2-Furacyl)glycin, methylsubstituierte Pyrazine. Auch die Isolierung von Bräunungspigmenten wurde in Angriff genommen.

I. R. Hodge (1953) hat versucht, die ablaufenden Reaktionsmöglichkeiten in folgendem Diagramm zusammenzufassen.

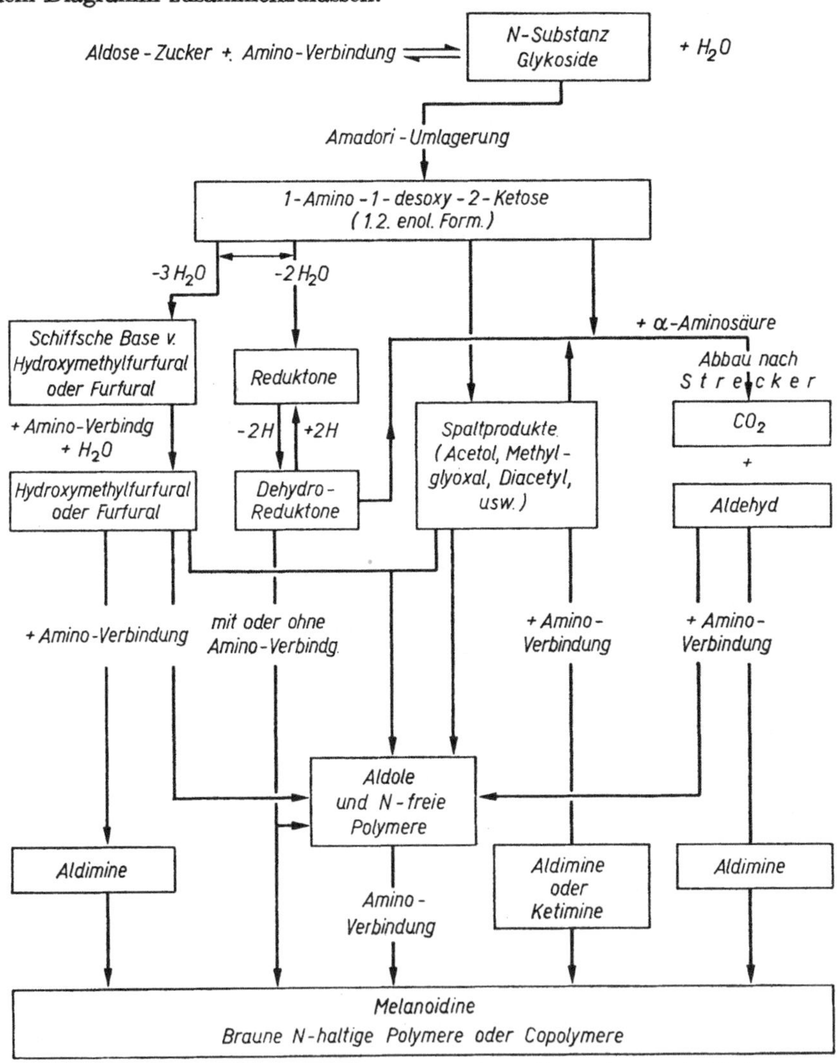

Abb. 1. Reaktionsschema für die Maillard-Reaktion nach Hodge

Eine neuere Darstellung bringt T. F. Stewart, (153). Zur Maillard-Forschung vgl. K. Heyns u. Mitarb. (in 162, Bd. V).

Die Maillard-Reaktion tritt optimal bei *Wassergehalten* zwischen 5 und 10% ein, kommt bei solchen unter 3% praktisch zum Stillstand und weist als Charakteristikum einen hohen *Temperaturfaktor* auf: Steigerung der Lagertemperatur um 10° C kann die Reaktionsgeschwindigkeit vervierfachen. Ernährungsphysiologisch bedeutsam ist die Maillard-Reaktion deshalb, weil die gebildeten Aminosäure-Kohlenhydratkomplexe in vielen Fällen zwar bei der chemischen Hydrolyse gespalten und so die einzelnen Komponenten analytisch faßbar werden, im Organismus jedoch der Aminosäureanteil nicht oder nur unvollständig durch die Verdauungsenzyme freigesetzt werden kann. Im Endergebnis tritt trotz chemisch unveränderter Aminosäurebilanz eine physiologische Wertminderung auf.

Betroffen von solchen Blockierungen wird vor allem die essentielle Aminosäure Lysin, daneben treten auch Methioninschädigungen auf. Chemische Methoden erlauben es, den Anteil an physiologisch nutzbarem Lysin („*available lysine*") zu bestimmen. Beim Backen von Brot werden beispielsweise 15% des im Mehl enthaltenen Lysins zerstört. Wichtigstes Reaktionsprodukt von Lysin mit Glucose beim Erhitzen von Lebensmitteln ist im Initialstadium der Maillard-Reaktion das *Fructoselysin*.

Reaktionen dieser Art begegnen wir auf allen Gebieten der Lebensmittelchemie (Trockenmilch, Trockenvollei, Obstsäfte, Fleisch, Brot, Stärkesirup, Bier), auch dann, wenn die Komponenten nicht im natürlichen Verband des Lebensmittels vorliegen, sondern erst bei küchenmäßigen oder technologischen Prozessen (Zuckerwaren- und Nährmittelherstellung, Trockensuppen) zusammengebracht werden.

c) *Der Einfluß chemischer Agentien* äußert sich z. B. bei Hydrolyse von Proteinen durch Säuren oder Laugen zur Gewinnung von Pasten, Würzen oder Aminosäurehydrolysaten. Der hier gebildete braungefärbte „*Huminstickstoff*" verdankt sein Entstehen u. a. der Zerstörung von Aminosäuren, wobei im sauren Medium vor allem Tryptophan, daneben Phenylalanin und Tyrosin, bei alkalischer Reaktion Cystin und Methionin weitgehend abgebaut werden. Derartige Reaktionen stellen ja auch ein bis heute noch nicht befriedigend gelöstes Problem der Eiweißanalytik dar. Und schließlich mindern solche Hydrolysen den biologischen Wert durch Racemisierung, da der Großteil gebildeter „unnatürlicher" D-Aminosäuren vom Menschen nicht verwertet wird.

Extraktion von Sojabohnenmehl mit Trichloräthylen führt zur Bildung des toxischen *S-(1.2-Dichlorvinyl)-L-cystein.*

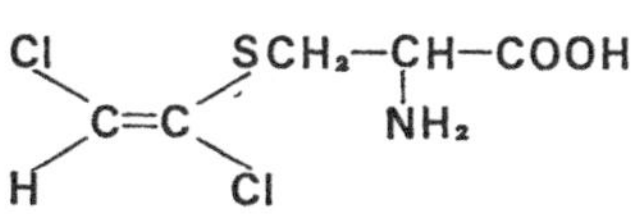

Beispiele anderer Art für chemisch bedingte Wertminderungen sind der alkalische Aufschluß von Fischprotein unter Verwendung von Wasserstoffperoxid oder die Inkorporierung von Methylbromid in Cerealienprotein bei der Begasung.

Hier entstehen u. a. S-Methylcystein, Methylmethionin-sulfoniumverbindungen, DL-1- bzw. 3-Methylhistidin, 1.3-Dimethylhistidin und ε-N-Methyllysin, Verbindungen ohne schädliche Wirkung.

Ein klassisches Beispiel ist die Umwandlung von *Methionin* bei der Mehlbleichung mit Stickstofftrichlorid (Agene-Verfahren) in das für Hunde und einige andere Tiere hochgiftige *Methioninsulfoximin*, das in der Kleberfraktion des Mehles lokalisiert wird. Die Entdeckung dieser Substanz und ihrer toxischen Wirkung beim Hund hat zum Verbot dieses Bleichungsmittels in allen Kulturstaaten geführt. Chemisch-physikalische Abwandlungen der Proteinsubstanz sind bei Behandlung der Lebensmittel mit *energiereicher Strahlung* gegeben. Sie greifen vor allem schwefelhaltige Aminosäuren an und sind dadurch an den hier oft beobachteten Geruchs- und Geschmacksabwandlungen beteiligt (S. 289/290).

d) Wesentlich anders geartet sind *Eiweißveränderungen*, wie sie im Verlauf *enzymatisch gesteuerter Prozesse* vor sich gehen. Solche Verfahren stehen von jeher im Dienst unserer Lebensmittelaufbereitung, so z. B. bei der Bier- und Weinbereitung, Brennerei, Tee-, Tabak- und Kakaofermentierung. Nährwertmäßig sind sie dort ohne wesentliche Bedeutung, wo sie vor allem zur Ausbildung spezifischer Geruchs-, Aroma- und Geschmacksträger oder zur Entfernung störender Eiweißanteile führen: Abbau von Aminosäuren in Maischen zu höheren Alkoholen und deren Estern, die für die Bukettbildung bedeutungsvoll sind; enzymatische Proteinspaltung in der Würze zur Verhinderung von Eiweißtrübungen im Bier; Hydrolyse und Desmolyse von Proteinen im Rohtabak bei der Fermentierung, um dem Aroma des Fertigproduktes abträgliches Eiweiß zu eliminieren u. a. m. Andere Prozesse dieser Art greifen jedoch tief in die Substanz des Gesamtlebensmittels ein. Erinnert sei an die *Fleischreifung*, in deren Verlauf neben den Muskelproteinen auch die Bindegewebssubstanz proteolytische Spaltung erfährt oder an die Käsereifung, bei der die Gesamtsubstanz des Käses durch eine Vielfalt von Enzymen teilweise bis zu Ammoniak und Kohlendioxid abgebaut wird. Freigesetzte Peptide, Aminosäuren und eine unübersehbare Zahl weiterer Spaltprodukte weisen oft spezifischen Geruch und Geschmack auf und sind damit als wesentliche Geschmacks- und Aromaträger enzymatisch veränderter Lebensmittel zu werten.

Ungünstige Wirkungen derartiger Abbaumechanismen treten dann auf, wenn z. B. Peptide mit ausgesprochenem Bittergeschmack, so bei der Käsereifung entstehen (vgl. S. 423). Über die in zahlreichen Lebensmitteln aufgefundenen *Trypsininhibitoren* und ihre Bedeutung im Rahmen der Lebensmittelgewinnung und -verarbeitung siehe S. 192.

e) Bisher behandelte Fragestellungen beschäftigten sich mit dem Problem, inwieweit durch die erörterten Behandlungsarten die *Qualität*, also der biologische Wert des Nahrungseiweißes verändert wird. Es gibt aber auch Prozesse, bei denen die *Quantität* der verfügbaren Proteinmenge entscheidende Änderungen erfahren kann. Im *negativen* Sinne ist dies der Fall, wenn bei der „Veredelung" oder Raffination unserer Lebensmittel nicht nur akzessorische Wirkstoffe (Vitamine u. a), sondern auch biologisch wertvolle Proteinanteile entfernt werden. Dies gilt z. B. für niedrig ausgemahlene, von biologisch wertvollen Proteinfraktionen des Kornes befreite Mehle oder für Entbitterungsverfahren, bei denen leicht lösliche Stickstofffraktionen zu Verlust gehen. *Positiv* zu werten sind Bestrebungen, durch Neuzüchtung Sortenbeschränkung und Sortenwahl, Standortwechsel, geänderte Düngungs- und Kulturmaßnahmen die Proteinqualität und -quantität unserer Nutzpflanzen zu steigern und die verfügbare Gesamteiweißmenge zu erhöhen.

Dies gilt vor allem für die neuerdings erfolgreichen Bestrebungen, Getreidearten zu züchten, deren Proteinanteil durch gesteigerten Gehalt an essentiellen Aminosäuren biologisch aufgewertet ist (vgl. S. 496). In diese Richtung weisen auch Versuche, den Proteinanteil in Mehlen durch *Windsichtung* quantitativ verschieden auf Mehlfraktionen zu verteilen.

Zusammenfassend zeigen diese Beispiele, daß bei vielen Prozessen der Lebensmittelaufbereitung oft beträchtliche Wertminderungen des verfügbaren Nahrungseiweißes eintreten können. Hierbei sind nicht allein Fragen der Ausbeute oder der zweckmäßigen Verfahrenstechnik zu berücksichtigen. Ebenso wichtig erscheint es, die Ermittlung der Aminosäurebilanz, ihre Veränderung im Laufe der Lebensmittelgewinnung und damit die Kennzeichnung des biologischen Wertes neben die obengenannten technischen Gesichtspunkte zu stellen.

2. Aminosäuren

Bis heute sind als normale ubiquitär vorkommende Bausteine der Proteine etwa zwei Dutzend Aminosäuren bekanntgeworden, die man nach verschiedenen Gesichtspunkten klassifiziert. Je nachdem, ob sie aliphatischer Natur sind oder ob sich in der Seitenkette der Grundstruktur:

R—CH(HN₂) · COOH

ein aromatischer oder heterocyclischer Ring befindet, unterscheidet man *acyclische* (*aliphatische*) von *cyclischen* Aminosäuren. Hinsichtlich bestimmter charakteristischer Molekülbestandteile spricht man von *Hydroxyaminosäuren* oder *schwefelhaltigen* Aminosäuren. Eine dritte hier gebrauchte Einteilung geht davon aus, daß viele Aminosäuren je eine Amino- und eine Carboxylgruppe enthalten, andere wiederum die genannten Gruppen mehrmals aufweisen können. Danach unterscheidet man unter Abtrennung der „heterocyclischen" Aminosäuren:

Monoaminomonocarbonsäuren (Glycin, Alanin, Valin, Leucin, Isoleucin, Phenylalanin, Tyrosin, Serin, Threonin, Cystin, Cystein, Methionin) mit annähernd *neutraler* Reaktion.

Monoaminodicarbonsäuren von überwiegend *saurer*, durch die 2 Carboxylgruppen bedingter Natur (Asparaginsäure, Glutaminsäure),

Diaminomonocarbonsäuren, die *basisch* reagieren (Ornithin, Lysin, Hydroxylysin, Arginin),

heterocyclische Aminosäuren (Histidin, Tryptophan, Prolin, Hydroxyprolin).

Neben diesen „klassischen" Aminosäuren sind noch eine Reihe weiterer in speziellen Proteinen gefundener („seltener") Aminosäuren bekanntgeworden, so *Sarkosin* (Methylglycin) aus Erdnußeiweiß, α-Amino-γ-guanidinohydroxybuttersäure (*Canavanin*) aus Sojabohneneiweiß, Djenkolsäure (ein Cystinhomologes) aus dem Eiweiß der Djenkolbohne, ε-N-Mono-, Di- und Trimethyllysin aus Leber- und Tumorzellen der Maus, *a-Aminoadipinsäure* aus Maiseiweiß, *Octopin* (ein Argininderivat) aus dem Muskel von Octopus, die Aminosäuren α-Aminobuttersäure, α-Amino-β,β-dimethyl-γ-hydroxybuttersäure und α,ε-Diaminopimelinsäure aus Mikroorganismen und schließlich als lebensmittelchemisch besonders bedeutungsvoll verschiedene Derivate schwefelhaltiger Aminosäuren.

Weitere Beispiele für seltene, in neuerer Zeit aufgefundene Aminosäuren sind das 4-Oxo-5-methylprolin als Baustein von Actinomycin Z_1, die L-Dihydro-xanthurensäure aus Schmetterlingen oder das S-(Isopropyl-carboxymethyl)-cystin („Isovalthin") aus pathologischem Harn. Seit Einführung moderner Analysenmethoden hat sich die Zahl der in der Natur aufgefundenen Aminosäuren auf über 80 erhöht und ihre Zahl nimmt stetig zu. Viele solcher neuen Substanzen werden bei den einzelnen Lebensmitteln besprochen, wo sie eine wichtige Rolle u. a. als Träger spezifischer Geruchs- und Geschmackskomponenten oder als toxische Bestandteile spielen.

Alle aus natürlichen Quellen isolierten Aminosäuren sind — mit Ausnahme des Glycins — *optisch aktiv* und drehen teils links, teils rechts. Konfigurativ werden sie auf die rechtsdrehende (+)-Milchsäure (Fleischmilchsäure) bzw. den L-Glycerinaldehyd zurückgeführt, sind also als L-*Formen* zu betrachten. Sie tragen (mit Ausnahme von Prolin und Hydroxyprolin) am α-*C-Atom* eine primäre Aminogruppe, die stets (außer beim Glycin) asymmetrisch ist. D-*Aminosäuren* („unnatürliche", besser „atypische" Aminosäuren) finden sich in Antibioticis (D-Phenylalanin, D-Leucin und D-β-Thiovalin), in Mutterkornalkaloiden (D-Prolin) und in der Kapselsubstanz von Milzbrandbacillen, in dem am Verderben vieler Lebensmittel beteiligten Bacillus subtilis (mesentericus) und in dem Milchsäurebildner Lactobacillus arabinosus (D-Glutaminsäure, D-Alanin).

Die Unterteilung nach physiologischen Gesichtspunkten in *essentielle* (lebensnotwendige) und in *entbehrliche* Aminosäuren wurde bereits erörtert.

a) Allgemeine Kennzeichnung der Aminosäuren

Die Aminosäuren sind farblose kristallisierte in Wasser mit wenigen Ausnahmen (Leucin, Tyrosin, Cystin) leicht, in Alkohol schwer, in anderen organischen Lösungsmitteln praktisch unlösliche Substanzen. Sie zeigen oft spezifischen Geschmack, der z.B. bei Glycin ausgesprochen süß, bei Arginin deutlich bitter ist. Da sie im Molekül mindestens je eine NH_2- und eine COOH-Gruppe enthalten, sind sie *Ampholyte*. In wäßriger saurer Lösung liegen sie als Kationen (I), in alkalischer als Anionen (III) vor, innerhalb eines bestimmten pH-Bereiches sind sie sowohl positiv wie auch negativ geladen und bilden dann ein „*Zwitterion*" oder „*Dipol-Ion*" (II). Die ungeladene Form tritt nicht auf.

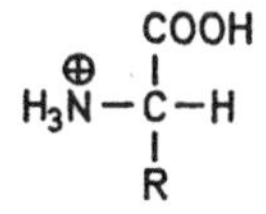
I

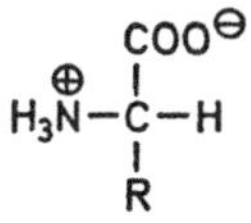
II

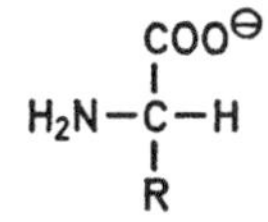
III

Da die Dissoziationen des Kations wie des Anions auch bei einfachen Aminosäuren nicht gleich sind, reagieren diese als Ampholyte im allgemeinen nicht neutral. Löst man die Aminosäuren in reinem Wasser auf, so stellt sich durch Pufferwirkung ein charakteristischer pH-Wert ein, der von Aminosäure zu Aminosäure verschieden ist und bei dem keine Wanderung der Aminosäuren im elektrischen Feld stattfindet. Man bezeichnet diesen pH-Wert als *isoelektrischen Punkt* (*pI*), da hier die gelösten Partikel gleich stark positiv wie negativ geladen sind. Zugabe von Säure oder Lauge ladet die Partikel; bei pH-Werten größer als *pI* überwiegt die *negative*, bei solchen kleiner als *pI* die *positive* Ladung. Wanderungsrichtung und -geschwindigkeit bei *konstant gehaltenem* pH (Puffer) sind im elektrischen Feld und an Ionenaustauscherharzen verschieden, worauf sich die Methoden der *Trägerelektrophorese* und der Aminosäuretrennung an *Ionenaustauschersäulen* gründen. Der isoelektrische Punkt liegt für Monoaminocarbonsäuren in der Nähe des Neutralpunktes (Alanin *pI* = 6,0), für saure Aminosäuren entsprechend niedriger (Glutaminsäure = 3,08) und für basische Aminosäuren im alkalischen Gebiet (Lysin = 9,74). Man kann ihn aus den pK-Werten der Säure und der basischen Gruppe berechnen:

$$\frac{pK_1 + pK_2}{2} = pI$$

Die *Ampholytnatur* der Aminosäuren besitzt größte physiologische Bedeutung für die *Pufferkapazität* von Körperflüssigkeiten und anderen biologischen Systemen. Zum Abfangen zugesetzter oder bei verschiedenen Prozessen entstehender Wasserstoff- bzw. Hydroxylionen spielt sie auch bei der Gewinnung oder Verarbeitung unserer Lebensmittel eine wichtige Rolle.

Auch die aus Aminosäuren aufgebauten hochmolekularen *Proteine* sind durch ihren Gehalt an sauren oder basischen Gruppen im Molekül als Ampholyte anzusehen. Sie besitzen infolgedessen gleichfalls einen je nach der Proteinart wechselnden, spezifisch isoelektrischen Punkt, worüber bei den Eiweißstoffen Näheres ausgeführt wird.

Die Ampholytnatur der Aminosäuren tritt dann besonders deutlich in Erscheinung, wenn die saure oder basische Komponente blockiert wird. Ausschaltung der Säuregruppe, z. B. durch Veresterung, liefert stark basisch reagierende Aminosäureester; Markierung der Aminogruppe (z. B. durch Formaldehyd) führt zu sauer reagierenden Schiffschen Basen. Beide Möglichkeiten dienen zur Aminosäurebestimmung (s. unten). Auf Grund der Säure- wie der Basennatur bilden die Aminosäuren Chlorhydrate sowie Alkali- und Schwermetallsalze; durch Substitution der Aminogruppe mit Benzoylchlorid, Naphthalinsulfochlorid u. a. m. entstehen schwerlösliche analytisch benutzte Derivate.

Zum *Nachweis* und zur *Bestimmung* der Aminosäuren dient eine Reihe von *Farbreaktionen*, die bei den Proteinen zusammengefaßt werden. Viele von ihnen haben auch zur quantitativen (colorimetrischen) Bestimmung der Aminosäuren Anwendung gefunden. Besonders wichtig ist die intensive Blau- bzw. Blauviolettfärbung, die alle

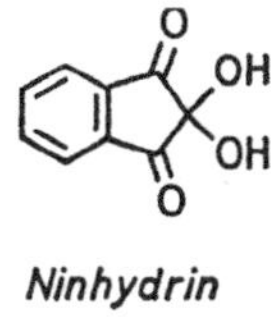
Ninhydrin

α-Aminosäuren (mit Ausnahme des gelb reagierenden Prolins) mit „*Ninhydrin*" (Triketohydrindenhydrat) liefern.

Dabei wird die Aminosäure zu dem um ein C-Atom ärmeren Aldehyd oxydiert, gleichzeitig erfolgt Decarboxylierung. Die volumetrische Bestimmung des hier abgespaltenen Mols CO_2 wird gleichfalls zur Aminosäureanalyse herangezogen.

Infolge ihrer Ampholytnatur sind die Aminosäuren direkt *nicht* titrierbar. Die routinemäßige *quantitative Bestimmung* erfolgt nach zwei grundsätzlich verschiedenen Richtungen, wobei entweder die Carboxyl- oder die Aminogruppe erfaßt wird. Aminosäurebestimmungen durch Titration der *Carboxylgruppe* sind die „*Formoltitration*" nach S. P. L Sörensen (1907), bei der die Aminogruppe durch Formaldehyd unter Bildung einer Schiffschen Base blockiert wird:

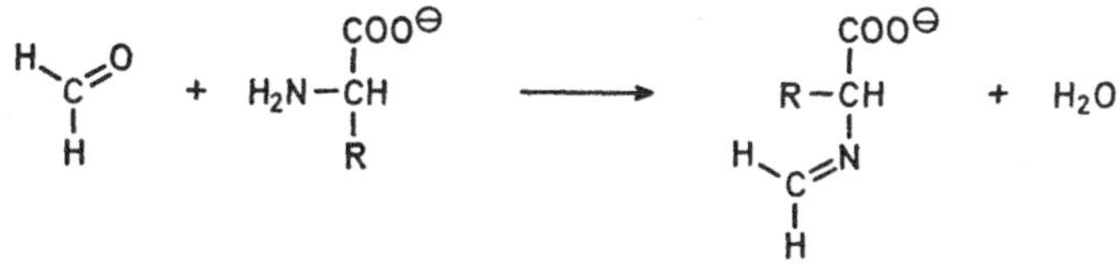

Schiffsche Base

außerdem die „*alkoholische Titration*" nach R. Willstätter und E. Waldschmidt-Leitz (1921), wo in Gegenwart hochprozentigen Alkohols die Dissoziation der Carboxylgruppe allein erhöht und der Umschlagsbereich des Indicators nach dem alkalischen Gebiet verlagert wird. Die Bestimmung der *Aminogruppen* kann acidimetrisch nach K. Linderstrøm-Lang (1928) in Gegenwart von Aceton mit Naphthylrot als Indicator erfolgen. Die gebräuchlichste Methode zur Erfassung der freien Aminogruppe in Aminosäuren, Peptiden und Proteinen ist jedoch die von D. D. van Slyke (1910). Hier wird der bei der Einwirkung von salpetriger Säure aus α-Aminogruppen freigesetzte Stickstoff volumetrisch ermittelt.

Viele andere Bestimmungs- und Gruppentrennungsmethoden besitzen heute nur noch historisches Interesse, wie z. B. fraktionierte Esterdestillation nach E. Fischer. Isolierung der Dicarbonsäuren Asparagin- und Glutaminsäure nach F. W. Foreman (1914) finden spezielle Anwendung [z. B. Hexonbasentrennung nach dem Silber-Baryt-Verfahren von A. Kossel und F. Kutscher (1900)].

Die modernen Methoden arbeiten mit minimalem Substanzbedarf und relativ schnell auf der Basis der *Papierchromatographie*, bzw. *Dünnschichtchromatographie*, wo statt des Papiers Kieselgel, Cellulosepulver oder Aluminiumoxid verwendet wird, der *Elektrophorese* und besonders der *Säulenchromatographie* an Ionenaustauscherharzen. Weitere neuzeitliche Verfahren sind die mikrobiologischen Methoden, die Bestimmung einzelner Aminosäuren mit Hilfe spezifischer Decarboxylasen (vgl. bei den Enzymen) und die Isotopenverdünnungsanalyse. Für einzelne Aminosäuren spektrophotometrisch ausgewertete Farbreaktionen werden bei den Proteinen besprochen.

b) Die einzelnen Aminosäuren

In der Tabelle 6 (S. 22) sind die Formeln der wichtigsten Aminosäuren zusammengestellt.

α) *Monoaminomonocarbonsäuren*

Glycin („Leimsüß"), Glykokoll, α-Aminoessigsäure, findet sich vor allem in der Leimsubstanz von Knochen und Haut, dem Kollagen (etwa 25—30%), außerdem in Keratin, im Rindermuskel (etwa 5%), in Milchproteinen (2%). Es fehlt in den meisten Albuminen. Die Aminosäure ist nicht essentiell. Glycin ist die einzige optisch inaktive Aminosäure. Sie ist an Entgiftungsmechanismen beteiligt, indem sie beispielsweise das Konservierungsmittel Benzoesäure zu *Hippursäure* (Benzoylglycin) bindet.

Tabelle 6. Die wichtigsten Aminosäuren

I

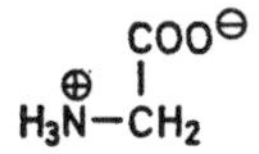
Glycin (*Gly*)

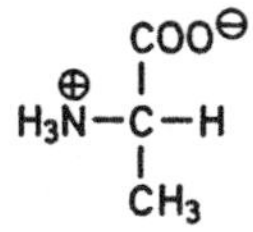
L-*Alanin* (*Ala*)

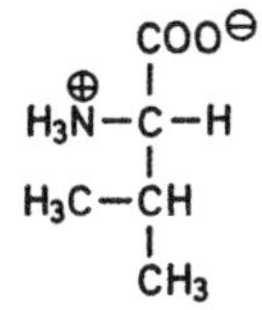
L-*Valin* (*Val*)

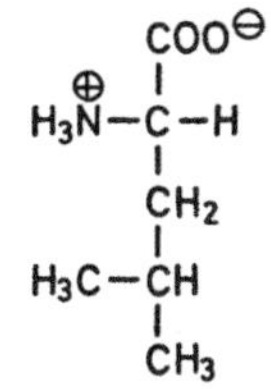
L-*Leucin* (*Leu*)

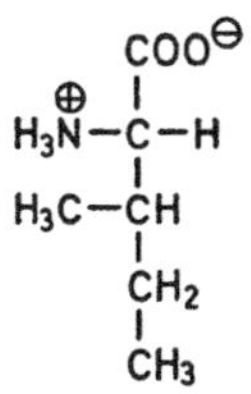
L-*Isoleucin* (*Ile*)

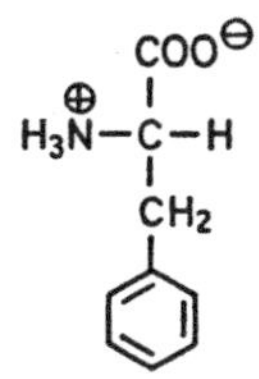
L-*Phenylalanin* (*Phe*)

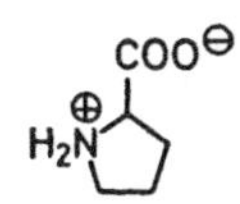
L-*Prolin* (*Pro*)

II

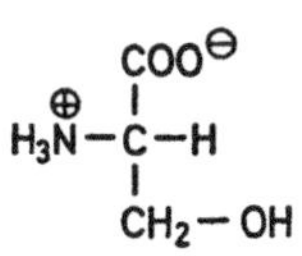
L-*Serin* (*Ser*)

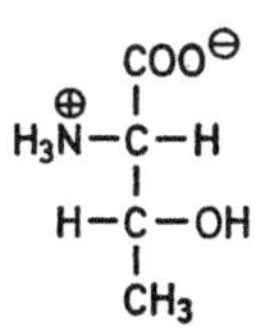
L-*Threonin* (*Thr*)

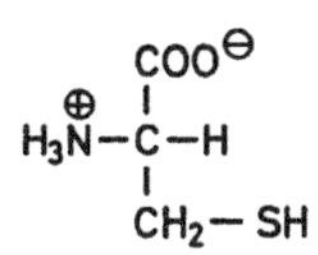
L-*Cystein* (*Cys*)

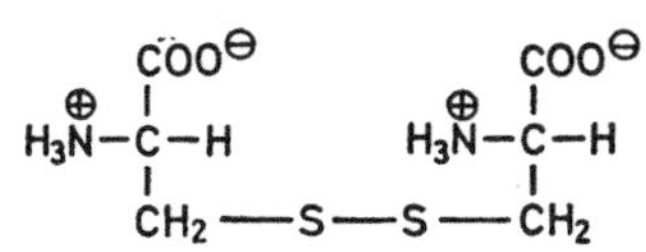
L-*Cystin* (*Cys-Cys*)

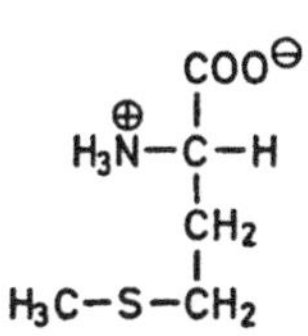
L-*Methionin* (*Met*)

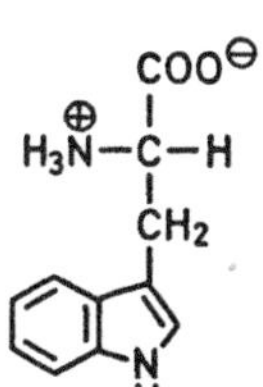
L-*Trypophan* (*Try*)

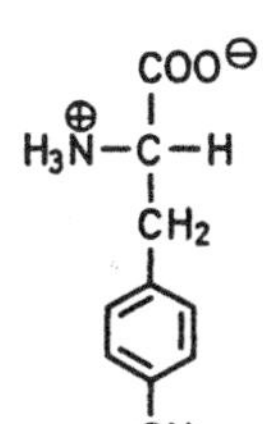
L-*Tyrosin* (*Tyr*)

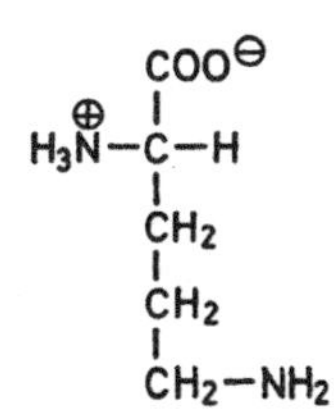
L-*Ornithin* (*Orn*)

III

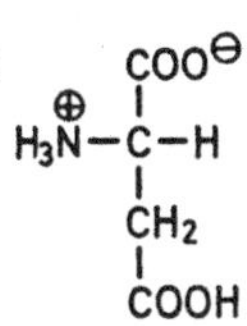
L-*Asparaginsäure* (*Asp*)

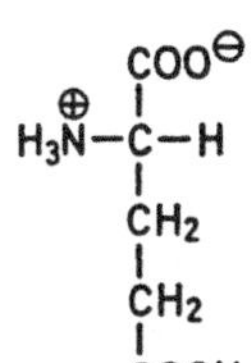
L-*Glutaminsäure* (*Glu*)

IV

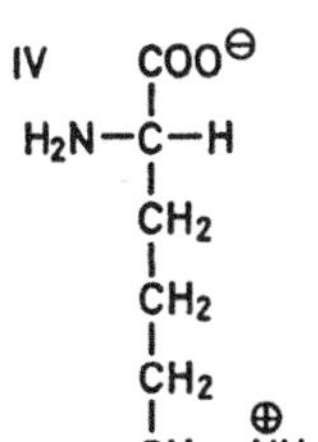
L-*Lysin* (*Lys*)

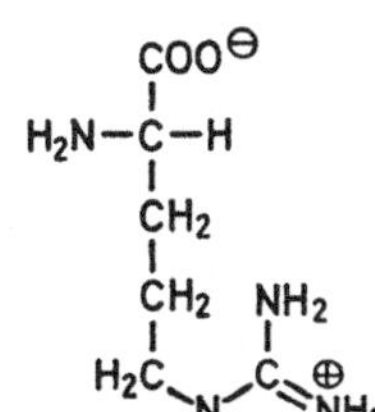
L-*Arginin* (*Arg*)

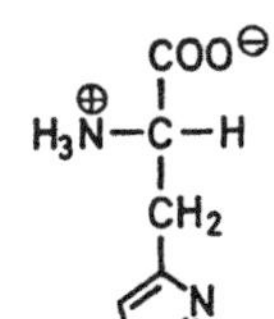
L-*Histidin* (*His*)

L-*Alanin*, α-Aminopropionsäure, kann im Organismus weitgehend durch Transaminierung gebildet werden und ist eine der wichtigsten Aminosäuren, da viele aliphatische und aromatische Aminosäuren Substitutionsprodukte des Alanins sind. Es kommt in fast allen Proteinen vor, besonders reichlich in Seidenfibroin (25%); Gelatine und Zein enthalten etwa 9%, Rindermuskel 4%, in der Mehrzahl der Proteine variiert der Gehalt zwischen 1 und 5%. Für den menschlichen Organismus ist Alanin entbehrlich. β-Alanin ist die einzige in der Natur ubiquitär vorkommende β-Aminosäure. Auch als Bestandteil der Pantothensäure und damit des Coenzyms A (vgl. S. 168) sowie der beiden Peptide Carnosin und Anserin, die sich in der Säuger- bzw. Vogelmuskulatur finden, besitzt es physiologische Bedeutung.

L-α-*Aminobuttersäure* ist bisher als Eiweißbaustein mit Sicherheit noch nicht aufgefunden worden. Sie kommt jedoch, gleich der γ-Aminobuttersäure, als Decarboxylierungsprodukt der Glutaminsäure in vielen Lebensmitteln vor, z. B. im reifenden Käse sowie in Getreide.

L-*Serin*, α-Amino-β-hydroxypropionsäure, kommt in den meisten Proteinen (zu etwa 2% oder weniger) vor, reichlich in Seidenleim und im Schweiß. Außer als Eiweißbaustein spielt sie auch als Bestandteil von Lipoiden (*Serinphosphatiden*), wie sie in Weizen- und Roggenkeimlingen enthalten sind, eine Rolle. Im *Casein* ist die Hauptmenge des gebundenen Phosphors mit Serin verestert (S. 43). Besondere Bedeutung besitzt Serin als aktives Zentrum proteolytischer Enzyme.

Streptomycesstämme produzieren zwei antibiotisch wirksame Serinderivate, das *Azaserin* und das *Cycloserin*.

L-*Cystein*, α-Amino-β-thiopropionsäure (Thioserin) ist mit Valin an der Biogenese des Penicillins beteiligt. Bei Extraktion von Lebensmitteln mit Cl-haltigen Lösungsmitteln entsteht toxisches S-(Dichlorvinyl)-L-Cystein. Das Begasungsmittel Äthylenchlorid liefert mit Cystein ein gleichfalls toxisches Reaktionsprodukt, mit Methionin eine biologisch unwirksame Verbindung. Cystein geht durch Oxydation (Dehydrierung) sehr leicht über in:

L-*Cystin* (griech. kystis = Harnblase) ist sehr schwer löslich, kristallisiert deshalb leicht aus Hydrolysaten aus und gibt beim Kochen mit Alkalien H_2S ab („Schwefelbleiprobe"). Es findet sich besonders reichlich in Haaren, Nägeln, Hufen, ganz allgemein in Hornsubstanzen (Keratinen) und wurde zum ersten Male aus Harnsteinen isoliert. Proteine enthalten im Durchschnitt 1—2% Cystin; sehr arm an Cystin ist Gelatine. Aus der Djenkolbohne wurde ein dem Cystin ähnlicher Stoff, die *Djenkolsäure* isoliert. Der reversible Prozeß:

$$\text{Cystein} \rightleftharpoons \text{Cystin}$$
$$(\text{R} \cdot \text{SH, Sulfhydryl}) \rightleftharpoons (\text{R} \cdot \text{S—S} \cdot \text{R, Disulfid})$$

spielt mit großer Wahrscheinlichkeit als Redoxsystem bei den Atmungsvorgängen im Gewebe eine wichtige Rolle, und zwar in Verbindung mit dem Peptid *Glutathion* (S. 30).

L-*Methionin*, α-Amino-γ-methylthiobuttersäure, ist die eigentliche essentielle schwefelhaltige Aminosäure und offenbar die Muttersubstanz von Cystin und Cystein. Etwa $^1/_3$—$^1/_6$ des in der Nahrung enthaltenen Methionins kann durch die beiden obengenannten schwefelhaltigen Aminosäuren ersetzt werden. Methionin ist an der Hämoglobinsynthese beteiligt und greift gleich dem Cholin als „*Methyldonator*" regulierend in den Fettstoffwechsel, vor allem der Leber, ein. Es ermöglicht als „*lipotroper Faktor*" den Abtransport der in der Leber synthetisierten Fettsäuren und stellt diese zur Phosphatidsynthese bereit. Umgekehrt bewirkt Methioninmangel Störungen im Leberstoffwechsel und führt zur Bildung von Fettlebern. Eigentümlicherweise zeigt das homologe *Selenomethionin* ähnliche

Wirksamkeit. Methionin findet sich in fast allen Proteinen (Fleisch 3—3,5%, Eiproteine über 4%), und zwar im Mittel zu etwa 1—2%. Kuhmilch (3,5%) und Frauenmilch (2,4%) unterscheiden sich deutlich im Methioningehalt. Gelatine und Kollagen sind fast frei von Methionin. In vielen Proteinen pflanzlicher Herkunft ist der geringe Methioningehalt einer der „limitierenden", die Unterwertigkeit derartiger Eiweißstoffe bedingenden Faktoren. Die Aminosäure ist als solche wie auch im Eiweißverband ausgesprochen sauerstoff- und hitzeempfindlich, wird also bei Behandlung von Lebensmitteln mit oxydierenden Stoffen (Peroxiden) sowie beim unsachgemäßen Erhitzen (Gewinnung von Trockenei, Trockenmilch und evaporierter Milch, Backprozeß, Rösten, Puffen u. a.) empfindlich geschädigt. Die Unbeständigkeit des Methionins verursacht auch bei der Analyse von Eiweißhydrolysaten Schwierigkeiten. Besonders bedeutsam ist das Verhalten des Methionins bei der Mehlbleichung mit Stickstofftrichlorid (Agene-Verfahren, S. 482), wo aus dieser Aminosäure das für Hunde, Katzen, Kaninchen, Frettchen und Nerz hochtoxische *Methioninsulfoximin* entsteht („Hundehysterie")

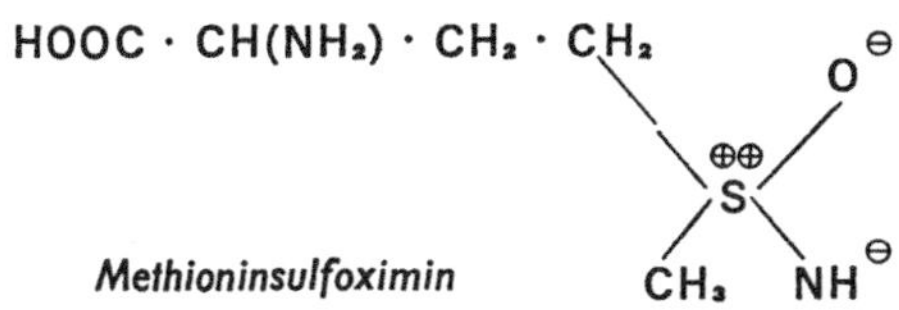

Methioninsulfoximin

Ein viel untersuchter, auch in der Natur vorkommender Antimetabolit des Methionins ist das Äthionin

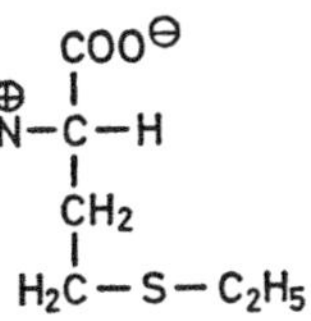

Weitere schwefelhaltige Aminosäuren und deren Derivate, wie die vorerwähnte *Djenkolsäure*, das *Lanthionin* aus dem Antibioticum Subtilin, Alliin bzw. *Allicin* aus Knoblauch, vgl. S. 521 (+)-*S-Methyl-L-cysteinsulfoxid*, *Methioninsulfoxid*, *Methional* u. a. haben in jüngster Zeit als Stoffe mit antibiotischer Wirkung, als Träger spezifischer Geschmacks- und Aromakomponenten bei Cruciferenarten (Steckrübe, Weißkohl, Blumenkohl), im Brotaroma usw. und schließlich beim „Sonnenlichtgeschmack" der Milch eingehende, bei den einzelnen Lebensmitteln näher besprochene Bearbeitung gefunden.

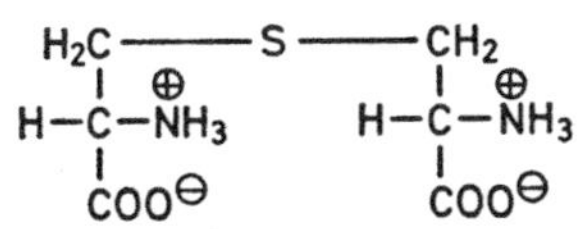

L-Lanthionin

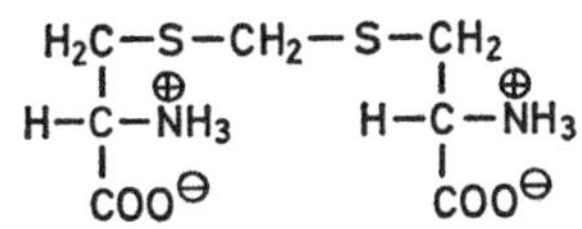

Djenkolsäure

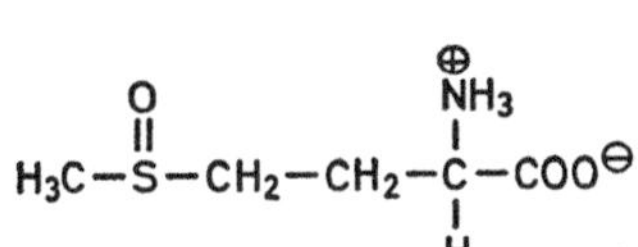

Methioninsulfoxid

L-*Threonin*, α-Amino-β-hydroxybuttersäure, ist eine besonders wichtige essentielle Aminosäure. Sie findet sich in Fleisch-, Milch- und Eiproteinen zu etwa 4,5—5%, in Gelatine zu 2,5%, in Cerealienproteinen zu 2,7—4,7%, andere Nahrungsproteine enthalten zwischen 1,5 und 6%. Bei der Säurehydrolyse von Eiweißstoffen geht Threonin teilweise in *α-Ketobuttersäure* über, die für das bouillonartige Aroma derartiger Hydrolysate (Würzen) verantwortlich ist.

Threoninmangel führt zu Leberverfettung, bedingt durch gesteigerte Fettsynthese in der Leber. Ein Verfahren zur Synthese dieser lebenswichtigen Aminosäure in technischem Maßstab, beruhend auf der Kondensation von Acetaldehyd mit einem Glycin-Kupferkomplex, wird neuerdings diskutiert.

L-*Valin*, α-Amino-isovaleriansäure, kommt als essentielle Aminosäure praktisch in allen Proteinen vor, Fleischeiweiß enthält 5—7%, Gelatine weniger als 3%, Milch- und Eiproteine enthalten bis zu 10%. Das Vorkommen von *Norvalin*, α-Amino-n-valeriansäure als Eiweißbaustein ist zweifelhaft.

Die Leucine: Die isomeren Capronsäuren liefern drei Aminosäuren: Leucin, Isoleucin und Norleucin. Das Vorkommen der letztgenannten Säure (α-Amino-n-capronsäure, $CH_3 \cdot CH_2 \cdot CH_2 \cdot CH_2 \cdot CH(NH_2) \cdot COOH$, in Proteinen ist unwahrscheinlich. Von den beiden anderen kommt das Leucin weitaus überwiegend vor.

L-*Leucin*, (griech. leukos = weiß), α-Amino-isocapronsäure, kommt als essentielle Aminosäure in den meisten Proteinen reichlich (6—15%) vor. Wenig Leucin enthält Gelatine; große Mengen finden sich in vielen Getreideproteinen. Leucin ist schwer löslich in Wasser und scheidet sich leicht aus Proteinhydrolysaten ab. Kristalle von freiem Leucin werden oft in reifem Käse gefunden, und zwar als Produkt des mikrobiell bedingten enzymatischen Abbaues der Käseeiweiß-Substanz.

L-*Isoleucin*, α-Amino-β-methyl-β-äthylpropionsäure, findet sich in Fleisch-, Milch- und Eiproteinen zu 5,0—6,5%; die meisten Eiweißstoffe der Cerealien und Vegetabilien sind relativ arm an Isoleucin. Für den Menschen ist diese Aminosäure essentiell. Die Leucine sind von besonderer Bedeutung für die Entstehung der Amylalkohole im Fuselöl alkoholischer Gärungsprodukte, wo sie über die entsprechende Ketosäure zum nächst niedrigen Aldehyd decarboxyliert und zum Alkohol reduziert werden (vgl. auch S. 597):

Leucin *Isoamylalkohol* *Isoleucin* D-*Amylalkohol* (optisch aktiver Anteil des Gärungsamylalkohols)

β) *Diaminomonocarbonsäuren*

L-*Arginin*, α-Amino-δ-guanidinovaleriansäure, kommt in allen Proteinen vor; niedrig molekulare Eiweißkörper (*Protamine* aus den Spermatozoen der Fische, Clupein) bestehen oft zum größten Teil aus Arginin (87%). Der Argininegehalt von

Nahrungsproteinen schwankt etwa zwischen 3 und 9%. Die Anwesenheit des Guanidinrestes bedingt die stark basischen Eigenschaften des Arginins. Im Organismus wird es über Ornithin und Citrullin aufgebaut. Für den Menschen ist Arginin keine essentielle Aminosäure. Die biologisch wichtigsten Reaktionen des Arginins sind Aufspaltung zu Harnstoff und Ornithin durch Arginase und Bildung des als Fleischbase wichtigen *Kreatins* (vgl. S. 317). *Octopin*, ein Derivat des Arginins, kommt im Muskeleiweiß von Octopus vor.

L-*Ornithin*, α,δ-Diaminovaleriansäure, $H_2N \cdot CH_2 \cdot CH_2 \cdot CH_2 \cdot CH(NH_2) \cdot COOH$, wurde bisher als primärer Baustein im Eiweißmolekül noch nicht nachgewiesen. Im „Harnstoffcyclus“ spielt es als Intermediärprodukt eine wesentliche Rolle. *Citrullin*, δ-Carbaminoornithin, wurde nur in einigen Proteinen gefunden, z. B. in der Wassermelone. Beide Verbindungen treten beim enzymatischen Abbau von Arginin in reifendem Käse auf und wurden dort nachgewiesen. Bei Decarboxylierung des Ornithins durch Bakterien der Darmfäulnis entsteht Putrescin (Tetramethylendiamin).

L-*Lysin*, α,ε-Diaminocapronsäure, ist eine ausgesprochen essentielle Aminosäure von stark basischer Natur. Sie kommt reichlich in Muskel-, Milch- und Eiproteinen vor, in Trockenmagermilch beispielsweise zu 8,2%. Einige Cerealienproteine, vor allem die Prolamine, enthalten sehr wenig Lysin, so daß die biologische Wertigkeit der Eiweißstoffe von Getreide und Leguminosen in erster Linie durch den Mangel an Lysin begrenzt („limitiert“) ist. Das Hauptprotein des Maises (Zein) ist praktisch lysinfrei.

Neben beiden Getreideproteinen ist auch bei den Kartoffelproteinen das Lysin in erster Linie die den Wert begrenzende Aminosäure. Hinzu kommt, daß die Verwertbarkeit des Cerealienlysins — abgesehen beim Reis — ungünstiger ist, als bei anderen Nahrungsproteinen. Und schließlich ist hier zu erwähnen, daß gerade Lysin bei der thermischen Behandlung von Lebensmitteln durch Reaktion vor allem mit Kohlenhydraten über die ε-Aminogruppe enzymresistente Verbindungen zu liefern vermag, welche die Verwertbarkeit des Lysins mindern (*Maillard*-Reaktion, vgl. S. 14).

Der Lysinbedarf des Erwachsenen beträgt 20—30 mg, der von Kindern 90 mg L-Lysin je kg Körpergewicht. Lysin ist nur als essentieller Eiweißbaustein wichtig, es entfaltet im Organismus keine spezifischen Wirkungen.

Zur Behebung dieses Mangels wurde die Beimischung lysinreicher Trockenmilch zu Brotmehl und die Anreicherung von Mehl mit Lysin vorgeschlagen. Der letztgenannte Weg scheiterte zunächst an der Schwierigkeit, L-Lysin in technischen Mengen zu erzeugen.

Die Synthese dieser essentiellen Aminosäure gelingt auf mikrobiologischem Wege durch Decarboxylierung von α,β-Diaminopimelinsäure, durch reduktive Aminierung von α-Aminoadipinsäure oder α-Ketoadipinsäure mit Hefen oder aber durch direkte Fermentation mit Homoserin-Mangelmutanten von Micrococcus glutamicus. Die chemische Synthese geht aus von dem großtechnisch zur Herstellung von Polyamidfasern dienenden ε-Caprolactam oder vom β-Cyanopropionaldehyd.

Das so gewonnene L-Lysin dient zur Anreicherung unterwertiger Nahrungsproteine, vor allem bei Brot und anderen Getreideprodukten. Langfristige Tierversuche und ausgedehnte Versuche am Menschen haben die günstigen Effekte derartiger Anreicherung erwiesen.

α-*Aminoadipinsäure*, ein Oxydationsprodukt des Lysins, wurde in Maiseiweiß aufgefunden. Verschiedene Antibiotica enthalten ein als β,ε-Diaminocapronsäure („β-Lysin“) identifiziertes Lysinisomeres; in Kollagen und Gelatine — und nur dort — findet sich ein *Hydroxylysin*, wahrscheinlich eine α,δ-Diamino-ε-hydroxycapronsäure.

γ) *Monoaminodicarbonsäuren*

L-*Asparaginsäure*, α-Aminobernsteinsäure und L-*Glutaminsäure*, α-Amino-glutarsäure, sind nichtessentielle Aminosäuren, die sich häufig in Form ihrer Amide (Asparagin und Glutamin) finden. Diese Amide sind reichlich vertreten in Pflanzenkeimlingen und jungen Pflanzen (Spargel, Saft der Rüben). Manche Stickstofffraktionen von Pflanzen enthalten bis zu 40% Glutamin. Biologisch wirken Glutamin und Asparagin als Paarlinge zur „Entgiftung" körperfremder Stoffe.

Asparaginsäure ist in pflanzlichen Globulinen relativ reichlich zu finden, weniger in tierischen Proteinen. Reich an Asparaginsäure sind vor allem die Keimlinge.

Glutaminsäure gehört mengenmäßig zu den Hauptbausteinen aller Proteine. Besonders reiche Quellen sind die Prolamine von Weizen und Mais, insbesondere Weizen- und Maiskleber, Sojaprotein sowie der Proteinanteil der Zuckerrübe (entzuckerte Melasse). Aus derartigen Quellen bzw. deren Hydrolysaten wird Glutaminsäure heute in beträchtlichen Mengen gewonnen. Haupterzeugungsländer sind die USA und Japan. In Japan wird Glutamat auch synthetisch aus Acrylnitril durch eine Oxoreaktion gewonnen. Es dient in Form des Mononatriumglutamates vor allem als geschmackverbesserndes Mittel von unbestreitbar günstiger Wirkung, jedoch oft in übertriebenem Ausmaß, als Zusatz zu den verschiedensten Lebensmitteln.

Durch innermolekulare Säureamidbildung zwischen der Aminogruppe und der γ-Carboxylgruppe der Glutaminsäure entsteht die Ringverbindung Pyrrolidon-α-carbonsäure.

(vgl. auch S. 29 und 503).

Die Tatsache, daß Glutaminsäure auch im Gehirnstoffwechsel eine große Bedeutung besitzt, und Beobachtungen, wonach laufende Verabreichung von hohen Glutaminsäuredosen die geistige Leistungsfähigkeit steigern kann, haben dazu geführt, Glutaminsäure in oft übertriebener Form als „Intelligenzsäure" zu empfehlen. Über das Decarboxylierungsprodukt γ-*Aminobuttersäure* und sein Vorkommen in Lebensmitteln vgl. S. 23. Auffallend und für die hohe Reaktionsbereitschaft der Glutaminsäure sprechend ist auch der Umstand, daß lediglich für diese Säure bisher die zugehörige Aminosäuredecarboxylase in pflanzlichem Material aufgefunden wurde (Getreide, Rettich, Möhren u. a.). Glutaminsäure ist eine der wesentlichsten an Prozessen der „Transaminierung" oder „Umaminierung" beteiligten Aminosäuren, wobei gemäß der Reaktion:

$$\underset{\text{COOH}}{\text{R}\cdot\text{CO}} + \underset{\text{COOH}}{\text{R}'\cdot\text{CHNH}_2} \rightleftharpoons \underset{\text{COOH}}{\text{R}\cdot\text{CHNH}_2} + \underset{\text{COOH}}{\text{R}'\cdot\text{CO}}$$

durch wechselseitige reversible Aminierung und Desaminierung unter Mitwirkung der pyridoxinhaltigen „Transaminasen" (S. 203) der Übergang von Ketosäuren zu Aminosäuren und umgekehrt gegeben ist. Dadurch besitzen Glutaminsäure und andere derartige Säuren als Brückensubstanz im intermediären Stoffwechsel überragende Bedeutung.

Über Glutaminsäure im Rahmen essentieller Aminosäureversorgung und biologischer Wertsteigerung vgl. S. 12. Neuerdings hat *Na-monoglutamat* („MSG") als mutmaßlich auslösender Faktor des „*China-Restaurant-Syndroms*" eingehende Untersuchung erfahren. Trotz mancher angreifbarer Versuchsführungen und vieler negativer Befunde ist die Rolle der Glutaminsäure hier noch nicht geklärt. Nach neueren Untersuchungen gibt es zweifellos gegen Glutamat empfindliche Personen.

Über das hochgiftige, in Erbsenarten vorkommende γ-Glutaminyl-β-aminopropionitril vgl. S. 473).

Hydroxyglutaminsäure, α-Amino-β-hydroxyglutarsäure, die lange Zeit als Eiweißbaustein angesehen wurde, scheint in Proteinen nicht vorzukommen. Sie wurde in der Crucifere Linaria vulgaris gefunden.

δ) *Aromatische Aminosäuren*

L-*Phenylalanin*, α-Amino-β-phenylpropionsäure. Diese essentielle Aminosäure kommt in allen Proteinen zu etwa 4—5% vor, reichlich in Eiereiweiß (über 6%), mäßig in Gelatine (etwa 2%). Der Organismus wandelt Phenylalanin in Tyrosin um, letzteres läßt sich durch Phenylalanin ersetzen, aber nicht umgekehrt. Phenylalanin ist an der Synthese von *Thyroxin* (über die in der Schilddrüse, Korallen und Schwämmen vorkommende *Jodgorgosäure*, 3.5-Dijodtyrosin), von Adrenalin und Melanin beteiligt.

Unter den genetisch bedingten Blocks des Phenylalaninstoffwechsels (vgl. Lehrbücher der Biochemie) ist derjenige besonders bedeutungsvoll, der bei Kleinstkindern zur Oligophrenia phenylpyruvica (*Phenylketonurie*) führt. Hier wird die Hydroxylierung von Phenylalanin zu Tyrosin blockiert, es kommt zum Anstau von unverändertem Phenylalanin, von Phenylpyruvat und Phenylmilchsäure im Harn. Die bei Kleinstkindern auftretende Phenylketonurie ist von Schwachsinn begleitet und kann nur durch phenylalaninarme bzw. -freie Ernährung bekämpft werden.

L-*Tyrosin*, p-Hydroxyphenylalanin, (gr. tyros = Käse;), als nicht lebensnotwendige Aminosäure wurde zum ersten Male aus Käse isoliert, findet sich reichlich in Milchproteinen, wenig (0,7%) in Gelatine und durchschnittlich zu 2—6% in allen Eiweißstoffen. Unter der Einwirkung der in Pflanzen weit verbreiteten Phenoloxidasen (vgl. S. 207), oft unter Beteiligung von Schwermetallen, gehen Tyrosin und das aus ihm durch oxydativen Abbau entstehende Dihydroxyphenylalanin (Dopa) in tiefdunkel bis schwarz gefärbte Pigmente (Melanine) über, die bei der Verfärbung pflanzlicher Lebensmittel technologisch unerwünscht in Erscheinung treten. Durch mikrobielle Aminosäuredecarboxylasen entsteht das biogene Amin *Tyramin*, das sich in der Banane (7 µg/g), der Tomate (4 µg/g), in Kartoffel und Spinat (je 1 µg/g) sowie in der Apfelsine (10 µg/g Frischgewicht) findet. Besonders reich an Tyramin sind viele Käsearten. Der entsprechende Alkohol Tyrosol findet sich als bitter schmeckende Komponente in Bier und im Sake, einem Reiswein.

ε) *Heterocyclische Aminosäuren*

L-*Histidin*, α-Amino-β-imidazolylpropionsäure, ist eine *basische* Aminosäure und kommt als Eiweißbaustein weit verbreitet (zu etwa 1—3%) vor, besonders reichlich im *Globin des Blutfarbstoffes* und (zusammen mit Arginin und Lysin) in den *Protaminen*. Die drei genannten Aminosäuren werden auf Grund ihres basischen Charakters auch als „Hexonbasen" bezeichnet. Der Muskel benutzt Histidin zum Aufbau von Kreatin.

Im Muskel finden sich die aus β-Alanin und *Histidin* gebildeten Peptide *Carnosin* und *Anserin* (letzteres im Fleisch der Vögel); ein weiteres mit Anserin isomeres Dipeptid, das *Balenin*, kommt nur in Wal- und Spermwalextrakten vor. Über seine Bedeutung für die Analytik von Fleischbrühwürfeln u. a. s. dort.

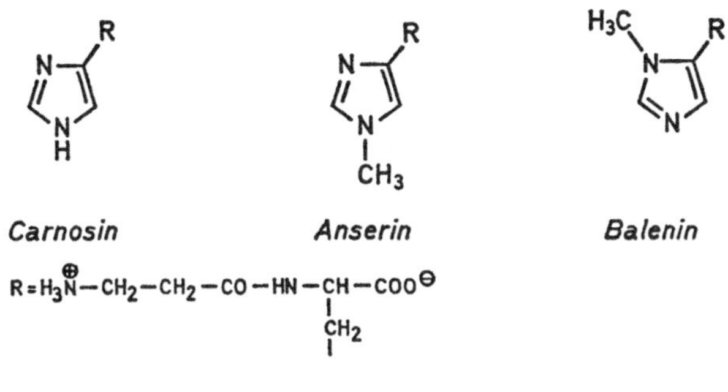

Im Mutterkorn und auch im Blut kommt das Trimethylbetain des Thiolhistidins, das *Ergothionein*, vor.

Bei der Decarboxylierung von Histidin, z. B. beim Rösten, Braten, Backen oder im Verlauf der Käsereifung, entsteht das *Histamin*, ein Gewebshormon, das die Sekretion des Magensaftes anregt („Gastrin"). Vorzugsweise verdankt das in Lebensmitteln oft reichlich gefundene Histamin sein Entstehen bakteriellen Prozessen. Trotz geringer Toxizität des per os aufgenommenen Histamins (200—500 mg) können bei mikrobiellem Verderb derart große Mengen entstehen, daß sie offenbar histaminbedingte Lebensmittelvergiftungen verursachen. Besonders Fischfleisch kann hier durch seinen hohen Histidingehalt zur Bildung größerer Histaminmengen Anlaß geben. Die gesamte Histaminaufnahme bei einer Mahlzeit unseres Ernährungskreises beträgt weniger als 4 mg.

Im Saft der Wassermelone wurde ein Isomeres des Histidins, die α-Amino-β(L-imidazolyl)-propionsäure, gefunden.

Erwachsene Menschen haben keinen Histidinbedarf, im intermediären Stoffwechsel wird es folsäureabhängig zu Glutaminsäure abgebaut. Bei vielen Enzymen spielt es die Rolle eines Protonendonators und -acceptors.

L-*Tryptophan*, α-Amino-β-indolylpropionsäure, ist eine essentielle Aminosäure, die als Eiweißbaustein in relativ geringer Menge (zu etwa 1,5%) vorkommt. Arm an Tryptophan sind Getreidekörner und Getreideerzeugnisse. Zein, das Hauptprotein des Maises, Elastin, Kollagen und Gelatine sind tryptophanfrei. Hydrolyse mit Alkalien, insbesondere aber mit Säuren zerstört Tryptophan weitgehend, weshalb chemisch gewonnene Proteinhydrolysate praktisch tryptophanfrei sind. Blätter- und manches Pflanzeneiweiß (Leinsamen) sind oft überraschend tryptophanreich.

Die eminente Bedeutung des Tryptophans als lebensnotwendige Aminosäure im Stoffwechsel des Menschen wurde erweitert durch die Erkenntnis, daß diese Aminosäure in das Antipellagravitamin *Nicotinsäure* (vgl. S. 166) übergeführt werden kann. 1000 mg Tryptophan liefern beim Menschen im Durchschnitt 17 mg Nicotinsäure. Biologisch hochwertiges tryptophanreiches Eiweiß zeigt deutliche Antipellagrawirksamkeit; umgekehrt wird gehäuftes Auftreten der Pellagra bei vorwiegend aus (praktisch tryptophanfreiem) Mais bestehender Ernährung beobachtet. Bei der bakteriellen Eiweißzersetzung im Darm (Bacterium coli) entstehen aus Tryptophan schon lange bekannte Fäulnisprodukte, nämlich *Skatol* und *Indol* bzw. Indoxyl, die über die entsprechenden Schwefelsäuren gleich dem aus Tyrosin gebildeten *Kresol* und *Phenol* im Organismus entgiftet werden. Als biologisch wichtige Derivate des Tryptophans sind Tryptamin und Hydroxytryptamin (Serotonin, Enteramin) zu erwähnen. Ersteres findet sich in der Tomate, der Pflaume und der Apfelsine, letzteres ist überraschend reichlich in der Bananenfrucht (28 μg pro Frucht), in der Tomate (12 μg pro Frucht) und in manchen Pflaumenarten vorhanden. Als Serotoninmetabolit wird 5-Hydroxyindolessigsäure ausgeschieden.

Bei der Bedeutung des Tryptophans als essentielle Aminosäure besitzt die großtechnische Synthese sehr beträchtliches Interesse. Wieweit japanischen Bestrebungen, die von β-Cyanopropianaldehyd ausgehen, Erfolg beschieden sein wird, bleibt abzuwarten.

β-Indolylessigsäure („Heteroauxin") spielt eine wichtige Rolle als weit verbreiteter Pflanzenwuchsstoff und kommt zusammen mit ähnlichen Tryptophanderivaten reichlich in Brassica-Arten vor (S. 515).

Schließlich sind noch zwei Aminosäuren zu besprechen, die oft fälschlich als „Iminosäuren" bezeichnet werden, in Wirklichkeit jedoch sekundäre Aminosäuren (Pyrrolidincarbonsäuren) sind, da das α-ständige N-Atom in den Ring einbezogen ist. Es sind dies L-*Prolin*, Pyrrolidin-α-carbonsäure und L-*Hydroxyprolin*, γ-Hydroxypyrrolidin-α-carbonsäure, die nicht essentiell und als Eiweißbausteine weit (zu etwa 1—6%) verbreitet sind. Besonders große Prolinmengen enthält Gelatine (20%) und das Bindegewebe des Fleisches sowie Weizengliadin (11%). Hydroxyprolin wurde in beträchtlichen Mengen aus Gelatine isoliert. Die dem Prolin recht ähnlich gebaute, in vitro leicht aus Glutaminsäure entstehende und bei der Glutaminsäure-Isolierung, z.B. bei der Glutamatgewinnung, auftretende

Pyrrolidoncarbonsäure wird vom Warmblüterorganismus praktisch nicht angegriffen. Der hohe Gehalt kollagener Substanzen (Bindegewebe, Haut, Sehnen) an Hydroxyprolin (etwa 12%) und das Fehlen dieser Aminosäure in löslichen Muskelproteinen kann zur Ermittlung des Bindegewebsanteils in Fleisch und Fleischerzeugnissen durch colorimetrische Bestimmung des Hydroxyprolins dienen.

ζ) D-*Aminosäuren*

D-*Aminosäuren*, oft auch als „unnatürliche", besser als „atypische" Aminosäuren bezeichnet, sind als Stoffwechselprodukte und Wuchsfaktoren bei Mikroorganismen bekanntgeworden. Wie erwähnt, treten sie auch als Komponenten spezifischer Wirkstoffe (Antibiotica u. a.) auf. Die biologische Beurteilung dieser D-Säuren besitzt große praktische Bedeutung, da synthetisch gewonnene DL-Aminosäuren oder partiell racemisierte Proteinhydrolysate im Rahmen therapeutischer Behandlung oder zur Aufwertung biologisch mangelhafter Proteine, z. B. des Getreideeiweißes (vgl. S. 497), vorgeschlagen wurden. Daß in unserer Nahrung durchaus mit dem Vorkommen biologisch gebildeter D-Aminosäuren zu rechnen ist, geht aus Befunden hervor, wonach die Zellwand von Lactobacillen und Streptococcus faecalis reichliche Mengen an D-Alanin enthält und viele technologisch verwendete Milchsäurebakterien über „Racemasen" verfügen, die L-Aminosäuren zu racemisieren vermögen. Beim Menschen scheint die Verwertbarkeit der D-Aminosäuren sehr begrenzt zu sein. Offenbar werden nur die D-Formen des Methionins und (in begrenztem Ausmaß, etwa 0,5 g/Tag) des Phenylalanins verwertet, während die Ratte wesentlich mehr D-Aminosäuren zu verwerten vermag. „Die bisherigen Untersuchungen haben keinen Anhaltspunkt dafür erbracht, daß D-Aminosäuren spezifische toxische Wirkungen entfalten, es sei denn im Sinne der Aminosäure-Imbalanz, wobei die Wirkung jedoch schwächer ist, als die der entsprechenden L-Form" (90).

3. Peptide

Peptide sind in Anlehnung an den Begriff der „Saccharide" Verbindungen, bei denen zwei oder mehrere Aminosäuren formal unter Wasserabspaltung sich so vereinigen, daß die Säuregruppe der einen Aminosäure mit der Aminogruppe der anderen verknüpft ist und als Charakteristikum derartiger Säureamide die *Peptidbindung:* —CO · NH — resultiert. Peptidsynthesen in vitro haben in jüngster Zeit umfangreiche Bearbeitung in aller Welt gefunden, worauf hier nicht näher eingegangen werden kann. Je nach der Zahl der beteiligten Aminosäuren kennen wir Di-, Tri-, Tetra- bis Polypeptide, die in biologischen Substraten durch proteolytischen Abbau von Proteinen entstehen, z.B. im Magen-Darm-Tractus oder bei enzymkatalysierten technologischen Prozessen, wie denen der Fleisch- und Käsereifung, der Milchverarbeitung, der Brauerei und Brennerei. Viele Peptide besitzen, wie schon E. Fischer beobachtete, eigentümlichen Geschmack, der bei Aroma- und Geschmacksbildung mikrobiell-enzymatisch gewonnener Lebensmittel (Fleisch, Käse, Bier u.a.) zu berücksichtigen ist. Andererseits sind auch Peptide mit charakteristischem Bittergeschmack bekanntgeworden, wie sie z.B. bei der Käsereifung oder bei der Gewinnung von Proteinhydrolysaten auftreten. Ein bitter schmeckendes Hexapeptid aus chymotryptischen Caseinhydrolysaten wurde isoliert. Im Organismus von Tier und Pflanze finden wir eine Reihe derartiger Peptide als biologisch höchst aktive Substanzen, z.B. das aus Glutaminsäure, Cystein und Glycin aufgebaute, relativ reichlich in Hefe vorkommende *Glutathion*:

$$HOOC \cdot \underset{\displaystyle NH_2}{\underset{|}{CH}} \cdot CH_2 \cdot CH_2 \cdot CO \cdot NH \cdot \underset{\displaystyle CH_2 \cdot SH}{\underset{|}{CH}} \cdot CO \cdot NH \cdot CH_2 \cdot COOH$$

(*γ-Glutaminyl-cysteyl-glycin*)

oder die Hormone *Ocytocin* und *Vasopressin* des Hypophysenhinterlappens und das adreno-corticotrope Vorderlappenhormon. Schließlich weisen verschiedene Antibiotica (Gramicidin-S, Tyrocidin, Bacitracin), Giftstoffe und Trypsininhibitoren Polypeptidstruktur auf.

Glutathion zeigt als Peptid außergewöhnliche Struktur, da die Peptidbindung der Glutaminsäure nicht an der der Aminogruppe benachbarten Carboxylgruppe angreift. Im Organismus liegt es zu 90—98% in der reduzierten (SH-)Form vor. Seine Bedeutung liegt in der regulierenden Wirkung auf Sulfhydrylenzyme (vgl. S. 192) und als Aktivator im Eiweißstoffwechsel bei Transpeptidierungen, die für die Biosynthese der Proteine von Wichtigkeit sind. Man schreibt deshalb dem Glutathion die Rolle eines biologischen „Redox"-Systems zu. Es ist außerdem das Coenzym der Glyoxalase.

Von vielen anderen in der Natur aufgefundenen Peptiden seien noch erwähnt: das *Phalloidin*, ein hochtoxischer Giftstoff des Knollenblätterpilzes (vgl. S. 523). das *Lycomarasmin* (Asparagyl-glycyl-α-hydroxyalanin), ein Welkstoff aus Tomaten, isoliert aus Kulturen des für Kartoffelpflanzen hochinfektiösen Pilzes Fusarium lycopersici, und das aus Mondbohnen in reiner Form gewonnene γ-Glutaminyl-S-cystein (S. 471). Erwähnt sei schließlich noch das infolge seines niedrigen Molekulargewichtes (5750) hierher zu rechnende Hormon der Bauchspeicheldrüse, das *Insulin*. Die Sequenzermittlung des aus 51 Aminosäuren aufgebauten Hormons hat die Proteinforschung entscheidend gefördert, z. B. für die Strukturaufklärung der Hormonpeptide *Glucagon* und *Parathormon*.

4. Proteine

Nach einer althergebrachten Systematik unterteilt man die Proteine (griech : protos = der erste) zunächst in *einfache Proteine*, die nur Aminosäuren als Bausteine enthalten, und in zusammengesetzte Proteine oder *Proteide*, die auch nicht-aminosäureartige Komponenten aufweisen. Diese Unterteilung ist jedoch nicht streng gültig. Man rechnet heute verschiedene Eiweißstoffe unter die einfach gebauten, die neben Aminosäuren noch geringe Mengen an Kohlenhydraten oder Phosphorsäure enthalten (Eieralbumin, Lactoglobulin u.a.). Zu den einfachen Proteinen zählen die Albumine, Globuline, Prolamine, Glutamine, Histone und Protamine sowie die Skleroproteine. Proteide sind die Phospho-, Chromo-, Gluco-, Lipo- und Nucleoproteide.

Die Eiweißstoffe unserer Nahrung sind mengenmäßig sehr verschieden verteilt. Eiweißreich sind Fleisch (15—25%), Eiklar (12%), Eigelb (16%), Brot (6—10%), Mehl (10—15%), Käse (20—39%), Hülsenfrüchte (27—40%), Nüsse, Mandeln (10—27%), mäßigen Eiweißgehalt (3—4%) weist die Milch auf, eiweißarm (1—4%) sind Gemüse, Obst und Kartoffeln. Am Molekülaufbau sind Kohlenstoff, Wasserstoff, Sauerstoff, Stickstoff, Schwefel, bisweilen auch Phosphor und verschiedene Metalle (Eisen, Kupfer, Mangan, Zink, Selen, Jod usw.) beteiligt. Der *Stickstoffgehalt* schwankt zwischen 15 und 18%, liegt im Mittel bei etwa 16% und dient als wichtige Größe bei der Eiweißbestimmung in proteinhaltigem Material. Über „*Roheiweiß*" und „Stickstoffsubstanz" vgl. S. 37.

a) Allgemeine Eigenschaften und Reaktionen der Proteine

Entsprechend ihrem hohen Molekulargewicht bzw. ihrer Teilchengröße, stellen die Proteine typische *Kolloide* dar, die geringes Diffusionsvermögen aufweisen und bei der *Dialyse* nicht durch semipermeable Membranen gehen, deren Poren kleiner als einige nm sind (Pergament, Kollodium, Cellophan). Sie sind in nativer Form in der Mehrzahl der Fälle ausgesprochen lyophil und treten mit Wasser unter Solvatation in Reaktion, wobei chemische Bindung der Wassermoleküle erfolgt, und zwar in einem Ausmaß von 0,04—0,1 g Wasser pro g Protein. Neben dieser chemischen Wasserbindung tritt noch weitere Wasseraufnahme (0,6—1,1 g Wasser pro g Protein) ein. Das Verhalten verschiedenartig im Protein (und damit in den Geweben) *gebundenen Wassers* stellt der Trocken- und insbesondere der Gefriertechnik bei der Lebensmittelerhaltung besondere Aufgaben, um Struktur und Gefüge der Lebensmittel weitgehend nativ zu erhalten, bzw. bei Wasserzugabe zum Trockengut optimale „Rekonstituierbarkeit" zu erreichen.

Nach der Gestalt der Eiweißmoleküle unterscheidet man kugelförmige in Wasser oder Salzlösungen lösliche *Sphäroproteine* (globular proteins) mit gefalteten oder geknäuelten Peptidketten und *Linearproteine* (fibrous proteins), die langgestreckte Peptidketten aufweisen. Unter die Sphäroproteine rechnen viele Albumine und Globuline in nativem Zustand, oft in Verbindung mit Kohlenhydraten und Lipoiden (Blutplasma, Magensaft, Bestandteile der semipermeablen Zellmembran); zu den Linearproteinen zählen Faserproteine wie Kollagen des Bindegewebes und des Knorpels, Schuppen der Fische, Muskelmyosin, Keratine von Haar, Horn und Federn, Fibrin geronnenen Blutes und Seidenfibroin. Besonderheiten des Strukturbaues sind auch die bei vielen Sphäroproteinen beobachteten Erscheinungen der *Spreitung* (Ausbildung monomolekularer Filme, gerichtete Adsorption) sowie der *Schutzkolloidbildung*, die z.B. im Fett-Eiweiß-System der Milch, bei der Eischaumbereitung und bei der Wirkung eiweißhaltiger Emulgatoren oder Dikkungsmittel von wesentlicher Bedeutung sind. Ausgesprochen unerwünscht bei lebensmitteltechnologischen Prozessen ist diese „stabilisierende" Eigenschaft der Proteine dann, wenn auf diese Weise störende „Trubstoffe" (Bier, Wein) in Lösung gehalten werden. Und schließlich bringt es die Kolloidnatur der Proteine mit sich, daß sie in lockerer Verteilung (Sprühei, Sprühmilch) adsorptiv zahlreiche Stoffe unerwünschter Geruchs- und Geschmacksrichtungen zu binden vermögen oder aber Sauerstoff aufnehmen, der biologisch wertvolle Begleitstoffe solcher proteinhaltiger Lebensmittel zu oxydieren vermag (Vitamine und Lipoide in Trockenmilch oder Trockenvollei).

Ausführungen über das Bauprinzip der Proteine, über Primär-, Sekundär- und Tertiärstruktur (beide heute als „Kettenformation" zusammengefaßt) sowie über Quartärstruktur (Aggregation mehrerer Peptidketten zu einem definierten Molekül) müssen gesonderter Literatur in biochemischen Lehrbüchern entnommen werden.

Elektrochemische Kennzeichnung. Gleich den Aminosäuren und Peptiden sind die Proteine Ampholyte, vermögen also mit Säuren wie mit Basen unter Salzbildung in stöchiometrischen Verhältnissen und nicht adsorptionsartig zu reagieren. Auch in trockener Form besitzen sie diese Fähigkeit, die von besonderer Bedeutung ist, wenn z. B. sauer oder alkalisch reagierende Schädlingsbekämpfungsmittel mit proteinhaltigem Material (Mehl, Vegetabilien) sich chemisch verbinden. Analytisch nutzt der Lebensmittelchemiker derartige Reaktionen, wenn er z. B. Eiweiß mit Metaphosphorsäure oder anderen Fällungsmitteln (s. S. 35) entfernt oder beim Farbstoffnachweis die Fixierung auf Wolle oder Seide durchführt.

Eine wichtige Größe zur Kennzeichnung von Eiweißstoffen ist der *isoelektrische Punkt* (*pI*, vgl. bei den Aminosäuren). Er ist auch hier dadurch charakterisiert, daß bei einer bestimmten pH-Lage das Protein sich wie ein elektrisch neutrales Gebilde verhält, während ober- und unterhalb dieses Bereiches die entsprechenden Anionen und Kationen wechselnde Wanderungsrichtung im elektrischen Feld zeigen. Beim isoelektrischen Punkt erreicht die Zahl der Anionen und Kationen ein Minimum, die der Zwitterionen ein Maximum. Praktisch bedeutungsvoll ist der isoelektrische Punkt deshalb, weil bei ihm Löslichkeit und Quellbarkeit eines Proteins minimal sind, während Viscosität, Coagulierbarkeit und Beständigkeit ein Maximum erreichen. Wegen der Wichtigkeit dieser Größe sei sie in Tabelle 7 für einige Proteine angeführt.

Die charakteristischen Ionisierungsunterschiede der einzelnen Proteine werden weitgehend ausgenutzt bei der Trennung von Proteingemischen, der Reindarstellung von Enzymen (vgl. S. 187) und der Reinigung von Proteinen durch Elektrophorese (s.

Tabelle 7. Isoelektrischer Punkt von Proteinen

	Isoelektrischer Punkt (in pH-Werten)
Eieralbumin	4,84—4,91
Serumalbumin (Rind)	4,29—4,89
Gelatine (Kälberhaut)	4,80
α-Casein (Kuhmilch)	4,0
β-Casein (Kuhmilch)	4,5
Globin (Mensch)	7,5
Albumin (Gerste)	5,8
Gliadin (Weizen)	6,5
Edestin (Hanf)	5,5—6,0
Insulin (Rind)	5,30—5,35
Trypsin (Rind)	5,0—8,0
Urease (Jackbohne)	5,0
Peroxidase (Meerrettich)	7,2

S. 36). Die Fähigkeit zur Säure- und Basenbindung macht Eiweißstoffe zu *Puffersystemen* großer Pufferbreite. Sie erhalten die aktuelle Reaktion im Organismus (Proteine des Blutes, Zellproteine) wie auch in zahlreichen lebensmittelchemisch wichtigen Systemen aufrecht.

Eine besondere längst bekannte Eigentümlichkeit der Proteine ist die *Denaturierung*, z.B. die beim Erwärmen auftretende Coagulation, bei der grundsätzlich zwei Phasen zu unterscheiden sind: die eigentliche Denaturierung, bei der das Protein im isoelektrischen Punkt unlöslich wird, und die *Coagulation* selbst. Beide Prozesse können oft recht langsam aufeinander folgen. Verzögerte Coagulation führt bei Bier, Wein oder Fruchtsäften häufig zur „Nachtrübung" ursprünglich klarer eiweißhaltiger Flüssigkeiten. Vollständige Denaturierung bewirkt Verluste der biologischen Aktivität, so daß gekochtes Eiweiß zur serologischen Differenzierung mit Hilfe der Präcipitinreaktion (S. 36) nicht geeignet ist. Auch enzymatische oder Hormonwirkung geht beispielsweise verloren.

Bemerkenswert ist die gleichfalls schon lange bekannte Tatsache, daß viele denaturierte Proteine eine gesteigerte enzymatische Angreifbarkeit zeigen. Denaturierungsmöglichkeiten sind sehr vielgestaltig. Sie können durch Säure, Alkali, organische Lösungsmittel, Schwermetallsalze, Reinigungsmittel auf der Basis quaternärer Ammoniumbasen und Ampholytseifen und außerdem durch Schütteln, hohen Druck, durch Ultraschall-, Ultraviolett-, Röntgen- und andere energiereiche Strahlung bewirkt werden. Von der Denaturierung streng zu trennen ist die bei Zugabe konzentrierter Salzlösungen zu Eiweißlösungen eintretende *Ausflockung*, die meist reversibel verläuft. Flockungserscheinungen anderer irreversibler Art sind z.B. die lebensmitteltechnologisch benutzte Fällung von Eiweiß durch Gerbstoffe. Derartige Gerbstoff-Eiweiß-Verbindungen treten auf als Trub bei Bier und Wein oder als bewußt hervorgerufene Fällungen bei Schönungsprozessen.

Was den Vorgang der Denaturierung selbst anlangt, so scheint hier nicht, wie früher angenommen, die Freilegung von Sulfhydrylgruppen allein ausschlaggebend zu sein. Röntgenographische Beobachtungen deuten vielmehr darauf hin, daß Änderungen der Struktur (Entknäuelung von Peptidketten, Gleichgewichtsstörungen zwischen benachbarten Peptidketten u. a.) wesentlich sind.

Die hohe positive Entropieänderung bei der Denaturierung spricht für den Übergang von einem hochgeordneten in einen ungeordneten Zustand. P. Karlson (78) vergleicht es mit dem Schmelzvorgang. „Wie beim Schmelzen das Raumgitter des Kristalls zusammenbricht, so werden bei der Denaturierung die Nebenvalenzen, die das globuläre Protein in der nativen Konformation stabilisieren, gelöst."

Fragen der *Eiweißstruktur* (Anordnung der Bausteine, Strukturelemente, Peptidkettenbildung, Gestalt der Moleküle) haben durch neue Methoden entscheidende Förderung erfahren, auf die hier nicht näher eingegangen werden soll. Entscheidend für die Struktur- und Bausteinanalyse waren Röntgenographie, Sedimentations- und Diffusionsanalyse, Ultraviolett- und Ultrarotspektrophotometrie, Untersuchungen im Elektronenmikroskop und andere früher erwähnte Methoden. Lediglich die Frage nach dem *Molekulargewicht,* einem ausschlaggebenden strukturellen Merkmal der Proteine, sei kurz gestreift.

Grundlegend für Molekulargewichtsbestimmungen an derart großen Molekülen war die Einführung der *Ultrazentrifuge* durch Th. Svedberg (1925—1930). In Tab. 8 sind die mit Hilfe der Ultrazentrifuge ermittelten Molekulargewichte einiger Proteine zusammengestellt.

Tabelle 8. Molekulargewichte von Proteinen

Protein	Molekulargewicht	Zahl der Untereinheiten	Protein	Molekulargewicht	Zahl der Untereinheiten
Cytochrom c	11600	1	Lactat-Dehydrogenase	150000	4
Ribonuclease	13500	1	Apoferritin	480000	20
Trypsin	24000	1	Urease	483000	6
β-Lactoglobulin	35000	2	Myosin	620000	3
Hämoglobin	64500	4			
Hexokinase	96000	4			

Weitere Möglichkeiten zur Molekulargewichtsbestimmung bei Proteinen bieten die Messung der *Lichtstreuung* (Tyndalleffekt), *Röntgenmessungen* (bei Proteinkristallen) und insbes. die *Chromatographie* an „Molekularsieben“ (Dextran-Gelen) nach entsprechender Eichung mit bekannten Proteinen (vgl. die Spezialliteratur).

Danach schwanken die Molekulargewichte der Proteine zwischen etwa 17500 bei den einfachsten Eiweißstoffen und mehreren hundert Millionen bei den Viren. Die Grundstruktur der Eiweißstoffe, das „Rückgrat“, bilden zweifellos die aus zahlreichen Aminosäuren aufgebauten *Polypeptidketten.* Diese zeigen nicht unbegrenzte Länge, sondern sind zu mehreren bündelartig verknüpft. Die *Bindung* der einzelnen Ketten erfolgt vor allem durch *Kovalenzen,* wobei die Bildung von Disulfidbindungen zwischen zwei Cysteinresten besonders wichtig ist. Daneben kommen *salzartige* elektrovalente Bindungen zwischen sauren und basischen Gruppen, „*Wasserstoff-Brückenbindungen*“ als wichtigste Nebenvalenzkräfte sowie hydrophobe Bindungen in Frage.

b) Methoden zur Reindarstellung und Reinheitsprüfung sowie zum Nachweis von Proteinen

α) Zur Isolierung kann zunächst die erwähnte minimale Löslichkeit im isoelektrischen Punkt dienen; bei einem bestimmten pH-Wert flocken die Proteine aus. Trennung verschiedener Proteine ist durch „*Aussalzen*“ mit Salzlösungen verschiedener Konzentration (Ammoniumsulfat, Natriumsulfat) oder durch Abscheidung mit organischen Lösungsmitteln (Methanol, Aceton) möglich, wobei die einzelnen Eiweißstoffe je nach ihrer Wasserbindungsfähigkeit dehydratisiert und durch „*Halbsättigung*“ (Globuline), „*Ganzsättigung*“ (Albumine) oder durch Zwischenkonzentrationen gefällt werden. Meist sind diese Fällungen reversibel, so daß die abgetrennten Fraktionen wieder in Lösung gebracht („peptisiert“) werden können. Derartige Aussalzmethoden, vor allem bei definiertem pH, waren entscheidend für die Gewinnung kristallisierter Proteine und Enzyme.

Auch die Ultrazentrifugierung (vgl. oben) wird als Standardmethode der Proteinforschung zur Reindarstellung und Reinheitsprüfung herangezogen. Weitere Möglichkeiten bietet die Chromatographie an chemisch veränderter *Cellulose*, an *Ionenaustauschern*, an *Dextrangelen* sowie die — auch klinisch benutzte — *Elektrophorese* auf verschiedenem Trägermaterial (Papier, Stärke-Gel, Acrylamid-Gel).

Eine wesentliche Steigerung der Trennschärfe liefert die „*Disk-Elektrophorese*", bei der zwei Acrylamid-Gele verschiedenen pH-Wertes übereinander geschichtet werden.

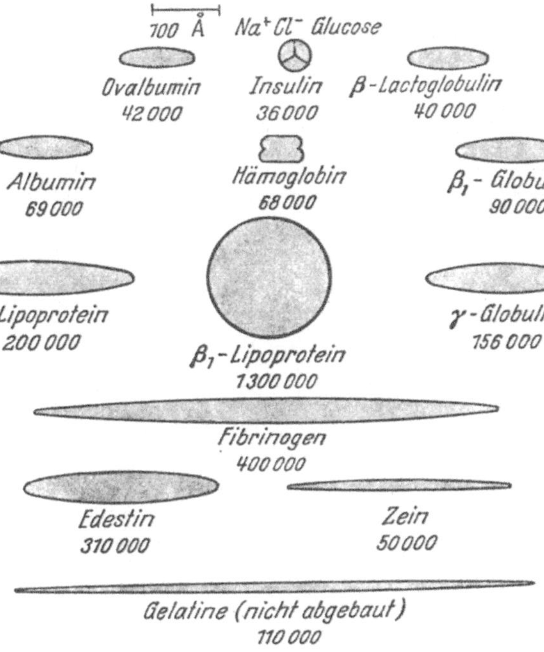

Abb. 2. Relative Abmessungen einiger Proteinmoleküle (Aus (54) Bd. I., S. 222)

In Abb. 2 sind die relativen Abmessungen einiger Proteinmoleküle wiedergegeben.

β) Zum *allgemeinen Nachweis* dienen *Fällungsreaktionen*, die darauf beruhen, daß Proteine beim Erhitzen in schwach essigsaurer Lösung coagulieren (*Kochprobe*) oder mit Schwermetallionen, insbesondere mit Blei (als Acetat), außerdem mit Quecksilber-, Uran-, Eisen-, Zink-, Kupfersalzen Fällungen bilden. Weitere Abscheidungsmöglichkeiten bieten die sog. Alkaloidreagentien, organische, anorganische und komplexe anorganische Säuren [Trichloressigsäure, Sulfosalicylsäure, Pikrinsäure („*Essbachsche Probe*"), Gerbsäure sowie Metaphosphorsäure (*nicht* Orthophosphorsäure!), Salpetersäure („*Hellersche Probe*)", Cyanoeisen(II)-säure („*Klärung nach Carrez*"), ferner Phosphorwolfram-, Wolfram- und Phosphormolybdänsäure, Jodquecksilber (Tanret-Reagens) und Jodwismutjodwasserstoffsäure]. Viele dieser Reagentien werden auch analytisch, so zur Klärung eiweißhaltiger Lösungen, zur Bestimmung des „*Reststickstoffes*" oder des „*Reineiweißes*" und anderer Stickstofffraktionen, benutzt.

γ) *Farbreaktionen* sind entweder weitgehend unspezifisch wie die schon früher besprochenen blauviolette *Ninhydrinreaktion* oder die *Biuretreaktion*, eine Violettfärbung, die Proteine mit verdünnter Kupfersulfatlösung liefern. Die letztgenannte Reaktion ist spezifisch für die Peptid-(—CO—NH—)-Gruppierung. Sie wird oft praktisch zur Verfolgung der Eiweißhydrolyse, z. B. bei der Würzenherstellung, benutzt. Spezifische Farbreaktionen sind meist auf einzelne im Eiweißverband vorliegende

Aminosäuren abgestellt, so die *Schwefelbleiprobe* und die *Nitroprussidreaktion* auf schwefelhaltige Aminosäuren, die *Xanthoproteinreaktion* (mit starker Salpetersäure) auf Nitrierung aromatischer Kerne (Tyrosin), die *Millonsche Reaktion* (Mercurinitrat in konzentrierter Salpetersäure) gleichfalls auf die Phenolgruppe des Tyrosins. Tyrosin und Tryptophan werden mit dem „*Phenolreagens*", Tryptophan nach der *Adamkiewicz-Hopkins-Reaktion* (glyoxylsäurehaltiger Eisessig), Tyrosin und Histidin durch die „*Diazoreaktion*" mit diazotierter Sulfanilsäure und Arginin mit dem *Sakaguchi-Reagens* (Hypobromit und α-Naphthol) erfaßt. Eine weitere viel benutzte Reaktion, die *Molisch-Probe* mit α-Naphthol-Schwefelsäure, stellt eigentlich keine Proteinreaktion dar. Die hier auftretende blauviolette Farbe entsteht durch Furfuralbildung aus Kohlenhydratkomponenten, wie sie in vielen Proteinen vorkommen (S. 85).

Zahlreiche der genannten Farbreaktionen werden auch analytisch ausgewertet. Ihr Reaktionsablauf ist jedoch oft schwer zu beherrschen, außerdem sind viele Reaktionen wenig spezifisch, so daß für quantitative Bestimmungen einzelner Aminosäuren die modernen Verfahren der Verteilungschromatographie immer mehr Boden gewinnen. Zum Eiweißnachweis ist außerdem zu bedenken, daß ein positiver Ausfall derartiger Reaktionen immer die Anwesenheit der reagierenden Aminosäuren im Proteinverband zur Voraussetzung hat, auf die das betreffende Reagens spezifisch anspricht.

δ) *Die serologische Kennzeichnung* von Proteinen spielt als „Präcipitinreaktion" in der Lebensmittelchemie eine wichtige Rolle und beruht auf folgenden Tatsachen:

Bringt man „artfremdes" Eiweiß („*Antigen*") „parenteral" — also unter Umgehung des Magen-Darm-Tractus — in die Blutbahn, so erzeugt der Organismus als Abwehrmaßnahme gegen den körper- und blutfremden Stoff sog. „*Antikörper*", die sich im Blutserum ansammeln und das zugeführte Fremdeiweiß unschädlich machen. Gleichzeitig erwirbt ein derartiges Serum („*Antiserum*") durch seinen Gehalt an Antikörpern („*Präcipitinen*") die Eigenschaft, in vitro mit der zur Behandlung („*Immunisierung*") benutzten Eiweißart — und *nur* mit dieser — einen Niederschlag („*Präcipitat*") zu bilden. Beispielsweise wird also ein mit Menschenblut behandeltes Kaninchen ein Antiserum liefern, das nur mit Menschenblut präcipitiert, ein mit Pferdeblut immunisiertes Tier gibt nur Niederschläge mit Pferdeserum, ein mit Eiereiweiß behandeltes Tier liefert ein gegen Eiereiweiß aktives Serum usw. Die Reaktion ist weitgehend spezifisch und versagt nur bei nahe verwandten Tierarten (Pferd — Esel — Maulesel; Schaf — Ziege). Sie erfordert selbstverständlich *lösliches* Eiweiß, wird also bei gekochtem Fleisch, erhitztem Eipulver usw. versagen.

Die Präcipitinreaktion erlaubt — im Gegensatz zu rein chemischen Verfahren — die eindeutige Charakterisierung und Differenzierung typischer pflanzlicher und tierischer Proteine. Mit Hilfe entsprechender Seren können in der forensischen wie in der Lebensmittelchemie z.B. Menschenblut, Blut, Milch und Fleisch verschiedener Tierarten einwandfrei differenziert, Trockeneigelb in Margarine, Fremdsameneiweiß in Marzipan, Persipan und Backwaren, Wurstbindemittel in Wurst nachgewiesen und schließlich Lebensmittel wie Honig oder Teigwaren auf spezifische Proteine geprüft werden.

Besondere Ausführungsformen sind die *Gel-Diffusionstechnik* und die *Immunelektrophorese*. In beiden Fällen läßt man Antigen und Antikörper in einem Trägergel (z.B. Agar) gegeneinander diffundieren; am Treffpunkt bildet sich ein als weiße Trübung im Gel gut erkennbares Präcipitat.

c) Die quantitative Bestimmung der Proteine

Der Stickstoffgehalt der Proteine liegt, wie erwähnt, im Durchschnitt bei rund 16%, so daß die einfachste und auch vielbenutzte Ermittlung des Proteinanteils in Lebensmitteln auf der Bestimmung des Stickstoffs (meist nach Kjeldahl durch Aufschluß mit Schwefelsäure unter Katalysatorzusatz) beruht. Da die Proteine nicht streng 16% Stickstoff enthalten und hier außerdem auch nichteiweißartige Stickstoffsubstanzen (Aminosäuren, Amide, Alkaloide, Basen usw.) erfaßt werden, ist der übliche Umrechnungsfaktor von N · 6,25 (Eiweiß: N = 100 : 16; N · $\frac{100}{16}$ = N · 6,25) nur bedingt richtig und liefert nur den unter dem Begriff „*Rohprotein*" oder „Stickstoffsubstanz" zusammengefaßten Eiweißwert. Bei anderen beträchtlich vom Normalgehalt an Stickstoff (16%) abweichenden Proteinen wurden spezielle zutreffendere Umrechnungsfaktoren vorgeschlagen, z.B. für die (stickstoffreichere) Gelatine 5,55, für die (stickstoffärmeren) Proteide des Milchcaseins 6,37 und die des Eigelbs 6,67.

Die Stickstoffsubstanz mancher pflanzlicher Nahrungsmittel enthält häufig neben dem Protein-N mehr oder minder große Mengen Nichteiweiß-N, wie Tabelle 9 zeigt:

Tabelle 9. Reineiweiß und Roheiweiß in pflanzlichen Lebensmitteln. (Aus K. Lang: 90)

Nahrungsmittel	% N in der Trockensubstanz	Reineiweiß in % des Roheiweiß
Haselnüsse	3,11	96
Salat	4,39	88
Spinat	5,53	82
Äpfel	0,29	76
Grünkohl	4,61	68
Kartoffel	1,40	50
Mohrrübe	3,07	46
Rosenkohl	6,17	45
Kohlrübe	1,14	45
Rote Rübe	1,16	41

Bei der Ermittlung der biologischen Wertigkeit auf der Basis von N-Bestimmungen müssen derartige Unterschiede in Rechnung gestellt werden.

In der folgenden Tabelle 10 sind einige weitere Umrechnungsfaktoren zusammengestellt, wie sie die FAO in ihren Ernährungsstudien empfiehlt („Conversion factor (N)").

Tabelle 10. Umrechnungsfaktor für die „Proteinsubstanz" verschiedener Nahrungsmittel. (Nach: 8)

Lebensmittel	Umrechnungsfaktor N
Gerste, geschältes Korn	5,83
Mais, Korn	6,25
Reis, poliert	5,95
Weizen, Mehl, 60—90%	5,70
Kartoffel, auch Süßkartoffel	6,25
Erdnuß	5,46
Sojabohne	5,71
Mandel	5,18
Erbse	6,25
Käse	6,38

Zur Bestimmung des „*Reinproteins*" wird der eigentliche Eiweißanteil durch Fällung mit Kupfer- und Uransalzen, Alkohol, Metaphosphorsäure, Trichloressigsäure usw. abgetrennt. Das *verdauliche Protein* wird in vitro durch enzymatischen Abbau mit Pepsin, Trypsin oder Papain ermittelt.

Über die *Bausteinanalyse* der Proteine muß auf die umfangreiche Spezialliteratur verwiesen werden.

d) Die Hydrolyse der Proteine

Voraussetzung für die Bausteinanalyse von Proteinen ist die *totale Hydrolyse*, also die Zerlegung in die einzelnen Aminosäuren. Um es vorwegzunehmen, ein ideales, allen Forderungen gerecht werdendes Verfahren existiert nicht. Im allgemeinen wird sorgfältig gereinigte 6n-Salzsäure benutzt, oft unter Verwendung umstrittener Zusätze, wie z. B. von $SnCl_2$. Besondere Schwierigkeiten treten vor allem dann auf, wenn Proteine im Gemisch mit anderen Komponenten (Kohlenhydrate, Lipide, inkrustierende Zellsubstanzen) vorliegen. Die hier gebildete „Huminsubstanz" und der in der Bilanz gefundene „Huminstickstoff" deuten auf derartige unerwünschte Nebenreaktionen hin. Bei der *sauren Hydrolyse* werden Tryptophan, Serin und Threonin, auch Methionin weitgehend zerstört, bzw. empfindlich geschädigt. Um Nebenreaktionen zurückzudrängen wird in großer Verdünnung gearbeitet. Die *alkalische Hydrolyse* führt zur Racemisierung und zur Zerstörung von Cystin, Arginin und anderen Aminosäuren. Als äußerst schonende, ideale Methode bietet sich die *enzymatische Hydrolyse* an. Mit Hilfe von Papain und Leucinaminopeptidase/Prolidase wurde die vollständige Hydrolyse verschiedener Naturstoffe durchgeführt. Für Routineuntersuchungen ist die Methode jedoch zu aufwendig.

Die *partielle Hydrolyse* durch verschiedene proteolytische Enzyme oder durch spezifische chemische Reaktionen hat große Bedeutung für die Sequenzanalyse. Die lange Zeit für die parenterale Ernährung als Aminosäurequelle benutzten, vor allem enzymatisch gewonnenen Proteinhydrolysate haben heute an Bedeutung verloren, da zu diesem Zweck Lösungen reiner Aminosäuren zur Verfügung stehen.

e) Die einzelnen Proteine

α) *Albumine*

Zusammen mit den Globulinen und den Prolaminen der Getreidearten bilden die Albumine die wichtigsten Eiweißarten. Albumine kommen vor allem im Tierreich (Körperflüssigkeiten und Sekrete) vor; Pflanzen enthalten nur geringe Mengen, so z.B. Pflanzensamen weniger als 1%. Sie lösen sich in neutralem, salzfreiem Wasser, sind infolgedessen schwerer aussalzbar als Globuline und Prolamine (z.B. erst bei hoher Konzentration (70—100% an Ammoniumsulfat) und zeigen relativ niedrige Molekulargewichte. Viele Albumine enthalten geringe Mengen an Kohlenhydraten als integrierenden Anteil, gehören also eigentlich zu den Glykoproteiden, werden aber aus historischen Gründen bei den einfachen Proteinen abgehandelt.

Eialbumine, die Proteine des Eiklars, lassen sich als Albuminfraktion durch Ammoniumsulfatfällung abtrennen. Sie bestehen aus *Ovalbumin, Conalbumin* und *Ovomucoid*.

Ovalbumin, das Hauptprotein, liefert bei der Elektrophorese drei Komponenten: A_1 (etwa 80%), A_2 (etwa 15%) und A_3 (etwa 5%), die sich offensichtlich im P-Gehalt unterscheiden. Der Gehalt an Kohlenhydraten (3%, bestehend aus 2 Mol Glucosamin und 4 Mol Mannose) ist an der Maillard-Reaktion (vgl. S. 14) bei Eiprodukten beteiligt. Neben Eialbumin findet sich im Eiklar noch *Conalbumin*, daneben *Ovomucoid*,

Tabelle 11. Proteine des Eiklars. (Aus: 54, Bd. I., S. 253)

Protein	% des Gesamtproteins	Molekulargewicht	pI
Ovalbumin	65	45000	4,58
Conalbumin	13	76600	6,8
Ovomucoid	12	28000	3,9
Lysozym	3	14800	11,3
Globulin G_2	4	—	—
Globulin G_3	4	—	—
Ovomucin	2	—	—
Avidin	0,1	40000—70000	10

Ovomucin, Globuline, Lysozym und *Avidin* (vgl. S. 159). *Conalbumin* coaguliert bei niedrigerer Temperatur als Ovalbumin. Es bildet mit verschiedenen Schwermetallionen Komplexe. *Ovomucoid* ist ein Glykoprotein, das nicht coaguliert. Im Kohlenhydratanteil (22—26%) finden sich N-Acetylglucosamin, Mannose, evtl. auch Galaktose. Die Proteine des Eiklars sind in Tab. 11 zusammengestellt.

Das Eiereiweiß ist infolge seines hohen Gehaltes an essentiellen Aminosäuren biologisch hochwertig.

Serumalbumin (etwa 59% der Plasmaproteine) wurde gleichfalls kristallisiert erhalten, erwies sich jedoch als inhomogen und konnte durch fraktionierte Kristallisation sowie elektrophoretisch in einzelne Komponenten aufgetrennt werden.

α-Lactalbumin findet sich zu 0,07—0,15% in der Kuhmilch, ist biologisch hochwertig und kann aus der caseinfreien Molke durch fraktionierte Aussalzung abgetrennt werden.

Weitere tierische Albumine sind das *Myogen* der Muskulatur, das weitgehend (zu etwa 40%) aus Enzymproteinen — vor allem solchen der Dehydrasen — besteht, außerdem die *Globine* als Eiweißkomponenten des *Blut-* und des *Muskelfarbstoffes*. Sie enthalten große Mengen an Histidin und sind je nach Tierart verschieden aufgebaut. Als Albumin ist auch das Hormon *Insulin* zu betrachten. Insulin besteht aus 4 Peptidketten, je 2 solcher Ketten sich durch Disulfidbrücken verbunden.

Pflanzliche Albumine sind, wenn auch mengenmäßig gering, in verschiedenen Pflanzen aufgefunden worden, so das *Leucosin* in Getreidearten oder das *Legumelin* in Hülsenfrüchten. Sie gehen beim Kochen vegetabilischer Lebensmittel auf Grund ihrer Wasserlöslichkeit in den „Kochschaum" über. Ein besonders gut untersuchtes Pflanzenalbumin ist das *Ricin* der Samen von Ricinus communis. Es ist toxisch, bewirkt Agglutination der Blutkörperchen nach einem noch nicht geklärten Mechanismus und verliert seine Giftwirkung mit zunehmender enzymatischer Hydrolyse. Das nicht einheitliche Protein hat ein Molekulargewicht von 77000.

β) Globuline

Die *Globuline* liefern die Hauptmenge der coagulierbaren Eiweißstoffe. Im Gegensatz zu den Albuminen sind sie nur in Neutralsalzlösungen löslich (z.B. 10% NaCl) und werden schon bei geringeren Sättigungsgraden ausgesalzen, wobei leichter bzw. schwerer aussalzbare Globulinfraktionen anfallen (*Euglobuline* bzw. *Pseudoglobuline*). Die Extrahierbarkeit mit Kochsalzlösungen dient vor allem bei pflanzlichen Globulinen zur einfachen präparativen Gewinnung: aus mit Neutralsalzen gewonnenen Extrakten wird bei Entsalzung durch Dialyse das Globulin ausgefällt. Pflanzliche, vor allem in Samen reichlich vorkommende Globuline sind Reservestoffe für den wachsenden Embryo. Globuline tierischer Körperflüssigkeiten und Sekrete weisen, wie unten ausgeführt, spezifische physiologische Funktionen auf.

1. Serumglobulin findet sich im Blutplasma, scheidet sich daraus beim Verdünnen oder Ansäuern aus und wurde deshalb schon früh entdeckt. Durch Elektrophorese der Serumglobulinfraktion ergab sich, daß diese aus einer Reihe von Globulinen besteht, die als α_1-Globulin (3,9%), α_2-Globulin (7,5%), β-Globulin (12,1%) und γ-Globulin (17,3% der Gesamt-Plasmaproteine) unterschieden werden; die hier genannten Gruppen lassen sich mit Hilfe der Immunelektrophorese noch weiter in über 30 Komponenten auftrennen. In den letzten Jahren gelang es, die chemische Struktur verschiedener Immunglobuline weitgehend aufzuklären.

Die γ-Fraktion ist Träger der Immunitätsreaktionen, enthält eine Kohlenhydratkomponente und bildet die *Antikörper* (vgl. S. 36). Pathologische Zustände verändern die Mengenrelation der Blutglobuline; diese elektrophoretisch gemessenen Änderungen werden diagnostisch ausgewertet.

2. Fibrinogen, im Mittel zu 0,25% im Blutplasma enthalten, ist die Muttersubstanz des bei der Blutgerinnung sich abscheidenden *Fibrins*. Die Blutgerinnung selbst, ein enzymatischer Vorgang, wandelt Fibrinogen durch ein proteolytisches Enzym, das Thrombin, unter Mitwirkung eines Aktivators, der Thrombokinase, und in Gegenwart von Calciuminonen in das Fibrin um. Dieser Prozeß kann verhindert werden durch Entfernen der Calciumsalze, beispielsweise durch Bindung der Ca^{++}-Ionen mit Oxalat, Citrat, Phosphat oder Fluorid. Die gerinnungshemmende Wirkung von Citrat und phosphorsauren Salzen („Phosphatfibrisol") hat Bedeutung gewonnen bei der Verarbeitung von Schlachttierblut bzw. bei der Herstellung von Blutplasma zum menschlichen Genuß (S. 324). Über das Verbot des Phosphatzusatzes in Deutschland vgl. bei Wurst.

3. β-Lactoglobulin findet sich in der Milch als β_1- und β_2-Lactoglobulin neben anderen Globulinen (Euglobulin und Pseudoglobulin, vgl. bei Milch) zu 11% des Gesamteiweißanteiles.

4. Muskelglobuline. Neben dem schon erwähnten Muskelalbumin (Myogen; 28% des Gesamteiweißes) läßt sich aus der quergestreiften Muskulatur durch Extraktion mit Salzlösungen und fraktionierte Fällung eine Reihe wichtiger Globuline abtrennen.

Myosin (etwa 40% der Proteinsubstanz) ist das kontraktile Element der Muskelfaser, zeigt selbst Faserstruktur und besitzt enzymatische Funktion als Adenosintriphosphatase (vgl. S. 327). Das Molekulargewicht des Myosins wird zu 420000—540000 angegeben.

Actin besteht aus zwei reversibel ineinander umwandelbaren Formen („G-Actin" und „F-Actin") und bildet mit Myosin eine dissoziable Verbindung: *Actomyosin*. Die Verbindung wird nach unseren heutigen Kenntnissen durch Adenosintriphosphatase in die beiden Komponenten gespalten, wobei aus Adenosintriphosphorsäure ein Molekül Phosphorsäure freigesetzt wird. Das Zusammenspiel von Myosin, Actin und Adenosintriphosphorsäure ist offenbar für den Mechanismus der Muskelkontraktion und -erschlaffung von entscheidender Bedeutung (vgl. unter Fleischreifung, S. 327).

Tropomyosin ist ein weiteres Protein der Muskulatur. Es stellt ein Faserprotein dar, verhält sich bei der Elektrophorese und in der Ultrazentrifuge einheitlich, bildet stark viscose Lösungen, macht etwa 4% des gesamten Muskelproteins aus und ist wahrscheinlich am Kontraktionsvorgang nicht beteiligt.

Globin, die Proteinkomponente des Muskelfarbstoffes Myoglobin, wird meist zu den Albuminen gerechnet (s. dort). Als ein dem Hämoglobin sehr ähnliches Atmungspigment vermag Myoglobin gleichfalls Sauerstoff zu binden (vgl. S. 316).

Organglobuline sind aus verschiedenen Organen gewonnen worden. Gesichert ist vor allem die Existenz des in der Schilddrüse gefundenen Thyreoglobulins, eines jodspeichernden Globulins.

5. Pflanzliche Globuline sind in großer Zahl bekanntgeworden. Sie finden sich besonders reichlich in Öl- und Leguminosensamen, zeigen meist gute Neigung zur Kristallisation und bilden in ölhaltigen Samen neben den Fetten die wichtigsten Reservestoffe für den wachsenden Embryo. Solche Ölsamenproteine sind das *Edestin* des Hanfsamens, das *Excelsin* der Paranuß, *Arachin* und *Conarachin* der Erdnuß, *Juglansin* der Walnuß und *Amandin* der Mandeln. Daneben sind Globuline aus Lein-, Baumwoll-, Kürbis- und Ricinussamen bekannt. Am besten untersucht ist das Edestin. Trotz der Gewinnung kristallisierter Präparate ist anzunehmen, daß derartige Kristallisate nicht einheitlich sind. Dies gilt z.B. für Edestin und für die Globuline der Erdnuß. In Samen der Leguminosen kommen meist zwei oder mehrere Globuline vor, von denen das eine (im folgenden erstgenannte) mengenmäßig dominiert: Bohnen enthalten *Phaseolin* neben *Phaselin*, Erbsen *Legumin* neben *Vicillin*, Sojabohnen *Glycinin* neben einem zweiten Globulin, Jackbohnen *Canavalin* neben *Concanavalin A und B*. Blaue Lupine scheint nur ein Globulin (*Conglutin*) zu enthalten. Auch hier lassen sich manche, wie das Glycinin der Sojabohne, in Einzelkomponenten aufteilen. Auch in anderen Pflanzen finden sich, allerdings geringfügig, Globuline, so in Getreidesamen (Hafer, Weizen, Gerste, Reis, Mais) und in Gemüsearten (Kartoffeln, Spinat, Tomaten, Pilze).

Die Gewinnung von Proteinkonzentraten aus eiweißreichen Samen, z.B. aus den Preßrückständen der Baumwollsaat, der Erdnuß oder der Sojabohne ist bedeutungsvoll für die Eiweißversorgung der unterentwickelten Welt (s. S. 475).

γ) Prolamine und Glutenine

Beide Proteintypen kommen vor allem gemeinsam im Endosperm der Getreidekörner vor und machen den Haupteiweißanteil der Getreidemehle aus. Für *Prolamine* besonders kennzeichnend ist deren Löslichkeit in 50—90%igem Äthanol und anderen wasserhaltigen Alkoholen und ihre Unlöslichkeit in Wasser (soweit sie nicht als Säure- oder Alkalisalze vorliegen). Die *Glutenine* sind in Wasser, Alkohol und Neutralsalzlösungen unlöslich. Beide zusammen bilden im Weizen das *Klebereiweiß* (Gluten), bestehend aus dem *Prolamin* Gliadin und einem Glutenin. Klebereiweiß besteht aus einer Reihe von Proteinkomponenten, wie von zahlreichen Forschern festgestellt wurde.

Die eigentümliche Konsistenz dieses Proteingemisches nach dem Anteigen mit Wasser ist für die Backeigenschaften des Weizenmehles entscheidend (S. 492). Mais und Hafer enthalten überwiegend Prolamin, im Reismehl fehlt es. Gerste enthält neben einem Prolamin, dem Hordein, auch Glutenin. Bei solchen Getreidearten fehlt jedoch die für Weizen (und in geringerem Ausmaß für Roggen) charakteristische Kleberfraktion, ein Grund für die Untauglichkeit dieser Mehlarten zur Brotbereitung.

Prolamine enthalten ungewöhnlich große Mengen an Prolin und Glutaminsäure, dagegen relativ wenig Diaminosäuren. Am besten untersucht ist das noch in 96%igem Alkohol lösliche Prolamin *Zein* aus Mais. Es enthält kaum Tryptophan und Lysin und ist damit biologisch ausgesprochen minderwertig. Viele Prolamine sind elektrophoretisch nicht einheitlich: so läßt sich das Zein des Maises präparativ in drei Komponenten zerlegen. Auch die bisher untersuchten Glutenine haben sich als nicht einheitlich erwiesen.

δ) Histone und Protamine

Die von A. Kossel aufgefundenen *Histone* sind basische Bestandteile vieler tierischer Zellkerne und dort als „Nucleohistone" an Desoxyribonucleinsäuren gebunden. Sie kommen vor allem in den roten und weißen Blutkörperchen, in der Thymusdrüse sowie in Spermatozoen vor, verdanken ihren basischen Charakter dem hohen Gehalt an Lysin und Arginin und zeigen die charakteristische Eigenschaft, durch Ammoniak aus wäßriger Lösung gefällt zu werden. Nach den üblichen Verfahren dargestellte Histone sind nicht einheitlich, das Molekulargewicht liegt im nicht aggregierten Zustand bei 57000.

Protamine finden sich als Haupteiweißkomponente gleichfalls im Spermatozoen, wo sie F. Miescher 1874 entdeckte. Sie besitzen stark basischen Charakter; auf Grund ihrer niedrigen Molekülgröße (4000—8000) und einfachen Zusammensetzung gehören sie zu den bestbekannten Eiweißkörpern. Ihre Bezeichnung erfolgt nach der Quelle, aus der sie isoliert wurden: *Clupein* aus Hering, *Salmin* aus Rheinlachs, *Scombrin* aus Makrele oder *Sturin* aus Stör. Infolge ihres überwiegenden Aufbaues aus Diaminosäuren stellen sie die stickstoffreichsten Proteine dar (20—25% N). Als starke Basen neigen sie zur Bildung schwerlöslicher Verbindungen mit Proteinen, deren isoelektrischer Punkt im sauren Bereich liegt. Diese Eigenschaft wurde zur Herstellung von Insulin-Protaminpräparaten mit stark protrahierender Wirkung ausgenutzt.

ε) Skleroproteine

Hierher gehört eine Reihe typischer Faser-(Linear-)Proteine sehr unterschiedlicher Art, die alle eine gemeinsame Aufgabe haben, nämlich als Gerüst- und Stützsubstanz im tierischen Organismus zu dienen. Diesem Zweck entspricht ihr Verhalten: weitgehende Unlöslichkeit der nativen Proteine in wäßrigen Medien und ebenso weitgehende Resistenz gegen enzymatisch-proteolytischen Abbau.

Der wichtigste Vertreter ist das in Bindegewebe von Skeletmuskulatur, Haut und Sehnen vorkommende *Kollagen* und die aus ihm gewinnbare *Gelatine*. Wichtig sind außerdem *Elastin* als Hauptbestandteil der elastischen Fasern und Sehnen, die *Keratine* der Epidermis und der Hornsubstanzen (Haare, Hufe, Hörner, Federn) sowie das Seidenfibroin.

1. Kollagen geht beim Kochen mit Wasser, rascher mit Säure, in Gelatine (Leim) über, wobei Strukturänderung eintritt und die Angreifbarkeit durch proteolytische Enzyme zunimmt. Kollagen enthält beträchtliche Mengen an Prolin, Hydroxyprolin und Glycin, ist arm an essentiellen Aminosäuren und damit biologisch minderwertig.

2. Gelatine zeigt als charakteristische Eigenschaften starkes Quellungsvermögen im wäßrigen Medium und Bildung hochviscoser Lösungen auch in geringen Konzentrationen, die beim Erkalten zu einer gallertartigen („gelatinösen") Masse erstarren. Quellbarkeit, Viscosität und Gallertbildung sind weitgehend abhängig von pH, Temperatur und Elektrolytgegenwart. Trotz der ausgesprochenen biologischen Minderwertigkeit der Gelatine findet sie auf Grund der obengenannten Eigenschaften umfangreiche Verwendung in der Fleisch- und Fischwarenindustrie sowie in anderen Zweigen der Lebensmittelgewinnung (S. 323). Das Molekulargewicht liegt im Mittel bei 110000.

3. Elastin kommt in Sehnen, Blutgefäßen und Bindegewebe fast stets gemeinsam mit Kollagen vor. Besonders elastinreich ist das Nackenband (ligamentum nuchae). Gegenüber Kollagen zeigt Elastin verzweigte Faserstruktur und abweichende Aminosäurezusammensetzung. Wasser, Säure und Alkali bewirken keine Quellung und greifen wesentlich schwerer an. Erhitzen mit Wasser oder verdünnter Säure liefert keine Gelatine; proteolytische Enzyme hydrolysieren Elastin noch schwerer als Kollagen.

Beide Skleroproteine, Elastin und Kollagen, sind die Bindegewebs- und Sehnenanteile des Muskelfleisches bzw. der daraus hergestellten Erzeugnisse und spielen bei der Qualitätsbeurteilung eine wesentliche Rolle. Über die Möglichkeit ihrer Ermittlung auf Grund des Hydroxyprolingehaltes vgl. auch S. 316).

4. Keratine, die Hornsubstanz des Epithelgewebes, zeigen völlige Unlöslichkeit in Wasser, Säuren und Alkalien. Proteolytische Enzyme greifen nicht an. Die Resistenz dieser Gerüstproteine ist darauf zurückzuführen, daß hier die einzelnen Peptidketten durch Disulfidbrücken sehr fest vernetzt sind. Milde Reduktionsmittel, wie *Ammoniumthioglykolat* vermögen in alkalischer Lösung diese Disulfidbindungen zu reduzieren:

$$R{-}SS{-}R + 2\ HSCH_2COONH_4 \rightarrow 2\ R{-}SH + (NH_4OOCCH_2S)_2,$$

wodurch das Keratin des Haares in gewünschte Formen gebracht werden kann. Rückbildung der Disulfidbindung durch Oxydation mit Kaliumbromat stabilisiert die Welle:

$$6\ R{-}SH + KBrO_3 \rightarrow 3\ R{-}SS{-}R + KBr + 3H_2O$$

(Wirkungsweise der *Kaltdauerwellenpräparate*). Wegen der Wichtigkeit der Haarkeratine für die Textilverarbeitung der Wolle hat deren Strukturerforschung weitgehende Aufklärung über den Molekülbau gebracht.

Die Bedeutung der Disulfidbindungen im Aufbau des Keratins macht verständlich, daß Keratine sehr reich (bis zu 16%) an Cystin sind. Endgruppenbestimmungen zeigten, daß Wollkeratin aus etwa 7 verschiedenen Peptidketten mit Molekulargewichten zwischen 58000 und 65000 aufgebaut ist.

5. Seidenfibroin als Fasersubstanz der Seidenraupenfäden ist im Gegensatz zu Keratinen fast frei von Cystin. Die Molekülstruktur kennt hier keine Disulfidvernetzung, sondern Aggregation der Faser-Peptidketten durch polare Kräfte. Als Bausteine kommen vor allem Glycin, Alanin, Serin und Tyrosin vor.

6. Andere Skleroproteine finden sich bei den Wirbellosen, so *Spongin*, eine jodhaltige Gerüstsubstanz der Badeschwämme und die gleichfalls jod- oder aber bromhaltigen in Korallen vorkommenden *Gorgonine.*

5. Zusammengesetzte Proteine (Proteide)

a) Phosphoproteide

α) *Casein* war eines der ersten in relativ reiner Form dargestellten Proteide. Später gewann O. Hammarsten (1900) „reines" Casein durch Säurefällung bei pH ~ 4,5, ein auch heute noch viel benutztes Verfahren. Derartige durch mehrfaches Umfällen mit Säure aus alkalischen Lösungen erhaltene Präparate zeigen gleichbleibende Bruttozusammensetzung: 15,65% N, 0,72—0,81% S und 0,85% P. Erst relativ spät wurde die Heterogenität des „Caseins" erkannt. Elektrophoretisch konnten 3 Komponenten (α-, β- und γ-Casein) abgetrennt werden, die im säuregefällten Casein ziemlich konstant zu 75%, 22% und 3% vorkommen. Später zeigte sich, daß die α-Caseinfraktion in zwei Unterfraktionen, eine „Ca-empfindliche" (α_s-Casein) und eine „Ca-unempfindliche" Fraktion, die *$\varkappa$-Casein* genannt wurde, zerlegt werden kann. $\varkappa$-Casein ist ein Glykoprotein, das Neuraminsäure und wahrscheinlich auch andere Zucker enthält. Das Molekulargewicht wurde bei pH 12 zu 26000 ermittelt. Bei neutralem pH-Wert ist $\varkappa$-Casein hochaggregiert. T. L. McMeekin u. Mitarb. (1959) erwiesen dann die Uneinheitlichkeit des α-Caseins weiterhin, indem sie diese Fraktion in elektrophoretisch definierte, als α_1-, α_2- und α_3-Casein bezeichnete Komponenten auftrennten. α_2-Casein ähnelt im P-Gehalt (0,10—0,15%) dem γ-Casein, ist jedoch mit Ca-Ionen und durch Labeinwirkung nicht fällbar. α_3-Casein (0,35% P, 1,2% Sialinsäure und 0,75% Hexose) ist gleich dem $\varkappa$-Casein ein Glykoproteid und stabilisiert wie dieses Casein gegen Calcium. Die chemische Verschiedenheit der hier besprochenen Fraktionen wird auch durch oft beträchtliche Differenzen in der Aminosäurezusammensetzung erhärtet. Geklärt ist weiterhin, daß der *Caseinphosphor* als Phosphorsäureester des *Serins* vorliegt. Daneben kommt seit der Isolierung von Phosphothreonin aus Casein für die Veresterung auch diese Hydroxyaminosäure in Betracht.

Die hier ganz kurz geschilderten experimentellen Ergebnisse zeigen, daß Casein ein kompliziertes Gemisch vieler verschiedenartiger Proteine ist, deren Reindarstellung und exakte Kennzeichnung zum großen Teil noch aussteht. Besonders komplex scheint α-Casein zu sein; relativ einheitlich sind β- und γ-Casein. α-Casein zerfällt zum Hauptteil in eine durch Ca-Ionen fällbare Komponente (α_s- bzw. α_1-Casein), daneben ist eine durch Ca-Ionen nicht fällbare Fraktion, die neben $\varkappa$- bzw. α_3-Casein offenbar noch andere Komponenten, wie α_2- und λ-Casein enthält. $\varkappa$- bzw. α_3-Casein sind reich an Kohlenhydraten. Sie stabilisieren das in der Milch vorliegende Ca-Caseinat-Gemisch gegenüber Ca-Ionen, d.h. sie verhindern offenbar als Schutzkolloide die Ausflockung der Casein-Ca-Salze.

Zusammenfassend läßt sich heute folgendes sagen: Casein findet sich in der Milch (dort oft auch als Caseinogen bezeichnet) als stäbchenförmige Mycellen mehrerer Komponenten. Größe und Zustand der im Gleichgewicht mit der Lösungsphase stehenden Mycellen sind von Ionenstärke, Temperatur und pH-Wert abhängig. Ca-Ionen gehen mit den einzelnen Caseinkomponenten elektrostatische Bindungen entsprechend der Anzahl vorhandener, ionisierter freier Bindungsstellen ein. Letztere bestehen vorwiegend aus Carboxylgruppen, zum geringeren Teil aus Phosphatestergruppen.

Enzymatisch kann Casein verhältnismäßig leicht und weitgehend, z. B. durch Trypsin und Pepsin, gespalten werden, wobei verschiedene *Phosphopeptide* entstehen, die u. a. auch in reifendem Käse gefunden wurden. Die Dephosphorylierung des Caseins stellt durch die erwähnte Inhomogenität dieses Phosphoproteids einen recht komplizierten Vorgang dar, wobei Phosphatasen die einzelnen Caseine verschiedenartig und in wechselndem Ausmaß hydrolysieren. Für die z. T. schon lange bekannten, durch enzymatischen Abbau des Caseins erhaltenen Peptide ist charakteristisch, daß die Phosphorsäuregruppen nicht gleichmäßig über das Molekül verteilt, sondern in bestimmten „sauren" Bezirken konzentriert sind. Die bei Reifungsvorgängen von Milchprodukten (z. B. von Käse) intensiv ablaufende Proteolyse baut die einzelnen Caseinfraktionen bei den verschiedenen Käsearten durchaus unterschiedlich ab. So werden bei finnischem Emmentaler bevorzugt α-Casein, bei Camembert β-Casein, bei Roquefort α- und β-Casein hydrolysiert. Man spricht auch von „α"-, „β"- oder von „nichtspezifischer" Reifung.

Die *Veränderung des Caseins bei der Labgerinnung* ist erst in jüngerer Zeit näher geklärt worden. Die allgemeine über den tatsächlichen Reaktionsmechanismus wenig aussagende Annahme ging dahin, daß hierbei unter der Wirkung des *Labenzyms* (vgl. S. 379) Casein in das sog. *Paracasein* übergeführt wird, das in Gegenwart von Ca-Ionen der Milch in Form eines unlöslichen Calciumsalzes ausfällt. Endgruppenbestimmungen zeigten eindeutig, daß die Labung einen proteolytischen Vorgang darstellt, bei dem sich zwei Reaktionen überlagern: 1. eine Primärreaktion, die 1—2,5% Nichtprotein-N freisetzt und 2. eine allgemeine Proteolyse. Die Primärreaktion greift spezifisch am α-Casein, nicht am β-Casein an. Sie verläuft sehr rasch und ist praktisch zu Ende, bevor die allgemeine Proteolyse meßbar Platz gegriffen hat. Die Primärreaktion erfordert keine Ca-Ionen, wohl aber die durch die Primärreaktion ermöglichte Caseingerinnung. Die für die Labreaktion charakteristische Milchgerinnung kann auch mit Pepsin und Chymotrypsin, nicht jedoch mit Trypsin, Papain oder Pilzproteasen erzielt werden. Untersuchung der bei der Labung gebildeten Peptide zeigten, daß Lab am ϰ-Casein angreift. Die spezifische Wirkung des Labenzyms ist nach den heutigen Kenntnissen also in der Freisetzung eines Glykomakropeptides aus ϰ-Casein unter Bildung von unlöslichem para-ϰ-Casein zu sehen. ϰ-Casein ist verantwortlich für die Stabilisierung der Ca-Caseinatmicellen. Deshalb führt seine Umwandlung in Gegenwart von Calcium zur Ausflockung der Casein-Ca-Salze. Die Freisetzung des erwähnten Glykomakropeptides erfolgt wahrscheinlich dadurch, daß das Labenzym eine Esterbindung im ϰ-Casein angreift.

β) *Phosphoproteide des Hühnereigelbes.* Wegen der z. T. frei, z. T. gebunden im Eidotter vorliegenden Lipoide besteht auch heute noch keine völlige Klarheit über die einzelnen vorhandenen Komponenten, das Mengenverhältnis und die Eigenschaften der Dotterproteine. Wir trennen zweckmäßig in die 3 Gruppen:

1. *Lipoprotein*fraktion
2. *Phosvitin*fraktion
3. *Livetin*fraktion.

Lipoproteinfraktion: Nach den Ergebnissen zahlreicher Arbeitskreise scheinen im Eidotter folgende Lipoproteine vorzuliegen:

1. und 2. *α- und β-Lipovitellin.* Sie entsprechen der früher als *α-Lipovitellin* bezeichneten Fraktion. Sie enthalten etwa 20% Lipoid, unterscheiden sich nicht in der Aminosäurezusammensetzung, wohl aber im Gehalt an Proteinphosphor (0,50 bzw. 0,27%).

3. eine sehr lipoidreiche Fraktion mit der einheitlichen Proteinkomponente Vitellin. Sie entspricht dem von Sugano beschriebenen *β-Lipovitellin* (0,3% Proteinphosphor). Die hier beschriebenen Lipoproteine sind aus mehreren Polypeptidketten aufgebaut, sie enthalten an Kohlenhydraten Galaktose, Mannose, Glucosamin und Sialinsäure.

Phosvitinfraktion: Aus Eidotter wurde unter milden Bedingungen ein Phosphoprotein isoliert, das *Phosvitin.* Es enthält 9,7% P und 11,9% N, das Molekulargewicht wird mit 30000 angegeben. 60—70% des Proteinphosphors im Eidotter konnten als Phosvitin isoliert werden. Es scheint hier jedoch ein Gemisch extrem phosphorreicher Proteine vorzuliegen, deren Phosphorsäure an Serin gebunden ist.

Livetinfraktion: Schon 1908 hatte R.A.H. Plimmer aus Eidotter ein wasserlösliches hitzecoagulierbares Phosphoprotein isoliert, das er *Livetin* nannte. Die Auftrennung lieferte 3 Komponenten α-, β- und *γ-Livetin* und weitere, nicht genau charakterisierte Fraktionen. Die Livetine sind sehr phosphorarm (0,05%), enthalten auch Kohlenhydrate und sind am Gesamtdotterprotein zu 25% beteiligt. Nach elektrophoretischen Untersuchungen enthält die fettfreie Trockensubstanz von frischem *Eigelb* 8,6% Livetin, 41,7% Lipovitellenin, 46,4% Lipovitellin und 3,3% andere Proteine. Isolierte Eigelbproteine differieren je nach der Gewinnung in ihren Eigenschaften stark, wodurch die verschiedenen Angaben der Literatur erklärbar sind.

b) Glykoproteide

Eine Reihe von Proteinen enthält als integrierende Bestandteile Mannose, Galaktose, Lactose, Glucosamin, Galakturonsäure, Aldobionsäure und Polysaccharide. Man bezeichnet derartige Eiweißstoffe als *Glykoproteide.*

Eine Gruppe dieser Proteide ist dadurch gekennzeichnet, daß sie relativ geringe Mengen (nicht über 5%) an Kohlenhydraten enthält, so z.B. Casein 0,31%, Serumalbumin 0,47%, Gelatine 0,5%, Kollagen 0,65%, Ovalbumin 1,7% und Eiklarglobuline 4,0%. Trotz des niedrigen Kohlenhydratgehaltes kann dieser, z.B. bei der Milch- und Eiverarbeitung, zu unerwünschten Umsetzungen mit Aminosäuren führen, die an anderer Stelle unter dem Begriff der Maillard-Reaktion geschildert sind (vgl. S.14).

Die zweite Gruppe umfaßt Proteide, deren Kohlenhydratgehalt bei 8—20% liegt. Ihre Unterteilung ist wegen der stark differierenden Kohlenhydratkomponenten noch unbefriedigend. Hierher gehören die *Mucoproteide* und die *Chondroproteide.* Erstere enthalten Mucoitinschwefelsäure und finden sich in der Magenschleimhaut, im Speichel usw. und üben Schutzwirkung auf die Schleimhäute aus; letztere kommen im Knorpel, in Sehnen, Haut und Knochen vor. Substanzen dieser Art sind das *Ovomucin* des Hühnereies, das Serummucoid und die Blutgruppen-A-Substanz. Bei der Hydrolyse liefern sie äquimolekulare Mengen Glucuronsäure, Schwefelsäure, Essigsäure und Aminozucker (Chondrosamin bzw. Glucosamin).

Die meisten Globuline des Blutplasmas sind eigentlich Glykoproteide. Manche haben spezifiische Bindungsfunktionen, z.B. für Thyroxin oder für Cortisol.

c) Nucleoproteide

Diese schon 1871 von dem Schweizer Physiologen F. Miescher entdeckten Proteide finden sich als Verbindungen von Nucleinsäuren mit basischen Proteinen, Histonen oder Protaminen in allen pflanzlichen und tierischen Zellkernen als lebenswichtige Stoffe und enthalten als Nucleinsäurekomponente hoch molekulare *Thymonucleinsäure* (Desoxyribonucleinsäure) oder *Hefenucleinsäure* (Ribonucleinsäure). Hauptquellen in pflanzlichem Material sind die Hefezellen. Auch die *Viren* sind in diese Gruppe zu rechnen. „Phytopathogene" Stoffe dieser Art verursachen seit Jahrhunderten bekannte Krankheitserscheinungen bei Pflanze, Tier und Mensch; sie finden sich auch in Bakterien und werden dort als *Bacteriophagen* bezeichnet. Ohne nach unserer heutigen Kenntnis Lebewesen zu sein, ist ihre Vermehrung an einen lebenden Wirt gebunden. 1935 hat W. M. Stanley im Tabakmosaikvirus den ersten Vertreter isoliert und als Nucleoproteid erkannt. Andere Viren, wie solche pflanzlicher Herkunft (Gurken-, Kartoffel-, Tomaten-, Kohlrübenmosaikvirus) oder tierischen Ursprungs (Erreger von Infektionskrankheiten: Maul- und Klauenseuche, Geflügelpest, Psittacosis, Gelbfieber, Poliomyelitis, Influenza), besitzen erhebliche Bedeutung nicht nur für den Menschen, sondern auch für den Ertrag von Nutzpflanzen oder die Tierzucht. Infektiöse Wirkung, Aktivität und Vermehrungsfähigkeit sind außerordentlich entwickelt, ihr Molekulargewicht steigt bis zu 40 Millionen und höher an.

Prosthetische Gruppe aller Nucleoproteide sind die *Nucleinsäuren,* die in der Natur meist hochmolekular als *Polynucleotide* vorkommen, in der Struktur sich jedoch auf die „einfachen" niedermolekularen *Mononucleotide* zurückführen lassen. Diese bestehen aus einer *Base,* einer *Pentose* und aus *Phosphorsäure.* Als Pentosen treten D-*Ribose* bei der Hefennucleinsäure und D-2-*Desoxyribose* (Thyminose) bei der Thymonucleinsäure auf. Die Base kann als Purin- oder Pyrimidinderivat vorliegen. Viele dieser Basen finden sich nach enzymatischer Abspaltung durch *Nucleotidasen* in verschiedenen Lebensmitteln, z.B. Hypoxanthin und Xanthin in Fleischsaft und Fleischextrakt, andere Nucleotide bleiben unverändert, wie die im Fleischextrakt vorkommende *Inosinsäure* (Hypoxanthin-ribose-5-phosphorsäure). *Harnsäure* als Endprodukt des Abbaues von Pyrimidinnucleotiden ist in geringen Mengen oft in der Stickstoffsubstanz unserer Lebensmittel anzutreffen. Physiologisch bedeutsame Nucleotide sind die an anderer Stelle besprochenen *Flavinadeninnucleotide* und die *Pyridinnucleotide* als *Coenzyme* der Flavinenzyme und der Codehydrasen. Über die gleichfalls wesentlichen Nucleotide der *Adenylsäure* und der *Adenosintriphosphorsäure* sowie über Einzelheiten der Nucleinsäuren unterrichten die Lehrbücher der physiologischen Chemie. Ob das Protein in den Nucleoproteiden irgendwelche spezifische Funktionen besitzt, ist ungewiß.

d) Lipoproteide

Verbindungen von Lipoiden mit Eiweißstoffen, wie sie bei den Proteinen des Eigelbs erwähnt wurden, spielen dort und in vielen anderen Lebensmitteln als Bindeglieder zwischen den lyophilen Proteinen und den wasserunlöslichen Lipoiden sowie als wirksame Emulgatoren eine wichtige Rolle. Über die Beteiligung an „haptogenen Membranen“ bei der Milch vgl. S. 379. Im Blut finden sich sowohl unter den α- wie unter den β-Globulinen Lipoproteide, die dort Vehikelfunktion für die wasserunlöslichen Lipoide ausüben. Weiteres s. bei „*Symplexen*“. Beim „*Entfetten*“ solcher Systeme unter Störung von Lipid-, Protein- und Lipidprotein-Wechselwirkungen und von Strukturelementen (Micellen, Doppelschichten) entstehen, z. B. bei Eidotterproteinen, oft nicht erkannte *Artefakte*.

e) Chromoproteide

Dem Namen entsprechend handelt es sich hier um Proteide, deren prosthetische Gruppe eine Farbstoffkomponente ist. Die wichtigsten Vertreter sind die eisen- und kupferhaltigen Atmungspigmente (Hämoglobin, Myoglobin, Erythro- und Chlorocruorine, Hämocyanine), weiterhin Chlorophyll und Carotinoidpigmente, Katalase und Peroxidase sowie die Flavoproteide („gelbe Fermente“). Und schließlich sind vom lebensmittelchemischen Standpunkt auch alle Substanzen hierher zu rechnen, die andere Pigmente wie Flavonole, weitere gefärbte Polyphenole und entsprechende Umsatzprodukte als farbgebende Komponenten von Lebensmitteln enthalten.

α) *Hämoglobin.* Die prosthetische Gruppe dieses Proteids ist das Protohämin, d.h. der Eisen(II)-komplex des Protoporphyrins. Hämoglobin von Mensch und Tier enthält 0,336% Eisen. Der Eiweißanteil des Hämoglobins, das Globin, ist auf Grund von Bausteinanalysen und Endgruppenbestimmungen bei den einzelnen Tierarten verschieden und auch serologisch differenzierbar. Auch in der Affinität zum Sauerstoff unterscheiden sich einzelne Hämoglobine. Das normale Hämoglobin des erwachsenen Menschen besteht zu 90% aus Hämoglobin A (Hb-A), daneben sind verschiedene andere Komponenten vertreten. Außerdem existieren ein fetales Hämoglobin (Hb-F) und mit bestimmten Krankheitsbildern gekoppelte *anomale* Hämoglobine. Untersuchungen ergaben, daß das Hämoglobinmolekül aus 4 Polypeptidketten besteht, die je eine Hämgruppe tragen und von denen jeweils zwei identisch sind. Sequenzanalyse der beiden α-Ketten (141 Aminosäurereste) und β-Ketten (146 Aminosäurereste), sowie Röntgenstrukturanalysen zur Klärung der Anordnung aller vier Polypeptidketten im Molekül gehören zu den großartigsten Leistungen experimenteller Biochemie. Rote Blutkörperchen enthalten biologisch hochwertiges Eiweiß, in dem vor allem reichliche Mengen an Valin (11%), Leucin (14,9%), Threonin (6%), Phenylalanin (9,6%), Tryptophan (2%) und Lysin (10,6%) vorkommen. Charakteristisch ist der bei keinem anderen Protein erreichte, hohe Histidingehalt (8,5%). Die wesentlichste Eigenschaft des Hämoglobins ist seine (reversible) Sauerstoffbindung unter Bildung von *Oxyhämoglobin*, wobei das („hämaffin gebundene“) Eisen *zweiwertig* bleibt. Erhitzen von Hämoglobin mit Kochsalz und Eisessig liefert *Chlorhämin*, die zum mikroskopischen Blutnachweis benutzten „*Teichmannschen Kristalle*“ von sehr charakteristischer Kristallform. Über die Bindung von Kohlenmonoxid vgl. S. 760.

β) *Myoglobin*, der rote Farbstoff von gewaschenen Muskelzellen der Wirbeltiere und Wirbellosen, ist dem Hämoglobin nahe verwandt und enthält gleich diesem 0,34% Eisen. Die prosthetische Gruppe des Myoglobins ist wie beim Hämoglobin das Ferroprotoporphyrin.

Der Globinanteil ist im Aminosäureaufbau, z. B. beim Pferd, grundsätzlich von dem des Hämoglobins verschieden, die Molekulargewichte differieren beträchtlich und die Zusammensetzung ist außerdem für einzelne Tierarten spezifisch. Myoglobin hat ein Molekulargewicht von 16800 und enthält pro Molekül ein Eisenatom. Pottwal-Myoglobin enthält 151 Aminosäurereste in einer Polypeptidkette. Mit Hilfe der Röntgenbeugung wurde ein Strukturmodell aufgestellt und die Sequenz ermittelt.

Die Affinität zum Sauerstoff ist wesentlich größer als beim Hämoglobin, so daß hier eine lokale Sauerstoffreserve des Muskels für Energieleistungen gegeben ist. Entsprechend der wechselnden energetischen Beanspruchung verschiedener Muskelpartien ist der Myoglobingehalt in einzelnen Muskeln verschieden. Daher rührt z. B. das helle und dunkel Fleisch beim Geflügel.

Nitriteinwirkung (Pökeln) bildet das kochfeste, typisch „pökelrote" Nitrosomyoglobin, das seinerseits leicht in das recht veränderliche Nitrosomyochromogen übergeht, dessen Bildung Anlaß zu den bekannten grauen, bräunlichen oder grünlichen Verfärbungen von Pökelware geben kann. Die braungraue oder rötlichgraue Farbe normalen gekochten Fleisches beruht auf der Denaturierung des Myoglobins unter Umwandlung des Muskelfarbstoffes in Metmyoglobin. Bei der Behandlung von Fleisch mit energiereicher Strahlung kann grünlich gefärbtes Sulfmyoglobin gebildet werden (S. 290).

γ) Im Blut Wirbelloser (Weinbergschnecke, Meerwürmer, Hummer, Krabben) findet sich neben den rot bis grün gefärbten *Erythro-* bzw. *Chlorocruorinen*, eisenporphinhaltigen Proteiden mit einem Molekulargewicht von über 2 Millionen, vor allem die Gruppe der *Hämocyanine*. Es sind dies kupferhaltige Atmungspigmente mit einem Kupfergehalt von 0,17 bis 0,26%; das der Schnecken ist purpurblau, der Octopoden sepiabraun. Ein manganhaltiges Pigment ist im Blut des Wurmes Pinna squamosa, ein vanadiumhaltiges im Blut von Meerestieren (Ascidia) entdeckt worden. *Ferritin* mit 23% Eisen und *Hämosiderin* mit 35% Eisen sind Fe-Speicherformen des Organismus. *Transferrin* (Eisensiderophilin) ist für den Eisentransport und die Neubildung der Erythrozyten wichtig.

δ) Auf die beiden unser gesamtes Leben beherrschenden Chromoproteide der *Cytochromoxidase* (Warburgsches Atmungsferment) und der *Chlorophylle* kann hier nicht näher eingegangen werden. Lebensmitteltechnologisch bedeutsame Veränderungen der Chlorophylle werden bei Gemüse erörtert.

ε) *Chromoproteide* aus der *Carotinreihe* sind das in den Eiern und Schalen von Crustaceen, z.B. des Hummers, vorkommende braungrüne *Ovoverdin*, bei dem das Carotinoid *Astaxanthin* mit Protein kombiniert ist. Beim Kochen dieser Crustaceen wird der Crustacyanin-Komplex zerstört und Astaxanthin als leuchtend rot gefärbtes 3.3'-Dihydroxy-4.4'-dioxo-β-carotin in Freiheit gesetzt. Über das Chromoproteid des *Sehpurpurs* vgl. bei Vitamin A.

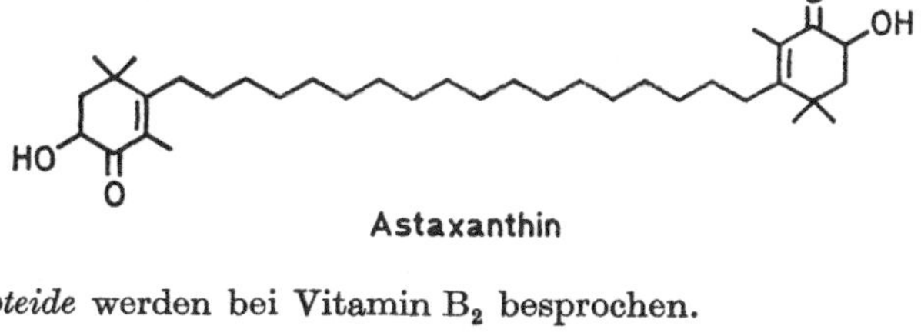

Astaxanthin

ζ) *Flavoproteide* werden bei Vitamin B_2 besprochen.

6. Symplexe

Unter dem Begriff der Symplexe faßt man eine große Gruppe von weitverbreiteten recht komplizierten Stoffen zusammen, deren chemische Natur durch den genannten nichtssagenden und bequemen Begriff keineswegs klarer wird. Manche von ihnen, wie die Lipo-, Glyko- und Chromoproteide werden oben näher besprochen, ohne daß damit die Bedeutung aller „Symplexe" im Rahmen der Lebensmittelchemie erschöpft wäre. Außer den dort genannten Komponenten sind noch andere Substanzen am Aufbau solcher Aggregate beteiligt, wie Gerbstoffe, Pigmente verschienster Art, Vitamine oder Metalle. Die Verhältnisse werden noch komplizierter dadurch, daß auch andere als die erwähnten Kombinationen möglich sind, wie z. B. solche von Kohlenhydraten und Lipoiden zu den Liposacchariden, von Liposacchariden mit Proteinen zu Dreistoffsystemen usw. Derartige Symplexe weisen oft ganz anderes Verhalten auf als die einzelnen Komponenten und zeigen demgemäß auch recht vielgestaltiges kolloid- und physikalisch-chemisches Verhalten. *Analytisch* treten die Symplexe störend in Erscheinung, wenn z. B. die Extraktion von Fett aus Lebensmitteln, wie Milch und Milchprodukten, Fleisch, Cerealien und Hülsenfrüchten, Backwaren, Hefe oder Schokolade, mit den üblichen Lösungsmitteln (Äther, Petroläther) nur unvollständig möglich ist, oder dann, wenn im Fettextrakt kohlenhydrat-, phosphor- und aminosäurehaltige Phosphatide sowie Chlorophyll miterfaßt werden („Rohfett") oder bei der Fettbestimmung in Schokolade Saccharose teilweise in den Fettanteil geht. *Technologisch erwünscht* ist. z. B. die Bildung von Gerbstoff-Eiweiß-Symplexen bei der Trubabscheidung aus Getränken, die emulsionsfördernde Wirkung von Lipoproteidkomplexen bei der Eierlikörbereitung oder der backtechnisch günstige Einfluß von Lipoproteid-Kohlenhydrat-Mehrstoffsystemen im Mehl. *Technologisch störend* ist die Stabilität derartiger Symplexe während der Bierbereitung (Nachtrübung) oder bei der Bleichung von Ölen oder die Labilität des Rotwein-Pigment-Systems bei der Lagerung (Farbstoff-Gerbstoff-Ausscheidung). Abbau, Desaggregierung und Ausflockung derartiger Symplexe ist auf verschiedene Weise möglich, z. B. durch pH-Verschiebung, durch Alkohole, Salze, Aceton, Harnstoff, Invertseifen, Adsorptionsmittel, bei proteinhaltigen Komplexen ganz allgemein durch Eiweißdenaturierung. Oft sind — vor allem in der Analytik — drastische Eingriffe notwendig, um den Symplex aufzuspalten, so bei der Fettbestimmung in Lebensmitteln, wo erst Behandlung mit Säuren oder Alkalien den Fettanteil der Milch oder anderer Lebensmittel quantitativ freisetzt.

7. „Peptone"

Definierte Zwischenprodukte des Eiweißabbaues mit Säure, Lauge oder Enzymen sind nur in wenigen Fällen beschrieben worden. Meist werden undefinierte Gemische von Peptiden verschiedener Molekülgröße erhalten, deren Trennung mit Hilfe moderner Methoden durchaus möglich ist, praktisch jedoch keine Bedeutung besitzt. So hat auch die alte Unterscheidung partieller Proteinspaltprodukte in „*Albumosen*" und „*Peptone*" nur noch historische Bedeutung; ihre recht willkürliche Erfassung durch Fällungsmittel verschiedener Art wird da und dort analytisch ausgewertet. Als Zwischenstufen von Eiweiß und Peptiden unterscheiden sie sich von den Proteinen durch fehlende Hitze- oder Säurecoagulierbarkeit. Therapeutisch und diätetisch finden sie als „Fleichpepton" infolge ihrer leichten Verdaulichkeit Verwendung in Nähr- und Kräftigungsmitteln. „*Pepton Witte*" und andere Peptonpräparate spielen als Nährbodensubstrat in der Bakteriologie eine Rolle.

8. Aminosäurezusammensetzung und biologischer Wert verschiedener Nahrungsproteine

In der Tabelle 12 sind der Gehalt an essentiellen Aminosäuren, der errechnete biologische Wert, außerdem der Wasser- und N-Gehalt, der jeweilige Umrechnungsfaktor und der daraus errechnete Proteingehalt angegeben. Die in erster Linie den biologischen Wert begrenzenden Aminosäuren sind *fett* gedruckt. Als Quelle wurde die Literatur (8) benutzt. Sie wertet alle wesentlichen, bisher bekanntgewordenen Daten aus. Zur übersichtlichen und schnellen Orientierung sei auf Literatur (152) verwiesen.

Tabelle 12. Aminosäuregehalt und biologische Wertigkeit verschiedener Lebensmittel und Nahrungsproteine

Lebensmittel	Wassergehalt (g/100 g)	N (g/100 g)	Umrechnungsfaktor (N)	Protein (g/100 g)	Isoleucin	Leucin	Lysin	Methionin	Gesamt-S-Aminosäuren	Phenylalanin	Tyrosin	Threonin	Tryptophan	Valin	Biolog. Wert, berechn. Mittel
					← mg/g N										→
Tierische															
Rind, eßbares Fleisch	61,0	2,83	6,25	17,7	301	507	556	169	249	275	225	287	**70**	**313**	74,3
Innereien, Mittel (Herz, Niere, Leber)	74,0	2,56	6,25	16,0	297	543	454	114	**212**	252	194	250	**86**	398	
Schwein, eßbares Fleisch	42,0	1,90	6,25	11,19	356	563	625	188	**276**	288	247	319	85	**388**	74,0
Innereien, Mittel (Herz, Niere, Leber)	74,0	2,56	6,25	16,0	378	520	529	159	**244**	302	215	282	**81**	372	
Fisch, frisch, Mittelwert	74,1	3,01	6,25	18,8	**299**	480	569	179	253	245	229	286	**89**	382	76,0
Crustaceen, Muschel, Mittel	80,0	2,56	6,25	16,0	**291**	142	493	182	261	252	227	285	72	**299**	81,1
Huhn, eßbares Fleisch	66,0	3,20	6,25	20,0	434	460	497	157	**239**	250	209	248	**64**	318	74,3
Wal, frisch	61,8	2,36	6,25	20,4	531	569	525	150	269	275	206	313	63	313	
Vollei	74,0	1,98	6,25	12,4	393	551	436	210	362	358	260	320	93	428	93,7
Eigelb	50,0	2,58	6,25	16,1	321	533	480	161	265	264	252	346	93	260	
Eiereiweiß	87,3	1,78	6,25	11,1	321	518	415	248	398	372	219	299	**99**	**301**	83,0
Vollmilch, Kuh	87,3	0,55	6,38	3,5	**295**	596	487	157	**208**	336	297	278	88	362	84,5
Casein	—	2,08	6,38	13,3	**345**	607	518	178	**201**	334	**371**	297	103	430	79,7
Frauenmilch	87,6	0,19	6,38	1,2	**254**	548	428	101	**185**	216	205	280	105	284	
Käse, Mittel	51,0	2,82	6,38	18,0	339	661	553	188	**215**	**337**	345	257	**77**	**494**	70,6
Pflanzliche															
Hafermehl	10,0	2,23	5,83	13,0	**236**	454	**232**	105	272	313	206	207	79	319	64,9
Gerste, geschältes Korn	12,0	1,88	5,83	11,0	**224**	417	**216**	104	246	321	194	**207**	96	315	81,4
Roggenmehl	12,0	1,89	5,83	11,0	**219**	385	212	91	210	276	120	209	**46**	297	

Fortsetzung von Tabelle 12

Lebensmittel	Wassergehalt (g/100 g)	N (g/100 g)	Umrechnungsfaktor (N)	Protein (g/100 g)	Isoleucin	Leucin	Lysin	Methionin	Gesamt-S-Aminosäuren	Phenylalanin	Tyrosin	Threonin	Tryptophan	Valin	Biolog. Wert, berechn. Mittel
				←					mg/g N						→
Pflanzliche															
Mais, Vollmehl	12,0	1,52	6,25	9,5	230	783	**167**	120	217	305	239	225	**44**	303	59,3
Reis, poliert	13,0	1,13	5,95	6,7	**262**	514	**226**	133	229	303	200	207	**58**	361	64,0
Weizen, Korn	12,0	2,09	5,83	12,2	**204**	417	**179**	94	253	282	187	183	**68**	276	64,7
Kleber	—	—	—	—	258	433	**89**	100	231	324	229	**159**	63	266	58,2
Mehl, 60—70 %	—	1,61	5,70	9,2	217	400	**113**	87	229	291	132	**153**	58	240	37,0
Kartoffel	78,0	0,32	6,25	2,0	**236**	377	299	81	**118**	251	171	235	103	292	66,7
Süßkartoffel	70,0	0,21	6,25	1,3	230	340	**214**	106	**175**	241	146	236	107	283	
Bohne (Phaseolus vulgaris)	11,0	3,54	6,25	22,1	262	476	450	66	**119**	326	158	**248**	63	**287**	59,0
Linse	11,4	3,87	6,25	24,2	270	477	449	50	**107**	327	204	**248**	60	313	44,6
Erbse	11,0	3,60	6,25	22,5	267	425	470	57	**127**	287	171	**254**	56	294	63,7
Erdnuß	5,2	4,69	5,46	25,6	**211**	400	221	72	**150**	311	244	**163**	65	261	54,5
Sojabohne	8,0	6,65	5,71	38,0	284	486	399	79	**162**	309	196	241	80	**300**	72,8
Cocosnuß	12,2	1,25	5,30	6,6	244	419	**220**	120	**196**	283	167	212	68	339	69,0
Baumwollsaat	8,0	3,81	5,30	20,2	**206**	370	276	81	**178**	326	180	206	78	290	67,2
Haselnuß	5,2	3,75	5,30	19,9	390	388	**184**	50	**77**	222	234	166	70	400	
Sesam	6,0	3,42	5,30	18,1	**226**	419	**171**	176	289	277	195	223	84	288	62,0
Karotten	88,6	0,18	6,25	1,1	186	276	242	75	**140**	171	140	181	**44**	278	
Tomaten	93,8	0,18	6,25	1,1	**112**	169	175	**37**	**74**	112	81	138	52	131	
Pilze	91,5	0,59	6,25	3,7	**140**	230	280	29	**62**	130	120	170	64	160	
Hefen, Mikroorganismen															
Brauereihefe	—	6,21	6,25	38,8	365	500	565	100	**156**	303	259	346	**69**	459	66,5
Torulopsis utilis	—	—	—	—	388	**287**	547	158	182	241	188	**434**	**28**	331	47,0
Petroleum-Hefe (Gas-Prozeß)	5,0	11,30	6,25	70,5	**331**	488	488	100	**156**	300	250	338	81	363	
(Paraffin-Prozeß)	4,2	10,40	6,25	65,0	**281**	438	438	113	**182**	275	219	306	88	338	
Chlorella-Alge	—	—	—	—	**244**	438	427	93	**168**	305	248	208	85	**347**	62,5

9. Toxine von Proteincharakter

Verschiedene auch für den Lebensmittelchemiker bedeutsame Toxine wurden als spezifische Proteine erkannt. Unter ihnen interessiert hier neben den Toxinen giftiger Fische und den „Phytotoxinen" aus Ricinussamen oder giftigen Pilzen vor allem die Gruppe der *bakteriellen Toxine* und der *Hämolysine*. Sie rechnen zu den biologisch aktivsten bisher bekannten Stoffen. So vermag z.B. 1 mg Botulinus-Toxin, das aktive Prinzip der Botulinusinfektion („Fleischvergiftung") als kristallisiertes aus Clostridium botulinum gewonnenes Protein, mehrere Millionen Mäuse zu töten. Solche Toxine sind z.T. bei Normalbedingungen recht stabil und werden nur durch drastische Behandlung (extremes pH, Erhitzen auf 50—100° C) inaktiviert. Damit wird die Gefahr einer nachträglichen „Schönung" oder Konservierung mikrobiell infizierter Lebensmittel auch von dieser Seite her unterstrichen.

II. Fette und Lipoide (Lipide)

Unter dem Begriff der *Lipoide* (Lipide) faßt man verschiedene Stoffgruppen zusammen, die chemisch sehr verschiedenartig aufgebaut sind und dennoch viele Eigenschaften gemeinsam haben. Sie werden von Wasser nicht gelöst, wohl aber von einer großen Zahl sog. Fettlösungsmittel wie Benzin, Benzol, Tetrachlorkohlenstoff, Äther oder Trichloräthylen. Beim Schütteln mit Wasser liefern sie mehr oder minder fein verteilte *Emulsionen* sehr verschiedenen Beständigkeitsgrades.

Von den vielen vorgeschlagenen Nomenklaturen zur Gliederung dieser Stoffgruppe hat sich besonders bewährt die Unterteilung in

a) die *eigentlichen Fette* („Neutralfette") als Glycerinester vorwiegend hochmolekularer Fettsäuren,

b) die *Lipoide im weiteren Sinne* als Wachse und Wachsalkohole, Fettalkohole und Fettaldehyde, Phosphatide und Cerebroside, Sterine und deren Ester, fettlösliche Farbstoffe (Lipochrome) und Vitamine, Kohlenwasserstoffe wie Squalen u. a. m.

Beide Gruppen sind in Tier und Pflanze weit verbreitet, oft miteinander vergesellschaftet und spielen eine wichtige Rolle als Energiespender, Nahrungsreserve oder auch als essentielle Zellkomponenten. Beide Lipoidarten sind sehr unterschiedlich vorherrschend: reine Fette („echte" Fette) als Depotfett oder Reservefett in fetten Samen und Früchten, im Unterhautbindegewebe und in der Bauchhöhle der Tiere, Lipoide im weiteren Sinne als Kreislauffett (Blut, Lymphe), in der Nervensubstanz, dem Knochenmark und im Depotfett mancher Seetiere (Pottwal), als Saccharoselipoide und Lipoproteide (S. 46).

Die in der Natur vorkommenden Lipoidgemische stellen eine funktionelle, für das Zellgeschehen lebensnotwendige Einheit dar. Ihre Erhaltung ist auch aus ernährungsphysiologischen Gründen zweifellos erstrebenswert. Sie kann jedoch, wie später ausgeführt, im Rahmen der Fettverarbeitung (Reinigung, Raffination) praktisch nur teilweise oder gar nicht durchgeführt werden.

1. Die eigentlichen Fette

Sie sind gleich den Kohlenhydraten lediglich aus C, H, und O aufgebaut, im *Bauprinzip* von diesen jedoch grundsätzlich verschieden. Laugen oder Enzyme (Lipasen) spalten leicht zu chemisch genau definierten Verbindungen. Bei derartiger „*Verseifung*" entstehen einmal die *Seifen* als Metallsalze höherer Fettsäuren: feste Natron- und weiche Kaliseife (Schmierseife), Kalkseifen bei kalkreichen Waschwässern, Bleiseifen als „Pflaster". Daneben liefert die Hydrolyse der Fette den dreiwertigen Alkohol Glycerin (vgl. S. 646). Auf Grund dieses schon lange bekannten Spaltungsmechanismus ergibt sich, daß Fette relativ einfachen und durchsichtigen Aufbau zeigen. Sie sind Glycerinester höherer Fettsäuren und entstehen aus einem Mol Glycerin und maximal drei Molen Fettsäuren unter Abspaltung von ein bis drei Molen Wasser. Der Begriff des „*Neutralfettes*“ hat mit der chemischen Struktur nichts zu tun, da in normalen Fetten alle drei Hydroxylgruppen des Glycerins zu neutralen Verbindungen verestert sind. Neutralfette nennt man in der Praxis alle Fette, die unverändert und keiner Zersetzung anheimgefallen sind, im Gegensatz z. B. zu ranzigen, sauren oder fischigen Fetten. Die *Säuren* der Lipoide sind mit wenigen Ausnahmen *einbasisch*, ihr Molekül besteht also aus einer Alkyl- und einer Carboxylgruppe.

Die hier gegebene Definition versteht unter „Fett“ eine genau umschriebene chemische Verbindung. In der Praxis, auch des Lebensmittelchemikers, ist die Bezeichnung Fett — wie später eingehend besprochen wird — jedoch in fast allen Fällen ein *Glyceridgemisch*. So spricht man von Butter-, Schweine-, Milchfett usw. und bezeichnet damit ein mehr oder minder kompliziert zusammengesetztes Gemisch aus Glycerinestern der verschiedenen Fettsäuren. Je nach dem Veresterungsgrad kennen wir Mono-, Di- oder Triglyceride, wobei gleiche oder (in der Mehrzahl der Fälle) verschiedene Fettsäuren („gemischte Glyceride“, zwei- und dreisäurige Glyceride) bei Di- und Triglyceriden in das Glycerinmolekül eintreten können. Die Fettchemie vereinfacht sich dadurch wesentlich, daß wie erwähnt die in der Natur vorkommenden Fette nahezu ausschließlich Triglyceridgemische darstellen. Mono- und Diglyceride verschiedener Fettsäuren werden neuerdings als Emulgatoren in der Lebensmittelindustrie empfohlen (vgl. S. 305).

Die *Nomenklatur* ist einfach. So heißen z. B. die reinen Glyceride der Stearin- bzw. Palmitinsäure Tristearin bzw. Tripalmitin, gemischte Glyceride werden als Distearo-palmitin, Oleopalmitostearin, Dipalmitostearin usw. bezeichnet. Trotz der zahlreichen, stereochemisch gegebenen Möglichkeiten ist auffallend und anderen Naturstoffen gegenüber bemerkenswert, daß bislang optisch aktive Fette in der Natur kaum aufgefunden wurden. Eine Ausnahme machen z. B. die später besprochenen Öle, Ricinus- und Chaulmoograöl, in denen eine asymmetrisch gebaute Säure vorkommt. Es fällt weiterhin auf, daß von den etwa 50 in der Natur aufgefundenen Fettsäuren unserer Speisefette fast alle *geradkettig* sind und eine *gerade Anzahl von C-Atomen* enthalten. Sie sind außerdem einbasische aliphatische Carbonsäuren mit Kettenlängen von C_4 bis C_{26}.

Da sowohl die Carboxylgruppe wie die Paraffinkette der Fettsäuren relativ reaktionsfähig sind, können sie zahlreiche Verbindungen eingehen, die z.T. zum Nachweis und zur Charakterisierung herangezogen werden, z.T. auch technisch bedeutungsvoll sind. Dabei ist zu unterscheiden zwischen Reaktionen unter Beteiligung der COOH-Gruppe (Veresterung, Fettaldehyde, Fettsäureanhydride, -amide, -nitrile, -amine und -halogenide) und Reaktionen unter Beteiligung der Paraffinkette (Hydrierung, Halogenierung, Rhodananlagerung, Oxydation, Harnstoffeinschlußverbindungen).

In den Naturfetten findet sich eine Anzahl von Begleitstoffen, die bei der technischen Aufarbeitung der Fette ganz oder zum großen Teil entfernt werden. Es sind dies vor allem Phosphatide, daneben Sterine, Farbstoffe, Vitamine, Antioxydantien und Kohlenwasserstoffe. Die Hauptmenge der Farbstoffe rührt von Carotinoiden her, besonders reich an ihnen ist das rote Palmöl (bis zu 0,1%), β-Carotin spielt eine wichtige Rolle als Provitamin A, Vitamin E wirkt als natürliches Antioxydans. Von Kohlenwasserstoffen ist insbesondere das reichlich in Leberölen von Haien vorkommende *Squalen* zu erwähnen.

Die althergebrachte Unterscheidung zwischen „Fetten“ und „Ölen“ besitzt nur bedingte Gültigkeit, da Außentemperatur und Klima weitgehend die Einordnung in die eine oder andere Gruppe entscheiden. So sind Kakaobutter, Cocos- und Palmkernweichfette in den Tropen flüssig, weisen dort also den Charakter von „Ölen“ auf.

Die *Schmelzpunkte* der Fette werden durch den Gehalt an gesättigten bzw. ungesättigten Glycerid-Fettsäuren, daneben durch die Kettenlänge der gesättigten Fettsäuren bestimmt. Da Fette keine einheitliche Zusammensetzung aufweisen und außerdem Fettsäuren, Glyceride und viele feste Naturfette mehrere Kristallformen mit verschiedenen Schmelzpunkten besitzen können (Polymorphie), erstreckt sich der Schmelzpunkt eines Fettes meist über ein größeres Temperaturintervall und ist nur unter Einhaltung genauer Versuchsbedingungen reproduzierbar. Ähnliches gilt für den *Erstarrungspunkt*, der meist tiefer als der Schmelzpunkt liegt.

Tabelle 13. Schmelzpunkt einiger Fette

	°C
Olivenöl	— 3 bis 0
Menschenfett	16—22
Gänsefett	25—28
Kakaobutter	28—36
Nierenfett (Hammel)	40—41
Schweinefett	36—46
Hammeltalg	44—52
Rindertalg	42—49

a) Die am Aufbau natürlicher Fette beteiligten Komponenten

α) *Gesättigte Fettsäuren* ($C_nH_{2n}O_2$, C_nH_{2n+1} COOH)

An gesättigten Fettsäuren wurden bisher aus Naturfetten solche mit 4—26 *C-Atomen* isoliert. Sie sind mit geringen Ausnahmen geradkettig und geradzahlig. Die niedrigstmolekulare Säure, die Buttersäure, wurde lediglich im Butterfett aufgefunden, als höchstmolekulare Säuren sind die in vielen Samenfetten vertretene Lignocerinsäure und die im Wollfett vorkommende Cerotinsäure (s. S. 54) anzusehen. *Essigsäure* wurde nur in seltenen Fällen beobachtet. Fettsäuren bis zu 38 C-Atomen konnten in Wachsen nachgewiesen werden. Fettsäuren mittlerer Kettenlänge (C_8—C_{12}), also Capryl-, Caprin- und Laurinsäure finden sich vor allem in Butter-, Cocos- und Palmkernfett, auch im Öl der Seeschildkröte. Hauttalg und Haarfett des Menschen enthalten gleichfalls derartige Säuren, die dort gegen Hautpilze fungistatisch wirken. Im Milchfett finden sich alle paarigen Fettsäuren mit 4—26 C-Atomen. Die Eigenschaft niedriger Fettsäuren, mit Wasserdampf flüchtig zu sein, wird in der Fettanalytik ausgenutzt (*Polenske*-, *Reichert-Meissl*-Zahl).

Am weitesten verbreitet sind die C_{16}- und C_{18}-Fettsäuren, unter ihnen zunächst die in fast allen Fetten vorkommende *Palmitinsäure*. Sie findet sich im Fettsäuregemisch von Palmfett (36%), Stillingiatalg (60—70%) und Rindertalg (29%) und dient als Rohstoff zur Herstellung von Kerzen, Seifen, Rasiercremes, Netz- und Schaummitteln. Die geruch- und farblose Substanz ist in warmem Äther, Methanol, Äthanol, Benzol und Aceton relativ gut, im Wasser praktisch unlöslich. Sie ist die charakteristischste gesättigte Fettsäure natürlicher Fette. Weit verbreitet ist außerdem die *Stearinsäure*, z. B. im Borneotalg (42%), in der Sheabutter (30—35%), in Kakaobutter (34%), Rindertalg (18%) und Hammeltalg (30%). Sie findet gleich der Palmitinsäure Verwendung. Das „Stearin" des Handels ist ein Gemisch aus Palmitin- und Stearinsäure. Stearinsäure, eine farb- und geruchlose wachsartige Substanz, löst sich in Äther, Methanol, Äthanol, Benzol, Tetrachlorkohlenstoff und Aceton. Stearinsäure ist die höchstmolekulare Säure, die in größeren Mengen in Fetten und Ölen vorkommt. Manche hydrierten Öle (Maiskeim, Soja) können bis zu 90% Stearinsäure enthalten.

Die *Laurinsäure*, zeigt schwach fettigen Geruch und ist löslich in Äther, Methanol, Äthanol, Benzol und Aceton, geringfügig (0,009 g/100 ml) auch im Wasser. Mit Wasserdampf ist sie in geringen Mengen flüchtig. Laurinsäure findet sich in allen Samenfetten von Palmenarten, so zu 48% der Cocos- und zu 52% der Palmkernfettsäuren sowie zu 88% der Lorbeerkernfettsäuren. Sie tritt auch im Milchfett (4—8%) auf.

Die *Myristinsäure* ist löslich in den obengenannten Lösungsmitteln. Mit Wasserdampf ist sie wenig flüchtig. Sie findet sich in Samenfetten von Palmenarten (15—17,5%), außerdem auch im Milchfett (11% der Fettsäuren) und in Fischölen (7% der Heringsölfettsäuren). Dominant ist sie in allen Fetten der Myristiceen (Muskatnuß), wo sie 60—75% der Fettsäuren ausmacht.

Arachinsäure löst sich in Alkohol und Äther, und kommt z.B. im Sonnenblumen-, Baumwollsaat- und Sojaöl sowie in Milchfetten (0,6—0,7%) und im Erdnußöl (3—4%) vor. *Behensäure* ist ein Bestandteil des Wollfettes und Carnaubawachses; große Mengen wurden in hydrierten Fisch- und Pflanzenölen gefunden. Behensäure und *Lignocerinsäure* finden sich in geringen Mengen in vielen Samenfetten (0,4—3%), z.B. von Erdnuß, Mais, Raps oder Sonnenblume. Das Vorkommen der *Cerotinsäure* ist fast ausschließlich auf Wachse beschränkt. *Melissinsäure* (Triacontansäure), $C_{30}H_{60}O_2$, kommt im Bienen- und Montanwachs vor.

In der Tabelle 14 sind die wichtigsten gesättigten Fettsäuren und einige ihrer Kennzahlen zusammengestellt.

Tabelle 14. Gesättigte Fettsäuren

Trivialname	Systematischer Name	Bruttoformel	Mol.-Gew.	Smp °C	Säurezahl	Vorkommen
Buttersäure		$C_4H_8O_2$	88,10	-8	636,8	2,5—4,5% in Kuhbutter
Capronsäure		$C_6H_{12}O_2$	116,16	-3,4	483,0	1—2% in Kuhbutter, Spuren in Palmkernfett
Caprylsäure		$C_8H_{16}O_2$	144,21	16,3	389,0	1—2% in Kuhbutter, 6—8% in Cocosfett
Caprinsäure		$C_{10}H_{20}O_2$	172,26	31,3	325,7	in Milchfett von Säugetieren, in Samenfetten von Palmen
Laurinsäure	Dodecansäure	$C_{12}H_{24}O_2$	200,31	43,5	280,1	in Samenfetten von Lorbeergewächsen, Palmen, in Kuhbutter
Myristinsäure	Tetradecansäure	$C_{14}H_{28}O_2$	228,36	54,4	245,7	in vielen tierischen und pflanzlichen Fetten, in Milchfetten, Samenfetten von Palmen
Palmitinsäure	Hexadecansäure	$C_{16}H_{32}O_2$	256,42	62,9	218,8	in fast allen Naturfetten
Stearinsäure	Octadecansäure	$C_{18}H_{36}O_2$	284,47	69,6	197,2	in Körperfetten von Landtieren, in Milchfetten, tropischen Samenfetten
Arachinsäure	Eicosansäure	$C_{20}H_{40}O_2$	312,52	75,4	179,5	in Spuren weit ververbreitet, in Erdnußöl etwa 3%
Behensäure	Decosansäure	$C_{22}H_{44}O_2$	340,57	79,9	164,7	in Erdnuß- und Rapsöl in Mengen unter 1%
Lignocerinsäure	Tetracosansäure	$C_{24}H_{48}O_2$	368,62	84,2	152,2	in Erdnuß- und Rapsöl in Mengen unter 3%
Cerotinsäure	Hexacosansäure	$C_{26}H_{52}O_2$	396,68	87,7	141,4	Spuren in Pflanzenfetten

β) *Ungesättigte Fettsäuren*

Diese Fettsäuren sind gleich den gesättigten in der Regel geradzahlig, soweit sie nicht verzweigte Kettenstruktur besitzen. Schmelz- und Erstarrungspunkte liegen hier im allgemeinen niedriger als bei den gesättigten Fettsäuren. Konjugierte Doppelbindungen bewirken charakteristische, analytisch auswertbare *Lichtabsorption*, die sich je nach Zahl der Doppelbindungen bis ins nahe Ultraviolett erstrecken kann. Gegenwart von Mehrfachbindungen bedingt das Auftreten *stereoisomerer Säuren*. Die ungesättigte Natur bringt Möglichkeiten der Hydrierung, Oxydation, Halogenaddition usw. mit sich, worauf später eingegangen wird. Je nach Anzahl, Art und Lage der ungesättigten Bindungen unterscheiden wir folgende Gruppen:

1. *Monoenfettsäuren (Ölsäurereihe)*

Hierher rechnen alle Fettsäuren der Summenformel $C_nH_{2n-2}O_2$, C_nH_{n-1} COOH, die also nur *eine* Doppelbindung, und zwar vorzugsweise in Δ_9-Stellung im Molekül besitzen.

Die wichtigste ungesättigte Säure dieser Reihe ist die *Ölsäure*. Sie ist in allen natürlichen Fetten enthalten, z. B. im Olivenöl (70—85%), Mandelöl (75%), Erdnußöl (53—61%), Palmöl (40—48%) und im Rinderklauenfett (80%). Das technische „*Olein*" des Handels enthält 70—75% Ölsäure. Die Ölsäure kann beim Abkühlen in zwei Formen kristallin erhalten werden (Dimorphie), die bei 13,4° C und 16,3° C schmelzen. Unter der Einwirkung verschiedener Reagentien (Stickstoffoxide, Schwefel, Selen) geht Ölsäure in ihr *Stereoisosmeres*, die *Elaidinsäure*, über; beide Säuren sind cis- — trans-Isomere:

$CH_3(CH_2)_7 \cdot CH$ ‖ $CH(CH_2)_7 \cdot COOH$	33% ⇄ 67%	$CH(CH_2)_7 \cdot CH_3$ ‖ $CH(CH_2)_7 \cdot COOH$
Elaidinsäure trans-Form, *Smp* 44,5° C		*Ölsäure* cis-Form, *Smp* 14° C

Die gegenüber Ölsäure thermodynamisch stabilere Elaidinsäure kann gleich anderen *trans-Säuren* bei der Fettsäurehydrierung („Fetthärtung"), der Autoxydation, Polymerisation oder Raffination entstehen. Trans-Säuren werden auch im Magen der Wiederkäuer durch hydrierende Enzyme von Pansen-Mikroorganismen gebildet und gehen von dort in Depot- und Milchfett über. Sie finden sich zu 3,5 bis 10% im Rinderfett, bis zu 12% im Schaf- und Ziegenfett, zu 3—40% in der Margarine, zu 4—11% in der Butter und kommen auch im menschlichen Organismus, so im Leberfett (4—14,4%), Depotfett (2,4—12,2%), Herzfett (4,6—9,3%) und im Aortagewebe (2,3—8,8%) vor. Hydriertes Erdnußöl enthält bis zu 30% trans-Isomere. Die im menschlichen Organismus gefundenen trans-Fettsäuren entstammen ausschließlich der Nahrung, sind also exogenen Ursprungs. Wenngleich wir über die biologische Differenzierung der trans-Fettsäuren bis heute nur wenig unterrichtet sind, so sind dennoch bis heute keinerlei Versuchsergebnisse bekannt, denen zufolge trans-Isomere toxische Wirkungen zeigen (vgl. auch K. Lang (90), S. 102).

Wanderung der Doppelbindung, z. B. bei partieller Hydrierung oder Autoxydation liefert *Positions-Isomere* der Ölsäure und anderer ungesättigter Säuren, die auch in der Natur als solche vorkommen, z. B. die *Petroselinsäure* als charakteristischer Bestandteil (bis zu 75%) der Samenfette von Umbelliferen (Petersilie, Coriander), die *Vaccensäure*, die zu 1,0—4,7% in Rindertalg, Hammeltalg und Butterfett vorkommt oder die *1.2-Octadecensäure*, $CH_3(CH_2)_4CH{=}CH(CH_2)_{10}COOH$ des Leberfettes. Die Lage der Doppelbindung ist ohne Bedeutung für die ernährungsphysiologischen Eigenschaften und den Abbau solcher Säuren im intermediären Stoffwechsel. Positions-Isomere der Ölsäure (8- bis 11-Isomere) finden sich als Naturprodukte im Körperfett des Rindes, im Milchfett und in der Rinderleber sowie als Folge technologischer Prozesse z.B. im hydrierten Erdnußöl (dem „Vanaspati" Indiens) zu 26—40% der Ölsäuremenge. Unter den stellungsisomeren Säuren dieser Reihe ist die zwischen C_9 und C_{10} liegende Doppelbindung der Ölsäure am reaktionsfähigsten.

Weitere Fettsäuren mit einer ungesättigten Doppelbindung sind u.a. die *Caproleinsäure*, die *9-Dodecensäure*, $CH_3CH_2CH{=}CH(CH_2)_7COOH$ und die *Myristoleinsäure*, die alle drei in Milchfetten vorkommen.

Palmitoleinsäure ist in Tier- und Pflanzenfetten — vor allem in Kaltblüterfetten — verbreitet. Sie kommt zu 14—17% auch im Rinder- und Pferdefett vor. *Erucasäure* kommt zu 40—50% im Rapsöl, zu etwa 41,5% im Senföl und zu 82% im Brunnenkresseöl vor. Beobachtete Wachstumsverzögerungen durch größere Mengen Erucasäure (Rapsöl) sind vermutlich nur teilweise dieser Säure, zum anderen Teil auch einer „Imbalanz", hervorgerufen durch den außerordentlich niedrigen Gehalt des Rapsöles an gesättigten Fettsäuren, zuzuschreiben.

2. *Polyenfettsäuren*

Dies sind unverzweigte ungesättigte Säuren mit zwei oder mehr Doppelbindungen im Molekül. Soweit sie in Pflanzen- oder Landtierfetten vorkommen, gehören sie überwiegend der C_{18}-Reihe an; Polyenfettsäuren aus Kaltblüterfetten besitzen meist eine längere Kohlenstoffkette. Art und Menge solcher Säuren bedingen weitgehend den Charakter eines Fettes, z. B. den trocknender, halbtrocknender oder nichttrocknender Öle. Insbesondere die Lage der Doppelbindungen läßt es angebracht erscheinen, Säuren, die nicht konjugierte Doppelbindungen tragen (*Isolenfettsäuren*) von solchen, bei denen konjugierte Doppelbindungen vorliegen (*Konjuenfettsäuren*), zu trennen.

a) Isolenfettsäuren. Wichtigster Vertreter dieser Gruppe ist die in Pflanzen- wie in Tierfetten weitverbreitete *Linolsäure*. Sie kommt vor allem in trocknenden und halbtrocknenden Pflanzenölen (Mohnöl 62%, Sonnenblumenöl 52%, Baumwollsaatöl 45%), außerdem auch in tierischen Fetten (Butterfett 3,6%, Rindertalg 3%, Schweinefett 14%) als ständiger Begleiter der Ölsäure vor. *Linolensäure* ist neben Linolsäure die Hauptfettsäure der trocknenden Öle. Sie ist in der all-cis-Form im Fettsäuregemisch des Leinöls zu 36—46%, des Hanföls zu 28% und des Sojaöls zu etwa 2,3% vertreten und kommt außerdem im menschlichen Depotfett vor. *Arachidonsäure* findet sich in tierischen Lipoiden zu 0,3—1%, in den Phosphatidfettsäuren der Rindernebenniere und des Gehirns zu 22%. Die Bedeutung der Linol-, Linolen- und Arachidonsäure als „essentielle Fettsäuren" wird auf S. 62 besprochen.

Aus hoch ungesättigten Fettsäuren entstehen die *Prostaglandine*, physiologisch stark aktive Substanzen, welche die glatte Muskulatur erregen, gefäßerweiternd wirken und das Fettgewebe beeinflussen. Sie finden sich im Samenblasensekret, außerdem auch in vielen Organen. Chemisch ist ihre Bildung aus hoch ungesättigten Fettsäuren als Cyclisierung und Oxydation aufzufassen:

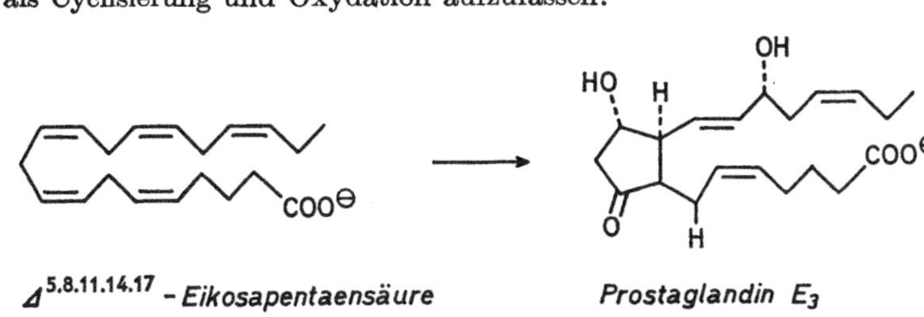

$\Delta^{5.8.11.14.17}$-*Eikosapentaensäure* *Prostaglandin E_3*

Hochungesättigte Fettsäuren dieser Gruppe finden sich als charakterisitische Bestandteile in Seetierölen, z. B. *Stearidonsäure* oder die *Clupanodonsäure*. Derartige Säuren sind außerordentlich oxydationsempfindlich und in oxydierter Form wahrscheinlich die Träger des charakeristischen Trangeruches von Seetierölen

(Sardinen-, Heringsöl u. a.). Tri-, Tetra- und Pentaensäuren kommen neben Monoensäuren in all-cis-, cis-trans- und all-trans-Form im Butterfett vor. Fischleberöle enthalten Polyensäuren mit der in der Natur sonst selten vorkommenden Divinyläthangruppierung —CH=CHCH$_2$ · CH=CH—.

In der Tabelle 15 ist der Gehalt verschiedener Nahrungsfette und -öle an Linolsäure zusammengestellt.

Tabelle 15. Mittlerer Gehalt der wichtigsten Nahrungsöle und -fette an cis,cis-Linolsäure (% bezogen auf Gesamtfettsäuren), (Aus: 54, Bd. I., S. 321).

Name des Fettes	Linolsäure %
Safloröl	70
Sojabohnenöl	60
Sonnenblumenöl	50—70
Baumwollsaatöl	45
Maisöl	40
Erdnußöl	20
Palmöl	5—10
Olivenöl	10
Schweineschmalz	1—16
Hammeltalg	5
Walöl	0—6
Heringsöl	2—5
Cocosfett	1—3
Rindertalg	2
Butter	0,5—3
Palmkernöl	0,5—2,5

b) Konjuenfettsäuren. Fettsäuren mit konjugierten Systemen von Doppelbindungen wurden erst in den letzten Jahrzehnten näher studiert und als weitverbreitete, in den meisten Tier- und Pflanzenfetten vorkommende Säuren erkannt. Sie zeigen erhebliche Reaktionsfreudigkeit, besonders große Neigung zum schnellen Trocknen und sind damit die Hauptkomponenten von Ölen der Lack- und Anstrichtechnik. Die chromophor wirkenden konjugierten Doppelbindungen zeigen spezifische, in der Analytik ausgewertete optische Eigenschaften (UV- und Infrarot-Spektroskopie).

Am eingehendsten untersucht ist die im chinesischen Holzöl (S. 437) zu 80% als Triglycerid enthaltene *α-Eläostearinsäure.* Gleich anderen Fettsäuren mit drei oder mehr konjugierten Doppelbindungen geht sie leicht in eine stereoisomere Form, hier in die bei 71° C schmelzende *β-Eläostearinsäure* über, die als stabile Form trans-Konfiguration aufweist. Bei solchen Umlagerungen wirken Licht, Jod, Schwefel oder nitrose Gase katalysierend. Die entstandenen elastischen Gele führen zur technologisch genutzten „Lack"-Bildung.

Die einfachste Konjuenfettsäure ist die *Sorbinsäure.* Sie kommt in den Vogelbeeren in Form ihres δ-Lactons, der Parasorbinsäure vor und findet neuerdings als solche oder in Form ihrer Na-, K- oder Ca-Salze umfangreiche Verwendung als physiologisch unbedenkliches Konservierungsmittel. Qualitativ wie quantitativ wird sie gleich anderen gesättigten oder einfach ungesättigten C_6- und C_8-Säuren im intermediären Stoffwechsel umgesetzt.

Weitere Konjuenfettsäuren sind die zu 5% im Stillingiaöl enthaltene *2.4-Decadiensäure,* $CH_3(CH_2)_4$ CH · CH=CH · COOH und die im lacktechnisch genutzten Oiticicaöl vorkommende *Licansäure*, die sich gleich der Eläosterainsäure in die stabile β-Form umlagert. Eine vierfach ungesättigte C_{18}-Konjuensäure ist die *Parinarsäure*, die in Samenfetten von Balsaminaceen vorkommt.

3. Ungesättigte Fettsäuren mit Dreifachbindungen (Alkinsäuren)

Dreifach ungesättigte Bindungen kommen vor bei der in Samenfetten von Picramnia-Arten gefundenen *Taririnsäure*, der gleichfalls aus Samen isolierten *Isansäure*, und der in falscher Kamille vertretenen *Matricariasäure*, $CH_3CH{=}CH \cdot C \equiv C \cdot \cdot C \equiv C \cdot CH{=}CHOOH$. Analytisch sind sie durch UV- und IR-Spektroskopie gut erfaßbar.

Die folgenden Formelbilder bringen die wichtigsten ungesättigten Fettsäuren.

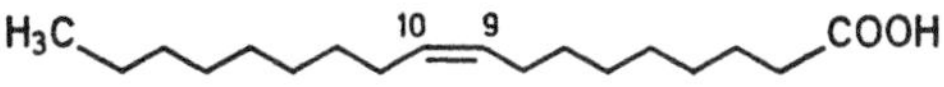

Ölsäure

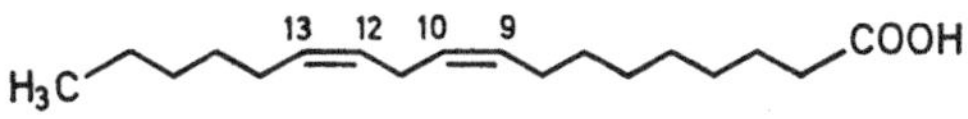

Linolsäure

Linolensäure

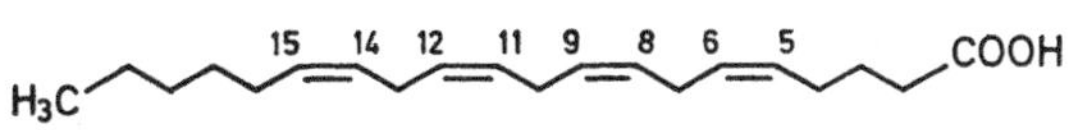

Arachidonsäure

Tabelle 16 faßt verschiedene Vertreter der einzelnen Säuretypen zusammen.

4. Die ungesättigten Fettsäuren als Bestandteile unserer Lebensmittel

Die Bereitschaft der ungesättigten Fettsäuren, unter dem Einfluß von Katalysatoren Wasserstoff anzulagern, ist die Grundlage der *Fetthärtung* (Fettsäurehydrierung). Bindungen von Jod, Brom oder Rhodan und Umsatz konjugierter Doppelbindungen mit Maleinsäureanhydrid (Dienzahl) finden ausgedehnte analytische Anwendung. Autoxydationsprozesse spielen bei der technischen Verwendung trocknender Öle sowie bei der Gewinnung von Firnissen und Sikkativen eine wichtige Rolle. Mechanismen der *Oxydation, Polymerisation* oder *Isomerisation* treten bei Naturprodukten, in denen ungesättigte Fettsäuren enthalten sind, oft durchaus unerwünscht in Erscheinung.

Linol- und Linolensäure erfahren in pflanzlichen Ölen weder bei der Raffination noch beim Backprozeß merkliche Verluste. Beim starken Erhitzen (280—320° C) oder beim technisch geübten „Blasen" mit Luft (100—150° C) neigen Fette mit mehrfach ungesättigten Fettsäuren zur Polymerisation, wobei im ersten Fall C—C-Verknüpfungen, im zweiten Fall oxydativ bedingt vorzugsweise C—O—C-Bindungen entstehen. Der Chemismus ist sehr verwickelt, offenbar treten Hydroxy-Oxo- und Epoxyverbindungen sowie Aldehyde auf. Unter Wasserabspaltung bilden sich Konjuenverbindungen, die dann den äußerlich an der Viscositätserhöhung erkennbaren Polymerisierungsprozeß auslösen. Technologisch wichtig sind derartige Operationen zur Gewinnung von Standölen, Dicklölen oder Linoleumgrundlagen. In der Lebensmittelverarbeitung haben solche Polymerisationen Interessse erregt einmal deshalb, weil Fisch- und Walöle durch partielle Hitzepolymerisation geruchlich und geschmacklich indifferente, sinnesphysiologisch

Tabelle 16.

a) Ungesättigte Fettsäuren mit einer Doppelbindung

Trivialname	Systematischer Name	Brutto-formel	Mol.-Gew.	Säure-zahl	Jod-zahl	Vorkommen
Caproleinsäure	Δ-9.10-Decensäure	$C_{10}H_{18}O_2$	170,2	330	149	Milchfett
Myristoleinsäure	Δ-9.10-Tetradecensäure	$C_{14}H_{26}O_2$	226,4	248	112	Fisch- und Spermwalkopföle
Palmitoleinsäure	Δ-9.10-Hexadecensäure	$C_{16}H_{30}O_2$	254,4	221	100	Fisch- und Walöle, Milchfett
Petroselinsäure	Δ-6.7-Octadecensäure	$C_{18}H_{34}O_2$	282,5	199	90	Samenfett von Umbelliferen und Arialiaceen
Ölsäure	Δ-9.10-Octadecensäure	$C_{18}H_{34}O_2$	282,5	199	90	am weitesten verbreitete Fettsäure, Hauptfettsäure zahlreicher Pflanzen und Tierfette
Vaccensäure	Δ-11.12-Octadecensäure	$C_{18}H_{34}O_2$	282,5	199	90	Milchfett, Tierkörperfett
—	Δ-11.12-Eicosensäure	$C_{20}H_{38}O_2$	310,5	181	82	Euphorbiaceen
Erucasäure	Δ-13.14-Docosensäure	$C_{22}H_{42}O_2$	338,6	166	75	Samenfette der Cruciferenarten (Raps)

b) Ungesättigte Fettsäuren mit zwei und mehr Doppelbindungen

Trivialname	Sytematischer Name	Brutto-formel	Mol.-Gew.	Säure-zahl	Jod-zahl	Vorkommen
Sorbinsäure	Δ-2.4-Hexadiensäure	$C_6H_8O_2$	112,12	500,38	452,8	
Linolsäure	Δ-9.10-12.13-Octadecadiensäure	$C_{18}H_{32}O_2$	280,4	200	181	weitverbreitet in Pflanzenfetten
Linolensäure	Δ-9.10-12.13-15.16-Octadecatriensäure	$C_{18}H_{30}O_2$	278,4	202	274	Leinöl, Sojaöl u. a.
Eläostearinsäure	Δ-9.10-11.12-13.14-Octadecatriensäure	$C_{18}H_{30}O_2$	278,4	202	274	Chinesisches Holzöl
Parinarsäure	Δ-9.10-11.12-13.14-15.16-Octadecatetraensäure	$C_{18}H_{28}O_2$	276,4	203	367	Samenfett von *Parinarium laurinum*
Licansäure	4-Keto-Δ9.10-11.12-13.14-octadecatriensäure	$C_{18}H_{28}O_3$	292,40	191,8	260,4	Oiticicaöl (70—78%)
Taririnsäure	6-Octadecinsäure	$C_{18}H_{32}O_2$	280,44	200,1		Samenfett von *Picramnia sp.*
Isansäure	17-Octadecen-9.11-diinsäure	$C_{18}H_{26}O_2$	274,39	204,4		Samenöl von *Ongokea klaineana*
Stearidonsäure	Δ-4.8.12.15-Octadecatetraensäure	$C_{18}H_{28}O_2$	276,40	202,98	367,3	
Arachidonsäure	Δ-5.6-8.9-11.12-14.15-Eicosatetraensäure	$C_{20}H_{32}O_2$	304,5	184	334	Tierkörperfett, Phosphatide
Clupanodonsäure	Δ-4.5-8.9-12.13-15.16-19.20-Docosapentaensäure	$C_{22}H_{34}O_2$	330,5	170	384	Seetieröle

veredelte Produkte liefern, die gut haltbar sind, nicht zum „Umschlagen" neigen und als Aufguß- oder Tunkenöle Eingang in die Fischindustrie fanden (*polymerisierte Seetieröle, Polytrane, Polyöle*). Zum anderen sind polymerisierte Öle als ausgezeichnete Emulgatoren z. B. in der Margarineindustrie bekannt. Und schließlich sind Umsetzungen der genannten Art auch in übermäßig lange benutzten, hoch erhitzten Brat- und Siedefetten der Fischindustrie wie des Haushaltes zu erwarten. Wenngleich die physiologische Bewertung polymerisierter Öle im Rahmen der menschlichen Ernährung noch nicht geklärt ist, zwingen die im Tierversuch beobachteten Schäden vorerst zur Ablehnung derartiger Öle für die menschliche Ernährung. Außerdem ist bei solchen Ölen mit einer Vitaminzerstörung zu rechnen.

Die immer wieder eingehend diskutierte Frage einer möglichen cancerogenen Wirkung erhitzter Fette liefert keine sicheren Hinweise. In dieser Hinsicht geäußerte Befürchtungen sind zweifellos im Rahmen der beim üblichen Frittieren oder Braten benutzten Temperaturen (160—200° C) nicht begründet.

γ) *Natürlich substituierte Fettsäuren*

Fettsäuren, deren Kette Methyl-, Hydroxy-, Keto- und andere Gruppen enthalten, sind in der Natur vielfach gefunden worden. Hierher rechnen zunächst *Fettsäuren mit ungerader C-Anzahl* wie n-Tridecan-, n-Pentadecan-, n-Heptadecan- und n-Undecansäure im Butter- und Hammelfett, Isovaleriansäure im Delphintran, Pelargonsäure im Fuselöl aus Runkelrüben, Oenanthsäure in Weinhefe und Quittenschalen, Angelica- und Tiglinsäure in Tier- und Pflanzenfetten. Eine lückenlose Reihe aller Carbonsäuren, also auch der ungeradzahligen, tritt bei der Paraffinoxydation auf (vgl. S. 447). Sie verhalten sich im Organismus wie die geradzahligen Fettsäuren und sind deshalb physiologisch nicht zu beanstanden. Fettsäuren mit *verzweigten Ketten* (*Isosäuren*), meist einfach oder mehrfach methyliert, wurden in Bakterienfetten (z. B. der Tuberkelbacillen), in Epidermisfetten (Hauttalg, Haarfett, Wollwachs) und in den wachsähnlichen Sekreten der Bürzeldrüsen von Gans, Ente, Wasservögeln usw. gefunden. Sie kommen in geringen Mengen auch im Butter-, Rinder-, Schweine- und Hammelfett vor, treten außerdem zu etwa 10—12% im Fettsäuregemisch der Paraffinoxydation auf.

Beispiele derartiger Isosäuren sind die in Tuberkellipoiden gefundene *Phthionsäure*, $CH_3(CH_2)_3 \cdot CH(CH_3)_5 \cdot CH(CH_3) \cdot (CH_2)_9 \cdot CH(CH_3) \cdot CH_2 \cdot COOH$, die *Isocaprin-* und *Isostearinsäure* des Wollfettes, die *4-Methylhexansäure* des Bürzelfettes und die im Butter-, Hammel- und Rinderfett gefundenen Fettsäuren 12-Methyl-tetradecansäure oder 14-Methylhexadecansäure.

Unter den *Hydroxysäuren* am wichtigsten ist die ungesättigte *Ricinolsäure*, 12-HydroxyΔ-9.10-octadecansäure, $CH_3(CH_2)_5 \cdot CH(OH) \cdot CH_2 \cdot CH{=}CH(CH_2)_7 \cdot COOH$, Smp 5,5° C, die im Fettsäuregemisch des Ricinusöles zu 80—85% enthalten ist. Sie ist optisch aktiv ($[\alpha]_D = +6{,}7°$). Ricinolsäure beschleunigt die Darmperistaltik, worauf der bekannte kathartische Effekt des Ricinusöles beruht.

Daneben sind zu erwähnen die in Gehirnlipoiden (Cerebrosiden) vorkommenden Säuren *Cerebronsäure* und *Oxynervonsäure*. Einzige bisher in der Natur gefundene *ungesättigte Ketosäure* ist die in dem für die Lackindustrie wichtigen Oiticicaöl vorkommende *Licansäure* (s. S. 58). Infolge der drei konjugierten Doppelbindungen zeigt sie starke Neigung zur Polymerisation und Filmbildung. Den *Cyclopropanring* als Substituenten enthält die in Malven vorkommende *Malvaliasäure*, früher auch als „Halphensäure" bezeichnet, da sie für die *Halphen-Farbreaktion* (vgl. S. 434) verantwortlich gemacht wird, sowie die ähnlich gebaute *Sterculsäure*.

Der *Cyclopentenylring* findet sich in physiologisch aktiven alicyclischen Fettsäuren des gegen die Lepra und andere Hautkrankheiten benutzten *Chaulmoograöls*. Derartige Säuren haben die allgemeine Formel:

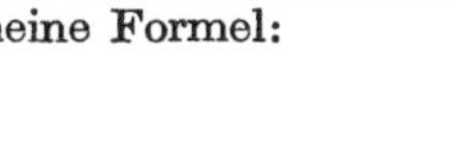

Sie sind durch das C*-Atom optisch aktiv. Die Chaulmoograsäure ($n = 12$) dreht $[\alpha]_D^{15} = + 60{,}3$. Daneben treten noch die Hydnocarpussäure ($n = 10$) und *Gorlisäure*, eine in der aliphatischen Seitenkette ungesättigte Säure, auf.

δ) *Höher oxydierte Fettsäuren*

Dicarbonsäuren (Acelain-, Sebacinsäure u. a.) entstehen zu etwa 3—4% bei der Paraffinoxydation. Als „Schlackensäuren" sind sie physiologisch nicht unbedenklich und durch Laugenbehandlung des Fettsäuregemisches entfernbar.

ε) *Bei der Hydrierung entstehende Fettsäuren*

Hier handelt es sich in erster Linie um die bei der katalytischen Hydrierung von Ölen gebildeten stereoisomeren und positionsisomeren *Octadecensäuren*, die außer in derartigen Speisefetten in geringen Mengen auch in natürlichen Fetten, besonders von Wiederkäuern sich finden.

ζ) *Mono- und Diglyceride*

Die *Monoglyceride* besitzen sowohl eine polare (wasserlösliche) als auch eine unpolare (fettlösliche) Gruppe und sind infolgedessen oberflächenaktive Verbindungen. Monoglyceride der höheren Fettsäuren sind in der Lebensmittelindustrie als *Emulgatoren* von großer Bedeutung. Sie stabilisieren Wasser-in-Öl-Emulsionen und beschleunigen die Bildung mikrokristalliner Gefüge bei Fetten. Diese Eigenschaft verhindert den Ölausfluß aus fetthaltigem Material. Die *Diglyceride* sind weniger polare Verbindungen und stehen in ihren allgemeinen Eigenschaften den Triglyceriden näher als den Monoglyceriden. Mono- und Diglyceride finden sich als Folge partieller enzymatischer Hydrolyse von Saaten oder Früchten in geringer Menge (0,1—0,4%) auch in natürlichen Fetten und Ölen, wo sie bei der Raffination durch Emulsionsbildung Verluste an Neutralfetten bewirken können. Industriell gewinnt man diese Glyceride durch normale Glycerinolyse, hochprozentige Produkte (etwa 95%ig) durch Molekulardestillation. Die Monoglyceridpräparate bilden im allgemeinen Gleichgewichtsmischungen von 90% α- und 10% β-Monoglycerid. Über Verdaulichkeit und Resorption vgl. S. 233. Im Handel finden sich Mono- und Diglyceridgemische unter den Namen „*GMS*" (Glyceryl-monostearat), „*Myverol*", „*Tegomuls*" u. a.

η) *Glycerin*

Als Komponente der Fette, Phosphatide u. a. gehört Glycerin zu den im Tier- und Pflanzenbereich ubiquitär vorkommenden organischen Baustoffen. Beim Erhitzen von Glycerin und Glycerinderivaten entsteht der flüchtige, charakteristisch stechend riechende, noch in einer Verdünnung $1:10^6$ physiologisch wahrnehmbare α,β-ungesättigte Aldehyd, das *Acrolein* CH_2CHCHO. In normal genossenen Mengen ist Glycerin völlig ungiftig (vgl. S. 646). Über die Verwendung des Glycerins in der Lebensmitteltechnologie vgl. den Rechtsstoff.

b) Die funktionelle Bedeutung der Fette

Fette liefern uns die energiereichste Nahrungsstoffgruppe: der mittlere Brennwert beträgt 9,3 kcal/g, liegt also beträchtlich über dem der Kohlenhydrate und Eiweißstoffe (4,1 kcal/g).

Dadurch kann das Volumen der aufgenommenen Nahrung vermindert werden. Der hohe Sättigungswert der Fette macht weiterhin unabhängiger von den Pausen zwischen den Mahlzeiten.

Wesentlich für den Genußwert und die physiologische Eignung eines Fettes ist dessen Schmelzpunkt. Erhöhter Schmelzpunkt ruft das „Kleben" der mit hochschmelzenden Fetten hergestellten Speisen am Gaumen hervor und beeinträchtigt darüber hinaus oft die Resorption. Die Fettkomponenten insbesondere des tierischen Organismus lassen sich in 2 Gruppen trennen:

das *Organfett* als lebenswichtiger Bestandteil aller Zellen. Es ist relativ hochspezifisch gebaut, fest im Zellverband verankert und deshalb bei der Extraktion nur nach entsprechender Vorbehandlung erfaßbar und

das *Depotfett* (Reservefett). Es wird beim Tier in besonderen Zellen des Unterhautgewebes (Bauch-, Rückenfett), bei der Pflanze im Samen und Fruchtfleisch gespeichert und stammt nur zum Teil aus mit der Nahrung zugeführtem Fett. Pathologische Fettlokalisierung tritt in der „Fettleber" auf (Tuberkulose, Alkohol- oder Phosphorvergiftung). Depotfett ist leicht mit Fettlösungsmitteln extrahierbar, schnell mobilisierbar, relativ unspezifisch und oft in weitem Umfang auf das Nahrungsfett abgestimmt. So nimmt z. B. der Speck des Schweines oder die Lipoidfraktion des Eies beim Verfüttern von Fischmehl die stark ungesättigten, unangenehm riechenden und „fischig" schmeckenden Fettsäuren der Fischtrane auf und baut sie unspezifisch in das körpereigene Fett ein. Es ist weiterhin bekannt, daß Körperfett von Karpfen durch ungeeignete und übermäßige Futtergaben bis zur Ungenießbarkeit des Fisches verändert werden kann. Auch auf die Konsistenz der Depotfette ist die Futterart nicht ohne Einfluß. So üben z. B. bei der Schweinemast Futterstoffe mit hohem Ölgehalt, wie Mais, eine speckerweichende Wirkung aus. Fischgeschmack von Hühnerfleisch rührt von Linolensäure her, die bei Fütterung tranhaltigen Fischmehles im Hühnerfett gebildet wird. Abbauprodukte dieser Säure sowie höhere ungesättigte Fettsäuren des Tranes sind auch hier die Hauptursachen solcher Geschmacksabweichungen. Erfahrungen am Menschen und bei der Tiermast zeigen, daß Fett in großem Ausmaß aus anderen Substraten, vor allem aus Kohlenhydraten, daneben aber auch aus Eiweiß aufgebaut und in den obenerwähnten Depots abgeschieden werden kann. Menge und Zusammensetzung des Depotfettes werden außer durch Species, Alter, Geschlecht, klimatische Verhältnisse und Arbeit auch durch Hormone (Schilddrüsen-, Sexualhormone, Adrenalin) wesentlich beeinflußt.

Die Bedeutung der Fette liegt außer in der Energielieferung sowie in der Bereitstellung von C-Atomen für Biosynthesen vor allem in einer Förderung der gesamten Nahrungsausnutzung und im Transport bzw. in der Resorption fettlöslicher Vitamine, nicht zuletzt aber auch in einer Steigerung des Wohlgeschmackes unserer Speisen („Fett hat die schöne Eigenschaft, unsere Freude am Essen zu vergrößern", E. E. Howe). Sieht man von der Wichtigkeit essentieller Fettsäuren und dem Gehalt an biologisch wertvollen Komponenten (Vitaminen) in den einzelnen Fettarten ab, so läßt sich die Frage, ob das eine oder andere Nahrungsfett höheren *Nährwert* aufweist, für die üblichen Speisefette unserer Kost verneinen. Langfristige Untersuchungen an Kindern zeigten, daß Butter und Margarine denselben Nährwert aufweisen. Fütterungsversuche an 4 Rattengenerationen bestätigen diese Befunde.

Damit ist nach unseren heutigen Kenntnissen tierisches und pflanzliches Fett bei gleichem Gehalt an Vitaminen und essentiellen Fettsäuren auch als biologisch gleichwertig anzusehen. Der Einfluß verschiedener Fettarten auf das Entstehen der Arteriosklerose ist noch ungeklärt.

Das *Fettoptimum der Nahrung* liegt in unseren Breiten dann vor, wenn etwa 20—30% der Calorien gemischter Kost durch Fett gedeckt werden. Der Verbrauch an Fett (insges. als Reinfett) betrug 1970/71 in der BRD pro Kopf und Tag 140 g gegenüber 118 g im Zeitraum 1927/28,

Besonders bedeutungsvoll für die physiologische Bewertung unserer Nahrungsfette sind verschiedene, besprochene ungesättigte Fettsäuren, die man auch als *essentielle Fettsäuren* bezeichnet. Ihre Lebensnotwendigkeit für den tierischen Organismus ist erwiesen. Physiologisch aktiv sind in erster Linie die *Linol-* und *Arachidonsäure*, daneben auch die *Linolensäure*, wobei lediglich die in der Natur vorkommenden all-cis-Formen biologische Wirkung zeigen. Die essentiellen Fettsäuren werden in den Körperfetten gespeichert, und zwar sowohl im Depotfett als auch in den Organlipiden. Neuere Untersuchungen unterstützen die Annahme, daß die eigentliche Wirkform der essentiellen Aminosäuren im tierischen Organismus die Arachidonsäure ist.

Wenngleich beim erwachsenen Menschen bisher grobe Fettmangelsymptome experimentell nicht nachgewiesen wurden, über den Wirkungsmechanismus der essentiellen Fettsäuren wenig bekannt ist und wir insbesondere noch nicht genau wissen, welche von den höher ungesättigten Fettsäuren wirklich „essentiell" sind, so weisen doch verschiedene Beobachtungen darauf hin, daß auch für den Menschen diese Fettsäuregruppe lebenswichtige Bedeutung besitzt, ohne daß genaue Angaben über den Bedarf gemacht werden können. Für Linolsäure wird die wünschenswerte Zufuhr mit etwa 1,5% des Calorienbedarfs, also 7—8 g Tag, angegeben. Andere Angaben nennen einen Wert von 6—7 g/Tag für den Erwachsenen.

Vitamin E verhindert als Antioxydans die Autoxydation der Polyensäuren in vivo und übt damit eine Schutzwirkung aus. In Pflanzenölen geht der Gehalt an Vitamin E und essentiellen Fettsäuren annähernd parallel. Ganz unangebracht erscheint es, die essentiellen Fettsäuren als „*Vitamin F*" zu bezeichnen, da sie nach Wirkungsart und Bedarf etwa den essentiellen Aminosäuren an die Seite zu stellen sind. Die FDA (USA) hat ein Verbot ausgesprochen, einen Polyenfettsäuregehalt bei Lebensmitteln zu Werbezwecken auszunutzen. Der „Vitamin F"-Begriff ist deshalb zu Recht aus der wissenschaftlichen Literatur gestrichen, er sollte auch aus der Werbung verbannt werden. Angaben, wie „Linol- und Linolensäure (früher Vitamin F)" können jedoch noch geduldet werden, da in vielen Literaturzitaten, vor allem älterer Art, eine Gleichstellung vorliegt.

2. Lipoide im weiteren Sinne

Wie eingangs dieses Abschnittes erwähnt, findet sich in der Natur eine große Reihe von z. T. physiologisch hochaktiven Stoffgruppen, die mit den eigentlichen Fetten viele Eigenschaften physikalischer Art gemeinsam haben, sich chemisch von ihnen jedoch grundlegend unterscheiden. Im folgenden sollen die wichtigsten dieser als Lipide oder Lipoide bezeichneten Körperklassen besprochen werden, soweit sie für uns von Bedeutung sind und nicht (z. B. Steroide der Vitamin D-Gruppe oder Carotinoide) an anderer Stelle Erwähnung finden.

a) Die Wachse

Als Wachse bezeichnen wir (ohne auf die Erweiterung des Wachsbegriffes im technischen Sinne einzugehen) Ester einwertiger hochmolekularer Alkohole mit höheren Fettsäuren, die außerdem meist noch freie Fettsäuren, freie Wachsalkohole und hochmolekulare Kohlenwasserstoffe enthalten. Sie werden von Tier und Pflanze gebildet und kommen vorzugsweise als Ausscheidungen oder Überzüge vor. Bei der Pflanze dienen sie als Schutzschicht für Blätter und Früchte, um Benetzung, Quellung oder Austrocknen durch Verdunstung zu verhindern; beim Tier bewirken sie in erster Linie das Einfetten des Gefieders und dienen außerdem als Bauelement (Bienenwabe). Ihre im Vergleich zu den Fetten große Beständigkeit fördert diese Aufgaben. Am Aufbau der Wachse ist bemerkenswert, daß diese oft Alkohol und Fettsäure von gleicher Kohlenstoffzahl enthalten; man erklärt dies damit, daß solche Wachse durch Dismutation im Sinne der Cannizzaroschen Umlagerung aus einem hochmolekularen Aldehyd entstehen.

α) Bienenwachs, ein Stoffwechselprodukt der Biene, enthält neben dem in Alkohol leicht löslichen *Cerin*, bestehend aus *Cerotinsäure* und *Melissinsäure*, vor allem das in Alkohol unlösliche *Myricin*, ein aus Palmitinsäure und C_{30}-, C_{32}- sowie C_{34}-Alkoholen aufgebautes Estergemisch. Bienenwachs ist löslich in heißem Äthanol, Äther, Benzin, Schwefelkohlenstoff, Tetrachlorkohlenstoff,

Aceton und ätherischen Ölen. Durch Sonnenlicht oder chemische Mittel kann Wachs gebleicht werden. Die Ester der Fettalkohole mit höheren Fettsäuren werden im Magen-Darmtrakt höherer Tiere und des Menschen praktisch nicht gespalten, da hier das entsprechende Enzym („Cerase") fehlt (vgl. S. 198).

β) *Walrat* besteht aus zwei Fraktionen: dem flüssigen *Walöl* und dem eigentlichen, festen Wachs (*Spermacet*, *Cetin*), das ein Ester der Palmitinsäure und des Cetylalkohols ($C_{16}H_{33}OH$) ist. Walrat kommt in der Schädelhöhle und längs der Wirbel des Pottwals als Wärmeschutz vor.

γ) *Lanolin*, das Wollfett der Schafe, ist ein Gemisch von Fetten, Fettsäuren und wachsartigen Stoffen, von denen besonders reichlich ein Ester der Palmitinsäure mit Cholesterinalkohol vertreten ist. Lanolin selbst wird von der Haut nicht resorbiert, bildet jedoch wasserreiche beständige Emulsionen (bis zu 75% Wasser), die in der Hautpflege von Bedeutung sind.

δ) *Carnaubawachs* findet sich als Wachsstaub auf den Blättern der Palme Copernicia cerifera. Das harte, glänzende, hellgelbe bis graue Wachs dient als Zusatz zu Bohnermassen und Polierpasten. Es enthält neben freier Carnaubasäure, hochmolekularen Alkoholen und Kohlenwasserstoffen den Cerotinsäureester des Myricylalkohols (Triacontanol),

$$CH_3(CH_2)_{24}COOC_{30}H_{61}.$$

ε) *Andere wachsartige Stoffe* finden sich z. B. in Bakterien, wie den säurefesten Mykobakterien (Tuberkelbakterien), und in Schildlausarten (Cochenille). Letztere verfügen über spezifische wachsspaltende Enzyme (*Cerasen*).

Neben diesen eigentlichen Wachsen sind noch eine Reihe anderer oft nicht als „Wachse" anzusprechender Produkte von Bedeutung, so das bergmännisch gewonnene *Erdwachs* (Ozokerit, Bergwachs), in gereinigtem Zustand *Ceresin* genannt, *Montanwachs* aus bitumenreichen Braunkohlen, *Paraffin* aus Erdöl und trockenen Braunkohlendestillaten und schließlich *synthetische Wachse* (Hartwachse, Ruhrwachse, Oxidwachse), die durch Oxydation und gleichzeitige Veresterung von Paraffin, Ceresin, Wollfett, Ölen, Harzen u. a. m. entstehen. *Lanettewachs* wird durch Hydrolyse und Oxydation von Walrat zu Fettsäuren und Reduktion der Fettsäuren zu Alkoholen erhalten. Der „Lanetta-Emulgator", ein Gemisch aus Cetyl- und Stearylalkohol, wird für Zwiebackcreme verwendet. *Kunstwachse* sind chlorierte Naphthaline. Wachsemulsionen, z. T. auf synthetischer Basis, dienen als künstliche Überzüge auf Früchten (S. 545).

Hauptanwendungsgebiet der Wachse sind neben der Obstimprägnierung die Imprägnierung von Lebensmittelverpackungen. Als Beispiele seien genannt das „Johnsonwachs" (Carnaubawachs, Harze, Paraffin), das „Britexwachs" (Carnaubawachs, Schellack, Ölsäure als Emulgator) und das „Citrashinewachs" (Carnaubawachs in wässeriger Emulsion). Über die Verwendung derartiger Präparate als Glasurmittel für Röstkaffee, als Überzugsmittel für Citrusfrüchte und als Trennmittel für Süßwaren und Backwaren aus der Sicht der BRD (einschl. Berlin-West) vgl. den Rechtsstoff.

b) Die Phosphatide

Gegenüber den bisher besprochenen Stoffklassen der Fette und Wachse zeigen die Phosphatide wesentlich komplizierteren und differenzierteren Aufbau. Chemisch sind die Phosphatide Phosphorsäurediester; die Phosphorsäure ist einerseits mit Glycerin oder Sphingosin, andererseits mit Cholin, Colamin, Serin oder Inosit verestert. Die *Cerebroside* sind phosphorsäurefrei, stehen aber chemisch den Sphingosinphosphatiden sehr nahe. Die den Cerebrosiden nahestehenden Ganglioside werden wegen ihres komplizierteren Baues gesondert gebracht.

Es erscheint heute zweckmäßig, die Phosphatide und Glykolipoide nach der Hauptkomponente gemäß Tabelle 17 einzuteilen.

Tabelle 17. Einteilung der Phosphatide und Glykolipoide
(Aus P. Karlson: 78)

	1. Alkoholkomponente	2. Alkoholkomponente	P : N
	α) Glycerinphosphatide		
1. Phosphatidsäuren	Diacylglycerin (Diglycerid)		kein N
2. Lecithine	Diacylglycerin (Diglycerid)	Cholin	1 : 1
3. Kephaline	Diacylglycerin (Diglycerid)	Colamin, Serin	1 : 1
4. Inositphosphatide	Diacylglycerin (Diglycerid)	Inosit	kein N
5. Plasmalogene („Acetal-phosphatide")	Glycerinester-enoläther	Colamin, Cholin	1 : 1
	β) Sphingolipoide		
1. Sphingomyeline	N-Acylsphingosin	Cholin	1 : 2
2. Cerebroside	N-Acylsphingosin	Galaktose[1], Glucose[1]	kein P
3. Sulfatide	N-Acylsphingosin	Galaktose[1]	1 H_2SO_4
4. Ganglioside	N-Acylsphingosin	Hexosen[1], Hexosamin[1], Neuraminsäure[1]	kein P

[1] Diese Bestandteile liegen nicht als Phosphorsäureester, sondern in glykosidischer Bindung vor: deshalb heißen die Gruppen β) 2—4 „Glykolipoide".

Von den einzelnen Vertretern sollen hier nur die lebensmittelchemisch besonders wichtigen besprochen werden.

a) Glycerinphosphatide

Grundbestandteil dieser Gruppe ist die aus dem Dihydroxyacetonphosphat durch enzymatische Reduktion entstehende L-α-Glycerin-3-phosphorsäure. Veresterung der beiden freien Hydroxyle mit 2 langkettigen Fettsäuren liefert eine *Phosphatidsäure:*

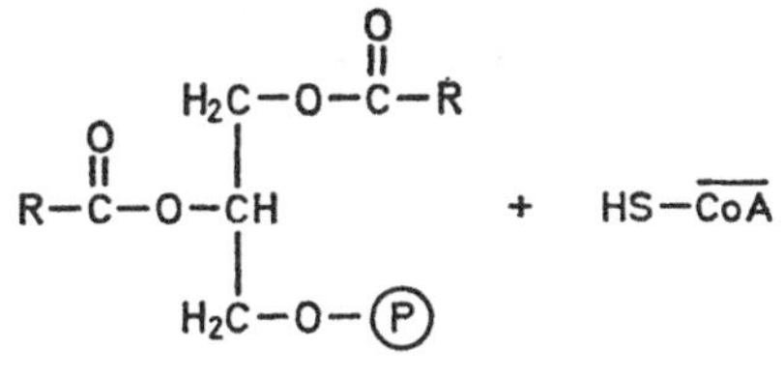

Phosphatidsäure[2]

Phosphatidsäuren finden sich in nur geringen Mengen im Säugetierorganismus, reichlicher in Pflanzen (Kohl). Sie sind Zwischenprodukte der Neutralfettbiosynthese.

Im *Lecithin* (Phosphatidyl-cholin) ist die zweite saure Gruppe der Phosphorsäure noch mit dem Aminoalkohol *Cholin* verestert. Die Fettsäuren entsprechen den in Neutralfetten vorliegenden Säuren; fast allgemein ist die β-ständige Fettsäure ungesättigt (Linolen- oder Ölsäure), die am α-Hydroxyl stehende Säure gesättigt (Palmitin-, Stearinsäure). Daneben finden sich auch Säuren mit 20 oder 22 C-Atomen.

Die *Kephalinfraktion* ist gegenüber den Lecithinen durch geringe Alkohollöslichkeit ausgezeichnet. Sie enthält eine *Phosphatidyl-äthanolamin-* und eine *Phosphatidyl-serin*-Gruppe, beide mit unterschiedlichen Fettsäuren. In den fol-

[2] Das Zeichen Ⓟ soll den Phosphorsäurerest darstellen.

genden Formelbildern sind die erwähnten Glycerinphosphatid-Typen zusammengestellt.

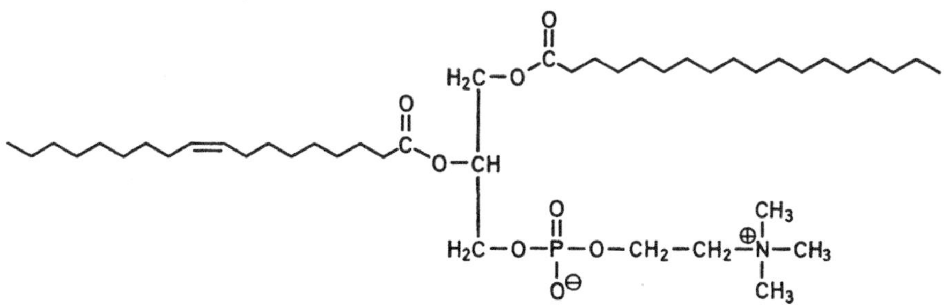

Lecithin

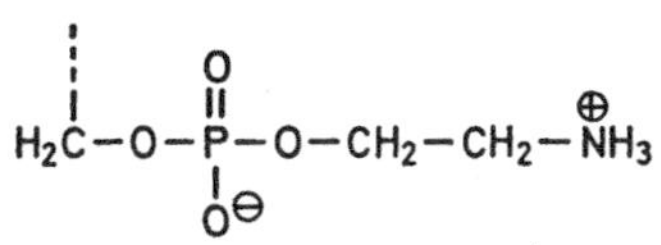

Colamin-kephalin

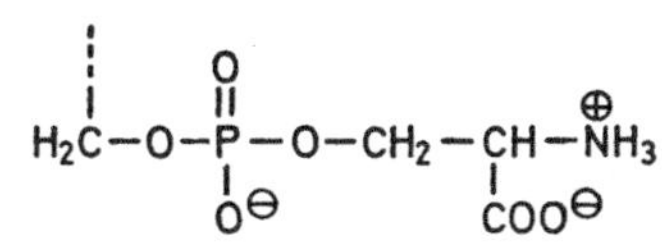

Serin-kephalin

Lysolecithine und *Lysokephaline* werden durch unspezifische Schlangengift-Esterasen aus den Phosphatiden gebildet. Dabei wird die mittlere Hydroxylgruppe des Glycerins freigelegt, in α-Stellung tragen sie eine Fettsäure. Sie besitzen hämolysierende Wirkung und wurden auch im Getreide („Getreidestärke") gefunden. *Inositphosphatide* enthalten als zweite Alkoholkomponente den cyclischen sechswertigen Alkohol myo-Inosit (vgl. S. 93). Sie finden sich in der Sojabohne und anderen ölhaltigen Samen. Im Rinderherz kommt ein ähnlich gebautes Phospholipoid vor, das *Cardiolipin*; statt des Inosits liegt hier als Alkoholkomponente Glycerin vor.

Plasmalogene sind Lipoide, in denen langkettige, der Stearin- und Palmitinsäure entsprechende Aldehyde als Enoläther an die CH_2OH-Gruppe der Glycerinphosphorsäure gebunden sind; das mittlere C-Atom ist mit einer Fettsäure verestert. Als Beispiel sei ein Colamin enthaltendes Plasmalogen gebracht:

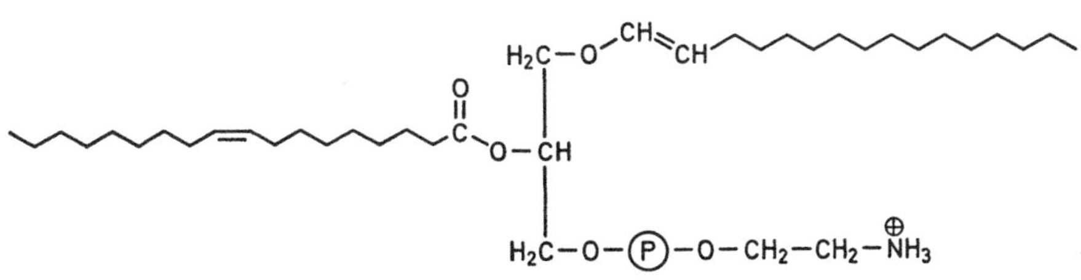

Plasmalogen

Plasmalogene sind offenbar in allen Geweben enthalten; im Muskel und Gehirn machen sie 8—12% der Gesamtphosphatide aus. Im Zytoplasma sind sie für die histochemische Aldehydreaktion (Plasmalreaktion) verantwortlich.

Lecithine und Kephaline finden sich meist vergesellschaftet in der Natur. Besonders *lecithinreich* sind Herzmuskel, Blutplasma, Eigelb sowie viele Gewebe und ölhaltige Pflanzensamen. *Kephalin* herrscht vor im Gehirn und im Nervengewebe. Der Gesamtphosphatidgehalt in der Trockensubstanz beträgt bei Gehirn 30%, Leber 10%, Herz 7%, Eigelb 20%, Sojabohne 2,5%, Weizen 2%. Die zahlreichen Isomeriemöglichkeiten (α- und β-Form, Wechsel der Fettsäuren) machen die hohe Spezifität der phosphatidhaltigen Organfette verständlich. Ebenso verständlich, daß Extraktion aus biologischem Material immer Gemische liefert. Außerdem sind die im Phosphatidmolekül vorhandenen ungesättigten Fettsäuren Grund für die chemisch wie physiologisch so ausgeprägte Reaktionsbereitschaft dieser Substanzen. Sie sind äußerst leicht zersetzlich und bedingen damit auch Umsetzungen, wie sie bei Phospholipoiden und Lipoproteiden als Bestandteile von Lebensmitteln (Handelslecithin, Milch, Butter, Karotten, Kohl, Getreide, Gerstenmalz, Eier und Eierteigwaren, Trockenblutplasma) vor sich gehen: enzymatische Hydrolyse durch Mikroorganismen oder zelleigene Enzyme (vgl. S. 72), Autoxydation freigesetzter ungesättigter Fettsäuren unter Dunkelfärbung und Polymerisation, Umsetzungen mit Zuckern bei Fettbräunungsreaktionen, Polymerisation innerhalb der Lipoproteide usw. In ihrem Verhalten gegenüber Fettlösungsmitteln, vor allem gegen Äther, lassen sich die Phosphatide in zwei Fraktionen unterteilen. Die eine ist leicht extrahierbar, die andere kann nur nach entsprechender Vorbehandlung, z.B. mit Alkohol, dem Gewebe entzogen werden und ist dort als Protoplasmabaustein am Aufbau der sichtbaren Zellstruktur beteiligt.

Lebensmittelchemisch von großer Bedeutung ist ihre Eigenschaft, als lyophile Kolloide zu wirken. Sie quellen mit Wasser, bilden kolloide Lösungen und monomolekulare Schichten und wirken auf Grund ihrer bipolaren Struktur als ausgezeichnete Vermittler zwischen Wasser- und Fettphase. Dabei strebt die *hydrophobe* Paraffinkette an der Grenzschicht vom Wasser weg, die *hydrophile* Glycerinphosphorsäure-Cholin-(bzw. Colamin-)gruppe ist an der Wasseroberfläche verankert.

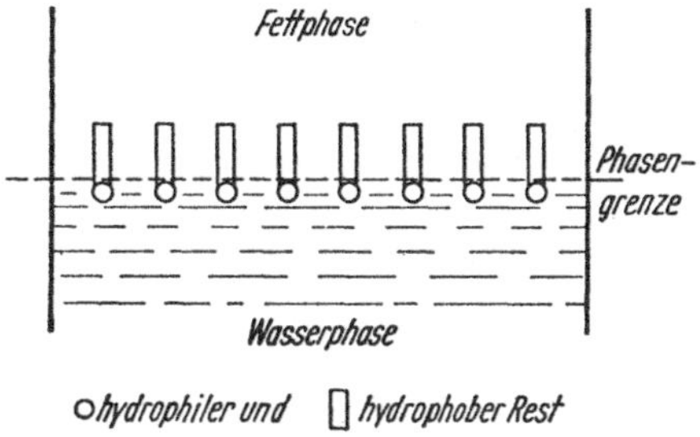

Abb. 3.

Auf Grund dieser physikochemischen Eigenschaften sind Phosphatide ausgezeichnete *Emulgatoren* und *Lösungsvermittler*, so daß phosphatidreiches Material (Eigelb, Pflanzenphosphatide) als Stabilisator kolloidchemischer Symplexe umfangreiche Verwendung in der Lebensmittelverarbeitung gefunden hat (Eierteigwaren, eihaltige Gebäcke, Eierlikör, Mayonnaise, Margarine usw.). Vor allem Soja- und Rapsöl liefern bei der Reinigung den sog. *Phosphatidschlamm*, bestehend aus Rohlecithin, das nach Reinigung außer für die obenerwähnten Zwecke auch als Kräftigungsmittel in verschiedenen Nährpräparaten verarbeitet wird.

β) *Sphingolipoide*

Physiologisch höchst bedeutungsvoll, im Rahmen lebensmittelchemischer Fragestellung jedoch weniger wichtig, sind Vertreter dieser Gruppe. Sie enthalten statt des dreiwertigen Alkohols Glycerin einen Amino-di-alkohol, das *Sphingosin*, Sphingolipoide kommen besonders reichlich im Gehirn vor. Hierher gehören die *Ceramide Sphingomyeline*, *Glykolipoide*, *Cerebroside*, *Sulfatide* und — als besonders komplex aufgebaut — die *Ganglioside*. Glykolipoide, wie *Galaktodiglyceride* und *Phytosphingolipoide* wurden in den letzten Jahren vielfach im pflanzlichen Bereich aufgefunden.

Zusammenfassend läßt sich sagen, daß Phosphatide eng mit Fragen der Lebensmittelstruktur wie der Lebensmittelverarbeitung verknüpft sind. Entscheidend für ihre Aktivität ist zunächst der Aufbau aus einer hydrophilen und einer hydrophoben Komponente. Wie im Zellstoffwechsel und bei der Membranbildung wirken sie auch im Lebensmittel als Mittler zwischen wäßriger und lipoider Phase, vermögen darüber hinaus Kohlenhydrate und Eiweißstoffe je nach Bedarf zu binden oder abzustoßen und gleichzeitig am Transport verschiedenster Stoffgruppen, z.B. der Fettsäuren, teilzunehmen. Ihre vorerwähnte emulgierende und phasenvermittelnde Eigenschaft tritt auch in natürlichem Material, so z.B. in Milch, Blutplasma und anderen Organflüssigkeiten von Tier und Pflanze lebenswichtig in Erscheinung. Ihr hoher Gehalt an ungesättigten Fettsäuren ist weiterhin der Grund dafür, daß Phosphatide an den verschiedensten Umsetzungen im Rahmen der Lebensmittelgewinnung und Verarbeitung oft auch ausgesprochen wertmindernd beteiligt sind (vgl. S. 71).

c) Sterine

Sterine sind stickstofffreie Substanzen, die als Grundgerüst einen polycyclischen Kohlenwasserstoff aufweisen. Sie finden sich im Tier-, Planzen- und Mikroorganismenreich und wir unterscheiden dementsprechend *Zoosterine*, *Phytosterine* und *Mykosterine*. Von ihnen leitet sich chemisch eine große Zahl physiologisch hochaktiver Substanzen ab (Sexualhormone, Hormone der Nebennierenrinde, Provitamine D, Aglucone der Digitalisglykoside, Krötengifte, Saponine, Strophanthusalkaloide), die, soweit sie im Rahmen dieses Buches liegen, an anderer Stelle besprochen werden. Chemisch sind sie durch eine alkoholische Hydroxylgruppe am C-3 gekennzeichnet; der angelsächsische Name *Sterole* ist deshalb systematisch richtiger.

α) *Cholesterin* (griech. chole = Galle) ist das wichtigste tierische Sterin. Es entsteht aus dem entsprechenden Alkohol Cholestanol durch Dehydrierung und ist ein einwertiger, ungesättigter, hydroaromatischer Alkohol mit einer aliphatischen Seitenkette:

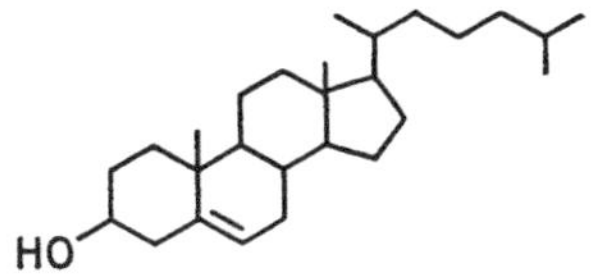

Cholesterin

Es kommt weitverbreitet im Körper vor, besonders reichlich in der Nebenniere, im Nervengewebe und in der Haut. Gallensteine können oft fast völlig aus reinem Cholesterin bestehen. Zusammen mit Phosphatiden ist es am Aufbau der Zellmembran beteiligt, wo es durch seine lyophobe Eigenschaft antagonistisch zu den Phosphatiden membranverdichtend wirkt. Die Molekülgestalt als flaches Scheibchen ist bei der Beteiligung am Aufbau von Zellmembranen bedeutungsvoll.

Im Organismus erfolgt die Cholesterinsynthese nach Isotopenversuchen aus C_2-Bruchstücken (aktivierte Essigsäure) über *Squalen* (s. S. 70); das so gebildete Cholesterin ist Ausgangsmaterial für die Biosynthese zahlreicher anderer Steroide, der Gallensäuren, der Steroidhormone der Nebenierenrinde und der Kleindrüsen sowie des Vitamin D.

Cholesterin findet sich meist in nur geringer Menge in allen tierischen Fetten, reichlich im Fett der Vögel (4—5%), der Fische (4—14%), des Fischspermas (11—18%) und im Wollfett, außerdem in der Galle, im Gehirn, Nervensystem und Blut. Blutplasma enthält 0,15—0,25% Cholesterin, wovon etwa 27% in freier Form vorliegen. Es ist in Wassel, verdünnten Säuren und Alkalien unlöslich, wird äußerst spezifisch durch Digitonin gefällt und gibt charakteristische Farbreaktionen: mit Schwefelsäure unterschichtete Chloroform-Cholesterinlösung wird tiefrot (*Salkowski-Reaktion*), mit Essigsäureanhydrid-Schwefelsäure versetzte Chloroform-Cholesterinlösung färbt sich blaugrün (*Reaktion nach Liebermann-Burchardt*). Fällungs- und Farbreaktionen werden zur Cholesterinbestimmung und zur Ermittlung des Eigehaltes (S. 501) analytisch ausgewertet. Mit Saponinen bildet Cholesterin unlösliche Komplexe; es ist optisch aktiv, in Äther oder Chloroformlösungen dreht es nach links ($[\alpha]_D = - 31{,}59°$). Die Resorption des Cholesterins wird durch Gallensäuren begünstigt; nach neueren Untersuchungen liegt sie maximal bei etwa 0,5 μg/Tag. Weiteres s. bei den D-Vitaminen.

β) *Phytosterine* sind normale Bestandteile aller Pflanzenzellen. *Stigmasterin* als Gemisch zahlreicher, schlecht trennbarer Isomere und *Sitosterin* (griech. sitos = Korn) sind weitverbreitet in Ölen. Beide sind ungesättigt und enthalten in der Seitenkette 2 C-Atome mehr als Cholesterin. Sie unterscheiden sich im Schmelzpunkt und in der optischen Drehung wesentlich vom Cholesterin (Stigmasterin: Smp 170°C; $[\alpha]_D = - 45°$). Sitosterin kommt vor allem im Fett von Weizen, Roggen, Mais, Baumwollsamen, Leinsamen, Lorbeer, Soja vor; Stigmasterin ist in der Kakaobutter, im Cocos- und Calarbohnenfett enthalten. Es nimmt unter den Phytosterinen etwa die Stellung ein, die dem Cholesterin unter den Zoosterinen zukommt. *Brassicasterin* findet sich, wie der Name sagt, im Rüböl, *Spinasterin* im Fett des Spinats.

γ) *Mykosterine*. Wichtigster Vertreter ist das aus Mutterkorn isolierte, reichlich in Hefe vorkommende *Ergosterin*,

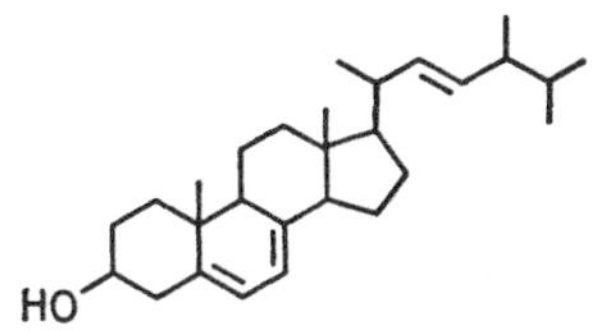

Ergosterin
$[\alpha]_D^{20} = - 132°$ *(in Chloroform), Smp 163°C*

das gegenüber Cholesterin zwei zusätzliche Doppelbindungen und eine Methylgruppe enthält. Die praktisch wichtigste Umwandlung liegt darin, daß es durch Ultraviolettbestrahlung in ein antirachitisches Vitamin übergeht (vgl. S. 136). Ergosterin ist das im Pflanzenreich am weitesten verbreitete Sterin. In der Hefe finden sich außerdem noch *Zymosterin* und das auch im Wollfett vorkommende *Kryptosterin; Fucosterin* ist ein charakteristisches Sterin der Meeresalgen.

Eng an die Phytosterine schließt sich die Gruppe der *Saponine*, *Digitalis*- und *Steroidalkaloide* an. Sie enthalten zahlreiche Hydroxylgruppen, Äther- und Lactongruppierungen sowie — bei Alkaloiden — auch Stickstoff. Viele kommen als Glykoside vor. Hier interessierende Gruppen sind die oft hämolytisch wirkenden *Saponine* (Beispiel das *Digitonin*, aufgebaut aus einem Pentasaccharid und dem Steroid Digitogenin) sowie das in Kartoffeln vorkommende (vgl. S. 508) Sterinalkaloid *Solanin*.

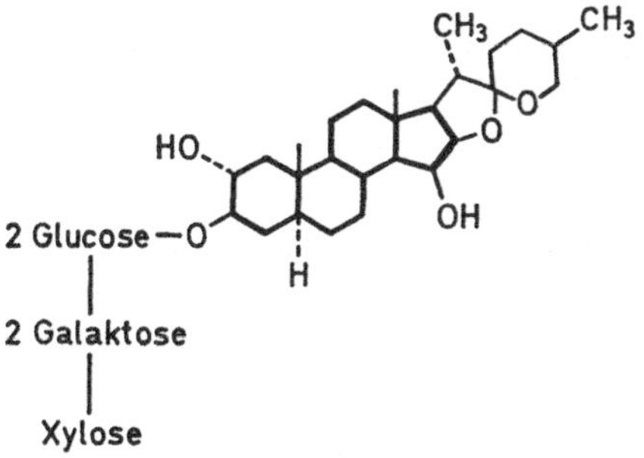

Digitonin

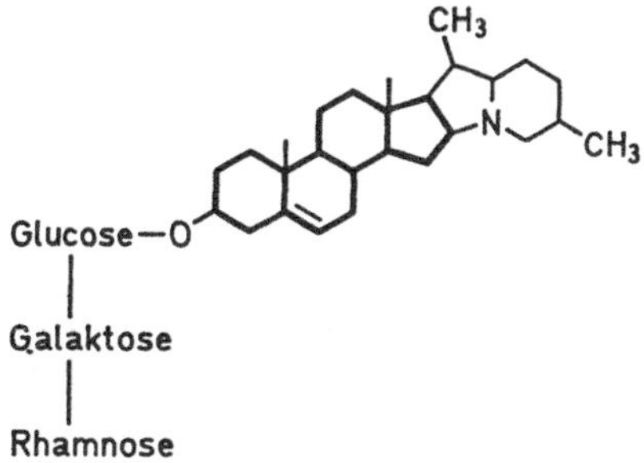

Solanin

Lebensmittelanalytisch waren die Sterine von großer Wichtigkeit zur Unterscheidung tierischer und pflanzlicher Fette, seitdem A. Bömer (1899) auf Grund der Arbeiten von Salkowski (1887) behauptet hatte, daß Cholesterin *nur* im Tier, Phytosterine *nur* in der Pflanze vorkommen.

Seit einigen Jahren ist jedoch bekannt, daß auch in pflanzlichen Ölen neben Phytosterinen geringe Mengen (5—10% der Gesamtmenge) Cholesterin vorkommen können, in tierischen Fetten dagegen nur Cholesterin. Dünnschichtchromatographie und insbes. Gaschromatographie haben sich in neuerer Zeit als wertvolle Hilfsmittel zur Identifizierung und Bestimmung von Sterinen in Gemischen erwiesen (vgl. H. Pardun, in 54, Bd. IV, S. 402).

Die Sterine des Tier- und Pflanzenreiches sammeln sich in der Fraktion von Fetten und Ölen an, die man als „*Unverseifbares*“ oder *Unverseifte Substanz*“ bezeichnet. Man versteht darunter diejenige Fett- oder Ölkomponente, die weder in Wasser löslich ist noch durch Verseifen mit Alkalien in wasserlösliche Substanz übergeführt werden kann, noch bei 100° C flüchtig ist. Eine andere Definition lautet: „Das Unverseifbare umfaßt die natürlichen, unverseifbaren Stoffe (Sterine, Kohlenwasserstoffe, Fettalkohole usw.) sowie die bei 100° C nicht flüchtigen, unverseifbaren organischen Stoffe (Mineralöle usw.).“ Die Menge des Unverseifbaren ist bei natürlichen Fetten und Ölen nur gering (0,2—2%) und besteht bei tierischen Fetten vorwiegend aus Cholesterin, bei pflanzlichen Fetten aus Phytosterinen. Daneben sammeln sich hier auch die fettlöslichen Vitamine an.

d) Carotinoide

Carotinoide als gelbe bis violettrote Farbstoffe sind in der Natur weit verbreitet. Wegen ihrer Löslichkeit in Fetten, fetten Ölen und Fettlösungsmitteln werden sie auch als *Lipochrome* bezeichnet. Sie finden sich oft als Farbwachse und Chromoproteide (vgl. S. 46), meist jedoch in freier Form. Als erste Verbindung dieser Gruppe wurde 1831 von Wackenroder das „*Carotin*“ entdeckt, das sich jedoch später als uneinheitlich erwies und in α-, β- und γ-Carotin aufgetrennt wurde. Carotinoide sind ungesättigte Kohlenwasserstoffe, teils rein aliphatischer Natur, teils mit sechsgliedrigen Ringen (Jononring) im Molekül, teils sauerstoffhaltige Alkohole, Aldehyde, Ketone oder Carbonsäuren. Ihre zahlreichen konjugierten Doppelbindungen kennzeichnen sie als *Polyene* und sind wesentlich für *cis-trans-Isomerisierungen*, die biologische Wertänderungen nach sich ziehen. Von den etwa 70 in der Natur aufgefundenen Carotinoiden ist eine Reihe physiologisch als *Provitamine A* wichtig (vgl. S. 130). Die Mehrzahl jedoch ist (wegen des fehlenden β-Jononringes) biologisch inaktiv, als Farbträger zahlreicher Naturprodukte (z. B. Früchte, Gemüse, Eigelb, Fette und Öle) jedoch von Bedeutung. Sie finden sich meist in recht kompliziertem Gemisch und oft mit Chlorophyll vergesellschaftet. Genannt seien hier das *β-Carotin* der Mohrrübe, *Xanthophyll* (*Lutein*) und *Kryptoxanthin* in grünen Blättern und Eigelb, *Lycopin* in der Tomate, *Bixin* und *Crocetin* als Dicarbonsäuren im Orleansfarbstoff und im Safran, Carotine verschiedener Art im Pferdefett. Viele Carotinoide finden sich auch in Blüten (*Violaxanthin* und *Auroxanthin* in Stiefmütterchen), in Bakterien, Pilzen und Algen, in Vogelfedern (Kanarienvogel), in Insekten (Coccinella), im Integument von Fischen und Crustaceen. Über die Funktion der Carotinoide bei Pflanzen ist nichts bekannt. Weiteres s. bei *Vitamin A*.

e) Kohlenwasserstoffe

Kohlenwasserstoffe kommen in natürlichen Fetten nur in sehr geringen Mengen vor (0,2 bis 1% im Durchschnitt). Lediglich bestimmte Seetieröle, z. B. aus Haifischen (20—80%), daneben in geringerem Ausmaß das Hefefett (16,3%) sind reich an Kohlenwasserstoffen. Diese zeigen oft ungesättigte Natur und weisen eine verzweigte Kette auf, wie das *Squalen* oder sind gesättigt wie das in gehärtetem Sardinenöl gefundene *n-Heptadecan*. Der wichtigste Kohlenwasserstoff ist das im Haifischleberöl von M. Tsujimoto entdeckte *Squalen*, das später in vielen anderen Fetten gefunden wurde.

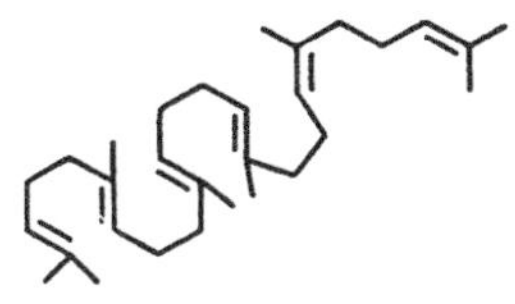

Squalen

Analytisch von Bedeutung ist das Vorkommen beträchtlicher Mengen an Squalen in einigen Ölen, z.B. im Olivenöl (1,4—7 g/kg), im Maisöl (100—360 mg/kg), oder im Erdnußöl (130—490 mg/kg).

Die Biosynthese des Squalens geht von der Essigsäure über Acetyl-Coenzym A und *Mevalonsäure:*

$$HOOCCH_2C(OH)(CH_3)CH_2CH_2OH$$

Das gebildete Squalen ist Ausgangsstoff für die Synthese der unter die „Isoprenregel" fallenden Naturstoffe wie die der Triterpene und Sterine. Andere ungesättigte Kohlenwasserstoffe sind widerwärtig riechende Komponenten im Olivenöl (Oleatridecadien $C_{13}H_{24}$ bis Oleahexatriacontatrien $C_{36}H_{68}$) sowie *Hypogaeen* und *Arachiden* als spezifische Geruchs- und Geschmacksträger im Erdnußöl. In diesem Zusammenhang sei auf Befunde der letzten Jahre hingewiesen, wonach auch *polycyclische aromatische* Kohlenwasserstoffe (Pyren, Benzpyren, Phenanthren, Benzanthren u. a.) in Pflanzenölen gefunden wurden.

Ein dem Squalen ähnlich gebauter Begleitstoff mancher Fette ist der in Chlorophyll und den Vitaminen E und K enthaltene ungesättigte Alkohol *Phytol,* der in Leinöl, Sonnenblumenöl und Butter aufgefunden wurde:

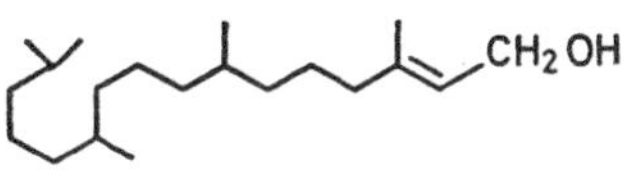

Phytol

3. Das Verderben der Fette

Unter „Fettverderb" im weitesten Sinne verstehen wir alle Veränderungen gegenüber „frischen" Fetten, die zu sinnlich wahrnehmbaren, als abwertend empfundenen Geruchs- und Geschmacksminderungen, u.U. auch zur Genußuntauglichkeit und Gesundheitsschädlichkeit führen. Entsprechend der recht komplexen Natur der meisten Nahrungsfette werden solche Veränderungen entweder nur die Fettglyceride oder aber zusätzlich auch Phosphatide und andere Lipoide (Sterine, Kohlenwasserstoffe) sowie Vitamine erfassen und oft werden die verschiedenen Angriffspunkte nicht voneinander zu trennen sein.

Hierher rechnen zunächst *physiko-chemische* Beeinflussungen, verursacht durch die Leichtigkeit, mit der Fette aus der Umgebung Geruchs- und Geschmacksstoffe aufnehmen (Packmaterial, Fisch-, Obst-, Zwiebel-, Seife-, Petroleumgeruch und -geschmack) oder hervorgerufen durch Vernichtung des Eigenaromas von Fetten (Ozon bei der Kühllagerung).

Die wichtigsten Veränderungen treten jedoch an den Glyceridfettsäuren und an Fettsäuren der Lipoide auf. Sie sind *biochemisch, enzymatisch* sowie rein *chemisch* bedingt. Die Hauptwege verlaufen nach folgendem Schema; vgl. auch H. von Pezold, in 54, Bd. IV, S. 289.

Fettverderben

- *A. Biologisch* bzw. *enzymatische Prozesse*
  - *a) Hydrolytische Vorgäne*
    Erhöhte Säurezahl: *Sauerkeit, Seifigkeit*
  - *b) desmolytische Vorgänge*
    - α) Bildung von Methylketonen: *Ketonigkeit, Parfümranzigkeit*
    - β) Lipoxidatische Veränderungen: Abbau bzw. Polymerisierung; *Ranzigkeit, Talgigkeit, Firnigkeit* usw.
- *B. Rein chemische Prozesse*
  - *a) Hydrolytische Vorgänge*
    Erhöhte Säurezahl: *Sauerkeit, Seifigkeit, Fischigwerden*
  - *b) Autoxydative Vorgänge*
    - α) Desmolytische Vorgänge: *Ranzigkeit, Talgigkeit* usw.
    - β) Autoxy-Polymerisierung: *Ranzigkeit Firnigkeit, Talgigkeit* usw.

Es fällt bei der Zusammenstellung auf, daß verschiedene Reaktionsmechanismen oft zu sinnesphysiologisch gleich bewerteten Minderungen führen, die jedoch für spezifische Verderbnisarten kennzeichnend sind, wenn wir ein Fett als *sauer, peroxidig, aldehydig, ketonig, talgig, fischig, ölig* oder *seifig* bezeichnen. Derartige Überschneidungen in der Genese der Fettverderbnis machen den hier ablaufenden Reaktionsmechanismus äußerst verwickelt und oft nur unvollkommen erfaßbar.

a) Biologische bzw. enzymatische Prozesse

Mechanismen biochemischer Art werden in erster Linie durch Enzyme katalysiert, die entweder aus dem Substrat selbst (native Enzyme von Gewebsbestandteilen) oder von Mikroorganismen stammen. Infolgedessen sind Fette insbesondere dann durch solche Prozesse gefährdet, wenn sie (als Rohfette) Schwebeteilchen, Gewebsfragmente oder Schleimsubstanzen mit zelleigener Enzymaktivität aufweisen oder mit enzymliefernden Mikroorganismen infiziert sind. Voraussetzung für die Enzymwirkung ist die Anwesenheit von Stickstoffsubstanzen, Kohlenhydraten, Mineralstoffen und anderen geeigneten Nähr- und Wuchsstoffen (z.B. B-Vitamine) und insbesondere von *Wasser*. Wachstum von Kleinlebewesen ist auch bei sehr geringem Wassergehalt, z.B. bei 0,3% Wasser in Schweinefett, noch möglich. Im allgemeinen sind jedoch gegen biochemische Veränderungen besonders anfällig: fetthaltige Lebensmittel und Rohstoffe wie Milch, Käse, zerkleinerte Ölsaaten, tierische Fettgewebe sowie wasserhaltige Fette (z.B. Griebenschmalz) und Fettzubereitungen (Butter, Margarine, Mayonnaisen, fetthaltige Cremefüllungen usw.), in denen auch die obengenannten Nährstoffe nicht fettartiger Natur vorkommen. An der Spaltung beteiligt sind Enzyme zahlreicher Mikroorganismen (*Pilze*, wie Penicillium, Aspergillus, Oidium; *Bakterien*, wie Bacillus pyocyaneus, butyri, prodigiosus; *Hefen*, wie Kahm- und Torulahefen) sowie zelleigene *Lipasen* und *Lipoxidasen*.

a) Hydrolytische Vorgänge sind relativ leicht zu übersehen. Sie führen zur Freisetzung von Fettsäuren verschiedener Kettenlänge, wobei der analytisch ermittelte „Säuregrad" häufig nicht in Beziehung zu grobsinnlichen Veränderungen steht. Werden hochmolekulare Fettsäuren abgespalten, so treten diese weder geruchlich noch geschmacklich, noch durch verminderte Resorbierbarkeit unerwünscht in Erscheinung. Werden jedoch nieder- bis mittelmolekulare Fettsäuren in Freiheit gesetzt (C_4—C_{10}; Butter-, Capron-, Capryl-, Caprinsäure), so tritt schon bei relativ niedriger Säurezahl ein auf dem Eigengeschmack der genannten Säuren beruhender *„seifiger" Geschmack* auf, der zur Genußunfähigkeit führt. Infolge ihrer Fettsäurezusammensetzung (vgl. S. 432) zeigen vor allem Cocos- und

Palmkernfett, auch Butter, Margarine oder Babassufett den seifigen Geschmack. Bereits 1 µg Capryl- bzw. 10 µg Caprinsäure in 1 g Fett werden als *Verdorbenheit* empfunden. Die Bildung freier Fettsäuren in Flomenfett in Abhängigkeit von der Temperatur zeigt Abb. 4.

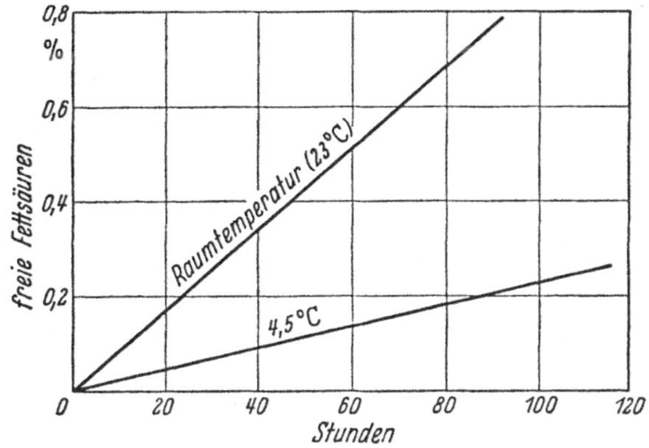

Abb. 4. Bildung freier Fettsäuren in Flomenfett bei Raumtemperatur und bei 4,5 °C (Aus R. Plank: Handbuch der Kältetechnik, Bd. X, S. 419, Berlin: Springer 1960)

β) Desmolytische Prozesse. Unter den obengenannten Mikroorganismenarten sind an desmolytischen Prozessen insbesondere *Schimmelpilzarten* beteiligt. Die Fähigkeit von Penicillium roqueforti, Methylketone zu bilden, wird technisch zur Aromaerzeugung im Blauschimmelkäse ausgenutzt. Pilze dieser Art, auch ihre Sporen, greifen Fettsäuren bis zu C_{14} an, *Methylketone* bis zu C_{11} treten außer in Roquefort-Käse auch in Camembert und anderen Käsearten auf. Die Entstehung der Methylketone aus Fettsäuren entspricht zunächst dem β-Fettsäureabbau und verläuft in den ersten Stufen nach dem sog. Fettsäurecyclus unter Beteiligung von Coenzym A (HS—CoA; vgl. Lehrbücher der Biochemie). Der letzte Reaktionsschritt, die *Decarboxylierung* zum entsprechenden Methylketon, stellt eine noch nicht geklärte „Entgleisung" der normalen β-Oxydation, also der Abspaltung eines C_2-Bruchstückes dar. Der Reaktionsvorgang umfaßt nach H. Thaler u. Mitarb. (1939/50) folgende Stufen: Gesättigte Fettsäure → α,β-ungesättigte Fettsäure → β-Hydroxyfettsäure → β-Ketofettsäure → Methylketon, gemäß der Formulierung:

$$R \cdot CH_2 \cdot CH_2 \cdot COOH \rightarrow R \cdot CH{=}CH \cdot COOH \rightarrow$$
$$R \cdot CHOH \cdot CH_2 \cdot COOH \rightarrow R \cdot CO \,\vdots\, CH_2 \cdot COOH$$
$$\downarrow$$
$$R \cdot CO \cdot CH_3 + CO_2$$

Außer Aspergillus- und Penicilliumarten sind besonders aktive Methylketonbildner Rhizopus, Neurospora u. a. Methylketone dieser Art werden vom Äthyl-, Propyl- und Butylderivat bis zum Methylundecylketon (aus Myristinsäure) gebildet. Sie zeigen, wie z. B. das Methylheptylketon $CH_3COC_7H_{15}$ einen durchdringenden aromatischen Geruch („*Parfümranzigkeit*") und abweichenden Geschmack. Bereits in Konzentrationen von 3 µg/g Fett fallen sie geruchlich auf; in Mengen von 60µg/g Fett werden sie ausgesprochen unangenehm empfunden. Der sehr empfindliche Nachweis in Fetten beruht auf der Bildung rotgefärbter Kondensationsprodukte dieser Ketone mit *Salicylaldehyd.* Durch Ketonbildung besonders gefährdet sind Palmkern- und Cocosfett und die solche Fette enthaltenden oder aus ihnen gewonnenen Lebensmittel (Palmin, Margarine, Gebäcke).

Eine Reihe der an solchen Reaktionen beteiligten Mikroorganismen (Schimmelpilze, Bakterien, Hefen) liefern Pigmente, die zu *roten, gelben* oder *blaugrünen Verfärbungen* verdorbener Fette führen können (Schwarzfleckigkeit bei Butter, Margarine, Gefrierfleisch) oder aber spezifische Merkmale von Lebensmitteln sind (Grün-, Rot- und Blauschimmelkäse).

Lipoxidatische Prozesse erfassen vor allem *polyolefinische Säuren* (Linol-, Linolen- und Arachidonsäure), wobei in erster Linie pflanzliche Lipoxidasen z.B. der Sojabohne (vgl. S. 208) Peroxide mit konjugierten Doppelbindungen liefern, die weiter reagieren, etwa in der anschließend zu besprechenden spontanen bzw. katalysierten Autoxydation olefinischer Fette.

Lipoxygenasen finden sich auch in zahlreichen Obst- und Gemüsearten. Es zeigt sich, daß die enzymatische Bildung bestimmter Aldehyde aus essentiellen Fettsäuren offenbar ein allgemein gültiges Prinzip darstellt. Inkubationsversuche an Erbsen mit einem daraus gewonnenen Lipoxygenasepräperat zeigten, daß durch die Wirkung dieses Enzyms auf Linol- und Linolensäure, die im Fettsäurespektrum der Erbse zu 51—58% bzw. 6—12% vorkommen, folgende Carbonyle bevorzugt gebildet werden.

Tabelle 18. Carbonyle aus Linol- und Linolensäure

aus Linolsäure	%	aus Linolensäure	%
Pentanal	7	Acetaldehyd	5
Hexanal	41	Propanal	27
Hept-2-enal	15	But-2-enal	3
Oct-2-enal	10	Pent-2-enal	22
Nona-2.4-dienal	5	Hex-2-enal	2
Deca-2.4-dienal	20	Hepta-2.4-dienal	38

Ähnliche Befunde lieferten Untersuchungen zum Aroma der Gurke. Derartige Monocarbonylverbindungen sind z.T. sehr geruchsaktiv, sie zeigen talgige, fischige, ölige, metallische oder grasige Aromaabwandlungen.

Positiv wird die Lipoxidasewirkung bei der Verwendung von Sojapräparaten zur Bleichung von Weizenmehl oder daraus hergestellten Teigen benutzt. *Schädigende* Wirkung ist z.B. bei der Aufbereitung von Ölsamen und beim Bitterwerden von Haferprodukten zu beobachten.

b) Chemische Prozesse

α) Hydrolytische Vorgänge rein chemischer Art treten gegenüber enzymatisch bedingten Spaltungen in den Hintergrund; die enzymatisch katalysierte Fettspaltung verläuft bei der Lagerung wesentlich schneller und führt zum *Sauerwerden* der Fette.

β) Autoxydative Vorgänge sind die wichtigsten, am Fettverderb beteiligten Mechanismen. Als Hauptsubstrate kommen die Glyceride *mono-* und *polyolefinischer Fettsäuren* in Frage.

Besonders anfällig sind raffinierte Öle und Fette mit mehrfach ungesättigten Fettsäuren, auch dann, wenn nur geringe Mengen an Sauerstoff anwesend sind. Primär entstehende labile Hydroperoxide werden schon durch Spuren von Schwermetall-Ionen (Cu-II-, auch Fe-III-Ionen) zu Sekundärprodukten, vorwiegend zu Carbonylverbindungen, wie gesättigte und ungesättigte Aldehyde zersetzt. Entscheidend für den Ablauf der Autoxydation ist die Bildung von *Fettsäureradikalen*, aus denen unter Beteiligung des Luftsauerstoffs als Primärprodukte *Radikale* mit hydroperoxidischem Charakter entstehen.

Charakteristisch ist hierbei eine *Isomerisierung*, hervorgerufen durch Wanderung der Lückenbildung; bei polyolefinischen Fettsäuren bewirkt sie die Bildung von Konjuenen.

Der Oxydationsprozeß geht über eine Radikal-Kettenreaktion; er setzt an einem C-Atom ein, das in α-Stellung zu einer Doppelbindung steht. Die Reaktion wird durch Bildung freier Radikale eingeleitet, aus denen durch Sauerstoffanlagerung Peroxidradikale entstehen. Letztere bilden mit dem aus der α-Stellung zur Doppelbindung abgespaltenen Wasserstoff und einer weiteren Fettsäure Hydroperoxide, die sich leicht zersetzen, wobei Carbonylverbindungen, Säuren und Alkohole gebildet werden (vgl. unten). Als Beispiel derartiger, zweifellos von Substrat zu Substrat unterschiedlich ablaufender oxydativer Veränderungen sei die Autoxydation des *Methyloleats*,

$$CH_3(CH_2)_6{-}CH_2{-}\underset{10}{C}H{=}\underset{9}{C}H{-}CH_2{-}(CH_2)_6CO_2CH_3,$$

dargestellt.

Erste Stufe: Bildung von 4 Radikalen.

Zweite Stufe: Bildung von Peroxidradikalen und Hydroperoxiden unter Entstehung neuer Radikale.

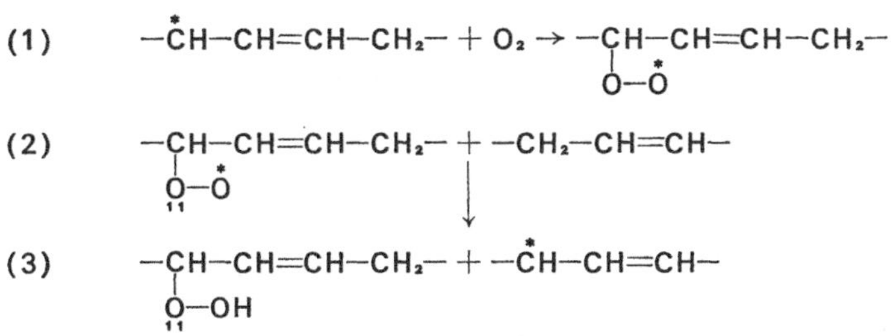

Hierbei können je nach Lage des Radikals 8-, 9-, 10- und 11-ständige Hydroperoxide gebildet werden.

Dritte Stufe: Die Hydroperoxide zersetzen sich zu Carbonylverbindungen, Säuren und Alkoholen.

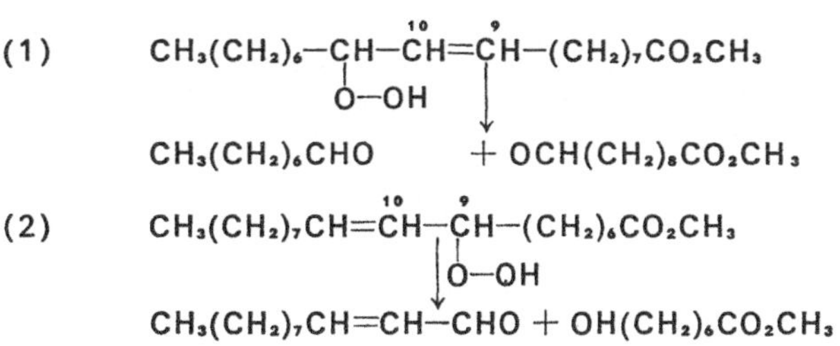

Autokatalyse führt zu der für eine Kettenreaktion typischen Steigerung des Reaktionsablaufes, der exogen durch Licht, Wärme, endogen durch Porphyrinfarbstoffe (Hämine, Chlorophyll) oder Metalle (Cu, Fe, Mn, Co, Ni) katalysiert wird. Eingriffe in die Radikalbildung können positiver (beschleunigender) oder negativer (hemmender) Art sein. Hier wirken die später besprochenen Antioxydantien, Prooxygene und Synergisten mit.

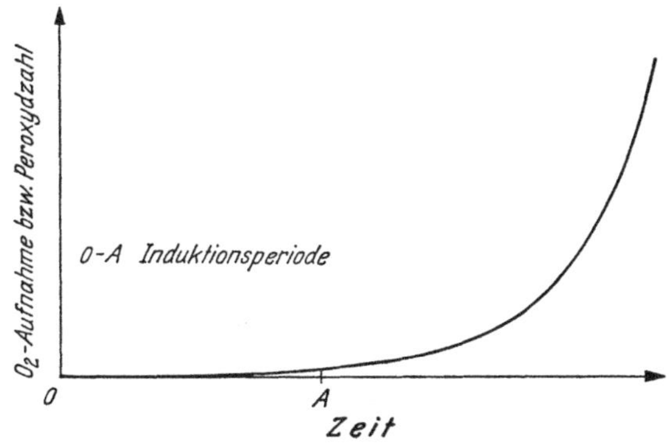

Abb. 5. Schematischer Verlauf der Autoxydation von ungesättigten Fettsäuren bzw. deren Estern (Aus (54) Bd. IV., S. 304)

Die primären Peroxide erfahren weitere tiefgreifende Umwandlungen. Beim *Molekülabbau* entstehen Aldehyde und Ketone verschiedenster Art, ähnlich wie beim lipoxygenasenkatalysierten Abbau (S. 74), also Monocarbonyle, wie n-gesättigte Aldehyde, Alk-2-enale und 2.4-Dienale u.a.m., weiterhin Mono- und Dicarbonsäuren, Keto-, Aldehyd-, Hydroxy- oder Epoxysäuren, Wasser sowie Kohlendi- und monoxid. *Molekülaufbau* durch Polymerisation und Kondensation liefert unter Verdickung und Filmbildung Autoxypolymerisate. Das Auftreten all dieser Stoffe wird sinnesphysiologisch unter dem Begriff der „*Ranzigkeit*" zusammengefaßt.

Derartige Sekundärprozesse mindern also trotz weitergehender Fettverderbnis den Gehalt an „aktivem" (Peroxid)-Sauerstoff, so daß die oft benutzte „*Peroxidzahl*" (Oxydation von Jodid durch aktiven Sauerstoff) nur sehr bedingt als Maß des Fettverderbens herangezogen werden kann, wie Vergleiche zwischen sinnesphysiologisch beobachteter Fettminderung und analytisch ermittelten Peroxidwerten oft zeigen. Die erwähnten Sekundärprozesse liefern auch Aldehyde als analytisch bedeutungsvolle Komponenten.

Ein besonders häufig auftretender Aldehyd ist der *Epihydrinaldehyd*

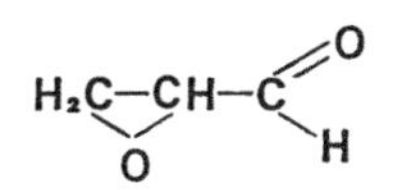

Epihydrinaldehyd

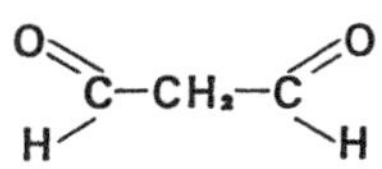

Malondialdehyd

bzw. der isomere *Malondialdehyd*, der meist in gebundener Form (wahrscheinlich als Epihydrinaldehydacetal) in ranzigen Fetten vorkommt. Daneben finden sich auch verschiedene *freie Aldehyde*, z. B. der ranzig riechende und schmeckende *Heptaldehyd*, der bereits in Mengen von 1 : 1000 im Fett als wertmindernd empfunden wird, während der Epihydrinaldehyd sinnesphysiologisch nicht in Erscheinung tritt. Zum Nachweis der Aldehyde insgesamt dient die Reaktion mit fuchsinschwefliger Säure; Epihydrinaldehyd wird mit Hilfe der „*Kreis-Reaktion*" (Rot- bis Rotviolettfärbung mit Phloroglucin-Salzsäure) erfaßt.

Besser geeignet zur Erfassung der oxydativen Ranzigkeit ist die Rotfärbung, die *2-Thiobarbitursäure*

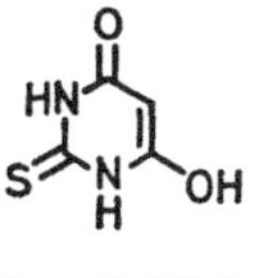

mit oxydierten Fettbestandteilen, z. B. mit Malondialdehyd, liefert. Das rote Pigment zeigt ein Absorptionsmaximum bei 532—535 nm.

Geeignet sind außerdem die gleichfalls sekundäre Oxydationsprodukte erfassende Carbonyl- und Aldehydzahl. Verständlich, daß auch die Gaschromatographie Eingang in die Bearbeitung hier anfallender Probleme gefunden hat. Im „*Swift-Test*" wird die durch Luft bei höherer Temperatur (100° C) beschleunigte Oxydation des zu testenden Produktes gemessen.

Beim autoxydativen Molekülabbau tritt eine Reihe von Säuren auf, die — im Gegensatz zu den aus hydrolytischer Spaltung stammenden — physiologisch nicht immer unbedenklich sind (Ameisen-, Essig-, Propionsäure, daneben Malon-, Pelargon-, Sebazinsäure u. a.).

Zusammenfassend ist zu sagen, daß die Mannigfaltigkeit der Speisefette durch ihren wechselnden Gehalt an Alkan- und Alkensäuren, Isolen- und Konjuensäuren es unmöglich macht, für das Autoxydationsverhalten der Fette und Öle einen einheitlichen Reaktionsmechnismus zu formulieren. Dies erschwert damit die Bekämpfung oder Verhinderung derartiger Abwertungen außerordentlich und macht auch das sehr verschiedene Verhalten der später besprochenen Antioxydantien verständlich. Vom *gesundheitlichen* Standpunkt aus sind autoxydativ ranziggewordene Fette genußuntauglich. Im Ablauf der Autoxydation intermediär gebildete Peroxide vermögen oxydationsempfindliche Vitamine (A, C, E, B_6) sowie ungesättigte „essentielle" Fettsäuren zu schädigen. Enge Bindungen bestehen schließlich zwischen Fettoxydation und Maillard-Reaktion.

c) Sonstige Veränderungen (Reversion, Fischigwerden, Vertranen)

Unter Reversion („Rückläufigkeit", „Umschlag") versteht man die Erscheinung, daß geschmacklos und geruchlos raffinierte Fette bei anschließender Lagerung, insbesondere in höheren Temperaturbereichen widerwärtige, als strohig, heuig oder fischig empfundene Geruchs- und Geschmacksabwandlungen erfahren, vor allem dann, wenn höher ungesättigte Fettsäuren vorliegen (Lein-, Raps-, Sojaöl, Fischöle). Als Umsetzungsprodukte sind z.B. α-Heptenal, 2.4-Decadienal, Propionaldehyd u.a. bekanntgeworden.

Der typische „grüne" Geschmack revertierten Sojaöls rührt vom cis-3-Hexenal her. Auch 2-Pentyl-furan ist für den Reversionsgeschmack des Sojaöls verantwortlich zu machen. Desodorierte Öle können mehrmals „revertieren".

Fischigkeit (Vertranen) wird vor allem auf eine Spaltung von Fettbegleitstoffen, z. B. des Lecithins der Phosphatide zurückgeführt, wobei Trimethylaminoxid, daneben auch andere Umsetzungsprodukte entstehen können. Auch nichtstickstoffhaltige Zersetzungsprodukte, wie das aus hochungesättigten Fettsäuren gebildete α-Heptenal können Träger fischigen Geschmackes sein. Spuren von Cu und Fe wirken stark beschleunigend. Fischigkeit wurde vor allem bei Kühlhausbutter und rübölhaltiger Margarine, daneben auch bei Mayonnaise und anderen emulgierten Fetten beobachtet.

Polymerisationsprozesse — ähnlich der unter Sauerstoffausschluß ablaufenden Hitzepolymerisation — treten auch als Autoxy-Polymerisationen auf. Es kann hier sowohl intermolekulare wie intramolekulare Reaktion eintreten, wobei die Polymerisation entweder zwischen Fettsäuren verschiedener Fettglyceride oder aber zwischen den Fettsäuren ein und desselben Glyceridmoleküls vor sich geht. Beide Mechanismen äußern sich z.B. in Molekülvergrößerung der Glyceride bzw. der Fettsäuren oder in Konsistenzveränderungen (Talgigwerden).

Auf anderer Ebene liegen Fettveränderungen, wie sie durch *Glyceride* bzw. *Fettsäuren des Futters* hervorgerufen werden. So sind für den Fischgeschmack in Hühnerfleisch Linolensäure, höhere ungesättigte Fettsäuren und deren Abbauprodukte, wie sie aus Fischmehl stammen, verantwortlich. Auch Butter kann durch ungeeignetes Futter ranzig werden.

4. Vorratspflege und Verderbnisschutz der Nahrungsfette

Trotz der Unlöslichkeit in Wasser und der beträchtlichen Indifferenz vieler Glyceride sind unsere Nahrungsfette recht empfindliche Produkte. Licht, Luft,

Wasserdampf und höhere Temperaturen, Gewebsenzyme und Enzyme mikrobieller Herkunft, Metallspuren und organische Pigmente rufen, wie an anderer Stelle besprochen, Veränderungen hervor, die über Geruchs- und Geschmacksänderungen bis zum völligen Verderb der Fette führen können. Besonders empfindliche Fettkomponenten sind die ungesättigten, vor allem die höher ungesättigten Fettsäuren, Fettsäuren mittlerer Kettenlänge (Laurin-, Myristinsäure), fettlösliche Vitamine und Phosphatide. Ein wesentlicher Vorratsschutz ist bereits bei der Gewinnung, Behandlung, Verpackung und Lagerung der Ausgangs- und Fertigprodukte durch hygienische Maßnahmen, z.B. Vermeidung aller Infektionsmöglichkeiten gegeben. Außerdem spielt für die Qualität tierischer Fette die entsprechende Fütterung des fettliefernden Organismus eine bedeutsame Rolle. Die moderne Fettkonservierung beginnt schon mit der ersten Fütterung!

Schutz der Fette kann gemäß den besprochenen Reaktionsmöglichkeiten auf verschiedene Weise erfolgen:

Wasserentzug durch Ausschmelzen, Aussieden oder Trocknen fetthaltiger Materialien (Schweineschmalz, Butterschmalz, Trockenvollmilch, Trockenei), um mikrobiell bedingten Enzymreaktionen die notwendigen Entwicklungsmöglichkeiten zu nehmen. Dabei wird häufig auch eine Pasteurisierung bzw. Sterilisierung des Fettes erzielt.

Raffination, um enzymhaltige Gewebsanteile zu entfernen (s. 427).

Zusatz keimhemmender oder keimtötender Mittel (*Konservierung* der Margarine mit Sorbinsäure); Kochsalz als Konservierungsmittel erscheint bedenklich, da es natürliche Schutzstoffe der Fette zerstören kann. Interessant als Konservierungsstoffe für Fettprodukte sind auch die in Deutschland noch nicht zugelassenen Pyrokohlensäureester.

Lagerung bei tiefen Temperaturen (—12 bis —20° C), in Form der Kühl- oder Gefrierlagerung als besonders schonender Vorratsschutz (Butter, Margarine, Schweineschmalz). Auch für Fette gilt wie für alle anderen Lebensmittel, daß Gewebsenzyme und Mikrobenenzyme (Lipasen, Lipoxidasen) auch bei sehr tiefen Temperaturen (—30° C und darunter) zwar gehemmt werden, doch aktiv bleiben. Bei tiefen Temperaturen wird die stark temperaturabhängige Autoxydation der Fette beträchtlich verlangsamt.

Weitgehender *Ausschluß von direktem Sonnenlicht*, insbesondere von Licht im Gelborange- (6000—6500 Å) und im Ultraviolettbereich, da Licht die Induktionsperiode der Peroxidbildung außerordentlich verkürzt und dadurch induzierte Kettenreaktionen (vgl. S. 75) auch im Dunkeln weiter ablaufen. Färbung transparenter Packmaterialien zur Ausfilterung besonders aktiver Lichtwellen, Verwendung undurchsichtiger Folien oder imprägnierter Pergamente und Kunststofffolien, die Ultraviolettstrahlen absorbieren, sind wirksame Mittel gegen Lichteinwirkungen.

Ausschluß des Luftsauerstoffes durch Lagerung in Metallbehältern möglichst geringen Durchmessers (geringer Oberfläche) bei Ölen, in geeigneter Verpackung und dichter Stapelung bei festen Fetten. Lagerung im Vakuum oder in inerter Gasatmosphäre (Stickstoff, Kohlendioxid u.a.);

Schutz vor Verunreinigung durch *Metallspuren* (Cu, Fe, Zn, Mn), wie sie als Beschleuniger, Prooxydantien oder Prooxygene durch technologische Prozesse eingeschleppt werden; Entfernung von schädlichen Agentien bei oxydierenden Bleichverfahren. Als besonders nachteilig hat sich Cu erwiesen, das die ,,Induktionsperiode“ stark abkürzt und noch in Mengen von 0,01 μg prooxydativ wirksam ist.

Entfernung substrateigener Prooxygene, wie z.B. Pyrrolfarbstoffe (Chlorophyll, Hämoglobin, Myoglobin), Enzyme (Lipasen) oder Peroxide aus anoxydierten Fetten.

Zum *Schutz der Fette* gegen die häufigste Art des Fettverderbs, nämlich gegen *Autoxydation*, wie sie bevorzugt an ungesättigten Fettsäuren vor sich geht, spielen die sog. *Antioxydantien* (Inhibitoren, Inhibitole, Antioxygene) eine entscheidende Rolle.

a) Die Antioxydantien

Da wie erwähnt die Autoxydation tierischer Fettsäuren oder Fette an sehr komplizierten und vielgestaltigen Substraten unserer Lebensmittel vor sich geht, ist es auch nicht möglich, über den chemischen Wirkungsmechanismus der Antioxydantien zuverlässige und allgemein gültige Aussagen zu machen. Für die antioxygene Wirkung solcher Substanzen wird heute allgemein angenommen, daß sie durch *Kettenabbruch* die Bildung von Peroxidradikalen und damit den weiteren Ablauf der Autoxydation über eine mehr oder minder lange Zeitspanne zu hemmen vermögen.

Man kann annehmen, daß aus dem Antioxydans (AH) zunächst ein Wasserstoffradikal (H*) abgespalten wird, das sich mit einem Substrat-Radikal verbindet:

$$AH + R^* \rightarrow A^* + RH$$

Das Antioxydans-Radikal A* verhindert die Weiterführung einer Kettenreaktion infolge einer durch Resonanz hervorgerufenen Stabilisierung. Reaktion mit anderen Radikalen inaktiviert das A*-Radikal. Es kann auch mit einem andern Antioxydans-Radikal reagieren:

$$A^* + R^* \rightarrow AR$$
$$A^* + A^* \rightarrow AA$$

Nach unseren bisherigen Kenntnissen scheinen besonders wirksame Antioxydantien Naphthole und Polynaphthole zu sein, die in ortho- oder para-Stellung zwei oder mehr Hydroxylgruppen enthalten. Für den praktischen Gebrauch müssen Antioxydantien folgende Bedingungen erfüllen:
1. sie dürfen nicht toxisch sein;
2. sie sollen bereits in geringer Konzentration (0,01—0,05%) hochwirksam sein;
3. sie dürfen Geruch, Geschmack und Farbe des Lebensmittels nicht beeinflussen;
4. sie müssen soweit fettlöslich sein, daß ihre homogene Verteilung in der Fettphase gewährleistet ist und schließlich
5. sollen sie gegen Behandlungsprozesse, z.B. im Rahmen des Backens beständig sein („Carry-through-Effect").

Es ist somit verständlich, daß eine Entscheidung über bestimmte, für den jeweiligen Zweck optimal geeignete Antioxygene heute meist noch durch empirisch statistische Versuche getroffen werden muß, wobei immer wieder schwer erklärbare Widersprüche zu beobachten sind.

Wir kennen zahlreiche natürliche sowie künstlich hergestellte Antioxydantien, von denen eine Reihe in verschiedenen Ländern auf dem Lebensmittelsektor zugelassen wurden. Über die in der BRD und in Berlin (West) erlaubten Stoffe dieser Gruppe vgl. den Schluß dieses Abschnittes. Die *Konzentration* der verwendeten Antioxydantien ist in den Lebensmitteln gering. Sie liegt z. B. für Butylhydroxyanisol („BHA") bei 0,01—0,02%, für Gallate bei 0,005—0,01%, für Nordihydroguajaretsäure „NDGA") bei maximal 0,01% und für Ascorbinsäure bei 0,05%.

α) *Natürliche Antioxydantien.* Fette von Pflanzensamen und auch solche tierischer Gewebe sind erfahrungsgemäß oft recht beständig, solange sie im natürlichen Zellverband bleiben oder durch vorsichtiges Pressen bzw. Ausschmelzen ohne weitere Raffination gewonnen werden. Dies rührt daher, daß Pflanze und Tier verschiedene antioxygene Stoffe enthalten, von denen eine Reihe näher bekannt sind, viele aber lediglich durch ihre Wirkung in komplexen Extrakten auffallen. Charakteristisch für natürliche Antioxygene ist ihre Wirksamkeit bei sehr geringen Konzentrationen. Pflanzenfette weisen meist einen natürlichen Gehalt von nur wenigen hundertstel Prozent auf.

Stark antioxygen wirken Hafermehl und Lipoidextrakte aus Hafer; als „*Avenol*“ oder „*Avenex*“ dienen sie zum Imprägnieren von Einwickelpapier sowie zur Haltbarkeitserhöhung von Rahm, Eiscreme, Speisefetten und fetthaltigem Gebäck. Auch durch Extraktion vieler anderer fetthaltiger Produkte, z. B. von Karottensamen, Sojabohnen, Reiskleie, Cocosnuß, Kakaoschalen, unreifen Oliven u. a. m. lassen sich antioxygen wirkende Extrakte gewinnen. Besonders aktiv ist *Weizenkeimöl*, dessen hauptsächlichstes Antioxydans die *Tokopherolgruppe* (vgl. S. 140) darstellt. Tokopherole rechnen unter die wirksamsten natürlichen Antioxydantien und finden sich auch in schonend gewonnenem Schweineschmalz.

Carotin bzw. Carotinextrakte können je nach den gegebenen Bedingungen sehr verschieden wirken: in dunkel gelagerten Fetten sind sie Antioxydantien, bei Gegenwart von Licht sind sie Prooxygene. Eine Reihe solcher natürlicher Antioxygene wurde in mehr oder minder reiner Form aus pflanzlichem Material gewonnen, so *Gossypol* aus Baumwollsamen und aus der Wurzelrinde von Gossypiumarten, *Sesamol* aus Sesamöl, *Dihydrokaffeesäure* aus Kaffeebohnen, *Norconidendrin* aus Coniferenwurzeln. Letzteres findet sich deshalb reichlich in Sulfitablaugen. Antioxygene Eigenschaften zeigen auch *Gewürze* (Salbei, Rosmarin), *Flavonole* (z.B. Dihydroquercetin), *Anthocyane*, *Tannine*, Bestandteile des *Holzrauches*, *Reduktone* u.a.m.

Weitere natürlich vorkommende Antioxydantien sind *Guajakharz*, „*Roh-Lecithine*“ und insbesondere das aus Blättern des Creosotstrauches isolierte Brenzcatechinderivat *Nordihydroguajaretsäure*, (Dimethyl-bis-(3.4-dihydroxyphenyl)-butan, in den USA als „*NDGA*“ bezeichnet).

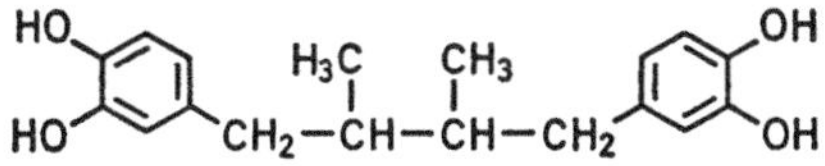

Nordihydroguajaretsäure

Als höchstzulässige Menge sind in den USA 100 mg „NDGA“/kg Fett zugelassen.

β) *Vorwiegend künstlich hergestellte Antioxydantien.* Viele der in natürlichem Material vorkommenden Antioxygene sind schwer zu isolieren, stehen in nur begrenzten Mengen zur Verfügung, sind für technische Zwecke zu kostspielig und schließlich oft von nur spezifischer oder geringer Wirksamkeit. Aus diesen Gründen wurde eine Reihe *synthetischer Antioxydantien* entwickelt, die z.T. beträchtliche Wirksamkeit entfalten und auf vielen Gebieten zum Einsatz gelangten (Fette, Öle, Gummi, Produkte der Petroleumindustrie usw.).

Für Lebensmittel kommt eine Reihe solcher Stoffe wegen ihrer toxischen Eigenschaften nicht in Frage. So haben z.B. das für Fische zeitweise erörterte Hydrochinon oder Metol, α- und β-Naphthol berechtigte Ablehnung erfahren. Andere synthetische Antioxygene jedoch sind in vielen Ländern zugelassen worden, so z.B. das Butylhydroxyanisol, bekannt vor allem unter der Bezeichnung „*BHA*“, eine Mischung der beiden Isomeren:

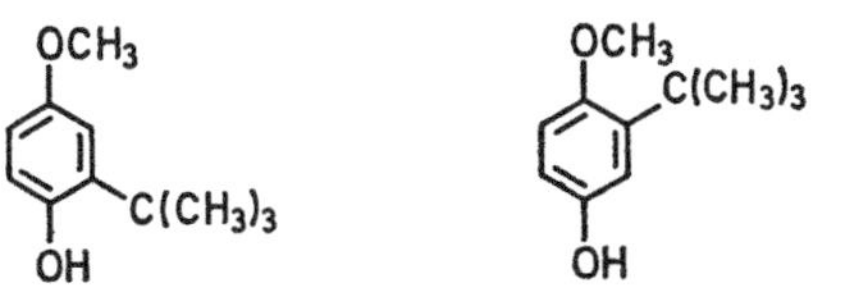

3- und 2-

Butyl-4-hydroxyanisol

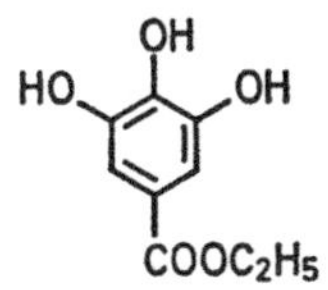

Äthylgallat

„*BHA*“ zeigt gleich den Tokopherolen die wesentliche Eigenschaft, daß die antioxygene Wirksamkeit des stabilisierten Fettes auch im fertigen Gebäck erhalten bleibt („Carry-through-Effect“). *Butylhydroxytoluol* („*BHT*“; Jonol) übertrifft „*BHA*“ an Wirksamkeit.

Die am 28.11.1972 erlassene „Antioxydantien-VO“ läßt in der BRD Octylgallat, Dodecylgallat, Butylhydroxyanisol (BHA) und Butylhydroxytoluol (BHT) als Antioxydantien sowie zahlreiche weitere, die antioxydierende Wirkung verstärkende Stoffe zu. Einzelheiten, insbesondere über Höchstgehalte für bestimmte, in einer Anlage aufgeführte Lebensmittel, Reinheitsanforderungen, zur Lösung und Verdünnung der genannten Verbindungen erlaubte Stoffe, sind der Verordnung zu entnehmen.

b) Synergisten

Synergisten sind Substanzen, die an sich keine oder nur begrenzte antioxygene Wirksamkeit besitzen und diese lediglich indirekt, also im Zusammenwirken mit Antioxydantien entfalten. Ihre Anwendung erscheint gerechtfertigt, wenn Antioxygene teils von Natur aus vorliegen, teils künstlich zugesetzt werden, wenn vorhandene Schwermetallspuren abgefangen (blockiert) oder schließlich, wenn rasch verderbende Lebensmittel schnell und wirksam vor dem Angriff des Luftsauerstoffes geschützt werden sollen.

Gute Synergisten sind im allgemeinen di- oder mehrbasische organische oder anorganische Säuren. Hinsichtlich der Wirkungsweise scheint die Ansicht verschiedener Autoren zu Recht vertretbar, wonach Synergisten die Zersetzung bereits stabilisierter Peroxide durch das Antioxydans unterdrücken. Dies gilt sicherlich nicht für „Metallfänger“ von der Art der Citronensäure oder des Kephalins.

Als sehr wirksam hat sich die auch in der Natur weitverbreitete *Citronensäure* besonders bei pflanzlichen Fetten (Speiseöle, Margarine) erwiesen. Stabile Chelatbildung mit Cu, insbesondere aber mit Fe und Ni, inaktiviert Spuren der genannten Metalle. Gleich *Ascorbinsäure*, deren Salze und Ester (Ascorbylpalmitat und -stearat), sowie der physiologisch inaktiven *Isoascorbinsäure* ist sie ein ausgesprochener Synergist für phenolische Substanzen. Vitamin C ist wirksam bei Milch, Mehl, fetten Fischen u.a. Gute Synergisten sind außerdem *Phosphorsäure* und kondensierte Phosphate, vor allem zur Farberhaltung von Lebensmitteln. Vorgeschlagen werden weiterhin *Kephalin*, *Weinsäure* und neuerdings *Citraconsäure* sowie *Phytate*, *Malein-* und *Fumarsäure*.

In der BRD und in Berlin (West) zugelassene Stoffe dieser Gruppe sind in der oben angeführten Verordnung aufgeführt.

III. Die Kohlenhydrate

Die Gruppe der Kohlenhydrate umfaßt Stoffe verschiedenster chemischer Struktur, die im tierischen und pflanzlichen Organismus weit verbreitet sind. Ihre Photosynthese in der Pflanze durch die Kohlensäureassimilation ist die Grundlage für den Aufbau fast aller anderen Naturstoffe. Die ursprünglich von französischen Chemikern eingeführte Bezeichnung „hydrate de carbon“ rührt daher, daß die Zucker als eine hydratisierte Form des Kohlenstoffs aufgefaßt wurden ($C_nH_{2n}O_n$ oder $C_n(H_2O)_n$). Wenngleich der Begriff „Kohlenhydrat“ die wesentlichen Merkmale dieser Verbindungsklasse nicht zum Ausdruck bringt, wurde er dennoch bis auf die heutige Zeit beibehalten. Kohlenhydrate sind zunächst wichtige Energiequellen im Stoffwechsel des Organismus, darüber hinaus auch Lieferanten von C-Atomen für Biosynthesen; viele von ihnen dienen außerdem als Gerüstsubstanzen für Pflanze und Tier. Nicht verbrauchte Mengen resorbierbarer Kohlenhydrate werden als Reservestoffe im tierischen und pflanzlichen Organismus gespeichert und bilden, wie z.B. die Stärke, die Grundlage wichtiger technologischer Prozesse. Manche einfache Zucker finden wir in großem Ausmaß glykosidisch gebunden in Blüten, Früchten und anderen Pflanzenteilen. Spezielle biologische Bedeutung besitzen Ascorbinsäure (Vitamin C) und Inosit als Biokatalysatoren, Pentosen als Bausteine von Coenzymen oder Saccharide als „Bifidusfaktoren“ der Muttermilch und als Wirkgruppen serologisch aktiver Substanzen.

Ein großer Teil der aufgenommenen Kohlenhydrate wird zu anderen Stoffen, insbesondere zu Fettsäuren umgebaut. So zeigten Versuche mit markierter Glucose bei der Ratte, daß diese rund $^1/_3$ der umgesetzten Glucose in Fettsäuren umwandelt und nur $^1/_{30}$ in das Glykogendepot abführt. Da die Körperzellen ihren Kohlenhydratgehalt aus der Glucose des Blutes decken, ist die Aufrechterhaltung eines konstanten Blutzuckerspiegels (etwa 0,1%) lebenswichtig. Etwa 60% der Calorienzufuhr bei normaler Ernährung bestehen aus Kohlenhydraten, wobei diese keine essentiellen Nahrungsbestandteile darstellen. Das Wissen um ihre Entstehung aus Eiweiß gehört zu den ältesten Erkenntnissen der Stoffwechselphysiologie. Sie werden aus den „glucoplastischen" Aminosäuren gebildet. Der Übergang von Fett in Zucker konnte erst in neuerer Zeit mit Hilfe der Isotopentechnik erwiesen werden. Trotz dieser Vertretbarkeit durch die beiden anderen genannten Nahrungs-Komponenten muß die Nahrung mindestens 10% Kohlenhydrate zur Vermeidung von Acetonkörperbildung („Die Fette verbrennen im Feuer der Kohlenhydrate", E. Fischer) enthalten. Diese Mindestzufuhr wird zur Endoxydation der Fette im Citronensäurecyclus benötigt, wo die aus dem Kohlenhydratstoffwechsel gelieferte Brenztraubensäure zur Bildung von Oxalessigsäure herangezogen wird. Viele Zuckerarten werden durch Enzyme von Hefen und Mikroorganismen zu Alkohol, Milchsäure, Propionsäure, Glycerin, Citronensäure, Buttersäure u.a. Stoffwechselprodukten abgebaut. Die Bildung von Alkohol ist die Grundlage der Herstellung alkoholischer Genußmittel: Wein, Bier und Branntwein. Umgekehrt kann bei derartigen Prozessen auch die Atmung, d.h. das Mirkrooganismenwachstum auf kohlenhydrathaltigem Medium gefördert werden. Hierher rechnet die „biologische Eiweißsynthese" durch Züchtung rasch wachsender Hefen (Torula utilis) oder Pilze (Oidium lactis) oder die Kultivierung fettbildender Kleinlebewesen zur „biologischen Fettsynthese".

1. Systematik der Kohlenhydrate

Einfache Zucker sind als Polyhydroxyaldehyde bzw. Polyhydroxyketone anzusprechen, die fast immer eine unverzweigte Kohlenstoffkette aufweisen. Sie leiten sich demnach von mehrwertigen Alkoholen ab. Diese liefern, je nachdem, ob die primäre oder sekundäre Alkoholgruppe oxydiert wird, einen Aldehyd (*Aldose*) oder ein Keton (*Ketose*). Die Kohlenhydrate werden wohl auch als *Saccharide* bezeichnet, die einzelnen Vertreter tragen die Endsilbe „ose" (Fructose, Saccharose usw.). Je nach der Wertigkeit der Alkohole entstehen also Triosen, Tetrosen, Pentosen, Hexosen usw. Kohlenhydrate, die hydrolytisch nicht in einfachere, gleichartig gebaute Körper überführbar sind, nennt man einfache Zucker (*Monosaccharide*). Andere, die bei Spaltung mehrerer Moleküle eines oder verschiedener Monosaccharide liefern, nennt man *Oligosaccharide*, und zwar je nach der Zahl der Spaltprodukte Di-, Tri-, Tetra-, Penta-, Hexa- usw. -saccharide. Liefert ein Kohlenhydratmolekül beträchtliche zahlenmäßige nicht genau erfaßbare Monosaccharide, so spricht man von *Polysacchariden*.

Schon diese kurzen Erörterungen zeigen, daß die Zahl der möglichen Kohlenhydrate sehr groß ist. Gesteigert wird diese Variationsmöglichkeit noch durch die optische Aktivität der Zucker auf Grund der im Molekül enthaltenen asymmetrischen C-Atome. Es sei aber schon hier vorausgeschickt, daß unter der Unzahl solcher Stellungs- und Stereoisomeren relativ wenige für uns von Wichtigkeit sind. Die Art der Stereoisomerie im Einzelfall jedes optisch aktiven Moleküls bestimmt Richtung und Ausmaß für die Drehung der Ebene des polarisierten Lichtes.

Als Maß der Aktivität gilt die „Spezifische Drehung". Sie gibt die Richtung (+ = rechts, — = links) und Größe der Drehung (in Winkelgraden) an, die beim Durchgang des polarisierten Lichtes durch eine 1 dm dicke Schicht einer Lösung auftreten würde, wenn diese in 1 ml 1 g der optisch aktiven Substanz enthielte. Analytisch wird die Messung der Drehung bei Kohlenhydratbestimmungen meist bei einer Versuchstemperatur von 20° C und der gelben D-Linie des Spektrums vorgenommen. Zur Berechnung der spezifischen Drehung dient die Formel

$$[\alpha]_D^{20} = \frac{a \cdot 100}{l \cdot c},$$

wobei $[\alpha]_D^{20}$ die spezifische Drehung, c die Konzentration der Lösung (g/100 ml Lösung), a der im Polarimeter abgelesene Drehungswinkel (+ oder —) und l die durchstrahlte Schicht in dm ist.

Von der durch (+) oder (—) ausgedrückten Drehungsrichtung unabhängig ist die *Konfigurationsbestimmung* der Kohlenhydrate. Ausgangspunkt hierfür ist der *Glycerinaldehyd*, für den willkürlich zwei Formeln festgelegt wurden:

D- und L-*Glycerinaldehyd*

Je nach der Ableitung vom D- oder L-Glycerinaldehyd gehören die entsprechenden Zucker zur D- oder L-Reihe. Durch die Bezeichnung D- und L- wird die *stereochemische* Zuordnung ausgedrückt. Während die Drehung leicht zu messen ist, kann die Zugehörigkeit zur D- bzw. L-Reihe nur durch komplizierte Abbaureaktionen ermittelt werden.

2. Chemisches Verhalten der Kohlenhydrate

Von den zahlreichen Umwandlungsmöglichkeiten der Kohlenhydrate interessieren vor allem solche, bei denen die Alkoholnatur oder aber die Carboxylgruppe (Aldehyd- bzw. Ketogruppe) Ausgangspunkt der Reaktionen ist. Von ihnen wiederum sollen hier nur diejenigen abgehandelt werden, die für den Lebensmittelchemiker bedeutungsvoll sind.

a) Die Oxydierbarkeit

Milde Oxydation liefert einbasische Alkoholsäuren und zweibasische Zuckersäuren. Diese zeigen die Reaktionen der Säuren wie der Alkohole. Glucose gibt bei Oxydation der Aldehydgruppe *Gluconsäure*, bei Oxydation am C-Atom der endständigen Alkoholgruppe *Glucuronsäure* und schließlich *Gluco-dicarbonsäure:*

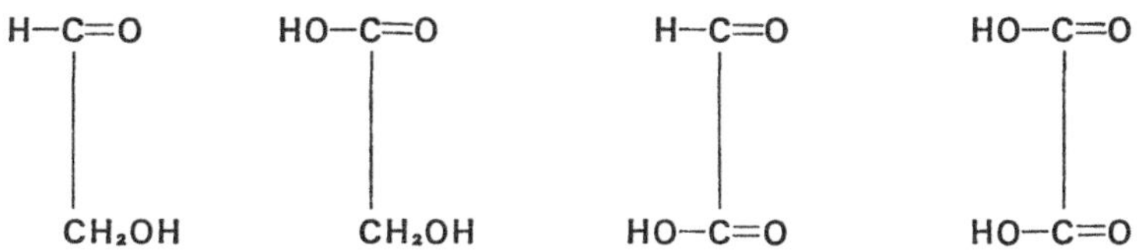

Glucose Gluconsäure Glucuronsäure Gluco-dicarbonsäure

Ähnlich führt die Oxydation bei Galaktose über Galakton- und Galakturonsäure zu Galaktozuckersäure (Schleimsäure). Biologisch wichtig sind die Zuckersäuren durch ihre entgiftende Wirkung, insbesondere die Glucuronsäure. Sie bindet gleich Glycin und Schwefelsäure Phenol und Indoxyl ätherartig, außerdem Arzneimittel wie Acetanilid, Stilböstrol oder Hexöstrol zu *gepaarten Glucuronsäuren*, die im Harn auftreten. Die Bildung solcher Glucuronide erfolgt über das Glucuronyldiphosphat-uridin („aktive Glucuronsäure") unter Mitwirkung der UDP-Glucuronyl-Transferase.

Auf der Oxydierbarkeit der Kohlenhydrate beruhen die meisten Zuckernachweise einfacher Art. Da hierbei die Oxydationsmittel reduziert werden, spricht man von *Reduktionsproben* der Zucker. *Qualitativ* benutzt wird vor allem die Reduktion alkalischer Kupfersalzlösung (Trommer-, Fehlingprobe) und von Wismut- (Nylander-

Probe) oder Silbersalzlösungen. *Quantitativ* ausgewertet wird die Bestimmung des aus alkalischen Kupfersalzlösungen ausgeschiedenen ziegelroten Kupfer(I)-oxides durch Wägung oder [direkte bzw. indirekte Titration (Meissl, Allihn, Bertrand, Schoorl-Regenbogen, Bruhns, Wein u.a.)] die direkte Titration der blauen Fehlingschen Lösung durch Zusatz zuckerhaltiger Flüssigkeiten in der Hitze bis zur Entfärbung (Soxhlet) oder die Colorimetrie der aus Pikrinsäure und Zuckern gebildeten rotgefärbten Pikraminsäure (Benedict). Durch Titration mit alkalischer Jodlösung lassen sich Aldosen neben Ketosen bestimmen, da nur die erstgenannten (unter Umständen aber auch Ketopentosen) durch solche Lösungen oxydiert werden (Willstätter-Schudel, Auerbach-Bodlander u.a.). Ursprünglich wurde für die klinische Analytik (Blutzucker) ein Verfahren ausgearbeitet, bei dem der Zucker Kaliumhexacyanoferrat (III) unter bestimmten Bedingungen zu Kaliumhexacyanoferrat(II) reduziert und der Überschuß an Hexacyanoferrat (III) jodometrisch bestimmt wird (Hagedorn-Jensen.) Für die oft sehr schwierige Trennung von Zuckergemischen ist die *Papierchromatographie* bzw. *Dünnschichtchromatographie* auch in der Zuckerchemie unentbehrlich geworden und leistet hier Hervorragendes. Da bei vielen der obengenannten Reaktionen, vor allem bei der alkalischen Oxydation mit Schwermetallsalzlösungen, auch andere reduzierende Substanzen entstehen (Reduktone, Ameisen- und Glykolsäure, Methylglyoxal usw.) und somit die Reaktionen nicht stöchiometrisch ablaufen, wird mit empirisch ermittelten Tabellenwerten gearbeitet, die nur unter genau einzuhaltenden Versuchsbedingungen und meist nur für bestimmte Zuckerarten gültig sind. In neuerer Zeit gewinnen neben mikrobiologischen (Lactose, Maltose) und enzymatischen (Glucose, Saccharose) Verfahren auch säulenchromatographische und gaschromatographische Methoden an Bedeutung.

b) Die Reduzierbarkeit

Durch Reduktion, beruhend auf der Anwesenheit einer „aktiven Gruppe", hier der Aldehyd- bzw. Ketogruppe, entstehen Alkohole, die wie der Sorbit große Bedeutung erlangt haben (vgl. S. 92). Reduktion mit Natriumamalgam sowie mit katalytisch oder elektrolytisch angeregtem Wasserstoff liefert z.B. aus Glucose Sorbit, aus Mannose Mannit und aus Galaktose Dulcit.

c) Die Osazonbildung

Diese Reaktion der Zucker, die mit Phenylhydrazin über das Hydrazon zum *Osazon* nach einem Reaktionsmechanismus führt, der zweifellos nicht der von E. Fischer gegebenen einfachen Deutung folgt, wird zur Identifizierung der Zucker benutzt. Die schwer löslichen, kristallisierten Osazone zeigen spezifische Farbe, Schmelzpunkt und Drehungsvermögen. Dabei ist jedoch zu bedenken, daß drei Hexosen dasselbe Osazon liefern: Glucose, Fructose und Mannose. Das 2.4-Dinitrophenylosazon der Dehydroascorbinsäure (vgl. S. 174) wird zur quantitativen Bestimmung des Vitamin C benutzt.

d) Die Einwirkung von Mineralsäuren

in der Wärme liefert bei Pentosen bzw. Hexosen unter Abspaltung von 3 Molekülen Wasser Furfural bzw. Hydroxymethylfurfural:

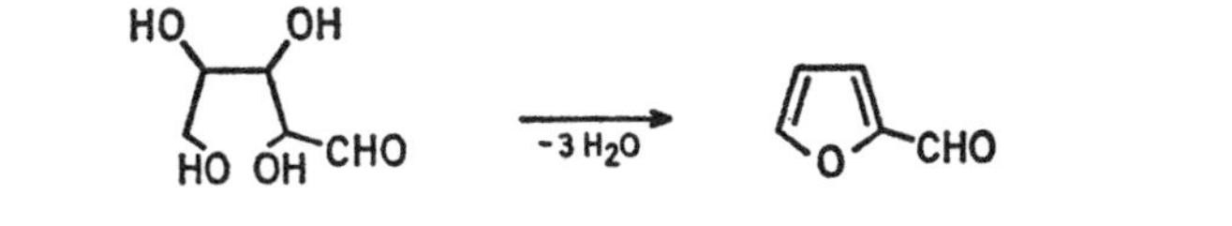

Pentose *Furfural (α-Furfurylaldehyd)*

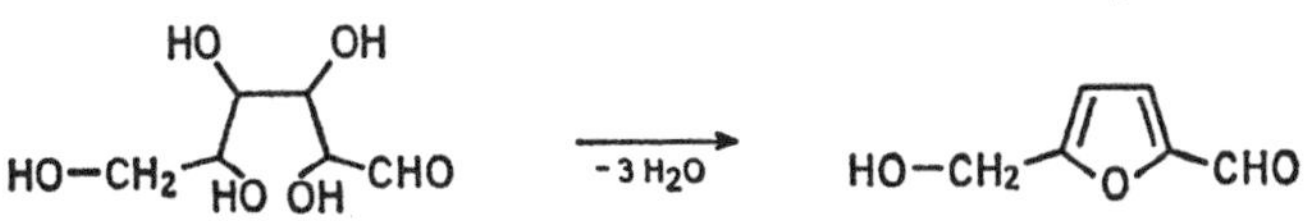

Hexose *Hydroxymethylfurfural*

Methylpentosen, wie Rhamnose, führen zu Methylfurfural. Pentosehaltiges Material (Getreidestroh, Kleie, Maishülsen) liefert großtechnisch Furfural als Ausgangsmaterial für Furfural-Phenol-Preßstoffe und für Nylonseide. Das im Kunsthonig als spezifische Komponente bei der Inversion von Saccharose in der Hitze anzutreffende Hydroxymethylfurfural entsteht hier aus dem gebildeten Invertzucker. Wird die Inversion auf anderem Weg, z.B. durch Enzymbehandlung, durchgeführt, so muß es als Erkennungsmittel zugesetzt werden, da hier kein Hydroxymethylfurfural entsteht. Über Hydroxymethylfurfural in Süßmosten vgl. S. 560.

Hydroxymethylfurfural zerfällt durch Wasseraufnahme in Lävulinsäure und Ameisensäure. Furfural und Hydroxymethylfurfural kondensieren leicht mit Phenolen zu Farbstoffen, z.B. Furfural mit Phloroglucin (und Anilinacetat) unter Rotfärbung, mit Orcin unter Grünfärbung (*Tollens-Reaktion*) oder Hydroxymethylfurfural mit Resorcin unter Rotfärbung (*Seliwanow-Reaktion*). Letztere hat Bedeutung zur Erkennung von Kunsthonig. Viele der genannten Reaktionen werden auch zur quantitativen Bestimmung von Pentosanen benutzt, indem diese hydrolysiert und die entstandenen Pentosen mit Salzsäure in Furfural überführt werden.

Die bekannte oft fälschlich als Eiweißreaktion (S. 36) angesehene Molisch-Reaktion beruht darauf, daß geringste Mengen an Kohlenhydraten (wie sie auch in manchen Proteinen, z.B. in Mucoproteiden vorkommen) mit konzentrierter H_2SO_4 Furfural oder Hydroxymethylfurfural liefern, die sich dann mit α-Naphthol (dem „Molisch-Reagens") zu violetten Farbstoffen kondensieren.

Bei Einwirkung von Säuren auf Oligosaccharide tritt Hydrolyse zu Monosacchariden ein (s. S. 96). Daneben können jedoch im sauren Milieu aus Monosacchariden durch einfache oder „gemischte" *Reversion* sowie durch *Epimerisierung* und *Transglykosidierung* neue Saccharide gebildet werden, ein z.B. für Systeme des Kunsthonigs, der Marmeladen oder Obstsirupe wichtiger Gesichtspunkt.

e) Die Einwirkung von Alkalien

Verdünnte Alkalien führen bei einfachen Zuckern unter Ortswechsel der OH-Gruppen am C-2-Atom zu Konfigurationsänderungen (*Epimerisierung*) und zum (reversiblen) Übergang von Aldose in Ketose, z.B. Glucose ⇌ Fructose (*Isomerisierung*). Derartige Umlagerungen, vor allem der Übergang verschiedener Zucker ineinander, kommen auch in tierischen und pflanzlichen Organismen vor. So wird z.B. die Glucose des Blutes zur Milchzuckerbildung in Galaktose umgewandelt (vgl. bei Milch). Biochemisch wird die Epimerisierung Glucose ⇌ Galaktose durch das Coenzym *Uridindiphosphat*, die Isomerisierung durch verschiedene *Isomerasen* katalysiert. *Konzentriertes* Alkali zersetzt die Zucker unter Gelb- bis Braunfärbung, wobei primär Enolisierung und sekundär Spaltung über die isomeren Triosen Glycerinaldehyd ⇌ Dioxyaceton eintritt. Als Spaltprodukte entstehen Methylglyoxal, Ameisensäure, Formaldehyd, Acetoin, Diacetyl u.a., welche auch bei der Zuckeroxydation mit Fehlingscher Lösung (vgl. unter a) auftreten und Störungen verursachen, da sie gleich den Zuckern reduzierende Eigenschaften besitzen. Außerdem tritt die Bildung von *Reduktonen* ein, gleichfalls stark reduzierende Substanzen, die bei der chemischen Bestimmung von Vitamin C (S. 173) oft höchst störend wirken. Einer der einfachsten Vertreter, das *Triose-Redukton*, wird meist einfach als *Redukton* bezeichnet; es ist als Enol-tartronaldehyd ein *Dienol*,

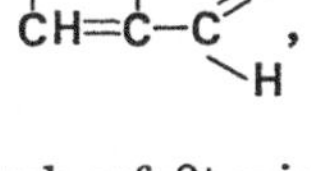

das neben dem Vitamin C titrimetrisch erfaßt wird, doch antiskorbutisch unwirksam ist.

f) Die Bildung von Glykosiden

Zucker können sich mit gewissen Hydroxylverbindungen zu Acetalen vereinigen, den *Glykosiden*. Je nach der Herkunft bezeichnet man sie als Glucoside, Galaktoside, Riboside, Mannoside usw. und faßt sie auch unter dem Sammelnamen

Heteroside zusammen. Liegt neben dem Zucker eine nicht zuckerartige Komponente vor, so nennt man diese *Aglucon;* treten zwei oder mehr Zucker in Reaktion, so entstehen Di-, Tri- oder Polysaccharide. Glykoside werden durch Säuren oder durch spezifische Enzyme („Glykosidasen") in die beiden Komponenten gespalten, z.B.

Glykosid + Wasser = Zucker + Aglucon.

Die Zahl der Zucker wie der Aglucone ist sehr groß, ebenso groß die Variationsmöglichkeit durch Isomerien. Neben den hier erwähnten O-Glykosiden existieren auch N-Glykoside; bei letzteren erfolgt die Wasserabspaltung zwischen dem halbacetalischen Hydroxyl und einer NH-Gruppe. Hierher rechnen vor allem die *Nucleoside* und die *Polynucleotide* (S. 45).

Formuliert man z.B. Glucose nach Tollens in der cyclischen Halbacetalformel, so ergibt sich, daß bei jeder Glykosidbildung zwei stereoisomere, dem α- bzw. β-Zucker entsprechende α- bzw. β-Glykoside möglich sind:

α-D-*Glucose* I β-D-*Glucose* II

Ersatz des H* durch die Methylgruppe liefert bei I α-Methylglucosid, bei II β-Methylglucosid.

Die Glykoside wurden für die Konstitutionsaufklärung der Zucker von entscheidender Bedeutung (vgl. die Lehrbücher der organischen Chemie). Uns interessieren sie vor allem deshalb, weil sie im Pflanzenreich außerordentlich weit verbreitet vorkommen und oft durch große physiologische und pharmakologische Wirksamkeit ausgezeichnet sind. Wir werden ihnen bei zahlreichen Lebensmitteln begegnen (vgl. S. 94).

g) Die Veresterung mit Phosphorsäure

Die Veresterung der Kohlenhydratalkohole mit Phosphorsäure führt zu phosphorylierten Zuckerderivaten. Diese spielen entweder eine wichtige Rolle beim Aufbau, Abbau und Umbau von Kohlenhydraten, z.B. im Muskel und bei der alkoholischen Gärung oder treten als Bausteine wichtiger Körpersubstanzen in Erscheinung, so Pentosephosphorsäuren als Bestandteile von Nucleotiden oder von Nucleotidcoenzymen des Riboflavins und der Nicotinsäure. Die beim Kohlenhydratabbau auftretenden Hexosephosphorsäureester werden nach ihren Entdeckern benannt: Fructose-1.6-diphosphorsäure = Harden-Young-Ester, Glucose-6-monophosphorsäure = Robison-Ester (Lactacidogen von Embden), Glucose-1-monophosphorsäure = Cori-Ester und das im Gleichgewicht stehende Gemisch Glucose-6-monophosphorsäure ⇌ Fructose-6-monophosphorsäure = Neuberg-Ester. Ihre Bedeutung im Rahmen der alkoholischen Gärung wird dort (S. 595) besprochen.

Als Beispiele seien die Formelbilder der Glucose-6- und des α-D-Glucose-1-phosphats gebracht:

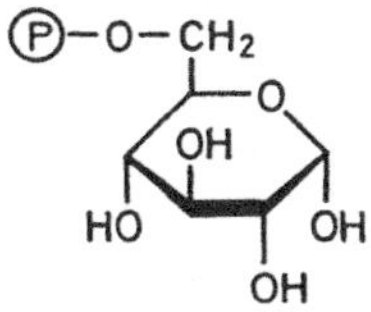

Glucose-6-phosphat

(Robison-Ester)

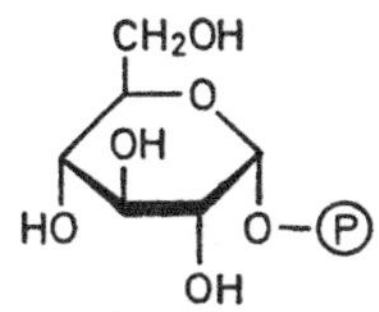

α-D-Glucose-1-phosphat

(Cori-Ester)

h) Die Bildung von Aminozuckern

Derartige Zucker entstehen aus Kohlenhydraten dadurch, daß die der Aldehydgruppe nächststehende Hydroxylgruppe durch eine Aminogruppe ersetzt wird. Die wichtigsten Vertreter, insbesondere die als Bausteine biologisch aktiver Glykoproteide vorkommenden Aminozucker, werden später besprochen.

i) Vergärbarkeit

Eine der wichtigsten biochemischen Reaktionen der Zucker ist die *Vergärbarkeit.* Dabei werden die Zucker unter Mitwirkung zahlreicher Enzyme oft mikrobieller Herkunft in verschiedene Produkte umgewandelt (Äthanol, Butanol, Aceton, Milch- und Citronensäure, Glycerin, niedere Fettsäuren usw.). Eine Schilderung der dabei ablaufenden höchst komplizierten Mechanismen überschreitet den Rahmen dieses Buches. Die lebensmitteltechnologisch wichtigste, die alkoholische Gärung, wird später eingehender gebracht (S. 595).

3. Die einzelnen Kohlenhydrate

a) Die Monosaccharide

α) *Biose.* Das einfachste Monosaccharid ist der aus Glykol entstehende *Glykolaldehyd:*

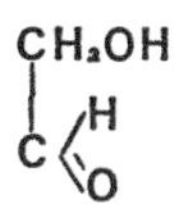

Er ist eine Biose, weil 2 sauerstoffhaltige C-Atome vorliegen, eine Aldose, weil die endständige Alkoholgruppe oxydiert wurde und schließlich ein Monosaccharid, da er nicht mehr in einfachere gleichartig gebaute Körper überführt werden kann.

β) *Triosen* leiten sich vom dreiwertigen Alkoholglycerin her; je nachdem, ob die primäre oder die sekundäre Alkoholgruppe oxydiert wird, erhalten wir Glycerinaldehyd oder Dihydroxyaceton:

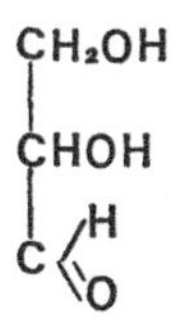

Glycerinaldehyd

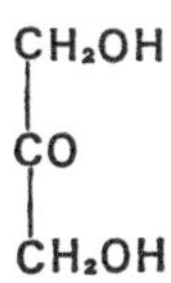

Dihydroxyaceton

Beide Verbindungen sind in phosphorylierter Form wichtige Zwischenprodukte beim Kohlenhydratabbau, z.B. bei der alkoholischen Gärung. Aus Glycerinaldehyd hat E. Fischer durch einfache Einwirkung von Alkalien ein Zuckergemisch gewonnen und daraus die sog. Glycerose isoliert. Einwirkung von Alkali auf Hexosen liefert u.a. Triose-Redukton als Störsubstanz der titrimetrischen Vitamin C-Bestimmung (vgl. 173) und bei Vitamin C.

γ) *Tetrosen* besitzen als solche keine Bedeutung. Manche sind als Zwischenprodukte biochemischer Reaktionsketten bekanntgeworden. Ein Tetrose-4-phosphat wurde als Produkt der Sedoheptulosespaltung erörtert (vgl. S. 92).

δ) *Pentosen* finden sich als Polysaccharide (Pentosane) sehr weit verbreitet in der Natur (Holz, Stroh, Gummiarten, Samenschalen, Flechten, Pilze, Seetang). Außerdem kommen sie als Kohlenhydratanteil in Glykosiden, Nucleinsäuren (Nucleotide, Nucleoside), in Coenzymen usw. vor.

L(+)-*Arabinose* ($[\alpha]_D^{20} = +105{,}5°$, Endwert in Wasser) findet sich besonders als polymeres Anhydrid (Araban) in Gummiarten (Kirsche, Pflaume, Hefe), Schleimsubstanzen, Pektinstoffen, Rübenschnitzeln und Pflanzenfasern als Furanose, ferner (als Pyranoseform) in Glykosiden und Saponinen. Sie ist gleich der D-Form durch Hefen nicht vergärbar. Nach reichlichem Genuß von Steinobstfrüchten tritt sie — wie die L(+)-Ketoxylose — in den Harn über (Pentosurie).

Ihr Formelbild:

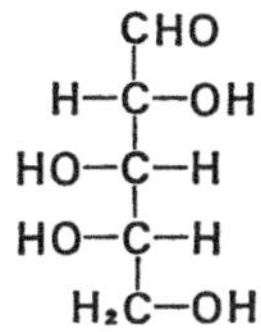

D-*Ribose* ($[\alpha]_D^{20} = -23{,}7°$ in Wasser) und ihr Reduktionsprodukt, die *2-Desoxy-*D*-ribose* ($[\alpha]_D = -58°$, Endwert in Wasser) kommen in den Nucleotiden und Nucleosiden vor. D-Ribose wird von gewöhnlichen Hefen nicht vergoren. Der Ribitylrest ist ein Bestandteil von Riboflavin (Vitamin B_2), D-Ribose selbst ein solcher von Codehydrasen, verschiedenen Glykosiden und Vitamin B_{12}. Beide Ribosen zeigen folgende Konstitution:

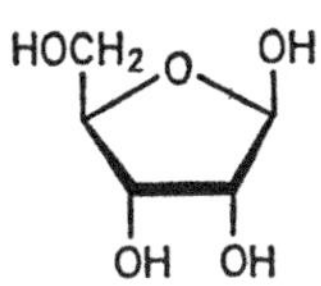

*β-*D*-Ribose*

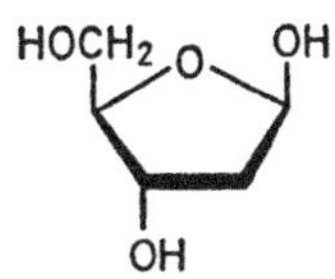

*β-*D*-Desoxyribose*

L-*Rhamnose* (L-Mannomethylose, „Isodulcit"; $[\alpha]_D^{20} = +8{,}4°$; Endwert in Wasser) ist eine Methylpentose der Struktur:

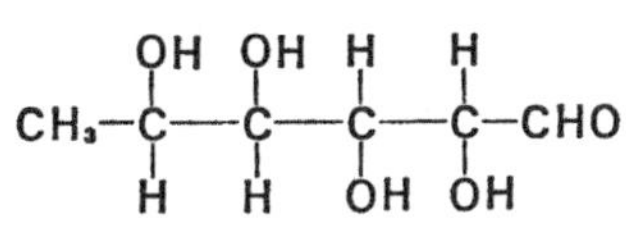

Sie ist als α- und β-Form bekannt und findet sich in vielen natürlichen Glykosiden (Strophanthin, Solanin, Hesperidin, Naringin, Quercitrin, Anthocyane), ferner als Hydrolyseprodukt von Polysacchariden (Schleim- und Gummisubstanzen). Technisch gewonnen wird sie aus Apfelsinenschalen.

L-*Fucose* (Galaktomethylose, L-Rhodeose; $[\alpha]_D^{20} = -76°$, Endwert in Wasser), eigentlich eine Desoxyhexose, wurde in Blutgruppensubstanzen, in Mucoproteiden, Tragantgummi, Seetang, Algen und Schleimstoffen sowie in Oligosacchariden der Frauenmilch nachgewiesen (vgl. S. 100).

D-*Xylose* (Holzzucker; $[\alpha]_D^{20} = +19°$, Endwert in Wasser) ist weit verbreitet in Holz, Stroh, Jute, Fruchtschalen (Xylane, Holzgummi).

D-*Apiose* ($[\alpha]_D^{15} = + 5{,}6°$, in Wasser) ist das Beispiel eines *verzweigtkettigen* Zuckers:

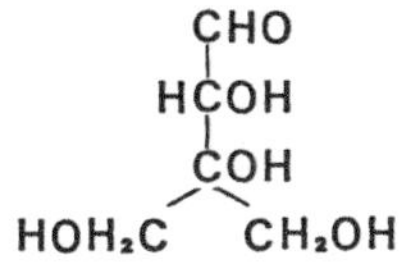

Sie findet sich u.a. in Glykosiden der Petersilie.

Pentosen werden im allgemeinen durch gewöhnliche Hefen nicht vergoren; es gelingt jedoch, durch Adaption pentosevergärende Hefestämme (vor allem von Torula-Arten) zu züchten. Diese spielen eine wichtige Rolle bei der *biologischen Eiweißsynthese* (S. 592), wo pentosereiche Ablaugen der Holzverzuckerung oder der Zellstoffgewinnung aus Buchenholz (Sulfitablaugen) als Nährsubstrat der wachsenden Hefen dienen. Umgekehrt kann die Unfähigkeit normaler Hefen, Pentosen zu vergären, dazu dienen, Hexosen von den Pentosen zu trennen.

Destillation von Pentosen mit verdünnten Säuren liefert, wie oben besprochen, Furfural bzw. Methylfurfural. Die charakteristische Farbstoffbildung dieser Aldehyde mit geeigneten Reagentien bzw. die Bildung unlöslicher Kondensationsprodukte mit Orcin, Phloroglucin, Anilin, Resorcin u.a. wird zum Nachweis und zur Bestimmung der Pentosen und zur Unterscheidung von den Hexosen ausgewertet. Bei der Erfassung einzelner Pentosederivate, z.B. im Rahmen der Photosynthese und auch für die Analytik der Pentosen allgemein, ist neuerdings die Papierchromatographie von wesentlicher Bedeutung geworden.

ε) *Hexosen.* Unter den Hexosen, von denen bei Berücksichtigung der stereoisomeren Verhältnisse allein 16 verschiedene Aldohexosen theoretisch denkbar, 14 synthetisch dargestellt sind, spielen für unsere Betrachtungen lediglich folgende eine Rolle:

a) Die Aldohexosen *Mannose, Galaktose,* und *Glucose,*

b) die Ketohexose *Fructose.*

Sie kommen in freier Form sehr verbreitet, doch in relativ geringen Mengen in vielen Naturprodukten vor. Reichlich finden sie sich in Polysacchariden und in zahlreichen Glykosiden.

Die D(+)-*Mannose* (Seminose) findet sich als Baustein in vielen Proteiden (Ovomucoid des Eiklars, Blutgruppensubstanzen) und in pflanzlichem Material meist in den *Mannanen,* komplexen Kohlenhydraten der Membran- und Schleimsubstanzen sowie häufig in Glykosiden und in Orangenschalen. Besonders gute Mannosequellen sind Steinnüsse, Johannisbrot-, Dattel- und Palmkerne. Mannose ist rechtsdrehend ($[\alpha]_D^{20} = + 14{,}6°$, Endwert in Wasser für das Gleichgewicht der beiden Isomeren) und vergärbar, D(+)-Mannose unterscheidet sich von der Glucose nur am C-2-Atom.

Der entsprechende Alkohol heißt Mannit (vgl. S. 93). Mannose schmeckt weniger süß als D-Glucose.

D(+)-*Galaktose* (Cerebrose) wird in der Milchdrüse nach Untersuchungen mit ^{14}C aus Glucose gebildet und baut zusammen mit Glucose das Disaccharid Milchzucker auf. Galaktose reduziert und ist rechtsdrehend ($[\alpha]_D^{20} = + 80°$ bis $+ 81°$, Endwert in Wasser). Von der Glucose unterscheidet sie sich durch die sterische Anordnung am C-4-Atom. Die Glucose-4-epimerase (Coenzym des Uridin-diphosphats) wandelt Galaktose in Glucose um. Von verschiedenen Heferassen wird Galaktose im allgemeinen langsam oder gar nicht vergoren, doch gelingt es, Hefen zu züchten, die durch Gewöhnung Galaktose schnell vergären. Wir treffen Galaktose auch an als Baustein von Sacchariden der Muttermilch, des Trisaccharides Raffinose und des Tetrasacchararids Stachyose, sowie einiger Glykoside. D-Galaktose ist sehr verbreitet in den *Galaktanen* von Gummistoffen, Schleimen,

Hemicellulosen und Pektinen. Ferner ist sie ein Baustein der im Zentralnervensystem vorkommenden Cerebroside und Ganglioside und der Chondroitinschwefelsäure (vgl. S. 45). Zum Nachweis der Galaktose kann die Oxydation mit Salpetersäure zu Schleimsäure (Tetrahydroxy-adipinsäure) dienen; diese ist im Wasser schwer löslich und liefert mit Eisen(III)-chlorid intensive Gelbfärbung, Galaktose schmeckt für den Menschen nur etwa $^1/_3$ so süß wie Saccharose. Die *Galaktosämie*, eine bei Neugeborenen auftretende Krankheit, äußert sich auf Grund eines fehlenden Enzyms darin, daß das Kind Milch weder vertragen noch als Nahrung verwenden kann.

D(+)-*Glucose* (Traubenzucker, Blutzucker, Dextrose) ist das wichtigste frei oder gebunden vorkommende Monosaccharid des tierischen Organismus. Sie stellt im Blut (0,06—0,1%) die allgemeine Durchgangsstufe aller am Kohlenhydratstoffwechsel beteiligten Vertreter dieser Gruppe dar. D-Glucose findet sich frei in fast allen süßen Früchten (Trauben, Äpfeln, Pflaumen, Kirschen usw.), in Honig, Kunsthonig, Honigtau und Nektar, in Pilzen, Algen und höheren Pflanzen. Glucoselösungen enthalten verschiedene Formen, von denen für die große Reaktionsbereitschaft vor allem die beiden α- und β-Glucofuranosen und die einfache Aldehydform verantwortlich sind. Damit gegebene Isomerisierungsmöglichkeiten spielen eine wichtige Rolle bei der lange bekannten *Mutarotation* (auch Multirotation genannt), die sich darin äußert, daß die Drehung frisch bereiteter Glucoselösungen ($[\alpha]_D = + 113°$) beim Stehen auf einen konstant bleibenden Wert absinkt ($[\alpha]_D^{20} = + 52{,}3°$ als Gleichgewichtszustand zwischen α- und β-Form). Die Isomerisierung verläuft über die hydratisierte al-D-Glucose:

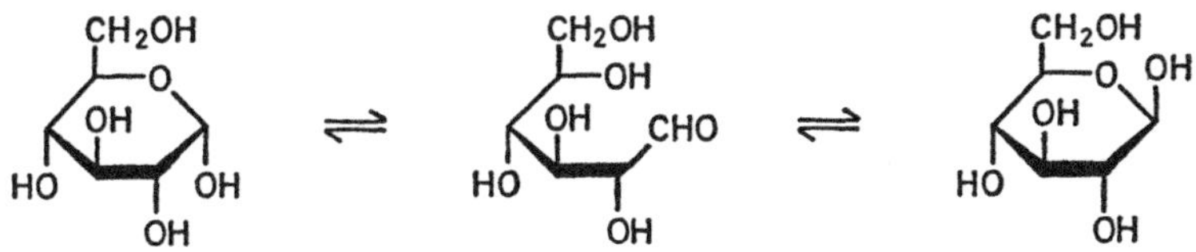

α-D-Glucose — al-D-Glucose — β-D-Glucose

Drehung $[\alpha]_D = + 112°$ — (Aldehydform) — $[\alpha]_D = + 19°$

Die beiden Isomeren sind keine Antipoden, der Unterschied ist lediglich in der konfigurativen Umstellung am ersten C-Atom begründet. Sie unterscheiden sich durch ihre physikalischen Konstanten, vor allem durch ihre Drehung. Wichtig für die Polarometrie („Saccharometrie") ist, daß der nach 24 Stunden eintretende Gleichgewichtszustand sofort erreicht werden kann, wenn die Zuckerlösung bei pH 7 zum Sieden erhitzt oder mit wenigen Tropfen Ammoniak versetzt wird. Die Erscheinung der Mutarotation ist allen reduzierenden Zuckern eigen. Die Einstellung des Gleichgewichtszustandes unter entsprechender Änderung des anfänglichen optischen Drehwertes bis zu einem konstanten Endwert verläuft oft sehr langsam. Gebunden tritt D-Glucose in Glykosiden, Disacchariden (Maltose, Saccharose, Lactose) und Polysacchariden auf. Berücksichtigt man ihr Vorkommen in Cellulose und Stärke, so kann sie als die am häufigsten vorkommende organische Verbindung gelten. β-D-Glucose nimmt durch die *all-äquatoriale Stellung* der Substituenten eine Sonderstellung ein.

Von den biologischen Reaktionen der Glucose steht im Vordergrund die auch bei den anderen Hexosen genannte Eigenschaft dieses Zuckers, unter der Mitwirkung von Enzymen aus Heferassen und anderen Kleinlebewesen Spaltungen ohne Mitwirkung von Sauerstoff zu erleiden. Diese anaeroben Prozesse werden als *Gärungen* bezeichnet und liefern Alkohol, verschiedene Säuren wie Essig-, Milch- und Buttersäure sowie andere Abbauprodukte. Damit sind Glucose und die aus ihr aufgebauten Polysaccharide Stärke und Cellulose zur Grundlage wichtiger

Industriezweige geworden. Technologisch wichtig ist außerdem die Bildung von Glucose („Stärkezucker") bei längerem Erhitzen von Stärke (in Deutschland solcher aus Kartoffeln und Mais, in den USA aus Mais) mit verdünnter Säure (vgl. S. 579).

Die bisher genannten Zucker drehen nach rechts. Zum Schluß ist noch ein Monosaccharid zu erwähnen, das zwar entsprechend der sterischen Anordnung am C-5-Atom zur D-Reihe gehört, jedoch nach links dreht und außerdem eine *Ketohexose* darstellt, die

D(—)-*Fructose* (*Fruchtzucker*, *Lävulose*) findet sich in der Pflanze — insbesondere in allen süßen Früchten und im Honig, gemeinsam mit Glucose (s. unten) — in verschiedenen Bindungsformen oder auch frei, wobei freie Fructose als *Pyranose*, gebundene als *Furanose* vorliegt. Gebunden tritt D-Fructose außer im Rohrzucker in Oligosacchariden (z.B. in Melecitose), in Polysacchariden (Polyfructosane, Inulin u.a.) sowie in manchen Phosphorsäureestern auf. Glucose und Fructose kommen äquimolekular als *Invertzucker* oft gemeinsam in der Natur vor. D-Fructose kristallisiert im Vergleich zu den meisten anderen Zuckerarten sehr schwierig und schmeckt süßer als diese. Die (kristallisierbare) β-Form dreht links ($[\alpha]_D^{20} = -94{,}4°$, Endwert in Wasser). Bei Vergärung wird Fructose langsamer abgebaut als Glucose, so daß sich in Gärprodukten (süßen Weinen) meist Fructose anreichert. Invertzucker ist die wesentlichste Zuckerkomponente des Honigs und des Kunsthonigs. Seine Gewinnung aus Pflanzenmaterial durch (chemische oder enzymatische) Hydrolyse und seine Verwendung werden an anderer Stelle geschildert. Einige Polysaccharide, wie *Inulin* und *Graminin* („Trifructosan") sind nur aus D-Fructofuranose-Resten aufgebaut.

L-*Sorbose* (Sorbinose) kommt im Saft der Vogelbeere vor und entsteht, wie später geschildert, durch bakterielle Oxydation aus Sorbit. L-Sorbose ist stereoisomer mit D-Fructose und kristallisiert im Gegensatz zu dieser sehr leicht. Sie schmeckt süß, gärt nicht mit Hefe und dreht in Wasser zu $[\alpha]_D^{20} = -42{,}9°$.

Die folgende Tabelle 19 unterrichtet über den Süßungsgrad verschiedener Zucker.

Tabelle 19. Süßungsgrad von Zuckern

(Süßungsgrad bezogen auf Glucose = 1)	
Lactose	0,55
Galaktose	0,95
Saccharose	1,45
Fructose	1,65

Im allgemeinen schmeckt die α-Form süßer als die β-Form. So schmeckt die Isomaltose [6-(α-D-Glucosylglucose)] süß, die Gentiobiose [6-(β-D-Glucosylglucose)] bitter.

Zum Abschluß die Konfigurationsformeln der wichtigsten, hier besprochenen Hexosen:

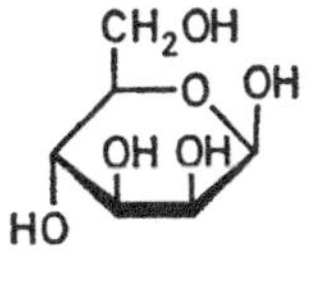

β-D-Mannose

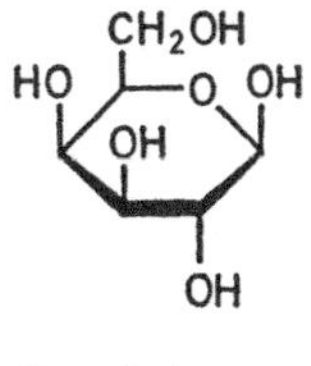

β-D-Galaktose

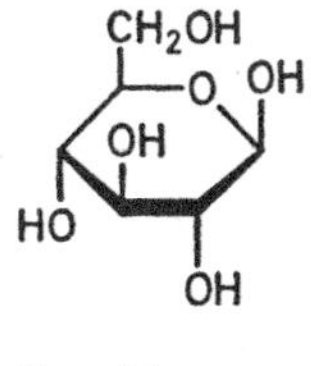

β-D-Glucose

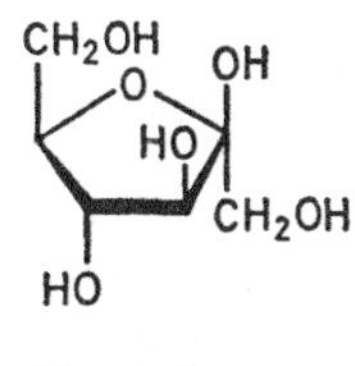

β-D-Fructofuranose

Desoxyhexosen sind die L-*Fucose* (6-Desoxy-L-galaktose) in Oligosacchariden der Milch und in Blutgruppensubstanzen sowie die *Rhamnose* (6-Desoxy-L-mannose) in verschiedenen Glykosiden.

Von *höheren Monosacchariden* finden sich Ketoheptosen vereinzelt in Pflanzen. D-*Mannoheptulose* kommt in der Avocatobirne vor, D-*Sedoheptulose* in Sedum-Arten. Sedoheptulosephosphate haben als Zwischenprodukte der pflanzlichen Photosynthese Interesse gefunden. Als erste in der Natur vorkommende *Octulose* wurde kürzlich in der Avocatobirne die D-Glycero-D-manno-octulose aufgefunden (S. 547).

„Antibiotica-Zucker" als Kohlenhydratanteile von Antibiotica zeichnen sich als neutrale oder basische Zucker oft durch ungewöhnliche Strukturen aus. Als Beispiele seien die Formelbilder der *Streptose* (5-Desoxy-3-C-formyl-L-lyxose) eines verzweigten Zuckers aus Streptomycin und des Aminozuckers *Perosamin* (4-Amino-4.6-didesoxy-D-Mannose) gebracht:

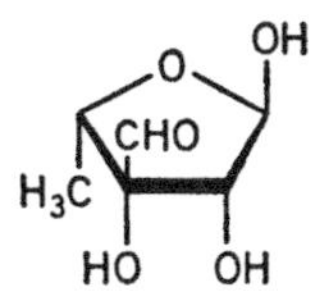

Streptose

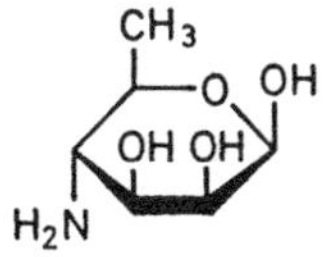

Perosamin

b) Zuckeralkohole und Cyclite

Zuckeralkohole entstehen wie erwähnt durch Reduktion der entsprechenden Kohlenhydrate und werden als Tetrite, Pentite, Hexite usw. bezeichnet. Sie zeigen nur geringe optische Drehung, reagieren nicht mit Fehlingscher Lösung oder Phenylhydrazin. Hefen vergären nicht, doch greifen manche Mikroorganismen an.

Cyclite besitzen besonders große Ähnlichkeit mit Hexiten, sind wasserlöslich, süßschmeckend, nicht vergärbar und nicht reduzierend, zum Teil optisch aktiv.

α) *Zuckeralkohole.* D-*Sorbit* (im angelsächsischen Schrifttum als D-Sorbitol geführt), stereoisomer mit Mannit, ist das in der Natur am weitesten verbreitete Polyol und entsteht bei der katalytischen (Cu-Cr)-Hydrierung oder der elektrochemischen Reduktion von D-Glucose. Er wurde erstmals aus Vogelbeeren dargestellt, findet sich in den meisten Früchten, besonders reichlich in solchen von Rosaceen (Vogelbeeren, Pflaumen, Kirschen, Äpfel, Birnen, Mispeln usw.) und damit als typischer Bestandteil in Obstsäften und Obstweinen, worauf der Nachweis von Obstzusätzen zu Traubensäften beruht (vgl. S. 536). Er dient als Süßungsmittel für Diabetiker („Sionon", Karion F" u.a.; Süßkraft 48% derjenigen der Saccharose ohne jeden Nebengeschmack) und infolge seiner wasserstabilisierenden Eigenschaft als Feuchthaltungsmittel für Lebensmittel sowie als Weichhaltungszusatz zu Süßwaren. Sorbit dreht in Wasser schwach links ($[\alpha]_D = -1{,}9°$), in Boraxlösung rechts ($[\alpha]_D = +6{,}5°$). Versuche mit makiertem ^{14}C-Sorbit zeigten, daß dieser sehr rasch im Organismus umgesetzt wird; 70—90% der Aktivität wurden innerhalb von 8 Std als $^{14}CO_2$ ausgeschieden. Die Leber dehydriert Sorbit zu Fructose. Infolge der langsamen Resorption verursacht Sorbit in höheren Dosen osmotisch bedingte Durchfälle.

Sorbit liefert nach einem wichtigen halbsynthetischen Verfahren durch bakterielle Oxydation (Acetobacter suboxydans) die 2-Ketohexose *Sorbose*, die über das Diacetonderivat und die Carbonsäure in L-Xylo-2-ketohexonsäure bzw. deren Lacton übergeht. Diese Verbindung ist mit L-*Ascorbinsäure* tautomer und kann durch Kochen mit verdünnter Säure in das Vitamin überführt werden.

D-*Mannit* entsteht bei Reduktion von Mannose und aus Zuckerarten durch Gärungsvorgänge (Mannitgärung). Er ist weit verbreitet in Pilzen (Penicillium, Aspergillus) und Algen, außerdem in Wurzeln, Blättern, Stengeln und Früchten vieler Pflanzen (Sellerie, Oliven, Zichorie u. a.). Besonders reichlich (zu 75 % und mehr) findet er sich in *Manna*, dem aus dem Stamm der Manna-Esche (Fraxinus ornus) fließenden, an der Luft eingetrockneten Saft. In Wasser dreht Mannit nur schwach links ($[\alpha]_D = -2{,}1°$), in Boraxlösung rechts ($[\alpha]_D = +28{,}3°$).

Dulcit (Melanpyrit), das Reduktionsprodukt der Galaktose, findet sich in zahlreichen Pflanzensäften (Rotalgen, Dicotyledonen), in Manna-Arten und in der Torulahefe. Er ist optisch inaktiv und als meso-Form nicht spaltbar.

Xylit fällt in größeren Mengen bei der Holzverzuckerung an und zeigt gute physiologische Verträglichkeit. Verabreichung von Xylit ist beim Gesunden, wie beim Diabetiker ohne Einfluß auf die Höhe des Blutzuckerspiegels. Bei der erwähnten Süßkraft und in Hinsicht auf eingehende Versuche am Menschen und am Tier erscheint Xylit als Diabetikerzucker allen anderen Substanzen überlegen zu sein.

β) *Cyclite* sind Polyhydroxy-cyclo-hexane, die mit den Zuckeralkoholen (Hexiten) große Ähnlichkeit zeigen. Sie können als carbocyclische Homologe des Glycerins aufgefaßt werden. Viele sechswertige Cyclite finden sich in der Natur. Der wichtigste Vertreter ist myo-Inosit („meso-Inosit"). Andere Cyclite sind der in Organen von Haifischen und Rochen sowie in Pflanzen (Eicheln, Blätter der Cocospalme) vorkommende *Scyllit*, der *Quercit*, ein in allen Organen der Eiche enthaltener Desoxycyclit mit nur 5 Hydroxylgruppen oder der *Mytilit*, ein Methylderivat aus der Miesmuschel.

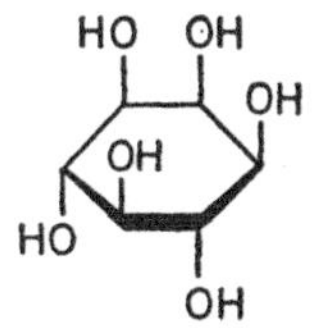

myo-Inosit

Zwei weitere Cyclite sind die in Chinarinde, Kaffeebohnen, Tabak- und Zuckerrübenblättern, verschiedenen Beeren und Fichtennadeln vorkommende *Chinasäure*; Tetrahydroxy-hexahydrobenzoesäure und die in Sternanis, anderen Früchten, Fruchtblättern und Blättern gefundene *Shikimisäure* (Sternanis japan. = shikimi):

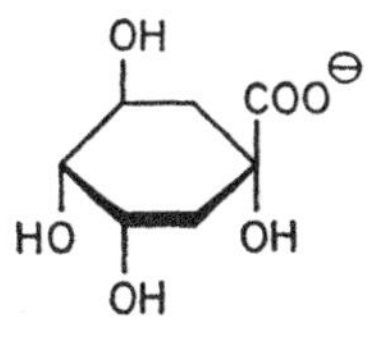

Chinasäure

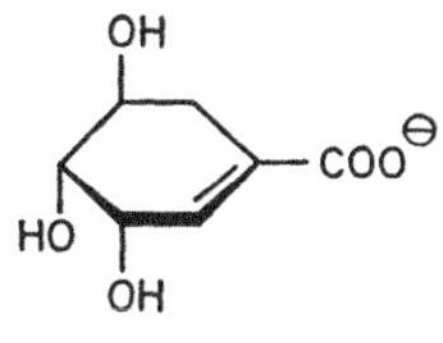

Shikimisäure

Beide Säuren sind Vorstufen der Biogenese aromatischer Aminosäuren (Phenylalanin, Tyrosin). Chinasäure bildet durch Veresterung mit Kaffeesäure die Isomeren der *Chlorogensäure* (S. 679).

Weit verbreitet im Pflanzenreich ist der Hexaphosphorsäureester des myo-Inosites (Phytinsäure); das Ca—Mg-Salz findet als *Phytin* therapeutische Verwendung. Phytin kommt in vielen Pflanzen vor, besonders reichlich in Schalen und in der Aleuronschicht der Cerealien, so z.B. in der Außenschicht des Reises, in Haferkeimen und ölhaltigen Samen. Durch Phosphatasen, wahrscheinlich durch eine spezifische „Phytase", wird der Hexaphosphorsäureester stufenweise zu niederen Phosphorsäureestern und schließlich zum myo-Inosit abgebaut. Derartige Enzyme treten vor allem beim Keimungsprozeß auf und geben damit den im Phytin blockierten Phosphor für die Pflanze frei. Phytasewirkung in Malz und Maische liefert gleichfalls über den Hexa- bis zum Monophosphorsäureester freie anorganische Phosphate (als Puffersalze) und schließlich Inosit als Wuchsstoff für Mikroorganismen. Der ungünstige Einfluß des Phytins auf die Calciumausnutzung durch den Menschen wurde oft überschätzt; im Rahmen normaler Ernährung spielt er keine Rolle. Bei der Teigführung wird Phytin in hohem Ausmaß durch Phytase aufgespalten; außerdem macht Phytinphosphor nur rund 25% der gesamten Phosphorzufuhr aus.

Calciumphytat („Aferrin", u.a.) wurde für die Weinschönung zur Entfernung des Eisens vorgeschlagen. In der BRD einschl. Berlin (West) ist diese Behandlung nicht zugelassen.

c) Glykoside

Glykoside, deren Struktur auf S. 86 erörtert wurde, lassen sich durch Mineralsäuren, vor allem aber auch durch spezifische Enzyme, die *Glykosidasen* zum Zucker und zum Aglucon hydrolysieren. Die weitaus größte Zahl der natürlich vorkommenden Glykoside enthält Glucose als Zucker und weist β-Konfiguration auf. D-Galaktose, D-Mannose und D-Fructose als weitere Hexosen sowie D-Ribose und 2-Desoxy-D-ribose treten mengenmäßig zurück. Wir unterscheiden O-Glykoside N-Glykoside und S-Glykoside. Glykoside spielen in der Natur eine außerordentlich wichtige Rolle, wie einige Beispiele zeigen:

Arbutin als *Phenol-Glykosid* aus der Bärentraube und vielen anderen Pflanzen wird durch Emulsin gespalten nach:

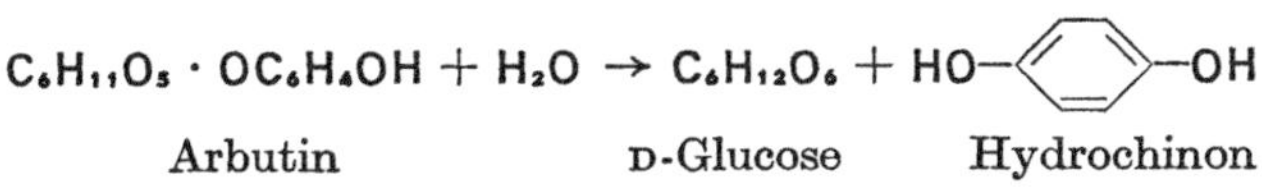

Dem Arbutin nahestehend sind *Salicin* (aus der Weide) und *Picein* (aus Kiefernnadeln).

Amygdalin als bestbekannter Vertreter der „*cyanophoren*" oder „*cyanogenen*" Glykoside ist das β-Gentiobiosid des L-Mandelsäurenitrils. Es wurde schon 1830 aus Bittermandeln isoliert und setzt mit Emulsin über die Zwischenstufe des *Prunasins* (Mandelsäurenitrilglucosid) Blausäure in Freiheit:

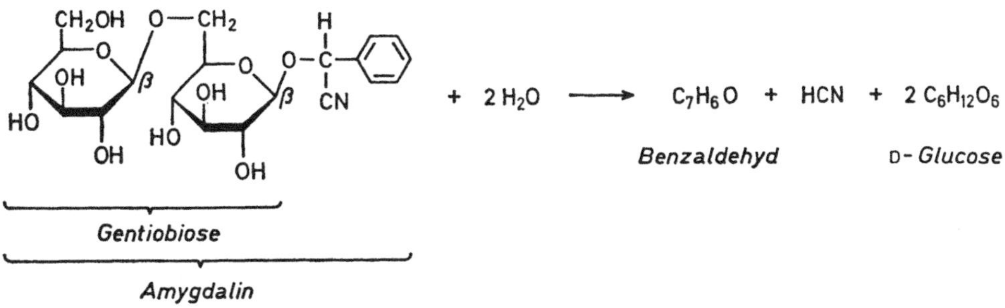

Die D-Form der Mandelsäure ist in einem anderen Glykosid, dem *Sambunigrin* aus Sambucusarten enthalten.

Sinigrin (myronsaures Kalium) ist das einfachste *Senfölglykosid*, kommt im schwarzen Senf und Meerrettich vor und wird durch Myrosinase gespalten (vgl. S. 199).

Eines der wichtigsten Flavanon-glykoside ist das in Schalen der Citrusfrüchte vorkommende *Hesperidin:*

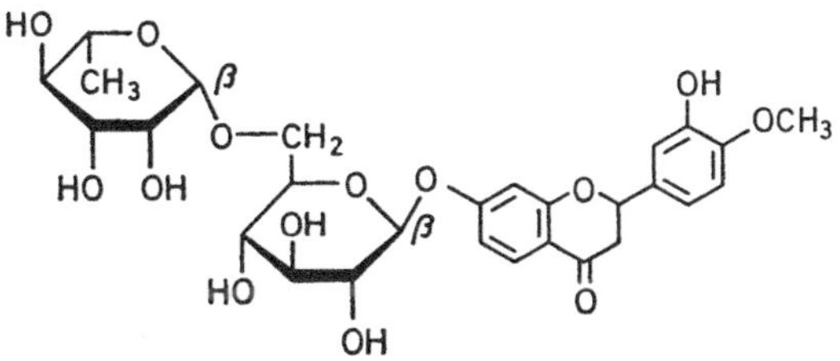

Hesperidin

Zu dieser Glykosidgruppe gehört auch das *Naringin* (Isohesperidin). Es findet sich in der Schale von Weintrauben und besitzt die Struktur eines Naringenin-7-glucorhamnosids.

Andere Glykoside sind das *Vacciniin*, ein Benzoylderivat der Glucose aus Preiselbeeren, das *Glucovanillin* aus Vanilleschoten, Früchten und Wurzeln des Hafers (Vanillin + Glucose) und das *Coniferin* im Kambialsaft aller Coniferen mit Coniferylalkohol als Aglucon. Physiologisch besonders aktive Glykoside sind *Scopoletin* in Atropa Belladonna, *Phlorrhizin* in der Rinde von Rosaceen, *Solanin* in der Kartoffelpflanze, verschiedene *Saponine* und schließlich die Digitalisglykoside und Glykoside aus Strophanthus-Arten (Pfeilgifte, Strophanthin). Glykosidbildung ist endlich noch weit verbreitet bei natürlichen Farbstoffen und Gerbstoffen. Beispiele sind die Farbstoffe des Safrans (α-Crocetin), der Krappwurzel (Alizarin), des Indigos (Indican) und die als Mono- und Diglykoside vorliegenden Anthoxanthine und Anthocyane der Blütenpflanzen sowie das *Glucogallin* als Muttersubstanz vieler Gerbstoffe:

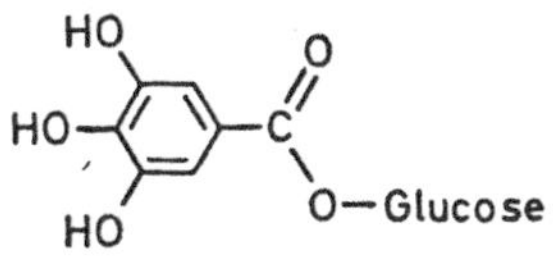

d) Aminozucker

Die wichtigsten, bei Mensch und Tier vorkommenden Aminozucker sind das D-*Glucosamin* („Chitosamin", 2-Desoxy-2-amino-glucose; ($[\alpha]_D^{21}$ = —18,7° für freies Glucosamin, + 72,5° für das Chlorhydrat) und das mit dem Chitosamin isomere *Chondrosamin* (2-Desoxy-2-amino-D-galaktose). Sie finden sich fast ausschließlich als N-Acetyl-Verbindungen und auch als solche meist in hochmolekularer Bindung, z.B. im *Chitin* des Hummer- und Insektenpanzers sowie des Steinpilzes, der Flechten und Mollusken. Chitin ist ausschließlich aus N-Acetyl-D-glucosaminresten aufgebaut, die ihrerseits durch 1.4-Brücken β-glykosidisch verknüpft sind. Für das Glucosamin des im Eiklar vorkommenden Ovomucins ergab sich aus Versuchen mit markiertem Material, daß das Huhn den Aminozucker aus Glucose und Ammoniumionen aufzubauen vermag.

Glucosamin ist ein Baustein des Polysaccharides *Heparin*. Aminozucker finden sich außerdem in den Chondroitin- und Mucoitinschwefelsäuren, die Schutz- oder Gerüstfunktionen ausüben (Knorpel, Hornhaut, Magenschleimhaut). Galaktosamin wurde auch in Tuberkelbakterien ermittelt. Seltene Aminozucker, wie z.B. Dimethylaminopentosen, sind neuerdings in Antibioticis (Streptomycin, Erythromycin) aufgefunden worden. Auf Hexosamine als Bausteine von physiologisch wichtigen Mucopolysacchariden, Frauenmilch-Oligosacchariden, immunbiologisch aktiven Polysacchariden, Blutgruppensubstanzen u.a. soll an entsprechender Stelle eingegangen werden. Hierher rechnet auch die *Neuraminsäure;* als N-Acetyl- oder N-Glykolylderivat ist sie Bestandteil membranbildender Glykolipoide, mancher Glykoproteine und Blutgruppensubstanzen. Sie ist aus Mannosamin und Brenztraubensäure aufgebaut.

e) Die Oligosaccharide

α) *Disaccharide*

Einfachste Vertreter der Oligosaccharide sind die Disaccharide. Sie entstehen unter Wasseraustritt, sind als Kondensationsprodukte Äther und Glykoside, deren Aglucon ein Zucker ist.

Von den Disacchariden sind nur einige wenige für uns von Bedeutung, und zwar Maltose, Cellobiose, Lactose und Saccharose, deren Bausteine folgendes Bild zeigt:

Saccharose	Lactose	Maltose	Cellobiose
+ H_2O	+ H_2O	+ H_2O	+ H_2O
↙ ↘	↙ ↘	↙ ↘	↙ ↘
Glucose Fructose	Glucose Galaktose	Glucose Glucose	Glucose Glucose

Je nach der Kondensation unterscheiden wir Disaccharide vom Maltose- und Trehalose-(Saccharose)Typ. Bei Disacchariden vom *Maltosetyp* (Maltose, Lactose u.a.) tritt die Ätherbildung zwischen dem glykosidischen C-Atom des ersten und einer der alkoholischen Hydroxylgruppen des zweiten Zuckermoleküls ein. Deshalb bleibt die reduzierende Gruppe des zweiten Zuckermoleküls frei. Derartige Zucker bilden Osazone und Oxime, reduzieren Fehlingsche Lösung und zeigen durch Gleichgewichtseinstellung der hier möglichen α- und β-Formen Mutarotation. Beim *Trehalosetyp* (Saccharose) sind beide Monosaccharide an den glykosidischen (halbacetalischen) C-Atomen miteinander verbunden. Es bleibt keine reduzierende Gruppe frei, derartige Disaccharide zeigen keine Osazon- und Oximbildung, reduzieren Fehlingsche Lösung nicht und weisen auch keine Mutarotation auf, da hier keine gegenseitige Umwandlung von α- und β-Formen möglich ist.

Für die Bildung von Disacchariden wesentlich sind außerdem Prozesse, wie sie bereits früher bei der Einwirkung von Säuren auf Monosaccharide besprochen wurden und von denen die *Reversion* besonders wichtig ist. Werden Monosaccharide längere Zeit mit Säuren erhitzt, so tritt Anhydridbildung ein. Derartige *Reversionsprodukte* sind z.B. die bei saurer Hydrolyse von Stärke stets beobachteten geringen Mengen an Isomaltose und Gentiobiose. Als Oligosaccharide, Polyfructosen und -glucosen bilden sie sich, wie auf S. 85 erwähnt, auch bei lebensmitteltechnologischen Prozessen (Marmelade-, Kunsthonig- und Obstsirupherstellung). Sie werden unter bestimmten Hydrolysebedingungen, z.B. nach der zollamtlich vorgeschriebenen „Zollinversion", nicht aufgespalten und können dadurch ein Zuckerdefizit vortäuschen. Erst starke Hydrolyse spaltet solche Reversionsprodukte in die durch Reduktionsverfahren erfaßbaren Zucker.

Die folgenden Formelbilder bringen die wichtigsten Vertreter beider Disaccharid-Typen.

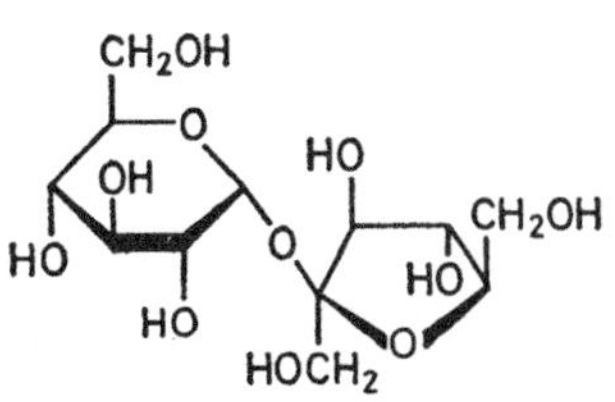

Saccharose

(α-D-Glucopyranosyl-β-D-fructo-furanosid)

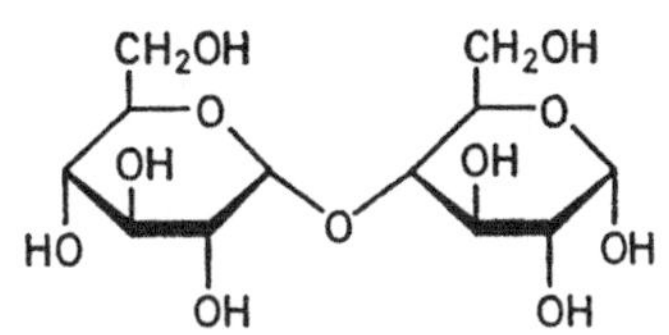

Maltose

(4-α-D-Glucopyranosyl-D-glucopyranose)

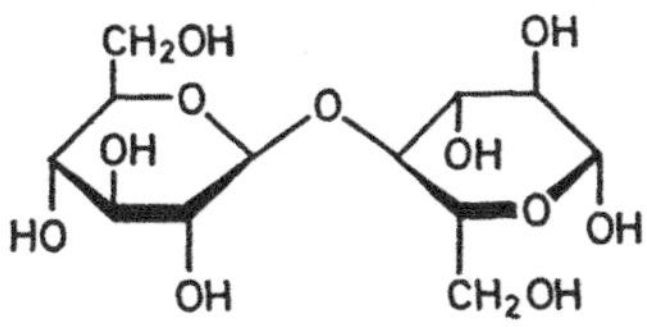

Cellobiose

(4-β-D-Glucopyranosyl-D-glucopyranose)

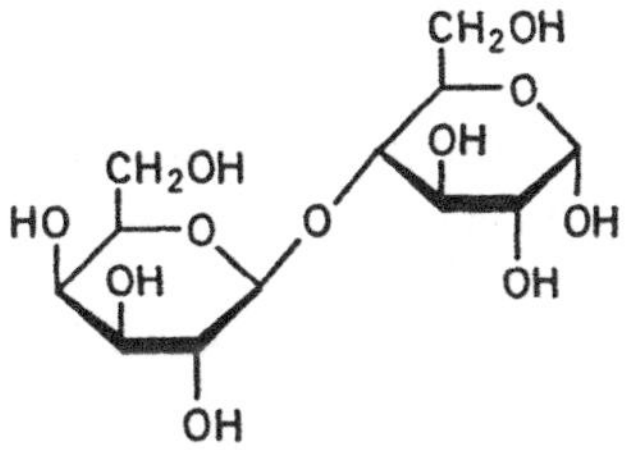

Lactose

(4-β-D-Galaktopyranosyl-D-gluco=pyranose)

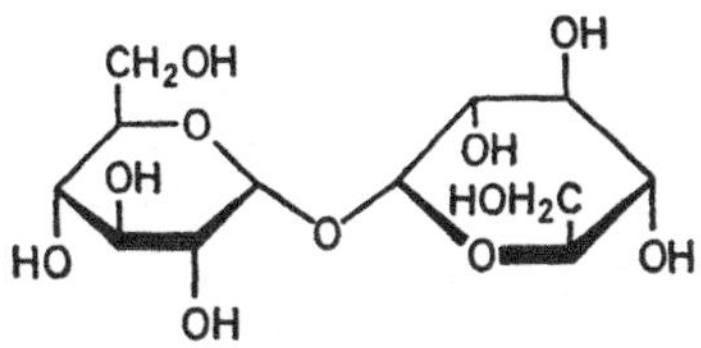

α,α'-Trehalose

(α-D-Glucopyranosyl-α-D-glucopyranosid)

Reduzierende Zucker (Maltose-Typ). Maltose (Maltobiose, Malzzucker: $[\alpha]_D^{20} = + 137°$, Endwert in Wasser) besteht als 4-α-D-Glucopyranosyl-D-glucopyranose aus 2 Molekülen Glucose, in die das Disaccharid durch Erhitzen mit Säure oder durch Maltase (eine α-Glucosidase) zerlegt werden kann. Maltose zeigt Mutarotation und reduziert Fehlingsche Lösung, ist gärfähig und sehr leicht im Wasser löslich. Das Osazon schmilzt bei 206° C. Neben Dextrinen stellt die Maltose das Endprodukt der enzymatischen Spaltung von Stärke und Glykogen dar und ist als Zwischenstufe des Stärkeabbaues weit verbreitet in Pflanzen, besonders in keimenden Samen (Malz, Kartoffelkeime) sowie an Stellen gesteigerten enzymatischen Stärkeabbaues (Blätter). Der reichliche Gehalt im Darrmalz hat Anlaß zur Bezeichnung „*Malzzucker*" gegeben. 1847 hat Dubrunfaut den Zucker durch Einwirkung von Malzdiastase auf Stärke erhalten und ihn als *Maltose* bezeichnet. Maltose tritt auch bei der Polysaccharidverdauung im Magen-Darm-Trakt auf. Sie wird großtechnisch durch enzymatische Stärkeverzuckerung mit Malz-, Pilz- und Bakterienamylasen gewonnen. Die dabei anfallenden süßen Maischen enthalten Maltose als Gärsubstrat der Bier- und Branntweinherstellung sowie der Spiritusfabrikation. Maltose ist an sich durch Hefe vergärbar, ein Teil wird jedoch im Rahmen der genannten Prozesse durch die Maltase des Malzes zu Glucose hydrolysiert, die dann durch den Zymasekomplex der Hefen zu Alkohol vergoren wird:

$$\textit{Stärke} \xrightarrow{\text{Amylase}} \textit{Maltose} \xrightarrow{\text{Maltase}} \textit{Glucose} \xrightarrow{\text{Zymasekomplex}} \textit{Äthanol}$$

Beim Erhitzen erleidet Maltose gleich der Saccharose Braunfärbung (Caramelisierung), die eine wichtige Rolle bei der Gewinnung von Farbmalz spielt (S. 605).

Cellobiose (Cellose, $[\alpha]_D = + 34{,}6°$, Endwert in Wasser) entsteht als stereoisomere Form der Maltose durch schonende Hydrolyse von Cellulose und Lichenin, ist ein reduzierendes Disaccharid von β-glucosidischer Struktur, 4-β-D-Glucopyranosyl-D-glucopyranose und kommt als solche in der Natur nicht vor. Enzyme der Hefe vergären nicht, wohl aber spalten die β-Glucosidase Emulsin aus bitteren Mandeln und verschiedene Cellobiasen aus dem Tier- und Pflanzenreich. Cellobiose ist im Wasser löslich, zeigt keinen Zuckergeschmack und schmilzt bei 225° C.

Lactose (Milchzucker; $[\alpha]_D = +55{,}3°$, Endwert in Wasser) ist, wie der Name sagt, das spezifische Kohlenhydrat der Milch (in Frauenmilch etwa 6%, in Kuhmilch etwa 4,5%). Sie stellt ein β-Galaktosid, 4-β-D-Galaktopyranosyl-D-glucopyranose, dar und wird nicht durch Maltase, wohl aber durch die *Lactase* hydrolytisch gespalten. Gewöhnliche Heferassen vergären nicht, lediglich solche, die das Enzym Lactase enthalten. In diesem Fall tritt alkoholische, gärungstechnisch nutzbar gemachte Gärung ein, die auch durch Enzyme aus Kefir und Kumys (S. 393) bewirkt werden kann. Milchsäurebakterien vergären zu Milchsäure (Säuerung der Milch). Milchzucker zeigt Mutarotation, reduziert Fehlingsche Lösung und bildet ein Osazon. Lactose existiert in einer α- und einer β-Form, die steigend bzw. fallend mutarotieren. Unterhalb 93,5° C kristallisiert die α-Verbindung als Monohydrat aus. Sie schmeckt weniger süß und stellt die übliche Handelsform des Zuckers dar. Kristallisation oberhalb von 93,5° C liefert die besser wasserlösliche, süßer schmeckende und wasserfreie β-Form. Zum Nachweis der Lactose geeignet ist die bei der Oxydation entstehende *Schleimsäure*, die in kaltem Wasser sehr schwer löslich ist (1 : 3000) und mit Ammoniak die „Pyrrolrot-Reaktion" liefert. Der Umstand, daß Lactose in reinem und auch in verdünntem (50%igem) Alkohol praktisch unlöslich ist, wird analytisch zur Abtrennung des Zuckers ausgenutzt. Im Rahmen der Maillard-Reaktion nimmt sie an Kohlenhydrat-Aminosäuren-Umsetzungen teil (Caramelisierung bei übermäßig erhitzten Milchprodukten).

Unter bestimmten Bedingungen kann Lactose in den Harn stillender Mütter übergehen *(Lactosurie)*. Sie nimmt in der Ernährung insofern eine Sonderstellung ein, als sie für den normal ernährten Säugling monatelang praktisch das einzige Nahrungskohlenhydrat ist. Neben Lactose hat M. Polonovski 1933 in der Frauenmilch eine amorphe „Gynolactose" gefunden, über deren Natur später (S. 100) berichtet wird.

Nichtreduzierende Disaccharide (*Trehalose-Typ*). *Saccharose* (Rohrzucker, Rübenzucker, Sucrose; $[\alpha]_D^{20} = +66{,}5°$, in Wasser), der gewöhnliche Zucker des Haushaltes, ein im Pflanzenreich weit verbreitetes α-D-Glucopyranosyl-β-D-fructo-furanosid, reduziert nicht, ist nicht ohne weiteres vergärbar, wird aber doch von Hefe vergoren, weil die in Hefe enthaltene Saccharase (Invertin, Invertase) vorher in Glucose und Fructose spaltet. Im Darm wird Rohrzucker durch Maltase gespalten. Das auch durch Einwirkung von Säuren hydrolytisch gebildete Gemisch der beiden Hexosen nennt man *Invertzucker*, da es links dreht im Gegensatz zu rechtsdrehender Saccharose, und zwar $[\alpha]_D^{20} = -20{,}5°$. Hervorgerufen wird diese „Inversion" dadurch, daß im äquimolekularen Gemisch beider Zucker die Linksdrehung der Fructose die Rechtsdrehung der Glucose überwiegt.

$$\begin{array}{ccccc} \text{Saccharose} & \xrightarrow{H_2O} & \text{D-Glucose} & & \text{D-Fructose} \\ [\alpha]_D = +66{,}5° & & [\alpha]_D = +52{,}3° & & [\alpha]_D = -94{,}4° \end{array}$$

$$\underbrace{\qquad\qquad\qquad\qquad}_{[\alpha]_D = -20{,}5°}$$

Invertzucker bildet den Hauptbestandteil des Honigs und Kunsthonigs und kommt als solcher auch in anderen Lebensmitteln vor. Der außerordentlich süße Geschmack des Invertzuckers (Honig) beruht auf der schon früher erwähnten Süßkraft der Fructose. Die Saccharose-Kristalle sind monoklin, flächenreich und bilden bei langsamer Kristallisation große Prismen (Kandiszucker). Die aus Wasser erhaltenen Kristalle schmelzen beim vorsichtigen Erhitzen um 184° C.

Saccharose löst sich leicht (bei 15° C zu einem Drittel seines Gewichtes) im Wasser, mäßig in verdünntem und sehr wenig in reinem Alkohol. Als sehr schwache Säure bildet Saccharose mit Alkalien Salze (*Saccharate*), von denen die Erdalkalisaccharate schwer löslich sind und durch Kohlensäure zerlegt werden können. Dieses Verhalten ist in der Zuckerindustrie technologisch bedeutungsvoll bei der Scheidung (Saturation) und bei der Entzuckerung von Melasse nach dem Strontianverfahren (S. 574). Auch die beim Erhitzen eintretende Bräunung (Caramelisierung) wird im Haushalt wie in der Technik ausgenutzt. Zur *Bestimmung* der Saccharose ermittelt man die optische Drehung vor und nach der Inversion, bestimmt nach Inversion die Reduktionskraft des entstandenen Invertzuckers oder mißt das bei Vergärung mit Hefen gebildete Kohlendioxid. Zur Abtrennung aus Gemischen mit reduzierenden Zuckern wird die hohe Beständigkeit des Rohrzuckers gegenüber Erdalkalihydroxiden benutzt, die alle anderen Zucker bei geeigneter Behandlung zerstören („Kalkverfahren"). Wie allgemein in der Zuckeranalytik ist auch zur Abtrennung und Identifizierung der Saccharose aus komplizierten Zuckergemischen die chromatographische Auftrennung von großer Bedeutung.

Saccharose kristallisiert im Gegensatz zur Mehrzahl der Zucker leicht, eine oft wenig erwünschte Eigenschaft. Sie ist eines der wenigen Lebensmittel, die als Nährstoff in reinster Form auch gleichzeitig Nahrungsmittel sind. Als Calorienspender (4,1 kcal/g) ist Saccharose etwa der Stärke und den Dextrinen gleichzusetzen. Aufnahme großer Zuckermengen (150—180 g Glucose oder Saccharose) führt zur Kohlenhydratüberschwemmung des Organismus, wobei Zucker temporär, also nicht pathologisch in den Harn übergehen kann (alimentäre Glucosurie). Die chemische Synthese der Saccharose gelang erstmalig R. U. Lemieux u. Mitarb. 1953.

Trehalose („Mykose", griech. mykes = Pilz), ist ein aus zwei Molekülen Glucose aufgebautes, nicht reduzierendes, gleich der Saccharose gegen Alkalien beständiges Disaccharid. Sie findet sich reichlich in niederen und höheren Pilzen, Algen, Bakterien, Mutterkorn, Moosen, Preßhefe und in der Trehala-Manna. Sie schmeckt süß, zeigt eine hohe spezifische Drehung ($[\alpha]^{20}_{D} = +197°$), wird von vielen Pilzenzymen gespalten und auch durch einzelne Heferassen vergoren. *Gentiobiose*, 6-(β-D-Glucosido)-D-glucose, ($[\alpha]_D = +9{,}8°$) ist Bestandteil von Glykosiden (Amygdalin, Anthocyane) und kommt verestert mit dem Safranfarbstoff α-Crocin vor. *Melibiose*, 6-(α-D-Galaktosido)-D-glucose, ($[\alpha]^{20}_{D} = +143°$, Endwert in Wasser) tritt bei der unvollständigen Hydrolyse von Raffinose auf. Ein Melibiose spaltendes Enzym (Melibiase) kommt in Unterhefen, nicht aber in Oberhefen vor.

β) *Höhere Oligosaccharide*

Trisaccharide. Unter ihnen ist der wichtigste Vertreter die als Nebenprodukt der Zuckerraffination auftretende *Raffinose* (Melitose, Gossypose, Melitriose), ein α-D-Galaktosido(1→6)-α-D-glucosido(1→2)-α-D-fructofuranosid als Bestandteil der Melasse und vieler Samen (Baumwollsamen, Gerste). Man kann sie als Galaktosid des Rohrzuckers auffassen. Da sie erheblich stärker als Rohrzucker dreht $[\alpha]_D = +104{,}4°$ in Wasser), wird sie auch als *Pluszucker* bezeichnet. Hefe vergärt leicht, Fehlingsche Lösung wird nicht reduziert. Raffinose findet sich in der Zuckerrübe, nicht im Zuckerrohr, sammelt sich in der Melasse zu 1,4—4,0% an und geht häufig als unerwünschte Verunreinigung in den Handelszucker über. Raffinose schmeckt nicht süß. Hefeenzyme (Raffinasen) und Mineralsäuren spalten in Fructose und Melibiose, Emulsin spaltet in Rohrzucker und Galaktose, saure Totalhydrolyse liefert je 1 Mol Galaktose, Glucose und Fructose.

Das Trisaccharid *Gentianose* ($[\alpha]^{20}_{D} = +33°$ in Wasser) bestehend aus 2 Molekülen Glucose und 1 Molekül Fructose ist ein β-D-Glucosido(1→6)-α-D-glucosido (1→2)-β-D-fructofuranosid. Es findet sich in der Enzianwurzel und kann sowohl zu Gentiobiose + D-Fructose wie zu Saccharose + D-Glucose hydrolisiert werden. Gentianose reduziert nicht. *Melecitose* (frz. mélèze = Lärche) $[\alpha]_D^{20}$ = + 88,5° für das Monohydrat in Wasser) wurde aus „Lärchenmanna" isoliert, sowie in anderen Mannaarten, im Honigtau der Linden und auch im Honig nachgewiesen. Blattläuse verfügen über ein Enzym, das aus Glucose Melecitose zu bilden vermag. Melecitose besteht aus 2 Molekülen Glucose und 1 Molekül Fructose und ist ein α-D-Glucosido(1→3)-β-D-fructosido(2→1)α-D-glucopyranosid.

Tri- und höhere Oligosaccharide finden sich auch in der Frauenmilch; sie werden im folgenden kurz erwähnt.

Tetra- und höhere Oligosaccharide. Stachyose ($[\alpha]_D$ = + 148 bis 149° für wasserfreie Substanz) als bekanntestes Tetrasaccharid wurde aus Japan-Artischocken (Stachys tuberifera), Eschenmanna und den Samen vieler Leguminosen isoliert. Bei Totalhydrolyse liefert sie 2 Mol D-Galaktose, 1 Mol D-Glucose und 1 Mol D-Fructose. Sie schmeckt schwach süß und reduziert Fehlingsche Lösung nicht. Höhere *Oligosaccharide* der *Frauenmilch* sind besonders interessant geworden, da sie die seit langem bekannte Überlegenheit der Frauenmilch gegenüber der Kuhmilch zum Stillen bekräftigen. Durch Aufgliederung der genannten „Gynolactose" (S. 98) gelang es eine Reihe von Tri-, Tetra-, Penta- und Hexasacchariden aus Frauenmilch zu isolieren, die N-Acetyl-D-glucosamin, L-Fucose, D-Glucose und D-Galaktose enthalten und strukturell Lactose als Baustein aufweisen. Als „Bifidus-Faktoren" zeigen sie spezifische Wuchswirksamkeit für den in der Darmflora des normal brustgefütterten Säuglings vorkommenden Lactobacillus bifidus.

γ) *Die Biosynthese der Glykoside und der Oligosaccharide*

Über die Bedeutung des *Uridin-diphosphates* (UDP, Coenzym der Glykosidierung), über Epimerisierungs- und Austauschmöglichkeiten zwischen Monosacchariden mittels Transferasen, über *„aktive Glucose"* u. a. m. vgl. die Lehrbücher der Biochemie.

f) Polysaccharide (Glykane)

Mengenmäßig die bisher besprochenen Kohlenhydrattypen weit überragend und in verschiedenen Vertretern von höchster Wichtigkeit für die Ernährung unserer Erde sind Substanzen, die wir unter dem Begriff der *Polysaccharide* zusammenfassen. Wir finden hier solche, die unlöslich und bemerkenswert resistent gegen chemischen wie enzymatischen Angriff sind, demgemäß als *Gerüstsubstanzen* für Pflanze und Tier dienen, daneben aber auch solche, die enzymatisch oder chemisch relativ leicht zu resorbierbaren oder anderweitig umsetzbaren Bruchstücken gespalten werden können und als *Speichersubstanzen*, die bei Bedarf in lösliche Zucker umgewandelt werden, anzusehen sind. Unter den Gerüststoffen am wichtigsten ist die *Cellulose*; als Speicherstoffe sind Stärke, Glykogen, Inulin, Reservecellulose (Lichenin) anzusehen. Zwischen diesen beiden Gruppen stehen solche, wie gewisse Mannane, Galaktane, Pentosane und „Hemicellulosen", die beiden Zwecken dienstbar gemacht werden können. Polysaccharide unterscheiden sich von ihren Bausteinen, den Zuckern, sehr wesentlich. Sie zeigen in einigen Fällen geringes Molekulargewicht (entsprechend 30—90 Monosacchariden), die meisten (und auch die wichtigsten) enthalten mehrere hundert oder gar tausend Monosaccharideinheiten. Sie besitzen keinen süßen Geschmack, sind im Wasser nur schwer und dann kolloid oder gar nicht löslich und nicht direkt vergärbar. Es fehlt ihnen außerdem das vielgestaltige Reaktionsvermögen niederer Zucker, vor allem die Reduktion Fehlingscher Lösung, die Osazon- und Saccharatbildung. Gleich den Zuckerarten zeigen sie jedoch starke optische Drehung und (mit Ausnahme des Glykogens) kristallinen Bau. Chemisch unterteilbar ist diese hochpolymere Gruppe in *gleichartig* zusammengesetzte Polysaccharide, die bei der Spaltung nur *eine* Monosaccharidart liefern, unter dem Begriff der *Homoglykane* zusammengefaßt und wohl auch als Polyglucosane, -fructosane, -mannosane usw.

bezeichnet werden. Andere *verschiedenartig* aufgebaute Polysaccharide, die als *Heteroglykane* bezeichnet werden, liefern Zuckerbausteine verschiedener Art, also neben Monosacchariden auch Alduronsäuren, Aldonsäuren, Aminozucker usw. Eine dritte Gruppe, physiologisch oft sehr aktiver Substanzen sind als *konjugierte Verbindungen* (Glykoproteine, Glykolipoide) aufzufassen.

Oft können durch Wahl gelinder Abbaumethoden Zwischenstufen des Polysaccharidabbaues fixiert werden, wie das Disaccharid Maltose bei der Stärkehydrolyse oder das Disaccharid Cellobiose bei der Cellulosepaltung. Spaltung bis zu den Grundbausteinen liefert bei Cellulose und Stärke Glucose, bei Pentosanen Pentosen, Hexosanen Hexosen, Pektinen Galakturonsäure usw. Die einzelnen Monosaccharidreste sind im Polysaccharidmolekül *glykosidisch* zu Ketten verschiedener Länge verknüpft, wobei wir nicht immer Klarheit darüber besitzen, wie groß die Moleküle sind, ob innerhalb des Glucosidverbandes stets gleichartige Bindung der Zuckerreste vorliegt und wie die strukturelle Ausbildung der Endglieder beschaffen ist. Entsprechend den verschiedenen Verknüpfungsmöglichkeiten der Monosaccharide und der weiteren Vernetzung von Makromolekülen weist der Feinbau von Polysacchariden oft entscheidene Unterschiede auf, die sich vor allem in der Strukturfestigkeit und im enzymatischen Verhalten äußern.

a) Gerüstsubstanzen und andere, calorisch nicht in Erscheinung tretende Polysaccharide

1. Cellulose (Gerüstcellulose) ist das am weitesten verbreitete Gerüstpolysaccharid (Zellwandmaterial des Holzes, 40—60% der Holzsubstanz, und anderer pflanzlicher Produkte, wie Baumwolle, Leinenbast, Holundermark). Milde Hydrolyse führt zu Cellotetrose-, -triose und -biose, woraus auf folgende Formulierung geschlossen wurde:

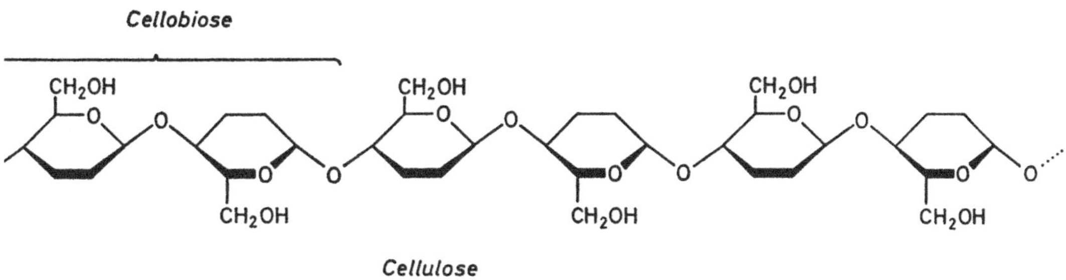

Cellulose steht quantitativ unter allen natürlich vorkommenden organischen Verbindungen an der Spitze. Sie legt in den Pflanzen schätzungsweise etwa 1100 Billionen kg, also etwa die Hälfte des in der Atmosphäre vorkommenden Kohlendioxids, fest. Auch im Tierreich (Tunicaten, Ascidien) sowie in Mikroorganismen (Acetobacter-Arten) findet sich Cellulose.

Mit Jod gibt Cellulose eine Gelbfärbung, mit Chlorzinkjodidlösung und Jod in schwefel- oder phosphorsaurer Lösung eine Blaufärbung. Ammoniakalische Kupfer(II)-salzlösung (Schweitzer Reagens) löst sie leicht. Vollständige Hydrolyse durch Mineralsäuren liefert nahezu quantitiv Glucose. Die Glucoseeinheiten sind hier im Gegensatz zur Stärke zwischen C-1 und C-4 *β-glucosidisch* verknüpft, wobei eine Glucose wie die andere gebunden ist.

Nach neueren Ergebnissen ist native Cellulose aus etwa 14000 Glucose-Einheiten aufgebaut, entsprechend einem Molekulargewicht von rund 2,3 Millionen. Grundbaustein als kleinstes, strukturmäßig wiederkehrendes Molekül ist die *Cellobiose*. Die etwa 7 mm lange Kette ist vielfach gefaltet, die antiparallelen Abschnitte sind durch Wasserstoffbindungen verknüpft und durch eingelagertes Lignin verkittet. Das regelmäßige

„Fadenmolekül“, die Zusammenlegung zu mikrokristallinen Micellen in kamm- oder rostartiger Anordnung bedingen die auffallende Festigkeit und chemische Resistenz der Cellulose. Mensch und fleischfressende Tiere besitzen keine Enzyme, um Cellulose abzubauen, wohl aber viele Mikroorganismen, einige Protozoen und Schnecken. Die Celluloseverdauung beim Wiederkäuer geht auf die im besonders entwickelten Verdauungssystem enthaltenen symbiotischen Mikroorganismen zurück. Totaler Säureabbau liefert wie erwähnt Glucose, die als solche (Holzzucker) als Kulturmedium für Nähr- und Futterhefen oder als Substrat der Alkoholgewinnung Bedeutung besitzt. Cellulose als Ballaststoff erwünschter Art (Kotlockerung, Anregung der Darmperistaltik und der Darmdrüsentätigkeit) oder unerwünschter Begleiterscheinungen (Nährstoff- und Vitaminentzug) wird an anderer Stelle besprochen (vgl. S. 228).

2. Pektine (griech. pectos = erstarrt). Diese 1825 von H. Braconnet entdeckten, dann vor allem in der Zuckerrübenchemie bearbeiteten Substanzen sind im Pflanzenreich sehr weit verbreitet. Sie finden sich als Begleiter der Cellulose, so in Zuckerrüben, Karotten, Stengeln und Blättern, in Körben der Sonnenblume und in Früchten (Pomoideen, Himbeeren, Johannisbeeren, Feigen, Citrusfrüchte). Die in Obst- und Rübensäften gelösten Pektine besitzen entsprechend ihrem hohen Molekulargewicht gute Gelierkraft, die vor allem beim Einkochen mit Zucker in Erscheinung tritt. Pektinstoffe sitzen in den Zwischenlamellen pflanzlicher Zellen als Kittsubstanz, in der primären Zellmembran und bei Früchten oft zwischen den Zellen verteilt. Der Stammkörper der Pektine ist die *Pektinsäure* (s. unten). Wasserunlösliches natives in der Pflanze vorgebildetes über Metallionen vernetztes Pektin wird als „*Protopektin*“ bezeichnet; Hydrolyse mit Säuren unter Freisetzung von Ca-, Mg- und Fe-Ionen oder enzymatische Aufspaltung liefert Pektinstoffe und Pektine, deren Grundkörper aus teilweise oder vollständig mit Methanol veresterter D-Galakturonsäure besteht:

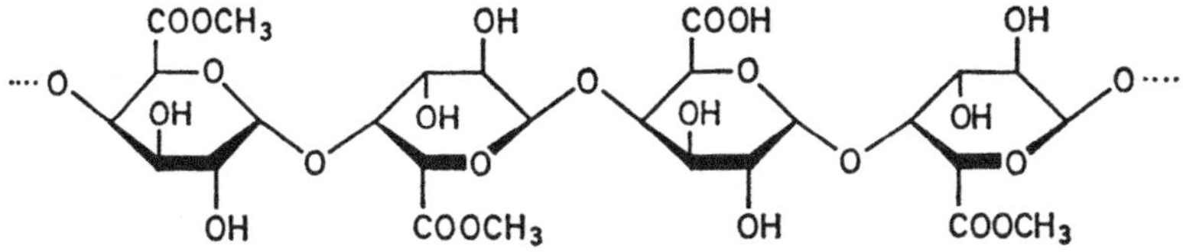

Einige Pektine (Zuckerrübe, Lein, Tabak) enthalten zusätzlich beträchtliche Mengen an Essigsäure. Die in der Natur vorkommenden Pektinstoffe stellen polymerhomologe Gemische aus 1.4-α-glykosidisch verknüpften Molekeln der D-Galakturonsäure von unverzweigt kettenförmiger Anordnung und unterschiedlicher Kettenlänge dar. Bei der Hydrolyse auftretende Arabinose und Galaktose stammen aus Begleitstoffen wie Araban und Galaktan, die gleich Cellulose kovalent verknüpft sein können. Pektine ohne Veresterung mit Methanol sind wasserunlöslich und werden als *Pektinsäuren* bezeichnet.

Pektate sind die Salze der Polygalakturonsäure (Pektinsäure), *Pektinate* die Salze des Pektins. Wasserlöslichkeit, Quellungsvermögen und (besonders bei hochmolekularen Pektinen) ausgeprägte Neigung zur Bildung hochviscoser Gele machen die Pektine zu technologisch viel genutzten Substanzen insbesondere bei der Obstverwertung. Mit Calciumsalzen bilden sie schwerlösliche, zu ihrer Bestimmung benutzte Verbindungen; durch Alkohol, quaternäre Ammoniumbasen und Aceton werden sie gefällt. Versuche zur Standardisierung von Pektinpräparaten werden neuerdings in den USA gefördert. Der enzymatische Abbau durch Pektasen bzw. Pektinasen (vgl. S. 195) spielt zweifellos bei Konsistenzänderungen von Früchten eine Rolle, darüber hinaus dient er technologisch zur Gewinnung methoxylarmer Pektine oder zur Entfernung trübender Pektinsubstanzen (Filtrationsenzyme). Saft aus Speierlingen (Pirus domestica) oder Elsbeeren (Pirus torminalis) liefert mit Pektin spezifische Trübungen bzw. Flockungen, die geringste Pektinmengen anzeigen. Der Methanolgehalt von Tresterbranntwein oder das Vorkommen von Methanol im Tabakrauch ist auf die Abspaltung von Methoxylgruppen aus dem Pektinmolekül zurückzuführen. Tab. 20 bringt Werte für den Pektingehalt einiger Produkte.

Tabelle 20. Pektingehalt einiger Produkte
(Nach F. A. Henglein, 1955)

Ausgangsmaterial	Pektin in der Trockensubstanz %
Apfeltrester	15—18
Zitronenpulpe	30—35
Orangenpulpe	30—40
Rübenpulpe	25—30
Karotten	7,1
Tabak	10—14

Eigentliches Ausgangsmaterial ist das Protopektin, Hauptquellen für die Pektingewinnung sind Preßrückstände der Apfel- und Citrussaftherstellung, Beerentrester (Erdbeere, Johannisbeere), ausgelaugte Rübenschnitzel, Sonnenblumenkörbe und Sisalabfälle. Niederveresterte Pektine (low-ester pectins) wurden, ausgehend von den USA, entwickelt. Sie sind geeignet zur Herstellung zuckerarmer oder zuckerfreier Gelees, z. B. bei Gelee-Fischpräserven (Halbkonserven) und Fischvollkonserven.

Die spezifische optische Drehung der Pektinsubstanzen hängt vom Molekulargewicht ab. $[\alpha]_D^{20}$ kann von + 170° bis + 230° variieren; Citruspektine zeigen eine mittlere spezifische Drehung von + 230°. Unlösliche Pektinsubstanzen verhalten sich wie Kationenaustauscher. Sie sind sehr selektiv auf $Ca^{\oplus\oplus}$ eingestellt. Kationenaustauscher-Eigenschaft und hydrophiler Charakter der Pektin-Kittsubstanz sind physiologisch bedeutungsvoll.

3. Lignin rechnet nicht in die Gruppe der Polysaccharide, soll aber in diesem Zusammenhang kurz besprochen werden, da es im Holz zu 22—28% als Verfestigungsstoff der Cellulosemicellen vorkommt und mengenmäßig nach Cellulose der bedeutendste organische Rohstoff ist. Nach K. Freudenberg (1956) erfolgt die Ligninsynthese im Cambium, der während der Vegetationszeit saftreichen Zone zwischen Rinde und Stamm, wo zunächst das Glucosid *Coniferin* durch die enzymatische Wirkung einer α-Glucosidase zu Glucose und Coniferylalkohol hydrolysiert wird. Der Alkohol wird dann durch Phenoldehydrogenasen über zahlreiche Zwischenstufen in Lignin verwandelt. Für diese Annahme sprechen Versuche mit D-Coniferin, dessen Aglucon mit ^{14}C markiert war und dessen Aktivität im Lignin gefunden wurde. Lignin liefert mit Phloroglucin-Salzsäure eine Rotfärbung, die auf geringe Mengen eingebauter Zimtaldehydgruppen zurückzuführen ist.

4. Chitin (Pilzcellulose) findet sich weit verbreitet als Gerüstsubstanz im niederen Tierreich (Krebse, Insekten); bei Pflanzen wurde es lediglich in höheren und niederen Pilzen, sowie in einigen Flechten- und Algenarten nachgewiesen. Saure Totalhydrolyse spaltet zu Glucosamin und Essigsäure auf. Die Grundsubstanz des Chitins ist das Acetylchitosamin (Acetylglucosamin), der Molekülbau entspricht dem der Cellulose, nur ist hier am C-2-Atom der Zuckereinheiten ein OH durch $NHCOCH_3$ ersetzt. Die hier sich wiederholende Einheit ist die „*Chitobiose*". Chitin abbauende Enzyme (*Chitinasen*) finden sich im Magen-Darm-Kanal der Schnecke und bei Bakterien.

5. Hemicellulosen sind Stoffe, die der verholzten Pflanzenzelle durch verdünntes Alkali entzogen werden können. Je nach ihrer Herkunft unterscheidet man *Hexosane* oder *Pentosane*. Sie enthalten eine Uronsäure, daneben D-Xylosereste, außerdem zuweilen Arabinose, Mannose und Glucose und werden auch als Mannane, Galaktane, Arabane usw. unterschieden. Das in Hölzern, Stroharten, Pflanzenschalen und anderem Pflanzenmaterial vorkommende *Xylan* (Holzgummi) besteht z. B. aus D-Xyloseresten, die über die 1- und 4-Stellungen verknüpft sind:

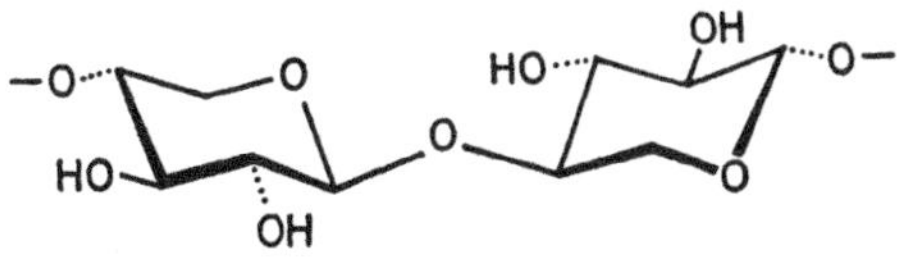

Xylan

Der hohe Pentosangehalt im Getreidestroh und in der Kleie (20—40 %) ist die Grundlage für die großtechnische Furfuralgewinnung gemäß der früher geschilderten Dehydratisierung von Pentosen durch Säuren zu Furfural. Hemicellulosen sind integrierende Bestandteile vieler Lebensmittel, wie Gemüse, Kaffee, Kakao, Hefen usw., *Mannane* (aufgebaut aus Mannose) finden sich in Steinnüssen und Dattelkernen, *Galaktane* (liefern als Spaltprodukt Galaktose) in einigen Meeresalgen. Der Organismus von Tier und Mensch vermag die in Wasser praktisch unlöslichen Hemicellulosen direkt sehr schwer oder gar nicht auszunutzen; Mikroorganismen des Darmtractus sind durch ihren Gehalt an Hemicellulasen dazu imstande. Auch von der Pflanze werden sie als Reservestoffe gelegentlich verzuckert. Einen Teil der dabei gebildeten Spaltprodukte vermag der Mensch zu resorbieren und so zu verwerten.

Auf die Bedeutung derartiger schlecht aufspaltbarer Polysaccharide als „Ballaststoffe" wurde an anderer Stelle eingegangen. Die bisher genannten Stoffgruppen werden auch als „*inkrustierte Zellmembran*" oder als „*Rohfaser*" bezeichnet. Die Ermittlung der „Rohfaser" stellt ein lebensmittel- und agrikulturchemisch viel benutztes Kriterium für die Menge der im Organismus nicht verwertbaren Nahrungs- oder Futteranteile dar. Bei ihrer Wertung ist jedoch zu bedenken, daß sie keine absolute Größe ist, daß also die je nach dem angewandten Verfahren erhaltene (im Idealfall mit Cellulose identische) „Rohfaser" mengen- und artmäßig sehr verschieden ausfällt und schließlich die erfaßbare Menge auch vom Zerkleinerungsgrad abhängt, wobei mit zunehmender Kornfeinheit die beim Aufschluß der Gesamtsubstanz verbleibende Rohfasermenge absinkt. Die Frage des Zerkleinerungsgrades besitzt z. B. bei der Rohfaserermittlung in Kakaoprodukten als Kriterium eines Schalenanteils Bedeutung.

6. *Pflanzengummi und Pflanzenschleime* stellen gleichfalls komplexe hochmolekulare, D-Glucuronsäure oder D-Galakturonsäure enthaltende Polysaccharide dar, die teilweise acetyliert oder methoxyliert sein können. Daneben finden sich Hexosen, Pentosen und 6-Desoxyhexosen. *Gummiarten* finden sich als Ausschwitzungen bei Kirsche und Pflaume, bei Akazien und Mimosen (Gummi arabicum). *Tragant* (s. unten) ist eine Ausschwitzung kleinasiatischer Astragalus-Arten. Hefe enthält beträchtliche Mengen an *Hefegummi* (Hefe-Mannan und Hefe-Glucan).

Pflanzenschleime (aus Salep, Gummigutt, Quitten, Eibischwurzel, Lein- und Senfsamen) sind den obengenannten recht ähnlich aufgebaute neutrale Polysaccharide. Als Spaltprodukte treten D-Galakturonsäure und D-Mannose auf. Besondere Bedeutung besitzen die Schleime vieler Algenarten (Agar-Agar, Laminaria- und Carrageen-Schleime). Sie lassen sich in die Gruppen der „normalen" Polysaccharide (z. B. das aus D-Glucose in β-1.3-Stellung aufgebaute *Laminarin*), der Polyuronide (z. B. die aus D-Mannuronsäure-Einheiten bestehenden *Alginsäuren*) und der sulfatveresterten Carrageen-Schleime oder des *Agar-Agars* aufteilen. Der als Dickungsmittel technologisch wichtige *Tragant* ist eine Mischung neutraler und saurer, D-Galakturonsäure enthaltender Polysaccharide. *Alginate*, Salze der aus Meeresalgen (Laminaria, Ascophyllum) gewonnenen Alginsäuren, werden als Dickungsmittel, Emulgatoren und Stabilisatoren neuerdings in den Handel gebracht („Protan", „Gelcarin" u. a.). Auf Grund ihrer physiologischen Unbedenklichkeit sowie ihrer Gelierkraft werden solche „Carrageene" z. B. als Zusätze zu Speiseeis (maximal 0,3%) oder als Gelee beim Einfrieren von Fettfischen und zur Herstellung von Kunstdärmen verwendet.

Hauptverwendung findet das Natriumalginat als Salz der aus etwa 1000 D-Mannuronsäureeinheiten bestehenden Alginsäure mit 1.4-β-glykosidischer Bindung der Bausteine:

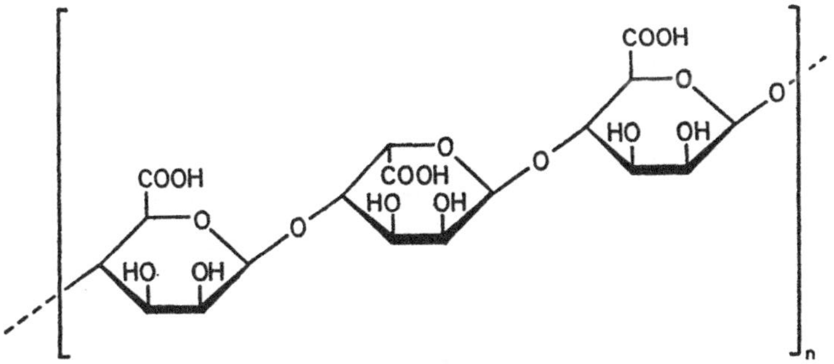

Alginsäure

Industriell ausgebeutet werden heute hauptsächlich die *Braunalgen* (Japan, Indonesien, amerikanische Küsten, Norwegen). Verwendungsmöglichkeiten für Alginate sind u. a. festgelegt in der „Tabak-VO“ der „Allgemeinen Fremdstoff-VO“ und der „Essenzen-VO“, alle vom 19. 12. 1959.

Neutrale, in der Lebensmittelindustrie verwendete Pflanzengummiarten sind das *Guaran* (Guar gum) und der aus Johannisbrot gewonnene *Carob-Gummi* (Locust bean gum). Ihrem Aufbau nach sind sie *Galaktomannane.* Sie werden u. a. vorgeschlagen als Dickungsmittel für Eiscreme oder zum Homogenisieren von Backwaren.

7. Weitere Heteroglykane. In dieser Gruppe finden sich neben den *Mucoiden* des Körperschleims, dem Heparin, dem „intrinsic factor“ (vgl. bei Vitamin B_{12}) komplex aufgebaute Makromoleküle von größter biologischer Bedeutung, wie die Peptidoglykane (*Mureine*) der *Bakterienzellwand,* die für die *serologische Spezifität* verantwortlichen *Kapselsubstanzen* der Mikroorganismen sowie die Blutgruppensubstanzen (besser als „*blutgruppenaktive Substanzen*“ zu bezeichnen). Zur Unterrichtung muß hier auf die Spezialliteratur verwiesen werden.

β) *Stärke und andere Calorienträger*

1. Stärke. Der Umstand, daß Stärke das Reservekohlenhydrat der meisten Pflanzen darstellt und von ihnen in den verschiedensten Organen, oft in beträchtlichem Ausmaß in unterirdischen Pflanzenteilen (Kartoffeln, Rhizome, Manihot-Knollen) oder in Samen und Früchten (Getreidekörner, Leguminosen, Eicheln, Kastanie) gespeichert wird, ist für die menschliche Ernährung von größter Bedeutung. Sie liefert damit den Hauptanteil unseres Kohlenhydratbedarfes, vor allem im Getreidekorn und in der Kartoffel. Gewinnung, Verarbeitung und Zubereitung stärkehaltiger Lebensmittel, insbesondere von Mais, Kartoffeln, Weizen, Reis, Tapioka, Sago, Hirse und süßen Kartoffeln, oder chemische wie enzymatische Umwandlung der Stärke selbst sind die Grundlage umfangreicher Industriezweige, die uns immer wieder begegnen werden. Dabei kann einmal durch technologische Prozesse die im Naturprodukt ursprünglich vorhandene Stärkerelation bei der Aufbereitung drastisch verschoben werden (Getreidekorn → niedrigausgemahlenes Mehl → reine Stärke), zum anderen durch chemische oder enzymatische Umwandlung ein Kohlenhydratgemisch entstehen, das mit der Stärkestruktur wenig gemeinsame Merkmale aufweist (Brauerei- und Brennereimaische, Stärkesirup). Totalhydrolyse liefert schließlich im großtechnischen Maßstab den Grundbaustein der Stärke, die *Glucose*. Um Anforderungen der Lebensmitteltechnologie zu genügen, denen native Stärke nicht gerecht werden kann, stellt man *modifizierte Stärken* her, (Stärkephosphorsäureester, oxydativ abgebaute Stärken, „Instant"-Stärken). Weiteres s. S. 484.

Gekochte Stärke vermag der Mensch unabhängig von der Herkunft praktisch quantitativ auszunutzen. Dies gilt jedoch nicht für alle rohen Stärkearten. Solche der Cerealien, Haferflocken und Bananen werden praktisch vollständig verwertet, nicht aber rohe Kartoffelstärke. Das kleine Stärkekorn ist leichter ausnutzbar; daneben spielt auch die Beschaffenheit der äußersten Zonen eine Rolle.

Morphologisch lassen sich die verschiedenen Stärkearten nach Form, Größe, Quell- sowie Verkleisterungsverhalten und oft nach der Struktur der Stärkekörner gut differenzieren, eine analytisch weitgehend genutzte Möglichkeit. Stärke reduziert Fehlingsche Lösung nicht und gibt mit Jodlösung eine in der Hitze verschwindende, analytisch benutzte Blaufärbung; derartige auch anderweitig beobachtete Jod-Addukte sind als Einschlußverbindungen zwischen „Wirtsgitter" und Jod erkannt worden. Träger der Farbreaktion ist die *Amylose* (s. später), die 18—20% ihres Gewichtes an Jod aufnimmt. Stärke zeigt beim Erhitzen mit Wasser eine Quellung, die dann in die typische Verkleisterung übergeht. Der entstandene „Stärkekleister" erstarrt beim Erkalten gelatinös. Stärkelösungen flokken nach längerem Stehen aus („*Retrogradation*"). Auch kalte, verdünnte Natronlauge, Ammoniak und heißes Glycerin bewirken Quellung. Stärke enthält stets etwas Phosphor (0,02—0,16%), der beim enzymatischen Stärkeabbau eine Rolle spielt. Bei den Knollenstärken ist der Phosphor esterartig gebunden, bei den Getreidestärken liegt er in Form von Lysophosphatiden vor. Amylase (Diastase) hydrolysiert die Stärke partiell zu Maltose; da die Bindung zwischen der 1-α-Stellung einer Einheit und der 3- bzw. 6-Stellung der anderen dem Angriff des Enzyms im Wege steht, bleiben etwa 20—40% des Moleküls unverändert. Es entstehen hierbei die mit Jod braunrote Farbe liefernden *Grenzdextrine*. Hydrolyse mit Mineralsäuren führt über „Stärkedextrine" zu Glucose, woraus zu schließen ist, daß Stärke offenbar aus Maltose-Ketten aufgebaut ist. Durch verschiedene Verfahren läßt sich Stärke in zwei Hauptkomponenten trennen, die beide zu Glucose bzw. Maltose hydrolysierbar sind, sich jedoch deutlich voneinander unterscheiden.

a) Eine in heißem Wasser lösliche Komponente (20—28%), die als *Amylose* bezeichnet wird, zeigt ein Molekulargewicht zwischen 10000—50000, färbt sich mit Jod rein blau und verkleistert beim Erhitzen nicht. Amylose enthält nur eine

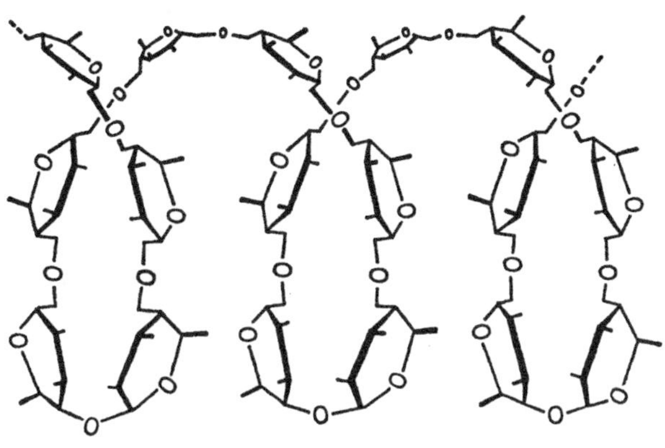

Amylose

Endgruppe pro Molekül, ist *langkettig*, nicht oder nur leicht verzweigt (etwa 200 bis 300 Glucosereste) und strukturell der Cellulose zu vergleichen. α- und β-Amylasen greifen an und hydrolysieren vollständig.

Beim Stehen scheidet sich durch Assoziation der langen Kettenmoleküle etwas unlösliche Amylose ab; hierauf beruht die obenerwähnte „Retrogradation". Die Maltoseeinheiten sind durch α-Glykosidbindung in 1→4 miteinander verknüpft. Durch diese α-glykosidische Bindung sind die Moleküle nicht langgestreckt, die Kette erscheint vielmehr in Schraubenform aufgewickelt.

In den durch die Glucose-Einheiten gebildeten Hohlraum lagern sich die Jod-Moleküle unter Bildung der obenerwähnten Einschlußverbindung ein. Amylose ist also der Träger der Blaufärbung von Stärke mit Jod. Auch Fettalkohole, Fettsäuren, Monoglyceride und Lysophosphatide vermögen derartige Einschlußverbindungen zu bilden.

b) Eine unlösliche, *Amylopektin* (Hüllsubstanz) genannte, in Wasser quellende Fraktion (72—80%), die den Kleister liefert, zeigt mit Jod Braun-violett- bis Violettfärbung und weist Molekulargewichte zwischen 50000 bis 1000000 auf.

Im Gegensatz zur Amylose besitzt Amylopektin eine stark verzweigte Struktur. Gleich der Amylose ist es aus α-glykosidisch verbundenen Glucosemolekülen aufgebaut. Vorherrschend ist auch hier die 1→4-Bindung, daneben kommt aber auch die 1→6-Bindung vor; denn enzymatische Spaltung liefert neben Maltose zusätzlich die *Isomaltose* (6-α-Glucosido-glucose). Chemische Befunde stützen diese Annahme. Der Hauptkette sind Seitenketten angegliedert, an denen wieder aus zahlreichen Glucosemolekülen gebildete Ketten sitzen. Im Mittel verzweigt sich die Kette einmal nach jeweils 25 Glucoseresten; ein Amylosepektinmolekül wird so aus über tausend Glucoseresten aufgebaut. Das folgende Formelbild als

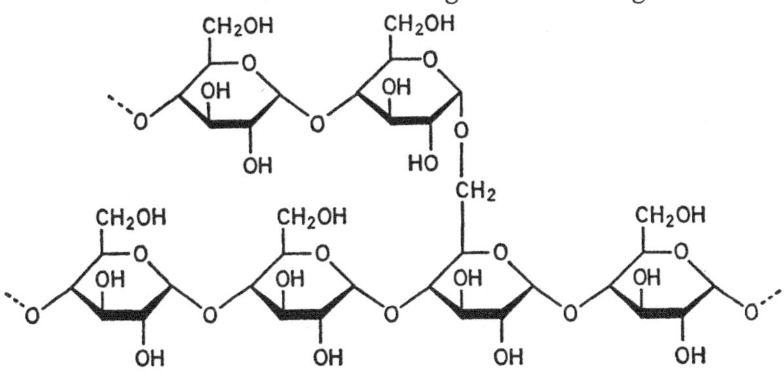

Verzweigungsstelle

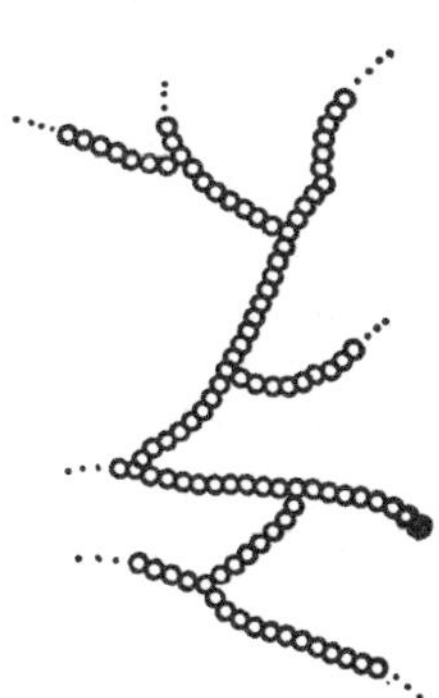

Diagramm des *Amylopektins*

Ausschnitt aus dem Gesamtmolekül veranschaulicht die Verzweigungsstelle; im Diagramm kennzeichnet der ausgefüllte Kreis das noch freie halbacetalische Hydroxyl am Kettenende.

Im Amylopektin der Weizenstärke treten zusätzlich in sehr geringem Umfang auch α-1→ 3-Bindungen auf. Die Heterogenität der Weizenstärke ist auch durch Untersuchungen an Stärken, die mit ^{14}C markiert waren, bestätigt worden.

Amylopektin in Stärke liefert gemäß der hier erörterten Struktur — zum Unterschied von der Amylose — bei der Verzuckerung durch β-Amylase nur etwa $^2/_3$ der möglichen Menge an Maltose.

Verschiedene Pflanzen, z. B. Kartoffeln, enthalten Enzyme, die aus Zuckern Amylose („P-Enzym") oder Amylopektin ("Q-Enzym") bilden und auch die Umwandlung von Amylose in das verzweigte Amylopektin katalysieren können. Eine Endoglucosidase (Amylo-1.6-glucosidase, „*R-Enzym*") spaltet α-glucosidische 1 → 6-Bindungen; dadurch werden Amylopektin und Glykogen „abgeästet". Über den enzymatischen Abbau der Stärke s. S. 194.

Neben Maltose entstehen beim chemischen und enzymatischen Abbau der Stärke verschiedene, als *Dextrine* bezeichnete Zwischenprodukte nicht definierter Struktur in mengenmäßig stark wechselnder Ausbeute. Je nach dem Ausfall der Jodreaktion (entsprechend dem abnehmenden Molekulargewicht) werden sie als *Amylodextrine*, die blaue, *Erythrodextrine*, die rote, und *Achroodextrine*, die keine Jodreaktion liefern, bezeichnet. Schematisch ergibt sich also folgender Abbauweg:

Stärke → Amylodextrine → Erythrodextrine → Achroodextrine → Maltose → Glucose.

Derartige „*Grenzdextrine*" (β-Dextrin) bleiben bei der Einwirkung von Amylasen auf Stärke übrig, da diese die obenerwähnten 1.6-Bindungen nicht spalten.

Eine weitere Gruppe von Polyosen, die 1903 von dem Wiener Mykologen Schardinger entdeckten „*Schardinger-Dextrine*" („Kristallisierte Amylosen"), entstehen bei Einwirkung von Bacillus macerans auf Stärke. Sie reduzieren weder Fehlingsche Lösung noch alkalische Jodlösung und werden durch Jod blau oder braun gefärbt; die drei isolierbaren α-, β- und γ-Dextrine wurden als ringhomologe Reihe mit 6, 7 und 8 Glucoseanhydrid-Einheiten erkannt. Alle anderen Dextrine zeigen positive Reduktionsproben, sind wasserlöslich, schmecken noch nicht süß und werden von Hefe nicht angegriffen. Als *lösliche Stärke* (Amylodextrin) bezeichnet man ein Produkt, das aus genuiner Stärke durch Behandlung mit Säure bei Zimmertemperatur oder durch Erhitzen mit Glycerin auf 190° C erhalten wird und nicht mehr verkleistert. Dextrine des Handels werden durch Erhitzen von Stärke auf etwa 230—260° C im Ölbad gewonnen.

2. Glykogen (Leberstärke), $[\alpha]_D = +198°$, ist das Reservekohlenhydrat des tierischen Organismus. Leber vermag vorübergehend bis zu 20% ihres Gewichtes an Glykogen zu speichern, große Mengen finden sich in der Pferdemuskulatur, oft auch in verschiedenen Organen von Kaltblütern (Fische, Schnecken, Frösche, Muscheln) sowie mit Leber- und Muskelglykogen identische „Glykogene" in vielen Pilzen, Algen und Hefen. Mit Wasser bildet Glykogen (bei 20° C etwa 20%ige) charakteristisch opalescierende Lösungen. Für die Isolierung und Bestimmung des Glykogens bedeutungsvoll ist dessen Resistenz gegen siedende 60%ige Kalilauge. Die Einzelketten des Glykogenmoleküls bestehen aus etwa 12—18 Glucoseanhydrid-Einheiten in α-(1.4)-Bindung, die wie beim Amylopektin durch 1→ 4- und 1 → 6-Bindungen, und zwar im Verhältnis 12 : 1, verknüpft sind. Amylase baut (wie bei Amylopektin) nur unvollständig zu etwa 47% ab. Nach Haworth besitzt Glykogen ein lamellenförmiges, in den 6-Stellungen stärker verzweigtes flaches Ellipsoidmolekül. Es ist unregelmäßig (buschig) geformt und höher molekular als Amylopektin. Das Molekulargewicht des Muskelglykogens wird zu etwa 100000, das des Leberglykogens zu etwa 16000000 (entsprechend 10^5 Glucoseeinheiten) angegeben.

3. Inulin ($[\alpha]_D = 31$ bis 40°) bildet das Reservekohlenhydrat bei Compositenarten (Dahlien, Artischocken, Löwenzahn, Kletten, Zichorie, Topinamburknollen).

Es löst sich leicht in warmem, schwerer in kaltem Wasser zu einer kolloiden Lösung, reduziert Fehlingsche Lösung nicht und ist gleich Stärke und Glykogen gegen Alkalien recht beständig.

Inulin liefert als Polyfructosan bei der Hydrolyse mit Säuren oder Enzymen (Inulasen) D-Fructose, sowie 5—6% D-Glucose; auf diesem Weg wird halbtechnisch Fructose aus Topinambur-Inulin gewonnen. Inulin besteht aus linearen Ketten 1.2-verbundener D-Fructosereste, die höchstwahrscheinlich über β-glykosidische Bindungen miteinander verknüpft sind; die Kette wird über eine Saccharosebindung durch einen D-Glucoserest abgeschlossen. Ein weiterer Glucosebaustein ist in die Kette eingebaut. Folgendes Formelbild veranschaulicht den Aufbau:

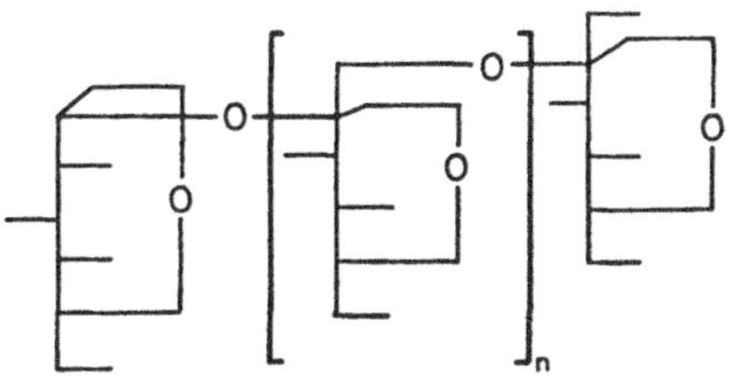

Inulin

Größere Mengen Inulin werden vom Menschen schlecht verwertet. Beim Erhitzen tritt Caramelisierung und Röstaromabildung ein (Zichorie als Kaffee-Ersatz- und -Zusatzstoff). Ein anderes Fructan (Polyfructosan), das als „*Trifructosan*", besser wohl als *Graminin* bezeichnet wird und 10 C_6-Bausteine im Molekül enthält, findet sich im Roggen und dient zur Erkennung von Roggenmehl neben Weizenmehl.

4. An weiteren Polysacchariden ist zunächst als „Reserve- und Gerüstcellulose" das *Lichenin* (Flechtenstärke, Moosstärke) zu erwähnen. Es findet sich in Flechten und Moosen sowie in höheren Pflanzen wie im Hafer und bedingt die Schleimeigenschaften von Hafermehl. Der menschliche Organismus vermag Lichenin nicht abzubauen. Die Strukturanalyse liefert ausschließlich D-Glucose als Baustein. Im Aufbau ähnelt es der Cellulose. Im Hafer und in anderen tierischen und pflanzlichen Produkten findet sich die *Lichenase*, die Lichenin zu Cellobiose abbaut und damit die Schleime zerstört. Weitere Polysaccharide sind *Laevan*, ein polymeres Fructosid und *Dextran*, ein polymeres Glucosid. Beide werden durch Bakterien aus Saccharose gebildet. Derartige „schleimige Gärungen" sind gefürchtete Prozesse z. B. in der Zuckerfabrikation. Dextrane werden als Blutersatzmittel benutzt und sind gleich dem obenerwähnten Lichenin als Nahrungskohlenhydrate völlig unverwertbar.

IV. Anorganische Bestandteile unserer Nahrung

Im Organismus des Menschen finden sich insgesamt rund 50 Elemente, von denen 12 etwa 99,5% der Gesamtkörpersubstanz ausmachen. Es sind dies C, O, H, N, Ca, P, K, S, Cl, Na, Mg und Fe. Die anderen Elemente verteilen sich also auf den Rest von 0,5%. R. Ammon (1957) nennt die erste Gruppe *Mengenelemente*, die zweite bezeichnet man im allgemeinen als *Spurenelemente* (trace elements, oligo éléments, Hochleistungselemente), ohne damit etwas über die physiologische Bedeutung aussagen zu wollen. Eine andere Unterteilung spricht von *Makro-* und *Mikronährstoffen*. Je nach der biologischen Bewertung unterscheidet man lebensnotwendige („*essentielle*") Mineralstoffe von Begleitspurelementen, die als *Mitläufer-* oder *Zivilisationselemente* offenbar für den Lebensablauf ohne Wirkung sind und schließlich kennt man ausgesprochen unerwünschte oder gar *schädliche Elemente*, die in Lebensmitteln, auch in Wasser oder Luft eingeschleppt werden. Essentielle Elemente sind lebenswichtige Faktoren als Bestandteile von Enzymen, Vitaminen und Hormonen; viele spielen eine wesentliche Rolle bei der Resorption und der Verdauung, steuern Prozesse des intermediären Stoffwechsel oder sind integrierende Bestandteile bestimmter Körpersubstanzen (Knochen, Zähne). Metallionen wirken schließlich als ausgesprochene Biokatalysatoren entscheidend bei der Gewinnung, Verarbeitung oder Lagerung unserer Lebensmittel mit, wo sie oft erwünscht, in der Mehrzahl der Fälle jedoch schädigend die verschiedensten Reaktionen katalysieren. *Körperfremde* und *schädliche* Elemente sind vom Gesichtspunkt des Lebensmittelchemikers her in erster Linie Blei und Quecksilber, daneben eine Reihe von „*Metallgiften*", wie Beryllium, Uranylsalze, Selen, Tellur, Thallium, Cadmium, Zink, die z. T. im Organismus gespeichert werden, und deren Eliminierung insbesondere auch aus dem Lebensbereich des Industriearbeiters wie des Großstadtmenschen eine wesentliche Aufgabe der Gesundheitsführung darstellt. Dies gilt vor allem für die obenerwähnten Metalle *Blei* und *Quecksilber*. Sie gelangen meist zivilisatorisch bedingt in unsere Lebensmittel; ihr Fernhalten aus der Nahrung, dem Wasser und der Luft ist im Rahmen des höchst aktuell gewordenen Umweltschutzes (vgl. S. 759, 767) mit allem Nachdruck zu fordern. Ein ganz neues Problem hat das Auftreten der an anderer Stelle besprochenen radioaktiven Substanzen geschaffen.

Wichtigste Aufgaben der Mineralstoffe in der lebenden Zelle sind:
1. Aufrechterhaltung der Elektronenneutralität,
2. Aufrechterhaltung eines bestimmten osmotischen Druckes,
3. Schaffung bestimmter Löslichkeitsbedingungen für die Kolloide,
4. Aufbau von Puffersystemen,
5. Ermöglichung der Reizbarkeit und Beantwortung von Reizen,
6. Beeinflussung der Stoffwechselprozesse durch Hemmung oder Förderung von Enzymsystemen.

Hinzu kommt bei höheren Organismen die Funktion als Baustein bestimmter Gewebe (Knochen, Zähne). Gleich anderen Bausteinen sind die Mineralstoffe im Organismus einem stetigen Umsatz unterworfen. Menge und Relation können je nach Alter (vgl. Angaben bei 90), Fettgehalt, Wassergehalt, Ausbildung des Skelets u.a.m. beträchtlich schwanken. Dies gilt besonders auch für die obenerwähnten „Spurenelemente", so daß die Angaben der Tabelle 21 nur als Richtzahlen zu werten sind.

Tabelle 21. Relative Häufigkeit der Mineralstoffe im menschlichen Organismus*

	g/100 g		mg/kg
Calcium	1—2	Eisen	70—100
Phosphor	0,6—1,2	Zink	20—30
Kalium	0,2—0,25	Kupfer	1,5—2,5
Natrium	0,1—0,15	Mangan	0,15—0,3
Chlorid	0,1—0,12	Jod	0,1—0,2
Magnesium	0,04—0,05	Molybdän	~0,1
		Silicium	15
		Aluminium	2
		Arsen	0,03—0,3

*Die Zahlen geben nur Größenordnungen an und beziehen sich auf das Feuchtgewicht.

Pflanzen weisen in der mineralischen Zusammensetzung nicht nur nach Art und Gattung, sondern auch nach dem Standort beträchtliche Unterschiede auf. Die Prägung des Mineralspektrums, die unmittelbare Abhängigkeit der Pflanze vom Boden und damit der Nutztiere von den Pflanzen eines bestimmten Bereiches ist wesentlich für das Problem der Spurenelemente, wie dies am Beispiel der Molybdänaufnahme durch die Kuh gezeigt wurde.

1. Die Mengenelemente

In diese Gruppe sei zunächst, wenn auch nicht ohne einen gewissen Zwang, das *Wasser* als lebensnotwendige Komponente aller Zellsubstanz eingeordnet.

a) Das Wasser

Wasser findet sich in jeder lebenden Substanz, oft als weitaus überwiegender Anteil, so in Obst, Gemüse oder in tierischen Sekreten und erfüllt im wesentlichen folgende wichtige Aufgaben: es dient zunächst als Baustein (*Quellungswasser*) sowie als *Lösungsmittel*, das den Ablauf aller Zellreaktionen erst ermöglicht und den optimalen, biologisch aktiven Zustand makromolekularer Bausteine garantiert (Eiweiß, Stärke, Pektine). Schließlich spielt Wasser die Rolle eines *Dielektrikums* und wirkt für alle wasserlöslichen Stoffe (Mineralsalze, Kohlenhydrate, Eiweißstoffe, Vitamine) als *Transportmittel.* Die biologische Bedeutung des Wassers als Regulator des Wärmehaushaltes geht aus seiner *Verdampfbarkeit* hervor.

Alle die genannten Faktoren sind auch in der Lebensmittelchemie von größter Bedeutung für das extra- oder intracellulär auftretende und für das chemisch gebundene Wasser. Erinnert sei an das Verhalten des Quellungswassers bei der Gefriertrocknung, an die Mitwirkung bei enzymatisch katalysierten Reaktionen, an die Quellbarkeit und Hitzedenaturierung von Eiweißstoffen im wäßrigen Milieu oder an die Verdampfungsmechanismen beim Trocknen unserer Lebensmittel. Wassergehalt und Mikrobenwachstum sowie mikrobielle Enzymaktivität stehen in enger Relation. Es ist verständlich, daß die *Wasserbestimmung* in unseren Lebensmitteln eine der wichtigsten Prozeduren der Analytik darstellt und bei der außerordentlichen Vielfalt der Wasserbindungsmöglichkeiten entsprechende Schwierigkeiten in sich birgt. Der Wassergehalt verschiedener Gewebe, Organe, und Körperflüssigkeiten schwankt erheblich.

Tabelle 22. Wassergehalt verschiedener Körpersubstanzen

	%		%
Skelet	22	Bindegewebe	80
Elastisches Gewebe	50	Niere	83
Knorpel	55	Blut	80
Leber	70	Milch	87
Muskel	76	Magensaft	97
Lunge	79	Speichel	99
Herz	79	Schweiß	99

Der Wassergehalt des erwachenen Menschen, berechnet auf fettfreie Körpersubstanz, liegt bei 71—73%.

Der *Wasserbedarf* des Menschen hat im Rahmen der *Katastrophenverpflegung* eingehende Diskussion ausgelöst. Er ergibt sich als die Summe der für die Wärmeregulation und die Ausscheidung von osmotisch wirksamen Substanzen benötigten Menge. Bei körperlich nicht schwer arbeitenden Menschen liegt die Wasseraufnahme zwischen 1,5 und 2,5 l/Tag, bei Hitzearbeit kann sie 10 l und mehr betragen. Unter unseren klimatischen Bedingungen und beim Fehlen schwerer Körperarbeit dürfte der Wasserbedarf bei 1 bis 1,5 l liegen. Wenn 35—40% des Körperwassers beim Menschen verloren gegangen sind, tritt der Dursttod ein.

b) Natrium

Hauptaufgabe des Natriums, das im Organismus zum größten Teil extracellulär vorliegt, ist es, meist in Gemeinschaft mit Chlorionen, den osmotischen Druck der extracellulären Flüssigkeit zu erhalten. Die Resorption des Natriums setzt sehr rasch (nach 3—6 min) ein und ist nach 3 Std vollständig. Amylase, das Enzym der Stärkespaltung, benötigt Natriumionen als Aktivator. Unter- wie Überangebot an Natrium führt zu schweren Störungen, von denen in unserer Kost lediglich die überhöhte Zufuhr bedeutungsvoll ist und zur Entwicklung von „*Diätsalzen*“ (Kochsalzersatzmitteln) Anlaß gab (S. 664). Der tatäschliche *Natriumbedarf* des Erwachsenen ist geringer als man lange Zeit annahm; er dürfte im Mittel nur etwa 200 mäq/Tag betragen. Bei bestimmten Krankheiten muß die

Natriumzufuhr nicht selten bis zu dieser Tiefe gedrosselt werden. Wichtigster Regulationsfaktor ist die Niere. Unterlagen über den Natriumbedarf des erwachsenen Menschen fehlen. Unumstritten ist heute, daß die Wirkung der bisher als „kochsalzarm" bezeichneten Kost (Wasserausschwemmung, Blutdrucksenkung usw.) allein von der Reduzierung des Natriums, nicht jedoch von der des Chlorids abhängt. Deshalb kann nur noch von „natriumarmer" Kost die Rede sein. Das Chlorid hingegen beansprucht kein Interesse mehr und die meist auf Grund seiner Bestimmung aufgestellten „Kochsalztabellen" sind für die Kontrolle des Natriums ungeeignet, zumal dieses durchaus nicht in Form von Kochsalz sondern, auch als Phosphat, Carbonat, Citrat, Alginat u. dgl. in den Lebensmitteln enthalten ist bzw. ihnen zugesetzt wird.

Die auf klinischer Erfahrung beruhende Schädlichkeit übermäßiger Kochsalzzufuhr und der therapeutische Nutzen einer kochsalzarmen Diät darf indessen nicht dazu führen, Kochsalz als Würzmittel generell zu verwerfen. Neben der obenerwähnten biologischen Bedeutung dient Kochsalz nicht nur der Geschmacksbeeinflussung; im Rahmen technologischer Prozesse (Konsistenzregelung bei Backwaren, Bindung mancher Wurstwaren, Konservierungseigenschaften u.a.m.) ist es von nicht geringer Bedeutung. Tabelle 23 bringt Werte für den *Natriumgehalt* einiger Lebensmittel.

Tabelle 23. Natrium-, Kalium-, Calcium- und Eisengehalt einiger Lebensmittel (mg in 100 g eßbarem Anteil; Mittelwerte) (Nach S. W. Souci u. Mitarb.: 152)

Lebensmittel	Na	K	Ca	Fe
Rind, Fleisch, mager	81	316	2	2,4
Herz	108	286	9,3	5,13
Leber	116	292	7	7,1
Blut	330	44	6	49
Schwein, Fleisch, Schinkenstück	76	339	6	2,3
Schweineschinken, gesalzen, geräuchert, roh	2530	248	10	2,25
Mettwurst, Braunschweiger	1090	213	13	1,6
Leberwurst	810	143	41	5,3
Huhn	82,5	359	12	1,8
Reh, Keule	60	309	5	3,0
Rotbarsch	94	345	46	4,3
Forelle	39	470	14	1,0
Salzhering (Pökelhering)	5930	214	112	20
Frauenmilch (Muttermilch)	15	53	31	0,15
Kuhmilch (Trinkmilch, 3% Fett)	47	155	128	0,14
Joghurt	62	190	150	0,2
Kondensmilch, ungezuckert	94	297	228	0,13
Vollmilchpulver	371	1160	920	0,70
Käse, Emmentaler	620	100	1180	0,9
Hühnerei, gesamt	144	147	56	2,1
Flüssigeigelb	51	138	140	7,2
Flüssigeiweiß, Eiklar	170	154	11	0,2
Butter (Deutsche Markenbutter)	6	20	16	0,15
Margarine	104	7	13	0,05
Haferflocken	3	360	66	3,6
Weizengrieß	1	112	17	1,0
Reis, poliert	6	103	6	0,60
Mehl, Mais-	0,7	120	18	2,4
Roggen-, Type 1150	1	297	20	2,42
Weizen-, Type 405	2	108	15	1,95
Weizen-, Type 1200	2	241	17	2,84
Kartoffelstärke	7,6	15	35	1,8
Roggenbrot (Vollkorn)	424	291	43	3,3
Weizenbrot (Weißbrot)	385	132	58	0,95
Steinmetzbrot	420	275	26	3,0
Eierteigwaren (Nudeln, Spaghetti)	7	157	20	2,1

Tabelle 23 (Fortsetzung)

Lebensmittel	Na	K	Ca	Fe
Möhre	45	282	35	0,7
Kartoffel	19	523	13	0,9
Kohlrabi	10	392	75	0,9
Radieschen	17	255	34	1,5
Rote Rübe (Rote Beete)	86	336	29	0,93
Spargel	4	207	21	1,0
Zwiebel	9	175	31	0,5
Artischocke	47	353	53	1,5
Blumenkohl	16	328	20	0,63
Brunnenkresse	12	276	180	3,14
Spinat	62	662	106	6,6
Grünkohl (Braunkohl)	42	490	212	1,9
Rotkohl (Blaukraut)	4	266	35	0,5
Weißkohl (Weißkraut)	13	227	46	0,5
Tomate	6,3	297	14	0,5
Bohne, weiß, Samen	2	1310	106	6,1
Erbse, reif, geschält	30	944	45	5,2
Sojamehl, vollfett (Flocken)	4	1870	195	12,1
Steinpilz, getrocknet	14	2000	34	8,4
Apfel	1,8	137	8	0,35
Pflaume	2,2	167	13,3	0,4
Brombeere	3	189	29	0,9
Erdbeere	3,2	142	26	0,9
Apfelsine (Orange)	3	170	44	0,5
Banane	1,8	370	10,6	0,55
Feige	2	240	54	0,6
Erdnuß, geschält, geröstet	5	674	67	2,0
Walnuß	4	575	72	2,1
Marzipan	5	209	43	—
Kaffee, geröstet	3,6	1730	146	16,8
Tee, schwarz	6	1790	302	17,2
Kakaopulver, schwach entölt	37	1920	114	12,5
Schokolade, milchfrei	19	397	63	3,2

c) Chlor

In enger Bindung zur Natriumaufnahme (über Kochsalz) und damit zum Wasserhaushalt steht die Zufuhr der Chlorionen. Sie werden gleich dem Natrium außerordentlich rasch resorbiert. Die zur Salzsäurebildung bei der Magensaftsekretion benötigten Chlorionen werden unter Beteiligung der Kohlensäureanhydratase dem Blut entnommen. Die gebildete Salzsäure liefert die zur Wirkung des Pepsins notwendige hohe $H^{\oplus}$-Konzentration. Der Chloridgehalt des menschlichen Organismus beträgt etwa 0,12% des Körpergewichtes, entsprechend 80—85 g $Cl^{\ominus}$, die maximale HCl-Konzentration im Magensaft des Menschen liegt bei etwa 0,16 n.

Über den Chloridbedarf des Menschen existieren keine exakten Unterlagen. Die übliche Ernährung liefert pro Tag zwischen 3 und 12 g $Cl^{\ominus}$, entsprechend 5—20 g NaCl.

d) Kalium

Kalium ist vorwiegend in den Zellen lokalisiert. Es bedingt vor allem den osmotischen Druck des Zellsaftes und die Erregbarkeit der Zellen. Zahlreiche Enzymsysteme der biologischen Oxydation und der Glykolyse werden durch Kalium aktiviert. Der gesamte Kaliumbestand des Menschen beträgt etwa 3500—4000 mäq, wovon rund 97% austauschbar sind. Die Kaliumaufnahme kann bei üblicher Ernährung bis zu 100 mäq/Tag betragen, sie deckt damit den Tagesbedarf. Kaliummangel kann beim Menschen verschiedene Krankheitssymptome auslösen. Im Rahmen einer normalen Ernährung wirkt sich die Steigerung der Kaliumzufuhr durch vermehrte Diurese aus. Konkrete Angaben über den Kaliumbedarf des Menschen lassen sich z. Z. nicht machen. Das im Organismus vorkommende Kalium besteht zu 1/8000 aus dem radioaktiven ^{40}K. Besonders kaliumreich sind Kartoffel und Melasse. Über den Kaliumgehalt einiger Lebensmittel vgl. Tab. 23, S. 113.

e) Calcium

Calcium steht unter den Mineralstoffen des Organismus der Menge wie dem ubiquitären Vorkommen nach weit an der Spitze und findet sich im Skelet sowie im „weichen" Gewebe. Im Blutplasma sind 10—12 mg-%, in den meisten Organen 5—15 mg-% Calcium enthalten. Wegen seiner Bedeutung bei der Blutgerinnung und beim Aufbau des Knochensystems ist Calcium ein ausgesprochen essentieller Nahrungsbestandteil. Manche Enzyme, z. B. die α-Amylasen, enthalten fest gebundenes, für die enzymatische Aktivität unerläßliches $Ca^{2\oplus}$. Die Ausnutzung von Calcium aus der Milch ist besser als aus pflanzlichem Material. Oxalsäurereiche Lebensmittel (z. B. Spinat mit 120—360mg/100 g) setzen die Ca-Resorption herab. Über die bei normaler Ernährung bedeutungslose Resorptionsstörung durch *Phytin* wird an anderer Stelle (vgl. S. 93) berichtet. Die *wünschenswerte Calciumzufuhr* (Deutsche Gesellschaft für Ernährung) für den erwachsenen Menschen liegt bei 80 mg/Tag, im höheren Lebensalter und in der Stillzeit ist der Bedarf wesentlich höher. Die durchschnittliche Calciumzufuhr in der BRD liegt bei 870 mg/Tag. Da die Mehrzahl unserer Lebensmittel relativ calciumarm ist (ausgenommen Milch, Milcherzeugnisse, Eier und einige Gemüsearten) hat die Frage der optimalen Calciumversorgung große Bedeutung erlangt und zur Forderung der *Ca-Anreicherung* verschiedener Lebensmittel, z. B. von Mehl und Brot geführt (vgl. S. 180, 497). Frauenmilch ist wesentlich ärmer an Calcium als Kuhmilch. Über den Beitrag einzelner Lebensmittel zur Versorgung mit Calcium vgl. Tabelle 24.

Tabelle 24. Beitrag einzelner Lebensmittel zur Versorgung mit Calcium (Angaben in % der Gesamt-Ca-Zufuhr) (Nach K. Lang: 90)

	BRD 1960/61	USA 1958	USA 1959
Milch und Milchprodukte	70,1	64	85
Mehl- und Getreideerzeugnisse	6,5	17	4
Obst und Gemüse	17,2	11	5
Fleisch, Fisch, Geflügel, Eier	5,2	7	7
Sonstige Lebensmittel	1,0	1	0

Eng verknüpft mit der Calciumbilanz ist die des *Strontiums*. Bei Explosion von Atombomben kann entstandenes strahlungsaktives ^{90}Sr in großen Höhen über weite Strecken transportiert und als radioaktiver ^{90}Sr-Staub ("fall out") insbesondere auf der Pflanze abgelagert, daneben auch in gewissem Ausmaß im Boden fixiert werden. Von dort gelangt es zur Resorption durch die Pflanze und anschließend direkt (Obst, Gemüse, Tee) oder indirekt (Kuhmilch) in unsere Ernährung, von wo es schließlich in den Knochen abgelagert wird (s. 115).

Eine Aufstellung zeigt, daß die in England mit der Nahrung aufgenommene ^{90}Sr-Menge zu mehr als der Hälfte aus Milch und Milchprodukten stammt:

Tabelle 25. Aufstellung über die in England mit der Nahrung aufgenommenen ^{90}Sr-Mengen
J. F. Bryant u. Mitarb. (1958)

Lebensmittel	Strontiumgehalt		Tägliche Aufnahme		
	Sr μg/g Ca	^{90}Sr μμ C/gCa	Ca mg	Sr μg	^{90}Sr μμ C
Milch und Milchprodukte	290	5,45	667	193	3,64
Mehl, Brot u. dgl.	2150	2,0	332	714	0,66
Kartoffeln	3240	23	19	62	0,44
Karotten	4310	11	6	26	0,07
Kohl	2190	11	14	31	0,15
Erbsen und Bohnen	3050	8	5	15	0,04
Spinat	2720	23	2	5	0,05
andere Gemüse und Obst	3000	15	58	174	0,87
andere Cerealien	3000	10	11	33	0,11
Fleisch	600	15	27	16	0,40
Eier	1000	2	24	24	0,05
Fisch	5000	1	19	95	0,02
andere Lebensmittel	3000	10	15	45	0,15
			1199	1433	6,65

Zur Entfernung von ^{90}Sr aus Milch wird die Behandlung mit Ionenaustauschern vorgeschlagen. Neben einer Kontamination mit ^{90}Sr wurde auch eine solche mit ^{137}Cs bei Milch, Kartoffeln, Fischen, Algen und Mollusken, mit ^{40}Ba bei Wild und Vollmilch mit ^{131}J bei Milch sowie mit ^{65}Zn bei Fischen beobachtet. Möglichkeiten der Verseuchung unserer Lebensmittel mit radioaktiven Substanzen verschiedener Herkunft haben Strahlenschutz und Kontrolle unserer Nahrung zu einer bedeutungsvollen Aufgabe auch des Lebensmittelchemikers gemacht.

f) Phosphorsäure

Resorption und Verwertung des Nahrungsphosphors erfordern zunächst enzymatische Aufspaltung des vorwiegend als organisches Esterphosphat (Zuckerphosphorsäureester, Phosphoproteid-P, Nucleinsäure-P, Lipoid-P) aufgenommenen Phosphors zu Phosphationen. Dies geschieht z. T. bei der Nahrungszubereitung, wird im Magen fortgesetzt und durch die Darmphosphatasen vollendet.

Der erwachsene Mensch verfügt über ein Phosphordepot von etwa 670 g, wovon 530 g im Skelet, 58,5 g in der Muskulatur, 4,6 g im Gehirn, 3,2 g in der Leber und der Rest in anderen Organen vorkommen. Im intermediären Stoffwechsel sind „energiereiche" Phosphorverbindungen lebensnotwendige Substrate für Erzeugung, Speicherung und Verwertung der Energie.

Ein „Bedarf" an Phosphat läßt sich nicht angeben. Food and Nutrition Board of the National Research Council sowie die Deutsche Gesellschaft für Ernährung verzichten auf eine zahlenmäßige Fixierung der wünschenswerten Phosphatzufuhr; sie empfehlen lediglich, die P-Zufuhr solle etwa das 1,5fache der Ca-Aufnahme betragen. Die Frage nach der schädlichen Wirkung überhöhter Phosphatzufuhr hat eingehende Bearbeitung gefunden. Kritische Würdigung der bekanntgewordenen Untersuchungen zeigt, daß bei 2800 kcal Nahrungszufuhr die maximal duldbare P-Zufuhr pro Tag bei etwa 6,6 g liegt. Verglichen mit der üblichen und wünschenswerten P-Aufnahme von 1,5 g/Tag bestände somit eine Sicherheitsspanne von 1 : 4,4.

Normale alkoholfreie Erfrischungsgetränke enthalten maximal 70 mg freie Phosphorsäure pro 100 ml, eine als unschädlich geltende Menge.

Neuerdings hat im Zusammenhang mit der Verwendung von *Polyphosphaten* auf dem Lebensmittelsektor Wirkung und Stoffwechselverhalten dieser Substanzen praktische Bedeutung erlangt. Polyphosphate finden sich als regelmäßige Bestandteile von Hefen und vielen anderen Mikroorganismen. Auch der Säugetierorganismus baut anorganische kondensierte Phosphate im Stoffwechsel auf. Tierische Gewebe, auch die Darmschleimhaut, spalten nur die niedrigen, nicht ringförmig gebauten Phosphate enzymatisch zu Orthophosphat auf. Höhere kettenförmige Polyphosphate werden nur sehr geringgradig und dann praktisch ausschließlich zu Orthophosphat gespalten und resorbiert. Kondensierte Phosphate bleiben ohne Einfluß auf die Resorption von Calcium, Eisen, Kupfer usw. Nach K. Lang ist die Polyphosphataufnahme mit der Nahrung durchaus physiologischer Natur: mit 2,5—4,5 g Hefe führen wir uns beispielsweise 25 mg Polyphosphat-Phosphor zu.

g) Speicherung verschiedener Elemente

Neben körpereigenen Ionen ($Na^{\oplus}$, $K^{\oplus}$, $CO_3^{2\ominus}$, Citrat) können sich auch fremde Ionen im Knochen anreichern, und zwar auf zwei verschiedenen Wegen:

a) Durch *heteroionischen Austausch* gegen $Ca^{2\oplus}$ gelangen Thorium, Radium, Blei, Strontium, Beryllium sowie das Uranylion $(UO_2)^{2\oplus}$ in den Knochen;

b) durch *Ablagerung* in der organischen Knochensubstanz werden fixiert: Americium, Plutonium, Neptunium, Yttrium, Barium, Zirkonium, Quecksilber, Cer und Gallium.

Viele dieser Speicherungsmöglichkeiten sind für die Giftwirkung der genannten Elemente von grundsätzlicher Bedeutung. Besondere Aufmerksamkeit hat die Speicherungsfähigkeit für radioaktive Stoffe gefunden, wie sie aus „Atommüll“ oder “fall out” über die Ernährung in unseren Körper gelangen können (s. S. 114). Vgl. auch Literatur 176, S. 153.

h) Magnesium

Der Gesamtorganismus des Menschen enthält etwa 21—28 g Magnesium, davon 11 g im Skelet und 6 g im Muskel. Als Bestandteil zahlreicher Enzyme (z. B. verschiedener Phosphokinasen, Phosphatasen, Phosphomutasen und Peptidasen) ist es ein lebenswichtiges Element. Der *Magnesiumbedarf* des Menschen ist nicht bekannt, er dürfte bei 260—295 mg/Tag liegen. Bei üblicher Ernährung werden etwa 0,3—0,5 mg/Tag aufgenommen. Abnahme des Mg-Gehaltes im Blut (normal rund 2 mäq/l) führt zu schweren Nervenstörungen, Magnesiummangel beim Rind verursacht die „Gras-Tetanie“. $Mg^{2\oplus}$ als Zentralatom des Chlorophylls rechnet unter die wichtigsten Mineralstoffe des Lebens schlechthin.

i) Eisen

Der gesamte Eisenbestand des Menschen beträgt 4—5 g, wovon auf *Hämoglobin* etwa 73%, auf *Ferritin* (ein Eisenproteid, das die Eisenreserve des Organismus darstellt und die Proteinresorption reguliert) etwa 16% und auf *Myoglobin* rund 3,3% entfallen. Das Plasma des Mannes enthält 125 μg-%, das der Frau 90 μg-% Eisen. Nach Versuchen mit radioaktivem ^{59}Fe wird Eisen bei intravenöser Zufuhr sehr rasch (Halbwertszeit 90 min) resorbiert. Das Element ist essentiell zur Synthese von Blutfarbstoff, Muskelfarbstoff und Häminproteiden (Atmungsenzym, Katalase, Peroxidase). Die früher als selbstverständlich erhobene Annahme, Eisen des Blut- und Muskelfarbstoffes, der Organe und verschiedener Pflanzen (Spinat) würde besonders leicht resorbiert, besteht nicht zu Recht:

Untersuchungen an Personen, die mit ^{59}Fe markierte Lebensmittel (Eier, Fleisch, Leber, Hefe, Spinat) erhalten hatten, zeigten, daß im allgemeinen weniger als 10% des im Lebensmittel enthaltenen Eisens resorbiert wurden. Größere Ascorbinsäuremengen verbessern die Resorption.

Milch ist relativ eisenarm (Kuhmilch 75 μg-%, Frauenmilch 130—150 μg-%). Da 40% des Milcheisens in der Fettfraktion vorliegen, ist Magermilch eisenärmer als Vollmilch. Die wünschenswerte Eisenzufuhr des Erwachsenen beträgt 12 mg/Tag, Schwangere und Stillende benötigen 15 mg. Alimentär bedingter Eisenmangel ist in unseren Breiten nicht zu erwarten, wurde jedoch in verschiedenen Ländern häufig beobachtet, so daß die Anreicherung von Brot und Cerealien mit Eisensalzen erwogen und auch praktisch durchgeführt wurde (vgl. S. 180, 497). Umgekehrt ist auch eine durch übermäßige Eisenzufuhr bedingte Krankheit bekannt (*Cytosiderosis*), die z. B. in Afrika bei hohem Maisverzehr beobachtet wurde. Dieser erhöht die Eisenresorption.

Lebensmitteltechnologisch ist Eisen oft unerwünscht, z. B. als Katalysator der Fettoxydation, als Trübungsfaktor bei Wein oder als störende Komponente in Trinkwasser, wo u. a. das Wachstum eisenspeichernder Bakterien gefördert wird. Über den Eisengehalt einiger Lebensmittel s. Tabelle 23, S. 112.

2. Spurenelemente

Im allgemeinen rechnet man zu dieser Gruppe solche Elemente, die im biologischen Material in Konzentrationen unter 0,005% vorliegen. Wie oben erörtert, gibt es keine verbindliche Nomenklatur für Spurenelemente. In den Lebensmitteln liegen die metallischen Spurenelemente als komplex gebundene Ionen vor (Metallproteide, Metallenzyme, Komplexe mit Pflanzensäuren, Phenolen u. a.).

Die tägliche Aufnahme an Spurenelementen durch den Menschen schwankt innerhalb weiter Grenzen und ist für die einzelnen Elemente außerordentlich verschieden (Tab. 26). Dies rührt nicht zuletzt daher, daß der Gehalt unserer Lebensmittel an derartigen Mineralstoffen sehr verschieden ist, starken Schwankungen unterliegt und auch regional bedingt sein kann.

Tabelle 26. Durchschnittliche Aufnahme von Spurenelementen durch den Menschen pro Tag (Nach K. Lang, 1957)

Element	Aufnahme	
Aluminium	10—40	mg
Fluor	0,2—2,0	mg
Jod	0,1—0,2	mg
Kobalt	5—8	μg
Kupfer	2—5	mg
Lithium	1—2,5	mg
Mangan	3,5—5,5	mg
Nickel	0,3—0,5	mg
Quecksilber	5—65	μg
Zink	6—22	mg
Zinn	17,2	mg

a) Kupfer

Von der gesamten, im erwachsenen Menschen vorkommenden Kupfermenge (100—150 mg) entfallen rund 65 mg auf die Muskulatur, 25 mg auf das Skelet und 20 mg auf die Leber. Hauptsymptom des Kupfermangels ist eine hyperchrome Anämie (Gegensatz zu Eisen). Kupferarme Böden führen zu Mangelerscheinungen beim Vieh. Etwa 96% des gesamten Blutkupfers beim Menschen liegen als *Coeruloplasmin*, einem Hämin-Kupferproteid vor. Der Rest des Kupfers ist vermutlich an mehrere Plasmaproteinfraktionen gebunden. Milch ist arm an Kupfer (Kuhmilch 20—30μg-%, Frauenmilch 20—40μg-%. Besonders kupferreich sind innere Organe, vor allem die Leber (3,6—6,3 mg/100g).

Der Säugling besitzt ein erhebliches Kupferdepot, das etwa 10—15mal so groß ist wie beim Erwachsenen. Die täglich benötigte Kupfermenge von 1—2 mg wird durch die übliche Kost gedeckt. Kupferionen zerstören Vitamin C; die gleichfalls

Vitamin C abbauende „Ascorbinoxidase“ (S. 207) ist kupferhaltig. Mehr noch als Eisen wirkt sich Kupfer in vieler Hinsicht lebensmitteltechnologisch ungünstig aus (Katalysator der Fettoxydation, Geschmacksbeeinflussung, Ascorbinsäureoxydation, Löslichkeit in essighaltigen Speisen u. a. m.). Mengen von etwa 16—32 mg wirken adstringierend, solche von 80—160 mg erregen Erbrechen.

b) Zink

Der Zinkbestand des erwachsenen Organismus beträgt 2—4 g; davon entfallen 1—2% auf das Blut, wo Zink an das Plasma gebunden ist, 90% auf die Kohlensäureanhydratase der Erythrocyten. Besonders zinkreich sind die Inselzellen der Pankreasdrüse, das Augengewebe und vor allem das Kolostrum (über 2 mg-%). Durch Zink werden verschiedene Enzyme aktiviert, z. B. Peptidasen, Desaminasen, Phosphatasen u. a. m.

Mangelnde Zinkzufuhr bewirkt beim Tier schwere Ausfallerscheinungen. Hohe Zinkgaben sind für den Menschen toxisch (Zinkvergiftungen beim Genuß saurer, in verzinkten Gefäßen gehaltener Speisen, z. B. von Kartoffelsalat bei Massenverpflegung). Die übliche Ernährung liefert tägliche Zinkmengen zwischen 6 und 22 mg und damit ausgeglichene Bilanzen für dieses zu etwa 6 mg/Tag essentielle Spurenelement. Mengen von 7—8 μg/g in Wasser und Getränken werden als bitter empfunden, 150 mg als Einzeldosis bewirken Erbrechen.

c) Kobalt

Seit der Entdeckung, daß Vitamin B_{12} (vgl. S. 154) Kobalt als Zentralatom enthält, ist die lebenswichtige Bedeutung dieses Elementes für alle durch Vitamin B_{12} katalysierten Synthesen, z. B. für die Bildung der roten Blutkörperchen oder für den Aufbau der Eiweißstoffe verständlich geworden. Kobaltarme Böden führen beim Weidevieh zu einer Reihe von Mangelzuständen anämischer Art, die dann eintreten, wenn das Futter weniger als 0,08—0,10 μg/g Co enthält. Auch für Pflanzen scheint Kobalt essentiell zu sein. Beim Menschen bewegt sich die übliche Kobaltaufnahme pro Tag zwischen 5 und 10 μg, wovon 73—97% resorbiert werden. Der gesamte Kobaltbestand des Menschen beträgt 5 mg. Besonders kobaltreich sind u. a. weiße Rettiche (300 μg-%) und Erbsen (380 μg-%). Der Mensch benötigt kein freies Kobalt, nur Vitamin B_{12}.

d) Mangan

Der menschliche Organismus enthält rund 10—40 mg Mangan; den Manganbedarf des Menschen schätzt man auf etwa 0,02—0,03 mg/kg Körpergewicht. Er wird nach unseren heutigen Kenntnissen bei der üblichen Ernährung gedeckt. Das Element ist relativ untoxisch, Cofaktor verschiedener Enzymsysteme (Peptidasen, Arginase, Phosphatasen), essentiell für die Skeletentwicklung und am Kupferstoffwechsel beteiligt. Die wünschenswerte Zufuhr beträgt 3,7—5,8 mg/Tag.

Mangan beschleunigt als potenter Enzymaktivator enzymatische Reaktionen in Lebensmitteln. Manganspeichernde Bakterien führen wie beim Eisen in manganhaltigen Wässern zu fädigen Ablagerungen im Rohrnetz, Mangansalze mindern den Wassergeschmack und stören durch Fleckenbildung den Waschprozeß.

e) Molybdän

Die Beobachtung, wonach verschiedene Flavinenzyme, wie die Xanthinoxidase der Milch und die auch an der Wurstumrötung beteiligte Nitratreduktase Molybdän als Cofaktor enthalten, beweist die Wichtigkeit dieses Elementes. Es ist essentiell für die Stickstoffixierung und Nitratreduktion bei Pflanzen sowie notwendig für das Wachstum von Mikroorganismen (Aspergillus niger) und höheren

Pflanzen (Hafer, Gerste, Kartoffeln, Kohlarten, Zuckerrübe, Flachs, Sellerie, Tomaten, Rettiche, Karotten). Auch Fische können dieses Element speichern. Molybdänreiche Böden liefern Gras mit 20—100 μg Mo/g Trockensubstanz, das beim Weidevieh unter Rückgang der Milchleistung schwere Diarrhöen ("teart", "peat scours") und Störungen des Knochenwachstums hervorruft. Auch Molybdänmangelerscheinungen der Pflanzen sind bekanntgeworden: Blumenkohl reagiert auf Molybdänmangel durch irreguläre Blattbildung an der Mittelrippe ("whiptail"), Citrusfrüchte zeigen Gelbfleckigkeit der Blätter ("yellow spot"). Über den Molybdänbedarf des Menschen ist nichts bekannt. Sechswertiges Molybdän in hohen Dosen ist toxisch. Besonders molybdänreich (30—50 μg-%) sind Leguminosen, Cerealien, dunkelgrüne Blätter (Rüben, Kohl), Kartoffeln, Citrusfruchtschalen, Mollusken, Leber, Niere und Milz. Zwischen dem Molybdän- bzw. Xanthindehydrasegehalt der Kuhmilch und dem Molybdängehalt des Weidefutters bestehen deutliche Beziehungen.

f) Aluminium

Der menschliche Körper enthält 50—150 mg Aluminium, wobei die höheren Werte vor allem beim alternden Organismus gefunden werden. Die Organe des Menschen enthalten weniger als 0,5 ppm, mehr (bis zu 30 ppm) findet sich in der Leber. Die Aluminiumaufnahme durch den erwachsenen Menschen liegt im allgemeinen zwischen 10 und 40 mg/Tag.

Aluminium wird aus dem Magen-Darm-Trakt äußerst geringfügig resorbiert und tritt zum größten Teil in den Kot über. Harn enthält nur Spuren; ein Übergang in die Milch findet praktisch nicht statt. Tierversuche über mehrere Generationen erwiesen die Unschädlichkeit der Aluminiumzufuhr; auch für den Menschen sind Aluminiumsalze praktisch ungiftig, so daß Bedenken gegen die Verwendung des Aluminiums auf dem Lebensmittelsektor und im Haushalt unbegründet sind.

Aluminiumtöpfe und andere Küchengeräte aus Aluminium führen zu einer Mehrzufuhr von 0,1—8 mg, nach anderen Angaben von 1—10 mg/Tag. Gegenüber anderen Materialien wird der Ascorbinsäuregehalt von Obst, Gemüse und Milch beim Kochen in Aluminiumtöpfen am geringsten zerstört.

Aluminium wird allgemein unter die Begleitelemente (Zivilisationselemente) gerechnet, nach unseren heutigen Kenntnissen ist es nicht essentiell.

g) Fluor

Pflanzliche Nahrungsmittel enthalten im Durchschnitt 0,01—0,03 mg-% Fluor; Kuhmilch enthält 0,01—0,02 mg-%. Die Fluoraufnahme des Erwachsenen (0,5 bis 1,5 mg/Tag) erfolgt über Lebensmittel (0,3—0,4 mg), daneben vor allem aus Trink- und Kochwasser und ist damit weitgehend durch den Fluorgehalt des Wassers bedingt. Die Hauptmenge des Elementes wird in Knochen und Zähnen abgelagert, ein Teil geht auch in die Milch über. Die Ausscheidung erfolgt praktisch nur im Harn. Besonderes Interessse fand Fluor seit der Beobachtung, daß Fluorgaben die Häufigkeit der Zahncaries deutlich herabsetzen. Die hier vorgeschlagene *Fluoridierung des Trinkwassers* (1 ppm; S. 744) wird mit Natriumfluorid oder Ammoniumfluorsilicat $(NH_4)_2SiF_6$ vorgenommen. Sie hat ebensoviel Fürsprecher wie Gegner gefunden. Schwierigkeiten der Dosierung sind vor allem darin zu sehen, daß die Grenzkonzentration toxischer Fluorwirkung bereits bei 2 mg/l F im Wasser liegt.

Außerdem sind Konsequenzen, die sich aus der Speicherung von Fluor in manchen weichen Geweben ergeben, gegenwärtig im einzelnen nicht überschaubar. Zur Anordnung einer Fluoridierung von Trinkwasser fehlt es auch an einer Rechtsgrundlage.

Höhere Fluorgaben bewirken als „Fluorose" bezeichnete Knochenschädigungen und vor allem Zahnveränderungen („mottled enamel", „mottled teeth"), wie sie häufig bei starken Teetrinkern infolge des hohen Fluorgehaltes von Tee beobachtet werden. Außerdem hemmen Fluorionen verschiedene Enzyme (Enolase, Phosphoglucomutase, alkalische Knochenphosphatase und andere Phosphatasen). Die Unentbehrlichkeit des Fluors für den Menschen ist bis heute noch nicht erwiesen. Offenbar ist Fluor nicht essentiell. Über Fluor in Abgasen der Industrie vgl. S. 762, 767.

h) Jod

Der Jodbestand des menschlichen Organismus beträgt etwa 10 mg, wovon der größte Teil (70—80%) organisch gebunden sich in der Schilddrüse findet. Die Aufnahme des Jodes aus der Nahrung erfolgt fast ausschließlich und sehr rasch als Jodid, das dann zum Aufbau der Schilddrüsenhormone Thyreoglobulin, Thyroxin und Trijodthyronin dient. Die komplizierte Reaktionskette der Hormonbildung läßt sich durch eine Reihe von „*Thyreostatica*" hemmen. Sie finden sich als „*Kropfnoxen*" (S. 514) in Kohlrabi, Sojabohnen, Zuckerrübe, Brassicasamen u. a. m., wirken „strumigen" und führen damit zur Kropfbildung (S. 514). Ihre geringe Konzentration in den erwähnten Pflanzen und ihre Hitzelabilität läßt auch bei einseitiger vegetarischer Ernährung keine schädliche, kropferzeugende Wirkung erwarten.

Synthetische Thyreostatica, wie *Thioharnstoff*, *Thiouracil* und deren Derivate werden in der Tierzucht zur Beeinflussung des Fleisch- und Fettansatzes als *Masthilfsmittel* vorgeschlagen. Nach § 4b des Lebensmittelgesetzes ist es verboten, Stoffe mit östrogener oder thyreostatischer Wirkung lebenden Tieren einzupflanzen oder einzuspritzen. Der *Jodbedarf* des Menschen beträgt etwa 150—300 μg/Tag. Die meisten Lebensmittel enthalten relativ wenig Jod; gute Jodquellen sind Milch, Eier und vor allem Seefische.

Das Trinkwasser trägt nur wenig zur Jodversorgung bei. In Kropfgegenden enthält es 0,1—2,0 μg/l, in kropffreien 2-15 μg/l. Jodarme und jodreiche Gegenden beeinflussen den Jodgehalt unserer Lebensmittel. Um eine durch zu geringe Jodaufnahme (unter 100 μg/Tag) bedingte Schilddrüsenvergrößerung und Kropfbildung zu verhindern, haben einige Länder mit jodarmen Bezirken eine Jodprophylaxe durch Anreicherung des Speisesalzes mit Jod durchgeführt derart, daß 100 μg Jod in 1 g (USA), 2 g (Neuseeland), 5 g (England, BRD) oder 10 g (Schweiz) Kochsalz enthalten sind. Andererseits wirken höhere Joddosen ausgesprochen schädlich.

i) Weitere Spurenelemente

Viele der hier zu nennenden Elemente sind für den Menschen im allgemeinen nicht essentiell, häufig jedoch lebenswichtige Nährstoffe bei Tier und Pflanze. Andere wirken ausgesprochen toxisch und haben z. B. in Fragen des Umweltschutzes in neuerer Zeit besondere Beachtung gefunden. Vgl. hierzu Literatur 176, S. 14.

Vanadium kommt besonders reichlich im Blut niederer Lebewesen (Hämovanadin bei Tunicaten) und im Champignon (Amanita muscaria) vor (150 mg/kg Trockensubstanz). Es katalysiert die Stickstoff-Fixierung durch Bakterien und ist ein lebenswichtiges Spurenelement für die als Eiweißquelle gezüchtete Grünalge Scenedesmus obliquus.

Selen wird für die auf selenreichen Böden bei Weidetieren beobachtete Krankheit „alcali disease" und „blind staggers" verantwortlich gemacht. Die tägliche Selenaufnahme beim Menschen wird zu etwa 0,07 mg angegeben. Toxische Symptome bei Industriearbeitern treten bereits bei einer Selenkonzentration von 5—13 μg/100 ml im Harn auf. Gleich Blei wird Selen von Hefen und Schimmelpilzen aus selenhaltigen Kulturmedien aufgenommen und kumulativ gespeichert. Toxische Selendosen bewirken eine starke Akkumulierung des Elementes in den Organen. Beobachtungen, wonach Selen bei Ratten die Lebernekrose zu verhüten vermag, sind nicht unwidersprochen geblieben. Das Element wird anstelle von Schwefel in Cystin, Methionin eingebaut, liefert die Diselenodibuttersäure und den antinekrogen wirksamen, in der Struktur nicht aufgeklärten „Faktor 3".

Antimon ist in seinen Verbindungen giftig (Brechweinstein!). Weiteres vgl. S. 674.

Arsen findet sich in den Geweben aller Organismen zu 3 bis 30 μg/100 g. Die tägliche Aufnahme mit der Nahrung beträgt etwa 0,07—0,5 mg. Die verschiedene Toxicität einzelner Arsenverbindungen ist offenbar von der unterschiedlichen Reduktionsfähigkeit abhängig. Die cancerogene Wirkung von Arsensalzen hat u. a. dazu geführt, daß zur Schädlingsbekämpfung im Weinbau seit 1942 in Deutschland arsenhaltige Stoffe verboten sind (vgl. S. 617).

Beryllium ist ein besonders gefährliches Gewerbegift. Beryllium findet u.a. Verwendung als Bestandteil von Spezial-Leichtmetall-Legierungen.

Bor findet sich in zahlreichen Lebensmitteln und ist für Pflanzen essentiell. Es verhütet die Herz- und Trockenfäule der Zuckerrübe, die „Braunkrankheit" der Kohlrübe und ist für die normale Entwicklung von Solanaceen (Kartoffel, Tomate, Tabak, Mais, Leguminosen, Baumwolle u.a.m.) unentbehrlich. Der tierische Organismus benötigt kein Bor. Bezogen auf Frischgewicht enthalten Früchte 5—30, Gemüse 0,5—2, Cerealien 0,5—3, Eier 0,1 und Milch 0,1—0,2 ppm Bor. 1967 wurde als erster borhaltiger Naturstoff das Antibioticum *Boromycin* beschrieben, dessen komplizierte Struktur 1971 aufgeklärt wurde. Da Borsäure in höheren Konzentrationen im Fettgewebe und vor allem im Zentralnervensystem kumuliert und die Konsequenzen dieser Speicherung noch nicht zu übersehen sind, wurden Borsäure als Konservierungsmittel und Perborate bei der Mehlbehandlung in der BRD einschl. Berlin (West) verboten.

Chrom findet sich regelmäßig in allen Organen zu 2—4 μg/100 g. Die Resorption der Chromverbindungen ist mangelhaft. Verschiedene Beobachtungen deuten darauf hin, daß Chrom für den Menschen als essentielles Element anzusehen ist. Toxische Wirkungen der Cr(III)-Salze sind nicht bekannt. Chromate und Dichromate wirken in Grammdosen tödlich. Für die Toxicität des Bleichromates ist offenbar die Bleikomponente bestimmend.

Nickel wird täglich zu 0,25—0,50 mg aufgenommen und gut resorbiert. Bei Zufuhr über die Atemwege (Lunge) erweist es sich als cancerogen.

Silicium wird als lösliche Kieselsäure sehr rasch resorbiert. Für Pflanzen ist Silicium essentiell. Besonders siliciumreich sind die Gramineen. In physiologischen Konzentrationen ist Kieselsäure eine harmlose Substanz. Auf das Problem der Silicose sei hier nicht eingegangen.

Zinn ist wenig toxisch. Es kommt in allen menschlichen Organen vor, z. B. in der Leber zu 60—300, im Muskel zu 10—150, im Gehirn zu 200—300 und im Pankreas zu 300—400 μg/100 g. Tabellen über den Zinngehalt von Lebensmitteln finden sich bei H. A. Schroeder u. Mitarb. (142).

Von besonders sauren Lebensmitteln können oft beträchtliche Zinnmengen gelöst werden. So enthielt ein Fruchtsaft aus Ananas und Pampelmusen, der in mangelhaft verzinnten Kannen transportiert wurde, 2 g/l Sn. Bei Lebensmitteln in Konservendosen fanden sich zum größten Teil Zinngehalte unter 50 mg/kg. Unter besonders ungünstigen Bedingungen wurden Zinnmengen bis zu 870 mg/kg gefunden. Organo-Zinnverbindungen gewinnen an Bedeutung zur Bekämpfung tropischer Krankheiten (Bilharzia).

Besondere Bedeutung haben in unserer Zeit die toxischen Spurenelemente *Quecksilber*, *Blei* und *Cadmium* erlangt. Sie rechnen zu dem Sammelbegriff „Umweltchemikalien", Stoffe, „die durch menschliches Zutun in die Umwelt gebracht werden und in Mengen auftreten können, die geeignet sind, Lebewesen, insbesondere den Menschen zu gefährden". Man spricht auch von „*Bioiciden*" (103).

Quecksilber gelangt aus der Chloralkali-Elektrolyse, aus Anlagen der Elektroindustrie und (weniger) aus dem Holzschutz in die Umgebung. In der BRD wurden 1969 rund 760 t Quecksilber davon 26 t (= 3,5%) landwirtschaftlich verbraucht. Weltweit beträgt der Quecksilberverbrauch z. Z. rund 9200 t/Jahr (UNO). Repräsentative Daten für das Vorkommen von Hg in Böden, Gewässern, Fischen und Wildgeflügeln liegen in der BRD nicht vor. Angaben aus anderen Ländern bringt (103).

1968 wurde über die nach der Minamata-Bucht in Japan benannte „*Minamata-Krankheit*" berichtet, verursacht durch Hg-Rückstände von 5—20 mg/kg in Fischen dieser Bucht. Es traten 43 Todesfälle nach dem Verzehr derart kontaminierter Fische auf. Das Hg stammte aus den Abwässern einer Acetaldehyd- und Vinylchlorid-Fabrik. Als Schadstoff par excellence gilt das *Methylquecksilber*, das aus metallischem, ionischem und organisch gebundenem Quecksilber durch Mikroorganismen des Bodenschlamms schnell und besonders leicht resorbierbar gebildet wird. Bis zum Menschen kann im Rahmen der Nahrungskette eine Kumulierung der Methylquecksilber-Konzentration um mehrere Zehnerpotenzen erfolgen. Anerkannte Grenzwerte oder Bewertungsmaßstäbe existieren noch nicht. Vom FAO/WHO Joint Meeting werden Toleranzen zwischen 0,02 und 0,05 ppm Hg vorgeschlagen. Für die BRD besteht laut Höchstmengenverordnung für Hg-Rückstände aus Pesticidbehandlung eine „Nulltoleranz". Italien hat 1972 für Fische eine Toleranzgrenze von 0,7 ppm festgelegt. Indirekte Quecksilbervergiftungen durch Schweinefleisch, das über Quecksilberfungicid enthaltendes Futtergetreide kontaminiert war (29,4 ppm Hg), sind aus den USA bekanntgeworden. Als besonders toxisch für das Photoplankton erwies sich neben Methylquecksilber das Dimethylquecksilber (50 ppb). Untersuchungen mit Hilfe der empfindlichen Neutronenaktivierungsanalyse ergaben in der BRD für handelsübliche See- und Süßwasserfische einschließlich Marinaden und Ölsardinen Quecksilbergehalte, die fast ausnahmslos unter 0,1 ppm lagen. Als unschädliche Höchstkonzentration für die Lebewesen eines Gewässers werden 5 μg l/Hg angegeben. Eine Zusammenfassung über Organoquecksilberverbindungen bringt L. Fishbein (39).

Blei kommt in allen tierischen Geweben vor, besonders in Knochen finden sich oft beträchtliche Mengen (0,8—5,3 mg-%). Die tägliche Aufnahme über Atemluft, Lebensmittel und Frischwasser wird zu 0,3—0,6 mg geschätzt. Die Gesamtbleilast des „Standard-Menschen" ist zu 135 mg geschätzt worden. Grenzwerte für Blei im Trinkwasser werden zu 0,10 bzw. 0,5 mg/l angegeben. Über Blei in der Luft s. dort. Besonders hoher Bleigehalt wird in der Vegetation nahe an Autobahnen gefunden, wie das folgende Schaubild für den Bleigehalt von ungewaschem Gras zeigt.

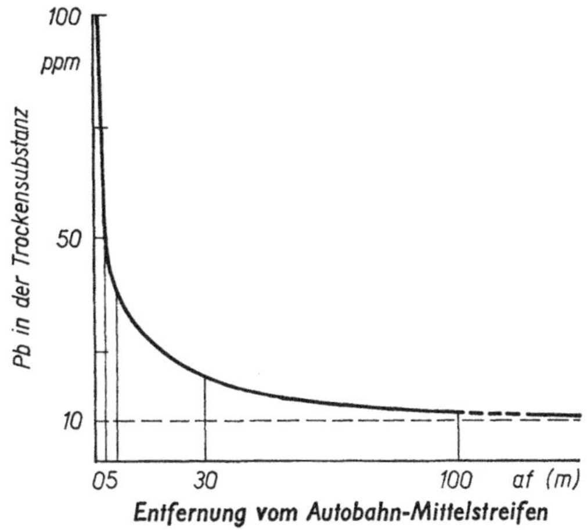

Abb. 6.

Der Bleigehalt oberirdisch gewachsener Gemüse ist in der Nähe der Autobahn um das 2—3-fache größer als an verkehrsarmen Standorten. Je nach der Standortentfernung von der Autostraße wurden für Obst und Gemüse folgende Werte gefunden:

Tabelle 27. DerBleigehalt im Obst und Gemüse in der Nähe von Autostraßen (Angaben in mg/kg Frischsubstanz) (Aus: 103 S. 95)

Lebensmittel	Blei
Spinat	0,5—1,5
Salat	0,3—4,0
Kohlrabi-Knollen	0,2—0,5
Gemüse (oberirdisch gewachsen)	0,2—4,0
Obst	0,2—0,5
Kartoffeln	0,1—0,5
Getreidekörner	0,3—8,0

Für Milch wurden mittlere Bleigehalte von 0,04 mg/l mit Extremwerten von 0,07 mg/l gefunden, Mengen, die nach unseren heutigen Kenntnissen noch als unbedenklich gelten. Für die Umwelt am gravierendsten ist die Bleibelastung durch die Benzinadditive Bleitetraäthyl und -tetramethyl. Über Industrie-Emissionen als Quelle der Bleizufuhr s. bei „Luft". Das Blut des Gesunden enthält normalerweise bis zu 30 μg/100 ml Blei.

Cadmium als lange bekanntes gewerbliches Gift hat neuerdings besondere Aufmerksamkeit gefunden, da auch Vergiftungen durch Lebensmittel bekannt wurden. Das Metall findet in der Galvanotechnik, der Herstellung von Akkumulatoren, Trockenbatterien und Cadmiumfarben Verwendung (in der BRD rund 800 t/Jahr). Als weitere Cadmiumquelle kommen Phosphatdünger (Thomasmehl) in Betracht. Cadmium findet sich in der Trockensubstanz menschlicher Organe zu 0—5 mg/100 g, besonders reichlich in der Nierenrinde. Küchenfertige Lebensmittel und Getränke der BRD enthielten Cadmium zwischen 0,05 und 0,85 mg/kg, entsprechend einer täglichen Cadmiumbelastung pro Kopf von 48,45 μg, wobei die Hauptmenge über die Speisekartoffel zugeführt wird.

In Japan traten Cadmiumvergiftungen auf, die darauf zurückzuführen waren, daß aus Abraumhalden einer Zinkmine Cadmiumsalze in einen Trinkwasser liefernden Flußlauf gelangten, und zwar in Mengen (0,18 ppm), die weit über dem Gehalt nicht kontaminierter Gewässer (0,0005 ppm) liegen. Muscheln und Tintenfische des Flußbettes enthielten bis zu 100 ppm Cadmium. Bereits 15 ppm Cd in Lebensmitteln gelten als schädlich (161). Die als *Itai-Itai-Krankheit* bekanntgewordene Intoxikation äußert sich durch Austausch des Calciums gegen Cadmium im Knochensystem als Calciumdefekt, der zu einer Schrumpfung des Skelets führt. Aus der Literatur sind auch Vergiftungen durch cadmierte Armaturen, kontaminiertes Eis und Fruchtsaft bekanntgeworden. Weitere Einzelheiten vgl. (103).

Zusammenfassend kann gesagt werden, daß zahlreiche Mineralstoffe als lebensnotwendige Nahrungsbestandteile anzusprechen sind. Von vielen anderen Spurenelementen wissen wir — was Bedarf und Nahrungsangebot anlangt — noch wenig oder gar nichts. Wir dürfen mit gutem Grund annehmen, daß wenigstens der Minimalbedarf des Menschen an Spurenelementen durch eine vielseitige, gemischte und weitgehend unveredelte Kost gedeckt wird. Die Mineralstoffe werden — im Gegensatz zu den Vitaminen — durch alle haushaltsüblichen und technologischen Zubereitungsarten nicht geschädigt, oft so gar durch die Speisenzubereitung erst resorbierbar aus dem Zellverband gelöst. Die Gefahr der *Überdosierung* besteht mit wenigen Ausnahmen (Jod, Fluor) nicht, vor allem auch deshalb nicht, da Pflanze und Tier als unsere Nahrungslieferanten gegen übermäßige Elementzufuhr sehr scharf reagieren. *Mangelerscheinungen* sind für manche Elemente vor allem für Calcium, daneben unter Umständen auch für Jod, Fluor und Eisen nicht auszuschließen und bekannt; ihre Verhütung hat die Aufmerksamkeit der Ernährungsphysiologen wachgerufen. Damit liegt kein Grund vor, den Mineralstoffbedarf unserer Ernährung unter sektiererisch-vitalistischen, analytisch nicht faßbaren und weltanschaulich gefärbten Aspekten zu betrachten oder den Schutz vor allgemeiner, „Hypo-Spurenelementose“ zu predigen. Auch hier ist jede puritanische Dogmatik abzulehnen. Bei übereichlicher Dosierung von Mineralstoffgaben etwa durch „Spurenelementpräparate“ besteht vor allem die Gefahr, das natürliche Gleichgewicht der meist als komplex gebundene Ionen vorliegenden Spurenelemente zu stören und "shotgun"-Gemische in unsere Nahrung zu bringen. Unberührt von solchen Erwägungen bleibt die Aufgabe und Verpflichtung, ausgesprochen toxische Zivilisationselemente, vor allem Blei, Cadmium und Quecksilber, von unserer Nahrung fernzuhalten.

3. Spurenelemente in der Lebensmittelverarbeitung

Metallionen können bei der Gewinnung, Verarbeitung und Lagerung unserer Lebensmittel entscheidende, z.T. schon lange bekannte Wirkungen entfalten. Was die Herkunft der einzelnen Elemente anlangt, so entstammen sie häufig den Lebensmitteln selbst, in der Mehrzahl der Fälle werden sie jedoch im Gange der Aufbereitung eingeschleppt, z.B. aus Kupferapparaturen mit schadhafter Verzinnung, aus metallhaltigem Verpackungsmaterial, metallhaltiger Keramik oder aus metallhaltigen Hilfsstoffen (Kochsalz, Essig, eisen- und manganhaltiges Brauch- und Betriebswasser). Auch Reste metallhaltiger Schädlingsbekämpfungsmittel spielen oft eine Rolle. Wesentlich ist außerdem die Speicherungsfähigkeit mancher Organismen für Metalle, z.B. die der Hefen für Blei, Arsen und Selen, wodurch eine unzulässige Anreicherung gesundheitsschädlicher Elemente eintreten kann.

Die *Wirkungen* sind äußerst vielgestaltig. Sie werden bei vielen Lebensmitteln im einzelnen näher besprochen. Eisen ruft durch Umsatz mit Phosphaten oder Gerbstoffen im Wein Trübungen (weißer Bruch) oder dunkel gefärbte Flockungen (schwarzer Bruch) hervor. Geringe Metallmengen vermögen oft drastisch die Farbe von Obst- und Gemüsekonserven zu verändern. Zinn induziert die gelbliche Verfärbung von Zwiebeln in Fischmarinaden. Eisen und Kupfer setzen sich mit schwefelhaltigem Material um (Erbsen, Mais, Zwiebeln, Spargel) oder bewirken Nachdunkeln bei stark zuckerhaltigen Lebensmitteln, z.B. bei Dickzuckerfrüchten. Eisenhaltige Kondensmilch führt bei Zugabe zu Kaffeeaufgüssen zum Auftreten mißfarbener Tönungen, hervorgerufen durch Bildung von Eisen-Gerbstoffkomplexen. Neben solchen, dem Aussehen abträglichen Reaktionen, tritt jedoch eine Reihe von Umsetzungen ein, die durch Schwermetallspuren katalysiert werden und das Nahrungsgut bis zur Genußuntauglichkeit abwerten können. Ein besonders wichtiges Beispiel ist die Neigung der Fette und Öle zur Oxydation und zum Verderb (S. 75) bei Gegenwart von Kupfer-, Eisen- oder Manganspuren, deren aktiv wirksame Menge oft unter der Grenze analytisch nachweisbarer Beträge liegen kann, zum mindesten jedoch bereits bei wenigen μg/g Fett sich ungünstig auswirkt. Bekannt ist die Zerstörung von Vitamin C durch Kupferspuren in Spinat-, Tomaten- und Obstkonserven. Umsatzprodukte von Schwermetallen mit Lebensmittelkomponenten oder Abbaureaktionen, wie sie durch Schwermetallspuren katalysiert werden, können fremdartige, tintige, adstringierende oder metallisch bittere Geschmacksabwandlungen hervorrufen. Solche Erscheinungen beobachten wir beispielsweise bei Obstsäften sowie -sirupen und oft wird hier zweifellos auch die obenerörterte Effektorwirkung verschiedener Metalle als Aktivatoren von Enzymen eine wichtige Rolle spielen. Metallspuren vermögen schließlich Korrosionsvorgänge zu beschleunigen oder auszulösen, so beim Angriff saurer Füllgüter auf das Dosenmaterial. Dabei gehen in sekundärer Reaktion große Metallmengen unter Wasserstoffentwicklung in das Füllgut über. Es treten chemische Bombage, intensiv metallischer Geschmack oder unerwünschte Verfärbungen auf. Unter solchen Gesichtspunkten ergibt sich für die Lebensmittelverarbeitung die wichtige Aufgabe, Mineralstoffe schädigender Art vom Herstellungsgang fernzuhalten oder aber aus dem Lebensmittel zu entfernen bzw. in ihm zu blockieren.

Die Mehrzahl der Mineralstoffbestandteile unserer Lebensmittel erfüllt jedoch wichtigste Aufgaben im *positiven* Sinne. Die Mineralstoffe halten die Elektroneutralität und den notwendigen osmotischen Druck aufrecht, schaffen optimale Lösungsbedingungen für Kolloide (z.B. bei Bindemittel- und Emulgatorwirkungen), sind an der Ausbildung von Puffersystemen beteiligt (z.B. bei der enzymatischen Freisetzung anorganischer Phosphate aus Gärmedien) und steuern schließlich enzymatisch katalysierte Stoffwechselprozesse durch Aktivierung oder Hemmung von Enzymsystemen, z.B. bei der Reifung oder aber beim desmolytischen Abbau der Lebensmittel.

V. Die Vitamine

Die *Vitamine* rechnen, zusammen mit den Enzymen und Hormonen, zur Gruppe der „*Wirkstoffe*" (*Biokatalysatoren*) und sind damit für den geregelten Ablauf des Lebens unentbehrlich. Von den beiden anderen Wirkstoffgruppen unterscheiden sie sich dadurch, daß sie vom menschlichen Organismus nicht synthetisiert werden können. Sie sind infolgedessen lebensnotwendige, „*essentielle*" *Bestandteile* (accessory foods) einer biologisch ausgeglichenen Ernährung, gleich bestimmten Aminosäuren, ungesättigten Fettsäuren und Mineralstoffen. Funktionell stehen sie in enger Verbindung zu den Hormonen und Enzymen, stofflich sind sie darüber hinaus mit der letztgenannten Wirkstoffgruppe weitgehend verknüpft deshalb, weil zahlreiche Vitamine oder deren Abwandlungsprodukte als Wirkgruppen (Coenzyme) von Enzymen bekannt sind. Verglichen mit der laufenden Zufuhr von Nährstoffen (Kohlenhydrate, Fett, Proteine) und dem Ausmaß der Enzymsynthese im Organismus sind die benötigten Vitaminmengen sehr klein, so daß diese Biokatalysatoren am Aufbau der Körpersubstanz nicht teilnehmen und auch energetisch praktisch nicht in Erscheinung treten. Manche Vitamine können auch als Vorstufen (*Provitamine*) mit der Nahrung zugeführt und vom Organismus in das eigentliche Vitamin umgewandelt werden. Fehlende oder ungenügende Vitaminzufuhr ruft typische Mangelkrankheiten („deficiency disease") hervor, von denen die bei extremem Vitaminmangel auftretenden „*Avitaminosen*" schon lange, z.B. in Form von Beriberi, Skorbut oder Rachitis bekannt, in unseren Breiten jedoch ohne allgemeine Bedeutung sind. Weit häufiger und auch in unserer Ernährung beachtenswert ist unzureichende Vitaminversorgung, die zu „*Hypovitaminosen*" führt und oft schwer überschaubare Krankheitsbilder erzeugt, da die Wirkung vieler Vitamine im Rahmen komplexer Kettenreaktionen vor sich geht. Krankheiten durch übermäßige Vitaminzufuhr („*Hypervitaminosen*") sind selten und nur für die Vitamine A und D bekannt. Die von C. Funk bereits 1911 geprägte Bezeichnung dieser Stoffgruppe als Vitamine (lat. vita = Leben und Amin) hat sich in der Folgezeit zwar durchgesetzt, im strengen chemischen Sinne jedoch trifft sie eigentlich nur für das Vitamin B_1 zu. Der *Bedarf* des Organismus an den einzelnen Vitaminen ist weitgehend von Lebensalter, Stoffwechsellage, Klima, körperlicher Arbeit, Ernährungsform, Krankheit, Schwangerschaft und Stillzeit abhängig und wird nicht zuletzt durch Resorptionsstörungen beeinflußt.

Den ersten eindeutigen Nachweis für die Existenz eines Vitamins („accessory food factor“) lieferten die Untersuchungen von F. G. Hopkins; konsequente Weiterverfolgung dieser Beobachtungen führte zur Entdeckung des Vitamin A (F. G. Hopkins; W. Stepp, 1906—1912) sowie des Vitamin B_1 (G. Eijkman, 1897).

Die Vitamine werden von den Pflanzen und in gewissem Ausmaß von Mikroorganismen gebildet. Vor allem die Darmbakterien liefern beträchtliche Mengen an Vitaminen, doch ist die Bedeutung und Ergiebigkeit dieser mikrobiellen Synthese für den menschlichen Organismus mit Vorsicht zu werten. Lediglich Biotin, Pteroylglutaminsäure und Vitamin K scheinen derart reichlich durch Darmbakterien synthetisiert zu werden, daß dadurch normalerweise der Bedarf des Menschen gedeckt wird.

Die *Beständigkeit* der Vitamine gegen chemische und physikalische Einflüsse ist sehr unterschiedlich. Manche von ihnen sind leicht oxydabel, also luft- und sauerstoffempfindlich, lichtempfindlich oder thermolabil, werden durch Säuren, Alkalien, Metallspuren oder chemische Agentien (schweflige Säure) zerstört, durch Wasser oder Fette (Lipoide) extrahiert, durch Enzyme und „Antivitamine“ (vgl. dort) inaktiviert. Es liegt damit auf der Hand, daß bei der Gewinnung, Verarbeitung, Lagerung und Zubereitung sowie bei der Haltbarmachung und Konservierung durch unsachgemäße Behandlung unserer Lebensmittel oft große Vitaminverluste eintreten können. Eine genaue Kenntnis der Eigenschaften solcher essentiellen Bestandteile unserer Nahrung ist deshalb für den Lebensmittelchemiker und -technologen notwendig.

Über die wünschenswerte tägliche Vitaminzufuhr unterrichtet die folgende Tabelle 28.

Die Tabelle gibt keine Daten für den Vitaminbedarf, sondern Empfehlungen für die wünschenswerte Zufuhr. Nach den vorliegenden Erfahrungen bleiben gesunde Personen bei Aufnahme der empfohlenen Mengen im guten Ernährungszustand.

Tabelle 28. Empfehlungen der Deutschen Gesellschaft für Ernährung für die tägliche Vitaminzufuhr (Nach K. Lang: 90)

	Vitamin A iE	Thiamin mg	Riboflavin mg	Ascorbinsäure mg
Mann, 25 Jahre	5000	1,7	1,8	75
45 Jahre	5000	1,5	1,8	75
65 Jahre	5000	1,7	1,8	75
Frau, 25 Jahre	5000	1,5	1,8	75
45 Jahre	5000	1,5	1,8	75
65 Jahre	5000	1,5	1,8	75
Gravidität ab 6 Monate	6000	2,1	2,0	100
Lactation	8000	2,3	2,5	120
Kinder, 0—3 Monate	[1]	0,3	[1]	30
4—6 Monate	[1]	0,4	[1]	30
7—9 Monate	2000	0,4	0,7	35
10—12 Monate	2000	0,5	0,7	35
1—3 Jahre	2000	0,7	0,8	40
4—6 Jahre	2500	1,0	0,8	50
7—9 Jahre	3500	1,3	0,9	60
Knaben, 10—14 Jahre	4500	1,7	1,8	75
15—18 Jahre	5000	2,0	1,8	75
Mädchen, 10—14 Jahre	4500	1,4	1,8	75
15—18 Jahre	5000	1,7	1,8	75

[1] Säuglinge bis zu 6 Monaten haben über die natürliche Brustnahrung hinaus keinen zusätzlichen Bedarf an Vitamin A und an Riboflavin.

Die Zerstörbarkeit von Vitaminen geht aus folgender Tabelle 29 hervor.

Tabelle 29. Zerstörbarkeit von Vitaminen
(Aus K. Lang: 90)

Vitamin	Hitzelabil	Oxydabel	Empfindlich gegen Licht	Empfindlich gegen ionisierende Strahlen
A		+	+	+
D		+		
E		+		
K			+	+
Thiamin	+			+
Riboflavin			+	+
Pyridoxol			+	
Pantothensäure	+			
Folsäure	+			
Ascorbinsäure		+		+

Haushaltsübliche Zubereitung führt im Durchschnitt zu folgenden Vitaminverlusten (90).

Thiamin	30%
Riboflavin	15%
Nicotinsäure	20%
Pantothensäure	35%
Folsäure	40—50%
Ascorbinsäure	35%

1. Einteilung und Nomenklatur der Vitamine

Die *Unterteilung* der Vitamine erfolgt zweckmäßig nach ihrer *Löslichkeit* in Lipoiden und in Wasser.

Fettlösliche Vitamine	*Wasserlösliche Vitamine*
Vitamine und Provitamine A	Gruppe der B-Vitamine
Vitamine und Provitamine D	Vitamin C
E-Vitamine	„Vitamin P" (vgl. S. 176)
K-Vitamine	

Diese im Grunde willkürliche Einteilung entbehrt nicht der Berechtigung, da schon allein durch die Fett- bzw. Wasserlöslichkeit gewisse biologische Eigenschaften, wie z.B. Speicherungsfähigkeit im Organismus oder im Lebensmittel sowie Transport- und Ausscheidungswege determiniert sind.

Zur *Nomenklatur* der Vitamine hat die Kommission der IUPAC für die Reform der Nomenklatur in der biologischen Chemie folgende Bezeichnungen (s. Tab. 30) vorgeschlagen.

Tabelle 30. Nomenklatur der Vitamine

IUPAC-Beschluß	z.Z. übliche Bezeichnung	veraltete nicht zulässige Bezeichnungen
Retinol	Vitamin A, Axerophthol	Antiinfektiöses Vitamin, Antixerophthalmisches Vitamin, Epithelschutz-Vitamin
Ergocalciferol	Vitamin D_2, Calciferol	Antirachitisches Vitamin
Cholecalciferol	Vitamin D_3	

Tabelle 30. Fortsetzung

IUPAC-Beschluß	z. Z. übliche Bezeichnung	veraltete nicht zulässige Bezeichnungen
Tokopherole	Vitamine E	Antisterilitätsvitamin, Fertilitätsvitamin
Phyllochinon	Vitamine K	Antihämorrhagisches Vitamin, Coagulationsvitamin, Prothrombinfaktor
Thiamin	Vitamin B_1, Aneurin	Antineuritisches Vitamin, Antiberiberi-Vitamin
Riboflavin	Vitamin B_2, Lactoflavin	
Nicotinsäure Nicotinsäureamid	Niacin, Nicotinsäure Niacinamid	PP-Vitamin, PP-Faktor, Filtratfaktor
Pyridoxin, Pyridoxol, Pyridoxal, Pyridoxamin*	Vitamin B_6	
Pantothensäure	Pantothensäure	Filtratfaktor, Bios IIa, Bios III, Kükenantidermatitis-Faktor, Vitamin B_5
Biotin	Biotin	Vitamin H, Bios II, Bios IIb, Coenzym H, Hautfaktor
myo-Inosit	meso-Inosit	Bios I
Cholin	Cholin	
p-Aminobenzoesäure	p-Aminobenzoesäure	
Pteroylglutaminsäure	Folsäure, Folsäure-Konjugate, Pteroylglutaminsäure	Vitamin B_c, Vitamin M, Leber-Eluat-Faktor, Lactobacillus casei-Faktor
Cyanocobalamin, Hydroxocobalamin, Aquocobalamin	Cobalamine, Vitamin B_{12}	Antianämisches Vitamin, extrinsic factor, animal protein factor (APE), Antipermiciosafaktor, Erythrotin
Ascorbinsäure	Vitamin C	Antiskorbutisches Vitamin, Hexuronsäure

* Über neue Vorschläge zur Vitamin B_6-Nomenklatur vgl. Mitteilungen der IUPAC-IUB Commission (CBN) in Biochemistry *9*, No. 20, 4019 (1970).

a) Die fettlöslichen Vitamine

α) Retinol (Vitamine A)

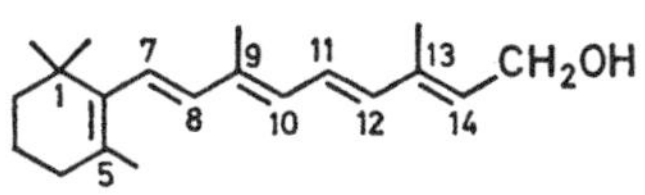

2.6.6-Trimethyl-1-(9-hydroxy-3'.7'-dimethyl-nona-1'.3'.5'.7' -tetraenyl) cyclohex-1-en

Retinol (Axerophthol , all-trans-Vitamin A_1 -Alkohol)

$C_{20}H_{30}O$ 100% Aktivität

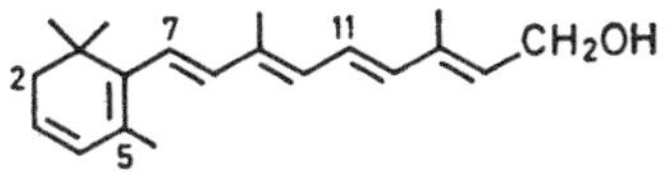

2.6.6-Trimethyl-1-(9'-hydroxy-3'.7'-dimethyl-nona-1'.3'.5'.7'--tetraenyl)cyclohexa-1.3-dien

3-Dehydroretinol (all-trans-Vitamin A_2-Alkohol)
40% Aktivität

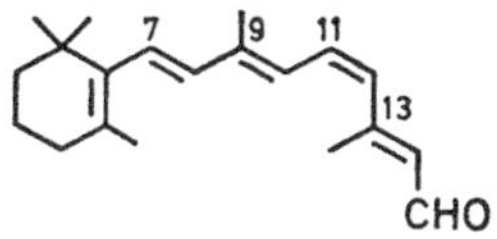

11-cis-Retinal (Neoretinal b)

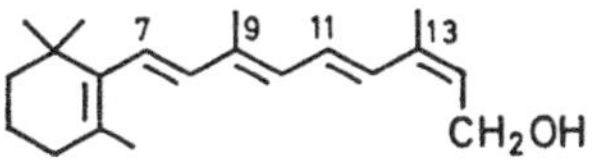

2-cis-Vitamin A_1-Alkohol (Neo-a-Vitamin A_1)

80% Aktivität

Vitamin A ist ein Polyenalkohol mit 20 Kohlenstoffatomen, 5 konjugierten Doppelbindungen und einem endständigen Sechsring (β-Jonon-Ring). Es kommt in freier wie in gebundener Form (als Fettsäureester) in der Natur vor (s. 134). Leberöle von Süßwasserfischen enthalten anstelle von Vitamin A (das auch als *Vitamin A_1* bezeichnet wird), das *Vitamin A_2* (vgl. vorstehende Formel), das etwa 40% der biologischen Wirkung von Vitamin A_1 aufweist und chromatographisch von Vitamin A_1 abgetrennt werden kann. Stereoisomere (energiereichere und weniger stabile) Formen des Vitamin A_1 sind biologisch weit weniger wirksam. So weist Neo-a-Vitamin A (Formel vgl. oben; 2-mono-cis-Vitamin A) nur etwa 80%, 2.6- und 3.5-di-cis-Vitamin A_1 nur 24% der Vitamin A_1-Wirkung auf. In der Leber von Ratten und Küken liegen konstant 12% der Neo-Form vor; auch andere Isomere wurden gefunden. Da Steroisomere sich bei physikalisch-chemischer Bestimmung anders als im biologischen Test verhalten, ist dies zu berücksichtigen und der biologische Test grundsätzlich zur Entscheidung wesentlicher Fragen heranziehen.

Lebensmittelchemisch wichtig ist, daß unterschiedliche Stabilität und Wirksamkeit des „Vitamin A", z. B. in Fischleberölen, mit entsprechenden Eigenschaften der geometrischen Vitamin A-Isomeren zusammenhängt. Dies gilt auch für Vitamin A-Präparate verschiedener Herkunft. Bei längerer Lagerung und insbesondere bei höherer Temperatur beobachtete Wertminderungen sind u. a. durch fortschreitende Isomerisierung bedingt. Sie gehen der chemischen Änderung durch Oxydation voraus und wurden in ähnlicher Weise bei Carotin beobachtet. Zusatz von Antioxydantien ist gegen solche Isomerisierungen *nicht unbedingt* wirkungsvoll.

Vitamin A_1 stellt blaßgelbe, bei 62—64° C schmelzende prismatische Kristalle dar und liegt im allgemeinen als viscoses, gelbliches Öl vor. Es ist löslich in Fetten, Lipoiden und organischen Lösungsmitteln, unlöslich in Wasser, doch kolloid lösbar durch Lösungsvermittler. Die UV-Maxima des Vitamin A_1-Alkohols für verschiedene Lösungsmittel bringt Tabelle 31.

Tabelle 31. UV-Absorptionsmaxima von Vitamin A_1-Alkohol
Obere Werte nach H. R. Cama u. Mitarb.(1951), untere Werte nach J. Boldingh u. Mitarb. (1951).
(Aus: 54 Bd. I., S. 969)

Lösungsmittel	λ_{max} (nm)	$E^{1\,cm}_{1\,\%}$	ε
Äthanol	324	1800	51560
	324—325	1832	52480
Isopropanol	325,5	1835	52570
	324—326	1826	52300
Cyclohexan	326,5	1745	49990
	326—327	1737	49760
Petroläther	324,5	1830	52420
	324—326	1815	52000

Im Hochvakuum destilliert Vitamin A nahezu unzersetzt bei 138° C (10^{-5} mm Hg). *Ester* des Vitamins, vor allem das *Palmitat* und das *Stearat*, sind wesentlich beständiger als der freie Alkohol und werden deshalb technologisch wie therapeutisch benutzt. Durch die *Synthese* des Vitamin A stehen Vitamin A und vor allem die obenerwähnten Ester für eine umfangreiche und begrüßenswerte Lebensmittelvitaminierung ausreichend zur Verfügung (S. 177). Gegen Luftsauerstoff, Sauerstoffüberträger (ranzige Fette), stark reduzierende Mittel, Ultraviolettlicht und auch gegen ionisierende Strahlung ist Vitamin A sehr empfindlich. Es erleidet schon im diffusen Tageslicht nach wenigen Stunden deutliche Zersetzung. Fettsäurehydrierung (Fetthärtung), Mehlbleichung sowie Trocknen von pflanzlichem Material bei direkter Sonnenbestrahlung oder in sauerstoffhaltiger Atmosphäre schädigen das Vitamin wie seine Vorstufen stark. Auch enzymatische Wirkungen (durch Lipoxidase und Peroxidase) führen zu hohen Vitaminverlusten. Erhitzen an der Luft (Kochen, Braten) schädigt das Vitamin. Sterilisieren und Einwecken inaktivieren verhältnismäßig wenig. Zur Erhöhung der Beständigkeit von Vitamin A-Lösungen werden Antioxydantien, insbesondere Tokopherole, zugesetzt. Gegenüber Wärme ist Vitamin A bei Sauerstoffausschluß beständig. Oxydation führt zunächst zu Epoxidbildung an der Doppelbindung des Ringes.

Provitamine A und Carotinoide. Insbesondere im pflanzlichen, daneben auch im tierischen Organismus findet sich eine große Zahl von Polyenkohlenwasserstoffen, die als *Carotinoide* bezeichnet werden und von denen einige im Organismus von Tier und Mensch als *Provitamin A* in das eigentliche Vitamin umgewandelt werden können. Manche von ihnen laufen unter Trivialnamen und sind nicht einheitlich, wie das „*Lutein*" des Eigelbes, das zu $^2/_3$ aus Blattxanthophyll und $^1/_3$ aus Zeaxanthin besteht. Höchste biologische Aktivität solcher Carotinoide ist an den *β-Jononring* und an die *all-trans-Konfiguration* gebunden. Tabelle 32 bringt die wichtigsten Carotinoide.

Tabelle 32. Die wichtigsten Carotinoide

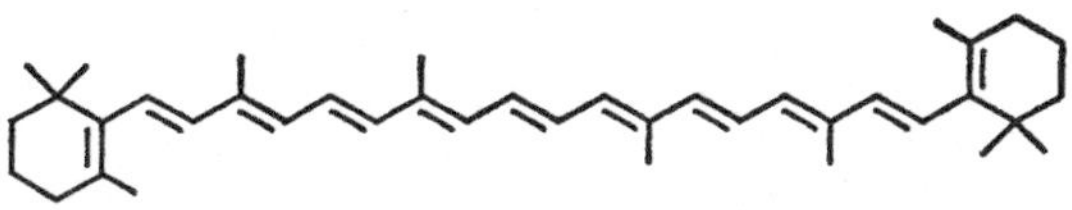

β-Carotin

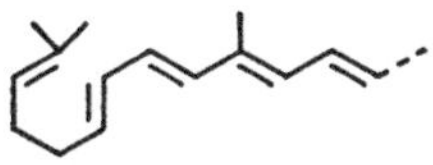

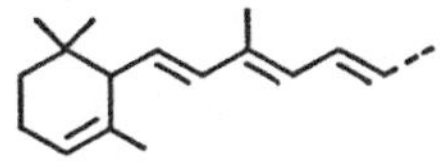

γ-Carotin (Teilformel) *α-Carotin* (Teilformel) (α- und β-Jononring)

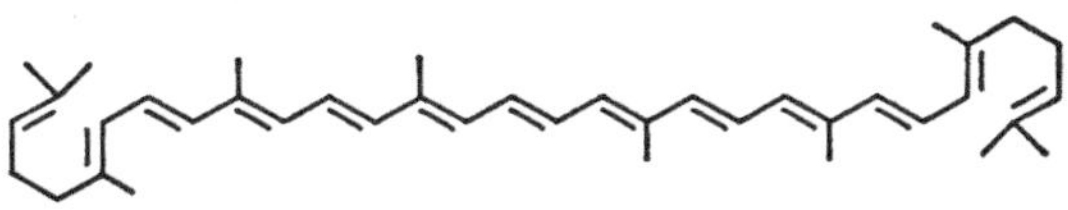

Lycopin

Keine Provitamin A-Wirkung (Tomate)

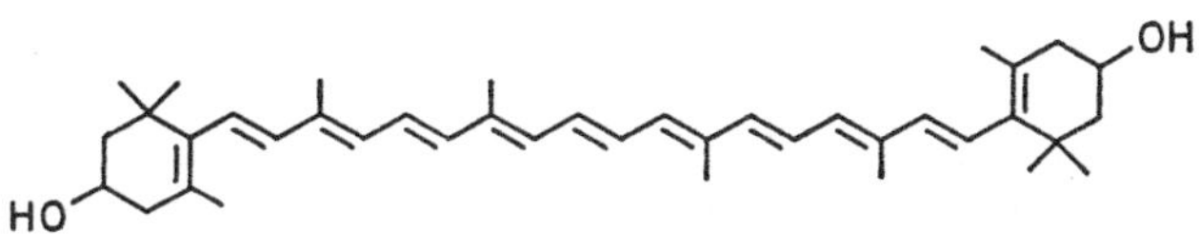

Zeaxanthin

Keine Provitamin A-Wirkung (Mais, Eigelb)

Physalien (Dipalmitat des Zeaxanthins)

Keine Provitamin A-Wirkung (Judenkirsche – Physalis)

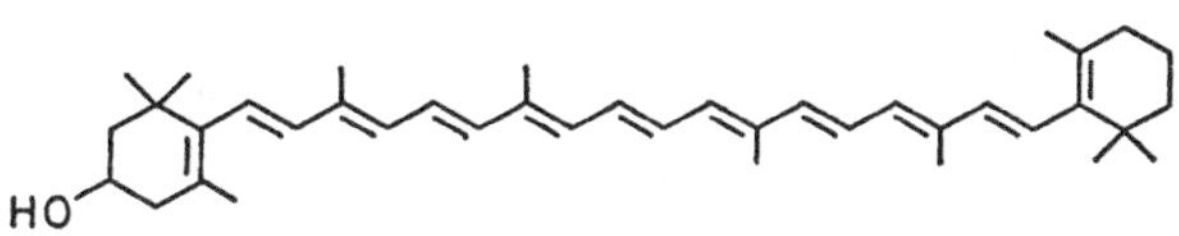

all-trans-Kryptoxanthin

(Etwa 57 % der Wirkung von *β-Carotin*)

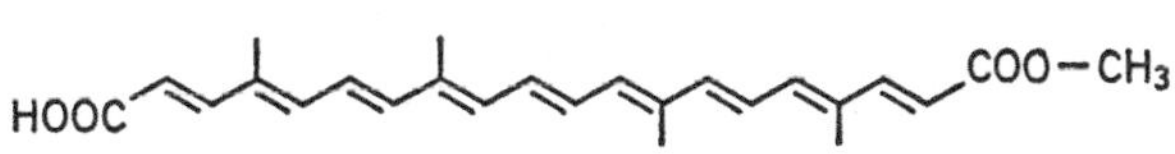

Bixin

Bixasamen (Annatto, Orlean, Pâte de rocou)

Bixin, auch in Form von Annatto (öliger oder alkalisch-wäßriger Auszug von Annatto-Saat) ist als Fremdstoff zum Färben bestimmter Lebensmittel bei der Herstellung und Zubereitung nach der „Farbstoff-VO" vom 19. 12. 1959, in der Fassung vom 28. 3. 1972 zugelassen. Die große Zahl konjugierter Doppelbindungen ermöglicht bei den Carotinoiden das Auftreten zahlreicher cis-trans-Isomeren. In der Natur finden sich zwar alle Provitamine A in der all-trans-Form, durch Erhitzen, Belichten oder katalytische Einflüsse (z. B. durch Säuren) treten jedoch spontane Isomerisierungen auf, so daß bei der Verarbeitung Vitamin-A-haltigen Materials stets mit derartigen Prozessen zu rechnen ist. Von den zahlreichen möglichen Isomeren (bei γ-Carotin z. B. 64). die völlig unterschiedliche biologische Wertigkeit, aufweisen sei als Beispiel die zentrale Mono-cis-Form des β-Carotins gebracht:

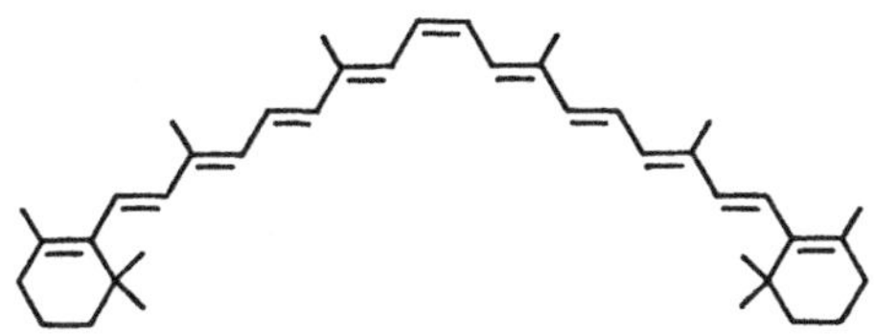

Mono-15-cis-β-Carotin

(50 % der Aktivität von *all-trans-β-Carotin*)

Die biologische Aktivität einiger Provitamine A geht aus Tab. 33 hervor.

Tabelle 33. Biologische Aktivität einiger Provitamine A
(all-trans-β-Carotin = 100 gesetzt)
(Nach G. Brubacher u. Mitarb., 1965)

Substanz	% Wirksamkeit
β-Carotin	100
Neo-U-β-Carotin	38
Neo-B-β-Carotin	53
α-Carotin	53
γ-Carotin	42
Kryptoxanthin	57
β-Apo-γ'-Carotinal	56

Wichtigstes Provitamin A ist das *β-Carotin*. Es bildet dunkelrote bis schwarzviolette Kristalle, die sich an der Luft unter Jononabspaltung (Veilchengeruch) zersetzen. Die A-Provitamine sind gegen Wärme und Alkalien verhältnismäßig beständig. Licht, Ultraviolettstrahlung, Sauerstoff, starke Reduktionsmittel und Säuren wirken wie bei Vitamin A zerstörend. Die in der Natur vorkommende all-trans-Form schmilzt bei 182 bis 184° C und weist eine spezifische Extinktion $E^{1\,cm}_{1\,\%} = 2320$ (465 nm in Benzol) bzw. 2500 (455 nm in Cyclohexan) auf. Absorptionsmaxima in Schwefelkohlenstoff liegen bei 529, 485 und 451 nm. Carotin wird in der Darmschleimhaut zu Vitamin A gespalten, ein Vorgang, den man meist als einfache Hydrolyse formuliert:

$$C_{40}H_{56} + 2\,H_2O \rightarrow 2\,C_{20}H_{29}OH,$$

dessen wirklicher Verlauf jedoch wesentlich komplizierter ist.

β-Carotin ist gut löslich in Chloroform, Benzol und fetten Ölen, löslich in Aceton, Äthanol und Äther, unlöslich in Wasser. *Carotinepoxide* sind Verbindungen, bei denen im sonst unveränderten β-Jononring die C_5-C_6-Doppelbindung durch Sauerstoffaddition geöffnet wird:

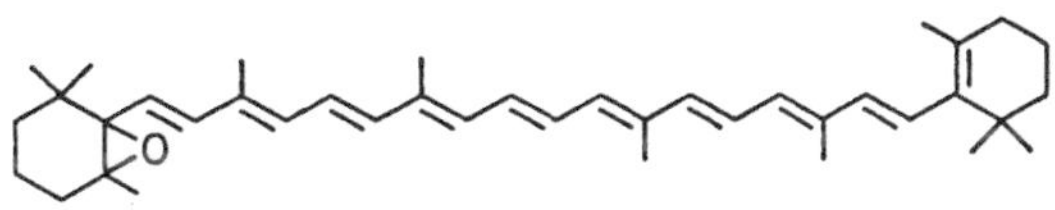

β-Carotin-mono-epoxid

Sie entstehen bei oxydativer Zersetzung des β-Carotins, sind noch Vitamin A-wirksam und finden sich auch in der Natur, z. B. im Hahnenfuß (vgl. bei Vitamin A).

β-Carotin wird technisch aus rotem Palmöl, Luzerne und Karotten gewonnen, neuerdings großtechnisch und vollsynthetisch erzeugt. Auch die Synthese anderer Carotinoide im technischen Maßstab ist gelungen, z. B. die von Dehydro-β-carotin (orangegelb) und anderen β-Carotinderivaten von roter bis gelber Farbe, von Bixin, Lycopin, Zeaxanthin und Physalien. Derartige Substanzen liefern von gelb bis tiefrot reichende, für die Färbung von Lebensmitteln bedeutungsvolle Farbnuancen. Leicht lösliche β-Carotinpräparate werden auch durch Trocknen von Wasser-Öl-Emulsionen gewonnen.

In letzter Zeit synthetisierte Carotinoide sind trans-β-apo-γ'-Carotinal, trans-β-apo-γ'-Carotinsäureäthylester und trans-Canthaxanthin:

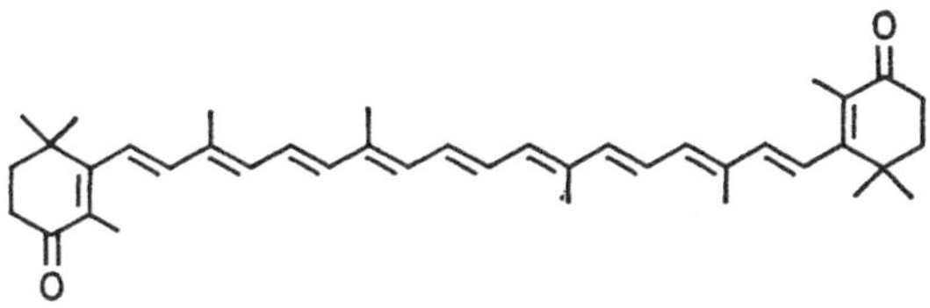

trans-Canthaxanthin

Smp ca. 210° C (Zers.)

Die Expertenkommission der FAO/WHO hat die hier gebrachten Carotinoidfarbstoffe in die bestmögliche Gruppe A eingestuft.

Die *Bestimmung* von *Vitamin A* erfolgt chemisch bzw. physikochemisch entweder durch Messung der Farbintensität bei 610 nm [Blaufärbung mit Antimontrichlorid in Chloroform *(Carr-Price-Reaktion)* oder mit aktiviertem 1.2-Dichlorhydrin, durch Überführung in Anhydrovitamin A, durch Ersatz des Antimontrichlorides durch Trifluoressigsäure oder Trichloressigsäure oder aber durch Bestimmung der Ultraviolettabsorption bei 328 nm in Isopropanol. Chromatographische Reinigung und Trennung mit Hilfe der Dünnschichtchromatographie sind weitere wichtige analytische Verfahren (s. oben).

Biologische Methoden sind der Wachstums-, Xerophthalmie- oder Kolpokeratosetest an der Ratte und (klinisch) die bei Vitamin A-Mangel verminderte Fähigkeit zum Dämmerungssehen. Für β-Carotin hat sich die colorimetrische Auswertung der gelben Lösungsfarbe gegenüber Standardlösungen oder die spektralphotometrische Messung bei 470 nm (λ_{max} in Hexan 478 und 452 nm) bewährt (s. oben.)

Der *internationale Standard* für *Vitamin A* ist durch die internationale Einheit (iE oder USP-Einh.) gegeben. Diese entspricht 0,30 μg all-trans-Vitamin A-Alkohol oder 0,344 μg kristallisiertem reinstem all-trans-Vitamin A-Acetat, gelöst in Tokopherol enthaltendem Baumwollsaatöl (WHO, 1961). Eine iE Provitamin A entspricht 0,6 μg reinstem all-trans-β-Carotin, gelöst in hydrochinonhaltigem Öl (WHO, 1961).

Über die Eigenschaften der Standardpräparate siehe die folgende Tab. 34.

Tabelle 34. Eigenschaften der Standardpräparate (WHO, Genf, 1950)

Vitamin A-Acetat	all-trans-β-Carotin
Smp 57,8—59,0° C (korr.)	Smp = 178—183° C (korr.)
$E_{1cm}^{1\%}$ = 1525 (325 nm, Isopropanol)	$E_{1cm}^{1\%}$ = 2320 (465 nm, Benzol)
	$E_{1cm}^{1\%}$ = 2500 (455 nm, Cyclohexan)

Vorkommen. Vitamin A findet sich vor allem in Fischleberölen, Säugetierlebern, Eingeweiden und Fleisch von Meeresfischen, Milch, Rahm, Butter, Eigelb, Frauenmilch. *Carotine* sind enthalten in grünen Pflanzen (Luzerne) und Gemüse (Karotten, Spinat, Kresse, Grünkohl, Tomaten), außerdem in Früchten (Hagebutten, Paprika, Kürbis, Aprikosen, Orangen) und in dem (zur Vitaminierung benutzten) Palmöl. Aus pflanzlichem Material stammen Carotine von Butter, Serum und Körperorganen (Niere, Leber, Milz, corpus luteum, Netzhaut). In der Tabelle 35 sind Mittelwerte für einige Lebensmittel angegeben.

Tabelle 35. Vitamin A - und Carotingehalt in Lebensmitteln
(S. W. Souci u. Mitarb.: 152)
Mittelwerte für 100 g eßbaren Anteil

Lebensmittel	Vitamin A mg	Carotin mg
Milch, Milchprodukte und Eier		
Milch, Kuh, 3% Fett	0,024	0,018
Frau	0,054	0,021
Joghurt	0,033	0,020
Kondensmilch, ungezuckert	0,07	0,04
Sahne, 28% Fett	0,24	0,19
Vollmilchpulver	0,18	0,23
Käse, Emmentaler	0,37	0,11
Camembert	0,42	0,54
Hühnerei	0,22	0,47
Flüssigeigelb	1,12	2,23
Butter	0,67	0,54
Fleisch, Fische		
Leber, Schwein	3,54	
Rind	8,34	
Geflügel	11,6	
Niere, Kalb	0,21	
Aal, frisch	0,74	
geräuchert	1,8	
Bückling	0,015	
Heilbutt	0,091	
Salzhering	0,048	
Thunfisch	0,45	
Schellfisch	0,017	
Austern	0,093	
Vegetabilien		
Gurken		0,17
Bohnen, grün		0,31

Tabelle 35. Fortsetzung

Lebensmittel	Vitamin A mg	Carotin mg
Grünkohl		4,1
Karotten		8,1
Brunnenkresse		2,68
Kerbel		5,5
Petersilie, Blatt		7,25
Schnittlauch		0,30
Spinat		4,9
Tomatenmark		1,24
Kohlrabi		0,27
Brokkoli		1,90
Meerrettich		0,02
Lauch, Stengel		0,05
Blätter		0,07
Kopfsalat		0,94
Aprikosen, getrocknet		3,9
Bananen		0,25
Pfirsiche, getrocknet		0,50
Hagebutten, frisch		2,40
Wassermelonen		0,35
Äpfel, frisch		0,062
Rosinen		0,03
Karottensaft		2,62
Maismehl		0,30
Weizenmehl, Type 1200		0,20
Speisefette und- öle		
Margarine	0,66	0,29
Lebertran	30,0	
Palmöl		75

In engem Zusammenhang mit Fragen der Vitaminzufuhr steht gerade bei Vitamin A und dessen Provitaminen das Problem der *Resorption* und *Ausnutzung*. Gleichzeitige Gaben von Fett, insbesondere von Ölen, fördern die Resorption und so ist es verständlich, daß gleichzeitiger Verzehr von Möhren und Milch die an sich mäßige Carotinresorption (s. unten) aus Möhren beträchtlich steigert. Die Ausnutzung des freien Alkohols ist gegenüber den Estern deutlich besser. Dieser Vorteil wird jedoch durch die geringere Haltbarkeit des freien Vitamins aufgewogen. Da Carotin die wichtigste Vitamin A-Quelle unserer Nahrung darstellt, besitzt das Problem der Carotinresorption große praktische Bedeutung. Auch Lecithin und andere Emulgatoren wirken resorptionsfördernd. Wäßrige, feindispergierte Vitamin-A-Emulsionen werden besser ausgenutzt als ölige Lösungen. Paraffinöle als gute Lösungsmittel für Carotine werden vom Darm praktisch nicht resorbiert und entziehen damit dem Organismus im Darm befindliche fettlösliche Vitamine. Besonders große Schwankungen treffen wir bei der Carotinresorption aus Gemüse. Die Ausnutzung aus carotinhaltigen Ölen liegt vergleichsweise bei 30—80%. K. Lang (90) hat hierfür nachstehende Werte zusammengestellt.

Tabelle 36. Carotinausnutzung beim Menschen

Behandlungsart	Karotten %	Spinat %
roh	1—20	bis zu 45
gekocht	4—60	30—58
aus Konserven	0—57	23—75
homogenisiert	46—63	27—49

Biochemische Wirkungen von Vitamin A erstrecken sich auf das *Wachstum*, vor allem des jugendlichen Organismus, auf die Strukturerhaltung der infektionsabwehrenden

Schleimhäute („anti-infektiöses Vitamin") und auf die Mitwirkung beim *Sehvorgang* (Dämmerungssehen). In der Netzhaut des Menschen und der meisten Wirbeltiere findet sich ein dunkelroter Farbstoff, der *Sehpurpur* (*Rhodopsin*). Er besteht aus dem *Neoretinal b*, einem Stereoisomeren des all-trans-Retinal (Vitamin-A-Aldehyd) vgl. Formel S. 129. Über den Mechanismus des Sehvorgangs vgl. Lehrbücher der Biochemie.

Mangelerscheinungen bei ungenügender Vitamin A-Zufuhr sind dementsprechend Wachstumsstörungen, Anfälligkeit gegen Infektionen, schwere Schleimhautdegenerationen des Auges (Xerophthalmie, Keratomalazie) sowie der Atem-, Verdauungs- und Harnwege und verminderte Dunkeladaption des Auges (Hemeralopie).

Bedarf. Nach Empfehlungen der Deutschen Gesellschaft für Ernährung und der Food and Nutrition Board des National Research Council der USA ist als wünschenswerte Tagesdosis des Erwachsenen die Aufnahme von 5000 iE Vitamin A (Summe aus Vitamin A + Carotin) anzusehen, wobei 1000 iE als Vitamin A zuzuführen sind. Körperbelastungen und Krankheiten steigern den Bedarf, so bei Schwangerschaft auf 6000 iE und bei Lactation auf 8000 iE.

Hypervitaminose A. Zufuhr übergroßer Mengen an Vitamin A-Alkohol kann bei Mensch und Tier zu Schädigungen führen. Bereits 1907 beobachtete C. H. von Norden gelbliche Hautpigmentierungen bei Carotinüberdosierung. Zahlreiche andere Fälle wurden aus England im letzten Krieg durch die dort intensiv betriebene Mohrrübenpropaganda bekannt. Die genannten Symptome sind jedoch nicht als pathologisch anzusehen. Massive Vitamin A-Verabreichung an Kinder oder Genuß der besonders Vitamin A-reichen Polarbärenleber verursachten schwere Erkrankungen. Akute toxische Schädigungen beim Menschen wurden nach einmaliger Aufnahme von 5—7,5 Mio iE beobachtet. Die Empfindlichkeit gegen Überdosierung mit Vitamin A ist offenbar außerordentlich verschieden.

Daß β-Carotin auch in großen Dosen nicht zu Vergiftungserscheinungen führt, beruht auf dessen schlechter Resorbierbarkeit. Um Schädigungen durch Vitamin-A-Überdosierung zu vermeiden, ist vorgesehen, im kommenden „Gesetz zur Gesamtreform des Lebensmittelrechts" Vitamin A und dessen Verbindungen als einer ausdrücklichen Genehmigung bedürfende „Zusatzstoffe" (food additives) zu behandeln (vgl. auch Vitamin D).

β) *Vitamine D*

Die *D-Vitamine* entstehen aus im Tier- und Pflanzenreich vorkommenden sowie aus synthetisch dargestellten *Provitaminen* durch Bestrahlung mit ultraviolettem Licht.

Die wichtigsten Vorstufen, Ergosterin und 7-Dehydrocholesterin erfahren durch ultraviolettes Licht eine Umwandlung wobei der zwei konjugierte Doppelbindungen besitzende Ring B aufgesprengt wird.

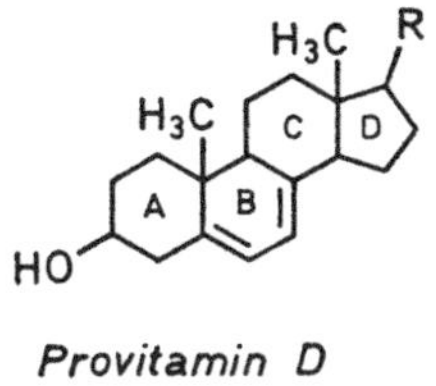

Provitamin D

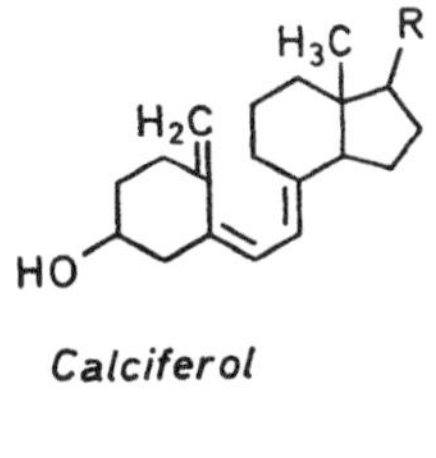

Calciferol

Je nachdem ob Ergosterin (R = 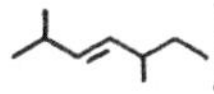)

oder 7-Dehydrocholesterin (R = 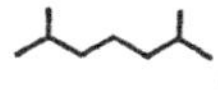) bestrahlt werden, entstehen

a) *Ergocalciferol* (Vitamin D_2)
b) *Cholecalciferol* (Vitamin D_3)

Als Neben- (nicht Zwischen-)produkte treten *Lumisterin* und *Tachysterin* auf.

Nach neueren Befunden erleidet Cholecalciferol im Organismus eine Hydroxylierung an C-25, das im biologischen Test noch wirksamer und offenbar die eigentliche Wirksubstanz ist. Bei fortgesetzter Bestrahlung entstehen neben den obenerörterten Verbindungen von teilweise noch unbekannter Struktur (*Suprasterine* I und II, *Toxisterin*).

Wichtigste Provitamine sind das mit der Nahrung aufgenommene *Ergosterin* und das körpereigene, aus Cholesterin gebildete *7-Dehydrocholesterin*, aus denen durch Bestrahlung im ersten Fall Vitamin D_2, im zweiten Fall Vitamin D_3 entsteht (vgl. die Formeln). Beide Reaktionen werden auch zur Gewinnung der D-Vitamine benutzt. Sie sind außerdem die Grundlage der künstlichen Vitamin D-Anreicherung von Milch oder Hefe durch Ultraviolettbestrahlung. Die folgende Tab. 37 gibt einen Überblick über die bisher untersuchten D-Vitamine und ihre Vorstufen. Die *Totalsynthese* des *Vitamin D_3* konnte 1959 abgeschlossen werden.

Tabelle 37. Die D-Vitamine und ihre Provitamine

Vitamin	Provitamin	Kennzeichnung der Provitamine
D_1	—	in der Natur nicht vorkommende Molekülverbindung von Vitamin D_2 und Lumisterin
D_2	Ergosterin	vorwiegend im Pflanzenreich verbreitet
D_3	7-Dehydrocholesterin	für Mensch und höhere Säugetiere wichtigstes Provitamin
D_4	22.23-Dihydroergosterin	nur synthetisch hergestellt
D_5	7-Dehydrositosterin	Syntheseprodukt, Provitaminnatur nicht sichergestellt
D_6	7-Dehydrostigmasterin	Syntheseprodukt, Provitaminnatur nicht sichergestellt
D_7	7-Dehydrocamposterin	isomer mit Provitamin D_4, aus einigen Pflanzen isoliert

In der Natur kommt fast ausschließlich *Vitamin D_3* vor, lediglich in Fischleberölen wurden kleinere Mengen Vitamin D_2 aufgefunden.

Die D-Vitamine weisen je nach dem getesteten Organismus recht verschiedene Aktivität auf. So zeigt Vitamin D_3 bei Verfütterung an Vögel (Huhn) gegenüber Vitamin D_2 eine 30—100 mal höhere antirachitische Wirksamkeit. Beim Menschen, auch bei der Ratte, wirkt Vitamin D_3 kaum stärker als Vitamin D_2.

Konservieren, Räuchern, Gefrieren sind ohne Einfluß auf D-Vitamine, auch jahrelange Lagerung unter normalen Bedingungen schädigt nicht. Bei feiner Verteilung der Luft ausgesetzt (Sprühpulver), treten merkliche Verluste auf. Die D-Vitamine sind farblose und geruchlose Substanzen, unlöslich im Wasser, gut löslich in fetten Ölen, in Alkohol, Äther und in anderen organischen Solventien.

Im Gegensatz zu Vitamin A sind ölige Lösungen der D-Vitamine bei hohen Temperaturen auch in Gegenwart von Sauerstoff bis gegen 180° C recht beständig. D-Vitamine sind unempfindlich gegen Alkali, doch deutlich lichtempfindlich.

Die wichtigsten Kennzahlen:

Tabelle 38. Kennzahlen für Vitamin D

	Vitamin D_2	Vitamin D_3
Molekulargewicht	396,7	384,6
Schmelzpunkt °C	115—118	84—88
Drehung	$[\alpha]_D^{20}$ + 82,6° (Aceton) + 91,2° (Äther)	$[\alpha]_D^{25}$ + 105—112° (Alkohol 0,5%ig)
UV-Maximum	265 nm	265 nm
$E_{1\,cm}^{1\,\%}$	475 (Alkohol)	485 (Alkohol)

Bestimmung. Die Vitamine D_2 und D_3 geben mit Antimontrichlorid in Gegenwart von etwas Acetylchlorid oder Aluminiumchlorid in Chloroform eine orangegelbe Farbe mit einem Absorptionsmaximum bei 500 nm, die in komplexem Material mit Vorsicht zu benutzen ist. Antimontrichlorid und Guajakol liefern bei 60° C eine Grünfärbung. Spektrophotometrische Bestimmung der D-Vitamine erfolgt durch Messung des im Ultraviolett bei 265 nm liegenden Absorptionsmaximums.

Chemische Verfahren leiden vor allem darunter, daß neben den meist in sehr geringen Mengen vorliegenden D-Vitaminen in Naturprodukten außer Vitamin A auch andere sehr ähnlich reagierende, biologisch inaktive Substanzen anzutreffen sind. Bei Vitamin D-Konzentraten hat sich die dünnschichtchromatographische Methode bewährt.

Biologische Methoden sind der prophylaktische und kurative Rachitistest an der Ratte oder am Küken, die Kontrolle der Knochenveränderungen an Stufenwerten von Modell-Röntgenbildern sowie die Bestimmung des Asche- und Calciumphosphatgehaltes der langen Röhrenknochen bei der Ratte. Neben der Röntgenbeobachtung ist auch Knochenanfärbung mit Silber möglich (*Line-Test*).

Schneller als die genannten klassischen Verfahren und recht exakt sind Methoden, bei denen der Einbau von radioaktivem Phosphat oder Calcium in das Knochenskelet der Versuchstiere gemessen wird.

Standard. Die internationale Einheit war ursprünglich als die Wirkung von 0,025 μg kristallisiertem Vitamin D_2, gelöst in 1 ml Olivenöl, definiert. Die heute anerkannte iE entspricht 0,025 μg kristallisiertem Vitamin D_3 (WHO).

Vorkommen. Die D-Provitamine (vgl. oben) sind im Tier- und Pflanzenreich weit verbreitet. Besonders reich an Provitamin D_2 sind Hefe (Hefefett), hefeartige und höhere Pilze, Gras, Kohl, Spinat und Weizenkeimöl; auch die Kakaoschale enthält antirachitisch wirksame Substanzen. Vitamin und Provitamin D_3 sind enthalten in Eigelb, Butter, Kuhmilch, Rinder- und Schweineleber, Mollusken, tierischen Fetten und Schweineschwarte. Die wichtigsten Vitamin D-Quellen sind jedoch Fischöle, vor allem die *Fischleberöle*. Die Bedarfsdeckung mit Vitamin D erfolgt beim Menschen vorzugsweise über die Provitaminstufe 7-Dehydrocholesterin. Für die Umwandlung der Provitamine in die Vitamine D in der Haut des Menschen spielt der energiereiche Spektralbereich des Sonnenlichtes eine entscheidende Rolle. Über den Gehalt an D-Vitaminen und D-Vitamin-wirksamen Faktoren unterrichtet die Tab. 39.

Der Vitamin D-Gehalt der Kuhmilch schwankt deutlich zwischen Sommer- und Wintermilch, bedingt durch Futterart (Weidegang) und Lichtwirkung (Ultraviolettstrahlung des Sonnenlichtes). Über die Vitaminierung der Milch vgl. S. 179.

Tabelle 39. Vitamin D-Gehalt einiger Lebensmittel

100 g enthalten	Vitamin D (iE)
Leberöl, Dorsch	10000—30000
Heilbutt	100000—400000
Thunfisch	2 Mio—6 Mio
Lebertran, medizinal	8000—12000
Leber (Kalb, Schwein, Rind)	40—200
Muscheln, Austern	5—20
Hering	1800—52000
Bückling	13000
Sardinenkonserven	1000—10000
Lachs (Rheinsalm)	8000
Kuhmilch, frisch	0,3—8,4
bestrahlt	10—40
Rahm	50—100
Frauenmilch	0,5—5
Käse, fett	18
Butter	8—160
rotes Palmöl	40—50
Eigelb	400—1000
Pilze	5—200
Spinat, frisch	0,5—5

Biochemische Wirkungen. Vitamin D fördert die Resorption von Calcium und Phosphat aus dem Darm, reguliert das Ca-Phosphatgleichgewicht des Blutes und begünstigt die Calcifikation der Knochen („lokaler" Faktor). Außerdem ist es an der Ausscheidung von Calcium und Phosphat durch die Niere beteiligt. Bemerkenswert ist der deutlich antirachitische Effekt der Citronensäure, die bekanntlich mit Calcium Komplexsalze bildet.

Mangelsymptome zeigen sich vor allem, wenn auch nicht ausschließlich am Knochensystem, mit dem typischen Erscheinungsbild der *Rachitis*, die nur bei Säugetieren und Vögeln vorkommt. Da nur wenige Lebensmittel beträchtliche Vitamin D-Mengen enthalten, und lediglich als zusätzliche Vitamin D-Quellen zu werten sind, erfolgt hier wie erwähnt die ausreichende Versorgung durch Umwandlung des endogen gebildeten 7-Dehydrocholesterins in Vitamin D_3 unter Einwirkung von Sonnenlicht.

Bedarf. Bei ausreichender Calciumzufuhr ist die täglich benötigte Vitamin D-Menge des Säuglings auf maximal 400 iE anzusetzen. Für die Annahme, daß auch bei Erwachsenen Zufuhr von Vitamin D mit der Nahrung erforderlich ist, gibt es gegenwärtig keine Anhaltspunkte; lediglich in der zweiten Hälfte der Gravidität und während der Stillzeit dürften Gaben von höchstens 400 iE/Tag angebracht erscheinen.

Hypervitaminose D. Größere Dosen Vitamin D wirken toxisch. Calcium- und Phosphatwerte des Blutes steigen beträchtlich an, es kommt zur Entkalkung des Knochens, zu Calciumphosphatausscheidungen in der Niere und zu Kalkablagerungen in den verschiedensten Organen. Todesfälle durch derartige Überdosierungen sind mehrfach, vor allem bei Kleinstkindern, beschrieben worden. Chronische Überdosierungen mit dem Krankheitsbild der idiopathischen Hyperkalzämie werden als Folge übertriebener D-Vitaminierung seit 1943 in England beobachtet.

Zusammenfassend läßt sich sagen: Vitamin D ist eher ein stark wirksames Pharmakon als ein Vitamin. Die Spanne zwischen erwünschter und schädlicher Wirkung ist nur gering. Schon bei 6facher Überdosierung wurden pathologische Befunde erhoben. Aus diesen Gründen ist vorgesehen, im kommenden „Gesetz zur Gesamtreform des Lebensmittelrechtes" Vitamin D und dessen Verbindungen als einer ausdrücklichen Genehmigung bedürfende „Zusatzstoffe" (food additives) zu behandeln (vgl. auch Vitamin A).

γ) *Vitamine E (Tokopherole)*

Alle Vitamine mit Vitamin E-Wirksamkeit leiten sich von einem *Chromangrundgerüst* mit einer dem *Phytol* ähnlichen Polyprenyl-Seitenkette ab. Zur Vereinfachung der Nomenklatur wird das im Benzolkern entmethylierte Tokopherol, das 2-Methyl-2(4'.8'.12'-trimethyltridecyl)-6-hydroxychroman, als „Tokol" bezeichnet.

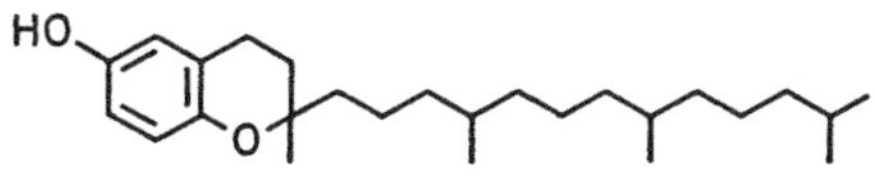

Tokol

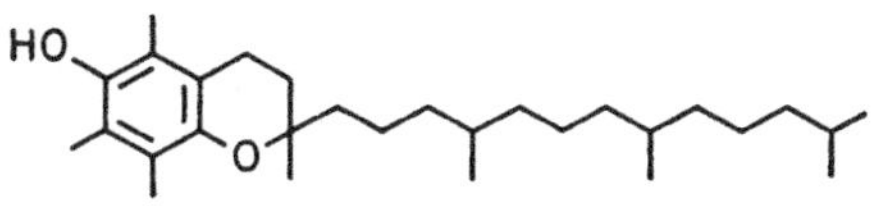

α-Tokopherol

Nach der Formel sind 7 Methyl-Isomere der Tokopherole (griech. tokos = Niederkunft und pherein = Gebären) möglich, und zwar je 3 Mono- und Dimethyltokole sowie ein Trimethyltokol. Alle wurden aus natürlichem Material isoliert. Besonders bedeutungsvoll sind das *α-Tokopherol* (5.7.8-Trimethyltokol), das *β-Tokopherol* (5.8-Dimethyltokol) und das *γ-Tokopherol* (7.8-Dimethyltokol). Von weiteren Tokopherolen wurde das δ-Isomere aus dem Fett der Sojabohne isoliert. *ζ-Tokopherol* findet sich reichlich im Hafer und in Hafererzeugnissen. Die stärkste biologische Aktivität weist das α-Tokopherol, meist „Vitamin E" schlechthin genannt, auf (vgl. jedoch die IUPAC-Regelung, S. 128). Es ist weit verbreitet im tierischen und pflanzlichen Gewebe, besonders reichlich in der Keimanlage der Körnerfrüchte und deren Öle (Weizenkeim-, Baumwollsamen-, Oliven-, Lein- und Erdnußöl), in verschiedenen Gemüsesorten und im Kopfsalat, im Lipoidanteil von Organen (Tab. 40/42).

Tabelle 40. Tokopherolgehalt von pflanzlichen Fetten
(Nach D. E. Herting u. E.-J. E. Drury: J. Nutrit, *81*, 335 (1963))

Lebensmittel	Gesamt-Tokopherol mg/100 g	α-Tokopherol mg/100 g
Cocosfett, raffiniert	1,10— 2,4	0,5— 1,6
Maisöl, raffiniert	42,7 —66,1	19,4—15,7
Baumwollsaatöl, raffiniert	29,8 —63,5	18,2—36,0
Olivenöl, raffiniert	4,6 —14,6	3,1—12,4
Erdnußöl, raffiniert	21,5	13,0
Rapsöl, raffiniert	43,3	17,0
Sojaöl, raffiniert	79,7	17,5
Sonnenblumenöl, roh	27,1	22,4
Weizenkeimöl, roh	165,6 —189,7	84,8—127,6

Tabelle 41. Tokopherolgehalt von Getreide und Getreideerzeugnissen
(Nach R. H. Bunnell u. Mitarb.: Amer. J. clin. Nutrit. *17*, 1 (1965))

Lebensmittel	Gesamt-Tohopherol als α-Tokopherol mg/100 g
Weizen	7—10
Roggen	2,2—5,7
Hafer	1,8—4,9
Reis, nicht geschält	2,9
poliert	0,4
Mais	9,5
Weizen-Vollkornschrot	3,7
Weizenmehl, Type 1700	2,3—5,4
Roggen-Vollmehl	2,0—4,5
Haferflocken	3,85
Maisgrütze	1,17
Corn Flakes	0,43
Weißbrot	2,15
Roggen-Vollkornbrot	1,3
Knäckebrot	4,0

Tabelle 42. Tokopherolgehalt tierischer und pflanzlicher Lebensmittel
(Nach H. Thaler. In: 162 Bd. XVI)

Lebensmittel	Gesamt-Tokopherol als α-Tokopherol mg/100 g
Rindsleber, Kalbsleber	0,9—1,6
Schweineleber	0,5
Kalbfleisch, mager	0,9
Hecht	0,2—0,96
Hering	1,8
Kabeljau	0,0—0,1
Krabben, gefroren	5,9
Kamm-Muscheln	3,9
Milch	0,02—0,15
Hartkäse	0,4
Weichkäse	0,6—1,0
Hühnerei	0,5—1,5
Eidotter	3,0
Kohlarten	2—3
Spinat	0,2—6,0
grüne Bohnen	1—4
Lauch	2,0
Erbsen, grün und gelb	4—6
Sojabohnen	14—16
Tomaten	0,9
Karotten	0,2
Schwarzwurzeln	6,0
Sellerieknollen	2,6
Steinpilze	0,5

Alle Tokopherole haben als natürliche Antioxydantien (s. dort) lebensmitteltechnologische Bedeutung, doch geht diese Antioxydans-Wirkung mit der biologischen Aktivität nicht parallel. Soweit bekannt, finden sich die Tokopherole im Pflanzenreich nur in freier Form.

α-Tokopherol ist ein gelbes, dickflüssiges, fast geruchloses Öl (Smp 2,5—3,5° C), gut löslich in Fetten und anderen organischen Lösungsmitteln, mäßig in Äthanol und Aceton, völlig unlöslich in Wasser. Es ist thermostabil, relativ alkali- und säureresistent, empfindlich gegen Licht, insbesondere gegen Ultraviolettstrahlen. Oxydationsmittel zerstören es fast augenblicklich, so daß z. B. die Peroxidranzigkeit von Fetten und Ölen oder die Mehlbleichung die Wirksamkeit des Vitamins vernichtet. Auch Luftsauerstoff verursacht Inaktivierung. Lagerung von Gemüse und Konserven führt zu keinem wesentlichen Verlust; Pasteurisieren der Milch und Herstellung von Trockenmilch bewirkt starke Minderung der Vitamin E-Aktivität. Auch Fertigprodukte (hier zwei Proben Kindernahrung) können beim Lagern erhebliche Tokopherolverluste erfahren wie Abb. 7 zeigt.

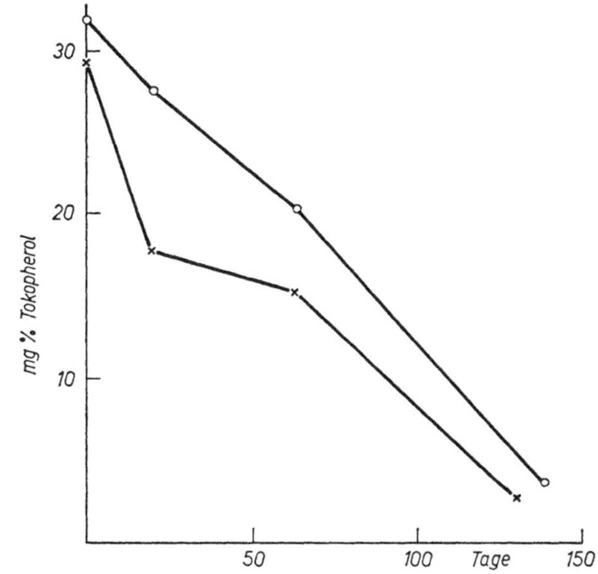

Abb. 7. Abnahme des Tokopherolgehaltes von 2 Proben Kindernahrung beim Lagern (nach Mühlefluh; aus H. Thaler: In: 162, Bd. XVI, S. 182)

Mehle verschiedenen Ausmahlungsgrades können recht unterschiedlichen Tokopherolgehalt aufweisen.

Die Ester der Tokopherole zeigen wie bei Vitamin A erhöhte Stabilität. Deshalb werden therapeutisch und technisch die Vitaminester, vor allem Tokopherolacetat und -succinat angewendet. Verbindungen von Vitamin E mit Essigsäure und mit den höheren unverzweigten Fettsäuren der Kohlenstoffzahlen C_{14}, C_{16}, und C_{18} sind nach der „Allgemeinen Fremdstoff-Verordnung" vom 19. 12. 1959, in der Fassung vom 22. 12. 1971 allgemein als Lebensmittelzusatzstoffe ohne Kenntlichmachung zugelassen. Die synthetische Herstellung des D,L-α-Tokopherols erfolgte 1938.

Zur *chemischen* bzw. *physikochemischen Bestimmung* dient die Oxydation des α-Tokopherols mit Salpetersäure und anschließende Photometrie des entstandenen Tokopherolrotes oder die Oxydation mit Eisen(III)-chlorid und der colorimetrische Nachweis des gebildeten Eisen(II)-ions mit α,α'-Dipyridyl. Zur fluorimetrischen Bestimmung kann das obenerwähnte Tokopherolrot mit o-Phenylendiamin zu einem intensiv gelbgrün fluorescierenden Phenazinderivat kondensiert werden.

Vor der chemischen Analyse sind die Tokopherole durch sorgfältige Trennoperationen von Begleitstoffen zu befreien. Zur gleichzeitigen Bestimmung von α-, β-, γ- und δ-Tokopherol in Pflanzenölen kann der Tokopherolanteil nach Acetylierung des Öles durch Gel- und Dünnschichtchromatographie abgetrennt und anschließend durch Gaschromatographie quantitativ bestimmt werden. Im biologischen Test wird die abortverhütende Wirkung von Tokopherol („Resorptionstest") oder die vergrößerte Hämolysebereitschaft der Erythrocyten von Vitamin E-Mangeltieren („Hämolysetest") an der Ratte ausgewertet.

Beim *internationalen Standard* entspricht 1 iE = 1 mg synthetischem D,L-α-Tokopherolacetat. Die oft genannte „*Ratteneinheit*" ist 3 mg α-, 8 mg β- und 8—10 mg γ-Tokopherol gleichzusetzen.

Die *physiologischen Wirkungen* erstrecken sich beim Tier auf die Genitalsphäre, allgemeines Mangelsymptom ist die Muskeldystrophie. Mangel an Vitamin E wirkt sich beim weiblichen Tier in Fehlgeburten oder Resorptionssterilität aus, die durch Tokopherolzufuhr behoben werden können; beim männlichen Tier tritt in schweren Fällen irreparable Sterilität ein. Klar umschriebene Mangelsymptome beim Menschen sind nicht bekanntgeworden. Für die physiologische Wirkungsweise des Vitamins wird eine spezifische Beteiligung an der oxydativen Phosphorylierung erörtert.

Es gibt kein Vitamin, das so viele und außerordentlich verschiedenartige Ausfallserscheinungen bietet, wie die Tokopherolgruppe. Der Tagesbedarf wird zu 10 bis 25 mg α-Tokopherol angegeben. Schwangerschaft, steigendes Alter und fettreiche Ernährung, vor allem reichliche Zufuhr von Polyensäuren bedingen offenbar erhöhten Vitamin E-Bedarf.

δ) *Vitamine K*

Die Vitamine der K-Gruppe sind Naphthochinonderivate und leiten sich von der synthetisch leicht zugänglichen Verbindung *Menadion* („Menachinon") ab:

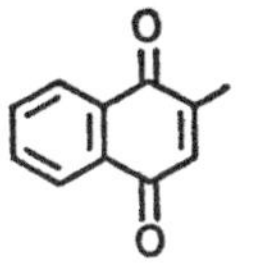

Sie finden sich als Vitamine der K_1-und K_2-Reihe.

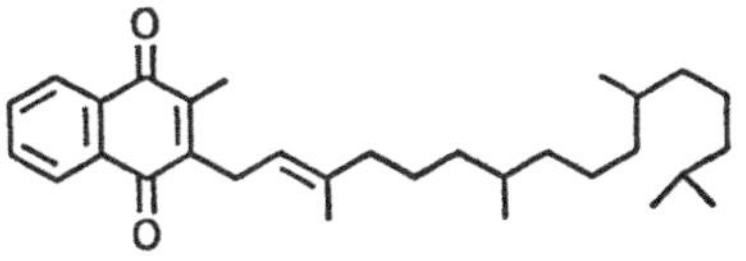

Vitamin K_1

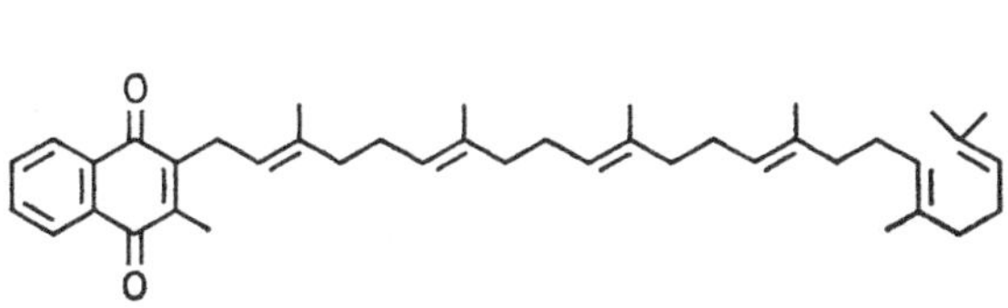

Vitamin K_2

K_1-Vitamine enthalten eine Phytyl-Seitenkette, K_2-Vitamine haben in der Seitenkette Isopreneinheiten. Wichtigster Vertreter der K_1-Reihe ist das sog. *Vitamin* K_1*(20)* (*Phyllochinon*). Es enthält mit n = 3 in der Seitenkette 20 C-Atome, ist also ein 2-Methyl-3-phytyl-1.4-naphthochinon. Unter den K_2-Vitaminen ist besonders erwähnenswert das Vitamin K_2 (35), da es als erster Vertreter dieser Reihe aus natürlichem Material (faulendem Fischmehl) isoliert wurde. Es stellt ein 2-Methyl-3-difarnesyl-1.4-naphthochinon dar. In der Natur wurden bisher folgende K-Vitamine aufgefunden: K_1(20), K_2(30), K_2(35), K_2(45) und wahrscheinlich K_2(20).

Von den K_1-Vitaminen ist das natürlich vorkommende Produkt mit der C_{20}-Seitenkette am aktivsten, unter den K_2-Vitaminen zeigt das Produkt mit einer C_{25}-Seitenkette ($n = 4$) beim Küken die höchste Aktivität. K-Vitamine und ihre Derivate zeigen ausgeprägte Redoxeigenschaften und sind als Chinonform recht stabil. Die Vitaminwirksamkeit ist offenbar an das Naphthochinon-Grundgerüst gebunden; die Seitenkette ist nicht unbedingt erforderlich. Das Chinon kann ohne Aktivitätseinbuße zum Hydrochinon reduziert werden. Von wesentlicher Bedeutung scheinen die Methylgruppe in 2-Stellung und der unsubstituierte Benzolring zu sein. Neben den natürlich vorkommenden K-Vitaminen gibt es eine Reihe Vitamin K-wirksamer Substanzen, von denen das *2-Methyl-1.4-naphthochinon* (Menadion, Vitamin K_3) in Form der wasserlöslichen, kaum mehr lichtempfindlichen Phosphorsäure- und Bernsteinsäurehalbester und das 2-Methyl-naphthohydrochinon-1.4-dibutyrat praktisch therapeutische Verwendung gefunden haben. Vitamin K_1 ist ein gelbes viscoses Öl. Vitamin K_2 eine gelbe, bei 53—54° C schmelzende Substanz. Beide sind gut löslich in fetten Ölen, schwer in Alkohol, unlöslich in Wasser. Sie sind lichtempfindlich (auch gegen UV-Strahlen) und alkalilabil, außerdem unbeständig gegen starke Säuren und Oxydationsmittel. Autoklavieren schädigt die K-Vitamine merklich. Natriumchlorid schützt Vitamin K_1 gegen Inaktivierung durch Licht.

Bedeutungsvoll ist die Hemmung der K-Vitamine durch *Cumarinderivate* und *Dicumarin*, verbunden mit einer Verlängerung der Blutgerinnungszeit und einer Hemmung der oxydativen Phosphorylierung in sehr niedrigen Konzentrationen (vgl. unten). Diese und andere Befunde, beispielsweise die Entdeckung, daß Dicumarol im Süßklee bei Rindern hämorrhagische Zustände hervorruft, haben einerseits dazu geführt *Dicumarol* und *Marcumar* klinisch als Antikoagulantien zu verwenden, andererseits Cumarin im Waldmeister und als Aromastoff von der Verwendung auszuschließen.

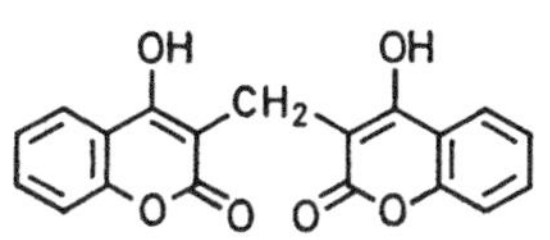

Dicumarol

3.3'-Methylen-bis-[4-oxycumarin]

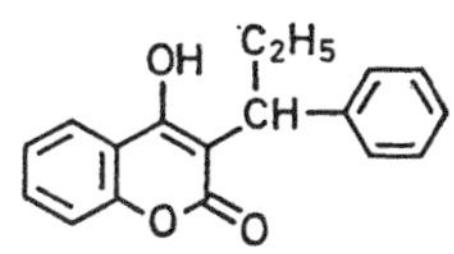

Marcumar

3-[1'-Phenylpropyl]-4-oxycumarin

Die chemische Bestimmung von Vitamin K kann durch colorimetrische Auswertung der beim Erwärmen mit Natriumalkoholat in methanolischer Lösung auftretenden Purpurfarbe erfolgen, doch ist die Reaktion wenig empfindlich. Neuerdings wird die Farbreaktion von Vitamin K_1 mit Xanthanhydrid („Perthiocyansäure“ = 5-Imino-3-thion-1.2.4-dithiazolidin) zur spektrophotometrischen Bestimmung des Vitamins vorgeschlagen; alle diese für Chinone charakteristischen Farbreaktionen sind mit Vorsicht zu werten.

Biologische Methoden beruhen auf der Auswertung des Prothrombinspiegels beim K-avitaminotischen Hühnchen oder auf der Messung der Blutgerinnungszeit beim Huhn.

Ein *internationaler Standard* für Vitamin K ist noch nicht bekannt. Von den z. Z. benutzten Einheiten seien genannt die nach H. J. Almquist, die 16 μg Vitamin K_1 sowie die nach H. Dam, J. Glavind, die 0,083 μg Vitamin K_1 bzw. 0,14 μg Vitamin K_2 entspricht. Zweckmäßig werden die Analysenwerte auf reines Vitamin K_1 bezogen, das durch sein UV-Spektrum definiert werden kann.

Tabelle 43. Vorkommen von Vitamin K_1 in Lebensmitteln

	mg/100 g
Spinat, frisch	3 —4,5
Kohlarten	3 —4
Tomaten, grün	1
reif	0,5
Erbsen	0,35
Kartoffeln, Karotten	0,1
Hagebutten	0,28
Erdbeeren	0,22
Leber (Rind, Kalb, Schwein)	0,5—1
(Kabeljau)	10
Muskel (Rind)	0,2

Vitamin K_1 kommt in grünen Blättern, Gemüse, Pflanzenölen, Früchten und im Leberfett vor und wurde zum ersten Male aus Alfalfa (Luzerne) isoliert. Vitamine K_2 finden sich im faulenden Fischfleisch und wurden ursprünglich nur in Bakterien nachgewiesen, neuerdings auch im tierischen Organismus aufgefunden. Zur Vitamin K_2-Synthese sind verschiedene Mikroorganismen, u. a. auch Colibakterien, befähigt. Die Coliflora des menschlichen Darmes synthetisiert gleichfalls Vitamin K; diese Biosynthese ist an der Vitamin K-Versorgung des menschlichen Organismus wesentlich beteiligt.

Der Angriffspunkt der *Vitamin K-Wirkung* liegt im Mechanismus der Blutgerinnung. Mangelsymptome sind vor allem Herabsetzung der Blutgerinnungszeit und schwere Hämorrhagiezustände. Nach allgemeiner Ansicht katalysiert Vitamin K in einem Enzymsystem die Bildung von Prothrombin. Außerdem liefert Vitamin K offenbar ein Coenzym für oxydative Phosphorylierungsprozesse der Atmungskette.

Der *Bedarf* an Vitamin K ist noch nicht genau bekannt. Er wird auf etwa 1—4 mg Vitamin K_1 für den Erwachsenen pro Tag geschätzt und insbesondere durch die vorerwähnte Synthese im Darm gedeckt. Gleich Vitamin E wird neuerdings auch Vitamin K als Zusatz zu Futtermitteln vorgeschlagen, vor allem für Geflügel beim Fehlen ausreichenden Grünfutters.

Den K-Vitaminen nahestehende Wirkstoffe sind die fettlöslichen *Ubichinone*. Sie kommen in Hefen, Herzmuskel und Acetobacter vor, stehen in enger Beziehung auch zu den E-Vitaminen und sind als Redoxsysteme („Coenzym Q“) an der Atmungskette beteiligt. Die isoprenoiden Seitenketten sind nach dem gleichen Prinzip wie die der K_2-Vitamine aufgebaut. Zur Biosynthese dient die auch zur Squalenbildung notwendige *Mevalonsäure* (S. 71).

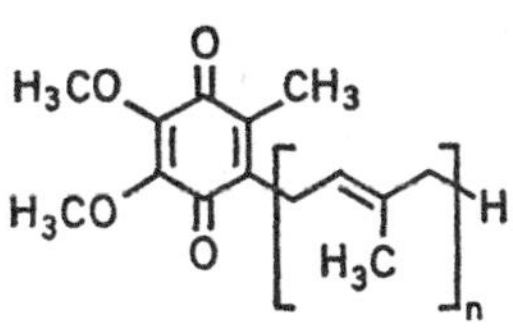

Ubichinon (n= 6-10)

b) Die wasserlöslichen Vitamine

α) *Der Vitamin B-Komplex*

Zum Vitamin B-Komplex rechnen die *Vitamine* B_1, B_2, B_6 und die Cobalamine, außerdem *Biotin*, die *Folsäure-Gruppe* bzw. *p-Aminobenzoesäure*, *Nicotin-*

säure und ihr Amid sowie *Pantothensäure*. Daneben werden noch *Inosit* und *Cholin* zu den B-Vitaminen gezählt.

Die B-Vitamine finden sich meist vergesellschaftet in der Natur. Dies ist biologisch verständlich, da sie im Stoffwechsel aller Organismen als Coenzyme lebenswichtiger Reaktionsketten eine funktionelle Einheit bilden. Wesentlich und für die Coenzymwirkung unentbehrlich ist bei der Mehrzahl dieser Vitamine die vorhergehende Phosphorylierung. B-Vitamine spielen bei zahlreichen fundamentalen Stoffwechselvorgängen, so bei der Zellatmung, dem Kohlenhydratabbau, dem Auf-, Ab- und Umbau der Fette und Aminosäuren und schließlich bei der Nucleinsäuresynthese eine wesentliche Rolle. Der erwähnte Einbau in lebenswichtige Enzymsysteme macht es verständlich, daß die Vertreter dieser Gruppe eine sehr große Konstitutionsspezifität aufweisen: schon geringe Strukturabwandlungen liefern fast immer „*Antivitamine*" (s. dort).

Daneben sind eine Reihe der B-Vitamine als essentielle Wuchsfaktoren für zahlreiche Mikroorganismen bekanntgeworden, darunter auch für viele lebensmitteltechnologisch bedeutungsvolle Kleinlebewesen, wie Essigsäure- und Milchsäurebakterien, Schimmelpilze der Milchwirtschaft oder für die verschiedenen Hefen. Für den Lebensmittelchemiker besonders bedeutungsvoll sind die B-Vitamine gerade deshalb, weil sie reichlich und weitverbreitet in Grundnahrungsmitteln, wie in Cerealien und deren Produkten vorkommen und bei der biologisch oft tief in das ursprüngliche Stoffgefüge eingreifenden Verarbeitung (z. B. im Mahlprozeß) Probleme von hoher ernährungsphysiologischer Bedeutung aufwerfen. Die Zusammenfassung unter dem Begriff des B-Komplexes läßt sich auch auf Grund ihrer Wasserlöslichkeit rechtfertigen und ist vor allem durch die historische Entwicklung der Forschung bedingt. Chemisch gesehen finden wir hier einfach und hochkompliziert aufgebaute Substanzen verschiedenster Struktur. Die oft recht spät einsetzende Struktur- und Wirkungsaufklärung brachte es weiterhin mit sich, daß viele dieser Faktoren von verschiedenen Forschern lange Zeit unter diversen Bezeichnungen geführt wurden, bis schließlich die Identität geklärt und der einheitliche, in der internationalen Literatur geprägte Name (S. 127) geschaffen wurde.

1. Thiamin, Vitamin B_1. Dieses Vitamin der B-Gruppe besitzt insofern klassische Bedeutung, als es durch die Arbeiten des holländischen Arztes C. Eijkman über die Hühnerpolyneuritis im Jahre 1896 unbeschadet manch anderer früherer Beobachtungen zum Ausgangspunkt der eigentlichen Vitaminforschung wurde. 1926 gelang B. C. P. Jansen und W. F. Donath zum ersten Male die Isolierung des Vitamins B_1 und damit die Gewinnung des ersten Vitamins in chemisch reiner Form.

Thiamin ist aus zwei nicht kondensierten Ringen, einem Pyrimidin- und einem Thiazolring aufgebaut, die über den quartären Stickstoff des Thiazolringes miteinander verbunden sind. Thiamin liegt aber stets geladen vor:

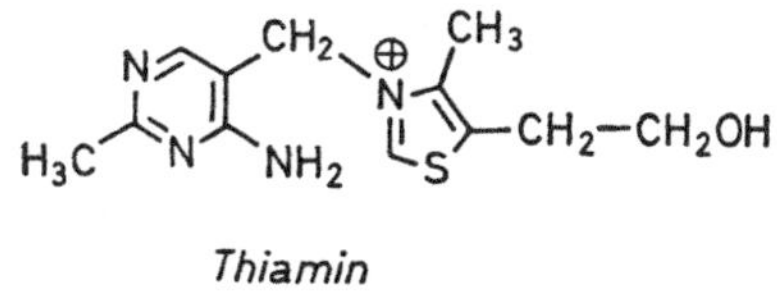

Thiamin

Neben Thiamin sind noch *Thiamindisulfid*, *Allithiamin* und *Dihydrothiamin* biologisch wirksam. Ersatz der Methylgruppe im Pyrimidinring durch Äthyl, Propyl oder Isopropyl führt zu Derivaten, deren biologische Wirksamkeit (Thiamin = 100) bei Äthyl 100, bei n-Propyl 33 und bei Isopropyl 30 beträgt. Über *Thiaminantagonisten* s. später.

Thiamin ist an der primären Alkoholgruppe in vielen natürlichen Vitamin B_1-Quellen mit Orthophosphorsäure und Diphosphorsäure zu Mono-, Di- und auch

Triphosphatestern verbunden, die in wäßriger Lösung miteinander im Gleichgewicht stehen. Näheres s. S. 149.

Thiamin findet sich in Form des Chloridhydrochlorides und des Mononitrates im Handel. Thiaminchloridhydrochlorid ist ein weißes bis schwach gelbliches kristallines Pulver von hefeartigem Geruch und bitterem Geschmack, schwach hygroskopisch, leicht (1 : 1) löslich in Wasser, löslich in Glycerin, wenig in wasserhaltigem Äthanol (1: 100), fast unlöslich in absolutem Alkohol, Äther, Aceton, Chloroform, Benzol, Fetten und fetten Ölen. Die wäßrige (1 %ige) Lösung reagiert sauer (pH 2,7—3,4).

Thiamin schmilzt bei 245—250° C unter Zersetzung. Das Absorptionsspektrum ist stark lösungsmittel- und pH-abhängig; im Wasser von pH 7 zeigt es Maxima bei 235 und 267 nm. Die wäßrige Lösung ist im sauren Bereich beständig; bei neutraler und vor allem bei alkalischer Reaktion tritt Zersetzung ein, besonders bei Luftzutritt. Vitamin B_1 läßt sich an Fullererde adsorbieren, es ist gegenüber Schwermetallen (Cu), Oxydationsmitteln (H_2O_2 und Persalze) und vor allem schwefliger Säure empfindlich. Enzymatisch wird Thiamin durch die in verschiedenen Naturprodukten enthaltenen *Thiaminasen* abgebaut (S. 203). Das Thiaminmonohydrat schmilzt bei ca. 190° C (Zersetzung). Die Löslichkeit im Wasser beträgt 2,7 g/100 ml (25° C). Seit der synthetischen Gewinnung des Vitamins stehen große Mengen an Thiamin zur Verfügung, die im Rahmen der Lebensmittelvitaminierung (S. 177) und in der Therapie verwendet werden.

Vitamin B_1 erleidet beim Lagern und Trocknen von Lebensmitteln nur geringe Verluste. Trockenes Erhitzen auf 100—120° C bleibt ohne Einfluß. Dämpfen (Blanchieren) vernichtet etwa 20 % des Vitamins ,vor allem bei alkalischer Reaktion; rund ⅓ der erhalten gebliebenen Vitamin B_1-Menge geht in das Kochwasser über. Beim Autoklavieren über 5 Std (120° C) wird Vitamin B_1 restlos zerstört. Verluste bei vorsichtigem Konservieren von Gemüse und Fleisch betragen etwa 25%, bei der Milchsterilisierung etwa 30%. Vitaminverluste in der Haushaltskost sind zu etwa 30% anzusetzen. Besonders schädigend ist das Schwefeln der Lebensmittel, wobei das gesamte Vitamin schnell zerstört wird.

Zur *chemischen Bestimmung* dient in erster Linie die *Thiochrommethode*. Freies Vitamin B_1 geht in alkalischer Lösung bei Oxydation mit Kaliumhexaferrocyanat(III)-Lösung in *Thiochrom* über:

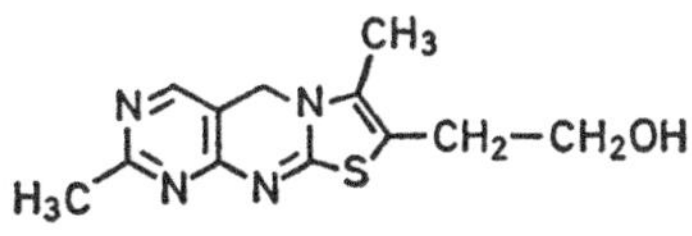

Thiochrom

Phosphorsäureester müssen vorher (zweckmäßig enzymatisch, z. B. mit Clarase) aufgespalten, Disulfitverbindungen reduziert werden, da nur das freie Vitamin B_1 die Thiochromreaktion liefert.

Nach Extraktion mit Isobutanol kann die leuchtend blaue Fluorescenz des Oxydationsproduktes gemessen werden. Daneben sind auch verschiedene Azofarbreaktionen bekannt, so der Formaldehydazotest. In zunehmendem Ausmaß finden *mikrobiologische Verfahren* mit speziellen Testorganismen Anwendung (114).

Zur Erfassung der einzelnen Vitamin-B_1-wirksamen Verbindungen sind chromatographische und elektrophoretische Methoden entwickelt worden (vgl. die Spezialliteratur). Biologische, für die Entwicklung der Vitamin B_1-Forschung wichtige Teste (Bradykardie- und Wachstumstest an der Ratte, Polyneuritistest an der Taube) besitzen wohl nur noch wissenschaftliches Interesse. Das klassische Versuchstier für den Thiaminmangel ist die Taube.

Tabelle 44. Der Vitamin B_1-Gehalt von Lebensmitteln
(S. W. Souci u. Mitarb.: 152) Angaben in mg/100 g eßbarem Anteil

Lebensmittel	Mittelwert
Cerealien und Mehle	
Roggen, ganzes Korn	0,35
Weizen, ganzes Korn	0,48
Haferflocken	0,40
Reis, unpoliert	0,41
poliert	0,06
Hafermehl	0,56
Maismehl	0,44
Roggenmehl, Type 997	0,19
Type 1800	0,30
Weizenmehl, Type 405	0,06
Type 812	0,26
Type 1700	0,47
Buchweizengrütze	0,28
Kommißbrot	0,18
Weißbrot	0,086
Grahambrot	0,21
Knäckebrot	0,20
Makkaroni u. ä.	0,20
Vegetabilien	
Karotten	0,067
Kartoffeln	0,11
Kohlrabi	0,053
Spargel, Blumenkohl	0,11
Gartenkresse	0,15
Tomaten	0,057
Erbsen, grün	0,28
reif, geschält	0,71
Erdnüsse, geröstet, geschält	0,60
Mandeln, süß	0,22
Paranüsse	1,00
Walnüsse	0,36

Lebensmittel	Mittelwert
Früchte	
Johannisbeeren, schwarz	0,054
Äpfel, getrocknet	0,10
Feigen, getrocknet	0,12
Milch, Milchprodukte und Eier	
Vollmilch, 3 % Fett	0,036
Frauenmilch	0,014
Ziegenmilch	0,049
Magermilch	0,038
Sahne, 38 % Fett	0,025
Emmentaler Käse	0,050
Hühnerei, gesamt	0,10
Trockenvollei	0,44
Fleisch und Fische	
Hammelfleisch, mager	0,16
Rindfleisch, mager	0,08
Schweinefleisch, mager	0,66
Schweineschinken	0,54
Herz } Kalb, Rind, Schwein	0,46—0,55
Leber } Kalb, Rind, Schwein	0,28—0,31
Niere } Kalb, Rind, Schwein	0,30—0,37
Schweinezunge	0,49
Heilbutt	0,072
Makrele	0,14
Scholle	0,21
Thunfisch	0,16
Aal, frisch und geräuchert	0,15
Lachs	0,17
Austern, Miesmuscheln	0,16
Verschiedenes	
Vollmilchschokolade	0,088
Bäckerhefe, gepreßt	1,43
Bierhefe, getrocknet	12,0

Die internationale Einheit entspricht 3 μg krist. Thiaminhydrochlorid. 1 g Vitamin B_1-hydrochlorid liefert also 333000 iE. Praktisch wird die internationale Einheit als Bezugsmoment der Vitamin B_1-Aktivität nicht mehr verwendet; man begnügt sich meist mit dem für Thiamin und andere Vertreter der Vitamin B_1-Gruppe analytisch erfaßbaren Vitamin B_1-Gehalt.

Vitamin B_1 ist insbesondere in Pflanzen weit verbreitet, so im Pericarp und in der Keimanlage der Gramineen (Reis, Getreide), in der Hefe, im Gemüse, in Hülsenfrüchten und Kartoffeln; daneben auch reichlich im Schweine- und Rindfleisch, in Fischen und Eiern sowie in tierischen Organen: Leber, Niere, Hirn, Herz. Auch Kuh- und Frauenmilch enthalten Vitamin B_1. Für unsere Ernährung besonders bedeutungsvoll als Thiaminlieferanten sind Vollkornbrot und Kartoffeln. Da Vitamin B_1 vor allem im Pericarp und Keim des Getreides, auch im Reisschliff, d. h. in dem beim Polieren der Reiskörner anfallenden Silberhäutchen lokalisiert ist, treten bei niedriger Getreideausmahlung oder beim Polieren des Reises große Vitamin B_1-Verluste auf (Abb. 8.). Praktisch Vitamin B_1-frei sind lediglich stark raffinierte Lebensmittel, wie Zucker, Öle und Fette.

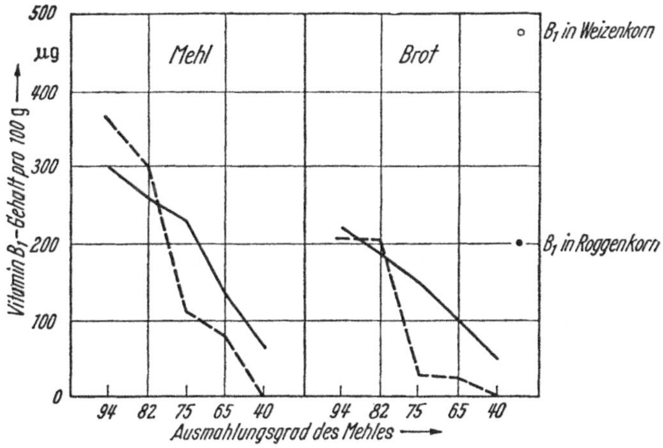

Abb. 8. Vitamin B_1-Gehalt in Mehl und Brot von —— Roggen und ---- Weizen

Die biologisch wirksame Form des Thiamins ist das Thiamindiphosphat. Die Veresterung des Thiamins findet in der Darmschleimhaut statt. Das Diphosphat wurde auch synthetisch dargestellt. Es findet sich z.B. reichlich in der Hefe. Als prosthetische Gruppe bleibt es mit dem Enzymprotein verbunden. Die lange umstrittene Wirkungsweise des Thiamindiphosphates ist heute dahingehend geklärt, daß das C-2 des Thiazolringes als Carbeniat-Ion die α-Ketogruppe der Brenztraubensäure in ihrer polarisierten Form bindet und die Decarboxylierung katalysiert. Der am C-2-Atom gebundene „aktive Acetaldehyd" wird von der Aminogruppe übernommen, anschließend freigesetzt oder auf andere Acceptoren übertragen. Damit ist Thiamindiphosphat ein wesentliches Coenzym des C_2-Stoffwechsels.

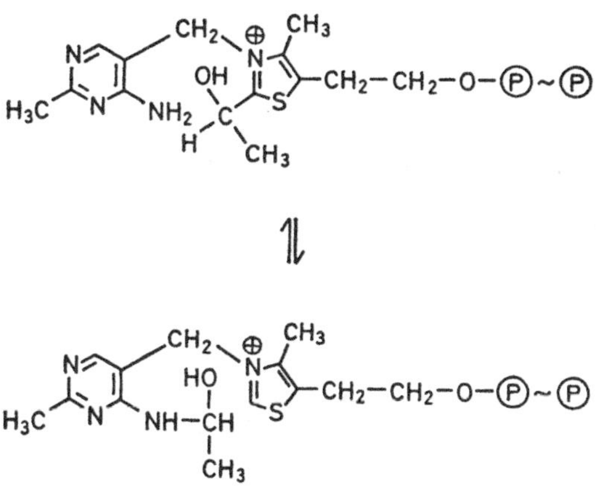

Thiamindiphosphat

Die wichtigste Reaktion der Thiamindiphosphatkatalyse ist die oxydative Decarboxylierung von α-Ketosäuren. Hier wird CO_2 abgespalten und der Aldehydrest auf die als Oxydationsmittel wirkende *Liponsäure* (s. S. 170) übertragen. Wegen weiterer Einzelheiten muß auf Speziallehrbücher verwiesen werden.

Im Stoffwechsel der Pflanze fördert Thiamin das Wachstum der Stecklinge, bei Hefen und lebensmitteltechnologisch wichtigen Pilzen (Phycomyces, Neurospora und

Lactobacillen) wirkt es gleichfalls als Wuchsfaktor. Vitamin B_1 besitzt eine erhebliche *Konstitutionsspezifität;* schon geringe Abwandlungen im Molekül schwächen oder vernichten den Vitamincharakter.

Entsprechend dieser zentralen Bedeutung im Stoffwechsel führt Vitamin B_1-Mangel zu mehr oder minder schweren Ausfallserscheinungen, die in ihrer schwersten Form der Avitaminose seit Jahrtausenden als *Beriberi* bekannt sind, die aber auch bei Hypovitaminosen unter dem Bild der Appetitlosigkeit, Müdigkeit, verminderter Leistungsfähigkeit und Nervenstörungen verschiedener Art auftreten. Beriberi ist zweifellos eine multiple Avitaminose, an deren Auftreten verschiedene Vitamine beteiligt sind; die dominierende Rolle des Vitamin B_1 beruht auf einer Anhäufung von α-Ketosäuren, insbesondere von Brenztraubensäure im Gehirn, in anderen Organen und im Blut. Degenerative Veränderungen am Herz, an Muskeln und Nerven, Störungen der Herzfunktion (Bradykardie) und Ödembildung sind wesentliche Symptome der Beriberi.

Da Vitamin B_1 im Kohlenhydratstoffwechsel eine beherrschende Rolle spielt, hängt der *Bedarf* zunächst vom Kohlenhydratgehalt der Nahrung ab; er steigt mit erhöhter Aufnahme von Nichtfettcalorien. Langdauernde und fieberhafte Erkrankungen, Schwangerschaft, schwere Körperarbeit und hohe Außentemperaturen steigern gleichfalls den Bedarf. Bei gemischter Ernährung liegt das *Optimum* für den normalen Erwachsenen *bei 1—2 mg,* das Minimum bei 0,6 mg/Tag. (vgl. auch S. 224). Über die Tageszufuhr in früheren Jahrhunderten unterrichtet die Zusammenstellung Abb. 9.

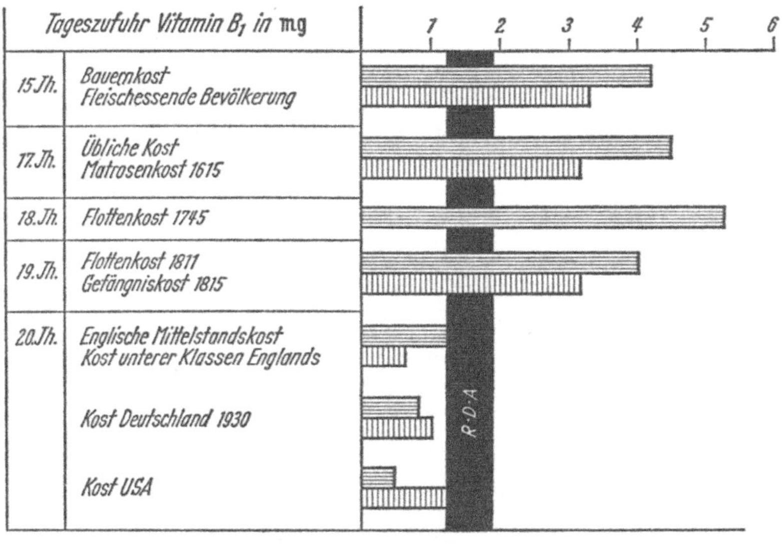

Abb. 9. Tageszufuhr von Vitamin B_1 im Verlaufe des 15.—20. Jahrhunderts. Zusammengestellt nach Angaben von Drummond, Wilbraham, Crell und Wallace u. a. Schwarz = optimale Vitamin B_1-Zufuhr nach den Normen der Recommended Dietary Allowances des Food and Nutrition Board (USA) (Literatur-Dienst La Roche)

Aus dieser Zusammenstellung geht hervor: bis zum 20. Jahrhundert wurden täglich 3—5 mg Vitamin B_1 eingenommen, im 20. Jahrhundert dagegen nur 0,5—1,3 mg, d. h. eine Menge, welche unter der vom Food and Nutrition Board der USA aufgestellten Norm für optimale Ernährung gesunder Erwachsener blieb. *Demnach verschlechterte sich die Vitamin B_1-Zufuhr im 20. Jahrhundert erheblich.*

Wie für andere Vitamine der B-Gruppe sind auch für Thiamin beim normal ernährten Menschen keine Hinweise bekannt, daß Überdosierung Schädigungen z. B. durch Imbalanzen verursacht.

2. Riboflavin, Vitamin B_2, 6.7-Dimethyl-9-(α-1'-ribityl)-isoalloxazin:

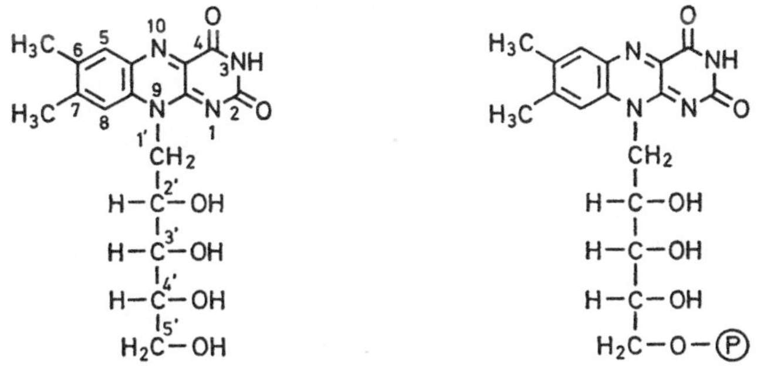

Riboflavin *Riboflavin-5'-phosphat*

Riboflavin als Alloxazinderivat ist aufgebaut aus einem Pteridinring mit ankondensiertem Benzolring. Die Seitenkette besteht aus D-Ribit, so daß *kein* N-Glykosid der Ribose vorliegt. Wirkgruppe des „alten gelben Fermentes" ist die *Riboflavin-5'-phosphorsäure* (Formel s. oben), meist — nicht ganz richtig — als Flavin-mononucleotid (FMN) bezeichnet: es handelt sich *nicht* um ein Nucleotid, da anstelle der Ribose der Ribitylrest steht. In den meisten Flavoproteinen kommt nicht dieses „Mononucleotid" sondern das *Flavinadenin-dinucleotid* (FAD)[1] vor. Wie bei den Pyridinnucleotiden (s. später) sind auch hier Adenosinmonophosphat und Riboflavinphosphat durch eine Diphosphatbindung verknüpft:

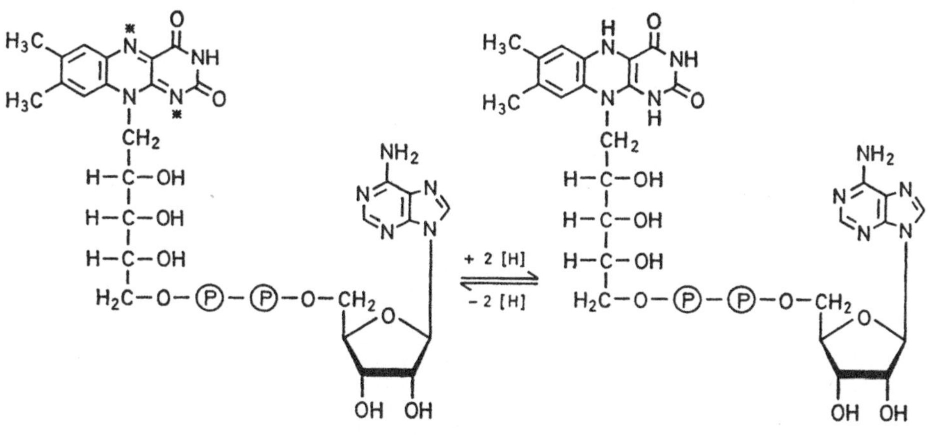

Flavin-adenin-dinucleotid (oxydierte und reduzierte Form)

Bei den Codehydrogenasen wirkt das Isoalloxazin-System als reversibles Redoxsystem: Der Wasserstoff wird an den mit *) signierten N-Atomen angelagert. Um die Katalysatorfunktion des Enzyms zu gewährleisten, muß das Flavinsystem wieder oxydiert werden, entweder durch ein nachgeschaltetes Enzymsystem (s. unter Enzyme) oder in einigen Fällen („aerobe Dehydrogenasen") durch direkte Wasserstoffübertragung auf O_2. Dabei entsteht H_2O_2.

[1] Wir symbolisieren den Phosphorsäurerest durch das Zeichen Ⓟ.

Im Verlauf der Hydrierung wird das gelbe Flavin entfärbt. Der Wasserstoff kann auch auf unphysiologische Acceptoren übertragen werden. Dies erlaubt mit Hilfe optischer Methoden die Reduktion des Flavins zu verfolgen (Methylenblauprobe u.a., s. bei „Milch").

Riboflavin ist eine orangegelbe Substanz, die in verfilzten Kriställchen auch großtechnisch gewonnen wird. Das Vitamin zeigt schwachen Geruch und intensiv bitteren Geschmack, ist sehr wenig (1 : etwa 8000) in Wasser und kaum in Alkohol löslich, unlöslich in Benzin, Äther, Chloroform, Aceton und Benzol. Es schmilzt bei ca. 280° C (Zersetzung). Die gelbe, intensiv gelbgrün fluorescierende, wäßrige Lösung weist Absorptionsmaxima bei 444, 374, 267 und 233 nm, sowie ein Emissionsmaximum bei 520 nm auf. Sie ist ziemlich resistent gegen Luftsauerstoff und bei saurer Reaktion (pH 1 bis etwa 5) auch hitzebeständig. Erhitzen in neutraler oder alkalischer Lösung führt zu merklichen Vitaminverlusten. Sichtbares und insbesondere Ultraviolettlicht zerstört das Vitamin, so z. B. in Backwaren, die unter Lichteinfluß lagern. Verpackung in gefärbter Folie oder in Aluminiumfolie verhindert die Vitamin B_2-Zerstörung. In alkalischer Lösung entsteht bei Bestrahlung mit UV-Licht das analytisch wichtige gelblich grüne *Lumiflavin:*

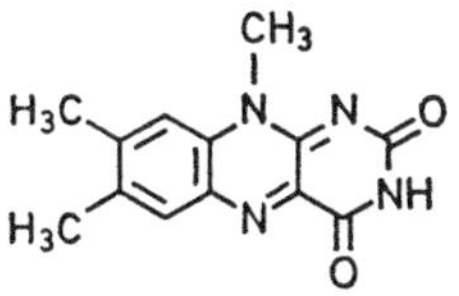

Lumiflavin

(6.7.9-Trimethylisoalloxazin)

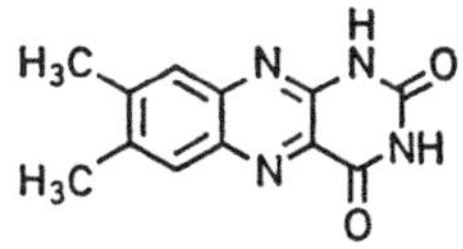

Lumichrom

(6.7-Dimethylalloxazin)

In saurer oder neutraler Lösung bildet sich farbloses *Lumichrom.* Starke Reduktionsmittel verwandeln Vitamin B_2 über verschiedene Zwischenstufen in das farblose Leukoderivat, das durch Luftsauerstoff oxydierbar ist und so zur Ausbildung eines reversiblen, auch biologisch sehr wichtigen Redoxsystems führt (s. S. 151).

Tabelle 45. Riboflavingehalt von Lebensmitteln

Lebensmittel	mg/100g	Lebensmittel	mg/100g
Bäckerhefe	2,5—3	Vollmilch, 3,5% Fett	0,06—0,3
Trockenhefe	3—5	Trockenmolke	0,23
Weizenkeime	0,5—1,5	Camembert	0,45
Weizen, Korn	0,2	Magerkäse	1,5
Weizenbrot 60%	0,09	Eiereiweiß	0,23—0,45
Roggenbrot 85%	0,28	Eigelb	0,24—0,4
Makkaroni	0,04	Trockenvollei	1,5
Weißkohl	0,08	Muskel (Rind, Kalb)	0,25—0,34
Spinat	0,3	Herz (Rind, Kalb)	1,0
Dill	0,43	Niere (Rind, Kalb)	1,6—2,3
Sellerieblätter	0,34	Leber (Schwein, Rind)	3,0—3,7
Champignons	0,52	Hering, gesalzen	0,3—0,5
Pfifferlinge	0,41	Makrele, frisch	0,35
Früchte, frisch	0,02—0,12	Fischleber	0,05—1,0
Erdnüsse	0,5	Fischrogen	0,4—2,0
Walnüsse	0,13	Reiskleie	0,5
Mandeln	0,8	Kartoffeln	0,027—0,1
Trockenfeigen	0,11	Kaffee	0,8—0,9
Milchschokolade	0,4	Tee	0,95
		Hefeextrakt	1,8

Zur *chemischen Bestimmung* kann zunächst die (durch Fremdpigmente meist empfindlich gestörte) Spektrophotometrie der Riboflavineigenfarbe oder die Messung der Fluorescenzintensität dienen. Außerdem kann die spezifische Lichtabsorption des obenerwähnten, bei Bestrahlung in alkalischer Lösung gebildeten chloroformlöslichen Lumiflavins gemessen werden. Wie beim Vitamin B_1 ist auch hier vorhergehende Spaltung der Phosphorsäureester, z. B. enzymatisch mit Clarase, notwendig, da nur das freie Flavin analytisch erfaßbar ist.

Mikrobiologisch kann Vitamin B_2 mit Hilfe der beiden Mikroorganismen Lactobacillus casei ε und Leuconostoc mesenteroides bestimmt werden (114). Für den Wirkungsvergleich verschiedener Vitamin B_2-Formen eignet sich der *Rattenwachstumstest.*

Ein *internationaler Standard* ist für Vitamin B_2 bisher nicht festgesetzt worden. Der Tagesbedarf für Erwachsene dürfte bei 1,6—2,6 mg liegen und sich in der Stillzeit für Frauen auf etwa 3 mg erhöhen.

Riboflavin findet sich meist als *Phosphorsäureester* (Riboflavin-5'-phosphorsäure), oder als Dinucleotid, gebunden an Eiweiß (s. später) in zahlreichen Lebensmitteln (Kartoffeln, Bohnen, Kohlarten) und im Käse. Relativ arm an Vitamin B_2 sind Milch und Früchte (mit Ausnahme von Bananen und Holunderbeeren). Die grünlichgelbe Farbe der Molke, von Hefe- oder Organauszügen (Leber, Niere, Herz) rührt im wesentlichen von intensiv färbendem Riboflavin her.

Die wichtigsten Vitamin B_2-Quellen unserer Nahrung sind Milch und Milchprodukte, Eier, verschiedene Gemüsearten, Hefe und Fleischprodukte, insbesondere solche, die Innereien (Herz, Leber, Niere) und Muskelfleisch von Huftieren enthalten, außerdem Fischleber und -rogen.

Für die *physiologische Funktion* des Vitamin B_2 verantwortlich sind im wesentlichen zwei Verbindungen: die *Riboflavin-5'-phosphorsäure* und das *Flavinadenin-dinucleotid* (s. oben).

Die lebenswichtige Bedeutung derartiger Coenzyme hat dazu geführt, ähnlich wie Vitamin B_1 auch Vitamin B_2 in die Bestrebungen zur Vitaminanreicherung unserer Lebensmittel, z.B. von Mehl und Teigwaren, einzubeziehen.

3. Vitamin B_6. Vitamin B_6-Wirkung zeigen eine Reihe von Pyridin-Verbindungen, die als *Pyridoxol (Pyridoxin)*, *Pyridoxalphosphat* und *Pyridoxaminphosphat* bekannt sind. Sie unterscheiden sich dadurch, daß die $CH_2OH^{x)}$-Gruppe des

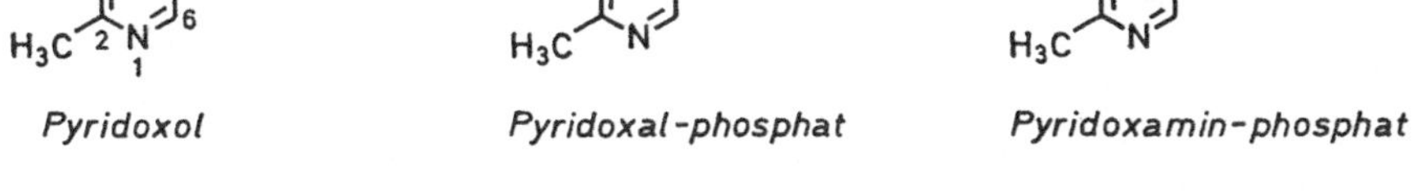

Pyridoxol *Pyridoxal-phosphat* *Pyridoxamin-phosphat*

Pyridoxols bei Pyridoxalphosphat durch die —CHO-Gruppe, bei Pyridoxaminphosphat durch die $—CH_2NH_2$-Gruppe ersetzt ist. Alle Komponenten finden sich in jeder lebenden Zelle. Im Pflanzenreich überwiegt das Pyridoxol, im tierischen Organismus und in Hefen herrschen die Phosphorsäureester des Pyridoxamins und insbesondere des Pyridoxals vor. *Pyridoxal-5-phosphat* ist das Coenzym der *Aminosäuredecarboxylasen* und der *Transaminasen* (S. 201; 203), außerdem verschiedener Lyasen und Synthetasen. Pyridoxolhydrochlorid selbst ist ein weißes, fast geruchloses, kristallines Pulver, leicht löslich (1:5) in Wasser, schwerer (1:90) in 95%igem Äthanol und im Aceton, fast unlöslich in Äther. Es schmilzt bei ca. 205° C unter Zersetzung, wird durch kurzes Erhitzen nicht zerstört und ist an Fullererde adsorbierbar. Gegen Säure- und Alkaliwirkung ist es relativ beständig, Bestrahlung mit Sonnen- und Ultraviolettlicht vernichtet die Vitaminaktivität. Sterilisieren bzw. Autoklavieren und Sprühtrocknung mindern den Vitamin B_6-Gehalt der Milch um 30—60%, wobei offenbar Pyridoxal in Pyridoxamin übergeht. Vitamin B_6-Verluste beim Braten, Kochen und Pökeln von Fleisch liegen zwischen 33 und 58%.

Für die chemische Bestimmung der Vitamin B_6-Gruppe liegen z. Z. noch keine guten Methoden vor. Sie kann durch Photometrie des mit 2.6-Dichlorchinonchlorimid gebildeten Indophenolfarbstoffes oder der nach Kupplung mit p-Benzolsulfonsäurediazoniumchlorid eintretenden Farbreaktion erfolgen.

Einzelne Vertreter der Gruppe können chromatographisch aufgetrennt und zu Pyridoxinsäure oxydiert werden. Aus der Fluorescenz des Lactons dieser Verbindung kann auf die Menge des ursprünglich vorhandenen Vitamin B_6 geschlossen werden. Für den Wirkungsvergleich verschiedener Vitamin B_6-Präparate eignet sich der Ratten- bzw. der Kükenwachstumstest. Die drei genannten Vitamin B_6-Formen zeigen hier die gleiche Wirksamkeit, so daß mit gutem Grund auch beim Menschen Ergebnisse chemischer oder mikrobiologischer Verfahren für die einzelnen Vertreter gleichgesetzt werden können. Bei *mikrobiologischen* Bestimmungen sprechen verschiedene Mikroorganismen auf Pyridoxol, Pyridoxal und Pyridoxamin unterschiedlich an, wie folgende Tabelle 46 zeigt:

Tabelle 46. Relative Wirksamkeit äquimolekularer Mengen der Vitamin B_6-Gruppe auf das Wachstum verschiedener Mikroorganismen
(Nach E. E. Snell u. Mitarb., 1945)

	Streptococcus faecalis	Lactobacillus casei	Saccharomyces carlsbergensis	Neurospora sitophila
Pyridoxol	1,0	1,0	1,0	1,0
Pyridoxamin	6500	8,2	1,1	1,1
Pyridoxal	4500	1170	1,2	1,1

Saccharomyces und Neurospora allein erfassen praktisch alle drei Verbindungen. Für die Bestimmung von Pyridoxal allein empfiehlt sich Lactobacillus casei, für Pyridoxamin + Pyridoxal Streptococcus faecalis.

Typische B_6-Avitaminose ist die *Akrodynie* (eine Erkrankung von Haut und Fell) bei der Ratte.

Ein *internationaler Standard* ist noch nicht festgelegt. 1 Ratteneinheit als kleinste Tagesdosis vermag die Akrodynie der Ratte zu heilen und entspricht etwa 7,5 μg Pyridoxin. Es wird empfohlen, Analysenwerte auf mg Pyridoxolhydrochlorid umzurechnen. Vorstellungen über die Bedeutung des Vitamin B_6 beim Menschen wurden auf experimentellem Wege gewonnen. Körperliche Belastung und Steigerung des Stoffwechsels vermehren den Vitamin B_6-Bedarf. Auch beim Säugling und Kleinstkind scheint er groß zu sein, wo Vitamin B_6-arme Ernährung (Vitamin B_6-Zerstörung durch technische Bearbeitung von Milchpräparaten) zu Krämpfen führt. Der Tagesbedarf wird zu etwa 2 mg angenommen.

Über den Vitamin B_6-Gehalt in Lebensmitteln unterrichtet die Tabelle 47.

Werte für den Gehalt an einzelnen Vitamin B_6-Komponenten gibt die nachstehende Tabelle 48.

4. Vitamin B_{12} (Cyanocobalamin). Unter den Molekülen mit Vitamin B_{12}-Wirksamkeit ist die wichtigste Verbindung das Vitamin B_{12}, wegen des Gehaltes an fest gebundenem Kobalt auch *Cyanocobalamin* genannt. Seine Struktur wurde 1956 durch D. D. Hodkin u. Mitarb. aufgeklärt, die Totalsynthese gelang 1971 den Arbeitskreisen um A. Eschenmoser und R. B. Woodward.

Das sehr komplizierte Molekül hat im Ringsystem Ähnlichkeit mit den Porphyrinen, nur fehlt beim Vitamin B_{12} in dem entsprechenden *Corrinring* eine Methin-

Tabelle 47. Der Vitamin B_6-Gehalt von Lebensmitteln
(W. H. Sebrell, jr., u. Mitarb.: 146; H. Lieck u. H. Søndergaard, 1958)
Angaben in μg Pyridoxol-hydrochlorid als Summe von Pyridoxin, Pyridoxal und Pyridoxamin pro 100 g eßbarem Anteil des Frischproduktes

Lebensmittel	Mittelwert	Lebensmittel	Mittelwert
Cerealien		*Milch, Milchprodukte und Eier*	
Bisquit (Weizenmehl)	90	Magerkäse (Molke)	130
Grahambrot	200	Butter	4
Roggenbrot, hell	150	Eigelb	300
Roggenbrot, dunkel	220	Eiereiweiß	2
Weißbrot, Zwieback	90		
Gerstenmehl	300	*Fleisch, Fleischprodukte*	
Buchweizengrütze	400	Verschiedene Fleischarten	400—550
Kartoffelmehl	10	Frankfurter Würstchen	150
Reismehl	200	geräucherter Schinken	400
Hafermehl	200	Niere (Kalb, Schwein)	500; 550
Roggenmehl, grob	350	Leber (Kalb, Rind, Schwein)	850—1000
Reis, ganz	150		
Maismehl, gelb	380	*Fische*	
		Aal, frisch; Flunder	250—280
Vegetabilien		Hornfisch	900
Trockenbohnen	300	Hering, grün	450
Gemüse- u. Salatarten	150—350	gesalzen	220
roter Pfeffer	450	geräuchert	350
Bananen	500	Makrele, geräuchert	500
Holunderbeeren	180	Lachs, geräuchert	1000
Backpflaumen	150		
		Verschiedenes	
Milch, Milchprodukte und Eier		Fleischextrakt	330
Sahne, 18—30% Fett	35—40	Malzbier	100
Vollmilch, 3,5% Fett	50	Mohnsamen	550
Frauenmilch	13—15	Hefe	1100
Camembert-Käse	250	Schokolade	23
Roquefort-Käse	230	Malzextrakt	540

Tabelle 48. Pyridoxal-, Pyridoxamin- und Pyridoxingehalt von Lebensmitteln (J. C. Rubinowitz u. Mitarb., 1948). Mittelwerte in μg/g Trockensubstanz

Lebensmittel	Pyridoxal	Pyridoxamin	Pyridoxin
Leber, Rind	5,8	21,6	2,5
Huhn	31,3	32	0
Vollei	4,6	0,84	0
Eigelb	9,8	2,8	0
Eiereiweiß	0,16	0,09	0,3
Vollmilch, μg/ml	0,26	0,06	0,02
Fisch, gefroren	8,2	15,3	1
Weizen, Korn	1,6	2,6	7,4
Maismehl	1,2	0,7	0
Karotten, frisch	1,7	0,2	5,8
Blattsalat	10,0	1	7,4
Bäckerhefe, frisch	6,2	7,7	0

gruppe. Die Cyanidgruppe im Zentrum ist koordinativ an dreiwertiges Kobalt gebunden. Als weiterer Ligand tritt neben den vier N-Atomen des Corrinringes 5.6-Dimethylbenzimidazol auf, das wiederum nucleotidartig mit einer Seitenkette des Corrinringes verbunden ist. Die Vitamin B_{12}-Wirkung bleibt erhalten, wenn anstelle des Cyanids ein anderer durch Kobaltkomplex bindbarer Ligand eingeführt wird, z.B. die Hydroxo- oder Aquogruppe im Vitamin B_{12b} (Aquocobalamin) oder die Nitritogruppe im Vitamin B_{12c} (Nitritocobalamin). Auch das 5.6-Dimethylbenzimidazol kann bis zu einem gewissen Grad ohne Verlust der Aktivität ersetzt werden, so durch 5-Hydroxybenzimidazol im B_{12}-Faktor III oder α-(5-Hydroxybenzimidazolyl)-cobamidcyanid.

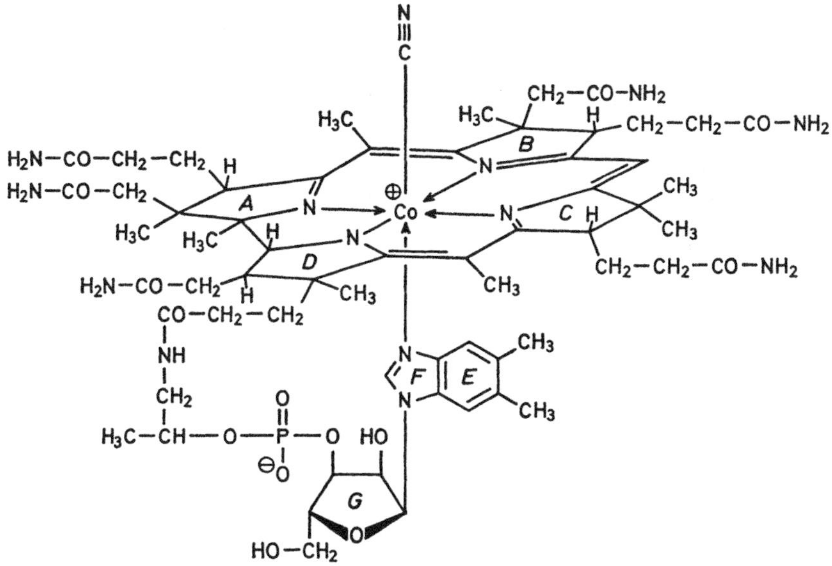

Vitamin B_{12}

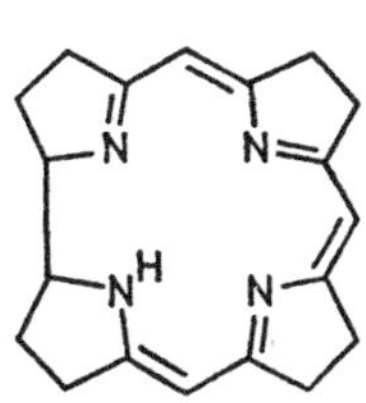

Corrinring

In der Natur finden sich verschiedene Vitamin B_{12} ähnliche Verbindungen, die sog. *Pseudovitamine* B_{12}. Anstelle des 5.6-Dimethylbenzimidazols tritt hier eine Purinbase in das Molekül ein. Sie sind gleich Substanzen denen die Base völlig fehlt (Cobinamid, Faktor B, Faktor I, Aetiocobalamin) biologisch inaktiv. Die stärkste Wirkung aller Vertreter der Vitamin B_{12}-Gruppen zeigt das Cyanocobalamin. Alle Vitamin B_{12}-wirksamen Substanzen werden von Mikroorganismen erzeugt und gelangen von dort aus zu Mensch und Tier. Hauptquelle für Vitamin B_{12} als Rohkonzentrat oder gereinigte Präparate sind Kulturmedien einiger Streptomyces-Arten sowie die Rückstände der Streptomycin-Gewinnung.

Vitamin B_{12} bildet dunkelrote Kristalle („Erythrotin"), die beim Stehen an der Luft 10—12% Wasser aufnehmen. Es ist leicht löslich im Wasser (1 g/80 ml bei 25° C) mit schwach saurer bis neutraler Reaktion, gut löslich in 96%igem Alkohol, wenig löslich in Aceton, Chloroform und Äther. Der Schmelzpunkt liegt über 300°C. Zwischen 210—220°C tritt Dunkelfärbung und Verkokung ein. Im UV finden sich drei charakteristische Maxima bei 278, 361 und 550 nm. Wäßrige neutrale und schwach saure (pH 4,5—5) Lösungen sind bei Zimmertemperatur beständig und thermostabil, stark saure und alkalische Lösungen zersetzen sich. Lichteinwirkung verursacht unter Verfärbung langsame Zerstörung. Die B_{12}-Vitamine kommen in der Natur fast ausschließlich an Proteine, Proteide oder Peptide gebunden vor. Im allgemeinen ist Vitamin B_{12} eine recht beständige Substanz. Die *Bestimmung* erfolgt chemisch nach entsprechender Anreicherung und Abtrennung von Störsubstanzen durch Ermittlung der abgespaltenen Cyangruppe oder des im Molekül vorliegenden Dimethylbenzimidazols oder aber durch Zusatz von radioaktiv markiertem Vitamin B_{12}, physikochemisch durch Messung der charakteristischen Absorption (s. vorher) oder — für die Entwicklung der Vitamin B_{12}-Forschung besonders bedeutungsvoll — mikrobiologisch mit Lactobacillus leichmannii bzw. lactis, Escherichia coli oder durch Auswertung der Chlorophyllbildung bei bestimmten Grünalgen (114).

Die *Standardisierung* durch eine internationale Einheit ist noch nicht erfolgt. Oft benutzt wird die „USP-Einh.", entsprechend etwa 1 μg Vitamin B_{12} oder 11000 *Lactobacillus lactis Dorner* (*LLD*)-*Einheiten*.

Biologische Wirkung. Vitamin B_{12} ist der „extrinsic factor", der durch Kupplung an ein in Magensaft sowie in Magen- und Darmschleimhaut enthaltendes Mucoproteid

Tabelle 49. Der Vitamin B_{12}-Gehalt von Lebensmitteln
(Nach H. Lieck u. H. Søndergaard, 1958; O. R. Braekkan, 1958; H. Lichtenstein u. Mitarb., 1959; W. Grab, 1960).
μg Cobalamin pro 100 g eßbarem Anteil des Frischproduktes, mikrobiologisch bestimmt

Lebensmittel	Mittelwert
Fleisch, berechnet auf Trockengewicht	
Muskel, Rind	18
Rind, gekocht	3—8
Schwein, gekocht	0,1—5
Kalb	3,0—3,6
Hammel, gekocht	2—8
Geflügel	5,2—5,3
Leber, Rind	50—130
Schwein	180
Kalb	240
Niere, Rind, Kalb	25—50
Herz, Rind	25
Zunge, Schwein	0,8
Wurst (Schweinefleisch)	0,65
Bacon, mager	0,7
Fische	
Pollack (Kalmück), Herz	425
Dorsch, Herz	185
Leber	43—88
Scholle, Leber	500
Seelachs, Muskel	3,5
Heilbutt, Leber	52
Kabeljau, Rogen	20
Hering, grün	5
gesalzen	6
geräuchert	10
Hornfisch	2,5
Makrele, geräuchert	10
Thunfisch, eingedost	1,3
frisch	3,7
Leber	353
Austern	20—46; bis 280
Muscheln	2,8—7,1
Milch, Milchprodukte, Eier	
Vollmilch	0,75; 0,1—2,5
Buttermilch	0,2
Milch, Frau	0,15 —1,01
Ziege	0,007—0,018
Schaf	0,1—0,2
Eigelb	2,0
Eiereiweiß	<1
Trockenvollei	10—12
Trockenmagermilch	3,8—4,9
Schweizer Käse	1,7
Limburger Käse	1—2

unbekannter Struktur („*intrinsic factor*", „gastric factor") einen Vitamin-Proteinsymplex liefert. Mangel an Vitamin B_{12} führt zur perniziösen Anämie, die umgekehrt durch etwa *1—3 µg/Tag* zugeführten Cyanocobalamins geheilt oder verhütet werden kann. Diese Menge entspricht gleichzeitig etwa dem *Tagesbedarf* des Menschen. Menschen, die den „intrinsic factor" nicht zu bilden vermögen, sind durch die Unfähigkeit den oben erwähnten Komplex aufzubauen, nicht in der Lage, Vitamin B_{12} in genügendem Außmaß zu resorbieren. Primäre Ursache der obenerwähnten perniziösen Anämie ist also das Versagen der „intrinsic-factor-Bildung durch Atrophie der Magenschleimhaut. Vitamin B_{12} ist außerdem bei verschiedenen Mikroorganismen ein essentieller Wuchsfaktor, offenbar für die Bildung labiler Methylgruppen nötig und entscheidend an der Synthese von Proteinen, insbesondere von Enzymproteinen, von Blutkörperchen („Reifungsfaktor") und von Nucleinsäuren beteiligt.

In der Leber liegt das Vitamin an Eiweiß gebunden vor; die besonders hohe Speicherungsfähigkeit dieses Organs für Vitamin B_{12} haben Versuche mit ^{60}Co-Cobalamin gezeigt.

Besondere Bedeutung hat Vitamin B_{12} auch dadurch erlangt, daß es allein oder im Gemisch mit Antibioticis ausgesprochen *wachstumsfördernde* Wirkung, z.B. bei Küken, Ferkeln und Jungschweinen, ausübt, u.a. offenbar bedingt durch die obenerwähnte Biokatalyse der Eiweißsynthese. Die damit verbundene *Steigerung der Futterverwertung* kommt vor allem bei unterentwickelten Jungtieren zur Geltung. Schließlich übt Vitamin B_{12} günstigen Einfluß auf die *Legefreudigkeit* und Eiausbrütung der Hühner aus. Zusammen mit Aureomycin und evtl. noch anderen Komponenten vermag Vitamin B_{12} im sog. „*cow manure*"- oder „*animal-protein-factor*" (*APF*) als Fütterungssupplement die Ausnutzung pflanzlichen, damit also die Einsparung tierischen Eiweißes zu fördern. Alle diese Beobachtungen haben dazu geführt, daß Vitamin B_{12} ausgedehnte Verwendung bei der Vitaminierung von Futtermitteln fand.

Reich an Vitamin B_{12} sind Leber, Milz, Thymus und Muskelfleisch. Größere Mengen finden sich auch im Darminhalt und Faeces von Mensch und Tier. Das reichliche Vorkommen in Kulturmedien von Streptomyces-Arten wurde bereits erwähnt. Besonders Vitamin B_{12}-reich ist das Herz verschiedener Fische. Für den Menschen stellen Leber und Niere, sowie andere innere Organe von Nutztieren die wichtigste Vitamin B_{12}-Quelle dar.

Hinsichtlich des Vorkommens in Lebensmitteln lassen sich drei Gruppen unterscheiden: Höchsten Vitamin B_{12}-Gehalt (50 µg oder mehr je 100 g Trockensubstanz) weisen Warmblüter-Leber und -Niere, Austern und Muscheln auf. Mittlere Mengen (5—50 µg) enthalten mageres Rind-, Lamm- und Kalbfleisch, Geflügel, Milch und Salzwasserfische. Arm an Vitamin B_{12} oder gar Vitamin B_{12}-frei sind Getreide, Hülsenfrüchte, grüne Blätter, Gemüse und Hefe.

5. **Biotin** findet sich, wenn auch meist sehr geringfügig in allen Zellen.

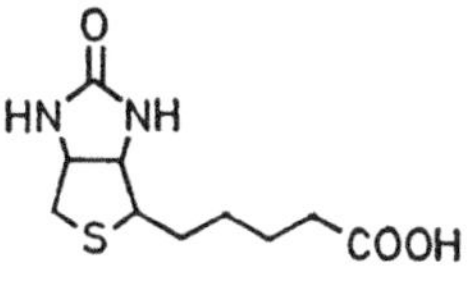

D-*Biotin*

Cis-Hexahydro-2-oxo-1H-thieno-(3.4)imidazol-4-valeriansäure. 3.4-(2'-Ketoimid-azolide)-2-(ω-carboxybutyl)-thiophan

Das Schwefelatom im Biotin scheint, wenigstens hinsichtlich der Wuchsstoffwirkung, nur von untergeordneter Bedeutung zu sein, da auch zwei schwefelfreie Derivate, o-Heterobiotin und Desthiobiotin, Vitaminwirksamkeit entfalten.

D-Biotin bildet farblose Nadeln, die in kaltem Wasser wenig, in heißem Wasser und verdünnten Alkalien gut löslich sind. In den gebräuchlichen organischen Lösungsmitteln ist Biotin wenig oder gar nicht löslich. Das Vitamin ist thermostabil. Starke Säuren oder Laugen, Oxydationsmittel, ranzige Fettsäuren und Ultraviolettlicht zerstören das Vitamin.

Chemische Bestimmungsmethoden für Biotin sind nicht bekannt. *Mikrobiologisch* läßt sich das Vitamin mit zahlreichen Testorganismen, wie Lactobacillus casei bzw. arabinosus, Streptococcus faecalis, Neurospora crassa, Rhizobium trifolii, und mit Hefen bestimmen (114).

Ein *internationaler Standard* ist noch nicht festgelegt. Im allgemeinen setzt man 10 μg reines Biotin gleich 1 „Einheit". Eine „Ratteneinheit" entspricht etwa 0,04 μg Biotin. Für die biologische Standardisierung eignen sich Ratten- oder Kükenwachstumsteste.

In der Natur kommt das Vitamin teils frei (Gemüse, Reiskleie, Milch), größtenteils aber in Verbindung mit höhermolekularen (Stärke oder Eiweiß enthaltenden) Komplexen vor, über deren Natur wenig bekannt ist. Als einzige Biotin enthaltende niedermolekulare Substanz wurde bisher das *Biocytin* (ε-N-Biotinyllysin) isoliert:

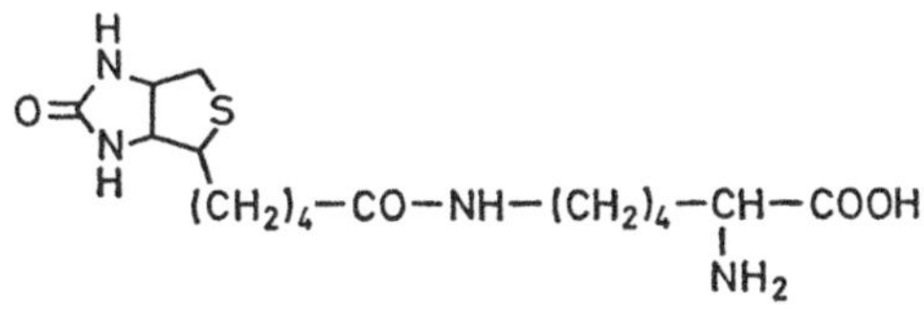

Biocytin

Im rohen Eiereiweiß findet sich ein natürlicher Antagonist, das *Avidin* (Avidalbumin; lat. avidus = begierig); dieses in kristallisiertem Zustand gewonnene Nucleoproteid inaktiviert durch Bildung eines äquimolekularen Avidin-Biotin-Komplexes, der von den Enzymen des Magen-Darm-Traktes nicht mehr angegriffen werden kann, das Vitamin. Durch Hitze (Autoklavieren) — nicht aber auf enzymatischen Wege — kann dieser sehr feste Komplex wieder unter Regenerierung der Vitaminaktivität gespalten werden.

Für die *biologische Wirkung* des Biotins ist zunächst von großer Bedeutung, daß das Vitamin als *Wuchsstoff* für Pflanzen und zahlreiche Mikroorganismen (Hefen, Aspergillus-Arten und andere Schimmelpilze, Staphylokokken u. a.), auftritt, wobei schon geringste Mengen (0,2 μg/l Nährlösung) hoch aktiv sind. Das als „Vitamin H" aus Leberextrakten und als einer der „Biosfaktoren" („Hefewachstumsfaktoren") aus Eigelb isolierte Vitamin wirkt als Carboxyltransfer. In Form des Carboxy-biotin-Enzyms, des „aktiven CO_2" ist es an Carboxylierungsreaktionen beteiligt (Biologische Fettsäure-Synthese).

Der *Tagesbedarf* des Menschen scheint vom Lebensalter und vor allem von der intestinalen Biotinsynthese abhängig zu sein. Er wird von den meisten Autoren zu *etwa 150—300* μ*g* angegeben. Normalerweise scheint der Mensch von Biotinzufuhr unabhängig zu sein.

Avitaminosesymptome beim Menschen sind nur nach übermäßigem Genuß von rohem Hühnereiweiß zu beobachten. Durch Bildung des obenerwähnten *Avidinkomplexes* kommt es zum Biotinmangel, der sich in mehr oder minder schweren Störungen des Hautstoffwechsels äußert. Derartige Dermatiden wurden auch bei Affen, Ratten und bei Hühnern beobachtet. Unter normalen Umständen wird Biotin bei Mensch und Warmblüter in großem Umfang durch die Darmbakterien synthetisiert.

Tabelle 50. Biotingehalt von Lebensmitteln
(Nach W. Grab, in 70, Bd, IV/2, S. 1359)
(μg/100 g Frisch- bzw. Trockengewicht; mikrobiologisch bestimmt)

Lebensmittel	frisch	trocken
Vegetabilische		
Blumenkohl		150
andere Kohlarten	2,4	29,0
Spinat	7,0	67,0
Tomaten	4,0	67,0
Weizen	5,2	5,8—21,6
Weißbrot	19,0	29,0
Sojabohnen	54—61	75
Kartoffeln	0,6—4,3	2,7—14,0
Honig	170	540
Hefe		23—760
Tierische		
Rind, Fleisch	2,0	7,7
Leber	96; 150—200	260
Herz	8,1	
Hirn	7,4	
Niere	70—90	
Schweineschinken	7,4	12,0
Hühnerfleisch		21—44
Dorsch, Lachs	5,3—8,7	19—30
Eier	9,0; 100	22,5—31,5; 35,0
Käse	1,1—7,6	35,0
Milch, Kuh	2,0; 1,0—3,0; 3,5; 5,0	
Ziege	6,3	
Frau	0,1; 0,16; 0,4	

6. Folsäure, Pteroylglutaminsäure (folic acid).

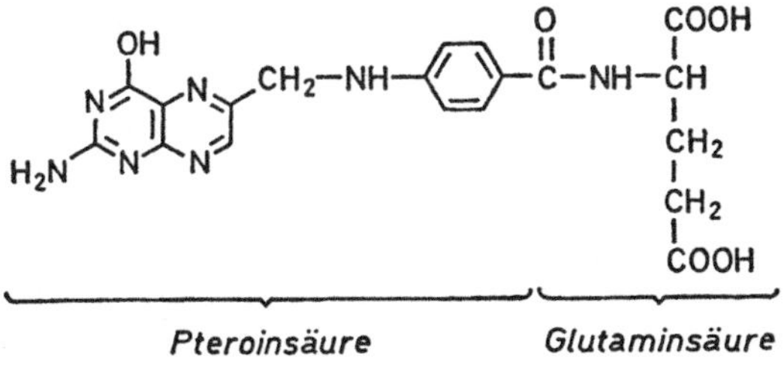

N-[4-([2-Amino-4-hydroxy-6-pteridyl)-methyl])-amino)-benzoyl]-glutaminsäure

Folsäure enthält neben dem substituierten Pterinring die als Wuchsfaktor für Mikroorganismen bekannte p-Aminobenzoesäure sowie Glutaminsäure.

Folsäure (lat. folium = Blatt) ist im Tier- und Pflanzenreich weit verbreitet. Sie findet sich vorwiegend an Eiweiß gebunden, doch meist nicht als solche, sondern in Form von *Konjugaten*, bei denen insbesondere 3 und 7 Glutaminsäureradikale säureamidartig an das Pteroylsystem der Folsäure gebunden sind. Aus derartigen Verbindungen wird im Organismus das eigentliche Vitamin durch Enzyme („Conjugasen") der Leber freigesetzt, wobei je nach Organismenart das Ausmaß der enzymatischen Spaltung verschieden ist. Das Vitamin stellt ein kristallines, orangegelbes, fast geruch- und geschmackloses Pulver dar, das in heißem

Wasser wenig (1 mg/ml) löslich ist. Methanol und Eisessig lösen gut, Äthanol, Butanol und Pyridin mäßig, Äther, Aceton, Benzol und Chloroform nicht. Die Ampholytnatur des Vitamins bedingt, daß es sich in Mineralsäuren sowie in Alkalihydroxiden und -carbonaten löst. Erhitzen über 250° C führt zu Dunkelfärbung und Zersetzung. Die Absorptionsmaxima liegen bei 256, 282 und 365 nm. Im neutralen Gebiet ist Folsäure beim Erhitzen beständig, verdünnte Mineralsäuren hydrolysieren, Sonnen- und Ultraviolettlicht vernichten die Aktivität.

Zur *chemischen Bestimmung* kann Folsäure reduktiv zu p-Aminobenzoylglutaminsäure hydrolysiert werden, die nach Diazotierung und Kupplung mit N-1-Naphthyläthylendiamin photometriert wird. Fluorimetrisch läßt sich Folsäure nach Oxydation mit Kaliumpermanganat zu 2-Amino-6-hydroxypteridin-8-carbonsäure im UV-Licht messen. Die in natürlichem Material vorkommenden, äußerst geringen Folsäuremengen lassen sich im allgemeinen nur mit einem Küken- oder Rattenwachstumstest, besser mit mikrobiologischen Methoden bestimmen. Als Testorganismen dienen vor allem Lactobacillus casei, Streptococcus faecalis R und Tetrahymena geleei W (114).

Die *internationale Einheit* ist nicht festgelegt. Zu den zahlreichen in der Literatur vertretenen speziellen Einheiten sei erwähnt, daß 1 mg krist. Folsäure 20000 mikrobiologischen Einheiten entspricht. Folsäure kommt besonders reichlich in grünen Blättern, frischem Gemüse, Leber, Niere und Hefe vor.

Tabelle 51. Folsäuregehalt von Lebensmitteln (E. L. R. Stokstad, 1954)
μg Folsäure in 1 g Frischsubstanz (einschl. der Konjugate)

Lebensmittel		Lebensmittel	
Hefen	2 —80	Apfelsinen	0,28—0,40
Spargel	0,89— 1,42	Gerste	0,45
Blumenkohl	0,17— 0,29	Mais	0,26
Spinat, frisch	0,48— 1,15	Hafer	0,26
Kohlarten	0,11— 0,75	Weizen	0,34—0,45
Gurken	0,97— 2,07	Reis, ungeschält	0,15—0,35
Kartoffeln geschält	0,04— 0,06	Trockenmagermilch	0,92
Tomaten	0,02— 0,15	Cheddarkäse	0,19—0,29
Erbsen, grün	0,12— 0,35	Schmierkäse	0,92
Sojabohnen	2,08	Rind, Muskel	0,06—0,14
Gartenbohnen	1,28	Niere	0,58
Erdnüsse	0,51	Leber	2,9
Mandeln	0,45	Schwein, Leber	2,2
Cocosnüsse	0,27	Huhn, Leber	3,77
Aprikosen	0,30	Vollei	0,03—0,08
Bananen	0,35	Eiereiweiß	0,004
Brombeeren	0,39— 1,15	Eigelb	0,13

Die Lebensmittel lassen sich hinsichtlich des Folsäuregehaltes in folgende Gruppen unterteilen.

Tabelle 52. Folsäuregehalt in Lebensmitteln

	Gehalt μg/100g	Lebensmittel
Sehr hoch:	100	tiefgrüne Blattgemüse, Leber
hoch:	etwa 50—100	frisches grünes Gemüse, Niere
mittel:	etwa 10—50	Rindfleisch, Kalbfleisch, Getreideflocken (Weizen)
niedrig:	unter 10	Wurzelgemüse, Tomaten, Gurken, Schweinefleisch, Käse, Milch

Folsäure wird in freier Form resorbiert, Konjugate werden im Organismus durch die obenerwähnte „Conjugase“ gespalten. Die biologisch wichtigsten Formen des Vitamins sind die „aktive Ameisensäure“ (N^{10}-Formyltetrahydrofolsäure) und der „aktivierte Formaldehyd“ (N^5, N^{10}-Methylen-tetrahydrofolsäure). Diese beiden Coenzymformen sind an enzymatischen Reaktionen im Organismus beteiligt, bei denen Methyl-, Hydroxymethyl- oder Formylgruppen übertragen werden. Zu Einzelheiten s. die Spezialliteratur.

Der Tagesbedarf des Erwachsenen wird auf 1—2 mg Folsäure geschätzt. Nach anderen Angaben wird eine Zufuhr von 100—200 μg/Tag als genügend erachtet (Council of Foods and Nutrition, 1959).

Primäre Mangelsymptome beim Menschen sind nicht bekannt, da die im Darm vor sich gehende bakterielle Synthese des Vitamins den Bedarf praktisch deckt. Sekundärer Folsäuremangel kann z.B. dann auftreten, wenn durch Antibiotica oder Sulfonamide die intestinale Synthese gestört ist.

7. p-Aminobenzoesäure. Dieser Wirkstoff steht als Komponente der Folsäure in recht enger Beziehung zu dem letztgenannten Vitamin, ist an der Biosynthese *der Folsäure* beteiligt und weist dennoch eine Reihe spezifischer Wirkungen auf, die es auch heute noch rechtfertigen, p-Aminobenzoesäure getrennt zu betrachten. Die Wirkstoffnatur dieser schon 1863 synthetisierten Säure wurde erst 1941 durch S. D. Rubbo und J. M. Gillespie erkannt, und zwar durch ihre ausgesprochene Wuchsstoffwirkung auf Hefen, später auch auf andere Mikroorganismen, wie Lactobacillen, Coli-Arten, Neurospora crassa und viele pathogene Bakterien. Sie gehört zu den aktivsten bekannten Wuchsfaktoren; Lactobacillus arabinosus z.B. benötigt im Kulturmedium lediglich 0,00003 μg/ml zum Wachstum, was einer Verdünnung von etwa $1:10^{11}$ entspricht. Damit ist p-Aminobenzoesäure von wesentlicher technologischer Bedeutung im Rahmen mikrobiologischer Prozesse.

Tabelle 53.
p-Aminobenzoesäuregehalt von Lebensmitteln
Gesamtmenge (frei und gebunden) in μg für 1 g Lebensmittel

Trockenkohl	13,9
Karotten	0,1 —0,22
Kartoffeln	0,36—0,5
Spinat	0,6 —1,3
Vollweizen	0,49—0,63
Hefen	4,9 —5,5
Hefeextrakt (Difco)	156
Rinderleber	1,5 —2,5
Trockenvollei	0,24—0,30
Vollmilch (pro ml)	0,03—0,10

Wegen der spärlichen Berichte über ausgesprochene Mangelerscheinungen beim Menschen ist bisher keine Standardisierung erfolgt. Desgleichen liegen keine Unterlagen über den Tagesbedarf vor. Therapeutisch sind Tagesdosen von 100 mg empfohlen worden. p-Aminobenzoesäure ist in tierischen und pflanzlichen Geweben weit verbreitet, und zwar in freier Form, daneben auch gebunden an Eiweiß und Aminosäuren. Die Verluste bei technologischer und küchenmäßiger Verarbeitung von Lebensmitteln dürften in Hinblick auf die große Beständigkeit der Säure recht gering sein. Sie werden im wesentlichen — wie allgemein bei den wasserlöslichen Vitaminen — durch Auslaugen und Übergang in das Kochwasser verursacht.

Zur *chemischen Bestimmung* der p-Aminobenzoesäure kann u. a. die tiefgelbe Färbung wie sie (als Schiffsche Base) in Eisessig mit p-Dimethylaminobenzaldehydlösung entsteht, photometrisch ausgewertet werden. Auch papierchromatographisch läßt sich die Säure, gleichzeitig neben den o- und m-Vertretern, erfassen. Zum *mikrobiologischen Nachweis* ist Streptobacterium plantarum (Lactobacillus arabinosus) gut geeignet, außerdem z. B. Chlostridium acetobutylicum, Neurospora crassa u. a.

Klassische Bedeutung hat p-Aminobenzoesäure durch ihre Hemmbarkeit mittels Sulfonamiden erlangt, offenbar zurückzuführen auf die Hemmung der Folsäurebiosynthese. Die Grundsubstanz dieser Körper, p-Aminobenzolsulfonsäure, zeigt chemisch gesehen große Ähnlichkeit mit dem Vitamin:

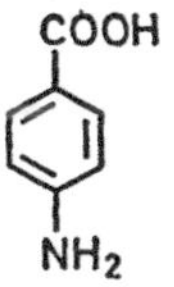

p-Aminobenzoesäure

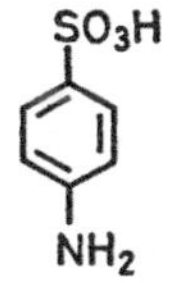

p-Aminobenzolsulfonsäure

Sulfonamide vermögen die Wuchsstoffwirksamkeit in reversibler Art weitgehend zu hemmen, d. h. Hemmung und Wuchswirkung hängen von der Konzentration beider im Reaktionsmilieu vorliegenden Komponenten ab. Bei der Hemmung tritt die Sulfonverbindung infolge ihrer strukturellen Ähnlichkeit an die Stelle des lebensnotwendigen Wirkstoffes. Sie verdrängt ihn aus dem biologischen Komplex und hindert ihn an seiner biochemischen Funktion ohne — und dies ist das Entscheidende — dessen Aufgabe im Stoffwechselgeschehen zu übernehmen. Diese als *kompetitive Hemmung* bezeichnete Inhibitorwirkung hat unsere Vorstellungen über die Wirkung zahlreicher auch lebensmittelchemisch bedeutungsvoller Stoffe entscheidend befruchtet, ohne allerdings alle derartigen Erscheinungen auf dieser Basis erklären zu können (vgl. bei den „*Antivitaminen*").

8. *Nicotinsäure* (*Niacin*) *und Nicotinsäureamid* (*Niacinamid*)

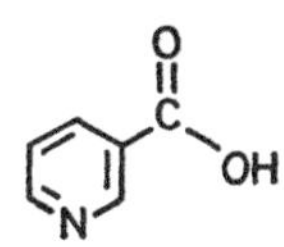

Nicotinsäure

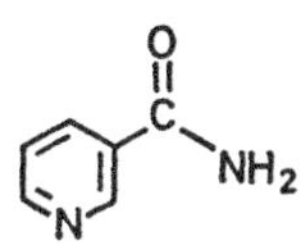

Nicotinsäureamid

Das meist verwendete Amid schmilzt bei 128—131° C, stellt eine weiße, fast geruchlose, salzigbitter schmeckende Substanz dar. Es löst sich leicht in Wasser (1:2), ist löslich in Äthanol und Glycerin, in Aceton, Chloroform, Butanol und Amylalkohol, wenig löslich in Äther, unlöslich in fetten Ölen. In trockenem Zustand bis zu 50° C beständig, kann es in wäßriger neutraler Lösung bis auf 120° C erhitzt werden. Starke Säuren oder Alkalien hydrolysieren schnell zu Nicotinsäure und inaktivieren schließlich. Oxydationsmittel sind ohne Einfluß. Bei den üblichen Koch- und Konservierungsprozessen treten kaum Verluste auf. Lebensmittel können ohne Schädigung des Vitamins z.B. 5 Std autoklaviert, Hefen im Trockenschrank oder Walzentrockner entwässert und langfristig gelagert werden. Die Nicotinsäureverluste bei Zubereitung der Haushaltskost betragen im Mittel 20%.

Das Vitamin kommt in allen lebenden Zellen vor, selten frei als Säure oder Amid, meist als Nicotinsäureamid-adenin-dinucleotid, das seinerseits wiederum an Eiweiß gebunden sein kann. Im Mais und in anderen Cerealien scheint Nicotinsäure in einer vom Menschen nicht verwertbaren Form vorzukommen („Niacytin", „Niacinogen").

Zur *chemischen Bestimmung* kann Nicotinsäureamid durch Bromcyan in ein Derivat des Glutaconaldehydes überführt werden, das mit aromatischen Aminen (z. B. mit Anilin oder p-Aminoacetophenon) unter Gelbfärbung zu einem Polymethinfarbstoff kondensiert wird. Weiterhin gibt Nicotinsäure nach dem trockenen Erhitzen mit 2.4-Dinitrochlorbenzol und Zugabe alkoholischer Kalilauge nach dem Erkalten eine tiefrote bis weinrote Färbung. Zur *mikrobiologischen Bestimmung* dienen Lactobacillus arabinosus, Proteus vulgaris und Leuconostoc mesenteroides. Im Harn schließlich kann das als Umwandlungsprodukt des Nicotinsäureamids auftretende *Trigonellinamid* (N-Methyl-nicotinsäureamid) fluorimetrisch bestimmt werden.

Für Nicotinsäure sind bisher weder eine internationale noch andere Einheiten festgelegt worden.

Nicotinsäure und ihr Amid sind in der Natur weit verbreitet, und zwar in freier, vor allem aber in (als Coenzyme) gebundener Form. Besonders gute Quellen sind einige tierische Organe, Körnerfrüchte, Hefen und Pilze.

Tabelle 54. Nicotinsäure in Lebensmitteln
(H. Lieck, 1954; S. W. Souci u. Mitarb.: 152)
mg Nicotinsäureamid in 100 g eßbarem Anteil

Lebensmittel	Mittelwert	Lebensmittel	Mittelwert
Cerealien		*Milch, Milchprodukte, Eier*	
Weizen, Korn	5,1	Käse, Edelpilz	0,87
Roggen, Korn	1,81	Camembert	1,45
Hafermehl	0,93	Roquefort	1,0
Roggenmehl, Type 1800	2,9	Trockenvollei	0,24
Weizenmehl, Type 405	0,7		
Type 812	3,10	*Fleischprodukte*	
Type 1700	5,0	Kalbsbries	4,2
Maismehl	1,93	Bacon, halbfett	4,0
Weißbrot	0,85	Herz (Schwein)	6,5
Grahambrot	2,5	Leber (Kalb, Schwein)	16,0—17,0
Makkaroni u. ä.	2,1	Niere (Schwein)	8,0
		Schweinefleisch, mager	3,7
Vegetabilien		Kalbfleisch, mager	6,3
Spargel, frisch	1,0	Rindfleisch, mager	4,67
Bohnen, getrocknet	6—7,5	Muskel, Huhn	6,8
Champignons	6,2		
Grünkohl, frisch	2,1	*Fische*	
Pastinake	0,94	Aal, frisch	2,2
Sellerie	1,0	Hornfisch	8,5
Salat, grün	0,37	Lachs, Rogen	10,0
Tomaten, reif	0,53	Thunfisch	8,5
Tomatenpüree	1,3	Heilbutt	6,14
Kartoffeln, frisch	1,22	Makrele	7,67
Aprikosen, getrocknet	3,18		
Datteln, getrocknet	1,9	*Verschiedenes*	
Holunderbeeren	1,7	Kakao	2,0
Backflaumen	1,8	Hefeextrakt	33,0
		Bäckerhefe	17,4
Milch, Milchprodukte, Eier		Bierhefe, getrocknet	44,8
Vollmilch, 3,5% Fett	0,09	Kaffeebohnen, geröstet	13,8
Frauenmilch	0,17	Fleischextrakt	100,0
Ziegenmilch	0,32	Erdnuß, geröstet	16,4
Vollmilchpulver	0,70	Vollbier, dunkel	0,88

Das u. a. in Kartoffeln, Schwarzwurzeln, Krabben und Rohkaffee gefundene, ähnlich wie Nicotinsäure gebaute *Trigonellin* (N-Methylnicotinsäure; Betain der Nicotinsäure)

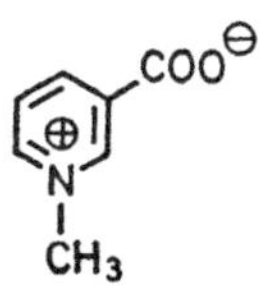

Trigonellin

ist kein Stoffwechselprodukt der Nicotinsäure. Der Mensch scheidet Trigonellin unverändert aus. Beim Rösten des Kaffees (s. S. 679) geht ein Teil in Nicotinsäure über (bis zu 40 mg% und mehr), so daß Kaffee zu einer wesentlichen Quelle der Nicotinsäureversorgung werden kann.

Die physiologische Bedeutung der Nicotinsäure bzw. ihres Amides liegt darin, daß Nicotinsäureamid als Base in *Pyridinnucleotide* eintritt, die zwei, bzw. drei Phosphorsäuregruppen im Molekül enthalten. Es entstehen Coenzyme der Oxidoreduktasen, in denen der Pyridinring nach Art eines N-Glykosids mit Ribose verknüpft ist. Beide Coenzym-Typen zeigen folgenden Aufbau:

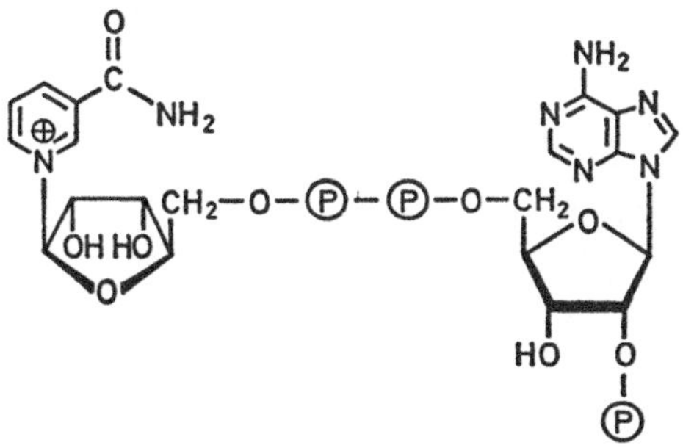

Nicotinsäureamid-adenin-dinucleotid-phosphat = Triphospho-pyridin-nucleotid

NADP$^{\oplus}$ = *TPN*$^{\oplus}$

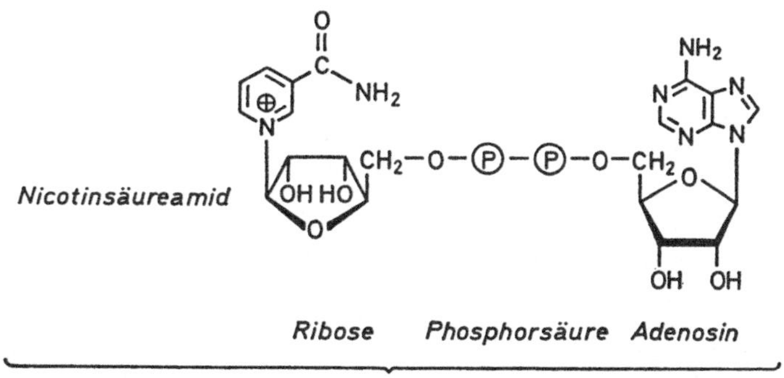

Nicotinsäureamid-adenin-dinucleotid = Diphosphat-pyridin-nucleotid

NAD$^{\oplus}$ = *DPN*$^{\oplus}$

Im *Dinucleotid* ist das Nicotinsäureamidribosid über eine Diphosphorsäure mit Adenosin verbunden, im Nicotinsäureamid-adenin-dinucleotid-phosphat trägt der Adenosinteil in 2′-Stellung zusätzlich einen dritten Phosphorsäurerest. Früher und auch noch heute übliche Bezeichnungen für beide Coenzyme, nämlich „DPN“ und „TPN“ sind unrichtig, da beim „DPN“ kein Nucleotid des Diphosphopyridins, sondern ein Dinucleotid vorliegt. Die Internationale Nomenklaturkommission hat deshalb die Bezeichnungen NAD (Nicotinsäureamid-adenin-dinucleotid) statt „DPN“ und NADP (Nicotinsäureamid-adenin-dinucleotidphosphat) statt „TPN“ vorgeschlagen. Wegen der positiven Ladung die der Pyridinanteil in den Coenzymen trägt, werden sie präziser mit NAD$^{\oplus}$ und NADP$^{\oplus}$ abgekürzt. Die Funktion dieser

Coenzyme besteht in der reversiblen Aufnahme von Wasserstoff, wobei der Pyridinring reduziert wird und nur noch zwei Doppelbindungen enthält; der Stickstoff verliert seine positive Ladung gemäß der Reaktion:

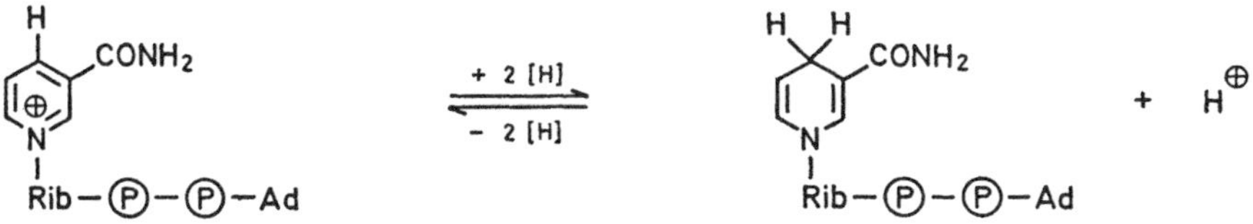

$$NAD^{\oplus} + 2\,[H] \rightleftharpoons NADH + H^{\oplus}$$

Hierbei wird die aromatische Natur des Ringes aufgehoben, die Lichtabsorption ändert sich derart, daß bei der hydrierten Verbindung ein breites Absorptionsmaximum bei 340 nm auftritt; dieser „optische" Test ist für die Laboratoriumspraxis von großer Bedeutung (s. unter Enzyme). Die reversible, Wasserstoff übertragende Fähigkeit derartiger Enzyme, zutreffend als „Transport-Metabolite" bezeichnet, katalysiert zahlreiche lebenswichtige, auch bei enzymatischen Umsetzungen unserer Lebensmittel höchst bedeutungsvolle Prozesse (desmolytischer Abbau, Dehydrierungen, Gärungsvorgänge u. a. m.). Wichtige, den Lebensmittelchemiker interessierende Beispiele werden bei den Enzymen gebracht.

Für viele Mikroorganismen (Diphtherie-, Dysenterie-, Tuberkel-, Milchsäurebakterien u. a.) ist das Vitamin ein essentieller *Wuchsstoff* von ausgesprochener Konstitutionsspezifität. Bei Mensch und Säugetier scheint die Spezifität weniger groß zu sein. Ernährungsphysiologisch von besonderer Bedeutung ist der an markiertem Material gesicherte Befund, daß die Aminosäure *Tryptophan* in Nicotinsäure übergehen und damit vitaminsparend wirken kann. Im Mittel entsteht beim Menschen aus 60 mg L-Tryptophan 1 mg Nicotinsäure.

Die klassische Avitaminose der Nicotinsäure ist die *Pellagra* (pelle agra = rauhe Haut), eine schwere, Haut, Verdauungskanal und Nervensystem betreffende Erkrankung, deren Symptomenkomplex in erster Linie durch Nicotinsäuremangel, daneben aber auch durch Mangel an anderen B-Vitaminen bedingt ist, also eine *Poly-Avitaminose* darstellt. Sie befällt neben dem Menschen nur noch den Hund, den Affen und das Schwein und tritt vor allem in den Gegenden auf, wo Mais das Hauptnahrungsmittel darstellt. Mais enthält wenig verwertbare Nicotinsäure. Das Hauptprotein dieser Körnerfrucht, das Zein, ist außerdem praktisch frei von Tryptophan, so daß auch die Nicotinsäureversorgung über den obenerörterten Umwandlungsmechanismus unterbunden ist. Die zentrale Stellung der Nicotinsäure im Rahmen lebensnotwendiger Enzymsysteme macht die Schwere dieser Avitaminose wohl verständlich und hat zu Bestrebungen geführt, Lebensmittel mit diesem Vitamin anzureichern (S. 180). Außerdem wurde zur Behebung von Mangelerscheinungen bei Ferkeln, Schweinen und Geflügel auch die Vitaminierung von Futtermitteln mit Nicotinsäure durchgeführt. Der *Tagesbedarf* des Erwachsenen wird auf etwa 10—25 mg Nicotinsäureamid geschätzt; die obenerwähnten „Empfehlungen" nennen Werte von 17—20mg/Tag. Wachstumsperioden, schwere Körperarbeit, Schwangerschaft und Stillzeit bedingen auch hier erhöhten Bedarf.

9. Pantothensäure

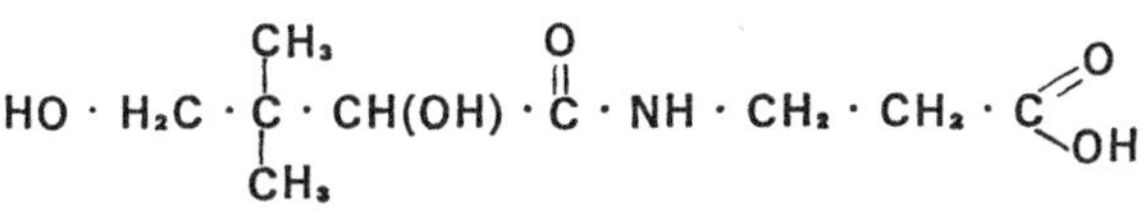

Das Vitamin setzt sich zusammen aus der D(+)-α,γ-Dihydroxy-β,β'-dimethylbuttersäure (Pantoinsäure) und dem β-Alanin, die über eine Amidbindung miteinander verknüpft sind.

Pantothensäure ist ein weit verbreiteter Wirkstoff (griech. pan = überall). Sie kommt selten frei, vor allem aber in gebundener Form, als Coenzym A (s. S. 168) sowie in anderen Bindungsarten in der Natur vor, besonders reichlich in Hefe, Weizenkleie, Erbsen, Leber und Niere, Eidotter und Frischgemüse.

Tabelle 55. Pantothensäuregehalt von Lebensmitteln
(G. M. Briggs u. Mitarb., 1964; W. Grab, in 70, Bd. IV/2, S. 1359)
Werte überwiegend mikrobiologisch ermittelt; Angaben in mg/100 g, bezogen auf Frischgewicht bzw. Trockengewicht (*)

Lebensmittel	Pantothensäure	Lebensmittel	Pantothensäure
Tierische		*Cerealien, Hülsenfrüchte*	
Muskel, Rind	0,49—0,65	Roggen	1 —2
Schwein	1,3	Hafer	0,71
Huhn	0,8 —1,3	Gerste	0,41—1,0*
Leber, Rind	5,66—8,18	Buchweizen	1,23*
Schwein	5,88—7,3	Reis	2,27*
Herz, Rind	2,10—2,47	Mais	0,35—0,46*
Schwein	2,39—2,64	Sojabohne, Mittelwert	2,15*
Niere, Rind	3,31—3,51	Weizenmehl, hell	2,9
Schwein	3,12—3,14	Weizenbrot, hell	0,52
Blut, Schwein	3,35	Haferflocken	0,11*
Bacon	0,28—0,98	Erdnüsse	3,51*
Vollmilch, roh	0,29		
Vollmilchpulver	24,0	*Gemüse, Obst*	
Buttermilch	0,46*	Tomaten	0,23—0,38
Frauenmilch	0,16	Kartoffeln	0,43—0,94
Vollei	5,54	Kohlarten	0,1 —0,3
Eiereiweiß	0,13	Bohnen, grün	0,15
Eigelb	6,30	getrocknet	0,83
Käse, Schweizer	0,26—0,35	Erbsen, grün	0,13—0,58
Limburger	0,58	Karotten, Sellerie,	
Camembert	0,85	Gurken	0,25—0,30
Kefir	1,26*	Petersilie	0,60
Schellfisch	0,5	Äpfel	0,05—0,2
Heilbutt	0,15	Aprikosen, eingedost	0,09
Makrele	1,39	Orangen	0,34
Austern	0,49	Erdbeeren	0,26
		Mandeln	0,40
Cerealien, Hülsenfrüchte		Cocosnuß, Mehl	0,73*
Weizen, Mittelwert	1,26*	Pilze	1,70

Freie Pantothensäure ist ein hellgelbes viscoses Öl, das gut kristallisierende Natrium-, Kalium-, Strychnin- und Brucinsalze liefert. Sie ist sehr leicht löslich in Wasser und Alkohol, gut in Dioxan und Eisessig. In neutraler Lösung ist das Vitamin relativ beständig, desgleichen gegenüber Licht und Luftsauerstoff. Stark saure und alkalische Reaktion sowie Hitze zerstören rasch. Bei haushaltsüblicher Zubereitung der Speisen werden etwa 30% der Pantothensäure zerstört. Wirksam ist nur die rechtsdrehende D-(+)-Pantothensäure. Wesentlich beständiger sind die Calcium- und Natriumsalze, die deshalb vorzugsweise Verwendung finden. Biologisch aktiv ist auch der entsprechende Alkohol (*Pantothenol*), der im Organismus des Warmblüters in Pantothensäure übergeht.

Zur *chemischen Bestimmung* wird das bei saurer Hydrolyse gebildete Pantoyllacton mit Hydroxylamin in Gegenwart von Alkalien zur Hydroxamsäure umgesetzt. Diese liefert mit Eisen(III)-chlorid eine Purpurfärbung mit dem Absorptionsmaximum bei 500 nm. *Mikrobiologisch* dienen Lactobacillus arabinosus und Proteus morganii als Testorganismen.

Ein *internationaler Standard* ist noch nicht festgelegt. 1 „Hefewachstumseinheit“ entspricht 0,08 μg pantothensaurem Ca, 1 „Hühnchen-Einheit“ 14 μg Pantothensäure und 1 „Coenzym A-Einheit“ 0,7 μg *gebundener* Pantothensäure.

Über den *Pantothensäurebedarf* des Menschen lassen sich endgültige Aussagen nicht machen. Rückschlüsse aus Tierversuchen führen zu Mengen von 6—8 mg/Tag für den gesunden erwachsenen Menschen. Belastungen, wie Kälte, Gravidität, Lactation, Jugendwachstum, bedingen wesentlich erhöhten Bedarf. Übliche Ernährung liefert Pantothensäuremengen zwischen 6 und 12 mg. Mangelerscheinungen beim Tier sind äußerst vielgestaltig: Haarausfall und Haarergrauen beim Pelztier (Ratte, Silberfuchs), Hautschäden beim Küken u. a. m. Beim Menschen verursacht Pantothensäuremangel Überempfindlichkeit der Haut ("burning feet"). Die lebenswichtige Bedeutung des Vitamins geht vor allem daraus hervor, daß es am Aufbau des *Coenzym A* (s. unten) beteiligt ist, das als acetylierendes Enzym einen Bestandteil aller im intermediären Stoffwechsel aktiven Zellen darstellt. Es besteht als typisches den bei Vitamin B_2 und Nicotinsäure geschilderten Nucleotiden recht ähnlich aufgebautes Dinucleotid aus 4'-Phosphopantethein und Adenosin-3.5-diphosphat:

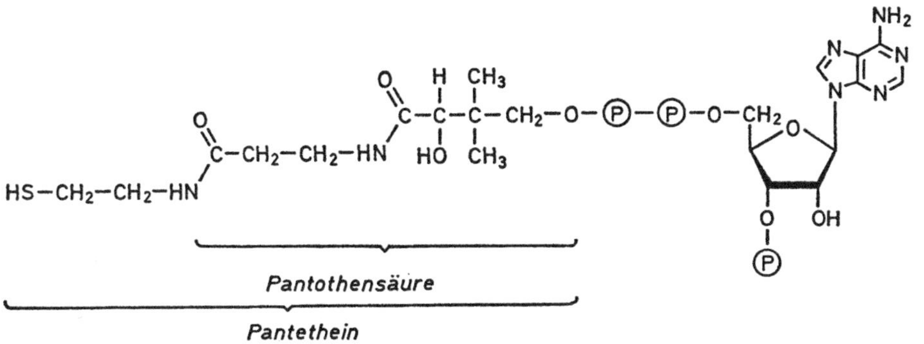

Coenzym A

Das aus Pantoinsäure, β-Alanin und Cysteamin aufgebaute *Pantethein* ist ein Wuchsfaktor für verschiedene Mikroorganismen, z. B. Lactobacillus bulgaricus. Die wichtigste Coenzym-A-Verbindung ist das Acetyl-CoA, die „aktivierte" Essigsäure, ein Coenzym des C_2-Stoffwechsels. Vgl. die Spezialliteratur.

10. myo-Inosit („*meso-Inosit*"). Gegen die Einreihung dieser Substanz in den Vitamin B-Komplex sind von mancher Seite Bedenken geäußert worden, doch rechtfertigt die ausgesprochene Wirkstoffnatur eine Besprechung; Von den 9 möglichen stereoisomeren Cyclohexanen ist lediglich myo-Inosit als Vitamin aktiv. myo-Inosit zeigt als Hexahydroxy-cyclohexan (Formel vgl. S. 93) Eigenschaften eines cyclisierten Kohlenhydrates.

Im Pflanzenreich findet sich Inosit vor allem als Hexaphosphorsäureester (*Phytin* bzw. *Phytinsäure*; S. 93). Phosphatide von Tier, Pflanze und Mikroorganismen enthalten gleichfalls Inosit, und zwar als Di- bzw. Monophosphorsäureester (Inositphosphatide, z. B. das 1-Phosphatidyl-inosit-4-phosphat und das 1-Phosphatidyl-inosit-4.5-diphosphat), besonders reichlich in der Leber. Im Nervengewebe kommt Inosit sowohl in freier, wie in (an Lipoide) gebundener Form vor: Muskelgewebe enthält freien Inosit.

Die farblose optisch inaktive Substanz von süßlichem Geschmack schmilzt bei 225° C, ist löslich in Wasser, schwer löslich in Alkohol, unlöslich in anderen organischen Solventien. Sie kann durch Bleiacetat gefällt werden und kristallisiert unter 50° C mit 2 Mol Kristallwasser. Testorganismen zur *mikrobiologischen Bestimmung* sind vor allem einige Heferassen. Daneben läßt sich myo-Inosit auch papierchromatographisch abtrennen. *Internationaler Standard* und andere Einheiten sind bisher nicht festgelegt.

myo-Inosit ist als Biosfaktor vor allem notwendig für das Wachstum verschiedener Mikroorganismen, meist in Gemeinschaft mit anderen Biosfaktoren. Inosit zeigt im

Tabelle 56. myo-Inositgehalt von Lebensmitteln

	mg/100 g Substanz
Äpfel, Bananen, Erdbeeren, Melonen	25—60
Trauben; Grapefruit; Orangen	65; 150; 200
Pfirsiche, getrocknet	140—370
Kartoffeln, Spinat, Gurken, Tomaten	30—55
Zwiebeln, Erbsen, Bohnen, Blumenkohl	90—170
Trockenkartoffeln	130
Erbsen, Karotten, Zwiebeln, getrocknet	330—700
Weizen: Korn; Keim; Kleie	170; 690; 110
Reis, Kleie	400
Kuhmilch	7—18
Vollmilchpulver	140
Vollei	33
Trockenvollei	130
Rind, Leber	50—100
Herz	260
Hirn	200
Bäckerhefe	80—160

Warmblüterorganismus spezifisch *lipotrope* Wirkung als Leberschutzstoff: er vermag eine bei bestimmter Ernährung oder bei toxischen Schäden auftretende Leberverfettung zu verhindern, eine Wirkung, die in noch höherem Ausmaß dem anschließend zu besprechenden Cholin zukommt. Der Mechanismus dieser lipotropen Wirkung ist unbekannt.

Experimentell gesicherte Angaben über die Notwendigkeit einer exogenen Zufuhr von Inosit beim Menschen liegen noch nicht vor. Die Tatsache jedoch, daß Inosit im menschlichen Gewebe, insbesondere in biologisch hochaktiven Lipoiden, reichlich vertreten ist, und der Befund, daß fast alle tierischen Zellkulturen nur bei Inositgegenwart wachsen, bekräftigen die Annahme, daß Inosit auch für den Menschen ein Vitamin ist. Von keiner Seite wird vor allem die lipotrope Wirkung der Substanz angezweifelt. Konkrete Angaben über den *Inositbedarf* des Menschen lassen sich heute noch nicht machen. Die tägliche Zufuhr bei normaler Kost beträgt etwa 1 g. Das γ-Isomere von Hexachlorcyclohexan (*Gammexan, Lindan*) wirkt als „Antivitamin".

11. Cholin

$$\left[\begin{array}{l} CH_2{-}OH \\ | \\ CH_2{-}N(CH_3)_3 \end{array}\right]^{\oplus} \cdot \overset{\ominus}{OH}$$

Cholin ist säure- und alkaliempfindlich. Mehrstündige Behandlung im Autoklaven bei 120° C und pH 10 vernichtet das Vitamin vollständig. Die übliche Behandlung von Fleisch und Fleischprodukten durch Kochen bewirkt einen Verlust von etwa $^1/_3$, während nach anderen Angaben Lagern, Kochen und Konservieren keine erheblichen Cholinmengen entfernt oder zerstört.

Cholin findet sich in Erbsen, Linsen, Erdnüssen, Hanfsamen, Preßkuchen aus Ölsamen, in Keimlingen (Wicke, Lupine, Soja, Gerste), in Kürbis, Kartoffeln, Rüben und Pilzen, außerdem als Zersetzungsprodukt von Phosphatiden in Heringslake und Kadavern. Wichtige Cholinquellen unserer Ernährung sind Rindermuskel (100 mg), Rinderleber (600 mg), Vollmilch (15 mg), Hühnerei (350 mg), Weizenkorn (30 mg), Kartoffeln (100 mg) und grüne Erbsen (260 mg/100 g Substanz). Die tägliche Cholinaufnahme liegt bei etwa 1,5—4 g und genügt damit, wie aus Tierversuchen geschlossen wurde, dem Tagesbedarf. Die wichtigsten Aufgaben des Cholins im Stoffwechsel sind: Bildung des Lecithins, Lieferung von Methylgruppen bei der Transmethylierung, Bildung von Acetylcholin, Förderung der Leberfunktion und Regulierung des Fettstoffwechsels als „*lipotroper*" *Faktor*.

12. Weitere Vitamin B-Faktoren. Hier seien noch einige Vertreter verschiedener Stoffgruppen erwähnt, deren Vitaminnatur nicht eindeutig erwiesen ist, so der *Bifidus-Faktor* (Oligosaccharide der Frauenmilch), das *Strepogenin*, das *Rutin* („Vitamin P") vgl. S. 176 das *Xanthopterin* („Vitamin B_{14}"), das *Vitamin* B_T als Wuchsstoff für manche Insekten, später als *Carnitin*, L-γ-Amino-β-hydroxybutyrobetain identifiziert, sowie die vor allem in Getreideprodukten reichlich vorkommende *Pangaminsäure*.

Von besonderem Interesse ist in diesem Zusammenhang die *Liponsäure* (Thioctansäure — „thioctic acid").

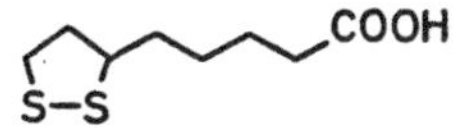

Liponsäure

Als wasserstoffübertragender Cofaktor ist sie vor allem an der oxydativen Decarboxylierung (Aminosäurenabbau zu aktivierten Fettsäuren, Citronensäurecyclus; vgl. Spezialliteratur) beteiligt. Sie stellt einen Wuchsfaktor für Milchsäurebakterien, Buttersäurebakterien u. a. dar und ist etwa 250000 mal wirksamer als die gleiche Menge Hefeextrakt. Zusammen mit Biotin, Vitamin B_{12} und Folsäure rechnet sie zu den aktivsten bisher bekannten Biokatalysatoren.

β) *Vitamin C* (L-*Ascorbinsäure*)

Trotz der seit Jahrhunderten bekannten, zum ersten Mal wohl von Plinius in seiner *Historia naturalis* (77—78 n. Chr.) genau beschriebenen, vom Wundarzt der englischen Flotte J. Lind 1753 erstmalig wissenschaftlich fundiert untersuchten C-Avitaminose, des Skorbuts (Scharbock, „Armeekrankheit", „Geißel der Meere") brachte erst der Tierversuch weitgehende Aufklärung dieser Krankheit, insbesondere durch die Einführung des Meerschweinchens als klassischen Versuchstieres. Um Eigenschaften und Wirkungsweise dieses „antiskorbutischen Vitamins" zu ergründen, wurden Konzentrate aus Orangen- und Zitronensaft hergestellt, deren noch unbekannter Wirkstoff als „C-Vitamin" bezeichnet wurde. 1927 gelang es A. v. Szent-Györgyi in Kohl und Nebennieren einen Stoff aufzufinden den er „Hexuronsäure" nannte. 1931 wies J. Tillmans erstmals darauf hin, daß diese Substanz das gleiche chemische Verhalten wie das „C-Vitamin" zeige. 1932 gelang es dann C. G. King und W.A. Waugh, die Identität der Hexuronsäure mit dem von den letztgenannten Forschern aus Zitronen isolierten Vitamin C nachzuweisen und für beide Verbindungen die gleiche antiskorbutische Aktivität festzustellen.

Die aus verschiedenen Naturprodukten isolierte *Ascorbinsäure*, ($C_6H_8O_6$, Smp 190°C, $[\alpha]_D^{20} = -23°$ in Wasser) ist ein kristallines, weißes, geruchloses Pulver von citronensäureähnlichem Geschmack. Sie löst sich leicht (1 g/3 ml) mit saurer Reaktion in Wasser (pH einer 10%igen Lösung etwa 2), gut in Methanol und Äthanol. In Petroläther, Benzin, Chloroform, Äther, Benzol, Fetten und fetten Ölen ist sie unlöslich. Das Oxydations-Reduktions-Potential beträgt bei pH 4,0 und 35°C $E_0 = 0{,}166$ V. Auf Grund ihrer Dienolstruktur ist die Ascorbinsäure ein kräftiges Reduktionsmittel; sie reagiert bei Salzbildung als einbasische Säure. Das UV-Absorptionsspektrum der Ascorbinsäure ist pH-abhängig. In stark saurer Lösung liegt es bei 245 nm, im Neutralpunkt bei 265 nm, im alkalischen Bereich (pH 14) bei etwa 300 nm. Für die Bestimmung des Vitamins wird das UV-Spektrum praktisch nicht benutzt (vgl. S. 174). Verbindungen ähnlicher Struktur, wie L-Dehydroascorbinsäure, 6-Desoxy- und L-Rhamno-L-ascorbinsäure sind antiskorbutisch wirksam, andere inaktiv, wie folgende Tabelle 57 zeigt:

Tabelle 57. Antiskorbutisch wirksame Substanzen

Substanz	% der Wirksamkeit der L-Ascorbinsäure
L-Ascorbinsäure	100
L-Dehydroascorbinsäure	100
6-Desoxy-L-ascorbinsäure	33
L-Rhamno-ascorbinsäure	20
D-Arabo-ascorbinsäure	5
L-Gluco-ascorbinsäure	2,5
L-Fuco-ascorbinsäure	2,0
L-Gluco-hepto-ascorbinsäure	1,0

D-*Isoascorbinsäure* („erythorbic acid") ist zwar biologisch inaktiv, besitzt jedoch gleich der Ascorbinsäure antioxydative bzw. synergistische Wirkung (s. S. 81) und wird in diesem Sinne eingesetzt. Oxydationsmittel wie Halogene, Eisen(III)-salze, Chinon, Dichlorphenolindophenol und Methylenblau oxydieren zu Dehydroascorbinsäure, beide Substanzen bilden ein reversibles Redoxsystem:

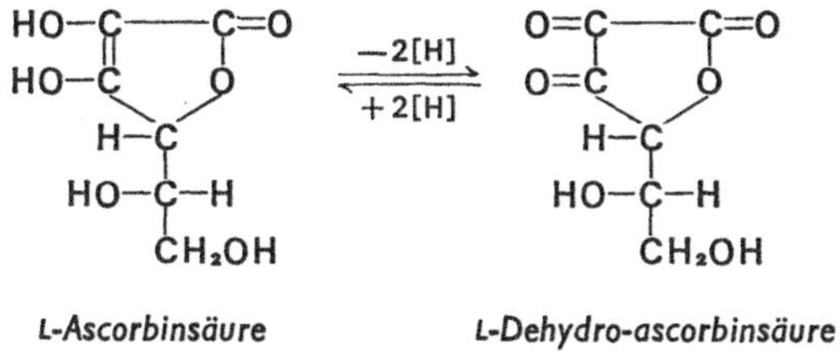

(L-Xylo-ascorbinsäure, γ-Lacton der in der Enolform vorliegenden 3-Keto-L-gulonsäure)

Dehydroascorbinsäure kann leicht zu Ascorbinsäure reduziert werden. Luftsauerstoff in Gegenwart von Schwermetallspuren, insbesondere Cu^{++}, oxydiert irreversibel. Diese Oxydation verläuft um so leichter, je geringer die Acidität der Lösung ist. Stark saure Ascorbinsäurelösungen sind relativ beständig. In trockenem Zustand ist die Substanz unter Lichtschutz haltbar. Beim Trocknen, Kochen, Erhitzen im Dampfdrucktopf auf mehr als 2 at, Blanchieren, Konservieren, Bestrahlen und Lagern der Lebensmittel treten oft erhebliche Vitamin C-Verluste auf, die im Mittel auf etwa 35% veranschlagt werden, zuweilen aber bis zu 70% betragen können. Unsachgemäße Verarbeitung des Rohmaterials, Anwesenheit von Metallspuren, mehrmaliges Aufwärmen oder wiederholtes Umrühren bei der Speisenzubereitung und längere Lagerung zerkleinerten rohen Nahrungsgutes sind die Hauptursachen hoher Vitamin C-Verluste.

Die Abb. 9—13 zeigen an einigen Beispielen das Verhalten von Vitamin C bei Blanchier-, Lagerungs- und Kochprozessen.

Weitere Beispiele bei R. Zacharias, in 162, Bd. XIV.

Günstig zur Vitaminerhaltung erweisen sich z.B. die Methoden der Tiefgefrierung von Obst und Gemüse, der Einsäuerung von Gärungsprodukten (Sauerkohl), der Pasteurisierung und Sterilisierung von Milch in inertem Material (Aluminium) unter Luftabschluß und der Gefriertrocknung von Lebensmitteln. Von den 4 möglichen *Stereoisomeren* sind L-Ascorbinsäure und D-Araboascorbinsäure biologisch aktiv, D-Ascor-

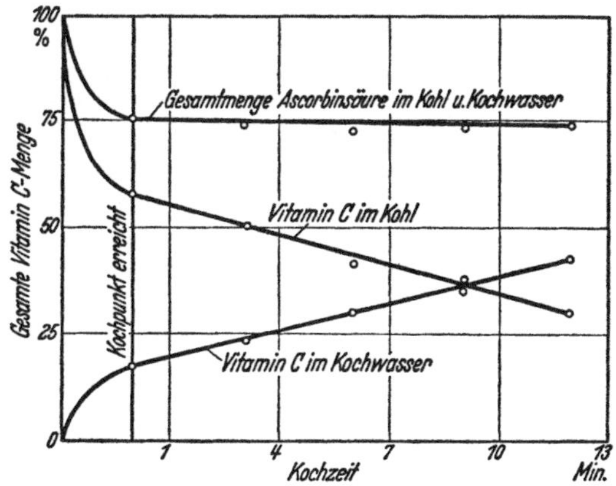

Abb. 10. Verlust an Vitamin C beim Kochen von Kohl. (Aus R. Plank: (123), Bd. XIV, S. 475)

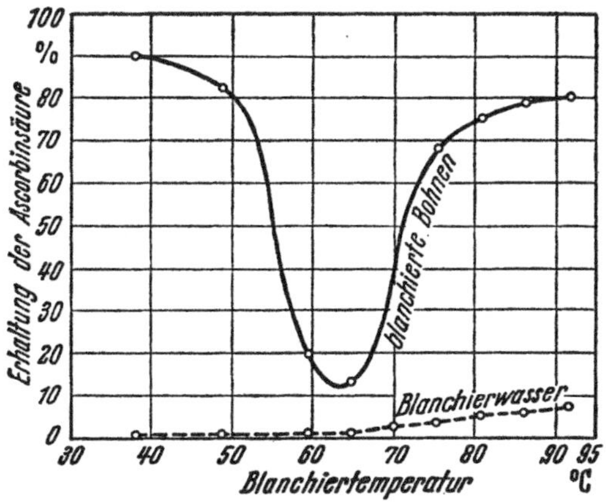

Abb. 11. Einfluß der Temperatur des Blanchierwassers auf den in grünen Bohnen zurückbleibenden Gehalt an Ascorbinsäure. (Aus R. Plank: (123), Bd. XIV, S. 476)

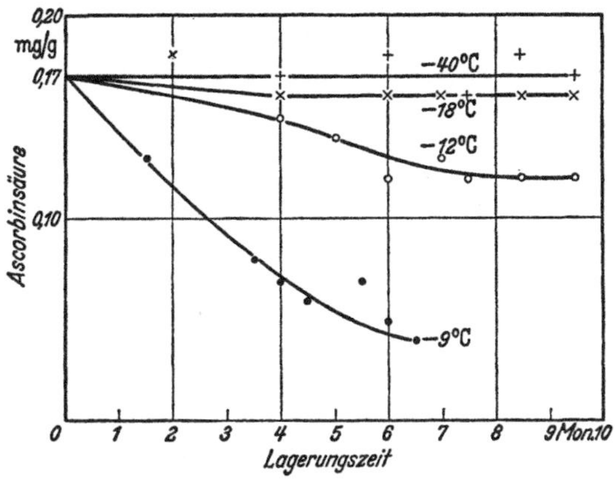

Abb. 12. Verluste an Vitamin C in gefrorenen Erbsen bei Lagerung unter verschiedenen Temperaturen. (Aus R. Plank: (123), Bd. IX, S. 480)

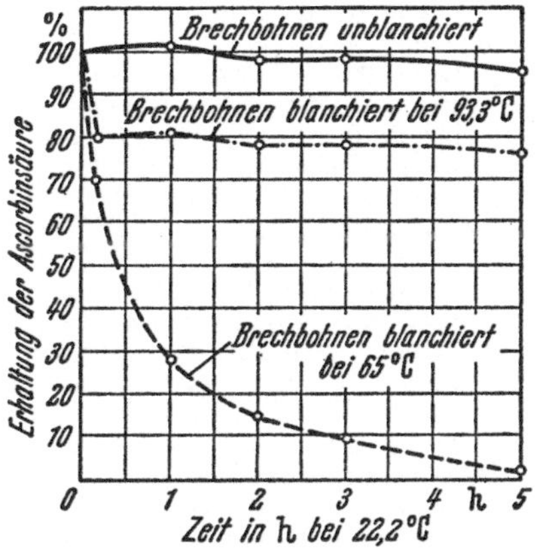

Abb. 13. Einfluß der Aufbewahrung unblanchierter und blanchierter grüner Bohnen bei Zimmertemperatur auf deren Gehalt an Ascorbinsäure. (Aus R. Plank: (123), Bd. IX, S. 477)

binsäure und L-Arabo-ascorbinsäure unwirksam. Daraus folgt, daß (nach konventioneller Schreibweise) die C_4-Konfiguration entscheidend für biologische Aktivität ist. Die Oxydation der Ascorbinsäure kann auch *enzymatisch* katalysiert werden; dadurch bedingte Vitamin C-Verluste (längere Aufbewahrung zubereiteter Rohkost) können recht beträchtlich sein. Neben Polyphenoloxidase bzw. Laccase, Peroxidase und dem Cytochrom c-Cytochromoxidasesystem ist hier vor allem die Ascorbinsäureoxidase (S. 207) von Bedeutung. Sie wurde kristallisiert gewonnen, stellt ein Kupferproteid dar, rechnet zu den 4-Elektronen transferierenden Oxidasen und dehydriert L-Ascorbinsäure unter Beteiligung von molekularem Sauerstoff. Umgekehrt vermögen pflanzliche und tierische Organismen unter Mitwirkung von Glutathion und einer Dehydroascorbinsäurereduktase Dehydroascorbinsäure zum Vitamin C zu hydrieren.

Vitamin C wird seit der im Jahre 1933 durchgeführten Totalsynthese heute in großtechnischem Maßstab gewonnen, und zwar durch katalytische Hydrierung von D-Glucose zu D-*Sorbit*, der dann durch bakterielle Oxydation (Bacterium xylinum, Acetobacter suboxydans) die 2-Ketohexose *Sorbose* liefert. Diese wird in das Diacetonderivat übergeführt. Nach Oxydation zur Carbonsäure und Entfernung der Acetonreste entsteht die L-Xylo-2-ketohexonsäure bzw. deren Lacton, das durch Kochen mit verdünnter Säure in L-Ascorbinsäure übergeht.

Die alkoholischen OH-Gruppen der Ascorbinsäure lassen sich mit Fettsäuren verestern (Beispiele: Ascorbylpalmitat und -diacetat). Vgl. S. 174.

Die ältesten Methoden zur *chemischen Bestimmung* des Vitamin C gründen sich auf die leichte Oxydierbarkeit der Ascorbinsäure. Es liegt auf der Hand, daß damit die Mehrzahl der empfohlenen Verfahren nicht streng spezifisch ist, da auch andere antiskorbutisch unwirksame, in biologischem Material vorkommende oder bei der Lebensmittelverarbeitung gebildete Substanzen, wie z. B. das Triose-*Redukton* („Redukton"):

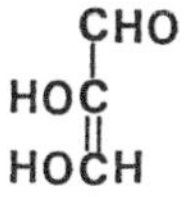

Redukton

oder Kohlenhydrate, schwefelhaltige Verbindungen, Eiweißstoffe und Stärkeabbauprodukte, Aminosäuren usw. reduzierende Wirkung entfalten.

Am häufigsten benutzt wird die Titration der Ascorbinsäure mit dem tiefblau gefärbten, zum Leukofarbstoff reduzierbaren *2.6-Dichlorphenolindophenol*, die erstmals J. Tillmans 1927 angab. Vitamin C läßt sich auch in stark saurer Lösung mit Methylenblau unter intensiver Belichtung oder mit Jodlösung titrieren. Das aus saurer Chloraminlösung freigesetzte Chlor wirkt ebenso wie Jod und Kaliumhexacyanoferrat(III) oxydierend. All diese Verfahren sind wie erwähnt — vor allem in biologischem Material — durch die zahlreichen Störmöglichkeiten von nur bedingter Zuverlässigkeit. Vorschläge zur Verfeinerung der Methodik betreffen vor allem die Ausschaltung unspezifisch reduzierender Stoffe durch deren getrennte Titration. Dies geschieht dadurch, daß die Ascorbinsäure mit Formaldehyd blockiert, durch Kupferionen zerstört oder durch Ascorbinsäureoxidase enzymatisch abgebaut wird. Zur Gesamterfassung aller Vitamin C-aktiven Substanzen wird etwa vorliegende Dehydroascorbinsäure vor der Titration mit Schwefelwasserstoff zu Ascorbinsäure reduziert. Schließlich haben sich in neuerer Zeit auch Verfahren der Papierchromatographie in die Vitamin C-Bestimmung eingebürgert. Dies gilt auch für Methoden, bei denen Ascorbinsäure zunächst zu Dehydroascorbinsäure dehydriert und diese dann mit 2.4-Dinitrophenylhydrazin zum entsprechenden Osazon umgesetzt wird. Die Osazone können photometrisch oder dünnschichtchromatographisch bestimmt werden. Andere photometrisch auswertbare Möglichkeiten bietet die Kupplung mit diazotiertem 4-Methoxy-2-nitranilin oder mit diazotiertem 2-Nitranilin. Schließlich läßt sich Ascorbinsäure mit Erfolg auch polarographisch bestimmen. Zusammenfassende Darstellung bei J. Vuilleumier u. Mitarb.; R. Strohecker in 162, Bd. XIV.

Es liegt weiterhin nahe, das Absorptionsmaximum der Ascorbinsäure bei 245 nm analytisch auszuwerten; zahlreiche methodische Schwierigkeiten bedingen jedoch, daß von dieser Möglichkeit kaum Gebrauch gemacht wird. Enzymatische Bestimmungsverfahren wie Oxydation des Vitamins mit Hilfe von Ascorbinsäureoxidasen aus Kürbisgewebe oder Reduktion der Dehydroascorbinsäure mit Dehydroascorbinsäurereduktasen aus Bakterien haben sich bisher in der Routineanalytik nicht durchgesetzt.

Zur *biologischen Bestimmung* der Ascorbinsäure benutzt man die durch Vitaminmangel bedingte Wachstumsverzögerung, die Veränderungen der Zahnstruktur (Odontoblasten der Schneidezähne) oder die Aktivitätsänderung der alkalischen Phophatase im Plasma.

Neuere, nach der 2.4-Dinitrophenylhydrazinmethode ermittelte Angaben stammen von J. H. Roe (1961).

Die *internationale Einheit* für das Vitamin C wurde zu 0,05 mg L-Ascorbinsäure festgelegt. Es empfiehlt sich jedoch, Analysenergebnisse nicht in iE, sondern in Gewichtseinheiten anzugeben. Eine „Meerschweinchen-Einheit" entspricht 0,5 mg L-Ascorbinsäure.

Vitamin C ist in jeder tierischen und pflanzlichen Zelle enthalten, meist in freier Form, daneben wahrscheinlich auch als *Ascorbigen* an Eiweiß gebunden. Beim Menschen soll Ascorbigen unwirksam sein.

Besonders reiche Vitamin C-Quellen sind Hagebutten, schwarze und rote Johannisbeeren, Erdbeeren, Petersilie, Orangen, Zitronen und Grapefruits, verschiedene Kohlarten und Kartoffeln.

Die *Kartoffel* ist für breite Volksschichten, vor allem in Notzeiten, eine wichtige Vitamin C-Quelle. Hier fällt ernährungsphysiologisch schwer ins Gewicht, daß mit zunehmender Lagerdauer bis zum Frühjahr die Kartoffel etwa 70% ihres ursprünglichen Ascorbinsäuregehaltes verliert (S. 509).

Die bereits erwähnte große Labilität des Vitamin C sowie die günstige Wirkung der Ascorbinsäure im Rahmen mancher technologischer Prozesse haben dazu geführt, zur Erzielung technologischer wie ernährungsphysiologischer Qualitätssteigerungen verschiedenen Lebensmitteln synthetische Ascorbinsäure zuzusetzen (S. 187). Nach der „Allgemeinen Fremdstoff-VO" vom 19. 12. 1959, in der Fassung vom 22. 12. 1971 dürfen Verbindungen des Vitamin C mit Essigsäure und mit den höheren unverzeigten Fettsäuren der Kohlenstoffzahlen C_{14}, C_{16} und C_{18} allgemein und ohne Kenntlichmachung des Gehaltes Lebensmitteln zugesetzt werden.

Schwerer *Ascorbinsäuremangel* äußert sich im Auftreten der altbekannten Ernährungskrankheit, des *Skorbuts*, die beim Säugling als *Möller-Barlowsche Krankheit* beschrieben ist. Hauptangriffspunkt sind hier Störungen am Aufbau der Bindegewebssubstanz, die sich vor allem in Blutungen an Haut, Schleimhäuten und Muskeln, in schweren Zahnfleischblutungen und Zahnveränderungen äußern. Leichter Ascorbinsäuremangel als *Hypovitaminose C* oder in Form präskorbutischer Zustände wird mit der durch Appetilosigkeit, Atemnot oder Herzbeschwerden gekennzeichneten „Frühjahrsmüdigkeit" in Verbindung gebracht, ohne daß jedoch derartige Erscheinungen

Tabelle 58. Vitamin C-Gehalt von Lebensmitteln
(S. W. Souci u. Mitarb., 152)
(mg Ascorbinsäure in 100 g eßbarem Anteil)

Lebensmittel	Mittelwert
Gemüse	
Gurke	0,008
Spargel	21
Bohne, grün, frisch	19,5
Erbse, grün, frisch	27
Blumenkohl	69,8
Grünkohl, frisch	105
Weißkohl	45,8
Kohlrabi	53
Rosenkohl (Okt.—Dez.)	104
Kresse, grün	60
Sellerie	8,25
Petersilie, Blätter	166
Wurzel	41
Fenchelkraut	93
Schnittlauch	47
Sauerkraut, abgetropft	20
Karotten	6
Spinat, frisch	50
Kartoffel (Mai—Sept.)	28
(Okt.—Jan.)	15
(Febr.—Juni)	10
Tomaten, reif	24,2
Zwiebeln	8,5
Champignons	5
Meerrettich	114
Paprika, grün oder rot	151
Melone	11
Rhabarber	13
Knoblauch	14
Porree (Lauch)	30
Radieschen	20
Früchte	
Aprikosen, getrocknet	11
Apfelsinen, frisch	51
Bananen	11
Heidelbeeren	22
Zitronen	53
Grapefruit	45
Himbeeren	25
Gartenerdbeeren	60
Hagebutten, frisch	1250
Orangenmarmelade	3
Johannisbeeren, rot	32,5
schwarz	136
Äpfel, frisch	12
Weintrauben	3,80
Rosinen	1
Apfelsaft	1
Sanddornbeerensaft	266
Orangensaft	53
Zitronensaft	55
Milch	
Sahne, 30% Fett	1,0
Buttermilch	0,6
Vollmilch, 3% Fett	1,47
Frauenmilch	4,1
Kondensmilch, ungezuckert, 10% Fett	1,09
Fleisch, Fische	
Kalb, Leber	41
Niere	12,7
Rind, Leber	30
Schwein, Leber	23
Huhn, Leber	28
Bacon, mittelfett	0,8—1,6
Kalbfleisch, mittelfett	0,8—1,3
Rindfleisch, mittelfett	1
Hecht	3
Kabeljau, Leber	4
Rogen	24

Tabelle 59. Nach der 2.4-Dinitrophenylhydrazinmethode gefundene Vitamin C-Werte

Lebensmittel	Ascorbinsäure mg/100 g
Muskel	5,2— 7,2
Leber	52,3—70,2
Niere	24,2—32,2
Tomate	17,3—39,3
Kohl	44,6—55,5
Karotte	13,2—32,1
Gurke	14,6—35,0
Ananas	27,0—48,1
Kantalupe	43,4—64,5
Orangensaft	71,2—79,7
Limonensaft	49,3—55,8
Grapefruitsaft	61,2—69,5

klar zu objektivieren wären. Die bei Ascorbinsäuremangel verzögerte Kollagenbildung erklärt umgekehrt die Wirkung des Vitamin C auf die Wundheilung und Knochenbildung.

Ascorbinsäure ist eine außerordentlich gut verträgliche Substanz; auch bei ständiger Zufuhr sehr hoher Dosen ließen sich keine nachteiligen Wirkungen feststellen.

Die Frage des *Vitamin C-Bedarfes* ist auch heute noch Gegenstand von Kontroversen. Der Organismus vermag nur begrenzte Mengen an Vitamin C zu speichern. Die Sättigung des Organismus erfordert rund 100 mg Ascorbinsäure, wobei sich im Plasma ein Vitamin C-Spiegel von etwa 1,0—1,2 mg-% einstellt und der Gesamtorganismus rund 4 g Ascorbinsäure enthält. Über die Frage, ob zur vollen Gesundheit und Leistungsfähigkeit die obengenannte Sättigung notwendig ist, besteht noch keine Klarheit. Zweifellos ist der Ascorbinsäurebedarf keine feste Größe; er hängt von verschiedensten Belastungen des Organismus ab (Schwangerschaft, Stillzeit, Infektionskrankheiten, Rekonvaleszenz, Schwerarbeit). „Food and Nutrition Board" der USA und die Deutsche Gesellschaft für Ernährung (1962) empfehlen 70 mg für die Frau, 75 mg für den Mann, 100 bzw. 150 mg für die Schwangere bzw. Stillende und 80—100 mg für Jugendliche bis zu 19 Jahren. Die Forderung nach einer wünschenswerten Sättigung des Organismus mit Vitamin C ist „gegenwärtig nur gefühlsmäßig fundiert" (K. Lang, 1957).

Die intensiv diskutierte Frage, ob höhere Ascorbinsäuregaben die körperliche und geistige Leistungsfähigkeit des Menschen zu steigern vermögen, kann heute bis zu einem gewissen Ausmaß positiv beantwortet werden.

Pflanzen und diejenigen Tiere, die Vitamin C zu synthetisieren vermögen, gehen von der Glucose aus, wobei Glucuronsäure (D-Glucurono-γ-lacton) oder Galakturonsäure Zwischenprodukte darstellen. Da der Weg über Uridin-diphosphat-glucose verläuft, kann auch Galaktose als Ausgangsmaterial verwendet werden. Menschen und Tiere (Affen, Meerschweinchen, Präriehunde, Rehe u.a.), die auf Ascorbinsäurezufuhr angewiesen sind, haben die Fähigkeit verloren L-Gulonolacton in 2-Ketogulonolacton und damit in Ascorbinsäure umzuwandeln. Hier fehlt infolge einer Genmutation die notwendige L-Gulonolacton-oxidase, ein in den Mikrosomen der Leber vorkommendes Flavinenzym.

γ) „Vitamin P"

1936 hatte A. v. Szent-Györgyi aus Zitronensaft ein *„Permeabilitätsvitamin"* isoliert, das u.a. Blutungen verhindern oder vermindern und das Leben skorbutkranker Meerschweinchen verlängern sollte. Später wurde gezeigt, daß eine Reihe von Flavonolglucosiden und Flavonen, darunter neben D-*Epciatechin* auch *Rutin*, das Rhamnoglykosid des Quercetins:

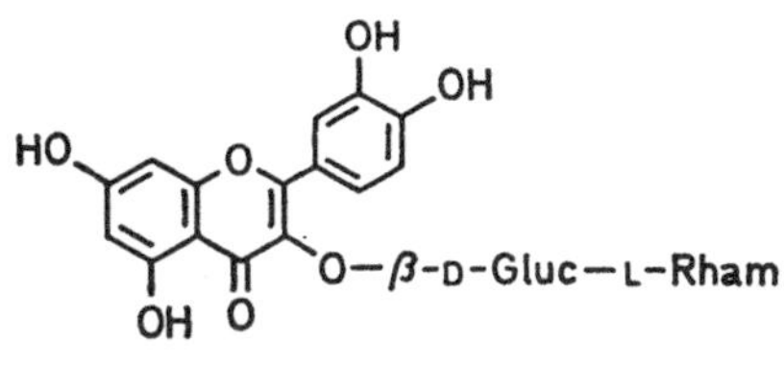

Rutin

(3. 5. 7. 3'. 4'-Pentahydroxy-3-rutinosid)

besonders wirksame capillardichtende Eigenschaften besitzen, daß jedoch viele der dem *„Vitamin P"* zugeschriebenen Wirkungen nicht zu beweisen waren. Die Anwendung der genannten Vitaminbezeichnung auf das eine oder andere hier wirksame Phenol würde nur Verwirrung stiften und deshalb wurde international auf Vorschlag der IUPAC empfohlen, den Begriff des „Vitamin P" ganz fallen zu lassen. Flavonoide sind pharmakologisch wirksame Substanzen, jedoch keine Vitamine.

Viele Flavonoide, wie Quercetin, Quercitrin und Rutin besitzen zweifellos antioxydative Eigenschaften, die durch die beiden Hydroxylgruppen in Orthostellung (3′ und 4′) und durch die Doppelbindungen zwischen den C-Atomen 2 und 3 im Pyronring bedingt sind. Auch die Chelatbildung mit oxydativ-katalytisch wirksamen Schwermetallen besitzt Bedeutung. So hemmen Flavonoide der genannten Art z.B. die Oxydation der Ascorbinsäure sowie die Peroxydation bei Milch, Schweineschmalz oder Butter.

c) Antivitamine

Unter Antivitaminen im strengen Sinne verstehen wir alle Strukturanaloge der Vitamine, die eine dem Vitamin antagonistische biologische Wirkung entfalten. Es liegt nahe, zur Erklärung dieser Erscheinung auf das bei der p-Aminobenzoesäure erstmals studierte, dort gültige Prinzip zurückzugreifen (S. 163): Der Antagonist setzt sich auf Grund hochgradiger Ähnlichkeit der *chemischen* Struktur an die Stelle des Vitamins, ohne dessen Funktion im System der *biologischen* Vitaminwirkung zu übernehmen. Besonders wirksame Antivitamine sind bei den B-Vitaminen bekannt. Dies nimmt angesichts der lebenswichtigen Bedeutung derartiger Vitamine als Coenzyme nicht wunder. Hier genügen schon relativ geringfügige Eingriffe in das Vitaminmolekül, um hochwirksame Antagonisten zu erzeugen. Es ist durchaus denkbar, daß bei Vitaminzerstörung oder Vitaminaktivierung durch die verschiedensten, bei den einzelnen Vitaminen besprochenen Effektoren chemischer wie physikalischer Art solche antivitaminwirksame Stoffe entstehen können. Für die experimentelle Ernährungsforschung bedeutungsvoll geworden sind z.B. das *Neopyrithiamin*, bei dem der Thiazolring durch eine aromatische Komponente ersetzt ist, oder das *Desoxypyridoxin* als Antagonist des Vitamin B_6. Beide Verbindungen sind geeignet, beim Versuchstier rasch und zuverlässig Beriberi oder B_6-Avitaminosen zu erzeugen. Als Antimetabolit der Vitamine K ist das *Dicumarin* bekanntgeworden. Es findet sich im Süßklee, hebt die Wirkung des blutgerinnungsfördernden Vitamin K auf und ist die Ursache von Blutungen, wie sie bei Weidetieren auftreten, die Süßklee enthaltendes Futter gefressen hatten.

Weitere instruktive Beispiele sind die p-Aminosalicylsäure („PAS“) als Antagonist der p-Aminobenzoesäure und Pyridin-4-carbonsäurehydrazid (Isonicotinsäurehydrazid, „Neoteben“, „Rimifon“, „Nydrazid“) als Antivitamin der Nicotinsäure, die beide gegen Tuberkelbakterien wirksam sind.

2. Vitamine in der Lebensmittelchemie und Lebensmitteltechnologie

a) Die Vitaminierung der Lebensmittel

Wenn die Vitaminbilanz unserer Ernährung heute zweifellos in mehr als einer Beziehung zu wünschen übrig läßt, so liegt der Hauptgrund wohl in der soziologisch umwälzenden Entwicklung des vergangenen Jahrhunderts. Die steigende Produktion niedrig ausgemahlener Mehle in Ländern gehobenen Lebensstandards führte zur Gefahr einer Vitamin B-Unterbilanz; die jahreszeitlich bedingte, oft unzureichende Versorgung mit frischem Obst und Gemüse bringt Mangel an Vitamin C und Provitamin A, der angestiegene Verbrauch an vitaminfreien Nahrungsfetten an Stelle der biologisch hochwertigen Butter einen solchen an Vitamin A mit sich. Abb. 14 zeigt deutlich den Zusammenhang zwischen Vitamin A-Mangelkrankheiten und dem überwiegenden Verzehr von (damals Vitamin A-freier) Margarine.

Wünsche, diese wohlbekannten Mängel auf natürlicher Basis zu beheben, so durch Produktion und Verbrauch von Vollmehlen, durch gesteigerten Obst- und Gemüsekonsum oder durch erhöhten Verbrauch von vitaminhaltigen Fetten und Ölen lassen sich nur z.T. realisieren. Derzeitige Wirtschaftsstruktur, zunehmende Bevölkerungszahl, Publikumsgeschmack und Verbrauchererwartung bringen es mit sich, daß in besonderen Fällen der Zusatz einwandfreier Vitaminträger zu gewissen Lebensmitteln zu befürworten ist.

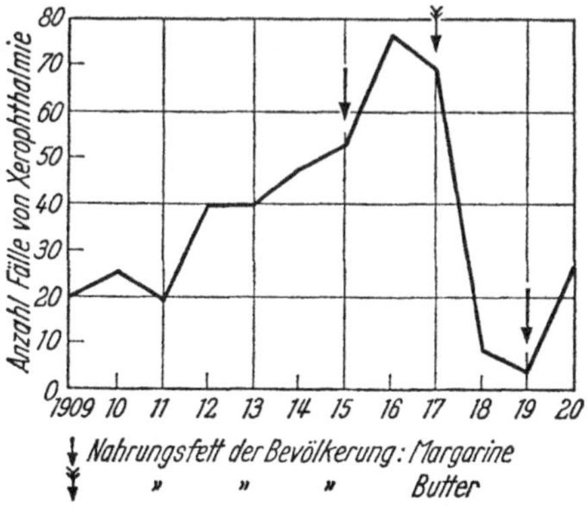

Abb. 14. Dänische Xerophthalmie-Epidemien 1909—1920 (nach Bloch; Literatur-Dienst La Roche)

Hinzu kommt, daß auch bei schonendster industrieller Verarbeitung nach modernen Methoden teilweise Vitaminzerstörung nicht zu vermeiden ist, daß bei langfristiger Lagerung sowie bei der Zubereitung der Speisen und der im Rahmen einer Gemeinschaftsverpflegung oft notwendigen Warmhaltezeiten zusätzliche Vitaminverluste in Kauf genommen werden müssen.

Dabei sind jedoch Einschränkungen zu machen. Abgesehen von zu geringer, sinnloser und täuschender Dosierung ist der Vitaminzusatz zunächst nach Art und Weise zu begrenzen in Hinsicht auf den *natürlichen Gehalt* des Ausgangsmaterials, aus dem das Lebensmittel hergestellt wurde. Hier handelt es sich um eine *Aufwertung*, also Wiederherstellung („*Revitaminierung*") des qualitativ und quantitativ gleichen Vitamingehaltes wie er im unveredelten, natürlichen Material vorliegt. Beispiele: Vitaminierung von Mehlen niedriger Ausmahlung, von poliertem Reis, von eingedickten, sterilisierten und vergorenen Fruchtsäften und von Marmeladen. Zum anderen soll eine *Anreicherung* („fortification") mit Vitaminen nur dann vorgenommen werden, wenn ein an sich calorisch und im Sinne des Verbrauchers hochwertiges, durch Mangel an Vitaminen jedoch minder wertvolles Nahrungsmittel einem ähnlichen, von Natur aus vitaminhaltigem Lebensmittel ernährungsphysiologisch angeglichen und damit der einseitige Charakter behoben werden soll. Beispiel: die Vitaminierung der Margarine mit einem dem Gehalt der Butter entsprechenden Vitamin A-Betrag.

Und schließlich ist zu fordern, die wahllose Vitaminierung unserer Nahrung einzudämmen, insbesondere von Natur aus vitaminfreie Lebensmittel als solche zu belassen und vitaminhaltigen nur diejenigen Vitamine bzw. Vitaminkomplexe zuzuführen, die dort im Rohmaterial entweder zu gering auftreten oder aber im Rahmen der Aufbereitung, Veredelung und der anschließenden Lagerung zu Verlust gingen.

Da der Zusatz von Vitaminen oder Vitaminkonzentraten zu Grundlebensmitteln immerhin einen Eingriff in die gegebene Zusammensetzung der Nahrung darstellt, kann er nicht allein der Initiative der Lebensmittelindustrie überlassen bleiben. In den vergangenen Jahren haben deshalb alle Kulturländer entsprechende *Gesetzesregelungen* getroffen. In Deutschland wurde am 1. 9. 1942 die „VO über vitaminierte Lebensmittel" (RGBl I, 1942, S. 538) erlassen, die eine Anmeldepflicht voraussetzt, Verbotsmöglichkeiten vorsieht und das Feilhalten und Inverkehrbringen vitaminierter Lebensmittel regelt.

a) *Die Vitaminierung der Margarine*

In Deutschland wurde die Margarine zum ersten Male 1940 in größerem Umfang mit fettlöslichen Vitaminen, und zwar zunächst mit Konzentraten von rotem Palmöl, außerdem auch mit Wal- und Fischleberölen sowie β-Carotin aus Mohrrüben angereichert. Heute stehen zu diesem Zweck große Mengen an synthetischem Vitamin A (meist als Acetat oder Palmitat) und an Vitamin D_3 zur Verfügung. Die technische Durchführung ist bei der kontinuierlichen wie diskontinuierlichen Margarinefabrikation sehr einfach: die Vitaminkonzentrate werden kurz vor Beendigung des Emulgierungsprozesses im Temperierkessel zugemischt und durch den Rührprozeß homogenisiert.

Viele Margarinesorten werden mit hohem Gehalt an ungesättigten Fettsäuren auf den Markt gebracht. Da mit steigender Zufuhr derartiger Säuren auch der Vitamin E-Bedarf zunimmt, werden spezielle Margarinesorten mit Vitamin E angereichert. Über Bedenken gegen die D-Vitaminierung vgl. S. 139.

Mit Vitamin A-Acetat angereicherte Margarine zeigt keine Geschmacksabwandlung, auch die Erhaltung des zugesetzten Vitamins ist befriedigend. Innerhalb von 12—14 Wochen sinkt der Vitamingehalt um etwa 15%.

Auch für die in Indien konsumierte, aus hydrierten Pflanzenölen gewonnene, dort als Kochfett unsere Margarine ersetzende „Vanaspati" hat das Indian Government ab 1. 12. 1953 die Anreicherung mit Vitamin A angeordnet.

In der Tabelle 60 sind die in verschiedenen Ländern üblichen bzw. vorgeschriebenen Vitaminzusätze zusammengestellt.

Tabelle 60. Vitaminzusätze zu Margarine in verschiedenen Ländern (pro 1000 g Margarine) (nach S.W. Souci u. Mitarb., 1956).

Land	Vitamin A iE	Vitamin A mg A-Alkohol bzw. β-Carotin	Vitamin D iE	Vitamin D mg
Dänemark	14000 und 6000	4,2 und 3,6	500	0,0125
	β-Carotin			
BRD	20000	6,0	300**	0,0075
Westberlin	30000	9,0		
England	30000	9,0	2900—3500	0,0725—0,875
Niederlande	22000	6,6	1000	0,025
Norwegen	20000	6,0	2500	0,0625
Schweden	30000*	9,0	1500	0,0375
Schweiz	22000	6,6	kein Zusatz	
USA	33000	9,9	keine Mengenangabe	

* Wovon 5000 iE als β-Carotin vorliegen dürfen, also 7,5 mg Vitamin A + 3,5 mg β-Carotin.

** Deutsche Margarine enthält z.Z. bei Zugabe von Vitamin D im Mittel 3000 iE Vitamin D.

β) *Die Vitaminierung der Milch*

Die Vitaminierung der Milch, insbesondere die Anreicherung mit Vitamin D, besitzt in Hinblick auf die Rachitisprophylaxe beim Säugling Bedeutung. D-Vitaminierung durch UV-Bestrahlung hat sich nicht bewährt und ist in Deutschland nicht mehr erlaubt, so daß nach dem von A. Adam empfohlenen *Zusatzverfahren* gearbeitet wird. Meist setzt man pro Liter 750—1000 iE (= 0,01875 bis 0,0250 mg) synthetisches Vitamin D_3 in Alkohol gelöst zu. In USA dient Propylenglykol als Lösungsmittel. Als weitere Vitaminierungsart wurde der Zusatz eines pulverförmigen Trockenpräparates, bei dem Vitamin D an Trockenmilcheiweiß gebunden ist, vorgeschlagen.

Versuche und Vorschläge, Trinkmilch auch mit Vitamin A anzureichern, sind nicht generell zu befürworten. In den USA wird die dort aus diätetischen Gründen reichlich konsumierte fettarme Milch mit Vitamin A versetzt. Zur Vermeidung des hier oft beobachteten, vor allem durch Sonnenlicht verursachten heuartigen Geschmacks der Milch wird u.a. Ascorbinsäure-Zusatz empfohlen.

Mit Vitamin A angereichertes Milchpulver kann ohne beträchtliche Vitaminverluste 2 Monate in der Wärme gelagert werden. Auf Grund dieser Befunde hat 1955 die FAO Herstellung und Export eines derartigen Produktes als Zusatznahrung für unterentwickelte Länder erörtert.

γ) *Die Vitaminierung von Brot- und Maismehl, Brot, Teigwaren und anderen Getreideprodukten*

Wandlungen der Verbrauchergewohnheiten und der soziologischen Struktur (s. S. 177) haben dazu geführt, daß in verschiedenen Ländern helle Mehle und daraus hergestellte Erzeugnisse, daneben auch Reis, mit Vitaminen der B-Gruppe, oft gleichzeitig auch mit bestimmten Mineralsalzen angereichert werden. Die von den einzelnen Ländern getroffenen Regelungen sind entweder bindend für die gesamte Mehlproduktion (Chile) oder für viele Mehle (Dänemark, England, Sao Paulo, viele Staaten der USA, Hawaii, Puerto Rico) oder sie erfolgen auf freiwilliger Basis mit entsprechenden Auflagen (Kanada, Schweden, viele Staaten der USA). In Deutschland, Frankreich, Italien, den Niederlanden, Österreich und der Schweiz liegen keine gesonderten Richtlinien vor. Für Deutschland mehren sich die Stimmen, die eine Vitaminierung unserer Mehle befürworten.

Eine kurze Übersicht bringt Tabelle 61. Um ein gegenseitiges Überbieten auszuschalten und die normalen Verhältnisse im Ausgangsmaterial zu berücksichtigen, wurden für die Anreicherung Minimal- und Maximalwerte festgelegt.

Tabelle 61. In verschiedenen Ländern für die Anreicherung von niedrig ausgemahlenem Weizenmehl geforderte bzw. empfohlene Mengen an Vitaminen und Mineralstoffen (nach S.W. Souci u. Mitarb., 1956).

Land	Zusatzstoffe pro kg Mehl					
	Vitamin B_1	Vitamin B_2	Nicotinsäureamid	Vitamin D	Eisen	Calcium
	mg	mg	mg	iE	mg	g
Chile	4,3	1,3	13,0	0	13—26	1,3
Dänemark	5,0	5,0	0	0	30 (Fe red.)	5,0 ($CaCO_3$)
England	2,4[1]	0	16,0[1]	0	16,5[1]	2,35—3,30 ($CaCO_3$)[1]
Kanada *	4,4—5,5	2,6—3,3	35,2—44,1	0	28,8—36,8	1,1—1,4[2]
Sao Paulo	4,5	2,5	0	0	30,0 (Fe red.)	2,5 (Tricalciumphosphat)
Schweden	4,0	1,25	40,0	0	30,0 (Fe-sulfat)	0
USA *	4,4—5,5	2,6—3,3	35,2—44,1	551 bis 2203[2]	28,6—36,3	1,1—1,4[2]

[1] Mindestmenge [2] Fakultativer Zusatz
* Minimal- bzw. Maximalgesamtgehalt in angereichertem Mehl

In Großbritannien ist die Mehlvitaminierung durch entsprechende Vorschriften und Richtlinien jeweils dem Stand des Wissens angepaßt. Anstelle des früher üblichen Ferrum reductum wird heute Eisenammoniumcitrat empfohlen. In der UdSSR erfolgt eine auf die vitaminarme Jahreszeit, bestimmte Personen und Gegenden begrenzte Vitaminierung heller Mehle, für die je nach dem Ausmahlungsgrad folgende Mengen pro kg festgelegt wurden: 2—4 mg Vitamin B_1, 4 mg Vitamin B_2 und 10—30 mg Nicotinsäure.

Die Vitaminierung von Teigwaren wird in den USA durch gesonderte Standards geregelt, für die von Mais besteht in einigen amerikanischen Südstaaten gesetzliche

Verpflichtung. Zusätze bei Teigwaren halten sich an die bei hellen Mehlen üblichen Mengen. Das Aufwerten von Teigwaren auf „Vollkornstandard" mit den leicht wasserlöslichen B-Vitaminen wird vom Bundesgesundheitsamt nicht befürwortet.

In Puerto Rico darf nur angereicherter *Reis* in den Handel kommen (pro kg mindestens 4,4 mg Vitamin B_1, 35,2 mg Nicotinsäureamid und 28,6 mg Eisen). In den USA wird die *Anreicherung von Reisprodukten empfohlen.* Die Anreicherung von Reis geht auf das weltweite, unter R. R. Williams (1946) begonnene „*Bataan-Experiment*" zurück, wo auf der genannten Philippinen-Halbinsel die Beriberi-Sterblichkeit durch vitaminierten Reis im Jahre 1950 praktisch verschwunden war.

Die *technische Vitaminierung* der Mehle wird meist derart vorgenommen, daß zunächst in Mischapparaten ein *Mehlvitaminkonzentrat* („*Premix*") hergestellt und dieses dann in maschinellen Mischvorrichtungen (Mikromischern) oder unter Zuhilfenahme spezieller, regulierbarer und kontinuierlich arbeitender *Speiseapparate* („*feeders*") gleichmäßig auf das Gesamtmehl verteilt wird. Bei Gebäck und Teigwaren wird das Premix oder die wäßrige Lösung der Vitamine im Teigwasser beim Teigkneten zugesetzt und dadurch untergemischt.

Bei Reis (und Mais) wird gleichfalls zunächst ein Premix gewonnen. Polierter Reis wird mit Thiamin und Nicotinsäure in saurer Lösung imprägniert, getrocknet, mit einer eßbaren Schutzschicht überzogen, anschließend mit einem Eisensalz-Talk-Gemisch behandelt und wieder getrocknet. Das zur Vitaminierung der Getreideprodukte benutzte Vitamin B_1 kommt fast ausschließlich in Form des Hydrochlorids zur Verwendung. Für relativ feuchte und lang lagernde Mehle wurden außerdem das 1.5-Naphthalindisulfonat und das Monophosphat bzw. Mononitrat sowie nach japanischen Angaben Rhodanat-, Diacetylsulfonat- und Dibenzoylsalze von Vitamin B_1 empfohlen.

In diesem Zusammenhang ist auch die Frage der Thiaminverluste bei Backprozessen von Bedeutung. Nach Angaben der Literatur betragen sie bei Brot 17—23%, bei Kuchen (mit und ohne Treibmittel) 23—33% und bei Keks 26—30%. Teigbereitung verursacht praktisch keine Verluste. Beim zusätzlichen Rösten von Brot werden 13—31% des Vitamins zerstört.

δ) *Die Vitaminierung von Obsterzeugnissen*

Außer vitaminierten Limonaden kommen auch Citrusfruchtsaftgetränke und Brausetabletten mit Vitamin C-Zusatz in den Handel. Weiterhin wird versucht, *Obstsäfte* und *Marmeladen* mit Vitamin C anzureichern, sei es, um dadurch den im Verlauf der technologischen Aufarbeitung geminderten Vitamin C-Gehalt wieder auf die ursprüngliche Höhe zu bringen oder aber verfahrenstechnisch bedingte Mängel der Obstverarbeitung auszuschließen. Über die stabilisierende Wirkung der Ascorbinsäure wird später berichtet. Bei der Vitaminierung des *Apfelsaftes* ist zu berücksichtigen, daß die normalen Apfelsorten verhältnismäßig vitaminarm sind. Die zur Apfelsaftherstellung benutzten Sorten enthalten im Durchschnitt 4,5—6,5 mg Vitamin C in 100 g, der daraus frisch erpreßte Saft etwa 3 mg/100 ml.

In den Verkehr gebrachte, mit Vitamin C angereicherte Fruchtsaftgetränke enthalten pro Flasche (250 ml) etwa die dem Tagesbedarf entsprechende Menge (50—75 mg Ascorbinsäure). In Kanada wurde für den dort konsumierten „Fortified Apple-Juice" ein Vitamin C-Gehalt von 35 mg/100 ml vorgeschrieben, eine Menge, die auch nach deutscher Ansicht empfehlenswert erscheint und technisch durch direkte Zugabe der Ascorbinsäure zum Saft leicht zu lösen ist. Verluste beim Pasteurisieren liegen bei 5—15%. Ein- bis dreimonatige Lagerung in dunklen Flaschen vernichtet 37—57% des Vitamins. Schwefel mindert den Vitaminverlust (von 50% auf 30%). S. Hesse (1954) rechnet nach 6 Monaten mit einem Verlust von etwa 40%. Besonders stabil scheint Tomatenmark zu sein: nach $1^1/_2$ Jahren waren noch rund 93% der ursprünglichen Vitamin C-Menge erhalten. Zusätze zu Marmeladen in Mengen von 2 g/kg zeigten, daß der Vitamin C-Verlust nach 2 Monaten 8%, nach 3 Monaten etwa 14% betrug.

ε) *Die Vitaminierung von Futtermitteln*

Die an sich selbstverständliche Erkenntnis, daß auch unsere Haus- und Nutztiere zum optimalen Gedeihen einer gesicherten Vitaminbilanz bedürfen, hat in den letzten Jahren dazu geführt, eine Vitaminierung des Tierfutters durchzuführen, wobei der für jede Tierart spezifische Wirkstoffbedarf zu berücksichtigen ist. In Deutschland hat die Deutsche Landwirtschaftliche Gesellschaft Vitaminierungsnormen für Kraftfutter aufgestellt, in anderen Ländern, wie in England, Niederlande, Skandinavien und in der Schweiz wurden diesbezügliche amtliche Vorschriften erlassen. Neben den Vitaminen der B-Gruppe (B_1 und B_2) werden Zusätze von Vitamin A, E, D_2 und D_3, insbesondere auch von Vitamin B_{12} empfohlen, das (S. 158) gemeinsam mit Antibioticis ausgesprochene Wachstumseffekte, einsparende Wirkung im Proteinbedarf, Steigerung der Schlupffreudigkeit und Legeleistung beim Geflügel hervorruft.

b) Lebensmitteltechnologische Anwendung der Vitamine

Neben den besprochenen Prozessen, bei denen durch Vitaminzusatz eine biologische Wertsteigerung der Lebensmittel erreicht wird, haben die Vitamine weiterhin Anwendung gefunden, um unerwünschte, mit der Lebensmittelgewinnung oft verbundene Umsetzungen (Farb-, Geruchs-, Geschmacks- und Aromaänderungen) zu verhindern oder zu verzögern sowie Genußfähigkeit und Lagerfestigkeit der Nahrungsstoffe günstig zu beeinflussen. Bei einigen Vitaminen bzw. Provitaminen mit intensiver Eigenfärbung (β-Carotin, Riboflavin) ist außerdem die Möglichkeit gegeben, künstliche Farbstoffe auszuschalten.

α) *Vitamin C*

Auf Grund ihrer stark reduzierenden Eigenschaften vermag Ascorbinsäure (als physiologisch unbedenkliche Substanz) die Oxydationsbereitschaft vieler sauerstoffempfindlicher Produkte zu reduzieren oder auszuschalten, Alterungsprozesse zu verzögern und damit den Frischezustand für längere Zeit zu erhalten. Vitamin C findet (auch als fettlösliches Ascorbylpalmitat) Verwendung als *Antioxydans* sowie als *Synergist* für phenolische Antioxydantien zur Stabilisierung verschiedener Öle und Fette, insbesondere Fischleberöle, zur Verhinderung der Fettoxydation bei Salzheringen, als Tauchlösung für Fische, als Schutzstoff für A-vitaminierte Milch gegen den „Heugeschmack" und für Trockenmilch. Ascorbinsäure dient außerdem als Mehlverbesserungsmittel (10—25 mg/kg Weizenmehl) und als Hemmstoff der Oxydationsbeschleunigung durch Kupfer-, Kobalt-, Mangan- und Eisenspuren. Sie verhindert auch Verfärbungen von Früchten, Fruchtsäften, tiefgekühltem und gefrorenem Obst, Kartoffeln, Weißwein, Apfelsaft und Sauerkraut, verbessert den Geschmack von Pilzkonserven und erhält das Naturaroma eingedoster Früchte. Beim Pökeln von Fleischwaren scheint Ascorbinsäure dazu berufen, Vertiefung der Rotfärbung und Verlängerung der Farbhaltung und damit eine Minderung des Nitritzusatzes zu ermöglichen (S. 334). Auch Aroma, Geschmack und Kältefestigkeit des Bieres („chilling proof") werden günstig beeinflußt.

D-*Ascorbinsäure* (D-Isoascorbinsäure) sowie deren Natriumsalz und Palmitat weisen nur etwa 5% der Aktivität natürlicher Ascorbinsäure auf und eignen sich deshalb nicht zur Vitaminierung. Da sie jedoch leichter oxydiert werden, schützen sie als Antioxydantien das eigentliche Vitamin C. D-Ascorbinsäure ist billiger als die L-Form und zeigt günstige Wirkungen gegen das Ranzigwerden von Ölen, gegen Oxydationsgeschmack, Trübung und Nachdunkeln von Bier, gegen Farb-, Aroma- und Vitamin C-Verluste bei Tomatensaft.

In vielen Ländern ist die Verwendung der Ascorbinsäure und ihrer Derivate bzw. Isomeren unbeschränkt, in anderen unter Festlegung höchstzulässiger Mengen zugelassen. Für die gesetzliche Regelung (auch für Vitamin E) in der BRD und in Berlin (West) vgl. bei „Fleisch", außerdem die Bestimmungen der „Fleisch-VO und der „Allgemeinen Fremdstoff-VO".

β) *Vitamine E* (Tokopherole)

Hier steht die Verwendung als Antioxydantien für Fette und Öle an der Spitze, so für Schweineschmalz, Sojaöl, Orangenöl u.a., oft zusammen mit Synergisten, wie Citronensäure, Weinsäure oder Phosphorsäure. Tokopherole verzögern außerdem die oxydative Zerstörung der Carotine und des Vitamin A. Sie dienen u.a. auch zur Erhaltung der roten Farbe von Paprika und Cayennepfeffer. Bemerkenswert ist, daß die antioxydative Wirksamkeit auch in mit stabilisierten Fetten hergestellten Backwaren erhalten bleibt, wobei γ-Tokopherol wirksamer als α-Tokopherol ist (*Carry-through-effect*). Neben dem reinen Acetat wird auch ein Trockenprodukt in granulierter und feinpulveriger Form in den Handel gebracht. Die „Food and Drug Administration" der USA hat 1950 Tokopherolzusatz unter Beschränkung auf die höchstzulässige Konzentration von 300 mg/kg genehmigt. Mit oder ohne Angaben von Höchstgrenzen haben sich auch andere Länder für die Anwendung ausgesprochen. Über entsprechende Regelungen in der BRD vgl. bei Vitamin C. Große Bedeutung hat außerdem die E-Vitaminierung von Geflügelfutter erlangt, da sich zeigte, daß die Legeleistung von Hausgeflügel durch zusätzliche Vitamin E-Gaben verbessert werden kann.

VI. Enzyme

Alle Organismen der belebten Welt sind imstande, aus zugeführten Nähr- und Wirkstoffen zell- und arteigene Substanzen aufzubauen, aus vorhandenem Material neue Stoffe zu synthetisieren und schließlich im intermediären Stoffwechsel Umbaumechanismen weitgespannter Art durchzuführen. Alle derartigen Reaktionsmöglichkeiten sind auch für den Lebensmittelchemiker von größter Bedeutung. Sie greifen entscheidend in alle Zweige der Lebensmittelchemie wie der Lebensmitteltechnologie ein und werden durch katalytisch wirkende Systeme gesteuert, deren Ausmaß und Vielfalt wir in allen Stadien des Lebens beobachten, deren genaue Kenntnis uns jedoch heute noch weitgehend fehlt.

Organische Katalysatoren dieser Art nennt man *Enzyme* (griech. en zyma = in Hefe) oder Fermente (lat. fermentatio = Gärung) und faßt sie häufig auch gemeinsam mit den Vitaminen und Hormonen unter dem Begriff der *Biokatalysatoren* zusammen. Sie wirken bei Körpertemperatur und im physiologischen pH-Bereich, also unter äußerst milden Reaktionsbedingungen, katalysieren den Auf- und Abbau der als Lebensmittel dienenden Substanzen des tierischen und pflanzlichen Körpers, insbesondere der Fette, Kohlenhydrate und Eiweißstoffe und liefern im Rahmen solcher Mechanismen auch Zwischenstufen die stets, wenn auch geringfügig im Vergleich zu den Hauptkomponenten, in den Nahrungsmitteln vorkommen. Lange Zeit wurden sie in ihrer Bedeutung für einzelne Lebensmittel viel zu wenig gewürdigt und verstanden. Derartige Zwischenstufen sind z.B. Substrate des *Citronensäurecyclus* (Bernstein-, Brenztrauben-, Fumar- und α-Ketoglutar-, Citronen- und Äpfelsäure), des *Eiweißabbaues* (Peptide, Aminosäuren, Ketosäuren, biogene Amine, γ-Aminobuttersäure, Methioninabbauprodukte) und viele andere, wie Milchsäure, Diacetyl oder Acetoin. Ihre Bedeutung als Geschmacks- und Aromaträger wird später erörtert.

Die Enzyme spielen bei der Verarbeitung und Lagerung unserer Lebensmittel eine entscheidende Rolle. Für die Qualität und Haltbarkeit des angestrebten Produktes gleich wichtig ist einerseits bewußte Lenkung und Aktivitätsförderung, andererseits rechtzeitige Ausschaltung der Enzymwirksamkeit. Unsere Lebensmittel entstammen in der Mehrzahl der Fälle lebender Substanz von Tier und Pflanze, so daß auch im Ernteprodukt oder im geschlachteten Tier derartige Biokatalysatoren weiter wirksam sind. Sie vermögen — meist in ausgesprochener Spezifität — die verfügbaren Substrate, hier also die verschiedensten Bestandteile der Lebensmittel ab- und umzubauen. Dabei kann, meist unter Mitwirkung von Enzymen mikrobieller Herkunft, vollständiger desmolytischer Abbau (*Auto-*

lyse) der Substanz eintreten. In vielen anderen Fällen kommt es jedoch zu weniger tiefgreifenden Reaktionen, die eine Fülle teils erwünschter, teils unerwünschter Vorgänge auslösen.

Unerwünschte Vorgänge sind z.B. Verfärbungen bei Fleisch und Fischen, bei Obst, Gemüse und Teigwaren („*enzymatische Bräunung*"), Verflüssigung des Eiklars lagernder Eier, Seifig-, Talgig- oder Ranzigwerden bei Fetten und fetthaltigen Lebensmitteln, Bitter- oder Strohgeschmack bei Trockenvollei und Trockenvollmilch, Bitterwerden von Mehl, Haferflocken oder anderen Getreideerzeugnissen Gefügeveränderungen (Teigigwerden) oder Minderung der Gelierfähigkeit bei Obst, Nährwert- und Substanzverlust durch Stärke- und Eiweißabbau oder durch Veratmung von Zucker. Eine weitere enzymatisch bedingte Schädigung ist das Süßwerden kaltgelagerter Kartoffeln. Gesteigert treten derartige Wertminderungen vor allem dann auf, wenn Mikrobenbefall zusätzliche Enzymmengen in das Lebensmittel bringt, z.B. bei Prozessen der Säuerung, Gärung oder des tiefgreifenden Abbaues bis zur Fäulnis unter starker Gasentwicklung, so bei der Bombage von Dosenkonserven, wo z.T. ausgesprochen toxische Produkte (Ptomaine, Fäulnisbasen, Toxine) entstehen können. Es ist verständlich, daß der Mensch schon seit uralter Zeit versucht hat und auch heute in erhöhtem Ausmaß versucht, die unerwünschte Wirkung der Enzyme gänzlich zu unterbinden (Inaktivierung durch Hitze, chemische Mittel oder Entfernung enzymreicher Lebensmittelkomponenten, wie der Weizenkeime vor der Kornvermahlung, der Lipoide durch Extraktion von Mais- und Sojabohnenprodukten, der saccharasereichen Spitzen des Zuckerrohrs vor der Ernte) oder aber die Enzymaktivität auf ein Mindestmaß zu reduzieren. Dies gelingt z.B. durch Kälte oder Wasserentzug (Trocknen), durch Räuchern, Säuern oder Salzen oder durch Kaltlagerung in inerten Gasen und durch Oberflächenverkleinerung (Pressen), wobei sauerstoffbedürftige Enzym-Umsetzungen sistiert werden. Derartige Versuche zur Lebensmittelstabilisierung rechnen unter die wichtigsten Aufgaben der Lebensmitteltechnologie.

Erwünschte Enzymwirkungen werden z.T. von alters her bei der Lebensmittelverarbeitung und -erhaltung genutzt, beispielsweise bei der Gewinnung alkoholischer Getränke, von Essig und anderen Genußsäuren (Milch-, Citronensäure), von Käse und anderen Milchprodukten, Stärkesirup, Brot (Sauerteig, Hefeführung), gesäuertem Gemüse, bei der Herstellung von Citrus- und Himbeersäften aus angegorenen Früchten, beim Abhängen (Reifen) von Fleisch, bei der Backfähigkeitsverbesserung von Mehl oder beim enzymatischen Abbau eiweißhaltigen Materials zu Soßen und Würzen (Sojasoße). Wertsteigernde Enzymreaktionen sind außerdem an der Aromabildung beim Altern des Weines, an Glykosidspaltungen bei Gewürzen (Senf, Vanille), bei der Fermentierung von Tee, Kakao und Tabak oder beim Reifen des Obstes beteiligt. Bestrebungen jüngster Zeit, Aromaerhaltung und Aromabildung durch Enzyme zu beeinflussen, werden später erörtert (S. 215).

1. Eigenschaften und Verhalten der Enzyme

Eine Gliederung der Enzyme nach einheitlichen Gesichtspunkten auf Grund ihrer chemischen Struktur ist bis heute noch nicht möglich. Alle Enzyme werden nur in lebenden Organismen gebildet und kommen primär nur dort vor. Sie werden im Innern der Zelle gebunden, bleiben bei niederen Organismen dort mehr oder minder fest in der Zelle verankert, werden beim höheren Tier jedoch in den Verdauungsapparat sezerniert. Man unterscheidet demgemäß zwischen *Endoenzymen* und *Lyo- bzw. Desmoenzymen* oder auch zwischen *intra-* und *extracellulären* Enzymen. Ihre Wirkung ist jedoch *nicht* an die lebende Zelle gebunden. E. Buchner konnte 1897 in seinem berühmten Versuch zum ersten Male den Nachweis einer zellfreien Enzymreaktion erbringen, als es ihm gelang, durch Auspressen von vorher mit Kieselgur zerriebenen Hefezellen einen gärungsfähigen (zymasehaltigen) zellfreien Preßsaft zu erhalten. Damit fiel die von L. Pasteur seit 1857 postulierte Unterscheidung zwischen „organisierten" (die eigentliche Gärung verursachenden) und „nicht organisierten" oder „löslichen" Enzymen. Im allgemeinen trennt man heute die Enzyme nach ihrem *Wirkungsbereich*. Jede Substanz, die unter der Wirkung eines Enzyms chemisch verändert wird, bezeichnet man als (mehr oder minder spezifisches) *Substrat*. Unter dem Begriff „Enzym" sei im folgenden stets ein bestimmtes *Enzymindividuum* verstanden, während *Systeme*, die gleichzeitig oder nacheinander ihre Wirkung entfalten, als solche (z.B. „Zymase-System") gelten. Und schließlich unterscheiden wir bei Enzymen gleicher Wirkung, jedoch verschiedener Herkunft, einzelne *Typen*, z.B. Speichel- oder Pankreas-Malzamylase.

Der Begriff „Enzymsystem" hat neue Bedeutung durch die *„Multi-Enzym-Komplexe"* erhalten. Man versteht darunter Aggregate von Enzymen, die eine über mehrere Reaktionsschritte verlaufende Reaktionsfolge katalysieren. Solche Komplexe reichen durch Transfer-Reaktionen die Zwischenprodukte von Enzym zu Enzym weiter. Ein gut untersuchtes System dieser Art ist die Fettsäure-Synthese. Schließlich kennen wir die *Isoenzyme* als Enzyme, welche die gleiche Reaktion katalysieren, auch sonst recht ähnliche Eigenschaften aufweisen, jedoch mit den Methoden der Proteinchemie in chemisch verschieden aufgebaute Individuen trennbar sind.

Die Bezeichnung „Enzym" wird durch die Endsilbe *-ase* getroffen: entweder zur Kennzeichnung von *Enzymgruppen* (Dehydrogenasen, Transferasen, Proteasen, Phosphatasen u.a.) oder von *Enzym-Individuen* mit genauer Angabe des Substrates (Lactat-dehydrogenase, Glucose-6-phosphatase u.a.). Um alte, vom Entdecker gewählte und oft wenig aussagende Bezeichnungen (z.B. „Zwischenferment") auszuschalten, hat eine internationale Kommission[1] Regeln für Einteilung und Nomenklatur der Enzyme aufgestellt. Die 6 Hauptklassen und ihre weitere Unterteilung nach den chemischen Bindungen, die gelöst oder geknüpft werden, sind zusammen mit einigen Beispielen aus den mehr als 1500 bekannten Enzymen in der folgenden Tabelle gebracht:

Tabelle 62. Einteilung der Enzyme

Hauptklassen und Untergruppen	Beispiele
1. Oxidoreduktasen	
1.1 Auf $\rangle CH—OH$ wirkend	
1.1.1 Mit *NAD* oder *NADP* als Acceptor	Alkohol-Dehydrogenase, Lactat-Dehydrogenase
1.1.3 Mit O_2 als Acceptor	Glucose-Oxidase
1.2 Auf Aldehyde wirkend	
1.2.1 Mit *NAD* oder *NADP* als Acceptor	Glycerinaldehyd-3-phosphat-Dehydrogenase
1.2.3 Mit O_2 als Acceptor	Xanthin-Oxidase
1.3 Auf $\rangle CH—OH\langle$ Gruppen wirkend	
1.3.1 Mit *NADP* als Acceptor	Dihydrouracil-Dehydrogenase
1.3.2 Mit Cytochrom als Acceptor	Acyl-*CoA*-Dehydrogenase
1.4 Auf $\rangle CH—NH$ Gruppen wirkend	
1.4.3 Mit O_2 als Acceptor	Aminosäure-Oxidasen
2. Transferasen	
2.1 C_1-Gruppen übertragend	
2.1.1 Methyltransferasen	Guanidinoacetat-Methyl-Transferase
2.1.2 Hydroxymethyl- und Formyltransferasen	Serin-Hydroxymethyl-Transferase
2.1.3 Carboxyl- und Carbamyltransferasen	Ornithin-Carbamyl-Transferase

[1] Enzyme Nomenclature Recommendations (1964) of the International Union of Biochemistry (IUPAC). Amsterdam: Elsevier 1965.

Tabelle 62. Fortsetzung

Hauptklasse und Untergruppen	Beispiele
2.3 Acyltransferasen	Cholin-Acetyl-Transferase
2.4 Glykosyltransferasen	
2.6 *N*-haltige Gruppen übertragend	
2.6.1 Aminotransferasen	Transaminasen
3. Hydrolasen	
3.1 Esterbindungen spaltend	
3.1.1 Carboxylesterhydrolasen	Esterasen, Lipase
3.1.3 Phosphomonoesterasen	Phosphatasen
3.1.4 Phosphodiesterasen	
3.2 Glykoside spaltend	
3.2.1 Glykosidasen	β-Glucosidase, Amylase
3.2.2 *N*-Glykosidasen	Nucleosidase
3.4 Peptidbindungen spaltend	
3.4.1 Aminopeptido-Aminosäure-Hydrolasen	Leucylaminopeptidase
3.4.2 α-Carboxypeptido-Aminosäure-Hydrolasen	Carboxypeptidasen
3.4.4 Peptidpeptidohydrolasen (= Endopeptidasen)	Pepsin Trypsin Chymotrypsin
4. Lyasen	
4.1 *C—C*-Lyasen	
4.1.1 Carboxylyasen	Pyruvat-Decarboxylase
4.1.2 Aldehydlyasen	Aldolase
4.2 *C—O*-Lyasen	
4.2.1 Hydrolyasen	Fumarat-Hydratase (Fumarase)
4.3 *C—N*-Lyasen	Histidin-Ammoniak-Lyase (Histidase)
5. Isomerasen	
5.1 Racemasen und Epimerasen	
5.1.3 Auf Kohlenhydrate wirkend	Ribulose-5-phosphat-Epimerase
5.2 Cis-trans-Isomerasen	Maleyl-acetoacetat-Isomerase
5.3 Intramolekulare Oxidoreduktasen	
5.3.1 Aldosen-Ketosen umwandelnd	Glucosephosphat-Isomerase
5.4 Intramolekulare Transferasen	Methylmalonyl-*CoA*-Mutase
6. Ligasen	
6.1 *C—O*-Bindungen knüpfend	
6.1.1 Aminosäuren-*RNA*-Ligasen	Aminosäuren-aktivierende Enzyme
6.3 *C—N*-Bindungen knüpfend	
6.3.1 Säure-Ammoniak-Ligasen	Glutaminsynthetase
6.3.2 Säure-Aminosäure-Ligasen	Peptidsynthetase
6.4 *C—C*-Bindungen knüpfend	
6.4.1 Carboxylasen	Acetyl-*CoA*-Carboxylase

a) Die chemische Natur der Enzyme

Alle bisher bekanntgewordenen Enzyme weisen *Eiweißcharakter* auf, sind also hochmolekulare Biokatalysatoren. Sie bestehen aus einem Proteinanteil mit dem aktiven Zentrum (*Apoenzym*, Pheron) und einer niedermolekularen chemisch wirksamen Gruppe (*Wirkgruppe*, Agon, *prosthetische Gruppe*), die am Proteinanteil verankert ist. Die Wirkgruppe, auch als *Coenzym* bezeichnet, ist z.T. recht gut bekannt, wie die an anderer Stelle besprochenen *Derivate der Vitamine* B_1, B_2, B_6, der Nicotinsäure und des Biotins, die *Eisenporphyrinverbindungen* (Häm, Hämocyanin) oder verschiedene *Aktivatoren* (K, Ca, Mg, Mn, Co, Zn, Cu, Mo, V, $Cl^{\ominus}$ und $H_2PO_4^{\ominus}$). Letztere bilden Metallproteide und werden auch als „*anorganische Komplemente*" unterschieden. Die Funktion derartiger Metalle ist für den Begriff und die essentielle Bedeutung von *Spurenelementen* wichtig (S. 177). Bei anderen einwandfrei als reine Proteine erkannten Enzymen (Pepsin, Trypsin u.a.) ist die Coenzymeigenschaft durch bestimmte „terminale" Gruppen des Eiweißmoleküls, z.B. durch Tyrosinreste, bedingt. Das erste in kristallisierter Form dargestellte Enzym war die Urease. Heute liegen zahlreiche, etwa 100 Enzyme in kristallisierter Form vor.

Für einige Enzyme (Ribonuclease, Lysozym, Trypsin, Chymotrypsin) ist die Aminosäuresequenz vollständig, für andere z.T. aufgeklärt.

b) Spezifität

Die Eigenschaft der Enzyme, einzelne Substrate anzugreifen, ist sehr unterschiedlich entwickelt. Oft ist ein Enzym nur in Bezug auf die Bindung spezifisch (z.B. Esterasen, die ganz allgemein Esterbindungen lösen); wir sprechen dann von *niedriger Spezifität*. Für andere Enzymtypen müssen Bindungsart und eine Molekülhälfte spezifisch sein (*Gruppenspezifität*). So katalysiert z.B. Pankreasmaltase die Hydrolyse der Maltose (4-α-D-Glucopyranosyl-D-glucopyranose) und anderer Glucoside. Der dritte und häufigste Typ wird durch den Begriff der *absoluten (Substrat) Spezifität* gekennzeichnet. Hier müssen beide Teile des Substratmoleküls *und* die Bindungsart gleich sein. So katalysiert Gerstenmalz-Maltase *nur* die Maltosespaltung, Urease *nur* die Harnstoffspaltung. Diese Spezifität erstreckt sich auch auf *optische* und *stereochemische Isomere* (L- oder D-Aminosäuren, L- oder D-Milchsäuren, L-Ascorbinsäure, Fumarsäure usw.). Diese, unter dem Begriff der *Wirkungsspezifität* bekannte Eigenschaft eines Enzyms, nur eine von zahlreichen thermodynamischen möglichen Umwandlungen eines Stoffes zu katalysieren, wird durch den Proteinanteil, nicht durch das Coenzym bedingt. Beispiel: Transaminasen und L-Aminosäuredecarboxylasen besitzen das gleiche Coenzym (Pyridoxalphosphat), doch Apoenzyme mit verschiedenen aktiven Zentren.

Ein ungewöhnlicher Fall liegt beim *Schardinger-Enzym* der Milch vor, das als „gelbes Ferment" sowohl als Aldehyd- wie als Xanthinoxidase wirksam sein kann. Beide Enzyme sind identisch, doch vermag der erstgenannte Typ zahlreiche Aldehyde, der letztgenannte jedoch vorzugsweise nur Xanthin zu oxydieren. Wir finden also bei ein und demselben Enzym sowohl Gruppen- wie Absolutspezifität. Von anderer Seite sind andere Unterscheidungsmerkmale geprägt worden, so z.B. die „*biologische Spezifität*", auch „*Artspezifität*" genannt; tatsächlich haben sich isodyname Enzyme, die aus demselben Organ verschiedener Tiere stammen (z.B. α-Amylase), als verschieden erwiesen. Auch im Wirkungsverhalten von Enzymen derselben Art aus Mikroorganismen, Pflanzen und höheren Tieren sind Unterschiede bekannt.

c) Der Temperatureinfluß

Zwar gehorchen enzymkatalysierte Reaktionen der bei den meisten chemischen Reaktionen beobachteten Gesetzmäßigkeit, daß ihre Reaktionsgeschwindigkeit mit steigender Temperatur zunimmt (Reaktionsgeschwindigkeits-Temperatur-Regel). Wenn hier Grenzen gesetzt sind, so vor allem deshalb, weil von einem bestimmten Temperaturgrad an eine Zerstörung des Biokatalysators eintritt. Bei tiefen Temperaturen nimmt die Reaktionsgeschwindigkeit zwar stark ab, ohne jedoch gänzlich zu verschwinden, was für die Lagerfestigkeit von Gefrier- oder Tiefkühlprodukten nicht ohne Bedeutung ist. Manchmal kann sogar nach dem Auftauen Enzymaktivierung eintreten. Enzymaktivität bei niederen Temperaturen hat zur Entwicklung des Begriffes der „*Kältebiochemie*" geführt. Für Enzyme existiert deshalb ein *Temperaturoptimum*, das jedoch keine exakt gegebene Größe ist. Bei reinen Enzymen tritt im allgemeinen oberhalb von etwa 60°C schnelle und irreversible Inaktivierung ein. pH des Reaktionsgemisches, Anwesenheit von Reaktionsprodukten, Salzen, inertem kolloidem Material, Wassergehalt, Art und Dauer der Erhitzung, Aktivatoren oder Inhibitoren vermögen den thermischen Einfluß mehr oder minder stark zu maskieren, so daß oft die Temperaturbeständigkeit von Enzymen im Zellverband des Rohmaterials beträchtlich höher liegen kann. Erfahrungen der Lebensmitteltechnologie bestätigen dies und zeigen (z. B. bei der Enzyminaktivierung in Haferflocken), daß hier oft nur durch Autoklavieren in feuchter Hitze und durch andere drastische Maßnahmen eine Ausschaltung der Enzymtätigkeit erreicht werden kann. Wieweit hier eine *Enzymaktivierung*, wie sie beispielsweise für Peroxidasen von Erbsen oder für Phosphatasen der Milch berichtet wird (S. 381), von Bedeutung ist, bedarf der Überprüfung. Für kristallisiertes Trypsin, das bei bestimmten pH auf 90°C erhitzt wurde, ist sie experimentell erwiesen. Bei allen Inaktivierungsprozessen spielen die bisher noch wenig bekannten Mechanismen der Eiweißdenaturierung eine wesentliche Rolle. Festlegung der Optimaltemperatur für die Wirksamkeit von Enzymen besitzt also in der Lebensmitteltechnologie ohne genaue Berücksichtigung der vorgenannten Faktoren nur bedingten Wert. Technologisch werden derartige thermische Inaktivierungsmöglichkeiten bei der Hitzesterilisierung, beim Dämpfen, beim Blanchieren und beim Trocknen in hohen Temperaturbereichen (Darren) ausgenutzt.

d) Einfluß des pH

In der Regel sind Enzyme nur innerhalb eines bestimmten pH-Bereiches optimal wirksam, der für jedes Enzym meist innerhalb enger Grenzen, insbesondere bei spezifischer Substratwahl liegt („pH-Optimum"). Erklärt werden kann diese Erscheinung damit, daß ein Enzym nur in einer ganz bestimmten Ionenform katalytische Eigenschaften aufweist. Offenbar hängt diese Eigenschaft mit dem Dissoziationszustand der „aktiven Gruppe" zusammen. Die Abhängigkeit der Aktivität vom pH pflegt man in einer Kurve festzuhalten. Ganz allgemein sind Enzyme in der Nähe des pH-Optimums am stabilsten. Technologisch ist diese Tatsache von besonderer Bedeutung. Zur erwünschten *Aktivitätserhaltung* wird also in dem jeweils gültigen optimalen pH-Bereich gearbeitet. Natürliche Substrate entsprechen dieser Forderung z.B. dadurch, daß im Reaktionsmilieu dieses Optimum durch vorhandene Puffersysteme eingestellt und aufrechterhalten wird (Wirkung enzymatisch gebildeter Phosphatpuffer in der Brauindustrie und anderen Gärungsindustrien). Bestrebungen zur *Ausschaltung* unerwünschter Enzymwirkungen können durch Abgleiten vom pH-Optimum realisiert werden (Ausschaltung von Enzymsystemen schädlicher Mikroorganismen durch Milchsäure- oder Essigsäuregärungen; Zusätze von Säuren wie Propion- oder Milchsäure). Über die pH-Optima einiger wichtiger Enzyme unterrichtet die folgende Tabelle 63:

Tabelle 63. pH-Optimum einiger Enzyme

Enzym	Herkunft	Substrat	pH-Optimum
Pepsin	Magen	Proteine	1,5—2,5
Trypsin	Pankreas	Proteine	7,5—10
Amylase	Speichel	Stärke	6,7—6,8
Amylase	Malz	Stärke	5,2
α-Glucosidase	Hefe	Maltose	6,6
β-Glucosidase	Malz	Cellobiose	5,1
Saccharase	Hefe	Rohrzucker	4,6—5,0
Lipase	Pankreas	Buttersäure-äthylester	8
Lipase	Ricinus	Tributyrin	5
Xanthinoxidase	Milch	Xanthin	5,5—8,5
Arginase	Leber	L-Arginin	9,8
Katalase	Leber	H_2O_2	6,6

e) Die Hemmung und Aktivierung von Enzymen

Enzyme werden außer durch den bereits besprochenen Hitzeeinfluß durch eine Vielzahl anderer, teils physikochemischer (UV-, Röntgen- und Elektronenbestrahlung), teils rein chemischer Agentien inaktiviert. Diese *Inaktivierung* erfaßt vor allem den (spezifischen) Proteinanteil; sie kann sich aber auch auf das Coenzym bzw. den Aktivator und schließlich auf den im folgenden erörterten Enzym-Substrat-Komplex oder auf ganze Enzymsysteme erstrecken. Über die physiologisch wichtigen Begriffe der *allosterischen Hemmung* im Rahmen der „Rückkoppelungshemmung" (feedback inhibition) sowie der *Substrat-* und *Produkthemmung* vgl. die Spezialliteratur. Die Enzymhemmung kann *kompetitiv* (konkurrierend) sein, d. h. sie ist reversibel und vom Verhältnis Substrat : Hemmstoff (Hemmungsindex) abhängig. Sie kann aber auch irreversibel (*nicht kompetitiv*) verlaufen. Derartige Hemmungsmechanismen haben ganz neue Aspekte in die Lebensmittelchemie und -technologie, sowie in Probleme des Umweltschutzes gebracht. Sie erklären die Wirkung von Desinfizientien (Schwermetallsalze, Seifen und oberflächenaktive „Detergentien"), Konservierungsmitteln u.a.m. und spielen für die Beurteilung aller zur Debatte stehenden „Fremdstoffe" unserer Nahrung, sowie der Schadstoffe unserer Umwelt eine wesentliche Rolle. Natürlich vorkommende Inhibitoren sind z.B. auch die an anderer Stelle besprochenen *Trypsin-Hemmstoffe, Antivitamine* und *Antiaminosäuren.* In vielen Fällen spricht man von einer „Vergiftung" der Enzyme. Beispiele sind die Blockierung des Atmungsfermentes durch Cyanid ($CN^{\ominus}$) oder die Inaktivierung der von SH-Gruppen abhängigen Enzyme durch $Cu^{2\oplus}$- oder Hg-Verbindungen.

Auch *Aktivatoren* der Enzymwirksamkeit spielen in der Lebensmittelchemie eine wesentliche Rolle. Es sind dies vor allem Anionen und Kationen verschiedenster Art (s. unter „Mineralstoffe"), die z.T. als obligatorische Bestandteile vieler Enzyme bekannt sind, teils in die Lebensmittel gelangen, wie Chloride, Nitrate, Phosphate und schließlich von Natur aus in ihnen vorkommen, wie Aminosäuren, Glutathion oder geringe Blausäuremengen.

Beispiele sind die Aktivierung von Amylasen durch $Cl^{\ominus}$-Ionen, von ATP- umsetzenden Enzymen durch $Mg^{2\oplus}$, von vielen Peptidasen durch $Mn^{2\oplus}$, $Zn^{2\oplus}$ oder $Co^{2\oplus}$. Die an reinen Enzymen bestimmbare „*molekulare Aktivität*", ist gegeben durch die Anzahl der Substratmoleküle, die pro Minute von einem Enzymmolekül umgesetzt werden können. Man nennt diese Größe auch *Wechselzahl* (turnover number). Schnell verlaufende Enzymkatalysen haben hohe Wechselzahlen, z.B. die Katalase ($5 \cdot 10^4$–10^6) oder die Acetylcholinesterase ($3 \cdot 10^6$). Meist liegen die Werte bei einigen tausend bis zehntausend Molekülen pro Enzymmolekül und Minute.

f) Einfluß der Feuchtigkeit

Erhöhter Wassergehalt ist in den meisten Fällen verknüpft mit gesteigerter Enzymaktivität. Offenbar wird dadurch die im Gesamtverband trockener Lebensmittel gegebene getrennte Lokalisierung vom Enzym einerseits, vom Substrat andererseits teilweise aufgehoben, wie z.B. beim Phytinabbau im Rahmen der

Getreidemälzerei, wobei capillare Hohlräume eine Rolle spielen. Erfahrungsgemäß können jedoch auch in trockenen oder getrockneten Lebensmitteln noch enzymatische Reaktionen mit drastischen Begleiterscheinungen ablaufen, z.B. im Getreide, in Mahlprodukten, Teigwaren oder im Gerstenmalz.

g) Das Wesen der Enzymkatalyse

Es ist heute experimentell erwiesen, daß die erste Voraussetzung für die Wirkung eines Enzymes die Bildung einer *Enzym-Substrat-Verbindung* darstellt. Diese Postulierung folgt aus den katalytischen Eigenschaften der Enzyme und ist zugleich die beste Erklärung für Erscheinungen der enzymatischen Spezifität. Zweite Voraussetzung für den Ablauf der enzymatisch katalysierten Reaktion ist die *Spaltung* des entstandenen Enzym-Substrat-Komplexes, die nicht immer gegeben ist. Über den Begriff der *Aktivierungsenergie* und anderer Probleme der Enzymkinetik vgl. die Spezialliteratur.

h) Die Messung der enzymatischen Aktivität

Voraussetzung für die Kenntnis der Enzymwirkung ist die Messung der *Enzymaktivität.* Sie wird definiert durch das Ausmaß des chemischen Umsatzes, den ein Enzym unter bestimmten Bedingungen katalysiert und oft in „Enzym-Einheiten" (z.B. „Purpurogallinzahl" bei Peroxidase) angegeben. Dabei kann in manchen Fällen die Menge des Enzyms direkt (z.B. spektralphotometrisch) ermittelt werden. Meist wird man jedoch typische Spaltprodukte bestimmen (z.B. Zunahme des Aminostickstoffes bei Proteinasen, Zerstörung des Wasserstoffperoxids bei Peroxidasen, Bildung spezifischer, leicht faßbarer Esterspaltprodukte bei Esterasen). Um Veränderungen im Reaktionsgemisch auszuschalten, wird entweder die Zeit gemessen, innerhalb derer ein chemischer Umsatz festgelegter Größe vor sich geht, oder aber — und dies in der Mehrzahl der Fälle — die Größe des Umsatzes innerhalb eines sehr kurzen Zeitintervalls ermittelt. Von besonderer Bedeutung sind Methoden geworden, bei denen das charakteristische Absorptionsmaximum des Dihydropyridinsystems (340 nm) von Pyridinnucleotiden gemessen wird (s. S. 166). Weiteres bei K. Myrbäck in (54), Bd. I, S. 821, sowie (70).

2. Die einzelnen Enzyme

Im folgenden werden vorzugsweise und ausführlicher diejenigen Enzyme und ihre Reaktionen besprochen, die für die Lebensmittelchemie und -technologie von besonderer Bedeutung sind. Für das eingehende im Rahmen lebensmittelchemischer Problemstellungen unentbehrliche Studium der Enzyme muß auf die am Schluß gegebene Literaturzusammenstellung verwiesen werden.

a) Hydrolasen

Unter *Hydrolasen* in umfassendem Sinne verstehen wir alle Enzyme, die ausschließlich oder vorzüglich Reaktionen katalysieren, wie sie unter Aufnahme oder Abspaltung von Wasser vor sich gehen. Sie beschleunigen dabei sowohl die Spaltung wie die Synthese, von C—N- und C—O-Bindungen in Proteinen, Peptiden, Säureamiden, Oligo- und Polysacchariden, Glykosiden und allgemein in den verschiedensten Estern. Nach der internationalen Nomenklatur unterscheiden wir Esterbindungen, Glykoside und Peptidbindungen spaltende Hydrolasen.

α) Hydrolyse von Peptidbindungen (Proteolytische Enzyme, Proteasen)

Als C-N-Hydrolasen spalten sie Peptidbindungen. In der Mehrzahl sind sie Verdauungsenzyme und kommen vorzugsweise extracellulär im Magen-Darm-

Trakt vor. In den Zellen selbst vorkommende Proteasen sind die *Kathepsine*. Die Unterteilung erfolgt in die beiden Gruppen der *Exopeptidasen* und *Endopeptidasen*. Die erst genannte Gruppe spaltet nur vom Ende der Peptidkette her, löst also jeweils die endständige Aminosäure ab. Man unterscheidet je nach dem Angriff an den Enden der Peptidkette zwischen *Carboxypeptidasen* und *Aminopeptidasen*, nennt beide Gruppen auch kurz *Peptidasen*. Die Endopeptidasen spalten Proteine und höhere Polypeptide an bestimmten, für die einzelnen Enzyme charakteristischen Gruppierungen in der Mitte der Kette. Sie werden auch *Proteinasen* genannt. Die wichtigsten Vertreter sind Pepsin, Trypsin, Chymotrypsin und Papain. Nach der chemischen Natur des „aktiven Zentrums" kann man mehrere Gruppen unterscheiden:

1. Enzyme, die zu ihrer Wirkung zweiwertiger Metallionen bedürfen ($Mg^{2\oplus}$, $Mn^{2\oplus}$, $Zn^{2\oplus}$, $Co^{2\oplus}$ u. a. m. (Exopeptidasen).
2. -SH-Enzyme, die durch -SH-Reagentien gehemmt werden (Papain, Kathepsine);
3. Enzyme, die im Innern einen spezifisch mit Diisopropylfluorphosphat hemmbaren Serinrest enthalten (Trypsin, Chymotrypsin, Thrombin u. a.) und
4. Pepsin, das eine Carboxylgruppe im aktiven Zentrum enthält.

Proteasen sind — im Gegensatz zu den meisten anderen Enzymen — nicht auf bestimmte Substrate (Proteine), sondern auf bestimmte Strukturmerkmale der Peptidketten eingestellt (wichtig für den Verdauungsvorgang).

1. Exopeptidasen und Dipeptidasen

Hydrolasen dieser Art finden sich im Magen-Darm-Trakt und wurden früher als einheitliches Enzym („*Erepsin*") angesehen. Ihre Aktivierbarkeit durch Metallionen (s. S. 187) und ihre Hemmbarkeit durch Komplexbildner hat ihnen die Bezeichnung „*Metallproteide*" verschafft. *Carboxypeptidasen* spalten die Carboxyl-endständige *basische* Aminosäure ab und dienen deshalb auch zur Endgruppenbestimmung. Eingehender untersucht wurden die Carboxypeptidasen A und B des Pankreas. Unter den *Aminopeptidasen* ist die Leucylaminopeptidase am besten untersucht. Sie benötigt $Mn^{2\oplus}$ oder $Mg^{2\oplus}$.

Dipeptidasen sind z. B. die *Prolidase* (spaltet Glycylprolin) und die *Prolinase* (spaltet Prolylglycin), die beide in reifendem Käse gefunden wurden, sowie die *Folsäurekonjugasen*, die aus Folsäurekonjugaten das Vitamin freisetzen.

Auch Dipeptidasen benötigen zweiwertige Metallionen. Wie für alle Peptidasen nimmt man auch hier an, daß sich Metallkomplexe („Chelate") bilden, wodurch die Elektronenkonfiguration geändert wird. Auch kann das Metall mit der Carboxylgruppe reagieren und dadurch die Bindung auflockern. Peptidasen (und auch Proteinasen) bakterieller Herkunft sind in großer Zahl bekannt. Sie spielen eine wichtige Rolle bei Reifungsprozessen.

2. Endopeptidasen

Die Endopeptidasen des Magen-Darm-Traktes werden zunächst als inaktive Vorstufen (*Zymogene*) gebildet und anschließend durch (meist proteolytische) Umwandlungen in die eigentlichen Enzyme übergeführt.

a) *Pepsin* (besser gesagt, Enzyme vom Pepsintypus) wird von der Magenschleimhaut als *Pepsinogen* ausgeschieden; die Magensalzsäure verwandelt dieses autokatalytisch unterhalb pH 4,6 in Pepsin. Das so gebildete Enzym vermag gleichfalls autokatalytisch weitere Mengen an Pepsinogen in Pepsin überzuführen. Beide Enzyme sind in kristallisierter Form bekannt. Pepsin besitzt ein Molekulargewicht von 34500, der isoelektrische Punkt liegt ungewöhnlich niedrig (2,75—3,0). Pepsin hydrolysiert sämtliche Eiweißstoffe außer Mucin, Ovomucoid, Spongin, Haarkeratin und die Protamine und vermag Milch zum Gerinnen zu bringen.

b) *Trypsin*, (griech. trypto = ich zerreibe, zermalme) findet sich in der Pankreasdrüse gleichfalls als inaktive Vorstufe (*Trypsinogen*), die von der Enterokinase des Darmsaftes, auch durch Kinase aus Schimmelpilzen (Penicillium), aktiviert wird. Trypsin selbst kann gleich Pepsin autokatalytisch auf die Vorstufe einwirken. Trypsinogen weist ein Molekulargewicht von etwa 24500, Trypsin ein solches von 23800 auf. Die Sequenz des Trypsins ist vollständig bekannt; im Innern findet sich als wirksames Zentrum ein Serinrest (s. 191).

Trypsin greift manche native Proteine nur langsam an, besonders leicht jedoch, wenn sie vorher denaturiert wurden. Es ist bei alkalischer Reaktion (pH 7—9) optimal wirksam. Für das 1931 von M. Kunitz und J. H. Northrop kristallisiert erhaltene Enzym findet sich im Pankreas ein gleichfalls von den genannten Autoren (1936) kristallisiert gewonnener Hemmungskörper. Derartige *Proteasen-Inhibitoren* (*„Anti-Enzyme“*) kommen u. a. auch in Rinderkolostrum, Sojabohnen, Lima- und anderen Bohnen, Kartoffeln, Blutplasma und Blut vor und vereinigen sich mit Trypsin unter Bildung eines inaktiven Komplexes. Ernährungsphysiologisch und lebensmitteltechnologisch von Bedeutung sind sie bei den genannten Bohnenarten, die in rohem, nicht aufbereiteten Zustand vom Organismus nur schlecht verwertet werden. Zuverlässige und gänzliche Zerstörung des Inhibitors erfordert Autoklavieren bei 108—110° C. Auch im Eiklar findet sich ein Trypsininhibitor (Ovomucoid vom Molekulargewicht 29000). Im Sinne der von L. Gorini studierten „*temporary inhibition*“ kann die im Ei beobachtete, dort unter der Einwirkung vorhandener tryptischer Proteinasen erfahrungsgemäß nur langsam fortschreitende Verflüssigung damit erklärt werden, daß der Inhibitor die Proteolyse des Eiereiweißes durch stufenweise Enzymfreisetzung regelt. Trypsin greift neben den meisten Proteinen auch gewisse Peptide, an deren Aufbau basische Aminosäuren (Arginin, Lysin) beteiligt sind, an. Auch Amid- und sogar Esterbindungen synthetischer Substrate werden gespalten.

c) *Chymotrypsin* wird gleichfalls im Pankreas als inaktive Vorstufe vom Molekulargewicht 25000 (*Chymotrypsinogen*) ausgeschieden und ebenfalls durch Trypsin aktiviert. Gleich Trypsin wirkt es in schwach alkalischem Medium (pH 8—9) und baut vorzugsweise die von Pepsin und Trypsin gebildeten Eiweißspaltprodukte weiter zu Peptiden und freien Aminosäuren ab. Es gibt verschiedene Chymotrypsine, (α-, β-, γ-, δ- und π-Chymotrypsin), die alle weit stärker als Trypsin Milch zum Gerinnen bringen können. Die Aminosäuresequenzen des Enzyms und seiner Vorstufe sind bekannt; im aktiven Zentrum findet sich neben Serin auch Histidin.

d) Das *Labenzym* (Lab, Chymosin, Rennin, la présure) findet sich als inaktives durch Salzsäure aktivierbares Proenzym in der Schleimhaut des Labmagens (Abomasum) junger Säuger. Es wurde in kristallisierter Form gewonnen und entfaltet (wie z. B. auch Pepsin und Chymotrypsin) neben der proteolytischen auch eine ausgesprochen milchcoagulierende Wirkung, die bei der Käseherstellung seit ältesten Zeiten ausgenutzt wird (s. S. 412). Über den Mechanismus der Milchgerinnung s. S. 44. Die Aktivierung des inaktiven *Prorennins* findet bei pH 5,3—1,0 statt. Trotz gleicher milchgerinnungsauslösender Wirkung bei pH 5,0 sind Pepsin und Rennin zwei streng zu trennende Enzyme. N. J. Berridge hat das Enzym kristallisiert gewonnen.

e) Intracelluläre proteolytische Enzyme pflanzlichen Ursprungs sind *Papain* (Papayotin), *Ficin* und *Bromelin*, die aus den entsprechenden Säften des Melonenbaumes (Carica papaya) der Feige und der Ananas gewonnen werden. Ein anderes derartiges Enzym, *Asclepain*, stammt aus den Wurzeln von Asclepias syriana. Das pH-Optimum dieser Enzyme liegt bei etwa 5—6, sie haben wegen dieser im sauren Gebiet liegenden Optimalaktivität auch technologische Bedeutung erlangt (s. S. 328). Papain vom Molekulargewicht 21000, neben dem auch ein hochgereinigtes „Chymopapain“ isoliert wurde, kann durch Cyanwasserstoff, Schwefelwasserstoff, Sulfit, Ascorbinsäure und Sulfhydrylverbindungen aktiviert werden. Es enthält 6 Moleküle Cystein, enzymatisch aktive R—SH-Gruppen und wurde kristallisiert dargestellt. Seine

Sequenz ist teilweise bekannt. Für die Wirkung des Papains sind im aktiven Bereich des Moleküls u. a. eine -SH-Gruppe und eine ionisierte Carboxylgruppe essentiell. Aus dem nativen Papainmolekül, das aus einer einzigen Polypeptidkette mit 185 Aminosäureresten besteht, kann ein beträchtlicher Teil (60%) durch Abbau entfernt werden, ohne daß die Enzymaktivität darunter leidet.

f) Von zelleigenen proteolytischen Enzymen tierischer Gewebe ist vor allem die unter dem Sammelnamen *Kathepsin* bekannte Gruppe zu nennen. Sie schließt neben Endopeptidasen, die mit Pepsin, Trypsin und Chymotrypsin homospezifisch sind, auch Aminopeptidasen und Carboxypeptidasen ein und verursacht die Autolyse (Selbstauflösung) der Gewebe, die optimal bei pH 5—6 verläuft. Die im Muskel wenn auch in kleiner Menge vorhandenen Enzyme dieser Art sind an Prozessen der Fleischreifung beteiligt und dafür verantwortlich, daß im Fleisch neben den eigentlichen Eiweißstoffen sich stets merkliche Mengen freier Aminosäuren finden (vgl. S. 316).

g) Proteolytische Enzyme aus *Schimmelpilzen* sind schon lange bekannt, solche aus Aspergillus orycae u. a. finden technologische Verwendung (s. S. 213).

h) Weitere hier nur erwähnte Endopeptidasen sind das *Plasmin* (Fibrinolysin) und das *Thrombin* des Blutes.

β) *Desaminasen und Desamidasen*

(Aminasen, Cycloamidasen, Acylamidasen, Amidinasen u. a.)

Die wichtigsten Vertreter sind folgende:

Arginase kommt in den meisten tierischen Zellen vor, ist wahrscheinlich ein Manganproteid und katalysiert die hydrolytische Spaltung des Arginins in *Ornithin* und *Harnstoff* bei pH 9,0—9,5. Arginase spielt eine wichtige Rolle bei der Beseitigung des für Tiere toxischen Ammoniaks und wahrscheinlich auch bei der Eiweißsynthese. Sie findet sich vor allem in der Leber harnstoffausscheidender Tiere, weniger in anderen Organen, Hefe und höheren Pflanzen. Bei Vögeln und Landreptilien fehlt das Enzym, diese scheiden den Stickstoff als Harnsäure aus. Arginase katalysiert sehr spezifisch.

In Mikroorganismen tritt ein anderes, argininspaltendes Enzym an die Stelle der Arginase, die *Arginindihydrolase* (Arginindesimidase), die Arginin zunächst zu Citrullin hydrolysiert, das dann in Ornithin, Kohlendioxid und Ammoniak zerlegt wird. Das genannte Enzym bewirkt in erster Linie den lange bekannten, schnellen Argininabbau in reifendem Käse.

Urease (urea = Harnstoff) als erstes, kristallisiert erhaltenes Enzym, ein Globulin vom Molekulargewicht etwa 480000, kommt in großen Mengen in Jack- und Sojabohnen vor, außerdem in Pflanzen, wirbellosen Tieren (Mollusken) und Mikroorganismen, fehlt aber fast vollständig bei den Wirbeltieren. Es katalysiert die Reaktion:

$$CO(NH_2)_2 + H_2O \rightarrow CO_2 + 2\,NH_3$$

absolut spezifisch und macht damit organisch gebundenen Stickstoff über die nitrifizierenden Bakterien des Bodens der Pflanze wieder zugänglich. Urease dient zur quantitativen Bestimmung des Harnstoffes. Ihre Anwesenheit in der Mikroflora von Sauermilchkäse führt dazu, daß die im Quark und in der Milch enthaltenen geringen Harnstoffmengen bei der Reifung schnell verschwinden. Ihr Vorkommen in zahlreichen Mikroorganismen erklärt das Auftreten von Ammoniak bei mikrobiell bedingten Fäulnis- und Zersetzungsprozessen, z. B. beim Abbau des in Fischen und Mollusken reichlich vertretenen Harnstoffes.

Asparaginase hydrolysiert Asparagin bei pH 8 unter Ammoniakbildung zu Asparaginsäure. Sie findet sich weit verbreitet besonders in Pflanzen, Schimmelpilzen und Hefen, auch in tierischen Organen und ist an der Keimung von Pflanzen (Speicherung von Ammoniakstickstoff) beteiligt. Das entsprechende Glutamin hydrolysierende Enzym *Glutaminase* kommt im Tier vor. Beide Enzyme werden auch als *Acylamidasen* bezeichnet.

Phosphoamidasen spalten Bindungen zwischen primären Aminogruppen und Orthophosphorsäure bei Substraten wie *Arginin-* bzw. *Kreatinphosphorsäure*. Beide Phosphorsäuren spielen im Muskelstoffwechsel der Avertebraten bzw. der Wirbeltiere als „energiereiche" Phosphatverbindungen eine große Rolle. Die Hydrolyse der Kreatinphosphorsäure („*Phosphagen*") liefert neben Phosphorsäure das in der Fleischanalytik wichtige *Kreatin*. Andere Phosphoamidasen sind offenbar am Labprozeß beteiligt.

γ) *Glykosidhydrolasen* (*Glykosidasen*)

Enzyme, die den Abbau von Kohlenhydraten katalysieren, sind in der Natur außerordentlich weit verbreitet. Sie finden sich extracellulär in Verdauungssekreten und intracellulär innerhalb tierischer, pflanzlicher und mikrobieller Zellen. Enzyme dieser Art sind imstande, Poly- und Oligosaccharide in einfachere Zuckerbausteine und Heteroside (Glykoside mit einem nicht zuckerartigen Paarling, dem Aglucon) in die Zuckerkomponente und das Aglucon zu zerlegen. Eine scharfe Grenze zwischen den beiden Gruppen existiert nicht. Bei den Polyosidasen lassen sich je nach dem Wirkungsmechanismus Exo- und Endoenzyme unterscheiden (vgl. unten bei den Amylasen). Alle Glykosidhydrolasen sind in schwach saurer Lösung optimal wirksam. Je nach ihrem Wirkungsbereich teilt man sie ein in

Polysaccharidasen (Polyosidasen), deren Wirkung auf Polysaccharide beschränkt ist. Sie unterscheiden sich damit durch die Kettenlänge ihrer Substrate von den

Oligosaccharidasen (Oligosidasen), die niedermolekulare Kohlenhydrate, wie Di-, Tri- und Tetrasaccharide, sowie andere Glykoside katalytisch hydrolysieren.

1. Polysaccharidasen (*Polyosidasen*).

Von den Polyosidasen am besten bekannt sind die *Amylasen* („*Diastase*"). Sie wirken auf Stärke und Glykogen, nicht aber auf Cellulose ein. Die Amylasen finden sich als *α*- und *β-Amylasen*, eine Reihe beider Typen ist kristallisiert erhalten worden. Es sei indessen bemerkt, daß die Unterteilung in *α*- und *β*-Enzyme nicht etwa bedeutet, sie spalten *α*- bzw. *β*-glucosidische Bindungen. Bei der Hydrolyse von Stärke beobachtet man zunächst *Verflüssigung*, dann *Dextrinierung* (Verschwinden der Jodreaktion) und schließlich *Verzuckerung* unter Bildung gärfähiger Zucker, insbesondere Maltose. Neben diesen beiden Enzymen spielt bei der totalen Verdauung der Stärke noch ein anderes eine Rolle: die Endoglucosidase, „R-Enzym" [Amylo-1.6-glucosidase, spaltet also *α*-(1.6)-Bindungen]. *α*- und *β*-Amylase katalysieren die Hydrolyse von *α*-(1.4)-Bindungen, allerdings auf verschiedene Weise.

Um deren Angriffspunkte zu verstehen, sei auf Ausführungen an anderer Stelle verwiesen (S. 108), wonach Stärke aus Amylose und Amylopektin besteht. Da *α*- und *β*-Amylase nur 1.4-Bindungen spalten, liefert Amylopektin neben *Maltose* (4-*α*-D-Glucopyranosyl-D-glucopyranose) noch *Isomaltose* (6-*α*-D-Glucopyranosyl-D-glucopyranose). Letztere wird durch ein weiteres Enzym, das obenerwähnte „*R-Enzym*", hydrolysiert. Insgesamt stellt also der totale Stärkeabbau ein recht kompliziertes Reaktionssystem dar. Der *Unterschied zwischen α- und β-Amylase* besteht darin, daß *α-Amylase* Bindungen spaltet, die im *Innern des Moleküls* liegen (ähnlich wie Proteinasen), wobei sich die sog. „*Grenzdextrine*" bilden, in denen gegenüber natürlichen Polysacchariden die 1.6-Bindungen angereichert sind. Die *β-Amylase* greift Polysaccharidketten (ähnlich den Peptidasen) von der reduzierenden Seite her an und spaltet dabei Maltose ab. *α*-Amylasen verwandeln Stärke rasch in Dextrine, wobei erst allmählich Maltose gebildet wird. Sie verflüssigen also den Kleister sehr schnell. Im Gegensatz dazu liefern *β*-Amylasen rasch Maltose, wobei die Zunahme der Reduktion genau der Zunahme vergärbaren Zuckers entspricht. Da *β*-Amylasen nur die Enden des Stärkemoleküls angreifen und dieses nicht aufzubrechen vermögen, setzen sie die Viscosität von Stärkekleister nur wenig herab, *α*-Amylase wird deshalb auch als „*dextrinogene Amylase*", *β*-Amylase als „*saccharogene Amylase*" bezeichnet.

Vorkommen der Amylasen: Von den *tierischen α-Amylasen* ist die Speichelamylase („Ptyalin") ein, bei Zimmertemperatur überraschend stabiles Enzym, das durch Chlorionen aktiviert wird und Kartoffelstärke zu über 90% in Maltose und Maltotriose (2,3 : 1) zerlegt. *Pankreasamylase* des Menschen ist mit dem entsprechenden Speichelenzym identisch, wird gleichfalls durch Chlorionen aktiviert und zeigt ein pH-Optimum bei 6,9. *Pflanzliche α-Amylasen* finden sich im Gerstenmalz, nicht aber im Gersten- oder Weizenkorn. Das Malzenzym ist wesentlich thermostabiler als β-Amylase, wird durch Calciumionen aktiviert und wirkt optimal bei pH 4,5—5,5. Von *α-Amylasen der Schimmelpilze* ist die aus Aspergillus niger orycae gewonnene sog. *Takaamylase* (*Takadiastase*) am besten bekannt. Sie ist von $Cl^{\ominus}$ unabhängig und wirkt optimal bei pH 5,0—5,5. Rohe Enzympräparate spalten auch 1.6-Bindungen, hydrolysieren also praktisch zu Glucose, eine Wirkung, die der reinen α-Amylase nicht zukommt. *Bakterielle Amylasen*, die unter verschiedenen Handelsnamen in den Verkehr gelangen, stammen aus Bacillus subtilis bzw. mesentericus und anderen Mikroben. $Cl^{\ominus}$ aktiviert optimal bei pH etwa 6. Zahlreiche α-Amylasen sind in kristallisierter Form erhalten worden. Eine insbesondere durch Chlorionen aktivierbare α-Amylase findet sich im Dotter des Hühnereies. Als Indicator für ausreichende Pasteurisierung von Frischei und daraus hergestellten Eiprodukten hat sie im Rahmen der Salmonellen-Bekämpfung Bedeutung erlangt.

β-Amylasen kommen wahrscheinlich nur in höheren Pflanzen, vor allem in Gerste, Weizen und Sojabohnen vor. Von Spuren gleichzeitg anwesender α-Amylase können sie leicht durch Ansäuern befreit werden. Kristallisiert aus Süßkartoffeln (Ipomoea batatas) und aus Gerstenmalz gewonnene β-Amylasen enthalten keine besondere prosthetische Gruppe oder Metallkomponenten; ihr Optimum liegt bei pH etwa 5, der isoelektrische Punkt bei 6. Die beiden Enzyme α- und β-Amylase kommen fast immer gemeinsam im pflanzlichen Material vor; im Tierreich sind β-Amylasen bisher nicht nachgewiesen worden.

Cellulose, Hemicellulosen und Lichenin hydrolysierende Enzyme. Enzyme, die pflanzliche Zellwände zu hydrolysieren vermögen, wurden früher als „*Cytasen*" zusammengefaßt. Aus diesem recht komplexen Begriff lassen sich folgende, mehr oder minder gut definierte Enzyme abgrenzen:

Cellulasen vermögen die Hydrolyse der Cellulose zu katalysieren. Sie finden sich in den Verdauungssäften einiger Schnecken und holzfressender Insekten, in der Bohrmuschel (Teredo), einigen Pilzen (Aspergillus niger), cellulosevergärenden Anaerobiern, holzzerstörenden Pilzen und in Protozoen, wie sie im Pansen der Wiederkäuer vorkommen. Bei den meisten Cellulosefressern, also auch bei cellulosenutzenden höheren Tieren, wird die Cellulose nicht von diesen selbst verdaut, sondern von den in ihren Verdauungsorganen symbiotisch lebenden Mikroorganismen. Wiederkäuer erzeugen dabei neben Methan, Kohlendioxid und Wasserstoff nicht so sehr Zucker als vielmehr größere Mengen an Fettsäuren (Essig- und Propionsäure, daneben Ameisen-, Butter- und Valeriansäure). Neben *Cellulase*, die Cellulose und höhere Cellulosedextrine abbaut, ist auch eine *Cellobiase*, die Cellobiose spaltet, am Abbau beteiligt. Die noch wenig untersuchten *Cellulose synthetisierenden Enzyme* sind von großer Bedeutung für den Stoffwechsel von Pflanzen und Pilzen.

In der Natur besitzen cellulosespaltende Enzyme eine überragende Rolle teils unerwünschter (Zerstörung von Holz, Textilien u. a. m.), teils erwünschter (Humusbildung im Boden) Art.

Die enzymatische Spaltung der (Mannane, Galaktane, Xylane usw. enthaltenden) „*Hemicellulose*" sowie auch die verschiedener Pflanzenschleime erfolgt durch „*Hemicellulasen*", die oft zusammen mit Cellulasen vorkommen. *Lichenase* findet sich im Hafer und baut dort enzymatisch unter Viscositätsminderung die Schleimstoffe (Lichenin) dieser Getreidefrucht ab. Unter den fructanspaltenden Enzymen ist die *Inulinase* näher bekannt, die *Inulin* (vgl. S. 109) vollständig in Fructose zerlegt.

Die in Pflanzen, besonders in Früchten vorkommenden *Pektinsubstanzen* (vgl. S. 102) werden durch sehr spezifisch auf die natürlichen Estergruppen des Pektins eingestellte Enzyme gespalten. Zunächst entstehen unter der Einwirkung einer in höheren Pflanzen und Schimmelpilzen reichlich vertretenen *Pektinmethylesterase*

(Pektase) Methanol und Pektinsäure. Die Pektinsäure wird dann durch *Pektinpolygalakturonidasen* (Pektinasen) unter Sprengung der α-glykosidischen 1.4-Bindung zwischen den Uronsäureresten zerlegt. In gewissem Ausmaß wird auch methoxylhaltiges Pektin gespalten. Pektinasen finden sich in höheren Pflanzen (Malz, Tomaten; pH-Optimum 4,5), besonders reichlich in Schimmelpilzen (pH-Optimum 3,5). Sie haben große Bedeutung bei der Reifung von Früchten und in der Technologie der Obstsäfte und Weine (s. S. 213). Ein ähnliches Enzymsystem baut Alginate in entsprechender Weise ab.

Hierher gehört auch die in der Weinbergschnecke nachgewiesene, Chitin zu N-Acetylglucosamin spaltende *Chitinase*, die Hyaluronsäure hydrolysierende *Hyaluronidase* und das (z. B. aus Hühnereiweiß kristallisierbare) *Lysozym*, das Bakterien-Zellwände zu spalten und damit das Bacterium aufzulösen vermag.

2. *Oligosaccharidasen* (*Oligosidasen*)

Enzyme, die einfache Glykoside zu spalten vermögen, sind hochspezifisch hinsichtlich der Substrat-Glykosidkomponente, des Monosaccharidteiles also, der mit dem C-1-Atom an der Bindung beteiligt ist. Die Hydrolyse der Oligosaccharide und Glykoside ist einer der am längsten bekannten enzym-katalysierten Vorgänge. Von den vielen Vertretern dieser Gruppe besitzen vor allem die Glucosidasen und die Saccharasen besondere Bedeutung.

a) *Die Glucosidhydrolasen.* Von den *α-Glucosidhydrolasen* katalysieren *Maltasen* im eigentlichen Sinne die Spaltung nur eines einzigen Glucosids, der Maltose. Sie kommen im Malz und im Schimmelpilz Aspergillus vor. Daneben finden sich Maltasen auch in der Hefe, vielen Bakterien und im Verdauungstractus der Tiere, die ganz allgemein α-Glykoside spalten. *Alle Glucosidhydrolasen wirken nur auf Substrate mit völlig unveränderter Glucosegruppe.* Trotz großer struktureller Ähnlichkeit werden z. B. α-Galaktoside nicht angegriffen. Die bestuntersuchte Maltase ist die aus Hefe; das aus Unterhefe gewonnene Enzym zeigt ein pH-Optimum bei 6,5—7,0. Enzyme aus Takadiastase (Aspergillus orycae) und aus Gerstenmalz wirken optimal bei pH etwa 4,5.

β-Glucosidhydrolasen zeigen im allgemeinen weit weniger ausgeprägte Spezifität als die α-Enzyme; sie erstreckt sich lediglich bis zum C-4-Atom des glykosidischen Teiles und erlaubt Abwandlungen in der 6-Stellung. Das klassische von J. v. Liebig und F. Wöhler 1837 beschriebene Enzym dieser Gruppe ist das *Emulsin* aus bitteren Mandeln; es findet sich auch in Pflanzen, einigen Pilzen und tierischen Organen. Mandelemulsin hydrolysiert optimal bei pH 4,4—5,0, Hefeemulsin bei pH 6,3. Das Substrat der bitteren Mandel ist das aus Mandelsäurenitril und Gentiobiose aufgebaute β-Glucosid *Amygdalin.* Emulsin aus süßen Mandeln ist eigentlich ein Glykosidasegemisch, dessen wesentlicher Bestandteil die β-D-Glucosidase ist.

Die wichtigsten Substrate der β-Glykosidhydrolasen sind die natürlich vorkommenden Disaccharide *Cellobiose* und *Gentiobiose* sowie zahlreiche, in pflanzlichem Material enthaltene *Glykoside*, von denen außer dem erwähnten Amygdalin viele weitere, für die Freilegung der Aromastoffe wichtige Vertreter an anderer Stelle besprochen werden.

Eine weitere Gruppe der Glykosidhydrolasen sind die *β-Glucuronidasen*, die als Substrate Ausscheidungsprodukte der „Entgiftung“ (s. S. 83), sowie Mucoide (s. S. 105) benutzen.

b) *Saccharasen* kommen weit verbreitet in Pflanzen, Mikroorganismen und in der Dünndarmmucosa vor. Die in Verdauungssekreten der Tiere und in Aspergillus gefundenen Saccharasen werden auch als *Glucosaccharasen*, die Enzyme der Hefe als *Fructosaccharasen* bezeichnet. Die erstgenannte Gruppe gehört zu den *α-Glucosidasen:* sie werden durch Glucose gehemmt und spalten das Trisaccharid *Melecitose* (α-D-Glucopyranosyl (1→3)-β-D-fructofuranosyl (2→1)-α-D-glucopyranosid) (vgl. S. 100). Die zweite Gruppe rechnet unter die *β-Fructosidasen*: sie spalten Methyl→β-fructosid und das Trisaccharid *Raffinose* (α-D-Galactopyranosyl (1→6)-α-D-glucopyranosyl (1→2)-α-D-fructofuranosid).

Rohrzucker ist ein α-Glucopyranosyl-β-D-fructofuranosid und wird deshalb von beiden Enzymen angegriffen. Die auch technologisch wichtigste Saccharase, oft schlechthin als solche oder auch als *Invertase* bezeichnet, ist eine *β-(h)-Fructosidase* (β-Fructofuranosidase), das rohrzuckerspaltende Enzym der Hefe, und in fast allen Kultur-und Wildhefen verbreitet, außerdem auch in vielen Schimmelpilzen, Bakterien und höheren Pflanzen (z. B. den Blättern der Zuckerrübe) zu finden. Oft ist sie fest an das Zellgewebe verankert und kann durch zelleigene Proteasen (Autolyse unter Toluolzusatz) oder Papain freigesetzt werden. Das bei pH 4,6—5,0 optimal aktive Enzym ist bei gewöhnlicher Temperatur bemerkenswert stabil, vor allem im unreinen Zustand unter der „Protektorwirkung" von Polysacchariden.

c) *Weitere Glykosidasen. α-Galaktosidasen* — aus Sojabohnen, Kaffee- oder Alfalfa-(Luzerne-) Samen gewinnbar — spalten als einziges natürlich vorkommendes Substrat *Raffinose* (α-D-Galaktopyranosyl (1→6)-α-D-glucopyranosyl (1→2)-α-D-fruktofuranosid). In Brauereihefe kommt eine α-Galaktosidase („Melibiase") vor. In Bäckerhefe, Aspergillus und tierischen Verdauungssekreten finden sich β-Galaktosidasen („Lactasen"), die das β-Galaktosid Lactose spalten. Außerdem sind noch Mannosidasen und eine an der Spaltung des Glykosides Sinigrin bei der Senfherstellung beteiligte *Thioglucosidase* (Myrosinase, Sinigrase) bekannt.

δ) *Esterasen*

In diese Gruppe rechnet eine Reihe von Enzymtypen, die entweder (im engeren Sinne) die Spaltung von Estern mit *organischen* Säuren oder aber (in weiterem) Sinne die von Estern mit *anorganischen* Säuren (Phosphor- und Schwefelsäure) katalysieren. Ihre Spezifität ist z. T. relativ gering (Lipasen), z. T. gruppenspezifisch (Phosphatasen) oder auch hoch ausgebildet (Cholinesterasen). Der geringen Substratspezifität von Lipasen steht jedoch eine ausgeprägte stereochemische Spezifität gegenüber. Die Substratspezifität kann bestimmt sein einerseits überwiegend durch die in den Ester eingehende Säure, andererseits überwiegend durch die an der Esterbildung beteiligte Hydroxylverbindung.

1. Phosphatasen

(Phosphoesterasen und Polyphosphatasen). Enzyme dieser Gruppe sind außerordentlich weit verbreitet, biologisch und lebensmittelchemisch von großer Bedeutung. Sie hydrolysieren Mono- und Diester der Orthophosphorsäure, Ester der Pyrophosphorsäure, der Meta- und Polyphosphorsäure, der Phytinsäure und ihrer Abbauprodukte, Nucleinsäuren, Nucleotide u. a. m. und liefern oft anorganisches Phosphat als Puffer- und Nährsubstrate. Je nach ihrem Wirkungsoptimum unterscheidet man „saure", „alkalische" und „neutrale" Phosphatasen, ohne damit ihre Wirkungsweise präzisieren zu wollen. Über ihre lebensmitteltechnologische Bedeutung vgl. S. 211.

Phosphomonoesterasen katalysieren die Hydrolyse:

$$ROPO_3H_2 + H_2O \rightleftharpoons ROH + HOPO_3H_2.$$

Alkalische Esterasen finden sich praktisch in allen tierischen Geweben, in Sauermilchkäse, Milch, Eiern, auch in Hefen und Bakterien und zeigen ein pH-Optimum bei etwa 9,3.

Die im alkalischen Bereich wirksame Fructose-1.6-diphosphatase spaltet den Ester in Fructose-6-phosphat. Saure Monoestereasen kommen reichlich in vielen Tierorganen, Kartoffeln, Pilzen, Citrusfrüchten, Schimmelpilzen, Hefen und im Getreide vor. Ihr pH-Optimum liegt zwischen 3,8 und 5,7. Phosphodiesterasen sind als saurer (pH 5,5) und alkalischer Typ (pH 8,8) mit den Monoesterasen vergesellschaftet. Über *Phospholipasen* s. später. *Desoxyribonucleasen* (Molekulargewicht 60000, pH-Optimum 6,0—7,0) und *Ribonucleasen* sind am Abbau der Nucleinsäuren beteiligt. *Pyrophosphatasen* treten in der Bäckerhefe und in Kartoffeln auf. *Metaphosphatasen* finden sich in der Bierhefe, auch im Muskel. Sie spalten anorganische Metaphosphate sowie in der Natur aufgefundene (in Aspergillus niger u. a.) hochmolekulare Hexaphosphate. Phosphatasen der letztgenannten Art besitzen auch Interesse beim Nachweis kondensierter Phosphate in Fleischwaren. Solche Phosphate können dort unter Umständen enzymatisch hydrolysiert und damit dem Nachweis entzogen werden. *Phytasen* spalten Phytinsäure und niedriger phosphorylierte Inositphosphorsäuren. Phytinspaltende Enzyme verschiedener pH-Optima finden sich in der Dünndarmschleimhaut und in Cerealien. Besonders phytasereich sind Reis- und Weizenkleie, sowie Grün- und Darrmalz. Über die Spezifität der Phytin spaltenden Enzyme herrscht noch keine Klarheit. Bei der analytisch ausgewerteten Phosphatasenbestimmung (S. 387) als Kriterium vorschriftsmäßig pasteurisierter Milch ist zu berücksichtigen, daß Phosphatasen nach Hitzebehandlung oft *regenerierfähig* sind, eine Erscheinung, die für Peroxidasen schon lange bekannt ist. Eine derartige Regeneration wurde vor allem im Rahmen milchwirtschaftlicher Prozesse von verschiedenen Seiten bestätigt, so bei der Milcherhitzung, bei der Rahmpasteurisierung und bei anderen Molkereiprodukten ohne daß über Wesen und Ursache dieser Erscheinung bisher Klarheit besteht. Die Reaktivierung tritt optimal bei 34° C auf, besonders hoch ist sie bei Milchproben mit hohem Fettgehalt. Mg- und Zn-Ionen der Milch werden hier als aktivierende Effektoren angesehen. Phosphatasen in Schokoladenmilch, die aus Frischmilch hergestellt wurde, sind hitzeresistenter als die Phosphatasen der Rohmilch, wobei Saccharose einen Schutzeffekt ausübt.

2. Die Lipasen

Fettspaltende Enzyme finden sich in Pankreas, Leber, Magen, Lunge, Gehirn, Muskel und wahrscheinlich in allen Geweben, außerdem in höheren Pflanzen (dort vor allem sehr reichlich in den Samen) und in Mikroorganismen wie Aspergillus orycae. Die hydrolysierende Kraft der Lipasen steigt mit der Kettenlänge der Fettsäuren, mit der Anzahl an Glycerin gebundener Fettsäuren und mit dem Gehalt an ungesättigten Fettsäuren. Ester von Hydroxysäuren werden ebenfalls zerlegt, bei solchen dibasischer Carboxylsäuren wird im allgemeinen nur eine Esterbindung gespalten, doch kann bei anderem pH auch die zweite Alkoholgruppe in Freiheit gesetzt werden. Relative cis-trans-Spezifität ist gleichfalls möglich.

Die bestuntersuchte Lipase höherer Pflanzen ist die *Ricinuslipase*, die bei der industriellen Fettspaltung Anwendung gefunden hat. Wegen ihrer Unlöslichkeit im Wasser lassen sich Ricinuslipasepräparate nur als feine, sahnenartige Emulsion gewinnen (*desmo-Enzym*). Die Lipase zeigt ein pH-Optimum bei 4,7—5,0.

Unter den tierischen Lipasen besitzt die *Pankreaslipase* die größte Bedeutung. Sie spaltet tierische Fette leichter als niedere Ester und wirkt optimal bei pH 7—8. Scharf von anderen Lipasen wird dieses Enzym durch die Tatsache differenziert, daß es ausschließlich auf emulgierte, wasserunlösliche Substrate einwirkt.

Die im Magensaft und in der Magenschleimhaut vorkommende *Magenlipase* wirkt bei pH etwa 4. Im Gegensatz zu den beiden genannten Enzymen ist die *Leberlipase* gegen niedere Ester ungleich wirksamer als gegen die eigentlichen Fette. Alle Lipasen werden durch eine Reihe von Substanzen aktiviert, z. B. durch Gallensäuren. Eiweiß, Polypeptide und Kalkseifen. Bei der Fettspaltung im Organismus treten neben freien Fettsäuren auch Monoglyceride auf, die als sehr wirksame Fettemulgatoren bekannt sind. *Mono-* und *Diglyceride* haben dementsprechend auch als Emulgatoren weitgehend Eingang in die Lebensmitteltechnologie einiger Länder gefunden (vgl. S. 305).

3. Andere Esterasen, die Carboxylsäureester spalten

a) Tannasen finden sich vor allem in Schimmelpilzen (Aspergillus-, Citromyces- und Penicilliumarten) und Flechten, daneben auch geringfügig in tierischen

Organen. Sie hydrolysieren das Depsid Gallotannin in Gallussäure und Glucose, außerdem Protocatechusäure, Chlorogensäure, verschiedene Gerbstoffe u. a.

b) *Acetylcholinesterase*, ein Vertreter der vorzugsweise Ester stickstoffhaltiger Alkohole spaltenden „Azolesterasen", kommt bei allen Tieren im Nervengewebe, in den Erythrocyten und im Muskel, besonders reichlich aber in den elektrischen Organen von Fischen vor. Sie spielt eine höchst wichtige Rolle beim Transport von Impulsen im Nervensystem. Wirksame *Hemmstoffe* dieses Enzymes sind die Alkaloide *Eserin* (Physostigmin) und *Prostigmin*, vor allem aber organische, als Schädlingsbekämpfungsmittel dienende Phosphorsäureester, wie *Schradan*, *Parathion* (E 605) oder *Tabun* („Nervengas"). Ihre hochgiftige Wirkung verdanken sie der (irreversiblen) Hemmung der lebenswichtigen Cholinesterase. In ähnlicher Art wirkt das äußerst toxische, zeitweise aktuelle *o-Trikresylphosphat* (S. 778).

c) *Sulfatasen*, besser als *Schwefelsäure-Hydrolasen* bezeichnet, katalysieren die Hydrolyse esterartiger Sulfate besonderer physiologischer Bedeutung, wie Chondroitin- und Mucoitinschwefelsäure als Bestandteile des Knorpels oder Heparin und schließlich solcher, wie sie bei Entgiftungsmechanismen gebildet werden (Phenyl-, Kresyl-, und Nitrophenylsulfat, Indoxylschwefelsäure und Sulfate oestrogener Hormone). Sie finden sich in Takadiastase und anderen Amylasepräparaten, höheren Tieren (Leber, Niere, Nebenniere), Mollusken, Anthropoden und Echinodermen und schließlich in verschiedenen Bakterien (Pseudomonas- und Proteusarten). Besonders ergiebige Quellen sind einige Seewasser-Mollusken. *Sinigrinsulfatase* (Sinigrin-Sulfohydrolase) meist als *Myrosulfatase* (Myrosinase) bezeichnet, kommt außer in Senfkörnern auch in Kohl und Kresse sowie in der Leber und im Muskel vor. Die Myrosinase rechnet zur Gruppe der β-Thio-D-glucosidasen. Das Enzym hydrolysiert bei pH 5,4—7,5 die Glykoside *Sinigrin* und *Sinalbin* (vgl. S. 94) partiell nach folgender Reaktion (I):

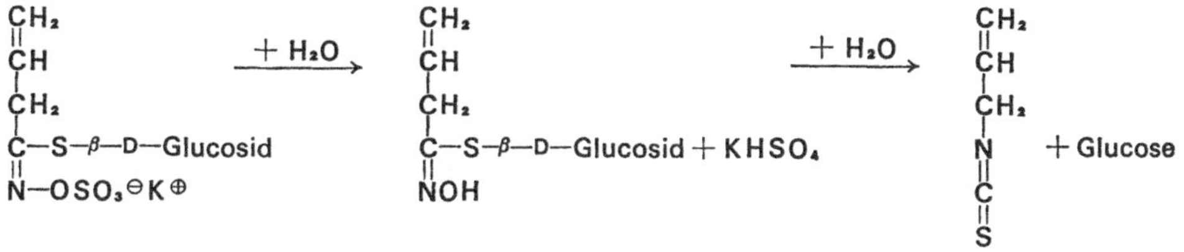

Sinigrin Merosinigrin Allylisothiocyanat

I II

Die weitere Spaltung (II) zum Allylsenföl geht unter Mitwirkung einer β-Thioglucosidase (s. S. 197) vor sich. Das Gemisch dieser Enzyme, deren Spezifität z. T. umstritten ist, wurde ursprünglich als „Myrosinase" bezeichnet.

d) *Chlorophyllase* ist eine Esterase, die Chlorophyll unter Aufnahme eines Moleküls Äthanol in Äthylchlorophyllid und Phytol spaltet, also eine Alkoholyse und keine Hydrolyse katalysiert. Das Enzym kommt in den Chloroplasten aller chlorophyllhaltigen Pflanzen und in bestimmten Bakterien (Purpurbakterien) vor, zeigt ein auffallend niedriges Temperaturoptimum (20 °C), ein pH-Optimum von 5,9 und spaltet lediglich Chlorophyll sowie dessen nächste Derivate, die magnesiumfreien Phäophytine. Chlorophyllase ist beim Reifen des Obstes an der Gelbfärbung beteiligt.

e) *Phospholipasen* (Lecithinasen, Lecithasen) sind Enzyme, die Lecithin und andere Phosphatide auf verschiedene Weise zu spalten vermögen. Sie wurden vor allem am *Lecithin* studiert und greifen dieses nach 4 verschiedenen Reaktionen an (im folgenden als a, b, c, d unterschieden). Dabei sind jeweils verschiedene Enzymtypen wirksam:

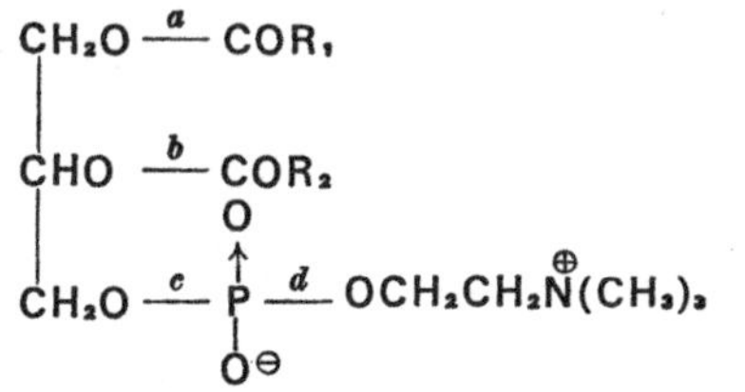

Phospholipase A trennt nach Reaktion a eine Fettsäure ab und liefert dabei das stark hämolysierend wirkende *Lysolecithin* (bzw. *Lysokephalin*). Lysolecithine und Lysokephaline wurden auch in Getreidestärken gefunden. Das Enzym ist bemerkenswert hitzestabil und findet sich in Pankreas und anderen Organen, vor allem aber in Bienen- und Schlangengiften. Manche Bakterien vermögen reichliche Mengen an Phospholipase A zu produzieren.

Phospholiphase B spaltet das nach a gebildete Lysolecithin an der Esterbindung b bzw. das gesamte Lecithinmolekül bei a und b zu *Glycerophosphorsäurecholinester*; daneben können durch sekundäre enzymatische Einflüsse auch Cholin sowie freie Phosphorsäure auftreten. Die hämolysierende Wirkung des Lysolecithins (Reaktion a) verschwindet dabei. Das Enzym kommt im Wespengift, in Tierorganen (Gehirn, Leber, Milz, Pankreas), Schimmelpilzen (Aspergillus orycae) und in Pflanzen (Reiskleie, Gerstenmalz) vor.

Phospholipase C spaltet an der Bindung c, liefert also neben einem Diglycerid *Phosphorylcholin*, wodurch die lösungsvermittelnden (emulgierenden) Eigenschaften des Lecithins aufgehoben werden.

Phospholipase D spaltet die Bindung d, setzt also *Cholin* frei und liefert außerdem noch *Phosphatidsäure*. Das Enzym kommt in tierischen Organen, insbesondere aber in pflanzlichem Material vor (Karotten, Kohl, Weizen, Gerste, Hafer, Spinat, Zuckerrübenblätter, Baumwollsamen, Weizen- und Gerstenmalz). Das Temperatur-Optimum pflanzlicher D-Lipasen liegt bei 25—30° C, das pH-Optimum bei 5—6. Die in Kohl und Spinatblättern gefundenen Phosphatidsäuren verdanken ihr Entstehen der Anwesenheit von Phospholipase D.

Das unter der Einwirkung der Phospholipase C gebildete Phosphorylcholin (Reaktionszug c) wird von normalen Phosphomonoesterasen in Cholin und freie Phosphorsäure zerlegt. Das Auftreten „*anorganischen Phosphates*“ in phosphatidhaltigem Material ist also auf die kombinierte Wirkung von Phospholipasen mikrobieller Herkunft und eigentlichen Phosphomonoesterasen zurückzuführen. Die Phospholipasen C und D sind formell gleichfalls als spezifische Phosphoesterasen aufzufassen.

b) Lyasen

Lyasen katalysieren Reaktionen vom Typus

$$A - B \rightleftharpoons A + B\,.$$

Sie zerlegen in umkehrbarer Reaktion einen Stoff derart, daß ein Teil des Moleküls unter Hinterlassung einer Doppelbindung abgespalten wird. Umkehr der Reaktion bedeutet Addition an Doppelbindungen. Je nach Art der gesprengten bzw. synthetisierten Bindung können die Lyasen in folgende Gruppen unterteilt werden:

α) *Hydrolasen*

Hierher rechnet die *Enolase*, D-2-*Phosphoglycerat-dehydratase*, als sehr weit verbreitetes kristallisiert dargestelltes Enzym, das durch $Mg^{2\ominus}$ aktiviert, durch $F^{\ominus}$ (über Magnesiumfluorphosphat) stark gehemmt wird. Im Kohlenhydratabbau der Glykolyse und der *alkoholischen Gärung* (vgl. S. 595) führt sie 2-*Phosphoglycerinsäure* unter Wasserabspaltung und unter Bildung energiereicher Bindung in *Phosphoenolbrenztraubensäure* über.

Die reichlich im Muskel, daneben auch in allen lebenden Zellen und Geweben vorkommende *Fumarase* (Fumarat-Hydratase) katalysiert optimal bei pH 7,4 die reversible Reaktion

$$HOOC{-}CH{=}CH{-}COOH + H_2O \rightleftharpoons HOOC{-}CHOH{-}CH_2{-}COOH.$$

Fumarase spielt eine wichtige Rolle im Citronensäurecyclus; beide Reaktionspartner, Fumar- und Äpfelsäure sind in Lebensmitteln häufig gefundene Säuren.

Weitere Enzyme dieser Gruppe sind die am Citronensäurecyclus beteiligte *Aconitase*, die, Methylglyoxal in Milchsäure überführende *Glyoxalase* und die weit verbreitete Carbonatanhydratase (*Kohlensäureanhydrase*), die u. a. den Säure-Basentransport bei Tier und Pflanze regelt.

β) *Decarboxylasen*

Aminosäuredecarboxylasen sind in großer Zahl als hochspezifische Enzyme in Mikroorganismen und in tierischen Geweben vertreten. In Pflanzen wurde bisher nur die *Glutaminsäuredecarboxylase* nachgewiesen, so in Getreide, Möhren, Rettichen, Eicheln, Citrusfrüchten und Zwiebeln. Reichliche Mengen an Aminosäuredecarboxylasen finden sich im reifenden Käse. Coenzym solcher Decarboxylasen ist das Pyridoxal-5'-phosphat (S. 153). Manometrische Messung der CO_2-Abspaltung dient auch in der Lebensmittelchemie (s. später) zur hochspezifischen Erfassung von Aminosäuren (Glutaminsäure, Lysin). Bei der Decarboxylierung entstehende Amine sind als „*Fäulnisbasen*" (Putrescin, Cadaverin) oder als biologisch hochaktive, sekretionsfördernde Substanzen (*Tyramin, Tryptamin, Histamin*) bekannt und in Lebensmitteln, z. B. in Käse, häufig anzutreffen. Die in zahlreichen Lebensmitteln, z. B. auch in Limonen und Orangen gefundene γ-Aminobuttersäure ist das Decarboxylierungsprodukt der Glutaminsäure.

Carboxylasen, ursprünglich in der Hefe, später auch in Pflanzen und Mikroorganismen, nicht aber in tierischen Geweben aufgefunden, katalysieren die direkte Decarboxylierung von Ketosäuren, insbesondere die der Brenztraubensäure zu Acetaldehyd als wichtige Teilreaktion des *Kohlenhydratabbaues* (vgl. bei der alkoholischen Gärung):

$$R{-}CO{-}COOH \rightarrow R{-}CHO + CO_2 .$$

Das hier wirksame Enzym enthält $Mg^{2\oplus}$; das Coenzym, die *Cocarboxylase*, stellt den Pyrophosphorsäureester des Thiamins (Vitamin B_1) dar (vgl. S. 149). Lebensmittelchemisch bedeutungsvoll ist das Enzym auch deshalb, weil aus dem *Acetaldehyd* durch Hefen und Mikroorganismen auf verschiedenen Wegen in Gärungsprozessen *Acetoin* (Acetylmethylcarbinol, $CH_3 \cdot CHOH \cdot CO \cdot CH_3$) als Vorstufe des gleichfalls in Gärungsmedien durch Reduktion entstehenden *Butylenglykols* ($CH_3 \cdot CHOH \cdot CHOH \cdot CH_3$) auftreten kann. Weitere Oxydation liefert den Butteraromastoff *Diacetyl* ($CH_3 \cdot CO \cdot CO \cdot CH_3$).

γ) *Aldolasen*

Ketosephosphat-Aldolase (*Aldolase*, Zymohexase) findet sich weit verbreitet; sie katalysiert beim Kohlenhydratabbau (Glykolyse, alkoholische Gärung) die reversible Bildung von Dihydroxyacetonphosphat und Glycerinaldehyd-3-phosphat. Aldolasen mit weiterem Spezifitätsbereich sind in der Natur weit verbreitet. Genau untersucht ist das Enzym aus dem Muskel.

c) Transferasen (Pherasen, gruppenübertragende Enzyme)

Die Überführung eines Radikals oder einer Gruppe von einem Molekül auf ein anderes nach der allgemeinen Reaktion:

$$AX + B \leftrightharpoons A + BX$$

ist für biologische Synthesen von fundamentaler Wichtigkeit; die Entdeckung derartiger Enzyme gehört zu den wesentlichsten biochemischen Erkenntnissen.

Transphosphatasen (Phosphokinasen). Die Überführung der Phosphatgruppe kann auf alkohol-, carboxyl- oder stickstoffhaltige Gruppen sowie auf eine andere Phosphatgruppe erfolgen.

Einige Enzyme dieser Art sind in der Tabelle 64 zusammengestellt:

Tabelle 64. Phosphokinasen

Reaktion	Enzym
Kreatin ⇌ Kreatinphosphat	Kreatinkinase („Lohmann-Enzym")
Arginin ⇌ Argininphosphat	Argininkinase
Glucose → Glucose-6-phosphat	Hexokinase
Fructose → Fructose-6-phosphat	Fructohexokinase
Fructose-6-phosphat → Fructose-1.6-diphosphat	Phosphohexokinase (6-Phosphofructokinase)
Riboflavin → Riboflavinphosphat	Flavokinase
Brenztraubensäure ⇌ Phosphoenolbrenztraubensäure	Pyruvatkinase

Sie katalysieren zahlreiche Transphosphorylierungen, von denen zunächst besonders solche wichtig sind, bei denen Adenosintriphosphorsäure als „Phosphatdonator" auftritt. Derartige Phosphokinasen bewirken u.a. die Phosphorylierung von Vitaminen der B-Gruppe (Thiamin, Riboflavin, Pyridoxal, Nicotinsäure), wodurch diese zu Coenzymen von lebenswichtiger Bedeutung werden. Sie sorgen für die Bildung von Zuckerphosphorsäureestern und phosphorylierten Zuckerabbauprodukten, als Voraussetzung für den Kohlenhydratabbau durch Glykolyse und alkoholische Gärung.

Enzyme dieser Art sind z.B. die *Hexokinase*, die Glucose, Fructose, Mannose und Glucosamin nach folgender Gleichung phosphoryliert:

$$\text{Adenosintriphosphorsäure (ATP)} + \text{Hexose} \xrightleftharpoons{\text{Hexokinase}} \text{Hexose-6-phosphorsäure} + \text{Adenosindiphosphorsäure (ADP)},$$

die *6-Phosphofructokinase*, welche aus Fructose-6-phosphorsäure und ATP das Fructose-1.6-diphosphat (*„Zymophosphat"*) bildet und die *Brenztraubensäurekinase* (Pyruvatkinase), deren Wirkung sich auf die Katalyse von Brenztraubensäure zu Phosphoenolbrenztraubensäure erstreckt:

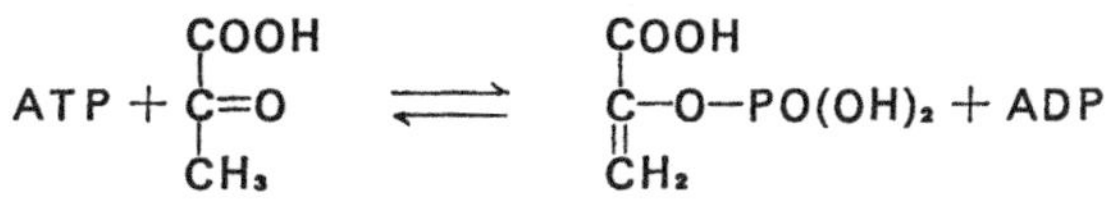

Brenztraubensäure *Phosphoenolbrenztraubensäure*

Über *Phosphomutasen* vgl. S. 203.

Transglykosidasen (Transglykosylasen, „Phosphorylasen") sind Enzyme, die Kohlenhydrate von einem Donator auf einen Acceptor zu übertragen vermögen:

$$\text{R-Glykosyl} + \text{R'—H} \rightleftharpoons \text{R'-Glykosyl} + \text{R—H},$$

wobei R Phosphat oder auch ein Kohlenhydratrest sein kann. Die *Transglykosylierung* von Nucleotidderivaten hat durch die Entdeckung der *Uridindiphosphat-glucose* (UDP-Glucose) das Gebiet der enzymatisch katalysierten Biosynthese von Kohlenhydraten (Rohrzucker, Lactose, Amylose, Amylopektin, Glykogen, verschiedenen Heterosiden u.a.m.) entscheidend befruchtet. Einzelheiten sind der Speziallitertur zu entnehmen.

Transmethylasen katalysieren die Übertragung der für den Organismus „essentiellen" Methylgruppe von bestimmten „Methyldonatoren" auf „Methylacceptoren". Als Donatoren wirksam sind vor allem aktiviertes Methionin, außerdem Cholin, Betain, Sarcosin u.a. Das besonders reichlich im Muskel vorkommende, in der Fleischanalytik bedeutungsvolle Kreatin (vgl. S. 317) verdankt sein Entstehen der Übertragung der „biologisch labilen" Methylgruppe des Methionins auf Guanidinessigsäure:

Guanidinessigsäure *Kreatin*

Transaminasen (Aminopherasen) katalysieren den Umsatz:

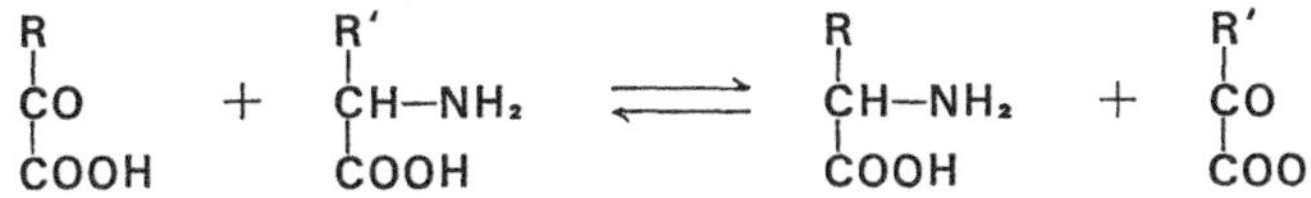

der eine sehr wichtige Brückenreaktion zwischen Keto- und Aminosäuren darstellt. Transaminasen sind weit verbreitet und finden sich z. B. reichlich im mikrobiellen System der Käsereifung. Coenzym ist hier (wie bei den Decarboxylasen) das Pyridoxal-5'-phosphat (vgl. S. 153).

Acetylasen (Transacylasen) sind Transferasen von hoher biologischer Bedeutung, die am Citronensäurecyclus, am Auf- und Abbau der Fettsäuren, der Acetylcholinbildung und der Entgiftung körperfremder Substanzen teilnehmen. Wichtigstes Enzym dieser Art ist das *Coenzym A* (S. 168), das in acetylierter Form die „aktivierte Essigsäure" darstellt und den Aufbau zahlreicher Naturstoffe aus „*C_2-Bruchstücken*" katalysiert.

Thiaminase rechnet zu einer Sondergruppe von Transferasen und ist ein Enzym, das Thiamin (Vitamin B_1) zerstört. In den Eingeweiden von Kaltblütern (Karpfenarten, Krebse, Muscheln, Schwertfisch, Schildkröte), in Organen von Warmblütern (Kaninchen, Hund), in Pflanzen (Adlerfarn, Equisetum-Arten) und auch in Bakterien finden sich derartige, unter dem Sammelbegriff „Thiaminasen" zusammengefaßte Enzyme.

d) Isomerasen und Mutasen

Die Enzyme katalysieren molekulare Umlagerungen, die sich in der Strukturformel ausdrücken lassen.

Unter den *Isomerasen* am längsten bekannt und früher als „Isomerase" schlechthin bezeichnet, ist die *Phosphotriose-isomerase*. Sie katalysiert die reversible Reaktion:

D-3-Phosphoglycerinaldehyd ⇌ Phosphodihydroxyaceton.

Eine andere Isomerase, die *Hexosephosphatisomerase* (Oxoisomerase) katalysiert die Einstellung des Gleichgewichtes:

Glucose-6-phosphat ⇌ Fructose-6-phosphat

Von wichtigen *Mutasen* katalysiert *Phosphoglucomutase* die Reaktion:

Glucose-1-phosphat ⇌ Glucose-6-phosphat

und *Phosphoglyceromutase* die Reaktion:

D-3-Phosphoglycerinsäure ⇌ D-2-Phosphoglycerinsäure.

Isomerasen und Mutasen solcher Art sind wesentliche Komponenten im Enzymsystem beim anaeroben Kohlenhydratabbau der *alkoholischen Gärung* (S. 595). Als weitere hierher gehörende, z.Z. noch wenig erforschte Gruppe sei die der *Racemasen* erwähnt. Sie vermögen optisch aktive L-Formen der Milchsäure, des Alanins, der Glutaminsäure und wahrscheinlich noch anderer Aminosäuren in die atypische, „unnatürliche" D-Form umzuwandeln. Derartige Racemasen finden sich in verschiedenen Mikroorganismen, vor allem auch in Lactobacillus-Arten und Streptococcus faecalis und können damit auch in Lebensmitteln optisch aktive, „unnatürliche" D-Produkte (D-Alanin, D-Glutaminsäure u.a.) liefern, z.B. in reifendem Käse und anderen durch Mitwirkung von Milchsäurebildnern gewonnenen Lebensmitteln.

e) Oxidoreduktasen (Enzyme der Oxydoreduktion)

Enzyme dieser sehr vielgestaltigen Gruppe sind Katalysatoren bei der Oxydation organischer Verbindungen, deren eingehende Schilderung nicht im Rahmen dieses Buches liegt. Da viele von ihnen jedoch auch für Lebensmittelchemiker von wesentlicher Bedeutung sind, sollen sie im folgenden kurz besprochen werden.

Gemäß der international geregelten Nomenklatur umfaßt die Gruppe der Oxidoreduktasen Enzymgruppen, die

auf >CH—OH wirken, mit NAD bzw. NADP oder O_2 als Acceptor,
auf Aldehyde wirken, gleichfalls mit NAD bzw. NADP oder O_2 als Acceptor,
auf >CH—CH<Gruppen wirken, mit NADP oder Cytochrom als Acceptor

und

auf >CH—NH—Gruppen wirken, mit O_2 als Acceptor.

Die Oxydation einer Substanz A ist stets notwendig an die Reduktion des zweiten Reaktionspartners B gekoppelt:

$$AH_2 + B \rightleftharpoons A + BH_2,$$

Es tritt also *Oxydoreduktion* ein, wobei das Reduktionsmittel AH_2 als *Wasserstoffdonator*, das Oxydationsmittel B als *Wasserstoffacceptor* bezeichnet wird.

Zellen des lebenden Organismus oder daraus hergestellte Zellextrakte vermögen nach diesem Reaktionsmechanismus organische Verbindungen zu oxydieren (dehydrieren). Wasserstoff*donatoren* sind dabei *aktivierte Wasserstoffatome der Substanz* bzw. *hydrierte Enzyme* (Flavin- und Nicotinsäureenzyme). Wasserstoff*acceptoren* sind im biologischen Milieu entweder *molekularer* oder *aktivierter* Sauerstoff. Viele wasserstoffübertragende Systeme können aber auch in vitro studiert werden, wenn man geeignete Acceptoren zusetzt, die Wasserstoff aufzunehmen vermögen.

Der klassische Acceptor dieser Art, der auch in der Lebensmittelanalytik von Bedeutung ist (Methylenblauprobe = Reduktaseprobe der Milch, vgl. S. 382), wurde von T. Thunberg im *Methylenblau* gefunden, das unter Wasserstoffaufnahme in die Leukoverbindung übergeht und dessen Entfärbung ein Maß für die Aktivität methylenblauaktiver Enzyme darstellt. Auch andere Substanzen sind als Acceptoren geeignet und werden benutzt (*Resazurin* in der Milchuntersuchung, Janusgrün, Kresylblau, Pyocyanin, m-Dinitrobenzol, o-Chinon, Tetrazoliumverbindungen).

Enzyme, die Oxydationen, besser gesagt Dehydrierungen bei organischen Verbindungen bewirken, nennt man Oxidoreduktasen. Wir unterteilen sie zweckmäßig nach folgenden Gruppen:

a) *NAD bzw. NADP-spezifische Dehydrogenasen*

Diese oft „Pyridinenzyme" genannten Wirkstoffe katalysieren die reversible Überführung von Wasserstoff von oxydierbaren Substraten auf die Pyridinnucleotid-Systeme NAD bzw. NADP gemäß dem bei „Nicotinsäure" ausführlich besprochenen Reaktionsmechanismus. Im einzelnen sind folgende Untergruppen von Bedeutung:

Reversible Oxydation einer Alkoholgruppe zu einer Carboxylgruppe

Zunächst zählen hierzu Enzyme, die ausschließlich oder vorzugsweise $NAD^{\oplus}$ als Acceptor benutzen.

Von diesen Enzymtypen spielt die *Alkoholdehydrase* (Aldehydreduktase, „*ADH*") zunächst bei der alkoholischen Gärung eine wichtige Rolle, wo sie den letzten Schritt, die Reduktion des aus Brenztraubensäure entstandenen Acetaldehyds zu Äthanol katalysiert. Sie findet sich vor allem in der Hefe, auch in tierischem Gewebe und wurde zuerst aus Hefe in kristallisiertem Zustand gewonnen. Das Enzym katalysiert auch die einleitende Reaktion bei der Essigsäuregärung des Äthanols. In letzter Zeit hat die Alkoholdehydrase Verwendung zur *enzymatischen Blutalkoholbestimmung* gefunden. Die „*ADH-Methode*" beruht darauf, daß in der durch ADH katalysierten Reaktion:

$$C_2H_5OH + DPN \rightleftharpoons CH_3CHO + DPN{-}H + H^{\oplus}.$$

der Acetaldehyd mit Semicarbazid abgefangen und damit das Gleichgewicht der Reaktion praktisch nach rechts verlagert wird. Das als Wasserstoffacceptor dienende

Diphosphopyridinnucleotid (DPN) geht in die hydrierte Form über, die durch ihre Absorption im Ultraviolett bei 340 bzw. 366 nm spektrophotometrisch als Maß der Alkoholdehydrierung ermittelt werden kann. Neben Äthanol werden auch andere Alkohole, allerdings mit geringerer Geschwindigkeit dehydriert.

Hierher rechnet auch die in Mikroorganismen und Tiergeweben (Herz- und Skeletmuskel, Leber) vorkommende Lactatdehydrogenase (Milchsäuredehydrogenase), oft in Form mehrerer Proteine („Isoenzyme", s. dort) auftretend. Das Enzym ist für die Milchsäurebildung, z.B. im Muskel verantwortlich. In Bakterien finden sich Enzyme, die 2.3-Butylenglykol reversibel zu *Acetoin* oxydieren. Weitere Enzyme dehydrieren *Acetoin* reversibel zu *Diacetyl*, dem Hauptbestandteil des Butteraromas. Zu erwähnen ist hier noch die am Fettsäureabbau beteiligte *β-Hydroxyacyl-SCoA-dehydrogenase*.

Oxidoreduktasen, deren Acceptor vornehmlich oder ausschließlich $NADH^{\oplus}$ darstellt, werden u. a. durch die *Glucose-6-phosphatdehydrogenase* („Zwischenferment" von O. Warburg) repräsentiert. Das weit verbreitete Enzym ist sehr spezifisch. Es kommt in der Hefe und in roten Blutkörperchen vor und katalysiert die erste Teilreaktion des sog. oxydativen Abbaus der Hexosephosphate, die Oxydation von Glucose-6-phosphat zu Phosphogluconsäure.

Decarboxylierende Dehydrogenasen sind die *Malat-Dehydrogenase* („malic enzyme") und die am Citronensäurecyclus beteiligte *Isocitrat-dehydrogenase*, die Isocitronensäure in α-Ketoglutarsäure überführt.

Reversible Oxydation einer Aldehydgruppe zu einer Carboxylgruppe ist der Mechanismus einer *Formaldehydoxidase*, die Formaldehyd in Ameisensäure überführt und damit an der Entgiftung des Methanols beteiligt ist. Hierher zählen auch Aminosäuredehydrogenasen, die α-Aminosäuren in die entsprechenden α-Ketosäuren umwandeln, so z.B. die in der Leber vorkommende L-*Glutaminsäure-dehydrogenase*. *Triosephosphatdehydrogenasen* katalysieren die Oxydation von Glycerinaldehyd-3-phosphat. Das am Kohlenhydratabbau in der alkoholischen Gärung und der Glykolyse beteiligte Enzym („oxydierendes Gärungsenzym") wurde aus Hefe und aus Muskel kristallisiert erhalten. Die Enzyme enthalten essentielle —SH-Gruppen; offenbar spielt hier Glutathion eine Rolle.

Weitere hierher zu rechnende Enzyme sind die (besonders gegen Tyramin und Adrenalin aktive) *Aminoxidase* sowie die (Histamin, Putrescin, Cadaverin, Agmatin u.a. abbauende) *Diaminoxidase*. Beide Enzyme sind offenbar von Wichtigkeit für die oxydative Entgiftung von Substanzen, wie sie durch bakterielle Decarboxylierung (vgl. S. 201) von Aminosäuren entstehen können und als „Fäulnisbasen" beispielsweise bei der Zersetzung von Fischfleisch auftreten, oder aber als Lebensmittelbestandteile mit der Nahrung aufgenommen werden [Amine im Käse, Hydroxytryptamin (Serotonin) in der Banane]. Bei der medikamentösen Verabreichung von Aminoxidasen-Blockern kann der Verzehr von Lebensmitteln mit höherem Gehalt von biogenen Aminen zu ernsten Komplikationen, wie Blutdruck-Krisen Anlaß geben.

Ähnlich katalysiert eine im Fischmuskel aufgefundene *Trimethylaminoxidase* die Bildung des im Stoffwechsel der Fische bedeutungsvollen, in vielen Meeresfischen festgestellten *Trimethylaminoxids* (S. 351).

Eine Teilreaktion des Citronensäurecyclus, die Dehydrogenierung von Bernsteinsäure zu Fumarsäure katalysiert die von T. Thunberg 1909 entdeckte *Succinat-dehydrogenase*.

β) *Flavinenzyme*

Enzyme dieser Gruppe, auch als „gelbe Fermente" oder „Flavoproteide" bekannt, bewirken die Dehydrogenierung von Substraten, wobei entweder das Flavin-mono-nucleotid (FMN) oder Flavin-adenin-dinucleotid (FAD) Wasserstoffacceptoren sind. Der Reaktionsmechanismus wurde auf S. 151 erörtert. Das erste flavinhaltige Enzym haben 1932 O. Warburg u. Mitarb. entdeckt. Gegenwärtig sind mehr als 60 verschiedene Flavinenzyme bekannt. Das Warburg'sche Enzym wird heute als „altes gelbes Enzym" (old yellow enzyme, OYE) bezeichnet. Es wurde 1934 von H. Theorell rein dargestellt. Die Vielfalt solcher Flavinenzyme sei an einigen Beispielen der folgenden Tabelle 65 veranschaulicht.

Tabelle 65. Flavinenzyme

Trivialnahme	Systematischer Name	Prosthetische Gruppe
Aldehydoxidase	Aldehyd-O_2-Oxidoreduktase	FAD
Xanthinoxidase	Xanthin-O_2-Oxidoreduktase	FAD
Bernsteinsäuredehydrogenase	Succinat-(Acceptor)-Oxidoreduktase	FMN
L-Aminosäureoxidase	L-Aminosäure-O_2-Oxidoreduktase	FMN
NADP-H-Cytochrom-c-Reduktase	NADP-H-Cytochrom-c-Oxidoreduktase	FMN
NADP-H-Oxidase („altes gelbes Enzym")	NADP-H (Acceptor)-Oxidoreduktase	FMN

Ein lebensmittelchemisch wichtiges gelbes Enzym ist das „*Schardinger-Enzym*" (Xanthin- oder Aldehyddehydrase). Es findet sich in sehr vielen tierischen Geweben, vor allem auch in der Milch. Das Enzym katalysiert die Oxydation von Purinderivaten, vor allem von *Xanthin* sowie Hypoxanthin und von verschiedenen *Aldehyden* zu Harnsäure und den entsprechenden Carbonsäuren mit einem wenig scharf ausgeprägten pH-Optimum von 8,5—9,0. Die Bildung der Xanthinoxidase in der Leber ist weitgehend an die Zufuhr biologisch hochwertigen Proteins gebunden. Das Enzym wird beim Erhitzen der Milch inaktiviert, desgleichen im Camembertkäse, der aus hocherhitzter Milch hergestellt war. Xanthinoxidase enthält als essentiellen Enzymanteil *Molybdän*, ist also ein *Molybdoflavoprotein*. Molybdängehalt im Grünfutter und Xanthindehydraseaktivität der Kuhmilch stehen zueinander eindeutig in Beziehung. Die *Schardinger-Reaktion* frischer nicht erhitzter Milch beruht darauf, daß die in solcher Milch enthaltene Aldehyddehydrase nach Zugabe von Aldehyd (Formalinlösung) als Substrat und Methylenblau (Resazurin, Neutralrot, Janusgrün, Tetrazoliumverbindungen usw.) als H_2-Acceptor den Farbstoff sehr rasch entfärbt bzw. umfärbt. Bei der an anderer Stelle erwähnten *Reduktaseprobe* wird kein Substrat zugegeben; hier wirken Bestandteile der Milch als Substrate verschiedener Dehydrasen. Da die Schardinger-Reaktion nur auf rohe oder erhitzte Milch anspricht, den Erhitzungs*grad* jedoch nicht erkennen läßt, hat sie an Bedeutung verloren. Die Frage, warum Aldehyddehydrase gerade in der Milch so reichlich vorkommt, ist bis heute noch nicht geklärt.

Nitratreduktasen sind gleichfalls molybdänhaltige Flavinenzyme. Sie katalysieren die Reduktion von Nitrat zu Nitrit und besitzen technologische Bedeutung auch im Rahmen der Rohwurstreifung, wo sie als Enzyme von Schimmelpilzen, Bakterien und Hefen an der „Umrötung" beteiligt sind (S. 338). Auch höhere Pflanzen enthalten Nitrat-Reduktasen. Die Fähigkeit zur Nitratreduktion durch verschiedene Mikroorganismen wird auch als bakteriologischer Test ausgewertet.

Eine andere technologisch bedeutungsvoll gewordene (S. 214) flavinhaltige Aerodehydrogenase ist die *Glucoseoxidase* (Glucosedehydrase, *Notatin*). Sie läßt sich aus gewissen Schimmelpilzen (Penicillium notatum) in hochgereinigter Form anreichern, katalysiert in Gegenwart von Sauerstoff die Oxydation von Glucose zu Gluconsäure und ist derart hochspezifisch, daß mit ihrer Hilfe D-Glucose auch in Zuckergemischen quantitativ bestimmt werden kann.

Weitere *Flavinenzyme* sind die L-*Aminosäureoxidasen*, die reichlich in tierischen Geweben, außerdem in Bakterien und Schimmelpilzen vorkommen (Proteus vulgaris, Neurospora crassa, Penicillium- und Aspergillus-Arten) sowie die entsprechenden, D-*Aminosäuren abbauenden Enzyme* (D-Aminosäureoxidasen). Da sie auch in lebensmitteltechnologisch wichtigen Mikroorganismen sich finden, sind sie zweifellos an der Bildung von α-Ketosäuren beteiligt, wie sie bei Gärungs- und Fermentierungsprozessen aufgefunden wurden. D-Aminosäuren als Substrate der D-Aminosäureoxidasen kommen im biologischen Material vor und können so in die Nahrung gelangen. Solche „unnatürlichen" Säuren werden außerdem durch *Racemasen* verschiedenster Bakterien, z.B. durch Lactobacillen oder Streptococcus faecalis aus L-Aminosäuren gebildet (S. 203).

Beide Oxidasetypen zeigen absolute stereochemische Spezifität. Die L-Oxidase höherer Tiere enthält FMN, die von Schlangen FAD als prosthetische Gruppe. Bei den D-Oxidasen tritt FAD als Wirkgruppe auf.

γ) *Kupferhaltige Oxidasen*

Die kupferhaltigen Oxidasen führen Wasserstoff bzw. Elektronen von Substraten auf Sauerstoff über, wobei Wasser (*nicht* Wasserstoffperoxid!) gebildet wird.

Hierher rechnen zunächst die *Phenoloxidasen*, die Oxydationen phenolischer Substanzen katalysieren. Sie sind weit verbreitet in pflanzlichem Material, sehr reichlich in Kartoffeln und Pilzen (Champignon) und stellen Kupferproteide dar. Offenbar beruht ihre katalytische Wirkung auf dem Valenzwechsel des Kupfers, ähnlich wie dies bei den eisenhaltigen Oxydationsenzymen der Fall ist. Phenoloxidase (Tyrosinase) oxydiert Tyrosin über 3.4-Dihydroxyphenylalanin („Dopa"), wahrscheinlich zu einem Orthochinon:

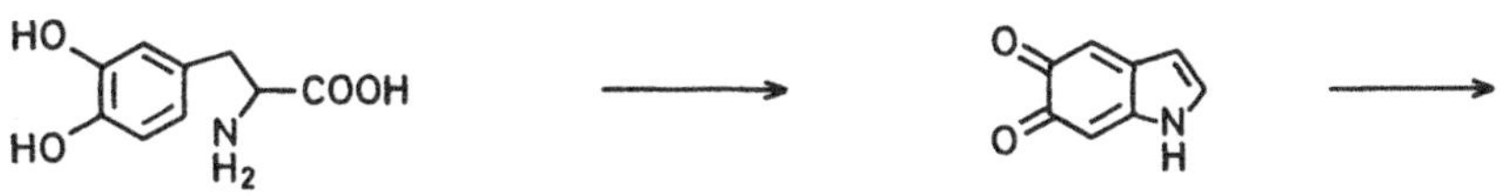

aus dem dann über Dopachrom und Indolchinon durch Polymerisation *Melanine* entstehen, dunkelbraune und schwarze Pigmentierungen bei Pflanze und Tier („Tinte" der Tintenfische und Polypen).

Das hier wirkende Enzymsystem ist eine mischfunktionelle Oxidase; das Produkt der Oxygenierung, das Diphenol, übernimmt gleichzeitig die Rolle des Wasserstoffdonators.

Das Braunwerden von Kartoffeln, Äpfeln, Spargel, Sellerie und anderem Pflanzenmaterial, dessen Schnittflächen der Luft ausgesetzt werden, ist der Wirkung von Polyphenoloxidasen auf die in solchem Material enthaltenen Phenole oder Polyphenole, wie Catechine, Anthocyanidine, Chlorogen- und Kaffeesäure zuzuschreiben. Bevorzugtes Substrat in vitro ist Brenzcatechin, das etwa 1000mal schneller als Tyrosin oxydiert wird. Zusammen mit Peroxidasen spielen solche Enzyme eine wesentliche Rolle bei Fermentierungsprozessen der Kaffee-, Tee-, Kakao- und Tabakaufbereitung (s. dort). Gefärbte Reaktionsprodukte werden zusammenfassend auch als „*Phlobaphene*" bezeichnet.

Ascorbinsäure kann zwar unspezifisch schon durch das System Polyphenoloxidase/Brenzcatechin in pflanzlichem Material oxydiert werden; zahlreiche Pflanzen (Kohl, Gurken, Spinat usw.) enthalten jedoch außerdem ein spezifisches Kupferproteid, die *Ascorbinsäureoxidase*. Sie dehydriert Vitamin C zur biologisch noch aktiven Dehydroascorbinsäure. Die „Zerstörung" von Vitamin C durch das Enzym ist darauf zurückzuführen, daß die Dehydroverbindung sehr instabil und leicht zu inaktiven Produkten weiter oxydierbar ist. Technologisch wichtig ist die Fähigkeit des Ascorbinsäureoxidase-Systems, von Polyphenoloxidasen gebildete o-Chinonkörper reduzieren zu können. Damit unterbleiben Verfärbungen, wie sie sonst durch Melaninbildung aus o-Chinonen auftreten können.

δ) *Weitere Oxygenasen*

Lipoxidase, das 1928 von R. M. Bohn und L. W. Haas entdeckte Enzym, oxydiert in Gegenwart von Sauerstoff *cis-Isomere* ungesättigter Fettsäuren (Linol-, Linolen- und Arachidonsäure) unter Bildung von Wasserstoffperoxid, wobei die primären Reaktionsprodukte peroxidischer Natur sind. Derartige Oxydationsprozesse spielen bei der Öltrocknung, beim Verderb (Ranzigwerden) fetthaltiger Lebensmittel und bei der Zerstörung von Carotin im Weizenmehl oder im Knollengemüse und schließlich bei unerwünschten Geschmacksabwandlungen von gefrorenen Erbsen und Maiskolben („*Carotinoxidase*") eine wichtige Rolle. Das Enzym findet sich besonders reichlich in der Sojabohne, in anderen Leguminosen und Pflanzen (Solanaceen, Labiaten), wahrscheinlich auch in der Leber, Muskulatur, Schleimhaut und im Fettgewebe von Tieren. Es hat offenbar nur die Aufgabe, die Fettoxydation auszulösen. Carotinoxidase und Lipoxidase sind identisch. Kristallisierte Präparate wurden aus Sojamehl (pH-Optimum = 5,4) erhalten.

Eine sehr aktive, spezifisch auf Linol- und Linolensäure eingestellte Lipoxidase wurde in Leinsamen gefunden. Neben der hier beschriebenen Lipoxidase kommen verschiedene Lipoxygenasen in der Natur vor. In der Sojabohne konnten 4 Isoenzyme nachgewiesen werden, sowie *Linolsäurehydroperoxid-Oxidoreduktasen.*

Luciferase ist ein Enzym, das in Pflanzen, Leuchtbakterien, Muschelkrebsen, Insekten, Würmern und Pilzen vorkommt. Es ruft u.a. die Erscheinung *leuchtenden Fleisches* (S. 329) oder *leuchtender Fische* hervor. Die Struktur des Substrates (*Luciferin*) konnte für eine Cypridina-Art als Tryptaminderivat aufgeklärt werden. Offenbar emittiert die Luciferase unter Beteiligung von Phosphat-Bindungsenergie das Licht.

ε) *Häminhaltige Enzyme*

Hydroperoxidasen (Peroxidase und Katalase). Bei der Wirkung aerober Dehydrasen bildet sich Wasserstoffperoxid, das als ausgesprochenes Zellgift und als Ursache technologisch unerwünschter Lebensmittelbeeinflussung durch zwei wichtige Enzymsysteme eliminiert wird. Beide Enzyme reagieren nach der allgemeinen Gleichung:

$$H_2A + H_2O_2 \rightarrow 2H_2O + A.$$

Ersetzt man den Rest A durch O_2, so erhält man die Reaktionsgleichung der *Katalase*wirkung. Beide Enzyme sind Hämoproteide. Das Eisen ist dreiwertig, wahrscheinlich tritt während der Reaktion keine Reduktion zur Ferrostufe ein.

Protohäminperoxidasen finden sich reichlich in vielen höheren Pflanzen und in Mikroorganismen; wenig in tierischem Gewebe. Das Enzym überträgt den *Sauerstoff aus Peroxiden* (meist Wasserstoffperoxid) auf zahlreiche Acceptoren (meist Phenole, aromatische Amine, Leukofarbstoffe u. a. m.). Peroxidase ist gleich der anschließend zu besprechenden Katalase ein *Häminenzym,* ihre Wirkungsgruppe ist das *Protohämatin.* Sie hat ein Molekulargewicht von etwa 40000 und enthält neben dem Proteinanteil etwa 18% Kohlendydrate.

Alle Peroxidasen haben einen sehr weiten Spezifitätsbereich. Oxydiert werden Verbindungen verschiedenster Struktur: aromatische Amine (Benzidin, Anilin u.a.), Phenole (Pyrocatechin, Hydrochinon, Pyrogallol usw.), aromatische Säuren wie Benzoesäure und Salicylsäure, Leukofarbstoffe und weitere Substrate, wie Phenyläthylamin, Tyrosin, Indol, Ascorbinsäure und gewisse Enzyme.

Die Peroxidase der Früchte, Gemüse und anderer pflanzlicher Lebensmittel sowie der Milch („Lactoperoxidase") ist bemerkenswert stabil. Diese *Thermostabilität* stellt der Lebensmitteltechnologie oft schwer zu lösende Aufgaben; die Inaktivierung des Enzyms ist jedoch häufig notwendig, da peroxidatische Einflüsse Verfärbungen und unerwünschte Geschmacksabwandlungen bei Lebensmitteln, auch bei eingefrorenen Produkten bewirken können. Hinzu kommt eine extrem starke Fähigkeit zur „*Regeneration*" des Enzyms, die selbst nach dem Erhitzen auf 100° C noch eintritt und Anlaß gab, die zum Hocherhitzungsnachweis der Milch herangezogene „*Peroxidaseprobe*" in ihrer Zuverlässigkeit anzuzweifeln. Verantwortlich für diese Regenerierung der Enzymaktivität wird u. a. die Anwesenheit von Cytochrom c gemacht. Schließlich ist noch zu erwähnen, daß verschiedene Substanzen, die nicht Enzymcharakter besitzen, eine „*pseudoperoxidatische*" Wirkung entfalten können, z. B. *Hämoglobin* und dessen Abbauprodukte sowie *Metallionen* (Cu-Spuren). Auf dieser Wirkung des Blutfarbstoffes beruht der forensische Nachweis kleiner Blutmengen mit der Benzidin- oder Guajakprobe,

Zum Nachweis der Peroxidasen benutzt man die bei Wasserstoffperoxid-Anwesenheit katalysierte Oxydation vor allem von Pyrogallol zu *Purpurogallin*:

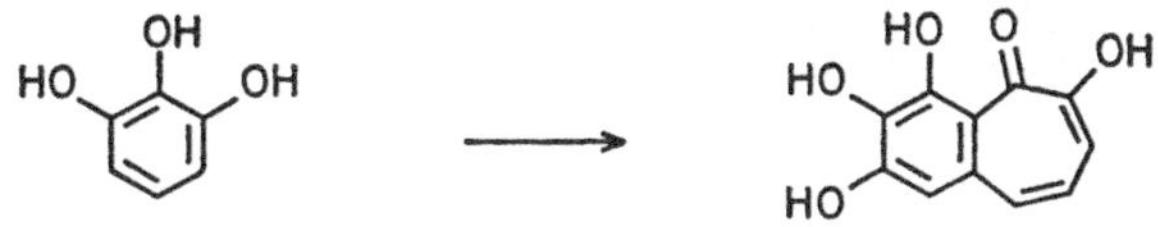

Pyrogallol — *Purpurogallin*

(1. 2. 3-Trihydroxybenzol) — *(Tropolonderivat)*

sowie von *Guajakharz* oder *Benzidin* bzw. *p-Phenylendiamin* zu charakteristisch gefärbten Oxydationsprodukten (vgl. Milch, S. 382).

Katalase, das bereits 1901 von O. Loew unter diesem Namen beschriebene Enzym, wurde erstmals aus Rinderleber, später aus vielen anderen Quellen mit einem Mol-Gew. von 240000 kristallisiert erhalten. Es kommt praktisch in allen lebenden Geweben vor, besonders reichlich in tierischem Gewebe und Organen (Erythrocyten, Leber, Niere, Fettgewebe), in Pflanzen und aeroben Mikroorganismen. Gleich der Peroxidase enthält auch Katalyse ein Hämin als Wirkgruppe. Sie katalysiert die Spaltung des bei verschiedenen Reaktionen gebildeten Wasserstoffperoxides in Wasser und molekularen Sauerstoff:

$$2 H_2O_2 \rightarrow 2 H_2O + O_2$$

spezifisch unter reversiblem Valenzwechsel des Katalaseeisens und mit der größten bisher bekannten Geschwindigkeit einer enzymkatalysierten Reaktion. Die „*Wechselzahl*" liegt pro Sekunde für 0° C bei $4{,}2 \cdot 10^4$ Mol H_2O_2. Da jedoch die Substrataffinität der Peroxidase wesentlich größer als die der Katalase ist, wird in Geweben anwesende Peroxidase bei gleichzeitig vorhandener Katalase vorzugsweise zum Peroxidabbau herangezogen. Die Wirkungsweise der Katalasen scheint von der der Peroxidasen prinzipiell nicht verschieden zu sein. Gleich den Peroxidasen bilden auch die Katalasen aktive Komplexe mit dem Wasserstoffperoxid. Unterschiede liegen vor allem darin, daß Katalasen fast ausschließlich Wasserstoffperoxid als Donator benutzen, während Peroxidasen eine große Zahl von chemisch recht verschiedenen Substraten umsetzen können. Diese letztgenannte Eigenschaft macht, wie oben erwähnt, die Peroxidasen im Rahmen der Lebensmittelgewinnung und Verarbeitung so wichtig, da sie zu enzymatischen Reaktionen weitesten Ausmaßes fähig sind.

ζ) *Cytochrome, Cytochromoxidase, Atmungsferment*

Cytochrome, deren Wirkung in einem durch Valenzwechsel am Fe-Atom katalysierten Elektronentransport besteht und deren Natur als Redoxkatalysatoren D. Kellin

1929 erkannte, die *Cytochromoxidase* (Cytochrom a_3 als „terminal oxidase“ und das mit *Cytochromoxidase* identische „Atmungsferment“ sind an der Atmungskette beteiligt. Ihre nähere Besprechung liegt nicht im Rahmen dieses Buches.

3. Enzyme in der Lebensmittelchemie und Lebensmitteltechnologie

a) Enzymatische Gewinnung lebensmittelchemisch wichtiger Produkte

Zahlreiche Prozesse dieser Art, wie die Gewinnung von Alkohol, Essig-, Citronen- und Milchsäure werden an anderer Stelle besprochen. Weitere wichtige auf enzymatischem Wege gewonnene Produkte sind *Gluconsäure*, die mit Hilfe von Schimmelpilzen und Bakterien (Aspergillus- und Acetobacter-Arten) aus Glucose und anderen Kohlenhydraten entsteht oder *Itaconsäure*, die aus Glucose gebildet wird. *Sorbose* als Ausgangsmaterial der Vitamin C-Synthese erhält man durch Vergärung von Sorbit mit Acetobacter xylinum.

L-*Lysin* als biologisch hochwertige zur Lebensmittelanreicherung dienende Aminosäure (S. 26) kann auf enzymatischem Wege über Diaminopimelinsäure gewonnen werden. Auf industrielle *Biosynthesen* durch Züchtung eiweißreicher Mikroorganismen wird an anderer Stelle eingegangen.

b) Enzymatische Verfahren zur Bestimmung von Lebensmittelbestandteilen

Bei den hier in Rede stehenden Analysenverfahren geht es darum, den zu bestimmenden Stoff als Substrat eines spezifischen Enzyms einzusetzen. Schon frühzeitig wurden bewährte Verfahren für die lebensmittelchemische Analytik entwickelt, so die Saccharosebestimmung mit Saccharase oder die Bestimmung der verdaulichen Eiweißstoffe mit Pepsinpräparaten. Ihr Wert liegt darin, daß die eigentlichen Bestimmungen einfach und schnell durchführbar sind, relativ geringen Material- und Apparaturenaufwand erfordern und gerade für Routine-Serienanalysen besondere Vorteile bieten. Peinliche und gediegene analytische Arbeit ist ebenso selbstverständlich wie notwendig.

Als Beispiele neuerer Entwicklungen seien gebracht: Bestimmung von Glucose und Fructose, von Galaktose und Lactose, von Äthanol, D-Sorbit, Citrat, Glycerin, L-Asparaginsäure, D-Glutamat, D-Gluconat, L-Lactat, L-Malat, Brenztraubensäure, Essigsäure oder Weinsäure. Die hier benutzten NAD-Dehydrogenasen erlauben, die Übertragung des Substratwasserstoffes auf solche Coenzyme als Maß der Enzymwirkung bequem durch Absorptionsmessungen bei 340 nm, u. U. auch bei 366 nm zu verfolgen (vgl. S. 166). Häufig wird auch mit mehreren Enzymen in gekoppelter Reaktionsfolge gearbeitet. Aus der lebensmittelchemischen Praxis sei an folgende Möglichkeiten erinnert: Bestimmung des Glucosegehaltes neben anderen reduzierenden Zuckern (z. B. Lactose oder Maltose in Stärkesirup) bei Hinweis auf einen Gehalt an Traubenzucker, Bestimmung des Fructosegehaltes bei Diabetikererzeugnissen in Gegenwart anderer reduzierender Zucker, insbes. Lactose (Milchschokoladen), Ermittlung des Glucose-Fructose-Gehaltes von Rohkakao und Kakaobruch, Bestimmung von Sorbit als Zuckeraustauschstoff oder Weichhaltemittel (Marzipan, Backwaren, Creme-Füllungen), Fructosebestimmung in Marzipan, Ermittlung des Invertzuckergehaltes bei Anwesenheit von Stärkesirup, Bestimmung des Lactosegehaltes in Milchbrötchen und anderen milchhaltigen Erzeugnissen, Bestimmung von Weinsäure als Bestandteil von Emulgatoren, von Glucono-δ-lacton bei Backwaren (Backtriebmittel) oder bei Rohwurst, Bestimmung von Glutamat sowie von α-Ketoglutarat in Fleischerzeugnissen, Suppen, Würzen u. dgl., Bestimmung von Glycerin und Äpfelsäure in Wein, von Alkohol in Pralinenfüllungen, von Ameisensäure in Fruchtsäften. In anderen Fällen werden Farbreaktionen ausgewertet, so bei der Glucosebestimmung mit Glucoseoxidase oder bei der Harnstoffbestimmung zur Ermittlung des gebildeten Ammoniaks. In der Aminosäureanalytik finden hochspezifische Decarboxylasen bakterieller Herkunft Verwendung, wobei in der Warburg-Apparatur das abgespaltene Kohlendioxid gemessen wird.

Viele dieser Verfahren haben sich bereits eingebürgert und bewährt, viele bedürfen noch eingehender Überprüfung. Störmöglichkeiten sind in verschiedener Richtung zu suchen. Zunächst ist sicherzustellen, daß die verwendeten Enzympräparate frei von Fremdenzymen sind Weiterhin kann die hochgradige stereopezifische Aktivität vieler Enzyme Ergebnisse liefern, die den nach rein chemischen Verfahren ermittelten nicht adäquat sind (Erfassung bzw. Nichterfassung stereoisomerer Verbindungen).

Und schließlich werden sich Routineanalysen, z. B. die Bestimmung der „Gesamtsäure", des „Säuregrades" der Milch oder des „Aminostickstoffs" der enzymatischen Analyse entziehen. Eine weitere, nicht immer kritisch erwogene Schwierigkeit liegt bei der meist sehr komplexen, aus einer Vielfalt von Einzelverbindungen aufgebauten Struktur unserer Lebensmittel darin, daß enzymatisch katalytisierte Reaktionen durch Effektoren verschiedenster Art entscheidend beeinflußt werden können, wobei in unserem Fall meist wohl nicht so sehr Aktivatoren, vielmehr lebensmitteleigene Inhibitoren in Aktion treten und auf diese Weise die Enzymaktivität mindern oder gar sistieren. Bei der Unzahl bekannter Hemmstoffe liegen solche Möglichkeiten nahe. Bewußt wird die Wirkung bestimmter Hemmstoffe in der „Effektoranalyse" genutzt, z. B. für die Fluorbestimmung oder die Erfassung organischer Insecticide.

c) Enzyme als Indicatoren für stattgefundene Lebensmittelbehandlung

Derartige Verfahren haben schon frühzeitig Eingang gefunden. Beispiele: Peroxidase- oder Phosphatase-Inaktivierung als Nachweis ordnungsgemäßer Pasteurisierung oder Hocherhitzung, wobei die „Reaktivierbarkeit" beider Enzymtypen (vgl. S. 198) zu berücksichtigen ist. Hierher rechnen z. B. die „Pfeffer- und Salzprobe" mit p-Phenylendiamin, das Rothenfußer'sche Reagens oder die Guajak-Probe (vgl. bei Milch). Zu erwähnen ist auch der (umstrittene) Erhitzungsnachweis von Honig, beruhend auf der Tatsache, daß α-Amylase (weniger β-Amylase) und Invertase durch Erhitzung geschädigt bzw. inaktiviert werden („Diastasezahl"). Ein spezielles Gebiet betrifft die Aktivitätsbestimmung von Enzymen mikrobieller Herkunft. Ein typisches Beispiel ist die Milch. Beim bakteriellen Befall treten neben den originären Enzymen der Milch auch solche bakteriellen Ursprungs auf, deren Erfassung einen Index für verunreinigte Milch („Reduktaseprobe") oder aber für mastitiskranke Tiere liefert („Katalaseprobe"). Befunde dieser Art sind zweckmäßig durch eingehende, gegebenenfalls auch bakteriologische Untersuchungen zu stützen.

d) Die technische Gewinnung von Enzympräparaten für die Lebensmittelindustrie

Als Quellen derartiger Enzympräparate sind zu nennen: Pflanzen, tierische Organe und in steigendem Ausmaß mikrobiologische Züchtungen.

α) Enzympräparate aus höheren Pflanzen

Beispiele sind: Malz als Quelle für *β-Amylase*, *Papain* aus der Papayamelone, *Bromelin* aus Ananas-Preßsäften, *Ficin* aus dem Latex von Ficus-Gattungen, *Pektinasen* aus Tomaten, Citrusfrucht-Albedo und Luzerne, *Lipase* aus Ricinussamen.

β) Enzympräparate aus tierischen Orangen

Hier liegt das Schwergewicht auf der Gewinnung proteolytisch wirksamer Enzyme: *Pankreatinpräparate*, meist aus Bauchspeicheldrüsen von Schweinen, *Pepsin*, im allgemeinen als Rohpräparat aus der Schleimhaut des Schweinemagens, *Lab* als wichtiges Enzym der Lebensmittelverarbeitung mit einem geschätzten Weltjahresverbrauch von 3800 t aus Labmägen von Saugkälbern, *Katalase* aus Leber, Leberextrakten und Erythrocyten.

γ) Enzympräparate aus Mikroorganismen

Für die Gewinnung derartiger Präparate haben sich folgende Entwicklungsphasen als entscheidend erwiesen: Ausarbeitung bester Züchtungsbedingungen zur optimalen Enzymproduktion, Steigerung der Aktivität durch Adaption, Vermeidung von Rückmutationen, Ermittlung geeigneter Nährböden bzw. Kulturlösungen, Wahl der Züchtungsart, wobei im allgemeinen submerse Züchtung der Oberflächenkultur aus technischen Gründen vorgezogen wird (Vermeidung großer Volumina bei Arbeitskrafteinsparung, erleichterte Sterilisation des Nährsubstrates). Im einzelnen sind folgende Enzympräparate zu erwähnen:

Pilzamylasen werden meist aus Stämmen und Mutanten von *Aspergillus niger, Aspergillus orycae* u. a. gewonnen, und zwar im Oberflächen-, zunehmend jedoch im Submersverfahren. Mit Mycel durchwachsene und anschließend getrocknete Kleie findet als „*Pilzmalz*" („Pilzkleie") Verwendung. Besondere Verfahren sollen pektinasefreie Amylasen, proteinasearme Enzyme oder transglucosidasefreie Amyloglucosidasen, z. B. aus *Aspergillus phoenici* liefern. *Pilzproteasen* werden ähnlich wie die vorher besprochenen Amylasen gewonnen. Sie enthalten immer einen gewissen Amylasenanteil. Mikrobenproteasen wurden als Ersatz von Chymosin in der Milchindustrie vorgeschlagen. *Pektinspaltende Enzyme*, wie die bekannten „Filtrationsenzyme", bilden sich in Oberflächenkultur aus verschiedenen Pilzen (Aspergillus, Penicillium, Rhizopus). Weitere Pilzenzyme sind *Glucoseoxidase* (*Aspergillus niger, Penicillium notatum*), die mit Katalase vergesellschaftet als Trockenprodukt in den Handel kommt, *Naringinase* (*Aspergillus niger*) zur Entbitterung von Grapefruitsaft, sowie *Anthocyanase* aus Schimmelpilzen zur Entfernung überschüssiger Anthocyanpigmente.

Bakterienenzyme sind die *Bakterienamylase*, eine aus *Bacillus subtilis* gewonnene sehr hitzestabile α-Amylase sowie *Bakterienproteasen* aus dem gleichen Mikroorganismus.

Von *Hefeenzymen* ist besonders bedeutungsvoll die *Saccharase*. Hier wird die Hefekultur durch Saccharosezugabe zur Enzymbildung adaptiert und das Enzym durch Plasmolyse freigesetzt. Verwendung finden meist flüssige Präparate in Glycerinlösung.

Weitere Einzelheiten für alle hier genannten Enzyme bringen G. Reed u. L. A. Underkofler (130).

e) Lebensmitteltechnologische Anwendung von Enzymen

Ausgangsmaterialien für derartige Enzyme sind wie oben angeführt vor allem Organe und Sekrete von *Tieren* (Pankreas, Magenmucosa, Blut), Teile und Sekrete höherer *Pflanzen* (Wurzeln, Samen, auch gekeimte, und Milchsäfte) und *Mikroorganismen* (Hefen, Schimmelpilze, Bakterien) sowie deren Kulturfiltrate. Enzyme sind natürlichen Ursprungs und damit ungiftig, meist hochspezifisch und unter schonenden Bedingungen (mäßige Temperaturen, geringe Acidität oder Alkalität) wirksam, bequem zu dosieren, in ihrer Wirkungsrichtung bekannt und schließlich nach Erfüllung ihres Zweckes relativ leicht inaktivierbar. Diese Gesichtspunkte haben dazu geführt, dem Einsatz von Enzymen bei der Lebensmittelgewinnung zunehmende Aufmerksamkeit zu widmen.

Im Rahmen derartiger Bestrebungen sind jedoch gewisse Forderungen zu erheben. Zunächst bedarf die Standardisierung eingehender Untersuchungen, vor allem im Hinblick auf die Wahl geeigneter, der Praxis entsprechender Bezugssubstrate. Dabei ist die Frage nach *Begleitenzymen*, deren Wirkung sich sowohl positiv wie negativ äußern kann, zu ermitteln und kritisch zu werten. Dann ist als selbstverständlich bakteriologische und toxische Unbedenklichkeit zu fordern. Und schließlich muß der Zusatz solcher Enzyme zur Geschmacks- oder Gefügeverbesserung von Lebensmitteln von Fall zu Fall eingehend überprüft werden, um z. B. bei Reifungsprozessen zu vermeiden, daß Störung des meist sehr komplizierten und wohlausgewogenen Enzymsystems eines Lebensmittels zu fremdartigen Geruchs- und Geschmacksnuancen („off flavors") oder zu unerwünschten Gefügeänderungen (Weichwerden u. a.) führt. Schließlich steht die gesetzliche Regelung der Enzymanwendung in unserem Lande noch aus.

Zusammenfassend kann gesagt werden, daß die kommerzielle Produktion von Enzymen, vor allem solcher mikrobieller Herkunft immer mehr an Bedeutung gewinnt, wobei ein wesentlicher Anstoß von seiten der Waschmittelindustrie kommt. Der Trend geht vor allem nach „tailor made"-Enzymen, deren Gewinnung wiederum neue Verfahrenstechniken erfordert, wie die Einführung der Säulenchromatographie mit milden Ionenaustauschern, von Adsorbentien wie Hydroxylapatit oder von Molekularsieben, wie Dextrane und Acrylamide, Methoden, die bisher fast ausschließlich wissenschaftlichen Arbeiten vorbehalten blieben (145).

α) *Proteasen*

Pankreatin als Enzymkomplex dient zur Gelatinegewinnung, zur Herstellung von Proteinhydrolysaten und Peptonen sowie zur Behandlung von Verdauungsstörungen.

Labenzym wird in der Käsefabrikation (zusammen mit Pepsin), in den USA auch als Zusatz zu Puddingpulvern, die mit Milch zubereitet werden, verwendet. *Pflanzliche Proteasen* und *Pilzproteasen* dienen in der Brauindustrie zum Kältefestmachen von Bier („chill-proofing"), zur Klärung und Reifung von Malzgetränken, außerdem als „meat tenderizer" zur künstlichen Reifungsbeschleunigung von Fleisch (S. 328), zur backtechnisch günstigen Beeinflussung kleberstarker Mehle und zum Weichmachen von Trockenerbsen. In den USA werden gelatinöse Eiweißlösungen, z. B. Fischabwässer und -preßwässer zur leichteren Filtration vor dem Trocknen mit Proteasen dünnflüssig gemacht. Behandlung von Kondensmilch mit geringen Proteasemengen verbessert die Viscosität und Hitzestabilität. Zahlreiche Arbeiten beschäftigen sich mit der Verwendung von Proteinasen in Suppen, Margarine, Bohnenerzeugnissen, Kaugummi, Brot, Keksen, Wurst sowie zur Hydrolyse von Molken- und Fischeiweiß (145). Und schließlich sei auf die Verwendung von Pankreatin und hitzestabilen Bakterienproteasen bei *enzymhaltigen Waschmitteln* hingewiesen. Für die hier verwendeten Proteasen aus Subtilis-Stämmen scheinen nach eingehenden Untersuchungen verschiedener Autoren gesundheitliche Bedenken für den Verbraucher nicht zu bestehen. Allerdings bleibt die endgültige Stellungnahme der Bundesregierung abzuwarten (1971). Weitere Verwendungsmöglichkeiten von Proteasen sind u. a. die Gewinnung vegetabilischer Proteine zu Ernährungszwecken aus Sesam-, Erdnuß- und Bohnenmehlen mit Proteasen aus Aspergillus-Stämmen oder die Desodorierung und Entbitterung von Sojaprodukten mit einer Aspergillopeptidase A und einer sauren Aspergillus-Carboxypeptidase. Neben den obenerwähnten „meat tenderizer" pflanzlicher Herkunft (Papain) wurde für diesen Zweck auch ein Extrakt aus Schweinepankreas vorgeschlagen. Pilzproteasen aus Aspergillus-Arten sind seit alter Zeit in Ostasien zur Gewinnung von Sojasoße bekannt (S. 349).

β) Carbohydrasen

Pilz- und Bakterienamylasen werden verwendet in Gärungsindustrien („Pilzmalz", „Pilzkleie"), im Müllerei- und Backgewerbe als Backhilfsmittel anstelle von Malzpräparaten, zur Gewinnung von Stärkesirup oder bei der Pektingewinnung aus Apfeltrestern zur Entfernung der Stärkeanteile und zur Klärung der Pektinlösungen. Diastase wurde weiter vorgeschlagen in der Schokoladenindustrie zur Löslichmachung und Dextrinierung der Kakaostärke, um nachträgliches Dickwerden zu verhindern, sowie zur Klärung von Stärketrübungen in Fruchtsäften, Wein und Bier. In den USA dient Diastase zur Verbesserung diastasearmer Malze, als Verflüssigungs- und Verzuckerungsmittel für Reis und Mais in der Gärungsindustrie, zur Gewinnung von Süßholzsirupen und bei der Vorbehandlung vegetabilischer Konserven. Weitere Anwendungsgebiete sind die Herstellung enzymatisch abgebauter (dextrinierter) Säuglings- und Kleinkindernahrung oder die therapeutische Verabreichung von Diastasepräparaten. Pilzamylasen (Koji) werden im Orient seit undenklichen Zeiten zur Herstellung alkoholischer Getränke (Sake, Arrak) verwendet. *Maltase* als solche wird nicht technisch erzeugt; sie kommt in den meisten Diastasepräparaten vor. *Invertase* (Saccharase, β-[h]-Fructosidase) findet ausgedehnte Anwendung zur Gewinnung von Invertzucker aus Rohrzucker. Dieses Gemisch aus Glucose und Fructose ist süßer als Rohrzucker, leichter löslich, kristallisiert nicht und weist durch seine hygroskopischen Eigenschaften nicht die Härte des Rohrzuckers auf. So hat Invertase, die zweckmäßig aus untergärigen Bierhefen gewonnen wird, Eingang gefunden in die Kunsthonigherstellung, die Likör-, Eiscreme- und Süßwarenindustrie. Sie dient bei der Süßwarenherstellung dazu, weiche stabile Cremefüllungen zu erzielen oder Marzipan weichzuhalten.

Die noch nicht lange bekannte, bereits im Tonnen-Maßstab industriell eingesetzte *Amyloglucosidase* kann Dextrine in wesentlich höherer Ausbeute, als dies durch Säurehydrolyse möglich ist, zu reiner Glucose abbauen. Eine weitere Disaccharid-Hydrolase, *die Naringinase* (s. S. 541, wahrscheinlich ein Gemisch aus einer β-Rhamnosidase und einer α-Glucosidase) wird zur Entbitterung von Citrussäften vorgeschlagen.

Lactase als β-Galaktosidase verhindert Lactosekristallisation in Milch- und Molkekonzentraten sowie im Eiscreme, die andernfalls den bekannten „körnigen" oder „sandigen" Effekt hervorrufen kann. *Pektinasen* als Gemische von Pektinesterase, Polygalakturonase und anderen Enzymen finden ausgedehnte Anwendung in der Fruchtsaftindustrie zur Klärung von Säften („*Filtrationsenzyme*") und zur Viscositätsminderung, zur Erhöhung der Saftausbeute bei Äpfeln (wobei allerdings die Trester für Pektingewinnung ausscheiden) und zur Herstellung hochkonzentrierter, flüssigbleibender Apfel- und Citruskonzentrate für die Süßwarenindustrie. Pektasen dienen außerdem zur Gewinnung methoxylarmer Pektine und schließlich zur Entfernung der gelatinösen Deckschicht von Kaffeebohnen.

Durch geeignete Enzymgemische (Pektinglucosidasen und Cellulasen) können Protopektine in Obst und Gemüse löslich gemacht werden. Es gelingt dadurch, den üblichen Kochprozeß zu umgehen und bei 30—40° C sehr homogene Obstbreie und Gemüsepürees mit hoher Ausbeute an pflanzlichem Material unter Schonung der Vitamine und Geschmacksstoffe herzustellen.

Pektinolytische Enzymsysteme in Botrytis cinerea sind an der „Edelfäule" der Trauben (S. 548) beteiligt. Für weitere Carbohydrasen ist die Verwendung von *Hemicellulase* zur Hydrolyse von Gummisubstanzen in Kaffeekonzentraten bekanntgeworden, wodurch ein Gelatinieren derartiger Konzentrate verhindert werden soll. Hemicellulasen vermögen Pentosane im Weizenmehl abzubauen und damit die Backeigenschaften zu verbessern.

γ) *Andere Esterasen*

Technologische Anwendung haben vor allem *Lipasen* (Ricinuslipase) in der Fettindustrie zur Fettspaltung, Pankreatin-Lipasepräparate in der Therapie gefunden. Lipasezusatz wurde zu pasteurisierter, für die Käseherstellung vorgesehener Milch empfohlen, um die in Rohmilch enthaltene, beim Pasteurisieren zerstörte und das Aroma vor allem bei Blauschimmelkäse fördernde Lipase zu ersetzen. *Tannase* aus Aspergillus niger wird in den USA als enzymatischer Katalysator zur Hydrolyse von Tanninproteinkomplexen im Bier erwogen, um die dort bevorzugten lichthell gefärbten Biere zu erzielen.

Anthocyanase aus verschiedenen Pilzen vermag übermäßig pigmentreiche Lebensmittel, wie z. B. Weine, Marmeladen und Gelees aus Brombeeren im Farbton aufzuhellen und die Pigmentabscheidung gelagerter Brombeerweine zu verhindern.

In diese Gruppe gehört weiterhin die recht hitzestabile *Ribonuclease* (Phosphodiesterase). Sie liefert bei enzymatischer Spaltung von Nucleotiden u.a. 5'-Guanidinmonophosphat oder 5'-Inosin-monophosphat, die als *„Aromaverstärker"* (*„flavor enchancers"*, *„flavor potentiators"*) Bedeutung erlangt haben (vgl. später).

δ) *Dehydrasen (Oxidoreduktasen)*

Aus dieser Enzymgruppe hat vor allem die auf S. 206 erwähnte *Glucoseoxidase* (Notatin) lebensmitteltechnologische Bedeutung. Sie dient einmal zur enzymatischen Entfernung der *Glucose*, zum anderen zur Ausschaltung des in Lebensmitteln vorhandenen oder dort entstehenden *Sauerstoffs*. Im ersten Fall kann das Enzym eine „Entzuckerung" von Eiereiweiß, Vollei oder Eigelb vor der Trocknung bewirken und damit einen Reaktionspartner (die reduzierenden Zucker) der Maillard-Reaktion entfernen. Solche entzuckerten Produkte weisen erheblich gesteigerte Haltbarkeit auf. Die zweite Wirkungsmöglichkeit des Enzyms besteht darin, gemeinsam mit der in handelsüblichen Enzympräparaten enthaltenen Katalase den Sauerstoffgehalt von Lebensmitteln, z. B. bei der Obst- und Gemüseverarbeitung, beim Lagern von Bier, bei eingedosten Krabben oder bei fetthaltigen Lebensmitteln tierischer Herkunft zu eliminieren. Weitere Vorschläge gehen dahin, luftdurchlässiges Verpackungsmaterial, wie Polyäthylenfolien, mit Katalase-Glucoseoxidase-Präparaten und Glucose zu imprägnieren, um dadurch im verpackten Material eine sauerstofffreie Atmosphäre zu erhalten.

Andere hier zu erwähnende Oxidoreduktasen sind u. a. die *Sojabohnenlipoxidase* zum Bleichen von Mehl (130), die Katalase zur Entfernung von H_2O_2 in peroxidbehandelten Lebensmitteln, die *Diacetyl-reduktase* zur Geschmacksverbesserung von Bier und schließlich Enzympräparate aus Botritis, um Geschmack und Farbe von Weinen zu verbessern.

4. Die Rolle von Enzymen bei der Bildung der Geschmacks- und Aromastoffe

Geruch, Geschmack, Farbe und strukturelle Beschaffenheit unserer Lebensmittel, in englischem Sprachgebrauch unter dem Begriff "*eating qualities*" zusammengefaßt, sind für den Genußwert und die Bekömmlichkeit unserer Nahrung ausschlaggebende, sensorisch erfaßbare Faktoren. Die folgenden Ausführungen sollen vorzugsweise auf die Bildung der Geruchs- und Geschmacksstoffe beschränkt bleiben. Wir sprechen von „*Aroma*“, „*Geruchsaroma*“ und „*Geschmacksaroma*“, weniger glücklich als der angelsächsische Sprachgebrauch, der die Bezeichnungen „*flavor*“, „*odor flavor*“ oder „*taste flavor*“ dem Begriff „off flavor“ gegenüberstellt, als Bezeichnung für Stoffe oder Stoffgemische, die entweder generell unerwünscht sind oder aber in bestimmten Lebensmitteln normalerweise nicht vorkommen, in anderen jedoch als normaler Bestandteil gewertet werden, so z. B. die für Schimmelpilzkäse und nur für diese charakteristischen, scharf und seifig schmeckenden Fettabbauprodukte. Die Biogenese derartiger Stoffe geht aus von Komponenten unserer Lebensmittel („*precursors*“, „*potential flavors*“), aus denen über Zwischenstufen („*Aromavorläufer*“, „*flavor precursors*“, *flavor progenitors*“) durch die katalytische Wirkung „*aromatisierender*“ Enzyme („*flavorese enzymes*“) die eigentlichen Aromaträger („*actual flavors*“) entstehen. Die einzelnen gebildeten Aromastoffe treten im Gesamtverband des Lebensmittels mengenmäßig stark zurück und sind mehr oder minder geruchs- und geschmacksaktiv. Das oft höchst umfangreiche Spektrum vieler „Aromen“ vermittelt trotz der geringen Mengen von Einzelkomponenten meist einen intensiven Geruchs- und Geschmackseindruck, der wegen der Vielfalt des „flavors“ solcher Verbindungen die Fülle der Aromaempfindungen auslöst, die wir in unserer Nahrung kennen. Als Beispiel sei in der folgenden Tabelle 66 der „Schwellenwert“ und der Geruchsbeitrag einiger Aromastoffe aus der wasserdampfflüchtigen Fraktion der Karotten gebracht.

Tabelle 66: Schwellenwert und Geruch einiger Aromastoffe aus Karotten (nach R. G. Buttery und Mitarb. 1968)

Aromastoff	Gehalt im Konzentrat %	Schwellenwert µg/l	Beitrag zum Geruch %
Terpinolen	38	200	1
Sabinen	4,0	75	0,5
Myrcen	0,8	13	0,4
Terpineol-(4)	0,7	340	0,01
α-Terpineol	0,7	350	0,01
Bornylacetat	0,6	75	0,05
Myristicin	0,4	25	0,1
2-Nonenal	0,3	0,08	22
Octanal	0,2	0,7	2
Carotol	0,2	8	0,1
Heptanal	0,05	3	0,1
2-Decenal	0,04	0,3	0,8

Ein weiteres Beispiel liefert der unterschiedliche Geschmack von Aminosäuren in wäßriger Lösung (Tabelle 67, Seite 216).

In reifem Käse sind die beträchtlichen Mengen durch Proteolyse freigesetzter Aminosäuren wesentlich am Geschmack beteiligt.

Was die *Genese* der Aromastoffe anlangt, so sind hier *chemische* und vor allem *enzymatische* Mechanismen beteiligt. Chemische Reaktionen treten insbesondere bei

Tabelle 67: Der Geschmack von Aminosäuren (J. Schormüller u. Mitarb., 1968; A. Petritscheck u. Mitarb., 1972)

Aminosäure	Geschmack
L-Alanin	süß
L-Arginin	bitter
L-Asparaginsäure	ohne
L-Cystein	schwefelartig
L-Glutaminsäure	fleischbrühähnlich
Glycin	süß
L-Histidin	bitter
L-Isoleucin	bitter
L-Leucin	bitter
L-Lysin	bitter
L-Methionin	bitter
L-Phenylalanin	bitter
L-Prolin	süß
L-Serin	süß
L-Threonin	süß
L-Tryptophan	bitter
L-Tyrosin	ohne
L-Valin	bitter

thermischer Behandlung der Lebensmittel ein. Sie können günstige, in manchen Fällen auch ungünstige Folgen haben und sollen hier nur am Rande behandelt werden. Den Genußwert steigert z. B. die beim Erhitzen von Rahm oder Butter auftretende, nußartige Geschmackskomponente, beruhend auf der Bildung von Lactonen aus hydroxysäurehaltigen Triglyceriden oder auf dem Umsatz von Triglyceriden mit β-Ketosäuren zu Methylketonen. Durch Oxydation der im Milchfett nur zu 0,02% vorkommenden cis-11.15-Octadecadiensäure entsteht cis-Hepten-4-al, das für den sahnig-cremigen Geschmack der Butter bedeutungsvoll ist.

Die unter dem Begriff der „*Maillard-Reaktion*" zusammengefaßten Umsetzungen werden an anderer Stelle besprochen (vgl. S. 14). Hier sei nur erwähnt, daß im Rahmen solcher Reaktionsfolgen z. B. im Fleischextrakt die aromawirksamen Verbindungen 4-Hydroxy-5-methylfuranon(3) und 4-Hydroxy-2.5-dimethyl-furanon(3) entstehen.

Weit vielgestaltiger, hinsichtlich der Reaktionsprodukte und der Biogenese solcher Stoffe noch wenig geklärt, sind *enzymatische* Umsetzungen, die zur Bildung von Aromastoffen führen. Entsprechend der Vielzahl und differenzierten Wirkung der Enzyme ist die Zahl solcher Produkte außerordentlich groß. So kennen wir als Aromakomponenten des Röstkaffees heute rund 370 Substanzen. Etwa noch einmal soviel sind zwar erfaßt, jedoch noch nicht isoliert und identifiziert, so daß die Gesamtzahl in diesem Lebensmittel etwa 600—700 Komponenten umfassen dürfte. Entscheidend für die Fortschritte auf dem Gebiet der Aromaforschung war die Entwicklung analytischer Methoden.

Von den hier auftretenden Stoffklassen seien nur die wichtigsten erwähnt. Wir treffen auf Kohlenwasserstoffe aller Gruppen, Heterocyclen, Alkohole, Phenole, Äther, Thiole, Sulfide, Di- und Trisulfide, Amine, Nitrile, Aldehyde, Acetale, Ketone, Carbonsäuren und deren Ester, Lactone, Anhydride und Imide. Eine Vielzahl aus Vertretern dieser Gruppen bildet das Gesamtaroma in unseren Lebensmitteln. Beispiele sind Methylsulfide, Methylmercaptan und β-Methylmercaptopropionaldehyd in der Milch, in Käse, Fleisch und Kaffee, (+)-S-Methyl-L-cysteinsulfoxid in gekochtem Kohl und in der Steckrübe, S-Methyl-L-cystein und γ-L-Glutaminyl-S-methyl-L-cystein in Bohnen, Methyl-3-methylthiopropionat in Ananas, Isovaleraldehyd in „malziger" Milch, Carbonylverbindungen in verdorbenen Fetten und zahlreiche weitere Inhaltsstoffe, die bei den einzelnen Lebensmitteln eingehender besprochen werden sollen.

Aus der Fülle des Materials nur einige Beispiele (49).

1. Die *Bildung von Fruchtsäuren* geht vom precursor Brenztraubensäure aus. Durch CO_2-Fixierung entsteht Oxalsäure, die dann zu *Äpfelsäure* hydriert wird (1. Weg) oder durch eine Quasi-Aldolkondensation mit Acetyl-CoA Citronensäure liefert (2. Weg).

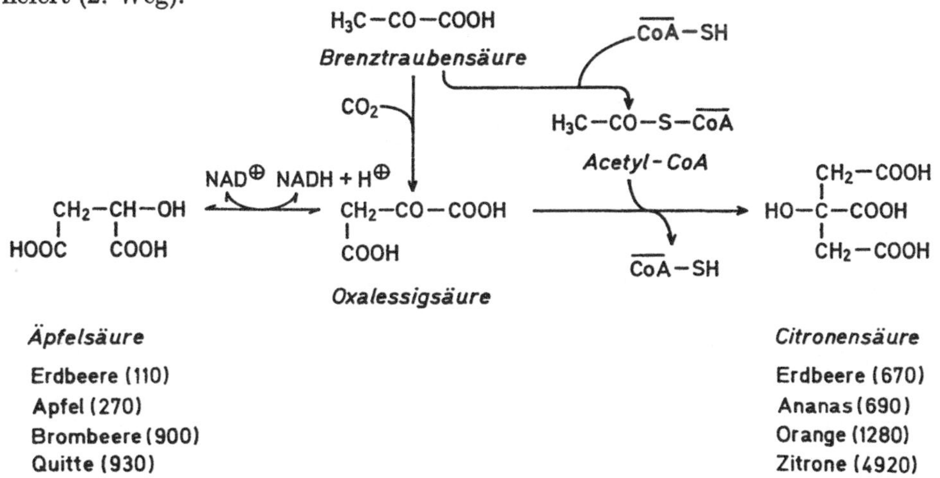

Abb. 15. Bildung von Fruchtsäuren (mg/100 g eßbaren Anteil)

2. Die *Bildung von Diacetyl, Milch- und Essigsäure* durch heteroenzymatische Milchsäurebakterien aus Lactose liefert gemäß dem Schaubild in den letzten Stufen Glycerinaldehyd-3-phosphat, das vor allem durch Glykolyse in Milchsäure, daneben auch in Diacetyl übergeführt wird; das vorhandene Acetylphosphat wird zu Essigsäure hydrolysiert.

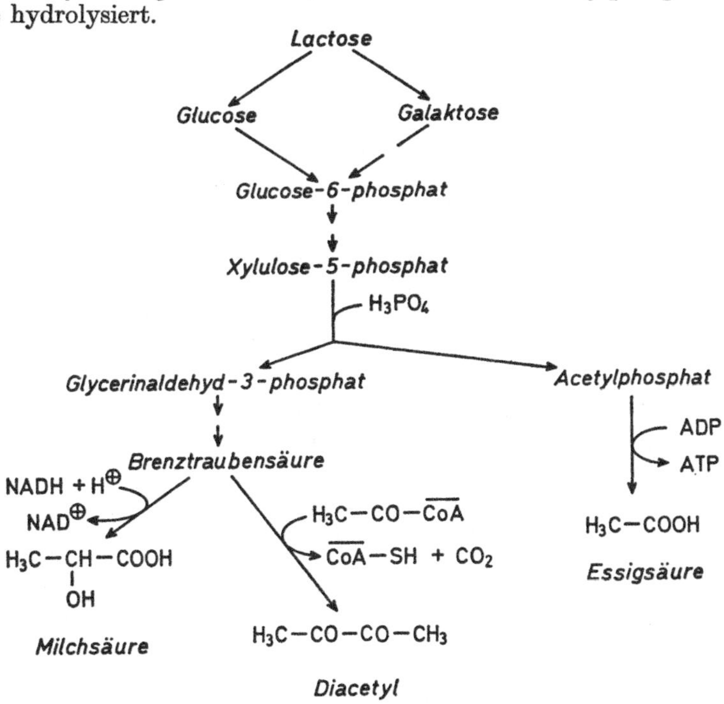

Abb. 16. Bildung von Diactyl, Milch- und Essigsäure aus Lactose

3. Die in sämtlichen *Alliumarten* vorkommenden, vom Cysteinsulfoxid sich ableitenden Aminosäuren werden durch das Enzym *Alliinase* zunächst zu Sulfonsäuren hydrolysiert, die miteinander unter Bildung höchst geruchsintensiver Mercaptane und Disulfide reagieren.

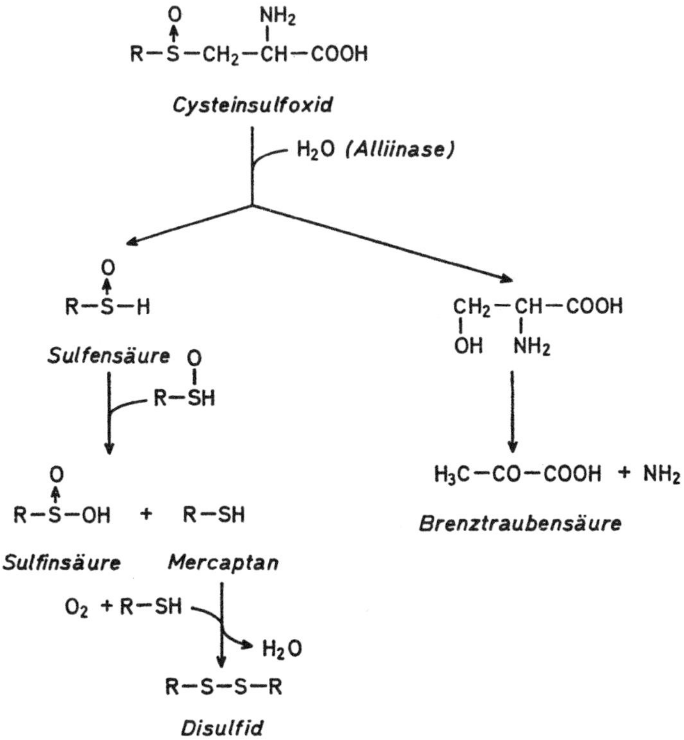

Abb. 17. Aromabildung aus Zwiebeln

4. Als Beispiel eines enzymatisch katalysierten Aromaverfalls sind in der folgenden Tabelle 68 flüchtige Carbonylverbindungen aufgeführt, wie sie beim Lagern nicht blanchierter, grüner Erbsen geschmacksmindernd auftreten.

Tabelle 68: Einige Carbonylverbindungen aus ungesättigten Fettsäuren

Aromavorläufer	Carbonylverbindung	Geruchsschwellen-konzentration Teile in 10^9 Teilen Milch	Aroma
Ölsäure	Nonanal	220	talgig
	Dec-2-enal	92	fischig
Linolsäure	Pentanal	130	ölig
	Hexanal	50	ölig
	Hept-2-enal	77	ölig
	Non-2-enal	4	talgig
	Deca-2.4-dienal		talgig
	Amylvinylketon	10	metallisch
Linolensäure	Propanal	430	
	Pent-2-enal		
	Hex-2-enal	100	grasig
	Hepta-2.4-dienal	49	fischig
	Nona-2.6-dienal	10	Gurke

Den Reaktionspartnern und den gebildeten Stoffen zufolge läßt sich mit gutem Recht sagen, daß alle Enzymgruppen direkt oder indirekt an der Geruchs- und Geschmacksbildung im positiven („flavors") wie im negativen Sinn („off flavors") beteiligt sind.

Gewinnung und Verarbeitung der Lebensmittel stehen in zunehmendem Ausmaß unter der Forderung des Verbrauchers nach küchenfertig vorbehandelten Erzeugnissen kurzer Zubereitungsdauer sowie optimaler Geruchs- und Geschmackseigenschaften. Die zur Erfüllung dieser Forderungen zwangsläufig einzusetzenden Prozesse des Trocknens, Hitzesterilisierens, Dämpfens, Blanchierens oder Gefrierens bewirken häufig eine Zerstörung von Geschmacks- und Aromastoffen, so daß ein Hauptbestreben der Lebensmitteltechnologie dahin geht, derartige „flavors" weitgehend zu erhalten, die Ausbildung von „off flavors" jedoch durch geeignete Verfahrenswahl zu unterbinden. Weitere Bemühungen gehen dahin, Geruchs- und Aromakomponenten zusätzlich im Fertigprodukt neu zu entwickeln. Unter diesem Gesichtspunkt gewinnen die hier an einigen Beispielen gezeigten Möglichkeiten aktuelle Bedeutung. Aufgrund solcher Überlegungen gelang es schon relativ früh, beispielsweise durch Zugabe von Enzymextrakten aus frischem Material zu Trockenprodukten (Brunnenkresse, weißer Senf, Sellerie, Lauch, Zwiebeln, Tomaten, Petersilie, Karotten, Apfelsinen, Erdbeeren u. a.) das ursprüngliche Aroma weitgehend zu regenerieren. Vgl. H. Mohler, in (54) Bd. I, S. 904.

C. Grundzüge der Ernährungslehre

Wesentlichstes Kriterium alles Lebendigen ist der „*Stoffwechsel*", d.h. die Fähigkeit eines Lebewesens, Substanzen aus der Umgebung aufzunehmen oder an sie abzugeben und dabei solches, in den Stoffumsatz einbezogenes Material mehr oder minder tiefgreifend zu verändern. Die *Stoffaufnahme* erfüllt zwei Forderungen; Sie dient einmal dem Aufbau und dem Ersatz körpereigener Substanz und liefert zum anderen auf vielfältigen Wegen Energie für die Funktion des Organismus. Stoffaufbau ist vor allem für den jugendlichen wachsenden Organismus von besonderer Bedeutung; Stoffersatz betrifft in erster Linie ausgewachsene Organismen, wobei neue Körperzellen anstelle zugrunde gegangener Zellsubstanz geschaffen oder aber die nur beschränkt lebensfähigen Zellbestandteile (Proteine, Polysaccharide, Nucleinsäuren, Vitamine, Enzyme, Hormone usw.) laufend neu synthetisiert werden. Fragen der „mittleren Lebensdauer" solcher Körperbausteine, des dynamischen Auf-, Ab- und Umbaus, der Schaffung eines „Stoffwechsel-Pools" haben die Biochemie unserer Ernährung in den letzten Jahrzehnten revolutioniert, wobei die Isotopentechnik entscheidende Einsicht vermittelte. Ohne auf Einzelheiten im Rahmen dieses Buches einzugehen, seien hier dennoch einige wichtige, grundsätzliche Fragen gestreift.

Wesentlich für vergleichende Betrachtungen der an verschiedenen Organismen erhaltenen Befunde ist zunächst, daß trotz morphologisch außerordentlich vielfältiger Gestalt der Lebewesen bei Tier, Pflanze und Mikroorganismus die Prinzipien des Substanzaufbaues und des Stoffwechsels in der gesamten lebenden Natur einheitlichen Gesetzmäßigkeiten gehorchen, daß jedoch Umfang und Reaktionswege für Bildung und Verwertung derartiger Metaboliten von Organismus zu Organismus außerordentlich verschieden sein können. Vorherrschendes Streben aller Lebewesen ist der Drang zur „Suche des richtigen Futters in ausreichender Menge" (Ch. Elton), wobei der Mensch im Gegensatz zu vielen vorzugsweise *autotrophen* Organismen (grüne Pflanzen, Wildformen von Bakterien und Hefen) sich weitgehend *heterotroph* ernährt, d.h. er muß in einer „*Nahrungskette*" auf die Pflanze und das Tier zurückgreifen, um die dort angesammelten essentiellen Nahrungsbestandteile seiner Ernährung einzuverleiben. Ein spezifischer Fall der Heterotrophie ist die *Symbiose*. Sie spielt eine bedeutsame Rolle z.B. im Wiederkäuermagen, wo Vitamine und andere Wirkstoffe synthetisierende Mikroorganismen den Wirt in der Beschaffung von Biokatalysatoren unterstützen, als weiteres Zeichen der Gastfreundschaft außerdem Cellulose und andere für die Kuh unverwertbare Substanzen zu assimilierbaren Produkten abbauen. Auch beim Menschen spielen derartige symbiotische Darmfloren eine gewisse Rolle (z.B. Bifidusflora des Säuglingsdarmes). Aus diesen hier entwickelten Gesichtspunkten läßt sich eine Reihe wesentlicher Folgerungen ziehen. Zunächst die Notwendigkeit, daß in der menschlichen Nahrung laufend eine Reihe *essentieller Nahrungsfaktoren* (etwa 50) enthalten sein müssen, die der menschliche Organismus nicht zu synthetisieren vermag (Mineralstoffe, essentielle Fett- und Aminosäuren, Vitamine). Weiterhin folgt daraus, daß unser Nahrungsbedarf lediglich auf Nährstoffe und nicht auf die Lebensmittel selbst gegründet ist, daß optimale Ernährung also nur von der Frage ausreichender und zweckmäßig proportionierter Nährstoffzufuhr diktiert wird. Damit bleibt der Ernährung selbst weitester Spielraum in der Nutzung oder Meidung dieser oder jener Lebensmittel. Gemischte Kostsätze in aller Welt, die geistige und körperliche Leistungsfähigkeit, Gesundheit und lange Lebensdauer garantieren, beweisen diese Folgerung. Somit sind mystische Gedankengänge einer vitalistischen Ernährungsbetrachtung, die in Schlagworten von der „Sonnennähe" der „inneren Ordnung" oder von einer „Ganzheit der Wertstoffkomplexe" unserer Nahrung sprechen, aus der Betrachtungsweise des kritischen Lebensmittelchemikers zu streichen. Die erfolgreichen Bemühungen, klassische Avitaminosen (Beriberi, Pellagra, Skorbut) oder schweren Eiweißmangel durch zielbewußte Nahrungsgestaltung zu bannen und im wesentlichen auszurotten, zeigen, daß praktische, auf wissenschaftlich fundierte Erkenntnisse aufgebaute Ernährungslehre sehr wohl imstande ist, die günstigsten Lebensmittelkombinationen zu finden, die sowohl den Ernährungsbedürfnissen als auch dem persönlichen Geschmack des Menschen gerecht werden. Beides ist unschwer möglich, *„es erfordert aber Enthaltung von jeder Dogmatik"* (K. Lang, 1957).

Eine, vor allem in Deutschland viel zu wenig genutzte Qualifizierung unserer Lebensmittel betrifft die *sensorische Analyse*. Sie versucht unter Verwendung von Bewertungsschemata die auf chemische Analysen sich stützende Aussagen mit Hilfe des „Meßinstrumentes Mensch" über Geruch, Geschmack, Konsistenz, Gefüge, Form, Farbe usw. zu erweitern und die Ergebnisse („Noten" oder „Punkte") derart zu koordinieren, daß optimale, möglichst allgemein gültige Bewertung erreicht wird. Vgl. das „Karlsruher Bewertungsschema" (81).

Die einzelnen Nährstoffgruppen und die in der Ernährung zum Stoffumsatz notwendigen Biokatalysatoren werden in getrennten Kapiteln dieses Buches eingehend besprochen. Im folgenden soll kurz auf die wichtigsten Grundprinzipien der Nahrungszufuhr und Nahrungsverwertung eingegangen werden.

I. Der Nährstoffbedarf

Der Energiestoffwechsel

a) Das Isodynamiegesetz

M. Rubner hatte schon 1883 gezeigt, daß — *energetisch* betrachtet — der hungernde Organismus die zur Erhaltung der Körperfunktion notwendige Energie ohne Unterschied aus Kohlenhydraten, Fetten oder Eiweißstoffen beziehen kann, wobei sich die Nährstoffe nach Maßgabe der Verbrennungswärme vertreten können. Mit Hilfe der physiologischen Calorimetrie wurde das Isodynamiegesetz später vollauf bestätigt; es ist unter geringfügigen Abweichungen dann gültig, wenn der Minimalbedarf an Eiweiß garantiert und das Fettmaximum nicht überschritten wird. In der Ernährungsphysiologie rechnet man meist mit folgenden mittleren Werten für

Fette	9,3 kcal/g,
Proteine	4,1 kcal/g,
Kohlenhydrate	4,1 kcal/g.

Man spricht von „physiologischen Brennwerten" oder „calorischen Faktoren". Sie geben die Wärmemenge an, die durch langsame intracelluläre „Verbrennung" der drei genannten Energielieferanten mit dem durch die Atmung aufgenommenen Sauerstoff gewonnen werden kann.

Die für Fette und resorbierbare Kohlenhydrate angegebenen Werte entsprechen dem Calorienbetrag, wie er in der calorimetrischen Bombe gemessen wird. Da beide Stoffgruppen im Calorimeterversuch wie auch im Organismus zu den Endprodukten CO_2 und H_2O führen, kann hier der experimentell gefundene Wert dem im Tierkörper gelieferten Energiebetrag gleichgesetzt werden. Proteine entwickeln in der Calorimeterbombe eine Energiemenge von 5,7 kcal. Hier ist jedoch zu berücksichtigen, daß Eiweißstoffe in der Bombe CO_2, H_2O, N_2 und NO_2 liefern, im Organismus jedoch außer CO_2 und H_2O neben geringfügigen anderen Stickstoffsubstanzen vor allem Harnstoff bilden. Man muß also von der experimentell ermittelten Verbrennungswärme der Proteine diejenige der gebildeten Harnstoffmenge abziehen und kommt so zu der obengenannten, vom Körper ausnutzbaren Energiemenge von rund 4,1 kcal. Trotz mancher Einwände wird auch heute noch die *Calorie als Maß des Energiewertes* benutzt, vor allem dann, wenn sie als Maßstab der Wärmebildung, weniger des Energiestoffwechsels der Zelle dient. Über „korrigierte Brennwerte" (9,4 kcal für Fette, 4 kcal für Proteine und Kohlenhydrate) vgl. die Spezialliteratur.

b) Die spezifisch-dynamische Wirkung

Dem Isodynamiegesetz sind trotz seines recht weiten Geltungsbereiches Grenzen gesetzt, indem z. B. eine „essentiell" bedingte Eiweißmenge oder lebenswichtige, bestimmte Fettsäuren enthaltende Fettanteile calorisch unersetzbar sind. Darauf wurde an anderer Stelle näher eingegangen. Auch der gegenseitigen Vertretbarkeit von Kohlenhydraten und Fetten, also den eigentlichen Brennstoffen der Zelle, wird durch calorisch ungenügende, eiweißfreie Ernährung gesteuert. Rubner und vor ihm auch andere Forscher haben um die Jahrhundertwende gefunden, daß ein Überschuß an Proteinen in der Ernährung proportional zu diesem Überschuß eine Stoffwechselsteigerung bewirkt, die weit höher als bei entsprechenden Kohlenhydrat- und Fettmengen liegt. Rubner hat diese noch nicht restlos geklärte und zweifellos im Eiweißstoffwechsel begründete Erscheinung 1902 als *„spezifisch-dynamische Wirkung"* der Proteine bezeichnet. Sie verhält sich im wesentlichen additiv zur Wirkung der Fette und Kohlenhydrate, ist von praktischer Bedeutung für die unterschiedliche Nahrungsausnutzung und kann für statistische Zwecke unter normalen Ernährungsbedingungen *zu 10% angesetzt* werden.

c) Der Grundumsatz

Hierunter versteht man die Energieproduktion in der Zeiteinheit (1 Std, 24 Std.) bei normaler Körpertemperatur und einer Umgebungstemperatur von 20°C sowie bei völliger körperlicher und geistiger Entspannung im nüchternen Zustand (*Ruheumsatz, Erhaltungsumsatz*). Er ist von vielen Faktoren abhängig, z.B. von Körpergröße und -gewicht (Körperoberfläche), Alter und Geschlecht.

Als Berechnungsbasis dienen folgende Werte:

Mann	(172 cm/72 kg)	kcal/24 Std
	25jährig	1750
	45jährig	1615
	65jährig	1465
Frau	(165 cm/60 kg)	
	25jährig	1430
	45jährig	1325
	65jährig	1230

d) Der Gesamtumsatz

Er baut sich auf dem Grundumsatz auf und erfaßt neben diesem den in seiner Höhe wechselnden *Leistungszuwachs*. Bei normalen äußeren Lebensbedingungen, jedoch ohne besondere körperliche Leistungen, beträgt der *Gesamtumsatz etwa 2400 kcal*. Jede, auch geringe körperliche Leistung führt zu Steigerungen, die in der folgenden Tabelle 69 für einige Berufszweige zusammengestellt sind (vgl. auch bei „Nahrungsbedarf").

Tabelle 69. Energiebedarf verschiedener Berufszweige

Berufsart	Energiebedarf (24 Std, in kcal)
Kopfarbeiter, Beamte, Büroangestellte, Kaufleute, Aufseher	2200—2400
Schneider, Schriftsetzer, Lehrer, Feinmechaniker	2600—2800
Laboratoriumsarbeiter, Ärzte, Schuhmacher, Buchbinder	3000
Metallarbeiter, Maler, Tischler	3400—3600
Maurer, Schmiede, Erdarbeiter, Brauer, Sportler, Landarbeiter, Lastträger	4000—4500
Steinhauer, Holzhauer, Erntearbeiter	5000—5400

Für die Eingliederung der Berufe ist die tatsächliche Arbeitsleistung entscheidend. Arbeiten, die 75—150 kcal/Std erfordern, nennt man „mittelschwer", die von 150—225 kcal „schwer" und über 225 kcal „schwerst". Bei Frauen gilt bereits bei über 120 kcal die Einstufung „schwer". Zuschläge sind erforderlich bei längerer Arbeitszeit als 8 Stunden, bei besonderer Schwere der Arbeit (vgl. Tabelle 69), für sportliche Betätigung in der Freizeit, für ungewöhnlich große Wege zur Arbeitsstätte und bei den Altersgruppen von 1—14 Jahren für überdurchschnittliche Lebhaftigkeit und körperliche Inanspruchnahme. Frauen im letzten Drittel der Schwangerschaft sollen täglich 400 kcal mehr, stillende Mütter für je 100 ml Stilleistung zusätzlich 120 kcal erhalten.

II. Das Kostmaß und der Nahrungsbedarf

Aus jahrhundertealten, durch Erfahrung, Instinkt und örtliche Produktionsmöglichkeiten entstandenen eigentümlichen Ernährungsformen haben die einzelnen Völker oder auch Völkergemeinschaften Kostformen entwickelt, die schon frühzeitig statistisch erforscht wurden. So hat Rubner aus dem Nahrungsverbrauch der meisten Kulturvölker, insgesamt von etwa 470 Mio Menschen, als Durchschnittsverbrauch pro Tag folgende Mengen mit dem entsprechenden Calorienbetrag errechnet (s. Tab. 70):

Tabelle 70

Verbrauch pro Tag	Calorien
84 g Eiweiß	344
65 g Fett	603
453 g Kohlenhydrate	1860
	2807

Ein entsprechendes, von Voit gegen Ende des 19. Jahrhunderts an der Münchener Bevölkerung aufgestelltes Kostmaß ist dem von Rubner errechneten sehr ähnlich. Bei beiden fällt auf, daß zwar der Fett- und Kohlenhydratgehalt der Nahrung sehr weitgehend für die einzelnen Völker oder Bevölkerungsteile variiert, der Eiweißgehalt jedoch bemerkenswert konstant war. So wertvoll diese Untersuchungen waren, so unvollständig mußten sie für die Fassung der optimalen Ernährung bleiben, da zur damaligen Zeit über den Bedarf und die Notwendigkeit essentieller Nahrungsbestandteile nichts bekannt war. Zweifellos wurden die Rubner'schen Ergebnisse zeitweise für die *Einzel*ernährung überschätzt. Auch die Annahme eines gleichmäßigen Eiweißverbrauches in der Welt hält kritischer Betrachtung nicht stand. Die Schwankungen liegen hier zwischen einem Minimum von 28—32 g bei den Hindus und Brahmanen und einem Maximum von 212—530 g pro Tag bei den Eskimos.

Statistische Untersuchungen in den USA zeigten in den 30er Jahren dieses Jahrhunderts, daß dort falsche oder unzureichende Ernährungsarten weit mehr verbreitet waren, als man ursprünglich annahm. Derartige Erkenntnisse führten dazu, daß der National Research Council ein Unterkomitee mit dem Namen

Tabelle 71. Empfehlungen für die tägliche Nährstoff- und Calorienzufuhr*
(Aus: Souci, S. W., u. H. Bosch: 151)
Die Angaben gelten für Personen mit leichter körperlicher Betätigung im gemäßigten Klima.

Personengruppe	Alter Jahre	Idealgewicht kg	Eiweiß g	Calcium mg	Eisen mg	Vitamin A iE	Vitamin B_1 µg	Vitamin B_2 µg	Nicotinsäure mg	Vitamin C mg	Calorien kcal
	18—35						1200	1700	19		2900
Männer	35—55	70	70	800	10	5000	1000	1600	17	70	2600
	55—75						900	1300	15		2200
	18—35				15			1300	14		2100
Frauen	35—55	58	58	800	15	5000	800	1200	13	70	1900
	55—75				10			1200	13		1600
Schwangere	18—35	—	78	1300	20	6000	1000	1600	17	100	2300
(4.—9. Monat)	>35							1500	16		3100
Stillende	18—35	—	98	1300	20	8000	1200	1900	21	100	3100
	>35							1800	20		2900
Säuglinge											
0—3. Monat		3,4	12		3	1500	300	600		30	408
4.—6. Monat	< 1	5,7	17	700	6	1500	400	600	6	30	570
7.—9. Monat		7,4	20		7	2000	400	700		35	666
10.—12. Monat		8,9	22		9	2000	500	700		35	757
	1—3	13	32		8	2000	500	800	9	40	1300
Kinder	3—6	18	40	800	10	2500	600	1000	11	50	1600
	6—9	24	52		12	3500	800	1300	14	60	2100
	9—12	33	60	1100		4500	1000	1400	16	70	2400
Knaben	12—15	45	75	1400	15	5000	1200	1800	20	80	3000
	15—18	61	85	1400		5000	1400	2000	22	80	3400
	9—12	33	55	1100		4500	900	1300	15	80	2200
Mädchen	12—15	47	62	1300	15	5000	1000	1500	17	80	2500
	15—18	53	58	1300		5000	900	1300	15	70	2300

* Nach Recommended Dietary Allowances of the Food and Nutrition Board

„Food and Nutrition Board“ 1942 gründete. Nach umfangreichen Erhebungen wurden die für eine optimale Ernährung entscheidenden Gesichtspunkte in den „*Recommended Dietary Allowances*“ (*RDA*; „empfehlenswerte Ernährung“) zusammengefaßt und bereits 2 Jahre nach ihrer Bekanntgabe für 80% dieser Erdbewohner auf einer von 44 Nationen besuchten Ernährungskonferenz als Norm empfohlen. Die Deutsche Gesellschaft für Ernährung hat sich weitgehend den Empfehlungen angeschlossen (67). An verschiedenen Stellen des Buches bei Besprechung der Nährstoffträger, Vitamine und Mineralstoffe wurde hierauf Bezug genommen. Zusammenfassend sind in den RDA neben ausreichender Calorienmenge bestimmte Mengen an Eiweiß, Kohlenhydraten und Fetten, genügende Mengen an Wasser, Mineralstoffen und Spurenelementen sowie Vitaminen als lebensnotwendige Nahrungsbestandteile z.T. mengenmäßig erfaßt. Die Tabellen beziehen sich auf Personen verschiedenen Alters und Geschlechtes und gelten nur für gesunde Menschen. In der Tabelle 71 sind die Empfehlungen für die Höhe der täglichen Calorien- und Nährstoffzufuhr gebracht.

Nach diesen Angaben erübrigt es sich, auf Fragen des *Eiweißbedarfes* einzugehen, wie sie seit Voit und Rubner unter den Begriffen des „*physiologischen*“, „*sozialen*“ und „*hygienischen*“ *Eiweißminimums* erörtert wurden, wobei Werte zwischen 21 und 118 g je Tag und 70 kg Körpergewicht zur Diskussion standen. Ein z.Z. noch bestehender Mangel der RDA liegt darin, daß sie keine Normen für die optimale Ernährung Kranker und Schwächlicher bringen.

Verwiesen sei hier auf die verdienstvollen Schriften der Deutschen Gesellschaft für Ernährung (Frankfurt/Main). Neuere Studien über Ernährungsverhältnisse in ausgewählten europäischen Ländern stammen von W. Wirths (168). Vgl. auch Literatur (176). Beweise für die oft erhobene Behauptung, daß über das Optimum hinaus aufgenommenes Eiweiß zur Belastung des Stoffwechsels und zum Auftreten von „Stoffwechselschlacken“ führe, sind bisher nicht erbracht worden (90).

Entscheidend für die Erkenntnis einer optimalen Ernährung war die Herausstellung der von McCollum als „*protective foods*“ bezeichneten Mineralstoffe und Vitamine im Rahmen der RDA. Die aus solchen Erkenntnissen entspringenden Folgerungen sind im wesentlichen wirtschaftlicher Natur, da tierisches Eiweiß, Milch und Milchprodukte, frisches Gemüse sowie Früchte als Hauptträger optimaler Ernährung in der Calorieneinheit wesentlich teurer als Kartoffeln und Getreide und in der Ernährung minderbemittelter Schichten nur ungenügend vertreten sind. Darüber hinaus hat die Arbeit des National Research Council gezeigt, daß wahrscheinlich der größere Teil unserer Erdbewohner weit unter der optimalen Nahrungszusammensetzung und in vielen Fällen nahe dem absoluten Calorienminimum lebt. Beide Faktoren beeinträchtigen stark Leistungsfähigkeit, Gesundheitszustand und mittlere Lebenserwartung solcher Völker; umgekehrt hat die bessere Ernährung breiter Kreise in den Kulturstaaten, insbesondere die am Fleischverzehr, am Milchproduktenverbrauch und an der Konsumierung von „protective foods“ seit der Jahrhundertwende zu beobachtende biologische Wertsteigerung der Nahrung, sich günstig ausgewirkt.

Tab. 72 zeigt den Nährwertgehalt der in Deutschland pro Kopf und Tag verbrauchten Lebensmittel.

Tabelle 72. Nährwertgehalt der in Deutschland pro Kopf und Tag verbrauchten Lebensmittel
(Aus: 102)

Nährstoffgruppe	1960/61	1970/71	1970/71 gegenüber 1960 bis 1965 %
Calorien (Anzahl)	2890	2983	+ 1
Kohlenhydrate (g)	369,2	350,1	— 5,2
Reinfett (g)	129,0	140,0	+ 8,5
Eiweiß (g)	80,5	82,2	+ 2,1
davon tierisches Eiweiß (g)	49,9	54,4	+ 9,0

Besondere Probleme bringt die Frage nach zweckmäßiger *Ernährung der Astronauten* mit sich. Ausgedehnte Forschungsprojekte über „*space-food*" betreiben die beiden weltraumaktiven Nationen USA und UdSSR.

III. Die Eiweißversorgung der Welt

In den *hochentwickelten Industrieländern* mit gesicherten Verhältnissen geht es in erster Linie um *qualitative* Ernährungsprobleme:

Ernährung des geistig und nervlich zunehmend stark beanspruchten Menschen, Verhinderung und Heilung ernährungsbedingter Zivilisationskrankheiten, Qualitätserhaltung und -verbesserung entsprechend zunehmender Forderung nach optimal geführten Produktions- und Verarbeitungsbedingungen.

In den *Entwicklungsländern, die hier in erster Linie interessieren*, liegen die Probleme anders. Sie betreffen die Erforschung und Behebung ernährungsphysiologisch bedingter Mangelkrankheiten, die schnelle Steigerung der Produktion biologisch hochwertiger, eiweißreicher Lebensmittel sowie die Entwicklung neuer Nahrungsgüter mit ausgewogenem Gehalt an Proteinen, Vitaminen und Mineralstoffen. Sie müssen preisgünstig, haltbar und leicht transportabel sein und — ein sehr wesentlicher Gesichtspunkt — den oft jahrhundertalten Verzehrsgewohnheiten der Völker entsprechen, ohne die oft entscheidenden „Tabus" außer acht zu lassen.

Für die Zukunft der Menschheitsernährung zunächst entscheidend ist die *Zunahme der Weltbevölkerung*. Sie wird für das Jahr 2000 auf 8 Mia geschätzt.

Das zweite entscheidende Problem liegt darin, daß drei Ernährungsräume zu unterscheiden sind: ein Raum, in dem die Nahrungsproduktion rascher wächst als die Bevölkerung, ein zweiter, in dem voraussichtlich Produktion und die zu ernährende Menschenzahl gleich rasch zunehmen und ein dritter, tragischer Raum, in dem seit längerer Zeit die Nahrungserzeugung langsamer wächst als die Zahl der Nahrungsbedürftigen. Zu diesem dritten Block, der sich aus den sog. Entwicklungsländern rekrutiert, rechnet z. Z. immerhin eine Milliarde Menschen.

Um hier Hilfe zu leisten, müßte die Nahrungsproduktion etwa verdreifacht werden, und zwar vor allem hinsichtlich der biologisch hochwertigen *Eiweißquellen*. „Kwashiorkor", die „Krankheit mit den hundert Namen", die schon *Hesiod* 800 v. Chr. beschrieb, beruht nicht so sehr auf Calorienmangel, mehr auf dem Fehlen von Eiweiß, Vitaminen und Mineralstoffen.

Hier soll lediglich auf weltweite Bestrebungen eingegangen werden, dem Proteinmangel zu steuern. Internationale Zusammenarbeit zwischen FAO, der „Weltkampagne gegen den Hunger" (Freedom from Hunger Campaign (FFHC), dem Kinderhilfswerk der Vereinten Nationen (UNICEF), dem „Gemeinsamen FAO/Industrieprogramm" und anderen Gremien ist hier zu erwähnen. Bemühungen um ausreichende Proteinversorgung sehen als zusätzliche Eiweißquellen vor:

1. *Getreideeiweiß* aus neu gezüchteten Hochleistungssorten, Proteine aus *ölreichen Samen* (Baumwollsaat, Sojabohnen, Erdnuß, Raps, Cocosnuß und daraus gewonnene Hydrolysate);
2. *Fischmehl, Fischproteinkonzentrate;*
3. *Pflanzenproteine* und Produkte aus *Algen* (Chlorella, Scenedesmus Chlamydomonas, Spirulina, Coelastrum);
4. *Mikrobielle Eiweißquellen* (Torula- und Candidahefen, Oidium [Oospora] lactis), gezüchtet auf Zellstoffablaugen, Molke, Melasse, Brennrückständen, Abfällen der Fruchtsaftindustrie, Rohrzuckerbagasse u.a.m. Über „biologische Eiweißsynthese" vgl. S. 593;
5. *Hefen* und *Bakterienproteine* aus Paraffinkohlenwasserstoffen. Für derartiges „single cell protein" werden neben Hefen (Candida lipolytica u.a.) Schimmelpilze (Penicillium expansum) und Bakterien der Familien Bacillaceae (Schistomyceten) und Pseudomonadaceae eingesetzt.

Proteingemische verschiedenster Art mit einem Proteingehalt von 20—30% sind unter Namen wie Incaparina, Fortifex, Pronutro, Protone, Arlac, Lac-Tone, „Aliment de sevrage“, CSM, Supro, Sojalac, Saridele oder Multi Purpose Food bekannt. Sie werden meist mit Vitaminen, Aminosäuren, Calciumcarbonat und jodiertem Speisesalz angereichert.

IV. Nährstoffgehalt der Lebensmittel

Von den Nährstoffen werden nur wenige in reinem Zustande als Lebensmittel konsumiert, wie z.B. Eiereiweiß, Gelatine, Öle, Zucker oder Stärke. In der Mehrzahl der Fälle stellen unsere Lebensmittel recht kompliziert aufgebaute Nährstoffgemische dar, die außerdem noch mehr oder minder reichliche Mengen an *Ballaststoffen*, also an unverdaulicher Substanz enthalten. Wie auf S. 228 ausgeführt, ist die Ausnutzung der Nährstoffe von vielen Faktoren abhängig und insbesondere bei pflanzlichen Lebensmitteln oft stark gemindert. Viele der kompliziert zusammengesetzten Lebensmittel erscheinen uns trotzdem weitgehend homogen, wie Milch und Milchprodukte, Fette, Mehle, Mayonnaise, andere wiederum können wir ohne Schwierigkeit als heterogen erkennen (fetthaltiges Fleisch, Vollei). Erst die chemische Analyse gibt uns jedoch Aufschluß über den tatsächlichen Nährstoffgehalt, z.B. über den Fettanteil in Mayonnaise, fein zerkleinertem Wurstbrät oder Käse, also über „*unsichtbare Nährstoffe*“.

Im Streben nach fettarmer Ernährung wird das unsichtbare Fett („hidden fat“), dessen Anteil sich in den letzten 50 Jahren von 14 auf 25% der Gesamtcalorien erhöht hat, nicht zuletzt aus Unkenntnis über die Zusammensetzung unserer Lebensmittel vom Verbraucher meist nicht, oder nur unzureichend in der gewählten Kostform berücksichtigt. Der Anteil der Fettcalorien an der Gesamtcalorienzufuhr beträgt z.Z. 38%. Über den Nährstoffgehalt und damit über die mit jeder Nahrungskomponente zugeführte Calorienmenge unterrichten Lebensmitteltabellen für die Nährwertberechnung sowie umfangreiches Tabellenmaterial über die Zusammensetzung der Lebensmittel. Das aufmerksame Studium solcher leichtfaßlicher Unterrichtungsmöglichkeiten kann auch dem „ernährungsbewußten“ Konsumenten nicht dringlich genug empfohlen werden. Ausschlaggebend für den Nährwert der Lebensmittel ist außerdem der *Wassergehalt*, der innerhalb weiter Grenzen von praktisch Null (Fette, Öle) über 12—13% (Getreide, Hülsenfrüchte) und 74—78% (Fleisch, Eier) bis zu mehr als 90% (Frischgemüse, Frischobst) ansteigen kann. Und schließlich spielt der *Markt*- und *Küchenabfall* eine ausschlaggebende Rolle. Er ist z.B. bei Fischen wesentlich höher als bei Fleisch und erreicht besonders hohe Beträge bei Obst und Gemüse.

Wassergehalt und Küchenabfall prägen den Begriff des „*Nähr-Geldwertes*“, d. h. die pro Calorie aufzuwendende Geldmenge, die selbstverständlich die *biologische* Bewertung außer acht läßt.

V. Calorienarme und calorienreiche Lebensmittel

Entstehung und Bekämpfung der Übergewichtigkeit sind eng an die Minderung der Calorienzufuhr mit der Nahrung verknüpft. Sie kann einerseits durch Auswahl bisher verfügbarer Lebensmittel erreicht werden, andererseits erscheinen in zunehmender Zahl Erzeugnisse auf dem Markt, die unter Bezeichnungen, wie „calorienvermindert“ oder „calorienarm“ angeboten werden.

Die Bezeichnung „*Calorienarm*“ ist ein *absoluter Begriff*. Er charakterisiert den Caloriengehalt eines Erzeugnisses als so gering, daß dieser die Bewertung „arm an Calorien" verdient. Voraussetzung für diese Bewertung ist eine entsprechende Definition, gemäß § 4, Nr. 3 des Lebensmittelgesetzes. Sie läßt sich nicht ohne weiteres aus allgemeinen Grundsätzen ableiten; eine mögliche Klärung wäre u.a. dadurch erzielbar, daß dem Begriff „caloriearm" ein bestimmter Höchstcaloriengehalt zugeordnet wird. Für „calorienarme Mahlzeiten" ist selbstverständlich zu fordern, daß der Gehalt an essentiellen Nährstoffen nicht geringer als in konventionellen Mahlzeiten ist, um z.B. bei ausschließlichem Verzehr solcher Produkte über lange Zeit die Nährstoffversorgung mit essentiellen Komponenten sicherzustellen. Schließlich versprechen derartige Produkte nur dann Erfolg, wenn sie auch dem Gefühl der *Sättigung* Rechnung tragen, einem wohl nicht eindeutig festlegbarem Begriff („Freßlust" der Fettsüchtigen).

Die Bezeichnung „*calorienvermindert*" schließt dagegen einen *relativen* Begriff ein. Hier ist notwendigerweise ein Vergleichslebensmittel als Norm heranzuziehen (z.B. Calorienreduziertes Streichfett), an dem gemessen die Verminderung im Caloriengehalt gegeben ist. Zu fordern ist hier ausreichende Calorienreduktion sowie Vergleichbarkeit mit dem normalen Produkt und (vgl. oben) Sicherung des notwendigen Gehaltes an essentiellen Nährstoffen. Weitere Forderungen betreffen u.a. ausreichende Kenntlichmachung sowie Ausschluß gesundheitlich bedenklicher Süß- und Füllstoffe. Auf damit zusammenhängende Probleme der Ernährungsphysiologie und der klinischen Übergewichtsbehandlung kann hier nicht eingegangen werden.

Als Möglichkeiten der *Calorienverminderung* wären zu diskutieren:

1. *Ersatz von Fett* durch Wasser, auch unter Mitverwendung unverdaulicher Füllstoffe und Dickungsmittel, durch Eiweiß oder durch Kohlenhydrate;
2. *Ersatz von Kohlenhydraten* durch Wasser, durch unverdauliche Füllstoffe;
3. *Ersatz von Zucker* durch Süßstoff.
4. *Herabsetzung* des Alkoholgehaltes.

In der BRD ist eine gesetzliche Regelung auf dem Verordnungsweg vorgesehen. Vgl. auch die Empfehlung der Kommission für Ernährungsforschung der Deutschen Forschungsgemeinschaft 1971, sowie die „Richtlinien für kalorienverminderte und kalorienarme Lebensmittel" (Schriftenreihe des Bundes für Lebensmittelrecht und Lebensmittelkunde, Heft 71, 1972).

In den USA liegt der Schwerpunkt derartiger Produkte bei calorienverminderten Erfrischungsgetränken, Margarine, Soßen („salad-dressings") und Fertiggerichten.

VI. Die Ausnutzung der Nahrung

Von den beiden Hauptgruppen unserer Lebensmittel, solchen tierischer und pflanzlicher Herkunft, enthalten die letztgenannten immer einen oft beträchtlichen Anteil an nicht verwertbaren Stoffen (Cellulose, Hemicellulosen, Lignin u.a.), die wir unter dem Begriff der *Rohfaser* (Ballaststoffe) zusammenfassen (vgl. S. 104). Vor allem die Cellulosemembranen schließen viele Nährstoffe ein und geben sie erst nach entsprechender Vorbehandlung des Lebensmittels frei. Je nach der Beschaffenheit des Pflanzengewebes und der Cellulosemembran wird jedoch auch nach küchenmäßiger oder technologischer Verarbeitung stets ein mehr oder minder großer Nährstoffanteil der Verwertung entzogen. Dies gilt nicht nur für die eigentlichen Nährstoffe, sondern auch für Mineralsalze (Calcium, Eisen) und Vitamine bzw. Provitamine (β-Carotin im Gemüse). Tierische Lebensmittel werden im allgemeinen weit besser ausgenutzt. Die oft betonte günstige Wirkung des Kauens auf die Nahrungsausnutzung ist nach Angaben vieler Autoren minimal. Gebratenes Fleisch wird zwar langsamer verdaut, für die Endresorption ist dies jedoch praktisch bedeutungslos. Dagegen ist komplex gebundenes Hämatineisen des Blutes nur teilweise verwertbar.

Ausnutzung im allgemeinen Sinne (besser „scheinbare Ausnutzung“) ist der zur Resorption gelangte und tatsächlich im intermediären Stoffwechsel verwertete Nahrungsanteil. Er wird bestimmt als Differenz zwischen Einnahme und Ausscheidung im Kot und stellt eine für die Aufstellung von Kostsätzen praktisch sehr wichtige Größe dar. Als Ausnutzungsquotient läßt er sich z.B. summarisch kennzeichnen durch den von der zugeführten Calorienmenge nicht resorbierten Anteil oder aber als Nutzungsverlust für Eiweiß-, Fett-, Kohlenhydrat- und andere Nahrungsanteile getrennt ermitteln. Die Ausnutzung verschiedener Lebensmittel in Hinsicht auf den Brennwert bringt Tab. 73.

Tabelle 73. Ausnutzung der Nahrung
(nach K. Lang u. O. F. Ranke, 1950)

Lebensmittel	Nicht resorbierte Calorien in % der Zufuhr
Ei	4,1
Fleisch	4,4
Weizenbrot, feinst	4,5
Kartoffeln, gekocht	5,6
Milch	7,1
Gerste	9,5
Käse	10,0
Äpfel	11,6
Mohrrüben	12,7
Roggen, 82 % ausgem.	13,5
Kohlrabi	18,1
Weißkraut u. Rotkraut	20,0
grüne Erbsen	20,9
Kohlrüben	21,8
Spinat	24,3
Wirsing	29,7
Erdbeeren	32,8

Neben dem obenerwähnten Cellulose- bzw. Rohfasergehalt ist für pflanzliche Lebensmittel charakteristisch, daß in ihnen meist der Kohlenhydratgehalt dominiert und die Stickstoffsubstanz oft zum großen Teil aus Amidstickstoff besteht, während tierische Lebensmittel vor allem als Träger von Fett und biologisch hochwertigem Eiweiß Bedeutung besitzen. Eine weitere Unterteilung unserer Lebensmittel ist dadurch gegeben, daß viele von ihnen *konzentrierte Nährstoffträger* darstellen (Fette, Öle, Marmeladen, Zucker, Honig, Hülsenfrüchte, Nüsse, Getreidearten), andere durch ihren hohen Wassergehalt *calorienarm* sind (Gemüse, Obstfrüchte) und dennoch als Lieferanten von Vitaminen, Mineral-, Aroma- und Ballaststoffen wichtige ernährungsphysiologische und diätetische Aufgaben erfüllen.

Aus vielen Beobachtungen geht hervor, daß Fleischsorten aller Art, innere Organe und Schlachtabfälle (Schwarte, Magen, elastische Gewebe) ausgezeichnet sowie praktisch gleich gut ausgenutzt werden, und zwar sowohl die Trockensubstanz (90—98 %) wie der Eiweiß- und Fettanteil (93—98 %). Dies gilt auch für die Muskulatur der Fische. Auch die Art der Zubereitung ist ohne Einfluß (roh, gekocht, gebraten, geräuchert, gepökelt). Eier werden gleichfalls praktisch vollständig verwertet, und zwar in rohem wie im hart- oder weichgekochten Zustand. Etwas geringer, vor allem beim Erwachsenen, ist die Verwertung der Milch, insbesondere des Proteins der Kuhmilch. Relativ ungünstig (zu etwa 85—96%) wird die Stickstoffsubstanz des Blutes verwertet. Reine Nährstoffe, wie Zucker und Fett, werden praktisch quantitativ ausgenutzt.

Wesentlich schlechter ist die Ausnutzung pflanzlicher Lebensmittel. Eine Ausnahme bilden hier niedrig ausgemahlene Mehle, gekochte Kartoffeln, geschälter Reis oder reine Nährstoffe wie Zucker und Honig. Die schlechte Ausnutzung hängt in erster Linie, wie schon erwähnt, mit dem hohen Gehalt dieser Lebensmittel an Zellmembran zusammen, deren Anteil z.B. bei Kohlarten 25—30%, bei Karotten und Meerrettich 26%, bei Birnen 19% und bei Kleie 67% beträgt. Bezieht man die Nährstoffverluste auf die Stickstoffsubstanz, so sind diese recht groß. Sie erreichen Werte von 30% bei weißen Bohnen und Erbsen mit Schalen, von 65—91% bei Wirsing und den (kernreichen) Erdbeeren. Gemüse und Pilze weisen einen zwischen 30 und 40% liegenden Ausnutzungsgrad auf. Zubereitung mit hartem Wasser, z.B. bei Hülsenfrüchten, kann durch Calcium- und Magnesium-Imprägnierung der Membransubstanz die Ausnutzung noch weiter verringern. Ernährungsphysiologisch besonders wichtig ist die Verwertbarkeit der Nährstoffe von Brot aus Mehlen verschiedenen Ausmahlungsgrades. Während das Protein niedrig ausgemahlener Mehle recht gut aus genutzt wird, verschlechtert sich die Verwertung mit zunehmendem Ausmahlungsgrad immer mehr, vor allem dann, wenn die Ausmahlung über etwa 70% liegt.

Tabelle 74. Ausnutzung von Broten steigenden Ausmahlungsgrades

Ausmahlungsgrad des Brotmehles	%	Proteinausnutzung im Brot %
Weizen	54	87,8
	70	84
	100	72
Roggen	60	52—72
	80	68
	94 (Schrot)	41—66

Die verwertbare Calorienmenge sowie die durchschnittlich resorbierte Energiemenge ist für einige Lebensmittel in Tab. 75 zusammengestellt.

Tabelle 75. Verwertbare Calorienmenge und resorbierte Energiemenge einiger Lebensmittel (nach S. W. Souci u. Mitarb., 152) Gesamt-Calorien in 100 g eßbarem Anteil

Lebensmittel		verwertbar kcal	tatsächlich resorbiert kcal
Weizenmehl,	Type 405	368	356
	Type 1700	367	337
Roggenmehl,	Type 815	363	336
	Type 1800	357	310
Maisstärke		367	362
Weizenkleie		361	189
Erdnüsse, geröstet, geschält		631	559
Walnüsse		705	626

Trotz dieser sehr beträchtlichen Verluste bei vielen pflanzlichen Lebensmitteln zeigt die Praxis, daß in der üblichen *gemischten* Kost der Calorienverlust durch geminderte Ausnutzung im Mittel nicht über 8% liegt.

VII. Der Sättigungswert

Neben Ausnutzung, Verdaulichkeit, Bekömmlichkeit und Schmackhaftigkeit sowie neben Fragen des biologischen Wertes spielt im Rahmen der Nährstoffzufuhr auch die Frage des *Sättigungsswertes* eine wichtige Rolle. Sie ist eng verknüpft mit zwei anderen Begriffen: dem des *Hungers* und des *Appetits*. Wenn wir von den lebensbedrohenden Erscheinungen des *schweren Hungers*, die mit Einschmelzung von Körpersubstanz, funktionellen Störungen (Hungerödeme) und Stoffwechselanomalien („Hungerdiabetes") verbunden sind, absehen, so äußert sich dieser zunächst in Empfindung und Gefühl des Nahrungsmangels und gleichzeitig im Bestreben, dieses Gefühl zu beseitigen. Dem Hunger selbst gehen Magenbewegungen, Änderungen im Blutzuckergehalt und mangelnde Salzsäuresekretion im leeren Magen parallel, die das genannte Gefühl auslösen. Daß Hunger kein untrüglicher Instinkt ist und das Hungergefühl weitgehend nervös gesteuert wird, zeigt die uralte Erfahrung der Hungerbeseitigung durch Trauer, Ärger, Ekel, intensive Arbeit, Krankheit oder religiöse Affekte einerseits, der Hungergefühlssteigerung beim Futterneid der Tiere oder bei der Fettsucht von Vertretern spezifischer Lebensmittelgewerbe (Köche, Wirte, Bäcker, Metzger) andererseits. Erziehung und Erfahrung als wesentliche Regulatoren des Hungergefühls kommen in dem Wort zum Ausdruck: „Der Fresser wird nicht geboren, sondern erzogen". Allbekannt ist die Bedeutung des Hungers in der Sorge um das „tägliche Brot" für die Aktivitätssteigerung einzelner Persönlichkeiten wie ganzer Völker.

Neben dem Hunger als auslösendem Moment der Nahrungsaufnahme spielt das quantitative Begehren des *Appetits* eine weitere Rolle. Er kann, vor allem bei besonders gepflegter Koch- und Darbietungskunst (der „appetitlich" gedeckte Tisch, die ansprechend gefärbte Speise), den Essensdrang bis zu Auswüchsen der Schlemmerei und Völlerei steigern, daneben aber auch, z.B. bei Schwangeren oder in der Pubertät, Gelüste nach einzelnen Nahrungs- und Genußmitteln auslösen.

Verständlich, daß sich mit derartigen Fragen durch phänomenologische Untersuchungen auch Philosophen und Psychologen beschäftigen (156).

Beide Faktoren, Hunger und Appetit, werden beim normalen Organismus wesentlich gesteuert durch das *Sättigungsgefühl* und damit durch den *Sättigungswert* der aufgenommenen Nahrung. Das Gefühl der Sättigung ist vorwiegend bedingt durch Mageninnendruck, Bauchdeckenspannung und Verdrängungserscheinungen in der Herz- und Atemtätigkeit, die bis zum Gefühl der „Völle" führen und sich auch psychisch negativ auswirken („Ein voller Bauch studiert nicht gern"). Hohen Sättigungswert besitzen vor allem fettreiche Speisen. Sie verringern das Volumen der aufgenommenen Nahrung, verlängern die Pausen zwischen der notwendigen Nahrungsaufnahme und sind die physiologisch durchaus verständliche, von Ernährungsphysiologen jedoch nicht gut geheißene Folge einer fettreichen Ernährung der oft weit von ihrer Wohnung entfernt arbeitenden Großstadtbevölkerung, die ihre Mahlzeiten in großen Intervallen einnimmt. Allgemein anerkannte Empfehlungen gehen vielmehr dahin, die tägliche Nahrungsaufnahme auf mehrere kleine Mahlzeiten zu verteilen. Rind- und Wildfleisch zeigt höheren Sättigungswert als Fischfleisch, kleingebackene Brötchen sättigen bei gleicher Gewichtsmenge mehr als Großbrote, Zwieback mehr als Weißbrot. Bekannt ist, daß einige Genußmittel wie Kaffee und Kaffee-Ersatz, Kakao und Schokolade oder Tee einen Sättigungswert aufweisen, der vergleichsweise zu Brot, Suppe oder Brei den calorischen Wert solcher Getränke übersteigt und ihre Beliebtheit als Frühstücksgetränke erklärt. Hier ist jedoch, wie bei dem appetitsenkenden Nicotin zu bedenken, daß Reizstoffe solcher Genußmittel das Appetitgefühl lähmen können. Der Sättigungswert kann erhöht und damit das Appetitgefühl vorübergehend betrogen werden, wenn die mangelnde Magenfüllung calorienreicher Nahrung durch ballaststoffreiche Lebensmittel ergänzt wird, z.B. bei fettreichem Schweinefleisch mit Sauerkraut, bei Speck mit Hülsenfrüchten oder bei fettreichen Pilzgerichten. In Notzeiten dienen als Füllstoffe Wurzeln, Kräuter, Gras, Baumrinde, Erdarten oder bestimmte „Hungerpflanzen": Eicheln, Melde, Sauerampfer, Linden- und Rübenblätter, Häcksel. Viele dieser Stoffe vermindern unheilvoll die Nutzung der vorhandenen Nährstoffmengen, andere sind bei übermäßigem Genuß Ursachen spezifischer, auch in Deutschland nach dem 2. Weltkrieg beobachteter Mangelkrankheiten geworden, so z.B. die Melde („Chinesische Bettlerkrankheit"), vgl. S. 516.

Bestrebungen, die übermäßige Calorienzufuhr zu mindern und gleichzeitig dem Sättigungsgefühl Rechnung zu tragen, haben zur Entwicklung von „*Appetitzüglern*" und *calorienreduzierten Lebensmitteln* sowie zur Bevorzugung von calorienarmen Kostsätzen geführt (s. S. 228).

VIII. Verdauung und Resorption

Vor der Nutzung im Organismus müssen die Nährstoffe in fast allen Fällen weitgehend durch den Vorgang der Verdauung zerlegt werden, um dann für weitere Stoffwechselumsetzungen resorbierbar zur Verfügung zu stehen.

Die *Verdauung* selbst läßt sich als ein Vorgang betrachten, bei dem unter Mitwirkung meist hochspezifischer Enzyme bzw. Enzymketten, deren wichtigste Vertreter an anderer Stelle besprochen werden, eine Aufspaltung in resorbierbare Nährstoffbausteine erfolgt.

Die Verdauung der Kohlenhydrate, Proteine und Fette liefert ein Gemisch von Monosacchariden, Aminosäuren, Fettsäuren und Glyceriden, deren Energiegehalt praktisch dem der genannten Nährstoffgruppen entspricht. Zusätzlich werden auch die insbesondere als Coenzyme gebundenen Vitamine in Freiheit gesetzt. Die vom Menschen erzeugten Verdauungsenzyme übersteigen normalerweise den Bedarf um ein Vielfaches; nur unter anomalen Verhältnissen sind also Enzymproduktion und -sekretion begrenzende Faktoren der Verdauungsprozesse. Der Umfang der Nahrungsverwertung wird durch die Kapazität des Magen-Darm-Traktes bedingt. Eine 6000 kcal übersteigende Nahrungsaufnahme ist auch bei größter körperlicher Belastung im allgemeinen nicht möglich. Eine optimale Ernährung wird entscheidend geprägt nicht durch die Lebensmittel an sich, sondern durch die Zufuhr aller benötigten Nährstoffe in ausreichender Menge und in zweckmäßiger, gegenseitiger Relation. Der Umstand, daß der Mensch mehr als 50 essentielle Nahrungsfaktoren benötigt, zeigt, wie kompliziert Mechanismen der menschlichen Ernährung ablaufen. Im folgenden soll auf die drei eingangs genannten Hauptnährstoffgruppen eingegangen werden.

1. Verdauung und Resorption der Kohlenhydrate

Unter den Kohlenhydraten, die etwa 60% unseres Calorienbedarfes liefern, nimmt die *Stärke* die erste Stelle ein. Sie wird gleich dem Glykogen bereits im Munde durch die Speicheldiastase Ptyalin in relativ geringem Ausmaß hauptsächlich zu Maltose und etwas Maltotriose abgebaut. Im Speichel gleichfalls vorkommende Maltase liefert außerdem wenig Glucose. Im Magen wird Speichelamylase inaktiviert und zerstört; die hier vorhandene Salzsäure vermag außerdem fructosehaltige Kohlenhydrate (Saccharose, Inulin) geringfügig zu spalten. Im Zwölffingerdarm trifft der Speisebrei mit dem alkalischen Pankreassaft und der Galle zusammen und wird neutrailisert, so daß Pankreasamylase die von der Speichelamylase begonnene Tätigkeit beenden kann und Stärke sowie Glykogen zu Maltose und wenig freier Glucose abbaut. Maltose wird dann durch Darmsaftmaltase (eine α-Glucosidase) schnell hydrolysiert. Gleichfalls anwesende Glucosaccharase und Lactase (β-Galaktosidase) spalten Rohr- und Milchzucker. Zur Resorption im Darm gelangen also *Monosaccharide*. Disaccharide und höhere Saccharide treten nicht oder nur ausnahmsweise auf, wie z. B. Milchzucker im Harn von Schwangeren und Stillenden (Lactosurie). Die Resorptionsgeschwindigkeit der einzelnen Monosaccharide ist sehr verschieden. Besonders schnell werden D-Galaktose und D-Glucose, wesentlich langsamer D-Fructose und D-Mannose und extrem langsam L-Xylose und L-Arabinose aufgenommen.

Cellulose und viele Hemicellulosen vermag der Verdauungstrakt des Menschen nicht anzugreifen. Völlig unverwertbar sind die Polysaccharide Dextran und Lichenin, schlecht verwertbar sind größere Mengen des in Artischocken und Topinambur enthaltenen Inulins. Derartige vom Menschen nicht verwertbare Kohlenhydratkomponenten, insbesondere Cellulose, daneben auch Pentosane, Pektine und außerdem Lignin faßt man unter dem mehrmals erwähnten Begriff der *Ballaststoffe* zusammen. Sie bedingen eine Vermehrung der Kotmenge und führen bei allzu hohem Anteil in der Kost zu übermäßig großem Nahrungsvolumen, zwingen zu gesteigerter Sekretion von Verdauungssäften, verschlechtern die Eiweiß- und Mineralstoffbilanz und vermindern die Ausnutzbarkeit der Nahrung. Umgekehrt ist ein gewisser Anteil an solchen Stoffen in der Kost lebensnotwendig, um die Darmperistaltik anzuregen, die Verdauungssaft-Sekretion zu fördern und damit chronische Obstipation zu verhindern. Hauptlieferanten unserer Nahrung für Ballaststoffe sind Gemüse und Schwarzbrot. Auch heute noch wird der Forderung von M. Rubner für die obere Grenze der Zufuhr an Unverdaulichen zugestimmt, wonach die Kost weniger als 13% Verlust an Trockensubstanz bzw. Calorien aufweisen soll.

Ernährungsphysiologisch bedenklich erscheint der Umstand, daß Saccharose im westlichen Europa und in den USA zu 120 g und mehr pro Tag und Kopf verzehrt wird. Das bedeutet, daß 15—20% des Calorienbedarfs durch diesen Zucker gedeckt werden. Übergewicht, Zahncaries, Diabetes und Herzinfarkt werden mit dem abnorm hohen Zuckerverbrauch in Verbindung gebracht. Die wesentlich höhere Toleranzgröße und die bessere Wachstumswirkung der Stärke gegenüber Saccharose rechtfertigt die Forderung der Ernährungsphysiologen den Zuckerverbrauch zugunsten hochpolymerer Kohlenhydrate einzuschränken. Offenbar beruht deren Überlegenheit darauf, daß ihre langsamere enzymatische Spaltung das langsamere Einströmen von Monosacchariden in die Blutbahn begünstigt.

Fructose wird praktisch nur in der Leber umgesetzt, so daß der Organismus nur begrenzte Mengen dieses Zuckers verwerten kann (2—3 g je kg Körpergewicht und Tag).

Galaktose, die als solche in der Natur nicht vorkommt, wird nach ihrer Freisetzung nur in begrenzter Menge (40—80 g) vom Menschen umgesetzt. Das Krankheitsbild der „*Galaktosämie*" beruht auf einer Anhäufung von Galaktose-1-phosphat in den Erythrocyten, bedingt als genetischer Defekt durch das Fehlen der Galaktose-1-phosphat-uridyl-transferase (Gal-1-PUT). Das schwere, meist letal endende Krankheitsbild kann beim Säugling durch galaktosefreie Diät geheilt werden.

2. Verdauung und Resorption der Fette

Da im Speichel und Magen keine Lipasen vorkommen, tritt dort auch kein Fettabbau ein. Die im Magen vorgewärmten und evtl. verflüssigten Fette werden im Zwölffingerdarm unter Mitwirkung von Salzen der Gallensäuren (Glyko- und Taurocholsäure) sowie von fettsauren Salzen (Seifen) unter Herabsetzung der Grenzflächenspannung Fett/Wasser zu einer stabilen Emulsion emulgiert. Lipasen aus Pankreas und Darm spalten diese Emulsion, jedoch nicht quantitativ zu Glycerin und Fettsäuren. Es entstehen vielmehr Gemische aus Tri-, Di- und Monoglyceriden neben freien Fettsäuren und dieses Gemisch wird resorbiert. Monoglyceride spielen hierbei als Emulgatoren eine wichtige Rolle. Daneben treten auch Umesterungen auf. Je nach der C-Anzahl erscheinen die höheren Fettsäuren in der Lymphe, mit abnehmender C-Anzahl überwiegt der Transport zum Blutweg. Freie höhere Fettsäuren werden offenbar langsamer resorbiert als Glyceride. Aus dem resorbierten Material werden in den Darmschleimhautzellen wieder Triglyceride resynthetisiert. Das resorbierte Fett gelangt in Form von Triglyceriden als feinste Tröpfchen („Chylomikronen") in das Blut. Wie früher erwähnt, spielt bei der Fettausnutzung der Schmelzpunkt des aufgenommenen Fettes eine wichtige Rolle. Fette werden vom normalen Organismus praktisch quantitativ resorbiert. Es besteht also kein Anlaß, im Rahmen normaler Ernährung durch Herstellung feinst emulgierter Fette oder Fettmischungen, durch Zufuhr natürlicher Emulgatoren (Phosphatide, Monoglyceride) oder durch Verwendung künstlicher Netzmittel (Tweens, Spans) oder gar von alkalisch reagierenden Phosphaten die Fettresorption zu fördern. Am schnellsten wird Butter resorbiert.

3. Verdauung und Resorption der Proteine

Die Proteolyse der Eiweißstoffe beginnt im Magen unter dem Einfluß des Pepsins (vgl. S. 191), wobei denaturierte Proteine (gekochtes Fleisch, gekochte Eier) schneller angegriffen werden als native Proteine.

Die meisten der in den Lebensmitteln enthaltenen Enzyme werden schon durch die Magensalzsäure zerstört, sie spielen also für die Verdauungsprozesse keine Rolle. *Trypsininhibitoren*, vor allem in Leguminosen, Eiklar, Kuhmilch, Weizenmehl, Kartoffel erklären z.B. die schon lange bekannte schlechte Verdaulichkeit der Leguminosenproteine.

Der teilweise verdaute Nahrungsbrei wird im Darm mit Pankreassaft und Galle vermischt und gleichzeitig auf ein pH von etwa 6,5—7 neutralisiert. Nach Aktivierung von Trypsinogen und Chymotrypsinogen zu Trypsin und Chymotrypsin setzen diese Enzyme die Proteinverdauung fort und bilden peptidische Bruchstücke. Carboxypeptidasen der Bauchspeicheldrüse und Aminopeptidasen des Dünndarmes setzen dann jeweils von den Kettenenden her einzelne Aminosäuren in Freiheit. Die verbleibenden Dipeptide liegen außerhalb des Spezifitätsbereiches der genannten Enzyme und werden schließlich von Dipeptidasen des Dünndarmsekrets aufgespalten. Die freigesetzten Aminosäuren treten in den Pfortaderblutstrom und gelangen zur Hauptstätte der Eiweißsynthese, der Leber. Voraussetzung für den Abbau von Aminosäuren ist nach unseren heutigen Kenntnissen die vollständige Spaltung von Proteinen. Die alte Streitfrage, ob der Organismus Eiweiß zu speichern vermag, ist durch die Arbeiten von G. H. Whipple u. Mitarb. (1940) dahingehend entschieden, daß die Bildung von „Reserveprotein", vor allem in der Leber in beschränktem Ausmaß gegeben ist. Umgekehrt haben Versuche am Menschen gezeigt, daß dieser sehr wohl zu leben vermag, wenn das gesamte Nahrungsprotein durch ein biologisch ausreichend dosiertes Gemisch reiner Aminosäuren ersetzt wird.

Angeborene Eiweißstoffwechselanomalien sind die *Phenylketonurie* (mangelnde Umwandlung von Phenylalanin in Tyrosin durch Fehlen der Phenylalanin-4'-hydroxylase) sowie die *Ahornsirupkrankheit* (fehlender Abbau der aus verzweigtkettigen Aminosäuren gebildeten α-Ketosäuren). Zu nennen ist hier auch die Intoleranz gegen Kuhmilchproteine (*Kuhmilchallergie*) der Säuglinge.

IX. Wandlungen unserer Ernährung in den letzten fünfzig Jahren

Veränderte Lebens- und Arbeitsverhältnisse, Erfordernisse moderner Haushaltsführung mit dem Drang nach schneller und erleichterter Nahrungszubereitung, nach portionsweiser Verwendungsmöglichkeit sowie nach ballastarmer und leicht verdaulicher Kost, günstige Angebots- und Preisentwicklung, verbunden mit der Einkommensteigerung breiter Volksschichten und nicht zuletzt das Streben nach „gesunder", d.h. gesundheitserhaltender Ernährung haben in vieler Hinsicht den Speisezettel unserer Kost in den letzten fünfzig Jahren entscheidend gewandelt.

Der Caloriengehalt mit etwa 2950—3000 kcal/Tag liegt nur wenig unter dem der Vorkriegszeit (3047 kcal). Vermindert ist vor allem der Verzehr an Getreide (S. 485) und konventionellen Kartoffeln, während der an Kartoffelerzeugnissen eine starke Aufwärtsentwicklung zeigt; der durchschnittliche Kohlenhydratgehalt liegt heute um mehr als 10% niedriger als in der Vorkriegszeit. Seit der Zeit vor dem 1. Weltkrieg ist der Getreideverbrauch um 37%, der Kartoffelverzehr um 29% eingeschränkt worden. Beträchtlich gestiegen ist der Fettverbrauch, der Eiweißgehalt unserer Nahrung hat etwa wieder die Vorkriegshöhe (85,5 g je Kopf und Tag) erreicht. Jedoch ist der Anteil an ernährungsphysiologisch wertvollem tierischem Eiweiß größer geworden. Während vor dem Kriege das Verhältnis von tierischem zu pflanzlichem Eiweiß annähernd 1 : 1 betrug, ist es heute durch den verminderten Verzehr von Getreide und Kartoffeln auf 58 : 42 gestiegen. Besonders auffallend, begrüßenswert und durch die eingangs genannten Gründe erklärlich, ist der Anstieg im Verbrauch von Gemüse, Obst und Südfrüchten, Eiern, Käse und Quark. Die Verbrauchssteigerung für Zucker ist, wie früher angeführt, vom ernährungsphysiologischen Standpunkt her wenig begrüßenswert. Bemerkenswert bei den tierischen Lebensmitteln ist der Anstieg des Geflügelverbrauches. Insgesamt läßt sich sagen, daß die Ernährungsumstellung in erster Linie auf Kosten des Direktverzehrs von Kartoffeln und Getreide ging. Wir verzehren heute im Mittel nur noch die Hälfte an Roggenmehl, Reis und Hülsenfrüchten gegenüber der Vorkriegszeit, lediglich der Konsum an Gerste-, Hafer- und Maisprodukten ist um etwa $^1/_3$ angestiegen. Der Anteil von Brot, Nährmittel und Kartoffeln am gesamten Calorienverzehr lag 1910 bei etwa 55% und beträgt heute weniger als 38%.

Eine Aufstellung für die letzten 10 Jahre bringt Tabelle 76.

Tabelle 76. Lebensmittelverbrauch je Einwohner in der BRD (Aus: 102)

Erzeugnis	1960/61 kg	1970/71 kg	1970/71 gegenüber 1960 bis 1965 %
Getreideerzeugnisse in Mehlwerten	75,5	65,1	— 13,8
Hülsenfrüchte	1,5	1,1	— 15,4
Reis	1,8	1,6	— 11,2
Kartoffeln	125,8	100,0	— 20,5
Zucker	30,6	33,8	+ 10,5
Gemüse (einschl. Erzeugnissen)	54,0	70,0	+ 29,6
Frischobst (einschl. Erzeugnissen)	82,5	91,7	+ 11,2
Citrusfrüchte (einschl. Erzeugnissen)	18,4	21,2	+ 15,2
Trockenfrüchte	1,5	1,2	— 20,0
Schalenfrüchte	1,8	2,1	+ 16,7
Fleisch (ohne Fett)	63,5	78,5	+ 23,6
Geflügel	5,4	8,5	+ 57,4
Fisch (Filetgewicht)	4,8	4,3	— 10,4
Trinkmilch	100,1	91,3	— 8,8
Käse und Speisequark	2,9	4,6	+ 58,6
Eier und Eiprodukte	13,2	16,1	+ 22,0
Fette (Reinfett)	25,5	26,2	+ 2,7
Speiseöl	3,3	4,6	+ 39,4
Pflanzen- und Plattenfett	1,1	1,4	+ 27,3

Die Nährstoffbilanz in der BRD geht aus Tab. 77 hervor.

Tabelle 77. Nährstoff-Ist und Nährstoff-Soll in der BRD* (Aus: 176)

Energie und Nährstoffe		Ist-Zufuhr (je Kopf/Tag)	Soll-Zufuhr (je Kopf/Tag)	Ist in % des Soll
Energie	kcal	3020	2660	114
Protein	g	92	77	119
davon tierisch	g	60	40	150
Fett	g	132	80	165
Kohlenhydrate	g	340	395	85
Calcium	mg	870	880	99
Phosphor	mg	1390	1400	99
Eisen	mg	15,7	10,0	157
Vitamin A	mg	1,2	1,5	80
Thiamin	mg	1,8**	1,6	113
Riboflavin	mg	2,1	1,7	124
Nicotinsäure	mg	16,6	15,0	111
Vitamin C	mg	139,2***	72,0	193

* Nach den aus der durchschnittlichen Nahrungsversorgung je Einwohner verfügbaren Mengen.

** Abzüglich 20% Zubereitungsverluste = 1,44 mg (90%).

*** Abzüglich 50% Zubereitungsverluste = 69,5 mg (97%).

Quelle: Statist. Jahrbuch üb. Ernährung, Landwirtschaft u. Forsten 1970, 1971. Berechnungen MPI-ERN 1971, 1972.

X. Differente Substanzen in Lebensmitteln

Die aus Tier und Pflanze stammenden Inhaltsbestandteile sind nicht von vornherein in toto als indifferent zu betrachten. Manche von ihnen sind oft wenig verträglich, schädlich oder gar toxisch, in anderen Fällen aber pharmakologisch wirksam. Ihrer Entfernung wird deshalb im Rahmen der Lebensmittelverarbeitung besondere Aufmerksamkeit gewidmet. Vielen von ihnen begegnen wir bei Besprechung der einzelnen Lebensmittel. Hier sollen nur die wichtigsten Gruppen erwähnt werden.

1. Toxische Proteine

Toxische Proteine sind z. B. die im Eiklar, in Fischen und Leguminosen vorkommenden Trypsin-Inhibitoren, Hämagglutinine, Thiaminasen, das Avidin, die eisenbindenden Globuline u.a.m. Sie werden durch Hitzebehandlung inaktiviert.

2. Lathyrismus-Faktoren

Das toxische Prinzip der in Lathyrus odoratus enthaltenen, zu Skeletveränderungen führenden Substanzen β-Aminopropionitril, Glutaminyl-β-amino-propionitril, Aminoacetonitril u. a. ist auch an anderer Stelle besprochen.

3. Goitrogene Substanzen

Hier sind *Rhodanide*, welche die Aufnahme von Jod in die Schilddrüse hemmen und *Thiooxazolidone*, welche die Jodierung von Tyrosin blockieren, zu erwähnen. Rhodanide werden aus dem Glucosid von Brassica-Arten (Wirsingkohl, Blumenkohl, Kohlrabi u. a.), dem *Glucobrassicin* enzymatisch in Freiheit gesetzt.

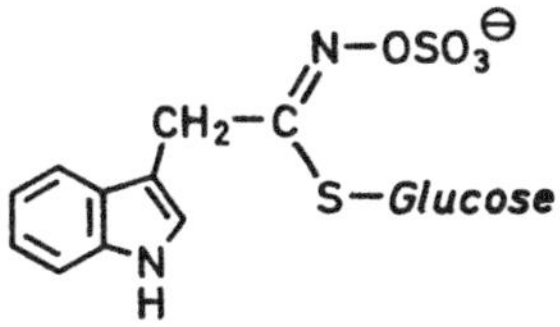

Glucobrassicin

Andere goitrogene („strumigene“) Substanzen sind *L-5-Vinyl-2-thio-oxazolidon* (*Goitrin;* s. S. 514) und ähnliche Substanzen, wie das Dimethyl- und Phenylderivat dieser Verbindung. Die hier genannten Goitrogene gehen auch in die Milch (zu 50 bis 100 $\mu g/l$) über. Reichlicher Kohlverzehr kann durch den Rhodanidgehalt auch beim Menschen zum „Kohlkropf“ führen (vgl. S. 514).

4. Antibiotica, Insecticide, Fungistatica

In Kulturpflanzen gebildete derartige Stoffe sind z. B. *Benzoxazolinon* in Cerealien (S. 458), schwefelhaltige Antibiotica in Zwiebeln und Knoblauch, wie S-Propyl-, S-Methyl- und S-Propenylcystein-sulfoxid u.a.m. (S. 521), *Senföle* aus Cruciferen (Kresse-Arten, Meerrettich), das *Tomatin* bzw. dessen Aglucon *Tomatidin* als antifungale Substanz der Tomate (S. 519), *Chlorogensäuren* und andere substituierte Hydroxybenzoesäuren in Möhren und Kartoffeln.

5. Mykotoxine

Als ältestes Beispiel ist hier der *Ergotismus* (S. 458) zu erwähnen, hervorgerufen durch mit Mutterkorn befallenes Getreide (Secale cornutum).

Als *Mykotoxine* im engeren Sinn gelten toxische Stoffwechselprodukte bestimmter Pilze, die von diesen während des Wachstums auf Lebensmitteln oder Futterstoffen gebildet werden. Sie vermögen bei höheren Pflanzen, Tieren und beim Menschen Schädigungen hervorzurufen. Das durch solche Giftstoffe verursachte Krankheitsbild wird unter dem Begriff der „*Mykotoxikosen*“ zusammengefaßt.

a) Aflatoxine

Im Jahre 1960 starben in England nach Aufnahme von verpilztem Futter mehr als 100000 junge Truthühner an einer bis dahin unbekannten Krankheit („turkey x disease“). Grund hierfür war ein als Futter verwendetes Erdnußmehl aus Brasilien.

Seit 1961 gelang es, aus mit Aspergillus flavus infiziertem Material vier chemisch eng verwandte, als *Aflatoxine* bezeichnete Substanzen zu isolieren, deren Grundstruktur das Difuran-Cumarin ist. Zu diesen als Aflatoxin B_1 und B_2, G_1 und G_2 bezeichneten Stoffwechselprodukten kamen in der Folgezeit die Aflatoxine M_1 und M_2:

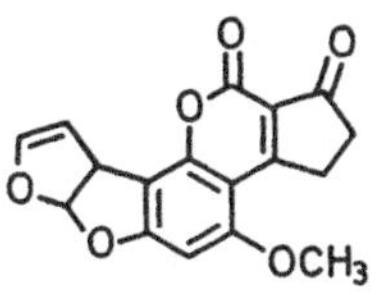

Aflatoxin B_1

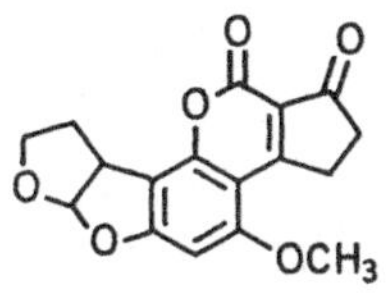

Aflatoxin B_2

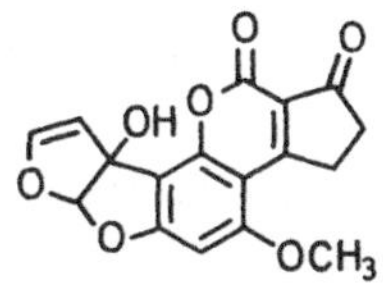

Aflatoxin M_1

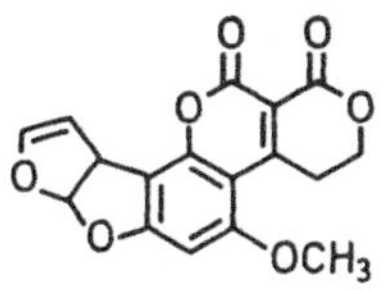

Aflatoxin G_1

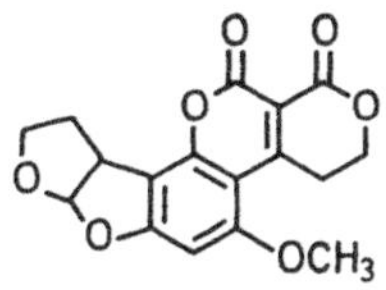

Aflatoxin G_2

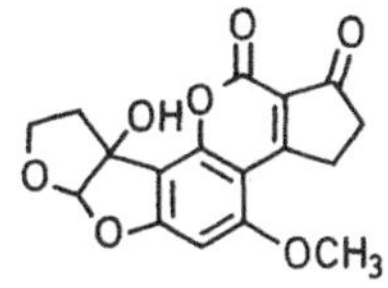

Aflatoxin M_2

Insgesamt sind etwa 15 Aspergillus-Stämme als Aflatoxin-Abscheider bekannt. Vor allem die B_1- und G_1-Verbindungen erzeugen bei Tieren schwere Leberschädigungen und weisen cancerogene Eigenschaften auf. Ob sie beim Menschen in ähnlicher Richtung wirken, kann noch nicht eindeutig beantwortet werden. Nachweis und Bestimmung können im Routineverfahren durch Dünnschichtchromatographie mit mehreren Laufmitteln, biologisch mit dem zeitraubenden Hühnerembryo-Test durchgeführt werden. Aflatoxine wurden in vielen Getreide- und Hülsenfrüchten, Malzkeimen, fermentierten Fischpräparaten, Fleisch, Rohwurst, Brot, Milch, Käse, Kleie, Heu u.a.m. nachgewiesen.

Als (relativ hohen) Toleranzwert haben die FAO/WHO und die USA 30 ppb (Aflatoxin $B_1 + B_2 + G_1 + G_2$), andere Länder (Kanada, Niederlande, Dänemark, Schweden) 5 ppb Aflatoxin B_1 festgelegt. Die BRD und die Schweiz haben noch keine gesetzliche Regelung getroffen.

b) Andere Mykotoxine

Z.T. noch wenig untersucht sind, z.B. Aspertoxin, Ochratoxin, Maltoryzin und Sterigmatocystin aus verschiedenen Aspergillusarten, Rubratoxin A und B aus Penicillium rubrum, Patulin aus Penicillium expansum bzw. P. urticae u.a.m.

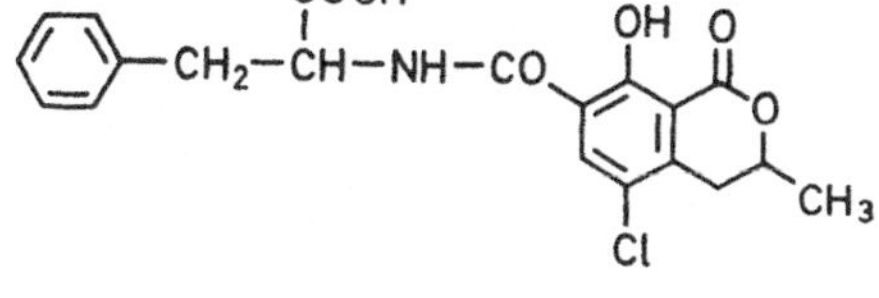

Ochratoxin A

LD_{50}: Ente 0,5 mg/kg oral

Zur Bibliographie vgl. (45, 46, 111, 136).

Sie und noch viele andere sind gleich den Aflatoxinen schwere Lebergifte, die beispielsweise bei weidenden Schafen und Rindern, beim Menschen nach dem Genuß verschimmelten Getreides oder beim Schwein nach Verfütterung infizierten Maises beobachtet wurden.

6. Oxalsäure

Die Schwerlöslichkeit des Calciumsalzes der Oxalsäure verschlechtert die Calciumresorption und fördert die Bildung von Harnsteinen. Toxische Glykole (S. 646) liefern erhebliche Oxalsäuremengen.

7. Polycyclische cancerogene Kohlenwasserstoffe

Zum ersten Male gelang es japanischen Forschern durch wiederholte Bepinselung mit Steinkohlenteerfraktionen an Versuchstieren Krebs zu erzeugen. 1930 entdeckten E. L. Kennaway und J. W. Cook in London, daß synthetisches *1.2.5.6-Dibenzanthracen* starke cancerogene Wirkung zeigt. 1933 wurde aus Steinkohlenteer das dort zu etwa 1,5% vorkommende *3.4-Benzpyren* isoliert und im gleichen Jahr gewannen H. Wieland u. Mitarb. durch Abbau der in menschlicher Galle vorkommenden Desoxycholsäure das *Methylcholanthren*. Die drei genannten Substanzen:

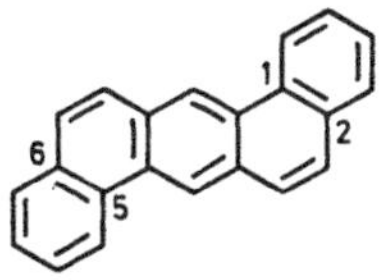

1. 2. 5. 6-Dibenzanthracen
Smp 266° C

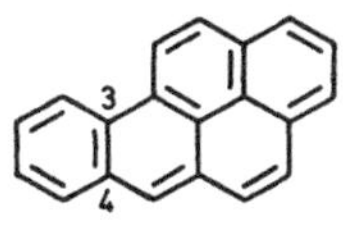

3. 4-Benzpyren
Smp 179° C

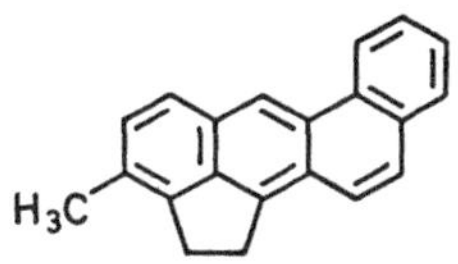

Methylcholanthren
Smp 180° C

sind gleichzeitig die wirksamsten cancerogenen Stoffe dieser Gruppe, deren Struktur auf die des 1.2-Benzanthracens zurückgeführt werden kann. Es gibt etwa 100 Vertreter cancerogener Kohlenwasserstoffe, von denen die im Teer vorkommenden die krebserzeugende Wirkung bedingen, die ja schon lange Zeit bekannt war und bereits 1875 durch R. Volkmann zur Aufstellung des Teerkrebses als Berufskrankheit führte.

Polycyclische cancerogene Kohlenwasserstoffe finden sich nach Untersuchungen aus neuester Zeit ubiquitär in der Umgebung des Menschen, so im Trinkwasser, im Oberflächenwasser (25—100 μg/m³), im Straßenstaub (50—360 μg/kg) und im Luftstaub (2,31 μg/kg). Verständlich, daß auch pflanzliche Lebensmittel kontaminiert sind. Gefunden wurden in Gemüsen und Salaten Phenanthren, Pyren und Fluoranthren. 3.4-Benzpyren wurde z.B. im Grünkohl (24,5 μg/kg), Kopfsalat (2,85—12,8 μg/kg) und in Tomaten (0,22 μg/kg), auch in Cerealien (0,02 bis 0,41 μg/kg) nachgewiesen. Pflanzenöle sind gleichfalls mit polycyclischen Kohlenwasserstoffen kontaminiert (5—20 μg/kg). Auch Bäckerhefen enthalten eine Reihe polycyclischer Kohlenwasserstoffe. Die pyrogenen Entstehungsmöglichkeiten machen es verständlich, daß auch geräucherte Lebensmittel, Röstkaffee, Tee, erhitzte Fette in Hinsicht auf mögliche cancerogene Wirkungen diskutiert werden. „Bei Extrapolierung der (für den Menschen unbekannten) Dosis aus den vorliegenden Tierversuchen erscheint die Gesamtaufnahme an polycyclischen Kohlenwasserstoffen durch Nahrung und Trinkwasser zu gering, um wirksam zu werden“ (90).

8. Nitrat, Nitrit und Nitrosamine

Nitrat als solches ist relativ untoxisch, kann jedoch auf enzymatischem Weg durch Nitratreduktasen (S. 206) in *Nitrit* übergeführt werden, das insbes. die Umwandlung von Oxyhämoglobin in Methämoglobin bewirkt. Besonders empfindlich sind Säuglinge. Wesentliche Bestrebungen gehen dahin, den Nitratgehalt pflanzlicher Lebensmittel durch geeignete Düngemaßnahmen niedrig zu halten und damit das Entstehen von Nitrit beim Lagern oder bei der Verarbeitung (Tiefkühlkost, Baby-foods u. a.) auf ein Minimum zu reduzieren (118.). Von besonders aktueller Bedeutung wurde in jüngerer Zeit die Frage nach dem Auftreten von *Nitrosaminen* in Lebensmitteln. Stoffe dieser Art sind als stark cancerogene Substanzen bekanntgeworden. Sie wirken darüber hinaus erheblich hepato-toxisch. N-Nitrosoderivate kommen sowohl in der Umwelt, wie in der Ernährung des Menschen vor. So wird berichtet über das Vorkommen in einem eßbaren Pilz (Clitocybe svavoelens), im Heringsmehl, Weizenmehl, in grünen Weizenpflanzen (Halm und Korn), in pasteurisierter Milch und in bestimmten Käsesorten, im Tabak und Tabakrauch (hier zum größten Teil als Artefakte, gebildet an der Kühlfalle) und schließlich im Pöckelfleisch, in Räucherfischen und Feinfrostspinat. Nitrosamine können auch durch menschliche Darmbakterien aus sekundären Aminen und Nitrit gebildet werden. Bildung von Nitrosaminen im Rahmen der Maillard-Reaktion konnte eindeutig ausgeschlossen werden. Wieweit die Angaben der Literatur einer kritischen Überprüfung standhalten, bleibt abzuwarten. Die Konzentrationen sind im allgemeinen so gering, daß über eine mögliche Gesundheitsgefährdung noch keine Aussagen gemacht werden können. Die Bildungswege in chemischen Reaktionsmechanismen bedürfen der experimentellen Klärung.

D. Verarbeitung und Zubereitung der Lebensmittel

Verarbeitung und Zubereitung der Lebensmittel verfolgt zunächst den Zweck, aus den verfügbaren Nahrungsquellen der Natur für unsere tägliche Kost bewußt Nähr- und Wirkstoffgruppen derart abzutrennen oder aufzubereiten, daß sie für sich, häufiger aber im Gemisch mit anderen Lebensmitteln, eine gut verdauliche und biologisch wertvolle, dabei geschmacklich ansprechende und sättigende Nahrung liefern. Die hierzu benutzten, oft jahrhundertealten Verfahren können entweder eine mechanische, rein äußerliche Stofftrennung bewirken, sie führen darüber hinaus jedoch oft zur tiefgreifenden Stoffumwandlung und liefern dann Lebensmittel, die mit dem Ausgangsmaterial wenig oder keine Ähnlichkeit mehr aufweisen. Viele der im folgenden zu besprechenden Verfahren erfuhren in den letzten Jahrzehnten beträchtliche Entwicklung und Verfeinerung, einmal im Streben nach biologisch möglichst hochwertiger Kost, dann im Rahmen der Gewinnung diätetischer Präparate für den kranken oder geschwächten Organismus und schließlich nicht zuletzt als Folge der Verbraucherwünsche nach raffinierten, „veredelten", konzentrierten oder kochfertigen Nahrungsmitteln.

Hier ist mit Nachdruck der immer wieder verbreiteten Meinung entgegen zu treten, wonach die Reinheit unserer Lebensmittel dadurch in großem Umfang gefährdet werde, daß die Rohstoffe nicht im Naturzustand belassen werden. Die Verbesserung der Verdaulichkeit, Sorge um die Hygiene, Entfernung störender unverdaulicher oder gar gesundheitsschädlicher Bestandteile oder Zugabe ernährungsphysiologisch wertvoller Substanzen (z.B. Vitamine) rechtfertigen die Notwendigkeit derartiger Prozesse, um dem Menschen vollwertige Kost zu liefern.

Umfang und Breite derartiger Entwicklungen haben den Bereich nahrungsproduzierender Gewerbe unserer Vorfahren in ungeahntem Ausmaß erweitert, wenn wir z.B. an die Produktion von Konserven, Trockensuppen, Trockenmilch, Trockenei, Kaffeepulver, Teigwaren, Tomatenmark oder Margarine denken. Nivellierung der Welternährung und Schwinden des Gefühls, wonach Nahrung ein Produkt der Umwelt, ja ein Teil der Umwelt selbst sei, einerseits, zunehmende Sicherung der Welternährung durch pflegliche Behandlung unserer Nahrungsquellen andererseits, sind einige der Folgen, die sich aus der Vorratswirtschaft unserer Zeit ergeben.

Die hier gegebenen Verarbeitungsmöglichkeiten sind zunächst rein mechanischer Art. Weiterhin benutzen sie die Einwirkung höherer Temperatur und umfassen damit die Mehrzahl aller im landläufigen Sinne unter Lebensmittelzubereitung verstandenen Prozesse und schließlich erstrecken sie sich auf eine Reihe höchst verwickelter biochemischer Verfahren, wie wir sie bei der Reifung vieler Lebensmittel antreffen. Bei allen Verfahren zeigt sich der Trend nach *kontinuierlicher* und *automatisierter* Führung der Produktion. Im Rahmen dieses Kapitels sollen nur grundsätzliche Gesichtspunkte Erörterung finden, spezielle Verarbeitungsprozesse werden bei den einzelnen Lebensmitteln besprochen.

I. Mechanische Verfahren

Innerhalb einer Phase kommen zunächst vor allem die von alters her bekannten *Zerkleinerungsvorgänge* als Vorstufe der Trenn- und Mischvorgänge in Frage.

Hier wirken Stoß-, Druck-, Scher- und Torsionskräfte auf hartes oder plastisch sich verformendes Gut ein und führen zu den verschiedensten Zerkleinerungsgraden. *Schlagen* und *Klopfen* als primitive Methoden mechanischer Art sind gleich dem *Schaben* und *Zerhacken* im wesentlichen auf Fleisch beschränkt. Sie lockern das innere Gefüge, trennen oder zerkleinern Muskelfasern und Bindegewebe und erleichtern damit den Kauakt und die Verdaulichkeit. „*Wolf*" und „*Kutter*" (Abb. 56, S. 339) sind Zerkleinerungsgeräte der Fleischwirtschaft. Sonder-

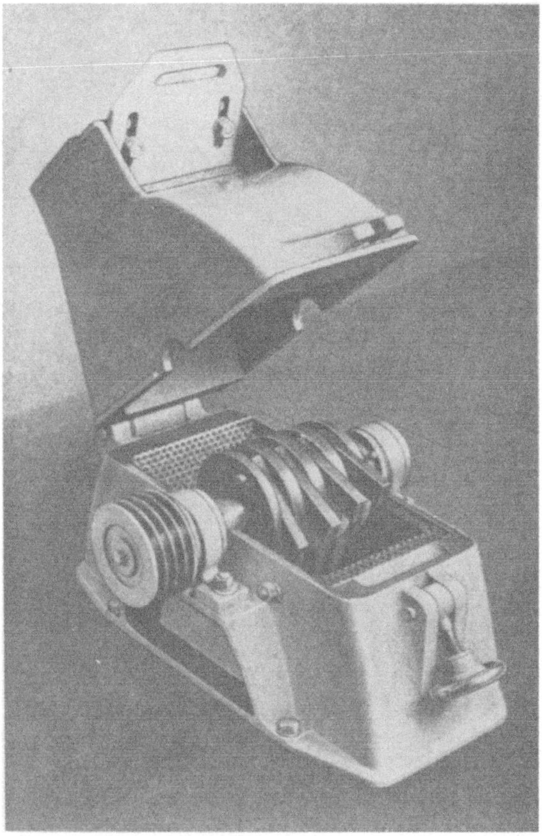

Abb. 18. Omniplex-Hammermühle mit freischwingend aufgehängten Schlägern (Hämmern) zwischen Schlägerscheiben. Darunter der Siebmantel (Rost). (Alpine AG, Augsburg)

probleme der Zerkleinerung, insbesondere von weichem Material, werden z.B. bei Fleisch, Obst oder Gemüse durch *Reiben*, *Schnitzeln*, *Streifenschnitt* oder *Passieren* gelöst. Das *Schroten* liefert gebrochene Produkte relativ großer Korngröße und erfordert Brechmaschinen oder Schrotmühlen (Schleuder-, Schlagstift-, Hammer-, Schlagnasen- oder Schlagkreuzmühlen, Brechschnecken, Kollergänge, Walzwerke). Schrote werden entweder als solche verbraucht (Getreideschrot) oder weiter verarbeitet (Ölkuchen, Nüsse, Körner aller Art) oder aber der *Feinmahlung* zugeführt. Dieser auf Mahlgängen oder Walzenstühlen, bei plastischem, als Dickschlamm vorliegenden Material (Schokolade) in Kollergängen oder Conchen (S. 703ff.) geübte Prozeß führt z. B. bei der Getreideverarbeitung (S. 477/478) zu Mehlen, deren

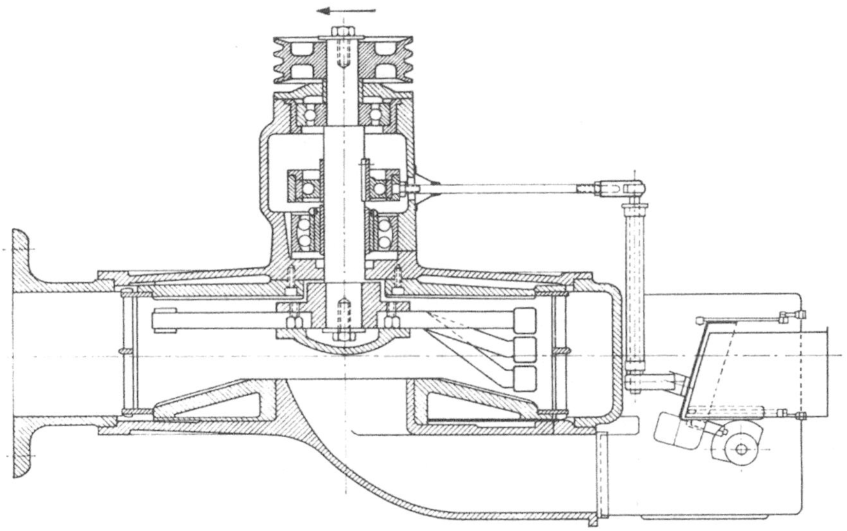

Abb. 19. Querschnitt durch eine Schlagkreuzmühle (Miag/Braunschweig). (Aus H. P. Kaufmann u. J. G. Thieme: Neuzeitliche Technologie der Fette und Fettprodukte, 2. Lfg., S. 309, Münster: Aschendorff 1959)

Abb. 20. Perplex-Universalmühle, als Siebschleudermühle montiert (Alpine AG, Augsburg)

stoffliche Zusammensetzung weitgehend von der des Getreidekornes verschieden ist und hinsichtlich Verdaulichkeit, Bekömmlichkeit, Verwendungsmöglichkeit sowie Aussehen die später besprochenen Getreideerzeugnisse liefert. Besonders feine Zerkleinerung wird mit Hilfe der Kolloidmühlen erreicht. Wie tiefgreifend dieses rein äußerliche Verfahren der Zerkleinerung, Trennung und der im folgenden besprochenen Sichtung Eigenschafts- und Wertänderungen nach sich

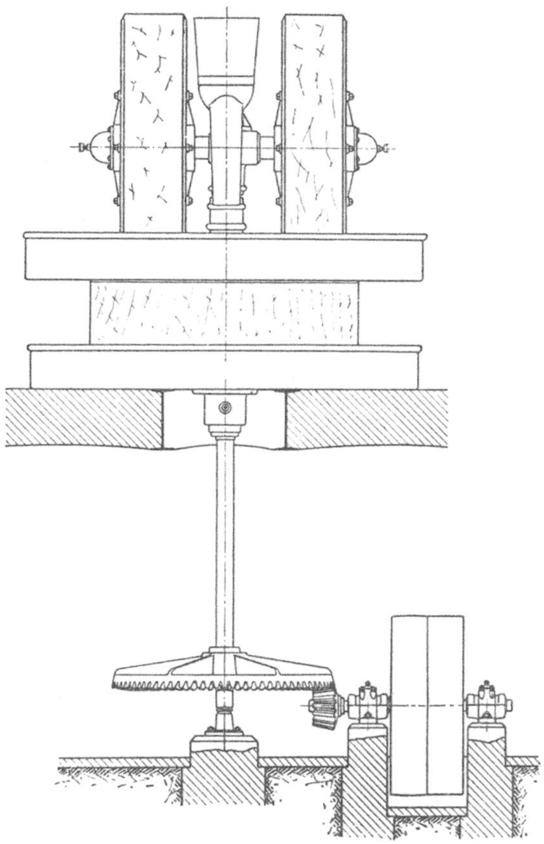

Abb. 21. Kollergang mit Unterantrieb (Christiansen und Meyer, Harburg-Wilhelmsburg). (Aus H. Schönfeld: Chemie und Technologie der Fette und Fettprodukte, Bd. I, S. 585, Wien: Springer 1936)

ziehen kann, zeigen Unterschiede im backtechnischen Verhalten verschieden ausgemahlener Mehle, die bis zum „Totmahlen" führenden Kolloidstrukturbeeinflussungen und die biologische Wertminderung niedrig ausgemahlener, mineralstoff- und vitaminarmer Mehle.

In den Abb. 18—21 sind einige derartige Apparaturen dargestellt, wobei die Zerkleinerung vorwiegend durch Stoß, Prall oder Schlag erfolgt. Bei der *Hammermühle* (Abb. 18) rotieren die Schläger (Hämmer) auf einer Achse und zerschlagen das Mahlgut auf einem Rost oder Sieb. *Schlagkreuzmühlen* (Abb. 19) sind ähnlich gebaut, doch trägt hier die einzige vorhandene Schlägerscheibe 4—6 bewegliche Schlagarme, so daß das Mahlgut zentral eingeführt, die Siebfläche im vollen Kreis ausgestaltet werden kann. *Stiftmühlen* bestehen aus einer schnell laufenden, mit

Stiftkränzen besetzten Scheibe, die zwischen feststehenden Stiften rotiert. *Universalmühlen* (Abb. 20) gestatten das Auswechseln von Schlagwerken, Sieben usw. und damit die Umschaltung auf verschiedene Typen (Pendelschläger, Schlagkreuz-, Fächer-, Trommel- oder Tellerschlägerwerk). In *Kollergängen* (Abb. 21) rollen radartige schwere Steine um eine Antriebsachse.

Oft erfordert die Verarbeitung als erste Stufe der Zubereitung eine *Entfernung* für die Ernährung *wertloser Bestandteile*, z.B. von Knochen und Sehnen bei Fleisch und Wild, von Schuppen, Flossen und Gräten bei Fischen, von Schalen bei Kartoffeln und Obst, von ungenießbaren Anteilen bei Gemüse. Manipulationen dieser Art sind für den *Küchenabfall* (vgl. S. 227) und für biologische Wertminderung durch Entfernung vitaminreicher Randzonen, z.B. bei der Kartoffel, von Bedeutung.

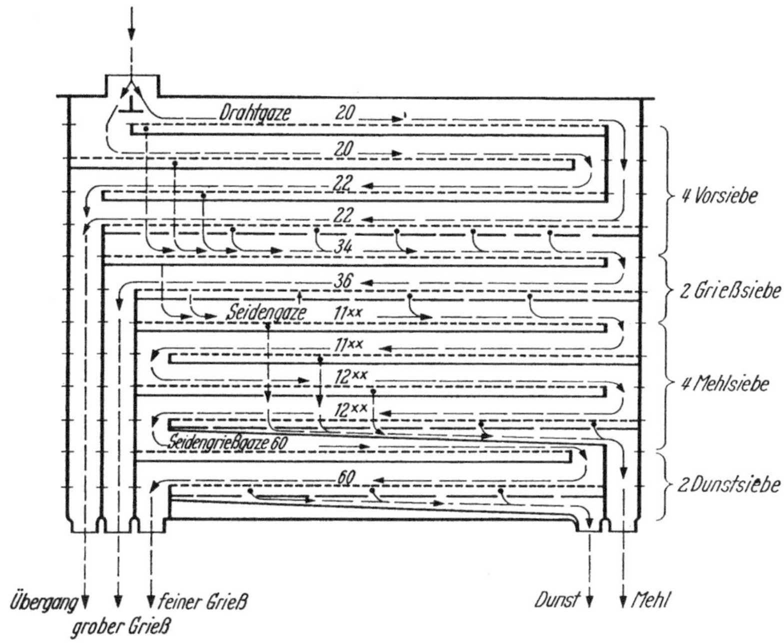

Abb. 22. Schematischer Querschnitt durch einen Plansichterkasten (Aus Rohrlich und G. Brückner: 135, Bd. I)

Eng verknüpft mit Bestrebungen, im Mahlprozeß möglichst weitgehende Zerkleinerung anzustreben, ist die *Stofftrennung*, also die Notwendigkeit, Mahlgut verschiedenen Zerkleinerungsgrades zu *sichten*, entweder mit Hilfe der Schwerkraft (Zentrifugal- oder Windsichter) oder des Siebens (Trieure, Siebe und Vibrationsschwingsiebe, Plansichter). Spezielle Verfahren der Trennung und Sichtung, wie *Extraktion* (Digestion, Maceration, Perkolation, Diffusion), *Zentrifugieren*, *Filtrieren*, *Passieren*, *Ausschmelzen* und *Abpressen* spielen gleichfalls eine wesentliche Rolle in der Lebensmittelverarbeitung, z.B. in der Zucker-, Stärke-, Öl-, Fett-, Süßmost-, Bier- und Milchindustrie.

Beispiele derartiger Stofftrennungen sind die Sichtung von Mahlgemischen im *Plansichter* der Müllerei (Abb. 22, vgl. auch bei Mehl) oder die Extraktion von Fetten und Ölen aus fetthaltigem Samen (Abb. 23) oder die Trennung von Vollmilch in Sahne und Magermilch (Abb. 24). Die Milch wird gleichmäßig auf alle Tellerzwischenräume verteilt, dort in Sahne und Magermilch getrennt. Beide Komponenten werden den Pfeilrichtungen entsprechend abgeführt.

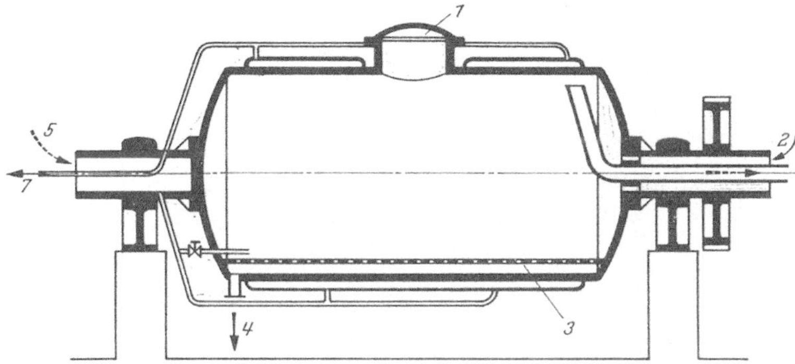

Abb. 23. Rotierender Feststoffextraktor mit Heizmantel und Zahnradantrieb. 1 Füllstutzen für das Extraktionsgut, 2 Lösemitteleintritt, 3 Siebboden, 4 Extrakt, 5 Dampfeintritt für das Heizen und Lösemittelaustreiben, 6 Austritt der Lösemitteldämpfe, 7 Kondenswasseraustritt (nach Vauck-Müller 1966; aus: (54) Bd. IV., S. 201)

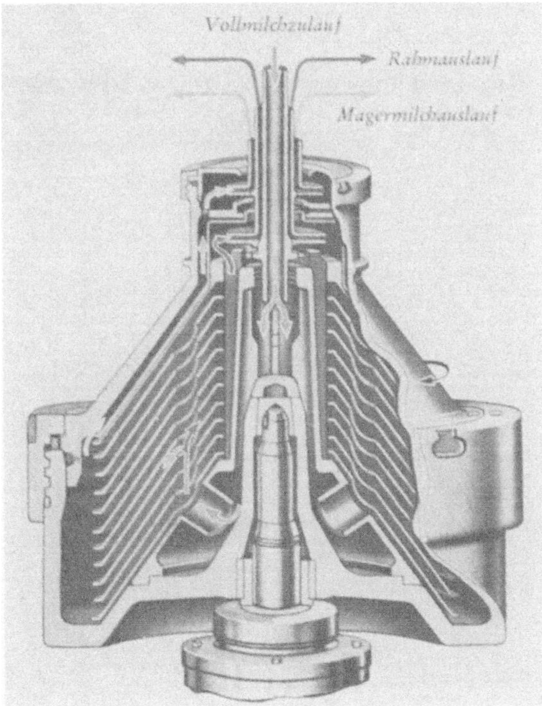

Abb. 24. Schnitt durch eine Westfalia MM-Entrahmungstrommel (Westphalia Separator AG, Oelde/Westfalen)

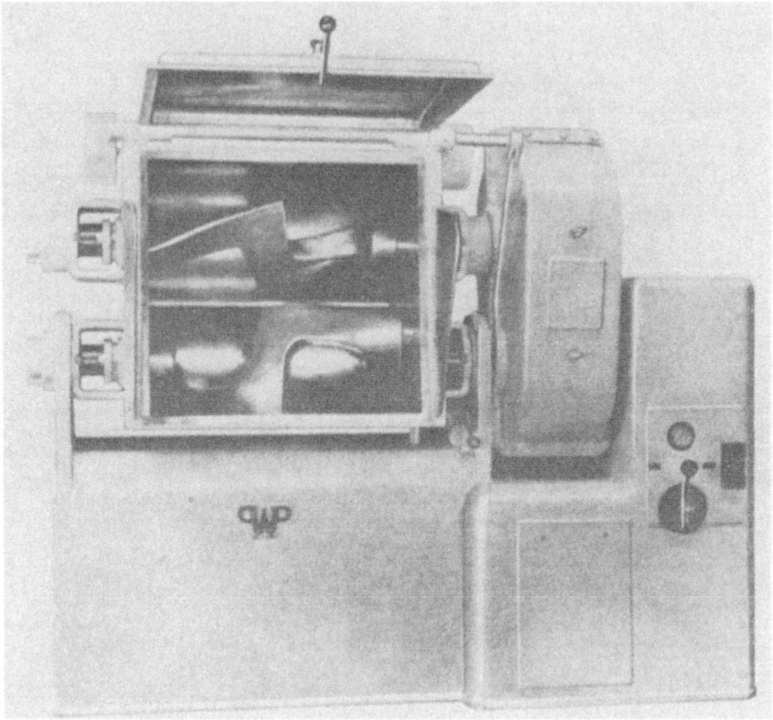

Abb. 25. Knet- und Mischmaschine (Werner & Pfleiderer, Stuttgart)

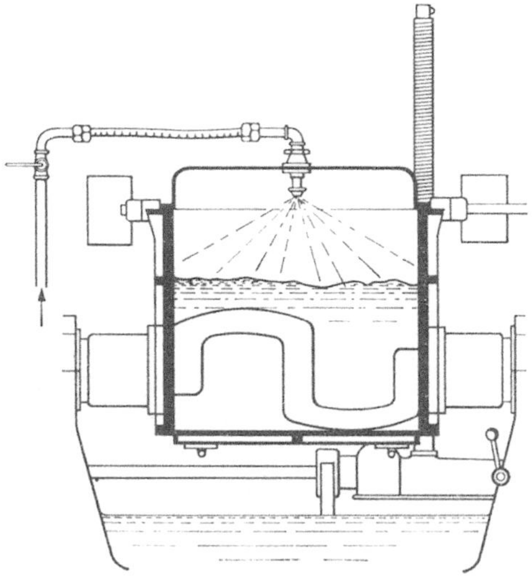

Abb. 26. Knet- und Mischmaschine mit Einsprühvorrichtung zur Beimischung unter feinster Verteilung (Werner & Pfleiderer, Stuttgart)

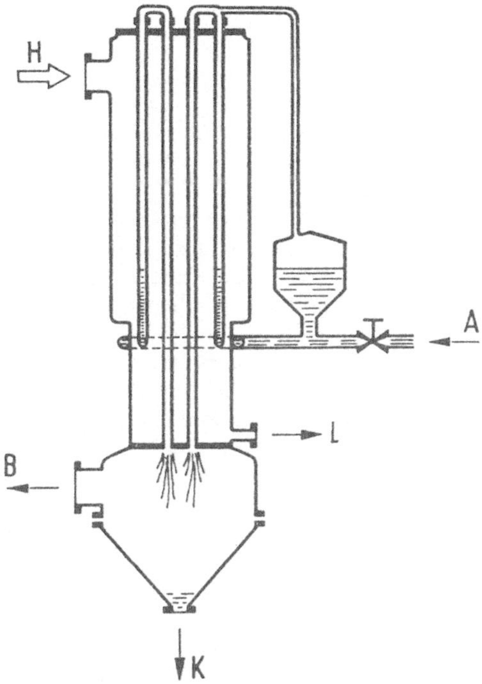

Abb. 27. Schema des Bergs-Maskin-Hochkonzentrators (J. Wiegand, Karlsruhe). A Zufuhr des einzudampfenden Produktes, B Austritt des Brüdens, H Eintritt des Heißdampfes, K Austritt des Konzentrates, L Austritt von Kondensat und Luft. (Aus J. Schormüller (141))

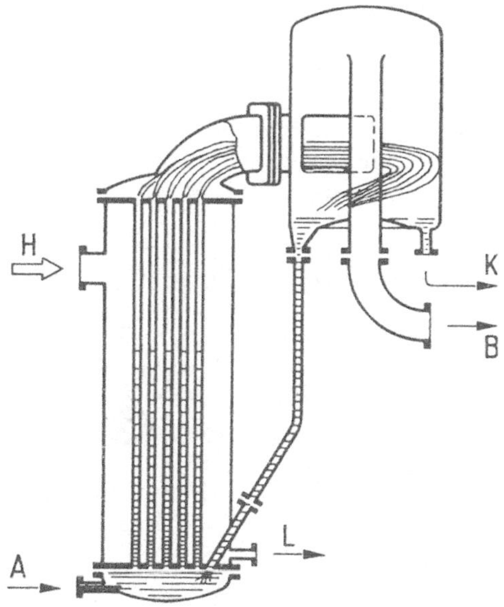

Abb. 28. Wiegand-Verdampfer (J. Wiegand, Karlsruhe). A Zufuhr des einzudampfenden Produktes, B Austritt des Brüdens, H Eintritt des Heizdampfes, K Austritt des Konzentrates, L Austritt von Kondensat und Luft. (Aus: J. Schormüller (141))

Veränderungen innerhalb einer Phase treten auch beim *Mischen* durch Rührwerke, Pumpen, Trommelmischer (Speiseeis, Mehle, Backpulver), beim *Kneten* (Teig, Kakaomasse) durch Knetmaschinen oder Walzwerke (Abb. 25; S. 701) oder beim *Emulgieren* (Butter, Margarine, Eierschaum, Mayonnaise, Salattunken, Schokolade, Eierlikör) und schließlich beim *Homogenisieren* (Milch, Rahmeis, Kondensmilch, Eierverarbeitung) auf.

Abb. 26 bringt das Diagramm einer *Knet-* und *Mischmaschine* die zur Beimischung feinstverteilter Stoffe (z.B. Aromastoffe) mit einer Sprühvorrichtung ausgestattet sein kann.

Unter die mechanischen Verfahren zu rechnen — an anderer Stelle besprochen — sind schließlich *Trocknungs-*, *Eindickungs-* und *Verdampfungsvorgänge*, bei denen Bildung gasförmiger Komponenten aus flüssigen Phasen und anschließende Phasentrennung erfolgt oder *Gefrierprozesse*, wo die flüssige Phase weitgehend in den festen Zustand übergeht und dabei aus dem Zellgefüge scheiden kann.

Als Beispiel eines modernen Röhrenverdampfers sei das Diagramm des Wiegand-Verdampfers (Abb. 28) gebracht. Ein Schnellverdampfer ist in Abb. 27 schematisch dargestellt. Weiteres bei J. Schormüller (141).

Zusammenfassend ergibt sich, daß derartige, zunächst recht einfach erscheinende Vorgänge eine Fülle physikalischer, physikochemischer, chemischer und ernährungsphysiologischer Probleme aufwerfen, da neben rein mechanischen Vorgängen auch solche der Grenzflächenaktivität (Fett-Wasser-Phase), der chemisch gesteigerten Reaktionsbereitschaft (erhöhte Umsatzneigung bei Sprühmilch oder Sprühei) und der biologischen Wertänderung (raffinierte Öle, niedrig ausgemahlene Mehle) u.a.m. eine Rolle spielen.

II. Biochemische Verfahren

Biochemische Prozesse, wie die alkoholische Gärung, das Reifen von Käse, Butter, Mehl oder Fleisch, die Sauermilchbereitung, die Fermentierung von Tee, Tabak, Kaffee, Kakao, die enzymatisch gesteuerte Teigbereitung, verändern derartig tiefgreifend und spezifisch das Ausgangsmaterial, daß sie bei den einzelnen Lebensmitteln besprochen werden sollen.

Sie liefern oft Lebensmittel spezifischer Art (Käse aus Milcheiweiß, schwarzen Tee aus dem grünen Teeblatt), erzeugen eigenartig duftende und schmeckende Stoffe und erleichtern außerdem in vielen Fällen die Stofftrennung im Gange der Aufbereitung, z.B. bei der Fruchtfleischentfernung der Kaffeefrucht oder bei der Saftgewinnung aus angegorenen Himbeeren.

III. Anwendung erhöhter Temperaturen

Prozesse dieser Art gehören zu den ältesten Verfahren der Nahrungszubereitung. Sie können, je nach der gewählten Erhitzungsart und je nach dem bearbeiteten Lebensmittel, sehr verschiedene Veränderungen des ursprünglich vorliegenden Materials auslösen. Neben der Steigerung der Verdaulichkeit, der Entwicklung spezifischer Aromastoffe und der Vernichtung von Mikroorganismen sind Erhitzungsprozesse technologisch von Bedeutung zur Inaktivierung störender Enzyme (z.B. Dämpfen von Hafer oder Haferflocken) oder zur Ausschaltung von Hemmstoffen (Trypsininhibitor der Sojabohne).

1. Kochen

Unter Kochen (boiling; im Österreichischen und Schweizer Raum auch als „Sieden“ bezeichnet) versteht man längeres Erhitzen von Lebensmitteln mit viel Wasser bei Siedetemperatur unter normalem oder überhöhtem Druck (Dampftopf). Ziehenlassen von Lebensmitteln unterhalb der Kochtemperatur nennt man Garen (Pochieren). Im Kochprozeß werden zunächst Gase frei: Kohlendioxid, Schwefelwasserstoff bei Gemüse und Fisch, Mercaptane und andere organische, flüchtige Verbindungen bei Kohl und Spargel.

Fleisch erleidet beim Kochen als augenfälligstes Merkmal beträchtlichen Gewichtsverlust, vor allem durch Wasserabgabe („Coagulationswasser") aus dem durch Erhitzen denaturierten und damit lyophobgewordenen Proteinanteil. Beim üblichen Garkochen beträgt der Verlust im Mittel (H. S. Grindley u. Mitarb., 1904) für:

Rindfleisch (mager und mittelfett)	35%
Rindfleisch (fett)	22%
Kalbfleisch	29%
Hammelfleisch	35%
Schweinefleisch	25%

100 Teile Warmblüterfleisch liefern also 60 bis 80 Teile gekochtes Fleisch; bei fettreichen und großen Fleischstücken ist der Gewichtsverlust am geringsten. Für Fische schwanken die Verluste je nach Fischart beträchtlich. So verlieren Hering etwa 36%, Salm 23%, Forelle 32%, Kabeljau 28%, Schellfisch 41%, Makrele 12% und Steinbutt 19% an Gewicht. Auch ein Teil des verflüssigten Fettes geht in die wäßrige Phase über („Fettaugen" der Suppe) und nimmt dabei oft fettlösliche Pigmente auf (Tomatenfarbstoffe).

Beim Garkochen treten im wesentlichen Verluste an Wasser auf, die bei Fischen viel geringer als beim Fleisch der Warmblüter sind. Die Verluste an Stickstoffsubstanz liegen zwischen 5 und 10%, die an Fett können bis zu 30% betragen. Hoch ist außerdem die Abgabe von Mineralstoffen. Wenn das Kochwasser als Suppe mitgenossen wird, treten praktisch keine Verluste auf, zumal auch der biologische Wert der Fleischproteine durch Kochen nicht gemindert wird; geronnenes, denaturiertes Eiweiß wird durch die Verdauungsenzyme sogar leichter angegriffen als genuines Protein. Da viele der in das Kochwasser übergehenden Bestandteile, vor allem die stickstoffhaltigen „Extraktivstoffe" und Fleischbasen (vgl. bei Fleisch, S. 317) wesentlich an der Geschmacksbildung des Fleisches beteiligt sind, hat die Frage nach zweckmäßiger Kochführung beim Garmachen des Fleisches Bedeutung. Setzt man Fleisch mit kaltem Wasser an, so werden wasserlösliche Albumine, Fleischbasen und Mineralstoffe ausgelaugt, bis bei etwa 60°C die beginnende Proteincoagulation den Extraktionsvorgang weitgehend hemmt. Mit zunehmender Temperatur scheidet sich das gelöste Albumin, zusammen mit extrahiertem Hämoglobin bzw. Myoglobin als grauer Kochschaum ab. Denaturiertes Myoglobin wird im Metmyoglobin umgewandelt und verursacht die bräunliche graue Farbe gargekochten Fleisches.

Im Verlauf des Kochvorganges bewirkt die schwach saure, durch Phosphate und Milchsäure bedingte Reaktion der Brühe Hydrolyse des Bindegewebes (Kollagen) zu Leimsubstanzen, die in das Kochwasser übergehen und bei besonders bindegewebsreichem Fleisch in erkalteter Brühe zur Gallertbildung führen (Sülze). Normaler Kochprozeß liefert durch Herauslösen von Bindegewebsanteilen zartes, leicht kaubares Fleisch, übermäßiges Kochen ergibt extraktstoffarmes, ausgelaugtes, zähes, schwer kaubares und schlechter ausnutzbares Fleisch. Legt man Frischfleisch dagegen in kochend heißes Wasser, so gerinnen die Eiweißstoffe an der Fleischoberfläche und verhindern weitgehend die obenbeschriebenen Extraktionsvorgänge. Praktisch liefert die erstgenannte Zubereitungsart gehaltreiche Brühe, daneben aber extraktarmes, fade schmeckendes Fleisch, das der Nachwürzung bedarf. Das Einlegen in heißes Wasser ergibt umgekehrt ein saftreiches, würzig schmeckendes Kochfleisch und dünne, fade, analytisch durch geringen Stickstoffgehalt gekennzeichnete Brühe. Um die Quellfähigkeit der Fleischproteine zu beschleunigen und zu steigern, wird Fleisch in saure Milch oder Essig gelegt. *Garziehen* (stewing, simmering) erfolgt in viel Flüssigkeit und leicht zugedecktem Gefäß.

Pflanzliche Lebensmittel. Gemüse verlangt infolge seines hohen Gehaltes an Rohfaser eine wesentlich eingehendere Behandlung durch Hitzeaufschluß als Fleisch. Dem Kochvorgang geht hier meist das *Wässern* oder das *Überbrühen* mit heißem Wasser oder Dampf (Blanchieren) voraus (vgl. S. 528). Beide Verfahren bewirken die Entfernung unerwünschter Geschmacksstoffe, mindern die sperrige Beschaffenheit und sollen als hygienische Schutzmaßnahme Schmutz und Mikroorganismen entfernen. Ein entsprechender Vorgang ist das *Einquellen* von Hülsenfrüchten. Wichtig für die Zubereitung reifer Leguminosenfrüchte (Erbsen, Linsen) ist der ungünstige Einfluß harten Wassers. Vor allem der Calciumgehalt derartiger Wässer führt zur Bildung schwerlöslicher Komplexverbindungen mit Pektinstoffen der Hülsenfrüchte, die das Auflösen der Mittellamelle und damit das Garkochen oft erheblich verzögern oder gar verhindern. Natriumhydrogencarbonat erleichtert das Weichkochen zerstört jedoch Vitamin B_1. Zugabe von Säuren (Essig) verstärkt die Quellung. Es gibt aber auch Hülsenfruchtarten, bei denen das ,,Hartbleiben" im Kochprozeß sortenbedingt ist. Verluste an organischen und Mineralstoffbestandteilen beim Wässern und Abbrühen sind je nach Art des behandelten Gutes sehr verschieden; sie betreffen vor allem lösliche Stickstoffsubstanzen und Kohlenhydrate, Vitamine, Mineralstoffe und zum Teil auch Fette sowie organische Geschmacksträger verschiedener Art. Daneben entweichen flüchtige Stoffe, wie Schwefelwasserstoff, Mercaptane, Senföle, ätherische Öle, Ester, Aldehyde, Ketone und andere Aromastoffe. Als ausgesprochen positiver Effekt wirkt sich hier die Entfernung der aus Glykosiden von Bohnenarten freigesetzten Blausäure aus.

Als Beispiele seien angeführt, daß von der Gesamttrockensubstanz bei Spinat etwa 19%, bei Rosenkohl 24%, bei Grünkohl 34% und bei Weißkraut 48% in das Brühwasser gehen. Entsprechend hoch sind die Verluste, wenn bei gekochtem Gemüse das Kochwasser verworfen wird. Wegen des an sich meist relativ geringen Nährstoffgehaltes vieler Gemüsearten sind solche Verluste calorisch gering zu veranschlagen, ernährungsphysiologisch jedoch von wesentlicher Bedeutung, da derartige Kochwässer wie erwähnt neben Geschmacksstoffen unerwünschter Art beträchtliche Mengen der Mineralstoffe und vor allem der wasserlöslichen Vitamine (S. 504) enthalten.

Für rote Beete charakteristisch ist der Übergang von Farbstoff (das ,,Bluten") in die wäßrige Phase.

Kochen des *Obstes* führt schnell zu breiartigen Produkten (Apfelmus usw.), aus denen durch Passieren leicht und ohne wesentliche Verluste unerwünschte Bestandteile (Kerne, Kerngehäuse, Schale) entfernt werden können. Gleichzeitig wird die Verdaulichkeit, Bekömmlichkeit und Ausnutzbarkeit erhöht, allerdings auch oft eine Einbuße an Duft- und Aromastoffen bewirkt. Ernährungsphysiologische Gesichtspunkte des Substanzverlustes durch Wasserextraktion sind hier im Gegensatz zu Gemüse gegenstandslos, da Kochwasser stets mitgenossen wird, darüber hinaus zugegebener Zucker in das Fruchtinnere diffundieren kann (kandierte Früchte). Technologisch wichtig für die Herstellung von Fruchtgelees, Marmeladen usw. ist die Hydrolyse des in Rohfrüchten enthaltenen genuinen Protopektins (vgl. S. 102) durch heißes Wasser zum eigentlichen, die Gelierfähigkeit bedingenden Pektin, wobei Zucker als wasserverbindender Stoff die Gelierung fördert.

Für alle pflanzlichen Produkte wesentlich ist schließlich die beim Erhitzen mit Wasser eintretende *Verkleisterung* der Stärke, ein für die Ausnutzung dieser Nährstoffkomponente sehr wichtiger Vorgang.

Um die beim Wässern, Blanchieren und Kochen von Gemüse auftretenden Verluste durch Wasserextraktion zu vermeiden, ist hier vor allem das auch bei anderen Lebensmitteln angewendete *Dämpfen* oder *Dünsten* im geschlossenen Topf bei geringem oder fehlendem Wasserzusatz empfehlenswert. Dabei liegt das Gut mit wenig Wasser und eng anliegendem Deckel in Naßdampf ohne Überdruck auf einem Siebboden („*Heißluftkochen*“; steaming) oder es wird nach allseitigem Anbraten (*Sautieren;* pan frying) im Dämpftopf mit Überdruck (ca. 0,3 atü) gargemacht (pressure steaming). Beide Prozeduren stellen Übergänge zu den im folgenden besprochenen Verfahren des Schmorens, Bratens oder Röstens dar.

In den USA, später auch in Europa, hat sich eine umfangreiche Industrie entwickelt, die durch entsprechende Vorbehandlung von Lebensmitteln der Hausfrau den zeitraubenden Kochprozeß weitgehend abnimmt und „*precooked foods*“ auf den Markt bringt. Gleichen Bestrebungen liegt die Produktion von *Trockensuppen, Naßsuppen* und ähnlichen Erzeugnissen (S. 469) zugrunde. Die Entwicklung führte zu den sog. „*convenience foods*“, d. h. zu Produkten, die bei weitgehender Haltbarkeit und unter Garantie stets gleichbleibender Qualität und Beschaffenheit leicht, schnell und ohne wesentliche küchentechnische Vorarbeiten tischfertig angeboten werden.

Die *Vitaminverluste beim Kochen* von Lebensmitteln schwanken innerhalb weiter Grenzen. *Vitamin A* wird bei starkem Erhitzen unter Druck oder bei reichlicher Sauerstoffzufuhr stark geschädigt, bei küchenmäßiger Zubereitung liegen die Verluste zwischen 5 und 10%. *Vitamin* B_1 ist gut kochbeständig, empfindlich gegen „geschwefelte“ Lebensmittel und Natronzusatz; Verluste bei Haushaltskost liegen bei etwa 30%, Weggießen des Kochwassers steigert den Verlust auf 50%. *Vitamin* B_2 ist praktisch kochbeständig, Kochwasserverluste liegen bei 25%. Ähnliche Verlustzahlen gelten für *Nicotinsäure* (etwa 20%). *Vitamin D* bleibt praktisch erhalten. Nicht kochbeständig ist *Vitamin C.* Besonders schädigend wirken Kupfergefäße, das Grünen von Obst und Gemüse sowie längeres Warmhalten. Kohl verliert nach längerem Kochen praktisch alles Vitamin C (S. 172), ungeschälte Kartoffeln und rote Rüben sind durch die Schalen gegen Kochverluste geschützt. Gekochte Erbsen weisen noch $^1/_3$, getrocknete die Hälfte ihres ursprünglichen Vitamin C-Gehaltes auf. Im Durchschnitt bringt haushaltsübliche Zubereitung Ascorbinsäureverluste von 35% mit sich. Kochen mit Dampf oder im Drucktopf schädigt die Vitamine weniger als direktes Erhitzen. Weiteres siehe bei den *Vitaminen.*

2. Braten, Rösten (Grillieren), Schmoren

Fleisch und Fisch. Beim Braten des Fleisches in Fett oder Öl bleiben die wertvollen Inhaltsstoffe weit mehr erhalten als beim Kochen. Je nach Art und Dauer des Bratens sind hier die Gewichtsverluste im wesentlichen durch die Wasserabgabe bedingt. So verlieren z.B. Rind-, Schweine- und Hammelfleisch beim leichten Anbraten 18%, 22% und 15% Wasser, bei durchgebratenem Fleisch liegen die entsprechenden Verluste bei 38%, 43% und 30%. Bei Bratfischen (Braten in Öl) treten folgende Veränderungen ein:

Tabelle 78. Einfluß des Bratens in Öl auf die Zusammensetzung von Fischfleisch (Angaben in g für 100 g eßbaren Anteil)

	Schellfisch		Seelachs	
	frisch	gebraten	frisch	gebraten
Trockensubstanz	19,11	35,95	19,57	39,79
Wasser	80,89	64,05	80,43	60,21
Rohfett (Ätherextrakt)	0,33	10,10	0,20	7,29
N-Substanz (N × 6,25)	16,20	22,13	16,95	29,05
Mineralstoffe (Asche)	1,06	2,55	1,38	1,94

Braten mit viel Fett in Siebkörben (im Fettbad schwimmend, „*Immersionsbacken*"; deep fat frying) wird als *Frittieren* bezeichnet.

Braten und Rösten (roasting und broiling) des Fleisches bedingen also weniger Nährstoffverluste als Kochen; die meist geübte Fettzugabe erhöht sogar den Fettgehalt des Fertiggerichtes. Braten nach „englischer" Art, d.h. relativ kurze Zeit bei hoher Temperatur, führt zu besonders hoher Nährstofferhaltung; die schlechte Wärmeleitung der gebildeten Kruste verhindert das Garwerden der inneren Schichten, ein Teil des Fleisches bleibt weitgehend roh. Verglichen mit gekochtem Fleisch tritt beim Braten und Rösten infolge der schnellen Einwirkung höherer Wärmegrade (bis über 200°C) praktisch sofort die Bildung einer wenig durchlässigen Krustenschicht ein, die durch Wenden und Begießen des Bratens mit heißer Bratenbrühe begünstigt wird. Über die chemische Art der hier gebildeten Röstprodukte ist noch wenig bekannt. „*Histobasen*", wie das aus Histidin durch thermische Decarboxylierung entstehende Histamin, wirken fördernd auf die Magensaftsekretion, bilden die für gebratenes oder geröstetes Fleisch charakteristischen Geruchs- und Geschmacksstoffe und machen die Wertschätzung dieser seit uralten Zeiten benutzten Art der Fleichzubereitung verständlich. Wie bei der Kruste des Brotes spielen hier Umsetzungen zwischen reduzierenden Kohlenhydraten und Aminosäuren nach Art der Maillard-Reaktion eine Rolle, so daß bei solchen Zubereitungsarten mit entsprechenden Nährwertminderungen gerechnet werden muß (vgl. S. 14).

Das (oft mit Hilfe der Infrarotwärme) durchgeführte *Grillieren* (Grillen, griddle broiling [ohne Fett] bzw. Rotisserie, Barbecue, open spit roasting [auf Spieß]) von Fleisch auf dem Gitterrost, bei dem auf Zusatz von Bratfett weitgehend verzichtet werden kann, hat neuerdings verbreitete Anwendung gefunden. Als Zwischenstufe der Brat- und Kochprozesse ist das *Schmoren* (braising, searing, steaming) zu betrachten, wobei das Kochgut nach dem Anbraten weiter gedünstet wird.

Pflanzliche Lebensmittel. Bei *Gemüse* sind Braten und Rösten von untergeordneter Bedeutung. Backen in trockener Hitze ist für Kartoffeln, Kastanien, Bataten, Äpfel usw. bekannt, wobei unter weitgehender Erhaltung des Wassers durch Krustenbildung keine wesentlichen Nährstoffverluste auftreten. Braten unter Zugabe von Fett in der Pfanne oder durch Schwimmenlassen in heißem Fett ist bei Kartoffeln üblich (Bratkartoffeln, Pommes frites, Kartoffelchips). Von dieser Möglichkeit zur Kaschierung des Fettes macht die Therapie auch bei anderen Gemüsen oft Gebrauch (Mastkuren). *Backen in Aluminiumfolie* liefert besonders wohlschmeckende Kartoffeln, Fische und andere Lebensmittel.

Bei *Cerealien* und anderen vegetabilischen Lebensmitteln, auch bei Fleisch, spielt vor allem das bei Temperaturen bis zu 300°C vor sich gehende *Rösten* eine wichtige Rolle. Die hier ablaufenden Prozesse führen zur Bildung sekretionsfördernder „Histobasen", zu farbgebenden Caramelisierungen und zu Bräunungsreaktionen, an denen die mehrfach erwähnte Maillard-Reaktion beteiligt ist. Kaffee, Kakao, Getreide und zuckerreiche Früchte (Feigen), Zuckerrüben und andere Wurzelgewächse (Zichorie), Leguminosen, Eicheln, Malz liefern durch Rösten aromatische, bitter schmeckende Stoffe oder braunfärbendes Caramel (Assamar), die u. a. bei der Gewinnung von Kaffee-Ersatzstoffen oder von Farbmalz bedeutungsvoll sind. Als thermische Umsetzungsprodukte treten Diacetyl, Acetylmethylcarbinol, Hydroxymethylfurfural und Glyoxal auf.

Eine besondere Art der Hitzebehandlung stellt das *Puffen* von Cerealien dar (Puffreis, Puffmais), das insbesondere in den USA zur Gewinnung tischfertiger Frühstückskost aus Cerealien entwickelt wurde. Die hier angewendeten Hitzegrade sind besonders hoch, dementsprechend beträchtlich auch die biologische Wertminderung (S. 14).

Das *Backen* des Brotes endlich dient dem Zweck, den Rohstoff Mehl in ein gut ausnutzbares, bekömmliches und geschmacklich zusagendes, weitgehend variierbares Produkt unserer Ernährung umzuwandeln. Die hier ablaufenden Prozesse (S. 489) gehen für Weizenbrot bei etwa 200°C, für Roggenbrot bei 250—270°C vor sich.

Weitere Erhitzungsprozesse, wie das *Sterilisieren* und *Pasteurisieren* werden im Rahmen der Lebensmittelerhaltung besprochen.

IV. Ionenaustauscher in der Lebensmittelchemie

Ionenaustauscher spielen in der Natur eine wichtige Rolle. Erinnert sei an das Ionenaustauschvermögen des Bodens und vieler organischer Naturstoffe, wie Humus, Torf, Kohle, Eiweiß, Algensäuren sowie insbesondere an das Kationenaustauschvermögen natürlich vorkommender anorganischer Silicate [Tone, Zeolithe, Grünsand (Glaukonit)]. Synthetisch erzeugte Basenaustauscher (Permutite) zeigen gleich den Naturstoffen die Eigenschaft, aus einer Lösung bestimmte Ionen aufzunehmen und gegen andere Ionen, mit denen sie beladen waren, auszutauschen (zu permutieren). Solche im wesentlichen als basische Silicate des Aluminiums und Natriums anzusehende Hilfsstoffe haben sich ausgezeichnet zur Wasserenthärtung bewährt, wo sie Natrium gegen Calcium und Magnesium austauschen (s. S. 741).

Die in den letzten 20 Jahren entwickelten *Kunstharzaustauscher* sind unlöslich in Wasser, Säuren und Laugen, vertragen Temperaturen bis zu 100°C und lassen sich als Kationen- wie als Anionenaustauscher entwickeln. Kationenaustauscher sind Phenol-Formaldehyd-Kondensate, deren *saurer* Charakter durch Einführung von Carboxyl- und Sulfonsäuregruppen verstärkt ist. Anionenaustauscher zeigen *basische* Eigenschaften und enthalten reaktionsfähige freie, aliphatische oder aromatische Amino- bzw. Iminogruppen. Schließlich gibt es noch Austauscher mit *Ampholytcharakter*, in die gleichzeitig saure *und* basische Gruppen eingebaut sind. Wichtige Größen für die Leistungsfähigkeit solcher Stoffe sind neben *Trennschärfe* und *Stabilität Austauschkapazität* und *Austauschgeschwindigkeit*. Derartige Ionenaustauscher kommen unter Namen wie Lewatite (Wofatite), Amberlite, Permutite, Dowex u.a. in den Handel. Ionenaustauscher wendet man nach 2 verschiedenen Verfahren an: im *Chargen*(Batsch)-Verfahren werden die Austauscher in die Lösung eingerührt und nach vollzogenem Austausch durch Zentrifugieren oder Filtrieren wieder entfernt, im *Filtrationsverfahren* wird der Ionenaustausch (oft automatisch) in korrosionsfesten, zylindrischen Zellen vorgenommen.

Die zur Reinigung von Fetten und Ölen (S. 428) seit langem benutzten (natürlichen oder „aktivierten") Bleicherden sind als Montmorillonite (Bentonite) ausgesprochene Ionenaustauscher.

Besonders umfangreich ist die Anwendung *organischer Ionenaustauscher* geworden. Sie dienen einmal zum *Ersatz unerwünschter Ionen durch andere Ionen*. Beispiele hierfür sind der Ersatz von Calcium, Magnesium, Eisen und Mangan durch Natrium bei der Wasserenthärtung, die Entfernung von Natrium und dessen Ersatz durch Calcium in Kuhmilch zur Gewinnung natriumarmer, leicht flockender Präparate für den Säugling oder die pharmazeutisch wichtigen Umwandlungen von Penicillinkalium in das Natriumsalz, von Streptomycinsulfat in das Chlorid.

Eine andere Anwendungsmöglichkeit ist die Beseitigung von Elektrolyten, z. B. von Natriumchlorid durch Kationenaustauscher in der H-Form ($KAT^{\ominus}H^{\oplus}$) und Anionenaustauscher in der OH-Form ($AAT^{\oplus}OH^{\ominus}$) gemäß der Reaktionsfolge:

$$KAT^{\ominus}\,H^{\oplus} + NaCl \rightleftharpoons KAT^{\ominus}\,Na^{\oplus} + H^{\oplus}Cl^{\ominus}$$
$$AAT^{\oplus}\,OH^{\ominus} + HCl \rightleftharpoons AAT^{\oplus}\,Cl^{\ominus} + H_2O$$

Dieses Verfahren dient zur Entionisierung von Wasser und anderen Elektrolytlösungen, zur Entsalzung von Meerwasser und (anstelle der Elektrolyse) zur Elektrolytentfernung aus Gelen oder kolloiden Lösungen.

Von den weitgespannten Anwendungsmöglichkeiten der synthetischen Ionenaustauscher in der Lebensmittelindustrie seien als weitere Beispiele erwähnt: Entfernung unerwünschter Begleitstoffe aus Rübenzuckersäften unter gleichzeitiger Gewinnung wertvoller Nebenprodukte (Betain, Glutaminsäure; vgl. S. 574), Reinigung von Stärkezuckerlösungen zur Dextrose-Gewinnung, Verarbeitung von Birnen- und Ananasabfällen auf Sirup, Gewinnung von Fruchtsäuren, z. B. von Weinsäure aus Trestern oder Destillationsrückständen der

Brennerei, von Pektin aus Grapefruitschalen, von Glycerin aus vergorener Melasse, Entsäuerung und Entsalzung von Fructosesirupen der Topinamburhydrolyse, von Fruchtsäften, Molke und Pektinextrakten, Behandlung von Schaumwein, Entfernung von Metallspuren (Cu und As) aus Lebensmitteln, z. B. zur Stabilisierung von Olivenöl.

Auf das umfangreiche Gebiet der Ionenaustauschernutzung in der Lebensmittelanalytik (Auftrennung von Aminosäurefraktionen der Proteinhydrolysate, von organischen Phosphorverbindungen, Säurefraktionen usw.) sei nur verwiesen.

Im biologischen Milieu spielen Eiweißstoffe mit anionischen und kationischen Gruppen, Polyuronsäuren (Pektin), Nucleinsäuren und der Hydroxylapatit der Knochen eine wichtige Rolle als Ionenaustauscher. Es ist daher nicht verwunderlich, daß auch Lebensmittel als Ionenaustauscher wirken können.

V. Die Kunst der Nahrungszubereitung vom Standpunkt der Wissenschaft (Bromatik)

Die vorstehend geschilderten Prozeduren der Nahrungsaufbereitung stehen in enger Beziehung zum Begriff der Kochkunst und der Ausbildung regionaler oder nationaler Kostformen, in deren Rahmen viele weithin bekannte „Spezialitäten“ als Gerichte besonderer Eigenart entstanden sind. Die Bevorzugung bestimmter Lebensmittel hat, mit mehr oder minder großem Recht, manchen Völkern zu kennzeichnenden Beinamen verholfen („Kraut-, Wurst-, Spaghetti-Esser“). Das Streben nach Verfeinerung und Differenzierung unserer Nahrung war zweifellos entscheidend für die Entwicklung mehr oder minder spezifischer Kostformen und gewinnt auch im Rahmen neuzeitlicher Ernährung zunehmend an Bedeutung. Ernährungsformen besonderer Eigenart sind weiterhin eng verknüpft mit klimatischen, wirtschaftlichen und nicht zuletzt mit religiösen Lebensbedingungen oder Lebensformen, die hier eine entscheidende Rolle spielten. Den mitwirkenden Faktoren des Instinktes, der Erfahrung und der Überlieferung kann jedoch nur sehr bedingter Wert zugesprochen werden. Unheilvoll und die Nahrungssicherung der „Dritten Welt“ oft gefährdend (s. S. 226) wirken sich jahrhundertealte Ernährungssitten aus, die bestimmte Lebensmittel (Eier u. a.) unter dem Einfluß von „Tabus“ ablehnen oder neu entwickelten Nahrungskombinationen (Proteinkonzentrate) nicht ohne weiteres zugänglich sind.

Es darf nicht vergessen werden, daß viele Ernährungssitten und -gewohnheiten den Erkenntnissen moderner Forschung nicht standhalten. Die Fülle der Zutaten alter Kochbücher oder die Speisenfolgen, wie sie Gastronomie und Gastrosophie vergangener Jahrhunderte zu historischer Berühmtheit brachten, sind heute in weiten Kreisen der Bevölkerung gesunder Kritik und Ablehnung verfallen. Fragen der Vitaminversorgung und damit der schonenden Nahrungszubereitung, der calorisch vernünftig ausbalancierten Kost oder der Meidung bedenklicher „Fremdstoffe“ haben den Typus des „ernährungsbewußten“ Verbrauchers geschaffen, der Gefahr läuft, in andere Extreme zu verfallen: er jagt entweder nach Lebensmitteln angeblich besonderer biologischer Hochwertigkeit, wie sie ihm unter Schlagworten der „Sonnenkraft“ oder des naturbelassenen „Ganzheitskomplexes“ empfohlen werden oder greift im Überfluß des Gebotenen nach raffinierten, veredelten oder hochkonzentrierten Nahrungsmitteln, die seinen Stoffwechsel belasten, ihn überfüttern und die zusätzliche Wirkstoffversorgung außer acht lassen. Beiden Richtungen zu steuern, eine gesunde Mischkost zu propagieren und allen Auswüchsen zu begegnen, gehört zu den wesentlichen Aufgaben auch des Lebensmittelchemikers. Um von der Kochkunst zur wissenschaftlich unterbauten Bromatik zu gelangen, ist Vertiefung und Ausbau unserer Kenntnisse über Statik und Dynamik der Lebensmittel auf der Basis biochemischer und ernährungsphysiologischer Aspekte vonnöten. Kochkünstler und Lebensmittelwissenschaftler werden sich zur Synthese treffen müssen, um neben wirtschaftliche und zweckvolle Nutzung der gebotenen Nahrungsquellen die Möglichkeiten der Geschmacks- und Aromasteigerung zu stellen, wie sie in den hier besprochenen Zubereitungsarten liegt und durch entsprechende Würzung, natürliche Farbgebung und ästhetische Aufmachung abgerundet werden kann, denn: „Der Mensch ist, was er ißt.“

E. Die Haltbarmachung der Lebensmittel

Manche der vorstehend besprochenen Prozeduren bezwecken nicht nur eine Steigerung der Bekömmlichkeit, Verdaulichkeit und Ausnutzbarkeit unserer Lebensmittel; z. B. hat das Kochen, Braten oder Rösten seit urdenklichen Zeiten dazu gedient, die Haltbarkeit leicht verderblichen Nahrungsgutes zu steigern. Tier und Pflanze liefern nach dem Schlachten oder nach der Ernte Produkte, die auch nach der Lösung aus dem lebenden Organismus oft noch ein spezifisches Eigenleben führen. Wasser, Licht, Luft, Wärme, Feuchtigkeit, substanzeigene oder mikrobielle Enzyme, Mikroorganismen, tierische Schädlinge, Erreger von Pflanzenkrankheiten und auch anorganische Katalysatoren bewirken Wertminderungen (Farb-, Geruchs-, Geschmacksabwandlungen, Konsistenzveränderungen) oder tiefgreifende Umwandlungen, die bis zum völligen Verderb und zur Gesundheitsschädigung führen können.

Bestrebungen, den Segen des Sommers auch für den kargen Winter zu erhalten, sind so alt wie die Menschheit. Sie galten vor allem den Lebensmitteln, die periodisch in Zeiten der „Schwemme" überreichlich anfallen (Fischfang, Spitze der Eiererzeugung, Erntezeit bei Cerealien, Obst und Gemüse) oder als leicht verderbliche Zwischenprodukte zur Endverarbeitung längere Zeit benötigen (Obstpulpe der Marmeladenindustrie). Ein anschauliches Bild für den Marktanfall von Gemüse bringt Abb. 29.

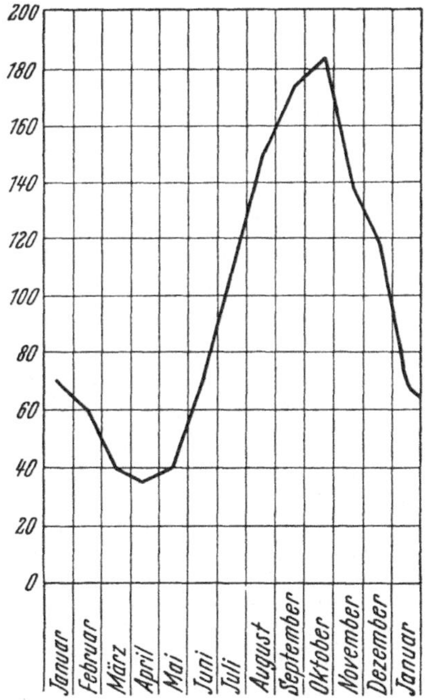

Abb. 29. Marktangebot von Gemüse in Deutschland (in willkürlichen Einheiten, das Durchschnittsangebot gleich 100 gesetzt). (Aus R. Plank: 123, Bd. IX; S. 395)

Später trat die Notwendigkeit auf, für ausgedehnte Reisen oder Expeditionen, Truppenmassen und die Zivilbevölkerung in Kriegs- oder Krisenzeiten (Belagerungen, Blockaden) langfristig haltbare Lebensmittel zu schaffen oder unterentwickelten und unter Kriegsfolgen leidenden Völkern den Überfluß anderer Erzeugungsländer zukommen zu lassen. In allen Kulturländern hat die Herstellung von Konserven dazu geführt, daß Verluste an wertvollen Nahrungsgut auf ein tragbares Maß beschränkt wurden und die reibungslose Versorgung der Bevölkerung, insbesondere der dicht besiedelten Großstadtgebiete sichergestellt werden konnte.

Wie erwähnt, treffen wir viele solcher Verfahren in der Urgeschichte der Menschheit an und relativ lange Zeit wurden sie weitgehend empirisch gehandhabt mit dem Ziel, die Nährsubstanz an sich vor dem Verderb zu bewahren. Über diese Empirie hinaus setzte sich jedoch bald das Streben durch, alle irgendwie gearteten Erhaltungsmaßnahmen im weitesten Sinne derart zu steuern, daß neben der Substanzerhaltung Nährwert, Genußwert und biologische Wertigkeit des konservierten Lebensmittels weitgehend den entsprechenden Eigenschaften frischer Lebensmittel gleichkommen. Bestrebungen dieser Art sind in vielen Fällen heute schon über reine Erfahrung hinaus zu wissenschaftlicher Klärung gereift und haben uns insbesondere für die Frischhaltung oder Frischeerhaltung Verfahren großtechnischer Bedeutung beschert, auf die im folgenden eingegangen werden soll.

Die Haltbarmachung oder Konservierung der Lebensmittel kann auf *physikalischem* wie auf *chemischem* Wege erfolgen, wobei in manchen Fällen Überschneidungen oder Kombinationsmöglichkeiten gegeben sind.

I. Physikalische Verfahren

Hierher rechnen:

a) Kühl- und Gefrierverfahren
b) Sterilisieren
c) Pasteurisieren
d) Trocknen
e) Filtrieren und Raffinieren
f) Behandlung mit energiereichen Strahlen
g) weitere neuere Verfahren.

1. Kühl- und Gefrierverfahren

Die Anwendung der Kälte zur Lebensmittelerhaltung war ursprünglich auf Herstellung künstlichen Eises für die Brauindustrie und die Kaltlagerung von Fleisch beschränkt. Heute hat sie in zunehmendem Ausmaß Gebiete der Fleisch-, Fisch- und Milchwirtschaft, der Obst-, Gemüse- und Eilagerung usw. erobert. Kühl- und Gefrierverfahren, die sich grundsätzlich durch den Temperaturbereich unterscheiden, wirken in erster Linie dadurch, daß sie entsprechend der aus der Reaktionskinetik her bekannten Temperatur-Reaktionsgeschwindigkeitsregel mit zunehmendem Temperaturabfall die normalerweise in Lebensmitteln ablaufenden, bis zum völligen Abbau des Nahrungsgutes führenden Reaktionen derart verlangsamen, daß eine entsprechende lange Lagerungs- bzw. Erhaltungszeit des Lebensmittels gewährleistet ist.

Bei normaler Temperatur vor sich gehende Reaktionen sind zunächst *chemischer* Art: Hydrolyse durch substrateigene Säuren wie Milchsäure oder Fruchtsäuren, Oxydationsprozesse, die Fette, Öle, Vitamine, Aromastoffe oder Pigmente betreffen, Umsetzungen zwischen reduzierenden Zuckern und Aminosäuren (Maillard-Reaktion), *biochemische* Umsetzungen, wie sie z. B. durch Eigenenzyme der Lebensmittel katalysiert werden (Hydrolyse von Fetten, Kohlenhydraten oder Proteinen durch Lipasen, Carbohydrasen oder Proteasen; biologische Oxydationen durch Dehydrasen, Peroxidasen oder Katalase). Zusätzliche Enzymwirkungen mikrobiologischer Art erstrecken sich auf die durch Hefen, Pilze oder Bakterien hervorgerufenen Prozesse der Gärung, Schimmelung, Fäulnis, Zersetzung oder des Kahmens. Beim Kühl- wie beim Einfriervorgang ist zunächst wesentlich, daß in den technisch benutzten Temperaturbereichen niemals alle Mikroorganismen absterben, solche Lebensmittel also nicht absolut steril sind. Weiterhin wird zwar die Tätigkeit der (substrateigenen wie mikrobiellen) Enzyme weitgehend gehemmt und ein Teil dieser Biokatalysatoren durch irreversible Denaturierung des Enzymproteins inaktiviert. Ein mehr oder minder großer Betrag der enzymatischen Aktivität bleibt jedoch erhalten (z. B. Peroxidasen, Lipasen oder Katalase) und kann insbesondere auch im aufgetauten Material seine Wirksamkeit wieder entfalten.

Zu diesen chemischen bzw. enzymatisch bedingten Prozessen kommt schließlich noch eine Reihe *physikalischer* Vorgänge. Sie betreffen in erster Linie die Phasenverhältnisse fest—flüssig (Quellung, Austrocknung, Wasserbindungsveränderungen), die adsorptiv bedingte Aromaerhaltung und den strukturellen Aufbau. Besonders tiefgreifend sind derartige Prozesse beim Gefrieren von wasserreichen Lebensmitteln, wo die Bildung extracellulärer Eiskristalle Änderungen im Zellwassergehalt des Gefriergutes und damit grundsätzliche Verschiebungen in der Enzymaktivität nach sich zieht. Große beim langsamen Einfrieren gebildete Eiskristalle vermögen das Zellgefüge des Gewebes und damit die natürliche Gewebsfestigkeit tiefgreifend zu verändern, ein Vorgang, der wie später erwähnt, vor allem beim Auftauen in Erscheinung tritt und unliebsame Wertminderungen nach sich ziehen kann.

a) Die Kühllagerung

Kühl- oder Kaltlagerung erstreckt sich auf den Temperaturbereich von +5 bis —3° C und ist nach unten begrenzt durch den Gefrierpunkt des Zellsaftes der meisten Lebensmittel (Abb. 30). Innerhalb dieses Temperaturbereiches tritt zwar beträchtliche Verlangsamung der Lebenstätigkeit im Kühlgut ein; sie ist jedoch nur begrenzt und schädigt relativ gering die Entwicklung der psychrophilen (kryophilen, psychrotoleranten) Mikroorganismen. Längere Haltbarkeit kann erreicht werden durch *Lagerung unter Schutzgasen* (Obst und Gemüse in Kohlendioxid, Stickstoff, Methan, in Kohlendioxid-Sauerstoff- oder Stickstoff-Sauerstoff-Gemischen oder in Ozon, Fleisch in Kohlendioxid oder Ozon, Eier in Kohlendioxid-Stickstoff-Gemischen) oder aber durch Entkeimung der Lagerluft mit Ultraviolettstrahlen (Milchwirtschaft, Fleischreifung). Der Verwendung von Ozon zur Behandlung der Luft in Milch- und Lagerhallen für Lebensmittel ist mit Vorsicht zu begegnen. Bei Lagerungsbedingungen der genannten Art wird durch Luft entsprechend tiefer Temperatur gekühlt. Kühlung kann jedoch auch durch Eis direkt erfolgen, wobei neben Kunsteis auch festes Kohlendioxid als „Trockeneis" eine wichtige Rolle spielt. Kunsteis dient vor allem zur Erhaltung der Fischfänge, wobei die Haltbarkeit des Frischfisches durch bactericide Zusätze zum Eis erhöht werden soll. Als derartige Zusätze wurden empfohlen und erörtert: Calciumhypochlorit (Kaporit), Ozon, Wasserstoffperoxid, Formaldehyd, oberflächenaktive Stoffe, Rhodanide, Natriumnitrit, minimale Silbermengen (Katadyn) und neuerdings Sulfonamide sowie verschiedene Antibiotica. Gegen die Verwendung vieler derartiger Zusätze sind ernsthafte Bedenken geäußert worden.

Trockeneis hat sich zur Kühlung größerer Transportgebinde sowie zur Haltbarmachung von Lebensmitteln in Kühltruhen (Speiseeis usw.) durchgesetzt. Das aus hygienischen Gründen zur Direktkühlung abzulehnende Natureis spielt heute selbst in nördlichen Ländern eine nur untergeordnete Rolle. Der Höhepunkt des Natureishandels (insbesondere aus Norwegen) lag im Jahre 1889. Das Kühlen erfaßt vor allem Weichobst (Erdbeeren, Himbeeren u. dgl.) am Produktionsort; andere Erzeugnisse, wie Kohlarten oder Äpfel, werden im Kühlhaus zur Speicherung über längere Lagerzeiten gehalten. Über die Kühlung anderer Lebensmittel vgl. bei Fleisch und Milch.

Kaltlagerung, vor allem unter inerten Gasen und bei allzutiefen Temperaturen, kann zu Stoffwechselanomalien und „Kaltlagerkrankheiten" des Lagergutes führen: Gewebebräunung bei Birnen und Äpfeln, Wolligwerden von Pfirsichen, Verlust der Fähigkeit zum Nachreifen oder zur Aromabildung, Anhäufung von Zucker durch Stärkehydrolyse bei Kartoffeln (S. 510). Wesentlich ist weitgehende Erhaltung der Schutzflächen: Schalen von Obst und Eiern, Oberflächen von Gemüse. Wie bei allen Erhaltungsmaßnahmen gilt auch hier der Grundsatz, daß nur frische, einwandfreie Ware in den Kühlprozeß gebracht werden darf.

Der gekühlte Raum kann sehr vielgestaltig sein: Kühlschränke, Kühltruhen, Kühlzellen, gewerbliche Kleinkühlanlagen, Verkaufskühlmöbel, Kühlhäuser (Mehrzweck-, Sonderkühlhäuser). Hinzu kommen gekühlte Transportmittel (Eisenbahnwagen, Schiffe, Lastkraftwagen), wobei der Containertransport zunehmende Bedeutung gewinnt. Schon heute besitzen etwa 85% aller einschlägigen Einzelhandelsgeschäfte in der BRD Tiefkühlmöbel. 1972 wurden in der BRD ca. 1,6 Mio Kühlschränke und ca. 920000 Haushaltgefriergeräte produziert. Ende 1972 verfügten ca. 27% aller Haushaltungen über ein eigenes Gefrier- bzw. Tiefkühllagergerät. Für Kühlschränke ergibt sich unter Berücksichtigung des Importes in der BRD für 1972 ein Absatz von ca. 2,03 Mio Stück.

Wenngleich mit Hilfe der Kühlhaltung eine beträchtliche Steigerung der Haltbarkeit vieler Lebensmittel erreicht wird (Fleisch und Fleischerzeugnisse, Fische, Geflügel, Eier, Milch und Milchprodukte, Obst, Gemüse), so hat, vor allem für die Erhaltung leicht verderblicher Lebensmittel (Fleisch, Fische, Geflügel, Fette, Eiprodukte, Obst, Gemüse, Fruchtsäfte), die Verwendung noch tieferer Temperaturen immer mehr Eingang gefunden.

Ein Teilgebiet der Kältetechnologie stellt das *Abkühlen von Lebensmitteln vor der Weiterverarbeitung* dar (121).

b) Das Gefrieren

Beim Gefrieren wird die Temperatur des kältebehandelten Gutes soweit gesenkt, daß sie unter dem Gefrierpunkt der Zellsäfte liegt. Da die Konzentration an gelösten Stoffen in den meisten tierischen und pflanzlichen Zellen gering ist, beginnt das Gefrieren bei wenig unter 0° C liegenden Temperaturen, wobei die am Anfang des Gefriervorganges ausgeschiedenen Kristalle aus praktisch reinem Eis bestehen, während sich die gelösten Stoffe in der verbleibenden flüssigen Phase anreichern. Über den Gefrierpunkt verschiedener Lebensmittel vgl. Abb. 30.

Die Bedeutung der Gefriergeschwindigkeit für Haltbarkeit und Qualität der Lebensmittel hat in ihrer Wertung Wandlungen erfahren. Man versteht unter *Gefriergeschwindigkeit* die lineare Geschwindigkeit des Fortschreitens der Eisfront im Gefriergut während des Gefriervorganges. Sie ist unter gleichbleibenden Bedingungen der Wärmeübertragung an der Oberfläche des Gutes in den verschiedenen Schichten sehr unterschiedlich, so daß nur eine *mittlere Gefriergeschwindigkeit* angegeben werden kann. Sie ist wie folgt festgelegt: 0,1—0,5 cm/Std → langsames Gefrieren; 0,5—5 cm/Std → schnelles Gefrieren; über 5 cm/Std → sehr schnelles Gefrieren. Aus Gründen der Wirtschaftlichkeit wird heute schnelles Gefrieren bevorzugt. *Hohe aus Gründen der Qualitätserhaltung gewählte Gefriergeschwindigkeit ist dagegen oft nicht notwendig.* Derartige Forderungen wurden in der Vergangenheit zweifelsohne überschätzt. Sie sind nur für wenige Produkte (z. B. Tomaten, Gurken, grüne Bohnen, Erdbeeren und Spargel) berechtigt. Im allgemeinen soll die Gefriergeschwindigkeit nicht unter 0,1—0,2 cm/Std liegen.

Rascher Wasserentzug aus unverpacktem oder schlecht verpacktem Gefriergut bewirkt bei Innereien, Fischen und bestimmten Fruchtsorten die irreversible Bildung verbrannt aussehender Stellen („freezer burn"), wobei oft die Struktur, z. B. diejenige der Muskelfasern von Fleisch und Fisch, weitgehend zerstört wird. Vorgänge solcher Art, daneben auch Einflüsse des Lauftsauerstoffes bedingen, daß der *Verpackung* eingefrorener Lebensmittel besondere Aufmerksamkeit zu widmen ist. Magere Tiere werden in ihrer natürlichen Umhüllung eingefroren

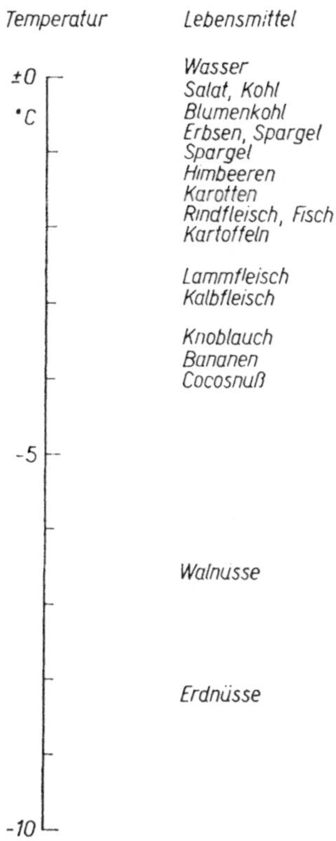

Abb. 30. Gefrierpunkt ausgewählter Lebensmittel

(Kälber in der Haut, Geflügel in Federn) oder aber mit inerten, wasserabstoßenden, gut verschließbaren, dampf- und aromadichten Umhüllungen versehen. Fische taucht man nach dem Gefrieren in kaltes Wasser, die anhaftende dünne Wasserschicht gefriert im Kühlraum zu einer festen Glasur. Auch eßbare, z. B. beim Kochen von Gefrierfischfilets sich im Kochwasser lösende Hüllen in Form von Alginat-Gallerten werden verwendet und sind nach der „Allgemeinen Fremdstoff-VO" vom 19. 12. 1959 zugelassen. Über die Verpackung tiefgefrorener Lebensmittel vgl. S. 262. Über den Temperaturverlauf beim Gefrieren von Fischfilets gibt Abb. 31 Auskunft.

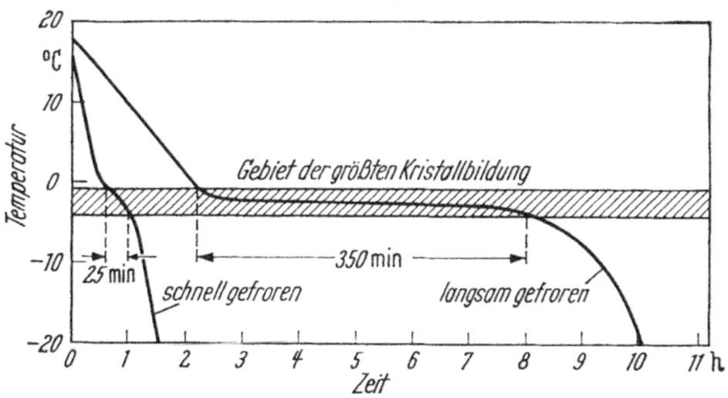

Abb. 31. Temperaturverlauf beim Gefrieren von Fischfilets. (Aus Tuchschneid-Emblik: Die Kältebehandlung schnell verderblicher Lebensmittel, 3. Aufl., S. 222, Hannover: Brücke-Verlag 1959)

Die *Lagerung* der eingefrorenen Lebensmittel erfolgt unter verschiedenen, je nach Art des Gefriergutes wechselnden Bedingungen. Die *Einfriertemperaturen* sind in modernen Apparaten weitgehend gleich und liegen um —40° C.

Voraussetzung ist auch beim Gefrierverfahren, daß nur einwandfreie Lebensmittel zur Verarbeitung gelangen. „Gefrieren konserviert den Zustand, in welchem die Ware beim Einfrieren vorliegt."

Transport und *Vertrieb* der Gefrierkonserven stellen eine wesentliche, oft schwer zu lösende Aufgabe dar. Wie erwähnt, sind Gefrierkonserven nach dem Auftauen durch besonders große Verderbnisbereitschaft gefährdet, außerdem wirkt sich jede Temperaturschwankung ungünstig auf die Qualität des Gefriergutes aus.

Erforderlich ist vor allem eine lückenlos funktionierende „*Kühlkette*" („*Kältekette*") bei —18° C und tiefer vom Hersteller über den Handel zum Verbraucher. Häufig werden in Großlagern etwa —30 °C, in Verteilerlagern etwa —25° C eingehalten. Für tiefgefrorene Lebensmittel darf bei Lagerung und Transport (Umschlag) nach den „Leitsätzen für tiefgefrorene Lebensmittel" die Temperatur von —18 °C an keiner Stelle überschritten werden. Wesentlich ist u. a. auch, daß die Lebensmittel in der Reihenfolge entnommen werden, in der sie eingelagert wurden („first in — first out").

Damit wird das Problem der Gefrierindustrie in erster Linie durch wirtschaftliche Gesichtspunkte gesteuert, d. h. durch Bau von Gefrierlagerhäusern, Bereitstellung geeigneter Transportmittel (gekühlte Schiffsladeräume, Eisenbahnkühlwagen, Kühllastwagen, Kühlbehälter) und Tiefkühlzellen bzw. Verkaufstruhen beim Groß- und Kleinhandel sowie durch eine umfangreiche Beschaffung leistungsfähiger Kühlaggregate für den Haushalt, etwa in der Art der „home freezer" der USA.

Nach DIN 8950 werden die Verdampferfächer moderner Haushaltskühlschränke wie folgt gekennzeichnet: * = —6° C und tiefer, ** = —12° C und tiefer, *** = —18° C und tiefer; Tiefkühlkost läßt sich bei * 24 Std., bei ** 2—3 Tage und bei *** bis zu mehreren Monaten aufbewahren. Für die Kühlung auf dem *Transport* dienen Kältemaschinen, Trockeneis, flüssiger Stickstoff oder Patronen mit eutektischem Eisgemisch. Zu Fragen der Verpackung vgl. (60, 85, 121).

In der Tab. 79 sind für einige Lebensmittel die *praktischen Lagerzeiten* („practical storage life") zusammengestellt.

Tabelle 79. Lagerzeiten einiger Lebensmittel bei verschiedenen Temperaturen (nach: 129)

Produkt	Monate bei * —18° C	—25° C	—30° C
Pfirsiche, Aprikosen, Kirschen, Himbeeren, Erdbeeren	12	18	24
Citrus- oder andere Fruchtkonzentrate	24	>24	>24
Spargel, Bohnen, Broccoli	15	24	>24
Karotten, Erbsen, Spinat	18	>24	>24
Blumenkohl	15	24	>24
Kartoffeln, frittiert	24	>24	>24
Rindfleisch, Steaks, frisch } verpackt	12	18	24
Hackfleisch, ungesalzen } verpackt	10	>12	>12
Schweinefleisch, frisch	6	12	15
Bacon, nicht geräuchert	2—4	6	12
Geflügel, ausgenommen, gut verpackt	12	24	24
Vollei, flüssig	12	24	>24
Fettfische	4	8	12
Magerfische	8	18	24
Hummer und Krabben	6	12	15
Krebse	6	12	12
Austern	4	10	12
Butter (aus pasteurisierter Sahne)	8	12	15
Sahne, Eiscreme	6	12	18
Verschiedene Kekse	12	24	>24

* > bedeutet „länger als".

Fortschritte in der Gefriertechnik und auf dem Verpackungsgebiet führten in den letzten 30 Jahren in den USA und seit etwa 1950 in Europa und in der BRD zur Produktion *tiefgefrorener Lebensmittel*. In den USA sind etwa 1000 tiefgefrorene Lebensmittel auf dem Markt; über die in der BRD angebotenen einzelnen Erzeugnisse unterrichten K. Herrmann (64) sowie die Mitteilungen des Deutschen Tiefkühlinstitutes, Köln.

Der Gesamtabsatz an tiefgefrorenen Lebensmitteln in der BRD für 1971 und 1972 geht aus folgender Tabelle 80 hervor:

Tabelle 80. Gesamtabsatz an Tiefkühlkost (ohne Geflügel und Eiscreme)
Quelle: Deutsches Tiefkühlinstitut e.V., Köln

Produktgruppe	1971 in t	1972 in t	Steigerung in %
Gemüse	81880	86248	5,3
Obst u. Obstsäfte	4565	5189	13,7
Fische, Schalen- u. Krustentiere	41810	35010	·/. 16,3
Kartoffel- u. Mehlerzeugnisse	40047	51879	29,5
Fertiggerichte incl. Teilgerichte	34585	45744	32,3
Fleisch (ohne Geflügel) u. Wild	11935	15762	32,1
Milcherzeugnisse und Süßspeisen	4125	2245	·/. 45,6
Insgesamt:	218997*	242077	10,6

* einschl. zusätzlicher 50 t Schnecken.

Der pro Kopf-Verbrauch an Tiefkühlkost (ohne Eiscreme und ohne Geflügel) lag 1972 bei 3,95 kg, einschließlich Geflügel bei 11,4 kg. Der Gesamtverbrauch an Eiscreme wurde 1972 zu rund 292 Mio l ausgewiesen, pro Kopf wurden insgesamt 4,7 l Eiscreme konsumiert. An tiefgefrorenem Geflügel wurden 1972 ca. 458000 t angeboten.

Entscheidend für die Qualität der genußfertigen Gefrierware ist der *Auftauprozeß*, bei dem die Temperatur des Kühlgutes allmählich auf die der Außentemperatur erhöht wird. Hierbei ist ein Beschlagen der Oberfläche mit Feuchtigkeit, das „Schwitzen" zu vermeiden, das zur Absetzung von Mikroorganismen an der Oberfläche führt oder (bei Obst) die normale Atmung verhindert. *Fleisch* wird mit großen Mengen rasch bewegter Außenluft aufgetaut und zwar zunächst bis zum Schmelzpunkt des Eises angewärmt, dann an der Oberfläche eingetrocknet und schließlich zur Reifung gelagert. Fische taut man durch Eintauchen in kaltes Wasser auf, tischfertige Gefrierkonserven, die gekocht oder gebraten werden, bedürfen keiner gesonderten Behandlung. Obst, das für den Rohgenuß bestimmt ist, kann bei Zimmertemperatur, im Kühlschrank oder (bei wasserdichter Verpackung) in angewärmtem Wasser getaut werden. Für viele Lebensmittel, insbesondere für Obst sehr geeignet ist die in den USA praktisch erprobte doch kostspielige, das gesamte Gefriergut durchsetzende, *Hochfrequenz-Erwärmung*, bei der die Qualität am besten erhalten bleibt. Gleich den tiefgekühlten sind auch die gefrorenen Lebensmittel nach dem Auftauen infolge ihrer erwähnten erheblichen Verderbnisbereitschaft sofort zu verbrauchen oder durch Kochen, Braten usw., kurzfristig vor dem Verderb zu bewahren. Für das An- und Auftauen sowie für die Zubereitung von Tiefkühlkost bringt der Hersteller meist auf den Packungen vermerkte Anleitungen.

Tiefgefrorene Lebensmittel sind nach den „Leitsätzen" (s. S. 260) in geeigneten Vorrichtungen unter sachgerechter Anwendung der Verfahrenstechnik derart einzufrieren, daß die Kerntemperatur zum Zeitpunkt des Gefrierens nach Temperaturausgleich bei —18° C oder tiefer liegt. Bei Entnahme aus dem Transportraum darf die Temperatur der Randschicht des Gefriergutes —15° C nicht überschreiten (vgl. auch S. 260).

Vom ernährungsphysiologischen Standpunkt aus gesehen, ist das Einfrieren von Lebensmitteln unter die besonders empfehlenswerten Verfahren der Lebensmittelerhaltung zu rechnen, da hier neben den Nährstoffen die Wirkstoffe (Vitamine, insbesondere Vitamin C), Farbe, Aroma und andere den Genußwert mitbestimmende Komponenten weitgehend dem ursprünglichen Zustand des Lebensmittels entsprechend erhalten werden und auch die Gesamtstruktur des Gefriergutes bei gut geführter Gefriertechnik in optimaler Form verbleibt. Grenzen dieser Konservierungsart liegen vor allem in wirtschaftlichen Gesichtspunkten (hoher Preis für Gemüse und Obst) sowie in der Notwendigkeit, sich bei Obst und Gemüse auf spezielle, geeignete Sorten zu beschränken, so daß die später zu besprechenden Verfahren der Naß- und Trockenkonservierung heute noch am Markt über wiegen.

Auch fertige Teige verschiedener Art (Brot-, Kuchenteige) als solche oder verpackt in Cellophan, desgleichen fertiges Brot, Hefekleingebäck, Feinbackwaren, Biskuit-, Sand- und Buttermassen sowie genußfertiger Kuchen werden eingefroren und so gelagert. Um Verfärbungen und Ranzigkeit bei Gefrierfleisch und Fettfischen zu verhindern, hat sich ein Zusatz der antioxydativ wirksamen Ascorbinsäure als sehr geeignet erwiesen.

Über Leitsätze des Deutschen Lebensmittelbuches für tiefgefrorene Lebensmittel, tiefgefrorenes Obst und Gemüse sowie tiefgefrorene Fische und Fischerzeugnisse vgl. die Spezialliteratur.

α) *Die Gewinnung von Fruchtsaftkonzentraten*

Das Konzentrieren derartiger Säfte erfolgt heute vorzugsweise im Vakuum in kombinierten Verdampferanlagen mit einem Fallstromverdampfer (s. S. 562) in der Vorstufe und einem Dünnschichtverdampfer als Finisher (vgl. bei Fruchtsäften).

β) *Die Gefriertrocknung*

Ein Verfahren, das in strengem Sinne zu den Trockenmethoden zu rechnen ist, soll wegen der apparativen Grundlagen hier besprochen werden: die *Gefriertrocknung* (lyophilizing, dehydro-freezing, freeze-drying). Sie beruht auf dem für empfindliche Substrate z.B. in der Biochemie schon lange benutzten Verfahren, das Trockengut zunächst schonend durch Gefrierkonzentrierung einzudicken, einzufrieren und dann im Vakuum bei 0,2—1 mm Hg zu trocknen. Das Prinzip dieses Verfahrens beruht darauf, das ausgefrorene Wasser durch *Sublimation*, also durch *direkte* Überführung des Eises in Wasserdampf, zu entfernen. Ursprünglich für die Gefriertrocknung von Frauenmilch, Penicillin, Blutplasma oder chirurgischem Implantationsmaterial (Knochen, Arterien) entwickelte Verfahren werden heute auch bei Lebensmitteln (Fleisch, Fisch, Milch, Gewürzpflanzen, Pilze, Gemüse, Säfte von Ananas, Apfelsinen, Papaya, außerdem Kaffee, Eier, Pektin, Gelatine usw.) benutzt. Vitamingehalt, Farbe, Geschmack, Aromastoffe, Löslichkeit und natürliche Struktur bleiben weitgehend erhalten. Es ist abzuwarten, in welchem Ausmaß der gegenüber üblicher Trocknung erheblich höhere Energiebedarf die praktische Einführung dieser ausgezeichneten Trockenmethode erlaubt. Zweifellos vereint sie wesentliche Vorzüge der Trocknungs- und Gefriertechnik.

Gefriertrocknungsanlagen werden heute mit Kapazitäten bis zu 33000 kg/Tag Frischprodukt in kontinuierlichen Anlagen gebaut. Weiteres bei J. Schormüller (141). In Abb. 32 ist das Schema einer derartigen Anlage dargestellt.

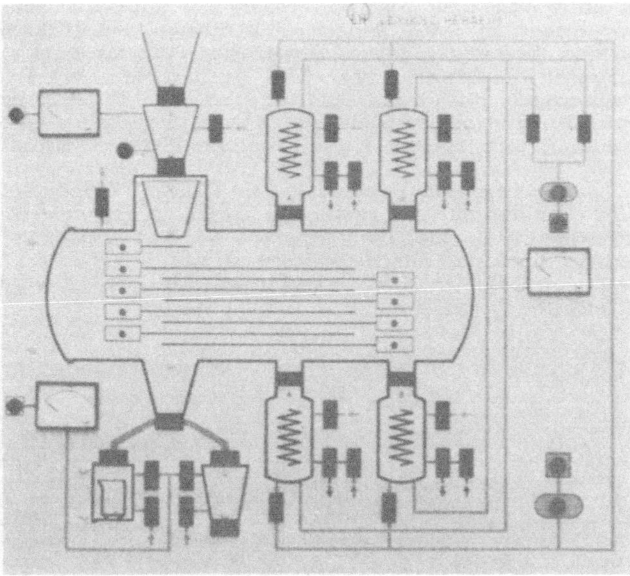

Abb. 32. „Minuten-Gefriertrockner“ der Firma Leybold-Heraeus für Granulate-Gesamttrockenzeit: 5—10 min, Arbeitsfrequenz der vibrierenden Heizplatten: etwa 50 Hz, Heizfläche 30 m²

γ) *Die Technik des Gefrierens*

Die bei den einzelnen Gefrierverfahren benutzten Temperaturen liegen zwischen —20 und —40° C. Von größter Wichtigkeit ist die Vorbehandlung des Kühlgutes. Fleisch in kleineren Stücken wird vorher bei 0—1° C gereift. Fische werden möglichst frisch eingefroren. Gemüse ist kochfertig zu „blanchieren“, d. h. durch kurzes Erhitzen in heißem Wasser (oft unter Zusatz von Salzen) oder im strömenden Dampf oder (vereinzelt) mittels Hochfrequenzströmen zu behandeln, um die Enzyme zu inaktivieren und damit unliebsame Farb- und Geschmacksänderungen zu verhindern, außerdem zur Verpackungserleichterung die Ware geschmeidiger, weniger sperrig zu machen und vielen Gemüsearten den strengen Geschmack zu nehmen. Fischfilets werden vor dem Einfrieren zur Verringerung des Saftverlustes nach dem Auftauen in Salzslösung getaucht (brining), Fettfische zusätzlich mit Antioxydantien, insbesondere Ascorbinsäure, behandelt. Eine spezielle Vorbehandlung erfahren die in den USA zunächst für Wehrmachtszwecke entwickelten, tischfertigen „precooked frozen foods“, z. B. Fleischwaren, Reis, Backwaren, Früchte, Gemüse. Das Einfrieren selbst kann nach verschiedenen Verfahren erfolgen.

Langsames Gefrieren in ruhender oder schwach bewegter Luft bei etwa —25° C („sharp freezer“) ist das älteste Verfahren. Verpackte (Geflügel in Kisten, Erdbeeren in Fässern) oder nicht verpackte (Fleisch, Fische in Gestellen) Lebensmittel erfordern bei —20 bis —26° C etwa 5—6 Tage, bei —45° C etwa 2 Tage Gefrierzeit. Der erste auf dieses Verfahren aufgebaute Gefrierfleischtransport erfolgte 1877/78 von Argentinien nach Le Havre auf dem Schiff „Paraguay“.

Einfrieren *in schnell bewegter Luft* (Luftgefrierverfahren) erfolgt derart, daß ein auf —30° C bis —45° C gekühlter Luftstrom hoher Geschwindigkeit (10 m/sec und höher) über das zu gefrierende Gut streicht. Das Verfahren eignet sich für Gefriergüter unterschiedlicher Form, Größe und Verpackungsart, sowie auch für unverpackte Lebensmittel. In den USA werden solche Verfahren für etwa 70% der gesamten Produktion eingesetzt. Neben einfachen Kammern (Schrankgefrierapparate, in denen das Gut während des Gefrierens nicht bewegt wird), kommen heute vor allem *Gefriertunnel* mit relativ kleinem Querschnitt zur Anwendung, in denen die zu gefrierenden Produkte im Gegen- oder Querstrom zur bewegten Luft geführt werden. Die Leistungen sind beträchtlich (1—1,7 t Gut je Std). Spezialausführungen sind z. B. *Spiralfroster* (u. a. für Geflügel), bei denen zur Platzersparnis ein Transportband spiralförmig durch das

Gefrieraggregat läuft oder *Gleitbahngefriertunnels* mit automatischer Beschickungs- und Entleerungsvorrichtung. Große Mengen schüttfähiger, kleinstückiger Lebensmittel wie Erbsen, Bohnen, Rosenkohl, ganzes Beerenobst, Pommes frites u. a. werden im *Fließbett-Gefriertunnel* eingefroren. Hier wird durch Löcher am Boden einer das Gefriergut aufnehmenden Stahlwanne Luft von etwa —25 °C mit hoher Geschwindigkeit eingeblasen. Die Ware wird angehoben, intensiv von kalter Luft umspült und schnell eingefroren (Erbsen in etwa 4 min, Pommes frites und Erdbeeren in 12—14 min).

Die neueste Entwicklung geht dahin, flüssiges *Dichlordifluormethan* („*Freon 12*" bzw. „*Frigen 12*") bei dem in Rede stehenden Verfahren einzusetzen. Das in großer Reinheit als „*Freezant 12*" in den USA verfügbare Kühlmittel steht in der BRD z. Z. im Prüfungsstadium durch das Bundesgesundheitsamt.

Abb. 33 bringt einen *Hordenwagen-Gefriertunnel*, Abb. 34 die schematische Darstellung einer *Fließbett-Gefrieranlage*.

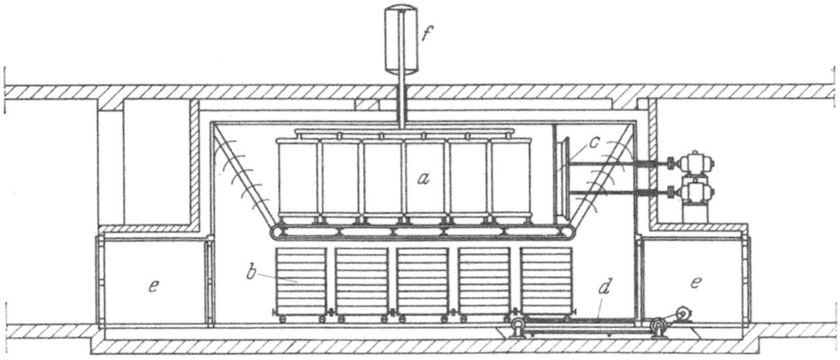

Abb. 33. Hordenwagen-Gefriertunnel der Bergedorfer Eisenwerke AG. Astra Werke, Hamburg-Bergedorf. a Rippenrohrluftkühler, b Hordenwagen, c Lüfter, d Einschubvorrichtung, e Schleusen, f Flüssigkeitsabscheider (Aus (54) Bd. V/2., S. 371)

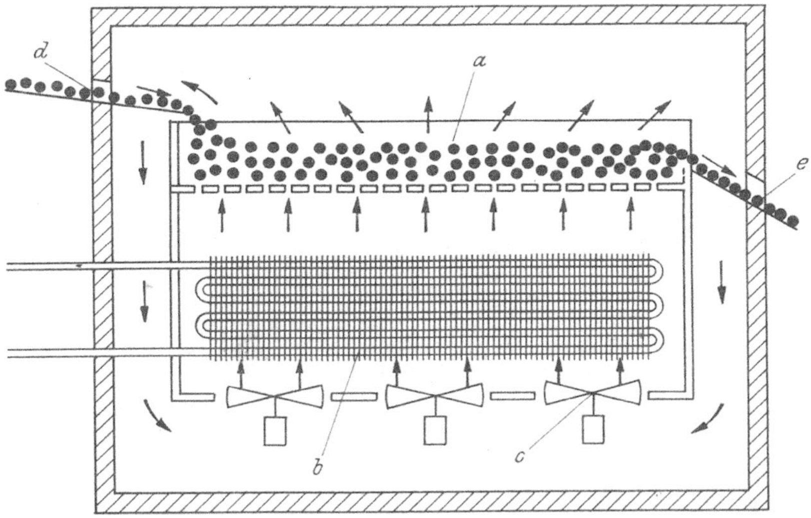

Abb. 34. Schematische Darstellung der Arbeitsweise einer Fließbett-Gefrieranlage der Firma Frigoscandia (Anonym 1963). a Fließbett mit schwebendem Gefriergut, b Luftkühler, c Lüfter, d Eintritt des vorgekühlten Gutes, e Austritt des tiefgefrorenen Gutes (Aus (54) Bd. V/2., S. 372)

Einfrieren nach den *Soleverfahren*. Derartige Verfahren erlangten praktische Bedeutung zunächst vor allem für Fische durch A. Ottensen, der 1911 vorschlug, das Gefriergut in ungesättigten, bis zum eigenen Gefrierpunkt abgekühlten Kochsalzlösungen zu behandeln, wodurch praktisch das Eindringen von Salz in die Gefrierware verhindert wird. Später wurde der Gefrierpunkt solcher Solen durch Zusatz von Alkoholen erniedrigt. Anstelle des Eintauchverfahrens trat dann die *Berieselung mit Sole* derart, daß die Gefrierware zunächst mit kaltem Wasser, dann mit Sole von —16 bis —18° C und schließlich zur Entfernung der anhaftenden Solereste mit wenig warmen Wasser berieselt wird. Schließlich wurde die *Kühlflüssigkeit durch Zerstäuben* bei etwa —20° C zugeführt. Derartige Versuche leiten über zu Verfahren, bei denen die nachteilige, unmittelbare Berührung der Lebensmittel mit Sole vermieden wird. Zu diesem Zweck werden die Lebensmittel in Metallbehältern oder in Latexhüllen oder Polyvinylchlorid-Kunststoffolien verpackt, in Sole getaucht oder damit besprüht und so dem direkten Einfluß des Kühlmittels entzogen (Cryovac-Verfahren).

Eine Weiterentwicklung der indirekten Gefriermethoden sind die *Kontaktverfahren*, bei denen man rechteckige und planparallele, bis zu 7 cm hohe Packungen zwischen anliegenden Aluminiumplatten, in denen Kanäle für verdampfendes Kältemittel oder für Kühlsole laufen, bei —30° C einfriert. Die wasserdampfdicht verpackten küchenfertigen Lebensmittel werden dabei zweiseitig in Mehrplattenapparaten, die bis zu 2000 kg Gefriergut fassen (Birdseye-Hall, 1930) gefroren. In Kartons gepackte Filets von 5 cm Dicke frieren bei einer Plattentemperatur von —30° C in etwa $1\frac{1}{2}$ Std durch. Dies entspricht einer mittleren Gefriergeschwindigkeit von 1,7 cm/Std. Das Verfahren ist kontinuierlich und vollautomatisch durchführbar. Zur Steigerung der Gefriergeschwindigkeit werden Fruchterzeugnisse oft mit Zucker- oder Stärkesiruplösungen durchtränkt eingefroren (Abb. 35).

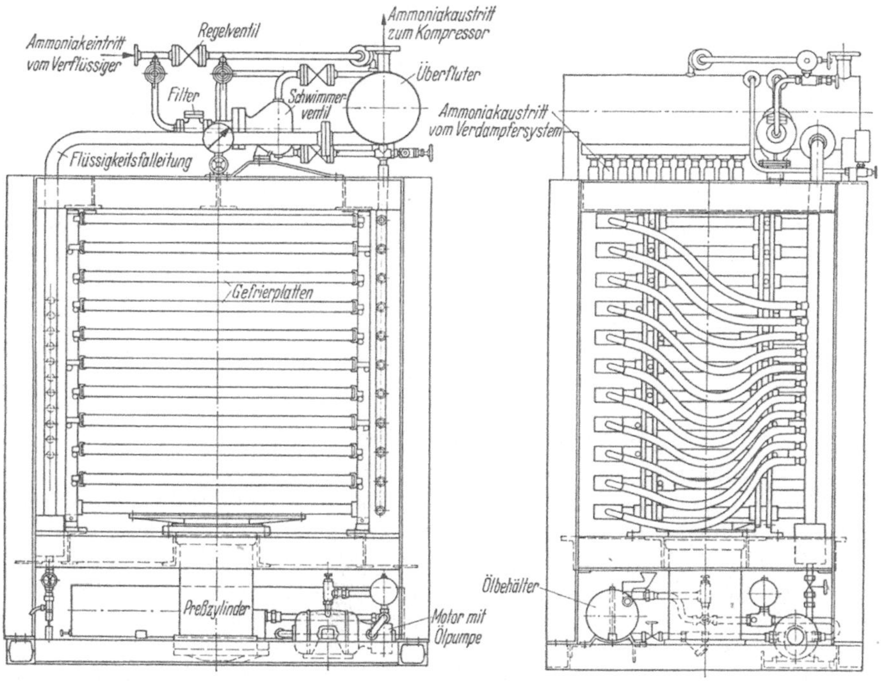

Abb. 35. Mehrplatten-Gefrierapparat von Cl. Birdseye und B. Hall (Aus R. Plank: 123, Bd. X., S. 70)

Moderne *Horizontal-Plattengefrierapparate* enthalten bis zu 20 bewegliche, auf eine Temperatur von etwa —37° C bis —40° C gebrachte Platten. Daneben gibt es auch Konstruktionen mit *vertikaler Stellung* der Platten, die sich vor allem zum Einfrieren von Fischfilets, ganzen Fischen in Blöcken sowie von fließfähigen oder pastösen Massen (Rahm, Eigelb) eignen. Die Industrie baut Mehrplatten-Gefrierapparate für Beschickungsmengen bis zu 10 t Lebensmittel je Arbeitstag.

Schließlich gibt es noch Verfahren, bei denen das zu gefrierende Gut unmittelbar mit *verdampfenden Kältemitteln* (Kohlendioxid und Distickstoffoxid in flüssiger Form, Methylenchlorid, Dimethyläther u. a.) in Berührung gebracht wird, wobei die Verdampfungstemperatur optimale Ausnutzung findet. In neuerer Zeit wird für das „*immersion freezing*" vor allem *flüssiger Stickstoff* (Verdampfungstemperatur —196°C) benutzt. Das Verfahren bewirkt eine Verbesserung der Qualität von Gefrierwaren, der Platzbedarf ist gering, die Betriebsweise einfach, die Produkte weisen gute Schüttfähigkeit auf. Die Einführung dieses Verfahrens auf breiter Basis dürfte von der Senkung noch relativ hoher Kosten abhängen. Flüssiger Stickstoff besitzt Bedeutung auch bei der Transportkühlung. Abb. 36 zeigt das Schema einer Gefrieranlage mit flüssigem Stickstoff.

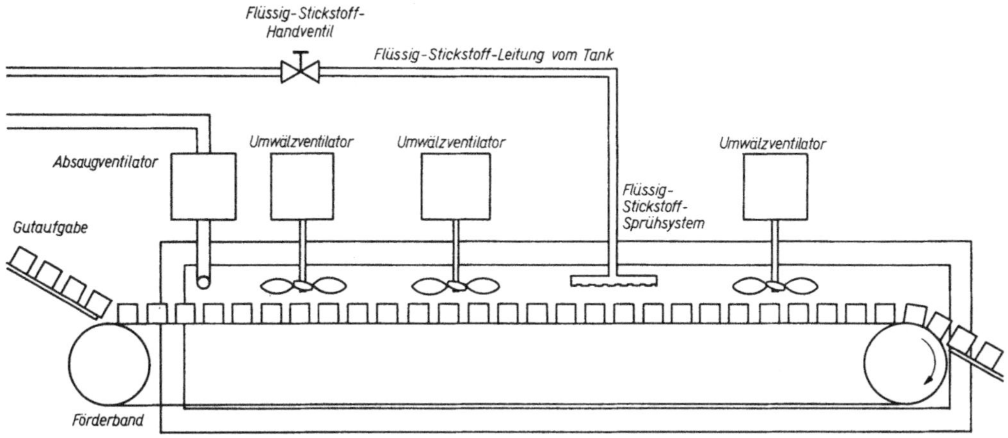

Abb. 36. Funktionsschema einer Cryogen-Rapid-Gefrieranlage mit flüssigem Stickstoff der Firma Messer-Griesheim, Düsseldorf
(Aus K. Herrmann: 64)

Über die Messung und Berechnung der Gefrierzeit von Lebensmitteln vgl. R. Plank (123).

2. Sterilisieren und Pasteurisieren

Ziel des Sterilisierens und Pasteurisierens ist es, die in Lebensmitteln vorhandenen Enzyme teils zelleigener, teils mikrobieller Herkunft zu inaktivieren, Struktur der Füllgüter und ihrer einzelnen Komponenten für den Verzehr optimal zu beeinflussen, die Vitamine bestmöglich zu erhalten und vor allem Mikroorganismen abzutöten oder aber in ihrer Entwicklung weitestgehend zu hemmen und dabei gleichzeitig ein Minimum an Qualitätsveränderungen anzustreben. Zur Erreichung dieses Zieles ist eine Reihe von Gesichtspunkten wesentlich. Zunächst spielt die beabsichtigte Haltbarkeitsdauer eine Rolle, die entweder zur Entwicklung von *Vollkonserven* oder aber von *Halbkonserven* (*Präserven*) führt. Weiterhin ist die Art des zu konservierenden Lebensmittels von Bedeutung, wobei man *stark saure* (Sauerkraut, Beerenfrüchte, Rhabarber, Essiggurken, Citrusfrüchte, pH $>$ 3,7), saure (Tomaten, Aprikosen, pH 4,5—3,7), *halbsaure* (Gemüse-Fleisch-Gemische, pH 5,3—4,5) und *nichtsaure* Lebensmittel (Erbsen, Bohnen, Fische, Fleisch, Milch, pH 7,3—5,3) unterscheidet. Außerdem spielt für die gewählte Erhitzungsdauer und -art die Hitzeempfindlichkeit der Mikroorganismen eine wichtige Rolle; thermophile und hitzeresistente Bakterien sind darüber hinaus sehr häufig Sporenbildner, wie z. B. der Erreger der Botulinus-(„Fleisch"-) Vergiftung (S. 326). Solche Sporenbildner finden sich besonders in nichtsauren Lebensmitteln und ihre möglichst vollständige Abtötung ist eines der Hauptprobleme bei der Konservierung nichtsaurer Produkte. Eine weitere Schwierigkeit liegt im unterschiedlichen Sauerstoffbedürfnis der Mikrobenflora; neben absoluten Anaerobiern finden wir auch fakultative oder obligate Aerobier, zu deren Lebensfähigkeit die Anwesenheit von Luftsauerstoff notwendig ist. Sterilisierung und Pasteurisierung hat sich also mit zahlreichen Faktoren auseinanderzusetzen und dabei Rücksicht zu nehmen auf die außerordentlich weitgespannten Entwicklungs- und Lebenseigenschaften von Bakterien, Schimmelpilzen, Hefen und Kahmhefen, die je nach der sauren oder neutralen Natur des Lebensmittels sehr verschieden sein können. Sie haben zur Entwicklung einer Reihe von grundsätzlichen Behandlungsarten geführt, von denen die Prozedur des Blanchierens schon früher (vgl. S. 263) erwähnt wurde, andere im folgenden besprochen werden sollen. Neben den Fragen der Haltbarkeit spielen solche der Qualitätserhaltung eine wichtige Rolle, und es ist verständlich, daß hier die schonende, wenn auch weniger wirksame Pasteurisierung oft der Sterilisation vorgezogen wird.

Die Prüfung auf ausreichende Hitzebehandlung erfolgt entweder nach Bebrütung luftdicht verschlossener Behältnisse (im allgemeinen bei 37° C über 7 Tage), durch bakteriologische Untersuchung oder durch Zugaben von Testorganismen (Chlostridium botulinum, Chlostridium sporogenes) zum Füllgut. Enzymatische Testverfahren, wie Bestimmung der Peroxidasen oder Phosphatasen werden bei den einzelnen Lebensmitteln besprochen.

a) Die Sterilisation

Bei der Sterilisation wird in Temperaturbereichen zwischen 100 und 130° C gearbeitet; industriell benutzte Temperaturen liegen seit der 1874 eingeführten Drucksterilisation zwischen 115 und 123° C; Temperatur und Erhitzungsdauer werden außer durch die Notwendigkeit der Keimabtötung auch weitgehend durch die Empfindlichkeit der verschiedenen Konservierungsgüter bestimmt. Dem eigentlichen Sterilisierungsvorgang, bei dem Wasser oder Dampf als Heizmedium dient, sind entsprechend den vorstehenden Ausführungen eine Reihe von Prozeduren eingegliedert, unter denen zunächst die *fraktionierte Sterilisation*, auch als „*Tyndallisieren*" bezeichnet, zu erwähnen ist. Sie macht sich die Erfahrung zunutze, daß bei Temperaturen um 100° C die Dauerformen der Bakterien (Sporen) sehr resistent sind, oft nicht abgetötet werden und erst nach einigen Tagen auskeimen. Wiederholte Sterilisation vernichtet dann auch diese Mikroorganismen. Ein weiterer Behandlungsgang ist die Entfernung der Luft aus dem Konservengut. Dies kann entweder dadurch erreicht werden, daß die gefüllte Dose mit locker aufgefalztem Deckel vor dem Verschließen nochmals auf 75—85° C erhitzt wird („*Exhaustieren*") oder aber, daß dem Doseninhalt beim Verschlußprozeß in besonderen Vakuumkammern Luft entzogen wird („Evakuieren"), ein zuerst für Schinkenkonserven benutztes Verfahren. Das „*Steam-Vac*"-Verfahren entfernt während des Verschlußprozesses durch heißen Dampf zwar die schädliche Luft des Dosenraumes („Bedampfen"), nicht jedoch den im Konservengut gelösten Gasanteil. Die Verringerung des Luftinhaltes der Dose mindert zunächst eine für die Dichtigkeit der Dose schädliche Drucksteigerung beim Sterilisierungsprozeß, außerdem werden oxydative Veränderungen des Füllgutes eingeschränkt (Vitamin C-Verluste, Fettoxydation, Verfärbungen). In besonderen Fällen wird anschließend an die Luftentfernung ein inertes Gas, z. B. Kohlendioxid oder Stickstoff, eingeführt (Citrus- und Tomatensäfte, Eipulver, Milchpulver, manche Trockengemüse).

Als Schlußprozedur des Eindosens erfolgt auf Dosenverschlußmaschinen automatisch das Aufbringen des Deckels, der entweder verlötet oder aber verfalzt wird. Im letzten Falle trägt der Deckelrand eine Latexschicht, die beim Verfalzen mit dem Dosenrand durch Verschlußrollen (Abb. 37) einen dichten „*Bördelrand*“ liefert.

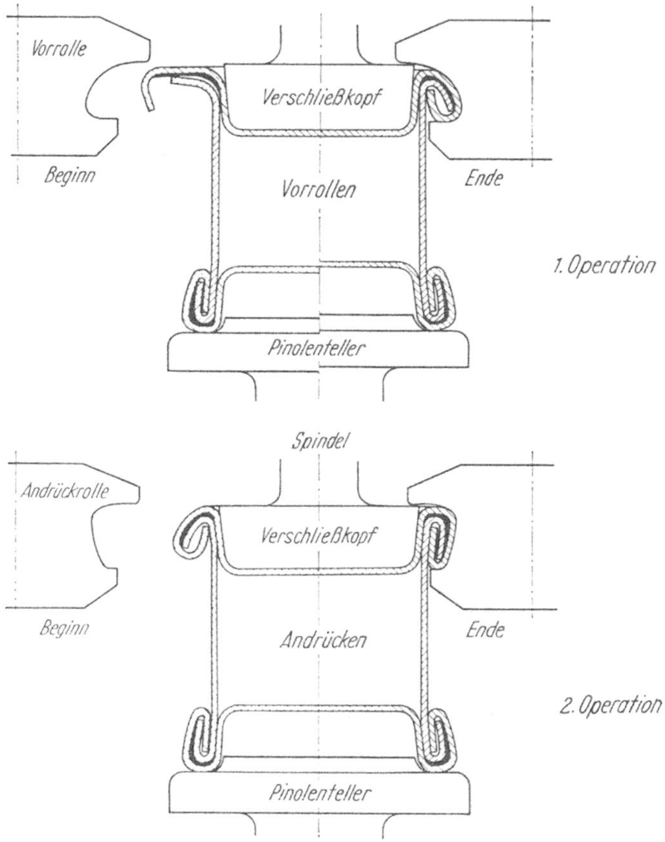

Abb. 37. Arbeitsweise einer Dosenverschlußmaschine (Fa. J. A. Schmalbach, Braunschweig).

Übliche Autoklaven für absatzweisen Betrieb werden entweder liegend zum Einfahren der Dosen oder stehend zum Einsenken eines Siebbehälters konstruiert. Die Heizung erfolgt entweder unter normalem Druck im Wasserbad oder in *Überdruckautoklaven* durch Wasser bzw. Dampf. Im letztgenannten Fall kann bei höheren Temperaturen gearbeitet werden, außerdem verhindert der Überdruck das Ausbeulen der Dosendeckel, hervorgerufen durch Ausdehung des Doseninhaltes beim Erhitzen. *Sterilisieren in Bewegung* in Rotationsautoklaven, bei dem die Dosen rotierend erhitzt werden, ist vor allem dann erfolgreich, wenn viscoses Füllgut hierdurch eine Erhöhung der Konvektions-Wärmeströmung erfährt und so die Gefahr der Caramelisierung vermieden wird (kondensierte Milch) oder wenn größere Teile in Aufgußflüssigkeiten schwimmen (Tomaten, Pflaumen). Bei *kontinuierlichen* Sterilisierapparaten ist diese Bewegung dadurch gewährleistet, daß hier die Dosen in Schneckenwindungen unter Dampf bzw. Wasser vorwärtsrollen. „End-über-End-Sterilisation“ erreicht den Wärmeausgleich dadurch, daß die Dosen während der Sterilisation ständig über Kopf gewendet werden (Abb. 38).

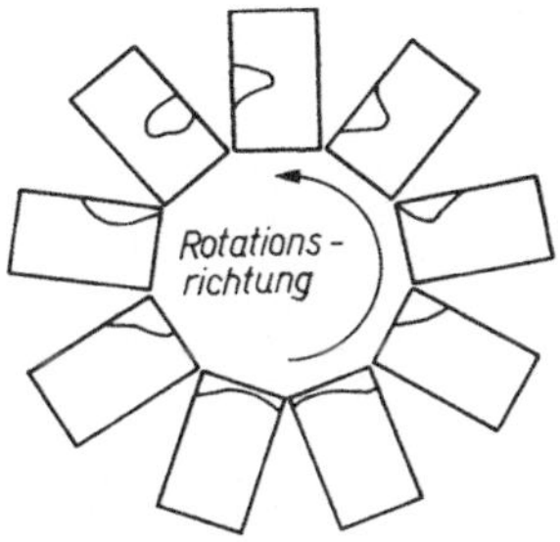

Abb. 38. End-über-End-Rotation

Ein weiterer Fortschritt war die Konstruktion *kontinuierlicher Automaten*, bei denen die Behältnisse über Druckschleusen in den Sterilisationsraum eingebracht und aus ihm entnommen werden. So wird der in Abb. 39 dargestellte Überdruckautomat auch als Vollautomat mit Programmsteuerung für das Kochen und die Kühlung von Konserven aller Art gebaut. Die Steuerung erfolgt hier elektro-pneumatisch. Als

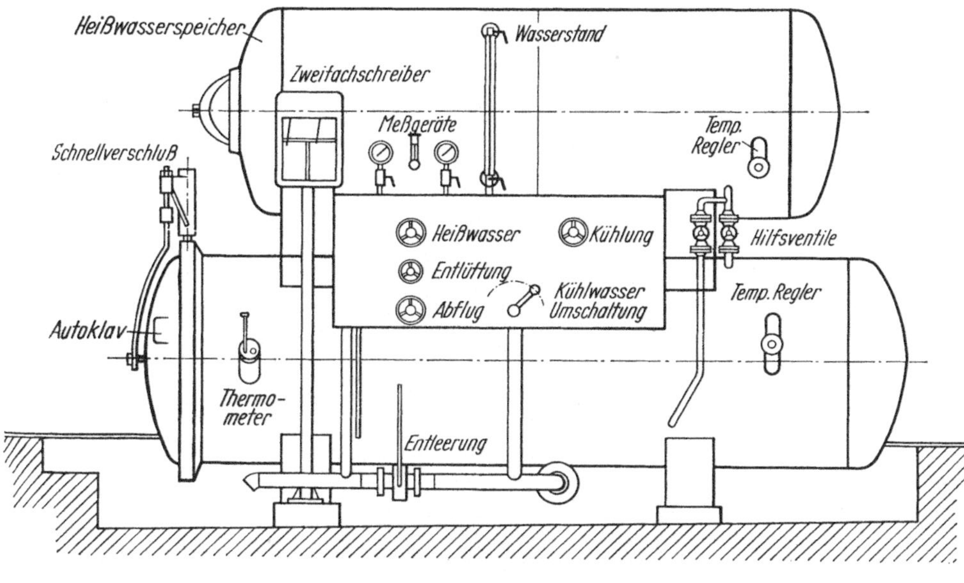

Abb. 39. Überdruck-Autoklav mit einfahrbarem Kochwagen (Lubeca-Werke GmbH., Lübeck).

Bewegungsarten (s. oben) sind Rotation und die Längs- oder um die Querachse sowie Umkehrrotation bzw. Pendeln möglich. Von weiteren bei einzelnen Lebensmitteln eingehender besprochenen Entwicklungen sei hier die *hydrostatische Sterilisation* erwähnt. Bei derartigen Autoklaven fallen mechanische Schleusenvorrichtungen weg. Sie sind durch hydraulische Ventile ersetzt. In allen Fällen wird Dampf als Serilisationsmedium benutzt, wobei die maximale Temperatur bei 130° C liegt. Der resultierende Druck im Dampfraum wird von angrenzenden Wassersäulen kompensiert, die eine Höhe von 13—17 m aufweisen. Abb. 40 zeigt den Aufbau eines derartigen Hydromatik-Sterilisators.

Weitere Entwicklungen bezwecken, das Temperatur-Zeit-Verhältnis derart zu steuern, daß sehr kurze Zeit auf sehr hohe Temperatur erhitzt wird. Genannt seien zunächst die sog. *UHT-Verfahren*, z. B. die *Uperisation*, auf die bei „Milch" näher eingegangen wird. Eine andere Entwicklung zeichnet sich in der „*Flammensterilisation*" ab: Hier werden die im Dampf vorerhitzten Dosen durch Gasflammen bei Temperaturen von etwa 1000—1200° C innerhalb von 3—4 min sterilisiert. Und schließlich sei auf eine weitere in den USA bearbeitete, nach deutschem Recht noch nicht diskutierbare Möglichkeit hingewiesen: Sterilisierung durch Kombination von Hitzesterilisierung und Bestrahlung.

Abb. 40. Hydromatik-U-Sterilisator (Gebr. Stork, Amsterdam)

α) *Behälter für Sterilisationsgüter*

1. *Gläser*

Gläser mit Deckel und Gummidichtungen dienten lange Zeit vorzugsweise als Behältermaterial, doch hat sich auch hier vor allem in ländlichen Gegenden, bei reichlich anfallendem Nahrungsgut (Hausschlachtungen, Gemüse- und Obsternte) die Dose eingebürgert. Der Einsatz von Glas („ältester Kunststoff der Welt") als Verpackungsmaterial für weite Bereiche der Lebensmittelindustrie wurde durch eine Reihe von Faktoren entscheidend gefördert, zunächst durch die *vollautomatische Hohlglasherstellung* für Gläser, deren *Qualitätsklassen* in DIN-Blättern (Nr. 12111) festgelegt sind, dann durch *Vergütung* der Glasoberfläche (vor allem bei Getränkeflaschen) zum Schutz gegen Oberflächenverletzungen und zur Erhöhung der Innendruckfestigkeit. Zu diesem Zweck werden hauchdünne Schichten von Titan- oder Vanadiumverbindungen, von Zinkoxid oder Aluminium aufgesprüht. Wichtigster Entwicklungstrend betrifft die *Gewichtsverminderung*, wie folgende Aufstellung zeigt.

Tabelle 81. Durchschnittliche Stückgewichte von Verpackungen (1953 = 100)

Jahr	Getränkeflaschen	Konservenglas
1953	100	100
1963	97	54
1968	83	55

Trotz dieser Gewichtsverminderung hat die Bruchfestigkeit nicht gelitten. Gleichzeitig wurden spezielle Deckelverschlüsse entwickelt, wie Kronenkorken (auch mit Kunststoff-Futter), Kunststoffkorken, Twist-off-, Turna-Vac- oder Pano-Uni-Verschlüsse, „atmender" Omnia-Verschluß, der ein teilweises Entweichen des im Kopfraum eingeschlossenen Luftpolsters bei der Sterilisation erlaubt, PT-Verschlüsse ("press on twist off") in der Baby-food-Industrie, Verschlüsse mit Zweigang-Schraubgewinde u.a.m. Weiteres bei J. Schormüller (141, S. 66). Hinsichtlich der Kennzeichnungspflicht und der „Standardreihe" von Glasbehältnissen vgl. die am 1. 1. 1972 in Kraft getretene „Fertigpackungs-VO". Die Nachteile der Glaspackung: hohes Gewicht und Zerbrechlichkeit sind heute erheblich und weitgehend behoben. Die Vorzüge: Neutralität zum Füllgut, Gasundurchlässigkeit, Präsentation des Inhaltes ohne Öffnung der Verschraubung und die Wiederverschließbarkeit steigern den Umsatz der Glasbehälter — nicht zuletzt als werbende Behälterform — in zunehmendem Ausmaß.

2. *Dosen*

Viele der genannten Nachteile, vor allem Bruchanfälligkeit, Gewicht und Wiederverwendung der Packung zeigt die *Metalldose* nicht. Sie beherrscht den Großteil des Marktes. Als wichtigste Werkstoffe kommen hier *Eisen* und *Aluminium* in Frage, unedle, korrosionsgefährdete Metalle, die dementsprechend Schutzüberzüge durch Verzinnung, Lackierung, Plattierung oder anderweitige Oberflächenveredlung erfordern. Die Dosenfertigung ist heute vollautomatisiert. Hochleistungs-Dosenrumpfautomaten („*Bodymaker*") produzieren bis zu 30000 Dosenrümpfe pro Stunde. Entscheidend für die Massenfertigung war weiterhin der Übergang zum Kaltwalzverfahren, das Bandstahl (Flußstahl) von 0,20—0,35 mm Stärke liefert.

α) *Weißblechdosen* („*cans*", „*tins*", „*tin containers*"). Zinn als verhältnismäßig edles Metall hat schon frühzeitig Eingang in die Eisenblechveredelung und damit auch in die Konservenindustrie gefunden, wobei man zunächst *feuerverzinnte Bleche* („Weißband") erzeugte. Bis etwa 1914 war feuerverzinntes Schwarzblech mit einer beiderseitigen Zinnauflage von 30—60 g Sn/m^2 auf dem Weltmarkt das ausschließliche Dosenmaterial. Später wurde eine Feuerverzinnung von durchschnittlich 30 g/m^2 beiderseitig üblich.

Um die verminderte Korrosionsbeständigkeit von Dosen aus sparverzinntem Weißblech zu verbessern, wurden sie mit einem Lacküberzug versehen („*verniert*"). „Goldlacke" zur Vernierung werden heute als Ölharzlacke, vor allem aber als Einbrennlacke der Phenol-, Vinyl- und Eponharzgruppe benutzt, die bei Temperaturen bis zu 350—375° C (oft durch Infrarotwärme) eingebrannt werden. Derartige Lacke haben hohen Ansprüchen zu genügen. Sie müssen gegen Füllgutbestandteile (Öle und Fette, Wasser, Säuren, Gewürze, Salz- und Zuckerlösungen) sterilisationsfest sein, dürfen an das Füllgut keine Geschmacksstoffe öliger, bitterer, strohiger, harziger oder sonstiger Art abgeben, müssen gesundheitlich unbedenklich (s. S. 276), „schwartenfest" und zur Vermeidung von Marmorierungen „schwefelfest" sein, dürfen sich nicht abheben, ablösen oder Blasen bilden und müssen schließlich bei Dosenverformungen (Deckelbördelung, Tiefziehen, Prägung, Nahtfalzung) elastisch sein und porenfrei bleiben. Weißbleche schützt man vor der Weiterverarbeitung durch dünne Ölfilme (Baumwollsaatöl, Dibutyl- und Dioctylsebacat). Die Zinnauflage bei feuerverzinntem Blech soll nach Normblattentwurf DIN 1616 je nach Blechart mindestens 10,5—13 g/m² betragen. Im selben Normblattentwurf sind für Elektrolytblech Zinnmengen von 2,45—10,1 g/m² als Mindestwerte genannt. Es wird in Zinnauflagen von 5,6—22,4 g/m² hergestellt (Typen E_1—E_4). Konservendosen werden heute in der BRD zu über 90% aus elektrolytisch verzinntem Blech hergestellt. Eine moderne Verzinnungslinie vermag pro Stunde etwa 30 km verzinnten Bandes bis 1070 mm Breite zu liefern. Es ist auch möglich, je nach Beanspruchungsart Dosen mit verschiedener Innen- und Außenverzinnung herzustellen („differenzverzinntes Weißblech"). Ähnlich wie bei Aluminiumdosen hat auch hier der „*Vollaufreiß*-"*Deckel* Eingang gefunden. Einen schematischen Querschnitt durch Weißblech bringt Abb. 41.

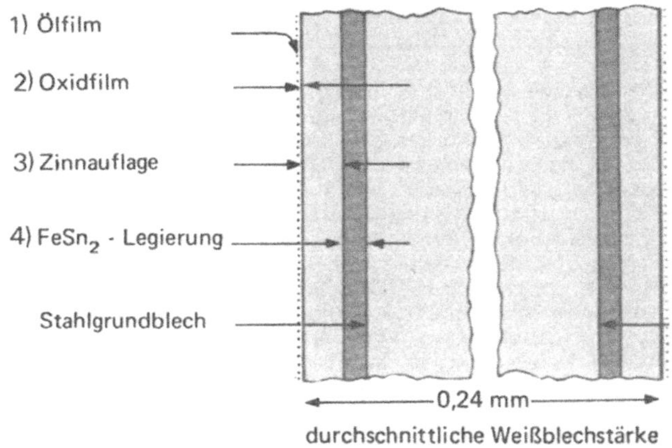

Abb. 41. Schematischer Querschnitt durch Weißblech. 1) Weißblech wird nach der Herstellung mit einem schützenden Ölfilm überzogen, der bei feuerverzinnten Blechen aus Palmöl (etwa 200 Å) und bei elektrolytisch verzinnten Blechen aus Baumwollsaatöl, Dibutylsebacat oder Dioctylsebacat (etwa 40 Å) besteht. 2) Der darunter liegende Oxidfilm hat eine Stärke von etwa 1 μm und besteht aus SnO und bei passivierten Blechen aus Chromoxiden und Zinnoxyaquaten. 3) Über die Zinnauflage vgl. oben. 4) Eine Eisen-Zinn-Legierung umgibt beidseitig das Stahlgrundblech (etwa 0,1 μm) und besteht aus $FeSn_2$-Kristalliten, die korrosionsschützend wirken. (Aus H.-J. Lange: 91)

Die Dosenproduktion der BRD für Gemüse und Obst stieg von 1965 bis 1969 um 18% von 63572 t auf 74989 t, 1970 verbrauchte der Weißblechmarkt fast 61 2000 t. Die Gesamtproduktion aller Dosentypen in den USA liegt z. Z. bei mehr als 80 Mia Einheiten. Eine Entwicklung aus neuerer Zeit geht dahin, Dosen nach dem sog. „*Abstreckziehen*" aus einem Stück zu formen. Um die üblichen Blechstärken (0,24—0,32 mm) zu reduzieren, geht das Bestreben dahin, Blechstärken zwischen 0,126 mm und 0,167 mm mit einer Zinnauflage von 2 g/m² zu produzieren (ultradünnes, „skinny", „mageres" Weißblech). Derartige ultradünne Bleche werden nach der Glühvergütung durch eine zweite Kaltwalzung gestreckt (double reduced tinplate) und dadurch besonders hart, dabei elastisch und biegsam. Die Sterilisation der in solches Blech verpackten Güter bereitet noch Schwierigkeiten, hauchdünne, folienähnliche, verzinnte Feinstbleche (0,1—0,025 mm „dick") sollen mit bekannten Folien konkurrieren. Zur Zinnersparnis sind Dosen aus einseitig feuerverzinntem Blech, deren Außenschicht lackiert ist, in der Entwicklung.

β) *Schwarzblechdosen.* Bestrebungen, den Engpaß Zinn zu umgehen, führten in Deutschland während des letzten Krieges dazu, Eisen als tragenden Werkstoff der Konservendose heranzuziehen und leiteten damit eine Entwicklung ein, die durch die lötrandverzinnte Sehwarzblechdose („*Lötranddose*"), die im Rumpf *gefalzte Dose* und schließlich durch die im Rumpf verschweißte „*Wehrmachtsdose*" gekennzeichnet ist.

Charakteristisch war hier die Verwendung kaltgewalzter Stahlbleche („Schwarzbänder"), die entweder in Phosphatierungsverfahren (Bonder-Verfahren) chemisch oberflächenveredelt und dann tauchlackiert wurden oder aber, zu Rümpfen verschweißt, einen Spritzlacküberzug erhielten. Mit zunehmender Verbesserung der Kunstlacke wurde bereits 1942 die mit Polyvinylchloridharzen kaschierte, neuerdings weiterentwickelte „Luvitherm"-Dose und die vor allem für Obst gedachte „All-Sila"-Dose geschaffen.

Die Weiterentwicklung der oberflächengeschützten Schwarzblechdose, die sich in Deutschland während des 2. Weltkrieges in vielen Milliarden ausgezeichnet bewährt hat, wird auch heute noch im Ausland ernsthaft verfolgt. Ihr Scheitern nach Kriegsende dürfte offenbar auf psychologisch bedingte Widerstände des Verbrauchers zurückzuführen sein. Ursprünglich als Notbehelf geschaffen, haftet ihr das Odium des Ersatzstoffes an; auch fehlt ihr die optische Wirkung des Weißbleches.

γ) *Aluminiumdosen.* Aluminium ist gegen Säuren, Laugen und Salze wenig widerstandsfähig, wobei die Korrosionsfestigkeit mit der Reinheit des Metalles (99,5—99,8%) beträchtlich zunimmt. Zum Schutz gegen aggressive Füllgüter wird Aluminium (ähnlich wie die *Bonder*-Schwarzblechdose) einer chemischen Oberflächenbehandlung unterzogen, wobei das Dosenblech entweder elektrolytisch oxydiert wird (Dünnschichtanodisierung nach dem *Eloxalverfahren*) oder eine Oxydation mit alkalischer Chromatlösung erfährt (modifiziertes Bauer-Vogel-Verfahren, *MBV-Verfahren*). Ein weiterer zusätzlicher und viel benutzter Oberflächenschutz ist die Spritz- oder Tauchlackierung der Dosen-Innenfläche. Neben Reinaluminium werden auch Legierungen mit 1,25% Mangan oder solche mit geringen Magnesiumzusätzen auf Dosenblech verarbeitet; dadurch wird die Festigkeit des Blechmaterials beträchtlich gesteigert. Die Herstellung erfolgt durch Fließpressen oder nach dem Spritz- und Stufenziehverfahren. Aluminium eignet sich als Dosenmaterial für Milch und (nach entsprechendem Oberflächenschutz) u. a. für Fleisch, Fische, Gemüse, Fischpasten. Vorteile der Aluminiumdose sind geringes Gewicht, gute Wärmeleitfähigkeit beim Sterilisieren, leichte und zweckmäßige Formgebung, leichtes Öffnen, Rostsicherheit und gutes Aussehen. Außerdem fällt die bei Weißblech eintretende „Marmorierung" durch schwefelhaltiges Füllmaterial weg. Nachteile sind der hohe Preis, der sich vor allem in der „verlorenen Packung" auswirkt, Schwierigkeiten bei der Lötung sowie die geringe mechanische Festigkeit des Materials. Sie bedingt hohe Verpackungskosten, erfordert größere Wandstärken, begrenzt die Größe der Dosen und führt leicht zu dauernder Deformierung. Die nahtlos gezogene Aluminiumdose („Monoblockdose") hat in der Milchindustrie und vor allem auch als *Aerosoldose* (siehe unten) Eingang gefunden. In Europa werden z. Z. jährlich rund 250 Mio Aluminiumdosen hergestellt, von denen Norwegen etwa 35—40 Mio für Fischkonserven, die Schweiz etwa 20 Mio für Dosenmilch verarbeitet. Auch auf dem Gebiet der *Tubenherstellung* (Fischpasten, Schmelzkäse u. a.) nimmt Aluminium als Rohstoff eine wichtige Stellung ein. Die 1858 zum ersten Male in Frankreich aus Zinn gezogene Tube wird heute zu über 90% aus Aluminium, oft mit Kunstharzüberzug und neuerdings auch aus Kunststoff hergestellt. Tubenkonserven werden vor allem für die Großverpflegung in den USA propagiert (Fleisch- und Wurstsorten, Karotten, Erbsen, Bohnen, Mischgemüse, Milch- und Puddingcreme, Ölsardinen und andere Fischspezialitäten). Die weitere Entwicklung der Aluminiumdose stellt in erster Linie ein preisbedingtes wirtschaftliches Problem dar, wobei neuerdings entwickelte vollautomatische Fertigungslinien von Bedeutung werden. Eine mit dem Aufkommen der Aluminiumdose entstandene Frage, nämlich die nach der gesundheitlichen Beurteilung des Aluminiums, kann heute eindeutig dahingehend entschieden werden, daß Aluminium und seine Salze als gesundheitlich unbedenklich zu bezeichnen sind.

Verbundfolien aus Aluminium und Kunststoff, wie sie in erster Linie als Folienbeutel verwendet werden, dienten als Anregung zur Entwicklung einer Konservendose aus Aluminiumverbundmaterial. Wie bei Weißblechdosen hat auch hier der einfach zu handhabende *Aufreißverschluß* sich schnell durchgesetzt. Derartige Dosen wurden in Europa 1970 zu mehr als 3 Mia Stück verbraucht.

δ) *Weitere Dosenarten und Behältnisse.* Hier ist zunächst — unbeschadet des Fertigungsmaterials — die im strengen Sinn nicht als Konservendose anzusprechende *Aerosoldose* zu nennen, in der unter Gasdruck (Stickstoffdioxid, Kohlendioxid, Stickstoff, Freon) auch Lebensmittel pastöser Art versprüht werden; u. a. Schlagsahne (z. B. durch Uperisation sterilisierte „H-Sahne"), Milchmixgetränke, Kuchendekorationen, Backformtrennmittel, Fruchtsaftkonzentrate, Gewürzextrakte, Würzsoßen und (in den USA) Imitationsrahm („whipped topping", „topping"). Zur Normung sind die Entwürfe DIN 55500 und 55501 erschienen. Gegenwärtig werden in der BRD insges. über 400 Mio Spraydosen (pro Kopf rund 7 Dosen) vor allem für Zwecke des Haushalts, der Kosmetik, Pharmazie und Medizin sowie der Schädlingsbekämpfung produziert.

Aussichtsreiche Entwicklungen gehen dahin, das Dosenblech anstelle der Lackierung durch Aufbringen von Kunststoffolien zu schützen („Kasha-Band", „Plastikbleche"; S. 777).

Die in Japan betriebene Entwicklung verchromter Feinstbleche für Konservendosen [„tin-free steel" (TFS), „can super", „Hi Top"] scheitert z. Z. noch an der Nichtlötbarkeit von Chrom. Auf dem Markt sind schließlich Dosen mit doppeltem Deckel ("Flip-Lid"), dessen Zwischenraum Gewürze (Paprika, Bohnenkraut, Senf) zum Abschmecken der eigentlichen Konserve enthält. Verbund von Aluminium mit Stahl kann durch *Spritzaluminierung*, *Pulveralitieren*, *Tauchaluminierung* oder *Walzplattieren* erfolgen. Zum Schluß sei noch die sog. „*Wickeldose*" erwähnt, aufgebaut aus Papier, Pappe und Alufolie. Sie ist u. a. bei der Produktion von Citrussäften eingesetzt. Weiteres bei J. Schormüller (141).

Kunststoffpackungen oder Kunststoffdosen haben bisher nur begrenzten Eingang in die Konservenindustrie gefunden. Hoher Preis, Thermolabilität und dadurch bedingte mangelnde Sterilisierbarkeit, Abgabe von Packungsbestandteilen an das Füllgut, Begrenzung in der Formgebung und Schwierigkeiten im Verschluß sind Faktoren, die noch der Klärung bedürfen. Versuche erstrecken sich u. a. auf Fleisch, Fleischwaren und Fische. Um bei Mischkonserven aus Fleisch und Gemüse den Wohlgeschmack zu erhalten, wird versucht, den Fleischanteil getrennt in Kunststoffbeuteln zu verschweißen, zusammen mit dem Gemüse in Dosen zu füllen und dann zu sterilisieren.

β) *Wechselwirkung zwischen Dose und Füllgut*

Sterilisierungsprozesse und mehr oder minder lange Lagerzeit führen zu Wechselwirkungen zwischen Dosenmaterial und Füllgut, die oft geringfügiger, für den Genußwert bedeutungsloser Natur sind, oft aber auch zum völligen Verderb des Füllgutes und zur Zerstörung der Dose führen können.

Das *Dosenmaterial* von Weißblechdosen zeigt als bekannteste und häufigste Erscheinung die Marmorierung der Innenfläche; flammig begrenzte Flächen, deren Farbe von bräunlichem Gelb über irisierendes Violett bis zum Blauschwarz wechselt. Zurückzuführen sind derartige Verfärbungen auf organische Schwefelverbindungen des Füllgutes: Thiamin, schwefelhaltige Aminosäuren, Glutathion, Senföle aus Knoblauch, Zwiebeln oder Senfkörnern. Der Schwefel reagiert zunächst mit dem Zinn und bildet das bräunliche Zinnsulfid; durch die mehr oder minder feinen Poren der Verzinnung dringt dann Schwefelwasserstoff zur Eisengrundlage vor und bildet dort blauschwarzes Eisensulfid. Diese Verfärbungen sind durchaus gewöhnliche und normale das Füllgut nicht beeinflussende Erscheinungen bei Weißblechdosen.

Viel tiefer greifend sind jedoch Vorgänge, die wir unter dem Begriff der *Korrosion* zusammenfassen. Wir verstehen darunter Metallzerstörungen auf chemischer oder elektrochemischer Grundlage von der Oberfläche her, für deren Eintreten die Anwesenheit von Wasser notwendig ist. In der Mehrzahl der Fälle beginnt der Angriff punktartig an der Oberfläche („Lochfraß") und erweitert sich mehr und mehr nach Tiefe und Breite. Bei Weißblechdosen greifen vor allem Nitrat und Nitrit aus Pökelware unter Bildung unlöslicher Metazinnsäure an. Andere korrosionsfördernde Stoffe sind bei Zinn- wie bei Aluminiumdosen Kupferverbindungen, Salzlösungen (insbesondere Kochsalz-Phosphatgemische), Sauerstoff sowie vor allem organische Säuren (Essig-, Milch-, Fruchtsäuren), die entweder natürliche Bestandteile der Lebensmittel darstellen oder als Würz- und Geschmacksstoffe zugegeben werden oder aber bei nicht beabsichtigter saurer Gärung und bei der Fettspaltung nachträglich entstehen. Dementsprechend ist die Korrosionswirkung der einzelnen Füllgüter sehr verschieden. Fleisch-, Wurst- und viele Fischkonserven von schwach saurer Reaktion (pH 6,0—6,8) sind wenig korrodierend;

stärker wirken Bohnen, Spinat, Käse, Mischkonserven aus Fleisch und Gemüse (Weißkohl); höchst aggressiv sind Fische in sauren Tunken (saure Fischmarinaden), Obst und Fischpasten, die aus Fisch, Tomaten und Gewürzen bestehen, sowie Tomatenmark. Manche Füllgüter, wie Spinat durch den Oxalsäuregehalt oder Krabben durch den Trimethylaminoxidgehalt, wirken infolge Komplexbildung der genannten Stoffe spezifisch zinnlösend. Die Reduktionswirkung des Zinns kann Pflanzenfarbstoffe ausbleichen. Zeichen der Korrosion sind örtliche Ablösung der Zinnschicht, Lackerweichung, Blasenbildung, Rissigwerden und schließlich flächenhafte Lackablösung bei lackierten Dosen. Oft führt die Korrosion bis zur vollständigen Zerstörung der Dose. Beim Angriff der Metalloberfläche durch Säuren entsteht Wasserstoff, es kommt zur *chemischen Bombage.* Deckel und Boden sind vorgewölbt, der Bördelrand ist oft unter „Nasenbildung" verformt. Trotz des äußerlichen Bombagenbefundes kann der Doseninhalt noch genußtauglich sein, oft aber tritt eine bis zur Genußuntauglichkeit führende Qualitätsminderung ein, da mit der Wasserstoffentwicklung die Bildung von Metallsalzen aus dem Dosenmaterial verbunden ist. Chemische Bombagen treten meist erst geraume Zeit nach Fertigstellung der Konserven auf und unterscheiden sich damit von den biologischen, durch mikrobielle Zersetzungen hervorgerufenen Bombagen. *Chemische* wie *biologische Bombage* ist streng zu unterscheiden von der sog. *Scheinbombage,* auch Flatter- oder Federbombage genannt, die auf übermäßigen Luftgehalt der Dose oder auf schlecht passende Dosendeckel zurückzuführen ist. Bei der Scheinbombage lassen sich die vorgewölbten Deckel und Böden eindrücken, gehen aber nach Aufheben des Druckes in ihre alte Lage zurück. Die gleichen rein physikalisch bedingten Erscheinungen zeigt bei Eisbildung auch die „*Frostbombage*". Der *Doseninhalt* erfährt Veränderungen, die oft eng mit denen der obenbeschriebenen Dosenmaterial-Änderungen zusammenhängen. Wie erwähnt ist die bei Weißblechdosen beobachtete Marmorierung ohne Einfluß auf die Konservenqualität; weiterhin vermag die durch Oxydation gebildete unlösliche Zinnsäure die Oberfläche des Füllgutes (z. B. bei Dosenwürstchen) durch Bildung eines weißlichen oder stumpfgrauen Belages unansehnlich zu verfärben, gesundheitsschädlich ist sie jedoch nicht.

Angaben über Zinnmengen, wie sie in Konserven gefunden werden, schwanken beträchtlich. Sie liegen z.B. für Fischkonserven bei 150—300 mg-%, bei vegetabilischen Konserven können sie Werte von 150—250 mg/kg Konserve erreichen. ½ Jahr alte Gemüsekonserven enthielten 83—129 mg/kg (Spargel) und 104 mg/kg (grüne Bohnen), 1—5 Jahre alte Fleischkonserven 58—162 mg/kg Füllgut.

Bei Verwendung blanker Weißblechdosen wurden in Orangensaft 6,5—12,3 mg, in Grapefruitsaft 3,6—10,6 mg und in Ananas 17,0 mg Zinn pro 100 g gefunden. Bei Lagerung über 2 Jahre lag der Zinngehalt für schwarze Johannisbeeren bei 15,0—30,0 mg, für Birnen bei 25,0—45,0 mg pro 100 g. Gemüse in lackierten Dosen weist in der Regel auch nach mehrjähriger Lagerung Zinngehalte auf, die unter 50 mg/kg liegen. Oft ist, z. B. bei Wachsbohnen, der Zinngehalt im festen Anteil erheblich höher als in der Aufgußflüssigkeit. Bei längerer Lagerung wird neben Zinn auch zunehmend Eisen gelöst, so in nichtlackierten Dosen nach einem Jahr etwa 20 mg/kg, nach zwei Jahren etwa 50 mg/kg; s. S. 276.

Besonders hoch ist der Gehalt an Zinn dann, wenn die Dosen samt Füllgut längere Zeit geöffnet an der Luft stehen und damit der für die Auflösung wichtige Depolarisator Sauerstoff Zutritt hat. So enthielt eine Dose Spinat zunächst 18 mg/kg Zinn. Dieselbe Dose wies, 6 Tage geöffnet aufbewahrt, einen Zinngehalt von 1038 mg/kg Füllgut auf. Ganz allgemein ist das Aufbewahren von Konserven in geöffneten Dosen unter allen Umständen zu vermeiden; der Inhalt muß sofort nach dem Öffnen in neutrale Behälter (Glas, Porzellan) entleert werden.

In den USA ist ein Gehalt von mehr als 300 mg/kg Zinn unzulässig, empfohlen wird in der BRD die Begrenzung auf 250 mg/kg. Nach dem Codex alimentarius sind Fleischkonserven mit mehr als 100 mg/kg Zinn als verdorben anzusehen. In Deutschland sind keine Bestimmungen über den Höchstgehalt an Zinn in konservierten Lebensmitteln erlassen. Für kondensierte Milch in Weißblechdosen erreicht der Zinngehalt nach 2 Monaten Lagerung bei 37° C Werte von 63—71 mg/kg (unlackiert) bzw. 3,2—4,2 mg/kg (lackiert). Die Bleiaufnahme aus dem Dosenlot wurde bei 37° C nach 2 Monaten zu 0,28—0,39 mg/kg für Spinat, Stachelbeeren und Erdbeeren gefunden.

Wie an anderer Stelle besprochen (S. 769) ist Zinn offenbar kein gesundheitsschädliches Material. Die beim Genuß von Dosenkonserven aufgenommenen Zinnmengen sind unter normalen Bedingungen außerdem so gering, daß die schon 1902 von K. B. Lehmann geäußerte Feststellung, wonach Zinnvergiftungen durch Mengen, wie sie mit Konserven auch über längere Zeiträume aufgenommen werden (4—6 mg Zinn pro Tag) niemals beobachtet werden konnten, auch später Bestätigung fand.

Auch Vergiftungen durch *Blei* sind nicht zu befürchten, wenn die für den Bleigehalt der Zinnschicht und des Lotes festgesetzten Höchstwerte eingehalten und die Lötungen sachgemäß durchgeführt werden. So konnten bei kondensierter Milch in keinem Fall gesundheitsschädliche Mengen an Blei nachgewiesen werden; in Dosenkonserven fanden sich nur Spuren. Über die Unschädlichkeit des *Aluminiums* und seiner Salze wurde auf S. 273 berichtet. Vgl. das „Zink- und Bleigesetz“ vom 25. 6. 1887, zuletzt geändert am 14. 5. 1968 sowie die Erste VO zur Ausführung des Milchgesetzes in der Fassung vom 15. 7. 1970.

Bei fortschreitender Korrosion lösen sich neben Zinn auch beträchtliche Eisenmengen; derartig gelöste Metallsalze ziehen deutliche Geruchs- und Geschmacksveränderungen nach sich, die Füllgüter schmecken „metallisch“, d. h. scharf bitter und adstringierend, zurückzuführen auf eine Reaktion der Metallionen mit Mercaptanen und Thioäthern, die ihrerseits aus den auf S. 274 besprochenen organischen Schwefelträgern der Lebensmittel stammen. Eisen und Eisenionen sind auch an Fettoxydationen des Füllgutes beteiligt, so z. B. an Veränderungen von Pökelfleisch, am Talgigwerden oder am Vertranen (Fischigwerden) von Fetten. Naturgemäß treten diese Reaktionen zunächst in den Randpartien auf und greifen dann auf den gesamten Doseninhalt über.

Lackveränderungen waren vor allem in der Frühzeit der Schwarzblechlackierung zu beobachten. Sie schädigen nicht nur die Haftfestigkeit des Dosenlackes sondern führen oft dazu, daß Lackbestandteile in das Füllgut übergehen und diesem einen artfremden „Medizingeschmack“ verleihen. Mit der Weiterentwicklung der Kunstlacke sind solche Veränderungen selten geworden, doch bedarf die Frage des Überganges von Bestandteilen aus Kunststoffen in Lebensmittel laufender Beachtung und Überprüfung.

Zur *Analyse der Lacke* vgl. K. Weinmann (in (54) Bd. IX., S. 329). Hingewiesen sei auf die durch das Bundesgesundheitsamt veröffentlichten „Empfehlungen zur gesundheitlichen Beurteilung von Kunststoffen und anderen Polymeren im Rahmen des Lebensmittelgesetzes“, insbes. die *Empfehlung XL Lacke und Anstrichstoffe für Lebensmittelbehälter und -verpackungen* (47. Mitteilung in: Bundesgesundheitsblatt *11*, 192 [1968]).

γ) *Nährwert, Vitamingehalt und Konservierungstechnik*

Die bisher besprochenen Gesichtspunkte stellen als Hauptaufgabe der Konservierungstechnik die Forderung, Lebensmittel in eßbarer und ansprechender Form bei möglichst weitgehender Erhaltung der äußeren Merkmale von Naturprodukten über längere Zeiträume genußtauglich zu halten. Darüber hinaus wurde schon frühzeitig vom Lebensmittelchemiker wie vom Ernährungsphysiologen die Frage nach dem biologischen Wert eingedoster Nahrung gestellt.

Die ursprünglich von E. Friedberger (1926/28) auf Grund seiner Tierversuche geäußerste Ansicht, jegliches Kochen, also auch die Hitzesterilisierung, ziehe eine starke Herabsetzung des Nährwertes und eine biologische Schädigung des Proteinanteiles nach sich, wurde bald widerlegt. Zahlreiche weitere Untersuchungen führten zu dem Schluß, daß rohes, gekochtes, gebratenes und bei hohem Druck sterilisiertes Fleisch weder Wachstum noch Fortpflanzung der als Versuchstiere benutzten weißen Ratten unterschiedlich beeinflußte. Was den Vitamingehalt anbelangt, so läßt sich sagen, daß Lebensmittelkonservierung durch Hitze auf industrieller Basis den Vitamingehalt nicht mehr als haushaltsübliche Behandlung schädigt. Auch Erfahrungen der Praxis bestätigen diese Befunde. So lebte die französische Polarexpedition 1932 fünfzehn Monate lang nur von Konserven. Ratten sowie gegen Vitamin C-Mangel besonders empfindliche Meerschweinchen konnten über 15 Monate lediglich mit Dosenkonserven des Handels ernährt werden, gleichzeitig war in 3—5 Generationen die Fortpflanzung der Tiere gesichert.

Wenngleich damit die Dosenkonserve als Produkt entwickelt wurde, das in hygienischer, ernährungsphysiologischer und calorischer Hinsicht allen an ein Lebensmittel zu stellenden Anforderungen weitgehend gerecht wird und aus der Großverpflegung nicht mehr wegzudenken ist, bleibt die Bedeutung der Frischnahrung oder der Vorzug vieler kältekonservierter, gefrorener oder getrockneter Lebensmittel davon unberührt. Neue Entwicklungsmöglichkeiten zeigt die Schaffung von eßfertigen Schnellmahlzeiten ("heat and eat") z. B. für Camping und Wochenend oder die kombinierte Verpackung von Gefrierkost in Blechdosen, deren Konsum in den USA immer mehr zunimmt. Blechdosen dürften außerdem besonders guten Schutz von Lebensmitteln gegen Atomexplosionen bieten. Internationale *Normung* des Dosenmarktes ist ein dringendes Gebot der Zukunft. Für die $^1/_1$-Dose (Inhalt 850 ml, 99/119 mm) besteht seit 1959 Einigung im Rahmen der Europäischen Wirtschaftsgemeinschaft; weitere Empfehlungen wurden 1958 und 1962 in London durch die International Standard Organization (ISO) ausgesprochen. Normungen für Deutschland bringen die DIN-Normblätter einer eigens beauftragten Normenkommission (DNA), auf die hier verwiesen wird.

δ) *Die Lebensmittelkonserven*

Als Erfinder der Konserve gilt allgemein der Franzose Nicholas Appert. Aufbauend auf Beobachtungen, die schon 1764 der italienische Physiker Lazaro Spallantini machte, stellte er um das Jahr 1804, also lange Zeit bevor die Bakteriologen wissenschaftliche Grundlagen für dieses Verfahren schufen, die ersten Fleischkonserven für die französische Marine her, indem er Fleisch, später auch andere Lebensmittel, in Gläsern luftdicht einschloß und durch Erhitzen derart haltbar machte, daß sie nach achtmonatiger Aufbewahrung noch vollkommen genießbar waren. Für seine Schrift „Le livre de tous les ménages, ou l'art de conserver pendant plusieurs années toutes les substances animales et végétables" erhielt er 1809/10 einen Preis von 12000 Francs. Erst 1837 erschien eine Preisliste von Konserven, die auch für den Privatkonsumenten bestimmt war. Zunächst wurden vor allem grüne Erbsen, 1834 Sardinen, 1864 Lachs und Tomaten und 1856 bzw. 1866 in Amerika bzw. in der Schweiz kondensierte Milch in Dosen verarbeitet. Wie zu Beginn der Konservierungstechnik haben auch später kriegerische Ereignisse die Entwicklung der Dosenkonservierung weitgehend gefördert, in Amerika z. B. vor allem die Kämpfe zwischen den Nord- und Südstaaten. Am 25. 8. 1810 erhielt der Engländer Peter Durand das erste Patent auf die verzinnte Konservendose.

Tabelle 82. Produktion ausgewählter Erzeugnisse der Konservenindustrie der BRD (Aus H.-J. Lange: 91)

Produkte	Menge in 1000 t				Wert in Mio DM			
	1965	1966	1967	1968	1965	1966	1967	1968
Obstkonserven	110,1	94,4	100,2	137,0	141,5	122,4	122,4	144,8
Gemüsekonserven	228,5	299,6	312,5	271,8	292,6	352,1	338,7	274,1
Gurkenkonserven aller Art	68,2	118,3	104,6	87,2	105,1	162,4	130,0	104,4
Sterilisierte Sahne	8,3	9,1	9,1	9,1	17,1	18,3	20,1	26,1
Sterilisierte Flaschenmilch	143,2	148,3	140,5	133,9	84,2	86,4	85,0	80,0
Wurst-, Fleisch- und Mischkonserven	185,6	184,0	180,9	188,5	825,3	829,4	784,7	775,1

Die Produktionsentwicklung für die wichtigsten Packstoffe Metall und Glas ist in Tab. 83 angegeben.

Tabelle 83. Produktionsentwicklung von Packstoffen
(Werte für 1964 gleich 100)
(Aus H.-J. Lange: 91)

Produktionsentwicklung bei	1964	1965	1966	1967	1968
Konservendosen	100	101,22	108,76	108,45	106,31
Ind.-Konservengläser	100	119,13	162,40	177,55	197,90
Babykost mit Babyfruchtsäften in Gläsern	100	124,51	156,33	166,69	188,89

Über Vor- und Zusatzbehandlung im Rahmen der Dosenkonservierung wurde bereits berichtet. Wesentlich ist es, die Halteperiode zwischen Füllen und Sterilisieren möglichst kurz zu gestalten und das Abkühlen der erhitzten Dosen sorgfältig zu lenken. Zweckmäßig wird auf etwa 45° C gekühlt, um das Abtrocknen an der Luft zu fördern. Zur Erhaltung der Qualität der fertigen Vollkonserven dürfte die Lagerung bei Temperaturen um 0° C besonders geeignet sein. Sterilisationszeiten und -temperaturen richten sich nach Dosengröße, Art des Füllgutes, Wärmedurchgangsbedingungen und Empfindlichkeit des Inhaltes. Fleischkonserven ($^1/_1$-Dosen) erfordern Sterilisationstemperaturen zwischen 115 und 121° C bei 1 atü und Sterilisationszeiten zwischen 30 und 60 min, wozu noch Steig- und Fallzeiten beim Anheizen und Abkühlen von 8—10 min kommen. Mit Zuckerlösungen versehene Früchte werden vor dem Sterilisieren bei 77—95° C über 4—6 min exhaustiert. Für Gemüse (z. B. Bohnen in Wasser oder Salzwasser) beträgt die eigentliche Sterilisationszeit 15 min, die Sterilisationstemperatur 115—118° C, wozu Steig- und Fallzeiten von jeweils 6—10 min kommen. Auch Marmeladen und Konfitüren durchlaufen zur Haltbarmachung meist einen Erhitzungsprozeß; die Konservierung derartiger Produkte wird durch Zuckerzugabe, zuweilen auch durch chemische Konservierung wesentlich gefördert; vgl. bei „Obst". Viele Lebensmittel, vor allem solche, die beim Kochen leicht zerfallen, werden unter schonenderen Bedingungen konserviert (s. unten) und sind dementsprechend nicht steril. Sie weisen eine nur beschränkte Haltbarkeit auf und besitzen als *Halbkonserven* (Präserven) vor allem in der Fischindustrie große Bedeutung. Die vorhandenen Keime werden hier durch haltbarmachende Zusätze für einige Zeit in ihrer Lebenstätigkeit gehemmt. Derartige Präserven sind „kühl aufzubewahren und zum alsbaldigen Verbrauch bestimmt" und keinesfalls für Versendung in die Tropen geeignet. Hierher rechnen saure Zubereitungen von Fischen und Krustentieren in Mayonnaise, Remoulade, Senf, Gelee usw. Als Kaltmarinaden (Hering), Kochmarinaden (Aal, Muscheln, Garnelen), Bratmarinaden (Hering, Schellfisch, Wittling) oder Ölpräserven (Seelachs, Anchovis aus Hering oder Sprotten) werden sie an anderer Setlle besprochen (vgl. S. 360).

In die Gruppe der Sterilisierungsverfahren sind schließlich noch Prozesse zu rechnen, bei denen die *Hochkurzerhitzung* Anwendung findet. Ein solcher Prozeß ist die Uperisation (S. 388) der Milch (0,75 sec auf 105° C) oder die Hochkurzerhitzung von Apfelsaft (3 sec auf 160° C). Hier zu erwähnen ist auch die Qualitätsschonung durch Erhitzen empfindlichen Konservengutes über 30 sec auf 177° C („high-short-foods").

b) Pasteurisieren

Viele empfindliche Lebensmittel, vor allem solche flüssiger Natur, erleiden durch die zur Sterilisation notwendigen Temperaturen starke Schädigung mancher Komponenten (Proteine, Kohlenhydrate, Vitamine) oder beträchtliche Einbußen an Aroma, Geschmack und Farbe. Für derartiges Material, insbesondere für Milch, Obstsäfte und Süßmoste, Fruchtpürees, Bier, Sauergemüse und Schinkenkonserven (Halbkonserven) wendet man das Verfahren der *Pasteurisierung* an und arbeitet bei Temperaturen unterhalb 100° C. Dadurch wird die Bakterientätigkeit selbstverständlich nur behindert, die Haltbarkeit pasteurisierter Lebensmittel also nur für begrenzte Zeit garantiert. Die besonders bedeutungsvolle Pasteurisierung der Milch wird dort besprochen. Haltbarmachung von Apfelsäften durch *Warmverfahren* beruht auf einer kurzzeitigen Vorpasteurisierung bei 68 bis 77° C und einer Nachpasteurisierung in der Flasche bei 70° C. Weiteres bei H.-J. Lange (91, S. 106).

3. Trocknung der Lebensmittel

Bei der Trocknung wird dem einzelnen Lebensmittel Wasser in dem Ausmaß entzogen, daß Mikroorganismen keine wesentliche Möglichkeit zur Fortentwicklung mehr finden und die auf einen bestimmten Wassergehalt angewiesene Aktivität der Eigenenzyme des Lebensmittels stark gemindert oder praktisch unterbunden wird. Weitgehende Ausschaltung der Eigenenzyme vor dem Trockenprozeß wird vor allem für Gemüse gefordert und hier durch das Blanchieren erreicht (vgl. S. 528). Blanchiert wird entweder mit Frischdampf von etwa 100° C, oft unter Druck bei höheren Temperaturen oder mit kochendem Wasser oder aber durch *Reihenblanchierung*. In diesem Fall wird die durch Auslaugeprozesse bedingte Trockensubstanzkonzentrierung bis zu 4% im Wasser angereichert und diese Konzentration durch laufende Zufuhr von Frischwasser sowie durch Abziehen von Konzentrat aufrechterhalten. Als Test für die Blanchierleistung dient das Ausmaß der Enzyminaktivierung (meist bei Katalase und Peroxidase; S. 208, 209). Technologisch liegt das Ziel optimaler Trocknung darin, den Wasserentzug in kurzer Zeit bei einer dem Trocknungsgut angepaßten Temperatur vorzunehmen derart, daß die Eigenschaften des Frischmaterials (Verdaulichkeit, Nährwert, Geschmack, Aroma, Aussehen, Struktur, Volumen) möglichst weitgehend erhalten bleiben oder nach Zugabe von Wasser wieder hergestellt werden („Rekonstitution, Rehydratation"). Wieweit hierbei der Feuchtigkeitsgrad gemindert werden soll, richtet sich nach der Anfälligkeit des zu trocknenden Gutes. Wird der Verderb vor allem durch die Entwicklung von Mikroorganismen bewirkt, z. B. bei Getreideerzeugnissen, so kann der Wassergehalt relativ hoch liegen (14—15%), wenn chemische Umsetzungen im Trockengut (Maillard-Reaktion) oder physikalische Beeinflussungen (Verklumpung, Zusammenballung) die Hauptrolle spielen (Milch- und Eipulver, Brühwürfel), muß er niedrig gehalten werden.

Wie beim Gefriervorgang spielen auch hier die *verschiedenen Formen des Wassers* [oberflächliche Gutsfeuchtigkeit, Haft- und Capillarwasser („Abpreßwasser"), fest „gebundenes" Wasser („Langmuir-Wasser"), „chemisch" gebundenes Kristallwasser sowie Lösungswasser] eine Rolle, auf die im einzelnen hier nicht eingegangen werden kann. Als *Trockenmittel* kommen insbesondere in Frage: Luft, Feuergase und feuchtigkeitsanziehende Stoffe.

Wie bei vielen anderen physikalischen Konservierungsmethoden ist auch hier festzuhalten, daß weder die Mikroorganismentätigkeit noch die Eigenenzymaktivität, noch nichtenzymatische Bräunungsreaktionen durch den Trockenprozeß vollständig ausgeschaltet werden. Sie wirken sich auch im Trockengut aus und nehmen beträchtlichen Umfang an, wenn durch Feuchtigkeitsaufnahme entsprechende Voraussetzungen geschaffen werden. Bedingungen für das Mikrobenwachstum (Bakterien, Schimmelpilze) in Lebensmitteln sind dann gegeben, wenn die relative Luftfeuchtigkeit der umgebenden Atmosphäre bei etwa 95% liegt. Lebensmittel zeigen gleich anderen Substanzen das Bestreben, ihren Wassergehalt mit der umgebenden Luftfeuchtigkeit ins Gleichgewicht zu bringen, wobei je nach Struktur, physikochemischen Eigenschaften und Zusammensetzung (Capillaraktivität, Gehalt an löslichen oder quellbaren Stoffen, hoch- bzw.

niedermolekularer Aufbau, pH-Wert, Dichte, Homogenität usw.) sich ein für jedes Lebensmittel spezifischer Wassergehalt einstellt. Bei der obenerörterten relativen Luftfeuchtigkeit liegt er z. B. für Trockengemüse bei 13,2%, Trockenkartoffeln bei 13,7% und Volleipulver bei 10,4%. Besondere Sorgfalt erfordert die Lagerung hygroskopischen Gutes, das dampfdicht verpackt aufzubewahren ist.

In weit höherem Ausmaß als beim Gefrierprozeß ist beim Trocknen der Lebensmittel häufig mit mehr oder minder tiefgreifenden Veränderungen von Eigenschaften des Frischmaterials zu rechnen. Der drastische Wasserentzug bei erhöhter Temperatur bewirkt z. T. irreversible Änderungen der Zellstruktur, die sich in Schrumpfung und Verhornung, Minderung der Quellbarkeit und Ausgiebigkeit (Trockengemüse) oder in Rißbildung (Teigwaren, Wurstwaren) äußern. Gleichzeitig erfolgt ein Verlust an Duft- und Aromastoffen, der oft einzelne Komponenten in besonders hohem Ausmaß betrifft und damit das charakteristische Aroma des ursprünglichen Lebensmittels grundlegend ändern kann, wenn nicht, wie z. B. bei Zwiebeln der Aromastoffreichtum besonders groß ist. Oxydativ bedingte Verluste treten bei Vitamin A, Carotin und Vitamin C ein; sie lassen sich, z. B. bei Früchten mit frischen Schnittflächen, durch Behandlung mit Sulfit (das allerdings Vitamin B_1 schädigt), mit Citronensäure, besser durch Lagerung oder Verpackung in inerten Gasen (Stickstoff, Kohlendioxid) herabsetzen. Derartige Lagerbedingungen wirken sich auch günstig auf Verhinderung von oxydativ hervorgerufenen Verfärbungen aus. Daneben treten im Trockengut Umsetzungen zwischen Proteinen und reduzierenden Zuckern nach Art der Maillard-Reaktion (vgl. S. 17) sowie Enzymwirkungen ein. So ist bekannt, daß die hohe amylotische Aktivität und die zunehmende Fettspaltung hoch ausgemahlener Roggenmehle mit längerer Lagerung qualitativ immer mehr absinkende Brote liefert. Die *Ausnutzbarkeit* der Calorienträger in Trockengütern (Trockengemüse) ist sehr gut und eher besser als in Frischgemüsen, hingegen wird das biologisch wertvolle Carotin nur vermindert resorbiert.

Zur Vermeidung dieser unerwünschten Umsetzungen im Verlauf der Trocknung und der anschließenden Lagerung hat die moderne Trocknungsindustrie eine Reihe von Verfahren entwickelt, bei denen die ursprünglichen Nähr-, Wirk-, Aroma- und Geschmackstoffe weitgehend erhalten bleiben.

Ursprüngliche, seit prähistorischer Zeit benutzte Verfahren entsprechen allerdings solchen Forderungen in nur bescheidenem Ausmaß. Sie verwerten die Sonnenwärme, geringe Luftfeuchtigkeit und Luftbewegung in südlichen Ländern bei Fleisch (Pemmikan), Eiweiß und Eigelb oder Obst (Feigen, Datteln, Korinthen, Rosinen, Aprikosen, Äpfel und Pflaumen, „Dörrobst"), in nördlichen Regionen bei Klippfisch und Stockfisch. Auch heute noch werden beträchtliche Mengen an Aprikosen, Pfirsichen und Birnen in den USA an der Sonne getrocknet.

Moderne Verfahren streben gleichmäßige, schnelle Trocknungsmöglichkeiten an. Bei *absatzweiser Trocknung* unter horizontaler oder vertikaler Belüftung befindet sich das Gut in Ruhe. *Kontinuierliche Trocknung* kann im *Gleichstromverfahren* erfolgen, wobei Luft hoher Temperatur auf das kalte, feuchte Gut trifft, oder aber nach der *Gegenstromtrocknung* vorgenommen werden, bei der warme Luft mit dem fast fertig getrockneten Material in Berührung kommt. Wenig schonend ist die Trocknung im *Kreuzstrom;* hier fällt die Heißluft senkrecht zur Transportrichtung des Gutes ein. Oft werden Gleich- und Gegenstromverfahren kombiniert oder mehrstufig betrieben. *Stufentrocknung* liegt vor, wenn die Frischluft mäßig angewärmt und dann, wenn sie sich am Trockengut abgekühlt hat, neuerdings aufgewärmt wird. Sie vermeidet allzu rasches und plötzliches Austrocknen des Gutes.

Je nach der *Ausführung* unterscheidet man Darren, Horden, Kanal-, Kammer-, Schrank-, Ringetagen-, Band-, Riesel-, Teller-, Trommel-, Walzen-, Jalousie-, Umlauftrockner usw. *Feuchtkrümeliges* Gut trocknet man z. B. in Muldentrocknern, außenbeheizten Trögen, in denen das Gut durch Schaufeln aufgelockert, gemischt und trans-

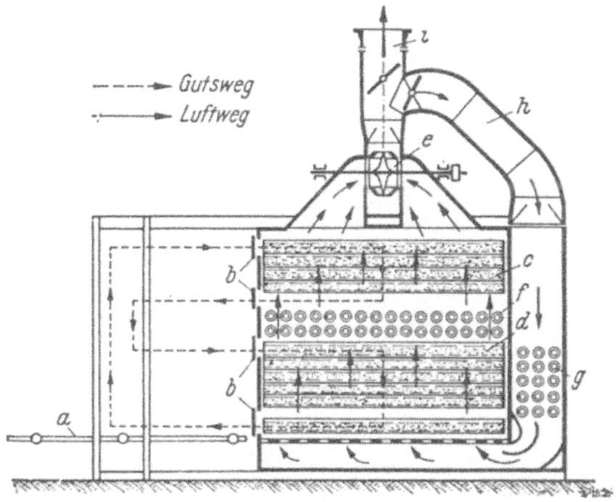

Abb. 42. Horden-Schachttrockner mit Gutsdurchlüftung (Bauart „Favorit" der Benno Schilde Maschinenbau-AG., Bad Hersfeld). a Fahrstuhl, b Klappen, c, d Hordenstapel, e Ventilator, g Heizkörper, h Umluftrohr, i Abluftrohr (Aus O. Krischer und K. Kröll: Trocknungstechnik, Bd. II., S. 261, Berlin: Springer 1959)

portiert wird (Stärke-Vakuumtrockner). *Pastenförmige* oder *dünnflüssige* Produkte dampft man im Vakuum zu Sirupkonsistenz ein (kondensierte Milch, Obstdicksäfte) oder führt sie durch Kontakttrocknung mit und ohne Vakuum an innen geheizten Walzen in Pulverform über. Das Gut wird in dünner Schicht auf die Walze aufgetragen, während einer Umdrehung getrocknet und durch Messer abgeschabt. Wärmezufuhr und Feuchtigkeitsabführung erfolgen hier in gleicher Richtung (S. 398).

Neben den an anderer Stelle gebrachten Abbildungen von Trocknern sind im folgenden einige wichtige Typen dargestellt, und zwar das Schema eines *Horden-Schacht-Trockners* (Abb. 42), eines *Kanaltrockners* (Abb. 43), die Anordnung für *Ein-* und *Mehrbandtrockner* (Abb. 44) sowie für einen zum Trocknen breiartiger Güter (Kartoffelbrei) benutzten *Stromtrockner* (Abb. 45), bei dem das Gut im Flug getrocknet wird.

Vakuumtrocknung ist eine besonders schonende Art der Trocknung, bei der im Gegensatz zu den erwähnten Trocknungsarten Verdampfung und nicht Verdunstung der Feuchtigkeit stattfindet. Sie wird oft zum Nachtrocknen von Früchten benutzt. Kontinuierliche Hochvakuumtrockner werden zur Gewinnung von „Instant"-Pulvern (Kaffee, Citrusfrüchte, Tomatensaft, Milch, Malz- und

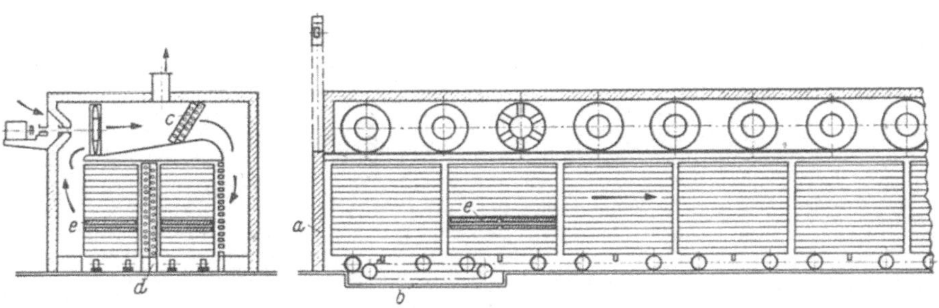

Abb. 43. Trocknungskanal für zwei Gestellwagenreihen, a Einfahrtstor, b Wagenvorschub, c Heizkörper, d Zwischenheizkörper, e Horden zur Aufnahme des Gutes. (Aus O. Krischer und K. Kröll: Trocknungstechnik, Bd. II., S. 465, Berlin: Springer 1959)

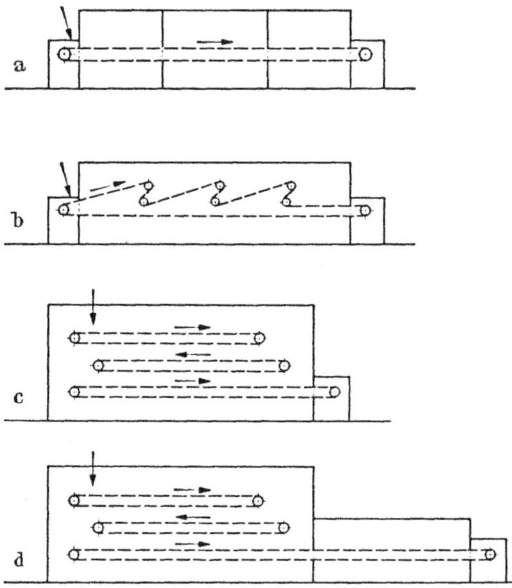

Abb. 44. Anordnung der Bänder in Ein- und Mehrbandtrocknern, a gewöhnlicher Einbandtrockner, b Einbandtrockner mit mehrfacher Gutsumlagerung, c Dreibandtrockner, d Dreibandtrockner mit herausgezogener Nachbehandlungszone (Aus O. Krischer und K. Kröll: Trocknungstechnik, Bd. II., S. 263, Berlin: Springer 1959)

Schokoladenmilch) eingesetzt. Trockner mit Vakuum-Drehtrommeln dienen zum Trocknen von Kakaobohnen, aufgeschlossenem Reis, Getreide, Hülsenfrüchten, Malz, Kindermehlen u. a. m.

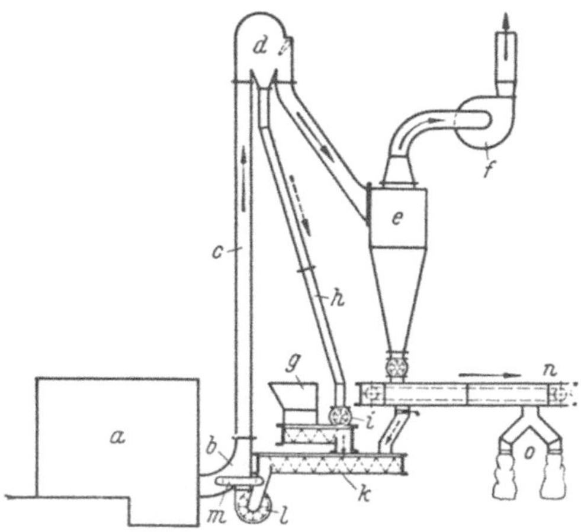

Abb. 45. Stromtrockner für breiartige Güter (Büttner-Werke AG., Krefeld-Uerdingen) a Feuerung, *b* Heißgasleitung, c Steigrohr des Trockners, d Sichter, e Stoffabscheider, f Ventilator, g Naßgutaufgabe, h Rückführrutsche, i Zellenschleuse, k Mischschnecke, l Aufgabenschleuder, m Nebenleitung für die Heißgaszufuhr zur Schleuder; n Trockengutregler, o Absackvorrichtung (Aus O. Krischer und K. Kröll: Trocknungstechnik, Bd. II., S. 295, Berlin: Springer 1959)

Abb. 46 zeigt einen zum Trocknen von Kartoffelerzeugnissen benutzten *Fließbett-Trockner*, bei dem — ähnlich der früher geschilderten Gefriertrocknung — das „tanzende“ Gut durch von unten einströmende Warmluft entwässert wird.

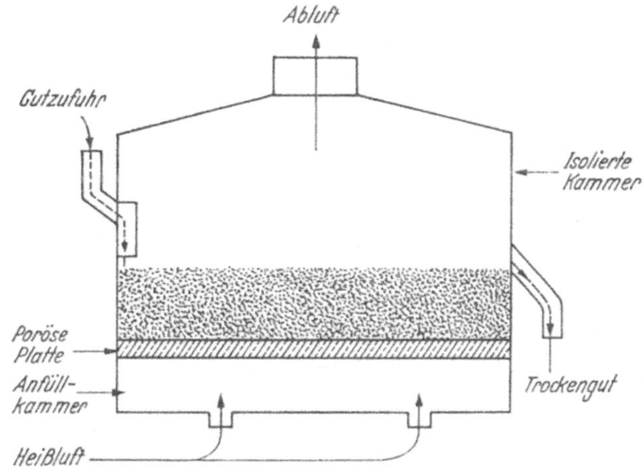

Abb. 46. Kontinuierlicher Fließbett-Trockner (Aus J. Schormüller (141))

Ein *Bandtrockner mit Kettenförderung* ist in Abb. 47 dargestellt. *Schaum-Schichttrocknung* beruht darauf, daß stabile Schäume des zu trocknenden Gutes in dünnen Schichten im kontinuierlichen Verfahren auf umlaufenden Matten mit Warmluft behandelt werden („Verschäumungstrocknung", „foam-mat drying"). Hier zu erwähnen ist auch die *Trocknung durch Puffen* („explosive puffing", „puff-drying"), wobei das Gut in kleinen Stücken (Obst, Gemüse, Mais, Reis) oder in dünnem Film (Milch) zunächst in hohem Vakuum gehalten und dann unter plötzlicher Aufhebung des Unterdruckes zu einer lockeren Masse in einer „puffing gun" getrocknet wird.

Ähnlich schonend ist die *Zerstäubungs-* oder *Sprühtrocknung*. Sie findet vor allem Anwendung bei Stoffen, die nicht irreversibel in ihrer Löslichkeit oder ihrer

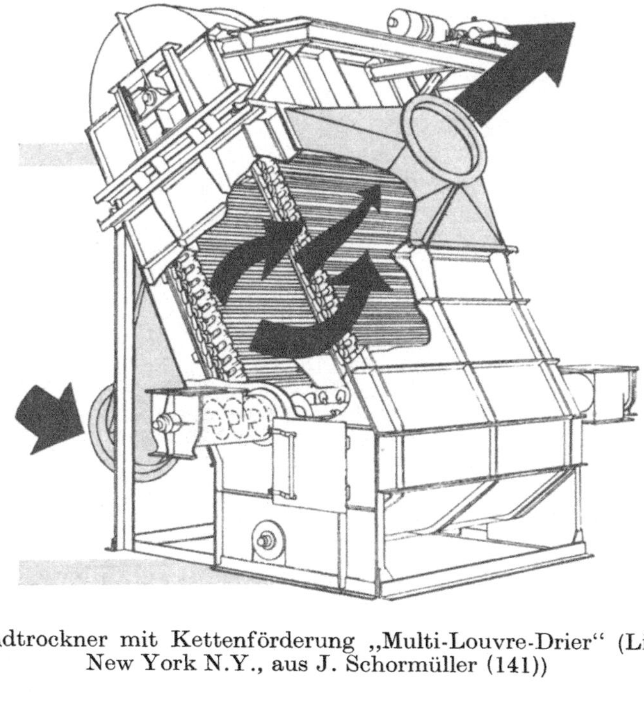

Abb. 47. Bandtrockner mit Kettenförderung „Multi-Louvre-Drier" (Link-Belt Co., New York N.Y., aus J. Schormüller (141))

Struktur geschädigt werden sollen und dehnt sich immer weiter auf alle Gebiete der Lebensmittelverarbeitung aus (Eipulver, Milchpulver, Pektin, Gelatine, Blut, Kaffee- und Tee-Extrakte, Malzextrakt, Glucose, Fruchtsaftkonzentrate u.a.m.). Meist werden im Vakuum vorher eingedickte Suspensionen durch Düsen oder Zerstäuberscheiben vernebelt und die vernebelten Teilchen einem heißen Luftstrom (120—180° C) ausgesetzt. Die Trocknung erfolgt also nicht an festen Heizflächen, sondern in der Gasphase, wobei infolge der Wasserverdampfung die Temperatur des Trockenraumes auf 40—45°C, diejenige des Trockengutes auf 50—60° C gesenkt wird (S. 398). Das Trockengut fällt als feines Pulver zu Boden, erfährt im Laufe des Prozesses nur geringe Veränderungen (z. B. Vermeidung der Bräunungsreaktion von Milch) und zeigt besonders gute Löslichkeit, allerdings infolge der feinen Verteilung auch erhöhte Anfälligkeit (z. B. gegen Luftsauerstoff) und gesteigerte Hygroskopizität. Um derartige Trockengüter leicht benetzbar, schnell vollständig sowie ohne zusätzliche mechanische Behandlung mit Wasser rekonstituierbar zu machen und auch im trockenen Zustand rieselfähig („free flowing") zu erhalten, gewinnt das *„Instantisieren"* von Trockenprodukten zunehmende Bedeutung. Das Wesen dieses Verfahrens ist in Abb. 48 verdeutlicht.

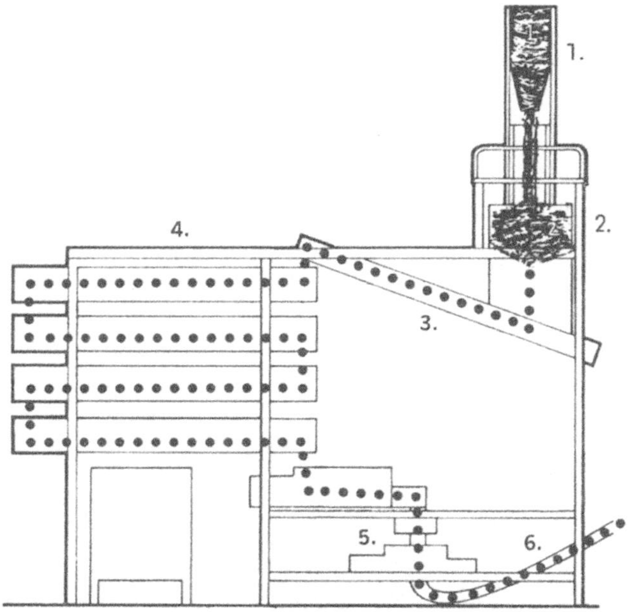

Abb. 48. Instantisierungsanlage (Blaw-Knox Dairy Equipment, Mora/Minnesota). 1 Pneumatische Einführung des gekühlten Pulvers; 2 Instantisierungskammer, in der das Gut schwach benetzt und in größere Partikelchen verwandelt wird, 3 Förderband zur Nachtrocknungskammer, 4 Rüttelsiebe, die im oberen Teil mit Warmluft nachtrocknen, auf dem letzten Sieb mit Raumluft kühlen, 5 Sichter zur Abtrennung feinpulveriger Teile, die wieder in den Trenngang geführt werden, 6 Abpackung der gekühlten Partikel. (Aus J. Schormüller (141))

Ein ideales Trocknungsverfahren ist schließlich die *Gefriertrocknung*, über die an anderer Stelle berichtet wird (vgl. S. 262).

Im ersten und zweiten Weltkrieg spielte in Deutschland die Trocknung von Gemüse, daneben von Früchten, Molke, Milch, Hefe, Fleisch u.a.m. eine wichtige Rolle, nicht zuletzt im Rahmen der Truppenverpflegung. Auch in der Gegenwart werden Trockenprodukte in größtem Ausmaß hergestellt, wobei der möglichst schonenden Verarbeitung des Rohmaterials alle Aufmerksamkeit gewidmet wird.

4. Lebensmittelerhaltung durch Filtration

Zur „*Feinklärung*“ (Klärfiltration) werden aus Suspensionen Trubstoffe und Mikroorganismen entfernt, z. B. bei Wein, Bier, Fruchtsäften, Süßmosten, Gelatine, Essig, Würzen, Ölen u.a.m. Häufig ist damit auch eine *Entkeimung* verbunden. Andererseits können durch *Trennfiltration* der Festanteil gewonnen (Maisstärke, Preßhefe oder unerwünschte Anteile (Luftreinigung) entfernt werden.

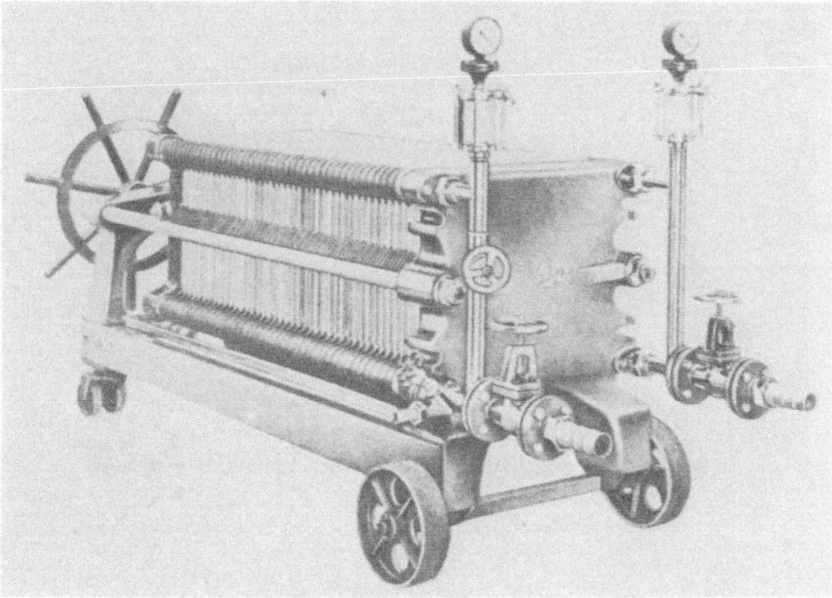

Abb. 49. Seitz-Schichtenfilter (Seitz-Werke, Kreuznach)

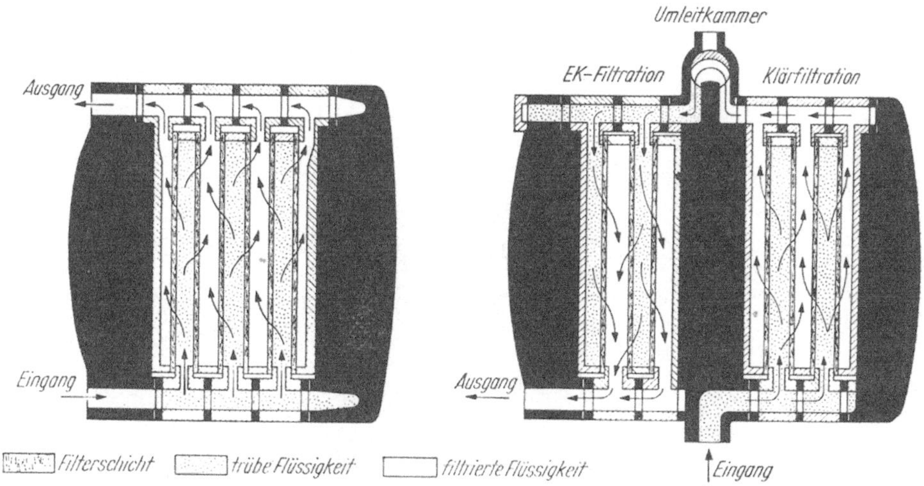

Abb. 50. Seitz-Schichtenfilter (Seitz-Werke, Kreuznach). a Schematische Darstellung des Filtrationsverlaufs bei der klärenden und entkeimenden Filtration, b schematische Darstellung des Filtrationsverlaufs bei Verwendung einer Umleitkammer

Die hier verwendeten Filtertypen sind sehr vielgestaltig. Sie enthalten meist feinporige, gepreßte Filterscheiben aus Asbest und Zellstoff, Glas- oder Kunstfasergewebe, die zu mehrstufigen, möglichst steril gehaltenen Filteraggregaten vereinigt sind, wobei Zahl (bis zu 80) und Größe (bis zu 1,2 m im Quadrat) der Filterplatten die Kapazität bedingen. Der Arbeitsdruck beträgt bis zu 15 at.

Neben *Entkeimungs-Schichtenfiltern* (Abb. 49 u. 50) benutzt die Lebensmitteltechnologie zur Entfernung von Trubstoffen oder feinsten Schleiertrübungen auch Einschichtenfilter (Abb. 51) oder Trommelschichtenfilter (Abb. 52).

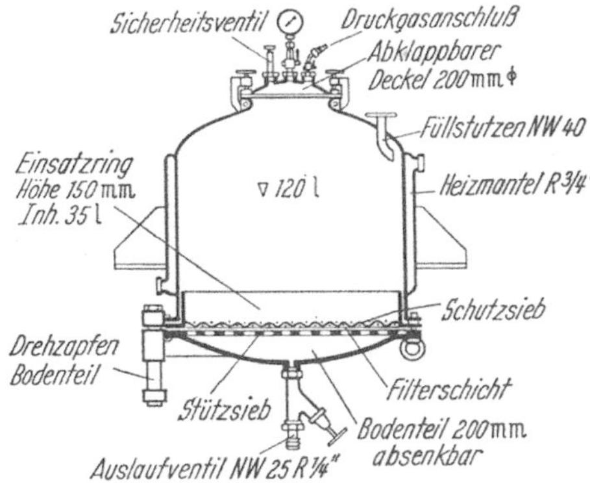

Abb. 51. Seitz-Einschichtenfilter (Seitz-Werke, Kreuznach)

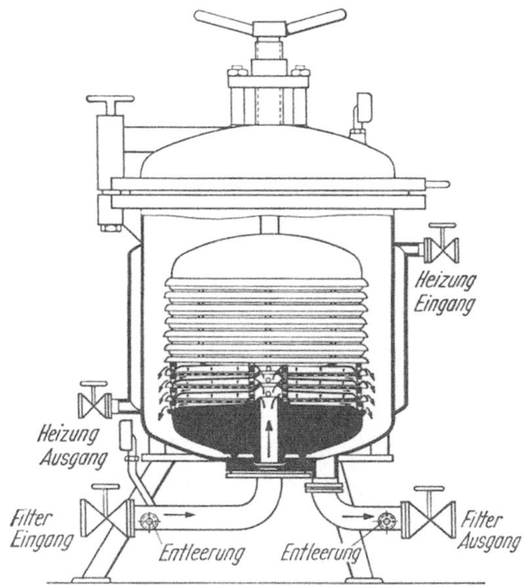

Abb. 52. Seitz-Trommelschichtenfilter (Seitz-Werke, Kreuznach)

Auf *lockere Schüttungen* (Sand, Kies, Koks, Aktivkohle), die vor allem bei der Trinkwasseraufbereitung Verwendung finden und auf *Luftfilter* wird an anderer Stelle eingegangen.

5. Vakuumlagerung

Lagerung von Lebensmitteln im *Vakuum* spielt bei kleineren Gebinden (Kaffee usw.) eine Rolle. In den USA werden Erbsen, Aprikosen und Tomaten zum Export in Form einer *Schüttgut-Vakuumverpackung* in elektrolytisch verzinnten Stahltrommeln befördert.

6. Gasdrucklagerung

Verfahren dieser Art, bei denen Flüssigkeiten unter hohem Gasdruck gelagert werden, finden vor allem bei Fruchtsäften und bei Milch Anwendung.

Nach Böhi-Seitz werden vorher entschleimte, geklärte und evtl. mit Filtrationsenzymen behandelte Fruchtsäfte unter Kohlensäuredruck (7 bis 8 atü bei 8—10° C oder 4 atü bei 0° C) in indifferenten Hochdrucktanks gelagert. Dadurch wird die Mikroorganismenentwicklung und deren Enzymaktivität weitgehend sistiert. Verwendung findet flüssiges oder festes Kohlendioxid (Trockeneis).

Das *Hofius-Verfahren* dient zur Haltbarkeitssteigerung von Milch und Sahne. Hier werden Enzymaktivität und Mikrobenwachstum durch Lagerung bei 6—10°C unter einem Sauerstoffdruck von 8—10 atü gehemmt (vgl. bei Milch).

7. Ultraviolettbestrahlung

Die *Ultraviolettbestrahlung* von Lebensmitteln löst eine Reihe teils förderlicher, teils schädigender Reaktionen aus. UV-Strahlen töten in höheren Dosen Mikroorganismen verschiedenster Art (Bakterien, Hefen, Schimmelpilze) ab, unterschwellige Dosen können jedoch das Wachstum der Mikroben und die Enzymaktivität stimulieren. Die Strahlungswirkung auf die einzelnen Enzyme ist sehr unterschiedlich, besonders resistent sind Oxidasen. Der wirksamste Wellenbereich liegt zwischen 254 und 265 nm. Ungünstig wirkt sich die UV-Bestrahlung vor allem dadurch aus, daß sie eine Reihe von Lebensmittelkomponenten tiefgreifend verändert und dabei die Qualität der Nahrungsstoffe oft empfindlich mindert. So werden z. B. die Vitamine A, B_2, B_6 und K durch Ultraviolettlicht zerstört. Bei Fetten, auch fetthaltigen Lebensmitteln wird unter Peroxidbildung die Autoxydation stark beschleunigt, außerdem greifen die Oxydationsprodukte auch andere Nahrungsbestandteile (z. B. Vitamin E) an. Besonders empfindlich sind auch Obst und Gemüse. Bei Milch entwickelt sich der sog. Lichtgeschmack, der darauf beruht, daß Methionin unter Beteiligung von Vitamin B_2 den typischen Geschmacksstoff S-Methyl-3-mercaptopropionaldehyd liefert (S. 390). Die Anreicherung der Milch mit Vitamin D durch Ultraviolettbestrahlung ist neuerdings in Deutschland nicht mehr erlaubt. Die neue Lebensmittelgesetzgebung wird Vitamin D unter die (deklarationspflichtigen) ,,Zusatzstoffe" einreihen.

Deutlich erkennbare, in ihren Einzelheiten noch nicht ausreichend erforschte Nebenwirkungen der UV-Strahlen auf Milchbestandteile und nicht zuletzt die Unmöglichkeit, ärztlich empfohlene Vitamin D-Konzentrationen von 10 μg/l durch Strahleneinwirkung zu erzielen, führen zu der Forderung, etwa beabsichtigte D-Vitaminierung der Milch durch Zugabe genau dosierbarer Vitamin D_3-Mengen durchzuführen.

Auf Grund ihrer bactericiden Wirkung haben die Ultraviolettstrahlen weitgehend Eingang in die Lebensmittelgewinnung und -verarbeitung gefunden, zunächst zur Raumluftentkeimung in Käsereien und Molkereien, süßmost- und fleischverarbeitenden Betrieben, Kühlhäusern, Kühlschiffen beim Gefrierfleischtransport, Reifekammern für Dauerwurstwaren und Großbäckereien. In den USA wird Fleisch unter Verwendung von UV-Licht bei 20° C in 2 Tagen gereift, wobei die Bestrahlung ausreichenden bactericiden Schutz gegen Fremdinfektion bietet. Auch direkte Einwirkung der UV-Strahlen auf Lebensmittel wird angewendet, so die Bestrahlung von Käse zur Schnellreifung, von Eiscreme zur Entkeimung, von Eiereiweiß zur Vernichtung von Salmonellen, von Eiern und verpackten Lebensmitteln zur oberflächlichen Sterilisation. Schließlich können Ultraviolettstrahlen zur Entkeimung von Gebrauchsgegenständen, wie Trinkgläsern, Milchkannen, Arbeitstischen und -geräten sowie von Bier- und Milchflaschen dienen. Als Strahlungsquellen werden Quecksilber-Niederdrucklampen benutzt, wobei ozonerzeugende kurze Wellenlängen oft ausgefiltert sind.

Der UV-Bestrahlung sind Grenzen durch die geringe Eindringtiefe der Strahlen gesetzt, so daß in erster Linie Luft-, Wasser- und Oberflächenbestrahlung in Frage kommen. Durch die „Lebensmittel-Bestrahlungs-VO“ vom 19. 12. 1959 ist die Behandlung von Lebensmitteln durch *direkte Bestrahlung* mit ultravioletten Strahlen lediglich zugelassen zur Entkeimung von Trinkwasser, der Oberfläche von Obst- und Gemüseerzeugnissen sowie von Hartkäse bei der Lagerung. Erlaubt ist außerdem die bei der Entkeimung von Luft durch ultraviolette Strahlen auftetende *indirekte Bestrahlung* von Lebensmitteln. Kenntlichmachung ist in diesen Fällen nicht notwendig. Weiteres bei J. Schormüller (141, S. 631).

8. Infrarotbestrahlung

Infrarotbestrahlung hat gleichfalls Eingang in die Lebensmittelverarbeitung gefunden, so zum Trocknen von Casein, Fischen und Citrussäften sowie zum Schutz von Früchten gegen Frostgefahr, außerdem zum Blanchieren und Schälen von Obst und Gemüse sowie in begrenztem Umfang — zum Grillen von Fleisch („Radargrill“). Als Strahlungsgeber haben sich lediglich Temperaturstrahler (Hell- und Dunkelstrahler) durchgesetzt.

Mißerfolge bei dieser Behandlungsart sind vor allem darauf zurückzuführen, daß die spezifische Strahlenabsorption der einzelnen Güter ungenügend berücksichtigt wurde, wodurch örtliche Überhitzungen eintreten können.

9. Hochfrequenzerwärmung

Dieses Verfahren zeigt besondere Vorteile dadurch, daß das gesamte Gut aufgeheizt und gleichmäßig auf eine bestimmte Temperatur gebracht wird. In den USA dienen Geräte mit Arbeitsfrequenzen von 1000—3000 MHz zum Kochen und Aufwärmen von Speisen; Hochfrequenzwärmestrahlung wird außerdem zum Auftauen von Gefrierkonserven, zum Blanchieren von Gemüse, zur Pasteurisierung von Wein, Bier, Milch und verpacktem Brot, zum Rösten von Kaffee sowie zur Behandlung von Cerealien herangezogen. Im letztgenannten Fall sollen Getreideschädlinge ohne Minderung der Keimfähigkeit des Getreides abgetötet und Enzyme zur Steigerung der Quellfähigkeit inaktiviert werden. Weitere Anwendungsmöglichkeiten betreffen die Herstellung von Kartoffelchips. Schließlich kann Hochfrequenzwärme auch zur Schnellwasserbestimmung von Getreide benutzt werden. Das Verfahren bewirkt weitgehende Schonung der Lebensmittel und wird trotz oft widersprechender Ergebnisse und hoher Betriebskosten als aussichtsreich betrachtet. Auch zur Heißsiegelung von Folienverpackungen wird die dielektrische Heizung genutzt.

10. Lebensmittelkonservierung durch ionisierende Strahlen

Die bekannten bactericide Wirkung energiereicher Strahlen (UV-, Röntgenstrahlung) hat dazu geführt, weitere Strahlenarten auf ihre diesbezügliche Eignung hin zu überprüfen. Wesentliche Gesichtspunkte derartiger Bestrebungen sind die Suche nach besonders schonenden Sterilisierungsverfahren, die Ausschaltung chemischer Stoffe, z.B. bei der Schädlingsbekämpfung sowie die Vereinfachung und Verbilligung von Verpackung, Transport und Lagerung der so konservierten Lebensmittel. Schließlich soll damit der Verwertung und Energienutzung radioaktiver Abfallprodukte aus Atomreaktoren ein neuer Weg gewiesen werden. In

Frage kommen vor allem zwei Strahlenarten: die ionisierenden Elektronenstrahlen (β-Strahlen) und die elektromagnetische Strahlung aus dem Bereich der γ-Strahlen. Die Strahlenerzeugung ist für β-Strahlen mit Hilfe von Elektronenbeschleunigern (Elektronenschleudern), für γ-Strahlen durch radioaktive Quellen (Spaltungsprodukte der Atommeiler, künstliche Isotope wie ^{60}Co) möglich. γ-Strahlen besitzen eine wesentlich größere Tiefenwirkung als Elektronenstrahlen.

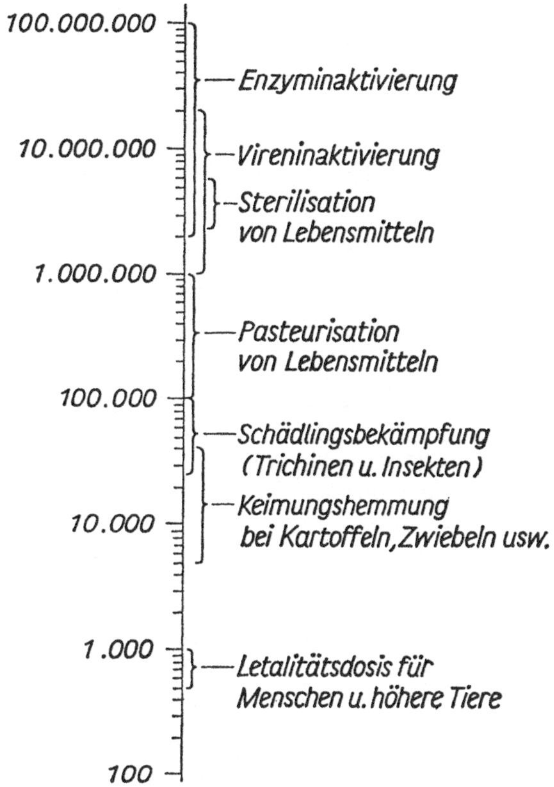

Abb. 53. Dosisbereiche der Strahlenanwendung (Dosis in rad (*r*oentgen*a*bsorbed-*d*ose) (Aus Th. Grünewald, Ernährungs-Umschau 8 (8), 239, 1961)

Strahlensterilisation mit „handelsüblicher" Sterilität („commercial sterility", nicht mehr als 10^{-8} Organismen pro g) als Kaltsterilisation und *Strahlenpasteurisierung* wurden u. a. zur Keimhinderung bei Kartoffeln und Zwiebeln, zur Insektenvernichtung im Getreide sowie zur Schädigung von Trichinenlarven und anderen gesundheitsschädlichen Parasiten vorgeschlagen. Dabei werden die einzelnen Organismen sehr unterschiedlich geschädigt: Hefen und Schimmelpilze sind wesentlich strahlenempfindlicher als Bakterien. Wichtig für lebensmittelchemische Fragestellungen ist der Umstand, daß beide Strahlenarten (β- und γ-Strahlen) sehr ähnlichen Wirkungsmechanismus zeigen. Ein Schaubild (Abb. 53) zeigt die Dosisbereiche der Strahlenanwendung.

Es liegt nahe — und zahlreiche Beispiele aus der Bestrahlungspraxis zeigen dies —, daß hochenergetische Strahlen nicht nur Bakterien und Parasiten sowie Enzyme, sondern darüber hinaus alle Lebensmittelkomponenten mehr oder minder stark beeinflussen können. Mechanismen solcher Art betreffen vor allem die Oxydation von Lipoiden, Ölen, Fetten und ungesättigten Fettsäuren, Denaturierung von Proteinen, Desaminierung von Aminosäuren, Reduktonbildung und Depolymerisierung bei Kohlenhydraten und schließlich die mehr oder minder starke Zerstörung von Antioxydantien, Farbstoffen, Vitaminen, Aromaträgern oder erwünschten Enzymsystemen. So wird z.B. Vitamin B_1 bei der Bestrahlung von Fleisch mit γ-Strahlen weitgehend inaktiviert. Der komplexe Wirkungsmechanismus ionisierender Strahlung geht auch daraus hervor, daß viele der genannten Veränderungen oft erst nach dem Aussetzen der Bestrahlung eintreten („after effects"). Nebenreaktionen („side effects") und unerwünschte Umsätze sind z.B. Bildung von Peroxiden aus freien Radikalen und Sauerstoff, Auftreten fremder Geruchs- und Geschmacksstoffe („Bestrahlungsgeschmack") sowie Verfärbungen bei Fleisch (Grünfärbung durch Sulfmyoglobin), Gemüse, Milch (Bräunung von Milchzucker), Quark, Käse, Brot oder Eiern und endlich Festigkeitsänderungen durch Pektinzerstörung bei Äpfeln und Karotten. Als flüchtige aromaschädigende Produkte γ-bestrahlter Milch und γ-bestrahlten Fleisches wurden Methyl- und Dimethylsulfid, Acetaldehyd, Aceton, Butanon, Äthylmercaptan, Äthanol und Methanol gefunden. Tierische Lebensmittel scheinen besonders empfindlich zu sein; in vielen Fällen lassen sich unerwünschte Veränderungen durch Zusätze (Ascorbinsäure u.a.), Bestrahlen unter Luftausschluß, bei tiefer Temperatur und Anwendung intermittierender Bestrahlungsdosen verhindern oder mindern.

Gute Erfolge wurden z.B. in den USA durch Bestrahlen leicht hitzevorbehandelten Rindfleisches bei —80°C erzielt. Niedrige Dosen bis zu 0,5 Mrad verlängern die Frischhaltung von Fisch, Geflügel und Fleisch, ohne unerwünschte Geschmacksveränderungen. Auch Möglichkeiten einer kombinierten Anwendung ionisierender Strahlen und Hitze zur Abtötung von Mikroorganismen werden erörtert.

Nach den bisher an zahlreichen Lebensmitteln gewonnenen Ergebnissen und Erfahrungen läßt sich zunächst sagen, daß eine Konservierung von Lebensmitteln mit ionisierenden Strahlen grundsätzlich technisch verwirklicht werden kann und wirtschaftlich tragbar erscheint. Wesentlich ist, daß die bei Bestrahlungen angewendeten Energien von maximal 5 MeV in keinem Fall eine indizierte Radioaktivität des bestrahlten Objektes hervorrufen können. Fütterungsversuche an Tieren haben geringfügige, doch statistisch signifikante Wertminderungen bestrahlter Lebensmittel ergeben, die jedoch nicht höher liegen als solche, wie sie beim Hitzesterilisieren bekannt sind. Trotz dieser und anderer ernährungsphysiologisch nicht ausgesprochen negativer Befunde steht eine endgültige Beurteilung derartiger Lebensmittelbestrahlungen hinsichtlich ihrer Unbedenklichkeit noch aus. Die unterschiedliche Zusammensetzung unserer Lebensmittel zwingt dazu, in jedem Fall Bestrahlungsart und Untersuchung der bestrahlten Güter spezifisch abzustimmen: „a detailed feasibility analysis is needed of any situation to determine the ideal source for any specific use" (S. A. Goldblith, 1970).

Neben den erörterten Veränderungen sind andere Umwandlungen als Folge der unübersehbar großen Reaktionsmöglichkeiten im Gesamtsubstrat Lebensmittel noch ungenügend erforscht; toxische Wirkungen solcher Umsatzprodukte sind möglich. Zwar zeigt die gesamte Weltliteratur, daß kein neues Sterilisierungsverfahren so umfassend und so kritisch studiert wurde wie die Strahlensterilisation, doch genügen die bisher vorliegenden Ergebnisse nicht, um eine grundsätzliche Zulassung solcher Verfahren zu verantworten und hochenergetisch bestrahlte Lebensmittel im Verkehr zu dulden. Dementsprechend bestimmt die „Lebensmittel-Bestrahlungs-VO" vom 19. 12. 1959, daß die Behandlung von Lebensmitteln mit Elektronen-, γ- und Röntgenstrahlen nur zu Kontroll- und Meßzwecken zugelassen wird. Hierbei dürfen offene radioaktive Stoffe nicht verwendet werden und umschlossene radioaktive Stoffe nicht mit dem Lebensmittel in Berührung kommen. Die von dem Lebensmittel absorbierte Strahlendosis darf 10 rad nicht überschreiten.

In aller Welt, auch in der BRD wird intensiv auf diesem Gebiet gearbeitet. Die „Fremdstoff-Kommission" der Deutschen Forschungsgemeinschaft hat in der Mitteilung IV vom 21. 11. 1968 „Kriterien zur Beurteilung der gesundheitlichen Unbedenklichkeit bestrahlter Lebensmittel" ausgearbeitet. Ein am 1. 1. 1971 in Paris unterzeichnetes, unter der Schirmherrschaft der Europäischen Kernenergie-Agentur (ENEA), der Internationalen Atomenergie-Organisation (IAEO) und der FAO stehendes Gremium aus 16 Ländern hat das Ziel, Untersuchungen zur gesundheitlichen

Unbedenklichkeit bestrahlter Lebensmittel durchzuführen. In den USA hatte die Armee im August 1966 die Zulassung von bestrahltem Schinken beantragt. Dem Antrag wurde 1968 nicht stattgegeben, da nach Ansicht der FDA der Nachweis der Unbedenklichkeit nicht zufriedenstellend erbracht sei. Auch die Gesundheitsführung der BRD verhält sich noch abwartend. In Kanada ist die Bestrahlung von Kartoffeln seit 1960, von Zwiebeln seit 1965 und von Weizen und Mehl seit Anfang 1969 erlaubt. Israel hat die Kartoffelbestrahlung 1967, die von Zwiebeln 1968 zugelassen. In Holland sind bestrahlte Champignons seit 1969 verkehrsfähig. Auch in der UdSSR ist die Bestrahlung verschiedener Lebensmittel erlaubt.

Eine besondere Gefahrenquelle bringt radioaktives Material aus zur Explosion gebrachten Atombomben mit sich, das als Gas, Staub oder Nebel in die Atmosphäre gelangt und von dort aus als Träger der Radioaktivität entweder direkt Lebensmittel verseuchen kann oder aber auf indirektem Wege (Plankton-Nahrung der Fische, Zugvögel, radioaktives Wasser, Tierfutter pflanzlicher Herkunft aus aktivem Boden) in unsere Nahrung gelangt. Eine besondere Rolle spielt hier das ^{90}Sr, das sich im Stoffwechsel von Mensch, Tier und Pflanze ähnlich wie Calcium verhält, mit dem Nahrungskalk aus Gemüse und Milch aufgenommen und in den Knochen gespeichert wird (vgl. auch S. 114).

Zum Verhalten einzelner Lebensmittel vgl. J. Schormüller (141), zur gesundheitlichen Beurteilung S. J. Kuprianoff und K. Lang (87).

11. Ultraschall

Eine besondere Art der Lebensmittelbehandlung stellt die Ultrabeschallung dar. Ultraschall wirkt in vielen Fällen stark keimtötend, so bei Trockenhefe, Fruchtsäften und Marmeladen, Eiern, Milch, wobei oft beachtliche Veränderungen (z.B. Viscositätsabnahme) eintreten. Andere Anwendungsgebiete liegen in der Brauerei (Lösung der Hopfenbitterstoffe), der Schokoladenindustrie (Conchiervorgang), der Käsereifung, der Gewinnung von Emulsionen („Erdnußbutter") oder der Behandlung von Spirituosen. Die Mehrzahl der genannten Behandlungsarten ist noch umstritten, die Entwicklung noch nicht abgeschlossen.

12. Katadyn-Verfahren

Die „oligodynamische" Wirkung kleinster Mengen an Silberionen auf das Wachstum von Pflanzen und Mikroorganismen ist schon lange bekannt; gleich Quecksilber- und Kupfersalzen wirken auch Silberionen bactericid, eine Eigenschaft, die im „Katadyn-Verfahren" zur Entkeimung von Trink- und Brauchwasser benutzt wird (vgl. S. 738).

In den USA sind nur 0,05 mg/l $Ag^{\oplus}$ zugelassen, um bei lebenslangem Genuß derart aufbereiteten Wassers die Argyrosis mit Sicherheit zu verhüten. In der BRD erlaubt die Trinkwasseraufbereituns-VO in der Fassung vom 27. 6. 1960 den Zusatz von 0,1 mg/l $Ag^{\oplus}$ in Form von Silber, Silberchlorid, Natriumsilberchlorid-Komplex und Silbersulfat (vgl. auch die „Allgemeine Fremdstoff-VO" in der Fassung vom 22. 12. 71).

Da der Silberzusatz eine Einwirkungsdauer von mehreren Stunden erfordert und nur bei praktisch klaren farblosen Wässern eine Wirkung zu erwarten ist, bei gelegentlich verschmutzten Wässern die gerade hier wichtige Entkeimung versagt und schließlich keine Möglichkeit besteht, die in gesilbertem Wasser vorhandenen Zusatzmengen einfach zu ermitteln, ist der Erfolg einer Trinkwassersilberung unsicher und das Verfahren nicht frei von seuchenhygienischen Bedenken. In bestimmten Fällen, z. B. bei der Versorgung von Schiffen mit einwandfreiem Trinkwasser, kann die Silberung von Bedeutung sein.

Empfohlen werden drei verschiedene Verfahren:

1. Zusatz von Silberpräparaten, etwa in der Form des „Mikropur", einer Mischung aus kolloidem Silber mit einem Schutzkolloid, enthaltend 1% Silber,

2. Filtration über gesilbertes Material, z.B. gesilberten Sand („Stevilit") oder gesilberte keramische Filterkerzen,

3. Elektrolytische Silberzugabe über Elektrolysierzellen („Cumasina" bzw. „Cuma").

II. Chemische Verfahren

Zur Haltbarmachung der Lebensmittel werden folgende chemische Verfahren benutzt:

1. Salzen und Pökeln
2. Räuchern
3. Einlegen in konservierende Flüssigkeiten (Einspriten, Eierkonservierung)
4. Zuckern
5. Einsäuern
6. Konservierende Lebensmittel-Inhaltsstoffe
7. Chemische Zusatzstoffe.

Wenn die im folgenden zu besprechenden Verfahren gemeinhin unter dem Begriff der „chemischen" Haltbarmachung zusammengefaßt werden, so soll nicht vergessen sein, daß eine Reihe der ablaufenden Prozesse durchaus rein physikalischen oder physikochemischen Charakter tragen, so z.B. der Wasserverlust des Gewebes beim Salzen, Pökeln, Räuchern, Spriten und Zuckern oder die Strukturveränderung beim Einsäuern. Untrennbar verbunden mit diesen Umwandlungen und oft schwer von ihnen zu trennen sind tiefgreifende chemische Umsetzungen, die Lebensmittel spezifischer Prägung erzeugen. Struktur und Geschmacksrichtung weichen hierbei oft beträchtlich von den entsprechenden Eigenschaften des Ausgangsmaterials ab, derart, daß parallel zur Haltbarmachung gleichzeitig eine Zubereitung zum genußfertigen Lebensmittel stattfindet. Ziel aller Verfahren ist wie bei den physikalischen Methoden auch hier die Aufhebung oder Minderung der Mikroorganismentätigkeit und ihrer Enzymsysteme, die Sistierung der lebensmitteleigenen Enzyme und schließlich die Ausschaltung chemischer oder chemisch-physikalischer Einflüsse, wie Licht, Luftsauerstoff, Wasser und Metallspuren oder anderer Enzymaktivatoren; nicht zuletzt auch die Erzeugung von Lebensmitteln mit typischen Geruchs- und Geschmackseigenschaften.

Je nach dem angewandten Verfahren werden mikrobieller, biochemischer oder chemischer Verderb entweder nur bedingt herabgesetzt oder nicht verhindert. Die begrenzte Wirksamkeit des einen oder anderen Verfahrens zwingt also dazu, solche unzureichenden Methoden miteinander zu kombinieren: Zuckerung mit Sterilisation, Pökelung mit Räucherung. Als ultima ratio verbleibt oft notwendigerweise, wenn auch nicht durchaus erwünscht, die Verwendung chemischer Konservierungsmittel. Für viele der nur begrenzte Haltbarkeit aufweisenden, chemisch konservierten Lebensmittel wird im Rahmen der Lagerung und des Transportes mit Erfolg zusätzlich auf physikalische Verfahren (Kühllagerung) zurückgegriffen.

1. Salzen und Pökeln

Salzen. Einlegen von Lebensmitteln in 15—25%ige Kochsalzlösung oder Einreiben verderblicher Stoffe mit genügend Kochsalz hindert die Bakterienentwicklung. Geringe Kochsalzmengen können das Wachstum technologisch vorteilhafter Mikroorganismen fördern und dabei gleichzeitig die Entwicklung unerwünschter und schädlicher Kleinlebewesen unterbinden (Milchsäuregärung des Sauerkrautes). Die Entwicklung verderbniserregender Keime wird schon durch Salzkonzentrationen von 8% gehemmt; viele Mikroorganismenarten, vor allem halophile Bakterien, Hefen und Schimmelpilze vertragen jedoch wesentlich höhere Konzentrationen, so daß auch Laken höheren Salzgehaltes nicht völlig keimfrei sind.

Neben der fäulnishemmenden Wirkung entzieht Kochsalz dem Lebensmittel durch osmotische Vorgänge Wasser und nimmt damit den Mikroorganismen ihre

Lebensbedingungen. Eng verknüpft mit dem Wasserentzug sind spezifische Geruchs- und Geschmacksabwandlungen, wie wir sie bei Salzfleisch und Salzfisch kennen (vgl. dort). *Physikalische Veränderungen* betreffen neben dem erwähnten Wasserentzug zunächst Quellung, dann Entquellung und Denaturierung der Proteine. Wasserlösliche Mineralstoffe und Vitamine, Aminosäuren und Aminstoffe, Globuline und Albumine, sowie geringe Mengen an Hämoglobin und Myoglobin gehen in die als „Pökel" bezeichnete Salzlake über. *Chemische Umwandlungen* sind u.a. autolytische und mikrobiell-enzymatisch bedingte Proteinumwandlungen, gekennzeichnet durch Zunahme des Nichteiweißstickstoffs, Bildung flüchtiger Basenstickstoff-Fraktionen, Auftreten von Trimethylamin und flüchtigen reduzierenden Substanzen, die auch analytisch, z.B. zur Ermittlung der Fischzersetzung ausgewertet werden.

Pökeln. Bei der Naturpökelung wird Fleisch in 15—20%ige Kochsalzlösung (Pökellake) eingelegt (Naßpökelung) oder schichtweise mit Kochsalz bestreut (Trockenpökelung). Zur Erhaltung der Fleischfarbe setzt man 1—2% Salpeter und etwas Zucker zu. Der Salpeterzusatz wird durch die „Fleisch-VO" in der Fassung vom 28. 3. 1973 geregelt. Aus dem Nitrat wird durch mikrobielle Enzyme („Nitrat-Reduktasen") Nitrit gebildet, das den Fleischfarbstoff zu Nitrosomyoglobin umwandelt (vgl. S.334), eine lebhaft rote kochbeständige Verbindung, der die Pökelware die eigentümliche Farbe verdankt. Nitrat wirkt in den angewendeten Konzentrationen farberhaltend, nicht jedoch antiseptisch. Zuckerzusatz soll den hervortretenden Salzgeschmack und den bitteren Geschmack des Salpeters mildern, den Kochsalzeintritt in das Gewebe erleichtern und die Bildung des Pökelrotes fördern. Statt Zucker (Saccharose, Glucose) werden vielfach auch Stärkezucker in verschiedenen Abbaustufen und Milchzucker in Mengen zwischen 0,3—0,5% benutzt. Als Pökelsalz dient auch Kochsalz, das 0,5—0,6% Natriumnitrit enthält (*Nitritpökelsalz*). Herstellung und Vertrieb dieser Mischung sind durch das Gesetz über die Verwendung salpetrigsaurer Salze im Lebensmittelverkehr („Nitritgesetz") vom 19. 6. 1934 in der Fassung vom 25. 6. 1969 in Deutschland geregelt. Bei der *Schnellpökelung* wird die Lake, vorzugsweise Nitritlake, in das Fleisch eingespritzt (Ader- und Muskelspritzverfahren, Vakuumverfahren). Die früher geübte starke Salzung zur Erreichung erheblicher Haltbarkeit ist heute milder Salzung für geschmacklich verfeinerte Fleischwaren gewichen. Je nach Pökelart und Pökeldauer kann das Fleisch Wasserverluste bis zu 50% erfahren. In die Lake übergehende Fleischanteile bewirken Nährstoffverluste, außerdem werden die Vitamine zerstört. Gealterte Laken neigen zur Verderbnis (Umschlagen, Umstehen, Stichigwerden) wobei Geruchs- und Geschmacksabweichungen, Trübung oder Ausflocken, Schaumbildung, Schleimigwerden, Bildung einer Kahmhaut, Farbabwandlungen sowie pH- und Redoxveränderungen zu beobachten sind.

Länger dauernder Pökelfleischgenuß führt bei manchen Verbrauchern zu ausgesprochener Abneigung gegen den eigentümlichen Geschmack dieses Lebensmittels. Da Pökelfleisch infolge der heute beliebten milden Salzung nur begrenzte Haltbarkeit aufweist, spielt die anschließende Räucherung eine wichtige Rolle. Über die Austauschbarkeit von Nitritmengen gegen Ascorbinsäure vgl. bei „Fleisch".

2. Das Räuchern

Beim Räucherprozeß sinkt der Wassergehalt des gepökelten Fleisches je nach Räucherart und Dauer um 10—40%. Gleichzeitig dringen im Rauch enthaltene bactericide Stoffe in das Fleisch ein.

Wasserentzug und Rauchbestandteile bewirken die Konservierung, die Oberflächenschicht trocknet aus, die Fleischfarbe wird stabilisiert und gleichzeitig entwickelt sich ein typischer Räuchergeruch und -geschmack. Zur Raucherzeugung dient Laubholz (Weißbuchen-, Erlen-, Ahorn-, Birken- oder Lindenholz, Eichensägemehl oder -späne, Wacholder); Nadelholz erzeugt oft strengen Geschmack, Torf, Braun- und Steinkohlen machen das Fleisch ungenießbar. Oft werden auch Wacholderbeeren, Heidekraut oder Blattgewürze zugegeben.

Nach der „Fleisch-VO" in der Neufassung vom 28. 3. 1973 ist zum Räuchern von Fleisch und Fleischerzeugnissen zugelassen „der frisch entwickelte Rauch aus naturbelassenen Hölzern und Zweigen, Heidekraut und Nadelholzsamenständen, auch unter Mitverwendung von Gewürzen". Die *Kalträucherung* wird vor allem für Pökelfleisch, Speck, Koch- und Rohwürste benutzt und erzeugt etwa 12—28° C warmen Rauch. Sie geht entweder in Räuchertürmen vor sich, die getrennt voneinander auf mehrere Stockwerke verteilt sind (Braunschweiger Art) oder erfolgt in Räucherkammern, die durch Gitterböden miteinander verbunden sind (Westfälische Art). Ganze Schinken erfordern Räucherzeiten bis zu 4 Wochen, Fische räuchert man 1—2 Tage, Rohwürste werden im Luftstrom, oft auch im Vakuum vorgetrocknet, ein für die Rohwurst sehr wichtiger Vorgang. Bei der vor allem für Brühwürstchen benutzten *Heißräucherung* zeigt der Rauch eine Temperatur von 65 bis 80° C, dem das Räuchergut im Räucherofen nach Vorwärmung wenige Stunden ausgesetzt wird. Auch *Feucht* (*Schwitz*)-*räucherung* ist, vor allem für Rohwurst, üblich; bei ihr wird entweder das Räuchermaterial angefeuchtet oder dem Rauch Wasserdampf zugeführt. Desgleichen werden neuerdings in Großbetrieben mit Propangas beheizte Räucheröfen verwendet, denen der benötigte Rauch aus einer zentralen Erzeugungsstelle zugeführt wird. Die im Gasofen erzeugte Heißluft bewirkt lediglich das Trocknen des Gutes. Durch Kombination von Räuchertürmen, Räucherkanälen und Kettenöfen wurden in den letzten Jahren kontinuierlich arbeitende Großanlagen entwickelt, in denen Temperatur, Luftfeuchtigkeit, Luftumwälzung und Rauchdosierung unabhängig von den Umweltbedingungen automatisch gesteuert werden können. Bei dem in den USA entwickelten *Friktionsrauchverfahren* werden Hartholzblöcke (Hickory u.a.) zu Spänen verschliffen und unter intensiver Rauchentwicklung zum Glimmen gebracht. Um den Gehalt des Rauches an gesundheitsschädlichen Stoffen zu reduzieren, wird versucht, sog. „*Dampfrauch*" zu entwickeln. Dabei wird das Räuchermaterial nicht entzündet, sondern durch Einwirkung von heißem Wasserdampf zur Rauchbildung angeregt. Zur *Oberflächenräucherung*, z.B. von Sardinen, haben *elektrostatische Räucherverfahren* Eingang gefunden. Rauch als solcher stellt ein kompliziert aufgebautes Aerosol dar, das neben Asche auch Kohleteilchen enthält, die jedoch meist unerwünscht sind, zur Erzeugung fettig schwarzer Oberflächen (Katenrauch) aber bewußt in Kauf genommen werden.

Für Geruch, Geschmack, Farbe und Haltbarkeit des Räuchergutes, auch für die physiologische Bewertung entscheidend sind die *Inhaltsstoffe:* Phenole und phenolartige Verbindungen, Alkohole, organische flüchtige und nichtflüchtige Säuren, Aldehyde, Ketone, Äther, Kohlenwasserstoffe, z.T. hochmolekularer und polycyclischer Art. Gefunden wurden z.B. Guajakol, 4-Methylguajakol und 2.6-Dimethoxyphenol, Ameisen-, Essig-, Propion- und Vanillinsäure, Methylglyoxal, Furfural, Acetaldehyd und Aceton, m- und p-Kresol, 2.6-Dimethoxy-4-allylphenol, Maltol, Coniferaldehyd u.a.m. Besondere Beachtung hat das Vorkommen polycyclischer, z.T. cancerogener Kohlenwasserstoffe gefunden. Deren Menge und Art ist offenbar weitgehend abhängig vom rauchliefernden Material und von den Raucherzeugern. Für das besonders interessierende 3.4-Benzpyren liegen die Angaben bei Spuren bis zu 50 ppb, bei 0,8—2,9 ppb, bei 6,5—7,0 ppb oder bei 0,42—1,85 ppb. Eingehende Untersuchungen haben gezeigt, daß sachgemäß geräucherte Produkte weniger als 1 ppb 3.4-Benzpyren enthalten. In

1 m³ Rauch wurden je nach Luftzufuhr 26—48 ppb 3.4-Benzpyren gefunden. Über den zulässigen 3.4-Benzpyrengehalt im Fleisch und in Fleischerzeugnissen vgl. bei Fleisch.

In diesem Zusammenhang sind Bestrebungen zu nennen, „Flüssigrauchkondensate" oder „Flüssigrauchlösungen" zu gewinnen und diese nach Entfernen unerwünschter oder gesundheitsschädlicher Komponenten anstelle des Frischrauches einzusetzen. Trotz zahlreicher Versuche sind die Ergebnisse nicht befriedigend. Derartige Bestrebungen liefern nach deutschem Recht unzulässige Räuchermittel gleich den Räucheressenzen, dem Holzessig, dem Würzrauch usw., in welche die Räucherwaren eingetaucht oder mit denen sie bestrichen werden („*Schnellräucherverfahren*"). Aussichtsreicher erscheinen Verfahren der Industrie, aus geräuchertem Fleisch *Raucharomen* zu gewinnen und diese nach entsprechender Rechtsregelung einzusetzen (z.B. als „natürliches Räucherschinken-Aroma").

3. Einlegen in konservierende Flüssigkeiten

(Einspriten, Eierkonservierung)

Alkohol (Äthanol) stellt ein stark wirksames Gift für viele Mikroorganismen dar, vor allem, wenn er in genügend hoher Konzentration (über 14%) vorhanden ist. Wie bei den Genußsäuren kann auch hier der Alkohol direkt zugesetzt werden (Fruchtrohsäfte, Eierlikör, durch Einlegen in Branntwein gewonnene Rumfrüchte) oder durch freiwillige Gärung entstehen (Wein, Obstwein und andere alkoholische Getränke). Hierher rechnet auch das Abstoppen der Mostgärung durch Alkoholzusatz (Stummmachen) bei Süßweinen. Über den Schutz von Eiern durch Einlegen in konservierende Flüssigkeiten (Wasserglas, Kalkwasser vgl. dort S. 372).

4. Zuckern

Zucker (Rüben-, Trauben-, Invert-, Stärkezucker, Stärkesirup), in größeren Mengen wasserreichen Lebensmitteln zugesetzt, verhindert infolge seiner wasserbindenden Fähigkeit die Entwicklung der Mikroorganismen und wirkt dadurch konservierend. Gegenwart von Säuren steigert die konservierende Eigenschaft des Zuckers. Zuckerung kommt vor allem für Obsterzeugnisse in Frage. So erfordern, je nach dem Wasserreichtum der Produkte, Pflaumenmus etwa 40%, Konfitüren und Marmeladen 50—55% und Sirupe 60—65% Saccharose. Auch Milch wird mit Zucker konserviert. Die konservierende Wirkung des Zuckers wird durch Erhitzungsmaßnahmen gesteigert (Sterilisieren, Einkochen, Sterilabfüllung).

5. Säuern

Mikroorganismen, vor allem solche unerwünschter Art, bevorzugen im allgemeinen neutrale oder schwach alkalische Reaktion. Einfaches Ansäuern erschwert also das Wachstum der meisten schädlichen Kleinlebewesen, wirkt damit konservierend, oft aber auch schützend für acidophile (säureliebende) Bakterien, wie z.B. für die Milchsäurebakterien. Zur Säuerung von Lebensmitteln kann man entweder bestimmte Genußsäuren (Essig-, Wein-, Citronen- oder Milchsäure) zusetzen, (z.B. Essiggemüse (Pickles) und Essigfrüchte, Einlegen von Fleisch in Essig, Fischmarinaden) oder aber durch freiwillige (spontane) natürliche Säuerung mit und ohne Salzzusatz (etwa 4% des Gutes) enzymatisch gebildete Säuren (Essig-, Äpfel-, Citronen-, Milchsäure) der Konservierung nutzbar machen. Insbesondere die durch spezifische Bakterienfloren biologisch gebildete Milchsäure spielt eine wesentliche Rolle, z.B. bei Sauerkraut, sauren Gurken und Dillgurken, Oliven, roten Rüben, Perlzwiebeln, Salzbohnen, Silagegemüse und bei Milchprodukten (Sauermilch, Quark, Joghurt, Kefir, Kumys). Auch die Säuerung bewirkt keine vollkommene Sterilisierung. Gesäuerte Lebensmittel haben durch Säurewirkung und (bei freiwilliger Säuerung) durch enzymkatalysierten Abbau von Lebensmittelkomponenten tiefgreifende kolloidchemische und chemische Veränderungen, vor allem im Kohlenhydrat- und Proteinanteil, erfahren, so daß die hier anfallenden Produkte in Struktur und Zusammensetzung oft weit von dem ursprünglichen Material abweichen. Biologische Säuerung liefert außerdem spezifische Duft- und Geschmacksstoffe, so daß solche gesäuerten Lebensmittel als wohlbekömmlich und oft diätetisch wertvoll geschätzt werden. Vgl. auch S. 529.

6. Konservierende Lebensmittel-Inhaltsstoffe

Auch Gewürze und andere am Würzgeschmack unserer Speisen beteiligte Stoffe sowie bestimmte Lebensmittel können antibakterielle, oft auch antioxydative Wirkungen entfalten. Die hier wirksamen Stoffe grenzt man seit 1947 nach dem Vorschlag von S. A. Waksman gegen die Antibiotica als *Phytoncide* ab. Sie finden sich außer in Gewürzen (Pfeffer, Gewürznelken, Paprika, Senf, Schnittlauch) auch in zahlreichen anderen Pflanzen und werden dort besprochen. Die überwiegende Zahl derartiger antibakterieller Stoffe ist bisher kaum erforscht; für die Haltbarkeit vieler Lebensmittel sind sie zweifellos von Bedeutung und verdienen das Interesse des Lebensmittelchemikers wie des Technologen. Eingehender untersucht sind z. B. das *Tomatidin* der Tomate, *Humulon* und *Lupulon* als antibakterielle Substanzen des Hopfens, Phytoncide von der Art des *Allicins* und *Alliins* aus Knoblauch, Zwiebeln und Meerrettich, *Raphanin* aus Rettich, das Flavonolpigment *Rhamnetin*, *Allyl-*, *Benzyl-* und *Methylthiopentylsenföle* aus Kresse und Meerrettich, Benzoesäure, p-Hydroxybenzoesäure, Vanillin-, Kaffee-, Ferula- und Chlorogensäure als fungistatisch wirksame Stoffe aus Roggenkeimen bzw. Mohrrüben, *Maltol* in Brotkruste, Malz und Milch, *Benzoxazolinon* in Getreide. Keimhemmende Stoffe finden sich u. a. auch in der Zuckerrübe, im Baumwollsamen und Honig, in Penicilliumstämmen, die an der Käsereifung beteiligt sind und schließlich rechnet hierher das den Antibioticis zuzuordnende schon 1933 beobachtete und aus Stämmen von Streptococcus lactis gewinnbare *Nisin*, ein Polypeptidkomplex (S. 304), dessen Anwendung u. a. in der Käserei zur Unterdrückung der Buttersäuregärung und als Konservierungsmittel erörtert wird. Für eine Empfehlung dieses Antibioticums zur Lebensmittelkonservierung spricht seine relativ große Instabilität und die leichte Aufspaltbarkeit durch Enzyme. Unter den Gewürzen sind als *Antioxydantien* gegenüber dem Fettanteil von Lebensmitteln besonders aktiv Salbei, Rosmarin, Majoran und Gewürznelken.

Wieweit die hier besprochenen z. T. hochaktiven Substanzen, die ihre Wirkung als Bacteriostatica, Fungicide und Enzyminhibitoren entfalten („Inhibine", „Vitalinhibitoren"), aus der Pflanzenernährung über Nutztiere in den menschlichen Organismus übergehen können, bedarf noch der Klärung.

7. Chemische Zusatzstoffe

Nachdem im vergangenen Jahrhundert antiseptische Stoffe vielfache Anwendung in der Medizin gefunden hatten, kamen etwa um das Jahr 1870 Bestrebungen auf, den mikrobiellen Verderb von Lebensmitteln durch Zusatz verschiedener Chemikalien zu verhindern. Viele dieser „Konservierungsmittel" zeigten starke toxische Wirkungen oder wurden in übermäßig hohen Konzentrationen empfohlen und führten zu berechtigten Einwänden, die dann in der unnötig harten, doch damals verständlichen Forderung des Internationalen Hygiene-Kongresses in Paris 1900 gipfelten, jegliche Anwendung von chemischen Stoffen gegen den Verderb von Lebensmitteln als unerwünscht und verboten zu erklären.

Für die weitere Entwicklung bedeutungsvoll war der im Jahre 1932 veröffentlichte „Entwurf einer VO über Konservierungsmittel" des damaligen Reichsgesundheitsamtes. Nach dem 2. Weltkrieg stellte dann die „Kommission zur Prüfung der Lebensmittelkonservierung" der Deutschen Forschungsgemeinschaft „positive Listen" auf, in denen diejenigen Stoffe aufgeführt waren, die nach dem derzeitigen Wissensstand als gesundheitlich unbedenklich bzw. als duldbar angesehen werden konnten. Die Zulassung erfolgte durch die „VO über konservierende Stoffe (Konservierungsstoff-VO") in der Fassung der 2. Änderungs-VO vom 11. 3. 1964 und der 3. Änderungs-VO vom 14. 3. 1967 sowie durch die „VO über den Zusatz fremder Stoffe bei der Behandlung von Früchten und Fruchterzeugnissen (Fruchtbehandlungs-VO)" vom 19. 12. 1959, geändert durch die „Schwefeldioxid-VO" vom 13. 8. 1969.

Gründe für die Zulassung sind vor allem die zunehmende Massierung der Bevölkerung in Städten, die Notwendigkeit, Lebensmittel aus weitentfernten Erzeugungsländern an den Verbrauchsort zu bringen und im Rahmen der wirtschaftlichen Durchflechtung einzelner Staaten oft über beträchtliche Zeitspannen zur Ernährungssicherung zu lagern und nicht zuletzt die Forderung, Lebensmittelverluste durch Verderb auf ein Minimum zu reduzieren, um damit dem ständigen Anwachsen der Erdbevölkerung Rechnung zu tragen sowie die Lebensmittelgewinnung wirtschaftlich zu gestalten.

Als *Konservierungsstoffe* werden solche Substanzen angesehen, die dazu bestimmt sind oder dienen, nachteilige Veränderungen von Lebensmitteln zu verzögern oder zu verhindern, sofern sie selbst Bestandteile der Lebensmittel werden. Dementsprechend umfaßt der Begriff „Konservierungsstoffe" Substanzen mit Wirkung gegen mikrobiell bedingte wie auch gegen chemische, physikalische oder sonstige nachteilige Veränderungen der Lebensmittel.

Damit ist dieser Begriff im Sinne von „Stoffen zur Qualitätserhaltung" wesentlich ausgeweitet worden. Er schließt also alle Stoffe ein, die nachteilige Veränderungen verhüten sollen, wie sie — zunächst oft grobsinnlich nicht wahrnehmbar — zu Wertminderungen physiologischer Art (Vitaminverluste, Fett- und Eiweißveränderungen), wirtschaftlicher Art (verringerter Absatzwert beim Altbackenwerden von Brot, Erweichung von Früchten, Welken von Gemüse) und schließlich zur vollständigen Genußuntauglichkeit führen. Gegenüber diesem Begriff der „Konservierungsstoffe im weiteren Sinne" werden als „Konservierungsmittel im engeren Sinne" (klassische Konservierungsmittel) all jene Stoffe verstanden, die *antimikrobiell* wirksam sind.

In der folgenden Zusammenstellung (S. W. Souci in (54) Bd. I., S. 1060) wird versucht das umfangreiche Gebiet zu unterteilen:

A. Absichtlich zugesetzte Stoffe

I. Stoffe mit chemischer Wirkung

1. Antimikrobielle Stoffe
2. Antioxydantien
3. Synergisten und Komplexbildner
4. Farbverbesserungsmittel
   a) Stoffe zur Farberzeugung oder Umfärbung (z.B. Nitrat, Nitrit, Kupfersalze)
   b) Stoffe gegen unerwünschte Verfärbungen
5. Bleichmittel
   Oxydierende Stoffe
   b) Reduzierende Stoffe
6. Enzyme (z.B. Papain)

II. Stoffe mit physikalischer Wirkung

1. Farbstoffe
2. Dickungs- und Geliermittel
3. Grenzflächenaktive Stoffe (Emulgatoren, Stabilisatoren, Lösungsvermittler, Mittel gegen das Altbackenwerden)
4. Schaumbildende oder schaumstabilisierende Stoffe
5. Schaumverhindernde Stoffe („Antischaummittel")
6. Backtriebmittel
7. Feuchthaltemittel
8, Überzugsmittel
   a) Überzüge gegen Austrocknung oder Mikrobenbefall
   b) Überzüge gegen das Aneinanderhaften von Teilchen
   c) Überzüge zur Erhöhung des Glanzes (Glasuren, Röstzusätze)
9. Festigungsmittel für pflanzliche Gewebe
10. Beschwerungsmittel (gegen Entmischungsvorgänge in Getränken)
11. Trennmittel

III. Stoffe mit physiologischer Wirkung

1. Stoffe zur Verbesserung des Nährwerts
   a) Vitamine und Provitamine
   b) Aminosäuren
   c) Mineralsalze
2. Stoffe zur Verbesserung des Geschmacks und Geruchs
   a) Süßungsmittel

b) Salzig oder sauer schmeckende Stoffe
c) Bitter schmeckende Stoffe (z. B. Chinin)
d) Natürliche und künstliche Aromastoffe, ätherische Öle
e) Geschmacksverstärkende Stoffe (z. B. Natriumglutamat)
f) Rauchbestandteile (Räucherung)

3. Stoffe mit Sonderwirkung
   a) Diätetisch wirkende Stoffe
   b) Stimulantien (z. B. Coffein)
   c) Beruhigungsmittel (Sedativa)
   d) Stoffe gegen Strahlenschäden

IV. Sonstige Stoffe

1. Kennzeichnungsstoffe (Stärke, Sesamöl, Hydroxymethylfurfural)
2. Denaturierungsstoffe (Vergällungsmittel).

B. Unbeabsichtigt in Lebensmittel gelangende Stoffe

I. In der Landwirtschaft verwendete Stoffe

1. In der Tierzucht verwendete Stoffe
   a) Antibiotica
   b) Hormonähnlich wirkende Stoffe
   c) Beruhigungsmittel (Sedativa)
   d) Tierarzneimittel
2. Bodenbehandlungsmittel
   a) Düngemittel
   b) Bodenlockerungsmittel
   c) Bodenentseuchungsmittel
3. Pflanzenschutzmittel (Schädlingsbekämpfungsmittel)
   a) Stoffe gegen Mikroorganismen (Fungicide, Bactericide, Viricide)
   b) Stoffe gegen Kaltblüter, (Insecticide, Acaricide, Nematodicide, Molluscicide, Larvicide, Ovicide)
   c) Stoffe gegen Warmblüter (Rodenticide)
   d) Stoffe gegen Unkrautbefall (Herbicide)
4. Sonstige Pflanzenbehandlungsmittel
   a) Wachstumsregulatoren
   b) Fruchtbeeinflussungsmittel (Wuchsstoffe)
   c) Reifungsbeeinflussende Stoffe
5. Vorratsschutzmittel
   a) Begasungsmittel
   b) Keimhemmungsmittel („Antikeimungsmittel")

II. Bei technischen Behandlungsverfahren verwendete Stoffe (technische Hilfsstoffe)

1. Lösungsmittel, Extraktionsmittel
2. Fällungsmittel (hier auch Stoffe zur Trinkwasseraufbereitung)
3. Sorptionsmittel (entfärbend oder klärend wirkende Stoffe)
4. Katalysatoren und Enzyme
5. Reinigungs- und Desinfektionsmittel
6. Säuren zur Hydrolyse, Laugen, Neutralisationsmittel, Pufferungsmittel

III. Bei technischen Behandlungsverfahren entstehende Stoffe

1. Bei physikalischen Behandlungsverfahren entstehende Stoffe
   a) Durch Hitzeeinwirkung entstehende Stoffe
   b) Durch Kälteeinwirkung entstehende Stoffe
   c) Durch Bestrahlung entstehende Stoffe
2. Bei chemischen Behandlungsverfahren entstehende Stoffe

IV. Verunreinigungen

1. Rückstände aus Verarbeitungsgeräten
2. Rückstände aus Verpackungsmaterial
3. Schmutzstoffe
4. Radioaktive Stoffe (Fall out)
5. Chemische Kampfstoffe

Umfang der *Anwendung* und Voraussetzung für die Zulassung sind in den einzelnen Ländern verschieden geregelt. Auch die Definition bedarf in vielen Fällen der Klärung. Um eine einheitliche Regelung bemühen sich heute neben vielen anderen Instiutionen vor allem das „Joint FAO/WHO Expert Committee on Food Additives“, das „Food Protection Committee of the Food and Nutrition Board USA“ sowie im Bereich der BRD die Senatskommissionen der Deutschen Forschungsgemeinschaft (DFG).

Als wesentliche *Grundsätze für die Anwendung* gelten:

a) „Zusatzstoffe“ sollen nur zugefügt werden, wenn die *technische Notwendigkeit* oder ein Bedürfnis im Interesse des Verbrauchers besteht;

b) die Verwendung in Lebensmitteln setzt eine, im Verfahrensgang festgelegte eingehende Prüfung auf *gesundheitliche Unbedenklichkeit* voraus;

c) *Grundlebensmittel* ("staple foods") sowie Lebensmittel, die vom Verbraucher mit berechtigter Erwartung als „frisch“ erworben werden, z. B. Milch und Milcherzeugnisse, frisches Fleisch, Speisefette und -öle, Wurst, roher und geräucherter Fisch, Brot und Mehl, frisches Obst und Gemüse dürfen keine derartigen Stoffe enthalten. Dies gilt auch für *diätetische Lebensmittel* und *Kindernahrung*;

d) für jeden zuzulassenden Stoff müssen *Reinheits*anforderungen aufgestellt sein;

e) Zulassung soll nur dann erfolgen, wenn ausreichende, international anerkannte *analytische Verfahren* zum Nachweis, zur quantitativen Bestimmung und zur Reinheitsprüfung vorliegen;

f) *importierte Lebensmittel* und Zusatzstoffe müssen den im Einfuhrland geforderten Bedingungen genügen.

Voraussetzung für die Anwendung sind:

a) Die Verwendung solcher Stoffe darf nur bis zu festgelegten *Maximalmengen* erfolgen;

b) die Verwendung soll nur für *bestimmte* Lebensmittel erlaubt und in *Anwendungsabellen* nach Art und Menge festgelegt sein;

c) nur *einwandfreie* Lebensmittel dürfen Zusätze erfahren, um Schönung und damit Täuschung des Verbrauchers zu verhindern;

d) Zusätze bedürfen schriftlicher *Deklaration* in Verbindung mit der Ware.

Neben den eigentlichen (klassischen) Konservierungsmitteln als antimikrobiell wirksame Substanzen werden in der gesamten Welt Zusatzstoffe zu Lebensmitteln verwendet oder vorgeschlagen, die sehr verschieden Zwecken dienen sollen. Eine Vielzahl derartiger Substanzen, die eigentlichen *Fremdstoffe*, zu denen auch die Konservierungsmittel rechnen, setzt man der Nahrung absichtlich zu, sie verbleiben in ihr und werden so vom Menschen verzehrt. Andere gelangen bei der Gewinnung, Herstellung, Verarbeitung, Lagerung usw. in die Lebensmittel und können darin entweder bis zum Verzehr in recht verschiedenem, meist relativ geringem Ausmaß verbleiben oder aber bei technologischen Prozessen wieder abgetrennt werden („technische Hilfsstoffe“).

Die Verwendung fremder Stoffe ist nur dann erlaubt, wenn solche Stoffe ausdrücklich zugelassen sind. Dies gilt auch, wenn fremde Stoffe nur der Oberfläche der Lebensmittel zugesetzt werden, die nicht zum Verzehr bestimmt ist, oder wenn fremde Stoffe bei der Aufbewahrung oder Beförderung in die Lebensmittel gelangen. *Ausgenommen* von diesen Vorschriften sind Zusätze von Trink- und Tafelwasser, Wasserdampf, Luft, Stickstoff, Kohlensäure, Trinkbranntwein und von solchen Vitaminen, Provitaminen, Geruchs- oder Geschmacksstoffen, die den natürlichen in ihrem Aufbau chemisch (und damit auch ernährungsphysiologisch) gleich sind (vgl. jedoch über die Vitamine A und D, S. 136 u. 140). Da nach dem Gesetzestext unter Fremdstoffe auch eine Reihe durchaus gebräuchlicher und unbedenklicher Lebensmittel rechnet, mußten diese in der „Allgemeinen Fremdstoff-VO“ von der Kennzeichnungspflicht befreit werden.

Von den eigentlichen im Lebensmittel verbleibenden und zu ihrem Bestandteil werdenden Fremdstoffen unterscheidet der Gesetzgeber die *technischen Hilfsstoffe* (vgl. § 4b, Nr. 3 und § 5a, Abs. 1 Nr. 3 des Lebensmittelgesetzes). Es sind

Substanzen, die bei der Gewinnung, Herstellung oder Verarbeitung von Lebensmitteln verwendet werden, wie z.B. Schönungs- oder Entsäuerungsmittel (Bleicherden), Katalysatoren der Fetthärtung, Kalk bei der Zuckerfabrikation u.a.m. Sie sind nicht zum Verzehr bestimmt und werden im Rahmen sachgemäßer technologischer Arbeitsführungen wieder aus dem Lebensmittel entfernt. Der Anteil solcher Stoffe darf im verkehrsfähigen Lebensmittel technisch vermeidbare Mengen oder festgesetzte Höchstgrenzen nicht überschreiten. Höchstmengen können nach § 5 Abs. 3 des Gesetzes festgelegt werden, u.a. auch für die später besprochenen *Pflanzenschutz-* und *Schädlingsbekämpfungsmittel* und andere in pflanzlichen wie tierischen Lebensmitteln benutzte, in § 4b Nr. 4 und § 5a Abs. 1 Nr. 5 des Lebensmittelgesetzes genannte Stoffe, deren gesonderte Regelung z.B. hinsichtlich der obengenannten Bekämpfungsmittel im „Pflanzenschutzgesetz", im „DDT-Gesetz" und in der „Höchstmengen-VO" getroffen ist (s. später).

Für besonders bedenkliche Stoffe ist ein (wissenschaftlich anfechtbarer) *Toleranzwert* von null vorgesehen, „Stapelnahrung" (S. 299), Milch sowie diätetische Lebensmittel sollen frei von Rückständen bleiben. Schließlich ist es verboten, *Bedarfsgegenstände* im Sinne des Gesetzes (vgl. S. 768) oder *Kühlmittel* so zu verwenden, daß von ihnen fremde Stoffe auf Lebensmittel oder ihre Oberfläche übergehen, ausgenommen gesundheitlich, geruchlich oder geschmacklich unbedenkliche Anteile, die technisch unvermeidbar sind.

Der entsprechende Rechtsstoff, auf den hier ausdrücklich verwiesen sei, findet sich außer in der erwähnten Novelle zum Lebensmittelgesetz vom 21. 12. 1958 in zahlreichen am 19. 12. 1959 und später erlassenen Verordnungen sowie in älteren Spezialgesetzen und Verordnungen, deren Anpassung an die Lebensmittelgesetz-Novelle noch aussteht. Wesentlich und entscheidend ist bei Fremdstoffen, daß der Gesetzgeber hier nicht den Weg des *Mißbrauchprinzips* gegangen ist, sondern das *Verbotsprinzip* ausgesprochen hat. Während früher der Gesetzgeber sich auf die Ermächtigung beschränkte, bei grundsätzlich erlaubtem Zusatz von Fremdstoffen ihre Verwendung dort zu untersagen, wo sie den Lebensmitteln eine für die menschliche Gesundheit bedenkliche Beschaffenheit zu verleihen geeignet sind, wurden in der Gesetzesnovelle zunächst rückhaltlos *alle* Fremdstoffe verboten und dann jeweils einzelne auf ihre Unbedenklichkeit geprüfte Stoffe ausdrücklich zugelassen. Derartige Zulassungen kann der Bundesminister des Innern im Einvernehmen mit den Bundesministern für Ernährung, Landwirtschaft und Forsten und für Wirtschaft durch Rechtsverordnung mit Zustimmung des Bundesrates aussprechen, gegebenenfalls unter Festlegung zulässiger Höchstmengen. Die erwähnten Rechtsverordnungen regeln außerdem die — grundsätzlich geforderte — *Kenntlichmachung* und legen Ausnahmen hiervon fest für fremde Stoffe, bei deren Verwendung „der Verbraucher durch die Unterlassung der Kenntlichmachung in seiner berechtigten Erwartung nicht getäuscht werden kann".

Die Gesamtreform des Lebensmittelrechts mit dem von der Bundesregierung beschlossenen „Entwurf eines Gesetzes zur Neuordnung und Bereinigung des Rechts im Verkehr mit Lebensmitteln, Tabakerzeugnissen, kosmetischen Mitteln und sonstigen Bedarfsgegenständen („Gesetz zur Reform des Lebensmittelrechts") wird auch für die hier in Rede stehenden Stoffe Änderungen bringen. U. a. wird der Begriff „fremde Stoffe" aufgegeben; alle Stoffe, die dazu bestimmt sind. Lebensmitteln zugesetzt zu werden, sollen in Angleichung an den internationalen Begriff "*food additives*" als „*Zusatzstoffe*" geführt werden. Unter den Zusatzstoff-Begriff sollen auch die „*technischen Hilfsstoffe*" fallen. Die Zusammenfassung aller Pflanzen- und Vorratschutzmittel unter dem Begriff „Pflanzenschutz- und sonstige Mittel" soll die Terminologie vereinfachen und erweitern.

Aus der Fülle des Materials lassen sich im wesentlichen folgende Gruppen abtrennen, wobei in manchen Fällen Überschneidungen unvermeidbar sind.

a) Stoffe gegen mikrobiellen Verderb

Man versteht darunter chemische Stoffe, die bei der Gewinnung, Herstellung, Zubereitung oder Aufbewahrung von Lebensmitteln dazu dienen, Kleinlebewesen in der Entwicklung zu hemmen oder abzutöten, hierdurch das Verderben der

Lebensmittel zu verzögern oder zu verhindern und die Lebensmittel länger genußtauglich zu erhalten. Aussehen, Geruch und Geschmack des konservierten Lebensmittels dürfen dabei nicht merklich beeinflußt werden. Konservierungsmittel im engeren Sinne werden gleich anderen Konservierungsstoffen selbst Bestandteile der Lebensmittel.

Im folgenden wird zunächst auf die eigentlichen chemischen Konservierungsmittel im altherkömmlichen engeren Sinne eingegangen, wie sie in Deutschland erörtert wurden und in dem 1932 vom Reichsgesundheitsamt veröffentlichten Entwurf einer Verordnung über konservierte Lebensmittel ihren Niederschlag fanden. Der Entwurf erfuhr in der Folgezeit verschiedene Neufassungen und Überarbeitungen. Schließlich brachte die später besprochene „Konservierungsstoff-VO" eine Klärung.

Über die *Wirkungsweise* vieler Konservierungsmittel sind wir nur unzureichend unterrichtet. Ein wesentlicher Angriffspunkt bei der Schädigung von Mikrobenzellen dürfte in der Enzymsistierung lebenswichtiger Cyclen von Mikroorganismen zu suchen sein, und zwar nicht nur für Konservierungsstoffe rein chemischer, mikrobiell wirksamer Art, sondern auch für die Vielfalt der im folgenden besprochenen Stoffe (Antioxydantien, Pesticide usw.).

Die *Wirkungsart* erstreckt sich entweder im *Ausmaß* auf Halb- bzw. Vollkonservierung („Halbkonserven", „Präserven" oder „Vollkonserven") oder im *Zweck* auf Vorkonservierung von Rohstoffen und Zwischenprodukten bzw. auf Konservierung des genußfertigen Endproduktes oder aber im *Wirkungsbereich* auf die Gesamtmasse des Lebensmittels bzw. auf die Oberflächenkonservierung. Eine weitere Gruppierung erfolgt im Rahmen des Vorratsschutzes, der in erster Linie tierische Schädlinge bekämpft, daneben aber auch Maßnahmen gegen das Auskeimen oder das Welken umfaßt (s. S. 307). Weitere Faktoren, die für die Wirkung von Konservierungsmitteln Bedeutung besitzen, sind Konzentration des Agens, Redoxpotential, Wassergehalt, osmotischer Druck, Temperatur, Luftfeuchtigkeit, Absorptionsvermögen und Lipoidgehalt des Substrates, Keimzahl und physiologischer Zustand der Mikroben. Zweckmäßige Kombinationen von Konservierungsmitteln („*Kombinate*") können addierende oder gar potenzierende Wirkung haben und damit das Wirkungsspektrum des konservierenden Agens verbreitern.

Die *Beeinflussung der Lebensmittel* durch konservierende Stoffe kann sehr vielgestaltig sein. So kann z.B. Farbvertiefung, Farbaufhellung (Ausbleichung) oder Bildung neuer Farbnuancen erfolgen, Änderung in Geruch und Geschmack vor sich gehen oder der Eigengeschmack des Konservierungsmittels sich auf das Gut übertragen. Vitamine werden zerstört (Vitamin B_1 durch SO_2, Vitamin A, Carotine und Ascorbinsäure durch Peroxide), Pektinstoffe durch Ameisensäure abgebaut, Proteine durch Formaldehyd oder Hexamethylentetramin formyliert und gehärtet.

Für den *Wirkungsbereich* entscheidend ist häufig die pH-*Lage* des Lebensmittels, z. B. bei der in Wasser schwer (zu 0,3 %), in Alkohol, Äther und in Fetten leicht löslichen *Benzoesäure*, die Abhängigkeit der antibakteriellen Wirksamkeit vom pH zeigt. Hier (wie auch bei der Salicylsäure) ist die konservierende Wirkung an das undissoziierte Säuremolekül gebunden. Bei neutraler bis schwach saurer Reaktion ist die Ionisierung (Dissoziation) besonders groß, die konservierende Wirkung gering, da nur das (in saurer Lösung vorliegende) undissoziierten, stark lipoidlösliche Molekül durch die Mikroben-Zellmembran zu diffundieren vermag. Dem entspricht u. a. auch die praktische Erfahrung, wonach z. B. Natriumbenzoat in saurem Milieu (saure Fruchtsäfte), jedoch nicht bei fast neutraler Reaktion (Fleischwaren), konservierende Eigenschaften besitzt. Eine derartige, vom pH-Wert des Substrates abhängige Wirkung gilt z. B. auch für schweflige Säure, Ameisen-, Propion-, p-Chlorbenzoesäure und deren Salze.

Neben der in kleinen Dosen unbedenklichen *Benzoesäure* und ihrem Natriumsalz spielen die „Ester", vor allem *p-Hydroxybenzoesäureäthyl- und -propylester* sowie ihre Natriumverbindungen eine wichtige Rolle. Sie wurden als *Nipagin, Nipasol, Nipakombin* usw. zu Konservierungszwecken eingeführt und sind gleich der Benzoesäure in Wasser schwer löslich (Methyl-, Äthyl- und Propylester zu 0,2%, 0,1% und 0,04%), leicht löslich in Alkohol und in Fetten. p-Hydroxybenzoesäure und ihre Ester sind in Pflanzen weit verbreitet; die Säure wurde auch in reifendem Käse gefunden. Die „*Ester*" („*PHB-Ester*") sind der Benzoesäure oft geschmacklich überlegen, da hier die Konservierungsschwelle unter der Geschmacksschwelle liegt; sie zeigen einen vom pH-Wert unabhängigen Konservierungseffekt und sind deshalb auch bei neutraler Reaktion verwendbar, reagieren wenig mit dem zu konservierenden Material und sind z.B. zur Unterdrückung des Schimmelpilzwachstums wesentlich wirksamer als Benzoesäure. Sie haben die Benzoesäure heute weitgehend verdrängt; Äthyl- und Propylester sind zur Lebensmittelkonservierung sehr gut geeignet. Die höchstzulässigen Mengen regelt die „Konservierungsstoff-VO" in der Fassung vom 14. 3. 1967. Erlaubte Verwendung finden die genannten Ester zur Konservierung von Fischkonserven, Fischpasten, Fischwaren aus Rogen, Krebszubereitungen und Garnelen-(Krabben-) erzeugnissen, Mayonnaise, Gemüse- und Fleischsalat, Zwiebeln und geriebenem Meerrettich, Speisesenf, Gewürz- und Salatsoßen, Marzipan und ähnlichen Erzeugnissen und einigen anderen Lebensmitteln. Benzoesäure und Natriumbenzoat sind in wesentlich weiterem Umfang geduldet, vor allem auch zur Konservierung der Obstmuttersäfte, der Ansätze und Grundstoffe für Fruchtsaftgetränke usw., für gekochtes Obst und Sauerkonserven aller Art und schließlich zur Oberflächenbehandlung abgefüllter Obsterzeugnisse.

Ameisensäure und ihre Na-, K- und Ca-Verbindungen sind durch Fristverlängerung weiter zugelassen zur Haltbarmachung von Obstzwischenprodukten unter bestimmten Bedingungen, von Obstmuttersäften und Ansätzen sowie Grundstoffen für Fruchtsaftgetränke usw., von Zwiebeln und geriebenem Meerrettich sowie zur Oberflächenbehandlung abgefüllter Obsterzeugnisse, außerdem bei zahlreichen anderen Lebensmitteln in geringeren Mengen.

Schwefeldioxid (einschließlich schwefliger Säure und Natriumsulfit, Natriumhydrogensulfit, Na- und K-pyrosulfit) ist als Fremdstoff zugelassen zur Behandlung von Früchten und Fruchterzeugnissen, und zwar unter bestimmten Bedingungen bei Trockenobstsorten, Citrusmuttersäften, Obstpulpe und -mark, flüssigem Obstpektin und -geliersaft und schließlich als Zusatz zu zerkleinertem Merrettich, zerkleinerten Zwiebeln und in Essig eingelegten Zwiebeln. Schweflige Säure und ihre Derivate rechnen *nicht* unter die Konservierungsmittel im Sinne der Konservierungsstoff-VO. Die obengenannten Zulassungen, die erlaubten Höchstmengen, der Zwang zur Deklaration („geschwefelt") und andere Regelungen sind in der „*Fruchtbehandlungs-VO*" vom 13. 8. 1969 niedergelegt. In der Kellerwirtschaft kann schweflige Säure bis heute in kleinen Mengen noch nicht entbehrt werden. Dort dient sie weniger der Verhinderung mikrobiellen Wachstums, als vielmehr der Unterbindung unerwünschter enzymatischer wie nichtenzymatischer Reaktionen (S. 620). Schweflige Säure zerstört Vitamin B_1 im sauren Gebiet. Im Organismus wird sie schon im Darmkanal größtenteils in ungiftiges Sulfat übergeführt. Zuckerkomponenten der Lebensmittel binden SO_2, Pigmente von Fruchtmark werden unter Aufhellung des Materials zu farblosen Additionsverbindungen umgewandelt, in Marmeladepulpen wird Pektin abgebaut oder entestert, wobei die Gelierkraft abnimmt. In allen Fällen, in denen die bleichende oder farbstabilisierende Wirkung der schwefligen Säure eine Täuschung über die tatsächliche Beschaffenheit des Lebensmittels (Hackfleisch, Fische) bewirken kann, ist nach der Konservierungsstoff-VO die Verwendung von Sulfit verboten („Präservesalz"). Von der DFG wurden die schweflige Säure und ihre Derivate in Liste II (Stoffe, die als vorläufig duldbar angesehen werden können) eingeordnet.

Sorbinsäure (S. 57) sowie ihre Natrium-, Kalium- und Calciumverbindungen sind nach geltendem Recht gleichfalls als Konservierungsmittel zugelassen, und zwar nach der „Konservierungsstoff-VO" entsprechend ihrer physiologischen

Unbedenklichkeit für eine große Zahl von Lebensmitteln. Sorbinsäure ist besonders wirksam gegen Schimmelpilze. Dies gilt auch für die Na- und Ca-Salze der *Propionsäure*. Die Säure wird im Organismus fast restlos ohne Kumulationsgefahr abgebaut; sie verhütet Schimmelbildung bei Brot, Malzextrakt, Käse, Schmelzkäse und Schokoladenerzeugnissen.

Von den hier besprochenen Konservierungsmitteln sind die folgenden Stoffe unvermischt oder in Mischung untereinander zum Schutz gegen den mikrobiellen Verderb von Lebensmitteln unter den angegebenen Sammelbezeichnungen zugelassen:

Tabelle 84. Zugelassene Konservierungsmittel

Stoffe	Bezeichnung	Kenn-Nr.*
Sorbinsäure und ihre Na-, K- und Ca-Verbindungen	„Sorbinsäure"	1
Benzoesäure und ihre Na-, K- und Ca-Verbindungen	„Benzoesäure"	2
p-Hydroxybenzoesäure-äthylester, p-Hydroxybenzoesäurepropylester und deren Na-Verbindungen	„PHB-Ester"	3
Ameisensäure und ihre Na-, K- und Ca-Verbindungen	„Ameisensäure"	4

* Die Kenn-Nr. darf in bestimmten Fällen anstelle der Bezeichnung zur Deklaration dienen.

Die Verordnung bringt eingehende Bestimmungen über Reinheit und Zusammensetzung der konservierenden Stoffe (Anlage 1), Angaben über Höchstmengen und Art der für einzelne Lebensmittel zugelassenen Konservierungsmittel (Anlage 2) und Forderungen betr. Aushang oder Vermerk auf der Speisenkarte (Anhang 3). Einzelheiten sind der genannten Verordnung zu entnehmen.

Hexamethylentetramin, das lange Zeit zur Konservierung von Fisch-, Krebs- und Krabbenerzeugnissen verwendet wurde, ist wegen grundsätzlicher Bedenken verboten worden. Durch diese neue Regelung ist u.a. auch mit Recht die wegen ihrer kumulativen Wirkung bedenkliche *Borsäure* aus der Reihe der zugelassenen Konservierungsmittel verschwunden.

Nicht als Konservierungsmittel im Sinne einer gesetzlichen Regelung gelten Stoffe, die auch für sich allein Verwendung als Lebensmittel finden (Zucker, Speisefette, Alkohol), außerdem Kochsalz, Kohlen-, Milch-, Essig-, Wein-, Citronen-, Ortho- und Pyrophosphorsäure, Kalk und Wasserglas für die Haltbarmachung der Eier und schließlich der zum Räuchern unter bestimmten Bedingungen (S. 294) frisch entwickelte Rauch. Die Benutzung vieler hier genannter Stoffe ist in der „Allgemeinen Fremdstoff-VO" vom 19. 12. 1959 in der Fassung vom 12. 11. 1968 geregelt.

Neben den bereits besprochenen klassischen Konservierungsmitteln rechnen hierher zahlreiche Stoffe, die auch an anderer Stelle erwähnt werden, wie Chlor und Chlorträger, Ozon, Silber und Silberverbindungen bei der Trinkwasseraufbereitung, Wasserglas und Aufschlämmungen von gelöschtem Kalk zum Einlegen von Eiern, die „Genußsäuren" (S. 670) und deren Salze sowie die *Antibiotica* und die *Sulfonamide*. In der BRD ist nach § 4b der Novelle zum Lebensmittelgesetz vom 21. 12. 1958 verboten, „Tieren vor der Schlachtung Antibiotica zu verabfolgen, um die Haltbarkeit des Fleisches zu beeinflussen". Antibiotica haben zur Wachstumssteigerung und damit zur Erzielung früher Schlachtreife bei Schweinen, Kälbern und Küken, zur Erhöhung der Legefreudigkeit bei Hühnern und als Zusatz zu Eis für die Kühlhaltung von Fisch Eingang in die Konservierungstechnik gefunden. Bestrebungen, vor allem *Aureomycin* (Chlortetracycline, „Acronize") als Tauchlösung zur Konservierung von Fischen und Geflügel zu verwenden, werden in Deutschland nicht geduldet. Einige Länder (USA, Japan, Kanada, Kolumbien) lassen Ausnahmen zu. In den USA z. B.

ist Aureomycin zum Frischhalten von Geflügelfleisch erlaubt, wobei die maximale Aureomycinmenge 7 μg/g nicht überschreiten darf (35). *Sulfonamide* wurden vor allem als Zusatz zu Kühleis vorgeschlagen (vgl. S. 257). *Nisin*, ein Polypeptid unbekannter Struktur (vgl. S. 296), hat sich als kräftiger Inhibitor für aerobe und anaerobe Sporenbildner erwiesen.

b) Stoffe gegen chemische Veränderungen

Eine wichtige Gruppe dieser Stoffklasse sind zunächst die an anderer Stelle besprochenen (S. 79) *Antioxydantien* als Mittel zur Verhütung von Oxydationsvorgängen in Fetten und Ölen. Hierher gehören *natürliche Antioxydantien* (Tokopherole, Guajakol und Guajakharz, verschiedene Pflanzenextrakte, Gossypol u.a.), *künstliche Antioxydantien* wie Butylhydroxyanisol, Nordihydroguajaretsäure, verschiedene Gallate u.a.m. und schließlich *Synergisten*, z.B. L-Ascorbinsäure, Isoascorbinsäure, Citronensäure, Phosphorsäure.

Weitere Stoffe gegen chemische Veränderungen sind solche, die *Farbänderungen* und *Vitaminverluste* verhindern; neben den genannten „Synergisten" zählen hierher z.B. schweflige Säure und deren bei den Konservierungsmitteln genannte Derivate, Nitrat und Nitrit, Gelatine, Alginate und Gase, wie Stickstoff, Kohlendioxid oder Äthylen.

Farbverbesserungsmittel können auf Grund reduktiver oder oxydativer Prozesse bleichend wirken, sie können durch Bildung neuer Verbindungen die Farbe stabilisieren oder verstärken und sie vermögen schließlich synergetisch oder komplexbildend wirksam zu werden. Manche solcher Stoffe, so Verbindungen mit aktivem Sauerstoff oder aktivem Chlor als Mehlbleichungsmittel oder Kupferverbindungen zum Grünen von Gemüsekonserven (s. S. 528), sind in der BRD verboten.

c) Stoffe gegen physikalische Veränderungen

Als Beispiele seien genannt:

a) Stoffe gegen Konsistenzänderungen und *gegen das Entmischen von Flüssigkeiten:* Gelatine, Lecithine, Alginate, Agar-Agar, Pektine, Johannisbrotkernmehl, Stärke, Polyoxyäthylen- und Sorbitanstearate, -palmitate, -oleate und -laurate.

Emulgatoren vom *Span-Typ* leiten sich z. B. als „Sorbitane" von Zuckeralkoholen ab, die mit höheren Fettsäuren verestert sind:

Emulgatoren des *Tween-Typs* entstehen aus „Spanen" durch Anlagerung von Äthylenoxid an alkoholische OH-Gruppen:

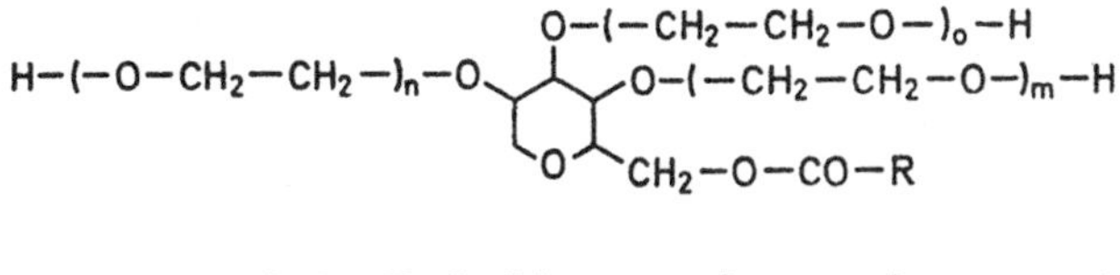

Verbindungen dieser Art sind z. B. Sorbitanmonolaurat oder -monostearat, Polyoxyäthylen-sorbitan-monolaurat usw. Ihre physiologische Unbedenklichkeit ist noch stark umstritten, ihre Verwendung in der BRD nicht erlaubt. Gleich den Mono- und Diglyceriden verschiedener Fettsäuren wurden sie vorgeschlagen zur Schaumverhinderung bei der Kondensmilchherstellung, als Mittel gegen das Altbackenwerden des Brotes (antistaling agents) und gegen die Fettreifbildung bei Schokolade, als Emulgatoren und „Standmittel" für Brot, Kuchen, Speiseeis, Milchgetränke usw. Andere derartige „Stabilisierungsmittel" sind z. B. die in Deutschland nicht geduldeten *bromierten pflanzlichen Öle*, die das Abscheiden ätherischer Öle aus alkoholfreien und citrus-aromatischen Getränken verhindern.

Weitere *Emulgatoren* und *Stabilisatoren* als grenzflächenaktive Stoffe sind, soweit nicht an anderer Stelle besprochen (Lecithine, Fettsäuren u.a.), folgende Gruppen:

1. „Fettalkohole", z. B. Cetyl-, Oleyl- oder Sterylalkohol, sowie deren Ester verzögern das Altbackenwerden von Hefegebäck. Von der DFG werden sie als unbedenklich angesehen.

2. Fettsäuremono- und *-diglyceride* als duldbare und erlaubte Nicht-Fremdstoffe dienen u. a. als Bindemittel für Backfette und Speiseeis, als Stabilisatoren für Schokoladenüberzüge und Süßwaren, als Emulgatoren für Milchgetränke, Margarine und fertige Kuchenmischungen. Monoglyceride verzögern das Altbackenwerden von Brot und Gebäck. Acetylierte oder mit anderen Säuren veresterte Mono- und Diglyceride dienen gleichfalls in weitem Ausmaß als Emulgatoren, auch als eßbare Überzüge für Käse, Nüsse u.a.m. Von der DFG werden Acetoglyceride, nicht aber Diacetylweinsäureglyceride als duldbar angesehen. Über weitere Verbindungen vgl. S. W. Souci u. Mitarb. (in (54) Bd. I., S. 1159).

3. Gelatine ist nicht genehmigungspflichtig. Ausgedehnte Verwendung findet sie in der Fleischwaren- und Fischindustrie (Sülze, Gelee- und Aspikerzeugnisse), in der Süßwarenindustrie (Puddings, Speiseeis, Geleefrüchte, Kuchen, Kaugummi) sowie als Klärmittel für Wein.

4. Stärke und *Stärkederivate* (s. S. 482) dienen zum Dicken von Soßen und Suppen, als Emulgatoren bei Mayonnaise, als Bindemittel in Fleischwaren, als Trennmittel für Backpulver und als „Quellstärke" (s. S. 484).

5. Celluloseäther, in vielen Ländern als Dickungsmittel, Emulgatoren und Stabilisatoren verwendet, sind in der BRD nur für Tabakwaren erlaubt.

6. Pektine, auch *niederveresterte*, und *Pektinsäure*, in Deutschland z. T. mengenbegrenzt („VO über Obsterzeugnisse"), sonst ohne Mengenbegrenzung („VO über diätetische Lebensmittel", „Allgemeine Fremdstoff-VO") zugelassen, werden in großem Umfang benutzt, z. B. zur Herstellung zuckerarmer oder zuckerfreier Gelees, für Marmeladen, Milchpudding, Fisch- und Fleischwaren in Gelee oder Aspik, zur Farberhaltung bei gefrorenen Erdbeeren.

7. Alginsäure und deren Derivate (s. S. 105) wirken dickend, gelatinierend und emulgierend. In der Lebensmittelindustrie dienen sie als Überzugsmassen für Fleischwaren, Käse und Früchte, im „Protan-Frostverfahren" für tiefgefrorene Fische und Fischfilets, als Stabilisatoren und Emulgatoren auf breiter Basis.

8. Johannisbrotkernmehl (*Carubin*). Das zu etwa 83% aus Galaktomannan bestehende, daneben noch Proteine (etwa 6%) und Mineralstoffe (2%) enthaltende Polysaccharid ist auch unter dem Namen *„Karobengummi"*, *„Karoben"*, *„Carob bean gum"* bekannt. Es wird aus den Samen des Johannisbrotbaumes (Ceratonia siliqua L.) extrahiert und dient zum Emulgieren, Stabilisieren, Dicken und Binden von Speiseeis, Weichkäse, Backwaren, Soßen u. a. Durch die „Allgemeine Fermdstoff-VO" und die „VO über diätetische Lebensmittel" ist das Mehl ohne Mengenbegrenzung zugelassen.

9. Guarmehl (*Guaran*, *„Guar"*, *„Guargummi"*), ein Galaktomannan aus der Guarbohne findet ähnlich dem Johannisbrotkernmehl Verwendung und lebensmittelrechtliche Beurteilung.

10. Weitere Stoffe dieser Gruppe sind *Agar* („Agar-Agar", „Gelose"), *Carrageen*, *Tragant* und *Gummi arabicum*, die als unbedenklich und ohne Mengenbegrenzung zugelassene Polysaccharide gleich den oben-genannten Stoffen Verwendung finden.

β) Festigungsmittel gegen das Weichwerden pflanzlicher Produkte (Tomaten, Spargel, Kartoffeln): Calciumlactat, -chlorid, -sulfat, -carbonat, -phosphate und Kalium-

Aluminiumsulfat. So ist z. B. nach der „Allgemeinen Fremdstoff-VO“ bei Milch zur Herstellung von Schnittkäse Calciumchlorid als Zusatz bis zu 0,2 g zugelassen, die Verwendung weiterer Calciumsalze für andere Zwecke ist dort gleichfalls geregelt.

γ) Feuchthaltemittel (Weichhaltemittel): Glycerin, Sorbit und eine Reihe von Glykolen (S. 646) sind zum Feuchthalten von Tabak und Kaugummi zugelassen. Sorbit dient auch zum Feucht-(Weich-)halten von Süßwaren.

δ) Als *Überzugsmittel* dienen: Blattgold und Blattsilber, Aluminium, Eisenoxide und -hydroxide, Titandioxid, Calciumcarbonat und -sulfat, Aluminium- und Calciumlacke verschiedener zugelassener Farbstoffe, Glycerin in Gelatineüberzügen bei Fleischerzeugnissen, arsenfreier Schellack, Sandarak- und Benzoeharz, Mastix, Hartparaffine und Wachse. *Trennstoffe* für verschiedene Lebensmittel sind Bienenwachs, Spermöl und Stearate. Hierher rechnen auch die nach der „Fruchtbehandlungs-VO“ vom 13. 8. 1969 zur *Oberflächenbehandlung* von Früchten zugelassenen Stoffe: Diphenyl Orthophenylphenol, Bienenwachs, Walrat, Carnaubawachs, Cumaron-Inden-Harze, Alkalisalze der Ölsäure und flüssiges Paraffin. Als Hüllmittel zum Überziehen von Gefrierfischfilet (Protan-Verfahren; S. 358) dienen verschiedene obenerwähnte Alginate.

ε) Klärmittel, wie sie in der Kellerwirtschaft und zur Ölraffination Verwendung finden, sind u. a. Calciumphytat („Aferrin“), Gelatine, Tannin, Kaliumhexacyanoferrat(II), Bentonit, Bleicherden, Adsorptionskohlen, Eiereiweiß. Sie werden im allgemeinen als „technische Hilfsstoffe“ anzusehen sein.

ξ) Weitere Fremdstoffe dieser Gruppen sind Schaumhaltemittel, wie Saponine, oder die in zunehmendem Ausmaß produzierten, in zahlreichen Prozessen der Lebensmitteltechnologie eingeführten Enzyme (S. 212), wie Invertase zum Weichhalten von Zuckerwaren oder Papain zum Zartmachen des Fleisches (“tenderizer”). Nach dem „Referentenentwurf“ ist vorgesehen, bestimmte Enzyme oder Mikroorganismen vom Verbot auszunehmen.

d) Stoffe zur Verbesserung von Geschmack und Geruch

Derartige Substanzen sind Süßungs-, Salzungs- und Säuerungsmittel, Würzmittel oder Geschmacksverbesserer. Beispiele: Sorbit als Diabetikernahrung, Kochsalzersatzstoffe oder jodiertes Speisesalz (S. 664, vgl. auch die „Diät-VO“ vom 22. 12. 1965), Glutamat als Geschmacksverstärker und schließlich Essenzen (Aromen, vgl. die „Essenzen-VO“ vom 19. 12. 1959 in der Neufassung vom 9. 10. 1970). Stoffe dieser Gruppe werden an den entsprechenden Stellen abgehandelt.

e) Stoffe zur Verbesserung äußerer Eigenschaften

sind zunächst die an anderer Stelle besprochenen (S. 310) Lebensmittelfarben, außerdem Nitrate und Nitrite zur Pökelung, schweflige Säure zur reduktiven Bleichung von Trockenobst und Gemüsekonserven, Peroxide zur (verbotenen) oxydativen Bleichung von Mehl und Fischen, Weißbrand- und Flottbrandmittel bei Tabakwaren (vgl. „Tabak-VO“ in der Neufassung vom 10. 2. 1972), wäßrige 4%ige Natronlauge bei der Herstellung von Laugengebäck oder die (in der BRD verbotene) Kupfergrünung.

Neben diesen absichtlich zugesetzten Stoffen spielen noch weitere Substanzen eine zunehmende Rolle, die nur mittelbar oder nicht beabsichtigt — meist in kleinen Mengen — in das Lebensmittel gelangen können, nicht zum Verzehr bestimmt sind und dennoch, oft unvermeidlich, mitgenossen werden.

f) Fremdstoffe, die unbeabsichtigt in Lebensmittel gelangen

Hierunter rechnen:

α) *Hilfsstoffe der landwirtschaftlichen Erzeugung*

sind vor allem Bodenbehandlungsmittel, Saatbeizmittel, Schädlingsbekämpfungsmittel (Insecticide, Rodenticide), Stoffe gegen das Auskeimen von Ernteprodukten, Unkrautvertilgungsmittel (Herbicide), Reifungsregulatoren und schließlich verschiedene Masthilfsstoffe. Die Zahl der hier vorgeschlagenen Substanzen hat ein unübersehbares Ausmaß angenommen. Als Beispiele seien neben den verschiedenen Düngemitteln erwähnt:

1. Schädlingsbekämpfungsmittel. Je nach der Gruppe von Schädlingen (in Klammern) gegen die sich die Gifte richten, unterscheidet man *Viricide* (Viren), *Bactericide* (Bakterien), *Fungicide* (Pilze), *Herbicide* (Unkräuter) *Nematodicide* (Nematoden), *Ascaricide* (Milben), *Insecticide* (Insekten), *Molluscicide* (Schnecken u.a.) und *Rodendicide* (Nagetiere). Selbstverständlich gehören hierher auch die an anderer Stelle besprochenen Konservierungsstoffe, ein Beispiel dafür, wie schwierig hier eine Abgrenzung ist.

Die erwähnten Mittel können durch Spritzen, Stäuben, Streuen, Gießen oder Streichen, Räuchern, Vergasen oder Beizen eingesetzt werden. Als Beispiel für *Insecticide* seien genannt: von *chlorierten Kohlenwasserstoffen* neben *Methylbromid* das *Lindan, Aldrin* sowie das in der BRD verbotene *DDT*, von organischen Phosphorverbindungen das *E 605* und *Trichlorphon*, von Carbaminsäureestern das *Carbaryl.*

Aus der Gruppe der *Ascaricide* sei das *Tetradifon*, von den *Rodenticiden* als akutes Gift das *Promurit*, als chemisches Gift ein Cumarinderivat, das *Warfarin* genannt.

Pflanzliche Insecticide natürlicher Herkunft sind *Pyrethrum, Protenon* (Derris) und *Nicotin.*

Die Gruppe der *Herbicide* umfaßt Vertreter verschiedener Stoffklassen, so das *Simazin, Maleinsäurehydrazid* (MH), das erheblichen Anwendungsbeschränkungen unterliegt, und (als gasförmiges Bedampfungsmittel) *Dichlorphos* (DDVP).

In diesem Zusammenhang sei darauf verwiesen, daß *Arsen-* und *Bleiverbindungen* zur Schädlingsbekämpfung — auch in der Forstwirtschaft — in der BRD *nicht* mehr zugelassen sind. Nicht minder umfangreich ist die Liste der als *Fungicide* dienenden Stoffe. Neben anorganischen (Hg-, Cu- und S-Verbindungen) werden zahlreiche organische Fungicide, beispielsweise *Phenylquecksilberacetat, Zineb* oder *Brassicol* (Terrachlor) benutzt.

Begasungsmittel, vorwiegend für geschlossene Räume sind neben *Phosphorwasserstoff* und *Blausäure,* von der bei vorschriftsmäßiger Anwendung keine Reste in die Lebensmittel gehen, *Methyl-* bzw. *Äthylformiat,* leichtflüchtige organische Flüssigkeiten, wie *Tetrachloräthylen, Äthylenoxid, Methyl-* bzw. *Äthylendibromid. Reifungsbeeinflussende Stoffe* sind vor allem *Äthylen* zur Spätreifung des Obstes, *Äthylenchlorhydrin* als Beschleuniger des Ausreifens von Saatkartoffeln.

2. Chlorcholinchlorid ist ein Wachstumsregulans für Getreide. Unter den *Keimhemmungsmitteln* hat sich *Chlorpropham* [CIPC, N-(β-Chlorphenyl)-isopropyl-carbamat] weitgehend durchgesetzt. *Masthilfsmittel* auf hormonaler Basis sind jodierte Proteine, Thiouracil und Oestrogene. Über Verbote für die Anwendung oestrogen- oder thyreostatisch-wirksamer Stoffe vgl. §4b des Lebensmittelgesetzes.

Einen umfassenden Überblick über Schädlingsbekämpfungsmittel bringen tabellarisch G. Wildbrett und R. Weinberger-Kern (in (54) Bd. IX., S. 782). Aus Raummangel muß wegen der Formelbilder auf diesen Überblick verwiesen werden.

Über zugelassene Höchstmengen in oder auf Lebensmitteln vgl. Anlage 1, über ausgeschlossene Stoffe Anlage 2 der „Höchstmengen-VO-Pflanzenschutz". Dort ist auch eine Übersicht zum praktischen Gebrauch der Tabellen.

β) Stoffe, die bei der Herstellung, Lagerung und Zubereitung auf Lebensmittel übergehen und darin verbleiben können

Substanzen dieser Art sind z. B. geringe Katalysatormengen der Fetthärtung, Werkstoffbestandteile aus der Lebensmittelverarbeitung (Metalle, Glasuren und Überzüge, Weichmacher aus Kunststoffen, Vulkanisatoren aus Gummi), Reinigungs- und Desinfektionsmittel, Schutzüberzüge von Lebensmitteln, Bestandteile von Verpackungsmaterial. Auch viele der unter *α*) genannten Stoffe kommen hier in Frage (s. unten).

γ) Stoffe, die als Folge chemischer oder physikalischer Behandlungsarten neu entstehen können

Derartige Stoffe sind: Umwandlungsprodukte der Fetthärtung oder der Hitzepolymerisation von Ölen, Maillard-Produkte aus Umsetzungen zwischen reduzierenden Zuckern und Aminogruppen, radioaktive Substrate der Atommeiler oder -bomben, Reaktionsprodukte energiereicher Bestrahlungen und schließlich Kampfstoffe.

III. Schädlingsbekämpfung und Ernährung

Eine der größten Aufgaben, deren Lösung die Menschheit in den kommenden Jahrzehnten zu bewältigen hat, besteht darin, das anfallende Nahrungsgut der landwirtschaftlichen Erzeugung vor Schädlingen zu schützen. Allein im Bereich der Pflanzenproduktion werden derartige Schäden auf 10—20% der Gesamternte geschätzt. Die Ausfälle bei einigen Kulturpflanzen gehen aus Tabelle 85 hervor.

Tabelle 85. Ernteverluste auf der Welt bei einigen Pflanzenkulturen

Pflanzenkultur	Verlust %
Tabak	62
Kartoffeln	40
Weizen	35
Äpfel	30
Zuckerrüben	24

Wenn unsere Lebensmittel zur Sicherung von Ernte und Vorratshaltung mit chemischen Mitteln behandelt werden, ist es unvermeidbar, daß Rückstände solcher Mittel nach der Ernte und Lagerung auf Lebensmitteln verbleiben und u.U. beim Verzehr noch vorhanden sind.

Dem Schutz des Verbrauchers sollen die „*Höchstmengen-VO-Pflanzenschutz, pflanzliche Lebensmittel*" vom 30. 11. 1966 in der Fassung vom 14. 12. 1972, das „*Pflanzenschutzgesetz*" in der Fassung vom 27. 7. 1971 und das „*DDT-Gesetz*" vom 7. 8. 1972 (Verbot von DDT bei Lebensmitteln und Futterpflanzen) dienen. Der „Referentenentwurf" sieht in § 14 für „Pflanzenschutz- und sonstige Mittel" weitere Regelungen vor.

Jedes Schädlingsbekämpfungsmittel hinterläßt bei der Anwendung ein von vielen Faktoren abhängiges *Wirkstoffdepot*, das dann unter dem Einfluß äußerer oder innerer Faktoren verdünnt, chemisch verändert oder durch Abwanderung zum *Rückstand* gemindert wird. Die Zeit bis zum Absinken auf 50% des ursprünglichen Wertes wird als „*Rückstandshalbwertzeit*" bezeichnet. Danach unterscheidet man im Rahmen der „Persistenz" *schwache* [Nicotin, Tetraäthyl-pyrophosphat (TEPP)], *mäßige* (die meisten Wirkstoffe) und *starke Rückstandsbildner* (chlorierte Kohlenwasserstoffe, organische Quecksilberverbindungen). Kompliziert werden die Verhältnisse u. a. dadurch, daß manche *„systemische" Wirkstoffe* nach dem Eindringen in die Pflanze im Phasenstrom wirksam bleiben und daß viele solche Stoffe *Metaboliten* liefern, über deren physiologische Bedeutung wir nur höchst unzureichend unterrichtet sind.

Auch der Mensch kommt, vor allem über die Ernährung mit Schädlingsbekämpfunggsmitteln in Berührung. Als besonders beständig im menschlichen Körper erwiesen sich die *Chlorkohlenwasserstoffe*. Ihr gegenüber anderen Verbindungen völlig anderes Verhalten im Organismus beruht auf der hohen Lipoidlöslichkeit. In Tab. 86 sind Werte zusammengestellt wie sie bei Humanfett und Humanmilch für chlorierte Kohlenwasserstoffe, Hexachlorbenzol (HCB) und chlorierte Biphenyle (PCB) gefunden wurden.

Tabelle 86. Übersicht über die Mengen an Hexachlorbenzol und chlorierten Biphenylen in Humanfett und -milch (in ppm)
(Aus L. Acker u. E. Schulte: Dtsch. Lebensmittel-Rdsch. *66*, 385 (1970))

	HCB	PCB	DDT + DDE
Humanfett:			
Mittelwert (aus 20 Proben)	6,3	5,7	3,3
Schwankungsbreite:	0,83—21,8	1,7—16,6	0,70—9,0
Humanmilch:			
Mittelwert (aus 43 Proben)			
a) bezogen auf Milch	0,153	0,103	0,112
b) bezogen auf Milchfett	5,3	3,5	3,8
Schwankungsbreite	0,43—12,0	0,54—9,7	1,5—8,3

Weiterhin ist zu berücksichtigen, daß viele Fremdstoffe, insbesondere hochwirksame Pflanzenschutzmittel, auch den Geschmack der mit solchen Mitteln behandelten Pflanzen nachteilig zu beeinflussen vermögen. Bekannt ist dies z.B. für Karotten, weiße Rüben und grüne Bohnen oder für Kartoffeln, die auf insecticidhaltigem Boden gewachsen waren. Bei Früchten und Konservengut kann sich abweichender Geschmack und Geruch oft erst spät nach der Ernte oder nach dem Eindosen durch Bildung von Sekundärprodukten einstellen.

Aus solchen Gesichtspunkten erwächst dem Lebensmittelchemiker ein neuer höchst wichtiger und verantwortlicher Aufgabenbereich. Er hat die Art der verwendeten Fremdstoffe in Hinsicht auf ihre Zulassung zu identifizieren, die Einhaltung bestimmter Höchstgrenzen zu überwachen und nicht zuletzt Veränderungen zu verfolgen, wie sie bei der Einwirkung einzelner Substanzen oder Verfahrensarten Lebensmittel in unerwünschter oder gar schädlicher Richtung verändern. Zur Lebensmittelüberwachung der im Inland erzeugten Lebensmittel gesellt sich die Einfuhrkontrolle (§ 21 Abs. 1 der Novelle zum Lebensmittelgesetz) und nicht zuletzt die Kontrolle radioaktiver Verseuchung. Um die neuen gesetzlich unterbauten Forderungen nach weitreichendem Gesundheitsschutz unserer Bevölkerung tatkräftig und erfolgreich zu sichern, ist ein entsprechender personeller und apparativer Ausbau von Untersuchungsanstalten und einschlägigen Forschungsinstituten dringendes Gebot der Stunde.

F. Lebensmittelfarben

Bestrebungen, unseren Lebensmitteln durch Färbung eine ansprechende, appetitanreizende äußere Beschaffenheit zu verleihen, sind uralt. Während in allen Zeiten neben einer Reihe von Naturstoffen (Pflanzenextrakten, pflanzlichen Farbstoffen, Safran, Curcuma, Blattgrünpräparaten), z.B auch durch Rösten erhaltene braune Pigmente (Caramel), Verwendung fanden, traten später synthetische Farbstoffe in den Vordergrund. Kurz vor dem 2. Weltkrieg erregte dann die Feststellung japanischer Forscher Aufsehen und Beunruhigung, wonach bei langdauernder Verfütterung des Teerfarbstoffes *Buttergelb* (4-Dimethylaminoazobenzol) an Ratten die Bildung von Lebertumoren ausgelöst werden kann. Später wurde die cancerogene Wirkung u.a. auch für die folgenden Farbstoffe nachgewiesen: *Sudan I* = Sudanorange R (Anilin → 2-Hydroxynaphthalin, *Sudanbraun RR* (1-Naphthylamin → 2.4-Diaminobenzol, *Sudanrot 7 B* (Amidoazobenzol → N-Äthyl-2-naphthylamin) und *Trypanblau* (o-Toluidin $\rightrightarrows$ 1-Amino-γ-hydroxynaphthalin-3.6-disulfosäure).

Wesentlich war weiter die Erkenntnis, daß im Gegensatz zu vielen anderen Stoffen hier nicht von einer „*Konzentrationsgiftwirkung*" („cessante causa cessat effectus") sondern von einer „*Summationswirkung*" gesprochen werden muß, d.h. alle Einzelheiten summieren sich, auch bei Verabreichung kleiner Dosen, über die ganze Lebenszeit der Versuchstiere.

Als erste Folge dieser Erkenntnisse wurde 1939 das früher zur Färbung von Butter und Speisefetten benutzte Buttergelb verboten; die Industrie lieferte dann diesen Farbstoff nicht mehr zur Lebensmittelfärbung. Es zeigte sich jedoch, daß nur wenige Farbstoffe cancerogen, viele Cancerogene jedoch farblos sind und eine grundsätzliche Ablehnung der synthetischen Farbstoffe nicht gerechtfertigt erschien.

Weltweite, seit etwa 30 Jahren durchgeführte Untersuchungen beschäftigen sich z. B. mit der (heute noch nicht mit letzter Sicherheit zu beantwortenden) Frage, ob dem ganzen Farbstoff oder bestimmten Spaltstücken cancerogene Wirkung zukommt. Weitere Forschungen zeigten, daß aufgrund der chemischen Konstitution allein irgendwelche Aussagen über die Unbedenklichkeit eines Lebensmittelfarbstoffes nicht gemacht werden können. Entscheidend allein für die toxikologische Beurteilung ist der langdauernde Tierversuch.

Wie bei anderen Zusatzstoffen (z.B. den Konservierungsmitteln) wird auch hier auf die Färbung mancher Lebensmittel im Sinne einer berechtigten Verbrauchererwartung nicht zu verzichten sein, z.B. wenn unansehnliche, im Gange der Herstellung mißfarbig gewordene Produkte (Marmeladen, Konserven) oder solche Erzeugnisse vorliegen, denen einheitliche und ansprechende Farbe von Natur aus fehlt (Kaviarersatz, Seelachsschnitten). Die reelle Industrie und das Handwerk haben zu starke Färbung, z.B. von Zuckerwaren, stets bekämpft; die Eindämmung der Färbung ist nicht zuletzt auf die Mithilfe *des Verbrauchers* angewiesen, der übermäßig gefärbte Ware ablehnt.

Grundsätzlich als strafbare Handlungsweise ist selbstverständlich der Versuch abzulehnen, die schlechte Beschaffenheit eines Lebensmittels durch Färbung zu überdecken. § 2 der „Farbstoff-VO" trägt dem Rechnung.

Lebensmittelfarben werden mit den gefärbten Waren zusammen verzehrt oder mitgetrunken. Sie sind somit selbst Lebensmittel, fallen unter das Lebensmittelgesetz und dürfen demnach die menschliche Gesundheit nicht schädigen. Viele anorganische Pigmente sind schon lange als gesundheitsschädlich bekannt und von der Verwendung ausgeschlossen, z. B. Kupferarsenit und Bleichromate (Schweinfurter Grün, Chromgelb, Chromrot) oder Oxide des Bleies (Bleirot, Mennige). Solche Pigmente scheiden zwar infolge ihrer Unlöslichkeit für die Färbung flüssiger Lebensmittel (Wein, Bier, Fruchtsäfte, Limonaden) und für in der Masse gefärbte Lebensmittel (Backwaren, Zuckerwaren, Margarine) aus, haben dann und wann jedoch bei der Bemalung oder Glasierung von Torten, Zuckerwaren und Kleingebäck sowie Lebkuchen Verwendung gefunden. Auch in Gewürzpulvern wurden sie als farbgebende Pigmente (Mennige in Paprika, Chromgelb in Fenchel) oder als gleichgefärbte Beschwerungsmittel (Eisenoxid bei Kakaopulver, Schwerspat oder Bariumcarbonat bei Mehl) benutzt. Auch natürliche Farben, wie z. B. *Safranin*, *Gummigutt* (aus dem Milchsaft von Garcinia morella), *Chrysophansäure* (1.8-Dihydroxy-3-methylanthrachinon) oder der Farbstoff der Schildlaus Coccus ilicis („*Kermesbeeren*"), zeigen gesundheitsschädliche Wirkungen. Das alte „Farbengesetz" (s. unten) nennt als gesundheitsschädliche Farben diejenigen Farbstoffe und Farbstoffzubereitungen, die Antimon, Arsen, Barium, Blei, Cadmium, Chrom, Kupfer, Quecksilber, Uran, Zink, Zinn, ferner die Farbstoffe Gummigutt, Koralin oder Pikrinsäure enthalten.

Andere Pigmente, wie z. B. das des *Rosenpaprikas* sind als Zusätze zu Fleischwaren in übergroßer Menge deshalb verboten, weil sie in diesem Falle nicht so sehr würzende als vielmehr (verbotene) färbende Kraft entwickeln. Ob *Curcumin*, Diferuloylmethan,

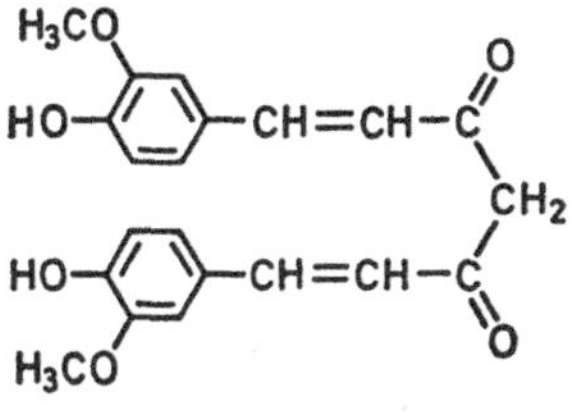

der Farbstoff der Wurzeln und Schoten von Curcumaarten (Zingiberaceae), dann als Farbstoff zu behandeln ist, wenn er in Form des Curcuma*gewürzes* als spezifischer Geschmacks- und Aromaträger den Lebensmitteln beigegeben wird, gilt z.Z. noch als umstritten. Im Einzelfall muß geprüft werden, ob ein Zusatz durch Farbwirkung zu Täuschungen des Verbrauchers führt und deshalb der Kenntlichmachung bedarf. Nur *Cumin* (Gelb 6) ist in der Neufassung der „Farbstoff-VO" unter der EWG-Nr. E 100 (Anlage 1 der VO) für die *Färbung* in der Masse und auf der Oberfläche des Lebensmittels zugelassen.

Neben dem Lebensmittelgesetz war lange Zeit für den Verkehr und die Benutzung von Lebensmittelfarben das veraltete und unzulängliche „Gesetz, betreffend die Verwendung gesundheitsschädlicher Farben bei der Herstellung von Nahrungsmitteln, Genußmitteln und Gebrauchsgegenständen vom 5. 7. 1887", das „Farbengesetz", maßgebend. Um die Bevölkerung vor möglichen gesundheitlichen Schädigungen durch Farbstoffe zu bewahren, wurde 1949 auf Vorschlag von A. Butenandt (durch den Deutschen Forschungsrat, heute die Deutsche Forschungsgemeinschaft) eine wissenschaftliche Kommission geschaffen und diese damit beauftragt, „festzustellen, welche Grundsätze bei der Färbung von Lebensmitteln beachtet werden müssen, um Gesundheitsschäden der Bevölkerung zu vermeiden". Diese „Farbstoffkommission" hat 1950 den Standpunkt vertreten, „daß der notwendige Schutz der Bevölkerung durch die bisherige Regelung, nach der *alles* erlaubt ist, was nicht verboten ist, nicht gesichert werden kann". Sie erhob daher die Forderung, durch „positive" Listen nur wirklich unbedenkliche Zusatzstoffe für Lebensmittel zu erlauben, alle anderen aber als *verboten* zu betrachten. In der Folgezeit wurden insgesamt 10 Mitteilungen veröffentlicht, deren Ergebnis in der „Farbstoff-VO" vom 19. 12. 1959, die unter der Bezeichnung

„VO über färbende Stoffe“ (Farbstoff-VO) am 28. 3. 1972 ihre gegenwärtig geltende Fassung fand.

Zum Färben von Lebensmitteln werden nur die in besonderen Anlagen aufgeführten Fremdstoffe zugelassen, die nach dem gegenwärtigen Stand der Wissenschaft als duldbar anzusehen sind. Überprüfung dieser Listen im Lichte neuer Erkenntnisse und Erfahrungen ist laufend vorgesehen. Eine weitere Anlage zählt die Lebensmittel auf, denen bei der Herstellung und Zubereitung unter Deklaration („mit Farbstoff“) fremde färbende Stoffe zugesetzt werden dürfen. U. a. sind außerdem Reinheitsforderungen an färbende Stoffe aufgeführt.

Für die toxikologische Prüfung der einzelnen Farbstoffe werden außerhalb der genannten Verordnung eingehende Forderungen gestellt und durch internationale Zusammenarbeit laufend verfeinert. Grundsätzlich gilt, daß „*Grundlebensmittel*“ sowie diätetische Lebensmittel, insbes. für Säuglinge, Kinder und Kranke, nicht gefärbt werden dürfen.

Die *Technik* der Lebensmittelfärbung läuft meist über Farbstoff-Stammlösungen, von denen die notwendigen Mengen in bestimmten Stadien des Herstellungs- und Verarbeitungsprozesses zugesetzt werden.

Einzelheiten sind der „Farbstoff-VO“ zu entnehmen. Vgl. auch das „Farbengesetz“ vom 5. 7. 1887 in der Fassung vom 24. 5. 1968 und 25. 6. 1969, das noch heute für Bedarfsgegenstände bedeutsam ist (s. S. 311, 767, 778).

ZWEITER TEIL

A. Tierische Lebensmittel

I. Das Fleisch

1. Der Begriff Fleisch

Nach dem Fleischbeschaugesetz vom 29. 9. 1940, zuletzt geändert am 14. 12. 1970 ist der Begriff Fleisch wie folgt definiert:

Fleisch im Sinne dieses Gesetzes sind Teile von warmblütigen Tieren, frisch oder zubereitet, sofern sie sich zum Genuß für Menschen eignen. Als Fleisch gelten auch die aus warmblütigen Tieren hergestellten Fette und Fleisch- und Wurstwaren, andere Erzeugnisse nur insoweit, als dies der *Reichsminister des Innern* anordnet. „Fleisch der Tiere im engeren Sinne des Wortes" ist die aus quergestreiften Muskelfasern aufgebaute Skeletmuskulatur der Tiere samt den damit zusammenhängenden eßbaren Geweben (Fett, Bindegewebe, elastisches Gewebe, Nervengewebe, Blut- und Lymphgefäße, Lymphknoten usw.). Unter den Begriff Fleisch fallen auch die sog. Schlachtabgänge (Blut, Knochen, Haut) und die Innereien. Fleisch im weitesten Sinne sind alle genießbaren Teile der Tiere, und zwar solche von Warmblütern (insbesondere Rinder, Kälber, Schweine, Schafe, Ziegen, auch Pferde, Wild und Geflügel), wie auch von Fischen, Amphibien (Fröschen), Krusten- und Weichtieren (Krebsen, Seemuscheln, Schnecken).

Der wichtigste *Rechtsstoff* über Fleisch findet sich im o. a. Fleischbeschaugesetz und den auf Grund dieses Gesetzes erlassenen Verordnungen, im Durchführungsgesetz zur EWG-Richtlinie Frisches Fleisch zuletzt geändert am 14. 12. 1970, im Gesetz über die Verwendung salpetrigsaurer Salze im Lebensmittelverkehr (Nitritgesetz) vom 19. 7. 1934 zuletzt geändert am 25. 6. 1969 auch hierzu gebrachten Runderlassen, im Gesetz über den Verkehr mit Vieh und Fleisch (Vieh- und Fleischgesetz) vom 25. 4. 1951, in der VO über Fleisch- und Fleischerzeugnisse (Fleisch-VO) vom 19. 12. 1959 in der Fassung vom 28. 3. 1973, in der VO über Hackfleisch, Schabefleisch und andere Erzeugnisse aus rohem Fleisch (Hackfleisch-VO) vom 16. 7. 1965, sowie weiterem, im Original einzusehenden Rechtsstoff.

Im Fleischbeschaugesetz (§§ 6—10) sind die sehr wichtigen Begriffe des *tauglichen, minderwertigen, bedingt tauglichen* und *untauglichen Fleisches* definiert. Auch *eingeführtes Fleisch* unterliegt der Fleischbeschau.

2. Fleischproduktion und Fleischverbrauch

Die Fleischproduktion aus neuerer Zeit bringt Tabelle 87 (S. 314).

Am Hauptumschlag auf dem internationalen Fleischmarkt nehmen vor allem die hochentwickelten Länder teil, die 1966/68 etwa 70% der *Weltexporte* und 85% der *Weltimporte* auf sich vereinigten. Hauptexporteure sind Dänemark, Irland, Jugoslawien-Australien und Neuseeland. Von den Entwicklungsländern tragen Argentinien und Uruguay am stärksten zum Weltfleischmarkt bei. Den bedeutendsten *Importmarkt* weist Großbritannien auf, das 35% der Weltimporte auf sich vereint, außerdem die EWG (vor allem Deutschland und Italien), die USA und seit den letzten Jahren Japan, Spanien und Griechenland.

Tabelle 87. Weltfleischerzeugung an Rind- und Kalbfleisch, Schweinefleisch, Schaffleisch. (Aus: Fleischwirtschaft *51*, 195 (1971))

	Insgesamt		pro Kopf	
	1948—1952 1000 t	1966—1968	1948—1952 kg	1966—1968
Westeuropa	7516	14816	24,7	42,2
Osteuropa	2519	5003	28,8	50,0
UdSSR	3222	8309	17,5	35,2
Nordamerika	10900	16889	65,6	76,9
Ozeanien	1602	2582	129,2	141,9
Afrika	2215	3181	11,7	11,3
Lateinamerika	6011	8535	37,1	32,8
Naher Osten	782	1407	7,6	9,0
Ferner Osten	1991	3783	2,7	3,5
Welt insgesamt (exkl. Festland China)	36758	64505	18,8	23,9

Die Schlachtviehproduktion Deutschlands steht in der Agrarwirtschaft wertmäßig an erster Stelle.

Der Jahresfleischverbrauch einiger Länder geht aus Tab. 88 hervor.

Tabelle 88. Durchschnittlicher Fleischverbrauch der wichtigsten Fleischarten kg/Kopf/Jahr

Land	Jahr	Rind, Kalb	Schwein	Geflügel	Gesamtverzehr
USA	1960	41,5	29,5	17,2	95,3
	1970	48,6	30,6	18,9	99,9
BRD	1960	18,7	29,3	4,2	59,0
	1970	22,9	36,1	7,4	72,0
Frankreich	1960	29,2	19,8	8,6	74,9
	1970	35,9	24,8	11,3	89,3
Italien	1960	12,9	7,2	3,6	30,0
	1970	18,9	9,1	9,2	43,5
EWG, insges.	1960	19,9	19,2	5,2	52,2
	1970	25,2	23,7	8,9	65,7

Abweichend von der Fleischverbrauchsstruktur anderer Länder (in den USA ist z. B. das Verhältnis Rind- zu Schweinefleisch 8 : 6) ist der hohe Schweinefleischkonsum Deutschlands bemerkenswert. Schaffleisch, das zu Beginn des 19. Jahrhunderts noch 14% des Gesamtverbauches ausmachte, ist — im Gegensatz zu den westlichen Nachbarländern — heute auf etwa 1—2% abgesunken.

3. Allgemeine Bewertungsgrundlagen

Hinsichtlich der *Bewertung* aus neuerer Sicht ist zu bemerken, daß neben der Differenzierung nach Fleischarten bei Abgabe des Fleisches an den Endverbraucher eine Einteilung in *Fleischsorten* erfolgt. Dabei wird der Herkunft des Fleisches aus einzelnen Körperregionen Rechnung getragen. Bratenfleisch stammt im wesentlichen aus der Keulen- und Rückenpartie der Schlachttierkörper, Kochfleisch aus den lateralen und ventralen Teilen, und zwar gilt dies für alle Fleischarten.

Einzelheiten zur *Bewertung* (Handelsklassen lebender Schlachttiere, Handelsklassen Schlachttierkörper, Schlachtwertdifferenzierung im internationalen Bereich) sowie zur *Bezeichnung* und hinsichtlich gesetzlicher Regelungen sind der Spezialliteratur zu entnehmen (L. Schön in (54) Bd. III/2., S. 962).

4. Chemie und Physiologie des Fleisches

a) Bau des Muskelfleisches

Das *Muskelgewebe* ist aus feinen, in der Längsrichtung der Zelle liegenden Fäden (*Myofibrillen*) von ca. 0,5—2 μ Durchmesser aufgebaut. Die Matrix (Sarcoplasma) als Zwischensubstanz verdichtet sich nach außen zu einer Membran, dem *Sarcolemma* (*Stroma*, *Myolemma*). Je nach der Organisation unterscheiden wir:

1. Das *glatte Muskelgewebe*. Hier liegen die Myofibrillen im *Sarcoplasma* von spindelförmigen Zellen (15—200 μ lang, 4—7 μ breit), die untereinander verbunden sind und einen länglichen Kern aufweisen. Glatte Muskulatur leistet beim Zerkleinern relativ großen Widerstand und läßt sich infolge des Fehlens der Querstreifung sowie der zentralen Kernstellung sicher differenzieren. Glatte Muskulatur kommt in den unwillkürlichen Muskeln (mit Ausnahme des Herzens) z. B. in Schleimhäuten, Milz, Lymphdrüsen, Epidermis, Darmtractus vor. Glatte Fasern spielen im Rahmen der Wursthistologie zur Erkennung der obengenannten Gewebsteile eine wichtige Rolle, vornehmlich zum Nachweis von Schlund, Magen, Kalbsgekröse und Micker.

2. Das *Skeletmuskelgewebe*. Hier sind die Zellen gleichfalls schlauchförmig aneinander gereiht, man bezeichnet die Zellverbände als *Fasern* (20—60 μ stark). Im Zellverband (*Synzytium*) liegen die Zellkerne an der Peripherie. Mehrere Fasern sind durch eine zarte Bindegewebshülle (*Perimysium internum*) zu einem Primärbündel zusammengefaßt. Stärkere Hüllen (*interstitielles Bindegewebe*) liefern schließlich die mit bloßem Auge wahrnehmbare Fleischfaser. Solche Fasern bauen, wiederum von einer Bindegewebshülle (*Epimysium*) umschlossen, den eigentlichen Muskel auf.

Beim Fettansatz wird das Muskel-Bindegewebe zum Träger des Fettes. Kaninchenfleisch oder Brustfleisch von Hühnern ist hell, Fleisch der meisten anderen Tiere dunkler gefärbt. Die Farbe der Muskulatur ist rot in allen Schattierungen, von blaß-, grau-, braun-, blau- bis zu schwarzrot und hängt unmittelbar vom Gehalt an Muskelfarbstoff (Myoglobin) ab, der wiederum durch die unterschiedliche Arbeitsleistung des Muskels bedingt ist.

Für die histologischen Eigenschaften des Fleisches bedeutungsvoll ist schließlich noch das ernährungsphysiologisch wenig wertvolle *Bindegewebe* (*lockeres* und *straffes* Bindegewebe) mit unterschiedlichem Gehalt an elastischen Fasern [Schwarte des Schweins, Nackenband (Ligamentum nuchae) beim Rind, Sehnen, Gelenkkapselanteile] sowie das *Knorpel*- und *Knochengewebe*. Die Erkennung und quantitative Erfassung derartiger Gewebsteile ist für die Qualitätsbeurteilung und deren Kenntlichmachung bei Fleischerzeugnissen wichtig.

b) Chemische Zusammensetzung des Fleisches

Die mittlere Zusammensetzung des „schieren" Muskels, also der von Fett befreiten Muskulatur ist folgende: 76% Wasser, 21,5% Stickstoffsubstanz, 1,5% Fett, 1% Mineralstoffe. Daneben enthält der Muskel Kohlenhydrate (0,05—0,18%), Farbstoffe, Enzyme und Vitamine.

α) *Wasser*

Von anhaftendem und eingewachsenem Fett befreites Fleisch zeigt relativ geringe Unterschiede im Wassergehalt (74—79%). Ausmästung, Alter und Tierart können jedoch beträchtliche Schwankungen mit sich bringen; so liegt z. B. der Wassergehalt für Gänsefleisch und fettes Schweinefleisch bei etwa 40—50%, für Kalbfleisch bei 78%. Beim Ochsen enthält vergleichsweise das Halsstück mit 5,8% Fett 73,5% Wasser und das Schulterstück mit 34,0% Fett 50,5% Wasser.

Verschiedene Muskeln eines Tieres weisen unterschiedlichen Wassergehalt auf. Das im Muskel vorhandene Wasser hat wesentliche biologische Aufgaben zu erfüllen, z. B. solche der Quellung-Entquellung, der Spannung-Entspannung und der Kontraktion-Relaxation, so daß die Beziehungen Wasser-Muskeleiweiß zahlenmäßig in guter Konstanz stehen. Wichtig ist dies für die Verhältniszahl von E. Feder (1917) (vgl. S. 340). Eine eingehende Darstellung der Quellungs- und Entquellungsvorgänge findet sich bei R. Hamm (53). Sie sind auch aus lebensmitteltechnologischer Sicht höchst bedeutungsvoll.

β) *Stickstoffverbindungen*

Stickstoffverbindungen umfassen zunächst Proteine der Muskulatur, des Fleischsaftes, des Blutes, des Bindegewebes und der Keratine (Haare, Wolle, Hufe, Klauen, Hörner), außerdem Peptide und Aminosäuren, Purin- und Fleischbasen sowie Spuren von Ammoniak, Harnstoff und Harnsäure.

An *Proteinen* enthält das Fleisch eine unlösliche (13—18%) und eine lösliche (0,6—4,0%) Fraktion. Durch Salzlösungen esxtrahierbar sind die intracellulären Proteine der Fibrillen und des Sarcoplasmas. Die im Sarcoplasma enthaltenen wasser- bzw. salzlöslichen Proteine werden als *Myogen* und *Globulin* bezeichnet und sind dort zu 25—30% des Muskelsaftes (*Fleischsaftes*) enthalten. *Fibrilläre Muskelproteine* (geformte Muskeleiweißstoffe) sind *Myosin*, *Actin* und *Actomyosin*. Das nicht einheitliche Globulin *Myosin* (S. 40) macht den Hauptanteil der Muskelproteine aus und ist mit dem Protein *Actin* reversibel zum *Actomyosin* vereinigt. Actin kommt als globuläres G-Actin und als fibrilläres F-Actin vor. Durch Hitze ist es leicht denaturierbar. Nur F-Actin vermag sich zu 20—25% unter plötzlichem Viscositätsanstieg mit Actomyosin zu verbinden.

Letzteres besitzt fadenförmige Struktur, zeigt Strömungsdoppelbrechung und kontraktile Eigenschaften. Die Enzymeigenschaften des Actomyosins (S. 40) spielen außer bei der Muskelkontraktion bei postmortalen Veränderungen des Fleisches (S. 327) eine bedeutsame Rolle. Das Sarcoplasma enthält außerdem das nicht kontraktile *Globulin X*, das *Tropomyosin* und die als Albumine anzusprechenden *Myogene* (s. oben), die bei 55—60° C coagulieren. Zu den intracellulären Proteiden gehört auch der Muskelfarbstoff *Myoglobin* (S. 40), der in Form des Oxymyoglobins eine lokale Sauerstoffreserve des Muskels darstellt und beim Kochen des Fleisches teils nicht denaturiert wird, teils in braune Hämichromogene übergeht.

Extracelluläre *Proteine* sind die bei der Extraktion als unlösliches Stroma zurückbleibenden *Kollagene* und *Elastine* des Bindegewebes, die allerdings — vor allem Kollagen — bei längerem Kochen als Gelatine, Leim oder Glutin in Lösung gehen (Kalbfleisch, Sülzfleisch). Unlöslich ist außerdem das *Muskelstroma*, die Hülle der Muskelfasern.

Insgesamt verteilen sich die Proteine des Muskels etwa folgendermaßen auf das Gesamteiweiß:

Myosin	38%
Actin	13—15%
Stroma	15—17%
Weitere (insbesondere globuläre) Proteine	32%

Das kolloidchemische Verhalten der Muskelproteine, insbesondere die unterschiedliche Wasserbindungsfähigkeit verschiedener Eiweißstoffe und das wechselnde Verhalten von Muskeleiweiß verschiedener Tiere spielt bei der Fleischreifung und der Brühwurstherstellung eine wichtige Rolle und ist ganz allgemein für die Bindigkeit von Fleischerzeugnissen bedeutungsvoll.

Der hohe Gehalt von Bindegewebsproteinen an Prolin und Hydroxyprolin gegenüber anderen Fleischproteinen kann analytisch zur Feststellung von Kollagen bzw. Sehnenanteilen in Fleischerzeugnissen herangezogen werden. Das im Kollagen vorkommende Hydroxyprolin entsteht im Organismus aus Lysin. Über den Aminosäurenaufbau des Fleischproteins vgl. S. 49.

Aminosäuren und Peptide sind in frischem Fleisch nur geringfügig vorhanden, bei der Fleischreifung nimmt ihr Gehalt jedoch stark zu, wobei fast alle Aminosäurenbausteine des Muskeleiweißes, teils frei, teils peptidisch gebunden, sich finden. Sie sind von Bedeutung für den Fleischgeschmack.

Fleischbasen, wie sie vor allem in den Fleischpreßsaft und in Fleischextrakte übergehen, sind neben *Kreatin* und *Kreatinin* (0,05—0,40%), insbesondere *Carnosin* (vgl. S. 28) und das isomere *Ignotin*, außerdem *Inosinsäure* sowie die als Phosphatacceptor dienende *Kreatinphosphorsäure*. In der Muskulatur von Gänsen und Hühnern findet sich das *Anserin* (N-Methylcarnosin, vgl. S. 28), im Muskel von Avertebraten die *Argininphosphorsäure*. Von diesen Basen ist besonders wichtig das *Kreatin*; es liefert mit alkalischer Pikrinsäurelösung eine spezifische Orangefärbung (*Jaffé-Reaktion*), die zur quantitativen Ermittlung des Fleischextraktgehaltes in Brühwürfeln, Würzen u. dgl. herangezogen wird.

Im Walfleisch kommt das zum Nachweis dieser Fleischart geeignete *Balenin* vor (vgl. S. 28 und S. 347).

Purinbasen finden sich zu 0,10—0,25%, im Fleisch. An erster Stelle steht *Hypoxanthin* (Sarkin) zu 0,01—0,03%, daneben kommen Inosinsäure als geschmacksaktives 5'-Ribonucleotid, Adenin, Hypoxanthin und Guanin vor. Umwandlungsprodukte sind die gleichfalls im Fleisch gefundene *Harnsäure* und die 1.3-Methylharnsäure. Der relativ hohe Purinbasengehalt von Wild und Innereien hat dazu geführt, Gichtkranken vom Genuß dieser Lebensmittel abzuraten. Fleisch- und Purinbasen (Extraktivstoffe) sind für die anregende Wirkung der Fleischbrühe (Bouillon) mit verantwortlich.

An *Aminen* wurden gefunden: Histamin, Putrescin, Cadaverin, Tyramin, Tryptamin und Äthanolamin.

γ) *Stickstoffreie Extraktstoffe*

des Fleisches sind vor allem *Glykogen*, das im Pferde- und Hundefleisch sowie im embryonalen Kalbfleisch zu 0,3—0,9% vorkommt, im allgemeinen jedoch nur zu 0,05 bis 0,18% sich findet. Besonders glykogenreich ist die Leber (2,8—8,3%). Der hohe Glykogengehalt von Pferdefleisch wurde bisweilen zum Nachweis dieses Fleisches benutzt. Weiterhin finden sich noch Fleischmilchsäure (0,03—0,06%), Inosit („Muskelzucker") sowie (offenbar als Glykogenabbauprodukte) geringe Mengen Glucose und Maltose. Ameisen-, Essig- und Buttersäure sind in Spuren anzutreffen.

Weitere eiweißgebundene Kohlenhydrate stammen offenbar aus den Globulinfraktionen. Aminozucker kommen aus den Mucopolysacchariden, Pentosen und 5'-Ribonucleotide aus den Ribonucleinsäuren (vgl. S. 46).

δ) *Mineralstoffe*

Fleisch enthält 0,8—1,8% (in der Trockensubstanz 3,2—7,5%) Mineralstoffe, vorwiegend Kaliumphosphat, daneben Phosphate des Calciums und Magnesiums, Natriumchlorid sowie Spuren von Eisen, Schwefel- und Kieselsäure.

In Tab. 89 sind Werte für den Na-, K- und Ca-Gehalt von Fleisch verschiedener Schlachttiere zusammengestellt.

Tabelle 89. Mittlere Gehalte an Na, K und Ca von Fleisch verschiedener Schlachttiere (Aus: 54, Bd. III/2., S. 1011)

Fleischart	Anzahl der Muskeln	Gehalt an								
		Na			K			Ca		
		min.	max.	Mittel	min.	max.	Mittel	min.	max.	Mittel
		in mg/100 g								
Rind	9	75	220	*103*	249	379	*324*	1	13	*4*
Kalb	7	87	138	*108*	319	393	*344*	2	17	*6*
Schwein	10	54	199	*82*	77	354	*249*	0	34	*5*
Hammel, Schaf	8	77	142	*101*	255	331	*296*	0,3	9	*3,2*
Pferd	3	53	61	*56*	356	407	*392*	2	2	*2*

ε) *Vitamine*

Fleisch enthält im allgemeinen nur geringe Mengen Vitamine. Nicht unbeträchtlich ist der Vitamin B_1-Gehalt von Schweinefleisch, der Vitamin A-Gehalt verschiedener tierischer Fette. Besonders vitaminreich sind *Organe*, wie Leber und Niere (vgl. bei den einzelnen Vitaminen). Pökeln, Räuchern und Trocknen zerstören die Vitamine weitgehend.

Zusammenfassung bei R. Grau in (54) Bd. III/2., S. 998.

ζ) *Enzyme*

Muskel und vor allem die Organe sind reich an Enzymen. Im Muskel finden sich glykolytisch wirksame Enzyme, wie Zymasen bzw. Cozymasen, die den Kohlenhydratabbau zu Milchsäure katalysieren. Daneben wurden Lipasen, Phosphatasen und Proteasen als Hydrolasen, Bernsteinsäuredehydrogenase, Cytochromoxidase, α-Glycerophosphatdehydrogenase u. a. m. nachgewiesen. Wie bereits erwähnt, entfaltet das zu etwa 80% die Muskelsubstanz aufbauende Actomyosin Adenosintriphosphatase-Aktivität.

Transaminasen finden sich, vor allem als Gewebsaminasen, wie die Isoenzyme *Glutamat-oxalacetat-transaminase* (GOT) und die *Glutamatpyruvat-transaminase* (GPT), in verhältnismäßig großer Menge. Über ihre Bedeutung als analytisches Hilfsmittel zur Unterscheidung von Frisch- und Gefrierfleisch vgl. S. 332. Wir dürfen mit gutem Grund annehmen, daß Muskel- wie Organeiweiß zum größten Teil als Enzymeiweiß vorliegen. Viele dieser Enzyme sind maßgeblich an der Fleischreifung, zweifellos z. B. auch an der Reifung von Rohwurst beteiligt. Offenbar ist praktisch das gesamte Nichtstruktureiweiß der Muskelzelle Enzymeiweiß. Die Enzyme des Fleisches sind auch bei niederen Temperaturen (—20 bis —30° C) noch aktiv und damit auch im Gefrierfleisch merklich wirksam.

η) *Das Fett*

Viele Fleischarten enthalten mehr oder minder große stark wechselnde Fettmengen entweder als Reservefett (Bauch-, Rückenspeck) oder im Bindegewebe zwischen den Sarcolemma-Schläuchen abgelagert. Über Zusammensetzung und Gewinnung tierischer Fette vgl. bei Ölen und Fetten. Begleitet ist dieses Fett häufig von *Phosphatiden*, deren Menge durch anomale Fütterung (z. B. mit Ölsaat-Preßkuchen) stark erhöht werden kann.

ϑ) *Das Fleischaroma*

Eingehende Untersuchungen über das Aroma verschiedener frischer und verarbeiteter Fleischarten haben eine große Zahl wesentlicher Aromaträger identifiziert. Dabei handelt es sich um Carbonylverbindungen, Alkohole, Säuren und deren Ester, Ammoniak, Amine, H_2S und organische Schwefelverbindungen, Terpene, Kohlenhydrate, anorganisches Phosphat u. a. m. So finden sich z. B. in der Rindfleischbrühe Pyrazine und Pyridine, Furanone oder das 2-Acetyl-2-thiazolin:

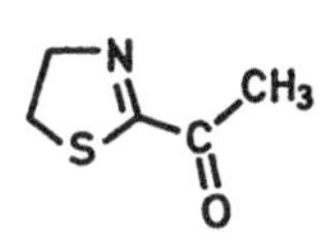

2-Acetyl-2-thiazolin

Als „precursors" kommen u. a. in Frage: polare intramuskuläre Lipide, Nucleotide und Nucleoside, Komponenten der Maillard-Reaktion usw. Besonders eingehende Untersuchungen stammen von M. Nonaka und Mitarb. (119).

Als Beispiel für die enzymatische Umwandlung derartiger „precursors“ seien hydrolytische Vorgänge dargestellt, wie sie nach dem Schlachten im Muskel ablaufen. Von den energiereichen Adenin-Nucleotiden (ATP, ADP und AMP) werden die Phosphatreste abgespalten, das Adenin wird zum Hypoxanthin desaminiert. Als Zwischenprodukt entsteht das aromaaktive 5'-Inosin-monophosphat (IMP).

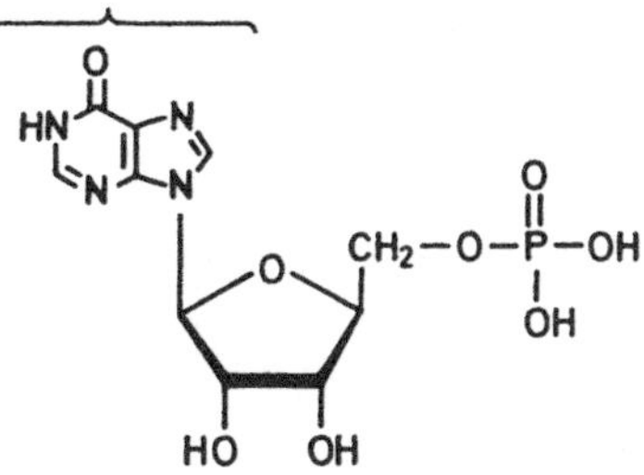

Tabelle 90. Enzymatische Nucleotidreaktionen während der Fleischreifung (Nach W. Grosch: 50)

Reaktion			Enzym
ATP	→	ADP + H_3PO_4	ATP-ase
2 ADP	→	ATP + AMP	Myokinase
AMP	→	IMP + NH_3	AMP-Desaminase
IMP	→	Inosin + H_3PO_4	5'-Nucleotidase
Inosin	→	Hypoxanthin + Ribose	Nucleosidase
IMP	→	Hypoxanthin + Ribose-5-phosphat	Nucleosidase

5. Die einzelnen Fleischarten

a) Rindfleisch

ist je nach Alter und Geschlecht blaß ziegelrot oder dunkelrot, oft durch Fettablagerung im Zwischenbindegewebe marmoriert. Bestes Fleisch stammt von 4—6 Jahre alten Ochsen, auch von nichtträchtigen bis zu 8 Jahre alten Rindern oder 1½—2 Jahre alten Bullen. Fleisch von (über 12—14 Jahre) alten Kühen ist geringwertig. Der durchschnittliche Schlachtverlust beim Ochsen beträgt 40—55% bei der Kuh 42—60%.

b) Kalbfleisch

ist blaßrot bis graurot, feinfaserig aber zähe, die Muskulatur meist schlaff, klebrig; der spezifische Geruch wird durch reichliche Bildung von Fleischmilchsäure (säuerlich-aromatisch) bedingt. Das beste Schlachtalter der Tiere liegt bei 4 bis 6 Wochen, jüngere Tiere liefern Fleisch mit über 80% Wassergehalt. Das Fett lagert sich nicht zwischen den Muskeln, sondern in der Nierengegend ab. Fleisch „nüchterner“, 1—3 Tage alter, unreifer zu frühgeborener oder ungeborener Kälber ist als verdorben anzusehen und auch nicht auf Wurst verarbeitbar. Da Kalbfleisch relativ viel Wasser enthält, wird es häufig zu Unrecht als geringwertig betrachtet (Kalbfleisch = Halbfleisch).

c) Hammel- und Schaffleisch

zeigt hell-, ziegel- oder dunkelrote Farbe und ist meist mit viel Fettgewebe durchsetzt. 2—4 Jahre alte im Herbst geschlachtete Tiere sind am besten. Geruch und Geschmack des Schaffleisches sind spezifisch, leicht ammoniakalisch.

d) Ziegenfleisch

ist heller als Hammelfleisch. Bockfleisch weist bei nicht sachgemäßer Schlachtung Geschlechtsgeruch auf. Fettansatz erfolgt nicht an der Muskulatur, sondern an der Nierenkapsel („Die Ziege wird heimlich fett“).

e) Schweinefleisch

zeigt ziemlich weiche Konsistenz und ist feinfaserig, von blaßrosa, rosa oder weißlich grauer Farbe. Beim Kochen wird das Fleisch grauweiß, im Gegensatz zu allen anderen Fleischarten. Es ist von Fett reichlich durchwachsen und umwachsen. Fruchtbarkeit des Schweines, höchstes Schlachtgewicht, leichte und billige Mästung, Genießbarkeit fast aller Teile (auch der Haut) und vielseitige Verarbeitungsmöglichkeit zu Fleischdauerwaren lassen das Schwein als wichtiges Nutztier erscheinen. Geruch und Geschmack des Fleisches sind spezifisch mit leicht süßlicher Komponente. Fleisch alter Eber schmeckt urinös; hochgradiger Harn- und Geschlechtsgeruch macht derartiges Fleisch untauglich. Futterart kann die Fleischqualität stark mindern, so führen z. B. Kartoffeln zu geschmacklosem, wäßrigem, Fisch-, Fleisch- und Bucheckernmehl zu tranig schmeckendem Fleisch. Auch hier kann hochgradig fischiger oder ölig-traniger Geruch Untauglichkeit bewirken.

f) Pferdefleisch

ist hellrot bei jungen Tieren, dunkel- bis braunrot und an der Luft schwarzrot nachdunkelnd bei älteren Tieren. Die Konsistenz ist fest, die Muskeln sind kaum von Fett durchwachsen. Das weiche ölige Fett (Smp 30° C) sammelt sich beim Kochen fetten Pferdefleisches in gelben Tröpfchen auf der Brühe. Der eigentümlich süßliche Geruch und Geschmack des Pferdefleisches wird auf den hohen Glykogengehalt zurückgeführt. Zum *Nachweis* von Pferdefleisch dient neben der Glykogenbestimmung die Präcipitation mit sensibilisiertem Kaninchenserum nach Uhlenhut und insbesondere die Untersuchung des Fettes.

Im Fettanteil wird hierbei der Prozentgehalt an Linolensäure ermittelt oder gaschromatographisch der hohe Gehalt des Pferdefettes an Octadecadien-octadecatriensäure bestimmt.

Pferdefleisch darf nicht in Räumen feilgehalten werden, in denen gleichzeitig Fleisch anderer Tiere verkauft wird.

g) Hundefleisch

ist sehr weich, lebhaft rot bis dunkelrot mit spezifischem strengem Geschmack und Geruch und wenig mit Fett durchwachsen. Das schmierig-ölige Fett wird in der Volksmedizin verwendet, auch die chinesische Küche soll es benutzen. Hundefleisch wird im allgemeinen nicht gehandelt, ist aber im Fleischbeschaugesetz aufgeführt.

h) Geflügelfleisch

Die Farbe ist je nach Alter, Gattung und Körperteil sehr verschieden (hell in der Brustmuskulatur, dunkel an den hinteren Extremitäten). Man unterscheidet Geflügel mit dunklem („schwarzem“) Fleisch (Gans, Ente, Taube) und solches mit heller Muskulatur (Haushuhn, Truthahn, Pfau). Alter (1—2 Jahre optimal) und Geschlecht beeinflussen die Fleischqualität. Das Fleisch der Männchen ist kräftiger, das der Weibchen zarter. Kastrierung zum Kapaun bzw. zur Poularde vereinigt beide Eigenschaften. Fütterung mit Kohlrüben, Ölkuchen, Leinsamenmehl und insbesondere mit Fischmehl liefert (z. B. bei Gänsen) tranig schmeckendes, oft ungenießbares Fleisch. Geflügel nimmt im Rahmen des Fleischverzehrs in Deutschland die vierte Stelle ein, wobei insbesondere Gefrierware, die allerdings sorgfältiger Behandlung bedarf, zunehmende Bedeutung gewinnt.

Geflügelfett neigt wegen des hohen Gehaltes an ungesättigten Fettsäuren stark zur Ranzigkeit.

Die Geflügelfleischerzeugung betrug 1963 in der EWG 1016000 t, davon entfielen auf die BRD 121000 t, auf Frankreich 443000 t, Italien 263000 t, Niederlande 100000 t, Belgien 89000 t. Den Verbrauch an Geflügelfleisch zeigt Tabelle 88, S. 314.

i) Wildfleisch

Fortschreitender Rückgang von Ackerland und Wald, Zunahme des Stadt- und Industrieraumes haben in Deutschland Wildertrag und Wildverbrauch verringert. Der Wildfleischverzehr ist um etwa ⅓ kleiner als der von Pferdefleisch.

Man unterscheidet *Haarwild* mit den Untergruppen *Hochwild* (Reh, Hirsch, Elch, Gemse), *Schwarzwild* (Wildschweine) und *Niederwild* (Hase, Kaninchen, Dachs, Biber, Bär), vom *Feder-* oder *Flugwild* (Auerhahn, Rebhuhn, Fasan, Schnepfen, Sumpf- und Wasservögel usw.).

Das Fleisch ist zartfaserig, von fester Konsistenz und wegen der geringen Ausblutung von roter bis rotbrauner Farbe, Es zeigt wenig Binde- und Fettgewebe. Der Geschmack ist für jede Wildart spezifisch, gemindert in den Sommermonaten, in der Brunstzeit oder bei Tieren, die zu Tode gehetzt wurden oder lange Zeit nach dem Anschuß verendeten. Die Reifung erfordert wegen des dichten Gefüges längere Zeit. Das Fleisch schmeckt dann angenehm pikant und zeigt dunkelbraune bis schwarzrote Farbe. Die Reifung unterscheidet sich grundsätzlich nicht von der des Fleisches anderer Tiere. Der früher oft gebrauchte Begriff des „haut gout“ erscheint als überlebt, er ist geeignet, als Deckname für verdorbenes Wildfleisch zu dienen. Vor allem bei Großwild und Hasen kommt es zur *stickigen* Reifung (stickig saure Gärung, „Verhitzen“), wenn das Wild lebendwarm verpackt und transportiert wird. Es handelt sich hier um abnorm gesteigerte enzymatische Vorgänge, die das Wildfleisch minderwertig oder gar genußuntauglich machen.

Wildfleisch ist arm an Fett und leimgebender Bindegewebssubstanz, reich an Kreatin und Fleischbasen (Purinbasen).

Über Fleisch von *außereuropäischen Hasen* und anderen wildlebenden Nagetieren gleicher Herkunft sowie über *Känguruhs* vgl. die „VO über den Verkehr mit Fleisch von Känguruhs sowie von Hasen und anderen wildlebenden Nagetieren“ (Wildfleisch-VO) vom 18. 4. 1964.

6. Die Schlachtabgänge

Neben der Muskulatur, dem „Fleisch im engeren Sinne“, fällt bei der Schlachtung eine Reihe von Körperteilen an, die man als *Schlachtabgänge*, weniger glücklich oft als Schlachtabfälle bezeichnet. Sie machen etwa ⅓ des Tieres, bei fetten Tieren weniger aus. Die wichtigsten von ihnen sind folgende:

a) Innereien und sonstige Nebenprodukte

Hierher rechnen Zunge, Lunge, Herz, Leber, Niere, Milz, Gehirn, Schlund, Netz, Därme, Pansen und Magen, Blase, Schweineschwarte, Kuheuter u. a. m. Viele Innereien (Leber, Niere, Herz) sind ihres Vitamin- und Spurenelementgehaltes sowie der hohen Eiweißqualität wegen biologisch hochwertige Lebensmittel. *Leber* findet Verwendung als spezifischer Aromaträger in der Leberwurst und in Pasteten (Gänseleber), außerdem wird sie auch als Lebensmittel an sich genossen. *Herz, Nieren, Lungen, Schweine-* und *Rindermagen, Kalbsgekröse* und *Kuheuter* werden in billige Wurstsorten gegeben, *Milz* liefert die Milzwurst. *Zunge* findet gekocht, gepökelt und geräuchert zur Herstellung feiner Wurstsorten oder als Frischware und Konserve Verwendung. Besonders geschätzt als Krankenkost sind das *Kalbshirn* und die *Thymusdrüse* des Kalbes (Kalbsmilch, Bries). Viele dieser Organe werden auch zur Herstellung selbständiger Gerichte benutzt.

Über die Zusammensetzung einiger Innereien gibt die folgende Tabelle Auskunft.

Tabelle 91. Zusammensetzung von inneren Organen
(Nach S. W. Souci u. Mitarb.: 152)
g/100 g eßbarem Anteil

Organ	Wasser	Eiweiß	Fett	Kohlenhydrate	verwertbare Gesamtcalorien kcal
Herz, Rind	75,5	16,8	6,0	0,56	133
Schwein	76,8	16,9	4,8	0,4	122
Niere, Rind	76,1	16,6	5,14	—	122
Schwein	76,3	16,5	5,2	0,80	125
Leber, Rind	69,9	19,7	3,1	5,90	141
Schwein	71,8	20,1	5,71	1,14	147
Milz, Rind	76,7	18,5	2,9		109
Schwein	77,4	17,2	3,64	—	111
Zunge, Rind	66,8	16,0	15,9	0,4	223
Lunge, Schwein	79,1	13,5	6,67	—	122
Kalbshirn	79,4	9,8	8,6	0,8	128
Kalbsbries, (Milch, Thymus)	77,7	17,2	3,4	—	108

Därme mit ihrem hohen Gehalt an elastischem Bindegewebe sind ausgezeichnete Wursthüllen, zusammen mit dem Magen des Rindes („Kaldaune", „Kutteln") liefern sie besondere Gerichte (Königsberger Fleck, Kuttelflecke). Verarbeitung von Schweine- oder Rinderdarm in der Wurst ist stets unzulässig. Bei der Bedeutung der Därme für die Lebensmittelherstellung ist der peinlichen Beachtung hygienischer Vorschriften und der sachgemäßen Behandlung des Rohmaterials besondere Beachtung zu widmen (vgl. auch S. 342).

Schweineschwarte spielt eine gewisse Rolle bei der Herstellung von Sülz- und Blutwurst sowie von Schwartenmagen; sie wird auch unmittelbar genossen und stellt eine Quelle für Vitamin D dar.

Knorpel und *Knochen* enthalten, ebenso wie Sehnen, Fascien und Bänder neben *Kollagen*, der beim Kochen in Gelatine übergehenden Leimsubstanz (Glutin) auch *Elastine* als typisch fibrilläre Proteine. Knochen und Knorpel zeigen recht ähnliche Zusammensetzung mit Ausnahme des Mineralstoffgehaltes, der für Knorpel bei etwa 1% liegt, bei Knochen beträchtliche Schwankungen aufweist (20—70%, im Mittel 22%). Der Fettgehalt kann in Knochen bis auf 30% ansteigen; im allgemeinen schwankt er zwischen 10 und 25%. Knochen der Wirbelsäule und der Rippen („Fehlrippe", „Zwerchrippe") geben beim Kochen mit Wasser Leimsubstanz und Fett an die Flüssigkeit ab, weshalb sie zur Suppenbereitung dienen (Knochenbrühe). Aufschluß mit gespanntem Wasserdampf oder im Autoklaven setzt die Hauptmenge der Leimsubstanz zusammen mit Fett frei. Extrakte dieser Art liefern nach der Hydrolyse Ausgangsmaterial zur *Würzeherstellung* (S. 348). *Knochenöl* sowie *Knochenfett* werden auch nach dem *Chayen-Verfahren* gewonnen, wo aus dem fein zerkleinerten Material durch kräftig bewegtes Wasser in der Kälte das Fett freigesetzt wird. Weiterhin ist Knochenentfettung durch Extraktionsmittel entsprechend den bei Ölsaaten üblichen Verfahren möglich.

Zusatz von Knorpeln zu Würsten bester und mittlerer Qualität ist als Verfälschung anzusehen, desgleichen Zugabe von in der Kolloidmühle feinstgemahlener Knochensubstanz.

Gelatine läßt sich zu etwa 25 % aus dem gesamten Knochenanteil des Rindes gewinnen. Sie enthält 14,8—15,7 % Stickstoff und 1,0—2,7 % Asche bei einem Wassergehalt von 11—12 % (Gelatinepulver) bzw. 13—17,5 % (Tafelgelatine). Zur Gewinnung dürfen nur hygienisch einwandfreie Materialien (im allgemeinen Kälberknochen oder andere ausgelesene Knochen), nicht aber solche von krepierten Tieren, verwendet werden. Besonders geeignet sind Kalbs- und Rindshaut („Leimleder"), auch Schweineschwarten. Der Aschegehalt guter Speisegelatine liegt nicht über 2 %. Wichtig für die Verwendung in Lebensmitteln (z. B. Halbkonserven) ist möglichst geringer Keimgehalt. Er soll 10000 Keime je Gramm nicht überschreiten. Die Keime sollen frei von Vertretern der Coliforme-Gruppe, von Gelatineverflüssigern und anaeroben Sporen sein.

Zur Herstellung von Gelatine werden die Knochen mit verdünnter Salzsäure aufgeschlossen, mit Dampf oder Wasser ausgekocht und die fettfrei geklärten Brühen auf polierte Platten gegossen und in Tafel- oder Blätterform oder nach dem Mahlen als Gelatinepulver unterschiedlicher Qualitäten in den Handel gebracht. Um eine schwache Eigenfärbung zu überdecken oder zu entfernen, ist Bleichung mit schwefliger Säure oder alkalischem H_2O_2 üblich.

Speisegelatine muß klar durchsichtig, geruch- und geschmacklos sein, sie soll mit kaltem Wasser nur quellen, beim Erwärmen mit Wasser in eine klare, höchstens schwach opalescierende, neutral bis schwach sauer reagierende Lösung übergehen. Sie soll schon in 1 %iger Lösung gelatinieren und liefert je nach Gelatinegehalt weiche (3—4 %), mittelweiche (4—6 %), mittelfeste (6—8 %) oder feste (8—10 %) Gallerten. Sie darf Schwermetalle nur in Mengen bis zu 50 mg/kg enthalten und muß arsenfrei sein. Nach der „Schwefeldioxid-VO" darf lufttrockene Speisegelatine maximal 400 mg/kg SO_2 enthalten.

Manche Bakterien verflüssigen Gelatinegallerten unter Gasbildung (Bombage), z. B. bei Marinaden.

b) Blut

Die bei der Schlachtung abfließende Blutmenge, im Mittel etwa 5% des Lebendgewichtes (Ochsen, Kühe, Kälber), ist besonders hoch beim Pferd (9,98%) und niedrig (3,3%) beim Schwein. Als Lebensmittel wird Blut seit alters in Blut- oder Rotwürsten und Schwartenmagen (Preßsack) verwendet.

Blut besteht aus dem eiweißreichen *Plasma*, in dem als celluläre, geformte Elemente rote und weiße Blutkörperchen (*Erythrocyten* und *Leukocyten*), ferner Blutplättchen (*Thrombocyten* und *Lymphocyten*) suspendiert sind. Die roten Blutkörperchen bilden kreisrunde oder elliptische, elastische und kernlose oft geldrollenartig zusammengelagerte Scheiben sehr unterschiedlichen Durchmessers (Ziege 4 μ, Schwein 6μ, Wal 10 μ, Vögel, Amphibien, Reptilien und Fische bis zu 50 μ und mehr). Sie enthalten den Blutfarbstoff, das *Hämoglobin*. Die weißen Blutkörperchen sind kernhaltige, membran- und farblose Zellen. 4—14 μ im Durchmesser und gegenüber den Erythrocyten weit geringer an Zahl. Im *Plasma* finden sich neben den Blutsalzen (Kaliumphosphat, Natriumchlorid, daneben wenig Ca-, Mg- und Fe-Salze) eine Reihe von Proteinen, nämlich *Albumine*, verschiedene *Globuline* (S. 39) und *Fibrinogen*.

Die N-haltigen, niedermolekularen Substanzen („Reststickstoff") des Blutes bestehen vor allem aus Harnstoff, daneben aus wenig Aminosäuren, Harnsäure, Kreatin und Kreatinin.

Bei der *Blutgerinnung* geht das lösliche Fibrinogen in unlösliches *Fibrin* über und scheidet sich als Gerinnsel ab. Der Gerinnunsgvorgang wird durch das Enzym *Thrombin* bzw. dessen Vorstufe, das Prothrombin, katalysiert. Das feine Netzwerk des Fibrins schließt hierbei alle Formelemente des Blutes ein, es scheidet sich der durch Hämoglobin rotgefärbte *Blutkuchen* ab, die verbleibende (albumin- und globulinhaltige) Flüssigkeit wird *Blutserum* genannt. *Blutplasma* enthält 0,3—0,4% Fibrinogen und 6,5—8,5% Albumine + Globuline, etwa im Verhältnis 2,9 : 2,0 (Albumin-Globulinquotient).

Rinder- und Schweineblut zeigen folgende Zusammensetzung:

Tabelle 92. Zusammensetzung von Rinder- und Schweineblut
g bzw. kcal in 100 g

Blut	Wasser	Eiweiß	Fett	Kohlenhydrate	Mineralstoffe	Calorien
Rind	80,5	17,8	0,13	0,065	0,85	80
Schwein	79,2	18,5	0,11	0,06	0,97	89

Verglichen mit Rindfleisch (1 kg = 990 kcal) weist Blut einen beträchtlichen Nährwert auf.

Der *Gerinnungsvorgang* des Blutes ist an die Gegenwart von Ca-Ionen geknüpft, so daß Ca-Ionen bindende Agentien (Citrate, Phosphate, Oxalat, Fluorid) die Gerinnung zu verhindern vermögen. In der Praxis der Blutverarbeitung für Lebensmittelzwecke verhindert man die Gerinnung bisweilen durch Schlagen mit Metallruten, an denen sich das Fibrin abscheidet. Heute wird die Blutgerinnung meist durch gerinnungshemmende Salze verhindert. Derart stabilisiertes Blut liefert beim Zentrifugieren etwa 70% *Blutplasma* mit 7—8% Eiweiß, das auch auf *Trockenplasma* verarbeitet wird. Der verbleibende Rückstand der Plasmagewinnung (Blutkuchen) liefert *Trockendickblut*. Flüssiges Plasma darf nur aus dem Blut von Rindern (ausgenommen Kälbern) und Schweinen gewonnen werden. Über die deklarationspflichtige („mit Bluteiweiß") Zulassung von Trockenblutplasma und flüssigem Blutplasma zu Fleischerzeugnissen vgl. die o. a. Neufassung der Fleisch-VO. Als calciumbindende Stoffe waren früher Natriumcitrat (etwa 100 g auf 6 l Blut) oder Phosphatfibrisol (60% verschiedene Phosphate und 40% NaCl) in Mengen von 1% in Gebrauch („Fibrisolverfahren"). Nach der genannten Verordnung sind lediglich noch die Na- und K-Verbindungen der Citronensäure (höchstens 16 g/l Blut) erlaubt. Verwendung von Pferdeblutplasma ist nicht mehr gestattet.

c) Innersekretorische Drüsen

Zu erwähnen wäre noch die Sammlung und Verwendung *innersekretorischer Drüsen* für pharmazeutische Zwecke, z. B. von Zirbel- und Schilddrüsen, Ovarien, Nebenschilddrüsen, Nebennieren, Hoden oder Bauchspeicheldrüsen.

7. Einflüsse auf Fleischzusammensetzung und Fleischbeschaffenheit

Unter *physiologischen Einflüssen* wurden solche der Gattung und Rasse, des Alters und Geschlechtes, der Fütterung und Haltung bereits erwähnt. Für den Lebensmittelchemiker bedeutungsvoll sind solche der *Fütterung* und *Mast*. Nachteilig (z.B. bei der Schweinemast) ist übermäßige Verfütterung von Kartoffeln oder Mais, von wasserreichen Brennerei- oder Stärkeschlempen, von riechenden Futtermitteln (Bockshorn, Runkelrüben, Spülicht und Küchenabfällen oder Speiseresten, Fischmehl und Fischen), die Aufnahme von Medikamenten, von Petroleum oder desinfizierenden Anstrichen aus Ställen und Transportwagen. Der Einfluß von Krankheiten wird an anderer Stelle besprochen (S. 326). Hierher rechnen auch Bestrebungen, Tiere vor der Schlachtung *Antibiotica* zu verabfolgen, um die Haltbarkeit des Fleisches zu steigern oder Stoffe mit *oestrogener oder thyreostatischer Wirkung* einzupflanzen oder einzuspritzen, um die Beschaffenheit des Fleisches und den Fleisch- oder Fettansatz zu beeinflussen.

Als *oestrogene* Stoffe werden in den USA zur Erhöhung der Wachstumsrate vor allem Diäthylstilboestrol (auch als „Stilboestrol" bezeichnet), daneben in geringerem Ausmaß Dienoestroldiacetat verwendet. Thiouracil als *Thyreostaticum* spielt praktisch keine Rolle. Erörtert wird außerdem die Beifütterung von jodiertem Casein zur Stimulierung der Milchproduktion beim Milchvieh und der Wachstumsrate bei Schweinen und jungem Geflügel. Antibiotica sowie oestrogen und thyreostatisch wirksame Stoffe betreffende *Verbote* bringt § 4b des Lebensmittelgesetzes vom 21. 12. 1958.

Über *Einflüsse der Zubereitung* wird im allgemeinen Teil des Buches eingehend berichtet. Nachzutragen wäre hier vor allem die Herstellung von *Hackfleisch*. Sie bringt besondere Gefahren mit sich, da etwa im Fleisch vorhandene einzelne Mikroorganismen, z. B. Salmonellen, nach Verarbeitung zu Hackfleisch sich sehr schnell vermehren, zu erhöhter Toxinbildung führen und schwere Hackfleischvergiftungen mit bisweilen beobachteten Todesfallen verursachen. Beteiligt sind vor allem Bakterien der Enteritis-, Paratyphus-, Proteusgruppe u. a. Zur Regelung der gewerbsmäßigen Herstellung von Hackfleisch, Schabefleisch und ähnlichen Zubereitungen wurde deshalb in Deutschland die „Hackfleisch-VO" (s. oben) erlassen. Eine bemerkenswerte Neuerung bringt § 5 der VO. Er gestattet das Inverkehrbringen von der VO unterliegenden Erzeugnissen in gefrorenem Zustand (—18° C), da durch das Tiefgefrieren von Hackfleisch die Gefahr der Bandwurmübertragung ausgeschaltet wird (s. S. 326).

Verboten ist vor allem die Verwendung von „Präservesalz" (Natriumsulfit, „Hacksalz"), dessen Zusatz lediglich die rote Farbe des Hackfleisches erhält, ohne die Haltbarkeit zu verlängern und das damit geeignet ist, eine bessere Beschaffenheit der Ware vorzutäuschen.

a) Fehlerhafte Beschaffenheit des Fleisches

α) *Physiologische Minderungen*

Hierher rechnet *unreifes* Fleisch, z. B. solches „nüchterner Kälber", d. h. von Tieren, die unmittelbar nach der Geburt geschlachtet wurden oder Fleisch ungenügend entwickelter 8—14 Tage alter Tiere. Fleisch unreifer Tiere ist nach dem Fleischbeschaugesetz *minderwertig*. Fötenfleisch (von ungeborenen Tieren) ist gleich dem Fleisch totgeborener Tiere für den menschlichen Genuß *untauglich*. Fleisch durch Krankheit *abgemagerter Tiere* ist gleichfalls *genußuntauglich* und nur in bestimmten Fällen *minderwertig*. Streng zu unterscheiden hiervon ist der Begriff des *mageren* Tieres. Fleisch magerer Tiere ist unbeschränkt genußtauglich und bei der Wurstherstellung, insbesondere für Brüh- und Abreibewürste in Form des Fleisches junger Tiere („Fresser" und junge Bullen) unentbehrlich.

Fleisch *brünstiger* und *trächtiger* Tiere kann nicht als minderwertig beurteilt werden, dagegen ist selbstredend Fleisch krepierter Tiere vom Verkehr auszuschließen, auch daraus gewonnene Produkte (z. B. Fleischpepton) sind für den menschlichen Genuß abzulehnen. Vgl. die „Freibankfleisch-VO — FFIV — vom 30. 7. 1970.

β) *Pathologische Minderungen*

Abweichungen dieser Art, insbesondere die dadurch ausgelösten Organkrankheiten und die verschiedenen Infektionen bleiben der Fleischbeschau sowie der pathologischen Anatomie und damit dem Veterinärsachverständigen weitgehend zur Beurteilung überlassen, so daß im folgenden nur die wichtigsten, auch den Lebensmittelchemiker interessierenden Gesichtspunkte gebracht werden.

Fleisch vergifteter Tiere wird insbesondere dann vorliegen, wenn giftige Futterpflanzen, kontaminiertes Wasser (Pb, Cd) oder verdorbenes Futter (verschimmeltes, verfaultes, anomal gesäuertes Futter, gekeimte Kartoffeln) aufgenommen wurde. Selten sind Intoxikationen durch Insekten- oder Schlangengifte, durch anorganische Gifte aus Giftbrocken (Arsen, Phosphor, Blei, Thallium) oder aus Düngemitteln

(Salpeter, Kalisalze), durch Ablecken von giftigen Farbanstrichen (Bleifarben) und schließlich durch Aufnahme von Arzneimitteln. Ein neuer hier einzuordnender Gesichtspunkt ergab sich durch Anwendung von z. T. hochgiftigen Schädlingsbekämpfungsmitteln (Insecticide, Pesticide, Rodenticide u. a.) in der Landwirtschaft und Vorratshaltung und der damit verbundenen Gefahr, daß solche Substanzen über das Fleisch der Nutztiere oder auch der Milch in den menschlichen Organismus übergehen können (S. 308). Dieselben Überlegungen gelten für verschiedene Antibiotica sowie für oestrogen und thyreostatisch wirksame Stoffe (S. 303).

Autintoxikationen als Vergiftungen durch Sekrete oder Stoffwechselprodukte des eigenen Körpers (Urämie, Cholämie, Blutkrankheiten usw.) sind Angelegenheit des Veterinärsachverständigen.

γ) *Minderung durch tierische Parasiten*

Von tierischen Schmarotzern der Schlachttiere (Zooparasiten) interessieren einmal solche, die in den als Lebensmittel dienenden Organen und der Muskulatur sitzen und entweder beim Genuß unmittelbar auf den Menschen übergehen oder aber erst nach entsprechendem Wirtswechsel gesundheitsschädlich werden. Die wichtigsten sind folgende:

Die *Rinderfinne* als Vorstufe eines sich im menschlichen Darm entwickelnden Bandwurmes tritt als stecknadel- bis erbsengroßes Bläschen auf. Finniges Fleisch ist genußuntauglich, kann aber unter bestimmten Bedingungen zum Genuß zugelassen werden, da die Rinderfinne durch Kochen, Pökeln und Gefrieren abgetötet wird. Im letztgenannten Fall ist das schwachfinnige Fleisch nach erfolgter Abkühlung derart einzufrieren, daß es im Kern mindestens 10 Std lang eine Temperatur von —5° C aufweist. Zusammen mit der Schweinefinne verursacht sie das Krankheitsbild der *Cysticercose*.

Die *Schweinefinne* ist der Rinderfinne ähnlich, doch gefährlicher, da sie auch als solche (ohne Übergang in den Bandwurm) im menschlichen Körper schädigend auftreten kann; sie kommt auch beim Wildschwein nicht selten vor. Intensive Fleischbeschau hat die Schweinefinne in Deutschland praktisch beseitigt. Sie ist recht widerstandsfähig und stirbt erst nach mehr als 6 Wochen im Träger ab. Pökeln, Kochen, Dämpfen, Gefrieren (4 Tage bei —8 bis —10° C, insbesondere Tiefgefrierung bei —18° C) tötet sie, *nicht* aber Kühllagerung.

Trichinen (Trichinella spiralis) wurden in den 30er Jahren des vorigen Jahrhunderts aus China eingeschleppt und kommen vor allem über Schweinefleisch (auch Wildschweinfleisch!) in den Menschen. In den letzten Jahren sind Trichinosen, besser Trichinellosen, (über Schwarzschlachtungen) auch in Deutschland beobachtet worden. Trichinöses Fleisch kann vom Tierarzt als bedingt tauglich oder als untauglich erklärt werden. Durch die deutsche Trichinenschau sind Epidemien heute so gut wie ausgestorben. Nach Angaben des Statistischen Bundesamtes lagen 1956 in der BRD bei rund 17,2 Mio geschlachteten Schweinen die Trichinenbefunde bei 0,00018 %. Bedingt tauglich erklärtes Fleisch muß gekocht oder gedämpft werden; Erhitzen auf mindestens 60° C, Salzen, Pökeln und Gefrieren tötet die Trichinen. In den USA sind seit 1954 Versuche im Gange, durch Bestrahlung mit γ-Strahlen (radioaktives ^{60}Co) die Trichinen abzutöten. Nach § 4c der Novelle zum Lebensmittelgesetz bedarf Behandlung von Lebensmitteln mit ionisierenden Strahlen der ausdrücklichen Genehmigung.

Trichinose kann auch durch den Genuß trichinösen Hunde-, Bären-, Katzen-, Fuchs- und Nutriafleisches ausgelöst werden. Die Erkrankung kann tödlich ausgehen.

An weiteren tierischen Parasiten sind die *Echinokokken* (Hülsenwürmer) und der *Zungenwurm* zu erwähnen.

δ) *Minderung durch bakterielle Intoxikationen und Infektionen*

Wir können hier grundsätzlich zwei Möglichkeiten unterscheiden:

1. Vergiftung durch bakterielle Toxine nach dem Genuß von Fleisch und Fleischerzeugnissen;
2. echte Intoxikationen durch Übertragung von lebenden Krankheitserregern.

zu 1.: *Salmonellen*, gramnegative Stäbchen der *Enterobacteriaceae*, bekannt in bisher mehr als 1000 differenzierten Typen mit unterschiedlich wirksamer Toxinbildung, werden besonders gefährlich, wenn sie bei unsachgemäßer Aufbewahrung der Lebensmittel Gelegenheit zur Anreicherung finden. *Botulismus* wird durch sporenbildende Anaerobier (*Clostridium botulinum*) extrem hoher Toxinaktivität (letale Dosis 10 μg

Toxin) hervorgerufen. Clostridien finden sich nicht nur in Koch- und Brühwurstsorten (botulus = Wurst) und Schinken, sondern infolge der hauptsächlich im Boden vorkommenden Mikroflora auch bei Fisch-, Obst- und Gemüsekonserven. *Staphylokokken-* und *Streptokokken-Infektionen* gewinnen immer mehr an Bedeutung. Weitere Fleischvergiftungen gehen auf *Saprophyten* (*Coli-* und *Proteusbakterien* u. a.) zurück.

zu 2.: *Milzbrand*, verursacht durch den sporenbildenden Aerobier *Bac. anthracis*, der in allen schlachtbaren Tieren vorkommt, führt zum Schlachtverbot. Infektion kann auch durch die Atemluft erfolgen („*Hadernkrankheit*" der Lumpensammler).

Tuberkulose war bis vor wenigen Jahren die meist verbreitete Krankheit unter Rindern. Seit ihrer Tilgung im Jahre 1963 in der BRD einschl. Berlin (West) hat sie fleischhygienisch an Bedeutung verloren. Die Infektion wird durch säurefeste Keime (*Mycobacterium tuberculosis*) hervorgerufen, wobei man den humanen, den bovinen und den aviären (Geflügel-)Typ unterscheidet. Alle drei Typen besitzen keine ausschließliche Wirtspezifität, sind also für den Menschen virulent. Auch Rotwild und Wildschwein liefern übertragbare Tuberkuloseerreger. Nachweis der Infektion bei befallenen Tieren wird durch allergische Reaktion geführt (*Tuberkulinisierung*). An den erkrankten Organen und Lymphknoten finden sich typische Knötchen und Knoten („Perlsucht"). Unter Umgehung der Fleischbeschau (Schwarzschlachtungen) in den Handel gebrachtes Fleisch stellt eine besondere Gefahrenquelle dar. Neben der alimentären Ansteckung spielt auch die aerogene Infektion (Stallstaub) eine wichtige Rolle. Fleisch von tuberkulösen Schlachttieren wird, auch wenn es sich um völlig abgeheilte Primärprozesse handelt, als bedingt tauglich erklärt und darf nur nach Anwendung eines Brauchbarmachungsverfahrens in ausreichend erhitzem Zustand über die Freibank in den Verkehr gelangen.

Zu erwähnen sind hier noch die *Bruzellose*, hervorgerufen durch *Brucella-Arten* (seuchenhafter Abort, „Maltafieber"), die *Listeriose*, die Infektion durch *Rotlaufbakterien* sowie die *Maul-* und *Klauenseuche*. Letztere besitzt nicht nur eine eminente wirtschaftliche Bedeutung; auch bei ihr ist eine Übertragung auf den Menschen möglich. Für die Beurteilung derart infizierten Fleisches ist der Veterinär zuständig.

b) Postmortale Veränderungen

Veränderungen dieser Art treten von der Schlachtung des Tieres bis zum Genuß des Fleisches ein. Sie werden oft als wünschenswert angestrebt, oft aber treten sie schädigend und wertmindernd auf oder führen gar zum völligen Verderb des Lebensmittels.

a) Reifung

stellt die erste normale postmortale Veränderung dar. Frisch geschlachtetes Fleisch ist kurz nach dem Schlachten von eigenartig gummiähnlicher Konsistenz, zähe, schwer kaubar, von fadem, wenig ansprechendem Geruch und gibt keinen Fleischsaft ab. Erst nach dem in der Muskulatur ablaufenden Reifungsprozeß (Dauer etwa 3 Wochen bei 2° C, 1 Woche bei 6° C und wenige Stunden bei 52° C) wird es mürbe, saftig, schmackhaft und bekömmlich, es ist dann „hakenfertig", „altschlachten" oder „tafelreif". Die angelsächsische Literatur verwendet das Wort „*aging*". Die postmortalen Vorgänge werden zunächst durch die *Totenstarre* (Muskelstarre, Rigor mortis) eingeleitet. Hierfür wurde lange Zeit allein eine Anhäufung von Milchsäure im Muskel und damit verbunden eine pH-Senkung verantwortlich gemacht. Wesentlich ist nach heutiger Auffassung für die hier ablaufenden Prozesse das Verhalten organischer Phosphorsäureester (vgl. Tabelle 90, S. 319).

Nach Unterbindung der Blutzirkulation durch den Schlachtprozeß tritt zunächst im Muskel Anhäufung von CO_2, leichte Säuerung und anaerober Abbau des Glykogens zu Milchsäure ein. Mit zunehmender Säuerung sinkt außerdem der Gehalt an Kreatinphosphat, bis dieser auf unter 30% der ursprünglichen Menge erniedrigt ist.

Die auf S. 319 dargestellte Spaltung der Phosphorsäureester, insbes. des ATP, ist die Ursache für die nach dem Tode auftretende Kontraktion der Muskelfibrillen. Der ATP-Abbau führt zur Bildung von Querverbindungen zwischen Actin- und Myosinfilamenten.

Damit verbunden ist eine Zunahme der mechanischen Festigkeit und eine Abnahme der Elastizität des Muskels. Der Muskel geht in Totenstarre über; steigende Milchsäurebildung führt zur Aufhebung der Impermeabilität der Membranen und zur Abnahme der Wasserbindungsfähigkeit des Muskels, bis der isoelektrische Punkt und das Minimum der Proteinhydration erreicht ist. Am Ende der Totenstarre haben wir es also mit Muskelfasern zu tun, deren Zellwände durchlässiger geworden sind und einen Teil des Wassers nicht mehr so fest kolloid gebunden halten wie zuvor. Daher rührt die bekannte Tatsache, daß frisch geschlachtetes Fleisch vor der Totenstarre sich vollkommen trocken anfühlt, danach jedoch eine feuchte Oberfläche zeigt. In diesem Zeitpunkt ist die Mehrzahl der Fleischenzyme inaktiviert oder ihrer Substrate beraubt. Wirksam bleiben in erster Linie die Kathepsine; sie sind für die nachfolgenden autolytischen Veränderungen der Muskelproteine verantwortlich. Auftretende Konsistenz- und Zähigkeitsveränderungen bewirken das Zartwerden des Fleisches.

Der pH-Wert bleibt längere Zeit in niedrigen Bereichen, die Wasserbindungsfähigkeit nimmt zu, ohne dem gereiften Produkt die trockenleimige Beschaffenheit eines frisch geschlachteten, noch warmen Fleisches zu verleihen. Aromaaktives, enzymatisch gebildetes Inosinphosphat steigert den Wohlgeschmack.

Für derartige autolytische Eiweißabbauprozesse spricht die Beobachtung, daß mit zunehmender Fleischlagerung ein Anstieg der nichtcoagulierbaren Stickstoffsubstanzen eintritt:

Tabelle 93. Zunahme des nichtcoagulierbaren Stickstoffes während der Lagerung von Fleisch bei 0 bis —2,2° C (nach R. B. Haines, 1937 bzw. J. F. McCarthy u. Mitarb., 1942)

Tage	14	30	45	57	66	77	180
Zunahme in %	1	14	17	18	22	39	43

Die ersten Stadien enzymatisch katalysierter Proteolyse betreffen vor allem das Bindegewebe. Dabei entstehen neben geringen Mengen an Aminosäuren höhermolekulare Peptide, die den in Tab. 93 aufgeführten „nichtcoagulierbaren Stickstoff" liefern. Derartige Vorgänge hängen zweifellos eng mit der noch weitgehend ungeklärten Frage des Zartwerdens von Fleisch zusammen.

Ausgehend von den USA wurden Versuche unternommen, die normalerweise bei 0—2° C bis zu 3 Wochen erfordernde Fleischreifung künstlich mit Hilfe von „Reifungssalzen" zu beschleunigen ("meat tenderizer"), die Enzyme aus der Gruppe der Papaine (Papain, Bromelin, Ficin) enthalten und durch enzymatische Proteolyse das Fleisch zarter machen sollen (S. 192). Auch andere Enzyme, z. B. Trypsin, Pankreatin oder Pilzproteinasen wurden zu diesem Zweck vorgeschlagen.

Das Temperaturoptimum liegt bei 60—80° C. Um die Wirkung der Enzyme zu beschleunigen, werden die Lösungen kurz vor dem Schlachten des Tieres intravenös verabfolgt oder nachträglich in die Muskulatur gegeben („Protan-Verfahren" bzw. „spraytenderizing"). Vgl. hierzu D. Großklaus (50).

Papain als Reifungsfaktor wird seit alter Zeit von Eingeborenen tropischer oder subtropischer Gebiete benutzt, wenn sie frisches Fleisch mit der unreifen Frucht des enzymhaltigen Papayabaumes kochen oder in die Blätter dieses Baumes einwickeln.

Gefrierfleisch ist in der Regel nicht gereiftes Fleisch, es erleidet erst nach dem Auftauen Säuerung und Reifung.

β) *Stickige Reifung*

(stinkende saure Gärung), beim Wild wohl auch als „Verhitzen" bezeichnet, ist eine enzymatisch bedingte, anomal schnell verlaufende Säuerung. Das Fleisch nimmt fauligsauren Geruch an, zeigt grüne Färbung der Unterhaut, kupferrote der Muskulatur, die an der Luft in graugrüne Farbe umschlägt. Stickige Reifung tritt auf, wenn dem Fleisch die Möglichkeit zur Auskühlung fehlt, z. B. durch dicke Fettschichten, verspätetes Ausschlachten, Belassen im Fell, zu warme Lagerung oder beim Aufhängen von Großtieren ohne Spaltung der Wirbelsäule. Stickigkeit kann das Fleisch des Gesamttieres oder einzelner Teile untauglich machen.

γ) *Fäulnis*

kann zunächst als (aerobe) *Außenfäulnis* (Oberflächenfäulnis) auftreten. Das Fleisch ist an der Außenseite schmierig, klebrig, weich, mißfarbig bis grün und zeigt bei alkalischer Reaktion typisch widerlichen, als „süßlich“, „käsig“, „faulig“ oder auch „sauer“ empfundenen Fäulnisgeruch. In leichten Fällen hilft Abtragung der veränderten Teile.

Innenfäulnis (Leichenfäulnis, Tiefenfäulnis), hervorgerufen durch anaerobe Bakterien, geht außer an den Proteinen auch an den Fetten und Kohlenhydraten vor sich, wobei neben Gasen (H_2, CH_4, SO_2, N_2, NH_3, H_2S) Fett-, Hydroxy- und Aminosäuren, Amine, Indol, Skatol, Ptomaine und Toxine entstehen. Bei Luftzutritt erfolgt Zerfall unter *Verwesung*. Bei normal geschlachteten gesunden Tieren erfolgt Fäulnis von der Oberfläche her, bei septisch erkrankten Tieren, vor allem bei längerer Agonie, schnell auch im Innern.

Charakteristisch sind das rasche Fortschreiten, die Bildung von Gasblasen und schmutzig grüne Farbabweichungen. Die Konsistenz wird feucht, breiig, der Inhalt von Dosen verflüssigt, der Geruch typisch widerlich kadaverös. Faulendes Fleisch ist gesundheitsschädlich und bei bakteriologisch gesicherter Diagnose zu beseitigen.

Zur Kennzeichnung des Frischezustandes ist die *Bestimmung des* pH-*Wertes* gut geeignet. Der aktuelle Säuerungsgrad liegt 24 Std nach der Schlachtung bei pH 5,8—6,0, für verdächtiges Fleisch bei pH 6,2—6,4 und für verdorbenes Fleisch bei pH 6,8 und höher.

δ) *Weitere postmortale, abträgliche Veränderungen*

sind *saure Gärung* (vor allem bei kohlenhydrathaltigem Material, wie Leber oder mehlhaltigen Würsten), *Beschlagen* und *Bereifen* (bei Fleisch mit trockener Oberfläche, wie Dauerwurst oder Schinken, erzeugt durch Hefen und Kokken) sowie *Verschimmeln*. Schimmel bildet sich als grünlicher, bläulicher oder schwarzer Belag („Schwärze“ oder „Schwarzfleckigkeit“ bei Gefrierfleisch), der oft in das Lebensmittel eindringt (Würste) und schimmeligen, dumpfen oder multrigen Geruch und Geschmack nach sich zieht. In leichten Fällen erfolgt Beseitigung durch Abreiben Abtragen oder Abwaschen mit Essigwasser. Seltenere Fälle sind *leuchtendes* Fleisch, hervorgerufen durch kälte- und feuchtigkeitsliebende Leucht- oder Photobakterien sowie durch Muschelkrebse (Cypridinen) die oft mit Seefischen in Kühlräume verschleppt werden.

Im Verlauf der „*Luciferin-Luciferase-Reaktion*“ (s. S. 208) tritt Lichtemission durch Biolumineseenz auf als Folge einer durch *Luciferase* katalysierten Oxydation des Substrates *Luciferin*. Das Fleisch ist nicht gesundheitsschädlich, doch höchst unappetitlich, nach Abwaschen mit Essig genießbar.

Andere Veränderungen sind die Entwicklung rot pigmentierter Flecken durch Serratia marcescens, blaue Farbveränderungen durch Pseudomonas-Arten, Bildung purpurfarbener, orangegelblicher oder blaugrünlicher Pigmente durch Kokken und Stäbchen, intensive Grünverfärbung bei Pökelfleisch durch *Lactobacillus viridescens*. Die Bildung scharf umschriebener Flecken von weißer, schwarzer oder grüner Farbe geht auf bestimmte Pilzarten, teilweise auch auf Hefen zurück. *Bacillus prodigiosus* bzw. *cyanogenes* verursachen z. B. bei Speck Orange- oder Rosaverfärbung. *Grünfärbung* von Hackfleisch kann durch Algenbefall bewirkt werden. *Aromabakterien* führen zu fruchtartigen, käsigen oder buttersäureartigen Geruchsabwandlungen. Ansiedlung von *Fliegen*, vor allem auf warmem Fleisch unter Ei- und Larvenbefall (*Vermadung*), *Milbenbefall* seien zum Schluß noch erwähnt.

Zusammenfassend läßt sich sagen, daß die Infizierung des Fleisches mit Mikroben weitgehend durch mangelnde hygienische Verhältnisse bedingt wird (unsachgemäßes Schlachten, Arbeiter als Infektionsträger, Verunreinigung durch Ackererde, Straßenstaub oder Darminhalt). *Erwünschte Infektionen* im Gange der Fleischwarenherstellung, z. B. die bei der „Umrötung" von Rohwurst oder im Pökelprozeß mitwirkende, offenbar an der Geschmacks- und Aromaausbildung beteiligte Mikroflora, werden später besprochen.

Über Verordnungen betr. die hygienische Behandlung von Lebensmitteln tierischer Herkunft vgl. die Spezialliteratur. Der Erlaß eines Geflügelfleischhygienegesetzes für die BRD stammt vom 12. 7. 1973.

8. Fleischdauerwaren

Hoher Wassergehalt und anatomischer Aufbau des Fleisches bedingen erhöhte Anfälligkeit gegen Veränderungen, die entweder durch zelleigene Enzyme ausgelöst werden oder aber auf der Tätigkeit von Mikroorganismen beruhen und insbesondere hier zum völligen Verderb des Fleisches führen können. Man hat infolgedessen seit den ältesten Zeiten versucht, die Verderbnisbereitschaft des

Abb. 54. Örico-Luft-Kochanlagen, gasbeheizt (Örico-GmbH, Goslar am Harz)

Fleisches durch eine Reihe von Verfahren herabzusetzen oder zu verhindern. Um dieses Ziel zu erreichen, wurden *physikalische* Verfahren (Abkühlen, Erhitzen, Wasserentzug) sowie *chemische* Methoden (Salzen, Pökeln, Räuchern, Zusatz von Konservierungsmitteln im weitesten Sinne) entwickelt, deren Grundlagen an anderer Stelle zusammenfassend geschildert wurden. Hier sollen nur einige, für das Lebensmittel Fleisch spezielle Gesichtspunkte gebracht werden. Nachzutragen wären für das *Kochen* des Fleisches Versuche aus neuerer Zeit, das *Kochen in Luft* einzuführen. Hier wird durch eine Turbine feuchte Heißluft in einen Kochschrank über das in Fächern lagernde Kochgut geführt. Vorteile des Verfahrens sind Verkürzung der Kochzeit, geringere Gewichtsverluste, Erhaltung des Fleischaromas und -saftes (Abb. 54).

Wesentlich für die Fleischerhaltung ist Fleischart und Fleischbeschaffenheit: Blut, Leber und andere Drüsen sowie Hirn sind schwer, fettreiches Gewebe relativ leicht zu konservieren; Fleisch unterernährter, kranker, abgearbeiteter oder übermüdeter Tiere kann die Konservierung gefährden oder liefert qualitativ minderwertiges Gut.

a) Kühlfleisch und Gefrierfleisch

Gegenüber dem älteren stufenweisen Abkühlen hat sich das modernere *Schnellkühlverfahren* als vorteilhaft erwiesen. Nach einem der entwickelten Verfahren werden die Tierkörper 3 Std bei —10° C und einer Luftbewegung von 3,5 m/sec abgekühlt, anschließend 19 Std bei 2° C und einer Luftbewegung von 1,2 m/sec gehalten. Nach weiteren 24 Std wird das Gut 18 Tage in einem Raum von 4° C und einer Luftfeuchtigkeit von 85—90 % ohne Luftbewegung abgehängt. Die Kaltlagerung soll in kaum bewegter Luft erfolgen. Bei 4° C ist eine relative Luftfeuchtigkeit von 75 % zweckmäßig, bei 0° C eine solche von 88—90 %. Trockenverluste sind geringer, Haltbarkeit und Aussehen besser als bei langsamer Abkühlung. Im allgemeinen wird die Kühlhaltung nicht über 1 ½ Monate ausgedehnt, da sonst erhebliche Qualitätsminderungen eintreten. Kühlfleisch erfordert sorgfältigen Transport, wobei sich Trockeneis (festes Kohlendioxid) gut bewährt.

Das *Einfrieren* von Fleisch liefert Produkte, die langdauernder Lagerung und meist weiten Transportwegen ausgesetzt sind. Infolgedessen muß das Material besonders strengen Forderungen hinsichtlich der Qualität, der technischen und hygienischen Gesichtspunkte bei der Verarbeitung, Lagerung und beim Auftauen genügen. Die Tiere müssen gesund und nicht krankheitsverdächtig sein, sie sollen möglichst guten Fleischrassen entstammen und ausgeruht zur Schlachtung gelangen. Vollfleischige, fette Tiere sind am besten geeignet. Fleisch magerer Tiere wird oft entbeint und in Blöcken gefroren. Kälber, Haar- und Federwild werden zweckmäßig im Fell, Haar- und Federkleid eingefroren. Nach dem Vorkühlen (24—48 Std) wird vorzugsweise bei niedrigen Temperaturen (bis −45° C) in rasch bewegter Luft (2,5 m/sec und höher) eingefroren. Auf diese Weise läßt sich die Gefrierzeit bei Rindervierteln auf rund 20 Std, bei Schweinehälften auf 16 Std verkürzen. Entbeintes Rindfleisch, in Blöcken zu je 25 kg eingefroren, wurde zur Blockadezeit nach Berlin (West) eingeflogen („Kistenfleisch"). Während des 2. Weltkrieges wurden für die deutsche Truppenverpflegung verschiedene Würste bei —15° C eingefroren; bei dieser Temperatur waren sie 1 Jahr lagerfähig. Für die *Lagerung* werden zunehmend Sonderkühlhäuser herangezogen, deren Belegbarkeit zwischen 850 und 1500 kg/m² Bodenfläche liegt. Die *Lagertemperatur* soll —18° C nicht überschreiten, die relative Luftfeuchtigkeit 90% und mehr betragen.

Über *praktische Lagerzeiten* vgl. Tabelle 79 (S. 260).

Haar- und Federwild soll zur Vermeidung von Austrocknungsverlusten nicht länger als 6 Monate gelagert werden. Verluste bei der Lagerung sind der folgenden Tab. 94 zu entnehmen.

Tabelle 94. Gewichtsverluste bei der Lagerung von Rinder- und Schweinegefrierfleisch (Nach E. Kallert u. K. Fleischmann: Fleischwirtschaft *23*, 145 (1943))

Fleischart	Lagerdauer Monate	Verluste beim Einfrieren %	Verluste bei der Lagerung %	Gesamtverluste %
Rinderviertel, gute Qualität	3—6	1,7	2,3	4,0
	7—9		2,8	4,5
	10—12		3,2	4,9
	13—15		3,5	5,2
geringere Qualität	13—15	2,0	4,4	6,4
Schweine Schlachtgewicht 100—130 kg	3—6	1,5	1,0	2,5
	7—9		1,7	3,2
	10—12		2,6	4,1
	13—15		2,9	4,4
Schlachtgewicht 70—100 kg	13—15	1,5	3,4	4,9

Gefrierfleisch (engl. "frozen meat", span. "carne congelata", franz. "viande congelée") ist insbes. Fleisch von Rindern, Schafen und Schweinen. *Kühlfleisch* (engl. "chilled meat") stammt von Rindern und gelangt aus Übersee in Kühlschiffen bei 0° bis —2° C unter 10—12% Kohlendioxid nach Europa. Über *tiefgefrorene Lebensmittel* wird an anderer Stelle berichtet (S. 258). Ständige Überwachung der gefrorenen Ware, vorsichtiges Auftauen (4—5 Tage bei +5° bis +8° C) und Abgabe an den Kleinhandel im sachgemäß aufgetauten und abgehangenen Zustand sind weitere wichtige Forderungen. Empfohlen wird auch rasches Auftauen durch Hochfrequenzwärme.

Lagerschäden sind neben Austrocknung und Gewichtsverlusten, *Verfärbungserscheinungen* bei geringwertigen oder unsachgemäß geschlachteten Tieren, Gefrierschäden wie *Frostbrand* („Gefrierbrand", "freezer burn"), erkenntlich an auffallend hellen, grauweißen bis graugelblichen Flecken auf Fleisch und Geflügel sowie Befall durch *psychrophile Mikroben* (*Schwarzfleckigkeit* durch Cladosporium herbarum, andere Verschimmelung durch Mucor-, Penicillium-, Monilia-, Aspergillus-Arten u. a.). Biochemische Umsetzungen des Proteinanteils verlaufen im allgemeinen sehr langsam, dagegen spielen *Fettveränderungen* oft eine entscheidende Rolle. In abnehmender Reihenfolge sind anfällig die Lipide von Gans, Ente, Huhn, Schwein, Rind und Schaf. Häufig ist die Art der Fütterung ausschlaggebend für das Verhalten der Lipide.

Aromaminderungen werden bei längerer Lagerung von Rindfleisch, Geflügel und vor allem von Schweinefleisch beobachtet. So liefert z. B. Rindfleisch oft eine fade und ausdruckslos schmeckende Brühe. Wenngleich über solche Aromaveränderungen noch wenig bekannt ist, so zeigen doch die an anderer Stelle (S. 318) zusammengestellten „flavors" verschiedener Fleischarten, daß die in Frischfleisch gefundenen flüchtigen, z. T. höchst reaktionsfähigen Substanzen während des Gefrier- und Lagerungsprozesses sich nachteilig für Geruch und Geschmack verändern können. Verständlich, daß hieran der Fettanteil maßgeblich beteiligt ist. Schließlich ist zu erwähnen, daß Gefrierfleisch leicht fremde Gerüche (Citrusfruchtaromen, Ammoniak aus undichten Kühlrohren) aufnehmen kann. Die bekannte Erscheinung, daß Gefrierfleisch beim Auftauen einen Saftabfluß erfährt („Tropfsaft", „drip"), beruht auf der sehr raschen Entwicklung einer Taukontraktur („Taurigor"), die wesentlich schneller als der übliche Rigor mortis (S. 327) auftritt und zu intensiver Dephosphorylierung des ATP führt.

Zur *Unterscheidung* von Frisch- und Gefrierfleisch wird die an anderer Stelle (S. 318) erwähnte Transaminasen-Bestimmung herangezogen.

b) Dosen-(Büchsen)-Fleisch

Über die technischen Prinzipien und die allgemeinen Gesichtspunkte der Hitzekonservierung vgl. S. 266.

Der Fleischkonservenkonsum einiger Länder geht aus folgender Tab. 95 hervor.

Tabelle 95 Fleischkonservenkonsum
pro-Kopf-Verbrauch in lb
(Aus: Fleischwirtschaft *51*, 647 (1971))

	1962	1964	1966	1967	1968
USA	11,9	12,3	12,4	12,8	13,7
Großbritannien	11,3	11,1	11,3	12,6	13,0
Dänemark	7,3	11,4	8,9	8,5	9,8
BRD	5,9	7,6	8,4	8,7	8,8

Der pro-Kopf-Verbrauch an Fleischkonserven stieg in den letzten Jahren leicht an. Der größte pro-Kopf-Verbrauch ist in den USA, Großbritannien, Dänemark und in der BRD zu verzeichnen.

Die Importe der USA an Fleischkonserven betrugen 1968 insgesamt 172000 t. Hauptlieferländer waren Dänemark, Niederlande, Argentinien und Polen. Großbritannien führte 179000 t ein, die BRD 55000 t (1968). Bedeutendster Exporteur für Fleischkonserven war 1968 Dänemark mit 155000 t, gefolgt von den Niederlanden mit 103000 t und Australien mit 18000 t.

Die wichtigsten *Dosenfleischwaren* sind Fleisch im eigenen Saft (Rind-, Schweinefleisch), Corned beef und Corned pork (gepökeltes Rind- und Schweinefleisch), boiled beef (gekochtes Rindfleisch mit $^1/_3$ Brühe), Gulasch (angebratenes Fleisch von Rind, Schwein, Kalb in gewürzter Tunke) und Frikassee von Geflügel (Huhn u. a.) sowie Wild. Hinzu kommen als tafelfertige Fleischgerichte in luftdicht verschlossenen Behältnissen Frühstücksfleisch sowie die *Mischkonserven* (Fleisch mit den verschiedensten Gemüse- und Getreidearten, z. B. Kohl, Bohnen, Erbsen, Reis, Graupen, Kartoffeln, Mohrrüben usw.) und *Wurstkonserven* ohne Darm (Leber-, Blut-, Zungen-, Jagd-, Bier-, Sülzwurst).

Derartige Erzeugnisse gewinnen als „Camping-, Wochenend- oder Sportkonserven" sowie als sog. „Leibgerichte" (Eisbein oder Rippchen mit oder ohne Sauerkraut, Königsberger Fleck, Irish Stew, Kalbskopf mit Champignons, Kalbs- und Zungenragout mit Pilzen, Fasan mit Weinkraut und viele andere mehr) zunehmend an Bedeutung Vgl. auch die „Leitsätze für Fleisch und Fleischerzeugnisse des Deutschen Lebensmittelbuches" vom 10./11. 3. 1966, geändert am 14. 1. 1970, hier für Gulaschkonserven und „deutsches Corned beef".

Bedingt haltbare, besonders schwer zu konservierende Fleischkonserven sind Dosenwürstchen (nach dem Räuchern mit 3%iger Lake oder ohne Lake in Dosen verpackt), Dosenschinken (meist evakuiert verpackt) und andere Erzeugnisse, wie Sülzen, Fleisch- und Ochsenmaulsalat. Die Sterilisations- bzw. Erhitzungsbedingungen sind sehr unterschiedlich, sie schwanken zwischen 98° und 122° C. Unter den Folgen ungenügender Sterilisierung sind besonders die durch thermophile Mikroben und Sporenbildner bedingten *bakteriellen Bombagen* zu erwähnen, die etwa 75% aller Bombagen ausmachen und zum völligen Verderb des Füllgutes führen. Über chemische und physikalische Bombagen vgl. S. 275.

c) Trockenfleisch, Fleischbestrahlung

Das Trocknen von Fleisch ist uralt (Ägypten, Südamerika, Afrika, Indien) und wird auch heute noch unter klimatisch günstigen Bedingungen an der Luft geübt, so z. B. bei den Indianern Nordamerikas („Pemmikan"), in Uruguay („Tassajo"), Südamerika („Charque", „Carne secca"), Afrika („Biltong") oder im Malaienarchipel („Dendang"). *Patentfleischmehl* („Carne pura") wird als geschmacklich der europäischen Zunge wenig zusagendes Produkt in Südamerika oft unter Zusatz von stärkemehlhaltigen Stoffen hergestellt. Im europäischen Raum haben neben Trockenprodukten in Südrußland, Bulgarien und Rumänien, Australien und Schweden (Schaffleisch), England und USA (dried beef) bestimmte Produkte örtliche Bedeutung gewonnen, so das *Bündnerfleisch* Graubündens (bis zu 5% NaCl, gewürzt, unter Pressung bei 2—10° C über 3—6 Monate getrocknet), das „*Nagelholz*" (Nagelfleisch) Niedersachsens oder die *Landjäger* Thüringens. Das Trocknen von Fleisch spielt auch im Rahmen der Rohwurstherstellung (Salami) eine wichtige Rolle. Fleischtrocknung bei künstlicher Wärme und im Vakuum, wie sie während des 2. Weltkrieges in Deutschland, Westeuropa, und in den USA erfolgte, besitzt nur noch historisches Interesse. Derartige Trockenerzeugnisse wiesen unzureichende Quellfähigkeit (mangelnde Rehydratisierung) auf, verdarben schnell durch Ranzigkeit und zeigten strohigen, aromalosen und wenig zusagenden Geschmack. Relativ gute Ergebnisse lieferte das Trocknen von zubereitetem Fleisch unter Zusatz von Fett. Haltbares Trockenfleisch darf höchstens 10% Wassergehalt aufweisen. Wieweit die neuen Verfahren der *Gefriertrocknung* sowie der Haltbarmachung mit Hilfe von *Ultraschall, Röntgen-, Kathoden- und Ultraviolettstrahlen* und schließlich der *Infrarotstrahlen* Eingang in die Fleischwirtschaft finden, bleibt abzuwarten.

In den USA werden verschiedene Fleischarten, Fleischzubereitungen, Geflügel, Austern und Garnelen gefriergetrocknet. Derart getrocknete Fleischstücke, auch Hühnerfleisch, werden bereits auch in anderen Ländern als Einlagen in Suppen und als Sonderverpflegung verwendet.

Die „Kaltsterilisierung“ mit hochenergetischen Strahlen wird außer durch physiologische Gesichtspunkte (S. 289) auch entscheidend durch die Tatsache beeinflußt, daß derartige Strahlen eine relativ geringe Eindringungstiefe in das zu konservierende Gut besitzen. Ultraviolettstrahlung hat sich zur Entkeimung von Kühlräumen (z. B. bei der beschleunigten Fleischreifung) und zur Raumentkeimung für Lagerungszwecke bewährt.

Fleischbehandlung mit ionisierenden Strahlen ist in Deutschland ohne ausdrückliche Genehmigung verboten. Dieses Verbot gilt auch für ultraviolette Strahlen bei direkter Einwirkung („Lebensmittel-Bestrahlungs-VO“ vom 19. 12. 1959).

d) Salzung und Pökelung (vgl. S. 292)

Salzung allein (mit reinem Kochsalz) wird dann vorgenommen, wenn das zu konservierende Produkt keine Eigenfarbe besitzt (Speck, Därme) oder wenn auf kochfeste rote Pökelfarbe kein Wert gelegt wird. Man kann trocken (Speck) salzen oder in der Lake behandeln (vgl. Pökeln).

Pökeln liefert Produkte, die eine der natürlichen Fleischfarbe zwar ähnliche, jedoch kochfeste Farbe aufweisen, in Gefüge, Geruch und Geschmack von frischem Fleisch und anderen Fleischprodukten sich charakteristisch unterscheiden. Zum Pökeln dienen neben *Kochsalz* noch *Pökelsalze* (Natrium- und Kaliumnitrat, Nitritpökelsalz) und *Pökelhilfsstoffe* (Zucker, Zuckerkombinate, Trockenstärkesirup in geringer Menge). Kochsalz verändert das Fleischgefüge (Quellung oder Entquellung), hemmt bereits bei einer Konzentration von 8% das Mikrobenwachstum merklich und ist am typischen „Pökelaroma“ beteiligt. Über die hier ablaufenden Reaktionsmechanismen vgl. S. 293. Die größte Bedeutung hat das Pökeln für Schweinefleisch, daneben werden Rinderzunge, Rindfleisch für Corned beef, Schaffleisch und Gänsebrüste gepökelt. Über die Verwendung von Salpeter vgl. auch die „Fleisch-VO“ in der Fassung vom 28. 3. 1973.

Die Pökeltemperatur soll 6—8° C betragen, doch werden auch höhere Temperaturen empfohlen. Zuckerzugabe liefert enzymatisch Säure, die zur pH-Senkung führt und die zum Pökelrot notwendigen NO-Mengen schnell liefert. Die pH-Senkung kann auch durch *Glucono-Delta-Lacton* erfolgen, das sich zur nichttoxischen Gluconsäure umsetzt und bei Rohwurst Reifung und Umrötung beschleunigt sowie die Schnittfestigkeit fördert.

Am Pökelvorgang im günstigen wie im abträglichen Sinne wesentlich beteiligt ist außerdem eine *Pökelflora*, die einmal Nitrat reduziert und damit die Farbbildung verbessert (Keimarten der Gattungen Mikrococcus, Spirillum, Achromobacter usw.), zum anderen aromabildend und konservierend wirkt (Mikrokokken, Lactobacillen, Leuconostoc- und Escherichiastämme) und schließlich beim Vorliegen bestimmter Keimarten zur Verderbnis der Lake („Umschlagen“, „Umgehen“, „Umstehen“) sowie des Pökelfleisches führen kann. An der „Umrötung“ sind „Nitrat-Reduktasen“ (S. 206) beteiligt. Über Trocknen-, Naß- und Schnellpökelung vgl. S. 293.

Nitrit, früher als „Stangensalpeter“ im Handel, hat mehrfach zu Vergiftungen Anlaß gegeben (s. S. 236; differente Stoffe). Seine Verwendung ist in Deutschland durch das „Gesetz über die Verwendung salpetrigsaurer Salze im Lebensmittelverkehr“ vom 19. 6. 1934 in der Fassung vom 25. 6. 1969 („Nitrit-Gesetz“) dahingehend geregelt, daß es nur in Form des Nitritpökelsalzes in fertigen Packungen abgegeben werden darf. Dieses Salz muß mindestens 0,5% und darf höchstens 0,6% Natriumnitrit enthalten. Versuche, Nitrit durch Ascorbinsäure ganz zu ersetzen, sind wenig aussichtsreich, doch scheint Ascorbinsäure wohl geeignet zu sein, einen Teil des Nitrites vertreten zu können (etwa 0,05%—0,5% Ascorbinsäure im Fleischanteil) und gleichzeitig die „Umrötung“ des Myoglobins zum Nitrosomyoglobin stärker, gleichmäßiger und beständiger zu gestalten. Auch Iso-ascorbinsäure ist ähnlich wirksam. Nitrosomyoglobin wird durch Licht und Luftsauerstoff zerstört, insbesondere auch durch Peroxidsauerstoff ranziger Fette.

Das kochfeste, im übrigen jedoch gegen vielerlei Einflüsse empfindliche *Nitrosomyoglobin*, das Pökelfleischpigment, wurde als denaturiertes Globin-Stickstoffoxidhämochrom mit einer Bande bei 480 bzw. 640 nm charakterisiert. Bei übermäßiger Nitritzugabe oder -produktion wird das Muskelpigment zu grünlichen oder grauen Verbindungen oxydiert ("nitrite burn"), ein Prozeß, der auch durch peroxidproduzierende Bakterien ausgelöst werden kann, z. B. durch einen als Lactobacillus viridescens bezeichneten, harmlosen Milchsäurebildner.

e) Die Räucherung (Rauchfleisch)

Räuchern rechnet gleichfalls zu den ältesten bekannten Verfahren der Fleischkonservierung. Da dieser Prozeß allein nicht ausreicht, Fleisch und Fleischprodukte haltbar zu machen, wird er in Verbindung mit der Salzung angewendet. Räuchern liefert Fleischwaren von besonderem, spezifischem Wohlgeschmack, zusagendem Wohlgeruch und ansprechendem Äußeren. In manchen Ländern werden bis zu 40% der gesamten Fleischmenge unter Einschaltung des Räucherprozesses verarbeitet, so z. B. in der BRD 1957 rund 580000 t. Einzelheiten zum Räucherprozeß und dessen Chemie wurden bereits früher (S. 293) mitgeteilt. Hauptprodukte der *Kalträucherung*, die je nach Ware und Verfahren (verschiedene Rauchdichte) einige Tage (Kurzrauchverfahren) bis zu einigen Wochen (Langrauchverfahren) dauert, sind Schinken, Speck, Kasseler Rippenspeer, Rauchfleisch, Koch- und Rohwürste. Speckig schwarzes Aussehen und durchdringender charakteristischer Rauchgeschmack („Katenrauch") rührte von Torfräucherung her, wie sie früher in den Katen Norddeutschlands üblich war, heute nicht mehr erlaubt ist. Das „Bauerngeräucherte" oder „Bauerngeselchte" des Schwarzwaldes und Niederbayerns mit dem Katenschinken ähnlichen Eigenschaften entsteht dadurch, daß diese Erzeugnisse bis zur Gare im Rauch erhitzt

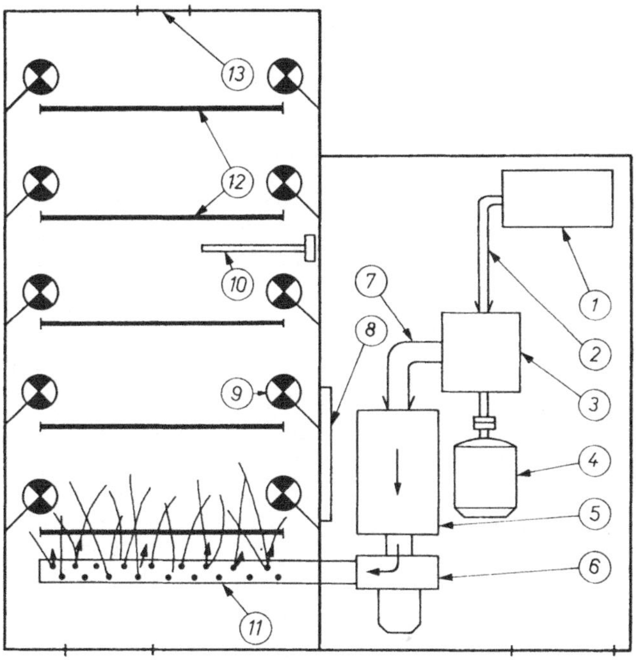

Abb. 55. Einrichtungen der automatischen Kalträucheranlage. 1 Kompressor 2 Luftzuleitung zum Luftventil, 3 Reibmechanismus, 4 Elektromotor zum Antrieb des Reibmechanismus, 5 Anordnung der Rauchentstäubung und -kühlung, 6 Druck- und Saugventilator, 7 Rauchableitung, 8 Steuertafel, 9 Armausleger mit elektrischen Heizkörpern, 10 Selbsttätiger Temperaturregler, 11 Raucheintritt zur Räucherkammer, 12 Gestell zur Rauchfleischaufhängung, 13 Ventilation. (Aus W. Pezacki u, Mitarb.: Fleischwirtschaft *49*, 1161 (1969))

wurden („Schwarzräucherung“, „Landräucherung“). Zur Raucherzeugung dienen hier Eichen- und Mahagonispäne, Wacholderstrauchreisig und Heidekraut. *Heißräucherung* erstreckt sich auf die Herstellung von Brühwürsten. Zur Erreichung bestimmter Kerntemperaturen sind folgende Räucherzeiten notwendig: Für Bockwürste normaler Größe bei 60, 70 und 75° C jeweils 141, 112 und 98 min, für Kochsalami bei 60 oder 70° C 132 oder 145 min. Ausdrücklich sei erwähnt, daß jeder Zusatz künstlicher Räucheraromen, das Eintauchen der Räucherwaren in Holzessig, flüssigen Rauch u. a. m. verboten ist (irreführend als „Schnellräucherung“ bezeichnet.) Ausgangsmaterialien für die Rauchgewinnung sind in der „Fleisch-VO vom 19. 12. 1959, in der Fassung vom 28. 3. 1973 festgelegt.

Beim Räuchern sind zwei Arbeitsaufgaben zu trennen:
Einmal die *thermische* Bearbeitung des Räuchergutes (gelenkte Trocknung und Garwerden des Fleischgewebes) und zum andern die *rauchtechnische* Bearbeitung (die eigentliche Räucherung). Zur Erzielung besonderer Appetitlichkeit und Schmackhaftigkeit tritt heute die konservierende Wirkung des Rauches stark zurück. Bestrebungen, die Räuchertechnik zu verbessern, gehen vor allem darauf aus, das Räuchergut möglichst niedrigen Temperaturen auszusetzen (76—82° C Innen- und 90° C Oberflächentemperatur), sinnvoll konstruierte Thermo- und Klimaanlagen zu schaffen und die zur Räucherung nötigen Rauchgase aus einem gesonderten Räucherrauch-Generator nach Bedarf der Thermoanlage zuzuführen. Abb. 55 (S. 335) bringt das Schema einer automatischen Räucheranlage (Räucherkammer mit Infrarotstrahlen, Friktionsrauchgenerator). Nach der o. a. Fleisch-VO darf der durchschnittliche Gehalt des geräucherten Fleisches oder Fleischerzeugnisses an Benz(a)pyren (3.4-Benzpyren) 1 Mikrogramm auf 1 Kilogramm (1 ppb) nicht überschreiten. Im übrigen bestehen gegen den Übergang von Formaldehyd bis zu 50 ppm aus dem Rauch in das geräucherte Lebensmittel keine gesundheitlichen Bedenken. Auch die Gruppe der flüchtigen Phenole wird z. Z. als unbedenklich angesehen.

f) Chemische Konservierung

Die deutsche Gesetzgebung verbietet jegliche Konservierungsmittel bei Fleisch; lediglich Citronen-, Milch-, Wein- und Essigsäure sowie deren Natrium-, Kalium- und Calciumsalze sind zulässig. Sie haben nur bedingt keimhemmende Eigenschaften und erfordern hierfür zudem Konzentrationen, die bereits geschmacklich ungünstig ins Gewicht fallen. Haushaltsüblich wird die quellungsfördernde, zart- und mürbemachende Wirkung des Essigs zur Vorbehandlung des Sauerbratens benutzt, industriell findet Essig Verwendung zur Herstellung von Sülzen sowie zur Behandlung von Därmen; Milchsäurepräparate, auch solche die, Essig-, Wein- oder Citronensäure enthalten, dienen zum Weichmachen von Därmen. Zur Härtung von Därmen und Kunstdärmen sind Glyoxal und formaldehydhaltige Kondensate in gesetzlich festgelegten Mengen erlaubt. Nach der „Fleisch-VO“ sind außerdem Verbindungen der Vitamine C und E mit Essigsäure und bestimmten höheren Fettsäuren als Schutzmittel gegen das Ranzigwerden tierischer Fette zugelassen.

Der Zusatz *antibiotisch wirksamer Stoffe* unter gleichzeitig mäßiger Erhitzung auf 100° C, der bereits an anderer Stelle erwähnt wurde (S. 303), weist in neue Richtungen der Fleischkonservierung, die aus verständlichen Gründen mit allem Vorbehalt aufzunehmen sind. Anstelle von Nisin (S. 304) und Subtilin wurden in den USA Behandlungsverfahren mit Tetracyclinlösungen 1 : 100000 für Geflügelfleisch zugelassen.

9. Fleischerzeugnisse

a) Wurstwaren

Die Wurstherstellung ist sehr alt; Würste werden beim Gastmahl der Freier in Homers Odyssee erwähnt und auch im alten Rom waren Fleischzubereitungen in Darmhüllen bekannt („hillae“, „botuli“, „farcimina“ usw.). Zweck der Wurstbereitung ist einmal, frisches Fleisch in haltbare Form überzuführen, zum andern die für sich allein wenig gut verwertbaren Schlachtabgänge (S. 321) durch geeignete Verarbeitung mit Fleisch, Fett, Gewürzen und anderen Geschmacks- bzw. Aromaträgern in ansehnliche, schmackhafte und biologisch wertvolle Lebensmittel umzuwandeln. Darüber hinaus spielt Wurst als sofort genußfähiges Lebensmittel, insbesondere auch als Brotbelag, eine wichtige Rolle in der Verpflegung des Großstadtmenschen. Es sei jedoch nicht verschwiegen, daß übermäßige Verlagerung des Fleischverbrauches auf den Wurstkonsum der Küchenkultur unserer Hausfrauen kein günstiges Zeugnis ausstellt.

Für den *Begriff Wurst* sind viele Definitionen gegeben worden. Eine von ihnen kennzeichnet Wurst folgendermaßen: „Unter Wurst sind Fleischwaren zu verstehen, die aus zerkleinerter Skeletmuskulatur, Fett, Organen, Schwarten oder Blut von Rind, Schwein, Kalb und Schaf unter Zusatz von Salz, Gewürzen, Salpeter oder Nitritpökelsalz und Zucker hergestellt werden." Wurst kommt roh oder erhitzt, meist auch geräuchert in den Handel. Pferdewurst darf nur vom Pferdeschlächter hergestellt und als solche vertrieben werden.

Als wesentlich ist festzustellen, daß Würste in erster Linie *Fleischwaren* sind.

Einheitliche Definitionen für Würste sind bis heute noch nicht verbindlich geworden, obgleich in den letzten Jahren von verschiedenen Seiten Begriffs- und Qualitätsrichtlinien veröffentlicht wurden. Richtlinien mit Erläuterungen, die den redlichen Handelsbrauch wiedergeben, wurden am 5. 6. und 14. 9. 1956 als Verkehrsanschauung der Fleischwirtschaft veröffentlicht und sind in der Spezialliteratur einzusehen. Eine Neufassung der Richtlinien für Fleischerzeugnisse stammt vom 3. 4. 1967 (Schriftenreihe des Bundes für Lebensmittelrecht und -kunde. Heft 60 (1967)). Die Einteilung nach Nähr-, Geschmacks- und Preiswert ist sehr schwierig, da die Wurstherstellung weitgehend landschaftlich gebunden (Begriff der „Ortsüblichkeit") und damit eine kaum übersehbare Vielfalt an Wurstarten geschaffen ist, außerdem in Würsten neben Gewürzen und anderen obenerwähnten Stoffen auch oft Zutaten anzutreffen sind, die nicht dem Tier entstammen (stärkehaltige Zutaten wie Mehl oder Semmeln, Grütze oder Graupen, Trüffeln, Sardellen, Tomaten, Zitronenschalen, Eier, Wein, Rum usw.). Das Streben nach möglichst einheitlichen Begriffsbestimmungen für die Wurstherstellung (Schaffung von Richtlinien, Qualitätsbezeichnungen, Verbot unzulässiger Zusätze) ist warm zu begrüßen und für den Handelsverkehr wie für den Verbraucher in Hinsicht auf das Reinheitsprinzip gleich bedeutungsvoll.

Die *Einteilung der Wurstarten* kann nach verschiedenen Gesichtspunkten erfolgen. Im Handel unterscheidet man oft zwischen *Frisch-* und *Dauerwürsten*, ohne die Grenze streng ziehen zu können. Eine andere Einteilung geht von der *Auswahl der Rohstoffe* aus und gliedert demgemäß in Fleisch-, Eingeweide-, Sülzwürste, gefüllte Wurstwaren und Würste mit stärkehaltigen Zutaten. Wenig zweckmäßig erscheint die Unterteilung nach Gesichtspunkten des *Verzehrs:* Streich-, Aufschnittwurst u. dgl. Üblicher und gut geeignet ist die Gliederung gemäß der *Verarbeitung* der Rohstoffe, also nach Roh-, Koch-, Brüh- und Bratwurst.

Die Wurstmasse wird in gereinigte Därme, Magen oder Blasen, in Hüllen aus Rinderspalthäuten (Naturindarm), Pergamentpapier oder Cellophan und schließlich in abgenähte Leinensäckchen (Sackwürste), imprägnierte Seidenhüllen und Pflanzenfasergewebe eingehüllt. Außerdem sind neuerdings eßbare aus Alginaten gewonnene Wursthüllen bekanntgeworden. Manche Würste werden ohne Hüllen hergestellt.

Des weiteren findet sich im Handel Wurst, die luftdicht in Dosen konserviert ist, *Tafelfertiges Frühstücksfleisch ("Luncheon Meat")* ist nach Deutschem Recht ein derartiges als Wurstware anzusprechendes Fleischerzeugnis, das fabrikationstechnisch als Brühwurst zu betrachten ist. Es stellt einen geröteten Fleischkäse dar. Über erlaubte Zusätze vgl. die Neufassung der Fleisch-VO.

Fleischkäse selbst ist in Zusammensetzung und Qualität starken ortsüblichen Schwankungen unterworfen. Eindeutig herkömmlicher Gewerbegebrauch erlaubt Mehlzusatz ohne Deklaration. Münchener Leberkäse enthält zur Abrundung des Aromas meist nur geringe Lebermengen. Schnittwurst wird in Folien vertrieben, andere Würste werden in Gläser oder Tuben abgepackt.

Spitzenqualitäten unter den Würsten, die nur als solche hergestellt werden dürfen, sind Schlack-, Schinkenplock-, Schinkenmett-, Teewurst, Kalbs-, Gänse- und Trüffelleberwurst, Pasteten und Rouladen.

Rohwürste sind aus roher, ungekochter Skeletmuskulatur und Fett, ohne Wasserzusatz hergestellte Würste. Die Bezeichnung „Dauerwurst" ist unrichtig, da manche Rohwürste (Teewurst, Braunschweiger Mettwurst, im Schnellverfahren gewonnene Zervelatwurst) nur begrenzte Haltbarkeit aufweisen. Wesentlich für die Rohwurstgewinnung ist Auswahl guten Rohmaterials, sorgfältige Trocknung und Räucherung der fertigen Wurst zur optimalen Entwicklung der Aromabakterien und ebenso große Sorgfalt bei der Lagerung (Frischwurst bei 8° C, Dauerwurst bei 16° C und relativer Luftfeuchtigkeit von 80—90%). Die wichtigsten aus Schweine- und Rindfleisch sowie aus Speck hergestellten Rohwurstsorten sind zunächst *Zervelat-* oder *Schlackwurst* (cervus = Hirschfleisch, „Schlacke" = Enddarm des Schweines) sowie *Salami* [salme (ital.) = Salzfleisch]. Echte ungarische Salami wird in Pferdedarm, vielfach auch in Naturdärme, gefüllt. Der weiße Überzug entsteht durch Hefe- und Schimmelbildung. Italienische Salami wird nicht geräuchert. Echte Salami nach ungarischer Art zählt zu den Spitzensorten, enthält hohen Anteil an Schweinefleisch oder nur diese Fleischart. Charakteristisches Gewürz ist neben Pfeffer der Knoblauch. Weitere Rohwurstarten sind *Plockwurst* und *Mettwürste* (grob zerkleinert oder fein zerkleinert und dabei streichfähig). Reifung und Farbbildung der Rohwurst wird u. a. durch (peroxidbildende) Lactobacillen im erwünschten wie im unerwünschten Sinne wesentlich beeinflußt. Bei der Reifung verschwinden gramnegative Floren und Fäulniserreger; Hefen, Mikrokokken und vor allem Lactobacillen treten in den Vordergrund. Am Prozeß der „Umrötung" sind Flavinenzyme („Nitratreduktasen") beteiligt. Da diese und andere Enzymwirkungen mikrobieller Herkunft sind, wurden spezifische „Starterkulturen" für die Herstellung verschiedener Wurstarten entwickelt. Unter den Aromastoffen der Rohwurst spielen Carbonylverbindungen eine wesentliche Rolle.

Zu den Rohwürsten rechnen auch die *Landjäger* und die *Salametti* (Rohwürstchen, z. B. die viel Paprika enthaltenden Debrecziner oder die mit Knoblauch hergestellten Krainer Würste). Über die Verwendung von *Glucono-Delta-Lacton* bei der Rohwurstreifung vgl. S. 334.

Kochwürste. Hierher rechnen Würste, die *nicht* gekocht, sondern meist aus gekochtem Material hergestellt werden, wobei alle für den menschlichen Genuß geeigneten Organe, auch Blut, Verarbeitung finden. Nach dem Abfüllen in Därme „ziehen" sie in heißem Wasser oder werden in heißer Luft erhitzt. Kochwürste sind Leber-, Blut- und Sülzwürste. Die zu den Leberwurstsorten zählenden *Leberpasteten* stellen Spitzenerzeugnisse dar.

Unter den Kochwurstarten nimmt die *Leberwurst* verschiedenster Qualitätsabstufungen die erste Stelle ein. Bezeichnungen gehen aus von der Herstellungsgegend (Thüringer, Sächsische, Berliner Wurst usw.), von Bestandteilen (Trüffel-, Kalbs-, Zwiebel-, Kraut-, Sardellenleberwurst), vom Zerkleinerungsgrad (grobe, feine Wurst), der Herstellungsart (Hausmacher-, Guts-, Landleberwurst) und der Qualität (Delikateß-, Ia-, ff-, prima-, Einfachleberwurst). Spitzenqualitäten enthalten 25—35% Leber, billigere Ware enthält 8% Leber. Einzelheiten, auch zur folgenden Blutwurst bringen die o. a. „Richtlinien". Zusatz von Brätwürfeln ist bei keiner Leberwurst gestattet.

Blutwurst (Rotwurst) wird vorwiegend aus Schweineblut, daneben auch aus Rinderblut hergestellt. Je nach den Zutaten unterscheidet man *Zungenwurst* aus gepökelter, Zunge (etwa 25%), Speck, Blut und bindigen Teilen der Schlachttiere, *Filetwurst* (mit Filet oder Schinken vom Schwein), *Fleischwürste* mit etwa

20—30% Fleischwürfeln, *Rotwurst* (Thüringer Rotwurst) aus Speck, Fett, Blut, bindigen Teilen der Schlachttiere und schließlich die eigentliche *Blutwurst* mit etwa 10% Muskelfleisch, daneben aus Speck, Fett, Blut, Innereien und bindigen Teilen der Schlachttiere bestehend. Mit Ausnahme von Spitzenqualitäten (Delikateß-Fleischwurst, Zungenwurst, Schinkenrotwurst) ist der Zusatz von Innereien zu Blutwürsten üblich. Weitere Blutwurstarten sind Schwartenmagen (mit reichlich Schwarten), Preßwurst, Frische Blutwurst (aus Blut, Innereien, Semmeln oder Grütze und Fett) sowie Blutwürste mit Vegetabilienzusätzen. Hierher rechnen Semmel-, Grütz-, Reis-, Graupenwurst. Würste mit Gemüse- und Kartoffelzusatz sowie solche mit Cerealiengehalt (Soja-, Mais-, und Roggenkeimmasse) wurden während des 2. Weltkrieges hergestellt. Die Verwendung von (flüssigem und trockenem) Blutplasma bei der Herstellung von Fleischerzeugnissen, darunter auch von Würsten, ist durch die „Fleisch-VO geregelt.

Sülzwurst, hergestellt aus bindegewebsreichen Fleischteilen (Schweinekopf, Rindsmaul, Schwarten, Kalbsfüße, Schulter und Bauch vom Schwein) weist geringeren Nährwert als Blut- und Leberwurst auf. Bei reichlicher Schwartenzugabe entstehen Schwartenmagen oder Schwartenwurst.

Brühwürste sind solche Wurstarten, die unter Wasserzusatz verarbeitet (gekuttert), heiß geräuchert und gebrüht werden, wobei Fleisch von Rind, Kalb und

Abb. 56. Kutter zur Wurstherstellung (Beilhack GmbH, Rosenheim)

Schwein verarbeitet wird. Besonders geeignet ist schlachtwarmes Fleisch junger Tiere („Fresser“ und Bullen), erkaltetes Fleisch wird vorgesalzen. Der wichtigste Arbeitsvorgang ist das „Kuttern“, die Zerkleinerung durch rotierende Messer (1800—2000 U/min und höher) im rund-wannenförmigen „Kutter“ (Abb. 56), wobei Wasser (am besten Eiswasser) je nach Bindungsfähigkeit des Fleisches zugegeben wird („Schüttung“ nach handwerksmäßigem „Griff“ der Wurstmasse). Übermäßige Wasserzugabe „ersäuft“ das Wurstgut und wird nicht mehr gebunden. Verwendung von Kuttern, die unter Vakuum arbeiten, wirkt sich günstig aus.

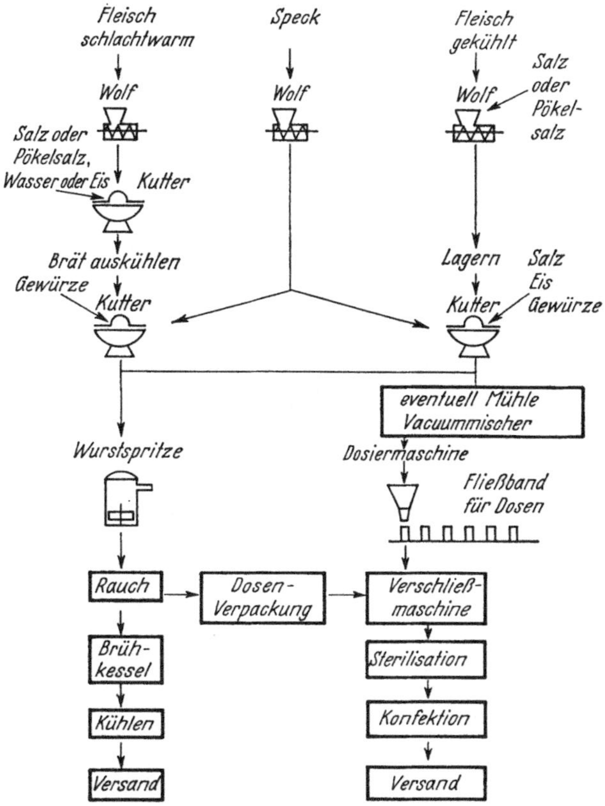

Abb. 57. Gang der Brühwurstherstellung

Nach der Heißräucherung (Temperatur der Rauchkammer 100 bis zu 130° C) werden die Würste bei etwa 80° C gebrüht. „Kurzes Brät“ nimmt wenig Wasser auf. Die Wasseraufnahme kann durch bestimmte Zusätze gesteigert werden. Über erlaubte, z. T. deklarationspflichtige Zusätze vgl. die Neufassung der Fleisch-VO. Die Wasserschüttung garantiert eine knackige, saftige, gut bindige Brühwurst, ist gesetzlich nicht festgelegt, nach Wurstart, örtlichen Gebräuchen und Art des verwendeten Fleisches verschieden und für Fleischbrüh- sowie Fleischkochwürste herkömmlich und zulässig. Die Menge des Zusatzwassers („Fremdwassers“) kann mit Hilfe der „*Federschen Zahl*“ ermittelt werden.

E. Feder (1917) stellte die Formel auf: % Fremdwasser = % Gesamtwasser − 4 × *organisches Nichtfett* (fett- und aschenfreie Trockensubstanz, ONF, im wesentlichen Eiweiß). Die Verhältniszahl „4“ bedeutet, daß die vierfache Menge an organischem Nichtfett bzw. Eiweiß dem natürlichem Wassergehalt entspricht. In Wirklichkeit jedoch umfaßt die „Verhältniszahl“ einen meist zwischen 3,2 bis 3,9 liegenden Bereich mit einem deutlichen Maximum bei 3,5—3,6. Werte über 4 sind sehr selten und meist bei sehr jungen Tieren anzutreffen. Die lange Zeit vertretene Meinung, Schweinefleisch weise in der Regel Werte bis zu 4,5 auf, entspricht nicht mehr den heutigen Verhältnissen.

Statt des „organischen Nichtfettes" soll in Zukunft der %-Gehalt an Eiweiß in die Berechnung des Fremdwassergehaltes eingesetzt werden.

Wiederholte Kontrolle des Herstellungsbetriebes und Nachprüfung an Vergleichsmaterial ist zur Stützung der Federschen Zahl erforderlich. Die Frage des *Bindemittelzusatzes* zu Würsten regelt die „Fleisch-VO". Sie kennzeichnet derartige Stoffe besser als dies bisher der Fall war und verbietet mit wenigen Ausnahmen die Verwendung von Bindemitteln. Wie bei Fleisch (S. 334) erörtert, ist auch bei der Brühwurstherstelllung Ascorbinsäure geeignet, gut durchgerötete Würste unter Einsparung von Nitrit zu erzielen.
Abb. 57 zeigt schematisch den Gang der Brühwurstherstellung (S. 340).

Für den wichtigen *Nachweis von Milch- und Sojaeiweiß* in Fleischerzeugnissen werden neben chemischen auch serologische Methoden (indirekte Hämagglutination, Immunelektrophorese) entwickelt.

Die *Einteilung* der Brühwürste gibt oft durch verschiedenartige, ortsgebundene Namen zu Verwirrungen Anlaß, doch lassen sich ohne Schwierigkeit die unter dem Begriff „Brühwurst" zusammengefaßten Fleischerzeugnisse einordnen als Produkte, deren Masse nach dem oben skizzierten Arbeitsgang aus einem Brät hergestellt und durch Hitzebehandlung verfestigt wird, so daß sie schnittfest und nicht mehr streichbar ist.

Die wichtigsten Vertreter sind: *Bratwürste* (Kalb-, Schweine-, Rostbratwürste), oft als eigene Wurstklasse aufgeführt, *weiße Brühwürste*, *Weißwürste* (Münchener Art enthält grob zerkleinerte Teile von Kalbskopf und Schwarte von jungen Schweinen), *Gelbwurst*, deren Hülle mit Curcuma oder zugelassenen fremden Farbstoffen gefärbt werden darf. Ähnlich begrenzte Bedeutung besitzen Hirn- oder Bregenwurst sowie Milz-, Lungen- oder Nierenwurst, *Weißer Fleischkäse*, *Kalbskäse*, *gerötete Brühwurst*, *Kochsalami*, *Bierwurst* (Göttinger Blasenwurst, Regensburger, Pfälzer, Knackwurst u. a.), *Jagdwurst* (Schinkenwurst, Mortadella mit Pistazien als Spezialgewürz), *Fleischwurst* (Lyoner), *Frankfurter Würstchen* (in Deutschland als Herkunftsbezeichnung geschützt; im Ausland versteht man unter „Frankfurters" ganz allgemein Würstchen von dünnem Kaliber), *Bockwurst*, *Saftwurst* (Bouillonwürstchen, Wiener, Dampfwurst u. a., auch als Halb- oder Vollkonserven im Verkehr), *Bierschinken* und weißer *Preßsack* (Krakauer, Schweinsfuß, weißer, Ansbacher oder Leberpreßsack); außerdem *Rouladen* (Pasteten im Darm) mit besonders gefärbten Ziereinlagen (Schachbrettmuster u. a.) und Zusätzen von Pilzen (Trüffeln), Gewürzpaprika, Schnittkäse u. a., in viereckiger Form als *Galantinen* bezeichnet.

Eine besondere Gruppe von Würsten sind *„kochsalzarme"* (besser *„natriumarme"*) *Würste*. Die Begriffe *„natriumarm"* und *„streng natriumarm"* sowie die als Kochsalzersatz zugelassenen Stoffe sind in der VO über diätetische Lebensmittel vom 20. 6. 1963, in der Fassung vom 22. 12. 1965 niedergelegt.

α) *Fettgehalt der Würste*

Zunehmende, als Verfälschung anzusehende Überfettung der Würste hat berechtigte Bestrebungen ausgelöst, den Fettgehalt solcher Lebensmittel, insbesondere den Zusatz von Rindertalg so einzuschränken, daß gemäß der Verbrauchererwartung vor allem in Spitzenqualitäten Fleisch einen wesentlichen Anteil der Wurst ausmacht, was in der Regel schon durch die Farbe und das Gefüge der Schnittfläche zum Ausdruck kommt. Zu verwerfen ist insbesondere jeder Versuch, Talg und andere Fette nach vorhergehender Emulgierung dem Wurstbrät derart beizumischen, daß nicht Wurst, sondern eine fleischartige Fettzubereitung entsteht. Solche Bestrebungen sind durch die „Fleisch-Verordnung" unterbunden.

Für den höchstzulässigen Fettgehalt liegen u. a. folgende Empfehlungen vor: frische Bratwurst 35%, 40%, Mettwurst 60%, 55%, Brühwürste 35%, Qualitätsleberwürste 55%, einfache Leberwürste 65%.

β) *Wurstzusätze*

Unter ihnen wurde bereits die Frage des Fremdwassers, der Ascorbinsäure und der Phosphatbeimischung, des übermäßigen Fettzusatzes sowie der Stoffe mit Bindemitteleigenschaften erörtert. Verbotene Zusätze betreffen vor allem Konservierungsmittel, Räuchermittel wie „Rauchwürze", „Teewurstwürze" usw., Farbstoffe, wie Kesselrot zur Außenfärbung von Wursthüllen und Braunfärbung der Blutwurst. Erlaubt ist die Gelbfärbung der Wursthülle von Gelbwurst und die Verwendung von Paprika als Gewürz. Verboten ist die Verwendung größerer nicht würzender, doch färbender Mengen an „edelsüßen" Paprika. Weitere Verbote richten sich gegen die Verarbeitung minderwertiger Fleischstücke (Geschlechtsteile, Augen- und Ohrenausschnitte, mit Parasiten behaftete und beschmutzte Fleischteile), gegen die Verarbeitung von Pferde-, Hunde-, Katzen-, Wal-, Robben- und Fischfleisch in normaler Wurst und schließlich gegen die Umarbeitung über 24 Std alter Würste. Besondere, oft ortsüblich bedingte Anforderungen sind der Spezialliteratur zu entnehmen. Eine wesentliche Rolle spielen die *Gewürze* bei der Wurstfabrikation. Erwünscht ist ihre geschmacksverfeinernde, appetitanregende und verdauungsfördernde Wirkung, zu der oft antioxydierende, das Fettverderben hindernde Effekte kommen. Schädlich wirkt sich der (vor allem bei tropischen Gewürzen) oft hohe Keimgehalt aus, den man durch Entkeimung mit hochenergetischen Strahlen zu bekämpfen versucht. In Deutschland ist dies durch die „Lebensmittel-Bestrahlungs-VO" vom 19. 12. 1959 nicht erlaubt. Darüber hinaus können abgelagerte, vor allem schwefelhaltige Gewürze, wie Knoblauch, nachteilige Geschmacksabwandlungen und Verfärbungen nach sich ziehen. Natriumglutamat (S. 27) sowie Ribonucleotide haben auch hier zur Geschmacksabrundung oder -verbesserung Eingang gefunden. Völlig keimfrei lassen sich dagegen *Gewürzauszüge* herstellen, die als flüssige Extrakte oder auf Trägerstoffe, wie Kochsalz oder Glucose aufgezogen, verwendet werden. Hierher rechnen auch *Fleischextrakte* als Zusatz zu Suppenprodukten und *Eiweißhydrolysate*, die allgemein in Fleischerzeugnissen Anwendung finden.

γ) *Wursthüllen u.a.*

1. Natürliche Wursthüllen sind Därme vom Rind, Schwein, Schaf und Pferd, Magen und Blase vom Schwein sowie abgelöste und vernähte Schweinehaut. Zur Reinigung wird das Material in 5%ige wäßrige Milchsäurelösung gelegt.

2. *Künstliche Wursthüllen.*

3. Kunstdärme aus Naturstoffen (*Naturindärme*) werden aus Spalthäuten von Rindern hergestellt. Zur Härtung sind nach der Fleisch-VO Glyoxal oder wässerige Schwelkondensate aus Sägespänen zugelassen. *Seidengerüstdärme* bestehen aus Naturseidegeflecht, das mit Gelatine oder tierischem Leim imprägniert ist. Zu den eßbaren Därmen zählen *Alginatdärme.*

4. Kunststoffdärme werden vor allem aus zu Zellglas verarbeiteter Cellulose hergestellt. Auch spezifische Kunststoffe, wie Hostaphan, Nylon, Perlon u. a. dienen zur Herstellung von Wursthüllen. Papierdärme aus Pergamentersatz werden heute nur noch vereinzelt verwendet.

5. Tauchmassen sind u. a. eßbare gelatinehaltige Überzüge, die als Weichmacher Glycerin sowie Konservierungsstoffe enthalten. Auch Tauchmassen aus Wachsmischungen oder pastösen Massen, die Cellulose oder Gelatine sowie als Lichtschutz weiße Pigmente (z. B. Calciumcarbonat) enthalten, finden Verwendung. Als Überzüge kommen schließlich feste Kunststoffe, wie Vakumfolien (Cryovac), wässerige Kunststoffemulsionen u. a. m. in Betracht. Wertvolles Material für die Beurteilung von Kunststoff-Folien bringen die vom Bundesgesundheitsamt laufend herausgegebenen „Richtlinien". Weiteres s. bei „Verpackung".

δ) *Herkunfts- und Gattungsbezeichnungen*

Volkswirtschaftliche und politische Umwälzungen sowie weitgehende Ausschaltung klimatischer örtlich bedingter Einflüsse auf die Wurstherstellung durch Klimaanlagen und andere zur Fleischverarbeitung entwickelte Apparaturen haben dazu geführt, daß Herkunfts-, Gattungs- und Artbezeichnungen weitgehend verwischt oder verlagert werden. Damit ist in vielen Fällen eine scharfe Trennung nicht möglich.

Typische *Herkunftsbezeichnungen* sind z. B. „Frankfurter Würstchen", „Rügenwalder Teewurst" und „Ungarische Salami". *Gattungs- und Artbezeichnungen* wurden im Laufe der Zeiten z. B. „Wiener Würstchen", „Halberstädter Würstchen", „Lyoner", „Krakauer", „Breslauer", „Berliner Leberwurst", „Braunschweiger Wurst", sowie „Westfälischer Schinken" und „Kasseler Rippenspeer". Auch Wurstwaren mit dem Zusatz „Bauern" rechnen hierher.

Die BRD hat mit verschiedenen Ländern Abkommen „über den Schutz von Herkunftsangaben, Ursprungsbezeichnungen und anderen geographischen Bezeichnungen" geschlossen, auf die hier verwiesen sei.

ε) *Fehlfabrikate*

Fehlerzeugnisse der Wurstherstellung treten in den verschiedensten Stufen der Erzeugung auf. Fleisch kranker, abgehetzter, fehlerhaft geschlachteter und ungenügend ausgebluteter Tiere, unsaubere Arbeitstische, Geräte, Zerkleinerungsmaschinen usw. sind als Ursache zuerst zu nennen. Ungenügende Trocknung der Rohwurst. Verwendung stark keimhaltiger Gewürze oder mangelhaft gereinigter Därme, Befall des Ausgangsmaterials wie der Wurstmasse mit schädlichen Keimen (Bereifung durch Hefen und Kokken, Verschimmelung, Befall mit Maden, Milben und Käfern, Verfärbung durch Blau- und Rotbakterien, Grünverfärbung von Brühwürsten durch Lactobacillen, leuchtende Wurst durch Leuchtbakterien, fadenziehende Wurst durch Mesentericus-Arten, saure Gärung, Stickigkeit, Schmierig- und Weichwerden, Außen- und Innenfäulnis) sind weitere Veränderungen, die meist zur Genußuntauglichkeit oder gar zur Gesundheitsschädlichkeit führen. Rein *physikalische, chemische* oder *enzymatisch bedingte Minderungen* sind insbesondere *Salzausschläge* auf Rohwurstarten, Ausbleiben der Umrötung und *Vergrauen* von Rand- und Innenschichten bei Dauer-, Fleisch- und Leberwürsten (durch zu geringen Salpeter- oder Pökelsalzzusatz, schlechte Trocknung, feuchte, kalte Aufbewahrung, ungenügende Lüftung, starke Temperaturschwankung, mangelhafte Räucherung) und schließlich ranziger, saurer, beißender, kratzender, talgiger oder traniger Geschmack, vor allem bei Dauerwürsten unter Bildung mißfarbener, gelbgrünlicher Fettzersetzungsprodukte (Umwandlungen der Fettkomponente, vor allem des Phosphatidanteiles, Verarbeitung von Schweinefleisch aus fehlerhaft gemästeten Tieren, nicht sorgfältig entfettete Därme, Abhängen unter Lichteinwirkung). Vorwiegend *physikalisch bedingte* Fehlerscheinungen sind Trockenrand- und Hohlraumbildung, Porosität des Wurstgutes, abnormer Fettrand, ungenügende Homogenität der Wurstmasse, Trennung der Hülle vom Wurstgut, Faltungen, Schrumpfungen, Luft- und Wasserblasen.

Verantwortlich hierfür ist u. a. das „Überkuttern", das „kurzes" in der Wasserbindefähigkeit gemindertes Brät liefert. *Platzen* der Würste ist durch zu hohen Fülldruck beim Wurstspritzen bedingt. *Fettaustritt* bei Rohwurst geht auf zu starkes Erhitzen im Rauch zurück. Auf Schäden eingedoster Produkte wird an anderer Stelle eingegangen.

ζ) *Nährwert der Würste*

Wurst stellt ein leicht verdauliches, preiswertes, wenn auch meist nicht billiges Lebensmittel von beträchtlichem Wohlgeschmack und weitgespannter Eigenart dar. Verarbeitete Innereien liefern biologisch wertvolle Vitamine, der Fettanteil bewirkt hohen Nährwert, das enthaltene Eiweiß ist biologisch ausgesprochen hochwertig. Infolge der auch für ein und dieselbe Wurstart stark variierenden Herstellungsbedingungen schwankt die Zusammensetzung innerhalb weiter Grenzen, so daß die im folgenden gebrachten Analysen nur Durchschnittswerte darstellen.

Tabelle 96. Zusammensetzung verschiedener Würste
(Nach S. W. Souci u. Mitarb., 1962, sowie H. Schall, sen. u. jr., 1958)
g in 100 g eßbarem Anteil

Lebensmittel	Wasser	Eiweiß	Fett	Kohlenhydrate	Calorien kcal
Braunschweiger Mettwurst	33,0	11,9	51,5	—	541
Rohwurst, versch. Sorten	24,8	22,5	47,3	—	548
Salami, deutsche	27,7	17,8	49,7	—	550
Dosenwürstchen	65,7	13,0	19,6	—	239
Frankfurter Würstchen	63,3	13,1	20,8	0	256
Mortadella	52,3	12,4	32,8	—	367
Münchener Weißwurst	65,2	11,1	21,7	—	255
Wiener Würstchen	61,5	14,9	20,8	—	264
Fleischkäse (Leberkäse)	62,0	12,5	22,6	0,30	271
Gelbwurst (Hirnwurst)	53,1	11,8	32,7	0,18	364
Leberwurst	42,0	6,9	19,5	0,3	211
Blutwurst	40,0	13,9	43,6	0,2	463
Grützwurst	60,0	9,8	9,8	19,6	212
Sülzwurst	42,0	22,6	22,3	0	300

Hinsichtlich der *lebensmittelchemischen Beurteilung der Zusammensetzung* („Leitsätze", Mindesgehalt an Eiweiß, Begrenzung des Bindegewebsanteils, Muskeleiweiß, Begrenzung des Fett- und Fremdwasserzusatzes mit beschränkter Austauschbarkeit) muß auf spezielle Verlautbarungen verwiesen werden.

b) Weitere Fleischerzeugnisse, Mayonnaise

α) *Pasteten und Pains*

Pasteten sind gebackene, meist streichförmige Fleischerzeugnisse eigener Art, die vor allem aus Fleisch und Fett von Kalb und Schwein, oft aber auch von Geflügel (Gänseleberpastete) und Wild (Hase, Hirsch, Wildschwein) bestehen und (im Gegensatz zu Würsten) meist frei von Schlachtabgängen und minder wertvollen Fleischteilen sind. Ein Teil des Fleisches oder auch die gesamte Fleischmasse liegt als feinzerteilte Farce vor. Pasteten werden entweder haushaltsüblich in Blätter- bzw. Butterteig hergestellt oder handelsüblich in Behältern aus Steingut oder Blech vertrieben (z. B. Gänseleberpastete aus Gänseleber mit Trüffeln, Fett und Gewürzen).

Pains bestehen aus meist größeren Fleischstücken (vor allem von Wild und Geflügel), die mit Fett, Trüffeln und verschiedenen Gewürzen zu kochwurstartigen Massen verarbeitet werden.

β) *Fleischpasten*

sind in Fett eingekochte, feingemahlene Fleischteile mit oder ohne Gewürzzusatz.

γ) *Fleischsalate*

werden auf der Grundlage von Rind-, Kalb- oder Schweinefleisch mit Salatmayonnaise zubereitet. Zusatz von Gurken, Gewürzen und anderen würzenden Stoffen ist üblich und zulässig. Hierher rechnen auch Russischer Salat, Italienischer Salat und andere Zubereitungen, die — auch nach luftdichtem Verschluß in Blechdosen, soweit sie nicht sterilisiert sind — *keine* Dauerwaren darstellen.

Für die Herstellung und Beurteilung vgl. die bisher von amtlicher Seite nicht anerkannten „Leitsätze für die Beurteilung von Salaten, Mayonnaisen und Tunken" (letzte Fassung von 1960). Siehe auch die in „Die Fleischwirtschaft *52*, 561 (1972)" veröffentlichten Vorschläge. Fleischsalat und Aspik dürfen nach der „Konservierungsstoff-VO mit den dort nach Art und Menge genannten chemischen Konservierungsmitteln unter Deklaration haltbar gemacht werden.

δ) *Mayonnaise*

ist eine Zubereitung aus Eigelb und Speiseöl, der Salz und Gewürzessig, bisweilen auch Senf, Zitronensaft und Zucker sowie verschiedene im Runderlaß des RMdI vom 24. 3. 1941, in der Fassung vom 25. 9. 1941 und 28. 5. 1942, zugelassene Dickungsmittel zugesetzt sind. Der Fettgehalt in „Mayonnaise" beträgt mindestens 50, in einer als „Ia", „prima", „feinste" usw. bezeichneten Mayonnaise mindestens 83 und in „Salat-" bzw. Marinadenmayonnaise" mindestens 20 Hundertteile. *Remoulade* ist eine mit Kräutern versetzte Mayonnaise mit mindestens 50 Hundertteilen Fettgehalt. Nach der „Konservierungsstoff-VO" darf Mayonnaise mit zugelassenen Mengen an „Sorbinsäure", „Benzoesäure" und „PHB-Estern" konserviert werden. Vgl. auch die Lebensmittelkennzeichnungs-VO" in der Fassung vom 1. 1. 1972.

ε) *Sülze*

ist ein nach ortsüblichem Geschmack mehr oder minder saures Gelee, in das Fleisch, Speck und Schwarten, bei billigeren unter der Bezeichnung „*Konsumsülze*" vertriebenen Produkten auch Innereien (Lunge, Herz, Euter) und geringwertige Fleischteile (sehnige und knorpelige Teile, Schweinefüße und Gefäßwände — auch in Form von Brätwürfeln) verarbeitet werden. Vgl. auch die „Richtlinien für Fleischerzeugnisse" vom 3. 4. 1967 (Schriftenreihe des Bundes für Lebensmittelrecht und -kunde, Heft 60 (1967)).

Sülzen aus Innereien enthalten die jeweiligen namengebenden Teile.

10. Erzeugnisse aus Fleisch, Hefeextrakt

a) Fleischsaft

ist die aus rohem Fleisch durch Auspressen oder auf andere Weise bei niederer Temperatur gewonnene, möglichst unveränderte Flüssigkeit, die durch Eindampfen bei Temperaturen unter der Gerinnungstemperatur der löslichen Eiweißstoffe eingeengt werden kann. Der Stickstoffgehalt in der organischen Trockensubstanz beträgt mindestens 14%, der Mineralstoffgehalt höchstens 15% mit höchstens 2,5% Kochsalz. Fleischsaft dient als diätetisches Lebensmittel. Gekennzeichnet ist er vor allem durch seinen hohen Gehalt an genuinen, gerinnbaren Eiweißstoffen (mindestens 35% der Gesamt-Trockensubstanz) und — im Gegensatz zu Fleischextrakt — durch den niedrigen Gehalt an Albumosenstickstoff.

b) Fleischextrakt

ist der eingedickte, albumin-, leim- und fettfreie Wasserauszug aus frischem Fleisch, der nach geeigneter Weiterbehandlung konzentriert wird.

Ausgehend von Untersuchungen über die Exktraktivstoffe des Fleisches, regte Justus von Liebig 1847 erstmals die Herstellung von Fleischextrakt an. 1864 entstand die erste Fleischextraktfabrik in Uruguay, 1905 eine solche in Argentinien.

Die Weltproduktion beträgt 4000 t/Jahr. Hauptlieferanten sind Argentinien (über 50%), Brasilien, Paraguay, Uruguay und einige afrikanische Staaten.

Zur *Herstellung* wird zerkleinertes Fleisch nach dem Gegenstromprinzip durch Diffusion mit 90° C warmem Wasser ausgelaugt. Die geklärte und filtrierte Brühe wird im Vakuum, dann in offenen Pfannen bis zu einem Wassergehalt von etwa 20% eingedampft. Zur Gewinnung von 1 kg Extrakt sind etwa 25 kg Fleisch erforderlich. Der extrahierte Fleischrückstand dient als Futtermittel oder zur Gewinnung von Eiweißpräparaten. Auch aus den bei der Corned beef-Herstellung anfallenden Kochwässern wird Fleischextrakt gewonnen. Für Extrakt aus *Walfleisch* wird eine entsprechende Kenntlichmachung zu verlangen sein. Unter Fleischextrakt handelsüblicher Art wird allgemein solcher aus Rindfleisch verstanden. Fleischextrakt enthält Fleischbasen, auch Purin- und Pyrimidinbasen, darunter das zum analytischen Nachweis von Fleischextrakt wichtige *Kreatin* bzw. Kreatinin sowie 5'-Inosinat (bis zu 2,8%; S. 317), Proteosen, Peptide, Aminosäuren und Ammoniak, organische Säuren (Milch- und Bernsteinsäure), Glykogen und Inosinsäure. Die Zusammensetzung wechselt stark.

Tab. 97 unterrichtet über die Zusammensetzung von Fleischextrakten.

Tab. 97. Zusammensetzung der Fleischextrakte von Rind, Wal, Spermwal und Schaf*
(Aus W. Baltes: Z. Lebensmittel-Unters. u. -Forsch. *135*, 319 (1967/68))

Bestandteil	Gehalt der Fleischextrakte vom (%) Rind: Bereich	Rind: Mittelwert	Wal: Bereich	Wal: Mittelwert	Spermwal: Bereich	Spermwal: Mittelwert	Schaf
Wasser	10,3—16,4	13,4	14,8—22,3	19,0	10,6—25,2	18,2	13,5
Asche	19,5—23,3	21,8	6,9—16,2	11,0	11,1—20,4	15,4	22,1
NaCl	3,1— 4,1	3,6	1,4— 2,9	2,0	2,1— 4,2	2,9	3,9
Phosphat (P_2O_5)	9,7—11,6	10,5	3,1— 5,3	4,2	3,7—10,9	6,7	10,9
Gesamt-Stickstoff	8,2— 9,6	9,0	9,6—11,5	10,6	6,7—10,0	8,7	8,8
in Petroläther löslich	0,1— 0,3	0,2	0,2— 1,9	0,6	0,01— 0,2	0,1	0,1
Kreatinin	3,5—10,4	7,2	2,2— 5,6	4,4	6,1—11,3	8,6	6,1

* Werte aus je 5 Proben Fleischextrakt vom Rind und Spermwal, 6 Proben vom Wal und 2 Proben vom Schaf.

Fleischextrakt ist infolge seines hohen Genußwertes und seines Gehaltes an Fleischbasen und Salzen ein appetitanregendes verdauungsförderndes *Genußmittel.*

Nach deutschem Handelsbrauch soll Fleischextrakt 19 bis maximal 21% Wasser, zwischen 4,5 und 6% Gesamtkreatinin (nach einigen Sachverständigen nicht unter 7%) und einen Aschegehalt von 18—20% aufweisen. 15% der Asche dürfen aus Natriumchlorid bestehen. Die Menge an Gesamtstickstoff, bezogen auf die fettfreie organische Masse, liegt zwischen 14 und 17%. Knochenbrüheextrakt wird nicht als Fleischextrakt angesehen. Verfälschungen durch Fleischmehl, Stärke, Zucker, Dextrin, Harnstoff

Tabelle 98. Gehalt an β-Adenyldipeptiden in verschiedenen Extrakten
(Nach W. Baltes, 1968)

	Fleischextrakt vom (%) Rind	Schaf	Wal	Spermwal
Anserin	0,56	2,23	0,35	1,77
Balenin	—	—	21,23	2,45
Carnosin	5,40	2,52	4,01	3,82

und Extrakte aus anderen eiweißreichen Rohstoffen (Knochen, Fische, Leim, Casein, Hefe usw.) sind bekanntgeworden. Zur Ermittlung einzelner Purinbasen in Fleischextrakten und den im folgenden besprochenen Produkten hat sich die Papierchromatographie als wertvoll erwiesen. Zum Nachweis von Walfleischextrakt neben Rindfleischextrakt eignet sich die Bestimmung des nur in dem erstgenannten Extrakt vorkommenden Balenins (vgl. S. 28). Der Gehalt an β-Adenyldipeptiden in verschiedenen Extrakten geht aus Tabelle 98 hervor.

c) Hefeextrakt

wird aus dem Zellsaft entbitterter Bier-, Melasse-, Molken- und Holzzuckerhefen hergestellt, und zwar durch Kochen mit Wasser (*Thermolyse*) oder durch Behandlung mit hypertonischen, starken Kochsalz- bzw. Zuckerlösungen (*Plasmolyse*) oder aber (als Mittelstellung zwischen Extrakt und Würze) durch *Autolyse* unter Wirkung der hefeeigenen Zellenzyme. Hefeextrakt ist reich an Vitaminen der B-Gruppe (B_1, B_2, Nicotinsäure) sowie an Ergosterin (Provitamin D), zeigt typischen Geschmack und Geruch und dient in der Küche gleich dem Fleischextrakt als Zusatz zu Suppen, Soßen, Gemüsen usw. sowie als Brotaufstrich. Vom Fleischextrakt unterscheidet er sich durch das Fehlen von 5'-Ribonucleotiden sowie von Kreatin und Kreatinin (eine analytisch ausgewerte Tatsache) sowie durch seinen Gehalt an Hefegummi (Mannan). Guter Hefeextrakt enthält nicht mehr als 30% Wasser, höchstens 18% Kochsalz, mindestens 4% Gesamtstickstoff und 2% Aminosäurestickstoff.

Die Bestimmung der Purine eignet sich zur Erkennung von Hefefextrakt in Fleischbrühwürfelmassen.

d) Brüherzeugnisse

Produkte dieser Art sind Zubereitungen in Form von Würfeln, Pasten oder gekörnten Präparaten, die, mit Wasser überbrüht, fertige Fleischbrühe bzw. fleischbrühartige Aufgüsse liefern und ähnlich den Würzen Verwendung finden. Sie enthalten Gewürze, Würzen, Natriumglutamat, Gemüse und Kräuterauszüge, tierische und pflanzliche Fette sowie Kochsalz. Allen Brüherzeugnissen eigentümlich ist ein bestimmter Gehalt an löslichen Stickstoffverbindungen (Peptide, Aminosäuren). Enthalten diese Erzeugnisse außerdem eine bestimmte Mindestmenge an Fleischextraktivstoffen, so können sie als Fleischbrühwürfel oder gleichsinnig bezeichnet werden.

Der Verkehr mit diesen Erzeugnisse wird durch die „VO über Fleischbrühwürfel und ähnliche Erzeugnisse" vom 27. 12. 1940, in der Fassung vom 20. 6. 1963 geregelt.

α) *Fleischbrühwürfel*

(Bouillonwürfel) werden aus Fleisch, Fleischextrakt oder eingedickter Fleischbrühe unter Mitverwendung von tierischen und pflanzlichen Fetten, Würzen, Gemüseauszügen, Gewürzen und Kochsalz hergestellt. Sie liefern beim Auflösen in heißem Wasser bouillonähnliche Getränke und dienen auch in der Küche als Zusatz zu Suppen, Soßen und Gemüsen. Entsprechende Erzeugnisse in gekörnter, Tafel-, Pulver- oder Pastenform sind gleichfalls handelsüblich.

β) *Hühnerbrühwürfel*

müssen als Fleischbrühwürfel aus soviel Hühnerfleisch hergestellt werden, daß mindestens $^1/_3$ des Extraktes und $^1/_3$ des Fettes dem Huhn entstammen.

Für die unter α) und β) genannten Erzeugnisse wurde in der vorzitierten Verordnung festgelegt, daß sie mindestens 0,45 v. H. Gesamtkreatinin (entsprechend

7—10 v. H. Fleischextrakt) und 3 v. H. löslichen Stickstoff enthalten müssen; der Kochsalzanteil darf 65 v. H. nicht übersteigen.

γ) Hefebrühwürfel

sind Erzeugnisse, die mindestens 10 v. H. Hefeextrakt enthalten.

δ) Brühwürfel

sind Produkte, die ohne Fleisch, Fleischextrakt und Hefeextrakt oder mit geringeren Mengen davon hergestellt werden, als den obengenannten Forderungen entspricht.

Weitere Einzelheiten sind der o. a. Verordnung zu entnehmen.

e) Kochfertige Suppen und Soßen

Erzeugnisse dieser Art sind in den „Richtlinien über Suppen- und Soßenerzeugnisse in trockener und Pastenform" in der Fassung vom 12. 6. 1957 charakterisiert.

Sie enthalten als Grundlage Mahlerzeugnisse aus Getreide und Hülsenfrüchten sowie Stärke, außerdem Trockengemüse und -pilze, Tomatenmark, Fleisch, Fleischextrakt, Fett, Salz, Speck, Gewürze und Suppenwürzen, Natriumglutamat usw. Die Rohstoffe werden oft durch geeignete Behandlung zur Erhöhung der Verdaulichkeit und zur Verkürzung der Kochzeit aufgeschlossen, so z. B. Hülsenfrüchte und Hülsenfruchtmehle. Sie kommen in Pulver-, Würfel- oder Wurstform (***Erbswurst***) in den Handel, erfordern außer Wasser keine anderen Zusatzstoffe zur Bereitung genußfertiger Suppen oder Soßen und werden in verschiedensten, den haushaltsüblich entsprechenden Geschmacksrichtungen und Zusammensetzungen angeboten. Konservierungsmittel sind verboten, auch Färbung ist nicht erlaubt. Ein Liter des nach Vorschrift zubereiteten Gerichtes darf nicht mehr als 15 g Kochsalz enthalten. Redlicher Handelsbrauch fordert, daß bei Hinweisen auf Fleisch, Schinken, Speck oder Geflügel im Liter mindestens 4 g Rohgewicht dieser Stoffe vorliegen müssen und daß bei Hinweisen auf die Verwendung von Fleisch 1 Liter Suppe 72 mg Kreatinin, Braten- und Gulaschsoße 200 mg Kreatinin, jeweils aus Fleischextraktivstoffen stammend, enthalten muß. Geflügelfleischsuppen müssen im Liter mindestens 48 mg Kreatinin, die teilweise aus Rindfleischextrakt herrühren dürfen, enthalten.

Über *süße Suppen* (Kaltschalen) und *Soßen* vgl. bei Puddingpulver (S. 587). Kochfertige Suppen und Soßen in trockener Form unterliegen der Kennzeichnungs-VO, sind nicht unbeschränkt haltbar und insbesondere vor Schädlingsbefall zu schützen.

Trockensuppen haben durch tafelfertige *Dosensuppen* eine ernsthafte Konkurrenz erfahren. Beide Erzeugnisse stellen typische „Bequemlichkeitslebensmittel" („*convenience foods*") dar. 1972 betrug der Gesamtumsatz der westdeutschen Suppenindustrie bei einer Erzeugung von fast 152000 t über 729 Mio DM. Davon entfielen auf Suppen insgesamt 418 Mio DM und auf Brühen, Soßen und Würzen rund 311 Mio DM. In der Relation der Dosensuppen und Trockensuppen beträgt der Anteil der Dosensuppen rund 36%; für die Trockensuppen trat im Jahre 1972 eine Minderung von 69,5% auf rund 64% ein.

f) Würzen

(Speisewürzen, Suppenwürzen, flüssige Würzen) sind meist flüssige, manchmal auch pastenartige Erzeugnisse, die der Geschmacksverbesserung von Suppen, Fleischbrühen, Soßen, Gemüsen und Salaten dienen. Pastenartige Produkte werden auch in Suppenerzeugnissen und Brühwürfeln (s. oben) mitverarbeitet. Zur Herstellung dürfen nur hygienisch einwandfreie eiweißreiche Materialien, wie Fleisch- und Blutmehle, Rückstände der Fischverarbeitung, Knochenbrühextrakte, Casein, Hefe, Hefeextrakt, Getreidekleber, Sojabohnen, entbitterte Lupinen, Preßrückstände der Speiseölgewinnung benutzt werden. Zusätze von Gemüse-, Kräuterauszügen und Gewürzen sind erlaubt. Die Rohprodukte werden mit reiner (etwa 25%iger) Salzsäure durch Kochen hydrolysiert, anschließend mit Soda oder Natronlauge neutralisiert, wobei das zur Geschmacksbildung und Haltbarkeitssteigerung notwendige Kochsalz entsteht. Die „Rohwürze" wird anschließend blank filtriert und mit Gewürz- oder Pflanzenauszügen (Extrakte aus Gemüse, Küchenkräutern oder Pilzen), die durch schonende Behandlung des Materials mit verdünnter Salzsäure gewonnen werden, aromatisiert. Träger des charakteristischen Fleischbrühgeschmackes solcher Erzeugnisse sind Peptide sowie die Bausteine der hydrolysierten Proteine, die Aminosäuren, unter ihnen vor allem die α-Ketobuttersäure, die aus Threonin bei der Hydrolyse entsteht (S. 25).

Der hohe Gehalt an Glutaminsäure in fast allen Proteinen bringt es mit sich, daß als wesentliche Komponente in derartigen Hydrolysaten sich auch Glutaminsäure findet, die außerdem zusätzlich als *Mononatriumglutamat* (in den USA als MSG = monosodium-glutamat bezeichnet) beigegeben wird. Glutamat zeigt salzig-süßlichen Geschmack, der selbst nicht hervortritt, sondern das Eigenaroma zahlreicher tierischer und pflanzlicher Lebensmittel (Suppen, Würzen, Fleisch-, Fisch-, Gemüsekonserven, Tomatenmark, Pilze usw.) verstärkt, eine schon 1909 in Japan von K. I. Keda gemachte Beobachtung. Glutamat vermag auch warmgehaltenen Speisen wieder frischen Geschmack zu verleihen. Für viele Lebensmittel (Früchte und Fruchtsäfte, Milchprodukte u. a.) erscheint es als Geschmacksverbesserer nicht geeignet, auch besteht bei wahllosem Zusatz die Gefahr der Geschmacksnivellierung. Der optimale Wirkungsbereich des Glutamats, und zwar nur der L-*Form*, liegt bei etwa pH 5,5—6,5; die verwendeten Mengen bewegen sich in den Speisen zwischen 0,1—0,3%. Über die „China-Restaurant-Krankheit" vgl. S. 27.

Über Ribonucleotide als „enhancers" s. bei „Aromen".

Für die *chemische Zusammensetzung* von Würzen sei als Beispiel die der bekannten „Maggi"- und „Knorr"-Erzeugnisse gebracht. Diese enthalten im Durchschnitt 29,5—30% organische Substanz, 4,3—4,6% Gesamtstickstoff, 50,7—51% Wasser, 19% Mineralstoffe, etwa 16,2% Kochsalz. Der Aminostickstoff macht etwa 54% des Gesamtstickstoffs aus.

g) Soßen des Handels

Unter ihnen ist besonders bekannt die (ursprünglich in England hergestellte) *Worcestershire-Sauce* (Worcester-Sauce), gewonnen durch Ausziehen von Gewürzen mit heißem Weinessig und Zusatz von Kochsalz, Zucker, Tamarinden, Caramel und Sherry. Ähnliche besonders scharfe und pikant schmeckende Soßen werden zur tropfenweisen Zugabe auf Pasteten, Fleisch, Fisch, Suppen usw. in allen Ländern hergestellt. Die *Soja-Soße* Ostasiens, auch als „Shoya" oder „Shoyu" bezeichnet, wird aus der Sojabohne durch proteolytischen Abbau mit dem Schimmelpilz Aspergillus orycae gewonnen. Als Zwischenprodukt zur weiteren Beimpfung neuen Materials stellt man das „*Koji*" her, eine enzymreiche Mischung des genannten Pilzes mit gedämpftem Reis. Die bis zu 5 Jahre dauernde Gärung liefert eine aromatische, dünnflüssige, dunkelbraune Soße. Ähnliche Produkte sind das japanische und chinesische *Miso*, flüssige oder breiartige, mit Aspergillus-Arten vergorene Würzen aus der Sojabohne.

Über *Bratensoßen* in trockener und Pastenform vgl. S. 348.

II. Fleisch von Kaltblütern (sowie Walen)

1. Fische

Im Rahmen der Ernährung spielt der Fisch als solcher sowie in Form zahlreicher Zubereitungen eine wesentliche Rolle für die Versorgung mit biologisch hochwertigem Eiweiß, Fett und nicht zuletzt mit fettlöslichen Vitaminen. Eine ausgesprochene Fischwirtschaft existiert in Deutschland zwar erst seit etwa einem halben Jahrhundert, doch hat sie sich schnell einen aus der Fleischversorgung breitester Schichten nicht mehr wegzudenkenden Platz erobert. Wir unterteilen die Fischwirtschaft zweckmäßig in *See-* (Hochsee- und Küstenfischerei), *Binnen-* und *Teichfischerei* (mit Fischzucht). Nach Aufenthaltsort, Herkunft und Fang trennen wir (wenn auch nicht streng) in *See-* und *Süßwasserfische*, nach Zusammensetzung in *Fett-* und *Magerfische*.

Den Hauptanteil des Fischverzehrs bestreitet die *Seefischwirtschaft*. Im Jahre 1900 wurden auf der gesamten Welt 5 Mio t, 1968 bereits 60,1 Mio t Fische gefangen. Fischerträge der Welt im Jahre 1964 sind der folgenden Tab. 99 zu entnehmen.

Tabelle 99. Fischereiländer der Welt mit Fischerträgen über 1 Mio t im Jahre 1964
(Aus: Yearbook of Fishery Statistics 1964)

	Ertrag in Mio t		
	Fische gesamt	Seefische	Süßwasserfische (Lebendgewicht)
Welt	47,16	40,54	6,61
1 Peru	9,12	9,04	0,08
2 Japan	4,81	4,62	0,19
3 China	5,80	1,50	4,30
4 UdSSR	4,36	3,85	0,51
5 USA	1,74	1,52	0,22
6 Norwegen	1,27	1,25	0,02
7 Indien	1,22	0,76	0,46
8 Kanada	1,09	0,97	0,12
9 Spanien	1,03	1,03	—
10 Chile	1,09	1,09	—
Summe 1 bis 10	31,53	25,63	5,90

Nach Erdteilen gegliedert stand 1970 Asien an der Spitze mit 26 Mio t, gefolgt von Südamerika (13,3 Mio t), Europa (13,2 Mio t), UDSSR (7,3 Mio t), Nordamerika (4,1 Mio t), Afrika (2,4 Mio t) und Ozeanien (0,2 Mio t). Der Pazifik bringt 36,6 Mio t und der Atlantik 23.3 Mio t. Der Anteil der Binnenfischerei macht etwa 10 % aus.

Tabelle 100 bringt die Anlandungen der deutschen Seefischerei nach Hauptfischarten.

Tabelle 100. Anlandungen der Seefischerei in der BRD nach Hauptfischarten
(Nach Goeben, H., u. U. Sommer: Die Fischwirtschaft in Zahlen. Forsch. Anst. f. Landwirtschaft Braunschweig (1971))
1960 Frischgewicht, 1971 Fanggewicht (in 1000 t)

Fischart	1960	1971
Hering	185	84
Rotbarsch	143	70
Seelachs	48	60
Kabeljau	89	193
Schellfisch	9	6
Krebstiere	24	25
sonstige	95	54
insgesamt	593	492

Gegenwärtig spielen neben den *Fanggründen* in der Nordsee die Gewässer um Island und Grönland eine bedeutende Rolle. Der Durchschnittsverbrauch an Seefischen, Fischerzeugnissen und Fischwaren betrug in der BRD einschl. Berlin (West) pro Kopf und Jahr 1971 10,5 kg. Geht man vom Produktgewicht aus, so lag der Verbrauch bei 5,34 kg.

Die Erträge an *Süßwasserfischen* (s. oben) stammen neben den Fängen in natürlichen und künstlichen Gewässern (z. B. Stauseen) aus der Fischzucht in Süß- und Brackwasser. Letztere wurde nach dem Kriege vor allem in südost- und ostasiatischen Ländern sehr stark intensiviert. Die deutsche *Binnenfischerei* umfaßte vor dem 2. Weltkrieg etwa $1^1/_4$ Mio ha Binnengewässer. Die wichtigsten *Binnenfische* sind Aal, Zander, Barsch, Hecht, Bachforellen, Felchen, Brassen und Plötze.

Allgemeine Bewertungsmerkmale und Begriffsbestimmungen bringen die Leitsätze des Deutschen Lebensmittelbuches „Leitsätze für Fische, Krusten-, Schalen- und Weichtiere und Erzeugnisse daraus" vom 10. 9. 1972 sowie die „Leitsätze für tiefgefrorene Fische und Fischerzeugnisse" vom 3. 11. 1972, auf die hier verwiesen sei. Eingehende Angaben über Fische des Handels auf deutschen Seefischmärkten bringen U. Kietzmann u. Mitarb. (82) sovie W. Ludorff u. V. Meyer (99).

a) Die Anatomie und Physiologie der Fische

Als kaltblütige, durch Kiemen atmende Wirbeltiere besitzen die Fische teils knorpelige Skeletteile (Hai, Rochen), überwiegend jedoch echte Knochen. Im Gegensatz zum Warmblüter werden die Verdauungsorgane (Mund, Magen, Darm) küchenmäßig und fabrikmäßig meist entfernt, manchmal jedoch, so bei geräucherter Ware (Bückling, Sprotten), bleiben sie erhalten, wodurch die Haltbarkeit wesentlich gemindert wird. Der anatomische Bau der Fische ist äußerst vielgestaltig. Zur Orientierung muß auf entsprechende Spezialwerke verwiesen werden.

Die Fasern des Muskelfleisches sind quergestreift, dicker als beim Warmblüter. Der Muskel ist arm an Bindegewebe (Sarcolemma) und zeigt besonders lockere Struktur.

Die Muskeln setzen sich aus Fibrillen von wenigen mm bis mehreren cm Länge zusammen. Die Fibrillen sind optisch in doppelbrechende (anisotope) und einfachbrechende (isotope) Abschnitte gegliedert, so daß ein Bündel von Muskelfibrillen dunkle und helle Querstreifen zeigt. Wegen des meist weißen, nur in Einzelfällen roten Blutes ist Fischfleisch vorzugsweise weiß gefärbt, rotfarbiges Fleisch bzw. Blut finden wir bei Stör, Karpfen und Lachs.

Das Blut der Fische unterscheidet sich von dem der Säugetiere dadurch, daß die geformten Bestandteile stets mit einem Zellkern ausgestattet sind. Neben dem Muskel ernährungsphysiologisch und technologisch wichtig sind *Leber* (Leberöle) und *Geschlechtsorgane* als Eier (Rogen, Kaviar) bzw. als Sperma („Milch").

b) Die chemische Zusammensetzung des Fischfleisches

Im Vergleich zum Warmblüter ist der Fisch meist wasserreicher und fettärmer: nur relativ wenige Fische (Aal, Lachs, Hering) zeigen hohen Fettgehalt. Der Gehalt an Extraktivstoffen (Fleischbasen) ist gering.

Die *Stickstoffsubstanz* besteht in der Hauptsache aus biologisch hochwertigem *Eiweiß*, der Proteingehalt im Fischfleisch liegt bei etwa 18—20%. Ein spezifisches Stoffwechselprodukt der Seefische ist das *Trimethylaminoxid*, das im Muskelgewebe abgelagert und teilweise durch Bakterien des toten Fisches unter Mitwirkung der Triaminoxidase zu *Trimethylamin* abgebaut wird. Von den beiden genannten, wasserlöslichen Stoffen ist Trimethylamin die stark riechende Komponente. Die Zunahme beider Substanzen sowie die Bildung von Ammoniak aus Trimethylaminoxid im lagernden Fischfleisch sind Zeichen abnehmenden Frischegrades. Selachier (Hai, Rochen) enthalten beträchtliche Mengen an Harnstoff, der dort physiologisch einen Teil der Blutsalze vertritt und durch mikrobielle Zersetzung

(Urease) schnell in Ammoniak übergeht. Frischer Dorsch enthält 9,8 mg, frische Scholle 5,7 mg Ammoniak pro 100 g Fleisch; der Gehalt nimmt nach der Schlachtung schnell zu. Von weiteren Stickstoffsubstanzen ist im Fischmuskel ein relativ hoher Gehalt an freien Aminosäuren bemerkenswert. Unter diesen geht freies Histidin bei der Fischverderbnis in Histamin über.

Der *Fettgehalt* der Fische ist sehr verschieden und größeren Schwankungen unterworfen. Besonders fettreich sind von Natur aus Lachs, Hering, Aal, Sprotte, Sardelle, fettarm Schellfisch, Hecht, Seezunge. Fettarme Fische werden meist mit Öl oder Fettzugabe verarbeitet (Bratfische). Der Fettanteil im Fisch stellt die Konservierungstechnik, insbesondere die Gefriererhaltung, durch die leichte Verderblichkeit des Fischfettes vor schwierige Probleme.

Dem hohen Gehalt an ungesättigten Fettsäuren steht die relative Armut an antioxydativ wirksamen Tokopherolen gegenüber. Die mehrmals beobachtete Bildung von Carbonylverbindungen bei der Fischverarbeitung und damit verbundene Geschmacks- und Geruchsabwandlungen gehen auf das genannte Verhalten der Fettfraktion zurück.

Der Fettgehalt des Fisches hängt vor allem vom Reifungscyclus, von der Freßzeit, vom Nahrungsangebot und von der Nahrungsgewohnheit ab, wobei die Fettablagerung im Fleisch (z. B. Karpfen, Hering), in der Leber (Dorsch, Schellfisch, Seelachs) oder aber in den Eingeweiden (Zander, Hecht, Barsch) erfolgen kann.

Mineralstoffe. Fische sind reich an Fluor und Jod. So finden sich im Haifischknorpel 0,59% Fluor, im Dorsch 0,56—0,68 mg und im Schellfisch 0,9—2,4 mg Jod pro 100 g Frischfleisch.

Über den *Vitamingehalt* vgl. bei den einzelnen Vitaminen. Fettreiche Fische sowie Fischleber (Lebertrane) sind wichtige Quellen insbesondere für die fettlöslichen Vitamine A und D. Manche Fische (Karpfen u. a.) enthalten in den Eingeweiden ein Vitamin B_1 zerstörendes Enzym, die *Thiaminase* (vgl. S. 203).

Die *Tabellen* 101/102 unterrichten über die Zusammensetzung wichtiger Fischarten und Fischerzeugnisse.

Tabelle 101. Zusammensetzung und Nährwert der wichtigsten Konsumfische (Nach S. W. Souci u. Mitarb., 1964) g in 100 g Filet

Fischart	Wasser	Eiweiß	Fett	Mineralstoffe	kcal/100 g
Kabeljau (Dorsch)	82	17	0,3	1,0	73
Schellfisch	81	18	0,12	1,2	75
Köhler (Seelachs)	80	18	0,8	1,2	81
Seehecht (Südafrika)	80	17	0,9	1,1	78
Kingklip (Südafrika)	79	18	0,2	0,8	76
Rotbarsch	78	19	3,0	1,4	106
Hering (Nordsee)	63	18	18	1,3	242
(Norweger)	66	18	15	1	213
(Ostsee)	70	18	12	0,6	185
Makrele	68	19	12	1,3	190
Scholle	81	17	0,8	1,4	77
Heilbutt	75	18	5	1,0	120
Lachs	66	20	14	1,0	212
Thunfisch	62	21	15	1,1	226
Aal	61	13	25	1,0	286
Wal	70	23	3,5	1,1	127
Garnele (Krabbe)	78	19	2	—	97
Karpfen	72	19	7	1,3	143
Schlei	77	18	0,7	1,8	80
Hecht	80	18	0,8	1,1	81
Forelle	78	19	2	1,2	97

Tabelle 102. Zusammensetzung und Nährwert der wichtigsten Fischerzeugnisse (eßbarer Anteil; Durchschnittswerte)
(Nach W. Ludorff, 1960 und S. W. Souci u. Mitarb., 1964)

Erzeugnis	Abfall	Wasser	Eiweiß	Fett	Kochsalz	kcal/
	←		%		→	100 g
Salz- und Trockenfische						
Matjeshering	32	37	12	12	1	161
Matjeshering-Filet	0	54	18	18	10	241
Salzhering	32	33	14	11	10	159
Salzhering-Filet	0	48	21	16	15	235
Stockfisch	35	10	51	2	2	228
Stockfisch (eßbarer Anteil)	—	15	80	2,5	3	351
Klippfisch	35	22	29	1	13	128
Klippfisch (eßbarer Anteil)	—	34	45	0,7	20	191
Laberdan	31	40	16	1	12	75
Räucherfische						
Bückling	38	36	14	10	2	150
Bückling (eßbarer Anteil)	—	61	22	14	3	220
Makrele	30	43	15	11	1	164
Aal	27	40	13	19	1	230
Aal (eßbarer Anteil)	—	53	19	26	1,4	321
Rotbarsch (Stück)	25	52	20	2	1	101
Kabeljau (Dorsch, Schellfisch)	25	50	23	0	2	94
Fischhalbkonserven						
Bismarckhering	5	57	19	16	3	227
Hering in Gelee	45	31	16	7	1	131
Gabelbissen	0	62	15	10	10	167
Lachs in Öl	0	56	18	16	10	223
Seelachs (Lachsersatz) in Öl	0	65	17	10	8	163
Deutscher Kaviar	0	71	13	8	5	127
Krabbenfleisch (Garnelen)	0	70	23	2	4	117
Fischvollkonserven						
Heringe in Soßen	0	60	16	20	1,5	260
Ölsardinen	0	56	24	14	1,5	230
Thunfisch in Öl	0	53	24	21	1,5	290

c) Einflüsse auf Zusammensetzung und Haltbarkeit

Hinsichtlich der *Fischart* gilt, daß Raubfische schmackhafter als Friedfische, Fettfische wohlschmeckender als Magerfische, grätenreiche Fische (Karpfen, Barsch, Hecht, Bleie, Schleie) oft weniger begehrt sind als grätenarme Fische.

Vor und zwischen zwei *Laichperioden* ist der Fisch am schmackhaftesten, *ältere Fische* sind zähe, trocken und übermäßig fett (Altersspeck). Karpfen sind 3—4 jährig am besten.

Viele Fische stellen sich auf stehende oder fließende Gewässer ein. Der *Salzgehalt* ist nicht immer ausschlaggebend: Seefische steigen in Binnengewässer auf. *Abwässer* können direkt tötend, vertreibend oder sauerstoffzehrend (Sommerhitze, Eisdecke) sein und damit die Fischwirtschaft oft schwer schädigen. Der Wassergeruch teilt sich leicht dem Fischfleisch mit, z. B. bei Teichkarpfen. Fütterung mit fettreichem Futter (Mais, Lupinen, Fischmehl) beeinflußt die Fischqualität ungünstig, dabei kann z. B. beim Karpfen der Gehalt des (nicht verwerteten, hauptsächlich in den Eingeweiden abgelagerten) Fettes von 2,6 auf 8,7% ansteigen. Für die bakterielle Zersetzung des geschlachteten Fisches sind wesentlich: die im Darm enthaltenen Bakterien, die zu raschem Eiweißabbau führenden Verdauungsenzyme und vor allem die bakterienreiche, frischen Fischen anhaftende Schleimschicht. Diese Schicht enthält zahlreiche, gegenüber tiefen Temperaturen wenig empfindliche Keime (psychrophile oder psychrotolerante Mikroorganismen), die noch bei —10° C gut wachsen.

d) Besonders wichtige Fischfamilien

Für die Ernährung besonders wichtig sind folgende Gruppen:

α) *Haifische*

Der etwa 1 m lange *Dornhai* (Squalus acanthias) wird fälschlich auch als „*Seeaal*" bezeichnet und kommt unter diesem Namen mariniert oder geräuchert in den Handel. Andere Bezeichnungen sind Steinaal, Forellenstör oder Dornfisch. Die geräucherten Bauchdecken heißen„*Schillerlocken*". Hierher gehört auch der *Heringshai* (Lamna cornubica) als Begleiter der Heringsschwärme in der Nordsee. Er besitzt ein dem Kalbfleisch ähnliches Fleisch und trägt unzutreffende Bezeichnungen wie „Seestör", „Wildstör" oder „Kalbfisch". Wegen des hohen Harnstoffgehaltes (s. S. 351) weist das Fleisch dieses Fisches meist leichten Ammoniakgeruch auf. Bestrebungen, die hier genannten ernährungsphysiologisch hochwertigen Haiarten unter anderen, wenn auch unrichtigen Bezeichnungen in den Handel zu bringen, sind wegen der Abneigung des Verbrauchers gegenüber dem Wort „Hai" verständlich.

Flossen der Haie sind in China ein beliebtes Nahrungsmittel, als Luxusspeise werden sie auch bei uns importiert.

β) *Lachsfische*

Lachs (Salm, Salmo salar) und Meerforelle (Silberlachs, Salmo trutta) sind Wanderfische. Die Hauptmengen kommen aus Norwegen und Alaska, oft in gesalzenem oder eingefrorenem Zustand. 1956 wurden rund 140000 t Lachskonserven in der Welt erzeugt, und zwar fast ausschließlich im Pazifik (Kanada, USA, Alaska und Japan).

Hierher rechnen u. a. auch die *Bachforelle* (Salmo trutta f. fario), die *Seeforelle* (Salmo trutta f. lacustris) sowie die *Regenbogenforelle* (Salmo irideus).

γ) *Heringsartige Fische*

Hering (Clupea harengus) ist der meistverarbeitete und wichtigste Nutzfisch. Man unterscheidet nach der *Fangzeit* (Frühjahrs- bis Winterhering), der *Laichzeit* oder Geschlechtsreife (Matjes-, Voll-, Hohlhering) oder der *Fangart* [*Loggerfischerei* mit Treibnetz (Heringsfleet, „Große Heeringsfischerei", stark zurücktretend; Abb. 58) bzw. *Trawl*-(Dampfer-)*fischerei* mit Schleppnetz („Große Hochseefischerei", als Fernfischerei bedeutsamste Fangart; Abb. 59]. Trawlfischerei stellt die wirtschaftliche Grundlage der Hochseefischerei dar. Der Trend geht vom „Seitentrawler" zum „Hecktrawler" bis zu 3000 BRT Größe.

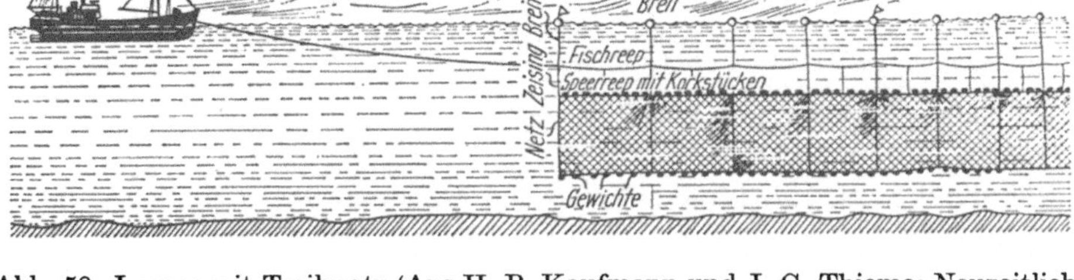

Abb. 58. Logger mit Treibnetz (Aus H. P. Kaufmann und J. G. Thieme: Neuzeitliche Technologie der Fette und Fettprodukte. 1. Lfg., S. 89, Münster: Aschendorff 1956)

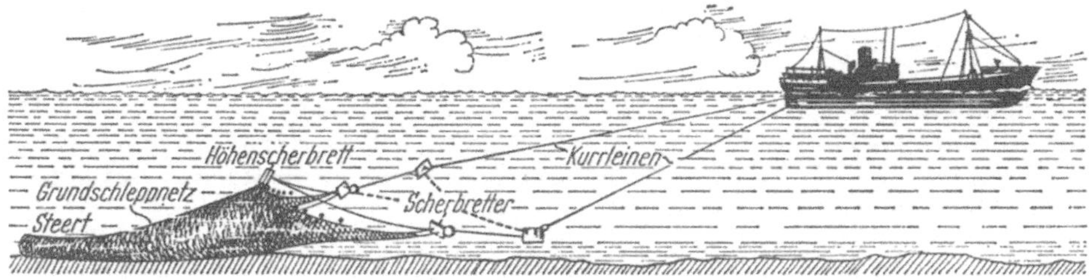

Abb. 59. Fischdampfer mit Grundschleppnetz (Aus H. P. Kaufmann und J. G. Thieme: Neuzeitliche Technologie der Fette und Fettprodukte. 1. Lfg., S. 90, Münster: Aschendorff 1956)

In jüngster Zeit hat auch die *Ringwade* Anwendung gefunden, eine riesige Netztasche, in die der Heringsschwarm zusammengedrängt wird ("purse seining"). Als besonders schonende Fangmethode wird in der Hochseefischerei die *Elektrofischerei* erprobt. Die Hauptfangzeit der deutschen Heringsfischerei liegt im Juli, die der englischen und norwegischen Flotten im Oktober bis Dezember.

Die Heringe sind durchschnittlich 12 bis 35 cm lang, leben als Zugfische in großen Schwärmen und bevölkern die nördlichen gemäßigten und kalten Meere.

Zubereitete Heringsfische sind zunächst der Bückling (S. 360), weiterhin die *Sprotte* (Brisling, Breitling; Clupea sprattus), die zu *Appetitsild* und *Anchovis* verarbeitet, geräuchert oder in Öl gelegt wird. Und schließlich wären zu nennen die *Sardelle* (Engraulis encrasicholus; echte Anchovis, in Deutschland nur gesalzen bekannt) sowie die *Sardine* (Clupea pilchardus; aus Frankreich, Spanien, Portugal und den afrikanischen Atlantikküsten), in ihrer erwachsenen Form als *Pilchard* (England) bezeichnet. Hauptverwendung findet die Sardine als *Ölsardine* in Dosen. Keine Sardinen, sondern kleine Heringe sind „Russische Sardinen" oder „Kronsardinen". Hierher rechnet auch der frisch oder geräuchert im Handel anzutreffende *Maifisch* (Alse, Alosa alosa).

δ) *Schellfischartige Fische*

Vertreter dieser Arten sind als fettarme Fische (Nordsee, Island, Weißes Meer) Hauptlieferanten für die Frischfischversorgung der Bevölkerung, und zwar als *Kabeljau* (Dorsch; Gadus morrhua), *Köhler* (Gadus virens) und *Merlan* (Wittling; Gadus merlangus). Köhler liefert den „Seelachs", der gefärbt, in Scheiben geschnitten und in Öl als Lachsersatz in den Handel kommt. Bei Rotfärbung mit zugelassenen Farbstoffen ist das Erzeugnis als „Seelachs (Lachsersatz) in Öl, mit Farbstoff" zu bezeichnen.

Die Bedeutung des *Schellfisches* (Gadus (melanogrammus) aeglefinus) tritt gegenüber den genannten Arten weit zurück, die des Seehechtes (Hechtdorsch, Merluccius merluccius) ist im Zunehmen begriffen.

ε) *Plattfische*

Sie sind neben den Schellfischen als Scholle (Goldbutt; Pleuronectes platessa), Flunder (Graubutt, Struffbutt; Pleuronectes flesus), Heilbutt (Hypoglossus hypoglossus), Kliesche (Scharbe; Pleuronectes limanda), Glattbutt (Rhombus laevis), Rotbutt, See- und Rotzunge (Solea vulgaris und Pleuronectes cynoglossus), *Steinbutt* (Rhombus maximus) die beliebtesten deutschen Seefischarten.

ζ) *Aale*

Flußaal und Meer- oder Seeaal (Anguilla anguilla, rostrata, Conger conger u. a. Aalarten) kommen unreif als *Sommeraal* (Gelb- oder Braunaal) sowie reif als *Winteraal* (Blank- oder Silberaal) in den Handel, und zwar frisch, mariniert (Aalbricke), in Gelee oder geräuchert (Spickaal). Auch Gefrieraal wird eingeführt; nach einem Erlaß vom 11. 5. 1934 muß hier ausreichend auf die Herstellung im Gefrierverfahren hingewiesen werden. Aal ist durch seinen hohen Fettgehalt (etwa 25% Fett) schwer verdaulich.

η) *Der Thunfisch*

(Thunnus thynnus) ein zu den Makrelen rechnender Stachelflosser mit roter, dem Rindfleisch ähnlicher Muskulatur (Nordseegebiet, Atlantischer Ozean, Mittelmeer) wird meist gesalzen, geräuchert, als Ölkonserve oder in Form von Fischpasten verzehrt.

Über Quecksilber in Thunfischkonserven vgl. S. 122. Große Bedeutung besitzt die *Makrele* (Scomber scombrus), die frisch, geräuchert oder als Dosenkonserve in den Handel kommt.

ϑ) *Der Rotbarsch*

(Sebastes marinus) hat in den letzten Jahrzehnten außerordentlich an Bedeutung gewonnen. Das Fleisch ist fett, fest und sehr vitaminreich („Fettfisch") und wird gebraten, geräuchert, gekocht und als Gefrierware konsumiert.

ι) *Süßwasserfische*

treten gegenüber den Seefischen an wirtschaftlicher Bedeutung in Deutschland weit in den Hintergrund, wenngleich sie eine wichtige und rationelle Quelle biologisch hochwertiger Proteine sind. Statistische Angaben über die gesamten deutschen Fangerträge der Binnenfischerei liegen nicht vor. Die Bodenseefischerei lieferte im Jahre 1956 einen Rekordfang von 1200 t, während die allgemeine Lage der Binnenfischerei schlecht war.

Als Süßwasserfische sind von Bedeutung: Aal, Karpfen, Schleie, Brasse, Plötze, Güster, Hecht, Barsch und Zander, Lachs, Regenbogen- und Bachforelle, Felchen.

e) Bewertung des Fischfleisches

Bei Fischen ist der eßbare Anteil geringer als bei Warmblütern. Der Abfall vom Gesamtfisch beträgt bis zu 50%, vom kopflosen Fisch etwa 10—15%. Fischfleisch wird gleich dem Warmblüterfleisch gut, doch wesentlich schneller verdaut, weshalb der *Sättigungswert* bedeutend geringer ist. Beim Kochen tritt ein Verlust von etwa 15% ein, wobei Fischfleisch weit weniger schrumpft als Rindfleisch. Biologisch ist die Wertigkeit des Proteins dem von Warmblüterfleisch gleichzusetzen.

f) Veränderungen und schädliche Bestandteile des Fischfleisches

α) *Physiologisch bedenkliche Komponenten*

Manche Fische (Aal, Meeraal, Thunfisch, Neunauge, Muräne, Karpfen, Schleie, Hecht) enthalten in Haut, Drüsen, Blut oder Blutserum oder in den Eierstöcken verschiedene Gifte („Fugugift" der Kugelfische, Ichthyotoxine), die oft hämolytisch wirksam sind und meist durch Kochen zerstört werden. Auch Giftstacheln (Dornhai, Muräne, Knurrhahn) erfordern Vorsicht. Giftwirkung kann auch von toxischen Abwässern ausgehen. Die erstmals 1914 vor allem nach Aalgenuß beobachtete „Haffkrankheit" wird damit erklärt. Für giftverdächtige Fischfänge wurde in der BRD am 21. 8. 1950 eine besondere Verordnung erlassen. Von besonderer Bedeutung ist die Speicherung von Methylquecksilber im Fischfleisch geworden (Vgl. S. 122).

β) *Pathologisch auftretende Veränderungen*

an Fischen betreffen u. a. den Befall mit Finnen und anderen Parasiten, die im Gegensatz zu Warmblüterfleisch hier wesentlich weniger gefährlich sind, weil der Fisch üblicherweise nicht roh oder ungenügend durchgekocht und insbesondere ohne Eingeweide genossen wird. Im asiatischen Raum verbreitete Gewohnheiten, Fisch roh zu essen, bieten vielfältige Infektionsmöglichkeiten (vor allem durch Vibro parahaemolyticus). Viel bedeutungsvoller sind postmortale Veränderungen.

γ) *Postmortale Veränderungen*

Sie betreffen vor allem autolytische und Fäulnisprozesse verschiedenster Art. Infolge der besonderen Struktur des Fischmuskels, der Neigung zur alkalischen Reaktion und der bei Fang und Schlachtung des Fisches besonders großen Infektionsmöglichkeit sind die Bedingungen für derartige desmolytische Reaktionen besonders günstig. Die 4 Gruppen von Fleischvergiftern: Botulinus, Proteus, Typhus und Paratyphus (Salmonellen) können zu schweren Vergiftungen führen (auch in Räucherfisch, Fischpaste und Fischmarinaden). Da chemische Methoden, z. B. die auf Ammoniak und andere Basen ansprechende, zur Prüfung von Warmblüterfleisch viel benutzte Ebersche Probe, meist versagen, hat die bakteriologische Überwachung von Fischmärkten, fischindustriellen Betrieben und Lebensmittelverkaufsstellen besondere Bedeutung.

Als brauchbare *objektive Methoden* sind neben der direkten mikroskopischen Keimzählung die Bestimmung flüchtiger Stickstoffbasen und Säuren, flüchtiger, Permanganat reduzierender Substanzen sowie des Trimethylamins und Trimethylaminoxids vorgeschlagen worden. Auch der in der Fettanalytik verwendete Thiobarbitursäuretest wurde zur Ermittlung der Ranzidität von Fischen und Fischprodukten herangezogen. Die gerade noch tragbare Menge an flüchtigem basischem Stickstoff im Fischmuskel scheint bei 45 mg-%, nach anderen Angaben bei 35 mg-% zu liegen. Die Höchstgrenze an Ammoniak im Dorschfleisch und in der Scholle wird zu 12 mg-% angegeben. Frisches Heringsfleisch enthält 20 mg-% Ammoniak und 1 mg-% Trimethylamin. Lagern bei 10—12° C erhöht den Trimethylaminspiegel nach 4 Tagen auf 100 mg-%. Gleichzeitig treten Mono- und Dimethylamin auf. Trimethylaminmengen über 80—100 mg-% sind bedenklich. Freigesetzte Aminosäuren und ihre Abbauprodukte, beim ATP-Abbau gebildetes Inosinphosphat u. a. m. sind für den Geschmack des Fischfleisches bedeutungsvoll.

Eine wichtige postmortale Veränderung ist auch beim Fisch die *Totenstarre* und ihre Lösung. Die Totenstarre ist beim Kaltblüter im allgemeinen wesentlich kürzer als beim Warmblüter, ihr kommt für die Erhaltung der Fischqualität große Bedeutung zu. Insbesondere ist eine möglichst lange Erhaltung der Starre dadurch anzustreben, daß der Fisch beim Fang nicht zu lange gejagt, vor und während der Starre wenig bewegt und sofort kühl gelagert wird. Fischfleisch unterscheidet sich grundsätzlich vom Fleisch der Warmblüter dadurch, daß hier eine Reifung über längere Zeit unterbleibt.

Umfangreiches Material zur Frage postmortaler Veränderungen bringt V. Meyer (in: 54, Bd. III/2., S. 1399).

Bedeutungsvoll für den Eiweißabbau in Fischen sind proteolytische, im Fischmuskel enthaltene Enzyme, insbesondere Kathepsine und Peptidasen.

Wie bei Fleisch (S. 329) wird auch bei Fischen Infektion durch *Leuchtbakterien*, z. B. beim Aufbewahren von Bücklingen im Kühlschrank beobachtet.

g) Fischdauerwaren

Die leichte Zersetzlichkeit der Fischmuskulatur, bedingt durch ihre besondere Struktur und durch die Vielfalt der Infektionsmöglichkeiten bei Fang, Verarbeitung und

Vertrieb, hat schon seit alter Zeit dazu geführt, wie beim Warmblüterfleisch auch hier durch geeignete Behandlungsverfahren die Haltbarkeit von Fischen und Fischzubereitungen zu steigern.

Die Behandlung der Fische umfaßt zunächst das *Abkühlen* bzw. *Gefrieren* sowie das *Trocknen*, *Salzen* und *Räuchern*, dann das *Einlegen in Essig* oder in Gelatine mit Essigzusatz, das Braten oder Einlegen in Öl und schließlich das *Einlegen* mit oder ohne Essig bzw. anderen Tunken *in luftdicht verschlossene Behältnisse*. Die dabei erzielten Produkte sind je nach der zu erwartenden Haltbarkeit zu unterscheiden in *Voll-* und *Halbkonserven* (*Präserven*), wobei für die letztgenannte Konservierungsart meist nicht auf den Zusatz chemischer Konservierungsmittel verzichtet werden kann. Gefrieren, Räuchern usw. sind bereits an anderer Stelle besprochen worden. Hier sollen nur wesentliche, das Gebiet der Fischerhaltung betreffende Ergänzungen gegeben werden. Über Vorschriften zur Beurteilung von Fischwaren vgl. S. 351, außerdem sind hier die „Konservierungsstoff-VO“ und die „Farbstoff-VO“zu berücksichtigen.

Von besonderer Bedeutung sind die „Leitsätze des Deutschen Lebensmittelbuches“ (vgl. S. 351). Sie bringen Begriffsbestimmungen, Angaben über Herstellung, Bezeichnungen und besondere Beurteilungsmerkmale für Fischerzeugnisse.

α) *Kühl- und Gefrierverfahren*

Frischhaltung durch *Kälte* ermöglicht die vollkommenste Erhaltung von Genuß- und Nährwert. Sie erlaubt außerdem eine bessere Ausnutzung der Fischereiflotte, das zunehmend notwendige Aufsuchen entfernter Fanggründe und ist wesentlichste Voraussetzung für Marktregelung sowie Vorratswirtschaft der Fischindustrie. Da Fisch bereits wenig über 0° C rasch verdirbt, beginnt die Kältebehandlung des Fisches schon nach dem Fang durch Eineisen an Bord, wobei reines oder mit bactericiden Stoffen versetztes Eis (vgl. S. 304) zur Verwendung gelangt („Seefrostung“). Für das Einfrieren kommen entweder ganze Seefische (Plattfische, Thunfische, Makrelen, Heringe) oder verpackte Filets (Kabeljau, Schellfisch, Seelachs, Rotbarsch) in Frage. Das Fischgefrieren auf See in „*Gefriertrawlern*“ stellt heute in erster Linie ein wirtschaftliches Problem dar. Für das Einfrieren eignen sich die früher (S. 257) beschriebenen (mittelbaren oder unmittelbaren) Luft- und Kontaktverfahren. Grundsätzlich kommt hier nur Schnellgefrieren (—30 bis —40° C) in Frage, wobei der kritische Temperaturbereich (—0,5 bis —5° C) möglichst rasch durchschritten werden soll (Luft-, Kontakt-, Zellen- oder Plattengefrierapparate). Oft wird als Oxydationsschutz bei ganzen Fischen eine Eisglasur aufgebracht oder in Alginatgelee gefroren (*Protan*verfahren) oder aber der Fisch wird mit Latexschicht umgeben (*Cryovac*verfahren, vgl. S. 265). Zur Verpackung der Filets dienen meist verschweißtes Zellglas und andere Folien oder gewachster Karton.

Auf See gefrorene Güter fallen in Platten oder als Rundfische an. Filetplatten werden in Täfelchen zersägt, die dann paniert oder unbehandelt an den Verbraucher gelangen. Abschnittverluste (8—12%) können bei hygienischer Gewinnung auf Fischklopse verarbeitet werden. Ausgesprochene Produkte der „Landfrostung“ sind tiefgefrorene Fischfertiggerichte, gefrorene Matjesheringe und Rollmöpse u.a.m. Zum Einfrieren im Tauchverfahren werden flüssiger Stickstoff, auch Dichlordifluormethan vorgeschlagen.

Beim Gefriervorgang ist vor allem Saftverlust (Eiweißdenaturierung), Verfärbung und Ranzigwerden (Fettoxydation) sowie Gewichtsverlust und unansehnliches Aussehen (Austrocknen) zu vermeiden. Die Lagerung soll bei hoher Luftfeuchtigkeit (90%) und ruhender Luft („stille Kühlung“) erfolgen. Über die *Lagerhaltung* von Gefrier-Magerfisch vgl. Tab. 79 S. 260. Siehe auch die „Leitsätze für tiefgefrorene Fische und Fischerzeugnisse“ des Deutschen Lebensmittelbuches vom 15./16. 3. 1972.

Auftauen im Haushalt erfolgt entweder in Raumluft (+ 20 °C) oder unter fließendem Wasser (+ 15° C). Wesentlich für erfolgreiche Kältekonservierung ist auch hier die Erhaltung einer Gefrierkette vom Produzenten über den Handel bis zum Verbraucher. Aufgetauter Fisch muß sofort verbraucht werden, da er schnell Saft verliert und verdirbt. Die zelleigenen Enzyme des Fischmuskels entfalten auch bei — 10° C noch deutliche Aktivität. Übermäßig lange oder unzureichende Lagerung führt zu Strohig-, Ranzig- bzw. Tranigwerden und Gelbfärbung der Muskulatur, vor allem bei Fettfischen. Zur Bekämpfung der Fettverderbnis werden physiologisch unbedenkliche Antioxydantien und Synergisten wie Ascorbinsäure, Citronensäure u. a. verwendet.

Von deutschen Trawlern angelandete Frostfischmengen und ihren Anteil am Gesamtfischfang zeigt folgende Aufstellung.

Tabelle 103. Angelandete Frostfischmengen und ihr Anteil am Gesamtfischfang

Jahr	angelandete Frostfischmengen t	vom Frischfang-gewicht %
1963	32371	23,5
1965	49618	38,5
1967	63592	44,0

β) *Trocknen der Fische*

Getrocknete Fische sind Fische, die in freier Luft oder in Anlagen getrocknet und dadurch haltbar gemacht worden sind.

Stockfisch ist geköpfter ausgenommener, an der Seeluft getrockneter, *nicht* gesalzener Magerfisch (Kabeljau, Seelachs, Schellfisch, Lengfisch oder Lumb (Brosme)), der vor allem in südeuropäischen und tropischen Ländern verbraucht wird. *Klippfisch* (Klippen = aufspalten) wird aus den obengenannten Magerfischen (meist aus Kabeljau) gewonnen, indem man diese köpft und entgrätet, naß oder trocken *salzt* und anschließend trocknet. Hauptverbrauchsländer sind Italien, Portugal, Spanien (dort als „Bacalao“ bezeichnet) und Südamerika. 1956 erzeugte Norwegen, von alters her der Hauptproduzent, 35132 t. Auch Kanada liefert beträchtliche, maschinell gewonnene Mengen.

γ) *Salzen der Fische*

Gesalzene Fische und Fischteile sind Erzeugnisse, die durch Salzen von Frischfischen, tiefgefrorenen oder gefrorenen Fischen und Fischteilen gar und zeitlich begrenzt haltbar gemacht worden sind.

Salz ist das wichtigste und älteste Konservierungsmittel für Fische. Gesalzen werden vor allem Hering, Sardellen, Breitlinge, Seelachs, Köhler, Kabeljau, Lachs, Thunfisch sowie Rogen (Kaviar).

Hartsalzung liegt vor, wenn 100 g Fischgewebewasser mehr als 20 g Salz enthalten; bei *Mildsalzung* beträgt der entsprechende Salzgehalt mindestens 12 g, jedoch höchstens 20 g.

Besonders wichtig ist das Salzen des Herings (insgesamt rund 840000 t in der Welt). Dabei unterscheidet man den mild gesalzenen *Matjeshering* (8—10 % NaCl), den mittelstark gesalzenen *Salzhering* („scotch cure") und den sehr stark gesalzenen *Loggerfisch* (Hartsalzung: ¾ Hering, ¼ Salz). Außerdem trennt man in *land-* und *seegesalzene* Heringe. Salzhering ist als Dauerware monatelang haltbar. Matjeshering muß nach Entnahme aus dem Kühlhaus bald verbraucht werden. Neben der Gewinnung gesalzener Fischfertigwaren werden heute viele Fische zur schnellen Konservierung vorgesalzen und später als Halbfabrikate zum Fertigprodukt weiter verarbeitet. Heringsfische erfahren nach der Salzung eine mit typischer Geschmacksbildung verbundene Reifung, zurückzuführen auf schon 1902 von S. Schmidt-Nielsen studierte Enzyme, die beim „Kehlen“ („Kaaken“) der Heringe zusammen mit Eingeweideteilen (Milch oder Rogen) im Fisch verbleiben. Von allen Organen befreite Heringe reifen nicht. Das Salz bewirkt Eiweißdenaturierung und Zellschrumpfung, wobei der klebrig durchscheinende Fischmuskel „reif“ wird. Eine wichtige Rolle spielen auch gesalzener Kabeljau, Seelachs, Pollack oder andere Gadus-Arten („Salzfisch“) sowie Salzsardellen. 1965 wurden in der Welt insgesamt rund 2,6 Mio t, in der BRD etwa 30000 t Salzfische produziert.

δ) *Räuchern der Fische* (*Räucherfischwaren*)

Räucherfische sind Erzeugnisse aus verschieden vorbereiteten Frischfischen, tiefgefrorenen, gefrorenen oder gesalzenen Fischen oder Fischteilen, die durch Behandeln mit frisch entwickeltem Rauch hergestellt werden.

Kaltgeräuchert (2—4 Tage bei Temperaturen unter 30° C, meist bei 18—26° C) werden vielfach salzgare Fische [große Heringe, wie Lachsheringe (holl. = bokking, engl. = red herring), Lachs, Schellfisch, Thunfisch]. *Bückling* wird aus unausgenommenem Hering mit Kopf durch Heißräucherung hergestellt. *Delikateßbückling* stammt von ausgenommenen Heringen. *Kipper* wird auf dem Wege der Kalträucherung aus auseinander geklapptem, frischem Hering gewonnen. Zur *Lachsräucherung* dient meist gefrorener oder gesalzener amerikanischer Lachs. Bei einer Menge von insgesamt 62000 t in der Welt geräucherten Heringen stand 1965 die BRD mit 12300 t Räucherheringen als Hauptproduzent an der Spitze.

Heißgeräuchert (2—4 Std bei einer Wärmeeinwirkung von über 60° C, meist bei 100—120° C) wird in Deutschland etwa 20% des Seefischfanges in Form ganzer ausgenommener oder entgräteter Fische, und zwar Heringe (Bücklinge), Sprotten, Schollen, Flundern, Heilbutt, Aale, Makrelen, Thunfisch, Schellfisch, Merlan, Köhler, Dorsch, Rotbarsch, Dornhai, Stör, Maifisch u. a. Heißgeräucherte Fische zeigen gegenüber kaltgeräucherten nur begrenzte Haltbarkeit (3—4 Tage), die durch Kühllagerung verlängert werden kann. Auch geräucherter Fischrogen (Kabeljau, Köhler) ist im Handel. Die Fischräucherei wird zunehmend in kontinuierlich arbeitenden Großanlagen (S. 294) durchgeführt. Die Weltproduktion an Räucherfischen lag 1965 bei fast 300000 t, in der BRD betrug sie etwa 29000 t.

Verwendung von *Rauchgewürz* bei Fischerzeugnissen wird durch die Angabe „mit geräuchertem Gewürz“ als ausreichende Kenntlichmachung angesehen.

ε) *Marinaden, Bratfischwaren, Kochfischwaren*

Marinaden (mare = Meer) sind Erzeugnisse aus Frischfischen, tiefgefrorenen, gefrorenen oder gesalzenen Fischen oder Fischteilen, die ohne Wärmeeinwirkung durch Behandlung mit Essig, Genußsäuren und Salz, auch unter Zufügung sonstiger Zutaten zum Würzen gargemacht sind. Sie sind mit oder ohne pflanzliche Beigaben in Aufgüssen, Soßen (Tunken), Cremes, Mayonnaise, mayonnaiseähnlichen Zubereitungen oder Öl eingelegt, auch unter Verwendung zugelassener Konservierungsstoffe.

Sie werden in Dosen oder anderen Behältnissen verpackt, z. T. auch unverpackt gehandelt. Fischmarinaden zeigen nur begrenzte Haltbarkeit (Halbkonserven, Präserven), auch die in beschränktem Ausmaß zugelassenen Konservierungsmittel vermögen das Verderben nicht zu verhindern. Es gilt für sie die Forderung „Kühl aufbewahren, zum alsbaldigen Verbrauch bestimmt“.

Marinaden sind u. a. saure, marinierte und Delikateßheringe, Kronsild (früher auch „Kronsardinen“), Bismarckheringe, Rollmops und eingelegte Heringe.

Bratfischwaren sind Erzeugnisse aus verschieden vorbereiteten Frischfischen, tiefgefrorenen oder gefrorenen Fischen oder Fischteilen, die mit oder ohne Panierung durch Braten, Backen, Rösten oder Grillen gargemacht sind. Sie werden auch mit oder ohne pflanzliche Beigaben in Essigaufguß, Soßen (Tunken) oder Öl eingelegt, auch unter Verwendung von Konservierungsstoffen.

Bratfischwaren sind insbesondere *Brathering* und *Bratheringsstücke*, *Bratrollmops* und *Aalbricken*. Über die verwendeten Fette vgl. S. 453.

Kochfischwaren sind Erzeugnisse aus verschieden vorbereiteten Frischfischen, tiefgefrorenen Fischen oder Fischteilen, die durch Kochen oder Dämpfen gargemacht werden, auch unter Mitverwendung von Essig, Genußsäuren, Salz und Konservierungsstoffen. Sie sind mit oder ohne pflanzliche Beigaben vollständig von Gelee umschlossen oder mit Aufguß oder Soßen (Tunken) versehen.

Kochfischwaren sind insbesondere Hering, Rollmops und Speckrollmops in Gelee, Seeaal (Dornhai) in Gelee und Sülzen aus zerkleinertem Seefischfleisch. Daneben werden in den „Leitsätzen" noch „Fischerzeugnisse in Gelee" aufgeführt. Bei Kochfischwaren beobachtete Verflüssigung des Gelees ist auf die Anwesenheit gelatinasepositiver Mikroorganismen zurückzuführen („*Geleekrankheit*").

ζ) *Seelachs*

(Lachsersatz) in Öl sind „Ölpräserven" von begrenzter, doch verhältnismäßig guter Haltbarkeit, bei denen die Fische filetiert bzw. mit Salz gargemacht, geräuchert, in Scheiben oder Schnitzel geschnitten und mit einem Aufguß von Öl versehen sind. Über die zur Färbung von Seelachs (Lachsersatz) zugelassenen Farbstoffe vgl. die „Farbstoff-VO". Siehe auch S. 312.

η) *Anchosen*

sind Erzeugnisse aus frischen, gefrorenen oder tiefgefrorenen Sprotten, Heringen oder anderen Fischen der Familie Clupeides, die unter Verwendung von Zucker, auch Erzeugnissen der Stärkeverzuckerung, und mit Kochsalz, auch mit Gewürzen, auch mit Salpeter biologisch gereift, auch sonst auf verschiedene Weise schmackhaft, z. B. süßsauer, zubereitet sind.

Sie sind mit Aufgüssen, Soßen (Tunken), Cremes oder Öl, auch mit pflanzlichen Zutaten, versehen, auch unter Verwendung von Konservierungsstoffen.

Anchosen werden, mit oder ohne Gewürz gereift, hergestellt als Anchovis (Kräutersprotten), Appetitsild, Kräuterhering, Gabelbissen u. a. m.

ϑ) *Pasteurisierte Fischerzeugnisse*

sind Erzeugnisse aus Frischfischen, gefrorenen oder tiefgefrorenen Fischen oder Fischteilen, deren Haltbarkeit ohne besondere Kühlhaltung für mindestens 6 Monate durch ausreichende Hitzebehandlung bei Temperaturen unter 100° C in gasdicht verschlossenen Packungen oder Behältnissen erreicht wird. Sie sind vor der Erhitzung mit Säuren und/oder Salz zubereitet.

Bezeichnungsvorschriften bringen die „Leitsätze", insbesondere betr. die Angabe „pasteurisiert" und den Zeitpunkt der Mindesthaltbarkeit.

ι) *Fischdauerwaren*

Fischdauerkonserven sind Erzeugnisse aus Frischfischen, gefrorenen oder tiefgefrorenen Fischen oder Fischteilen, deren Haltbarkeit ohne besondere Kühlhaltung für mindestens 1 Jahr durch ausreichende Hitzebehandlung in gasdicht verschlossenen Packungen oder Behältnissen erreicht wird.

Zum Unterschied von den obenbesprochenen Präserven (Halbkonserven) sind diese Erzeugnisse normalerweise unbegrenzt haltbar (praktisch etwa 2 Jahre).

Die Dosen werden hier zur Kenntlichmachung in *Papierumhüllung* geliefert. Angestrebt wird eine ansprechende Konserve (mit „Glanz und Spiegel"). Besondere Sorgfalt ist wegen des oft sehr aggressiven Füllgutes auf hochwertiges Dosenmaterial zu legen (gut vernierte oder spritzlackierte Weißblech- und Aluminiumdosen).

Fischdauerkonserven sind Fischerzeugnisse im eigenen Saft, in Aufguß, in Öl bzw. in Öl und eigenem Aufguß, in Soßen oder Cremes, auch mit Beilagen anderer Lebensmittel, weiterhin Fischpasteten, -klopse und -frikadellen, -vorgerichte (Hors d'oeuvre) und -salate (vgl. unten). 1965 wurden in der Welt 1,7 Mio t, in der BRD 134000 t Fischkonserven insgesamt produziert.

ϰ) *Antibiotica für die Fischkonservierung*

Als weitere Versuche zur Erhaltung des Fisches sind die Bestrebungen zu nennen, *Antibiotica* in die Fischkonservierung einzuführen (vgl. S. 303) sowie die mit Recht schon vom ehemaligen Reichsgesundheitsamt 1939 abgelehnte Auffrischung von Fischen durch Tauchbehandlung mit *Wasserstoffperoxid*.

h) Sonstige Fischzubereitungen

Hierher gehören *Vorgerichte* aus Fischen unter Beigabe von Gemüsen oder Früchten, *Fischklöße* (mit mindestens 60 v.H. Fischanteil), *Fischwurst* (einschließlich Dorschleberwurst), *Fischpasten* (Anchovis-, Sardellen-, Herings-, Lachspaste u.a.), *Sardellen-* und *Lachsbutter* und schließlich *Fischsalate* verschiedener Art (Hering und andere Magerfische; vgl. oben). Bei Fischwürsten muß der Begriff „Fisch" dem der Wurst übergeordnet sein und hinreichend kenntlich gemacht werden.

Fischeier und Fischsperma. Kaviar (caviar, caviale) wird aus verschiedenen Störarten (Stör, Hausen, [Beluga], Sewruga, Shyp) gewonnen. Der Rogen dieser Störarten wird mild gesalzen (unter 6 v.H. NaCl) als „*Malossol*" gehandelt, wobei der Beluga-Kaviar als besonders wertvoll gilt. „Preßkaviar" wird aus allen Sorten, *Lachskaviar* (*Amur-*, *Ketakaviar*) aus Rogen von Lachsarten mit weniger als 8,5 v.H. Salzgehalt gewonnen. Störkaviar ist meist grau oder braun bis schwarz, Lachskaviar gelblich-rot bis rot gefärbt.

Kaviarersatz wird aus den Eiern verschiedener See- und Süßwasserfische gewonnen, so der deutsche unter Deklarierung gefärbte Kaviar vom Seehasen; auch Dorschrogenkaviar und Heringsrogenkaviar werden hergestellt. Die Körner werden gesäuert, gesalzen, gewürzt, mit zugelassenem Farbstoff schwarz gefärbt, mit Tragant gebunden und (unter Deklarierung) zuweilen mit zugelassenen Konservierungsmitteln versetzt. *Deutscher Kaviar* mit weniger als 8,5 v.H. Salzgehalt muß in Verbindung mit der handelsüblichen Bezeichnung der Fischart („aus ... Rogen") deklariert werden. Echter Kaviar kommt vor allem aus Rußland und Persien. Kaviar ist leicht verderblich und wird deshalb auf Eis gehalten. Ein Stör liefert 15—20 kg Kaviar.

Fischsperma ist bekannt als *Fischmilch* aus dem Sperma von See- und Süßwasserfischen und insbesondere als *Heringsmilch*, gesalzen im Handel. Oft wird das Sperma küchenmäßig zubereitet und auch zur Herstellung der Milchnertunke bei Fischkonservenaufgüssen benutzt.

i) Fischindustrielle Erzeugnisse

Hierher rechnen Nährpräparate und *Fischwürzen* aus Eiweißhydrolysaten, Insulin aus der Pankreasdrüse der Haifische, *Fischeiweiß* aus Abfällen der Seefischfiletierung, Fischmehle als Futtermittel für Jungtiere, Geflügel und Teichfische und schließlich die *Fischfette* und *Fischöle* (Trane), die an anderer Stelle Besprechung finden (S. 442).

Besondere zunehmende Bedeutung gewinnt die Herstellung von *Fischproteinkonzentraten* als biologisch hochwertiges Lebensmittel für unterentwickelte Völker (vgl. S. 226).

2. Walfleisch

Wenngleich der Wal als Säugetier nicht in diese Lebensmittelgruppe rechnet, soll er doch als marines Säugetier hier besprochen werden. Wale liefern gleich den Robben Specktrane, die den nordischen Völkern vorwiegend oder gar ausschließlich als Fettquelle dienen und aus denen durch Ausschmelzen *Walöl* (*Waltran*) als wertvoller Rohstoff der Margarine- und Seifenindustrie gewonnen wird (vgl. S. 442). Die beiden wichtigsten Walarten sind der bis zu 30 m lange und bis zu 150 t schwere *Blauwal* (Balaenoptera musculus) sowie der *Finnwal* (B. physalus). Daneben werden *Buckel-* (Megaptera nodosas) und *Pottwal* (Phyester catodon) sowie *Seiwal* (Balaenoptera borealis) gefangen. Walfleisch diente nach entsprechender Verarbeitung zu Fleischmehl lange Zeit als Viehfutter. 1938 wurde in Deutschland versuchsweise die Herstellung von Walfleischkonserven aufgenommen (Walfleisch-Gulasch, -Sauerbraten, -Rouladen, -Corned beef usw., Würstchen aus Wal- und Schweinefleisch). Einfuhren nach Berlin im Jahre 1949 fanden wenig Anklang bei der Bevölkerung. Heute wird Fleisch vom Seiwal aus Norwegen auf den deutschen Markt gebracht. Walfleisch gleicht dem Wild- oder dem Rindfleisch, zeigt grobe, in Bündeln zusammenliegende, sehr lange Muskelfaserzüge, graurote Farbe, die je nach Tieralter zwischen blaßrot und dunkelrot, bei Gefrierfleisch bis zu tiefem Schwarzbraun wechselt, und derbe Konsistenz.

Es ist im frischen Zustand von angnehmem Geschmack, wird aber bei längerer Lagerung, vor allem auch nach dem Öffnen der Dosen oder beim Auftauen der Gefrierware fischig-tranig, bisweilen widerlich riechend. Zurückzuführen ist dies auf die leichte Zersetzlichkeit des Fettanteils. Im allgemeinen ist die Haltbarkeit von Walfleisch wesentlich geringer als z. B. die von Rindfleisch. Schwierigkeiten der Qualitätserhaltung liegen vor allem im oft langen Todeskampf des Wales, in der Spanne zwischen Tod und Verarbeitung der Tiere und der Gefahr des Eindringens von Mikroorganismen aus den Eingeweiden in die oft tagelang bei 37—35° C verbleibende Muskulatur.

Auch Walfleischextrakte werden hergestellt.

Über den *Nachweis* von Walfleisch und Walfleischextrakt vgl. S. 347. Heute betreiben nur noch Norweger, Russen und Japaner den Hochseefang auf Wale. Die Hauptfangplätze liegen im südlichen Eismeer (über 80% des Weltfanges). Durch das Walfangabkommen (1946) ist z.Z. der Fang auf 10000 „Blauwaleinheiten" festgesetzt (1 Blauwaleinheit = 1 Blauwal = 2 Finnwale = 2,5 Buckelwale = 6 Seiwale).

3. Krusten- und Weichtiere (Schaltiere)

a) Krustentiere (Krebstiere)

sind Garnele, Languste, Flußkrebs, Hummer, Taschenkrebs, Strand- und Wollhandkrabbe. Der Jahres-Weltertrag an Krebstieren betrug 1964 rund 1,14 Mio t.

α) *Garnelen*

Im Handel findet man vor allem die *Nordseekrabbe* (Krabbe, Crangon crangon), die *Ostseekrabbe* (Leander adspersus), die *Felsengarnele* (Seegarnele, Palaemon serratus), die *Grönlandkrabbe* (Pandalus sp.), die *Chilekrabbe* (Camarone, Heterocarpus sp.) sowie *Großgarnelen* (shrimp, prawn; Penaeus sp., Metapenaeus sp., Aristeo morpha sp.). In der BRD wurden 1964 27200 t Garnelen, davon 6600 t zu Speisezwecken, 20600 t zu Futtergarnelen verarbeitet. Das Fleisch der Garnele reagiert von Natur aus schwach alkalisch, enthält Trimethylaminoxid, Trigonellin und andere Basen und ist besonders leicht zersetzlich, da der Darmkanal nicht vollständig entfernt werden kann. Ein wertvoller Anhaltspunkt für die Zersetzung ist der Ammoniakgehalt bzw. die Bildung flüchtigen, basischen Stickstoffs. Frische, einwandfreie Krabben enthalten 10—50 mg NH_3 pro 100 g, über 100 mg-% ist Vorsicht geboten, bei 200 mg-% und darüber sind die Krabben verdorben. Die Konservierung von Krabbenerzeugnissen ist durch die „Konservierungsstoff-VO" geregelt, in der als besonders einschneidende Maßnahme die Verwendung der physiologisch bedenklichen *Borsäure* und des Hexamethylentetramins („Hexa“) verboten wurde. Dies zwang den Krabbenfang zu wesentlichen Umstellungen. Im Handel finden sich *Speisekrabben* (Speisegarnelen), als frisch nach dem Fang in kochsalzhaltigem Wasser gargekochte Tiere, außerdem *Krabbenfleisch* (unter Zusatz von Kochsalz kurzfristig haltbar gemachte, entschälte Tiere), weiterhin Krabben in Dosen, tiefgefrorene Krabben, *Krabbenextrakt* und *-salate*. Sie sog. Krabbenkonserven werden, um den Geschmack nicht zu beeinträchtigen, nur auf 80—90° C erhitzt. Sie sind also Präserven und dementsprechend nur begrenzt haltbar. Lebensmittelschädigungen durch Garnelen sind vor allem auf Grund von Infektionen (Salmonella, Proteus) gegeben; eine 1947 im Küstengebiet von Cuxhaven beobachtete Masseninfektion wurde auf Wasserverunreinigung durch Abwässer und Faulstoffe zurückgeführt.

β) *Flußkrebs* (*Edelkrebs*)

Wichtigster Vertreter der Edelkrebse (crayfish, crawfish) in Deutschland ist Astacus astacus = Potamobius astacus. Er ist am schmackhaftesten in der Zeit vom Mai bis August („Monate ohne R“), in der er sich mehrmals häutet („Butterkrebs“). Krebsfleisch zeigt außerordentlich geringe Haltbarkeit. Bei manchen Menschen tritt nach Krebsgenuß Hautausschlag (Urticaria) auf. Beim Kochen wird die dunkelbraungrüne Schale rot durch Abspaltung eines Carotinoids (vgl. S. 47). Das Töten der Krebse erfolgt durch Einwerfen in kochendes Wasser, wodurch der Schwanz angezogen wird (Kennzeichen, daß der Krebs lebend abgekocht wurde).

Krebserzeugnisse sind Krebsschwänze mit Aufguß und Krebsscheren (beide begrenzt haltbar), Krebspulver, -extrakt und -mehl, getrocknete Krebsnasen, Suppenmassen, Pasten und Extrakte aus Krebsmehl, Krebssuppen u. a. m. Krebsschwänze und -scheren dürfen konserviert werden. Zu achten ist auf übermäßigen Zusatz von Krebsschalenpulver oder von Fremdfleisch sowie auf unzulässige Färbung (vgl. die „Farbstoff-VO“ und die „Konservierungsstoff-VO“).

Weitere im Handel zu findende Süßwasserkrebse sind der *Galizische Krebs* (Stachel-, Tafelkrebs, Astacus leptodoctylus) der *Amerikanische Flußkrebs* (Suppenkrebs, Orconectes limosus) und der *Australische Tafelkrebs* (Euastacus serratus).

γ) *Hummer*

Der *Europäische Hummer* (Homarus gammarus; lobster) erreicht als die größte europäische Krebsart Längen von 50—75 cm und ein Höchstgwicht von 10 kg. Hauptfanggebiete sind Nordeuropa (z. B. Helgoland), Westeuropa, Mittelmeer und Schwarzes Meer. Am wohlschmeckendsten ist das Fleisch der Brustschale. Nahe verwandt ist der *Amerikanische Hummer* (Homarus americanus). Beide kommen lebend, gekocht oder in Dosen sterilisiert in den Handel. Über den Farbumschlag der Krebspanzer vgl. S. 47. Hierher rechnet auch der *Kaisergranat* (Nephrops norvegicus, Kaiserkrebs, Scampi, Tiefseehummer u. a. m.; Norway lobster, Dublin Bay prawn). Ein Großteil dieses Krebses wird auf Konserven verarbeitet.

δ) *Langusten*

Die *gemeine Languste* (Palinurus vulgaris; spiny lobster, throny lobster) ist eine 30—40 cm lange, bis zu 6 kg schwere Krebsart mit rudimentären Scheren und höckeriger Schale („Stachelhummer“). Sie findet sich besonders häufig im

Mittelmeer, an der West- und Südküste von England und bei Irland; auch *Kap-Langusten* (rock lobster, Cap crayfish, Jasus lalandei) und *Mittelmeerlangusten* (Palinurus elephas) sind im Handel. Das Fleisch ist grobfaserig und gelblich bis gelblich-rötlich.

ε) *Weitere Krebstiere*

Zu erwähnen sind hier als Vertreter der Kurzschwanzkrebse der *Taschenkrebs* (Knieper, Cancer pagurus), als Steinkrabben die *Kamtschatkakrabbe* (Paralithodes camtschatica) und die *Königskrabbe* (Paralithodes platypus). Fleisch von gekochten, entschälten Steinkrabben und Kurzschwanzkrebsen liefert das „Crab meat".

Besondere Beurteilungsmerkmale, Begriffsbestimmungen und ein Verzeichnis der Krebstiere bringen die „Leitsätze für Fische, Krusten-, Schalen- und Weichtiere und Erzeugnisse daraus" des Deutschen Lebensmittelbuches vom 16. 3. 1972).

b) Weichtiere (Mollusken)

α) *Muscheltiere*

Hierher rechnen vor allem Austern und Miesmuscheln. Die *Austern* (Ostrea edulis; flat oyster, European oyster, native oyster, u. a.) leben gesellig auf sog. Austernbänken oder werden in Bassins (Parks), die mit dem Meer in Verbindung stehen, gezüchtet. Ihr Genuß ist in Frankreich und den USA weit verbreitet, in Deutschland gelten sie als Luxusspeise. Beim Genuß müssen die fransenartigen Kiemen („Bart") entfernt werden.

Neben der *Europäischen Auster* werden noch die *Portugiesische Auster* (Gryphea angulata) und die *Amerikanische Auster* (Ostrea virginiana), vor allem als Konserven, verarbeitet. Im Austernfleisch finden sich neben einem beiten Spektrum an Vitaminen reichlich Mineralstoffe und besonders große Jodmengen. In den USA werden auch Gefrieraustern konsumiert. Am besten ist das Austernfleisch von 3—5 Jahre alten Tieren, doch kann die Auster bis zu 30 Jahre alt werden.

Die *Miesmuschel* (Seemuschel, Pfahl- oder Grundmuschel, Mytilus edulis; blue mussel) wächst auf langen „Bänken" in den Watten oder wird auch künstlich an Tauen und Pfählen gezüchtet, zeigt gelbliches Fleisch und ist infolge ihres hohen Eiweißgehaltes (16,8%) und ihres Reichtums an Vitamin A und B-Vitaminen ein wertvolles Lebensmittel. Sie wird gekocht, gebraten oder mariniert gegessen. Hauptzuchtplatz in Deutschland ist die Kieler Bucht, daneben wird Muschelzucht auch an den Ostfriesischen Inseln getrieben.

Neben der Miesmuschel werden zahlreiche andere Muscheln in oft großem Umfang verzehrt, z. B. die *Kamm-Muscheln* (Pectinidae), die *Herz-*, *Venus-*, *Sumpf-* oder *Klaffmuscheln* (Strand- oder Schlickauster) und Vertreter zahlreicher anderer Familien.

Die Muscheln gehen nach dem Tode außerordentlich schnell in Zersetzung über, besonders dann, wenn sie als ausgesprochene Schlammfresser in verunreinigten Wässern gewachsen waren. *Muschelvergiftungen* sind recht verschieden und oft sehr schwer verlaufend. Verursacht werden sie z. B. durch ein Gift in den Lebern der Muscheln (Mytilitoxin), als Folge einer Stoffwechselkrankheit der Tiere, durch Aufnahme von Giften aus der Umgebung oder durch Übertragung von Infektionserregern (Salmonellen, Coli- und Proteusbakterien, Erreger der Cholera). Auch giftig wirkende Austern sind bekannt. Wegen der leichten Verderblichkeit sind Muscheln aller Art nur lebend oder konserviert bzw. zubereitet in den Verkehr zu bringen, schnell zu verzehren und in der warmen Jahreszeit zu meiden. Sie sollen außerdem aus einwandfreien Gewässern stammen. Über zulässige Konservierung von Muschelerzeugnissen vgl. die „Konservierungsstoff-VO".

β) *Schnecken*

werden vor allem in Italien, Spanien, Frankreich und Deutschland gegessen; hier fast ausschließlich die große *Weinbergschnecke* (Helix pomatia). Sie wird in Süd- und

Mitteldeutschland und Frankreich wild gesammelt, vorwiegend aber in Schneckengärten mit Salat und Kohl oder im Keller auf Weizenkleie und Blättern gemästet. Das Fleisch ist als Delikatesse geschätzt. Schnecken müssen lebend (mit Deckel verschlossen) oder konserviert in den Handel kommen, da die Haltbarkeit des Fleisches auch hier sehr begrenzt ist.

Auch *Seeschnecken* verschiedener Art werden gebraten, gedämpft, gebacken oder zu Suppen gekocht.

γ) *Der Tintenfisch*

(Sepia officinalis) und andere Arten werden in den Mittelmeerländern, auch in vielen andern Teilen der Welt vor allem in Italien gefangen und verzehrt, häufig in geröstetem Zustand, gebacken oder zu Suppen, Salaten, Ragouts und Konserven verarbeitet.

δ) *Schildkröten*

(Chelonen) sind Reptilien, deren Fleisch in Deutschland fast ausschließlich zur Herstellung der *Schildkrötensuppen*, zuweilen auch von Ragouts oder Frikassee dient. Das hier verwendete Fleisch der Suppenschildkröte ist blaßrötlich bis kräftig rot, es kommt meist in Dosen in den Handel. Verarbeitung von Kalbskopfhaut zu Schildkrötensuppen ist nicht selten; bei Suppen, die unter der Bezeichnung „echte Schildkrötensuppe“ im Handel sind, liegt in diesem Falle Irreführung und Verfälschung vor.

ε) *Froschschenkel*

sind die abgezogenen Hinterschenkel des grünen Frosches (Wasserfrosch, Rana fusca) oder des braunen Frosches (Grasfrosch, Rana esculenta). Das Fleisch ist zart, weiß und wohlschmeckend, dabei leicht verdaulich, doch wenig haltbar. Verfälschung liegt vor, wenn Krötenschenkel, insbesondere die der Knoblauchkröte, als Froschschenkel angeboten bzw. zubereitet werden. Gebacken werden Froschschenkel, vor allem in Süddeutschland, als Delikatesse verzehrt.

III. Eier und Eikonserven

Außer den bereits besprochenen Fischeiern (Rogen) dienen für die menschliche Ernährung verschiedene Vogeleier, wobei die Hühnereier in unserem Kulturkreis weit an der Spitze stehen und im Handel nach deutschem Recht allein als Eier schlechthin bezeichnet werden dürfen. Eier anderer Vorgelarten (Gänse, Enten, Kiebitz, Möwe) treten dagegen weit zurück, so daß im folgenden lediglich das Hühnerei näher besprochen werden soll. Das abgelegte, vom Menschen als Lebensmittel benutzte Ei ist eigentlich als Nährstoff und Schutzraum für den Embryo vorgesehen. Soweit die Geschichte zurückreicht, hat man Eier verschiedener Vögel verzehrt, da sie hochwertige Nährstoffe in konzentrierter, leicht resorbierbarer Form enthalten, hohen Wohlgeschmack aufweisen und küchentechnisch vielseitig nutzbar sind.

Auf der Welt werden täglich 1,2 Mia Eier gegessen, pro Jahr 206 Mia Stück produziert. An der Spitze stehen Schildkröteneier und Eier anderer Reptilien. Hühnereier werden am wenigsten verzehrt. 1970/71 brachten der Landwirtschaft in der BRD 15,4 Mia Hühnereier, gelegt von 70,0 Mio Hühnern, eine Einnahme von 2,66 Mia DM, gleich 6,2 % des gesamten Verkaufserlöses. Der Verbrauch pro Kopf und Jahr betrug im gleichen Zeitraum 280 Stück. Die *Legeleistung* des Einzelhuhnes stieg von 108 Stück im Mittel der Jahre 1935/38 auf 220 Stück im Zeitraum 1970/71. Durch zielbewußte Züchtung ist es gelungen, Hühnerrassen mit Legeleistungen von mehr als 300 Eiern/Jahr zu entwickeln. Sie beträgt bei der Ente 190—210, beim Perlhuhn bis zu 120, bei Truthennen etwa 50, bei der Hausgans zwischen 15 und 50.

Direkten *Rechtsstoff* bringen vor allem die „VO über eine gesetzliche Handelsklasse „Deutsches Standardei“ vom 1. 9. 1958, die „Salmonellen-VO“ vom 17. 12. 1956 in der Fassung vom 20. 4. 1967, mit der Verwaltungsvorschrift zur Untersuchung von Eiprodukten vom 12. 5. 1967, die „VO über Enteneier“ vom 25. 8. 1954 in der Fassung vom 17. 12. 1956. Hingewiesen sei auch auf die EWG-VO über Vermarktungsformen für Eier (22. 4. 1969; 20. 5. 1969; 20. 1. 1970; 1. 7. 1970 und 9. 8. 1971). Weiteres ist der Spezialliteratur zu entnehmen.

1. Aufbau des Eies

Das Ei ist von einer 0,2—0,4 mm dicken *Kalkschale* umgeben, die porös, beim Hühnerei weiß oder gelb bis braun, beim Entenei grünlich oder weiß, bei Wildvogeleiern verschiedenartig gesprenkelt ist. Die Schalenoberfläche trägt eine sehr dünne (10 μm) *Schleimschicht*. Innen liegt der Schale die aus einem Keratinnetz bestehende doppelschichtige *Schalenhaut* an. Am stumpfen Ende des Eies teilt sie sich und bildet die Luftkammer; diese mißt beim Frischei etwa 5 mm im Durchmesser und vergrößert sich mit zunehmendem Alter des Eies; die Messung der Luftkammer kann zur Altersbestimmung von Eiern herangezogen werden.

Die Schale selbst besitzt gleich der Schalenhaut ein Proteingerüst und zusätzlich ein organisches Mikronetz, in das die Calcium- und Magnesiumsalze eingelagert sind.

Das *Weißei* ist eine mit Albumin gesättigte, wäßrige, schwach gelbliche Flüssigkeit, in der drei Schichten unterschieden werden können. Die Dickflüssigkeit der mittleren Schicht wird durch ein Netzwerk gequollener Mucinfasern bedingt. Entfernt man diese (z. B. durch Schlagen des Eiklars), so geht das zähflüssige, gallertartige Eiklar in eine ziemlich dünnflüssige Masse über.

Umgeben vom Eiereiweiß liegt im Innern die *Dotterkugel*, die durch zwei an der Dotterhaut befestigte, in das Weißei übergehende, spiralig gedrehte Stränge („Hagelschnüre", „*Chalazen*") fixiert wird. Sie bleiben beim Aufschlagen des Eies am Dotter hängen. An einer Seitenfläche der Dotterkugel liegt die *Keimscheibe* (Blastodiscus, Hahnentritt) als weißliche, keulenförmig in den Dotter reichende Partie. Gelber („Nahrungsdotter") und weißlicher („Bildungsdotter") Dotter sind zwiebelschalenartig geschichtet.

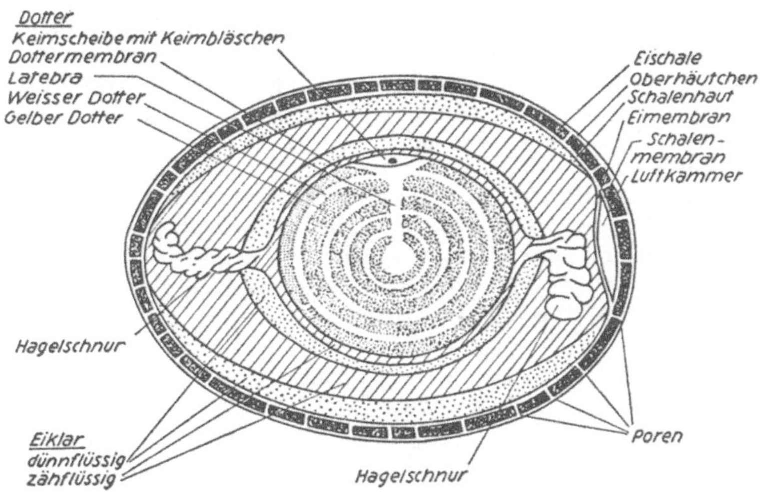

Abb. 60. Struktureller Aufbau eines Hühnereies (schematische Darstellung), nach A. Mehner und W. Rauch (1958) (Aus: 54, Bd. III / 2., S. 882)

2. Zusammensetzung des Eies

Das Durchschnittsgewicht des Eies liegt bei etwa 58 g. Die *Einzelfraktionen* des Eies verteilen sich folgendermaßen.

Tabelle 104. Hauptbestandteile des Hühnereies
(Aus: 54, Bd. III/2., S. 886)

Bestandteile		Gesamtei	Schale	Eiklar	Dotter
Absolutgewicht	g	58	6	33	19
Wasser	%	65,6	1,6	87,9	48,7
Trockensubstanz	%	34,4	98,4	12,1	51,3
Eiweiß	%	12,1	3,3	10,6	16,6
Fett	%	10,5	Spur	Spur	32,6
Kohlenhydrate	%	0,9	—	0,9	1,0
Mineralstoffe	%	10,9	95,1	0,6	1,1

Außerdem enthält das Ei noch Spurenelemente, Vitamine und Farbstoffe.

a) Das Eiklar

enthält zunächst verschiedene auch elektrophoretisch auftrennbare Proteine, und zwar: kristallisierbares *Ovalbumin* (57,6%), *Conalbumin* (19,7%) *Ovoglobulin* sowie die Glykoproteine, *Ovomucin* und *Ovomucoid.* Im Ovomucoid finden sich D-Glucosamin, D-Mannose, sowie in geringen Mengen D-Galaktose und N-Acetylneuraminsäure.

Das Conalbumin ist die eisenbindende Komponente des Eiereiweißes. Die Hauptmenge des Eiklarproteins ist durch Erhitzen coagulierbar (gekochtes Ei). Die grünlichgelbe Farbe der Eiklarlösung ist bedingt durch den Gehalt an Riboflavin. Außerdem findet sich in ihm eine Kohlenhydratkomponente von etwa 0,9%, die zu 0,4% aus Glucose besteht und für die geringe Haltbarkeit von Trockenvolleipulver (Umsatz mit Aminosäuren nach Art der Maillard-Reaktion) technologisch bedeutungsvoll ist. Im Eiereiweiß-Protein wurde zu 0,5% ein Kohlenhydrat-Peptid-Komplex aufgefunden, der als Glykopeptid neben Aminosäuren Mannose und Glucosamin enthält. *Enzyme* im Eiklar sind vor allem solche tryptischer Art; sie bauen die Mucinsubstanz ab und ziehen damit eine allgemeine Verflüssigung des Eiklars nach sich, wie sie bei längerer Eilagerung (insbesondere bei Kühlhauseiern) zu beobachten ist.

Lysozym kommt im Eiklar zu 5,1% vor. Die Ovomucoide des Hühnereies und anderer Vogeleier besitzen Trypsin und Chymotrypsin hemmende Eigenschaften.

An *Mineralstoffen* finden sich Kalium, Natrium, Chlor und (gebunden in den schwefelhaltigen Aminosäuren Cystin und Methionin) reichliche Mengen an Schwefel, der bei fäkaler Zersetzung des Eies in Form flüchtiger Verbindungen frei wird oder mit Eisen grünschwarzes Sulfid liefert.

b) Im Eidotter

sind eine Reihe früher besprochener (S. 44) Proteine vorhanden. Den Hauptanteil bestreitet das *Vitellin*, gebunden an Lipoide als Lipovitellin (ein Nucleoalbumin), das in α- und β-Lipovitellin auftrennbar ist. Daneben finden sich *Phosvitin* und das wasserlösliche *Livetin.* Verschiedene Autoren haben die Dotterproteine auch elektrophoretisch aufgetrennt. Im Dotterfett (*Eieröl*) kommen neben dem Unverseifbaren (3,0—4% teilweise verestertes Cholesterin und Farbstoffe) Fettsäureglyceride sowie freie Fettsäuren vor. Das hell- bis dunkelgelbe Fett kann durch Auspressen des Dotters erhalten werden. *Phosphatide* des Dotters enthalten Lecithine, daneben Kephalin und N-Acetylsphingosin (Ceramid) sowie andere Sphingolipoide. Lecithin liegt z. T. „frei“ vor, z. T. gebunden an Eiweiß (Lecithalbumin). Das Lipoprotein kann durch Alkohol zerlegt und so das Lecithin freigesetzt werden. Die Hauptmenge der Dotterphosphatide wird in der Leber des

Huhnes gebildet und über das Plasma zum Ovarium transportiert. Der Phosphatidreichtum des Eigelbs (je Dotter etwa 1,6 g Lecithine, 0,4 g Kephalin und 0,04 g Sphingomyelin) hat große Bedeutung für die emulgierenden Eigenschaften des Dotters (Eierlikör, Margarineherstellung, Eierteigwaren, Eigebäcke usw.). Der charakteristische Dotterfarbstoff ist das *Lutein* (Xanthophyll, 7,3 mg-%), daneben tritt *Zeaxanthin* (3,1 mg-%) auf. Außerdem finden sich in sehr geringen Mengen Carotin und Vitamin A. Der Gehalt an Carotinoiden, die ausschließlich aus dem Futter stammen und deren Speicherfähigkeit von der Konstitution des Carotinoids abhängt, schwankt außerordentlich stark und ist weitgehend vom Futter abhängig (verschiedene Farbtiefe des Eidotters). Das Huhn besitzt ausgesprochene Speicherfähigkeit für Pigmente verschiedenster Art, z. B. für *Capsanthin* aus Paprika, *Bixin* aus Annattosaat, *Fucoxanthin* aus Algenmehl, synthetische, stabilisierte Carotinoide, wie Carotinal und Carotinsäure, und sogar für *Teerfarbstoffe*, doch ist die Verabreichung von mit Teerfarbstoff gefärbtem Futter zwecks künstlicher Dotterfärbung als Verfälschung zu betrachten. Durch den hohen *Vitamingehalt* des Eies, besonders des Dotters, ist dieses ein biologisch hochwertiges Lebensmittel. Es finden sich die Vitamine A, B_1, B_2, D, Nicotinsäure, Pantothensäure, Biotin, Vitamine E und K sowie Provitamin A (β-Carotin); Vitamin C fehlt. Weitere Dotterbestandteile sind *Cholin* (350 mg-%, als Komponente der Phosphatide), andere Steroide sowie geringe Mengen an Zuckern, Kreatin, Milchsäure und Citronensäure. Unter den Enzymen sind die *Phosphatasen* für die Zunahme des „anorganischen Phosphates" im Eiklar des alternden Eies mit verantwortlich. Die Bestimmung des anorganischen Phosphates dient als Kriterium des Eialters (vgl. S. 370). Weiterhin enthält der Eidotter noch Glutamat-oxalacetat-transaminase, Desmolasen und verschiedene andere Hydrolasen, die für die biologische Entwicklung des Eies notwendig sind. Die Inaktivierung der im Eigelb enthaltenen *α-Amylase* wird als Index für ausreichende Pasteurisierung benutzt.

Die *Mineralstoffe* des Dotters weichen beträchtlich von denen des Eiklars ab. Der Calcium- und Eisengehalt ist im Dotter erhöht, der Natriumgehalt vermindert. Der hohe Gehalt an Phosphor und Schwefel macht Eidotter zu einem ausgesprochen physiologisch *sauren* Lebensmittel. Das Eisen des Dotters liegt in dreiwertiger Form vor und ist an die Phosphoproteidfraktion des Eigelbs gebunden. Bei der Schwefelwasserstoffäulnis liefert es grünschwarzes bis braunschwarzes Eisensulfid.

c) Die Schale

besteht zum größten Teil aus Calciumcarbonat, daneben aus kleinen Mengen Magnesiumcarbonat, Phosphaten und organischer Substanz, die als Schwammschicht die Porosität der Schale bedingt (vgl. oben). Frischgelegte Eier weisen einen Überzug von Kalium- und Natriumsalzen auf, der zur Erkennung gewaschener Eier herangezogen wird, da er hier fehlt. Die Pigmentierung der Eischale beruht auf der Einlagerung von Farbstoffen, z. B. von Ooporphyrin.

Inhaltsstoffe des Eies, wie Lipoide und Sterine (Cholesterin), sowie organisch gebundene Phosphorsäure („alkohollösliche Phosphorsäure") werden zum Nachweis und zur quantitativen Bestimmung des Eigehaltes in Lebensmitteln herangezogen. Die aus dem Steringehalt errechneten Werte gelten als die zuverlässigsten.

3. Nähr- und Genußwert der Eier

Die Nährstoffe des Eies werden zu etwa 95% ausgenutzt. Ein Ei enthält durchschnittlich 85 Calorien. *Rohes Weißei* kann — für sich allein in größeren Mengen genossen — Verdauungsstörungen hervorrufen, bedingt durch die starke serologische Differenzierung des Eiereiweißes sowie durch die Anwesenheit eines „*Antitrypsins*" (vgl. S. 192) und eines Biotin-Antimetaboliten, des *Avidins* (vgl. S. 159).

Eier werden roh und gekocht gleich gut ausgenutzt. Die Proteine des Eies rechnen zu den biologisch besonders hochwertigen Eiweißstoffen. Von wesentlicher Bedeutung ist außerdem der Gehalt an Spurenlementen und Vitaminen. Der Genuß verdorbener oder durch Bakterien infizierter Eier (Salmonellen!) ist höchst bedenklich. Dies gilt vor allem für *Enteneier*, für deren Vertrieb und Verwendung eine eigene VO (vgl. oben) erlassen wurde. Enteneier müssen danach die Kennzeichnung „Entenei! Kochen"! tragen, mindestens 8 min gekocht oder in Backofenhitze durchgebacken werden und dürfen nicht roh in Puddings, Mayonnaisen, Speiseeis, Pfannkuchen, als Rührei oder Weichei genossen werden.

Die Wertschätzung des Eies beruht außer auf dem Wohlgeschmack [Trinkei (Alter bis zu 14 Tagen), weiches Ei] und der biologischen Hochwertigkeit auf vielseitiger küchen- und backtechnischer Verwendbarkeit (auflockernde und emulgierende Wirkung für die Verdauungssäfte, Eierschnee als lufthaltiges Lockerungsmittel im Kuchenteig, Eierspeisen mit Oberflächenvergrößerung für die Geschmacksnerven). Bei Rührei und Spiegelei tritt spezifische Geschmacksergänzung durch Bratfett, bei Eierkuchen und Omeletten außerdem durch Kohlenhydrate (Mehl, Zucker) ein. Weitere Zubereitungen sind das hartgekochte und verlorene Ei, Eidotter in Fleischbrühe verrührt, Eierlikör und Mayonnaisen. Die hohe Bedeutung des Eies liegt schließlich nicht zuletzt darin, daß es verhältnismäßig große Haltbarkeit aufweist und durch die natürliche „Verpackung" guten Schutz gegen Verschmutzung oder Verfälschung des Inhaltes bietet.

4. Physikalische und chemische Veränderungen des Eies bei der Aufbewahrung

Werden Eier längere Zeit aufbewahrt, so erfahren sie deutliche Veränderungen, die für Qualität und Haltbarkeit von großer Bedeutung sind. Frische Eier haben ein spezifisches Gewicht von etwa 1,086 und sinken in einer 10%igen Kochsalzlösung unter. Durch Abnahme des pezifischen Gewichtes (täglich im Mittel um etwa 0,0017) schwimmen ältere Eier in der Kochsalzlösung („Schwimmprobe").

Verdunstung führt zur Wasserabgabe aus dem Ei, wobei das spezifische Gewicht sich ändert. *Entquellungsvorgänge* am Weißei und *osmotische Prozesse* bewirken, daß Wasser zum Ort höherer Feststoff-Konzentration, also zum Eidotter wandert, der seinerseits gelöste Stoffe an das Eiklar abgibt. *Hydrolytische Vorgänge*, verursacht durch die genannten Enzyme von Eiklar und Eidotter, äußern sich im Auftreten oder in der Zunahme von Spaltprodukten (Ammoniak, Aminosäuren, anorganisches bzw. wasserlösliches Phosphat), in deutlichen Veränderungen des Fettes und in Änderungen der morphologischen Struktur (Verflüssigung des Mucins im Eiklar, Dünnerwerden des Eiweißes). Äußerer Ausdruck derartiger Reaktion ist die Zunahme der Luftkammer durch Wasserverdunstung, das Emporsteigen des spezifisch leichteren Dotters („*Anhängen*" bei Kühlhauseiern) und das Auftreten des sog. „*Altgeschmackes*" als eines der wichtigsten Beurteilungsmerkmale, der zweckmäßig am weichgekochten Ei geprüft wird. Osmotische Vorgänge bedingen außerdem ein Abflachen der Dotterkugel und Elastizitätsverluste der Dotterhaut, die brüchig wird und leicht einreißt. Bei älteren Eiern schwindet der Schalenfarbstoff, erkennbar an einer Änderung der *Ultraviolett-Luminescenz*.

Die genannten Veränderungen finden weitgehende Nutzung bei der *Feststellung des Eialters*, so z. B. Luftkammermessung und Dotterform wie Dotterlage bei der *Durchleuchtungsprobe* (*Schier- oder Klärprobe*), Stärke der Eiklarverflüssigung und -verfärbung am geöffneten Ei, Zunahme des anorganischen Phosphates im Weißei, Bestimmung des Brechungsindex und der Gefrierpunktdifferenz zwischen Eiklar und Dotter als Maß osmotisch bedingter Konzentrationsverschiebungen und schließlich als besonders wichtig die organoleptische Prüfung auf Altgeschmack.

Schmutz- und *Wascheier* können durch Analyse im UV-Licht, durch Anfärben mit speziellen Farblösungen oder durch elektrische Leitfähigkeitsmessungen bzw. chemische Untersuchung der Eioberfläche (K- und Mg-salze, vgl. S. 369) erkannt werden. Von Bedeutung sind schließlich das *Schaumschlagvermögen* und die *Schaumbeständigkeit* des Eiklars.

5. Veränderungen durch Pilze und Bakterien

Frische Eier sind in der Regel bakterienfrei; außerdem besitzt das Weißei merkliche bactericide Kraft, wahrscheinlich durch den Gehalt an proteolytischen Enzymen. Hauptinfektionsquellen von außen her sind die durch Hühnerkot beschmutzte Schale, insbesondere dann, wenn Schmutz durch Abreiben oder gar durch Abwaschen entfernt wird. Die Ermittlung künstlicher Schmutzbeseitigung durch Abwaschen (vgl. oben) spielt hier eine wichtige Rolle. Feuchtigkeit und Wärme fördern das Eindringen von Mikroorganismen.

Das Verderben des Eies verläuft ähnlich der Fleischfäulnis, wobei verschiedene Produkte auftreten können.

a) *Schwefelwasserstoff-Fäulnis* bewirkt Trübung, Flockung und schließlich blaugraue Verfärbung des Weißeies. Der Dotter schrumpft und wird blauschwarz oder schwarzgrün durch Bildung von Eisensulfid. Auch die Eischale nimmt bei fortgeschrittener Fäulnis grauen oder grünlichen Ton an. Oft läßt sich schon von außen der Fäulnisgeruch feststellen. Die vor allem durch Proteus-, Coli- und Pseudomonasbakterien bewirkte Zersetzung liefert relativ geringe Mengen an Schwefelwasserstoff, hauptsächlich Kohlendioxid, daneben wenig Wasserstoff (*schwarzfaules Ei*).

b) Die *käsige Zersetzung* oder *Fäkalfäulnis* tritt hauptsächlich bei Kühlhauslagerung auf. Sie wird durch zahlreiche Bakterien ausgelöst (Pseudomonas, Achromobacter, Mesentericus u. a.) und liefert durch Erschlaffen und Zerreißen der Dotterhaut unter Vermischung beider Eibestandteile eine lichtockergelbe bis hellbraungelbe flüssige Masse, die *keine* Schwefelwasserstoffentwicklung aufweist. Der Geruch derartiger Eier ist recht verschieden (dumpfig, kohlähnlich, heu- oder grasartig, auch aromatisch, ammoniakalisch oder an Heringslake erinnernd). Käsige Zersetzung ist meist Ursache der „*rotfaulen*" Eier. Der Geruch käsig zersetzter Eier kann oft durch Gewürze oder Aromastoffe von Backwaren verdeckt werden. Chemisch ist die käsige Zersetzung durch raschen Abbau der Eiphosphatide und durch (wesentlich langsameren) Zerfall der Glycerinphosphorsäure unter Bildung anorganischen Phosphates gekennzeichnet, wobei Phospholipasen und Phosphatasen der Bakterien eine wesentliche Rolle spielen.

c) Die *Schimmelbildung*, hervorgerufen durch Infektion aus Legenest, Verpackungsmaterial oder Lagerumgebung, gefördert durch Wärme und Feuchtigkeit, verzögert durch die obenerwähnten bactericiden Eigenschaften des Eiklars, tritt besonders bei Kühlhauseiern ohne Gaslagerung auf. Oft bleiben die olivgrünen bis schwarzen Pilzkolonien zwischen Schale und Eihaut, vor allem in der Luftkammer, lokalisiert und erscheinen beim Durchleuchten in Form von Flecken („*Schimmelfleckei*"). Der Geschmack ist gewöhnlich unangenehm dumpfig, der Geruch schimmlig, dumpf oder muffig. Solche Eier sind als verdorben und zum menschlichen Genuß ungeeignet anzusehen, zumal häufig auch bakterielle Zersetzung vorliegt. Fäulnis und Schimmelbildung lassen sich zweckmäßig und einfach beim *Durchleuchten* der Eier feststellen.

d) *Alkoholische Gärung*, hervorgerufen durch Hefen, findet sich gelegentlich bei Kühlhauseiern. Der vermischte Eiinhalt zeigt wein- oder vanilleähnlichen Geruch und Schaumbildung. Anderweitig geschädigte Eier sind solche, bei denen sich der Dotter an die Wand untrennbar angelegt hat („*Fleckeier*"), *Knickeier*, bei denen die Schale verletzt, die Innenhaut jedoch intakt ist, *Frosteier*, deren Schale durch Kälte gesprungen ist. *Bluteier*, bei denen Blut während der Eibildung eingeschlossen wurde und schließlich Eier mit Geruchs- und Geschmacksabweichungen, bedingt durch unzweckmäßige Fütterung (Raps, Zwiebeln, Fischabfälle und Fischmehl, Ölpreßkuchen, Maikäfer) oder Tränkung (Wasser aus geteerten Holzfässern). Fütterung mit Malvaceenpflanzen oder mit Rohfett dieser Pflanzen (z. B. Baumwollsaatöl) verursacht Proteinwanderung vom Weißei zum Dotter und blaßrote Verfärbung des Eiereiweißes, bedingt durch Eisendiffusion aus dem Dotter und Chelatbildung mit dem Conalbumin des Eiklars. Auch von außen können Gerüche resorbiert werden (Petroleum, Seife, Packmaterial, Rauch, Zwiebeln, Sauerkraut, Fruchtaroma usw.).

Eine besondere Art veränderter Eier sind *angebrütete Eier* („Hitzefleck“ bei kurzer Bebrütung oder Erwärmung, Blutringe nach 1—3 Tagen, Embryo nach 5 Tagen). Eine Zeitlang wurden 9 Tage bebrütete Eier unter besonderer therapeutischer Empfehlung in den Handel gebracht („*Trephoneier*“). Derartige Eier sind heute aus dem Verkehr verschwunden. Besondere Bedeutung besitzt die Verhinderung bzw. Bekämpfung einer Ei-Infektion mit *Salmonellen.*

6. Frischhaltung und Konservierung von Eiern

Um den zu Zeiten der „Schwemme“ anfallenden nicht absetzbaren Hühnereibestand als Reserve für eiarme Zeiten zu erhalten und das Ei auf dem Wege zum Verbraucher möglichst weitgehend vor wertmindernden Umwelteinflüssen zu schützen, wurden eine Reihe von z. T. sehr alten Verfahren entwickelt mit dem Ziel, die Eier zu konservieren, insbesondere sie vor mikrobieller Zersetzung zu bewahren. Derartige Verfahren lassen sich in drei Gruppen unterteilen:

1. Keimfreihaltung der Schale und damit des Eiinhaltes beim Ganzei;
2. Aufhebung der Lebensbedingungen vorhandener Keime im Inhalt der aufgeschlagenen Eier durch Kälte, Trocknen oder durch Konservierungsmittel und
3. Herstellung von Eiprodukten durch besonders geleitete Fermentationsprozesse.

a) Schutz der Eischale

Da frisch gelegte Hühnereier meist keimfrei sind, gelingt begrenzte Haltbarmachung durch *Abdichten* der Eischale gegen Fremdinfektion. Zum Abdichten der Poren dienen Speck, Talkum, Paraffin, Öle, Stearin- und Milchsäureemulsionen in Mineralöl, Kollodium, Schellack, Kunstharze (“Plastics”). Vorgeschlagen wird außerdem Behandlung mit Konservierungsmitteln wie p-Hydroxybenzoesäureester und Formaldehyd sowie Tauchen in Detergentien, Milchsäure, kochend heißes Wasser oder heißes Öl, wobei das Tauchen vielfach machinell und auch im Vakuum durchgeführt wird. Diese „*Thermostabilisierung*“ kann vor allem zur Haltbarkeitssteigerung vor der Einlagerung durch Pasteurisieren (5—7 sec bei 95—100° C, 2 min bei 64—67° C) oder durch Hitzebehandlung bei 100—1000° C (0,5—10 sec) vorgenommen werden. Wegen möglicher Veränderungen des Eiinhaltes bietet sie, vor allem bei höheren Temperaturen, technische Schwierigkeiten.

Am meisten eingebürgert hat sich das Einlegen der Eier in Konservierungsmittel, und zwar in Kalkwasser oder Wasserglas. Einlegen in *Kalkwasser* (1,5—2,5 Teile gebrannter Kalk und 0,1 Teil Kochsalz auf 100 Teile Wasser) dichtet die Schale durch Bildung von Calciumcarbonat an der Luft und bewirkt gute Haltbarkeit, vorausgesetzt, daß die Konzentration des Kalkwassers mehr als 50% der Sättigung beträgt. Nachteilig ist, daß die Schale brüchig und der Geschmack laugig wird und das Eiklar merklich an Schlagfähigkeit einbüßt. Das vielbenutzte „Garantol“ enthält Calciumverbindungen, daneben Eisen, Aluminium- und Magnesiumsalze. Zum Einlegen in *Wasserglas* wird die käufliche 33—35%ige Wasserglaslösung mit der zehnfachen Menge Wasser verdünnt. Im Gegensatz zum Kalkei läßt sich hier das Weißei gut zu Schnee schlagen, doch platzen die Eier leicht beim Kochen, da die Poren durch Silicatbildung verkittet sind (Anstechen mit einer Nadel am stumpfen Pol vor dem Kochen).

Wegen der gesteigerten Infektionsgefahr ist das gegen Bruchgefahr übliche Einbetten in Sand, Torfmull, Holzwolle, Kleie, Häcksel oder Holzasche wenig empfehlenswert. Zur Umhüllung mit Papier tritt neuerdings das Einwickeln in Cellophan.

Auf Versuche zur Entkeimung mit ionisierenden Strahlen sei lediglich hingewiesen.

b) Konservierung durch Kühlhauslagerung, Gefrieren und Trocknen

Die *Kühlhauslagerung* der Eier stellt heute die weitaus wichtigste Art der Eikonservierung dar. Bereits in trockener Luft bei Kellertemperatur lassen sich Eier monatelang genießbar erhalten. Für die Einlagerung im Kühlhaus eignen sich nur frische, saubere, ungewaschene und unverletzte Eier, die außerdem sorgfältig durchmustert und durchleuchtet wurden. Als Erfinder der Kühlhauslagerung gilt der Franzose Ch. Tellier. Bei der Einlagerung müssen die Eier in Vorkühlräumen abgekühlt werden, um Kondenswasserbildung zu vermeiden. Die Lagerung erfolgt meist bei 0—1,5° C, 85—90% relativer Luftfeuchtigkeit und täglich mehrmaliger Lufterneuerung. Die Räume dürfen nur zur Eierkühlung benutzt werden und sollen sorgfältig desinfiziert sein. Derart eingelagerte Eier halten sich 6—8, maximal bis zu 9 Monaten. Sie erleiden dabei die früher besprochenen Veränderungen und verlieren durch Wasserabgabe zunehmend an Gewicht, 0,75—1% nach 1 Monat, 3—4,5% nach 6—7 Monaten und 4,5—6,5% nach 9—10 Monaten. Der Geschmack alter Kühlhauseier erinnert an Erbsenmehl; als Zersetzungsprodukte treten u. a. Methylketone auf. Besondere Sorgfalt erfordert die Auslagerung der Eier, da zu schnelle Auslagerung oder zu hohe Luftfeuchtigkeit die Eier zum „Schwitzen" bringt und dadurch die Haltbarkeit stark verringert (Begünstigung des Bakterienwachstums). Ausgelagerte Eier sollen bald verbraucht werden.

Zur *Steigerung der Haltbarkeit* von Kühlhauseiern behandelt man die Eier wohl auch mit Schutzüberzügen (Öle u. a.) oder pasteurisiert sie vor der Einlagerung. Besonders wirksam ist die *Lagerung in Gasen*, die mit Kohlendioxid-Stickstoffgemischen unter Druck (System von Lescardé-Everaert), mit Luft verschiedenen Kohlendioxidgehaltes (bis zu 45% CO_2) oder in Äthylenoxid erfolgen kann. Derart gasgelagerte Eier werden als „*stabilisierte Eier*" bezeichnet.

Auch *Lagerung* in *ozonhaltiger Atmosphäre* (3—5 mg Ozon/m^3 Luft) wurde empfohlen.

Etwa 60% der Welteiproduktion werden, besonders in China und in den USA, auf *Gefrierei* verarbeitet. Man friert den gemischten oder homogenisierten Eiinhalt oder aber Eiklar und Eigelb getrennt bei —23 bis —25° C ein. Gefrierei weist bei —29° C eine Haltbarkeit von einem Jahr, bei —15 bis —18° C eine solche von 8—10 Monaten auf. Die Lagerung von Gefriervollei und Gefriereigelb soll 12 Monate nicht überschreiten. Pasteurisieren (3 bis 4 min in Plattenerhitzern bei 60—62° C) vor dem Gefrierprozeß dient zur Minderung des Keimgehaltes (Vertreter der Typhus-, Paratyphus- und Enteritisgruppe [Salmonellen]). Die aufgetaute Eimasse verdirbt sehr schnell und muß rasch verarbeitet werden. Verbraucher sind Bäckereien, Konditoreien usw. Bei allen hier besprochenen Eiprodukten spielt das Problem der Salmonella-Infektionen eine wichtige Rolle. Es hat in der BRD zum Erlaß der o. a. „VO zum Schutze gegen Infektion durch Erreger der Salmonella-Gruppe in Eiprodukten" geführt.

Trockeneierzeugnisse sind *Trockenvollei, -eigelb* und *-eiweiß*, die früher durch Trocknen in flachen Schalen oder im Trockentunnel, heute durch Walzentrocknung, vorzugsweise aber im Sprühverfahren gewonnen werden. Die vorgewärmte Eimasse wird bei einer Lufteintrittstemperatur von 110° C zerstäubt und trocknet bei 25° C ab. Vor dem Trocknen wird oft schwach angesäuert und dann mit Natriumhydrogencarbonat auf pH 7—9 eingestellt. Auch Gefriertrocknung wird durchgeführt. Die günstigste Lagertemperatur der Trockenprodukte liegt bei 4,5 °C, kohlendioxidhaltige Atmosphäre steigert die Haltbarkeit. Ein Diagramm (Abb. 61, S. 374) zeigt die Herstellung von Eipulver. 1 kg Trockeneigelb mit 5% Wassergehalt entspricht 115 Eidottern von durchschnittlich 16 g Frischgewicht. 8,7 g Trockeneigelb entsprechen einem Eidotter von 16 g. Als *Umrechnungszahl* von Trockeneigelb auf Eidotter des genannten Gewichtes gilt nach L. Acker u. W. Diemair der *Wert 115*. *Trockenvollei* enthält etwa 46% Eiweiß und 42% Fett, Trockeigelb 32% Eiweiß und 59% Fett.

Trockenei-Sprühpulver mit einem Wassergehalt von 2—4% neigen allgemein durch ihre große Oberfläche und den hohen Gehalt des Dotterfettes an ungesättigten Fettsäureglyceriden zum Verderb. Unsachgemäße Herstellung und Lagerung (z. B. Überhitzung, hoher Feuchtigkeitsgehalt (über 5,5—6%), hohe Temperatur und dadurch ausgelöster Bakterienbefall) führen zu Autoxydationsprozessen, hydrolytischer Fettspaltung oder rascher bakterieller Zersetzung. Für Eipulver ist chemische Konservierung nicht zulässig. Beim Verderben von Trockenvollei wird die Fettkomponente (erhöhter Säuregrad des Äther- und Wasserextraktes, geminderter Gehalt an Lecithinphosphorsäure) sowie der Proteinanteil (Abnahme des säurefällbaren Eiweißes) betroffen. Trockenvollei ist darüber hinaus durch rein chemische Umsetzungen gefährdet, wobei die im Ei enthaltene Glucose schon bei relativ niedriger Temperatur mit Aminosäuren reagiert und die mehrmals besprochene Maillard-Reaktion auslöst. Der durch solche Umsetzungen bedingte strohige, leimige oder bittere Altgeschmack und die auftretende Mißfärbung können vermieden werden, wenn die Kohlenhydratkomponente vor dem Trocknen durch Vergärung mit Enzymen mikrobieller Herkunft (z. B. aus Saccharomyces cerevisiae, Streptococcus lactis oder Aerobacter aerogenes) oder durch enzymatischen Abbau mit Glucoseoxidase/Katalase (S. 209) aus dem

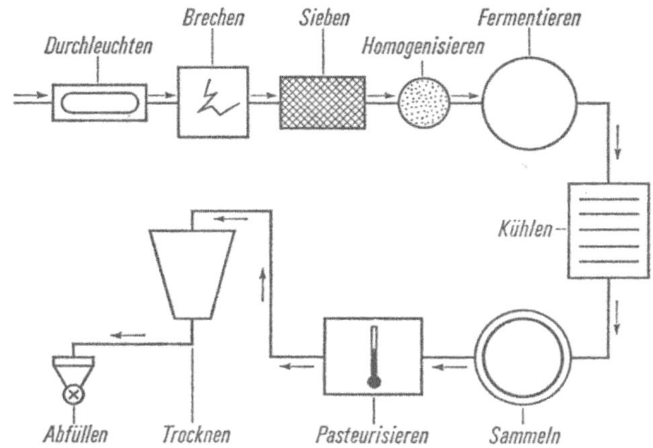

Abb. 61. Arbeitsgänge bei der Herstellung von Eipulver (Aus: 54, Bd. III/2., S. 944)

Vollei entfernt wird. Eipulver und ihre Ersatzmittel unterliegen bei Abgabe an den Verbraucher in Packungen oder Behältnissen der Kennzeichnungspflicht.

Trockenalbumin wird für Eischnee, als Lockerungsmittel für Zuckerbackwaren, zum Glasieren, zum Klären von Wein, für Eiscremepulver usw. verwendet. Auch hier wird die Entfernung der Glucose zur Vermeidung von Bräunungsreaktionen durchgeführt. Zur Abtötung der Salmonellabakterien im Trockeneiweiß wurde Behandlung mit Ammoniak empfohlen.

Flüssiges Eigelb wird vorwiegend in China gewonnen. Es dient zur Herstellung von Mayonnaise und findet Verwendung in Feinbäckereien und Teigwarenbetrieben. Seine Bedeutung als Emulgator für die Margarineherstellung schwand, als durch die Entwicklung der Sojaölindustrie reichliche Mengen Sojalecithin anfielen. Zur Konservierung von flüssigem Eigelb und von Flüssigei (Eiauslauf) sind nach der „Konservierungsstoff-VO" unter Deklaration „Sorbinsäure" und „Benzoesäure" (jeweils 10,0 g/kg) zugelassen.

Weitere Eiprodukte sind *Eilecithin*, das vor allem in Nährpräparaten und Stärkungsmitteln verarbeitet wird sowie *Eieröl*, das aus den im Wasserbad bröcklig gemachten Dottern abgepreßt oder durch Extraktion gewonnen werden kann. Es dient für Salbengrundlagen und zur Gewinnung von Cholesterin.

c) Eiumwandlung durch enzymatische Prozesse

Die „faulen Eier" der Chinesen zeigen keine Fäulnisveränderungen. Sie werden vielmehr durch Fermentierungsverfahren gewonnen, die denen der Käsezubereitung ähneln. Man legt die Eier in ein Gemisch aus roter Erde, Lauge, Holzkohlenasche, Reisschalen, Kalk und Salzwasser ein und erhält nach mehreren Monaten „*Pidan-Eier*" mit braunem geliertem Weißei und festem graugrünem Dotter oder die weinähnlich schmeckenden weichem Ei ähnlichen „*Dsaudan-Eier*".

7. Handelsklassen, Kennzeichnung und Beanstandungsgründe

Hinsichtlich gesetzlicher Regelungen muß hier auf den eingangs genannten Rechtsstoff verwiesen werden. Andere Verordnungen, soweit hier Ei in mannigfacher Form eine Rolle spielt, sind z. B. die *Teigwaren-VO* und die *Speiseeis-VO* (s. dort).

Beanstandungsgründe bei Eiern sind u. a.: Verstöße gegen die Kennzeichnung, faule oder verpilzte Eier, Färbung des Hühnereidotters durch Teerfarbstoffe (meist in Schichtbildung am gefärbten Dotter erkennbar und als Verfälschung aufzufassen), Verkauf von Enteneiern als Hühnereier, von konservierten als frische Eier, Stempelentfernung, Schmutzeier in der Handelsklasse. Infektionen (z. B. mit Salmonellen) fallen unter die Kontrolle des Tierarztes.

8. Eier anderer Vögel

Weitere zu Genußzwecken dienende *Eier* sind Puteneier, Perlhuhneier, Eier von Gänsen, Kiebitz und Möwen und vor allem solche von Enten, die besondere Überwachung erfahren (vgl. S. 370). Eier des Kiebitzes dürfen in der BRD nicht mehr gesammelt werden, solche der Möven nur zu bestimmten Zeiten.

Enteneier zeigen weiße, oft grünliche Schalenfärbung; die Schale ist im Vergleich zum Hühnerei glatter, das Eigewicht (60—70 g) etwas höher.

IV. Milch und Milcherzeugnisse

1. Milch

Milch im allgemeinen Sinne ist die aus Milchdrüsen weiblicher Säugetiere abgesonderte Flüssigkeit. Sie enthält als ausschließliche Nahrung des Säuglings und des heranwachsenden Lebewesens wichtigste Nähr- und Wirkstoffe und steht damit als Lebensmittel an besonders bevorzugter Stelle. Erste Milchspender für den Menschen waren Ziege und Schaf, später kam mit zunehmendem Ackerbau das Rind hinzu und heute versteht man unter *Milch als Handelsware* lediglich die Kuhmilch; solche anderer Tiere darf nur unter deutlicher Kennzeichnung, z. B. als Schaf- oder Ziegenmilch in den Handel kommen.

Der wichtigste Rechtsstoff für Milch und Milcherzeugnisse ist niedergelegt im „Milchgesetz" vom 31. 7. 1930, in der Fassung vom 24. 5. 1968 und der hierzu erlassenen Ersten VO, in der Fassung vom 15. 7. 1970, im „Milch- und Fettgesetz", in der Fassung vom 24. 5. 1968, der „Butter-VO", in der Fassung vom 10. 8. 1970, im „Margarinegesetz" vom 15. 6. 1897, in der Fassung vom 25. 6. 1969, der „Käse-VO", in der Fassung vom 22. 12. 1969, sowie der „VO über Milcherzeugnisse" vom 15. 7. 1970, in der Fassung vom 14. 7. 1971. Weitere Hinweise für die lebensmittelrechtliche Beurteilung bringen K. G. Bergner u. Mitarb. (in: 54, Bd. III/1., S. 875). Hinsichtlich der Sachkunde zum Betrieb eines Unternehmens der Be- oder Verarbeitung von Milch vgl. die „Milchsachkunde-VO" vom 22. 12. 1972.

Die *Milchleistung* je Kuh in kg/Jahr hat sich in Deutschland durch entsprechende Zuchtwahl und Futterverbesserung innerhalb eines Jahrhunderts mehr als verdoppelt. Sie belief sich 1812 auf rund 1280 kg, 1926 bereits auf 2163 kg und lag 1970 im Durchschnitt in der BRD bei 3800 kg.

1970/71 wurden in der BRD 22,5 Mio t Kuhmilch und 34000 t Ziegenmilch erzeugt. Kuhmilch macht 91% der Gesamtmilcherzeugung der Welt aus (FAO-Statistik). Die jährliche Milchproduktion der Welt stieg in den letzten 30 Jahren von rund 158,5 Mio t auf rund 400 Mio t (1970) an. Wichtigste Erzeugerländer waren neben Deutschland 1970 (in Mio t) USA (188), Frankreich (31,8), England (12,6), 1960 UdSSR (57,4), Polen (12,5). Südamerika war mit 14,6 Mio t, Asien mit 18 Mio t, Afrika mit 9,2 Mio t und Ozeanien (Australien, Neuseeland) mit 11,95 Mio t beteiligt.

Der Anteil der milchverarbeitenden Industrie am Gesamtumsatz der Ernährungsindustrie geht aus folgender Tab. 105 hervor.

Tabelle 105. Gesamtumsatz der Ernährungsindustrie nach Industriezweigen* in der BRD (Statist. Jahrbuch 1961) (Aus: 54, Bd. III/1., S. 6)

Industriezweig	Umsatz in Mio DM	Umsatz bezogen auf Gesamtumsatz Ernährungsindustrie in %
Mühlen-, Nährmittel-, Stärke-, Brotindustrie	4522	15,0
Molkerei, Käserei, Dauermilch, Schmelzkäse-Werke	5368	17,8
Ölmühlen-, Margarineindustrie, Talgschmelzen	2222	7,4
Fleisch verarbeitende Industrie	2159	7,2
Brauereien, Mälzereien	4125	13,7
Ernährungsindustrie insgesamt	30080	100,0

* Bei den Umsatzwerten wurden die einzelnen Industriezweige zu Gruppen zusammengezogen.

1970 wurden von der gesamten an Molkereien und Händler gelieferten Milch (rund 18,4 Mio t) als Vollmilch 2,8 Mio t, als Mager- und Buttermilch 193000 t abgesetzt. Der Trinkmilchverbrauch (Vollmilch) in der BRD (1970/71: 92,5 kg je Einwohner und Jahr = rund 0,57 l/Tag) bedarf auch aus ernährungsphysiologischen Gründen dringend der Steigerung. Am Arbeitsplatz steht der Verbrauch an Milch erst an vierter Stelle hinter dem von Kaffee, Limonade und Bier. Von der verarbeiteten Milch (rund 84% in der BRD) dient mehr als die Hälfte der Butterproduktion. Etwa $^1/_4$ wird als pasteurisierte Milch dem Verbraucher zugeführt.

a) Eigenschaften der Milch

Milch stellt eine weißliche bis gelblich-weiße Flüssigkeit dar, deren Farbe durch die Lichtdispersion des Fettes *und* der Proteinkolloide bedingt ist (auch fettfreie Magermilch ist weiß.). Die gelbliche bzw. gelblich-grüne Farbe rührt vom Carotin der Fettphase (vor allem bei der Weidefütterung) und vom Riboflavin der wäßrigen Phase her. Der *Geschmack* ist mild süßlich, bei besonderer Fütterung (Rübenblätter, Wasserrüben, verschimmeltes Futter) kann unangenehm bitterer Geschmack auftreten. Der *Geruch* ist eigentümlich unspezifisch, Ziegenmilch zeigt zuweilen (durch falsche Haltung des Milchtieres bedingten) Bockgeruch, Milch kranker Tiere und mit Bakterien oder Schimmelpilzen verunreinigte Milch kann abnormen Geruch aufweisen.

Die *Reaktion* frisch ermolkener Milch ist gegen Lakmus (pH 7—8) *amphoter*, gegen Phenolphthalein (pH 8—10) *sauer* und gegen Dimethylorange (pH 3,3—4,1) *alkalisch*. Milch von Einhufern und Frauenmilch reagiert schwach alkalisch. In der Praxis spielt die Bestimmung des *Säuregrades* eine wichtige Rolle. Er wird titrimetrisch mit Phenolphthalein als Indicator ermittelt, und zwar nach *Soxhlet-Henkel* (in der normalen Milch) bzw. nach *Thörner* (Titration nach Verdünnen mit Wasser). Beide Werte sind einander nicht gleichzusetzen (hydrolytische Spaltung von Phosphaten bei Thörner). In Deutschland wird der Säuregrad meist nach Soxhlet-Henkel (°SH) angegeben (ml 0,25 n-NaOH pro 100 ml Milch); normale Milch besitzt 6—7° SH.

Der *Zerteilungsgrad der Milchbestandteile* zeigt ein kompliziertes System polydisperser Stoffe:

Fett als grobdisperses Emulsionssuspensoid dispergiert im Milchserum (Milchplasma) und ist abgegrenzt durch die später besprochene Hüllenmembran.

Casein, Albumine, Globuline, Lipoproteide und Dicalciumphosphat sind kolloiddispers verteilt. Als eigentlicher Träger der Kolloideigenschaften von Milch wird der Calciumcaseinatkomplex angesehen. Dieser Komplex besteht aus Calciumcaseinat, das ein amorphes tertiäres Calciumphosphat mit Ionenaustauschereigenschaften gebunden enthält.

Milchzucker, *Salze* und sonstige Milchbestandteile liegen molekulardispers bzw. im Ionenzustand vor und bedingen den osmotischen Druck der Milch.

Die komplizierte Struktur des Milchsystems bringt eine Reihe auch technologisch wichtiger Eigentümlichkeiten mit sich, unter denen zunächst insbesondere die *Aufrahmfähigkeit* bedeutungsvoll ist. Die Fetttröpfchen steigen infolge ihres geringen spezifischen Gewichtes nach oben und trennen sich größtenteils vom Milchplasma, wobei *Rahm* (Sahne) als fettreichere obere Partie und *Magermilch* als darunter stehende Flüssigkeit entsteht. Je mehr Kolloide (Proteine) die Milch enthält, desto langsamer folgt die Aufrahmung; auch Verringerung des Fettkügelchendurchmessers (Homogenisierung, vgl. S. 248) verzögert den Aufrahmprozeß, desgleichen eine Störung des Kolloidgefüges bei höheren Temperaturen: Erhitzen auf 61° C bewirkt keine Veränderung, beim Erhitzen auf 63° C und höher (Pasteurisierungsprozesse) tritt abnehmende Aufrahmfähigkeit ein. Von der Aufrahmfähigkeit zu unterscheiden ist die vom Fettkügelchendurchmesser der Milch abhängige *Entrahmungsfähigkeit*. Für die Verarbeitung der Milch weiterhin wichtig sind die Pufferungsfähigkeit und die pH-Lage, Faktoren, die insbesondere die allgemeine Stabilität der Milch beeinflussen.

Ein wichtiges Charakteristikum der Milch ist das *Inkubationsstadium*, die erste Zeit nach dem Melken, bei der sinnfällige Änderungen der Milch nicht zu beobachten sind. Für normale Milch liegt dieses Stadium bei etwa 12 Std, für verschmutzte oder bakteriell infizierte Milch wesentlich niedriger. Nach Ablauf der Inkubationszeit treten Säuerung und Änderung der Milchstruktur auf.

Das *spezifische Gewicht* der Milch, — fast ausschließlich mit Hilfe des Milcharäometers (Lactodensimeter, Milchprober) bestimmt —, ist niedrig bei hohen Fettmengen und umgekehrt höher bei reichlichem Protein-, Milchzucker- und Salzgehalt. Es liegt bei Kuhmilch zwischen 1,027 und 1,034. Magermilch (Fettentzug) hat höheres spezifisches Gewicht als Vollmilch. Analytisch von Bedeutung ist das spezifische Gewicht des *Milchserums*, wie es durch Behandlung der Milch mit spezifischen Fällungsmitteln als *Calciumchlorid-*, *Blei-* oder *Essigsäureserum* oder bei Selbstsäuerung als *Spontanserum* gewonnen wird.

Der *Gefrierpunkt* der Milch wird im wesentlichen durch den Gehalt an molekular- bzw. iondispers vorliegenden Stoffen (Milchzucker, Salze) bedingt. Die Gefrierpunktsdepression normaler Milch liegt im allgemeinen bei —0,53 bis —0,56°C. Bei *Wässerung* der Milch tritt Konzentrationsabnahme der obengenannten Stoffe und damit Änderung der Gefrierpunktsdepression ein. Dies ist für den Nachweis der Milchwässerung bedeutungsvoll. Gekochte und ungekochte Milch weist jedoch gleiche Depression auf. Obwohl Blut und Milch vollkommen verschieden zusammengesetzt sind, zeigen sie gleichen osmotischen Druck, beide Körperflüssigkeiten sind also isoton; der osmotische Druck beider Körperflüssigkeiten ist nur geringen Schwankungen unterworfen.

Die *Lichtbrechung* der Milch (Brechungsindex zwischen 1,3470 und 1,3515 bei 40° C) besitzt für die Milchuntersuchung keine praktische Bedeutung, wohl aber die des Milchserums (Blei-, Calciumchloridserum) vgl. die Spezialliteratur!

Die *elektrische Leitfähigkeit* der Milch ist abhängig vom Ionenzustand der Elektrolyten und wurde zuweilen zur Feststellung eines Wasserzusatzes oder zur Erkennung der Milch kranker Tiere (Erhöhung des Chloridgehaltes) herangezogen.

Die *Wasserstoffionenkonzentration* normaler Kuhmilch liegt bei pH 6,3 bis 6,6. Gleich dem Blut enthält die Milch Puffersysteme (Phosphate, Citrate, Proteine), die bei beginnender Säuerung die Milch zunächst stabilisieren, bis dann bei pH etwa 4,9 (bei Magermilch etwas höher) die Milchgerinnung einsetzt.

Auf den Nachweis und die Bestimmung von *Radionucliden* in der Milch sei hier nur verwiesen.

b) Die Milchbildung im tierischen Organismus

Über Mechanismen, wie sie bei der Milchbildung im Euter, dem drüsigen Organ des milchliefernden Tieres, vor sich gehen und über die Synthesequellen für *Eiweiß*, *Fett* und *Milchzucker* sind wir durch Isotopenuntersuchungen gut unterrichtet.

Die Biosynthese der *Milchproteine* erfolgt hauptsächlich (zu etwa 90%) in der Milchdrüse aus einem gemeinsamen „pool" freier (essentieller und nicht essentieller) Aminosäuren des Blutstromes, ein geringer Teil (vor allem Immunglobulin und Serumalbumin) gelangt direkt aus dem Blut vorgebildet in die Milch. Daneben sind auch Drüsenenzyme zur Synthese befähigt. So liefert z. B. der Glucose-„pool" des Plasmas etwa 5% des Caseinkohlenstoffs, aus markiertem Acetat werden Aminosäuren gebildet, aus Glucose entsteht Serin.

Die *Fette* gehen teils als solche direkt aus dem Blut in die Milch über, wie Versuche mit tritiummarkierten Fetten und mit markierter Stearinsäure zeigen, teils werden sie, vor allem als kurzkettige Fettsäuren, aus C_2-Bruchstücken (Blutacetat), daneben auch aus Butter-, Ameisen-, Kohlensäure und Kohlenhydraten gebildet. Das *Glycerin* der Fette entsteht wahrscheinlich aus Blutglucose, wobei im Tricarbonsäurecyclus Kohlendioxidfixierung und Aufnahme von Coenzym A eintritt. Daneben ist Propionat als wesentliche Glycerinvorstufe anzusehen. Der Glucosestoffwechsel der lactierenden Kuh verläuft nicht nach dem Embden-Meyerhof-Schema, sondern über den Pentosecyclus. Als Energiequelle benutzt die Milchdrüse der Wiederkäuer offenbar zum großen Teil die Verbrennung von Blutacetat im Citratcyclus.

Die Biosynthese der *Lactose* ist noch umstritten. Nach H. G. Wood liefert den Glucoseanteil des Milchzuckers das Blut; mehr als die Hälfte der Lactose stammt aus Blutglucose. Als weitere Vorstufe der Galaktosehälfte ist Hexosephosphat (Uridindiphosphatglucose) anzusehen, das im Euter über den Citratcyclus direkt aus Acetat entsteht. Die endgültige Synthese der Lactose erfolgt unter Mitwirkung zahlreicher Enzymsysteme, die vor allem Phosphorylierungsprozesse katalysieren. Syntheseort sind die Drüsenzellen. Glucose kann auch aus Butyrat gebildet werden.

Citronensäure. Ungefähr $^1/_5$ des Citronensäurekohlenstoffs stammt aus Plasmaglucose.

c) Die Zusammensetzung der Milch

α) *Wasser*

Dieser Hauptbestandteil der Milch macht 83—87% aus und gelangt wahrscheinlich als erste Phase der Milchbildung durch einfache Ultrafiltration (zusammen mit den Salzen) aus dem Blutplasma in die Milchdrüse.

β) *Fett*

Milchfett, dessen Biogenese oben geschildert wurde, unterscheidet sich in der Zusammensetzung wesentlich vom Fett des Säugetierkörpers durch seinen Gehalt an Glyceriden niederer Fettsäuren. Seine Bildung ist weitgehend unabhängig vom Futter. Das Fett ist sehr fein im Plasma verteilt, die Größe der Kügelchen liegt zwischen 1 und 22 μm, im Mittel bei 1—10 μm. *Homogenisieren* der Milch (s. S. 389) verkleinert die Fetttröpfchen auf das 1000fache, macht sie mikroskopisch oft unsichtbar und vermindert die Aufrahmfähigkeit der Milch. Unmittelbar nach dem Melken liegt das Fett in flüssigem Zustand vor, bei 16° C ist noch der größte Teil flüssig, bei 10—13° C halbfest und erst unterhalb 10° C sind fast alle Teilchen fest, ein für den Butterungsprozeß wichtiger Befund. Milchfett ist der Hauptbestandteil der Butter; über die *Zusammensetzung dieses Fettes* vgl. bei Butter. Zum Unterschied von Kuhmilch enthält Frauenmilch nur wenig niedere Fettsäuren.

Die Erscheinung, daß die Kügelchen des Milchfettes auch in hochkonzentriertem Rahm oder beim Erhitzen nicht zusammenfließen, sowie theoretische Betrachtungen zum Butterungsprozeß haben frühzeitig zu der Vorstellung geführt, daß die einzelnen Milchfettkügelchen von einer etwa 10 Å dicken Membran umgeben sind („haptogene Membran"). Eine derartige Hülle ist auch elektronenoptisch nachgewiesen worden. Diese Membran liegt in Form von Lipoproteiden vor. Sie enthält verschiedene elektrophoretisch unterscheidbare Proteine, außerdem Phospholipoide und Cholesterin, hochschmelzende Triglyceride, Enzyme (Xanthindehydrase, alkalische Phosphatase, Aldolase) und Schwermetalle (Eisen, Kupfer).

Neben den genannten Neutralfetten kommen in der Milch auch (für die Stabilität der Milch wichtige) Phosphatide (Phospholipoide) gut erforschter Zusammensetzung, freies und verestertes Cholesterin (0,3—0,4 g/100 g Fett) und andere Sterine mit Provitamin D-Wirksamkeit, die bei der UV-Bestrahlung antirachitische Aktivität erlangen können, vor. In Milchphosphatiden finden sich keine niedermolekularen Fettsäuren unter C_{14}.

Milchfett findet sich zu 2,2—5,0%, im Mittel zu 3,5% in der Milch, wobei sehr starke Schwankungen bei Sommer- und Wintermilch vorkommen. Höhenrassen (Allgäuer, Simmentaler) liefern weniger, dafür ausgesprochen fettreiche Milch, die außerdem höheren Gehalt an niedermolekularen Fettsäuren aufweist. Niederungsvieh (Oldenburger, Ostfriesen, Holländer) erzeugt gehaltsärmere, doch reichlicher anfallende Milch. Auch die einzelnen Melkfraktionen zeigen unterschiedlichen Fettgehalt. Dem trägt das Milchgesetz im § 1 Rechnung: „Milch ist das durch regelmäßiges vollständiges Ausmelken des Euters gewonnene und gründlich durchgemischte Gemelk von einer oder mehreren Kühen aus einer oder mehreren Melkzeiten." Der Mindestfettgehalt der Trinkmilch darf nicht weniger als 3,0% betragen. Einstellung des Fettgehaltes von Trinkmilch (durch Molkereien) kann behördlich zugelassen werden (§ 11 des Milch- und Fettgesetzes).

γ) *Stickstoffsubstanzen*

O. Hammarsten unterschied schon 1877 drei Proteine in der Milch:

a) Casein (rund 3%),
b) Lactalbumin (0,5%) und
c) Lactoglobulin (0,1%).

Der wichtigste (etwa 80% des gesamten Milcheiweißes) und charakteristischste Eiweißkörper ist das Phosphoproteid *Casein*, ein heterogen zusammengesetztes Proteid (vgl. S. 43). Da der isoelektrische Punkt stark im sauren Gebiet liegt (pH 4,6), ist es bei der neutralen Reaktion der Milch als Säure dissoziiert und bildet (in erster Linie mit Calciumionen) Kationen. Calciumcaseinatlösungen überziehen sich beim Erhitzen mit einer feinen Schicht, weshalb Milch beim Kochen eine „Haut" bildet. Charakteristisch für Casein ist die Ausflockung durch das Labenzym, die *Labgerinnung*. Sie beruht auf der Wirkung proteolytischer Enzyme, die etwa bei pH 5—6 Casein in *Paracasein* umwandeln, das seinerseits mit den Calciumionen der Milch ein unlösliches Salz bildet und als Gerinnsel ausfällt, es verbleibt die „*Lab-Molke*". Ansäuern bis zum isoelektrischen Punkt liefert das „Säure-Casein". Hier verbleibt die *„Säure-Molke"*, wobei Calcium als Lactat in Lösung geht.

Die Proteine der Magermilch teilen sich in folgende Fraktionen auf: (nach F. Kiermeier in: 54, Bd. III/1., S. 43; Angaben in % vom Gesamteiweiß). *Caseine* (76—86%), und zwar α-Casein 45—63%, β-Casein 19—28%, γ-Casein 3—7%, *Molkeneiweiß* (hitzecoagulierbar) 14—24%, *Lactalbumine* 11%, *Lactoglobuline* (α_1- und α_2-Globulin, Euglobulin insgesamt 4%), *Proteosen-Peptonfraktion* 2—6%, *Glykomakropeptid-Fraktion* 1—2%. Weitere Proteine und Enzyme machen nur einen sehr geringen Anteil am Gesamteiweiß aus, so z. B. ein eisenbindendes Protein oder eine lachsrot gefärbte Proteinfraktion.

Limitierende Aminosäuren des Caseins sind in abnehmender Bedeutung die schwefelhaltigen Aminosäuren (Methionin) und Tryptophan, Isoleucin, Leucin, Histidin, Valin und Phenylalanin. „Lactalbumin" und „Lactoglobulin" hingegen sind reich an Cystin und Methionin und komplettieren damit das Casein. Bedeutung besitzen die Milchalbumine und -globuline für die Gewinnung von *Molkeneiweiß* (s. dort). Der hohe Lysingehalt des Milcheiweißes (7—8%) ist immer wieder zur Aufwertung biologisch minder wertvoller Proteine herangezogen worden, z. B. bei Milcheiweißbrot (S. 479) oder in Kindernährmitteln.

An *weiteren Stickstoffsubstanzen* enthält die Milch im Nichteiweißanteil („Rest-N") Polypeptide („Albumosen", „Peptone", „Proteosen"), Peptide, Ribonucleotide, freie Aminosäuren, Kreatin(in), Harnsäure und Harnstoff. Letzterer liefert die Hauptmenge des in evaporierter Milch aufgefundenen Ammoniaks.

δ) *Milchzucker*

(Lactose, S. 98) ist die Hauptkohlenhydratkomponente der Milch, die sich in der Natur nur dort, und zwar in einer α- und einer β-Form (1 : 1,55) zu 4—6% findet. Bei der technischen Milchzuckergewinnung kristallisiert das α-Anhydrid in Form kleiner schmieriger Kristalle aus („Schleimzucker").

Der Gehalt an Lactose ist bei Eutererkrankungen erniedrigt. Bildet man in diesen Fällen aus dem Chlor- und Milchzuckergehalt als Quotienten die „Chlorzuckerzahl", so ist diese bei pathologischer Sekretion mastitis-(euter)-kranker Tiere gegenüber dem Normalwert (0,5—1,5) stark erhöht (bis zu 15). Schon bald nach dem Melken bilden Bakterien aus Lactose Milch- und Buttersäure. Das spezifische Milchzucker zu Glucose und Galaktose spaltende Enzym von Bakterien und Hefen ist die *Lactase*, eine β-Galaktosidase (S. 197). Der Milchzucker besitzt große Bedeutung als Nährsubstrat für die bei vielen technologischen Verarbeitungsprozessen der Milch wichtigen Milchsäurebakterien (Sauermilch, Quark, Käse).

Umsatz von Lactose mit Aminosäuren bewirkt unerwünschte Umwandlungen (Maillard-Reaktion, „nichtenzymatische Bräunung", S. 16); daneben sind in erhitzter Milch als Zersetzungsprodukte der Lactose verschiedene Säuren, Aldehyde und Ketone nachgewiesen worden. Auskristallisieren des Milchzuckers, z. B. bei Kondensmilch oder Eiscreme, führt zur „Sandigkeit" dieser Produkte.

ε) *Mineralstoffe*

der Milch sind überwiegend anorganische Phosphate von Kalium und Calcium, daneben Citrate und Chloride. Wesentlich geringer ist der Gehalt an Sulfat, Hydrogencarbonat, Eisen- und Magnesiumsalzen. Der Chlorgehalt normaler Milch ist gering (bis zu 0,14%), in pathologischen Fällen oft abnorm erhöht (vgl. bei Milchzucker). *Bor* (100—200 μg/l), desgl. *Kupfer* (20—40 μg/l) sind normale Bestandteile der Milch. Der *Eisengehalt* beträgt in Frauenmilch 750—1000 μg/l, in Kuhmilch 300—1100 μg/l, in Schafmilch 1000 μg/l. Daneben enthält die Milch eine große Zahl von *Spurenelementen*, wie Fluor (100—200 μg/l), Jod (113—300 μg/l), Mangan, Molybdän, Silicium, Vanadium, Zink und Selen (50—130 μg/l). Von aktueller Bedeutung ist der Gehalt an ^{90}*Sr* und ^{131}*Cs* als Folge nuclearer Reaktionen geworden (S. 115). Unterschiedliche Kontamination und Zusammensetzung der Futtermittel bedingen jahreszeitliche

Schwankungen im ^{90}Sr-Gehalt der Milch. Der Gehalt an Calcium und Kalium ist in der Milch viel höher als im Blut, die Rohasche der Kuhmilch beträgt 0,75%, die der Frauenmilch 0,16—0,30%. Wichtigster Mineralstoffanteil ist das *Calcium* (etwa 120 mg-%). Milch und Milchprodukte sind damit die Hauptlieferanten für dieses lebenswichtige Element in unserer Nahrung, insbesondere für den Säugling, die Schwangere und die stillende Mutter. Neuerdings sind Bestrebungen im Gange, mit Hilfe von Ionenaustauschern natriumarme bzw. -freie Milch für therapeutische Zwecke herzustellen (S. 112). Normale Milch ist fast stets nitratfrei. Nachweis von *Nitratspuren* wird (mit Vorsicht) zur Erkennung gewässerter Milch herangezogen.

Eine Kuh hoher Milchleistung liefert pro Tag in ihrer Milch rund 43 g Calcium und 37 g Phosphor. Der *Phosphor* gelangt zum Hauptteil über den anorganischen Blutphosphor in das Euter und dient dort zu Phosphorylierungsprozessen sowie zur Synthese des Caseinbausteins Phosphoserin. Für die Versorgung mit den genannten Mineralstoffen spielen außerdem die entsprechenden Calcium- und Phosphor-"pools" der Knochensubstanz in dynamischen Austauschreaktionen eine bedeutsame Rolle.

ζ) *Organische Säuren*

Wichtigste Säure der Milch ist die *Citronensäure.* Sie findet sich in der Frischmilch zu 2,4—2,8 g/l, wird beim Stehenlassen der Milch schnell bakteriell abgebaut, insbesondere auch durch Milchsäurebakterien, und spielt eine wichtige Rolle bei der Pufferung, Dispergierung und Peptisation der Milch. Da sie im Blut der Säuger nicht vorkommt, muß sie in der Drüse gebildet werden (s. S. 378). In der Milch gefundene andere Säuren, wie Milch-, Butter- und Essigsäure, sind durch mikrobielle Einwirkung entstandene Abbauprodukte des Milchzuckers. Originär kommen in der Milch noch geringe Mengen an Rhodanwasserstoffsäure und die bereits 1905 von G. Biscaro u. Mitarb. aus Molke isolierte, später auch in der Frischmilch verschiedener Tiere aufgefundene *Orotsäure* (Uracil-6-carbonsäure), ein Wachstumsfaktor und Stabilisator der Darmflora, vor. Kuhmilch enthält zwischen 64 und 121 mg/l Orotsäure; die Säure geht auch in das Casein über.

η) *Phosphatide,*

die sich als Lecithin und Kephalin zu 0,025—0,045% finden, bleiben bei der Entrahmung fast quantitativ in der Magermilch. *Sterine*, von denen *Cholesterin* stark schwankend sowohl an Fett wie an Protein gebunden im Mittel zu 0,1% vorkommt, sind als Provitamine D für die antirachitische Aktivität von Milch bzw. Butter bedeutungsvoll (vgl. S. 379).

δ) *Enzyme*

finden sich in großer Zahl in der Milch auf die verschiedenen Eiweißfraktionen verteilt als Hydrolasen, Oxidasen bzw. Peroxidase und Katalase sowie als Dehydrogenasen. Sie werden teils mit der Milch sezerniert, teils erst durch die Lebenstätigkeit der Bakterien gebildet. In beiden Richtungen sind sie wertvolle Hilfsmittel zur Milchuntersuchung geworden (vgl. auch bei den Enzymen). Eine klare Herkunftsfestlegung ist nicht immer möglich.

Hydrolasen. Hydrolysierende Enzyme der Milch sind insbesondere Stärke verzuckernde Glucosidasen, *Amylasen* (Milchdiastase, vorzugsweise als α-Amylase) sowie mehrere *Esterasen*, wie die *Salolase*, aus der Milch verschiedener Tiere, die Salicylsäurephenylester spaltet, außerdem eine Monobutyrinase, die lediglich Monoglyceride hydrolysiert, und schließlich *Lipasen* verschiedener Art, die noch wenig definiert sind. Besonders wichtig geworden sind die (sauren und insbesondere alkalischen) *Phosphatasen* (S. 197) der Milch. Ihre innerhalb eines scharf umrissenen Temperaturbereiches vor sich gehende Inaktivierung wird zum Nachweis stattgefundener Erhitzung von Milch und Milchprodukten oder zur Erkennung von

Rohmilch in hocherhitzter Milch mit Hilfe verschiedener Substrate (z. B. Phenyl-, Nitrophenyl- oder Phenolphthaleinester der Phosphorsäure) benutzt, wobei auf die Möglichkeit einer *Reaktivierung* von Phosphatasen nach dem Erhitzen Rücksicht zu nehmen ist (S. 198).

Auch eine *Protease* findet sich originär in der Milch, die bei der Eiweißfällung in die Caseinfraktion geht. Weiterhin kommt in der Milch ein Trypsininhibitor vor. Peptidasen sind wahrscheinlich keine originären Enzyme der Milch.

Peroxidase findet sich mit dem Molkenalbumin vergesellschaftet in der Kuh-, Schaf- und Frauenmilch. Sie wurde bereits 1820 von Planche nachgewiesen, gilt als originäres Enzym, wird durch Erhitzen inaktiviert und zur Unterscheidung gekochter von ungekochter Milch sowie (allerdings nicht unwidersprochen) zum Nachweis der Milcherhitzung herangezogen. Dabei ist zu berücksichtigen, daß auch mikrobiell-infizierte Milch eine positive Peroxidasereaktion liefert. Milch, deren Peroxidaseaktivität durch Erhitzen inaktiviert war, kann bei längerem Stehen erneut positive Enzymreaktion zeigen („*Regeneration*" der Peroxidase).

Der *Katalasegehalt* der Frischmilch ist gering. Das Enzym wurde schon 1901 in Milch durch die Beobachtung von O. Loew festgestellt, wonach diese mit Wasserstoffperoxid Sauerstoff entwickelt. Anomale Milchsekretion (Mastitis) sowie erhöhter Leukocyten- und Bakteriengehalt steigern den Katalasegehalt der Milch. Als „*Katalasezahl*" bezeichnet man die Menge Wasserstoffperoxid (in mg), die durch 100 g Milch innerhalb von 2 Std zersetzt wird, oder auch die Menge (in ml) des gebildeten Sauerstoffs.

Aldehyddehydrogenase (Xanthinoxidase oder -dehydrase), ein von F. Schardinger 1902 in der Milch nachgewiesenes Flavoprotein-Enzym („Schardinger-Enzym"), entfärbt einen der Milch zugegebenen Wasserstoffacceptor (Methylenblau u. a.) bei gleichzeitiger Anwesenheit von Formaldehyd als Sauerstoffacceptor (S. 206). Xanthindehydrasebestimmungen in Milch als Grundlagen verschiedener Teste z. B. zur Unterscheidung von Frauen- und Kuhmilch, sind mit Vorsicht zu bewerten.

„*Reduktase*". Gewisse Farbstoffe, wie Methylenblau, Janusgrün oder Resacurin, werden durch Milch *ohne Zugabe eines Substrates* entfärbt. Die hier wirksame „Reduktase" ist kein originäres Enzym; sie entsteht durch die Lebenstätigkeit von Bakterien. Die *Reduktaseprobe* ist in sterilisierter Milch negativ, in älterer Milch positiv, wobei die Entfärbungszeit mit zunehmendem Bakteriengehalt verkürzt wird (vgl. S. 211). Im Standardversuch benötigt gute Handelsmilch mindestens 3 Std zur Entfärbung des Farbstoffes. Wird der Farbstoff in weniger als einer Stunde zur Leukostufe reduziert, so ist solche Milch für die Säuglingsernährung zu stark bakteriell verunreinigt. Neuerdings hat auch *Triphenyltetrazoliumchlorid* (TTC) Eingang als Redoxindicator gefunden. Das farblose wasserlösliche TTC liefert hier ein rotgefärbtes wasserunlösliches Reduktionsprodukt, dessen Bildung als Maß der vorhandenen Reduktasen colorimetrisch auswertbar ist.

ι) *Vitamine*

Milch enthält die meisten der bekannten Vitamine (vgl. bei den Vitaminen). besonders reichlich Vitamin A, β-Carotin, Vitamin E, Vitamine der B-Gruppe (B_1, B_2) und Vitamin C. Vitamin B_2 liegt in der Kuhmilch sowohl als freies Riboflavin wie auch als Flavinadenindinucleotid (gebunden in Flavodehydrasen) vor. Vitamin D ist gleichfalls in merklicher Menge (2,1 μg/l) vorhanden. Von den Vitaminen gehen die der B-Gruppe und Ascorbinsäure in Magermilch bzw. Molke, Vitamin A und D in Rahm bzw. Butter über. Der relativ geringe Vitamin C-Gehalt (im Mittel 1,65 mg/100 ml) spielt für die Vitamin C-Versorgung keine entscheidende Rolle. Je nach Fütterungsart und Stall- bzw. Weidehaltung kann der Vitamingehalt in der Milch beträchtlich schwanken, wobei für den Vitamin A-Gehalt des Milchfettes die Zufuhr aus dem Futter weitaus wichtiger ist als die Bereitstellung von Reserven aus der Leber. Ziegenmilch ist arm an Folsäure und Vitamin B_{12}; beim Kleinstkind nach Ziegenmilchernährung beobachtete „*Ziegenmilchanämie*" wird auf diesen Mangel zurückgeführt.

Bei der Pasteurisierung erleidet von den Vitaminen der Milch als einziges das Vitamin C einen größeren Verlust (bis zu 50% und mehr). Vitamin B_1 bleibt ohne Einbuße, Vitamin B_2 wird bei 15 min langem Erhitzen der Milch auf 100° C nur zu 5 % zerstört, auch Vitamin B_{12} (zu 3,6—7,6 μg/l enthalten) wird nicht merklich angegriffen. Vitamin B_6, das in der Milch als Pyridoxalphosphat vorliegt, kann zerstört oder z. T. in Pyridoxamin übergeführt werden. Für das besonders wichtige Vitamin A und für Carotin betragen die Verluste im Höchstfall 20%.

ϰ) *Hemmsubstanzen*

In der Milch findet sich eine Reihe antibiotisch wirksamer Substanzen, deren Wirkung schon frühzeitig beobachtet wurde. Als wichtigster Vertreter wurde 1947 das *Nisin* als Stoffwechselprodukt von Milchsäurestreptokokken isoliert. Es hemmt die Entwicklung zahlreicher pathogener oder käsereitechnisch unerwünschter Mikroorganismen (z. B. Streptokokken, Staphylokokken oder Erreger der Buttersäuregärung), findet sich in der Rohmilch, verschiedenen Käsen und Sauermilcharten und wird in den USA bei der Käseherstellung zur Unterdrückung der Buttersäuregärung sowie für Zwecke der Lebensmittelerhaltung vorgeschlagen.

λ) *Gase*

Die Milch enthält je nach Vorbehandlung verschiedene Mengen an Gasen, Frischmilch im Mittel etwa 0,4—1,1 Vol.-% Sauerstoff, 2,3—3,2 Vol.-% Stickstoff und 5,7—7,3 Vol.-% Kohlendioxid.

d) Nährwert der Milch

Durch ihren hohen Gehalt an Energieträgern (Fett, Eiweiß, Kohlenhydrate) und an Wirkstoffen (Vitamine, Mineralstoffe) ist die Milch ein hochwertiges Lebensmittel, das zu Recht (zusammen mit allen Milcherzeugnissen) in der Kost aller Völker eine entscheidende Bedeutung besitzt. 1 kg Milch liefert im Mittel 678 Calorien. Da der Ausnutzungswert dieser Rohcalorien 95—99% beträgt, wird Milch praktisch vollständig vom Organismus ausgenutzt. Der Eiweißanteil schließt biologisch höchstwertige Proteine ein.

e) Einflüsse auf die Zusammensetzung der Milch

Milchleistung und -qualität werden zunächst, wie bereits erwähnt, durch die *Rasse*, daneben auch durch *Viehhaltung* (Pflege, Weidegang oder Stallhaltung, Trockenperioden, Regenwetter) beeinflußt. Reichliche und zweckmäßige *Fütterung* (proteinreiches Kraftfutter, Reizstoffe, wie Heu, Malzkeime, Melasse) wirken günstig auf den Milchertrag, ungeeignetes Futter (bitterstoffreiche Weidepflanzen, Rübenblätter, Steckrüben, Rapskuchen und Schlempe im Übermaß, verschimmeltes Futter, faulende Silage oder Silage, die aus der Siliermaschine Mineralöl aufnahm) verursacht unangenehmen, in seiner Nuance auf breiter Basis variierenden Geruch und Geschmack. Bakterielle Infektion kann zu orangegefärbter Milch führen. Erhöhung der Milchleistung durch Fremdstoffzufuhr (Antibiotica, Thiouracil und andere Thyreostatica, Hormone) wird im Ausland erörtert und ist in Deutschland verboten. Ein wichtiges Problem der Milchwirtschaft stellt die Aufnahme von Schädlingsbekämpfungsmitteln (Pesticide, Insceticide, Fungicide usw.) aus dem Futter durch das Milchtier und deren Übergang in die Milch dar. Bei der Maikäferbekämpfung mit DDT und γ-Hexan wurden Insecticidrückstände im Grünfutter und in der Milch gefunden.

Die *Lactationsperiode* (Milchgeben der Kuh) umfaßt 270—300 Tage. Eine Periode liefert etwa 3000 kg Milch. 50—60 Tage steht das Tier „trocken". Maximale Milchleistung tritt nach 10—11 Jahren ein; im Alter von 3 Jahren werden die Kühe meist milchend. Die letzte Milch vor dem Trockenstehen wird „Altmilch" genannt. Die erste Milch nach dem Kalben heißt *Kolostral-*, *Biest-* oder *Erstlingsmilch*. Sie ist dickflüssig, von gelblicher bis rötlicher Farbe, reich an Eiweiß, Leukocyten sowie an Katalase und geht nach 3—5 Tagen in normale Milch über. In der Kolostralmilch kommt Sialinsäure (Acetyl-neuraminsäure) o-glykosidisch an Lactose gebunden vor. Als „Milch, die kurz vor oder in den ersten Tagen nach dem Abkalben gewonnen wird", ist sie als verdorben anzusehen und auch bei Kenntlichmachung vom Verkehr ausgeschlossen. Die Zusammensetzung der Milch ein und desselben Tieres schwankt innerhalb eines Melkvorganges, innerhalb verschiedener Melkzeiten (Morgen-, Mittags- und Abendmilch) sowie im Wechsel des Lebensalters. Mit Beginn des Weideauftriebes setzt die „Milchschwemme" ein, die in Deutschland gewöhnlich Ende Mai/Anfang Juni ihren Höhepunkt erreicht.

Brunst ist im allgemeinen ohne wesentlichen Einfluß auf die Milchqualität, mäßige *Arbeit* des Milchtieres wirkt günstig, Überanstrengung führt zu vorübergehender Abnahme der Milchmenge und vor allem ihres Fettgehaltes.

Krankheiten. Tuberkulose der Kuh liefert meist normal aussehende, doch hochinfektiöse Milch (vgl. S. 327). Bei Eutertuberkulose ist das spezifische Gewicht und der Fettgehalt verändert. Mastitis (Euterentzündung) erhöht Eiterelemente in der Milch, mindert den Milchzuckergehalt und steigert die Katalaseaktivität. Maul- und Klauenseuche liefert in schweren Fällen der Kolostralmilch ähnliche Milch. In Milch und Milcherzeugnissen vorkommende *Salmonellen* rühren von Milchverschmutzung her und können außerdem direkt aus dem Tier in die Milch gelangen. Ein besonderes Problem der Milchwirtschaft hat die Verwendung der Antibiotica zur Bekämpfung von Tierkrankheiten (Mastitis) geschaffen, da diese Stoffe (gleich Sulfonamiden) in die Milch übergehen und bei der Milchverarbeitung ernste Störungen verursachen können. In den ersten Tagen nach der Behandlung wurden z. B. bis zu 7 iE Penicillin/ml Milch beobachtet. 0,02 iE/ml können die Joghurt-Herstellung nachteilig beeinflussen und bei Aromabakterien Degenerationsformen hervorrufen. Zur Verhütung derartiger Schäden darf nur Milch von Kühen, die vor mehr als 5 Tagen mit in die Milch übergehenden Arzneimitteln (Sulfonamide, Antibiotica) behandelt worden sind, in den Verkehr gebracht werden (vgl. auch bei Käse). Penicillin (und nur dieses Antibioticum) in geringen Mengen in der Milch ruft allergische Reaktionen hervor.

Grießige Milch durch Calciumphosphatausscheidung führt zur Verstopfung der Zitzengänge. *Blutige Milch* rührt von inneren Verletzungen, Blutfüllung des Euters, auch von wunden Zitzen her. Waldweidegang liefert durch Blutharnen blutige Milch (S. 177).

f) Einflüsse der Gewinnung

Wesentlich ist zunächst die *Art des Melkens*: Mischung des gesamten Gemelkes zum Ausgleich des verschiedenen Fettgehaltes einzelner Gemelke; Maschinenmelken, das gegenüber dem Handmelken keimärmere, damit haltbare Milch liefert. Hebung der hygienischen Verhältnisse am Ort der Gewinnung stellt das Hauptproblem dar. Im gesamten Euter wird die Milch steril, also keimfrei gebildet.

Die *Melkzeit* ist genau einzuhalten, vollkommenes Ausmelken ist notwendig, dreimaliges Melken liefert mehr Milch als zweimaliges.

Die *Aufbewahrung* der ermolkenen Milch hat unter Kühlung zu erfolgen, insbesondere ist für Lichtausschluß zu sorgen, da Sonnenlicht einen talgigen Geschmack verursacht. Um den Lichteinfluß, vor allem auf den Vitamin C-Gehalt, auszuschalten, wird in Dänemark die Verwendung braun gefärbter Milchflaschen angestrebt. Zur Verhinderung des Oxydationsgeschmackes (s. S. 385) ist beim Behältermaterial (Kannen, Wannen) die Anwesenheit vor allem von Kupferspuren auszuschließen (rostfreier Stahl, verzinntes Blech, Aluminium). Die Entwicklung von Milchkannen und Kannendeckeln aus Polyäthylen-Kunststoffen ist noch im Fluß.

Erhitzung der Milch auf höhere Temperaturen führt zu tiefgreifenden äußerlich kaum in Erscheinung tretenden Veränderungen (Vergrößerung der Fettkügelchen, Denaturierung der Milchproteine, Bildung aktiver Sulfhydrylgruppen, Inaktivierung von Enzymen und Vernichtung von Vitaminen, insbesondere durch Cu- und Fe-Spuren der Apparaturen). Besonders empfindlich ist das Vitamin C. Verluste können durch Verwendung verzinnter, aus Aluminium oder aus rostfreien Stählen gebauter Apparaturen stark gemindert werden. Äußeres Merkmal der erhitzten Milch ist der typische „*Kochgeschmack*“. Er entwickelt sich bei rasch erhitzter Vollmilch zwischen 74 und 76° C, beim Halten der Milch über 30 min bei 66—68° C. Parallel mit dem Auftreten des Kochgeschmackes geht die Entstehung von Sulfhydrylverbindungen aus schwefelhaltigen Aminosäuren. Bei Temperaturen der *Pasteurisierung* (vgl. S. 386) sind die Verluste durch Vitaminzerstörung (S. 383) durchaus tragbar. Die Verluste an Phosphatiden und Cholesterin betragen höchstens 15%. Auch die wertvollen Eiweißstoffe werden hier nicht gemindert; die eintretenden Strukturumwandlungen führen im Gegenteil zu einer Verbesserung der Verdaulichkeit und Bekömmlichkeit.

Oxydationsgeschmack wird vor allem durch Fettveränderungen unter dem Einfluß von Kupferspuren in der Milch, herrührend aus Apparaten oder Aufbewahrungsgefäßen, hervorgerufen, wobei der Abbau der Ascorbinsäure eine wesentliche Rolle spielt (S. 390) und insbesondere auch ungesättigte Aldehyde der C_5- bis C_{11}-Reihe gebildet werden.

Gefrieren führt zur Entmischung der Bestandteile, vorsichtiges Auftauen liefert wieder normale Milch. Vor Abgabe an den Verbraucher ist gefrorene Milch restlos aufzutauen und gut zu mischen.

g) Bearbeitung der Milch

Zweck der Milchbearbeitung ist, die gegen Mikroorganismeninfektion außerordentlich empfindliche Milch weitgehend keimfrei oder keimarm zu halten. Spezifische, mikrobiell bedingte Umwandlungen können durchaus unschädlich und technologisch erwünscht sein („Reifung“ der Milch). Im Haushalt jedoch wirken sie sich küchentechnisch oft ungünstig aus (Säuerung durch Milchsäurebakterien) oder führen durch die Anwesenheit pathogener Keime zur Gesundheitsschädlichkeit der Milch. Die älteste Behandlungsart der Milch stellt das Kochen im Haushalt dar.

α) *Die Bearbeitung am Ort der Gewinnung*

erstreckt sich vor allem auf die Sorge für reinliches Melken, Entfernung der Schmutzbestandteile (Seihen, Sieben), Kühlen der etwa 30° C warmen Frischmilch und Schutz vor Sonnenstrahlen. Über moderne Melkmaschinen mit Kunststoff- und Gummiarmaturen vgl. die BGA-Empfehlung Nr. XXXVIII (1971) im Bundesgesundheitsblatt *14*, 136 (1971).

Direkte Sonnenbestrahlung, auch längere Einwirkung diffusen Lichtes, zerstört Vitamin B_2 und Vitamin C und führt zur Bildung des „*Lichtgeschmackes*“. Als Geschmacksträger für diesen Milchfehler wurde *Methional* (β-Methylmercapto-propionaldehyd, $CH_3 \cdot S \cdot CH_2 \cdot CH_2CHO$ ermittelt. Dies wird wahrscheinlich durch Reaktion von Riboflavin mit Methionin gebildet und teilweise zu Methioninsulfoxid oxydiert.

β) *Die Bearbeitung in der Molkerei*

Die Milch wird in Milchkannen, zunehmend auch in gekühlten und isolierten Transportwagen angeliefert. Milchtransport von der Alm ins Tal durch Milchleitungen aus Kunststoff („Pipelines“) erfolgte zuerst in Österreich, Frankreich und der Schweiz, seit 1956 auch in Deutschland (Allgäu). Diese Art der Milchsammlung ist einfach und billig, bei ständiger Kontrolle bestehen gegen die Verwendung von Kunststoffleitungen aus Polyäthylen keine Bedenken. Zunächst unterliegt die Milch einer orientierenden Vorprüfung auf Wässerung (Spindeln mit dem Lactodensimeter), Frischezustand (Alkohol- bzw. Alizarolprobe) und Sauberkeit (Schmutzprobe). Nach dem Abmessen und der Reinigung in Zentrifugen oder Filterpressen folgt als wesentlichste Prozedur die *Erhitzung* (Pasteurisierung), die seit 1949 für Trinkmilch (ausgenommen Vorzugsmilch) in der BRD und Berlin (West) gesetztlich vorgeschriebenen ist. Sie bezweckt, die technisch schädlichen Keime möglichst restlos, die menschen- und tierpathogenen Keime mit Sicherheit abzutöten, ohne den Vitamingehalt der Milch und den biologischen Eiweißwert untragbar zu mindern. Ihre Wirkung ist abhängig von der angewandten Temperatur und dem Zustand der Mikroorganismen (vegetative Formen oder Dauersporen). Verschmutzung der Milch erhöht die Thermoresistenz der Mikroorganismen. Im allgemeinen werden durch eine ordnungsgemäß durchgeführte Erhitzung etwa 99% aller Keime abgetötet. Auf diesem Wege ist also keine vollkommen sterile Milch zu erhalten. Die Pasteurisierung hat spätestens 22 Std nach dem Melken zu erfolgen, unmittelbar danach ist die Milch tiefzukühlen und kühlzuhalten (s. später). Die verschiedenen in Deutschland anerkannten *Pasteurisierungsverfahren* sind folgende:

1. Dauererhitzung auf 62—65° C über mindestens 30 min (heute praktisch nicht mehr geübt);

2. Kurzzeiterhitzung auf 71—74° C mit nachgeschalteter Heißhaltung für 30—40 sec;

3. Hocherhitzung auf mindestens 85° C über 10 sec und anschließende Kühlung auf 5° C, meist in Kompressionskältemaschinen.

Die hier verwendeten Apparatetypen müssen zugelassen und von der Landesregierung einzeln genehmigt sein. Sie sind in verschiedenster Ausführung entwickelt (Standwannen-, Flächen-, Platten- und Röhrenerhitzer, Dünnschicht-, Zweiseiten- und Trommelerhitzer, Einzell- und Mehrzellsysteme mit automatischen Umschaltgeräten und Temperaturschreibern) worden. Die Abb. 62, 63 und 64 bringen Einzel-

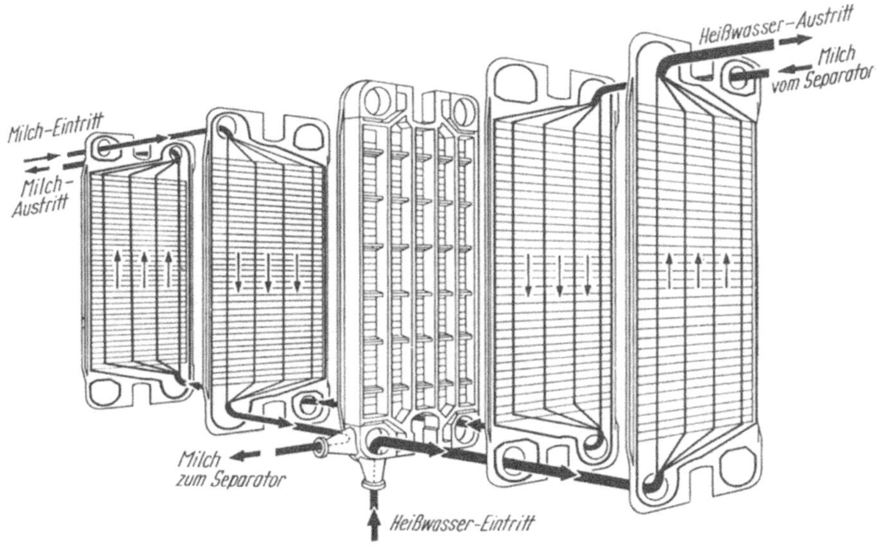

Abb. 62. Schema des Flüssigkeitsdurchganges zwischen den Platten (Bergedorfer Eisenwerke AG., Astra-Werke)

Abb. 63. Plattenerhitzer mit Heißhaltevorrichtung (Bergedorfer Eisenwerke AG., Astra-Werke) 1 Heißwasserumwälzpumpe, 2 Heißwasserplattenpaket, 3 Umschaltventil, 4 Registrier- u. Regeleinrichtungen, 5 erster Austauscher, 6 zweiter Austauscher, 7 Erhitzer, 8 Plattenheißhalter, 9 Wasservorkühler, 10 Tiefkühler

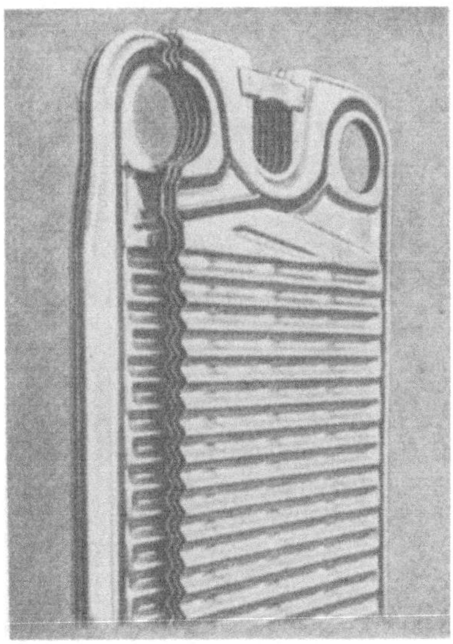

Abb. 64. Schnitt durch die gewellte Oberfläche der Platten (Bergedorfer Eisenwerke AG., Astra-Werke)

heiten eines modernen Plattenerhitzers, bei dem Wärmeaustauscher (Wärmerückgewinn 50—70%), Erhitzer und Heißhalter, Wasser- und Solekühler in einem Gerät vereinigt sind.

Wenngleich mit den genannten Erhitzungsprozessen je nach der Prozedur manche Veränderungen verbunden sein können (Gerinnung des Milchalbumins. Kochgeschmack, Zerstörung von Vitaminen, Verminderung der Aufrahmung), so kann auf diese Milchbehandlung aus gesundheitlichen Gründen nicht verzichtet werden. Hygienisch begrüßenswert ist die Pasteurisierung in Flaschen sowie die (in den USA durchgeführte) Pasteurisierung in Zinndosen. Vom Standpunkt der Hygiene wird die berechtigte Forderung erhoben, auch Milchprodukte nur aus pasteurisierter Milch herzustellen.

Nach den bisher besprochenen Verfahren bleibt stets ein mehr oder minder hoher Prozentsatz an saprophytischen (nicht pathogenen) Keimen am Leben. Um Milch vollständig keimfrei zu machen, müssen die Hitzegrade wesentlich gesteigert werden.

Die *Sterilisierung* der Milch erreicht völlige Keimfreiheit. Sie erfolgt in Flaschen oder Dosen, in Betriebsautoklaven oder *kontinuierlichen Sterilisatoren* (s. S. 269). Bei letzteren wird die Milch zunächst auf 95—97° C vorgewärmt, dann 20 min bei 140° C sterilisiert, anschließend stufenweise auf 90° bzw. 45° C abgekühlt. Sterilisation in *Durchflußerhitzern* kann erfolgen a) durch Kontakterhitzung oder indirekte Beheizung, b) durch Injektion von Dampf in Milch oder c) durch Injektion von Milch in eine Dampfatmosphäre.

Als Beispiel derartiger *Ultrakurzzeiterhitzung* sei das in der Schweiz entwickelte Verfahren der „*Uperisation*" geschildert. Hier wird die vorerwärmte Milch unter Druck in den Uperisator geleitet, dort durch Dampfinjektion in kürzester Zeit auf 150° C erhitzt und 2,4 sec bei dieser Temperatur gehalten. Gleichzeitig wird die Milch entlüftet, homogenisiert, weiter gekühlt und direkt dem Abfüllaggregat für Dosen oder Einwegpackungen zugeführt. Unter diesen Bedingungen werden auch die hitzeresistente Mikroorganismen vom Typus Bac. stearothermophilus abgetötet.

Bei der Sterilisation geht der biologische Wert der Proteine, offenbar durch Lysinzerstörung um einige Prozent zurück. Die Vorteile der UHT-sterilisierten Milch sind in eingehenden Untersuchungen erwiesen worden. Ultrakurzzeiterhitzte Milch weist hohe biologische Wertigkeit und beträchtlich verlängerte Haltbarkeit auf, auch der Vitamingehalt bleibt weitgehend erhalten („*H-Milch*").

Ein spezieller Verfahrensgang ist die *keimfreie Abfüllung in Karton-Packungen* (*Tetra Pak*; vgl. Abb. 65). Das Tetra Pak-Papier wird durch einen Polyäthylen-Zusatzstreifen (b) verstärkt, anschließend durch ein Bad mit verdünntem Wasserstoffperoxid geschickt (d). Der Überschuß des Peroxids wird durch Rollen (e) abgequetscht. Anschließend wird die Packung geformt und in der Längsrichtung geschweißt. Um das Milchzuleitungsrohr (f) ist eine elektrische Heizung (i) eingebaut. Die Luft zwischen Heizung und Papier wird auf 400—500° C erhitzt, das Tubuspapier selbst wird auf weniger als 200° C erhitzt. Die dabei eintretende Spaltung des Peroxids liefert aktiven, stark desinfizierenden Sauerstoff. Nach dem Einfließen der Milch wird der Tubus kontinuierlich quer zur Achse verschweißt.

Übermäßig hohe Milcherhitzung löst unter Braunverfärbung die Maillard-Reaktion (nichtenzymatische Bräunung) aus, weiterhin entstehen hierbei als Zuckerspaltprodukte *Reduktone*, *Furfurale* und ähnliche Substanzen sowie die Ketosen *Lactulose* (4-Galaktosylfructose, 360—950 mg/100 ml) und die (auch in Gummiarten gefundene) *Tagatose*. Wesentlich für die Milchbearbeitung durch Hitze ist eine ausreichende *Entlüftung* zur Entfernung unerwünschter Geruchsstoffe.

Tiefkühlung erfolgt unmittelbar im Anschluß an die Erhitzung, wobei die Milch auf mindestens +5° C, nicht aber unter 0° C abgekühlt wird. Der „Altgeschmack"

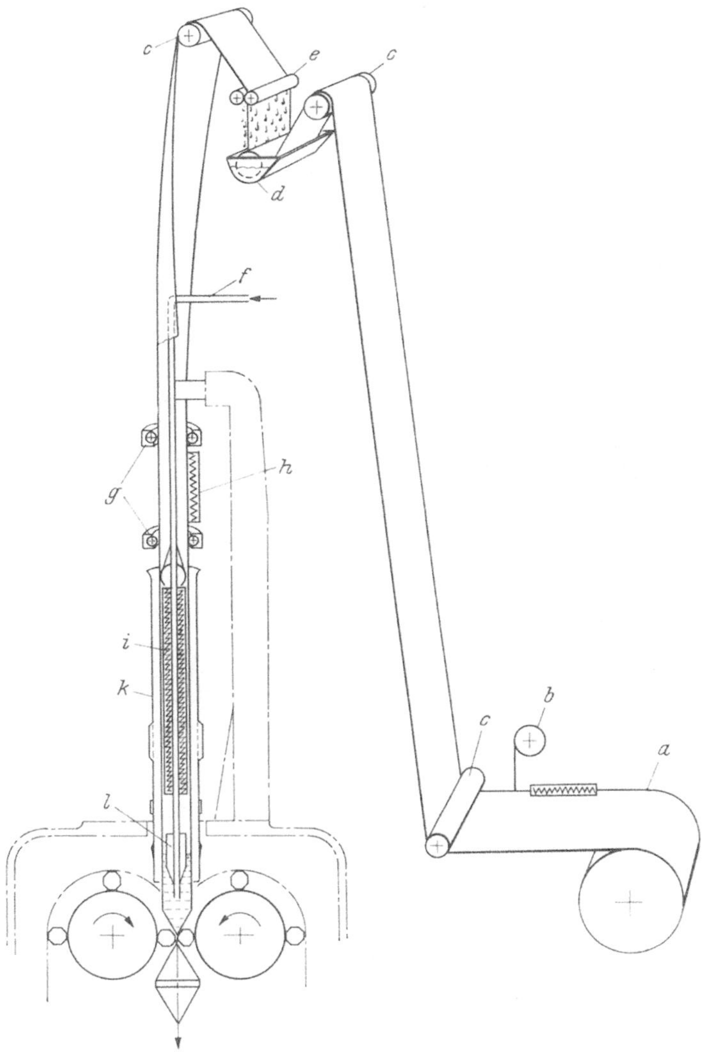

Abb. 65. Schema für die keimfreie Abfüllung entkeimter Milch in Papier-Packungen Tetra Pak. (AB Tetra Pak, Lund, Schweden; aus: 54, Bd. III/1., S. 348)

("stale flavor") gelagerter Milch wird durch 9 verschiedene gaschromatographisch auftrennbare Carbonylverbindungen und andere flüchtige Stoffe verursacht.

γ) *Weitere Bearbeitungsprozesse*

Homogenisierung der Milch bei 150—250 atü durch Homogenisierkegel oder durch feine Düsen liefert Milch, die auch bei längerem Stehen (24 Std) nicht aufrahmt und als „homogenisiert" zu bezeichnen ist. Die Größe der Fettkügelchen normaler Milch (etwa 10 μm) wird dabei auf weniger als 1 μm reduziert. In schwedischen Molkereien hat sich in den letzten Jahren ein Verfahren eingebürgert, bei dem die Trinkmilch in Zentrifugen gleichzeitig gereinigt und homogenisiert wird („*Klarifixierung*").

Die *Vitaminierung* der Milch (S. 179) durch Bestrahlung mit Ultraviolettlicht ist in Deutschland verboten. Zur Vitaminanreicherung zugelassen sind genau dosierte Mengen von Vitamin D_3-Präparaten.

Das *Hofius-Verfahren* (vgl. S. 287) bezweckt, Milch oder Rahm unter Erhaltung des Wohlgeschmackes dadurch wesentlich länger als Rohmilch haltbar zu machen, daß die Produkte bei niedriger Temperatur unter Sauerstoffdruck gehalten werden. Das Verfahren ist wirtschaftlich teuer und kann bisweilen zu typisch bitterem oder malzigem Geschmack dieser Produkte führen.

Hierher rechnet auch die schon seit 1880 bekannte Kohlendioxidimprägnierung durch Sättigung von Milchprodukten (insbesondere von Sauermilcherzeugnissen) bei 8—10° C mit Kohlendioxid.

Die in den USA vorgeschlagene Sterilisierung der Milch mit ionisierenden Strahlen steht für Deutschland nicht zur Erörterung. Sie führt zur Bildung von Acetaldehyd, Methylsulfid und -disulfid sowie Methylmercaptan. Schließlich sei noch auf Versuche der Schweiz verwiesen, eine Fluoridierung der Milch (1 mg F/l Milch) zur Cariesprophylaxe durchzuführen. Vgl. S. 395.

h) Milchfehler

Entsprechend der komplexen Natur der Milch und ihrer vielfältig gegebenen Anfälligkeit können Milchfehler sehr verschiedener Art auftreten. *Geschmacksfehler* sind u. a. muffiger, öliger, gäriger, traniger, ranziger, salziger, bitterer, beißender, fauliger oder zusammenziehender Geschmack, Geschmack nach Jauche, Kuhstall, Rüben, Erdbeeren, Seife, Hering, Metallgeschmack (durch Cu und Fe verursacht) und „Lichtgeschmack" (s. S. 384). „Blechgeschmack" der Milch rührt her von einer Oxydation der Lipoidfettsäuren (Di- und Polyenfettsäuren), daneben vom Auftreten der auch beim „Sonnen"-(„Licht"-)geschmack entstehenden Methioninspaltprodukte (vgl. S. 287) sowie zahlreicher Carbonylverbindungen (Alkanone, Alkanale, Alk-2-enale). Bereits Mengen von $1 : 10^6$ bis $1 : 10^9$ treten geschmacklich in Erscheinung. In eine auch als „Oxydationsgeschmack" bezeichnete Abwandlung ist insbesondere die Oxydation der Ascorbinsäure einbezogen ("oxidized flavor"). Auch hoher Xanthinoxidasegehalt der Milch wird für den Oxydationsgeschmack verantwortlich gemacht. „Malziger" Geschmack rührt von Isovaleraldehyd her, der durch mikrobiellen Abbau des Leucins entsteht. Andere Fehler werden bei Butter besprochen. Derartige Abwandlungen können mikrobiell und damit enzymatisch bedingt sein oder von der Fütterung sowie von Fremdstoffen der Umgebung herrühren und oft zunächst einwandfrei ermolkene Milch befallen. Bakteriell bedingt ist weiterhin das Sauerwerden, die Süßgerinnung und das Schleimigwerden und Fadenziehen der Milch, die Abscheidung von Calciumphosphaten (sandige, grießige Milch). Labträge, d. h. auf Labzusatz schlecht oder nicht gerinnende Milch, ist eine individuelle und permanente Eigenschaft milchliefernder Tiere.

i) Milchsorten des Handels

Neben Kuhmilch seien zunächst einige für die menschliche Ernährung wichtige andere Milcharten erwähnt.

Frauenmilch ist erheblich reicher an Milchzucker, beträchtlich ärmer an Eiweiß und Mineralstoffen als die Kuhmilch. In der Säuglingsernährung muß also Kuhmilch einerseits verdünnt, andererseits mit Milchzucker angereichert werden. Frauenmilch gerinnt feinflockiger als Kuhmilch (bessere Resorption) und enthält im Kohlenhydratanteil wesentliche für die Bifidusflora des Säuglings bedeutungsvolle Wuchsfaktoren (S. 100). Frauenmilch fluoresciert im UV-Licht blau, Kuhmilch durch seinen hohen Gehalt an Riboflavin intensiv grünlich gelb, eine (mit Vorsicht zu wertende) Möglichkeit, Verfälschungen von Frauenmilch durch Kuhmilch zu erkennen. Am eindeutigsten ist hier jedoch die Tiermilch-Antiserum-Probe.

Milch von Einhufern (Stute, Eselin) zeigt geringen Fettgehalt (1,2% im Mittel) und deshalb ein bläuliches Aussehen. *Ziegenmilch* ähnelt der Kuhmilch, weist jedoch Mangel an blutbildenden Faktoren auf, da bei ausschließlicher Ziegenmilchernährung für Kleinkinder eine „Ziegenmilchanämie" beschrieben wurde (S. 383). *Schafmilch* ist durch hohen Eiweiß-(5,7%), Calcium- und Fettgehalt (5—10%, im Mittel 7,9%) gekennzeichnet, außerdem sind die Fetttröpfchen erheblich größer als bei der Kuhmilch. Die Fettzusammensetzung ist etwa gleich der des Kuhmilchfettes. Die Verwertung der Schafmilch erfolgt fast ausschließlich in zubereiteter Form (Käse, Sauermilchprodukte, Butter). 1960 wurden in der Welt etwa 6,8 Mio t Schafmilch und 8,2 Mio t Ziegenmilch erzeugt.

Die Zusammensetzung von Kuh-, Ziegen- und Frauenmilch ist folgende:

Tabelle 106. Die Zusammensetzung von Kuh-, Ziegen- und Frauenmilch (g/100 ml)

	Kuhmilch	Ziegenmilch	Frauenmilch
Kohlenhydrate	4,8	4,0	6,0—7,1
Proteine	3,1	5,0	1,1—1,5
Fett	3,3	4,8	2,5—4,8
Asche	0,7	0,7	0,2

α) *Kuhmilchsorten des Handels*

Das Milchgesetz mit seinen Ausführungsbestimmungen kennt an *Handels-* oder *Konsummilch* 3 Sorten: Trinkmilch, Markenmilch und Vorzugsmilch.

Trink- und *Markenmilch* sind unter Bearbeitungszwang stehende zubereitete Milchsorten. Sie werden auf einen in der BRD allgemein geltenden Fettgehalt eingestellt (Trinkmilch 3 v. H., Markenmilch 3,5 v. H,). Trinkmilch ist die normale Handelsware; an Markenmilch werden bestimmte gehobene Anforderungen gestellt. Ihre Zusammensetzung muß den Bestimmungen für Vollmilch entsprechen. Sie kommt nur abgefüllt oder verpackt in den Handel. *Vorzugsmilch* ist eine nicht zubereitete rohe Milchsorte, die unter bestimmten Anforderungen von ausgesuchten Rinderherden gewonnen und als ungeteiltes Gemelk verkauft wird. Auch sie muß den für Vollmilch geltenden Anforderungen entsprechen. Sie wird vom Erzeuger in verschlossenen Packungen oder Behältnissen abgegeben und darf in Verbindung mit der Bezeichnung „Vorzugsmilch" als „Kinder-" bzw. „Säuglingsmilch" gekennzeichnet werden. Über „*Ab-Hof-Milch*" desgl. über die *Kennzeichnung* der Konsummilch vgl. die Spezialliteratur.

β) *Besonders behandelte Trink- oder Markenmilch*

Hierher rechnen die bereits erwähnte *homogenisierte* Milch, *bestrahlte* Milch und die neuerdings für Kreislaufkranke durch Behandlung mit Ionenaustauschern gewonnene „natriumarme" oder „natriumfreie" Milch („Pennac"-Milch). Milch als *Gefrierkonserve* wird in den USA in großem Umfange gewonnen, indem die Milch zur Verhinderung der Entmischung schnell bei —30° C eingefroren wird. Dabei bleiben alle Eigenschaften der Frischmilch erhalten; die Lagerfähigkeit ohne Beeinträchtigung von Güte und Geschmack beträgt 6 Monate bei —25° C. Nach einem anderen Verfahren wird Milch zunächst auf ein Drittel ihres Volumens konzentriert und dann bei —18° C als Gefrierkonzentrat gewonnen. Beide Produkte werden in Cellophantüten, die wiederum in paraffinierten Kartons liegen, gelagert und verkauft. Zuweilen tritt hier eine Auskristallisation von Lactose ein, die zum „Sandigwerden" solcher Gefriermilch führt.
Über vitaminierte und fluoridierte Milch vgl. S. 395.

Ultrahocherhitzte Milch (vgl. S. 388; uperisierte Milch u. a.) stellt eine absolut keimfreie, mehrere Wochen haltbare, *nicht*pasteurisierte Milch („H-Milch") dar. Zur Definition vgl. § 1a der „Milch-Ausführungs-VO" in der Fassung vom 15. 7.1970.

Folgendes Diagramm zeigt die Zusammenhänge zwischen den einzelnen Milcharten.

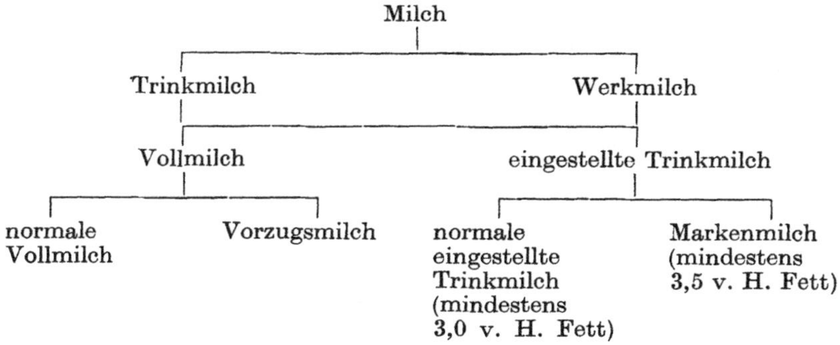

γ) *Milchprodukte*

anderer Art sind schlagfähiges Milcheiweiß als Hühnereiaustauschstoff, aufgeschlossenes Milcheiweiß (Nährcasein) und Milcheiweiß-Hydrolysate. Weitere Erzeugnisse, wie Mischungen mit Getreidemehlen oder Kartoffelstärkemehl und zahllose Mischungen verschiedenster Zusammenstellung für die Säuglingsernährung leiten in das Gebiet der Milcherzeugnisse und der diätetischen Lebensmittel über. „Nachgemachte“ Milcherzeugnisse aus Magermilch mit entsprechenden Nichtbutterfetten (Cocos-, Erdnußfett und anderen Fettmischungen) sind in der BRD verboten. Nachgemachte Kondensmilch (“evaporated filled milk”) und Eiscreme, die anstelle von Butterfett Margarinefette enthalten, werden im Ausland in den Verkehr gebracht.

Milchmischgetränke (“food-drinks”) sind keine Milcherzeugnisse im Sinne des Milchgesetzes. Sie werden aus Gemischen von Vollmilch und Magermilch oder aus entrahmter Milch hergestellt, und zwar als Milchmischgetränke mit absetzenden Zugaben (Kakao-, Schokolade-, Malztrunk) oder mit nicht absetzenden Bestandteilen (Fruchttrunk). Zusätze sind in erster Linie Früchte, Fruchtsirupe, Marmeladen, Frucht- oder Aromapasten, Kakaopulver. Getränke dieser Art können kalt oder auch heiß genossen werden (Eiscremesoda, Milchfrappé, Milchcoctail, Fruchtmilch, Cocos-, Mandel- oder Haselnuß-, Schokoladenmilch usw.). Bekannt sind außerdem kohlensäurehaltige Milchmischgetränke. *Milchsekt* ist ein kohlensäurehaltiges alkoholfreies Milchmischgetränk mit Fruchtaromen, dessen Kohlensäure entweder durch natürliche Gärung oder durch Imprägnieren in die Milch gelangt. Auch Fruchtmilch auf Sauermilch- oder Joghurtbasis wird hergestellt. In angelsächsischen Ländern ist der Verbrauch an derartigen “flavoured milks” oder “fruit-flavoured-milks” gewaltig.

2. Milcherzeugnisse (außer Butter und Käse)

Hierher gehören Sauermilch, Magermilch, Molke, Buttermilch, Sahne (Rahm), kondensierte Milch und Milchpulver. Begriffsbestimmungen und gesetzliche Regelung bringt die erste Verordnung zur Durchführung des Milchgesetzes von 15. 5. 1931, in der Fassung vom 15. 7. 1970, sowie die VO über Milcherzeugnisse in der Fassung vom 14. 7. 1971, auf die im folgenden Bezug genommen wird.

a) Sauermilch

α) *Eigentliche Sauermilch*

ist das aus Vollmilch durch Gärung gewonnene Erzeugnis, wobei die Gerinnung entweder durch Spontansäuerung unter dem Einfluß verschiedener Milchsäurebildner (Streptococcus lactis bzw. cremoris und – mengenmäßig zurücktretend – Aromabakterien) oder aber nach Zusatz von Bakterienreinkulturen (Säurewekkern) zu erhitzter Milch erfolgt. Im Verlauf der Säuerung wird aus der Lactose

Milchsäure gebildet, die ihrerseits aus Calciumparacaseinat Casein freisetzt, das dann bei zunehmender Säurebildung coaguliert. Die dickliche, sauer schmeckende Masse wird regional unterschiedlich als Dick-, Setz-, Schlickmilch, Glumse, Schlotter, Selber oder gestöckelte Milch bezeichnet. Der Sauermilch wird auch diätetische Wirkung zugeschrieben. Sie wird aus Vollmilch (mindestens 3,5 v. H. Fett), fettarmer Milch (1,5—1,8 v. H. Fett) oder entrahmter Milch (höchstens 0,3 v. H. Fett) hergestellt (s. S. 375). In anderen Ländern wird neben Kuhmilch auch Schaf-, Büffel-, Renntier- oder Stutenmilch verarbeitet.

β) *Joghurt*

(Yoghurt; Vollmilchjoghurt) ist gleich dem anschließend besprochenen Kefir ein aus erhitzter Vollmilch, heute auch aus Trinkmilch, auch nach dem Eindampfen mit Hilfe spezifischer Gärungserreger hergestelltes Erzeugnis von feinflockiger, gallertartiger und homogener Struktur und deutlich saurem, angenehm aromatischem Geschmack. Joghurt schlechthin ist ein Erzeugnis aus eingestellter Milch. Zur Herstellung wird die abgekühlte Milch mit etwa 1,5—3% thermophilen Milchsäurebakterien (Mischkulturen von Streptococcus thermophilus und Thermobacterium bulgaricum) beimpft und bei 42—45° C bebrütet, bis nach etwa 3 Std die Dicklegung erfolgt. Genußfertiger Joghurt zeigt einen Säuregrad von etwa 40—60° SH. Er ist ein Nationalgericht der Balkanvölker und wird dort vorzugsweise aus Schaf-, Ziegen- und Büffelmilch hergestellt; Mindestfettgehalt 3,5 v. H. Über Trinkjoghurt anderer Fettstufen vgl. die „VO über Milcherzeugnisse" (s. S. 375).

Die diätetische Wirkung des Joghurts beruht offenbar auf den bei der Milchsäuregärung gebildeten Stoffwechselprodukten in Verbindung mit den Milchbestandteilen. Wesentlichen Anteil am spezifischen *Joghurt-Aroma* haben Carbonylverbindungen, unter ihnen zu 90% der *Acetaldehyd.*

Die „Acidophilusmilch" (Reformjoghurt) enthält *Lactobacillus acidophilus.* Als Dauermilchspezialität wird *Bioghurt* (eine „Acidophilus-Tätte-Streptococcus-Symbiose") hergestellt. Zusatz von reinen Früchten oder Fruchtmark und Zucker liefert Spezialprodukte (*Joghurt mit Früchten*), die zum steigenden Konsum von Joghurt wesentlich beitragen.

γ) *Kefir und Kumys*

sind schäumende, alkohol- und kohlensäurehaltige Getränke. Die Mikroflora des Kefirs besteht aus Saccharomyces kefir, Streptococcus lactis und cremoris und Lactobacillus caucasicus. Der Kefirbacillus hüllt die übrigen Mikroorgamisnen ein und verursacht die Bildung der erbsen- bis haselnußgroßen, blumenkohlähnlichen „Kefirkörner", durch deren Zusatz zu Milch die Kefirbildung erfolgt. Kumys kann aus Stuten- oder auch Ziegenmilch mit Hilfe obligater Kumys-Reinkulturen hergestellt werden. Beide Getränke stammen aus Turkestan und dem Kaukasus. Kefir enthält neben Milchsäure (0,5 bis 1,0%) merkliche Mengen an Alkohol sowie Kohlensäure und (durch die proteolytische Wirkung der Hefen) Abbauprodukte des Caseins wie Albumosen und Peptone. Kefirkuren werden aus diätetischen und therapeutischen Gründen ärztlich verordnet; Mindestfettgehalt 3,5 v.H. Normaler Kumys enthält 1,1—1,75% Alkohol. Über weitere Fettgehaltstufen bei Kefir vgl. die „VO über Milcherzeugnisse" (s. S. 375).

δ) *Tätte* (*Langmilch*)

ist ein besonderes, in Schweden, Norwegen und Finnland gewonnenes Sauermilchprodukt von langer Haltbarkeit. Die eigentümliche fadenziehende Struktur wird durch symbiotisch wachsende Milchsäurebakterien und Hefen erzeugt.

b) Magermilch

(entrahmte Milch), auch erhitzt, ist das bei der Entrahmung der Milch anfallende Erzeugnis. Sie enthält je nach dem Grad der Zentrifugenentrahmung 0,02—0,06% Fett, daneben jedoch alle anderen Nährstoffe der Milch (4% Proteine, 4,6% Lactose, 0,75% Mineralstoffe) und den Hauptteil der wasserlöslichen Vitamine B_1 und B_2 und ist durch ihren Caloriengehalt (357 kcal/l) ein wertvolles Lebensmittel, das auch zur Bereitung von Käse, Suppen, Backwaren, Margarine usw. dient, zu Trockenmagermilch (vgl. S. 397) verarbeitet wird, als Viehfutter Bedeutung besitzt und technisches Ausgangsmaterial zur Gewinnung von Milchzucker und Casein ist.

Saure Magermilch ist das aus Magermilch durch Gerinnung infolge von Selbstsäuerung oder durch Zusatz von Milchsäurebakterien gewonnene Erzeugnis; auch entrahmte Sauermilch gilt als saure Magermilch. *Magermilch-Joghurt und -Kefir* entsprechen den aus Vollmilch gewonnenen Erzeugnissen, wobei hier Magermilch als Ausgangsmaterial dient.

Einzelheiten zum Fettgehalt solcher Erzeugnisse, insbesondere auch für „teilentrahmte (fettarme) Milch" und „entrahmte Milch" bringt die obenangeführte „VO über Milcherzeugnisse".

c) Molke

(Käsewasser, Käsemilch, Schotten) ist die Flüssigkeit, die bei der Herstellung von Käse nach Abscheidung des Käsestoffes (Caseins) und des Fettes bei der Gerinnung der Milch anfällt. *Labmolke* (S. 379) mit einem Mindestgehalt an Trockenmasse von 5,5% ist Molke aus Milch, bei der der Käsestoff in erster Linie durch Lab ausgeschieden wurde und die nicht höher als auf etwa 10° SH nachgesäuert ist. *Sauermolke* mit einem Mindestgehalt an Trockenmasse von 5,2% ist handelsüblich jede saure Molke (sauergewordene Labmolke oder Molke), bei der das Casein lediglich durch Milchsäure gefällt wurde. Zur Gewinnung *technischer Molke* (S. 423) fällt man das Casein mit anderen Säuren als Milchsäure aus (Salz-, Essigsäure). Die Molke, durch Riboflavin (etwa 0,4 mg-%) schwach grünlichgelb gefärbt, enthält 5—6% Trockenmasse, davon 0,3—0,7% Eiweiß, Spuren Fett, den gesamten Milchzucker (4,5—5,5%), erhebliche Mengen an Mineralstoffen und Vitamin B_1 (0,3 mg-%). Sie weist einen Nährwert von 260 kcal auf. Das Molkeneiweiß (s. S. 423) besteht vorwiegend aus hitzefällbarem Albumin, das sich beim Erhitzen der Molke als *Zieger* ausscheidet. Daneben enthält es eine Reihe weiterer, elektrophoretisch und säulenchromatographisch differenzierbarer Proteine. Weiteres s. S. 423.

d) Buttermilch

ist das bei der Verbutterung von Milch oder Sahne nach Abscheidung der Butter (in der BRD täglich zu etwa 3 Mio l) anfallende Erzeugnis unter gesetzlicher Begrenzung der dem Butterungsgut zugesetzten Wasser- bzw. Magermilchmenge. *Reine Buttermilch* ist Buttermilch ohne Zusatz von Wasser oder Magermilch zum Butterungsgut. *Geschlagene Buttermilch* ist das durch besondere Behandlung (Säuerung, Schlagen usw.) von Magermilch gewonnene Erzeugnis. Buttermilch enthält Fett (0,28—0,74 g), außerdem Eiweiß (3,0—3,7 g), Kohlenhydrate (3,7 bis 5,1 g), Mineralstoffe (0,7—0,8 g), Wasser (90,2—92,0 g) und etwa 0,7 g Milchsäure (Werte in 100 g). Außer als erfrischendes Getränk, als Schonkost in der Krankendiät und für die Säuglingsernährung dient Buttermilch auch zur Bereitung von Suppen und zur Gewinnung von Trockenprodukten. Vgl. auch die „VO über Milcherzeugnisse".

e) Sahne

(Rahm), Kaffee-, Trinksahne, auch homogenisiert oder erhitzt, ist das durch Abscheidung von Magermilch aus Milch gewonnene Erzeugnis mit einem Mindestfettgehalt von 10 v. H. *Saure Sahne* ist in vorgeschrittener milchsaurer Gärung befindliche Sahne. *Schlagsahne* enthält mindestens 30 v. H., *Kaffeesahne* mindestens 10 v. H. Fett. Zur Schlagsahne-Herstellung ist Distickstoffoxid (Lachgas) nach der „Allgemeinen Fremdstoff-VO“, auch in Vermischung mit Kohlendioxid unter Kenntlichmachung zugelassen. Sahne, auch als Obers, Schmand oder Schmetten bezeichnet, dient in verschiedenster Art zum direkten Genuß oder zur Herstellung von Butter und wird heute durch die Zentrifuge gewonnen, wobei der Fettanteil der Milch bis zu 0,03% abgetrennt wird. Bei der früher geübten Aufrahmung in Satten (Schöpfrahm) verblieben bis zu 1% des Fettes in der Magermilch. Sahne und daraus hergestellte Spezialprodukte wie z. B. Sahneeis (Eiscreme) sind zu ausgesprochenen Wohlstandsprodukten mit rapidem Verkaufsanstieg geworden. 1971 wurden in der BRD pro Kopf und Jahr 3,6 kg Sahne konsumiert.

f) Vitaminierte und fluoridierte Milch

Besondere Probleme bringt die *Vitaminierung* der Trinkmilch mit sich, die für Vitamin D durch Zugabe alkoholischer Vitamin D_3-Lösungen, für Vitamin A durch entsprechende Vitamin A-haltige Konzentrate erfolgen kann (S. 179). Die *Fluoridierung* der Trinkmilch als Mittel zur Verhütung der Zahncaries wird in der Schweiz erörtert. Gleich der Trinkwasserfluoridierung stellt sie ein noch durchaus ungeklärtes Problem dar.

3. Milch- und Sahnedauerwaren (Dauermilch und Dauersahne)

a) Sterilisierte Dauerwaren

Hierher rechnet zunächst *sterilisierte Milch* als Vollmilch, heute vorzugsweise als Trinkmilch, die spätestens innerhalb 22 Std nach dem Melken nach einem als wirksam anerkannten Sterilisierungsverfahren sachgemäß erhitzt worden ist, wenn der erforderliche keimdichte Verschluß unverletzt bleibt. Sinngemäß wird auch *sterilisierte Sahne* bzw. Schlagsahne hergestellt. Über erlaubte Zusätze vgl. bei eingedickter Milch. Als Behälter dienen in erster Linie Weißblech- oder Aluminiumdosen. Die meist unter Druck (30 min bei 110—120° C) vorgenommene Erhitzung tötet mit Sicherheit auch Sporen ab und liefert damit Produkte von praktisch unbegrenzter Haltbarkeit. Für hochprozentige Sahne erweist sich Tyndallisieren als vorteilhaft (mehrmalige Erhitzung auf etwa 100° C mit Zwischenlagerung der Sahne bei 20—40° C zum Auskeimen der Sporen). Übermäßiges Erhitzen bewirkt Bräunlichfärbung und Caramelisierung des Milchzuckers sowie Umsätze nach der Maillard-Reaktion unter gleichzeitiger biologischer Wertminderung (S. 15).

b) Eingedickte Milch

und Milchprodukte liefern gleich den anschließend besprochenen Trockenerzeugnissen durch weitgehenden Entzug des Wassers, oft auch durch gleichzeitige starke Erhöhung der Zuckerkonzentration Produkte, deren Haltbarkeit oft nur begrenzt ist, so daß hier nicht immer Milchkonserven im eigentlichen Sinne vorliegen. Sie werden unverdünnt oder verdünnt wie Milch verwendet. Herstellung erfolgt aus (meist homogenisierter) Milch, die zunächst zur Abscheidung des Albumins, zur Keimtötung und Minderung der Gefahr des Nachdickens kurzzeitig auf 82—88° C erhitzt und anschließend bei 55—57° C in kontinuierlich arbeitenden Vakuumapparaten (3—4 Std) auf ein Verhältnis 2,5 bzw. 2,7 : 1 eingedickt wird. Beim Eindicken der Milch treten in verstärktem Ausmaß Umsetzungen ein, wie sie bei der Milcherhitzung besprochen wurden. Evaporierte Milch enthält Acetaldehyd, Furfuraldehyd, δ-Decalacton, Methylsulfid und Methylketone, die am

Kochgeschmack derartiger Milcherzeugnisse beteiligt sind. Die früher erwähnte Ketose *Lactulose* (S. 388) tritt auch in evaporierter Milch auf. Die so erhaltene *Kondensmilch*, der etwa $^2/_3$ des Wassergehaltes von Frischmilch entzogen sind, wird in Dosen gefüllt und im Autoklaven (20 min bei 102° C) sterilisiert („Dosenmilch").

Eingedickte (evaporierte) Milch ist ein Erzeugnis, das aus Milch auch nach Zusatz von Zucker und Einstellung auf einen für die Verarbeitung nötigen Fettgehalt durch Entziehen eines erheblichen Teiles des Wassers gewonnen ist. Dabei unterscheidet man:

α) *Ungezuckerte Kondensmilch* 7,5%ig, mit mindestens 7,5 v. H. Fett und mindestens 25 v. H. gesamter Milchtrockenmasse und *Kondensmilch* 10%ig mit mindestens 10 v. H. Fett und mindestens 33. v H. gesamter Milchtrockenmasse. Wie bei sterilisierter Sahne ist auch bei kondensierter Milch und kondensierter Magermilch die Zugabe von Natriumhydrogencarbonat, Dinatriumphosphat und Trinatriumcitrat in gewissen, durch die „Allgemeine Fremdstoff-VO" festgelegten Mengen erlaubt.

β) *Gezuckerte Kondensmilch* (als erste Form der seit der Mitte des vorigen Jahrhunderts fabrikmäßig hergestellten Kondensmilch) mit mindestens 8,3 v. H. Fett, mindestens 30,3 v. H. gesamter Milchtrockenmasse und höchstens 27 v. H. Wasser. Die Zuckerzugabe (Saccharose) beträgt 15—18% der Frischmilch. Glucose fördert das Dickwerden. Eine besondere Gefahr bringt die Ausscheidung von Milchzucker mit sich, dessen Kristalle bei einer Größe über 10 μm als mehlig oder gar sandig empfunden werden. Der Kondensmilchverbrauch pro Kopf und Jahr betrug in Deutschland 1935/38 1,1 kg und stieg 1971 in der BRD einschließlich Berlin (West) auf 7,8 kg.

γ) *Blockmilch und Blocksahne* sind aus Milch bzw. aus Sahne-Milchgemischen mit Zusatz von Zucker bis zum schnittfähigen Zustand eingedickte Produkte, die beide mit einem Überzug von Kakaobutter versehen sein können.

Abb. 66. Fallstrom-Verdampferanlage (Fa. Wiegand, Karlsruhe GmbH)

δ) *Sahnepulver* (Rahmpulver, Trockensahne oder -rahm) enthält mindestens 42 v. H. Fett und höchstens 5 v. H. Wasser.

ε) In ähnlicher Art wird *gezuckerte Kondensmagermilch* mit mindestens 24 v. H. gesamter Milchtrockenmasse, höchstens 30 v. H. Wasser und höchstens 1 v. H. Fett hergestellt.

Kondensmagermilch ist eingedickte entrahmte Milch ohne Zusatz von Zucker mit mindestens 20 v. H. gesamter Milchtrockenmasse und höchstens 1 v. H. Fett.

ξ) Die Herstellung von *kondensierter Malzmilch* erfolgt insbesondere in den USA.

Das Eindampfen (Einsieden) der Milch erfolgt in kontinuierlichen Verdampfern (s. S. 247). Eine Fallstrom-Verdampferanlage bringt Abb. 66. Weiteres vgl. bei H. Hostettler (in: 54, Bd. III/1., S. 335).

c) Trockenmilcherzeugnisse

Milchpulver (Trockenmilch, Vollmilchpulver) ist ein Erzeugnis, das durch weitgehende Entziehung des Wassers nach Einstellung der Milch auf einen für die Verarbeitung nötigen Fettgehalt entweder mittels Zerstäubung im warmen Luftstrom hergestellt ist und mindestens 26 v. H. Fett in der Trockenmasse und höchstens 5 v. H. Wasser enthält (*Sprüh-*, *Zerstäubungsmilch*) oder auf heißen Walzen gewonnen wurde (*Walzenmilch*). In ähnlicher Weise werden *Sprüh-* bzw. *Walzentrockenmagermilch* mit maximal 5 v. H. Wasser und höchstens 1,5 v. H. Fett gewonnen. Über Sprüh- und Walzentrocknung vgl. S. 281; 283. Vollmilchpulver wird zweckmäßig aus Milch gewonnen, die 3—5 min bei 88—90° C pasteurisiert war. Höhere Temperaturen führen zu Kochgeschmack, niedrigere verringern die Löslichkeit des Trockenpulvers und erzeugen eine talgige Geschmackskomponente. Eine Homogenisierung der Milch ist notwendig, um gleichmäßige Verteilung der Fettphase im Milchpulver und bessere Benetzbarkeit zu erzielen.

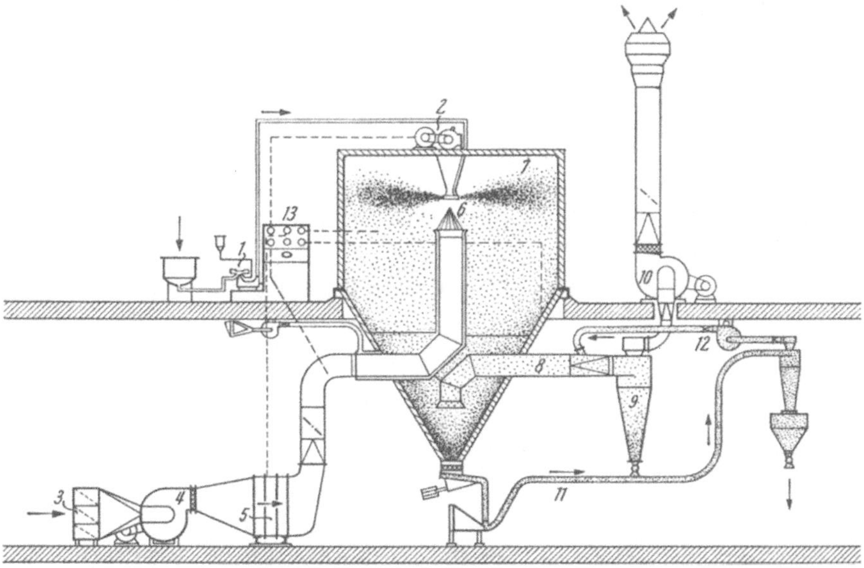

Abb. 67. Zerstäubungsanlage zum Sprühtrocknen (Nitro-Atomizer, Kopenhagen) 1 Speisepumpen-Aggregat, 2 Zerstäuber mit Motor, 3 Luftfilter, 4 Druckventilator, 5 Lufterhitzer, 6 Luftverteiler, 7 Trocknungs-Turm, 8 Abluftrohr, 9 Zyklonbatterie, 10 Saugventilator, 11 Pneumatische Förderanlage, 12 Förderventilator, 13 Instrumenten-Tafel

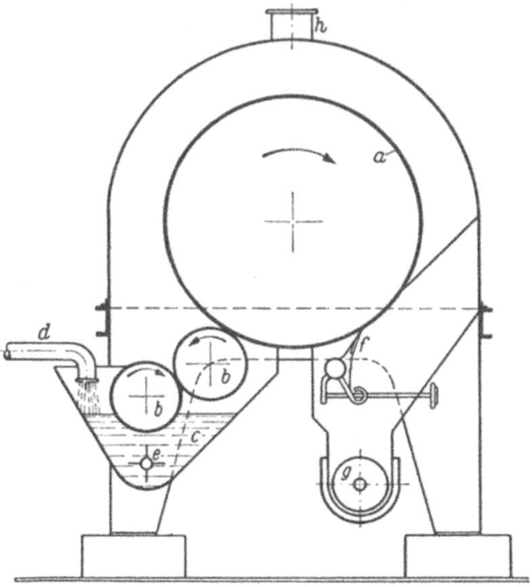

Abb. 68. Feinschicht-Walzentrockner (Bauart Büttnerwerke, Krefeld-Uerdingen), a Beheizte Walze, b Auftragwalzen, c Flüssigkeitsbehälter, d Zuflußrohr, e Rührer, f Schaber, g Entnahmeschnecke, h Abluftstutzen (Aus O. Krischer und K. Kröll: Trocknungstechnik. Bd. II., S. 422, Berlin: Springer 1959)

Die im Vakuum bei 60° C im Verhältnis etwa 1 : 4 konzentrierte Milch wird entweder im Trockenturm zerstäubt (Zerstäubungsscheiben oder Düsen, Trocknungstemperatur des Gutes etwa 50° C) oder aber über Ein- oder Zweiwalzentrocknern entwässert, wobei man unter normalem Druck oder aber im Vakuum (bei 40—50° C) arbeitet. Die Milch kann hier durch Sprühaggregate, Zubringer- und Aufgabewalzen, Rinnen und Düsenrohre möglichst feinschichtig aufgetragen und durch Schaber abgenommen werden (Feinschichtwalzentrockner). Die primitive Zufuhr durch Eintauchen der beheizten Walze in die Milch (Sumpftrockner) bringt die Gefahr einer Überhitzung des Trockengutes mit sich. Trockenmilch stellt ein konzentriertes „Aerodispersoid" dar, in dem die einzelnen Milchbestandteile je nach der Herstellung in verschiedener „Aufmachung" erscheinen.

Versuche, Milch bei Temperaturen zwischen 0 und 30° C zu trocknen, liegen dem „*Kalttrocknungsverfahren*" („BIRS-Verfahren", "No-heat-drying") zugrunde. Eine wichtige Eigenschaft guter Trockenmilch ist die Fähigkeit, mit Wasser leicht und weitgehend zu einer der Frischmilch möglichst ähnlichen Flüssigkeit umwandelbar zu sein (Rekonstituierbarkeit). Dabei sollen die Fettkügelchen ihre Größe behalten und

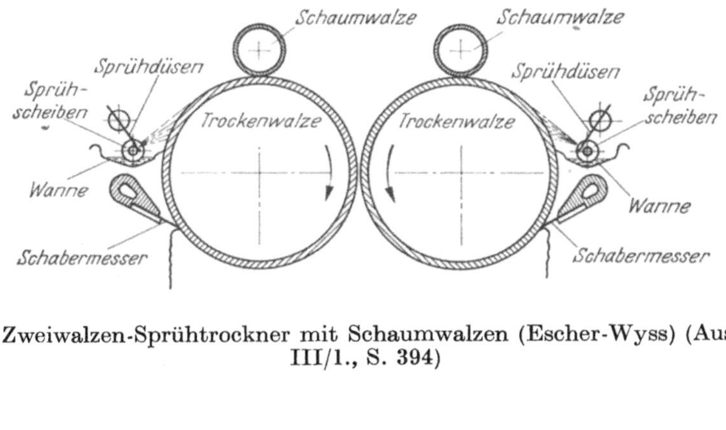

Abb. 69. Zweiwalzen-Sprühtrockner mit Schaumwalzen (Escher-Wyss) (Aus: 54, Bd. III/1., S. 394)

das Eiweiß weitgehend kolloide Struktur aufweisen. Um diese Eigenschaften optimal zu entwickeln wurde u.a. auch die *Schaum-Schicht-* bzw. *Schaum-Sprühtrocknung* empfohlen. Besondere Bedeutung hat auch hier in dieser Hinsicht die Herstellung von *Instant-Milchpulver* im Ein- oder Zweiphasenprozeß erlangt.

Die Abbildungen bringen das Schema einer Zerstäubungsanlage (Abb. 67), eines Feinschicht-Walzentrockners (Abb. 68) und eines Zweiwalzen-Sprühtrockners (Abb. 69).

Beide Trockenmilchtypen sind unter dem Mikroskop (in Paraffinöl) leicht zu unterscheiden. Sprühmilch zeigt runde, ballonartige Teilchen, Walzenmilch flache, eckige, unregelmäßige Schollen. Walzenmilch weist oft geringere Löslichkeit, dagegen niedrigeren Keimgehalt und bessere Haltbarkeit als Sprühmilch auf. Das Zerstäubungspulver ist zwar wesentlich besser löslich, durch seine feine Verteilung indessen besonders oxydationsanfällig, empfindlich gegen Bakterienbefall und gegen Vitaminverluste. Wesentlich für die Haltbarkeit ist ein möglichst niedriger (unter 1 % liegender) Sauerstoffgehalt des Trockenpulvers. Trockenmilch, insbesondere Sprühmilch, muß zur Vermeidung des Verderbs vor Feuchtigkeit, Licht und Luft geschützt werden, wobei sich zusätzlicher Schutz durch Evakuieren der Verpackungen oder durch Schutzgaspackung (Stickstoff oder Kohlendioxid) bewährt. Trotz dieser Vorsichtsmaßnahmen treten auch bei langdauernder Kühllagerung Veränderungen höchst unerwünschter Art auf, die auf Prozesse der „nichtenzymatischen Bräunung" (Maillard-Reaktion) beruhen und ähnlich wie bei Trockenei (S. 373) die Lagerfähigkeit derartiger Produkte begrenzen. Biologische Wertminderung (z.B. Blockierung des Lysins durch Umsatz mit reduzierenden Kohlenhydraten) sind bei technologisch einwandfrei geführten Trocknungsprozessen in nennenswertem Ausmaß nicht zu erwarten. Bei Überhitzung im Rahmen unsachgemäßer Trockenführung, vor allem an der Grenzfläche Trockengut-Walzenoberfläche, sind Proteinschädigungen jedoch durchaus möglich. Neben der Proteindenaturierung kann hier Umsatz im Sinne der mehrmals erörterten Maillard-Reaktion und — bei besonders schweren Schädigungen — Bildung von Caramel- oder Brenzprodukten eintreten. Bei Verwendung nitrithaltigen Brunnenwassers zum Auflösen der Trockenmilch wurden mehrmals Nitritvergiftungen bei Säuglingen beobachtet.

Auf ähnliche Weise werden weitere Trockenmilchprodukte hergestellt, wie *Trockenmalzmilch, Sprüh-* bzw. *Walzensahne* mit jeweils mindestens 42 v. H. Fett in der Trockenmasse und höchstens 5 v. H, Wasser. *Trockenbuttermilch* (z. B. „Eledon") findet vor allem in der Therapie des Kleinkindes Verwendung. Ein ähnliches Präparat ist milchsaure Trockenmilch („Pelargon").

Bei Milchdauerwaren ist eine Reihe von Kennzeichnungsangaben erforderlich, deren Einzelheiten der Spezialliteratur zu entnehmen sind. Wegen weiterer Erzeugnisse vgl. die VO über Milcherzeugnisse (s. oben).

4. Butter

Butter als eines der wichtigsten Speisefette in Ländern mit gemäßigtem Klima nimmt diese überragende Stelle noch nicht allzulange ein. Sie war schon im Altertum bekannt, diente u.a. als Kosmetikum und Heilmittel und war im frühen Mittelalter zunächst eine Luxusspeise begüterter Kreise. Erst seit dem 15. oder 16. Jahrhundert, vor allem in Gebieten ausgedehnter Viehzucht (Friesland, Niederlande, Normandie, Schweiz), datiert eine, wenn auch primitiv betriebene Butterherstellung bescheidenen Umfanges. Entscheidende Entwicklung fand diese Art der Milchfettverwertung vor allem durch die steigende Milchleistung der Rinder, durch die Einführung der kontinuierlich arbeitenden Trommelzentrifugen (Separatoren), der Pasteurisierung von Milch und Rahm sowie der Rahm-Säuerungskultur. Zu Anfang der 90er Jahre nahm dann der Butterverbrauch in Deutschland derart zu, daß der Verbrauch durch die Eigenerzeugung bei weitem nicht mehr gedeckt werden konnte.

1970 betrug die Inlanderzeugung an Butter 493 558 t, die zusätzliche Einfuhr 47 600 t. 1969/70 wurden in der BRD je Einwohner und Jahr 8,6 kg Butter verbraucht. Die wichtigsten Butter erzeugenden Länder der Welt waren 1969 (in 1000 t) die UdSSR (1030), Frankreich (522), USA (505), BRD (458), DDR und Berlin (Ost) (215), Neuseeland (272), Australien (212), Kanada (155), Dänemark (142), die Niederlande (110) und Finnland (100). 1961 lieferten die genannten größten Butterproduzenten der Welt ca. 3,2 Mio t/Jahr, davon Westeuropa allein ca. 1,54 Mio t. Die genannte Weltproduktion entspricht einem Wert von ca. 16 Mia DM/Jahr, so daß die Buttererzeugung solcher Länder zu einem erstrangigen wirtschaftlichen und damit politischen Faktor wird. Die Buttererzeugung ist wirtschaftlich gesehen der wichtigste Teil der Milchwirtschaft. Von der 1970/71 an die Molkereien gelieferten Werkmilch (einschließlich Einfuhr 18,19 Mio t) wurden 10,4 Mio t auf Butter verarbeitet.

Nach der „Butter-VO“ vom 2. 6. 1951, in der Fassung vom 18. 7. 1970 ist *Butter* das aus Milch, Sahne (Rahm) oder Molkensahne (Molkenrahm), süß oder gesäuert, gegebenenfalls unter Zusatz von Bakterienkulturen, Wasser und Kochsalz gewonnene plastische Gemisch, aus dem beim Erwärmen auf 45° C überwiegend eine klare Milchfettschicht und im geringeren Maße eine Wasser- und Milchbestandteile enthaltende Schicht abgeschieden werden. In Deutschland wird als Butter lediglich das Produkt der *Kuhmilch* bezeichnet. Andere Butterarten müssen nach der Tierart, von der sie stammen, bezeichnet werden (z. B. Ziegenbutter). Butter darf in 100 Gewichtsteilen nicht weniger als 82 Gewichtsteile Fett, außerdem nicht mehr als 16 Gewichtsteile Wasser enthalten. Gesalzene Butter liegt dann vor, wenn sie in 100 Gewichtsteilen mehr als 0,1 Gewichtsteile Kochsalz enthält.

Butter darf nur mit α-, β- oder γ-Carotin oder deren Mischungen gefärbt werden, sonst ist das Färben der Butter grundsätzlich verboten, auch dürfen keine Konservierungsmittel zugesetzt werden. Wie bisher gelten als *Handelsklassen* „*Deutsche Markenbutter*“ und „*Deutsche Molkereibutter*“. Anstelle der „Landbutter“ ist als 3. Handelsklasse neuerdings „*Deutsche Kochbutter*“ festgelegt. Daneben darf außerhalb der Molkereien „*Deutsche Landbutter*“ vertrieben werden. Über Anforderungen, die an einzelne Butterarten gestellt werden, desgl. über „*Butterfett-Verarbeitungsware*“, wie sie an Verarbeitungsbetriebe zum Einschmelzen geliefert wird und über „*Ausländische Butter*“ vgl. die „Butter-VO“. Zur Beurteilung von Butter vgl. Anlage 2 zu § 12 der „Butter-VO“. Einzelheiten der Kennzeichnung, Verpackung, des Mischens und Bearbeitens, der Gewichtsfestlegung u. a. m. sind auch der Neufassung der „Butter-VO“ vom 10. 8. 1970 sowie den Anlagen 1 und 2 zu dieser Verordnung zu entnehmen.

Trotz guter chemischer und bakteriologischer Methoden ist die *Sinnesprüfung* für die Butterbeurteilung unersetzlich und ausschlaggebend.

Je nach dem Herstellungsverfahren in der Molkerei unterscheidet man zwei verschiedene Arten, und zwar:

1. Butter aus gesäuertem Rahm (*Sauerrahmbutter*),
2. Butter aus ungesäuertem Rahm (*Süßrahmbutter*).

a) Sauerrahmbutter

Diese Butterart herrscht in Deutschland, Dänemark und den Niederlanden vor. In anderen Ländern (z. B. in der UdSSR) wird vorwiegend Süßrahmbutter erzeugt. In Europa hat die Gewinnung der Sauerrahmbutter nach dem Butterfertigerverfahren heute die größte Bedeutung.

Wir unterscheiden dabei folgende Arbeitsgänge:

α) *Die Rahmgewinnung*

Sie erfolgt durch Zentrifugieren in Hochleistungszentrifugen (5000 l/Std bei 6500—7000 U/min), und zwar unter Erwärmung der Vollmilch auf etwa 40—45° C zur Steigerung der Entrahmungsschärfe. Bei einem Fettgehalt der Milch von 3—3,4% werden 12—15% Rahm mit einem Fettgehalt von 20—22% Fett gewonnen. Butterungsrahm enthält durchschnittlich 25% Fett. In der Magermilch verbleiben ca. 0,03—0,05% Fett.

Das Schema einer derartigen Tellerschleuder, bei der der Flüssigkeitsstrom zur Verkürzung der Sedimentationswege weitgehend aufgeteilt ist, geht aus Abb. 70 hervor.

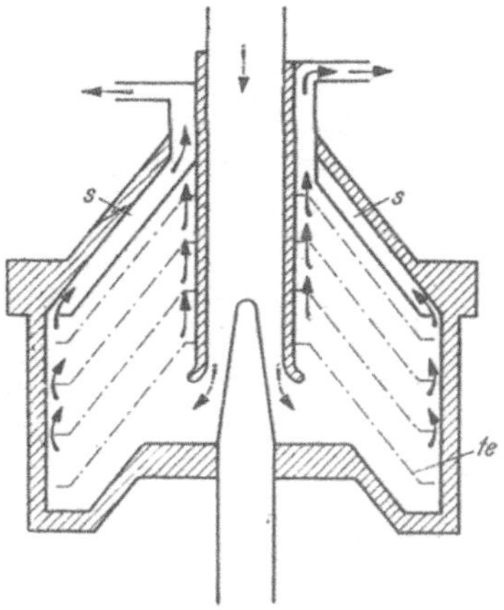

Abb. 70. Schematische Darstellung der Entrahmung durch Zentrifugalkraft. Die Pfeile am Innenzylinder deuten den Weg des Rahms an. Die Pfeile an der Außenwandung den Weg der Magermilch, die punktierten Pfeile den Weg der einströmenden Milch. *te* Trommeleinsätze, von denen zahlreiche in Abständen von höchstens 3 mm übereinander geschichtet sind; *s* Scheidewand zwischen Rahm und Magermilch (Aus R. Heiss: Lebensmitteltechnologie. S. 31. München: Bergmann 1950)

β) *Die Rahmerhitzung*

(Pasteurisierung) erfolgt zweckmäßig durch Hocherhitzung (90—95° C), um alle schädlichen und pathogenen Mikroorganismen abzutöten, die vorhandenen Enzyme zu inaktivieren und den Rahm zu entgasen. Anschließend erfolgt die Abkühlung auf Reifungstemperatur, wobei auf einwandfreie Raumluft zu achten ist.

Erhitzung erfolgt neuerdings in geschlossenen Röhren- oder Plattenapparaten (vgl. S. 387).

γ) *Die Rahmreifung und -säuerung*

stellt den wichtigsten Teil der Rahmbehandlung dar. Sie erfolgt im *Rahmreifer* oder *-tank*, der eine gründliche Mischung des Rahms durch Rührwerke und eine zweckmäßige Temperierung erlaubt. Bald nach dem Sammeln des Rahmes im Reifer wird die aus einer Mutterkultur gezüchtete Gebrauchskultur des *Säureweckers* zugegeben. Sie stellt eine Bakterien-Mischkultur dar, die verschiedene Milchsäurebakterien, vor allem Streptococcus lactis und cremoris sowie Leuconostoc citrovorum, enthält. Die Reifung benötigt bis zu 16 Std, wobei man je nach der Reifungstemperatur die in den Niederlanden benutzte *Kaltsäuerung* (12—15° C, also etwa der späteren Butterungstemperatur entsprechend) und die *Warmsäuerung* (16—20° C), die in Deutschland und den nordischen Ländern Eingang gefunden hat, unterscheidet. Die optimale Wachstumstemperatur für Milchsäurebakterien (etwa 37° C) wird nicht eingehalten, da hier keine bzw. ungenügende Aromabildung eintritt und außerdem das Butterfett in flüssiger, für den Butterungsprozeß ungeeigneter Form vorliegen würde. Während der Reifung und Säuerung erfahren Fett und Eiweißstoffe, insbesondere durch die Einwirkung der Milchsäure, chemische und physikalische Abwandlungen, wobei Eiweiß und oberflächenaktive Stoffe (Phosphatide) z. T. abgebaut werden, das Fett teilweise flüssig, teilweise in plastischem Zustand vorliegt, mit der Lebenstätigkeit der Mikroorganismen Enzyme auftreten und Aromastoffe sich bilden, von denen *Diacetyl* $CH_3 \cdot CO \cdot CO \cdot CH_3$ den Hauptbestandteil des

Sauerrahmbutteraromas darstellt. Daneben wird auch Acetoin (Acetylmethylcarbinol) $CH_3 \cdot CHOH \cdot CO \cdot CH_3$ gebildet. Die Aromastoffe der Sauerrahmbutter, insbesondere das Diacetyl, entstehen auf noch nicht geklärten Wegen aus Lactose und Citronensäure oder Brenztraubensäure und Citronensäure. Butterungsreif ist ein Rahm mit 20% Fett, wenn er etwa 28° SH, entsprechend pH = 4,6, aufweist.

δ) *Die Verbutterung*

(das Kirnen) des reifen Rahms erfolgte ursprünglich nach freiwilliger Aufrahmung der Milch in Schlagbutterfässern und Tellerknetern („Holsteiner Aufrahmungsverfahren"), heute in den in Amerika entwickelten *Butterfertigern,* die gleichzeitig das Waschen und Kneten der Butter besorgen. Die Fertiger sehr unterschiedlicher Bauart (z. B. als zylindrische, in der Längsachse sich drehende Trommeln) wurden ursprünglich aus Holz (Teak-, Eichen-, Mahagoniholz), später vor allem aus nichtrostendem Stahl hergestellt und enthalten oft eingebaute Knetwalzen und Schlagleisten. Ihr Fassungsraum liegt zwischen 400 und 6000 l. Beim Butterungsvorgang selbst wird durch die Schlagleisten im rotierenden Fertiger Luft in den Rahm geschlagen. Nach etwa 5 min tritt das „Brechen" des Rahms ein, unter Mitwirkung des gebildeten Schaumes vereinigen sich die Fetteilchen des Rahms zu Butterkörnern von etwa 2 mm Durchmesser. Die Buttermilch (mit einem Fettgehalt von 0,3% oder darunter) wird abgelassen. Die Rohbutter im Butterfertiger mehrmals mit Wasser gewaschen und gegebenenfalls nach Salzzugabe in fester Form, besser als Salzlake mittels der Knetwalzen oder der Schlagleisten geknetet. Entscheidend für den Knetprozeß sind vor allem Tröpfchengröße, Oberflächenspannung der Tröpfchen, Viscosität der Emulsion und Bewegungsgeschwindigkeit der Massen (d. h. Rotationsgeschwindigkeit des Butterfertigers).

Abb. 71 zeigt den Knetvorgang in einem Butterfertiger mit Knetwalzen. Auf Abb. 72 sind die eingebauten Sicken und Flossen zu sehen. Abb. 73 und 74 veranschaulichen zwei gebräuchliche, aus Chrom-Nickel-Stahl gebaute Butterfertiger. In Abb. 75 ist der Knetprozeß für solche Apparate schematisch dargestellt.

Wesentlich für den hier beschriebenen Verfahrensgang ist, daß hier die Butterherstellung *chargenweise* (*periodisch, nichtkontinuierlich*) erfolgt.

Über den *physikalischen Zustand* des Fettes im Rahm bei der Butterungstemperatur läßt sich sagen, daß bei 15° C etwa 30%, bei 19° C rund 60% in flüssiger Form vorliegen. Bei 18° C sind ungefähr 50% des Winterfettes, 35% des Sommerfettes in fester Form vorhanden. Das Festwerden des Fettes ist außerdem vom Dispersionsgrad abhängig.

Für den *Prozeß der Butterbildung* unterscheidet man 4 Stufen: 1. Kristallisation der Phosphatide in der Fettkügelchenmembran und teilweise Kristallisation des Fettes derart, daß noch genügend flüssiges Butteröl verbleibt; 2. Klumpenbildung der Fettkügelchen; 3. Butterkornbildung und 4. Entfernung bzw. mechanische Feinverteilung von Wasser und Buttermilch der Butter unter Bildung einer kontinuierlichen Phase durch Kneten. Ohne auf die Vielzahl der bis in die jüngste Zeit (vgl. L. Eisenreich in: 54, Bd. III/1., S. 447) entwickelten Theorien zur Butterbildung näher einzugehen, lassen sich die verschiedenen Anschauungen in die beiden Gruppen der *Fettagglomerations-* und der *Fettkonzentrationstheorie* trennen.

Im Mittelpunkt des Prozesses steht die Bildung des Butterkornes, wobei der Emulsionstyp „Fett in Magermilch" des Rahms unter Phasenumkehr in den plastischen Typ „Magermilch in Fett" der Butter übergeht. Wesentlich ist dabei, daß zur Butterbildung Luft und Schaum nicht unbedingt notwendig sind.

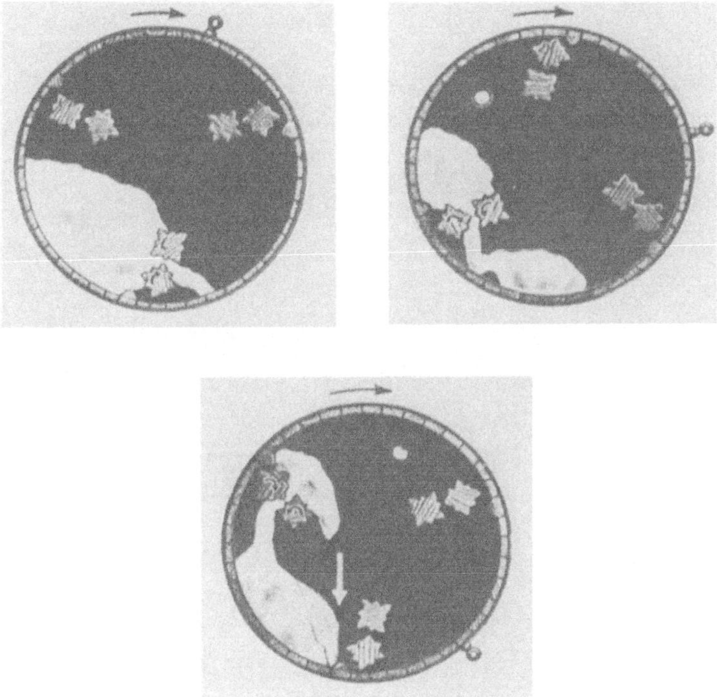

Abb. 71. Verlauf des Knetens bei einem Astra-Butterfertiger mit 3 Paar Knetwalzen (Bergedorfer Eisenwerke AG, Astra-Werke, Hamburg-Bergedorf)

Abb. 72. Faß mit 3 Sicken (je eine außen und innen sichtbar) und 2 Flossen. Astra-Butterfertiger Type „RB“ (Bergedorfer Eisenwerke AG., Astra-Werke, Hamburg-Bergedorf)

Abb. 73. Astra-Butterfertiger Type „SA“ (Bergedorfer Eisenwerke AG., Astra-Werke, Hamburg-Bergedorf)

Abb. 74. Stahlbutterfertiger (Bergedorfer Eisenwerke AG., Astra-Werke, Hamburg-Bergedorf)

Versuche einzelner Länder (Australien, Neuseeland, Dänemark), das Kneten der Butter im Vakuum (100—200 mm Hg) durchzuführen, brachten keine wesentlichen Vorteile.

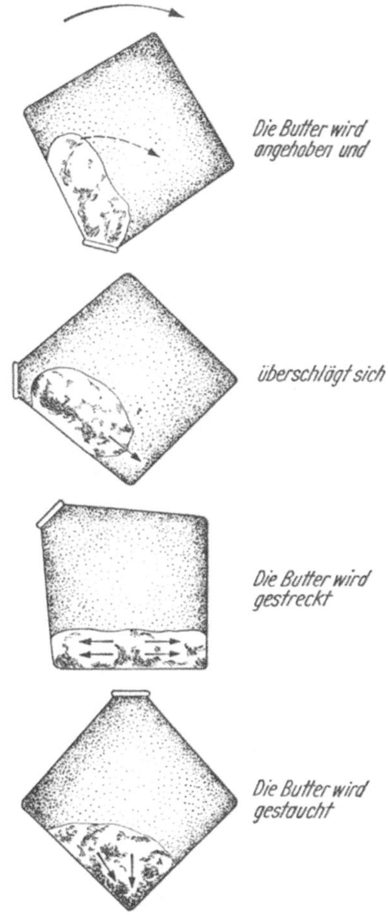

Abb. 75. Knetvorgang in einem Stahlbutterfertiger (Bergedorfer Eisenwerke AG., Astra-Werke, Hamburg-Bergedorf)

b) Süßrahmbutter

Hier entfällt die Säuerung des Rahms, so daß betriebswirtschaftlich vorteilhafte *kontinuierliche* Führung des Butterungsprozesses möglich ist. Frischer Rahm läßt sich sehr schwer verbuttern, er muß deshalb vor der Verarbeitung bei Temperaturen unter 10° C 3—16 Std „altern".

α) Die Herstellung von Süßrahmbutter

im *Butterfertiger* spielt in Deutschland keine Rolle, wohl aber in anderen Ländern, wie Frankreich, Irland, Neuseeland und Australien. In Deutschland sind jedoch zwei andere Verfahren entwickelt und in die Molkereipraxis eingeführt worden, die als Schaumbutterungs- bzw. Separierverfahren arbeiten und im folgenden besprochen werden.

1. Die *Schaumbutterungsverfahren*, insbesondere das *Fritz-Butterungsverfahren*, arbeiten nach dem Prinzip des Butterfertigers, schließen also die Bildung von Rahmschaum und Butterkorn, die Trennung von Butterkorn und Buttermilch sowie das Kneten des Butterkorns zur Butter in einem Maschinenaggregat ein. Beim „Fritz"-Verfahren wird hochkonzentrierter, bei 90° C pasteurisierter und auf 6—7° C abgekühlter Süßrahm (neuerdings auch ein Gemisch aus Sauer- und Süßrahm) mit einem Fettgehalt von 42—50% kontinuierlich in Butter umgewandelt. Der in wenigen Minuten ablaufende Prozeß geht so vor sich, daß in

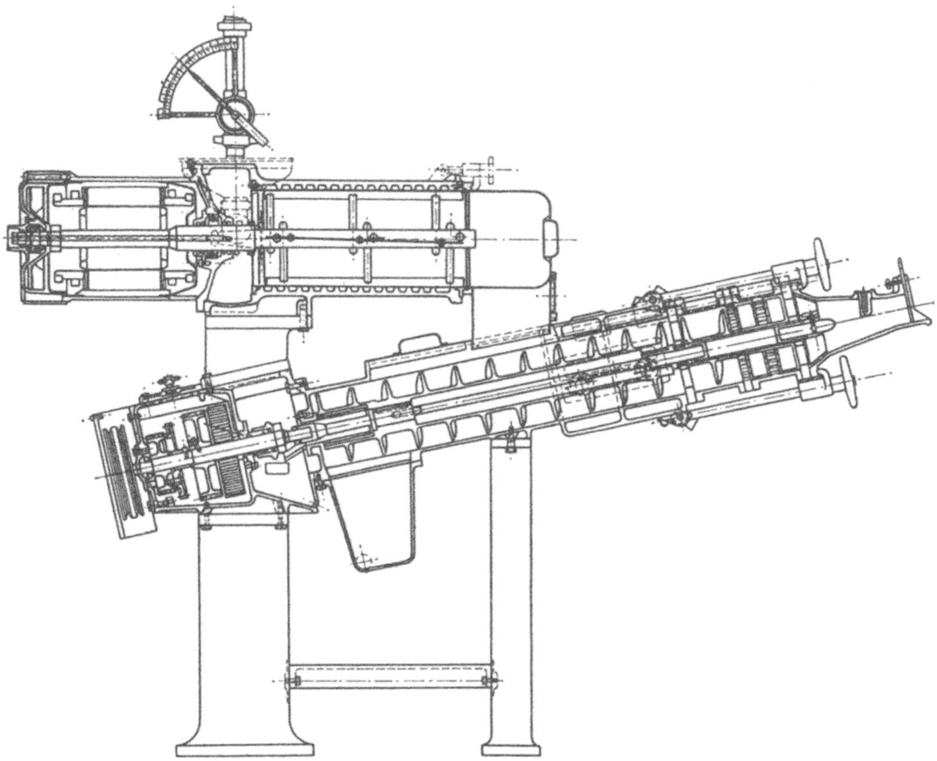

Abb. 76. Schnitt durch eine Fritzbuttermaschine mit Knetvorrichtung (Aus R. Heiss: Lebensmitteltechnologie. S. 162. München: Bergmann 1950)

einem *Butterungszylinder* der hochprozentige Rahm augenblicklich (3—5 sec) durch schnell rotierende Schläger in Butterkorn und Buttermilch geschieden wird und anschließend ein *Abpresser* beide Komponenten voneinander trennt. Schließlich verarbeiten zwei gegenläufig rotierende Schnecken das Korn zu einem kontinuierlich die Maschine verlassenden Strang. Abb. 76 zeigt das Diagramm einer Fritzbuttermaschine.

Ein anderes Verfahren dieser Gruppe ist die *Kohlensäurebutterung* nach Senn, bei der CO_2 unter Druck (6 atü) in Milch oder Rahm gepreßt und durch intensive Schlagwirkung die Butterbildung erzwungen wird. Das Verfahren hat jedoch keine weitere Verbreitung in der Milchwirtschaft gefunden.

2. Die *Separierverfahren* benötigen hochprozentigen Rahm, der denselben Fettgehalt wie die Butter hat. Dieser aus gewöhnlichem Rahm (25—35% Fett) durch Kon-

zentrierung in einer hermetisch geschlossenen Zentrifuge („Konzentrator") erhaltene, etwa 80%ige Rahm wird in einem Schneckenkühler („Transmutator") auf 8—13° C herabgekühlt und gleichzeitig mechanisch bearbeitet. Dabei findet Phasenumkehr vom Rahm zur Butter statt, ohne daß Schaum, Butterkorn oder Buttermilch entstehen. Die nach diesem „*Alfa-Verfahren*" gewonnene Butter zeigt sehr feine Buttermilchverteilung (unter 7 μm).

Das australische „*New-Way-Verfahren*" entspricht in allen wesentlichen Punkten dem Alfa-Verfahren, nur daß hier der hochkonzentrierte Rahm vor der Phasenumkehr gestapelt und auf den gewünschten Fett-, Wasser- und Salzgehalt eingestellt wird. Außerdem liegt die Temperatur des Kühlerkneters mit 1—3° C wesentlich tiefer.

3. Kontinuierliche in den USA entwickelte Butterschmalz-Emulgierverfahren sind der „*Gold'n-Flow*"-*Prozeß* und das „*Creamery-Package*"-*Verfahren*, bei denen die Buttermilch ähnlich wie beim Prozeß der Margarineherstellung in ausgeschmolzenem Butterfett wieder emulgiert wird. Derartige Verfahren ähneln den Versuchen, wieder aufgefrischte („renovated") Butter in den Handel zu bringen, in der BRD ausdrücklich verbotene Manipulationen.

Die vorgenannten in Deutschland eingeführten kontinuierlichen Butterherstellungsverfahren („Fritz"- und „Alfa"-Verfahren) gewinnen zunehmende Bedeutung. Wesentlich für die Haltbarkeit derart gewonnener Butter ist der Ausschluß von Kontaktinfektionen des Rahmes mit Kupfer, Messing, Bronze und anderen schädlichen Schwermetallspuren, da sonst sehr schnelles autoxydatives Verderben eintritt. Der Ausgangsrahm muß möglichst arm an eiweiß- und fettzersetzenden Enzymen sein.

β) *Das Abpacken der Butter*

erfordert besondere hygienische Maßnahmen [Entkeimung aller Leitungen, Apparate und Geräte, Vermeidung von Schwermetallinfektion (s. oben), sorgfältige Wahl des Verpackungsmaterials]. „Lose", d.h. nicht ausgeformte Butter wird in Gebinden (Fässer, Kübel, Kisten, Kartons) geliefert; für den direkten Absatz wird Butter ausgeformt und in bestimmten Mengen und Blockformen abgepackt (Deutsche Markenbutter), wobei Pergamentpapier, kaschierte Aluminiumfolie, mit einer Diophanschicht und Spezialparaffin überzogenes Papier oder mit Polyäthylen befilmtes Pergamentpapier Verwendung finden. Besonders gefährlich sind starke Temperaturschwankungen beim Ausformungsprozeß.

Kleinstpackungen (20—25 g und mehr) für Hotels, Krankenhäuser u.a. kommen zunehmend auf den Markt.

γ) *Die Lagerung der Butter*

bzw. Versuche, die in Überschußmonaten aus der Milch anfallenden Fettmengen für die Butterherstellung zu erhalten, stellen ein zentrales Problem der Butterversorgung und des Butterimportes dar. Hierfür sind verschiedene Wege vorgeschlagen worden, und zwar:

1. Lagerung fettreicher Sahne mit 40—60% Fett im Kühlhaus bei mindestens —12° C und spätere Verbutterung; 2. Lagerung von Butterschmalz und nachherige Regenerierung zu Butter (in der BRD verboten); 3. Lagerung steriler Sahne in sterilisierten Tanks bei normalen Temperaturen; 4. Herstellung sterilisierter Butter bzw. einer Butterkonserve und 5. die *Lagerung von Butter im Kühlhaus*. Von diesen Vorschlägen hat für deutsche Verhältnisse lediglich die Kühllagerung der Butter in großem Ausmaß praktische Bedeutung erlangt. Lagerhaltung bis zu 5 Monaten erfordert Mindesttemperaturen von —10 bis —12° C Lagerzeiten über 5 Monate hinaus solche von mindestens —18 bis —20° C. Kühlhausbutter wird zweckmäßig aus Rahm mit etwa 30% Fett hergestellt, der sorgfältig auf 90—98° C erhitzt, bakteriologisch überprüft, milde gesäuert und peinlichst vor Fremdmetallspuren bewahrt worden war. Besonders sorgfältig ist das Ausformen der ausgelagerten Butter vorzunehmen.

δ) *Die Zusammensetzung der Butter*

Ungesalzene Butter enthält im Durchschnitt 82—84% (mindestens 82%) Fett, 16—18% Bestandteile der Buttermilch (davon 14,7% Wasser) und 1,3% „fettfreie" Trockenmasse. Letztere besteht aus 0,5—0,8% Milchzucker und Milchsäure, 0,6—0,7% Eiweiß und 0,11% Mineralstoffen. Das (aschefreie) „organische Nichtfett" enthält im wesentlichen Casein und Milchzucker.

1. Im *Milchfett*, dem wohl komplexesten Naturfett finden sich mengenmäßig hervorragend folgende Fettsäuren:

Tabelle 107. Fettsäuren im Milchfett

Gesättigte Fettsäuren	Mol-%	Ungesättigte Fettsäuren	Mol-%
Buttersäure C_4	10,2	Δ^9-Decensäure C_{10}	0,2
Capronsäure C_6	2,5	Δ^9-Dodecensäure C_{12}	0,2
Caprylsäure C_8	1,3	Δ^9-Tetradecensäure C_{14}	0,9
Caprinsäure C_{10}	1,5	Δ^9-Hexadecensäure C_{16}	2,8
Laurinsäure C_{12}	3,5	Δ^9-Octadecensäure C_{18}	31,4
Myristinsäure C_{14}	8,6	$\Delta^{9.12}$-Octadecadiensäure C_{18}	4,9
Palmitinsäure C_{16}	22,1	Ungesättigte Säuren mit 20 und 22 C-Atomen	0,5
Stearinsäure C_{18}	9,9		
Arachinsäure C_{20}	0,7		
Summe	60,3	Summe	40,9

Charakteristisch ist der hohe Gehalt an *niederen Fettsäuren* und der relativ geringe Gehalt an Stearinsäure.

Neben den oben aufgeführten Säuren kommen, allerdings in meist sehr geringen Mengen, im Butterfett noch viele andere vor, z.B. die n-Heptadecansäure, geringe Mengen an *verzweigtkettigen* Fettsäuren („Isofettsäuren"), darunter die C_{16}-Isofettsäure 14-Methyl-pentadecansäure (Isopalmitinsäure, $C_{16}H_{32}O_2$, Smp 61,7—62,7° C), daneben methylierte Fettsäuren, wie die 2.6.10.14-Tetramethylpentadecansäure, die 3.7.11.15-Tetramethylhexadecansäure und die 4.8.12-Trimethyltridecansäure sowie konjugierte Polyensäuren (S. 56). Von den einfach ungesättigten Fettsäuren tritt im Butterfett u.a. stets die *Vaccensäure* zu etwa 2,3% auf, gelegentlich, und zwar bei Verfütterung von Rapskuchen, auch die *Petroselinsäure* S. 55). Von ungesättigten Fettsäuren kommen außerdem Isomere der trans-, cis- und trans-cis-Form vor, so z.B. die trans-Octadecen-16-enonsäure. Durch die Entwicklung neuer Analysenverfahren, insbes. der Gaschromatographie sind auch hinsichtlich der Butterfett-Fettsäuren laufend neue Ergebnisse zu erwarten. Das Butterfett enthält verschiedene einfache und gemischte Triglyceride, z.B. Triolein, Tristearin, Butyropalmitoolein, Butyrodiolein und Oleodipalmitin. Die Glycerid-Zusammensetzung des Kuhmilchfettes bei Weidegang ist folgende: 27% gesättigte Triglyceride, 33% monooleodigesättigte Glyceride und 40% dioleomonogesättigte Glyceride. Oxydative Spaltprodukte ungesättigter Fettsäuren des Butterfettes verursachen ölige und fischige Geschmacksabwandlungen.

Unter den insgesamt etwa 64 im Butterfett identifizierten Fettsäuren sind 27 in einer Konzentration von weniger als 0,1% vorhanden. Das Vorkommen von ungeradzahligen und verzweigkettigen Fettsäuren in der Butter ist — im Gegensatz zu früherer Annahme — keineswegs ein Merkmal künstlicher Veränderungen (32).

Die Zusammensetzung des Milchfettes wird durch zahlreiche Faktoren beeinflußt (vgl. Milch, S. 378). Dementsprechend schwanken auch Schmelzpunkt (32—37 °C) und Erstarrungspunkt (17—23 °C) beträchtlich. Die Anwesenheit der niederen (wasserdampfflüchtigen) Fettsäuren wird analytisch zur Differenzierung des Butterfettes von anderen Fetten ausgewertet (Reichert-Meissl- und Polenske-Zahl, A-Zahl, B-Zahl, Buttersäure- und Caprylsäurezahl). Desgleichen dient die Ermittlung der *Refraktion* (n_{20}^{D} = 1,4566) im „Butterrefraktometer" zur Kennzeichnung des Butterfettes.

Neben den eigentlichen Fettsäureglyceriden enthält Butter auch freie, flüchtige Fettsäuren in sehr verschiedenen Mengen, insbesondere Ameisen-, Essig-, Butter-,

Caprin- und Caprylsäure, außerdem Isovalerian-, Propion- und Nonansäure sowie *Phosphatide* (Lecithine, Kephaline, Sphingomyeline) in geringen Mengen (0,2—0,45%), die bedeutend mehr ungesättigte Fettsäuren als das Butterfett enthalten, sich bei der Entrahmung im Rahm anreichern und beim Buttern zum großen Teil in die Buttermilch übergehen. Oxydative Zersetzung der Phosphatide, die vor allem durch Schwermetallspuren katalysiert wird, führt gleichzeitig zur hydrolytischen Abspaltung von Aldehyden mit 14—18 C-Atomen, wobei vor allem Stearyl- und Palmitylaldehyde auftreten. Autoxydative Vorgänge sind für den fischigen Geschmack schlecht gelagerter Butter verantwortlich. Der Cholesteringehalt entspricht etwa dem normalen Blutes (240 mg-%). Der relativ hohe Gehalt an kurzgliederigen Fettsäuren im Butterfett wurde oft für die gute Bekömmlichkeit und Verwertbarkeit der Butter beim leber- oder gallenkranken Organismus verantwortlich gemacht, doch läßt sich diese Annahme experimentell nicht stützen.

2. Vitamine enthält die Butter je nach Fütterungsart in erheblich schwankenden Mengen. Die wichtigsten Vitamine der Butter sind in Tab. 108 aufgeführt.

Tabelle 108. Die wichtigsten Vitamine der Butter (Nach: S. W. Souci u. Mitarb., 152) in mg/kg

	Mittelwert	Schwankungsbreite
Vitamin A	6,7	3,0—15,0
Carotin	5,4	3,5— 8,5
Vitamin D	—	2,0—40 μg
Vitamin E	26	20 —34
Vitamin K	0,6	—

Vitamin A bleibt bei haushaltsmäßiger Behandlung auch in der Hitze weitgehend erhalten, desgl. beim Ausschmelzen zu Butterschmalz, wenn vorsichtig und nicht zu lange erhitzt wird. Kühllagerung vermindert den Vitamin A-Gehalt weniger als Aufbewahrung bei Zimmertemperatur.

Butter verdankt ihre natürliche Farbe dem Carotin, so daß die natürliche Butterfarbe gleichzeitig ein Gradmesser der Vitamin A-Aktivität ist. Da Buttercarotin aus dem Futter stammt, liefert Weidegang hell- bis dunkelgelbe Butter („*Grasbutter*"), während „*Stallbutter*" fast weiß ist. Carotin kann bei Dunkellagerung antioxydativ wirken (S. 400). Verboten ist Färbung der Butter mit künstlichen Farbstoffen (s. S. 80).

3. Aromaträger der Butter sind vor allem *Diacetyl* (S. 401), daneben auch *Acetoin* sowie 4-cis-Heptenal. Wie erwähnt, ist die Frage nach den Muttersubstanzen dieser Aromastoffe noch nicht eindeutig geklärt. Hocharomatische Sauerrahmbutter deutscher Fertigung enthält etwa 1—2 mg/kg Diacetyl, Süßrahmbutter keine oder nur geringe Mengen (bis zu 0,4 mg/kg) des Diketons. Der Acetoingehalt der Butter kann bis zu 70 mg/kg betragen. Künstliche Aromatisierung der Butter mit Diacetyl ist nicht erlaubt. Zweifellos spielt für das Butteraroma auch das im Rahmen der Milcherhitzung auftretende δ-Decalacton eine Rolle dann, wenn Lebensmittel mit Butter gekocht oder gebacken werden.

Weitere in der Butter enthaltene Substanzen, wie Äthanal, Propanal und viele andere Aldehyde, Aceton, Butanon, n-Butanol, Äthylacetat, -formiat und -butyrat, Methylsulfid u.a.m. sind für das Butteraroma nicht ohne Bedeutung.

4. Mineralstoffe. Normale Butter enthält u. a. 0,04—3,7 mg/kg Kupfer, daneben Spuren von Eisen und Zink.

5. An *Enzymen* ist vor allem die *Phosphatase* zu erwähnen. Sie wird (gleich der Lipase) zwar bei Hocherhitzung des Butterrahmens inaktiviert, kann jedoch bei Süßrahmbutter, ähnlich wie bei Milch, eine Regenerierung erfahren, so daß die Phosphataseprobe zum Nachweis ordnungsgemäßer Rahmerhitzung für Süßrahmbutter mit Vorsicht zu werten ist.

ε) *Das Verderben der Butter*

Auch Butter allerbester Qualität hat nur eine begrenzte Haltbarkeit. Abgesehen davon, daß sie sehr leicht Fremdgerüche aufnimmt (Heringe, Käse, Gewürze, Petroleum, Seife usw.), wird sie durch enzymatisch-mikrobielle Vorgänge und auch durch rein chemische Reaktionen schnell nachteilig verändert. Dabei tritt z. T. Hydrolyse, z. T. Autoxydation der Fettsäureglyceride bzw. der Phosphatide ein, denen oft Prozesse der Oxydation, Polymerisation, Reduktion und Kondensation folgen. Die Wirkungen dieser Reaktionen sind außerordentlich vielgestaltig. Sie führen zu den verschiedenen Arten der Ranzigkeit (S. 72), Peroxidigkeit und Talgigkeit, wobei u. a. auch Schwermetallspuren und Licht eine Rolle spielen, und können auch eine Verschimmelung der Butter (Stockfleckenbildung) nach sich ziehen, als deren Folge grüne, gelbe oder schwarze Verfärbungen auftreten. Rotfleckige Butter entsteht bei Anwesenheit von Bacillus prodigiosus oder roten Hefen. Das Verderben kann von allen Phasen der Butter ausgehen (wäßrige bzw. Buttermilchphase, Fettphase, Grenzflächenschichten). Größe der emulgierten Buttermilch- und Wassertröpfchen, Nährstoffe für Mikroorganismen (Eiweiß, Milchzucker und Säuren), reaktionsfähige ungesättigte Fettsäuren des Butterfettes, leicht zersetzliche Phosphatide, natürliche in der Butter vorkommende Antioxydantien (Vitamin E) und schließlich der Salzgehalt sind Faktoren, die beim Verderben bzw. bei der Haltbarkeit in komplizierten, sich oft überschneidenden Reaktionen mitspielen.

ζ) *Butterfehler*

Entsprechend vielgestaltig sind die Butterfehler. Sie können zunächst in *Geruch* und *Geschmack* liegen (leer, aromalos, fade, alt oder unrein, Malzgeschmack durch ungeeignete Säurewecker, sauer, käsigsauer oder molkig, Stallgeruch und -geschmack, hefig, faulig, bitter, muffig und schimmelig, ranzig, seifig, schmirgelig, metallisch, ölig, fischig, talgig, tranig, mehlig oder schmalzig). Apfelgeruch bei Süßrahmbutter wird durch Flavobacterium lactis, pilzähnliches Aroma durch Oct-1-en-3-ol hervorgerufen. Häufig wird fremdartiger Geschmack durch bestimmte *Futterkomponenten* bedingt: Rüben- und Karottengeschmack, öligtraniger Geschmack durch Sumpfschachtelhalm, bitterer Geschmack durch Lupinen, angefaulte Hackfrüchte oder Fischmehl, Zwiebelgeschmack durch wilden Lauch der Weide. Kochgeschmack tritt brandig und brenzlig bei zu hoher Milch- oder Rahmerhitzung auf. Metallischer Geschmack entsteht bei Gegenwart von Eisen, Kupfer oder Zink. Aus diesem Grunde ist auch die Verwendung des Katadyn-Verfahrens (Silberspuren) zur Aufbereitung des Butterwaschwassers bedenklich. Der cocosnußartige Fremdgeschmack von Butter, auch von evaporierter Milch, Trockenmilch und Trockensahne wird durch das aus der Lipoidphase gebildete δ-Decalacton verursacht, dessen Vorstufe offenbar die 5-Hydroxydecanonsäure ist. „Sauerkraut"-artiger Geruch und Geschmack ist an das Vorkommen hoch säurewiderstandsfähiger Mikroben (Torula- und Sarcina-Arten) gebunden. *Fehler im Aussehen* sind zu blasse oder zu stark gefärbte Butter, harte, glanzlose, bunte, streifige oder scheckige Butter und Stockfleckenbildung durch Schimmel. *Fehler in der Ausarbeitung* liegen vor, wenn die Butter wasserlässig oder buttermilchhaltig ist, *Fehler im Gefüge* zeigt salbig-schmierige oder zu weiche „kurze", bröckelige oder lose, zu feste oder schichtige Butter. Ein weiterer Gefügefehler ist das „Ausölen" der Butter (Übergang vom Butterfett in das Verpackungsmaterial).

η) *Irreführende Bezeichnung und Verfälschung*

Irreführende Bezeichnung liegt dann vor, wenn die Sortenbezeichnung nicht eingehalten wird. Verfälschung ist z.B. gegeben, wenn Konservierungsstoffe, Neutralisationsmittel, Antioxydantien (z.B. Keimöle und Hafermehlpräparate), künstliche Farbstoffe oder Aromastoffe, zugesetzt werden, wenn Butter durch höhere Wassermengen, Fremdfette, Kartoffelbrei usw. „gestreckt" wird, wenn aus Butterfett regenerierte (renovierte) Butter hergestellt wird. Einzelheiten sind in der "Butter-VO" zu finden.

c) Butterschmalz und butterschmalzähnliche Erzeugnisse

Butterschmalz, in Norddeutschland als Schmelzbutter, in Süddeutschland auch als Rindsschmalz oder eingesottene Butter bezeichnet, ist das durch Ausschmelzen nach verschiedenen Verfahren erhaltene Butterfett, das von anderen Bestandteilen der Butter (Wasser, Eiweiß, Milchzucker und Salzen) weitgehend befreit ist. Es dient als Brat- und Backfett mit einem Höchstwassergehalt von 0,5 v.H. und einem Gesamtfettgehalt von 99,3 v. H. Zur Herstellung im Haushalt und Kleinbetrieb wird das Wasser durch Kochen verdampft, wobei sich Eiweiß, Milchzucker und Salze zu Boden setzen (*Siedeverfahren*, eingesottene Butter). Beim *Schmelzverfahren* wird die Butter bei 70—80° C ausgelassen, in Klärkesseln bei 70—75° C gehalten und das Klarfett in Fettseparatoren durch Zentrifugieren abgetrennt. Zur Entfernung des Restwassers und zur Inaktivierung etwa vorhandener Enzyme wird auf 105—120° C erhitzt und oft ein zweites Mal bei 90—100° C zentrifugiert.

Butterschmalz ist in jedem Fall besser und länger haltbar als die Butter, aus der es gewonnen wurde. Der Geschmack von Butterschmalz ist „arteigen", von dem der Butter verschieden, bei eingesottenem Fett bratenartig; das Aussehen ist dem der Butter ähnlich, das Gefüge glatt. Bei normaler Temperatur (10—30° C) bestehen feste und flüssige Phase nebeneinander. Butterschmalz kann gleich anderen Milchprodukten (Trockensahne, Trockenvollmilch, Kondensmilch) eigentümlichen, cocosnußähnlichen Geruch und Geschmack annehmen, der auf die Bildung von Lactonen zurückgeführt wird; als Aromaträger wurde das δ-Decalacton isoliert (s. S. 410).

Da bei tropischen Temperaturen Butter nicht haltbar ist, werden in Afrika, Indien, Ägypten und im Mittleren Osten butterschmalzähnliche Erzeugnisse verschiedener Bezeichnung hergestellt, von denen das in Indien gewonnene Produkt unter dem Namen „*Ghee*" bekannt ist. Ausgangsmaterial sind Büffel- und Kuhmilch sowie Gemische beider Milcharten. Ghee zeigt entsprechend der meist primitiven, bäuerlichen Gewinnung charakteristisch scharfen, leicht ranzigen und rauchigen Geschmack und weist einen verhältnismäßig hohen Gehalt an freien Fettsäuren auf.

5. Käse

Käse ist das aus Milch, Sahne (Rahm), teilweise oder vollständig entrahmter Milch (Magermilch), Buttermilch, Ziegenmilch, Schafmilch oder aus Gemischen dieser Flüssigkeiten, gegebenenfalls unter Verwendung von Molke, Wasser, Kochsalz, Pilz- und Bakterienkulturen, durch Säuerung oder Zusatz von Lab gewonnene Gemisch, das amtlich zugelassene Farbstoffe enthalten kann und entweder frisch oder in verschiedenen Graden der Reife zum Verzehr bestimmt ist.

Diese der früheren Käseverordnung entnommene Definition ist in § 1 der „Käse-VO" in der Fassung von 22. 12. 1969 zu der lapidaren Fassung zusammengeschrumpft „Käse ist das frische oder in verschiedenen Graden der Reife befindliche Erzeugnis, das aus dickgelegter Käsereimilch hergestellt ist".

Die in Rede stehende Verordnung regelt insbes. Anforderungen an die Herstellung und legt die *Fettgehaltsstufen* in der Trockenmasse („i. Tr.") fest. Als solche sind zugelassen: Doppelrahmstufe (höchstens 85%, mindestens 60% Fett i. Tr.), Rahm- bzw. Vollfettstufe (mindestens 50 bzw. 45% Fett i. Tr.), Fett-, Dreiviertelfett-, Halbfett- und Viertelfettstufe (mindestens jeweils 40%, 30%, 20% und 10% Fett i. Tr.) sowie Magerfettstufe (weniger als 10% Fett i. Tr.). Sie legt weiterhin u. a. Käsegruppen und Standardsorten fest, regelt die Zulassung fremder Stoffe und bringt Rechtsstoff über Schmelzkäse, Käsezubereitungen und Schmelzkäsezubereitungen. Einzelheiten sind der genannten Verordnung zu entnehmen.

Verboten ist vor allem das *Färben* mit chemischen Farben (über Ausnahmen vgl. unten) sowie jeglicher Zusatz von *Konservierungsmitteln*. Erlaubt ist Zusatz von Gewürzen und das Räuchern.

Im Jahre 1970 wurden in der BRD mehr als 222000 t Käse hergestellt, im gleichen Zeitraum verbrauchte der Einwohner je Kopf und Jahr 5,3 kg Käse. Die Produktion an Speisequark und sonstigem Frischkäse betrug 267000 t. Von der 1970/71 an die Molkereien gelieferten Vollmilch gingen rund 1,39 Mio t in die Käsefabrikation. Die Zahl der auf der Erde hergestellten Käsesorten wird auf etwa 400 geschätzt, davon in Deutschland rund 40 Sorten.

Die *Unterscheidung* der einzelnen Käsearten kann erfolgen außer nach dem obenerwähnten Fettgehalt auch nach der Art der *Proteinabscheidung* (Lab- oder Süßmilchkäse und Sauermilchkäse), nach der *Festigkeit* des fertigen Käses (Hart-, Schnitt- und Weichkäse, wobei die Grenzen oft nicht scharf zu ziehen sind) sowie nach der *Tierart* (Kuhmilch-, Schafmilch-, Ziegenmilchkäse). Nächst Butter ist Käse das wichtigste Milcherzeugnis, wobei je nach Land und Landstrichen die verschiedensten Produkte gewonnen werden.

a) Die Käseherstellung

Die Kunst der Käsebereitung besteht darin, den anfallenden Käsestoff (Casein allein oder im Gemisch mit anderen Milchproteinen oder diese allein) in physikalischer, chemischer und bakteriologisch-enzymatischer Hinsicht derart umzuwandeln, wie es die Art und Eigentümlichkeit des angestrebten Erzeugnisses verlangt. Im einzelnen sind folgende allgemeine Gesichtspunkte zu berücksichtigen:

Die *Milch* hat besonders strengen Anforderungen zu genügen. Sie muß entsprechende Säuerung aufweisen, frei von Schmutz und käsereischädlichen Bakterien sein und darf nicht von kranken Tieren stammen. Für die „Käsereitauglichkeit" bedeutungsvoll ist neuerdings die Milch von Tieren geworden, die mit Antibioticis oder Sulfonamiden behandelt worden waren. Da solche Stoffe, wie bei Milch erwähnt, in die Milch übergehen und zur Schädigung bzw. Inaktivierung der käsereitechnisch unentbehrlichen Säuerungsflora führen, muß derartige Milch unter bestimmten Bedingungen gewonnen oder antibioticahaltige Milch zur Zerstörung solcher Stoffe entsprechend lange vor der Verarbeitung gelagert werden. Zusatz antibioticazerstörender Enzyme (z. B. von Penicillinase, „Penase") oder Züchtung antibioticaresistenter Milchsäurebakterien wurde empfohlen. Übergang von Pesticiden in das Milchfett wurde an anderer Stelle (S. 384) besprochen.

Ausgangsprodukt der Käserei ist die „*Kesselmilch*". Sie besteht aus (roh belassenen oder pasteurisierten) Mischungen von Vollmilch und Magermilch bzw. von Vollmilch und Süßrahm, aus teilweise oder ganz entrahmter Vollmilch oder aus Magermilch und Buttermilch. Derartige Mischungen bezwecken die Einstellung auf den für das Fertigprodukt notwendigen Fettgehalt. *Färbung* mit zugelassenen Farbstoffen erfolgt in der Kesselmilch vor Abscheidung der Käsemasse. Zugelassen für Schnittkäse und Chesterkäse ist „Orange 3" nach der „Farbstoff-VO", auch für die Herstellung von Schmelzkäse und Käsezubereitungen. Milch zur Herstellung von Schnittkäse darf außerdem bis zu 0,2 g/l Calciumchlorid und 0,2 g/l Salpeter enthalten. Über die Zulassung fremder Stoffe vgl. die „Käse-VO" und deren Anlage 3.

α) *Die Labkäserei*

Hier wird die eingestellte evtl. auch gefärbte Kesselmilch (8—9° SH) mit Bakterienkulturen (1—2% der Kesselmilch) unter Zusatz von Labenzym in

Wannen oder Kesseln eingelabt. Die Labtemperatur liegt je nach Käseart zwischen 18—22° C (Frischkäse) und 31—33° C (Emmentaler). Als Labpräparate dienen Naturlab (ein vom Käser selbst aus Kälbermagen bereiteter Extrakt) oder fabrikmäßig gewonnene flüssige Labessenz bzw. Labtrockenpulver („Kunstlab"). Sie dürfen mit Sorbinsäure, Benzoesäure oder mit „PHB-Estern" konserviert werden. Labenzym (vgl. S. 192) legt die Milch dick: es entsteht eine süße, weiße Gallerte („Dickete"), die je nach der Labenzymmenge und der weiteren Behandlung mehr oder minder feste Struktur aufweist. (Sie wird „schnittreif".) Zur Verbesserung der Labwirkung (Verkürzung der „*Dickungszeit*") ist Zugabe von Calciumchlorid (s. oben) oft nötig. Zerschneiden, Rühren und Erwärmen liefert eine hirse- bis bohnengroße, bei Emmentaler hanfkorngroße Masse, den „*Bruch*", während beim „Bruchmachen" gleichzeitig der flüssige Anteil z. T. als *Molke* austritt. Der Bruch wird um so fester und molkefreier, je größer der Grad der Zerkleinerung ist. Ungenügende Labfähigkeit (S. 390) der Milch („Labträgheit") beruht auf Calciummangel oder zu niedrigem Säuregrad. Große Labmengen liefern wasserreichen Labbruch, der zu wenig haltbarem, leicht faulendem Käse führt („Käsen auf Gewicht" zur Ausbeutesteigerung). Nachwärmen („Nachkäsen", „Brennen") auf 54—55° C bei der Emmentalerkäserei tötet Hefen und Oidien, hemmt die Blähungserreger und festigt den Bruch.

Der *Bruch* besteht aus dem Käsestoff (vor allem aus Paracasein) und enthält die Hauptmenge des in der Kesselmilch vorhandenen Fettes; in der *Molke* finden sich der Milchzucker, außerdem das Milchalbumin (Molkeneiweiß) und die meisten Mineralstoffe.

Das *Formen* der Käse erfolgt selten mit der Hand (Schaf-, Ziegenkäse), meist jedoch in Holz- oder Metallformen (Aluminium, nichtrostender Stahl u.a.). Früher viel verwendete Zinkformen sind in der BRD verboten, neuerdings werden auch Nylonformen vorgeschlagen. Beim *Pressen* der Käsemasse tritt die Molke mehr oder minder weitgehend aus. Weichkäse werden zwischen verstellbaren Brettern „gespannt". Hartkäse zur Erzielung einer glatten Oberfläche und zur Verfestigung der Bruchkörner in Käsetücher eingeschlagen und bei Drücken bis zu 20 atü gepreßt. Der Wassergehalt des fertigen Käses wird jedoch weit weniger durch Pressen als vielmehr durch die Behandlung des Bruches (s. vorher) bestimmt. Das bei fast allen Labkäsen vorgenommene *Salzen* (trocken oder durch Einlegen des Käses in ein Salzbad) regelt den Wassergehalt, festigt die Rinde, erhöht die Haltbarkeit und beeinflußt Bakterienentwicklung sowie Reifung. Zusatz von *Reifungssalzen* (Calciumcarbonat, Natriumhydrogencarbonat) ist bei Magerkäsen gebräuchlich. Reife Käse enthalten durchschnittlich 2—3% Kochsalz.

Die *Lagerung* der Käse in Gär- und Reifungskellern verschiedener Temperatur und Luftfeuchtigkeit (12—22° C und relative Feuchtigkeit zwischen 85 und 95%) ist entscheidend für Haltbarkeit und Reifung. Sie schließt je nach Käseart tägliche Beobachtung, regelmäßiges Wenden, Salzen, Abreiben bzw. Abwaschen und Schmieren ein. Beim *Schmieren* (für Weichkäse, die nicht mit Schimmel reifen) wird die austretende Flüssigkeit gleichmäßig verteilt. Dabei schließen sich die Poren, Schimmelbildung auf der Oberfläche wird verhindert, und es entwickeln sich anaerobe Reifungskulturen, die den scharfen Geschmack derartiger *Schmierkäse* bedingen. Besondere Pflege erfordern die *Schimmelkäse* (Camembert usw.) zur optimalen Entwicklung des „Edelschimmels". Die Reifung dauert je nach Käseart 2 Wochen bis 3 Monate, bei bestimmten Hartkäsen (Parmesankäse) sogar mehrere Jahre. 100 kg Milch mit einem Fettgehalt von 0,9—1% liefern 11—12 kg Weichkäse und 7—9 kg Hartkäse. Zur Entkeimung von Hartkäse bei der Lagerung ist direkte Bestrahlung mit Ultraviolettstrahlen zugelassen.

β) *Die Sauermilchkäserei*

Bei der Sauermilchkäserei erfolgt das Dicklegen der Kesselmilch in erster Linie (vgl. bei Sauermilchquark) durch *Säurewecker*, wobei kein oder nur wenig Labenzym zugesetzt wird. Die verwendeten Säurewecker sind Einzelstammwecker, Mehrstammwecker (z. B. Streptobacterium lactis und cremoris) sowie gemischte

Wecker. In den USA strebt man die Gewinnung von Gefrierkulturen oder im Gefrierverfahren erhaltene Säureweckerkulturen an.

Maschinelle Käsefertigung. Da die Käserei mit viel schwerer Handarbeit verbunden ist, hat man in den letzten Jahrzehnten für eine Reihe verschiedenster Käsesorten vor allem das Rühren und Ausschöpfen durch maschinelle Arbeitsgänge ersetzt (automatische, kontinuierlich arbeitende *Käsefertiger*). Es gelingt damit, große Milchmengen in relativ kurzer Zeit zu verarbeiten. In den letzten Jahren mehren sich die Bestrebungen, auch hier die bisher diskontinuierlichen Stufen des Labens und Salzens kontinuierlich zu gestalten.

Abb. 77 zeigt den Produktionsablauf einer vollmechanisierten Weichkäserei.

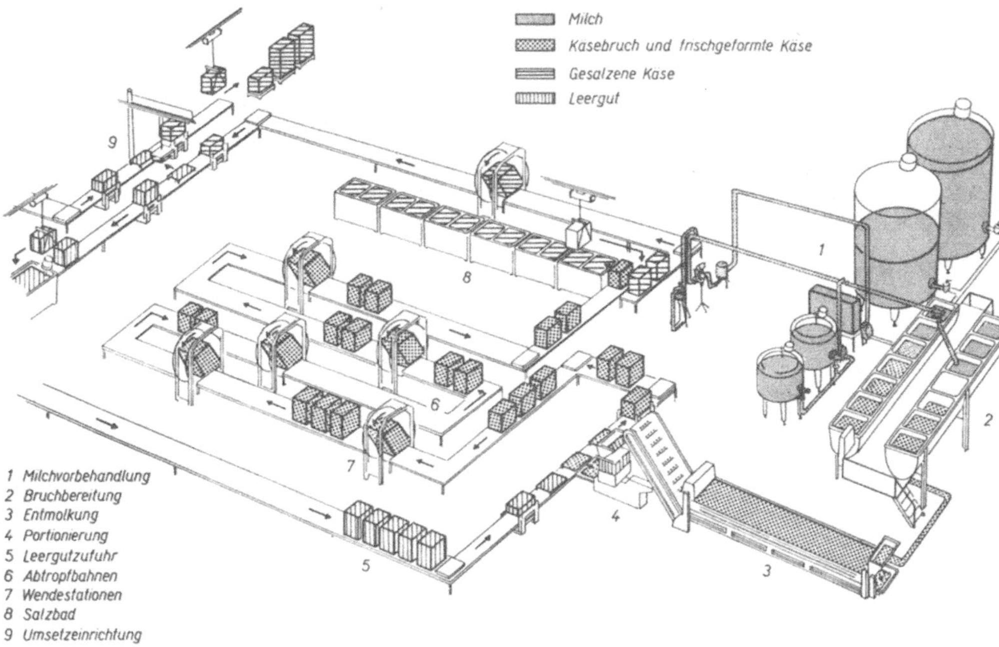

Abb. 77. Produktionsablauf einer vollmechanisierten Weichkäserei. (Fa. ALPMA, Alpenland-Maschinenbau Hain & Co., Rott am Inn)

Die *Verpackung* der Käse erfolgt in Pappkartons, Spanschachteln, oft luftdicht in Pergamentpapier oder in kaschierten Aluminiumfolien, neuerdings auch in Kunststoff-Folien (Zellglas, Polyäthylen, „Pliofilm", Polyvinylchlorid u.a.; "plastic package") sowie in evakuierten Cellophan-Polyäthylen-Verbundfolien. Entwicklung und Eignungsprüfung solcher Verpackungsfolien sind noch im Fluß. Für den Sichtverkauf, die Selbstbedienung und für die Schaffung rindenloser, eßfertiger Käse sind sie bedeutungsvoll. Zur Verwendung weichmacherfreier Kunststoffdispersionen bei der Beschichtung (Überziehen) von Hart- und Schnittkäse vgl. Anlage 3, Nr. 5d der „Käse-VO".

Die *Lagerung* versandfertiger Käse erfolgt bei + 8 bis + 12° C. Kühllagerung für längere Zeit erfordert Temperaturen zwischen 0 und + 5° C, Gefrierlagerung vollreifer Weichkäse solche von — 10 bis — 13° C.

b) Die einzelnen Käsearten

α) *Frischkäse*

sind Erzeugnisse, die durch Säuerung oder Labung gewonnen werden und keine oder eine nur geringe Reifung erfahren haben. Die wichtigsten Vertreter sind folgende:

1. Speisequark

(alle Fettstufen zugelassen; Mager-, Halbfett- und Fettkäse im Handel) wurde früher meist durch Spontansäuerung der Milch mit Hilfe von Milchsäurebakterien gewonnen. Der heute vorzugsweise hergestellte *Labquark* (nur als Magerquark) wird durch Labfällung schwach gesäuerter, weitgehend entrahmter Milch erhalten. Er enthält das gesamte Casein (Paracasein) der Milch und kommt unter den verschiedensten Bezeichnungen in den Handel (Quark, Topfen, weißer Käse, Zieger, Luckeles, Bibeles, Matte, Matz, Schotten usw.).*Sauermilchquark* durch natürliche Säuerung erhalten, oft auch unter Zusatz von Reinkulturen, dient in erster Linie als Ausgangsmaterial für die Herstellung von Sauermilchkäse. *Buttermilchquark* ist nur als Mager-, Viertel- und Halbfettkäse zugelassen. Mischungen von Quark mit Sahne („Sahnequark") dürfen nur noch als „Speisequark mit Sahne" bezeichnet werden (mindestens 40% Fett i. Tr.).

2. Bei Schichtkäse

muß die Mittelschicht fettreicher als die obere und untere Schicht sein. Der Geschmack soll rein, mild und ganz schwach milchsauer sein. Er wird in der Viertelfettstufe und höheren Fettgehaltsstufen hergestellt.

3. Rahmfrischkäse

(mindestens 50% Fett i. Tr.) und *Doppelrahmkäse* (mindestens 60% Fett i. Tr.) werden aus mit Rahm versetzter Vollmilch durch Labfällung gewonnen. Doppelrahmfrischkäse sind z. B. solche nach *Gervais Art*. Käse nach *Liptauer Art* (höchstens Vollfettkäse) wird aus Schafmilch oder aus einem Gemisch von Schaf- und Kuhmilch bereitet. Er zeigt pastenartige Konsistenz, weiße bis gelblichrötliche Farbe und schmeckt leicht pikant.

4. Cottage cheese

von körniger Form gehört in den anglo-amerikanischen Ländern zu den meist gekauften Käsesorten.

β) Gereifte Käse

sind solche, bei denen die Käsemasse unter der Mitwirkung von Bakterien, Hefen und Schimmelpilzen tiefgreifende chemische Umwandlungen verschiedenster Richtung und wechselnden Ausmaßes erfahren hat (vgl. unten). Je nach Gewinnung des Käsebruches unterscheidet man *Sauermilchkäse* und *Süßmilch-(Lab)-Käse.*

Bei bestimmten Sorten dürfen Gewürze, Gewürzauszüge und Gewürzzubereitungen verwendet werden (vgl. die „Käse-VO").

1. Sauermilchkäse

Hierher rechnen Käse, die durch Reifung aus Sauermilchquark evtl. unter Zusatz von schwach gelabtem Labquark als *Magerkäse* hergestellt werden. Sie sind bekannt unter Bezeichnungen wie Harzer und Mainzer Käse, Korbkäse, Bauernhandkäse, Halbschimmel- und Schimmelkäse, Stangenkäse, Kräuterkäse, Hopfenkäse, Spitzkäse, Olmützer Quargel u. a. Ihre Oberfläche zeigt entweder eine goldgelbe bis rötlichbraune Schmiere (Gelb- oder Rotschmierkäse) oder trägt deutliche Schimmelpilzkulturen (Weiß- bzw. Blauschimmelkäse). Kräuterkäse ist ein aus Magermilchquark (Zieger) mit Salz und Kräutern (Ziegerklee) hergestellter Sauermilchkäse, der entweder hart in Spundform (Reibekäse) oder als Weichkäse in den Handel kommt. Die Reifung erfolgt von außen nach innen, wobei der weiße Quark-Kern zunehmend opak und geschmeidig fest wird.

2. *Süßmilchkäse* (*Labkäse*)

Käse dieser Art unterscheidet man nach ihrer Konsistenz in *Hart*-(Schnitt-) und *Weichkäse*, wobei oft fließende Übergänge bestehen. Beide Gruppen können sehr verschiedene Fettgehaltsstufen aufweisen.

α) *Hartkäse* reifen langsam durch die ganze Masse hindurch. Sie werden meist stark gepreßt und verdanken ihre schnittfeste Konsistenz vor allem dem Umstand, daß der dickgelegte Bruch weitgehend zerkleinert und durch Nachwärmen trockener gemacht wird. Die wichtigsten Arten sind:

Käse nach *Tilsiter* Art (Dreiviertel-, Fett-, Vollfett- und Rahmstufe) zeigen Laib- oder Brotform von 1,5—20 kg Gewicht. Er wird in Deutschland sehr viel (auch mit Kümmel) hergestellt, ist durch den homogenen strohgelben, geschmeidigen Teig gleichmäßig schlitzartig oder gerstenkornförmig gelocht und von einer rötlichgelben Schmiere bedeckt (wird jedoch gewaschen!). Er nimmt eine Zwischenstellung zwischen Weich- und Hartkäsen ein.

Käse nach *Edamer* Art (Holländer Käse) werden in Brot- oder Kugelform, mindestens als $^{3}/_{4}$ Fettkäse hergestellt und bilden halbfeste, gut schnittige Käse von elfenbein bis goldgelb-mattglänzender Farbe, durchsetzt von runden, ovalen, erbsengroßen, vereinzelt liegenden Löchern. Hauptvertreter sind neben dem *Edamer-Käse* (0,3—20 kg), oft rot gefärbt und paraffiniert, der *Gouda*-Käse (0,3—30 kg), etwas härter im Teig, geölt, paraffiniert oder gewachst. Überzüge von Käse dürfen nur mit bestimmten, durch die „Farbstoff-VO" zugelassenen Farbstoffen gefärbt werden („Liste B"), wobei der Farbstoff in Vermischung mit Hartparaffin vorliegen kann.

Geheimratskäse der Fettstufen vollfett und darüber entspricht im wesentlichen in seinen Eigenschaften dem Edamer.

Käse nach *Emmentaler Art* zeigen runde, mühlsteinartige Laibformen. Die Laibe weisen einen Durchmesser von etwa 70—100 cm und ein Gewicht von 40—130 kg auf. Der schwach mattgelbe, zarte, harte und geschmeidige Teig trägt regelmäßig verteilte, möglichst runde und mindestens kirschgroße Löcher. Die Bildung der mit der „Tränenflüssigkeit" gefüllten „Augen" geht auf Gasbildung durch Propionsäuregärung zurück (vgl. S. 422). Emmentaler Käse darf nur als Vollfettkäse hergestellt werden und trägt seinen Namen nach dem bernischen Emmental (Schweizer Käse). Außer in den Alpenländern (Schweiz, Allgäu) wird er heute auch in Schweden, Finnland und in den USA hergestellt. Die Produktion erfordert Milch allerbester Qualität und besondere Sorgfalt; für die Labgerinnung haben sich Lab-Milchsäurekulturen, die alle Bestandteile für die spezifische Reifung enthalten, gut bewährt. Nach der „Käse-VO" darf in der BRD nur rohe Kuhmilch, die nicht über die Gewinnungstemperatur erwärmt wurde verarbeitet werden. Die Bezeichnung „Emmental" ist als Gattungsbezeichnung anerkannt, nicht jedoch die Bezeichnung „Schweizer".

Dem Emmentaler ähnlich, jedoch in kleineren Formen, wird *Bergkäse* nur als Vollfettkäse hergestellt.

Käse nach *Cheddar*(*Chester*-)Art. Diese Käse sind in England und den USA weit verbreitet und werden auch in Deutschland hergestellt. Eigentümlich für ihre Herstellung ist, daß hier der Bruch vor der Weiterverarbeitung nachgesäuert wird. *Cheddarkäse* stammt aus dem englischen Städtchen Cheddar, ist ein mindestens 20 kg schwerer Käse von zylindrischer Form und wird aus Vollmilch gewonnen. *Chesterkäse* ist ein aus Süßmilch hergestellter Käse von zylindrischer Laibform. Der wachsartige geschlossene Teig trägt einen lückenlosen Wachsüberzug. Chesterkäse schmilzt eigenartig auf der Zunge. *Parmesankäse* ist der bekannteste Reibekäse, stammt aus Norditalien (Parma) und stellt ein Bindeglied zwischen der Cheddar-Art (im Bruch nachgesäuert) und der Emmentaler Art (im Bruch nur nachgewärmt) dar, da hier beide Prozeduren gemeinsam in Kupferkesseln vorgenommen werden. Der körnig feste, doch plastische Teig zeigt wenige kleine Löcher, die Rinde wird mit Ruß-Leinöl-Gemisch oder mit Nußbaumblättern grünlich-schwarz gefärbt; Mindestfettgehalt i. Tr. 33%.

Von anderen Hartkäsen sei noch der *Trappistenkäse* (Tilsiter Art) erwähnt.

β) *Weichkäse* unterscheiden sich von den Hartkäsen außer durch Konsistenz (Wassergehalt) auch durch die Art der Reifung. Der hohe Milchzuckergehalt bewirkt leichte Säuerung unter Bildung reichlicher Milchsäuremengen. Diese hemmen ihrerseits die Reifung durch die Gesamtmasse und führen deshalb unter Mitwirkung von Bakterien, Schimmelpilzen und Hefen zur Reifung von außen her. Der Rindenteil wird zuerst abgebaut, und erst später folgt die kreidige Innenmasse nach.

Viele dieser Käsearten stehen zwischen Hart- und Weichkäsen, sollen jedoch hier besprochen werden. Man unterscheidet je nach der Mikroorganismenflora Käse *mit* Schimmelreifung (Weiß-, Grün- und Blauschimmelkäse) und solche *ohne* Schimmelreifung.

Weiß-Schimmelkäse reifen unter der Mitwirkung verschiedener Mikroorganismen (Penicillien, Oidien, Hefen, Bakterien), die z. T. als „Edelpilze" bezeichnet werden. Am bekanntesten sind Camembert- und Briekäse. *Camembertkäse* wird in runder Form mit einem Einzelgewicht von 80—400 g als Weichkäse mit Schimmelbildung (Dreiviertel-, Fett-, Vollfett-, Rahm- und Doppelrahmkäse) hergestellt. Die außen gleichmäßig deckende weiße oder (seltener) blaue Schimmelkultur wird in Reinkultur geimpft. Der Teig ist geschlossen und geschmeidig. Der Käse wurde ursprünglich nur in Frankreich (Dorf Camembert in der Normandie) hergestellt, heute (vor allem mit Weißschimmel, Penicillium camemberti, var. candidum und Penicillium camemberti) auch in deutschen Käsereien fabriziert. Der *Briekäse* (Fromage de Brie, benannt nach einem Landstrich im Departement Seine et Marne) unterscheidet sich vom Camembert durch seine größere Form und den geringeren Reifungsgrad. Zur Reifung ist nur Camembert-Schimmelkultur (s. oben) zugelassen; Gewicht 1—3 kg.

Grün- und *Blauschimmelkäse.* Hauptvertreter dieser Art ist der *Roquefort*, ein Vollfett- oder Rahmkäse (2—5 kg schwer), ursprünglich aus Schafmilch in dem französischen Ort Roquefort hergestellt. Das von einer orangegelben Rinde bedeckte, leicht speckige Innere ist mit azurblauen bis grünlich-schwarzen Schimmelflecken durchsetzt (Penicillium roqueforti), zeigt also — im Gegensatz zu Weißschimmelkäsen — Schimmelwachstum im Inneren. Da die Bezeichnung „Roquefort" als Herkunftsbezeichnung geschützt ist, heißen die in Deutschland nach gleicher Art aus Kuhmilch hergestellten Käse „*Edelpilzkäse*". Sie müssen mindestens als Vollfettkäse hergestellt werden. 1954 wurden in Roquefort aus der Milch von etwa einer Million Schafen 11000 t Roquefort-Käse erzeugt. Weitere Vertreter dieser Art sind der aus der Mailänder Gegend stammende *Gorgonzola* (Zylinderform mit 2—3 kg Gewicht) und der englische *Stiltonkäse*, ein Rahmkäse mit grünem Schimmel.

Zu *Weichkäse ohne Schimmelreifung* rechnen Rotbakterienkäse, z. B. Butterkäse, Frühstücks-, Münster-, Mainauer und Kümmelkäse, Wein- und Ziegenkäse. Besondere Sorten sind der Liptauer und der Limburger Käse (vgl. S. 415). Nach Reifung und Geschmack ähnlich ist der *Steinbuscher Käse*, ein halbfester Schnittkäse von haferstrohgelber Farbe und geschmeidigem Teig, der nur wenige runde Löcher aufweist. Ausgesprochene Schmierkäse sind der (mindestens als Halbfettkäse hergestellte) *Limburger Käse*, der etwa 1830 aus der Grafschaft Limbourg ins Allgäu verpflanzt wurde und andere Sorten, die als *Romadur*, *Allgäuer Käse*, *Back-*

stein- oder *Klosterkäse* bekannt sind. Unter der Schmiere entwickeln sich von außen nach innen proteolytisch aktive Anaerobier verschiedenster Art. Sie bauen den Käsestoff über Proteosen, Peptone und Aminosäuren bis zu Ammoniak ab. Die „Reifungstiefe" (S. 422) ist hier sehr groß. Käse dieser Art treten oft als „Stinker" auf. Als weitere Käsegruppen seien folgende aufgeführt:

Ziegerkäse ist ein Kräuterkäse, der aus Molkeneiweiß und Sauermilchquark unter Beigabe von Ziegerklee (Melilotus verulea) als harter Reibekäse oder als Weichkäse (Glarner Schabzieger) in den Handel kommt (vgl. S. 415).

Kochkäse wird im Haushalt sowie handelsmäßig aus Sauermilchquark, auch aus Labquark hergestellt, der 2—3 Tage bei 20—25° C auf Blechen oder Horden gereift war. Anschließend wird unter Zusatz von Kochsalz, Schmelzsalz (s. bei Schmelzkäse) und von Gewürzen bei 70 bis 80 °C geschmolzen. Kochkäse, der in allen Fettstufen hergestellt wird, leitet über zu einem wichtigen Käseerzeugnis, dem *Schmelzkäse*. Die Bezeichnung „Kochkäse" darf anstelle der Bezeichnung „Schmelzkäsezubereitung" verwandt werden, wenn zur Herstellung nur Sauermilchquark oder Labquark, an anderen Milcherzeugnissen nur Sahne (Rahm), Butter oder Butterschmalz und kein Schmelzkäse verwendet worden sind.

3. *Schmelzkäse*

ist nach der „Käse-VO" das Erzeugnis, das aus Käse durch Schmelzen unter Anwendung von Wärme, auch unter Verwendung von Schmelzsalzen hergestellt ist. Einzelheiten zur Kennzeichnung bringt die „Käse-VO".

Ausgangsprodukte sind vor allem geschmacklich einwandfreie Hart- und Schnittkäse, daneben auch Weichkäse. Der fein gemahlene, meist aus Käsen verschiedener Sorten bzw. verschiedenen Fettgehaltes und Reifungszustandes gemischte Rohkäse wird mit Richt- oder Schmelzsalzen homogenisiert und in Vakuumkesseln bei 80 bis 100° C 10—20 min geschmolzen. Die flüssige heiße Masse wird maschinell abgefüllt und verpackt.

Neben Chargenverfahren haben sich auch kontinuierlich arbeitende Schmelz- und Sterilisierungsanlagen durchgesetzt. Als Schmelzsalze („Richtsalze") dürfen nur die Na-, K- und Ca-Verbindungen der *Citronensäure* insges. bis höchstens 4 Gewichtsteile in 100 Gewichtsteilen des Schmelzkäses oder der *Mono-* und *Pyrophosphorsäure* sowie der *Polyphosphorsäuren* (höchstens insges. 3 Gewichtsteile) verwendet werden. Über weitere erlaubte Zusätze vgl. Anlage 3 der „Käse-VO". Die Verwendung von Konservierungsmitteln ist verboten.

Die bei der Schmelzkäseherstellung vor sich gehenden Umwandlungen sind vor allem *physikalisch-chemischer* Art. Beim Schmelzprozeß wird angestrebt, die polydisperse Kolloidstruktur des Rohkäses derart zu verändern, daß im Endprodukt der Emulsionscharakter des Systems erhalten bleibt. Die zugesetzten Richtsalze bilden ein Eiweiß-Sol, hüllen das Fett des Käses ein, peptisieren das gesamte Käseeiweiß, und schließlich wird die Kolloidphase von der wäßrigen Phase so getragen, daß beim Erkalten eine dem Rohkäse ähnliche Struktur und Teigbeschaffenheit resultiert. Als *chemisch* wichtiger Vorgang ist die Entkalkung des Käseeiweißes anzusehen: Richtsalze als entkalkende Elektrolyte führen Paracasein, das unlösliche Labcasein, in eine quellbare lyophile Form über. Bei der Schmelztemperatur werden außerdem Mikroorganismen (mit Ausnahme von Sporen) weitgehend abgetötet und Enzyme inaktiviert. *Schmelzkäsefehler* sind Risse, Schimmel- und Lochbildung, Einschlüsse ungeschmolzener Rohware, Blähungen und Gärungen mikrobieller Herkunft, zu weiche, zu harte, bröckelige oder zähe Struktur, zu helle oder zu dunkle Farbe, Geschmacks- und Geruchsfehler, von ungeeignetem oder verdorbenem Rohkäse herrührend.

1971 wurden im Bundesgebiet 27000 t Schmelzkäse und 54000 t Schmelzkäsezubereitungen produziert.

4. *Käsezubereitung*

ist das Erzeugnis, das aus Käse unter Zusatz anderer Milcherzeugnisse, ausgenommen Schmelzkäse und Schmelzkäsezubereitungen, oder anderer Lebensmittel (beigegebene Lebensmittel) ohne Schmelzen hergestellt ist. *Schmelzkäsezubereitung* ist das Erzeugnis, das aus Käse, aus Schmelzkäse oder aus Käse und Schmelzkäse unter Zusatz anderer Milcherzeugnisse oder beigegebener Lebensmittel durch Schmelzen unter Anwendung von Wärme, auch unter Verwendung von Schmelzsalzen oder in der Verordnung bezeichneten Stoffen hergestellt ist. Einzelheiten sind der „Käse-VO" zu entnehmen.

5. *Molkenkäse*

ist das Erzeugnis, das aus Molke durch Entzug von Wasser, auch unter Zusatz von Sahne (Rahm), Butter, Butterschmalz, Ziegenmilch, Schafmilch oder Büffelmilch hergestellt ist.

6. *Margarinekäse*

ist eine käseartige Zubereitung, deren Fettgehalt nicht ausschließlich der Milch entstammt. Die Herstellung derartiger Produkte ist in der BRD ausnahmslos *verboten*. In einigen, meist außereuropäischen Ländern ist sie erlaubt (*"filled cheese"*).

Über Käseherstellung und Käsesorten vgl. H. Mair-Waldburg (in: 54, Bd. III/1., S. 575).

c) Nährwert und Verdaulichkeit von Käse

Der calorische Wert von Käse schwankt verständlicherweise stark mit dem Fettgehalt; er beträgt z. B. für Doppelrahmkäse 438 kcal, Vollfettkäse (Emmentaler) 417 kcal, Halbfettkäse (Schmelzkäse) 263 kcal und Magerkäse (Harzer) 201 kcal pro 100 g. Der Gehalt an biologisch wertvollem Eiweiß macht auch billige Käsesorten (Magerkäse) zu ausgesprochen hochwertigen Lebensmitteln, die außerdem noch unter die wichtigsten Calciumquellen unserer Ernährung zu rechnen sind. So enthält z. B. Magermilchkäse (Meiereikäse) rund 1,7 g/100 g, Mainzer Handkäse 155 mg/100 g Calciumoxid. Käse wird vom Organismus fast völlig resorbiert und im Darm gut ausgenutzt. Er ist bei genügend feiner Zerkleinerung leicht verdaulich und dies um so mehr, je weiter das Eiweiß abgebaut ist. Bei der medikamentösen Verschreibung von Aminoxidase-Blockern kann der Verzehr von Käse mit einem höheren Gehalt an biogenen Aminen (s. S. 413) zu Zwischenfällen wie Blutdruckkrisen Anlaß geben.

Über den *Vitamingehalt* siehe bei den einzelnen Vitaminen.

d) Käsefehler

Strukturfehler sind das Ausnässen der Käse (bei „Käsen auf Gewicht", vgl. S. 413), fehlende oder ungleichmäßige Lochbildung („blinder Käse"), übermäßige Lochbildung, Abfließen bei Harzer Käse („Abläufer" durch caseinverflüssigende Oospora- und Mycoderma-Arten), Rindenlöcher („Käsekrebs") bei Hartkäsen, „Blähungen" durch Coli- oder Buttersäurebakterien, Risse in der Rinde oder im Teig, trockene, körnige, sandige, suppige, kreidige Struktur verschiedener Genese. So rühren beispielsweise die „Salzsteine" im Emmentaler Käse von Tyrosin- oder Leucinkristallen her; Richtsalzkristallisationen treten bei Schmelzkäse auf. Fettaustritt wird bei Emmentaler Käse beobachtet.

Geschmacksfehler, wie bitter, faulig, ranzig, übermäßig ammoniakalisch, milchsauer oder salzscharf, seifig, stumpf, hefig, leimig oder brandig, sind mikrobiell, oft auch verfahrenstechnisch bedingt. „Fruchtiger", durch Hefen hervorgerufener Geschmack tritt zuweilen bei Cheddarkäse auf.

Farbfehler der Oberfläche wie der Käsemasse werden durch Mikroorganismen, die rote, grüngelbe, bräunliche, rotviolette und grauschwarze bis schwarze Pigmente liefern, verursacht. Fleckige oder ungleichmäßige Färbung der Käsemasse ist fertigungstechnisch bedingt. „Bankroter" Käse entsteht beim Lagern auf Tannenholzbrettern, wobei Vanillin und Phloroglucin des Holzsaftes mit Milchsäure eine Rotfärbung liefern. Gleichmäßige Rotfärbung von Romadurkäse wird durch Kokken und bestimmte Thiamin bildende Mikroorganismen hervorgerufen. Rote Punkte im Käse gehen auf die Wirkung einer Lactobacillenart zurück. Schwefelwasserstoffbildner können bei alkalischer Reaktion in Gegenwart von Eisen Schwarzfärbung durch Bildung von Schwefeleisen bewirken. Reduzierende Bakterien verfärben zugesetzte Käsefarben.

Temperatur-, Feuchtigkeits- und Salzgehalt sind wesentliche Faktoren, welche die Entwicklung bestimmter Bakteriengruppen steuern. Hinzu kommt die Wirkung von Vitaminen als Wuchstoffe, von Spurenelementen, wie z.B. Kupfer und nicht zuletzt die von verfügbaren Nährstoffen wie Milchzucker, Lipiden u.a.m.

e) Verdorbener Käse

Genußuntauglicher oder gesundheitsschädlicher Käse liegt vor allem bei tiefgreifend fauliger Zersetzung oder bei Infektionen mit Bacillus botulinus und Bacterium enteritis, bei Maden- und Milbenbefall oder bei Anwesenheit falschen Schimmels vor. Salmonellen-Infektionen sind auch bei Käse beobachtet worden. Anomaler oder übergroßer Reifungsablauf kann toxische Abbauprodukte liefern. Die Frage nach dem vertretbaren Reifungsgrad wird jedoch weitgehend durch den Konsumenten bestimmt, z.B. hinsichtlich der Verflüssigung, des überstrengen Aromas und des Schimmelbefalls.

f) Verfälschung

Verfälschungen von Käse sind z.B. im falsch deklarierten Fett- und Wassergehalt, in der Konservierung und künstlichen Färbung mit nicht zugelassenen Farbstoffen, der Verwendung von Schwerspat in der Rindenschicht von Gorgonzolakäse zu suchen.

g) Chemie und Biochemie der Käsereifung

Unter Käsereifung verstehen wir alle die Vorgänge, wie sie an der aus Milch abgeschiedenen Käsemasse vor sich gehen und bewirken, daß die ursprünglich trockene und bröckelige Masse sich in einen geschmeidigplastischen Teig sehr unterschiedlicher Konsistenz und Homogenität verwandelt. Gleichzeitig bilden sich Aroma- und Geschmacksrichtungen aus, die für verschiedene Käsearten spezifisch sind. Die hier eintretenden chemischen Veränderungen betreffen den Eiweiß-, Fett- und Kohlenhydratanteil des Käses, wobei (mit Ausnahme der Schimmelpilz-Käse) Abbaureaktionen am Eiweißanteil im Vordergrund stehen. Die Käseproteinsubstanz kann, wie bereits besprochen, als Labbruch oder als Säurequark vorliegen. Bedingt sind derartige Umwandlungen vor allem durch Enzyme der am Reifungsprozeß beteiligten Mikroorganismen, weit weniger durch rein chemische Prozesse. Insgesamt ist also die *Käseentstehung* in erster Linie eine physikalisch-chemische und enzym-energetische Beeinflussung des Milchsystems, der bei der *Käsereifung* mikrobiologisch-enzymatische und chemische Umsätze in der abgeschiedenen Käsemasse folgen.

Im Mittelpunkt der Käsereifung stehen mikrobielle, enzymkatalytisch gesteuerte Umsetzungen, wobei sich die Reifung auf Abbau, Umbau und Resynthese vielfältiger Reaktionsteilnehmer, wie Proteine, Aminosäuren, Lipide (Lipoide), Nucleinsäuren, erstreckt. Prozesse dieser Art sind insbesondere auch an die Anwesenheit von Wuchsfaktoren, prosthetischen Gruppen der Enzyme und auch an das Auftreten von Hemmstoffen, wie z.B. Nisin (S. 383), gebunden. Stoffwechselleistungen der beteiligten Mikroorganismen schließen vor allem Reduktion, Oxydation, Dehydratisierung, Hydrolyse, Desaminierung, Decarboxylierung, Phosphorylierung und Dephosphorylierung sowie Transaminierung ein.

α) *Die Labwirkung*

Die Wirkung des Labenzymes (*Chymosin*; S. 192) beruht auf einer Fällung des Caseins in Gegenwart von Calciumionen. Dabei wird paracaseinsaures Calcium aus der Milch gefällt und Molkeneiweiß in Lösung gehalten. Zum Mechanismus der Labwirkung vgl. S. 43.

β) *Die innere Struktur der Käse*

Mikroskopische Untersuchung der Käsemasse zeigt, daß diese eine mehr oder minder deutliche Struktur besitzt und aus einem Netz-Eiweißgefüge besteht, das die geformten Bestandteile der Milch enthält. Bei der Käseherstellung wird die freie Oberfläche des Gels vergrößert und eine *Alterung* (Synärese) der Käsemasse erreicht. Entsprechende Führung dieser Prozesse durch den Käser liefert entweder molkearmen (fetzigen, kleinkörnigen) Bruch oder aber derben, grobkörnigen, molkehaltigen Bruch. Die Käsemasse selbst ist als typisches *Gel* aufzufassen, deren disperse Phase (Paracasein-Calciumphosphat-Komplex) in Form geflechtartig verbundener Micellarverbände vorliegt. Fett ist rein mechanisch eingeschlossen, Wasser bzw. die flüssigen Milchbestandteile sind inter- und intramicellär in die Gelmasse eingelagert.

Die eintretende Eiweißverdichtung ist schon bei geringen Vergrößerungen leicht erkennbar. Untersuchungen mit Hilfe des Elektronenmikroskops lieferten weitere Einblicke. Hier ist auf die Spezialliteratur zu verweisen (vgl. z.B. C. Heinrich in: 54, Bd. III/1., S. 839).

γ) Die Biochemie der Käsereifung

Grundsätzlich geht die Reifung in zwei Stufen vor sich: 1. Vorreifung, 2. Hauptreifung.

Die *Vorreifung* verläuft ziemlich gleichartig bei allen Käsen. Es tritt Milchsäurebildung aus dem eingeschlossenen Milchzucker der Molke ein, gleichzeitig erfolgt einleitender Eiweißabbau unter Nachwirkung des Labenzyms und unter Beteiligung von Kokken verschiedener Art.

Die *Hauptreifung* geht je nach Käseart, Bestandteilen und Herstellungstechnik sehr verschieden vor sich.

Frischmilchkäse (Casein allein oder im Gemisch mit Paracasein) zeigen meist nur eine Vorreifung verschiedenen Ausmaßes. *Sauermilchkäse* (Casein) erfahren zunächst im Sinne der Vorreifung bei Säuregegenwart mäßige Proteolyse; im Stadium der Hauptreifung tritt von außen nach innen unter Beteiligung von Oberflächenfloren starker Eiweißabbau ein. *Labkäse* (Paracasein) machen Vor- und Hauptreifung durch. *Halbfeste* und *Hartkäse* reifen unter der Wirkung von Lactobacillen durch die ganze Masse „von innen“, da hier in der Käsemasse wenig Milchzucker und damit wenig Milchsäure verfügbar ist. *Weiche Labkäse* reifen vorwiegend mit Milchsäurestreptokokken gleichzeitig von innen und von außen, wobei die Außenreifung bestimmend für den Charakter des Käses ist. Bei Käsen dieser Art tritt starke Milchsäuregärung auf, das Eiweiß erfährt starken Abbau, und erst in späteren Reifungsstadien wird die tiefgreifende Umsetzung des Käsestoffes dadurch ermöglicht, daß von außen her durch Schimmelpilze, Bakterien (Schimmel- oder Rotbakterien) oder Kahmhefen Entsäuerung und Ammomiakbildung stattfindet. Je nach dem betroffenen Käseanteil unterscheiden wir im Rahmen der Reifung:

1. Die Milchsäuregärung

Sie stellt den wesentlichen Teil der Vorreifung dar und ist in der Gesamtreifung nicht zu entbehren, wenn der Käse nicht einer falschen Reifung oder der Fäulnis („Abläufer“) unterliegen soll. Normalerweise wird bei der Milchsäuregärung Lactose dann fast vollständig in Milchsäure umgesetzt, wenn lediglich die übliche Milchsäureflora vorliegt. Die Glucose wird nach Spaltung des Disaccharides schnell weiter vergoren. Galaktose bleibt z. B. in Cheddarkäse noch längere Zeit erhalten. *Fehlgärungen* liefern Essigsäure, Buttersäure („Blähungen“), Kohlendioxid und Wasserstoff. Bewußt gefördert werden außerdem Prozesse, die nicht zur Milchsäuregärung führen und die wichtig für das Entstehen der Käselöcher bei einzelnen Käsearten sind. Die „Augen“ bilden sich — hauptsächlich während der Vorreifung und im Übergangsstadium — durch die Wirkung von Bakterien, deren Nährsubstrate Milchzucker und Calciumlactat sind. Sie erreichen ihre endgültige Größe (z. B. bei Emmentaler) erst während der Hauptreifung und enthalten einen Saft, die „Tränen", der aus Wasser, Salzen, Aminosäuren und verschiedenen Säuren besteht. Gas- und damit Lochbildung rührt normalerweise von einer Propionsäuregärung her, charakteristisches Gärprodukt ist also (neben Essigsäure) die *Propionsäure*. Aus Lactose oder aus Citronensäure stammen auch die Aromaträger Diacetyl bzw. Acetoin, die sich zu 0,1—1,0 mg bzw. 0,1—8,0 mg/kg, nach anderen Angaben zu 0,2—3,2 bzw. 5—5,3 mg/kg im Käse finden. In Tilsiter, Holländer und Weichkäsen kommt außerdem als Aromakomponente Methylmercaptan vor.

Durch die Milchsäure wird Calcium aus dem Casein-Calcium-Phosphat-Komplex herausgelöst: der Calciumgehalt der Molke steigt mit zunehmender Säuerung.

2. Der Fettabbau

Fettveränderungen treten vor allem bei *Schimmelpilzkäsen* (Roquefort, Gorgonzola, Stilton) auf, bedingt durch deren reichlichen Gehalt an fettspaltenden Enzymen (Lipasen wie Butyrase usw.). Die Spaltung der Glyceride (vorzugsweise in α-Stellung) kann hier einen hohen Grad erreichen, die freien (flüchtigen und nichtflüchtigen) Fettsäuren verdunsten oder werden durch mikrobielle Enzyme auf komplizierten Wegen abgebaut. Dabei entstehen Methylketone und zahlreiche andere Carbonylverbindungen. Sie alle sind maßgeblich am spezifischen Geschmack von Schimmelpilzkäsen beteiligt. Penicillium roqueforti z. B. erzeugt u. a. das 2-Heptanon. Auch für Cheddarkäse wird das Milchfett als wesentlichste Quelle des Aromas angesehen. Außer Penicillien verfügen auch zahlreiche andere Schimmelpilze über Methylketone liefernde Fettsäuredehydrasen.

Die *Fettoxydation* spielt nach bisherigen Kenntnissen als solche keine wesentliche Rolle; typische Produkte dieser Oxydation, wie Peroxide oder ein- und mehrfach ungesättigte Carbonylverbindungen wurden kaum nachgewiesen.

3. Der Eiweißabbau

In der ersten Phase des Eiweißabbaues, der *Proteolyse*, entstehen Proteosen, Peptone, hochmolekulare, z. T. phosphathaltige Peptide und auch freie Aminosäuren. In der zweiten Phase, die der Hauptreifung entspricht, werden vorzugsweise höhermolekulare Peptide zu Aminosäuren hydrolysiert und diese dann weiter abgebaut, umaminiert oder auch zu Resynthesen herangezogen. Über Bitterpeptide vgl. S. 423. Im einzelnen unterscheidet man:

den *Umfang* der Reifung, gekennzeichnet durch die Menge der gebildeten hochmolekularen Eiweißspaltprodukte, auch der löslichen Proteine (Proteosen, Peptone);

die *Tiefe* der Reifung, d. h. die Menge der beim weiteren Abbau des Käsestoffes auftretenden Spaltprodukte (Aminosäuren, Keto- und Hydroxysäuren, einfache Fettsäuren, Amine, flüchtige Schwefelverbindungen, Kohlendioxid, Ammoniak usw.).

Umfang und Tiefe der Reifung sind vor allem bei Weichkäsen und noch mehr bei den Sauermilchkäsen stark ausgeprägt. Die insbesondere an die Reifungstiefe geknüpften Umwandlungen sind äußerst vielgestaltig, sowohl hinsichtlich der im Verlauf der Reifung auftretenden, dem Eiweißabbau entstammenden Produkte, wie der am Reifungsprozeß beteiligten Enzymtypen, von denen u. a. Proteinasen, Peptidasen, Phosphatasen, Transaminasen, Decarboxylasen, Dehydrasen verschiedenster Art und deren Reaktionsprodukte, in letzter Zeit eingehend untersucht wurden.

Zusammenfassend kann gesagt werden, daß die Veränderungen der Eiweißsubstanz im Gange der Käsereifung eine zentrale Stellung bei der Käseentstehung, insbesondere bei der Ausbildung spezifischer Typen, einnehmen. Hinzu kommt, daß beim Proteinabbau gebildete Säuren, z. B. Essigsäure oder das im Käse vorhandene Carbonat, zu enzymatischen Synthesen von Aminosäuren herangezogen werden können, wie Versuche an ^{14}C-markierten Verbindungen zeigen.

4. Die Bedeutung von Wuchsstoffen

Wuchsstoffe, z.B. die Vitamine der B-Gruppe, stellen essentielle Substrate der an der Käsereifung beteiligten Mikroorganismen dar und sind außerdem wesentliche Coenzymbestandteile der am Eiweißabbau mitwirkenden Enzyme (Decarboxylasen, Transaminasen, Dehydrasen usw.). Unter diesen Gesichtspunkten ist die Käsereitauglichkeit der Milch auch dahingehend zu prüfen, ob die hier verwendete Milch genügend Biokatalysatoren dieser Art als Wuchsstoffe z.B. für die gegenüber Vitaminen der B-Gruppe sehr anspruchsvollen Milchsäurebakterien enthält (vgl. bei den Vitaminen).

5. Das Käsearoma

Das Aroma des Käses entspricht in seiner komplizierten Zusammensetzung der Fülle aller bei der Reifung auftretenden Abbauprodukte. Man hat oft die mengenmäßig vorherrschenden freien *Aminosäuren* mit ihrem teilweise spezifischen Eigengeschmack für den Geschmack gereiften Käses verantwortlich gemacht, eine mit Recht abgelehnte Überbewertung dieser Fraktion. Bedeutungsvoller als Spaltprodukte des Käseproteins sind zweifellos verschiedene im Verlauf der Reifung auftretende *Peptide.* Wie bei anderen Aromakomplexen spielt auch hier das Zusammenwirken vieler aus den verschiedensten Quellen gebildeten Abbauprodukte eine Rolle, von denen nur Acetoin, Diacetyl und andere Ketone sowie Methylketone, Aldehyde, Amine, Ammoniak, Alkohole, niedere Fettsäuren, Ester und Methylmercaptan sowie weitere flüchtige Schwefelverbindungen genannt seien. Auch das als Aroma- und Geschmacksträger bei vielen anderen Lebensmitteln gefundene, aus Methionin gebildete Methional (3-Methylthiopropanal) tritt in Käse als Geschmackskomponente auf.

Besondere Bedeutung ist in vielen Fällen der Bildung von bitter schmeckenden Fraktionen, darunter von „*Bitterpeptiden*" zugemessen worden, die unter dem Einfluß bestimmter Mikroorganismen beim proteolytischen Abbau der Milchproteine entstehen. Zur Chemie und Biochemie der Käsereifung vgl. W. *Ritter* (in: 54, Bd. III/1., S. 688).

6. Weitere Milchprodukte

a) Molke (s. auch S. 394)

Man unterscheidet Sauer- oder Quarkmolke von der Labmolke oder trennt je nach der verarbeiteten Milchart in Fett- und Magermilchmolken. Daneben wird Molke bei der Herstellung von *technischem Casein* meist durch Gerinnung der Milch mit anorganischen Säuren gewonnen (s. unten). Süßmolke dient zur Gewinnung des *Milchzuckers* und als Nährsubstrat bei der Penicillinerzeugung, sowie zur Alkohol- und Hefegewinnung. Sauermolke liefert Milchsäure. *Mysost* ist ein skandinavischer Molken„käse", in den Alpengegenden als Schottensick oder Molkenzig bekannt, der aus eingedickter Molke oft unter Rahmzusatz gewonnen wird. Die bei der Hartkäserei anfallende, 0,4—0,9% Fett enthaltende *Fettmolke* (Sirte) kann zu dem fettreichen *Molkenrahm* entrahmt werden. Als Rest verbleibt die *Schotte.* Entfernt man das in der Molke enthaltene *Molkeneiweiß* („Lactalbumin", „Lactoglobulin" und Reste von Paracasein) durch Erhitzen, so verbleibt die „klare Schotte". Molkeneiweiß (Zieger), als solches heute ohne wesentliche Bedeutung, dient zur Herstellung von Ziegerkäse, (s. S. 415); frisch oder leicht gereift wird es als „Eiweiß-Quark" bezeichnet. Ein Puder auf der Basis von Molkeneiweiß ist z.B. der *Fissanpuder.*

Weitere Molkenprodukte sind *Molkenpaste* aus süßer Labmolke, *Molkenpulver* (Trockenmolke) als Walzen- und Sprühware von zunehmender Bedeutung und *entsalztes Molkenpulver.* Viele in der Kriegs- und Nachkriegszeit entwickelte Milchprodukte, wie Molkenhefe, -essig, -bier u.a.m. sind heute ohne Bedeutung. Molke wird direkt verfüttert oder zu Futtermitteln verarbeitet. Sie findet außerdem Verwendung als Molkencreme in der Süßwarenindustrie, in Bäckerei- und Nährmittelbetrieben (Molkenbrot, -printen und -keks). Begriffsbestimmungen sind nach der „VO über Milcherzeugnisse": Süß- und Sauermolke, Süß- und Sauermolkenpulver, entsalztes Molkenpulver und Molkensahne (Molkenrahm). Große Molkenmengen dienen der Gewinnung des *Milchzuckers* (S. 98), der durch Raffination besonders aus Labmolke hergestellt wird. Er dient als Grundmasse und Zuschlagstoff für medizinische Tabletten, als Trägersubstanz für Arzneizubereitungen und homöopathische Verreibungen, als Nährboden bei der Penicillinherstellung und wird auch in der Nährmittelindustrie (Kindernährmittel) verarbeitet. 1951 wurden in den USA rund 50 Mio lbs Milchzucker erzeugt, von denen ein wesentlicher Teil in die Penicillinproduktion ging.

Neben kristallisiertem Milchzucker gewinnt neuerdings nach dem Sprühverfahren getrocknete Lactose an Bedeutung („Lactose U.S.P. Spray Dried"). Auf Gesichtspunkte der *industriellen Abwasserbeseitigung* bei der Molkeverwertung sei hier nur verwiesen.

b) Casein

Das Casein wird aus Rohcasein hergestellt, einem Sauermilchquark, der durch gründliches Auswaschen mit Wasser weitgehend von Milchzucker und Milchsäure befreit wurde. Für technische Zwecke kann die Fällung auch durch andere Säuren (Schwefelsäure, Salzsäure, Essigsäure) erfolgen. In der Lebensmittelindustrie dient Casein vor allem in Form des Nährcaseins (aufgeschlossenes Milcheiweiß) als Zusatz zu Milcheiweißpräparaten für die Kinderernährung, als Eiweißanreicherungsmittel für Milcheiweißbrot und Milcheiweißteigwaren, als Zusatz bei bestimmten Wurstarten und schließlich als Ausgangsmaterial für Suppenwürzen.

Über Erzeugnisse spezieller Art, wie Milcheiweiß, wasserlösliches und aufgeschlossenes Milcheiweiß (Caseinat), Nähr-, Säure- und Labcasein vgl. die „VO über Milcherzeugnisse".

B. Speisefette und Speiseöle

Die in der Natur vorkommenden Fette sind feste oder flüssige Mischungen verschiedener Triglyceride und enthalten stets Begleitstoffe wie freie Fettsäuren, Phosphatide, Sterine, Kohlenwasserstoffe, Farbstoffe und Vitamine bzw. Provitamine. Da die Grenze zwischen *festen Fetten* und *flüssigen Ölen* oft nur schwer zu ziehen ist, soll im folgenden eine derartige Trennung nur dort vorgenommen werden, wo sie sich zwanglos ergibt. Die allgemeine Chemie und die Biochemie der Fette wurde bereits früher (S. 51) abgehandelt. Im Anschluß an die Naturfette soll eine Reihe *künstlich veränderter*, für die menschliche Ernährung bedeutungsvoller Fettgruppen besprochen werden.

Die Fette bilden einen Hauptpfeiler unserer Ernährung und sind als Energielieferanten unentbehrlich. Ihr hoher Nährwert verringert das Volumen der Nahrung und erhöht die Schmackhaftigkeit der Speisen. Aus Gründen, die an anderer Stelle besprochen werden, ist ein gewisser Fettanteil in unserer Nahrung lebensnotwendig. Speisefette und Speiseöle sind dementsprechend an der Weltproduktion und am Welthandel der Lebensmittel in größtem Ausmaß beteiligt. Die Fetterzeugung der Welt betrug im Durchschnitt der Jahre 1935/39 mehr als 21,6 Mio t und stieg 1965 auf über 36,6 Mio t an. An *pflanzlichen Ölen und Fetten* wurden für den Ernährungssektor in der Welt 1965 (in 1000 t) 20150 erzeugt, davon aus Sojabohnen 4800, Erdnuß 3165, Baumwollsaat 2570 Cocosnuß 2225, Sonnenblumen 2375, Raps 1465, Palme 1115, Oliven 1000, Sesam 610, Palmkern 480, Mais 235 und Babassu 50. Für *tierische Fette und Öle* betrug im gleichen Zeitraum die Weltproduktion (in 1000 t) 14585, davon Butter (einschl. Gheefett) 5000, Schmalz 4330, Talg 4155, Fischöl 765 und Wal (einschl. Spermöl) 335. An pflanzlichen Ölen für technische Zwecke wurden 1,9 Mio t produziert.

Der *Verbrauch* pro Kopf und Jahr in Deutschland bzw. in der BRD lag im Mittel der Jahre 1935/38 (Fette insgesamt als Reinfett) bei 21,0 kg fiel 1949/50 auf 16,5 kg und zeigte 1969/70 mit rund 25,8 kg eine ernährungsphysiologisch wenig begrüßenswerte Höhe.

Für die BRD und Berlin (West) verteilte sich der Fettverbrauch 1964/65 zu 34,1 % auf Margarine, 29,6 % auf Butter, 18,9 % auf Schmalz und Speck, 10,2 % auf Speiseöl, 6,9 % auf Pflanzenfette und 0,3 % auf Rindertalg.

Hier ist das sog. „unsichtbare“ Fett unserer Nahrung (s. S. 227) nicht einbegriffen.

Von dem 1970/71 konsumierten Reinfett (1,62 Mio t) entfielen 506000 t auf Butter, 393000 t auf Schlachtfette und 802000 t auf pflanzliche Öle und Fette sowie auf tierische Öle. Von den insgesamt für Ernährung und technische Verwendung zur Verfügung stehenden Pflanzen- und Seetierölen wurden 170000 t als Speiseöl und 116000 t als Pflanzenfette verbraucht. 455000 t wurden in Margarine verarbeitet. Die zunehmende Fabrikation synthetischer Wasch- und Reinigungsmittel ("Detergents") setzt beträchtliche Mengen an Fett für den Ernährungssektor frei.

Systematik der Speisefette. Die Fette werden zweckmäßig unterteilt in *Pflanzenfette*, die vor allem Phytosterine als charakteristischen Anteil enthalten, und in *tierische Fette*, in denen ein Zoosterin, das Cholesterin, als typischer Bestandteil vorkommt.

Die alte Einteilung der *Pflanzenfette* ist auch heute noch gebräuchlich, wonach man unterscheidet: *Nichttrocknende* Öle, schwach- oder *halbtrocknende* Öle, *trocknende* Öle und *feste pflanzliche* Fette. Eine weitere, hier benutzte, von der Art des Rohstoffes abhängige Unterteilung liefert die Gruppen der *Fruchtfleischfette* und der *Samenfette*.

Die *tierischen* Fette umfassen die Gruppen der flüssigen Öle (hauptsächlich *Seetieröle*), der *festen Fette* und der *Milchfette* von Wiederkäuern und einigen anderen Tieren.

Weitere Möglichkeiten der Systematik liegen in einer Unterteilung nach *botanischer* oder *zoologischer* Herkunft oder nach der Art der in Fetten enthaltenen Fettsäuren. Die *künstlich veränderten Fette* werden wie erwähnt als besondere Gruppe besprochen.

I. Pflanzenfette und Pflanzenöle

1. Vorkommen

Fette und Öle sind im Pflanzenreich außerordentlich weit verbreitet als Reserve- und Nährstoffe in vielen *Samen*, bei einigen *Früchten* (Olive, Ölpalme) auch im Fruchtfleisch. So enthält die Olive 25%, die Frucht der Ölpalme 60% Fett. Der mittlere Ölgehalt einiger Samen geht aus Tab. 109 hervor. Weiteres bei den einzelnen Öl- und Fettquellen.

Tabelle 109. Ölgehalt von Samen

	%		%
Aprikosenkerne	51	Palmkerne	50
Bucheckern	32	Pfirsichkerne	46
Cocosnuß	67	Pflaumenkerne	37
Erdnuß	45	Raps	43
Haselnuß	55	Senf	30
Kakaokerne	50	Sojabohne	18
Kürbiskerne	47	Traubenkerne	12
Leinsamen	37	Walnuß	59
Mandel	48	Sonnenblume	45
Mohn	47		

2. Gewinnung und Veredelung der Pflanzenfette

Die industrielle Gewinnung von Pflanzenfetten als genußfähige, dem jeweiligen Verwendungszweck angepaßte Erzeugnisse geht zunächst darauf aus, den Fettanteil sorgfältig gelagerten und transportierten pflanzlichen Materials *abzutrennen* und diesen dann in der Mehrzahl der Fälle zu *raffinieren* (veredeln). Technisch eng verknüpft mit der eigentlichen Raffination ist die später besprochene *Fetthärtung* (Fettsäurehydrierung). Übersicht bei J. Baltes (1970).

a) Das Reinigen

der Saat erfolgt in Sieben oder Windsichtern, das *Schälen* (nur in Einzelfällen) auf Walzen und Schlagwerken, das *Zerkleinern* durch Stachel-, Riffel- und Quetschwalzen und Mehrwalzenstühle.

b) Das Pressen

des zerkleinerten ölhaltigen Gutes geschah früher in Keilpressen, wobei der notwendige Druck durch Einschlagen von Holzkeilen erzeugt wurde („*Schlagen*" von Öl). Moderne chargenweise arbeitende Scheidepressen oder kontinuierlich arbeitende *Schneckenpressen* werden mit hydraulischem Druck betrieben, wobei das Gut oft auf 16—20% Fettgehalt entölt und der Preßkuchen dann nach Zerkleinerung erneut gepreßt oder der Extraktion zugeführt wird. Entölung durch Pressen entfernt den Fettanteil maximal so weit, daß noch 4—5% Fett im Preßgut verbleiben. Erste Pressung liefert sehr reine Öle (Vorschlagöle). Weitere Zerkleinerung und Nachpressen ergibt die Nachschlagöle. „*Konditionierung*“ vor dem Pressen (Vorwärme, Auffeuchten, evtl. Kochen) steigert die Ausbeute und inaktiviert toxische Bestandteile, z. B. das Gossypol der Baumwollsaat.

c) Die Extraktion

liefert extrahiertes Gut (Schrot) von weniger als 1% Restfettgehalt. Sie wurde bereits 1865 von dem Franzosen E. Deiss vorgeschlagen, jedoch erst rund 50 Jahre später allgemein eingeführt. Extrahiert werden vor allem relativ fettarme Saaten (z. B. *Sojabohnen* mit etwa 20% Fett) sowie vorgepreßtes Gut mit 15—25% Fett.

Wesentlich ist die Wahl des Extraktionsmittels, das spezifisch und gut Fette lösen, andere Stoffe (Harze, Schleimstoffe, Farbpigmente) jedoch nicht erfassen soll. Es soll billig, nicht expolsiv und ungiftig sein sowie möglichst konstanten unter 100° C liegenden Siedepunkt aufweisen. Zur Extraktion werden heute überwiegend *aliphatische Kohlenwasserstoffe*, insbes. *n-Hexan* und *Leichtbenzine* verwendet. In spezifischen Fällen dienen *Pentan* und verflüssigtes *Propan* als Lösungsmittel. Alkohole eignen sich für wasserhaltiges Gut (z. B. Fische) oder für Ricinusöl. *Chlorierte Kohlenwasserstoffe* und *Schwefelkohlenstoff* (letzterer zur Gewinnung genußuntauglicher Schwefelöle aus Olivenpreßkuchen) sind noch zu erwähnen.

Zur Extraktion des oft vorgepreßten Gutes arbeitet man im Gegenstromprinzip *diskontinuierlich* (Extraktionsbatterien) oder nach *kontinuierlichen* Verfahren, wobei das ölhaltige Material dem Lösungsmittel entgegengeführt wird.

Weitere Verfahren sind das *Auskochen* und *Ausdämpfen*, z. B. von Ölpalmfrucht mit Wasser oder das *Umnetzen*. Hier wird das Öl (z. B. aus Sonnenblumensaat) durch genau dosierte Einwirkung von Wasser verdrängt. Einsatz von *Detergentien* zur Steigerung der Extraktionsausbeute wird diskutiert.

Die Rückstände (Extraktionsschrote oder -mehle mit etwa 0,3—0,5% Restölgehalt) der in Kuchenbrechern zerkleinerten Preßkuchen besitzen als eiweißreiches Kraftfutter hohen Nährwert.

d) Die Raffination von Fetten und Ölen

Die Raffination der Fette und Öle hat erst spät in die Ölsaaten verarbeitende Industrie Eingang gefunden. Sie bezweckt bei Speiseölen und -fetten die Hebung von Aussehen, Geruch, Geschmack und Farbe, die Steigerung der Haltbarkeit und entfernt zu diesem Zwecke eine große Zahl unerwünschter Beimengungen, die teils mechanisch beigemischt sind, teils als Emulsionsbildner in Erscheinung treten oder in meist echter Lösung als öllösliche Verunreinigungen im Öl sich finden. Manche dieser Beimengungen, wie die öllöslichen Emulgatoren aus der Gruppe der Pflanzenphosphatide besitzen oft mehrere der genannten Eigenschaften. Im wesentlichen handelt es sich um die Entfernung von Schleim- und Eiweißstoffen, Gummi, Phosphatiden, freien Fettsäuren und Glycerin, Harzen, Wachsen, Geruchs- und Geschmacksstoffen verschiedenster Art, öllöslichen Pigmenten (Carotine, Xanthophyll, Chlorophyll), Wasser, Salzen und Metallspuren und nicht zuletzt um die Ausschaltung von Enzymen, wie Lecithinasen, Proteasen, Lipasen und Lipoxidasen.

Es ist unvermeidlich, daß durch die Raffination der Fette und Öle biologisch wertvolle Stoffe, wie Phosphatide, Vitamine und Antioxydantien, daneben auch erwünschte spezifische Geruchs-, Geschmacks- und Farbstoffe dem natürlichen Lebensmittel entzogen werden. Massenumsatz und Massenverbrauch im Rahmen der Großraumverpflegung und dadurch bedingter Zwang zu langfristiger Lagerung lassen jedoch keine andere Wahl. Nach dem heutigen Stand der Wissenschaft liegt kein Anhalt dafür vor, daß Läuterung und Raffination ernährungsphysiologisch bedenkliche Prozeduren darstellen, wenn bei der Desodorierung Temperaturen über 210° C und bei der Bleichung solche über 100° C vermieden werden. Gleichwohl bedarf die Frage nach derartigen Möglichkeiten einer biologischen Wertminderung noch eingehender Überprüfung und der Entwicklung schonender Verfahren. Bleicherdebehandlung ist in allen Fällen auf das für die Erzielung der Genußtauglichkeit nötige Ausmaß zu beschränken. Bei sorgfältiger Raffinationsführung läßt sich z. B. der Verlust an antioxydativ wirksamen Tokopherolen auf etwa 20% beschränken.

Manche Pflanzenfette, z. B. kaltgepreßtes Olivenöl oder Kakaofett, auch tierische Fette, wie Milchfett (Butter) oder Landtierfette (Schmalz, Talg) können auch ohne besondere Raffination als geschmacklich und hygienisch einwandfrei in die Ernährung eingehen. Das Reinigen (*Raffinieren*) umfaßt folgende Prozesse:

1. Entfernung von Schleimstoffen, Harzen, Proteinen, Phosphatiden und anderen Beimengungen (*Vorreinigung, Klärung, Entschleimung*),
2. Entfernung freier Fettsäuren (*Entsäuern*),
3. *Entfärben*,
4. Geruchlosmachen (*Desodorieren*),
5. Weitere *Reinigungs-* und *Trennungsverfahren.*

Die *Vorreinigung* entfernt mitgerissene Saatteilchen, Schleimstoffe und mechanisch beigemengte ölfremde Partikelchen, macht aus „wilden Ölen" für den eigentlichen Raffinationsprozeß wohl geeignetes Ausgangsmaterial.

Bei den *Hydratationsverfahren* wird das Öl mit 3—5% Wasser bei Temperaturen unter 100° C wenige min bis zu $^1/_2$ Std behandelt, anschließend werden die Phosphatide („Roh-Lecithin") durch Zentrifugieren abgetrennt. Derartige Verfahren dienen vor allem zur schonenden Phosphatidgewinnung aus Sojaöl. Weitere, vor allem bei phosphatidarmen Ölen angewandte *Entschleimungsmethoden* arbeiten mit Zusätzen von *Citronensäure, Phosphorsäure* und *anderen Elektrolyten* (z. B. Alkaliphosphaten). *Schwefelsäure* wird allgemein nur noch zur Reinigung technischer Öle verwendet, die keiner weiteren Raffination bedürfen. Weitere Reinigungsverfahren sind Erhitzen auf 240—280° C („*Brechen*" von technischem Leinöl) oder Behandlung mit den später genannten Bleicherden.

Die *Entsäuerung* erfolgt diskontinuierlich, halb- oder vollkontinuierlich, meistens durch Behandlung mit Alkalien, so mit starker Natronlauge (*Trockenverfahren*), verdünnter Lauge (*Naßverfahren*, am meisten verbreitet) oder mit Kalk, Soda und Sodalösungen, wobei gleichzeitig eine gewisse Entfärbung eintritt. Die entstandene Seife (*soapstock*) wird abgezogen oder kontinuierlich in Zentrifugen entfernt (*Sharples-De-Laval-* und *Clayton-Verfahren*). Weitere Möglichkeiten der Entsäuerung bieten das Abdestillieren der freien Fettsäuren mit überhitztem Wasserdampf, deren Veresterung mit Glycerin oder die selektive Extraktion mit Alkohol, flüssigem Propan oder Furfural (*Solexol-Emersolverfahren*). Das Schema einer destillativen Entsäuerung bringt Abb. 78.

Entschleimung und Entsäuerung nehmen bereits große Mengen der Farbstoffe weg und zersetzen Primärprodukte der Autoxydation, schonen jedoch bei sorgfältiger Arbeit die Carotinoide. Das eigentliche *Entfärben* wird heute ausschließlich mit festen Adsorptionsmitteln (*Bleicherden* und/oder *Entfärbungskohlen*, letztere nur in beschränktem Umfang) durchgeführt, wobei das Ausmaß der Bleichung auf das zur Erreichung der Genußtauglichkeit notwendige Maß zu beschränken ist. Bleichen auf chemischem Wege durch Oxydation (Sauerstoff, Peroxide, Hypochlorite, Natriumchlorit, Chromate, Natriumdithionit) ist für Genußfette zu verwerfen und heute praktisch aufgegeben. *Bleicherden* werden meist chargenweise zu 2—3% in das nahezu 100° C heiße, im Vakuum gehaltene Fett eingerührt oder im Gemisch mit dem Fett kontinuierlich in einem Vakuumturm versprüht. Man unterscheidet *Naturbleicherden* (Fullererde, Floridin, Frankonit, Tonsil u. a.) von *aktivierten Bleicherden* (Edelerden), die aus natürlichem Material durch Säurebehandlung gewonnen werden. Im Bleichprozeß werden auch Seifen- und Schleimstoffreste, Schwermetallspuren und unverseifbare Anteile abgetrennt.

Das *Desodorieren* der Fette und Öle bezweckt, die meist zu nicht mehr als 0,1% vorhandenen Geruchsstoffe zu entfernen. Solche Stoffe sind *Fettzersetzungsprodukte*, wie Aldehyde und Ketone, z. B. Methyl-nonylketon im Cocos- und Palmkernöl, niedere Fettsäuren von widerwärtigem Schweißgeruch, hochungesättigte tranigriechende Fettsäuren der Seetieröle, Senföle der Brassicaöle, Zersetzungsprodukte von Proteinen und Schleimstoffen sowie hochungesättigte oder *terpenartige Kohlenwasserstoffe* aus Baumwollsaat-, Erdnuß-, Oliven- oder Sonnenblumenöl. Auch durch Hydrierung gewonnene Hartfette bedürfen oft der Desodorierung. Desodorieren wird heute ausschließlich durch Dämpfen erreicht, d. h. die unerwünschten Geruchs- und Geschmacksstoffe werden bei erhöhter Temperatur im Vakuum durch *Wasserdampfdestillation* aus den entsäuerten und gebleichten Glyceriden entfernt. Die Dämpfung erfolgt über 4—6 Std bei einem Vakuum von 5—15 mm Hg und bei Temperaturen zwischen 180 und 210° C,

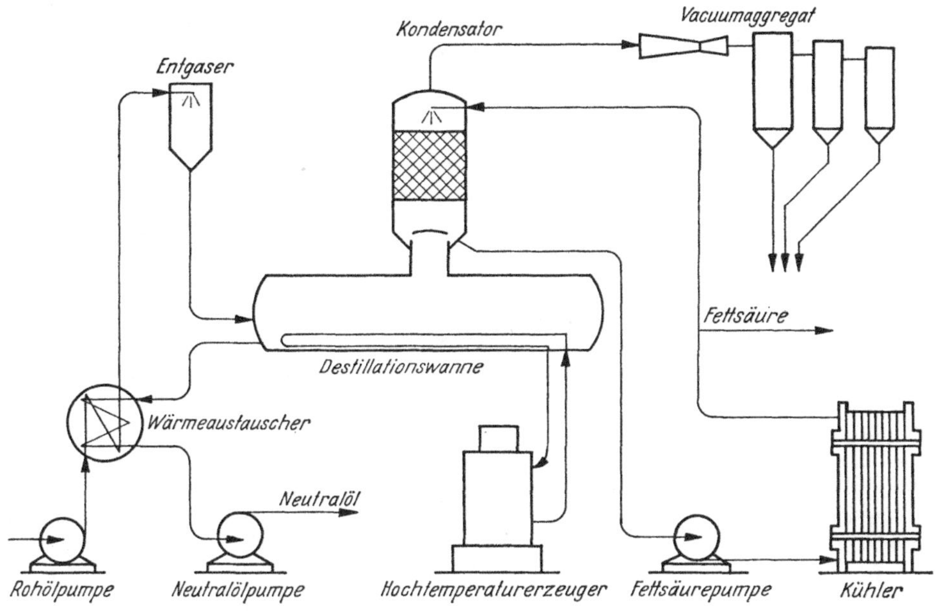

Abb. 78. Anlage zur destillativen Entsäuerung von Ölen (Pintsch-Bamag) (Aus: 54, Bd. IV., S. 211)

wobei Luft dem erhitzten sehr sauerstoffempfindlichen Dämpfungsgut peinlichst fernzuhalten ist. Neben den im Chargenbetrieb arbeitenden Dämpfern ist auch kontinuierlicher Betrieb üblich.

Weitere *Reinigungs-* bzw. *Trennungsverfahren* sind zunächst die fraktionierte Kristallisation bei niedrigen Temperaturen, wobei sich hochschmelzende Glyceride ausscheiden. Lange bekannt ist die Gewinnung von „premier jus“ aus Rindertalg (vgl. bei Margarine) oder die Herstellung technischer Stearinsäure nach dem Abpreßverfahren. Lebensmitteltechnologisch wichtig ist das *Winterfestmachen* (“winterizing”) von Speiseölen (Erdnuß- Rüb- Mais- und Baumwollsaatöl sowie partiell hydriertes Sojaöl), wobei hochschmelzende Glyceride abgetrennt werden, damit das so behandelte Öl auch beim Stehen in der Kälte klar bleibt und die Öl-in-Wasser-Emulsion der Mayonnaise in der Kälte nicht „bricht“. Trennungen durch Kristallisation aus Lösungsmitteln (*Emersolverfahren*) oder durch selektive Extraktion mit flüssigem Propan (*Solexolverfahren*) bzw. mit Furfural besitzen vorerst noch rein technische Bedeutung. Das *Polieren* der Öle verleiht diesen feurigen brillanten Glanz. Dabei werden feinste Trübstoffe durch Filterpressen, Filtertücher oder Schichten- und Anschwemmfilter entfernt.

3. Eigenschaften und Zusammensetzung der Pflanzenfette und Pflanzenöle

Die Unterscheidung in Fette und Öle ist oft recht unscharf, da halbfeste, butter- oder schmalzartige Produkte existieren, der Schmelzpunkt von der Außentemperatur (Tropen, Arktis) abhängig ist, so daß oft viele Fette gleichzeitig als Öle bezeichnet werden. Wir unterscheiden daher zunächst zweckmäßig nach *Herkunft*, dann nach *Zusammensetzung* und trennen nach der Art des Rohstoffes in *Fruchtfleischfette*, die nur wenige Arten umfassen und in die *Samenfette*, aus der sich die Mehrzahl der zur Ernährung dienenden Pflanzenfette rekrutiert.

a) Fruchtfleischfette

α) *Stillingiatalg, Chinesischer Talg*

stammt aus der Frucht des in China wachsenden Talgbaumes, Stillingia sebifera; der kaffeebohnengroße Kern trägt eine Talgschicht, deren Fettsäuren zum großen Teil aus Palmitinsäure bestehen. Das an sich für die menschliche Ernährung geeignete Fett wird jedoch vorzugsweise für Seifen- und Kerzenherstellung benutzt.

β) *Palmöl* (rotes Palmöl)

stammt aus dem gelbroten Fruchtfleisch der Ölpalmenfrucht (Elaeis guineensis) und wird in Südostasien (Sumatra, Malaysia) sowie im tropischen Afrika (Westafrika) durch Gärung, Rösten und Kochen sowie Pressen und Zentrifugieren des Fruchtfleisches gewonnen. Rohe auf primitive Art gewonnene Palmöle („wilde“ Öle) sind durch ihren hohen Carotingehalt (0,05—0,2%) orange bis dunkelrot gefärbt und enthalten große Mengen an freien Fettsäuren. Durch Zersetzung des Carotins zu Jonon riechen sie zuweilen veilchenartig. Das butterartige Fett (*Lagosöl, Kongoöl*) dient als Ausgangsmaterial für Seifen und Kerzen. Technisch einwandfrei gewonnenes Plantagenöl weist nur geringen Gehalt an freien Fettsäuren auf (2—4%), ist praktisch wasserfrei und ausreichend lagerfähig. Reines raffiniertes Palmöl zeigt gelbliche bis weiße Farbe, ist geruchlos und von angenehmem Geschmack sowie von butterartiger plastischer Konsistenz („*Palmbutter*“). Derart raffiniertes Palmöl ist in zunehmendem Ausmaß Rohstoff für die Margarinefabrikation geworden. Besonders carotinreiche (bis 0,3%) „rote Palmöle“ dienten als erste Substrate zur Vitaminierung der Margarine in Deutschland. Bleichung und intensive Raffination vernichten praktisch den Provitamingehalt. Die Welterzeugung an Palmöl betrug 1961 rund 1,1 Mio t. Über *Palmkernfett* vgl. S. 432.

γ) *Olivenöl*

war schon im frühesten Altertum eines der wesentlichsten Handelsprodukte und ist auch heute noch in den Mittelmeerländern das wichtigste Speiseöl. Die Welterzeugung lag 1954 bei 712000 t, 1961 bei 1,42 Mio t, wovon Spanien allein fast die Hälfte, Italien $^1/_5$ bis $^1/_4$ lieferte. Das Fruchtfleisch der Olive, der Steinfrucht des *Ölbaumes* (Olea europaea sativa), enthält im Mittel 14—25% Öl. Am wertvollsten sind die südfranzösischen Öle (*Provence-*, *Aixer-* und *Nizza*-Öl). Ein Olivenbaum bringt etwa 60—65 kg Früchte. Aus 100 kg Früchten gewinnt man etwa 14—16 l Öl. Freiwilliger Ölaustritt aus der Frucht (*Jungfernöl*, Extra Vierge) oder erste Kaltpressung (*Provenceöl*) liefert die besten direkt verwendbaren Olivenöle. Öle zweiter Pressung (*Warmpressung*) werden auf übliche Weise zu Genußzwecken raffiniert („Olio mangiabile“). Die Preßrückstände (*Sansa*) werden mit geeigneten Lösungsmitteln (technisches Hexan, nur noch selten Schwefelkohlenstoff) ausgezogen oder nach Heißwasserbehandlung nochmals gepreßt und liefern Rohstoffe zur Seifenfabrikation oder dienen als Brennöl bzw.

Schmiermittel (*Sulfuröl*, Orujo- und Sansaöl, *Baumöl*, Lavalöl, Höllen- oder *Nachmühlenöle*).

Olivenöl ist von gold- bis strohgelber, oft auch grünlich-gelber Farbe, fast geruchlos und schmeckt eigentümlich schwach süßlich. Die Farbe bleicht unter Sonnenlichteinwirkung allmählich aus; gleichzeitig verdirbt das Öl schnell. Es beginnt bei 10° C dickflüssig zu werden und nimmt bei 2° C infolge seines Gehaltes an Palmitin- bzw. Stearinsäureglyceriden butterartige Konsistenz an. Als Olivenöl bezeichnete Produkte dürfen zu Speisezwecken nicht mit anderen Speiseölen in- oder ausländischer Erzeugung verschnitten werden. Im Unverseifbaren (bis zu 1,4%) findet sich als charakteristischer Bestandteil der Kohlenwasserstoff *Squalen* (S. 71). Olivenöle enthalten meist über 80% Ölsäure und unter 9% Linolsäure.

Wegen seines hohen Preises wird Olivenöl gelegentlich verfälscht, vorzugsweise mit Pflanzensamenölen, seltener mit trocknenden Ölen (Mohn-, Leinöl-), in Notzeiten auch mit Mineralöl. Der Säuregehalt frischen Olivenöles soll 2% nicht überschreiten.

δ) *Öl der Avocatobirne*

Ein dem Olivenöl in den fettchemischen Kennzahlen sehr ähnliches, für kosmetische Zwecke viel benutztes, auch zu Salatölen und Mayonnaisen verarbeitetes, neuerdings auch in Deutschland bekanntgewordenes Öl entstammt dem Fruchtfleisch der *Avocatobirne*, die an einem Baum aus der Familie der Lauraceae (Persea americana) wächst. Es macht bis zu 75% der Fruchtfleischtrockenmasse aus. Die Annahme, bei der Avocatobirne handele es sich um eine besonders vitaminreiche Frucht, hat sich nicht bestätigt.

b) Die Samenfette

Pflanzensamen sind, wie erwähnt, als ergiebigste Quellen für Speisefette und Speiseöle anzusehen. Die Einteilung erfolgt zweckmäßig nach äußerer *Beschaffenheit* und nach Art der in ihnen enthaltenen charakteristischen *Fettsäuren*.

α) *Feste und halbfeste Samenfette*

1. Laurin- und myristinsäurereiche Fette (Cocos-, Palmkern- und Babassufett),
2. palmitin- und stearinsäurereiche Fette (Kakao- und Sheabutter, Borneotalg),

β) *Pflanzensamenöle*

1. palmitinsäurereiche Öle (Baumwollsaat-, Kapok-, Maisöl),
2. palmitinsäurearme, öl- und linolsäurereiche Öle (Mandel-, Sesam-, Sonnenblumen-, Walnuß-, Hanf-, Leinöl),
3. Leguminosenöle (Erdnuß-, Sojaöl),
4. Cruciferenöle (Rüb-, Senföle),
5. Umbelliferenöle,
6. Nichtspeiseöle besonderer physiologischer Wirkung.

Als Reaktion auf Samenöle dient die *Bellier-Reaktion*. Die meisten Samenöle liefern mit Salpetersäure und einer benzolischen Resorcinlösung eine tiefrote bis blauviolette Färbung.

1887 stellte E. Salkowski fest, daß in tierischen Fetten nur das Cholesterin, in pflanzlichen dagegen eine Reihe von Phytosterinen vorkommen. 1901 nutzte A. Bömer diesen Befund zur Entwicklung eines Verfahrens zur Unterscheidung pflanzlicher und tierischer Fette auf Grund der unterschiedlichen Schmelzpunkte von Cholesterinacetat (114,3—114,8° C) und Phytosterinacetat (125,6—137° C) (*Phytosterinacetatprobe* nach A. Bömer). 1908 fand A. Windaus, daß pflanzliche und tierische Sterine mit Digitonin Additionsverbindungen liefern, die es ermöglichen, die Sterine ohne vorherige Abtrennung des Unverseifbaren aus Fettsäuren bzw. Fetten abzuscheiden. In den letzten Jahren (vgl. auch S. 70) zeigte sich, daß auch in pflanzlichen Ölen neben Phytosterinen geringe Mengen Cholesterin vorkommen können, in tierischen Fetten dagegen nur Cholesterin aber keine Phytosterine. Die Sterinanalytik hat durch die Papier- und Dünnschichtchromatographie, vor allem aber durch die Gaschromatographie entscheidende Förderung erfahren.

α) *Feste und halbfeste Samenfette*

1. Laurin- und myristinsäurereiche Pflanzenfette

Vertreter dieser Fette sind wichtige Quellen für Kunstspeisefette und Margarine.

Cocosfett (*Cocosöl, Cocosnußöl, Cocosbutter*) wird aus dem Kernfleisch der Cocosnuß, der Steinfrucht der Cocospalme (Cocos nucifera) gewonnen, in dem es zu 60—70% enthalten ist. Man extrahiert das Fett entweder an Ort und Stelle aus dem frischen Endosperm durch Auskochen mit Wasser und Abschöpfen des Fettes oder in Industrieländern durch hydraulisches Pressen des eingeführten getrockneten Fruchtfleisches (*Kopra*) bei 70—80° C. Die Preßkuchen liefern ein wertvolles Viehfutter. Das Rohfett, dessen natürliche Geruchsträger kleine Mengen an Methylketonen — vor allem Methyl-nonyl-keton — sind, läßt sich leicht zu einer schneeweissen oder leicht gelblichen Masse von eigenartigem, kaum hervortretendem Geruch und Geschmack raffinieren. Es geht in einem engen Temperaturbereich (Smp zwischen 23—28° C, meist unter 26° C) vom festen in den flüssigen Zustand über und zeigt hohe Schmelzwärme, die den kühlenden Geschmack des auch in der Süßwarenindustrie z. B. als Waffelfüllung verwendeten Fettes bedingt. Der hohe Gehalt an gesättigten Fettsäuren (etwa 91%) bewirkt eine relative Beständigkeit gegen oxydative Einflüsse, doch treten durch den Anteil an niedermolekularen Fettsäuren häufig seifige Geschmacksabwandlungen auf (S. 72). Den Hauptanteil an Glyceriden liefern Caprylolauromyristin (50—60%) und Myristodilaurin (bis zu 20%), daneben finden sich in geringen Mengen Stearodipalmitin, Palmitodimyristin und Ölsäureglyceride. Bei Cocosfett sowie bei Palmkern- und Babassufett macht Laurinsäure fast die Hälfte (46—48%) des Fettsäureanteils aus. Da sie in Kakaofett fast völlig fehlt und in Butterfett nur in geringen Mengen (1,7—4%) vorkommt, lassen sich Verfälschungen der letztgenannten Fette mit Palmsamenfetten durch verteilungschromatographische Bestimmung der Laurinsäure gut erfassen. Geruchs- und Geschmacksstoffe können beim Raffinieren durch Dämpfen leicht entfernt werden. Cocosfett besitzt Bedeutung als pflanzliches *Back-* und *Bratfett* („Palmin", „Palmona" u. a.), als Bestandteil von *Kunstspeisefetten* und als Rohstoff in der Margarineindustrie. Cocosfettseifen zeigen ausgezeichnetes Anschäumungsvermögen, so daß dieses Fett auch in der Kosmetik eine wichtige Rolle spielt. Die Welterzeugung betrug 1965 rund 2,23 Mio t.

Palmkernfett stammt von den *Samenkernen* der Ölpalme (Elaeis guineensis), während aus dem *Fruchtfleisch* das erwähnte Palmfett (Palmöl) gewonnen wird. Palmkernfett ist ein weißes oder gelbliches, fast geruch- und geschmackloses dem Cocosfett ähnliches Fett, von dem es sich durch den geringeren Gehalt an niederen Fettsäuren (Capron-, Caprylsäure) und den höheren Gehalt an Ölsäure unterscheidet. Der Fettgehalt des haselnußgroßen Samens der sehr harten Steinkerne (Palmnüsse) liegt zwischen 44 und 53%. Die Welterzeugung (hauptsächlich tropisches Afrika und Südostasien) betrug 1965 etwa 480000 t, sie geht in die Seifenindustrie und, gleich dem Cocosfett, in die Speisefettherstellung.

Babassufett aus dem in außerordentlich harten Nüssen liegenden Samen der in Süd- und Mittelamerika (Brasilien) wildwachsenden Babassupalme, hat im Aussehen große Ähnlichkeit mit dem Cocosfett, in der Zusammensetzung mit dem Palmkernfett und kommt nur in mäßigen Mengen in den Handel (Welterzeugung 1965 rund 50000 t).

Weitere Fette dieser Gruppe sind das Samenfett des *Lorbeerbaumes* (Laurus nobilis) die aromatische als Heilmittel dienende *Muskatbutter* mit ihrem hohen, nach dem Baum benannten Gehalt an *Laurinsäure*, weiterhin das Samenfett der *Myristica-Arten* mit über 70% *Myristinsäure* und das *Ulmensamenöl*. Letzteres enthält zu etwa 50% der Gesamtfettsäuren *Caprinsäure*, die aus diesem Öl leicht präparativ gewonnen werden kann. Kernfette vieler anderer Palmenarten haben in den Ursprungsländern einige wirtschaftliche Bedeutung.

2. *Palmitin- und-stearinsäurereiche Samenfette*

Charakteristisch ist hier vor allem der für die wichtigsten Vertreter zwischen 34,5% (Kakaobutter) und 42,4% (Borneotalg) liegende Gehalt an *Stearinsäure*, die sonst im Pflanzenreich relativ selten angetroffen wird.

Kakaobutter ist wesentlicher Bestandteil der Kakaobohne (50—57%), des Samens des tropischen Baumes Theobroma cacao und stellt ein schwach gelbes nach Kakao schmeckendes Fett dar, das bei 32—36° C schmilzt, bei 20° C feste und spröde Konsistenz aufweist. Ihre Eigenschaft, unterhalb des Erweichungspunktes ohne zu schmieren hart zu bleiben und im Mund unter Wärmebindung mit deutlich kühlendem Geschmack zu schmelzen, sind besondere von keinem anderen Fett in diesem Ausmaß erreichte Vorzüge bei der Herstellung von Schokoladen und Schokoladenüberzügen (Kuvertüren; vgl. Kakao und Schokolade). Hauptbestandteil der Kakaobutter ist ein Oleopalmitostearin.

Der Gesetzgeber definiert: „Kakaobutter ist das aus Kakaokernen, Kakaobruch auch unter Mitverwendung von höchstens 2 Hundertteilen Kakaogrus, oder aus Kakaomasse oder aufgeschlossener Kakaomasse durch Abpressen, mit oder ohne Filtration, ohne chemische Behandlung gewonnene Fett mit einem die Zahl 8 im Höchstfalle nicht übersteigenden Säuregrad“.

Trotz des hohen Gehaltes an Stearinsäure (s. oben) und Palmitinsäure (23—25%) ist die Kakaobutter gut verdaulich und wird als hoch im Preis stehendes, bei der Entölung von Kakaokernen anfallendes Fett gerne verfälscht (z. B. mit gehärteten Fetten). Weitere Verwendung findet sie in der Kosmetik (Seifen, Salben, Pomaden) und in der Pharmazie (Zäpfchen).

Kakaobutter besitzt die technologisch bedeutsame Eigenschaft, mehrere, mit einer Ausnahme, instabile *polymorphe Kristallformen* zu bilden.

Sheabutter (Karitéfett) ist das Fruchtkernfett des afrikanischen Butyrospermum-Baumes, ein butterartiges, eigentümlich zähes Fett, das im Rahmen der Speisefettversorgung von geringer Bedeutung ist. Auffallend hoch ist der Anteil an Unverseifbarem (2,2—11%).

Borneotalg (“green butter”, „Tenkawangfett“) ist ein aus den Fruchtkernen südostasiatischer Shoreabäume gewonnenes Fett, äußerlich dem Stillingiatalg, in der Konsistenz der Kakobutter ähnlich. Die schweineschmalzartige Mowrahbutter (*Illipébutter*), stammt von dem 15—18 m hohen Baum Madhuca longifolia.

β) *Pflanzensamenöle*

1. *Palmitinsäurereiche Samenöle*

In diese Gruppe gehört eine Reihe sehr wichtiger Öle, die meist schwachtrocknend sind und reichlich Palmitinsäure (Baumwollsaatöl z. B. 19,9%) enthalten.

Baumwollsaatöl (Cottonöl) wird aus der 14—25% Öl enthaltenden Saat von Baumwollstauden-Arten (Gossypium) nach dem Entfasern und Schälen durch Pressen oder Extraktion gewonnen und zeigt durch den Gehalt an Harz- und

Farbstoffen dunkle (meist tiefrote) Farbe. Das raffinierte Öl dient vor allem in der amerikanischen Fettwirtschaft entweder ungehärtet, nach Ausfrieren („*Demargarinieren*", „Winterisieren") der hochschmelzenden Glyceride (Cottonstearin), als winterfestes Speise- und Salatöl oder gehärtet als Ausgangsmaterial zur Margarineherstellung und zur Backfettgewinnung ("Shortenings"). Fast $^3/_4$ der amerikanischen Produktion werden auf Shortenings verarbeitet. Die Welterzeugung betrug 1965 rund 2,23 Mio t; zusammen mit Erdnuß- und Sojaöl bestritt es den Hauptanteil der Weltproduktion an Pflanzenölen. Durch seinen hohen Gehalt an Linolsäure (40—50%) rechnet es unter die halbtrocknenden Öle. Baumwollsaat enthält zu 0,6—2,4% einen polyphenolartigen, toxisch wirkenden Gossypolkomplex, der nur spurenweise in das Rohöl übergeht und im Extraktionsschrot durch Erhitzen und Wasserdampfbehandlung zerstört bzw. inaktiviert wird. Gossypol reagiert mit freien ε-Aminogruppen des Lysins. Cottonöl zeigt beim Erhitzen in Amylalkohol mit einer 1%igen Lösung von Schwefel in Schwefelkohlenstoff eine deutliche Rotfärbung (*Halphen-Reaktion*). Die Empfindlichkeit der Reaktion nimmt mit dem Alter des Öles ab, außerdem kann der Farbträger beim Verfüttern von Baumwollsamen-Preßkuchen in das Butterfett sowie in die Körperfette vom Schwein und Rind übergehen.

Als Träger dieser Farbreaktion werden die *Sterculsäure* (I) und die *Malvaliasäure* (II) des Samenöles angesehen:

$$CH_3(CH_2)_7\underset{\diagdown CH_2 \diagup}{C{=}C}(CH_2)_7\,COOH \qquad (I)$$

$$CH_3(CH_2)_7\underset{\diagdown CH_2 \diagup}{C{=}C}(CH_2)_6\,COOH \qquad (II)$$

Kapoköl stammt vom Kapokbaum (Indien, Südamerika) und ist dem Baumwollsaatöl sehr ähnlich.

Kürbiskernöl wird kalt gepreßt direkt als Speiseöl benutzt, heiß gepreßt ist es zu raffinieren, wobei die Bleichung Schwierigkeiten bereitet.

Maisöl (Maiskeimöl, corn oil) ist zu 40—50% im Maiskeimling, dem Nebenprodukt der Maismehl- und Maisstärkegewinnung enthalten. Das phosphatidreiche durch Pressen oder Extrahieren anfallende gold- bis dunkelgelbe Rohöl liefert nach der Raffination ein gutes hellgelbes Speiseöl mit eigenartigem an frisches Mehl erinnernden Geruch. Die Welterzeugung an Maisöl betrug vor dem 2. Weltkrieg 70000 t, 1965 rund 235000 t.

Sonstige Getreideöle sind mit Ausnahme von Reisöl als solche ohne Bedeutung. Sie treten jedoch in Backwaren auf und beeinflussen die analytischen Kennzahlen der Fettzutaten. Wichtig sind sie außerdem für das Ranzigwerden von Mehlen. Getreidekeimöle, z. B. das zu 7,5—12% in Weizenkeimen vorkommende Öl, werden auch als Vitaminträger (Vitamin E) therapeutisch verwendet.

2. *Palmitinsäurearme, öl- und linolsäurehaltige Samenöle*

Hierzu gehören eine große Zahl trocknender, halbtrocknender und auch nichttrocknender Speiseöle von Pflanzenfamilien warmer und kälterer Zonen. Ihre allgemeine Zusammensetzung erscheint recht gleichartig. Als Hauptfettsäuren treten *Öl-* und *Linolsäure* sowie geringe Mengen gesättigter Fettsäuren (hauptsächlich *Palmitinsäure*) auf.

Haselnußöl ist ein nichttrocknendes ölsäurereiches (85—86% Ölsäure), dem später erwähnten Mandelöl sehr ähnliches, als Speise- und Salatöl dienendes Pflanzenöl, das in der getrockneten Haselnuß leicht ranzig wird. Deshalb werden Haselnußkerne bei der Schokoladenherstellung teilweise entfettet.

Bucheckernöl aus den Früchten der Buche stellt ein sehr haltbares Speiseöl dar, das kalt gepreßt wird. Die Preßkuchen enthalten neben verschiedenen Säuren (Fumar- und Ferulasäure, p-Hydroxyzimt- und -benzoesäure, Oxalsäure) Giftstoffe noch unbekannter Art, die vor allem für den Menschen und für Einhufer (Pferde, Maultiere, Esel) toxisch wirken. Aus dem gleichen Grund sollen ganze Bucheckern nur in kleinen Mengen (maximal 20—25 Stück) auf einmal genossen werden.

Mandelöl, im Mittel zu 64% im Mandelkern enthalten, dient als farbloses bis leicht gelbliches Öl vornehmlich für pharmazeutische und kosmetische Zwecke. In der Lebensmittelchemie spielt die Untersuchung des Mandelöls eine wichtige Rolle bei der Reinheitsprüfung von Mandelzubereitungen (Marzipan, Makronen) und deren Abgrenzung gegen Aprikosenkerne (Persipan) bzw. Aprikosenöl (S. 583).

Sesamöl. Dieses gelbe bis bernsteinfarbene Öl stammt aus den der Leinsaat ähnlichen 50—55% Fett enthaltenden Samen von Sesamum indicum, einer uralten Kulturpflanze. Es wird vorzugsweise durch Kaltpressung gewonnen, ist ohne besonderen Geruch, von mildem Geschmack und gilt als beliebtes Speise- und Tafelöl. Das Öl besteht aus Glyceriden der *Palmitin-*, *Stearin-*, *Öl-* und vor allem der *Linolsäure* und ist bei sorgfältiger Raffination gut haltbar. Im Unverseifbaren finden sich neben Phytosterinen ein Hydroxyhydrochinonmethyläther, das *Sesamol,* welches antioxydative Eigenschaften besitzt und mit alkoholischer Furfural-Salzsäure einen für Sesamöl charakteristischen roten Farbstoff liefert (Reaktion nach A. Baudouin bzw. V. Villavecchia). Daneben findet sich das *Sesamin*; es verursacht die hohe Rechtsdrehung des Öles. Sesamöl dient als Speiseöl sowie als Margarinerohstoff. Neben Kartoffelmehl wurde es früher zur Kennzeichnung der Margarine verwendet, da es nach der genannten Baudouin-Reaktion und außerdem nach P. Soltsien leicht nachweisbar ist: Sesamöl liefert mit Salzsäure-Zinn(II)-chlorid-Lösung eine hell-himbeerrote bis dunkel-weinrote Färbung. Die Welterzeugung betrug 1965 610000 t und damit gehört Sesamöl zu den wichtigsten Fettlieferanten der Welt; etwa 50% der Weltproduktion entfallen auf China und die Mandschurei, etwa ⅓ auf Indien.

Sonnenblumenöl. Die ungeschälten Samen der Sonnenblume (Helianthus annuus) enthalten 22—35% Öl, das vor allem in Rußland, den Balkanländern, Indien und China gewonnen wird und ein hellgelbes trocknendes Öl darstellt. Es ist als Speiseöl sowie als Margarinerohstoff gut geeignet. Die Welterzeugung betrug 1965 rund 2,4 Mio t.

Leinöl wird aus Ölsaat, den Früchten des Saatleins, Linum usitatissimum (Fettgehalt 32—43%) gewonnen, und zwar durch Pressung oder Extraktion, wobei die Hauptmenge technische Verwendung findet (Anstrichmittel, Öllacke und Ölfarben, Kitte, Linoleum usw.). Ein Teil des kaltgeschlagenen Öles wird vor allem in Osteuropa (Schlesien, Ostpreußen) zu Speisezwecken verbraucht und auch in der Reformernährung propagiert. Es ist ein hell- bis dunkel-goldgelb gefärbtes Öl von mildem leicht bitterlichem Geschmack und hervorragenden Trockeneigenschaften. Neben *Ölsäure* (13 bis 37,6%), *Linolsäure* (4,5—23,1%) und *Linolensäure* (25,8—58%) wurde im Leinöl auch *Erucasäure* nachgewiesen. Die Weltproduktion lag 1965 bei etwa 1 Mio t.

Mohnöl wird seit Jahrhunderten aus den 47–51% Fett enthaltenden Samen von Papaver somniferum gewonnen. Kalte Pressung liefert ein beliebtes Speiseöl, heiße Nachpressung das als Speiseöl ungeeignete „rote Mohnöl". Das farblose oder schwach gelbe, geruchlose und trocknende Öl findet auch in der Ölmalerei Verwendung. Mohnsamen werden auch als solche in Gebäck und Kuchenwaren verzehrt. Ihr Ölgehalt ist bei der Fettanalyse derartiger Lebensmittel zu berücksichtigen. Die Glyceride sind reich an *Ölsäure* (28—30%) und *Linolsäure* (58,5—62,2%).

Walnußöl, ein früher weit verbreitetes, heute nur noch regional (Frankreich, Schweiz) bedeutungsvolles gutes Speiseöl wird aus 2—3 Monate vor der Pressung gelagerten Nüssen (etwa 58% Öl) von Juglans regia gewonnen. Das gelbe trocknende Öl wird leicht ranzig und enthält beträchtliche Mengen (47,4 bis 83,0%) Linolsäure.

3. Leguminosenöle

Öle dieser Art sind heute von größter Bedeutung als Speiseöle bzw. als Ausgangsstoffe für die Margarinefabrikation; dies geht schon daraus hervor, daß beispielsweise 1965 in der Welt rund 4,86 Mio t Sojaöl und 3,17 Mio t Erdnußöl produziert wurden.

Erdnuß und Soja sind außerdem reich an Eiweiß und werden auch als „Ölpflanzen mit mehrfacher Nutzung" bezeichnet (Gründünger, Futter- und Nahrungspflanzen).

Erdnußöl (Arachisöl, groundnut-, peanut oil). Erdnüsse als Samen einer Leguminose (Arachis hypogaea), werden in sehr großen Mengen gewonnen in Westafrika, Süd- und Ostasien, Nord- und Südamerika sowie in Südeuropa. Führend in der Produktion ist Asien (über 60%), gefolgt von Afrika (etwa 25%). Das hellgelbe zu 45—50% in der Erdnuß enthaltene Öl trocknet nicht und wird durch Pressung und Extraktion gewonnen. Es läßt sich im Vergleich zu anderen pflanzlichen Rohölen relativ leicht raffinieren und dient als Speiseöl sowie nach der Härtung als Grundstoff für die Margarine- und Kunstspeisefettherstellung, daneben auch als Rohmaterial in der Seifenindustrie. Erdnußöl enthält im Glyceridanteil neben Ölsäure (42,3—61,1%) und Linolsäure (13,0—33,4%) u. a. *Lignocerin-* und *Arachinsäure* (2—5%), die zum Nachweis dieses Öles dienen können. Daneben sind im Rohöl zwei Kohlenwasserstoffe (*Hypogaeen* und *Arachiden*) von ungemein widerlichen Geschmack enthalten, die bei der Raffination entfernt werden. Gehärtete Erdnußfette, insbesondere Weichfette, werden auch in der Gebäck- und Keksindustrie verarbeitet. Berühmt wurde die Erdnuß durch das in Tanganjika groß angelegte *Erdnußprogramm* ("groundnut scheme") der Engländer (1947/49), das jedoch scheiterte. In Indien wird gehärtetes Erdnußöl als gheeähnliches Fett unter dem Namen „*Vanaspati*" konsumiert. *Ernußbutter* (geröstete und mit Öl versetzte gemahlene Erdnüsse) wird in Westeuropa und den USA gehandelt.

Sojaöl. Dieses Linolensäure enthaltende, gelbliche bis braungelbe Öl kommt zu 16—22% in der Sojabohne, dem Samen der Leguminose Soja hispida, vor und wird vorwiegend durch Extraktion gewonnen. Von allen Ölsaaten liefert die Sojabohne die proteinreichsten, als Futtermittel begehrten *Preßrückstände*. Hauptlieferanten der Sojabohne sind die USA, China und die Mandschurei. Im „Maisgürtel" werden 85% der USA-Ernte an Sojabohnen eingebracht. Sojaöl steht mengenmäßig an der Spitze der Weltproduktion pflanzlicher Öle für Nahrungszwecke. Versuche, den Sojaanbau auch in Deutschland einzuführen, sind bisher aus klimatischen Gründen erfolglos geblieben. Das raffinierte in geringem Ausmaß trocknende Öl dient als Speiseöl und ist darüber hinaus zu einem der wichtigsten Rohstoffe in der Margarinefabrikation geworden. Der bei der Raffination anfallende *Sojaschlamm* liefert heute die Hauptmenge der als Emulgatoren wichtigen Phosphatidpräparate (*Sojalecithine*), die in Margarine, Schokolade, Teigwaren, Gebäck und Nährpräparaten als Zusätze Verwendung finden (S. 67). Sojaöl enthält große Mengen an Ölsäure (23,5—30,8%) und Linolsäure (49,2—51,2%), jedoch relativ wenig Linolensäure.

4. *Cruciferenöle*

Diese halbtrocknenden Öle enthalten neben Öl-, Linol- und Linolensäure in beträchtlichem Ausmaß *Erucasäure*. So kommen im Rüböl 41—64% und im Senfsamenöl 51,5% dieser Säure vor.

Rüböl (Raps-, Rübsen-, Kolzaöl) wird aus Brassica-Samen mit 40—50% Ölgehalt meist kombiniert durch Pressung und Extraktion gewonnen. Das gelbe bis braune, phosphatid- und schleimstoffreiche Rohöl weist oft scharfen beißenden Geruch und Geschmack auf, bedingt durch *Allylsenföl* als Bestandteil der in Brassica-Samen vorkommenden schwefelhaltigen *Glucoside* (S. 514). Raffination kann durch Behandlung mit konzentrierter Schwefelsäure erfolgen, Bleichung (mit 3—5% Aktivbleicherde) und Desodorierung bereiten keine Schwierigkeiten. Rüböl läßt sich besonders schonend unter weitgehender Erhaltung des Carotins raffinieren. Die Rapspflanze ist in Deutschland trotz der durch Schädlingsbefall gefährdeten Ernte der klimatisch tragbarste und wichtigste Rohstoff zur Pflanzenölgewinnung. Heute ist China das größte Erzeugerland, dann folgen Indien, Pakistan und Japan, im Abstand Frankreich, Belgien, die Niederlande und Schweden, Polen, die UdSSR und die Donauländer.

Die Gesamtproduktion der Welt an Rapsöl ist sehr beträchtlich: 1965 wurden rund 1,47 Mio t dieses Öles erzeugt. Außer als Speiseöl (auch mit Mohn- und Leinöl vermischt) und in gehärteter Form als Margarinerohstoff dienen minder gereinigte Produkte als Brennöl, Schmieröl oder Lederöl. Charakteristisch ist der ernährungsphysiologisch umstrittene hohe Gehalt an *Erucasäure*, der zur Erkennung dieses Öles dienen kann (s. S. 56).

Senföl. Die aus den 30—35% Öl enthaltenden Samen des auch als Gewürzpflanzen wichtigen (S. 659) weißen und schwarzen Senfes (Sinapis alba und Brassica nigra) gewonnenen Öle sind dem Rüböl sehr ähnlich und werden wie dieses verwendet. Nicht zu verwechseln mit diesem *fetten* Senföl ist das im Senfsamen zu 0,5—1% enthaltene *ätherische* Senföl als Träger des durchdringend scharfen, würzigen Senfgeschmacks. Die Hauptmenge der Senföle wird technisch als Brenn- und Schmieröl, für Seifen, kosmetische und pharmazeutische Präparate verwendet.

Raukenöl (Jamba-Öl) entstammt dem 26—33% Fett enthaltenden Samen der in Rußland und Indien kultivierten *Ölrauke* (Euruca sativa, Runke, Raukenkohl, „roquette", "rocket"). Das Rohöl schmeckt scharf brennend und liefert nach der Raffination ein brauchbares Speiseöl. Es enthält 46—58% Erucasäure und 12—29% Linolsäure.

5. *Umbelliferenöle*

Öle dieser Art sind als Ölquellen ohne praktische Bedeutung. Da sie vor allem in Gewürzen dieser Pflanzengattung sich finden, sind sie wichtig im Rahmen der Fettanalyse für die Beurteilung fetthaltiger Backwaren, wo solche Öle Kennzahlen und Ölzusammensetzung der Backfette zu beeinflussen vermögen. Charakteristischer Bestandteil solcher Umbelliferenöle ist die z.B. zu 36,1% im Corianderöl, zu 76% im Petersiliensamenfett vorkommende *Petroselinsäure*.

6. *Hefe- und Pilzfette*

Sonstige nach entsprechender Aufbereitung genießbare Pflanzenfette sind Hefe- und Pilzfette. Sie besitzen Bedeutung im Rahmen der biologischen Fettsynthese (Fetthefen, Oospora lactis). Hierher gehören auch Öle aus Tabaksamen, Reisschalen und -spelzen, Kaffeesatz, Trauben- und Holunderkernen und Traubenkernen von wildem Wein, deren beträchtlicher Fettgehalt immer wieder Ziel einer wenn auch begrenzten Fettgewinnung war. Reiskeimöl wird neuerdings mittels Hexan aus dem Rohmaterial extrahiert und liefert ein gutes Speiseöl, das vor allem in Japan aus Reiskleie (8—16% Ölgehalt) gewonnen wird.

7. *Nichtspeiseöle besonderer physiologischer Wirkung*

(Für Speisezwecke ungeeignete Fette und Öle). *Chinesisches Holzöl* (Tungöl), aus den Samen des Ölfirnisbaumes, einer Euphorbiaceae, ist ein in der Lackindustrie viel gebrauchtes, stark trocknendes Öl von bräunlich-gelber Farbe und eigentümlichem, an Schmalz oder Speck erinnerndem Geruch. Die Weltproduktion betrug 1965 etwa 95000 t. Es polymerisiert beim Erhitzen auf über 280 °C unter Aufschäumen zu einer bernsteingelben gelförmigen Masse. Charakteristisch für Tungöl ist der hohe Gehalt (79,7%) an *α-Elaeostearinsäure* (cis-Form; S. 57) die leicht, u.a. unter der katalytischen Wirkung von Stickstoffoxiden, in die β-(trans)Form übergeht („Eisblumenmuster" eines auf Glas gebrachten Tungölfilmes). Das Öl zeigt außerdem hohes spezifisches Gewicht (0,9400 bis 0,9430) und abnorm hohen Brechungsindex (n_D^{25} = 1,5160—1,5240). Der Genuß verursacht heftigen Brechreiz und starke Durchfälle.

Ricinusöl (Castoröl). Die in Indien, Ostasien und Brasilien, auch in Frankreich und Italien, den USA und anderen Ländern angebaute Ricinusstaude (Ricinus communis) liefert aus ihren 40—50% Fett enthaltenden Samen („Bohnen") ein fadenziehendes, nichttrocknendes Öl von kratzendem Nachgeschmack, das technisch vielseitige Verwendung findet (Seifenherstellung, Kosmetik, als Brennöl, Schmieröl, nach Dehydratisierung als trocknendes Öl usw.) und in der Medizin als Abführmittel dient. 1965 wurden etwa 250000 t Ricinusöl in der Welt produziert. Ricinusöl weist hohe Viscosität sowie hohes spezifisches Gewicht (0,950—0,974 bei 15° C) auf und löst sich im Volumenverhältnis 1 : 2 bei Raumtemperatur in 95%igem Alkohol. Charakteristische Fettsäure ist die zu 80—85% im Ricinusöl enthaltene *Ricinolsäure*, eine 12-Hydroxy-Δ-9.10-octadecensäure (S. 60). Ricinus-*Preßrückstände* enthalten das durch direkten Dampf zerstörbare *Ricin*, bestehend aus einem den Bakteriengiften ähnlichen Toxalbumin (Phytotoxin) und einem Hämagglutinin, außerdem einen hitzebeständigen, allergisch wirksamen Stoff und das 1864 von Tuson aufgefundene Alkaloid *Ricinin*. Inhalation des Samenstaubes in Fabriken führt zu asthmatischen Erscheinungen. Das Samenfett ist außerdem reich an fettabbauender *Lipase* („Ricinuslipase").

Crotonöl wird aus dem Purgierbaum (Croton tiglium) als gelbes, brennend schmeckendes Öl gewonnen. Es wirkt in kleineren Mengen stark abführend, in größeren giftig und entzündungserregend. Als charakteristische Fettsäure enthält es die *Tiglinsäure*. Crotonöl dient zuweilen auch zur Seifenherstellung.

Chaulmoograöl (Hydnocarpusöl, Gorliöl) aus Samenkernen von Hydnocarpus-Arten und aus dem in Südostasien heimischen Baum Taraktogenos kurzii ist je nach dem Alter wasserhell bis hellbraun, geruch- und geschmacklos. Es findet als Heilmittel gegen Lepra Verwendung und ist durch den hohen Gehalt an alicyclischen stark rechtsdrehenden Säuren (*Chaulmoogra-*, *Hydnocarpussäure* u. a.; vgl. S. 60) giftig. Verwendung des Öles in der Margarineindustrie rief 1910 Massenvergiftungen hervor. Auch eine Reihe anderer tropischer Bäume und Sträucher, die zur Familie der Flacourtiaceae gehören, liefern derartige „Lepra-Öle".

Ätherische Öle, wie Eukalyptus-, Rosen- oder Anisöl, sind in größeren Mengen gleichfalls ungenießbar, werden im allgemeinen jedoch lediglich als Gewürzbestandteile in geringsten Mengen aufgenommen.

Nicht zu Ölen rechnend, doch hier als Ölersatz bzw. Glycerinersatz zu erwähnen ist das *Paraffinöl*, in Notzeiten als nahrungsmäßig wertloser ‚Fettersatz" benutzt. Es wirkt stark abführend, kürzt damit die Verdauung von Nährstoffen schädigend ab und löst außerdem fettlösliche Vitamine, die so in die Faeces gehen und der Resorption entzogen werden. Technische Paraffinöle (Schmieröle) sind außerdem durch ihren möglichen Gehalt an cancerogenen Stoffen (Benzpyren, Methylcholanthren) bedenklich. Besonders unheilvolle Wirkungen zeigen *o-Trikresylphosphat* und o-kresolhaltige Mischester derartiger Phosphate, vor allem *Mono*-o-kresylphosphat, die als Weichmacher in verschiedenen Kunststofferzeugnissen (Igelit) Verwendung fanden und von dort durch fetthaltige Lebensmittel oder eingefettete Hautpartien resorbiert wurden. Als Kühlflüssigkeit, als Bestandteil hydraulischer Flüssigkeit („Torpedoöl") oder als Glycerinersatz wurde es verschiedentlich mit Speiseölen verwechselt. Schon kleine Mengen führen zu schwersten, oft irreversiblen Lähmungen und Vergiftungen, zu Muskel- und Nervendegenerationen, die auch in Europa nach dem zweiten Weltkrieg zahlreich beschrieben wurden. Bekannt sind aus der Prohibitionszeit in den USA (1930) Vergiftungen durch trikresylphosphathaltigen Ingwerschnaps ("ginger palsy"). Die Ende 1959 aus Marokko gemeldete „Ölkrankheit" dürfte gleichfalls auf den Genuß trikresylphosphathaltigen Turbo-Maschinenöls zurückzuführen sein. Sie hat bei etwa 10000 Personen zu schweren Gesundheitsschäden geführt.

II. Tierfette und Tieröle

1. Die Ausgangsstoffe

Zur Gewinnung tierischer Fette dienen:

Die *Milch* von Kuh, Ziege und Schaf; sie liefert *Milchfette*, die an anderer Stelle besprochen werden (S. 378; 399);

Landtiere, wie Schwein, Rind, Schaf und Gans [*Körperfette* (Depotfette) dieser Tiere];

Seetiere (*Körperöle* von Wal, Robbe und Fischen).

Zu den aus Kohlenhydraten und Eiweiß synthetisierten Fetten treten beim Tier noch Körperfette, wie sie aus dem mit der Nahrung aufgenommenen Fett gebildet werden. Demgemäß unterscheidet H. P. Kaufmann (1953) zwischen *„alimentärem"* (mit der Nahrung zugeführtem) und *„transitorischem"* (im Körper gebildetem) Fett. Im Körper synthetisierte transitorische Fette spielen z. B. bei der Fettmast der Schweine oder beim Walfett eine höchst bedeutsame Rolle.

2. Fettgewinnung aus tierischen Rohstoffen

Da tierisches Fettgewebe rasch verdirbt, sind die beim Schlachten anfallenden Körperteile gut zu *kühlen* oder bei —12° C *einzufrieren.* Vor der Weiterverarbeitung ist das Fettgewebe von Blut, Fleischresten usw. zu befreien.

Zur Steigerung der Fettausbeute ist oft *Zerkleinerung* des Fettanteiles in Schneidemaschinen mit rotierenden Messern notwendig.

Das *Ausschmelzen* erfolgt:

im *Trockenverfahren* entweder über direktem Feuer oder in heißwasser- bzw. dampfbeheizten Mantelgefäßen mit Schmelzkesseln offener oder geschlossener, liegender oder stehender Bauart. Diese älteste Form des Ausschmelzens liefert oft, vor allem durch Reaktionen des Eiweißanteils in Farbe und Geschmack ungünstig veränderte Fette, die sich auch strukturell von den nach dem zweiten Verfahren gewonnenen Fetten unterscheiden.

Naßverfahren: Hier wird das zerkleinerte Gut unmittelbar mit Wasser oder Dampf behandelt, und zwar in offenen oder mit etwa 6 atü arbeitenden geschlossenen Dampfkesseln. Kontinuierliche Naßschmelzverfahren werden bei der Gewinnung von Walöl und Fischölen benutzt. Leberöle werden meist mit direktem Dampf auf dem Schiff durch Auskochen gewonnen (Abb. 79, S. 443). Zur Abtrennung des Öles oder Fettes im Naßverfahren dienen außerdem Schneckenpressen und Zentrifugen. Bei der Wasserschmelze wird das Fett nur wenige Grade über dem Schmelzpunkt gehalten und so besonders schonend, doch mit geringeren Ausbeuten gewonnen. Anschließend wird das Fett gekühlt und schließlich in noch plastischem Zustand abgepackt.

Das bei der Naßschmelze anfallende Fett zeigt durch Sprengung der Zellwände und des Fettgewebes andere Eigenschaften als das durch Trockenschmelze gewonnene Fett.

Andere Verfahren beruhen auf gleichzeitiger Pressung und Extraktion (Fische und Fischabfälle) oder auf der Gewinnung von Knochenöl nach dem Chayen-Verfahren (S. 323).

3. Eigenschaften und Zusammensetzung einzelner Tierfette

Milchfette verschiedener Herkunft wurden an anderer Stelle besprochen.

a) Körperfette der Landtiere

Die palmitin- und stearinsäurereichen Fette dieser Gruppe enthalten außerdem noch Ölsäure sowie geringe Mengen an Linol- und Myristinsäure. Sie dienen in großem Ausmaß der menschlichen Ernährung, vor allem die Körperfette von Rind, Hammel, Schwein, weniger vom Pferd, von Vögeln (Gans, Ente) und von Nagetieren.

Die wichtigsten Körperfette von Landtieren sind folgende:

α) *Rindertalg*

(Rinderfett) ist ein bröcklig hartes, nicht streichbares, weißes, grauweißes oder (durch 0,01% Carotin aus dem Futter) bei Weidemast schwach gelblich gefärbtes Fett. Es enthält nur Spuren von Wasser (unter 0,5%), schmilzt bei 40—50° C und wird aus verschiedenen Fettpartien des Rindes gewonnen [Micker- (Gekröse-), Netz-, Nieren-, Herz-, Eingeweidefett u. a.]. Es findet als *Back-* oder *Speisefett,* nach mechanischer Behandlung geschmeidig gemacht, auch als *Ziehfett* Verwendung. Rindertalg enthält im Mittel 3% Myristinsäure, 29% Palmitinsäure, 18,5% Stearinsäure, 46,5% Ölsäure, 3% Linolsäure sowie (gleich Hammeltalg) geringe Mengen der mit Ölsäure isomeren *Vaccensäure* (S. 55). Neben Tristearin und Tripalmitin finden sich vor allem gemischte Fettsäureglyceride, von denen im Mittel 20% in vollgesättigter Form vorliegen. Im Gegensatz zum Schwein ist hier der Einfluß des Futters auf die Fettzusammensetzung weit weniger ausgeprägt. *Feintalg* ist das aus frischem einwandfreiem Rohmaterial vorsichtig, bei höchstens 60° C ausgeschmolzene und sorgfältig gereinigte Produkt (*Premier jus*). *Speisetalg* ist ein bei gewöhnlicher Temperatur sprödes Erzeugnis von typischem Talggeruch und -geschmack. Hält man geschmolzenen Talg längere Zeit bei 26—27° C, so kristallisiert zu 40—50% der bei 50—56° C erstarrende *Preßtalg* mit weißer bis mattgrauer Farbe aus; als Rest verbleibt das bei 28—35° C schmelzende mattgelbe *Oleomargarin*, der erste zur Margarineherstellung benutzte Rohstoff (S. 448). Besonders hochschmelzende Talge (über 45° C; „Kerzenstoffe") werden in der Seifenfabrikation, zur Herstellung von Kerzen, Stearinsäure, Lederschmiermitteln, Salben und Schlichten verwendet. Talg dient, meist raffiniert oder evtl. umgeestert, zur Margarinefabrikation, für den direkten Genuß wird vor allem der niedrig schmelzende *Nierentalg* (Nierenfett) bevorzugt. Die Welterzeugung an Rindertalg betrug 1965 4,16 Mio t.

β) *Hammeltalg*

(Schöpsentalg, Hammelfett, Schaffett) ist meist weißer, härter und brüchiger als Rindertalg und wird vor allem aus Gekröse-, Netz-, Nieren-, Herz- und Mittelfellfett gewonnen. Bei unsachgemäßer Gewinnung kann er durch Chlorophyll des Darminhaltes gründlich verfärbt sein. Behandlung mit Bleicherde entfernt diese Verfärbung. Er ist reicher an Myristin- und vor allem an Stearinsäure, ärmer an Palmitin- und Ölsäure als der Rindertalg. Andere Talge (*Unschlitte*) stammen von Schaf, Ziege und Hirsch. In Kleinasien und Iran hat das Fett des Fettschwanzschafes als besonders weiches Fett lokale Bedeutung zu Speisezwecken. Hirschtalg dient als Pflegemittel wunder Haut.

γ) *Knochenfette und Knochenöle*

werden als *Sudfette* aus zerkleinerten Knochen durch Dämpfen mit Wasser im Autoklaven oder als *Extraktionsfette* durch Extraktion mit hochsiedendem Benzin gewonnen. Frische Knochen liefern genußtaugliche Fette, minderwertiges Material Maschinenöle oder Rohstoffe für Stearinsäuregewinnung und Seifenherstellung. *Knochenöl* ist der flüssige, durch gelindes Auskochen frischer Knochen oder durch fraktionierte Kristallisation gewonnene Anteil des Knochenfettes. *Klauenöl* stammt aus den Rinderklauendrüsen und verdankt seine gute Schmierwirkung wahrscheinlich dem darin enthaltenen Hexadecendiolein.

δ) *Schweinefett*

(Schweineschmalz, in Norddeutschland schlechthin als Schmalz bezeichnet) ist das aus den fettreichen Teilen geschlachteter Schweine ausgeschmolzene Fett, dessen Wassergehalt nicht mehr als 0,5% betragen darf. Als schmalzliefernde Teile dienen vor allem Bauchwandfett (Wammenfett, Liesen, Flomen, Schmer, Lünte), Gekröse-(Micker-)Fett und Netz- oder Bauchfett. Rückenfett wird meist auf Speck verarbeitet. Schweinefett hat angenehmen eigenartigen Geruch und Geschmack und zeigt je nach Fütterung der Schweine weiche bis körnige, zuweilen salbenartige Konstistenz, ist weiß und gut streichbar. Reines Schweineschmalz schmilzt klar zwischen 36 und 42° C. Es wird im Haushalt vielseitig benutzt und auch in der Margarineindustrie sowie für die Seifenherstellung verwendet. Beim Erstarren zeigt es meist eigentümliche Wulstbildung an der Oberfläche. Wasser und Anwesenheit von Fettgewebe (Grieben) wirken sich ungünstig auf die Haltbarkeit aus. Die an Oxydations- und Ranzigkeitsprozessen beteiligten *Lipoxidasen* werden beim Erhitzen größtenteils inaktiviert, in niedrig erschmolzenen Fetten (Neutral-Lard) bleiben sie z. T. erhalten, weshalb solche Fette weniger haltbar sind. Ungewöhnliche Fütterung (Fische, tranige Fischmehle, Spülicht), Medikamente, bestimmte Krankheiten oder Geschlecht (Eberfett) können widerlichen abweichenden Geruch und Geschmack bewirken, Fütterung mit Fischmehl kann zu einem ungewöhnlich hohen Gehalt an ungesättigten Fettsäuren führen.

Ähnlich wie bei Rindertalg läßt sich auch hier durch Abpressen bei 10—15° C festes *Schmalzstearin* (*Solarstearin*) vom flüssigen Schmalzöl (*Specköl*) trennen. Letzteres findet als Speise-, Schmier- oder Beleuchtungsöl Verwendung.

Von der Weltproduktion an Schweineschmalz (4,33 Mio t) entfallen allein 25% (1,12 Mio t) auf die USA, die auch im Export (300000 t) an der Spitze stehen. In der BRD stand 1965 der Verbrauch an Schweineschmalz und Speck (18,9%) an dritter Stelle nach Margarine (34,1%) und Butter (19,6%).

Je nach Art der Gewinnung, Herkunft und Güteklasse unterscheidet man Rohschmalz, Dampfschmalz, Neutralschmalz, raffiniertes, deutsches, amerikanisches Schweineschmalz, Liesen-, Braten- und Griebenschmalz u. a. mehr.

Es gelten folgende Begriffsbestimmungen:

1. *Steam-Lard* ist vorwiegend in Amerika aus Schweinefett durch Ausschmelzung mittels Dampfes gewonnenes Rohschmalz,
2. *Pure-Lard* ist aus Rohschmalz durch Raffinieren und Bleichen hergestelltes Schmalz.
3. *Bratenschmalz* ist Schmalz aus Steamlard oder Rohschmalz allein oder aus Steamlard mit Rohschmalz gemischt in Verbindung mit anderem Schweinefett inländischer oder ausländischer Herkunft mit oder ohne Gewürzzusatz.
4. *Griebenschmalz* ist Schweineschmalz mit Zusatz von Grieben aus frischem Rückenspeck oder Flomen mit oder ohne Gewürz.
5. *Schweineschmalz* mit Griebengeschmack ist Griebenschmalz, aus welchem die Grieben entfernt sind.
6. *Flomenschmalz*, auch *Liesenschmalz* genannt, ist ein aus Flomen hergestelltes Schmalz.
7. *Wurstfett* ist beim Wurstkochen gewonnenes Fett; es enthält auch andere Fette als Schweineschmalz, wie Rinder- und Hammelfett sowie Wasser. Es darf nur unter der Deklaration „Wurstfett“ verkauft werden. Ein Zusatz von Wurstfett zu den unter 1—6 genannten Schmalzsorten ist unzulässig.

Nach *amerikanischer Bezeichnung* faßt man unter dem Sammelbegriff "Lard" vor allem folgende Sorten zusammen: "*Neutral-Lard*" (beste Sorte, aus Bauchfett naß bei 40—50° C ausgeschmolzen), "*Leaf-Lard*" (aus ganzen Liesen mit Wasserdampf unter Druck gewonnen), „*Choice-Lard*" (aus Liesen und Rückenspeck), "*Prime Steam-Lard*" (Dampfschmalz aus allen Teilen des Fettgewebes), "*Butchers Lard*" (über freiem Feuer ausgeschmolzen), "*Offgrade Lard*" (aus gesalzenem Speck). "*Pure Lard*" (Blockschmalz) wird in den USA aus Rohschmalz durch Raffination und Zusatz von Emulgiermitteln sowie Antioxydantien (NDGA, BHA, Propylgallat usw.; vgl. S. 80) hergestellt. Minderwertige genußuntaugliche Abfallfette vom Schwein (auch vom Rind) kommen in Amerika unter Bezeichnungen wie "whitegrease" oder "*inedible tallow*" in den Handel und sind als Rohstoffe für die Seifen- und Fettsäureindustrie von großer Bedeutung.

Die *Schmelzarten* zur Schweinefettgewinnung entsprechen den oben für Tierfette allgemein geschilderten. Es wird naß und trocken, offen, dampfbeheizt, in Autoklaven und Vakuumapparaten geschmolzen. Nach Klärung und Filtration verbleiben die zerkleinerten Zellgewebsrückstände als *Grieben*. Diese werden abgepreßt als solche genossen, auf Würzehydrolysate verarbeitet oder dienen zu Futterzwecken.

Schweineschmalz enthält, abgesehen von Spuren Wasser und Eiweiß, gemischte Glyceride von Fettsäuren, unter denen vor allem Myristinsäure (2,0%), Palmitinsäure (23,5%), Stearinsäure (11,4%), Ölsäure (51,5%) sowie Linolsäure (11,6%) vertreten sind (Mittelwerte). Der Anteil an Unverseifbarem ist gering (0,17%). Bemerkenswert ist der Gehalt an gesättigten (0,19%) und ungesättigten (0,32%) *Monoglyceriden*.

Raffinieren, Bleichen und Färben des Schweinefettes ist in der BRD verboten, desgleichen der Zusatz von Konservierungs-, Frischhalte-, Neutralisations- und Emulgiermitteln sowie von Antioxydantien. Vgl. die „VO über unzulässige Zusätze und Behandlungsverfahren bei Fleisch" vom 18. 12. 1959, in der Fassung vom 21. 4. 1965. Über zugelassene Schutzmittel gegen das Ranzigwerden vgl. § 1 (1) Abs. 3 der „Fleisch-VO" vom 19. 12. 1959, in der Fassung vom 28. 3. 1973. Verboten ist außerdem der Zusatz fremder Fette; alle dem Schweinefett ähnlichen Zubereitungen, deren Fettgehalt nicht ausschließlich dem Schweinefett entstammt, sind verkehrsfähig, wenn sie hinsichtlich der Fettart einwandfrei bezeichnet werden.

ε) *Gänsefett*

wird aus Eingeweide- und Brustfett der Gänse erschmolzen und stellt ein durchscheinend weiß bis blaßgelb gefärbtes, körnig erstarrendes Fett dar. Es besitzt nur beschränkte wirtschaftliche Bedeutung und wird wegen des niedrigen Schmelzpunktes (32—34° C, Gesamtmenge an ungesättigten Fettsäuren = 53%) meist mit Schweineschmalz zu Streichfett verschnitten. Hierher rechnet auch das *Entenfett* und das Körperfett des *Huhnes*, das bei 30° C schmilzt, halbweich, flüssiggrießig sowie meist durch Carotinoide stark gelb gefärbt ist und 65—72% an ungesättigten Fettsäuren enthält.

ζ) *Pferdefett*

(Kammfett) ist noch weicher als Schweineschmalz (Smp 30° C), von butterähnlicher Konsistenz und je nach der Körperstelle, aus der es stammt, durch Carotine goldgelb bis braungelb gefärbt. Der Geruch ist gänsefettähnlich, der Geschmack erinnert an Rüböl. Pferdefett ist ein gutes Backfett und dient außerdem zur Seifenfabrikation. Es weist einen beachtlichen Gehalt an Linolensäure (2,5—8,3%) und Linolsäure (11—25%) auf. Der Linolensäuregehalt wird analytisch zur Unterscheidung von anderen Fetten ausgenutzt.

η) *Hundefett*

(Smp 37—40° C) ist dem Schweineschmalz ähnlich; es findet in der Volksmedizin, angeblich auch in der Chinesischen Küche Verwendung.

b) Seetieröle und -fette

Seetieröle werden insbesondere aus Walen, Seerobben und Fischen gewonnen. Im ungereinigten Zustand nennt man sie *Trane*. Je nach der Herkunft unterscheidet man *Körperöle* und *Leberöle*. Trane werden, um den Trangeruch und -geschmack zu beseitigen und die Haltbarkeit zu erhöhen, meist hydriert (S. 444). Seetieröle unterscheiden sich von Landtierfetten in der Zusammensetzung der Fettsäuren, wobei ungesättigte hochmolekulare C_{18}—C_{22}-Fettsäuren mit z. T. mehr als 3 Doppelbindungen (S. 58) überwiegen, und in dem oft recht hohen Anteil an Unverseifbarem. Sie zeigen die Farbreaktion nach M. Tortelli und E. Jaffé: In Chloroform-Eisessig gelöst, liefern sie mit Brom in Chloroform eine grüne bzw. gelblich- oder bläulich-grüne beständige Färbung, die auf die Anwesenheit von Sterinen (Ergosterin) zurückgeführt wird.

α) *Öle von Bartenwalen*, schlechthin *Walöle* genannt, bestreiten einen Großteil unserer Fettversorgung (Welterzeugung 1965 335000 t). Hauptquellen für Walöl sind die dicken Fettschichten („Blubber") des Blau-, des Buckel- und des Finnwals. Die *Ölausbeute* eines Wales von 122 t beträgt etwa 28 t. Gehärtete Walöle sind wichtige Rohstoffe der Margarine- und Seifenherstellung. Über „Waleinheiten" vgl. bei Fischen, S. 363. Kontinuierliche auf Walfangmutterschiffen durchgeführte Naßschmelzverfahren haben die Qualität des Walöles entscheidend gehoben (Abb. 79). In der Fettsäurezusammensetzung überwiegen neben geringen Mengen Stearin-, Laurin- und Arachinsäure die Myristinsäure (9,3%) und die Palmitinsäure (15,6%) sowie insbesondere ungesättigte C_{16}- bis C_{22}-Fettsäuren, die allein etwa 70% der Gesamtfettsäuren ausmachen. Antarktische Öle enthalten etwa 20% Fettsäuren mit 20—24 C-Atomen, während das höher ungesättigte, arktische

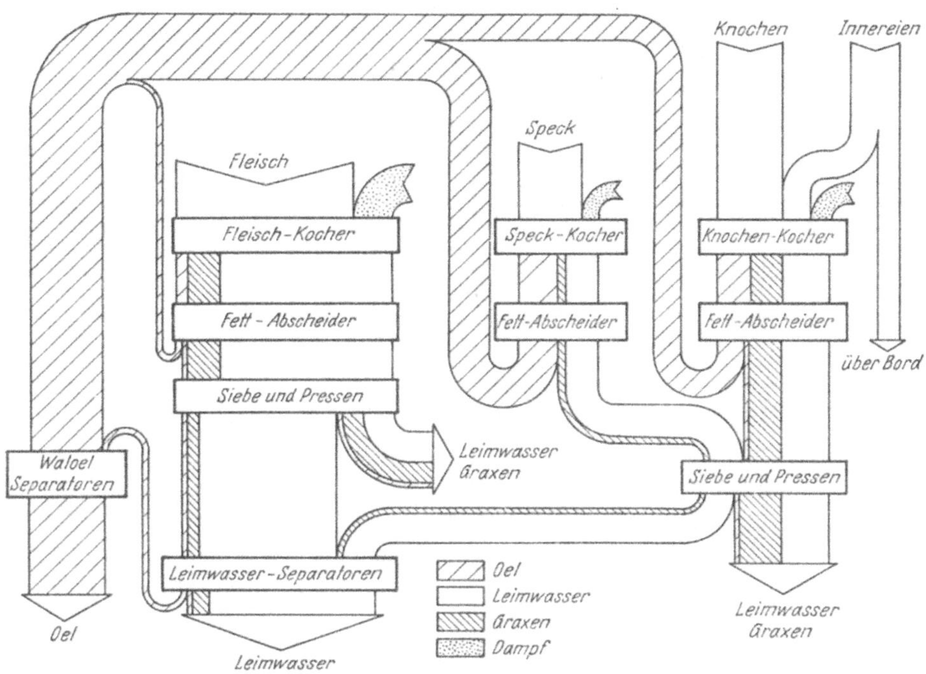

Abb. 79. Fließschema der Walölgewinnung (Schlotterhose & Co., Bremerhaven) (Aus: 54, Bd. IV., S. 222)

Walöl rd. 30% dieser Fettsäuren aufweist. Das Körperfett der *Spermwale* (*Zahnwale*) enthält große Mengen Unverseifbares, bestehend aus Fettalkoholen (s. unten).

β) *Robbenöle*

von Seehund, Seelöwe oder Walroß stammend, sind bei geeigneten Fang- und Verarbeitungsmaßnahmen nach Härtung zu Speisezwecken brauchbar. Sie sind ein wichtiges Nahrungsfett der arktischen Vevölkerung. Als Trane dienen sie zur Herstellung von Schmierseife sowie als Brenn- oder Lederöl.

γ) *Körperöle von Fischen*

vor allem von solchen aus der Familie der Clupeidae (Heringe, Sardinen, Anchovis-Arten), werden durch Ausschmelzen bzw. Extraktion von überschüssigen Fischanlandungen oder Abfällen der Fischverarbeitung gewonnen. Nach Raffination und Härtung entstehen aus guten Sorten Hartfette, die für die menschliche

Ernährung brauchbar sind. Mindere Qualitäten werden technisch verbraucht. Die Weltproduktion an Fischölen lag 1965 bei etwa 765000 t. Etwa 40% des Heringsfanges werden zu Öl und Fischmehl verarbeitet. Ein Großteil der Produktion entfiel auf Peru-Fischfett. Wichtig sind derartige Körperöle insofern, als sie bei fettreichen Fischen und Fischkonserven direkt mit der Nahrung zugeführt werden und (z. B. bei Sardinenkonserven) die Kennzahlen des zugesetzten Pflanzenöles (Olivenöl) zu verändern vermögen. Auch hier überwiegt im Fettsäureanteil der Gehalt an hochungesättigten Fettsäuren (C_{14} bis C_{24}), wobei vor allem die C_{22}- und C_{24}-Fettsäuren 4, 5 oder 6 Doppelbindungen enthalten. Der Gesamtanteil an ungesättigten Fettsäuren liegt zwischen 70 und 82%, daneben finden sich vor allem Myristinsäure (5,1—8,3%) und Palmitinsäure (9,7—16,3%). Bestimmung der Hydrierzahl, Polybromidzahl und UV-Spektrophotometrie nach Alkali-Isomerisierung sind Analysenmethoden zur Erkennung von derartigen Ölen, die hochungesättigte Fettsäuren enthalten.

δ) *Leberöle von Fischen und Walen*

Die Leberöle von Fischen der Gadus-Arten (Dorsch, Schellfisch, Kabeljau), von Heilbutt und verschiedenen Haifisch-Arten sowie das Walleberöl sind reich an Vitamin A und D sowie an Spurenelementen (Medizinallebertran, siehe bei den Vitaminen), wobei der Vitamingehalt beträchtlich schwanken kann. Um den Vitaminanteil nicht zu schädigen, ist vorsichtige Aufarbeitung notwendig (Sprengung der Leberzellen durch Tiefkühlung oder plötzliche Druckänderung, selektive Anreicherung durch Extraktion mit flüssigem Propan oder wasserhaltigen Alkoholen). Um den unangenehmen Fischgeruch zu überdecken, sind Emulsionen mit Magermilch, Eidotter oder zuckerhaltigen Fruchtsäften, auch Gelatinekapseln mit Lebertran gefüllt im Handel. Äußerlich wird Lebertran in Salben verwendet.

Aus Dorschleberöl lassen sich besonders gute Weich- und Hartfette herstellen.

ε) *Öle von Knorpelfischen*

(Öle von Haien und Rochen) enthalten oft beträchtliche Mengen an Unverseifbarem (15 bis zu 95%) daneben auch Selacholeinsäure und sind deshalb meist auch nach Hydrierung für die menschliche Ernährung ungeeignet. Im Unverseifbaren findet sich auch *Squalen* (S. 70), daneben Cholesterin und höhere Alkohole.

ζ) *Spermöl*

aus den Kopfhöhlen und dem Speck des Pottwales ist kein Fett, sondern ein flüssiges Wachs, das aus Estern hochmolekularer Säuren und Alkohole besteht. Beim Abkühlen scheidet sich aus dem flüssigen Spermöl der feste *Walrat* ab, ein Gemisch aus Palmitin-, Myristin- und Laurinsäurecetylestern, ein wichtiger Rohstoff für Cremes und Salben. Aus den Spermalkoholen wurden früher Wasch- und Textilhilfsmittel hergestellt (*Fettalkoholsulfonate*).

III. Künstlich veränderte Fette

1. Die Härtung (Hydrierung) der Fette

Aufbauend auf die seit 1897 von P. Sabatier und seiner Schule durchgeführten Untersuchungen über Hydrierungen in der Dampfphase, hat W. Normann in einem bahnbrechenden Patent (DRP 141029) gezeigt, daß auch Öle in Gegenwart fein verteilter Metalle hydriert werden können und damit die technische Härtung von Fetten und Fettsäuren begründet. 1905 wurde in England die erste technische Versuchsanlage gebaut, 1907 erstmalig Walöl hydriert, und aus dem Jahre 1911 datieren Großversuche des Jürgens-Konzerns in Holland, gehärtete Walöle in der Margarinefabrikation einzusetzen. Die Fetthärtung ist bei den an hochungesättigten Fettsäuren reichen und deshalb wenig haltbaren *Seetierölen* nicht zu umgehen. Bei Pflanzenölen steuert sie dem natürlichen Überangebot an nicht konsistenten, nicht streichfähigen Ölen.

Beim *Härten* (*Hydrieren*) der Fette, einem exothermen Vorgang, tritt in heterogener Katalyse Anlagerung von Wasserstoff an eine oder mehrere Doppelbindungen der Fettsäurekette ein, wobei aus flüssigen Ölen höherschmelzende feste Fette entstehen. Gleichzeitig werden Geruch, Geschmack, Farbe und Beständigkeit meist erheblich verbessert. Der Hydrierungsvorgang verläuft je nach der Struktur der ungesättigten Fettsäuren verschieden schnell und läßt sich durch besondere Maßnahmen derart steuern, daß nur ein Teil der Doppelbindungen in den Glycerid-Fettsäuren abgesättigt wird. Man kann durch diese als *selektive Härtung* bezeichnete Prozedur die physikalischen Eigenschaften des Endproduktes (Schmelzpunkt, Konsistenz, Plastizität) entscheidend beeinflussen, ohne die „essentiellen" Fettsäuren restlos zu hydrieren. Da, abgesehen von den Fisch- und Walölen, in den zur Hydrierung gelangenden Ölen nur mehrfach ungesättigte C_{18}-Fettsäuren vorliegen, haben wir es hier fast ausschließlich mit isomeren Octadecensäuren zu tun.

Neben der *partiellen Hydrierung* treten beim Härtungsprozeß auch andere Vorgänge auf, die zu Umlagerungen in den Fettsäuremolekülen führen. Verlagerung der Doppelbindung und räumlicher Konfigurationswechsel liefern stellungs- und geometrisch isomere Säuren, die analytisch unter dem nicht korrekten und vieldeutigen Begriff der *„Isoölsäuren"* zusammengefaßt werden. So führt z. B. die Elaidinierung der Ölsäure (S. 55) zur Bildung von trans-Säuren. In einem selektiv gehärteten Fett können die Mengen an „Isoölsäuren" beträchtliche Werte erreichen. So stieg z. B. bei Härtung von Sonnenblumenöl der Gehalt folgendermaßen an:

Temperatur	140° C	180° C	220° C
Isoölsäure	21,8 %	31,2 %	27—30 %

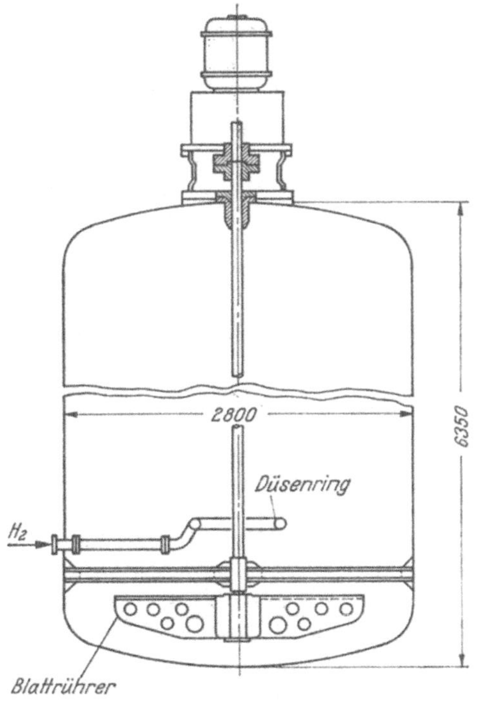

Abb. 80. Härtungsapparat für Speisefette (Aus: 54, Bd. IV., S. 232)

Der Endwert entspricht etwa der Hälfte der im Öl enthaltenen Ölsäure.

Daneben entstehen bei hohen Temperaturen (über 200° C) und hohem Druck (150—200 atü) *Fettalkohole*. Derartige Prozesse werden in der Wasch- und Textilhilfsmittelindustrie großtechnisch ausgenutzt, für Speisefette sind sie ohne Bedeutung. Von den *Begleitstoffen* der Fette werden die fettlöslichen Vitamine praktisch zerstört, die übrigen Bestandteile des Unverseifbaren verhalten sich verschieden, was für den Ausfall mancher früher erwähnter Farbreaktionen zu beachten ist.

Als *Hydrierungskatalysator* steht heute *Nickel* in der industriellen Anwendung an erster Stelle: als Carbonat, Hydroxid, Sulfat, Formiat oder Ni-Al-Legierung (Raney-Katalysator), auf Kieselsäure oder Aluminiumoxid aufgetragen und durch entsprechende Behandlung in metallisches Nickel übergeführt. Daneben wurden Platin und Palladium diskutiert, heute werden Kupfer-, Chrom-Kobalt-Mischkalalysatoren von besonders hoher Selektivität geprüft.

Der benötigte *Wasserstoff* stammt aus der Elektrolyse, der Wassergas-Konvertierung oder aus der Umsetzung von Erdgas oder Propan mit Wasserdampf.

Die *Fetthärtung* selbst erfolgt meist bei 160 bis gegen 200 °C mit Katalysatormengen, die 0,01—0,2% aktivem Nickel entsprechen. Nach beendeter Hydrierung wird der Katalysator auf Filterpressen abgetrennt. Die wichtigsten Verfahren sind:

a) Diskontinuierliche (Chargen-) Verfahren

Beim *Rührverfahren* nach W. Normann (1902) wird das Fett-Katalysator-Gemisch in dampfbeheizten Kesseln (170—180° C) gerührt und von unten unter geringem Druck (0,3 bis 3 atü) Wasserstoff durchgeleitet. Eine Weiterentwicklung dieses Verfahrens besteht darin, daß in den Autoklaven soviel Wasserstoff *aufgedrückt* wird, wie der beabsichtigte Härtungsgrad erfordert. Schließlich kann die Fett-Katalysator-Mischung in die Wasserstoffatmosphäre des Autoklaven *eingesprüht* und von unten im Kreislauf wieder zu den Sprühdüsen gepumpt werden. Das *Dead-end-Verfahren* arbeitet ohne Wasserstoffzirkulation.

b) Kontinuierliche Verfahren

haben sich weniger eingeführt, da sie gegenüber den Chargenverfahren schwer steuerbar sind. Die kontinuierliche Hydrierung eignet sich nur für Betriebe, die längere Zeit *eine* Rohölsorte verarbeiten.

Hier werden entweder mehrere Reaktionskammern bzw. Autoklaven hintereinander geschaltet (z. B. *Pintsch-Bamag* AG) oder drei hintereinander angeordnete Votatoren benutzt, bei denen zwei als Wärmeaustauscher und der mittlere als Reaktor dienen (*Girdler Corp.*). Im *Bolton-Lush-Verfahren* schließlich treten von unten Öl und Wasserstoff in eine mit Nickelwolle gefüllte Kolonne ein. Das Hartfett wird oben abgelassen. Auch eine besonders schonende *kontinuierliche Miscella-Hydrierung* an Raney-Nickel unterhalb 100° C wurde vorgeschlagen.

Hartfettarten. Wichtige Rohstoffe für die Margarineherstellung sind *gehärtete Walöle*, die hierzu meist auf einen Schmelzpunkt zwischen 30 und 42° C hydriert werden. „Tranweichfett‘ schmilzt bei 32—34° C. Fischöle werden zur Erzielung eines neutralen Geschmackes möglichst auf einen Smp über 40° C „gehärtet“.

Gehärtete Pflanzenöle werden gleichfalls in größter Menge als Margarinerohstoff sowie als Speisefette gewonnen, vor allem aus *Erdnußöl* (Erdnußweichfett, Smp 32—33° C, als vorzüglicher Ersatz für Schweineschmalz), *Sojaöl* und *Baumwollsaatöl*. Daneben werden *Rüb-*, *Sonnenblumenöl* sowie *Sesamöl* gehärtet. Die Hydrierung von *Leinöl* liefert Tristearin mit hohem Schmelzpunkt für die Seifen- und kosmetische Industrie.

Speisewert gehärteter Fette. Die physiologische Ausnutzung normal gehärteter Öle mit nicht zu hohem (nicht über 37° C liegenden) Schmelzpunkt unterscheidet sich nicht von der natürlicher Fette. Nickelrückstände der Härtung liegen z. B.

bei Margarinefetten in unbedenklichen Grenzen (etwa 1 bis maximal 4 μg/kg Fett). Biologisch mindernd ist die Vitaminzerstörung bei der Hydrierung, sie hat dazu Anlaß gegeben, aus derartigen Fetten hergestellte Margarine zu vitaminieren (S. 178). Trotz der zweifellos tiefgreifenden bei der Fettsäurehydrierung vor sich gehenden Umwandlungen, insbesondere der erörterten Konfigurationsänderungen ungesättigter Säuren (Auftreten von „Isosäuren"), sind nach unseren heutigen Kenntnissen keine Anhaltspunkte gegeben, nach denen bei der in der Lebensmittelindustrie üblichen katalytischen partiellen Hydrierung von Fetten mit Wasserstoff an Nickelkontakten derartige Fette ernährungsphysiologisch bedenkliche Eigenschaften erhalten. Auch bleibt der Gehalt solcher Fette an essentiellen Fettsäuren meist noch beträchtlich. So wurden z. B. in Margarinesorten üblicher Herstellung neben 21—44% Ölsäure 3,7—21,1% Linolsäure und 0,7—3,8% Linolensäure gefunden. Sind derartige Fettsäuren bei der Hydrierung jedoch im wesentlichen Umfang zerstört worden, so kann dieser Verlust durch Zusatz entsprechender Öle oder Fette ausgeglichen werden.

2. Die Umesterung von Fettsäureestern

Unter *Umesterung* versteht man kontinuierlich oder diskontinuierlich geführte Verfahren, mit deren Hilfe man Fettsäureester unter schonenden Bedingungen durch hochaktive Katalysatoren (Alkalialkoholate, Alkalimetalle, Alkalilegierungen) mit Fettsäuren, Alkoholen oder anderen Fettsäureestern zu neuen Estern umsetzen kann, die chemisch vom Ausgangsester verschieden sind. Beispielsweise verläuft die Umesterung mit Fettsäuren nach dem Schema:

$$R_1COOR_2 + R_3COOH \rightleftharpoons R_3COOR_2 + R_1COOH.$$

Man kann auf diese Weise z. B. aus Cocosöl mit höheren Fettsäuren kakaobutterähnliche Hartfette herstellen oder aus Fettsäureestern mit mehrwertigen Alkoholen (Fetten mit Glycerin) Mono- und Diglyceride gewinnen, die als Emulgatoren Verwendung finden, ganz allgemein also im Glyceridaufbau völlig neuartige Fette mit bestimmten Eigenschaften aufbauen, wobei die Fettsäuren selbst nicht angegriffen oder verändert werden. So lassen sich z. B. durch Umesterung genügend stabile Margarinekompositionen *ohne* Hydrierung herstellen oder Fette mittleren Schmelzbereiches gewinnen. Die in den USA in großem Umfang durchgeführte Umesterung von Schweineschmalz bewirkt dichtere Kristallstruktur und ergibt bessere Konsistenz sowie vorteilhafte Backeigenschaften. Verfahren dieser Art liefern für bestimmte Zwecke geeignete „maßgeschneiderte ("tailor made") Fette ".

3. Die Parafinoxydation (Fett- bzw. Fettsäuresynthese)

In den 30er Jahren wurden in Deutschland Kohlenwasserstoffe von Fischer-Tropsch-Gatsch, hydriertem Braunkohlenteer und verschiedenen Paraffinen bei Temperaturen zwischen 80 und 170° C unter Durchleiten feinverteilter Luft und gleichzeitiger Anwesenheit von Katalysatoren (Permanganat) zu Fettsäuren oxydiert. Abtrennung der C_{10}- bis C_{20}-Säuren durch fraktionierte Destillation führt nach Veresterung mit Glycerin zu Glyceriden eines synthetischen Fettes, das — abwegig und irreführend — als „Butter aus Kohle" bezeichnet wurde. Von den bei der Oxydation entstehenden geradzahligen Fettsäuren, den verzweigtkettigen Isofettsäuren, den Hydroxy-, Keto- und Dicarbonsäuren sowie Lactonen sind vor allem die Isofettsäuren, auch die Hydroxy- und Ketofettsäuren, physiologisch nicht unbedenklich und müssen entfernt werden. Derart aus gereinigten Synthesefettsäuren gewonnenes Fett ist recht beständig und gut haltbar und wird vom Menschen zu etwa 92% verdaut; auch Verbrennungswert, Assimilation und Resorption sind befriedigend. Synthesefett besitzt heute keine Bedeutung.

4. Fraktionierte Fette

Zur Trennung verschiedener Fettkomponenten kann die „*trockene*" *Fraktionierung* durch *Pressen* oder die *selektive Kristallisation* dienen, wobei im letzteren Fall *selektive*

Benetzung, z. B. mit Natriumlaurylsulfat, die Trennung erleichtert (*Lanza-Prozeß*). Über flüssig-flüssig-Extraktion vgl. S. 429. Neben dem „*Winterisieren*" von Speiseöl besitzt z. Z. die *Fraktionierung von Palmöl* das größte Interesse.

5. Polymerisierte Fette

Stark ungesättigte Wal- und Fischöle, die auf übliche Weise desodoriert wurden, können unter dem Einfluß von Luftsauerstoff und Wärme leicht wieder Fischgeruch- und -geschmack annehmen („umschlagen", „Reversion erleiden"; S. 77). Erhitzen unter Luftausschluß oder unter inertem Gas verhindert diese Erscheinung. Dabei tritt jedoch Polymerisation (Autoxydation) ein: es entstehen Hydroxy-, Oxo- und Epoxyverbindungen; unter Wasserabspaltung werden die gebildeten Konjuenverbindungen polymerisiert. Derartige „Polyöle" werden von verschiedener Seite als physiologisch bedenkliche Substanzen angesehen (vgl. S. 60). Trotz ihrer vorzüglichen emulgierenden Eigenschaften sind sie bis zur endgültigen Klärung ihres ernährungsphysiologischen Verhaltens als Nahrungsfette abzulehnen.

6. Margarine

Margarine sind nach der Definition des (heute völlig veralteten) „Margarinegesetzes" vom 15. 6. 1897, in der Fassung vom 25. 6. 1969, diejenigen der Milchbutter oder dem Butterschmalz ähnlichen Zubereitungen, deren Fettgehalt nicht ausschließlich der Milch entstammt. Erfinder der Margarine ist der Franzose H. Mége-Mouriès, der auf der Suche nach billiger „Kunstbutter" und einer Anregung Napoleons III. folgend, in den Jahren 1866/1869 von der äußeren Ähnlichkeit zwischen dem Milchfett und dem Oleomargarin (dem niedrigschmelzenden Anteil des Rindertalges; vgl. S. 440) ausging. Er mischte Oleomargarin mit Magermilch, verarbeitete dieses Gemisch in der Kirne zu einer butterähnlichen Emulsion und schuf damit den Prozeß, nach dem auch heute noch, abgesehen von der Fettzusammensetzung, grundsätzlich die Margarinefabrikation betrieben wird. Nach 1871 entstanden in rascher Folge Margarinefabriken. Bezeichnungen wie Kunstbutter, Sparbutter, vegetabilische Butter oder Oleomargarine gehören der Vergangenheit an. Die in angelsächsichen Ländern zeitweise gebrauchte Benennung „Butterine" wurde in England 1887 durch die "Margarine Act" aufgehoben. Das Wort Margarine stammt von dem französischen Chemiker M. E. Chevreul, der 1813 irrtümlich annahm, der Margarinerohstoff Oleomargarin enthalte eine zwischen Palmitin- und Stearinsäure stehende Fettsäure, die er „Margarinsäure" nannte. Später erwies sich diese Säure als ein Gemisch aus Palmitin- und Stearinsäure, deren Kaliumsalze perlmutterglänzende Kristalle liefern, nach denen die Margarine ihren Namen erhielt (griech. margaros = Perlmuschel).
Die wichtigsten Erzeugungsländer für Margarine sind folgende:

Tabelle 110. Die wichtigsten Erzeugungsländer für Margarine (Statist. Jahrb. BRD 1972; Angaben in 1000 t)

Land	1938	1954	1970
BRD	427,6*	613,4	542
DDR			188
Belgien	63,8	85,2	135
Dänemark	81		87
Niederlande	72,0	231,2	230
Norwegen	54,7	79,2	84
Österreich	10		39
Frankreich	35		158
Großbritannien u. Irland	211,3	385,3	315
Polen	10		163
Schweden	61		135
UdSSR	93,1	391,9	745
USA	174,7	618,8	1014
Kanada	—	52,6	90
Australien	15,3	32,6	66

* Deutsches Reich.

Auf den Kopf der Bevölkerung gerechnet, betrug der Margarineverbrauch 1963 pro Jahr in kg: Norwegen 22,5, Niederlande 19,8, Dänemark 18,3, Schweden 15,41 Belgien/Luxemburg 12,7, BRD 9,5, Großbritannien 6,1, Kanada, USA und Australien, je 4,2—4,4. Im Jahr 1938 wurden in Deutschland 6,1 kg Margarine und 8,8 kg Butter pro Kopf und Jahr verbraucht, 1970/71 lagen die entsprechenden Verbrauchszahlen bei 8,9 bzw. 8,2 kg. Margarine ist qualitativ und auch im Lichte physiologischer Erkenntnisse im Laufe eines Jahrhunderts aus der Rolle eines Ersatzproduktes herausgewachsen und zu einem Lebensmittel eigener Prägung geworden. Nicht zuletzt rührt der große Aufschwung dieses Industriezweiges vom Bedarf industrialisierter Kulturländer an butterähnlichen, schmackhaften und bekömmlichen Speise- bzw. Streichfetten her, die auch allen hygienischen und ernährungsphysiologischen Forderungen genügen.

Zur *Herstellung* der Margarine dienen streichfähige Gemische tierischer und pflanzlicher Fette, denen zur Weichmachung oft Schweineschmalz oder pflanzliche Öle beigefügt werden. Solche Fettgemische werden mit Wasser oder gesäuerter Magermilch emulgiert („*verkirnt*"), außerdem mit Lecithin, Eigelb, Milchzucker, Stärkesirup, Farbstoffen, Konservierungsstoffen, Vitaminen u. a. versetzt. Die tiefgekühlte erstarrte Masse wird gemischt, geknetet und in Würfeln oder größeren Gebinden verpackt.

Das unter der irreführenden Bezeichnung „Gesetz" betreffend den Verkehr mit Butter, Käse, Schmalz und deren Ersatzmitteln" erlassene „*Margarinegesetz*" verfolgt den Zweck, eine Verwechslung von Butter mit Margarine und von Schweineschmalz mit Kunstspeisefett auszuschließen. Margarine darf in 100 Gewichtsteilen nicht weniger als 80 Gewichtsteile Fett, enthalten (vgl. „VO über den Fettgehalt der Margarine" vom 10. 12. 1965). Zur Unterscheidung von Butter muß Margarine 0,2—0,3% Kartoffelstärke enthalten; Zusatz von 10% Sesamöl zu dem gleichen Zweck ist ebenfalls erlaubt. Margarine kommt meist in abgepakten Würfeln in den Verkehr. Die Abgabe loser Margarine ist von untergeordneter Bedeutung. Mischung mit Butter oder Butterschmalz ist verboten. Einzelheiten, insbesondere Kennzeichnungsfragen, regelt das Margarinegesetz.

a) Die Ausgangsstoffe

Unter den *Fettrohstoffen* spielen heute die tierischen Rohstoffe eine nur untergeordnete Rolle. Für die Margarineherstellung kommen vorwiegend Pflanzenöle, konsistente gehärtete, umgeesterte und fraktionierte Fette in Frage, z. B. Erdnuß-Sonnenblumen-, Baumwollsaat- und Sojaöl, Palmöl, Cocos- und Palmkernfett, leicht und stärker gehärtete Fette der obengenannten und anderer Öle. Auch stärker gehärtete Fette aus Walöl und Fischölen werden eingesetzt. Entsprechende *Fettkompositionen* erlauben die Entwicklung bestimmter Eigenschaften (z. B. Schmelzverhalten, Streichbarkeit, Plastizität, Geschmacksstabilität, Klarschmelzpunkt unter Körpertemperatur, genügend hoher Anteil an essentiellen Fettsäuren).

Die *wäßrige Phase* besteht aus Milch (Magermilch) oder Wasser. Die *Milch* wird zur Bildung von Aromastoffen und zur Entwicklung der Fehlinfektionen verhindernden Milchsäurebakterien nach dem Pasteurisieren mit aromabildenden Reinkulturen in Rahmreifern bis auf pH 4,5—4,8 (= 36—40° SH) gesäuert und vor der Verwendung bei +5° C gehalten. Neben Diacetyl, zusammen mit Acetoin werden auch verschiedene Ester, Ketone, δ-Dodecalacton sowie ε-Lactone der C_8- bis C_{14}-Hydroxyfettsäuren und Citronensäure als aromatisierende Zusätze benutzt. Das oft ausschließlich verwendete *Wasser* hat strengsten bakteriologischen Anforderungen zu genügen und muß frei von die Fettzersetzung katalysierenden Kupfer- und Eisenspuren sein. Schließlich ist die gleichzeitige Verwendung von Wasser und Magermilch nebeneinander üblich und möglich. Die Verwendung von Milch oder Rahm bei der gewerbsmäßigen Herstellung von Margarine ist nach § 3 des Margarinegesetzes mengenmäßig beschränkt.

Weitere Zusätze. Salz wird in erster Linie aus Geschmacksgründen (normal 0,2%, maximal 2%) zugegeben. Die konservierende Wirkung ist schwach; da Salz in der wäßrigen Phase sich findet, errechnet sich bei einem Wassergehalt der Margarine von 16% und einem Salzgehalt von 2% in dieser Phase eine Salzkonzentration von etwa 13%, die nicht genügt, um das Mikrobenwachstum zu unterbinden.

Zur *Konservierung* von Margarine mit einem Wassergehalt von *über* 15% ist neuerdings (Konservierungsstoff-VO vom 19. 12. 1959) lediglich „*Sorbinsäure*“ (1,2 g/kg) unter Deklaration („mit Konservierungsstoff“) zugelassen. Bei Margarinen mit einem Wassergehalt von 15% und darunter ist die Konservierung mit fremden Stoffen verboten.

Die (kennzeichnungspflichtige) Färbung der Margarine darf nach der „Farbstoff-VO“ nur mit Farbstoff E 160 b (*Bixin, Norbixin, Annatto, Orlean*) und nur unter Mitverwendung von *Carotin* erfolgen. In der Praxis ist damit gleichzeitig eine teilweise Vitaminierung verbunden. Für die *Vitaminierung* der Margarine, ein in allen Kulturländern eingeführtes, in der BRD anmeldepflichtiges Verfahren, kommen neben schwach raffiniertem Palmöl vor allem Vitamin A bzw. Vitamin A-Ester (Acetat und Palmitat), β-Carotin und Vitamin D_2 (Calciferol) in Frage. Bezweckt wird damit die biologische Angleichung an die von Natur aus vitaminhaltige Butter. In der Regel verwendet die Margarine-Industrie Standardmengen von etwa 20 iE/g an Vitamin A und 1—3 iE/g an Vitamin D. Bei guter Margarine ist damit zu rechnen, daß zugesetztes Vitamin A nach 12—14 Wochen um etwa 15% gemindert wird. Weiteres siehe S. 179.

Über in großer Zahl vorgeschlagene *Aromatisierungsstoffe* vgl. S. 449.

Eigelb, Lecithin (Soja-Phosphatide), physiologisch oft nicht unbedenkliche *Emulsionsöle* (z. B. Palsgard-Öl) sowie aus Naturfetten hergestellte Mono- und Diglyceride, außerdem Stärkesirup und Zuckerarten sollen als Emulgatoren die Emulsion stabilisieren, beim Erhitzen das oft beobachtete „Spratzen“ der Margarine verhindern und ähnlich wie bei der Butter eine Bräunung bewirken. Seit der Einführung des *Votator-Schnellkühlerprozesses* spielen derartige Emulgatoren nur noch eine untergeordnete Rolle.

Erkennungsmittel (Kartoffelstärke, Sesamöl) als gesetzlich vorgeschriebene Zugaben wurden auf S. 449 besprochen.

b) Die Herstellung der Margarine

Für die Herstellung der Margarine sind 3 Vorgänge wesentlich: die *Feinverteilung* (Emulgierung) der wäßrigen Phase innerhalb der Fettphase, das *Kühlen* (Ab-

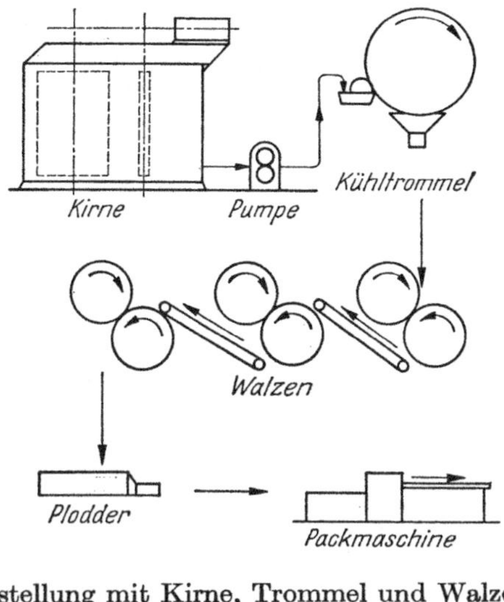

Abb. 81. Margarineherstellung mit Kirne, Trommel und Walzenanlage (Aus: 54, Bd. IV., S. 253)

schrecken) der Emulsion und schließlich die *mechanische Bearbeitung* (z. B. das Kneten).

Bei dem heute an Bedeutung zurücktretenden diskontinuierlichen Verfahren (*Kirn-Trommel-Verfahren*) verlaufen die obengenannten Schritte unabhängig von einander. Alle fettlöslichen Zutaten (Lecithin, Vitamine, Carotin, Monoglyceride, Aromastoffe) werden chargenweise in *einem* Fettansatz gelöst, mit der wäßrigen Phase in der *Kirne* vereinigt und anschließend auf die mit flüssigem Ammoniak von —10 bis —20° C gekühlte *Trommel* gebracht. Walzenstühle oder Mischmaschinen liefern die gewünschte Plastizität und „Länge" des Endproduktes (Abb. 81).

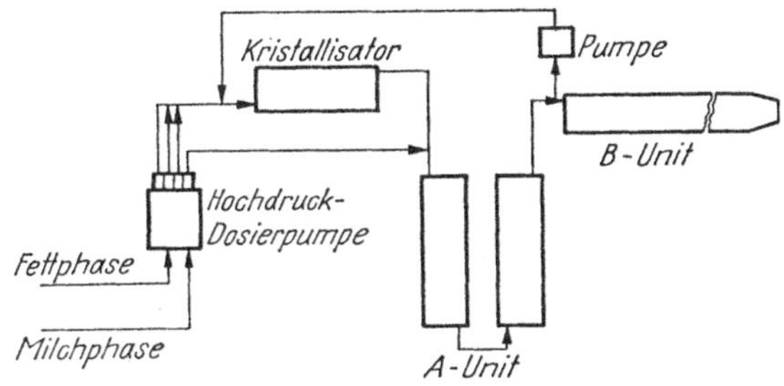

Abb. 82. Votator-Anlage mit Vorkristallisation und Rezirkulation (Unilever-Patent)

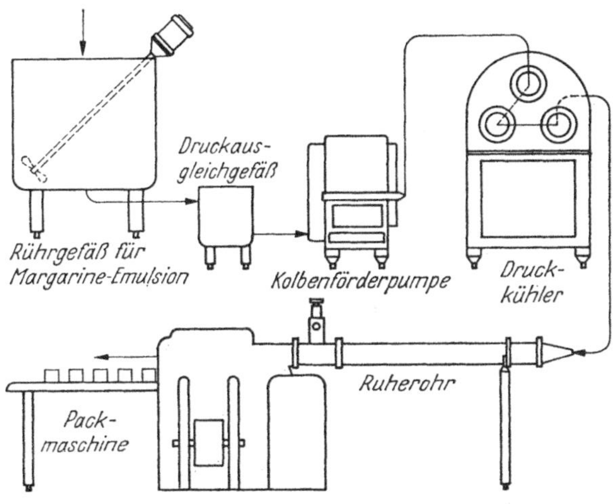

Abb. 83. Kombinator-Anlage zur kontinuierlichen Herstellung von Margarine (System Schröder & Co., Lübeck) (Aus: 54, Bd. IV., S. 257)

Die Weiterentwicklung führte zunächst zu *halbkontinuierlichen Verfahren*. Solche Verfahren (K. F. Gander in: 54, Bd. IV., S. 181; Lit. 58) besitzen erhebliche Bedeutung für die Herstellung von *Back-* und *Ziehmargarinen* mit besonders hohem Anteil an festem Fett. *Kontinuierliche Verfahren* besitzen heute die größte Bedeutung. Sie führten zu weiterer Rationalisierung und erlauben insbes. größte hygienische und bakteriologische Sicherheit bei der Produktion. Hier werden in einer *Votator-Anlage* entweder beide Phasen vorgemischt oder im richtigen Mengenverhältnis durch eine Hochdruckdosierpumpe in die sog. *A-Unit* der Kratzkühler gedrückt und dort unter Kühlung durch eine rotierende Welle (500 U/min) unter einem Pumpendruck von bis zu 30 atü innerhalb weniger Sekunden emulgiert. In der sog. *B-Unit* steift die Emulsion im Ruherohr auf. Nach einer mittleren Verweilzeit von 1—3 min tritt die packfähige Margarine in die Packmaschinen aus. Die Abb. 82 und 83 veranschaulichen das Prinzip.

c) Margarinesorten

Tafelmargarine als wichtigstes Produkt, heute zum größten Teil aus pflanzlichen Fetten hergestellt, ist in diesem Fall praktisch frei von Cholesterin. Die Bezeichnung „*Pflanzenmargarine*" schließt Mitverwendung tierischer Fette aus. Bezeichnungen, wie „*Ei-Margarine*", „*Eigelb-Margarine*", „*Margarine mit Ei*", u. a. sind ohne Angabe von Höhe und Art des Zusatzes als nicht zulässig anzusehen. Als *Spezialsorten* gelten: *Ziehmargarine* für die Blätterteigherstellung, die möglichst fest, zäh und „lang" sein soll; *Backmargarine*, die mengenmäßig wichtigste, weichplastische, im Teig gut verrührbare Spezialsorte, *Cremémargarine* für Rührkuchen, Fett- und Schlagcremes und die ihr ähnliche *Keksmargarine*, *Eiscrememargarine*, bei der auf hochgradige Sterilität zu achten ist und schließlich *Schmelzmargarine*, eine dem Butterschmalz ähnliche Zubereitung, die einen Mindestfettgehalt von 99% und körnige, gut ausgebildete Fettkristalle aufweist. *Diätmargarine* hat den Vorschriften der „Diät-VO" zu genügen.

Vanaspati ist eine indische Margarineart, die nur (gehärtetes) vegetabilisches Fett enthält und als Substitut für die einheimische Butter (*Ghee*, vgl. S. 411) zu betrachten ist.

d) Zusammensetzung, Haltbarkeit und Lagerung der Margarine

Der Caloriengehalt (rund 8000 kcal/kg) entspricht etwa dem von Butter. Margarine enthält höchstens 18% Wasser, mindestens 80% Fett, 0,5% Proteine, 0,4% Milchzucker und 1—2,5% Mineralstoffe. Physiologisch kann sie, wie erwähnt, durch Vitaminierung durchaus der Butter angeglichen werden. Der Glyceridaufbau indessen ist — je nach dem verwendeten Fett — sehr unterschiedlich und nicht mit dem der Butter zu vergleichen. Ausreichender Gehalt an essentiellen Fettsäuren, Zusatz fettlöslicher Vitamine und Verwendung von Fettmischungen, die den menschlichen Resorptionsverhältnissen angepaßt sind, machen neuzeitliche Margarinesorten zu biologisch wertvollen Fettquellen. Unerwünschte Veränderungen der Margarine, die infolge ihrer komplexen Zusammensetzung ein leicht verderbliches Nahrungsfett darstellt, sind vor allem Schimmelbefall („Fleckigwerden"), weniger das Ranzigwerden. Abgepackte Würfel verlieren an der Oberfläche leicht Wasser („Auskanten" der Margarine).

Als *Packmaterial* dienen Folien, meist fettdichtes Pergament, kaschiert mit Aluminiumfolie, bisweilen mit zusätzlicher Kaschierung durch eine glänzende PVC-Außenschicht („Triplex-Folien"). Becher werden aus Kunststoff (PVC) oder aus Pappe mit Wachsauftrag bzw. Kunststofflackierung hergestellt.

Lagerung von Margarine bei Zimmertemperatur kann bei geeigneter Verpackung 5—8 Wochen, nach anderen Angaben 4—6 Wochen erfolgen. Vorratshaltung auf längere Sicht erfordert Gefrierlagertemperaturen. Bei —15° C ist Margarine 4—6 Monate bei —25° C 5—7 Monate haltbar.

7. Kunstspeisefett, Back-, Brat- und Siedefette

Der Begriff „*Kunstspeisefett*" ist durch das Margarinegesetz von 1897 geprägt worden. Man versteht darunter dem „Schweineschmalz ähnliche Zubereitungen, deren Fettgehalt nicht ausschließlich aus Schweinefett besteht". Diese Definition ist unglücklich gewählt, da man eher geneigt sein könnte, ein synthetisches Fett (S. 447) als Kunstspeisefett zu bezeichnen. Das Wort ist aber in andere Gesetze und Verordnungen auch aus neuerer Zeit übergegangen, so daß es für andere Erzeugnisse nicht mehr verwendet werden kann. In den 90er Jahren des vergangenen Jahrhunderts kamen von Amerika her Mischungen von Schweineschmalz mit Baumwollsaatöl in den Verkehr, die nur als „Speisefett" bezeichnet waren. Aufgrund des seinerzeit geltenden Nahrungsmittelgesetzes von 1879 konnte gegen diese Bezeichnung nicht eingeschritten werden; man hat daher entsprechende Bestimmungen in das damals neu gefaßte Margarinegesetz aufgenommen. Nach damaliger Auffassung mußten also alle Fettmischungen, die äußerlich dem Schweineschmalz ähnlich, insbesondere streichbar waren, als Kunstspeisefett bezeichnet werden. Das Margarinegesetz sah eine Ausnahme von dieser Bezeichnung vor für „unverfälschte Fette" bestimmter Tier- oder Pflanzenarten, die unter der ihrem Ursprung entsprechenden Bezeichnung in den Verkehr gebracht werden. Diese Ausnahme wurde später ausgedehnt auf Mischungen von Schweineschmalz und Rindertalg und auch auf gehärtete Fette und Fettmischungen anderer Art, sofern sie nach der Art ihrer Bestandteile bezeichnet waren. Im Lebensmittelverkehr wird der Name „Kunstspeisefett' heute kaum noch verwendet. Kunststpeisefette unterliegen nicht der Kennzeichnungspflicht nach der „Lebensmittel-Kennzeichnungs-VO".

Speisefette im engeren Sinn, sofern sie geruch- und geschmacklos sind, kommen meist unter der Bezeichnung *Pflanzenfett* oder unter Angabe der speziellen Fettart in den Handel. Sie dürfen höchstens 0,2% gelöstes Wasser enthalten und werden aus den gleichen Rohstoffen, wie die Margarine hergestellt. Im Falle einer Aromatisierung oder Färbung müssen sie in der BRD als Margarine, bzw. Schmelzmargarine oder aber als „Kunstspeisefett" deklariert werden. Grundstäzlich kommen für Speisefette alle Öle, Fette und Hartfette in Betracht. Ein typisches Plattenfett ist das *Palmin.* Andere Speisefette, z. B. die „*Shortenings*" mit typisch „kurzer" Kristallstruktur oder die *Frittierfette* kommen z. B. in Ziegelform oder in Tüten und Becher abgepackt in den Handel.

IV. Speiseöle

Speiseöle sind bei Zimmertemperatur flüssige Speisefette, die (mit Ausnahme des Schmalzöls) pflanzlicher Herkunft sind. Die wichtigsten bereits besprochenen Vertreter sind neben Olivenöl vor allem Soja-, Erdnuß-, Sesam-, Baumwollsaat-, Raps-, Mohn- und Leinöl. Hierher rechnen Salat- und Tafelöle, Koch-, Back- und Bratöle sowie Konservenöle (z. B. für Ölsardinen). Sie können durch Extraktion oder nach dem Preßverfahren gewonnen werden und sind unmittelbar oder nach entsprechender Raffination zum menschlichen Genuß geeignet. Werden Speiseöle nach bestimmten Pflanzen benannt, so dürfen sie nur aus diesen ohne jede andere Beimischung bestehen. Speiseöle unter allgemeiner Bezeichnung (Speise-, Tafel-, Misch-, Backöl usw.) können als Mischungen in den Verkehr gebracht werden. Raffiniertes Fischöl ist kein Tafelöl.

Tabelle 111. Kennzahlen und Konstanten pflanzlicher Fette

	Brechungsindex n_D^{40}	Schmelzpunkt °C	Erstarrungspunkt °C	Verseifungszahl	Jodzahl	Unverseifbares %
Fruchtfleischfette						
Stillingiatalg	1,454—1,457	43—47	26—38	196—231	18—41	1—1,3
Palmöl („Palmbutter")	1,453—1,456		27—43	195—206	34—61	
Olivenöl	1,461—1,462		— 5 bis —9 (auch 0)	186—196	76—90	

Tabelle 111. Fortsetzung

	Brechungsindex n_D^{40}	Schmelzpunkt °C	Erstarrungspunkt °C	Verseifungspunkt	Jodzahl	Unverseifbares %
Samenfette						
Cocosfett	1,448—1,450	20—28	22—23	250—264	7,5—10,5	0,2—0,6
Palmkernfett	1,449—1,452	23—30	20—24	245—255	14—22	< 0,8
Babassufett	1,449—1,451	22—26	22	247—253	13—16	0,2—0,5
Kakaobutter	1,453—1,458	28—36	21—27	190—200	34—40	0,25—0,8
Sheabutter (Karitéfett)	1,463—1,466	23—42	17—27	178—196	53—65	3—10
Borneotalg (Illipébutter)	1,456—1,457	28—37	22—30	189—200	29—38	0,4—2
Samenöle						
Baumwollsaat	1,464—1,468		—6 bis —14	189—198	90—117	0,6—1,5
Kapok	1,461—1,466			189—197	85—100	0,8—1,6
Kürbiskern	1,466—1,469		—15 bis —16	185—198	117—130	± 1,5
Mais	1,465—1,466		—10 bis —15	188—198	116—130	1,3—2,0
Haselnuß	± 1,461		—18 bis —20	187—197	84— 90	0,3—0,5
Bucheckern	1,463—1,464		—17 bis —17,5	191—196	111—120	0,8
Mandel	1,462—1,464		9—12	183—196	95—106	—
Sesam	1,464—1,468		— 3 bis —6	187—193	104—116	0,9—2,3
Sonnenblumen	1,466—1.468		—16 bis —18	186—194	113—143	0,3—1,2
Lein	1,472—1,475		—18 bis —27	188—196	168—204	bis 1,7
Mohn	1,467—1,470		—15 bis —20	188—196	132—142	0,4—1,2
Walnuß	1,469—1,475		—12 bis —29	186—197	142—152	± 0,5
Erdnuß	1,461—1,465		0 bis —3	188—195	84—102	0,2—0,8
Soja	1,465—1,469		— 8 bis —15	189—195	117—141	0,5—1,6
Raps (Rüböl)	1,464—1,468		0 bis —2	168—179	94—106	0,5—1,5
Senf (weiß)	1,463—1,466		—15 bis —16	170—178	94—122	± 1
Ungenießbare Öle						
Chines. Holzöl[1]	1,510—1,514			188—197	147—211	
Ricinusöl	1,466—1,473		—12	177—187	82— 90	0,2—0,3
Crotonöl	1,470—1,473			193—215	102—109	± 0,6
Chaulmoograöl[2]	1,471—1,473		5—20	198—208	98—105	± 0,29

[1] Viscosität E_{20} = 32—43.
[2] Drehungsvermögen $[\alpha]_D^{30°}$ = + 45 bis + 53

Tabelle 112. Kennzahlen und Konstanten tierischer Fette

a) Milchfette

	Brechungsindex n_D^{40}	Schmelzpunkt °C	Erstarrungspunkt °C	Verseifungszahl	Jodzahl	Reichert-Meissl-Zahl	Polenske-Zahl
Rind	1,452—1,457	28—38	15—25	210—240	25—47	21—36	1 —4
Büffel	1,453—1,456	31—38	24,5—29	222—240	30—46	25—45	1,6—2,4
Ziege	1,454—1,457	27—38,5	24—31	222—242	21—39	20—29	3,2—9,8
Schaf	1,451—1,453	29—30	12	216—245	30—39	23—33	3,6

Tabelle 112. Fortsetzung

b) Depotfette der Landtiere

	Dichte d 40° C	Brechungsindex n_D^{40}	Schmelzpunkt °C	Erstarrungspunkt ° C	Verseifungszahl	Jodzahl	Unverseifbares %
Schwein	0,896—0,906	1,456—1,461	28—40	22—32	193—202	46—70	bis 1
Rind	0,898—0,908	1,455—1,459	40—50	30—38	190—202	32—48	bis 0,8
Hammel	0,896—0,898	1,455—1,458	44—55	32—45	192—198	31—47	0,1
Ziege	—	1,457	48,4	34,5	199	33—34	0,2
Pferd	0,898—0,910	1,460—1,465	30—43	22—37	195—204	71—86	0,4—0,7
Huhn	0,905—0,908	1,461	30—32	21—27	193—205	58—80	—
Gans	0,907—0,914	1,459—1,462	32—34	18—20	191—198	66—73	—
Ente	—	1,465	27—39	22—24	193,6	58—72	—

c) Seetieröle und -fette

Walöle							
Pottwal	0,859—0,867	1,457—1,458	—	—18	112—132	82—92	30—40
Blauwal	0,898—0,915	1,463—1,471	—	—	178 bis 202	102 bis 144	0,7—3,5 (meist < 1,5)
Finnwal	0,907	1,465	—	—	196,6	112	1,09
Körperöle von Fischen							
Hering	0,913	1,469	—	—	192	105 bis 160	0,8—1,3
Sardine	0,918	1,474	—	—	191	160 bis 190	1,0

C. Pflanzliche Lebensmittel

I. Getreide, Getreideerzeugnisse sowie Hülsenfrüchte

Getreide, Getreideerzeugnisse und Brot sind die Grundpfeiler der menschlichen Ernährung. Rund 50% des Calorienbedarfs, etwa die Hälfte des Kohlenhydratanteiles und ein Drittel der Eiweißzufuhr unserer täglichen Nahrung stammen aus Getreide und dessen Erzeugnissen. Etwa 60% der Weltackerfläche werden mit Getreide bestellt, wobei 34% auf Weizen und Roggen, je 9—11% auf Gerste und Hafer und der Rest auf Reis und Mais entfallen. Die Entwicklung der Getreidearten aus wildwachsenden Getreidegräsern hat, klimatisch und bodenmäßig bedingt. die heute gegebene Vielfalt von Rassen mit spezifischen, erblichen Eigenschaften („Genen") geschaffen, die ihrerseits wieder in typischen Genzentren auftreten: Weizen, Roggen, Hafer und Gerste in Südwestasien, Gerste und Weizen in Nordostafrika, Reis in Indien, Mais in Zentralamerika und in Ostasien vor allem die nackten Formen der Gerste und des Hafers.

Das älteste, schon in der Steinzeit bekannte Getreide ist die *Gerste*; sehr alt und früh in Kultur genommen wurde auch der *Weizen*, der schon den alten Kulturvölkern Ägyptens und Westasiens bekannt war, in unsere Breiten jedoch erst zur Bronzezeit (etwa 1700 v. Chr.) gelangte. *Roggen* stellt eine sekundäre, in der Bronze- und Steinzeit auftretende Kulturpflanze dar, deren Heimat im Gebiet zwischen Kleinasien und Persien zu suchen ist. Erstmals kultiviert wurde er in Südrußland und Turkestan. In ähnlicher Weise dürfte *Hafer* zunächst mit dem Weizen als Unkraut gewandert sein, wobei sich allmählich aus der Wildform die Kulturform entwickelte. Als Ursprungszentrum ist Asien anzunehmen. *Reis*, eine der wichtigsten und ältesten Kulturpflanzen Ost- und Südostasiens, wird heute in allen tropischen und subtropischen Gebieten angebaut. *Mais* war ursprünglich in Mittelamerika beheimatet und ist heute die typische Getreideart für ganz Amerika geworden. *Hirse*, eine in Afrika, Asien und Nordamerika angebaute Mehlfrucht, ist als Mohrenhirse die wichtigste Brotfrucht Afrikas. *Buchweizen*, im botanischen Sinne kein Getreide, kam offenbar erst im 13. Jahrhundert durch die Mongolen nach Europa.

Unter Brotgetreide im engeren Sinne verstehen wir nur Weizen und Roggen, wobei der Weizen für die wärmeren Gebiete der gemäßigten Zone die Hauptgetreideart darstellt. Die Welternten für die einzelnen Getreidearten betrugen 1962/63:

Tabelle 113. Getreideerträge 1962/63 in den Kontinenten der Erde (in Mio t) (Production Yearbook FAO *17*, S. 35 (1963))

	Weizen	Reis	Mais	Gerste	Hirse	Hafer	Roggen	Getreide zus.
Europa	61,8	1,6	22,8	32,4	0,1	17,6	15,7	152,0
Nord- und Zentral-amerika	46,6	4,1	101,1	13,3	13,4	22,5	1,3	202,3
Südamerika	7,9	7,7	16,8	1,0	1,3	0,7	0,2	35,6
Asien	34,4	138,4	13,4	13,0	18,7	0,6	0,7	219,2
Afrika	5,8	5,2	14,6	2,9	15,9	0,2	—	44,5
Ozeanien	8,6	0,2	0,2	1,0	0,3	1,3	—	11,6
Erde	262,9	247,4	217,5	100,1	72,5	50,8	34,9	986,1

1970 wurden in der BRD 5,66 Mio t Weizen, 2,67 Mio t Roggen, 4,75 Mio t Gerste, 2,48 Mio t Hafer und 507000 t Mais geerntet. An Getreideerzeugnissen (Mehlwert) wurden 1970/71 in der BRD pro Kopf und Jahr 65,1 kg (1958/59 = 85,9 kg) verbraucht.

1. Das Getreidekorn

Unter Getreidekörnern (Cerealien oder Halmfrüchten) versteht man die Schließfrucht (Karyopse) bestimmter Gräser (Gramineen). Typische Brotgetreide sind wie erwähnt Weizen und Roggen, doch rechnen hierher auch die reifen Früchte von Gerste, Hafer, Mais, Reis und Hirse. Als „Getreide“ gilt schließlich auch die geschälte Frucht des Buchweizens, eines Knöterichgewächses, obgleich sie kein Getreidekorn darstellt. Bei verschiedenen Getreidearten fallen die Körner nach dem Drusch „nackt“ an, d. h. ohne die den Fruchtansatz während des Wachstums umhüllenden Spelzen (Roggen, Weizen, Mais, einige Hafer- und Gerstenarten). Bei anderen Getreidekörnern sind Fruchtschale und Spelzen eng verbunden (bespelzte Körner) und müssen bei der Verarbeitung durch einen besonderen Schälvorgang abgetrennt werden (die meisten Gersten- und Haferarten, Spelzweizen, Reis, Hirse).

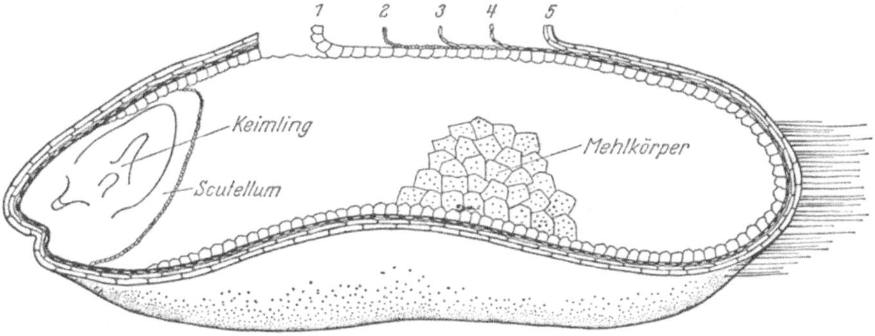

Abb. 84. Schematisierter Längsschnitt des Weizenkornes. 1 Aleuronzellen, 2 Samenhaut, 3 Schlauchzellen, 4 Querzellen, 5 Oberhaut mit Längszellen (Aus: 54, Bd. V/1., S. 7)

Im *Aufbau* des Getreidekornes (Abb. 84) unterscheidet man die *Schale*, von der *Keimling* und *Mehlkörper* (Nährgewebe, Mehlkern) umschlossen sind. Die Fruchtschale besteht aus den Längszellen, den Querzellen und den Schlauchzellen, dann folgen die Samenschale (Testa) und die Aleuronschicht.

Ihre Zellen sind abgestorben, stark verdickt und schützen das Getreidekorn vor Verletzungen. In der mehrschichtigen rohfaserreichen Fruchtschale liegen u. a. die bei Weizen und Roggen charakteristisch verschieden ausgebildeten, zur mikroskopischen Erkennung beider Getreidearten herangezogenen *Querzellen.* Die Grundfarbe des Kornes wird durch die Spelzenfarbe (z. B. bei Hafer) oder durch Farbstoffe der Samenschale (braune oder gelbrote „Phlobaphene“ der Samenschale bei Weizen) oder aber durch Pigmente in der Aleuronschicht bedingt (blaue bis blaugrüne Anthocyane bei Roggen, oft auch bei Gerste). Zwischen Schale und Mehlkörper, dem letzteren zugerechnet, liegt eine, je nach Getreideart ein- oder mehrfache mineralstoffreiche Schicht großer wabenförmiger Zellen, die *Aleuronschicht.* Diese Aleuronzellen, früher fälschlich als „Kleberzellen“ bezeichnet, sind nicht kleberbildend. Sie enthalten vom Klebereiweiß chemisch unterschiedenes Reserveeiweiß (Aleuron), außerdem Öltröpfchen, Enzyme und Vitamine. Der *Mehlkörper* ist aufgebaut aus großen dünnwandigen Zellen, die Stärkekörner in eine strukturlose Eiweißsubstanz eingebaut enthalten. Struktur, Größe und Verkleisterungsgrad der Stärkekörner sind wichtige Hilfsmittel zur Erkennung der verschiedenen Getreidestärken (vgl. die Fachliteratur). Je nach Sorte, Herkunft und Wuchsbedingungen ist der Mehlkörper weiß-mehlig, glasig-hart, hornig oder bläulich durchscheinend. Glasige oder mehlige Struktur hängt von der mehr oder minder weitgehenden Verkittung der Stärkekörner durch das Protoplasma ab.

Der *Keimling* besteht aus kleinen, dünnwandigen, eckigen Zellen, die feinkörniges Plasma und den Zellkern enthalten. Er liegt mit dem *Schildchen* (Scutellum, Keimblatt) seitlich am Nährgewebe. Das Embryonalgewebe des Keimes ist lebend, wachstumsfähig (im Gegensatz zur Schale und Endosperm) und reich an Eiweiß, Fett, Vitaminen, Enzymen und Mineralstoffen.

Die *Größe* der Getreidekörner schwankt je nach Sorte und Anbauverhältnissen innerhalb weiter Grenzen. Ausgeglichene Größen sind wesentlich für verschiedene technologische Prozesse, z.B. für die Schrotwalzenstellung in der Weizen- und Hartgrießmüllerei, für gleichmäßigen Keimungsprozeß bei der Mälzerei von Braugerste oder für die Haferschälung bei der Flockengewinnung. Als Maß der Korngröße hat sich das „*Tausendkorngewicht*" eingebürgert. Es liegt z.B. für Roggen zwischen 13 und 42 g, je nach Sorte.

a) Getreidekrankheiten und Kornschäden

Hierher rechnen *Stein-* oder *Stinkbrand* des Weizens, hervorgerufen durch schmarotzende Brandpilze, das hochgiftige *Mutterkorn* als Dauerformen des Pilzes Claviceps purpurea (vor allem bei Roggen), Befall mit *Schildwanzen*, die durch „Kleberstich" zu Leimkleberbildung und Schädigung der Backfähigkeit führen. Weitere Schädlinge sind Rostkrankheiten, Getreidelaufkäfer, Getreidemotte, Kornmotte, Reiskäfer, Weizengallmücken, Ratten und Mäuse und viele andere. Durch *Witterungseinflüsse* bedingt sind Notreife (Dürre während der Reifezeit), Auswuchs (bei starken Regenfällen) und Frostschäden. Das mit Getreide und Getreideprodukten zugeführte *nucleare Zerfallsprodukt* ^{90}Sr macht $^1/_5$ bis $^1/_3$ der gesamten mit der Nahrung zugeführten Radionuclide aus.

Von wesentlicher Bedeutung für die Resistenz des Getreides scheinen fungicide Faktoren zu sein, die in der Pflanze selbst gebildet werden. Ein derartiger Stoff, das auch in Pilzen aufgefundene 6-Methoxy-2(3)-Benzoxazolinon und dessen methoxylfreies Derivat wurden aus Reis-, Mais- und Weizenpflanzen isoliert.

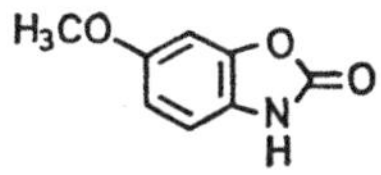

b) Lagerung und Vorratsschutz

Getreide stellt, vor allem kurz nach der Ernte, ein lebendes umsatzbereites und sehr empfindliches Produkt dar. Die erste und wichtigste Schutzmaßnahme ist die Herabsetzung des Wassergehaltes auf weniger als 15%. Trocknung erfolgt zunächst auf dem Felde, neuerdings immer mehr durch *Mähdrusch*, wobei das Getreide im Zustand der „Totreife" (20—24% Wasser) geschnitten und vor der Einlagerung getrocknet wird (Konditionierung). Zum Trocknen großer Mengen eignen sich besonders Schachttrockner (Abb. 85) und Vakuumtrockner.

Vor der Vermahlung wird zur Verbesserung der Backfähigkeit in Kornhäusern, auf Kornböden (Schüttböden) und vor allem in Silos gelagert. Vorreinigung, mechanische Bewegung, Belüftungs- und Rieselanlagen sorgen dafür, daß das Getreide optimal bei einem Wassergehalt von etwa 14% und unter einer relativen Luftfeuchtigkeit von 75% gehalten wird. „Kühl und trocken" ist eine Grundregel für jede Getreidelagerung. Zunehmende Feuchtigkeit und Mikroorganismenbefall führen zur Selbsterhitzung und zu abnormen Atmungsverlusten. Bei lagerfestem Getreide beträgt der normale Atmungsverlust 0,25—2% pro Jahr. Gesundes Getreide kann unter günstigen Bedingungen 2—3 Jahre lagern. Getreide mit mehr als einjähriger Lagerzeit wird als

„überlagert" bezeichnet. Es weist stumpfe Oberfläche und Altgeruch auf. Fragen des Vorratsschutzes von Getreide durch Behandlung mit *ionisierenden Strahlen* bedürfen noch intensiver Bearbeitung und Klärung.

Die *Schädlingsbekämpfung* stellt einen wesentlichen Teil der Vorratspflege dar und richtet sich nach den besonderen Lagerungsbedingungen. Aus der Unzahl der vorgeschlagenen Mittel seien erwähnt: als *Begasungsmittel* Blausäure (Cyclon), Äthylenoxid

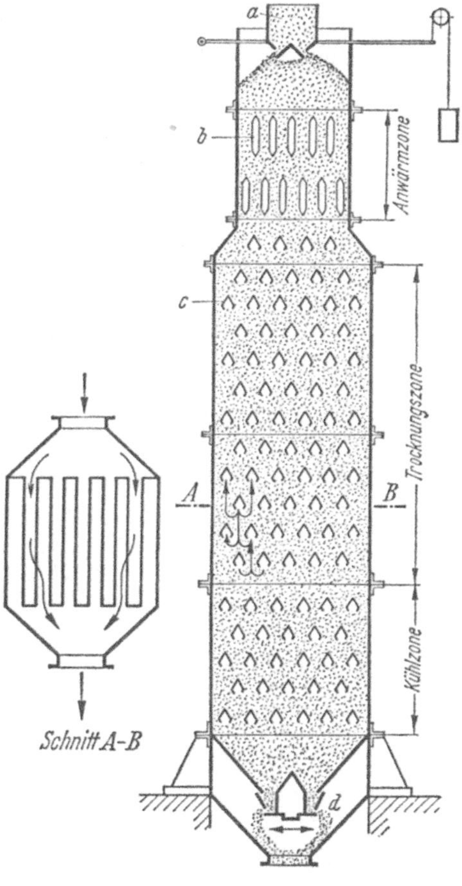

Abb. 85. Rieselschachttrockner für Getreide. (Aus O. Krischer und K. Kröll: Trocknungstechnik. Bd. II., S. 268, Berlin: Springer 1959) a Einlaufvorrichtung, b Vorwärm-Heizkörper, c dachförmige Einbauten, d Austragvorrichtung

(T-Gas, Cartox), Methylbromid, Phosphorwasserstoff, Schwefelkohlenstoff, Chlorpikrin, als *Stäubungsmittel* Kieselgel, α-Naphthylthioharnstoff und insbesondere Kontaktinsecticide und andere chlorierte Kohlenwasserstoffe). Über Verbote solcher Mittel vgl. S. 307. Einstäubemittel, desgl. Vernebelungs-, Durchgasungs-, und Räuchermittel sind deshalb bedenklich und in ihrer Verwendungsbreite noch umstritten, weil sie als Reste im Korn verbleiben, in Mehl und Brot übergehen und von dort in den menschlichen Organismus gelangen können. Mit Methylbromid begastes Getreide liefert Mehl, in dem neben anorganischem Bromid verschiedene Methylsulfoniumverbindungen nachweisbar sind. In jüngster Zeit sind aus dem Irak zahlreiche Todesfälle bekanntgeworden, die auf den Verzehr mit quecksilberhaltigen Fungiciden behandelten Saatgetreides zurückgeführt werden konnten.

c) Chemische Zusammensetzung der Getreidearten

Das Getreidekorn baut sich auf aus Kohlenhydraten (Cellulose, Hemicellulosen, Pentosane, Stärke und Dextrine, Zucker), Eiweißstoffen und freien Aminosäuren, Fetten und Lipoiden, Mineralstoffen und Wasser. Es enthält außerdem noch Vitamine und verschiedene technologisch bedeutungsvolle Enzyme. Wichtig für die Weiterverarbeitung und Fraktionierung des Getreidekornes ist, daß die genannten Stoffgruppen und ihre Einzelvertreter gemäß den verschiedenen biologischen Aufgaben der einzelnen Kornschichten sehr verschiedenartig im Korn verteilt sind. Je nach Sorte und Erntebedingungen schwankt die Zusammensetzung auch innerhalb ein und derselben Getreideart beträchtlich. Mittelwerte für die wichtigsten Getreidearten bringt die folgende Tabelle.

Tabelle 114. Mittlere chemische Zusammensetzung der Getreidearten (in %) (Aus: 54, Bd. V/1., S. 17)

	Kohlenhydrate					
	Cellulose (als Rohfaser ermittelt)	Stärke und Zucker (N-freie Extraktstoffe)	Rohprotein (N · 6,25)	Rohfett (Petroläther-extrakt)	Mineralstoffe (Asche)	Wasser
Weizen	1,8	67,7	12,0	1,9	1,6	15,0
Roggen	1,9	70,7	10,0	1,7	1,7	15,0
Hafer[1]	11,1	57,1	10,8	5,5	3,5	12,0
Gerste[1]	5,0	66,0	9,5	2,5	2,5	14,5
Reis[1]	9,0	64,8	7,8	1,6	5,0	11,8
Mais	2,2	67,2	9,9	4,4	1,3	15,0
Hirse[2]	8,1	58,6	10,6	3,9	3,8	15,0
Buchweizen[2]	11,4	63,8	10,7	2,4	1,7	10,0

[1] mit Spelzen; [2] ungeschält.

Das Weizenkorn gliedert sich schematisch etwa folgendermaßen auf:

Weizenkorn

Frucht- u. Samenschale	Keimling	Aleuronschicht	Mehlkörper
5 %	2—3 %	7—9 %	83—85 %
Kleie = 17 %			*Mehl = 76 %*

Die Differenz zu 100 (Kleie + Mehl) umfaßt Mahlverlust, Schälverlust und Fußmehl.

α) *Kohlenhydrate*

Bei allen Getreidearten steht der *Stärke*anteil an erster Stelle; er liegt für Weizen und Roggen bei etwa 70%, für Gerste und Hafer bei 55—65% und ist besonders hoch bei Reis (bis etwa 80%). Die Getreidestärke weist oft spezifische Form und Größe auf und zeigt die für Stärke typischen Quellungserscheinungen, die schließlich zur *Verkleisterung* führen. Diese tritt bei den einzelnen Stärken bei verschiedenen Temperaturen ein und wird zur Unterscheidung z. B. von Roggen- und Weizenmehl benutzt (Verkleisterungsprobe nach Wittmack).

Der *Dextrin*gehalt beträgt für Weizen 0,1—0,2%, für Sorghumhirse 2,5%, für Buchweizen und Gerste 3,5%. An einfachen Zuckern finden sich *Glucose*, *Fructose* und *Maltose* im Mehlkörper aller Getreidearten, und zwar in Mengen von etwa 0,1—0,3%. *Maltose* kommt beim gesunden ruhenden Korn nur geringfügig (0,03 bis 0,06%) in der Trockensubstanz vor. Der Gehalt an Oligosacchariden ändert sich bei normaler Lagerung nur unwesentlich. Beim Keimen steigt in Weizen, Roggen, Gerste und Hafer der Maltosegehalt auf mehr als das Hundertfache an. Als dominierender Zucker erscheint die *Saccharose*. Besonders reich an *Saccharose* sind Weizen (1—2%) und Gerste (etwa 1,8%). Der Hauptanteil dieses Kohlenhydrates ist beim Weizen im Keimling lokalisiert, wo er $^4/_5$ der gesamten Zuckermenge ausmacht. Roggen enthält in reichlicher Menge (2%), Weizen nur geringfügig (0,4—0,5%) ein *Fructosan* als Decafructosan (Graminin, S. 109), das im Roggen-Endosperm vorkommt und zur Ermittlung von Roggenmehl im Weizenmischmehl dienen kann. Weitere Zuckerarten, die im Getreide gefunden wurden, sind die vor allem im Keimling nachgewiesene *Raffinose* und eine nichtreduzierende *Fructosylraffinose*. Der Gehalt an leicht assimilierbaren Zuckern ist wichtig als Nährstofflieferant für die bei der Teigführung benutzten Mikroorganismen (Sauerteig, Hefeteig, S. 486). *Hemicellulosen* finden sich in allen Schichten des Kornes, doch recht ungleichmäßig verteilt. So enthält die Schale des Weizens 40%, das Endosperm nur 3,6% Hemicellulosen. *Pentosane* (Arabane, Xylane) als Baustoffe der Schleim- und Gummisubstanzen finden wir in geringer Menge bei Weizen (2,2—2,8% im Mehlkörper) und bei Gerste, reichlicher bei Roggen. Die *Schleimstoffe* des Hafers sind als *Lichenin* bekannt; sie bestehen aus 1.4- und 1.3-glucosidisch gebundenen Glucosemolekülen und werden in Haferschleimen schnell enzymatisch gespalten. Pentosane scheinen Bedeutung für die Struktur des Teiges zu besitzen, indem sie — adsorptiv an Stärke gebunden — diese gegen enzymatische Angriffe schützen. Der erwähnte hohe Pentosangehalt des Roggens wird mit dessen Unfähigkeit zur Kleberbildung in Zusammenhang gebracht. *Cellulose* kommt zusammen mit Lignin in der Schale des Getreidekornes vor und gelangt bei der Vermahlung zum größten Teil in die (bis zu 10% Cellulose enthaltende) Kleie.

β) *Eiweißstoffe und andere Stickstoffsubstanzen*

Der Eiweißgehalt im Getreidekorn unterliegt beträchtlichen Schwankungen je nach Art, Sorte, Boden, Düngung, klimatischen Verhältnissen usw. Er nimmt außerdem von außen nach innen im Korn ab.

Über den Eiweißgehalt einiger Getreidearten siehe Tabelle 114, S. 460.

Eingehend untersucht sind, vor allem in Hinsicht auf ihre backtechnische Eigentümlichkeit, die Proteine des Weizens. Bereits 1728 hatte Beccaris aus Weizenmehl durch Auswaschen der Stärke das sog. *Klebereiweiß* gewonnen, eine elastische, gummiartige, dem Weizenkorn eigentümliche Eiweißsubstanz. 1907 stellte T. B. Osborne in systematischen Untersuchungen fest, daß Endospermeiweiß des Weizens zu 80% aus auswaschbarem Kleber besteht, daneben noch Albumin, Globulin, Proteosen und Nucleoproteide (im Keimling) enthält. Osborne trennte das Klebereiweiß in zwei zu etwa gleichen Teilen vorliegende Komponenten, das alkohollösliche *Gliadin* und das in schwachen Säuren lösliche *Glutenin* (S. 41). Dem Gliadin der Cerealien wird der schädliche Weizenmehleffekt bei *Zöliakie* (Verdauungsstörungen des Kleinkindes) zugeschrieben. Beide Proteine sind in ihrer Aminosäurenzusammensetzung merklich verschieden. Später wurden jedoch gewichtige Gründe dafür beigebracht, wonach die beiden genannten Proteine nicht einheitlicher Natur seien und der Kleber als einziger komplizierter Eiweißkomplex gelten müsse, der aus zahlreichen chemisch und physikalisch voneinander verschiedenen Fraktionen bestehe. Weiteres vgl. bei „Backfähigkeit", S. 487. Das Weizenprotein wurde auf trockenem Wege in ein „*Zwickelprotein*" und ein „*Haftprotein*" aufgetrennt. Ersteres sitzt in den zwickelförmigen Räumen zwischen den dicht gepackten Stärkekörnern des Endosperms, das Haftprotein stellt ein Netzwerk von Fibrillen dar, das fest mit der Oberfläche der Stärketeilchen verhaftet ist. Beide Proteine wurden als Muttersubstanzen des beim Auswaschen aus dem Mehl anfallenden Klebers betrachtet. und es wurden ihnen besondere Funktionen bei der Wasserbindung im Teig zugeschrieben. Roggenmehl und andere Getreidemehle liefern aus bisher noch nicht geklärten Gründen keinen Kleber. Weitere Proteine des

Weizens, die wasserlöslichen *Albumine* und die salzlöslichen *Globuline* sind gleich den Kleberproteinen in ihrer Einheitlichkeit noch umstritten. Auch hier sprechen Befunde verschiedener Autoren für die nicht einheitliche, wahrscheinlich sehr komplexe Natur dieser Eiweißstoffe. Bestimmungen der N-endständigen Aminosäuren in löslichen Weizenproteinen deuten allerdings auf die Gleichartigkeit der Weizenproteine hin. Was hier für die Proteine des Weizens gesagt wurde, gilt in noch größerem Ausmaß für die meisten anderen Getreideproteine, so für verschiedene Leukosine, Prolamine, Globuline und Albumine z.B. Albumin, Globulin, Prolamin (Hordein) und Glutelin (Hordenin) der Gerste, Avenalin und Avenin des Hafers, Oryzanin des Reises. Der Eiweißgehalt der Gerste, vor allem der Braugerste, spielt eine wichtige Rolle im Rahmen der Bierherstellung (s. dort). Das Hauptprotein des Maises, das alkohollösliche *Zein,* ist eines der bestuntersuchten, in seiner Aminosäurenzusammensetzung wohlbekanntes, durch seinen Mangel an essentiellen Aminosäuren (Tryptophan) unterwertiges Pflanzeneiweiß. Der wasserunlösliche Proteinanteil im Mais wird allgemein als Kleber bezeichnet. Er dient u.a. zur Gewinnung von Glutaminsäure. Über die biologische Bewertung der Getreideproteine vgl. S. 496. Schließlich enthält das Getreidekorn noch merkliche Mengen an freien Aminosäuren und an Amiden. So kommen bei Hirse von der Gesamtstickstoffsubstanz 5% auf Amidstickstoff. Nucleoproteide finden sich wie erwähnt vor allem im Keimling und in der Aleuronschicht. Im Weizenkeimling wurde ein Methoxyhydrochinonglykosid nachgewiesen.

γ) *Fette und Lipoide*

Bei *Weizen* und *Roggen* ist die Hauptmenge des Fettes im Keim und in den Aleuronzellen lokalisiert. Der Rohfettgehalt des Weizens liegt bei etwa 2%, der des Roggens zwischen 1,7 und 2,3%. Im Weizen beträgt der Fettanteil für den Mehlkörper 0,99%, die Schale 3,58% und den Keim 6,72%.

Im Lipoidanteil des Weizenmehls kommen ein Galaktoseglycerinester sowie Lysophosphatide vor. Im Gegensatz zu Weizen und Roggen ist der Fettgehalt bei *Hafer* über das Gesamtkorn verteilt. Haferfett ist goldgelb, bei 0° C flüssig und reich an ungesättigten Fettsäuren. Neben Hafer stellt *Mais* das fettreichste Getreidegewebe dar (Maiskeim bis zu 30% Fett); das extrahierte oder ausgepreßte *Maisöl* wird an anderer Stelle besprochen. In allen Getreidearten enthält der Lipoidanteil *Phosphatide* (Lecithine, Kephaline) sowie (im Unverseifbaren) *Phytosterine* wie Sitosterin und Stigmasterin. Die Mehlfette und Mehlphosphatide als solche, wie in ihrer Bindung an das Mehleiweiß zu *Lipoproteiden,* spielen für die Haltbarkeit und Backfähigkeit eine wichtige Rolle.

Die Fettsäurenzusammensetzung der Fette verschiedener Getreidearten zeigt folgende Aufstellung:

Tabelle 115. Die Fettsäurenzusammensetzung der Fette verschiedener Getreidearten (in % der Gesamtfettsäuren)

	Gesättigte Fettsäuren	Ölsäure	Linolsäure	Linolensäure
Weizen	22	16	57	5
Roggen	25	18	48	6
Gerste	14	30	57	1
Hafer	16	45	37	0
Mais	12	31	54	2

δ) *Mineralstoffe und Säuren*

Gleich anderen Kornbestandteilen sind auch die Mineralstoffe nicht gleichmäßig über das Getreidekorn verteilt. So enthält die Schale des Weizens etwa 20 mal soviel Asche (5,5—8%) wie der Mehlkörper (0,28—0,70%). Beim Mais ist der Mineralstoffanteil des Keimes (11,1%) gleichfalls weitaus höher als der des Mehlkörpers (0,7%). Diese unterschiedliche Verteilung, vor allem der Randschichtreichtum des' Kornes an Mineralstoffen, ist die Grundlage der *Mehltypisierung*, ausgehend vom Mehlaschegehalt, geworden (S. 480). Vorherrschend finden sich in der Asche Phosphate des Kaliums, Magnesiums und Calciums. Organisch gebundener Phosphor liegt im *Phytin*, dem Ca—Mg-Salz des Inosithexaphosphorsäureesters vor. Die enzymatische Spaltung des Phytins durch Phosphatasen (Phytasen) liefert anorganisches Phosphat, das im Rahmen technologischer Gärprozesse als Puffersubstanz von Bedeutung ist. Störungen der Calciumresorption aus Brot durch Bindung des Calciums zum Phytat sind bei normaler gemischter Kost nicht zu erwarten, diesbezügliche Mitteilungen der Literatur erscheinen übertrieben.

Neben *Äpfelsäure* sind im Roggen- und Weizenmehl *Citronen-*, *Milch-*, *Bernstein-* und *Fumarsäure* u. a. m. nachgewiesen worden. Im keimenden Weizenkorn treten eine große Anzahl weiterer Säuren, vor allem *Ketosäuren* auf; im Maiskorn finden sich Citronen-, Äpfel-, Milch- und Bernsteinsäure, Chinasäure und Glykolsäure.

ε) Enzyme

Das Getreidekorn enthält im Ruhezustand, vor allem aber in der Keimungsphase als selbständig lebender Organismus eine Reihe von Enzymen, die zur Erhaltung des Eigenlebens wie zur Fortpflanzung der Art notwendig sind. Sie besitzen darüber hinaus auch beträchtliches Interesse im Rahmen der Getreideverarbeitung. Näher bekanntgeworden sind bisher vor allem Amylasen, Proteinasen, Lipasen, Phosphatasen und Oxidasen. *Amylasen* finden sich in den Subaleuronzellen, im Schildchen und in den angrenzenden Zellpartien. Während der Keimung dringen sie auch in den von Natur aus nur schwach amylolytisch aktiven Mehlkörper ein. *β-Amylase* („Saccharinogen-Amylase") kommt im ruhenden Korn vor. Sie bildet aus Stärke und Dextrinen die Maltose und ist bei etwa 62° C optimal aktiv. *α-Amylase* („Dextrinogen-Amylase") entsteht erst bei der Keimung aus einer inaktiven Form, baut Stärke zu Achroodextrinen ab (S. 108), ist säureempfindlicher, doch hitzeresistenter als die β-Amylase. *Proteinasen* sind dem Typus des Papains zuzurechnen (pH-Optimum 4,0—5,5), sie werden durch SH-Verbindungen aktiviert, durch Oxydationsmittel gehemmt und finden sich in den Aleuronzellen, vor allem aber auch im Keim. *Glutaminsäuredecarboxylase* kommt im Weizen- und Gerstenkorn vor. *Lipasen* sind in den Aleuronzellen angehäuft und gleich den im folgenden zu besprechenden Phosphatasen an Mehlveränderungen bei unsachgemäßer Lagerung und Verarbeitung beteiligt. Unter den *Phosphatasen* spielt neben den in keimender Gerste nachgewiesenen und in Hafer vorkommenden Enzymen Glycerophosphatase, Saccharophosphatase und Nucleotidase vor allem die *Phytase* eine Rolle. Sie besitzt offenbar ein breites Wirkungsspektrum mit Phosphomonoesterasenaktivität, nimmt bei keimendem Getreide stark zu und baut Phytin im feuchten Getreide sowie bei der Mälzerei und in Bierwürze über alle Zwischenstufen der Insositphosphorsäureester zu myo-Inosit und Orthophosphorsäure ab. *Lipasen*, z. B. im Roggenbrot sind am Abbau des Kornfettes beteiligt. *Lipoxidase* findet sich insbesondere im Keimling, geringfügig im Endosperm. Sie bewirkt bei der Getreide- oder Mehllagerung (vor allem in Hafererzeugnissen) die Entstehung ranzig schmeckender Oxydationsprodukte, bleicht bei der natürlichen Mehlalterung die Mehlpigmente aus und zerstört in Eierteigwaren die Carotinoide. Neben einer Reihe anderer für die Getreideverarbeitung wenig bedeutungsvoller Enzyme ist noch die außerordentlich hitzelabile *Katalase* zu erwähnen. Sie wurde im Weizen und in der Gerste nachgewiesen. In der Gerste nimmt ihre Aktivität bei der Keimung um ein Vielfaches zu. *Peroxidase*, u. a. aus Weizenkeimen kristallin erhalten, weist besondere Hitzestabilität auf, eine für die Verarbeitung des Hafers und für die Haltbarkeit von Hafererzeugnissen wichtige Tatsache.

ζ) *Vitamine*

Das Getreidekorn stellt eine wesentliche Quelle unserer Vitaminversorgung dar, insbesondere enthält es Vitamine der B-Gruppe, Tokopherole (Vitamin E) und geringe Mengen an Carotin (vgl. bei den Vitaminen). Das ernährungsphysiologisch besonders bedeutungsvolle Vitamin B_1 ist vorwiegend in den Aleuronzellen und im Scutellum lokalisiert; Vitamin E tritt in den Keimlingsölen auf. Da der Mehlkörper praktisch frei von Vitaminen ist, sind niedrig ausgemahlene Mehle sehr arm an Vitaminen, während Vollkornbrot und hoch ausgemahlene Mehle die Hauptmenge der im Korn enthaltenen Vitamine aufweisen. Abb. 86 zeigt die Verhältnisse.

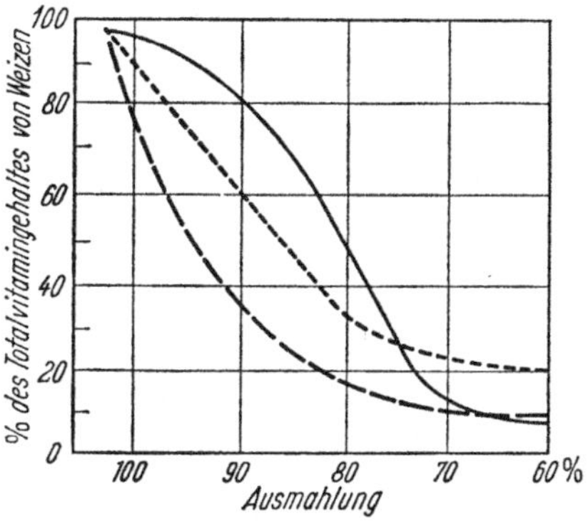

Abb. 86. Abnahme des Vitamin B_1-, Vitamin B_2- und Nicotinsäuregehaltes von Weizenmehl bei abnehmender Ausmahlung [nach D. W. Kent-Jones u. A. J. Amos (1950)] (Aus W. F. Winkelmann: Die Vitamine. 2. Aufl., S. 212, Basel: Apollonia 1951)
———Vitamin B_1, ----- Vitamin B_2, — — — — Nicotinsäure

Derartige Beziehungen gelten auch für andere Vitamine. So enthält das Weizenkorn 0,43 mg-% Vitamin B_6, die Aleuronschicht 3,6 mg-% (rund 60% des gesamten Vitamin B_6-Gehaltes vom Korn), der Embryo 2,11 mg-% und das Scutellum 2,32 mg-%. In Weizenvollmehlen liegt der Vitamin B_6-Gehalt bei 0,34 bis 0,46 mg-%, in Mehlen 80%iger Ausmahlung bei 0,12 mg-% und in solchen 63%iger Ausmahlung bei 0,06 mg-%.

Probleme der Mehlvitaminierung werden an anderer Stelle (S. 180) besprochen.

η) *Farbstoffe*

des Getreides sind insbesondere in der Samenschale, außerdem als *Carotinoide* auch im Mehlkörper anzutreffen. Schalen von Roggen und Gerste enthalten oft blaue bis blaugrüne *Anthocyane*, solche des Weizens braune und gelbrote „*Phlobaphene*“, die der Gerste *Flavonoide* wie Saponarin. Im Mais wurden neben den schon lange bekannten Pigmenten Kryptoxanthin und β-Carotin noch „β- und $β_1$-Zeacarotine“ aufgefunden.

d) Die einzelnen Getreidearten

α) *Weizen* (*Triticum sativum*)

Weizen ist das wichtigste und formenreichste Brotgetreide der Erde. Rußland, USA, Kanada, Argentinien, Australien, Italien und Frankreich sind die Hauptanbauländer. Von der Gesamternte der Welt im Jahre 1963 mit 224 Mio t erzeugten die UdSSR (Europa und Asien) 40,8 Mio t, USA 30,8 Mio t, Kanada 19,7 Mio t, Indien

11,5 Mio t, Frankreich 9,57 Mio t, Italien und Australien je rund 8 Mio t. Der Anbau erfolgt als Winter- und Sommerfrucht. Weizen wird vor allem als *Hart-* und *Weichweizen* unterschieden.

Hartweizen (Tr. durum), ein Nacktweizen der Emmerreihe, liefert harte, glasige Körper mit zähem Kleber und dient vor allem zur Teigwarenherstellung und Grießgewinnung (Glasweizen, Makkaroni-Weizen). Für Backzwecke wird er meist mit *Weichweizen* verschiedener Sorten verarbeitet. Letzterer ist kleberärmer und stärkereicher und liefert rein weißes Mehl. Der *Saatweizen* (Tr. aestivum), ein Nacktweizen der (aus dem Hochland von Iran stammenden) Dinkelreihe, ist das eigentliche Brotgetreide. Schließlich wäre noch als weniger wichtige Weizenart der in den Küstengebieten des Mittelmeeres angebaute bauchige Weizen (Tr. turgidum) zu erwähnen. Weizen liefert durch seinen Klebergehalt (s. S. 461) Mehle von ausgesprochener Backfähigkeit, wobei besonders die nordamerikanischen und kanadischen Sommerweizen (Northern spring, Manitoba) sowie amerikanischer Winterweizen (Hard winter) Berühmtheit erlangt haben. Deutsche Weizensorten, meist kleberschwache Weichweizen, bedürfen der Zumischung kleberstarker Auslandsweizen der obengenannten Art.

Weizen dient außer zur Herstellung von Mehl , Grieß, Brot, Gebäcken, Teigwaren und Nährmittel als Rohstoff für Stärke, Gärprodukte, Malz und Kaffee-Ersatz. *Grünkern* ist das unreife, schwach gedörrte und geschälte Korn des Dinkels (Spelzweizen), das zu Graupen verarbeitet wird und in Süd- und Westdeutschland als Suppenbestandteil dient. Weizenkleber wird auf Würzen verarbeitet oder zur Herstellung von Glutaminsäure benutzt. Er dient weiterhin als backverbessernder Zusatz bei der Brotbereitung. Vgl. auch W. R. Aykroyd u. J. Doughty (12).

β) *Roggen* (*Secale cereale*)

Roggen ist wie erwähnt eine sekundäre Kulturpflanze, die in rauhen Gegenden den anspruchsvollen Weizen verdrängte. Er stellt zwar die wichtigste Getreidepflanze Deutschlands und Nordeuropas (Rußland, Polen, Tschechoslowakei) dar, tritt jedoch in der Weltgetreideversorgung in den Hintergrund. Vgl. Tabelle 113 S. 456. Im Gegensatz zu Weizen läßt sich aus Roggen kein Kleber durch Auswaschen gewinnen. Zahlreiche Spielarten (unter ihnen vor allem der Petkuser Winterroggen) werden in Deutschland angebaut. Die Backfähigkeitseigenschaften von Roggen schwanken weit weniger als die von Weizen. Das typische Kohlenhydrat des Roggens, das *Fructosan* Graminin, wurde bereits erwähnt (S. 461). Die Hauptmenge des Roggens wird zu Mehl vermahlen, als solches oder im Gemisch mit Weizenmehl zu Brot verbacken. Die anfallende Kleie dient als Viehfutter. Ein geringer Roggenanteil dient zur Herstellung von Kornbranntwein und Kaffee-Ersatz.

γ) *Gerste* (*Hordeum sativum*)

Gerste wird als zwei-, vier- und sechszeilige Getreideart, außerdem auch als nackte Gerste („Kaffeegerste") angebaut. Zweizeilige Gerste ist vorwiegend Braugerste, vier- und sechszeilige Gersten dienen als Industrie- und Futtergerste u. a. in der Brennerei. Die meisten Gerstenarten tragen Spelzen, von denen sie durch Schälen auf der Mühle befreit werden müssen. Charakteristisch und technologisch wichtig ist die besonders starke *Diastase*bildung der Gerste beim Keimen. Die früher auch in Deutschland übliche Verwendung der Gerste als Brotfrucht hat sich in nordischen Ländern noch erhalten. Die Hauptmenge deutscher Gerste wird zur Malzgewinnung für Brauerei und Brennerei benutzt. Weiterhin dient Gerste zur Gewinnung von Gerstenmehl, *Grütze* (geschälte, grob gebrochene Gerste), *Gerstengrieß* (feinzerkleinerte Grütze), *Gerstengraupen* (entspelzte, geschälte und polierte Körner), Perlgraupen, Rollgerste und Kindernährmitteln. Viele der genannten Produkte werden im Haushalt, auch in der Suppenindustrie als Suppeneinlagen, zu Brei oder Schleim verarbeitet. Schließlich wird aus Gerste und dem daraus gewonnenen Malz Kaffee-Ersatz sowie Malzextrakt hergestellt. Ein beträchtlicher Teil geht auch in die Viehfütterung.

δ) *Hafer* (*Avena sativa*)

Der Saathafer (Weiß- und Gelbhafer), dessen Hauptanbaugebiete in Nordeuropa, Nordasien und Amerika sowie in den Mittelgebirgslandschaften der gemäßigten Zone liegen (z. B. Pommern, Schottland, Polen, Ungarn, Schweden, Tschechoslowakei) ist neben Mais die fettreichste Getreidefrucht. Gleich Gerste dient sie (oft mit dieser im Gemisch) nur in Nordeuropa (Schottland, Skandinavien) als Brotfrucht. Wegen des erwähnten hohen Fettgehaltes (5—10%), dessen enzymatischer Abbau durch Eigenenzyme des Hafers die Haferverarbeitung vor besondere Probleme stellt und wegen des spezifisch angenehmen Geschmacks wird Hafer in großem Umfang zur Herstellung von *Suppenpräparaten* benutzt, auf *Mehl* (von graugelblicher bis graurötlicher Farbe) *Mark*, *Flocken*, *Grieß* und *Grütze* verarbeitet und stellt nach entsprechendem Aufschluß durch Dämpfen, Darren, Rösten oder nach enzymatischem Abbau mit Diastase („*Hafermaltose*") ein wichtiges Ausgangsmaterial für Nährpräparate, diätetische Lebensmittel, Kindermehl u.a. m. dar. Schälmüllerei zwischen Glattwalzen, Darren, Dämpfen und Walzen liefert *Haferflocken* (S. 480), grobes Schroten *Hafergrütze* (Quakeroats). Beide Erzeugnisse werden in Schleim- oder Breiform (*Porridge*) sowie roh zusammen mit Milch, Zucker, Früchten, Nüssen und Gewürzen als Frühstücksspeise verzehrt. Aus Hafermehl werden weiterhin die Kakaomischpulver *Haferkakao* und der (außerdem noch Hafermalzmehl oder Hafermalzextrakt enthaltende) *Hafermalzkakao* hergestellt. Besondere Bedeutung besitzt Hafer vor allem auch als Futtermittel. Versuche, den biologisch hochwertigen Hafer als Hauptgetreidefrucht in Deutschland zu propagieren blieben ohne Erfolg, vor allem wegen der fehlenden Backfähigkeit dieses Getreides.

Das *Bitterwerden* von Haferprodukten ist bis heute noch nicht restlos geklärt. Es beruht zunächst auf der leichten autoxydativen oder durch Lipoxidase enzymatisch katalysierten Zersetzung des hohen Fettanteiles mit seinem reichlichen Gehalt an ungesättigten Fettsäuren. Andererseits wirken hier *Bitterstoffe* mit, die auf den Saponingehalt im Hafer zurückgeführt werden oder aber im Rahmen der Maillard-Reaktion beim Darren sich bilden.

ε) *Mais* (*Zea mays*)

Mais ist neben Weizen und Reis die wichtigste Getreidepflanze der Welt, die als Körnerfrucht wie als Grünfutter angebaut wird. Hauptanbauländer sind neben der amerikanischen Heimat, wo Mais bereits in der Zeit vor Columbus kultiviert war, Länder mit heißem Klima (Ägypten, Italien, Donauländer, Balkan, Südafrika, Indien). Ein wildwachsender Mais ist heute nicht bekannt. Wildmais war einheimisch in Zentralmexiko, Kulturmais existiert im Südwesten der USA seit mindestens 3000 Jahren. Mais ist auch bekannt unter den Namen Welschkorn, Türkischer Weizen, Indianisches Korn, Kukuruz oder Corn. Die wichtigsten Sorten des Handels sind Gemeiner Mais und Pferdezahnmais (beide weiß oder gelb), Italienischer Mais (Cinquantino, rötlich gefärbt), Zuckermais (Sweet Corn, Sugar Corn, stark geschrumpfte Körner), außerdem Spitz-, Spelz- und Perlmais. Nach *Kornmerkmalen* gruppiert, unterscheiden wir Puff-, Hart-, Zahn-, Stärke-, Wachs- und Zuckermais. Die Weltproduktion an Mais liegt bei etwa 245 Mio t.

Die fettreichen Samen (4—8%) werden geschält und vom Keimling befreit, der durch seinen hohen Fettreichtum (etwa 40%) zur *Maiskeimölgewinnung* dient

(S. 434) und in Mahlprodukten schnell zur Ranzigkeit führt. Unreife Maiskolben sind ein geschätztes Gemüse. Maismehl wird allein oder (wegen des Fehlens von Kleber nur gering backfähig) mit anderen Getreidemehlen auf dem Balkan und in den USA zu Brot verbacken. Hauptnahrung der ärmeren Bevölkerung Mexikos und Zentralamerikas sind die *Tortillas*, aus Mais hergestellte flache Kuchen. Die hohe Backhitze führt hier zu beträchtlichen Vitamin- und Nährwertverlusten. Das sog. *Maisbackmehl* ist ein hellgelbes, stark griffiges, mit einer Ausbeute von etwa 65% gezogenes Mehl. Maisgrieß und -grütze sind in vielen Gegenden Italiens und Mittelamerikas Grundlage der Volksnahrung (Polenta, Mameliga). Das biologisch unterwertige Maiseiweiß (Mangel an Lysin und Tryptophan) und der geringe Vitamingehalt des Maises verursachen bei vorwiegend einseitiger Maisernährung die Pellagra (S. 166). Züchtung lysin- und tryptophanreicher *Maismutanten* („opaque-2-modified hybrids") erscheint aussichtsreich (vgl. S. 18).

Die Hauptpigmente des gelben Maises (S. 131) sind Zeaxanthin und Kryptoxanthin; Carotin ist nur in Spuren vorhanden. Maiseiweiß („Maiskleber") wird in großem Umfang zur Herstellung von Würzen und zur Gewinnung von Aminosäuren benutzt. Mais ist außerdem zum wichtigsten Rohstoff der *Stärkegewinnung* geworden. Maisstärke findet vor allem als feine Speisestärke für Puddings und Kinderstärkemehle, als Dickungsmittel für Suppen und Soßen sowie zur Herstellung feiner Gebäcke unter den verschiedensten Namen Verwendung. *Puffmais* ("Pop corn") wird, wie bei Reis beschrieben, hergestellt. Das bei der Stärkegewinnung anfallende Quellwasser wird in Fallstromverdampfern eingedickt oder im Sprühverfahren entwässert. Quellwasserkonzentrate dienen als Nährboden für die Penicillingewinnung. Beträchtliche Mengen an Maiskorn gehen in die Tierfütterung und dienen, vor allem in Mittel- und Südamerika, zur Herstellung alkoholischer Getränke. Maiskolben werden industriell auf *Furfural* verarbeitet; aus den sauren Rückständen gewinnt man *Lävulinsäure*. Ein Diagramm der Maisstärkegewinnung bringt die Abb. 87.

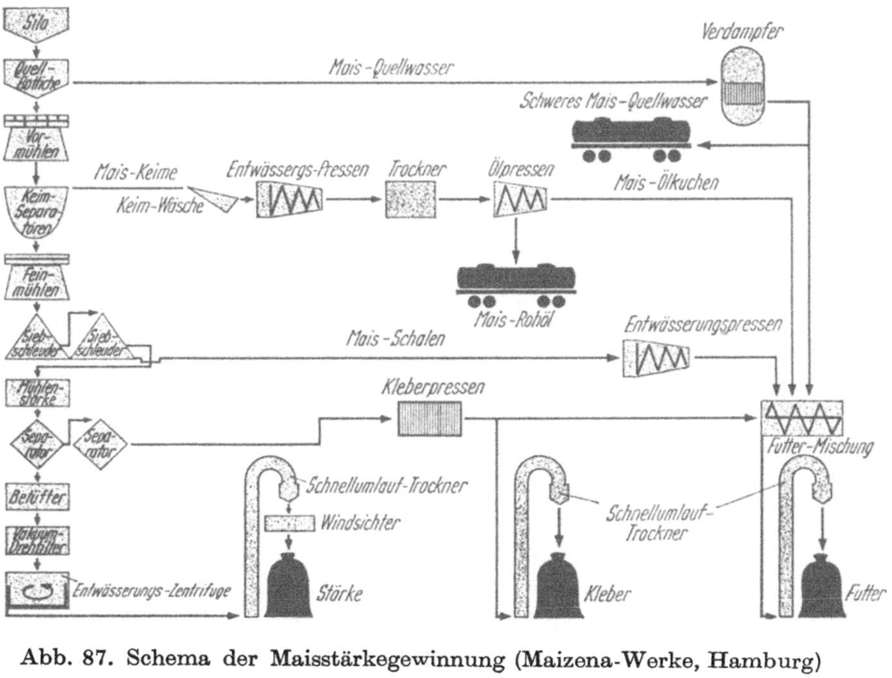

Abb. 87. Schema der Maisstärkegewinnung (Maizena-Werke, Hamburg)

ζ) *Reis* (*Oryza sativa*)

Reis wird in allen tropischen und subtropischen Regionen kultiviert (Ost- und Vorderindien, Java, Japan, USA, Mexiko, Italien, Spanien, China). Wildwachsend findet sich der Reis in Ostindien, Australien und in den USA, wo er heute noch als solcher geerntet wird. Hauptausfuhrland ist Ostindien. Man unterscheidet insbesondere gemeinen, frühreifen und Bergreis. Der Reis gedeiht bei mittlerer Wärme und reichlicher Bewässerung auf den sumpfartigen, meist künstlich bewässerten Reisfeldern. Nach einer Wachstumsperiode von etwa 3—5 Monaten legt man die Felder trokken, läßt auf dem Feld nachreifen, schneidet, trocknet und drischt die 1—2 m langen Halme. Wie bei Mais wird auch hier die Züchtung lysinreicher Reismutanten angestrebt.

Der anfallende von Spelzen umgebene Reis (*Paddyreis*) wird meist im Ursprungsland auf Reismühlen entspelzt („geschälter Reis") und, zur Lockerung mit wenig Paddyreis vermischt, transportiert (*Cargoreis*). Im Verbrauchsland wird der Reis zur Entfernung der Samen- und Silberhaut auf Spezialmühlen „geschliffen", schließlich „poliert" oder „gebürstet" (geglättet) und oft noch zur Erhöhung der Haltbarkeit mit Glanzmassen (Talkum, Stärkesirup) in rotierenden Trommeln „glasiert". Beim Schälen, Schleifen, Polieren und Bürsten fällt neben dem aus unbeschädigten Körnern bestehenden *Vollreis* der *Bruchreis* an. Letzterer wird dem Aussehen und der küchentechnischen Verwendungsbreite nach geringer bewertet, ist ernährungsphysiologisch jedoch dem Vollreis gleichzusetzen. Er wird auf Grieß, Mehl und Stärke verarbeitet.

Von den zahlreichen Reissorten, in Indien etwa 4000, in den USA nur 11 handelsübliche, seien erwähnt: Burma- und Siamreis aus Ostindien; Patna- und Javareis aus Vorderindien; Japanreis; Karolina- und Mexikoreis als besonders feine Qualitäten Amerikas; Italienischer Reis und Valenciareis (aus Spanien). Reis ist relativ eiweiß- und fettarm, kleberfrei und besonders stärkereich (um 80%). Wegen des fehlenden Klebergehaltes ist Reis zur Brotbereitung ungeeignet. Reis ist die Hauptnahrung der süd- und ostasiatischen Völker (China, Japan, Indien), er wird auch bei uns als leichtverdauliches, wohlschmeckendes Lebensmittel, vor allem in den harten Sorten als solcher, sowie in Suppen, Gemüsen und Süßspeisen geschätzt. Er darf beim Kochen nur quellen und nicht zerfallen. Hauptträger des Vitamin B_1-Gehaltes beim Reis sind die Samen- und Silberhaut; ausschließlicher Genuß polierten Reises führt zu der seit Jahrtausenden bekannten *Beriberi*-Krankheit, deren Studium die Vitaminforschung einleitete (S. 150).

Über die *Vitaminierung* polierten Reises vgl. S. 181. Aus *Reismehl* und *Reisgrieß* werden diätetische Lebensmittel und Kindernährmittel hergestellt. *Reisflocken* werden aus gedämpften und gewalzten Reiskörnern gewonnen. *Reisstärke* ist besonders feinkörnig; sie findet deshalb außer in der Lebensmittelindustrie vor allem in der Kosmetik (Puder) und in der Textilverarbeitung (Glanzstärkeappreturen) Verwendung. Reis dient schließlich in Ostasien als Ausgangsmaterial zur Herstellung alkoholischer Getränke, so von Arrak, Reisbier und Reiswein (Sake, Saki). *Puffreis* wird aus gequollenem Reis gewonnen, den man unter Überdruck in der „Puffkanone" dämpft. Wird der Überdruck plötzlich aufgehoben, so platzt das Korn und vergrößert dabei das Volumen auf ein Vielfaches. Puffreis dient als Ausgangsmaterial für Zucker- und Schokoladenwaren, als Ersatzstoff für Cocosflocken, als Diätkost bei Magen- und Darmerkrankungen sowohl in Suppen wie in Zubereitungen mit Obst, Obstsäften, Milch. *Gepufftes Getreide* wird außer aus Mais (S. 467) und Reis auch aus Weizen, *gepuffte Hülsenfrüchte* werden aus Erbsen, Erdnüssen und Sojabohnen hergestellt.

η) *Hirse* (*Andropogon sorghum u. a.*)

Hirse wird vor allem in Afrika, Asien und neuerdings auch in Nordamerika angebaut. Sie ist als *Mohrenhirse* die wichtigste Breifrucht Afrikas. Andere Bezeichnungen oder Arten sind Sorghumhirse, Besenhirse, Durrha, Dari und Milo.

Milo, eine amerikanische Sorghumart, liefert die der Maisstärke ähnliche Milostärke. *Dari* wird zur Branntweingewinnung benutzt. Rispenhirse dient gleichfalls als Lebensmittel. Die Mahlerzeugnisse der Hirse sind ohne Bedeutung. Die geschälte Frucht findet als Grütze und Brei Verwendung. Im Norden Europas wurde Hirse durch die Kartoffel, im Süden durch den Mais zurückgedrängt.

ϑ) *Buchweizen* (*Fagopyrum esculentum*)

Der Buchweizen (Heidekorn) rechnet unter die Knöterichgewächse, wird vor allem im nördlichen Europa (Norddeutschland), Sibirien und Nordamerika als typische Breipflanze angebaut und liefert Früchte in Form kleiner Nüßchen, die den Bucheckern ähneln. Die Frucht ist reich an Eiweiß (9—11%) und Kohlenhydraten (70 bis 75%); sie liefert Mehl, Grieß und Grütze, die örtlich in Suppen, Brei und Speckpfannkuchen oder als Wurstzusatz Verwendung finden. „Grützmehl" enthält Zumischungen von Reismehl oder anderen Getreidemehlen. Buchweizen ist ein gutes Geflügelfutter, die Blüten sind wichtige Bienentrachten. In der Blüte findet sich das *Fagopyrin*, ein Gemisch photodynamisch wirksamer Farbstoffe, das beim Verfüttern der Pflanze an Vieh die Buchweizenkrankheit (*Fagopyrismus*) hervorruft. Früher wurde Buchweizen auch zum Strecken des Brotmehles verwendet.

2. Hülsenfrüchte

Hülsenfrüchte sind die als Lebensmittel dienenden reifen oder halbreifen Samen der Leguminosen (Papilionaceen). Für die menschliche Ernährung werden vor allem *Erbse, Bohne, Linse* und *Sojabohne* in verschiedenen Varietäten kultiviert, in beschränktem Ausmaß die *Lupine* und Wickenarten (*Puffbohnen*). Botanisch, jedoch nicht im landläufigen Sinne, zählt hierzu auch die *Erdnuß* als Same einer Leguminose. Ganze mitsamt den Hülsen genossene frische Früchte von Erbse und Bohne werden bei Gemüse besprochen. Manche der genannten Hülsenfrüchte sowie eine Reihe weiterer (Johannisbrot, Peluschken, Luzerne, Seradella) sind wichtig als Viehfutter. Das Mehl der Hülsenfrüchte ist an sich nicht backfähig, wird jedoch zuweilen Getreidemehlen zur Hebung der Backfähigkeit zugesetzt. Durch ihren hohen Gehalt an Rohfaser (cellulosehaltige Hüllen) werden die ganzen Hülsenfrüchte schwer verdaut und nur unvollkommen ausgenutzt (etwa 78% der Gesamtnährstoffe und 60% des Eiweißes). Das in reichlicher Menge (zwischen 23 und 48%) vorhandene *Eiweiß* ist durch den Mangel an essentiellen Aminosäuren, insbesondere an Methionin biologisch weniger wertvoll, wird jedoch in Hülsenfruchtmehlen zu etwa 80% ausgenutzt. Hülsenfrüchte liefern schmackhafte, sättigende Speisen. Unter Zusatz von Salz, Gewürzen, Getreide- und Malzmehlen, Fett, Fleischextrakt, Schinken, Speck u. a. m. wird eine Vielzahl von Dauerwaren hergestellt, z. B. Erbswurst, Suppenwürfel und Suppentafeln, Kraftsuppenmehle usw. Große Mengen von Sojabohnen und Erdnüssen werden zu Produkten von charakteristischem Geschmack, Geruch und Aussehen weiter verarbeitet.

Im Gegensatz zur Aleuronschicht der Getreidearten ist hier die *eiweißhaltige Schicht* mit den Stärkezellen so fest verwachsen, daß sie restlos in das Mehl übergeht. Die im trockenen Zustand spröde *Samenschale* quillt im Wasser und läßt sich dann leicht ablösen. Sie liefert die besten Merkmale zur mikroskopischen Unterscheidung der Leguminosenmehle („Palisaden"- und „Trägerzellenschicht"). Manche Leguminosen werden beim Kochen mit Wasser nicht oder nur mangelhaft weich, zurückzuführen auf die Bildung unlöslicher Umsetzungsprodukte von Pektinstoffen der Mittellamelle mit Calcium- und Magnesiumsalzen harten Wassers. Zusatz von Natriumhydrogencarbonat schaltet zwar die Wirkung dieser Salze aus, schädigt jedoch das (alkaliempfindliche) Vitamin B_1.

Der Verzehr von Hülsenfrüchten in der BRD sinkt immer mehr: Vor dem 2. Weltkrieg wurden 2,3 kg, 1950/51 etwa 1,7 kg und 1970/71 nur noch 1,1 kg pro Kopf und Jahr verzehrt. Der Abnahme in unserem wirtschaftlich hochstehenden Land steht in großen Teilen der an Eiweißmangel leidenden Welt das Interesse an Hülsenfrüchten gegenüber. Für diese nämlich ist der Hektarertrag an essentiellen Aminosäuren am größten. So liefern z.B. die Sojabohne 18,7 kg, die Erbse 14,0 kg, die Bohne 9,9 kg, Weizenmehl nur 5,5 kg und Milch nur 1,7 kg als mittleren Ertrag je ha. Vgl. auch W. R. Aykroyd u. J. Doughty (11).

a) Chemische Zusammensetzung der Hülsenfrüchte

Hülsenfruchtsamen unterscheiden sich in ihrer chemischen Zusammensetzung erheblich von denen der Cerealien, wahrscheinlich deshalb, weil sie in ihrem Aufbau aus dem Embryo mit zwei Keimblättern und der Samenhaut wesentlich anders geartetes Nährgewebe als die Getreidefrüchte enthalten. Auffallend ist hier der hohe Gehalt an Eiweiß, das alkohollösliche Fraktionen vermissen läßt und die salzlöslichen Globuline in den Vordergrund stellt. Fettreiche Leguminosen sind vor allem Soja und Erdnuß, charakteristisch für Leguminosenfett ist der hohe Gehalt an Phosphatiden. Hoch ist außerdem der Anteil der Rohfaser (2—7%) und der Mineralstoffe.

Tabelle 116. Zusammensetzung von Hülsenfrüchten
(S. W. Souci u. Mitarb.: 152)
g in 100 g eßbarem Anteil; Schwankungsbreite in Klammern

	Wasser	Eiweiß	Fett	Kohlen-hydrate	Rohfaser	Mineral-stoffe
Bohne, Kerne (Phaseolus)	11,6 (11,2–12,0)	21,3 (20,0–23,7)	1,60 (1,3–2,0)	57,6 (47,0–58,1)	4,0 (3,88–4,0)	3,9 —
Erbse reif, geschält	10,9 (9,1–12,3)	27.9 (21,0–24,5)	1,10 (1,0–2,11)	60,7 (56,6–61,7)	1,41 (1,2–1,83)	2,67 (1,42–2,80)
Linse (getrocknet)	11,8 (11,2–12,3)	23,5 (21,5–26,0)	1,4 (1,0–1,9)	56,2 (47,0–59,5)	3,9 (3,7–4,0)	3,2 (3,04–3,3)
Sojabohne (ganzes Korn)	8,5 (7,5–10,1)	36,9 (34,0–40,0)	18,1 (16,3–20,0)	26,8 (18,9–35,0)	4,3 (3,5–5,0)	4,7 (3,9–5,24)
Erdnuß geschält, geröstet	2,8 (2,6–3,0)	26,5 —	46,6 (44,2–49,0)	19,0 —	2,4 —	2,7 —

Im einzelnen gilt für die verschiedenen Stoffgruppen folgendes:

α) *Kohlenhydrate*

Unter den Kohlenhydraten beansprucht die Stärke auch hier den Hauptanteil. Leguminosenstärke zeigt derart eigentümliche Form, daß sie von Cerealienstärke mikroskopisch leicht unterschieden werden kann. Relativ stärkearm sind die fett- und eiweißreichen Soja- und Erdnußarten. *Freie Zucker* und *Dextrine* finden sich meist in nur geringer Menge. Reichliche Zuckermengen enthält vor allem die Sojabohne, geringere kommen in Lupinen, Bohnen und Erdnuß vor. *Pentosane* sind in allen Hülsenfrüchten anzutreffen, desgleichen Gummi- und Pektinstoffe. Besonders hoch ist der Cellulose- und damit der Rohfasergehalt. Reife Erbsen enthalten 5,6%, Puffbohnen 8,3%, Linsen 3,9% und Sojabohnenmehle 2,10% Cellulose. Die vermutlich in Guatemala heimische, heute außer in Nord- und Mittelamerika besonders auch im Fernen Osten angebaute *Mondbohne* (Phaseolus lunatus), auch Lima-, Peru-, Birma- oder Rangoonbohne genannt, enthält z.T. in beträchtlichen Mengen das Glykosid *Phaseolunatin*, das in wäßrigem Medium durch Emulsin in Glucose, Aceton und Blausäure gespalten wird. Blausäure entweicht beim Kochen in offenen Gefäßen, kann beim Garmachen im Dampftopf jedoch zu Vergiftungen Anlaß geben.

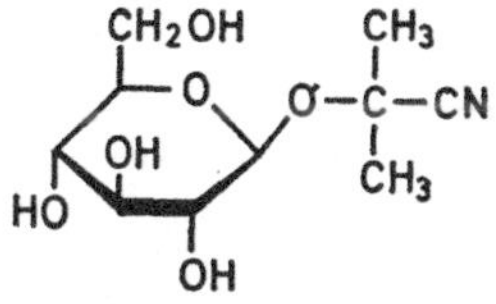

Phaseolunatin

Alle Varietäten und Stämme enthalten das giftige Phaseolunatin, das schon frühzeitig zu Vergiftungsfällen Anlaß gab. Nach neueren Untersuchungen enthalten die Bohnen etwa 60—70 mg kg/HCN; nur in Proben von wilden oder verwilderten Stämmen Mittel- oder Südamerikas wurden höhere Mengen (350—760 mg/kg) gefunden. Die glykosidisch gebundene Blausäure wird durch das gleichzeitig anwesende Enzym „*Linamarase*" abgespalten. In Deutschland wird eine Begrenzung des höchstzulässigen Blausäuregehaltes der zum Verzehr zugelassenen Limabohnen für notwendig erachtet. Die ursprünglich (Reichsgesundheitsamt 1920) als „völlig unbedenklich" bezeichnete Grenze von 400 mg/kg soll heute auf maximal 30 mg/kg begrenzt werden (Bundesgesundheitsamt 1955).

In den Cotyledonen der Sojabohne findet sich *Genistin* ein 5.7.4'-Trihydroxyisoflavonglucosid-(7).

β) *Stickstoffsubstanzen*

Wie erwähnt, liegt der Eiweißgehalt von Hülsenfrüchten beträchtlich hoch (30—40%), wobei die salzlöslichen Globuline vorherrschen.

In den Vicia-Arten der Bohne findet sich vor allem das Globulin *Legumin*, daneben kommen *Vicillin* und (als Albumin) das *Legumelin* vor. In Phaseolus-Arten tritt anstelle des Legumins das *Phaseolin*, ein Globulin. Die Samen von Phaseolus vulgaris enthalten das *Phasin*, einen hämolytisch wirkenden wasserlöslichen und alkoholunlöslichen Eiweißstoff von Albumincharakter, dessen Giftwirkung durch übliches Abkochen zerstört wird. Nach neueren Untersuchungen handelt es sich um ein Mucoproteid mit einem Kohlenhydratanteil von 50% („*Phaseolotoxin*). Ein ähnliches Hämagglutinin wurde aus Sojabohnen isoliert.

Von den Proteinen der Erbse wurden zwei wohldefinierte Globuline *Vicillin* und *Legumin* isoliert. Eingehender studiert sind die Proteine der Sojabohne, die zweifellos anderen Leguminosenproteinen hinsichtlich ihrer biologischen Qualität überlegen sind. Am wichtigsten ist das Globulin *Glycinin*, das den Hauptanteil im Eiweißgehalt der Sojabohne ausmacht. Es ist gleich dem Milchcasein in phosphathaltigem Wasser löslich und kann wie dieses durch Ansäuern wieder ausgefällt werden. Die hier gebrauchte Bezeichnung „*Pflanzencasein*" trifft zwar in etwa das physikalisch-chemische Verhalten des Glycinins, doch sind die beiden genannten Proteine im Aufbau grundsätzlich verschieden.

Im eiweißreichen Samen der Lupine findet sich vorwiegend das *Conglutin*, ein Globulin. Ein wesentlicher Anteil der Stickstoffsubstanz liegt hier als Nichteiweiß (Aminosäuren, Amide) vor. Die Proteine der Erdnuß hat schon Osborne in die beiden Globuline *Arachin* und *Conarachin* unterschieden.

Von besonderem Interesse ist das Vorkommen von *S-Methylcystein* in verschiedenen Bohnenarten, dessen Sulfoxid sich auch in Kohlarten findet und der Nachweis von *γ-L-Glutaminyl-S-methyl-L-cystein*, sowie dessen Sulfoxid in der Mondbohne, dem ersten in reiner Form in höheren Pflanzen nachgewiesenen Peptid. Es kommt auch in "Kidney bean's" (Phaseolus vulgaris) vor, wo es 34% der Nichteiweiß-Stickstofffraktion ausmacht.

Als aromaintensivierende Verbindungen („flavor enhancers", „potentiators") wurden in Erbsen Nucleosid-monophosphate nachgewiesen. In der Erbse findet sich das *Pisatin*, ein gegen Pilze wirksames Chroman-cumarinderivat.

Wenngleich unsere Kenntnisse über die Proteine der Leguminosen noch lückenhaft sind, so steht zweifellos fest, daß viele von ihnen als definierte, der betreffenden Hülsenfrucht eigentümliche Eiweißstoffe anzusehen sind, wie aus den folgenden Bausteinanalysen hervorgeht.

Tabelle 117. Aminosäurenzusammensetzung von Leguminosenproteinen (% vom Gesamteiweiß)

Protein	Arginin	Histidin	Leucin	Lysin	Methionin	Phenylalanin	Threonin	Valin	Isoleucin
Arachin	13,5	2,2	7,6	2,7	0,3	7,0	2,9	4,9	4,6
Conarachin	16,5	2,1	6,6	4,7	2,1	4,3	1,9	3,7	4,0
Glycinin	7,9	2,0	8,1	6,9	1,2	5,8	3,0	4,6	5,7
Phaseolin	6,0	2,2	10,5	7,2	1,1	8,0	4,2	6,0	6,7
Erdnuß-globuline	14,2	1,7	7,5	3,5	1,0	5,8	3,2	5,0	4,3

γ) *Fette und Lipoide*

Der Fettanteil vieler Leguminosen ist durch seinen hohen Gehalt an *Phosphatiden* (Lecithine, Kephaline, Lysolecithin) ausgezeichnet, der z. B. bei Soja zur Gewinnung derartiger als Emulgatoren wichtiger Präparate im großtechnischen Maßstab führte (S. 436). Darüber hinaus sind Soja und Erdnuß, wie bei den Ölen (S. 436) geschildert, zu wichtigen Fettquellen der Welternährung geworden. Der Lipoidgehalt grüner Erbsen mit Fettsäuren von stark ungesättigtem Charakter (6% der Trockensubstanz) und sein enzymatischer Abbau hat Beachtung gefunden, da er an unerwünschten Geschmacksveränderungen von Gefriererbsen beteiligt ist.

δ) *Mineralstoffe*

Im beträchtlichen, zwischen 2—7% schwankenden Mineralstoffgehalt der Leguminosen herrschen Kalium sowie Calcium vor. Der Phosphorsäuregehalt ist niedriger als bei Getreide. Eine Ausnahme bildet die Sojabohne, deren hoher Phosphorgehalt vor allem dem Phytin und den Phosphatiden entstammt.

ε) *Enzyme*

Der Enzymgehalt entspricht etwa dem des Getreides. Als spezifisches Enzym der Leguminosen wurde in der Erbse, vor allem aber in der Sojabohne, die *Urease* (S. 193) nachgewiesen, außerdem ein Lipoxygenase-Komplex. Die Sojabohne ist die klassische pflanzliche Quelle für Urease. Rohe Sojabohnen und andere Bohnenarten (Limabohne) sowie Blatterbsen (Lathyrus) enthalten einen *Trypsininhibitor* (S. 192), der durch Hitze, vor allem durch Autoklavieren zustört wird und für die Unbekömmlichkeit mancher nicht hitzebehandelter Bohnen oder Bohnenerzeugnisse verantwortlich gemacht wurde.

ζ) *Vitamine*

Der Vitamingehalt reifer Hülsenfrüchte beschränkt sich auf diejenigen der Vitamin B-Gruppe. So enthalten reife Erbsen im Mittel 0,71 mg-% Vitamin B_1 und 22,0 mg-% Vitamin B_2, reife Linsen 0,3 mg-% Vitamin B_1. Der Vitamin C-Gehalt der reifen Erbse (1,3 mg-%) ist gegenüber dem der frischen Frucht (25 mg-%) sehr stark erniedrigt. In der Sojabohne finden sich 1—1,3 mg-% Vitamin B_1, 1—4,9 mg-% Nicotinsäure und 14 mg-% Tokopherole.

η) *Weitere Inhaltsstoffe der Leguminosen*

Einige Leguminosen enthalten *Alkaloide*, so die (nicht zu Genußzwecken dienende) Physostigma und vor allem die *Bitterlupine*, wo im Samen der gelben Art zwei Alkaloide (*Spartein* und *Lupinin*), in dem der blauen Lupine neben 0,7—1,6 % D-*Lupanin* und Hydroxylupanin noch weitere Alkaloide, wie z. B. ein D-α-*Isolupanin* vorkommen.

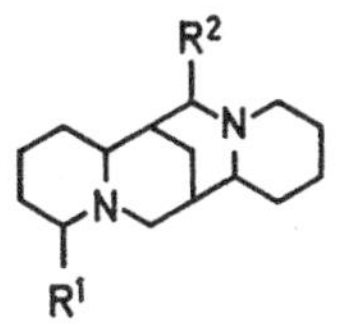

R^1 = H; R^2 = H : *Spartein*

R^1 = O; R^2 = H : *Lupanin*

R^1 = OH; R^2 = O : *Lupanolin*

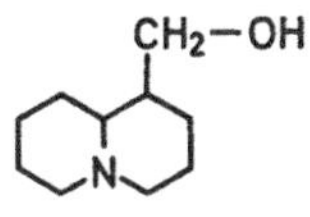

Lupinin (1-Hydroxymethyl-chinolizidin)

In der Sojabohne und in der Erdnuß finden sich bitter schmeckende *Saponine*, die jedoch ohne hämolytische Wirkung sind. In Phaseolus vulgaris und auch in Sojabohnen wurden Hämagglutinine nachgewiesen (s. S. 471). Verschiedene Arten von *Platterbsen* (Lathyrus) und *Kichererbsen* (Cicer) enthalten z. T. toxische Stoffe. Von ihnen wurden in Latyrus odoratus und L. pusillus u. a. das hochgiftige *γ-Glutaminyl-β-aminopropionitril* sowie β-Aminopropionitril und Homo-arginin als weitere toxische Substanzen nachgewiesen, die für die beim Genuß derartiger Hülsenfrüchte auftretende Krankheit (Lathyrismus, Odoratismus) verantwortlich gemacht werden. Lathyrismus wird als Störung des Kohlenhydratstoffwechsels in der Bindegewebssubstanz aufgefaßt. Über das Vorkommen von *Mykotoxinen* (Aflatoxin u.a.) vgl. S. 236. Leguminosen enthalten etwa 10mal soviel *Citronensäure* (0,37—0,57 % der Trockensubstanz) wie Cerealien.

b) Die einzelnen Leguminosen

α) *Bohnen* (*Phaseolus-Arten*)

Unter Bohnen verstehen wir die reifen Samen (Kerne) von Phaseolus-Arten, von denen vor allem *Phaseolus vulgaris* (Garten-, Stangen-, Zucker-, Speck-, Busch-, Schmink-, Zwergbohne, Fisole usw.) aus Ostindien und *Phaseolus multifloris* (Feuer-, Pracht-, Kapuzinerbohne) aus Südamerika angebaut werden. Die in Deutschland bevorzugten „weißen" Bohnen stammen von Phaseolus compressus, var. albus. Zu den eigentlichen Bohnen rechnen außerdem die aus Java stammende in fast allen tropischen Ländern kultivierte *Mondbohne*, auch *Rangoonbohne* (Birma-, Lima-, Peru-, Duffin-, Sienabohnen usw.) genannt, botanisch als Phaseolus lunatus bekannt, über deren blausäureliefferndes Glykosid auf S. 470 berichtet wurde. Andere in Ostasien angebaute, in Deutschland kaum bekannte Bohnen sind z. B. die Mungo-, Simili- und Strahlenbohne, von denen die *Mungobohne* in Ostasien als Lebensmittel große Bedeutung besitzt. Bohnen kommen als ganze Samen in den Handel. Bohnenmehl wird in Dauerwaren verarbeitet. Der Genuß mancher Bohnen ruft eine in vielen Ländern bekannte Krankheit hervor („Fabismus"). Sie wird durch bisher noch unbekannte Bestandteile hervorgerufen und auch durch Inhalation der Pollen ausgelöst.

Hauptanbaugebiete sind Brasilien, USA, Mexiko, Frankreich, der Balkan, die Mittelmeerländer sowie Chile und einige afrikanische Staaten. Hauptimportländer für die BRD sind Afrika, der Balkan und Chile. Die Welternte beträgt über 4 Mio t.

β) *Puffbohnen* (*Vicia faba, Faba vulgaris*)

rechnen botanisch unter die Wicken, stammen aus Persien und Ägypten und werden als Sau-, Pferde- oder Eselsbohne, als Puff-, Futter-, Feld- oder Ackerbohne weniger garten-, meist feldmäßig angebaut. Reife Samen dienen als eiweißreiches Futter, junge, grüne Samen werden in Form „großer" oder „dicker" Bohnen als Gemüse verzehrt.

Das Mehl reifer Puffbohnen (Castormehl) hat zeitweise für die menschliche Ernährung Verwendung gefunden.

γ) *Erbsen* (*Pisum sativum*)

Die Erbse ist die wichtigste Hülsenfrucht, die (außer im grünen Zustand als Gemüse) als Samen halbreif (grün), reif (gelb), ungeschält, geschält und gespalten in den Handel kommt. Die halbreife Frucht wird an der Luft, auf Darren oder in Vakuumapparaten getrocknet (grüne Erbsen). Große ausgereifte gelbe Erbsen (Viktoria-Erbsen) werden auch zu Erbsmehl, Erbswurst (vgl. S. 469) und Suppenerzeugnissen verarbeitet, die nur geringe Kochzeiten erfordern. Bisweilen werden die Erbsen gedämpft und in Poliertrommeln unter Zusatz von Talkum und Glucose poliert. Die *Ackererbse* (*Peluschke*) weist eine dunkle Samenschale auf.

Hauptanbaugebiete sind Indien, USA, UdSSR, Niederlande, Belgien, Frankreich, Dänemark, Kanada, Argentinien und Australien. Die Einfuhr in die BRD betrug 1962 ca. 50000 t.

Die *Kichererbse* (Cicer arietinum), eine in Indien, Nordafrika, Spanien, Italien und auf dem Balkan angebaute Hülsenfrucht, wird gekocht und mit Essig und Öl zubereitet. Die Frucht ist bei uns fast unbekannt. Über die Giftstoffe verschiedener Cicer-Arten vgl. S. 473.

δ) *Linsen* (*Ervum lens*)

Die Linse, eine rundlich abgeflachte „linsenförmige", meist gelblichbraune bis schwarzbraune, bisweilen auch rote oder schwarz-grün gesprenkelte Frucht, wird als solche infolge ihres besonders zusagenden Geschmackes zu Suppen, Brei und Gemüsen, auch als Linsenmehl küchenmäßig verarbeitet.

Als größter Linsenimporteur der Welt hat die BRD 1962 rund 28700 t Linsen eingeführt, vorwiegend aus den USA und Chile.

ε) *Sojabohne* (*Soja hispida*)

Die Leguminose Soja wird seit Jahrtausenden zur Gewinnung der Sojabohne, einer erbsenartigen gelb, grün oder schwarz gefärbten Frucht kultiviert.

Hauptanbauländer waren 1970 die USA (30,9 Mio t), die Volksrepublik China (11,4 Mio t), Brasilien (1,46 Mio t), außerdem Indonesien, Südkorea, Kanada und Japan mit Mengen zwischen 442000 t und 136000 t. Die Gesamtwelternte betrug 1970 über 46,5 Mio t.

Durch ihren Ölgehalt (im Mittel 17—18%) ist die Sojabohne zu einer wichtigen Fettquelle für die Margarinefabrikation, die Seifenherstellung und die Glyceringewinnung geworden. Über Sojaöl vgl. S. 436. Der Eiweißanteil (30—50%) ist, wie erwähnt, biologisch relativ hochwertig; in ostasiatischen Ländern ist die Sojabohne von alters her eine der wichtigsten Eiweißquellen in der Ernährung. Sie wird dort entweder wie bei der Käsereifung zu einer käse- oder quarkähnlichen Masse verarbeitet (*Natto*, Hamananatto, Tofu in Japan, *Tao-fu* oder Teon-fu in China, *Tempeh* in Indonesien) oder zu *Speisewürzen* mit Hilfe von Reisschimmel (Aspergillus orycae) enzymatisch hydrolysiert. Derartige orangefarbene bis schwarzbraune Würzen und Soßen (*Soya*, Shoya, Schoyu, *Miso*) werden in aller Welt genossen und sind unentbehrliche Bestandteile der ostasiatischen Kost. Auch als gekochte oder breiartig zubereitete Speise ist die Bohne bekannt. Sojamehl zeigt keine Backfähigkeit, kann jedoch in gewissem Ausmaß (bis zu 20%) Getreidebackmehlen zugemischt werden. Die Preßrückstände der Ölgewinnung dienen als eiweißreiches Kraftfutter; nach Entfernung der bitter schmeckenden Saponine und der Hämagglutinine durch Dämpfen, Auslaugen oder Extraktion mit Alkohol werden *Sojamehle* erhalten (Halbfett- und Magersoja). *Voll-Sojaprodukte* („Edelsoja"), hergestellt durch Dampfbehandlung der meist vorgequollenen und geschälten Bohnen, zeigen mandelartigen Geschmack. *Sojaquellmasse* diente während des letzten Weltkrieges in beschränktem Ausmaß als Wurstzusatz (S. 339). Sojaerzeugnisse werden anstelle tierischer Eiweißträger (Fleisch, Milch, Ei) zur Herstellung von Suppen und Suppenerzeugnissen, Suppeneinlagen, Süßspeisen, Back- und Teigwaren sowie als Pralinenfüllung und zur Gewinnung von Glutamat benutzt. Ihre Verwendung als Eiaustauschstoffe beruht nicht zuletzt auf dem Gehalt an emulgierend wirksamen Phosphatiden. Intensives Vermahlen unter Wasserzusatz ergibt eine äußerlich der Kuhmilch ähnliche Zubereitung („Sojamilch"), die jedoch gänzlich anders als Milch zusammengesetzt ist (s. oben).

In Asien wird sie anstelle von Kuhmilch verwendet, sprühgetrocknet für Kinder und Säuglinge, die gegen Kuhmilch allergisch sind, vorgeschlagen. Als wesentliche Komponenten des Sojaaromas wurden u. a. Isopentanol, n-Hexanol und n-Heptanol nachgewiesen. Zusätze von Sojaprotein zu Fleischerzeugnissen lassen sich immunchemisch nachweisen.

Das Bestreben „*man-made strukturierte*" *Proteine*, vor allem kaubare, fleischähnliche Produkte herzustellen („künstliches Fleisch") hat dazu geführt, Sojaprotein in Alkali zu lösen, zu verspinnen und mit verschiedenen Zusatzstoffen zu strukturiertem Eiweißmaterial zu verarbeiten. Durch Aromatisierung können Erzeugnisse verschiedener Geschmacksrichtungen gewonnen werden. Die lebensmittelrechtliche Einstufung solcher Produkte, z. B. von „TVP" („textured vegetable protein") steht noch aus.

ζ) *Lupinen*

Die als Düngepflanze angebauten verschiedenen Arten von Lupinus enthalten giftige bitter schmeckende Alkaloide (S. 473) und Saponine, so daß ihre reifen Samen für Ernährungs- und Futterzwecke nicht geeignet sind. Auslaugen, Dämpfen und Darren vermag diese Bitterstoffe nur unvollkommen zu entfernen. In Deutschland wurden seit 1927 alkaloidarme und alkaloidfreie Lupinenmutanten gezüchtet (*Süßlupinen*), die als eiweißreiches Körner- und Grünfutter Verwendung fanden, in die menschliche Ernährung jedoch nicht nennenswert Eingang fanden.

η) *Erdnüsse*

Die Erdnuß (Arachis-, Aschanti-, Java-, Kamerun-, Kurunuß, Erdbohne, Erdmandel, Erdeichel, Erdpistazie, peanut) stammt von der in Brasilien heimischen, in anderen warmen Ländern, auch in Europa angebauten Leguminose Arachis hypogaea. Hauptanbauländer waren 1963/64 die Indische Republik (5,79 Mio t), die Volksrepublik China (2,29 Mio t), Nigeria (1,63 Mio t) und die USA (0,98 Mio t). Die Welterzeugung betrug 1963/64 14,0 Mio t.

Die Erdnuß (40—50% Fett) ist zu einer der wichtigsten Ölquellen geworden (S. 436). Die walzenförmigen Samen der einjährigen Krautpflanze reifen 5—8 cm tief im Boden und enthalten neben Fett 25—35% Eiweiß sowie 10—20% Kohlenhydrate. Erdnüsse werden geschält und geröstet, oft mit etwa 1,5% Kochsalz gesalzen und als solche verzehrt oder in anderen Lebensmitteln verarbeitet (Schokolade, Back- und Süßwaren, Nährmittel, Suppen und Suppenerzeugnisse) oder aber zur Kaffee-Eratzgewinnung herangezogen.

Erdnußbutter, erhalten durch Mahlen der Erdnüsse unter Zusatz von Salz, wird zuweilen auch mit anderen Ingredienzen versehen, z. B. mit Trockenmilch ("peanut snack"). Ähnlich wie bei der Sojabohne lassen sich auch aus der Erdnuß *Mehle* herstellen. *Entfettete Erdnüsse* werden als calorienarme Lebensmittel angeboten. Die Rückstände der Ölgewinnung (Erdnußkuchen) dienen als Viehfutter. Zur Aflatoxinfrage vgl. S. 237.

3. Mühlenerzeugnisse

Gleich vielen anderen pflanzlichen Lebensmitteln bedürfen Getreide und Hülsenfrüchte einer weitgehenden Verarbeitung, um die in Cellulosemembranen blockierten, von Frucht- und Samenschale eingehüllten wertvollen Inhaltsstoffe der Samen für die Verdauungsenzyme freizulegen und gleichzeitig in verschiedenen, planmäßig gesteuertem Ausmaß die unverdaulichen und unbekömmlichen Fraktionen der Rohfaser abzutrennen. Zu diesem Zweck hat die Technik von uralter Zeit her eine Reihe z. T. sehr sinnvoller und komplizierter Prozeduren entwickelt, die zwar rein äußerlich nach physikalischen Gesichtspunkten der Zerkleinerung und Sichtung arbeiten, im Endeffekt jedoch das Korn oder den Samen in ernährungsphysiologisch und technologisch grundsätzlich vom Ausgangsmaterial verschiedene Erzeugnisse zerlegen. Was die andere Möglichkeit der Zubereitung von hier besprochenem Material anlangt, nämlich das Garkochen mit heißem Wasser oder die *Breibereitung*, so treten derartige Prozesse in unserem Kulturkreis weit in den Hintergrund.

Haupterzeugnis der Müllerei ist das *Mehl.* Wir verstehen darunter im lebensmittelchemischen Sinne das im Mahlprozeß von den Gewebselementen der Frucht- und Samenschale, dem Keimling und (mehr oder minder weitgehend) von der Aleuronschicht befreite und zu einem Pulver verschiedenen Feinheitsgrades zerkleinerte Erzeugnis aus Getreidefrüchten. Es besteht im wesentlichen aus dem Endosperm (Mehlkörper). Bei der Vermahlung werden Frucht- und Samenschale, Keimling sowie Teile der Aleuronschicht als *Kleie* abgetrennt. Neben dem eigentlichen Brotgetreide (Weizen und Roggen) werden auch Gerste, Hafer, Reis und Mais sowie Leguminosen und Kartoffeln auf Mehl verarbeitet. Leguminosen- und Getreidemehle sind entsprechend dem anatomischen Aufbau der Früchte grundsätzlich verschieden, sie werden auch nach ganz verschiedenen Mahlverfahren gewonnen. Je nach dem Verwendungszweck und der Mahlführung unterscheidet man *Vollkornmehle* und *-schrote*, bei denen das ganze Getreidekorn verarbeitet wurde und Mehle verschiedenen *Ausmahlungsgrades*, bei denen die Kleie mehr oder minder weitgehend entfernt wird.

a) Die Vermahlung des Getreides

α) *Die mahltechnische Vorbereitung*

Das angelieferte Getreide muß vor der Vermahlung eine Reihe mechanischer, vollautomatisch geführter Prozesse durchlaufen. Einstellung auf gleiche *Korngröße* erfolgt in *Sortierzylindern* oder geneigten Flachsieben (*Plansieben*). Spezifisch leichtere Teile, wie Staub, Spreu, Sackfasern („Besatz") werden im *Aspirateur*, Sand und Erde in *Rüttelsieben*, Eisenteile, welche die Walzen schädigen und eine Brandursache bilden, durch *Elektromagnete* entfernt. Die Aussonderung von Unkrautsamen und gebrochenen Körnern besorgen *Trieure* (Trommel-, Scheiben- oder Schneckentrieure); bei pneumatischer Förderung kann die Reinigung auch durch *Separatoren* erfolgen, die nach dem Prinzip des Steigsichters arbeiten. In Mittel- und Großbetrieben wird das Getreide gewaschen. Die *Wäscherei* besorgt das Auslesen spezifisch schwerer und leichterer Teile, entfernt anhaftenden Staub, Schmutz und Pilzsporen. Kombinierte Anlagen verfügen über Wasch- und Trockenzentrifugen sowie Steinausleser. Naßreinigung wird oft mit der im folgenden besprochenen Konditionierung gekoppelt.

An diese als *Vorreinigung* („Schwarzreinigung") bezeichneten Prozeduren schließt sich die *Hauptreinigung* („Weißreinigung") an, die in erster Linie ein *Schälen* und *Bürsten* des Getreides bezweckt. In Schälmaschinen mit Schlägerwerk und schmirgelbelegten Trommeln (Abb. 88) werden die äußeren Schalenschichten mit den Barthaaren (Haarschopf), z. T. auch die Keime gelöst und abgeschliffen, in Bürstmaschinen die gelockerten Teile abgetrennt und pneumatisch abgeblasen oder abgesaugt. Auch

Naßschälverfahren sind üblich; vgl. hierzu später unter „Steinmetz-Brot" S. 495. In der modernen Müllerei geht die Verwendung von Schäl- und Bürstenmaschinen zurück.

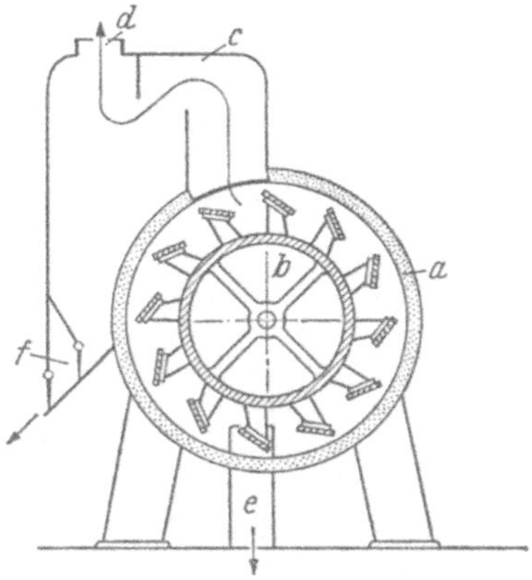

Abb. 88. Schälmaschine. a Schmirgelmantel, b Schlägerwerk, c Sammelkammer für abgesaugten Schälstaub, d Luftabsaugung, e Getreideauslauf, f Auslaß für Schälstaub (Aus M. Rohrlich und G. Brückner: 135, Bd. I., S. 108)

Zwischen Vor- und Hauptreinigung liegt meist die je nach Beschaffenheit des Getreides unterschiedlich geführte „*Konditionierung*" durch Behandlung des Getreides mit Wasser und Wärme. Dadurch soll optimale bei etwa 15,5% Wasser liegende Mahlfeuchtigkeit erreicht werden, um die Schale zähe, den Mehlkörper mürbe zu machen und damit die Trennung beider Fraktionen zu erleichtern. Einstellung auf die erforderliche Feuchtigkeit erfolgt in *Netzapparaten* mit Schneckenmischern und in Abstehbehältern, in denen das Getreide 3—24 Std verbleibt. Das eigentliche Konditionieren schließt eine im *Konditioneur* vorgenommene Wärmebehandlung in sich. Belüftung mit Warmluft kann zur Herabsetzung übermäßigen Wassergehaltes dienen. Vielfach wird das Konditionieren mit der obenerwähnten Naßreinigung verbunden. Roggen wird nach der Reinigung noch in dem mit glatten Walzen ausgestatteten *Quetschstuhl* behandelt. Dabei fällt „*Blaumehl*" an, das abgesiebt wird. Von hier gelangt das Gut auf die Schrotwalzen.

β) Der Mahlprozeß

Bei der Vermahlung von Weizen und Roggen zu Mehl ist der Mehlkörper zu zerkleinern und der Schalenanteil abzutrennen. Ca. 80% bilden die hellen Anteile des Endosperms, ca. 20% die dunkelgefärbten Anteile der Randschichten (Aleuronschicht, Samen- und Fruchtschale). Unter 1% machen die Keimlingsanteile aus. Die Natur des Getreidekornes macht es verständlich, daß trotz der Vielzahl der im folgenden kurz besprochenen Arbeitsgänge eine ideale Lösung dieser Aufgabe ohne erhebliche Verluste an Mehlkörper und ohne tiefgreifende Veränderung der Mehlsubstanz nicht möglich ist.

Die roheste in früheren Jahrhunderten allgemein übliche Vermahlung erfolgt im *Mahlgang* zwischen zwei sich horizontal drehenden Mühlsteinen; er wird gegenwärtig nur noch bei der Back- und Futterschrotherstellung zur groben Zerkleinerung des Kornes verwendet und liefert schalen- und mineralstoffreiche „stippige" Mehle. Heute erfolgt die Vermahlung fast ausschließlich auf *Walzenstühlen*, bei denen das Getreide zwischen verschieden schnell und entgegengesetzt laufenden Walzen zerkleinert wird, deren Abstand voneinander verstellbar ist. Die Walzen sind teils glatt, teils in verschiedenster Art durch geschärfte Rillen geriffelt. Man unterscheidet z. B. *Schrotstühle* mit groben Riffelwalzen, *Auflöserstühle* mit feinen Riffel- und Glattwalzen, *Ausmahlstühle* mit Feinriffelwalzen. Walzenmaterial ist Stahlguß, Porzellan und Naturstein („Grünstein"). Das Schema eines Doppelwalzenstuhles bringt die Abb. 89.

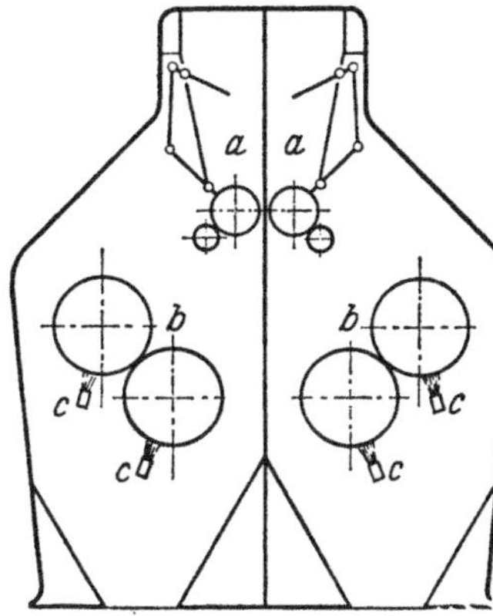

Abb. 89. Schematischer Querschnitt durch einen Doppelwalzenstuhl. Einlauf mit a Speisewalzen, b Mahlwalzen, c Abstreifbürsten (Aus M. Rohrlich und G. Brückner: 135, Bd. I., S. 111)

In Großmühlen werden zahlreiche dem Mahlgut genau angepaßte Mahlstühle zusammengefaßt. Zur Förderung des Mahlgutes dienen Becherwerke (Elevatoren), Schüttel- und Trogkettenförderer, Förderbänder und zunehmend pneumatische Förderanlagen, die mit Saugluft arbeiten. Unter den Walzenstühlen befinden sich als wichtigste Einrichtung zur Sortierung des Mahlgutes der *Plansichter*, neben dem Walzenstuhl die wichtigste Maschine der modernen Mühle, immer feiner werdende in Kästen schwingende Siebgarnituren (vgl. Abb. 22, S. 244), die grobe und feine Grieße, Dunste und Mehle (s. später) voneinander trennen. Noch weiter unten liegen die *Grießputzmaschinen*, bei denen auf Rüttelsieben ein Luftstrom die Teilchen verschiedener Größe trennt.

Weiterentwicklungen betreffen u. a. die Verwendung von *Turbomühlen* (10000 U/min), den Einsatz von *Prall-* und *Strahlmühlen*, bei denen das Korn im freien Flug durch starke Luftströme gegeneinander prallt und zerschlagen wird, sowie die *Windsichtung* im Spiralwindsichter, die eine sog. *Proteinverschiebung* bewirkt und damit die Gewinnung von Mehlfraktionen verschiedenen Proteingehaltes erlaubt.

Weizen- und Roggenvermahlung zeigen grundsätzliche Unterschiede, wobei für Weizen die Grießbildung, für Roggen die Mehlbildung im Vordergrund steht. Im einzelnen unterscheidet man folgende Verfahren:

1. Die *Flachmüllerei*. Sie bezweckt rasche Zerkleinerung des Kornes, erfordert nur 4—5 Vermahlungen (Schrotungen) zur völligen Zerkleinerung und leitet nach Absichtung des Mehles alle Zwischenprodukte gemeinsam der nächsten Schrotung zu. Sie führt ihren Namen nach dem engen Abstand der Walzen, liefert naturgemäß hohen Anfall an (dunklem) Mehl und ist vor allem bei der Roggenverarbeitung üblich.

2. Die *Hochmüllerei* (Grießmüllerei) greift das Korn nur schrittweise an. Die Walzen des ersten Schrotstuhles stehen hier so weit (hoch) auseinander (daher der

Name), daß das Korn zunächst nur gebrochen wird. Es entstehen also erst vorwiegend Grieße und Dunste, weniger Mehle. Die Hochmüllerei wird vor allem bei hartem Weizen eingesetzt. Sie liefert reichliche Mengen an Grieß und außerdem „griffige“ Mehle von ausgezeichneten Backeigenschaften.

3. Die *Halbhochmüllerei* ist heute vor allem für die Vermahlung von Weichweizen üblich. Die Walzen haben mittleren Abstand, zerkleinern das Korn vorsichtig und liefern etwa *8—9 Schrotungen*. Der wesentliche Unterschied gegenüber der Flachmüllerei liegt darin, daß die anfallenden Schrote sortiert und getrennt weiter verarbeitet werden. Man trennt zunächst Schrotmehl geringer Qualität ab und erhält neben dem auf dem Vorsieb verbleibenden *Überschlag* Grob- und Feingrieße sowie Dunste. Der Überschlag wird auf Riffelwalzen weiter geschrotet, die anfallende Schrotung nochmal in Schrotmehl, Grieß, Dunste und Überschlag gesondert und dieser Vorgang noch mehrmals (5—6 mal) wiederholt, bis nach der letzten Schrotung nur Kleie übrigbleibt. *Dunste* als feinstkörnige Fraktionen werden direkt auf Mehl vermahlen, *Grieße* in Grießputzmaschinen als Grob- und Feingrieße gewonnen und anschließend auf Glattwalzen zu Mehl vermahlen („aufgelöst“). Die *Kleie* wird in *Schalenbürstmaschinen* oder *Kleieschleudern* von anhaftenden Mehlteilchen befreit und durch Transportschnecken abgeführt. Durch Aufstellung eines *Mahlplanes* (Diagrammes) kann die Zahl der Schrotungen, der Auflösungen und Ausmahlungen, die Zusammensetzung der Endprodukte und schließlich die Gewinnung verschiedener Mehlsorten in weitem Ausmaß variiert werden. Außerdem sind zahlreiche Übergänge zwischen den drei genannten Mahlverfahren möglich. Der moderne Mühlenbetrieb stellt einen hochkomplizierten technologischen Komplex dar, der zur Erreichung und Erhaltung hoher Mehlqualität größter Sachkenntnis, laufender Überwachung, eines modernen Maschinenparks und nicht zuletzt der Zuhilfenahme eines fest umrissenen Planes, des „*Mühlendiagrammes*“ bedarf. Die folgende Abb. 90 bringt das Schema der Vermahlung.

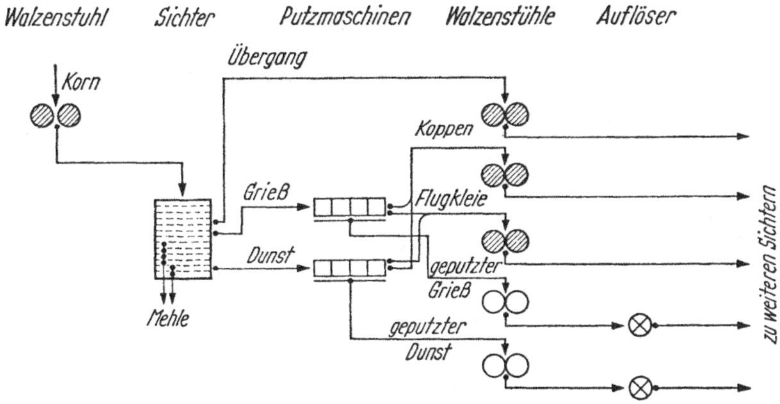

Abb. 90. Schema der Vermahlung (Aus: M. Rohrlich und G. Brückner: 135, Bd. I., S. 110)

γ) *Besondere Mahl- und Behandlungsverfahren*

Um die erörterten Schwierigkeiten im Mahlprozeß zu mindern, hat man eine Reihe spezieller Mahlverfahren entwickelt, von denen folgende genannt seien:

Im *Dekortikationsverfahren* (Steinmetz u. a.) wird das Korn schonend geschält und als solches verarbeitet. Gelinck und in ähnlicher Weise Simon quetschen gewaschenes Getreide und verbacken den gesichteten in Schneckengängen bearbeiteten Teig unmittelbar mit Sauerteig. Klopfer zerkleinert das Korn auf trockenem Weg in

Schleudermaschinen (Kernmark-, Karabrot). Finkler vermischt die anfallende Kleie mit Kochsalz und Kalk enthaltendem Wasser und setzt das vermahlene Produkt dem Mehl wieder zu (Final-, Finklanmehl). Schlüter teigt übliche Kleie mit Wasser ein, schließt im Autoklaven bei 90—110° C auf, trocknet, vermahlt und mischt mit dem Mehl (*Schlütermehl*).

Spelz (Dinkel) und *Grünkorn* (Grünkern) erfordern besondere Mahlgänge. *Gerste* wird auf *Grütze* (geschält und grob gebrochen) oder auf *Graupen* (geschält, gebrochen und gerundet) in Walzenspaltern, Rollgängen und Graupengängen verarbeitet. *Hafer* liefert Kraft- und Kindermehle, Flocken, Grütze und Grieß. Der Hafer wird für die *Flockenherstellung* bei 90—100° C gedarrt, geschält, durch Dämpfen auf 9—11% Wassergehalt gequollen und auf dem Flockenwalzstuhl zur Flocke mit einem Wassergehalt von etwa 9% gepreßt. Auch nasse oder trockene Schälung in Fliehkraftschälern ist üblich. Aus *Mais* werden grober und feiner Grieß, weniger Mehl gewonnen. *Leguminosen* werden zur leichteren Vermahlung vorher geweicht oder gedämpft, von den Schalen getrennt und gedarrt, bei fettreichem Material (z. B. Soja) zur Erhöhung der Haltbarkeit auch entfettet.

b) Die chemische Zusammensetzung der Mahlerzeugnisse

α) *Mehltypen und Mehlarten*

Normal ermahlene Mehle weisen einen Wassergehalt von 14—15% auf, Wasserwerte über 16% sind zu beanstanden, sie führen zu verminderter Haltbarkeit, hohen Lagerverlusten, geringerem Quellungsvermögen, mangelhafter Gashaltung, schlechtem Stand und bewirken niedrige Teigausbeuten sowie schlechte Brotqualität. Im allgemeinen läßt sich sagen, daß mit zunehmendem „*Ausmahlungsgrad*" (gekennzeichnet durch die in der Mühle anfallende Gewichtsmenge Mehl, bezogen auf 100 Gewichtsteile Getreide) der Gehalt an Schalenbestandteilen wächst. So weist feinstes Weizenmehl (30% Ausmahlung) einen Rohfasergehalt von etwa 0,12%, Mehl mit 70—75% Ausmahlung einen solchen von 1,05% und grobe Kleie (89—93% Ausmahlung) einen solchen von 8,7% auf. Gleichzeitig steigt der Gehalt an Kohlenhydraten (Pentosanen und Zuckern), Fett, Eiweiß und insbesondere an Mineralstoffbestandteilen sowie an enzymatischer Kraft. Der Gehalt an Stärke sinkt allmählich ab: Weizenauszugsmehl (30% Ausmahlung) enthält 81,9%, Weizenschrot (90% Ausmahlung) nur 67,5% Stärke in der Trockensubstanz. Ernährungsphysiologisch besonders wichtig und an anderer Stelle besprochen ist der niedrige *Vitamingehalt* heller Mehle, da die Vitamine des Kornes vorzugsweise in die Kleie gehen.

Zur Unterscheidung der einzelnen Mehltypen, die früher in zahllosen willkürlich bezeichneten Sorten gehandelt wurden, hat man in Deutschland 1934 die *Typisierung der Mehle* nach ihrem *Aschegehalt* eingeführt. Als Mehltypenzahl gilt die Anzahl Milligramm Asche in 100 g Mehltrockensubstanz. Sie ist für verschiedene Mehle nach der 17. Durchführungs-VO zum Getreidegesetz vom 21. 7. 1961 geregelt. Als Beispiele sind die Werte für einige Mehle und Schrote angeführt.

Tabelle 118. Aschegehalt von Weizen- und Roggenmehlen
(Niedrigste und höchste Werte; v. H. i. Tr.)

Type	Mineralstoffe (Asche)
Weizenmehl	
405	0,380—0,440
630	0,600—0,700
1050	1,000—1,150
1600	1,550—1,750
Roggenmehl	
815	0,790—0,870
997	0,950—1,070
1370	1,300—1,450
1740	1,640—1,840

Neben der *chemischen Mehluntersuchung,* die in der Fachliteratur einzusehen ist (vgl. M. Rohrlich und B. Thomas in: 54, VI., S. 1) spielt die *Sinnenprüfung* eine wichtige Rolle. Die Farbe wird nach der *Pekar-Probe* gegen ein Vergleichsmuster auf Holzbrettchen, neuerdings auch spektrophotometrisch bestimmt. Sie hängt vor allem von Schalenmenge, Schalenfarbe, beigemengten Unkrautsamen, weniger vom Carotingehalt ab und wird bei feuchtem Mehl dunkler. Frisches Mehl zeigt lebhaften Glanz, normales Weizenmehl ist gelblich weiß, Roggenmehl grünlich-bläulich gefärbt. Der Geruch frischen Mehles ist angenehm, der *Geschmack* von Weizenmehl neutral, schwach süßlich, von Roggenmehl eigenartig herbaromatisch. Gutes Mehl ist „*griffig*", glatte und „*totgemahlene*" Mehle geben wenig standfeste Teige.

β) *Einteilung der Mehle und anderer Mahlerzeugnisse*

Getreidemahlerzeugnisse im Sinne der 7. Durchführungs-VO zum Getreidegesetz vom 12. 8. 1953 sind Mehl, Backschrot, Grieß und Dunst aus Roggen und Weizen sowie aus Menggetreide von Roggen und Weizen, soweit diese Erzeugnisse für die menschliche Ernährung oder für technische Zwecke bestimmt sind. Über die durch den Aschegehalt festgelegten Typen s. oben. Weitere Regelungen sind der genannten Verordnung zu entnehmen.

Je nach Verwendungszweck für verschiedene Brot- und Gebäcksorten, der Teigführung und der Gebäckgröße (Brot, Kleingebäck, Zwieback, Keks, Spritzgebäck) benötigt man unterschiedliche Mehlsorten. Beim Weizen unterscheidet man zuweilen *Auszugsmehl* (nicht über 50% Ausmahlung), *Semmelmehl* (65—75% Ausmahlung) und die höher ausgemahlenen *Brotmehle* (für Groß- und Mischbrote). *Vollkornschrot* und *Backschrot* dienen für Spezialbrote (S. 495). Neben reinen Mehlen kommen auch die sog. *Kuchenmehle* (kuchenfertige und backfertige Mehle als Mischungen von Weizenmehl mit Backpulver, Zucker, Gewürzen, Backaromen, auch mit Milch- und Eipulver, Mandeln, Rosinen u. a. in den Handel. *Nachprodukte,* wie sie nach der letzten Schrotung anfallen (Nachmehle, Futtermehle, Bollmehle und Kleie) sind geschätzte Futtermittel und gehen in Notzeiten teilweise auch in die Brotherstellung, obgleich sie infolge ihres hohen Rohfasergehaltes kaum oder nur sehr schlecht ausgenutzt werden. *Grieße* als Mahlerzeugnisse aus Weizen, Hafer, Reis oder Mais werden nach Körnung und Verwendungszweck unterschieden. *Hartweizengrieß,* aus glasigem Hartweizen (Durumweizen) gewonnen, dient hauptsächlich zur Herstellung von Teigwaren. *Weichweizengrieß* wird im Haushalt für Suppen, Brei, Pudding, Flammeri, zuweilen auch für Gebäcke verwendet. *Maisgrieß* von weißer bis orangegelber Farbe liefert das italienische Gericht *Polenta.* Eine besondere Mehlart stellen schließlich die *Paniermehle* dar, Erzeugnisse, die durch Einteigen, *Backen,* Rösten (Trocknen) und Mahlen aus Weizenmehl hergestellt sein müssen.

Weitere, hier zu erwähnende Produkte sind Mehle besonderen Feinheitsgrades (*Zentrofan-Mehl*) oder besonderer Klebereigenschaften für Spezialerzeugnisse (Dauerbackwaren, Waffeln u. a. m.) sowie *Instant-Mehl* (agglomeriertes Mehl), das sich ohne Klumpenbildung schnell mit Wasser benetzen läßt.

c) Mehlfehler

Alte Mehle sind stumpf und glanzlos, schlechte Vermahlung liefert Faserteilchen („Stippen"), zu starke Mahlung führt zu staubigen, schliffigen und grifflosen Mehlen. Bei unsachgemäßer Lagerung, mikrobieller Infektion, Milbenbefall, Auswuchs oder Anwesenheit von Unkrautsamen nimmt Mehl einen dumpfen, ranzigen muffigen, multrigen, kleisterigen, bitteren, kratzenden, süßlichen oder sonstwie fremdartigen Geruch und Geschmack an. Die große adsorptiv wirksame spezifische Oberfläche des Mehles bindet weiterhin Fremdgerüche sehr leicht und fest (Seife, Petroleum, Gewürze, chemische Kampfstoffe). Überhoher Walzen- oder Mahlsteindruck schädigt die Stärkekörner und bewirkt damit erhöhte enzymatische Maltosebildung sowie abnorm rasche Teigentwicklung. Nagetierhaare, Insektenbestandteile und Schädlinge (s. unten) vermögen Mehl ekelerregend und für die menschliche Ernährung ungeeignet zu machen. Der Nachweis solcher Rückstände erfolgt mit dem sog. *Filth-Test.*

d) Mehllagerung

Mehl ist kühl, schattig, luftig und trocken zu lagern, getrennt von riechenden und Ungeziefer anlockenden Produkten (Nüsse, Schokoladenwaren). Pflanzliche und tierische Schädlinge (Mehlwürmer, Mehlkäfer, Mehlmilben, Brot- und Kornkäfer, Mehlmotten) sind fernzuhalten. Sachgemäßes Lagern frisch ermahlenen Mehles erhöht die Backfähigkeit, allzu lange Lagerung mindert sie.

e) Mehlverfälschung und -verunreinigung

Als *Verfälschungen* kommen u. a. in Frage: Beimengung von Fremdmehl, Zusätze von Gips, Phosphaten, Sand (über 0,1 %), künstlichen Farbstoffen (Eosin); *Verunreinigungen* sind z. B. Samen von Ackerunkräutern, Brandsporen, Mutterkorn (s. oben).

f) Chemische Mehlbehandlung

Die üblichen Verfahren der Mehlbehandlung bezwecken eine Beeinflussung der Mehlfarbe (*Mehlbleichung*) oder des Backverhaltens der Mehle („*Verbesserungsverfahren*") oder aber eine Vereinigung beider Prozeduren. Für die chemische Bleichung wurden Stoffe wie Stickstofftrichlorid („*Agene*"; age = altern), Stickstoffoxide (*Alsop*-verfahren; *Tandem*verfahren), Chlorgas oder Chlor-Nitrosylchloridgemische (Gologas, Betachlor), Chlordioxid und Benzoylperoxid vorgeschlagen. Das Eingehen auf derartige Verfahren erübrigt sich, da in der BRD Mehlbleichung und chemische Mehlbehandlung nach der „Mehlbleich-VO" vom 27. 12. 1956, in der Fassung vom 14. 3. 1967 verboten sind. Erlaubt sind lediglich saures Natriumacetat, Calciumacetat oder Calciumpropionat oder Ascorbinsäure (Vitamin C). Ein Hinweis auf den Gehalt an Vitamin C ist nur zulässig, wenn er mindestens 10 mg in 100 g Lebensmittel beträgt.

4. Stärkemehle

sind die von Spelzen, Schalen und anderen Zellelementen, von Eiweiß, Fett und mineralischen Bestandteilen befreiten praktisch aus reiner Stärke bestehenden Mahlerzeugnisse. *Ausgangsstoffe* für die Gewinnung reiner Stärke sind neben verschiedenen Getreidearten (Mais, Reis, Weizen, Roggen, Milocorn) vor allem die Kartoffel und andere unterirdische Achsenorgane (*Maranta-Curcuma*, *Canna*), Wurzelknollen wie *Maniok* (Manihot), *Yamswurzel* oder *Bataten* und schließlich das stärkereiche *Mark von Palmenarten* Ostindiens, Indiens und Brasiliens. Je nach der Struktur des Ausgangsmaterials kann die Stärke durch einfaches Auswaschen oder aber erst nach entsprechender Lockerung des Gefüges gewonnen werden. Dabei spielen in erster Linie Wasch-, Sieb- und Absetzprozesse eine Rolle.

Die wichtigsten Stärkearten sind folgende:

a) Weizenstärke

Nach dem früher geübten *sauren* oder *Halleschen-Verfahren* wurde der gequollene zerquetschte Weizen (vorzugsweise kleberarmer Weichweizen) einer 10—20 Tage dauernden sauren Gärung überlassen, um die Trennung von Kleber und Stärke beim anschließenden Schlämmprozeß zu erleichtern. Dabei wird der Kleber durch enzymatische Hydrolyse weitgehend entwertet, und es treten übelriechende schwer zu beseitigende Abwässer auf. Ausgangsmaterial ist heute nur noch Weizenmehl. Aus dem angeteigten Mehl wird eine faser- und kleberhaltige Rohstärkemilch erhalten, während die Hauptmenge des Klebers als plastische Masse zurückbleibt. Die Faserteile werden durch Siebeinrichtungen entfernt, die Stärke in Absetzbottichen oder Trennschleudern separiert, in Raffinierzentrifugen weiter gereinigt, in Entwässerungszentrifugen entwässert und anschließend zu Stärkepuder getrocknet (*Martin-Verfahren*). Weiterentwicklung des Verfahrens ermöglicht es, aus der Stärkemilch den feinkörnigen Anteil (*Sekundastärke*) von der Hauptmenge der übrigen Feststoffe (*Primastärke*) abzutrennen und beide Fraktionen getrennt weiter zu verarbeiten.

Die durchschnittliche Ausbeute beträgt für Primastärke 55%, für Sekundastärke etwa 20% und für Kleber 10—15%. Der auf Walzen oder im Sprühverfahren getrocknete *Kleber* ist ein wertvoller Rohstoff für die Suppenwürzen- und Glutamatherstellung. *Vitalkleber* (nicht denaturierter Weizenkleber) findet als Mehlverbesserungsmittel und Backzutat Verwendung. *Primastärke* dient als Puddingstärke oder zur Herstellung feiner Backwaren. Weizenstärke kommt stückig (Strahlenstärke), als Puder oder (nach Zusatz von Borax oder Stearin) als Glanzstärke in den Handel.

Neuere Entwicklungen gehen dahin, die Grobkornanteile vor der Auswaschung einer Prallzerkleinerung zu unterwerfen („*Batterprozeß*") oder die rohe Weizenstärke nacheinander einer Behandlung mit Alkali (pH = 9—11,5) und schwefliger Säure (pH = 3,2—3,6) zu unterwerfen („*Alkali-Prozeß*"). Im *Instantverfahren* (s. S. 284) lassen sich Stärken besonderer Feinheit gewinnen.

b) Roggenstärke

Sie entspricht nach Eigenschaften und Korngröße etwa der Weizenstärke. Der Gehalt des Roggens an Gummi- und Schleimstoffen sowie an kolloidlöslichen Proteinen und die Unmöglichkeit, Kleber auszuwaschen, bringt Schwierigkeiten beim Separieren, Sedimentieren und Zentrifugieren dieser Stärke mit sich.

c) Reisstärke, Maisstärke

Beide Stärkearten sind hier fest mit dem Zellplasma verkittet und können nur nach chemischer Aufschließung des Ausgangsmaterials gewonnen werden. Für *Mais* wird das gereinigte Getreide bei etwa 50°C über 40—60 Std in 0,1—0,2%iger Schwefligsäurelösung geweicht, in Scheiben- oder Walzenmühlen vorgebrochen und im Maisseparator der Keim entfernt. Der grobkörnige Brei wird in Stein- oder Prallmühlen fein zerkleinert. Stärke und Kleber werden in Separatoren getrennt, die Stärke wird auf Vakuumfiltern vorentwässert, entweder als *Feuchtstärke* auf Glucosesirup, Stärkezucker oder Dextrose weiter verarbeitet oder aber neuerdings vor allem in Stromtrocknern (Kurzzeittrocknern) in wenigen Sekunden getrocknet. Die Weltproduktion betrug 1971 50—55 Mio t (etwa 90-95% der gesamten Stärkeproduktion).

In ähnlicher Weise wird, meist aus havariertem oder Bruchreis, die *Reisstärke* hergestellt.

Feinkörnige *Maisstärke*, die aus Mais zu etwa 60—62% mit einem Wassergehalt von 13—16% anfällt, stellt die für Speisezwecke meist verwendete Stärkeart dar. Sie dient als Ausgangsmaterial in der Pudding-, Back- und Cremepulverindustrie (Puddinge, Aufläufe, Sandtorten, Suppen, Soßen), für die Kinder- und Krankenernährung und liefert nach Hydrolyse *Traubenzucker*. Aus den Maiskeimen wird Öl gewonnen (S. 434). Das getrocknete Maisquellwasser findet Verwendung in der Penicillin- und Hefeindustrie als Kulturmedium und (zusammen mit dem Kleber) als Viehfutter. Die besonders feinkörnige *Reisstärke* wird gleich der Maisstärke für Speisezwecke, darüber hinaus auch zur Gewinnung von Glanz-(Appretur-)Stärke und kosmetischen Pudern benutzt. Ein Schema der Maisstärke-Gewinnung ist auf S. 467 gebracht.

d) Kartoffelstärke

Die Gewinnung dieser Stärkeart ist relativ einfach, da hier das Stärkekorn frei im Zellsaft liegt und die Struktur der Kartoffel wesentlich lockerer als die der obengenannten Rohstoffe ist. Zur Erzielung guter Stärkequalitäten werden Kartoffelsorten mit möglichst großen Stärkekörnern bevorzugt. Aus dem mittels sog. Sägeblattreiben gewonnenen Kartoffelreibsel wird das Fruchtwasser möglichst schnell abgetrennt, um eine Verfärbung der Stärke durch die im Fruchtwasser reichlich vorhandenen Polyphenoloxidasen (S. 207) zu vermeiden. Dann wird gleichfalls mehrstufig im Gegenstrom die Stärke (neuerdings vor allem durch Strahlauswascher) ausgewaschen, die Rohstärkemilch gereinigt, die Stärke abgeschleudert und in Ringetagen-, Vakuum- oder Stromtrocknern (vgl. Maisstärke) entwässert. Die ausgewaschenen Fasern (Pulpe) dienen feucht oder getrocknet als Viehfutter, das abgetrennte Fruchtwasser kann unmittelbar zu biologisch hochwertigem *Kartoffeleiweiß* verarbeitet werden.

100 kg Kartoffeln mit 18% Stärke ergeben etwa 10—14 kg Stärke erster Qualität. Kartoffelstärke kommt als *Kartoffelmehl* in den Handel. Sie liefert bei direkter Speisenzubereitung fadenziehenden wenig wohlschmeckenden Kleister und dient infolgedessen vorzugsweise (nach Verkleisterung bei feuchter Hitze) als „*Quellmehl*" (Kartoffelwalzmehl, Patentwalzmehl), als Zusatz zu Kuchen und Soßen. Speisestärke ist mit sehr geringen Mengen Säuren, Alkalien oder Oxydationsmitteln behandelte Stärke, die gegenüber nativer Kartoffelstärke als „dünnkochende, lösliche" Stärke beim Abkühlen zum Gel erstarrt („Pudding-Effekt").

Teilweise verkleisterte und gekörnte Kartoffelstärke liefert *Kartoffelsago*. Die Hauptmenge der Kartoffelstärke dient jedoch zur Gewinnung von *Stärkesirup* (Bonbonsirup, Kapillärsirup), *Stärkezucker*, *Dextrin* und *Kartoffelsprit* sowie für Kleister, Appreturen und Schlichten.

e) Weitere Stärkearten

Stärkemehle von Leguminosen und Buchweizen sind ohne praktische Bedeutung. Die aus Milocorn (S. 469), einer amerikanischen Sorghum-Hirse, gewonnene *Milostärke* wird wie Maisstärke hergestellt und verwendet. Für die Ernährung tropischer Gebiete wichtig und auch bei uns bekannt ist *Arrowroot* (Pfeilwurzelmehl) aus verschiedenen tropischen Pflanzen, das in Backwaren, Nährmitteln und diätetischen Lebensmitteln verarbeitet wird sowie die *Manihotstärke* (brasilianisches Arrowroot) aus den Blausäureglykosid (Phaseolunatin, Linamarin) enthaltenden Wurzelknollen verschiedener Manihot-Arten. Sie kommt als *Tapiokamehl* oder *Tapiokasago* (brasilianischer Sago, Perltapioka) in den Handel und dient zur Glucose- und Alkoholgewinnung. Hierzu gehören schließlich noch *Bananenstärke* ("Guayana-Arrowroot") und der aus dem Mark verschiedener Sagopalmen gewonnene *Palmsago*.

f) Modifizierte Stärken

Auf physikalisch, chemisch oder biochemisch veränderte Stärken, die in großem Ausmaß technisch, zunehmend auch lebensmitteltechnologisch bedeutungsvoll sind, kann hier nur verwiesen werden. Neben den bei Kartoffelstärke erwähnten *Quellstärken* und der *Kartoffelspeisestärke* sind zu nennen mit *Säure oder oxydativ abgebaute Stärken, Stärkeester* (mit anorganischen oder organischen Säuren veresterte Stärken), z. B. *Stärkephosphate* (*Neukom-Stärken*) oder *Stärkeäther*. Als dünnkochende Stärken mit Dickungs- und Bindungseigenschaften besitzen sie große Bedeutung. Ihre lebensmittelrechtliche Beurteilung bedarf noch allgemeiner Klärung. Zu den modifizierten Stärken rechnen auch die *fraktionierten Stärken*, z. B. *amylopektinreiche* (*wachsige*) und *amylosereiche Stärken* sowie die *Röstdextrine* (*Weiß*- und *Gelbdextrine*), erhalten durch hydrolytischen Abbau von Stärke in der Hitze.

Nach der „Schwefeldioxid VO" vom 13. 8. 1969 darf Trockenstärke maximal 50 mg/kg als Restgehalt an SO_2 enthalten. Siehe auch die „Richtlinien für Stärke und Stärkeerzeugnisse" (s. S. 577).

5. Backwaren

a) Brot

Brot, die vollkommenste Nutzung unserer Getreidemehle, ist ein aus Mehl, Wasser und Salz, oft unter Zusatz von Fett, Milch, Magermilch und Gewürzen sowie in der Regel unter Verwendung von Lockerungsmitteln (Sauerteig, Hefe, Backpulver) hergestelltes Gebäck. Zusammen mit Kartoffeln stellt es das wichtigste Lebensmittel unseres Kulturkreises dar. Es bestreitet, wie schon früher erwähnt, gleichzeitig $^1/_3$ der Eiweiß- und die Hälfte der Kohlenhydratversorgung. Der Brotverbrauch Deutschlands und der meisten anderen Länder weist eine ernäherungsphysiologisch bedenklich rückläufige Tendenz auf. Während um das Jahr 1800 der Deutsche pro Kopf und Jahr etwa 300 kg Brot verzehrte, wurden an Brotgetreideerzeugnissen in Mehlwert in Deutschland im Zeitraum 1909/13 nur noch 157 kg verbraucht. 1957/58 lag der Verbrauch in der BRD bei 88,3 kg, 1961/62 wurden 74,8 kg und 1970/71 lediglich 61,0 kg verzehrt. 1952 bzw. 1960 verbrauchten Arbeitnehmer der BRD pro Kopf und Tag 187 bzw. 139 g Roggen-, Grau- und Schwarzbrot, sowie 36 bzw. 38 g Weißbrot und Weizenkleingebäck. Danach ist ein starker Rückgang bei dunklen Brotsorten, ein leichter Anstieg bei Weißgebäck festzustellen.

Der Roggen- bzw. Weizenmehlanteil am Mehlkonsum lag 1893/94 bei 67% bzw. 33%, 1954/55 bei 32% bzw. 68% und 1970/71 bei rund 25% und 75%. Gründe für diesen Rückgang sind zunehmende Industrialisierung, verbunden mit verringerter körperlicher Beanspruchung, Kinderarmut der Familien und Überalterung der Bevölkerung, Differenzierung der Ernährung zu raffinierten und „veredelten" Lebensmitteln als Folge steigenden Lebensstandards, Überwiegen des „Belages" gegenüber der Brotunterlage, Organisation der Kantinenverpflegung und Schulspeisung und nicht zuletzt Abfall der Qualität und ungünstige Preisentwicklung. Derartige Momente, vor allem auch Überfeinerung und Zugabe nicht brotgemäßer Ingredienzien haben in den USA vom Jahre 1929 bis zum Jahre 1951 einen Rückgang des Brotabsatzes um 21,6% bewirkt. Die stärksten Brotesser Europas sind Rumänien, Italien, Griechenland, Bulgarien, Ungarn und Jugoslawien, wo Brot 60—75% des Nährstoffbedarfs deckt. Den niedrigsten Brotverbrauch haben Schweden und die Niederlande. Zur allgemeinen Abnahme des Brotverbrauches kommt, vor allem in der Großstadt, die Abkehr vom dunkleren Roggen- zum hellen Weizenbrot. Schwerpunkte des Roggenbrotes liegen in Schleswig-Holstein, Niedersachen und Bayern, für Weizenbrote in Baden-Württemberg, Rheinland-Pfalz, Nordrhein-Westfalen und Hessen. Gründe für diese Wandlung sind geschmacklicher Art, daneben die leichtere Verdaulichkeit des Weißbrotes und nicht zuletzt psychologische Gesichtspunkte (Geltungsbedürfnis, sozialer Aufstieg, der dazu führt, sich Weißbrot und Kuchen „leisten" zu können). Den Hauptanteil bestreiten die *Mischbrote*. Zunehmend (in Großstädten z.T. zu 90%) tritt die Tendenz zu Tage, verpacktes Brot, auch Schnittbrot zu verkaufen. In der BRD dürften rund 200 verschiedene Brotsorten auf dem Markt sein.

Der Verzehr von Getreide in Form des Brotes ist keineswegs die vorherrschende Zubereitung in der Welt. Lediglich $^2/_5$ der Erdbevölkerung sind Brotesser, die anderen $^3/_5$ genießen Reis, Mais, Hirse usw. in Form von Brei. Roggen und Weizen sind im europäischen Lebenskreis die wesentlichen Brotgetreidearten.

α) *Die Brotherstellung*

Die Herstellung von Brot umfaßt zwei getrennte Prozeduren: die *Teiggewinnung* sowie das *Ausbacken.*

1. *Teigbereitung*

Zur Herstellung des Teiges dienen im allgemeinen Mehl, Wasser bzw. Milch, Salz und Triebmittel (Sauerteig, Hefe u. a.). Mehl wird vor der Teigbereitung (zusammen mit Salz) gesiebt, oft auch mit anderen Mehlsorten verschnitten. In außereuropäischen Ländern werden auch andere sonst nur in der Feinbäkkerei verwendete Rohstoffe benutzt, z. B. Fett, Zucker, Milchpulver, Eier, Honig, Sirup, Gewürze u. a. m. Das optimale Verhältnis der festen zur flüssigen Phase (Mehl-Wasser bzw. Mehl-Milch) hängt von den Quellungseigenschaften des Mehles ab, es wird in der Regel empirisch vom Bäcker ermittelt, kann aber auch durch den Backversuch oder elektrodynamisch im „*Farinographen*" bestimmt werden. Zu wenig Flüssigkeit bewirkt mangelhafte Teiglockerung und Stärkeverkleisterung (Krumenrisse im Brot), übermäßiger Flüssigkeitszusatz liefert weichen schmierigen Teig, schlecht gelockertes Brot und feuchte schmierige oder klitschige Krume (Wasserstreifen). Das Verhältnis von Wasser zu Mehl wird durch die *Teigausbeute* charakterisiert:

$$\text{Teigausbeute} = \frac{\text{Teiggewicht} \times 100}{\text{Mehlgewicht}}.$$

Mit Voll- oder Magermilch hergestellte Teige bedürfen besonderer Aufarbeitung. Wichtig für die Teigentwicklung sind *Kochsalz* (1,2—1,8% auf Mehl bezogen), das die Quellfähigkeit der Mehlkolloide beeinflußt, außerdem *Mehltemperatur*

(20—25° C) und *Wassertemperatur* (zur Schonung der Mikroflora nicht über 50° C). Wesentlich für die Teigentwicklung ist außerdem der maschinelle in seiner Dauer von Brotsorte, Mehlart und Mehlqualität abhängige *Knetprozeß*, der die innige Mischung der Mehlbestandteile bewirkt, den Teig durchlüftet (für die Vermehrung von Hefe und Sauerteigbakterien sowie zur Steigerung der Backfähigkeit) und durch Quellung der Mehlkolloide Plastizität und elastische Eigenschaften des Teiges entwickelt. Mechanische Klebereigenschaften lassen sich mit dem *Extensographen* (*Brabender*) messen. Normales Kneten macht den Teig „glatt", zu starkes Kneten arbeitet den Teig „tot", wobei die Elastizität leidet. Der Knetprozeß wird auch in besonderen Knetmaschinen („Intensivkneter") kontinuierlich gestaltet.

α) Teiglockerung. Unmittelbar verbackene Teige liefern kaum gelockerte *Fladengebäcke.* Brot und Gebäck unserer Verbrauchergewohnheit, also solches von lockerer poröser Struktur, großem Volumen, spezifischem Aroma und leichter Verdaulichkeit erfordert die *Lockerung* des Teiges. Hierfür sind verschiedene Möglichkeiten gegeben.

β) Sauerteiggärung. Sie stellt die älteste Form der Teiglockerung dar und wird vor allem in der Roggenteigverarbeitung benutzt, da dem Roggenmehlteig Konsistenz, Elastizität und Plastizität des Weizenteiges fehlen, der seinerseits mit Hefe gelockert werden kann. Einfachste Form dieser Lockerung ist die *Spontangärung,* wobei zunächst Mikroorganismen der Coli-Aerogenes-Gruppe, dann aber Hefen, Milch- und Essigsäurebildner durch Gasentwicklung (Kohlendioxid, Stickstoff, Wasserstoff und Methan) und Säurebildung (Milch- und Essigsäure) den Teig lockern. Außerdem entstehen beträchtliche Mengen an 2.3-Butandiol. Heute arbeitet man mit planmäßig gezüchteten Hefe-Säurebakterienkulturen (*Reinsauer, Edelsauer*; E. Beccard S. Knudsen). Zum „Anstellen" des Sauerteiges entnimmt man einem in voller Gärung befindlichen Teig (Vollsauer) eine geringe Menge Anstellgut, das dann mit Mehl und Wasser „angefrischt" zur Führung neuer Sauerteiggärung dient.

Die Gärführung kann (in Deutschland vorwiegend angewendet) *mehrstufig* („Mehrstufensauer", Anfrischsauer, Grundsauer und Vollsauer) erfolgen, sie kann aber auch *einstufig* (Kurzsauerführung, Berliner Führung) vor sich gehen. In der Praxis sind auch Kombinationen beider Gärungsarten üblich. Variationen der Temperatur, Teigfestigkeit, Vollsauermenge, Abstehzeit und Belüftung einzelner Stufen erlauben eine für jede Teigführung optimale Entwicklung der Mikroorganismen. Verbreitet ist außerdem die *Trockensauerführung.* Der hier benutzte Trockensauer besteht aus Quellmehlen, denen aus Reinkulturen gewonnene Essig- und Milchsäure zugesetzt wurde. Trockensauer wird dem Roggenmehl zu 1—1,5% zugegeben, die Lockerung erfolgt mit Hefe. Auf diese Art kann die Roggenbrotherstellung auf etwa 3 Std abgekürzt werden. Vgl. bei Backhilfsmitteln.

γ) Die Hefegärung. Weizenmehlteig wird mit Hefe gelockert, wobei je nach Teigführung und Gebäck Hefemengen zwischen 2% bei Weizenbrot, 3—5% bei Kleingebäck, 4—5% bei Milchteig und 3—6% bei Feingebäck (bezogen auf Mehl) notwendig sind. Hefegärung besitzt gegenüber der Sauerteigführung erhebliche Vorteile: die verwendete *Preßhefe* (Backhefe aus obergärigen Bier- oder Brennereihefen) ist stets gebrauchsfertig, von gleichmäßiger Triebkraft, Fehler der Gärführung sind relativ leicht zu beherrschen. Man arbeitet entweder nach der *direkten* Führung, bei der die Gesamtmenge der Hefe sofort zum Teig gegeben und damit nur ihre Gärfähigkeit ausgenutzt wird. Dieses Gärungsverfahren ist heute allgemein eingeführt; Vorteile sind wesentliche Arbeitserleichterung und Verkürzung der Brotherstellung, gute Brotqualität und geringe Gärverluste. Die *indirekte Hefeführung* geht zunächst über einen *Vorteig* („Dampfl", „Hebel", „Hefestück"), in dem sich die Hefe vermehrt und der dann, wie bei der Sauerteigführung, in den Hauptteig eingearbeitet wird. Vorteilhaft sind hier die zusätzliche Nutzung der Hefesprossung und -vermehrung, bessere

Quellung der Mehlbestandteile, erhöhtes Gebäckvolumen und Aromasteigerung durch Gärprodukte der Vorteige. Nachteile sind erhöhter Zeit- und Arbeitsaufwand, Notwendigkeit einer sorgfältigen Gärungsüberwachung und niedrigere Brotausbeute durch Gärverluste.

δ) Backpulver bewirken eine Teiglockerung auf chemischem Wege, wobei in der Regel aus Natriumhydrogencarbonat (Natron) und einem säureabspaltenden festen Agens Kohlendioxid im Teig freigesetzt wird. Als gesundheitlich unbedenkliche, beim Lagern des Backpulvers gegenüber Carbonat genügend indifferente Säureträger kommen in Frage: Weinstein, Weinsäure, saures Natriumpyrophosphat (vor allem in Deutschland), saures Calciumorthophosphat (Monocalciumphosphat, Calciummonohydrogenphosphat), Aluminiumsulfat und Natronalaun (vor allem in den USA). Man bezeichnet als *Triebkraft* die gesamte wirksame Kohlensäure, als *Vortrieb* den bereits in der Kälte entwickelten Gasanteil und als *Nachtrieb* das in der Hitze freigesetzte Kohlendioxid. Durch Art und Kombination geeigneter Säureträger lassen sich Backpulver mit den gewünschten Triebverhältnissen einstellen, bei denen vor allem ein genügender Teil des Gesamtkohlendioxids auf den Nachtrieb entfällt. Um vorzeitige Kohlendioxidentwicklung bei der Lagerung zu verhindern, werden „*Trennmittel*" (Füllmittel) zugesetzt, wobei feinste Mehle oder Stärken von Reis, Mais und Weizen, zuweilen auch Calciumcarbonat, Verwendung finden; in Notzeiten wurden auch andere Getreidemehle und Haferschalenmehl benutzt. Backpulver dienen vor allem dann als Teiglockerungsmittel, wenn Teige vorliegen, die reichliche Mengen an Fett, Eiern, Zucker und evtl. Gewürzen enthalten und durch die in derartigen Teigen herabgesetzte Gärkraft der Hefe nicht gelockert werden.

Vorzüge des Backpulvers sind schnelle Teigbereitung ohne warme Räume und warme Zutaten sowie ohne ein „Gehenlassen" des Teiges, keine Nährstoffverluste durch Gärung und schließlich die einfache Dosierung des Triebmittels. Nachteilig ist, daß spezifische Aroma- und Geschmacksbildung wie bei der biologischen Teiglockerung fehlen. Backpulver unterliegt der Kennzeichnungspflicht. Eine für 500 g Mehl bemessene im Handel befindliche Backpulvermenge soll mindestens 2,0 g wirksames Kohlendioxid entwickeln; sie enthält 5—5,5 g Natriumhydrogencarbonat. Zur lebensmittelrechtlichen Beurteilung vgl. die „Allgemeine Fremdstoff-VO" in der Fassung vom 22. 12. 1971, die ALAG-Richtlinien vom 11./13. 11. 1957 sowie die Schriftenreihe des Bundes für Lebensmittelrecht und Lebensmittelkunde, Heft 41 (1962). Die (kühle und trockene) Lagerung abgepackten Backpulvers soll 6 Monate nicht überschreiten. Weitere chemische (nicht als Backpulver im engeren Sinne anzusehende Teiglockerungsmittel sind Gemische von Ammoniumcarbonat und Ammoniumcarbaminat (*Hirschhornsalz*), Ammoniumhydrogen(bi)carbonat (*ABC-Trieb*) sowie Kaliumcarbonat (*Pottasche*), die für sich oder im Gemisch zur Lockerung von scharf gebackenen Flachgebäcken aus Spezialteigen dienen (Pfefferkuchen, Lebkuchen, Honigkuchen).

Andere Möglichkeiten zur Teiglockerung sind Einarbeitung von *Luft* durch Verwendung von geschlagenem Eiweiß (Eiweißschnee), Lockerung durch den beim Backen von Spezialteigen entstehenden *Wasserdampf* (Blätter-, Plunder- oder Mürbeteig) oder Lockerung durch *Alkohol* (Rum, Arrak), der vor allem durch Anregung der Lebenstätigkeit von Hefen wirkt.

ε) Backverbesserung des Mehles auf natürlichem Wege. Der sprachlich inkorrekte Begriff der *Backfähigkeit* (baking strength, baking power, valeur boulangère) ist recht komplex und von vielen Faktoren abhängig, er umfaßt insbesondere das Verhalten von Eiweiß und Stärke, Amylasen und Proteinasen und hat neben Untersuchungen über den amylolytischen Abbau der Stärke vor allem Fragen nach der Natur des Klebers bei Weizenmehl ausgelöst, dessen verschiedene Backeigenschaften mit Änderungen der Sulfhydrylgruppen u. a. mit Austauschreaktionen zwischen —S—S— und SH-Gruppen im Kleberprotein in Zusammenhang gebracht werden.

Möglichkeiten zur natürlichen Beeinflussung der Backeigenschaften von Mehlen sind schon lange bekannt. Zunächst ist hier das Mischen (Verschneiden) von Getreide und Getreidemehlen zu erwähnen, das aus kleberarmen und -reichen, aus kleberschwachen und -starken, enzymarmen und -starken Komponenten Backmehle gesteigerter Eignung zu erzielen gestattet. Eine weitere Möglichkeit liegt in der für Getreide bereits besprochenen Konditionierung (S. 477), die bei geeigneten Temperaturen und Feuchtigkeitsgraden erfolgt und auch bei Mehl schon lange vom Bäcker durch Anwärmen des Mehles vor der Teigbereitung, in Passagenmehlen bei der Vermahlung durch Hitzebehandlung und durch Hochfrequenzerwärmung vorgenommen wird. Vorgeschlagen wird auch die Mehlbehandlung mit sauerstoffhaltiger Luft und insbesondere der Zusatz von *Vitamin C*, einem physiologisch unbedenklichen Substrat (S. 182). Wesentliche Verbesserung der Backfähigkeit bringen die Backmittel (*Backhilfsmittel*).

Sie sollen, vor allem bei Hefe- und Sauerteigen, die Backfähigkeit der Mehle steigern, die backtechnische Verarbeitung qualitativ verschiedener, insbesondere kleberschwacher, diastasearmer oder auswuchshaltiger Mehle ausgleichend beeinflussen sowie erleichtern und damit die Gebäcke verbessern. Je nach Art des verwendeten Hilfsmittels stellen sie den Mikroorganismen der biologischen Teiglockerung leicht assimilierbare Substrate zur Verfügung, steigern die enzymatische Kraft des Mehles, beeinflussen die Kleberquellung günstig oder regulieren den Wasserhaushalt in Teig und Gebäck, so daß die Krume elastisch, die Porenverteilung gleichmäßig optimal wird und schließlich können sie Aussehen und Charakter des Gebäckes verbessern und die Frischhaltung verlängern. Im einzelnen unterscheidet man:

Diastasehaltige Backhilfsmittel. Hierher rechnen *Malzmehle*, die in der Mühle dem Mehl zugesetzt und *Malzextrakte* (auch als Trockenpulver), die vom Bäcker verarbeitet werden. Neuerdings haben sich auch *Pilzamylasepräparate* (α-Amylase), die aus Kulturen von Aspergillus orycae oder Aspergillus niger gewonnen werden, im Ausland eingeführt (S. 213). Sie gleichen den Mangel an Maltose im Teig aus und bewirken trockene, standfeste Teige.

Quellmehle (S. 484) sind in der Hitze aufgeschlossene (verkleisterte) Mehle von Weizen, Roggen, Reis, Mais, Hirse und Kartoffel. Die stärkereichen Mehle werden mit Wasser angeteigt, erhitzt, getrocknet, gemahlen und gesichtet. Sie steigern in Mengen von etwa 2—3 % die Wasseraufnahme und liefern größere Teig- und Brotausbeuten. Scharf zu unterscheiden hiervon sind die „dünnkochenden Stärken" (vgl. S. 484).

Stärkeabbauerzeugnisse (Stärkesirup, Dextrose- und Maltosesirup, Trockenstärkesirup, Trockenmaltose) werden heute in Deutschland vorzugsweise aus Weizen-, Mais- und Hirsestärke (Milocorn) säurehydrolytisch, enzymatisch oder in kombinierten Verfahren gewonnen und wirken, vor allem bei enzymreichen Mehlen, ähnlich wie Malzprodukte.

Teigsäuerungsmittel enthalten Na- und Ca-Salze von Milch-, Essig-, Wein- und Citronensäure sowie von Ortho- und Pyrophosphorsäure, z. T. allein, z. T. in Mischungen mit anderen Stoffen, z. B. Quellmehlen. Sie leiten zu den Trocken- oder Fertigsauern über (s. S.486).

Lecithinhaltige Backhilfsmittel wirken durch ihren Phosphatidanteil (Zusatz von 0,1—0,3 % als Lecithin oder von etwa 3—5 % der Handelspräparate zum Teig) ausgesprochen emulgierend und berühren damit die backtechnische Bedeutung des Hühnereies. Solche ausschließlich in der Weizenbäckerei benutzten Präparate verbessern die Porung, steigern Teig- und Brotausbeute, erhöhen die Gärstabilität des Teiges und verlängern die Frischhaltung. *Sojamehl enthaltende Backhilfsmittel* (zu 2—5 % verwendet) wirken vor allem durch ihren hohen Eiweißgehalt quellungsfördernd und steigern die Wasseraufnahme.

Mono- und *Diglyceride* verschiedener Fettsäuren verbessern gleichfalls Krumenbeschaffenheit und Porung.

Milchprodukte (Magermilch und Molkenpulver) zeigen als solche umstrittene und nicht eindeutige Wirkung.

Mischbackmittel als die am häufigsten im Handel anzutreffenden Backmittel enthalten gleich den *Back-Cremes* noch weitere Zusätze.

Backverbessernde Chemikalien wurden bereits früher (S. 482) besprochen. Nachzutragen wären hier die im Ausland benutzten Polyoxyäthylenstearate zur Verbesserung der Klebereigenschaften von Mehlen, deren Verwendung in der BRD verboten ist.

In diesem Zusammenhang seien noch die *Backzutaten* erwähnt. Sie werden in Europa lediglich in der Feinbäckerei, in überseeischen Ländern (S. 485) auch zur Brotherstellung benutzt und sollen — im Gegensatz zu den Backhilfsmitteln — bestimmte Eigenarten und Geschmacksrichtungen der Gebäcke entwickeln.

Fett verfeinert Porung und Krume, macht das Gebäck mürbe, die Kruste weich und geschmeidig und erhöht die Frischhaltung. Der zwischen Stärke und Eiweiß des Mehles eingelagerte Fettfilm bedingt die leicht zerfallende mürbe Krume als wichtigen Unterschied zwischen fetthaltigem Feingebäck und Brot.

Eier bringen die emulgierende und mürbemachende Wirkung der Dotterfette und -phosphatide, die lockernde Wirkung des Eiklarschaumes und die Bindemittelwirkung des Gesamteies in den Teig.

Zucker macht die Krume mürbe, fördert Gärung und Bräunung und rundet den Geschmack. Von würzenden Stoffen sind neben Kakao und Aromen vor allem die *Gewürze* bedeutungsvoll. Der Gehalt an ätherischen Ölen in Kümmel, Anis, Fenchel, Zimt, Ingwer, Citrusschalen macht diese Öle zu ausgesprochenen Reizstoffen für Hefen. Auf die Bedeutung des *Alkohols* wurde bereits hingewiesen (S. 487).

2. *Teigruhe, Wirken und Formen des Teiges*

Die Teigmasse erfährt in einer anschließenden 15—30 min dauernden *Teigruhe* eine Nachquellung (Reifung), wobei sie die zunächst feuchte klebrige Beschaffenheit verliert und eine gleichmäßige Porung erwirbt. Anschließend wird der Teig zur weiteren Homogenisierung maschinell durchgearbeitet („*aufgewirkt*"). *Teilung* und *Formung* erfolgt heute vorzugsweise voll- oder halbautomatisch in Spezialmaschinen. Bei der Teilung ist durch entsprechende Einwaage (*Teigeinlage*) auf das Gewicht des fertigen Gebäckes Rücksicht zu nehmen. Bei der anschließenden *Stückgare* (Endgare), die für Kleingebäck bei 23—26° C über 25—30 min, für Brote von 1—2 kg bei 28 bis 32° C über 50—60 min geführt wird, tritt endgültige Lockerung ein. Je nachdem, ob man bei 50—70% oder 75% relativer Luftfeuchtigkeit arbeitet, unterscheidet man „trockene" und „feuchte" Gare. Um das Ankleben der Teigstücke auf der Herdplatte zu verhindern, wird diese mit einem *Streumittel* (Holzmehl, Haferschalenmehl und andere Spelzmehle) bestäubt oder — bei Kastenbrot und freigeschobenem Brot — mit *Trennölen* (*Trennemulsionen*, Soja- und Erdnußöl sowie stabilisierte Emulsionen, *nicht* jedoch Mineralöle) bestrichen. Neuerdings werden die Backkästen mit laufend zu erneuernden Siliconüberzügen versehen. Zur Rationalisierung der Teig- und Brotherstellung wird die Vorratshaltung fertigen Teiges durch Gefrierlagerung empfohlen. Omeletteteig (Pfannkuchenteig) in küchenfertiger Form wird in den USA in Aerosoldosen (S. 273) geliefert.

3. *Ausbacken des Brotes*

Dieser seit uralten Zeiten bekannte Prozeß bezweckt, den rohen genußuntauglichen und leicht verderblichen Teig in ein gut ausnutzbares, haltbares und wohlschmeckendes Lebensmittel umzuwandeln. Urform des Backofens ist der *Steinofen* mit einfacher Holzfeuerung, dem eine Vielfalt hier nicht zu schildernder Typen folgte. Man kennt u. a. mit *Dampf, Gas, Öl* oder *elektrischem Strom* direkt und indirekt beheizte Öfen, automatische Herde, Einschießöfen, bei denen das Gut mit Schieber auf die feste Herdplatte „eingeschossen" wird und Auszugsherde, bei denen der Herd zur Beschickung ausgefahren wird. In *automatischen Öfen* (Schaukel-, Turnus-, Mammut-, Tunnel-, Netzbandöfen) wandert das Gebäck automatisch bei regulierbarer Bandgeschwindigkeit durch Zonen verschiedener Temperaturen bis zur Abnahme der fertigen Backware. Eine weitere Form der Backöfen ist der in der Schweiz entwickelte kombinierte *Infrarot-* und *Hochfrequenzstrahlungsofen*.

In Abb. 91 ist das Schema eines Netzbandofens, in Abb. 92 ein Etagenofen dargestellt.

Das „*ofenreife*" Teigstück wird, um die Teigoberfläche elastisch zu machen und den Glanz der Kruste zu steigern, mit Wasser, Dextrin oder dünnen Mehlkleisterlösungen bestrichen. Ähnlich wirkt die Zuleitung von *Wasserdampf* („Wrasen", „Schwaden") beim Backprozeß, die gleichzeitig die Wärmeverteilung

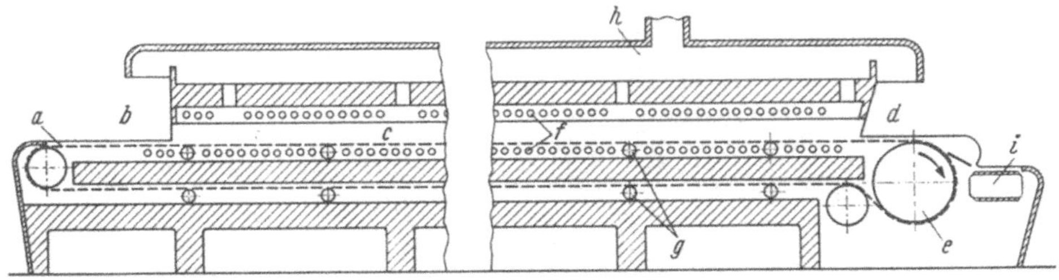

Abb. 91. Schnitt durch einen Netzbandofen. a Netzband, b Einlauf, c Backkanal, d Auslauf, e Antriebstrommel, f Heizelemente, g Stützrollen für das Netzband, h Abzug, i Austragförderband (Aus M. Rohrlich und G. Brückner: 135, Bd. I., S. 146)

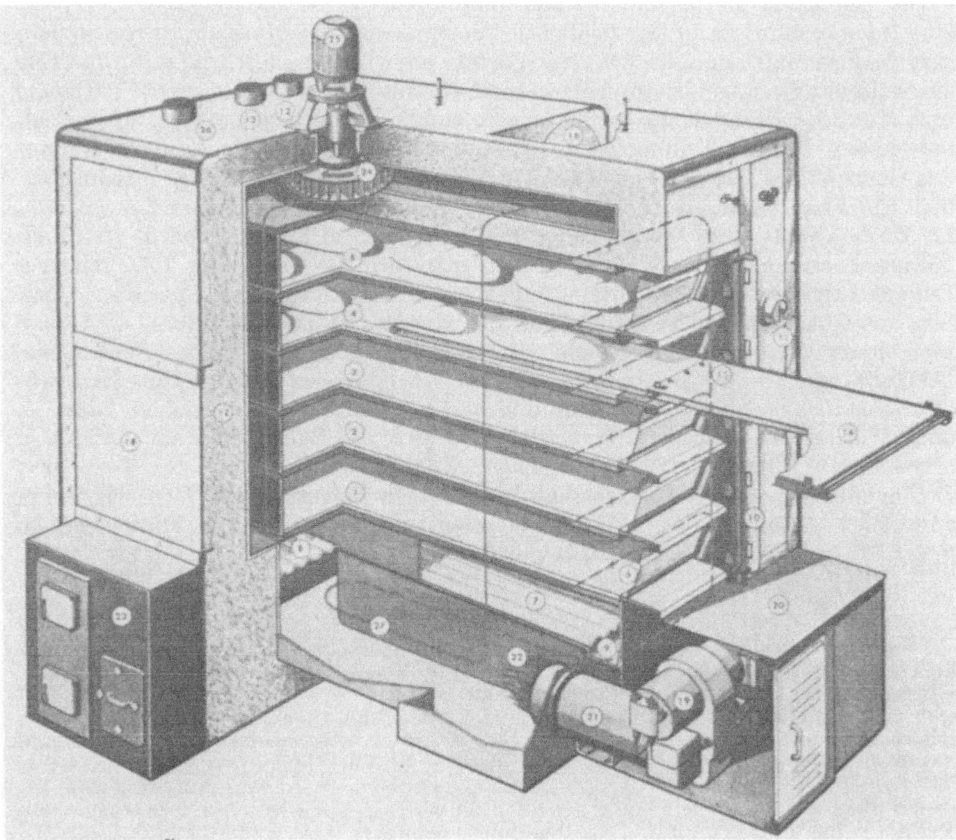

Abb. 92. Schnitt durch einen Etagenbackofen (Werner & Pfleiderer, Stuttgart) *Backherd:* 1—5 Backherde mit Steinbelag, 6 Klapptür, 7 Schwadenapparat für obere Backherde, 8 Schwadenapparat für untere Backherde, 9 Abflußrinne, 10 Beleuchtung für die Herde, 11 Thermometer bzw. Thermostat, 12 Schwadenabzug für obere Backherde, 13 Schwadenabzug für untere Backherde, 14 Abziehapparat halb ausgezogen, 15 Anschlag des Abziehapparates, 16 Warmwasserkessel, 17 Isolierung, 18 Stahlblechgehäuse. *Heizung:* 19 Automatischer Gasbrenner oder Ölbrenner, 20 Vorbau, 21 Flammenführung, 22 Heizflamme, 23 Kohleheizung, 24 Ventilator, 25 Antriebsmotor, 26 Absaugrohr, 27 Weg der Heizgase

im Ofen reguliert. Wesentlich für den Backprozeß ist die „*Ofenhitze*“, unterteilt in „Oberhitze“ und „Unterhitze“. Backzeiten und Backtemperaturen für verschiedene Gebäcke gehen aus folgender Tabelle hervor.

Tabelle 119. Backzeiten und Backtemperaturen (M. Rohrlich u. G. Brückner, 1956)

Gebäck	Zeit	Temperatur °C
Kekse	8 min	350
Knäckebrot	8 min	340
Kleingebäck	20—30 min	200—230
Weizenbrot (2 kg)	50 min	220—230
Roggenbrot (1 kg)	40—60 min	220—230
Dunkles Roggenbrot (3 kg)	90 min	250—270
Westfälisches Schwarzbrot	8—10 Std	180—200
Pumpernickel	16—36 Std	100—180

Während bei Temperaturen bis zu 200° C die Kruste sich bildet und dabei mehr oder minder dunkle Färbung annimmt, steigt die Temperatur im Innern des Gebäckes langsam auf maximal 100° C an. In einem Weizenbrot von 2 kg Gewicht liegt sie z. B. nach 40 min Backdauer bei etwa 98° C. Der Wassergehalt der Krume entspricht im fertigen Gebäck praktisch dem des Teiges (42—50%), der der Kruste sinkt beträchtlich (auf 10—20%) und ist für den *Ausbackverlust* verantwortlich. Derartige Verluste durch Austrocknung betragen bei Kleingebäck 17—23%, bei angeschobenem Brot 8—12%, bei frei geschobenem Brot 10—14% und bei Kastenbrot 7—11%. Sie sind wichtig zur Berechnung der *Brotausbeute*, die sich aus dem Verhältnis von Brotgewicht × Teigausbeute zur Teigeinlage ergibt. Die Brotausbeute liegt bei Großbroten zwischen 133 und 148, bei Weizenbroten zwischen 128 und 133, bei Kleingebäck zwischen 118 und 127 und kann bei Keks, Waffeln oder Knäckebrot (Flachgebäcken) auf unter 100 sinken.

4. Chemie, Biochemie und Kolloidchemie der Teig- und Brotbereitung

Beginnend mit der *Teigbereitung* treten durch Mehl- und Hefe- bzw. Sauerteigenzyme enzymatisch katalysierte Reaktionen ein, die entsprechend der Teigzusammensetzung in erster Linie die Kohlenhydrate und den Proteinanteil betreffen. Bei der *Hefegärung* werden zunächst *Glucose, Saccharose* und die aus Saccharose nach Inversion gebildete *Fructose* abgebaut. Erst dann liefert die Amylase des Teiges laufend *Maltose* nach, die entweder direkt oder nach Inversion zu Glucose vergoren wird. Von den Endprodukten der Hefegärung bewirkt *Kohlendioxid* die Teiglockerung, *Alkohol* entsteht je nach dem Zuckergehalt des Teiges in Mengen von etwa 3 bis 3,8% bei indirekter Teigführung, von 0,5—1,4% bei direkter Teigführung. Der *proteolytische Abbau* von Kleber und Endospermeiweiß durch Proteinasen von Mehl und Hefe ist recht gering und liefert nur mäßige Mengen an freien Aminosäuren. Stoffwechselprodukte der *Sauerteigführung* sind Milch- und Essigsäure, die durch Dismutation der im Kohlenhydratstoffwechsel entstehenden Brenztraubensäure gebildet werden, daneben treten auch Bernsteinsäure, Äpfelsäure und Citronensäure sowie Ameisensäure und Äthanol auf. Über Stoffwechselprodukte der Spontangärung vgl. S. 486.

Beim *Ausbacken* werden zunächst die obenerörterten, enzymatisch katalysierten Prozesse weiter gefördert. Nach Abtötung der Mikroorganismen (bei 50—60° C) treten vor allem Dextrinierung, Verkleisterung und Abbau der Stärke als wichtigster Vorgang der Krumenbildung in den Vordergrund. Die Krume wird trocken und schnittfähig, der Gehalt an wasserlöslichen stickstofffreien Stoffen steigt an, der Gehalt an Maltose und Glucose sinkt, insbesondere dann, wenn die Stärke verkleistert und damit enzymatisch leicht angreifbar ist, die Backtemperatur jedoch vorhandene Amylasen nur langsam inaktiviert. Daher zeigen Brotsorten mit niedriger Ausbacktemperatur und langer Backdauer hohen Zuckergehalt, z. B. Simonsbrot unf Pumpernickel. Das *Klebereiweiß* wird ohne wesentlichen Abbau coaguliert. In der *Kruste* hingegen treten bei der dort herrschenden Temperatur tiefgreifende Umsetzungen ein, die verschiedene Röstprodukte liefern, zur Ausbildung der Krustenfarbe führen und im Rahmen der Maillard-Reaktion (S. 15) besprochen wurden.

Lipase ist in ausgebackenen Broten und Keksen vollständig inaktiviert. α-Amylase wird zwischen 65 und 90° C, β-Amylase zwischen 56 und 74° C zerstört. Beim Backprozeß gefundene Säuren, wie Ameisen- und Propionsäure sowie andere niedere Fettsäuren kommen auch im Brot vor.

Kolloidchemische Vorgänge im Teig, einem sehr kompliziert aufgebauten kolloiddispersen System, bei dem Eiweiß- und Kohlenhydratgele überragende Bedeutung besitzen, betreffen zunächst die Frage der *Wasserbindung*, wobei zwischen den oft gebrauchten Größen des „freien“ und des „gebundenen“ Wassers nicht scharf unterschieden werden kann. Ansichten über die Rolle des *Klebers* und seine altbekannte Bedeutung für die Backfähigkeit haben in letzter Zeit Wandlungen erfahren. Die ursprüngliche Annahme, wonach das Verhältnis von hydrophilem Prolamin zu hydrophobem Glutenin die Quelleigenschaften und das Backverhalten des Klebers bedinge, läßt sich nicht aufrechterhalten. Offenbar liegt im Kleber ein durch Disulfidbrücken vernetzter Polypetidrest vor, dessen Vernetzung und Brückenbildung sowie dessen Anteil an Sulfhydrylgruppen und Disulfidbindungen durch chemische Agentien (reduzierende Stoffe), durch Verschiebung des Redoxpotentials u. a. m. derart im Aufbau verändert werden kann, daß auch die physikalischen Eigenschaften sich ändern, z. B. Plastizität, Elastizität, Viscosität und Wasserbindungsvermögen. Vgl. auch S. 487. Über die kolloidchemische Wirkung der *Lipoidkomponenten* als solcher oder im Verband der *Lipoproteide* ist wenig bekannt, doch liegt nahe, ihre Oberflächenaktivität zu den Backeigenschaften des Mehles in Beziehung zu setzen. Beim Roggenteig spielt die *Wasserstoffionenkonzentration* für Quellungsvorgänge und für das physikalische Verhalten des Teiges eine ausschlaggebende Rolle. Vor allem die *Milchsäure* fördert die Proteinquellung, die Wasserbindung der Stärke und die Aktivität der Amylase. Insgesamt läßt sich sagen, daß im Rahmen der Teig- und Brotbereitung das native *Mehlprotein* beim Einteigen zunächst hydratisiert, bei der Teigbereitung kaum irreversibel geschädigt, vorwiegend aber als plastisch-elastischer Feuchtkleber erhalten bleibt, um im Verlauf des Backprozesses mehr oder minder weit einer Hitzedenatrierung, in der Kruste einem Umsatz mit löslichen Zuckern zu *Melanoidinen*, wohlschmeckenden Röstprodukten (Röstbitter, Assamar), anheimzufallen. Der Kohlenhydratanteil quillt, verkleistert, dextriniert, wird enzymatisch z. T. abgebaut und nimmt schließlich in der Kruste zusammen mit der Stickstoffsubstanz an der Caramelbildung teil.

Das *Altbackenwerden* des Brotes beruht nicht so sehr auf dem bekannten Wasserverlust, sondern vor allem auf einer „*Retrogradation*“ („Synaeresis“), d. h. einer rückläufigen Entquellung der Stärke, wobei im wesentlichen das Amylopektin betroffen wird und die instabile, amorphe α-Stärke frischen Brotes mit der stabilen kristallinen β-Form ins Gleichgewicht tritt. Die beim Altbackenwerden auftretenden verhältnismäßig losen Bindungen können durch Erhitzen unter Wasseraufnahme rückgängig gemacht werden: altgewordene Backwaren lassen sich im Ofen auffrischen. Über die Rolle des Eiweißes bei diesem Prozeß, über

Vermeidung oder Verzögerung des Altbackenwerdens durch bestimmte Zusätze (Fettsäureglyceride, Lecithin usw.) und über die endgültige Formulierung der hier ablaufenden Vorgänge besteht noch keine Klarheit.

β) *Die Geschmacksstoffe des Brotes*

Abgesehen vom Eigengeschmack des Mehles und der Backzutaten treten bei der Teigführung und beim Backprozeß thermisch, chemisch oder enzymatisch gebildete Stoffe auf, die als Aromaträger erkannt und nachgewiesen wurden. Neben den gering zu wertenden Substraten *Acetoin* (Äthylmethylcarbinol) und *Diacetyl* kommen als wesentliche Substrate u. a. in Frage: Acetaldehyd, Furfural und Hydroxymethylfurfural, Amyl-, Isoamyl- und Isobutylalkohol, Methylmercaptan, Methional, 2- und 3-Methylbutyraldehyd, Phenylacetaldehyd, freie *Aminosäuren* und *Maillard-Produkte* (S. 15), Milch-, Ameisen- und Essigsäure sowie andere *organische Säuren* usw. Hinzu kommen noch die *Mineralstoffe* des Mehles. Und schließlich gilt hier wie bei vielen anderen Lebensmitteln, daß das Ausmaß von Geschmack und Aroma derartiger Substanzen weitgehend abhängig ist von der Kolloidstruktur der an sich nicht schmekkenden Hauptkomponenten Stärke und Eiweiß, deren Zustand die Verteilung der Geschmacksstoffe entscheidend beeinflußt.

γ) *Die Brotqualität (Brotbeurteilung)*

Das Brotgesetz vom 10. 10. 1938, in der Fassung vom 21. 4. 1969 beschränkt den Vertrieb von Brot auf bestimmte Gewichtseinheiten, die 17. Durchführungs-VO zum Getreidegesetz (s. S. 480) regelt die Zulassung einzelner, zu Brot verarbeiteter Roggen- oder Weizenmehltypen (s. bei Mehl). Die Beurteilung der *Brotqualität* ist weitgehend subjektiver Natur, betrifft neben dem Genußwert (Geschmack, Verdaulichkeit und Bekömmlichkeit) auch die backtechnisch bedingten Eigenschaften und richtet sich im wesentlichen nach folgenden Gesichtspunkten:

Im allgemeinen *Aussehen* soll das Brot regelmäßige, schwach gewölbte Oberfläche und spezifische Form aufweisen. Die Kruste muß sein: gleichmäßig dick, bei Weizengebäck goldgelb bis lichtbraun, bei Roggenbrot braun bis kastanienbraun und ohne Risse. Der Krustenanteil vom Gesamtbrot beträgt für Roggenbrot (2 kg) 20—25%, für Semmeln etwa 35% und für Schrippen 40—42%. Die *Krume* weist einen Wassergehalt zwischen 40% (Kleingebäck) und 50% (Schrotbrot) auf, soll elastisch (gut schneidbar und kaubar) sein und feine gleichmäßige *Porenausbildung* zeigen. Sie darf keine Risse aufweisen. Ausdruck guter Lockerung und Bekömmlichkeit ist das *Brotvolumen*, gekennzeichnet durch die *Volumenausbeute* (bezogen in ml auf 100 g verbackenes Mehl). Sie schwankt innerhalb beträchtlicher Grenzen und liegt für Weißbrote zwischen 400 und 1000 ml, für Roggenbrote zwischen 250 und 400 ml und für Schrotbrote zwischen 200 und 230 ml. Der *Brotgeschmack* wird ausgesprochen individuell empfunden, er ist nur in größerem Prüferkreis einigermaßen statistisch zu sichern. Für Vollkorn- und Schrotbrote gilt saurer Geschmack, für Brote aus niedriger ausgemahlenen Mehlen schwache Säuerung und für Weißbrot niedriger Säuregrad als normal. Die Neigung zu mild gesäuerten Broten nimmt zu. Der als analytisches Kriterium der Säuerung dienende *Säuregrad* entspricht etwa dem des verwendeten Mehles; er beträgt z. B. für Weizenmischbrot 5—7, für Roggenmischbrot 6—8 und für typische Schwarzbrote 10—14.

δ) *Brotlagerung*

Brot erleidet durch seinen relativ hohen Wassergehalt je nach Mehlart, Backweise und Brotform zunächst eine Abtrocknung, die kurz nach Verlassen des Ofens am größten ist, von der sechsten bis zur achten Stunde konstant bleibt und dann linear ansteigt. Brot ist in kühlen, trockenen Räumen oder auf Lagerböden einzeln zu lagern, wobei der Austrocknungsverlust ± 0,7—1 % des Frischgewichtes beträgt. Kastenbrote und angeschobene Brote zeigen sechs Stunden nach Verlassen des Ofens Lagerverluste von etwa 2,4 %, die innerhalb von 24 Std um etwa 0,4 % ansteigen. Zur Erhaltung des Frischezustandes von Backwaren wird auch die *Tiefkühlung*, vor allem für Feingebäcke, fettreiche Gebäcke und solche mit Hefeführung empfohlen. Weiteres siehe bei „Brotfehler und -schäden“ sowie bei „Altbackenwerden“. Über Brotverpackung siehe A. Schulz, in: 54, Bd. V/1,, S. 293.

ε) *Brotfehler und Brotschäden*

Diese werden entweder durch mangelhafte *Qualität der Mehle* (Enzymarmut, Totmahlung, schlechte Kleberbeschaffenheit, Auswuchs, Hitzeschädigung), Fehler in der *Teigbereitung* [zu weiche („lange“) oder zu feste („kurze“) Teige, fehlerhafte Knet- und Gärführung], durch ungeeignete *Aufbereitung* und *Formung* oder aber durch den *Backprozeß* (zu heißer oder kalter Ofen, falsche Ober- oder Unterhitze, falsche Wrasenzugabe) bedingt. Die wichtigsten Fehler sind zu *rundes* oder zu *flaches* Brot (Übergare, weicher Teig), zu kleines *Brotvolumen*, zu dicke, harte, rissige *Kruste*, Abbacken der Kruste (vor allem bei Roggenbrot), mangelnde oder übermäßige Bräunung der Kruste. *Wasserstreifen* und Wasserkerne gehen auf zu geringen oder ungenügend quellenden Stärkeanteil zurück. Fehler der *Krume* sind mangelnde Elastizität (als Vorstufe des Wasserstreifens durch schlechte Wasserbindung bedingt), Krumenrisse, zu straffe oder zu trockene Krume, klitschige oder pappige Krume. Die *Porung* kann zu dicht, zu grob und unregelmäßig sein (zu fester oder zu weicher Teig, schlechte Gärführung). *Wirkfehler* treten vor allem bei schlechtem Einarbeiten von Wirkmehl auf. *Infektion* durch Mikroorganismen bewirkt, insbesondere bei feuchter und warmer Lagerung, *Schimmelbefall* vorzugsweise durch Aspergillus-, Mucor -und Penicillium-Arten, der mit Calciumacetat und Calciumpropionat, durch Hitzesterilisierung und geeignete Verpackung oder durch Tiefkühlung nach dem Backprozeß bekämpft wird. Bei Weißbrot tritt insbesondere im Sommer das „*Fadenziehen*“ als eine der häufigsten Brotkrankheiten auf. Dabei verfärbt sich die Krume, wird klebrig und schmierig, nimmt einen zunächst obstartigen, dann ausgesprochen unangenehmen Geruch an und liefert beim Ausziehen der Brotmasse feine, trockene, spinnwebartige, seidenglänzende Fäden. Die Krume wird ungenießbar. Als wirksame Bekämpfungsmittel haben sich Calciumacetat (0,2—0,4 % im Mehl) und andere organische Säuren erwiesen. Erreger dieser als Mischinfektion aufzufassenden Brotkrankheit ist vor allem Bacillus subtilis (B. mesentericus, „Heu- oder Kartoffelbacillus“), der aus dem Erdreich über Getreide in Mehl und Brot kommt, bei 100° C noch resistente Sporen bildet und säureempfindlich ist. Deshalb befällt er vor allem Weißbrot, weit weniger den Milch- und Essigsäure bildenden Sauerteig. *Blutigwerden* von Brot („blutende Hostie“) wird durch Prodigiosin, einem von Micrococcus prodigiosus erzeugten Farbstoff, hervorgerufen. Besonders vielgestaltig sind *Geschmacksfehler*, unter ihnen als wichtigste: fade, hefig, kleisterig, strohig und bitter (verbrannte Kruste, Fettverderbnis hoch ausgemahlener fetthaltiger Mehle, fehlerhafte Teig- und Gärführung), fremdartig-chemisch, laugenhaft oder metallisch (unzweckmäßige Mehllagerung, Unkrautsamen, beginnendes Fadenziehen, ungeeignete Backhilfsmittel, übermäßige Backpulvermengen) und schließlich sauer, dumpf, muffig, multrig oder schimmelig bei verdorbenem Mehl. Altbackengewordenes Weißbrot schmeckt eigenartig fade („Sägemehlgeschmack“) Verarbeitung mutterkornhaltiger Mehle führt zu schwersten, vor allem im Mittelalter („*Sankt Antonius-Feuer*“), doch auch in neuerer Zeit beobachteten Vergiftungen.

ζ) *Brotsorten*

Brot zeigt eine Fülle verschiedenster Zubereitungsarten, von denen im folgenden nur die wichtigsten besprochen werden sollen.

Vollkornbrot (Roggen-, Weizenvollkorn-, Vollkornmischbrot) enthält alle Bestandteile des Kornes, einschließlich Keim und Schale, wird aus geschrotetem oder zerquetschtem Getreide hergestellt, und zwar vor allem als Kasten- und Schnittbrot. *Grahambrot* ist ein meist mit Hefe gelockertes Weizenschrotbrot.

Weizenbrot (Wasserware) wird in Deutschland aus Weizenmehl, Wasser und Hefe ohne weitere Zutaten (Fett, Milch, Zucker) hergestellt, und zwar als *Weizengroßbrot* (die in der Welt am weitesten verbreitete Brotsorte), freigeschoben oder als Kastenbrot sowie als *Weizenkleingebäck* (Semmeln, Schrippen, Brötchen,

Knüppel, Rundstücke, Hörnchen, Brezeln usw.), das auch als Milchware in den Handel kommt.

Roggenbrot wird aus Roggenmehl verschiedenen Ausmahlungsgrades gewonnen (Roggenfeinbrot, -kernbrot, -haus- oder -landbrot, Kommißbrot, Schwarzbrot) und vorzugsweise in Deutschland, in Skandinavien und den östlichen Ländern Europas konsumiert. Es wird frei- oder angeschoben erbacken. Das Abbacken des Brotes erfolgt bisweilen auch in Cellophanhüllen oder in Dosen.

Das *Mischbrot* mit unterschiedlichem Roggen- bzw. Weizenmehlanteil ist in der BRD die Hauptbrotsorte. Zur Herstellung dienen praktisch nur die Roggenmehltypen 997, 1150 und 1370 sowie die Weizenmehltypen 812, 1050 und 1600.

Pumpernickel, aus Westfalen stammend, wird als Delikateßbrot aus Roggenschrot erbacken, und zwar durch eine Backzeit von 16—36 Std in gut abgedichteten Öfen oder Backkammern bei reichlicher Dampfzufuhr und niedriger Backtemperatur (100—180° C). Dabei wird die Krume durch Caramelisierung dunkel gefärbt, die Stärke thermisch und enzymatisch weitgehend zu Dextrinen und Maltose abgebaut und ein angenehmer eigenartig süßlicher, daneben schwach säuerlicher Geschmack entwickelt. Das schimmelempfindliche Brot bedarf sorgfältiger Verpackung (meist kaschierte Aluminiumfolie) und wird in dieser vielfach sterilisiert.

Spezialbrote sind Brote, die nach speziellen Verfahren hergestellt werden, wobei Mahlerzeugnisse des Brotgetreides, die in einem besonderen Verarbeitungsgang gewonnen wurden oder Mahlerzeugnisse, die nicht aus Brotgetreide stammen oder schließlich Rohstoffe, die nicht für die obengenannten Brotsorten üblich sind, Verwendung finden. Die Ausgangsprodukte solcher Sonderbrote werden nach verschiedenen auf S. 479 geschilderten Verfahren gewonnen. Die Brote selbst sind z. B. als *Gelinck-*, *Simons-*, *Steinmetz-*, *Finkler-*, *Klopfer-* oder *Schlüterbrot* bekannt. Ein weiteres Spezialbrot ist *Knäckebrot*, ein aus Skandinavien stammendes Fladenbrot. Es wird aus weichen Roggen- und Weizenschrotteigen, die unter Verwendung von Eis zur Erhöhung der Viscosität geknetet werden, kurz (7—9 min) bei 300—350° C ausgebacken und darf nicht mehr als 10% Wasser enthalten. Spezialbrote bezwecken bessere Verdauung und Bekömmlichkeit sowie erhöhte Ausnutzung der Brotsubstanz, Nährwerterhöhung durch geeignete Zusätze und Entwicklung spezifischer Geschmacksrichtungen. Gleich anderen Spezialgebäcken für Diätzwecke (Graham-, Weizenkeim-, Milcheiweiß-, Diabetikerbrot) stehen sie in enger, nicht immer klar umschriebener Beziehung zu den diätetischen Lebensmitteln (S. 498).

η) *Chemische Zusammensetzung des Brotes*

Es ist verständlich, daß der stoffliche Aufbau des Brotes je nach der verwendeten Mehlart oder Mehlmischung innerhalb beträchtlicher Grenzen schwanken kann. Durchschnittswerte für normale Brote bringt Tab. 120.

Tabelle 120. Chemische Zusammensetzung des Brotes

Stoffanteil	%
Gesamtwasser	35 —43
Kohlenhydrate (Stärke, Dextrine, Zucker)	45 —58
Eiweiß	6 —16
Fett	0,5— 1,4
Kochsalz	1,0— 1,5
Mineralstoffe	0,4— 1,1
Rohfaser	0,1— 1,2

Spezialbrote und diätetische Backwaren können erhebliche Abweichungen zeigen. So enthält z. B. Knäckebrot, Sorte D, 8,3% Wasser, 10,7% Eiweiß, 2,3% Fett und 70,0% Kohlenhydrate.

Ernährungsphysiologisch von besonderer Bedeutung ist der *Vitamingehalt* des Brotes, der weitgehend vom Ausmahlungsgrad des Backmehles abhängig ist (S. 464).

Tabelle 121. Vitamingehalt von Weizen- und Roggenbrot (nach S. W. Souci u. Mitarb.: 152) mg/1000 g

	Vitamin B_1	Vitamin B_2	Nicotinsäureamid
Roggenbrot	1,60	1,20	11,0
Roggenvollkornbrot	1,8	1,5	5,6
Brötchen (Semmeln)	0,74	0,35	8,8
Weißbrot	0,86	0,60	8,5
Weizenvollkornbrot	2,5	1,5	33
Weizenschrotbrot (Graham)	2,1	1,1	25,0
Knäckebrot	2,0	1,8	11,0
Steinmetzbrot	2,0	0,8	35,0

Durch den Backprozeß werden im Brot 20% und in der Kruste 35% des vorhandenen Vitamin B_1 zerstört. Nach Literaturangaben beträgt der Vitamin B_1-Verlust beim Ausbacken von Vollkornbrot 10%, von Brötchen 20—30%, von Keks 20% und von Zwieback 50%. Steigende Backzeit und Zusatz von Backpulvern (Alkalität) erhöhen die Zerstörung. Im Brot aus vitaminierten Mehlen werden rund 30% der zugesetzten Vitamine zerstört: Vitamin B_1 zu 20—25% und höher, Vitamin B_2 zu 46—50% und Nicotinsäure zu rund 10—20%. Der *Alkoholgehalt* frischen biologisch gesäuerten Brotes beträgt etwa 0,2—0,4% und fällt nach einer Woche auf etwa 0,1%.

ϑ) *Der Nährwert des Brotes*

Von den im Getreidekorn vorhandenen ernährungsphysiologisch wohl ausgeglichenen Nähr- und Wirkstoffen, den Kohlenhydraten, Fetten, Eiweißstoffen, Vitaminen und Mineralstoffen gehen, wie früher angeführt, bei der Vermahlung recht unterschiedliche Mengen in das Mehl und damit in das Brot über. Je nach dem ins Mehl gelangenden Anteil an Schale und Randpartien wird gleichzeitig neben der Stoffverschiebung auch die Ausnutzung der Nährstoffe entscheidend beeinflußt. Grundsätzlich läßt sich sagen, daß mit steigendem Ausmahlungsgrad der Anteil an Eiweiß, Mineralstoffen und Vitaminen zunimmt, der Gehalt an Kohlenhydraten absinkt. Was *Verdaulichkeit* und *Ausnutzung* der einzelnen Nährstoffe anlangt, so werden die *Kohlenhydrate* bei den verschiedenen Brotsorten praktisch gleich gut verwertet. Die Tatsache indessen, daß aus verständlichen Gründen im Organismus der Stärkeabbau bei Vollkornbroten langsamer als bei Weißbrot oder maltosehaltigen Diabetikerbroten erfolgt, eröffnet dem Vollkornerzeugnis neue Aussichten in der Diabetikerkost. Die Ausnutzbarkeit der *Proteine* ist bei niedrig ausgemahlenen, vorzugsweise Endospermeiweiß enthaltenden Mehlen ausgezeichnet, bei Brot aus hochausgemahlenen kleiehaltigen Mehlen hängt die Proteinverwertung in erster Linie davon ab, ob die Verdauungsenzyme das Protein der Aleuronzellen (S. 457) anzugreifen vermögen. Im allgemeinen ist dies nur beschränkt der Fall. Was die biologische Wertigkeit der Getreideproteine anlangt, so ist unter ihnen vor allem das den Hauptanteil des Proteins in niedrig ausgemahlenen Mehlen ausmachende Endospermeiweiß biologisch unterwertig, wobei in erster Linie *Lysin* die limitierende Aminosäure darstellt. Als Träger wasserlöslicher *Vitamine der B-Gruppe* gelten vor allem Getreidekeim und Aleuronzellen und insbesondere das sehr fest am Korn sitzende *Scutellum*, in dem etwa 60% des gesamten Vitamin B_1-Gehaltes vom Korn enthalten sind. Es gehört zu den dankbarsten müllereitechnischen Aufgaben, diesen hochwertigen Vitaminträger im Mehl zu erhalten. *Mineralstoffe* sind vor allem Kalium, Magnesium, Calcium und Phosphorsäure, außerdem enthält die Asche des Brotes Natrium sowie merkliche Mengen an Kupfer und Mangan. Im Roggen findet sich außerdem Fluor. Weizenmehl von 75%igem Ausmahlungsgrad enthält 22 mg-% Calcium, 115 mg-% Kalium und 92 mg-% Phosphorsäure. Da der tägliche Bedarf an Calcium, auch an Eisen durch Getreidekost nicht gedeckt werden kann, hat man die Beimischung der genannten Mineralstoffe zu Mehl vorgeschlagen, z. T. auch schon verwirklicht (S. 180).

Die Frage nach dem ernährungsphysiologisch günstigsten *Ausmahlungsgrad*, die Frage also, ob helles oder dunkles Brot für die Ernährung des Menschen günstiger sei, läßt sich nach gegenwärtiger Ansicht nur durch einen Kompromiß beantworten. Da einerseits die Eiweißnutzung des Vollkornes unvollständig ist, andererseits lediglich hochausgemahlene Mehle genügend Mineralstoffe und Vitamine in die Ernährung bringen, ist ein *Ausmahlungsgrad von 75—80%* anzustreben. Dasselbe Ziel wird erreicht, wenn der Verzehr von hellem Kleingebäck und dunklem Vollkornbrot aufeinander abgestimmt ist. Weizen- und Roggenbrote werden praktisch gleich ausgenutzt, so daß Einstufungen der Völker nach ihrer Kulturleistung in Zusammenhang mit der Art des Brotverzehrs („Weizenvölker" — „Roggenvölker") sinnlos erscheinen.

Ernährungsphysiologisch wichtig, individuell sehr verschieden und mit der Wahl des Ausmahlungsgrades eng verbunden ist die Frage nach der *Bekömmlichkeit* verschiedener Brotsorten. Dunkle kleiehaltige Brote regen durch ihren Gehalt an Rohfaser die Tätigkeit der Darmmuskulatur an, fördern die Zahnerhaltung und gewähren ausreichende Versorgung mit Vitaminen und Mineralstoffen. Sie sind meist reich an Geschmacksbildnern und sekretionsfördernden Stoffen. Helles Brot aus niedrig ausgemahlenen Mehlen wird leicht ausgenutzt, ist gut bekömmlich und wird auch von magenempfindlichen Menschen vertragen. Es bringt bei reichlichem oder ausschließlichem Genuß jedoch die Gefahr der Obstipation mit sich.

ι) *Brotanreicherung und Brotergänzung*

Mit zunehmender Erkenntnis der physiologischen Bewertung unserer Nahrung hat auch Brot als eines der Hauptlebensmittel intensive ernährungsphysiologische Bearbeitung gefunden. Fragen nach der Eiweißqualität unserer Nahrung (S. 10) und insbesondere nach ausreichender Versorgung breitester Volkskreise mit Vitaminen und Mineralstoffen gaben Anlaß, die sog. *Anreicherung der Mehle* und damit des Brotes aufzugreifen. Wesentlich hierfür war die bereits früher erörterte Tendenz brotessender Kulturvölker, den Verzehr heller aus niedrig ausgemahlenen Mehlen gewonnener Brote gegenüber Schwarzbroten in den Vordergrund zu stellen. Hierher rechnen auch die in großem Umfang mit Erfolg durchgeführten Bestrebungen, die Beriberi Ostasiens durch Vitaminierung von poliertem Reis zu bekämpfen (Philippinen-Projekt 1948) sowie die 1944 in Angriff genommene Anreicherung von Mehl und Brot auf Neufundland.

Über die in vielen Kulturländern eingeführte, z. T. gesetzlich geregelte *Vitaminierung* der Mehle und über den Zusatz von *Mineralstoffen* vgl. S. 180.

Der zweite schon erwähnte Mangel der Brotsubstanz, die biologische Unterwertigkeit des Getreideproteins ist bedingt durch den limitierenden Mindergehalt an Lysin und durch die verringerte Ausnutzbarkeit dieser Aminosäure in Cerealien. Sie wurde auf verschiedenen Wegen zu beheben versucht. Um die biologische Qualität des Getreideeiweißes zu verbessern, wurde vorgeschlagen, dem Brot lysinreiche Eiweißstoffe, wie Sojamehl (5,8% Lysin), Milcheiweiß (7,5% Lysin), Hefe (3,5% Lysin), Aminosäuregemische oder gar reines Lysin zuzusetzen. Lysin als in der Natur vorkommende L-Form ist neuerdings durch Synthesen (S. 26) in großen Mengen zugänglich geworden. Von verschiedenen Seiten festgestellte zweifellos positive Effekte bedürfen jedoch noch weiterer Überprüfung. Der Lysinzusatz zum Mehl bewegt sich zwischen 0,1 und 0,8%.

Versuche, die Aufwertung heller Mehle durch im Mahlprozeß abgetrennte biologisch hochwertige Kornteile zu erreichen, beziehen sich vor allem auf Zugabe von haltbargemachten wirkstoffreichen *Getreidekeimen* (Keimbrote für Diabetiker), wobei der Keimgehalt im fertigen Gebäck mindestens 8—10% betragen muß, um als biologische Nährwertverbesserung ins Gewicht zu fallen.

b) Feinbackwaren und Dauerbackwaren

Feinbackwaren sind Backwaren, die auf 90 Gewichtsteile Mehl (oder andere Mahlerzeugnisse aus Getreide) oder sonstige mehlartige Stoffe mindestens 10 Gewichtsteile Zucker und/oder Fettstoffe (einschl. der den Fettstoffen gleichzustellenden Austauscherzeugnisse) enthalten müssen. Zucker und Fremdstoffe brauchen bei der Teigbereitung nicht zugesetzt zu werden; sie können auch der Fertigware anhaften. Außer Zucker und Fett (Butter, Margarine, Zieh- oder Schmelzmargarine, Cocosfett usw.) werden als nicht mehlartige Backzutaten u. a. verwendet: Honig, Eier, Milchprodukte, Obsterzeugnisse, Früchte, Mandeln, Schokolade bzw. Kakao, Gewürze, Aromastoffe, Citrusfruchtanteile u. a. m. Gelockert werden sie mit Hefe, Backpulver, Luft, Eiweißschnee oder Wasserdampf (Blätterteig). Hinzu kommen Variationen durch die Art der Teigbereitung, Teigformung und Backweise und nicht zuletzt der Herrichtung nach dem Backen (Füllen, Glasieren, Überziehen, Bestreuen und Garnieren), so daß eine kaum zu überblickende Vielfalt der Erzeugnisse resultiert.

Die wichtigsten Feingebäckarten sind die *Kuchenarten* (Obst-, Quark- und Sahnekuchen als „nasse" Kuchen, Nuß-, Mandel-, Baum-, Streuselkuchen als „trockene" Erzeugnisse), die *Torten* und Tortenstücke, außerdem z. B. *Früchtebrot*, *Waffeln* mit Cremefüllung, Windbackwaren (*Baisers*) und *Blätter-* bzw. *Mürbeteigwaren*. Weiter gehören hierher *Butter-* und *Milchgebäcke*, Milch-Buttergebäcke, *Hefebackwaren* und *Teegebäck* (Waffeln, Keks, Biskuits, Spekulatius u. a.).

Dauerbackwaren sind Backerzeugnisse, die durch längere Lagerung in ihrer Genußfähigkeit nicht beeinträchtigt und in der Regel ohne Aufstrich verzehrt werden. Sie lassen sich von den Feinbackwaren oft nicht abtrennen.

Die „Leitsätze der Kommission zur Schaffung eines Deutschen Lebensmittelbuches" vom 27. 1. 1965 (Änderungen vom 16. 3. 1972), auf die hier verwiesen sei, bringen Beurteilungsmerkmale für folgende Gruppen: 1) *Kekse* (Hart- und Mürbekekse) und *Kräcker*, 2) *Laugendauergebäcke* (Oberfläche mit Natronlauge behandelt), 3) *Lebkuchen* (Pfefferkuchen) und *lebkuchenartige Gebäcke* (als besondere Arten Elisen-, Mandel-, Marzipan-, Makronen-, Hasel-, Walnuß-, Nußlebkuchen, Braune Lebkuchen u. a. m.); hierher rechnen auch lebkuchenartige Backwaren, wie Dominosteine oder Printen. 4) *Makronendauergebäck* (Nuß-, Marzipanmakronen u. a.), 5) *Backoblaten*, 6) *Waffeldauergebäcke* (gefüllt oder ungefüllt), 7) *Zwieback* (durch *zweimaliges* Erhitzen — Backen im Stück und Rösten der daraus hergestellten Scheiben — erhalten) und 8) *Dauerbackwaren besonderer Art* (*Biskuit* aus hellem Weizenmehl und/oder Stärke, Zucker und Vollei), *Russisch Brot* (Patience-Gebäck).

Weitaus häufiger als bei Broten und Süßwaren finden wir bei Feinbackwaren seit alter Zeit *Gebildbackwaren*. Es sind dies volkstümliche, zunächst als Kultspeisen gedachte, in technisch nicht notwendige Formen gebrachte Erzeugnisse, wie Tiere, Puppen, Reiter, Nikolaus und Weihnachtsmann, Flechtgebäck, Herzen, Buchstaben oder Zahlen, Mond- oder Sternfiguren, die oft in Formen („Model") gepreßt oder ausgestanzt werden. Weitverbreitet ist „Russisch Brot" oder „Patience" in Buchstaben- und Zahlenform (s. oben).

c) Diätetische Lebensmittel auf Getreidebasis

Unter dem Begriff „Diät" (griech. diaita = Leben, Lebensweise) verstehen wir nach K. Mellinghoff „eine nach bestimmten Gesichtspunkten geordnete und ausgesuchte Kost, die den besonderen Bedürfnissen eines Menschen, dessen normale Anpassungsbreite eingeschränkt ist, gerecht wird oder bei dem durch eine gerichtete Ernährung heilsame Wirkung hervorgebracht werden soll. Diät bedeutet im allgemeinen Krankenkost. Besondere Umstände können auch die diätetische Versorgung Gesunder erfordern."

Die *Diät-VO* vom 20. 6. 1963, ergänzt am 22. 12. 1965 definiert diätetische Lebensmittel als Lebensmittel, die dazu bestimmt sind, einem diätetischen Zweck dadurch zu dienen, daß sie die Zufuhr bestimmter Nährstoffe oder anderer ernährungsphysiologisch wirkender Stoffe steigern oder verringern oder die Zufuhr solcher Stoffe in einem bestimmten Mischungsverhältnis oder in bestimmter Beschaffenheit bewirken. Die Verordnung fordert weiterhin, daß derartige Lebensmittel sich maßgeblich von anderen Lebensmitteln unterscheiden und ausschließlich für diätetische Zwecke hergestellt oder bearbeitet werden. Nur ihnen bleibt das Wort „Diät" vorbehalten. Regelungen betr. die Zulassung bestimmter fremder Stoffe, die Verwendung von Zuckeraustauschstoffen, die Minderung des Anteils belastender Kohlenhydrate in Diabetikerlebensmitteln, die Definition „natriumarm" und „streng natriumarm" und schließlich Anforderungen an Säuglings- und Kleinkindernährung sind in der genannten Verordnung einzusehen.

α) *Einfache Getreideerzeugnisse*

Nicht eigens zu diätetischen Zwecken hergestellte Getreideerzeugnisse sind vor allem *Haferflocken* und *Stärkemehle*. Haferflocken werden wegen der auf den Gehalt an *Lichenin* (s. S. 109; 461) zurückzuführenden schleimbildenden Eigenschaften und wegen ihrer geringen Reizwirkung auf die Schleimhäute für Diätsuppen verwendet. Eine ähnliche Wirkung wird dem *Reisschleim* zugeschrieben. Zusammen mit Stärkemehlen werden Haferflocken als „zweites Kohlenhydrat" in der Säuglingsernährung eingesetzt. Da beide Produkte sich nicht maßgeblich von entsprechenden normalen Getreideerzeugnissen unterscheiden, sind sie selbst keine echten diätetischen Lebensmittel.

β) *Aufgeschlossene Getreideerzeugnisse*

Hier handelt es sich um Produkte, die verarbeitet bzw. durch Hitze, Feuchtigkeit oder müllereitechnische Behandlung aufgeschlossen, häufig auch mit Vitaminen versetzt wurden. Beispiele sind vitaminierter *Kindergrieß*, *Hafertrockenschleim*, *Halberzeugnisse* zur Herstellung von Reis-, Hafer-, und Weizenschleimen sowie von gemischten Schleimen, *Zwiebackmehle*, *Haferzwiebackmehle*, speziell zusammengestellte *Kindernährpräparate*, *Backwaren* wie *Nährzwieback* und schließlich *Malzextrakt* mit Zusätzen von Vitaminen, Lecithin, Eisen- oder Calciumsalzen.

γ) *Diabetiker-Lebensmittel*

Um die erlaubte Kohlenhydratzufuhr, basierend auf der „Broteinheit" (BE) oder „Zulage", dem Diabetiker zu erleichtern, wurden eiweiß-, oft auch fettreiche *Diabetikerbrote* geschaffen (mit Kleber angereichertes *Luftbrot*, mit pflanzlichem Eiweiß angereichertes *Aleuronatbrot*), an deren Stelle heute Vollkornbrote empfohlen werden, die langsam abgebaut werden. Wichtig sind vor allem *Feinbackwaren*, die anstelle von Zucker Fructose, Zuckeralkohole (Sorbit, Mannit und Xylit) enthalten und die Diabetikerbrote verdrängt haben. Schließlich sind noch die in der Diätkost eingesetzten *natriumarmen Backwaren* zu erwähnen.

d) Kennzeichnungspflicht für Getreideerzeugnisse

Generell unterliegen der Lebensmittel-Kennzeichnungs-VO aus diesem Abschnitt: Haferflocken, Hafergrütze, Hafermehl, Hafermark, Zwieback, Kekse, Biskuits, Waffeln, Lebkuchen und die anschließend besprochenen Teigwaren.

6. Teigwaren

Die Teigwarenproduktion der BRD betrug 1970 insges. 186000 t. Davon werden etwa 80—85% als Eierteigwaren, vorwiegend aus Trockeneigelb, hergestellt. Der Verbrauch lag in den letzten Jahren bei rund 3—3,5 kg pro Kopf und Jahr.

„*Teigwaren* sind kochfertige Erzeugnisse, die aus Weizengrieß oder Weizenmehl von nicht höherer Ausmahlung als 70 Hundertteile, (Weizenmehltype 550) mit oder ohne Verwendung von Ei, durch Einteigen ohne Anwendung eines Gärungs- oder Backverfahrens sowie durch Formen und Trocknen bei gewöhnlicher Temperatur oder bei mäßiger Wärme hergestellt werden. Den Teigen wird bisweilen auch Speisesalz (Steinsalz, Siedesalz) zugesetzt". Gemäß dieser der VO über Teigwaren vom 12. 11. 1934, in der Fassung vom 17. 12. 1956 entnommenen Definition unterscheiden sich Teigwaren grundsätzlich von den bisher besprochenen Backerzeugnissen, vor allem dadurch, daß Gär- und Backprozesse hier wegfallen.

Rohstoff für Teigwaren ist vor allem kleber- und pigmentreicher feiner Hartweizengrieß (Durum-Grieß und Dunst), der besonders kochfeste, das Kochwasser nicht trübende Produkte liefert. Die Vermahlung erfolgt in besonderen „Hartgrießmühlen", und zwar zu Produkten verschiedener Feinheitsgrade. Aus ihm werden heute etwa 90% aller deutschen Teigwaren hergestellt. Daneben gelangen auch Grieß, Dunst oder Mehl von Weichweizen zur Verarbeitung.

Nach dem *älteren Chargenverfahren* werden homogene plastische Teige im Vorkneter und Kollergang (Gramola) hergestellt und in hydraulischen Pressen geformt. Nach dem *modernen kontinuierlichen Verfahren* wird mittels Schneckenpressen mit Mischpaddelwerken zunächst eine Teigkrümelmasse gebildet, die dann über Transportschnecken dem Preßkopf mit Bronze- oder Teflonmatrizen zugeführt wird. Bei etwa 150 atü wird der Teig homogen geknetet und „verleimt". Die Verarbeitung erfolgt vorwiegend unter Vakuum. Das *Trocknen* bietet besondere Probleme. Es muß von innen nach außen erfolgen, um Schwindungsspannungen und andere Schäden zu vermeiden (s. unten). Das Trocknen erfolgt auf Horden, auf Band- oder Trommeltrocknern oder kontinuierlich in besonderen Horden-Umlauftrocknern. „Lange Ware" wird in Umluftkammern oder Durchlaufkanälen, auf Stäben hängend vor- und fertiggetrocknet. Eine Trocknungsanlage für kurze Teigwaren bringt Abb. 93. *Walz-Schnitt-* und *Bandwaren* (z. B. die „Schleifchen" oder Ravioli) werden in komplizierten Spezialmaschinen hergestellt.

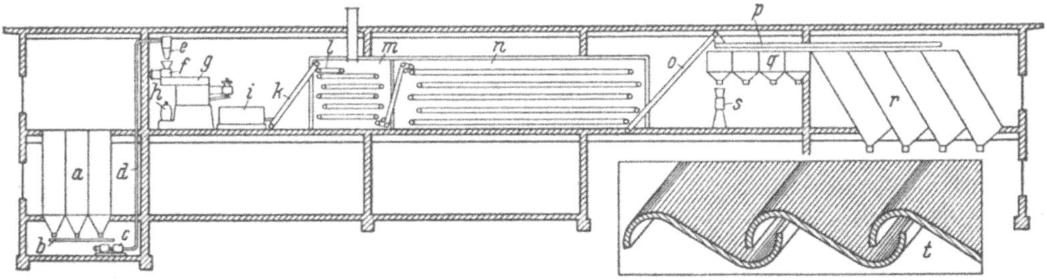

Abb. 93. Trocknungsanlage für kurze Teigwaren (Fa. Gebrüder Bühler, Maschinenfabrik, Uzwil/Schweiz) (Aus O. Krischer und K. Kröll: Trocknungstechnik, Bd. II., S. 332, Berlin: Springer 1959). a Grieß-Silos, b Austragschnecken, c Einschleusung, d pneumatische Förderleitung, e Abscheider, f Dosierung, g Teigwarenpresse, h Hauptmotor, i erster Vortrockner, k Schrägtransport, l Verteilvorrichtung, m zweiter Vortrockner, n Fertigtrockner, o Schrägtransport, p Schüttelrinne, q Verpackungssilos, r Lagersilos, s Abfüllwaage, t Detail des Förderbandes im Trockner

Man erhält auf diese Weise *Band-* und *Fadennudeln, Spaghetti, Vermicelli, Makkaroni*, („lange Ware"), Hörnchen, Spätzle, Eierschleifchen und Figurennudeln (Sternchen, Buchstaben usw.; „kurze Ware"). Nach dem Gebrauchszweck unterscheidet man *Suppen-* und *Gemüsenudeln*, nach den Zutaten *Wasserware, Eierteigwaren, Kleber-* und *Lecithinteigwaren, Milchteigwaren* und Teigwaren, die Küchenkräuter sowie Gemüse enthalten (Spinat-, Tomaten-, Möhrennudeln) und schließlich nach der Getreidebeschaffenheit Grieß-, Mehl-, Vollkorn-, Graumehl- und Roggenteigwaren.

Weitere Erzeugnisse sind z. B. *Diät-* und *Instantteigwaren* oder *„Glasnudeln" nach chinesischer Art.*

Der Wassergehalt darf nicht über 13% liegen. Zu schnelle Trocknung führt zu Spannungen, die Teigwaren werden hart, rissig, spröde, verhornen und zerspringen beim Kochen. Zu langsames Trocknen kann Sauerwerden und Verschimmeln verursachen. Das Ausbleichen von Teigwaren ist auf die Oxydation des Carotins und anderer Pigmente durch Lipoxidase zurückzuführen. Verfärben und Nachdunkeln kann außerdem durch enzymatische Bräunung (Tyrosinase) sowie durch nichtenzymatische Umsetzung zwischen Aminosäuren und Stärkeabbauprodukten bedingt sein.

Die an Teigwaren zu stellenden Anforderungen sind in der Teigwaren-VO festgelegt. Eifreie Teigwaren dürfen nach der Farbstoff-VO vom 19. 12. 1959, zuletzt geändert am 28. 3. 1972, mit künstlichen Farbstoffen nicht mehr gefärbt werden. Für eine Färbung — unter entsprechender Kenntlichmachung — kommen nur natürliche Farbstoffe, die nicht Fremdstoffe sind, wie z. B. Carotin, in Betracht. Die in der Teigwaren-VO für Eierteigwaren festgelegten Eianteile sind durch den heute noch gültigen Runderlaß des RMdI vom 26. 6. 1939 (MiBliV S. 1379) reduziert und zwar werden für Eierteigwaren auf 100 kg Weizenrohstoff 225 Hühnereier (im Gewicht von 45 g Einhalt) oder Hühnereidotter (im Gewicht von 16 g) gefordert. Eierteigwaren, bei denen auf hohen Eigehalt hingewiesen wird oder die als Hausmachereiernudeln oder ähnlich bezeichnet sind, müssen wenigstens 400 Eier auf 100 kg Weizenrohstoff enthalten.

Weitere Regelungen sind in der obenangeführten Teigwaren-VO, der Diät- und der Lebensmittelkennzeichnungs-VO einzusehen.

Das verwendete Ausgangsmaterial bringt es mit sich, daß der Vitamingehalt der meisten Teigwarensorten sehr gering ist. Die empfohlene Vitaminierung von Teigwaren erscheint begrüßenswert. Wasserware enthält im Durchschnitt 13% Wasser, 10% Eiweiß, 0,7% Fett, 72,2% Kohlenhydrate und 0,8% Mineralstoffe. Bei Eierteigwaren ist vor allem der Gehalt an Fett (2,9%) erhöht, so daß Teigwaren mit einem Caloriengehalt von etwa 340—370 kcal/100 g zu den konzentrierten Lebensmitteln rechnen.

Analytisch wichtig ist neben der Prüfung auf Formbeständigkeit im *Kochversuch* und der Bestimmung des (in normalen Teigwaren auf den Wert 8 begrenzten) Säuregrades die Ermittlung des *Eigehaltes* in *Eierteigwaren*, die früher durch Bestimmung der „alkohollöslichen", organisch gebundenen Phosphorsäure (Lecithinphosphorsäure) erfolgte. Als verläßlichste Grundlage für die Berechnung des Eigehaltes gilt heute die Ermittlung der *Sterine* (vgl. bei Ei).

Eierteigwaren erleiden unmittelbar nach der Herstellung, vor allem aber bei der Lagerung einen Rückgang der „Lecithinphosphorsäure", besser Phosphatidphosphorsäure unter Anstieg des anorganischen Phosphates.

II. Gemüse und Gemüsedauerwaren

1. Gemüse

Unter *Gemüse* versteht man alle in frischem Zustand nicht lufttrockenen Pflanzenteile [Blätter, Knospen, Wurzeln, Wurzelstöcke (Rhizome), Knollen, Zwiebeln, Stengel, Sprosse, Blüten, Früchte, Samen], die ohne Entzug wesentlicher Bestandteile roh, gekocht, konserviert oder sonstwie zubereitet direkt zur menschlichen Ernährung dienen, mit Ausnahme der Früchte mehrjähriger Pflanzen, die zum Obst gehören und der Pilze.

Nicht zum Gemüse rechnen trockene Samen (Erbsen, Bohnen, Getreidesamen u. a.). Die Einteilung der Gemüsearten ist willkürlich und unterschiedlich. Hier sollen folgende Gruppen besprochen werden:

Wurzelgemüse: Kartoffeln, Bataten, Topinambur, Schwarzwurzeln, Möhren,

Sellerie, Pastinaken, Rüben und Rettiche, Petersilie und Meerrettich; *Blattgemüse:* Kohl, Spinat, Mangold; *Salatgemüse:* Kopfsalat, Endivie, Brunnenkresse, Rapunzel, Zichorie, Chicorée; *Stengel- und Sproßgemüse:* Kohlrabi, Spargel, Rhabarber, Blattstiele von Weißrüben („Stipprüben"); *Blütengemüse:* Blumenkohl, Artischocke; *Früchte:* von Leguminosen (Bohnen, Erbsen), ferner Gurke, Kürbis, Tomate; *Zwiebelgemüse:* Zwiebeln, Knoblauch, Porree; *Gewürzgemüse:* Dill, Petersilie, Estragon, Schnittlauch usw.; *Wildgemüse:* Löwenzahn usw.

Die Qualitätsanforderungen der BRD für frisches Gemüse sind in der „VO über gesetzliche Handelsklassen für frisches Obst und Gemüse" vom 9. 10. 1971 niedergelegt. Hingewiesen sei schließlich auf die verschiedenen *Verordnungen* des *Rates der EWG* und auf einzelne *Leitsätze des Deutschen Lebensmittelbuches*, nicht zuletzt auch auf die *„Höchstmengen VO-Pflanzenschutz, pflanzliche Lebensmittel"*, in der Fassung vom 14. 12. 1972. Alle Gemüsedauerwaren einschließlich Trockengemüse unterliegen der „Kennzeichnungs-VO". Weitere wichtige Bestimmungen sind u. a. in der „Konservierungsstoff-", der „Fruchtbehandlungs-" und der „Lebensmittel-Bestrahlungs-VO" zu finden.

1971 stand in der BRD an der Spitze der Gemüseernte auf dem Freiland Weißkohl (rund 332000 t), gefolgt von Möhren (rund 167000 t) und Rotkohl (109000 t). Die Ernte lag für Blumenkohl, Buschbohnen, Wirsing und Kopfsalat zwischen 70000 t und 80000 t, für Spinat, Sellerie, Kohlrabi, Porree und Einlegegurken zwischen 22000 und 40000 t. Es folgen dicke Bohnen (21600 t), Grünkohl (17000 t), Spargel (16000 t), Tomaten (14000 t), Schälgurken (7800 t), Rosenkohl (10000 t) und Stangenbohnen (7900 t). Zusätzlich wurden 1970 für fast 1,3 Mia DM Gemüse eingeführt. Anbau und Ernte von Frühkartoffeln (766000 t) und Spätkartoffeln (15,5 Mio t) im gleichen Zeitraum wurden durch Einfuhren im Betrag von rund 274 Mio DM ergänzt. Der Bundesbürger verbrauchte im Wirtschaftsjahr 1970/71 je Kopf und Jahr 63,8 kg Gemüse und 102 kg Kartoffeln. Die entsprechenden Durchschnittszahlen lagen im ehemaligen Reichsgebiet 1935/38 bei 51,9 bzw. 176 kg.

a) Chemische Zusammensetzung

Die Zahl der Pflanzenarten, die zu Gemüsezwecken dienen, ist sehr groß. Gegenwärtig sind etwa 100 wichtige Gemüsepflanzen bekannt, die 25 Pflanzenfamilien angehören. Neben solchen, die weltweite Verbreitung gefunden haben, wie z. B. die Kohlarten, Tomaten, Zwiebeln, Gurken usw. gibt es zahlreiche, die nur örtlich begrenzte Bedeutung besitzen und vorzugsweise den Gebieten Ostasiens (China, Japan) entstammen. Für unseren Kulturkreis stellt das *Mittelmeergebiet* das wichtigste Zentrum der Formenbildung und Mannigfaltigkeit unserer Gemüsepflanzen dar. Die als Gemüse genossenen Pflanzenteile sind sehr verschiedener Herkunft, sie stammen vor allem aus den Pflanzenfamilien der Leguminosen, Cruciferen, Umbelliferen, Compositen, Chenopodiaceen, Liliaceen, Solanaceen und Curcurbitaceen und zeigen dementsprechend stark wechselnde Zusammensetzung.

Hervorstechend ist zunächst ihr außerordentlich hoher Wassergehalt, der bei Blatt- und Wurzelgemüsen zwischen 80 und 90% liegt, bei Spargel, Kürbis, Tomate, Gurke, Radieschen oder Kresse bis auf 96% ansteigt. Damit sind Gemüse nicht unter die Gruppe calorisch bedeutungsvoller Lebensmittel zu rechnen.

Über die chemische Zusammensetzung verschiedener Gemüsearten unterrichtet Tab. 122.

Gemüse enthält im Durchschnitt 1—3% Stickstoffsubstanz; eine Ausnahme bilden die grünen Erbsen und Bohnenarten mit etwa 7% Stickstoffsubstanz. Daneben finden sich 0—9,5% Fett, 3—6,5% Kohlenhydrate, 1—2% Cellulose und 1—2% Mineralstoffe, außerdem verschiedene andere im folgenden besprochene mengenmäßig stark zurücktretende Inhaltsstoffe, die aber für den physiologischen Wert des Gemüses, oft auch für spezifische Geruchs- und Geschmacksnuancen besondere Bedeutung besitzen.

Tabelle 122. Die chemiche Zusammensetzung einiger Gemüsearten
(Werte aus K. Herrmann: 63)

Gemüse	Trocken-substanz	Eiweiß	Kohlen-hydrate*	Roh-faser	Asche	Calcium
	←		%		→	mg/100 g
Bohnen, grün	9,9	1,9	6,1	1,0	0,7	56
Brunnenkresse	6,5	1,6	2,9	0,6	1,1	180
Chicorée	5,6	1,3	2,3	0,9	1,0	26
Chinakohl	4,6	1,19	2,0	0,50	0,65	40
Erbsen, grün	22,0	6,3	12,4	2,0	0,9	26
Feldsalat	6,2	1,8	2,6	0,6	0,8	30
Fenchel	14,0	2,4	9,1	0,5	1,7	109
Gartenkresse	12,8	4,2	4,1	1,2	1,9	214
Gurken	5,9	0,9	2,8	0,6	0,5	25
Knoblauch	36,0	6,05	27,5	0,94	1,42	38
Kohlrabi	9,7	2,0	5,6	1,0	1,0	41
Kürbis	8,7	1,10	5,5	1,24	0,77	22
Meerrettich	23,4	2,8	15,3	2,8	2,2	105
Möhren	11,8	1,1	8,7	1,0	0,8	37
Paprika	6,6	1,2	3,4	1,4	0,4	9
Pastinaken	19,8	1,31	14,9	1,96	1,18	51
Petersilie	18,1	4,43	9,8	1,45	1,68	245
Petersilienwurzeln	12,0	2,88	2,3	—	1,62	—
Radieschen	5,6	1,05	3,5	—	0,90	34
rote Beete	12,7	1,6	9,1	0,8	1,1	16
Rotkohl	9,8	2,0	5,9	1,0	0,7	42
Salat, Kopf-	5,1	1,6	1,7	0,7	0,9	23
Schwarzwurzeln	21,4	1,4	16,3	2,3	1,0	53
Sellerie, Bleich-	7,1	1,2	3,6	1,0	1,1	80
Spargel	8,3	2,5	4,3	0,7	0,6	22
Speiserüben	9,5	0,99	6,70	0,86	0,73	49
Spinat	9,3	3,2	3,7	0,6	1,5	93
Tomaten	6,5	1,1	4,2	0,5	0,5	13
Weißkohl	7,6	1,3	4,6	0,8	0,7	49
Zuckermelonen	8,8	0,7	7,2	0,3	0,5	14
Zwiebeln	10,9	1,5	8,1	0,6	0,6	27

* ohne Rohfaser

α) *Die Stickstoffsubstanz*

besteht nur zum Teil aus eigentlichen Eiweißstoffen. Etwa $^1/_5$—$^2/_3$ sind Nichtproteine (Aminosäuren, Ammoniak, Amide und andere stickstoffhaltige Extraktivstoffe). Von den im Gemüse (und auch Obst) gefundenen Glutamin- und Glutaminsäuremengen ist *Glutamin* als Vorstufe der nach Blanchierprozessen gefundenen *Pyrrolidoncarbonsäure* anzusehen. Der Proteinanteil liegt in Form wasserunlöslicher, doch in Salzlösungen löslicher Globuline vor, die bei normalem Kochen in der Gemüsesubstanz verbleiben. Nur ein geringer Teil besteht aus wasserlöslichem Albumin (Leucosin), das bei der Gemüsezubereitung in den Kochschaum geht. Reichliche Eiweißmengen enthalten wie erwähnt die Leguminosen, die damit zu wesentlichen Eiweißlieferanten unserer Nahrung werden. Während das Leguminoseneiweiß geringe biologische Wertigkeit aufweist und in der Kost der Ergänzung durch andere Eiweißträger bedarf (S. 10ff.), ist bekannt, daß manche Pflanzenproteine, wie z. B. das der Kartoffel, von beträchtlichem biologischem Wert sind.

β) *Kohlenhydrate*

(meist 4—12% der Trockensubstanz) enthalten häufig einen gegenüber den löslichen Zuckern überwiegenden Stärkeanteil. Weiterhin kommen Cellulose, Hemicellulosen und Pektine vor.

Der unverdauliche Kohlenhydratanteil liefert die ernährungsphysiologisch wertvollen, für die Regulierung der Darmtätigkeit wesentlichen „Ballaststoffe" (S. 104; 233). Übermäßige Rohfaserzufuhr bei allzu reichlichem oder ausschließlichem Gemüsegenuß kann andererseits die Ausnutzung und Resorption der Provitamine A (β-Carotin) beträchtlich mindern (S. 135) und zu reichlicher Gasbildung im Verdauungstrakt führen. Enzymatischer Pektinabbau ist am Weichwerden von Gurken und anderen Gemüsearten beteiligt.

γ) *Fette*

finden sich in sehr geringer, physiologisch zu vernachlässigender Menge. Sie können jedoch, wie z. B. bei der Kartoffel oder der Erbse, technologisch unerwünschte und schädliche Umsetzungen erfahren und in nichtblanchiertem tiefgefrorenem Gemüse zu raschen Geschmacksbeeinträchtigungen führen.

δ) *Mineralstoffe*

gehören zu den wichtigsten Inhaltsstoffen der Gemüse (1—2%). Gleich Milch und Obst weist Gemüse einen *Basenüberschuß* auf, es enthält reichlich Kalium, nur wenig Natrium, außerdem leicht assimilierbares Calcium, Eisen und Phosphorsäure, daneben eine große Reihe weiterer anorganischer Spurenelemente. Zusammen mit den obengenannten Lebensmitteln ist Gemüse die wesentlichste Quelle für die ausreichende Mineralstoffversorgung des Menschen.

Ernährungsphysiologisch ungünstig wirkt sich die *Nitrat speichernde Fähigkeit* vieler Gemüsearten aus (vor allem Spinat, auch rote Beete, Kohlarten, Rettiche u. a. m.), da Nitratreduktasen mikrobieller Herkunft zur Bildung von Nitrit führen können. Und schließlich ist an *Metallmengen* zu erinnern, wie sie aus der Dose in Füllgüter übergehen können. (s. S. 275).

ε) *Pflanzenphenole*

In Gemüsearten auftretende Pflanzenphenole (Hydroxyzimtsäuren, Phenolcarbonsäuren, Cumarine, Catechine, Proanthocyane, Flavone, Flavonole, Flavonone, Anthocyane usw.) sollen bei den Obstinhaltsstoffen besprochen werdeen.

ζ) *Vitamine*

(vgl. auch bei den Vitaminen). Reichlicher *Provitamin A*-Gehalt geht meist mit dem Farbstoffgehalt konform (grüne Gemüse, orange- und gelbfleischige Wurzelgemüse), wobei rote Rüben und Rotkohl eine Ausnahme machen. Sehr gute *Vitamin-C*-Quellen sind Tomaten und Tomatensaft, Grün-, Wirsing-, Rosen- und Weißkohl (auch Sauerkraut), Rotkohl, Kohlrabi, Blumenkohl, Spinat, Meerrettich, Petersilie, und grüner Paprika. Viele frische Gemüse liefern reichliche Mengen an *B-Vitaminen*, Pilze enthalten antirachitisch wirksame Substanzen.

η) *Enzyme*

In frischem Gemüse als lebender Substanz kommt eine Fülle von Enzymsystemen vor, die z. T. bei der Zubereitung und Verarbeitung der Gemüsearten eine wesentliche Rolle spielen und sich günstig, in der Mehrzahl der Fälle jedoch ausgesprochen nachteilig auswirken können. Sie treten erwünscht bei der Aroma- und Geschmacksbildung in Erscheinung und haben in dieser Hinsicht besondere Bearbeitung gefunden (S. 215). Sie können jedoch auch das Gefüge der Gemüsesubstanz beträchtlich schädigen, wie z. B. pektinolytische Enzyme (*Polygalakturonasen*) in Gurken und Tomaten oder Lipoxygenasen bei Erbsen u. a. oder zu nachteiligen Farbveränderungen führen, wie *Peroxidase* und *Polyphenoloxidasen.*

Diese schwermetallhaltigen Oxydationsenzyme geben mit phenolischen Inhaltsstoffen des Gemüses (Hydroxyzimtsäure-Derivate wie Chlorogensäuren u. a.) dunkel gefärbte Oxydationsprodukte. Die gleichen Stoffe führen mit Spuren von Eisensalzen zu Schwarzverfärbungen z. B. von Tomaten, Sellerie, Schwarzwurzeln, Möhren, z. T. beim Kochen. Peroxidasen bzw. Lipoxidasen werden auch für die Carotinzerstörung in der Batate (Süßkartoffel) verantwortlich gemacht.

Insbesondere Peroxidase ist im biologischen Material gegen schädigende Einflüsse bemerkenswert widerstandsfähig und erfährt bisweilen in hitzebehandeltem Material eine Regenerierung. Sie wird deshalb mit Erfolg zur Überprüfung ausreichender Enzyminaktivierung im „*Blanchiertest*", z. B. beim Tiefgefrieren herangezogen.

ϑ) *Weitere Inhaltsstoffe*

der Gemüsearten sind z. T. lange bekannt, z. T. wurden sie erst in jüngster Zeit eingehend studiert. Ihre Bedeutung als Geruchs- und Aromaträger sowie als „*Phytoncide*" mit antibiotischer Wirkung soll bei den einzelnen Gemüsen näher besprochen werden. Das ubiquitär vorkommende *Chlorophyll* ist recht empfindlich. Bei der Hitzesterilisierung oder beim Trocknen grünen Gemüses tritt häufig eine olivbraune Verfärbung auf, dadurch bedingt, daß magnesiumhaltiges Chlorophyll in das magnesiumfreie *Phäophytin* übergeht. *Acetoin* (3-Hydroxy-2-butanon) und *Diacetyl* entstehen nichtenzymatisch in verschiedenen Gemüsekonserven (Spinat, Spargel, Wurzelgemüse, Erbsen) als Aroma- und Geschmacksträger. Über *Pyrrolidoncarbonsäure* vgl. S. 30, 503.

b) Zubereitung und Verdaulichkeit

Über den Einfluß des *Kochens* und die Verluste an Nährstoffen bei Gemüse wurde bereits an anderer Stelle berichtet (S. 250). Die Wasserlöslichkeit der Mineralstoffe und vieler Vitamine sowie organischer Säuren (Citronen-, Äpfelsäure) bewirkt, daß diese wertvollen Inhaltsstoffe zum großen Teil in das Kochwasser übergehen. Dies sollte daher nach Möglichkeit im Haushalt weitere Verwendung finden, z. B. zur Suppen- oder Soßenbereitung. Um diese Bestandteile weitgehend zu erhalten, stellt das Dämpfen oder Dünsten der Gemüse die wertvollste Art der Zubereitung dar. Kohlarten liefern unangenehm riechende und schmeckende Aroma- und Geschmacksstoffe in Form flüchtiger Schwefelverbindungen, wie Senföle und Sulfide (S. 514), so daß hier Überbrühen mit kochendem Wasser und Verwerfen des Brühwassers notwendig wird. Zur Vitaminerhaltung soll geputztes Gemüse sofort verarbeitet werden. Unnötiges Umrühren und Wiederaufwärmen ist zu vermeiden, außerdem soll ein Teil, vor allem zarte Blätter und junge Triebe als Frischgemüse genossen werden.

Von besonderer Bedeutung im Rahmen der Gemüseverwertung ist die Frage des *Küchenabfalls*.

c) Einfluß der Düngung

Die zwangsläufig zunehmende Verwendung von Kunstdünger hat bis in unsere Zeit immer wieder zu der Behauptung geführt, daß künstlich gedüngte Gemüse bei fortgesetztem Genuß in ihrem physiologischen Wert dem mit Stallmist oder „biologisch-dynamisch" gedüngten Gemüse nachstehen. Der Beweis für eine derartige Annahme konnte bis heute nicht erbracht werden. Umfangreiche Versuche an Mensch und Tier sowie Vitaminuntersuchungen unter Leitung des ehemaligen Reichsgesundheitsamtes (1938) und Untersuchungen verschiedener Autoren sprechen gegen nachteilige Wirkungen der künstlichen Düngung. Umgekehrt bedarf die Fäkal- und Rieselfelddüngung besonderer Überwachung, desgleichen die Anwendung hochwirksamer *Pflanzenschutzmittel*, die durch Begasung, Besprühung, Benetzung mit mikrobiciden Flüssigkeiten erfolgt und bei verschiedenen Gemüsearten, insbesondere bei Karotten, Tomaten, Gurken, Weißkohl und Brechbohnen auch unerwünschte Geschmacksveränderungen hervorrufen kann. Hier wie bei Obst hat die Frage nach den höchstzulässigen physiologisch tragbaren *Rückstandsmengen* außerordentliche aktuelle Bedeutung. Über die Wirkung erhöhter Nitratdüngung s. S. 504 und bei Spinat.

d) Kühllagerung

Die Kühllagerung dient zur Qualitätserhaltung stoßweise anfallender Erzeugnisse aus Ernten oder Zufuhren sowie zur Streckung und Verlagerung der Verbrauchszeit.

Sie kann durch Einwinterung im Keller, Halbkeller oder Hügelhang erfolgen, wird aber meist in maschinell unterkühlten Lagerhäusern (Kühlhäusern) bei entsprechender Luftfeuchtigkeit vorgenommen. Die wesentlichsten Arten der Kühllagerung sind folgende: kurz- oder langfristige Erhaltung in maschinell gekühlten Lagerhäusern mit Kälteautomaten, *Vorkühlung* vor Transport oder Einlagerung, wobei sich vor allem die Vakuumvorkühlung (Salat, Spinat, Kohl u. a.) eingeführt hat, *Transportkühlung* während des Versandes und schließlich *Gaskaltlagerung* in verschiedenen Gasgemischen. Die Lagerungsbedingungen schwanken je nach dem Material. In der folgenden Tabelle sind einige Daten für die wichtigsten Gemüsearten zusammengestellt.

Tabelle 123. Kaltlagerung von Gemüsearten

Gemüseart	Temperatur °C	Lagerungsbedingung Relative Luftfeuchtigkeit %	Lagerungsdauer
Zwiebeln	—2,0 bis —2,5	75—80	8—9 Mon.
Tomaten, reif	+1,0 bis +2,0	90	2—4 Wochen
Blumenkohl	0,0 bis —1,0	90	4—6 Wochen
Sellerie	+1,0 bis —0,5	90	bis 9 Mon.
Blattspinat	0,0 bis —1,0	90—95	2—4 Wochen
Kartoffeln	+3,5 bis +4,0	85—90	6—8 Mon.
Erbsen	0,0 bis 1,0	90	4—6 Wochen
Bohnen	+3,0 bis +4,0	85	1—2 Wochen
Möhren	+0,5 bis —0,5	90—95	bis 8 Mon.
Gurken	+1,0 bis +2,0	85—90	2—3 Wochen
Salat, Kopf-	+0,5 bis +1,0	90	2—4 Wochen

Besonderer Beachtung bedarf die *Lagerungsart* (Steigen, Kisten, Säcke, Beutel, Körbe, Lattenroste u. a.) sowie die *Auslagerung* (langsames Anwärmen zur Vermeidung von Feuchtigkeitsniederschlägen). Wichtig ist außerdem sorgsame Behandlung des Erntegutes, Einlagerung direkt nach der Ernte und — wie auch bei anderen Arten der Gemüsekonservierung — die Wahl geeigneter *Sorten.*

e) Die einzelnen Gemüsearten

α) *Wurzelgemüse*

1. Kartoffeln

sind stärkereiche Knollen, verdickte Sproßabschnitte, die am Ende unterirdischer Ausläufer (Stolonen) der zu den Nachtschattengewächsen rechnenden Kartoffelpflanze (Solanum tuberosum) entstehen. Die Kartoffel stammt aus den Hochgebirgen Südamerikas (Chile, Peru), kam von dort durch die Spanier gegen Ende des 16. Jahrhunderts nach Europa und Anfang des 17. Jahrhunderts nach Deutschland. Der krautige Stengel der Pflanze trägt gefiederte Blätter, weiße, lila oder violette Blüten und liefert kugelige, infolge ihres hohen Solaningehaltes (vgl. S. 508) giftige Beeren. Die Kartoffel ist eine Hackfrucht, die fast in jedem Klima und auf fast allen Böden, auch den trockensten und leichtesten Sandböden, gedeiht. Sie dient zur menschlichen und tierischen Ernährung und stellt wegen ihrer Preiswürdigkeit, der ausreichenden Bedarfsdeckung im Inlande, ihrer vielseitigen Verwendungsmöglichkeiten in der Küche und ihres hohen Sättigungswertes durch den Gehalt an Stärke eines der wichtigsten Lebensmittel im deutschen Raum dar. Die Kartoffel wird als eßbare kultivierte Form in zahlreichen Sorten angebaut. Zur Erfüllung der Qualitätsansprüche wurde der Saatkartoffelmarkt geregelt. Seit 1965 sind in der BRD einschließlich Berlin (West) 100 in die Gruppen A-D unterteilte Sorten zugelassen. Außerdem beginnt sich der Verkauf festverpackter, einheitlich sortierter Qualitätskartoffeln sowie der Vertrieb geschälter Kartoffeln durchzusetzen.

Je nach dem *Verwendungszweck* unterscheidet man Speise-, Futter-, Fabrik- und Saatkartoffeln, nach den *Anbaubedingungen* Sand- und Lehmkartoffeln, nach der *Reifezeit* Früh- und Spätkartoffeln mit Vegetationszeiten von 70—80 bzw. 140—150 Tagen, nach der *Form* langovale, rundovale, lange und runde Kartoffeln mit flachen oder tiefliegenden Augen, nach der *Schalenfarbe* gelbe, ockerfarbene, weiße, blaue und rote, nach dem *Kochverhalten* festkochende, stärkearme Salatkartoffeln oder mehligkochende, stärkereiche Salzkartoffeln. Violettrote Schalen enthalten das Anthocyan Negretin (ein Isorhodesosid). Die Farbe des Fleisches ist meist weiß, auch hell- bis tiefgelb. Frische Schnittflächen verfärben sich mehr oder minder schnell durch enzymatische Wirkungen (Tyrosin-Tyrosinase, vgl. S. 207), durch Kochdunkelung oder im Rahmen der nichtenzymatischen Bräunung (Maillard-Reaktion) nach rot oder schwarz; die Neigung zu derartigen Verfärbungen ist eine charakteristische Sorteneigenschaft und hat zu Versuchen Anlaß gegeben, nichtdunkelnde Kartoffeln zu züchten.

Weder Reichs- noch Bundesrecht enthielten oder enthalten für Kartoffeln und Kartoffelerzeugnisse lebensmittelrechtliches Sonderrecht. Am 26. 7. 1971 wurde die „VO über gesetzliche Handelsklassen für Speisekartoffeln und Speisefrühkartoffeln" erlassen, die für drei neue Handelsklassen: „Klasse Extra", „Klasse I" und „Klasse II" entsprechende Merkmale festlegt.

Die Gesamternte der Jahre 1963/64 teilte sich auf in: Pflanzgut (2,13 Mio t = 8,3%), Frischverbrauch (6,9 Mio t = 26,6%), Veredlungsprodukte (282000 t = 1,1%), Industrieverbrauch (Stärkefabriken, Brennereien, Futtertrocknung; 598000 t = 2,3%), Futter (13,47 Mio t = 52,6%) sowie in Schwund und Marktverluste (2,37 Mio t = 9,1%).

Anbauflächen und Gesamternten der wichtigsten Kartoffelanbauenden Länder im Jahr 1968 bringt Tab. 124.

Tabelle 124. Anbauflächen und Gesamternten der wichtigsten Kartoffel anbauenden Länder

Land	Anbaufläche Mio ha	Jahreserzeugung Mio t
UdSSR	8,33	101,6
Polen	2,70	50,0
BRD	0,67	19,2
USA	0,55	13,3
DDR	0,68	12,8
Frankreich	0,48	10,0

Die Geschichte der Kartoffelverarbeitung geht zurück auf Versuche aus vorgeschichtlicher Zeit. Bereits die Inkas gewannen jahrelang haltbare Dauerprodukte durch wechselweises Gefrieren und Auftauen der Kartoffeln („Chuño", „Moraya", „Tunta"). Versuche zur industriellen Trocknung begannen erst zum Ende des 19. Jahrhunderts, allerdings zunächst vorwiegend für Futterzwecke. 1969 wurden in der Veredlungsindustrie der BRD 812900 t Kartoffeln verarbeitet, davon auf Trockenprodukte 528800 t, auf Chips, Pommes frites und Reibekuchen 224900 t und auf Kartoffelsalat, Kloßteig, Tiefgefriererzeugnisse und Dosenkartoffeln 59200 t. Eine eingehende Darstellung bringt G. Adler (5). Im einzelnen seien u. a. folgende Produkte genannt:

Kartoffelflocken sind sauber gewaschene, gedämpfte und auf geheizten Walzen in dünner Schicht getrocknete Kartoffeln, denen außer Wasser nichts entzogen und nichts zugesetzt ist. Sie müssen den üblichen Anforderungen an Reinheit entsprechen, zeigen gelblichweiße, zuweilen auch dunklere Farbe und dürfen nicht sauer oder dumpfig riechen. Der Geruch muß für das Erzeugnis typisch sein, der Wassergehalt darf höchstens 14% betragen.

Kartoffelschnitzel unterscheiden sich von Kartoffelflocken dadurch, daß sie aus rohen, nicht gedämpften, gewaschenen Kartoffeln hergestellt und durch Erhitzen getrocknet sind. Im übrigen gelten dieselben Anforderungen wie bei Kartoffelflocken. Die Herstellung von Veredlungsprodukten für die menschliche Ernährung ist in stetem Anstieg begriffen. *Kartoffelbreipulver* (Granulat) wird u. a. nach dem *Add-back-Verfahren* durch Zumischen getrockneten Materials zu gedämpftem Feuchtkartoffelbrei und anschließende Endtrocknung gewonnen. Trockenkartoffeln in *Würfel*- oder *Scheibenform* dienen als Zusatz zu Fleisch- und Gemüsekonserven. Als weitere Produkte sind zu nennen (vgl. oben) *Kartoffelchips, Pommes frites, Kartoffelkloß*- oder *-knödelmehl, Kartoffelpüree, Kartoffelpuffer* (*Reibekuchen*), *tiefgefrorene Kartoffelprodukte*, vor allem als Pommes frites, *vorgeschälte Kartoffeln* und zahlreiche Spezialerzeugnisse, die als Zwischenverpflegung gedacht und mit der Hand gegessen werden. *Kartoffelpreßschrot* aus rohen, gepreßten und getrockneten Kartoffeln dient als Schweine- und Rinderfutter.

Zur Vermeidung von *Bräunungserscheinungen* beim Trocknen (vgl. S. 17, S. 507) werden Schwefeldioxid, schweflige Säure und verschiedene Sulfite vorgeschlagen, deren Verwendung durch die „Schwefeldioxid-VO" vom 13. 8. 1969 geregelt ist. Auch Citronen- und Ascorbinsäure sind als Stabilisatoren wirksam.

Die *chemische Zusammensetzung* der Kartoffel schwankt vorwiegend im Wasser- und Stärkegehalt; in stärkereichen Industriekartoffeln darf der Stärkegehalt nicht unter 14% liegen. Im Durchschnitt enthält die Kartoffel 75% Wasser, 2,1% Stickstoffsubstanz, 0,1—0,2% Fett, 18—21% Kohlenhydrate, 1% Rohfaser und 1% Mineralstoffe.

Die *Stickstoffsubstanz* besteht etwa zur Hälfte aus Eiweiß. Im Kartoffelsaft befindet sich als Globulin das *Tuberin*. Da es gleich den anderen z. T. als Albumine vorliegenden Proteinen der Kartoffel beträchtliche biologische und Ergänzungswertigkeit besitzt, wurde seine Gewinnung aus dem Saft auch industriell angestrebt, z. B. durch Wärmeflockung und (wirtschaftlich untragbar) mit Ionenaustauschern. Weitere Stickstoffsubstanzen der Kartoffel sind Asparagin (0,32%), Xanthin und andere Purinbasen, deren Menge in gekeimten Kartoffeln ansteigt, Amine, freie Aminosäuren und schließlich das stickstoffhaltige, aus verschiedenen Komponenten (α-, β- und γ-Solanin) bestehende giftige Steroidalkaloid *Solanin*. α-Solanin ist ein Glykosid, dessen Zuckerkomponente das aus Rhamnose, Glucose und Galaktose aufgebaute verzweigte Trisaccharid *Solatriose* darstellt. Die zweite Komponente *Solanidin*, zeigt folgende Struktur:

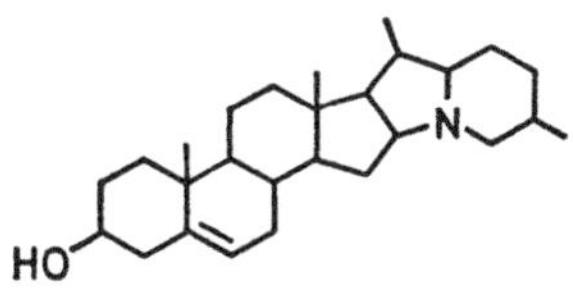

Solanidin

Der Solaningehalt grüner und unreifer Kartoffeln ist besonders hoch (über 50 mg-%) und kann beim Genuß derartiger Kartoffeln zu Gesundheitsschädigungen führen. Normale Sorten zeigen Solaningehalte zwischen 20 und 40 mg/100 g Trockensubstanz. Solaninwerte unter 20 mg in der Frischsubstanz gelten als nicht gesundheitsschädigend. Auch bitterschmeckende toxische und solaninreiche Kartoffelsorten sind bekanntgeworden. Neben Solanin kommt als weiteres Glykoalkaloid das *Chaconin* vor.

Der *Fettgehalt* ist wie bei anderen Gemüsearten unbedeutend (0,1—0,3%) und ernährungsphysiologisch zu vernachlässigen. Lipoidbestandteile der Kartoffel können jedoch durch ihren hohen Gehalt an ungesättigten Fettsäuren bei der technologischen Kartoffelverarbeitung, z. B. in lange gelagerten Trockenkartoffeln, unerwünschte Geschmacksabwandlungen ("off flavors") durch Ranziditätserscheinungen hervorrufen.

Kohlenhydrate. Unter ihnen spielt die *Stärke* (68—80% der Gesamtmenge) die wichtigste Rolle. Der Stärkegehalt schwankt innerhalb weiter Grenzen (12—21%) je nach Sorte und Vegetationsbedingungen. Kartoffelstärke zeigt typische Struktur, ihre vielfältigen Eigenschaften und ihre Umwandlungsfähigkeit in andere Produkte sind Gründe für ihre weitgespannte Verwendung in zahlreichen an anderen Stellen besprochenen Industriezweigen. Neben Stärke enthält die Kartoffel geringe Mengen (0,07—1,5%) an *löslichen Zuckern* (Saccharose, Glucose und Fructose), *Gummi* und *Dextrinen* (0,2—1,6%), *Pentosanen* (0,75—1,0%) und *Rohfaser* (1%). Außerdem kommen 0,21—0,41%, nach anderen Angaben 0,7—1,5% der Frischsubstanz an *Gesamtpektinen* vor, die als Inhaltssubstanz im Zellgewebe der Knolle sich finden, in der Schale angereichert auftreten und bei Fabrikation der Kartoffelstärke in die Pulpe gehen.

Mineralstoffe. Der Mineralstoffanteil (0,5—1,5%) besteht zu etwa $^2/_3$ aus Kalium. Auf den Rest der Mineralstoffe verteilen sich in der Hauptsache Calcium und Magnesium, Schwefel- und Phosphorsäure sowie Chlor. Bei üblicher Zubereitung der Kartoffel geht ein Teil der Mineralstoffe verloren. Die Verluste betragen beim *Dämpfen* von ungeschälten Kartoffeln 1,5%, von geschälten Kartoffeln 7%, beim *Kochen* ungeschälter Kartoffeln 6% und geschälter Kartoffeln rund 10%. Verluste bei Zubereitung in Salzwasser sind erheblich geringer.

An *Aromastoffen* wurden H_2S und andere Schwefelverbindungen, Carbonylverbindungen, niedere Fettsäuren, freie Nucleotide und freie Aminosäuren gefunden.

Phenolische Substanzen der Kartoffel, wie *Chlorogen-* und *Kaffeesäure* als Substrate von Oxydationsenzymen sind Ursache von Verfärbungserscheinungen (S. 679). Sie stellen außerdem wichtige, für die Resistenz der Kartoffel gegen Pilzinfektionen *fungistatisch* aktive Schutzstoffe dar, die auch bei der Teilung von Saatkartoffeln wirksam werden.

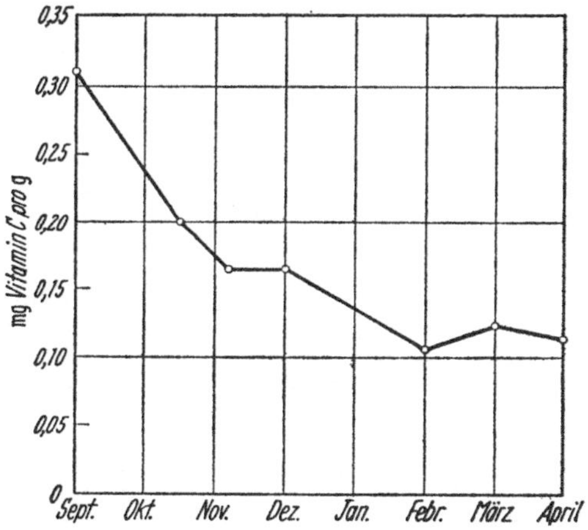

Abb. 94. Der Vitamin C-Gehalt in Kartoffeln bei der Lagerung [D. Hötzel (1959)]

Vitamine. Die Kartoffel enthält, Vitamine der B-Gruppe und vor allem Vitamin C (10—30 mg/100 g). Da Vitamin C auch in Spätstadien der Lagerung (Frühjahr) verhältnismäßig reichlich erhalten bleibt, ist die Kartoffel in den obst- und gemüsearmen Frühjahrsmonaten und insbesondere in Notzeiten die wichtigste Vitamin C-Quelle breiter Volksschichten (Abb. 94). Vitamine wie Mineralstoffe finden sich auch direkt unter der Schale, weshalb die Kartoffel möglichst dünn geschält oder als Pellkartoffel verzehrt werden soll. Abfälle beim Schälen liegen zwischen 10% (gekocht) und 20% (ungekocht).

Vitamin C-Verluste bei der Kartoffelzubereitung gehen aus der Tab. 125 hervor.

Tabelle 125. Vitamin C-Verluste bei der Kartoffelzubereitung

Bereitungsart	Gehalt mg-%	Verluste %
Roh	23	0
Gekocht	14	40
Warmhaltung, 2 Std	7	70
Warmhaltung, 6 Std	2	über 90

Enzyme. Unter den Enzymen der Kartoffel sind *Polyphenoloxidasen* wegen des Dunkelwerdens (Verfärbens) angeschnittener Kartoffeln, *Lipoxidase* und *Lipase* wegen ihrer Wirkung auf die Lipidkomponente, technologisch bedeutungsvoll. Andere Enzyme, wie Amylasen, Phosphorylasen und Proteasen vom Papaintypus sind beteiligt an der Veratmung von Zellsubstanz bei der Lagerung (Schwund), stärkeabbauende Enzyme außerdem am Süßwerden der bei tiefer Temperatur gelagerten Kartoffeln (s. unten).

Lagerung der Kartoffeln. Zur Aufbewahrung über längere Zeit, bedingt durch den Kampagnebetrieb in bestimmten Monaten, werden die Kartoffeln entweder eingemietet (lehmiger Sand mit Stroh und Erde, 2—5° C) oder in einem trockenen, kühlen, frostfreien und dunklen Keller gelagert. Der Trend geht zur Einlagerung in klimatisierten Lagerhallen. Die erwünschte Lagertemperatur wird mit Hilfe von „Frischluft“ „Umluft“ oder „Mischluft“ gehalten. Die zweckmäßigste Lagertemperatur liegt bei +3 bis +6° C und einer relativen Luftfeuchtigkeit von 90%. Lagerverluste (bis zu 10%) sind bedingt durch Veratmung von Kartoffelsubstanz (enzymatischer Abbau der Stärke über Zucker), durch Wasserabgabe (Einschrumpfen bis zur Mumifizierung) und durch Triebbildung. Unter günstigen Umständen beträgt die Lagermöglichkeit 6—8 Monate. Lagertemperaturen in Räumen von 0,5—4° C bewirken, daß ein Teil der Stärke in Zucker übergeht, nicht mehr weiter veratmet wird und sich in der Knolle anreichert: die Kartoffel wird süß. Lagert man derartige Kartoffeln dann 2—4 Wochen bei 10—20° C, so tritt unter Atmungssteigerung Zuckerabbau ein: die Kartoffeln verlieren wieder ihren süßen Geschmack. Bei —3° C erfriert die Kartoffel, ohne süß zu werden, da die enzymatische Aktivität ungemindert bleibt. Gefrorene Kartoffeln sind zwar noch genußtauglich, besitzen jedoch nach dem Auftauen (in heißem Wasser) keine Lagerfähigkeit mehr. Die Kartoffelkeime gelagerter Kartoffeln sind durch ihren hohen Solaningehalt giftig. Zur Keimverhütung sowie zur Steigerung der Lagerdauer wurden in den letzten Jahren eine Reihe keimhemmender oder keimverhütender Stoffe empfohlen, z. B. α-Naphthylessigsäuremethylester und Naphthylessigsäure, Phenylurethan, 2.3.5.6-Tetrachlor-nitrobenzol, Isopropyl-N-phenylcarbaminat oder -thiocarbaminat, Maleinsäurehydrazid u. a. Keimhemmung durch Einwirkung energiereicher Strahlung bedarf noch eingehender Überprüfung. Umgekehrt wird das Auskeimen von Saatkartoffeln am wirksamsten durch Äthylenchlorhydrin beschleunigt.

Kartoffelkrankheiten und Kartoffelschädlinge. Die Kartoffel ist verschiedenen Krankheiten ausgesetzt, die man z. T. unter dem Begriff der „*Abbaukrankheiten*“ zusammenfaßt, insbesondere dem „*Kartoffelkrebs*“ (durch den Pilz Chrysophlyctis endobiotica hervorgerufene Geschwülste), verschiedenen durch Bakterien und Pilze verusachten *Fäulnisprozessen* (Naß-, Trocken-, Fusariumfäule usw.), der *Tabakmosaikkrankheit* (einer Viruserkrankung), der *Blattrollkrankheit*, die Staude und Knolle befällt und den Ertrag auf ein Minimum reduziert u. a. m. Der gefährlichste Kartoffelschädling ist der *Coloradokäfer*. Als selektiv wirkendes Insecticid gegen diesen Schädling hat sich Diäthyl-4-methyl-7-hydroxycumarinthiophosphat (E 838, Potasan) erwiesen.

2. *Die Batate*

(Süßkartoffel) ist das stärkereiche, kartoffelartige Rhizom der Knollenwinde (Ipomaea oder Convolutus batatas). Das Knollengewächs stammt ursprünglich aus Südamerika, ist heute über den ganzen Tropengürtel und die subtropischen Länder verbreitet und spielt dort die Rolle einer außerordentlich wichtigen Nahrungspflanze. Die Knolle enthält im Mittel 71,7% Wasser, 1,6% Stickstoffsubstanz, 0,5% Fett, 24,1%

stickstofffreie Extraktstoffe, 1,0% Rohfaser und 1,2% Mineralstoffe. Durch ihren Gehalt an Zuckern (Saccharose, Glucose und Fructose, 0,3—8,4%) schmeckt sie ausgesprochen süß ("sweet potatoes"), fast an erfrorene Kartoffeln erinnernd. Sie wird ähnlich wie Kartoffeln zubereitet, zu Brot verbacken oder auf Stärke verarbeitet (brasilianisches Arrowroot, S. 484). Mehrfache Versuche, die Batate auch in Deutschland anzubauen, blieben erfolglos. Die anspruchslose ertragreiche Kultur liefert im Durchschnitt 1,5 kg schwere spindelförmige Knollen. Wegen ihres süßlichen Geschmackes hat sie in Deutschland keine Verbreitung gefunden. Auch Süßkartoffeln zeigen im Gange der Verarbeitung die bei der eigentlichen Kartoffel beobachteten enzymatischen Bräunungsreaktionen.

3. *Topinambur*

(Erdartischocke, Erdbirne, Erdapfel, Jerusalemartischocke usw.) ist ein zu den Compositen rechnendes Wurzelgewächs, das gleich der Kartoffel aus Amerika (Hochanden) in die alte Welt kam und zuweilen in England sowie in Deutschland, ausgedehnt in Frankreich, kultiviert wird. Die ei-, birnen- oder spindelförmigen Rhizome der Pflanze Helianthus tuberosus werden 10—15 cm lang, 4—5 cm dick, sind rotviolett gefärbt und enthalten im Mittel 79,12% Wasser, 1,89% Stickstoffsubstanz, 0,18% Fett, 16,4% Kohlenhydrate, 1,25% Rohfaser und 1,16% Asche. Wichtigstes Kohlenhydrat ist das in Mengen bis zu 16% vorkommende *Inulin* (S. 108). Der Eiweißanteil ist biologisch wenig wertvoll. Die Knollen der im Aussehen der Sonnenblume ähnlichen Pflanze dienen gekocht oder geschmort ähnlich der Kartoffel zur menschlichen Ernährung, als Viehfutter und geröstet als Kaffee-Ersatz. Durch Spaltung wird technisch Fructose gewonnen, Vergärung liefert Äthanol. Die Knollen sind frostresistent, bedürfen also nicht der Ernte im Herbst, sondern können nach Bedarf bis zum Frühjahr direkt dem Boden entnommen werden. Ihr eigenartig süßlicher Geschmack verhindert eine weitere Verbreitung als Lebensmittel. Sie wird vorwiegend als Zutat z.B. zu Fleischbrühsuppen verwendet.

4. *Rübenarten*

Rüben sind fleischig verdickte Wurzeln der Pflanzengattungen Beta und Brassica, von denen vor allem Bedeutung besitzen:

Die *rote Rübe* (Salatrübe, rote Beete, Rane, Randig, garden beet, beet root, betterave rouge) ist eine Abart der Zuckerrübe (Beta vulgaris). Die tiefrote, in der Farbnuance wechselnde fleischige Wurzel schmeckt gekocht angenehm süß und enthält 6,8—8,7 g/100 g Zucker (fast ausschließlich als Saccharose). Als Farbstoff, der bei Verletzungen leicht „ausblutet", kommt das Glucosid *Betanin* vor, dessen Aglucon als *Betanidin* bezeichnet wird:

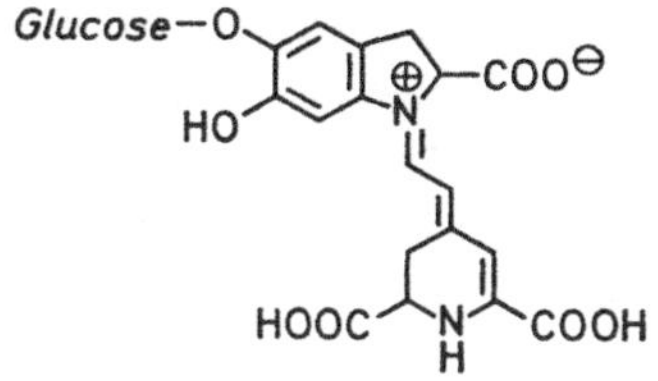

Betanin

Weiße Rübe (Stoppel- oder Halmrübe, Wasserrübe, Speiserübe; turnip, navet), die Wurzel von Brassica rapa, hat süßlichen milden Geschmack, weißes Fleisch und riecht rettichartig. Sie wird feldmäßig angebaut, meist als Viehfutter, zuweilen auch als Gemüse verwendet. Der Wassergehalt ist sehr hoch (89—91 g/100 g). Eine Abart ist die im Sandboden der Mark Brandenburg (Teltow) gezogene süß und mild schmeckende *Teltower Rübe.*

Die *Kohlrübe* (Steckrübe, Krautrübe, Wruke, Dotsche, garden sweet, rutabaga, chou-navet), die Wurzel von Brassica rapus, var. napobrassica, stellt eine Kulturform des Rapses dar. Die ein bis mehrere Kilogramm schwere, bei Speisesorten oft durch β-Carotin (0,19 mg-%) und andere Carotinoide gelb gefärbte Rübe weist mild-süßlichen Geschmack auf. Sie dient meist als Viehfutter, wird bisweilen zusammen mit fettem Fleisch gern gegessen und diente in Notzeiten wegen ihres relativ günstigen Nährstoffgehaltes in weitestem Umfange als Gemüse oder Marmeladengrundlage („Kohlrübenwinter" des Ersten Weltkrieges!).

5. *Möhren*

(gelbe Rüben, Mohrrüben, Karotten; carrot, carotte) sind die fleischigen Wurzeln der Umbellifere Daucus carota. Die lange, kegelförmige, gelbrote bis dunkelrote Wurzel dient infolge ihres süß angenehmen Geschmackes als Lebensmittel (vor allem die kleinen Arten der Karotten), daneben als Futter für Pferde (Pferdemöhre, Futtermöhre), getrocknet und geröstet zuweilen als Kaffee-Ersatz (S. 686). Wertgebender Teil ist der Rindenanteil. Möhrensaft wird in der Säuglingsernährung viel verwendet. Der süße Geschmack ist auf den beträchtlichen Zuckergehalt (etwa 5,5% Gesamtzucker, davon 3% direkt reduzierender Zucker) zurückzuführen. Karotten sind reich an Provitamin A (6—11 mg/100 g Carotin), das jedoch in der Nahrung nicht vollständig ausgenutzt wird (S. 135). Der hohe Carotingehalt wurde vor der Entwicklung der Vitamin A- und Carotinoidsynthesen zur Gewinnung von Provitamin A-Konzentraten aus Möhren ausgewertet. Karotten werden bei Kaltlagerung bisweilen bitter und enthalten dann eine im Ultraviolett charakteristisch absorbierende nichtflüchtige, bitter schmeckende, als 3-Methyl-6-methoxy-8-hydroxy-3.4-dihydro-isocumarin indentifizierte Substanz. Außerdem wurde als weiterer wasserdampfflüchtiger Bitterstoff ein *Sesquiterpenalkohol* der Formel $C_{14}H_{18}O_2$ isoliert.

6. *Rettiche*

(radish, radis). In China wie in Japan wird die Kultur des Rettichs schon seit den ältesten Zeiten betrieben. Aus vorderasiatischen und mediterranen Stammpflanzen hat sich die Crucifere Raphanus sativus, var. niger entwickelt, deren fleischige Pfahlwurzeln als *Sommer-*, *Herbst-* und *Winterrettich*, Mai- oder Halbrettich genossen werden. Hierher rechnen auch die weiß, rosa, rot, violett, gelb, weißrot gestreift, halbweiß bis halbrot gefärbten *Radieschen* (small radish, [petit] radis; Raphanus sativus, var. sativus). Der scharfe oder mild süßliche Geschmack des Rettichs rührt von sehr geringen Mengen Senföl her.

Außerdem finden sich geringe Mengen an S-Methyl-cysteinsulfoxid und kompliziertere Senföle bzw. deren Glykoside, wie das *Sulforaphen* (Raphanin), ein Methyl-[4-thioisocyanbuten-(1)-yl-(1)]sulfoxid der Formel:

$$CH_3-\underset{\downarrow \atop O}{S}-CH=CH-CH_2-CH_2-NCS$$

Derartige Verbindungen zeigen antibiotische Wirkung (S. 296); zusammen mit dem harntreibenden Effekt des Rettichs bedingen sie die therapeutische Verwendung des Rettichsaftes.

7. *Meerrettich*

(Kren; horse-radish, raifort sauvage) ist der Wurzelstock der Meerrettichpflanze Armoracia rusticana, einer Crucifere, die besonders gut auf lockeren Lehmböden gedeiht, auch verwildert wächst. Meerrettich dient zum Würzen feiner Soßen, Fleisch- und Fischgerichte, wird auch als Beikost geraspelt genossen und als Konserve in den Handel gebracht. Der scharfe, beißende Geschmack und Geruch rührt von 0,5—1,0% Senfölen (etwa 85% Allyl- und 15% β-Phenyläthylsenföl) her. Meerrettich erleidet bald nach dem Reiben unerwünschte enzymatisch bedingte Veränderungen, wie Grauverfärbung und Rückgang der „Schärfe". Schwefelung und Konservierung mit zugelassenen Fremdstoffen ist für zerkleinerten Meerrettich bei Deklaration nach Art und Menge erlaubt. (Vgl. den Rechtsstoff).

8. *Pastinak*

(Pastinaca sativa; parsnip, panais grand, chervis cultivé) gehört in die Familie der Umbelliferen und liefert eine möhrenartige fleischige Pfahlwurzel von eigenartig aromatischem Geruch und würzhaft süßlichem Geschmack. Sie dient als Suppengemüse, zu Salat, zu einem karottenähnlichen Gemüse und zum Einmachen. Pastinaken sind besonders reich an Pektinsubstanzen (11,76% im Fleisch). Ihr Genuß ist in England und Frankreich weit verbreitet.

9. *Schwarzwurzel*

(scorzonera, salsifis, scorsonère), ein feines Wurzelgemüse, ist die Hauptwurzel der Composite Scorzonera hispanica, die außen dunkelrotbraun, innen weiß gefärbt ist und reichlich Milchsaft aufweist, der beim Brechen austritt und an der Luft sich verfärbt. Die Trockensubstanz enthält im stickstofffreien Extraktanteil (75%) neben reichlichen Mengen Zucker (11%) das Kohlenhydrat Inulin, in der Stickstoffsubstanz Asparagin und Trigonellin, außerdem Chlorogensäuren, Kaffeesäure, Aesculetin und Scopoletin. Die Schwarzwurzel ist wegen des verhältnismäßig hohen Rohfaseranteils (2,3%) schwer verdaulich.

10. *Sellerie*

(celeriac, turniprouted celery, céleriave) ist die fleischige Wurzel der zweijährigen Umbellifere Apium graveolens, var. rapaceum und wird sowohl wegen der Knolle als auch wegen der Blätter und Blattstiele kultiviert (Knollen-, Schnitt- und Bleich- oder Rippensellerie). Der eigentümliche würzige Geruch und schwach süßliche Geschmack beruht auf dem Gehalt an ätherischen Ölen sowie an Zucker. *Bleichsellerie* sind die durch Abdecken mit Erde, Strohhülsen usw. gebleichten fleischigen Stiele der Blätter. *Schnittsellerie* (als Suppengewürz und zum Aufputzen von Speisen verwendet) sind die dunkelglänzenden fiederteiligen Blätter.

Das charakteristische Aroma des *Selleries* beruht auf *4 Phthaliden* (3-Isobutyliden-3a.4-dihydrolphthalid u. a.) sowie dem cis-Hexen-(3)-yl-(1)-ester der Brenztraubensäure und dem Diacetyl. Darüber hinaus wurden zahlreiche Ester, Carbonylverbindungen, Säuren, Kohlenwasserstoffe u. a. m. als Aromakomponenten nachgewiesen.

Die oft beobachtete Braunscheckigkeit von Sellerieknollen wird auf Bormangel zurückgeführt. Wie in zahlreichen anderen Pflanzen kommen auch in der Sellerieknolle Chlorogen- und Kaffeesäure vor, die zusammen mit Eisenverbindungen die auch anderweitig (z. B. bei Kartoffeln) beobachtete Erscheinung der Dunkelverfärbung („*Schwarzkochen*") bedingen.

11. *Gemüsefenchel*

(sweet fennel, fenouil sucré, finochio) kommt aus Italien; verzehrt werden die breiten, fleischigen Blattscheiden („Knolle"). Über Fenchel als Gewürz vgl. S. 657).

β) *Blattgemüse*

1. *Kohlarten*

Kohl als Genußpflanze entstammt in seinen Kulturarten dem mediterranen Formenkreis und geht wahrscheinlich auf die Stammform von Brassica oleracea silvestris zurück. Die wichtigsten Sorten sind:

Weißkohl, Weißkraut, Kopfkohl, Kappes (white cabbage, chou blanc; Brassica oleracea capitata, var. alba) mit kugeligen oder plattrunden Köpfen von 1,42—3,85 kg Gewicht. Seinem hohen Zuckergehalt (3,1—4,4%) verdankt der Weißkohl die Eignung, durch Milchsäuregärung den *Sauerkohl* zu liefern.

Rotkohl, Rotkraut, Blaukraut (red cabbage, chou rouge; Brassica oleracea capitata, var. rubra) ähnelt dem Weißkohl in der Zusammensetzung. Die rotviolette Färbung rührt von *Rubrobrassicine* genannten Anthocyanen her, die mit Hydroxyzimtsäuren (vermutlich Sinapinsäure) verbundene Cyanidinglykoside sind. Als 2-Phenylbenzopyrylium-Kation sind sie blaurot, als Farbbase rot bis blau gefärbt. Im Kochprozeß ist der Farbstoff bei neutraler Reaktion blau („Blaukraut"), bei saurer Reaktion (Kochen mit Essig) violett bis rot („Rotkraut"), in alkalischem Medium schlägt er nach grün bis gelb um.

Wirsingkohl, Welschkohl, Savoyer Kohl (savoy cabbage, chou de Milan, chou frisé; Brassica oleracea, var. sabauda) weist krause trüb grüne Blätter auf und zeigt in frischem Zustand ausgeprägt kohlartigen Geschmack, beim Kochen wenig ansprechenden charakteristischen Geruch (s. unten).

Rosenkohl, Sprossenkohl, Brüsseler Kohl, Spargelkohl (brussel sprouts, chou de Bruxelles; Brassica oleracea, var. gemmifera) entwickelt eine in die Höhe geschossene Sproßachse, die dicht mit etwa walnußgroßen, geschlossenen Seitenknospen („Röschen") besetzt ist. In der chemischen Zusammensetzung unterscheidet sich Rosenkohl von anderen Kohlarten durch den hohen Gehalt an Trockensubstanz (etwa 13,6%), Gesamtzucker (20% der Trockenmasse), Rohprotein (3—5mal so hoch wie bei Weißkohl) und den wesentlich erhöhten Fettgehalt.

Winterkohl, krauser Grünkohl, Braunkohl (kale, chou vert; Brassica oleracea, var. acephala) bildet keinen Kopf. Die kräftig kohlartig schmeckende, frostharte Pflanze ist erst nach Spätherbstfrösten genießbar.

Chemische Zusammensetzung der Kohlarten. Die chemische Zusammensetzung einiger solcher Gemüsearten geht aus Tab. 122, S. 503 hervor. Kohlarten enthalten eine Reihe von spezifischen Stoffen, auf die im folgenden eingegangen werden soll.

Glucobrassicin ist ein Senfölglycerid, das einen Indolrest enthält, aus dem enzymatisch Thiocyanat und wuchsfördernde Indolderivate entstehen können. Das Glykosid wirkt kropfbildend („strumigen"). Weit stärker hemmend auf die Schilddrüse (thyreostatisch) wirken die gleichfalls in Brassica-Arten vorkommenden *Thiooxazolidone*, wie das *Goitrin* und seine Vorstufe *Progoitrin*:

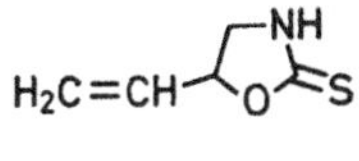

Goitrin

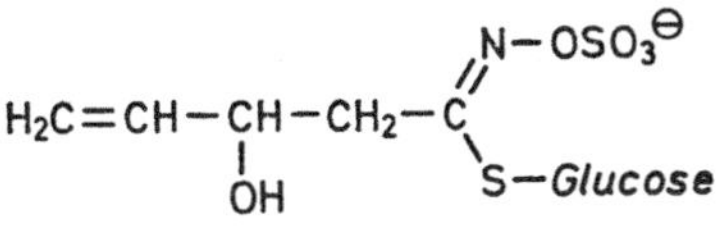

Progoitrin

Sie entstehen aus Isothiocyanaten und erwiesen sich im Tierversuch als kropferzeugend. Beim Menschen tritt jedoch nur dann der Kohlkropf (Struma cibaria) auf, wenn in Notzeiten extrem einseitige Ernährungsbedingungen herrschen (Gefangenenlager).

Wichtige spezifische Geschmacks- und Geruchsstoffe der Kohlarten sind zahlreiche Vertreter der Isothiocyanate, der Sulfide und Disulfide. Auch organische Tri- und Polysulfide wurden nachgewiesen. *Vorstufen* solcher Verbindungen sind z. B. das *Sinigrin* (S. 94) für *Allylisothiocyanat*, das *S-Methylcysteinsulfoxid* für *Dimethyldisulfid* und zahlreiche andere Sulfide (vgl. auch bei Zwiebeln). Gemische solcher schwefelhaltiger Stoffe verleihen vor allem dem gekochten Kohl sein spezifisches Aroma. Alle die genannten, auch in anderem pflanzlichem Material aufgefundenen Stoffe (S. 296) sind durch ihre antibiotische Wirkung von erheblichem Interesse geworden.

Daneben enthalten Kohlarten weitere physiologisch bedeutsame Substanzen, z. B. *Indolderivate* wie β-Indolylacetonitril und β-Indolaldehyd sowie Indol-3-essigsäure und es liegt nahe, den anomal hohen Gehalt an Zellstreckungswuchsstoffen in Brassica-Arten mit der ungewöhnlich vielseitigen Entwicklungsmöglichkeit dieser Nutzpflanzen (abnorme Ausbildung von Blütenstand und Knolle, Stamm- und Achsenverdickung, Achselknopsen- und Blattbildung) in Beziehung zu setzen. Aus Brassica-Arten isolierten Polysulfiden wird die Struktur von Trithionen:

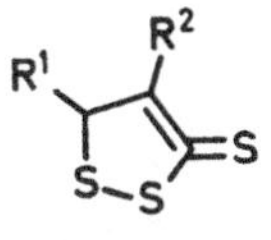

zugeschrieben.

Als ernährungsphysiologisch bedeutsam sei hier noch einmal auf den z. T. sehr hohen Vitamingehalt verschiedener Kohlsorten (vor allem Grünkohl und Rosenkohl) mit Mengen zwischen 50 und 100 mg-% Vitamin C hingewiesen.

2. *Spinat und Mangold*

Als *Spinat* (spinach, épinard) werden die Blätter der Chenopodiacee Spinacia oleracea genossen. Sie sind reich an Rohfaser (7,6%) und enthalten ein Saponin, doch ist die hämolytische Wirkung der Blätter sehr gering. Durch seinen hohen Gehalt an Vitaminen gehört Spinat zu den biologisch wertvollsten Gemüsearten. Der Eisengehalt dieses Blattgemüses wurde vielfach überschätzt, er liegt mit 3—4 mg/100 g Frischgewicht nicht höher als der vieler anderer Gemüsearten, beträchtlich ist jedoch der Calciumgehalt. Trotzdem in Spinat reichliche Mengen an *Oxalsäure* (6—10% der Trockensubstanz) vorkommen, sind ihm noch niemals gesundheitsschädliche Wirkungen nachgewiesen worden. Spinat besitzt gleich der Möhre die Fähigkeit, *Nitrat* zu speichern, das bei längerer Lagerung sowie durch die Darmflora des dyspeptischen Säuglings zu Nitrit reduziert werden kann (vgl. S. 504).

Gleich dem Spinat dient *Mangold*, Römischer Kohl, Rippenkohl, Beißkohl (swiss chard, bette) als Blattgemüse. Er stammt von verschiedenen Sorten einer Kulturvarietät der Runkelrübe und kann als vollwertiger Ersatz für Spinat gelten.

γ) *Salatgemüse*

Als Salatkräuter werden verschiedene Spezies oder Arten aus den Familien der Compositen (Kopfsalat, Endivien und Chicorée), der Valerianaceen (Feldsalat) und der Cruciferen (Garten- oder Tellerkresse und Brunnenkresse, Löffelkraut) konsumiert.

1. *Kopfsalat*

(lactuca savita, var. capitata; lettuce, laitue pommée) mit den weiteren Sorten des Pflück- und Schnittsalates enthält saure Salze organischer Säuren, denen er seinen erfrischenden Geschmack verdankt. Ähnlich wie Kopfsalat werden die Blätter von Cichorium endivia als *Endivien* verzehrt. *Chicorée* (Treibzichorie) besteht aus den eng aneinander liegenden gebleichten, fleischigen Blattrippen der knospenartigen Blattrosette von Cichorium intybus, var. foliosum. *Cichoriensalat* schmeckt meist leicht bitter, an Löwenzahn erinnernd. In der *Gartenkresse* (Lepidium sativum) findet sich (wie auch in der Kapuzinerkresse) das Glykosid *Glucotropäolin*, aus dem gleichzeitig anwesendes Myrosinenzym *Benzylsenföl* $C_6H_5CH_2NCS$ abspaltet, das im ätherischen Öl dieser Kresse vorkommt. *Brunnenkresse* enthält das Glykosid *Gluconasturtiin*

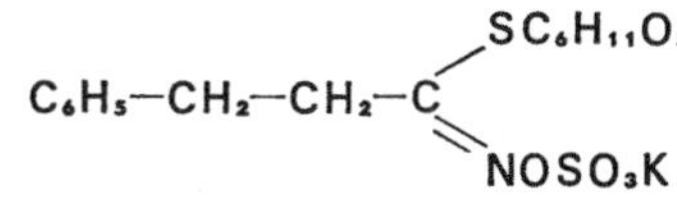

aus dem eine Glykosidase *Phenyläthylsenföl*
$C_6H_5{-}CH_2{-}CH_2{-}NCS$ freisetzt.

Als *Bitterstoffe* in Lactuca-Arten wurden *Lactucin* und dessen Derivate aufgeklärt.

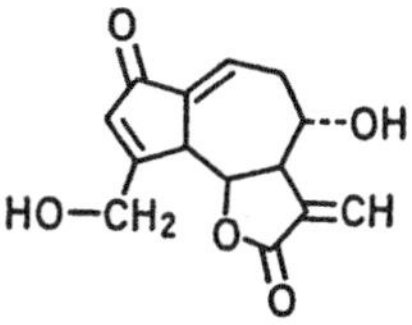

Lactucin

Auch für die hier genannten Senföle gelten die bei Kohlarten erörterten antibiotischen Wirkmöglichkeiten. Den Kresse-Arten wurde schon im Mittelalter Heilwirkung, z. B. Verhütung des Skorbuts, zugeschrieben.

2. *Wildkräuter*

als Salate und Gemüse. Als Wildsalat bzw. -gemüse werden alle nicht garten- oder feldmäßig angebauten Pflanzen bezeichnet, die in vielen Fällen durch ihren spezifischen Geschmack und infolge ihrer Zartheit auch Eingang in die feine Küche, insbesondere in Frankreich, gefunden haben. In Notzeiten werden sie allgemein und weitverbreitet konsumiert.

Übermäßiger oft ausschließlicher Genuß von Wildgemüse, vor allem von Melde, hat in der Nachkriegszeit 1947 in Berlin zum Auftreten einer durch Mangel an biologisch hochwertiger Nahrung hervorgerufenen Erkrankung, der „*Melde-Krankheit*" oder „Chinesischen Bettlerkrankheit" geführt.

δ) *Stengel- und Sproßgemüse*

1. *Kohlrabi*

(Oberkohlrabi, Oberkohlrübe; kohl-rabi, chou rave) ist der zu grünlichweiß bis violett verfärbten Knollen verdickte Sprosse von Brassica oleracea, var. gongylodes, der einige grüne oder violette Blätter trägt. Genossen werden vor allem die Knolle, in einigen Gegenden auch die zarten Blätter (Herzblätter). Geschnitten und getrocknet wird er als Trockengemüse allein oder als Zusatz zu anderen Trockengemüsen oder Trockensuppen verwendet. Die Knolle ist reich an Vitamin C (50 mg-%).

2. *Spargel*

(asparagus, asperge) sind die aus den Wurzelstöcken treibenden Stengelsprossen der Liliacee Asparagus officinalis. Sie sind während des Wachstums unter der Erde chlorophyllfrei und damit gelblich-weiß, am Licht verfärben sich die Spitzen durch Chlorophyllbildung grünlich, durch Pigmentbildung auch bläulich. Die Sprossen sind ein geschätztes Gemüse, dienen außerdem als Salat und in den dünneren Sorten zu Suppen („Suppenspargel"). Die Ernte durch „Stechen" erfolgt im Mai und Juni.

Hauptanbaugebiete der BRD sind Niedersachsen, die Oberrheinische Tiefebene und Nordrhein-Westfalen. Haupteinfuhren kommen aus den Niederlanden, Belgien und Frankreich. Man unterscheidet je nach der Ausbildung des Kopfes *weißen*, *blauen* bis *violetten* und *grünen Spargel*.

Die einzelnen Teile des Spargels zeigen beträchtliche Unterschiede in der Zusammensetzung. Durch seinen Gehalt an Schwefel-, Eisen- und Phenolverbindungen sowie an Chlorophyll, der vor allem in den Schalen lokalisiert ist sowie durch die im Spargel vorkommenden Oxidasen ist die Gefahr des Verfärbens groß. Sie kann bereits am Sonnenlicht, vor allem aber bei der konserventechnischen Verarbeitung eintreten und dort durch Behandlung mit Citronensäure oder schwefliger Säure verhindert werden. Spargel enthält reichliche Mengen an *Asparagin*, das bei Gärungsprozessen abgebaut werden kann und dessen Zersetzungsprodukte zu unangenehmen Geruchsabwandlungen führen. Von den im Dosenspargel aufgefundenen *Säuren*, wie Fumar-, Bernstein-, Äpfel -und Citronensäure, α-Ketoglutarsäure, Glyoxylsäure und Pyrrolidoncarbonsäure entsteht die letztgenannte aus dem im Spargel vorkommenden Glutamin. Die Wertschätzung des sehr wasserreichen Spargels (93,5% Wasser) beruht in erster Linie auf seinem Geschmackswert, nicht unbeträchtlich ist der Gehalt an Vitamin C (20—30 mg-%).

3. *Rhabarber*

(rhubarb, rhubarbe). Die Stiele (Blattrippen) verschiedener zur Familie der Polygonaceen gehörenden Rhabarber-Arten (Rheum rhaporticum und Rh. rhabarbarum) dienen im Frühjahr/Frühsommer zur Kompottbereitung. Neben Äpfelsäure enthalten die Stengel *Oxalsäure* (0,5% der Frischsubstanz). Besonders reich an Oxalsäure sind die Rhabarberblätter, vor deren Verwendung als Spinatersatz schon frühzeitig eindringlich gewarnt wurde (Reichsgesundheitsamt, 1917). In Rheum-Arten findet sich *Rhein* bzw. Dirhein.

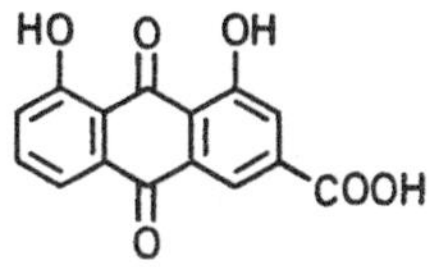

Rhein

ε) *Blütengemüse*

Blumenkohl (Karfiol; cauliflower, chou-fleur) gilt als besonders wertvolles Kohlgemüse. Er stellt den unentwickelten fleischig gewordenen Blütenstand der Kohlvarietät Brassica oleracea var. botrytis dar; sein Geschmack erinnert schwach an Wirsingkohl. Die Äste des Blütenstandes enthalten geringe Mengen an Allylsenföl. Blumenkohl stellt an Klima und Boden hohe Ansprüche und ist ausgesprochen anfällig gegen zahlreiche Krankheiten (Kohlhernie, falscher und echter Mehltau, Schwarzfäule).

Artischocken (artichoke, artichaut) sind die bis zu 12 cm im Durchmesser messenden Blütenkörbchen der Composite Cynara scolymus, die aus dem fleischigen Blütenboden und den dicken schuppigen Kelchblättern bestehen. Die in Nordafrika heimische, vielfach in Südeuropa kultivierte Pflanze ist schmutziggrün bis bräunlich gefärbt. Die Artischocke wird mit oder ohne Fleischfülle zubereitet, in manchen Ländern auch roh gegessen. In der Trockensubstanz sind etwa 9,4% Inulin enthalten.

In der Artischocke kommen flavonoide Substanzen vor, von denen das *Cynarin* (1.4—0.0-Dicaffeoyl-D-Chinasäure) sekretions- und diuresefördernde Eigenschaften besitzt, und die für das blauschwarze Anlaufen angeschnittener Artischoken verantwortlich sind.

ζ) *Samen- und Fruchtgemüse*

Hierzu zählen unreife Hülsenfrüchte (Erbsen, Bohnen, Puffbohnen), von denen entweder die jungen Samen für sich oder aber gemeinsam mit der fleischigen Fruchtwand verzehrt werden, ferner Gemüsearten, bei denen die fleischig verdickte Frucht den Hauptbestandteil bildet, wie z. B. Gurken, Kürbisse, Tomaten, Paprika und ähnliche Arten.

1. Leguminosen

Grüne Erbsen sind die unreifen Samen verschiedener Spielarten der Gartenerbse Pisum sativum. Nach dem Pflücken tritt rascher enzymatischer Abbau von Saccharose, Stärke und Proteinen ein, der durch Trocknen sistiert werden kann. Genossen wird der grüne (frische oder getrocknete) Samen oder aber die Frucht mitsamt der Hülse (botanisch unrichtig auch Schote genannt) als „Zuckererbse". Mit den Sorten der *Schal-* oder *Palerbsen* und der Markerbsen spielen sie auch eine wichtige Rolle in der Konservenindustrie. *Grüne Bohnen* ([french, snap, string, green] bean; haricot) als unreife ganz junge Hülsen, insbesondere der Gartenbohne Phaseolus vulgaris dienen in den verschiedensten Sorten (Busch- und Stangenbohnen, grüne und Wachsbohnen, Sorten mit und ohne Fäden, „Schwertbohnen", „Speckbohnen") 's Küchengemüse sowie zur Herstellung von Bohnenkonserven (Prinzeß-, Brech- und Schnittbohnen). *Puffbohnen* (dicke Bohnen, Pferde- oder Saubohnen; broadbean, fève) sind die unreifen Samen der Vicia faba var. major, in reifem Zustand werden sie vorzugsweise als Viehfutter verwendet.

Hierher rechnen auch die *Prunkbohnen* (Feuerbohnen, Phaseolus coccineus), die in ärmeren Gebieten des Mittelmeeres verzehrten *Kichererbsen* (Cicer arietinum) sowie die Phaseolunatin (Linamarin) enthaltenden, in den USA reichlich verzehrten *Limabohnen.*

Unter den *Aromastoffen* der Erbse treten beim Blanchieren dominierend Äthanol, daneben zahlreiche Diäthylacetale der C_1—C_6-Aldehyde, Carbonylverbindungen, Methylsulfide u. a. m. auf. Weiteres s. S. 469ff.

2. Gurken

(cucumber, concombre) sind die unreifen Früchte zahlreicher Sorten von Cucumis sativus, einer in Ostindien beheimateten Cucurbitacee. Die Frucht, eine fleischige Beere, wird je nach dem späteren Verwendungszweck in den verschiedensten Größen und Formen gezüchtet (Schlangen- und Schwanenhalsgurke, kleine Traubengurke, Krüppel-, Einlege-, Salat- und Schälgurke u. a. m.). Nach der Zubereitung unterscheidet man Salzgurke (saure Gurke), Essig-, Gewürz-, Senf-, Dill- oder Zuckergurke, Pfeffergurke (Cornichons) usw. Gurken gehören zu den wasserreichsten (95,4—96%) Gemüsen, sind jedoch durch ihren erfrischenden, schwach süßlich salzigen Geschmack als Frischgemüse wie in Form verschiedenster Zubereitungen beliebt. Zwei besondere Probleme spielen hier eine Rolle: das *Bitterwerden* der wachsenden Gurke und das *Weichwerden* der Frucht im Rahmen der Weiterverarbeitung.

Bitterstoffe verschiedener Gurkenarten, z. T. in kristallisierter Form, wurden als *Elaterinid* (das Monoglykosid des Elaterins mit D-Glucose) sowie als „*Curcurbitacine*" noch unbekannten Aufbaues beschrieben. Sie liegen als Glykoside vor und werden durch eine schon 1910 von A. Berg als „Elaterase" bezeichnete bei pH 5,0—5,6 optimal wirksame β-Glykosidase hydrolysiert. Über Bitterstoffe vgl. auch K. Herrmann (66). *Pektinolytische Enzyme* von der Art einer Polygalakturonase sowie *cellulolytische Enzyme,* herrührend aus dem Gewebe der Gurke, vor allem aber aus enzymliefernden Bakterien, Pilzen oder Hefen der Lake, wie sie z. B. durch Blütenreste der Gurke eingeschleppt werden, greifen die Mittellamellen der Früchte an und bewirken das Weichwerden, das in der amerikanischen Gurkenverarbeitung jährlich Verluste zwischen 500000 und 750000 $ verursacht.

Der *Gurkengeschmack* wird im wesentlichen durch Aldehyde bestimmt (in abnehmender Menge: Nona-2-trans-6-cis-dienal, Nona-2-enal, Hexanal, Hexa-2-enal, Propanal und Äthanal). Diese Aldehyde liegen zu etwa 2—20 mg/kg Frischgewicht vor. *Gurkensaft* spielt seit dem Altertum in der Kosmetik eine Rolle.

Weitere Fruchtgemüse, die den Gurken nahestehen, sind die *Melonen* (musk melon, melon), reife Früchte von Cucumis melo. Sie stammen aus den Tropen der alten

Welt, kommen rot-, grün-, gelb-, orange- und weißfleischig vor und werden als Warzen- oder Netzmelonen sowie als glattschalige Sorten gezogen (Zucker- und Ananasmelonen, Cantaloupen). Zuckermelonen weisen im Mittel einen Gesamtzuckergehalt von 6,9% auf und enthalten etwa 45 mg/100 g an Ascorbinsäure. Ein weiteres melonenartiges Gemüse ist die Wassermelone oder *Arbuse* (Cucumis citrullus vulgaris), die aus Südasien stammt, in Südeuropa, Afrika, Westindien und Amerika kultiviert wird. Das süß schmeckende Fleisch ist rot, enthält schwarze Kerne und ist von einer dunkelgrünen, oft gefleckten oder gestreiften Fruchtschale bedeckt. *Kürbisse* sind die unreifen Früchte verschiedener Cucurbita-Arten, vor allem Cucurbita pepo und maxima. Die Kultur des Kürbisses hat sich vom Orient über fast die gesamte Welt verbreitet. Das weiße oder gelbe Fleisch der bis zu 50 kg schweren Früchte wird bei uns als Kompott oder Suppe genossen, die fettreichen Kerne liefern 20—30% trocknendes Öl, das auch als Speiseöl geeignet ist (S. 434). Gleich der Gurke sind die hier erwähnten Fruchtgemüse sehr wasserreich (92—96% Wasser). Aus der Wassermelone wurde die Aminosäure, *β-Pyrazolyl-alanin*, isoliert.

3. *Die Tomate*

(tomato, tomate) als Beerenfrucht von Lycopersicum esculentum, auch Paradiesapfel, Liebesapfel oder Paradeiser genannt, gehört zur Familie der Nachtschattengewächse (Solanaceen). Ursprünglich aus Südamerika (Peru) stammend, wird sie heute auch im größten Teil Europas, vor allem im Italien sowie in Süd- und Mitteleuropa angebaut. Tomaten können nach Form, Farbe, Verwendung oder Kulturart unterschieden werden. Für den Frischverzehr werden heute allein mittelgroße, „runde" glatte, gut ausgefärbte Tomaten bevorzugt. Im saftigen Fleisch liegen zahlreiche kleine nierenförmige Samen, doch werden auch Sorten mit geringem Samenanteil gezüchtet. Zur *chemischen Zusammensetzung* der Tomatenfrucht vgl. Tab. 122, S. 503. Die Tomate enthält an Vitaminen vor allem das Provitamin A β-Carotin (0,3—2,1 mg-%) und Vitamin C (10—30 mg-%), außerdem Vitamine der B-Gruppe. Im Fruchtfleisch finden sich weiterhin *Pektine* (1,3—2,5%), deren Menge mit zunehmender Reife abnimmt, sowie *organische Säuren* (Citronen- und Äpfelsäure) und geringe Mengen an *Solanin*, die jedoch nur in der unreifen Frucht einen ernährungsphysiologisch bedenklichen Betrag erreichen. Natürliche wie künstliche Reifung führt zum Schwund des Solanins. Beim Reifen steigt außerdem der Zuckergehalt beträchtlich an, Stärke wird praktisch vollständig abgebaut, die Säurebildung nimmt bis zur Vollreife zu. In der Tomate wurde das auch in Bananen vorkommende 5-Hydroxytryptamin aufgefunden. Hauptsächlicher Farbstoffträger der Tomate ist der aliphatische vitaminunwirksame Polyenkohlenwasserstoff *Lycopin* (S. 131), daneben kommen das schon erwähnte β-Carotin, Xanthophyll, Flavone und andere Pigmente vor. In den Blättern der Pflanze finden sich antibiotisch wirksame, für die Schädlingsresistenz bedeutungsvolle Stoffe wie das glykosidisch gebundene Steroid *Tomatidin* (S. 296). Die *flüchtigen Aromastoffe* bestehen fast zur Hälfte aus Carbonylverbindungen (Acet- und Isovaleraldehyd, Citral und Vanillin) daneben aus Estern, flüchtigen Säuren, Alkoholen, Schwefelverbindungen und terpenähnlichen Komponenten. Das Braunwerden von Tomatenerzeugnissen beim Lagern und Erhitzen beruht auf einer Oxydation des Tomatenfarbstoffes sowie auf noch ungeklärten Umsetzungen nach Art der Maillard-Reaktion.

Die Tomate hat in den letzten Jahrzehnten außerordentliche Verbreitung auch in Deutschland gefunden, sie bestreitet in europäischen Ländern etwa 5—10% des gesamten Gemüseverbrauchs. Die Tomate liefert im Mittel 85—90% Saft und enthält etwa 5% Haut und bis zu 10% Kerne. Genossen wird sie roh als solche oder als Salat, zubereitet in Koch- und Schmorgerichten und schließlich nach entsprechender Verarbeitung als *Tomatenketchup* (streichfähiges, durch Zusätze von Salz, Essig, Paprika, Pfeffer, Zimt, Nelken, Zwiebeln usw. gewürztes Tomatenmark), als *Tomatenmark* selbst oder als *Tomaten-Trockenpulver* in Trockensuppen und anderen Lebensmitteln verwendet.

Die Tomate ist nur beschränkt lagerfähig, vor allem zum Zwecke der Nachreifung. Kühllagerung kann auf 2—3 Monate ausgedehnt werden.

4. *Weitere Fruchtgemüse*

Zu erwähnen sind hier noch die *Aubergine* (Eierfrucht), die birnenähnliche Frucht von Solanum melongena, die gedünstet, gebacken oder z. T. als Salat verzehrt wird, der *Gemüsemais* (Zuckermais), die nicht voll ausgereiften Körner von Zea mays und schließlich *Gemüsepaprika*, die großfruchtigen grünen, gelben bis roten Früchte von Capsicum annuum (gardenpepper, piment doux) mit hohem Vitamin C-Gehalt, der bei roten Schoten zwischen 250 und 350 mg/100 g, bei grünen Schoten zwischen 100—150 mg/100 g liegt. Der scharfe Geschmack ist auf *Capsaicin* (S. 650) zurückzuführen.

η) *Zwiebelgemüse*

Zwiebeln als Liliaceen der Gattung Allium werden in den verschiedensten Sorten kultiviert, von denen entweder nur die Blätter und jungen Triebe (Zwiebelröhrchen) oder die Knollen oder aber beide Pflanzenanteile benutzt werden. Sie dienen in erster Linie zum Würzen von Speisen (S. 651), werden aber auch als Gemüse genossen. Ihr Gehalt an ätherischem Senföl, dem sie ihre würzenden Eigenschaften und ihre therapeutische Bedeutung verdanken, wird später besprochen. *Trockenzwiebeln* sind wichtige Geschmacks- und Aromaträger von Trockensuppen und ähnlichen Erzeugnissen.

1. *Eigentliche Zwiebeln*

Die *Küchenzwiebel*, Zwiebel, Sommerzwiebel, Hauszwiebel, Bolle (onion, oignon) ist das knollig aufgetriebene, vielschalige untere Stammende der kultivierten Zwiebelpflanze Allium cepa. Die Knolle weist scharfen, augenreizenden, flüchtigen Geruch auf und zeigt kugelige, plattrunde oder birnenförmige Form; sie kann im Fleisch weiß, gelb, grünlich, in der Schale silberweiß, gelb, hell bis dunkel strohfarben, rosa bis dunkelrot und violett gefärbt sein. Über die Zusammensetzung vgl. Tab. 121 (S. 496). In Zwiebeln, auch im Knoblauch kommen zahlreiche *γ-L-Glutamylpeptide* vor. Besonders bemerkenswert ist der hohe etwa 16,5% betragende *Zuckergehalt* der Trockensubstanz. Beim Trocknen der Zwiebel treten häufig unerwünschte Verfärbungen auf. Sie entstehen dadurch, daß beim Zerreißen der Zwiebelzellen native Enzyme frei werden. Diese bilden zunächst aus Bestandteilen der Zwiebel farblose Pigmentvorstufen, die dann durch nichtenzymatische Umsetzungen mit Aminosäuren die gefärbten Pigmente liefern.

Schalotten (Eschlauch, Askalonzwiebel) als Kulturform der Küchenzwiebel sind kleine eiförmige in Büscheln wachsende Zwiebeln. Sie besitzen feineren Geschmack als die Küchenzwiebeln und werden beim Einlegen von Gurken sowie für Soßen und Ragouts verwendet. Ähnliche Verwendung findet die haselnußgroße silberweißglänzende *Perlzwiebel* (Perl- oder Sommerlauch), die aus einer Lauchart gewonnen wird und, eingelegt in Essig und Salz, als Bestandteil der Mixed Pickles dient (vgl. S. 532). Die *Winterzwiebel* (Winterheckzwiebel, ewige Zwiebel) ist winterhart und stellt im Frühjahr einen Ersatz für die Küchenzwiebel dar. Sie stammt von der Liliacee Allium fistulosum. Konservierung und Schwefelung zerkleinerter Zwiebeln ist unter Deklaration zugelassen.

2. *Porree*

Suppenlauch, Welschzwiebel (leek, porreau; Allium porrum) liefert rundliche wenig aufgetriebene Zwiebeln, die mit Wurzeln besetzt sind. Die aus der Zwiebel wachsenden Blattscheiden (Scheinstengel) finden als Gemüse, die Gesamtpflanze auch als Gewürz Verwendung. Gehandelt werden Sommer- und Winterporree.

3. *Knoblauch*

Knobloch, Knofel (garlic, ail blank; Allium sativum) ist eine breit eiförmige aus zahlreichen Tochterzwiebeln („Zehen") zusammengesetzte Zwiebel, die aus dem Orient stammt und heute vor allem auch in Mittel- und Südeuropa kultiviert wird. Knoblauch wird in Bündeln oder Zöpfen gehandelt, dient als Küchengewürz, als Zutat zu Wurst- und Fleischspeisen (Knoblauchwurst) und insbesondere seit alter Zeit als Therapeuticum. Der Geruch ist charakteristisch scharf, der Geschmack eigentümlich scharf, schleimig-süßlich. Knoblauch enthält etwa 0,65% organisch gebundenen Schwefel, der als Knoblauchöl in der Epidermis lokalisiert ist. Eine Varietät des Knoblauchs ist die *Rockambole* (Schlangen- und Natternknoblauch), die als Luftzwiebel keine Wurzel besitzt und im Geschmack feiner als der gewöhnliche Knoblauch ist.

4. *Schnittlauch*

Zu erwähnen ist hier noch der *Schnittlauch*, Schnittling, Graslauch (chives, civette), von dem nur die röhrenförmigen Blätter verwendet werden. Er enthält bis zu 70 mg/100 g Vitamin C.

5. *Die schwefelhaltigen Inhaltsstoffe der Allium-Arten*

Spezifische Inhaltsstoffe der Alliumarten sind wie bei den Kohlarten *schwefelhaltige Verbindungen*, die als *Vorstufen* vorkommen, aus denen dann beim Zerkleinern und Zubereiten wenig beständige Zwischenprodukte und schließlich stabilere Endprodukte, wie Sulfide, Allylsulfide und Mercaptane entstehen. Vorstufen solcher Umwandlungen sind *Cysteinsulfoxide*, die bei einer Verletzung von Gewebspartien schnell enzymatisch durch *Alliinase* unter Bildung von Sulfen- und Brenztraubensäure hydrolysiert werden. Disproportionierung und Oxydation der Sulfensäure liefern weitere S-haltige Aromastoffe (Mercaptane, Disulfide u. a.). Über die Reaktionswege vgl. das Schema S. 218.

Kürzlich konnte gezeigt werden, daß der *zu Tränen reizende Stoff* in Zwiebeln, wie er aus S-(1-Propenyl)-cysteinsulfoxid entsteht, *Thiopropanal-S-oxid* ist. Zwiebeln enthalten weiterhin S-Methylcystein-sulfoxid sowie S-(n-Propyl)-L-cysteinsulfoxid, die in die antimikrobiell wirksamen Methyl- bzw. Propylthiosulfinate übergehen. Diese und zahlreiche andere Schwefelverbindungen bedingen Geruch und z. T. Geschmack der Zwiebel und anderer Allium-Arten. Viele von ihnen sind gleich den obengenannten Stoffen für die seit langem bekannte heilende und Infektionen verhütende Wirkung der Allium-Arten verantwortlich.

ϑ) *Gewürzgemüse*

als appetitanregende Zutaten zu Speisen, wie Petersilien-, Dill- und Selleriekraut, Estragon u. a., werden bei den Gewürzen erwähnt.

2. Gemüsesäfte

Gemüsesäfte werden als Rohsäfte oder pürree-artige Produkte im wesentlichen aus folgendem Material gewonnen: Tomaten, Möhren, Spinat, rote Beete, Gurken, Rettich, Sellerie und Sauerkraut, bisweilen auch aus Rhabarber, Bohnen und anderen Gemüsearten. Die größte Bedeutung besitzt *Tomatensaft*, aus dem auch Saftkonzentrate und Trockenpulver gewonnen werden. Produkte aus anderen, obenerwähnten Gemüsearten haben z. T. Eingang in die Baby-food-Industrie gefunden. Erwähnt werden soll an dieser Stelle *Tomatenmark* als eingedicktes, fein passiertes, von Kernen befreites Mark reifer Tomaten; über *Tomatenketchup* s. S. 520.

3. Gemüsesalat

Gemüsesalat enthält weder Fleisch noch Fisch u. dgl. Kartoffel- und Krautsalat sind unter diesen Namen im Verkehr. Gemüsesalate bestehen handelsüblich zu höchstens 67% aus festen (Gemüse-)Bestandteilen, der Rest ist Tunke. In allen derartigen Salaten ist der Zusatz von Runkelrüben, Zuckerrüben und Futtermöhren, Kartoffeln, Weißkohl (ausgenommen Sauerkohl als würzende Zugabe) und Rotkohl unzulässig. Die (zulässige) chemische Konservierung regelt die „Konservierungsstoff-VO".

4. Pilze

Die Pilze und Schwämme sind verhältnismäßig stickstoffreiche Pflanzenorganismen, frei von Chlorophyll und Stärke.

Die Hauptmenge der Pilze wird vom Verbraucher selbst verwertet, ein Teil geht auf die Frischmärkte, industriell wurden in der BRD 1966 u. a. 4000 t zu Dosenpilzen, 40—60 t zu Trockenpilzen, 500 t zu Salz- und silierten Pilzen verwertet und 9000 t als Kulturchampignons gezüchtet. Von letzteren verarbeiteten 1966 die USA 80000 t, Frankreich 52000 t, Formosa 30000 t und Großbritannien 25000 t. Wesentlich für den Schutz des Verbrauchers sind örtlich erlassene Polizeiverordnungen. *Leitsätze* des Deutschen Lebensmittelbuches *für Pilze und Pilzerzeugnisse* datieren vom 27. 1. 1965, geändert am 28. 1. 1969.

Die *Stickstoffsubstanz* besteht nur zu etwa 65% aus Eiweiß, der Rest verteilt sich auf freie Aminosäuren, Amide, Ammoniak, stickstoffhaltige Basen, Harnstoff, Chitin u. a. *Harnstoff* findet sich bei verschiedenen Pilzen in großer Menge; dort, wo die gleichfalls ubiquitär vorkommende *Urease* reichlich auftritt, sinkt der Harnstoffgehalt oder verschwindet ganz. *Chitin*, eine charakteristische Stütz- und Gerüstsubstanz der Tiere, vertritt in Pilzen die bei höheren Pflanzen vorkommende Cellulose. Der im jungen Zustand wohlschmeckende Schopftintling (Coprinus comatus) enthält das im Mutterkorn vorkommende *Ergothionein*. Außerdem finden sich in Pilzen flüchtige und nichtflüchtige biogene Amine, z. B. im Schwefelporling (Polyporus sulfureus) *Cholin*, *Trigonellin* und andere sonst nur beim Tier gefundene Betaine und Purinderivate. Aus einer Agaricus-Art wurde das *Agaritin*, ein Phenylhydrazinderivat der L-Glutaminsäure isoliert. Im gelben Knollenblätterpilz wurde die (nicht giftige) auch im Sekret der Kröte vorkommende Base *Bufotenin* (5-Hydroxy-N-dimethyl-tryptamin) gefunden.

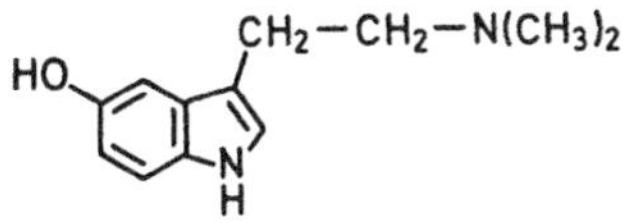

Bufotenin

Die *Kohlenhydrate* der Pilze enthalten keine Stärke, dagegen finden sich *Mannit*, *Xylit* und *Trehalose* (z. B. im Champignon) sowie zahlreiche weitere Zuckerarten. Der Trehalosegehalt schwankt stark (0,5—10% der Trockensubstanz). Aus Trehalose entsteht bald nach der Ernte oder beim Trocknen Mannit und durch weitere enzymatische Hydrolyse *Glucose*. Andere Kohlenhydrate der Pilze lassen sich leicht und in erheblichem Ausmaß diastatisch zu einfachen Zuckern hydrolysieren.

Fette und *Lipoide*. Der Lipoidanteil (Ätherauszug) der Pilze liegt zwischen 0,24 und 0,51 g/100 g, er enthält u. a. Lecithin (0,08—2% der Trockensubstanz) und im Unverseifbaren Sterine, insbesondere das in eßbaren Pilzen zu 0,1—4,0% gefundene *Ergosterin*, das an der bekannten antirachitischen Aktivität von Pilzen als Provitamin D beteiligt ist.

Der *Mineralstoffgehalt* (3,5—12,9%) in der Trockensubstanz schwankt je nach Pilzart und Bodenverhältnissen hinsichtlich Menge und Zusammensetzung stark. Er ist vor allem an der Hautoberfläche angereichert. Bemerkenswert ist der Eisen- und Mangangehalt. Ein den Pilzen zugeschriebener besonders hoher Fluorgehalt konnte nicht bestätigt werden. Die Fluormengen der Frischsubstanz liegen bei 0,2—1,0 mg/kg.

Vitamine. Pilze sind im allgemeinen vitaminarm. Lediglich Pfifferlinge enthalten bemerkenswerte Mengen an Provitamin A (Carotin), Reizker und Habichtspilz sind reich an Vitamin B_1. Ernährungsphysiologisch bedeutungsvoll jedoch ist die Vitamin D-Aktivität (4,18—8,3 μg/100 g eßbarem Anteil), die auch in Pilzkonserven erhalten bleibt. Damit rechnen die Pilze zu wesentlichen Vitamin D-Quellen unserer Ernährung.

Von den *Enzymen* der Pilze wurden bereits die *Trehalase* und die *Urease* erwähnt. Weiterhin kommen verschiedene *Peroxidasen* (Tyrosinoxidase) und andere oxydierende Enzyme vor. Sie treten mit phenolischen Substraten in Reaktion und sind für die schnelle Verfärbung von Pilzen bei der Zubereitung, beim Trocknen oder beim Eindosen (Pfifferlinge) verantwortlich. Das Ausmaß der Verfärbung steht in enger Beziehung zum Tyrosingehalt.

Farbstoffe. Im blutroten Hautkopf, einem Blätterpilz, finden sich als gelbe und rote Farbstoffe 3.5.7-Trihydroxy-2-methylanthrachinon und Tetrahydroxy-methoxy-β-methylanthrachinon, in Röhrenpilzen der Gattung Polyporus die *Polyporsäure*. Aus dem roten Hut des Fliegenpilzes wurden neuerdings die orangefarbenen *Musca-aurine* I bis VII, eine gelbe Komponente *Muscaflavin*, eine violette Komponente *Muscapurpurin* und ein rotbraunes *Muscarubrin* isoliert. Im Milchsaft von Reizkerarten und Becherlingen kommt *cis-Polyisopren* als natürlicher Kautschuck vor.

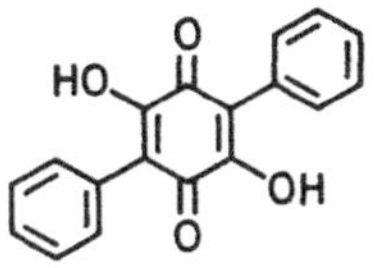

Polyporsäure

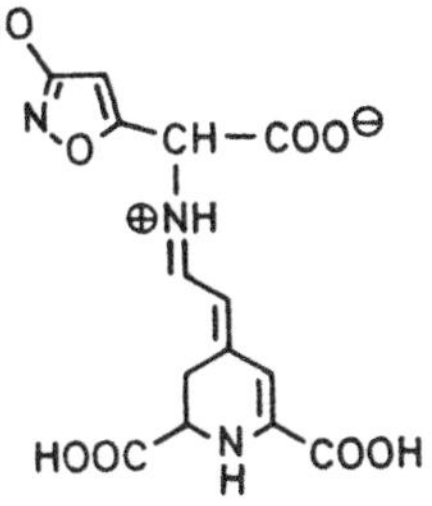

Musca-aurin I

Flüchtige *Aromakomponenten*, wie zahlreiche Aldehyde, Ketone und Alkohole werden aus Agaricus bisporus isoliert.

Gifte. Die schon im Altertum bekannte Giftwirkung vieler Pilze, die auch in unserer Zeit immer wieder Opfer fordert, ist nicht streng zu umreißen. Neben unzweifelhaft hochgiftigen Pilzarten gibt es auch solche, die je nach Zubereitung, Vegetationsalter sowie nach Empfindlichkeit, Konstitution, körperlicher Belastung usw. beim Menschen sehr unterschiedliche Toxicität zeigen können. Die wichtigsten Giftpilze unseres Ernährungskreises sind vor allem der *grüne Knollenblätterpilz*, grüner Wulstling (Amanita phalloides), der *gelbe Knollenblätterpilz*, gelber Wulstling (Amanita mappa), beide dem Champignon ähnlich, als die gefährlichsten Giftpilze unseres Waldes, außerdem der *Fliegenpilz* (Amanita muscaria), der ziegelrote *Rißpilz* (Inocybe patouillardii), der *Pantherpilz* (Amanita pantherina) und der dem Steinpilz ähnliche *Satans-Röhrling* (Boletus satanas).

Daneben gibt es *verdächtige* und *ungenießbare Pilze*, wie einige Röhrlings-Arten, darunter den außerordentlich bitter schmeckenden Gallenröhrling, einige Milchlinge, Reizker und Täublinge. Andere Pilze sind im Alter nicht mehr schmackhaft (Hallimasch) oder können nur nach besonderer Behandlung unbedenklich genossen werden, wie die erst nach Weggießen des Kochwassers oder nach dem Trocknen eßbare *Lorchel* (Gyromitra oder Helvella esculenta), häufig fälschlich als „Morchel" bezeichnet. Instruktives Bildmaterial siehe bei H. Kleijn (83) sowie J. E. Lange u. M. Lange (92).

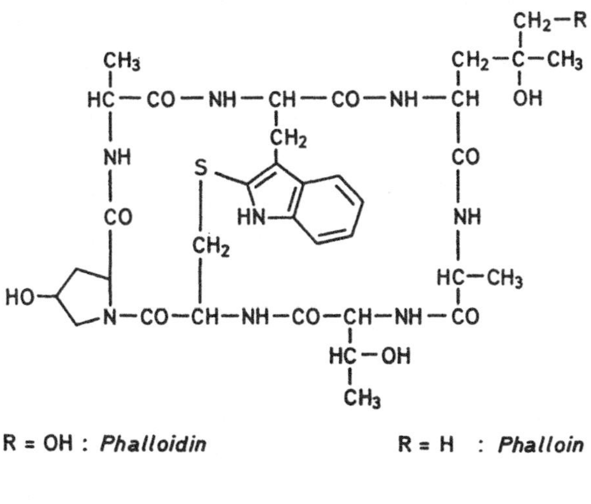

R = OH : *Phalloidin* R = H : *Phalloin*

Als Gifte des grünen Knollenblätterpilzes wurden die hochtoxischen, sehr kompliziert aufgebauten, zu 0,1—2 μg pro g Körpergewicht bei der Maus tödlich wirkenden cyclischen Peptide *Phalloidin* und *Phalloin* sowie α-, β- und γ-*Amanitin* isoliert. Als Beispiel die Formeln des Phalloidins und Phalloins:

Die Giftwirkung erstreckt sich in erster Linie auf die Leberglykogen- und Serumproteinsynthese, und es ist anzunehmen, daß die Gifte prinzipiell synthetische energieverbrauchende Leistungen des Organismus unterbinden. Im grünen Knollenblätterpilz findet sich das Dekapeptid *Antamanid*, das die toxische Wirkung der Giftstoffe (s. oben) aufzuheben vermag. Im Fliegenpilz kommt neben anderen Giften das gleichfalls hochgiftige *Muscarin* vor:

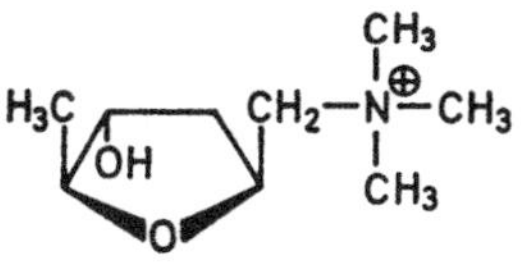

2S,4R,5S-*Muscarin*

Mexikanische Giftpilze, die von den Eingeborenen als Rauschdroge benutzt werden, enthalten psychotrop ähnlich dem Mezcalin und dem Lysergsäurediäthylamid wirksame Alkaloide, die als *Psilocybin* und *Psilocin* kristallisiert erhalten und synthetisch dargestellt wurden. In der *Speiselorchel* findet sich eine für die meisten Menschen giftige und immer wieder zu Vergiftungen Anlaß gebende Verbindung, die als *Helvellasäure* bezeichnet wurde und heute als N-Methyl-N-formylhydrazon des Acetaldehyds (*Gyromitrin*) identifiziert ist.

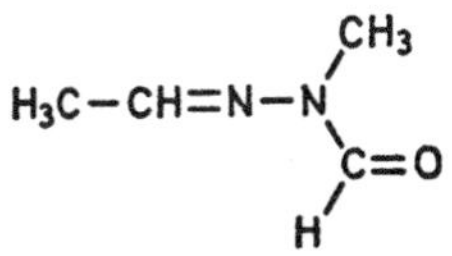

Sie ist wasserlöslich und wasserdampfflüchtig und zersetzt sich beim Trocknen des Pilzes. Deshalb wird der Lorchelgenuß von seiten der Gesundheitsbehörden nur dann als unbedenklich angesehen, wenn der Pilz mindestens 2 min lang gekocht, das Kochwasser weggeschüttet und der Lorchelgenuß auf ein vernünftiges Maß beschränkt oder aber der getrocknete Pilz verzehrt wird. Viele der zur Erkennung giftiger Pilze angegebenen Farb- und Fällungsreaktionen besitzen nur sehr bedingten praktischen Wert. Bester Schutz sind genaue Pilzkenntnis, Beachtung behördlicher Warnungen, Nutzung von Pilzberatungsstellen sowie die polizeiliche Marktkontrolle des Pilzvertriebes.

Ähnlich wie niedere Pilze weisen auch höhere Pilze *antibiotisch wirksame Substanzen* auf, z. B. das *Clitocybin* aus dem Riesentrichterling (Clitocybe gigantea) oder das *Lactarioviolin* aus dem echten Reizker (Lactarius deliciosus).

a) Die Verdaulichkeit und der Nutzwert der Pilze

Pilze weisen zwar einen hohen Gehalt an Stickstoffsubstanz auf, diese ist jedoch, mit wenigen Ausnahmen (z.B. Steinpilz), an essentiellen Aminosäuren nicht ausgeglichen und somit als ernährungsphysiologisch mäßig bis gering zu beurteilen. Der Chitinanteil macht die Pilze außerdem meist schwer verdaulich und für die Krankenkost ungeeignet. Somit erscheint die oft übertriebene Pilzbewertung („Fleisch des Waldes") nicht vertretbar. Immerhin entsprechen sie im Nährwert unseren gebräuchlichen Gemüsearten. Zubereitung mit Fett, Mehl, Eiern u. dgl. macht sie nahr- und schmackhaft. Durch ihren hohen Gehalt an Mineralstoffen und insbesondere an wertvollen Geschmacksträgern für Speisen und Soßen (Champignon, Trüffel) besitzen sie außerdem beträchtlichen Wert als Genußmittel. Pilze fallen — auch nach der Zubereitung — schnell der Zersetzung (Fäulnis) anheim; deshalb sollen sie alsbald verarbeitet und fertige Gerichte sofort nach der Zubereitung genossen werden. Bedenklich ist auch das Wiederaufwärmen von Pilzgerichten. Weitere Möglichkeiten der Pilzverwertung sind die Gewinnung von Trockenpilzen, Pilzextrakten, Pilzmark, Pilzpulver, die Herstellung von silierten und eingesalzenen Pilzen und das *Eindosen* der Pilze als das in der BRD am meisten verwendete Verfahren der Pilzkonservierung. Auch Tiefgefrieren gewinnt zunehmende Bedeutung.

b) Die wichtigsten Speisepilze

Blätterpilze. Hierzu gehören der *Feld-(Wiesen-)champignon* und seine Verwandten, der *Parasolpilz* (Schirmling, Schirmblätterpilz) und der *Hallimasch* (Buchenpilz, Honigblätterpilz); von den letztgenannten ist der Hallimasch nur jung genießbar. Außerdem zählen zu dieser Gruppe *Stockschwamm*, *Mehlschwamm* (Mousseron, Pflaumenpilz), echter *Reizker* (Blutreizker) und *Nelkenschwindling* als besonders feiner Suppenpilz. Auch die wichtigsten giftigen und ungenießbaren Pilze, wie Knollenblätterschwamm, Fliegenpilz und Giftreizker, sind Blätterpilze. Champignon ist praktisch der einzige Pilz, dessen Züchtung in großem Ausmaß gelungen ist.

Faltenpilze (Runzlinge, Leistenpilze). Einziger wichtiger Vertreter ist der *Pfifferling* (Pfefferling, Eierpilz, Gelbling, Gelbmännchen), ein vorzüglicher, viel genossener und carotinreicher Speise- und Konservenpilz.

Röhrenpilze (Röhrlinge). Gestielte Hutschwämme dieser Gruppe sind der *Steinpilz* (Boletus edulis), auch Herrenpilz genannt, als weitere Boletus-Arten der *Kapuziner-* und *Ringpilz*, die Polyporus-Arten *Semmel-* und *Leberpilz*, *Schafeuter* und *Ziegenfuß* (Ziegenfußporling). Verdächtig oder giftig sind aus dieser Gruppe *Hexen-* und *Satanspilz*.

Stachelpilze. An der Unterseite des Hutes finden wir hier stachelähnliche Gebilde, so beim wichtigsten Vertreter, dem *Stoppelschwamm*, und dem weniger häufigen *Habichtsschwamm*.

Korallenpilze. Zu dieser Gruppe geweihartig verzweigter Pilze rechnen der rote und gelbe *Hirschschwamm* und der krause *Ziegenbart* (krause Glucke).

Morcheln. Neben der als Delikatesse geschätzten *Speisemorchel* und ihrer Abarten zählt hierher die *Speiselorchel* (Frühlorchel, Stockmorchel), über deren Giftigkeit im frischen Zustand berichtet wurde (S. 523).

Staubschwämme (Boviste, Stäublinge, Kugelpilze, Bauchpilze) sind von geringer Bedeutung. *Eierbovist* und einige andere Arten sind in jungem Zustand genießbar.

Trüffeln. Diese knollenartig unter der Erde wachsenden Pilze werden zusammen mit den Champignons als Speisepilze am höchsten bewertet. Besonders aromatisch riechende und schmeckende Trüffelarten (Tuberum metanospermum u. a.) sind in abnehmender Bewertung die *französische Trüffel* (Perigord-Trüffel), die *Winter-* und die *Sommertrüffel* sowie die weiße (deutsche) Trüffel. Der Pilz kommt frisch, in Schweineschmalz eingelegt, getrocknet sowie gekocht in Olivenöl oder in Büchsen eingemacht, in den Handel. In Deutschland (Baden, Wesergebirge) und im Elsaß, wird die Trüffel mit Hilfe abgerichteter Hunde gesammelt.

5. Gemüsedauerwaren (Gemüsekonserven)

Gleich anderen empfindlichen und leichtverderblichen Lebensmitteln weisen viele Gemüsearten, insbesondere Blattgemüse, unreife Erbsen und Bohnen, Gurken, Tomaten u. a. m., im frischen Zustand eine nur sehr begrenzte Haltbarkeit auf. Andere wieder, wie z. B. Weiß- und Rotkohl, vor allem auch die Kartoffel, können durch Kühllagerung bei Kellertemperatur oder durch Einmieten und Aufbewahren in trockenem Sand (Rüben, Möhren, Sellerieknollen und andere Wurzelgewächse) den Winter über genußfähig erhalten werden. Die hier ablaufenden physikalisch-chemischen, chemischen oder enzymatischen Umwandlungen sind entweder durch Struktur, Zusammensetzung und Enzymgehalt der pflanzlichen Substanz selbst bedingt oder werden durch mikrobiell-enzymatische Reaktionen hervorgerufen. Sie führen in der Mehrzahl der Fälle zum raschen Verderb des Gemüses. Oft werden sie, z. B. bei der Einsäuerung, jedoch bewußt hervorgerufen und gesteuert und liefern dann Lebensmittel eigener geschätzter Art, die sich vom Ausgangsmaterial geruchlich und geschmacklich unterscheiden.

Um der Verderbnisbereitschaft dieser Lebensmittel zu steuern, werden sie nach entsprechender Vorbereitung (Sortierung, Reinigung, Zurichtung, Blanchieren) in haltbare Form übergeführt, wofür im wesentlichen Tiefgefrieren, Sterilisieren und Pasteurisieren in Dosen oder Gläsern, Trocknen, Einsäuern sowie Einlegen in Essig in Frage kommen. Bei den Dauerwaren unterscheidet man im wesentlichen Trockenkonserven, Gefrierkonserven und Naßkonserven (Vollkonserven). Zur *Beurteilung* der im folgenden besprochenen Erzeugnisse vgl. die „Qualitätsnormen und Deklarationsvorschriften für verarbeitetes Obst und Gemüse" (Schriftenreihe des Bundes für Lebensmittelrecht und -kunde, Heft 22, 1957) sowie entsprechende Leitsätze des Deutschen Lebensmittelbuches.

Grundsätzliche verfahrenstechnisch auch hier gegebene Möglichkeiten wurden kurz an anderer Stelle zusammenfassend besprochen, so daß hierauf verwiesen werden kann (S. 266 u. a.).

Unter den Gemüsedauerwaren haben die durch Hitzesterilisierung haltbar gemachten *Gemüsekonserven in Dosen und Gläsern* nach Menge und Wert die bei weitem größte Bedeutung. 1964 wurden in der BRD 275075 t, im EWG-Raum 981256 t derartiger Konserven produziert. Der Bundesbürger verbraucht pro Kopf und Jahr etwa $7\,^{1}/_{1}$-Dosen, 1966 wurden in der BRD Konserven der genannten Art im Wert von rund 350 Mio DM erzeugt.

Für die *Oberflächenentkeimung* von Gemüseerzeugnissen ist nach der „Lebensmittel-Bestrahlungs-VO" vom 19. 12. 1959 die direkte Bestrahlung mit ultravioletten Strahlen zugelassen.

a) Tiefgefrieren und Tiefgefrierlagerung

Für das Einfrieren von Gemüse kommen vor allem die früher besprochenen Verfahren (S. 258) des Gefrierens im Kontakt mit kalten Platten und im Kaltluftstrom in Frage. Besonders geeignet sind Bohnen, Erbsen, Paprika, Rosenkohl, Steinpilze und Tomatenmark, Karotten und verschiedene Kohlarten, ungeeignet die (nichtblanchierten) Rettiche, Radieschen, Blattsalate oder ganze Tomaten. Die möglichst hochwertige Rohware wird zur Ausschaltung von Enzymen, nach entsprechender Zurichtung durch Behandlung mit kochendem Wasser ($1^1/_2$ bis 4 min) oder mit strömendem Dampf (2—5 min) „*blanchiert*", wobei die Blanchierzeiten im allgemeinen niedriger als bei den später besprochenen Naßkonserven sind, je nach Art, Reife und Größe des Gemüses variieren und zur Verhinderung des Auslaugens möglichst kurz gehalten werden. Dampfblanchieren gilt gegenüber der Wasserblanchierung als schonender. Anhand des *Peroxidasetestes* (S. 208) wird zweckmäßig die richtige zur Enzyminaktivierung notwendige Blanchierzeit überprüft. Neben einer Ausschaltung der Enzymaktivität bewirkt das Blanchieren offenbar auch die Entfernung unerwünschter Komponenten.

Unmittelbar nach dem Blanchieren wird das Gemüse abgekühlt, im Platten- oder Luftgefrierapparat bei —40° C und tiefer eingefroren und im allgemeinen bei —18° bis —20° C gelagert. Weiteres über tiefgefrorene Lebensmittel s. S. 258 und bei K. Herrmann (65). Beim Einfrieren bleibt der Nährstoffgehalt der Gemüse weitgehend erhalten und unverändert, lediglich Disaccharide erleiden auch bei tiefen Temperaturen eine Inversion der Saccharose zu Fructose und Glucose. *Vitamin A* und Carotin werden bei geeigneter Blanchierung während des Gefrierens, der Tieftemperaturlagerung und des Auftauens im allgemeinen nur wenig geschädigt (Spinat, Erbsen, Bohnen) oder erleiden mäßige Verluste (Spargel). Verluste an *Vitaminen der B-Gruppe* sind in erster Linie durch die vorbereitenden Maßnahmen bedingt (Waschen, Blanchieren), im übrigen tritt kaum Minderung ein. Für *Vitamin C* besteht gleichfalls die Gefahr der Extraktion durch Wasser oder Dampf, im Gefrierprozeß wird es nicht geschädigt, auch nicht oder nur unwesentlich beim Auftauen. Entscheidend für die Erhaltung des Vitamins C sind sorgfältiges Blanchieren und tiefe Lagertemperaturen. So verlieren Gefriererbsen bei einer Lagertemperatur von —9° C etwa 70%, bei —18° C jedoch nur rund 6%

ihres Vitamin C-Gehaltes. Abb. 95 zeigt Veränderungen des Vitamin C-Gehaltes beim Lagern von gefrorenem Gemüse.

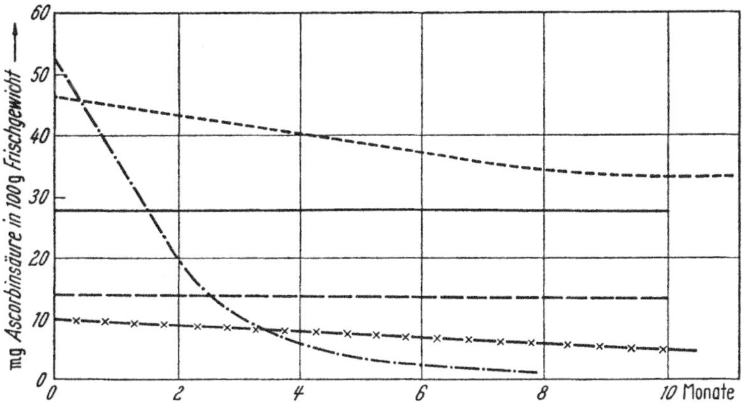

Abb. 95. Veränderung des Vitamin C-Gehaltes beim Lagern von gefrorenem Gemüse (—21 °C) (W. Heimann: Mschr. Kinderheilkunde *106*, 471 (1958))
—— Erbsen vorgebrüht — — — Bohnen vorgebrüht, —x—x— Bohnen roh, —.—.— Spinat roh, - - - - - Spinat vorgebrüht

Über die Vitaminbilanz blanchierter Erbsen unterrichtet Tab. 126.

Tabelle 126. Vitaminerhaltung beim Blanchieren von Erbsen (in % des Frischwertes, nach H. Hötzel, 1959)

Blanchieren	Vitamin C	Vitamin B_1	Nicotinsäure
2,5 min, 80° C	86	93	84
2,5 min, 93° C	91	89	78
8,0 min, 80° C	65	66	67
8,0 min, 93° C	64	72	72

b) Trocknen

Das Trocknen der Gemüse bezweckt, den natürlichen Wassergehalt der Rohware (80—95%) unter die für das Bakterienwachstum kritische Grenze von 12—15% zu bringen und dabei die ernährungsphysiologisch wichtigen Bestandteile möglichst wenig zu schädigen, Geschmack, Aroma und Aussehen weitgehend zu erhalten und schließlich die Regenerierung beim Wiederaufquellen mit Wasser optimal zu gestalten. Der Trockenprozeß bringt auch bei Gemüse eine Reihe schwerwiegender Veränderungen mit sich. Zunächst tritt eine Konzentrierung der Hauptkomponenten Eiweiß, Kohlenhydrate und Mineralstoffe ein, wobei *chemische Umsetzungen* oft nicht zu vermeiden sind. *Fette* werden oxydativ zersetzt und tragen — trotz ihrer meist geringen Menge — häufig zu Geruchs- und Geschmacksminderungen bei (vgl. bei Kartoffeln). *Eiweiß* (Aminosäuren) und *Kohlenhydrate* reagieren im Sinne der Maillard-Reaktion unter Dunkelfärbung. Die *Vitamine* erfahren z.T. starken Abbau. Voraussetzung für die Vitaminerhaltung ist sorgfältiges Blanchieren und vorsichtige Lenkung des Trokkenprozesses. Provitamin A bleibt dann in beachtlicher Menge (etwa 30%) erhalten, von den B-Vitaminen wird Vitamin B_1 nur zum Teil zerstört (20—50%), vorausgesetzt, daß die das Vitamin zerstörende schweflige Säure abwesend ist. Beim Vitamin C sind die Verluste in allen Fällen erheblich, vor allem dann, wenn längere Zeit bei niedriger Temperatur getrocknet wurde. Schweflige Säure, auch Citronensäure tragen zur Erhaltung des Vitamins bei. Die flüchtigen *Aroma-* und *Geschmacksstoffe* gehen weitgehend verloren, auch nichtflüchtige derartige Stoffe können mehr oder weniger stark abgebaut werden.

Die Entwässerung kann durch *Verdunstungstrocknung* (Zufuhr eines erwärmten oder getrockneten Stromes von Luft oder einem anderen Trägergas), durch *Verdampfungs-*

trocknung (Erwärmung des Gutes selbst bis zum Siedepunkt des Wassers) oder durch *Gefriertrocknung* (Sublimation im Vakuum) erfolgen. Verwendung findet in erster Linie die Verdunstungstrocknung in Schrank-, Band- und Kanaltrocknern (S. 281). Flüssige und pastenartige Güter (Tomatenpüree, Kartoffelpüree) werden in Sprüh- und Walzentrocknern, für spezielles Gut auch in Wirbelbett-Trocknern getrocknet. Die meist als Stufenumlauftrockner gebauten Apparaturen arbeiten vor allem im Gegenstromprinzip. *Vakuumtrocknung* hat sich bis heute in der deutschen Industrie trotz unbestreitbarer Vorzüge nicht durchgesetzt, offenbar wegen des großen technischen Aufwandes und wegen des geringen Durchsatzes. In großem Umfang werden lediglich Saftpulver durch Vakuumtrocknung gewonnen. Die *Gefriertrocknung* (freeze-drying; S. 262), bei der die Vorzüge des Trocknens (Raum- und Gewichtsersparnis) mit denen des Gefrierens (Werterhaltung) verbunden sind, steht noch in der Entwicklung.

Gemüse wird gewaschen, sortiert, verlesen und gegebenenfalls geschnitten oder gewürfelt. Meist wird blanchiert oder vorgekocht, manches Mal zur Erhaltung der grünen Farbe, zur Vermeidung von Vitaminverlusten und Schwarzfärbungen mit Hydrogensulfitlösungen besprüht oder getaucht. Auf diese Weise werden z.B. Bohnen, Karotten, Kohlarten, Erbsen, Spinat, Sellerieknollen, Zwiebeln, Lauch (Porree), Spargel, Gewürzkräuter und Gemüsemischungen getrocknet („Präserven"). In manchen Fällen wird das Trockengut zerrieben („gerebelt"), meist jedoch zu Grießgröße oder zu Schnitzeln zerkleinert. *Pilze* werden im Luftstrom bei 60° C, anschließend bei 70—75° C in Band-, Kammer- oder Hordentrocknern mit einer Ausbeute von rund 10% des Frischgewichtes entwässert, oft auch durch Vermahlung auf Pilzpulver verarbeitet. Trockenpilze ziehen leicht Wasser an und neigen dann zu Schimmelbefall, so daß luft- und wasserdichte Verpackung erforderlich ist. Trockenpulver von *Tomaten* wird durch Sprühtrocknung gewonnen. Für Trockenprodukte aus *Kartoffeln* (S. 507) schält man die Frucht maschinell, putzt, schneidet in Streifen, Würfel oder Scheiben und trocknet nach dem Dämpfen bis zu maximal 14% Wassergehalt. Für *Kartoffelpüreepulver* werden die gedämpften Streifen zwischen Walzen zerdrückt, wobei die Zellwände möglichst wenig geschädigt werden sollen. Ein Verfahren, bei dem Gemüse nur bis zu einem Wassergehalt von etwa 35% getrocknet, dann in Dosen verpackt, sterilisiert oder eingefroren wird, stellt eine Zwischenstufe zwischen Trocken- und Naßkonservierung dar und wurde in den USA entwickelt. Trockengemüse bedarf als licht-, luft- und wasserdampfempfindliches Material besonders sorgfältiger Verpackung, die entweder lose oder nach „Brikettierung" durch hydraulische Pressen in Wachspapier, Zellglas oder kunststoffbeschichteten Kombinationsfolien, auch in Blechbehältnissen erfolgt. Trockengemüse ist, vor allem durch seinen Mindergehalt an Vitaminen und Aromastoffen, frischem Gemüse immer unterlegen. Die Gemüsetrocknung hat in Deutschland erheblich an Bedeutung verloren. 1913/14 wurden rund 2020 t, 1933/34 etwa 316 t Trockenware erzeugt. In Kriegsjahren stieg die Produktion stets auf ein Vielfaches der normalen Erzeugung an. Sie betrug beispielsweise 1916/17 fast 31000 t („Drahtverhau") und 1943 18500 t Fertigware. Zahlreiche Trockengemüsearten sind heute unentbehrliche Ausgangsmaterialien zur Herstellung kochfertiger Suppen und Soßen in trockener Form geworden (S. 469).

c) Gemüse in Dosen und Gläsern (Vollkonserven, Naßkonserven)

Zur Erhaltung des Gemüses durch Hitzesterilisation wird ausgesuchte frisch geerntete Ware, wie bei Trockengemüse beschrieben, vorgerichtet und blanchiert. Das Blanchieren bezweckt hier außer der Enzyminaktivierung die Entfernung unerwünschter Geschmacksstoffe (Kohlarten), die Eliminierung der im Gewebe eingeschlossenen Luft und strebt ein Schrumpfen der Rohware an, so daß die Behältnisse im Rahmen des technisch Möglichen mit Gemüse gefüllt werden können (im Durchschnitt mit 550—600 g).

Als *Aufgußflüssigkeit* dient oft 1—2%ige Natriumchloridlösung, bisweilen werden Zucker (Erbsen, rote Beete, Tomaten, Süßmais), Citronensäure (bis 0,05%, z.B. bei Schwarzwurzeln, Sellerie, Blumenkohl und Puffbohnen), Calciumsalze zur Festigung des Gewebes (Tomaten, Blumenkohl) oder Mononatriumglutamat (100—150 mg pro $^1/_1$-Dose) zur Geschmacksabrundung zugegeben. Die früher bisweilen geübte „Grünung" mit Kupfersulfat-Kaliumhydrogensulfatlösung zur Stabilisierung des Chlorophylls in grünen Gemüsen (Erbsen, Bohnen, Spinat) ist in der BRD nicht mehr erlaubt. Sie zerstört u.a. das Vitamin C.

Die *Sterilisierung* erfolgt haushaltsmäßig in strömendem Dampf oder im offenen Wasserbad unter normalem Atmosphärendruck bei 100° C. Industriell wird die maschinell gefüllte Dose oder das Glas, oft nach Exhaustieren, Evakuieren oder Bedampfen (S. 267), entweder gleichfalls im offenen Kessel oder geöffneten Autoklav (Gurkensterilisation), meist jedoch im Autoklaven mit etwa 1,5 atü Überdruck erhitzt. Über weitere Sterilisierungsmöglichkeiten s. S. 267.

Temperaturen und Erhitzungszeiten richten sich nach Art und Konsistenz der Gemüse, Größe der Behältnisse und dem Behältnismaterial. So werden z. B. in der $^1/_1$-Dose Spargel bei 115° C 18 min, Erbsen bei 118° C 18 min, Blumenkohl bei 116° C 15 min und Pfifferlinge bei 118° C 20 min sterilisiert, und zwar derart, daß Steigen und Fallen der Temperatur (Anheizen und Abkühlen) durch entsprechende Lenkung des Prozesses in je 10 min zusätzlich erfolgt. Für die Dosenkonservierung besonders geeignet sind bestimmte Sorten der einzelnen Gemüsearten, die infolgedessen bevorzugt verarbeitet werden.

Nährwert und Vitaminänderungen beim Eindosen. Wie bei anderen Lebensmitteln gilt auch hier, daß der ernährungsphysiologische Wert der *Calorienträger* (hier vor allem der Eiweißstoffe und Kohlenhydrate) durch die übliche Hitzesterilisierung keine wesentliche Einbuße erleidet. Schädigungen durch den Umsatz zwischen Aminosäuren und reduzierenden Zuckern treten zwar ein, sind aber bei den geringen für die Gesamternährung nicht bedeutungsvollen Mengen der genannten Calorienträger nicht gravierend. Anders ist dies bei den *Vitaminen*, die ja auch bei haushaltsüblicher Zubereitung eine Minderung erfahren. Carotin als fettlösliches Provitamin A wird durch den Wasch- und Blanchierprozeß nicht betroffen und durch die Dosenkonservierung nur mäßig geschädigt (zu etwa 5—30%). Vom *Vitamin B_1* bleiben die in Karotten und Tomaten enthaltenen Mengen praktisch erhalten, für andere Gemüse liegen die Verluste zwischen 10 und 40% bei grünen Bohnen, 15—50% bei Erbsen und 15 bis 28% bei Spargel. Hoch sind die Verluste bei dem feinblätterigen Spinat (66%), der eine große Oberfläche aufweist. *Vitamin B_2* wird vor allem im Blanchierprozeß zu 5—25% ausgelaugt, bei der weiteren Verarbeitung nur wenig geschädigt. Ähnlich verhält sich die *Nicotinsäure*. Verluste an *Vitamin C* sind durch die Wasserlöslichkeit sowie den enzymatischen und chemischen Abbau (insbesondere bei Gegenwart von Schwermetallspuren) bedingt. Beim gesamten Konservierungsprozeß bleibt Vitamin C zu etwa 90% bei Spargel, zu mehr als 70% bei Erbsen und zu 55% bei grünen Bohnen erhalten. Mehrjährige Lagerung bewirkt im allgemeinen zusätzliche Verluste von rund 20%.

Die wie bei anderen Lebensmitteln so auch bei Gemüse oft geäußerte Ansicht, technische Konservierung sei der haushaltsüblichen Erhaltung unterlegen, besteht nicht zu Recht. Schnelle Verarbeitung frischen, sorgfältig gewählten Erntegutes und zweckmäßige Führung des Fabrikationsganges garantieren heute eine optimale Erhaltung der Vitamine.

d) Gärungsgemüse (Eingesäuertes Gemüse)

Zur Herstellung solcher Produkte überläßt man Gemüse (Weißkohl, grüne Bohnen und Gurken, u.a.) einer spontanen Milchsäuregärung (S. 672). Diese erniedrigt den pH-Wert, hindert das Wachstum schädlicher säureempfindlicher Mikroorganismen, bewirkt gleichzeitig enzymatische Lockerung des Zellgefüges und damit bessere Verdaulichkeit und Bekömmlichkeit. Verwendung von Salz wirkt zusätzlich konservierend. Die saure Reaktion des Mediums trägt zur weitgehenden Erhaltung von Vitamin C bei.

Während man bei den bisher besprochenen Konservierungsarten danach strebt, die spezifischen Geruchs- und Geschmacksstoffe des Ausgangsmaterials zu erhalten, oder sich bemüht, verlorengegangene Aromakomponenten wieder zu regenerieren, wird bei Gärungsgemüse bewußt eine vom Verbraucher geschätzte neue und nur diesen Erzeugnissen eigentümliche Geschmacksabwandlung angestrebt.

Die Produktionsentwicklung verlagert sich immer mehr auf Kleinpackungen in Glas. 1952 wurden 0,85 Mio Gurken in $^1/_1$-Dosen, 2,45 Mio in $^1/_1$-Gläsern abgepackt. Die entsprechenden Zahlen für 1963 lagen bei 0,85 Mio bzw. 58,63 Mio. Auch pasteurisiertes Sauerkraut zeigt diese Tendenz zur Kleinpackung (rund 35,5 Mio $^1/_1$-Dosen gegenüber 3,37 Mio 10 l Dosen).

Die wichtigsten Erzeugnisse sind folgende:

α) *Saure Gurken* (*Salzgurken*)

Die noch unreifen Gurken werden in 6—8%ige Kochsalzlösung eingelegt, manchmal auch trocken eingesalzen, meist vorher angestochen (gestichelt) und unterliegen dann gegebenenfalls unter Zusatz von etwas Traubenzucker bei 18—20° C einer spontanen Milchsäuregärung, bei der neben CO_2 auch flüchtige Säuren und Alkohol, geringe Mengen verschiedener Ester, Methyläthylcarbinol und andere Aromastoffe entstehen. Die zunächst gebildete Milchsäure (0,5—1%) wird in der späten Gärphase teilweise durch Hefen der Kahmhaut oxydativ verbraucht, wodurch der urspüngliche pH-Wert des Gärmediums (3,5—3,8) schwach ansteigt. Zur Nachreifung lagern die Gurken unter erhöhter Salzzugabe 3—6 Monate und länger und werden dann nach Auslaugen des Salzes als solche genossen („saure Gurke") oder zu Essig- und Gewürzgurken (2—3,5% Essigsäure) oder süßen Gurken (2% Essigsäure, 20—40% Zucker) verarbeitet. Sterilisation erfolgt wie bei Frischgurken. Für Sauerkonserven aller Art (außer Sauerkraut) ist unter Deklaration gemäß der „Konservierungsstoff-VO" die Konservierung mit Sorbinsäure (1,5 g/kg) und Benzoesäure (2,0 g/kg), für Zwiebeln in Essig nach der „Schwefeldioxid-VO" auch die Schwefelung erlaubt.

β) *Dillgurken* (*Salzdillgurken*)

werden durch Gärung in Fässern bei 24—30° C gewonnen, stellen ein unmittelbares Gärungserzeugnis dar und verdanken ihren spezifischen Geruch und Geschmack neben den Gärprodukten der Milchsäurebakterien dem Zusatz von Dillkraut und anderen Gewürzen (Kümmel, Anis, Lorbeerblätter, Fenchel, Cayennepfeffer, Knoblauch), die zur Salzlake (2—6% Salz) gegeben werden.

γ) *Andere Gemüsearten*

(grüne Bohnen, Möhren, Kohlrabi, Sellerie, Spargel, Kohlrüben u. a.) werden ähnlich wie Gurken verarbeitet. Brühbohnen, vor allem am Niederrhein beliebt, („Rheinische Brühbohnen"), sind mit Salz (2,5—3%) eingeschnittene, einer Milchsäuregärung unterworfene grüne Bohnen, die bei etwa 20° C vergoren und als Faß- wie auch als Dosenware gehandelt werden. Manche gesäuerte Gemüse, vor allem solche, die nicht blanchiert oder vorgekocht wurden, werden beim späteren Kochen nicht weich („Hartkochen").

δ) *Sauerkraut*

Die Herstellung von Sauerkraut durch Milchsäuregärung ist Jahrtausende alt; daneben war früher auch das Einlegen von Kohl in saurem Wein oder Essig üblich. Der in 0,75—1,5 mm dicke Streifen geschnittene ausgereifte feste Weißkohl wird mit etwa 1,5—2,5 Gew.-% Kochsalz in große säurebeständige gemauerte Behälter — z. T. auch noch in große hölzerne Bottiche — schichtenweise möglichst fest eingebracht, und bei 18—24° C über 3—6 Wochen der spontanen, rasch einsetzenden Milchsäuregärung überlassen, die eine Überwucherung durch störende Mikroorganismen verhindert. Die entstehende Säuremenge ist weitgehend abhängig vom ursprünglichen Zuckergehalt des Kohls (S. 514). Bei schlecht gärendem Kohl wird deshalb zuweilen Zucker (1%) zugegeben. Neben verschiedenen Lactobacillen sind an der heterofermentativen Gärung auch Hefen beteiligt; als Gärprodukte entstehen insbesondere Milch- und Essigsäure (im Verhältnis 4 : 1 bis 6 : 1), Alkohol (0,2 bis 0,8%), als Hauptgas CO_2, daneben etwas H_2, Mannit (aus Fructose) und — vor allem im Stadium der Vorgärung — Aromastoffe. Nach Ablauf der Gärung liegt der pH-Wert des Sauerkrautes bei etwa 3,6. Milchsäurewerte unter 6 g/l weisen auf nicht genügend vergorenes Kraut hin. Das Fertigprodukt wird in Fässern unter Lake gehalten. Zunehmend (z.T. bereits die Hälfte der Produktion) erfolgt auch Abfüllung in Dosen, die bei 70° C exhaustiert und bei 95—100° C sterilisiert werden. Unter dem Hinweis: „Zum alsbaldigen Verbrauch bestimmt, kühl lagern, vor Lichteinwirkung schützen" wird Sauerkraut auch in Kleinpackungen aus Kunststoffolien und in Kunststoffbehältern vertrieben. *Mildsaures Kraut*, vor allem in Süddeutschland bevorzugt, wird durch Unterbrechung der Gärung vor dem vollständigen Zuckerabbau erzeugt. Durch Pasteurisieren für längere Zeit haltbar gemacht, soll es noch eindeutig sauer schmecken.

Es ist teilweise üblich, den Sauerkohl durch Zusatz von Zucker, Wacholderbeeren, Kümmel, Dillsamen u.a. zu würzen. *Weinsauerkraut* ist Gärgemüse, dem nach der Gärung mindestens 1 l verkehrsüblicher Wein auf 50 kg Sauerkohl zugesetzt wurde. Abgetropftes Sauerkraut enthält im Mittel 90,7% Wasser, 1,5% Stickstoffsubstanz, 0,3% Rohfett, 3,9% Kohlenhydrate, 1,1% Rohfaser, 0,6% Mineralstoffe (ohne Kochsalz), 0,8—3,3% Kochsalz, 1,4—1,9% titrierbare Säure (berechnet als Milchsäure, davon 0,28—0,42% Essigsäure) und 0,29—0,61% Alkohol. In geringen Mengen kommen Ameisen-, n-Heptan- und n-Octansäure, Methanol, das für die „Mundigkeit" wichtige *Dextran* und Mannit vor. *Vitamin C* (10—38 mg-%, im Mittel 20 mg-%) als physiologisch wertvoller Bestandteil wird bei Zubereitung im Dampftopf praktisch nicht, bei mehrmaligem Aufwärmen zu etwa 30% zerstört. Grundsätzlich abzulehnen ist die Verwertung von überstehendem Gärwasser zu Genußzwecken. 100 g Sauerkraut enthalten 26 kcal an verwertbaren Gesamt-Calorien.

ε) *Fehlerhafte Gärprodukte*

Saure Gurken werden oft „weich", verursacht durch pektolytische Enzyme der Gurke oder von Mikroorganismen, oder sie verfärben sich bräunlich bis schwärzlich, hervorgerufen durch Eisensulfidbildung unter der Mitwirkung sulfatreduzierender Bakterien, oder durch schwarze, von Mikroorganismen (Bacillus nigrificans) erzeugte Pigmente. Das „Hohlwerden" der Gurken („bloaters") beruht auf der Wirkung gasbildender Mikroorganismen, deren Wirkung durch Sorbinsäure weitgehend ausgeschaltet werden kann.

Sauerkraut erleidet Dunkelfärbung durch chemisch oder enzymatisch bedingte Oxydationen dann, wenn fehlende Brühe die Oberfläche des Produktes freilegt. Rotfärbungen werden durch Hefen verursacht. Weichwerden tritt ein, wenn zu hohe Gärtemperaturen herrschen, die Luft Zutritt erhält, die Salzzugabe zu gering oder — durch fehlerhafte Gärführung — der Milchsäuregehalt zu niedrig ist. Außer durch Fehlgärungen kann Sauerkraut auch durch Schimmelpilz- und Kahmhefenbefall (Luftsauerstoff) sowie durch Fäulnis (mangelnder Schutz durch ungenügende Salzbrühe) verderben.

e) Essiggemüse

Als Essiggemüse bezeichnet man Gemüsedauerwaren, die durch Übergießen des Materials mit oft vorgekochtem heißen Essig hergestellt werden. Als Gemüsearten dienen Gurken, rote Rüben, Perl- und Silberzwiebeln, Paprika und Gemüsemischungen, die außer den genannten Gemüsearten enthalten dürfen: Blumenkohl, Karotten, Zwiebeln, Erbsen, Pilze (vor allem Steinpilze, Champignons, Reizker, Hallimasch und Kremplinge), Spargel, Maiskolben, Sellerie, Petersilienwurzel, Pastinak, Schwarzwurzeln, Kohlrabi, Kürbis und Peperoni.

Zur Herstellung wird einwandfreie Rohware mit einem Aufguß von 2,5% Essig versehen. Zusätze von Speisesalz, natürlichen Gewürzen und Kräutern, Kräuterauszügen, Zucker und zugelassenen Konservierungsmitteln sind erlaubt. Kennzeichnungsvorschriften regeln die entsprechenden Qualitätsnormen (1965). Man unterscheidet nach Art der Gemüse und ihrer Zubereitung *Einzelgemüse* in Essig [Essiggurken, Pfeffergurken, Cornichons, Senfgurken (Azia-Gurken), sterilisierte Delikateß- und Gewürzgurken], außerdem *Gemüsemischungen* in Essig wie die z.T. aus frischen, z.T. aus vorkonservierten Bestandteilen (unzerteilte Gurken,

Blumenkohl, Zwiebeln, zarte Maiskölbchen und Paprika) hergestellten „Mixed Pickles"; mit einem Aufguß von Senftunke werden sie *Piccalilly* genannt.

Weiterhin werden eingelegt: *Zwiebeln* in Essig, *Tomatenpaprika* und *Peperoni, Maiskölbchen* und (z.T. unter Phantasienamen) *gemischte Salate* aus Essiggemüse. Produkte dieser Art werden z.T. pasteurisiert. Für pasteurisierte Gurkenkonserven aus *nicht* vorbehandelter Rohware vgl. die „Leitsätze des Deutschen Lebensmittelbuches" vom 9./10. 1. 1968.

f) Salzgemüse

Unter Salzgemüse versteht man Dauerwaren, bei denen Gemüse durch Zusatz von Salz meist nach vorhergehender Blanchierung, jedoch *ohne* gleichzeitige Gärung haltbar gemacht wird. Salzgemüse ist einerseits ein Halberzeugnis, z.B. *Salzspargel*, der für die Herstellung von „Leipziger Allerlei" und von Frischgemüsemischungen (s. oben) Bedeutung hat und durch Zusatz von 20% Salz zum frischen Spargel gewonnen wird. In Notzeiten, wenn geeignetes Behältermaterial fehlt, spielt die Gewinnung von *Salzbohnen* eine wichtige Rolle. Die blanchierten oder nichtblanchierten Bohnen werden mit Salzlake oder mit 10—12% festem Kochsalz (Salzstreu) eingelegt und müssen gleich anderem Salzgemüse vor dem Verzehr gründlich gewässert oder mit heißem fließenden Wasser durchgespült werden. In gleicher Weise salzt man andere zur Weiterverarbeitung (z.B. auf „Mixed Pickles") bestimmte Gemüsearten (Blumenkohl, Kohlrabi, Karotten, Perlzwiebeln und Cornichons) ein. *Pilze* (Morcheln u.a.) werden vor allem in den östlichen Ländern eingesalzen (Polen, UdSSR). Zu unterscheiden von den eigentlichen Salzbohnen sind die einer zusätzlichen Gärung unterworfenen „*Rheinischen Brühbohnen*" (S. 530).

Die konservierende Wirkung des Einsalzens beruht in erster Linie auf dem Wasserentzug bis zu einer für das Wachstum der Mikroorganismen unzureichenden, capillaraktiv nicht mehr wirksamen Menge. Daneben spielen der pH-Wert sowie die Anwesenheit von Säuren oder von puffernden Eiweißstoffen eine wesentliche Rolle. Da viele „halophile" Mikroorganismen, wie einige Mikrokokken und Schimmelarten, auch in 20%igen Kochsalzlösungen noch zu wachsen vermögen, erfordert der Einsalzprozeß besonders saubere Arbeitsweise.

III. Obst und Obsterzeugnisse

1. Obst

Unter „Obst" verstehen wir eine Reihe saftig-fleischiger Früchte, die von mehrjährigen Pflanzen stammen und in rohem Zustand genossen werden können. Saftige Früchte einjähriger Pflanzen, wie Tomate, Gurke, Kürbis zählen zum Gemüse. Im Obstbau und Obsthandel sowie aus zolltariflichen Gründen rechnen auch einige in rohem Zustand genießbare Samenkernarten (Nüsse, Mandeln) als Schalenobst zum Obst. Verschiedene nichtkultivierte Pflanzen, wie Sanddorn, Hagebutte, Holunder, Schlehe und Eberesche, liefern Früchte, die heute meist (umstritten) als „Wildfrüchte" bezeichnet werden. Gesondert abgehandelt werden die *Südfrüchte,* zu denen auch die bisweilen als Kapselfrüchte bezeichneten Bananen und die Früchte des Johannisbrotbaumes zählen.

Die Mehrzahl der hier behandelten Früchte stammt von angebauten Pflanzen, verschiedenen Beerenarten ganz oder teilweise von wildwachsenden, wie Heidel-, Preisel-, Him- und Brombeeren. Die genaue Zuordnung zu einzelnen Gruppen bereitet Schwierigkeiten, da zahlreiche Früchte — auch der mehrjährigen Pflanzen — kein Obst und manches Obst in botanischem Sinne keine Früchte, sondern z.B. Scheinfrüchte, Fruchtstände oder Samen sind. Die der Praxis entstammende, allgemein übliche Einteilung in Kernobst, Steinobst, Beerenobst, Schalenobst und Südfrüchte soll trotz fließender oder schwer abgrenzbarer Übergänge auch hier benutzt werden.

Die *Obsternte* der BRD betrug 1970 rund 3,28 Mio t, an der Spitze lagen Äpfel (1,78 Mio t), Birnen und Pflaumen (je etwa 550000 t), Süß- und Sauerkirschen (318000 t), weit zurücktretend Aprikosen und Pfirsiche, Walnüsse und Erdbeeren. 1969/70 lag der Produktionswert der Obsternte bei 1,4 Mia DM. Zu diesen Mengen kam noch die beträchtliche Einfuhr von Obst (1,55 Mio t im Wert von 1,43 Mia DM) und Südfrüchten (1,79 Mio t im Wert von 1,26 Mia DM). Der Bundesbürger verbrauchte 1969/70 an Frischobst 93,8 kg, an Citrusfrüchten 20,7 kg, an Schalenfrüchten 2,2 kg und an Trockenobst 1,1 kg pro Kopf und Jahr. Zum Vergleich: 1935/38 wurden pro Jahr 36,3 kg Frischobst und 5,7 kg Südfrüchte konsumiert.

Trotz mancher fließender oder schwer abgrenzbarer Übergänge hat sich die Einteilung der Obstarten in folgende Gruppen bewährt:

Kernobst ist die vom Kelch gekrönte „Scheinfrucht" verschiedener Rosaceen. Im Innern des fleischig gewordenen Blütenbodens finden sich die in 5 pergamentartig ausgekleideten Fächern liegenden Kerne oder Samen. Die wichtigsten Vertreter sind Äpfel, Birnen, Quitten; hierher gehören auch die „Wildfrüchte" Weißdorn, Hagebutte und Eberesche.

Steinobst ist die echte Steinfrucht von Aprikosen, Pfirsichen, Kirschen, Pflaumen (Mirabellen, Reineclauden, Zwetschen), außerdem die von verschiedenen „Wildfrüchten" (Schlehen, Kornelkirschen) und schließlich die Steinfrucht von Südfrüchten (Mango-, Kakifrucht, Datteln, Oliven).

Beerenobst umfaßt echte Beeren (Heidel- und Preiselbeere, Johannis- und Stachelbeere, Weintraube), außerdem beerenähnlich zusammengesetzte Früchte (Brombeere, Himbeere, Maulbeere) und die Scheinfrüchte der Erdbeere und der Feige. Zuweilen nimmt man, entgegen dem allgemeinen Sprachgebrauch, in diese Gruppe auch die Berberitzen, Holunderbeeren und die falschen Beeren (Beerenzapfen) des Wacholders.

Bei *Schalenobst* sind die Schalen ungenießbar. Verzehrt werden als Obst vor allem die Kerne der Haselnuß, der Hickorynuß, der Walnuß sowie die als Südfrüchte angesehenen Edelkastanien, Paranüsse, Mandeln und Cocosnüsse.

Kapselfrüchte als „große Beeren" sind die Bananen mehrerer Musa-Arten sowie die Früchte des Affenbrotbaumes. Gleichfalls hierher gehören Gurken, Kürbisse und Wassermelonen, die als Gemüse gelten (vgl. S. 518).

Südfrüchte, insbesondere als Obstfrüchte und Samenkerne tropischer und subtropischer Länder, stammen aus den verschiedensten Pflanzenfamilien und wurden z.T. schon bei den anderen Gruppen erwähnt. Sie umfassen vor allem die *Citrusfrüchte* (Apfelsinen, Mandarinen, Pomeranzen, Bergamotten, Zitronen, Limonen, Grapefruits), die nach der Weintraube den mengenmäßig größten Anteil an der Obsternte der Welt ausmachen, ferner Ananas, Bananen, Datteln, Feigen, Cocosnüsse, Edelkastanien, Mandeln, Paranüsse, Johannisbrot, Erdnüsse, verschiedene exotische Pflaumenarten, Granatäpfel, Avocatobirnen, Tamarinden, Brotbaum- und Affenbrotbaumfrüchte und schließlich die melonenartige Frucht des brasilianischen Melonenbaumes, die Papaya-Frucht. Auch die Olive wird zum Südobst gerechnet.

Die ernährungsphysiologische Bedeutung des Obstes. Durch den hohen Wassergehalt, der im Durchschnitt bei 80—85% liegt, ist Obst ein Lebensmittel relativ geringen Nährwertes. Eine Ausnahme machen lediglich Samenfrüchte, in denen neben viel Fett auch erhebliche Mengen an Eiweißsubstanz vorkommen. In Deutschland, vor allem in der Ernährung des Großstädters, galt lange Zeit das Obst als Luxusspeise. Der hohe Gehalt an Vitaminen und Mineralstoffen (Calcium), Fruchtsäuren und leicht resorbierbaren Kohlenhydraten macht das Obst zu einem wesentlichen und physiologisch wertvollen Bestandteil unserer Ernährung. Auch in der Diätkost spielt Obst eine wichtige Rolle. Hinzu kommt der *sinnfällige* Genußwert (Farbe, Form, Aroma), der für die Bekömmlichkeit bedeutungsvoll ist. Aufgrund derartiger ernährungsphysiologischer Erkenntnisse hat der Obstverbrauch in Deutschland zugenommen (s. oben).

Rechtliche Regelung bringt vor allem die „VO über gesetzliche Handelsklassen für frisches Obst und Gemüse" (s. auch bei Gemüse) sowie die „VO über Qualitätsnormen für Obst und Gemüse“, beide vom 9. 10. 1971 und verschiedene Verordnungen des EWG-Rates.

Da Obst meist roh genossen wird, ist die hygienische Überwachung des Vertriebes (auch von Trockenobst) besonders wichtig. Sie erstreckt sich auf den Schutz gegen Einflüsse der Temperatur, gegen Regen, Staub und Schmutz, auf Aussonderung faulender, schädlingsbefallener und verschimmelter Früchte, auf Kenntlichmachung von unreifem Obst und Fallobst und von diphenylbehandeltem oder mit Überzugsmassen versehenem Obst (vgl. S. 545). Außerdem ist die Einhaltung der gesetzlich geregelten Handelsklassen (s. oben) und das Vorliegen von Resten an Schädlingsbekämpfungsmitteln zu überprüfen. Von besonderer Bedeutung sind für Obst und Obsterzeugnisse die „Konservierungstoff-VO“, „Allgemeine Fremdstoff-VO“, „Fruchtbehandlungs-VO“, „Farbstoff-VO“, „Lebensmittel-Bestrahlungs-VO“, „Höchstmengen-VO-Pflanzenschutz, pflanzliche Lebensmittel, das Pflanzenschutzgesetz und das DDT-Gesetz“ geworden. Zu verweisen ist schließlich auf entsprechende Leitsätze des Deutschen Lebensmittelbuches in der letzten Fassung vom 16. 3. 1972.

Weitere Einzelheiten sind der Spezialliteratur zu entnehmen.

a) Chemische Zusammensetzung des Obstes

Frische Obstfrüchte zeigen auch innerhalb der einzelnen Arten je nach Sorte, Boden- und Witterungsbedingungen beträchtliche Schwankungen. In der folgenden Tabelle sind Durchschnittswerte für die wichtigsten Obstsorten zusammengestellt.

Tabelle 127. Zusammensetzung wichtiger Frischobst-, Südfrucht- und Wildfruchtarten (S. W. Souci u. Mitarb.: 152)
Mittelwerte

Obstart	Wasser	Eiweiß	Fett	Kohlenhydrate	Rohfaser	Mineralstoffe	Vitamin C
	←		g/100 g eßbarem Anteil			→	mg/100g
Äpfel	86,0	0,30	0,30	12,1	0,9	0,40	12
Birnen	83,5	0,50	0,40	13,3	1,9	0,38	5
Quitten	83,1	0,42	0,50	15,5	1,86	0,44	13
Aprikosen	85,3	0,9	0,1	12,4	0,70	0,63	7
Kirschen, süß	83,6	0,80	0,50	14,0	0,50	0,60	10,5
sauer	84,8	0,90	0,50	13,0	0,30	0,50	12
Mirabellen	82,4	0,73	0,20	15,5	0,70	0,46	7,2
Pfirsiche	87,5	0,72	0,10	10,5	0,68	0,54	11
Pflaumen	85,7	0,70	0,10	12,3	0,7	0,5	6
Reineclauden	80,7	0,79	—	17,3	0,63	0,60	5,8
Brombeeren	84,7	1,2	1,0	8,60	4,0	0,51	17
Erdbeeren	88,7	0,90	0,40	8,0	1,40	0,6	59,2
Heidelbeeren	84,9	0,60	0,60	13,6	—	0,30	22
Himbeeren	84,5	1,30	0,3	8,07	5,33	0,51	25
Johannisbeeren, rot	85,4	1,1	0,15	7,92	4,8	0,63	32,5
schwarz	82,2	1,0	0,1	10,4	5,7	0,60	136
Preiselbeeren	87,4	0,28	0,53	9,90	1,65	0,26	12
Stachelbeeren	87,3	0,80	0,15	8,77	2,53	0,45	35
Weintrauben	80,9	0,72	0,50	16,5	0,87	0,52	3,8
Ananas	85,0	0,5	0,2	13,4	0,4	0,50	21
Apfelsinen	85,7	0,96	0,26	9,14	0,53	0,50	51
Avocatofrucht	68,0	1,90	23,5	3,44	1,80	1,30	13
Bananen	75,9	1,1	0,2	21,0	0,90	0,90	11
Grapefruit	88,6	0,7	0,2	9,6	0,3	0,4	45
Mandarinen	86,7	0,7	0,3	10,6	1,0	0,7	30
Zitronen	90,2	0,7	0,6	7,1	0,9	0,5	53
Feigen	80,2	1,30	0,5	15,7	1,60	0,70	3,3
Hagebutten	48,7	3,60	—	22,0	22,9	2,80	1,25
Holunderbeeren schwarz	80,9	2,53	—	9,1	6,80	0,69	18

Aus der Tabelle geht hervor, daß der *Wassergehalt* bei 80 bis 85% liegt. Der Gehalt an Calorienträgern ist gering, für die *Stickstoffsubstanz* (0,2—1,0%) und das *Fett* (0,1—0,3%) bedeutungslos, für *Kohlenhydrate* stark schwankend und oft recht hoch (3—18%). Der *Mineralstoffgehalt* liegt zwischen 0,3 und 0,8%, der an *Rohfaser* zwischen 0,3 und 5,7% und ist bei Hagebutten bemerkenswert hoch. Über spezifische Komponenten einzelner Obstarten wird dort berichtet.

α) *Die Stickstoffsubstanz*

Die Stickstoffsubstanz ist mit wenigen Ausnahmen (s. unten) ernährungsphysiologisch zu vernachlässigen, für die enzymatische Reaktionsbereitschaft der Früchte jedoch von größter Bedeutung, da aus dem Proteinanteil die Enzyme sich aufbauen. Neben Globulinen und (wasserlöslichen, in der Hitze coagulierenden) Albuminen finden sich — vor allem in Traubensäften und in der schwarzen Johannisbeere — *Amid-*, *Ammoniak-* und *Purinstickstoff*. Am stickstoffreichsten sind die Beerenfrüchte (0,10—0,33%), stickstoffärmer die Steinobstsorten (0,07—0,21%), Kernobstfrüchte weisen den geringsten Stickstoffgehalt auf (0,03—0,13%). Aus der Reihe fallen naturgemäß die Schalenfrüchte, z.B. Nüsse und Mandeln mit rund 20% Stickstoffsubstanz, deren Proteine z.T. schon lange eingehend untersucht wurden, so das *Amandin* der Mandeln oder das *Corylin* der Haselnuß, das *Excelsin* der Paranuß, das *Arachin* der Erdnuß und das *Globulin* der Cocosnuß. Im allgemeinen wird das Protein der (eiweißarmen) Früchte beim Lagern abgebaut, doch vermag der Apfel bei 0° C über mehrere Monate hin Protein zu synthetisieren.

Die Aminosäurenzusammensetzung solcher aus Früchten isolierter Proteine ist weitgehend verschieden.

β) *Fett und Lipoide*

Das Fruchtfleisch der Obstfrüchte ist arm an ätherlöslichen Stoffen, die vor allem als *Phosphatide* (0,009—0,30%) vorliegen. Daneben finden sich, vorzugsweise aus dem Schalenanteil, *Wachse* und harzähnliche Substanzen (s. S. 541). Wie für die Stickstoffsubstanz sind auch für Fett die Samenkerne ergiebige Quellen (Pflaumen, Pfirsiche, Kastanien, Mandeln, Nüsse). Weiterhin sind sehr fettreich die Olive, Cocosnuß, Erdnuß, Avocatobirne u.a.

Soweit solche Fette für die menschliche Ernährung Bedeutung besitzen, werden sie an anderer Stelle (S. 425ff.) besprochen.

γ) *Kohlenhydrate*

Die *Zucker* der Früchte sind fast ausschließlich *Glucose* und *Fructose*, deren Verhältnis mit der Obstart und der Sorte wechselt. Bei Äpfeln und Birnen herrscht die Fructose vor. *Saccharose* findet sich in sehr unterschiedlichen Mengen. Bei der Lagerung werden Zucker laufend durch Atmung abgebaut. In Pfirsichen und Aprikosen sind die genannten Saccharide oft in ähnlichen Anteilen enthalten, in anderen Steinobstarten und in Beerenobst überwiegen Glucose und Fructose oft beträchtlich; Datteln enthalten etwa 60%, Ananas gegen 70% des Gesamtzuckers an Saccharose, während Feigen keine Saccharose aufweisen. Veränderungen der Kohlenhydratbilanz für die Banane im Gange der Reifung zeigt folgende Tabelle.

Tabelle 128. Veränderungen der Kohlenhydratbilanz für die Banane während der Reifung (K. Herrmann: 62)

Reifestadium	Gesamtgewicht g	Trockensubstanz %	Glucose %	Fructose %	Saccharose %	Stärke %	Gesamt-Kohlenhydrate
unreif	100	28	0,02	0,02	0,05	17,5	17,6
reif	108	21	6,25	5,75	1,84	0,71	14,8
überreif	99	17	4,80	4,80	0,99	0,30	11,0

Im *Schalenobst* kommen neben einigen Prozenten Saccharose wenig Glucose, daneben das Tetrasaccharid *Stachyose* und das Trisaccharid *Raffinose* vor. Andere Zucker, wie Maltose, Xylose, Mannose und Arabinose sind in geringen Mengen, oft nur in Spuren zu finden.

Pektine als Bestandteile der Zellwandsubstanz (S. 102) sind besonders reichlich in Citrusfrüchten, reichlich im Kernobst (2—4%) und im Beerenobst (0,60 bis 0,70%), hier vor allem in Himbeeren (1,20—1,36%) anzutreffen. Zur industriellen Gewinnung der für die Obstverwertungsindustrie wichtigen Pektinpräparate dienen heute in erster Linie Citrusfrüchte, daneben Apfeltrester und Rübenschnitzel. Die Entfernung kolloid gelöster, trubstabilisierender Pektinstoffe bei der Süßmostherstellung kann durch enzymatischen Pektinabbau erfolgen (S. 213).

Cellulose, Hemicellulosen und *Pentosane* finden sich regelmäßig als Zellwandbestandteile von Fruchtmark, Steinen, Kernen und Schalen. Besonders reich an diesen Substanzen (2—9 %) sind die meist mit Kernen genossenen Beerenfrüchte, während das von Steinen und Kernen befreite Obstfleisch bei Kirschen, Pflaumen, Aprikosen und Pfirsichen relativ geringe (0,2—1,0 %), bei Äpfeln (0,9—1,9 %) oder Birnen (1,3—4,1 %) größere Mengen solcher Zellwandbestandteile enthält.

Stärke kommt in der Regel in allen unreifen Obstfrüchten vor und wird mit zunehmender Reife praktisch vollständig abgebaut. Reife Haselnüsse enthalten regelmäßig Stärke; stärkereich sind Edelkastanien.

Sorbit, ein Zuckeralkohol (S. 92) findet sich reichlich im Kern- und Steinobst, so in Äpfeln (0,4—1,6%), Birnen (0,8—6,0%), Quitten (1,2—1,9%) und Pflaumenfrüchten (2,5—3,0%), nicht oder nur in sehr geringen Mengen bei Beerenfrüchten (Weintrauben, Johannis- und Stachelbeeren, Erdbeeren u.a.m.). Sorbitfrei sind außerdem verschiedene Südfrüchte, z.B. Citrusfrüchte, Bananen, Ananas und Feigen, während Rosinen, Datteln und Korinthen Sorbit enthalten. In Apfelsäften wurden 390 mg/100 ml, in Birnensäften 870 mg/100 ml Sorbit gefunden, in authentisch vergorenen Traubensäften war Sorbit auch in Spuren nicht nachweisbar. Die geschilderten Unterschiede im Sorbitgehalt von Kern- und Steinobst einerseits, Traubensaft andererseits sind die Grundlage eines wichtigen Verfahrens zum Nachweis eines unzulässigen Gehaltes an Kern- und Steinobstsäften in Wein, Fruchtsäften und anderen Obsterzeugnissen.

δ) *Säuren*

Säuren als solche oder als Bestandteile aromatischer Ester sind die wichtigsten Geschmacksträger des Obstes, und zwar in erster Linie *Äpfel-* und *Citronensäure* daneben (in Weintrauben) die *Weinsäure*, die je nach Menge und Art die verschiedensten Geschmacksrichtungen des Obstes mit bedingen. *Äpfelsäure* ist die weitaus überwiegende Säure der Äpfel und kommt (neben Citronensäure) in Kirschen, Pflaumen, Birnen (etwa 30%), in Aprikosen sowie als bemerkenswerte Säurekomponente in Orangen und schließlich (neben Weinsäure) in den Weintrauben vor. Etwa 85% aller Säuren in der Süßkirsche und Erdbeere sind Äpfelsäure. Äpfelsäure dominiert immer im Kern- und Steinobst. *Citronensäure* tritt (neben Äpfelsäure) als Hauptsäure der Himbeeren, Erdbeeren, Brombeeren, Heidelbeeren, Preiselbeeren, Stachelbeeren und Moosbeeren, außerdem (neben Essigsäure) in Feigen auf. Sie stellt vor allem die vorherrschende Säure der Citrusfrüchte dar und kommt außerdem in Granatäpfeln, geringfügig auch in Weintrauben vor. *Weinsäure* ist (neben Äpfelsäure) die wesentlichste Säure der Weintrauben (40—80% der Gesamtsäure). Sie findet sich auch in Beerenfrüchten (1,6—2,8% der Gesamtsäure) und ist mit etwa 97% praktisch die einzige Säure der Tamarinden. Bananen enthalten im wesentlichen Äpfel- und Citronensäure. Abbau und

Umwandlungsmöglichkeiten der genannten Säuren spielen bei der Obstreifung und insbesondere bei der alkoholischen Vergärung von Mosten eine wichtige Rolle. *Weitere Säuren*, die im Obst gefunden wurden sind die *Bernsteinsäure* (4,2—4,9% der Gesamtsäure), Schleimsäure, Glykol-, D-Glycerin-, Glyoxyl-, D-Galakturonsäure u. a. m., die *Parasorbinsäure* in Vogelbeeren, sowie die in sehr geringer Menge bei Heidelbeeren und Kirschen vorkommende *Oxalsäure* (5—10 mg/100 g). *Hydroxyzimtsäureester*, z. B. Chlorogen- und Neochlorogensäure, deren Vorkommen in Tee, Kaffee, Kakao und anderen Pflanzen bekannt ist, finden sich auch in Früchten, so Neochlorogensäure im Pfirsich, die isomeren Formen im Fruchtfleisch der Süßkirsche und der Viktoriapflaume. Die der Chinasäure nahestehende *Shikimisäure* (vgl. S. 93) kommt neben der in Äpfeln, außerdem als dominierende Säure in unreifen Stachelbeeren vor. Niedere Fettsäuren, darunter eine Dihydroxysäure (2-Methyl-2.3-dihydroxybuttersäure), wurden in Apfelsäften nachgewiesen.

Neben vielen anderen freien *Aminosäuren* enthält die reife Cocosnuß beträchtliche Mengen *γ-Aminosäure*. Analytisch bedeutungsvoll für die Beurteilung konservierter Obsterzeugnisse ist das Vorkommen von *Salicylsäure* in Johannisbeeren, Kirschen, Pflaumen, Weintrauben, Erd-, Brom- und Himbeeren sowie in anderem Stein- und Beerenobst zu etwa 0,28—0,57 mg/kg, von *Benzoesäure* in Heidelbeeren und Preiselbeeren (0,09—0,22%) sowie in Moosbeeren (0,02—0,06%) als natürlicher Bestandteil der Früchte. Die letztgenannte Säure liegt in Preiselbeeren als Esterglucosid *Vacciniin* vor:

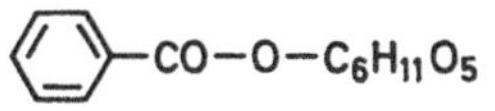

Vacciniin (Benzoylverbindung der Glucose)

Zu erwähnen ist noch die in Samen der Kern- und Steinfrüchte vorkommende, dort glykosidisch gebundene *Blausäure* (S. 94). Eingehende Darstellungen der Obstsäuren bringt K. Herrmann (62).

ε) *Pflanzenphenole*

In den Obstfrüchten finden sich neben Phenolcarbonsäuren zahlreiche Pflanzenphenole, die in folgende Gruppen unterteilt werden können: 1) *Catechine*, 2) *Leukoanthocyanidine* und „*Leukoanthocyanine*", 3) *Flavone* und *Flavonole*, 4) *Flavanone* (nur in Citrusfrüchten), 5) *Anthocyanidine* und *Anthocyanine*, 6) *Hydroxyzimtsäuren* und 7) *Hydroxycumarine* (nur als *Scopoletin* in Pflaumen und Aprikosen wenig verbreitet). Das sehr umfangreiche Gebiet kann nur an einigen besonders wichtigen Vertretern besprochen werden; Weiteres bei K. Herrmann (62, 65). Viele dieser Substanzen machen sich mehr oder minder störend bei der Obstverarbeitung bemerkbar (z. B. Geschmacksabweichungen, „schwarzer Bruch" beim Wein (s. dort) und viele andere Verfärbungen unerwünschter Art, Farbänderungen beim Reifen, Bildung von Trübungen und Niederschlägen u. a. m.). *Catechine* und *Leukoanthocyanidine* sind von besonderer Wichtigkeit im Rahmen ihrer enzymatischen Oxydation zu Gerbstoffen, z. B. bei der Kakaoverarbeitung und bei der Gewinnung des schwarzen Tees.

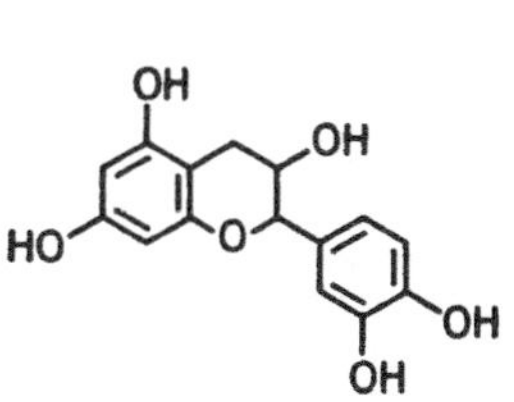

(+)-*Catechin*

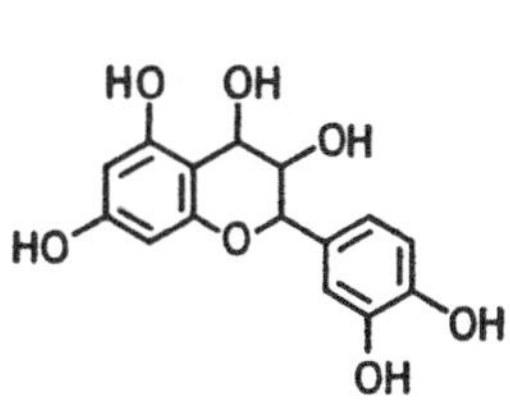

Leukocyanidin

Hydroxyzimtsäuren kommen in fast allen Pflanzen vor, sind als Substrate der Phenoloxidase bekannt (*enzymatische Bräunung*) oder vermögen mit Metallsalzen Verfärbungen nicht enzymatischer Art hervorzurufen. Wir kennen unveresterte Säuren (p-*Cumar*-, *Ferula*-, *Kaffee*- und *Sinapinsäure*) und insbes. veresterte Säuren, von denen die *Chlorogensäuren* am wichtigsten sind (s. S. 679).

Hydroxycumarine finden sich in Möhren, Sellerie, Schwarzwurzel, Pflaumen, Tee, Tabak u.a.m. Als Beispiel sei das *Scopoletin* genannt:

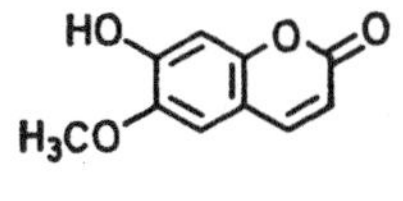

Scopoletin

Weiteres s. bei K. Herrmann (65).

Flavonole wirken antioxydativ und tragen zum Schutze des Vitamins C bei. Bei weitem am häufigsten tritt das *Quercetin* auf, daneben kommt u.a. auch *Kämpferol* vor:

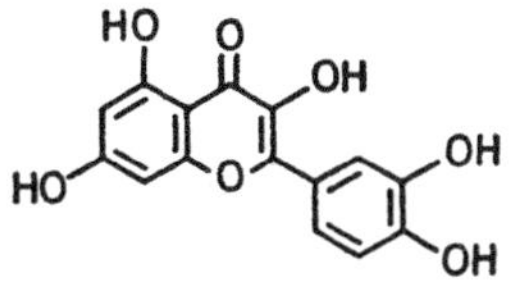

Quercetin

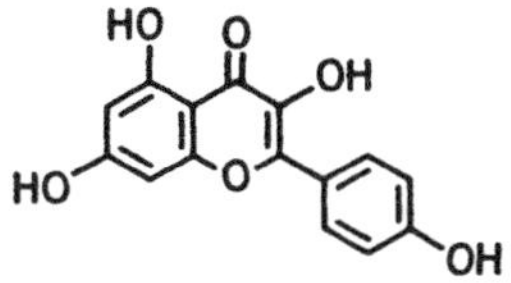

Kämpferol

ζ) *Aromastoffe*

Geruch und Geschmack der Obstfrüchte werden außer durch die erwähnten Zuckersäuren durch eine Reihe von flüchtigen Aromastoffen bedingt, die in großer Zahl aus den verschiedenen Obstarten isoliert wurden. Dabei ergab sich, daß die spezifischen Aromen einzelner Obstarten meist höchst komplizierte Gemische aus 50 und mehr Einzelkomponenten darstellen und einigen wenigen, chemischen Klassen zugerodnet werden können: Kohlenwasserstoffen, bes. Terpenen, Alkoholen und Terpenalkoholen, aliphatischen, Monoterpen- und aromatischen Aldehyden oder Ketonen, Phenolen und Phenoläthern, Säuren und schließlich Estern. Die flüchtigen Aromastoffe liegen meist in sehr geringer Konzentration vor (etwa 10—100 mg/kg). Geruch und Geschmack einzelner Vertreter ist meist sehr intensiv, er kommt oft noch in einer Verdünnung von $1:10^6$ zur Geltung.

Für das artspezifische Aroma von Obstfrüchten sind vor allem *Carbonylverbindungen* (Aldehyde, Ketone) und *Ester der Aldehyde* verantwortlich, so z.B. bei Orangen: Octanal-(1) und Decanal-(1), bei Zitronen: Citral, im Orangensaft: Hexanal, Hexen-(2)-al, n-Nonanal, Neral, Geranial, an Estern n-Capronsäureäthylester, Terpinylacetat u.a.m. Auch den *Alkoholen* kommt eine wesentliche Bedeutung zu, wie das Vorkommen von Methanol, Äthanol, 3-Methyl-butanol-(1), Hexanol-(1), Hexen-(3)-ol-(1), Nonanol-(2), Linalool, Citronellol, Nerol u.a.m. im Orangensaft zeigt. Aus der Fülle der Ergebnisse einige Beispiele: das *Bananenaroma* wird durch Amyl- und Isoamylester, Essig- Propion- und Buttersäure bedingt, die „fruchtige" oder „esterartige" Note durch den Gehalt an Essigsäure-n-butyl-, -isobutyl- und -n-hexylester, Buttersäure-n-butylester, -isoamylester und -amylester bedingt. Hier wie bei vielen anderen Aromen spielt auch das *Hexen-(2)-al* eine wesentliche Rolle. Besonders eingehend ist das *Apfelaroma* untersucht. Neben zahlreichen Alkoholen, Aldehyden und Ketonen kommen zahlreiche Ester vor, von denen u. a. identifiziert wurden: Propionsäure-n-hexylester, Buttersäure-n-amylester, Isovaleriansäure-methylester, Capronsäure-n-butylester, Propionsäure-iso-butylester, n-Buttersäure-n-propylester, Capronsäure-methylester, Propionsäure-n-butylester und Isobuttersäure-n-butylester. In *Himbeeren* tritt das p-Hydroxyphenyl-butanon-(3) S („Himbeerketon") als aromabestimmende Komponente auf.

Für das Aroma bedeutungsvoll ist weiterhin das Vorkommen von *Cyanwasserstoff abspaltenden Glykosidasen* in Samen von Rosaceen und in Mandeln sowie die gleichfalls enzymatisch bewirkte Bildung *schwefelhaltiger flüchtiger Verbindungen* (H_2S, Methylmercaptan, Dimethyldisulfid) beim Aufarbeiten z.B. von Aprikosen, Erdbeeren, Orangen und Ananas. *Aromaabweichungen* sind u.a. durch autoxydative Veränderungen der Terpene, Übergang von γ-Terpinen in den aromatischen Kohlenwasserstoff p-Cymol, Spaltung von Estern bedingt. Besonders in Fruchtsäften zählen derartige Reaktionen zu den am stärksten wahrnehmbaren Lagerungsveränderungen. Ein Übersichtsbericht zu Frucht-Aromastoffen stammt von K. Gierschner (44).

Die Vielzahl der in Obstfrüchten vorkommenden Aromaträger, von denen hier nur einige Beispiele gebracht werden konnten, macht die außerordentliche Breite der Geruchs- und Geschmacksnuancen verständllich, die wir bei diesen Naturprodukten und den daraus gewonnenen Erzeugnissen antreffen. Sie liefern uns hocharomatische Vertreter, daneben aber auch Obstgruppen, die im Rahmen der industriellen Verarbeitung geringer bewertet und deshalb meist mit anderen Obstarten verschnitten werden, wie z.B. die säurearmen Bananen (0,40% Gesamtsäure) oder Birnen (0,27% Gesamtsäure). Damit ist auch verständlich, daß die möglichst weitgehende Erhaltung solcher Stoffe zu den wichtigsten Aufgaben der obstverarbeitenden Industrie rechnet. Säulenchromatographie und insbes. Gaschromatographie in Verbindung mit der Massenspektrometrie haben auch bei der Aromaforschung auf dem Obstsektor Bedeutung erlangt.

η) *Mineralstoffe*

Die Mineralstoffe des Fruchtfleisches enthalten etwa zur Hälfte Kalium, der Rest verteilt sich auf Natrium (bis zu 10% der Reinasche), Magnesium, Calcium, Eisen, Bor und Mangan. Der physiologisch wichtige Calciumgehalt ist lediglich bei Citrusfrüchten nennenswert (10—44 mg/100 g eßbarem Anteil). An Säuren kommen vorwiegend Phosphorsäure, außerdem Sulfate, Chloride und Kieselsäure vor. Bemerkenswert hoch (über 10% der Asche) ist der Chloridgehalt von Ananas und Bananen. Durch den hohen Basenüberschuß reagiert die Obstasche *alkalisch.*

δ) *Vitamine*

Die Obstfrüchte sind neben dem Gemüse unsere wichtigsten Quellen für Vitamin C, daneben (in geringerem Ausmaß) für Provitamin A (β-Carotin). Besonders reich an *Vitamin C* sind Hagebutten (250—1400 mg/100 g), Sanddornbeeren (150—800 mg/100 g), die schwarze Johannisbeere (130 mg/100 g) und die Erdbeere (60—100 mg/100 g). Reichliche Mengen (zwischen 30—60 mg/100 g) enthalten in abnehmender Reihe Zitrone, rote Johannisbeere, Orange, Grapefruit, Walderdbeere, Granatapfel, Kastanie, Mandarine, Himbeere und Stachelbeere. Relativ arm an Vitamin C (unter 10 mg/100 g) sind Pflaume, Pfirsich, Mirabelle, Kirsche, Birne, Heidelbeere, Weintraube, Dattel, Feige und auch die Mehrzahl der Apfelsorten. *β-Carotin* (1,8—7,0 mg/100 g) liefern in abnehmender Folge getrocknete Hagebutten und Aprikosen sowie frische Aprikosen, Mengen zwischen 0,5 und 1,5 mg β-Carotin pro 100 g finden sich in Trockenpflaumen und Trockendatteln, Brombeeren, Preiselbeeren, Holunderbeeren und Pfirsichen, Kirschen und Mandarinen. Der Provitamin A-Gehalt von Beerenfrüchten ist meist in Schalen und Kernen lokalisiert, so daß die von den genannten Bestandteilen befreiten Kaltschalen (Suppen) und die Säfte den Hauptanteil des β-Carotingehaltes der Gesamtfrucht verloren haben. *Vitamine der B-Gruppe* sind nur mäßig vertreten; merkliche Mengen an Vitamin B_1 (0,1 mg/100 g) enthalten rote Johannisbeeren, Stachelbeeren, Rosinen, Ananas, Bananen, Kastanien, Mandeln und Trockenfeigen, an Vitamin B_2 Zwetschen, getrocknete Aprikosen und Pflaumen sowie Mandeln.

ι) *Enzyme*

Gleich dem Frischgemüse verfügt auch frisches Obst als lebende Substanz über alle zur Steuerung des Lebensvorgänge notwendigen Enzymsysteme, die demgemäß bei der Reifung, Lagerung und Weiterverarbeitung in höchst aktiver Weise, zuweilen erwünscht, oft aber auch recht unerwünscht ihre Wirkung entfalten. Wesentliche Enzymgruppen, die hier eine Rolle spielen, sind zunächst die *Carbohydrasen* (Amylasen, Diastase, Invertasen), die *Pektinasen* (Pektasen) und insbesondere die *Desmolasen* (Phenoloxidasen, Peroxidasen, Katalase, Ascorbinsäureoxidase). Hinzu kommt die Wirkung anderer Esterasen, wie die der *Chlorophyllase*, der *Tannase* und der *Proteinasen*. Letztere finden sich in reichlicher Menge (Bromelin, Ficin u.a., vgl. S. 192) in der Papayafrucht, der Ananas und der Feige. Ein Enzym spezifischer Wirkung ist das *Emulsin* der Mandeln und anderer Kerne, das Amygdalin (S. 94) in Glucose, Benzaldehyd und Blausäure spaltet.

Zur Wirkung dieser *zelleigenen* Enzyme kommt häufig diejenige *mikrobieller* Herkunft, beispielsweise dann, wenn durch Infektion des Obstes mit Hefen die Hefe-Zymase *alkoholische Gärung* bewirkt oder andere Mikroorganismen zur *Edelfäule* der Trauben (s. S. 548) führen.

ϰ) *Farbstoffe*

An *Farbstoffen* finden sich zunächst bei vielen Arten die in der Epidermis und den inneren Chloroplasten verbreiteten *Carotinoide*. Neben β-Carotin als Provitamin A kommen Kryptoxanthin in Mandarinen, Lycopin in Hagebutten und Aprikosen, Physalien (Zeaxanthin-3.3'-dipalmitinsäureester) in Sanddornbeeren vor. Von *Chinonen* ist Juglon (5-Hydroxynaphthochinon) als Hydrojuglonglykosid in den grünen Fruchtschalen der Walnuß vertreten, *Melanine* treten beim Bräunen von Früchten, vor allem nach Verletzungen auf. *Riboflavin* (Vitamin B_2) ist ubiquitär in der Fruchtsubstanz enthalten. *Flavonoide* (hauptsächlich Flavanonglykoside) kommen als *Hesperidin, Naringin, Tangeritin, Eriodictyol* u.a. in Saft und Schale von Citrusfrüchten vor, Quercetinglykoside in der Apfel- und Traubenschale. Sie sind an der Dunkelfärbung von Citrusschalen beteiligt.

Anthocyanine kommen in fast allen einheimischen Obstarten meist in den oberen Zellschichten vor. Sie bedingen die rote, violette und blaue Färbung unserer Obstarten. Glykoside, die in Früchten gefunden wurden, sind z.B. das *Idaein* der Äpfel und Preiselbeeren, das *Pelargonin* im Granatapfel und in der Stachelbeere, ein *Delphidin-3-glykosid* in Blutorangen, *Chrysanthenin* in Brombeeren, *Keracyanin* in Süßkirschen, *Oenin* in der Beerenschale blauer Weintrauben und in Heidelberen. Die Kenntnis vom Vorkommen derartiger Farbstoffe erlaubt z.B. aufgrund des Anthocyaningehaltes die Unterscheidung der *Hybriden-Weine* und *-Traubensäfte* von denen der *Vitis vinifera*. Kombination verschiedener Pigmente und Metallkomplexbildung führt zu den vielfältigen Farbnuancen der Früchte. Von Pyrrolfarbstoffen sind *Chlorophyll* a und b praktisch in allen Früchten vertreten. Beide spielen in Form ihrer Umwandlungsprodukte wie z.B. Cu-Chlorophyllin bei der „Kupfergrünung" (s. S. 528) eine Rolle.

λ) *Bitterstoffe*

finden sich vor allem in den Citrusfrüchten. Grapefruits und saure Orangen enthalten das Flavanonglykosid *Naringin* und andere 7-Neohesperidoside. In Orangen, Zitronen u.a. kommen *Limonoide* vor, deren Hauptvertreter das *Limonin*, ein Dilacton ist. In der Olive wurde das Pflanzenphenol *Oleuropein*, (vgl. S. 546), in Erdnüssen wurden glykosidische Bitterstoffe von Saponin-Charakter nachgewiesen. Auch das obenerwähnte *Hesperidin* zeigt extrem bitteren Geschmack. Grapefruitprodukte können durch ein spezifisches, das bitter schmeckende Naringin zum nicht bitteren Flavonoid *Naringenin* hydrolysierendes Enzym („*Naringinase*“) entbittert werden.

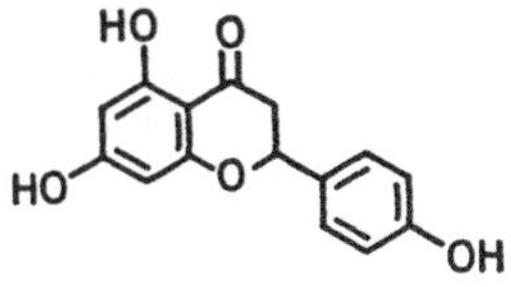

Naringenin

μ) *Natürliche Überzugsstoffe*

finden sich vor allem bei Pomaceen und Beerenfrüchten, so bei Äpfeln und Weintrauben als Öl-, Wachs-, Ursinsäure- und „Cutin“-Fraktionen. Neben Kohlenwasserstoffen, Aldehyden, Fettsäuren, Estern und Alkoholen kommen als wesentliche Bestandteile die pentacyclischen Triterpene *Oleanolsäure* und *Ursolsäure* vor:

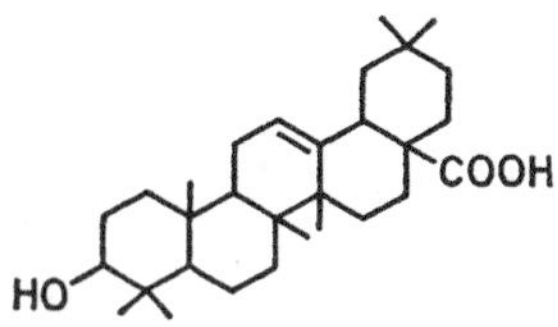

Oleanolsäure $C_{30}H_{48}O_3$

b) Die Obstarten

α) *Kernobst*

Unter den hierher zu rechnenden „Scheinfrüchten“ von Pomaceen stellt der *Apfel* die wichtigste Obstart der gemäßigten Zonen aller Länder dar. Er wird in zahlreichen Sorten des Apfelbaumes (Pirus silvestris) kultiviert und findet als Tafelobst, Dörrobst, Most-, Marmeladen- und Musobst ausgedehnte Verwendung. Mindere Sorten gehen in die Pektin-, Essig- und Branntweinindustrie.

Birnen, die Scheinfrüchte von Pirus communis, liefern ein wertvolles Tafelobst und werden in großem Umfang als Kompottfrüchte verarbeitet. Ihr geringer Säuregehalt und ihre mäßige Haltbarkeit läßt im übrigen nur begrenzte technische Verarbeitungs- und Beimischungsmöglichkeiten zu, insbesondere als Bestandteil von Trockenobst und Marmeladen. Die Frucht der *Quitte* (Cydonia oblonga) besitzt hartes Fleisch von süßlich-säuerlichem, adstringierendem Geschmack und weist eine aus schleimigen Zellen bestehende Samenschale auf. Die Quitte dient infolge ihres kräftigen Aromas und ihres Reichtums an Pektinstoffen zur Herstellung von Dessertfrüchten, zur Gelee-, Marmeladen- und Kompottbereitung. *Hagebutten*, die Scheinfrüchte an der Blütenachse verschiedener Rosenarten, werden nicht zum Obst gerechnet. Das feste Fruchtfleisch wird zu Mus (Hägenmark, Hiffenmark) oder Marmelade verarbeitet sowie zur Herstellung von Suppen und weinähnlichen Getränken benutzt. Die Früchte (Kerne) dienen als Tee-Ersatz.

β) *Steinobst*

Als *Steinobst* (einsamige Schließfrüchte, um deren Kern eine eßbare fleischige Hülle liegt) werden die verschiedensten Prunus-Arten, wie Pflaumen, Kirschen, Aprikosen und Pfirsiche kultiviert. Die *Pflaumen*, zu denen auch Zwetschen, Reineclauden und Mirabellen rechnen, werden als Tafelobst genossen, finden ausgedehnte Verwendung in der Obstkonservenindustrie und (nach teilweisem Zerquetschen der Kerne) zur Herstellung von Branntwein (Zwetschenwasser, Slibowitz, Prünelle). Getrocknet liefern sie die Backpflaumen. *Kirschen* (Süßkirsche, Sauerkirsche,) dienen als Tafel- und Kompottobst sowie für die Marmeladen- und Fruchtsaftbereitung. *Aprikosen* (Marillen) sind die Früchte des Aprikosenbaumes, Prunus armeniaca, die als Frischobst genossen, auf Konserven, Marmeladen und Gelees und in Kalifornien in großen Mengen auf Trockenaprikosen verarbeitet werden. Häufig erfahren sie Behandlung mit schwefliger Säure („sulphur bleached"). In ähnlicher Weise werden *Pfirsiche* (Pfirsche, Pfirsing), die Früchte von Prunus persica, verwertet. Aprikosen- (und Pfirsich-)kerne dienen als Mandelersatz und zur Herstellung von Persipan (S. 583). Zusammen mit den zerkleinerten Kernen werden Aprikosen und Pfirsiche gleich den Pflaumen auf Branntwein verarbeitet. *Apricot Brandy* ist ein Aprikosen-Fruchtaromalikör.

γ) *Beerenobst*

Unter *Beerenobst* versteht man die echten Beerenfrüchte (Weintrauben, Johannis-, Stachel-, Heidel-, Preisel- und Moosbeeren), die beerenähnlich zusammengesetzten Früchte der Himbeere, und Brombeere, sowie die Scheinfrüchte der Erdbeere. Die *Weinbeere* findet bei Wein nähere Besprechung. Aus ihr wird außerdem alkoholfreier Traubensaft gewonnen; sie wird als Tafelobst konsumiert und durch Trocknen auf *Sultaninen*, *Rosinen* oder *Korinthen* verarbeitet. *Johannisbeeren* (Ribisel, Träuble) liefern Gelee oder Kompott, die schwarze Art (Gichtbeere, Ahlbeere) wird den roten Beeren zur Farb- und Aromaverstärkung zugesetzt, liefert Johannisbeersüßmost oder wird für Liköre benutzt. Die Blätter dienen fermentiert oder unfermentiert als Tee-Ersatz. *Preiselbeeren* (Krons-, Grau- oder Steinbeeren), durch ihren hohen Gehalt an Säuren und Pektin im rohen Zustand ungenießbar, werden vor allem als Kompott verzehrt. Aus *Stachelbeeren* gewinnt man Kompott, Obstwein und Süßmost. Ähnliche Verwendung findet die *Heidelbeere*. Die besonders aromatische *Himbeere* liefert Saft, Sirup, Gelee, Marmelade und Süßmost, gebrannt den „Himbeergeist". Die *Brombeere* dient in erster Linie zur Saft-, Obstwein- und Likörbereitung. *Erdbeeren* in ihren Wild- und Kulturformen werden frisch genossen oder gleich den obenerwähnten Obstarten verarbeitet.

δ) *Schalenobst*

Vom Schalenobst dienen nur die in der ungenießbaren harten Schale liegenden Samenkerne zum Genuß. *Walnüsse* (welsche Nüsse), von Juglans regia, sind in verschiedenen Arten kultiviert; die dickschalige *Steinnuß* (Grübelnuß), die besonders große *Pferdenuß*, die dünnschalige *Johannisnuß* und die im Kern teilweise blutrote *Blutnuß*. Die reifen Nüsse liefern fettes Öl (S. 435), werden als solche genossen oder in Feinbackwaren und Süßwaren verarbeitet; die unreifen Walnüsse werden eingemacht oder zur Likörbereitung benutzt.

Die Schale unreifer Walnüsse enthält das Hydrojuglon, das unter dem Einfluß des Luftsauerstoffs und durch oxydierende Enzyme in das Chinon *Juglon* übergeht:

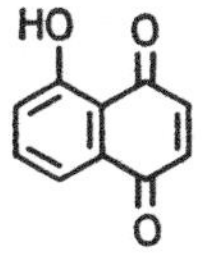

Juglon

Daneben wurde aus der Samenschale der Walnuß eine Reihe von Polyphenolen isoliert.

Hickory- oder *Pekanüsse* sind der Walnuß nahe verwandt und werden wie diese verwendet. *Haselnüsse*, die Früchte von Corylus-Sträuchern, dienen als Dessertobst, werden in der Konditorei, der Zuckerwaren- und Schokoladenfabrikation verwendet und liefern ein fettes Öl (S. 434). *Paranüsse* (Amazonenmandeln, Brasilnüsse), die Fruchtkerne der Myrtacee Bertholletia excelsa, zeigen dreiseitige Form, weisen einen walnußartig schmeckenden Kern von hohem Ölgehalt (65—70%) auf und werden roh genossen sowie auf Speiseöl verarbeitet. *Edelkastanien* (Maronen) stammen vom echten Kastanienbaum (Castanea vesca). Die fettarmen, mehlig-süß schmeckenden Früchte können geröstet, gekocht als Gemüse oder als Süßspeise verzehrt werden und sind in südlichen Ländern (Italien, Spanien, Portugal) ein Volkslebensmittel. *Mandeln* sind Kerne der Steinfrucht des Mandelbaumes Amygdalus communis. Botanisch unterscheidet man *Bittermandel*, *Süßmandel* und *Knack-* oder *Krachmandel*. Hauptausfuhrländer für Mandeln sind Spanien und Süditalien. *Süße Mandeln* enthalten 45—55% fettes Öl (S. 435), außerdem das Enzym *Emulsin*, unter dessen Mitwirkung gestoßene Mandeln bei Zugabe von Wasser eine milchige Flüssigkeit liefern („Mandelmilch"). Süße Mandeln dienen als Zutaten zu Speisen und Backwerk sowie zu Puddingpulver, als Dessertfrucht, zur Likörbereitung und zur Herstellung von Marzipan (S. 583). Die Preßrückstände der Ölgewinnung liefern Mandelkleie und Mandelseife für die Kosmetik. *Bittere Mandeln* enthalten zusätzlich das Glykosid *Amygdalin* (S. 94), das beim Verreiben der Mandel mit Wasser unter Einwirkung des *Emulsins* in Blausäure, Benzaldehyd („*Bittermandelöl*") und Glucose gespalten wird. Die entstehende Blausäure kann beim Genuß größerer Mengen dieser Mandelart gesundheitsschädlich oder gar tödlich wirken. Bittere Mandeln werden in geringen Mengen zur Geschmacksanhebung in Feinbackwaren sowie zur Gewinnung von Öl, Bittermandelöl und Bittermandelwasser benutzt. *Bergmandeln* sind kleine, z. T. bittere Mandeln, die von wildwachsenden Bäumen stammen. *Cashew*-(Kaschu-) *kerne* sind die Samenkerne der indischen Mandel (Mahagoninuß, Acajounuß) und enthalten in der Schale giftige, bitter schmeckende und korrodierende Stoffe, u. a. die *Anacardsäure*. Zur Herstellung von Marzipan ist die Verwendung der beiden letztgenannten Samenkerne verboten, als Zusatz zu Persipan jedoch erlaubt. *Gebrannte Mandeln* werden aus rohen oder gerösteten Mandeln und Zucker mit Gewürz- oder Geschmacksstoffzusätzen wie Vanillin u. dgl. hergestellt. Das Verhältnis von Zucker zu Mandeln darf im Durchschnitt einer größeren Menge nicht mehr als etwa 4 : 1 betragen (vgl. S. 584). Die hier genannten Schalenfrüchte rechnen durch ihren hohen Gehalt an Fett, Eiweiß und Kohlenhydraten unter die calorisch wertvollsten Lebensmittel, vor allem in der Kost des Vegetariers. So beträgt der *nutzbare* Wärmewert bei Nüssen 5820—6650 kcal, bei süßen Mandeln 5520—6000 kcal und bei Edelkastanien 3300—3500 kcal/kg.

Pistazien sind die Steinfrüchte des in den Mittelmeerländern angebauten Pistazienbaumes (grüne Mandel, Pistacia vera). Der ölhaltige hellgrüne, mandelähnliche schmekkende Kern wird in der Süßwarenindustrie, im Bäckereigewerbe und als Zutat zu Wurstwaren (Mortadella) verwendet.

Über die chemische Zusammensetzung von Schalenobst unterrichtet Tab. 129.

Tabelle 129. Chemische Zusammensetzung von Schalenobst
Mittelwerte

	Wasser	Eiweiß	Fett	Kohlenhydrate	Rohfaser	Mineralstoffe	Vitamin C	Vitamin B_1
	← g/100 g eßbarem Anteil →						mg	mg
Haselnüsse	6,17	13,9	61,8	12,6	3,10	2,49	5	0,40
Edelkastanien	50,1	2,92	1,90	42,8	1,42	1,18	27	0,20
Cocosnuß	44,8	3,92	36,5	10,3	3,30	1,18	2	0,06
Mandeln, süß	5,65	18,3	54,1	16,0	3,28	2,65	0,8	0,22
Walnüsse	4,80	14,6	62,7	13,5	2,70	1,68	15	0,36
Paranüsse	5,62	14,0	66,8	7,27	2,66	3,65	—	1,00

ε) *Südfrüchte*

Unter der Bezeichnung „Südfrüchte“ werden alle Obstsorten zusammengefaßt, die aus tropischen und subtropischen Anbaugebieten stammen und frisch oder getrocknet in den Handel kommen. Sie schließen außerordentlich zahlreiche Arten ein, von denen einige (Rosinen, Mandeln) bereits besprochen wurden.

Zu nennen sind hier in erster Linie die *Citrusfrüchte*, nächst Weintrauben das in der Welt am meisten erzeugte Obst. Sie umfassen die *Orange* (*Apfelsine*), *Grapefruit*, *Mandarine*, *Pomeranze* (Sauer- oder Bitterorange), *Pampelmuse* (pomelo), *Bergamotte*, *Limone* (Zitrone), *Süßzitrone*, *Limette* (lime), *Süßlimette* (sweet lime) sowie zahlreiche Hybriden (Kreuzungen). Über den Südfruchtverbrauch in der BRD s. S. 533.

Orangen (Apfelsinen) sind verschiedene Arten der Früchte des Orangenbaumes, Citrus sinensis, der ursprünglich in China heimisch war und heute in zahlreichen warmen Ländern kultiviert wird. Haupterzeugerländer sind die USA (Florida, Kalifornien) und Spanien, außerdem Italien, Portugal, Azoren, Westindien und Südamerika, Kapland, Südafrika, Marokko. Sie stehen im Welthandel mit Früchten mengenmäßig an zweiter Stelle hinter den Bananen. Hauptausfuhrländer sind Italien, USA, Spanien und Israel. Blutorangen („Sanguigni“) kommen vor allem aus Sizilien. Ihr blutrotes Fleisch ist artbedingt und wird nicht, wie in Verbraucherkreisen oft behauptet, durch künstliche Zufuhr von Farbstoff in das Fruchtfleisch hervorgerufen. Die wichtigste „Blondsorte“ des westlichen Mittelmeerraumes ist die „*Navel*“, die des östlichen Mittelmeerraumes die kernarme, meist dickschalige „*Jaffa*“ oder „*Shamouti*“. Manche Orangen bleiben in der Reife grün oder werden nach der Reife wieder grün („regreening“, vgl. S. 548). Die *Mandarine* als kleine Apfelsinenart enthält wenig Säure und schmeckt besonders süß-aromatisch. Der Baum (Citrus nobilis) wird vor allem auf Sizilien und Malta kultiviert. Andere Mandarinensorten bzw. Hybriden sind u.a. die *Tangerinen*, *Clementinen*, *Satsumas* oder *Wilkings*. Orangen werden als Tafelobst genossen sowie in großem Umfang auf Fruchtsaft, Sirup (Orangeade), Mischsirupe und Marmelade (Jams) verarbeitet. *Orangeat* wird ähnlich wie Zitronat aus unbehandelten Orangenschalen durch Kandieren und Glasieren hergestellt. *Pampelmusen* (Pompelmusen, Agrumen) sind gelbe, etwa 10 bis 15 cm im Durchmesser große Citrusfrüchte von Citrus grandis, zeigen leicht bitteren, erfrischend säuerlichen Geschmack und dienen als Frischkost. Herkunftsmäßig nahestehend ist die *Grapefruit* („Traubenfrucht“, da sie in traubenartigen Bündeln wächst) mit glatter, schwer ablösbarer Schale. Sie wird aus den USA (vor allem Florida), außerdem aus Südafrika, Israel, Spanien und Italien eingeführt, als beliebte Rohfrucht genossen und in großem Umfang auf Saft verarbeitet. Sie stammt von Citrus paradisi. *Zitronen* (Limonen) sind die Früchte des Zitronenbaumes Citrus limonia, der in den Mittelmeerländern (Italien, Spanien, Portugal, Südfrankreich, griechische

Inseln), USA (Kalifornien), Nordafrika, Ost- und Westindien kultiviert wird. Er blüht das ganze Jahr, trägt oft gleichzeitig Blüten, unreife und reife Früchte und liefert drei bis vier Ernten pro Jahr. Die noch grün abgenommenen Früchte reifen bei der Lagerung nach. Entsprechend der Erntezeit unterscheidet man Winter- und Sommerzitronen. Verwendet wird die Frucht haushaltsmäßig (Limonaden, Punsch, Salatwürze) und in der Konditorei, und zwar der Saft wie die abgeriebene Schale. Industriell dient sie zur Gewinnung von Zitronensaft, Zitronensirup, Zitronenmost, Zitronenöl. Citrusschalen werden auf Pektin, verarbeitet. Aus der *Pomeranze* (Citrus aurantium, var. amara) werden Pomeranzenöl, Likör (Curaçao) und Zuckerwaren hergestellt. *Zitronat* (Sukkade) wird aus den grünen Schalen der unreifen, bis zu 3 kg schweren *Zedratzitronen* (Citrus medica, var. bajoura), handelsüblich auch als Diamante-, Korsika- oder Candia-Cedern bezeichnet, gewonnen, indem man die halben Früchte blanchiert, vom Kerngehäuse befreit und kandiert oder die Schalen zur Konservierung in Salzwasser härtet und dann kandiert (Gesamtzucker als Saccharose mindestens 65%, Kochsalz bzw. SO_2 höchstens 1% bzw. 3 mg-%; dies gilt auch für *Orangeat*).

Zur *Oberflächenbehandlung*, und zwar nur für Citrusfrüchte sind nach der „Fruchtbehandlungs-VO“ die gegen Grün- und Blauschimmel wirksamen Stoffe *Diphenyl* (Biphenyl, 0,07 g/kg), *Orthophenylphenol* (0,01 g/kg) sowie sein Natriumsalz, außerdem Bienenwachs, Walrat, Carnaubawachs, Schellack (arsenfrei), Cumaron-Indenharze sowie Alkalisalze der Ölsäure, auch in Vermischung untereinander (0,14 g/kg) zugelassen. Entsprechende Kenntlichmachung ist vorgeschrieben („mit Diphenyl“ bzw. „mit Orthophenylphenol“ bzw. „künstlich gewachst“ und mit dem Hinweis „Schale nicht zum Verzehr geeignet“). Die genannten Mengen lassen nach dem gegenwärtigen Stand der Wissenschaft keinerlei Schäden für die Gesundheit erwarten. Diese fungistatischen Mittel werden aufgedampft, direkt aufgebracht oder gelangen (meist) indirekt über imprägniertes Einwickel- und Packpapier in die Fruchtschale. Der Gehalt an diesen Stoffen in der Frucht liegt meistens unter 1 mg/kg und steigt nur in Ausnahmefällen auf 3 mg/kg. Die an den Konsumenten gelangenden Früchte enthalten in der Schale etwa 40 mg/kg Frucht an Diphenyl. Vgl. auch S. 548. Betr. die Zulassung des fungistatisch wirksamen *Thiabendazols* zur Oberflächenbehandlung vgl. die Neufassung der Fruchtbehandlungs-VO.

Bananen (Adams-, Paradies- oder Pisangfeigen) sind Kapselfrüchte der in zahlreichen Formen kultivierten Pisang (Musa sapientium u.a.), die zu 80—150 Stück am langen Fruchtstand („Büschel“) der etwa 6 m hohen Pflanzen sitzen. Das Fleisch der Früchte ist reich an Zucker und Stärke, weist einen Kohlenhydratgehalt von 22,8 g/100 g auf, liefert rund 100 kcal/100 g und besitzt deutlichen Geruch und Geschmack nach Essigsäureamylester. In der Banane wurden reichliche Mengen des biologisch hochaktiven Wirkstoffes *Serotonin* (Enteramin, 5-Hydroxytryptamin) und verwandter Verbindungen, daneben auch andere Amine aufgefunden. Die Banane stellt in den Tropen ein Volkslebensmittel dar und hat bei uns weite Verbreitung, auch als Diät- und Rohkost sowie als Kleinkindernahrung gefunden. Hauptausfuhrländer sind Honduras, Jamaika, Kolumbien, die Kanarischen Inseln, Kamerun und Madeira.

Den deutschen Import bestreiten fast ausschließlich westindische Bananen, kaum 5% kommen von den Kanarischen Inseln. Bananen weisen das größte Außenhandelsvolumen der Weltfruchternte auf. Die Verladung erfolgt im unreifen (grünen) Zustand, die künstliche Nachreifung im Verbrauchsland bei maximal 24° C in Bananenkammern. Die frische Frucht wird auch auf Trockenbananen, Bananenflocken und -mehl als Rohstoffe der Süßwarenindustrie sowie auf Branntwein verarbeitet.

Ananas (pineapple) ist die Scheinfrucht der Bromeliacee Ananassa comosus. Sie besteht aus miteinander verwachsenen Beerenfrüchten, den Deckblättern und der fleischigen Achse und ist von einem Blattschopf gekrönt. Die warzige goldgelbe „Frucht“ wiegt im Mittel 2,5 kg, das weiße bis goldgelbe Fleisch ist saftig, dabei ziemlich fest, von ausgezeichnetem Aroma und kühlendem, säuerlich-süßem Geschmack. Ursprünglich im tropischen Amerika heimisch, wird die Ananas heute vor allem auf Hawai, auch auf den Philippinen, in Malaya, Australien, Südafrika, Porto Rico, Kenia, Mexiko, Kuba und Formosa in beträchtlicher Menge angebaut. Sie gelangt frisch oder als Kompott, in Süßspeisen, Torten, Speiseeis, Konfitüren, Bowlen und Essenzen zum Verbrauch und wird auch in Dosen (geschält und vom faserigen Innenteil des Fruchtstandes weitgehend befreit), in Scheiben oder Schnitzel, gehandelt. Weiterhin wird Ananas auf Saft verarbeitet. Von den deutschen Importen entfallen rund 98% auf Dosenware, nur etwa 2% auf Frischananas.

Datteln sind die Steinfrüchte oder Beeren der in Nordafrika, Asien und Südeuropa (Griechenland, Spanien) wachsenden Dattelpalme, Phoenix dactylifera. Die Palme wird bis zu 20 m hoch und trägt vom 30. bis zum 100. Jahre reichlich Früchte. Das süße, klebrige, angenehm schmeckende Fleisch ist gegen Milben und andere Parasiten besonders anfällig, so daß die Dattel unverzüglich getrocknet werden muß. Die Frucht wird als solche genossen oder mit Zucker eingemacht (*Carioten*). Der aus besonders zuckerreichen Datteln gepreßte Saft liefert den *Dattelhonig* (Dattelsirup). Exportdatteln bestehen zu 75% aus Zucker.

Feigen sind die Scheinfrüchte des Feigenbaumes, Ficus carica, der seit uralten Zeiten in den Mittelmeerländern angebaut wird. Die aus dem fleischiggewordenen Blütenboden bestehende Scheinfrucht trägt im Innern zahlreiche, fälschlich als Samen bezeichnete kleine gelbe Früchte. Frische Feigen sind im Jugendzustand grün, später bräunlich-gelb, rötlich-purpurn und schmecken süß. Beim Trocknen kristallisiert an der Oberfläche bisweilen Traubenzucker aus. Behandlung der getrockneten Feigen mit siedendem Wasser (*„konfektionierte“*, *„etuvierte“ Feigen*) verhindert das Auskristallisieren des Zuckers und gibt der Schale Glanz. Die Erntezeiten liegen im Juni (Sommerfeigen) und im Herbst (Herbstfeigen). Haupterzeuger ist heute Italien; Hauptexporteur der Welt die Türkei (Smyrna-Feigen). Die jährliche Welterzeugung betrug 1963 rund 133000 t. Geröstet und gemahlen, dienen die Feigen als Kaffee-Ersatz und Kaffee-Zusatz (S. 687).

Oliven. Neben der Verarbeitung von Oliven in Öl spielt auch die Gewinnung von milchsauren, gesalzenen Konserven eine Rolle. *Dunkle Olivensorten* verdanken ihr Aussehen einem in alkalischer Lösung (0,5—2,0 %ige Natronlauge) durchgeführten Oxydationsprozeß, an den sich das Einlegen in 3 %ige Kochsalzlösung anschließt. *Grüne Oliven* stammen von hellgrünen oder strohgelben Früchten (spanischer und sizilianischer Typ), die einer intensiven Milchsäuregärung unterworfen werden. Der Säuregehalt steigt dabei auf 0,7—1 %, während er bei dunklen Oliven nur 0,4—0,6 % beträgt. Die Behandlung mit Lauge entfernt durch Verseifung einen glykosidischen Bitterstoff, das *Oleuropein*, der die nicht behandelte Olive fast ungenießbar macht.

Die *Cocosnuß* ist die Frucht der Cocospalme, Cocos nucifera, eine Steinfrucht, die unter der Faserschicht und der etwa ½ cm dicken, sehr harten Steinschale den genießbaren Samen von etwa 9—15 cm Durchmesser birgt. Im Innern findet sich eine kleine Menge wäßriger „Cocosmilch“, die den Eingeborenen als erfrischendes Getränk dient und zu Branntwein vergoren werden kann. Die getrocknete Frucht (*Kopra*) ist ein wichtiger Rohstoff zur Ölgewinnung (S. 432). Das frische, nicht entölte Fruchtfleisch wird auch bei uns als solches verzehrt oder geraspelt in der Süßwarenindustrie verwendet.

Erdnüsse (vgl. S. 475), die genau genommen Hülsenfrüchte darstellen, die walzenförmigen Samen einer niedrigen Krautpflanze (Arachis hypogaea), dienen in erster Linie als Rohstoff zur Ölgewinnung (S. 436). Geröstet und gesalzen werden sie als solche vielfach gegessen; leicht geröstet und fein vermahlen liefern sie die „Erdnußbutter“. Vermahlene, durch Extraktion mit Alkohol von Bitterstoffen befreite und entfettete Samen ergeben ***Erdnußmehl***, das in der Nährmittelindustrie als Bestandteil von Suppen und Suppenerzeugnissen benutzt wird. Über Aflatoxine in der Erdnuß vgl. S. 237.

Johannisbrot (Carobe, Bockshörndl) ist die getrocknete reife Hülse des im Küstengebiet des Mittelmeeres wachsenden Baumes Ceratonia siliqua. Die dunkelbraunen, hartschaligen, süß schmeckenden Früchte sind sehr zuckerreich (20—30%). Im Fruchtfleisch mit zahlreichen Querfächern liegen flache, glänzendbraune harte Samen. Johannisbrot dient als Genußmittel, zur Bereitung von Tee und Tabakbeizen. Die Samen liefern im gerösteten Zustand Kaffee-Ersatz und Kaffee-Zusatz, feingemahlen (Johannisbrotkernmehl) werden aus ihnen Geliermittel gewonnen.

Die *Avocato-Birne* ist die aromatische Frucht einer in den Tropen kultivierten Lauracee, Persea gratissima, die als Salat, Mus oder auch frisch genossen wird und zur *Ölgewinnung* dient (S. 431). Sie enthält die erste in der Natur aufgefundene *Octulose*, die D-Glycero-D-mannooctulose.

Weitere bedeutungsvolle Südfrüchte sind u.a. der auf Saft (*Grenadine*) verarbeitete *Granatapfel* (Punica granatum), die sehr Vitamin C-reiche *Guave* (Psidium guayava), die nach Form und Größe dem Apfel ähnliche *Kakifrucht* (Diospyros kaki), die *Mangofrucht* (Mangifera indica), eine der wichtigsten Früchte Indiens und Afrikas, die auf Fruchtsaft verarbeitete *Passionsfrucht* oder *Grenadilla* (Passiflora edulis), die sehr Vitamin C-reiche *Westindische Kirsche* oder *Acerola* (Malpighia punicifolia) und schließlich *Papaya*, die das proteolytisch wirksame Enzym Papain (S. 192) enthaltende Frucht des Melonenbaumes.

c) Veränderungen während des Reifens und Nachreifens von Obst

Vorgänge des *Reifens* von Obst sind dadurch gekennzeichnet, daß sie in enger Beziehung zur Mutterpflanze vor sich gehen und damit weitgehend in die gesamten Stoffwechselvorgänge der Pflanze einbezogen werden. Auffälligstes Merkmal der Reifung ist zunächst das Verschwinden der *Stärke;* sie wird unter dem Einfluß der obengenannten Enzyme praktisch vollständig abgebaut. Gleichzeitig nimmt der Zuckergehalt beträchtlich zu. Offenbar entsteht er nicht, wie früher angenommen wurde, durch Ab- und Umbau von Säuren, auch nur zum geringen Teil und nicht immer aus der vorhandenen Stärke. Die wesentlichen Zuckerarten (Glucose, Fructose und Saccharose) werden vielmehr aus den wachsenden Organen der Pflanze über den Saftstrom in die Frucht transportiert. Neben Invertase und Amylase (Diastase) sind an Reifungsprozessen des Obstes eine große Zahl weiterer Enzyme beteiligt. Dies zeigt sich z.B. an der Abnahme des Gesamtstickstoffs (Proteinasen und Peptidasen), der Säure (Desmolasen), am Weichwerden der Frucht (Pektinasen) und an den Farbänderungen im Fruchtfleisch (vor allem Polyphenoloxidasen) sowie an enzymatisch katalysierten Pigmentsynthesen der Schale, wobei natürliche Farbstoffe verschiedenster Art entstehen können.

Beim *Nachreifen*, wo die Frucht vom lebenden Gesamtverband der Pflanze getrennt ist, lassen sich derartige Reaktionen in verstärktem Ausmaß beobachten. Sie können durch tiefgreifende Stoffwechselprozesse zu erheblicher Qualitätsminderung und schließlich zum Verderb führen. Auch hier ist zunächst besonders auffallend der *Kohlenhydratumsatz:* Saccharose erfährt Inversion zu Glucose und Fructose, ein Teil der Glucose geht in die besonders süß schmeckende Fructose über. Die *Gesamtverluste* an *Zuckern* durch Totalabbau im Rahmen der Veratmung sind wesentlich geringer als die an *Obstsäure*, wodurch die Zunahme des süßen Geschmacks verständlich wird. Die *Rohfaser* (Cellulose und Hemicellulosen) wird gleichfalls merklich gemindert; hier spielen neben enzymatischen Einflüssen auch die Säuren des Obstes eine Rolle. Besonders auffallend ist das „*Teigigwerden*“ vor allem von Kernobst (Apfel, Birne), an dem pektinabbauende Enzyme (Pektinasen, Pektasen) maßgeblich beteiligt sind. Gleichzeitig verschwindet der herbe Geschmack, eine Erscheinung, die auch bei anderen nicht teigigwerdenden Früchten (Datteln, Bananen, Schlehen u.a.) zu beobachten ist. Die Aktivität von *Chlorophyllasen*, *Tannasen* und schwermetallhaltigen *Oxidasen* ist dann beträchtlich gesteigert, wenn grün geerntetes Obst sich in der Nachreife gelb verfärbt oder Verletzungen beim Pflücken und Lagern Dunkel- oder Braunverfärbung des Fruchtfleisches verursachen.

Zur *Reifungsbeschleunigung* dienen vor allem Äthylen, Acetylen, 2.4-Dichlorphenoxyessigsäure („2.4-D") u.a. *Künstliche Färbung* von Citrusfrüchten, die in verschiedenen Ländern auch bei völliger Reife grün, grünfleckig oder blaßgelb bleiben oder bei zunehmender Reife wieder grün werden („*regreening*"), ist in den südlichen Territorien der USA bisweilen üblich.

d) Veränderungen durch Mikroorganismen und tierische Schädlinge

Parasitäre Krankheiten, meist hervorgerufen durch Pilze verschiedenster Gattungen, sind vor allem der *Schorf* (Fusicladiumpilze), der *Moniliaschimmel*, der zur nicht gesundheitsschädlichen Schwarzfäule führt, *Rostkrankheiten* (Rostpilze, Uredinales), echter und falscher *Mehltau*, letzterer als gefürchtete, durch Peronospora viticola hervorgerufene *Blattfallkrankheit* der Reben, *Fäulnis* des Obstes (*Kernhaus-*, *Grün-*, *Bitterfäule* und *Phytophthora-Fruchtfäule*) durch zahlreiche Pilzarten u.a.m. Erwünschte Änderungen ruft die *Edelfäule* der Weintrauben hervor, die auf der Wirkung des Pilzes Botrytis cinerea beruht. Der Pilz verzehrt an Trauben, wenn sie über die Vollreife hinaus noch am Strauch belassen werden, nach dem Eindringen in die Haut schneller Säure und Stickstoffsubstanz als Zucker, unterstützt die Wasserverdunstung durch die lädierte Schale und liefert so Trauben besonders hoher Zuckerkonzentration (S. 618).

An *Schädlingen* sind vor allem zu nennen: Larven und Raupen zahlreicher Insekten (Spinner- und Spanner-Arten, Apfelwickler, Apfelblüten- und Birnenstecher, Blatt- und Sägewespen).

Zur Bekämpfung von Obstkrankheiten und Obstschädlingen wird auf das Pflanzenschutzmittel-Verzeichnis der Biologischen Bundesanstalt für Land- und Forstwirtschaft verwiesen. Auf die damit verbundenen Probleme der einzuhaltenden *Karenzzeiten*, der *Rückstandsanalyse*, der Meidung toxikologisch bedenklicher Stoffe sowie der Berücksichtigung möglicher Geruchs- und Geschmacksänderungen kann hier nicht eingegangen werden. Hierher rechnen auch Bestrebungen, den Schutz der Früchte durch Überzüge mit Kunstharzgemischen, gelöst in niederen Kohlenwasserstoffen und Gemischen mit Baumwollsaatöl zu erreichen („Flavorseal-Verfahren"). Auch Gemische aus Carnaubawachs, anderen Wachsen, Harzen, Paraffinen u.a.m. dienen diesem Zweck.

Physiologisch bedingte Krankheiten sind z.B. die *Stippigkeit*, die *Fleisch-*, *Kernhaus-* und *Schalenbräune*, die *Rottüpfelkrankheit* und die *Wolligkeit*. Hier muß auf die Spezialliteratur verwiesen werden.

e) Die Obstlagerung

Die *Lagerung* des Obstes stellt praktisch eine verlängerte, planvoll gelenkte Nachreifung dar, um die Obstqualität zu erhalten und diese darüber hinaus durch Entwicklung zusätzlicher Geruchs- und Geschmacksstoffe zu steigern. Um Schädlingsbefall und Wasserverluste zu vermeiden, wird kühl, luftig und bei möglichst konstanter Temperatur gelagert. Um Obst begrenzte Zeit frisch zu halten, hat sich die *Kaltlagerung* bei Temperaturen zwischen 0 und —1° C bei einer relativen Luftfeuchtigkeit von etwa 90% bewährt. *Stickstoff* verlängert die Haltbarkeit von Kernobst.

Zur Bekämpfung von Mikroorganismen und Schädlingen wird mit Kohlendioxid (20—50% CO_2) in Verbindung mit der Kühlhaltung („Gaslagerung" bei 2—3° C), mit Ozon sehr geringer Konzentration (2 ml/m^3), mit Ammoniak, Methylformiat, Methylbromid u.a. begast. Ferner können die Früchte in imprägnierte Papiere (Diphenyl) eingewickelt werden. Manche Obstarten unterliegen bei tieferen Lagertemperaturen verschiedenen Kältekrankheiten, ähnlich dem Süßwerden der Kartoffel: Äpfel und andere Früchte verfärben sich braun, entweder in der Rinde (*Rindenbräune*, scald) im Kernhausfruchtteil (*Herzbräune*, *brown heart*) und vor allem im Fruchtfleisch (*Fleischbräune*, soggy breakdown; s. oben). Hierher rechnet auch die Wolligkeit der Pfirsiche, wobei das Fruchtfleisch wollig, faserig und saftlos wird.

Als lebende Substanz erfährt Obst durch Atmungsvorgänge und mannigfache andere enzymatisch katalysierte Reaktionen zahlreiche Umwandlungen, die z.T. bereits bei Vorgängen der Reifung besprochen wurden, hier weiter fortschreiten und auch im Auftreten flüchtiger Metaboliten ihren Ausdruck finden. Bei Äpfeln z.B. entstehen zahlreiche Ester, außerdem zahlreiche flüchtige *Carbonylverbindungen*, vor allem Acetaldehyd, daneben auch Aceton und Propionaldehyd, außerdem Methanol, Äthanol, n- und iso-Propanol, 2-Methylpropanol und andere *Alkohole* sowie freie und veresterte niedere *Säuren* von der Ameisen- bis zur Capronsäure. Außerdem wird CO_2 und Äthylen abgegeben. Zur Biochemie des Obstes vgl. A. C. Hulme (74).

2. Obstdauerwaren (Obstkonserven)

Die geringe Haltbarkeit der meisten Obstfrüchte und die Notwendigkeit, den zur Zeit der ,,Obstschwemme" anfallenden Überfluß auf längere Zeiträume zu verteilen, hat schon seit den ältesten Zeiten dazu geführt, Obst als solches in haltbare Form überzuführen oder aber aus ihm Lebensmittel besonderer Eigenart herzustellen. Je nach dem gewählten Verfahrensgang unterscheidet man *Obstdauerwaren* (Obst in Dosen oder Gläsern, tiefgefrorenes Obst, Früchte in Dickzucker und Rumfrüchte, Trockenobst, Kompottfrüchte) und *Obsterzeugnisse* (Marmeladen, Pflaumenmus, Konfitüren, Obstkraut, Obstgelee, Fruchtsäfte und Süßmoste, Obstsirupe und Fruchtmuttersäfte [Obstsäfte]). Zunächst sollen die Obstdauerwaren besprochen werden. Vgl. auch die ,,Leitsäzte des Deutschen Lebensmittelbuches für verarbeitetes Obst" vom 25./26. 6. 1969, ergänzt am 16. 3. 1972.

a) Trockenobst, Dörrobst

Wie bei zahlreichen anderen Lebensmitteln stellt auch beim Obst der Wasserentzug durch Trocknen eine geeignete Methode dar, die Entwicklung von Mikroorganismen zu hemmen und gleichzeitig durch entsprechende Vorbehandlung die im Frischmaterial wirksamen Enzyme weitgehend zu inaktivieren. Die Obsttrocknung ist wahrscheinlich das älteste Verfahren der Obsterhaltung, sie wurde ursprünglich in unseren Breiten recht primitiv (Auslegen an warmer Luft, Trocknen auf Herden, Horden oder Backöfen) betrieben und liefert dementsprechend dunkel verfärbtes ,,Backobst". Heute wird Obst in Deutschland ausschließlich in den früher beschriebenen (S. 280) Trockenanlagen getrocknet, und zwar in geringem Umfang. Die in Deutschland industriell getrocknete Obstart ist praktisch nur der Apfel. In Kalifornien und anderen Trockenfrüchte exportierenden Ländern wird außerdem Sonnentrocknung angewendet, und zwar zur Herstellung von Ringäpfeln, getrockneten Aprikosen, Pfirsichen, Birnen u. dgl. sowie zur Trocknung von Südfrüchten (Datteln, Feigen, Weintrauben [Korinthen, Sultaninen, Rosinen]). Oft wird auch an der Sonne vorgetrocknet und bei künstlicher Wärme nachgetrocknet. Die Trocknungstemperaturen im Kammer-, Flächen-, Schrank- oder Kanaltrockner liegen zwischen 75° C (Eintrittsluft) und 65° C (Austrittsluft) bei einer relativen Luftfeuchtigkeit von 15—20%. Vakuumtrocknung bei etwa 60° C wirkt besonders schonend. Die sorgfältig gereinigten und ausgeputzten Früchte geeigneter Sorten werden je nach Obstart folgendermaßen behandelt:

α) *Kernobst*

(Äpfel, Birnen) wird zunächst maschinell geschält sowie von Kerngehäuse und Kelch befreit. *Äpfel* werden in Stücke geschnitten (Apfelschnitten) vorzugsweise jedoch als

5—7 mm dicke Scheiben zu Apfelringen getrocknet (Ausbeute 10 bis 20%, bezogen auf ungeschälte Frischäpfel). Um das Braunwerden bei Verarbeitung und Lagerung zu verhindern, ist „Schwefelung“ üblich (s. unten). Die schweflige Säure verhindert sowohl enzymatische wie nichtenzymatische Bräunungsreaktionen, liefert größere Mengen an Glucose-schwefliger Säure, deren Toxicität noch zu klären ist, wirkt stabilisierend auf das Vitamin C des Obstes und hemmt gleichzeitig den Mikrobenbefall bei der Lagerung. Um das Braunwerden zu verhindern, ist auch die Anwendung verdünnter Lösungen von Citronensäure geeignet. Durch Sprühtrocknung von Apfelmark wird *Apfelpulver* gewonnen. *Birnen* werden unzerteilt oder zerschnitten vielfach in Wasserdampf erhitzt, um ihnen das beliebte durchscheinende Aussehen zu verleihen, und dann bei 60—65° C getrocknet. Die Ausbeute beträgt 13—14% des Frischobstes. Unzerteilte, nicht geschälte Trockenbirnen sind in Süddeutschland als „Hutzeln“ oder „Klötzen“ bekannt.

β) *Steinobst*

Von *Steinobst* trocknet man vor allem Pflaumen, Aprikosen und Pfirsiche. *Pflaumen* werden 5—15 sec in heiße verdünnte Natronlauge oder in 0,7%ige Kaliumcarbonatlösung getaucht („*Dippen*“), gewaschen und bei 70—75° C oder an der Sonne getrocknet. Zur Erleichterung des Trocknens ist auch das Anritzen der Schale („*Sticheln*“) üblich. Um die Oberfläche zu reinigen und der Trockenpflaume ein glänzend schwarzes Aussehen zu verleihen, wird sie zusätzlich kurze Zeit bei 80—85° C gedämpft („*Etuvieren*“). Ausbeute liegt bei einem Wassergehalt von maximal 19% zwischen 25 und 30%. *Zwetschen* in Form der „Backpflaumen“ wurden früher auf primitive Weise getrocknet. *Aprikosen* und *Pfirsiche* werden zunächst zur leichteren Entfernung der Haut wechselweise in heißes und kaltes Wasser getaucht, halbiert, entsteint und entweder an der Sonne oder bei 65—70° C künstlich getrocknet. Die Ausbeute beträgt je nach Fruchtgröße 10—15%. Bei Aprikosen und Pfirsichen ist die erwähnte Schwefelung allgemein üblich und technologisch nicht zu umgehen (Verhinderung der Bräunung). *Kirschen* spielen als Trockenobst eine untergeordnete Rolle; zur Vermeidung beträchtlicher Aromaverluste müssen sie langsam und sehr vorsichtig getrocknet werden.

γ) *Beerenobst*

Vom *Beerenobst* wird in erster Linie die *Weintraube* getrocknet. Sie liefert *Rosinen, Sultaninen* und *Korinthen.* Rosinen sind kernhaltige dunkelfarbige, Sultaninen kernlose hellfarbige Trockenfrüchte. Korinthen, mit oder ohne Kern, sind dunkelfarbig und viel kleiner als die anderen Sorten. Erhöhen des Wassergehaltes durch Einweichen und Waschen des Trockenobstes (Auffrischen, Beschweren) sind verboten.

Nach der „Fruchtbehandlungs-VO“ in der Fassung vom 28. 3. 1972 ist zur *Oberflächenbehandlung* von getrockneten Weinbeeren, ausgenommen Korinthen, acetyliertes Monoglycerid aus natürlichen Fetten (anstelle von flüssigem Paraffin) zugelassen, und zwar in einer Menge von 6,0 g/kg getrockneter Weinbeeren einschl. deren natürlichen Wachses. Der Höchstgehalt zugesetzter gesamter schwefliger Säure (ber. als SO_2) ist für Weinbeeren, ausgenommen Korinthen, auf 1000 mg/kg, für Ananas, Äpfel und Quitten auf 1500 mg/kg und für Aprikosen, Birnen und Pfirsiche auf 2000 mg/kg begrenzt („Schwefeldioxid-VO“ vom 13. 8. 1969).

δ) *Weitere Trockenprodukte*

wie solche von Feigen, Datteln, Bananen u.a.m. wurden bei den verschiedenen Obstarten erwähnt.

ε) *Chemische Zusammensetzung des Trockenobstes*

Der Wassergehalt des Trockenobstes schwankt je nach Frischmaterial und Trocknungsart zwischen 10 und 30%. Die Trocknung soll, um Verfärbungen und Aromaschädigungen zu vermeiden, nicht allzu weit getrieben werden, umgekehrt soll jedoch der Wassergehalt nicht zu hoch liegen (maximal 24%), um Gärungen, Schimmel- oder Milbenbefall zu vermeiden. Die chemische Zusammensetzung einiger Trockenobstprodukte bringt folgende Tabelle.

Tabelle 130: Chemische Zusammensetzung einiger Trockenobstarten (S. W. Souci u. Mitarb.: 152)

	Wasser	Eiweiß	Fett	Kohlen-hydrate	Rohfaser	Mineral-stoffe	Vitamin C
	←		g/100 g eßbarem Anteil			→	mg
Aprikosen	15—24	5,0	0,4	68	3,2	3,5	11
Datteln	20,2	1,9	0,5	73,2	2,4	1,8	3
Feigen	24,6	3,5	1,3	61,5	6,7	2,4	0—5
Pfirsiche	24,0	3,0	0,6	65,9	3,5	3,0	16,7
Pflaumen	24,0	2,3	0,6	69,4	1,6	2,1	4
Rosinen	24,2	2,3	0,5	64,2	7,0	1,86	1

Trockenobst ist ein ausgesprochen calorienreiches Lebensmittel und liefert außerdem beträchtliche Mineralstoffmengen (1,4—3,6%). Von den Vitaminen des Obstes bleiben β-Carotin und die Vitamine der B-Gruppe praktisch erhalten. Vitamin C wird stark geschädigt, jedoch nicht in dem früher vermuteten Ausmaß. Durch Schwefelung wird das Vitamin B_1 zerstört, Farbe und Vitamin C-Gehalt werden jedoch stabilisiert.

b) Obst in Dosen und Gläsern

Seit der Mitte des letzten Jahrhunderts ist die Hitzekonservierung (Sterilisierung) in Dosen und Gläsern das wichtigste Verfahren zur Haltbarmachung von Obst. 1970/71 produzierte die BRD 128000 t Obstkonserven, der Import betrug 289600 t der pro Kopf-Verbrauch 7,2 kg. Erst in letzter Zeit tritt das Tiefgefrieren konkurrierend in Erscheinung. Hauptbehältnis ist die, oft mit schützendem Lacküberzug versehene Weißblechdose (s. S. 271). Die an sich vorteilhafte Konservierung in Gläsern tritt demgegenüber aus arbeitstechnischen Gründen zurück. Über die Sterilisationsmöglichkeiten vgl. S. 267.

Für die Hitzesterilisierung ist nur einwandfreies, an artspezifischem Aroma reiches, doch nicht überreifes Obst geeignet. Aseptische Konservierung ist nur für passierte Früchte anwendbar. Verarbeitet werden vor allem Steinobst, Birnen und Ananas sowie Apfelmus, weniger Erdbeeren, Stachelbeeren und kaum Äpfel.

α) *Kompottfrüchte*

werden in großem Ausmaß von der Industrie, daneben auch im Haushalt hergestellt.

Kirschen werden entstielt und entkernt, *Zwetschen, Aprikosen* und *Pfirsiche* halbiert und entsteint, *Erdbeeren* entkelcht, *Stachel-* und *Johannisbeeren* entstielt, *Äpfel, Birnen* geschält und geschnitten. Für die genannten Prozeduren hat die Industrie zahlreiche Spezialmaschinen entwickelt.

Mit wenigen Ausnahmen (Himbeeren, Brombeeren) werden alle Früchte gewaschen. Bei Aprikosen wird durch die obenbeschriebene Behandlung mit Alkali bei 65° C die Pektinsubstanz der Mittellamelle aus der Haut entfernt, wonach sich diese leicht abziehen läßt. Mit der Haut sterilisierte Früchte, z.B. Mirabellen oder Pflaumen, werden zur Verhinderung des Platzens angeritzt („gestichelt"). Zur Vermeidung von Aromaverlusten und zur Verhinderung des Schwimmens oder Hochsteigens in der Dose ist es bei stark schrumpfenden Früchten (Kirschen, Mirabellen, Erd- und Stachelbeeren) häufig üblich, diese vor dem Eindosen in heiße etwa 30%ige Zuckerlösungen zu „tauchen" und dann mit der Zuckerkläre zu übergießen, deren Konzentration so zu wählen ist, daß die in den „Qualitätsnormen und Deklarationsvorschriften" (s. unten) für die einzelnen Kompottfruchtarten geforderte Mindestkonzentration im Zuckerfruchtsaft der fertigen

Konserve gewahrt bleibt. Die mit Zuckerlösungen versehenen Früchte werden im allgemeinen vor dem Verschluß der Dosen oder Gläser bei 77—95° C 4—6 min exhaustiert, verschlossen und je nach Fruchtart unter wechselnden Bedingungen durch Erhitzen haltbar gemacht. Als $^1/_1$-Dosen werden z. B. *Erdbeeren* im offenen Wasserbad bei 100° C 18 min, *Birnen, Pfirsiche* und *Aprikosen* bei 100° C 22 min lang sterilisiert. Zugaben von Ascorbinsäure und Citronensäure zur Farberhaltung, von Calciumsalzen zur Erhaltung der Festigkeit haben sich bei Kompottfrüchten bewährt.

β) Dunstfrüchte

(Dunstobst) werden ähnlich den Kompottfrüchten hergestellt; der Aufguß ist hier anstelle der Zuckerkläre nur *Wasser*. Jeglicher Zuckerzusatz ist verboten.

Einzelheiten zu den hier besprochenen Obstkonserven, vor allem hinsichtlich Herstellungs-, Verpackungs- und Kennzeichnungsvorschriften, bringen die „Qualitätsnormen und Deklarationsvorschriften für verarbeitetes Obst und Gemüse" (s. auch bei Gemüse). Hingewiesen sei weiterhin auf die „Farbstoff-VO" (Zulassung künstlicher Farbstoffe unter Kenntlichmachung in Erdbeer-, Kirsch-, Himbeer- und Pflaumenkonserven) sowie auf die „Leitsätze für verarbeitetes Obst vom 25./26. 6. 1969 und auf die „Kennzeichnungs-VO". Die in großem Umfang eingeführten Obstkonserven sollten hinsichtlich der Beschaffenheit und Bezeichnung den obenangeführten einschlägigen Anforderungen der BRD genügen.

c) Tiefgefrorenes Obst

Für längere Lagerzeiten (bis zu 1 Jahr) dient das *Tiefgefrieren*, bei dem Obst nach einem der früher (S. 263) beschriebenen Gefrierverfahren (meist in rasch bewegter Luft) eingefroren wird, und zwar vorwiegend in küchenfertigen Gebrauchspackungen. Wahl geeigneter Obstsorten und optimaler Reifung ist hier von größter Bedeutung. Mit Ausnahme von Äpfel- und Birnenteilen wird Obst meist nicht blanchiert. Zur Erhaltung der Qualität werden außerdem *Zuckeraufgüsse* (35—45%ige Zuckerlösungen), *Trockenzucker* (für Beerenfrüchte, in der BRD etwa 1 Teil Zucker auf 10 Teile Frucht) sowie *Ascorbinsäure* (0,03—0,1% der Fruchteinwaage, oft in Verbindung mit Citronensäure) benutzt. Empfohlen wurde außerdem die Zugabe von niederveresterten *Pektinen* zur Zuckerlösung, um Aussehen und Safthaltevermögen zu verbessern. Gefrorenes Obst wird bei mindestens —18° C gelagert und ist nach dem Auftauen sofort zu verbrauchen, da die durch den Gefrierprozeß weitgehend desaggregierte Zellsubstanz des Obstes insbesondere durch enzymatische Wirkungen sehr rasch an Qualität verliert und verdirbt. Weiteres bei K. Herrmann (64) sowie bei J. Gutschmidt (in 54, Bd. V/2., S. 76). Zur Beurteilung können die „Qualitätsnormen (127) herangezogen werden. Siehe auch die „Leitsätze für tiefgefrorenes Obst und Gemüse" in der Fassung vom 31. 1. 1970.

d) Rumfrüchte, Früchte in Dickzucker u. a.

Rumfrüchte (Rumtopf) werden durch Einlegen der Früchte in verdünnte Branntweine unter reichlicher Zuckerzugabe hergestellt. *Essigfrüchte* gewinnt man vor allem aus Birnen und Pflaumen, indem man das vorgekochte Obst in (mit Zimt und Nelken) gewürzte Weinessig-Zuckeraufgüsse bringt. Im Gegensatz zu den genannten, meist im Haushalt bereiteten Rum- und Essigfrüchten sind *Früchte in Dickzucker* vornehmlich industrielle Erzeugnisse. Zu ihrer Herstellung behandelt man die rohen oder vorgekochten Früchte oder Fruchtteile neuerdings auch im Vakuum mit Zuckerlösungen steigender Konzentration, denen zur Erhöhung der Transparenz und Geschmeidigkeit etwas Stärkezucker beigegeben wird. Produkte dieser Art sind z. B. die früher (S. 545) besprochenen Citrusfruchterzeugnisse *Zitronat* und *Orangeat*. Andere Fruchtarten liefern die sog. *Belegfrüchte*, die als Zwischenprodukte hauptsächlich auf Fruchtkonfekte weiter verarbeitet werden, und zwar zu *glasierten Früchten*, indem man nach kurzem Waschen anschließend mit schwachen, etwas Gummi arabicum enthaltenden Zuckerlösungen behandelt und bei 30—35° C nachtrocknet, oder zu *kandierten Früchten*, wo die getrockneten Belegfrüchte in starke Zuckerlösungen getaucht und dann in „Kandierkästen" nachgetrocknet werden. Ein weiteres Produkt sind die *kristallisierten Früchte*; hier wird die getrocknete Belegfrucht in Kristallzucker gewälzt, nachgetrocknet und zur Erzielung eines kräftigen Glanzes mit Wasserdampf kurz nachbehandelt. Vgl. auch hier die „Qualitätsnormen" (127).

Die *chemische Zusammensetzung* der hier besprochenen Produkte schwankt je nach Fruchtart, Zubereitung (Kompott- oder Dunstobst) und Weiterverarbeitung (Früchte in Dickzucker) beträchtlich; ihr calorischer Wert wird vor allem durch den Zuckergehalt bedingt, so daß kandierte Früchte nach Art des Zitronats oder Orangeats bei einem Kohlenhydratgehalt von 75—82,7% und einem Wassergehalt zwischen 20 und 15,4% pro 100 g 309—347 kcal liefern.

3. Obsterzeugnisse

Die hier als Rechtsstoff maßgebende „VO über Obsterzeugnisse" vom 15. 3. 1933 bzw. 17. 8. 1938 ist durch eine bedeutungsvolle „amtliche Begründung" ergänzt und faßt unter dem Begriff der Obsterzeugnisse zusammen: Obstkonfitüren und Marmeladen, Pflaumenmus, Obstsäfte und Obstsirupe, Obstgelee und Obstkraut sowie Gelierstoffe. Hinsichtlich der genauen Definition all dieser Erzeugnisse und ihrer einzelnen Sorten muß auf die genannte Verordnung verwiesen werden. Weiteren wesentlichen Rechtsstoff bringen vor allem die „Konservierungsstoff"-, „Fruchtbehandlungs"-, „Farbstoff"-, „Schwefeldioxid"- und „Lebensmittel-Bestrahlungs-VO", auf die im folgenden Bezug genommen wird.

Obsterzeugnisse, wie Marmeladen, Muse, Konfitüren, Jams sind hochwertige, calorienreiche Lebensmittel, die vor allem Bedeutung als Brotaufstrich besitzen. Andere Produkte, wie Obstsirupe und Süßmoste, u. a. werden in zunehmendem Ausmaß als vitamin-, aroma- und mineralstoffreiche Erfrischungsgetränke konsumiert.

Entsprechend der Bedeutung dieser Lebensmittelgruppe sind auch die Produktions- und Umsatzzahlen sehr hoch. An Konfitüren, Marmeladen, Pflaumenmus, Obstgelee und Obstkraut wurden vor dem ersten Weltkrieg in Deutschland jährlich rund 40000 t, im ersten Weltkrieg (1918/19) etwa 344500 t und 1971 in der BRD 148100 t produziert. Die gewerbliche Fruchtsafterzeugung in der BRD betrug 1970/71 249800 t, die Einfuhr 265000 t.

Den hier unter 3. a) bis d) genannten Erzeugnissen ist gemeinsam, daß sie — im Gegensatz zu den später zu besprechenden Produkten — nicht nur den Saft, sondern das gesamte Fruchtfleisch in unterschiedlicher Zerkleinerung, mit oder ohne Zuckerzusatz, enthalten.

Manche von ihnen (Marmeladen, Pflaumenmus) werden, vor allem im Haushalt auch heute noch aus frischem Obst hergestellt. Mit der Entwicklung industrieller Erzeugung und der Steigerung von Verbraucheransprüchen reichte jedoch dieser Sektor der Früchteerhaltung nicht mehr aus. Um von dem wechselnden Ausfall der Obsternten unabhängig zu sein, die auf wenige Monate konzentrierte Saisonarbeit (Kampagne) über das gesamte Jahr zu verteilen und die Kapitalinvestierung günstig zu gestalten, ging die Industrie immer mehr dazu über, *konserviertes Obst* oder *Halberzeugnisse* zu verarbeiten.

a) Die Halberzeugnisse

Die wichtigsten Halberzeugnisse sind *Obstpülpe* (Obstpulpe) und *Obstmark*. *Obstpülpe* ist ein nicht zum unmittelbaren Genuß geeignetes, aus frischem Obst hergestelltes Einfrucht-Halberzeugnis, das neben Obstbestandteilen in breiigstückiger Form auch unzerteilte Früchte und große Fruchtstücke enthält und unter Zusatz von zugelassenen Konservierungsmitteln haltbar gemacht ist. Der Mindestgehalt an löslicher Trockensubstanz verschiedener Pülpen liegt bei 7—11%.

Zur Herstellung der Obstpülpe wird das in besonderen Waschmaschinen gereinigte Obst im Dämpfkanal oder in Vorkochkesseln weichgedämpft. *Obstmark* ist als Halberzeugnis gleichfalls nicht zum unmittelbaren Genuß bestimmt, wird aus frischem oder frischerhaltenem Obst hergestellt und vor oder nach dem Zusatz von erlaubten Konservierungsmitteln passiert. Die Herstellung von *Obstmark* entspricht also in den ersten Stadien der von Pülpe, nur daß anschließend die Gesamtfrucht passiert wird. Obstmark und Obstpülpe können auch eingefroren werden. Die *Rohkonservierung* des Obstes erfolgt durch Übergießen des gewaschenen und gekochten Obstes in Behältern mit konservierenden Flüssigkeiten unter Verwendung zugelassener Konservierungsmittel. Über Schwefeldioxid und entsprechende Verbindungen als technische Hilfsstoffe vgl. die „Schwefeldioxid-VO". Nachteile derartiger Halbfabrikate sind vor allem darin zu sehen, daß bei längerer Lagerung durch enzymatisch katalysierte Reaktionen ein teilweiser Abbau der Pektine eintreten kann, dem man dadurch zu begegnen versucht, daß die Halbfabrikate, insbesondere das Fruchtmark, zur Enzyminaktivierung aufgekocht werden. Meist steigert man jedoch die fehlende Gelierkraft durch Zusatz pektinreicher Stoffe, der

b) Pektinpräparate, Obstgeliersäfte

Obstpektin rechnet zu den Obsthalbfabrikaten und wird als flüssige oder pulverförmige Zubereitung, meist mit einem geringen Zusatz von Weinsäure oder Milchsäure, aus Obstrückständen hergestellt (S. 103). Auch niederveresterte Pektine, die aus natürlichem Pektin durch chemische (Säuren, Alkalien) oder enzymatische (Pektinasen) Entesterung gewonnen werden, haben sich eingeführt. Flüssiges Obstpektin enthält mindestens 2,5% Pektinstoff (berechnet als Calciumpektat); der Pektingehalt beträgt mindestens 25% der Trockenmasse. Pulverförmige Präparate entsprechen in 10%iger wäßriger Lösung diesen Bedingungen. Obstpektine sind mit dem Namen der betreffenden Obstart zu bezeichnen. Die Hauptmenge der heute verwendeten Pektine stammt von Citrusfrüchten.

Obstgeliersäfte werden aus frischen Früchten *einer* pektinreichen Obstart durch Behandeln mit Wasser hergestellt und unterliegen ähnlich dem Obstpektin bestimmten Anforderungen (vgl. die „Obst-VO"). Bei beiden Produkten ist Schwefelung (Höchstgehalt, berechnet als Schwefeldioxid, 800 mg/kg) zugelassen.

c) Marmeladen, Konfitüren

Marmeladen sind dickbreiige, streichfähige Zubereitungen, die durch Einkochen von frischem oder frisch erhaltenem, entkerntem oder entsteintem Obstfruchtfleisch oder von Obstpülpe oder Obstmark und technisch reinem weißem Verbraucherzucker hergestellt sind. Zusätze von ungeschältem Obst, geringen Mengen Obstpektin oder Obstgeliersaft, von Stärkesirup, Weinsäure oder Milchsäure sind zulässig. Man unterscheidet *Einfruchtmarmeladen*, *Mehrfruchtmarmeladen* und *gemischte Marmeladen*; Anforderungen an die einzelnen Erzeugnisse, insbesondere auch hinsichtlich der Färbung, sind in den vorgenannten Verordnungen niedergelegt.

Zur *Herstellung* der Marmeladen kocht man das Obst oder die Halbfabrikate in offenen, doppelwandigen Kupferkesseln oder V_2A-Kesseln mit dem (oft in zwei Chargen zugegebenen) Zucker vor. Kurz vor dem Ende des Einkochens setzt man die weiteren Bestandteile (Gelierstoffe, Stärkesirup, Farbe, Säure) zu. Das Ende des Kochprozesses wird durch Refraktometrie festgestellt. *Kochen im Vakuum* vermindert Kochzeit und Temperaturen beträchtlich, doch wird davon nur in geringem Umfang Gebrauch gemacht. Den Vorteilen der Farb- und Aromaerhaltung steht offenbar hier die fehlende Saccharose-Inversion und die unzureichende Caramelisierung entgegen, Reaktionen, die den charakteristischen, vom Verbraucher geschätzten Geschmack der im offenen Kessel gekochten Marmelade bedingen. Außerdem tritt bei den niedrigen Temperaturen die Geleebildung nicht ausreichend ein. Beim Kochen ohne Vakuum arbeitet man in kleinen Chargen (höchstens 100 kg), um die Kochzeit auf 15—30 min zu senken und damit die Inversion der Saccharose (30—50% sind erwünscht) und die Hydrolyse des Pektins nicht allzuweit zu treiben sowie Aromaverluste zu mindern. Die fertig gekochte Marmelade wird meist automatisch noch heiß in Holzkübel, Blecheimer, Gläser oder Metall- und Porzellandosen, neuerdings auch in Kunstoff-, Metall- oder Papierbehälter als Portions(Frühstücks-)Packungen abgefüllt. Die im Haushalt übliche *Oberflächenkonservierung* besteht darin, daß die Oberfläche der abgefüllten Marmelade durch ein mit zugelassenen Konservierungsstoffen imprägniertes Deckblatt geschützt oder mit Alkohol oder alkoholhaltigen Flüssigkeiten übergossen wird.

Seit einigen Jahren werden „*ungekochte*" *Konfitüren* und *Marmeladen* durch Pasteurisierung bei höchstens 85° C hergestellt, um Aroma- und Farbstoffe der Früchte zu schonen.

Pflaumenmus (Powidl, Zwetschenmus, Zwetschengesälz) stellt wohl die älteste Art der Marmeladenbereitung dar. Pflaumenmus wird durch Einkochen des Pflaumenmarks aus frischen, auch getrockneten Pflaumen oder aus Gemischen beider hergestellt. Normale Ware enthält *keinen Zuckerzusatz*, doch ist die Herstellung von Erzeugnissen, die gesüßt sind oder andere Bestandteile enthalten, erlaubt (siehe die genannte Verordnung).

Konfitüren (Jams) werden ähnlich wie Marmeladen aus *einer* Obstart hergestellt, und zwar durch Einkochen von unzerteiltem oder in Stücke geschnittenem frischem oder frisch erhaltenem Ausgangsmaterial unter Rühren. Zum Unterschied von Marmeladen enthalten sie also im fertigen Erzeugnis noch ganze Obststücke. Der Wassergehalt darf bis zu 35% betragen.

Fruchtpasten (Marmeladenfrüchte) sind Erzeugnisse, die durch Eindicken von Fruchtmark, Zucker und Stärkezucker (Wassergehalt etwa 12—19%) bis zur schneid- und preßbaren Konsistenz hergestellt werden.

Obgleich die Hagebutten (Hiften) nicht zum Obst gerechnet werden, sei hier das in Süddeutschland bisweilen gehandelte *Hagebuttenmark* (Hägenmark) erwähnt, hergestellt aus dem Fruchtfleisch der entstielten, entkelchten und nach dem Halbieren von Samen und Härchen befreiten Frucht. Vor dem Passieren werden die geputzten Früchte häufig mit wenig Wasser über 4—6 Tage einem Gärungsprozeß unterworfen.

Als Zwischenerzeugnis zwischen Obstmark als Halbfabrikat und Marmelade ist das *Apfelmark* zu erwähnen, das auch als solches an den Verbraucher gelangt, und zwar als „Apfelmus, extra, tafelfertig" oder „Apfelmus, tafelfertig" mit 90 oder 70 g Zucker je $^1/_1$-Dose und als „Apfelmark extra" sowie „Apfelmark". Die beiden letztgenannten Erzeugnisse sind der dicke, nicht entsaftete Brei von Äpfeln *ohne* irgendwelche Zusätze.

Abb. 96 bringt ein Fließdiagramm der Marmeladenherstellung (S. 556).

Chemische Zusammensetzung und Nährwert. Nach der „Obst-VO" ist der Höchstwassergehalt für Obstkonfitüren und Einfruchtmarmeladen auf 35 Hundertteile, für gemischte Marmeladen auf 42 Hundertteile festgelegt. Gesetzliche Anforderungen hinsichtlich Zuckergehalt, Obstanteil, Obstsorten u. a. sind der vorerwähnten Verordnung zu entnehmen. Die Zusammensetzung verschiedener Handelskonfitüren bringt Tabelle 131.

Tabelle 131: Zusammensetzung verschiedener Handelskonfitüren (Mittelwert in %)

Konfitüren aus	Wasser	Wasserlösl. Extrakt	Gesamtzucker	Zuckerfreier Extrakt	Titrierbare Säure	Asche	Pektin als Ca-pektat
Erdbeeren	32,2	66,2	57,7	8,5	0,49	0,30	0,34
Aprikosen	33,1	66,2	51,3	5,0	0,71	0,36	0,50
Kirschen	28,6	70,8	61,6	9,3	0,55	0,38	0,42
Brombeeren	34,2	64,8	58,0	6,8	0,71	0,32	0,34
Himbeeren	30,0	67,2	60,3	6,8	0,90	0,30	0,38
Heidelbeeren	30,1	68,0	60,0	8,0	0,78	0,22	0,37
Pflaumen	31,1	68,0	59,5	8,3	0,42	0,24	0,43

Der Nährwert ist beträchtlich, er liegt im Mittel bei 257 kcal/100 g.

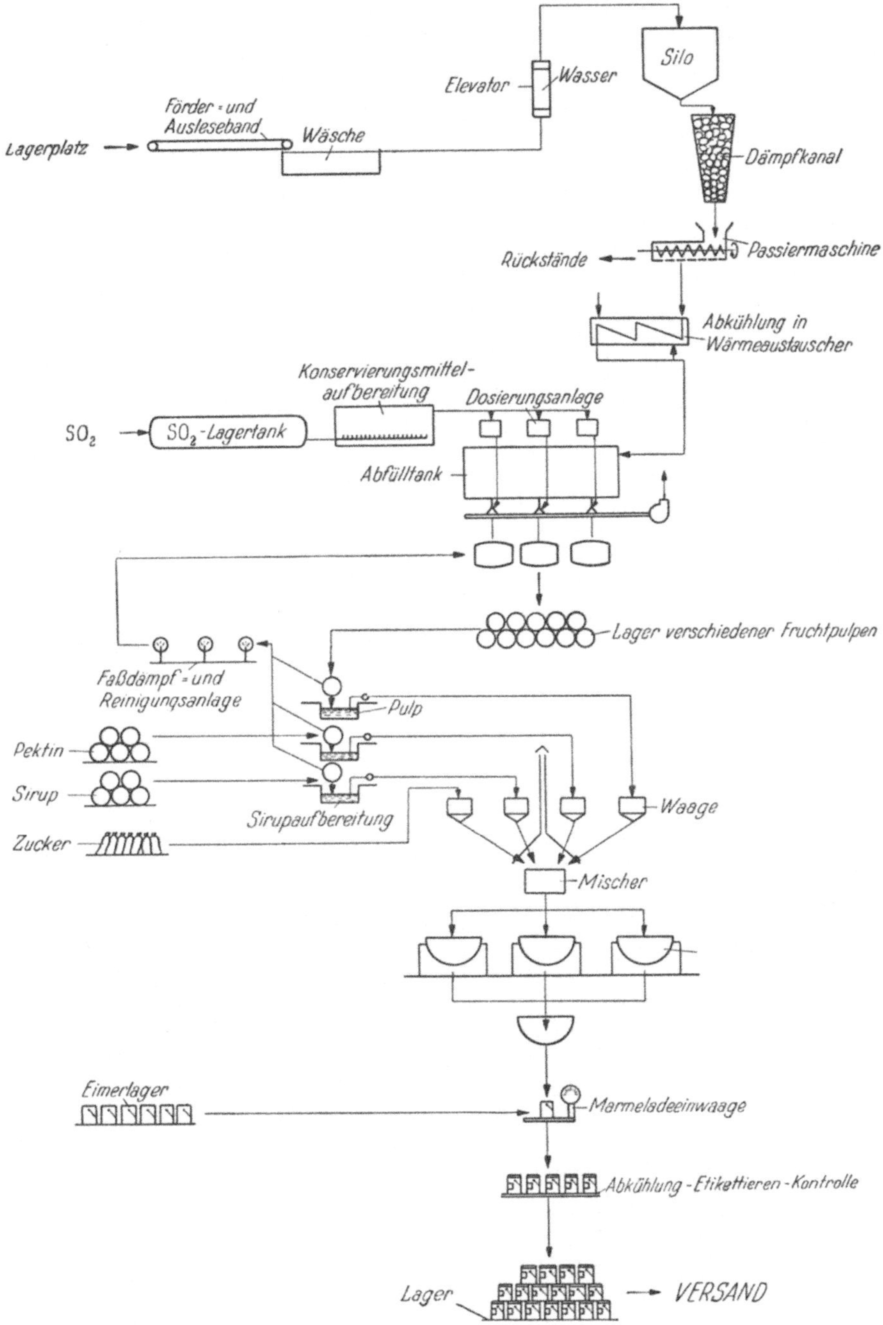

Abb. 96. Herstellung von Marmeladen (Aus: 54, Bd. V/2., S. 142)

d) Fruchtmuttersäfte (Obstsäfte)

Die *Obstsäfte* (Fruchtsäfte, Fruchtrohsäfte oder Fruchtmuttersäfte) sind Zubereitungen, die durch Pressen von frischem oder vergorenem Obst *einer* Obstart (also als *Einfruchterzeugnisse*) mit oder ohne nachfolgende Filtration hergestellt sind. Obstsäfte aus Citrusfrüchten erhalten meist einen geringen Zusatz von Schalenaroma. Die Obstsäfte werden mit dem Namen der verwendeten Fruchtart bezeichnet. An den Endverbraucher im Handel abgegeben wird lediglich der *Zitronensaft*. Alle anderen sind im Sinne der Obstverordnung Halbfabrikate („*Muttersäfte*") und dienen vor allem zur industriellen Herstellung von Obstsirupen, Gelees, Limonaden, Fruchtsaftlikören und Zuckerwaren. Wir unterscheiden *Beerenmuttersäfte* (Himbeer-, Johannisbeer- und Erdbeersäfte), *Kernobstsäfte* (Apfel, Birne), *Citrusfruchtsäfte* (Orange, Zitrone) und verschiedene *Kirschsaftsorten:* Sauerkirschmuttersaft, Süßkirschmuttersaft und gespriteten Kirschsaft, ein vergorener Sauerkirschsaft mit insgesamt 18% Alkohol, von dem bis zu 15% in Form von Sprit zugesetzt sind.

Himbeeren, Heidelbeeren und Johannisbeeren sowie Kirschen läßt man oft leicht angären und unterstützt diesen Vorgang durch Zugabe von wenig Zucker (1—2%). Dadurch wird die Lockerung des Zellgewebes, die Abscheidung von Trubstoffen, eine Verbesserung der Farbe und der Aromaausbau nach weinähnlicher Richtung erreicht. Beeren zerquetscht man in Walzen oder Traubenmühlen. Bei Kirschen werden die Kerne z. T. mit vermahlen. Die Zerkleinerung von Kern- und Steinobst erfolgt in Obstmühlen. Bei Citrusfrüchten ist die Entfernung der bitterschmeckenden Kerne notwendig. Der so nach verschiedenen Verfahren erhaltene Obstbrei (*Maische*) wird in Tücher aus Baumwolle oder Hanfgarn eingeschlagen, in den Preßkorb (Biet) gebracht und in Spindelpressen, großtechnisch in hydraulischen Pressen, bei 25—30 at abgepreßt. Zur Steigerung der Ausbeute werden die ausgepreßten Früchte nochmals umgepackt und erneut gepreßt, evtl. unter Zugaben von Filtrationsenzymen (S. 213) („*Maischeselbstfermentierung*"). Die Behandlung mit Filtrationsenzymen kann in der Maische auch bei erhöhter Temperatur erfolgen („*Heißfermentierung*" bei 55° C). Vorhergehende Kurzzeiterhitzung auf 80° C inaktiviert die Phenoloxidasen vollständig. Der geklärte *Muttersaft* wird als Zwischenprodukt zur Haltbarmachung pasteurisiert, durch Entkeimungsfilter gegeben, unter CO_2-Druck gelagert, gespritet oder mit zugelassenen chemischen Konservierungsmitteln versetzt.

Die Konservierung von Obst- und Citrusmuttersäften regelt die „Konservierungsstoff-VO", die Schwefelung von Citrusmuttersäften (300 mg SO_2/kg) ist in der „Schwefeldioxid-VO" festgelegt.

Bei Verwendung von gegorenem Obst kommt in den entsprechenden Säften 2,2 bis 6,4% *Alkohol* vor. Die *Stickstoffsubstanz* enthält beträchtliche Mengen an Ammoniak- und Amidstickstoff und liegt (wegen der im Saft fehlenden unlöslichen Stoffe, vor allem der Kerne) wesentlich niedriger als bei der Gesamtfrucht. *Saccharose* wird im Verlaufe der Gärung invertiert und geht teilweise in Alkohol über, *Pektin* wird abgebaut oder mit dem Trub entfernt. Der Gehalt an *organischen Säuren* verringert sich durch den Säureabbau (vgl. bei Wein).

Zitronensaft fällt durch seinen hohen Gehalt an Citronensäure (4,7—7,9%) aus der Reihe. Er enthält außerdem 0,12—1,57% Invertzucker, 7,1—10,2% Extrakt, 0,04 bis 0,09% Stickstoff und 0,3—0,6% Asche sowie 45—67 mg/100 g Vitamin C. Von den *Trestern* dienen die der Citrusfrüchte zur Pektingewinnung und (gleich denen aromatischer Beerenfrüchte) zur Gewinnung ätherischer Öle. Aus Trestern von Beeren wird auch Branntwein gebrannt.

e) Obstkraut

Unter *Obstkraut* versteht man Zubereitungen, die aus frischen Äpfeln oder Birnen durch Dämpfen oder Kochen, Abpressen und Eindampfen des gewonnenen Auszuges oder aus Apfel- oder Birnensaft durch Eindampfen ohne oder mit Zuckerzusatz hergestellt werden. Ihr Trockensubstanzgehalt beträgt mindestens 65%.

„*Gemischtes Kraut*" sind obstkrautähnliche Zubereitungen, die unter Verwendung von frischen oder getrockneten Äpfeln, frischen oder getrockneten Birnen, Apfel- und Birnenschalen, Apfel- oder Birnennachpresse sowie Rübenkraut (Zuckerrübensaft) oder Speisesirup aus Entzuckerungsabläufen mit oder ohne Verwendung von Zucker (Saccharose) oder Stärkesirup hergestellt sind (vgl. die „Obst-VO").

Zur *Herstellung* werden frische in Wasser weichgekochte oder gedämpfte Süßäpfel oder Birnen unter hydraulischem Druck in Saft und Trester geschieden und der abfließende Extrakt in offenen Kesseln mit Rührwerk auf einen Maximalgehalt von 35% Wasser eingedampft. In gleicher Weise wird „*Apfelkraut*, gesüßt“, „*Apfel-Birnen-Kraut*“ oder „*Gemischtes Kraut*“ (vgl. oben) und „*Rübenkraut*“ (als eingedickter Saft von Zuckerrüben) hergestellt. „Apfelkraut“, ist also im Grunde eingedickter Apfelsaft ohne jeden Zusatz.

Wesentliche Bedeutung besitzt nur das im Rheinland unter der Bezeichnung „Rheinisches Apfelkraut, mit Zucker gesüßt“ gehandelte Produkt. Zugesetzt werden hier 25% Zucker (auf das Endprodukt bezogen) ohne Kenntlichmachung. Zuckermengen bis zu 40% müssen deklariert werden. Der erlaubte Birnenanteil darf 20% nicht überschreiten.

f) Obstsirupe und Obstgelees

Erzeugnisse dieser Art unterscheiden sich von Musen und Marmeladen dadurch, daß sie aus dem *Saft* und nicht aus dem Fleisch der Obstfrüchte gewonnen und vom Obstkraut dadurch, daß sie *stets* unter Verwendung reichlicher *Zuckermengen* hergestellt werden.

Obstsirupe sind dickflüssige Zubereitungen, die durch Aufkochen des Obstsaftes aus *einer* Obstart mit Zucker entstehen. Sie werden zuweilen auch auf kaltem Wege durch unmittelbares Behandeln von frischem Obst oder Obstsäften mit Verbrauchszucker, zuweilen auch unter Verwendung einer geringen Menge Weinsäure oder Milchsäure hergestellt und mit dem Namen der verwendeten Obstart bezeichnet. Obstsirupe aus Citrusfrüchten enthalten meist einen geringen Zusatz von Schalenaroma.

Obstsirupe werden aus blank filtrierten Muttersäften (Ausnahme Citrusmuttersäfte) und Zucker häufig in offenen, doppelwandigen, dampfbeheizten Kesseln unter Rühren hergestellt.

Zur Vermeidung von Aromaverlusten und Caramelisierung kühlt man möglichst schnell. Durch den normalen Kochprozeß tritt teilweise Zuckerinversion ein, die ein nachträgliches Auskristallisieren der Saccharose verhindert. Säurearme Früchte werden mit den zugelassenen Höchstmengen (0,3% ohne und 1% mit Kennzeichnung) an Wein- oder Milchsäure versetzt. Abgedampfte Aromastoffe dürfen beim Kochen im geschlossenen Kessel zurückgewonnen und dem Fertigprodukt wieder zugesetzt werden. Ähnlich wie bei Marmelade arbeitet man auch hier bisweilen zur Erhaltung des Aromas im Vakuum (50° C Anfangstemperatur, 65—70° C Endtemperatur). Besonders schonende Sirupgewinnung ist nach den „*Kaltlöseverfahren*“ möglich, wo bei dem „*Barrucand*- und *Granulator-Verfahren*“ der Rohsaft in der Kälte über kristallisierten Zucker läuft, bis die erforderliche Zuckerkonzentration erreicht ist. Aromaempfindliche Sirupe, die noch Trubstoffe enthalten, z. B. Citrusfruchtsirupe, gewinnt man oft derart, daß der Zucker in den Muttersaft unter starkem Rühren eingebracht und dort durch die Rührwirkung immer wieder nach oben geworfen wird, bis er sich völlig gelöst hat. Ein weiteres Verfahren, das „*Sturztrommelverfahren*“, arbeitet mit rotierenden, diametral gelagerten Kästen, in denen Zucker und Rohsaft bis zur Lösung gedreht werden. Wie oben erwähnt, ist in der BRD die Herstellung von Obstsirupen aus Mischungen verschiedener Obstsäfte nicht erlaubt. Eine Ausnahme macht lediglich der *Himbeersirup*, dessen Ausgangssaft auf 9 Teile Himbeersaft zum Nachdunkeln 1 Teil Kirschsaft unter Kenntlichmachung enthalten darf.

Als Höchstgehalt an Zucker ist in Obstsirupen eine Menge von 68% zulässig. Erhöhter Mineralstoffgehalt (normal 0,14—0,44%) weist auf Verfälschungen hin. Die chemische Zusammensetzung entspricht der einer aus 13 Teilen Zucker und 7 Teilen des entsprechenden Saftes gewonnenen Zubereitung.

Obstgelee wird als gallertartige streichfähige Zubereitung aus dem Saft oder dem wäßrigen Auszug von frischen Früchten oder aus der Pülpe *einer* Obstart durch Einkochen mit technisch reinem Verbrauchszucker hergestellt. Erlaubt sind Zusätze geringer Mengen von Obstpektin (0,5%, ber. als Calciumpektat),

0,5% Wein- oder Milchsäure und (unter Deklaration) von Farbstoffen. Der Wassergehalt ist auf 42% beschränkt, der Zuckergehalt soll mindestens 50% und höchstens 70% betragen.

Zur Herstellung wird frisches Obst oder Pülpe direkt oder nach dem Kochen mit Wasser auf Packpressen oder kontinuierlichen Saftextraktoren abgepreßt, der erhaltene Extrakt im offenen Kessel oder in Vakuumapparaten mit etwa dem halben Obstgewicht an Zucker, wenn nötig unter Pektinszusatz und Zugabe der obenerwähnten erlaubten Stoffe, eingekocht, sorgfältig abgeschäumt und bis zu einem maximalen Wassergehalt von 42% weiter gekocht. In speziellen Erzeugnissen, die entsprechend zu kennzeichnen sind („Apfelgelee aus Trockenäpfeln" bzw. „aus Apfelschalen", „Apfelnachpressegelee"), kann Apfelgelee bis zu 90% aus getrockneten Äpfeln und/oder Apfelschalen und/oder Apfelnachpresse hergestellt werden. Apfelgelee-Erzeugnisse — und nur diese — dürfen 10% andere Obstsäfte enthalten, dem Apfelgelee aus Trockenäpfeln usw. darf auch natürliches Himbeeraroma zugesetzt werden, außerdem ist hier ein Stärkesirupzusatz bis zu 12% erlaubt.

g) Süßmoste (Fruchtsäfte)

Süßmoste oder *Fruchtsäfte* sind nach den „Leitsätzen" des Deutschen Lebensmittelbuches in der Fassung vom 16. 3. 1972 zum unmittelbaren Genuß bestimmte unvergorene und alkoholfreie Erzeugnisse aus Kern-, Stein- und Beerenobst, Wildfrüchten, Trauben und Südfrüchten. *Konzentrierte Fruchtsäfte* sind die obenaufgeführten Erzeugnisse, die in konzentrierter Form in Packungen oder Behältnissen an den Letztverbraucher oder in Gaststätten abgegeben werden. Die in Rede stehenden Produkte können blank, trüb oder fruchtfleischhaltig sein. Die *Haltbarmachung* erfolgt nach physikalischen Verfahren, die auch in Kombination angewandt werden. Es sind dies: *Filtration*, *Wärme-*, *Kälte-*, *Kohlendioxidbehandlung* und *Konzentrierung*. Aromaabtrennung zum Zweck der Wiederzugabe ist möglich, bei der Konzentrierung erforderlich. Als *Kellerbehandlungsmittel* sind erlaubt: Gelatine, Filtrationsenzyme, Tannin, Bentonit, kohlensaurer Kalk, L-Ascorbin säure (jedoch nur zur Verhinderung oxydativer Veränderungen). In bestimmten Fällen ist Behandlung mit Kaliumhexacyanoferrat(II) zugelassen. Fruchtsäfte müssen *gärfähig* sein. Weitere Angaben über Verdünnung konzentrierter Fruchtsäfte, Bezeichnung, Beschaffenheitsmerkmale und besondere Beurteilungsmerkmale sind den oben zitierten *Leitsätzen* zu entnehmen.

Die Herstellung von Fruchtsäften (Apfel-, Trauben-, Orangen-, Grapefruit- und Ananassaft) sowie von Süßmost (Schwarzer Johannisbeersüßmost) hat in den letzten Jahrzehnten eine stürmische Entwicklung erfahren. In der BRD stieg der Verbrauch von 1,8 l pro Kopf und Jahr 1950 auf 8,0 l im Jahr 1971 an. Die Spitze in Europa hält die Schweiz mit 20 l pro Kopf und Jahr.

In der BRD wurden 1971 produziert (in Mio l): Kernobstsäfte (272,4), Traubensaft (32,2), Fruchtsäfte aus Steinobst, Beeren und Wildfrüchten (86,3) sowie aus Citrusfrüchten (137,4).

An *Obstsirupen* werden überwiegend *Himbeersirup*, weit weniger Kirschsirup hergestellt. *Fruchtnektare*, *Obstkonzentrate* und *-sirupe* sind auch in der BRD auf dem Markt.

Zur Herstellung von Süßmosten wird das frisch geerntete, sortenmäßig geeignete und sorgfältig gereinigte Obst zunächst zerkleinert, und zwar Kernobst in Rätzmühlen, Sägeblattmühlen oder Schleuderfräsen gemahlen, Stein- und Beerenobst in Beerenmühlen zerquetscht. Johannisbeeren und Trauben werden meist entbeert, Kirschen entstielt.

Zur Gewinnung farbiger Preßsäfte wird die Maische mit Pumpen in Röhrenerhitzer gefördert und dort auf 60—80° C erhitzt (Fermentierung).

Die so erhaltene Maische wird dann, wie bei Obstsaft beschrieben, in hydraulischen Packpressen abgepreßt. Die Saftausbeute schwankt je nach Obstart und Obstsorte, sie beträgt z. B. bei Äpfeln und Birnen 65—75%, bei Trauben und Beerenobst 70—80%. Zugabe von „Filtrationsenzymen" (s. unten) zur Maische vor dem Pressen steigert Ausbeute (bis zu 90%), Hochfarbigkeit, Aroma und Vitamingehalt der Säfte. Der abfließende Saft wird zur Vermeidung von Mikrobenbefall und enzymatischen Umsetzungen entweder umgehend in Durchlaufkühlern auf 2° C gekühlt oder aber auf folgendem Wege weiterverarbeitet.

Die Mehrzahl der Säfte unterwirft man zunächst im Rahmen der Kellerbehandlung einer *Klärung*, wobei die Hauptmenge der Trubstoffe durch Zentrifugen (Ringkammerschleudern) entfernt wird, die Feinklärung in Schicht-, Anschwemm- oder Masse-(Schalen-)filtern mit Kieselgur, Cellulose oder Asbest und deren Mischungen als Filtermaterial erfolgt. Zur Vorklärung dienen überwiegend die *Filtrationsenzyme*, pektinolytisch wirksame Enzympräparate, die kolloid gelöste Pektinstoffe abbauen und damit deren Schutzwirkung auf Trubstoffe ausschalten, außerdem die Filtrierbarkeit durch Viscositätsminderung steigern. Zur Klärung zugelassen sind die eingangs genannten *Kellerbehandlungsmittel*; erlaubt ist weiterhin die Verwendung von *schwefliger Säure* zum Entkeimen der Gebinde und Korken. In den letzten Jahren haben auch nichtgeklärte trübe, zu Unrecht als „naturtrüb" bezeichnete Säfte beim Verbraucher Eingang gefunden.

Die *Haltbarmachung* des Süßmostes darf nur bei „praktisch alkoholfreien" Säften (höchstens 0,5 g Alkohol in 100 ml) vorgenommen werden, und zwar nach folgenden *Einlagerungsverfahren:*

Pasteurisierung. Die unter dem Namen „*Warmverfahren*" zusammengefaßten Prozesse stellen die älteste Art der Süßmost-Haltbarmachung dar. Im Kleinbetrieb wird häufig die *Entkeimungsglocke* (Baumannsche Glocke) benutzt; hier durchläuft der Saft in etwa 20 sec die Glocke, wird dabei auf 72—75° C gebracht und anschließend langsam abgekühlt.

In zunehmendem Ausmaß erfolgt die *Pasteurisierung* nach dem Durchlaufverfahren in Plattenerhitzern (Abb. 63, S. 387). Dabei wird der Saft rasch auf 87° C erhitzt und anschließend in Schnellstromkühlern während 50—60 sec auf weniger als 15 ° C abgekühlt, sofort abgefüllt oder in sterilen Tanks gelagert. Durchlaufpasteurisierung in Form der *Kurzzeit-Hocherhitzung* (*flash-pasteurisation*) erweist sich als Schutz gegen Verfärbung und Kochgeschmack sowie zur Vitamin C-Erhaltung, vor allem in Verbindung mit einer Vakuumentlüftung, als vorteilhaft. Bei der Heißeinlagerung von Trauben- und Apfelsäften ohne Rückkühlung können nicht unerhebliche Menge an *Hydroxymethylfurfural* entstehen.

Entkeimung durch Filtration. Die technologisch anspruchsvolle Entkeimungsfiltration stellt ein typisches Kalteinlagerungsverfahren dar. Hier werden aus keimarmen, vorfiltrierten und „geschönten" sowie mit Filtrationsenzymen behandelten Süßmosten durch engporige sterile Filterschichten lebende und tote Keime mechanisch entfernt und die filtrierten Säfte in sterile Tanks oder Fässer eingelagert oder sofort in Flaschen abgefüllt. Das besonders schonend arbeitende Verfahren hat heute in Deutschland an Bedeutung verloren.

Einlagerung unter Verwendung von Kohlendioxid (*Kohlensäuredruckverfahren*). Dieses von A. Böhi (1912) in der Schweiz entwickelte Verfahren macht sich den Umstand zunutze, daß im Keltermost vorhandene Mikroorganismen, insbesondere Hefen, bei Übersättigung mit Kohlendioxid und weitestgehender Ausschaltung der Luft in ihrer Entwicklung sehr stark gehemmt werden. Dadurch läßt sich eine beträchtliche Haltbarkeitsverlängerung des Saftes (bis zu 4 Monate) erreichen. Bei diesem Verfahren wird der vorgeklärte und mit Filtrationsenzymen behandelte oder durch Kurzzeiterhitzung keimarm gemachte Saft in luftfreie Stahltanks gepumpt und zur Übersättigung (1,5%) mit Kohlendioxid (Trockeneis oder Druckflaschengas) imprägniert. Die Lagertemperatur beträgt 15° C (7—8 at) oder 0° C (4 at). Unter Kohlendioxiddruck gelagerte Süßmoste lassen sich auch in geeigneten Druckfässern transportieren und zum Ausschank bringen (*Baldus-Verfahren*).

Tabelle 132: Zusammensetzung von Süßmosten, Obst- und Citrussäften, Muttersäften und Sirupen (Grenzwerte) (Aus Tabellen bei K. Herrmann in 54. Bd. V/2)

	Extrakt	Gesamtzucker	Flüchtige Säure	Zuckerfreier Extrakt	Asche	Titrations-azidität ber. als	Aschen-alkalität	Vitamin C
	← g/l					→	ml n-NaOH/l	mg/l
Apfelsaft	97 —130	72 —102	0,15—0,25	14 —34	2,2 —3,1	4,1—10,4 (Äpfelsäure)	31—38	0—30
Traubensaft	145 —195	120 —180	0,08—0,25	21,6—35	2,1 —3,2	3,6—11,7 (Weinsäure)	23—30	17—20
Schwarzer Johannisbeersüßmost	120 —165	95 —145	0,12—0,25	13,3—44,5	2,25—3,2	9,15—12,75 (Weinsäure)	26—35	100—560
Kirschsüßmost	126,4—166,4	104,3—138,4	0,08—0,12	17,8—32,6	1,99—3,02	8,0—10,1 (Weinsäure)	19—30	—
Himbeer-Muttersaft	45 —100	2,7— 69,6	—	22,8—64,8	3,5 —5,4	13,5—27,8 (Weinsäure)	39—65	120—490
Orangensaft	87 —148	60 —110	—	15,2—41,0	2,2 —4,9	5—18 (Citronensäure)	22—53	280—860
Zitronensaft	71 —119	7,7— 40,8	—	—	1,5 —3,5	42—83,3 (Citronensäure)	30—50	370—630
Grapefruitsaft	76 —126	50 — 83	—	10,3—53	2,5 —5,6	5—27 (Citronensäure)	—	250—500

Moderne Verfahren sind die *Kühllagerung* bei etwa —2 °C und die *Gefrierlagerung* von Fruchtsäften bei —20 °C (Citrussäfte, Aprikosen- und Erdbeersüßmoste).

Die Abfüllung der Säfte kann in der *Kälte* erfolgen, wobei zunächst Trübungen, herrührend von Eiweiß- und Pektinabscheidungen sowie von Eiweiß-Gerbstoff- oder Eiweiß-Metallverbindungen, durch *Klärfiltration* entfernt werden. Die kalt abgefüllten Säfte werden durch Nachpasteurisierung bei maximal 75° C entkeimt. Meist erfolgt *Heißabfüllung* mit Hilfe von Plattenerhitzern. Als *Behältermaterial* haben sich neben der Flasche auch die Dose und (für Portionspackungen) Kunststoffbehälter durchgesetzt. Fruchtsäfte dienen auch zur Herstellung von *Milchmischgetränken.*

Einlagerung erfolgt meist in Stahltanks (10000—20000 l) die durch Auskleidungen mit Emaille oder Kunstharz gegen Korrosion geschützt sind, in Aluminiumtanks (oft mit Kunstharzeinbrand), neuerdings auch in Tanks aus glasfaserverstärkten Polyesterharzen. Besonders geeignet sind Edelstahltanks (V_2A, V_4A) oder V_2A-innenplattierte gewöhnliche Stahltanks.

Bestrebungen zur *Steigerung der Süßmostqualität* zielen vor allem dahin, den als Substrat der Oxidasen besonders schädigenden, Aroma, Farbe und Geschmack der Süßmoste beeinflussenden Sauerstoff weitgehend auszuschalten. Sauerstoff durch Evakuieren oder durch Verdrängen mit Stickstoff zu entfernen, Ascorbinsäure (20—50 mg/l) als Sauerstoffacceptor einzusetzen oder Sauerstoff durch *Glucoseoxidase-Katalase-Präparate* (S. 214) enzymatisch zu binden, sind erfolgversprechende Prozeduren. In der BRD ist L-Ascorbinsäure als Kellerbehandlungsmittel zugelassen, Zusatz von Konservierungsmitteln jeder Art verboten.

Über die Zusammensetzung der hier besprochenen Erzeugnisse unterrichtet Tabelle 132 (S. 561).

h) Fruchtsaftkonzentrate (Obstdicksäfte)

Als *Obstdicksäfte* gelten flüssige, auch im offenen Zustand haltbare Zubereitungen, die aus dem unvergorenen Saft von frischem Obst in geklärtem Zustand durch Eindampfen im Vakuum oder durch Einengung mittels Kälte ohne weitere Behandlung hergestellt werden.

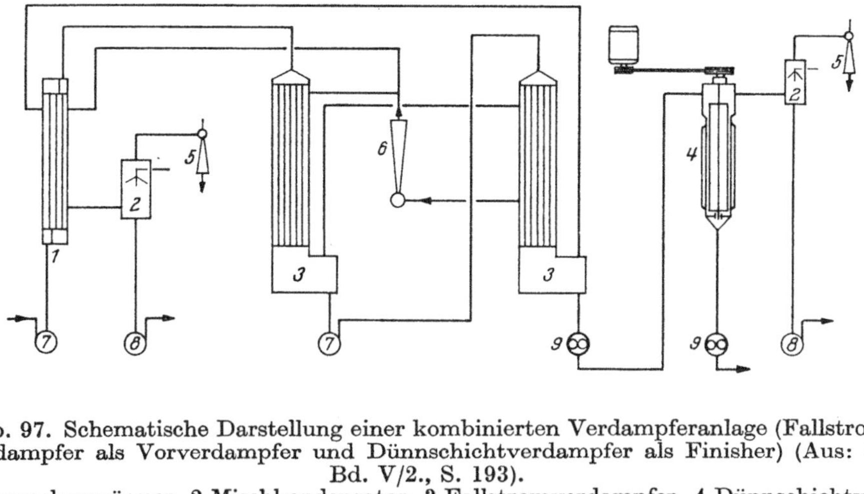

Abb. 97. Schematische Darstellung einer kombinierten Verdampferanlage (Fallstromverdampfer als Vorverdampfer und Dünnschichtverdampfer als Finisher) (Aus: 54, Bd. V/2., S. 193).

1 Doppelvorwärmer, 2 Mischkondensator, 3 Fallstromverdampfer, 4 Dünnschichtverdampfer, 5 Dampfstrahlaggregat, 6 Brüdenverdichter, 7 Zentrifugalpumpen für Produkt, 8 Kühlwassersaugpumpen, 9 Produktpumpen für volumetrische Förderung

Konzentrierte Fruchtsäfte (vgl. auch S. 559) werden durch Zusatz von chlorfreiem entmineralisiertem Wasser bis auf die natürliche Saftstärke eingestellt. Der so gewonnene Fruchtsaft ist mit einem nach anderen zulässigen Verfahren haltbar gemachtem Fruchtsaft der gleichen Fruchtart analysenidentisch. Zu derartigen *Konzentraten* werden in zunehmendem Ausmaß Fruchtsäfte verarbeitet (z. B. über 50% der Florida-Orangenernte).

Die *Konzentratherstellung* kann nach zwei prinzipiell verschiedenen Verfahren erfolgen. Meist wird in modernen *Verdampfern* konzentriert. Die Einengung durch *Ausfrieren* mit anschließender mechanischer Trennung der Konzentrate vom Eis (*Krause-Linde-Verfahren*) ist heute ohne praktische Bedeutung. Zum Eindampfen dienen Verdampfertypen, die an anderer Stelle beschrieben wurden (S. 247). Das Schema einer derartigen kombinierten Verdampfer-Anlage zeigt Abb. 97.

Da auch beim schonendsten Arbeitsgang das arteigene Fruchtaroma weitgehend verloren geht, wird den Verdampfern eine vom Eindampfprozeß unabhängige *Aromarückgewinnungsanlage* vorgeschaltet. Die Aromakonzentrate werden getrennt aufbewahrt und erst unmittelbar vor dem Verbrauch bzw. vor der Abfüllung wieder zugesetzt. Kellerbehandlung ist wie bei den Fruchtsäften zulässig. Vgl. auch hier die „Leitsätze für Fruchtsäfte (Süßmoste)". Citrussaftkonzentrate (meist Orangenkonzentrate) werden entweder heiß bei ca. 77° C in Dosen abgefüllt oder — meist in den USA — tiefgefroren. Letztere werden bei —20° C gelagert, alle übrigen sollten bei 0 bis +4° C gelagert werden.

Bei allen Prozessen der Fruchssaftverarbeitung sind Apparaturen aus Eisen, Kupfer und Zinn wenig brauchbar, da sie zu Vitamin C-Verlusten und störenden Farbveränderungen Anlaß geben. Als besonders geeignete Materialien dienen heute Glas, Silumin und Porzellan für Leitungen, Aluminiumbronze für Filter, Steinzeug für Pumpen und rostfreier Stahl, Glasemaille sowie Auskleidungen mit Vinidur für Behälter.

4. Alkoholfreie Erfrischungsgetränke

a) Begriffsbestimmungen

Nach den Richtlinien für die Herstellung, Kennzeichnung und Beurteilung süßer alkoholfreier Erfrischungsgetränke vom November 1957, werden alkoholfreie Erfrischungsgetränke in Fruchtsaftgetränke, Limonaden und Brausen unterteilt.

Fruchtsaftgetränke werden aus Fruchtsäften, Fruchtsaftgemischen oder Dicksäften, mit oder ohne Zusatz von technisch reinem Zucker — Saccharose und Dextrose (98—99% Reinheitsgrad) — und Wasser, kohlensäurehaltigem Wasser oder anderem Tafelwasser, gegebenenfalls unter Verwendung der nach den Richtlinien zulässigen Zusätze hergestellt.

Limonaden, Kalt- und *Heißgetränke* sind die aus Essenzen natürlicher Herkunft unter Verwendung von technisch reinem Zucker — Saccharose, Dextrose (98—99% Reinheitsgrad) — sowie Genußsäuren, mit kohlensäurehaltigem Wasser oder anderem Tafelwasser hergestellten, praktisch alkoholfreien Getränke. Erzeugnisse dieser Art, jedoch ohne Kohlensäure, die zum Genuß in kaltem Zustand bestimmt sind, werden als *Kaltgetränke*, soweit sie zum Genuß in warmem Zustand dienen sollen, als *Heißgetränke* bezeichnet. Limonaden, Kalt- und Heißgetränke können zur Sortenunterscheidung gefärbt sein mit natürlichem Farbstoff.

Brausen sind nachgemachte Fruchtsaftgetränke und Limonaden, bei denen Zucker ganz oder teilweise durch künstliche Süßstoffe, oder die natürlichen Essenzen durch künstliche oder künstlich verstärkte Essenzen ersetzt sind. Der Zusatz von Farbstoffen ist zulässig.

Künstliche Heiß- und Kaltgetränke sind im gleichen Sinne nachgemachte Heiß- und Kaltgetränke.

Für die *Beurteilung* kommen folgende Rechtsverordnungen und Richtlinien in Frage: die „Essenzen-VO", die „Farbstoff-VO", die „Konservierungsstoff-VO", die „Fruchtbehandlungs-VO", die „Süßstoff-VO", die „Trinkwasser-VO" und schließlich die Verordnungen über diätetische Lebensmittel, vitaminierte Lebensmittel und coffeinhaltige Erfrischungsgetränke, schließlich die eingangs erwähnten Richtlinien und ein Rundschreiben des BMdI vom 13. 2. 1954 betr. Zulassung von Chinin in Erfrischungsgetränken.

b) Die einzelnen Produkte

α) *Fruchtsaftgetränke*

haben in erster Linie auf der Basis von Citrusfrüchten Bedeutung. Sie enthalten mindestens 6% Fruchtsaftanteil. Zur Geschmacksabwandlung oder -abrundung wird den Grundstoffen bisweilen Pomeranzen-, Mandarinen-, Tangerinen- und Limettensaft beigemengt. Der Gehalt an Vitamin C ist meist bedeutungslos (unter 1 mg/100 ml); vitaminierte Fruchtsaftgetränke enthalten 50—75 mg Vitamin C je Flasche (250 ml). Ohne Kohlendioxid hergestellte „Orangensaft-Getränke" müssen, um geschmacklich zu befriedigen, erheblich mehr Orangensaft (20—50%) enthalten.

β) *Limonaden*

weisen als wesentliche Merkmale einen Mindestzuckergehalt von 7% und einen Gehalt an natürlichen Geschmacksstoffen (Essenzen, Fruchtsäften) auf. Vereinzelt wird Traubenzucker (Glucose) zugesetzt. Limonaden werden stets unter Zusatz von Kohlendioxid hergestellt (2—3 atü bei 20 °C). Neben klaren „Limonaden mit Zitronengeschmack" sind auch trübe mit Citrussäften hergestellte, „frucht-trübe" Erzeugnisse auf dem Markt. Sie können außerdem Genußsäuren (Citronen-, Milch- und Weinsäure) enthalten. Zu nennen sind außerdem Limonaden mit Himbeer-, Frucht-, Kräuter-, Waldmeister- und Ingwergeschmack („Ginger Ale", Ingwer-„Bier"). *Tonic Water* sind Limonaden, die *Chinin* (höchstens 80 mg/l) enthalten. Bei Mineralwasser- oder Solezusatz muß die Limonade mindestens 1000 mg NaCl in 1 kg enthalten.

γ) *Coffeinhaltige Erfrischungsgetränke*

zählen zu den Limonaden. Die größte Bedeutung besitzen *Cola-Getränke.* Sie enthalten neben Auszügen aus der Colanuß Extrakte aus aromatischen Stoffen wie Ingwer, Orangenblüten, Johannisbrot, Tonkabohnen oder Limettenschalen. Vielfach wird auch Coffein als solches zugesetzt. Der *Coffeingehalt* derartiger Getränke soll in 100 ml nicht weniger als 6,5 mg und nicht mehr als 25 mg betragen. Teilweise wird *Phosphorsäure* (auf 70 mg/100 ml begrenzt) verwendet. Der Zuckergehalt liegt im Mittel bei 10—11%, Farbgebung erfolgt mit Zuckercouleur. Vielfach wird aufbereitetes Wasser stets gleicher, hygienisch einwandfreier Qualität verwendet.

δ) *Brausen*

werden mit künstlichen Essenzen und/oder künstlichen Süßstoffen sowie Farbstoffen hergestellt. Sie kommen hauptsächlich mit Zitronen-, Himbeer- und Waldmeister-aroma oder mit Zusatz trüber Citrussäfte in den Handel. Der Süßkraft von 7% Zucker entsprechend enthalten sie 13 mg/100 g Saccharin oder 15 mg/100 g Saccharin-Natrium. *Faßbrause* oder *Schankbrause* ist schwächer mit Kohlendioxid imprägniert, zum leichten Schäumen wird meist Süßholzextrakt beigegeben. Zu diätetischen Zwecken hergestellte, künstliche Süßstoffe oder Zuckeraustauschstoffe (Mannit, Sorbit, Xylit) enthaltende Erfrischungsgetränke rechnen gleichfalls hierher.

Die oben besprochenen, süßen alkoholfreien Erfrischungsgetränke sind mikrobiell höchst anfällig, so daß peinliche Sauberhaltung des gesamten Herstellungsbetriebes oberste Forderung ist. Vereinzelt hat sich das Pasteurisieren des fertigen, abgefüllten Getränkes eingebürgert. Zur „Kaltsterilisation" wird Pyrokohlensäurediäthylester (50—200 mg/l) verwendet, der innerhalb von 16 Std praktisch vollkommen in Alkohol und Kohlendioxid zerfällt. *Verfälschende Zusätze* sind *Farbstoffe* aller Art, künstliche *Trubstoffe* (bromierte Öle, Harze wie Kolophonium u. a.), *Emulgatoren* (Monoglyceride, Saccharosefettsäureester u. a.), *Dickungsmittel* (Agar-Agar, Carrageen, Karobenmehl u. a. m.), *Schaummittel* (bei Faßbrausen), fremde und künstliche Aromastoffe und bei Fruchtsaftgetränken auch *Genußsäuren* und *Stärkesirup.*

IV. Honig und Kunsthonig

1. Honig

Honig ist nach der „VO über Honig" vom 21. 3. 1930 der süße Stoff, den die Bienen erzeugen, indem sie Nektariensäfte oder auch andere an lebenden Pflanzenteilen sich vorfindende süße Säfte aufnehmen, durch körpereigene Stoffe bereichern, in ihrem Körper verändern, in Waben aufspeichern und dort reifen lassen.

Diese Definition grenzt Honig eindeutig ab als Erzeugnis verschiedener *Bienenarten* aus Säften *lebender* Pflanzen: Nektariensäfte, Honigtau, süße Säfte aus den Blattachseln der Coniferen und von der Außenseite der Obstfrüchte. „*Zuckerfütterungshonig*", der durch Bienen aus Zucker oder zuckerhaltigen Erzeugnissen gewonnen wurde, ist in der BRD vom Verkehr ausgeschlossen. Auch andere Stoffe, z. B. geerntete Zuckerrüben, sind als Ausgangsmaterial verboten. Honigähnliche Zubereitungen, deren Zuckergehalt nicht oder nur teilweise dem Honig entstammt, müssen (auch in Gaststätten) als „Kunsthonig" kenntlich gemacht werden. Vgl. auch die „Leitsätze für Honig" des Deutschen Lebensmittelbuches vom 16. 3. 1972.

Die *Honigbereitung* beginnt nach dem Sammeln von Blütenpollen, Nektar und Honigtau in der Honigblase der Sammelbiene, wird dann von den die Rohstoffe übernehmenden Arbeitsbienen fortgesetzt und geht in den Zellen des Stockes zu Ende. Sie umfaßt im wesentlichen folgende Stufen: *Eindicken* des Nektars, Zunahme des *Invertzuckers* (durch Säuren des Ausgangsmaterials wie des Bienenkörpers und durch Enzyme der Biene, wobei im Honigmagen der Biene außerdem Epimerisierung von Glucose zu Fructose stattfindet), Aufnahme von *Eiweißstoffen* aus Pflanze und Biene, von *Säuren* aus dem Bienenkörper, Einbau von *Mineralstoffen*, *Vitaminen* und *Aromastoffen* aus dem Futter, von *Enzymen* aus Speicheldrüsen und Honigblase der Biene. Wenn der Wassergehalt der Honigmasse auf etwa 16—19% gesunken ist, werden die Zellen mit einem Wachsdeckel verschlossen, der reife Honig erfährt in den Zellen weitere Umwandlungen (vor allem Inversion des Zuckers).

In der BRD (einschließlich Berlin-West) wurden 1971 46800 t Honig eingeführt. Die durch (Selbstverbrauch der Erzeuger schwer schätzbare) Eigenerzeugung betrug zur gleichen Zeit 15000 t Honig. Die wichtigsten Exportländer sind Mittelamerika und Westindien. Der Honigverbrauch pro Kopf und Jahr lag 1970 in der BRD bei 0,98 kg.

a) Honiggewinnung und Honigarten

Bei der Honiggewinnung ist vor allem darauf zu achten, daß die ursprüngliche Zusammensetzung, insbesondere der Gehalt an Aromastoffen und Enzymen, nicht leidet und der Honig frei von Fremdkörpern bleibt.

Je nach der *Gewinnungsart* unterscheidet man folgende Honige:

Scheibenhonig (Wabenhonig), der sich in frisch erbauten, weißen, verdeckelten und nicht bebrüteten Waben (Jungfernwaben) befindet. Derartiger Honig setzt sehr gute Trachten voraus, ist in Deutschland nicht häufig anzutreffen, in außerdeutschen Ländern (vor allem USA, auch in Kanada und Mexiko) weit verbreitet; *dunkler Scheibenhonig* ist solcher, der in brutfreien, größtenteils verdeckelten, höchstens ein Jahr alten Waben steckt, die wenig bebrütet waren.

Leckhonig (Tropf-, Lauf-, Senkhonig) fließt aus brutfreien, zerkleinerten Waben ohne weitere Einwirkung aus (Ausbeute 50—70%). Bei zähflüssigen Honigen (Honigtau-, Heidehonig) ist diese Gewinnungsart meist nicht möglich.

Schleuderhonig wird mit der Schleuder aus brutfreien „stockwarmen" Waben auszentrifugiert. Diese Gewinnungsart liefert die Hauptmenge an Honig; gelinde Wärme (bis 40° C) begünstigt das Auslaufen.

Preßhonig ist aus brutfreien Waben durch hydraulisches Pressen auf kaltem Wege gewonnener Honig.

Seimhonig wird aus den brutfreien, nichteingestampften oder eingestampften Waben durch gelindes Erwärmen und nachfolgendes Pressen gewonnen.

Stampfhonig gewinnt man durch Einstampfen nichtbrutfreier Waben. Er darf nur als *Futterhonig* für Bienen verwendet werden.

Nach dem *Verwendungszweck* unterscheidet man:

Speisehonig als vollwertigen, zum unmittelbaren Genuß durch den Menschen bestimmten und geeigneten Honig, und

Backhonig als nicht vollwertigen, nur als Zusatz zu Backwaren verwendbaren Honig. Solcher Honig ist entweder in starke Gärung übergegangen, hat infolge Treibens fremdartigen Geruch und Geschmack angenommen oder wurde so stark erhitzt, daß die diastatischen Enzyme stark geschwächt oder inaktiviert sind. Auch angebrannter (caramelisierter) Honig rechnet hierher. Backhonige müssen als solche deutlich gekennzeichnet sein.

Nach der *Eintragszeit* unterscheidet man: *Frühhonige* (Tracht bis Ende Mai), *Haupthonige* (Tracht im Juni und Juli) sowie *Späthonige* (Tracht im August und September).

Nach der *geographischen Herkunft* trennt man: in *deutsche Honige* (Schwarzwald-, Allgäuhonig), solche, die innerhalb Deutschlands gewonnen werden, es sei denn, daß die Bienen vorwiegend mit ausländischem Honig gefüttert worden waren, und in *ausländische Honige* (z. B. ungarischer oder kalifornischer Honig, Chile- oder Havannahonig).

Nach der *Pflanzenherkunft* kennt man:

Blütenhonig (Heide-, Linden-, Akazien-, Klee-, Esparsetten-, Raps-, Buchweizen-, Obstblütenhonig usw.) ist in frischem Zustand dickflüssig durchscheinend und wird allmählich mehr oder minder fest und kristallinisch. Honige dieser Art zeigen weiße, hellgelbe bis dunkelgelbe, grünlichgelbe oder braune Farbe, so der hellgelbe Ahornhonig, der dunkelrötliche Heidehonig, der hellgelbe bis rötliche Kleehonig oder der gelb bis braun gefärbte Wiesenblumenhonig. Sie schmecken eigenartig, süß und aromatisch, z. T. hocharomatisch und zeigen manchmal, wie vor allem einige Heidehonige, spezifischen, an Melasse erinnernden Beigeschmack (Esparsetten- und Buchweizenhonig).

Honigtauhonige (Tannen-, Fichten-, Blatthonig) erstarren nur schwer. Sie sind meist weniger süß, dunkel gefärbt und weisen nicht selten einen gewürzhaften, harzigen, terpentinartigen Geruch und Geschmack auf.

Die *Farbe* aller Honigarten ist sehr verschieden, sie kann zwischen weiß, hell- bis dunkelgelb, grünlichgelb, braun und rötlichbraun bis fast schwarz variieren. Rohstoffe, Verarbeitungsart, klimatische Einflüsse, Eintragszeit, nachträgliche Veränderungen und auch die Bienenrasse sind hier von Bedeutung. Im Handel wird gleichmäßige Farbe angestrebt, weshalb man verschiedene Honigarten oft mischt. Dabei ist auf die Honig-VO Rücksicht zu nehmen. Der *Geschmack* ist nicht bei allen Honigen angenehm. So gibt es, vor allem in tropischen Gegenden, gallenbittere, brennend scharf schmeckende oder zum Erbrechen reizende Honigarten. Auch *giftige Honige* („pontischer", „Trapezunt"-Honig, „Tollhonig") sind schon seit Xenophon und Plinius bekannt. Sie stammen vor allem von Bienen, die aus Rhododendron-Arten (Kleinasien, Kaukasus) und anderen Ericaceen, aus der Tollkirsche, aus Kalmia-Arten oder aus Euphorbiaceen oder aus verschiedenen anderen Trachten Stoffe sammeln, z. B. den von der Zikade ausgeschiedenen toxischen Honigtau. Rhododendren enthalten als Giftstoff das Andromedotoxin (Acetylandromedol) *Grayanotoxin*, (G_1), ein tetracyclisches Diterpen, das in der Medizin als Antihypertonicum Verwendung findet:

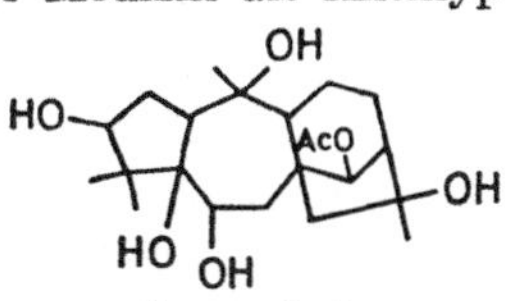

Grayanotoxin

Für die Giftwirkung neuseeländischer Honige sind die aus dem „Tutu-Strauch" (Gerberstrauchgewächs, Coriaria arborea) stammenden Toxine, „*Tutin*" und „*Hyenanchin*", verantwortlich. Offenbar nicht giftig, zum mindesten jedoch in Deutschland mengenmäßig als Trachten zu vernachlässigen sind die Nektarien mancher giftigen Blüten, wie Tabak, Oleander, Jasmin, Bilsenkraut oder Schierling.

Die *Konsistenz* frischer Honige ist meist dünn- oder zähflüssig. Nach Tagen, Wochen oder Monaten beginnt die Kristallisation, die zu schmalzartigen, flockigen, grob- oder feinkörnigen Produkten führen kann. Sie ist abhängig vom Gehalt an Glucose und Fructose, von Temperatur und Vorbehandlung. *Glucose* kristallisiert am leichtesten, Nichtzuckerstoffe erschweren die Kristallisation, desgl. wirkt reichliche Bewegung (gründliches Durchmischen) hemmend. Eng verbunden mit diesem Prozeß ist die *Entmischung*, wobei die Glucose meist zu Boden sinkt. Bei „treibenden" Honigen, wo Luft unter Blasen- und Schaumbildung entweicht, kann sich Glucose auch an der Oberfläche anreichern. Das *Treiben* des Honigs geht auf eine langsam verlaufende, schwache alkoholische Gärung zurück.

Gärender Honig ist unbekömmlich und gilt nach der Honig-VO als verdorben, es sei denn, daß er unter entsprechender Kennzeichnung als Backhonig verwendet wird (s. oben).

b) Chemische Zusammensetzung

Honig, der im wesentlichen eine konzentrierte wäßrige Lösung von Invertzucker darstellt, enthält daneben eine sehr komplizierte Mischung verschiedener anderer Kohlenhydrate, außerdem Enzyme, Stickstoffverbindungen, organische Säuren, Mineralstoffe, Aromaträger, Pigmente, Wachse, Pollenkörner usw.

Der Wassergehalt darf nicht über 22% liegen; ausgenommen sind unverschnittene Heidehonige, deren Wassergehalt auf 25% begrenzt ist. Verboten ist mittelbarer oder unmittelbarer Wasserzusatz.

Die Kohlenhydrate bestehen überwiegend aus *Invertzucker*. Frischer, unverfälschter, reifer Bienenhonig enthält zwischen 34 und 41% *Fructose* und zwischen 28 und 35% *Glucose*. Andere Monosaccharide sind bisher nicht aufgefunden worden.

Reduzierende Dissaccharide in einem Anteil von 4—15% finden sich als integrierende Bestandteile in allen Honigarten. Ihre Identifizierung war vor allem nach Einführung der Papier-, Dünnschicht- und der Säulenchromatographie möglich geworden. Identifiziert wurden: *Maltose*, *Isomaltsoe*, *Maltulose*, *Nigerose* und *Turanose*, ohne daß damit alle Vertreter dieser Klasse bisher erfaßt wurden.

In der Gruppe der *nichtreduzierenden Disaccharide* spielt (auch analytisch zur Ermittlung des Reifungsgrades) die *Saccharose* die Hauptrolle. Unreife Honige enthalten beachtliche Mengen an Rohrzucker. Die „Honig-VO" läßt für reifen, unverfälschten Blütenhonig einen „Rohrzuckergehalt" von 5% zu; häufig liegt der Saccharosegehalt unter 1%. *Oligosaccharide* (früher als „*Honigdextrine*" bezeichnet) machen gewichtsmäßig nur wenige Prozent des Gesamtzuckergehaltes aus. Sie stammen aus dem Nektar, sowie aus dem Honigtau, den Rohstoffen der Honigbereitung. Die Anwesenheit folgender Oliogsaccharide wurde u. a. wahrscheinlich gemacht: *Erlose*, *Kestose*, *Raffinose*, *Melecitose*, *Dextrantriose*, *4-Glucosyl-dextrantriose*, *Maltosaccharose*. *Hochmolekulare Oligosaccharide* (*Dextrine*) als Gemische von Tri-, Tetra- und höheren Sacchariden sind noch unzureichend erforscht. Das für Kunsthonige (S. 569) wesentliche *Hydroxymethylfurfural* kommt in frischen Honigen nicht oder nur sporadisch in sehr geringen Mengen (unter 1 mg-%) vor, wohl aber zuweilen in sehr alten und in erhitzten Honigen.

Stickstoffhaltige Substanzen finden sich in Blütenhonigen zu etwa 0,3%, in Honigtauhonigen zu 1% und mehr. Neben Proteinen kommen *freie Aminosäuren* (48 bis 50 mg/kg Honig) sowie in sehr wechselnden Mengen *Cholin* und *Acetylcholin* vor.

Organische Säuren (u. a. Wein-, Äpfel-, Citronen-, Bernstein- und Oxalsäure) bedingen die saure Reaktion des Honigs, dessen normaler pH-Wert bei 3,7—4,5 liegt. Im Kleehonig wurden n-Butter-, Essig-, Ameisen- und Milchsäure, Bernstein-, Äpfel- und Citronensäure, α,α'-Pyrrolidoncarbonsäure, ferner Gluconsäure und deren Lacton chromatographisch identifiziert.

Enzyme kommen in großer Zahl vor (*Diastase* [*Amylase*], *Invertase* [*Saccharase*], *Katalase, Glucoseoxidase, Phosphatasen u. a.*).

Von ihnen kommt vor allem der (vorwiegend aus dem Bienenspeichel stammenden) *Diastase* besondere Bedeutung zu. Die „Honig-VO" zieht dieses Enzym zum Nachweis unerlaubter Erhitzung mit heran, ein für sich allein nicht eindeutiges Kriterium. Die vorhandene Enzymmenge schwankt innerhalb weiter Grenzen. Zum Nachweis zugesetzter Fremd-Diastase dient die *serologische Eiweißdifferenzierung. Saccharase* ist das Enzym, das die Umwandlung der Saccharose im aufgenommenen Nektar zu Invertzucker bewerkstelligt. Gleich der Diastase wurde sie mit Erfolg in die Honiganalytik eingebaut. *Katalase* entstammt oft Gärungserregern des Honigs. Extrem hohe Katalaseaktivität zeigen mitteleuropäische Honige aus der Tracht von Ericaceen und Rosaceen (Prunus, Malus). *Glucoseoxidase* liefert Wasserstoffperoxid, das als wesentlichster Träger der bakteriostatischen Wirkung nichterhitzter Honige anzusehen ist und offenbar die Wirkungsform der früher diskutierten „*Inhibine*" darstellt.

Vitamine. Als Vitaminträger spielt Honig keine Rolle, da die bisweilen in ihm nachgewiesenen Vitamine in physiologisch bedeutungslosen Mengen vorliegen, z.B. Vitamin C zu 1,0—4,0 mg/100 g.

An *Mineralstoffen* (Asche) enthält Blütenhonig 0,1—0,35%, Honigtauhonig 1% und mehr.

Von besonderer Bedeutung für die Honiguntersuchung ist der *Pollengehalt* des Honigs. Aus der charakteristischen Form und dem Mengenanteil der verschiedenen Pollenarten lassen sich unter dem Mikroskop Rückschlüsse ziehen, ob ein Honig als In- oder Auslandshonig, Schleuder- oder Preßhonig, Blatt- oder Blütenhonig anzusehen ist. Auch verschmutzte Ware ist mikroskopisch feststellbar.

Aromastoffe. Gaschromatographische Untersuchungen haben von insgeamt gefundenen 129 Einzelkomponenten 85 zu identifizieren erlaubt. Es handelt sich um Ester aliphatischer und aromatischer Säuren, Aldehyde, Ketone, Alkohole und Säuren. Wesentliche ,,precursors" sind hier u. a. die im Honig enthaltenen freien Aminosäuren. Geschmackserzeugende Grundsubstanzen sind Glucose, Fructose, Gluconsäure und das 50—60% des Aminosäurengehaltes ausmachende Prolin.

Über die Zusammensetzung amerikanischer Honige vgl. J. W. White, jr. (166).

Die Frage, inwieweit durch *Pflanzenschutzmittel* die Tracht der Biene, die Biene selbst und der gewonnene Honig geschädigt werden könnnen, hat intensive Beachtung gefunden, doch dürfte in Deutschland gesundheitliche Schädigung durch den Gehalt an Pflanzenschutzmitteln in Honig nicht zu erwarten sein. Toxische Wirkung von Pesticiden wurden u.a. aus Großbritannien und aus überseeischen Ländern berichtet. Auch in Deutschland sind Bienenvergiftungen mit Kontaktgiften bekanntgeworden.

Gelée Royale" der Futtersaft der Bienenköniginnen (Weiselzellenfuttersaft, royal jelly) im Kopfdrüsensekret junger Arbeitsbienen, zeigt zweifellos biologische, wenn auch noch nicht geklärte Aktivität. Im Rahmen der Lebensmittel ist er ohne Bedeutung; er wird mit den neuerdings als „*Pheromone*" bezeichneten Wirkstoffen in Verbindung gebracht und enthält die erstmalig aus natürlichem Material isolierte 10-Hydroxy-Δ^2-decensäure in freier Form, sowie 2-Amino-4-hydroxy-6(L-erythro-1'.2'-dihydroxypropyl)-pteridin, außerdem reichliche Mengen (rund 50 mg-% in der Trokkensubstanz) an Pantothensäure sowie Glucose, Fructose und Saccharose.

c) Verwendung des Honigs

Die Verwendung des Honigs geht in prähistorische Zeiten zurück. Im Altertum spielte er neben dem Wachs als Erzeugnis der Honigbiene bei allen Kulturvölkern eine wichtige Rolle. Honig wurde den Verstorbenen als Seelenspeise mit ins Grab gegeben und das alte Testament kennzeichnet das Land der Verheißung als solches,

„in welchem Milch und Honig fließt". Auch im Mittelalter galt Honig als hervorragendes Stärkungsmittel, er war außerdem bis zur Einführung des Rohrzuckers das einzige Süßmittel der alten Welt für Speisen. Außer zum unmittelbaren Genuß als Speisehonig dient er zu Backzwecken (Honigkuchen usw.), zur Herstellung alkoholischer Getränke durch Mischen mit Alkohol (Honiglikör, „Bärenfang") oder durch Vorgären zu gewürztem Honigwein (Met). In Kombination mit Milch und Getreidezusätzen findet man Honig auch in Kindernährmitteln. Tabake werden mitunter durch Honigzusatz aromatisiert. Medizinisch wird er in reiner Form oder in Zubereitungen (Honigmilch, Fenchelhonig) verordnet, auch in honighaltigen Wundsalben benutzt. Die kosmetische Industrie stellt Glycerin-Honig-Gelee und honighaltige Hautcreme her.

Die Bedeutung des Honigs als Lebens- und Genußmittel liegt vor allem in seinem hohen Gehalt an leicht resorbierbaren Kohlenhydraten. Die appetitanregenden Aromaträger machen Honig außerdem zu einem Genußmittel besonderer Bedeutung. Als Vitaminträger ist Honig, wie erwähnt, praktisch bedeutungslos.

Beim Vertrieb des Honigs unterliegen die Packungen oder Behältnisse der Lebensmittel-Kennzeichnungs-VO.

2. Kunsthonig

Unter *Kunsthonig* versteht man aus mehr oder weniger stark invertierter Saccharose (Rüben- oder Rohrzucker) mit oder ohne Verwendung von Stärkezucker oder Stärkesirup hergestellte, aromatisierte, in Aussehen, Geruch und Geschmack dem Honig ähnliche Erzeugnisse, die von ihrer Herstellung her organische Nichtzuckerstoffe, Mineralstoffe und Saccharose sowie *stets Hydroxymethylfurfural* enthalten. Dieser Definition (VO über Kunsthonig vom 21. 3. 1930, in der Fassung vom 20. 1. 1966) entsprechende Kunsthonige sind je nach der Art der Herstellung feste oder dickflüssige Massen von weißer, hell- bis dunkelgelber oder braungelber Farbe. Flüssiger Kunsthonig wird bei längerem Stehen häufig ganz oder teilweise kristallinisch.

Als Kunsthonige gelten auch die honigähnlichen, d.h. in Aussehen, Geruch und Geschmack dem Honig ähnliche Zubereitungen, deren Zuckergehalt nicht oder nur z.T. dem Honig entstammt, also auch Verschnitte von Honig und Kunsthonig sowie solche mit künstlichen Zusätzen.

Die Kunsthonigerzeugung betrug im 2. Weltkrieg in Deutschland rund 100000 t pro Jahr; 1954 produzierte die BRD 7515 t, 1971, 2400 t.

Zur *Herstellung* des festen Kunsthonigs dienen weißer Verbrauchszucker (Weißzucker, Grundsorte), weniger Raffinade und kaum Rohrzucker. In allen Fällen wird eine aus 75% Saccharose und 25% Wasser bestehende Lösung durch Inversion zu Glucose und Fructose gespalten, und zwar *säurehydrolytisch* durch bestimmte allein zugelassene chemisch reine Säuren (Salz-, Schwefel-, Phosphor- und Kohlensäure, Ameisen-, Milch-, Wein- und Citronensäure) oder seltener durch *Invertase* (Saccharase, β-[h]-Fructosidase). Der zur Inversion benutzte Säurezusatz wird mit Natriumcarbonat oder -hydrogencarbonat, Calciumcarbonat, Ätzkalk u.a. neutralisiert. Aschegehalt und Säuregrad sind durch die o.a. Verordnung festgelegt. Der invertierte Sirup wird schließlich mit Aromen, bisweilen auch mit stark schmeckenden Honigen aromatisiert, zur Erleichterung der Kristallisation mit schon erstarrtem Kunsthonig geimpft und automatisch abgepackt. Bei der Inversion entstehen (hauptsächlich aus der Fructose) als *„Reversionsdextrine"* bezeichnete Oligosaccharide. Allzulanges Erhitzen des Sirups im Gange der Inversion führt zur „Überinversion", wobei der Sirup sich dunkel färbt und mehr oder minder bitteren Geschmack annimmt. Weiterhin entsteht durch Zersetzung von Fructose und Dextrose eine merkliche Menge an *Hydroxymethylfurfural,* deren Anwesenheit durch die VO über Kunsthonig zur Erkennung dieses Erzeugnisses gefordert wird. Bilden sich durch besondere Reaktionsführung (z.B. enzymatische Hydrolyse) zu geringe, nicht mehr nachweisbare Mengen dieser Verbindung, so muß Hydroxymethylfurfural als solches oder in Form von Kunsthonig, der diese Reaktion gibt, zugesetzt werden. Zur Erkennung des Hydroxymethylfurfurals dient die Reaktion von J. Fiehe (1908); die Verbindung läßt sich mit Äther dem Kunsthonig entziehen und liefert mit Resorcin-Salzsäure eine kirschrote, relativ beständige Färbung.

Flüssiger Kunsthonig wird aus invertiertem, neutralisiertem Sirup durch Zusatz von Saccharosesirup gewonnen. Zur Verhinderung der Kristallisation können bis zu 20% Stärkesirup (zweckmäßig *schwach* abgebauter, dextrinreicher Sirup), bezogen auf den fertigen Kunsthonig, zugegeben werden.

Chemische Zusammensetzung. Kunsthonig darf höchstens 22% Wasser, 30% Saccharose und 0,4% Asche enthalten. Der Säuregrad darf maximal 4 betragen. 100 Teile des fertigen Kunsthonigs dürfen höchstens 20 Teile Stärkezucker oder Stärkesirup oder 20 Teile dieser Erzeugnisse zusammen enthalten. *Aromaträger* sind vor allem Phenylessigsäure-äthylester, bisweilen auch Diacetyl u. a. Das obenerwähnte *Hydroxymethylfurfural* kommt in Mengen zwischen 0,08 und 0,14% vor. Färbung mit zugelassenen Farbstoffen ist erlaubt.

Verwendung findet Kunsthonig als Brotaufstrich sowie zur Herstellung von Printen, Lebkuchen und anderen Backwaren.

Der *Nährwert* des Kunsthonigs entspricht etwa dem des Honigs; durch seinen hohen Caloriengehalt (über 300 kcal/100 g) stellt er ein konzentriertes Lebensmittel dar.

Verpackung und Kennzeichnung des Kunsthonigs unterliegen gesetzlicher Regelung (vgl. den entsprechenden Rechtsstoff).

V. Zucker und Zuckerwaren

1. Zuckerarten

Von den in der Natur vorkommenden an anderer Stelle (S. 87 ff.) besprochenen Zuckerarten benutzt der Mensch nur wenige in größerem Umfang als Süßungsmittel und — nächst der Stärke — als wichtigste Kohlenhydratquelle. Er genießt Zucker im Verband vieler Naturprodukte, wie Obst oder Honig, gewinnt ihn aber auch in großen Mengen industriell. Neben der wichtigsten Zuckerart, dem *Rohr-(Rüben-)zucker* spielen weiter eine Rolle: *Glucose* als Stärkezucker und Stärkesirup, *Invertzucker* als äquimolekulares Gemisch von Glucose mit Fructose (Fruchtzucker), *Maltose* (Malzzucker, Malzextrakt) und schließlich *Lactose* (Milchzucker).

a) Rohr-(Rüben-)zucker

Rohr-(Rüben-)zucker, Saccharose (sucrose), ist die volkswirtschaftlich bedeutungsvollste Zuckerart und wird von allen industriell hergestellten organischen Stoffen in der größten Menge gewonnen. Folgende Tabelle gibt einen Überblick über die Welterzeugung an Rüben- und Rohrzucker:

Tabelle 133: Die Welterzeugung an Rüben- und Rohrzucker

Jahr	Gesamt-Erzeugung Mio t	Rübenzucker Mio t	Rohrzucker Mio t	Rübenzucker %	Rohrzucker %
1901	12,64	6,88	5,76	54,4	45,6
1920	16,83	4,90	11,92	29,2	70,8
1940	29,9	11,68	18,22	39,1	60,9
1960	55,44	24,27	31,18	43,8	56,2
1964	63,83	28,57	35,26	44,8	55,2
1970	72,95	29,36	43,59	40,24	59,75

Haupterzeuger für *Rübenzucker* waren 1971 die Sowjetunion (8,8 Mio t), die USA (3,19 Mio t), Frankreich (3,03 Mio t), die BRD (1,85 Mio t), Polen (1,54 Mio t) und Italien (1,10 Mio t), für *Rohrzucker* Kuba (7,60 Mio t), Brasilien (5,02 Mio t), Indien (4,63 Mio t), Australien (2,51 Mio t), China (Volksrepublik) (2,2 Mio t), Mexiko (2,4 Mio t), die Philippinen (1,98 Mio t), Südafrika (1,65 Mio t), die USA (1,09 Mio t) und die Dominikanische Republik (1,01 Mio t). Pro Kopf der Weltbevölkerung stehen z.Z. etwa 20 kg Saccharose im Jahr zur Verfügung. Der Verbrauch schwankt jedoch je nach Lebensstandard und Lebensgewohnheiten zwischen 60 kg im Maximum (Island, Dänemark, Großbritannien) und etwa 1 kg im Minimum (China, Indien). In der BRD lag er 1970/71 bei etwa 33,8 kg pro Kopf und Jahr, in den USA bei rund 47,0 kg. Die Zuckerproduktion liegt z.Z. über dem Verbrauch, so daß Bestrebungen bestehen, die in großer Reinheit gewinnbare, in der Produktionsmenge dem Bedarf schnell anpaßbare Saccharose als *industriellen Rohstoff* zu nutzen (s. unten).

Das „Zuckergesetz" in der Fassung vom 9. 8. 1954 enthält Begriffsbestimmungen für Zucker. Vgl. auch das Zuckersteuergesetz vom 19. 8. 1959 und die Verordnungen Nr. 97/67/EWG der Kommission vom 18. 5. 1967 und Nr. 240/67/EWG der Kommission vom 30. 6. 1967.

Zucker hat erst relativ spät den Honig als ältestes Süßungsmittel verdrängt. Er kam durch die Araber aus Persien nach Europa, wurde seit den Kreuzzügen über Zypern und Venedig importiert und später durch den über Holland aus Kuba, Mexiko, Peru und Brasilien eingeführten Kolonialzucker verdrängt. In der ersten Häfte des vergangenen Jahrhunderts erwuchs dem Rohrzucker beträchtliche Konkurrenz durch die Zuckerrübe (A. S. Marggraf, 1747) und deren industrielle Auswertung (F. Achard, 1786 bis 1801).

Saccharose ist in der Natur außerordentlich weit verbreitet, und zwar in grünen Pflanzen, Blättern und Stengeln (Zuckerrohr 14—26%, Süßmais 12—17%, Zuckerhirse 10—18%, Palmsaft 3—6%), in Früchten und Samen (Steinfrüchte, Süßäpfel, Mispeln, Apfelsinen, Kürbis, Johannisbrot, Ananas, Cocosnuß, Kastanie) und in Wurzeln und Rhizomen [Süßkartoffeln (Bataten) 2—3%, Erdnüsse 4—12%, Zwiebeln 10—11%, Runkelrübe und Abarten 18—20%]. Neben der ältesten Quelle für die technische Zuckergewinnung dem *Zuckerrohr* (Saccharum officinarum) hat sich die veredelte Form der Futterrunkel, die *Zuckerrübe* (Beta vulgaris saccharifera) immer mehr in den Vordergrund gespielt (vgl. Tabelle 133).

Die Bedeutung des Zuckers liegt zunächst in seiner Eigenschaft als leicht resorbierbares, calorienreiches, für den normalen Organismus unschädliches Kohlenhydrat. Daneben weist er eine Reihe von Vorzügen auf: er schmeckt (schon in einer Konzentration von 2%) rein süß und ergänzt vorteilhaft andere Geschmacksrichtungen (sauer bei Früchten, bitter bei Schokolade und Likör, herbe bei Tee, Brotgeschmack bei Backwaren). Außerdem ist Zucker farblos, geruchlos, leicht löslich im Wasser und in verdünntem Alkohol, nicht zerfließend und gegen Parasitenbefall wenig anfällig. Schließlich wirkt er in hohen Konzentrationen keimhemmend und konservierend und verstärkt die dickende Wirkung von Pektinen in Gelees und Marmeladen. Technologisch bedeutungsvoll ist, daß er in Form und Kornfeinheit auf spezielle Verwendungszwecke abgestimmt (Kandis, Kristall-, Würfel-, Hagel-, Streu-, Puderzucker) und durch chemische Behandlung in verschiedene andere Industrieerzeugnisse (Invertzucker, Zukkercouleur, Caramel) umgewandelt werden kann.

α) *Zuckergewinnung*

Zunächst soll die Gewinnung des *Rübenzuckers* geschildert werden, da hier die Verfahren der Materialaufbereitung und Zuckerabscheidung zu besonderer Vollkommenheit entwickelt und später auch auf die lange Zeit recht primitiv betriebene Verarbeitung des Rohrzuckers vom Stadium der Eindickung des Klarsaftes an übertragen wurden.

Die *Zuckerrübe* als Ausgangsmaterial hat heute durch zielbewußte Züchtung einen (etwa Mitte Oktober maximalen) Zuckergehalt von 18—20% erreicht. Damit stieg die Ausbeute an Zucker seit F. Achard von 4,5 kg auf etwa 16 kg pro 100 kg Rüben. Neben hohem Zuckergehalt soll die Rübe wenig „Nichtzucker" (s. unten) aufweisen und anatomisch günstige Struktur (glatte Oberfläche, kleine und schlanke Form, festes Fleisch) zeigen. Wegen der im Oktober optimalen Zuckerbildung und wegen des Zuckerabbaues durch Atmungsvorgänge bei der Lagerung müssen die Rüben während der von Oktober bis Januar dauernden „Campagne“ schnell verarbeitet werden. *Hauptanbaugebiete* der Zuckerrübe liegen auf der nördlichen Halbkugel. Die UdSSR produzierte 1964 nahezu 9 Mio t Rübenzucker, über 2 Mio t stellen die USA, Frankreich und die BRD her. Auf der südlichen Halbkugel treibt in geringem Umfang nur Südamerika (Chile, Uruguay) Rübenanbau.

Der *Zuckersaft* (95—96%) enthält etwa 15,5% Zucker und 1,8% organische sowie 0,7% anorganische „*Nichtzuckerstoffe*“, denen vom Standpunkt der Zuckerfabrikation alle Substanzen mit Ausnahme der Saccharose zugerechnet werden. Von Zuckern sind dies vor allem geringe Mengen (etwa 0,1%) an *Invertzucker* und *Raffinose* (bis zu 2% in der Melasse). Die in Zuckersäften gefundene *Kestose*, ein Trisaccharid, bildet sich erst im Gange der Rübenverarbeitung. Neben *Pektinstoffen* kommen auch glykosidisch gebundene *Saponine* vor, die das Schäumen von Zuckersäften und saponinhaltigen Verbrauchszuckern bedingen. Von stickstoffhaltigen Nichtzuckerstoffen besonders wichtig sind *Proteine*, freie Aminosäuren und deren Amide (Glutamin) sowie *Betain* (das seinen Namen vom Vorkommen in der Rübe herleitet). Es findet sich in der Rübe zu rund 0,3% und stellt die hauptsächlichste Stickstoffverbindung der Fabrikmelassen dar (1,7—2,8%). Die Rübenasche enthält im Mittel 53% Kalium, 8,9% Natrium, 6,08% Calcium und 12% Phosphorsäure, daneben zahlreiche Spurenelemente. Unter die Nichtzuckerstoffe des Zuckersaftes rechnen außerdem noch (wasserdampfflüchtige) *Geruchsstoffe*, *Pflanzensäuren*, wie die Ferulasäure (3-Methoxy-4-hydroxy-zimtsäure) und zahlreiche im Rahmen der Saftverarbeitung weitgehend inaktivierte *Enzyme*. Sie können, wie z. B. die *Tyrosinase* (S. 207), zu Dunkelfärbungen des Saftes durch Melaninbildung Anlaß geben.

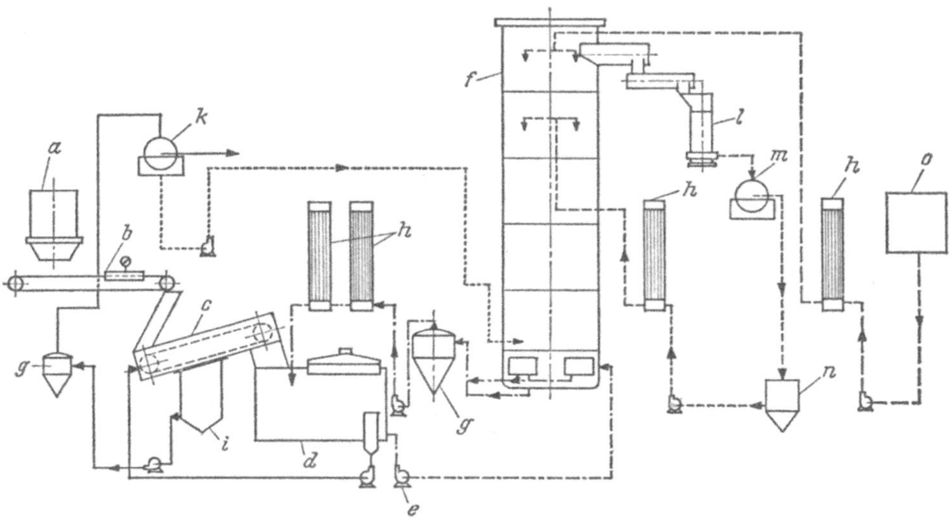

Abb. 98. Verarbeitungsverlauf beim BMA-Diffusionsturm (Aus: 54, Bd. V/1., S. 599)
a Schneidmaschine, b Bandwaage, c Separator, d Schnitzelmaische, e Schnitzelpumpe, f Diffusionsturm, g Sandfänger, h Vorwärmer, i Betriebssaftkasten, k Rohsaftpulpefänger, l Schnitzelpresse, m Preßwasserpulpefänger, n Preßwasserkasten, o Frischwasserkasten

————————	Rohsaft	—.—.—.—.—.	Umlaufsaft
--·--·--·--	Schnitzel + Saft	. . . .	Rohsaftpulpe
— — — —	Frischwasser	- - - - - - - - - -	Preßwasser

Die Verarbeitung der Rübe umfaßt folgende Prozeduren:

1. Schwemmen und Waschen der Rüben in Schwemmrinnen und Quirlwäschen; *Zerkleinern* in Schnitzelmaschinen zu Schnitzeln von etwa 2—3 mm Dicke und 4—7 mm Breite.

2. Saftgewinnung durch Auslaugen der Schnitzel in „*Diffuseuren*". Früher arbeitete man vorwiegend mit sog. *Diffusionsbatterien*, 12—14 mit Bodensieben ausgestatteten zylindrischen Gefäßen (Diffuseure), die in Reihen geschaltet und diskontinuierlich im Gegenstromprinzip betrieben wurden. Heute ist die Batteriearbeit weitgehend durch vollständig kontinuierlich und automatisch arbeitende Apparatetypen ersetzt. Als Beispiel bringt Abb. 98 die Saftgewinnung mit stehendem Zylinder als Extraktionsapparatur (BMA, Buckau, Wolf).

Bei einer Diffusionstemperatur von 70—75° C werden die Schnitzel auf einen Restzuckergehalt von 0,2—0,4% ausgelaugt.

Der Zuckeraustritt erfolgt hierbei teils aus den mechanisch geöffneten Zellen, teils durch thermisch bedingte „Plasmolyse" unter Denaturierung des Zellplasmas, nachdem sich der Plasmaschlauch von der Zellwand abgelöst hat. Die abgepreßten, getrockneten oder eingesäuerten Schnitzel dienen als Viehfutter. Um eine Inversion der Saccharose zu vermeiden, sorgt man für neutrale oder schwach alkalische Reaktion (pH = 9), die im gesamten Fabrikationsgang vorherrschen muß.

3. Reinigung des Rohsaftes (*Scheidung und Saturation*). Um kolloid und molekulardispers verteilte Eiweißstoffe und Pektinsubstanzen, organische Säuren und Phosphorsäure und außerdem makroskopische Fasern und Zellreste abzutrennen, wird der aus dem Diffuseur kommende trübe und durch Einwirkung der Tyrosinase unter Melaninbildung dunkelgrau bis schwarzblau gefärbte Rohsaft zunächst mechanisch gefiltert. Anschließend wird nach einer bereits den alten Ägyptern bekannten Prozedur in „Scheidepfannen" entweder mit Kalkmilch („*nasse Scheidung*") oder mit 2% gebranntem Kalk („*trockene Scheidung*") bei 70—80° C versetzt. Die meisten organischen Säuren und Phosphate fallen aus, ein Teil des Kalkes kann als Calciumsaccharat in Lösung gehen. Um überschüssigen Ätzkalk zu entfernen, gebildetes Calciumsaccharat zu zerlegen und die bei der Scheidung angefallenen Trubstoffe leicht filtrierbar zu erhalten, wird die zur Bildung von Calciumcarbonat notwendige Menge Kohlendioxid schnell eingeleitet. Man arbeitet meist zweistufig in Form der Vorscheidung und Hauptscheidung („Saturation") und gewinnt so aus dem Schlammsaft durch Abpressen den klaren hellfarbigen *Dünnsaft* (Grünsaft) mit 12—15% Trockensubstanz. Im Laufe der Saftreinigung *nicht* ausgeschieden werden die „*schädlichen Nichtzuckerstoffe*" (Alkalien, Aminosäuren und andere Stickstoffsubstanzen), Nachsaturation des Dünnsaftes mit SO_2 ist bisweilen zur Gewinnung kalter feuriger Säfte üblich. Seit 1950 hat die Entsalzung des Dünnsaftes mit Ionenaustauschern (S. 253) große Bedeutung erlangt. Man entfernt auf diese Weise praktisch vollständig die Elektrolyte des Saftes und zu rund 75% die organischen Nichtzuckerstoffe, erhöht damit die Kristallzuckerausbeute und gewinnt genußfähige Melasse, außerdem als Nebenprodukte Betain sowie Glutaminsäure.

4. Das *Eindampfen* des Dünnsaftes erfolgt in mehrstufigen Umlauf- oder Durchflußverdampfern (vgl. S. 247), wobei zur Verhinderung der Inversion, wie oben erwähnt, schwach alkalische Reaktion (pH = 9) eingehalten und Siedetemperaturen über 125° C vermieden werden. Der mit einer Ausbeute von 25—30 kg pro 100 kg Rüben anfallende *Dicksaft* wird durch Dekantieren gereinigt. Er enthält 60—70% Trockensubstanz mit etwa 56—65% Zucker. Roh-, Dünn- und Dicksaft weisen jeweils einen *Reinheitsquotienten* (kurz „Quotient" genannt) von 90,6 bzw. 92,9 bzw. 94,5 auf*.

---

* Unter *Quotient* versteht man in der Zuckertechnik den Anteil Saccharose in der Trockensubstanz (bez. auf 100).

5. Zur Kristallisation wird der gereinigte Dicksaft im sog. Zuckerhaus bei 70—80° C zunächst weiter konzentriert, wobei schließlich aus der übersättigten Lösung die Hauptmenge des Zuckers durch *Verdampfungs-* oder *Kühlungskristallisation* als *Füllmasse* auskristallisiert („Verkochen auf Korn"). Ausschleudern bei 40—45° C liefert neben den 2—4 mm großen klebrigen, gelblichen Rohzuckerkristallen („*Erstprodukt*") den *Ablaufsirup* (Grünsirup), der durch weiteres Eindicken und Impfen „zweite" und „dritte" Nachproduktfüllmassen ergibt. Der letzte Ablauf, eine hochviscose braune Flüssigkeit, ist die *Melasse*. Sie enthält in der Trockensubstanz rund 60% Saccharose und 40% Nichtzuckerstoffe (Quotient ca. 60). Von den Nichtzuckerstoffen sind (bezogen auf das Melassegewicht) etwa 10% anorganische Salze, vor allem solche des Kaliums. Außerdem kommen in der Melasse *Raffinose* (rund 1,2%), das Trisaccharid *Kestose* als Artefakt der Fabrikation, verschiedene Säuren, wie Ameisen-, Essig-, Propion-, Butter- und Valeriansäure und schließlich *Stickstoffverbindungen* (Aminosäuren, Betain u.a.) vor. Unter den Aminosäuren überwiegt die *Glutaminsäure* bzw. ihr Umwandlungsprodukt, die Pyrrolidoncarbonsäure. Der hohe Betain- und Kaliumgehalt in Melassen hat ernährungsphysioligische Bedenken gegen die Verwendung solcher Produkte zu Ernährungszwecken ausgelöst. Strontianentzuckerung, Ausfällung als Calciumsaccharat oder Entfernung der Nichtzuckerstoffe durch Osmose und Ionenaustauscher (vgl. S. 253) erlauben die Gewinnung weiterer Zuckermengen aus der Melasse („Melasseentzuckerung"). Verwendung findet Melasse aufgrund biochemischer Umsetzungen („Gärungen") zur Gewinnung von Bäckereihefe (S. 591), Alkohol (S. 633), Citronen-, Milch- und Gluconsäure sowie von Glycerin, Butanol und Aceton, außerdem als Beigabe zu Mischfuttermitteln und zur Gewinnung von Glutamat, insbesondere nach Behandlung mit Ionenaustauschern.

6. Raffination. Der grobkristalline *Rohzucker* ist durch anhaftenden Sirup klebrig-feucht und gelbbraun verfärbt, schlecht transportierbar und schwer zu verteilen. Er weist unreinen rübenartigen Beigeschmack auf und zeigt als guter Nährboden für Mikroorganismen geringe Haltbarkeit. Besondere ernährungsphysiologische Bedeutung kommt ihm trotz vieler gegenteiliger Behauptungen nicht zu. Rohzucker ist als Träger von Vitaminen und Mineralstoffen bedeutungslos, durch seinen Gehalt an Schmutzstoffen und Saponinen für Ernährungszwecke wenig empfehlenswert. Er wird deshalb zur weiteren Reinigung (Raffination) zunächst vorgereinigt (*Affinier-Verfahren*), indem man ihn mit Sirupen steigenden Reinheitsgrades zu einer künstlichen Füllmasse einmaischt („deckt") und dann abschleudert. Die hierzu verwendeten Waschlösungen (Zuckerlösungen) heißen *Deckkläre*. Auch Dampfbehandlung des Rohzuckers, wobei die äußere Kristallschicht abschmilzt, ist üblich. In allen Fällen bleibt hier das Zuckerkristallisat *ungelöst*. Bei diesem Reinigungsgang erhält man den *Weißzucker* (Affinade, affinierter Zucker). Die anfallenden *Affinationssirupe* gehen zur weiteren Kristallisation in die Fabrikation zurück, z. T. werden sie auch zu Speisesirupen verarbeitet.

Bei der *eigentlichen Raffination* erfolgt eine *Umlösung* des Zuckers. Die Affinade wird in heißem Wasser zu einem Dicksaft mit 60—70% Zucker („Kochkläre") gelöst, bei 80° C mit wenig Calciumhydroxid behandelt, vom Rückstand durch Saturieren und Filtrieren getrennt, die Kläre („Raffinadesud") seltener mit Knochenkohle, meist mit Aktivkohle evtl. auch mit Kieselgur behandelt, wiederum im Vakuum auf Korn verkocht und die Raffinadefüllmasse abgeschleudert. Raffination liefert reinste Zuckerarten, wie die später erwähnten Raffinadesorten des Hut-, Würfel- und Kristallzuckers. Der erste bei der Raffination anfallende Grünsirup ist viel reiner als der von der Rohzuckerfüllmasse abgeschleuderte. Aus ihm gewinnt man nach dem Verkochen auf Korn den „*gelben Farin*", der in Bäckereien Verwendung findet; durch Abdecken in der Zentrifuge mit Wasser entsteht aus dem gelben der „*weiße Farin*".

Ein Kochschema für Weißzucker bringt Abb. 99.

Bei der *Weißzuckerherstellung* bleiben von dem mit der Rübe eingeführtem Zucker (16,5% der Rübe) in der Melasse 1,7—2,2%. Als Gesamtverluste während der Fabri-

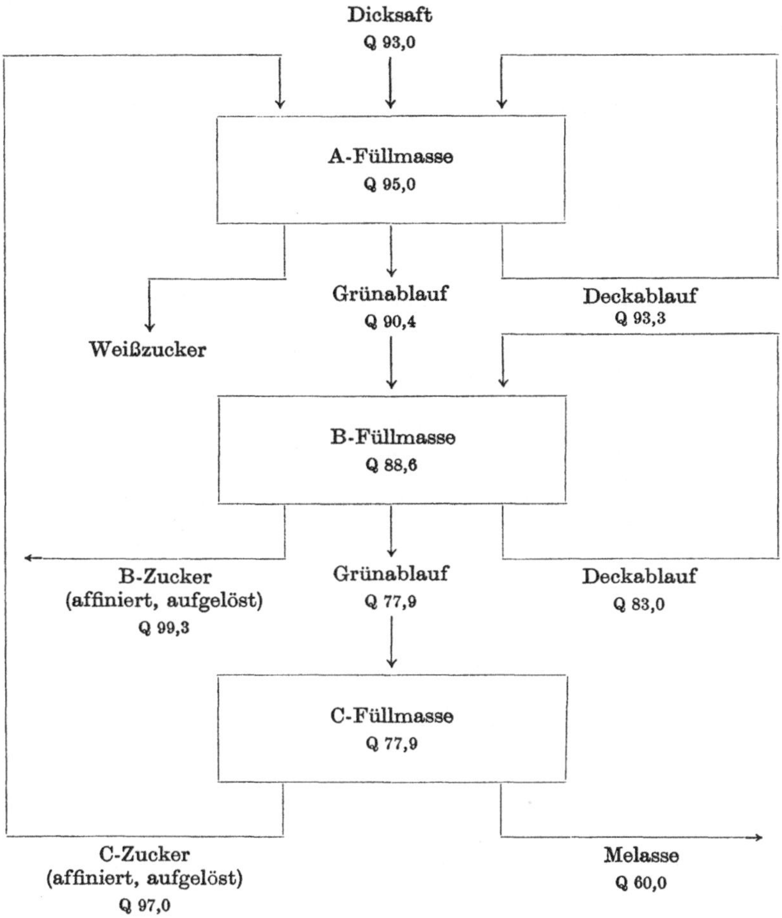

Abb. 99. Kochschema für Weißzucker (Aus: 54, Bd. V/1., S. 608)

kation sind 0,5—1,1 % anzusetzen, so daß die Ausbeute an Weißzucker 14,3—13,2 % beträgt. Versuche, die Zuckerkristallisierung kontinuierlich durchzuführen, erscheinen aussichtsreich.

Die Zuckergewinnung aus *Zuckerrohr* beginnt mit dem Auspressen des Saftes in Rohr-(Walzen-)mühlen, denen Vorbrecher vorgeschaltet sind. Vorbrecher und erste Mühle entziehen dem Rohr mehr als 60 % seines Gewichtes an Saft bzw. 70 % und mehr an Saccharose. Wiederholte Verfahrensgänge ermöglichen Zuckerausbeuten von 93—97,5 %. Nutzung von Erfahrungen bei der kontinuierlichen Rübensaftgewinnung (s. oben) erlauben Einsparungen an Energie und Steigerung der Zuckerausbeute.

Die Reinigung des schwach sauren Rohsaftes (pH 4,8—5,6) erfolgt vor allem mit Kalkmilch (*Defäkation*), daneben auch mit Schwefeldioxid und Kalkmilch (*Sulfitation*) oder aber mit Kalk und Kohlendioxid (*Carbonation*). Die weitere Verarbeitung des geklärten und gereinigten Saftes gleicht der in der Zuckerrübenindustrie üblichen. Die Ausbeute an Rohzucker liegt zwischen 6 und 11 % des Rohrgewichtes. Die zu etwa 4 % anfallende invertzuckerreiche Melasse enthält im Mittel 30—40 % Saccharose, 10—25 % reduzierende Substanzen, sehr geringe Mengen an Raffinose, kein Betain, dagegen die in der Rübenzuckermelasse nicht vorkommende *Aconitsäure* (ca. 5 %). Rohrmelasse liefert nach Vergärung Arrak und Rum (S. 638). Die Preßrückstände („Bagasse") dienen als Heizmaterial oder zur Herstellung von Pappe und Isolierstoffen.

7. Die *Verpackung* des Zuckers erfolgt in Papier-, Jute- oder Leinen-(Nessel-) säcken, in Kartonagen, Beuteln oder Tüten aus Papier, in Zellglas- und Polyäthylen-

folien; letztere dienen auch zum Kaschieren von Papier und Jute sowie zum Auskleiden von Fässern.

8. Die *Lagerung* des Zuckers kann lose in Silos oder in Sackstapeln (Papier, Jute) bei einer relativen Luftfeuchtigkeit von 65—70% erfolgen. In den USA wird loser ungesackter Zucker („bulk sugar") vielfach in Silowagen transportiert.

β) *Die Zuckersorten*

Zucker im Sinne des *Zuckergesetzes* vom 5. 1. 1951 ist der aus Zuckerrüben, Zuckerrohr oder Melasse hergestellte Zucker, und zwar *Verbrauchszucker*, *Rohzucker-Erzeugnis*, *Rohzuckernacherzeugnis*, sowie *flüssiger Zucker*, *Abläufe* (ausgenommen Melasse) und *Sirup* mit einem Reinheitsgrad von über 70 Grad.

Die Bewertung von Raffinade erfolgt nach dem „Punktsystem Braunschweig" aufgrund von vier Merkmalen: a) äußerlich erkennbare Farbe (Farbtype); b) Farbe und Trübung (Extinktion) einer 35%igen Zuckerlösung; c) Verfärbung des 15 min auf 175° C erhitzten Zuckers (Erhitzungstest) und d) Aschegehalt des Zuckers, bestimmt aus der elektrischen Leitfähigkeit einer 5%igen wäßrigen Zuckerlösung.

Nach der kommerziellen Sortenbezeichnung der deutschen Zuckermarktordnung werden unterschieden:

I. *Grundsorten* als Weißzucker mit mehr als 14 Punkten nach dem Braunschweiger Punktsystem. Je geringer die Punktzahl, desto besser die Qualität. Nach der *Korngröße* (in mm) unterscheidet man die Sorten grob (über 1,2 mm), mittel (0,8—1,2 mm) und fein (unter 0,8 mm).

II. *Aufschlagsorten.*

1. *Sandzucker*, gemahlener Weißzucker mit einer Qualität von über 14 Punkten (keine Raffinade).
2. *Raffinaden* mit nicht mehr als 14 Punkten des Braunschweiger Systems.
   a) *Kristallraffinaden* der Kristallgrößen bei grob (über 1,2 mm), mittel (0,8 bis 1,2 mm) und fein (unter 0,8 mm).
   b) *gemahlene Raffinade*, als auf Walzenstühlen gemahlenes Produkt.
   c) *Würfelraffinade*, Würfelzucker bester Raffinade, der im Guß- oder Preßverfahren hergestellt ist.
   d) *Puderraffinade*, in Staubform (Korngröße etwa 5—50 μm) feingemahlene Raffinade.

Zuckersorten mit teilweise volkstümlicher Bezeichnung sind u.a. *Brot-*, *Platten-* und *Hutzucker*, *Einmachzucker* (meist Raffinade), *Farinzucker* (Mehlzucker, von gelblicher bis brauner Farbe; durch Waschen in der Zentrifuge wird er zu hellem Farin), *Gelierzucker* (mit Apfelpektin), *Hagelzucker* (etwa 1,5—3 mm große Körner) *Vanillezucker* (mit Vanille aromatisiert) und *Würfelzucker* (Doppel-, Normal-, Spar-, Mokka-, Dominowürfel, in der BRD ausschließlich aus Raffinade [Würfelraffinade] hergestellt).

Kandiszucker sind besonders große, durch langsame Kristallisation konzentrierter Zuckerlösung entstandene Zuckerkristalle, die ungefärbt oder mit Caramel gefärbt (blonder bis schwarzer Kandis), ohne oder mit Faden (als Kristallisationshilfe) in den Handel kommen.

Zuckercouleur, in fester Form als *Caramel* bezeichnet, wird durch Erhitzen von Saccharose, Dextrose oder Stärkezucker mit reaktionsbeschleunigenden Stoffen (Ammonium-, Natrium- und Kaliumverbindungen der Essig-, Citronen-, Phosphor- und Kohlensäure, Ammonium-, Natrium- und Kaliumhydroxid) auf 120—180° C in verschiedenen, speziellen Anforderungen genügenden Produkten hergestellt. Zuckercouleur („Röstbitter") gilt in der BRD nicht als fremder Stoff. Sie wird u.a. folgenden Lebensmitteln zugesetzt: Rum, Weinbrand, Wermutwein, Dessertwein, Essig und Weinessig, Malzbier, alkoholfreien Erfrischungsgetränken, Zuckerwaren und Backwaren.

Geblauter Zucker, hergestellt durch Zugabe von Ultramarin, Indigo, Indanthrenblau und anderen Farbstoffen mit dem Ziel, gelblich gefärbtem Zucker ein rein weißes Aussehen zu verleihen, ist durch das Verbot der Verwendung von „Weißtönern" in der BRD gegenstandslos geworden. Bereits 1955 hatten alle westdeutschen Zuckerfabriken auf die Blauung verbindlich verzichtet.

„*Flüssiger Zucker*" ist als Erzeugnis eines neuen, vor allem in den USA ausgedehnten Produktionszweiges der Zuckerraffinerie reine Saccharoselösung von 76° Brix (etwa 65% Saccharose). Solche Lösungen ermöglichen bessere Lagerung, guten Transport und leichte Dosierung durch Umpumpen und finden z.B. in der Getränke- und Spirituosenindustrie, in Eiscremebetrieben, Bäckereien und in der Marmelade- und Geleeherstellung Verwendung. Es entfallen hier die Kristallisationsprozesse und die bis zum Abpacken notwendigen Arbeiten. Auch Invertsirupe werden als flüssige Zucker hergestellt.

Die *chemische Zusammensetzung* der Zuckerarten schwankt je nach dem Grah der Raffination. *Raffinaden* bestehen, wie oben erwähnt, praktisch zu 100% aus Saccharose; *Rübenrohzucker* enthält neben etwa 95,6% Zucker, 2% Wasser, 0,9% Asche und 1,5% organische Nichtzuckerstoffe; *Farinzucker* 98,8% Zucker neben 0,70% Wasser, 0,20% Asche und 0,29% organische Nichtzuckerstoffe. Ein Gehalt an Raffinose gibt sich durch hohe Polarisationswerte („Pluszucker") und spießige oder nadelförmige Kristalle zu erkennen.

Technologisch wichtige *Umwandlungsmöglichkeiten* des Zuckers sind die obenerwähnte Caramelisierung durch Hitze, die Hydrolyse zu Invertzucker durch Säuren oder Enzyme, die Vergärbarkeit zu Alkohol, Milchsäure (Sauerkraut, saure Gurken), Citronensäure und Glycerin.

Die steigende, dem Verbrauch auf dem Lebensmittelsektor vorauseilende Produktion an Zucker (geschätzter struktureller Überschuß in der EWG für die kommenden Jahre 1 Mio t) hat, wie auf S. 571 angedeutet, zu Erwägungen geführt, Zucker als *chemischen Rohstoff* auszunutzen. Hierfür kommen in Frage: Oxydation zu Wein- und Zuckersäure, Hydrierung zu Sorbit und Mannit, saurer Abbau zu Lävulinsäure, alkalischer Abbau zu Milchsäure und Acrylsäureester, Reaktion mit Phenolen und Formalhehyd zu Phenoplasten, Veresterung zu Palmitaten, Stearaten u.a. als oberflächenaktive Stoffe.

b) Glucosesirup (Stärkesirup, Stärkezuckersirup), Stärkezucker, Dextrose (Traubenzucker), Dextrin

Zur Verzuckerung von Polysacchariden eignen sich prinzipiell als Rohstoffe Stärke und Cellulose. Von beiden ist lediglich die Stärke in der freien Wirtschaft konkurrenzfähig. Die Entdeckung von G. Kirchhoff (1911) wonach Stärke-Wassermischungen beim Behandeln mit Schwefelsäure dünne, klare, von ihm als „*Stärkezucker*" bezeichnete Sirupe liefern, war Ausgangspunkt für die heute zu einem wichtigen Industriezweig gewordene Produktion von Stärkeverzuckerungserzeugnissen in der ganzen Welt. Ausgangsprodukt in Deutschland war vor dem 2. Weltkrieg die *Kartoffelstärke*, heute steht Maisstärke im Vordergrund.

Die *Stärkehydrolyse* erfolgt

mit Säuren, wobei nur z.T. reversible Sekundärreaktionen ablaufen, z.B. Bildung von Disacchariden und höhermolekularen Sacchariden („Reversion") oder von Hydroxymethylfurfural;

mit Enzymen. Verwendet werden in der Regel Gemische mehrerer Amylasen bestimmter Spezifität. Je nach dem Enzympräparat werden Stärkehydrolysate bestimmter Zusammensetzung erhalten. Irreversible Sekundärreaktionen sowie Bildung von Hydroxymethylfurfural treten hier nicht ein. Nachteilig ist die notwendige große Verdünnung und die für den enzymatischen Angriff notwendige Vorquellung.

Zweistufige Stärkehydrolyse mit *Säuren* und *Enzymen* hat sich zur Gewinnung hochverzuckerter Glucosesirupe zunehmend eingeführt.

Zweistufige Stärkehydrolyse mit *Enzymen* (α-Amylase in der ersten Stufe, Nachverzuckerung mit Amyloglucosidase) ist für die Herstellung von Dextrose von Bedeutung.

Spezielle bundesrechtliche Regelung für Stärkeverzuckerungserzeugnisse ist in der BRD nicht getroffen. Als Maßstab für die Verbrauchererwartung gelten Richtlinien für Stärke und Stärkeerzeugnisse vom 23. 4. 1963 (Schriftenreihe des Bundes für Lebensmittelrecht und Lebensmittelkunde, Heft 45 (1963)).

α) *Glucosesirup, Stärkesirup, Stärkezuckersirup*

wird aus Stärke jeder Art durch Verzuckerung in wäßriger Suspension mittels Säuren und/oder Enzymen gewonnen. Die Stärke wird zu einer Milch angerührt und in einem dampfbeheiztem „Konverter" mit Säure (in der Regel Salzsäure) bis auf einen pH-Wert von 2,0—1,8 angesäuert und mit Direktdampf bei 2—3 atü behandelt. Die Konversionszeit richtet sich nach dem gewünschten Verzuckerungsgrad und beträgt etwa 15—20 min. Nach Beendigung der Hydrolyse wird die Salzsäure mit Soda auf pH 4—5 eingestellt und mit die Aktivkohle entfärbte Lösung im Vakuum eingedampft.

Beim Eindampfen verbleibt Natriumchlorid in bedeutungsloser Menge im Sirup. Zur Entsalzung der Sirupe haben sich neuerdings Anionen- und Kationenaustauscher bewährt, die nicht nur Mineralstoffe, sondern auch Farbstoffe, Caramelisierungsprodukte und Stickstoffverbindungen eliminieren. Die obenerwähnte *Nachverzuckerung* eines mit Säure vorbereiteten Stärkehydrolysates mit *Malzenzym* liefert Glucosesirupe, die praktisch nur Maltose und nur sehr geringe Mengen D-Glucose enthalten.

Es ist verständlich, daß Stärkesirup entsprechend seiner Gewinnung keine chemisch definierte Substanz darstellt, vielmehr in konzentriert wäßriger Lösung wechselnde Mengen an Maltose, Glucose und verschiedene „höhere Zucker" (Isomaltose, Maltotriose, Maltotetrose, Panose u. a.) enthält. Nach den „Richtlinien" (Schriftenreihe des Bundes für Lebensmittelrecht und Lebensmittelkunde, Heft 45 (1963)) müssen Glucosesirupe mindestens 70% Trockensubstanzgehalt, 20% Dextroseäquivalente aufweisen und dürfen maximal 50 mg/kg schweflige Säure enthalten (Schwefeldioxid-VO). Über die Zusammensetzung von Glucosesirupen unterrichtet Tabelle 134.

Tabelle 134. Durchschnittliche Zusammensetzung von Glucosesirup (Säureprozeß)
(Aus G. Gräefe in 54, Bd. V/1., S. 649)

% Bestandteile	45er Glucosesirup (Bonbonsirup) niedrig-	normal-	hoch-verzuckert
Dextrose-Äquivalente	37	43	52
Wasser	16	16	16
D-Glucose	15	19	24
Maltose	15	18	22
Maltooligosaccharide	17	17	23
höhermolekulare Saccharide	37	30	15

Trockenglucosesirup (*Trockenstärkesirup*) wird fast ausschließlich nach dem Zerstäubungsverfahren aus 60—80%igen Stärkehydrolysaten unterhalb 100° C mit einem Endwassergehalt von 3—4% gewonnen. Er kann auf gewünschte Korngröße vermahlen werden. Das Produkt löst sich leicht im Wasser und in verdünntem Alkohol und findet vor allem in der Wurstherstellung Verwendung. Gefordert werden mindestens 95% Trockensubstanzgehalt und mindestens 20% Dextrose-Äquivalente, erlaubt sind maximal 50 mg/kg schweflige Säure.

Maltosesirupe werden nicht ausschließlich aus Gerstenmalz hergestellt und im Gegensatz zu Glucosesirupen nicht aus reiner Stärke, sondern aus stärkehaltigen Produkten bzw. Mehlen (meist Maismehl) erzeugt. Man trifft sie heute kaum noch im Handel an.

Malzextrakte sind angenehm malzartig schmeckende, hell- bis dunkelbraune Sirupe, die aus gekeimter Gerste (Malz) durch wiederholtes Ausziehen mit Wasser von etwa 60° C gewonnen werden. Die filtrierte Würze wird im Vakuum eingedampft. Malzextrakt enthält alle wasserlöslichen und durch Einwirkung der dem Malz eigenen Enzyme löslich gemachten Inhaltsstoffe des Malzes.

Malzextrakt findet Verwendung als Backhilfsmittel, allein oder mit verschiedenen Zusätzen (Eisen, Kalk, Lecithin) als Nähr- und Kräftigungsmittel, zur Herstellung von Kindernährmitteln, Malzkakao und Malzbonbons. Wesentlich ist der Gehalt an leicht assimilierbaren Kohlenhydraten (Maltose, Dextrin) und an Enzymen (Diastasen, Proteasen).

Der *Extraktgehalt* soll 72% nicht unterschreiten. In der Trockensubstanz sind 40 bis 60% Maltose, 12—20% Glucose, etwa 12—14% Dextrine, 4—8% Stickstoffsubstanz und 1,5—2% Mineralstoffe enthalten. Außerdem finden sich Pentosane, Maltotriose und -tetrose, *Maltol* (2-Methyl-3-hydroxypyron, vgl. S. 688) u.a.m.

Diastase muß in deutlichen Mengen vorhanden sein. Malzextrakt darf nur aus Gersten-Malz hergestellt werden. Gehandelt werden außerdem im Sprühverfahren gewonnene Malzextraktpulver mit einem Trockensubstanzgehalt von etwa 98%, sowie *Malzsirup*, flüssiger Malzextrakt von geringerer Vicosität. Färbung und Zusatz von Konservierungsmitteln ist nicht zulässig. Zu beachten ist außerdem die „Fremdstoff-VO" und bei Malzextrakt für diätetische Zwecke die „Diät-VO".

Stärkesirupe finden in der Lebensmittelindustrie vielseitige Verwendung. Sie zeigen relativ geringe Süßkraft, die nur etwa 1/4 des Rohrzuckers beträgt. Bei Zuckerwaren wird dadurch die aufdringliche Süße des Rohrzuckers gemildert. Ihre zähklebrige Konsistenz und ihre Eigenschaft, sich zu feinen Fäden ausziehen zu lassen („Kapillärsirup") oder zu Bonbons verkochbar zu sein („Bonbonsirup"), machen sie zum unentbehrlichen Grundstoff für Zuckerwaren. In der deutschen Zuckerwarenindustrie sind vor allem Stärkesirupe mittleren und schwachen Abbaugrades (34—46% Dextrosegehalt) von Bedeutung. Stärkesirupe finden auch bei der Herstellung von Likören und Obsterzeugnissen Verwendung, wo sie den Produkten Vollmundigkeit und Konsistenz („Körper") verleihen und das Auskristallisieren verhindern.

β) *Stärkezucker*

wird ähnlich wie Stärkesirup hergestellt, doch behandelt man hier die Stärke möglichst lange im Konverter, um eine weitgehende Verzuckerung, auch der höhermolekularen Maltosesaccharide, zu erreichen. Bei der Säurehydrolyse erhält man jedoch unter technischen Bedingungen nie 100% Glucose. Es treten vielmehr neben braun gefärbten Zersetzungsprodukten infolge der Reversion auch höhermolekulare Zucker („Reversionsprodukte"), wie die bitter schmeckende Gentiobiose, auf. Als Maß des Dextrinabbaues dient das Ausbleiben einer Fällung mit starkem Alkohol. Die neutralisierte Lösung wird bis zum spezifischen Gewicht 1,425 eingedickt, mit Glucose oder Zucker beimpft, in Kisten gegossen und nach dem Erstarren als Blockware („Kistenzucker"), muschelförmige Bruchstücke (Chips) oder als in Raspelmaschinen gewonnene Späne gehandelt. Das Produkt enthält 91—92% reduzierende Substanzen mit 86% Dextrosegehalt und weist etwa die halbe Süßkraft von Rohrzucker auf. Die „Richtlinien" fordern mindestens 80% Trockensubstanzgehalt und mindestens 80% Dextrose-Äquivalente. Die Verzuckerung der Stärke mit Säuren bei hohen Temperaturen (150—160° C) und sehr kurzen Hydrolysezeiten (2—4 min) wird auch automatisch und vollkontinuierlich durchgeführt.

γ) *Dextrose* (*Traubenzucker*)

Arbeitsbedingungen und apparative Einrichtungen sind ähnlich wie bei der Herstellung von Glucosesirup und Stärkezucker. Stärkesuspensionen werden mit HCl angesäuert und bei 140—160° C (2,7—5,3 atü) mit Direktdampf erhitzt. Der oft mit Ionenaustauschern behandelte, gereinigte Saft wird unter vermindertem Druck auf 70 bis 80% Trockensubstanz konzentriert und zur Kristallisation gebracht. Der *Säure-Enzym-Prozeß* (s. S. 577) hat für die Dextrose-Herstellung zunehmende Bedeutung erlangt. Mit Hilfe von Aspergillus-Amyloglucosidase gelingt es, Säurevorhydrolysate nahezu restlos zu D-Glucose zu hydrolysieren. Normalerweise erfolgt die Kristallisation bei 45° C in Form des α-Glucose-Monohydrates. Die Gesamtausbeute an reinem Monohydrat beträgt beim Säureprozeß etwa 80%, beim Enzymprozeß etwa 85% der Theorie. Aufarbeitung der Mutterlaugen (*Hydrol*) liefert weitere Mengen kristallisierter D-Glucose.

Das Monohydrat enthält maximal 9,2% Wasser, in der Trockensubstanz mindestens 99,0% (Handelsprodukte meist 99,5%) D-Glucose. Schweflige Säure darf nicht nachweisbar sein. *Wasserfreie α-Glucose* (anhydrous sugar) kann durch Trocknen des Monohydrates in einem warmen Luftstrom oder durch Kristallisation aus Äthanol, Methanol oder Essigsäure erhalten werden. Dextrose (*Traubenzucker*, *Dextropur* u. a.) wird in großem Ausmaß wegen ihrer leichten Verdaulichkeit und schnellen Resorption als Kräftigungsmittel, in Nährpräparaten und Arzneimitteln verwendet. Gleich Trockenglucosesirup wird Dextrose zur Umrötung von Fleisch und Wurstbrät eingesetzt.

Das folgende Schema zeigt die Herstellung der unter α) bis γ) beschriebenen Stärkeverzuckerungserzeugnisse:

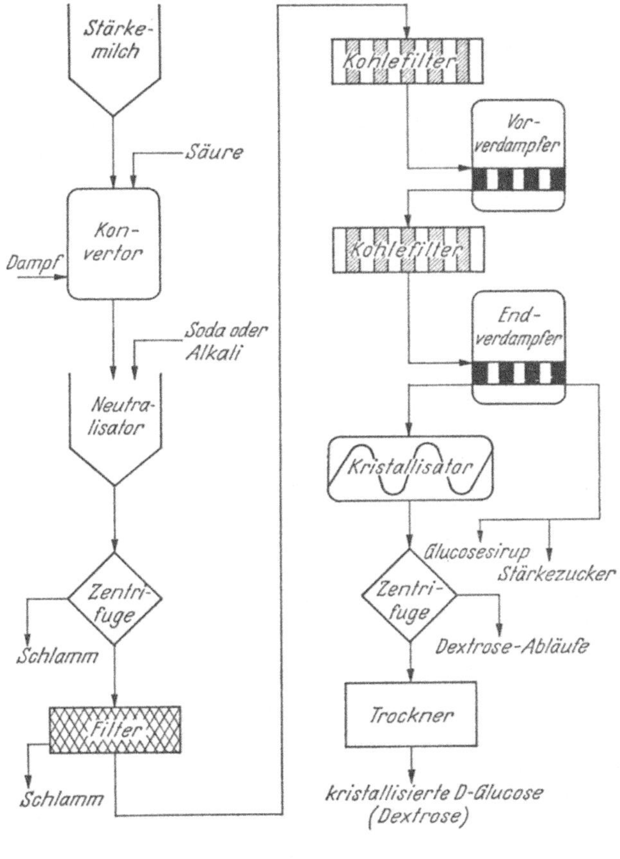

Abb. 100. Vereinfachtes Schema der Herstellung von Glucosesirup, Stärkezucker und Dextrose (Säure-Prozeß) (Aus: 54, Bd. V/1., S. 642)

δ) *Dextrin*

wird aus Stärken jeder Art, aus jedem Rohstoff durch Erhitzen allein (180 bis 200° C) oder unter zusätzlicher Behandlung mit Säuren bzw. anderen Chemikalien hergestellt. Derartige „*Röstdextrine*" als hochmolekulare Umwandlungsprodukte der Stärke erleiden im Rahmen der Herstellung neben einer hydrolytischen Spaltung intra- und intermolekulare Kondensationen.

c) Milchzucker

Lactose wird aus Lab- oder Sauermolke, auch aus Molkenkonzentraten mit höchstmöglichem Milchzuckergehalt gewonnen. Sauermolke wird häufig konserviert, z.B. mit 0,01—0,02% Perhydrol. Die auf pH 4,7 eingestellte Molke wird durch Erhitzen mit Direktdampf auf 95—98° C vom Milchalbumin (Molkeneiweiß, Zieger; S. 394) befreit. Die enteiweißte filtrierte Flüssigkeit wird im Mehrstufenverdampfer konzentriert und von ausgeschiedenen Milchsalzen befreit. Sie liefert beim weiteren Eindampfen gelblich gefärbten Rohzucker mit einem Wassergehalt von 12—14%. Die nach dem Abschleudern verbleibende Melasse enthält noch beträchtliche Mengen Lactose. Sie geht entweder in den Prozeß zurück oder dient zur Gewinnung von Alkohol, Milch- oder Propionsäure. Der Rohzucker wird durch Lösen, Filtrieren und oft mehrmals durchgeführtes Kristallisieren raffiniert. Das schneeweiße *α-Lactosemonohydrat* wird in Stiftmühlen und Zentrifugalsichtmaschinen zerkleinert. Neuerdings gewinnt die *Sprühtrocknung* der Lactose immer mehr an Bedeutung (z.B. Lactose U.S.P. Spray Dried).

Zur Steigerung von Verdaulichkeit, Süßkraft und Löslichkeit wird das Produkt oft in 60%iger Lösung auf wenig mehr als 93,5° C erhitzt und das Kristallisat auf Vakuumwalzentrockner gebracht. Dabei entsteht die gegenüber der α-Form etwa 7mal löslichere *β-Lactose*, deren Wassergehalt nicht über 1% liegen darf. Als natürliches Kohlenhydrat der Muttermilch findet Lactose in Kindernährmitteln, außerdem als Verdünnungsmittel oder Trägersubstanz in Arzneizubereitungen (Tabletten) und nicht zuletzt als Bestandteil von Nährlösungen bei der Antibioticaproduktion Verwendung.

d) Weitere Zuckerarten und Zuckeralkohole

Die aus dem Inulin der Topinamburknollen, Zichorie, Dahlienwurzel oder Artischocken durch Säurehydrolyse aus Saccharose, Invertzucker und Melasse sowie durch basenkatalysierte Isomerisierung bzw. Epimerisierung der Glucose erhältliche, etwas süßer als Saccharose schmeckende *Fructose* dient als Zuckeraustauschstoff für Diabetiker. Durch die Säure von Obsterzeugnissen kann sie bei längerer Kochzeit in Glucose umgewandelt werden. Ein fast halb so süß wie Rohrzucker schmeckender hygroskopischer Zuckeralkohol ist der D-*Sorbit* (S. 92, in USA Sorbitol genannt). Außer als Süßungsmittel für Diabetiker hat er u.a. Eingang gefunden in die Obstverwertung. Er dient auch als Feucht- und Weichhaltungsmittel für Süßwaren, wo er in Mengen zwischen 5 und 15% benutzt (Sionon, Karion u.a.) und meist in Form eines 70%igen Sirups zugesetzt wird. Gegen seine Verwendung in mäßigen Mengen bestehen keine grundsätzlichen Bedenken. Technisch hergestellt wird Sorbit durch elektrochemische Reduktion von Traubenzucker (Maisstärkezucker), vor allem aber durch katalytische Hochdruckhydrierung von Glucose. Über *Xylit* vgl. S. 93.

Dattelzucker läßt sich aus den 81% Zucker enthaltenden Dattelfrüchten gewinnen (Algerien, Irak). *Palmzucker* stammt aus verschiedenen Palmenarten (z.B. Cocos-, Buri- und Nipapalme) und wird in Indien sowie auf den Philippinen produziert. Neben Rohr- und Rübenzucker ist von gewisser Bedeutung der *Ahornzucker*, der in Kanada, den USA und Japan aus dem frischen etwa 3% Zucker enthaltenden Saft des Zuckerahorns (Acer saccharum) hergestellt wird. Er kommt als Ahornsirup und Ahornzucker in den Handel. Wertbestimmend sind vor allem die Aromastoffe. Ahornsirup enthält verschiedene Säuren, z.B. Citronen-, Äpfel- und Bernsteinsäure. Hauptzucker (88 bis 99% der Tr.) ist die Saccharose. An Aromakomponenten wurden u.a. Vanillin, Syringaldehyd, Dihydroconiferylalkohol, Vanilloyl-methylketon und Furfurale nachgewiesen. *Hirsezucker* aus den Halmen der etwa 12% Saccharose enthaltenden Hirse besaß in den USA früher Bedeutung. Heute wird die Zuckerhirse (Sorghum saccharatum) vor allem auf Sorghumsirup verarbeitet.

2. Zuckerwaren

Unter *Zuckerwaren* ist eine Untergruppe der als *Süßwaren bezeichneten* Lebensmittel zu verstehen. Der übergeordnete Begriff der Süßwaren umfaßt außer den Zuckerwaren: Dauerbackwaren, Kakao- und Schokoladenerzeugnisse, Speiseeis sowie Kunsthonig, die an anderer Stelle behandelt werden. Zuckerwaren (im engeren Sinn) sind Erzeugnisse, die aus Zucker jeglicher Art allein oder mit mannigfaltigen Zusätzen von anderen zu Nahrungs- und Genußzwecken dienenden Stoffen (Stärkezucker, Stärkesirup, Milcherzeugnisse, Honig, Fette, Kakao, Schokolade, Früchte, Marmeladen, Gelees, Fruchtsäfte, Gewürze, Malzextrakt, Samenkerne, Gelstoffe, Genußsäuren, Essenzen u. a.) hergestellt sind.

Wesentlicher und kennzeichnender Bestandteil all dieser Produkte ist Zucker, wobei außer Saccharose auch andere Zuckerarten (Stärkezucker, Stärkesirup, Invertzucker, Maltose, Lactose usw.) Verwendung finden. Ein berechtigter Anlaß zur Kennzeichnung der letztgenannten Stoffe besteht nicht, soweit für bestimmte Sorten keine andere Regelung getroffen wurde. Stärkezucker und andere der genannten Produkte sind nämlich in zahlreichen Fällen für die Erzielung einwandfreier Ware fabrikationstechnisch durchaus förderlich und notwendig.

Speziellen Rechtsstoff bringen die „Allgemeine Fremdstoff-VO", die „Farbstoff-VO" (u.a. Färbeverbote für Lakritzen, Brausepulver, Füllungen von Zuckerwaren und Überzügen), die „Essenzen-VO" (Verwendung und Kenntlichmachung künstlicher Aromastoffe, erlaubter Zusatz von 2% Ammoniumchlorid zu Lakritzwaren), die „Schwefeldioxid-VO" (50 mg/kg SO_2 in Hart- und Weichcaramellen, Fondanterzeugnissen), der „Konservierungsstoff-VO" (für bestimmte Zuckerwaren zugelassene Konservierungsstoffe), die „Kaugummi-VO", die „Diät-VO", die „VO über vitaminierte Lebensmittel", die „Kakao-VO", die „Süßstoff-VO" sowie (für Marzipan und Marzipanersatz) die „Lebensmittel-Kennzeichnungs-VO" und schließlich die „Leitsätze für Ölsamen und daraus hergestellte Massen und Süßwaren" des Deutschen Lebensmittelbuches. Verwiesen sei auch auf „Begriffsbestimmungen", „Verkehrsregeln" und „Leitsätze" als Normativbestimmungen von Erzeugerverbänden, die rechtlich als gutachterliche Äußerungen zu werten sind.

Die *Zuckerwarenproduktion* der BRD (einschl. Berlin-West) betrug 1966 rund 211000 t im Wert von 700 Mio DM, der pro Kopf-Verzehr 3,93 kg im Jahr.

Die Art der hierher zu rechnenden Erzeugnisse ist fast unübersehbar. Sie umfaßt folgende Hauptgruppen: *Caramelbonbons* (Hart- und Weichcaramellen (Toffees), wie Malz-, Honig-, Sahne- oder Milchbonbons, gefüllte Bonbons und solche mit Aromen- und Säurezusatz, *Konservekonfekt, Fondant, Cocosflocken* (Zuckerwaren aus wasserhaltiger, teilweise kristallisierter Zuckermasse), *Zuckerwaren mit Quellstoffzusatz* (Gummi-, Gelatine-, Schaumzuckerwaren, Türkischer Honig), *Kandierte Früchte, Fruchtpasten* und ähnliche Erzeugnisse, *Lakritzen* und *Lakritzwaren, Brausepulver, Dragées*, Preßlinge, Pastillen und gegossene Plätzchen, Glasurmassen, Erzeugnisse aus *Mandeln, Nüssen, Aprikosenkernen, Erdnüssen* und anderen eiweißreichen ölhaltigen Samen, *Marzipan* und *marzipanähnliche Erzeugnisse* (*Persipan*), *Nugat, Füllmassen, Krokantarten* u. a. m. Eine völlig eindeutige Zuordnung der verschiedenen Zuckerwarenarten in Hauptgruppen ist kaum möglich. Über Einzelheiten vgl. A. Fincke (in 54, Bd. V/1., S. 711).

Aus dieser nicht erschöpfenden Aufzählung sollen nur einige wichtige Vertreter besprochen werden.

a) Marzipan und ähnliche Erzeugnisse

α) *Marzipan*

wird zunächst in Form der *Marzipanrohmasse* hergestellt, indem geschälte, in feuchtem Zustand mittels Gummiwalzen auf Porzellanwalzenstühlen fein zerriebene süße Mandeln mit höchstens 35% technisch reinem weißem Verbrauchszucker vermischt und durch kurzes Erhitzen („Abrösten") in offenen Kesseln zu einer plastisch formbaren homogenen Masse verarbeitet werden. Aus dieser Masse werden durch Verarbeitung mit der gleichen Menge Zucker die eigentlichen im Handel anzutreffenden Marzipanwaren (angewirkter Marzipan) hergestellt. Die obenangeführten „Leitsätze" definieren:

„*Marzipanrohmasse*" ist eine aus „geschälten Mandeln" hergestellte Masse. Sie enthält höchstens 17% Feuchtigkeit und höchstens 35% zugesetzten Zucker, wovon höchstens 10% des Rohmassengewichtes Invertzucker sind. Der Gehalt an Mandelöl beträgt mindestens 28%. Bei der Marzipanrohmasse M I kann der Gesamtgehalt an geschälten bitteren Mandeln bis zu 12% des Mandelgewichtes betragen. Eine Kenntlichmachung ist nicht erforderlich. Entbitterte bittere Mandeln werden zur Herstellung von Marzipanrohmassen nicht verwendet. „*Marzipan*" ist eine Mischung aus Marzipanrohmasse und höchstens der gleichen Gewichtsmenge Zucker. Der Zucker kann teilweise durch Stärkesirup und/oder Sorbit ersetzt werden. In diesen Fällen kann bis zu 3,5% des Gesamtgewichtes des Marzipans aus Stärkesirup und/oder bis zu 5% des Gesamtgewichtes des Marzipans aus Sorbit (auch in Form eines mindestens 70%igen Sirups bestehen. Als „*Mandeln*“ gelten nur süße Mandeln; Partien von Mandeln können bis 5 Gewichtsprozent bittere Mandeln enthalten. Bittere Mandeln oder entbitterte bittere Mandeln werden stets als solche bezeichnet. „*Geschälte Mandeln*“, auch als „*blanchierte Mandeln*“ bezeichnet, sind von der Schale und nach dem Brühen von der Samenhaut befreite Mandelkerne. „Geschälte entbitterte bittere Mandeln“ sind von der Schale und nach dem Brühen von der Samenhaut befreite, entbitterte bittere Mandeln. Zucker ist, soweit im einzelnen nichts anderes vermerkt, technisch reiner, weißer Verbrauchszucker (Saccharose) oder Invertzucker. Der Zusatz anderer Zuckerarten wird, soweit nichts anderes in diesen Leitsätzen festgelegt ist, kenntlich gemacht. Bei Angaben über den Zuckergehalt werden die in den Ölsamen enthaltenen Zuckerarten nicht angerechnet.

Königsberger Marzipan wird nach der Formung kurz überbacken, Marzipankartoffeln sind in Kakao gewälzte Marzipanware.

β) *Persipan*

wird ähnlich wie Marzipan aus einer entsprechenden Rohmasse (*Backmasse*) hergestellt. Nach den „Leitsätzen“ ist

„*Persipanrohmasse*“ (früher auch „Backmasse“ genannt) eine aus „geschälten Aprikosenkernen“ hergestellte Masse. Sie enthält höchstens 20% Feuchtigkeit, höchstens 35% zugesetzten Zucker, wovon höchstens 10% des Rohmassengewichtes Invertzucker sind, und 0,5% zugesetzte Kartoffelstärke.

„*Persipan*“ ist eine Mischung aus Persipanrohmasse und höchstens der anderthalbfachen Gewichtsmenge Zucker. Der Zucker kann teilweise durch Stärkesirup und/oder Sorbit ersetzt werden. In diesen Fällen kann bis zu 5% des Gesamtgewichtes des Persipans aus Stärkesirup und/oder bis zu 5% des Gesamtgewichtes des Persipans aus Sorbit (auch in Form eines mindestens 70%igen Sirups) bestehen.

Wird in den Leitsätzen nichts anderes festgelegt, so werden unter „Aprikosenkernen“ ohne Kenntlichmachung auch ganz oder teilweise Pfirsichkerne, entbitterte bittere Mandeln und/oder entbitterte Bergmandeln verstanden.

„Geschälte Aprikosenkerne“ sind von der Schale und nach dem Brühen von der Samenhaut befreite süße oder entbitterte bittere Aprikosenkerne.

γ) *Andere Rohmassen,*

die aus geschälten Nußkernen, (Cachoukernen oder Erdnußkernen) hergestellt werden, entsprechen hinsichtlich des Feuchtigkeits- und des Zuckergehalts den Bedingungen für „Persipanrohmasse“. Sie werden nach den Ölsamenarten benannt, aus denen sie hergestellt sind, z.B. „Nußrohmasse, Erdnußrohmasse“. Diese Rohmassen — mit Ausnahme der Nußrohmasse — können auch ohne Kenntlichmachung bis 10% des Gesamtgewichtes geschälte bittere Mandeln oder „geschälte Aprikosenkerne“ enthalten.

δ) *Nugatmassen*

sind höchstens 2% Feuchtigkeit enthaltende, weiche bis schnittfeste Erzeugnisse, die aus „geschälten Nußkernen“ oder aus gerösteten „geschälten Mandeln“ durch Feinzerkleinerung unter Zusatz von Zucker und Kakaoerzeugnissen hergestellt werden. Als Kakaoerzeugnisse werden verwendet: Kakaokerne, Kakaomasse, Kakaobutter, Kakaopulver — auch stark entölt —, Schokolade, Schmelzschokolade, Sahneschokolade, Milchschokolade, Schokoladenüberzugsmasse, Sahne- und Milchschokoladenüberzugsmasse, Schokoladenpulver. Sie können einen Zusatz von geringen Mengen geschmackgebender Stoffe und/oder von geringen Mengen Lecithin enthalten. Ein Teil des Zuckers kann durch Sahne- oder Milchpulver ersetzt werden. Zu den Nugatmassen wird auch gesüßtes Nußmark gerechnet, das ohne Kakaoerzeugnisse und ohne Sahne- oder Milchpulver hergestellt wird.

Über einzelne Nugatmassen vgl. die „Leitsätze“. Angewirkte Nugatmassen werden als „*Nugat*“ oder „*Noisette*“ bezeichnet.

ε) *Krokant*

wird aus geschmolzenem und mehr oder weniger caramelisiertem Zucker sowie zerkleinerten und gerösteten Mandeln oder Nüssen, gelegentlich auch unter

Zusatz von Marzipan, Nugat, Milchdauerwaren, Fruchtbestandteilen und Stärkesirup von spröder oder weicher Konsistenz hergestellt. Es dient im allgemeinen als Füllung für andere Süßwaren.

ζ) *Ölsamenmark*

Über *Ölsamenmark* (*Haselnußmark, Erdnußmark* bzw. *Erdnußmus*) vgl. die „Leitsätze".

b) Lakritzen und Lakritzwaren

Zur Herstellung von Lakritzwaren wird Mehl verkleistert und mit Zucker, Stärkesirup, eingedicktem Süßholzsaft und Gelatine vermischt und eingedickt. Nach Formung zu Stangen, Bändern, Figuren usw. wird nachgetrocknet.

Charakteristischer und geschmacksbestimmender Inhaltsstoff der Süßholzwurzel ist das Diglucuronid der *β-Glycyrrhetinsäure:*

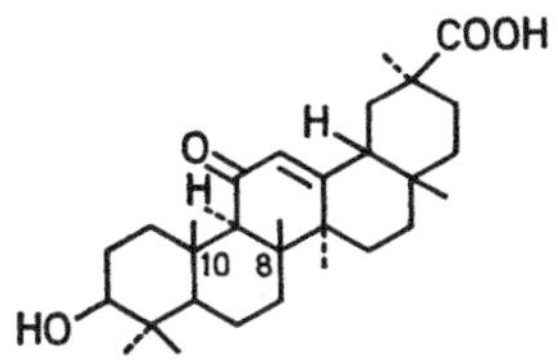

Süßholz hat über seine hustenstillende und schleimlösende Wirkung hinaus auch in der Therapie, z.B. bei Behandlung von Magengeschwüren Beachtung gefunden („Carbenoxolon" als Hemisuccinat der Glycyrrhetinsäure).

Einfache Lakritzwaren enthalten neben 30—45% Stärke und 30—40% Saccharose, wenigstens 5% Süßholzextrakt. Bessere Erzeugnisse enthalten 30% und mehr Süßholzextrakt. Zur Aromatisierung dienen ätherische Öle, vor allem Anisöl und Pflanzenauszüge, daneben geringe Mengen Ammoniumchlorid.

c) Gebrannte Mandeln

bestehen aus rohen oder gerösteten Mandeln, die mit heißgesättigtem und caramelisiertem Zuckersirup überzogen (dragiert) werden; durch Aufblasen heißer Luft bildet sich eine gekräuselte Oberfläche. Sie erhalten außerdem Gewürz- oder Geschmacksstoffzusätze, wie Vanillin u. dgl. In einer größeren Durchschnittsprobe darf das Verhältnis von Zucker zu Mandeln nicht mehr als etwa 4:1 betragen. Besonders zu achten ist auf eine oft übermäßig starke Färbung. Zuckerüberzüge der im Dragierverfahren überzogenen Mandeln dürfen mit fremden Stoffen gefärbt werden.

d) Spirituosenhaltige Erzeugnisse

Sie werden definiert als „Erzeugnisse, die nach ihrer Bezeichnung die Verwendung von *Spirituosen* als Geschmackszusatz annehmen lassen, müssen jedoch auch wirklich unter Verwendung dieser alkoholhaltigen Zusätze, und zwar in ausreichenden Mengen, so daß der Geschmack dadurch bestimmt wird, hergestellt sein". Über die Menge des Zusatzes oder über den Alkoholgehalt können jedoch keine bestimmten Vorschriften gegeben werden, nur, daß der Geschmack wirklich bestimmt wird. Zuckerwarenkonfekte usw., die eine flüssige Füllung ohne entsprechenden Zusatz von Spirituosen haben, dürfen also nicht z.B. als „Likörbohnen" usw. benannt werden, sondern können nur etwa als „flüssig gefüllt" oder in ähnlicher Weise bezeichnet werden.

e) Kaugummi (Chewing-gum, Chicle, Chiclet)

ist ein zum Kauen und längeren Verweilen im Munde bestimmtes Erzeugnis, das teilweise aus einem natürlichen oder künstlichen nicht zu verschluckenden Stoff besteht, der Nährstoffe und Würzmittel (Geschmacksstoffe), vor allem Zuckerarten und Aromastoffe einschließt und beim Kauen an den Körper abgibt. Er wird in seiner Grundlage aus kautschuk- und guttaperchaartigen Naturstoffen (Chiclegummi, Siak- und Pahang-Guttapercha, mit Harz vermischter Plantagenkautschuk, Mastix, Wachs u. a.) sowie aus thermoplastischen Kunststoffen (Polyvinylester und -äther, Polyäthylen usw.) hergestellt. Als Aroma- und Geschmacksträger dienen Saccharose, Invertzucker, Stärkesirup, ätherische Öle (Pfefferminzöl) u. a. m. Nach der VO über den Verkehr mit Süßstoff ist der Zusatz von Süßstoff erlaubt (§ 5, Nr. 5). In den USA wurden 1958 rund 125000 t Kaugummi ("the poor man's tranquilizer") verbraucht, deren Herstellung u. a. 75000 t Zucker und 25000 t Sirup erforderten.

Der erste Kaugummi wurde 1869 in einem New Yorker Drugstore verkauft.

Herstellung und gewerbsmäßigen Vertrieb von Kaugummi regelt die „Kaugummi-VO" in der Fassung vom 20. 8. 1972. Dort sind in einer besonderen Liste alle fremden Stoffe aufgeführt, die unter Kenntlichmachung („Kaumasse mit fremden Stoffen") zugelassen sind und für die besondere Reinheitsforderungen erhoben werden. Neuerdings ist auch Cellulose als Füll- und Trennmittel zugelassen.

f) Brauselimonadenpulver

Brauselimonadenpulver oder in Tabletten gepreßte *Brausebonbons* dienen zur Herstellung künstlicher Brauselimonaden. Sie enthalten Natriumhydrogencarbonat und Milch-, Wein- oder Citronensäure, aus denen beim Auflösen in Wasser die Kohlensäure des Getränkes entsteht, außerdem Zucker oder Süßstoff, natürliche und künstliche Essenzen. Oft werden Natron und Säure getrennt in Kapseln oder Beuteln geliefert. Künstliche Färbung ist durch die neue „Farbstoff-VO" ausdrücklich verboten.

3. Speiseeis

Nach der VO über Speiseeis vom 15. 7. 1933, in der Fassung vom 1. 7. 1970 sind Speiseeis (Gefrorenes) durch Gefrieren in einen starren Zustand gebrachte Zubereitungen, die mit oder ohne Verwendung von Ei (frische Eier, Kühlhauseier, Gefrierei, Eidotter oder Eiklar aus frischen Eiern oder aus Kühlhauseiern, Trockenei, Trockeneigelb), aus technisch reinem weißen Verbrauchszucker (Saccharose) und aus Milch, entrahmter Milch (Magermilch), Buttermilch, saurer Milch, Joghurt, Kefir oder anderer unter Verwendung von spezifischen Gärungserregern fermentierter Milch — auch in Form der eingedickten Erzeugnisse oder in Form von Milch- oder Magermilchpulver — oder Sahne (Rahm) oder Butter oder aus technisch reinem weißem Verbrauchszucker (Saccharose) und aus frischem Obstfruchtfleisch oder aus Obsterzeugnissen hergestellt sind. Weitere erlaubte Zutaten werden in der genannten Verordnung aufgezählt.

Industriell gefertigtes Speiseeis trat nach dem 2. Weltkrieg seinen Siegeszug bis in den Haushalt an. Die pro Kopf-Produktion der USA stieg von 9,7 l im Jahre 1940 bis 1965 auf 22,0 l an (Gesamterzeugung 4,268 Mia l). In der BRD betrug der Industrieumsatz 1971 rund 1,1 Mia DM, der pro Kopf-Verbrauch 1973 5,5 l.

Für die Lebensmittelrechtliche Beurteilung gilt folgendes Spezialrecht: die obengenannte „Speiseeis-VO", weiterhin die „Fremdstoff-VO", die „Farbstoff-VO", die „Konservierungsstoff-VO", die „Essenzen-VO", die „Schwefeldioxid-", „Kakao-" und „Diät-VO" die „VO über vitaminierte Lebensmittel" sowie die „Enteneier-VO"; schließlich sind die Polizei-Verordnungen einzelner Länder zu beachten.

Je nach den wertbestimmenden Zutaten und der Zubereitungsart unterscheidet man *Kremeis* (Eierkremeis, z.B. Vanille- und Schokoladeneis), *Fruchteis, Rahmeis* (Sahneeis), wobei als besondere Art Fürst-Pückler-Eis gilt, *Milchspeiseeis*, Eiskrem, Fruchteiskrem, Einfacheiskrem und schließlich *Kunstspeiseeis* als einfachste Konsumsorte. Die wichtigste Speiseeissorte ist das Rahmeis.

Um das Gefüge des Speiseeises sahnig-geschmeidig und feinkristallin zu halten, ist eine Reihe von Bindemitteln (Stabilisatoren) in kleinen Mengen zugelassen.

Für die genannten Speiseeissorten bringt die VO über Speiseeis eingehende Beschaffenheitsmerkmale.

Als *Halberzeugnisse* nennt die Verordnung *Speiseeiskonserven* (zähflüssige Zubereitungen, durch Erhitzen in luftdicht verschlossenen Behältnissen haltbar gemacht) und *Speiseeispulver* (Mischungen, die gleich den Konserven in der Zusammensetzung den Anforderungen an die Speiseeissorte genügen müssen, für deren Herstellung sie bestimmt sind).

Die *Herstellung von Speiseeis* beginnt mit dem *Dosieren* und *Mischen* der Komponenten. Anschließend wird die Mischung im Plattenwärmeaustauscher auf etwa 70° C erhitzt und zur Schaffung einer beständigen, einheitlichen Emulsion des Milchfettes *homogenisiert*. Zur *Pasteurisierung* dienen folgende Verfahren: 1. *Chargenmethode* bei 65—68° C über mindestens 30 min, 2. *Hochtemperatur-Kurzzeit-Verfahren* bei 80—85° C über mindestens 20—30 sec und 3. *Ultra-Hochtemperatur-Erhitzung* im Bereich von 105—130° C. Unmittelbar nach dem Pasteurisieren wird auf ±0° bis +4,5° C *gekühlt* und bei dieser Temperatur in gekühlten Lagertanks gehalten. Das *Gefrieren* umfaßt zunächst das *Teilgefrieren* bis zum plastischen Zustand im Gefrierapparat (*Freezer*) und das *Fertiggefrieren* im Härtevorgang. Einzelheiten s. bei *J. Schormüller* (141). In Abb. 101 ist die Speiseeisfertigung schematisch dargestellt.

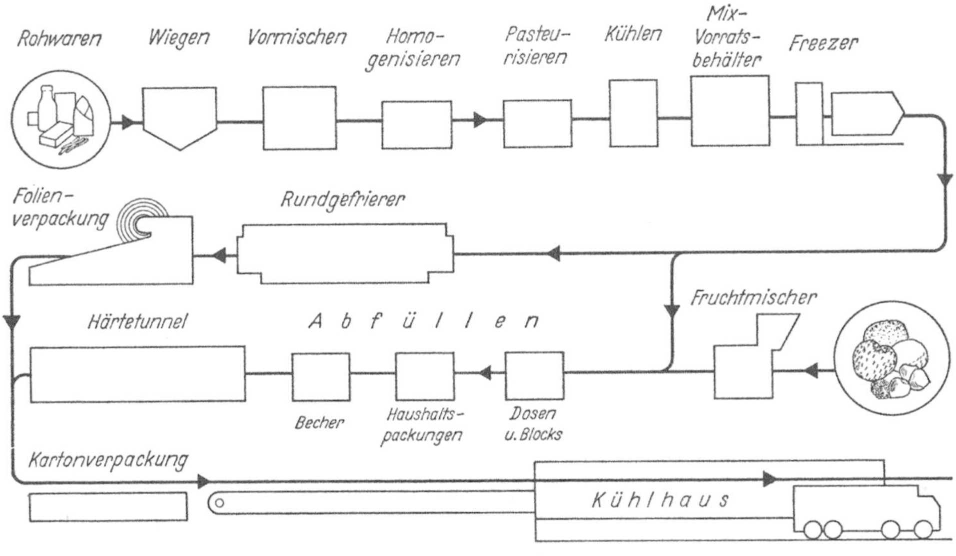

Abb. 101. Schematische Darstellung der Speiseeisfertigung (Bundesverb. Dtsch. Süßw.-Ind. 1966) (Aus: 54, Bd. V/1., S. 751)

Weiterbehandlung und Vertrieb des Speiseeises bringen besondere hygienische Gefahren mit sich, die u.a. durch rohe infizierte Milch, bakteriell verunreinigtes Trinkwasser oder Natureis, durch Wiederverwendung geschmolzenen Speiseeises, durch fehlende Erhitzung und mangelnde anschließende rasche Kühlung der Speiseeismasse (Speiseeis-Mixes), durch hygienisch nicht einwandfreie Herstellung oder Abgabe — vor allem bei losem Eis — gegeben sind.

Das Speiseeis stellt ein Drei-Phasen-System dar. Die *Gasphase* (Luftzellen) ist in einer *flüssigen Phase* mit *festen Eiskristallen* verteilt. Die flüssige Phase schließt außerdem verfestigte Fetteilchen, Milcheiweiß, unlösliche Salze, auch Lactosekristalle und echt gelöste Stoffe ein. Speiseeis wird zuweilen sandig schmeckend, vor allem wenn der Milchzuckergehalt 6% übersteigt und die Milchzuckerkristalle größer als 15—30 μm sind.

Softeis ist Speiseeis, das noch im plastischen Zustand kurze Zeit nach dem es den Freezer verlassen hat, oft aus Soft-Automaten, an den Verbraucher gelangt.

4. Pudding und verwandte Erzeugnisse

Die „Leitsätze des Deutschen Lebensmittelbuches" vom 9./10. 1. 1968, in der Fassung vom 16. 3. 1972 definieren:

„Puddingpulver und verwandte Erzeugnisse sind Gemische aus konsistenzgebenden Stoffen, wie Dickungs- und Geliermitteln, mit Zutaten. Aus ihnen werden mit Flüssigkeit, z.B. Milch oder Wasser — vielfach auch unter Zusatz von Zukker — Puddinge, Süßspeisen, Tortengüsse, süße Soßen und süße Suppen sowie Krems zubereitet. Je nach den verwendeten Stoffen erfolgt die Zubereitung mit oder ohne Anwendung von Wärme".

Die „Leitsätze" unterscheiden je nach den verwendeten Dickungs- oder Geliermitteln: *Puddingpulver* (Grießspeise u. a.), die durch Kochen zubereitet werden, *Geleespeisen* (Götterspeisen u. a.), *Erzeugnisse zur Bereitung von Süßspeisen* (z. B. Süßspeise-, Puddingkrem-, Gelee-Puddingpulver u. a.), *Tortengüsse*, *Soßenpulver*, *süße Suppen* (Kaltschalen, auch mit Getreideeinlagen). *Krempulver* (für standfeste Krems zu Füll- und Garnierzwecken). Über Zutaten, Bezeichnungen und besondere Beurteilungsmerkmale für einzelne Erzeugnisse vgl. die „Leitsätze".

Plumpudding ist ein heiß zu verzehrender Rosinenauflauf englischer Herkunft, der vor dem Genuß mit Rum übergossen und dann angezündet wird. Gleich anderen fertigen Puddingen kommt er auch als Konserve in Blechdosen in den Handel.

VI. Künstliche Süßstoffe

Süßstoff im Sinne des Gesetzes ist ein auf künstlichem Wege gewonnenes Erzeugnis, das als Süßungsmittel dienen kann und eine höhere Süßkraft als Saccharose (reiner Rüben- und Rohrzucker), aber nicht entsprechenden Nährwert besitzt. Süßstoff ist auch eine Zubereitung, die Süßstoff enthält und als Süßungsmittel dienen kann.

Süßstoff im Sinne der „Süßstoff-VO" vom 27. 2. 1939, in der Fassung vom 20. 6. 1963 sind alle Erzeugnisse, die der Reichsminister der Finanzen aufgrund des § 2 des Süßstoffgesetzes als Süßstoff bezeichnete. Sie sind „fremde Stoffe". Herstellung und Einfuhr unterliegen der jederzeit widerruflichen Erlaubnis der (Bundes)-Regierung. Speziellen Rechtsstoff bringt neben obengenannter „Süßstoff-VO" das Süßstoffgesetz in der Fassung vom 24. 5. 1968. Weitere Berührungen mit anderem Rechtsstoff findet man in der Spezialliteratur.

Von den zahlreichen süß schmeckenden und synthetisch hergestellten Verbindungen haben nur wenige praktische Bedeutung erlangt. In der BRD sind dies bisher ausschließlich *Saccharin* und *Dulcin*, deren unmittelbare lebensmittelrechtliche Regelung durch den obenangeführten Rechtsstoff getroffen wird. Neben den beiden genannten sollen einige weitere zeitweise bedeutungsvolle oder gegenwärtig zur Diskussion stehende Süßstoffe sowie natürlich vorkommende, extrem süß schmeckende Stoffe besprochen werden.

Süßstoffe sind als Zuckerersatz von wesentlicher Bedeutung, z.B. für die Herstellung diätetischer in der Diabetikerkost verwendeter Lebensmittel. Der Zusatz von Süßstoff bei der gewerblichen Herstellung von Lebensmitteln ist grundsätzlich verboten, soweit der Gesetzgeber in bestimmten Fällen nicht Ausnahmen zugelassen hat. Zur analytischen Trennung und Identifizierung der Süßstoffe werden mit Erfolg die Papier- und Säulenchromatographie herangezogen.

1. Saccharin

Dieser, zeitweise auch als Sukramin oder Sykose bezeichnete, seit 1878 von C. Fahlberg fabrikmäßig hergestellte Süßstoff ist das cyclische Imid der o-Sulfobenzoesäure („Süßstoff Benzoesäuresulfinid", „Süßstoff Saccharin"):

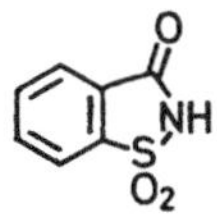

Zur technischen Herstellung geht man von Toluol aus, das mit Chorsulfonsäure ein Gemisch der o- und p-Sulfochloride liefert. Die kristallisierte Paraverbindung läßt sich vom öligen o-Toluolsulfochlorid durch Ausfrieren weitgehend trennen. Letzteres wandelt man mit Ammoniak im Autoklaven in das Amid um und oxydiert dieses mit Kaliumpermanganat oder Natriumdichromat zum Benzoesäuresulfimid (Saccharin). Fällung mit verdünnter Mineralsäure liefert den Süßstoff in 96—98%iger Reinheit. Bisweilen dienen o-Chlortoluol oder Phthalsäureanhydrid als Ausgangsmaterial.

Saccharin stellt ein feines kristallinisches, schneeweißes und geruchloses Pulver dar, kristallisiert aus Wasser in farblosen monoklinen Blättchen, aus Äther in hexagonalen Täfelchen und schmilzt bei 226—230° C. Es löst sich leicht in siedendem (1 : 25), schwer (1 : 290) in Wasser von 20° C, leicht in Alkohol (1 : 30), Essigäther (1 : 20) und relativ schwer (1 : 100) in Äther. Wichtigstes Salz des Saccharins — das durch den zweifach aktivierten Iminowasserstoff saure Eigenschaft besitzt — ist das *Natriumsalz* (Kristallsaccharin, Crystallose), das sich wesentlich leichter als das freie Anhydrid in Wasser löst, rhomboedrisch mit 2 Mol Wasser kristallisiert und in dieser Form 75,9% Benzoesäuresulfimid enthält. Neben diesen reinen Verbindungen kommt Saccharin auch in Form von Tabletten in den Handel, die Natriumhydrogencarbonat enthalten.

Chemisches Verhalten. Saccharin ist koch- und backfest. Es wird beim Kochen, vor allem in Gegenwart von Säuren allmählich in o-sulfobenzoesaures Ammonium und schließlich in o-Sulfobenzoesäure umgewandelt, wobei der süße Geschmack abnimmt. Obgleich unter normalen Verhältnissen die Hydrolyse des Saccharins in Lebensmitteln vernachlässigt werden kann, setzt man den Süßstoff — vor allem bei sauren Speisen — zweckmäßig erst nach dem Erhitzen zu. Analytisch bedeutungsvoll für die Trennung des Saccharins von organischen Begleitstoffen ist seine Beständigkeit gegen kalte Kaliumpermanganatlösung.

Unter den *physiologischen Eigenschaften* tritt besonders die außerordentliche bereits bei einer Verdünnung von 1 : 100000 in Wasser wahrnehmbare Süßkraft in den Vordergrund, die beim Vergleich mit Saccharose stark konzentrationsabhängig ist. Verglichen mit 3%igen Zuckerlösungen ist sie etwa 500mal größer als die des Zuckers. In anderen Konzentrationsbereichen der Saccharose (20—70 g/l) schwankt sie zwischen dem 260 und 560fachen Betrag. Der Geschmack entspricht nicht ganz dem des Rohrzuckers und weist eine leicht bittere, offenbar konstitutionsbedingte, Nuance auf. Derartige Unterschiede können jedoch durch Verwendung von Saccharin-Dulcin-Gemischen (vgl. unten) praktisch ausgelöscht werden. Der gleiche Effekt kann durch Saccharin-Natriumcyclamat-Mischungen erzielt werden (s. später). Die Frage der physiologischen Unbedenklichkeit von Saccharin hat ausgedehnte Bearbeitung gefunden. Aufgrund unserer heutigen Erkenntnisse ist Saccharin bei mäßiger Verwendung für den gesunden Menschen als unschädlich anzusehen.

2. Dulcin (Sucrol)

Dieser Süßstoff (J. Berlinerblau, 1884) ist *4-Phenetylcarbamid* (4-Äthoxyphenylharnstoff):

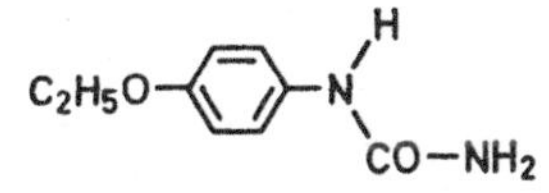

und wird großtechnisch durch Erhitzen von p-Phenetidinhydrochlorid mit überschüssigem Harnstoff in Autoklaven oder durch Kondensation von p-Phenetidinhydrochlorid mit Natriumcyanat erhalten. Dulcin stellt ein weißes, in farblosen Nadeln kristallisierendes Pulver mit glänzendem Schimmer dar, das bei 172 bis 173° C schmilzt, in kochendem Wasser leicht (1 : 50), in kaltem Wasser schwer (1 : 800) löslich ist. 70%iger Alkohol nimmt bei 70° C 2,7 Teile Dulcin auf. Bei gewöhnlicher Temperatur sind wäßrige Lösungen praktisch unbegrenzt beständig, bei längerem Kochen kann Di-p-Phenetylcarbamid entstehen.

Im *physiologischen Verhalten* ist zunächst der gegenüber Saccharin wesentlich geringere Süßungsgrad bemerkenswert. Er ist bei Zuckerkonzentration von 50 g/l etwa 109mal, bei 20 g/l 385mal so groß wie der von Saccharose und somit auch hier ausgesprochen abhängig von der Zuckerkonzentration. Die Süßkraft des Saccharins kann durch Zusatz von Dulcin unverhältnismäßig stark erhöht werden. Gleichzeitig zeigen derartige Süßstoffgemische rein süßen, praktisch von dem des Zuckers nicht unterscheidbaren Geschmack. Dulcin selbst schmeckt zuckerähnlicher als Saccharin. Dulcin darf im Einzelhandel nur von Apotheken unter Einhaltung bestimmter, in der obenerwähnten Verordnung gebrachter Auflagen abgegeben werden. Es findet heute fast ausschließlich in der Getränkeindustrie Verwendung, seit dem es für diätetische Zwecke nicht mehr zugelassen ist. Wegen gesundheitlicher Bedenken, die in vergangenen Jahren erhoben wurden, ist zu erwarten, daß *Dulcin* bei einer Novellierung der „Süßstoff-VO" nicht mehr zugelassen wird.

3. Weitere Süßstoffe

Wie bei Saccharin und Dulcin wurde auch bei Alkoxymetanitranilinen zufällig gefunden, daß diese Verbindungen in reiner isomerenfreier Form außerordentlich süßen Geschmack aufweisen. Ebenso zufällig wurde festgestelllt, daß ein p-Nitranilin-Abkömmling, nämlich der N-(p-Nitrophenyl-)N-(β-carboxyäthyl-)harnstoff süß schmeckt. Auf Grund solcher Beobachtungen wurden in den durch den 2. Weltkrieg ausgelösten Mangeljahren folgende künstlichen Süßstoffe hergestellt, die heute ohne Bedeutung sind:

a) *1-n-Propoxy-2-amino-4-nitrobenzol* (4-Nitro-2-aminophenol-n-propyläther), dessen Süßungsgrad mit 2500—4000 gegenüber 10%iger Saccharose angegeben wird. Unter dem Namen „Ultrasüß" oder „P 4000" kam es in den Handel.

b) *1-Äthoxy-2-amino-4-nitrobenzol,* als „*Douxan*" bekanntgeworden, ist etwa 1000mal süßer als Saccharose.

c) *Natriumsalz des N-(4-Nitrophenyl)-N'-(β-carboxyäthyl)-harnstoffs* („*Suosan*") ist etwa 300—350mal süßer als Saccharose.

4. Cyclamate (N-Cyclohexylsulfamate)

Vertreter dieser Gruppe kommen seit 1950 als Natriumsalz und seit 1953 als Calciumsalz in den Handel. Nach den Saccharinsüßstoffen besitzen sie heute die größte Bedeutung. Calciumcyclamat enthält zwei Moleküle Wasser, die es oberhalb 80° C verliert; bei etwa 120° C ist es wasserfrei.

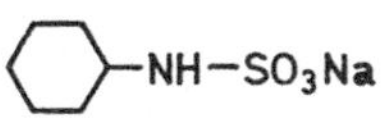

Natriumcyclamat

Cyclamate sind farblose, praktisch geruchlose kristalline Pulver. Die *Süßkraft* von Cyclamat in Leitungswasser ist etwa 35 mal stärker als die von Saccharose, und zwar im Bereich von 0,03 bis 0,3% Cyclamat bzw. von 1—10% Saccharose. Bei Konzentrationen von 0,5 bis 0,6% Cyclamat ist bereits ein bitterer Nebengeschmack festzustellen. In Grapefruitsaft ist die Süßkraft auf etwa das $1^1/_2$fache erhöht. Zumischung von 10% Saccharin verdreifacht die Süßungskraft von Cyclamat. 1 g Calciumcyclamat („Sucaryl calcium") löst sich in etwa 4 ml Wasser und in etwa 60 ml Äthanol, die entsprechende Natriumverbindung („Sucaryl sodium") in 5 ml Wasser, nicht in Äthanol. 100 ml 50%iges Äthanol lösen 25 g Calcium- bzw. 14 g Natriumcyclamat. Beide werden durch Erhitzen auf 250° C nicht verändert, sind bei Koch-, Back- und Gefrierprozessen sehr beständig und werden bei einem pH über 2,0 nicht aufgespalten, so daß sie für saure Fruchtsäfte u. dgl. gut geeignet sind. Die *Herstellung* erfolgt heute vor allem aus Cyclohexylamin und Chlorsulfonsäure bzw. Amidosulfonsäure. Die Cyclamatproduktion betrug 1965 fast 25000 t.

Cyclamate (Assugrin u. a.) werden in der Getränkeindustrie und vor allem für diätetische Lebensmittel als Zuckeraustauschstoffe eingesetzt, die Calciumverbindung insbesondere für natriumarme Produkte. Da die Cyclamate nur für diätetische Lebensmittel für Diabetiker und für Diätetika zugelassen sind, dürfen sie nicht als Süßstoffe schlechthin in den Verkehr gebracht werden. Gemische aus Calciumcyclamat und Saccharose schmecken in mäßigen Konzentrationen süßer als nach der Süßungskraft beider Komponenten zu erwarten wäre. Sie können auch zusammen mit Sorbit verwendet werden. Die z. T. ernährungsphysiologisch ungünstige Beurteilung der Cyclamate in den USA läßt aus der Sicht der BRD keinen Schluß auf deren cancerogene Wirkung beim Menschen zu.

5. Intensiv süßschmeckende Naturstoffe und synthetisch gewonnene Substanzen außer Zucker und Süßstoffen

Z. T. schon lange bekannt, z. T. erst in den letzten Jahren studiert, sind in der Natur vorkommende Stoffe unterschiedlicher Konstitution, die einen intensiven süßen Geschmack aufweisen. Als Beispiele seien genannt:

Steviosid, ein 3-Gluco-pyranose-Einheiten enthaltendes Glykosid, dessen Aglucon das Pflanzen-diterpenoid *Steviol* darstellt:

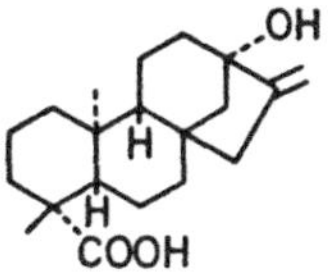

Steviol

Es kommt in den Blättern von *Stevia rebaudiana* vor und ist mehr als 300 mal so süß wie Rohrzucker. Die getrockneten Blätter des Strauches dienen den Eingeborenen Uruguays als Süßungsmittel für den Matetee. Über *Glycyrrhetinsäure* s. S. 584. *Dihydrochalcone* von Naringin, Hesperidin und Neohesperidin sind 100—2000 mal süßer als Saccharose. Sie werden durch Hydrierung der entsprechenden Chalkone dargestellt. Weitere Naturstoffe mit Süßstoffcharakter aus dem tropischen Afrika sind z. B. die aus Beeren von Dioscoreophyllum cumminsii 3000 mal so süß wie Saccharose schmekkende Substanz von Proteincharakter, als „*Monellin*" bezeichnet, oder „*Miraculin*" ein aus der *Mirakelfrucht* (-beere) Synsepalum dulcificum isoliertes Glykoprotein, das an sich nicht süß schmeckt, jedoch sauren Geschmackseindruck in süßen Geschmackseindruck umwandelt.

Von *synthetischen Verbindungen* mit Süßstoffcharakter seien schließlich erwähnt: ein Aspartyl-phenylalanin-methylester, 3-(2-Benzimidazolyl)-propionsäure-nicotinat sowie Oxime und Triazolverbindungen mit Süßstoffeigenschaften.

VII. Die Hefen

Hefe (Bärme, Germ, Gest) wird technisch und lebensmitteltechnologisch in größtem Umfang eingesetzt. Je nachdem, ob sexuelle Vermehrung bekannt ist oder nicht, unterscheidet man *ascosporogene* Hefen und *asporogene* Hefen. Zur erstgenannten Gruppe gehören die *Brauerei-*, *Brennerei-*, *Back-*, *Wein-* und *Milchzuckerhefen* der *Saccharomyces*-Arten sowie die Fettbildner der *Endomyces*-Arten. In die zweite Gruppe rechnen die „Wuchshefen" (*Torulopsis-* und *Candida*-Arten) sowie als Fettbildner die *Rhodotorula*-Arten.

Die früher oft gebrauchte Einteilung in *Gärhefen* und *Wuchshefen* läßt sich heute infolge mannigfacher Überschneidung ihrer Eigenschaften nicht mehr aufrecht erhalten. Alle technisch genutzten Hefen zählen im System der Mikroorganismen zu den *Pilzen* (Fungi, Eumyceten). Verschiedene Hefen werden gesondert in Kapiteln der Brauerei, Brennerei und Weinbereitung besprochen. Hier soll vor allem auf *Backhefe* sowie *Nähr-* und *Futterhefe* näher eingegangen werden. Obgleich Mikroorganismen wie der „Milchschimmel" *Oospora* (*oidium*) *lactis* systematisch nicht unter die Hefen rechnen, sollen sie wegen ihrer Bedeutung als Eiweißlieferanten auch hier besprochen werden.

1. Backhefe

Backhefe („Preßhefe") wird heute in erster Linie aus Reinzuchtstämmen obergäriger Brennereiheferassen der Gattung Saccharomyces cerevisiae gezüchtet. Diese können nur Hexosen vergären und assimilieren. Durch entsprechende Führung des Prozesses wird die Hefevermehrung derart gesteigert, daß nur geringe Mengen an Alkohol entstehen. Gewinnung des anfallenden Alkohols wird in Deutschland häufig in den Hefelüftungsbrennereien betrieben. Unter den *Rohstoffen* für das Kulturmedium steht heute die *Melasse*, vor allem die Rohzuckermelasse, an der Spitze, daneben werden in untergeordnetem Ausmaß verwendet: stärkehaltige Rohstoffe (Getreide- und Kartoffelmaische), vermälzte Gerste, Rohzucker, Zucker-, Runkel- und Futterrübe, Rübenschnitzel, Topinambur und Sulfitablauge (Finnland, Kanada). Zuckerreiche Ausgangsstoffe benötigen weitere Zusätze vor allem *stickstoffhaltige Substanzen* und *phosphathaltige Rohstoffe:* Ammoniakwasser, Ammoniumsulfat, Harnstoff, Mono- und Diammoniumphosphat, technische Phosphorsäure u.a.m. Das verwendete *Wasser* (1 kg abgepreßte Hefe benötigt 75—100 l Wasser) soll möglichst eisenarm sein und bedarf regelmäßiger biologischer Kontrolle. Die verwendete Luft (5—15 m^3/kg Naßhefe) wird sorgfältig filtriert.

Zur *Herstellung* von Backhefe bedient man sich heute ausschließlich des *Lüftungs-* und des *Zulaufverfahrens* als wirtschaftlichster Art der Hefegewinnung. Die sorgfältig aus Reinkulturen herangezogene *Stellhefe* wird zunächst mit nur einem Teil der geklärten Melassewürze und der Nährsalze zusammengebracht. Während der Züchtungszeit laufen kontinuierlich Nährsalze, Melasse und Hefe zu, gleichzeitig wird von unten Luft in feinster Verteilung in die Maische eingeblasen. Die Luftzufuhr zur Versorgung der Hefezellen mit Sauerstoff erfolgt vorzugsweise durch „Strahlrohrbelüftung" oder durch gelochte, in der Maische rotierende Lüfter („Vogelbusch-Feinstbelüftung"). Zur Verringerung des Schäumens wird „Gärfett" (Wollfett, Sulfonate, Silicone) zugegeben. Die gebildete obergärige Hefe wird in Trennschleudern von der vergorenen Würze geschieden, der gewaschene Hefebrei in Kammerfilterpressen auf einen Wassergehalt von etwa 70% gebracht, mit Wasser durchgeknetet und bei einem Wassergehalt von 72—75% in Teilmaschinen geformt. Aus 100 kg Melasse werden bis zu 80 kg Hefe, in diesem Falle jedoch nur Spuren von Alkohol erhalten. Die *Lagerung* der Hefe soll kühl erfolgen, so daß die Temperatur im Innern der Hefemasse zwischen + 4° C und + 8° C liegt. Auch aus *Bierhefe* läßt sich Preßhefe gewinnen. In der BRD ist es verboten, Mischungen von Bierhefe mit Branntweinhefen in den Handel zu bringen.

Trockenbackhefe als besonders haltbare Backhefeart (Übersee- und Tropenversorgung) wird durch vorsichtiges Trocknen der abgepreßten Hefe auf einen Wassergehalt von 8—12% hergestellt, wobei neuerdings auch die Gefriertrocknung (Lyophilisation) Anwendung gefunden hat.

2. Nähr- und Futterhefe

Nähr- oder Futterhefe (Eiweißhefe, Trockenhefe) ist „Hefe", die zum Hauptteil aus Heferassen besteht, daneben aber auch hefeähnliche Mikroorganismen enthält. „Verhefung" zuckerhaltiger, technisch anfallender Nebenprodukte unter bewußtem Verzicht auf die vorerwähnten Reinkulturen („biologische Eiweißsynthese") liefert einweißreiche Mikroorganismen (etwa 50% Eiweiß in der Trockenmasse), die für die Eiweißversorgung der Welt zunehmende Bedeutung gewinnen,

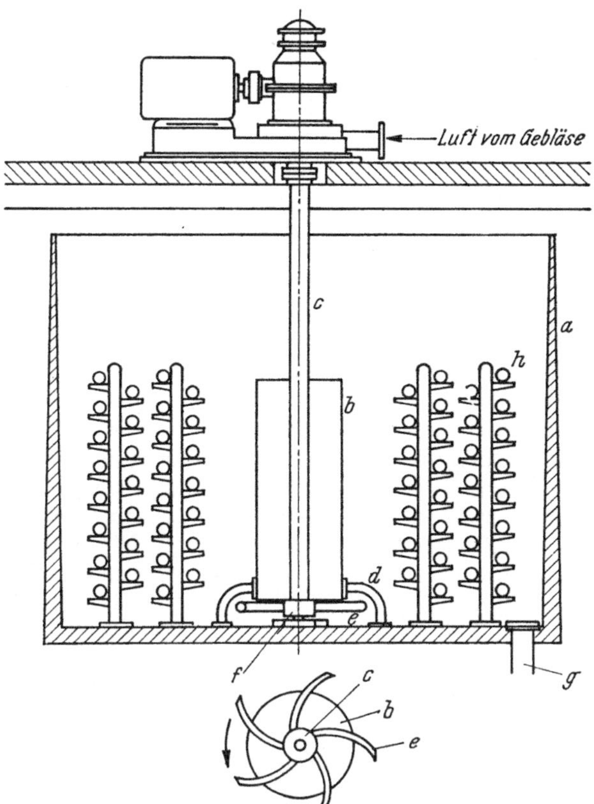

Abb. 102. Verhefungsbütte mit Claus-Belüfter. a offene Verhefungsbütte, b Zylinder für Schaumführung, c Hohlwelle, d Ständer für den Zylinder, e Luftverteilungsrohre, f Grundplatte für e, g Entleerungsleitung, h Kühlschlangen (Aus: 54, Bd. V/2., S. 566)

als Viehfutter sowie als Ausgangsmaterial für eiweißreiche Nähr- und Futtermittel, medizinische Präparate und technische Produkte benutzt werden.

Rohstoffe für die biologische Eiweißsynthese sind Melasse, Holzzuckerlösungen, Sulfitzellstoffablaugen, Vorhydrolysate von Stroh und Kiefer in der Kunstfaserzellstoff-Gewinnung, entgeistete Maische von der Spritherstellung, Molke, neuerdings auch Paraffinkohlenwasserstoffe (vgl. S. 226). Als *Mikroorganismen* dienen die Hefearten Torulopsis utilis und Candida tropicalis, außerdem wurde in Deutschland während des zweiten Weltkrieges auch der Milchschimmel (Oidium oder Oospora lactis) herangezogen.

Um den Verhefungsprozeß kontinuierlich zu gestalten, wurden hier neuartige Belüftungseinrichtungen entwickelt, wie der *Claus-Belüfter*, mit deren Hilfe die Maische zur optimalen Sauerstoffversorgung völlig zerschäumt wird (Abb. 102).

Die gebildete Mikroorganismensubstanz wird meist in Separatoren abgetrennt und gewaschen und auf Walzentrocknern (Flocken) oder in Zerstäubungstrocknern (feines Pulver) entwässert. Submerse Züchtung von Oospora lactis (Milchschimmel auf Molke, Sulfitablauge oder Melassenschlempe), liefert Mycel, das infolge seiner Fadenstruktur direkt auf Vakuumdrehfiltern abgetrennt und getrocknet werden kann („*Biosyn*-Verfahren"). Hefen, insbesondere Sulfithefen, vermögen Schwermetalle, vor allem *Blei* (aus Röstgasen der Sulfitkochsäure-Gewinnung) zu speichern und gaben früher in dieser Hinsicht zu Beanstandungen Anlaß. Durch entsprechende Reinigung der Röstgase lassen sich Torula-Trockenhefen mit einem Bleigehalt von 1,2 mg/kg lufttrockene Hefe gewinnen.

In diesem Zusammenhang sei an Versuche zur *biosynthetischen Fettgewinnung* erinnert. Zwar existiert eine Reihe von Mikroorganismen, die aussichtsreiche Fettmengen in den Zellen anreichern (Endomyces-, Fusarium-, Rhodotorula- und Torulopsis-Arten); doch verläuft die Fettbildung langsam, die Fettabtrennung ist schwierig und die Züchtung guter Fettbildner im kontinuierlichen Prozeß bisher unbefriedigend, so daß Bemühungen in dieser Richtung noch ohne technische Bedeutung sind.

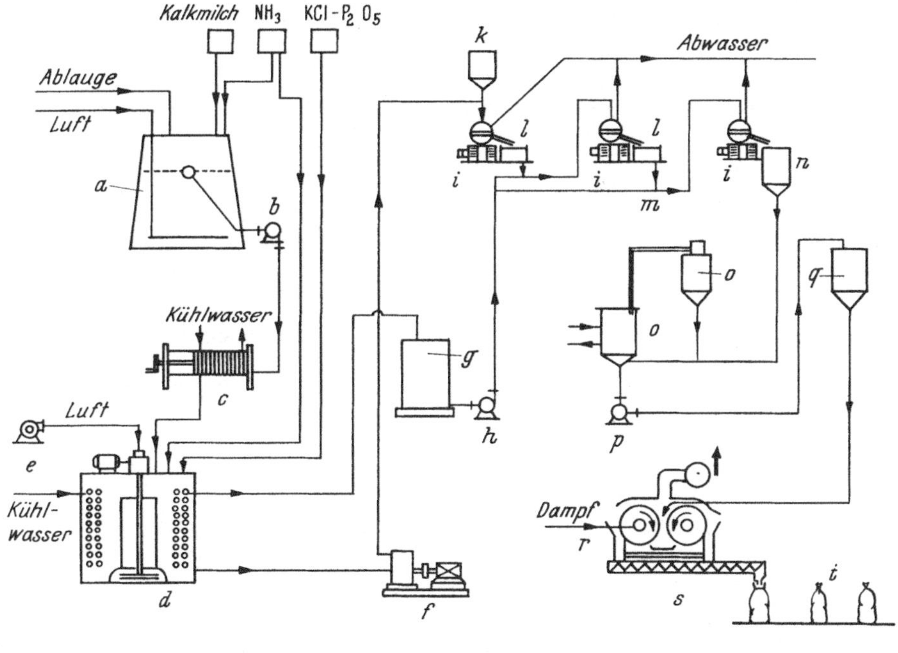

Abb. 103. Verhefung von Buchenzellstoffablauge nach dem Waldhof-Verfahren. a Neutralisationsbütte, b Pumpe, c Kühlvorrichtung, d Verhefungsbütte, e Luftgebläse, f Entschäumungsschleuder, g Zwischenbehälter für Kühlwasser, h Pumpe für Waschwasser, i Separatoren, k Druckausgleichbehälter, l Sammelbehälter für Hefekonzentrat, m Injektoren für Förderung des Hefekonzentrates, n Sammelbehälter für gewaschenes Hefekonzentrat, o Vakuumverdampfer, p Pumpe für eingedicktes Konzentrat, q Behälter für thermolysierte Hefe, r Walzentrockner, s Förderschnecke für getrocknete Hefe, t Abfüllung der Trockenhefe (Aus: 54, Bd. V/2., S. 568)

3. Chemische Zusammensetzung der Hefe

Je nach den Kulturbedingungen und dem physiologischen Zustand sind die *Inhaltsbestandteile der Hefen* beträchtlichen Schwankungen unterworfen. *Kulturhefen* (Saccharomyces-Arten) enthalten in der Trockensubstanz 9—13% Gesamtkohlenhydrate, 42—60% „Rohprotein", 2,3—7,8% (Bierhefen) bzw. 2,0—23,4% (Backhefen) Gesamtlipoide. Auf Buchenholzablauge gezüchtete Wuchshefe enthält in der wasserfreien Substanz 46—54% Rohprotein, 5—7% Ribonucleinsäuren, 4—7% Gesamtlipoide, 0,35—0,50% Ergosterin, 25—35% Gesamtkohlenhydrate und 6,5—8,5% Asche. Der Nichteiweiß-Stickstoff rührt außer von Nucleinsäuren von Purinen, freien Aminosäuren, Glutathion und stickstoffhaltigen Kohlenhydraten her.

Trotz des relativ hohen Puringehaltes (8—10% Purin-N vom Gesamt-N) ist eine tägliche Aufnahme von 10—20 g Hefe über längere Zeit hin nicht zu beanstanden. Vom *Rohfett* ist ein Teil als Lipoproteid gebunden und deshalb schwer extrahierbar. Die Lipoide bestehen bis zu 60% aus *Phosphatiden* (Lecithin, Kephalin), außerdem zu etwa 25% aus *Neutralfett* und zu 15% aus Sterinen, unter denen *Ergosterin* vorherrscht, das biosynthetisch über Acetat und Squalen gebildet wird; daneben kommt *Squalen* vor. In der Hefezelle finden sich an *Kohlenhydraten* Glykogen, Trehalose, der Galaktosealkohol Dulcit und eine Thiopentose, die Adenylthiomethylpentose. Die Zellwand enthält etwa 68% Polysaccharide, zu gleichen Teilen aus Glucan und Mannan („Hefegummi") bestehend, daneben kommen 1% Chitin und ein Mucopolysaccharid vor. Die Mannankomponente ist komplex an Protein gebunden. Die Hefe enthält außerdem noch stark wechselnde Mengen an *Vitaminen* (vgl. dort), vor allem *Thiamin* und das D-Provitamin *Ergosterin*, Hämin und geringe Mengen an Zellhäminen sowie Proto- und Koproporphyrin, β- und γ-Carotin in den roten Rhodotorula-Arten sowie andere Carotinoide.

Die *Asche* besteht etwa zur Hälfte aus Phosphorsäure, daneben aus Kalium (30%), Magnesium (4—7%) und Calcium (3—10%). Im Mineralstoffanteil liegt der Phosphor z.T. in Form von Metaphosphaten verschiedenen Polymerisationsgrades vor, außerdem finden sich 0,30—0,36% Schwefel. Über Bleikumulierung von Sulfithefen vgl. S. 593. Die Hauptmenge des *Hefeeiweißes* ist als Enzymprotein anzusehen. Hefen spielen ja als Enzymträger in wichtigen Industriezweigen eine bedeutsame Rolle (Gewinnung von Alkohol und alkoholischen Getränken, Reifungsprozesse verschiedenster Art, Autolyse der Hefe). Wichtigste stets vorhandene Enzyme sind die hochgereinigt aus Hefen gewonnene *Maltase, Saccharase, Proteinasen* und Peptidasen, *Polygalakturonasen*, Amidasen und *Desmolasen* (Zymase-Komplex, Atmungsenzyme). *Melibiase* und *Lactase* finden sich in nur wenigen Hefen, die allgemein verbreiteten *Lipasen* sind nur von untergeordneter Bedeutung. Je nach den in Hefen vorkommenden oder fehlenden Enzymsystemen können sie z.B. Raffinose oder Pentosen vergären oder nicht.

Der Gehalt des Hefeproteins an essentiellen Aminosäuren geht aus Tabelle 135 hervor.

Tabelle 135. Der Aminosäurengehalt verschiedener Hefen (% der Trockensubstanz)

Aminosäure	Bierhefe %	Backhefe %	Wuchshefe (Torula) %
Isoleucin	2,76	2,45	3,70
Leucin	3,83	3,29	3,80
Lysin	3,53	3,30	3,11
Methionin	1,05	1,12	0,60
Phenylalanin	2,29	2,23	2,01
Threonin	3,26	2,49	2,50
Tryptophan	0,82	0,74	0,68
Valin	3,23	3,21	3,30

Im Hefeeiweiß ist *Methionin* die limitierende Aminosäure; der etwa dem pflanzlichen Eiweiß entsprechende biologische Wert von Torula-Eiweiß kann durch Getreide-, Fleisch- oder Fischeiweiß günstig ergänzt werden. Angaben verschiedener Autoren über den biologischen Wert des Hefeeiweißes zeigen beträchtliche Schwankungen zwischen 34 und 70%.

VIII. Alkoholische Getränke

Alkoholische Getränke werden aus zuckerhaltigen Flüssigkeiten durch alkoholische Gärung erzeugt. Dabei kann von Hefe vergärbarer Zucker als solcher vorliegen oder aber im Gange der Rohstoffverarbeitung durch hydrolytische Spaltung von Stärke, Dextrinen, Di- und anderen Sacchariden gebildet werden. Die wichtigsten alkoholischen Getränke sind Bier, Wein und Branntwein. Die Gewinnung von Bier und Wein waren vielen Kulturvölkern schon Jahrtausende vor Beginn unserer Zeitrechnung bekannt und wurde z. T. als hochentwickelte Industrie betrieben. Der Destillationsvorgang zur Herstellung von Branntwein ist erst wesentlich später gefunden worden.

1. Die alkoholische Gärung

Gärungen im allgemeinen Sinne sind Spaltungen von Kohlenhydraten, die unter der Einwirkung hochdifferenzierter „Enzymketten" vor sich gehen, wie sie von lebenden Zellen (Hefezellen, Bakterien, Schimmelpilze u.a.) gebildet werden. Dabei wird Energie geliefert. Bei Mangel an Sauerstoff oder beim Ausfall eisenhaltiger Häminsysteme kann die Kohlenhydratspaltung ohne Zuhilfenahme von Sauerstoff erfolgen; wir sprechen dann von *anoxydativer Gärung*. Die wichtigsten Typen dieser Gärungsart sind die alkoholische Gärung, die Milchsäure- und Propionsäure-Gärung sowie die Butanol-Aceton-Gärung. Erfolgt die Spaltung bei Anwesenheit von Sauerstoff unter Mitwirkung von Redoxasen der Zelle, so tritt „*oxydative Gärung*" auf. Beispiele dieser Art sind die technisch wichtige Citronensäuregärung (S. 671) und Essigsäuregärung sowie die enzymatische Oxydation von D-Glucose zu D-Gluconsäure oder die Fumarsäurebildung aus Kohlenhydraten.

Unter den genannten Gärungsarten ist die Umwandlung von Zucker in Alkohol und Kohlendioxid (A. Lavoisier, 1798), die „*alkoholische Gärung*", technologisch wohl die wichtigste und in ihrem Reaktionsmechanismus weitestgehend aufgeklärt.

Schon 1815 hatte J. Gay-Lussac die grundlegende Brutto-Gleichung der alkoholischen Gärung:

$$C_6H_{12}O_6 \rightleftharpoons 2\,CO_2 + 2\,CH_3CH_2OH$$

aufgestellt.

Die um 1840 gewonnene Erkenntnis, daß die Gärung durch celluläre Organismen, die Hefezellen, verursacht wird, führte zu der vor allem von Pasteur vertretenen Auffassung, wonach die Gärung ein Ausdruck des Lebens sei und daß hier eine „Lebenskraft" wirke. 1897 entzog Buchner alten Spekulationen den Boden, als er einen zellfreien Hefepreßsaft gewinnen konnte, der die alkoholische Gärung vollzog.

Im Folgenden sei der *Mechanismus der alkoholischen Gärung* kurz dargestellt. Er läßt sich in 3 Teilabschnitte gliedern.

1. Phosphorylierung und Umwandlung der Triosephosphate: Erster, für den weiteren Abbau wichtiger Schritt ist die Phosphorylierung der Hexose zu Phosphorsäureestern, die oft den Namen ihrer Entdecker tragen (S. 86). Wirksam sind hier die weniger spezifische *Hexokinase* und die spezifisch auf Glucose eingestellte *Glucokinase*. Aus Glucose wird zunächst *Glucose-6-phosphat*, die stoffwechselaktive Form der Glucose, das anschließend durch die *Phosphorhexose-Isomerase* zum *Fructose-6-Phosphat* isomerisiert. Eine weitere Kinase, die *Phosphofructokinase*, phosphoryliert in 1-Stellung zu *Fructose-1.6-diphosphat*. Diese Verbindung wird von der *Aldolase* in einer Gleichgewichtsreaktion in zwei Triosen: *Dihydroxyacetonphosphat* (C_1 bis C_3) und

Glycerinaldehydphosphat (C_4 bis C_6) gespalten. Das Gleichgewicht der Triosen enthält die Ketoform (Dihydroxyacetonphosphat) zu 96%. Das Enzym *Triosephosphatisomerase* liefert das zur weiteren Reaktion benötigte, in kleiner Menge vorliegende Aldehydphosphat schnell nach.

2. *Dehydrierung des Glycerinaldehydphosphats:* Dieser vom energetischen Standpunkt aus wichtigste Schritt bewirkt die Dehydrierung der Triose zur Carbonsäure, und zwar über einen hier nicht erörterten Umweg. Es entsteht zunächst *3-Phosphoglycerinsäure-1-phoshpat*, dann *3-Phosphoglycerinsäure* und ATP („Substratkettenphosphorylierung").

3. *Brenztraubensäurebildung*: 3-Phosphoglycerinsäure wird nun durch die *Phosphoglycerat-Mutase* in die *2-Phosphoglycerinsäure* umgelagert. Anschließend wird durch die *Enolase* (2-Phosphoglycerathydrolyase) Wasser angelagert. Es entsteht die phophorylierte Enolform der Brenztraubensäure, das „Phosphoenol-pyruvat".

Unter dem Einfluß einer *Phosphokinase* wird der Phosphatrest unter gleichzeitiger Bildung von ATP übertragen. Es entsteht *Brenztraubensäure*, die von der *Pyruvatdecarboxylase* (Cofaktoren $Mg^{2\oplus}$ und Thiaminpyrophosphat) zu *Acetaldehyd* decarboxyliert wird. *Alkoholdehydrogenase* und NADH reduzieren zum *Äthanol.*

Das reduzierte Coenzym stammt aus der obenbesprochenen Oxydation der Glycerinaldehydphosphorsäure und steht damit in oxydierter Form wieder bereit, ähnlich wie die Phosphorsäure, die vom ATP entnommen und zum ATP zurückübertragen wird. Abb. 104 bringt ein Schema der alkoholischen Gärung.

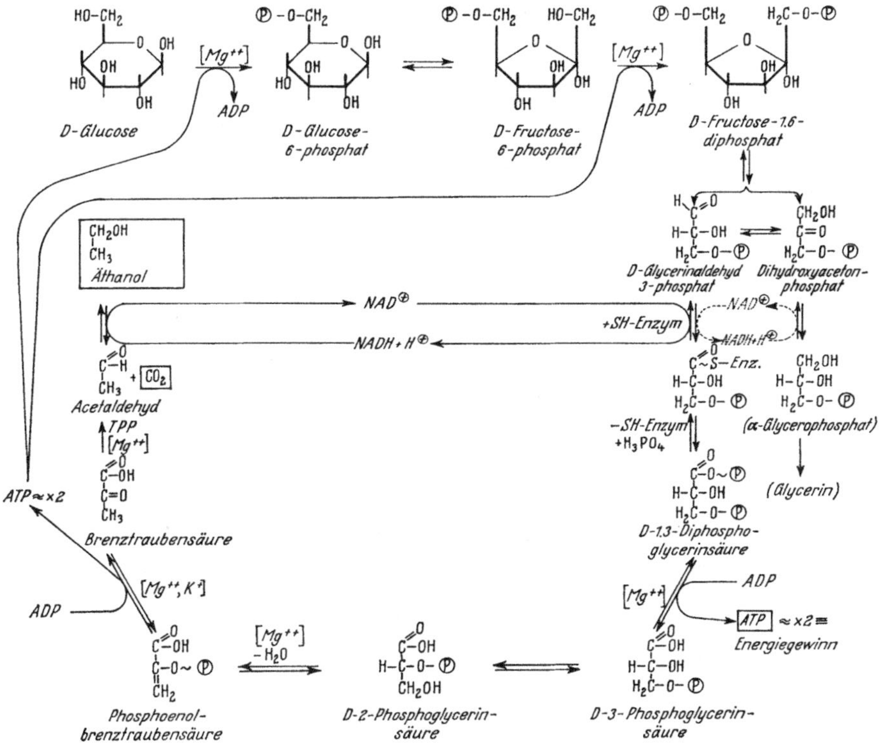

Abb. 104. Schema der alkoholischen Gärung (Aus: 54, Bd. VII, S. 6)

Zusammenfassend ergeben sich also *vier Phasen:*

1. Umwandlung der Hexose in 2 Mol Triosephosphat auf der Oxydationsstufe des Kohlenhydrates. Sie erfordert ATP zur Phosphorylierung;

2. Dehydrierung des Triosephosphats mit $NAD^{\oplus}$ zur Phosphoglycerinsäure unter Abgabe von Energie. Sie bleibt z.T. in Form von ATP (1 Mol pro Mol Triose) als chemische Energie erhalten;

3. Umwandlung der Phosphoglycerinsäure zu Brenztraubensäure; dabei wird das eingesetzte Phosphat auf ein hohes Energieniveau gehoben und auf ATP zurückübertragen;
4. Umwandlung der Brenztraubensäure; dabei wird Coenzym ($NAD^{\oplus}$) durch einen Hydrierungsschritt regeneriert, der in der Hefe Äthanol liefert.

Als Nebenprodukt der alkoholischen Gärung entsteht immer etwas *Glycerin* (rund 3%). Daraus ist zu schließen, daß bei der unter 4. geschilderten Teilreaktion der Wasserstoff des NADH nicht ausschließlich auf Acetaldehyd übertragen wird, vor allem nicht bei der „*Angärung*", wo noch wenig Acetaldehyd zugegen ist. Der Wasserstoff dient in diesem Fall zur Reduktion von Triosephosphat zu α-Glycerophosphat; katalysiert wird die Reaktion durch die Alkoholdehydrogenase, Coenzym ist NADH. Das Glycerophosphat liefert durch Hydrolyse Glycerin („*Zweite Vergärungsform*" nach C. Neuberg, 1918). Setzt man dem Gärgut von vornherein Sulfit zu, so entsteht kein Alkohol, da dessen Vorstufe, der Acetaldehyd, als aldehydschweflige Säure abgefangen wird und enzymatisch nicht mehr reduzierbar ist. Das entstandene Glycerophosphat wird, wie oben geschildert, zu Glycerin hydrolysiert, und es gelingt auf diese Weise, fast 40% der angewandten Glucose in Glycerin überzuführen (W. Connstein u. K. Lüdecke, 1919).

Die *optimalen Bedingungen* für die alkoholische Gärung sind weitgehend abhängig von der Art der verwendeten, bei den einzelnen Getränken besprochenen Hefen. Im allgemeinen soll die Konzentration an Zucker 15% nicht übersteigen und selbstverständlich das Angebot an Nährsubstraten (Stickstoffverbindungen, Phosphat und andere Mineralstoffe) für die Hefeentwicklung ausreichend sein. Normale Hefen vergären noch bei einer Maximalkonzentration von 14 Vol.-% Alkohol im Medium, besonders gärkräftige Hefen noch bei 17—18 Vol.-% Alkohol.

Neben *Alkohol, Kohlendioxid* und dem schon erwähnten *Glycerin* entsteht bei der alkoholischen Gärung eine Reihe weiterer Produkte, wie niedere und höhere Alkohole, organische Fettsäuren, Milch- und Bernsteinsäure, Aldehyde und Ester. Sie sind zum größten Teil wesentliche Geschmacks- und Aromakomponenten der entstandenen Getränke, wie die aus Glutaminsäure entstehende *Bernsteinsäure*, der bitter schmeckende, im Bier aus Tyrosin gebildete β-(p-Hydroxyphenyl)-äthanol (*Tyrosol*) u.a. Der bei der alkoholischen Gärung gebildete, wahrscheinlich in aktivierter Form vorliegende Acetaldehyd kann u.a. aus zwei Molekülen das im Bier gefundene *Acetoin* bilden. Weitere in größeren Mengen unerwünschte und gesundheitsschädliche Nebenprodukte sind die zum Hauptteil aus Isoamylalkohol, D-Amylalkohol und Isobutylalkohol bestehenden *Fuselöle*, die aus Leucin, Isoleucin sowie Valin durch Hefen gebildet werden und der vor allem in Tresterbranntwein reichlich vorkommende, aus den Methoxylgruppen von Pektinsubstanzen stammende *Methanol*.

2. Bier

Speziellen Rechtsstoff liefern in erster Linie das *Biersteuergesetz* in der Fassung vom 10. 5. 1968 und die hierzu erlassenen *Durchführungsbestimmungen* in der Fassung vom 2. 12. 1957. Neben dem vorwiegend steuerrechtlichen Inhalt sind u.a. von Bedeutung: Festlegung von *Biergattungen* (Stammwürzegehalt), zugelassene bzw. verbotene Stoffe, Verkehr und Verkehrsverbote sowie Abgabevorschriften (nur in genußfertigem Zustand) und schließlich Begriffsbestimmungen für *bierähnliche Getränke*. Weitere Einzelheiten sind der Spezialliteratur zu entnehmen.

Nach dem *Biersteuergesetz* darf in der BRD zur Bereitung von untergärigem Bier (s. unten) nur Gerstenmalz, Hopfen, Hefe und Wasser verwendet werden. Dieses „*Reinheitsgebot*" wurde erstmals im Jahre 1516 für Bayern ausgesprochen. Für obergärige (in Deutschland an Bedeutung zurücktretende) Biere dürfen in den meisten Bundesländern auch anderes Malz und eine Reihe weiterer gesetzlich festgelegter Stoffe verarbeitet werden. Unter *Malz* wird alles künstlich zum Keimen gebrachte Getreide verstanden. Als Ersatz der Gerste finden gelegentlich in anderen Ländern gekeimtes Getreide oder ungekeimte Rohfrucht anderer Art (Reis, Mais) oder Zucker Verwendung. Bier wird also im Gegensatz zum Wein aus *stärkereichem* und nicht aus zuckerhaltigem Rohmaterial gewonnen. Unter der Bezeichnung „Bier" — allein oder in Zusammensetzung — dürfen nur solche Getränke in den Verkehr gebracht werden, die *gegoren* sind. Bier verdankt seine anregenden und berauschenden Eigenschaften dem Äthanol, seine aromatischen dem Hopfen, den Darrprodukten und zahlreichen, bei der Gärung gebildeten Aromastoffen, seine nährenden dem nicht unerheblichen Gehalt an unvergorenem Extrakt (Malzextrakt, Dextrine, Zucker, Eiweiß) und schließlich seine erfrischende Wirkung der Kohlensäure als wichtigem wertgebendem Bestandteil.

Die *Geschichte* des Bieres ist uralt. Schon Jahrtausende vor unserer Zeitrechnung wußten die hamitischen Nilvölker um die Kunst der Bierbereitung, Babylonier und Ägypter kannten die Weichung und Mälzung von Gerste oder Weizen (Emmer), die Gewinnung von Trockenmalz und die Nutzung von Saccharomyces-Hefen. Hochentwickelte Braustätten dieser Zeit sind z. B. aus Pelusium im alten Pharaonenreich bekannt. Über den Hopfen wissen wir, daß dieser bereits 500 v. Chr. in Babylonien als geschmacksverbesserndes Würzmittel diente.

Im abendländischen Kulturkreis tauchte der Hopfen erst im 9. Jahrhundert n. Chr. auf und wurde bald zum charakteristischen Merkmal unserer heutigen Biere. Heute hat die Brautechnik, nicht zuletzt durch Rationalisierung, Automation und Schematisierung weltweite Bedeutung gewonnen.

Bier unterliegt in allen Kulturstaaten einer indirekten Rohmaterial-, Halbfabrikat- und Fabrikatsteuer, in der BRD nur der letztgenannten.

Der *Bierausstoß* betrug 1970 rund 87 Mio hl; davon waren 8,5 Mio hl *obergäriges*, 72,2 Mio hl *untergäriges Vollbier* und 0,8 Mio hl *Starkbier*. An *Malz* wurden 1970 insgesamt rund 1,38 Mio t produziert. Die Erzeugung an Backhefe (frisch und trocken) betrug etwa 99000 t. Die *Hopfenernte* lag 1970 bei fast 27000 t. Der *Umsatz* der Brauereien in der BRD bezifferte sich 1970 auf 7,46 Mia DM. Der potentielle Verbraucher (über 15 Jahre alt) genoß 1971 rund 190 l Bier. Die *Biersteuer* als wesentliche Steuerquelle des Staates erbrachte 1971 der BRD rund 1,23 Mia DM (1956 etwa 483 Mio DM).

a) Die Rohstoffe

α) *Gerste*

Sie nimmt unter den Rohstoffen die erste und durch keine andere Getreidefrucht ersetzbare Stelle ein. Als Braugerste wird in Deutschland vor allem die zweizeilige Sommergerste in reinen Gerstensorten mit besonders wertvollen Eigenschaften verwendet. In den USA herrscht die mehrzeilige Gerste vor. Gerste hohen Brauwertes liefert reichliche Extraktmengen aus dem Malz, zeigt hohen Stärke-, doch mäßigen Eiweißgehalt, gute Keimfähigkeit (mindestens 95% der Körner) und große Keimenergie. Zur Beurteilung der Gerste wird auch der Sinnenbefund (*Handbonitierung*) herangezogen. Gerb- und Bitterstoffe („Herbstoffe“) aus Spelze und äußerer Samenhaut können unedle Geschmackstoffe in das Bier bringen. Weiteres siehe bei Malzbereitung und bei den Cerealien. In anderen Ländern und für bestimmte Biere werden, wie oben erwähnt, Reis und Mais, seltener andere Getreidearten und Zucker, für gewisse obergärige Biere auch Weizen verarbeitet (Weizen- oder „Weißbiere“).

β) *Hopfen*

Hopfen ist der wichtigste und unentbehrlichste Zusatzstoff bei der Bierbereitung. Er bewirkt als *Klärmittel* eine Fällung der Eiweißstoffe in der Würze, verändert den Charakter der Würze nach der Richtung eines spezifischen Aromas und bitteren *Geschmackes* und trägt durch seinen Gehalt an antibiotisch wirksamen Substanzen (s. unten) neben Alkohol und Kohlensäure zur *Haltbarkeit* des Bieres bei. Die verwendeten reifen Fruchtstände der weiblichen Blüten (Hopfenzapfen, Hopfenkätzchen, botanisch falsch auch als „Hopfendolden“ bezeichnet) stammen von der wildwachsenden, heute in großem Umfang kultivierten *Hopfenpflanze* (Humulus lupulus), aus der Reihe der Urticales (Familie der Cannabaceae). Die Geschlechtsorgane sind „zweihäusig“ auf getrennte Pflanzen verteilt. In den „Hopfengärten“ Deutschlands wird nur die weibliche Pflanze angebaut, um die wertmindernde Befruchtung zu verhindern („Der Hopfengarten soll wie ein Frauenkloster sein“). Die Kultur bedarf sorfältiger Pflege („Hopfen will jeden

Tag seinen Herrn sehen"). Das „Hopfenzupfen" erfolgt immer noch vorwiegend mit der Hand, neuerdings auch maschinell. Die wertvollsten Hopfenbestandteile (Hopfendrüsen mit Lupulin oder Hopfenmehl) sitzen an Deck- und Vorblättern sowie am Fruchtknoten.

1. Chemische Zusammensetzung

Weitaus die wichtigsten Bestandteile des Hopfens sind die *Bitterstoffe*, die dem Bier Bittergeschmack, Schäumvermögen und Haltbarkeit verleihen.

Im frischen Hopfen bilden die kristallisierbaren *α- und β-Säuren* die Hauptbestandteile des Gesamtharzes. Während der Trocknung, Lagerung und Reifung findet unter dem Einfluß des Luftsauerstoffes eine teilweise Veränderung der Säuren zu den nicht charakterisierten *α- und β-Weichharzen* und schließlich zu den *Hartharzen* statt. Die α-Säuren bestehen aus Humulon, Cohumulon, Adhumulon und Prähumulon; sie gehen beim Kochen in sog. „*Isohumulone*", die wesentlichen Träger der Hopfenbittere, in Würze und Bier über. Auch die β-Säuren sind nicht einheitlich (Lupulon, Colupulon, Adlupulon und Prälupulon). Der Brauwert der einzelnen Bitterstoffe wird nach der *Bittere* beurteilt, die sie dem Bier verleihen.

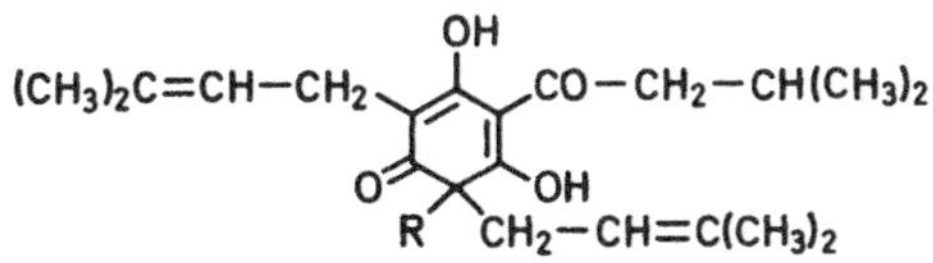

Humulon bzw. *Lupulon*

R = OH: *Humulon* (α-Säure), Smp 65-66,5 °C

R = $(CH_3)_2C{=}CH{-}CH_2$: *Lupulon* (β-Säure), Smp 92 °C

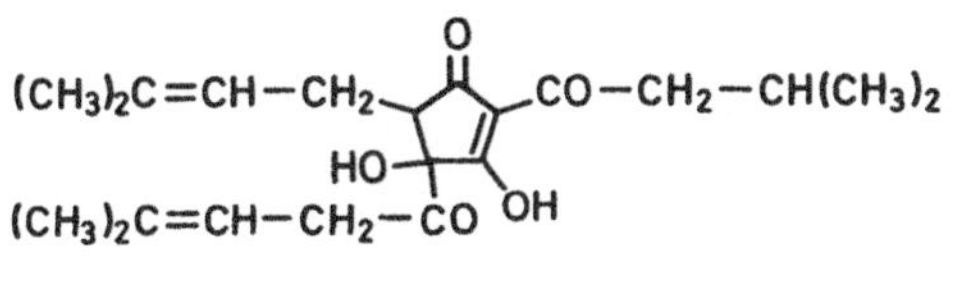

Isohumulon

Verfahren der Gegenstromverteilung und der Gaschromatographie haben auch hier zur Klärung dieser brauereitechnologisch bedeutungsvollen Verhältnisse beigetragen. So wurden z. B. im Hallertauhopfen 26 % Cohumulon, 60 % Humulon und 14 % Adhumulon aufgefunden. Als Hauptbestandteil des Hopfenblütenöls (20—40 %) wurde „*Humulen*", ein Elfring, strukturell aufgeklärt:

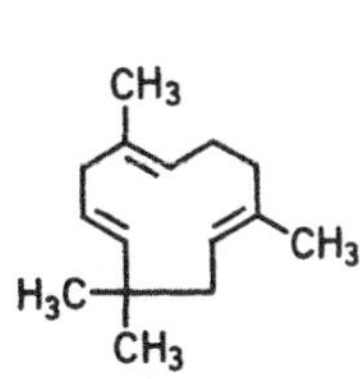

Humulen

Hauptharze entsprechen etwa der Struktur wie sie für „Humulochinone“ ermittelt wurde.

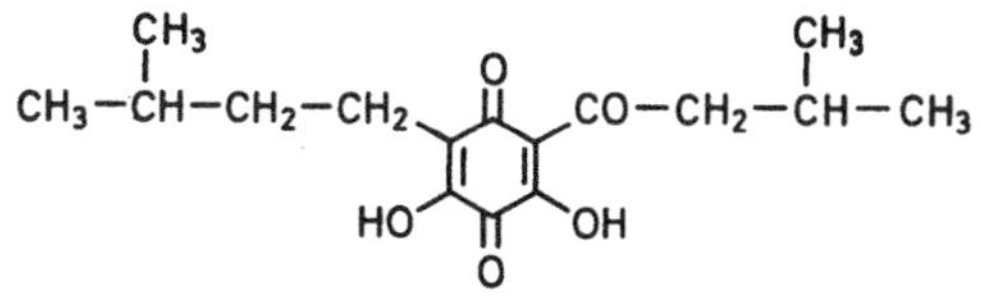

Humulochinon

Bitterstoffgehalt und Bitterwert des deutschen Hopfens bringt Tabelle 136.

Tabelle 136: Bitterstoffgehalt und Bitterwert des deutschen Hopfens

	% der Trockensubstanz
Gesamtharze	18,3
α-Säuren	6,6
β-Fraktion	9,5
Hartharz	2,2
Bitterwert	7,7

Für den Brauwert der genannten Hopfenbestandteile ausschlaggebend ist der „*Bitterwert*“, wie er geschmacklich nach üblicher Würzekochung festgestellt wird. Setzt man den Bitterwert der α-Säure = 100, so zeigen die übrigen Stoffe folgende Werte: β-Säure = 0, α-Weichharz = 36, β-Weichharz = 29, Hartharz = 12. Das *ätherische Öl* des Hopfens besteht aus zahlreichen, gaschromatographisch trennbaren Kohlenwasserstoffen, vor allem aus Terpenkohlenwasserstoffen (*Humulen*, (s. Formel) Myrcen, Linalool, Geraniol, β-Copaen) sowie aus Ketonen, wie Pentadec-6-en-2-on und vielen Estern, ist wasserdampfflüchtig und geht somit bei längerem Kochen der Bierwürze verloren. Es verleiht vor allem stark gehopften Spezialbieren das charakteristische Hopfenaroma. *Gerbstoff* liegt teilweise oxydiert als rotbraunes „*Phlobaphen*“ vor und bildet mit Eiweiß Verbindungen, die z. T. ausfallen, z. T. stabilisiert gelöst bleiben und zu Nachtrübungen von fertigem Bier, vor allem in der Kälte, Anlaß geben (vgl. S. 613). Im Hopfen kommen außerdem zahlreiche Quercetin und Rutin enthaltende *Flavonolglykoside*, Chlorogen-, Neochlorogen- und Kaffeesäure, Gallussäure sowie Leukoanthocyanine u. a. vor. Gaschromatogramme essentieller Hopfenölbestandteile dienen in den USA zur Identifizierung von Hopfenvarietäten.

2. *Behandlung des Hopfens nach der Ernte*

Frisch geernteter Hopfen wird auf Hordendarren mit warmer Luft (30—50° C) getrocknet. Zur Steigerung der Haltbarkeit wird er häufig in sog. „Präparieranstalten“ geschwefelt. Hopfen kommt schwach oder stark gepreßt in Ballen oder in luftdicht verschließbaren Behältern (Büchsenhopfen) in den Handel. Die Lagerung erfolgt kalt und trocken bei 0—1° C, zweckmäßig bei noch tieferen Temperaturen (—20° C), und unter CO_2-Atmosphäre. *Hopfenauszüge* werden durch stufenweise Extraktion mit organischen Lösungsmitteln und Wasser aus Hopfen gewonnen. Die Verwendung von Hopfenextrakten ist in der BRD, ausgenommen Bayern und Baden-Württemberg, erlaubt.

γ) *Das Brauwasser*

Brauwasser ist das im Sudhaus zur Herstellung der Würze benutzte Wasser, dessen Zusammensetzung von großem Einfluß auf die Qualität und den Charakter des Bieres ist. Die *Salze* des Wassers verändern vor allem das pH von Maische und Würze, wobei praktisch als pH-erhöhendes Ion das Hydrogencarbonat-Ion, als pH-erniedrigende Ionen das Ca- und das Mg-Ion in Frage kommen. Beim Erhitzen hydrogencarbonathaltiger Wässer tritt Alkalitätserhöhung gemäß der Gleichung

$$HCO_3^{\ominus} + H^{\oplus} \rightarrow H_2O + CO_2$$

ein, da in der Wärme CO_2 entweicht. Ca-Ionen bilden, gleich den Mg-Ionen, mit Ionen des sekundären Phosphates aus der Würze unlösliches tertiäres Phosphat und H-Ionen, die zur Säuerung des Wassers führen. *Magnesiumsulfat* macht in hohen Konzentrationen das Bier unangenehm bitter, *Mangan-* und *Eisensalze* bedingen Trübungen, Verfärbungen und Geschmacksverschlechterung, *Nitrate* und *Silicate* verursachen Gärstörungen. Die Eigenart vieler Biere und Biertypen (Pilsen, Dortmund, München, Burton-on-Trent) ist zweifellos auf die dort verwendeten Brauwässer zurückzuführen, wobei die Restalkalität der Wässer eine wesentliche Rolle spielt. Bei der *Aufbereitung* des Brauwassers handelt es sich meist um die Entfernung der Carbonate. Fällung mit Kalk in der Hitze ist gebräuchlich („*Entcarbonisieren*"). Außerdem wird mit Kalkwasser in der Kälte enthärtet. Zur Eliminierung großer Salzmengen lassen sich mit Vorteil *Ionenaustauscher* (S. 253) einsetzen. Weiteres s. bei „Wasser". Heute ist man in der Lage jedes Wasser so aufzubereiten, wie es der gewünschte Biertyp erfordert.

δ) *Die Brauereihefen*

Von den verschiedensten Hefearten (vgl. auch S. 591), die im strengen Sinne nicht als Rohstoff zu betrachten sind, verwendet der Brauer in unserem Produktionsbereich als Bierhefe ausschließlich Kulturformen der Saccharomyces-Arten und unterscheidet obergärige sowie untergärige Hefen. Die *obergärigen* Hefen, z. B. Saccharomyces cerevisiae „Hansen", scheiden sich während der Gärung durch Bildung größerer „Sproßverbände" an der Oberfläche des Bieres ab. Sie vergären Raffinosen zu nur etwa ⅓, da ihnen das Enzym Melibiase fehlt. *Untergärige* Hefen, der Art Saccharomyces carlsbergensis Hansen setzen sich im Gärungsverlauf zu Boden und vergären neben den meisten anderen Zuckern auch Raffinose vollständig. Man unterscheidet *hochvergärende* Hefen, die als „*Staubhefen*" lange suspendiert bleiben und hohen Vergärungsgrad liefern, von den *niedrigvergärenden* Hefen, die frühzeitig als Flocken oder Bruch zu Boden sinken („*Bruchhefen*") und damit ihre Gärkraft nur teilweise zur Wirkung bringen können. Bei der *Reinzucht* der großen Zahl heute verwendeter Hefestämme geht man von einer einzelnen Hefezelle aus und verwendet die reingezüchtete Hefe als „*Anstellhefe*" im Betrieb. Ein Teil der nach beendeter Hauptgärung entnommenen Hefe wird wieder mit frischer Würze angestellt, bis die Hefe durch Infektion oder Degenerierung unbrauchbar geworden ist. Auf diese Weise läßt sich stets ein für bestimmte Zwecke geeigneter Stamm auswählen.

b) Die Bierbereitung

Die Herstellung des Bieres wird zweckmäßig in drei große Arbeitsgänge aufgegliedert: α) die *Malzbereitung*; β) die *Herstellung der Würze* und γ) die *Gärung* und *Lagerung des Bieres*. Der Gesetzgeber faßt den Begriff „Bierbereitung" viel weiter und versteht darunter alle Stadien der Herstellung und Behandlung des Bieres von der Brauerei bis zur Abgabe an den Verbraucher (Abb. 105; S. 602).

α) *Die Malzbereitung*

1. Die Aufbereitung

der „Rohgerste" zum Vermälzen in der „Putzerei" umfaßt die Reinigung und Sortierung. *Gereinigt* wird zunächst auf Sieben und Gebläsen zur Entfernung grober Bei-

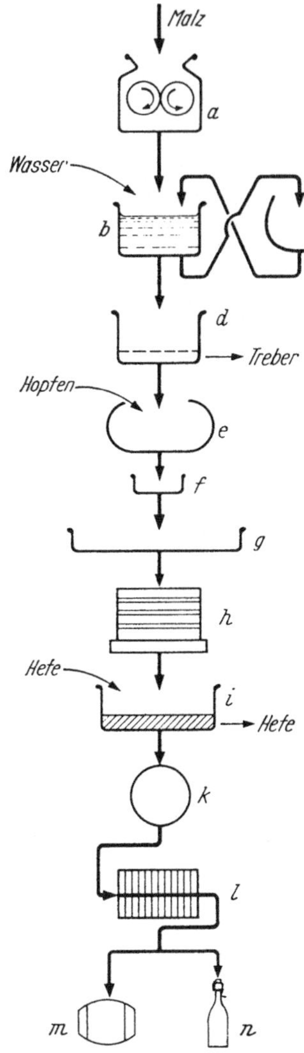

Abb. 105. Die Bierbereitung. a Schrotmühle für Malz b Maischbottich c Maischpfanne d Läuterbottich, e Würzepfanne, f Hopfensieb, g Kühlschiff, h Würzekühler, i Gärbottich, k Lagertank, l Trubfilter, m Faßbier, n Flaschenbierabfüllung

mengungen, an Magneten zur Abscheidung von Eisenteilen sowie an Entgrannern, die den Grannenanteil abschlagen. Fremdkörner werden im *Zellentrieur* entfernt. Die (für die gleichmäßige Keimung der Gerste wesentliche) *Sortierung* nach gleicher Korngröße und die Abtrennung unbrauchbarer Körner (*Ausputz*) erfolgt in Sortiertrommeln mit geschlitzten Blechen oder in Plansichtern. Wesentlich für die „mälzfertige" Gerste ist eine sachgemäße *Lagerung* über 6—8 Wochen zur *Nachreife* (Überwindung der „Keimruhe").

2. *Das Weichen*

der Gerste bezweckt, dem Korn zu der bereits vorhandenen Menge (etwa 10%) „*Organisations*"- oder „*Konstitutionswasser*" zusätzliche für die Keimung benötigte Wassermengen als „*Vegetationswasser*" zuzuführen, die einen „Weichgrad" (Gesamtwassergehalt der ausgeweichten Gerste in %) zwischen 42% (helles Malz) und bis zu 47%

(dunkles Malz) bewirken. Zum Weichen wird die Gerste in zylindrische, nach unten konisch verlaufende, eiserne Behälter gebracht („*Weichstöcke*" oder „*Weichen*"), die unten ringförmig gelochte Bleche zur Belüftung tragen. Um die Atmung des wassergetränkten Kornes zu unterstützen, ein für die nachfolgende Keimung geeignetes Weichgut zu erhalten und das „Ersticken" der Gerste zu vermeiden, muß für ausreichende *Sauerstoffzufuhr* gesorgt werden. Das Weichwasser wird mehrmals gewechselt und bewirkt gleichzeitig eine *Reinigung* der Gerste; außerdem werden bierschädliche Gerb- und Bitterstoffe sowie Harze der Spelzen entfernt. Zur Desinfektion und Schönung der Gerste gibt man dem Weichwasser Natronlauge („alkalische Weiche"), gesättigtes Kalkwasser oder andere Desinfizienten zu. Heute wird allgemein nach der *Luft-Wasserweiche gearbeitet,* wobei nach einer gewissen Weichzeit das Wasser abgelassen und die Gerste anschließend „trocken" geweicht wird. Andere Methoden sind die *Brausenweichen*, die *Saladin-Weiche* (hier wird Restwasser durch „Spritzen" zugegeben) oder das *Umpumpverfahren*, bei dem das Weichgut mehrmals in andere Weichen umgepumpt wird.

3. *Das Keimen*

Wenn die Gerste den gewünschten Weichgrad erlangt hat, bringt man sie auf *Tennen* von 9—11° C Raumtemperatur, wo die Gerste vom „Naßhaufen" und „Brechhaufen" über den „Jung"- und „Althaufen" bis zum „Greifhaufen" alle Stadien der Keimung durchläuft. Es erfolgt Wasseraufnahme und Wasserbildung („Schwitzen"), die Temperatur steigt an, der Wurzelkeim bricht durch und entwickelt sich zunehmend, oft bis zum Ineinanderwachsen (der Haufen „greift"). Dabei wird der Haufen manuell oder mechanisch gewendet („gewidert").

Da diese ältere Art des Mälzens viel Platz und Handarbeit erfordert, hat sich immer mehr die *pneumatische Mälzerei* durchgesetzt. Eine Form dieser Mälzart ist zunächst die *Kastenmälzerei* (nach Saladin), wo die ausgeweichte Gerste in gemauerten Kästen mit einem Fassungsraum von etwa 20 t auf Trageblechen von angefeuchteter, temperierter und durch Druckventilatoren geförderter Luft durchströmt und durch Auflockerungsschnecken gewendet wird (Abb. 106).

Abb. 106. Keimkastenanlage nach Saladin (mit Genehmigung der Fa. Steinecker, Freising)

Bei der *Trommelmälzerei* (Galland) wird in drehbaren eisernen Trommeln (Füllgewicht etwa 10 t) gekeimt, wobei die Luft wie beim Saladin-Verfahren durch das Malz gedrückt wird. Auch Kastentrommeln mit gelochten Tragblechen sind im Gebrauch. Je nach Art des Belüftungssystems unterscheidet man zwischen offenen und geschlossenen Trommeln. Ein Spezialverfahren der Kastenmälzerei ist das heute an Bedeutung zutrückretende, für die Weiterentwicklung der Mälzsysteme jedoch wichtige *Kohlensäurerast-Verfahren* (Kropff), bei dem zur Verringerung der Schwund-(Atmungs-)Verluste die Belüftung stark eingeschränkt wird. Das vorgekeimte Malz wird hier in hoher Schicht (1 m) auf gelochten Blechen in geschlossenen Kästen gelagert und nur in großen Abständen ohne zu wenden (widern) gelüftet. Dadurch kommt es zu starker Atmungs- und Wachstumshemmung durch CO_2-Anreicherung im Haufen.

4. Das Darren

Nach einem der vorstehend beschriebenen Verfahren wird Malz erhalten, das leicht verderblich ist und keine Dauerware darstellt. Gutes „*Grünmalz*" zeigt frischen, gurkenartigen Geruch, trockene und mehlige Auflösung des Kornes und möglichst gleichlange, gleichmäßige Wurzelkeime.

Der Wassergehalt steigt gegenüber der Gerste (14—16%) bei „hellem Grünmalz" auf 42—44% und bei „dunklem Grünmalz" auf 43—45% an. Der Malzschwand (Gewichtsverlust zwischen fertig geputzter Braugerste und lagerfertigem Darrmalz) liegt als „Gesamtmalzschwand, lufttrocken" zwischen 19 und 25%, der wasserfreie Schwand zwischen 8 und 14%.

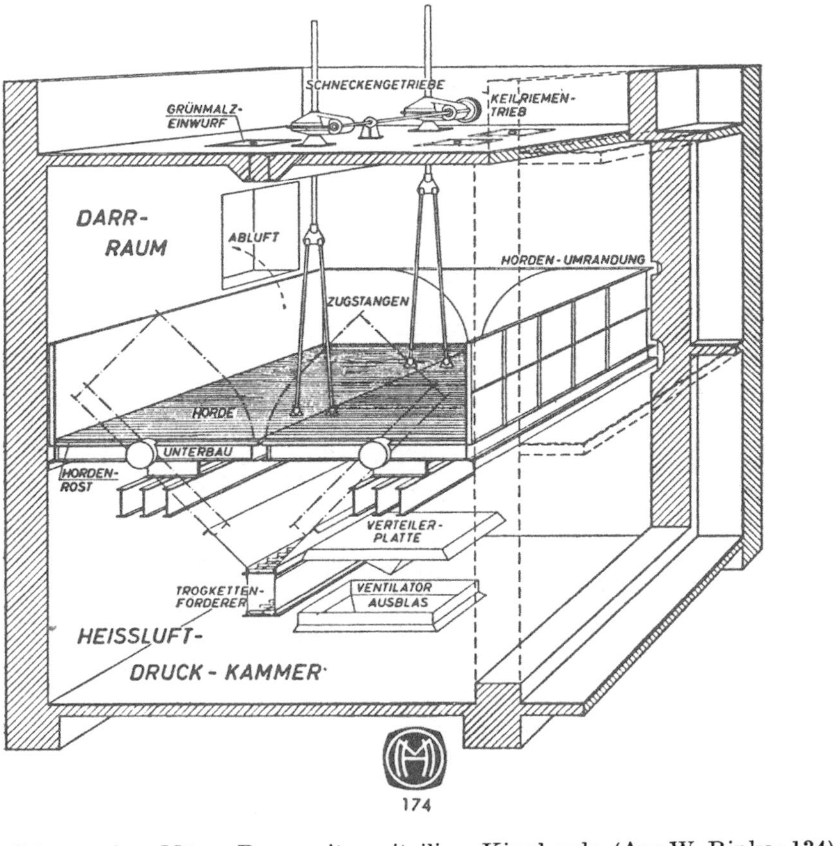

Abb. 107. Schema einer Müger-Darre mit zweiteiliger Kipphorde (Aus W. Rinke: 134)

Das *Darren des Grünmalzes* ist einer der wesentlichsten Vorgänge in der Brauerei und erstrebt neben der Haltbarkeitssteigerung die Umwandlung des grünen, rohfruchtartigen Geschmackes in ein charakteristisches Aroma sowie (vor allem bei dunklen Malzen) die Bildung von farbgebenden Stoffen. Beim Darren des Grünmalzes mit etwa 45% Wasser wird Wasser zunächst bis auf etwa 8% entzogen („*Schwelken*"), dann wird bis auf einen Rest von rund 2—3% entwässert. Frisch gedarrtes Malz enthält im Mittel 3,5% Wasser, bei Lagerung kann der Wassergehalt evtl. bis auf 5% ansteigen. Die Erhitzungstemperaturen betragen durchschnittlich 80° C (helles Malz) oder 105° C (dunkles Malz). Das Volumen des Malzkornes gegenüber dem des Gerstenkornes verhält sich wie etwa 1,3 : 1; es verändert sich also nur wenig.

Die *technische Durchführung* erfolgt vorzugsweise auf turmartig aufgebauten *Plandarren*, wobei Ein-, Zwei- und Dreihordendarren verwendet werden. Plandarren, insbesondere die 2-Hordendarre, stellen den auch heute noch gültigen „klassischen" Darretyp dar. Das angestrebte Ziel einer vollautomatischen kontinuierlichen Mälzung konnte noch nicht erreicht werden. Die Horden bestehen aus starkem Drahtgeflecht und werden durch heiße Luft geheizt (*Luftdarren*), in manchen Anlagen dienen Heizgase direkt zum Trocknen des Grünmalzes (*Rauchdarren*). Das in Schichten zwischen 15 und 60 cm aufgebrachte Malz wird während der Trocknung durch Schaufel- oder Trockenwender bewegt. Beim Mälzen gehen von der Gerstentrockensubstanz 10% (helles Malz) bis 12,5% (dunkles Malz) verloren. Durch anschließendes *Putzen* werden Staub, Hülsen und vor allem die Wurzelkeime entfernt, die durch ihren Bitterstoffgehalt unangenehm rauh schmeckende Biere liefern. Zur Ausbildung optimaler Eigenschaften erfolgt mehrwöchige Lagerung in *Malzsilos* oder Malzkästen.

Als Beispiel eines modernen pneumatischen Einhordendarrentyps sei das Schema der „Müger-Darre" gebracht. (Abb. 107). Sie ist im wesentlichen gekennzeichnet durch den starken Druckventilator (gewöhnlich im „Schürraum" neben dem Heizapparat untergebracht), die Heißluftdruckkammer und den eigentlichen Darr-(Horden-)raum.

Bei der *Beurteilung* des Malzes spielen die Bestimmung der Extraktergiebigkeit, die Frage nach zu erwartenden Schwierigkeiten bei der Verarbeitung (Auflösungsgrad des Kornes) sowie nach dessen Einfluß auf die Qualität des fertigen Bieres (Farbe der Würze, diastatische Kraft des Malzes u. a.) eine wichtige Rolle. Weiteres siehe in der Spezialliteratur.

5. *Spezialmalze*

werden für zahlreiche Sonderzwecke hergestellt. *Dunkles Caramelmalz* wird zur Verzuckerung der Stärke kurz bei 60—80° C gehalten und dann bei 150—180 °C bis zum gewünschten Farbgrad geröstet. Das melanoidinreiche Malz ist frei von Diastase, ein guter Schaumbildner und dient hauptsächlich zum Aromatisieren von Malz- und Bockbieren. *Helles Caramelmalz* wird ähnlich wie das vorgenannte Malz gewonnen, jedoch nach der Verzuckerung bei niedriger Temperatur getrocknet. Es ist noch enzymatisch aktiv, schwach gefärbt und erhöht Vollmundigkeit sowie Schaum der aus hellem Malz hergestellten Biere. *Brühmalz*, eine früher in Bayern beliebte Art, wird aus normalem Grünmalz durch Behandlung bei 40—60° C gewonnen. Durch anschließendes Darren entsteht ein dunkles, farbreiches Malz, das durch seinen hohen Diastasegehalt beim Maischen von selbst verzuckert. *Farbmalz* entsteht durch Rösten von Darrmalz ohne vorhergehende Verzuckerung bei über 200° C. Es dient zur Erhöhung der Farbe dunkler Biere. Das im Malz vorkommende *Maltol* (2-Methyl-5-hydroxypyron) entsteht aus Oligosacchariden (Isomaltose, Maltotetrose), wie sie beim Rösten von stärkehaltigen Rohstoffen auftreten. Über die Verwendung von *Zuckercouleur* und *Färbebier* vgl. die Spezialliteratur.

β) *Die Herstellung der Würze*

1. *Das Schroten des Malzes*

ein für Zusammensetzung, Gewinnung und Ausbeute der Würze sehr wichtiger Vorgang, strebt die Gewinnung eines Schrotes mittleren Feinheitsgrades an. Zu feine Schrotung steigert zwar die Extraktausbeute (Sudhausausbeute) und sorgt für vermehrte Wirkmöglichkeit der Enzyme, mindert jedoch die Gewinnung eines klaren Extraktes beim Abläutern durch allzu feine Zerkleinerung der filternd wirkenden Spelzen (Hülsen). Geschrotet wird in Zwei-, Vier- oder Sechswalzenmühlen mit einem oder mehreren Mahldurchgängen. Durch Siebe kann das Schrotgut in Spelzen Grieß und Mehl getrennt werden.

2. *Das Maischen*

die Herstellung und Gewinnung der Würze sowie das Kochen mit Hopfen finden im *Sudhaus* statt, in dem sich verschiedene Einrichtungen finden: Der *Maischbottich* (Maischpfanne), in dem das Malzschrot mit Wasser „eingemaischt“ und durchgemischt wird. Der *Läuterbottich*, ein zylindrischer Behälter aus Eisen, enthält über dem Bottichboden einen geschlitzten Blechboden (Läuter- oder Senkboden), der die Treber zurückhält und die Würze ablaufen läßt. Außerdem

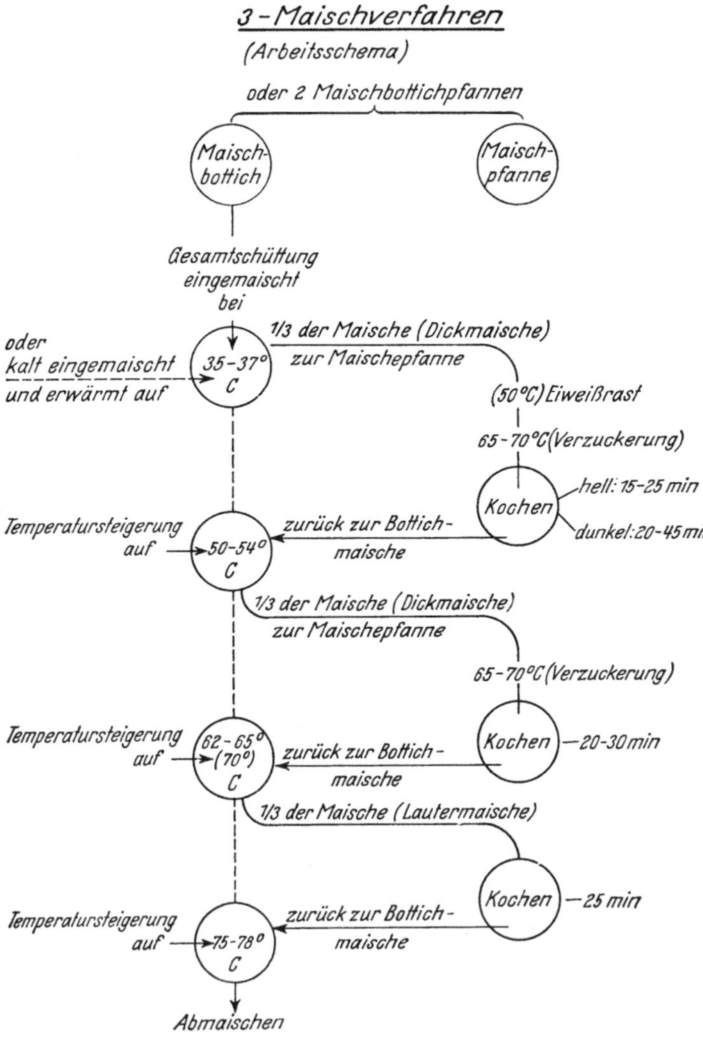

Abb. 108. 3-Maischverfahren (Aus: 54, Bd. VII, S. 114)

sind Vorrichtungen zum Nachwaschen („Anschwänzen") und zum Auflockern der Treber eingebaut. *Maischefilter*, anstelle der Läuterbottiche verwendet, sind als Filterpressen gebaut.

Zweck und Ziel des Maischens sind, Stärke und Eiweiß in lösliche Form überzuführen und bei möglichst hoher Extraktausbeute Abbauprodukte zu erzielen, die dem Charakter des angestrebten Bieres entsprechen.

Die *praktische Durchführung* des Maischens erfordert für einen Sud von 100 hl Bier etwa 140 hl Wasser. Diese Menge („Guß") unterteilt man in den Hauptguß (Einmaischwasser) und in einen oder mehrere Nachgüsse (Anschwänzwasser). Gearbeitet wird nach zwei grundsätzlich verschiedenen Methoden.

Beim *Dekoktionsverfahren* wird die Temperatur der Gesamtmaische von der Anfangs-(Einmaisch-)Temperatur auf die End-(Abmaisch-)Temperatur dadurch gesteigert, daß Teilmengen der Maische abgezogen, getrennt gekocht und dann wieder mit der im Maischbottisch verbliebenen Restmaische gemischt werden. Je nach der Zahl solcher Kochmaischen unterscheidet man *Ein-* *Zwei-* oder *Dreimaisch*verfahren, von denen das letztgenannte fast ausschließlich für die Herstellung dunkler Biere, das Zweimaischverfahren für helle Biere und das Einmaischverfahren (Kesselmaischverfahren) für Biere aller Art benutzt wird. Als Beispiel sei das Dreimaischverfahren (altes bayerisches „Sicherheitsverfahren") kurz geschildert. Hier wird bei 37° C im Maischbottich eingemaischt und eine erste Kochmaische entnommen, zum Kochen erhitzt und wieder in den Bottich zurückgebracht, so daß die Gesamtmaische eine Temperatur von 52° C erreicht. Durch mehrmalige Wiederholung dieser Prozedur werden stufenweise Hauptmaischetemperaturen von 64° und 75° C erreicht. Bei einer Abmaischtemperatur von etwa 74—78° C ist das Verfahren beendet. Bei schlecht „gelösten" Malzen, wo die stärkeführenden Membranen nicht gesprengt sind, kann der enzymatische Abbau (die Extraktausbeute) dadurch verbessert werden, daß bei 47—50° C eine kurze Rast vor der Temperatursteigerung eingelegt wird („Eiweißrastverfahren"). Dadurch wird die Enzyminaktivierung verzögert. Abb. 108 bringt das Schema des 3-Maischverfahrens.

Infusionsverfahren sind vor allem in England zur Gewinnung obergäriger Biere in Gebrauch, in Deutschland jedoch wenig üblich. Im einfachsten Fall maischt man hier bei Temperaturen, wie sie für den Stärkeabbau optimal sind, ein (etwa 65—67° C) und läßt die Maische bei etwa 75° C bis zur Abläuterung 2 Std stehen.

3. *Das Abläutern*

also die Trennung von Würze und Treber, erfolgt im *Läuterbottich*, wobei die Treber eine etwa 35 cm hohe Filterschicht bilden. Die zunächst trübe ablaufende Vorderwürze („Trübwürze") mit 16—20% Extrakt wird in den Bottich zurückgepumpt. Zur Gewinnung weiterer Würzmengen aus der Treberschicht wird 3—4 mal mit Wasser nachgewaschen (Aussüßen, Nachguß, Decken, Anschwänzen). Eine andere Art der Abläuterung besteht im Filtrieren durch Filterpressen, wobei die Läuterdauer gegenüber der Bottichläuterung von 3—5 Std auf $1^1/_2$—$2^1/_2$ Std reduziert und die Extraktausbeute erhöht wird. Die Treber dienen als Futtermittel.

Das *Kochen* der Würze *mit Hopfen* erfolgt in der Würzepfanne (Hopfenkessel), wo Vorderwürze und Nachwürze des Läuterungsprozesses („Pfannevollwürze") gesammelt werden. Der Zusatz von Hopfen richtet sich nach Bierart und Bierqualität. Er beträgt pro hl für helles Lagerbier 130—150 g, für Dortmunder Bier 180—220 g, für Pilsener Bier 250—400 g, für Münchner Bier 130—170 g, für Malzbier und dunklen Bock 50 bis 90 g. Durch das Kochen (etwa 2 Std) wird die Würze zur Erzielung einer bestimmten „Ausschlag-Konzentration" eingedampft und sterilisiert, das Eiweiß coaguliert („Bruchbildung"), verschiedene wertvolle Hopfenbestandteile gehen in Lösung und die Enzyme werden inaktiviert. Dadurch wird die Diastase vernichtet, so daß beim anschließenden Gärungsprozeß zwar der Zucker, nicht aber die im Fertigbier erwünschten Dextrine abgebaut werden.

4. *Kühlen*

Zum Kühlen der über den Hopfenseiher von den Hopfentrebern abgetrennten Würze wird zunächst auf Kühlschiffe gepumpt („ausgeschlagen"). Hier tritt weitere Konzentration des Extraktes um etwa 1% durch Verdunstung ein, der Trub setzt sich ab und die Temperatur sinkt auf 70—60° C. Anschließend wird über offene Berieselungskühler oder geschlossene Plattenkühler auf etwa 5° C gekühlt, wobei die für die Hefevermehrung wichtige Sauerstoffaufnahme erfolgt.

Die sog. „*Sudhausausbeute*" (Menge aller löslich gemachten Extraktstoffe, bezogen auf eine bestimmte Malzmenge) wird in der BRD nach folgender Formel berechnet:

$$\text{Ausbeute} = \frac{\text{Würzemenge in hl} \cdot \text{Vol.-\%} \cdot 0{,}96}{\text{Schüttung in dz}}$$

γ) *Gärung und Lagerung des Bieres*

Für die Herstellung deutscher Biere kommt im wesentlichen die Verwendung untergäriger Hefen in Frage, weshalb die *Untergärung* hier eingehender besprochen, die *Obergärung* später erwähnt werden soll. Bei der Untergärung unterscheidet man die *Hauptgärung* und die *Nachgärung*.

Zur *Hauptgärung* wird die gekühlte Würze mit etwa 6,5—18% Malzextraktstoffen in Gärbottiche gebracht, die sich in dem durch „stille", vorzugsweise durch Umlaufkühlung auf 5—6° C gehaltenen Gärkeller befinden. Die Bottiche bestanden früher aus lackiertem, paraffiniertem oder gepichtem Eichenholz und werden heute auch aus kunststoffimprägniertem Zement, Stahlemaille, Aluminium oder V_2A-Stahl hergestellt. Die Würze wird mit Hefe (vgl. S. 601, „Zeug", „Bierzeug", „Satz", etwa 0,5 l dicker Hefebrei pro hl) versetzt („angestellt") und bei Temperaturen zwischen 4 und 11° C vergoren, bis etwa $^7/_8$ des vergärbaren Gesamtextraktes umgesetzt sind. Die sorgfältig durch entsprechende Kühlung (Rohr-[Schlangen-], Taschen-, Mantelkühler) überwachte Gärung dauert etwa 8—10 Tage und zeigt verschiedene Stadien: zuerst treten feine Kohlendioxidbläschen an der Oberfläche auf (die Gärung „kommt an"), dann bildet sich Schaum in Form „niederer" und „hoher Kräusen", und schließlich fallen die Kräusen zu einer schmutzigbraunen „Decke" zusammen. Die Hefe setzt sich größtenteils zu Boden, das Bier kann in Lagerfässer oder Tanks „geschlaucht" werden. Aus der am Boden liegenden Hefe wird die mittlere Schicht (Kernhefe) entnommen, gesiebt und gewaschen und für neue Gärungen (Führungen) verwendet.

Zur *Nachgärung* wird das noch nicht konsumreife Jungbier 1—4 Monate in Fässern oder Tanks bei —1,5 bis +2° C gelagert, um eine Anreicherung der Kohlensäure, eine weitgehende Vergärung des restlichen Zuckers und eine Klärung sowie Reifung des Bieres zu erzielen. Die *Lagerzeiten* liegen zwischen 6—12 Wochen bei 11—14%igen Münchener Bieren und 14—18 Wochen bei 13—14%igen Dortmunder Bieren. Die Kohlensäure reichert sich auf den erwünschten Gehalt von etwa 0,4% an.

Abfüllen („*Fassen*"). Das trinkfertige Bier wird über Massefilter durch Filterschichten aus Baumwollfasern und Asbest blank („glanzfein") filtriert, oft auch durch Kieselgurfilter oder Zentrifugen vorgeklärt und dann mit Hilfe besonderer Faßfüller schaumfrei in *Transportfässer* oder Metalltanks gefüllt. Neben gepichten Eichenfässern haben sich auch (gleichfalls gepichte) Eisenfässer und solche aus Aluminium oder V_2A-Stahl eingeführt. Die Abfüllung in Flaschen erfolgt aus dem „Flaschentank" durch Handfüller, halb- und vollautomatische Füller mit Stundenleistungen von 2000—30000 Flaschen. 1964 kamen etwa 66% des in der BRD konsumierten Bieres auf Flaschenbier. 1969 wurde in der BRD Bier in 34,6 Mia Pfandflaschen (98,6%), in 275,8 Mio Einwegflaschen (0,79%) und in 200 Mio Weißblechdosen abgefüllt. Auch Aluminium dient als Behältermaterial. *Pasteurisierung* wird bei Bieren langer Haltbarkeit (Übersee-Exportbiere) angewendet. Zur Vermeidung von Eiweißtrübungen und Geschmacksveränderungen erhitzt man auf 60—70° C im Wasserbad oder im Dampf, vielfach wird 20 min bei 62° C pasteurisiert.

Bei der *Sterilabfüllung* wird Bier nach einer Heißhaltezeit von 30 sec bei 70° C oder nach Entkeimungsfiltration in sterile Flaschen gefüllt. Wesentlich für die Bierqualität ist die Vermeidung von Temperaturschwankungen beim Lagern und beim Transport.

Verluste beim Gären, Lagern und Abziehen faßt man unter dem Begriff „Bierschwand" zusammen. Der von der heißen Ausschlagwürze bis zum abgefüllten Bier entstehende „*Volumschwand*" liegt zwischen 8 und 24%, bei rationell arbeitenden Betrieben unter 15%. Der „*Extraktschwand*" beträgt 3—12%. Der *eigentliche Bierschwand* setzt sich zusammen aus Verlusten im Gärkeller (1—4%), im Lagerkeller (1—3%) und beim Filtrieren und Abfüllen (1—2%).

Kontinuierliches Gär- und Reifungsverfahren. Im Grunde handelt es sich hier um „Fließ-Verfahren", bei denen Hefebehältern trubfreie Würze zugeführt, andererseits laufend Jungbier abgezogen wird. Als Beispiel sei das von H. J. *Wellhoener* entwickelte kontinuierliche Verfahren gebracht, bei dem der Durchgang 14 Tage dauert (Abb. 109). *Tank I:* Vorgärung; *Tank II und III:* Gärbeschleunigung und Klärung; *Tank IV:* Stautank zum Abzug des geklärten Bieres; *Tank V:* Reifungstank (Waschen mit Kohlendioxid); *Tank VI:* Pufferbehälter.

Das Verfahren wird unter besonderen Druckverhältnissen (zur Regelung der Hefeatmung und -vermehrung) durchgeführt.

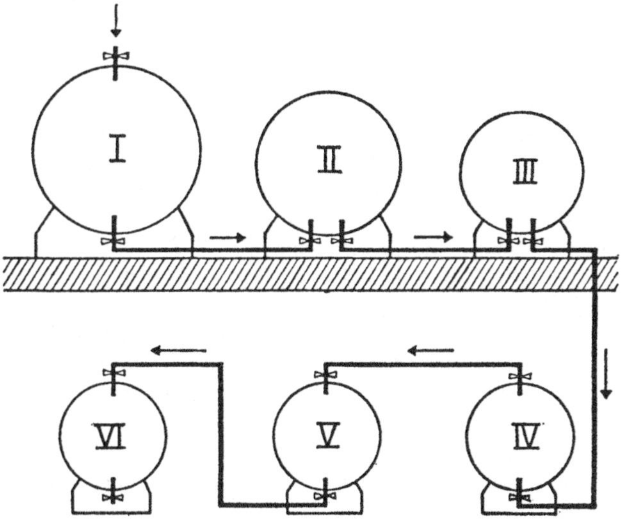

Abb. 109. Schema des kontinuierlichen Gär- und Reifungsverfahrens nach Wellhoener (Aus W. Rinke: 134)

δ) *Chemie und Biochemie der Bierbereitung*

Beim *Weichen* der Gerste treten, bedingt durch den erhöhten Wassergehalt, intensive Atmungsvorgänge als Beginn der Stoffumwandlungen im Korn ein, die eng verknüpft sind mit der

Keimung (der Malzbereitung). Hier wird die für das Wachstum (die Keimlingsentwicklung) benötigte Energie durch Veratmung von Glucose und wenig Fett geliefert. Die umgesetzte Glucose stammt zum größten Teil aus der durch Diastasen und Maltase abgebauten Stärke des Mehlkörpers. Begleitet ist dieser „Atmungsschwund" von der Bildung neuer oder der Zunahme bereits vorhandener *Enzyme. α-Amylase* (wichtig für das Stärkeverflüssigungsvermögen) wird neu gebildet, die im Korn bereits vorhandene *β-Amylase* (wichtig für das Zuckerbildungsvermögen) gesteigert und *Maltase* produziert. Der *Zuckergehalt* des Malzes (etwa 8%, davon 5% Saccharose und 3% Glucose + Fructose, außerdem zuweilen etwas Maltose) entsteht durch ihre Wirkung. Er ist bedeutungsvoll auch für die *Melanoidinbildung* (Maillard-Reaktion) im Darrmalz, insbesondere im dunklen Malz. *Cytasen* (z.B. eine „Xylanase") bauen etwa 10% der Pentosane ab; es kommt zur Auflösung der Zellwände und zur mürbe-mehligen Strukturumwandlung des glasigen Kornes. *Proteinasen* und *Peptidasen* spalten in beträchtlichem Ausmaß Eiweiß zu dauernd löslichen (nicht mehr ausflockenden) Produkten und liefern freie Aminosäuren, die mit reduzierenden Zuckern die erwähnten Melanoidine bilden. *Phytasen* hydrolysieren die Phytinsäure (S. 93), mobilisieren das lösliche für die Pufferungskapazität der Würze wesentliche Phosphat und liefern über verschiedene Zwischenstufen freies Inosit als Hefewuchsstoff. *Oxidasen* sind an Verfärbungen im Gange der Bierbereitung beteiligt. Als Forderung an die Praxis der Keimungsführung ergibt sich daraus für den Mälzer, Weichgrad, Temperatur, Belüftung und Keimdauer so zu lenken, daß einerseits übermäßige Stoffverluste vermieden, andererseits genügende Enzymmengen zum schnellen Ablauf des Mälzens und des Maischens gebildet werden.

Der prozentuale Anteil der verschiedenen Zucker am Gesamtzuckergehalt eines 10 Tage bei 21° C geführten Darrmalzes geht aus folgender Aufstellung hervor:

Saccharose	57%,	Fructose	6%,	höhere Oligosaccharide 5%.
Glucose	17%,	Glucodifructose	5%,	
Maltose	8%,	Maltotriose	2%,	

Beim *Darren* laufen in der ersten Phase je nach Geschwindigkeit des Wasserentzuges und der Temperatursteigerung *enzymatische Prozesse* der obenbeschriebenen Art noch weiter, bis sie dann im Endstadium („Ausdarren", „Abdarren") mehr oder minder stark sistiert werden. Chemische Reaktionen („Abdarreaktionen") sind Bildung von *Farb-* und *Aromastoffen* (Melanoidinen), Coagulation von Proteinen und Abtötung des Keimlings.

Die *diastatische Kraft* (D. K.) des Darrmalzes wird durch das Zuckerbildungsvermögen aus löslicher Stärke bestimmt.

Beim *Maischen* wird die im Malz ursprünglich enthaltene lösliche Substanz (etwa 19% des Trockengewichtes) durch enzymatische Wirkungen derart gesteigert, daß eine Extraktausbeute von etwa 80% erreicht wird. „*Verzuckerung*" (besser Dextrinierung) erfolgt hauptsächlich durch die α-Amylase; sie führt zu niedermolekularen Dextrinen und Maltose und wird mit der (negativ ausfallenden) Jodprobe kontrolliert, da unvollständiger Abbau Biertrübungen hervorruft und Mikroorganismenbildung fördert. Die *Maltosebildung* hängt von der im Malz vorhandenen β-Amylase ab. In Malzwürzen werden an Kohlenhydraten Fructose, Glucose, Saccharose, Maltose, Maltotriose und -tetrose und höhere Glucosepolymere gefunden. Beim Kochen der Maische wird der Rest der noch nicht abgebauten Stärke verkleistert und durch Diastasen leicht abgebaut. Der *Eiweißabbau* erfolgt vor allem unter der Wirkung von Proteinasen und führt zur Bildung von „Proteosen", „Peptonen" und Polypeptiden. Es entstehen hier viel weniger niedermolekulare Abbauprodukte als beim Mälzen. Weitere enzymatische Stoffumwandlungen betreffen die *Cytasen* und die *Phytase;* sie setzen ihre obenbeschriebene Wirkung fort. Pentosanabbau liefert die in Malzwürze gefundenen Pentosen Arabinose und Xylose. *Chemische Reaktionen* sind vor allem die neutralisierende Wirkung der *Hydrogencarbonate,* wobei CO_2 entweicht, durch Umsetzung mit sekundären Phosphaten und Phytin Phosphat ausgeschieden, die Pufferung der Würze vermindert und eine pH-Erhöhung erreicht wird. Daneben erfolgt Coagulation der löslichen Eiweißstoffe, zusätzliche Melanoidinbildung sowie Lösung und Oxydation von Gerbstoff.

Beim *Abläutern* ist die enzymatische Tätigkeit weitgehend sistiert, jedoch gehen beim „Anschwänzen" Treberbestandteile in Lösung, welche die Zusammensetzung der Würze ändern; außerdem nimmt der Gerbstoffgehalt zu.

Beim *Kochen* der Würze mit Hopfen werden die Eiweißstoffe, daneben Bitterstoffe, Gerbstoffe und Salze als „Bruch" ausgeschieden. Von den *Hopfenbestandteilen* ist die β-Säure (s. oben) schwer löslich. Die leichter lösliche α-Säure wird beim Kochen in eine gut lösliche *Iso-α-Säure* (Isohumulon) als Hauptbestandteil eines weichharz-ähnlichen Stoffgemisches („α-Weichharz, Kochprodukt") umgewandelt, das der wichtigste Träger des bitteren Biergeschmackes ist. Über *Hopfenöl* vgl. S. 600. Die *Hopfengerbstoffe* gehen mit Eiweißstoffen und Albumosen als unlösliche Komplexe in den Bruch, z.T. bilden sie auch lösliche Verbindungen, die oft erst im fertigen Bier (*Kältetrübung*, s. unten) ausgeschieden werden. Die *Farbe* der Würze wird durch weitere Melanoidinbildung und Lösung von Hopfenfarbstoffen („Phlobaphenen") vertieft, die Enzyme werden praktisch inaktiviert, vor allem die *Diastase*. Dies ist, wie früher erwähnt, ein sehr wichtiger Vorgang, da bei der nachfolgenden Gärung nur der Zucker, nicht aber die *Dextrine* vergoren werden sollen. Und schließlich bilden sich reduzierende Stoffe (*Reduktone*; S. 173), die für Haltbarkeit und Geschmack des Bieres Bedeutung besitzen.

Die *Hauptgärung* hängt in ihrem Verlauf von Heferasse, Malz und Maischverfahren ab und wird so geleitet, daß vom *vergärbaren Extrakt* nur noch ein kleiner Teil (etwa 1,2%) für die Nachgärung übrig bleibt. Neben Alkohol und CO_2 entstehen noch andere Alkohole, Ester, Säuren und Abbauprodukte von Aminosäuren (vgl. bei Hefe), die am Endgeschmack des Bieres wesentlich beteiligt sind. Außerdem werden Gerbstoff-Eiweißverbindungen, Hopfenharze, Bitterstoffe und auch Farbstoffe (Phlobaphene) ausgeschieden, womit eine erhebliche *Aufhellung* des Bieres verbunden ist.

Bei der *Nachgärung* und *Lagerung* wird die noch vorhandene Restzuckermenge weitgehend vergoren, die Klärung beendet und damit der Biergeschmack verfeinert. Beim *Ausreifen* werden außerdem die „Jungbukettstoffe" der Hefe (Schwefelwasserstoff, Mercaptane und andere organische Schwefelverbindungen, s. später) verflüchtigt oder abgebaut und die Veresterungsvorgänge gefördert.

Neue Wege in der Überwachung von Brauvorgängen wurden mit Hilfe der *Gaschromatographie* entwickelt, die eine Kontrolle der flüchtigen Aromastoffe während sämtlicher Herstellungsschritte einschließlich der Lagerung gestattet. Dabei zeigte sich, daß kein Brauansatz dem anderen gleicht.

ε) *Die Obergärung*

Die Herstellung obergäriger Biere ist in Deutschland nur noch für einige Spezialbiere (s. S. 613) üblich, in England ist sie jedoch fast ausschließlich die Grundlage der Bierbereitung.

Die gleichfalls in Bottichen durchgeführte *Hauptgärung* verläuft bei hohen Temperaturen (15—20° C) ähnlich wie bei der Untergärung in verschiedenen Stadien und erfordert 2—7 Tage. Die Hefe wird in einzelnen Fraktionen („Hopfentrieb", „Hefentrieb", Stellhefe) abgeschöpft. Eine *Nachgärung* unterbleibt vielfach, kann aber auch in Fässern, vor allem aber in der Flasche erfolgen.

c) Chemische Zusammensetzung der Biere

Der *Alkoholgehalt* (in Abhängigkeit von Stammwürze und Vergärung) beträgt bei

niedrig vergorenen, extraktreichen Bieren	1,0—1,5 Gew.-%,
Dünnbieren	1,5—2,0 Gew.-%,
Vollbieren	3,5—4,5 Gew.-%,
Starkbieren	4,8—5,5 Gew.-%.

Über kleinere Mengen höherer Alkohole und Methanol siehe S. 597.

Säuren. Für den Genußwert und die Haltbarkeit wesentlich ist der *Kohlensäuregehalt* (0,36—0,44% bei untergärigen Bieren, bei Weißbier bis zu 0,6—0,7%). Ein Kohlensäuregehalt unter 0,2% liefert „schale" Biere. Kleine Mengen an Milch-, Essig-, Ameisen- und Bernsteinsäure sowie an sauren Phosphaten finden sich in jedem Bier.

Die *Stickstoffsubstanz* des Bieres (0,15—0,75%) stammt vor allem aus den Eiweißstoffen des Ausgangsmaterials und der Hefe und besteht zum Teil aus Proteinen, die für die „Kältetrübung" (s. S. 613) verantwortlich sind, vorwiegend aber aus hochmolekularen Proteinabbauprodukten. An Aminosäuren kommen im Bier alle auch im Malz gefundenen vor. Dabei scheint der Glutaminsäure Bedeutung für den Biergeschmack zuzukommen. Auch flüchtige Amine finden sich.

Mineralstoffe (0,3—0,4%) bestehen aus Kaliumsalzen und Phosphaten, daneben aus Calcium-, Magnesium- und Eisensalzen, Chloriden, Sulfaten und Kieselsäure.

Der Gehalt an *Kohlenhydraten* liegt bei etwa 3—5%, bei manchen Starkbieren und Malzbieren erheblich höher. Neben Dextrinen, Mono- und einfachen Disacchariden (Maltotriose, Maltose u.a.) finden sich auch Pentosane. *Glycerin* ist im Bier normalerweise zu 0,2—3% enthalten.

Vitamine, vor allem solche der B-Gruppe (Vitamin B_1 und B_2, Nicotinsäure, Pyridoxin und Pantothensäure), finden sich gleichfalls, oft in bemerkenswerter, ernährungsphysiologisch jedoch unbedeutender Menge (vor allem Nicotinsäure zu 6—10 mg/l) in deutschen, österreichischen und englischen Bieren.

Weitere für *Geschmack* und *Aroma* wesentliche Verbindungen sind neben den erwähnten Säuren Bitter-, Gerb- und Farbstoffe. Unter den Bitterstoffen spielt die aus dem Hopfen stammende Iso-α-Säure die Hauptrolle. Unangenehme Bitterstoffe („Herbstoffe") können durch das Malz in das Bier gelangen. Mit Hilfe der Gaschromatographie wurden zahlreiche weitere Aromabestandteile aus Bier isoliert, z. B. Amine (darunter Pyrrolidin), Dimethylsulfid und andere Schwefelverbindungen, höhere Alkohole und Aldehyde, Carbonylverbindungen, Ester, wie Phenylacetat und Geranylacetat, Furfurale und Furfurole u. a. m.

Für die *Bierqualifizierung* sind zwei weitere Größen von Bedeutung: Der *Extraktgehalt* und der *Vergärungsgrad*. Der „wirkliche" (vom Alkohol befreite) *Extrakt* des Bieres schwankt innerhalb weiter Grenzen von 2—3% bei einfachen Bieren, bis zu 8—10% bei Starkbieren. Er besteht zu etwa 80% aus Kohlenhydraten, im wesentlichen Dextrinen. Aus ihm und dem Alkoholgehalt läßt sich aufgrund der Gärungsgleichung, wonach 2 Gewichtsteile Zucker 1 Gewichtsteil Alkohol liefern, der ursprüngliche Extraktgehalt der Würze errechnen, der bei der Bierherstellung zur Vergärung gekommen ist. Man bezeichnet diesen ursprünglichen Extraktgehalt, der gleichzeitig ein Maß des verarbeiteten Malzes darstellt, als *Stammwürze* (*St*) und berechnet ihn aus dem Extrakt- (*E*) und dem Alkoholgehalt (*A*) nach der Formel:

$$St = \frac{100\,(E + 2{,}0665\,A)}{100 + 1{,}0665\,A}$$

Der Stammwürzegehalt beträgt für

Einfachbiere	2—5,5%,
Schankbiere	7— 8%,
Vollbiere	11—14%,
Starkbiere	über 16%.

Biergattungen mit Stammwürzegehalten, die von diesen Werten abweichen, sind in der BRD nicht verkehrsfähig.

Der (scheinbare) *Vergärungsgrad* (bei dem im Gegensatz zum wirklichen Vergärungsgrad Störungen der Extraktermittlung durch den Alkoholgehalt unberücksichtigt bleiben) ist jene Extraktmenge, die durch die Gärung verschwunden ist, ausgedrückt in Prozenten des ursprünglichen Gesamtextraktes. Er liegt niedrig (unter 50%) bei dunklen Bieren und hoch (über 60%) bei mittelfarbigen und hellen Bieren. Völlige Vergärung (*Endvergärungsgrad*) wird nur bei Exportbieren großer Haltbarkeit angestrebt, da hier Geschmack und Schaumhaltigkeit leiden.

„Biersorten“ sind verkehrsübliche Bezeichnungen (Lager-, Märzen-, Spezial-, Bock-, Diätbier u.a.). *Biertypen* unterscheiden sich nach Farbe, Hopfengeschmack u.a. (Münchener, Dortmunder, Pilsener Bier).

Der Nährwert des Bieres. Bier stellt nicht nur ein Genußmittel dar. Es besitzt auch, vor allem in den extraktreichen Sorten, calorischen Wert, der zwischen 220 und 500 kcal/l liegt, womit nicht gesagt sein soll, daß Bier ein ausgesprochenes Lebensmittel ist.

Bierverfälschungen sind selten. Sie kommen vor allem durch Wiederverwendung von Tropf- und Neigebier im Ausschank vor. Entsprechende Regelungen, insbesondere auch über Einrichtung und Betrieb von Getränkeschankanlagen, sind dem entsprechenden Rechtsstoff zu entnehmen.

d) Biergeschmack und Bierfehler (Bierkrankheiten)

Der *Geschmack* eines guten Bieres ist durch den Kohlensäuregehalt (vor allem bei Bindung der Säure an Bierkolloide) prickelnd ("recent"), durch den Gehalt an Tannin, Hopfenbitterstoffen, Estern, Aminosäuren und anderen vorgenannten normalen Bierbestandteilen angenehm, nicht gallig oder „nachhängend“ und rauh, vollmundig, nicht leer. Die Vollmundigkeit („Körper“) wird außer durch den Stammwürzegehalt auch durch die Bierkolloide (Albumosen, „Peptone“) und durch Maltose bedingt. Nicht vollmundige Biere werden als „leer“, „dünn“ oder — nicht immer abwertend — als „leicht“ bezeichnet. Zum Biergeschmack tritt als wesentliches Kriterium die *Schaumbildung*, unterschieden nach Schaumvolumen (bedingt durch den Kohlensäuregehalt), Schaumdichte und insbesondere nach *Schaumhaltigkeit* (bedingt durch kolloide Eiweißabbauprodukte und Hopfenbitterstoffe). Die Verwendung *schaumbildender* und *-fördender* Stoffe ist in der BRD nicht gestattet. Das zu diesem Zweck u. a. vorgeschlagene *Kobalt(II)-chlorid* hat in den USA und in Kanada zu zahlreichen Todesfällen geführt. Schaumzerstörend wirken niedrige Fettsäuren (Capryl-, Laurinsäure u. a.), die im Bierbukett vorkommen. Größter Feind des Bierschaumes („Haube“) sind Fett, Seife und viele neuere Wasch- und Reinigungsmittel. *Bierfehler* beeinträchtigen Geruch und Geschmack. Gleich den im folgenden besprochenen Bierkrankheiten werden sie durch unsachgemäße Herstellung und Lagerung verursacht. *Geschmacksfehler* sind leerer, widerlicher oder intensiv bitterer (unreine Gärung, zuviel Hopfenbitter), herber und rauher (geringwertiger Hopfen, Oxydationsprodukte des Hopfenöls, Pech, eisenhaltige oder carbonathaltige Brauwässer) Geschmack. Aromastoffe gewisser Hefen führen zu parfümartigem, Sarcinabefall zu charakteristisch unangenehmem Geschmack. „Schaler“ Geschmack rührt wie oben erwähnt von zu geringem Kohlensäuregehalt her. Bier ist ausgesprochen lichtempfindlich und entwickelt am Sonnenlicht den *„Lichtgeschmack“* (Sommerranzigkeit) unter Bildung von schwefelhaltigen Verbindungen (vgl. bei Milch); auch Humulon und Lupulon spielen hier eine wesentliche Rolle.

Trübungsfehler sind Metalltrübungen (Sn, Fe), Hefe-, Harz- und Kleistertrübungen (durch unvollkommen abgebaute Stärke) und vor allem solche, die durch Kolloidänderungen (Flockungen) von Eiweißgerbstoffkomplexen, durch Oxydation derartiger Komplexe („Oxydationstrübungen“) oder durch Metall-Proteinverbindungen bedingt sind. Häufig treten bei tiefgekühltem, lange gelagertem Bier schleierige *Kältetrübungen* auf (vgl. S. 600). Zur Verhinderung von Oxydationstrübungen wurde das Enzym Glucoseoxidase (S. 214) als Stabilisierungsmittel vorgeschlagen, zur Bekämpfung oxydativ bedingter Farb- und Geschmacksverschlechterung *Ascorbinsäure*zusatz empfohlen. *Bierkrankheiten*, die meist zum völligen Verderb führen, sind Infektionen mit Sarcina-Organismen, Milchsäure- und Essigsäurebakterien sowie mit schleimbildenden Kokken (Pediococcus viscosus). In leichteren Fällen verursachen derartige Mikroorganismen muffigen, hefigen, stickigen, rohen oder bitteren Geschmack.

e) Die Biertypen

Zu unterscheiden sind obergärige und untergärige Biertypen:

α) *Obergärige Biere*

Obergärige, in Deutschland hergestellte Biere sind z.B. das auf 7—8% Stammwürze eingebraute, aus Gersten- und Weizenmalz mit Hefe und Milchsäurebakterien hergestellte *Berliner Weißbier*, das aus schwach geräuchertem Gerstenmalz und wenig Weizenmalz *nur mit Hefe* vergorene *Bayerische Weißbier*, das aus Weizenmalz mit Rauchgeschmack hergestellte *Grätzer Bier* (7—8% Stammwürze) und das *Malzbier* (Caramelbier), ein dunkles, süßes und schwach gehopftes Vollbier. „*Bitterbiere*", wie „*Kölsch*" und „*Düsseldorfer Altbier*" sind stark gehopfte Vollbiere. Obergärige *Einfachbiere* (Jungbier, Frischbier) sind schwach eingebraute, oft mit künstlichem Süßstoff gesüßte Biere. *Braunschweiger Mumme* ist nichtgehopfter Malzextrakt, der nicht nach einem Gärverfahren gewonnen wird und deshalb nicht als Bier oder bierähnliches Getränk gilt. *Englische Biertypen* haben Stammwürzegehalte bis zu 11—13%. Ein tief dunkelgefärbtes, stark eingebrautes und alkoholreiches Bier (bis zu 25% Stammwürze, über 6,5% Alkohol) ist *Stout*, in leichteren Sorten auch als *Porter* bezeichnet. Helle stark gehopfte Biere sind das *Pale Ale* und das milder gehopfte, dunklere *Mild Ale*. Zusätze von Ingwerwurzel-Auszügen liefern Ingwer-Biere (*Ginger Ale*). Obergärige Biere belgischer Herkunft von langer Lagerzeit sind *Lambic* und *Faro*.

β) *Untergärige Biere*

zeigen wesentlich erhöhte Lagerfähigkeit und werden als helle, mittelfarbige oder dunkle Biere hergestellt.

Pilsener Bier als Prototyp der hellen Qualitätsbiere ist ein ausgesprochenes Hopfenbier mit 11,8—12,7% Stammwürze im Gegensatz zum *Dortmunder* Typ, der stärker eingebraute, höher vergorene und damit alkoholreichere Biere liefert. *Lagerbiere* („Norddeutsches Lagerbier") stehen in der Hopfengabe dem Dortmunder, im Stammwürzegehalt dem Pilsener Bier nahe. *Münchener Biere* sind dunkle, schwach gehopfte Biere, die unter Zusatz von 0,5—2% Farbmalz, oft auch von wenig Caramelmalz hergestellt sind. Sie schmecken süßlich und ausgesprochen malzaromatisch und enthalten 11—14% Stammwürze. Die extraktreicheren Biere werden auch als „*Export*" bezeichnet. Dunkle, neuerdings auch helle *Spezialbiere* (Bockbier, Salvator, Animator u.a.) enthalten als Starkbiere über 16% Stammwürze. Noch reicher an Farbmalzextraktstoffen und damit noch dunkler als die Münchener Biere sind die dunklen *Nürnberger* und *Kulmbacher Biere*. Als Beispiel eines mittelfarbigen, ohne Mitverwendung von Farbmalz aus Münchener Malz hergestellten Bieres sei das *Märzenbier* genannt (im Mittel 13,8% Stammwürze).

γ) *Übersee-Exportbiere*

können den verschiedensten Typen entstammen. Sie werden meist pasteurisiert und zur weitgehenden Entfernung von Eiweißstoffen mit mechanisch wirkenden Fällungs- oder Adsorptionsmitteln (Tannin, Bentoniterden) oder mit (in der BRD nicht erlaubten) proteolytischen Enzympräparaten (S. 213) behandelt, die hochmolekulare Eiweißstoffe zu löslichen Spaltprodukten abbauen und solche Biere auch bei langem Transport und in der Kälte trübungsfest machen ("chill proofing").

δ) *Dünnbiere*

werden meist in Notzeiten als Kriegs- oder Ersatzbiere hergestellt, und zwar aus überhopften, konzentrierten „Stammbiersuden" durch Verdünnen. *Leichtbiere* sollen nicht über 0,5 Vol.-% Alkohol enthalten. Die beiden letztgenannten Bierarten haben heute ihre Bedeutung verloren. Allgemein werden Biere mit weniger als 1,5—1,0% Alkohol als *alkoholarme* und solche mit weniger als 0,5% als *alkoholfreie* bezeichnet.

ε) *Diätbiere*

weisen hohen Vergärungsgrad auf und enthalten fast keine den Diabetiker belastenden Kohlenhydrate. Sie werden nach speziellen Gärführungen hergestellt und enthalten relativ viel Alkohol. Die Herstellung eines „Diabetikerbieres" und seine entsprechende Bezeichnung sind nach der „Diät-VO" zulässig.

ζ) *Bierähnliche Getränke*

sind solche, die als Ersatz für Bier in den Handel gebracht und genossen werden. Betriebe, die bierähnliche Getränke herstellen, gelten im Sinne des Biersteuergesetzes als Brauereien. Als Beispiel eines derartigen bierähnlichen Bierersatzgetränkes ist das *Molkenbier* anzusehen.

η) *Fremdländische Erzeugnisse*

sind das in Ostasien heimische, aus geschältem Reis durch Schimmelpilzgärung gewonnene, besser unter die weinähnlichen Getränke (vgl. S. 630) zu rechnende, *Sake* (Sakhi, Samschu) mit Alkoholgehalten zwischen 4 und 14% und andere, unserem Bier wenig ähnliche Gärprodukte, wie primitive Mais- und Hirsebiere Afrikas (Píto aus Nigeria).

3. Wein

Das „*Gesetz über Wein, Dessertwein, Schaumwein, weinhaltige Getränke und Branntwein aus Wein*" (Weingesetz vom 16. 7. 1969; in Kraft getreten am 19. 7. 1971, zuletzt geändert am 28. 3. 1973) berücksichtigt Verhältnisse in der EWG und stellt Information sowie Schutz des Konsumenten stärker als bisher in den Vordergrund. Nach ihm ist „*Wein* das aus dem Saft frischer Weintrauben hergestellte Getränk, das infolge alkoholischer Gärung mindestens 55 g tatsächlichen Alkohol im Liter enthält und dessen Kohlensäuredruck bei 20° C 2,5 atü nicht übersteigt." Die alkoholische Gärung kann auf der Traubenmaische und auch nach Zusatz von Zucker und Traubenmostkonzentrat vor sich gehen. Der Bundesminister für Jugend, Familie und Gesundheit, Landesregierungen der Weinbau treibenden deutschen Länder und nicht zuletzt die EWG können zusätzliche Verordnungen zum Weingesetz erlassen, z.B. die „Wein-VO" und die „Weinüberwachungs-VO". Vgl. auch die anstelle der „Anweisung zur chemischen Untersuchung des Weines" vom 9. 12. 1920 getretene „Allgemeine Verwaltungsvorschrift" vom 8. 9. 1969. Allen im Weinfach tätigen Betrieben ist eine bei Kontrollen dienende Buchführung, das sog. *Weinbuch* vorgeschrieben. Amtliche Weinsachverständige, sog. *Weinkontrolleure*, prüfen und beraten die Betriebe. Die Fülle des bereits vorliegenden Rechtsstoffes verbietet hier die eingehende Behandlung. Nur die wesentlichsten Regelungen seien besprochen.

Die *Güteklassifikation* der deutschen Weine erfolgt in drei *Weingruppen:*

Tabelle 137: Güteklassifikation deutscher Weine

Gruppe	Bezeichnung	Oechsle-Grad
1	Tischweine	bis 65
2	Qualitätsweine mit Prüfungsnummer	nicht unter 65
3	Qualitätsweine mit Prädikat und Prüfungsnummer	mindestens 75

Die Voraussetzungen für die Einreihung werden von Gruppe zu Gruppe strenger. Einzelheiten sind in § 11 des Gesetzes einzusehen. Das neue Weingesetz bringt eine *Weinbergrolle*, in der nur Lagen mit mindestens 5 ha aufgenommen werden. Dadurch erfährt die verwirrende Zahl von etwa 35000 Lagebezeichnungen eine Reduktion auf 2500. *Bezeichnungen* wie Originalabfüllung oder Naturgewächs, Wachstum, Naturrein, Naturwein, Natur sind nicht mehr zugelassen. *Unverbesserte* Weine sind Qualitätsweine mit Prädikat. Das *Flaschenetikett* soll unbestechliche Visitenkarte des Weines sein. Es gibt Auskunft über *Herkunft*, *Charakter* und *Qualität* des Weines, ergänzt durch Hinweise auf Weinprämierungen, Weinsiegel und Gütezeichen der Anbaugebiete. *Prädikatsweine* sind *Kabinettwein* (erstklassiges Naturgewächs), *Spätlese* (ungezuckerter Wein von Trauben, die nach dem offiziellen Lesetermin in vollreifem Zustand geerntet wurden), *Auslese* (ungezuckerter, ausschließlich aus sorgfältig ausgelesenen, vollreifen, unbeschädigten Trauben hergestellter Wein, an offizielle Lesetermine nicht gebunden), *Beerenauslese* (aus ausgelesenen und für sich gekelterten, vollreifen, edelfaulen oder wenigstens überreifen Beeren), *Trockenbeerenauslese* (wie Beerenauslese, jedoch aus rosinenartig eingeschrumpften Beeren gewonnen) und schließlich *Eiswein* (aus Trauben, die bei der Lese und Kelterung gefroren waren). Über *Gütezeichen* und *Weinprämierungen* sowie über die *Einfuhrfähigkeit ausländischer Weine* vgl. das „Weingesetz".

Die *Kultur* der Weinrebe ist in den Flußtälern Vorderasiens beheimatet und war schon etwa 3500 v. Chr. den Ägyptern, Phöniziern und Assyrern, etwa 1000 Jahre später auch den Griechen bekannt. Die Römer fanden den Weinbau in Gallien vor, brachten ihn nach Italien und Südfrankreich und in die eroberten Gebiete. Hauptländer des Weinbaues sind in Europa Frankreich, Spanien und Italien, daneben Ungarn, Portugal, Griechenland, Österreich und Deutschland. Außerhalb Europas haben sich vor allem Algerien, Argentinien, Chile, Brasilien und das Kapland als weinliefernde Länder stark entwickelt. Die *Gesamtwelterzeugung* an Weinmost betrug 1963 rund 249 Mio hl, die mit Reben bepflanzte Fläche der Erde umfaßte rund 10 Mio ha. Vom Gesamtertrag entfielen 181 Mio hl, also nahezu $^3/_4$ auf Frankreich, Italien, Spanien, Argentinien, Portugal und Algerien. Die im Ertrag stehende *Rebfläche* der BRD war 1971 75713 ha, davon 64907 ha für Weißmost und 10806 für Rotmost. Der *Mostertrag* lag 1938 in Deutschland bei rund 2,5 Mio hl, 1971 in der BRD bei 6,04 Mio hl. 1969/70 wurden zusätzlich rund 3,48 Mio hl Konsumweine (einschließlich Schaumwein) eingeführt, wovon die EWG allein 1,64 Mio hl lieferte. Deutschland verbrauchte zwischen 1920 und 1927 pro Kopf und Jahr 3,4 l Wein, 1971 konsumierte der potentielle Verbraucher der BRD (über 15 Jahre alt) 18,0 l Trinkwein, davon 2,88 l Schaumwein. Die Hauptanbaugebiete der BRD liegen im *Rheintal*, an den *Nebenflüssen des Rheins;* am *Neckar* mit *Kocher* und *Jagst*, am *Main* mit der *Tauber*, an der *Nahe* mit *Alsenz* und *Glan* an der *Mosel* mit *Saar* und *Ruwer*, an der *Ahr* und an der *Lahn*. Ein kleines Gebiet liegt am *Bodensee*.

a) Die Weintraubensorten

Die Kulturformen des *edlen Weinstockes* (Vitis vinifera) sind außerordentlich vielgestaltig. Der *Form* nach gibt es es rund- und langbeerige, groß-, mittel- und kleinbeerige Trauben, dem *Verwendungszweck* nach unterscheidet man *Keltertrauben* für Weiß- und Rotweine und *Tafeltrauben* (Eßtrauben), die in nördlichen Ländern in Gewächshäusern gezogen werden.

Mit 85% weißen Trauben ist die BRD *das* Weißweinland Europas. Drei Viertel der Anbaufläche entfallen zu etwa gleichen Teilen allein auf drei Rebsorten: *Riesling*, *Silvaner* und *Müller-Thurgau*. Vor einem Jahrzehnt war Silvaner mit 35% die überwiegend angebaute Rebe, heute ist ihr Anteil zu Gunsten von Müller-Thurgau auf etwa 25% gesunken.

α) *Helle Traubensorten und Weißweine*

sind vor allem *Riesling* (edelste Keltertraube, frosthart und ertragstreu), *Elbling* („Alben", „Kleinberger"), *Silvaner* (vermutlich von wilder Donaurebe) *Kreuzungen* aus Riesling und Silvaner, wie *Müller-Thurgau* (H. Müller, 1882), *Rieslaner* (*Mainriesling*, A. Ziegler, 1921), *Scheurebe* (Sämling 88, S88; G. Scheu, 1916). Andere Silvanerkreuzungen sind: *Freisamer* (Silvaner + Ruländer), *Morio-Muskat* (Silvaner + Weißburgunder), *Gutedel* (*Schönedel*, *Königsgutedel*, *Junker*), *Traminer*, *Ruländer* (Mutation des blauen Spätburgunders), *Weißburgunder*. An Sorten des Auslandes sind u.a. zu erwähnen: *Veltliner*, *Muskateller*, *Malvasier* (Madeira, Toskana), *gelber Mosler* (Furmint, Tokajer aus Ungarn).

β) *Blaue Traubensorten und Rotweine*

Edelste der in der BRD angebauten Rotwein-Trauben ist der *Blaue Spätburgunder* (wahrscheinlich aus dem Rhônetal). Dazu kommen der *Portugieser* (aus Niederösterreich und Ungarn), der *Trollinger* (Tirolinger → Tirol), der *Lemberger* („Blaufränkischer" aus den Donauländern) sowie die *Bordeaux-Reben*. Alle Bordeaux-Weine sind Mischweine. Miteinander verschnitten liefern sie den vollkommensten Rotwein der Welt. Traubensorten sind vor allem *Cabernet Sauvignon*, *Cabernet Franc*, *Merlot*, *Malbec* und *Verdot*. Zu nennen ist hier noch die (im Saft gefärbte) Färbertraube (*Teinturier*).

γ) *Tafeltrauben*

sind großbeerige, süß schmeckende Sorten, wie rote und weiße Gutedel, Muskatgutedel, Seiden- und Magdalenentraube.

An Sorten seien für viele andere genannt: Madeleine Céline, früher Muskat, früher roter Malvasier. Eingehende Unterlagen zu α) bis γ) bringen K. M. Hoffmann (69) sowie H. Johnson (77).

δ) *Amerikanerreben*

liefern reblausfeste Wurzelstöcke („Unterlagen") für den Pfropfrebenbau. Versuche durch Kreuzung zwischen europäischen und amerikanischen Rebensorten reblausfeste Arten zu gewinnen („*Hybriden*", „Direktträger"), haben hinsichtlich Schädlingsfestigkeit und Mostqualität die Erwartungen nicht erfüllt. Sie liefern kleine, geringwertige, aufdringlich schmeckende Weine. Nach dem Weingesetz ist es verboten, Traubenmaische, Traubenmost und Wein, die ganz oder teilweise aus amerikanischen Ertragskreuzungen (Hybriden) gewonnen worden sind, in den Verkehr zu bringen.

b) Die Kultur der Weinrebe

Sie kann hier nur in großen Zügen geschildert werden. Wesentlich für die natürliche Fruchtbarkeit sind die *Erziehung* des Weinstockes an Pfahl, Draht, Latte oder Gerüst (Pergola), freistehenden Bäumen, Hauswänden oder Spalier sowie der *Rebschnitt* als kurzer oder langer Schnitt je nach Zahl der verbleibenden Augen. Die *Vermehrung* erfolgt praktisch nur durch *Ableger* (Stecklinge) und durch veredelte Reben (*Pfropfreben*). In der Regel erfordert der Weinstock eine sorgfältige *Düngung*. Besondere Schädigung und Bedrohung des Weinbaues in Europa bringen Weinkrankheiten und Weinschädlinge mit sich.

Mehltau, 1848 aus den USA in Frankreich eingeschleppt, läßt durch Pilzbefall (Uncinula necator) die Beeren vor der Reife platzen und zerstört die Blätter. Die *Blattfallkrankheit* (Peronospora, falscher Mehltau) wird verursacht durch den parasitischen Fadenpilz Plasmospora viticola. *Reblaus* (Phylloxera vastatrix) ist der schlimmste Feind der Wurzeln, wurde um 1860 aus Amerika eingeschleppt und bedrohte gleich dem Mehltau den Weinbau Europas mit völliger Vernichtung. Weitere Schädlinge sind *roter* und *schwarzer Brenner* sowie *Heu-* und *Sauerwurm*. Die Bekämpfung all dieser Schädlinge stellt eine außerordentliche, jedoch unumgänglich notwendige Belastung des Weinbaues dar. Zu altbewährten Mitteln, wie Bestäuben mit Schwefel oder Besprühen mit Kupferkalklösungen (Bordelaiser Brühe), Behandlung der Wurzeln mit Schwefelkohlenstoff (bei Reblaus) und Anbau reblausfester Pfropfreben, ist in zunehmendem Ausmaß die Verwendung moderner Insecticide und Pesticide getreten. Die Anwendung arsenhaltiger Stoffe ist in Deutschland seit 1942 verboten.

Für die Kultur der Rebe notwendig sind mittlere *Jahrestemperaturen* (10—12° C, nicht über 21° C, mittlere Monatstemperatur von April bis Oktober nicht unter 15° C), so daß die nördliche Grenze der Weinbaumöglichkeit etwa durch den 50. Grad n. B. gegeben ist. Die *Höhenlage* ist abhängig vom Klima (Ebenen Italiens, Spaniens und Portugals, sonnige Südhänge Deutschlands, am Ätna bei etwa 1300 m, am Himalaya bis zu 2700 m). *Bodenpflege, Bodenbeschaffenheit* und *Witterung* sind von entscheidender Bedeutung. Regen im Sommer und trockene Wärme im Herbst ergeben gute und reichliche Ernten; nasse Herbstwitterung verursacht die *Rohfäule* der Trauben, Frostwirkung auf unreife Trauben den *Frostgeschmack*, Maifröste vernichten die Blüte. Über die *Weinlandschaften* der BRD siehe bei H. Johnson (77) und K. M. Hoffmann (69).

c) Die Weinbereitung

α) *Die Weinlese*

Die Ernte der Trauben erfolgt, wenn irgend möglich im Stadium der Vollreife, etwa Mitte September bis Ende November, oft auch im Stadium der Überreife. Man unterscheidet *Vorlese*, *Normallese* und *Spätlese*. Die letztgenannte Bezeichnung dient auch als Qualifizierung der betreffenden, meist hochwertigen Weine. Besonders gut entwickelte Trauben edler Sorten aus guten Lagen werden getrennt auf *Auslese-* oder *Kabinettwein* verarbeitet. Läßt man die Trauben über die Vollreife hinaus (zuweilen nach vorzeitiger Knickung der Stiele) am Stock eintrocknen, so erhält man *Beeren-* bzw. *Trockenbeerenauslesen* (Ausbruchweine). In machen

Gegenden (Tirol, Trentino) werden die Trauben auf Stroh oder Schilf zum Schrumpfen gebracht und liefern dann die *Strohweine.* Trauben im Zustand der „*Edelreife*“, hervorgerufen, durch den Pilz Botrytis cinerea, bringen gleichfalls Ausbruchweine. Gefrieren reifer Trauben am Stock liefert „*Eismoste*“, die (durch Ausfrieren des Wassers) zuckerreich sind und zu edlen Weinen führen können.

β) Die Kelterung

Die vorsichtig mit der Traubenschere vom Stock geschnittenen, von faulen und vertrockneten Beeren getrennten Trauben werden möglichst schnell in *Traubenmühlen* eingemaischt und in *mechanischen,* z. T. kontinuierlich arbeitenden *Keltern,* auch in *hydraulischen Unterdruckkeltern* oder *Packpressen* abgepreßt (gekeltert), wodurch aus dem Traubenbrei (der Maische) der Saft (Most) abgetrennt wird. Dabei läuft ein Teil des Mostes ohne Druck ab (*Vorlauf*), die Hauptmenge wird durch Pressen (*Preßmost*), ein Rest wird durch Auflockern der Treber (Trester) und wiederholtes Pressen gewonnen (*Scheitermost,* Nachextrakt). Bei *Weißweinen* werden die Trauben mit Stielen (Kämmen), Schalen und Kernen vorsichtig zerquetscht, um den Gerbstoffgehalt aus den Trebern im Most niedrig zu halten. Bei *Rotweinen* werden Saft und Trester zunächst gemeinsam etwa 3—5 Tage in der Hauptgärung vergoren, da der rote und blaue Farbstoff in der *Schale* lokalisiert ist und erst während der Gärung sich im gebildeten Alkohol löst. Der Saft *aller* Trauben (mit Ausnahme der obengenannten Färbertraube und einiger Hybriden), auch der roten und blauen, ist von Natur aus farblos. Verarbeitet man blaue Trauben gleich den weißen, so erhält man einen schwach rosa gefärbten Wein. Für derartige Weinarten sind nur die Bezeichnungen „*Roséwein*“ (*Weißherbst*) und „*Rotling*“ („*Schillerwein*“) zugelassen. Die verbleibenden Stiele, Schalen und Kerne ergeben den *Trester,* der als Futter- und Düngemittel dient sowie nach Vergärung den *Tresterwein* liefert. Er darf nur als „Haustrunk“ konsumiert werden und nicht in den Handel kommen. *Tresterbranntwein* wird durch Abbrennen vergorener Trester gewonnen. Die *Mostausbeute* kann im Durchschnitt auf 100 kg Trauben mit 75 l angesetzt werden; davon entfallen 60% auf Vorlauf, 30% auf Preßmost und 10% auf Scheitermost.

γ) Die Mostbehandlung

Der frische noch süße Most wird zur Haltbarkeitserhöhung geschwefelt, zur Entfernung von Geruchs- und Geschmacksabweichungen mit aktiver Kohle (Eponit) behandelt oder durch Pasteurisieren bzw. Filtrieren entkeimt (*Traubensüßmost;* vgl. S. 559).

δ) Die Mostbestandteile

Der *Wassergehalt* von Traubensäften liegt im Durchschnitt bei 75—80%. An *Kohlenhydraten* (12—25%) sind Glucose und Fructose vorhanden, wobei in überreifen oder edelfaulen Trauben oft die ausgesprochen süß schmeckende Fructose überwiegt. Außerdem kommen *Pentosen, Pentosane* sowie die unten besprochenen *Pektine* vor. Unter den *Säuren* (0,9—1,5%) sind die wichtigsten Wein- und Äpfelsäure, daneben kommen Citronen- und Ketoglutarsäure, α-Methyläpfel-, Bernstein-, Glykol- und Oxalsäure sowie auch Chlorogensäure-Isomere im Traubensaft vor. *Stickstoffverbindungen* des Mostes (0,18—1,37 g/l) sind neben Eiweißspaltprodukten geringe Mengen an Aminen, Ammoniak und Nitrat. *Gerbstoffe* aus Kämmen, Hülsen und Kernen der Trauben treten zu 0,2—0,4 g/l in Weißweine, zu 1—2,5 g in Rotweine über (s. bei Wein). Es handelt sich um Catechingerbstoffe und andere Polyphenole von der Art der erwähnten Chlorogensäuren, der China- und Kaffeesäure. Letztere sind gleich den Catechinen (Flavonolen) am Braunwerden der Weine beteiligt, wobei sich als Oxydationsprodukte „*Phlobaphene*“ bilden. An *Farbstoffen* finden sich Chlorophyll, Xanthophyll, Flavanone und (in roten oder blauen Trauben) das früher erwähnte *Oenin* (S. 540) sowie verschiedene andere Anthocyanidine (Flavandiole). *Fette* und *Wachse* stammen von der Schalenoberfläche („Duft“, „Reif“). *Mineralstoffe* des Mostes (0,3—0,5%) sind vor allem Phosphate des Calciums, Magnesiums und Kaliums. Wegen des überwiegenden Kationenanteils wird das beim Veraschen gebildete Kohlendioxid teilweise gebunden (*Rohasche*). Durch Abzug dieser aufgenommenen Kohlendioxidmenge erhält man die *Reinasche*. *Enzyme* des Traubensaftes (Saccharasen, Proteasen, Phosphatasen, Polyphenoloxidasen und pektinolytische Enzyme) sind an mannigfachen, später zu besprechenden Umsetzungen von Traubenmost und Traubenwein beteiligt. *Pektine* (0,12—0,15%) entstammen den Zellmembranen, stabilisieren die Trubstoffe und werden deshalb mit „*Filtrationsenzymen*" (S. 213) abgebaut. Durch pektinolytische Abspaltung der Methoxylgruppen entsteht der in Tresterweinen und Tresterbranntweinen stets nachgewiesene *Methanol*. Weitere Bestandteile sind höhere *Alkohole* wie n-Hexylalkohol, β-Phenyläthylalkohol, *Aldehyde*, wie Acetale, 2-Hexenal, Isobutyraldehyd, Capron-, Capryl- und Caprinsäureester u.a.m. *Ätherische Öle* sind mit verantwortlich für die vor allem in Muskateller, Riesling und Gewürztraminer reichlich vorkommenden *Bukettstoffe*. *Vanillin* tritt in Traubenkernen auf und verursacht den Vanillegeschmack mancher Rotweine. *Sorbit* kommt nur geringfügig in Traubensäften, reichlich in Äpfel- und Birnenmosten vor; diese Tatsache ist bedeutungsvoll für die Erkennung von Weinverfälschungen mit Obstweinen (S. 536). *myo-Inosit* als wichtiger Wuchsstoff für Hefen wurde im Traubensaft nachgewiesen.

Für die Beurteilung des Mostes spielen die „*Oechsle-Grade*" eine wichtige Rolle. Sie geben an, wieviel Gramm 1 l Most bei 15° C mehr wiegt als 1 l Wasser, sind also durch das in der Praxis meist mittels der „Mostwaage" nach F. Oechsle bestimmte spezifische Gewicht des Mostes festgelegt. Beispielsweise besitzt ein Most vom spezifischen Gewicht 1,115 115° Oechsle. Aus den Oechsle-Graden läßt sich durch einfache Rechnung annähernd der Zucker- und auch der Alkoholgehalt ermitteln (vgl. Spezialliteratur).

ε) *Die Weingärung*

Die Weingärung erfolgt entweder *spontan* (freiwillig) durch verschiedene, an der Beerenoberfläche sich findende Hefen edler oder wilder Arten, sie kann aber auch nach vorhergehender Pasteurisierung des Mostes durch *Reinkulturen* planmäßig gelenkt werden. Wilde Formen sind insbesondere Saccharomyces apiculatus und exiguus, Reinhefen entstammen der Art Saccharomyces cerevisiae, var. ellipsoideus oder pastorianus. Die Reinhefearten zeigen recht verschiedene Aktivität. Benutzt werden hochvergärende Stämme, die hohe Alkoholausbeuten (bis 145 g/l) liefern, und solche, die bei hohem Endvergärungsgrad resistent gegen Gerbstoffe sind (für Rotwein). Andere Hefetypen sind „Sulfithefen", die gegen schweflige Säure geringe Empfindlichkeit zeigen, „Kaltgärhefen", die bei niedrigen Temperaturen gärwirksam bleiben und schließlich Spezialhefen der Schaumweinherstellung, die dichten, körnigen und daher leicht abtrennbaren Trub liefern. Hefeansätze dieser Arten werden zu dem in Gärbehälter (Eichenholzfässer, Tanks aus Chrom-Nickel-Stahl mit Glas, Emaille oder Kunststoff ausgekleidet) abgefüllten Most gegeben. Der Most muß *gezügelt*, d.h. langsam (bis 21 Tage) und kühl (+ 12 bis + 14° C bei Weißwein, + 17 bis + 25° C bei Rotwein) vergären. Zunächst setzt die *Hauptgärung* ein. Unter stürmischem Brausen und Aufschäumen entsteht aus dem „Süßen" zunächst der „Bitzler", wenige Tage später der „*Federweiße*" (*Sauser, Suser, Brausemost, Krätzer*), ein alkohol-, hefe- und vitaminreicher, milchweißer Saft, und dann junger, unruhiger Wein.

Zum Schutz gegen Lufteinwirkung (Braunwerden), Fremdinfektion (Essigsäurebakterien) und zur Erhaltung der Kohlensäure wird der Flüssigkeitsverlust im Gärbehälter durch Nachfüllen gleichartigen Weines ausgeglichen. Am Ende der Hauptgärung, die in 5—7 Tagen abläuft, ist der Zucker weitestgehend zu Alkohol vergoren,

Eiweiß-, Pektin- und Gerbstoffe, außerdem Tartrate und Zellfragmente scheiden sich zusammen mit der Hefe als Bodensatz ab („Weingeläger", „Trub", „Drusen"). Der noch vorhandene, nicht vergorene Zucker („*Restsüße*") darf im Gewichtsverhältnis zum Alkohol nicht mehr als 1 : 3 sein, ausgenommen bei Ausleseweinen. Um Nachgärung und damit den Abbau der „Restsüße" zu verhindern, werden *Sorbinsäure* und *Pyrokohlensäurediäthylester* vorgeschlagen. In der Lösung verbleiben noch geringe Mengen an höheren Alkoholen und deren Ester, außerdem Wein-, Äpfel-, Milch- und Bernsteinsäure, Glycerin u.a. Bei 12—15-Vol-% Alkoholgehalt kommt die Gärung zum Stillstand.

Der abgezogene Wein wird nun in Fässern einige Wochen bis mehrere Monate der *Nachgärung* unterworfen, wobei der Restzucker praktisch abgebaut wird, die wertvollen Aromastoffe (das „Bukett" oder die „Blume") sich entwickeln und ein weiteres Geläger (Hefe, Weinstein) sich abscheidet.

Rotweinmaischen werden auf den Trestern bei etwas höherer Temperatur nach verschiedenen Verfahren vergoren und oft kräftig geschwefelt. Beim Ablassen von der Maische wird von sich aus ablaufender, besserer *Wirzwein* und durch Auspressen gewonnener, herber *Preßwein* erhalten.

Bald vergorener Most liefert den *Weißherbst* (im Weingesetz als Rosé bezeichnet), der golden bis rötlich schimmert. *Schillerwein* (Rotling) ist ein hellroter, aus roten und weißen Trauben gemeinsam gekelterter Wein, der zwischen Weiß und rot „schillert" (vgl. S. 618).

Die Rückstände der Gärung („Geläger") werden auf Hefepreßwein oder *Hefebranntwein*, auf *Weinöl* (für Branntweinessenzen) und auf *Weinsäure* verarbeitet. Die Rückstände sind ein ausgezeichnetes *Futter-* und *Düngemittel*. Tresterwein, der durch Vergären von Zuckerwasser auf ausgepreßten Trestern gewonnen wird („Petiotisieren"), darf nur als Haustrunk hergestellt und nicht in den Verkehr gebracht werden (vgl. S. 618).

ζ) *Die Kellerbehandlung (der Ausbau) des Weines*

Sie umfaßt „die nach Gewinnung der Trauben auf die Herstellung, Erhaltung und Zurichtung des Weines bis zur Abgabe an den Verbraucher gerichtete Tätigkeit".

Unter dem Ausbau des Weines verstehen wir außerdem eine Reihe später (S. 623) besprochener Vorgänge teils chemischer, teils biochemischer Art, die erwünschte Veränderungen im Wein bewirken. Insgesamt bedeutet der Ausbau a) das Herausarbeiten eines bestimmten *Weincharakters* und b) die *Haltbarmachung* und *Stabilisierung des Weines*.

1. Das Abstechen

des Jungweines, d. h. das Abziehen aus dem Faß vom gebildeten Trüb auf große geschwefelte Fässer. Es erfolgt mit oder ohne Lüftung, der Zeitpunkt bleibt der Erfahrung des Kellermeisters überlassen. Bisweilen ist wiederholter Abstich notwendig. Immer mehr wird möglichst früher Abstich angestrebt. Um dem Wein Abrundung und richtige Süße zu geben, werden 5—10% angegorenen sterilen Traubenmostes, die *Süßreserve* (vgl. oben), zum fertigen Wein zugesetzt.

2. Das Schwefeln

Das seit ältesten Zeiten bekannte Schwefeln bezweckt, die Weine „gesund" zu erhalten und vor dem Braun-(Rahn-)werden zu schützen. Schwefeln dient weiter als Schutz gegen schädliche Mikroorganismen und Faulstoff, fördert die Ausbildung von Bukettstoffen und fängt Acetaldehyd ab, um Essigsäurebildung zu vermeiden. Es kann erfolgen durch Verbrennen von Schwefelschnitten, besser durch direkten Zusatz von *schwefligsauren Salzen* (z. B. Kaliumdisulfit, Kaliumpyrosulfit, auch Kaliummetabisulfit oder kurz „K.P." genannt), durch wäßrige, etwa 6%ige Lösungen von schwefliger Säure oder durch verflüssigte schweflige Säure.

Über die hier zugelassenen Stoffe und über die erlaubten Höchstmengen an Schwefeldioxid vgl. die Neufassungen des Weingesetzes und der Schwefeldioxid-VO vom 30. 3. 1973.

Von der zugeführten schwefligen Säure bleibt nur ein Teil als *freie* Säure erhalten. Ein Teil wird zu Sulfat oxydiert, ein weiterer Teil liefert mit dem Acetaldehyd des Weines *aldehydschweflige Säure*. In viel geringerem Ausmaß entsteht mit Glucose die *glucoseschweflige Säure*; andere Substanzen, wie Carbonylverbindungen kommen offenbar auch als Liganden in Frage (vgl. auch S. 625).

3. *Klärung*

Zur Klärung der Weine, also zur Entfernung von Trübungen, sind Verfahren der „Schönung", der Filtration oder des Zentrifugierens üblich. Die „*Schönung*" bezweckt, auf rein mechanischem oder auf chemisch-physikalischem Wege Trübungsteilchen oder an Trübungen beteiligte Weinkomponenten durch bestimmte Zusätze oder durch bei chemischen Reaktionen entstehende Fällungen zu klären. Bei der gesetzlich zugelassenen Schönung mit Kaliumhexacyanoferrat(II) (Kaliumferrocyanid-*Blauschönung* nach W. Möslinger, 1923) werden die für Metalltrübungen verantwortlichen Metalle Eisen, daneben auch Kupfer und Zink durch genau berechnete Mengen an Kaliumhexacyanoferrat(II) ausgefällt, gleichzeitig werden mit dem entstehenden „Blautrub" hartnäckige Eiweißtrübungen beseitigt (grauer und schwarzer Bruch; s. S. 623). „Überschönung" mit zu reichlich bemessenen Mengen des Kaliumhexacyanoferrat(II) führt zur Bildung von Blausäure im Wein. Eine andere Möglichkeit der Schönung (Klärung) bietet der Zusatz von Stoffen, die aufgrund von elektrochemischen Adsorptions- und Flockungsvorgängen Trubstoffe entfernen. An derartigen Stoffen sind u. a. Gelatine, Hausenblase, Eiereiweiß, Tannin, eisenfreier Bentonit (ein Mineral der Montmorillonitgruppe), „Spanische Erde" (ein Verwitterungsprodukt des Feldspats), Kaolin, Agar-Agar und gereinigte Holz- oder Knochenkohle zugelassen. Zusatz solcher Stoffe (z. B. bei der Tannin-Gelatine-Schönung) reißt die trübenden Stoffe mit nieder. Zur Entfernung von Eisenverbindungen aus Wein werden auch Phytate („*Aferrin*" u. a.) vorgeschlagen, die unter Bildung schwerlöslicher Komplexverbindungen reagieren.

Die Klärung durch *Filtration* erfolgt über Asbestfilter, die entweder als *Schichtenfilter* oder *Anschwemmfilter* ausgebildet sind, oder aber (unter gleichzeitiger Sterilisierung) über *Entkeimungsfilter* („E. K.-Filter"). Letztere eignen sich auch zur Unterbrechung der Gärung, um bestimmte Mengen unvergorenen Zuckers bei einem gewünschten Vergärungsgrad zu erhalten. Andere Filtermaterialien sind *Baumwollgewebe*, *Cellulose* und *Kieselgur*.

Weitere Behandlungsmöglichkeiten bietet die Anwendung aktiver *Kohlepräparate* (Eponit, Carbopuron) zum Klären, zur Beseitigung von Fehlern und Krankheiten, *nicht* aber zur Entfernung des Rotweinfarbstoffes sowie die neuerdings erörterte Eliminierung von Metallen und Arsen durch *Ionenaustauscher* (S. 253). Zugelassene Behandlungsstoffe und deren Höchstmengen sind in der Wein-VO vom 15. 7. 1971 festgelegt.

In Großbetrieben werden zunehmend sehr leistungsfähige *Separatoren* (*Klärschleudern*) eingesetzt.

4. *Die Verbesserung*

der Moste und Weine unter gesetzlich vorgeschriebenen Bedingungen ist dann erlaubt und notwendig, wenn infolge der Ungunst der Witterung mancher Jahre derart viel Säure oder derart wenig Zucker in den erntereifen Trauben enthalten sind, daß der gewonnene Most nicht ohne weiteres einen trinkbaren, harmonischen Wein liefert. Solche Verbesserungen laufen allerdings oft auf eine gleichzeitige Streckung hinaus. Der verbesserte Wein darf indessen nicht mehr Alkohol und nicht weniger Säure enthalten als der Wein gleicher Art und Herkunft aus guten Jahrgängen. Deshalb wird als Maßstab der Zuckerung der Durchschnitt guter Jahre, nicht aber der großer Weinjahre (1911, 1921, 1929, 1959, 1971) herangezogen. Als erlaubte Verfahren gelten insbesondere die *Zuckerung*, die *Entsäuerung* und das *Verschneiden*.

Bei der *Zuckerung*, die nur in bestimmten Zeitabschnitten vorgenommen werden darf und anzeigepflichtig ist, kann der Zuckerzusatz vor, während und nach der Gärung erfolgen, doch wird er meist als *Most-* oder *Herbst*zuckerung durchgeführt.

Nach dem Weingesetz darf die gezuckerte Gesamtmenge je l zu irgendeinem Zeitpunkt bei *Rotwein* und seinen Ausgangsstoffen nicht mehr als 105 g, bei *Weißwein, Roséwein, Rotling* und ihren Ausgangsstoffen nicht mehr als 95 g Gesamtalkohol enthalten; bei Rotwein bzw. Weißwein der genannten Arten darf der Gesamtalkoholgehalt nicht um mehr als 35 bzw. 30 g höher sein, als der Gesamtalkoholgehalt eines Liters der Gesamtmenge der ungezuckerten Ausgangsstoffe. Für die vorgenommene Zuckerung besteht zeitlich festgelegte Anzeigepflicht. Mangel an Blume und Bukett kann durch Zuckerung nicht behoben werden. Kleiner Wein bleibt klein. Bis 1979 kann *Naßzuckerung* zugelassen werden, wenn das Volumen bei Tischweinen um nicht mehr als 15%, bei Qualitätsweinen um nicht mehr als 10% vermehrt wird. Als *Zuck*er sind lediglich technisch reine, nichtfärbende *Saccharose* und ebenso beschaffene *Dextrose* zugelassen. Die *Trockenzuckerung* geht auf den französischen Minister J. A. Chaptal (1801, „*Chaptalisieren*") zurück, die *Naßzuckerung* empfahl der deutsche Chemiker L. Gall (1928, „*Gallisieren*").

Die *Entsäuerung* bezweckt, bei ungewöhnlich hohen, durch Verzuckerung allein nicht genügend reduzierbaren Säuregraden oder bei ausreichendem Zuckergehalt einen Teil der Säure von Traubenmost, teilweise gegorenem Traubenmost und Jungwein zu neutralisieren. Zur Entsäuerung dient reiner gefällter kohlensaurer Kalk, der auch kleine Mengen des Doppelsalzes von D-Weinsäure und L-Äpfelsäure („*Acidex*" u. a.) enthalten kann. Die verwendeten Mengen richten sich nach dem Gehalt an Gesamtsäure sowie an Weinsäure. Dabei muß der Gehalt an Weinsäure noch mindestens 0,5 g/l betragen, um die Bildung löslicher, den Geschmack ungünstig beeinflussender Calciumsalze der Äpfel- und Milchsäure zu verhindern. Zur Entsäuerung des Weines werden auch Ionenaustauscher empfohlen, deren Anwendung besonderer Zulassung bedarf.

Das *Verschneiden* der Weine stellt eine geeignete Maßnahme dar, um Geschmacksfehler zu korrigieren, alte Weine aufzufrischen, die Farbe von Rotweinen zu vertiefen („Deckweine"), zu geringes Bukett zu verstärken oder zu hohen bzw. zu niedrigen Säuregehalt auszugleichen und so Weine gleichmäßiger Qualität in den Verkehr zu bringen.

§ 4 des Weingesetzes regelt die erlaubten und verbotenen Manipulationen.

Andere Behandlungsverfahren sind in der BRD verboten, in verschiedenen Ländern erlaubt, so die Zugabe von *Wein-* oder *Citronensäure* bei säurearmen Weinen südlicher Länder, der Zusatz von *Glycerin* („Scheelisieren") zur Steigerung der Vollmundigkeit, das *Gipsen* zur Verstärkung der Rotweinfarbe. Alkoholzusatz („Mouillage", Spriten) ist in der BRD durch die VO zur Ausführung des Weingesetztes geregelt. Imprägnieren (Auffrischen) leerer und matter Weine mit *Kohlendioxid* bringt keine wesentliche Verbesserung.

d) Fehler und Krankheiten der Weine

Wie bei Bier beeinträchtigen Mängel und Fehler im wesentlichen nur Aussehen, Geruch und Geschmack des Weines, während Krankheiten dann, wenn sie nicht rechtzeitig bekämpft werden, ein völliges Verderben herbeiführen. Beide Möglichkeiten sind außerordentlich vielgestaltig und können hier nur in großen Zügen Erwähnung finden.

Fehler sind zunächst das *Braunwerden* (Rahn- oder Fuchsigwerden, brauner Bruch), das auf Oxydationsvorgängen an Gerbstoffen, Flavonolen, Hydroxyzimtsäuren und Farbstoffen beruht und bei Rotweinen bis zur völligen Ausflockung des Farbstoffes führen kann. Die hier ablaufenden Oxydationsprozesse sind sowohl chemischer wie enzymatischer (Polyphenoloxidasen) Art. Als vorzügliches Mittel zur Verhütung des braunen Bruches hat sich die schweflige Säure bewährt; braungewordene Weine können mit Aktivkohle behandelt werden. Die *Eisentrübung* (*weißer* oder *grauer Bruch*) tritt in Form weißer, grauweißer oder grauer Schleier bzw. Trübungen auf, die im wesentlichen aus unlöslichem *Ferriphosphat* ($FePO_4$) bestehen und durch Einwirkung von Luftsauerstoff aus der im Wein enthaltenen Ferroverbindung gebildet werden. Eiweiß, Gerbstoffe oder Pektine können an solchen Trübungen beteiligt sein und z. B. zum *schwarzen Bruch* führen. *Kupfertrübung* in Form von Komplexen des aus Kupfer-(II)-Ionen gebildeten einwertigen Cupro-Ions wird häufig bei weißen Bordeauxweinen beobachtet. *Böckser* der Weine tritt als Schwefelwasserstoffgeruch bei jungen Weinen auf. Der viel unangenehmere *Faul-* und *Hefeböckser* („Mercaptanböckser") wird durch das übelriechende und fest haftende Äthylmercaptan verursacht. Weitere *Geschmacksfehler* sind der *Firn-* und *Altgeschmack*, der *Luftgeschmack* (Aldehydbildung), der *Holz-*, *Faß-*, *Maische-* oder *Frostgeschmack*, der *Schimmel-*, *Faul-*, *Trester-*, *Hagel-* oder *Rauchgeschmack*, der *Metall-*, *Lack-* oder *Filtergeschmack* und schließlich der bekannte *Korkgeschmack*.

Krankheiten sind das durch Kahmhefen der Gattungen *Candida* (*Mycoderma*), *Pichia* und *Hausenula* (*Willia*) und andere Mikroorganismen bedingte *Zäh-* und *Kahmigwerden*, der durch Essigsäure- oder Milchsäurebakterien bedingte *Essig-* oder *Milchsäurestich* (*piqûre* oder *acescence*), oft verbunden mit der *Mannitgärung*, bei der zuweilen beträchtliche Mengen an Mannit (S. 93) entstehen.

Das häufig bei Obst und Beerenweinen anzutreffende *Mäuseln* mit dem an Mäuseharn erinnernden Geruch wird (umstritten) auf die Bildung von Acetamid, von anderer Seite auf polymerisierten Form- oder Acetaldehyd zurückgeführt.

Rotweine zeigen das gleichfalls mikrobiell verursachte *Umschlagen* (la tourne), vor allem bei farbstoffarmen Weinen, wobei gleichzeitig der Gehalt an flüchtigen Säuren beträchtlich erhöht wird, Weinsäure und Glycerin abgebaut werden. Das *Bitterwerden* von Rotweinen wird durch Bakterien, Schimmelpilze und Hefen verursacht. Der Bittergeschmack ist in erster Linie dem aus Glycerin gebildeten *Divinylglykol* zuzuschreiben. *Trübungen* der Weine können als Hefe- und Bakterientrübungen auftreten und auch rein physikalisch bedingt sein, wie die *Weinsteintrübung*, bei der — häufig erst auf der Flasche — aus übersättigten Lösungen saures Kaliumtartrat (Weinstein) oder Calciumtartrat ausfällt, oder die Eiweiß-*Gerbstoff*-Trübungen, wo gelblich graue, feine Schleier sich am Boden absetzen. Auch Trübungen, bedingt durch Salze der *Schleimsäure* (Tetrahydroxy-adipinsäure) sind bekanntgeworden.

e) Chemische, physikalische und biochemische Veränderungen bei der Weinlagerung

Die Lagerung des Weines bezweckt den weiteren Ausbau der Geruchs- und Geschmackskomponenten und benötigt recht verschiedene Zeiten. Tischweine werden im allgemeinen 8—10 Monate, Spätburgunder möglichst 2 Jahre, Trockenbeeren mehrere Jahre gelagert. Nach 50—60 Jahren erleiden auch die besten Weine eine Qualitätseinbuße, die vermieden werden kann, wenn die jedem Wein eigentümliche Hochzeit der Duft- und Geschmacksentwicklung durch laufende Proben erfaßt wird. Für mittlere deutsche Weine ist im allgemeinen der Höhepunkt der Entwicklung nach 5—8 Jahren erreicht. Die Lebensdauer für Rheingauer Spätlesen wird auf 20 Jahre, die von Spitzengewächsen auf 40 und mehr Jahre veranschlagt. Im allgemeinen neigt man heute dazu, Weine frühzeitig aus dem Faß auf Flaschen zu füllen, um den jugendlichen, frischen und oft spritzigen Charakter zu erhalten. Rhein- und Pfalzweine werden herkömmlicherweise in braune, Moselweine in grüne „*Schlegelflaschen*" abgefüllt. Frankenweine aus der Würzburger Gegend kommen in sogenannten *Bocksbeutelflaschen* auf den Markt. Bis zum Konsum verbleiben die Flaschen im Keller bei einer Temperatur von +8 bis +10° C (Weißweine) bzw. +12° bis + 15° C (Rotweine).

Chemische Veränderungen bewirkt der aus der Faßwand langsam eindiffundierende Luftsauerstoff, der Alkohol zu Acetaldehyd oxydiert. Chemisch bedingt ist auch die Esterifizierung des Alkohols mit Säuren des Weines.

Physikalische Veränderungen sind z. B. die Abscheidung von Weinstein und Calciumtartrat sowie von Eiweiß, Gerbstoffen und den daraus gebildeten Komplexen und nicht zuletzt das Entweichen von Gärungskohlendioxid, das zusammen mit Wasser- und Alkoholverlusten den *Schwund* bedingt. Dieser beträgt (zusammen mit Abstichverlusten) in den ersten Monaten nach der Gärung 2—5%, später 0,1—0,2%.

Biochemische Veränderungen im Laufe der Nachgärung und Lagerung betreffen vor allem die *Abnahme des Säuregrades* (biologischer Säureabbau, „fermentation malolactique"). Etwa gleichzeitig mit der Beobachtung, daß inaktive *Gärungsmilchsäure ein regelmäßiger* Bestandteil jeden normal ausgebauten Weines ist, daß unvergorene Moste oder junge Weine diese Säure jedoch nicht oder nur in geringen Mengen enthalten, hatten verschiedene Autoren gezeigt, daß bestimmte, im Hefetrub des Weines vorkommende Bakterien die *Äpfelsäure* des Weines in *Milchsäure* und Kohlendioxid aufzuspalten vermögen. Der *Abbau* der Äpfelsäure kann entweder durch unmittelbare Decarboxylierung zu Brenztraubensäure und Hydrierung zu Milchsäure oder (offenbar zurücktretend) durch Oxydation der Äpfelsäure zu Oxalessigsäure, Decarboxylierung zu Brenztraubensäure und Reduktion zu Milchsäure erfolgen.

Milchsäure kann in Mengen bis zu 7 g/l auftreten. Durch den Säurerückgang im Wein wird indessen nicht nur der *potentielle* Säuregrad, sondern auch die *aktuelle* Acidität gemindert, da die stärker dissoziierende Äpfelsäure (K = 0,00040) durch die schwächer dissoziierende Milchsäure (K = 0,00014) ersetzt wird. Dadurch erklärt sich der auffallend milde Geschmack eines Weines nach dem Säureabbau. An diesem Abbau sind beteiligt: reine Milchsäurebildner (Micrococcus-Arten, Bacterium gracile), daneben Mannit- und Milchsäurebakterien, und es ist verständlich, daß gerade äpfelsäurereiche unreife Weine schlechter Jahrgänge wesentlich höheren Säureabbau (40—50% der Gesamtsäure) als reife Weine (etwa 20%) zeigen.

f) Die chemische Zusammensetzung der Weine

Die chemische Zusammensetzung der Weine schwankt verständlicherweise innerhalb weiter Grenzen. Sie wird beeinflußt durch Klima und Witterungsbedingungen, Boden (Lage), Art und Behandlung von Trauben, Most und Wein.

Über kaum ein anderes Gebiet der praktischen Lebensmittelchemie existieren so eingehende Untersuchungsverfahren und so reichliches Analysenmaterial in Form jährlicher Wein- und Moststatistiken wie hier. Die Untersuchungsmethoden sind geregelt durch die „Allgemeine Verwaltungsvorschrift für die Untersuchung von Wein und ähnlichen alkoholischen Erzeugnissen sowie von Fruchtsäften" vom 26. 4. 1960. (Vgl. auch § 53 des Weingesetzes sowie Änderungs- und Ergänzungsvorschläge des Bundesgesundheitsamtes und die Methoden des Internationalen Amtes für Rebe und Wein (OIV), Paris).

Im Rahmen der *Weinanalyse* sind besonders wichtig *Extrakt, Alkohol, Zucker, Säuren, Asche* und *weinfremde Farbstoffe*. Hinsichtlich der *Zusammensetzung* kommen noch natürliche *Gerb-* und *Farbstoffe, Stickstoffverbindungen* und *Bukettstoffe* hinzu. *Wert* und *Güte* des Weines werden insbesondere bestimmt durch den Gehalt an *Äthanol, Extrakt, Zucker, Glycerin, Säuren* und *Bukettstoffen*.

Unter *Extrakt* faßt man alle genannten Komponenten, mit Ausnahme der destillierbaren Anteile, zusammen. Viele von ihnen sind auch im Most vorhanden und dort beschrieben worden, andere treten als typische Gärungs- und Abbauprodukte hinzu. Der Extraktgehalt bei etwa 85% aller deutschen Weißweine liegt zwischen 20 und 30 g im Liter (Mittel etwa 22 g), der von Rotweinen ist meist etwas höher. Deutsche Ausleseweine enthalten etwa 60 g, ausländische Süßweine zwischen 30 und 40 g/l.

Kohlenhydrate (0,03—0,5%) treten als Hexosen bei vollständig vergorenen Weinen in nur verschwindend geringen Mengen als Glucose und Fructose auf. Weine mit unterbrochener Gärung enthalten beide Monosaccharide, und zwar wesentlich mehr an (langsam vergärender) Fructose als an Glucose. Weine, die weniger als 4 g/l Restzucker enthalten, können als *„durchgegoren"* (*„trocken"*) bezeichnet werden.

Pentosen kommen stets in vergorenen Weinen vor: Arabinose zu 0,05—0,13%, Rhamnose zu 0,02—0,04%, Xylose in sehr geringer Menge.

Wichtigster und wertvollster Inhaltsstoff des Weines ist *Äthanol* in sehr wechselnder Konzentration. Normale Traubenweine enthalten je nach Jahrgang und Sorte zwischen 55 und 110 g/l. Leichte Weine enthalten 55—75 g/l, mittlere 75—90 g/l, gute bis sehr gute Weine 90—110 g/l Alkohol und mehr. Sehr starke Weine aus südlichen Ländern enthalten 110—130 g Alkohol. Ein Alkoholgehalt über 144 g/l (= 18,2 Maßprozent) weist darauf hin, daß der Wein durch Weingeistzusatz „aufgespritet" wurde.

Methanol findet sich stets in sehr kleinen Mengen (38—200 mg/l) im Wein, reichlicher vor allem nach Vergärung auf Trestern als Spaltprodukt der Pektine (S. 103), Tresterbranntweine enthalten oft 1—2% Methanol. Höhere Alkohole sind Propyl-, Butyl- und Amylalkohole (99% des Fuselöles) sowie kleine Mengen noch höherer Alkohole (Hexyl-, Heptyl-, Nonylalkohol u. a.). *Butylenglykol* (2.3-Butandiol) als zweiwertiger Alkohol kommt im Mittel zu 0,4—0,7 g/l vor, und zwar als Gärprodukt der Hefe aus Diacetyl; Isobutylenglykol ist schon lange aus Bordeauxweinen bekannt. Wie bei Most (siehe dort) spielen solche Alkohole, daneben auch Carbonsäuren und Aldehyde als Aromaträger vor allem älterer Weine eine Rolle (s. unten). *Glycerin* entsteht aus dem Zucker, kommt zu 6—10 g/l vor und verleiht dem Wein Vollmundigkeit und abgerundeten Geschmack („Körper"). *Sorbit* findet sich nur in sehr kleinen Mengen (S. 619). D-*Mannit* ist in gesunden Weinen nicht, wohl aber in kranken, bakteriell infizierten Weinen (bis zu 35 g/l) enthalten.

Säuren. Titrierbare Säuren kommen in ausgebauten deutschen Weinen zwischen etwa 5,5 und 8,5 g/l (als Weinsäure berechnet) vor. Säureabbau und Weinsteinausscheidung mindern die Säure des reifen Weines. Rotweine enthalten meist mehr Säure als Weißweine. Säurearm sind vor allem Weine aus südlichen Ländern. An der „Gesamtsäure" sind Wein-, Äpfel- und Citronensäure, außerdem als Gärungsprodukte und als Produkte des Säureabbaues Bernsteinsäure, Kohlensäure und Milchsäure sowie wenig flüchtige Säuren beteiligt. Essigsäure, Propionsäure, höhere Fettsäuren und anomale Mengen von Milchsäure kommen in kranken Weinen (s. S. 623) vor. Die *freie schweflige Säure* verhindert Oxydationserscheinungen, *gebunden* wird sie durch Acetaldehyd, außerdem durch Glucose (glucoseschweflige Säure), Arabinose, Diacetyl, Brenztraubensäure und Eiweißstoffe.

Die *„freien Säuren"* lassen sich durch Titration bestimmen (*titrierbare Säuren*), für die an *Basen gebundenen* Säuren liefert die *Alkalität der Asche* einen Anhaltspunkt.

Über *Gerb- und Farbstoffe* vgl. bei Most. Die Bestimmung der *Farbtiefe* spielt bei Rotweinen und gedeckten Rotweinen eine Rolle. In allen Weinen konnten verschiedene *Catechine* nachgewiesen werden.

Von den *Stickstoffverbindungen* des Mostes fällt ein Teil beim Einmaischen und Keltern, gebunden an Gerbstoffe, aus, ein großer Teil (70—80%) wird durch die wachsende Hefe assimiliert. Der Hauptteil des noch vorhandenen Stickstoffs (etwa 200—800 mg/l) besteht aus freien *Aminosäuren.*

Der *Mineralstoffgehalt* (die „Asche") ist niedriger als der des Mostes, da ein Teil durch die Hefe verbraucht und durch Abscheidung weinsaurer Salze eliminiert wird. Weine enthalten im Mittel etwa 1,8—2,5 g/l Asche (gegenüber Mosten mit 3—5 g/l. Die durchschnittliche Zusammensetzung der Weinasche (%) beträgt K_2O: 40; MgO: 6; CaO: 4; Na_2O: 2; Al_2O_3: 1; CO_2: 18; P_2O_5: 16; SO_3: 10; Cl: 2; SiO_2: 1.

Eisen findet sich zu 5,7—13,4 mg/l Fe_2O_3, kann jedoch durch unsachgemäße Verarbeitung der Trauben und des Mostes beträchtlich höhere Werte [20—30 mg Fe(III)-Ion] erreichen. Über *Reinasche* und *Rohasche* vgl. bei Most.

Das Bukett (Aroma) des Weines enthält Verbindungen verschiedener Stoffklassen, von denen z. Z. mehr als 200 bekannt sind. Sie liegen im Wein in Konzentrationen von μg bis mg/l vor und bewirken im Zusammenspiel das Aroma. Die beteiligten Stoffklassen sind sehr vielgestaltig: Alkohole, Ester, Carbonylverbindungen, Kohlenwasserstoffe, auch Terpene. Von den *Alkoholen* sind vor allem die geschmacksintensiven höheren Vertreter, wie Hexanol, Octanol, Nonanol, Dodecanol, auch Komponenten des Fuselöls, sowie das (aus Pyruvat gebildete) 2.3-Butylenglykol und aromatische Alkohole (Phenyläthanol, 10—50 mg/l) von Bedeutung. Sie entstehen in der Mehrzahl durch die Enzyme der Hefen. Wesentliche Bestandteile der flüchtigen Aromastoffe sind *Fettsäureester*. Einige können noch in äußerster Verdünnung „geschmeckt" werden, z. B. Äthylisovalerat und -isobutyrat in Konzentrationen von $1:10^8$. Als Beispiele für *Carbonylverbindungen* seien genannt: 2-Butanon, γ-Butyrolacton, Diacetyl, Aceton sowie die kürzlich aufgefundenen substituierten γ-Lactone 5-Acetyl- und 5-Äthoxydihydro-2(3H)-furanon der Konstitution

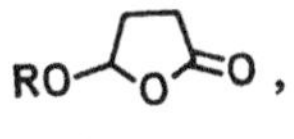

außerdem Acetaldehyd, Vanillin, Zimtaldehyd sowie Hexen-2-al-1 und Hexanal, letztere werden enzymatisch aus Linolen- bzw. Linolsäure gebildet. Von *Terpenen* sei das α-Terpineol genannt. Nach unseren heutigen Kenntnissen werden die Aromastoffe sowohl aus dem C-Gerüst der Glucose als auch aus der Aminosäuren-Ausstattung des Gärsubstrates, in manchen Fällen auch aus ungesättigten Fettsäuren aufgebaut. Schließlich vermag Weinhefe aus Äpfelsäure neben Äthanol auch Aromastoffe zu bilden. Das Aroma des Weines setzt sich aus den Aromastoffen der Trauben, sowie aus dem Gärbukett, zusätzlich bzw. abzüglich der Verbindungen, die bei der technologischen Bearbeitung der Trauben gebildet bzw. zerstört werden, zusammen. Die *Traubenbukette* unterliegen bei der Gärung einer tiefgreifenden Veränderung des Aromabildes. Die wenig beständigen *Gärungsbukette* gehen dann, vor allem durch chemische Einflüsse (Veresterung, Oxydation) in das eigentliche, den Charakter des Weines bestimmende *Lagerbukett* über. Vgl. A. Rapp u. Mitarb. (128).

Die hier gebrachten Angaben beziehen sich in erster Linie auf völlig vergorene und damit praktisch zuckerfreie Weine. Sie werden häufig auch als *„trockene" Weine* (dry wine; mit weniger als 0,4% Zucker) bezeichnet, obgleich sie durch ihren höheren Wassergehalt „nasser" als die zuckerreichen süßen Weine sind (vgl. auch S. 624).

Neben diesen eigentlichen, aus frischen Trauben der Weinrebe bereiteten Weinen gibt es, wie eingangs kurz erwähnt, eine Reihe anderer durch Art der Ausgangsstoffe, Zubereitung und Kellerbehandlung grundsätzlich vom Traubenwein unterschiedene „Wein"-Arten, die *aus Wein bestehen, Wein enthalten* oder *dem Wein ähnlich* sind und unter Bezeichnungen in den Verkehr gelangen, die das Wort „Wein" enthalten. Es sind dies Dessertweine, Schaumweine, Obstweine, Beerenweine usw.

g) Dessertweine

Nach dem Weingesetz ist „*Dessertwein* ein im Ausland aus Wein, Traubenmost oder Traubenmostkonzentrat als Ausgangsstoffen unter Zusatz von Weinalkohol, Weindestillat oder Branntwein aus Wein hergestelltes Getränk, das aufgrund besonderer Verfahren und längerer Lagerung einen spezifischen Geruch und Geschmack aufweist". Die Bezeichnung „*Süd*"- oder „*Süßwein*" ist mißverständlich. Für Dessertwein müssen vielmehr bei solchem Wein die *angegebenen Merkmale*, insbesondere auch *geschmackliche* Eigentümlichkeiten, zutreffen, wenn er unter diesen Begriff fallen soll. Er wird fast ausnahmslos aus dem Ausland eingeführt, meist in unfertigem Zustand, dann im Inland ausgebaut und verschnitten und erfährt im Weingesetz eine Sonderbehandlung.

Die *Herstellung* erfolgt nach zwei grundsätzlich verschiedenen Verfahren:

durch Vergären von Traubensaft besonders hoher Konzentration oder durch Zusatz von konzentriertem Traubensaft zu normalem Wein (*konzentrierte Dessertweine*);

durch Zusatz von Alkohol oder von gespritetem, eingedicktem Most zu genügend vorgegorenem Most (*gespritete Dessertweine*), wobei die Gärung zum Stillstand kommt.

Besonders hochwertige Dessertweine werden aus verlesenen Trockenbeeren (am Strauch eingetrocknete Beeren, auf Stroh getrocknete Beeren, edelfaule Trauben) hergestellt.

Dessertweine *deutscher* Herkunft sind verschiedene Ausleseweine; aus *Frankreich* stammen verschiedene als Dessertweine geltende Bordeaux- und Burgunder-

Weine. Von der großen Zahl südländischer Weine dieser Art seien genannt als *ungarische* Dessertweine der *Szamorodny* (= selbst gewachsener) sowie *Tokajer Ausbruchweine*. Aus *Spanien* stammen *Malaga-* und *Sherryweine*, aus *Portugal* der *Portwein* und *Madeirawein*, aus *Italien* der *sizilianische Marsalla, der Calabrese* aus Syrakus, die süßen *Muskatweine* aus Syrakus und Catania. In *Griechenland* werden auf dem Festland wie auf den Inseln Dessertweine erzeugt, z. B. der *Samoswein* oder der „*Vino santo*" auf der Insel Santorin. Extrakt-, Alkohol- und Zuckergehalt derartiger Weine geht aus Tabelle 138 hervor.

Tabelle 138: Extrakt-, Alkohol- und Zuckergehalt von Dessertweinen

	Extrakt g/l	Alkohol Vol.-%	g/l	Zucker g/l
Malaga	229,5	16,22	128,1	198,4
Portwein,				
trocken	80,7	20,35	161,5	60,6
süß	147,2	19,95	158,3	130,0
Madeira	129,0	19,0	149,5	107,5
Marsala	81,0	19,0	150,4	52,2
Samos	238,4	18,79	147,9	217,1
Tokajer	104,8	15,5	121,9	78,9

Dessertweine werden im Ausland oft unter Verwendung von Rosinen („Mostrosinen") und Zucker als „*Rosinenweine*" hergestellt. Solche Produkte sind nach deutschem Recht als Kunstweine (nachgemachter Wein) anzusehen, die dürfen in der BRD nicht hergestellt oder in den Verkehr gebracht werden.

h) Die Schaumweine

Das Weingesetz definiert: „*Schaumwein* ist das aus Wein oder Traubenmost als Ausgangsstoffen hergestellte kohlensäurehaltige Getränk, das infolge alkoholischer Gärung mindestens 70 g tatsächlichen Alkohol in einem Liter enthält und das bei 20° C in Behältnissen mit einem Rauminhalt von höchstens 250 Millilitern einen Kohlensäuredruck von mindestens 3,0 atü, in größeren Behältnissen einen Kohlensäuredruck von mindestens 3,5 atü aufweist".

Ausgehend von der Erfahrung, daß Kohlensäure die Weine, z. B. auch die früher erwähnten Jungweine (Federweißer, Sauser), frisch, spritzig und lebendig macht, hat sich eine verfeinerte Form der Herstellung kohlensäurereicher Weinarten, der *Schaumweine*, entwickelt, die zu Beginn des 18. Jahrhunderts zuerst in der Champagne durchgeführt wurde („Champagner").

§§ 28 bis 34 des Weingestzes bringen Regelungen u. a. für „*Inländischen Schaumwein*" und „*Ausländischen Schaumwein*" sowie für die Kennzeichnung von „*Qualitätsschaumwein*" („*Deutscher Sekt*", „*Deutscher Qualitätssekt*"). 1971 wurden in der BRD rund 112,7 Mio l Schaumwein im Wert von 516 Mio DM produziert. Zur gleichen Zeit fielen hierfür 272 Mio DM Verbrauchssteuern an.

Flaschengärung (*methode champenoise*). Zur *Herstellung* von Schaumwein (Sekt) dient Jungwein geeigneter Weinbaugebiete, der aus Traubensäften besonderen Buketts (*cuvé*) durch *Vergärung* in Fässern gewonnen wird. Durch *Verschnitt* (*coupage*) von Weinen verschiedener Lagen, häufig unter Zusatz alter Weine, strebt man eine einheitliche, für die Qualität des Endproduktes entscheidende Füllung an. Um den geklärten und ausgebauten „stillen" Wein in ein moussierendes Getränk umzuwandeln, wird er einer *zweiten Gärung* unterworfen, indem man die für den gewünschten Endalkoholgehalt (85—108 g/l) und den Kohlendioxiddruck (etwa 4,5 atü bei 20° C) notwendige Zuckermenge (etwa 20—25 g/l) zusammen mit Reinzuchthefe zugibt. Gewählt werden Spezialhefen, die gärkräftig und wenig kohlensäureempfindlich sind und sich nach beendeter Gärung als fester körniger Trub (Depot) abscheiden.

Die Flaschen werden bis auf einen geringen Luftrest (Kammer) gefüllt (*tirage*) und mit Korken (auch mit Kunststoff-Stopfen und in großem Umfang mit Kronkorken) verschlossen und der Verschluß durch einen Stahlbügel (Agraffe) gesichert. Die Verwendung der Kulturgärhefen erlaubt es heute, die Flaschen sofort in Kellerräume von normaler Temperatur (9—12° C) zu bringen. Die Gärung dauert mehrere Monate, der Ausbau des Sektes kann sich über 3—5 Jahre hinziehen. Dabei steigt der Kohlendioxiddruck stark an und je nach dem Druck unterscheidet man in Frankreich Schaumweine hohen Druckes (4,5—5 atü) als „*grand*

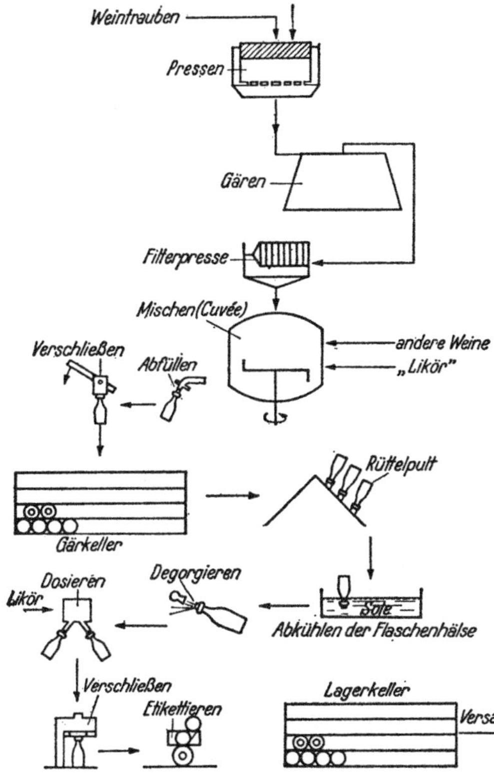

Abb. 110. Herstellung von Schaumwein nach dem Flaschengärverfahren (Aus R. Heiss: Lebensmitteltechnologie. S. 312. München: Bergmann 1950)

mousseux", solche mittleren Druckes (4—4,5 atü) als „*mousseux*" und solche geringen Druckes (unter 4 atü) als „*cremant*". Der in diesem Stadium „auf Stoß" gestapelte Sekt wird nun zur Entfernung der Hefe (*Degorgieren*) in Rüttelpulten mit dem Hals nach unten mehrmals geschüttelt, bis der Hefetrub sich als Pfropf auf dem Korken ansammelt. Nach 6—8 Wochen wird die Flasche nach oben gedreht und der Kork mit Hilfe einer Degorgierzange entfernt. Dabei wird gleichzeitig der angesammelte Hefesatz aus der Flasche geschleudert. Um diesen schwierigsten Arbeitsgang der Schaumweinfabrikation zu erleichtern, friert man oft den obersten Teil des Flaschenhalses ein, so daß beim Degorgieren die Hefe im gebildeten Eispfropf abgetrennt werden kann (H. W. Walfard, 1895). Um die zeitraubende und kostspielige Prozedur zu vermeiden, ist man vielfach zur *Filtrationshefung* übergegangen: der in der Flasche vergorene Rohsekt wird zunächst in einen Tank gegeben, dort dosiert un dann in die Versandflasche gefiltert. Der von der Hefe befreite Schaumwein (vin brut) wird je nach Geschmacksrichtung *dosiert*, indem „Likör“ (*dosage*), heute meist eine Lösung von Kandiszucker in Wein, zugegeben, bis zur „Kammer“ (etwa 15 ml) aufgefüllt und wiederum verschlossen wird. Zum weiteren harmonischen Ausbau lagert der Fertigsekt noch 3—6 Monate. Sekte mit einem sehr geringen Likörzusatz heißen *trockene* (dry, sec) mit mehr Likör *halbsüß* und solche mit viel Likörzusatz (über 12%) süß. *Diabetikerschaumwein* wird mit *Sorbit* gesüßt. Die anregende Wirkung des Schaumweines wird dem Gehalt an Kohlensäureäthylester $C_2H_5HCO_3$ bzw. an Diäthylpyrocarbonat $(C_2H_5 \cdot O \cdot CO)_2O$ zugeschrieben.

Großraumgärverfahren (produit en cuve close). Um das teure und zeitraubende klassische Verfahren der Schaumweinherstellung zu vereinfachen, wird kohlensäurehaltiger Wein nicht in Flaschen, sondern in druckfesten Stahltanks vergoren und dosiert und nach entsprechender Klärung und Filtration stark unterkühlt auf Flaschen abgefüllt. Die Gärung dauert hier bei einem Druck von etwa 7 atü 3—4 Wochen.

Beim *Imprägnierverfahren* (vin mousseux gacéifié) wird die Kohlensäure des Fertigproduktes nicht durch Gärung, sondern durch künstliche Imprägnierung des Weines — ähnlich wie bei künstlichem Mineralwasser — zugeführt. Zweite Gärung, Zuckerzusatz und Degorgieren entfallen hier, doch wird derartiger Schaumwein gleich anderen Sorten mit Likör versüßt, verkorkt und verdrahtet. Ganz oder teilweise erfolgter Kohlensäurezusatz ist durch die Worte „mit zugesetzter Kohlensäure“ zu deklarieren.

Fruchtschaumweine als „dem Schaumwein ähnliche Getränke“ werden auch aus *Obst-* und *Beerenweinen* (Äpfel, Birnen, weiße und rote Johannisbeeren, Heidelbeeren) hergestellt. Das Verfahren der Wahl ist hier fast ausschließlich die obenbeschriebene *Imprägnierung*.

Champagner ist ein nach dem Flaschengärverfahren aus Weinen des französischen Weinbaugebietes der Champagne und *nur* dort hergestellter Schaumwein. Champagner ist eine Herkunftsbezeichnung, so daß nur ein aus bestimmten Gebieten Frankreichs stammender Schaumwein diese Bezeichnung tragen darf.

Perlwein ist Wein, der frühzeitig auf Flaschen gefüllt wurde und dort eine stärkere Nachgärung erfuhr. Als zugelassene und zu deklarierende Weinart muß er bei 20° C einen Kohlendioxiddruck von mindestens 1,5 atü aufweisen und erkennbar perlen.

i) Weinähnliche Getränke

Das Verbot, Wein nachzumachen, unterbindet die Herstellung von *Kunstwein*, der nach seinem sinnfälligen Gesamteindruck (Aussehen, Geruch, Geschmack, Farbe) ein dem wirklichen Wein derart ähnliches Erzeugnis darstellt, daß er vom Durchschnittsverbraucher mit Wein im Sinne des Gesetzes verwechselt werden kann. Unter das Verbot fällt jedoch nicht die Herstellung von *dem Wein ähnlichen Getränken* aus dem Saft von *frischem* Stein-, Kern- oder Beerenobst sowie aus Hagebutten oder Schlehen, aus frischen Rhabarberstengeln, Malzauszügen oder Honig. Durch ihren Alkoholgehalt werden derartige Erzeugnisse von den praktisch alkoholfreien Obstsüßmosten abgetrennt, doch darf der Alkoholgehalt *nicht* von Weinzusatz herrühren. Als „Weine“ dürfen sie nur in solchen Wortverbindungen bezeichnet werden, welche die Stoffe klar erkennen lassen, aus denen sie hergestellt sind (z. B. Apfel-, Rhabarber- oder Honigwein). Verboten ist weiterhin der Zusatz von *Dörrobst* und *Südfrüchten* (Apfelsinen, Mandarinen, Datteln, Feigen, Bananen, Ananas, Tamarinden). Das neue Weingesetz beschäftigt sich nicht mehr mit dem Begriff der „weinähnlichen Getränke“. Vgl. hierzu die „Richtlinien für Obst- und Fruchtweine“.

Zur *Herstellung* verwendet man insbesondere Obstpreßsäfte (Obstmost) von Äpfeln, Birnen, Kirschen, Zwetschen, Pfirsichen, Johannis-, Stachel- und Heidelbeeren, Preisel- und Himbeeren, von Hagebutten und Rhabarber. Die Verarbeitung entspricht im allgemeinen den bei Wein besprochenen Gesichtspunkten. Äpfel- und Birnenmaische wird zuerst abgekeltert und dann der abgepreßte Most vergoren, Beerenfruchtmaische wird zur Extraktion der Farbstoffe meist direkt zur Vergärung gebracht. Zur Unterdrückung von Fremdgärungen ist der Zusatz von Reinzuchthefen (Kaltgärhefen) empfehlenswert, die Gärkraft in den stickstoffarmen Beerenmosten kann durch geringe Mengen Ammoniumsalze gesteigert werden. Bei säurearmen Mosten (vor allem solchen aus Birnen) darf Milchsäure bis zu 3 g/l zugesetzt werden. Um reintönige Gärungen zu erzielen und den oft sauren Charakter zu mildern, ist bei Beeren- und Fruchtwein ein Zusatz von Zuckerwasser ohne zahlenmäßige Begrenzung erlaubt. Kernobstsäfte dürfen durch Anrühren der Trester mit 10 % Wasser und durch Zuckerzusatz bis zur Erhöhung des Mostgewichtes auf 55° Oechsle (S. 619) verbessert werden.

Einzelne Erzeugnisse. Obstweine werden in vielen Ländern in größtem Umfang großtechnisch wie im Kleinstbetrieb aus den verschiedensten Obstarten gewonnen, z.B. der Apfelwein (cidre) und der Birnenwein (poiré) in Frankreich. Die Obstweine sind Hausgetränke Deutschlands, die an der Mosel, um Frankfurt, in Baden-Württemberg ein Volksgetränk darstellen und meist als „Most" schlechthin bezeichnet werden.

In der Obstweinerzeugung steht *Frankreich* an erster Stelle (Apfelweinerzeugung im Durchschnitt der Jahre 18 Mio hl), wobei etwa 30—40 % der gesamten Obsternte in Großbetrieben verarbeitet werden. In *England* schätzt man die jährliche Obstweinerzeugung auf 2,35 Mio hl, in der *Schweiz* auf 1,75 Mio hl.

Unter den Obstweinen spielen *Apfel-* und *Birnenwein* die größte Rolle. Maßgebliche Träger der „Apfelweinnote" scheinen Butanol-1 und Hexanol-1 zu sein. Die oben genannten Beerenobstarten liefern auch süße und alkoholreiche *Likörweine.*

Malzweine werden durch Vergärung von Malzauszügen (Heißwasserextrakte aus geschrotetem Malz) hergestellt. *Maltonweine* werden gleichfalls aus Malz gewonnen, dem man zur Steigerung des Zucker- und Alkoholgehaltes bis zur 1,8fachen Menge des Malzes Zucker zusetzt. Die Würze wird mit Milchsäurebakterien gesäuert (0,6 bis 0,8 % Milchsäure), die Säurebildung durch Erhitzen auf 78° C sistiert und weiter mit Reinzuchthefe auf einem Alkoholgehalt von 10—13,5 % vergoren. Es entstehen Getränke vom Charakter der Dessertweine, die aber durch ihren hohen Gehalt an Milchsäure und den Geschmack nach Malzextrakt sich von echten Dessertweinen unterscheiden. *Met* wird durch Vergärung einer Honig-Wasser-Mischung (höchstens 2 l Wasser auf 1 kg Honig; Zuckerzusatz ist verboten) hergestellt. Er war ein weitverbreitetes Getränk unserer Vorfahren und wird auch heute noch, vor allem in Ost- und Nordeuropa, als Würztrank genossen. In Deutschland unbekannte Getränkearten sind schließlich *Palm-* und *Agavenweine* (Pulque), *Ahorn-* und *Tamarindenweine* sowie der *Reiswein* (Sake), ein sherryartiges Getränk, das warm genossen wird.

Die Zusammensetzung einiger hier genannter Produkte geht aus Tab. 139 hervor.

Tabelle 139. Die Zusammensetzung einiger weinähnlicher Getränke
(Aus: 54, Bd. VII., S. 296, 300, 301)
(Angaben in g/l)

Getränk	Alkohol	Extrakt	Säure	Zucker	Mineralstoffe
Tafelapfel	58,4	23,4	3,8⁺	1,7	2,8
Cidre	51,0	29,7	2,8⁺	10,4	2,6
Mostbirne	49,3	53,7	6,5⁺	9,0	4,1
rote Johannisbeere	62,1	39,8	18,6*	1,8	4,0
Stachelbeere	96,3	78,6	7,5*	55,8	1,8
Sauerkirsche	101,4	62,7	11,7*	3,8	3,61
Malzwein	70,6	24,5	4,6⁺	4,9	1,36
Malton-Sherry	123,0	115,2	8,1⁺	55,9	2,3
Met	51,4	242,4	3,9⁺	208,0	1,34
Sake	121,2	28,6	5,7⁺	5,5	1,0

Säure berechnet als Äpfelsäure⁺, als Citronensäure*

j) Weinhaltige Getränke

„*Weinhaltige Getränke* sind unter Verwendung von Wein, Likörwein, Schaumwein oder Schaumwein mit zugesetzter Kohlensäure auch in Vermischung miteinander, hergestellte, üblicherweise unverändert dem Verzehr dienende alkoholhaltige Getränke, wenn der Anteil der genannten Erzeugnisse im fertigen Getränk (Weinanteil) mehr als 50 vom Hundert beträgt, in einem Liter höchstens 18° vorhandener Alkohol enthalten sind, bei der Herstellung eine Gärung nicht stattgefunden hat und der Überdruck bei 20° Celsius 2,5 Atmosphären nicht übersteigt." Einzelheiten bringt das Weingesetz.

α) *Wermutwein*

ist das aus Wein unter Verwendung von Wermutkraut hergestellte Getränk, in dem der dem Wermutkraut eigentümliche Geschmack deutlich hervortritt und das in einem Liter mindestens 750 ml Wein sowie insgesamt mindestens 119 und höchstens 145 g Alkohol enthält.

Wermutwein wurde zuerst im letzten Drittel des 18. Jahrhunderts in Italien (Vermouth di Torino, Vino Vermouth), später auch in Ungarn, Frankreich, Slowenien und Deutschland erzeugt. Zur *Herstellung* wird entweder Wermutkraut (Artemisia absynthium) als solches im gärenden Most oder im Wein extrahiert oder aber ein Extrakt aus der Pflanze zugegeben. Zusätze anderer würzender Pflanzenteile (Thymian, Enzian, Calmus u. a.) sind erlaubt. Über weitere Einzelheiten vgl. das Weingesetz.

β) *Kräuterweine* (*aromatisierte Weine*)

sind Getränke, die aus Wein unter Verwendung würzender Kräuter hergestellt werden, ausgenommen Wertmutwein, Bowlen, Punsche und Glühwein, Trinkbranntwein und die anschließend besprochenen Arzneiweine. Sie müssen im Liter mindestens 750 ml Wein und dürfen höchstens 145 g Alkohol enthalten. Zu ihrer Herstellung dürfen die bei Wertmutwein genannten Zusatz- und Behandlungsstoffe verwendet werden, außerdem würzende Kräuter, auch in Auszügen (höchstens 5% wäßriger Extrakt), *nicht* jedoch Wermutkraut. Für die Bezeichnungen „*aromatisierter Wein*" und „*Kräuterwein*" erhebt das Weingesetz besondere Forderungen. Unter die Kräuterweine rechnen z.B. *Bitterweine* von der Art des Ingwerweines.

γ) *Arzneiweine oder Medizinische Weine*

Derartige Weine (*nicht* als „Medizinalweine" zu bezeichnen) sind Arzneizubereitungen (*Chinawein*, *Kondurangowein*, *Kampferwein* und *Pepsinwein*). Der Verkehr mit ihnen bedarf (ausgenommen Pepsinwein) einer besonderen Erlaubnis.

δ) *Maiwein und Bowlen*

Maiwein muß nach verkehrsüblicher Auffassung *Wein* als Grundlage haben und ist ein mit Zucker gesüßtes, durch Waldmeisterkraut (Asperula odorata) oder Maikräuteressenzen aromatisiertes Getränk. *Maibowle* darf auch Schaumwein und Mineralwasser enthalten. Bei Verwendung von weinähnlichen Getränken anstelle von Wein, z.B. von Obst- oder Beerenwein, ist dieser Austausch durch die Bezeichnung „*Maitrank* aus Fruchtwein u.a." kenntlich zu machen. *Verkehrsfähiger* Wein ist auch die Grundlage anderer ähnlicher Getränke, z.B. bei *Bowlen* (Aufgüsse von Wein, Schaumwein, Selterswasser u. dgl. auf Früchte wie Ananas, Erdbeeren oder Pfirsiche), bei *Schorle-Morle* (Gespritztem, Mischungen von Wein mit Selterswasser), bei *Kalter Ente* oder *Kardinal* (Mischungen von Schaumwein mit Weiß- oder Rotwein, Zucker, Apfelsinen, Zitronen oder Ananas) u.a.m.

ε) *Weinpunsch*

Unter *Punsch* im allgemeinen Sinne versteht man ein Gemisch von Wein mit Rum oder Arrak, Zitronensaft, Zucker, Wasser und aromatischen Stoffen (Sanskrit: pantscha = fünf). Wird das Wort Punsch in Verbindung mit dem Wort Wein, einer Weinsorte oder einer Weingegend verwendet, so gelten die Bestimmungen des Weingesetzes für weinhaltige Getränke.

Über Punschextrakte und ihre Bewertung als weinhaltige Getränke vgl. S. 644. Eine derartige Einstufung gilt auch für andere, in der Bezeichnung das Wort „Wein" tragende Getränke, wie z.B. für *Glühwein* oder *Gewürzwein*.

„*Apéritif*" ist ein, vor allem im Ausland, handelsübliches alkoholisches Getränk. Apéritifartige Trinkbranntweinerzeugnisse, auf der Grundlage von Kräuterauszügen hergestellt, werden vorwiegend als Zusätze zu Mineralwasser, Cocktails usw. genossen. Unter der Sammelbezeichnung „*Apéritif*" vertriebene alkoholische Getränke können, je nach Zusammensetzung und nach der Bezeichnung Wein, *weinhaltige* oder *weinähnliche* Getränke oder aber Spirituosen sein und sind demgemäß rechtlich zu beurteilen.

4. Branntweine

Unter Branntwein verstand man ursprünglich alle durch Destillation (Brennen) von Wein gewonnenen, stark alkoholhaltigen und zum menschlichen Genuß bestimmten Flüssigkeiten. Im Anschluß an diesen Sprachgebrauch versteht man heute nach deutschem Recht unter „Branntwein" schlechthin alle durch Gärung und Destillation erhaltenen Flüssigkeiten und bezieht damit auch den *Spiritus* ein.

„*Spirituosen* sind zum menschlichen Genuß bestimmte Getränke, in denen aus vergorenen zuckerhaltigen Stoffen oder in Zucker verwandelten und vergorenen Stoffen durch Brennverfahren gewonnener Alkohol (Äthanol) als wertbestimmender Anteil enthalten ist". Spirituosen sind *Trinkbranntweine* im Sinne des Branntweinmonopolgesetzes. Je nach der Zusammensetzung unterscheidet man 1. *Branntweine*, und zwar als Brennereierzeugnisse sowie solche auf Spritgrundlage, 2. *Liköre* mit verhältnismäßig hohem Zuckergehalt und meist sämiger Konsistenz, 3. *Punschextrakte* und 4. *alkoholhaltige Mischgetränke.*

Herstellung, Handel und Vertrieb derartiger Erzeugnisse unterliegen der Bewirtschaftung durch die Branntweinmonopolgesellschaft. Hier geltender Rechtsstoff (vgl. auch die Spezialliteratur) ist vor allem im Weingesetz und dessen Ausführungsverordnungen sowie im Branntweinmonopolgesetz niedergelegt. Die genannten Gesetze regeln u. a. den Mindestalkoholgehalt und die Bezeichnung einzelner Trinkbranntweine, bringen für verschiedene Erzeugnisse Beschaffenheits- und (oder) Herstellungsvorschriften, sprechen das Verbot der Verwendung von Methanol und Branntweinschärfen aus u. a. m. Vgl. auch die „*Begriffsbestimmungen für Spirituosen*" der maßgebenden Fachverbände.

Die Spirituosenproduktion der BRD betrug 1971 rund 405 Mio l im Wert von mehr als 1,9 Mia DM. 1969/70 wurden rund 466000 hl Trinkbranntwein, Likör u.a. eingeführt. Das Branntweinmonopol erbrachte in der BRD 2,4 Mia DM an Steuern. Die Gesamterzeugung an Weingeist lag bei rund 3,4 Mio hl, von denen allein die Monopolbrennereien 1,3 Mio hl lieferten. 1969/70 wurden in der BRD je Kopf und Jahr 2,5 l Trinkbranntwein konsumiert. Die Spirituosenindustrie der BRD produzierte 1970 (in Mio l): Kornbranntwein (85,1), Weinbrand (83,4) Obstbranntwein (2,8), Liköre (65,0), Rum und Arrak (31,4), Wacholder-Branntweine (30,1), Whisky (2,9), Wodka (5,3) und sonstige Trinkbranntweine (36,3).

a) Die Herstellung des Branntweines

Die Herstellung läuft darauf hinaus, aus alkoholhaltigen Flüssigkeiten den Alkohol durch Destillation abzutreiben. Flüssigkeiten, die solchen Bedingungen genügen, können entweder bereits *Alkohol* enthalten oder aber über die alkoholische Vergärung von zuckerhaltigen Maischen gewonnen werden, wobei gärfähige *Zucker* (D-Glucose, D-Fructose, D-Mannose und D-Galaktose) als solche vorliegen oder aber als *Di-* und *Trisaccharide* (Saccharose, Lactose, Raffinose, Gentianose, Melecitose u.a.) zunächst durch Hexosidasen (Invertase, Maltase u.a.) hydrolysiert werden müssen. Und schließlich können die verschiedensten *Polysaccharide* nach entsprechender Verzuckerung und Vergärung gebrannt werden.

Rohstoffe sind vor allem:

alkoholische Flüssigkeiten (Wein, Bier, Obstweine, vergorene Milch);

zuckerhaltige Rohstoffe (Zuckerrohr, Zuckerrübe und deren Melassen, Obstarten und Obsterzeugnisse, Obsttrester, Molke, Palmensaft und tropische zuckerreiche Pflanzenteile);

stärke- und *inulinhaltige* Früchte und Getreidearten, Kartoffeln, Topinambur, Bataten, Manioka, Tapioka, Zichorie;

cellulosehaltige Stoffe (Holzhydrolysate, Sulfitablaugen).

Die *Verzuckerung* wird mit *Malz* (Grünmalz und Darrmalz), Schimmelpilzamylasen („*Pilzmalz*" aus Aspergillus niger- und A. oryzae-Stämmen; *Flächenkultur* nach dem „Amyloverfahren" oder *Submerskultur*) oder auf chemischem

Wege (für cellulosehaltiges Material) durch Kochen mit verdünnter Säure durchgeführt. Stärkehaltiges Material wird zunächst unter Druck (3 atü) „gedämpft" und dann gegen Prallglocken bei Normaldruck ausgeblasen (Henze-Dämpfer), um die Stärke zu verkleistern und leicht angreifbar zu machen. Die *Destillation* ist je nach Art des Ausgangsmaterials und des gewünschten Endproduktes verschieden. Bei „Edelbranntweinen" (Weinbrand, Rum, Arrak, Obst- und Getreidebranntweine) wird die Destillation oft unter Verwendung relativ einfacher Apparaturen derart geleitet, daß neben dem Äthanol auch die bei der Gärung entstehenden oder dem Ausgangsmaterial eigentümlichen Aromastoffe wie höhere Alkohole, Ester, Aldehyde, Säuren, ätherische Öle, Blausäure ganz oder teilweise in das Destillat „(Lutter", „Rauhbrand") übergehen. Zur Gewinnung alkoholreicher Destillate ist mehrmalige Destillation notwendig. Bei der im folgenden besprochenen Darstellung reinen Alkohols (Spiritus) wird in komplizierten Arbeitsgängen die möglichst vollkommene Entfernung aller Nebenprodukte, insbesondere des *Fuselöles* und oft die Gewinnung absoluten Alkohols angestrebt.

b) Die Spiritusherstellung

Der zu Trinkzwecken bestimmte Sprit wird in Deutschland vor allem als Kartoffelsprit und als Korndestillat gewonnen. Daneben hat auch die Melasse größere Bedeutung erlangt. Zur *Vergärung* werden Brennereihefen, insbesondere obergärige Heferassen benutzt. Da die nicht sterilen Maischen rasch bei höherer Temperatur vergoren werden und die Hefeentwicklung in mit Milch- oder Schwefelsäure angesäuerten Maischen erfolgt, müssen die Hefen stark vergären, an relativ hohe Gärtemperaturen gewöhnt und gegen Säure sowie gegen Alkohol resistent sein. Neben der *Verzuckerung* mit hauptsächlich β-Amylase enthaltendem Malz hat sich auch die Verwendung α-amylasereicher Schimmelpilze im obengenannten *Amyloverfahren* eingebürgert. *Melasse* bedarf keiner Verzuckerung und kann direkt vergoren werden. Die verzuckerten Maischen werden auf 30° C abgekühlt und mit einer in milchsaurem oder schwefelsaurem Medium auf Kartoffelmaische gezüchteten Anstellhefe versetzt. Nach der meist 72 Std dauernden Vergärung wird der in der vergorenen Maische zu 6—10 Vol.-% vorhandene Alkohol samt allen flüchtigen Bestandteilen „abgebrannt", und zwar entweder in einfachen Blasenapparaten oder in ein- bzw. zweiteiligen, kontinuierlich arbeitenden Kolonnenapparaten. Letztere erlauben direkt die Gewinnung eines hochprozentigen (bis zu 94 Gew.-%) Spiritus.

Die Reinigung (Rektifikation) des Rohsprits erfolgt großtechnisch in Reinigungsbetrieben der Monopolverwaltung. Diese kann diskontinuierlich (periodisch) oder kontinuierlich erfolgen. Bei der *periodischen* Reinigung wird der Rohspiritus entweder zunächst auf etwa 42 Gew.-% verdünnt (zur Erleichterung der Fuselölabtrennung) oder aber auch unverdünnt rektifiziert. Die verwendeten Anlagen bestehen aus *Blase, Rektifizierkolonne* mit Böden (Glocken-, Siebböden) oder Füllkörpern, dem *Kondensator* (*Dephlegmator*) und dem *Kühler*. Aus der Blase steigt der verdampfende Alkohol in die Kochböden der Kolonne und gelangt in den Dephlegmator. Von dort aus fließt der kondensierte Anteil kontinuierlich zur Kolonne zurück, der flüchtige Anteil gelangt in den Kühler und wird dort verdichtet. Auf den einzelnen „*Böden*" der Kolonne tritt Anreicherung an Alkohol ein, indem der Alkoholdampf an den Rücklauf die höher siedende Fraktion abgibt und gleichzeitig die leicht flüchtigen Anteile aus ihm aufnimmt. Der Mittellauf liefert den für Trinkbranntweinzwecke geeigneten „*Primasprit*". Im Vorlauf finden sich viel Acetaldehyd, Methanol und niedrigsiedende Ester, im Nachlauf vor allem die Fuselöle, andere höhere Alkohole und Furfural sowie Ester. Vor- und Nachlauf liefern technischen Alkohol, weitere Zwischenfraktionen den „*Sekundasprit*". Das in Mengen von 0,1—0,5 l je 100 l Alkohol anfallende Fuselöl findet technische Verwendung, die verbleibende *Schlempe* dient als Viehfutter. Die Hauptfraktion dieses Reinigungsganges stellt fast reinen Äthanol von 94,4 Gew.-% dar und fällt in einer Ausbeute von etwa 90% Feinsprit aus Kartoffelsprit an. Im Rahmen der Begriffsbestimmungen für Branntwein und Spirituosen wird der Mittellauf als *Sprit, Primasprit* oder *Kornsprit* bezeichnet. Reiner, neutraler über Kohle filtrierter Sprit heißt *fein filtrierter Sprit* (früher Weinsprit), fein filtrierter, nach besonderen Verfahren weiter gereinigter Sprit wird *extra fein filtriert* genannt (früher Marke „Adlershof").

Die *Ausbeute* an Sprit aus 100 kg eingemaischter Stärke beträgt 60—62 l Reinalkohol (etwa 88% der Theorie).

Neben der obenbeschriebenen periodischen Reinigung ist auch der *kontinuierliche* Verfahrensgang im Gebrauch. Dabei werden Rohsprit und eine bestimmte Wassermenge kontinuierlich in eine Vorlaufkolonne gegeben, wo der Rohspiritus vom Vorlauf getrennt wird und anschließend in die Hauptreinigungskolonne gelangt. Im unteren Teil dieser Kolonne sammeln sich die schwer siedenden Produkte an, am Kopf der Kolonne kann der Primasprit als Mittellauf abgenommen werden. Zwischenböden gestatten die laufende Entnahme von Sekundasprit, technischem Alkohol und Fuselöl. Abb. 111 zeigt das Schema eines nach dem Vierkolonnenprinzip arbeitenden, kontinuierlichen Reindestillationsapparates.

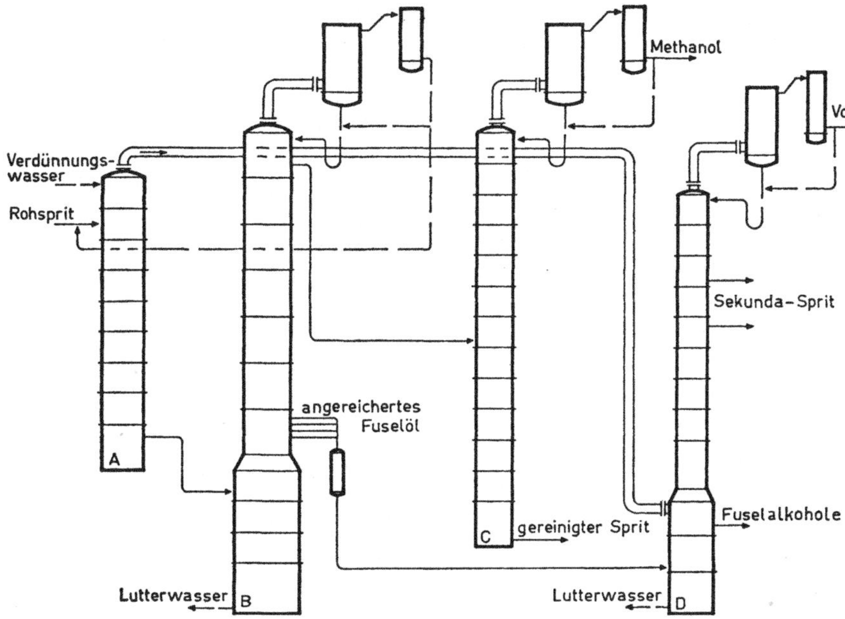

Abb. 111. Schema eines Rektifizierapparates (Aus: 54, Bd. VII., S. 530)

Absoluter Alkohol im Sinne der Begriffsbestimmungen ist ein durch wasserentziehende Mittel oder durch besondere Destillationsverfahren hergestelltes, fast wasserfreies Erzeugnis. Er wird heute in großem Umfang für technische Zwecke und als Zusatz für klopffeste Motorbrennstoffe gewonnen. Bekanntlich ist die Entfernung des Wassers durch einfache Destillation nicht möglich, da bei 78,15° C ein konstant siedendes „azeotropisches" Gemisch mit maximal 95,57 Gew.-% Alkohol übergeht.

Azeotropische Systeme (griech. azeotropos = nichtsiedend) sind Systeme, bei denen Kondensations- und Siedekurve ein Minimum besitzen. Man kann bei der Trennung derartiger Gemische durch Destillation keine höhere Konzentration einer der beiden Komponenten erreichen, als dem Mischungsverhältnis im Minimum entspricht. Das Siedepunktsminimum des Gemisches Äthanol—Wasser ist dadurch völlig zum Verschwinden zu bringen, daß man dem System eine dritte Komponente (Kohlenwasserstoffe wie Benzol, bestimmte Benzine, Trichloräthylen u.a. zusetzt). Über Einzelheiten vgl. Lehrbücher der physikalischen Chemie.

Ein bekanntes Verfahren dieser Art ist das „*Drawinol-Verfahren*", bei dem Trichloräthylen Verwendung findet. Die zweite Möglichkeit: Wasserentzug durch *Calciumoxid*, wasserfreies Na-K-acetat (Hiag-Verfahren u. a.) ist großtechnisch ohne Bedeutung.

Vergällung von Sprit. Branntwein für Trinkzwecke wird mit einer hohen Steuer belegt; technisch verbrauchter Sprit bleibt steuerfrei, er muß jedoch zur Verhinderung mißbräuchlicher Verwendung für den Genuß unbrauchbar gemacht (vergällt, „denaturiert") werden. Die Vergällung erfolgt unter behördlicher Aufsicht entweder *voll-*

ständig („Denaturierung") bei Brennspiritus mit einer Mischung aus Aceton, Methanol und Pyridinbasen oder *unvollständig* für industrielle Zwecke (bis zur endgültigen Verarbeitung unter Steuerkontrolle stehend) mit verschiedenen Stoffen, z.B. mit Petroleumbenzin, Benzol, Kampfer, Äthyläther, Farbstoff u.a.m.

c) Trinkbranntweine

Die eingangs gegebene Definition der Spirituosen erwähnt als erste Gruppe die Branntweine; in dem dort erwähnten Rechtsstoff und in den „Begriffsbestimmungen" sind Regelungen getroffen, von denen die wichtigsten bei Besprechung einzelner Vertreter erwähnt werden.

Grundsätzlich verboten ist die Verwendung von *Branntweinschärfen* (Pfeffer, Paprika, Mineralsäuren, Äther u.ä.), die durch ihren Geschmack einen höheren Alkoholgehalt vortäuschen. Erlaubt ist die Färbung mit zugelassenen Farbstoffen und/oder Zuckercouleur, soweit nicht gesetzliche Bestimmungen entgegenstehen. In den neuen „*Begriffsbestimmungen*" (vgl. die Literatur) ist erstmalig mit gewissen Ausnahmen ein Höchstgehalt für trinkfertige Spirituosen (55 Vol.-%) festgelegt, die Verwendung künstlich verstärkter oder künstlicher Essenzen wird als Verfälschung angesehen. Alkoholgehalt, Herkunfts- und Qualitätsbezeichnungen u.a. werden gleichfalls geregelt; vgl. auch H. Wüstenfeld u. G. Haeseler (171).

Bei den Trinkbranntweinen unterscheiden wir folgende Gruppen:

α) *Edelbranntweine*

Edelbranntweine sind insbesondere Branntweine aus Korn, Obst und Zuckerrohr, die einen besonders wertvollen Geschmack und Geruch aufweisen sowie Qualitätsbranntweine aus Wein. Im einfachen Destillationsgang wird ein Destillat mit geringem Weingeistgehalt gewonnen („Lutter" oder „Rauhbrand"), das oft spezifische Geruchs -und Geschmackskomponenten des Ausgangsmaterials enthält (Kornlutter, Wacholderlutter). Bei Branntweinen, die als „edel" bezeichnet werden, wird ein Mindestalkoholgehalt von 38 Raumhundertteilen vorausgesetzt.

Bei der *Herstellung* von Edelbranntweinen kommt es darauf an, durch geeignete Maischung, Gärung und Destillation die wertgebenden oder spezifischen Duft- und Aromastoffe weitgehend zu erhalten (Ester, ätherische Öle) oder zu entwickeln (Blausäure, Gärprodukte, Hefeöl). Zur Abrundung von Geschmack und Aroma ist die *Lagerung* von ausschlaggebender Bedeutung.

1. Weinbrand

Das Weingesetz definiert „*Branntwein aus Wein* ist die auf der Grundlage von Weindestillat hergestellte Flüssigkeit, die mindestens 38 Raumhundertteile Alkohol aufweist und die trinkfertig ist oder nur noch der Verdünnung mit Wasser bedarf, um trinkfertig zu sein (Fertigstellung)". Das Gesetz erlaubt die Bezeichnung „Weinbrand" und (für qualitativ hochstehende, den Anforderungen des Gesetzes genügende Erzeugnisse) die Bezeichnung „*Qualitätsbranntwein* aus *Wein*". Trinkbranntwein, der neben Weinbrand Alkohol anderer Art (in Frage kommt nur reiner Sprit) enthält, darf als *Weinbrandverschnitt* bezeichnet werden, wenn mindestens ein Zehntel des Alkohols aus Weinbrand guter Qualität stammt.

Das Wort „*Cognac*" bleibt allein und in entsprechenden Wortverbindungen, durch französisches Gesetz geschützt, dem Weinbrand vorbehalten, der aus bestimmten Gebieten Frankreichs (Charente u. a.) stammt, und ist als reine *Herkunftsbezeichnung* zu werten. Von annähernd gleichem Qualitätsniveau ist der aus Anbaugebieten Südfrankreichs stammende *Armagnac*.

Die *Herstellung* von Weinbrand erfolgte ursprünglich in Frankreich aus gegorenem Traubensaft, der in Destillationsvorrichtungen einfachster Art (kupfernen Branntweinblasen) auf offenem Feuer, oft ohne vorhergehende Entfernung der Hefe, „gebrannt“, d. h. destilliert wurde. Dabei wird zunächst ein Rauhbrand (sectionnement) gewonnen, das Destillat (brouillis) liefert durch wiederholte Destillation (repasse) den Weinbrand. Die Herstellung dieses Trinkbranntweines verbreitete sich bald auf viele Länder (Deutschland, Rußland, Spanien, Ungarn, Kalifornien, Australien) und wird heute auch in kontinuierlich arbeitenden Großbetrieben (Dephlegmier- und Kolonnenapparaten) durchgeführt. In Deutschland dienen als Ausgangsmaterial *Brennweine*, die aus dem Ausland eingeführt werden und zollbegünstigte, mit Weindestillat verstärkte („vinierte“) Weine darstellen. „Brennwein ist die zum Abdestillieren bestimmte Flüssigkeit, die ausschließlich durch Verschneiden von Wein mit einem nur aus Wein gewonnenen, und höchstens mit 86 Raumhundertteilen Alkohol abgebrannten Destillat hergestellt worden ist.“ Weiteres siehe im Weingesetz.

Das anfallende *Weindestillat* ist als Rohstoff für die Weinbrandherstellung ein Halbfabrikat. Es ist „die Flüssigkeit, die dadurch hergestellt worden ist, daß Wein, Brennwein, Rohbrand aus Wein oder aus Brennwein oder ein Verschnitt dieser Stoffe als Ausgangsstoffe zu einem Destillat mit wenigstens 52 und höchstens 86 Raumhundertteilen Alkohol abgebrannt worden sind.“ Dieser Flüssigkeit darf kein Stoff zugesetzt oder entzogen worden sein.

Der eigentliche Weinbrand entsteht aus dem Destillat erst dann, wenn er „nach Art des Kognaks“ behandelt wird, d.h. eine veredelnde mehrjährige Lagerung (Reifung) in Holzfässern durchgemacht hat. Als Faßmaterial dienen vor allem Eiche (Limousinholz-barriques von etwa 300 l Inhalt), daneben Kastanienholz und andere Holzarten. Das Weindestillat nimmt dabei Extraktivstoffe des Holzes [Quercetin und andere glykosidisch gebundene Flavonole, Polyphenole, Gerbsäuren, Vanillin (0,01—0,2 mg/l)] und Holzfarbstoffe auf, wodurch die typische, mehr oder minder goldgelbe, zuweilen auch grüngelbe Farbe des Weinbrandes entsteht. Gleichzeitig ablaufende Oxydations- und Veresterungsprozesse verfeinern Aroma und Geschmack. Zur Qualitätsverbesserung zugelassen sind im eigenen Betrieb mit Weindestillat aus Eichenholz, Pflaumen, grünen Walnüssen oder getrockneten Mandelschalen gewonnene Auszüge („Typagestoffe“, „Bonifikateure“); erlaubt sind außerdem Zusätze von reinem Wasser und reinem Zucker, Zuckercouleur und 1 Vol.-% Dessertwein zum Aufsüßen. Auch Behandlung mit besonders gekennzeichneten Filterdichtungs- und Klärstoffen ist gestattet. Der Alkoholgehalt *muß*, wie erwähnt, *mindestens* 38 Vol.-% betragen und ist als Branntwein aus Wein“ bzw. „Branntwein“ zu deklarieren. Die geforderte Alkoholkonzentration wird durch entsprechende Verdünnung der Destillate erzielt. Um die kostspielige und langdauernde Faßlagerung abzukürzen, ist immer wieder versucht worden, den Weinbrand gleich anderen Trinkbranntweinen auf *künstlichem Wege zu altern*. Vorgeschlagen wurden u.a. die Behandlung mit *Ozon* oder *Sauerstoff*, mit *Ionenaustauschern* sowie die Anwendung von *Ultraschall*. Keinem dieser Verfahren war ein wesentlicher Erfolg beschieden.

2. *Obstbranntweine*

Erzeugnisse dieser Art sind im Handel unter Bezeichnungen wie *Kirschwasser*, *Zwetschenwasser*, *Heidelbeergeist*, *Himbeergeist* u. dgl. anzutreffen. Branntweine, bei denen durch solche Bezeichnungen auf die *Herstellung* aus Kirschen, Zwetschen, Heidelbeeren oder sonstigen Obst- und Beerenarten hingewiesen wird (Kirschbranntwein, Zwetschenbranntwein, Steinobst- und Kernobstbranntwein u. a. m.), dürfen als Branntwein nur dann in den Verkehr gebracht werden, wenn sie *ausschließlich* aus den betreffenden Obst- oder Beerenarten hergestellt sind und die kennzeichnenden Eigenschaften der betreffenden Fruchtart aufweisen. Obstbranntweine dieser Art müssen mindestens 40 Vol.-% Alkohol enthalten. Zuckerzusatz und Färbung stellen eine Verfälschung dar.

Als Beispiel für die *Herstellung* derartiger Obstbranntweine sei die Gewinnung von Kirschwasser und Zwetschenwasser gebracht.

Kirschwasser (Kirschbranntwein) wird vor allem in Süddeutschland, Frankreich und in der Schweiz („Chriesiwasser“) derart gewonnen, daß verschiedene Süßkirschsorten meist ganz oder unter Zerkleinerung eines Teiles der Kerne („elsässische Art") zerstampft und einige Wochen der Gärung (meist mit Reinzuchthefe) überlassen werden. Die vergorene Maische wird dann in kupfernen Blasen über freiem Feuer oder mit Dampf unter Abscheidung eines Vor- und Nachlaufes destilliert. Das anfallende Destillat enthält 60% und mehr Alkohol und wird als klarer, farbloser Branntwein meist mit einem Alkoholgehalt von 50% in den Handel gebracht. Der im Destillat gefundene geringe Blausäuregehalt („Steingeschmack") stammt aus dem enzymatisch abgebauten *Amygdalin* (S. 94) der Kerne. Kirschwasser, z.B. der „Maraskasprit" aus Dalmatien und Italien, dient auch als Zusatz zu Likören (Curaçao, Cherry Brandy, Maraschino u.a.). Über *Schwarzwälder Kirschwasser* als Herkunftsbezeichnung vgl. die „Begriffsbestimmungen".

Zwetschenwasser. Die vollreifen *Pflaumen* werden ähnlich den Kirschen, doch meist ohne Zerkleinerung der Kerne, behandelt und liefern ein Produkt, das auch bei Herstellung in der BRD als „Slibowitz" in den Verkehr gebracht werden darf. Hauptproduktionsländer sind außerdem die Schweiz, („Pflümliwasser"), Jugoslawien, Rumänien, die Tschechoslowakei und Ungarn sowie Frankreich. Neben der gewöhnlichen Zwetsche wird auch die hocharomatische *Mirabelle* verarbeitet. Mirabellenbranntwein dient als wertvoller Zusatz zu Fruchtsaftlikören (s. S. 643).

Obstgeiste aus frischen oder tiefgekühlten Früchten oder deren Säften (Heidelbeeren, Himbeeren, Erdbeeren, Johannisbeeren, Aprikosen, Pfirsiche u.a.), die unter Zusatz von Alkohol destilliert werden, dürfen als Heidelbeergeist, Himbeergeist usw. in den Verkehr gebracht werden. *Kernobstbranntweine* werden aus frischen vergorenen Äpfeln oder aus anderem Kernobst aus der vollen Obstfrucht oder deren Säften *ohne* Zusatz von zuckerhaltigen Stoffen, Zucker oder Alkohol anderer Art mit einem Mindestalkoholgehalt von 38 Raumhundertteilen gewonnen.

In der *chemischen Zusammensetzung* spielt vor allem der Blausäuregehalt eine wesentliche Rolle. Kirschwässer des Handels enthalten etwa 0,3—60 mg Gesamtblausäure/l Alkohol. Daneben kommen Benzaldehyd (mindestens 20 mg/l), Wachse (30 mg/l und höher) sowie ein als öliger Ätherauszug gewonnenes „Rohbukett" (etwa 7—15 mg/100 ml Kirschwasser) vor. Zwetschenwasser enthält geringere Blausäuremengen (0,6—21,3 mg/l). S. auch unten.

3. *Enzianbranntwein*

Enzian oder *Enzianbranntwein* ist ein Erzeugnis, das durch Abtrieb von Maische aus vergorenen Enzianwurzeln oder aus Enziandestillat, das unter Verwendung von vergorenen Enzianwurzeln gewonnen wurde, hergestellt wird. Als Zusatz ist lediglich Sprit erlaubt, bei „Edelenzian" ist jeder Zusatz (auch Sprit) verboten. Der Alkoholgehalt muß mindestens 38 Vol.-% betragen.

Ausgangsmaterial sind die Wurzeln verschiedener Gentiana-Arten („Bitterwurzel", „Fieberwurzel"), die in frischem Zustand reichliche Mengen an *Zucker* (6—13%) sowie als *Bitterstoffträger* verschiedene Glykoside wie Gentiopikrin, Gentiogenin, Gentiamarin u.a. enthalten. Hauptfabrikationsgebiete sind die Alpenländer (Tirol, Bayern, Schweiz) sowie der Französische und der Schweizer Jura.

4. *Wacholderbranntwein*

Wacholder ist ein Branntwein, der aus Sprit- und/oder Korndestillat unter Hinzufügung von Wacholderdestillat und/oder Wacholderlutter hergestellt wird. Die Verwendung von Wacholderöl ist unzulässig. Derartige Branntweine müssen mindestens 32 Raumhundertteile Alkohol enthalten. „Wacholdergeist" enthält mindestens 38 Raumhundertteile Alkohol und wird ausschließlich unter Verwendung von Wacholderdestillat aus der vollen Beere oder aus deren vergorenen wäßerigen Auszügen hergestellt. Die Beeren des Wacholderstrauches (Juniperus communis) werden in Deutschland, Ungarn, Mähren, Frankreich und in der Schweiz auf Branntwein verarbeitet. Unter der Bezeichnung „*Steinhäger*" darf nur ein Branntwein in den Verkehr gebracht werden, der ausschließlich durch Abtrieb unter Verwendung von Wacholderlutter aus vergorener Wacholderbeermaische mit mindestens 38 Raumhundertteilen Alkoholgehalt hergestellt wird. „Echter" oder „Original Steinhäger" darf nur in Steinhagen produziert werden. Reine Wacholderbranntweine werden auch als Halbfabrikate zur Herstellung von Trinkbranntweinen mit Wacholderbeeraroma verwendet, z. B. für *Genever*, der aus einer Maische von Getreide und reichlich Darrmalz gebrannt wird, für *Bommerlunder* aus Schleswig-Holstein oder für *Doornkaat* aus Ostfriesland. *Gin* wird gleichfalls unter Verwendung von Wacholderbeerdestillaten und Gewürzen mit mindestens 38 Vol.-% Alkohol hergestellt. Gin trocken (Dry Gin) hat einen Alkoholgehalt von mindestens 40%.

5. *Rum*

Übersee-Rum (Taffia, Guildive) wird im wesentlichen aus Zuckerrohr, Zuckerrohrmelasse oder aus sonstigen Rückständen der Rohrzuckerfabrikation hergestellt. Er muß durch den im Ursprungsland üblichen Herstellungsvorgang diejenigen charakteristischen Eigenschaften erhalten haben, die beteiligte Verbraucherkreise von einem Rum erwarten. Haupterzeugungsländer sind Jamaika, Cuba, Barbados, Puerto-Rico, British- und Niederländisch-Guayana, Brasilien, Mauritius und Martinique. *Rumverschnitt* muß in Geruch und Geschmack den Charakter von Rum erkennen lassen.

Der Anteil an Alkohol aus Rum muß mindestens 5% des Gesamtalkohols des trinkfertigen Erzeugnisses betragen. Rum und Rumverschnitt können auf Trinkstärke herabgesetzt werden (Mindestalkoholgehalt 38 Raumhundertteile). Über Bezeichnung und Ausstattung vgl. die „Begriffsbestimmungen".

Die *Herstellung* echten Rums in den Zuckerrohr-Anbaugebieten erfolgt aus Rohrzuckersirup und frischem Preßsaft, häufig unter Zusatz von Nebenprodukten, wie Schaum-Rückständen (skimmings), Melasse, Preßrückständen und deren Extrakten, Schlempe („Dunder") aus früheren Destillationen. Die zuckerhaltigen, verdünnten Lösungen werden bei maximal 36° C einer Spontangärung überlassen und dann meist in einfachen Blasenapparaten (pot still) destilliert. Zur Erhöhung und Fixierung des Aromas werden der Maische zuweilen aromatisierende Pflanzenteile beigegeben, so daß Rumsorten verschiedensten Aromas (mit Ananas-, Juchten- oder Neutralgeschmack) im Handel anzutreffen sind. Auch die Qualität der einzelnen Erzeugnisse schwankt beträchtlich: vom besonders hochgeschätzten Jamaika-Rum bis zum minderwertigen „Neger-Rum". Man unterscheidet auf Jamaika den zum lokalen Verbrauch bestimmten („local trade quality", „common clean"), den in England konsumierten („home trade quality") und den auf dem Festland abgesetzten („export trade quality", „Continental Rum") Rum. Allgemeine Klassifizierung erfolgt als Trink-Rum (Drinking Rum) und Verschnittrum (Blending Rum). Der zur Ausfuhr bestimmte Rum weist aus Transport- und Zollgründen einen Alkoholgehalt von etwa 76—80 Vol.-% auf („Original-Rum") und darf im Inland keinerlei Veränderung erfahren. Als Trink-Rum („Echter Rum") wird er auf meist 50 Vol.-% verdünnt oder mit Sprit und Wasser verschnitten. Rum weist unter allen Trinkbranntweinen das intensivste Aroma auf, das er erst durch längere Faßlagerung unter dem Einfluß des Luftsauerstoffs, durch Aufnahme von Extraktstoffen aus dem Eichenholz und durch Neubildung von Estern sowie von anderen Aromastoffen erlangt.

Original-Rum enthält etwa 80—150 mg/100 ml *Gesamtsäure* (ber. als Essigsäure), wobei ein Großteil frei in Form von Ameisen- und Essigsäure, daneben zusammen mit anderen niederen Fettsäuren verestert vorkommt. Zusammensetzung und Gehalt an Estern ist für die Wertbestimmung von größter Bedeutung, so daß die Rumbewertung oft durch die „Esterzahl" erfolgt (vgl. S. 641).

6. *Arrak*

(Übersee-Arrak) wird unter Verwendung von Reis, Zuckerrohrmelasse oder zuckerhaltigen Pflanzensäften [vor allem dem Saft von Blütenkolben der Cocospalme (Toddy)] durch Gärung und Destillation nach den in den Erzeugungsländern üblichen, recht komplizierten und dort anerkannten Verfahren gewonnen. Er muß durch den im Ursprungsland üblichen Herstellungsvorgang diejenigen charakterisitischen Eigenschaften erhalten, die beteiligte Verbraucherkreise von einem Arrak erwarten.

Produktionsländer sind vor allem Java, Ceylon, die Malabarküste und Siam; bekannte Handelssorten sind *Batavia* und *Goa*. Arrak weist im Vergleich zu Rum geringeren Sortenreichtum auf und wird mit einem Weingeistgehalt von 56—60 Raumhundertteilen als „*Original-Arrak*" importiert. „*Echter Arrak*" ist ein „Original-Arrak", der auf Trinkstärke, teilweise nur auf 50 Raumhunderteile herabgesetzt wurde. Der geforderte Mindestgehalt an Alkohol ist 38 Raumhundertteile. Bei Arrak-Verschnitt muß mindestens $^1/_{10}$ des Alkoholgehaltes aus echtem Arrak stammen. Arrak dient zur Bereitung von Heißgetränken, von Schwedenpunsch, als Zusatz zu Likören sowie in der Süßwarenindustrie und bei Bäckereiprodukten als Würzkomponente. Batavia-Arrak enthält bei einer Alkoholkonzentration von 57,3 Raumhundertteilen/ 100 ml reinem Alkohol im Mittel 92 mg Säuren, 189 mg Ester, 21 mg Aldehyde und 174 mg höhere Alkohole.

7. *Getreidebranntweine*

Hierher rechnen als typische Vertreter der *Kornbranntwein* und der *Whisky*. Als *Kornbranntwein* („Kornbrand", „Korn",) darf nur Branntwein in den Verkehr gebracht werden, der ausschließlich aus Roggen, Weizen, Buchweizen, Hafer oder Gerste in der BRD und Österreich hergestellt und *nicht* im Würzeverfahren gewonnen ist und die kennzeichnenden Eigenschaften eines aus Korn gewonnenen Branntweines aufweist.

In anderen Ländern werden auch Mais sowie Mohrenhirse (Negerkorn, Milocorn), letztere zu „Daribranntwein" gebrannt. Mischungen von Kornbranntwein mit weingeisthaltigen Erzeugnissen dürfen nicht als Kornverschnitt oder unter ähnlichen Bezeichnungen in den Verkehr gebracht werden. Der Mindestweingeistgehalt ist auf *32 Raumhundertteile* festgesetzt. Zur Färbung ist *nur* Zuckercouleur erlaubt. Ein als „Doppelkorn", „Eiskorn" oder „Kornbrand" bezeichneter oder als Edelbranntwein vertriebener Kornbranntwein muß mindestens *38 Raumhundertteile* Alkoholgehalt aufweisen.

Zur *Herstellung* dienen die obengenannten Getreidearten, die zunächst geschrotet und mit schwefelsäurehaltigem Wasser verkleistert werden. Die Verzuckerung erfolgt nach Zusatz von etwa 15% Darrmalz im Vormaischbottich bei etwa 56° C unter Rühren. Sie geht im Temperaturbereich von 55—60 °C unter dem Einfluß der Malzdiastase schnell vonstatten. Anschließend wird zur Sterilisierung auf 62° C erhitzt und dann sofort auf 19—23° C abgekühlt. Die Vorbereitung des Ausgangsmaterials ist also hier wesentlich umständlicher als z.B. bei der Obstverarbeitung, da hier die Stärke erst durch Schroten freigelegt, durch Verkleisterung aufgeschlossen und durch enzymatische Hydrolyse verzuckert werden muß. Ausdrücklich sei auch darauf hingewiesen, daß Kornbranntwein *stets* im *Maische*- und nicht im Würzeverfahren gewonnen wird, also ein Abläutern von den Trebern unterbleibt. Die süße Maische wird durch eine Spezialhefe vergoren und abgebrannt. Zum Brennen dienen im Kleinbetrieb einfache Blasen, bei der industriellen Verarbeitung im Gange der Destillation und Rektifikation kontinuierliche Kolonnenapparate hoher Leistungsfähigkeit. Die Ausbeuten betragen je nach der Verarbeitungstechnik 30—35 l Alkohol aus 100 kg Getreide (Roggen). Es ist verständlich, daß die verschiedenen Verfahren Kornbranntweine sehr verschiedenartigen Charakters und wechselnder Qualität liefern. Einfache Blasenapparate führen bei primitiver Abtrennung von Vor- und Nachlauf zu charakteristischen Erzeugnissen, die jedoch oft reich an Kornfuselölen sind. Der moderne Brennereibetrieb erlaubt die weitgehende Abtrennung der Fuselöle und gibt hochprozentigen Kornsprit, aus dem mild schmeckende, geschmacklich reine Kornbranntweine mit weniger aufdringlichem Aroma herstellbar sind, die außerdem bei der Weiterverarbeitung ein gutes Entwicklungsvermögen für Aromen aufweisen. Wichtig für den Endgeschmack all dieser Erzeugnisse ist eine gut geleitete Faßlagerung. Im rektifizierten Kornsprit finden sich die fruchtätherartigen Kornbukettstoffe praktisch nur als leichtflüchtige Essigsäure-Ester.

Für Kornbranntweine benutzte Bezeichnungen, wie Breslauer, Cottbuser, Nordhäuser oder Münsterländer gelten nicht mehr wie früher als Herkunftsbezeichnung, sondern als Gattungsnamen. Wird jedoch eine Bezeichnung wie „Breslauer Korn“ oder „Cottbuser Kornbranntwein“ u. dgl. gewählt oder das Wort „echt“ oder „original“ beigefügt, so gilt diese unter allen Umständen als Herkunftsbezeichnung. (vgl. die „Begriffsbestimmungen“).

Whisky (Whiskey) wird aus Destillaten verzuckerter oder vergorener Getreidemaischen hergestellt. Die Gewinnung von *Malzbranntwein* kann auch im Würzeverfahren erfolgen. Alle Getreidearten einschließlich Mais, *nicht* aber Reis, können als Rohstoff verwendet werden. Über *Verzuckerung*, *Brennvorgang* u. a. m. vgl. die „Begriffsbestimmungen“. Whisky muß den für eine der bekannten Whiskyarten charakteristischen Geruch und Geschmack besitzen, der auf die natürlichen Aromastoffe zurückzuführen ist, die in einer Getreidemaische enthalten sind oder die sich während der Vermälzung, Vergärung, Destillation oder der späteren Lagerung gebildet haben. Es wird vor allem in Schottland und Irland, darüber hinaus im gesamten England und seinen Kolonien sowie in Nordamerika gewonnen. *Deutscher Whisky* wird gleich den Whisky-Arten anderer Länder vorwiegend aus Gerstenmalz, Roggen und Weizen hergestellt. Vor allem in den USA wird auch Mais verarbeitet. Der typische Rauchgeschmack insbesondere der schottischen, ursprünglich nur aus Gerstenmalz gebrannten Whiskysorten, rührt davon her, daß Malz vor der Verwendung über Torffeuer hoch gedarrt (geräuchert) wird. Das etwa 63%ige Destillat („clean spirit") wie auch anderer Whisky muß zur vollen Aromaentfaltung eine längere Lagerung durchmachen, die am besten in alten Sherry-Fässern oder in angekohlten Holzfässern erfolgt. Whisky muß mindestens 43% Raumhundertteile Alkohol enthalten.

Die wichtigsten *Whisky-Arten* sind *Schottischer Whisky* (Malzwhisky [Malt Whisky] und Getreidewhisky [Grain Whisky]), *Amerikanischer Whisky* (Bourbon- und Rye-Whisky) und der ihm ähnliche *Kanadische Whisky.*

Tabelle 140. Typische Analysenwerte von schottischem Getreidewhisky

Inhaltsstoffe	frisch hergestellt	gealtert
	g/l r. A.	g/l r. A.
Höhere Alkohole	1,18	1,15
Ester (als Äthylacetat)	0,12	0,22
Flüchtige Säuren (als Essigsäure)	0,01	0,23
Aldehyde (als Acetaldehyd)	0,02	0,08

8. Die Zusammensetzung der Edelbranntweine

a) Nebenproduckte der alkoholischen Gärung. Neben Äthanol und Kohlendioxid bilden sich, einzeln meist in geringen Mengen, der Natur nach jedoch in großer Zahl Produkte, die für das *Aroma* der einzelnen Erzeugnisse von wesentlicher Bedeutung sind und je nach dem Verfahrensgang beträchtlich nach Art und Menge differieren. Hinzu kommt, daß aus solchen Substanzen durch Acetal- und Esterbildung neue Verbindungen entstehen können und daß schließlich bei der oft über viele Jahre ausgedehnten Lagerung (Reifung) Aromakomponenten abgebaut und zu solchen neuer Prägung umgewandelt werden. Im einzelnen handelt es sich um folgende Gruppen:

α) Carbonylverbindungen. Acetaldehyd als wichtigste bei der alkoholischen Gärung gebildete Carbonylverbindung und sein *Diäthylacetal* beeinflussen durch ihren stechenden Geruch schon in geringen Mengen die Qualität der Trinkbranntweine. Folgende Tabelle bringt Werte für den Aldehyd- und Diäthylacetalgehalt einiger Branntweine:

Tabelle 141. Aldehyd- und Diäthylacetalgehalt einiger Branntweine

	Vol.-%	Aldehyd mg/l	Acetal mg/l	gebundener Aldehyd vom Gesamtaldehyd %
Weinbrand	38	40	27	25
Cognac	38	23	8	13
Cognac, sehr alt	55	68	59	32
Whisky, blended	43	40	13	12
Wacholder	38	4	8	75
Kirschwasser	50	55	35	24
Himbeergeist	50	38	19	18
Jamaika-Rum, Original	75	236	311	49

Weitere Carbonylverbindungen sind Vanillin, Coniferyl- und p-Hydroxybenzaldehyd in Weinbrand, n-Hexanal, Isovaleral- und Isobutyraldehyd in Getreidesprit, Syringaldehyd, Furfural, Acrolein u.a.m. Manche dieser Verbindungen kommen aus dem Holz der Lagerfässer in den Branntwein. *Diacetyl*, *Acetoin* und *2.3-Butylenglykol* wurden in Spritsorten, Whisky und Cognac gefunden.

β) *Methanol* findet sich vor allem in pektinreichen Obst- und Tresterbranntweinen; Getreidespritsorten sind sehr arm an Methanol (vgl. Tabelle 142).

Tabelle 142. Methanolgehalt einiger alkoholischer Getränke

	Vol.-%
Cognac	0,04 —0,05
Whisky	0,005—0,010
Obstbranntweine	0,10 —0,50
Kirschwässer	0,30 —0,60
Zwetschenwässer	0,50 —0,80
Wodka	0,01 —0,02
Rum	0,004—0,03

γ) *Höhere Alkohole* (*Fuselalkohole*) sind wesentliche Aromaspender alkoholischer Getränke und finden sich (Mittelwerte) in Whisky zu 1,20 mg/l, in Cognac zu 1,41 mg/l und in Rum zu 0,58 mg/l. Weitere Alkohole, wie Tyrosol, Phenyläthylalkohol, n-Propanol, n-Hexanol, bisweilen auch Alkohole der Heptyl-, Octyl-, Nonyl- und Decylreihe u.a. wurden z.T. an anderer Stelle erwähnt.

δ) *Organische Säuren* sind vor allem flüchtige Säuren von der Ameisensäure bis zu den C_{18}-Säuren, wobei gerad- und verzweigtkettige, gesättigte und ungesättigte Säuren vorkommen. Whisky enthält im Mittel 150 mg/l, Cognac 200 mg/l und Rum 300 mg/l. Essigsäure dominiert (40—95%). Unterschiede im Säurespektrum verschiedener alkoholischer Getränke scheinen recht gering zu sein. Hefe und deren Fettsäuresynthese während der Gärung nehmen offenbar eine zentrale Stellung bei der Fettsäure- und Esterbildung ein.

ε) *Ester*, besonders solche zwischen kurzkettigen Carbonsäuren und aliphatischen Alkoholen („Fruchtester"), z.B. der Amylester der Valeriansäure oder die Äthyl- und Amylester der Essig- oder Buttersäure spielen für Geruch und Geschmack auch bei Branntweinen eine wesentliche Rolle. Kirsch- und Aprikosenbranntweine enthalten z.B. 1,1—4,3 g/l Ester, Brennweine verschiedenen Ursprungs enthalten 0,4 bis 3,7 g/l. Bei der Qualitätseinstufung des *Rums* bildet der *Estergehalt* oder die *Esterzahl* eine wichtige Beurteilungsgrundlage. Die sog. Esterzahl gibt an, wieviel mg Ester berechnet als Essigsäureäthylester, in 100 ml reinem Alkohol enthalten sind. Je nach der Intensität des Aromas liegen die Esterzahlen bei Jamaika-Rum zwischen 80 und 700—1600. *Weinhefeöl* (Weinbeeröl, Drusenöl, Cognacöl, *Önanthäther*), bei der Destillation von Weinhefegeläger anfallendes, fruchtig riechendes Produkt besteht aus Äthylcaprat (50%), Äthyllaurat (20%), Äthylcaprylat (10%), Äthylmyristat (3%), Äthylpalmitat (3%) und Äthylstearat (1%). Es geht vor allem bei hefetrübem Ausgangsmaterial in Weinbrand über.

ζ) *Weitere Inhaltsstoffe* sind zunächst verschiedene *Phenole* (p-Methyl- und p-Äthylguajakol, Guajakol u.a.), ein *Sitosterin-β-D-glykosid*, die auf S. 637 erwähnten *Blausäure-glykoside*, aus ätherischen Ölen vor allem aus den Kernen stammende *Terpene*, *Wachse*, als *Bitterstoffträger* bei Enzianbranntwein verschiedene *Glykoside*, wie Gentiamarin u.a., der gelbe Wurzelfarbstoff *Gentisinsäure* in der Enzianwurzel, stereoisomere *Farnesole* und schließlich (in Rum und Whisky) *Stickstoffverbindungen* wie Pyridin, Picoline und Pyrazine. Über die Zusammensetzung von Branntweinen vgl. auch H. Suomalainen u. Mitarb. (in: 54 Bd. VII., S. 496).

b) Das Aroma von Edelbranntweinen. Fast alle im vorhergehenden Abschnitt besprochenen Komponenten der Trinkbranntweine sind am *Aroma* dieser Produkte mehr oder minder entscheidend beteiligt, bedingen also den Typ des Getränkes. Zahlenmäßig am reichsten sind die *Ester* vertreten. Im folgenden soll kurz über Aromabestandteile wichtiger Trinkbranntweine berichtet werden.

α) *Kornbranntwein.* Die für das Kornaroma charakteristische brot- und malzartige Note läuft weitgehend dem *Gesamtestergehalt* parallel, wobei vornehmlich Essigsäureester höherer Alkohole eine Rolle spielen.

β) *Cognac, Brandy* und *Weindestillate* enthalten neben Estern vor allem *Fuselöle* und *Acetale* als aromabestimmende Komponenten. In Cognac-Proben wurden gefunden (Angaben in mol-%): Methanol 0,4—0,8, Acetal Spuren bis 3,15, n-Propanol 1,65—1,75, sek. Butanol 0,85—0,90, Isobutanol 15,45—17,70 und Gärungsamylalkohol 78,05—79,35.

γ) *Obstbranntweine* sind durch fruchtiges Aroma charakterisiert, gekennzeichnet durch Alkohole, wie Isobutanol (0,04—0,35 g/l) Gärungsamylalkohol (0,07—1,2 g/l) und durch Ester wie n-Amylacetat (0,15—0,53 g/l). Der augenfälligste Unterschied zwischen Weinbränden und Obstbranntweinen besteht im höheren Estergehalt der letztgenannten.

δ) *Whisky* ist zunächst gekennzeichnet durch den mehr oder minder ausgeprägten Rauchgeschmack. Eine der wesentlichsten Aromakomponenten ist das *Fuselöl*, in dem u.a. auch Picoline, Lutidine, Chinoline und Pyrazine sowie Phenole (s. bei Rum) nachgewiesen wurden. Zusätzlich kommen — auch bei Brandy — u.a. folgende Aromafaktoren in Frage: *Furfural* (2—7 mg/l), *Äthylcaprylat* (1—6 mg/l), *Äthylcaproat* (1—2 mg/l) und in reichlichen Mengen verschiedene Ester, Acetale und Carbonylverbindungen.

ε) *Rum.* Gegenüber anderen Vertretern dieser Gruppe enthält Jamaika-Rum mehr sek. Butanol und als einziger sek. Amylalkohol (Pentanol-(2)). Leicht-flüchtige und hochsiedende Ester sind weiterhin aromabestimmende Komponenten. Im Jamaika-Rum dominiert unter den Säuren die *Propionsäure*. Offenbar sind hier auch *Phenole* (p-Äthylphenol, o- und p-Kresol, Guajakole und Dihydroeugenol) am Aroma beteiligt.

Gaschromatogramme wurden nicht ohne Erfolg zur Charakterisierung verschiedener Branntweine herangezogen.

β) *Andere Trinkbranntweine*

Viele Trinkbranntweine werden auf kaltem Wege durch einfaches Vermischen von gereinigtem Sprit unterschiedlicher Herkunft mit Wasser hergestellt und tragen örtlich gebundene Bezeichnungen wie Klarer, Weißer, Ostdeutscher. Oft enthalten sie auch Geschmacksträger (Würzen) wie Kornlutter, Kornbranntwein, Abtriebe von Kümmel, Anis, Fenchel usw. sowie Zucker, Essenzen, ätherische Öle und andere Geschmacksstoffe.

Wodka (russisch = Wässerchen) ist ein Branntwein, der aus Sprit und/oder Korndestillat nach besonderen Verfahren und/oder mit geringen Zusätzen hergestellt wird. Dabei müssen die charakteristischen Merkmale, vor allem die Weichheit des Geschmacks erreicht werden. Die Zusätze dürfen geschmacklich kaum spürbar sein, der Extraktgehalt darf 0,3 g/100 ml nicht überschreiten, der Mindestalkoholgehalt ist auf 40 Raumhundertteile festgelegt.

Aquavit ist ein vorwiegend mit Kümmel aromatisierter Branntwein. Er wird unter Verwendung eines Destillats von Kräutern, Gewürzen oder Drogen hergestellt und muß mindestens 35 Raumhundertteile Alkohol aufweisen.

„*Bittere*“ sind Branntweine, hergestellt mit bitteren und aromatischen Pflanzen- und Fruchtauszügen und/oder -destillaten, Fruchtsäften, natürlichen ätherischen Ölen mit oder ohne Zucker oder Stärkesirup. Mit Ausnahme des *Boonekamps*, eines kompliziert aufgebauten Spezial-Branntweines, der 40 Raumhundertteile Alkohol enthalten muß und der bis zu 3 g Zucker in 100 ml aufweisen kann, dürfen sie mit mindestens 32 Raumhundertteilen hergestellt werden. Andere Erzeugnisse dieser Art sind z. B. „Bittere Tropfen“, Englisch- und Spanisch-Bitter, Angostura. „*Aufgesetzter*“ wird aus schwarzen Johannisbeeren mit Sprit oder Korn hergestellt, der Extraktgehalt ist auf maximal 18 g/100 g festgesetzt.

Zu erwähnen sind hier außerdem noch besondere Arten von *Obstbranntweinen*, wie Äpfel-, Birnen-, Trester- und Hefebranntweine, die mindestens 38 Vol.-% Alkohol enthalten müssen, oft jedoch in wesentlich höheren Konzentration gehandelt werden. Sie spielen in manchen Ländern eine große Rolle. So werden z. B. in der Schweiz durchschnittlich pro Jahr etwa 1 Mio l Traubentresterbranntweine von 50 Vol.-% Alkohol erzeugt.

Absinth ist Branntwein, der aromatische Bestandteile des Wermutkrautes in Verbindung mit anderen aromatischen Pflanzenstoffen enthält, nach ihnen schmeckt und beim Verdünnen mit Wasser sich trübt. Wegen seiner gesundheitsschädlichen, vor allem auf dem Gehalt an giftigem *Thujon* (Tanaceton, Wermutöl) beruhenden Wirkung ist er in Deutschland (Absinth-Gesetz vom 27. 4. 1923) und in vielen anderen Kulturstaaten verboten.

An *Spezialbranntweinen* von regionaler Bedeutung sind zu erwähnen: *Tequila* und *Mescal* Südamerikas aus Agaven, sowie Branntweine des nahen Ostens aus Rosinen, Feigen und Datteln.

γ) *Liköre*

Liköre sind Spirituosen mit Zusatz von Zucker (ein Teil kann durch Glucosesirup ersetzt werden). Die Verwendung von Verdickungsmitteln ist unter bestimmten Bedingungen zulässig. Der Extraktgehalt (einschließlich Zucker) beträgt mindestens 10 g, in der Regel jedoch 22 g und mehr in 100 ml. Bei Likören mit mindestens 22 g Extraktgehalt in 100 ml muß der Alkoholgehalt mindestens 30 Raumhundertteile betragen; über Ausnahmen vgl. auch die „Richtlinien“.

In *Fruchtsaftlikören* ist der Saft derjenigen Fruchtarten, nach denen die Liköre benannt sind, als wesentlicher geschmacksbestimmender Bestandteil enthalten. Der Mindestanteil an Fruchtsaft beträgt 20 l pro 100 l Fertigware, an Alkohol 25 Raumhundertteile. Erlaubt sind Zusätze anderer Fruchtsäfte, natürlicher Aromastoffe und von Zuckercouleur (außer bei Brombeer-, Erdbeer-, Kirsch-, Johannisbeer-, Heidelbeer- und Himbeerlikör); verboten ist jegliche Färbung. Erzeugnisse dieser Art sind z. B. solche aus Ananas-, Erdbeer, Kirsch- oder Himbeersaft u. a. Eine besondere Art Kirschlikör ist der *Cherry Brandy*, der im wesentlichen aus Kirschsaft, Kirschwasser, Zucker oder Stärkesirup, Weingeist und Wasser hergestellt wird. Der Alkoholgehalt muß mindestens 25 Raumhundertteile betragen.

Fruchtaromaliköre sind Spirituosen, die ihren charakteristischen Geschmack aus Früchten oder Fruchtteilen erhalten, nach denen sie benannt sind. Verwendung künstlicher Aromastoffe (mit Ausnahme von Vanillin) gilt als Verfälschung. Erzeugnisse mit mindestens 22 g Extrakt pro 100 ml müssen 30 Raumhundertteile, solche mit geringeren Extraktmengen mindestens 32 Raumhundertteile Alkohol enthalten; Liköre dieser Art werden aus Aprikosen, Berberitzen, Hagebutten, Pflaumen, Citrusfrüchten u. a. m. hergestellt. Bezeichnungen wie „Triple“ oder “Triple sec” sind nur bei Citruslikören mit mindestens 38 Raumhundertteilen Alkohol zulässig

Fruchtbrandy sind Fruchtsaft- und Fruchtaromaliköre mit mindestens 5 l Obstbranntwein von 40 Raumhundertteilen je 100 l Fertigerzeugnis, gewonnen aus der Frucht, nach der das Erzeugnis benannt ist.

Weitere Liköre sind *Kristall-Liköre*, die Zuckerkristalle enthalten (z. B. *Kristall-Kümmel*) und *Allasch* als besonders aromatischer, alkohol- und zuckerreicher Kümmellikör mit mindestens 40 Raumhundertteilen Alkohol. *Eisliköre* werden mit Eis vermischt getrunken (z. B. *Zitronen-Eislikör*). Sie weisen einen Mindestextraktgehalt von 30 g in 100 ml und einen Mindestalkoholgehalt von 35 Raumhundertteilen auf. *Cordial Medoc* mit mindestens 38 Raumhundertteilen Alkohol enthält mindestens 20% des Gesamtalkohols aus Weindestillat oder Weinbrand. *Goldwasser* ist ein Gewürzlikör, der Blattgold als charakteristischen Bestandteil enthält und nach Art des zuerst in Danzig hergestellten Erzeugnisses gewonnen wird.

Und schließlich rechnen hierher noch *Vanillelikör*, dessen Aroma ausschließlich aus Vanilleschoten stammt, *Heniglikör* (Bärenfang, Petzfang) mit mindestens 25 kg Bienenhonig auf 100 l Fertigerzeugnis und *Schwedenpunsch*, der unter Mitverwendung von Arrak und Gewürzen hergestellt wird und mindestesn 25 Raumhundertteile Alkohol enthält.

Kakao-, *Kaffee-* und *Teeliköre*, als *Emulsionsliköre*, werden aus den entsprechenden Ausgangsmaterialien hergestellt. Emulsionsliköre sind außerdem Schokoladen-, Sahne- und Milchliköre, Mokka-mit-Sahne-Likör, Eierlikör (Eiercreme, Advokat), Eierweinbrand und Liköre mit Eizusatz. Der verbreitet konsumierte Eierlikör ist eine Zubereitung aus Alkohol, Zucker und Hühnereigelb. Das verwendete Eigelb muß aus frischen Eiern stammen, die den Qualitätsnormen der Verordnung (EWG) Nr. 1619/68 des Rates vom 15. 10. 1968 entsprechen, darf also *nicht* aus haltbar gemachten oder unter +8° C gekühlten Eiern herrühren. Das Eigelb kann vor der Verarbeitung gefroren, pasteurisiert oder mit Alkohol konserviert werden. Eierlikör (Eiercreme, Eiercocktail, Advokat) und Eierbranntwein aus Wein enthalten mindestesn 20 Raumhundertteile Alkohol und 240 g Eigelb/l, entsprechend 200 g Reineigelb.

Kräuter-, *Gewürz-* und *Bitterliköre* werden mit Fruchtsäften und/oder Pflanzenteilen, natürlichen ätherischen Ölen, natürlichen Essenzen und mit Zucker hergestellt (Anis-, Kümmel-, Curaçao- bzw. Pomeranzen-, Pfefferminz-, Ingwer-, Quittenlikör und viele andere).

d) Punschextrakte

oder „*Punschsirupe*", auch kurz „*Punsche*" genannt, sind Spirituosen, die dazu bestimmt sind, verdünnt getrunken zu werden.

„*Rum*"- oder „*Arrakpunsch*" müssen mindestens 5% Rum oder 10% Arrak, bezogen auf den Gesamtalkoholgehalt enthalten. Aromatisierung mit künstlichen Rum- oder Arrakessenzen, Fruchtäthern oder -estern ist unzulässig. Weiteres, auch über den Alkoholgehalt, bringen die „Richtlinien".

e) Alkoholhaltige Mischgetränke

(Mixgetränke, Cocktails) sind Mischungen von Branntweinen, Likören, Weinen, Essenzen, Frucht- und Pflanzensäften u. ä. Soweit sie nicht — wie dies meist der Fall ist — zum sofortigen Genuß in Gaststätten ausgeschenkt, sondern als fertige Cocktailmischungen oder Grundstoffe in den Verkehr gebracht werden und sofern sie „als Spirituosen anzusehen sind", unterliegen sie den Bestimmungen des Branntweinmonopolgesetzes.

Vgl. auch die VO über den Weingeistgehalt von Trinkbranntweinen, die unter *Zusatz von Tafelwässern* hergestellt sind (26. 3. 1968).

f) Herkunfts- und Gattungsbezeichnungen

Die Unterscheidung beider Begriffe spielt bei Trinkbranntweinen eine wesentliche Rolle; hierzu bringen die „Begriffsbestimmungen" richtungsweisende Ausführungen.

g) Die Toxikologie der Alkohole und Glykole

α) Methanol

spielt in der Ernährung des Menschen bei allen Kulturvölkern eine unheilvolle Rolle und gibt immer wieder Anlaß zu schwersten Vergiftungen beim Genuß methanolhaltiger Getränke. Normalerweise, z. B. in Tabakrauch sowie in Obsttrester- und Hefebranntwein vorkommende Mengen sind im allgemeinen ohne toxische Wirkung. Methanol in reiner Form wird jedoch durch seine große Ähnlichkeit mit Äthanol, seine Flüchtigkeit und leichte Resorbierbarkeit auch durch Haut und Schleimhaut gefährlich, im letztgenannten Fall vor allem bei der Verwendung zu Kopfwaschmitteln und anderen kosmetischen Präparaten sowie zu Einreibemitteln. Nach § 115 des Branntweinmonopolgesetzes ist es deshalb streng verboten, methanolhaltige Lebensmittel und Kosmetica in den Verkehr zu bringen oder aus dem Ausland einzuführen. Die Rauschwirkung des Methanols ist geringer als die des Äthanols, die Toxicität jedoch wesentlich höher. Bereits Mengen von 7—8 g können zur Erblindung (Neuritis optica) führen; die letale Dosis beim Erwachsenen liegt je nach der Empfindlichkeit zwischen 30 und 100 ml, wobei vor allem Kinder und unterernährte Menschen gefährdet sind. Die besondere Giftigkeit beruht darauf, daß Methanol gute Lipoidlöslichkeit aufweist, damit schnell an das Zentralnervensystem, insbesondere in die Nervenbereiche des Auges gelangt und dort über den intermediär gebildeten, hochgiftigen Formaldehyd nur sehr langsam abgebaut wird. Als allgemeine Vergiftungsfolge tritt schwere Acidosis auf. Zum *Nachweis* des Methanols wird dieser zum Formaldehyd oxydiert und der Aldehyd durch die Reaktion mit fuchsinschwefliger Säure oder mit Chromotropsäure bestimmt. Für die direkte Bestimmung des Methanols, vor allem in geringen Mengen, hat sich die Gaschromatographie bewährt.

β) *Äthanol*

beherrscht als Grundstoff aller alkoholhaltigen Lebensmittel weitgespannte Industrie- und Erwerbszweige und ist deshalb von größter *wirtschaftlicher* Bedeutung. Nicht minder wichtig ist jedoch die *soziale* Seite, da Alkoholmißbrauch im Gegensatz zum Abusus der alkaloidhaltigen Genußmittel unseres Kulturkreises (Tabak, Kaffee, Tee) pathologische Rauschzustände hervorruft, als deren Folge Roheits- und Sittlichkeitsdelikte, Verkehrsunfälle und Persönlichkeitsverfall auftreten, zum mindesten aber euphorisch bedingte Reaktionen ausgelöst werden (Schwächung der Selbstkritik, Erhöhung der „Schrecksekunde"). Mit Maß genossen wirkt er als Stomachicum, appetitanregend und erzeugt verstärkten Magensaftfluß, vor allem in Verbindung mit Zucker und Kohlensäure (Sekt). Der reine Genußwert ist beträchtlich, da alkoholische Getränke in der Mehrzahl Träger spezifischer Geruchs- und Geschmacksaromen sind, auch als Analeptikum bei Kreislaufschwäche spielt er eine wichtige Rolle. Alkohol wird rasch von der Schleimhaut resorbiert („ein Glas Kognak"); bereits 30—60 min nach der Einnahme wird die Höchstkonzentration im Blut erreicht. Vom Magen werden etwa 20 %, der Rest von Dünndarm aufgenommen. Nach der Resorption verteilt sich der Alkohol innerhalb von 1—$1^1/_2$ Std gleichmäßig im gesamten Körperwasser. Er steigert die Gefäßerweiterung, die ihrerseits ein erhöhtes Wärmegefühl hervorruft und geht in die Muttermilch über. Der Abbau erfolgt fast ausschließlich in der Leber; er mündet über das Acetyl-CoA in den Citronensäurecyclus. Die Elimination erfolgt nicht exponentiell, sondern zeitlinear, im Mittel beim Mann zu etwa 0,1 g/kg, bei der Frau zu 0,085 g/kg in der Stunde.

Die *Giftigkeit* des Alkohols wird gesteigert durch *ätherische Öle* (Absinth), Fuselöle (in schlechtem Branntwein) und vor allem in Kombination mit gewerblichen Giften, auch mit *Kalkstickstoff* und Cyanamid. Die Intoleranz gewinnt Bedeutung beim ärztlich nicht kontrollierten Gebrauch von Schlankheitsdrageés, Schmerz- und Schlafmitteln, Tranquilizern und anderen Tabletten sowie bei ständig unter Arzneimitteln stehenden Personen (Diabetiker, Hypertoniker, Epileptiker usw.) und schließlich in der verringerten Empfindlichkeit gegenüber Narkotica in der Anästhesie. Hohe Alkoholdosen wirken narkotisch und führen schließlich zum Tod. Als tödliche Dosis werden etwa 283 g beim Mann, 193 g bei der Frau (rund 3 g/kg Körpergewicht), entsprechend $^3/_4$—1 l schnell getrunkenen Schnapses angesehen. Kinder sind zum Teil außerordentlich alkoholempfindlich. Im Mittel wirken bei Jugendlichen von etwa 6 Jahren Mengen von 30—50 g Alkohol tödlich. Die Blutalkoholwerte von Leichen, die an Alkoholvergiftung starben, liegen bei 3,5—4,5 ‰. Die Blutalkoholbestimmung, vor allem bei Verkehrsdelikten, erfolgt forensisch entweder nach E. Widmark, wobei der in Kaliumdichromat abgetriebene Alkohol einen Teil des Dichromates reduziert und so jodometrisch bestimmt werden kann, oder vor allem bei größeren Reihenbestimmungen wesentlich spezifischer enzymatisch mit Hilfe der „*ADH-Methode*" (S. 204) und der Gaschromatographie. Antirauschmitteln („Ernüchterungspillen") für Kraftfahrer zur Senkung des Blutalkoholspiegels ist mit aller Skepsis zu begegnen.

Für praktische Zwecke kann davon ausgegangen werden, daß der *physiologische Brennwert* des Alkohols ca. 7 kcal/g beträgt, der voll in den Stoffwechsel eingeht.

Die Annahme, daß „Alkohol kein Nährstoff sei, der zum Körperaufbau beiträgt“ ist also irrig.

γ) *Isopropylalkohol*

besitzt etwa dieselbe Giftigkeit wie Äthanol und ist von Bedeutung als Äthanolersatz. In Lebens- und Arzneimitteln ist seine Verwendung verboten. Nach der Stellungnahme des Reichsgesundheitsrates vom 22. 3. 1929 wird gegen die Verwendung von Isopropylalkohol bei Massagemitteln (ausgenommen Franzbranntwein und Händedesinfektionsmittel) *kein* Bedenken erhoben. Im allgemeinen sind größere Zusatzmengen als 20—30% zu vermeiden. Der Nachweis dieses Alkohols gelingt mit Piperonal.

δ) *Höhere Alkohole*

wie die Amylalkohole des Fuselöles sind bedeutend giftiger als Äthylalkohol und werden im Rahmen der technischen Reinalkoholgewinnung und der Bereitung alkoholreicher Getränke weitgehend entfernt (s. dort). Offenbar sind hier die im Organismus gebildeten höheren Aldehyde besonders toxisch, wie z.B. das aus Allylalkohol entstehende Acrolein.

ε) *Glycerin und Glykole*

Glycerin (s. auch S. 625) als dreiwertiger Alkohol ist in normal genossenen Mengen völlig ungiftig und wird nach der „Allgemeinen Fremdstoff-VO“ dementsprechend auch allgemein nach Maßgabe der Vorschriften dieser Verordnung bei der Herstellung und Zubereitung von Lebensmitteln zugelassen. *Glykole* als zweiwertige Alkohole weisen sehr unterschiedliche physiologische Wirkungen auf. Ausgesprochen toxisch oder zum mindesten gesundheitlich schädigend sind insbesondere der Glykolmonoäthyläther und das 1.4-Butylenglykol, daneben Äthylglykol, Diäthylenglykolmonoäthyläther und 2-Methyl-2.4-pentadiol, vor deren Verwendung in früheren Jahren behördlich gewarnt worden war. Giftige Glykole haben nach dem zweiten Weltkrieg als Glycerinersatz beim Genuß oder in Form von Klistieren zu schweren Unglücksfällen geführt. Neben Glycerin sind 1.3-Butylenglykol, Diäthylenglykol und 1.2-Propylenglykol bestimmter Reinheit als Feuchthaltemittel im Tabak („Tabak-VO“) sowie als Bestandteile von Tabak-Essenzen („Essenzen-VO“) zugelassen. In Kaugummi ist 1.2-Propylenglykol und deren Adipinsäureester zugelassen („Kaugummi-VO“). Die Toxicität mancher Glykole liegt insbesondere darin, daß sie im Organismus über die nierenschädigende Oxalsäure abgebaut werden. Zur Trennung von Glykolgemischen hat sich die Anionenaustauscher-Chromatographie bewährt.

IX. Gewürze

Gewürze im engeren Sinne sind meist getrocknete Naturprodukte des Pflanzenreiches, die durch ihren Gehalt an aromatischen und scharf schmeckenden Bestandteilen eine Erhöhung des Wohlgeschmackes unserer Speisen hervorrufen, darüber hinaus jedoch durch die in ihnen vorkommenden Reizstoffe Appetit und Magensaftabsonderung anregen und so — in mäßigen Mengen genossen — die Verdauung fördern.

Die Mehrzahl von ihnen ist schon seit den ältesten Zeiten bekannt, ihre Verwendung war regional beschränkt, bis durch die Handelsbeziehungen des Mittelalters die edelsten Gewürze (Pfeffer, Zimt, Muskatnuß, Gewürznelken, Piment, Vanille u.a.) auch in Europa Eingang fanden, hier zunächst buchstäblich als Kapitalsanlagen („Pfeffersäcke“) mit Gold aufgewogen und oft in unvorstellbarem Übermaß, bis an die Grenze menschlicher Aufnahmefähigkeit konsumiert wurden. In neuerer Zeit tauchen auf dem deutschen Markt auch in Europa vorher unbekannte oder vergessene Gewürze (z.B. aus Indonesien) auf, wie *Zitwer*, *Galgant* u.a.m. Neben den aus tropischen Ländern eingeführten Gewürzen fanden in Deutschland vor allem während des zweiten Weltkrieges auch einheimische, früher weitverbreitete Gewürzpflanzen (Würzkräuter, Küchenkräuter) wieder umfangreiche Verwendung, teils frisch (Gurkenkraut, Kerbel, Dill, Estragon, Basilikum u. a.), teils in getrocknetem Zustand (z.B. Bohnenkraut, Thymian und Majoran).

Gewürze im weiteren Sinne umfassen außerdem natürliche und künstliche Aromastoffe (Vanillin, Äthylvanillin, Zimtaldehyd, Cumarin u.a.), ätherische Öle und die Genußsäuren (Essigsäure und Essig, Milchsäure, Citronensäure und Weinsäure sowie andere Fruchtsäuren).

Unter dem Oberbegriff der Würzmittel werden außer den genannten Stoffen noch die „Würzen“ (Fleisch- und Hefeextrakte, Brüherzeugnisse, Würzen verschiedener Art) und schließlich Kochsalz sowie künstliche Süßstoffe zusammengefaßt.

Besondere *Rechtsvorschriften* für Gewürze fehlen. Neben verschiedenem, in einzelnen Verordnungen niedergelegtem Rechtsstoff (Konservierung etc.) ist bei der *Verwendung von Gewürzen zum Färben von Lebensmitteln* (Safran, Curcuma, edelsüßer Paprika, Sandelholz usw.) zu prüfen, ob Verfälschung, Nachahmung oder irreführende Aufmachung im Sinne von § 4 des Lebensmittelgesetzes vorliegt. Verwiesen sei auch auf *Begriffsbestimmungen für Gewürze, Ersatzgewürze und daraus hergestellte Erzeugnisse* (Schriftenreihe des Bundes für Lebensmittelrecht und Lebensmittelkunde, Heft 51 (1964)), auf *DIN-Normen* und *ISO-Empfehlungen* (vgl. die Speziallliteratur).

1. Gewürze in engerem Sinne

Hierher rechnen aromatisch oder scharf schmeckende Pflanzenteile folgender Gruppen:

Blätter und *Kräuter* (Lorbeerblätter, Majoran, Thymian, Dill, Schnittlauch und andere Küchenkräuter),

Unterirdische Organe (Wurzeln und Wurzelstöcke [Rhizome]: Ingwer, Curcuma, Calmus. Meerrettich, Sellerie),

Oberirdische Achsenorgane (Rinden [Zimt]),

Blüten und *Blütenteile* (Safran, Gewürznelken, Kapern),

Früchte und *Samen* oder Teile hiervon (Pfeffer, Cayenne-Peffer, Paprika, Piment, Muskatnuß, Muskatblüte, Cardamom, Anis, Vanille, Coriander, Kümmel, Fenchel, Senfkörner, Wacholderbeeren),

Zwiebelgewächse (Küchenzwiebel, Schalotten, Porree, Knoblauch) zählen streng genommen zu den Gemüsen, sollen jedoch wegen ihrer ausgesprochenen Würzkraft auch hier erwähnt werden.

Pilze.

Eine Übersicht über das Vorkommen der wichtigsten Gewürze bringt die Abb. 112.

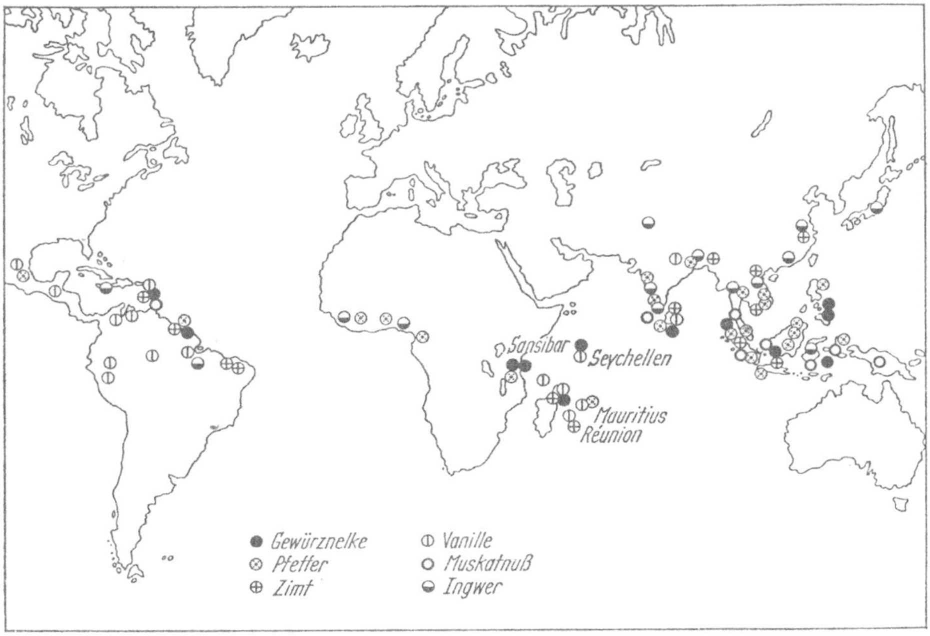

Abb. 112. Vorkommen der wichtigsten Gewürze

Über die *physiologische Bedeutung* der Gewürze ist noch wenig bekannt. Ihre sekretionsfördernde Wirkung (Speichel- und Magensaftlocker) wurde bereits erwähnt; ein Übermaß an Würzung ist in der Krankenernährung bedenklich. Zweifellos sind Inhaltsbestandteile von Gewürzen durch ihre fungiciden, bactericiden, germiciden und antioxydativen Eigenschaften (S. 296) bedeutungsvoll. Der verständliche, oft hohe Keimgehalt ungereinigter Gewürze ist vor allem für die Konservenindustrie zu berücksichtigen. Ausweichmöglichkeiten liegen in der Gewinnung von *Gewürzextrakten*, daneben auch in der Entkeimung durch Ultraviolett-, Ultrarot- und Kathodenbestrahlung oder in einer Kombination der chemischen mit der Kaltsterilisation.

Von *unzerkleinerten Gewürzen* finden im Haushalt heute nur noch wenige Verwendung (Gewürznelken, Pimentkörner, Pfeffer, Lorbeerblätter, Muskatnüsse, Senfkörner, Stangenzimt). Die meisten werden in Gewürzmühlen zerkleinert, in Essig und Salz eingemacht (Kapern) oder in Pastenform (Meerrettich) vertrieben. Hierbei ist der Verpackung und der kurzfristigen Lagerung besondere Aufmerksamkeit zu widmen.

a) Die Inhaltsstoffe der Gewürze

Spezifische Bestandteile der Gewürze sind vor allem ätherische Öle, scharf schmekkende Stoffe (Piperidin, Capsaicin, Gingerol), kristallisierende Duftstoffe (Vanillin, Cumarin), schwefelhaltige (Alkylsulfide) und blausäurehaltige (als Nitrile glykosidisch gebundene) Verbindungen.

Für die Prüfung von Gewürzen auf *Identität*, Reinheit, meist auch auf den *Gehalt an Würzstoffen* und auf Verfälschungen ausschlaggebend ist zunächst die *mikroskopische Untersuchung*. Sie erfordert die genaue Kenntnis der Strukturen spezifischer *Zellbestandteile* (Aleuronkörner, Stärke, Fett, Pollenkörner, Elemente der Samenschale, des Pericarps, Haargebilde, Stein-, Kork-, Bast-, Öl- und Holzzellen, Oxalatkristalle u. a. m.), zu deren Studium auf die Fachliteratur verwiesen werden muß. Mengenmäßig spielt die Ermittlung der *Rohfaser* oft eine Rolle, wenn Verdacht auf Zusatz von Schalen oder anderen cellulosereichen Pflanzenpulvern besteht (z.B. bei schwarzem Pfeffer). Zur *Probenahme* vgl. die *Normvorschriften* DIN 10220 der *Deutschen Normen* zur Prüfung von Gewürzen und Zutaten vom Juni 1968.

Von den Inhaltsstoffen der Zellen einzelner Gewürzpflanzen stehen ihrer Bedeutung nach an der Spitze die *ätherischen Öle*. Sie sind sehr komplizierte Gemische stark riechender Substanzen und lassen sich durch Auspressen, durch Extraktion mit geeigneten Lösungsmitteln (Alkohol, Benzin, Fett) oder aber durch Wasserdampfdestillation gewinnen (vgl. unten). Zum Unterschied von fetten Ölen sind sie flüchtig, hinterlassen also auf dem Papier keinen bleibenden Fettfleck. Unter dem Einfluß von Luft und Licht unterliegen sie der Autoxydation, „verharzen" und nehmen artfremden Geruch an. Sie sind teils schwerer, teils leichter als Wasser, in vielen Fällen optisch aktiv und sieden bei Temperaturen zwischen 150° C und etwa 300° C. Die Mehrzahl der ätherischen Öle werden in *Exkret-Behältern* ausgeschieden und gespeichert (*Hautdrüsen*: Drüsenhaare, -zotten und -schuppen und *innere Drüsen*: Ölzellen, Ölbehälter und Ölgänge). Sie zeigen meist intensiven Geruch und Geschmack. So kann z. B. Pfefferminzöl noch in einer Verdünnung von 1 : 1,5 Mio durch den Geruch, und von 1: 4 Mio durch den Geschmack wahrgenommen werden.

Die *chemischen Komponenten* der ätherischen Öle sind zunächst Kohlenwasserstoffe aliphatischer, aromatischer, alicyclischer Art, unter denen diejenigen der *Terpenreihe* und deren sauerstoffhaltige Derivate (Kampfer) im Vordergrund stehen. Neben den *Monoterpenen* ($C_{10}H_{16}$) finden sich *Sesquiterpene* ($C_{15}H_{24}$), Di- und Triterpene (C_{20}- und C_{30}- Terpene). Von den sauerstoffhaltigen Terpenen kommen in ätherischen Ölen Terpenalkohole, -aldehyde, -ketone und -carbonsäuren (Sapogenine, Harzsäuren) vor. Derartige sauerstoffhaltige Verbindungen sind vorzugsweise die Träger des spezifischen Geruchs.

Terpene und ihre Derivate entstehen (nicht unbestritten) in der Pflanze aus dem Grundbaustein Isopren nach der „Isoprenregel". Als „*aktives Isopren*" ist das *Isopentenylpyrophosphat* anzusehen:

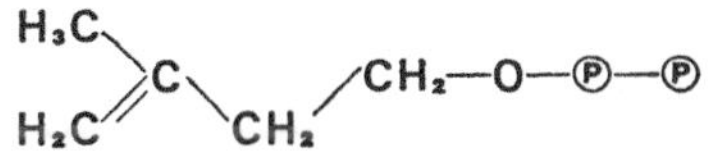

Es entsteht aus der Mevalonsäure. Zur Biosynthese siehe z. B. P. Karlson (78).

Mehr oder minder eng vergesellschaftet, doch biogenetisch zu trennen, finden sich neben Vertretern der Terpene in ätherischen Ölen zahlreiche, aromabestimmende weitere Komponenten, wie Alkohole, Aldehyde und Ketone, Phenole und Phenoläther, organische Säuren und Ester, aliphatische und aromatische Kohlenwasserstoffe, Basen, Nitrile und Senföle. Viele dieser Verbindungen sind glykosidisch gebunden (S. 94, z. B. in Bittermandelöl oder Senfölen) und können durch Wasserdampfdestillation sowie durch enzymatische Hydrolyse freigesetzt werden.

Monoterpenkohlenwasserstoffe ($C_{10}H_{16}$) finden sich als *α-Pinen* u.a. in Sternanis-, Muskatnuß-, Coriander-, Fenchel-, Zimt-, Zitronen-, Majoran- und Pfefferminzöl, als *β-Pinen* z.B. in Zitronen-, Coriander- und Muskatnußöl. *Camphen* kommt in Ingwer-, Muskatnuß- und Zitronenöl, *Limonen* in Zitronen-, Pomeranzen-, Pfeffer-, Muskatnuß-, Bergamott- und Kümmelöl, *α-* und *γ-Terpinen* in Corianderöl, sowie in Thymian-, Kümmel-, Majoran-, Fenchel-, Citrusölen u.a.m., *α-* und *β-Phellandren* in Sternanis-, Zitronen-, Zimt-, Dill-, Ingwer-, Eukalyptus-, Pfeffer- und Pimentöl vor. *Sabinen* enthalten die Öle von Cardamomen, Majoran und Wermut, *α-Thujen* das Thymianöl.

Sesquiterpen-Kohlenwasserstoffe ($C_{15}H_{24}$) treten in den hochsiedenden Fraktionen der ätherischen Öle auf, z.B. *Zingiberen* im Ingweröl, *Cadinen* in Cubeben-, Wacholderbeer-, Pfefferminz- und Wermutöl, *Caryophyllen* in Nelken-, Piment- und Zimtöl, *Humulen* (s. S. 599) im Hopfenöl, *Selinen* im Selleriesamenöl.

An *Terpenalkoholen* finden sich u.a. *Linalool* in Muskatnuß-, Lorbeer-, Zitronen-, Coriander- und Thymianöl, *Geraniol* in Lorbeer-, Coriander- und Zitronenöl, *Citronellol* in Zitronenöl.

Carbocyclische Alkohole sind *Benzylalkohol* in Nelkenöl, Tee, Tabak, *Zimtalkohol* im Cassiaöl. *Alicyclische Alkohole* treten auf als *α-Terpineol* in Cardamom-, Majoran-, Sternanis-, Baldrian-, Lorbeer- und Pomeranzenöl, *Menthol* im Pfefferminzöl, *Borneol* im Muskatnuß- und Cardamomöl, auch in Lavendel-, Rosmarin- und Salbeiöl, *Dihydrocarveol* im Kümmelöl.

Sesquiterpenalkohole, wie *Farnesol* im Lindenblüten- sowie Orangenöl, *Terpenaldehyde*, wie *Citral* und *Citronellal* in Citrusölen und *Terpenketone* wie *Carvon* im Kümmel- und Dillöl, *Kampfer* in Cardamom- und Zimtöl sowie *Fenchon* im Fenchelöl sind weitere Terpenderivate, die sich in ätherischen Ölen finden.

An höheren Alkoholen kommen u.a. vor: der sek. Heptylalkohol (Nelkenöl), der Nonylalkohol (Pomeranzen- und Nelkenöl) und der *β,γ*-Hexylenalkohol (Thymianöl). Aldehyde aus der aliphatischen Reihe sind u.a. Acetaldehyd in Anis-, Kümmel- und Pfefferminzöl, *Isovaleraldehyd* im Nelkenöl sowie die höheren Vertreter (C_6, C_8, C_9 und C_{11}) in Eukalyptus-, Zimt-, Coriander- und Citrusölen. Wichtige Komponenten sind die obenerwähnten Terpenaldehyde Citral und Citronellal. Ferner sind zu erwähnen *Zimtaldehyd* in Zimtöl, *Benzaldehyd* in Zimt- und Bittermandelöl, *Anisaldehyd* in Umbelliferenölen und Vanille, *Vanillin* in Vanille und Nelkenöl. Manche dieser Aldehyde (Benzaldehyd, Vanillin) sind glykosidisch gebunden. An *Ketonen* kommen *Nonanon-(2)* in Nelkenöl, *Methyl-n-amyl-* und *Methyl-n-heptylketon* in Nelken- und Zimtöl, *Carvon* in Kümmel- und Dillöl, *Menthon* in Pfefferminzöl, *Thujon* (S. 643) in Wermutöl vor. *Diacetyl* findet sich in Kümmelöl.

Als Phenole und Phenoläther wurden u.a. nachgewiesen: *Phenol* in Tabakblätteröl, *p-Kresol* in Tee- und Anisöl, *Thymol* in Thymianöl, *Carvacrol* in Thymian- und Bohnenkrautöl, *Estragol* in Anis-, Fenchel- und Estragonöl, *Anethol* in Anis- und Fenchelöl, *Eugenol* in Nelken-, Piment-, Anis-, Muskatnuß-, Galgant-, Calmus-, Zimt- und Lorbeerblätteröl, *Safrol* in Sternanis-, Muskatnuß- und Lorbeeröl, *Myristicin* in Muskatnuß-, Macis- und Petersilienöl. *Methoxyflavone* finden sich im Pomeranzenschalenöl.

Säuren in freier Form treten mengenmäßig bei ätherischen Ölen in den Hintergrund. Sie kommen meist als Ester der Fettsäuren von Ameisen- bis Palmitinsäure vor. Spezifische Ester sind z.B. *Linalylacetat* in Zitronen- und Bergamottöl, *Geranyl-* und *Bornylacetat* im Corianderöl, *Menthylacetat* im Pfefferminzöl sowie die Methylester der *Salicylsäure* in Nelken- und Teeöl, der *Anthranilsäure* in Pomeranzen- und Bergamottöl.

Aliphatische Kohlenwasserstoffe sind z.B. n-*Heptan*, n-*Nonan* und n-*Undecan* im Terpentinöl, *Octylen* im Bergamott- und Zitronenöl.

Weitere Bestandteile sind *Cumarin* in Waldmeister und vielen anderen Pflanzen. Als *Basen* kommen *Piperin* in Pfeffer, *Capsaicin* in Paprika vor. Glykosidisch gebunden finden sich *Nitrile* in Kirschlorbeer- und Bittermandelöl, Senföle in schwarzem Senf (*Sinigrin*) und in weißem Senf (*Sinalbin*). Im folgenden sind die wichtigsten der hier besprochenen Komponenten ätherischer Öle formelmäßig zusammengestellt:

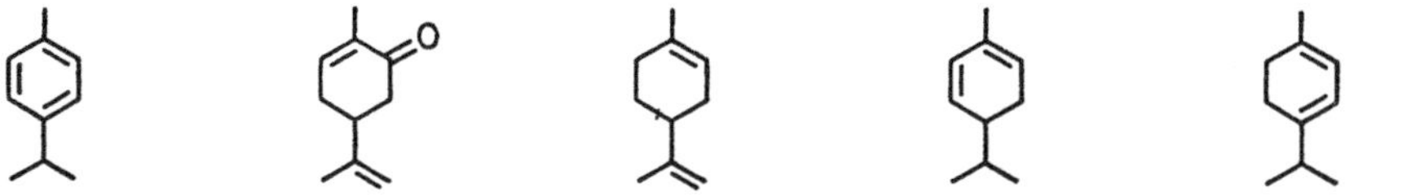

p-Cymol *Carvon* DL-*Limonen* *α-Phellandren* *α-Terpinen*

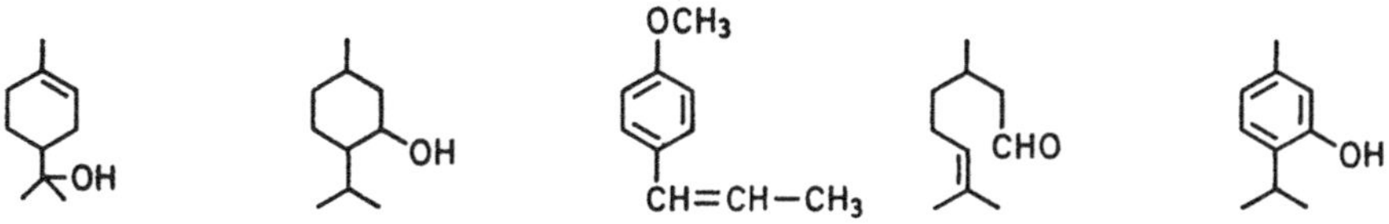

α-Terpineol L-*Menthol* *Anethol* *Citronellal* *Thymol*

Citral *Farnesol* *Thujan* *Geraniol*

α-Pinen *Camphen* *Borneol* *Cadinen*

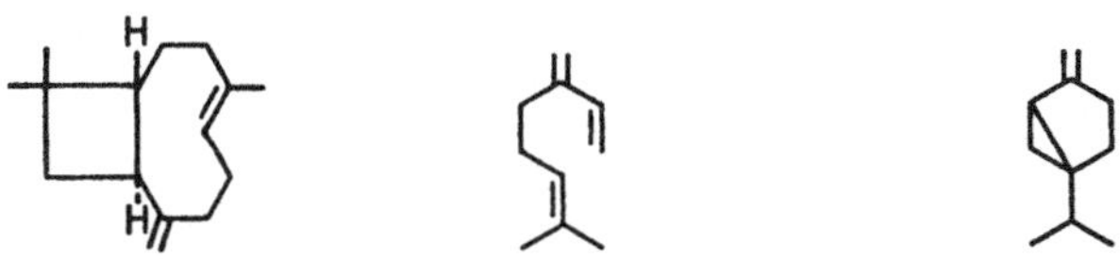

Caryophyllen *Myrcen* *Sabinen*

b) Die einzelnen Gewürze

Die Klassifizierung der Gewürze kann nach verschiedenen Gesichtspunkten erfolgen: nach Anbaugebieten, botanischen Familien, Zusammensetzung der wertbestimmenden Inhaltsstoffe und schließlich nach Art der verwendeten Pflanzenteile. Die letztgenannte Unterscheidung soll hier benutzt werden.

Einen ausgezeichneten und umfangreichen Überblick liefert K. Staesche (in: 54, Bd. VI, S. 426). Vgl. auch Griebel/Melchior/Kastner (178).

α) *Wurzel-Gewürze*

Meerrettich (Kren), die Wurzel einer Crucifere (Cochlearia armoracia), wird aus Wildpflanzen gewonnen oder in Kulturen gezogen. Weiteres siehe bei Wurzelgemüse S. 512.

β) *Rhizom-Gewürze*

Ingwer (ginger) ist entweder der ungeschälte („bedeckte", „schwarze") oder der halbgeschälte bzw. geschälte („unbedeckte") Wurzelstock der im tropischen Asien heimischen Zingiberacee Zingiber officinale. Ungeschälter, gelblicher bis bräunlicher Ingwer ist von gerunzeltem Kork bedeckt und wird gebrüht. Geschälter (weißer) Ingwer wird zuweilen mit schwefliger Säure gebleicht oder vor dem Trocknen in Kalkwasser eingelegt.

Das ätherische Öl (1—4%, nach den o.a. „Deutschen Normen" mindestens 1,5 ml/100 g) besteht aus einer milden (vorwiegend Zingiberen, $C_{15}H_{24}$ enthaltenden) Komponente und dem brennend scharfen Gingerol. Daneben finden sich zahlreiche der auf S. 649 besprochenen Terpene. Verwendung findet Ingwer in Stücken und gemahlen als Küchengewürz (Fleischspeisen, Kompotte, Einmachen von Kürbis und Senfgurken, Gebäcke), kandiert oder in Zuckersirup eingemacht, für Konfekt (Ingwerpralinen) sowie zur Herstellung von Likören und bei der Fabrikation des in England beliebten Ginger-Ale. Ingwer ist ein wichtiger Bestandteil des *Currypulvers*. Er soll neben ätherischem Öl höchstens 7 Gew.-% Asche, 1,1% CaO und mindestens 11,4 Gew.-% in kaltem Wasser löslichen Auszug enthalten. Verfälschungen kommen vor allem mit stärkehaltigen Mehlen, Destillationsrückständen und gemahlenen Ölkuchen vor.

Curcuma (Gilbwurz, Gelbwurz, tumeric curcumaroot) stammt aus Südostasien, dient in Ost- und Westindien als scharfes Gewürz. Das aus dem gebrühten und getrockneten Rhizom gewonnene gelbe Pulver enthält 1,3—5,5% ätherisches Öl, 5—7% Asche, Bitterstoffe, Harze und den lichtempfindlichen Farbstoff *Curcumin* (S. 311). Curcuma hat auch bei uns Eingang als Würzstoff gefunden und ist vor allem ein wesentlicher Bestandteil des curry powder (Curry), eines scharfen Gewürzes, das aus einer Mischung von Cardamom, Cayennepfeffer (Chillies), Coriander, Curcuma, Ingwer, Kümmel, Muskatblüte, Nelken, Pfeffer, und Zimt besteht. Hier ist Curcuma nicht so sehr als Farbkomponente, weit mehr infolge seines schwach gewürzigen Geruches und seines angenehmen, leicht brennend-bitterlichen Geschmacks als Gewürz anzusprechen. Curry wird auch in deutschen Gewürzmühlen als Gewürzbestandteil hergestellt. Durch Aufkochen des Curry-Gewürzes mit Essig und weiteren Zutaten, oft unter Zusatz von Sherry, entsteht die *Worcestersoße* (auch Worcestershire-Soße) für Suppen, Pasteten, Fleisch, Fisch usw.

Calmus (Acorus calmus) stammt aus Indien, kommt auch bei uns wildwachsend vor und wird im gemahlenen Zustand als Bestandteil von Gewürzpulvermischungen, zu Likören, Zahnpulvern und Mundwasser benutzt. Der geschälte und kandierte Wurzelstock gilt als magenstärkendes Mittel. Calmus enthält 1,4—5,8% ätherisches Öl, wenig braunes Harz und Bitterstoffe.

Galgantwurzel (Alpinia off.) wird als Drogen-Rhizom für Magenbitterliköre benutzt, ähnlich wie die *Zitwerwurzel* (Curcuma zedoria).

Zu erwähnen sind hier auch die *Umbelliferenwurzeln* (Knollensellerie, Kerbelrübe, Wurzelpetersilie), die meist frisch als Gemüse, frisch und getrocknet zum Würzen von Suppen und Fleischgerichten verwendet werden. Als getrocknetes Gewürz kommt nur die Liebstöckelwurzel („*Maggiwurzel*", Radix Lewistici) in Betracht.

Zwiebeln (Lauchgewächse) finden als *Küchenzwiebel* (Allium cepa), *Schalotte* (A. ascalonicum), *Porree* (A. ampeloprasum) sowie als *Knoblauch* (A. sativum) außer in Form von Gemüsen umfassende Verwendung zu Würzzwecken. Neben Diallylsulfid:

$CH_2=CH—CH_2—S—CH_2—CH=CH_2$, Diallyldisulfid: $C_3H_5—S—S—C_3H_5$, Propyl-disulfid, Vinylsulfid, Alkyltrisulfiden und Diallylthiosulfinat und freier Isothiocyansäure (Isorhodanwasserstoffsäure) enthalten solche Lauchgewächse nach neuen Untersuchungen eine Reihe bactericid und herbicid wirkender Stoffe (S. 521).

γ) *Blatt- und Krautgewürze*

Nur ein kleiner Teil von Vertretern dieser Gruppe gehört zu den eigentlichen Gewürzen, die fast ausschließlich trocken gehandelt werden. Die Mehrzahl wird frisch als Küchenkräuter verwendet, z.B. Schnittlauch, Porree, Petersilie, Selleriekraut, Dill u. a. m., und bei Gemüse besprochen.

Majoran (Mairan, Wurstkraut), eine im Orient und im südlichen Europa heimische Labiate (Origanum majorana oder Majorana hortensis), wird als getrocknetes blühendes oder kurz vor der Blüte stehendes Kraut der Pflanze gehandelt („Knospen-Majoran"). Er enthält 1—3,5% ätherisches Öl, hauptsächliche Geruchsträger sind der bicyclische Monoterpenalkohol *cis-Sabinenhydrat*, daneben zahlreiche Terpenkohlenwasserstoffe. Der Mineralstoffanteil (bis zu 17%) besteht zu etwa 5% aus Sand. Verwendung findet Majoran entweder gerebelt (abgestreifte Blätter und Blütenstände) oder geschnitten (zusätzlich die Stengelteile enthaltend) zu Soßen, Fleischspeisen und als Wurstgewürz (Leberwurst).

„*Spanischer Hopfen*" (Kretischer Dost, Majorana onites) ist ein in Südeuropa heimisches Würzkraut. Es dient in der Fischindustrie beim Einlegen von Gabelbissen als Gewürzbestandteil.

Thymian kommt als Gartenthymian (Thymus vulgaris) aus dem Mittelmeergebiet. Er enthält 0,75—2,6% ätherisches Öl (Thymol, Carvacrol, Cineol, u.a.) und höchstens 12% Asche. Gleich dem Majoran behält Thymian auch im gemahlenen Zustand seinen Würzwert und dient gleich diesem als Gewürz für Fleischgerichte und Wurstgewürzmischungen. Der z.Z. im deutschen Handel anzutreffende Thymian stammt vorwiegend von spanischem und südfranzösischem Thymus zygis.

Bohnenkraut (Saturei, Pfefferkraut, Satureja hortensis) enthält 0,7—2% ätherisches Öl (überwiegend Phenole, besonders Carvacrol und Cymol), das beim Vermahlen zu Pulver fast vollständig verlorengeht. Es wird verwendet in Gerichten aus grünen Bohnen, Erbsen und Linsen und für Braten, zuweilen auch anstelle von schwarzem Pfeffer.

Basilienkraut (Basilicum, Ocimum basilicum) ist eine für Gewürzmischungen, in Hustenmitteln und Kräuter-Schnupftabaken verwendete Labiate. Die abgerebelte (nicht feinvermahlene) Ware enthält 0,2—0,45% ätherisches Öl und maximal 14% Asche.

Lorbeerblätter vom mediterranen Lorbeerbaum (Laurus nobilis) finden unzerkleinert im Haushalt zu Soßen, zum Einmachen und für Gewürzessig, gemahlen für Gewürzmischungen Verwendung. Lorbeerblätter enthalten 0,8—3,0% ätherisches Öl und maximal 6% Asche.

Estragon wird häufig als Küchengewürz gezogen. Das Kraut dieser Composite (Artemisia dracunculus) wird meist frisch verbraucht, weil beim Trocknen das Aroma fast vollständig verlorengeht; es findet Verwendung zu Salaten, Mayonnaisen, Soßen, zu Fischkost, beim Einmachen von Gurken und zur Herstellung des *Estragonessigs*. Eine weitere Composite, der *Beifuß* (Gänsewürzkraut, Artemisia vulgaris), ein wildwachsendes Kraut, enthält reichliche Mengen ätherisches Öl und dient insbesondere als Gewürz zum Gänsebraten. Hierher rechnet auch die *Wermutpflanze* (Artemisia absinthium), deren würziges, stark bitter schmeckendes Kraut als magenstärkendes Mittel und zu Arzneizwecken verwendet wird. Im ätherischen Öl ist das gesundheitlich bedenkliche *α- und β-Thujon* („Tanaceton", $C_{10}H_{16}O$), ein bitter kratzender Stoff, enthalten, weshalb die zur Herstellung alkoholhaltiger Getränke zugelassenen Mengen an Wermutkraut gesetzlich beschränkt sind (S. 643).

Gewürzkräuter aus der Familie der Umbelliferen sind *Petersilie* (Petroselinum sativum), *Dill* (Anethum graveolens) und *Sellerie* (Apium graveolens), von denen Petersilie wohl das bekannteste Küchengewürzkraut darstellt. Frische Petersilie weist einen sehr beachtlichen Vitamin C-Gehalt auf.

δ) *Rindengewürze*

Zimt (Caneel, Cassia, Kanehl) ist die getrocknete, zumeist von den äußeren Gewebeschichten (Kork und primäre Rinde) ganz oder teilweise befreite Rinde von jungen Stämmen, Ästen oder Wurzelschößlingen verschiedener tropischer, zu den Lauraceen rechnenden ostasiatischen *Cinnamomum-Arten*. Die „Deutschen Normen“ unterscheiden 4 *Handelssorten: Ceylon-Zimt, Chinesischer Zimt, Padang-Zimt* und *Seychellen-Zimt*.

Chinesischer Zimt (Zimtcassia, gemeiner Zimt, Mutterzimt, Cortex Cassiae Cinnamomeae) aus dem südöstlichen China, den Sundainseln und der Malabarküste ist die Zweigrinde von Cinamomum aromaticum = C. cassia, besteht aus 1—3 mm dicken, einseitig eingerollten, nur sehr oberflächlich abgeschabten etwa 30 cm langen Stücken. Der Zimt zeigt aromatisch-süßlichen, gegenüber den im folgenden zu besprechenden Arten weniger kräftigen, adstringierenden Geschmack und körnigen Bruch. Er ist nur noch selten im deutschen Handel.

Padang-Zimt (Cassia vera) von Cinamomum burmanni kommt aus Indonesien und liefert uns die Hauptmenge an Zimt. Die besten Qualitäten sind etwa 1 m lange bis zu 1—3 mm dicke Röhren von 1—1,5 cm Durchmesser mit körnigem, fast glattem Bruch. Im Geschmack ist diese Zimtart feiner und kräftiger als der chinesische Zimt.

Der *Ceylon-Zimt* (edler, echter Zimt, Kanehl, Ceylon Cinnamom) wird als feinste Zimtsorte vom Zimtlorbeerbaum (Cinnamomum ceylanicum) vor allem auf Ceylon, aber auch auf Java, auf den Seychellen, auf Martinique, Cayenne, Jamaika und in Brasilien gewonnen, und zwar durch sorgfältiges Schälen 1 ½—2 Jahre alter Schößlinge. Die beiderseits eingerollten, ineinander gesteckten Stücke besitzen eine 0,5 mm dicke Rinde, kurzfaserigen Bruch und gelbbraune Farbe. Er zeigt besonders feinen Geruch und süßlich feurig brennenden Geschmack und ist die geschätzteste, teuerste Zimtrinde.

Seychellen-Zimt wird als minderwertige Zimtsorte bezeichnet, in der Schweiz (93) wird er nicht mehr als Handelssorte geführt.

Weitere Zimtsorten sind *Javazimt, Malabar-* oder *Holzzimt* als geringwertige Sorte, sowie scharf aromatisch bitter schmeckender *weißer Zimt* (weißer Caneel) von den Antillen u. a. m.

Zimtbruch (featherings) dient oft zur Herstellung von gemahlenem Zimt. Abfälle, wie sie beim Schälen von Ceylonzimt anfallen, werden als *Chips* bezeichnet und meist auf ätherisches Öl verarbeitet.

Zimtpulver wird aus den genannten Zimtarten, oft auch aus Mischungen hergestellt. Von den früher sehr zahlreichen Verfälschungen kommen heute noch solche mit Holzmehlen, Zigarrenkistenholz (Cedrela), Baumrindenpulver, Preßkuchen, Samenschalen, Mehlen, Spelzen u. a. m. vor.

Zimtöl als geschmacksgebender Bestandteil der Zimtrinde besteht zu etwa 70% aus Zimtaldehyd, 10% Eugenol und anderen im Aroma zurücktretenden Stoffen (Nonylaldehyd, Caryophyllen, Linalool, Cymol u. a.). Bisher wurden 45 Komponenten des Cassiaöles identifiziert. Die wichtigsten Sorten sind *Cassiazimtöl* aus Blättern und Rindenabfällen des chinesischen Zimtbaumes, *Ceylonzimtöl* aus Ceylonzimt-Chips (siehe oben) und *Zimtblätteröl* aus den Blättern des Ceylonzimtstrauches. Im Gegensatz zu den rein zimtartig riechenden beiden ersten Sorten hat das letztgenannte Öl stark nelkenartigen Geruch. Zimtöle werden in der Aromenindustrie, der Likörfabrikation und für kosmetische Erzeugnisse verwendet. Offizinell ist nur das Öl aus Ceylonzimt.

Zimt selbst dient zum Würzen von Kompotten, Süßspeisen, süßen Suppen, Punsch und Glühwein, für Gebäcke, Gewürzmischungen (z. B. Curry und Weihnachtsgebäckgewürze) und zum Bestreuen von süßen Breien oder Milchreis.

Zimt enthält 4—7% Asche und 1,3—3,5 ml/100 g ätherisches Öl. Der Wert eines Zimtes sinkt mit steigendem (der Außenrinde entstammendem) Gerbstoffgehalt. Forderungen, die an verschiedene Zimtsorten zu stellen sind, bringen die erwähnten „Deutschen Normen DIN 10202“.

ε) *Gewürze aus Blüten und Blütenteilen*

Safran (Crocus) sind die getrockneten Narbenschenkel der Iridacee Crocus sativus. Safran findet heute als Würzstoff und Färbemittel für Speisen nur noch beschränkte Verwendung. Neben dem spanischen wird auch französischer (Gátinais-Safran) sowie orientalischer und persischer Safran gehandelt. Die Handelssorten werden außerdem danach unterschieden, ob die wertlosen Griffel („Feminell") entfernt sind („elegierter Safran") oder im Gewürz belassen wurden („natureller Safran"). Verfälschungen werden vor allem durch Untermischen ähnlicher Pflanzenteile (Saflor und andere Pflanzen, Zugabe von Malzkeimen, Farbhölzern, Safrangriffeln, ausgezogen und wieder aufgefärbten Safrannarben, Beschweren mit anorganischen Salzen, Fett-, Glycerin- und Zuckerzusatz, u.a.m.) vorgenommen. Safran soll maximal 12% Wasser, 6% Gesamtasche und 0,6—1% ätherisches Öl enthalten. Als Wertbestimmung dient die *Färbekraft*, ermittelt gegen eine Standard-Dichromatlösung. Der bittere Geschmack geht auf den Gehalt an *Picrocrocin* (Safranbitter) zurück, ein Terpenglykosid, das durch Säuren und Alkalien in Glucose und den Aldehyd *Safranal* gespalten wird:

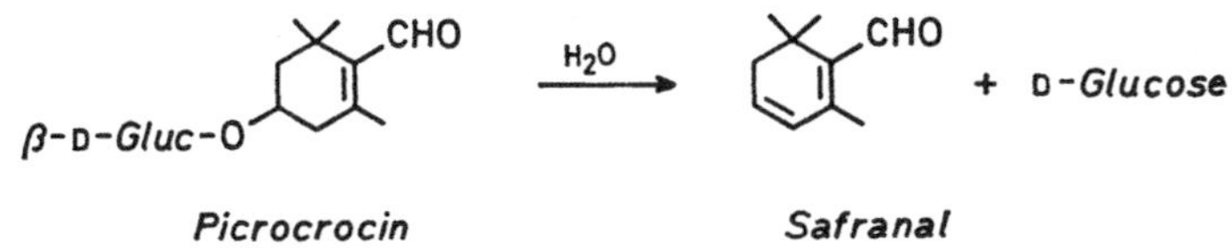

Der Farbstoff des Safrans, *Crocin*, ist ein in Wasser und verdünntem Alkohol leicht lösliches Glucosid, das durch Säure oder Alkali in Gentiobiose und das hochrot gefärbte, nur spurenweise in Wasser, leicht in Alkohol lösliche Carotinoid *Crocetin* zerfällt:

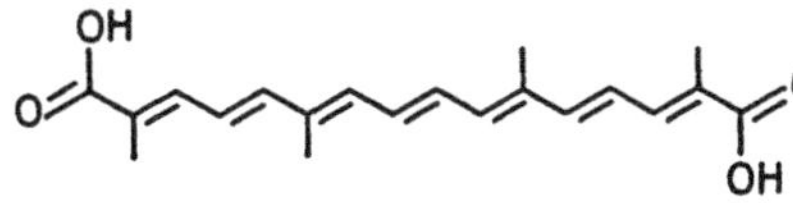

Crocetin

Gewürznelken stammen vom Gewürznelkenbaum (Syzygium aromaticum = Eugenia caryophyllus), einer Myrtacee, die auf den Molukken, den ost- und westindischen Inseln, Sansibar, Madagaskar und in Brasilien kultiviert wird. Sie stellen die schon vollständig entwickelten, aber noch nicht aufgeblühten getrockneten Blütenknospen dar, die von den Stielen befreit getrocknet werden und je nach Trocknungsart braune bis tiefbraune Farbe aufweisen. Die besten Sorten stammen von den Molukken und von Amboina. Die Gewürznelken riechen stark aromatisch, schmecken brennend würzig und geben schon beim Drücken mit dem Fingernagel reichlich ätherisches Öl ab. Vollwertige Nelken fühlen sich fettig an, gehen in Wasser unter oder schwimmen aufrecht, extrahierte schwimmen in Wasser waagerecht.

Wertbestimmender Anteil ist das besonders reichlich in den Blütenknospen enthaltene ätherische Öl (15—25%), das bis zu 90% aus Eugenol besteht, außerdem *Caryophyllen*, bei der Destillation aus *Caryophyllenoxid* entstehend, *Methylamylketon*, *Vanillin*, *Salicylsäuremethylester* u.a.m. enthält. Gewürznelken sollen nicht mehr als 12% Wasser, 8,2% Gesamtasche und mindestens 17,6 ml/100 g (ganze Nelken) bzw. 16,0 mg/100 g (gemahlene Nelken) ätherisches Öl enthalten. Verfälschungen sind vor allem Nelkenstiele (die bei der Ernte abfallenden Blütenstiele) und vom ätherischen Öl befreite Nelken, in Gewürznelkenpulver außerdem Pimentstiele, Kakaoschalen, Getreide- und Leguminosenmehle. Ausgereifte Nelken mit 2—8% Ölgehalt wurden früher als *Mutternelken* (Anthophylli) gehandelt. Nelken finden im Haushalt Verwendung zu Fleischgerichten, Soßen, Obstsuppen, Gemüsen, Kompotten, Glühwein und Punsch und zum Einmachen. Gemahlene Nelken sind Bestandteile von Weihnachtsgebäckgewürzen, Likören, Wurstgewürzen, Tinkturen usw.

Kapern (Kappern) als noch geschlossene Blütenknospen des Kapernstrauches (Capparis spinosa) werden mit Salz und Essig eingemacht und sind durch ihren herben, kräftigen ein wenig an Kresse oder Senf erinnernden Geschmack als Zugabe und Würze für Salate, Ragouts und Soßen beliebt.

Die kleinste, besonders geschätzte Sorte heißt „*Nonpareilles*“, größere werden als *Surfines*, *Capucines*, *Capot* oder *Capperoni* gehandelt. Verfälschungen und Ersatzmittel sind u.a. Blütenknospen der Kapuzinerkresse oder des Besenginsters und Knospen der Sumpfdotterblume.

ζ) *Fruchtgewürze*

Cardamomen. Sie sind eigentlich ein Samengewürz, da nur die Samen wirklich aromatisch sind. Im deutschen Handel finden sich die Früchte der kleinen oder *Malabar*cardamomen, dreikantige, dreifächerige Kapseln der Zingiberacee Elettaria cardamomum, die an der Westküste von Süd-Vorderindien, auf Ceylon und auch in Mittelamerika kultiviert wird. Die graubraunen bis rötlichbraunen Samen der Frucht dienen als aromatisches Gewürz für Lebkuchen, Liköre und Essenzen. Sie enthalten 3,5—7%, mindestens 4 ml/100 g ätherisches Öl (mit Terpineol, Terpinylacetat, Cineol, Borneol, Sabinen und Limonen), maximal 15% Wasser und 7—8% Gesamtasche.

Pfeffer ist die Frucht des in Indien heimischen, in Indonesien, Ceylon, Siam und Indochina angebauten Kletterstrauches Piper nigrum, der ähnlich wie Hopfen an Stangen gezogen wird. Die beerenartigen Früchte sitzen zu 20—30 an einer etwa 10 cm langen Ähre und nehmen bei der Reife rot- bis gelbbraune Farbe an. *Schwarzer* und *weißer Pfeffer* unterscheiden sich durch ihren Reifegrad. Für schwarzen Pfeffer werden die unreifen, noch grünen Früchte an der Sonne oder über Feuer getrocknet. Sie verfärben sich dabei schwarzbraun und zeigen durch Schrumpfung des Fruchtfleisches eine runzlige Oberfläche. Weißer Pfeffer stellt die reife, durch Abreiben von der äußeren Fruchtwand befreite und getrocknete Frucht dar. Weißer Pfeffer wird auch durch Schälen des schwarzen Pfeffers in besonderen Schälmaschinen gewonnen. Als beste Pfeffersorte gilt der Malabarpfeffer, daneben sind zahlreiche andere Sorten im Handel (Penang-, Singapore-, Java-, Telicherry-, Muntokpfeffer u. a. m.). *Heller Pfeffer* ist eine Handelsware, die zu gleichen Teilen aus gemahlenem weißem und schwarzem Pfeffer, bisweilen auch aus geschältem schwarzem Pfeffer gewonnen wird.

Die Würzstoffe des Pfeffers sind zunächst das flüchtige aromaliefernde, hauptsächlich aus L-*Phellandren* und verschiedenen Sesquiterpenen bestehende ätherische Öl (1,2—3,6%). Bis heute sind mehr als 25 flüchtige Komponenten gaschromatographisch und massenspektrometrisch erfaßt worden, darunter viele Monoterpene, Terpenalkohole, Sesquiterpenkohlenwasserstoffe und schließlich — als ein Träger des scharfen Geschmacks — *Piperanin*, ein Piperitid der trans-5-(3.4-Methylen-dioxyphenyl)-2-pentensäure. Der scharfe brennende Geschmack wird durch das in den Sekretzellen fein verteilte, zu etwa 4,6—10% vorhandene, nichtflüchtige Alkaloid *Piperin* bedingt:

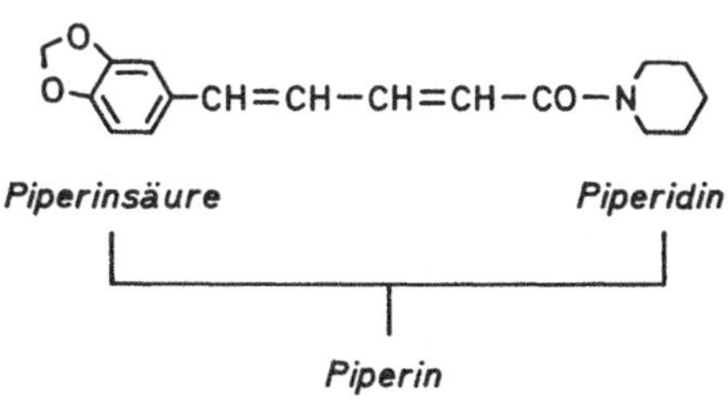

Nach den „Deutschen Normen“ sind an schwarzen bzw. weißen Pfeffer folgende Anforderungen zu stellen: Wassergehalt 12%, Gesamtasche 7,0% bzw. 3,0%, Rohfaser 17,5 bzw. 6,0%. An ätherischem Öl fordert das „Schweizerische Lebensmittelbuch“ mindestens 1,4% (ganzes Gewürz) bzw. 1,1% (Pulver).

Pfeffer ist das meistgebrauchte Gewürz. Es findet Verwendung als Korn für Fleischgerichte, Marinaden und Dauerwurst, Soßen, Fischsud, zum Einlegen von Gurken und Heringen, als gemahlener Pfeffer für Fleisch- und Fischgerichte, Suppen, Soßen, Gemüse und Salate.

Aromatische Früchte als Pfefferersatz finden in Notzeiten beschränkte Verwendung, so vor allem die Früchte von Amomum melegueta („*Paradieskörner*“, Guinea-, Meleguetapfeffer), die Früchte von Xylopia aethiopica „Kani“, („*Mohrenpfeffer*“) sowie von Piper clusii einer aus Zentralafrika stammenden, als „*Aschantipfeffer*“ bezeichneten Droge, die Früchte des peruanischen Pfefferbaumes (Schinus molle) als „*Mollesaat*“ und schließlich *Cubeben* (Stielpfeffer), die Früchte der indonesischen Pfefferart Piper cubeba.

Piment (Nelkenpfeffer, Jamaikapfeffer, Gewürzkörner, Neugewürz, Englisch-Gewürz) stammt als nicht völlig reife, an der Sonne getrocknete Frucht von dem im tropischen Amerika heimischen, in Mexiko, auf den Antillen und Jamaika kultivierten Nelkenpfefferbaum (Pimentbaum, Pimenta officinalis), einer Myrtacee. Die dunkelbraunen, ungestielten, körnig rauhen, fast kugeligen Früchte zeigen scharf würzigen, an Gewürznelken und Pfeffer erinnernden Geruch und Geschmack. Sie enthalten 3,3—5% ätherisches Öl, das gleich dem Nelkenöl in der Hauptsache aus Eugenol besteht. Piment wird im Haushalt, für Backwaren und bei der Fleischverarbeitung verwendet. Als *Grenzzahlen* werden gefordert: maximal 12% Wasser und 6% Gesamtasche, mindestens 3% ätherisches Öl.

Paprika (Türkischer Pfeffer, Spanischer Pfeffer, Beißbeere, span. = pimenton) ist als Gewürz die glänzend gelbrote bis rotbraune, lederige, beerenartig-längliche und saftlose Frucht (fälschlich als „Schote“ bezeichnet) verschiedener Varietäten von Capsicum annuum. Diese im tropischen Südamerika, Mexiko bis in den Süden der USA wildwachsende einjährige Solanacee wird heute vor allem in Italien, Spanien, Frankreich, dem südlichen Ungarn und Bulgarien sowie in der Türkei und in Ostafrika angebaut. Die trockenen Früchte sind durch Scheidewände (Placenta) geteilt, die vorwiegend Träger der brennend scharfen Bestandteile sind. An der Placenta sitzen zahlreiche hellgelbe, scheibenförmige kleine Samen. Sämtliche Paprikapulversorten enthalten Teile der Fruchtwand *und* der Samen, wenn auch im wechselnden Verhältnis, das die Schärfe der Produkte bedingt. *Edelsüßer* Paprika von feurig roter Farbe, würzigem Geruch und nur schwach scharfem Geschmack ist durch Entfernen von Stiel, Kelch und Scheidewänden, durch Einweichen und Waschen weitgehend von Capsaicin befreit. In *Rosenpaprika* werden diese Manipulationen nicht vorgenommen, wodurch das gesamte Capsaicin erhalten bleibt. *Mercantilpaprika* als geringste Qualität wird aus abfallenden Fruchtteilen der Fabrikation besserer Sorten, ohne Verwendung von Kelch- und Stielteilen gewonnen. Grüne als Gemüse konsumierte Früchte werden beim Gemüse besprochen.

Träger des scharfen Geschmackes ist *Capsaicin*:

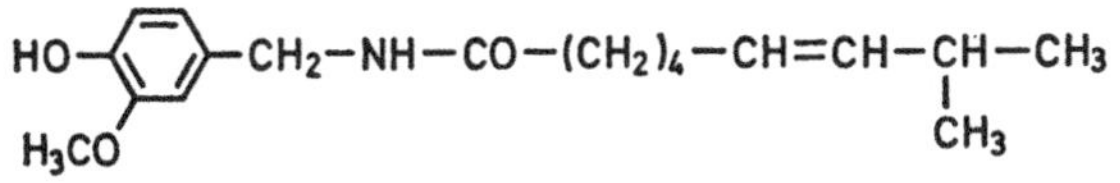

Capsaicin

ein zu 0,3—0,5% in der Frucht vorkommender, in Wasser und Petroläther schwer, in Alkohol und Äther leicht löslicher Stoff. Für den charakteristischen Geschmack ist außerdem der *Zuckergehalt* (6—7% Glucose und Saccharose) verantwortlich. Die rote Farbe der Frucht wird vor allem durch das zu etwa 0,4% enthaltene Carotinoid *Capsanthin* ($C_{40}H_{56}O_3$), daneben durch *Capsorubin* ($C_{40}H_{56}O_4$) sowie durch geringe Mengen Carotin (0,06%) bedingt. Derartige lipophile Carotinoide bedingen die rotgefärbten „Fettaugen“ mit Paprika gewürzter Speisen. Weitere Inhaltsstoffe sind u.a. *Flavonglykoside, fettes, tokopherolreiches Öl* in Fruchtfleisch und Samen, Säuren des Citratcyclus sowie *China-* und *Shikimisäure* ferner das aus Steroidsaponinen bestehende Antibioticum *Capsidicin.*

Der hohe Ascorbinsäuregehalt der frischen Frucht (bis zu 200 mg-%) ist im gemahlenen Paprika praktisch verschwunden, er bleibt jedoch in Würzpasten oder Musen aus süßen Paprikasorten erhalten und kann hier Werte bis zu 400 mg-% Ascorbinsäure erreichen. Paprikapulver soll nicht mehr als 14% Wasser und 6,5 bis 7,5% Gesamtasche enthalten. Hauptlieferant von Paprika für die BRD ist Ungarn. Verwendung findet Paprika als Würzmittel zu Fleisch-, Fisch- und Geflügelgerichten, zu Suppen, Soßen, Mixed Pickles und (die milden Sorten) zu Diätspeisen. Ähnlich wie bei Tomaten wird aus Paprika ein Mark (auch als Sprühprodukt) gewonnen und als solches auch zur Würzung von Tomatenketchup (S. 520) benutzt.

Cayennepfeffer (Guineapfeffer, Chillies) sind die etwa 2 cm langen, durch ihren höheren Gehalt (0,55%) an Capsaicin weit schärfer als Paprika schmeckende Früchte von Capsicum-Arten (Capsicum frutescens, C. fastigiatum) die in verschiedenen tropischen Gegenden (Indien, Amerika, Afrika) angebaut werden. Das Gewürz findet unzerkleinert in Mixed Pickles, gemahlen als Bestandteil von Gewürzmischungen Verwendung.

Umbelliferenfrüchte („Brotgewürze") umfassen eine Reihe von Früchten, die anatomisch recht ähnlich aufgebaut sind. Sie bestehen aus zwei Nüßchen (Doppelpachaenen), die bei der Reife meist in die beiden Teilfrüchte zerfallen. *Anis* (Pimpinella anisum) ist im östlichen Mittelmeergebiet heimisch, wird heute in ganz Europa angebaut (Spanien, UdSSR, Balkanländer) und enthält 2—3% zu 80—90% aus Anethol bestehendes ätherisches Öl. Verwendung findet Anis für Backwaren, als Küchengewürz und bei der Likörfabrikation (Anisette).

Coriander, gleich Anis verbreitet, sind die Früchte von Coriandrum sativum, var. vulgare bzw. var. microcarpum. Sie enthalten 0,7—1,1% ätherisches Öl, das hauptsächlich aus D-Linalool (Coriandrol), daneben aus wenig Pinen besteht, außerdem findet sich etwa 13% fettes Öl. Gemahlen ist Coriander Bestandteil von Mischgewürzen (Printen, Spekulatius), Wurst- und Brotgewürzen sowie von Currypulver.

Kümmel, (Brotkümmel, Kümmich, Garbe) die Spaltfrucht des ubiquitär, vor allem in den Niederlanden, Friesland und Mitteldeutschland kultivierten Carum carvi, enthält 2—6% ätherisches Öl (Hauptbestandteil D-Carvon, daneben D-Limonen) und — gleich dem Anis — α-Diphenolproteide. Wegen seiner verdauungsfördernden, Gasbildung verhindernden Wirkung findet er Verwendung in schweren Speisen (Kartoffeln, Kohl, dunkles Brot), zu Käse, Wurstarten, Quark und Gebäck und in der Branntweinfabrikation (Aquavit, Allasch).

Mutterkümmel (Römischer Kümmel, Kreuzkümmel, Cumin), die Spaltfrucht von Cuminum cyminum, zeigt strenges, wenig angenehmes, durch Cuminaldehyd bedingtes Aroma und wird meist für Liköre verwendet. Der Gehalt an ätherischem Öl liegt bei 2,5—4,8%.

Fenchel (Foeniculum vulgare) weist aromatischen, würzhaft-süßen Geschmack auf, zurückzuführen auf das im ätherischen Öl (3—6%) vorkommende *Anethol.* Er findet Verwendung in Küche und Bäckerei als Gewürz, bei der Branntwein- und Likörfabrikation und in der Medizin (Fenchelhonig, Fenchelwasser).

Dill (Anethum graveolens), ein Küchenkraut, wird vor allem als Küchengewürz und zum Einmachen von Fischen, Heringen, Essig- und Gurkengemüse benutzt. Das ätherische Öl (im Mittel 4,6%) ist Rohstoff der Likör- und Parfümfabrikation.

Selleriefrüchte werden für Selleriesalz, Kräuter- und Gewürzsalze und in amerikanischen Braten- und Grillgewürzen verwendet.

Vanille stammt von Vanilla planifolia, einer in Mexiko beheimateten Schlingpflanze aus der Familie der Orchideen, die heute auch auf Madagaskar, Réunion, den Seychellen, Java und Ceylon kultiviert wird. Die Bestäubung der Plantagenvanille erfolgt künstlich. Die Pflanze liefert schotenähnliche, einfächerige Kapselfrüchte, die zahlreiche kleine Samen enthalten, eingebettet in Mus, das bei der Reifung Träger des Aromas wird. Die unreif geernteten Früchte werden künstlich gereift und getrocknet. Zur *Fermentation* schichtet man die Früchte übereinander, schlägt sie nach kurzem Lagern in wollene Tücher ein und setzt sie dann zwei Monate der Sonne aus, bis sie dunkelbraun gefärbt sind. Anschließend wird im

Schatten getrocknet („*Mexikanisches oder Trocken-Verfahren*"). Nach dem „Heißwasser"- oder *Réunionverfahren* werden die angeritzten Früchte kurz in heißes Wasser getaucht, an der Sonne getrocknet, in gut schließenden „Schwitzkästen" aus Blech 2 Tage fermentiert, erneut an der Sonne ausgebreitet und diese Verfahren 8—10mal wiederholt. Lufttrocknung über 2—3 Monate liefert schließlich aus 3,5 kg unreifen Früchten etwa 1 kg fermentierte trockne Vanille.

Die glänzend schwarzbraunen, geschmeidig, weich und fettig anzufühlenden Früchte sind etwas gekrümmt, flachgedrückt und längsfaltig, bis zu 25 cm lang und 1 cm breit, enthalten reichlich schwarzbraunes aromatisches Mus und sollen dünne Schalen haben. Häufig sind sie von feinsten, bei der Fermentation austretenden Vanillinkristallen bedeckt, so daß sie wie verschimmelt aussehen, doch ist die Stärke der Kristallausscheidung kein Merkmal besonders guter Qualität. Vanille kommt gebündelt in Blechschachteln („Mazos"), in Glasröhrchen oder mit Stanniol umwickelt in den Handel. Als feinste Sorte gilt die mexikanische; im europäischen Handel ist vor allem die *Bourbon*-Vanille anzutreffen (aus Réunion, Madagaskar, von den Komoren und Seychellen). Die geringsten Sorten (Tahiti-, Gouadeloupe- oder Südsee-Vanille) enthalten neben Vanillin das artfremd riechende *Piperonal* (Heliotropin, Methylenäther des Protokatechualdehyds). Vanille enthält als charakteristischen Inhaltsstoff *Vanillin* (s. S. 660), im Mittel zu 3,2—3,7 %, daneben als wichtige Begleitstoffe des Aromas *Vanillylalkohol, Zimtsäureester, p-Hydroxybenzaldehyd, Diacetyl,* noch nicht identifizierte Phenolsubstanzen, *Glucose, Fructose* und *Saccharose* (zusammen etwa 18 %), *Fett-* und *Wachsstoffe* (etwa 8,7 %), *Cellulose* (rund 17 %) und *Mineralstoffe* (etwa 4 %). Als *Grenzwerte* für die Gesamtasche werden maximal 7 %, als Mindestgehalt an Vanillin 2 % angesehen. Viele der obengenannten Begleitkomponenten bedingen, daß der Geruch reinen Vanillins nicht identisch mit dem der Vanillefrüchte ist. *Vanillons* sind kleinere, dickere Früchte einer wildwachsenden Vanilleart (Vanilla pompana), die gleich der Tahiti-Vanille (aus Vanilla tahitensis) Piperonal enthalten, abweichenden Vanillegeruch zeigen und für Parfümeriezwecke dienen. Vanille ist das edelste, zu süßen Suppen und Soßen, Süßspeisen, Kompotten und Gebäcken im Haushalt, in der Konditorei, der Schokoladen-, Likör- und Parfümfabrikation viel gebrauchte Gewürz. Auch Essenzen und Extrakte werden aus der Frucht hergestellt. Die Weltproduktion an Vanille liegt bei rund 1000 t, wovon 500 t auf Madagaskar und 300 t auf Réunion, den Antillen und anderen französischen Inseln gewonnen werden. Hauptkonsumenten sind die USA mit 500 t und Europa mit 300 t, davon Frankreich mit 60 t und die BRD mit 30 t.

η) Samengewürze

Muskatnuß ist der getrocknete *Samenkern* (also keine Nuss) einer aprikosenartigen Frucht, die vom Muskatnußbaum (*Myristica fragans*) stammt. Die Früchte werden vom blutroten Samenmantel (Arillus) befreit, getrocknet und von der dunkelbraunen, 1—2 mm dicken, sehr festen Steinschale getrennt. Zur Verhütung von Insektenfraß und Keimentwicklung werden die Samenkerne gekalkt und kommen in dieser Form als etwa 3 cm lange, kugelige bis ovale „Muskatnüsse" in den Handel. Die wertvollsten Nüsse kommen aus Banda und Siauw, geringere Qualitäten liefern Westindien und vor allem Neuguinea (Papua- oder Makassarnuß). Die etwa 5 cm lange, walzenförmige Bombaynuß von Myristica malabarica wird als Gewürz verworfen.

Die Muskatnuß enthält als wertbestimmenden Anteil 7—16 % ätherisches Öl. Außerdem enthält der Samenkern bis zu 40 % fettes, hauptsächlich aus Trimyristin bestehendes Öl, das als *Muskatbutter* (Muskatbalsam) zu Pflastern und Salben pharmazeutische Verwendung findet. Muskatnuß ist als Rauschdroge bekanntgeworden. Als psychotrope Wirkstoffe konnten mehrere Phenylallyl-Derivate identifiziert werden.

Macis (Muskatblüte) ist der obenerwähnte Samenmantel der Muskatnuß. In frischem Zustand karmesinrot, liefert er nach dem Trocknen gelbbräunliche, hornartig brüchige Arillen, die 4—15% ätherisches Öl und rund 20% Fett enthalten. Auch hier wird der Banda-Macis am höchsten bewertet, Bombay-Macis ist als Gewürz wertlos.

Die Muskatnuß dient als Küchengewürz zu Fleischspeisen, Gemüsen, Suppen, Soßen und Klößen. Macis zeigt feineren Geschmack und feineres Aroma, sie wird zum Würzen von Fleischsuppen, Aufläufen und Gebäcken benutzt. Beide Gewürze sind Bestandteile von Gewürzmischungen der Weihnachtsbäckerei und der Wurstherstellung.

Senf ist der Samen verschiedener Brassica- und Sinapis-Arten, die in vielen Ländern (Europa, Kleinasien, Nordamerika u.a.) angebaut werden. Man unterscheidet vor allem *weißen* Senf (Gelbsenf, englischer Senf, Sinapis alba), *schwarzen* oder *braunen* Senf folgender Brassica-Arten: B. nigra, schwarzer Senf im engeren Sinn, Braunsenf; B. integrifolia, *Indischer Braunsenf* oder *Rai;* B. juncea *Rumänischer Braunsenf;* B. cernua, *Chinesischer* oder *Japanischer Senf*. Die Samen enthalten etwa 28% Eiweiß, außerdem bräunlich gelbes, mild schmeckendes *fettes Öl* (ca. 30%), hauptsächlich Erucasäureglyceride enthaltend, Schleimstoffe (vor allem in weißem Senf) und *Senfölglykoside* (Glucosinolate): *Sinigrin* (1,1—1,2%) in B. nigra und B. juncea-Arten, *Sinalbin* (1,5—2,5%) in Sinapis alba. Aus diesen Glykosiden setzt das in besonderen *Myrosinzellen* enthaltene Enzym *Myrosinase* (eine Thioglykosidase) die stechend scharf schmeckenden *Senföle* (Isothiocyanate) frei: flüchtiges *Allylsenföl* bei schwarzem, nicht flüchtiges *p-Hydroxybenzylsenföl* bei weißem Senf (s.a. S. 199) und *Allyl-* sowie *3-Butenyl*(„Crotonyl")-*isothiocyanate* bei B. juncea.

Senfkörner finden als Küchengewürz zu Fischgerichten, Marinaden, Soßen sowie als Bestandteile von Einmachgewürzen Verwendung. Medizinisch genutzt wird die abführende und hautreizende Wirkung (Senfkuren, Senfpflaster). Über Anforderungen an Senfkörner vgl. die „*Deutschen Qualitätsnormen DIN 10204*" vom Oktober 1967.

Zur Gewinnung von *Tafel-* oder *Speisesenf* (Mostrich, von Most = saurer Wein) wird geschälter oder ungeschälter, fein gemahlener, oft entfetteter Samen als Gemisch verschiedener Arten in Bottichen mit Wasser, Essig, Salz, Öl und Gewürzen (Estragon, Pfeffer, Nelken, Kapern, Zimt, Ingwer, Paprika, Coriander, Meerrettich, Curcuma usw.) sowie anderen Zutaten (Sardellen, feine Kräuter, Zuckerarten) zu einer Maische verarbeitet, bis die Senföle enzymatisch freigesetzt sind (1—4 Std). Die Maische wird dann in Mahlgängen, in zunehmendem Ausmaß auch in Hochleistungsmühlen fein vermahlen, wobei Temperaturen über 60° C zu vermeiden sind, um das Myrosin nicht zu inaktivieren. Im wesentlichen arbeitet man nach 3 recht unterschiedlichen Verfahren (deutsches, französisches oder englisches Verfahren). Die Verwendung der Handelssorten ist regional verschieden. Der Norden bevorzugt *extrascharfe*, hellgelblich gefärbte, überwiegend aus geschältem schwarzen Senf hergestellte und *scharfe* bis *mittelscharfe* aus ungeschälten Samen mit wachsenden Anteilen (10—70%) an schwarzem neben weißem Senf gewonnene Sorten. Frankreich schätzt stark gewürzte Sorten, Süddeutschland und Österreich kennen milde, zum Teil ausgesprochen süße Senfe. Nach der „Konservierungsstoff-VO" in der Fassung vom 14. 3. 1967 ist Konservierung von Speisesenf mit zugelassenen Konservierungsstoffen erlaubt.

ϑ) *Pilze*

Als *Würzpilze* bezeichnet man im allgemeinen die *Trüffeln*. Von gewisser Bedeutung sind außerdem der *Knoblauch-Schwindling* (Echter Mousseron, Marasmius scorodonius), ein begehrter, anstelle von Knoblauch zum Würzen von Braten und Soßen dienender Pilz sowie die in Japan und China hoch geschätzten, neuerdings auch in Europa bekanntgewordenen, lauchartig schmeckenden *Shiitake-Pilze*. Über *getrocknete Pilze* und *Pilzpulver* mit gewissem Würzwert siehe bei „Pilze".

ι) *Gewürzessenzen und -auszüge*

Gewürzessenzen werden durch Extraktion oder Destillation der wertgebenden Stoffe aus Naturgewürzen gewonnen. Sie haben eine wesentlich größere Geruchs- und Geschmackswirkung als die gleiche Menge des Naturproduktes. Für sie gilt das unter „Aromen und Essenzen" gesagte. Gegenüber den Aromen, bei denen fast ausschließlich ätherische Öle die wertgebenden Stoffe sind, kommen hier (wie beim Gewürz) weitere geschmacksliefernde Stoffe hinzu. Gewürzauszüge gewinnen zunehmend Bedeutung, vor allem in der Wurstindustrie. Handelspräparate enthalten Extrakte aus Pfeffer, Paprika, Cardamomen, Piment, Muskatnuß, Ingwer, Majoran, Kümmel, Coriander u. a. m. Sie sind praktisch keimfrei, zeigen gleichmäßige, einheitliche Würzwirkung und können gut dosiert werden. Auch zur Herstellung von Fischmarinaden, Suppen- und Soßenerzeugnissen, Mayonnaisen und anderer Feinkost, bei der Bereitung der Gewürzgurken und roten Beete sowie der Fabrikation von Dauerbackwaren und Käse, Schmelzkäse und Käsezubereitungen sind sie zugelassen.

ϰ) *Ersatz- und Kunstgewürze*

sind Erzeugnisse, die anstelle von Gewürzen verwendet werden, auch in Mischung untereinander oder mit echten Gewürzen. Die wichtigsten Ersatzgewürze sind die des Pfeffers und des Zimts. Über „*Ersatz-Gewürzmischungen*" und „*Ersatz-Gewürzzubereitungen*" vgl. die VO über Ersatzgewürze vom 4. 5. 1924 und die auf S. 647 zitierten „Begriffsbestimmungen".

Kunstgewürze synthetischer Herkunft spielten in Notzeiten eine Rolle, sie sind heute praktisch aus dem Handel verschwunden. Beispiele solcher Produkte sind *Kunstpfeffer* [enthaltend u. a. Amide der Capryl-, Pelargon- und Caprinsäure sowie Acylamide aus Phenolen und Methylolamiden, oft verstärkt durch gemahlene Chillies (S. 657), Paprika-, Ingwer- und Pfefferschalenauszüge, Piperin oder synthetisches Piperidid], *künstlicher Ingwer* aus synthetisch dargestelltem 4-Hydroxy-3-methoxyphenyläthylketon, das mit dem in natürlichem Ingwer enthaltenen, *Zingeron* genannten Produkt identisch ist und schließlich *künstlicher Zimt* aus Zimtaldehyd und Eugenol, wobei Hafer-, Haselnuß- oder Mandelschalenpulver als Trägersubstanz dienen.

Ein Ersatzgewürz für die natürliche Vanille ist das reine, in großem Umfang aus *Eugenol*, vor allem aber aus Lignin durch Oxydation mit Nitrobenzol dargestellte *Vanillin*. Im Cambialsaft aller Coniferen, in Zuckerrüben, Spargel und Schwarzwurzel findet sich das Glykosid *Coniferin*, aus dem enzymatisch *Coniferylalkohol* entsteht, der über Eugenol zum Vanillin führt:

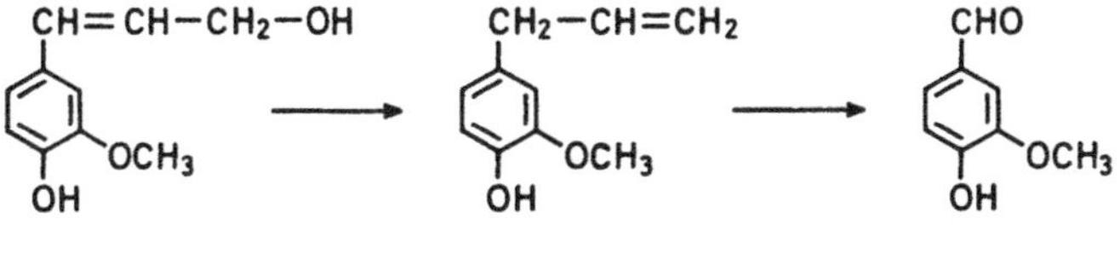

Coniferylalkohol als Baustein des Lignins (S. 103) ist das Ausgangssubstrat der Vanillingewinnung aus Lignin. Synthetisch hergestelltes Vanillin ist im Gegensatz zum Äthylvanillin kein fremder Stoff.

Vanillin findet sich außer in der Vanillefrucht u. a. auch in Kartoffelblüten, Spargelsprossen, Rüben, Dahlienknollen, Weizen- und Haferkörnern und Mate-Blättern, zuweilen auch in Rotweinen (S. 619). In der Vanillefrucht wird es wahrscheinlich erst durch Spaltung eines Glykosides gebildet. Vanillin ist in kaltem Wasser schwer, in heißem Wasser und Alkohol leicht löslich, schmilzt bei 80—81° C und hat durch seine Billigkeit und leichte Dosierbarkeit die Vanille weitgehend verdrängt. Es dient zur Aromatisierung von Süßwaren, Likören und insbesondere zur Herstellung von *Vanillinzucker*. Neben Vanillin darf zur Aromatisierung von Lebensmitteln auch *Äthylvanillin* (Bourbonal, Vanirom, Vanillose) mitverwendet werden, das etwa 3—4mal so starkes Aroma wie Vanillin besitzt. Erwähnt sei schließlich noch ein als Gewürz benutzter, von der männlichen Wasserwanze (Belostoma indica) produzierter Duftstoff, der sich als trans-Δ^2-Hexenol-(1)-acetat erwies und in Südostasien als Gewürz bei fettreichen Speisen dient.

2. Gewürze im weiteren Sinne

a) Die ätherischen Öle

Ätherische Öle spielen eine große Rolle zur Erzielung bestimmter Geschmacksrichtungen in Backwaren, Nährmitteln, Zuckerwaren, Schokoladen, alkoholhaltigen und alkoholfreien Getränken, zur Aromatisierung und Geruchsverbesserung in der Kosmetik, in der Parfümindustrie usw. Zur Darstellung aus Blüten, Blättern, Früchten, Samen, Stengeln, Holz, Rinde und Wurzeln oder Rhizomen dienen folgende Verfahren:

α) *Destillation mit Wasserdampf* bei Normal- oder Unterdruck. Glykosidisch gebundene Öle werden erst enzymatisch in Freiheit gesetzt (Bittermandelöl, Senföl). Dieses Verfahren ist einfach und schnell durchzuführen, liefert hohe Ausbeuten an reinen Produkten und ist deshalb für zahlreiche, widerstandsfähige Öle die Methode der Wahl (Eukalyptus-, Pfefferminz-, Waldmeister-, Kümmel-, Anis-, Fenchelöl, Nelken- und Zimtöl.)

β) *Extraktion mit Lösungsmitteln* (Alkohol, Benzin, Petroläther) dient zur Gewinnung der empfindlichen Blütenöle. Dies gilt auch für die Extraktion mit Fetten, die

γ) „*Enfleurage*". Hier werden die Blüten auf fettüberzogene Glasplatten in Kammern aufgestreut, das abgeschmolzene, ölhaltige Fett als „Blütenpomade" benutzt oder mit Alkohol zur Gewinnung des ätherischen Öles extrahiert (Rosenöl, Veilchen- oder Jasminöl).

δ) Durch *Auspressen* gewinnt man vor allem die ätherischen Öle aus den Schalen der Citrusfrüchte (Zitronen-, Apfelsinen-, Pomeranzenöl).

ε) Die *Maceration* (Infusion, Extraktion in der Wärme, „Enfleurage à chaud") wird vor allem zur Ölgewinnung aus Blüten benutzt. Hier werden die Blüten mit Fett von 50—70° C behandelt und das ölhaltige Fett wie unter γ) weiter aufgearbeitet.

b) Aromen und Essenzen

Essenzen (*Aromen*) im Sinne der „Essenzen-VO" vom 19. 12. 1959, in der Fassung vom 9. 10. 1970 sind konzentrierte Zubereitungen von Geruchs- oder Geschmacksstoffen, die ausschließlich dazu bestimmt sind, Lebensmitteln einen besonderen Geruch oder Geschmack, ausgenommen einen lediglich süßen, sauren oder salzigen Geschmack, zu verleihen. *Grundstoffe* sind nicht zum unmittelbaren Genuß bestimmte Zubereitungen von Lebensmitteln, denen Essenzen zugesetzt und die dazu bestimmt sind, zu Getränken weiterverarbeitet zu werden. Als Essenzen und Grundstoffe gelten *nicht:* durch Brennverfahren gewonnene alkoholische Getränke sowie Weindestillate, Punschextrakte, Fleischbrühwürfel und ähnliche Erzeugnisse, Pilz-, Gemüse- und Malzextrakte sowie Ersatzgewürze, ausgenommen Auszüge und Destillate aus Gewürzen oder Ersatzgewürzen.

Die genannte Verordnung unterscheidet und definiert *natürliche Essenzen* und *Grundstoffe*, Essenzen und Grundstoffe „*mit natürlichen Geruchs- und Geschmacksstoffen*" sowie *künstliche Essenzen.* Sie regelt darüber hinaus u. a. Verbot und Einschränkung bestimmter Stoffe, Zulassung, Kenntlichmachung und Packungspflicht für fremde Stoffe, Deklarationsvorschriften und bringt Anlagelisten für verbotene oder beschränkt zugelassene Stoffe, für zulässige fremde Aromastoffe und fremde Trägerstoffe und schließlich werden in einer Liste die Lebensmittel aufgeführt, die mit Fremdstoff enthaltenen Essenzen hergestellt werden dürfen. U. a. wurden *Cumarin* und cumarinhaltige Drogen wegen der cancerogenen Wirkung des Cumarins ausgeschlossen. Der Begriff „*Aromen*" soll heute vorzugsweise der Aufgabe solcher Produkte Rechnung tragen, einem Lebensmittel ein gewünschtes Aroma zu vermitteln (Back-, Puddingaromen). *Natürliche* Essenzen enthalten oft 10 und mehr Einzelbestandteile, *künstliche* Essenzen und Grundstoffe bestehen hauptsächlich oder ausschließlich aus geeigneten synthetischen Geruchs- und Geschmacksstoffen.

Zusätzlich erlaubte *Lösungs-* und *Trägerstoffe* sind in der o. a. Verordnung aufgeführt. Bei den künstlichen Essenzen spielen die sog. *Fruchtäther* eine wesentliche Rolle. Hauptsächlich werden Essenzen und Grundstoffe bei folgenden Lebensmitteln eingesetzt: Likören, Kräuter- und Gewürzweinen, Kunst-Rum und -arrak; Limonaden, Brausen und Brausepulver; Süßwaren; Schokoladen und Schokoladenerzeugnissen einschl. Füllungen; Speiseeis; Backwaren, Teigwaren und deren Füllungen; Puddingpulver, Creme- und Geleespeisen, rote Grütze, süße Soßen und Suppen; Kaugummi; Tabak und Tabakerzeugnissen.

Unter Aromen (Essenzen) rechnen „*Destillate*", bei deren Destillation mit Trinkbranntwein ausschließlich Pflanzen, Pflanzenteile oder Pflanzensäfte verwendet werden müssen, „*Extrakte*" und „*Auszüge*", die nur Auszüge aus Pflanzen, Pflanzenteilen oder Pflanzensäften darstellen, „*Aromakonzentrate*" bestimmter festgelegter Ausgiebigkeit und „*Backöle*", die als Trägerstoff ausschließlich Speiseöle enthalten dürfen. Weitere Einzelheiten sind der „Essenzen-VO" zu entnehmen.

Zur selektiven Extraktion von Aromen aus Naturstoffen wird u.a. die Behandlung mit flüssigem Kohlendioxid vorgeschlagen. Vgl. K. Herrmann (in: 54, Bd. VI., S. 662). Über „Räucher-Essenzen" und Räucheraroma-Produkte s. S. 336.

c) Speisesalz (Kochsalz)

Gegenüber den besprochenen eigentlichen Gewürzen nimmt das Kochsalz eine Sonderstellung ein. Als Würzmittel überragt es mengenmäßig bei weitem alle anderen zur Geschmackshebung unserer Nahrung benutzten Zusatzstoffe. Seine Hauptbedeutung für den menschlichen Organismus liegt jedoch darin, daß sowohl Natrium wie Chlor zu den lebensnotwendigen Elementen unseres Lebens gehören, daß beide Elemente dauernd ausgeschieden werden und damit laufend mit der Nahrung zugeführt werden müssen (S. 111). Viele unserer Lebensmittel, insbesondere die Vegetabilien, sind relativ kochsalzarm. Wir bedürfen also der zusätzlichen Kochsalzversorgung, wobei nicht verschwiegen sei, daß die Notwendigkeit einer solchen zusätzlichen Bedarfsdeckung vom Kulturmenschen weit überschätzt wird und damit oft eine ernährungsphysiologisch bedenkliche Übersalzung unserer Kost mit sich bringt. Über die Bedeutung des Natriumchlorids als essentieller Mineralstoff unserer Nahrung hinaus ist das Speisesalz, als „Salz" schlechthin bezeichnet, durch seine konservierende Wirkung ein seit Urzeiten benutztes Hilfsmittel zur Erhaltung unserer Nahrung. So ist es verständlich, daß der Drang zum Salz, die Nutzung von Salzlagerstätten und der Salzhandel die Kulturgeschichte der Menschheit entscheidend beeinflußten.

Unter *Kochsalz* verstehen wir das im Handel befindliche, mehr oder minder reine Natriumchlorid. Beimengungen sind vor allem *Wasser* (bis zu 3% lose anhaftend, bis zu 3% als Kristallwasser), etwa 2,5% *Fremdsalze* (Magnesium- und Calciumchlorid, Sulfate des Magnesiums, Calciums und Natriums) sowie verschiedene Spurenelemente (Brom, Jod, Lithium, Bor u.a.). Je nach der Gewinnung und Herkunft aus mehr oder minder reinen Quellen unterscheiden wir *Speisesteinsalz*, *Speisesiedesalz*, *Meer-*, *See-* oder *Baysalz*.

Die heutige Gesamtproduktion an Salz in der Welt beträgt etwa 100 Mio t pro Jahr; davon gelangen etwa 10—20% zum menschlichen Genuß. Die Masse des in Ozeanen und Seen gelösten NaCl entspricht etwa 20 Mio km^3 kompakten Steinsalzes. In der BRD wurden 1971 rund 7,65 Mio t Stein- und Hüttensalz sowie 762000 t Saline- (Siede-) Salz produziert. Im selben Jahr brachte die Salzsteuer 42 Mio DM ein. Pro Kopf und Jahr wurden in den letzten Jahren 5,7 kg konsumiert.

α) *Vorkommen*

Salz findet sich im *Meerwasser* und in verschiedenen *Binnenseen* (Kaspisches Meer, Totes Meer, Großer Salzsee in Utah), in Solen (Lüneburg, Reichenhall) und vor allem in Lagern. Solche treten auf im Tertiär (Wieliczka in Polen), in der Kreide (Cordova in Spanien), im Jura (Algier), in der Trias (die meisten Salzlager Deutschlands und Österreichs), im Zechstein (Staßfurt) und in der Kohle.

β) *Gewinnung*

Steinsalz wird in besonders reiner Form direkt bergmännisch, oft im Tagebau gefördert, verlesen, gebrochen und fein vermahlen. In der BRD ist dies das mengenmäßig wichtigste Gewinnungsverfahren. „*Hüttensalz*" ist bergmännisch gewonnenes, zermahlenes und dann geschmolzenes Salz, das nach Behandlung mit Luft und Kalk gereinigtes Speisesalz liefert. Durch Gips, Eisen, Tonerde oder Magnesia verunreinigte Salzlager werden im Erdinnern mit Wasser zur künstlichen Sole gelöst, herausgepumpt und weiter zu Siedesalz verarbeitet.

Siedesalz. Hier verwendet man entweder die genannten künstlichen oder natürlichen Solen oder aber Meerwasser. Zur Gewinnung von *Seesalz* in wärmeren Ländern wird das Meerwasser in flachen Grubenanlagen (Salzgärten, Salzbecken, Meersalinen) durch Sonnenwärme und Wind eingedunstet. Meerwasser enthält 1—4% Mineralstoffe, davon im Mittel 2,5% NaCl, außerdem wechselnde Mengen an Calcium-, Magnesium-, Strontium und Kaliumchlorid, Kaliumbromid und -jodid sowie die obenerwähnten Spurenelemente, vor allem Lithium. Beim Eindunsten fallen zunächst die schwer löslichen Anteile (Calcium- und Magnesiumcarbonat, Calciumsulfat) aus. Die Mutterlauge wird in andere Salzbecken („*Konzentratoren*"), dann nahezu gesättigt in großflächige Teiche („*Kristallisatoren*") abgelassen. Etwa $^2/_3$ des Salzes kristallisieren aus. Das Rohsalz wird in Waschanlagen von Verunreinigungen und Fremdsalzen befreit und meist im Freien gelagert. Die Mutterlauge kann auf Brom, Jod oder Lithium verarbeitet werden.

Soleverarbeitung. Natürliche wie künstliche Solen (mit einem Minimal-Kochsalzgehalt von 4%) werden entweder direkt auf Salz verkocht oder vorher über heute noch in Bädern anzutreffende „Gradierwerke" geleitet. Dies sind mit Schwarzdornreisig gefüllte Gerüste, an denen die Sole durch Oberflächenvergrößerung rasche Verdunstung erfährt und durch mehrmaliges Überpumpen auf etwa 20% Kochsalzgehalt konzentriert wird. Die schwer löslichen Anteile scheiden sich krustenartig am Reisig ab („Dornstein.") Die im *Rieselprozeß* aus Bohrlöchern gewonnene Sole kann nach einem seit Jahrhunderten üblichen Verfahren im *Pfannenbetrieb* auf Kochsalz verarbeitet werden, wobei die Sole in offenen Pfannen bis zur Kristallisation des Salzes aufgeheizt wird. In den letzten Jahrzehnten haben sich wirtschaftlicher arbeitende Verfahren entwickelt: der *Vakuum-* und *Thermokompressionsbetrieb.* Hier erfolgt die Verdampfung der z.B. mit Kalk und Soda zur Entfernung der Steinbildner Calcium und Magnesium vorbehandelten Sole in geschlossenen Behältern (Verdampfern, vgl. S. 247). Die *Trocknung* erfolgt vorzugsweise in leistungsfähigen *Trommeltrocknern*, die *Sichtung nach Korngrößen* in *Schwingsieben.*

Feinkörnige Siedesalze, vor allem das Pfannensalz, daneben die im Vakuum gewonnenen Produkte (Vakuumsalz), dienen vorwiegend als Tafelsalz. Das *Schüttgewicht* von Pfannensalz (0,7 g/cm³) ist wesentlich niedriger als das von Vakuumsalz (1,1—1,2 g/cm³). Beide Salzarten sind weniger hart als das gemahlene Steinsalz. Grobkörnige Salzprodukte werden in der Fischindustrie als „Heringssalz" geschätzt. Wesentlich ist möglichst gleiche Korngröße, da kleinste Körner am salzigsten schmecken und die Zunge den Salzgeschmack nicht „mittelt", sondern nach den salzigsten Teilen empfindet. Der gleichmäßige Körnungsgrad ist deshalb z. B. für gesalzene Butter wichtig. Hochgereinigtes Salz verringert die Salzungszeit bei Fischen und Fleisch, da Calcium-, Magnesium- und Sulfationen die Permeabilität verringern. Der *Reinheitsgrad* ist vom Ausgangsmaterial und der Verarbeitung abhängig. Steinsalz ist praktisch chemisch rein, zeigt sehr dichtes Gefüge und große Härte und klumpt mehr als Siedesalz. Letzteres enthält 1—3% mineralische Verunreinigungen, vor allem Kalium- und Magnesiumsalze, von denen Magnesium die Schärfe, Kalium die Bitterkeit von fremdsalzreichem Speisesalz bedingen soll. Der Wassergehalt des Kochsalzes liegt im allgemeinen nicht über 3%. An Sulfaten (Natrium- und Kaliumsulfat) sollen nicht mehr als 1%, an Magnesium- und Kaliumchlorid jeweils nicht mehr als 0,5% vorhanden sein. Nach der „Speisesalz-VO" vom 5. 8. 1964 dürfen dem Speisesalz zur *Erhaltung der Streufähigkeit kolloide Kieselsäure* und deren Calciumverbindungen (bis zu 10 g/kg) sowie *gelbes Blutlaugensalz* (Kaliumhexacyanoferrat(II) bis zu 20 mg/kg), letzteres unter entsprechender Deklarierung zugesetzt werden. Die letztgenannte Verbindung modifiziert bei Zusatz zur verdampfenden Sole die Tracht insbes. des Vakuumsalzes derart, daß am Kristall spitze Ansätze (*Dendriten*) entstehen, die das Schüttgewicht und die Neigung zum Zusammenbacken stark herabsetzen.

γ) *Denaturiertes Kochsalz*

Aus steuerlichen Gründen (vgl. das Salzsteuergesetz und die entspr. Durchführungsbestimmungen) wird Salz, das für technische Zwecke und zur Viehfütterung bestimmt ist, durch *Denaturierung* für den menschlichen Genuß untauglich gemacht. *Viehsalz* enthält 0,25% Eisenoxid, Wermutkraut oder Holzkohle, *Gewerbesalz* wird je nach dem Verwendungszweck verschiedenartig denaturiert (mit Petroleum, Seifenpulver, bestimmten Farbstoffen, u. a. m.). Vgl. auch die VO über die Zulassung fremder Stoffe als Zusatz zu Speisesalz vom 5. 8. 1964.

δ) *Salzpräparate*

Nitritpökelsalz (S. 293) ist eine Mischung von Kochsalz mit 0,5—0,6% Natriumnitrit, dessen Herstellung und Vertrieb durch das „Nitritgesetz" vom 19. 6. 1934, in der Fassung vom 25. 6. 1969 geregelt ist.

Jodiertes Speisesalz darf nach der „Diät-VO" vom 20. 6. 1963, in der Fassung vom 22. 12. 1965 maximal 5 mg/kg Natrium-, Kalium- oder Calciumjodid, auch in Mischungen miteinander (berechnet als Kaliumjodid), einschl. des natürlichen Gehaltes enthalten und findet regional zur prophylaktischen Bekämpfung des Kropfes Verwendung.

Kochsalzersatz. Um die bei vielen Krankheiten schädliche Zufuhr von Natriumionen zu vermeiden, hat man versucht, Kochsalz als Würzmittel vollständig zu umgehen ohne damit selbstverständlich kochsalzfreie Ernährung zu erreichen. Unumstritten ist heute, daß die Wirkung der bisher als „kochsalzarm" bezeichneten Kost allein von der Reduzierung des Natriums abhängt, weshalb nur von „natriumarmer" Kost die Rede sein kann.

Für diätetische Lebensmittel sind nach der „Diät-VO" als Kochsalzersatz folgende fremde Stoffe zugelassen: 1. die Verbindungen des Kaliums, Calciums und Magnesiums mit Adipin-, Bernstein- und Glutaminsäure, Kohlensäure, Milchsäure, Salzsäure, Wein- und Citronensäure. 2. Kaliumsulfat. 3. die Cholinsalze der Essigsäure, Kohlensäure, Salzsäure, Wein- und Citronensäure.

Gewürzsalze sind nach einer Berliner Sonderregelung vom 2. 2. 1949 Gemenge von Gewürzen, einschl. der Würzkräuter, mit mindestens 50, jedoch höchstens 70 Gewichtshundertteilen Kochsalz; sie müssen mindestens 30 Gewichtshundertteile Gewürze, einschl. der Würzkräuter enthalten.

„*Meersalz*" entspricht in seiner Zusammensetzung recht wenig dem Bedarf des Menschen an Spurenelementen. Es entstammt einem Milieu, das zweifellos für Meerestiere, kaum aber für den Menschen optimal ist und ruft außerdem alle die Bedenken wach, die gegen pauschale und unkontrollierbare Verabreichung von „Spurenelementpräparaten" und die damit gegebene Verschiebung der normalen Mineralstoffversorgung erhoben werden.

Fluoridiertes Kochsalz wird in der Schweiz vertrieben. Es enthält neben 10 mg/kg Kaliumjodid zusätzlich 200 mg/kg Natriumfluorid und wird dort zur Cariesprophylaxe eingesetzt.

Anti-Malariasalz enthält gegen Malaria wirksame Chloroquinverbindungen und wurde in Brasilien und anderen Malariagebieten der Welt zur Bekämpfung dieser Krankheit benutzt.

d) Essig

Essig war schon bei den alten Kulturvölkern des Orients bekannt und wurde als Getränk der Armen, später im klassischen Altertum auch als Heilmittel benutzt. Er stellt die wichtigste Zubereitung dar, um im Haushalt wie in der Lebensmittelindustrie den sauren Geschmack von Speisen zu erzeugen oder zu verstärken. Die Essigsäure verdankt ihre uralte Verwendung der Beobachtung, wonach alle alkoholhaltigen Flüssigkeiten, vor allem Wein und Bier, bei höherer Temperatur und Luftzutritt sauren Geschmack annehmen, der auf enzymatisch bedingter Überführung des Alkohols in diese Säure beruht.

Nach Vorarbeiten, die bis ins Jahr 1912 zurückreichen fand der bis zum Reichsrat gediehene Entwurf einer VO über Essig und Essigsäure seine letzte Fassung am 5. 9. 1942 und erst am 25. 4. 1972 wurde die „VO über Essig und Essigsäure" erlassen. Danach ist Essig ein Erzeugnis, das in 100 g mindestens 5 g und höchstens 15,5 g wasserfreie Essigsäure enthält und hergestellt ist durch

1. Essiggärung aus weingeisthaltigen Flüssigkeiten, auch unter Verdünnung mit Wasser (*Gärungsessig*),
2. Verdünnen von Essigsäure mit Wasser (*Essig aus Essigsäure*) oder
3. Vermischen von Gärungsessig mit Essigsäure oder Essig aus Essigsäure.

Essigsäure (Essigessenz) im Sinne der Verordnung ist gereinigte, wasserhaltige Essigsäure, die in 100 g mehr als 15,5 g wasserfreie Essigsäure enthält und zur Verwendung als Lebensmittel bestimmt ist.

Die Verordnung regelt die Kennzeichnung der verschiedenen Essigarten und stellt strenge Forderungen für das gewerbsmäßige Inverkehrbringen von Essig, der mehr als 11 g, und an Essigsäure, die mehr als 25 g wasserfreie Essigsäure in 100 g enthalten.

Im Kalenderjahr 1965 wurden unter Zollsicherung rund 9,3 Mio l Wein zur Weinessigbereitung in die BRD eingeführt. Die Essigbranntweinbezüge lagen zur gleichen Zeit bei etwa 9 Mio l. Der Gesamtumsatz verteilte sich zu 78% auf mehr als 87 Mio kg Gärungsessig (10% Säure) und zu 22% auf rund 25 Mio kg Essigessenz (10% Säure). Der jährliche Verbrauch an Essig in der BRD beträgt pro Kopf 2,0 l (berechnet als Essig mit 10% Essigsäure). Die Industrie verbraucht beträchtliche Essigmengen zur Herstellung von Fleischsalat und ähnlicher Feinkost, Gurkenkonserven, Essiggemüsen, Tomatenketchup, Fischmarinaden, Mayonnaisen und Mostrich (Senf).

L. Pasteur hat 1868 zum ersten Male die Essigsäuregärung als biologischen Prozeß erkannt. W. v. Knierim und A. Mayer fanden 1873, daß der essigbildende Organismus ein Bacteriun ist.

Die *Bilanzgleichung* der Essiggärung lautet:

$$CH_3CH_2OH + O_2 \rightarrow CH_3COOH + H_2O + 2000 \text{ kcal/l Alkohol}$$

Sie verläuft über Acetaldehyd, wobei der Aldehyd nach zwei Richtungen oxydiert werden kann:

Dehydrierung des Aldehydhydrates:

$$CH_3CH(OH)_2 \xrightarrow{-2H} CH_3COOH$$

und

Disproportionierung nach der Cannizzaroschen Reaktion und weitere Dehydrierung des entstandenen Alkohols:

$$2\ CH_3CHO + H_2O \rightarrow CH_3COOH + CH_3CH_2OH.$$

Dehydrierung und Disproportionierung werden durch *Dehydrasen* und *Mutasen* bewirkt, doch ist es bis heute noch nicht gelungen, die Enzymsysteme der Essiggärung zu isolieren und zu charakterisieren. Zweifellos spielen hier Transhydrogenasen vom Typus DPN-spezifischer Enzyme (S. 204) eine Rolle. Sie katalysieren beide Stufen: die Dehydrierung von Äthanol zum Acetaldehyd und die Dehydrierung des Acetaldehydes zur Essigsäure; der weitere Elektronentransport zum Sauerstoff erfolgt durch die in Acetobacter-Arten nachgewiesenen Überträgersysteme der Cytochrome und Cytochromoxidasen.

α) *Die Essigsäurebakterien*

Bakterien dieser Art werden unter dem Gattungsnamen *Acetobacter* geführt. Sie oxydieren vorwiegend Äthanol zu Essigsäure und beziehen aus diesem Prozeß die zu ihrer Lebenstätigkeit notwendige Energie. Die meisten Vertreter vermögen auch Glucose, manche Maltose oder Rohrzucker zu oxydieren, Propanol in Propionsäure, Glycerin in Dihydroxyaceton oder Zuckeralkohole (D-Sorbit) in Ketosen (L-Sorbose) überzuführen (vgl. Vitamin C) oder die Essigsäure durch „Überoxydation" zu CO_2 und H_2O abzubauen. Die meisten Essigsäurebakterien bilden auf der Substratoberfläche Häute sehr unterschiedlichen Aussehens und Verhaltens. W. Henneberg (1926) hat die Essigbildner in 4 Gruppen eingeteilt:

Maische- und *Würzebakterien* (B. oxydans, B. industrium) sind anspruchsvoll in bezug auf das Nährsubstrat, empfindlich gegen höhere Säure- und Alkoholgrade und liefern (B. industrium) aldehydhaltige Essige. Sie rechnen unter die schädliche Bakterienflora von Brennereien und Hefefabriken und sind für die Essigfabrikation ohne Bedeutung.

Bieressigbakterien (Acetobacter aceti, pasteurianum, suboxydans, ascendens u. a.) sind resistent gegen Hopfenbitterstoffe.

Weinessigbakterien sind solche, die bei der Weinessigfabrikation Verwendung finden — („Kulturweinessigbakterien") z. B. Acetobacter xylinoides (gr. = baumartig) und orleanense —, oder solche, die schädliche Infektionsorganismen für Wein und Weinmost darstellen („wilde Weinessigbakterien"), wie Acetobacter xylinum und ascendens. Die erste Gruppe zeigt schönes Hautbildungsvermögen und ist widerstandsfähig gegen höhere Alkohol- und Säurekonzentrationen.

Schnellessigbakterien (Acetobacter acetigenum, schuetzenbachii, curvum) kommen in der freien Natur nicht vor, sind also in Essigbildnern wachsende Kulturformen. Sie zeigen geringes Nährstoffbedürfnis (stark verdünnte Malzextrakte in Alkohol, synthetische Substrate mit Zucker und Alkohol), bilden dünne Häutchen, die leicht zu Boden sinken, erzeugen nur geringe Mengen Schleim und vermögen durch ihre Säureresistenz alkoholreiche Maischen zu hochprozentigem Essig zu vergären.

Die *neuere Systematik* unterscheidet u.a. folgende Acetobacter-Spezies: A. peroxydans und paradoxum; A. lovaniense ascendens und *rancens*; A. aceti *xylinum* und *mesoxydans*; A. suboxydans melagogenum, von denen fast nur die *kursiv* gedruckten Arten in der Essigfabrik vorkommen.

Die optimalen Temperaturen für Wachstum bzw. Gärung sind sehr verschieden. Sie liegen z. B. für B. industrium bei 23 bzw. 21° C, für B. ascendens bei 31 bzw. 27° C. In Bier und Wein treten verschiedene Essigsäurebakerien als Schädlinge auf, indem sie den „Essigstich“ erzeugen oder durch Schleimbildung die Getränke „lang“ machen.

β) Die Herstellung von Gärungsessig

Unentbehrliche Kohlenstoffquelle ist *Äthanol.* Zuckerarten und andere Extraktivstoffe spielen eine untergeordnete Rolle. Äthanol wird entweder in destillierter Form (Melassesprit, Prima- und Sekundasprit) oder als Bestandteil vergorener Flüssigkeiten benutzt (Weine, vor allem alkoholreiche Auslandsweine, Malzwein, vergorene Kartoffel- und Getreidemaische, Obst- und Fruchtweine, vergorener Honig, vergorene Molke oder Rosinenauszüge). Der zur Essigfabrikation bestimmte Sprit wird in Deutschland aus zolltechnischen Gründen mit Essigsäure vergällt. Die Alkoholkonzentration der Gäransätze soll zwischen 5 und 11 Vol.-%, keinesfalls über 15 Vol.-% liegen. Das *Wasser* soll praktisch frei von Eisen sein; hohe Carbonathärte bedingt Ausbeuteminderung durch Acetatbildung. *Nährstoffzusätze* sind bei der Spritessigherstellung, jedoch im allgemeinen nicht bei der Gewinnung extraktreicher Spezialessige notwendig. Nährstoffe anorganischer Art sind vor allem saure Phosphate des Ammoniums, Kaliums und Natriums, Ammonium- und Magnesiumsulfat sowie Calciumsalze. Organische Nährstoffe stammen von Kohlenhydraten (Rohr- und Traubenzucker, Melassesirup, Glycerin), wuchsstoffhaltigen Extrakten von Malz- und Hefeextrakten, Johannisbrotauszügen, Maisquellwasser, Bier, Wein. *Geschmacksstoffe* für Spezialessige liefern vor allem Kräuterauszüge (Estragon- und Dillessig), seltener Gewürzextrakte oder ätherische Öle.

Bei allen Verfahren läßt man den Alkohol nicht restlos vergären (Restalkohol etwa 0,2%), um „Überoxydation“ (s. oben) und Qualitätsminderungen zu vermeiden.

1. Die wichtigsten Verfahren

Bisher sind folgende Verfahren bekanntgeworden: 1. die heute kaum noch angewendete *Oberflächen-* oder *Deckengärung* (*Orleans-* bzw. *Pasteur-Verfahren,* 2. die *Fesselgärung* (*Boerhaave-*, *Drehbildner-*, *Schützenbach-*, *Rundpump-* oder *Generatorverfahren*), 3. das submerse *Durchlüftungsverfahren.* Gegenwärtig wird nur noch nach dem *Rundpump-* und dem *Submersverfahren* gearbeitet.

α) *Fesselgärung.* Bei diesen Verfahren werden die Bakterien auf besonderen Trägermaterialien (Füllstoffen) angesiedelt, gewissermaßen „gefesselt“. Hierzu rechnen vor allem das *Schützenbach-Verfahren* und das *Rundpump-* oder *Generator-Verfahren.*

Schützenbach-Verfahren (1823). Dieses Verfahren unterscheidet sich von dem (halbkontinuierlichen) Boerhaave-Verfahren im wesentlichen dadurch, daß hier die Späne nicht dauernd unter der Maischeflüssigkeit stehen, sondern von ihr kontinuierlich durchrieselt werden. Diese auch deutsches oder *Schnellessigverfahren* genannte Fabrikationsweise benutzt Essigbildner, die im Mittel 2 m Höhe und 1 m Durchmesser besitzen. Den aus Holz- oder Steingut bestehenden Tonnen wird durch Löcher von unten

her Frischluft zugeführt. Die von oben kontinuierlich oder periodisch zugegebene Maische tropft über eine Füllstoffschicht, begegnet dem durch die entstandene Wärme aufwärts gehenden Luftstrom, wobei der Alkohol durch die am Füllmaterial lebende Bakterienflora (*Essigmutter*) zu Essig oxydiert wird.

Das Schützenbachverfahren wurde abgelöst durch das im folgenden beschriebene Rundpump- oder Generatorverfahren.

Generator-Verfahren (Großraumbildner-Verfahren, Rundpump-Verfahren). Gegenüber dem Schützenbach-Verfahren wird hier mit großen Bildnerabmessungen gearbeitet, die eine besondere Kühlung der Maische im Gegenstrom zur Abführung übermäßiger, produktionshemmender Wärmemengen erforderlich machen. 1 l Alkohol liefert beim Umsatz zu Essigsäure etwa 2000 kcal Wärme. Als entscheidendes Merkmal des Generator-Verfahrens ist jedoch der „*Rundpump*" anzusehen, bei dem die Maische solange in Essiggeneratoren umgepumpt wird, bis (nach 8—10 Tagen) der Alkohol in Essigsäure umgewandelt ist. Aufgußmenge, Luftzufuhr und Temperatur der umgepumpten Maische können automatisch geregelt werden, so daß derartige Generatoren weitgehend unabhängig von der Außentemperatur sind („selbstdenkende Essigbildner").

Die Oxydationsleistung erreicht 5 l und mehr Alkoholumsatz pro m³ Späne und Tag. Die Ausbeute liegt bei 90% und höher. Der Alkoholgehalt soll möglichst nicht über 4 Vol.-% (maximal 5%) liegen, da sonst die Bakterien geschädigt werden können. Die Temperatur im Bildner beträgt 28—34° C.

Die fast ausschließlich aus Holz gebauten „Frings-Bildner" haben im allgemeinen bei einer Höhe von 4—5 m und einem Durchmesser von 3,5—4 m 6 bis 60 m³ Spaninhalt, doch wurden auch Bildner bis zu 250 m³ Spanraum konstruiert.

Abb. 113 bringt das Schema eines Generator-Essigbildners.

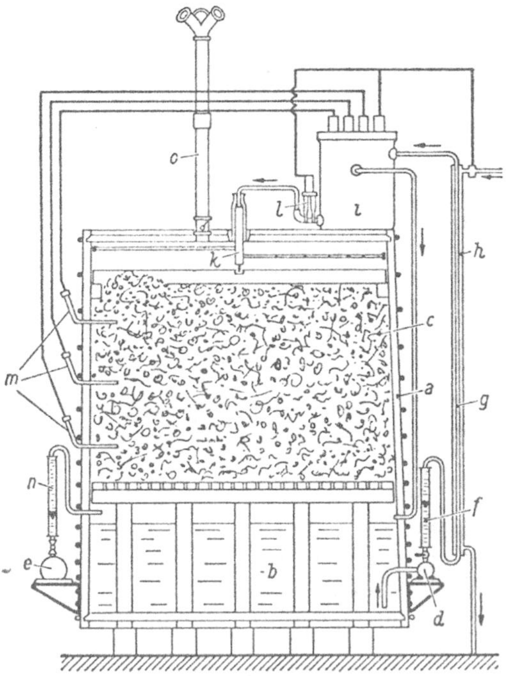

Abb. 113. Essigbildner nach dem Generator-Verfahren, System H. Frings, Bonn. a Bildnerbottich, b Maischesammelraum, c Span- und Gärraum, d Maischepumpe, e Ventilator, f Maische-Durchlaufmesser, g Aufgußleitung, h Maischekühler, i Aufgußgefäß, *k* Spritzrad, l automatische Kühlwasserregulierung mit Thermometer, m Bildnerthermometer, n Luft-Durchlaufmesser, o Abzugsrohr (Aus: 54, Bd. VI., S. 672)

β) Das submerse Durchlüftungsverfahren. Die *submerse Essigbildung* arbeitet derart, daß die in der dauernd belüfteten Maische frei schwebenden Essigbakterien sich vermehren und dabei Alkohol zu Essigsäure umsetzen. Der Erfolg des Verfahrens wird entscheidend bestimmt durch möglichst intensive Sauerstoffzufuhr in die nächste Umgebung der extrem aeroben, empfindlichen Bakterien, Der in der BRD verfügbare „Frings-Acetator" besitzt Produktionskapazitäten zwischen 75 und 600 l Alkoholumsatz/Tag, weist einen Nutzinhalt bis 48 m^3 auf und wird in säurefestem oder emailliertem Stahl, auch in Holz gebaut. Gärungstemperatur, Maischeeinstoß und Essigsäureausstoß werden automatisch geregelt. Pro l Flüssigkeit können in 24 Std bis zu 100 g Essigsäure erhalten werden, also wesentlich mehr als mit dem obenbeschriebenen Fesselgärungsverfahren.

Seit längerer Zeit wird verschiedentlich die Essigfabrikation mit *Reinkulturen* (*Acetobacter suboxydans*, A. *rancens*) betrieben.

2. *Filtration und Klärung des Essigs*

Im allgemeinen genügt *Filtration* durch Masse-, Schicht- oder Anschwemmfilter. Feine Trübungen werden durch Kieselgur- und Betonitfilter oder Schönungsmittel entfernt (Gelatine, Hausenblase, Tannin, Spanische Erde). Ausschaltung von Schleimessigbakterien kann durch kurzzeitiges *Pasteurisieren* bei 60—66° C erreicht werden. Auch Schwefelung ist hierfür geeignet. Nach der „Schwefeldioxid-VO" darf Gärungsessig bis zu 50 mg/kg SO_2 enthalten.

Ein spezifischer Essigfehler ist der Befall mit *Essigälchen*, 0,04 mm breiten und etwa 2 mm langen Nematoden, die lichtempfindlich sind und nur bis zu Essigsäurekonzentrationen von 12% gedeihen. Sie sind für den Menschen unschädlich, machen den Essig jedoch verdorben, ekelerregend und schließen ihn vom Verkehr aus.

γ) *Essig aus Essigsäure* (*Essig aus Essigessenz*)

Essig aus Essigessenz wird durch Verdünnen von Essigsäure oder Essigessenz mit Wasser hergestellt. Chemisch und physiologisch ist daraus hergestellter Essig dem Gärungsessig gleichzusetzen. Vgl. die o.a. VO über Essig und Essigsäure.

Die für die Essigessenz benötigte konzentrierte Essigsäure wird synthetisch hergestellt, und zwar überwiegend durch Oxydation von Acetaldehyd mit Sauerstoff über die Acetpersäure mit Manganacetat als Katalysator. Daneben sind als Syntheseverfahren bekannt: Herstellung aus Methanol und Kohlenoxid (Carbonylierung), Oxydation von Äthanol und Kohlenwasserstoffen. In nennenswertem Umfang wird Essigsäure auch auf dem Weg der Holzverkohlung hergestellt.

Für technische Zwecke vorgesehener Essigsäure werden als Erkennungsmittel Phenolphthalein und aus steuerlichen Gründen Vergällungsmittel zugesetzt.

δ) *Essigsorten und Essigarten*

Im Hinblick auf die eingangs gegebene Definition, auf die Rohstoffart und auf die Essigsäurekonzentration unterscheidet man verschiedene Essigarten.

1. *Branntweinessig*

Spritessig (Branntweinessig) ist Gärungsessig, der aus gereinigtem Sprit (Prima- oder Sekundasprit), vor allem aus Hefelüftungssprit, von der Melasse ausgehend, hergestellt wird. Da Nährstoffe im Ausgangsmaterial fehlen, sind diese in organischer und anorganischer Form zuzusetzen.

2. *Weinessig*

In Weinländern, wie Frankreich, Italien und Spanien wird Wein in großen Mengen auf Weinessig verarbeitet; in der BRD dient meist alkoholreicher Auslandswein als Ausgangsmaterial. Weinessig wird vorzugsweise aus Rotweinen hergestellt; es werden auch Maischen vergoren, deren Alkoholgehalt nur zu 40 oder 20%

aus Wein, der Rest aus zugesetztem Sprit stammt (s. unten). Bewährt hat sich hier vor allem das Submers-Verfahren. „Echter Weinessig“ ist solcher, dessen Maische zu 100% des Volumens aus verkehrsfähigem oder zur Weinessigzubereitung zugelassenem Wein bestanden hat.

3. *Andere Spezialessige*

Obstessig aus Äpfeln, Birnen, auch anderen Obstarten spielt vor allem als *Apfelessig* (*Cideressig*) in den USA, in der Schweiz und in Österreich eine bedeutende Rolle. Auch *Bananen-* und *Citrusfruchtessige* wurden diskutiert. Der „*Zitronenessig*“ der Schweiz ist Essig, der mindestens $^1/_3$ Zitronensaft enthält. Zur Bereitung von *Malzessig* dient Gerstendarrmalz. Die daraus gewonnenen weitgehend verzuckerten Maischen werden nach der Vergärung meist mit Zuckercouleur gefärbt. Weitere hier zu nennende Erzeugnisse sind *Rosinen-*, *Getreide-*, *Molken-*, *Honig-* und andere Essige.

4. *Kräuteressig, Essig mit Fruchtsaft usw.*

Kräuteressige und *Gewürzessige* werden durch Ausziehen von Pflanzenteilen oder Gewürzen (Estragon, Thymian, Borretsch, Dill, Pimpinelle, Zitronenmelisse, Schnittlauch) mit einem der Bezeichnung entsprechenden Essig oder mit Essigsäure hergestellt. Am bekanntesten ist der *Estragonessig* (etwa 250 g Kraut auf 4 l Weinessig). *Essig* bzw. Essigessenz mit *Fruchtsaft* (Himbeersaft) u. dgl. sind durch Zusatz von bestimmten Mindestmengen an Fruchtsaft hergestellte Erzeugnisse.

Im Handel sind außerdem sog. „fertiggewürzte Gurken-Einmacheessige“, die außer der Würzung durch Pflanzenauszüge Zucker und/oder Süßstoff sowie Salz enthalten.

Wegen weiterer Einzelheiten, insbes. zur Kennzeichnung wird auf die obengenannte VO über Essig und Essigsäure vom 25. 4. 1972 verwiesen. Der Entwurf von 1942 (s. S. 664) forderte bei Abgabe an den Verbraucher sowie den Handel einen Gehalt an wasserfreier Essigsäure in 100 ml für

Essig, Speise-, Tafel- oder Einmachessig	5 oder 10 g
Spritessig, Kräuter- und Gewürzessig, Essig mit Fruchtsaft, Kartoffel- und Obstessig	5 oder 10 g
Echter Weinessig	7 oder 10 g
Malzessig	7 oder 10 g
Weinessig 40 Hundertteile Weinessig	10 g
Weinessig 20 Hundertteile Weinessig	5 g

ε) *Die chemische Zusammensetzung der Essige*

Spritessig (Branntweinessig) liefert nur geringen Trockenrückstand, im Mittel etwa 0,1—0,3 g/100 ml, infolgedessen auch wenig, auf dem Nährsalzzusatz beruhende Asche. Er kann außerdem Alkohol und Aldehyde enthalten. In Spritessig wurden 18 Aminosäuren nachgewiesen. In *Weinessigen* finden sich neben Weinstein und Weinsäure, Milch- und Bernsteinsäure, Citronensäure, 2-Ketogluconsäure und Gluconsäure auch Glucose, Fructose und Saccharose, Alkohole und Aldehyde. In aus Weinen hergestellten Essigen kommen *Catechine* und deren Abbauprodukte, wie Phloroglucinderivate vor, deren Nachweis auf den Verderb der Rohprodukte hinweist. Weinessig enthält im Mittel 20,5 g/l Extrakt und 2,08 g/l Asche, die reich an Kalium ist und alkalisch reagiert.

An *Aromastoffen* kommen (auch in Obstessigen) Acetylmethylcarbinol, Isoamyl- und Isobutylalkohol, 2-Methylbutanol-(1), Essigsäureäthyl-, -isoamyl-, und -isobutylester, Diacetyl und Butanol-(2) vor. In Essigen aus den USA wurden weitere Alkohole, Kohlenwasserstoffe, Acetale, Ester und Carbonylverbindungen, z. B. 3-Hydroxy-2-butanon, nachgewiesen. In *Spritessig* wurde als Aromastoff lediglich *Äthylacetat* gefunden.

Obstessige ähneln in der Zusammensetzung den Weinessigen, enthalten häufig Äpfelsäure und den (analytisch leicht-faßbaren) *Sorbit* (Äpfel-, Birnen- und Cideressige). In *Malzessigen* kommen Dextrine, Proteine und Amide vor.

Essig aus Essigsäure wird aus der heute in sehr reiner Form verfügbaren Essigessenz gewonnen und enthält im allgemeinen nur Spuren an Aldehyden sowie geringe Mengen (maximal 0,5%) Ameisensäure. Andere Stoffe gesundheitsschädlicher Art (Crotonaldehyd, Crotonsäure, Quecksilber, Blei, Kupfer, Zink oder merkliche Mengen an Formaldehyd) darf er nicht enthalten.

Zur *analytischen Kennzeichnung* verschiedener Gärungsessige gegenüber dem Essig aus Essigessenz dient je nach Art der Gärungsessige deren Gehalt an Gerbstoffen, Estern, reduzierenden Stoffen (Jodzahl, Oxydationszahl), Acetylmethylcarbinol, Butylenglykol, Diacetyl, nichtflüchtigen Säuren wie Citronensäure, $K^{\oplus}$-Ionen, Dextrinen, Sorbit (bei Obstessigen) und Aminosäuren. Zur Erfassung der hier genannten Stoffe wurden Papier-, Dünnschicht- und Gaschromatographie mit Erfolg herangezogen. Die Messung der β-Strahlung radioaktiven ^{14}C als Kriterium für Gärungsessige ist mit Vorsicht zu bewerten. Über Einzelheiten vgl. z.B. K. Herrmann (in: 54, Bd. VI, S. 688).

e) Genußsäuren

Neben Essig ist eine Reihe von anderen organischen Säuren bekannt, die in zahlreichen Lebensmitteln als Träger des spezifisch sauren Geschmackes vorkommen, darüber hinaus aufgrund ihrer Säurenatur im Haushalt und in der Lebensmitteltechnologie umfangreiche Verwendung finden. Besonders bedeutungsvoll sind Citronen-, Wein- und Milchsäure.

α) *Citronensäure*

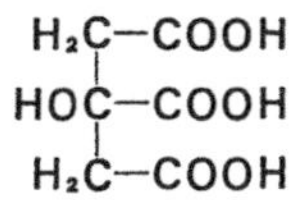

Citronensäure (β-Hydroxytricarballylsäure, Acidum citricum) wurde erstmalig von C. W. Scheele (1784) aus Zitronensaft isoliert und kristallisiert gewonnen. 1893 fand C. Wehmer die Synthese dieser Säure durch gewisse Schimmelpilze und schuf damit die Grundlage zur mikrobiologischen Gewinnung. Citronensäure in Form des Zitronensaftes ist eines der ältesten Säuerungsmittel. Außer in Citrusfrüchten ist sie in der Natur weit verbreitet, sowohl im Tierreich (Milch, Muskel, Blut, Harn usw.) wie auch in den Früchten, Samen, Blättern, Stengeln und Wurzeln vieler Pflanzen und schließlich als Stoffwechselprodukt von Mikroorganismen. Besonders reich an Citronensäure sind Zitrone (3,5—3,8%), Johannisbeere (2,3%), Holunderbeere (1,0%), Hagebutte (1,4%) und Paprika (1,1%). Knochen, Zähne und Spermien enthalten etwa 1%. Im „Citronensäurecyclus" spielt sie eine entscheidende Rolle. Sie stellt eine geruch- und farblose, optisch inaktive, gut kristallisiernde, angenehm sauer schmeckende Substanz dar, kristallisiert aus heißen konzentrierten wäßrigen Lösungen *wasserfrei* (Smp 153° C) in monoklinen Kristallen, aus kaltem Wasser mit einem Mol Kristallwasser rhombisch-pyramidal. Die wasserhaltigen Kristalle verwittern an trockener Luft. 100 g gesättigte wäßrige Lösung enthalten bei 20° C 59,2 g und bei 100° C 84,0 g Citronensäure. Äthanol von 50 Gew.-% löst 63,3 g/100 g Lösung. Die Eigenschaft zur Komplexbildung wird in der Technik zur Bindung von Metallionen benutzt und ist wohl der Grund für die „synergistische" Wirkung der Säure bei Antioxydantien (S. 81). Kräftige Oxydation der Citronensäure liefert Aceton, in Gegenwart von Br_2 Pentabromaceton. Beide Reaktionsprodukte sind wichtig zum Nachweis der Citronensäure.

Die Weltproduktion an Citronensäure wird gegenwärtig zu ca. 120000 t pro Jahr angegeben, wovon etwa 50000 t auf die USA entfallen. In der BRD wird der Verbrauch in der Lebensmittelindustrie auf rund 65% der Gesamterzeugung geschätzt.

Technische Gewinnung

Die *Gewinnung aus Zitronen* erfolgte lange Zeit in erster Linie aus italienischem Zitronensaft. Noch 1922 diente italienisches Calciumcitrat fast ausschließlich als Rohmaterial zur Citronensäuregewinnung, bis dann die Herstellung auf dem Gärwege einsetzte. 1930 wurden von 13250 t rund 40% der Weltproduktion, 1935 bereits etwa 70% und heute werden mehr als 85% durch mikrobiologische Verfahren gewonnen. Sie beruhen im Prinzip darauf, daß Mycel auf zuckerhaltigen Lösungen gezüchtet und die im Substrat angereicherte Citronensäure als Calciumsalz gefällt und anschließend nach weitgehend gleichartigen Verfahren auf freie Säure aufgearbeitet wird. Dabei werden die Hexosen gespalten; über Brenztraubensäure entsteht Acetyl-Coenzym A, das mit Oxalessigsäure die Citronensäure liefert.

Oberflächenverfahren. Die ursprünglich von C. Wehmer (s. S. 670) als Citronensäurebildner gefundenen Penicilliumarten der Gattung *Citromyces* sind heute durch Aspergillus niger-Stämme verdrängt, die besonders hohe Fähigkeit zur Citronensäurebildung aufweisen. Als Nährsubstrate eignen sich kohlenhydrathaltige Produkte (Saccharose- oder Glucoselösungen verschiedenen Reinheitsgrades und verschiedener Konzentration [14—20% Zucker], vor allem auch Rübenzuckermelasse, daneben Rübenschnitzel, Maisabfälle oder Molke). Je nach dem verwendeten Substrat ist Ergänzung durch Hefeextrakt, Bierwürzen und/oder Spurenelemente, Ammoniumsulfat, Kaliumdihydrogenphosphat und Magnesiumsulfat notwendig. Das sterilisierte Nährsubstrat wird bei 30° C in flachen Schalen mit Pilzsporen beimpft und im pH-Bereich 1,6—3,5 (bei Melasse häufig pH 6) bei 25—35° C Gärtemperatur gehalten. Einblasen steriler Luft auf die Pilzdecke sorgt für die sehr wichtige Sauerstoffzufuhr. Nach 7—11 Tagen sind 60—65% des vorhandenen Zuckers in Citronensäure umgewandelt. Die etwa 15—20% Säure enthaltende Flüssigkeit wird abgezogen, die Pilzdecke abgepreßt und die Citronensäurelösung in Bottichen bei 80—90° C mit Kalkmilch als Calciumcitrat gefällt. Die gewaschene Fällung wird entweder mit Schwefelsäure umgesetzt oder getrocknet mit einem Citronensäuregehalt von 70—73% in den Handel gebracht. Die rohe Säurelösung wird mit Bariumsulfid gereinigt, mit Kohle entfärbt und zur Kristallisation gebracht.

Submersverfahren. Der erstgenannte Verfahrensgang zeigt verschiedene Nachteile aller Oberflächenverfahren: großer Raumbedarf, lange Gärzeiten und viel Handarbeit. Gearbeitet wird hier meist mit rohen Zucker- oder vorbehandelten Melasselösungen. Zur Sauerstoffversorgung wird Luft durch poröse Belüftungskörper oder besondere Belüftungssysteme in die durch Rührwerke umgewälzte Nährlösung eingeblasen. Neben *Aspergillus niger*-Stämmen haben sich auch *A. wentii*-Stämme bewährt. Nährstoff zugaben und Aufarbeitungsverfahren entsprechen den obengenannten Angaben.

Citronensäure wird handelsüblich vor allem als Monohydrat, daneben auch wasserfrei in verschiedenen Feinheitsgraden (Grieß, Feingrieß, Pulver) geliefert. Verwendung findet sie wegen ihres angenehm sauren, erfrischenden und abgerundeten Geschmackes in der Getränkeindustrie, der Obst- und Gemüsekonservenindustrie, zur Herstellung von Brause- und Getränkepulvern, von Zuckerwaren, Speiseeis, Likören, Punschextrakten, Wermutwein. Citronensäure-Citratgemische puffern verschiedene Lebensmittel wie Milchprodukte, Konserven oder Schmelzkäse. Citrat als Komplexbildner mit Calcium verhindert die Blutgerinnung bei der Schlachtblut- und Plasmagewinnung, als Komplexbildner mit verschiedenen fettschädigenden Ionen (Kupfer, Eisen) entfaltet es gleich einigen seiner Ester synergistische Wirkung bei Antioxydantien (S. 81). Die freie Citronensäure wird bei der Herstellung von Würzen und Soßen, in der Fischindustrie und im Haushalt anstelle von Essig verwendet. Citronensäure ist außerdem Bestandteil von Sauermilchprodukten zur Säuglingsernährung.

β) Milchsäure

(α-Hydroxypropionsäure), $CH_3CHOHCOOH$, wurde 1780 von K. W. Scheele in saurer Milch entdeckt (Gärungsmilchsäure). 1808 fand J. J. Berzelius im Muskel eine andere, von J. v. Liebig 1847 als Fleischmilchsäure bezeichnete Form. Meilensteine zur Biochemie und Technologie der Milchsäure waren außerdem die Beobachtungen von L. Pasteur (1857), daß spezifische Mikroorganismen die Milchsäurebildung in zuckerhaltigen Lösungen hervorrufen und die Gewinnung des Bacterium lactis (Streptococcus lactis) als Milchsäurebildner in Reinkultur.

Die rechtsdrehende *Fleichmilchsäure* [L(+)-Milchsäure] bildet sich im arbeitenden Muskel aus Glykogen bei Sauerstoffmangel („Glykolyse") und verwandelt sich in der Ruhepause teilweise wieder in Glykogen zurück. Sie findet sich außer im Muskel auch in Blut, Magensaft und Organen (Leber, Niere, Darmwand) und deshalb auch im *Fleichextrakt.* Fleischmilchsäure wird weiterhin gebildet bei der Milchsäuerung durch Bacterium bulgaricum (Lactobacillus bulgaricus). Die *links*drehende Milchsäure entsteht bei Vergärung von Glucose, Rohr- oder Milchzucker durch Bacterium acidi laevolactici oder bei Säuerung der Milch durch Bacterium aerogenes. Die technisch wichtigste Form ist die optisch inaktive (+)(—)-*Milchsäure.* Sie wird im großen aus Mischkulturen verschiedener Stämme als racemische Form gewonnen; je nach der verwendeten Bakterienrasse und der vorliegenden Stickstoffquelle kann bisweilen eine aktive Form vorherrschen.

Milchsäuregärungen sind von großer lebensmitteltechnologischer Bedeutung; die gebildete Milchsäure unterdrückt eine Reihe unerwünschter Mikroorganismenfloren und wirkt bakteriostatisch. Sie entsteht bei zahlreichen Gärungsvorgängen aus Kohlenhydraten und bei der künstlichen Säuerung pflanzlicher Produkte (Sauerkraut, saure Bohnen und Gurken, saure Milchprodukte, Sauerteig, alkoholhaltige Getränke, reifende Rohwurst und reifendes Fleisch, Silage von Preßfutter und Gemüse usw.). Außer Hexosen werden auch *Pentosen* zu Milchsäure (und Essigsäure) vergoren, so Pentosen aus Maiskolben, Haferhülsen und Erdnußschalen durch Lactobacillus pentosus.

Auf die äußerst komplizierte Morphologie und Terminologie der Milchsäurebakterien kann hier nicht eingegangen werden.

1. Die Milchsäuregärung

Bei der Milchsäuregärung unterscheidet man *homofermentative* und *heterofermentative* Gärung. Bei letzterer können neben Milchsäure noch andere Produkte (Essigsäure, Äthanol, Kohlendioxid u. a. m.) entstehen. Je nach Organismus werden L-, D- oder DL-Milchsäure gebildet. Für die technische Gewinnung kommt allein die homofermentative Gärung in Frage (techn. Ausbeute 90—95%). An der kommerziell betriebenen Säuerung von Vegetabilien (z. B. Herstellung von Sauerkraut) sind homo- und heterofermentative Typen von Gärungserregern beteiligt. Über den Mechanismus beider Gärungsarten vgl. die Spezialliteratur. Die *Welterzeugung* von Milchsäure wird mit etwa 15—20000 t pro Jahr angegeben.

2. Die technische Darstellung der Gärungsmilchsäure

Die Fabrikation der Milchsäure nahm in Deutschland ihren Ausgang (A. Boehringer) und wurde entscheidend gefördert durch die Einführung von Reinkulturen des Bacterium delbrueckii (C. Wehmer), da nur *homofermentative* Milchsäurebildner einwandfreie Säure liefern.

Als *Ausgangsmaterial* dienen Melasse oder Brennerei-(Getreide-)Maische, die durch Malzdiastase verzuckert wird oder aber Kartoffelstärke, Kartoffelmehl und Mais, die gleichfalls durch Diastase oder auch durch Hydrolyse mit verdünnter (0,1%iger) Schwefelsäure Verzuckerung erfahren. Weitere Gärsubstrate sind Rohrzucker, Rohrzuckermelasse, Glucose und Molke. Von den verwendeten Bakterien wird heute in erster Linie *Lactobacillus delbrueckii,* bisweilen auch *Lactobacillus leichmannii* eingesetzt. Zur Molkevergärung dienen weiterhin *L. bulgaricus* und *Streptococcus lactis.* Als Nährsubstrate kommen neben Phosphaten, Ammoniumsalzen und Abbauprodukten von Proteinen auch Kleie, Malzkeime, Hefe und Hefeextrakt in Frage. Die letztgenannten Substrate liefern gleichzeitig für das Wachstum der Milchsäurebakterien notwendige Wuchsfaktoren (vor allem aus der Gruppe der B-Vitamine).

Zur Vergärung wird die zwischen 5 und 18% vergärbares Material enthaltende Maische bei 80° C sterilisiert, mit Calciumhydroxid oder Calciumcarbonat auf pH 5—6 gebracht und bei etwa 46° C z. B. mit dem (thermophilen) L. delbrueckii beimpft. Unter Rühren sorgt man durch laufende Zugabe von Calciumcarbonat für eine Abstumpfung der Säure, da bei Milchsäurekonzentrationen über 1,8% der Mikroorganismus seine Tätigkeit einstellt und hält die Temperatur in den mit Heiz- und Kühlschlangen versehenen Rührbottichen bei 48—50° C. Nach 5—8 Tagen ist die Gärung beendet. Die schwach alkalisch reagierende, klare, etwa 10% milchsauren Kalk enthaltende Lösung wird abgezogen, eingedickt, filtriert und mit Schwefelsäure versetzt. Nach Abtrennung des entstandenen Gipses wird ein Schwefelsäureüberschuß durch Bariumhydroxid entfernt. Eisen- und Kupferspuren können durch Blauschönung mit Natriumhexacyanoferrat(II) (S. 621) eliminiert werden. Die im Vakuum auf 50 bis 80% konzentrierte Säure (*technische Milchsäure*) kommt als solche in verschiedenen Konzentrationen (43,5, 50 und 60%) in den Handel, vor allem für Zwecke der Gerberei. Sie enthält neben Zucker, Dextrinen und Estern noch Ameisen-, Essig- und Bernsteinsäure. Umkristallisation liefert die *Genußmilchsäure* mit 50 und 80% Säure; chemisch reine Milchsäure (DAB 6) enthält 90% Gesamtsäure. Pulverförmige Mischungen von Milchsäure (10—30%) mit Eiweiß, Stärke oder Schleimstoffen sowie trockene Additionsverbindungen von 1 Mol Calciumlactat und 6 Mol Milchsäure mit 65—70% freier Säure finden zur Herstellung von Backpulver, Zuckerwaren und Trockensauer (S. 486) Verwendung.

Milchsäure aus Molke wird wie oben beschrieben gewonnen. Die vergorene Molke wird zur Coagulation des Lactalbumins auf 96° C erhitzt, mit Kieselgur und Entfärbungskohle gereinigt und durch Kristallisation auf Calciumlactat verarbeitet.

Reine wasserfreie Milchsäure ist eine farblose, bei 18° C schmelzende, sehr hygroskopische Substanz, leicht löslich in Wasser, Alkohol und Äther, unlöslich in Benzin, Chloroform oder Schwefelkohlenstoff. Konzentrierte wäßrige Lösungen können als „Lactylmilchsäure" größere Mengen des Anhydrids (Veresterung zweier Moleküle) enthalten, das bei starker Verdünnung oder beim Kochen leicht wieder in Milchsäure übergeht.

Verwendung findet Milchsäure anstelle von Weinsäure als Träger des sauren Geschmackes in Obsterzeugnissen, Zuckerwaren und bestimmten Speiseeissorten, Limonadensirupen, Kunstbrauselimonaden, in Brauselimonadenwürfeln und Backpulver, Milchsäurelimonaden, in der Fleischwaren- und Fischkonservenindustrie, in Kindernährmitteln, bei der Brotbereitung (Trockensauer), in sterilisierten Gurken.

γ) *Weinsäure* (*Weinsteinsäure*)

Die Weinsäure [Dihydroxybernsteinsäure, COOHCH(OH)CH(OH)COOH] besitzt zwei asymmetrische C-Atome und kann deshalb in einer links- oder rechtsdrehenden, einer optisch inaktiven (nicht spaltbaren) Mesoform („Meso"-, „Antiweinsäure") und in der spaltbaren Racematform („Traubensäure") auftreten. Von ihnen finden sich in der Natur lediglich die *Rechtsweinsäure* und die *Racematform*.

Die *Rechtsweinsäure* kommt in reiner Form weit verbreitet in der Natur vor, so in der Weintraube, wo sie 40% der Gesamtsäure ausmacht, in den Tamarinden, deren Säure zu 97% aus Weinsäure besteht, außerdem in zahlreichen anderen Früchten und Blättern. Als *Kaliumhydrogentartrat* (*Weinstein*) tritt sie im Traubensaft auf; bei der Weingärung scheidet sich Weinstein mit zunehmendem Alkoholgehalt als „Faßgeläger" ab. Die Rechtsweinsäure kristallisiert in monoklinen Prismen, löst sich in Alkohol und Wasser (zu 129 g in 100 g Wasser bei 20° C), nicht aber in Äther und schmilzt bei 170° C. Beim Erhitzen mit Wasser auf 165—175° C wird sie in Traubensäure und Mesoweinsäure umgewandelt.

Die *Racematform* (Traubensäure) kommt zuweilen neben der Rechtsweinsäure im Traubensaft, z. B. in einigen italienischen Weinsteinprodukten, vor, ist kristallwasserhaltig (2 $C_4H_6O_6 \cdot H_2O$), kristallisiert triklin und verwittert an der Luft. Sie ist in Wasser weniger leicht löslich als die Rechtsform (20,6 g Anhydrid in 100 g Wasser bei 20° C). Als Racemat läßt sie sich in die beiden optisch aktiven Komponenten spalten, wobei oft eine der beiden Formen durch spaltende Mikroorganismen aufgezehrt wird. So baut Penicillium glaucum die Rechtsweinsäure ab und läßt die L-Form unverändert (mikrobiologische Trennung racemischer Modifikationen).

Zur *technischen Gewinnung* der Weinsäure geht man heute vor allem von Rohkonzentraten aus Weinhefe und -trestern aus, aus deren Suspension in Wasser mit Calciumsalzen in geringem Überschuß das Calciumtartrat ausgefällt wird (Neutralverfahren). Das Rohgemisch wird mit 78 %iger Schwefelsäure zerlegt, die braungefärbte Lösung in Vakuumverdampfern konzentriert, vom ausgeschiedenen Calciumsulfat befreit und zur Kristallisation eingedampft. Weitere Reinigung mit Bariumcarbonat, Calciumhexacyanoferrat(II), Schwefelwasserstoff und Aktivkohle liefert nach etwa notwendiger zusätzlicher Umkristallisation das Endprodukt.

Weinsäure findet Verwendung als Träger sauren Geschmackes in der Süßwarenindustrie (Feinbackwaren, Puddingpulver, Zuckerwaren, Speiseeis), für Limonaden und Brauselimonaden, zur Geschmacksverbesserung bei Obsterzeugnissen (Marmeladen, Gelees u. a.). Sie liefert außerdem die Säurekomponente in manchen Backpulvern und in Brauselimonadenwürfeln. Neben der freien Säure wird das erwähnte Kaliumsalz (Weinstein, Cremor tartari), technisch und analytisch (Fehlingsche Lösung) auch das weinsaure Kalium-Natriumsalz (Seignettesalz, Rochellesalz) und schließlich medizinisch das Kaliumantimonyltartrat (Brechweinstein) benutzt. Die Produktion der Weinsäure dürfte höchstens $^1/_3$ der Citronensäureproduktion erreichen.

δ) *Äpfelsäure*

Die optisch aktive Äpfelsäure [Hydroxybernsteinsäure, $COOHCH_2CH(OH)COOH$] findet sich in der Natur als L-Säure weit verbreitet, vorherrschend in Kern- und Steinobst, neben Weinsäure in Traubensaft und Wein, neben Citronensäure in Heidelbeeren, Erdbeeren und Himbeeren. Reich an Äpfelsäure sind außerdem die Berberitzen und vor allem die Vogelbeere (Sorbus aucuparia) sowie der Saft des amerikanischen Zuckerrohrs. Dieser Zuckersaft setzt beim Stehen den „Zuckersand" (sugarsand) ab, der zu 65—80% aus Calciummalat besteht und zur Gewinnung der Äpfelsäure dienen kann. Geringe Mengen an Äpfelsäure finden sich in den meisten Pflanzen, z. B. auch in der Zuckerrübe und im Honig.

Die Herstellung von Äpfelsäure als Racemat erfolgt heute aus Maleinsäure bzw. deren petrochemisch gewonnenem Anhydrid durch katalytische Wasseranlagerung. Das Racemat schmilzt bei 128—129° C, ist in Wasser und Alkohol gut, in Äther wenig löslich. Gegen ihre Zulassung bestehen keine Bedenken.

ε) *Weitere Genußsäuren*

Eine weitere durch Gärung (Propionibacterium-Arten) entstehende Säure, die *Propionsäure*, kann z. B. mikrobiologisch aus Bernsteinsäure unter Mitwirkung von Succinatdecarboxylasen über die „aktive" Bernsteinsäure entstehen. Die Propionsäuregärung spielt bei der Reifung des Emmentaler Käses eine wichtige Rolle, das gebildete Kohlendioxid führt zur Lochbildung.

Für die technische *Propionsäuresynthese* bedeutungsvoll ist in erster Linie das Verfahren nach W. Reppe aus Äthylen, Kohlenmonoxid und Wasser in Gegenwart von Nickel- und anderen Katalysatoren. Salze der Propionsäure werden als Schimmelverhütungsmittel bei Brot- und Backwaren verwendet (vgl. S. 494).

Fumarsäure sublimiert bei 200 °C unzersetzt, oberhalb 230° C tritt Zersetzung zu Maleinsäureanhydrid und Wasser ein. Die Säure wird in der Lebensmittelindustrie der USA in Marmeladen, Fruchtsaftgetränken, Backpulvern u. a. m. verwendet, da sie nicht hygroskopisch ist und stärker sauer als Citronen- oder Weinsäure schmeckt.

Aconitsäure (aus Citronensäure durch Wasserabspaltung) und *Itaconsäure* (u. a. durch Vergärung geeigneter Substrate mit *Aspergillus terreus*-Stämmen gewinnbar) werden als Antioxydantien für Fette und Öle vorgeschlagen.

Glutaminsäure (vgl. S. 27) in Form des Natrium-monoglutamats verwendet, wird vorwiegend aus *Weizenkleber* und auch aus *Zuckerrübenschlempe*, daneben auch durch *Gärung* mit *Micrococcus-*, *Brevibacterium* und anderen Stämmen gewonnen. 1960 wurden in der Welt insges. ca. 40000 t Glutamat erzeugt, davon in Japan 49%, in den USA 23%, in Westeuropa 20%. In Japan wurden 89,1% durch Gärung, der Rest durch Hydrolyse von Proteinen und durch Synthese hergestellt. Die spezifische, auf Na-L-Glutamat beschränkte geschmacksverstärkende Wirkung tritt im pH-Bereich von 3,5—8,0 ein. Hauptverwendung findet es in Suppen und Suppenerzeugnissen, daneben bei Gemüsegerichten, Fleischwaren, Fleisch- und Fischkonserven, Campinggerichten, im Haushalt, bei der Massenverpflegung u. a. m. Die optimale Dosis liegt bei 0,1—0,3% in den fertigen Gerichten.

X. Kaffee, Kaffee-Ersatzstoffe und Kaffee-Zusatzstoffe

Unter *Kaffee* (Bohnenkaffee) versteht man die von der Fruchtschale vollständig und von der Samenschale („Silberhaut") nach Möglichkeit befreiten, rohen (*Rohkaffee*) oder gerösteten (*Röstkaffee*), ganzen (*Kaffeebohnen*) oder zerkleinerten Samen von Pflanzen der Gattung Coffea, wie auch das daraus zubereitete *Getränk*.

Die *Heimat* des Kaffees ist Afrika (Äthiopien, Abessinien). Von dort aus kam er über Arabien und Konstantinopel nach Venedig und verbreitete sich trotz zahlreicher behördlicher Verbote und ärztlicher Warnungen seit Mitte des 17. Jahrhunderts über ganz Europa. Der *Kaffeebaum* gehört zur Familie der Rubiaceen, die uns außerdem den Waldmeister, den Chinarindenbaum, die Brechwurzel und den Färberkrapp liefern. Je nach Art erreicht er eine natürliche Höhe von 3—15 m. Zur Erleichterung der Ernte wird er meist strauchartig auf 2—$2^1/_2$ m gestutzt. Er besitzt lederartige, immergrüne kurzstielige Blätter und weiße jasminähnlich duftende Blüten, aus denen sich kirschenähnliche beerenartige Steinfrüchte von etwa 1,5 cm Durchmesser entwickeln. Die *Frucht* zeigt ledrige Oberhaut, ist anfangs grün, wird dann rot, im Zustand der Vollreife schließlich karmesinrot bis violett und enthält im süßen Fruchtfleisch (Mesocarp, „Pulpa") zwei mit ihren glatten Seiten aneinanderliegende Samenkerne. Sie sind mit einer Längsnaht (Spalt) versehen, fest vom gelblichen, durchscheinenden „Silberhäutchen" (Samenhaut, Tegument) eingehüllt und darüber von der Pergamentschicht oder Hornschale, dem kräftig entwickelten Endocarp bedeckt. Gelegentlich findet sich (zu etwa 10—15%) in der Frucht nur ein einzelner Samen in Form einer beiderseits gerundeten Bohne. Dieser „*Perlkaffee*" ist oft eine besonders wertvolle Art Kaffee, doch *keine* Sortenbezeichnung, da solche Einzelsamen jeder Strauch zu liefern vermag. Für das *Gedeihen des Kaffeebaumes* sind mittlere tropische Höhenlagen (feucht und schattig, Temperaturen zwischen 15—30° C, 600—1200 m ü. M.) besonders günstig. Nach 3—4 Jahren beginnt der Strauch zu blühen, liefert nach dem 6. Jahr Vollernten, die bis zum 20. Jahr im Ertrag steigen. Die Reifezeit nach der Blüte beträgt 7—10 Monate, sie verläuft am einzelnen Strauch unterschiedlich, so daß die reifen (roten) Früchte einzeln gepflückt, bisweilen auch geschüttelt werden. Von den zahlreichen — über 100 — bekanntgewordenen *Kultursorten* werden im wesentlichen heute nur drei angebaut: *Coffea arabica* (rund 70% des gesamten Weltexportes an Kaffee liefernd), *C. canephora*, var. *robusta*, var. *kouillou*, var. *uganda* (rund 30 %), C. *liberica* und weitere Arten (weniger als 1%). In der BRD und anderen Ländern ist neben C. arabica in steigendem Umfang C. robusta am Konsum beteiligt. Die Menge frischer Kaffeekirschen, die 1 kg marktfertigen Kaffee liefern („Rendement") beträgt für C. arabica 6,38 kg. C. robusta 4,35 kg und C. liberica 11,5 kg.

Die wichtigsten, an der Weltkaffee-Ernte 1970 beteiligten Länder bringt Tabelle 143.

Tabelle 143. Die Weltkaffee-Ernte (1000 t) 1970

Brasilien	863	Mexiko	182	Kamerun	88
Columbien	507	Indonesien	167	Venezuela	61
Elfenbeinküste	240	El Salvador	114	Madagaskar	60
Uganda	240	Guatemala	108	Peru	57
Äthiopien	220	Ecuador	90	Tansania	54

Die gesamte Welterzeugung betrug 1970 rund 3,97 Mio t. In der BRD wurden 1969/70 pro Kopf und Jahr 3,99 kg Röstkaffee verbraucht, der Wert der Kaffee-Einfuhr lag zur gleichen Zeit bei rund 1,27 Mia DM, die Kaffeeverbrauchssteuer erbrachte 1971 rund 1,14 Mia DM.

Wie in früheren Jahren besteht auch heute wiederum eine *Überproduktion* an Kaffee. Unter den landwirtschaftlichen Produkten nimmt der Kaffee in der Welterzeugung im Vergleich zu Baumwolle, Getreide, Fetten, Fleisch oder Zucker einen verhältnismäßig bescheidenen Platz ein. Im Welthandel steht er jedoch nach Petroleum und noch vor Stahl an zweiter Stelle. An der Spitze der BRD-Einfuhren lag weiterhin Columbia-Kaffee.

Der *Verkehr mit Kaffee* ist in der „*Kaffee-VO*" vom 10. 5. 1930, in der Fassung vom 26. 3. 1963 geregelt.

1. Ernte und Aufbereitung

Auf der nördlichen Halbkugel fällt *die Ernte* etwa in die Monate Dezember bis Februar, südlich des Äquators erfolgt sie etwa in den Monaten Mai bis August. Die Aufbereitung der mit der Hand gepflückten oder abgestreiften und am Boden eingesammelten Früchte erfordert vor allem die Entfernung des Fruchtfleisches und geschieht nach zwei Verfahren:

Bei der *trockenen*, in Brasilien fast ausschließlich üblichen *Aufbereitung* bringt man die Früchte sofort nach der Ernte auf Trockenterassen, breitet sie dort aus und trocknet sie an der Sonne, bis die Bohnen in der Schale rascheln.

Durch Behandlung in Schälmaschinen („Decascador", „Hulser") werden das getrocknete Fruchtfleisch, außerdem die Pergamenthaut und (soweit wie möglich) auch das Silberhäutchen entfernt. Der geschälte und gereinigte Kaffee wird nach Größe sortiert und in Säcken zu 60 kg verpackt. Häufig schichtet man die frischen Früchte in Haufen, läßt sie 3—4 Tage unter Selbsterhitzung fermentieren und verarbeitet sie dann wie geschildert weiter. In beiden Fällen erhält man „*ungewaschenen*" Kaffee.

Die *nasse Aufbereitung* (westindisches Verfahren) ist kostspieliger, moderner und bei den besseren Kaffeesorten üblich, vor allem bei der zentralamerikanischen Kaffee-Ernte, auch in Indien und Indonesien.

Hier werden die Kirschen entweder zunächst in *Quelltanks* vorbehandelt oder gleich dem *Pulper* (Pulpero, Despolpadora) zugeführt, der durch ein System verstellbarer, zum Teil gerauhter Scheiben und Walzen das weiche Fruchtfleisch abquetscht, ohne die Bohnen zu beschädigen. Das Fruchtfleisch dient als Düngemittel. Die so behandelten Bohnen enthalten neben Silberhaut und Pergamentschicht noch erhebliche Mengen Fruchtfleisch. Sie werden in wassergefüllten Zisternen oder Bottichen oder zementierten geschlossenen Gärtanks 12—48 Std fermentiert, wobei durch mikrobiell bedingte Gärungen wowie durch Pektinolyse das Fruchtfleisch soweit gelockert und abgebaut wird, daß es durch Waschen leicht entfernt werden kann. Außerdem ist die Fermentierung wesentlich an der Geschmacksbildung beteiligt. Die auf Sieben abgetropften, auf Zementböden an der Sonne oder mit Heißluft bei 65—85° C getrockneten Bohnen sind noch von der Pergamenthülse umgeben (Pergament- oder Hülsenkaffee, „Cafe in pergamino") und werden, wie bei der trockenen Aufbereitung geschildert, weiter verarbeitet. Sie liefern die „*gewaschenen*" Kaffeesorten („milds", „Cafe lavado"). Hochwertige Bohnen werden oft zur restlosen Entfernung der Silberhaut und zur Glättung der Oberfläche *poliert*.

2. Die wichtigsten Handelssorten

Zur groben Charakterisierung unterscheidet man 3 große Gruppen: „*Brazils*“: brasilianische (ungewaschene) Arabicas, „*Milds*“: nicht-brasilianische (gewaschene) Arabicas und „*Robustas*“: (ungewaschene) Canephorae gleich welcher Herkunft.

Im allgemeinen unterscheidet man nach der *geographischen Herkunft: Südamerikanischer Kaffee*, der als brasilianischer, columbischer und Venezuela-Kaffee den weitaus größten Teil der Weltproduktion bestreitet; *mittelamerikanischer Kaffee* (Mexiko, Guatemala, Costa Rica, Salvador, Nicaragua) stammt vor allem von Coffea arabica. Viele von ihnen gehören zu den geschätztesten Kaffeesorten der Welt. *Westindischer Kaffee* (Haiti, Kuba, Jamaika, Domingo, Puerto Rico), *ostindischer Kaffee* [Mysore-, Coorg-, Neilgherry-Kaffee, Java, Sumatra (Padang-Kaffee), Celebes (Menado-Kaffee)] stammt meistens von Robusta-Arten; *afrikanischer Kaffee* (Äthiopien, Kenia, Tansania, Kongo, Uganda u. a.) liefert einen Großteil des in der Welt konsumierten Kaffees verschiedener Sorten. Die genannten Länder sind in den letzten Jahren zu einem Hauptproduktionsgebiet der Erde geworden. *Arabischer Kaffee* („Mokka“) kommt aus den Distrikten Kuma, Dejebi und Aden Arabiens; er ist heute ohne Handelsbedeutung. „Mokka-Kaffee“ des Handels muß aus Arabien oder Abessinien stammen. Getränke wie „*Mokka*“ oder „*Mokka-Double*“, sind besonders starke zusatzfreie Kaffeezubereitungen und deuten *nicht* auf die Herkunft der Kaffeesorte hin.

Nach der *Stufe der Zubereitung* unterscheiden wir *rohen, gerösteten und gemahlenen* Kaffee. *Kaffeemischungen* aus verschiedenen Kaffeesorten spielen eine wichtige Rolle zum Ausgleich von Geschmackstypen, zur Aufwertung geringerer wenig aromatischer Produkte, zur Steigerung der Ergiebigkeit und zur Befriedigung bestimmter Geschmacksrichtungen. Doch darf eine derartige Mischung nur dann mit einer bestimmten Herkunftsbezeichnung versehen werden, wenn der aus dem entsprechenden Erzeugungsgebiet stammende Anteil der Menge nach überwiegt und die Eigenart der Mischung bestimmt.

3. Rohkaffee (ungerösteter Kaffee)

Als *unverlesenen Kaffee* bezeichnet die Kaffee-VO im Gegensatz zu der für *verlesenen Kaffee* eingangs gebrachten Definition den im Großhandel befindlichen, noch nicht durch Beseitigung der minderwertigen und fremden Bestandteile gereinigten rohen Kaffee. *Bruchkaffee* (Kaffeebruch) sind zerbrochene Kaffeebohnen, *Ausschußkaffee* („Triage“) ist solcher, der vorwiegend aus den bei der Verlesung von Kaffee abfallenden Bohnen und deren Bruchstücken besteht; er darf nicht als „Verlese-Kaffee“ oder gar „Auslese-Kaffee“ bezeichnet werden. *Kaffeemischungen* und gleichsinnig bezeichnete Erzeugnisse (z. B. „Melange“) sind Gemische verschiedener Kaffeesorten (vgl. dagegen „Kaffee-Ersatz-Mischungen!“). Nach der genannten Verordnung darf Kaffee nicht in den Verkehr gebracht werden, der u. a. durch *Havarie* (See- oder Flußwasser) genußuntauglich geworden, stark verunreinigt oder stark mit Schimmel befallen ist. Der Gehalt an *Fremdstoffen* darf im Rohkaffee (ausgenommen ist der im Großhandel befindliche „unverlesene Kaffee“) nicht mehr als 5% betragen. Weitere gesetzliche Vorschriften bringt die angezogene Verordnung.

Die *Qualitätsbeurteilung* erfolgt neben der Geruchs- und Geschmacksprüfung insbesondere nach Größe, Farbe, Form, Härte und Schnitt. Hauptfehler (Defects, Imperfections) sind vor allem „*Fehlbohnen*“, die sorgfältig ausgelesen werden müssen, da sie zum Teil ganze Partien geschmacklich verderben, zum mindesten aber das Ansehen des Kaffees mindern können. Es sind dies vor allem unreife Samen („*Grasbohnen*“), die beim Rösten hell bleiben, überfermentierte vergorene Bohnen („*Öl*“- und „*Speckbohnen*“, „*Stinker*“, fève puante, stinker[bean]), die widerlich nach Fäulnis schmecken,

Frost- und *Bruchbohnen*, insekten- und regenbeschädigte Bohnen sowie vertrocknete Bohnen (fève noire, black beans). Eine einzige solche Bohne verdirbt den ganzen Kaffeeaufguß. Weitere Kaffeefehler sind vor allem muffige (ungenügend getrocknete, zu früh eingesackte) und erdige (fehlerhaft, z. B. auf Gras, getrocknete) Produkte.

In höheren Lagen gewachsene Kaffeesorten sind im allgemeinen wertvoller als solche aus Niederungen.

Die chemische Zusammensetzung des Rohkaffees (vgl. Tab. 144) ist weitgehend abhängig von Sorte, Herkunft, Gewinnung und von klimatischen Einflüssen.

Tabelle 144. Chemische Zusammensetzung von Rohkaffee (nach H. Streuli, in: 54, Bd. VI., S. 16)

Stoff	Mittelwert % i. Tr.	Schwankungsbreite % i. Tr.
Asche, gesamt	4,0	3,0 — 5,4
wasserlöslich	3,4	3,0 — 4,1
säureunlöslich	0	0
Wasserextrakt	33	29,0 —36,2
Fett	12,6	8,3 —17,0
Reduz. Zucker (ber. als Glucose)		0 — 0,5
nach Inversion (ber. als Saccharose)		2 — 9
Saccharose	6—7	
Rohfaser		10 —11,7; 27,2
Citronensäure		0,5 — 1,15
Äpfelsäure		0 — 0,5
Oxalsäure		Spur — 0,2
Chlorogensäuren		4,5 —11,1
Reinprotein		8,7 —12,2
Coffein	1,45	0,9 — 2,6
Trigonellin	0,63	0,24— 1,2
Ammoniak		0,03— 0,30
Wasser	9,5%	5,0 —12,1%

Mehr als die Hälfte der Kaffeebohne besteht aus *wasserunlöslichen Stoffen* (Lipoide, Proteine, Cellulose und Hemicellulosen, geringe Mengen an Lignin). *Wasserlösliche Extraktstoffe* sind zunächst *Kohlenhydrate*, vor allem Saccharose, daneben geringe Mengen reduzierender Zucker (0,5—1,2%) und wenig Dextrine. Als Bauelemente der Zellmembran sind die obenerwähnten Rohfaser- und Pentosanmengen zu betrachten. Unter den *Lipoiden* spielt das bei Zimmertemperatur flüssige *Kaffeeöl* (Kaffeefett, Smp 6,3° C) eine Rolle. Es geht bei der Kaffeezubereitung in den Satz und kann aus ihm gewonnen werden (S. 437).

Neben dem fetten Öl kommen noch geringe Mengen an ätherischem Öl (0,1—0,2%), im Unverseifbaren außerdem Phytosterine, pentacyclische Diterpene, wie *Cafestol* und *Kahweol* und Kohlenwasserstoffe, wie das Nonacosan, vor.

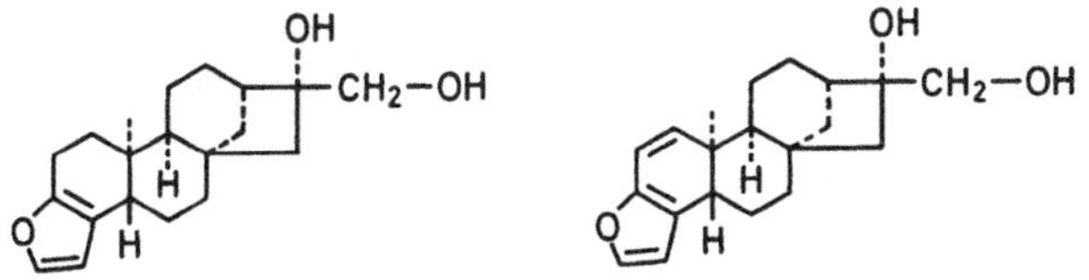

Cafestol *Kahweol*

Aus der Hüllschicht der Bohne stammen das im Rohkaffee gefundene *Wachs* sowie *Harze*. Im Kaffeewachs finden sich *5-Hydroxy-tryptamide* verschiedener Fettsäuren, die im Kaffee zu Serotonin-(Hydroxytryptamin-)-Mengen zwischen 26 und 50 mg/100 g führen. Von den noch wenig untersuchten *Proteinen* der Bohne, in denen zahlreiche Aminosäuren identifiziert wurden, ist etwa die Hälfte wasserlöslich.

Unter den Stickstoffsubstanzen am besten bekannt ist das *Coffein*, 1.3.7-Trimethylxanthin. Es zeigt schwach bitteren Geschmack, kristallisiert mit 1 mol Kristallwasser in seidenglänzenden Nadeln und schmilzt bei 236,5° C. Schon wenig über 100° C verflüchtigt es sich und sublimiert bei 180° C. Der Coffeingehalt des Rohkaffees liegt bei 0,9—2,0% und kann bei einigen wildwachsenden Sorten auf 2,6% ansteigen. Umgekehrt gibt es auch coffeinfreie Coffea-Arten. Im Kaffee liegt Coffein vorzugsweise chemisch gebunden als Kalium-Coffein-Doppelsalz der Chlorogensäure vor, weshalb zur erschöpfenden Extraktion des Alkaloids im Gange der Analyse das Coffein erst durch Aufschluß freigesetzt werden muß. Kaffee enthält außerdem *Trigonellin*, das Methylbetain der Nicotinsäure, aus dem beim Rösten des Kaffees das Vitamin *Nicotinsäure* entsteht, und zwar in Mengen, die mit steigendem Röstgrad zunehmen (bis zu 43,6 mg-%). Auch andere Vitamine der B-Gruppe kommen in der Kaffeebohne vor. Weiterhin tritt eine geringe Menge an *Cholin* (etwa 0,02%) auf. An *Säuren* finden sich neben Phosphor- und Kieselsäure *Citronensäure* sowie wenig Milch-, Wein-, Brenztrauben- und Essigsäure, Oxal- und Äpfelsäure, vor allem aber ein Gemisch verschiedener Substanzen, das in älteren Arbeiten unter dem Begriff der ,,*Kaffeegerbsäure*" zusammengefaßt wurde. Es besteht im wesentlichen aus Depsiden der ,,Chlorogensäuren" (Coffeoylchinasäuren), von denen die Chlorogensäuren (s. auch S. 538).

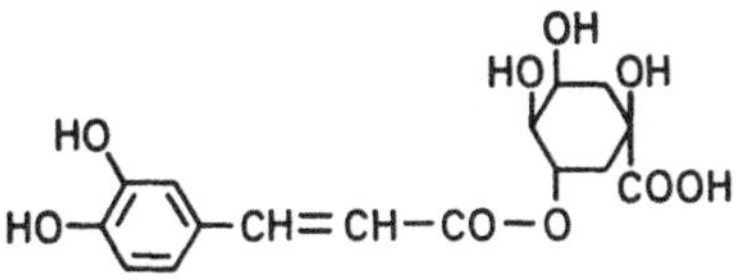

3-O-Coffeoyl- -chinasäure

Smp 205—208° C, $[\alpha]_D^{20} = -33°$ *(im Wasser)*

mit 3,1—6,2% i.Tr. den Hauptanteil ausmachen. Beim Rösten des Kaffees wird sie je nach Kaffeesorte und Röstgrad bis zu 98% zerstört. Der *Isochlorogensäure*"-Komplex besteht im wesentlichen aus einem Gemisch von 4.5-, 3.4- und 3.5-O-Dicoffeoylchinasäuren. Daneben wurden u.a. *Kryptochlorogensäure* (4-O-Coffeoyl-D-chinasäure), *Neo-chlorogensäure* (5-O-Caffeoyl-D-chinasäure), 3-p-, 4-p- und 5-p-*Cumaroylchinasäure* sowie 3-, 4- und 5-*Feruloylchinasäure* identifiziert. Auch freie *Kaffeesäure* (15—21 mg/100 g i. Tr.) und *freie Ferulasäure* (5,2—13,8 mg/100 g i.Tr.) wurden in verschiedenen Rohkaffeesorten gefunden.

An *Enzymen* sind in der Kaffeebohne Proteasen, Katalase, Amylasen, und eine α-Galaktosidase und eine auf Chlorogensäuren einwirkende laccaseähnliche Oxidase enthalten.

Die *chemische Untersuchung* des Rohkaffees hat für die Qualitätsbeurteilung bisher wenig Beiträge geliefert, doch dürften in Zukunft Verfahren der Papierchromatographie, Ionenaustauscheranalyse und insbesondere der Gaschromatographie, vor allem auch im Rahmen der anschließend zu besprechenden Röstvorgänge wesentliche Bedeutung erlangen.

4. Röstkaffee

Die rohe Bohne bedarf einer thermischen Behandlung, die als *Röstprozeß* bezeichnet wird und erst das eigentliche Genußmittel liefert. Beim Rösten gehen im Temperaturbereich zwischen 200 und 240° C tiefgreifende Veränderungen vor sich, die rein äußerlich durch Volumenzunahme (30—40%), Struktur- und Farbveränderungen, Gewichtsminderung („Einbrand", im Mittel etwa 18,5%) und insbesondere durch Ausbildung eines typischen, der Rohbohne fehlenden Aromas (Röstgeruch und -geschmack) gekennzeichnet sind. Gleichzeitig geht das spezifische Gewicht von 1,126—1,272 auf 0,570—0,694 zurück: der geröstete Kaffee schwimmt nach Benetzung auf dem Wasser, Rohkaffee geht unter. Die im rohen Zustand hornartige, zähe und schwer zu zerkleinernde Bohne wird spröde und mürbe.

a) Der Röstvorgang

Die Führung des Röstvorganges erfordert viel Übung und Erfahrung, um gleichmäßige Tönung und optimale Aromaentwicklung zu erzielen und Schädigung durch Überrösten oder Anbrennen zu vermeiden. Das Rösten des Kaffees wird deshalb heute fast ausschließlich industriell durchgeführt. Man arbeitet meist in rotierenden Rösttrommeln von zylindrischer oder Kugelform bei Außen- oder Innenheizung („Thermalo"-System) oder in kombiniert beheizten Maschinen. Als Heizquelle dient vor allem Gas, daneben auch elektrischer Strom, wobei das Röstgut mit heißer Luft oder heißen Gasen in Berührung kommt. Infrarot-Röstung hat sich im Großbetrieb nicht durchgesetzt. Je nach Dauer des Röstvorganges arbeitet man mit *Langröstung* (20—30 min) oder mit *Schnellröstung* (5—10 min). Der Röstvorgang wird durch Probenziehung oder elektronisch kontrolliert, das fertiggeröstete Produkt möglichst schnell auf Kühlsieben oder im Kühlkanal abgekühlt, um Nachrösten, Verbrennen oder Aromaverlust zu vermeiden. Während des Röstens auftretende Dämpfe sowie Zellfragmente (Silberhäutchen) werden durch Exhaustoren abgesaugt und (in größeren Betrieben) verbrannt. Abb. 114 zeigt den Gang der Röstgase, Abb. 115 eine moderne Kaffeerösterei.

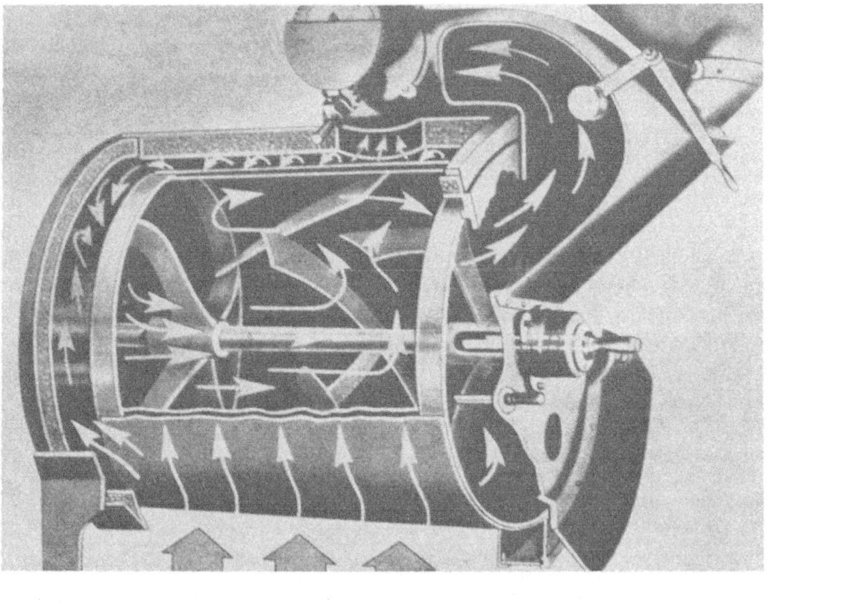

Abb. 114. Schnitt durch das isolierte, doppelwandige Trommelgehäuse und die doppelwandige Rösttrommel, Weg der Heißluft bei Außen- und Innenbeheizung (PROBAT-Werke, Emmerich)

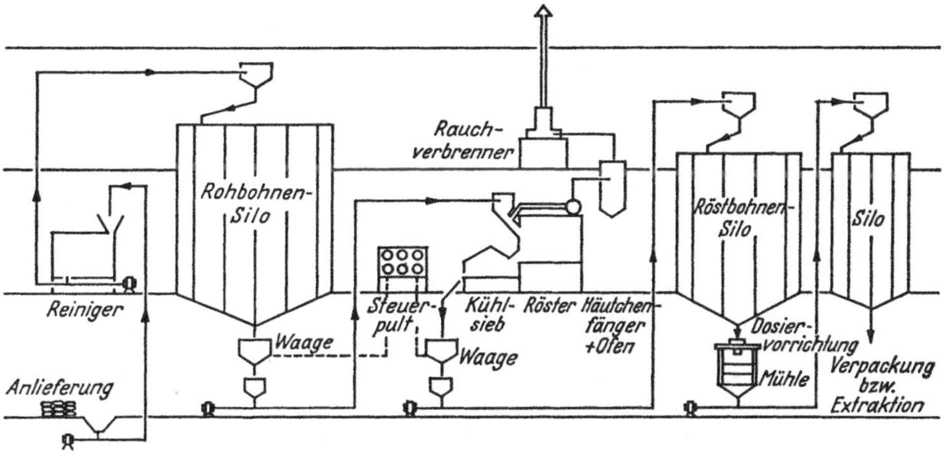

Abb. 115. Moderne Kaffee-Rösterei (H. Streuli, in: 54, Bd. VI, S. 34)

Der beabsichtigte *Röstgrad* ist sehr unterschiedlich. In den USA wird sehr hell geröstet, in Deutschland mittelhell, hier wie in Frankreich, Italien und den Balkanländern zum Teil auch stark dunkel („Espressokaffee"). In *automatisch arbeitenden* vor allem in den USA mit Leistungen bis zu 4000 kg/Std üblichen Röstanlagen werden Wärmezufuhr und Röstzeit, Beschicken und Entleeren der Rösttrommel sowie Kühlen des Gutes automatisch gesteuert. Der wichtigste amerikanische Röster arbeitet nach dem Drehrohr-Prinzip. *Kontinuierliche* Aggregate fördern den Kaffee durch eine Förderschnecke in mehrere Meter langen rotierenden Röstern über einen gleichfalls rotierenden Kühlzylinder zur Abfüllung. Bei der sog. *Aerotherm-Röstung* wird der Rohkaffee in heißer Luft hochgewirbelt und absatzweise freitragend geröstet, ansschließend in einem Wirbelkühler abgekühlt (*Fontänen-Röstung*). Kontinuierlich wird im „*Jetzone*"-*Röster* gearbeitet; in beiden Fällen kann die Röstdauer auf 2—3 min gesenkt werden.

Um Aromaverluste zu verringern und das Aussehen des gerösteten Kaffees zu heben, wird dieser mit Überzügen von feinen Harzen oder Zucker versehen. Beim *Kandieren* („Caramelisieren") setzt man dem Kaffee kurz vor beendetem Rösten oder im Kühlschiff etwa 4 bis maximal 8% reinen Rohr- oder Rübenzucker bzw. Stärkezucker zu. Beim *Glasieren* streut man auf die noch heißen frisch gerösteten Bohnen arsenfreies Schellackpulver oder andere gesundheitsunschädliche, zugelassene Harze (Akaroidharze) oder Wachse, die als Schmelzfluß die Bohnen umhüllen. Zum Glasieren dürfen nicht mehr als 0,5 Teile Glasurmittel auf 100 Teile rohen Kaffee verwendet werden. Im Röstkaffee darf u.a. nicht mehr als 5% Wasser enthalten sein. Verboten sind außerdem künstliche Färbung, Behandlung mit Alkali- und Erdalkalihydroxiden und Ammoniak, Zusatz von künstlichen Kaffeebohnen, Lupinen, Sojabohnen, anderen Kaffee-Ersatzstoffen u.a.m. Künstliche Kaffeebohnen sind auch bei Kenntlichmachung vom Verkehr ausgeschlossen, Maschinen zu ihrer Herstellung dürfen weder hergestellt noch in den Verkehr gebracht werden (vgl. auch die „Kaffee-VO").

b) Aufbewahrung und Verpackung

Gerösteter Kaffee wird durch Handarbeit an Verlesetischen verlesen, um Fehlbohnen (S. 677) zu entfernen. Im Gegensatz zu dem ein bis mehrere Jahre haltbaren Rohkaffee wird das gemahlene Röst-Produkt schnell ranzig und aromaschwach. Entscheidend für die Mahlung ist es, Wärmeentwicklung im Mahlprozeß zu vermeiden, weshalb z.B. im *Tropa*-Verfahren tiefgekühlt (— 15° C) unter Luftausschluß gemahlen wird. Die normale feingrießige Körnung gemahlenen Röstkaffees entspricht einer Korngröße von 0,3 mm. Günstige Lagerungstemperaturen für alle Arten von Kaffee sind 0—20° C, die optimale relative Luftfeuchtigkeit liegt bei 40%, höchstens 60%. Die Verpackung gemahlenen Kaffees erfolgt zweckmäßig unter Vakuum oder in CO_2-Atmosphäre. Gut bewährt haben sich neben Metalldosen paraffinierte, gewachste und kaschierte Papiere sowie Metallfolien. In den USA waren 1959 rund 67% des verkauften Kaffees in Dosen verpackt. Beim *Lagern* tritt Gewichtsverlust ein, bedingt durch

Abgabe gasförmiger Röstprodukte. Gleichzeitig werden auch Gase, vor allem Sauerstoff, und Feuchtigkeit aufgenommen, wobei Aromaveränderungen unter Qualitätsabfall zu beobachten sind, deren Natur noch weitgehend unbekannt ist.

c) Die Chemie des Röstvorganges

Im Rahmen des Röstprozesses unterscheidet man 4 Hauptphasen: *Trocknung*, *Entwicklung*, *Zersetzung* und *Vollröstung*. Die ersten Veränderungen treten bei 50° C in den Gewebeschichten auf, dann gerinnt das Eiweiß und das Wasser verdampft. Oberhalb von 100° C bräunt sich die Bohne durch thermische Zersetzung der organischen Substanz nach Art einer Schwelung oder einer beginnenden trokkenen Destillation, bei etwa 150° C treten gasförmige Produkte auf (Wasserdampf, CO_2, CO), die zur Volumenvermehrung führen (die Bohne „wächst"). Bei 180 bis 200° C beginnt die Zersetzungsphase, gekennzeichnet durch Sprengung der Bohne (Knacken, Knallen), Bildung bläulichen Rauches und Auftreten des Kaffeearomas. Anschließend wird unter optimaler Caramelbildung das Stadium der Vollröstung erreicht, wobei der Wassergehalt auf 1,5—3,5% fällt.

Der Röstprozeß ist gekennzeichnet durch die Abnahme alter und das Auftreten neuer Inhaltsstoffe. Dabei wird insbesondere die Gruppe der *Kohlenhydrate* verändert. Beim pyrogenen Abbau tritt die schon erwähnte *Caramelisierung* unter Bildung des *Röstbitters* (Assamar) ein. Zu diesen Kondensations- und Polymerisierungsprozessen der Kohlenhydrate kommen noch Umsetzungen im Sinne der Maillard-Reaktion (S. 15ff.). Saccharose wird zum größten Teil zerstört, Fructose und Glucose sind deutlich nachzuweisen. Wasserlösliche Proteine und Polysaccharide zersetzen sich teilweise zu flüchtigen Verbindungen, teilweise werden sie in Huminstoffe umgewandelt.

Neben den tiefbraun gefärbten, aromatisch riechenden und schmeckenden Röstprodukten, die dem Kaffee seine charakteristische braune Farbe verleihen, sind weiterhin zahlreiche Zersetzungsprodukte zu fassen, z.B. Acetaldehyd, Ameisen- und Essigsäure, Methanol, Mercaptane und andere flüchtige Schwefelverbindungen Furfurale, Diacetyl, Gase (CO_2, CO), Histidin und „Histobasen", Pyridin usw. Sie sind wesentliche Komponenten des Kaffeearomas und gehen zum Teil in das Kaffeegetränk über. Das *Kaffeeöl* wird offenbar nicht wesentlich verändert, doch

Tabelle 145. Zusammensetzung von Röstkaffee (Werte in % der Trockensubstanz)

Stoff	Mittel	Schwankung
Asche	4,4	3,7 — 6,0
wasserlösl.	3,7	2,6 — 4,7
säureunlösl.	0	0
Wasserextrakt	26,5	24 —31,3
Fett	13,6	8,5 —20
Reduz. Zucker (ber. als Glucose)		0,2 — 2,6
Rohfaser	17,5	14,5 —23
Oxalsäure		0,04 — 0,08
Citronensäure		0,26 — 0,85
Chlorogensäuren		0,2 — 5,6
Nicotinsäure		0,005— 0,058
Scheinbares Protein *		10,2 —17,0
Coffein	1,7	1,0 — 2,6
Trigonellin		0,1 — 1,2
Ammoniak		0 — 0,29
Wasser	2%	0,5 — 4,8%

* (Kjeldahl-N — Coffein-N) × 6,25

entsteht als Summe der flüssigen Aromabestandteile das „ätherische Röstöl", als neue Fraktion. Der unveränderte Fettanteil spielt eine wichtige Rolle als Lösungsmittel und Träger des Kaffeearomas. Die *Chlorogensäure* wird merklich abgebaut und liefert Phenole, die beim Kaffeegetränk besprochen werden. *Coffein* geht gleichfalls in geringem Ausmaß (zu 1,5—8,55% des ursprünglichen Coffeins) durch Sublimation verloren, doch wird der Verlust durch Substanzverminderung des Kaffees beim Rösten prozentual etwa ausgeglichen. Coffein ist der einzige charakteristische Inhaltsstoff im Kaffee, welcher sich beim Rösten verhältnismäßig wenig ändert. Die Bildung von Nicotinsäure aus *Trigonellin* wurde bereits auf S. 679 erwähnt. Die Oxydierbarkeit flüchtiger reduzierender Röstprodukte durch Dichromat oder Permanganat wird analytisch als Kriterium frisch gerösteten Kaffees ausgewertet.

Über die *chemische Zusammensetzung* von Röstkaffee gibt Tab. 145 Auskunft.

Bahnbrechende Untersuchungen von H. Staudinger und H. Reichstein in den zwanziger Jahren führten zur Isolierung und Identifizierung von mehr als 70 Substanzen aus einem aus Röstkaffee durch Vakuumdestillation gewonnenem, sehr zersetzlichem, gelbem Öl. Entscheidende Fortschritte brachten neue Analysenmethoden der Papier-, Dünnschicht- und Säulenchromatographie sowie der Gaschromatographie und Massenspektrometrie. Bis heute sind mehr als 300 chemisch definierte Aromakomponenten aufgefunden worden, ebenso viele dürften noch der Aufklärung harren. Man findet Vertreter aliphatischer, isocyclischer und heterocyclischer Verbindungen, Alkohole, Äther, Carbonylverbindungen, Säuren, Ester, Lactone, Nitrile, Mercaptane, Sulfide, Disulfide. Besonders charakteristisch für das Röstaroma sind die heterocyclischen Verbindungen mit O, N oder S als Hetero-Atomen, mit ein oder zwei verschiedenen oder gleichen Hetero-Atomen, mit kondensierten Ringen u.a.m. Wenige Beispiele mögen für zahlreiche andere genannt sein: α-Furfurylmercaptan, α-Furfurylalkohol, Pyridin, Pyrazinbasen, Pyrrol und Pyrrolderivate, Methyl- und Trimethylamin, Maltol, Aceton, Diacetyl- und viele andere Diketone, Furane und schließlich ein kürzlich als Aromakomponente gefundenes *Oxa-thia-bicyclooctan-Derivat* der Formel:

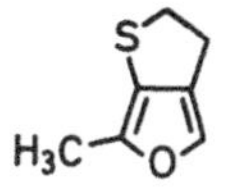

Aus *Inhaltsstoffen des Röstkaffees* entstehen z.B.: Nicotinsäure, Pyridin und N-Methylpyrrol aus Trigonellin; Dihydroxystyrol, Brenzcatechine, Hydrochinon und Pyrogallol aus Chlorogensäure; Mesacon-, Itacon- und Citraconsäure aus Citronensäure; Malein- und Fumarsäure aus Äpfelsäure; terpenoide Verbindungen aus höheren Terpenen; Pyrazine und Pyrrole aus α-Aminoketonen des Strecker-Abbaus.

Aus der Aufzählung dieser Stoffgruppen geht hervor, daß im Kaffeearoma ein äußerst kompliziertes Gemisch verschiedener Substanzen und nicht wie früher angenommen wurde, eine einheitliche Verbindung („*Caffeol*", O. Bernheimer, 1880) vorliegt. Es ist verständlich, daß Bemühungen, durch Kombination verschiedener im Kaffeearoma aufgefundener Substanzen, künstliche Kaffeearomen zu schaffen, bisher wenig befriedigende Ergebnisse zeitigten.

Das *Kaffeearoma* hat, wenn wir von der anregenden, am Aroma nicht beteiligten Wirkung des Coffeins absehen, als wesentlichste wertgebende Eigenschaft gerösteten Kaffees intensive Bearbeitung gefunden, ohne daß über seine Natur endgültige Klarheit besteht.

5. Das Kaffeegetränk

Zur Gewinnung aromatischer Kaffeegetränke mit hohem Gehalt an Geschmacks- und Anregungsstoffen sind eine Reihe von Bedingungen zu erfüllen, die bei den wichtigsten Verfahren, dem Aufbrüh-, Auslaug- und Filtrationsverfahren jeweils nicht vollkommen gegeben sind und zu mannigfachen Kombinationen Anlaß gaben.

Während in unserem Kulturkreis Kaffee als *Klargetränk* genossen wird, bereitet z.B. der Orientale den Kaffee aus staubfein gemahlenen Bohnen, setzt mit kaltem Wasser an, erhitzt zum Sieden und genießt ihn samt dem Satz als Trübgetränk („Türkischer Mokka"). Beim *Aufgußverfahren* (*Aufbrühen*) läßt man den Kaffee etwa 10 min mit kochend heißem Wasser ziehen und seiht ab oder filtriert. Beim *Aufkochen* wird der Kaffee ins heiße Wasser gegeben, kurz aufgekocht und wie oben abgegossen, beim *Auslaugverfahren* zieht das mit heißem Wasser übergossene, in einem Beutel befindliche Kaffeemehl gleichfalls etwa 10 min. Im *Filtrationsverfahren* (*Perkolation*) wird das Kaffeepulver auf einer filtrierenden Unterlage (Papier-, Leinen-, Kunststofffilter, Glasfritten usw.) mit heißem Wasser extrahiert. Dieses Prinzip liegt den meisten Kaffeemaschinen (Karlsbader, Pariser, Wiener, Bremer Art) zugrunde. Bei den in Italien entwickelten *Espressomaschinen* wird mit 100—110° C heißem Wasser kurz extrahiert und die Filtration durch Druck (4—5 atü) beschleunigt. Das besonders starke Getränk ist meist trübe und wird aus spezialgerösteten dunklen Kaffees hergestellt. Zur Gewinnung aromatischer Getränke, bei denen die flüchtigen Aromastoffe weitgehend erhalten bleiben, soll die Wassertemperatur nicht über 85—95° C liegen. Die Beschaffenheit des Wassers spielt zweifellos eine Rolle, vor allem bei anomal zusammengesetzten Wässern (gewisse Mineralquellen, übermäßig hartes, gips- und magnesiumhaltiges, auch gechlortes Wasser), doch wird nach amerikanischer Ansicht dieser Einfluß im allgemeinen überschätzt. Geschmacksveränderungen, wie sie beim längeren Stehen zubereiteter Kaffeegetränke auftreten, gehen mit der Minderung an gesättigten und ungesättigten Carbonylverbindungen und insbesondere an flüchtigen reduzierenden Substanzen parallel. *Graue Verfärbungen* bei Zugabe von Kondensmilch zum Kaffee werden auf den Einfluß geringer Eisenmengen (ab 7 ppm $Fe^{3\oplus}$) zurückgeführt. Im Kaffeevertrieb spielt auch, ausgehend von den USA, der *Automatenverkauf* trinkfertigen Kaffees eine zunehmende Rolle.

Über die *zur Getränkebereitung notwendigen Kaffeemengen* gehen die Meinungen verständlicherweise weit auseinander. Man rechnet im allgemeinen für eine normale Tasse Kaffee von 150 ml 6—8 g geröstete Bohnen (mindestens jedoch 5 g, in einem guten Hotel oder Kaffeehaus mindestens 8 g Mahlgut), für eine starke (meist als „Mokka" bezeichnete) Tasse 14—16 g geröstete Bohnen; als Gewichtsmaß wird noch oft das Lot (etwa 18 g) gebraucht, das also etwa 2—3 Tassen Kaffeegetränk liefert. *Zusätze* haben sich erst später eingebürgert (vgl. S. 686), solche wie Zichorie, Feigenkaffee usw. erhöhen Extrakt, Vollmundigkeit und Farbe, sind jedoch nicht allgemein üblich. Eine normale Tasse Kaffee weist je nach Art des Kaffees einen Extraktgehalt von 21—28% (bezogen auf das Röstkaffee-Gewicht) auf, wobei normales Röstgut dem höheren, coffeinfreier Kaffee dem niedrigen Grenzwert entspricht.

Im *wasserlöslichen Anteil* des Röstkaffees finden sich neben Coffein zahlreiche der beim Kaffeearoma besprochenen Substanzen, wie Mercaptane, Alkohole und Säuren, Schwefelwasserstoff, Schwefeldioxid und Sulfhydrylverbindungen, Maltol, Hydroxymethylfurfural, Brenzcatechin, Hydrochinon und Pyrogallol, auch polycyclische Kohlenwasserstoffe, wie *Chrysen* zu 530—670 μg oder *Pyren* zu 260—720 μg pro Kilogramm der Aufgußtrockensubstanz. Unter den organischen Säuren macht *Chlorogensäure* mit samt ihren Isomeren etwa zwei Drittel der gesamten Säuremenge aus, daneben dominiert die Citronensäure. Außerdem werden Essig-, Brenztrauben-, Kaffee-, Oxal-, Äpfel-, Wein- und bisweilen Ameisensäure gefunden. Sie alle sind an der sauren Reaktion (pH 4,92 bis 5,39) des Getränkes beteiligt. Chlorogensäure liefert einen Teil der vorgenannten Phenole. Aus *Trigonellin* entsteht wie erwähnt die im Kaffeeaufguß gefundene *Nicotinsäure*. An *Kohlenhydraten* kommen verschiedene Zucker wie Glucose, Mannose, Arabinose und Xylose vor. Kaffeeaufgüsse haushaltsüblicher Herstellung enthalten reichliche Mengen an löslichem Mannan (Galaktomannan). Der *Coffeingehalt* einer normalen Tasse Kaffee kann zu etwa 50—60 mg angesetzt werden. Zur anregenden Wirkung des Coffeins gesellt sich noch diejenige von Röstprodukten, wie z.B. den bereits von B. Bleyer u. Mitarb. (1936) als bedeutungsvoll erkannten „Histobasen".

Die *chemische Zusammensetzung* des Kaffeegetränkes geht aus folgender Tabelle hervor:

Tabelle 146. Zusammensetzung des Kaffeegetränkes

Stoff	Gehalt (% i. Tr.)
Asche	12 —17
Rohfett	0,1
Reduz. Zucker (ber. als Glucose)	1 — 9
Scheinbare Kohlenhydrate	22 —24
Citronensäure	1 — 3
Chlorogensäuren	8 —20
Sonstige niedermol. organ. Säuren	2,5
Coffein	4,4— 7,8
Trigonellin	1 — 5
Scheinbares Protein *	6 —14
„Farbstoffe"	15,4

* (Kjeldahl-N — Coffein- und Trigonellin-N) × 6,25

6. Coffeinfreier Kaffee

Um die physiologischen Wirkungen des nicht allen Menschen zuträglichen Coffeins auszuschalten, wurden Verfahren entwickelt, dem Kaffee das Coffein weitgehend zu entziehen. Sie fanden seit 1906 in Bremen durch die „Kaffee-Handels AG" technische Verwirklichung; das Erzeugnis *„Kaffee-Hag"* stellt den Prototyp des coffeinfreien Kaffees dar.

Bei dieser Verarbeitungsart wird die Rohbohne zunächst mit gespanntem Wasserdampf und Gasen, seltener mit Wasser und Dampf, aufgeschlossen. Die gequollenen Bohnen werden zur selektiven Entfernung des Coffeins mit verschiedenen Lösungsmitteln (Methylenchlorid, Trichloräthylen, Essigester, 1.1-Dichloräthylen) unter ständigem Rühren extrahiert; anschließend wird den entcoffeinierten Bohnen das Lösungsmittel durch Abdämpfen entzogen. Die feuchten Bohnen werden schließlich im Vakuum oder in Warmluft getrocknet. Auch Entcoffeinierung mit heißem Wasser im Gegenstrom ist üblich. Abgesehen von der weitgehenden Entfernung des Coffeins (praktisch werden etwa 12 g Coffein aus 1 kg Kaffee extrahiert) weist coffeinfreier Kaffee nahezu dieselbe Zusammensetzung wie Rohkaffee auf. Lediglich der Extraktgehalt ist um etwa 1—2% gegenüber der rohen Kaffeebohne gemindert.

Bei Extraktion mit organischen Lösungsmitteln wird auch das *Kaffeewachs* (bis zu 1% des behandelten Röstkaffees) extrahiert.

Nach der Kaffee-VO ist *coffeinarmer Kaffee* solcher, dessen Coffeingehalt höchstens 0,2% beträgt. *Coffeinfreier Kaffee* darf nicht mehr als 0,08% Coffein enthalten.

Andere Spezialsorten. Um Röstkaffee für empfindliche Menschen leichter bekömmlich zu machen, hat K. Lendrich (1927) versucht, ohne Abtrennung des Coffeins durch Wasserdampfbehandlung der Rohbohne unter erhöhtem Druck bestimmte Stoffe (z.B. Zellwachs) zu entfernen, das Zellgefüge zu lockern, den Zellinhalt zu coagulieren, insbesondere aber den „Kaffeegerbsäure"-Komplex, also die Chlorogensäure, in Kaffee- und Chinasäure zu spalten. Ein Produkt dieser Art ist der *Idee-Kaffee* der Firma J. J. Darboven. Beim *Bach-Verfahren* („*Kofrosta*") wird der frisch geröstete Kaffee mit Kohlendioxid „gewaschen".

Der Anteil des entcoffeinierten Kaffees in der BRD am Endverbrauch von Röstkaffee betrug 1966 5,0%, von Kaffee-Trockenextrakten 11%.

7. Kaffee-Extrakte

Kaffee-Extrakt ist ein ausschließlich aus geröstetem Kaffee hergestellter, mehr oder weniger eingedickter, wäßriger Auszug, dem aus gerösteten Kaffee auf anderem Wege gewonnene Kaffeeanteile zugesetzt sein können. *Flüssige* und *pastenförmige* Extrakte sind nur vereinzelt im Handel. *Trockenextrakte* kamen in den USA bereits 1906—1909 in den Handel, doch erst die Entwicklungen der Firma *Nestlé* lieferten befriedigende Produkte.

Die Hauptschwierigkeit der Fabrikation liegt darin, alle Aromastoffe des Ausgangsmaterials weitgehend zu erhalten. Der gemahlene Kaffee wird meist unter Druck in Perkolatoren-Batterien nach dem Gegenstromprinzip chargenweise oder in Extraktoren kontinuierlich extrahiert. Das Heißwasser kann Temperaturen bis zu 200° C aufweisen; der Extrakt verläßt die letzte Zelle mit einer Austrittstemperatur von 40—80° C. Die Extraktlösungen weisen eine Konzentration von 20—30% auf, die technischen Extraktionsausbeuten werden zu 28—48% angegeben. Die *Trocknung* erfolgt vornehmlich durch *Sprühtrocknung* (vgl. S. 283, 397). Zunehmende Bedeutung gewinnt die *Gefriertrocknung* (S. 262). Hier wird der flüssige Extrakt unter Beschäumen mit Luft oder inerten Gasen gefroren, gemahlen, gesiebt und im gefrorenen Zustand im Vakuum getrocknet. Vermahlung kann auch nach dem Trocknen erfolgen. Das Diagramm einer Gefriertrockenanlage für Kaffee-Extraktpulver bringt Abb. 32 S. 263.

Instant-Produkte werden auf übliche Weise gewonnen (Behandlung der Trockenextrakte im Wirbelbett oder im freien Fall mit Dampf oder Sprühnebel). Bei der „*Aromatisierung*" wird dem Extrakt vor oder nach der Trocknung ein *öliges* Konzentrat beigemischt; bei der „*Aromarückführung*" wird dem Röstkaffee oder dem Flüssigkeitsextrakt ein *wäßriges* Aromakonzentrat entzogen und auf späteren Stufen der Verarbeitung wieder zugesetzt.

Das anfallende Extraktpulver ist hygroskopisch und empfindlich und wird in Glasflaschen, Spezialdosen aus Blech, Aluminiumtuben, in Polyäthylenbeuteln oder Plastikbechern luftdicht verpackt, zuweilen unter Vakuum. Wie bei Röstkaffee sind auch hier verschiedene Sorten im Handel, neben Extrakten aus normal geröstetem Kaffee, z.B. auch stark geröstete Espressoprodukte oder coffeinfreie Kaffee-Extrakte. Je nach dem benutzten Verfahren werden aus Röstkaffee 25—35% Kaffeetrockenextrakte gewonnen, die 1,0—6,0% Wasser, in der Trockensubstanz 7,6—14,6% Asche, 3,2—13,1% reduz. Zucker (ber. als Glucose), 2,4—10,5% Galaktomannan, 12% niedermolekulare organische Säuren, 15—28% Huminsäuren, 2,5—5,4% Coffein und 1,56 bis 2,65% Trigonellin enthalten. „Instant"-Kaffee-Trockenextrakt enthält 0,22 bis 0,53 mg Nicotinsäureamid pro g Pulver.

Außer zur Bereitung von Kaffeegetränk werden derartige Produkte auch zur Aromatisierung von Süßspeisen, Gebäck und Speiseeis benutzt. Neben *Nescafé*, dem ersten marktfähigen Kaffee-Extrakt, ist heute eine Vielzahl von Pulverkaffeesorten im Handel.

Der Verbrauch an Trockenextrakten nimmt langsam aber stetig zu. Der Anteil der Kaffee-Trockenextrakte am gesamten Kaffeeverbrauch betrug in den Jahren 1963/65 in der BRD 10%, in Großbritannien 80%. Die Produktion von Kaffee-Extraktpulvern in der BRD lag 1971 bei 21500 t. Als handelspolitische, nicht lebensmittelrechtliche Regelung bestimmt das „Internationale Kaffee-Abkommen" bei der Festsetzung der Exportquoten, daß 1 kg Trockenextrakt 3 kg Rohkaffee entspricht.

8. Kaffee-Ersatz und Kaffee-Zusatzstoffe

Die hier in Rede stehenden Erzeugnisse unterliegen als Kaffee-Ersatzmittel der VO über Kaffee-Ersatzstoffe und Kaffee-Zusatzstoffe vom 10. 5. 1930.

Kaffee-Ersatzstoffe „sind durch Rösten von Pflanzenteilen, auch unter Zusatz anderer Stoffe, hergestellte Erzeugnisse, die durch Ausziehen mit heißem Wasser ein kaffeeähnliches Getränk liefern und dazu bestimmt sind, als Ersatz des Kaffees oder als Zusatz zu ihm zu dienen".

Kaffee-Zusatzstoffe (Kaffee-Gewürze) „sind durch Rösten von Pflanzenteilen oder Pflanzenstoffen oder Zuckerarten oder Gemischen dieser Stoffe, auch unter Zusatz anderer Stoffe, hergestellte Erzeugnisse, die dazu bestimmt sind, als Zusatz zu Kaffee oder Kaffee-Ersatzstoffen zu dienen. Als Kaffee-Zusatzstoffe

(Kaffee-Gewürze) gelten auch Stoffe anderer Art, die zufolge ihrer Aufmachung oder Anpreisung als Zusatz zu Kaffee oder Kaffee-Ersatzstoffen oder den daraus bereiteten Aufgüssen verwendet werden sollen".

Die *Ausgangsmaterialien* zur Herstellung derartiger Erzeugnisse sind sehr vielgestaltig: Gerste, Roggen, Milo (vgl. S. 469) und ähnliche stärkereiche Früchte, Gersten- und Roggenmalz sowie anderes gemälztes Getreide, Zichorie, Zuckerrüben, Mohrrüben und weitere Wurzelgewächse, Feigen, Datteln, Johannisbrot und andere zuckerreiche Früchte, Erdnüsse, Sojabohnen und andere öl- und fettreiche, auch ganz oder teilweise entölte Samen, Eicheln und andere gerbstoffreiche Pflanzenteile und schließlich verschiedene Zuckerarten. Erlaubte *Zusatz-* oder *Überzugsstoffe* sind in der erwähnten Verordnung aufgeführt, desgleichen verbotene Rohstoffe.

Kaffee-Ersatzmittel sind schon sehr lange bekannt, z.B. der aus Wurzeln der Zichorie (Cichorium intybus) hergestellte Zichorienkaffee oder Klargetränke („Brennsuppen") aus gerösteten Cerealien. Die Kaffee-Ersatz-Industrie hat während des 2. Weltkrieges etwa 315000 t solcher Erzeugnisse produziert, in der BRD betrug die Produktion an Kaffeesurrogaten 1966 etwa 24000 t, was einem Verbrauch von etwa 27 l pro Kopf und Jahr entspricht. Im Vergleich dazu betrug der Kaffee-Konsum 127 l.

a) Die wichtigsten Erzeugnisse

Gersten- (Roggen-, Korn-, Weizen-)kaffee wird aus gereinigten Früchten der genannten Pflanzen durch Rösten hergestellt. Die Früchte müssen einen Weich- oder Dämpfungsprozeß durchgemacht haben; die Erzeugnisse enthalten bis zu 12% Wasser und liefern bis zu 4% Asche.

Malzkaffee wird aus Gerstenmalz durch Rösten mit oder ohne nachherige Behandlung mit Wasserdampf hergestellt. Malzkaffee des Handels enthält 4,5% Wasser, 2,6% Mineralstoffe, 74,7% Kohlenhydrate (berechnet), 1,8% Fett, 10,8% Rohprotein, 5,6% Rohfaser und liefert 42,4% wasserlöslichen Extrakt. Außerdem wurden polycyclische aromatische Kohlenwasserstoffe nachgewiesen. Bei 70% der Körner muß die Blattkeimlänge bis mindestens zur Hälfte der Kornlänge entwickelt sein. *Roggen-* und *Weizenmalzkaffee* sind aus Roggen- oder Weizenmalz in gleicher Weise wie Malzkaffee hergestellte Erzeugnisse.

Zichorienkaffee (Zichorie) ist das aus den gereinigten Wurzeln der Zichorie auch unter Zusatz von Zuckerrüben, geringen Mengen von Speisefetten, Speiseölen, Speisesalz und Alkalicarbonaten durch Rösten und Zerkleinern mit oder ohne nachherige Behandlung mit Wasserdampf oder Wasser hergestellte Erzeugnis. Es enthält im Mittel 13,3% Wasser, 4,4% Mineralstoffe, 68,4% Kohlenhydrate, 1,6% Fett, 6,8% Rohprotein, 5,5% Rohfaser und liefert 64,6% wasserlöslichen Extrakt.

Feigenkaffee wird aus Feigen durch Rösten und Zerkleinern, mit oder ohne nachherige Behandlung mit Wasserdampf oder Wasser hergestellt und enthält neben 11,4% Wasser 70,2% Kohlenhydrate, 3,0% Fett und 67,9% wasserlösliche Extraktstoffe.

Eichelkaffee wird aus den von der Fruchtschale und dem größten Teil der Samenschale befreiten Samen der Eiche (Quercus-Arten) gleich dem Feigenkaffee hergestellt. Er enthält im Mittel u.a. 10,5% Wasser, 73,0% Kohlenhydrate und 28,9% wasserlöslichen Extrakt. Die Früchte des Johannisbrotbaumes (Karoben) wurden früher auf „*Karobenkaffee*", die Samen der Erdnuß in Österreich auf „*Austriakaffee*" verarbeitet.

Kaffee-Ersatzmischungen und gleichsinnig bezeichnete Erzeugnisse sind Mischungen von Kaffee-Ersatzstoffen, auch mit Kaffee-Zusatzstoffen und auch mit Bohnenkaffee. *Coffeinhaltigen Kaffee-Ersatz- und Kaffee-Zusatzstoffen* dürfen als Zusatzstoffe vor, bei oder nach dem Rösten coffeinhaltige Pflanzenauszüge zugegeben werden. Der Coffeingehalt darf nicht mehr als 0,2% betragen.

Kaffee-Ersatz-Extrakt und *Kaffeezusatz-Extrakt* werden als mehr oder minder eingedickte wäßrige Auszüge aus Kaffee-Ersatzstoffen oder Kaffee-Zusatzstoffen hergestellt.

Kaffee-Ersatz-Essenz und *Kaffee-Zusatz-Essenz* sind Erzeugnisse, die aus Zuckerarten, zuckerhaltigen Säften, Melasse oder Gemischen dieser Stoffe durch Caramelisieren hergestellt werden.

Kaffeesurrogatextrakt-Trockenpulver werden durch Zerstäubungstrocknung mit Druckdüsen im Heißluftgleichstrom hergestellt.

b) Verarbeitung der Rohstoffe

Die Rohstoffe werden entweder als solche gelagert (sämtliche Getreidearten, Feigen u.a.) oder aber bis zur Verarbeitung in Trockenschnitzelform gewonnen (Hackfrüchte, wie Zichorie und Zuckerrübe). Nach sorgfältiger Reinigung, die zur Einhaltung des gesetzlich zugelassenen Asche- und Sandgehaltes notwendig ist, erfolgt je nach Erfordernis das *Weichen*, die *Mälzung* und das *Dämpfen* in Dampffässern, Dampftöpfen oder Druckgefäßen. Der *Röstprozeß* wird bis zu der bei 180—200 °C liegenden Endphase geführt, wobei ähnlich wie bei Kaffee *Glasieren* und *Kandieren* des Röstgutes erlaubt ist.

Ersatz- und Zusatz-Essenzen. Zur Herstellung dieser Produkte werden flüssige zuckerhaltige Säfte (Rohr- oder Rübenmelassen, Siruparten und Stärkezucker, Pflanzenauszüge) in Kochkesseln bei normalem Druck durch Erhitzen auf über 160° C caramelisiert. Das dunkelbraune bis schwarze Produkt erstarrt nach dem Erkalten zu einer glasharten, stark hygroskopischen Masse, die vermahlen wird.

Pulverförmige Kaffeesurrogatextrakte werden aus entsprechenden Ausgangsmaterialien, ähnlich wie bei Kaffee beschrieben, durch Sprüh-, Walzen-, Band- oder Luftumwälzertrocknung gewonnen.

Chemische Vorgänge bei der Gewinnung von Kaffeesurrogaten. Beim Weichen, Dämpfen und insbesondere beim Mälzen wird die vorhandene Stärke diastatisch abgebaut zu leicht caramelisierbaren, wasserlöslichen Kohlenhydraten, speziell im Malzkaffee. Hier entsteht außerdem, offenbar in Zusammenwirkung mit den amylolytischen Enzymen, das antioxydativ wirksame, auch im Röstkaffee noch nachweisbare *Maltol* (2-Methyl-3-hydroxy-pyron) als charakteristischer Bestandteil des Malzkaffees. Beim Röstprozeß auftretende *Caramelstoffe* (Assamar, Röstbitter), die dem Getränk Farbe und Aroma geben, werden vor allem aus kohlenhydratreichen Rohstoffen (Stärke, Inulin, Zucker) gebildet. Da fettreiches Material zur raschen Ranzigkeit führt, bevorzugt man kohlenhydratreiche gegenüber fett- und proteinreichen Rohstoffen. Der hohe *Gerbstoffgehalt* im Eichelkaffee hat diesem Ersatzprodukt Eingang in die Diätetik verschafft. Eiweißabbau im Verlauf des Röstprozesses liefert wie bei Bohnenkaffee physiologisch aktive, die Magensaftsekretion anregende Stoffe, wie etwa das aus Histidin durch Decarboxylierung entstehende *Histamin. Röstöle* als Aromaträger sind insbesondere für Malz- und Zichorienkaffee eingehend untersucht worden. Unter den Aromastoffen wurden zahlreiche der beim Kaffeearoma erwähnten Komponenten auch hier aufgefunden. Ein grundsätzlicher Unterschied scheint jedoch darin zu liegen, daß die in der Röstbohne so zahlreich vorkommenden schwefelhaltigen Verbindungen, insbesondere die Mercaptane sowie Furfurylmercaptan, daneben auch die stickstoffhaltigen Aromaträger, praktisch fehlen oder nur in geringer Menge auftreten.

Die bei Kaffee-Ersatzstoffen beträchtlichen Anteile an wasserlöslichem Extrakt (s. S. 687) liegen wesentlich höher als bei Röstkaffee (20—30% heißwasserlösliche Anteile). Im Gegensatz zu den aus der Kaffeebohne und ihren Erzeugnissen hergestellten, als Genußmittel anzusehenden Getränken werden solche aus Kaffee-Ersatz und -zusatz bereitete Getränke trotz ihres geringen calorischen Wertes als Lebensmittel angesehen. Weiteres bei H. Beitter und C. H. Schröder (in: 54, Bd. VI, S. 96).

XI. Tee und teeähnliche Erzeugnisse

1. Tee

Als Tee oder Teemischung dürfen nach der VO über Tee und teeähnliche Erzeugnisse vom 12. 12. 1942 im gewerblichen Verkehr nur die nach dem in den Ursprungsländern üblichen Verfahren zubereiteten Blattknospen, jungen Blätter und jungen Triebe des Teestrauchs (Gattung Thea) bezeichnet werden.

Der *Teestrauch* wurde schon in vorchristlicher Zeit in China und Japan kultiviert und wird auch in Indien, Pakistan, Ceylon, Indonesien, Formosa, Ostafrika, Südamerika usw. angebaut. Haupterzeugungsländer waren 1970 (jeweils in 1000 t) Indien (420), Ceylon (212), Volksrepublik China (172), Japan (91), Indonesien (80), UdSSR (67), Kenia (41), Pakistan (31), Taiwan (28). Die Weltproduktion betrug 1,312 Mio t, wovon Asien allein 89% erzeugt. 1971 wurden in die BRD 9900 t Tee im Wert von 50,7 Mio DM eingeführt, entsprechend einem Verbrauch von 145 g pro Kopf und Jahr.

Zum Vergleich: Der Teekonsum beträgt pro Kopf und Jahr in Großbritannien 4150 g, in den Niederlanden 776 g, in den USA 307 g und in der UdSSR 295 g.

Der immergrüne Teestrauch wird in den Arten *Thea sinensis* (China, Japan, weniger Indien und Java) und *Thea assamica-Hybriden* (viele Teekulturen der Welt) kultiviert, erreicht wildwachsend eine Höhe bis zu 15 m, wird jedoch auf den Plantagen und in den Teegärten zur leichteren Ernte durch ständiges Beschneiden in 60 cm bis 1,5 m hohen Büschen gehalten. Der Teestrauch wird aus Samen, seltener aus Setzlingen gezogen; er gedeiht im tropischen und subtropischen Klima bei ausreichender Luftfeuchtigkeit und liefert nach 4—5 Jahren die ersten Vollernten. Seine durchschnittliche Nutzungsdauer liegt bei 25 Jahren, bisweilen sind Teesträucher bis zu 50 Jahren nutzungsfähig. Je nach Lage und klimatischen Verhältnissen erntet man 8—9 Monate im Jahr oder pflückt das ganze Jahr hindurch alle 8—10 Tage. In China sind 3—4 Ernten pro Jahr üblich. Die Qualität des Tees ist um so besser, je jünger die Blätter sind. Man erntet die weißlich behaarte Knospe (Pekko = Silberhaar) und die jüngsten 2—3 Blätter („tips"; „two leaves and the bud"). Wird „mittel" oder „grob" gepflückt, so kommen auch ältere Blätter in das Gut. Die weitere Behandlung des so gepflückten Materials liefert schwarzen oder grünen Tee.

a) Schwarzer Tee

Die Hauptmenge der Tee-Ernte wird auf schwarzen Tee verarbeitet. Zunächst erfolgt das *Welken* in Welkhäusern oder Welktrommeln; es entzieht den frischen Teeblättern die Feuchtigkeit so weit, daß sie sich ohne Bruch rollen lassen, und dauert bei 25—35° C etwa 12—24 Std. Die in möglichst dünnen Schichten ausgebreiteten Blätter verlieren an der Luft oder durch Zufuhr von Warmluft etwa 50% ihres Gewichtes. Als zweiter Arbeitsgang schließt sich das *Rollen* an. In Rollmaschinen wird durch mehrmals wiederholte Rollprozesse ("dhools") der Saft herausgepreßt und die Zellstruktur zerstört, um dem Sauerstoff der Luft Zugang für die anschließende Oxydation zu verschaffen. Die dann einsetzende *Fermentation* erfolgt bei 35—40° C über 2—3 Std, wobei die Teeblätter etwa 5 cm hoch aufgeschichtet werden. Der *Fermentationsprozeß* ist beendet, wenn die Blätter die Farbe einer angelaufenen Kupfermünze und einen an saure Äpfel erinnernden Geruch aufweisen. Anschließend erfolgt das *Rösten* („Feuern", „Trocknen") in Kasten- oder Etagentrocknern ("Desiccator") bei etwa 95° C über 20—22 min, zunehmend auch in Vollautomaten. Durch das Rösten wird der Wassergehalt auf rund 3% reduziert, das Aroma fixiert und die kupferrote Farbe in einen schwärzlichen Ton verwandelt („*schwarzer Tee*").

Spezielle Verarbeitungsmethoden sind das vor allem in Assam geübte *CTC-Verfahren* (chrusing, tearing, curling = Zerquetschen, Zerreißen, Rollen), bei dem Rollzeit und Fermentierungsdauer wesentlich verringert werden, und die *Tobacco-* oder *leg-cut-Methode,* die von nicht gewelkten Blätter ausgeht und damit das Welkhaus entbehrlich macht.

b) Grüner Tee

Bei dem vor allem in China und Japan hergestellten „grünen" Tee unterbleibt die Fermentierung. Hier werden die Blätter zunächst auf Matten über siedendem Wasser oder im eigenen Saft zur Inaktivierung der Oxidasen gedämpft, wodurch die Oxydation der Gerbstoffe verhindert wird und das Chlorophyll erhalten bleibt. Anschließend breitet man den Tee an der Sonne aus, rollt und trocknet (älteres, chinesisches Verfahren). Meist wird das Erntegut unmittelbar nach dem Pflücken in rotierenden zylindrischen Behältern unter Druck gedämpft, gerollt und getrocknet. Grüner Tee liefert sehr helle, klare bitter schmeckende Aufgüsse. Er wird in China und Japan oft mit Orangen-, Rosen-, Jasminblüten u. a. m. parfümiert. Eine Mittelstellung zwischen schwarzem unter grünem Tee nimmt der in Formosa gewonnene *Oolong-Tee* ein. *Gelber Tee* (Blumentee) unterscheidet sich von grünem Tee dadurch, daß hier nicht an der Sonne, sondern im Schatten getrocknet wird.

c) Teesorten

Die zahlreichen Handelssorten werden bestimmt durch Herkunft, klimatische Verhältnisse, Alter, Verarbeitungsart und Sortierung der Blätter. Sie lassen sich — ohne Anspruch auf Vollständigkeit — etwa folgendermaßen einordnen:

nach dem *Blattgrad* (Sorten mit großem, kaum gebrochenem Blatt) als *Flowery Orange Pekoe* und *Orange Pekoe*, bestehend aus den Blattknospen und den zwei jüngsten silberbehaarten Blättern mit gelblichweißen Spitzen (tips), *Pekoe* (die dritten Blätter), *Pekoe Souchong* mit den gröbsten (vierten bis sechsten) handelsüblichen Blättern.

Broken-Tee mit „gebrochenen" oder geschnittenen Blättern, ähnlich den obengenannten Sorten, wobei fein gebrochene Tees mit den äußersten goldgelben Blattspitzen neben gröber gebrochenen Tees unterschieden werden. Broken-Tee wird heute im Welthandel bevorzugt, da er ein feineres Aroma aufweist und durch Vergrößerung der Oberfläche ergiebiger ist.

Fannings aus Blattbruch und Flaum, weitgehend frei von Stengeln und Stielen, wird bevorzugt von der Aufgußbeutel-Industrie aufgenommen.

Dust ist Teestaub, der in Europa keine Bedeutung besitzt.

Ziegeltee kommt gleichfalls für den deutschen Konsum nicht in Frage. Er wird aus Teestaub durch Sieben, Dämpfen und Pressen in hölzernen Formen gewonnen, wobei zugefügte Bindemittel eine sehr feste Konsistenz des „Backsteintees" ergeben. *Tafeltee* stammt von besseren Sorten Teegrus.

Hinsichtlich der *Provenienz* besonders hochwertig sind die aus der Provinz Darjeeling am Himalaya und aus dem Hochland von Ceylon stammenden Teesorten. Zur Qualitätssteigerung, Entwicklung und gleichbleibenden Erhaltung bestimmter vom Verbraucher geforderter Geschmacksrichtungen und um regional verschiedenen Wasserverhältnissen zu entsprechen, werden in aller Welt Teemischungen hergestellt (Chinesische, Russische, Ostfriesische Mischung, Haushaltsmischungen). Wie bei Kaffee werden auch bei Tee Extrakte in Trockenpulverform („*Instant-Tee*") in den Handel gebracht.

d) Chemische Zusammensetzung

Die chemische Zusammensetzung des Teeblattes schwankt je nach Herkunft, Alter und Behandlung innerhalb weiter Grenzen. Fermentierter Tee liefert 38 bis 41% Heißwasserextrakt. Die Trockensubstanz frischer und fermentierter Teeblätter setzt sich im Durchschnitt folgendermaßen zusammen:

Tabelle 147. Die Zusammensetzung der Trockensubstanz frischer und fermentierter Teeblätter (nach J. Wurziger, in: 54, Bd. VI., S. 139)

Stoff	Frische Triebe %	Schwarzer Tee %
Catechine und Catechingerbstoffe	26,0	18,9
Proteine	15,7	16,6
Coffein	2,7	2,7
Andere N-Verbindungen	8,7	10,2
Zucker	4,1	4,6
Stärke	1,9	0,6
Pektin	12,7	11,9
Cellulose	7,3	7,9
Lignin	6,0	6,1
Asche	4,9	5,2
Inosit	0,8	—

Im Tee sind etwa 20 als *Tee-Gerbstoffe* bekannte phenolische Substanzen enthalten: *Catechine*, die im Mittel etwa 80% der Polyphenole ausmachen (Hauptbestandteil ist das *Galloyl-(–)-epigallocatechin*); *Flavonolglykoside* (Quercetin- und Kämpferolglykoside zu 1% der Trockensubstanz, daneben Myricetinglykoside); *Leukoanthocyanine* (bisher nur im frischen Teeblatt gefunden); *Depside* (Chlorogen- und Neochlorogensäure, m-Digallussäure, p-Cumaroyl-chinasäure und — die am häufigsten anzutreffende Komponente — *Theogallin* [Galloylchinasäure]); *Theaflavin*, ein orangerotes Polyphenol aus schwarzem Tee der Formel:

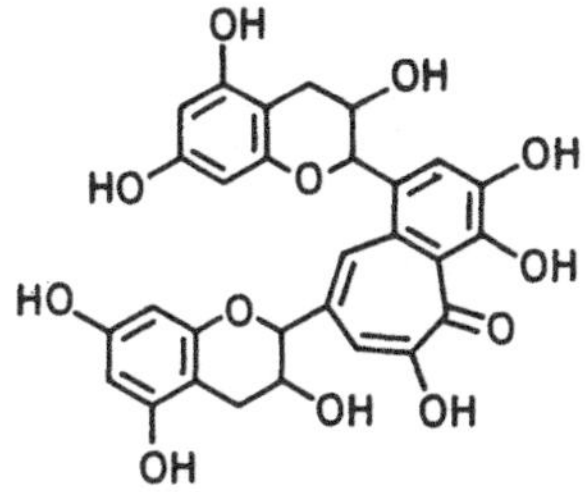

Theaflavin

Es besitzt wesentliche Bedeutung für die Teequalität. Rotbraune *Thearubigene* sind an der Farbe und dem strengen Geschmack des Tees beteiligt.

Unter den *Purin-Stickstoffsubstanzen* kommt dem *Coffein* die größte Bedeutung zu. Daneben finden sich *Theobromin* (0,07—0,17%), *Theophyllin* (0,002—0,013%), sowie *Adenin*, *Guanin*, *Xanthin* und *Hypoxanthin*. Außer den Purinen enthält die *Stickstoffsubstanz* noch *Proteine* und *freie Aminosäuren*, letztere nehmen während des Welkens zu. Ein für Tee spezifisches Amid ist das *N-Äthyl-γ-glutamin* („*Theanin*"), außerdem wurden 22 verschiedene flüchtige Amine nachgewiesen. An *freien Zuckern* wurden Dextrose (0,72%), außerdem Fructose, Saccharose, Arabinose und Ribose gefunden. Rhamnose und Galaktose stammen aus den obenerwähnten Glykosiden. *Polysaccharide* sind neben *Cellulose* (Rohfaser) auch *Hemicellulosen* und *Pektinsubstanzen; myo-Inosit* kommt gleichfalls im Teeblatt vor. An *Säuren* finden sich Oxal-, Bernstein- und Äpfelsäure, Gallus- und Pektinsäuren. An *Carotinoiden* kommen in grünem bzw. schwarzem Tee 116 bzw. 20,5 μg/g β-Carotin und 123 bzw. 46,5 μg/g Lutein, außerdem α-Kryptoxanthin, Violaxanthin u. a. vor. *Flüchtige Teebestandteile* sind neben den erwähnten Aminen die ätherischen Öle, daneben Alkohole, zahlreiche Carbonylverbindungen, Vanillin, p-Hydroxybenzaldehyd und Zimtaldehyd, die für das *Teearoma* von Bedeutung sind. Die Menge des im Wasserdampfdestillat gefundenen *Schwefelwasserstoffs* steht im umgekehrten Verhältnis zur Teequalität.

Die Teeasche ist reich an *Mangan* (bis zu 1,5% Mn_3O_4) und an *Kalium*, das bei der Aufgußbereitung zum größten Teil in Lösung geht.

Manche Teesorten (Nordindien, Ceylon) enthalten viel *Fluor* (6,8—14,7 mg-%). Japanische Forscher zeigten, daß in Japan gewachsener Tee des Jahres 1954 als Folge von Atomexplosionen beträchtliche Radioaktivität in der Seltenen-Erden-Fraktion aufwies.

An *Vitaminen* kommt im frischen Blatt reichlich *Ascorbinsäure* vor, die bei der Fermentierung durch chinonartige Zwischenstufen oxydierter Polyphenole praktisch vollständig zerstört wird.

Daneben finden sich Thiamin, Riboflavin, Folsäure, Pantothensäure und Nicotinsäure in physiologisch unbedeutenden Mengen. Die wichtigste *Enzymgruppe* des Tees umfaßt die *Oxidasen* (Polyphenoloxidasen), die mit den Chloroplasten vergesellschaftet und wasserunlöslich sind, außerdem finden sich noch *Hydrolasen* (Glykosidasen), die eine Spaltung der Flavonol-3-glykoside und anderer phenolischer Glykoside bewirken.

e) Die Teefermentierung

Unmittelbar nach dem Pflücken tritt bereits beim Welken neben der Denaturierung durch Wasserentzug (Auftreten unlöslicher Proteine und Gerbstoffverbindungen) eine Vorfermentation ein, die schon beim Transport der frisch gepflückten Blätter zur Verarbeitungsstelle zu beobachten ist. Gesteigert wird diese enzymatische Umwandlung durch Freilegung der Zellstruktur im Rollprozeß und abgeschlossen bei der Fermentierung und Trocknung. Im Rahmen solcher Prozesse wird u. a. *Coffein* freigesetzt:

Tabelle 148. Freisetzung von Coffein bei der Teebearbeitung

Untersuchungs-stadium	Wasser %	freies Coffein %
nach dem Pflücken	75,26	0,58
nach dem Welken	43,64	1,55
nach dem Rollen	38,25	2,69
2,5 Std fermentiert	35,57	2,72
nach dem Rösten	9,67	3,20

Aus dem Zellverband freigelegte *o-Polyphenoloxidase* (ein Kupferproteid) wirkt vornehmlich auf (—)-*Epigallocatechin* und (—)-*Epigallocatechin-3-gallat*. Gallussäure, Theogallin sowie Glykoside des Quercetins und Myricetins werden nur unter Mitwirkung von Überträgersubstanzen angegriffen. Aus den *Catechinen* entstehen unbeständige reaktionsfähige o-Chinone, die weiter auf nichtenzymatischem Wege zu Kondensationsprodukten mit Gerbstoffeigenschaften führen. Von den im frischen Blatt zu etwa 20% vorhandenen Catechinen sind nach der Fermentation nur noch rund 3% vorhanden; von den noch weitgehend unbekannten Oxydationsprodukten machen Catechindimere über 10% der Trockensubstanz aus.

Oxydative Kondensation von (—)-Epigallocatechin bzw. des Gallusesters mit der Pyrogallolkomponente des Catechin-Moleküls liefert durch Dismutation *Bis-Flavanole* und schließlich die obenerwähnten Verbindungen *Theaflavin* und *Thearubigene;* letztere werden als polymere Proanthocyanogene angesehen. Beide stehen, wie erwähnt, oft in enger Beziehung zur Teequalität und zum Charakter des Teeaufgusses, dem sie die goldgelbe Farbe sowie Farbtiefe verleihen. Es scheint, daß allein die durch o-Phenoloxidase katalysierte Oxydation der Tee-Flavanole zur Bildung der Pigmente im schwarzen Tee führt. Sekundäre Oxydationsreaktionen betreffen u.a. Aminosäuren, Carotinoide und andere, noch weitgehend unbekannte precursors. So liefert z.B. *β-Carotin* das am Teearoma beteiligte *β-Jonon.*

Am *Teearoma* sind von den erwähnten Substanzen z. B. beim *grünen Tee* zahlreiche Alkohole, Säuren, Ester, Carbonyle, phenolische Verbindungen sowie Dimethylsulfid (aus S-Methylsulfonium-methionin) beteiligt. In *schwarzem Tee* wurden u. a. 1-Penten-3-ol, trans-2-Hexen-1-ol, α-Terpineol und β-Jonon gaschromatographisch identifiziert. Hauptgeruchsträger des Teearomas sind 2-Hydroxy-2.6.6-trimethylcyclohexyliden-1-essigsäurelacton (I) und 1-Oxa-γ-oxo-2.6.10-tetramethyl-spiro[4. 5]-6-decen (II) der Formeln:

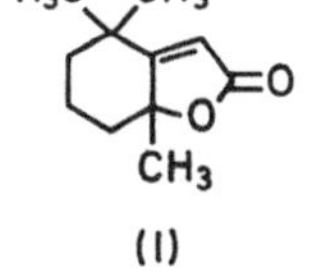

(I)

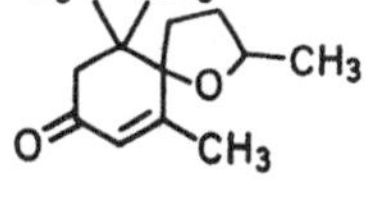

(II)

f) Verfälschungen

Die wichtigsten Verfälschungen des Tees sind: Unterschiebung geringwertiger oder unrichtig bezeichneter Sorten, übermäßige Beimengung minderwertiger Bestandteile (Stengel, Blattrippen, Staub, Holzeinwurf), Vertrieb mit Klebemitteln gebundener Teeabfälle und Zusatz gebrauchter Teeblätter zu normalem Tee. Außerdem kommt in Frage: Beschwerung mit Gips, Ton, Schwerspat u. dgl., Anfärbung mit Farbstoffen und Beimengung von Tee-Ersatzstoffen.

g) Verpackung, Lagerung und Zubereitung

Tee wird im Ursprungsland von gröberen Verunreinigungen und Teestaub befreit, nach Blattgröße sortiert und in Standard-Sperrholzkisten mit 20 oder 50 kg Inhalt, die mit Aluminium-, Zinn- oder Kunststoff-Folien ausgelegt sind, verpackt. Zur Qualitätserhaltung werden die Folien verlötet bzw. verschweißt. Zur Aufbewahrung eignen sich vor allem Porzellan-, Glas- und Metallbehälter. Große Bedeutung hat die portionsweise Abfüllung in *Teebeutel* aus Pergament- oder Filtrierpapier erlangt. In den USA geht mehr als die Hälfte des gesamten Teekonsums über derartige Beutelabfüllungen.

Bei der *Lagerung* muß Tee vor Licht, Wärme und Feuchtigkeit, vor allem aber vor Fremdgerüchen geschützt werden.

Die *Zubereitung* des Teegetränkes erfolgt meist durch Übergießen der Teeblätter mit heißem Wasser und Ziehenlassen bis zu 5 min. Oft gewinnt man zunächst ein Teekonzentrat, das dann mit Wasser verdünnt wird. Gewöhnliche Aufgüsse erfordern 4—6 g, starker Aufguß etwa 8 g Teeblätter pro Liter. Die anregende Wirkung des Teegetränkes beruht in erster Linie auf seinem Gehalt an Coffein.

2. Teeähnliche Erzeugnisse

Hier handelt es sich gemäß den Richtlinien des ehemaligen Reichsgesundheitsamtes vom 16. 2. 1943 um „zum Genuß bestimmte Ersatztees aus Kräutern und Früchten, künstliche Tees, Tee-Ersatz-Extrakte, -Essenzen, -Pulver, -Tabletten und ähnliche Erzeugnisse". Für sie ist u. a. zu fordern, daß keine größeren Mengen von Stoffen mit arzneilicher Wirkung (Kamille, Holunder, Lindenblüten, Bärentrauben- und Sennesblätter, Baldrian usw.) verarbeitet werden und daß keine chemische Behandlung (ausgenommen natürliche Fermentation) erfolgt. Herstellung und Inverkehrbringen teeähnlicher Erzeugnisse bedürfen in der BRD einer behördlichen Genehmigung. Die Bezeichnungen „Deutscher Tee" und „Deutscher Haustee" für teeähnliche Erzeugnisse sind unzulässig.

a) Maté, Paraguaytee

Maté besteht aus den Blättern von in Südamerika (Argentinien, Brasilien, Paraguay, Uruguay) heimischen Stechpalmenarten (Ilex paraguariensis u. a.). Sie wachsen wild, werden auch kultiviert und erreichen eine Höhe von 8—12 m. Zur Gewinnung des Maté dienen die Blätter, Blattstiele, Blütenstiele und jungen Triebspitzen, die gebrochen und dann über offenem Feuer oder in Drahtgeflecht-Trommeln geschwelt werden. Dabei tritt Inaktivierung der Oxidasen ein, die grüne Farbe bleibt erhalten und gleichzeitig bilden sich spezifische Aromastoffe aus. Anschließend wird das getrocknete Produkt zerstampft, in feste Jutesäcke eingefüllt oder zu feinem Pulver vermahlen (Pulvermaté, Maté en pod). Es ist auch üblich, die Blätter kurz in kochendem Wasser zu „blanchieren", auf geheizten Böden zu trocknen und lediglich zu gröberen Blattstückchen zu zerkleinern. Im Heimatgebiet des Maté wird das heiße Getränk („Yerva") aus ausgehöhltem Flaschenkürbis (Maté = Kürbis) mittels metallischer Siebröhren (Bombilla) getrunken oder als trockenes Pulver genossen. Maté regt den Appetit an und stellt durch seinen *Coffeingehalt* (0,5—1,5%) seit ältesten Zeiten das wichtigste alkaloidhaltige Genußmittel des südlichen und mittleren Südamerikas dar. Maté enthält im Mittel in der Trockensubstanz 12% Rohprotein, 4,5% Ätherextrakt, 7,4% Gerbstoffe und 6% Mineralstoffe. Etwa ein Drittel der Gesamtsubstanz (Coffein zu 0,019 bis 0,028%) gehen in das Getränk über. Das Coffein liegt zu 50% in gebundener Form vor.

b) Die Colanuß

Die Colanuß (Bissy- oder Gurunuß) ist keine Nuß, sondern der von der Samenschale befreite Keimling des Samens verschiedener Sterculiaceen (Cola vera (nitida), acuminata u. a.), in Afrika heimische bis zu 20 m hohe Bäume, die auch in Madagaskar, Ceylon, Süd- und Mittelamerika angepflanzt werden. Die frischen Kerne sind gelblichweiß bis leuchtend rot und werden beim Trocknen braunrot, wobei durch Oxidasenwirkung das „Colarot" entsteht. Sie ähneln unserer Kastanie oder der Saubohne, sind bis zu 5 cm lang und 3 cm breit und zeigen bitteren adstringierenden Geschmack. Die frischen in Colablätter eingeschlagenen und mit Wasser feucht gehaltenen Kerne sind das wichtigste Genußmittel der Eingeborenen West- und Zentralafrikas; sie werden vor allem frisch, daneben auch getrocknet gekaut oder aber gemahlen in Milch oder Honig genossen. Colanüsse dienen zur Bereitung von Tinkturen, Extrakten und Anregungsmitteln, zur Herstellung von Colapräparaten in Tabletten- und Pastillenform und finden Verwendung in der Likör-, Kakao- und Schokoladenindustrie sowie zur Bereitung alkoholfreier Getränke und von Colawein usw. Ihre anregende Wirkung verdanken sie vor allem dem Gehalt an *Coffein* (im Mittel 2,16%), das größtenteils in gebundener Form vorliegt. Die Colanuß enthält außerdem im Mittel 12,2% Wasser, 9,2% Stickstoffsubstanz, 0,05% Theobromin, 1,35% Rohfett (Ätherextrakt), 3,4% Gerbstoff und 1,25% „Colarot", 2,8% Zucker, 43,8% Stärke, 15% andere stickstofffreie Extraktstoffe, 7,9% Rohfaser und 3% Asche.

c) Koffeinhaltige Erfrischungsgetränke

Getränke dieser Art werden aus Grundstoffen hergestellt, die unter Verwendung von Colanuß-Auszügen und anderen coffeinhaltigen Pflanzenteilen, oft auch unter direktem Zusatz von Coffein gewonnen sind. Getränke dieser Art (Limonaden und limonadenähnliche Erfrischungsgetränke) enthalten etwa 30—40 mg Coffein/200ml; auf den Behältnissen und in der Werbung muß bei solchen Getränken nach der VO über koffeinhaltige Erfrischungsgetränke vom 24. 6. 1938 auf den Coffeingehalt hingewiesen werden (vgl. auch S. 564).

XII. Kakao und Schokolade

Kakao nimmt, abweichend von Kaffee und Tee, insofern eine Sonderstellung ein, als er nicht in Form von wäßrigen Auszügen (Klargetränken), sondern in Substanz verzehrt wird. Neben dem Gehalt an anregenden Alkaloiden, insbesondere an Theobromin, liefern derartige Zubereitungen auch beträchtliche Mengen an Nährstoffen (Fett, Kohlenhydrate und Eiweiß), da — im Gegensatz zu Kaffee und Tee — hier wesentlich größere Substanzmengen zur Erzielung einer anregenden Wirkung erforderlich sind und auch genossen werden (s. S. 707). Wegen des hohen Nährwertes und der guten Resorption von Komponenten vieler Kakaoerzeugnisse (Kakaobutter, Milch, Zucker), dem gegenüber der Alkaloidgehalt (Theobromin) zurücktritt, rechnet man heute die hier in Rede stehenden Produkte eher zu den *Lebensmitteln* mit Genußmittelcharakter.

Mehr als 1000 Jahre vor der Entdeckung Amerikas durch Columbus war in Mexiko und Zentralamerika die Kakaobohne bereits bekannt. Die ursprüngliche Zubereitungsform als Brei aus gerösteten Bohnen und Mais, gewürzt mit Paprika und Vanille oder Zimt, fand in Europa wenig Anklang. In der ersten Hälfte des 17. Jahrhunderts kamen die Kakaobohnen nach Deutschland. Erst die durch Zusatz von Zucker gewonnenen Schokoladenzubereitunge entsprachen dem Geschmack der Alten Welt. Sie waren zunächst ein ausgesprochener Luxusartikel, bis dann im 19. Jahrhundert die fabrikmäßige Herstellung Schokolade und das entölte Kakaopulver zu weit verbreiteten Genuß- und Lebensmitteln machten.

In der BRD ist der Verkehr mit Kakao und Kakaoerzeugnissen (ausgenommen sind hier Getränke aus Schokolade und Kakao) durch die „Kakao-VO" vom 15. 7. 1933, in der Fassung vom 20. 1. 1966 und die „VO über Kakaoschalen" vom 31. 12. 1940 speziell geregelt. In Kürze sind hier durch die EWG-Kakao- und Schokoladenrichtlinie wesentliche Änderungen zu erwarten.

Die *Welternte* an Kakao lag 1870/80 bei 31 000 t, 1900 bei 103 000 t und betrug 1969/70 1,413 Mio t. Sie verteilte sich auf die wichtigsten Kakao produzierenden Länder folgendermaßen:

Tabelle 149. Verteilung der Kakao-Welternte

	1000 t
Ghana	414
Nigeria	223
Brasilien	201
Elfenbeinküste	181
Kamerun	110
Ecuador	50
Dominikanische Republik	36
Togo	24
Venezuela	24
Mexiko	20

West-Afrika ist heute das Haupterzeugungsgebiet der Welt. Sein Anteil am Weltmarkt betrug 1955/57 etwa 70% und liegt z.Z. bei mehr als 80%. Damit hat sich der ursprünglich in Ecuador und Trinidad liegende Schwerpunkt nach Brasilien und schließlich nach West-Afrika verlagert. An der *Rohkakaoeinfuhr* der BRD (1971 mehr als 144 000 t im Wert von 325,6 Mio DM) sind die Elfenbeinküste mit 31%, Ghana mit 19,5% und Kamerun mit 17,2% beteiligt. Die Einfuhr von *Kakaoerzeugnissen* in die BRD lag 1971 bei 82 500 t. Der Verbrauch an Kakaomasse betrug 1969/70 124 000 t entsprechend 2,0 kg pro Kopf und Jahr. 1966 produzierte die BRD einschl. Berlin-West 285 920 t Schokoladen.

1. Kakao

Kakaobohnen sind die vom Fruchtfleisch befreiten, ungerotteten oder gerotteten rohen Samen des Kakaobaumes (Theobroma cacao) eines Sterculiaceengewächses. Der aus dem nördlichen Südamerika stammende, heute über den ganzen Tropengürtel verbreitete Kakaobaum erfordert ein feuchtheißes Klima mit Jahrestemperaturen von nicht unter 21° C, gedeiht in Höhen bis zu 600 m und wird wegen seiner Empfindlichkeit gegen Sonne und Wind oft zusammen mit Schattenpflanzen („Kakaomutter"), wie stehengebliebenen Urwaldbäumen, Cocospalmen, Bananen usw. kultiviert. Wildwachsend erreicht der immergrüne, gleichzeitig über das ganze Jahr Blüten und Früchte tragende Baum eine Höhe von 8—12 m, in den Plantagen wird er auf 3—4 m Höhe beschnitten. Die kleinen roten oder weißen Blüten liefern pro Baum 30—50 reife Früchte. Die (botanisch als Beere anzusprechende) Frucht von gurkenförmiger Form ist 12—25 cm lang, 6—10 cm dick, von einer etwa 10—15 mm starken Fruchtschale umgeben und trägt, eingebettet in ein schleimiges Fruchtmus (Pulpa), 25—50 Samen (Bohnen). Die Bohne selbst zeigt oval-abgeplattete Form, ist etwa 2 cm lang, 1 cm breit und wiegt nach dem Trocknen rund 1 g. Unter einer dünnen spröden Schale liegt der Embryo mit 2 dicken Keimblättern („Nibs") und dem 5 mm langen, 1 mm dicken Keimwürzelchen. Die ziemlich glatten längsstreifigen Bohnen zeigen im Querschnitt weiße, hell- bis graubraune oder braunviolette bis tief violette Farbe.

Geerntet wird die Frucht während des ganzen Jahres, vorzugsweise jedoch zweimal im Jahr. Haupterntezeiten sind in Mexiko März bis April, in Brasilien Februar und insbesondere Juli. Die Sommerernten bringen größere und qualitativ bessere Erträge. Fruchttragend wird der Kakaobaum im 5. oder 6. Jahr, er bringt maximale Erträge zwischen dem 20. und 30. Jahr und ist nach dem 40. Jahr meist erschöpft. Ein Kakaobaum liefert nach Erreichen seiner vollen Ertragsfähigkeit 1,5—2 kg Bohnen (fermentiert und getrocknet) pro Jahr. Von größter Wichtigkeit für das Aroma des Kakaos und der daraus hergestellten Erzeugnisse ist, daß die Früchte im vollreifen, nicht aber im überreifen Zustand geerntet und — um eine Beschädigung der Samen zu vermeiden — vorsichtig geöffnet werden.

Unter den Kakaobäumen sind zwei *Hauptsorten* zu unterscheiden. 1. Die *Criollo-Bäume* (criollo = einheimisch), die gegen klimatische Einflüsse und Schädlinge sehr empfindlich sind. Sie liefern hocharomatische Bohnen in relativ geringer Ausbeute. 2. Die *Forastero-Bäume* (forastero = fremd) sind kräftiger, widerstandsfähiger und bringen regelmäßige hohe Erträge. Die purpurrote Forasterobohne ist weniger aromatisch als die Criollo-Sorte, bestreitet jedoch den Hauptanteil der Welternte an Konsumkakao (Bahia, Accra). Als weitere Spielarten sind die besonders widerstandsfähige und ergiebige *Calabacillo*-Sorte und der *Amelonado* (Ecuadorkakaao) zu nennen. Die beiden Hauptsorten sind beliebig kreuzbar.

Die Kakaobohnen werden im allgemeinen nach der *geographischen Herkunft*, dem *Grade der Reinheit* und nach der *Stufe der Zubereitung* unterschieden (vgl. die „Kakao-VO").

a) Ernte und Verarbeitung

Bei der Ernte werden die vollreifen Früchte sorgfältig vom Baum geschnitten und samt dem Fruchtmus aus der Fruchtschale gelöst. Nur in wenigen Fällen (Arriba- und Machála-Sorten Südamerikas) werden die Samen direkt an der Sonne getrocknet, wobei der „ungerottete Kakao" („*Sonnenkakao*") entsteht. Heute wird der Hauptteil der Ernte vor dem Trocknen einer Fermentation, dem „*Rotten*", unterworfen. Zu diesem Zweck schichtet man die Bohnen samt dem anhaftenden Fruchtmus in Gruben, auf Gärböden, in Körbe (Korbfermentation), Kisten oder Gärkästen (Kastenfermentation), beläßt sie dort je nach Sorte 2—7 Tage und sorgt durch Umsetzen für den zum Fermentationsprozeß notwendigen Luftsauerstoff. Dabei steigt die Temperatur des Gärgutes schnell auf 45—50° C an, die Keimfähigkeit wird vernichtet, die Reaktion sauer. Es erfolgt Geschmack-, Aroma- und Farbbildung sowie Umwandlung eines Teiles der astringierend schmeckenden Gerbstoffe. Gleichzeitig fließt das enzymatisch abgebaute Fruchtmus als Gärsaft ab. Zwischen Kakaokern und Pulpa treten außerdem Austauschreaktionen ein (s. unten). Die so fermentierten Bohnen werden bisweilen noch gewaschen (Java, Ceylon) und anschließend an der Sonne, in geheizten Räumen oder in Rieseltrocknern bis auf einen Wassergehalt von 6—8% getrocknet.

Nach dem Grade der Reinheit unterscheidet man zunächst *unverlesene* Kakaobohnen, und zwar als *ungestürzte Ware* (die aus dem Erzeugungsland in der ursprünglichen Verpackung eingeführte Rohware), sowie *gestürzte Ware* (nicht mehr in der ursprünglichen Verpackung vorliegende Rohware derselben Herkunft). Außerdem kennt man den Begriff der *verlesenen* Rohkakaobohne als einer Ware, die zur Weiterverarbeitung auf Kakao und Kakaoerzeugnisse bestimmt ist und von fremden Bestandteilen sowie von ungeeigneten Bohnen hinreichend befreit wurde.

Gut fermentierter Kakao zeigt gleichmäßig dunkelbraunes, leicht in einzelne Bruchstücke zerfallendes Cotyledon; unzureichend vergorene oder unreif fermentierte Bohnen sind als „*schliffige*" Bohnen („violetas") von minderer Qualität. Zur weiteren *Verarbeitung* werden die verlesenen Rohbohnen zunächst in rotierenden Bürstenwalzen, Aspirateuren, Magnetapparaten sowie auf Sortierbändern von Fremdstoffen befreit, oft auch zur gleichmäßigen Führung des Röstprozesses in Sortierzylindern nach verschiedenen Bohnengrößen getrennt. Beim anschließenden *Rösten* sinkt der Wassergehalt auf etwa 2%, die Gerbstoffe werden oxydiert, Essigsäure, Essigsäureester und andere unerwünschte Aromaträger entfernt, Schädlingseier und -larven abgetötet. Durch enzymatische und thermische Wirkung wird das Aroma verstärkt, die Farbe vertieft, der Kern hart und spröde sowie die Abtrennung der Schale erleichtert. Reifungs- und Feuchtigkeitsgrad, Sorte und Bohnengröße sowie Vorbehandlung der Bohne im Gewinnungsland bestimmen Ausmaß und Führung des Röstprozesses. Im allgemeinen darf die Temperatur bei der Röstung 150° C nicht übersteigen; sie liegt damit beträchtlich unter der des Kaffees. Bei der Schokoladenherstellung wird heute stärker geröstet als bei der Kakaopulvergewinnung. Edelsorten werden zur Aromaerhaltung schwächer geröstet als Konsumsorten. Die *Röstverluste* liegen zwischen 5 und 8%. Wie bei Kaffee muß auch hier das geröstete Gut sofort gekühlt werden, um Überröstung zu vermeiden.

Die verwendeten *Darr-* oder *Röstapparaturen* arbeiten im Chargenverfahren oder kontinuierlich, die Wärmeübertragung kann unmittelbar durch beheizte Flächen oder durch strömende Heißluft auf die Bohnen erfolgen. Die Heißluftbehandlung erstreckt sich je nach Röstgrad über 10—35 min. Als Beispiel sei das Diagramm des Lehmann-Durchlaufrösters gebracht:

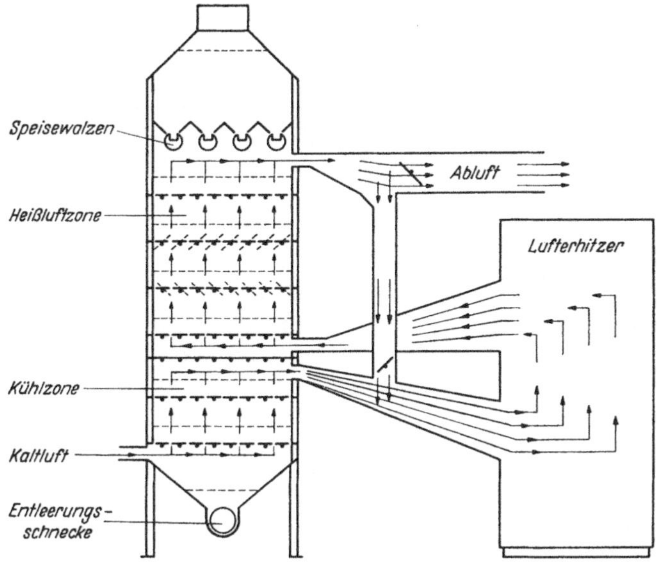

Abb. 116. Lehmann-Durchlaufröster (Fa. Lehmann, Aalen/Württ.) (Aus: 54, Bd. VI, S. 237)

Die gerösteten Bohnen werden nach dem Abkühlen den Brech- und Reinigungsanlagen zur Abtrennung der *Schalen* und der im Fettanteil unangenehm schmeckenden, als harte Teile auf der Zunge grießig fühlbaren und in Getränken zur Satzbildung führenden *Keimwürzelchen* zugeführt. Beim Brechen sollen die Kakaobohnen so zertrümmert werden, daß sie in großen Bruchstücken mit einem geringen Staub- und Feingutanteil anfallen.

Als Ausbeute dieser Prozedur erhält man aus der Rohbohne im Mittel 78—80% gebrochene Kakaokerne („*Kakaobruch*"), 10—12% *Schalen* sowie Keime und geringe Mengen Kakaoabfall (4%).

Kakaokerne als gedarrte oder geröstete, entschälte und entkeimte Kakaobohnen sowie *Kakaobruch* als gebrochene Samenkerne enthalten Samenschalen, Samenhäutchen und Keime nur noch in technisch nicht vermeidbaren Mengen (weniger als 2%). *Kakaogrus* sind kleine Kakaokernteilchen, die bei der Reinigung des Kakaoabfalles gewonnen werden und Samenschalen, Samenhäutchen und Keime in Mengen von höchstens 10% enthalten. Kakaogrus darf den Kernen nur in Mengen von höchstens 2% zugesetzt werden. *Kakaoschalen* dienen zur Gewinnung von Theobromin und Aktivkohle, als Futtermittel, Korkersatz und Tee-Ersatz („Kakaoschalentee") sowie nach Extraktion des Fettes als Düngemittel oder ganz allgemein als Brennstoff. In der BRD ist es verboten, *gepulverte* Kakaoschalen oder Erzeugnisse, die damit vermischt sind, in den Verkehr zu bringen oder aus dem Ausland einzuführen. Der *Nachweis* von Kakaoschalen als oft beobachtete Verfälschung ist mit zunehmender Verfeinerung der Zerkleinerungstechnik immer schwerer zu führen (vgl, die „Kakaoschalen-VO").

Chemische Verfahren, wie Rohfaserbestimmung, Furfurolwert, Bestimmung des Schleimanteils eignen sich im allgemeinen *nicht* zur Bestimmung des Kakaoschalengehaltes. *Mikroskopische Verfahren* nach Isolierung, Anreicherung und Zählung der Sklereidenzellen sind besser geeignet, doch gleichfalls mit Vorsicht zu bewerten. Ermittlung der im Schalenteil vorkommenden Galakturonsäure, sowie Bestimmung des Pektins, das in der Schale reichlich (4,62—7,0%), im Kern nur geringfügig (maximal 0,2%) vorhanden ist, haben sich nicht durchgesetzt.

b) Chemische Zusammensetzung der Kakaokerne

Die Zusammensetzung lufttrockener Kakaokerne geht aus Tabelle 150 hervor:

Tabelle 150. Zusammensetzung lufttrockener Kakaokerne

Bestandteile	%	Bestandteile	%
Wasser	5,0	Stärke	6,0
Fett	54,0	Pentosane	1,5
Coffein	0,2	Cellulose	9,0
Theobromin	1,2	Carbonsäuren	1,5
Polyhydroxyphenole	6,0	Sonstige Stoffe	0,5
Rohprotein	11,5	Asche	2,6
Zuckerarten	1,0		

In *Kakaoschalen* finden sich 11% Wasser, 3,0% Fett, 6,5% Asche, 13,5% Rohprotein, 6,0% Pentosane, 9,0% Gerbstoffe (Tannine), 0,75% Theobromin und (als analytisch besonders wichtige Komponente) 16,5% Rohfaser.

Vom *Gesamtstickstoff* der fermentierten Bohne sind etwa 60% Reinprotein. Im Nichteiweißanteil finden sich Aminosäuren, geringe Mengen Amidstickstoff (etwa 0,3%) sowie Ammoniak (0,02%), das wohl bei der Fermentierung gebildet wird. Physiologisch bedeutungsvoll ist der Gehalt an *Theobromin* (3.7-Dimethylxanthin), dem der Kakao seine anregende, gegenüber dem coffeinhaltigen Kaffee jedoch weit weniger ausgeprägte Wirkung verdankt. Neben Theobromin kommt auch *Coffein*, allerdings in recht geringer Menge (im Mittel 0,2%) vor. Eine normale Tasse Kakaogetränk enthält 0,1 g Theobromin und 0,01 g Coffein. Theobromin bildet kleine rhombische Prismen, die unzersetzt und ohne zu schmelzen bei 290° C sublimieren (Nachweis der Xanthinbase im Kakao). Theobromin ist in der Kakaobohne offenbar schwach an Tannin gebunden, wird während der Essigsäuregärung (s. später) im Verlauf der Fermentierung freigesetzt und wandert dann teilweise in die Schale.

Das *Kakaofett* (Kakaobutter), nach Menge und Wert der wichtigste Anteil der Kakaobohne, wird an anderer Stelle (S. 433) besprochen.

Die *Kohlenhydrate* bestehen zum großen Teil aus der im Schalenanteil *nicht* vorkommenden Stärke (7—10%), die als Leitelement bei der mikroskopischen Untersuchung wichtig ist. Daneben finden sich als weitere hochmolekulare Produkte *Pentosane*, Galaktane, Galakturonsäure enthaltende *Schleimstoffe*, *Cellulose* und andere inkrustierende Substanzen, die zum Teil in die „Rohfaser" eingehen. An löslichen Kohlenhydraten wurden *Stachyose* fast stets, *Raffinose* und *Saccharose* (0,08—1,5%) nicht regelmäßig, Glucose und Fructose nur vereinzelt nachgewiesen. Die bei der Hydrolyse aus Saccharose während des Fermentationsprozesses gebildeten reduzierenden Zucker spielen bei der Aromaausbildung während des Röstprozesses eine wichtige Rolle. Auch myo-Inosit, Phytin, Tetrosen wie Verbascotetrose und andere Polyosen wurden im Kakaokern aufgefunden.

Phosphatide. Die Bohne enthält, offenbar als Lipoproteid gebunden, geringe Mengen *Lecithin* (0,066—0,144%). Dieser natürliche Lecithingehalt ist deshalb von Bedeutung und analytisch zu berücksichtigen, weil nach der Kakao-VO ein Zusatz von mehr als 0,3% Reinlecithin zu Kakaoerzeugnissen verboten ist.

Vitamine der B-Gruppe im gerösteten Kern und vor allem im aufbereiteten Kakaopulver liegen in praktisch bedeutungslosen Mengen vor. Hingegen besitzt der ziemlich erhebliche D-Vitamingehalt der Kakaoschalen im Rahmen der Verfütterung Interesse. Vitamin D geht bei der Verfütterung in Milch und Butter über. Die frischen Schalen sind frei von Vitamin D, erst bei Sonnentrocknung und insbesondere nach der Fermentierung tritt das Vitamin auf. Es wird offenbar aus dem Ergosterin der am Fermentierungsprozeß beteiligten Hefen gebildet. Als Inhaltsstoff der Kakaoschale wurde außerdem *Behensäuretryptamid* gefunden.

Die *Mineralstoffe* geschälter Bohnen bestehen vor allem aus Kaliumphosphat, daneben aus Magnesiumverbindungen. Außerdem ist als ständiger Begleiter *Kupfer*, das eine wichtige Rolle bei Polyphenoloxidase-Reaktionen im Gange der Fermentierung spielt, nachgewiesen worden.

Organische Säuren (1,2—1,6%) sind vor allem die bei der Fermentierung (s. später) gebildete, am Geschmack des Kakaos beteiligte *Essigsäure*, daneben *Citronensäure* (0,45—0,75%) und *Oxalsäure* (0,32—0,50%). Die Menge der Essigsäure, wie sie aus der Pulpe aufgenommen und in den Cotyledonen zurückgehalten wird, hängt von der Fermentierungsdauer und der Trockenart ab. In 8 Kakaosorten wurden 1,22—1,64% Gesamtsäuren, 0,79—1,25% flüchtige Säuren und 0,19—0,71% Essigsäure gefunden.

Gerbstoff-Vorstufen und *Gerbstoffe* (Polyhydroxyphenole) spielen wie beim Tee auch bei der Kakaoverarbeitung eine wichtige Rolle. Es finden sich L-Epicatechin, D-Catechin, D-Gallocatechin, Leukocyanidine, Cyanidinglykoside, lösliche Gerbstoffe ("condensed tannins") u. a. m. Angaben über den Phlobaphengehalt liegen nicht vor. Die obengenannten Verbindungen sind Substrate der o-Phenoloxidase.

Umwandlung und Abbau solcher Stoffe mindern den adstringierenden Geschmack, besonders bei gerbstoffreichen Kakaosorten und führen zu der für Kakao und Kakaoerzeugnisse typischen rotbraunen oder braunroten Farbe. Gebildet werden derartige Pigmente bei der fermentativen Aufbereitung (Rottung), der Alkalisierung und unter Lichteinfluß. Dabei wird jedoch nur ein Teil der Gerbstoffe oxydiert. So enthalten z.B. nicht fermentierte Kakaobohnen etwa 13—20%, fermentierte Bohnen noch 5—8% säurelösliches Tannin.

Enzyme frischer Kakaobohnen sind α-Amylase, β-Fructosidase, β-Glucosidase, β-Galaktosidase, Pektinesterase, Polygalakturonase, Proteinasen, alkalische und saure Phosphatasen, Lipase, Katalase, Peroxidase und Polyphenoloxidasen, α-Decarboxylase, Coenzym A. Der Großteil von ihnen wird während der Verarbeitung inaktiviert. Reste milchcoagulierender und proteolytischer Enzyme können sich bei der Herstellung von Kakaotrunk störend bemerkbar machen.

c) Der Fermentierungsprozeß

Bei der Fermentierung der Gesamtfrucht ist zwischen „äußerer", im Fruchtfleisch ablaufender und „innerer", in den Cotyledonen vor sich gehender Fermentation zu unterscheiden. In der *Gesamtfrucht* wird zunächst der Kohlenhydratanteil der Pulpa durch Saccharomyces-Arten und Wildhefen zu gärfähigen *Zuckern* abgebaut; diese werden dann zu *Alkohol* vergoren (anaerobe Phase). Aus dem Alkohol bilden Essigsäurebakterien (Acetobacter u. a.) *Essigsäure*, daneben tritt in den ersten Stadien der Fermentierung auch *Milchsäure* in geringen Mengen auf, vor allem bei Trinidad- und Java-Kakao. Pektinolytische Enzyme wirken bei der Verflüssigung des Fruchtfleisches mit. Übermäßig lange Fermentierung schafft unerwünschte Entwicklungsmöglichkeiten für putrifizierende Bakterien (Subtilis-,

„Mesentericus"-Arten) sowie für Pilze (Aspergillus, Mucor, Penicillium). Im *fermentierenden Kakao*, vor allem in der *Bohne* („innere" Fermentierung) sind zahlreiche *Enzyme* zelleigener wie mikrobieller Herkunft nachgewiesen worden. Unter ihnen ist die *Polyphenoloxidase* besonders bedeutungsvoll (s. oben).

Ihre Hauptaufgabe erstreckt sich auf die Farbbildung, den partiellen Gerbstoffabbau zur Milderung des adstringierenden Geschmackes und nicht zuletzt auf die Erzeugung spezifischer Aromastoffe und Aromavorstufen (precursors) (s. später). *Fett* und Stärke werden im Fermentierungsablauf kaum angegriffen, *Phosphatide* werden weitgehend abgebaut, die *Xanthinbasen* (Theobromin, Coffein) gehen durch Diffusion teilweise in die Schale, nachdem sie durch die beim Fermentierungsprozeß gebildete Essigsäure aus ihrer lockeren Bindung an Tannin freigesetzt wurden.

Der pH-Wert sinkt von 6,6 am 2. oder 3. Fermentationstag auf etwa 4,5—5 und steigt nach dem Trocknen wieder auf etwa 5—6,0 an. Wesentliche Veränderungen erleiden die *Kakaoproteine*. Durch die gerbende Wirkung der Polyhydroxyphenole gehen sie überwiegend in unlösliche Verbindungen über; nach Hydrolyse zu Peptiden und Aminosäuren reagieren die chinoiden Gruppen der Polyhydroxyphenole mit den freien Aminogruppen der Proteinabbauprodukte durch „oxydative Vergerbung". Die *Polyphenole* werden im anaeroben Verlauf enzymatisch hydrolysiert, dann erfahren sie unter aeroben Bedingungen und beim Trockenprozeß eine Oxydation und Kondensation der nichtglykosidischen Polyhydroxyphenole und der freigesetzten Aglucone nach dem Schema:

Monomere Polyhydroxyphenole (Gerbstoffvorstufen, z.B. Catechine, Anthocyane)	→	Gerbstoffe (wasserlöslich, praktisch farblos)	→	Phlobaphene (wasserunlöslich, braun, oder violettstichig braun)

Die aus den Polyphenolen gebildeten Oxydationsprodukte („*Kakaobraun*", „*Kakaorot*") verleihen der aufbereiteten Kakaobohne ihre charakteristische Farbe. Die Verminderung des Anthocyangehaltes ist (s. oben) mit einer Milderung des ursprünglich sehr herb und adstringierenden Geschmackes verbunden. Ein gleichmäßiger Verlauf des Fermentationsprozesses ist für die Ausbildung des *Kakaoaromas* außerordentlich wichtig. Am günstigsten ist eine 4—5 tägige Fermentation mit einem Umsetzen des Gutes nach 24 und 48 Std.

d) Aromastoffe des Kakaos

Aroma und *Geschmack* des Kakaos werden entscheidend beeinflußt durch richtige Ernte, Fermentierung, Trocknung und Röstung. Die frische Bohne zeigt essigartigen Geruch und Geschmack; der eigentümlich bitter adstringierende, dabei deutlich süße Geschmack der fermentierten Bohnen kann durch verschiedene Fehler beeinträchtigt werden, so durch Verarbeitung unreifer oder überreifer Früchte, ungenügendes Belüften und Umsetzen, Infektion mit Fremdorganismen oder Rauchschäden beim Trocknen.

Gegenwärtig sind mehr als 200 im Röstkakao gefundene flüchtige Verbindungen bekannt, die mehr oder minder bedeutungsvoll für das Aroma des gerösteten Kakaos sind. Die *Aromavorstufen* (precursors) sind unter den Reaktionsprodukten der anaeroben Fermentationsstufen zu suchen, während die in der oxydativen Trocknungsphase geminderten Polyhydroxyphenole überwiegend für die Senkung der adstringierenden Geschmackskomponente verantwortlich zu sein scheinen. Die wichtigsten precursor-Gruppen sind:

1) Glucose, Fructose, Saccharose und andere Zucker,
2) Aminosäuren und
3) Flavone und Phenolsäuren (Flavonoide).

Durch Proteolyse aus Proteinen gebildete Aminosäuren reagieren nach bekannten Mechanismen mit vorhandenen oder durch Hydrolyse gebildeten reduzierenden Zuckern zu wesentlichen Geschmackskomponenten des Aromas. Aldehyde entstehen durch *Strecker-Abbau* aus Aminosäuren und gehen gleichfalls als flüchtige Komponenten in das Kakaoaroma ein. Schließlich wirken sich auch Umsetzungen von oxydierten Flavonoid-Komponenten mit zahlreichen Inhaltsstoffen der Kakaobohne auf Geruch und Geschmack vorhandener oder gebildeter Säuren aus. Die organoleptische

Aromabeschreibung des Röstkakaos nach 9 Komponenten (sauer, adstringierend, bitter, kakaoaromatisch, blumig, fruchtig, honigähnlich, rauh und rauchig) weist auf die Vielzahl chemischer und biochemischer Reaktionsmöglichkeiten hin. Unterbaut wird diese Vielfalt durch die identifizierten, aus den verschiedensten Stoffklassen stammenden Verbindungen, für deren Vertreter einige Beispiele in Klammern aufgeführt seien. Es handelt sich um *Kohlenwasserstoffe* (o-, m-, p-Xylol, Mesitylen, Limonen, Caryophyllen), *Alkohole* (Methanol, Butan-2.3-diol, Geraniol, 2-Phenyläthanol), *Aldehyde* (Isobutyl-, Isovaleryl- und Propionaldehyd, Phenylacetaldehyd und zahlreiche weitere Alkanale, Alk-2-enale und Alk-2.4-dienale) *Ketone* und *Ketole* (Propanon, Alk-2-one), niedere und höhere *Fettsäuren* und *Ester*, *Phenole* (Guajacol), *Äther* und *Acetale*, *Schwefelverbindungen* (Methyläthylsulfid, Benzothiazol), *Furane*, *Pyrrole*, *Pyrazine* und *Nitrile*.

e) Herstellung der Kakaomasse

Nach dem Rösten und Trocknen werden die Kakaokerne zur Freilegung der Kakaobutter zerkleinert und vermahlen. Für Kakaopulver und -butter muß auf endgültige Feinheit verarbeitet werden; durchlaufen die Bestandteile bei der Schokoladenherstellung noch Walzwerke, so ist hier nur eine Vorzerkleinerung erforderlich. Im ersten Fall sollen die Teilchen bei nur wenigen Prozent die Größe von 30 μm überschreiten, im letzteren genügt eine Teilchengröße von max. einigen 100 μm. Zur Vorzerkleinerung dienen vor allem Scheiben- und Prallmühlen, oder Riffelwalzwerke, zur Feinstvermahlung Kakaomühlen, Walzwerke und Rührkugelmühlen sowie Kombinationen. Dabei entsteht eine homogene, bei höherer Temperatur flüssige Masse, die „*Kakaomasse*". Abb. 117 bringt als Beispiel eine kombinierte Zerkleinerungsmaschine.

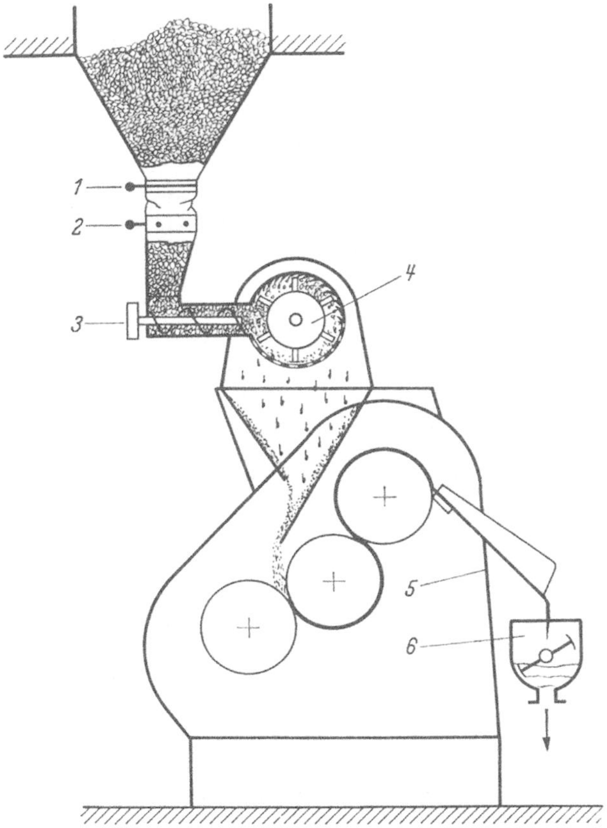

Abb. 117. Kakaomühle SCZ (Gebr. Bühler, Uzwil). 1 Absperrschieber, 2 Magnetrost, 3 Einspeiseschnecke der Vormühle (Drehzahl autom. gesteuert), 4. Vormühle, 5 Vollhydraulisches Dreiwalzwerk, 6 Verflüssiger (Homogenisator) (Aus: 54, Bd. VI., S. 239)

α) Herstellung aufgeschlossener Kakaomasse

Um den Geschmack des Kakaos durch teilweise Abstumpfung der Säure zu mildern, die Farbe zu vertiefen, das Kakaopulver netzbar und im Kakaogetränk ohne Bodensatzbildung länger suspensionsfähig zu erhalten, wird es der *Aufschließung* (frz.: „solubilisation", engl.: „alcali process") unterworfen. Als Aufschlußmittel benutzt und nach deutschem Recht zugelassen sind Alkalicarbonate (vor allem Kaliumcarbonat), sehr selten Ammoniak und Ammoniumsalze, Magnesiumoxid und andere gesundheitsunschädliche Stoffe (z. B. Kalium-, Natrium-, Magnesiumhydroxide). Verboten sind organische Emulgierungsmittel. Üblich ist gelegentlich der Aufschluß mit Wasserdampf (auch unter Druck).

Bei diesem zuerst 1828 durch C. I. van Houten eingeführten Verfahren behandelt man entweder die gerösteten Kerne oder man emulgiert den gemahlenen Kakao in heizbaren Knetmaschinen mit der alkalischen Lösung (2—2,5 % des Alkalis) bei 75—100° C, stumpft — wenn nötig — mit Weinsäure ab und reduziert den Wassergehalt auf etwa 2 % durch Vakuum, Heißluft oder durch längeres Kneten bei Temperaturen über 100° C. Beim Aufschluß wird außer einer Neutralisation der sauren Anteile die Verquellung der Stärke und die Lockerung des Zellgefüges erreicht. Das so gewonnene, fälschlich als „löslicher Kakao" bezeichnete Erzeugnis wird schließlich noch durch *Feinwalzen* weiter zerkleinert. Normale wie aufgeschlossene Massen enthalten im allgemeinen 52—58 % Kakaobutter und höchstens 0,3 % Sand, berechnet auf fettfreie Trockenmasse. Kakaomasse liefert bis zu 5 %, aufgeschlossene Kakaomasse bis zu 7 % Asche.

β) Abpressen der Kakaomasse, Gewinnung von Kakaopulver

Um aus der Kakaomasse Kakaopulver zu gewinnen, muß ein Teil des Fettes abgepreßt werden, wozu meist hydraulische, vorzugsweise horizontal bei einem Druck von 900 kp/cm² arbeitende Topfpressen dienen. Die Masse wird auf 80 bis 95° C erwärmt, die abfließende Kakaobutter in einer Filterpresse von mitgerissenen Gewebsteilchen befreit, geformt und gekühlt. Die Hauptmenge der Kakaobutter findet in der Schokoladenherstellung Verwendung. Der steinharte bis zu einem Fettgehalt von 8% entfettbare Preßkuchen wird im Vorbrecher (Kuchenbrecher) zerkleinert, dann in Prallmühlen gemahlen und mit Windsichtern in Grob- und Feingut aufgeteilt, wobei das Grobgut wieder der Mühle zugeführt wird. Je nach der Höhe des Fettgehaltes unterscheidet man *„schwach entöltes" Kakaopulver* mit 20—22% Kakaobuttergehalt und *„stark entöltes" Kakaopulver*, das weniger als 20%, jedoch mindestens 10% Kakaofett enthält. Pulver mit weniger als 10% Kakaofett dürfen auch unter Kenntlichmachung nicht in den Verkehr gebracht werden. Schwach entölte Pulver sind dunkler gefärbt, milder im Geschmack und dienen vor allem zur Getränkebereitung, stark entölte Produkte spielen ins Gelbbraune, sie werden für Küchenzwecke (Kuchen, Pudding usw.) verwendet.

Kakaomischpulver als Zubereitungen des Handels sind Hafer-, Malz-, Hafermalz- und Eichelkakao sowie Hafermalzkakao gezuckert, deren Zusammensetzung durch die mehrmals genannte Verordnung vom 15. 7. 1933 geregelt ist.

Kakaopulvern werden außer dem erwähnten, in geringer Menge zugesetzten Lecithin natürliche Gewürze, Vanillin oder Äthylvanillin zugefügt.

Kakaotrunk ist ein Milchmischgetränk mit Kakaopulverzusatz, zu dessen Herstellung Gemische von Vollmilch mit entrahmter Milch sowie entrahmte Milch verwendet werden dürfen.

2. Die Schokoladenherstellung

Wie erwähnt wurde Schokolade ursprünglich direkt durch unmittelbares Verreiben von Kakaokernen mit Zucker hergestellt. Heute geht man von der obenbesprochenen (nicht aufgeschlossenen) Kakakomasse aus, die unter Zusatz verschiedenster Bestandteile (Zucker, Kakaobutter, Aromastoffe, Milchpulver, seltener Block- oder Kondensmilch) vermischt, zerkleinert, salbig verrieben und schließlich geformt wird. Um hocharomatische, homogene, struktur- und formbeständige und auf der Zunge zergehende Erzeugnisse zu erhalten, ist eine Fülle von Arbeitsgängen notwendig, die im folgenden geschildert werden sollen.

a) Mischen

Das *Mischen* von Kakaobruch bzw. Kakaomasse, Kristallzucker und Kakaobutter zu einer breiartigen Masse erfolgt unter Wärmezufuhr im *Melangeur*. Dieser besteht aus einer rotierenden, dampfbeheizten Bodenplatte, auf der sich zwei schwere Steinläufer um eine horizontale Achse drehen.

Neuerdings setzen sich immer mehr Knet- und Mischmaschinen durch, heizbare, doppelwandige, bisweilen im Vakuum arbeitende Tröge, in denen durch Knet- und Mischarme die Bestandteile gemengt werden (Abb. 118).

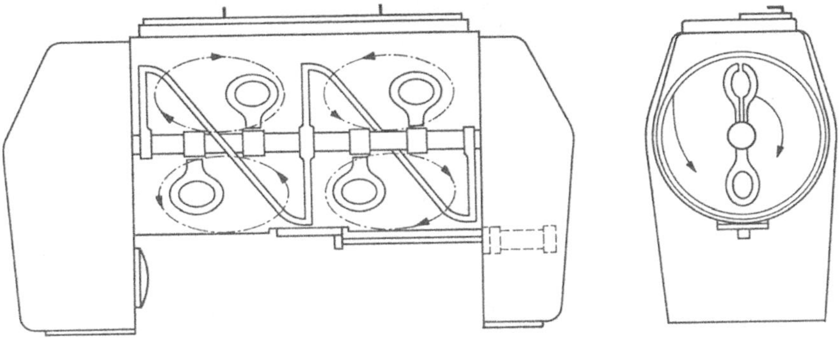

Abb. 118. Schokoladen-Misch- und Knetmaschine, Modell SMC (Gebr. Bühler, Uzwil) (Aus: 54, Bd. VI., S. 247)

b) Walzen

Beim anschließenden *Walzen* wird die fertiggemischte, noch verhältnismäßig grobe Schokoladenmasse auf mehrstufigen Walzwerken durch Vor- und Feinwalzen fein zerrieben. Die Walzen sind hohl und lassen sich durch Wasserkühlung auf die gewünschte Temperatur einstellen. Das Endprodukt weist eine Teilchengröße der Kakaopartikel von weniger als 30—40 μm auf. Die zu walzende Masse soll einen Fettgehalt etwa zwischen 23 und 28% aufweisen.

c) Conchieren

Die gewalzte Schokoladenmasse ist bei Zimmertemperatur trocken und pulverförmig und von saurem, unharmonischem Geschmack. Vor der Weiterverarbei-

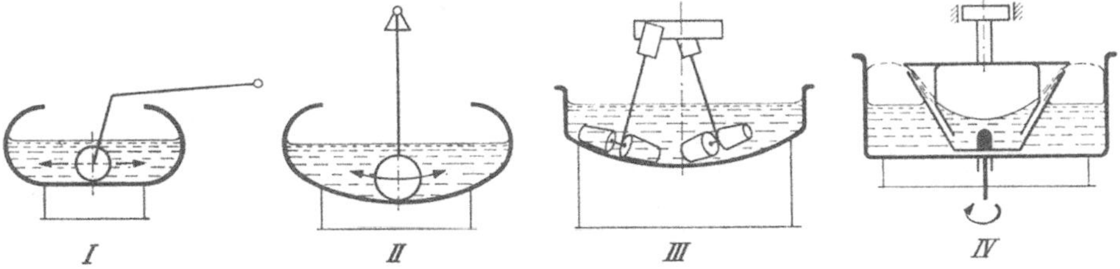

Abb. 119. Verschiedene Typen von Längsreibe-Conchen. I Lehmann- und Bauermeister-Längsreiber, II Lehmann-Längsreiber, III Postranezki-Conche, IV Carle & Montanari-Conche (Aus H. P. Kaufmann und J. G. Thieme: Neuzeitliche Technologie der Fette und Fettprodukte. 2. Lfg. S. 389. Münster: Aschendorff 1959)

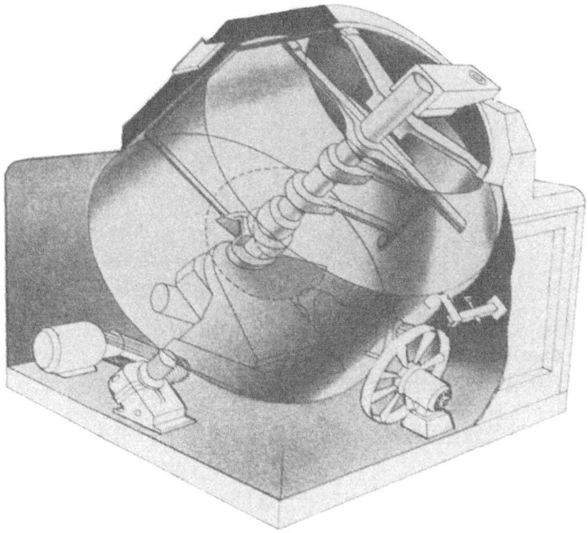

Abb. 120. Rotor-Conche (H. Bauermeister, Hamburg)

tung läßt man sie deshalb in Wärmekammern etwa 24 Std bei 45—50° C stehen („*Ausreifen*"). Sie nimmt dabei eine teigartige Konsistenz an und kann in diesem Zustand zur Herstellung von Koch- oder Konsumschokoladen dienen. Für feine Schokoladen muß sie noch zur Erzielung besonderer Glattheit im *Conchierungsprozeß* in *Conchen* (concha = Muschelschale) behandelt werden. *Längsreiber* (vgl. Abb. 119) verlieren immer mehr an Bedeutung. Von der an ihrer Stelle eingeführten *Rundconchen* (Rotorconchen) seien zwei erläutert: die in Schräglage arbeitende *Bauermeister-Rotorconche* (Abb. 120) und die *Petzholdt-Superconche* (Abb. 121) bei der während des

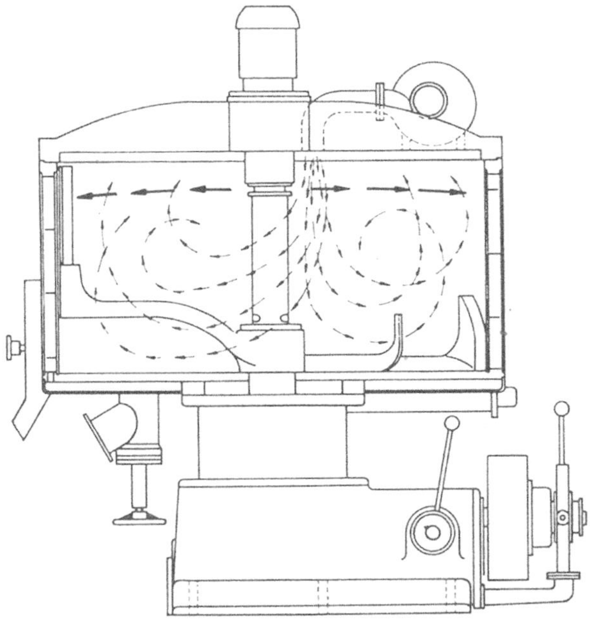

Abb. 121. Super-Conche (J. S. Petzholdt, Frankfurt/Main) (Aus: 54, Bd. VI., S. 250)

Trockenconchierprozesses die Masse mit dem Mischarm bearbeitet und in der zweiten Phase als dünner Schleier gegen die Behälterwand geschleudert wird.

Die Conchen fassen 150—1000 kg Masse, arbeiten bei 60—85° C und laufen in einer Charge 24—75 Std je nach Qualität der Ware.

Im Conchierprozeß („Schleifen" der Schokolade) wird der Wassergehalt gesenkt, unerwünschte Geruchs- und Geschmacksträger (Essigsäure u. a.) verflüchtigen sich, wertvolle Aromastoffe werden fixiert, verbessert oder entstehen zusätzlich. Unter Emulsionsbildung werden die nicht fetthaltigen Anteile weitgehend desaggregiert und in der Kakaobutter dispergiert. Gleichzeitig fördert man meist das „Versalben" durch Zusatz von Kakaofett. Die so behandelte Schokolade erhält schließlich einen schmelzenden zarten Charakter und verliert an Herbheit. Wieweit hier chemische Umsetzungen Platz greifen (Oxydation der Gerbstoffe unter Lufteinschluß, Caramelisierung der Saccharose durch örtliche Überhitzung an der Reibungsgrenzfläche, teilweise Inversion des Zuckers, Reaktionen zwischen Eiweiß- und Gerbstoffen) bedarf noch der Klärung. Milchschokolade erfordert besonders sorgfältiges Arbeiten, da hier bei Temperaturen über 70° C Umsetzungen zwischen Lactose und Milcheiweiß nach Art der Maillard-Reaktion möglich sind. In den letzten Jahren sind auch Versuche bekanntgeworden, Vermahlen und Verfeinern der Masse durch Ultraschallwellen zu beinflussen.

d) Temperieren und Eintafeln

Vor dem Eintafeln muß die Masse zur Einleitung der Kristallisation *temperiert* werden, ein für Struktur (harter Bruch, Füllung der Form) und Aussehen (glänzende, nicht matte Oberfläche) entscheidender Arbeitsgang, bei dem Kristallkeime unter kontrollierten Arbeitsbedingungen erzeugt werden. Temperiert wurde ursprünglich unter stetiger Bewegung bei 27—29° C in wassergekühlten mit Rührwerk versehenen Behältern oder über eine Reihe wassergekühlter Walzen, vor allem aber in doppelwandigen Hohlzylindern mit Innenschnecken.

Aus neueren Verfahrensgängen sei das „*3-Stufen-Verfahren*" erwähnt, bei dem die vollständig geschmolzene Schokoladenmasse unter ständigem Rühren zunächst von etwa 40° auf 32° C und dann auf 28° C herunter gekühlt, anschließend wieder zur Bildung der stabilen *β-Modifikation* (s. unten) auf 30—32° C erwärmt wird. Vor dem Eintafeln wird die Masse auf 30—32° C gehalten und dann in vorgewärmte Kunststoff- oder Metallformen durch Dosierpumpen eingefüllt. Auf Klopfbahnen entweicht beim heftigen Rütteln die Luft, auf Kühlbahnen (endloses Band oder Paternoster) wird langsam gekühlt und bei etwa 10° C fallen die fertigen Tafeln aus der Form. Beim *Rutter-Verfahren* bleibt die vorkristallisierte Schokoladenmasse in der als Verpackung dienenden Form. Temperier-, Teil-, Einstreich-, Kühl- und Verpackungsmaschinen haben die Schokoladenherstellung weitgehend mechanisiert, ohne daß das Problem der Temperierung befriedigend gelöst wäre. Die verschiedenen (mindestens 5) Glyceride der Kakaobutter bringen komplizierte Kristallisationsverhältnisse mit sich. Es gibt verschiedene Phasen der Kakaobutter (α-, β_{-1} und β_2-, wahrscheinlich auch γ-Form), von denen insbesondere die beiden β-Formen technologisch wichtig sind. Die β_1-Phase ist instabil und geht bei Zimmertemperatur langsam in die β_2-Form über.

Gegen die Ansicht, daß diese Polymorphie der Kakaobutter als eigentliche Ursache der Fettreifbildung (s. S. 707) anzusehen sei, sind neuerdings gewichtige Einwände erhoben worden. Als Ursache dieses Fehlers wird vielmehr die nur begrenzte temperaturabhängige Mischbarkeit der einzelnen Glyceridkomponenten im kristallisierten Zustand angenommen („Mischungslückentheorie").

3. Die Schokoladensorten

Schokolade im engeren Sinne ist nach der „Kakao-VO" eine geformte oder nicht geformte Zubereitung aus Kakaokernen, Kakaobruch, auch unter Mitverwendung von höchstens 2 Hundertteilen Kakaogrus, oder aus Kakaomasse und technisch reinem weißen Verbrauchszucker (Saccharose), ohne oder mit Zusatz von Kakaobutter, natürlichen Gewürzen, Vanillin oder dem ihm entsprechenden Äthyläther; Schokolade muß zu mindestens 40% aus Kakaomasse oder aus einem Gemisch von Kakaomasse und Kakaobutter und darf zu höchstens 60% aus Zucker bestehen. Der Gehalt an Kakaobutter muß mindestens 21%, der Gehalt an Kakaomasse bei Mitverwendung von Kakaobutter mindestens 33% betragen.

Schmelzschokolade ist eine durch besondere Bearbeitung hergestellte, in der Zusammensetzung gesetzlich festgelegte Schokoladenzubereitung.

Gleichfalls in der Kakao-VO festgelegt sind Spezialschokoladen als *Sahne*-(Rahm)-Schokolade, *Vollmilch*- und *Magermilch*schokoladen, *gefüllte* Schokoladen, *Frucht*-, *Nuß*-, *Mandel*schokoladen und solche, die bisweilen Kaffee oder Orangeat enthalten.

Cola-Schokolade ist eine coffeinhaltige Schokolade, deren Coffeingehalt (maximal 0,25%) *nicht* aus reinem Coffein sondern ausschließlich aus Cola (S. 694) oder anderen coffeinhaltigen Pflanzenteilen oder Auszügen hieraus (Kaffee) stammt. Der Coffeingehalt ist auf den in den Verkehr gebrachten Packungen anzugeben. *Diabetiker-Schokoladen* (vgl. „Diät-VO") dürfen nur mit den Zuckeraustauschstoffen Fructose, Mannit, Sorbit, und Xylit hergestellt werden.

Geregelt ist nach Deutschem Recht außerdem die Zusammensetzung von Schokoladenüberzugsmasse (*Kuvertüre*) sowie von Sahneschokoladen- und Milchschokoladen-Überzugsmassen.

Nuß- und *Mandelschokoladen* enthalten Nüsse und Mandeln, deren Gehalt an leicht verderblichem und außerdem niedriger als Kakaobutter schmelzendem Öl bisweilen durch Abpressen auf $^2/_3$ des ursprünglichen Gehaltes herabgesetzt ist. Bei *gefüllten* Schokoladen wird die Füllung in eine Schokoladenhalbform eingegossen und dann ein Schokoladenteppich aufgetragen.

Für *Schokoladenstreusel* wird fettarme trockene Schokoladenmasse durch eine gelochte Platte gepreßt. *Hohlfiguren* werden in zweiteiligen Klappformen oder in Hohlpressen oder durch Zusammenkleben einzeln geformter Teile hergestellt.

Pralinen verdanken ihre Bezeichnung dem Küchenmeister des französischen Marschalls du Plessy-Praslin, der von ihm erfundene Süßigkeiten zu Ehren seines Herrn als „*Pralinés*" bezeichnete. Aus der Vielfalt der Fabrikationsmöglichkeiten können hier nur einige erwähnt werden. Zur Herstellung von Pralinen mit festen Kernen wird heiße übersättigte Zuckerlösung (Fondant-, Geleemasse) in Weizenpuderformen gegossen, und der nach dem Abkühlen erstarrte Kern (Korpus) durch Tauchen in geschmolzene Kuvertüre (s. oben) mit einem Schokoladenüberzug, der Decke, versehen (*Cremepralinen*). Die Fondantmasse kann ganz oder teilweise durch andere Füllungen, (Fruchtpasten, Marzipan, Marmelade, Mandeln, Nüsse, Trüffelmassen usw.) ersetzt sein (*Dessertpralinen*). Solche Pralinen werden mit oder ohne Zuckerkruste hergestellt. Erzeugnisse mit Zuckerkruste entstehen aus Mischungen dicker Zuckerlösungen mit Likör, die man in geformte Vertiefungen gießt. Dabei kristallisiert an der Außenwand eine feste Kruste, der Inhalt bleibt flüssig und der so gewonnene Kern kann, wie oben beschrieben, getaucht („getunkt") werden. Für Pralinen ohne Zukerkruste (*Weinbrand*- und *Likörbohnen*) dienen in Hohlkörpermaschinen automatisch geformte Schokoladenschalen, die man mit der Masse füllt und in Deckelmaschinen verschließt. Fondantmassen werden vor dem Formen mit etwa 0,5% *Invertase* versetzt. Dadurch verflüssigt sich die Pralinenfüllung nach wenigen Tagen. Plastische Massen werden in letzter Zeit immer mehr in *Dressiermaschinen*, die mit *Überziehmaschinen* in einer Anlage zusammengefaßt sind, durch Walzen und Düsen (Dressierköpfe) ausgeformt und überzogen.

Trinkschokolade (Schokoladenpulver, Schokoladenmehl) entsteht durch Verarbeitung von Kakaomasse oder Kakaopulver mit weißem Verbrauchszucker. Erlaubt sind Zusätze von Gewürzen, insbesondere auch von Vanillin, der Zuckergehalt ist auf höchstens 65% beschränkt.

Schokoladensirupe werden in den USA unter Verwendung von Bakterien-Amylase hergestellt. Der Enzymzusatz verhindert durch Dextrinierung und Lösung der Kakaostärke ein späteres Dickwerden.

Fettglasuren sind nachgemachte Schokoladen-Überzugsmassen (vgl. Kuvertüre), die unter Verwendung von Fremdfetten (Erdnuß-, Cocosfett u. a.) gewonnen werden und zum Überziehen von Backwaren oder Konditoreierzeugnissen dienen. Sie müssen als solche sowie in den genannten Erzeugnissen kenntlich gemacht werden (z. B. „mit Erdnußfettglasur hergestellt").

Tropenschokolade des Auslandes enthält etwa 1% an Emulgatoren (Sorbitstearate oder Polyoxyäthylensorbitstearate als „Spans" oder „Tweens"; S. 304) oder Zusätze an gehärteten vegetabilischen Fetten. Derartige Zusätze sind in der BRD verboten. Auch unter Deklaration verboten sind außerdem alle Fremdfette, wie Cocosfett, ferner Mineralöle, Ölkuchen, Dextrine und Mehle, Gelatine und Tragant sowie alle Zuckerarten außer reinem weißem Verbrauchszucker (nicht bei Diabetiker-Schokolade).

Schokolade in Packungen unterliegt der Kennzeichnungs-VO und darf nur in bestimmten Tafelgewichten in den Verkehr gebracht werden.

4. Lagerung von Kakaoerzeugnissen und dabei auftretende Veränderungen

Alle Erzeugnisse, vom Rohkakao bis zur Schokolade, erfordern besondere Sorgfalt bei der Lagerung (trockene, kühle, gut durchlüftete Räume, geschützt vor Licht und Fremdgerüchen). Sie werden leicht von Schädlingen befallen, insbesondere von Kakao-, Mehl- und Dörrobstmotten, Schaben oder Ameisen. Schokolade wird bei unsachgemäßer Lagerung an der Oberfläche leicht grau oder matt. *Zuckerreif* (sugar-bloom) entsteht dadurch, daß bei relativen Gleichgewichtsfeuchtigkeiten oberhalb 75—80% oder bei Unterschreitung des Taupunktes der Luft kleinste Zuckerteile sich an der Oberfläche lösen und dann beim Trocknen sich grobkristallin ausscheiden. *Fettreif* (fat-bloom) tritt dann auf, wenn bei höherer Temperatur (über 30° C) an der Oberfläche sich flüssiges Fett abscheidet, das beim neuerlichen Erstarren weiße Flecke bildet. Fettreif kann auch bei konstanter Temperatur auftreten. Die hier ablaufenden Prozesse sind noch nicht eindeutig geklärt (s. S. 705). Zur Verhinderung des Fettreifes vorgeschlagene Zusätze von Sorbiten, Härtung der Kakaobutter oder Isomerisierung des Kakaofettes oder Zusatz geringer Fremdfettmengen finden in der BRD keine Duldung.

Die Zusammensetzung der wichtigsten Schokoladen- und Überzugsmassen bringt Tabelle 151. Mindest- bzw. Höchstwerte nach der Kakao-VO sind im Fettdruck angegeben.

Tabelle 151. Die Zusammensetzung der wichtigsten Schokoladen- und Überzugsmassen (nach M. W. Lindner, 1953).

Erzeugnis	Kakaomasse %	Fettfreie Milchtrockenmasse %	Zugesetzte Kakaobutter %	Gesamt-Fett %	Milchfett %	Zucker %
Koch- uud Speiseschokolade	**33**—50	—	5—7	22—30	—	50—**60**
Schmelzschokolade	**35**—60	—	bis 15	28—35	—	38—**50**
Sahneschokolade	**10**—20	8 —16	10—22	33—36	**5,5**—10	35—**60**
Vollmilchschokolade	**10**—30	**9,3**—23	12—20	28—32	**3,2**— 7,5	32—**60**
Magermilchschokolade	**10**—35	**12,5**—25	15—25	22—30	0 — 2	30—**60**
Überzugsmassen	**33**—65		5—25	35—46		25—**50**

5. Nährwert der Kakaoerzeugnisse

Durch ihren beträchtlichen Gehalt an Fett, daneben auch an Kohlenhydraten und Eiweiß, ist die Kakaobohne ein Lebensmittel von hohem Nährwert, der in zahlreichen Kakaoerzeugnissen durch die verschiedenen Zusätze, wie Zucker, Milch, Nüsse, Mandeln u. a. m. gesteigert wird. So liefert schwach entöltes Kakaopulver (28% Fett) 465 kcal, solches mit 14% Fett 385 kcal pro 100 g. Schokoladensorten zeigen Calorienwerte, die für 100 g des Erzeugnisses zwischen 535 und 575 kcal liegen. Damit rechnen Kakaoerzeugnisse zu unseren energiereichsten Lebensmitteln.

Zum Abschluß wird eine Zusammenstellung der Kakaoverarbeitung gebracht.

Die Fertigerzeugnisse des Kleinhandels sind im Fettdruck, Abfallerzeugnisse im Kursivdruck, Halberzeugnisse in gewöhnlichem Druck angegeben, die unter die Kakao-VO fallenden Erzeugnisse sind unterstrichen.

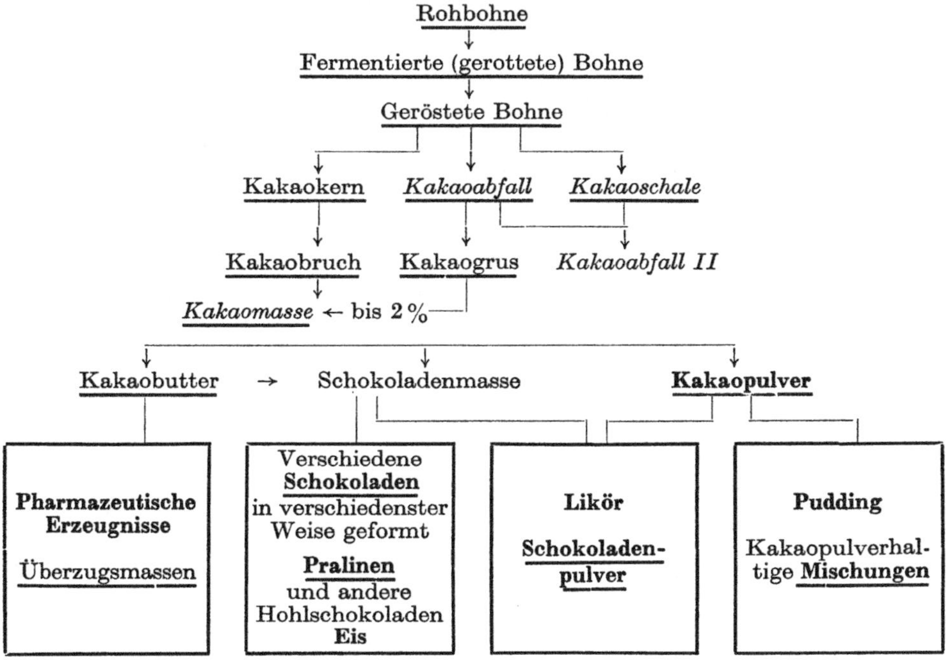

Eine umfangreiche Darstellung über Kakao und Schokolade bringen L. Lange und H. Fincke (in: 54., Bd. VI., S. 210).

XIII. Tabak

Als Ausgangsmaterial für Tabakwaren dienen die getrockneten und fermentierten Blätter oder Blattgemische der zu den Nachtschattengewächsen (Solanaceen) rechnenden Tabakpflanze. Tabak in verschiedenen Genußformen war den Mayas und Indianern bereits bei der Entdeckung Amerikas durch Christoph Columbus bekannt und verbreitete sich seit der Mitte des 16. Jahrhunderts (vor allem durch die Bemühungen des französischen Gesandten Jean Nicot) über ganz Europa. Ursprünglich wurde Tabak nur geschnupft, bis dann Raleigh das Zigarren- und Pfeifenrauchen nach Europa brachte. Die Zigarette kam aus dem Orient über Rußland, die Levante und Österreich zu uns. In Deutschland wurde die erste Tabakfabrik um 1700, die erste Zigarettenfabrik 1862 errichtet. Heute liefert die Tabakbewirtschaftung einen wesentlichen Teil des Steueraufkommens in allen Kulturländern. Für die BRD betrug der Steuerwert aller Tabakerzeugnisse 1971 rund 6,86 Mia DM.

Von den zahlreichen *Arten* der Tabakpflanze werden nur zwei im großen kultiviert, und zwar *Nicotiana tabacum* und *Nicotiana rustica.* Die erstgenannte Art blüht gewöhnlich rot, wird bis zu $1^1/_2$ m hoch und trägt bis zu 50 cm lange, 15 cm breite eiförmige, ganzrandige und lanzettförmige, beiderseits drüsig behaarte Blätter. Ursprünglich in Südamerika heimisch, wird sie heute in allen subtropischen und gemäßigten Ländern der Erde angebaut. Nicotiana rustica (Bauerntabak, Rundblatt-Tabak,

Veilchentabak, Machorka) blüht gelb, besitzt herzeiförmige derbe und gestielte Blätter, ist ein- bis dreijährig und tritt gegenüber der erstgenannten Art an Bedeutung zurück.

Der *Anbau* des Tabaks erfolgt über die aus dem sehr kleinen Samen (8000—12000 Körner pro g) in Triebkästen („Tabakkutschen") gezogenen Setzlinge, die nach dem 4. und 5. Blatt verschult (pikiert) und dann auf ein freies Feld übertragen werden. Wenn die Pflanze etwa 8—12 Blätter gesetzt hat, köpft man zur Verhinderung der Blütenbildung die Spitze und entfernt die Seitentriebe (Geizen).

Die *Ernte* erfordert dreimaliges Pflücken. Zunächst werden die unteren 2—3 Blätter (*Sandblatt*, Erst- oder Sandgut, Sandgrumpen) gepflückt, dann das *Mittelgut* (Haupt- oder Bestgut) und schließlich die oberen 2—3 Blätter (*Obergut*). Die Blätter werden auf 80—120 cm lange Schnüre gereiht, in Trockenschuppen, Speichern oder auf Dachböden bis zur „Dachreife" (Austrocknen der Hauptrippe) getrocknet und der „griffige" Tabak nach 6—8 Wochen in Büschelapparaten gebündelt. Zigarettentabak wird meist künstlich und rasch getrocknet und in Ballen gepreßt.

Wie *Welternte* an Tabak betrug 1971 rund 4,72 Mio t; in der BRD wurden auf einer Anbaufläche von 3306 ha an Rohtabak 8860 t geerntet. Die wichtigsten Produktionsländer der Welt waren 1970:

Tabelle 152: Die wichtigsten Tabakproduktionsländer der Welt

Land	1000 t	Land	1000 t
USA	864	Griechenland	92
Indien	338	Polen	91
Brasilien	265	Mexiko	78
UdSSR	260	Süd-Korea	77
Pakistan	136	Italien	74
Japan	150	Argentinien	71
Türkei	146	Süd-Rhodesien	62
Kanada	98	Birma	61
Bulgarien	96	Philippinen	61
Thailand	93	Indonesien	59

Weitere tabakliefernde Länder sind Jugoslawien, Frankreich, Columbien und Cuba (48—45000 t), Südafrika (34000 t), Rumänien, Spanien, Ungarn, Dominikan. Republik, Paraguay und Taiwan mit 27—21000 t.

Die Gesamtweltproduktion an Zigaretten betrug 1970 2580 Mia Stück, davon entfielen auf die USA 584 Mia, die UdSSR 323 Mia, Japan 202 Mia und die BRD 130 Mia. An Zigarillos und Zigarren wurden in der BRD 3,124 Mia, in den USA 6,7 Mia, in der DDR 1,32 Mia Stück produziert. Der Bundesbürger verbrauchte 1971 an Zigaretten 125,6 Mia Stück, an Zigarren 3,11 Mia Stück, an Feinschnitt 4886 t und an Pfeifentabak 1777 t, entsprechend einem jährlichen pro Kopf-Verbrauch von 1849 Stück Zigaretten, 56 Stück Zigarren, 99 g Feinschnitt und 31 g Pfeifentabak. In den USA wurden 1972 pro Kopf 4080 Stück Zigaretten geraucht.

„Tabak, tabakhaltige und tabakähnliche Erzeugnisse, die zum Rauchen, Kauen oder Schnupfen bestimmt sind", sind nach dem Lebensmittelgesetz den Lebensmitteln gleichgestellt. Speziellen Rechtsstoff bringen das *Tabaksteuergesetz* in der Fassung vom 1. 9. 1972 und dessen Durchführungsbestimmungen in der Fassung vom 1. 9. 1972 (Begriffsbestimmungen, Vorschriften für Verpackung und Kennzeichnung usw.), die „*Tabak-VO*" in der Fassung vom 10. 2. 1972 und die VO über nicotinarmen und nicotinfreien Tabak. Auf diese spezielle Rechtsregelung wird verwiesen.

1. Fermentation

Die Fermentation des Tabaks kann nach sehr verschiedenen Methoden erfolgen, je nachdem, ob schwache mild verlaufende Umsetzungen (bei sauren Zigarettentabaken) oder drastische chemische wie enzymatische Eingriffe (bei alkalischen Zigarren- oder Pfeifentabaken) beabsichtigt sind. Um die Reifungszeit abzukürzen und der Verbrauchererwartung nach typischen Tabaksorten des Welthandels entgegenzukommen, wurden neben den „natürlichen" Verfahren auch Methoden industriell gelenkter Tabakfermentierung entwickelt („Warmverfahren"). Die wichtigsten Fermentationsmethoden sind folgende:

„Naturverfahren". Hier arbeitet man ohne künstliche Wärmezufuhr. Bei der *Stapelfermentation* wird der gebüschelte Tabak in große „Haufen" (Stocks) von mehreren tausend Kilogramm gesetzt und bei einem Feuchtigkeitsgehalt des Tabaks von 18—30% im Temperaturbereich von 40° C (Sandblatt) bzw. 50—60° C (Zigarrengut) gehalten. Zur Temperaturregulierung wird mehrmals umgeschlagen. Auf diese Weise fermentiert man vor allem *alkalische Tabake* (Süd- und Mittelamerika, Indonesien, Europa). Am Ende des Prozesses läßt man den Tabak auf „Kühlbänken" auskühlen und wiederholt das Fermentieren („doppelt fermentierter" Tabak).

Bei der *Ballenfermentierung* wird der Tabak in Ballen (Feuchtigkeitsgrad 14—16%, Höchsttemperaur der Ballen 34—38° C) vorsichtig fermentiert. Die „Manipulation" wird während der warmen Jahreszeit durchgeführt. Auf diese Weise behandelt man vor allem (saure) Orienttabake (Türkei, Griechenland, Bulgarien). Zur Qualitätssteigerung werden die natürlich fermentierten Tabake 1—2 Jahre weiter gelagert.

Bei der *Kammerfermentierung* wird der Tabak in konditionierte Kammern gebracht, wobei die Anfangstemperaturen 30—35° C betragen und im Verlauf von 14 Tagen bis 3 Wochen auf 60° C steigen sollen.

Fermentierung durch künstliche Wärmezufuhr (*Warmverfahren*, „fluecuring process") erfolgt z. B. im *Kammerverfahren*, wo der vorerwärmte oder vorfermierte Tabak in klimatisierten Kammern bei etwa 20% Feuchtigkeit und 48—60° C, bisweilen auch in Holzfässern oder Silos mit porösen Wänden fermentiert wird. Ein weiteres Warmverfahren ist das *Redrying-Verfahren*. Hier wird der Tabak bei 80° C am laufenden Band in Büscheln oder Blättern getrocknet, gekühlt und wieder angefeuchtet. Die anschließende Ballenfermentation des Tabaks bei 42° C und 14% Feuchtigkeit dauert 3 Wochen. Das Verfahren eignet sich für helles Schneidgut (helle Virginia- und Burley-Zigarettentabake saurer Art) und wird vorwiegend in den USA sowie in Deutschland benutzt. Der oft gebrauchte Ausdruck „*Maschinenfermentation*" ist nicht gerechtfertigt, da die Maschine nur den Feuchtigkeitsgehalt der Blätter reguliert, diese anwärmt und so die Ballenfermentierung verkürzt. Das Redrying-Verfahren ist also seinem Sinn und Zweck nach ein Konditionierungsverfahren. Jeder Fermentationsprozeß weist optimale Bedingungen auf: „Totfermentieren" ist ebenso schädlich wie vorzeitiges Abbrechen der Fermentierung.

Der Fermentationsprozeß liefert zwei grundsätzlich voneinander unterschiedene Tabaktypen, und zwar solche der *sauren* und der *alkalischen* Gruppe. Saure Tabake haben bereits an der Pflanze ihre Vitalität verloren, erfordern nur schonende kurze Fermentierung (vgl. unter Ballenfermentierung) und werden hauptsächlich bei Erzeugnissen für Zigaretten und kurze Pfeifen verwendet. Gewisse Zigarettentabake (Virginiatabake) werden nicht wie Zigarrentabake einer längeren Fermentierung unterworfen, sondern nach Trocknung und Verpackung einem *Alterungsprozeß* (*"aging"*), wobei der Gesamtzucker, weniger der Gesamtstickstoff abnimmt. Es entsteht dabei ein hochwertiger Rohstoff für Zigaretten. Ein saurer Tabak ist reich an löslichen Kohlenhydraten, arm an Nitraten und enthält das Nicotin in saurer Bindung. Wasserdampfdestillation liefert neutrale oder schwach saure Destillate, der Hauptstromrauch reagiert sauer und gibt keinen „Nicotinschub" (s. unten). Alkalische Tabake werden viel stärker fermentiert, enthalten durch Veratmung organischer Substanz mehr Mineralstoffanteile und reichlich Nitrate, liefern alkalisch reagierende nicotinhaltige Wasserdampfdestillate. Der Hauptstromrauch reagiert hier alkalisch und liefert einen Nicotinschub.

Alkalische Tabake glimmen auch im ganzen Blatt durch ihren Mineralstoffgehalt befriedigend und dienen deshalb zur Zigarrenherstellung. Der fermentierte Tabak erfährt in vielen Fällen *zusätzliche Behandlung*, entweder durch Zugabe von *Soßen* (Rohrzucker-Melasse-Lösungen, Honig, Wein, Gewürzextrakte, Rosenwasser, Lakritzen, Fruchtextrakte, Glycerin usw.) oder von *Aromatisierungsmitteln* (Vanille, Vanillin, u. a). Eine Liste verbotener Zusätze bringt die „Tabak-VO". Oft wird der Tabak auch geröstet oder zur Steigerung der Glimmfähigkeit mit Kaliumnitrat, zur Erzielung rein weißer Asche mit Magnesiumsalzen oder anderen zugelassenen *Weißbrand-* und *Flottbrandmitteln* versetzt. Zigarren werden bisweilen (durch mechanisches Aufrauhen) *mattiert* und (durch Einstäuben mit feingemahlenem Tabak) *gepudert* (als „farbmattiert" zu kennzeichnen). Pfeifen-, Kau- und Schnupftabak werden mit zugelassenen Konservierungsmitteln *konserviert*. Zum *Feuchthalten* des Tabaks sind eine Reihe von Feuchthaltemitteln, darunter Glycerin und gesundheitlich unbedenkliche Glykole zugelassen. Einzelheiten hierzu bringt die obenerwähnte „Tabak-VO".

Haupterzeugungsgebiete für Zigarrentabake sind vor allem Cuba (Havanna), Indonesien (Java, Sumatra), Brasilien, die Dominikanische Republik, Columbien und Paraguay, für Rauchtabake Nordamerika (Virginia, Kentucky, Maryland), der Orient, China, Japan, Java und Deutschland, für Zigarettentabake neben Amerika der Orient (Balkan, vor allem Mazedonien, Türkei, Griechenland, Bulgarien).

2. Tabakwaren

Rauchtabake (Pfeifentabake), deren Herkunftsländer bereits genannt wurden, sind als Fein- (bis $1^1/_2$ mm), Krüll- ($1^1/_2$—$2^1/_4$ mm), Mittel- ($2^1/_4$—$3^1/_2$mm) und Grobschnitt (über $3^1/_2$ mm) bekannt und stellen Tabakerzeugnisse dar, die „zum Rauchgenuß nur mit einem Hilfsmittel (z. B. Tabakpfeife)" geeignet sind. Auch in Strängen gesponnener Tabak (Strang-, Rolltabak) gilt als Pfeifentabak, desgleichen Stumpen-, Zigarren- und Zigarillo-Abschnitte. Um Bruchverluste zu vermeiden, erfolgt die Entfernung von Rippen im feuchten Zustand, Pfeifentabake werden oft mit Soßen oder Aromen behandelt (s. oben) und geröstet. *„Steuerbegünstigter Feinschnitt"* muß mindestens 50% deutschen Tabak enthalten. Pfeifentabake dürfen als *„nicotinarm"* bezeichnet werden, wenn sie nicht mehr als 0,6% Nicotin, als *„nicotinfrei"*, wenn sie nicht mehr als 0,1% Nicotin in der Trockensubstanz enthalten (VO über nicotinarmen und nicotinfreien Tabak vom 12. Mai 1939).

Zigarren, Zigarillos, Stumpen bestehen aus Einlage, Umblatt und Deckblatt und enthalten in der Regel nicht gesoßte Tabake. *Zigarren* werden meist in Hand-, seltener in Maschinenarbeit hergestellt, wobei Deck- und Umblatt feucht, die Einlage („Wickel") trocken verarbeitet werden. Das eine Ende der Zigarre (Kopf) ist mit Tragantschleim geschlossen. Häufig werden Zigarren zur Erzielung gleichmäßig hellen Aussehens gespudert (s. oben). Die Bezeichnungen für verschiedene *Zigarrenformen* sind meist der spanischen oder holländischen Sprache entlehnt (Coronas, Regalia, Trabuco u. a. m.). Besondere Zigarrenformen sind die *Virginia-*(Virginier-)*Zigarren*, überwiegend aus dunklen Virginia- und Kentuckytabaken hergestellt, überdurchschnittlich lang und dünn und zur besseren Durchlüftung mit Stroh- oder Kielmundstück versehen, in denen ein herausziehbarer Halm aus Espartogras („Alikantestroh") u. a. steckt.

Zigarillos sind Zigarren kleineren Ausmaßes ohne Kopf, deren Querschnitt sich in der Regel nach dem Ende hin verjüngt, *Stumpen* sind Zigarren ohne Kopf, gleichmäßig dick, rund oder viereckig gepreßt. Erzeugnisse dieser Gruppe gelten gemäß der obenangezogenen Verordnung als „nicotinarm", wenn sie nicht mehr als 0,8% Nicotin, als „nicotinfrei" wenn sich nicht mehr als 0,2% Nicotin in der Trockensubstanz enthalten. Dort sind auch die Begriffe „im Rauch nicotinfrei“ und „im Rauch nicotinarm“ präzisiert. Das *Deckblatt* bestimmt weitgehend die Sortenbezeichnung der Zigarre. Als Deckblätter besonders wertvoll sind Sandblätter von Havanna-, Brasil- und Sumatratabaken. Das *Umblatt* hält die aus den verschiedenen Zigarrentabaken aufgebaute *Einlage* zusammen. Für Zigarren werden ausschließlich Tabake der alkalischen Gruppe verwendet. "*Homogenisierte*" Tabakblätter werden aus pulverisiertem Tabakgut mit zugelassenen Bindemitteln in Form folienartiger Rollen gewonnen („*Folientabak*“) und finden als Tabakumblätter zunehmend Eingang in die Zigarrenindustrie (vgl. die „Tabak-VO).

Zigaretten sind Erzeugnisse aus Feinschnitt zitronen- bis goldgelber oder brauner bis braunschwarzer Tabake mit einer durchschnittlichen Schnittbreite von 0,6 mm. Der Feinschnitt liegt in einem Umblatt aus Spezialpapier und kann je nach der gewünschten Geschmacksrichtung den verschiedensten Anbaugebieten entstammen, häufig auch gesoßt oder aromatisiert werden. *Virginiazigaretten* werden aus von Natur her süßen, häufig aromatisierten virginischen Tabaksorten hergestellt; fast immer gesoßte und aromatisierte Mischtabake aus Virginia- und Orienttabaken liefern Zigaretten der Geschmacksrichtung "American Blend". *Orientzigaretten*, früher die vorherrschende Zigarettenart, haben heute im Weltkonsum weitgehend an Verbreitung verloren. Desgleichen hat das aus Blattgold, Aluminiumfolie, oder Stroh hergestellte Mundstück sowie das heute noch in Rußland beliebte hohle Pappmundstück nicht mehr die Bedeutung wie früher, es dominiert das *Korkmundstück*. *Schwarze Zigaretten* mit herbem Geschmack werden z. B. aus Elsässer Tabaken hergestellt, vorzugsweise in Frankreich, neuerdings zunehmend auch in Deutschland konsumiert. Für die Zigarettenherstellung dienen sowohl *saure* (helle Virginia- und Orient-)Tabake wie auch solche des *alkalischen* Typus (Elsässer Tabake in Frankreich, Maryland-, Ohio-, Burley- u. a. Tabake der USA). Besondere Bedeutung haben im Rahmen gesundheitlicher Gesichtspunkte Zigaretten mit Filtermundstücken (Zellstoff, Watte verschiedener Struktur und Behandlungsart) als *Filterzigarette* erlangt (s. S. 720). Der Durchmesser handelsüblicher Zigaretten beträgt 6—11 mm die normale Länge 70 mm, die der King-Size-Form 90 mm.

Kautabak ist ein zum Kaugenuß bestimmtes Erzeugnis in Rollen, Stangen, Platten, Würfeln oder in anderer fester Form, das so stark gesoßt ist, daß es sich zum Rauchgenuß nicht eignet. Die hier verwendeten schweren, schwer brennenden, ledrigen Tabake (Kentucky u. a. beim „schwarzen Krauser“) werden stark gesoßt, mit einem Deckblatt umgeben und in die obengenannten Formen gebracht.

Schnupftabak ist ein mehlartiges Tabakerzeugnis, bei dem gesoßte, gemahlene und nachfermentierte Tabakblätter mit den verschiedensten Ingredienzien vermischt werden (z. B. Paraffin beim bayrischen „Schmalzler“, der in der BRD zu 80% den Markt beherrscht). Über Einzelheiten zu Kau- und Schnupftabak vgl. die „Tabak-VO“.

Weitere Tabakprodukte sind feingemahlene, zum Bepudern von Zigarren dienende Tabakblätter (*Tabakpuder*), *Tabaklaugen* (Nicotinextrakte) und *Tabakstaub* aus Tabakabfällen als Schädlingsbekämpfungsmittel. *Tabakblüten* für die Gewinnung hochfeiner Duftessenzen und *Tabaksamen*, die 30—36% fettes Öl liefern.

3. Chemische Zusammensetzung

Fermentierte Tabakblätter enthalten im Mittel 12—15% Wasser, 3,08% Gesamtstickstoff (davon 2,0% Eiweiß- und 0,25% Nicotinstickstoff), 1,5% Nicotin, 4,5% Ätherextrakt, 53,7% stickstofffreie Extraktstoffe, 14,2% Rohfaser, 1,0% Rohfett, 11,9% Pektinsubstanzen, 14,7% Gesamtsäure (davon 3,08% Citronensäure), 20,7% Asche.

Im folgenden werden lediglich die besonders interessierenden Inhaltsstoffe des Tabakblattes besprochen. Andere Teile der Tabakflanze, wie Wurzeln und Stengel, sind für die *Biosynthese* der Tabakalkaloide von wesentlicher Bedeutung.

a) Stickstoffsubstanzen

Unter den stickstoffhaltigen Fraktionen des Tabaks sind für seine Bewertung als Genußmittel am wichtigsten die *Alkaloide*. Neben dem *Nicotin* wurden später als weitere Alkaloidkomponenten *Nornicotin*, *Anabasin*, *Anatabin*, *Methylanabasin* und *Nicotyrin* aufgefunden, wobei Papierchromatographie, Elektrophorese sowie Gaschromatographie in Verbindung mit der Massenspektrometrie für Trennung und Identifizierung dieser Basen entscheidende Bedeutung erlangten und zur Entdeckung weiterer Alkaloide beitrugen, z. B. von Myosmin, 2.3′-Dipyridin u. a. Die wichtigsten Alkaloide des Tabakblattes sind folgende:

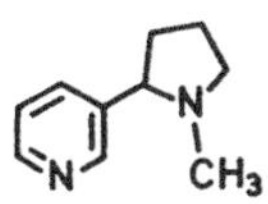

Nicotin

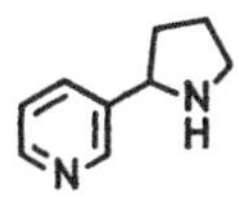

Nornicotin

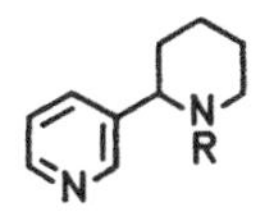

R = H : *Anabasin* (Nicotimin)

R = CH_3 : Methylanabasin

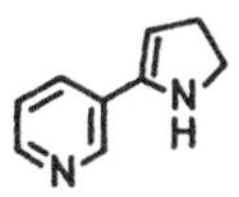

Myosmin

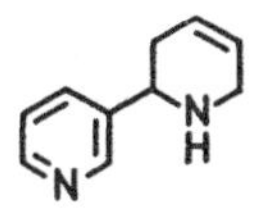

Anatabin

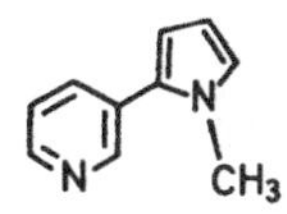

Nicotyrin

Die Tabakalkaloide können in einzelnen Tabaksorten je nach Entwicklungszustand, Witterung und Düngung mengenmäßig sehr verschieden vertreten sein. Nicotin herrscht in Nicotiana tabacum und rustica vor (0,5—13% in der Trockensubstanz), Nornicotin insbesondere bei nicotinarmen Sorten. Anabasin kommt in Nicotiana glauca zu 90% der wasserdampfflüchtigen Alkaloide, daneben auch in anderen Nicotiana-Arten, vor. Entsprechend der Alkaloidverteilung gibt es nicotin-, nornicotin- oder anabasindominante Tabakarten, bei denen das Hauptalkaloid als „Leitalkaloid“ angesprochen wird.

Natürliches Nicotin ist linksdrehend, mit Wasserdampf (vor allem bei schwach alkalischer Reaktion) flüchtig und bildet Salze, die als *Dipikrat* (Smp 218,2° C, korr.) oder als *Kieselwolframat* zur Nicotinbestimmung dienen. Colorimetrisch ausgewertet wird die (nicht streng spezifische) *Bromcyan-Anilin-Methode*: der zunächst gebildete Glutacondialdehyd reagiert mit Anilin zu einer gelb- bis rotbraun gefärbten Schiff'schen Base. Auch die im UV auftretende Absorptionbande bei 259 nm wird analytisch ausgewertet. Zur Bestimmung der Gesamtalkaloide und zur Abtrennung der „Nebenalkaloide“ hat die Auffindung der obengenannten Basen besondere Bestimmungsverfahren notwendig gemacht (R. Wahl, in: 54, Bd, VI., S. 310).

Der *Nicotingehalt* von Tabakerzeugnissen schwankt innerhalb weiter Grenzen, insbesondere auch im Rauch je nach Rauchart (s. S. 718). Für normale Tabaksorten liegt er im Mittel bei 1,5%. Orientzigaretten enthalten rund 1,16%; die z. Z. in der BRD meistgerauchte Blendzigarette (Virginia- und Burley-Zigarette) enthält im Mittel 1,59% Nicotin, da die zur Herstellung benutzten Virginiatabake relativ nicotinreich sind (1,8%). Damit liegt der Nicotingehalt der in Westdeutschland meistgerauchten Zigaretten um 50% höher als vor dem 2. Weltkrieg. Beim Trocknen und Fermentieren geht der Nicotingehalt des Tabakblattes um etwa 15—20% zurück, bei zunehmender Reife steigt er im Blatt zum Maximum an, während die Wurzel normalerweise gleich dem Stengel hierbei an Nicotin verarmt. Der Nicotingehalt einer Pflanze nimmt von den unteren Blättern (1,61%) nach den oberen (7.—8. Blatt über 4%) zu. Verschiedene bei der Fermentierung wirksame Bodenorganismen bauen die Tabakalkaloide durch Dehydrierung, Hydroxylierung und unter Sauerstoffaufnahme über komplizierte

Zwischenstufen wie z. B. Dihydro-nicotyrin, Myosmin (s. oben), Nicotin-N-oxid u. a. m. bis zu einfachen aliphatischen Verbindungen ab. So entsteht beispielsweise die bei der Tabakfermentierung reichlich gebildete γ-Aminobuttersäure aus Nicotin über Glutaminsäure durch oxydierende Enzyme eines auf Tabakblättern vorkommenden Bacteriums. Die *Biosynthese* der Tabakalkaloide geht im Rahmen des Eiweißstoffwechsels vor sich, wobei nach Versuchen mit ^{14}C-markiertem Material Glutaminsäure, Prolin und Putrescin (bzw. Ornithin) an der Synthese des Pyrrolidinringes von Nicotin, Lysin und Cadaverin am Aufbau des Piperidinringes von Anabasin beteiligt sind. Auch gegenseitige biologische Umwandlung ist möglich; so kann z. B. Nicotin in der Tabakpflanze zu Nornicotin entmethyliert werden. Nicotin selbst findet sich nicht frei, sondern kommt an (flüchtige und nichtflüchtige) Säuren gebunden vor. Weniger bekannte Basen sind das Norharman und das Harman:

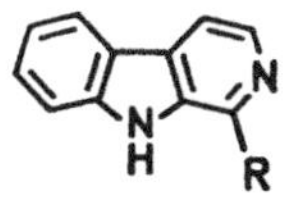

R = H: *Norharman* R = CH_3: *Harman*

Die *physiologische Wirkung* der Tabakalkaloide ist sehr unterschiedlich. Nicotin und Anabasin sind schwere Nervengifte, Nornicotin ist physiologisch weitgehend inaktiv. Neben den stickstoffhaltigen Alkaloiden spielt auch die übrige *Stickstoffsubstanz* eine wichtige Rolle, wobei man den *löslichen* Stickstoffverbindungen einen günstigen Einfluß auf die Tabakqualität, dem unlöslichen *Eiweißanteil* (6—27 % des Trockengewichtes) — der maximal zur Zeit der Blüte vorliegt und im (sauren) Zigarettentabak reichlicher als im (alkalischen) Zigarrentabak vertreten ist — ausgesprochen nachteilige Wirkung auf den Geschmack des Tabaks zuschreibt. In der löslichen zu etwa 60—75 % des Gesamtstickstoffs vorliegenden Stickstofffraktion finden sich neben den erwähnten Alkaloiden Betain, Cholin, Trigonellin, Nicotinsäure, 3-Acetylpyridin (3-Pyridylmethylketon) und andere Alkaloid-Abbauprodukte, *Amide* (insbesondere Glutamin und Asparagin) und schließlich *Nitrate*, Ammoniak sowie *Aminosäuren*, unter denen γ-Aminobuttersäure, Glutamin- und Asparaginsäure häufig dominieren. Zusammen mit dem in großen Mengen vorkommenden Anteil an löslichen Kohlenhydraten (s. unten) sind solche Stickstoffverbindungen bedeutungsvoll für die Pigment-(Melanin-) Bildung im Rahmen der Maillard-Reaktion und des Umsatzes mit Polyphenolen. Sie liefern außerdem durch oxydativen Abbau und Decarboxylierung Carbonylverbindungen als Komponenten des Tabakaromas (s. später).

b) Kohlenhydrate

des Tabakblattes sind vor allem löslicher Zucker und Stärke, von denen die Stärke als solche für die Qualität des Tabaks wenig Bedeutung hat, beim enzymatischen Abbau jedoch lösliche Kohlenhydrate liefert. Als Zucker wurden neben *Saccharose*, *Glucose* und *Fructose*, auch *Raffinose*, *Maltose*, *Pentosen*, *Triosen* und *Tetrosen* aufgefunden. Auch *Inosit* kommt im Tabakblatt vor. Der Kohlenhydratgehalt von Nicotiana rustica und Zigarrentabaken ist relativ gering (0,6 bis 3%), sehr hoch jedoch der von Zigarettentabaken (Virginiatabaken), wo Mengen bis zu 20% vorkommen. Hoher Gehalt an freiem Zucker gilt als Merkmal qualitativ hochwertiger Tabake. Aminozucker werden als wichtige Aromaträger angesehen. An *Polysacchariden* enthält der Tabak neben der erwähnten Stärke *Pentosane* (2—6%), *Cellulose* (1,8—16%) Lignin (2—5%) und als besonders wichtige Komponente die in den Rippen reichlich vorkommenden *Pektine* (6—10%). Diese liefern durch ihren Methoxylgehalt das im Blatt wie im Rauch anzutreffende Methanol; ihre kolloide wasserbindende Struktur ist für die Geschmeidigkeit und Zugfestigkeit von Deckblatt-Tabaken und für die Aromafixierung des Tabaks von großer Bedeutung, wie ganz allgemein Hochpolymere der hier besprochenen Art als elastische oder sperrige Stützsubstanzen des Blattes für die Tabakverarbeitung technologisch bedeutungsvoll sind.

c) Tannine und Polyphenole sowie andere Pigmente

Ähnlich wie bei Tee und Kakao sind bei Tabak — wenn auch weniger gründlich untersucht — zahlreiche Polyphenole und Gerbstoffe bekannt, die für die Farbausbildung bei der Fermentierung und für die Geschmacksrichtung wichtig sind. Gefunden wurden im Tabakblatt *Flavone, Flavonole, Chlorogensäuren* (2,3—7,7%), *Chinasäure* und *Kaffeesäure* (0,2—1,02%), *Kämpferol, Quercetin* und *Rutin, Scopoletin* (6-Methoxy-7-hydroxycumarin; vgl. S. 538) und dessen 7-Glykosid *Scopolin* sowie *Cichoriin*, das 7-β-Glykosid von 6.7-Dihydroxycumarin.

Viele dieser Verbindungen liegen gleich dem Scopoletin in glykosidischer Bindung vor. Das Nicotin ist offenbar an Chlorogensäuren gebunden. Im Gegensatz zu Tee und Kakao scheinen die Polyphenole des Tabaks keine Catechine oder Leukocyanine zu enthalten. Weitere Pigmente des Tabakblattes sind *Chlorophyll* (0,01—0,3% im frischen Blatt), das bei der Blattreife weitgehend abgebaut wird sowie verschiedene gefärbte *Carotinoide* (Carotine, Zeaxanthin, Cryptoxanthin u. a.) und farblose Polyene, die gleichfalls zum Teil beim Reifen verschwinden, zum Teil nach entsprechendem Umsatz die gelbe Blattfarbe mitbedingen. Polyphenole (zu etwa 3,0—5,7% im Tabakblatt) werden als Substrate der Polyphenoloxidasen und Peroxidasen, wie bei Tee und Kakao erörtert, zu gefärbten „Phlobaphenen" oxydiert und in Form chinoider Umwandlungsprodukte mit Aminosäuren oder Alkaloiden kondensiert.

Phenole und *Phenoläther* als Bestandteile des Rauches (s. unten) entstehen wahrscheinlich aus den obenerwähnten Polyphenolen. Sie wurden als einfache Phenole, Phenolsäuren, Phenoläther und Phenolaldehyde in großer Zahl identifiziert.

d) Ätherische Öle, Harze, Wachse u. a.

Ätherische Öle (0,7—1,0%) der Tabakblätter sind äußerst kompliziert zusammengesetzt. Sie enthalten u. a. Phenole, wie Guajacol, Salicylaldehyd und andere Aldehyde, höhere Fettsäuren und deren Ester, Furfural, β-Methylvaleriansäure, Ketone, wie α-Pyrrylmethylketon und o-Hydroxyacetophenon. Auch *Solanesol* und Solanesylester höherer Fettsäuren der Struktur:

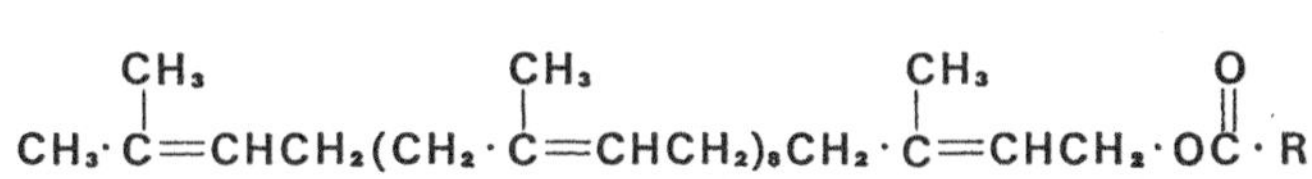

wurden als Ölbestandteile aufgefunden. *Harze* (2,85—16%) bestehen zu etwa 58% aus Säuren, zu 38% aus unverseifbaren Anteilen, lassen sich in Weich- und Hartharz trennen und gehen zu etwa 69% in den Rauch über. *Paraffine* („Wachse") werden meist zusammen mit den Harzen erfaßt; als Komponenten dieser Fraktion wurden Hentriacontan ($C_{31}H_{64}$) und Heptacosan ($C_{27}H_{56}$) isoliert. Im Unverseifbaren finden sich *Phytosterole*, z. B. das in indischem Kautabak vorkommende, dort als Glykosid vorliegende γ-Sitosterin.

Das in Tabaksamen vorkommende *fette Öl* (S. 437) mit etwa 32% Palmitinsäure, 25% Ölsäure und 15% Linolsäure kann als feines Speiseöl dienen.

An aliphatischen und aromatischen *Alkoholen* finden sich u. a. neben Methanol und Äthanol, Hepta- Octa- und Nonadecanol, Glycerin, Benzyl- und β-Phenyläthylalkohol, zahlreiche aromatische und aliphatische *Ester* niederer und höherer Alkohole und Säuren und insbesondere viele, in der Mehrzahl als Aromakomponenten bedeutungsvolle *Carbonylverbindungen*, wie Aldehyde vom Formaldehyd bis zum Hexanal, Glyoxal und Methylglyoxal, Mesoxaldialdehyd, Aceton, 2-Butanon, Furfural u. a. m.

Kohlenwasserstoffe spielen eine wichtige Rolle als Komponenten der Raucharomastoffe und als Substanzen, die scharfen, kratzenden Rauch mildern. Nachgewiesen wurden u. a. *Paraffine*, der C_{25}- bis C_{35}-Reihe, Pentan, Hexan, Benzol, Toluol, Dimethyl- und Methyl-äthylbenzol, das obenerwähnte Solanesol, weitere z. T. makrocyclische *Di-* und *Triterpene*, Terpenalkohole wie Borneol und L-Linalool, auch *Sesquiterpene* wie *Farnesol* (S. 650) und *Farnesen*. Aus türkischen Tabaken wurden die Diterpenlactone α_1- und α_2- sowie *β-Levantenolid* und ein *Epimanoyloxid* isoliert:

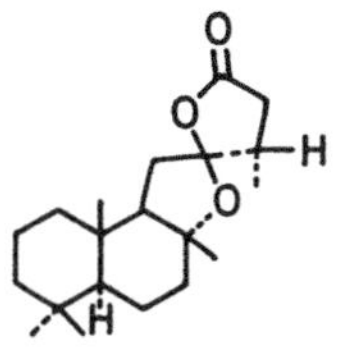

α₂-Levantenolid
Smp 165°C

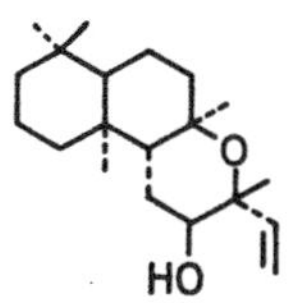

12α-Hydroxy-13-epimanoyloxid
Smp 139–140 °C

e) Säuren

Gleich anderem Pflanzengewebe enthält auch das fermentierte Tabakblatt eine große Zahl von Säuren aliphatischer und aromatischer Natur, deren Bedeutung mit wenigen Ausnahmen (Chlorogen-, Kaffee- und Chinasäure als Substrate von Polyphenoloxidasen) bis heute unbekannt ist. Sie binden u. a. die Tabakalkaloide zu leicht spaltbaren Salzen. Bei den *flüchtigen* Säuren handelt es sich vor allem um Essigsäure, daneben kommen Ameisen-, Propion-, Butter-, Valerian- und Capronsäure vor. An *nicht flüchtigen* Säuren finden sich Citronensäure (Spuren bis 12,23%), Äpfelsäure (2,29—13,73%) und Oxalsäure (Spuren bis 3,72%), wobei Äpfel- und Citronensäure etwa 11% der Trockensubstanz ausmachen. Außerdem kommen Malon- und Milchsäure, Brenztraubensäure, Indolessigsäure, Phenylmilch-, Phenylessig- und Phenylbrenztraubensäure, höhere Fettsäuren wie Arachidonsäure, Dicarbonsäuren (Azelainsäure), D-Glycerinsäure, Glyoxyl- und α-Ketoglutarsäure, Pyrrolidin-2-essigsäure und Piperidin-2-carbonsäure vor. Die Gesamtmenge an organischen Säuren liegt bei etwa 15—20% der Trockensubstanz. „Machorka" als russisches Tabakerzeugnis enthält 6—8% Citronensäure.

f) Mineralstoffe

Die Tabakasche enthält vor allem Kalium und Calcium, außerdem Magnesium, Eisen, Kupfer, Mangan und Bor, weiterhin Phosphorsäure, Kieselsäure, Chlor und Schwefel. Steigender Aschegehalt, vor allem auch Anwesenheit von Chlor und Schwefel, mindert die Tabakqualität. Wie bei vielen anderen Kulturpflanzen ist auch bei Tabak Bor ein essentielles Spurenelement; Bormangel führt zu charakteristischen Wuchsstörungen und Herzfäule („top disease" oder „toprot"). Der Arsengehalt von Tabakerzeugnissen hat in Hinblick auf die cancerogene Wirkung des Rauches besondere Beachtung gefunden. Orienttabake enthielten 1955 wesentlich weniger Arsen (3—11 μg/g) als Virginia(-Blend-)Zigaretten bis (zu 33 μg/g), am geringsten war der Gehalt in Pfeifentabaken (0,6—5 μg/g). Zigarettenpapier enthält gleichfalls Arsen, jedoch in unbedeutenden Mengen, und zwar 1 μg für 10 Zigarettenpapiere. Die Schwankungen im Arsengehalt in den Jahren 1939—1956 lagen für englische Konsumzigaretten zwischen 7 und 51 μg/g As_2O_3. In ungarischen Tabakwaren wurden 1959 für Zigaretten bis zu 2,0 mg/kg, für Zigarren bis zu 20 mg/kg Arsen gefunden. Ausschaltung arsenhaltiger Schädlingsbekämpfungsmittel führte 1957 zu einem beträchtlichen Rückgang des Arsengehaltes. Nur 2—4% des Arsens werden im Hauptrauch durch den Organismus aufgenommen, etwa 10—20% gehen aus dem Tabak in den Gesamtrauch über. Pro filterlose Zigarette wurde ein Gehalt von 1,5 μg *Cadmium* gefunden.

g) Enzyme

Beim Trocknen und insbesondere bei der Fermentierung des Tabaks wirken zahlreiche Enzyme mit, die teilweise der Tabakpflanze selbst entstammen, teils mikrobieller Herkunft sind. Sie umfassen *Hydrolasen* (Carbohydrasen, wie Amylase, Saccharase oder Invertase, Pektinasen, Cellulasen und Proteinasen), außerdem Desmolasen (Oxidasen, insbesondere Polyphenoloxidasen, außerdem Tyrosinase, Katalase, Ascorbinsäure- und Glutathionreduktasen sowie Decarboxylasen) und bewirken einerseits die hydrolytische Spaltung hochmolekularer Substrate (Stärke, Eiweiß, Pektinstoffe, Gerüstsubstanzen) zu niedermolekularen Produkten (Zucker, Aminosäuren usw.). Andererseits katalysieren sie desmolytische bis zur Wasser-, Kohlendioxid- und Ammoniakbildung führende Prozesse. Oxydierend wirkende Desmolasen, insbesondere die Polyphenoloxidasen, sind wesentlich an der Aroma-, Geschmacks- und Farbstoffbildung beteiligt.

4. Chemische Vorgänge bei der Trocknung und Fermentierung des Tabaks

Veränderungen des Tabakblattes, wie sie nach der Ernte beim Trocknen und Fermentieren vor sich gehen, betreffen die physikalische Struktur (Geschmeidigwerden des Blattes), die Entwicklung spezifischer Geschmacks-, Geruchs- und Aromastoffe, die Eliminierung oder Umwandlung unerwünschter oder schädlicher Substanzen und nicht zuletzt die Ausbildung spezifischer Farbnuancen. Je nach Art der Tabaksorte (sauer oder alkalisch), der technologisch gewählten Bedingungen, der Temperatur und insbesondere dem Feuchtigkeitsgehalt des fermentierten Gutes und der relativen Luftfeuchtigkeit sind Ausmaß und Art der Umsetzungen außerordentlich verschieden und im Rahmen einer kurzen Übersicht nicht darstellbar. Wirksam sind hier sowohl chemische (vorwiegend oxydative, über autoxylabile Stufen laufende) wie auch enzymatisch katalysierte Prozesse. Im zweiten Fall können wie erwähnt die Enzyme einerseits dem Tabakblatt entstammen (postvitale Umsetzungen) oder aber von der Mikrobenflora des Reifungsgutes herrühren (Bacillus- und Mikrococcus-Arten, kaum Hefen und Schimmelpilze). Ob Mikroorganismen bei der Fermentierung eine entscheidende Rolle spielen, läßt sich nicht mit Sicherheit sagen. In der Mehrzahl der Fälle wirken chemische wie auch enzymatische Mechanismen bei der Tabakverarbeitung nebeneinander, wenn auch mit verschiedener Lage des Schwergewichtes, und noch im konsumfertigen Tabak finden derartige Umsetzungen statt, bisweilen als „Autolyse" bezeichnet.

Durch Veratmung organischer Substanz treten Verluste auf, die zwischen 5 und 23% liegen können, gleichzeitig nimmt dadurch der Mineralstoffgehalt zu. Aus der Fülle solcher Umsetzungen seien nur einige Beispiele genannt. Die *Stickstoffsubstanz* erfährt oft beträchtliche Minderung. Proteine (vor allem bei alkalischen Tabaken) werden zu Aminosäuren und Aminen abgebaut, die ihrerseits wieder, z.B. durch Decarboxylierung, umgewandelt werden können oder aber mit oxydierten Polyphenolen unlösliche Komplexe bilden. Die *Tabakalkaloide* werden wie früher erwähnt gleichfalls teilweise umgewandelt, wobei je nach Behandlungsart der Nicotinabbau von etwa 10% (Lufttrocknung) bis zu 30% (Fermentierung) schwanken kann. Als Abbauprodukte wurden u.a. 3-Pyridylpropylketon, Nicotinamid, Oxynicotin und N-Methylnicotinamid gefunden. Lösliche *Kohlenhydrate* werden zum Teil veratmet, zum Teil jedoch auch aus Polysacchariden (Stärke) nachgebildet. Pektinmethylesterasen spalten aus *Pektinsubstanzen* Galakturonsäure und Methanol ab. Hochpolymere *Pentosane* werden zu Pentosen hydrolysiert, die ihrerseits in nicht unerheblicher Menge Abbau erfahren. Von den *Polyphenolen* sind *Chlorogen-* und *Kaffeesäure*, daneben *Rutin* an der Bildung brauner Pigmente (*Phlobaphene*) beteiligt. Ähnliche Umwandlungen erfahren die *Chlorophylle* des grünen Blattes. *Harze* und *Wachse* erleiden in nur geringem Ausmaß Zersetzung, häufig werden sie in unlösliche „Hartharze" umgewandelt. Weitere Abbaureaktionen wurden bereits bei Besprechung der Tabakkomponenten erwähnt und gerade die zahlreichen, der im Tabak gefundenen Inhaltsstoffe weisen auf die Vielfältigkeit der hier chemisch wie enzymatisch gesteuerten

Reaktionsmöglichkeiten hin, wie sie im Zeitpunkt des Pflückens beginnen und im fertigfermentierten Tabak noch nicht zu Ende sind. Praktisch werden die im Fertigprodukt noch auftretenden Umwandlungen genutzt, wenn fertig fabrizierte Zigarren einem zusätzlichen Lagerungsprozeß, bei der Österreichischen Tabakregie „Naturierung" genannt, unterworfen werden. Es ist verständlich, daß die beiden Hauptgruppen der sauren und der alkalischen Tabake recht verschiedene Fermentierungsbedingungen erfordern. *Saure Tabake* (Zigarettentabake), die vollreif geerntet werden und hohen Zuckergehalt aufweisen, werden schwach in Ballen fermentiert, wobei verhältnismäßig geringe Umsetzungen vor sich gehen. *Alkalische Tabake* (Zigarren-, Pfeifentabake) werden bei verhältnismäßig hohen Temperaturen (Stock- oder Stapelfermentierung) behandelt, wodurch die in solchen Tabaken enthaltenen reichlichen Eiweißmengen und andere hochmolekulare Substanzen gespalten werden und damit der Tabak rauchbar wird.

5. Der Tabakrauch

Beim Rauch unterscheiden wir die in den Mund eingezogene Fraktion (*Hauptstrom*, Hauptrauch) und den um die Glutzone gebildeten, in die Atmosphäre entweichenden *Nebenstrom* (Nebenrauch). Der Rauch reagiert, wie früher erwähnt, bei Zigarettentabaken mit wenigen Ausnahmen *sauer* (pH = 5,0—5,6) bei alkalischen Tabaken (Zigarren-Virginiatabake, Chinesischer Tabak u. a.) alkalisch (pH = 8,0—8,6). In der Glühzone treten Temperaturen von 610—774° C bei Zigaretten, 580—660° C bei Zigarren und bis zu 871° C bzw. bis zu 590° C bei Pfeifentabak auf. Auch wesentlich höhere Temperaturen (bis zu 1000° C) werden in der Literatur genannt.

Die Temperatur des in den Mund gelangenden Rauches wurde bei der Zigarette zu 50—70° C nach anderen Angaben zu 23—37° C ermittelt. Besonderes Interesse hat schon frühzeitig die Frage erweckt, welcher Anteil des im Rauchgut enthaltenen *Nicotins* vom Raucher im Hauptrauch aufgenommen wird. Untersuchungen dieser Art wurden mit intermittierend arbeitenden Rauchapparaten durchgeführt. Sie zeigten daß bei Zigaretten aus Inlandstabaken im Hauptstrom 27—34%, im Nebenstrom 26—36% und im Stummel von 15 mm Länge 6—9% des Gesamtnicotins von verrauchten Tabak sich angereichert finden. Der Gesamtrauch enthält 65—76% des Tabaknicotins, so daß in der Glutzone 24—35% des Gesamtnicotins zersetzt werden. Bei Zigarren findet wesentlich stärkere Nicotinzersetzung in der Glutzone statt, die Anreicherung im Stummel wird zu 5—10% angegeben; beim Pfeifenrauchen geht mehr als die Hälfte des Alkaloids in den Hauptrauch. Beim Nichtinhalieren des Zigarettenrauches nimmt der Raucher nur geringe Mengen des im Rauch enthaltenen Nicotins auf (4,2—5%), während beim Inhalieren der weitaus größte Teil (83,9—95,4%) resorbiert wird. Mit Hilfe der Elektronenmikroskopie konnte gezeigt werden, daß der Tabakrauch zum überwiegenden Teil aus Flüssigkeitströpfchen besteht.

Überblickt man den gegenwärtigen Stand der Forschung, so ergibt sich zunächst, daß viele der im Rauch vorkommenden Bestandteile auch im Tabakblatt sich finden und dort näher besprochen wurden, daß weiterhin zahlreiche andere Komponenten durch Pyrolyse, also durch thermische Prozesse gebildet werden und so dem Rauch eigentümliche Substanzen darstellen und daß schließlich aus pyrolytisch gebildeten Produkten durch weitere thermische Einwirkung Kondensationsprodukte entstehen können.

In Tabak und im Tabakrauch sind bisher mehr als 1200 Verbindungen gefunden worden, über deren Natur nur in großen Zügen berichtet werden kann.

Unter den bisher etwa 180 bekannten *stickstoffhaltigen Komponenten* finden sich außer dem obenbesprochenen *Nicotin* aliphatische und aromatische Amine, HCN (im Hauptrauch filterloser Zigaretten 150—300 μg/Zigarette), Chinoline, Pyridinderivate, Indol, Skatol, etwa 16 Nitrile, nicht aromatische N-Ringverbindungen, Pyridinbasen und andere aromatische N-6-Ringverbindungen, Pyrrole, Pyrazine, Nitroalkane, Aminosäuren, wie Glutaminsäure, Di-Rhodan, Derivate der salpetrigen Säure, Stickstoffoxide, Ammoniak und Stickstoff.

Reichlich vertreten sind *Carbonylverbindungen*, die wahrscheinlich aus dem Tabakharz gebildet werden (niedere aliphatische Aldehyde, Furfural, Benzofurane, Benzaldehyd, Aceton, Butanon, Diäthyl- und Dipropylketon u. a. m.).

Phenole und *phenolische Verbindungen* sind Methyl-, Äthyl- und Methoxyphenole, Kresole, 1- und 2-Naphthol, Catechol, Resorcin und Chinone; z. T. stellen sie thermische Zersetzungsprodukte von Phenolsäuren, Flavonoiden oder Eugenol dar. Das früher erwähnte Scopoletin findet sich zu 10—27 μg im Rauch einer Zigarette.

Säuren als Bestandteile des Rauches sind zu etwa 50% Essigsäure, zu 25% Ameisensäure. Die Hauptmenge der Säuren ist also wasserdampfflüchtig. Der Rest verteilt sich auf höhere Homologe, wie Butter-, Valerian- und β-Methylvaleriansäure, Capronsäure, Öl- und Linolensäure, höher ungesättigte Fettsäuren und deren Oxydationsprodukte, Milch-, Bernstein-, Lävulin-, Glutar- und Malonsäure, Benzoesäure, China-, Kaffeesäure und andere Polyphenolsäuren.

Flüchtige S-Verbindungen finden sich in zahlreichen Vertretern als Mercaptane, Disulfide, Schwefelkohlenstoff, Thiophen und Methylthionitrit (CH_3SNO).

Alkohole, insbes. primäre niedermolekulare und langkettige Vertreter der C_{17} bis C_{24}-Gruppen, liefern mit den obenerwähnten Säuren vor allem aliphatische *Ester*, die maßgeblich am Aroma beteiligt sind. Über Solanesol vgl. S. 715.

Kohlenoxid macht in Filter- und Nichtfilterzigaretten 3,3—5,0% des Gesamtrauches aus. *Maltol* kommt im Vollrauch zu 40—90 μg pro Zigarette vor.

Der Gehalt des Rauches an *Kohlenwasserstoffen* hat in Zusammenhang mit dem gehäuften Auftreten des Lungenkrebses in aller Welt intensive Bearbeitung gefunden, die hier nur vom Standpunkt des Chemikers erörtert werden soll. Derartige Substanzen teils aliphatischer, teils aromatischer Natur, entstehen als Pyrolyseprodukte in der Glutzone des Rauchgutes (etwa 700° C) aus den verschiedensten Tabakbestandteilen (Cellulose und deren Derivate, Phytosterine usw.), viele von ihnen (Paraffinkohlenwasserstoffe, wie Heptacosan, Methan, Äthylen, Acetylen) sind zweifellos Primärprodukte der in sekundärer Reaktion entstehenden *polycyclischen Vertreter*. An *aromatischen Kohlenwasserstoffen* wurden gefunden:

Tabelle 153. Aromatische Kohlenwasserstoffe im Rauch von Zigaretten

	μg/Zigarette
Benzol	27
Toluol	46
m-Xylol	30
Styrol	11
Dipenten	200
Inden	4
Naphthalinderivate	0,26—1,30
Phenanthren	0,10

Aliphatische Kohlenwasserstoffe des Tabakrauches sind u. a. Methan, Äthan und Propan, Butan und Isobutan, Äthylen, Propylen und Acetylen, Isopren. Im Mittelpunkt des Interesses stehen jedoch die *polycyclischen Kohlenwasserstoffe* seit der Entdeckung, daß Zigarettenrauchkondensate bei der Maus cancerogene Wirkung entfalten können. In derartigen Kondensaten wurden zahlreiche solche Kohlenwasserstoffe nachgewiesen und quantitativ bestimmt, wie z. B. Anthracen, Pyren, Acenaphthylen, 1.12-Benzperylen sowie die seit 1930 als besonders cancerogen bekannten Kohlenwasserstoffe 3.4-Benzpyren und 1.2.5.6-Dibenzanthracen (vgl. S. 238). Beispielsweise liegen die Mengen an 3.4-Benzypyren im Rauch von 100 Zigaretten zwischen 1 und 2,8 μg, wobei kein signifikanter Unterschied zwischen den einzelnen Tabakarten festzustellen ist. Von anderer Seite werden für 3.4-Benzpyren folgende Werte angegeben:

Tabelle 154. 3.4-Benzpyrengehalt im Rauch (bezogen auf 100 g verrauchten Tabak)

	μg
Zigarre (Havanna)	4
Zigarre (USA)	5,1
Zigarette (ohne Filter)	7,8
„West"-Pfeife	27,0
Wasserpfeife	1,7

Wie weit das potent cancerogene, im Rauch einer Zigarette zu 0—140 ng nachgewiesene *N-Dimethylnikosamin* beim Raucher krebserregend wirksam ist, bedarf noch eingehender Untersuchungen. Dies gilt auch für kurzlebige freie Radikale und für „cocancerogene", braun gefärbte Polymerisationsprodukte der Pyrolyse sowie für im Rauch gefundene *cancerogene N-Heterocyclen* (Carbazol- und Acridinderivate). Mit 100—300 μg *Aflatoxin* B_1 imprägnierte Zigaretten lieferten keine nachweisbaren Mengen an Aflatoxin im Rauch. Aufgrund solcher Befunde ist es zu begrüßen, daß der Entwurf zum „*Gesetz zur Gesamtreform des Lebensmittelrechts*" in § 22 einschneidende Werbeverbote für Tabakerzeugnisse vorsieht.

Daß die Frage des Übergangs von *Herbiciden* aus dem Tabakblatt in den Rauch Beachtung verdient, zeigen Befunde, wonach im Rauch von 100 Zigaretten *160 μg TDE* als Abbauprodukt von DDT gefunden wurden. In den Hauptstromrauch gingen etwa 13% des Insecticides über. Von den Harnstoffderivaten *Metobromuron* bzw. *Linuron* fanden sich 40% bzw. 8.5% im Hauptstromrauch, daneben kamen 4-Bromanilin, 4-Chloranilin und 3.4-Dichloranilin zu 10—20% als Abbauprodukte der erwähnten Herbicide vor.

6. Ausschaltung unerwünschter Rauchbestandteile

Um verschiedene unerwünschte Bestandteile des Rauches, vor allem den Nicotin- und Teergehalt zu verringern, wurden zahlreiche Prozeduren vorgeschlagen und praktisch durchgeführt. Es handelt sich vor allem um die Züchtung nicotinarmer Tabake, die Entfernung bestimmter Tabakblattbestandteile, Behandlung von Tabak und Zigarettenpapier mit chemischen Substanzen und schließlich um die Filterung des Tabakrauches.

Die Züchtung *nicotinarmer* (nicotinfreier) Tabakpflanzen gelang seit 1928 und züchterische Bestrebungen auf diesem Gebiet laufen weiter.

Entnicotinisierung des Tabaks durch Auslaugen hat nur begrenzten Eingang in die Tabakindustrie gefunden. Bestrebungen der neueren Zeit richten sich auf die Entfernung der wachsartigen Überzugsschicht des Tabakblattes, der man eine wesentliche Rolle bei der Bildung polycyclischer cancerogener Kohlenwasserstoffe im Rauchprozeß zuschreibt. Besonders aussichtsreich erscheint es, Tabake zu verarbeiten, die niedrige Kondensatwerte ergeben. Heute gibt es mehrere Zigarettensorten, die im Rauch mindestens 50% weniger Teer (und weniger Nicotin) als die Durchschnittszigarette des Marktes früherer Jahre enthalten. Besonders intensive Bestrebungen gehen darauf hinaus, den Vorgang der Pyrolyse zu ändern und so den Gehalt an höheren polycyclischen Verbindungen im Tabakrauch zu mindern.

Filterung des Tabakrauches während des Rauchprozesses hat heute die größte Verbreitung und praktische Anwendung gefunden. Sie kann entweder durch Einsätze in Rauchspitzen erfolgen (*Einsatzpatronen* mit Kieselgel, Kohle, Tonerden, Anionen- oder Kationenaustauschern als Füllmaterial), daneben stellt die Entwicklung der *Filterzigarette* die wichtigste Maßnahme zur „*Entgiftung*" des Tabakrauches dar. Als Filterstoffe des Mundstückes kommen — allein oder in Kombination — in Frage: Saugpapiere watteähnlicher oder faseriger Struktur, gerollte Krepp-Papierstreifen mit Baumwolleinlage usw., wobei deratiges Material oft mit zusätzlich absorbierenden, in der „Tabak-VO" festgelegten Substanzen behandelt wird. Die Filterwirkung derartiger Zigaretten bezweckt vor allem die Entfernung von Teerfraktionen und Tabakalkaloiden. Der durchaus möglichen Entwicklung von Filtern höchstwirksamer Absorptionskraft sind aus Gründen der Aroma- und Geschmackserhaltung verständlicherweise Grenzen gesetzt. Abrauchversuche mit 25 Sorten von Filterzigaretten ergaben, daß vom Gesamtgehalt im Rauch einer Zigarette 21,5—46,1% (im Mittel 34,3%) Nicotin und 12,7—43,8% (im Mittel 34,3%) Teer zurückgehalten werden. Im gefilterten Rauch waren je Zigarette 0,6—1,8 mg (im Mittel 1,22 mg) Nicotin und 11,5—28,2 mg (im Mittel 19,0 mg)

Teer enthalten. Die beste „Filterwirksamkeit" zeigt zweifellos die Wasserpfeife, sie retiniert aus dem Rauch 90% der Phenole; Gesamtkondensat, Nicotin und Benzpyren werden durch das Wasser zu etwa 50% zurückgehalten.

In Verbindung mit dem zunehmenden Konsum an Zigaretten von langem Format („King-size", etwa 8,5—9 cm gegenüber der normalen Zigarette mit 7 cm) steigt auch der Verbrauch an Filterzigaretten sprunghaft an. 1956 betrug der Marktanteil solcher Zigaretten in der BRD etwa 20% der gesamten Zigarettenerzeugung, 1970 wurden im Bundesgebiet und in West-Berlin fast 85% aller Zigaretten in Filterform konsumiert. 22% waren „nicotinarm im Rauch".

7. Die „Schwere" des Tabaks

Die Frage, ob ein Tabakerzeugnis „schwer" oder „leicht" ist, muß besser dahingehend gestellt werden, ob ein Tabak schwer oder leicht empfunden wird. Ausschlaggebend ist dabei weit weniger der absolute Nicotingehalt, als vielmehr ein Faktorenkomplex, der hier nur angedeutet werden kann. Erhöhter *Feuchtigkeitsgehalt* des Rauchgutes wie der umgebenden Luft mildert den Rauchgenuß; die im *Glutkegel* herrschende Temperatur (durch Zugstärke und Rauchtempo bedingt), *Format*, *Füllungsgrad* und *Wicklung*, *Schnittbreite* und *Glimmfähigkeit*, *Reife* des Tabaks, Struktur (Porosität) von *Papier*, *Deckblatt* und *Umblatt* sind wesentliche Momente, die hier eine Rolle spielen. Die Resorption der Tabakalkaloide ist entscheidend durch die *Tabakart* bedingt (s. vorher). *Saurer* Zigarettenrauch enthält Nicotin in salzartiger Bindung, das beim Rauchen nur langsam niedergeschlagen wird und so das Inhalieren des Zigarettenrauches ermöglicht. Im *alkalisch* reagierenden Zigarrenrauch liegt freies Nicotin vor, das aus dem Rauch unmittelbar rasch niedergeschlagen wird („Nicotinschub"), sich in großen Mengen im Zigarrenstummel ansammelt und das Inhalieren des Zigarrenrauches von selbst verbietet.

8. Andere rauchbare Stoffe

Längst bevor Tabak in unserem Kulturkreis Eingang fand, wurden in der Alten Welt verschiedene andere Stoffe aus Pfeifen geraucht, so z.B. Bilsenkraut, Stechapfel, Huflattich u.a. in Süddeutschland und der Schweiz. *Opium* und *Haschisch* sind im Orient seit Jahrhunderten in Form kleiner Kügelchen zusammen mit Tabak gerauchte Narcotica. Mexikanischer Hanf liefert die „Marihuana"-Zigaretten ("reefers", "mooters", "gates" u.a.). *Marihuana* (*Haschisch*) enthält als Wirksubstanzen *Cannabinoide*, als Hauptkomponente Tetrahydro-cannabinole, Pyranderivate der Formel:

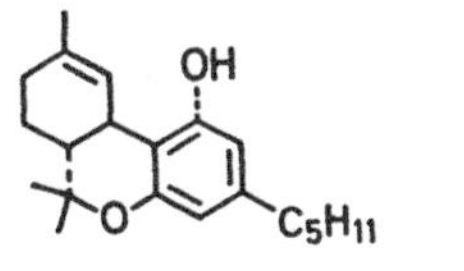

Rauchwaren besonderer Art sind ***mentholhaltige Zigaretten***, die zunehmend am Zigarettenkonsum beteiligt sind. Als medizinische Rauchmittel dienen (in Deutschland genehmigungspflichtige) Zigaretten und Zigarren aus Stechapfel-(Datura)Blättern (*Asthmazigaretten*), auch solche mit Atropinzusatz sind bekannt.

9. Tabakersatzstoffe, Tabakmischwaren

Die Liste der zugelassenen *Tabakersatzstoffe* bringen Durchführungsbestimmungen zum Tabaksteuergesetz. Derartige Stoffe sind zur Herstellung von Zigarren verboten, im übrigen dürfen nur zugelassene Tabakersatzstoffe gemeinsam mit Tabak zu *Tabakmischwaren* verarbeitet werden. Erlaubte Tabakersatzstoffe sind z.B. Kirschen-, Rosen-, Huflattichblätter, Krauseminze, Thymian, Lavendel u.a.m. Gesundheitlich bedenklich und deshalb verboten sind Blätter mit physiologisch wirksamen Bestandteilen, wie Buchenblätter, Kartoffel-, Ulmen- oder Rhabarberblätter.

D. Trink- und Brauchwasser

Gleich Luft gehört Wasser zu den unentbehrlichsten Nahrungsstoffen aller höher organisierten Lebewesen (S. 110). Da auch der Tier- und Pflanzenkörper ohne Wasser nicht lebensfähig ist, unterbindet Wassermangel jedes Tier- und Pflanzenwachstum und damit auch die Besiedlung wasserarmer oder gar wasserfreier Landstriche durch den Menschen. Es nimmt also nicht wunder, daß der Streit um das Wasser ebenso alt wie die Wassernutzung selbst ist. Von der Gesamtsubstanz des menschlichen Körpers bestehen mehr als 70% aus Wasser und auch die meisten Lebensmittel sind mehr oder minder wasserhaltig. Der Wassergehalt tierischer und pflanzlicher Rohprodukte und der daraus hergestellten Lebensmittel ist von ausschlaggebender Bedeutung im Rahmen zahlreicher lebensmitteltechnologischer Prozesse (Trocknen, Salzen, Reifen, Räuchern, Gefrieren usw.) und oft entscheidend für die Haltbarkeit unserer Nahrung sowie für die Wirkung der in ihr enthaltenen zelleigenen oder mikrobiell gelieferten Enzyme.

Von der Gesamtmenge des in Rahmen unserer Lebensführung verbrauchten Wassers wird nur ein relativ geringer Teil als *Trinkwasser* und zur Zubereitung von Speisen sowie von Getränken verwendet. Weitaus die Hauptmenge wird als *Brauchwasser*, auch als „Betriebswasser“ bezeichnet, durch Industrie und Gewerbe beansprucht, wobei hier vor allem der von der Lebensmittelindustrie aufgenommene Anteil interessiert. Der Gesamtverbrauch gliedert sich etwa folgendermaßen:

Industrie und Gewerbe	70—80%
Haushalt	10—20%
Eigenverbrauch und Verluste der Wasserwerke	9—10%

Das *Wasseraufkommen der Industrie* in der BRD betrug 1969 insgesamt rund 12,7 Mia m³, bei der *Eigenförderung* wurden 4,14 Mia m³ aus Grundwasser und Quellen, 7,2 Mia m³ aus Flüssen, Seen, Teichen usw. gewonnen. Die *Wasserabgabe* an den Letztverbraucher im Rahmen der öffentlichen Wasserversorgung lag bei rund 3,3 Mia m³. An der *Wassernutzung* durch die Lebensmittelindustrie (rund 1,29 Mia m³) waren vor allem die Zuckerindustrie, Molkereibetriebe, Käsereien, Brauereien und Mälzereien sowie die obst- und gemüseverarbeitende Industrie, die Ölmühlen und Margarine-Industrie und die Süßwarenindustrie beteiligt. Über den *täglichen Abwasseranfall* vgl. S. 750. Die durchschnittliche Abgabe von *Trinkwasser* je Einwohner und Tag in der BRD betrug 1969 123 l, nach Schätzungen wird er sich in den nächsten 30 Jahren mindestens verdoppeln. *Gesetzliche Vorschriften* über Wasser und seine Verwendung sind zunächst *wasserrechtliche Vorschriften* („Wasserhaushaltsgesetz“ des Bundes mit Änderungen, verschiedene Ländergesetze, Vorschriften des *Auslandes*), *Vorschriften außerhalb des eigentlichen Wasserrechts* (Gewerbeordnung, Atomgesetz, Detergentiengesetz, Wetterdienst- und Bundesseuchengesetz, Vorschriften für die Binnenschiffahrt, Polizei-VO) und schließlich die *Speiseeis-*, *Strahlenschutz-*, *Tafelwässer-* und *Trinkwasseraufbereitungs-VO*, *Arbeitsblätter*, *Richtlinien* und *Normen.* Hierüber und über weiteren Rechtsstoff vgl. z.B. C. Dornheim (in: 54, Bd. VIII/2., S. 1229).

I. Die Wassergewinnung

Das auf der Erde vorhandene Wasser unterliegt einem ständigen Kreislauf. Aus Meeren, Flüssen, Seen, Bächen und dem feuchten Erdboden verdunstet es, steigt als Wasserdampf in die Atmosphäre, führt dort zur Wolkenbildung und kehrt als Regen, Schnee, Nebel oder Tau, als Rauhreif, Hagel oder Eisregen nach entsprechender Kondensation wieder auf die Erde zurück. Von den Wasserquellen fallen für die menschliche allgemeine Ernährung die salzhaltigen Meeresgewässer weitgehend aus, wenngleich Versuche, solches Wasser für die menschliche Versorgung nutzbar zu machen, immer wieder unternommen werden. Aus den übrigen verfügbaren Quellen kann die Gewinnung erfolgen als

1. *Regenwasser*,
2. *Quellwasser* nach entsprechender Quellenfassung,
3. *Grundwasser* und schließlich
4. *Oberflächenwasser* aus Bach- und Flußläufen, Seen und Talsperren.

Die prozentuale Verteilung der Wassermenge über, auf und unter der Erde geht aus Tabelle 155 hervor.

Tabelle 155. Verteilung der Wassermenge über, auf und unter der Erde

	%
Atmosphäre	0,0008
Ozeane	83,51
Süßwasser (Seen, Flüsse)	0,015
Eis	1,007
Lithosphäre	15,45
Grundwasser	0,015

1. Regenwasser

auch Schneewasser, kommt nur für kleine Wasserversorgungsanlagen in Frage (Inseln, Küstengebiete) und wird vor allem in Zisternen (DIN 4049, 1954) gesammelt. Es enthält meist nur sehr geringe Mengen fremder Stoffe [etwa 3 Vol.-% Sauerstoff, Stickstoff und Kohlendioxid, 1—10 mg/l Ammoniak, 0—5 mg/l Chlor, 2—36 mg/l Salpetersäure und wenig Wasserstoffperoxid, vor allem nach Gewittern, daneben etwas Staub und gegebenenfalls Industriegase (schweflige und salpetrige Säure)].

Mögliche Verunreinigungen durch Exkremente, Flug- und Klettertiere oder Dachbeläge und -anstriche machen die Verwendung bedenklich. Auch Wassergewinnung aus *Eisbergen* wurde erwogen. Erwähnt sei schließlich noch die Nutzung von „Tau“ als Kondensationswasser in „Tauteichen“, „Taubrunnen“ oder „Luftbrunnen“.

2. Quellwasser

ist von selbst aus Grundwasser zu Tage tretendes Wasser. Je nach der Art der Quellenbildung aus dem Untergrund unterscheidet man drei Quelltypen: Sturz-, Sprudel- oder Fließquellen (*Rheokrenen*, meist im Gebirge), Tümpelquellen (*Limnokrenen*, aus flachen Mulden oder Becken als Quellbach abfließend) und Sumpf- oder Sickerquellen (*Helokrenen*, aus Quellsümpfen des Flachlandes).

Quellwasser als Grundwasser im weitesten Sinne wird in seiner Zusammensetzung entscheidend von der herrschenden Gesteinsart beeinflußt. Häufig findet sich ein hoher Gehalt an Calcium- und Magnesiumsalzen, vor allem dann, wenn beim Passieren durch Erdschichten größere Mengen an lösungsfördernder Kohlensäure aufgenommen werden. Es entstehen „harte“ Wässer (s. unten). *Mineralquellen* mit besonders hohem Gehalt an Salzen und Gasen, insbesondere an Kohlendioxid, scheiden für Trink- und Brauchwasserversorgung aus. Unter besonderen Umständen können sie als *Heilquellen* gelten (S. 745) oder werden als *Mineralwässer* (S. 747) konsumiert. Für die zentrale Wasserversorgung großer Einzugsgebiete spielen Quellen eine mehr und mehr abnehmende Rolle.

3. Grundwasser

ist jedes unterirdische Wasser, das sich über einer undurchlässigen, „wassertragenden“ Schicht (Lehm, Ton, Mergel usw.) ansammelt. Man unterscheidet strömendes Grundwasser (*Grundwasserstrom*) mit einem geneigten und ruhendes Grundwasser (*Grundwasserbecken*) mit einem waagerechten Spiegel. Zur Gewinnung des Grundwassers dienen Sickergalerien, Schacht- oder Kesselbrunnen, Rohrbrunnen und schließlich Großleistungsbrunnen. Für die Zusammensetzung des Grundwassers gilt im wesentlichen das bei Quellwasser Gesagte.

Hinsichtlich der *Zusammensetzung* unterscheidet man Erdalkalicarbonat- und -sulfatwässer, Infiltrationsgrund-, Eisen-, Mangan-, Moor-, Chlorid-, Mineralwässer und Thermen.

4. Oberflächenwasser

weist wegen der viel größeren Infektionsgefahr große hygienische Nachteile auf und ist meist beträchtlich mehr verschmutzt als Grundwasser. Hier spielt, vor allem bei *Flußwasser*, der Zufluß von häuslichen und industriellen Abwässern eine entscheidende Rolle und kann in zahlreichen Fällen die Aufbereitung solcher Wässer für die menschliche Ernährung unmöglich oder unwirtschaftlich gestalten. Von den *Seen* sind vor allem große, tiefe und durchflossene Seen zur Trinkwasserentnahme geeignet, auch hier ist die Eignung für Genuß- und Brauchzwecke sowie das Ausmaß der notwendigen weiteren Reinigung von den örtlichen Verhältnissen abhängig. Aufstau reiner Gebirgsbäche oder Flüsse erfolgt in den *Talsperren*, die zur Energiegewinnung, als Hochwasserschutz, Wasserspeicher für Flüsse oder aber lediglich zum Zwecke der Wasserversorgung gebaut werden und als natürliche Klärbecken anzusprechen sind. Bei der hier wirksamen Selbstreinigung und bei Wasserentnahme in größeren Tiefen fällt Wasser an, das meist ohne allzu umfangreiche Reinigungsprozeduren als Trink- und Brauchwasser dienen kann. Oberflächenwasser allgemeiner Art ist meist mineralstoffärmer als Grundwasser, zeigt jedoch in der Regel höheren Keimgehalt, ist meist wenig zusagend in Geruch und Geschmack, oft gefärbt oder getrübt, von wechselnder Temperatur, den Einflüssen der Industrie stark ausgesetzt (Ruß, Staub, Gase, Abwasserverunreinigungen) und mehr oder minder verschmutzt (Moorwässer). Oberflächenwasser darf deshalb unbehandelt nicht als Trinkwasser verwendet werden.

II. Die Zusammensetzung des Wassers

Unter den Mineralstoffen des Wassers sind vor allem die aus dem Boden aufgenommenen *Calcium-* und *Magnesiumsalze* von hoher Bedeutung. *Harte Wässer* sind reich, *weiche Wässer* arm an den genannten Salzen. Die zahlenmäßige Festlegung der Härte erfolgt durch Angabe der *Härtegrade*, und zwar ist:

1 deutscher Härtegrad, °dH	=	10 mg/l CaO bzw. 7,19 mg/l MgO bzw. 7,15 mg/l $Ca^{2\oplus}$ oder 4,34 mg/l $Mg^{2\oplus}$
1 französischer Härtegrad, franz. H°	=	10 mg/l $CaCO_3$
1 englischer Härtegrad, engl. H°	=	10 mg/0,7 l $CaCO_3$
1 amerikanischer Härtegrad, amer. H°	=	1 mg/l $CaCO_3$ bzw. 1 mg/kg $CaCO_3$

1961 hat die WHO die Härteangabe in mval/l empfohlen.

Tabelle 156. Verhältnis von mval/l im Vergleich zu den verschiedenen Härtegraden

	Erdalkali-Ionen mval/l	°dH	engl. H°	franz. H°	amer. H°
mval/l Erdalkali-Ionen	1,00	2,80	3,51	5,00	50,00
°dH	0,357	1,00	1,25	1,79	17,85
engl. H°	0,286	0,80	1,00	1,43	14,30
franz. H°	0,20	0,56	0,70	1,00	10,00
amer. H°	0,02	0,056	0,07	0,10	1,00

Bei der Wasserhärte unterscheidet man die Begriffe der Gesamthärte sowie der (nur noch bedingt verwendbaren) Carbonat- und Nichtcarbonathärte.

1. Gesamthärte

Natürliche Wässer enthalten Calcium und Magnesium vorherrschend an Kohlensäure gebunden als Hydrogencarbonate, daneben auch als Sulfate, Chloride, Nitrate, Phosphate und Silicate. Die in manchen Gegenden vorkommenden „Gipswässer“ enthalten das Calcium fast ausschließlich als Sulfat. Die Summe aller an Kohlensäure, Schwefelsäure, Salzsäure, Salpetersäure und Phosphorsäure gebundenen Erdalkalien, ausgedrückt in Milligramm CaO je Liter, bezeichnet man als *Gesamthärte*, wobei wie erwähnt 10 mg/l CaO einem Grad deutscher Härte (°dH) entsprechen. Den Anteil der gesondert ermittelten Magnesiumverbindungen drückt man durch Umrechnung des MgO-Wertes in den entsprechenden CaO-Wert als CaO aus (mg MgO $\times$ 1,4 = mg CaO).

2. Carbonathärte

Wird das Wasser längere Zeit gekocht, so fallen die Carbonate des Calciums und Magnesiums bis auf einen kleinen Rest aus. Dieser Anteil der Gesamthärte umfaßt also die Carbonate und Hydrogencarbonate des Calciums und Magnesiums und wird als *Carbonathärte* bezeichnet. Man spricht auch von temporärer, transitorischer oder vorübergehender Härte und drückt sie aus durch die in mg/l CaO umgerechnete Menge der an Kohlensäure gebundenen Anteile des Calciums und Magnesiums.

3. „Nichtcarbonathärte“

Die nach dem Kochen gelöst bleibenden Sulfate, Chloride, Nitrate, Phosphate und Silicate des Calciums und Magnesiums bedingen die „*Nichtcarbonathärte*“ (bleibende Härte), früher auch als permanente oder Mineralsäurehärte (Sulfathärte) bezeichnet. Sie wird als restlicher Teil der Gesamthärte gleichfalls in mg/l CaO im Wasser ausgedrückt und meist als Differenz gemäß der Beziehung

Nichtcarbonathärte = Gesamthärte — Carbonathärte

errechnet.

Die Einteilung der Wässer nach Härtegraden entspricht etwa folgender Bewertung (s. Tab. 157).

Tabelle 157. Die Einteilung der Wässer nach Härtegraden

Gesamthärte °dH	Bezeichnung	Gesamthärte °dH	Bezeichnung
0— 4	sehr weich	12—18	ziemlich hart
4— 8	weich	18—30	hart
8—12	mittelhart	über 30	sehr hart

Besonders hart sind Wässer aus Kalk-, Gips- und Dolomitgebieten, außerdem solche aus mittlerem Gips-Keuper, aus Zechstein- und Juraformationen. Buntsandsteingebiete liefern mäßig harte Wässer (etwa 10 °dH); aus Granit, Basalt u.a. vulkanischen Gesteinen kommen extrem weiche Wässer (1—2°dH). Nach der deutschen Wasserstatistik liefern 85% aller Wasserwerke Wasser mit mehr als 5 Härtegraden, davon 15% mit mehr als 20 Härtegraden. Eine gewisse Wasserhärte ist für den Transport des Trinkwassers in Rohrleitungen notwendig, da weiche Wässer keine Schutzschicht von $CaCO_3$ ausbilden und wegen der stets vorhandenen aggressiven Kohlensäure zu Rohrangriffen führen. Für die Eignung als Trinkwasser ist mittlere Härte am besten (5—max. 10°dH). Weiche Wässer schmecken fade, übermäßige Härte wirkt laxierend. Hohe Wasserhärte ist bei haushaltsüblicher wie bei technologischer Lebensmittelverarbeitung wenig erwünscht, oft sogar ausgesprochen störend. Mit hartem Wasser bereitete Kaffee- oder Teeaufgüsse zeigen, vor allem bei Gegenwart von Magnesiumsalzen, Geschmacksminderung, Mehlsuppen und Kakaogetränke werden nicht „glatt", sondern flockig. Hülsenfrüchte erweichen beim Kochen schwerer, Fleisch wird weniger zart. Trinkbranntwein- und Likörfabrikation vermeiden harte Wässer. Qualität und Typ des Bieres sind weitgehend von dem Härtegrad des Wassers abhängig, wobei insbesondere niedrige Carbonathärte erwünscht ist (S. 600). Besonders nachteilig wirkt sich hartes Wasser im Waschprozeß mit Seife aus, da die Härtebildner mit den Fettsäuren der Seife unlösliche Kalk- und Magnesiumseifen liefern, die für Schaumbildung und Waschwirkung verloren sind und außerdem das Gewebe als fest haftende Schicht schädigen. Beim Kochen und Erhitzen harter Wässer scheiden sich Kalk-, Magnesium-, Eisen- und Mangansalze als *Kesselstein* ab, der erhebliche Wärmeverluste und Verstopfung von Warmwasserleitungen verursacht. Aus diesen und vielen anderen Gründen hat sich eine umfangreiche und vielfältige Industrie zur Enthärtung von Trink- und Brauchwässern entwickelt.

Neben den besprochenen Erdalkalisalzen finden sich in allen Wässern geringe Mengen *Alkalichloride* (NaCl und KCl). Normalerweise sind die Chloridmengen niedrig: 10—30 mg/l $Cl^{\ominus}$ in normalen Grundwässern, weniger als 10 mg/l in Oberflächen- und Grundwässern der Alpengebiete und solchen aus Urgestein. Hoher nicht geologisch bedingter (Salzlagerstätten, Zechsteinformation) Chloridgehalt (30—100 mg, zuweilen bis zu 300 mg/l) deutet auf Verunreinigung des Wassers durch Ausscheidungsstoffe (Urin) hin, vorausgesetzt, daß auch andere Verschmutzungsindicatoren (Ammoniak, Nitrit, Nitrat, Phosphat, erhöhte Permanganzahl u.a.) dafür sprechen. Der Chloridgehalt solcher verunreinigter Wässer bleibt auch erhalten, wenn diese in tiefe Bodenschichten versickern und liefert damit ein Kriterium der Verunreinigung auch dann noch, wenn bakteriologische Methoden versagen. Der Chloridgehalt des Trinkwassers (mg/l $Cl^{\ominus}$) soll bei 20, maximal bei 30 liegen, erhöhter Gehalt macht sich vor allem bei Kaffee-, Tee- und Malzkaffeegetränken geschmacklich störend bemerkbar. Kalium kommt in größeren Mengen nur in nitratreichen Wässern vor.

Nitrate kommen in natürlichen Wässern stets, wenn auch in geringen Mengen vor, und zwar zu etwa 5—10 mg/l $NO_3^{\ominus}$. Größere Mengen können zuweilen geologisch bedingt sein (20 mg/l $NO_3^{\ominus}$ und höher). Wässer aus Zersetzungszonen pflanzlicher Stoffe (Laubblätter u. a.), solche aus Rieselfeldgebieten und insbesondere verunreinigte Wässer enthalten meist 50—150 mg/l $NO_3^{\ominus}$ (oft 200 mg/l und mehr), so daß hoher Nitratgehalt zusammen mit weiteren Untersuchungsergebnissen als Verschmutzungsindicator zu werten ist, daneben aber auch beim Kleinstkind Blutbildschäden (Cyanose) hervorrufen kann. In der Zuckerindustrie (Störung der Zuckerkristallisation) und für gärungsgewerbliche Betriebe sind nitrathaltige Wässer unerwünscht. Als tragbare Werte werden Mengen von 20—30 mg/l $NO_3^{\ominus}$ angesehen. *Nitrite* kommen in reinem Wasser praktisch nicht vor. Lediglich stark eisen- oder manganhaltiges, mooriges Grundwasser (höchstens 0,01 mg/l $NO_2^{\ominus}$) oder Regenwasser nach Gewittern (bis 0,3 mg/l $NO_2^{\ominus}$) enthalten geringe Mengen. Nitrit in Wasser deutet meist auf fäkale Verunreinigungen hin, neben Ammoniak ist es ein wichtiger Indicator für derart verschmutztes Wasser. Man findet hier 0,2—2,0 mg/l $NO_2^{\ominus}$, im Mittel etwa 1 mg/l. Auch wenn Nitrit nicht nachweisbar ist, kann Wasser fäkal verunreinigt sein, da salpetrige Säure nachträglich oxydiert oder durch bakterielle Enzyme (Nitritreduktasen) zu Ammoniak reduziert werden kann. Nitrithaltiges Wasser hat bei der Verwendung zur Herstellung von Säuglingsnahrung aus Trockenmilch zu Vergiftungen geführt (vgl. bei Milch) Noch tragbar im Trinkwasser sind Mengen von 0,05 mg/l $NO_2^{\ominus}$.

Ammoniak und Ammoniumverbindungen, die durch Zersetzung menschlicher und tierischer Exkremente (Harnstoff u.a.) entstehen können, finden sich in natürlichen

Wässern für gewöhnlich nicht, da sie im Boden adsorptiv gebunden werden. Treten sie dennoch in merklichen Mengen auf, so sind sie (zusammen mit Nitriten) meist Indicatoren für fäkale Verschmutzung. Verunreinigte Wässer enthalten 0,1 mg bis 10 mg, meist 1—3 mg/l $NH_4^{\oplus}$. Grundwässer mit hohem Eisen- und Mangangehalt, Moorwässer und Regenwässer aus Industriegegenden können als Sonderfälle mitunter erhöhten Ammoniakgehalt aufweisen. Zur Kennzeichnung stickstoffhaltiger Proteinabbauprodukte (Amine, Aminosäuren), die unter bestimmten Bedingungen leicht Ammoniak abspalten, dient in der Wasseranalytik die Ermittlung des „*Proteid*“- und „*Albuminoid*“-Ammoniaks. Als tragbare Mengen im Trinkwasser gelten 0,1—0,2 mg/l $NH_4^{\oplus}$.

Phosphate kommen normalerweise zu weniger als 0,03 mg/l $PO_4^{3\ominus}$, bisweilen in Mengen von 0,1 mg/l $PO_4^{3\ominus}$ vor. Phosphatwerte über 0,3 mg/l weisen auf Fäkalverunreinigungen (Auswurfstoffe, Harn, Küchenabfälle) hin. In Sonderfällen (Moorwässer, Grundwasser aus kunstgedüngten Gegenden) kann der Phosphatgehalt auf Mengen bis zu 1 mg/l $PO_4^{3\ominus}$ ansteigen. Grenzwerte im Trinkwasser sind 0,01—0,02 mg/l $PO_4^{3\ominus}$.

Sulfate finden sich in normalen Wässern zu etwa 10—30 mg/l $SO_4^{2\ominus}$. Besonders sulfatreich sind solche aus Salzgebieten (mehrere 100 mg/l), aus Braunkohlen- und manchen Mergelformationen (bis zu 100 mg/l $SO_4^{2\ominus}$) und viele Wässer aus tropischen und subtropischen Gebieten. Als Grenzwert in Trinkwasser werden Mengen von 25—50 mg/l $SO_4^{2\ominus}$ angesehen. Hoher Alkali- und Erdalkalisulfatgehalt wirkt abführend und bei vielen Getränken geschmacksmindernd (Bier, Kaffee, Tee). Gipshaltige Wässer sind für Kesselspeisezwecke ungeeignet.

Organische Substanzen sind in normalen Grundwässern meist nur geringfügig vorhanden, reichlicher in Oberflächen- und Grundwasser aus Moorgegenden, wo auftretende Huminstoffe gesundheitlich zwar ohne Bedeutung sind, die Wasserqualität jedoch durch Gelbfärbung und Geschmacksverschlechterung mindern. Bei zentraler Wasserversorgung werden sie in der Regel entfernt (S. 734). Zusätzliche Steigerung der organischen Substanz erfolgt durch Verunreinigung des Wassers mit menschlichen oder tierischen Abfallstoffen. Als Kriterium der organischen Stoffe dient in der Wasseranalyse die „*Permanganatzahl*“, die angibt, wieviel Milligramm $KMnO_4$ pro Liter Wasser unter bestimmten Bedingungen durch Oxydation verbraucht werden. Reine Grundwässer verbrauchen meist 3—8 mg/l $KMnO_4$, Oberflächenwässer etwa 15—30 mg, Moorwässer 80—350 mg und verschmutzte Wässer 20—150 mg/l $KMnO_4$. Danach ist also die Permanganatzahl keineswegs in allen Fällen als bedenkliches Kriterium zu werten. Sie erfordert jedoch bei Grenzwerten von etwa 12 mg/l an Aufmerksamkeit und ist zur Stützung durch die *Chlorzahl* (Oxydation mit Hypochlorit) und durch die bakteriologische Untersuchung (*Keimzahlbestimmung*, *Colititer*) zu ergänzen. Trinkwasser soll Permanganatzahlen zwischen 6 und 12 aufweisen.

Die *Reaktion* des Wassers ist insbesondere von wassertechnischen Gesichtspunkten her höchst wichtig, wobei in erster Linie die *aktuelle Acidität* (Wasserstoffionenkonzentration), also der pH-Wert eine Rolle spielt. Er liegt für normale Grundwässer bei etwa 7,0—7,5, für Wässer aus Moorgebieten sowie für weiche Wässer mit viel freier Kohlensäure und für kohlensäurereiche Mineralwässer (Säuerlinge) bei 5—6. Sauerstoffhaltige harte Wässer ohne aggressive Kohlensäure bilden an Rohr- und Behälterwandungen Schutzschichten aus Kalk-, Magnesium- und Eisenverbindungen, die das Material vor Angriffen schützen. Harte und weiche Wässer mit pH-Werten von 7 und darunter, die meist freie, aggressive Kohlensäure enthalten, führen zu Korrosion und Zerstörung von Rohrleitungen und Sammelbehältern, indem sie Metalle wie Eisen, Blei, Zink u.a. aus Rohrwandungen oder Calciumcarbonat aus Mörtel und Beton der Sammelbehälter lösen. Neben wirtschaftlichen Gesichtspunkten sind vor allem gelöste Bleimengen (Massenvergiftungsfälle in Leipzig, 1930) und Zinkmengen von erheblicher gesundheitlicher Bedeutung. Neue Bleirohre geben auch bei nicht aggressiven Wässern Metall ab. Aus diesen Gründen spielt die *Entsäuerung* des Leitungswassers für den genannten Wassertyp eine wichtige Rolle (vgl. S. 738).

Zum Abschluß seien für gutes Trinkwasser folgende Grenzwerte für gesundheitsschädliche chemische und radioaktive Stoffe angeführt.

Tabelle 158. Grenzwerte für gesundheitsschädliche chemische und radioaktive Stoffe im Trinkwasser (Empfehlungen der WHO, 1961)

Stoff	mg/l
Blei ($Pb^{2\oplus}$)	0,1
Arsen ($As^{3\oplus}$)	0,2
Zink ($Zn^{2\oplus}$)	5
Cadmium ($Cd^{2\oplus}$)	0,05
Chrom ($Cr^{3\oplus}$)	0,05
Fluorid ($F^{\ominus}$)	1,5
Sulfat ($SO_4^{2\ominus}$)	250
Cyanid ($CN^{\ominus}$)	0,01
	pCi/l
beliebige Gemische α-strahlender radioaktiver Stoffe	3
beliebige Gemische β-strahlender radioaktiver Stoffe	10

In Trinkwasserversorgungen bevorzugt zu ermitteln sind:

Tabelle 159. Grenzwerte für die Trinkwasserversorgung

Substanz	Annähernder Grenzwert
Ammonium ($NH_4^{\oplus}$)	0,5 mg/l
freies Kohlendioxid (CO_2)	aggressives CO_2 nicht nachweisbar
gelöster Sauerstoff (O_2)	mindestens 5 mg/l
Gesamthärte	2—10 mval/l

III. Trinkwasser

1. Anforderungen

An gutes *Trinkwasser* sind folgende Anforderungen zu stellen:

Es muß zunächst *appetitlich*, also *klar*, *farblos* sowie frei von fremdartigen Geruchs- und Geschmackskomponenten sein. Wasser mit *Eigenfärbungen* (meist gelbbraun oder grünlichbraun), durch Schwebestoffe belebter oder unbelebter Art (Ton, Schlick, organische Substanz, Mikroorganismen) getrübtes Wasser oder solches, das beim Stehen durch Bildung von unlöslichen Carbonaten, Eisen- und Manganhydroxiden Nachtrübungen erfährt, wird vom Verbraucher als unappetitlich abgelehnt. Zum Genuß anregend ist außerdem ein geeigneter Temperaturgrad (zwischen 8 und 12° C) und ein gewisser, erfrischend wirkender Kohlensäuregehalt. Die Gesamthärte soll tunlichst nicht über 6—8 °dH liegen, außerdem darf das Wasser keine metall-, mörtel- oder betonangreifenden Eigenschaften aufweisen. Sehr weiche Wässer schmecken fade, solche mit übermäßiger Härte (über 50—60 °dH) können Darmstörungen verursachen. Wasser muß frei von ekelerregenden Pflanzen- und Tierrückständen sein und darf keinen hohen Sulfat- und Chlorgehalt besitzen sowie kein Eisen oder Mangan enthalten. Im Trinkwasser dürfen keine gesundheitsschädliche Stoffe vorkommen.

Diese können als „*Biozide*“ entweder geologisch bedingt sein („autochthones“ Blei, Arsen, Fluorid), aus Leitungssystemen stammen (Arsen-, Blei-, Kupfer- und Zinkverbindungen) oder von außen eingeschleppt werden. An *anorganischen Stoffen* sind dies z.B. *Chrom* aus Abwässern von Metallbeizereien oder Galvanobetrieben, *Cadmium* aus Wässern an Abraumhalden (*Itai-Itai-Krankheit*), *Selen* beim Rösten von Erzen, *Barium* aus der Leuchtstoff- und Farbenindustrie, *Quecksilber* aus der Alkali-Elektrolyse, *Cyanid* aus Galvanikanstalten, *Fluorid* aus industriellen Abwässern und *Nitrate* z.B. aus Abläufen vollbiologischer Kläranlagen. Besondere Gefahren bringen undichte *Treibstoffleitungen* und *Öltanks*, die *radioaktive Verseuchung*, *synthetische Waschmittel* und nicht zuletzt salzreiche Abwässer mit sich. Verunreinigungen durch *organische Substanzen*, wie Schädlingsbekämpfungsmittel, Phenole, Korrosionsschutzstoffe, Kunststoffe aller Art, Seifen u.a.m. bedingen zusätzliche, oft schwer überschaubare Schadmöglichkeiten.

Vgl. hierzu W. H. Frank (in: 54, Bd. VIII/1., S. 794), D. Eichelsdörfer u. Mitarb. (in: 54, Bd. VIII/1., S. 558) und Literatur 103 sowie S. 722.

Geruchs- und Geschmacksabwandlungen können sehr vielgestaltig auftreten (tintig, salzig, bitterlich, sauer, laugig, fade, erdig, torfig, modrig, faulig, jauchig, urinös, fäkalartig, fischig, kohlartig usw.).

Wasser muß *lagerfähig* sein, d.h. es darf auch bei längerer Vorratshaltung in Speichern weder Trübungen noch Ausscheidungen zeigen.

Im Mittelpunkt von Fragen der Trinkwassereignung steht die *hygienische Beurteilung*. Trinkwasser soll dauernd keimfrei, insbesondere frei von Krankheitserregern aller Art sein. Zur bakteriologischen Wasseruntersuchung dient in erster Linie die *Bestimmung der Keimzahl* und die Feststellung des Colititers (s. unten), beide ergänzen die chemische Untersuchung.

Im allgemeine finden sich im Wasser „ubiquitäre“ Formen der für den Menschen unschädlichen Erd- und Wasserbakterien, gelegentlich treten jedoch auch pathogene Keime auf, so daß verschiedene Krankheiten durch Trink-, Brauch- (und Bade-)-Wasser übertragen werden können, z.B. Salmonellosen (Typhus, Parathyphus), Weilsche Krankheit, Feldfieber, epidemische Gelbsucht, Bakterienruhr (Dysenterie), Amöbenruhr, Milzbrand, Tularämie oder spinale Kinderlähmung, Wurmerkrankungen und Augenbindehautentzündungen. Für die Wasserhygiene besonders wichtig ist der Umstand, daß gut filtrierender Boden wenige Meter unter der Bodenoberfläche bakterienarm, wenn nicht gar bakterienfrei sein kann und diese Eigenschaft dem Grundwasser, das seine Poren füllt, mitteilt. Für die *Ökologie* der Wasserbakterien bedeutungsvolle Standortsquellen sind neben dem *Boden* insbesondere *Abfallstoffe* von Mensch und Tier. Keimarm sind damit Wässer aus Grundwasser tieferer Erdschichten und solche aus höherliegenden bewaldeten Gebieten, wenn diese über eine zusammenhängende, gut filtrierende Unterschicht verfügen. Relativ hohen Keimgehalt können Oberflächenwässer oder oberflächennahe Wässer oder aber Wasserquellen aus der Nähe von Wohnsiedlungen, vor allem aus der Nähe von Ställen, Kloaken usw. aufweisen.

Die genaue Identifizierung pathogener Keimarten ist Aufgabe des Hygienikers (Medizinalbeamten). Wenngleich für die Trinkwasserhygiene verwaltungsmäßig der Mediziner (Amtsarzt) zuständig ist, so rechnet doch die einfache bakteriologische Wasseruntersuchung auf *Keimzahl* (DIN 4046) und *Coli* in das Aufgabengebiet des Lebensmitteltechnikers. Einzelheiten sind der Spezialliteratur zu entnehmen (vgl. z.B. H. Reploh, in: 54, Bd. VIII/2., S. 1079).

Als Indicator für die fäkale Verunreinigung des Wassers dient der Nachweis des „Bacterium coli“, hier des spezifischen Colibabacteriums aus der normalen menschlichen und tierischen Bakterienflora und damit aus den Abgängen von Mensch und Tier („*Faecalcoli*“). Das Bacterium nimmt nur in seltenen Fällen pathogenen Charakter an, ist jedoch ein sicherer Indicator für die Verunreinigung des Wassers mit den genannten Ausscheidungen. Als Maß der Verunreinigung mit Bacterium coli dient der „*Colititer*“. Er gibt die kleinste Wassermenge in ml an, in der das Bacterium noch nachweisbar ist. Wird also z.B. ein „Colititer nicht unter 100“ gefordert, so darf in 100 ml Wasser Bacterium coli nicht nachweisbar sein.

Erhöhter Keimgehalt des Wassers allein zeigt noch nicht ohne weiteres Verunreinigungen an, er ist jedoch bei gleichzeitiger Anwesenheit von B. coli als gravierend anzusehen. Tiefstehendes nach oben abgedecktes Grundwasser in homogen, feinkörnigem Boden ist praktisch keimfrei, sein Keimgehalt darf kaum mehr als 10/ml betragen.

Dies gilt auch für Wasser, das künstlich entkeimt wurde. Mangelnde Filtrationskraft des Bodens kann z.B. bei Quellwasser zu einer Keimsteigerung auf 25/ml führen. Merkliche Überschreitung des Wertes von 10 Keimen/ml ist bei Grundwasser bereits kritisch zu werten. Steigen die Keimzahlen erheblich an (oft auf mehrere 100 Keime/ml), so liegt begründeter Verdacht vor, daß das Wasser verunreinigt oder die Aufbereitungs- bzw. Desinfektionsanlage gestört ist. Die hier genannten Werte für Bakterienzahlen sind jedoch keineswegs als Grenzzahlen anzusehen und nicht ausreichend, um ein endgültiges Urteil über die Eignung des betreffenden Wassers zu fällen. Keimzahlbestimmung ist stets zu unterbauen durch Ortsbesichtigung, durch den chemischen Befund und vor allem durch die Prüfung auf B. coli im Rahmen des obenerörterten „Colititers", dem vom seuchenhygienischen Standpunkt aus besondere Bedeutung zukommt. Als Richtzahlen können gelten, daß in 1 ml entkeimtem Trinkwasser nicht mehr als 10 Keime nachweisbar sind und daß Wasser, dessen Colititer nicht mehr als 100 beträgt, als hygienisch einwandfrei anzusehen ist. Für Grundwasser sollte gleichfalls ein Colititer von mindestens 100, für Quellwasser ein solcher von 50 gefordert werden. Besondere Aufmerksamkeit von seiten der Gesundheitsbehörde wird auch der hygienischen Überwachung von Oberflächenwässern gewidmet, da diese häufig für Epidemien der bereits genannten Infektionskrankheiten verantwortlich sind und in Wechselbeziehungen zu Trinkwasserquellen (Grund- oder Quellwasser) stehen können.

Der Ausweitung öffentlicher *Campingplätze* und deren Trinkwasserversorgung tragen vom Bundesgesundheitsamt 1967 veröffentlichte *Richtlinien* Rechnung.

An *Brauchwasser* (*Betriebswasser*) zu stellende Anforderungen sind verschiedenartig und oft auf den betreffenden Nutzungszweck abzustellen. Für Gewerbe- und Industriezweige der Lebensmittelgewinnung und -verarbeitung sind grundsätzlich dieselben Forderungen zu erheben, wie sie bei Trinkwasser erörtert wurden. Dies gilt z.B. für Bäckereien, Fleischereien, Brauereien, Likörfabriken, in der Essig-, Kunsteis-, Speiseeis- und Konservenherstellung, der Kartoffelmehl-, Stärke- und Zuckerfabrikation, in landwirtschaftlichen Betrieben und Molkereien und anderen milchverarbeitenden Industrien. Besondere Forderungen stellen andere Industriezweige (Papier- und Textilfabriken, Wäschereien, die Photoindustrie usw.) und die Verwendung als *Kesselspeisewasser*. Hier spielen neben der einwandfreien biologischen und bakteriologischen Beschaffenheit Härte, Eisen- und Mangangehalt die Hauptrolle.

2. Die Versorgungsanlagen

Die ältesten Wege der Wasserbeschaffung für Haushalt und Kleingewerbe führten über das Anlegen von Zisternen, das Schöpfen von Wasser aus Flüssen, Bächen, Seen oder Quellen oder über den Bau mehr oder minder primitiver Schöpfbrunnen zur Ausnutzung von Grundwasser. Die Vorzüge des Quellwassers gegenüber dem Oberflächenwasser veranlaßten schon im frühen Altertum zahlreiche Kulturvölker (Ägypter, Chinesen, Griechen, Römer) zum Bau unterirdischer Kanäle oder frei über Bogen gelegter Leitungen, von denen die Aquädukte der Römer oder die Bewässerungssysteme Ägyptens und Chinas zu den Großleistungen menschlicher Technik gehören. Ähnlich hoch zu werten ist z.B. die ausreichende Brauchwasserversorgung der Braunindustrie Pelusiums (vgl. bei Bier) und anderer antiker Städte.

Die einfachste Art der Trinkwassergewinnung aus Regenwasser in *Zisternen* ist auch heute noch in manchen Gegenden (Helgoland, friesische Küste) die einzige Art der Wasserversorgung. Einzelbrunnen in Form der offenen oder überdeckten Schöpfbrunnen von oft sehr mangelhafter Bauart bestehen aus Erdgruben mit Steinfassung oder Holzverkleidung. Sie sind nur unzureichend geschützt gegen den Zutritt von Fäkalien, Urin oder Fäulnisprodukten, wie sie aus Aborten, Düngergruben, aus Abwässern von Fabriken, Wäschereien usw. in die Trinkwasseranlage gelangen können. Derartige Verunreinigungen finden vor allem dann statt, wenn Brunnen ohne trennende, als Bakterienfilter wirksame Erd-, Kies- oder Sandschichten (s. vorher) in unmittelbarer Nähe derartiger Infiltrationsquellen erbaut sind. Übertragung pathogener Mikroorganismen auf Menschen und auch auf Lebensmittel ist häufig beobachtet worden und kommt auch heute noch bei Wasserentnahme aus derartigen Anlagen vor. In weitaus höherem Maß sind derartige Infektionsmöglichkeiten bei wahlloser Versorgung mit Trinkwasser aus Oberflächenwasser der Seen, Teiche und Flüsse gegeben. Auch dann, wenn solche Verhältnisse nicht vorliegen, bringt die Wasserbeschaffung aus Einzelbrunnen zahlreiche Nachteile mit sich. Dies liegt daran, daß Wasser je nach geologischen und klimatischen Verhältnissen (Regen- oder Trockenperioden) sehr unterschiedliche, früher erörterte Beschaffenheit aufweisen kann. Moorböden liefern huminstoffreiches, gelb bis gelbbraun gefärbtes Wasser, gewisse Gebirgsformationen steuern Salze verschiedenster Art bei. All die genannten Gesichtspunkte haben, nicht zuletzt mit zunehmender Massierung der Bevölkerung in Großstädten und steigender Industrieentwicklung dazu geführt, daß die Gesundheitsbehörden der Beschaffung einwandfreien Wassers ihre Aufmerksamkeit widmeten und heute diese Aufgabe mit besonderer Intensität bearbeiten.

Über den hier maßgebenden *Rechtsstoff* vgl. die Ausführungen auf S. 722 und insbes. auch die früher zitierte Literatur 103.

Hier gelten Gesichtspunkte wie sie Nieberding vor fast 100 Jahren aussprach: „Durch seine eigentümliche elementare Natur ist dem Wasser auf dem Gebiete des Rechtes eine ganz besondere Stellung zuteil geworden. Ein Zug der Gemeinschaft ist für diese Natur bezeichnend, und mehr oder weniger suchen deshalb auch alle Gewässer sich der Herrschaft des einzelnen Besitzers und den rechtlichen Gesetzen, welche diese regeln, zu entziehen. Dies um so mehr, als der Einfluß der Gewässer im Guten wie im Bösen weit über die Örtlichkeit hinausgeht, in welcher sie sich bewegen... Das Recht des einzelnen Besitzers ... löst sich meistenteils in ein gewisses Maß von Rechten zur Benutzung des Wassers und zur Verfügung über dasselbe auf, das mehr oder minder beschränkt erscheint, je nachdem ein Gewässer seiner Natur nach zu größerer oder geringerer Gemeinschaft bestimmt ist."

Je nach dem Nutzungsbereich unterscheidet man *Einzelversorgungsanlagen* von *öffentlichen Versorgungsanlagen* (zentralen Wasserleitungen).

a) Die verschiedenen Brunnentypen

Haupttypen von Brunnenanlagen sind Schacht- und Rohrbrunnen.

Der *Schachtbrunnen* wird im Gegensatz zum Rohrbrunnen mit trockener Arbeitssohle niedergebracht. Er findet seine Anwendung vor allem dort, wo verhältnismäßig geringe Wassermengen benötigt werden, also z. B. bei einzeln gelegenen Anwesen („Hausbrunnen"). Die Grundwasserfassung mittels Schachtbrunnen ist die älteste Methode der Fassung nicht von vornherein sichtbaren Wassers. Sein großer Vorteil gegenüber dem Rohrbrunnen liegt darin, daß er infolge seines großen Durchmessers einen Wasservorratsbehälter darstellt; nachteilig wirkt sich die stärkere hygienische Gefährdung aus.

Beim Bau dieser wie anderer Brunnen ist darauf zu achten, daß die Anlage nicht in der Nähe von Abfallgruben, Dungstellen oder anderen gesundheitsgefährdenden Örtlichkeiten (Abortanlagen, Sickergräben, Rieselfelder, Friedhöfe, Abwasser- und Schmutzwasserkanäle, Salzlagerstätten, Moore usw.) errichtet wird. Die Entfernungen von solchen Verunreinigungsherden müssen bei sandigen Böden für Flachbrunnen mindestens 10—20 m, bei kiesigen Böden mindestens 50 m betragen. Benachbarte

Senkgruben und Abwasserversickerung fordern noch größere, schwere Tonböden mitunter geringere Abstände. Für Tiefbrunnen können die Entfernungen je nach den Bodenverhältnissen geringer sein. Für zentrale Wasserversorgungsanlagen sind größere Schutzgebiete vorgeschrieben, wobei man im Wassereinzugsgebiet Schutzzonen erster und zweiter Ordnung unterscheidet.

Rohrbrunnen sind entweder Flachbrunnen (3—7 m tief) oder Tiefbrunnen (Mineralwasser- und Süßwasserbohrungen bis zu mehr als 1000 m Tiefe). Bei *Flachbrunnen* (z. B. bei den „Abessinierbrunnen“) wird ein Rohr in das Erdreich gerammt (*Rammbrunnen*), das am unteren, spitzen, mit Löchern versehenen Teil durch ein Brunnenfilter aus Kupfernetz abgedeckt ist. Auf das Brunnenrohr wird eine Handpumpe aufgesetzt. *Tiefbrunnen* sind Rohrbrunnen und stellen meist die Hochleistungsbrunnen für Wasser-

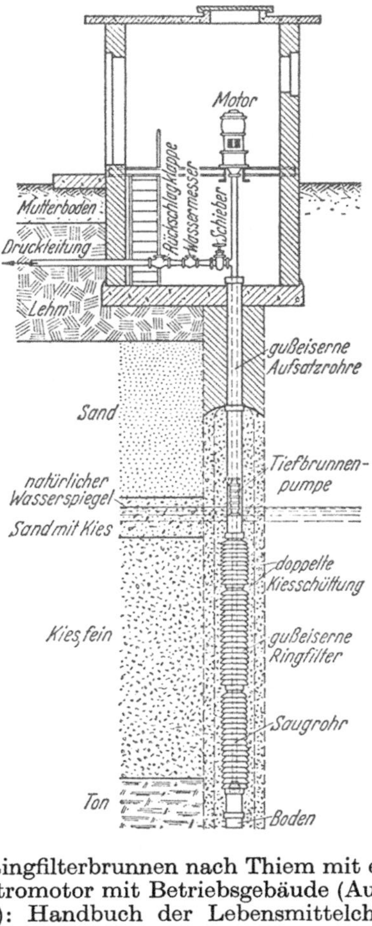

Abb. 122. Gußeiserner Ringfilterbrunnen nach Thiem mit eingehängter Kreiselpumpe und hochsitzendem Elektromotor mit Betriebsgebäude (Aus A. Bömer, A. Juckenack und J. Tillmans (Hrsg.): Handbuch der Lebensmittelchemie. Bd. VIII/1., S. 28. Berlin: Springer 1939)

werke. Beim Bau solcher Brunnen wird ein Mantelrohr (die „Bohrfahrt“) in das Erdreich gebohrt und im ausgehöhlten Mantel der aus Brunnenfilter, Aufsatzrohr, Saugrohr, Absperr- und Reguliervorrichtung konstruierte eigentliche Brunnen errichtet. Anschließend wird das Mantelrohr „gezogen“ und der Brunnen (Abb. 122) gedichtet. Tiefbrunnen der großen Wasserwerke sind mit Steinzeug- oder Porzellanfiltern (Abb. 123) ausgerüstet, die mit geeigneten Kiespackungen umgeben werden. Außerdem sind zahlreiche andere Filtersysteme (Metall-, Holz-, Eternitfilter) im Gebrauch. Bei großen Wasserwerken werden mehrere Tiefbrunnen zu „Brunnengalerien“ vereinigt,

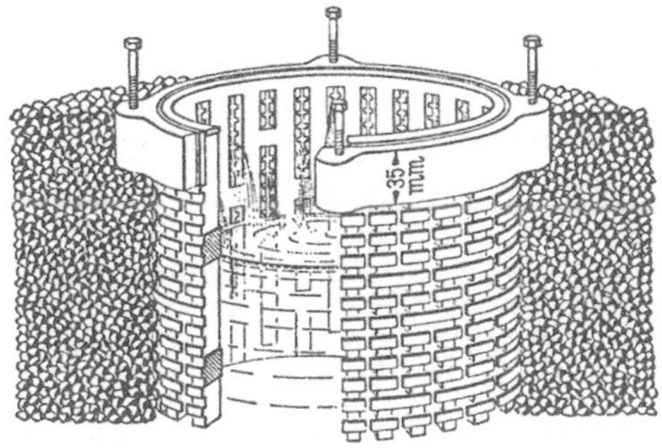

Abb. 123. Prozellan-Rippenfilter, Bauart Jaeckel der Porzellanfabrik Ph. Rosenthal & Co., AG Selb (Bayern) (Aus A. Bömer, A. Juckenack und J. Tillmans (Hrsg.): Handbuch der Lebensmittelchemie. Bd. VIII/1., S. 29. Berlin: Springer 1939)

indessen tendiert die Entwicklung auf Lösungen mit verminderter Brunnenzahl. Rohrbrunnen sind hygienisch besonders günstig und für die Wasserversorgung im Innern von Gebäuden allein zulässig.

Für größere Wasserversorgungen werden auch *Horizontalfilterbrunnen* gebaut, bei denen von einem Sammelschacht aus Filterrohre horizontal und sternförmig in den Grundwasserleiter verlegt werden (*Ranney-*, *Feldmann-Verfahren* u.a.). Sonderausführungen sind die *Tellerbrunnen.*

Für Rohrbrunnen gelten sinngemäß die bei Schachtbrunnen erörterten Forderungen. Besonders sorgfältig sind hier die Abdichtung der verschiedenen Einzelteile und der Rostschutz durchzuführen. Einzelheiten bringen die „Anweisung für die Errichtung öffentlicher Wasserversorgungsanlagen" (1906), die „Brunnenordnung" (1935), die „DIN-Normenverzeichnisse für das Wasserwesen" (DIN 2000, 2001, 18301 und 18302) sowie die „DVGW-Arbeitsblätter".

b) Öffentliche Versorgungsanlagen

Zentrale Leitungen öffentlicher Versorgungsanlagen führen das reine oder durch Aufbereitung (s. unten) gereinigte Wasser aus hochgelegenen Sammelbehältern den Verbrauchern in Rohrleitungen zu. Diese bestehen in der Regel aus Stahl, Gußeisen oder Spannbeton, bisweilen auch aus Ton, Steingut oder Porzellan und führen schließlich zu den eigentlichen Wasserleitungen mit Flanschen, Muffen und Armaturen (Hähne, Absperrschieber). Wesentlich ist, daß aus dem Leitungs- und Armaturenmaterial weder schädliche Metalle (Blei, Zink) noch andere Fremdstoffe (Lackbestandteile, Dichtungsmaterial) in das Wasser übergehen oder aus undichten Leitungen (Lochfraß) Fremdsubstanzen, auch Schmutz- und Abwasser einwandern. Damit sind Schutz und Überwachung des Leitungsnetzes wichtige Aufgaben der Gesundheitsführung. Die Speisung zentraler Leitungen kann aus all den früher genannten Wasservorkommen erfolgen. Quellwasser steht im allgemeinen für die Wasserversorgung großer Einzugsgebiete (Großstädte) nicht oder nicht ausreichend zur Verfügung, so daß zunächst auf Grundwasser zurückgegriffen wird, dessen Menge man durch Auffüllen mit Oberflächenwasser vergrößert. Dies geschieht z.B. durch *Uferfiltration*, wo Sickergalerien oder Brunnenreihen, die in einer Entfernung von 50—150 m zum Fluß parallel angelegt sind, das Flußwasser durch filtrierende Bodenschichten dem Grundwasser zuleiten oder durch *Infiltration von oben*, wobei man das in besonderen Anreicherungs- oder Filterbecken gesammelte Wasser über Sand- und Kiesschichten zur Grundwasseranreicherung heranzieht. Oberflächenwasser, vornehmlich aus natürlichen Seen und Teichen und insbesondere aus Talsperren (s. S. 724), weniger aus Flüssen, wird in großem Ausmaß zur Wasserversorgung benutzt. Trotz vieler Nachteile hat es den Vorzug, auch in wasserarmen Zeiten fast unbegrenzt verfügbar zu sein. Trinkwasserversorgung aus Oberflächengewässern hat in Deutschland nicht die Verbreitung wie in vielen anderen Ländern gefunden. Immerhin werden an größeren Städten mittelbar oder unmittelbar aus Wasserläufen, Talsperren und Seen mit Trinkwasser versorgt: Berlin, der Bodensee-Wasserverband, Dresden, Leipzig, Halle, Bremen, Schwerin und ein großer Teil des rheinisch-westfälischen Industriegebietes.

Von sehr großer Bedeutung für stehende Gewässer ist der Gehalt an *Nitrat* und insbes. an *Phosphat* (z.B. aus Waschmitteln). Übergroße Nährstoffzufuhr führt zu untragbarer Vermehrung der Wasserorganismen (*Eutrophierung*) und bei deren Mineralisierung zu Sauerstoffverarmung. Der *Schutz des Wassers* wird durch § 19 des obengenannten „Wasserschutzgesetzes" bestimmt (Gliederung in „*Wasserschutzgebiete*"). Vgl. auch die in der BRD erlassenen „Richtlinien für die Aufstellung von wasserwirtschaftlichen Rahmenplänen" sowie das „Detergentiengesetz" vom 5. 9. 1961 bzw. 1. 12. 1962.

3. Die Wasseraufbereitung

Wasser für öffentliche Versorgungsanlagen muß als Trink- und Brauchwasser einer Behandlung oder *Aufbereitung* unterzogen werden, bevor es zur Speisung zentraler Trinkwasserleitungen dienen kann. Dies gilt in der Mehrzahl der Fälle auch für gutes Grundwasser, ausnahmslos für alle Arten von Oberflächenwasser. Die wichtigsten dieser Behandlungsarten sind: Klärung, Entkeimung und Geschmacksverbesserung, Enteisenung und Entmanganung, Entsäuerung und Teilenthärtung. Der Zusatz fremder Stoffe bei der Aufbereitung von Trinkwasser ist durch die „Trinkwasser-Aufbereitungs-VO" vom 19. 12. 1959, in der Fassung vom 27. 6. 1960 geregelt, auf die im folgenden Bezug genommen wird.

Die Änderungs-VO bestimmt u.a., daß Aufzeichnungen über erfolgte Behandlung dem Verbraucher zugänglich sein müssen und daß Aufbereitungsänderungen in der Tagespresse bekannt zu geben sind.

Die Wasseraufbereitung im Rahmen öffentlicher Versorgung bezweckt in erster Linie, ein Trinkwasser zu liefern, das den hygienischen und geschmacklichen Anforderungen entspricht und gleichzeitig transportfähig ist, d.h. dem Schutz und der Erhaltung des Rohrnetzes bei der Weiterleitung dient. Alle anderen Ansprüche, vor allem solche des Gewerbes und der Industrie, müssen von den einzelnen Interessenten selbst befriedigt werden. Aufbereitung bedeutet ganz allgemein, aus einem gegebenen Rohwasser ein Wasser zu bereiten, das den jeweiligen Verwendungszwecken entspricht. Eingehende Darstellung der Wasseraufbereitung findet sich bei K. E. Ohler (in: 54, Bd. VIII/1., S. 248).

a) Klärung

Filtration. Um feine Trübungen anorganischer und organischer Art, wie Ton, Sand, Kalk, Mergel, Algen, Pilze, tierische und pflanzliche Zersetzungsprodukte aus dem Wasser zu entfernen, genügt meist die Filtration durch Kies oder Sand, die als natürliche Bodenfiltration bereits vorher besprochen wurde. Bei der *künstlichen Sandfiltration* spielen die „wirksame Filterkorngröße" und der „Ungleichförmigskeits-Koeffizient" des Sandes eine wesentliche Rolle.

Bei den 1839 zum ersten Male in London (J. Simpson) benutzten, heute kaum noch gebauten *Langsamfiltern* verwendet man Sand gleichmäßiger zwischen 0,5 und 1 mm liegender Korngröße, der auf Stützschichten (gröberer Sand, Kiesschichten zunehmender Stückgröße) gelagert wird. Das Wasser tritt oben zu, geht durch die etwa 150 cm starke Filterschicht und fließt durch die aus gewaschenen Bruchsteinen gebildete Sohlendrainage mit einer Filtrationsgeschwindigkeit von 100—150 mm/Std ab. Im Laufe der Zeit entsteht an der Oberfläche ein aus Pflanzenfasern und Mikroorganismen gebildeter biologischer Rasen („biologische Filterhaut") in dem durch Bakterien, Fadenbakterien, Algen und Protozoen absorbierte und gelöste Stoffe auf biochemischem Wege abgebaut werden. Wenn sich die Filter von den oberen Schichten her zugesetzt („totgelaufen") haben, muß der obere Teil entfernt bzw. zur Reinigung gewaschen werden („Abschlämmen").

Die Nachteile solcher Langsamfilter (große Anlage-, Erhaltungs- und Betriebskosten, mangelhafte Anpassungsfähigkeit der Filterleistung an den Wasserbedarf) haben schon frühzeitig dazu geführt, anstelle dieser *Oberflächenfilter* schnellfiltrierende *Raumfilter* zu entwickeln, bei denen man offene (Saugfilter) und geschlossene (Druckfilter) Formen unterscheidet. *Schnellfilter* befriedigen sehr großen Wasserbedarf, z.B. bei Papier- oder Zuckerfabriken und Brauereien und bewähren sich vor allem bei schlammigen, durch Ton getrübten oder durch Huminstoff gefärbten Wässern. *Offene* Schnellfilter sind Kessel mit meist rechteckiger Grundfläche, die den Filtersand trägt. Zur Reinigung (Rückspülung) kann der Sand durch Druckluft oder Rührwerke aufgewirbelt werden. Bei *geschlossenen* Schnellfiltern verwendet man runde, stehende oder liegende Druckfilter mit einer oder mehreren Filterkammern. Bei einer Filtergeschwindigkeit von 5 m/Std in einem Schnellfilter bewegen sich die Wasserteilchen mit 230 m/Std durch die Kiesschüttung. Die Reinigung des Filtersandes erfolgt auch hier durch Rückspülung mit Strahldüsen oder durch Rührwerke.

Weitere verwendete *Filtermaterialien* sind Anthrazit, keramische Materialien und andere „Filterhilfsmittel", Kombinationen mit Flockungsmitteln (s. unten) u.a.m. Spezielle Filtrationen betreffen z.B. Aufwärtsfilter, Filterkerzen und Mehrschichtfilter. In Abb. 124 ist das Prinzip einer Schnellfilteranlage dargestellt.

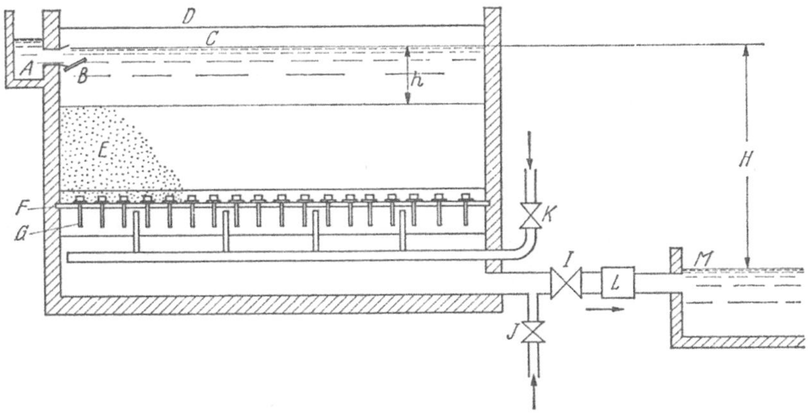

Abb. 124. Schnitt durch eine Schnellfilteranlage („Aquazur") (Fa. Degrémont/Suresnes, Frankreich), A Rohwasserzuleitung, B Rohwassereinlaufklappe, C Wasserspiegel bei der Filtration, D Spülwasserüberlauf, E Filterbett, F Filterboden, G Düsen, I Filtratschieber, J Einlaßschieber für das Spülwasser, K Einlaßventil für die Spülluft, L Filterregler, M Wasserspiegel im Filtratbehälter, H hydraulisches Gefälle (hier etwa 2 m), h Überstau (hier etwa 40 cm) (Aus: 54, Bd. VIII/1., S. 333).

Schwebestoff-Entfernung durch Chemikalien. Zusatz von Chemikalien bezweckt entweder eine Umladung der Kolloide zur Erreichung des Flockungsoptimums oder aber eine künstliche Gelbildung, wobei die meist negativ geladenen kolloiden Schwebestoffe durch die positive Ladung solcher Gele gebunden werden. Durch Aggregation derart neutralisierter Teilchen entstehen schließlich große leicht sedimentierende Flocken. Über Art und Menge der zugelassenen Stoffe vgl. die o. a. „Trinkwasseraufbereitungs-VO".

Die dort genannten Eisen- und Aluminiumsalze bilden außerdem mit den Erdalkalihydrogencarbonaten grobflockige Fällungen von Aluminium- oder Eisenhydroxid.

Nach gründlicher Durchmischung gelangt das Wasser in *Reaktionsbecken* (Coagulationsbecken) und von dort in *Absatz*-(Niederschlags-)*becken*. Die Schwebestoffe, auch Algen, Bakterien, Gase und Farbstoffe werden wie oben beschrieben adsorbiert. Nach dem Absitzen wird das Wasser noch über Schnell- oder Langsamfilter geleitet. Da die Bildung gut absorbierender Hydroxidflocken stark vom pH-Wert bei der Fällung abhängt, ist dieser durch Zugabe von Säuren oder Alkali, auch Kalkmilch, einzustellen, und zwar bei Aluminiumsulfat (dem am weitesten verbreiteten Flockungsmittel) auf pH 4,5—6,0, bei Natriumaluminat auf pH 7,5—8,5. Eisensalze (vgl. DIN 19602 und 19609) flocken in einem weiten pH-Bereich (6 bis über 8). Die Zugabe des Fällungsmittels erfolgt in 2—5 %igen wäßrigen Lösungen, deren Menge für jedes Wasser je nach Beschaffenheit, Temperatur und Einwirkungsdauer durch einen Vorversuch zu ermitteln ist. Sie schwankt zwischen 10 und 50 g/m³. Zusatz von *Kieselsol* (zu höchstens 40 mg/l im Trinkwasser, berechnet als SiO_2, erlaubt) bewirkt erhebliche Beschleunigung der Aluminatflockung. Bewährt hat sich auch eine Kombination von Eisen(III)-chlorid mit Natriumaluminat, da hier der pH-Wert des Wassers gehoben werden kann (wichtig für die Ausfällung von Mangan).

Andere Fällungsmittel sind Tone (*Bleicherden*) oder Kalk. Die Entfernung von Huminstoffen läßt sich in Kesseln mit Aktivkohle durchführen. Als *Grenzwert* einer Trübung des Wassers für zentrale Wasserversorgung kann diejenige angesehen werden, die einem Trübungsgrad 8 (mg/l Kieselgur) entspricht. Zur Klärung mit den genannten Stoffen behandelte Wässer müssen vor der Einspeisung in das Rohrnetz wieder auf einen pH-Wert von 7,2—7,5 gebracht werden, um Korrosion der Rohranlagen zu vermeiden.

Entölung von Wasser spielt vor allem bei Oberflächenwasser eine Rolle (Auto- und Schiffsverkehr, Kondenswasser und industrielle Abwässer), bei Grundwasser dann, wenn undichte Öltanks oder Ölleitungen vorliegen. Unzulänglich ist die Entölung auf mechanischem Weg (Absetzbecken, Ölabscheider), erfolgreicher ist Adsorption an Aktivkohle, Bindung an die obenerwähnten Hydroxidgele oder an Polyäthylenoxid oder elektrolytische Behandlung an Eisenelektroden. Benzin ist noch in einer Verdünnung von 1 : 750000 Raumteilen, Mineralöl in Konzentrationen von 1 : 1000000 in Geruch und Geschmack nachweisbar.

b) Entkeimung

Neben den besonders leicht der Verunreinigung und Infektion ausgesetzten Oberflächenwässern bedürfen auch Grundwässer aus schlecht filtrierenden Böden, uferfiltriertes Flußwasser und Quellwässer aus zerklüfteten Böden als seuchenhygienisch nicht einwandfreie Wässer vor allem in dichtbesiedelten Gegenden der vorsorglichen *Entkeimung*. Sie kann zunächst mit Hilfe der Filtration ausreichend durch die obenbeschriebenen *Langsamfilter*, nur beschränkt (Minderung der Keimzahl auf etwa $^1/_{10}$) durch die *Schnellfilter* und wirksam im kleinen Rahmen (Haushalt) sowie in der Lebensmittelindustrie durch praktisch bakteriendichte Filterkerzen aus Infusorienerde (Berkefeld-Filter, Chamberlainsche Filterkerzen), durch Entkeimungsfilter (EK-Filter) höherer Leistung u.a.m. erfolgen. Unumgänglich notwendig für jede zentrale Wasserversorgung ist die *Dauerkontrolle* der Gesamtkeimzahl und des Coligehaltes im Sinne der gebrachten Ausführungen (vgl. S. 729).

Neben den Verfahren der Filtration sind folgende Möglichkeiten der Wasserdesinfektion und -sterilisation in Gebrauch:

Abkochen des Wassers tötet die enthaltenen Keime restlos ab, liefert jedoch schales, fade schmeckendes Wasser (Entfernung der Kohlensäure und der Erdalkalicarbonate). Bei Verseuchung zentraler Wasserversorgungsanlagen stellt es ein wirksames und oft das einzige Mittel dar, um bei rechtzeitiger Unterrichtung der Bevölkerung Epidemien zu verhüten.

Ultraviolettstrahlung (S. 288) ist auf Verwendung in der Einzelwasserversorgung beschränkt, bei zentralen Wasserwerken ist dieses Verfahren wirtschaftlich nicht tragbar. Nach der „Lebensmittel-Bestrahlungs-VO“ vom 19. 12. 1959 ist die direkte Bestrahlung mit ultravioletten Strahlen zur Entkeimung von Trinkwasser zugelassen.

Unter den rein *chemischen Verfahren* hat die Wasserbehandlung mit Chlor oder chlorliefernden Substanzen, die *Chlorung des Wassers*, zur Zeit die größte Bedeutung. Die schon lange bekannte, stark bactericide Wirkung des freien Chlors (schon 0,2—1,0 g/m³ töten in relativ kurzer Zeit alle schädlichen Mikroben im Wasser ab) ist zweifellos komplexer Natur. Chlor kann Bestandteile des mikrobiellen Organismus (Lipoproteide, Zellplasma) halogenieren, sich an ungesättigte Zellbestandteile anlagern oder direkt dehydrierend wirken. Stabilere Verbindungen werden direkt oxydiert.

In Wasser gelöstes Chlor steht im Gleichgewicht mit unterschloriger Säure:

$$Cl_2 + H_2O \rightleftharpoons HClO + H^{\oplus} + Cl^{\ominus}$$

Diese dissoziiert weiter zu Hypochlorit:

$$HClO \rightleftharpoons H^{\oplus} + ClO^{\ominus}$$

Offenbar hemmt Chlor spezifische Enzymsysteme der Bakterien.

Nach der vorgenannten Verordnung sind neben Chlor, Natrium-, Calcium- und Magnesiumhypochlorit, Chlorkalk und Chlordioxid mit der Maßgabe zugelassen, daß im aufbereiteten Trinkwasser höchstens 0,3 mg/l wirksames Chlor enthalten sind. Wenn es für eine ausreichende Entkeimung des Trinkwassers vorübergehend notwendig ist, kann der Chlorgehalt bis auf 0,6 mg/l erhöht werden. In den USA fand die Trinkwasserchlorung bereits 1908—1912 allgemein Eingang; in Deutschland wurde die erste derartige Anlage 1920 in Altona errichtet. Vor der Chlorung ist die Chlorzehrung des Wassers, das *Chlorbindungsvermögen* (Chlorbedarf, Chlorkapazität, „Brakpoint") zu bestimmen, nach dem die Zugabe flüssigen Chlors zunächst zu einem Wasser-Teilstrom und dann erst zum Hauptwasserleitungsrohr erfolgt. Etwa halbstündige Einwirkungszeit des Chlors führt zu praktisch vollständiger Entkeimung; die obengenannten, im Trinkwasser erlaubten Chlormengen sind zur Sicherung der Keimfreihaltung vorgesehen. Chlorung liefert nach dem Agens riechendes und schmeckendes Trinkwasser, die Geschmacksgrenze für freies Chlor liegt bei 0,5 mg/l, die Geruchsgrenze viel niedriger. *Hochchlorung* zur sicheren Abtötung widerstandsfähiger Mikroorganismen führt zu chlorreichen Wässern, denen der Chlorüberschuß durch Schwefeldioxid, Natriumsulfit, Natriumthiosulfat (nicht mehr als 0,5 mg/l $S_2O_3^{2\oplus}$ im aufbereiteten Wasser), Filtration über gekörntes Calciumsulfit (Katarsit) oder über Kohle („ADM-Verfahren") entzogen wird. Kohlefiltration entfernt außerdem gleichzeitig die aus Phenolen von Flußwasser gebildeten Chlorphenole. *Chlordioxid* wird vor allem in den USA verwendet (in 20%iger Lösung als Chlorit), zeigt weniger intensiven Geruch und Geschmack als Chlor und baut die Phenole in Abwässern restlos ab und ist stärker bactericid. *Hypochloritlauge* findet in kleineren Wasserwerken Verwendung. *Chloramine* organischer Art sind nicht geduldet, wohl aber die aus Chlor und Ammoniak oder Ammoniumsalzen durch getrennte Zugabe beider Stoffe gebildeten Mono- und Dichloramine bis zu 0,6 mg/l $NH_4^{\oplus}$ im aufbereiteten Wasser.

Die *Behandlung mit Ozon* stellt ein gleichfalls erlaubtes Verfahren dar. Hier wirkt der beim Umsatz mit oxydierbaren Substanzen entstehende atomare Sauerstoff außerordentlich stark oxydierend und damit desinfizierend, wobei das Redoxpotential eine entscheidende Rolle spielt.

Zur *Gewinnung des Ozons* werden Sauerstoff bzw. Luft zwischen zwei Elektroden mit hoher Wechselspannung durch einen dünnen Spalt geleitet („*Platten*-" oder „*Röhrenozonerzeuger*"). Die Anlagen arbeiten optimal bei einer Ozonkonzentration von 10—20 g Ozon pro m³ Luft (1—2 Gew.-%). Die *Zumischung* zum Wasser erfolgt durch Injektoren, Mischkammern, schnelltourige Emulgatoren u.a.m. Bei Ozonkonzentrationen von 0,02—0,03 mg/l werden innerhalb 1 min 99% der im Wasser enthaltenen Keime abgetötet. Ein großer Vorteil des Ozons ist darin zu sehen, daß es keine störenden Fremdstoffe in das Wasser bringt und Geruch sowie Geschmack nicht beeinträchtigt. Es wurde deshalb vielfach auch zur Mineralwasserentkeimung benutzt.

Die erste Trinkwasser-Ozonisierung in großen Maßstab wurde 1911 für die Stadt Petersburg eingerichtet.

In letzter Zeit wurden Großanlagen zur Ozonisierung des Trinkwassers in Betrieb genommen bzw. geplant (Paris, Düsseldorf, Bodenseewasserversorgung). Über Entkeimung nach dem Katadynverfahren vgl. S. 291.

Die notwendige lange Einwirkungszeit (bis zu 14 Std), das Versagen bei verschmutztem Wasser und die Schwierigkeit im Wasser vorhandene Silbermengen durch einfache Verfahren zu ermitteln, lassen die Trinkwassersilberung ganz allgemein als kein ideales Mittel zur Trinkwasserentkeimung erscheinen.

Kupferionen wirken gleichfalls bactericid. Ausgenutzt wird diese Wirkung u.a. bei der Schwimmbad-Wasseraufbereitung, wobei gleichzeitig, wie schon Nägeli beobachtet hatte, eine Vernichtung der Algen erreicht wird.

c) Die Entsäuerung und Entgasung

Jedes natürliche Wasser enthält, wenn auch bisweilen in nur geringer Menge, freie und gebundene Kohlensäure. Die „*freie Kohlensäure*" liegt zum größten Teil gasförmig gelöst als Kohlendioxid und nur in geringem Ausmaß (0,7%) als hydratisierte (H_2CO_3), in H- und HCO_3-Ionen dissoziierte Kohlensäure vor. Oberflächenwässer enthalten meist nur wenige Milligramm, im Winter maximal 10 bis 15 mg/l freie Kohlensäure. In Grundwässern sind Mengen zwischen 10 und 20 mg/l normal, häufig steigt hier der CO_2-Gehalt auf 30—80 mg/l und höher an. Mineralwässer mit mindestens 1000 mg/l CO_2 werden als Säuerlinge bezeichnet. Bei starker Kohlensäurezehrung durch das Plankton und durch submerse Wasserpflanzen kann die gesamte freie Kohlensäure, manchmal auch ein Teil der Hydrogencarbonatkohlensäure verbraucht werden, wodurch das Wasser nährstoffreicher Seen oder von Gewässern warmer Länder pH-Werte über 8,0 erreicht. Die aktuelle Acidität von Grundwasser liegt, wie früher erwähnt, im allgemeinen zwischen pH 7 und 7,5. Wässer mit hohem Gehalt an freier Kohlensäure haben Aciditäten im sauren Bereich. Leitungswasser soll pH-Werte über 7,0, möglichst 7,3 bis 7,5 aufweisen. Der Gehalt an freier Kohlensäure spielt wassertechnisch eine wichtige Rolle, da diese, insbesondere als überschüssige Kohlensäure (s. unten), metallische Werkstoffe der Rohrleitungen sowie Calciumcarbonat im Mörtel und Beton der Sammelbehälter angreift und auflöst (vgl. S. 727). Das Wasser zentraler Versorgungsleitungen muß deshalb von überschüssiger Kohlensäure befreit („entsäuert") werden, wobei diese entweder durch Entgasung oder Entlüftung entfernt oder aber durch bestimmte Zusätze gebunden wird.

Die gesamte im Wasser enthaltene Kohlensäure verteilt sich folgendermaßen:

Gesamtkohlensäure = Hydrogencarbonatkohlensäure + freie Kohlensäure

Gebundene Kohlensäure	*Freie Kohlensäure*	
Ganz gebunden, z.B. in $CaCO_3$ halb gebunden, z.B. in $Ca(HCO_3)_2$	zugehörige Kohlensäure (*unschädl.* Kohlensäure)	überschüssige Kohlensäure (*schädl.* Kohlensäure) a) Gesamte Überschuß-Kohlensäure (rostschutzverhindernde Kohlensäure), b) kalkaggressiver Anteil

Von der gesamten freien Kohlensäure ist ein Teil als „*zugehörige Kohlensäure*" festgelegt, um Erdalkalihydrogencarbonate in Lösung zu halten. Die darüber hinaus vorliegende freie Kohlensäure wird als überschüssige Kohlensäure (*Überschußkohlensäure*, „*aggressive*", angreifende Kohlensäure) bezeichnet. Wässer mit geringem Gehalt an Calciumhydrogencarbonat, d.h. ganz weiche Wässer, brauchen keine zugehörige Kohlensäure, hier ist also (bei Carbonathärten unter unter 2 °dH) die gesamte freie Kohlensäure aggressiv. Im *Kalk-Kohlensäuregleichgewicht* gemäß der reversiblen Reaktion:

$$CaCO_3 + H_2CO_3 \rightleftharpoons Ca(HCO_3)_2$$

befindet sich das Wasser dann, wenn es einerseits keine Kalkabscheidung liefert und andererseits keine aggressiven (kalklösenden) Eigenschaften aufweist, also gerade die notwendige Menge „zugehöriger" Kohlensäure besitzt. Solche Wässer, bei denen also der Gehalt an freier „zugehöriger" Kohlensäure gemäß obenstehender Gleichung gesetzmäßig vom Hydrogencarbonat- und vom Kalkgehalt abhängt, haben einen pH-Wert von etwa 7 und bilden bei genügender Carbonathärte (mindestens 2—3 °dH) sowie bei gleichzeitiger Anwesenheit von Sauerstoff auf eisernen Rohren eine *Rostschutzschicht*, die aus Calciumcarbonatkristallen mit eingelagerten Eisen(III)- und Magnesiumverbindungen besteht. Ist neben der „zugehörigen" noch weitere freie Kohlensäure („*rostschutzverhindernde Kohlensäure*") vorhanden, so unterbleibt die Bildung der Schutzschicht, die eiserne Rohrleitung wird angegriffen. Ein Teil der überschüssigen Kohlensäure, und zwar derjenige, der Calciumcarbonat als Hydrogencarbonat zu lösen vermag, greift auch den Kalk in Beton und Mörtel an und wird als „*kalkaggressive Kohlensäure*" unterschieden. Bleiangriff tritt nur ein, wenn gleichzeitig Sauerstoff vorhanden ist. Ganz weiche Wässer liefern auch dann keine Schutzschicht, wenn die Kohlensäure vollständig aus ihnen entfernt ist. Solche Wässer (z.B. entsäuertes Talsperrenwasser) müssen vor der Einspeisung in das Rohrnetz phosphatiert werden (s. S. 741).

Zur *Entsäuerung*, d.h. zur Entfernung der aggressiven für die Aufrechterhaltung des Kalk-Kohlensäuregleichgewichtes nicht notwendigen Kohlensäure werden je nach Art des Wassers (weich, hart, viel oder wenig Kohlensäure, Eisengehalt) verschiedene Verfahren benutzt. Die Entsäuerung geht im allgemeinen gemeinsam mit der Eisen- und Manganentfernung vor sich.

α) *Mechanische Verfahren*

Die hier benutzten *Belüftungsverfahren* sind im wesentlichen Rieselung, Verregnung, Verdüsung, Intensiv-Belüftung und Vakuum-Verrieselung.

Bei der *Rieselung* (Kaskadenrieselung, Hürdenbelüftung) werden harte Wässer mit wenig aggressiver Kohlensäure über Steinkaskaden, Reisigstapel, Holzroste („Schikanen") oder neuerdings auch über Kunststoffroste gerieselt. Dabei nimmt das Wasser Sauerstoff auf und verliert den größten Teil der Überschußkohlensäure; Eisen flockt als Eisen(III)-hydroxid aus. Bei der *Verregnung* aus 2—3 m Höhe über Siebe, Brausen, perforierte Bleche oder Prallteller werden harte oder weiche Wässer mit höherem Kohlensäuregehalt entsäuert. *Düsenzerstäubung* ist, vor allem bei Wässern mit hohem Gehalt an aggressiver Kohlensäure und an Eisen, noch wirksamer. Sie erfolgt von unten nach oben in abgeschlossenen Räumen bei seitlicher Luftzufuhr. *Intensiv-Belüftung* arbeitet mit zusätzlicher Luftzufuhr aus dem unten liegenden Filterboden. Anschließend wird die Luft durch Exhaustoren abgesaugt. *Vakuum-Rieselung* bzw. *-Entgasung* dient zur Bearbeitung kohlensäure- und sauerstoffreicher Wässer, vor allem für Kesselspeisewasser. Auch Druckentgasung wird bei 150° C durchgeführt. Vorteile der Belüftungsverfahren sind die geringe notwendige Wartung und die zur Erzielung der Schutzschicht erwünschte Sauerstoffanreicherung.

β) *Chemische Verfahren*

Filterung (Rieselung) *über Marmor* bindet die aggressive Kohlensäure unter Bildung von Calciumhydrogencarbonat und ist das einzige Verfahren, bei dem nicht „überdosiert" werden kann. Dabei wird das Wasser in Filterkesseln oder offenen Bassins über feingekörntem Marmor bei Filtriergeschwindigkeiten von maximal 1—2 m/Std gefiltert. Das Marmorverfahren eignet sich vor allem für weiche Wässer mit weniger als 6—7, jedoch mehr als 2 Härtegraden, nicht jedoch für eisenhaltige Wässer. Kalkaggressive Kohlensäure liefert einen Härteanstieg, der für die Carbonathärte etwa doppelt so hoch wie bei den im folgenden beschriebenen Kalkhydrat- und Magnesitverfahren ist. Da Marmor außerdem durch Eisenablagerungen schnell inaktiviert wird und sehr reaktionsträge ist, findet das Marmorverfahren heute nur noch wenig Anwendung.

Magnesitverfahren. Als Filtermaterial dient hier gebrannter, gekörnter Magnesit, der die Verarbeitung härterer Wässer (bis zu 15 Härtegraden) sowie eisenhaltigen Wassers erlaubt. Das Verfahren hat sich nicht eingeführt.

Dolomit-Entsäuerung. Im *Magnoverfahren* wird als Filtermasse „halbgebrannter Dolomit" benutzt, bei dem der Magnesiumcarbonatanteil zur Hauptsache in Magnesiumoxid überführt wurde (Magnofiltermassen mit 20—24% wirksamem MgO) und Kalk- sowie Magnesia-Anteile im molekularen Verhältnis etwa 1 : 1 stehen. Ähnlich arbeiten Massen, die unter der Warenbezeichnung „*Akdolit*" und „*Decarbolith*" im Handel sind. Gegenüber den Marmorfiltern ist hier eine kürzere Behandlungszeit erforderlich. Die Entsäuerung kann nur bei Wässern mit einer Carbonathärte unter 14 °dH durchgeführt werden.

Kalkhydrat-Verfahren. Zur Behandlung harter und weicher Wässer, die gleichzeitig neben viel freier Kohlensäure noch Eisen enthalten, wurde ursprünglich pulverförmiges Kalkhydrat verwendet. Heute benutzt man Kalkmilch als Aufschlämmung von Ätzkalk mit Wasser oder Kalkwasser mit etwa 1,3 g/l CaO, wobei die Dosierung sehr sorgfältig zu erfolgen hat, um eine Ausfällung von Calciumcarbonat und damit Rohrverkrustungen zu verhüten. Anzustreben ist ein pH-Wert von etwa 8, zu hohe Alkalität führt zur Bleiaufnahme aus dem Versorgungsnetz. Entsäuerung mit *Natronlauge* und *Soda* wird gleichfalls bei mittelharten bis harten Wässern angewendet. In all den genannten Fällen sind die Dosierungsanlagen durch laufende pH-Messungen genau zu überwachen.

d) Enthärtung

Übermäßig harte Wässer sind in vielen Fällen als Brauchwasser wenig geeignet. Sie stören wie früher ausgeführt bei der Speisenzubereitung und der Lebensmittelverarbeitung, außerdem bei Wasch- und Reinigungsprozessen (Ausscheidung von Kalk- und Magnesiaseifen) und bringen bei der Speisung von Dampfkesseln, Warmwasser und Heizungsanlagen die Gefahr der Kesselsteinbildung mit sich. In solchen Fällen wird übermäßig hartes Wasser einer vollständigen oder teilweisen Enthärtung zugeführt.

Man unterscheidet dabei *thermische* und *chemische* Verfahren, *Austausch-* und *Destillationsverfahren.*

α) Auf thermischem Wege

läßt sich die Entfernung der Carbonathärte durch Umwandlung der löslichen Hydrogencarbonate in unlösliche Carbonate erreichen. Gleichzeitig findet durch Austreiben der in Wasser gelösten Kohlensäure und Sauerstoffmengen eine *Entgasung* statt. Die thermische Enthärtung führt nur zu einer Teil-Enthärtung, da insbesondere das relativ gut lösliche Magnesiumcarbonat teilweise in Lösung bleibt.

β) Chemische Verfahren

arbeiten mit verschiedenen Chemikalien. Beim ältesten, dem *Kalkverfahren* (Kalkdosierungsverfahren nach Chr. Bücher, Clark-Verfahren), verwendet man Kalkmilch oder Kalkwasser zum Ausfällen der Härtebildner (vgl. bei Entsäuerung), wobei die zuzusetzenden Mengen stöchiometrisch genau berechnet und die Anlagen, meist durch selbstregistrierende pH-Meßgeräte, laufend überwacht werden müssen (*Entcarbonisierungsverfahren*).

Zunächst wird die freie („aggressive") Kohlensäure und dann die „zugehörige" Kohlensäure neutralisiert (I). Bei weiterem Zusatz werden Calcium und Magnesium ausgefällt (II).

$$2\,CO_2 + Ca(OH)_2 \longrightarrow Ca(HCO_3)_2 \qquad (I)$$

$$Ca^{2\oplus} + 2\,HCO_3^{\ominus} + Ca(OH)_2 \longrightarrow 2\,CaCO_3 + 2\,H_2O$$
$$Mg^{2\oplus} + 2\,HCO_3^{\ominus} + 2\,Ca(OH)_2 \longrightarrow Mg(OH)_2 + 2\,CaCO_3 + 2\,H_2O \qquad (II)$$

Die Entcarbonisierung führt also zur Entfernung der „Carbonathärte". Das Kalkverfahren dient zur Behandlung ausgesprochen harter Wässer. Je nach der Nichtcarbonathärte geht die Enthärtung auf 2—4°dH zurück.

Verschiedene Schnell-Reaktorverfahren verkürzen Klär- und Absetzzeit, vermeiden Wasserverluste im Klärschlamm und arbeiten mit besonderem Kontaktmaterial. Beim *Wirbos-Verfahren* wird das mit Kalkmilch versetzte, erhitzte Rohwasser tangential unter hoher Geschwindigkeit in einen konischen Reaktor eingeführt, der mit einer Wirbelschicht aus Sand gefüllt ist. An diese Füllung lagert sich im Wirbelstrom das durch Kalkmilch ausgefällte Calciumcarbonat fest an.

Das *Kalk-Soda-Verfahren* benutzt Ätzkalk und Soda als Enthärtungsmittel für Wässer mit hoher Carbonat- und Nichtcarbonathärte. Hierbei wird die Carbonathärte durch Kalk (I), die (bleibende) Nichtcarbonathärte durch Soda (II) entfernt:

$$Ca(HCO_3)_2 + Ca(OH)_2 \rightarrow 2\,CaCO_3 + 2\,H_2O \qquad (I)$$
$$Mg(HCO_3)_2 + 2\,Ca(OH)_2 \rightarrow 2\,CaCO_3 + Mg(OH)_2 + 2\,H_2O$$

$$CaSO_4 + Na_2CO_3 \rightarrow CaCO_3 + Na_2SO_4 \qquad (II)$$

Die Enthärtung geht hier auf 1—2°dH zurück; sie wird durch eingeschaltete Vorwärmer beschleunigt und vervollständigt. Weniger gebräuchlich ist das entsprechend arbeitende *Ätznatron-Soda-Verfahren.*

Trinatriumphosphat-Verfahren (Budenheim-Verfahren). Beim Kalk- wie beim Kalk-Soda-Verfahren kann nach den Umsatzreaktionen keine vollständige Enthärtung erreicht werden. Gibt man jedoch Trinatriumphosphat zu Wässern, die enthärtet werden sollen, so fallen sämtliche Härtebildner aus und man erreicht dadurch eine Enthärtung bis zu einer Resthärte von 0,1 °dH. Enthärtungsverfahren dieser Art arbeiten entweder *periodisch* in einfachen Absetzbehältern oder *kontinuierlich* in hintereinandergeschalteten Bassins, wo sich aus dem mit Chemikalien versetzten Wasser der feinflockige Phosphatschlamm absetzt. Häufig wird das Phosphatverfahren lediglich als Zusatzverfahren benutzt, um im Anschluß an das erwähnte Kalk-Soda-Verfahren derart vorbehandeltes Wasser mit Resthärten zwischen 0,8 und 2 °dH praktisch vollständig zu enthärten.

Im *Polyphosphatverfahren* ("threshold treatment", Härtestabilisierung) benutzt man Poly- und Metaphosphate, insbesondere Natriumhexameta- und Natriumtripolyphosphate, die Härtebildner des Wassers in noch ungeklärter Reaktion zu besonders stabilen Komplexen binden oder gleich Schutzkolloiden durch Absorptionsvorgänge wirksam sind und damit die Wärmefällung verhindern. Sie unterbinden die schädliche Kalkseifenbildung in Geweben und ermöglichen sofortige Schaumentwicklung auch bei harten Wässern. Polyphosphate haben sich besonders bei der Kühlwasserbereitung und bei der Speisewasserenthärtung für Hochdruckkessel bewährt. Zugabe von *Silicaten* (Wasserglas) in Kombination mit Phosphaten liefert dünne Schutzbeläge, die als Rohrschutz von Bedeutung sind. Dosierung des Phosphatzusatzes kann direkt im „Phosphat-Impfverfahren" oder über Phosphatschleusen („Mikrophosschleusen"), die schwer lösliche, kondensierte Phosphate enthalten, erfolgen.

Neben den Natrium-, Kalium- und Calciumsalzen der Monophosphorsäuren sind auch die entsprechenden Salze der Polyphosphorsäuren nach der „Trinkwasser-Aufbereitungs-VO" zugelassen. In 1 l Trinkwasser dürfen diese Stoffe in einer Menge von 5 mg, berechnet als P_2O_5, enthalten sein. Der geforderte pH-Wert derart behandelter Wässer ist durch die bereits erwähnte „Zusatz-VO" vom 27. 6. 1960 geregelt.

γ) *Austauschverfahren*

1. Enthärtung mit *Kationenaustauschern in der Na-Form* verläuft nach den Gleichungen:

$$2\,Na\overline{A} + Ca^{2\oplus} \rightleftharpoons Ca\overline{A}_2 + 2\,Na^{\oplus}$$
$$2\,Na\overline{A} + Mg^{2\oplus} \rightleftharpoons Mg\overline{A}_2 + 2\,Na^{\oplus}$$

Das Wasser wird durch das mit NaCl in die Na-Form übergeführte Harz „filtriert“ und tauscht dabei die Ca- und Mg-Ionen gegen äquivalente Mengen Na-Ionen ein. Das „erschöpfte“ Harz wird mit NaCl-Lösung „regeneriert“. Die Schichthöhe des Ionenaustauschers beträgt mindestens 0,8 m, die Filtriergeschwindigkeit liegt zwischen 5 und 12 m/Std. Auch kontinuierliche Austauschverfahren wurden entwickelt. Der Gesamtsalzgehalt wird nicht verringert, anstelle von Ca und Mg treten hohe Konzentrationen an NaCl auf.

2. Entcarbonisierung mit *Kationenaustauscher in der H-Form* tauscht in Carbonathärte enthaltendem Wasser die Ca- und Mg-Ionen gegen H-Ionen aus:

$$Ca^{2\oplus} + 2\ HCO_3^{\ominus} + H\overline{A} \rightleftharpoons Ca\overline{A}_2 + 2\ H_2O + 2\ CO_2 \uparrow$$

Bei der Gesamtreaktion wird der Gesamtsalzgehalt um die Carbonathärte verringert.

3. Gesamtenthärtung mit *H-* und *Na-Austauschern* verläuft nach der Reaktion:

$$2\ Na^{\oplus} + 2\ HCO_3^{\ominus} + 2\ H^{\oplus} + SO_4^{2\ominus} \rightarrow 2 Na^{\oplus} + SO_4^{2\ominus} + 2\ H_2O + 2\ CO_2 \uparrow$$

4. Entsalzung (Entionisierung mit *Kationen-* und *Anionenaustauschern* wird in Vollentsalzungsanlagen durchgeführt, derart, daß die Kationen durch H-Kationenaustauscher gegen H-Ionen, die Anionen durch OH-Anionenaustauscher ($\overline{K}OH$) gegen OH-Ionen ausgetauscht werden, die freigewordenen H- und OH-Ionen sich zu Wasser vereinigen.

5. Entsalzung durch *Mischbettfilter* erfolgt so, daß eine Mischung von Kationen- und Anionenaustauschern gleichzeitig unter Vollentsalzung auf das Wasser einwirkt (Abb. 125).

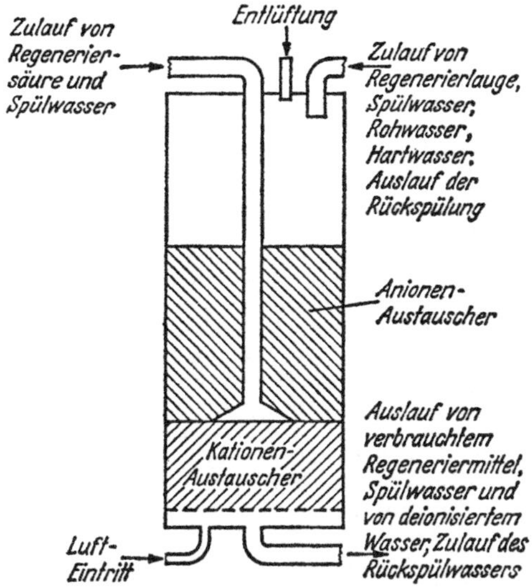

Abb. 125. Mischbettaustauscher (nach R. Kunin 1963) (Aus: 54, Bd. VIII/1., S. 380)

e) Entfernung von Eisen und Mangan

Eisen und Mangan finden sich oft gemeinsam als Hydrogencarbonate im Wasser. Eisenreich sind viele Grundwässer der norddeutschen Tiefebene (1—3 mg/l, bisweilen bis zu 10 mg), Moorwässer enthalten Eisen als huminsaure Salze. In Braunkohlengebieten tritt Eisensulfat im Grundwasser auf. „Stahlquellen“ enthalten mindestens

10 mg/l Fe, Mineralwässer etwa 10—30 mg/l Fe (Pyrmont 20 mg/l). Eisenarm (bis zu 0,3 mg/l) sind normale Fließgewässer. Bereits 0,3 mg/l Fe stören im Trinkwasser geschmacklich. Der Mangangehalt liegt meist wesentlich niedriger (1—2 mg/l), doch sind hier bereits geringe Mengen im Leitungswasser ausgesprochen schädigend. Die Geschmacksgrenze liegt bei 0,5 mg/l Mn. Eisen- und manganreiche Wässer liefern fleckige Wäsche, wirken sich auf den Geschmack von Getränken nachteilig aus, sind in Molkereien, Brauereien, Süßmostbetrieben usw. nicht tragbar und führen zu schweren Störungen (s. unten) in Rohrnetzen und Wasserzählern. Nach den „Hygienischen Leitsätzen der Trinkwasserversorgung“ (1932) soll der Eisengehalt 0,1 mg/l, der Mangangehalt 0,05 mg/l im Rohrnetz nicht übersteigen.

α) *Enteisenung*

In vielen Grundwässern kommen kleine Mengen von Ferroeisen vor, die dann, wenn das sauerstofffreie, klare Wasser mit der Luft in Berührung kommt, zu Trübungen und schließlich zur Bildung brauner „Rostflocken“ führen. Derartige Ausscheidungen von Eisenhydroxid machen das Wasser unappetitlich, gelöste Eisenmengen von 0,3 mg/l Fe an machen solche Wässer auch für viele technische Zwecke ungeeignet. In Rohrnetzen können die ausgeschiedenen Fe(III)-hydroxidflocken Verstopfungen verursachen. Eisenspeichernde Bakterien, deren Wachstum jedoch *nicht* an die Gegenwart von Eisen gebunden ist, wie Fadenbakterien der Arten Leptothrix („Ockerbakterien“), Crenothrix („Brunnenfaden“) oder Cladothrix liefern unter Oxydation des inkorporierten zweiwertigen Eisens höherwertige Oxidhydrate und nach Einbau des Eisens in ihre fadenförmige Struktur schleimige, braun gefärbte Massen, die Rohrleitungen zu verstopfen, vermögen. Liegt das Eisen als Hydrogencarbonat vor, so kann durch einfache Belüftung entstandenes Eisen(III)-hydroxid leicht abfiltriert werden. Das gebildete Kohlendioxid

$$4\,Fe(HCO_3)_2 + O_2 + 2\,H_2O \rightarrow 4\,Fe(OH)_3 + 8\,CO_2\uparrow$$

läßt sich durch Verrieseln ebenso leicht entfernen. Eisen(II)-sulfat liefert bei der Oxydation neben Eisen(III)-hydroxid freie Schwefelsäure, die unter Umständen vor der Belüftung neutralisiert werden muß, oft auch durch anwesende Hydrogencarbonate gebunden wird. Humussäurehaltige Moorwässer enthalten Eisen organisch als Humat gebunden, das nur durch chemische Enteisenung (Chlor, Permanganat, Aluminium-, Eisen- oder Magnesiumsalz-Flockung) abgeschieden werden kann.

Belüftung erfolgt in offenen oder geschlossenen Anlagen („*geschlossene Enteisenung*“, „*offene Filter*“). Dabei rieselt das Wasser entweder über Holz- und Kunststoffgerüste, Koksfilter, Klinker und Glasbausteine oder wird im Regenfall-, Düsenzerstäubungs- und Pralltellerverfahren zerstäubt (vgl. „Entsäuerung“). Aus Eisen(II)-hydrogencarbonat gebildetes Eisen(III)-hydroxid wird in Absetzbecken abgeschieden und durch Kiesfilter abgetrennt. In geschlossenen Anlagen leitet man das Wasser mit Druckluft durch Kiesschichten verschiedener Körnung und regeneriert das Filter durch zeitweilige Rückspülung. Die genannten Belüftungsverfahren sind besonders wirksam bei Wässern mit hoher Carbonathärte und pH-Werten über 7,0 und entfernen das Eisen bis auf 0,05—0,1 mg/l.

Chemische Enteisenung erfolgt in geschlossenen, mit gekörntem, gebranntem Dolomit oder Magnesit beschickten Filtern bei einer Durchlaufgeschwindigkeit von etwa 10 m/Std (vgl. „Entsäuerung“). Durch Rückspülung wird von Zeit zu Zeit das abgeschiedene Eisen vom Filter entfernt. Zur Enteisenung von Moorwässern dient Flockung der organischen Substanz mit Aluminiumsulfat oder Natriumaluminat, Permanganatoxydation oder Hochchlorung nach dem ADM-Verfahren (S. 737). Auch Salze der unterchlorigen Säure haben sich bewährt.

β) *Entmanganung*

Gleich dem Eisen kommt Mangan als Hydrogencarbonat, Sulfat oder in organischer Bindung vor. Ähnlich den Eisenbakterien gibt es verschiedene manganspeichernde Bakterien (Bacillus manganicus, Leptothrix- und Clonothrix-Arten u.a.), die aufgenommene Mangansalze zu Braunstein oxydieren und diesen in ihren fädigen Formen als schwarzes Pigment ablagern. Mangan läßt sich ähnlich wie Eisen, oft zusammen mit diesem abscheiden, in vielen Fällen ist die Abscheidung jedoch erheblich schwieriger, da restlose Ausfällung und Entfernung der Mangansalze im Gegensatz zu Eisensalzen praktisch nur im *alkalischen* Bereich möglich ist. Chemisch-mechanisch läßt sich Mangan durch *Belüftung* entfernen, jedoch nicht so einfach wie Ferroeisen, da zur Oxydation des Mangan (II)-Ions das Mangandioxid als Sauerstoffüberträger und Adsorbens notwendig ist. Kiesfilter sind also erst dann wirksam („eingearbeitet"), wenn sich auf der Oberfläche des Filtermaterials genügend Braunstein gebildet hat. Man kann den Effekt stark beschleunigen, wenn dem Rohwasser etwas Permanganat zur Bildung von Mangandioxid zugegeben und sehr intensiv belüftet wird. Ausgehend von der Erkenntnis, daß Mangandioxid entscheidend an der Mangan(II)-salz-Oxydation beteiligt ist, wird braunsteinhaltiger „Mangankies" oder anderes mangandioxidhaltiges Material (Magno-Masse) als Filterkörper benutzt. Gut geeignet zur Manganabscheidung sind außerdem *Manganpermutitfilter*, bei denen die zur Wasserenthärtung benutzten *Permutite* mit Mangan(II)-chlorid gewaschen und mit Kaliumpermanganatlösung nachbehandelt werden. Dabei schlagen sich sauerstoffreiche, tiefbraune Oxydationsprodukte des Mangans auf dem Permutit nieder, der damit zu einem besonders aktiven Entmanganungsmaterial wird. Durch Kaliumpermanganatlösung kann derartiger Permutit regeneriert werden. Pro Liter *Filtermaterial* lassen sich etwa 1,5 g Mn aus dem Wasser entfernen. Auch Ionenaustauscher der obengannten Art können zur Entfernung von Mn eingesetzt werden. Weiteres siehe bei K. E. Ohler (in: 54, Bd. VIII/1., S. 248).

Weitere Möglichkeiten bieten, ähnlich wie beim Eisen, *chemische Verfahren*, bei denen Aluminiumsulfat und Aluminat oder Kalkhydrat Verwendung finden. Der pH-Wert soll in allen Fällen der Entmanganung bei etwa 7,8—8,0, keinesfalls unter pH 7,5 liegen (vgl. oben).

Biologische Verfahren der Manganentfernung machen von der obenerwähnten Erscheinung Gebrauch, wonach spezifische manganspeichernde Bakterien dem Wasser Mangan zu entziehen vermögen. Bei derartigen Verfahren schickt man das Wasser durch Sandfilter, die einen biologischen Rasen der genannten Manganbakterien tragen. Diese lagern Braunstein in den Zellen ab und können auch nach dem Absterben gemäß dem obengeschilderten Mechanismus durch das in ihnen gespeicherte Mangandioxid die Entmanganung bewirken. Auch bei geringem Sauerstoffgehalt und bei beträchtlichem Kohlensäuregehalt wird Mangan praktisch vollständig (bis auf etwa 0,05 mg/l) entfernt.

f) Die Fluoridierung des Trinkwassers

Zur Cariesprophylaxe wurde die generelle Fluoridierung des Trinkwassers (mit Natriumfluorid, Natrium- oder Ammonium-silicofluorid, Flußsäure oder Kieselfluorwasserstoffsäure zu 1 mg F/l Wasser) vorgeschlagen. Während die auf S. 737 genannte Chlorung eine in bestimmten Fällen aus hygienischen Gründen unumgängliche Maßnahme darstellt, ist die Fluoridierung eine wesensfremde Maßnahme, die das Wasser zu einem Heilmittelträger macht, also eine „stille" Prophylaxe für alle Bevölkerungskreise ist und gesetzlich im Rahmen der öffentlichen Trinkwasserversorung nicht geduldet werden kann. Nach dem Lebensmittelrecht der BRD ist Fluoridierung ein zulassungsbedürftiger Fremdstoffzusatz; in der „Trinkwasser-VO" ist dieser Zusatz nicht vorgesehen. Hinzu kommt wegen der außerordentlich geringen therapeutischen Breite des Fluors die Gefahr einer Überdosierung: bereits Mengen über 1,5 mg/l Trinkwasser verursachen „Fluorose" (S. 120). Fluorgehalte bayerischer Wässer und westdeutscher Wasserversorgungsanlagen liegen meist zwischen 0,1 und 0,2 mg, oft auch tiefer. Selten werden Werte bis zu 0,4 mg (z. B. Kiel, Mainz, Gladbeck, Stralsund, Würzburg) oder gar von 0,6 mg (Oberlahnstein) erreicht.

g) Radioaktive Dekontaminierung

Vor allem in Katastrophenfällen aktuelle, generell wirksame Dekontaminierungsverfahren für Trinkwasser gibt es nicht, wenn man von kombinierten Verfahren für kleine Wassermengen absieht. Sie sind jedoch niemals dazu geeignet, die zentrale Wasserversorgung mittlerer oder größerer Bevölkerungsgebiete aufrechtzuerhalten. Vgl. auch K. E. Oehler (in: 54, Bd. VIII/1., S. 248).

h) Meerwasserentsalzung

In großem Maßstab werden heute 2 Verfahren verwendet: das *Verdampfungsverfahren* (z. B. mehrstufige Entspannungsverdampfung „*Flash*-Verdampfung") und die *Elektrodialyse* mit Hilfe von kationen- und anionendurchlässigen Membranen (bei Salzgehalten um 1 %). Aussichten auf technische Verwirklichung haben das Gefrierverfahren und die *umgekehrte Osmose* (*Hyperfiltration*) an Membranen unter hohem Druck. Die auf der Welt bisher installierten Verdampfungsanlagen haben eine Kapazität von etwa 1,5 Mio m^3/Tag. Nutzung von Atomenergie wird hier die Wirtschaftlichkeit garantieren.

IV. Mineralwässer und Heilwässer

Mineralquellen und Mineralwässer aus natürlichen oder künstlich erschlossenen Quellen unterscheiden sich von gewöhnlichen Quellen und Wässern dadurch, daß sie wesentlich mehr gelöste feste Bestandteile oder Gase enthalten oder einen spezifischen Gehalt an seltener vorkommenden Stoffen aufweisen oder schließlich erhöhte Temperatur zeigen.

Nach den „Begriffsbestimmungen für Kurorte, Erholungsorte und Heilbrunnen" (1968) gilt: „*Natürliche Heilwässer* stammen aus Heilquellen, die natürlich zutage treten oder künstlich erschlossen sind. Sie müssen medizinisch nachgewiesene krankheitsheilende, -hindernde oder -verhütende (Gesundheit erhaltende und Gesundheit fördernde) Eigenschaften haben. Ihre chemischen und physikalischen Eigenschaften sind durch Heilwasseranalysen nachzuweisen und durch Kontrollanalysen laufend zu überprüfen."

Für *Tafelwässer* sind die Begriffsbestimmungen durch die VO über Tafelwässer (s. unten) geregelt.

1. Heilwässer

Als natürliche Heilwässer (Begriffsbestimmungen s. oben) sind hauptsächlich folgende Gruppen zugelassen:

Gruppe A: Wässer, die in 1 kg mehr als 1000 mg gelöste feste Mineralstoffe enthalten. Zur näheren Charakterisierung dieser Heilwässer werden diejenigen Ionen herangezogen, deren Konzentration 20 mval% und mehr an der Kationen- bzw. Anionenkonzentration beträgt. Bei der Charakterisierung werden in absteigender Folge zuerst die obwaltenden Kationen und danach die Anionen aufgezählt.

Die Heilwässer der Gruppe A werden nach den obwaltenden Anionen in vier Hauptgruppen eingeteilt, nämlich in Chloridwässer, Hydrogencarbonatwässer, Carbonatwässer und Sulfatwässer. Die alten Bezeichnungen wie muriatische, salinische, erdige Kochsalzquellen u. a. sind schon in den vorigen Begriffsbestimmungen ausgeschaltet worden. Man unterscheidet jetzt:

1. Chlorid-Wässer
- a) Natrium-Chlorid-Wässer (häufig)
  (früher: „muriatische Quellen")
- b) Calcium-Chlorid-Wässer
  (früher: „erdmuriatische Quellen")
- c) Magnesium-Chlorid-Wässer (selten)

Natrium-Chlorid-Wässer mit mehr als 5,5 g Natrium- und 8,5 g Chlorid-Ionen können auch als „*Sole*" bezeichnet werden.

2. *Hydrogencarbonat-Wässer*
   (früher: „alkalische Quellen)
   a) Natrium-Hydrogencarbonat-Wässer (selten)
   b) Calcium-Hydrogencarbonat-Wässer (häufig)
   c) Magnesium-Hydrogencarbonat-Wässer
3. *Carbonat-Wässer* (selten)
4. *Sulfat-Wässer*
   a) Natrium-Sulfat-Wässer
   (früher: „salinische Quellen")
   b) Magnesium-Sulfat-Wässer (selten)
   (früher: „Bitter-Quellen")
   c) Calcium-Sulfat-Wässer (häufig)
   d) Eisen-Sulfat-Wässer (selten)
   e) Aluminium-Sulfat-Wässer (sehr selten)

Gruppe B: Wässer, die weniger als 1000 mg/kg gelöste feste Mineralstoffe enthalten, aber einen Mindestgehalt an besonders wirksamen Bestandteilen haben.

Die Heilwässer dieser Gruppe B werden eingeteilt in:

1. Eisenhaltige Wässer mit mindestens 10 mg/kg Fe
   (früher fälschlich: „Stahlquellen")
2. Arsenhaltige Wässer mit mindestens 0,7 mg/kg As
   (entsprechend 1,3 mg/kg Hydrogenarsenat, $HAsO_4$)
3. Jodhaltige Wässer mit mindestens 1 mg/kg J
4. Schwefelhaltige Wässer mit mindestens 1 mg/kg titrierbarem Schwefel
5. Kohlensäure-Wässer oder Säuerlinge mit mindestens 1000 mg/kg CO_2
6. Radonhaltige Wässer mit mindestens 18 $nC_i/l = 50$ Mache-Einheiten (ME)
7. Radiumhaltige Wässer mit mindestens 10^{-7} mg/kg Ra (in den Begriffsbestimmungen von 1965 weggefallen).

Gruppe C: Wässer, die unabhängig von ihrem Mineralstoffgehalt von Natur aus eine höhere Temperatur als 20° C haben, die *Thermen oder Thermalwässer.* Mineralarme Thermen werden auch als *Akrothermen* bezeichnet.

Gruppe D: Mineralarme kalte Wässer, die keine der obigen Voraussetzungen erfüllen, werden auch als *Akratopegen* bezeichnet. Ihre Eignung als Heilwässer muß durch besondere klinische Gutachten nachgewiesen werden.

Wenn mehrere Voraussetzungen von einem Heilwasser erfüllt werden, so ist die Kennzeichnung nach Gruppe B voranzusetzen, z.B. Jodhaltiges Natrium-Chlorid-Wasser.

Bei Kohlensäurewässern und Thermen wird die Kennzeichnung an den Schluß gesetzt, z.B. Natrium-Chlorid-Säuerling und Natrium-Calcium-Chlorid-Sulfat-Therme.

Bei einem mannigfaltigen Heilwasser, das z.B. gleichzeitig Sole und Säuerling ist und dazu ein Thermalwasser darstellt, ist es der Sachkenntnis des Chemikers überlassen, die wichtigsten Eigenschaften bei der Charakterisierung zu benennen, z.B. eisenhaltige thermale Sole oder Thermalsole.

Einzelheiten über Behandlung, Vertrieb, Abfüllung, Schutz und Analysennormen bringen die o.a. Begriffsbestimmungen und deren Anhang.

Warme Quellen können je nach der Temperatur klassifiziert werden als

hypotherme Quellen	20—34° C
homöotherme Quellen	34—38° C
hypertherme Quellen	über 38° C

Gasquellen sind natürliche oder künstlich erschlossene Exhalationen von Gasen aus der Erde (Radon, Schwefelwasserstoff, Kohlendioxid). Nach der *osmotischen Konzentration* unterscheidet man:

Tabelle 160: Unterscheidung der Quellarten nach der osmotischen Konzentration

Quellart	Konzentration g/kg	Gefrierpunkt ° C
hypotonische	1— 8	> —0,55
isotonische	8—10	—0,55 bis —0,58
hypertonische	> 10	< —0,58

Über *Bohrloch-* und *Sickersolen* sowie über *Meerwasser* vgl. die Spezialliteratur.

2. Die Tafelwässer

Von den hier besprochenen Mineralwässern wird eine große Zahl im Sinne der erwähnten *Heilwässer* („Heilbrunnen", „natürliche Heilwässer") zu Bade- und Trinkkuren verwendet. Eine nicht unerhebliche Zahl dient jedoch auch als solche oder nach entsprechender Aufbereitung „zur Erfrischung und zum Durstlöschen", und nur diese Gruppe interessiert im engeren Sinne den Lebensmittelchemiker. Natürliche Mineralwässer und andere hierher zu rechnende Getränke haben ihre gesetzliche Regelung durch die „*VO über Tafelwässer*" vom 12. 11. 1934, in der Fassung vom 11. 2. 1938 gefunden, auf die im folgenden Bezug genommen wird. Die genannte Verordnung unterscheidet

1. Mineralwässer,
2. Mineralarme Wässer und schließlich
3. Künstliche Mineralwässer. Alle drei Gruppen werden unter dem Begriff der „*Tafelwässer*" zusammengefaßt.

a) Mineralwässer

sind danach natürliche, aus natürlichen oder künstlich erschlossenen Quellen gewonnene Wässer, die in 1 kg mindestens 1000 mg gelöste Salze oder 250 mg freies Kohlendioxid enthalten und am Quellort in die für den Verbraucher bestimmten Gefäße abgefüllt sind. Mineralwässer werden bisweilen durch Belüftung enteisent und entschwefelt sowie mit Kohlensäure versetzt. Deklaration ist vorgeschrieben („enteisent" bzw. „entschwefelt" und „mit Kohlensäure versetzt"). *Mischungen* verschiedener Mineralwässer dürfen nicht ohne weiteres als „Mineralwasser" vertrieben werden. Zusatz von Silbersalzen bis zu einer Menge von 1 mg/l Ag ist nach der „Fremdstoff-VO" zugelassen.

Säuerlinge (*Sauerbrunnen*) sind Mineralwässer mit einem natürlichen Gehalt von mindestens 1000 mg frischen Kohlendioxid in 1 kg, die, abgesehen von einem etwaigen weiteren Zusatz von Kohlensäure (Imprägnierung), keine willkürliche Veränderung erfahren haben.

Sprudel sind Säuerlinge, die aus einer natürlichen oder künstlich erschlossenen Quelle im wesentlichen unter natürlichem Kohlensäuredruck hervorsprudeln. Als Sprudel werden auch unter Kohlensäurezusatz abgefüllte Mineralwässer bezeichnet, auch wenn sie durch Belüftung enteisent oder entschwefelt sind. Über *Sole* s. oben.

Zahlreiche Mineralwässer wurden durch Tiefbohrung erschlossen, vor allem dort, wo bereits natürliche ausfließende Quellen bekannt waren. Die *Fassung* der Quellen bezweckt maximale Ausnutzung des Quellengutes, Verhinderung von Gasverlusten, Erhaltung des natürlichen Quellcharakters, zweckdienliche Formung des Ausflusses und insbesondere Schutz des Wassers gegen äußere gesundheitsschädliche Zuflüsse.

Erschließung kann auch durch Grabung, Schürfung und gewaltsam durch *Torpedierung* (*Sprengung*) oder durch Wasser bzw. Chemikalien unter hohem Druck (*Frac-Behandlung*) erfolgen. Die Fassung richtet sich danach, ob *absteigende* oder *aufsteigende* Quellen vorliegen, wobei letztere den Hauptteil der Quellvorkommen bestreiten und durch Schürfen, Bohren oder Schachtteufen erfaßt werden. Das *Material* zum Schlot- oder Schachtbau muß Rücksicht auf die Art der zu fassenden Quelle nehmen.

Verwendung finden Stahl, Edelstahl, Gußeisen, verzinntes Kupfer und Kupferlegierungen, Aluminium, Preßholz, Kunststoff, Asbestzement, Steinzeug und Porzellan. Umhüllung der Fassungskörper und Dichtung erfolgt mit Beton, Ton, Letten oder Mauerwerk. Die *Förderung* geschieht durch eigenen Druck oder durch Pumpen, wobei zur Verhinderung von Gasverlusten die Saugwirkung möglichst gering sein soll.

Die Fassung einer aufsteigenden Quelle zeigt Abb. 126.

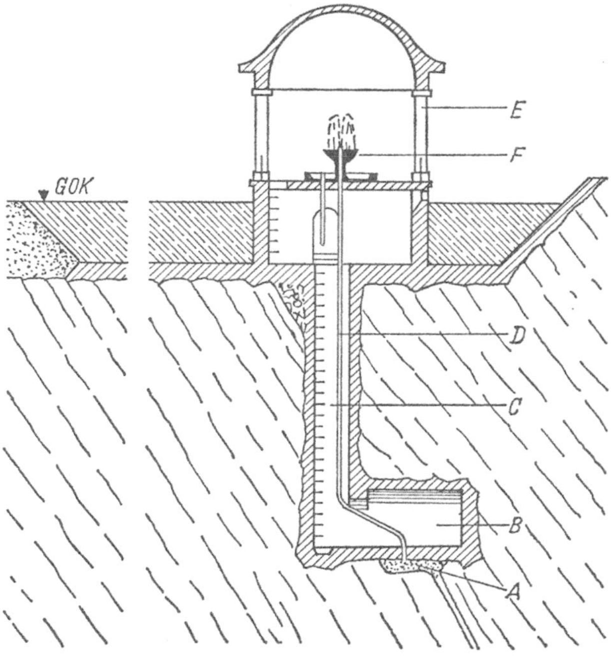

Abb. 126. Fassung einer aufsteigenden Quelle (nach R. Kampe 1962, S. 115). A Fassungsbasis, B Fassungskammer, C Steigschaft, D Steigleitung, E Überbau mit oberirdischer Fassung, F Quellenauslauf (Aus: 54, Bd. VIII/1., S. 229)

Die laufende *Quellüberwachung* erstreckt sich auf Ergiebigkeit an Wasser und Gas, Temperatur, Gleichmäßigkeit der Förderung, Kontrollanalysen, evtl. auch auf Verunreinigungen und Kontamination durch radioaktive Stoffe.

Die *Abfüllung* erfolgt durch Rundfüller in Flaschen, die mit Hebelverschluß und Gummidichtung, Schraubkappen oder — in zunehmendem Ausmaß — Kronkorken verschlossen werden, in gewissem Umfang auch in Tonkrügen. In den USA werden Sodawasser und andere kohlensäurehaltige Getränke auch in Dosen abgefüllt. Der Begriff der „Gefäße“ ist gesetzlich nicht festgelegt, wohl aber werden entsprechende Kennzeichnungsforderungen erhoben (Verpflichtung zur „Brunnenwahrheit“; vgl. die Verordnung). Viele Mineralwässer erhalten einen Zusatz an freier Kohlensäure, der dem Wasser einen erfrischenden Geschmack gibt, auch die Ausfällung der im

Mineralwasser gelösten Erdalkalihydrogencarbonate verhindern soll. Weiterhin wird das in vielen Wässern als Eisen(II)-salz gelöste Eisen, daneben auch ein geringer Schwefelwasserstoffanteil (meist durch Belüften), ausgeschieden, um Aussehen und Geschmack nicht zu beeinträchtigen. Da im Rahmen dieses Prozesses das Wasser den größten Teil seiner Kohlensäure verloren hat und fade schmeckt, wird in den meisten Fällen vor dem Abfüllen Kohlensäure zugesetzt, und zwar entweder in flüssiger Form aus Druckflaschen oder auch als „quelleigene", der Quelle selbst entstammende Kohlensäure.

b) Mineralarme Wässer

sind ebenfalls aus natürlichen oder künstlich erschlossenen Quellen gewonnene Wässer, die, abgesehen von einem Kohlensäurezusatz, keine willkürliche Veränderung erfahren haben und am Quellort in die für den Verbraucher bestimmten Gefäße abgefüllt sind. Hier wird kein Mindestgehalt an gelösten Stoffen verlangt. Voraussetzung ist lediglich die Gewinnung aus einer Quelle und die Abfüllung am Quellort unter den obengenannten Bedingungen.

Sie dürfen auch weiterhin unter einem Quellnamen vertrieben werden, wenn dies nachweislich bereits 1910 geschah.

c) Künstliche Mineralwässer

sind aus Wasser, Mineralsalzen oder mineralarmem Wasser oder einem Gemisch aus diesen und Salzen oder Sole oder Kohlensäure oder mehreren dieser Zusätze hergestellte Erzeugnisse. Künstliche Mineralwässer werden auch durch Auslaugen von Mineralstoffen mit Wasser, auch kohlensäurehaltigem Wasser, hergestellt. Mineralarme Wässer (s. oben) gelten nicht als künstliche Mineralwässer.

Die zur Herstellung künstlicher Mineralwässer dienenden Salze müssen den in der Anlage zu § 12 der VO über Tafelwässer enthaltenen Reinheitsvorschriften, bei anderen, dort nicht genannten Salzen etwa den Bedingungen des Deutschen Arzneibuches entsprechen.

Künstliche Mineralwässer (z. B. Sodawasser, kohlensaures Tafelwasser u. a. m.) haben heute nur noch geringe Bedeutung. Sie kommen oft als Siphons in den Handel. Für die Herstellung von Druckvorrichtungen, von Siphons, Leitungen und anderen Apparaturen stellt das „Blei-Zink-Gesetz" besondere Anforderungen (vgl. S. 771).

Im Hinblick auf einen möglichen Wassernotstand wird die Abfüllung der unter b) und c) besprochenen Wässer als *Allzweckwasserkonserve* für den Letztverbraucher erwogen.

d) Sole

(s. S. 746) ist ein natürliches salzreiches Wasser („Natursole") oder durch Wasserentziehung im Gehalt an Mineralsalzen angereichertes Mineralwasser („Konzentrat") mit einem Mindestgehalt von 14 g gelösten überwiegend aus Natriumchlorid bestehenden Salzen in 1 kg. Die Sole besitzt besondere Bedeutung bei der Herstellung künstlicher Mineralwässer.

e) Süßgetränke aus Mineralwässern

Mineralbrunnenbetriebe stellen heute in großem Umfang unter Zusatz von Limonadengrundstoffen, Zucker und Kohlensäure gesüßte alkoholfreie Erfrischungsgetränke her, die als „Mineralwasserlimonade", „Brunnenlimonade" u. ä. in den Handel gebracht werden und sich von Getränken unterscheiden, die mit mineralarmem Wasser, künstlichem Mineralwasser oder normalem Trinkwasser hergestellt wurden. Zur rechtlichen Beurteilung vgl. die Spezialliteratur.

f) Heilwässer

Auch solche Wässer, die überwiegend zur Beseitigung, Linderung oder Verhütung von Krankheiten bestimmt sind, unterliegen, soweit sie als Tafelwasser irgendwie in den Verkehr gebracht werden, der obengenannten Verordnung. Dies gilt auch für Sole, soweit sie zur Herstellung von Tafelwasser bestimmt ist.

Seit 1961 fällt der Verkehr mit Heilwässern unter den Begriff „Verkehr mit Arzneimitteln". Zur Definition vgl. S. 745.

V. Abwässer

Die letzte Statistik (1963) ergab, daß der tägliche Abwasseranfall in der BRD 6,6 Mio m^3 häusliches Abwasser, 25 Mio m^3 Industrieabwasser (einschließlich 15 Mio m^3 Kühlwasser) und etwa 15 Mio m^3 Kühlwasser aus Kraftwerken der öffentlichen Elektrizitätsversorgung beträgt. Außerdem werden täglich im innerbetrieblichen Kreislauf der Industrie und der öffentlichen Hand rund 55 Mio m^3 Wasser genutzt. Im öffentlichen Bereich war für Abwassersammlung und -reinigung 1968 folgender Stand zu verzeichnen (umgerechnet auf die Bevölkerung): biologische Kläranlagen 38%, mechanische Kläranlagen 21%, Kanalisation 16%, keine Abwassersammlung und -reinigung 25%. Etwa die Hälfte des in Industriebetrieben anfallenden Schmutzwassers gelangt über öffentliche Abwasseranlagen in die Gewässer, die andere Hälfte und das Kühlwasser werden unmittelbar in die Gewässer geleitet. Eingehende Darstellung der Gesamtsituation in der BRD bringt die mehrmals zitierte Literatur 103.

E. Luft*

Die unsere Erde umhüllende sauerstoffhaltige Luftschicht ist auf etwa 60 km Höhe zu schätzen. Sie wird im unteren, der Erde nächstliegenden Bereich als *Troposphäre* bezeichnet. Diese reicht in unseren Breiten bis zu etwa 11 km, in den Tropen bis zu 18 km, an den Polen jedoch nur bis zu rund 8 km Höhe (H. Lehmann, 1940) und ist Träger aller Witterungsvorgänge (Wolkenbildung, Niederschläge, Gewitter, Winde usw.). Über ihr lagert die *Stratosphäre*, in der alle Kondensationserscheinungen fehlen. Über Mitteleuropa weist sie fast konstante Temperaturen um etwa —50° C auf. Die bioklimatischen Luftverhältnisse sind in den letzten Jahren Ziel intensiver Erforschung geworden. Sie gewinnen in vertikaler Richtung immer mehr an Bedeutung, und zwar nicht nur in Hinsicht auf den Flugverkehr, sondern auch im Rahmen der Weltraumforschung.

Für das erdgebundene Leben interessiert die Luft vor allem in den bodennahen Schichten. Sie ist hier für Mensch, Tier und Pflanze Voraussetzung allen Lebens. Der Mensch atmet in 24 Std durchschnittlich 12 m^3 (= 14,4 kg) Luft ein und verarbeitet alle in ihr enthaltenen normalen Bestandteile (insbesondere den Sauerstoff), daneben aber auch alle körperfremden Komponenten gasförmiger Natur und einen großen Teil corpusculärer Verunreinigungen auf dem Blutwege sehr rasch im gesamten Organismus, soweit nicht Filterorgane des Körpers (Epithelien von Rachen, Bronchien und Nase) ihre Wirkung entfalten. Der Luftbedarf ist weitgehend abhängig von der körperlichen Bewegung. So verbraucht ein Mann mittlerer Größe liegend in der Ruhe 7,7 l, bei langsamem Gehen 18,6 l und bei schnellem Gehen (8 km/Std) fast 61 l/min.

Mit Ausnahme des Wasserdampfgehaltes zeigt die Luft weitgehend gleiche mittlere Zusammensetzung:

Tabelle 161. Die Zusammensetzung der trockenen atmosphärischen Luft

	Stickstoff	Sauerstoff	Argon	Kohlendioxid
Volumen-%	78,09	20,95	0,93	0,03
Gewichts-%	75,5	23,15	1,28	0,046
Dichte bei Zimmertemperatur	1,2507	1,4293	1,78	1,9772

In der feuchten Atmosphäre unserer Breiten (48°) sind in Volumprozenten etwa enthalten:

77,33% Stickstoff, 20,80% Sauerstoff, 0,92% Wasserdampf, 0,92% Argon, 0,03% Kohlendioxid sowie geringe Mengen an Neon, Krypton, Xenon und Helium, Ozon und Wasserstoffperoxid. Verunreinigungen verschiedenster Art und Herkunft werden später besprochen. Sie sind nicht nur unmittelbar für Luft als lebenswichtigster Nährstoff unseres Daseins von Bedeutung, sondern spielen auch in der Hygiene und Technologie unserer Lebensmittel eine höchst wichtige Rolle (Staub, Gerüche, Fremdgase, Mikroorganismen, übermäßiger Wasserdampfgehalt). Dies hat dazu geführt, daß der Luft schon in alten Zeiten besondere Aufmerksamkeit gewidmet wurde. Bereits Hippokrates stellt sie in den Mittelpunkt der öffentlichen Gesundheitspflege, ein Medizinaldelikt aus dem Jahre 1240 spricht „De conservatione aeris", deutsche Bergwerksärzte des 15. und 16. Jahrhunderts erkannten ihre Bedeutung und M. v. Pettenkofer hat seit 1847 der Luft im Rahmen der allgemeinen Hygiene eine entscheidende Stelle neben den eigentlichen Lebensmitteln zugewiesen.

---

* Für Beratung und freundliche Überlassung von Literatur zum Kapitel „Luft" bin ich Herrn Prof. Dr. E. Lahmann zu Dank verpflichtet.

Bei der *hygienischen Beurteilung* der Luft (Atemluft) unterscheiden wir zwischen Lufthygiene am Arbeitsplatz (gewerbliche und industrielle Räume, an denen der Mensch seiner Berufsarbeit nachgeht) und der Beurteilung der Außenluft, wie sie in Räumen und im Freien herrscht, und in der sich der Mensch außerhalb der Berufsarbeit oder auf dem Wege zu ihr bewegt. Im ersten Falle sprechen wir von *Gewerbe-* (Arbeits-)*Hygiene* der Luft als Teilgebiet der allgemeinen Hygiene, Arbeitsmedizin und Toxikologie, im zweiten Fall handelt es sich um *allgemeine Lufthygiene*. Während der arbeitende Mench am Arbeitsplatz der fremdstoffbeladenen Luft nur für begrenzte Zeit ausgesetzt ist, kann verunreinigte „Außenluft" die hiervon betroffene Bevölkerung wesentlich länger und tiefgreifender beeinträchtigen (vgl. später). In Wohngebieten werden außerdem auch Kinder, ältere und gesundheitlich anfällige Menschen betroffen. Es ist deshalb verständlich, daß bei der Beurteilung verunreinigter Außenluft wesentlich schärfere Maßstäbe als für Luft am Arbeitsplatz angelegt werden müssen. Allgemeinverbindliche Angaben über das Verhältnis von hygienisch unbedenklichen Konzentrationen am Arbeitsplatz zu denen der Außenluft können nicht gemacht werden, auch lassen sich Verhältnisse des Arbeitsplatzes nicht generell auf solche von Wohnräumen übertragen. Als Sicherheitsgrenze für ständigen Aufenthalt in der Außenluft kann man etwa 10% der für einen 8stündigen Arbeitstag gültigen maximalen Arbeitsplatzkonzentrationen („MAK-Werte") ansetzen.

Arbeitsschutz. Zum Schutz des arbeitenden Menschen vor gesundheitlicher Schädigung durch in der Luft enthaltene Stoffe gibt das Bundesministerium für Arbeit und Sozialordnung Richtwerte für zulässige Höchstkonzentrationen schädlicher Gase, Dämpfe, Nebel, Rauch oder Stäube bekannt, die von der Kommission zur Prüfung gesundheitsschädlicher Arbeitsstoffe der Deutschen Forschungsgemeinschaft aufgestellt und laufend überarbeitet werden. Die letzte Zusammenstellung solcher „MAK-Werte" (vgl. oben) erschien 1971 (Mitt. VII der o. a. Kommission). Ähnliche Regelungen sind im Ausland getroffen; die internationale Zusammenarbeit wird weiter entwickelt.

Schutz der Außenluft. Zur *Bekämpfung von Luftverunreinigungen* in der BRD vorliegendes Recht wies empfindliche Mängel auf, da es ein Vergehen nur zur Abwehr von Gefahren, von Schäden an Leben, Gesundheit oder Vermögen, nicht jedoch wegen Belästigungen kannte. Deshalb wurden zunächst die §§ 16, 25, 147 und 155 der alten *Gewerbeordnung* (GO) sowie § 906 des Bürgerlichen Gesetzbuches (BGB) geändert und den gegenwärtigen Verhältnissen angepaßt (1. 6. und 4. 8. 1960). Am 8. 9. 1964 erfolgte die „Technische Anleitung zur Reinhaltung der Luft" (TAL), am 17. 5. 1965 wurde das „Gesetz über Vorsorgemaßnahmen zur Luftreinhaltung" erlassen und seit 1962 liegen Gesetze und Verordnungen („Immissionsschutzgesetze") verschiedener Länder vor. Vgl. auch Literatur 103.

Einzelheiten der gesetzlichen Neuregelungen sind im speziellen Rechtsstoff einzusehen.

I. Die normalen Bestandteile der Luft

1. Stickstoff und Edelgase

Die Gruppe dieser Luftbestandteile ist als indifferente Komponente ohne jede hygienische Bedeutung und nur dann bedenklich, wenn ihr Anteil an der Atemluft durch Sauerstoffzehrung übermäßig ansteigt.

2. Sauerstoff

findet sich in der Luft praktisch zu stets gleichem prozentualem Anteil. In der Atemluft vermag der Mensch beträchtliche Schwankungen zu ertragen. Erst bei einer Senkung des Sauerstoffspiegels auf 11—12 Vol.-% treten Atembeschwerden, bei einer solchen auf 7,2 Vol.-% lebensbedrohende, meist tödliche Schädigungen ein. Mit steigender Höhe sinkt der Sauerstoffgehalt der Luft ab. Gegenüber dem Normalwert von 20,93 Vol.-% in Meereshöhe liegt er z.B. für 4000 m bei 12,95 Vol.-%, für 8000 m bei 8,02 Vol.-%. Die Sauerstoffminderung in großen Höhen führt zu wesentlicher Leistungsminderung (Bergsteiger-, Fliegerkrankheit). Ein oft zur Luftprüfung verwendetes offenes Licht erlischt bei einem Sauerstoffgehalt von 14—15 Vol.-%.

3. Kohlendioxid

Kohlensäure gehört zu den essentiellen Bestandteilen des lebenden Organismus, findet sich als wesentliche Komponente zahlreicher Lebensmittel und ist in begrenzten Konzentrationen unschädlich. Das Kohlendioxid der Luft stammt aus Atmungsprozessen von Tier und Mensch, aus mikrobiellen Gärungsprozessen, aus dem Erdinnern, von der Dunkelatmung blattgrüner Pflanzen und aus Rauchgasen von Fabrik- und Hausbrand. Der Kohlendioxidgehalt der freien Atmosphäre schwankt minimal, liegt im Mittel bei 0,03 Gew.-% und steigt nur vereinzelt, z.B. an Nebeltagen (0,05—0,07 Gew.-% in London) beträchtlich. Nach unseren bisherigen Kenntnissen ist der Kohlendioxidgehalt normaler Atmosphäre ohne Bedeutung für die menschliche Gesundheit. Anders liegt der Fall bei ausgesprochener Luftverunreinigung, z.B. in geschlossenen Räumen (s. später).

4. Wasserdampf

Die Aufnahmefähigkeit (das Fassungsvermögen) der Luft für Wasserdampf ist eine Funktion der Temperatur; wasserdampfgesättigte Luft bestimmter Temperatur enthält also nur eine ganz bestimmte Menge Wasser in Dampfform. Die maximale Wasserdampfmenge, die Luft bei einem festgelegten Temperaturgrad aufzunehmen vermag, wird als *maximale Feuchtigkeit* (E = g H_2O/m^3 Luft) bezeichnet. Wird bei Anwesenheit größerer Wasserdampfmengen der Taupunkt überschritten, so tritt Kondensation zu Wasser ein. Unter *absoluter Feuchtigkeit* (e) versteht man die in 1 m^3 Luft als Wasserdampf vorhandene Menge in Gramm. Das Verhältnis der absoluten zur maximalen Feuchtigkeit, ausgedrückt in Prozenten, liefert die *relative Feuchtigkeit* (f). Es ist also

$$f = \frac{100 \cdot e}{E}$$

Als *Sättigungs-(Spannungs-)Defizit* der Luft bezeichnen wir die Differenz zwischen maximaler und absoluter Feuchtigkeit = $E - e$, ausgedrückt in Torr oder in g H_2O/m^3 Luft. Diese Größe nimmt bei derselben relativen Feuchtigkeit mit steigender Temperatur erheblich zu.

Der Feuchtigkeitsgehalt der Luft, insbesondere die relative Luftfeuchtigkeit, ist von größter Bedeutung für die Lagerung unserer Lebensmittel bei normalen und tiefen Temperaturen, bei ruhender und bewegter Luft und für die Verpackung der Lebensmittel in Packmaterial verschiedener Durchlässigkeit. Sie spielt außerdem eine entscheidende Rolle im Rahmen der Lebensmittelverarbeitung (Fleisch, Tabak, Teigwaren usw.). Zweckmäßig einzuhaltende Luftfeuchtigkeitsgrade werden bei vielen Lebensmitteln an entsprechender Stelle erörtert. Über Feuchtigkeitsregulierungen im Rahmen der Klimatisierung vgl. S. 754. Auch für die menschliche Gesundheit spielt der Feuchtigkeitsgehalt der Luft eine wichtige Rolle, da er das Wasserbedürfnis und die Wasserabgabe aller Lebewesen regelt und z. B. bei übermäßig hohem Feuchtigkeitsgrad die Entwärmung des Körpers durch Wärmestau lebensbedrohlich einschränken kann. Am „Behaglichkeitsgrad" der uns umgebenden Luft ist deren Feuchtigkeitsgehalt maßgeblich beteiligt. Unter Umständen kann Wasserdampf auch zu den *schädlichen Gasen* zählen, dann nämlich, wenn er in hohen Luftkonzentrationen oder als Nebel die Verteilung wasserlöslicher schädlicher Gase, Dämpfe und Stäube hemmt oder als Kondensationspunkt für Rauch wirksam ist.

5. Ozon

entsteht in der Atmosphäre bei elektrischen Entladungen, in der Natur bei Autoxydationsvorgängen und bei der Verdunstung von Wasser. Die „ozonreiche“ Waldluft verdankt ihre Wertschätzung dem Gehalt an ätherischen Ölen, nicht dem ausgesprochen unangenehm, chlorähnlich riechenden, in höheren Konzentrationen stark reizwirkenden Ozon. Normale Atmosphäre enthält im Mittel 2 mg/100 m^3 Ozon; Mengen von 0,01 mg/l verursachen schon deutlichen Reiz, fortgesetzter Aufenthalt in Luft mit 0,0035 mg/l Ozon ruft chronische Vergiftungserscheinungen hervor (schlecht belüftete Röntgenräume).

6. Wasserstoffperoxid

entsteht auf ähnlichem Wege wie Ozon. Der Gehalt ist in der Regel höher als bei dem genannten Gas, läßt sich leicht in Niederschlägen nachweisen und liegt im Regenwasser bei 0,04—0,2 mg/l. Gesundheitliche Einflüsse in der freien Luft sind bei Wasserstoffperoxid bisher nicht beobachtet worden.

II. Klimawirkung und Klimatisierung der Luft

Die Gesamtwirkung (*Klimawirkung*) der Luft wird gekennzeichnet durch die Summe aller für einen Ort typischen atmosphärischen und terrestrischen Umstände, durch die das Befinden des Menschen unmittelbar beeinflußt wird. Bestimmend sind hier u. a.: Strahlung, Druck, Temperatur und Bewegung der Luft, Luftfeuchtigkeit und Luftelektrizität. Eine entsprechende Besprechung dieser, von der *Bioklimatologie* studierten Verhältnisse gehört nicht in den Rahmen dieses Buches. Sie sind für das Wohlbefinden des Menschen von größter Bedeutung und nicht minder wichtig für Haltbarkeit und einwandfreie Beschaffenheit unserer Lebensmittel. Deshalb ist sachgemäße Lüftung und Klimatisierung („Künstliche Bewetterung“, „air conditioning“) aller Räume, die mit der Gewinnung und Verarbeitung sowie mit dem Vertrieb von Lebensmitteln in Verbindung stehen, zu einem Problem von zunehmender Bedeutung geworden. Belüftung und Entlüftung offener Verkaufsstellen im Kleinhandel wie in Lebensmittelabteilungen von großen Kaufhäusern, Bewetterung in Lager-, Reifungs- und Kühlräumen, in Molkereien, Käsereien oder Brauereien und schließlich Klimatisierung vieler Zweige der Lebensmittelindustrie (Teigwarenherstellung, Tabakmischung, Wurstfabrikation) hat zur Entwicklung technisch wie hygienisch gleich vollkommener Anlagen geführt. Über die genannten mit der Gewinnung und Verarbeitung, dem Vertrieb und Verzehr der Lebensmittel eng verbundenen Anlagen hinaus, hat auch die Klimatisierung von Nutztierställen (Vieh- und Hühnerhaltung) große Bedeutung erlangt.

III. Raumluftentkeimung und -reinigung

Eng verknüpft mit Fragen der Luftklimatisierung ist das Problem der Raumluftentkeimung und -reinigung, die zum Ziel hat, luftfremde und lebensmittelschädigende Bestandteile der Atmosphäre zu entfernen. In erster Linie handelt es sich hier um Verunreinigungen durch Mikroorganismen und durch corpusculäre Anteile (Stäube), weniger durch Gase oder unerwünschte Riechstoffe.

Die *Entkeimung* der Luft in Form der „Luftdesinfektion“ sowie der „Raumdesinfektion“ bezweckt zunächst als Maßnahme der allgemeinen Hygiene die Entfernung von Keimen, wie sie „luftgeborene“ Krankheiten (Tuberkulose, Diphtherie, Viruskrankheiten u. a. m.) verursachen („Sanitary Ventilation“), im Rahmen der Lebensmittelchemie darüber hinaus die Ausschaltung aller Mikroorganismen, die auf dem Luftwege Infektion und Verderbnis unserer Nahrung bewirkung können (Hefen, Schimmelpilze und Bakterien auch nicht gesundheitsschädlicher Art). Letztere können durch ihre enzymatische Aktivität viele Reifungsvorgänge in unerwünschte Richtungen lenken. Die Bedeutung der Luft als Infektionsquelle war schon lange vor den exakten Erkenntnissen über Mikroorganismen bekannt. Dies beweisen mehr oder weniger mystische Vorstellungen über die Wirkung von Ausdünstungen aus Zersetzungs-,

Verwesungs- und Fäulnisprozessen („Miasmen"), die für Entstehung von Krankheiten und Verbreitung von Epidemien verantwortlich gemacht wurden.

Fragen der Lüftung und Luftdesinfektion, soweit dadurch dem Menschen in Gebäuden und Räumen dauernd gute Atemluft beschafft werden soll, desgleichen der Luftdesinfektion in Krankenhäusern oder Operationssälen und schließlich der Entfernung von Farb- und Lacknebeln, Lösungsmittelresten oder Stäuben in Spritzlackierereien, Gußputzereien (Sandstrahlgebläse), Schleifereien oder chemischen Reinigungsanstalten usw. können hier nicht behandelt werden. Luftreinigung und Luftentkeimung kann im wesentlichen nach folgenden, vom lebensmittelchemischen Standpunkt aus wichtigen Verfahren erfolgen:

1. Raumluftentkeimung und -reinigung, Abluftreinigung

Luftentkeimung mit Hilfe *ultravioletter Strahlen* (vgl. S. 287) ist nach der „Lebensmittelbestrahlungs-VO" zugelassen, wobei auch die hier auftretende indirekte Bestrahlung der Lebensmittel selbst geduldet wird. Der Schwerpunkt des wirksamen Spektralbereiches liegt etwa zwischen 250 und 270 nm. Die Ultraviolett-Desinfektion hat Eingang gefunden in die pharmazeutische Industrie (z.B. bei der Penicillinherstellung), Mikrobiologie, in Fabrikationsräume von Fleischereien, Käsereien, Bäckereien, zur Keimfreihaltung von Reifungskammern für Fleisch und Wurst u.a.m. Sie ist besonders wirksam, wenn in derartigen Anlagen auf die Raumbenutzer keine Rücksicht genommen werden muß und kann durch zusätzliche Einrichtung von „UV-Sperren" gesteigert werden (Schleusen an den Eingängen).

Ozon als Luftdesinfektionsmittel ist ungeeignet, wenngleich Ozon gewisse geruchsverdeckende Eigenschaften aufweist. Von verschiedenen Seiten wurde Triäthylenglykol („TAG") als geeignetes Mittel zur Abtötung von Mikroorganismen in der Luft vorgeschlagen. *Coniferenöle* als Sprühnebel sind bei den angewendeten Zeiten und Konzentrationen ohne sichere bactericide Wirkung.

Luftsterilisation durch Hitze ist ein zuverlässiges Verfahren zur Keimfreimachung der Luft.

Luftfiltration durch Filter geringster Porengröße (Filterkerzen) wird ähnlich wie bei der Wasserreinigung (S. 736) zur Entkeimung der Luft, meist nur in kleinem Maßstab, benutzt.

2. Luftreinigung

im weitesten Sinne bezweckt zunächst die Entfernung fester und flüssiger Schwebestoffe (Staub verschiedenster Korngröße, Farbnebel als Aerosole mit gasähnlichen Eigenschaften, Ölnebel usw.), weiterhin die Abtrennung von Fremdgasen der Außenluft und schließlich die Beseitigung unerwünschter Riechstoffe aus Herstellungs-, Verarbeitungs- und Konsumräumen für Lebensmittel. Beispiele aus dem Bereich des Lebensmittelchemikers sind die Abscheidung feinster Stäube aus Tabakmischräumen oder Sprühanlagen (Trockenmilch-, Trockenei- und Kaffeepulverfabrikation), die Entfernung explosiven Staubes (Getreidemühlen, Zuckerfabriken), die Entnebelung öltröpfchenführender Betriebsluft und schließlich die Fernhaltung fremdartiger Riechstoffe (Geschäfte, Gaststätten, Großküchen, Markthallen, Erfrischungsräume, Spritzlackierereien, Lager- und Kühlräume) oder die Entstänkerung von Schlachthöfen, Viehhöfen oder Schweinemarkthallen. Von besonderer Bedeutung ist die Reinigung der Luft dann, wenn diese in Trockenprozessen der Lebensmittelindustrie eingesetzt werden soll. Häufig wird hierbei auch eine weitgehende notwendige Entkeimung erreicht (z.B. in Gärkellern), ebenso häufig steht die Luftreinigung in enger Beziehung zu erwähnten Klimatisierungsprozessen, z.B. bei der Lufttemperierung, der Luftbefeuchtung durch Verdüsen, Berieseln oder Dampfinjektion oder bei der Entfernung von Fremdgerüchen.

Die *Verfahren* derartiger Abscheidungsprozesse sind äußerst vielgestaltig.

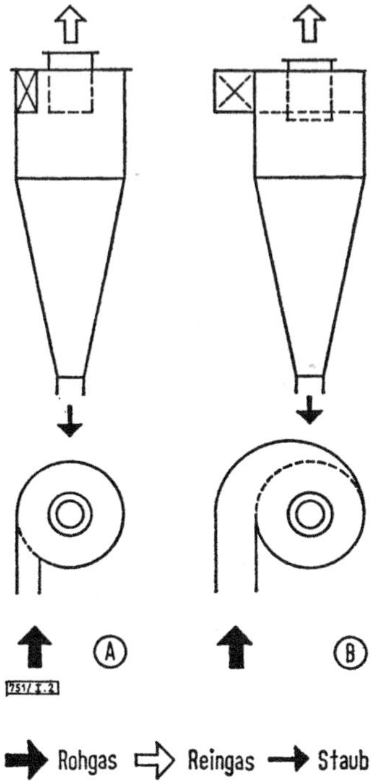

Abb. 127. Zyklone mit tangentialem Gaseintritt. A Eintrittsspirale innen, B Eintrittsspirale außen (Aus: Ullmanns Encyklopädie der technischen Chemie. 4. Aufl. Bd. II., S. 228. Weinheim/Bergstr.: Verlag Chemie 1972)

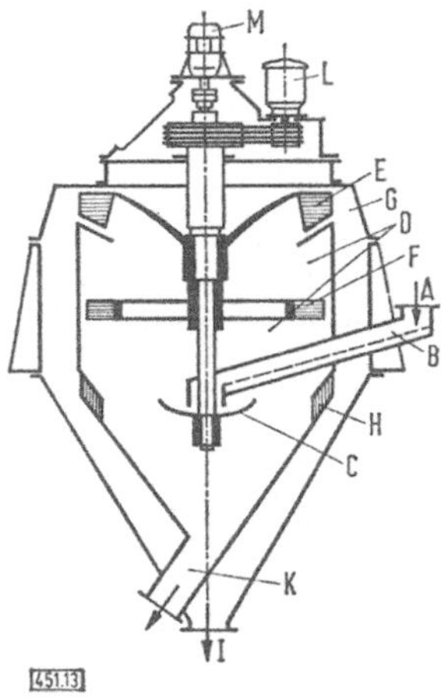

Abb. 128. Heyd-Streuwindsichter, Großsichter (Hersteller Chr. Pfeiffer, Beckum). A Aufgabe, B pneumatische Rinne, C Streuteller, D Sichtraum, E Lüfterrad, F Gegenflügelsystem, H Jalousie, I Feingutauslauf, K Grießauslauf, L Antrieb für Lüfterrad; M Regelantrieb für Gegenflügelsystem und Streuteller (Aus: Ullmanns Encyklopädie der technischen Chemie. 4. Aufl. Bd. II., S. 66. Weinheim/Bergstr.: Verlag Chemie 1972)

Einige besonders wichtige Beispiele sind folgende:

Zyklone als Staubabscheider trennen die im Luftstrom schwebenden Teile durch Fliehkraft. Die im Apparat auftretende, zum Konus hin gerichtete Gasströmung hat ihnen den Namen gegeben (vgl. Abb. 127). Eine viel verwendete, als Version des Zyklons anzusehende Bauart ist der *Streuwindsichter* (Umlauf-, Turbo- oder Kreiselsichter; Abb. 128).

Tuchfilter arbeiten als Stoffilter (Rahmen-, Schlauchfilter), bei denen die Staubteilchen durch verschiedene Filtermedien abgetrennt werden. Abb. 129 bringt das Diagramm eines Flächenfilters.

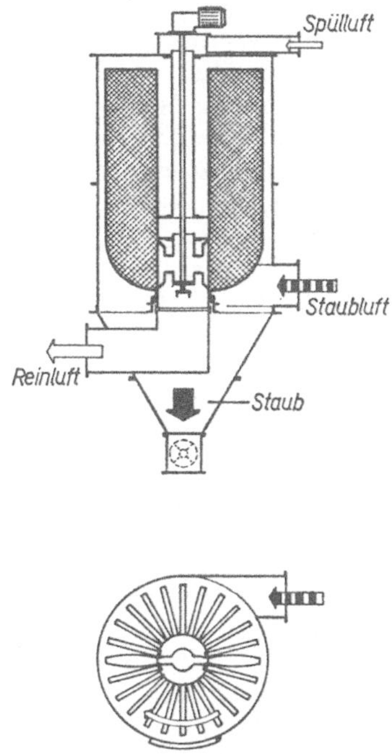

Abb. 129. Schema eines Einraum-Flächenfilters. Beim Abreinigungsvorgang wird jeweils eine der radial angelegten Filtertaschen mit Spülluft gereinigt (nach Herman GmbH, Schifferstadt)

Ölbenetzte Metalluftfilter. Filter dieser Art können als Schichten- und Streichfilter gebaut werden. Gemeinsam ist beiden Typen, daß hier die staubhaltige Luftbahn einen steten Richtungswechsel erfährt, in zahlreiche Teilströme aufgelöst und beim Vorbeistreichen an ölbenetzten Flächen vom Staub befreit wird. Für hohe Filterleistungen benutzt man Umlauffilter mit selbsttätiger Reinigung der Filterschicht.

Das Filter kann mit einem bactericiden Benetzungsmittel versehen werden und liefert entkeimte Luft für Molkereien und Käsereien, Gärungsgewerbe, Butterkühlräume und Margarinefabriken, für Betriebe der Gelatine-, Teigwaren- und Malzherstellung, für Geräte zum Abfüllen von Milch, Obstsäften u. a. m.

Elektrofilter scheiden die in strömenden Gasen schwebenden Stäube oder Nebel mit hochgespanntem Gleichstrom, oft mit kombinierter Spritzwasserspülung ab. Gleich den Verfahren der akustischen Gasreinigung mit Schall oder Ultraschall (*Hochfrequenzsirenen*) finden derartige Filter vorzugsweise in der Großindustrie (Schwefelsäure- und Alkalisalznebel, Gasruß, Teer und Kokereiprodukte) Verwendung.

Weitere Filter sind solche, die Glaswolle oder Aktivkohle enthalten. Letztere dienen vor allem zur Abscheidung von Lösungsmitteldämpfen, z. B. bei Extraktionsanlagen oder zur Eliminierung unerwünschter Riechstoffe und haben sich auch bei der Umlaufreinigung bewährt.

Für die Hygiene von Lebensmittelbetrieben ist schließlich noch die *Staubbindung* durch Öle oder Bohnerwachse wichtig, die zuweilen mit verdampfenden Desinfektionsmitteln imprägniert sind.

IV. Die Verunreinigung der Luft

Die Luftverunreinigung ("atmospheric pollution") kann nach drei Richtungen erfolgen:

1. Durch „reaktive Substanzen" (SO_2, SO_3, CO, NH_3, HCl, F-Verbindungen). Unter ihnen dominiert SO_2 in der Großstadtluft;
2. durch feinste Partikel, die relativ lange Zeit in der Luft verteilt bleiben, um dann als Schmutz- oder Staubschichten abgelagert zu werden. Sie entstehen meist bei unvollkommener Verbrennung von Brennstoffen als *Rauch;*
3. durch relativ grobe Teilchen, die schnell zu Boden sinken. Sie sind meist mineralischer Art, Bestandteile des Brennmaterials oder Flugstoffe der Industrie und entsprechen in der Zusammensetzung etwa der Asche von Brennmaterial.

Prototypen dieser drei Gruppen sind schweflige Säure, Rauch und Asche. *Rauch* enthält Kohleteilchen und Teerkohlenwasserstoffe. Der elektronenmikroskopisch ermittelte Durchmesser solcher Teilchen ist etwa 0,075 μm. Auch Aschebestandteile können in der Größe den Rauchpartikeln nahekommen, so daß ein Aerosol mit weitgehend gasähnlichen Eigenschaften entsteht. Unter bestimmten atmosphärischen Bedingungen (Nebel) kann es zur Bildung dicker Rauchnebel, der Smogs, kommen (*smoke* = Rauch; *fog* = Nebel). Die Größe der *Aschepartikel* ist weitgehend abhängig von der Geschwindigkeit der Brennstoffgase; sie erreichen maximal 0,2 cm im Durchmesser und enthalten oft geringe Anteile von unverbrannter Kohle oder von Koks. In bestimmten Gegenden der Erde kommt zur Luftasche der Partikelanteil von Sandstürmen oder leichten Sandböden. Bei Staub muß zwischen *Schwebestaub* und *Staubniederschlag* unterschieden werden.

Verunreinigungen der *Außenluft* stammen vor allem von Industrieabgasen, vom Verkehr, insbesondere vom Straßenverkehr sowie von zahlreichen Feuerstätten der Wohnungen und des Kleingewerbes.

Zu unterscheiden sind hier die Begriffe der *Emission* und der *Immission,* je nachdem, ob es sich um Ableitung von Fremdstoffen an die Außenluft oder um „Beaufschlagung" eines Geländes oder Geländepunktes mit der Luft entstammenden Fremdstoffen handelt.

1. Emission

Unter „*Emission*" („Auswurf") versteht man nach der VDI-Richtlinie 2104 (1966) „in die Außenluft entweichende, feste, flüssige oder gasförmige luftverunreinigende Stoffe jeder Art und Herkunft". *Emissionsquellen* liegen im Bereich der Industrie, der Haushaltungen, des Verkehrs und der Intensivtierhaltung. Die Höhe der Auswurfstellen kann bodennah sein (Auspuffrohre von Kraftwagen) oder beträchtlich hoch liegen (z.Z. etwa 300 m hohe Schornsteine von Kraftwerken).

In der BRD traten 1969 mengemäßig folgende Emissionen besonders hervor (runde Zahlen):

Kohlenmonoxid	8 Mio t
Gesamtstaub	4 Mio t
Schwefeldioxid	4 Mio t
Stickstoffoxide	2 Mio t
Kohlenwasserstoffe	2 Mio t

Die generelle Beseitigung von Luftverunreinigungen durch Industriebetriebe ist nicht realisierbar, sie erreicht auch bei modernsten Abgasreinigungsvorrichtungen niemals einen 100%igen Wirkungsgrad. Die pro Zeiteinheit emittierte Fremdstoffmenge hängt im wesentlichen von der Produktionsmenge ab und kann beträchtlich gesteigert werden, wenn ungünstige Einsatzstoffe, schlechte Ausbeuten mit unvollständigem Reaktionsumsatz oder schlechte oder gar fehlende Abgasreinigungsvorrichtungen vorliegen. Hinzu kommt, daß häufig eine Verdünnung der Abgase durch Zweitluft oder mit anderen, niedriger konzentrierten Abgasen gegeben ist.

2. Immission

Die VDI-Richtlinie 2104 (1966) definiert den Begriff „*Immission*“ als „Zuführung von festen, flüssigen und gasförmigen luftverunreinigenden Stoffen, die ständig oder vorübergehend in Bodennähe verweilen“. Immissionen sind in der Regel unmittelbare Folgen von Emissionen.

Grenzwerte für verschiedene atmosphärische Verunreinigungen sind für die BRD in den sog. *M*aximalen *I*mmissions-*K*onzentrationen (*MIK-Werte*) festgelegt. Sie wurden vom Bundesminister für Gesundheitswesen 1964 in die „Technische Anleitung zur Reinhaltung der Luft“ aufgenommen. Kenntnisse über den *Zusammenhang zwischen Emission und Immission*, als wesentliche Voraussetzung für die Vermeidung unzulässiger Immissionen in der Umgebung von Emissionsquellen, lassen sich allgemein gültig mathematisch nicht formulieren. Die VDI-Richtlinie 2289 (1963) bringt ein Berechnungsverfahren in Form eines Nomogramms, das vor allem zur Berechnung der geforderten Schornsteinhöhe bei Errichtung neuer Abgasquellen dient.

V. Die wichtigsten Quellen der Luftverunreinigungen

Von den als Staub, Nebel oder Gase (vgl. S. 758) auftretenden Verunreinigungen der Luft kommen als wichtigste Quellen der Haushalt, der Verkehr und die Industrie in Frage.

1. Haushalte

liefern über den Hausbrand, vor allem aus zahlreichen kleinen Feuerstellen dichtbesiedelter Städte beträchtliche Mengen an Asche, Flugkoks, Ruß und Schwefeldioxid (letzteres besonders aus schwefelreichen Heizölsorten). Ein Beispiel bietet London, wo in vielen Kaminfeuerungen die Verwendung teilweise lufthygienisch ungünstiger Kohlensorten, die leicht rußend und schwefelreich sind, eine wesentliche Ursache der Luftverunreinigung und des „Smog“ (vgl. S. 758) ist.

2. Verkehr

Zunehmend tritt der Kraftfahrzeugverkehr als Quelle der Luftverunreinigung in den Vordergrund. Dies gilt insbesondere für das *Kohlenmonoxid* und für die *Kohlenwasserstoffe*. 1969 wurden im gesamten Straßenverkehr rund 3,7 Mio t Kohlendmonoxid und 497000 t Kohlenwasserstoffe emittiert, wovon dem PKW/Kombiverkehr allein 3,48 Mio t bzw. 417000 t anzulasten sind. Besondere Gefahren bringen die *Bleialkyle: Bleitetraäthyl* (TEL) und *Bleitetramethyl* (TML) mit sich. Das „Benzinbleigesetz — BzBlG“ vom 5. 8. 1971 beschränkt den Gehalt an Bleiverbindungen (berechnet als Blei) ab 1. 1. 1972 in Ottokraftstoffen auf maximal 0,40 g/l, ab 1. 1. 1976 auf maximal 0,15 g/l. Zur Zeit werden pro Jahr rund 7000 t Blei in die Atmosphäre ausgestoßen. Der Bleigehalt der Luft wurde in verkehrsfreien Gebieten zu 0,03—0,1 $\mu g/m^3$, in verkehrsreichen Straßen zu 15 $\mu g/m^3$ und bei extrem ungünstigen Wetterlagen bis zu 30 $\mu g/m^3$ ermittelt. Smog-Bildung, wie sie z.B. in Los Angeles häufig beobachtet wird, ist zweifellos in erster Linie durch den Kraftfahrzeugverkehr bedingt. Der Anteil der Flugzeuge an der allgemeinen Luftverschmutzung in den Ballungsgebieten beträgt weniger als 1%. Immerhin wurden in der BRD 1969 u.a. 5600 t Kohlenmonoxid, 3400 t Stickstoffoxide, 3400 t Kohlenwasserstoffe und 16800 t Treibstoffe bei Starts und Landungen emittiert.

3. Industrie

Als wesentlichste Quelle der Luftverunreinigung ist, wie schon erwähnt, die Industrie anzusehen, wo neben Stäuben zahlreiche gasförmige Stoffe auftreten, von denen die wichtigsten sind: schweflige Säure (mengen- und konzentrationsmäßig an der Spitze stehend), Schwefelwasserstoff, Stickstoffoxide, Halogene und Halogenwasserstoffe, Ammoniak, Schwefelkohlenstoff und eine kaum übersehbare Reihe verschiedenster organischer Verbindungen (Kohlenwasserstoffe und halogenierte Kohlenwasserstoffe, Ketone, Phenole, Amine, organische Schwefelverbindungen usw.). Hohe Emissionen in Verbindung mit ungünstigen Wetterbedingungen haben zu ausgesprochenen Katastrophen mit zahlreichen Todesfällen geführt (Maastal in Belgien, 1930; Donora bei Pittsburgh, 1948; London, 1952, "5-day-fog"). Sie treten vor allem dann in Erscheinung, wenn es in größerer Höhe wärmer als in der darunter liegenden Luftschicht ist („Inversion"). Die in Bodennähe gebildete „*Sperrschicht*" führt, vor allem bei gleichzeitiger Nebellage zu abnorm hoher Fremdstoffanreicherung in Wohn- und Industriegebieten.

VI. Die einzelnen Fremdstoffe der Luft

1. Gasförmige Stoffe

a) Kohlendioxid

kann in der freien Atmosphäre, auch unter ungünstigen Verhältnissen (2—3% CO_2 in der Luft) ohne nachweisbaren Schaden vertragen werden. Hohe Konzentrationen (8—10%) in geschlossenen Räumen, Bergwerken, Brunnenschächten, Gärkellern, Gärbottichen, Getreide-, Grünfutter- und Heusilos, Kartoffel- und Tabaklagern, Laderäumen von Frachtschiffen, Reifungskellern, in Schächten, Tunnels und Kanälen sowie solche, die aus offenen Flammen entströmen (Gasherde, Spiritus- oder Petroleumkocher) können durchaus lebensbedrohend sein. Konzentrationen von etwa 20% wirken sofort tödlich. Beim Fehlen brennbarer oder explosibler Luftgemische erlischt eine Kerzen-, Petroleum- oder Ölflamme, wenn die Kohlendioxidkonzentration 8—9% erreicht hat („Lichtprobe").

b) Kohlenmonoxid

in der Atemluft ist weitaus gefährlicher als das besprochene Kohlendioxid, da es mit dem Hämoglobin der roten Blutkörperchen eine schwer dissoziierende Verbindung, das *Kohlenoxidhämoglobin* bildet, in dem das Kohlenmonoxid etwa 250mal stärker im Oxyhämoglobin gebunden ist als der Sauerstoff. Deshalb wirken schon geringste Mengen dieses Gases durch Sauerstoffentzug (Anoxämie) gesundheitsschädigend oder tödlich, wie folgende Aufstellung zeigt (Tab. 162).

Tabelle 162. Wirkung von Kohlenmonoxid in der Atemluft

Kohlenmonoxidgehalt der Atemluft Vol.-%	Hämoglobinbindung %	Wirkung
0,02	etwa 12	erträglich
0,05	etwa 30	Vorboten von Vergiftungserscheinungen
0,21	etwa 50	lebensgefährlich
0,5	70—80	rasch tödlich

Wie für SO_2 spielt auch für CO die routinemäßige *kontinuierliche Messung* derartiger Luftverunreinigungen über längere Zeiträume mit Hilfe automatischer Geräte eine entscheidende Rolle in der Überwachung.

Kohlenmonoxid entsteht vor allem bei unvollständiger Verbrennung kohlenstoffhaltiger Stoffe (unzulängliche Heizungs- und Feuerungsanlagen, undichte Schornsteine, Tunnels), ist ein wesentlicher Bestandteil technischer Gase (Leuchtgas 4—11%, Generatorgas 22—29%, Wassergas 41%, Hochofengichtgase 20 bis 30%) und damit häufige Quelle von Unglücksfällen oder Suiciden. Als Bestandteil von Auspuffgasen (Leerlauf von Motoren in Garagen, geschlossene Kraftwagen [„Limousinenkrankheit"], Großstadtluft an Verkehrszentren) hat es äußerst ernsthafte lufthygienische Probleme geschaffen.

Die Kohlenmonoxidmengen in der freien Luft schwanken je nach Verkehrsdichte, Wetterlage, den Straßenverhältnissen sowie dem Abstand der Entnahme vom Erdboden erheblich. Als Beispiel seien Meßwerte in Frankfurt/M., die 2 bis 2,5 m über dem Erdboden ermittelt wurden, angeführt:

Tabelle 163. Kohlenmonoxid in freier Luft (Frankfurt)

Entnahmestelle	Mittelwert	Maximum
	CO ppm	
Straßen (5 Meßorte)	< 10	88
Polizeiposten	< 20	100
Parkhaus	< 40	200

Im Ausland gefundene Werte sind u.a.:

Tabelle 164. Kohlenmonoxid im Ausland gemessen

Ort	CO ppm	Bermerkungen
Paris (Randgebiet)	8—31	Verkehrsreiche Straßen
(Stadtzentrum)	200	gelegentliche Höchstwerte
London	bis 200	bei anhaltender Smoglage
engl. Großstädte	50	Höchstwerte in Straßen
Neapel	150	Höchstwerte in Straßen
Neapel	50—200	im Tunnel
Detroit	50	Höchstwert in Straßen

1968 wurden in den USA etwa 92 Mio t CO emittiert, davon 58% durch Verbrennungskraftmaschinen. Die höchsten Achtstundenmittelwerte lagen in amerikanischen Großstädten zwischen 10 und 40 ppm CO.

Besonders „fette" Abgasgemische entstehen durch Bremsen, Leerlauf oder Beschleunigung, außerdem ist an den gekühlten Zylinderwänden die Verbrennung unvollständig. Zur *Abgasentgiftung* wurden verschiedene Maßnahmen vorgeschlagen: Zunächst die Verminderung des Olefingehaltes im Kraftstoff, da Olefine gute Smog-Bildner sind. Außerdem Montierung von „Nachbrennern" ("after burners") am Auspuff oder Zwischenschaltung von Katalysatoren in das Abführungssystem. Als *Immissionen* spielen Kohlenmon- und -dioxid im Rahmen *industrieller* Abgase *keine* Rolle.

c) Reizgase

In der Gruppe der Reizgase spielt die *schweflige Säure* die Hauptrolle. Mengen von 0,01 mg/l aufwärts in der Atemluft rufen bereits subjektive Reizbeschwerden hervor, solche zwischen 1,4 und 1,7 mg/l sind als tödlich wirkende Dosen anzusehen. Der schon in sehr geringer Konzentration (0,008—0,013 mg/l) wahrnehmbare Geruch und die starke Reizwirkung des Gases sind der Grund, warum tödliche Vergiftungen selten beobachtet wurden. Hauptquellen der Immission sind Feuerungsanlagen, Schwefelsäurefabriken, Röstanlagen für sulfidische Erze, Betriebe der Metallgewinnung und -verarbeitung, Sulfitzellstoffabriken, Ultramarin-, Glas-, Düngemittel- u.a. Fabriken. SO_2 kann teilweise zu SO_3 oxydiert werden, das dann schwefelsäurehaltige Nebel bildet. Von den 1969 emittierten rund 4 Mio t SO_2 entfielen auf Verbrennungsanlagen 90%, auf Eisenerzsinteranlagen 6%, auf Kraftfahrzeuge 2,5% und auf Schwefelsäurefabriken 1,5%. Allein die von Steinkohlefeuerungen herrührenden SO_2-Emissionen betrugen 1964 ca. 2,34 Mio t. Abgesehen vom konzentrierten Auftreten des Gases in kurzzeitigen „Schwaden“ und in industriellen Betrieben (Sulfitcellulosegewinnung, Röstanlagen für sulfidische Erze, Ultramarinfabriken, Hüttenwerke, Zinkindustrie) ist die Konzentration in der Außenluft meist gering (etwa 0,02—0,2 mg/m³ SO_2), kann aber zuweilen in Industriegebieten und bei Nebel wesentlich höhere Beträge (1—1,4 mg/m³ SO_2 und mehr) erreichen. Über die Wirkung der schwefligen Säure auf Pflanzen („Rauchschäden“) vgl. später.

Chlorwasserstoff und *Chlor* sind nur in Industriegegenden und in der Nähe von Betrieben, aus denen diese Gase in die Außenluft gehen, von Bedeutung. Chlorwasserstoff (Salzsäurenebel) treten auf bei Leblanc-Sodafabriken, Salzsäure- und Kalifabriken, Superphosphat-, Glas- und Emaillebetrieben. *Chlor* stammt aus Bleichereien, Chlorkalk- und Chloralkalielektrolysebetrieben. *Fluorwasserstoff* (auch Siliciumtetrafluorid und Kieselfluorwasserstoffsäure) stammt aus Glasätzereien, der Superphosphat- und Tonindustrie sowie von Eisengießereien. Fluorhaltige Abgase (z.B. aus Kryolithbädern der Aluminiumindustrie) können zuweilen die umgebende Vegetation empfindlich schädigen. Die erwähnte Nebelkatastrophe im Maastal (1930) wurde mit auf die Wirkung fluorhaltiger Gase zurückgeführt. *Salpetersäure*, die neben salpetriger Säure in normaler Luft stets in kleinsten Mengen vorkommt, und *Stickstoffoxide* stammen als Abgasanteile vor allem aus Salpetersäurefabriken und aus Schwefelsäureanlagen, die nach dem Bleikammerverfahren arbeiten und treten auch in den Abgasen der Ammoniakverbrennung auf. Im allgemeinen wird die Schädlichkeitsgrenze an nitrosen Gasen (etwa 0,07 mg/l NO_2) in der freien Luft nicht erreicht. *Ammoniak* tritt bei Gaswerken, Kokereien, Ammoniakfabriken und Hydrieranlagen auf, kann aus Kühlanlagen der Kälteindustrie (Kühlhäuser, Kunsteisfabriken) in die Raumluft gelangen und auch in Abwasserkanälen als Zersetzungs- und Fäulnisprodukt gefährlich werden. Die akut toxische Grenze liegt für den Menschen bei 0,1 mg/l. Mengen von 1,7—3,2 mg/l sind bei kurzdauernder Einwirkung lebensgefährlich, so daß auch geringe Beimengungen zur Atemluft als hygienisch bedenklich gelten müssen.

d) Schwefelwasserstoff

ist ein schweres Gift, das eisenhaltige Enzyme vor allem das eisenhaltige Atmungsferment blockiert. Es kommt in zahlreichen Industriezweigen vor (Kokereien, Schwelereien, Gaswerke, Viscose-, Kunstseide-, Rübenzucker-, Ultramarinfabriken, bei der Verarbeitung von Stroh und Holz auf Sulfitzellstoff, in Teer- und Mineralölanlagen). Das Gas tritt außerdem auf in Vulkanen, Mineralquellen und Grubengasen sowie bei Zersetzungsvorgängen in Kanälen, sammelt sich infolge seiner Schwere (Dichte = 1,5292) in Schächten, Gruben, Brunnen und Kanälen und kann dort zu Unglücksfällen führen.

Die Verträglichkeitsgrenze liegt bei etwa 0,2 mg/l, Konzentrationen von 1,2—2,8 mg/l wirken rasch tödlich. Bei Konzentrationen über 0,04 mg/m³ H_2S ist in der Regel deutlicher Geruch wahrnehmbar. Höhere Konzentrationen (über 0,3‰) wirken anästhesierend auf die Geruchsnerven und vergrößern damit die Gefahr.

e) Schwefelkohlenstoff

wirkt in größeren Mengen als reines Nervengift narkotisch und schon in geringen Konzentrationen (über 1 mg/l) akut toxisch. Chronische Schäden treten bei 0,15 mg/l und langdauernder Einatmung als Psychosen, Rauschzustände und Schwefelkohlenstoffneuritis auf. Als Lösungsmittel für Fette, Öle, Schwefel, Phosphor und Jod, als Extraktions-, Reinigungs- und Vulkanisierungsmittel, in der Viscose- und Kunstseidenindustrie, in der Schädlingsbekämpfung usw. spielt dieser für die Gewerbehygiene besonders bedeutsame Stoff eine große Rolle.

f) Riechstoffe

Viele Fremdstoffe, wie der schon erwähnte Schwefelwasserstoff, kommen oft nur in geringsten Mengen in der Luft vor, sind jedoch infolge ihres durchdringenden, fremdartigen oder gar ekelerregenden Geruches geeignet, die Gesundheit des Menschen zu beeinträchtigen, zur flachen Atmung zu verleiten oder ausgesprochen gesundheitsschädlich zu wirken. Sie treten bei Fäulnisprozessen in der Nähe von Kloaken, Düngerhaufen, Müllplätzen, Abdeckereien oder Abwasserkanälen auf, entweichen aus Verwertungsanlagen für Fisch- und Fleischabfälle, aus Gärfuttersilos und Trebertanks, sind Abgasebestandteile der Großindustrie (Feuerungsstätten, Schwel- und Kokereianlagen, Gasfabriken, Erdölraffinerien, Zellstoff-, Leim- und Lackfabriken, Gerbereien) wie der Lebensmittelindustrie (Zucker- und Gelatinefabriken, Darmschleißereien, Tabakfermentierung). Und schließlich kommen sie auch in Abgasen der Kraftfahrzeuge vor. So vielfältig ihre Quellen sind, so unübersehrbar ist auch ihre Zusammensetzung. Die wichtigsten Stoffgruppen sind Aminbasen, schwefelhaltige organische Substanzen (Mercaptane, Thioäther), flüchtige Fettsäuren, Alkohole, Aldehyde, Indol, Skatol bei Gär- und Fäulnisprozessen, Thiophene als typische Träger des „Leichtölgeruches" von Braunkohlenschwelereien, Phenole, Ammoniak und Pyridinbasen aus Schwel- und Gaswasser. Chemisch sind sie routinemäßig meist schwer oder gar nicht zu identifizieren oder zu bestimmen. Auch auf diesem Gebiet erwachsen der Gaschromatographie wichtige und dankbare Aufgaben. Die gesundheitliche Beurteilung derartiger Riechstoffe ist in erster Linie Aufgabe der Gewerbehygiene und der Arbeitsmedizin. Hinsichtlich Belästigung oder Gesundheitsstörung können keine scharfen Grenzen gezogen werden. Hier spielt die Gesamtdisposition (Krankheit, Gravidität, Lebensalter, nervöse Personen) eine ausschlaggende Rolle.

g) Organische Lösungsmittel

Stoffe dieser Art werden vor allem in gewerblichen Räumen (Gummiwarenfabrikation, Extraktionsanlagen, „chemische Wäschereien"), seltener in der freien Luft, mitunter auch im Haushalt (Reinigungsprozeduren) auftreten. Wichtig sind hier insbesondere *Benzin* und *Benzol*, die in Mengen von 5—10 mg/l (Benzin) oder etwa 24 mg/l (Benzol) bei chronischer Vergiftung Störungen im Nervensystem oder Blutveränderungen hervorrufen. Benzin entspricht in seiner narkotischen Wirkung („Benzinrausch", „Benzinsucht") etwa dem Äther, Benzol dem Chloroform. Ähnlich wirken *Toluol* und *Xylol*, die als Farblösungsmittel in der Luft von Druckereien auftreten können. *Naphthalin* und hydrierte Derivate (Tetralin, Dekalin) als Lösungsmittel für Harze und Wachse in Bohnermassen sind weitere Beispiele derartiger, in die Atemluft übergehender Solventien. Unter den Alkoholen gefährlich sind Dämpfe von *Methanol* (644) und *höheren Al-*

koholen, z. B. von Isoamylalkohol im Fuselöl. Zahlreiche solcher Lösungsmittel sind auch als Komponenten von Fließgemischen in der Papierchromatographie bei der Laborarbeit mit Vorsicht zu behandeln. Weitere flüchtige organische Verbindungen, wie *Anilin, Nitrobenzol* und andere nitrierte Aromaten beschäftigen die Gewerbehygiene. Sie gelten als „Blutgifte"; typische Vergiftungserscheinungen bei Anilin (Arbeiter der Teerfarbenindustrie) zeigen sich in heiterer Erregung („Anilinpips").

h) Arsenverbindungen

führten früher dadurch zu Vergiftungen, daß arsenhaltige Farbstoffe (Schweinfurter Grün u. a.) in gefärbten Tapeten oder Zimmeranstrichen durch Schimmelpilze (Penicillium brevicaule usw.) unter Bildung von Arsenwasserstoff oder anderen flüchtigen Arsenverbindungen, wie Diäthylarsin, $AsH(C_2H_5)_2$ abgebaut werden. Sie führen damit zur Verunreinigung der Luft mit Arsen. Arsenwasserstoff wirkt in Mengen von 5 mg/l sofort tödlich. Arsenhaltige *Kampfstoffe* liegen in erster Linie als Stäube vor (vgl. dort). Gasförmig wirkt das Äthylarsindichlorid $C_2H_5AsCl_2$ („Dick"), dessen Dämpfe die Atemwege stark reizen. Während des ersten und zweiten Weltkrieges wurde sie eingehend auch hinsichtlich ihrer Analytik und Nachweisbarkeit vom Lebensmittelchemiker studiert, da sie aus der verseuchten Luft auch in Lebensmittel (Getreide, Mehl, Brot, Fleisch u. a. in Lagerspeichern) übergehen und dort verbleiben können. Dies gilt vor allem für arsenhaltige Stoffe („Blaukreuz"), daneben für „Grünkreuz" (Phosgen und Chlorpikrin), „Gelbkreuz" (Dichlordiäthylsulfid = Lost, Senfgas oder Yperit, Trichlortriäthylamin = Stickstofflost) und für „Weißkreuz" als augenreizende „Tränengase" (Bromaceton, Brombenzylcyanid, Bromacetophenon, Xylylbromid, Bromessigester u. a.). Zur Kennzeichnung der *Wirkungsstärke* diente das am Versuchstier bestimmte „Tödlichkeitsprodukt": Kampfstoffmenge (in mg/m^3) mal Tötungszeit (in min). Es liegt z. B. für Phosgen bei 1000, für Chlor bei 7500.

i) Gasförmige Schädlingsbekämpfungsmittel

Stoffe dieser Art sind schon lange bekannt und benutzt. *Nicotin* hat als Nicotinlösung oder Tabakbrühe bei der Schädlingsbekämpfung häufig zu schweren Vergiftungen oder tödlichen Unfällen geführt. *Blausäure* und Cyanderivate können aus gewerblichen Betrieben (Abgänge der Cyanidfabrikation, Galvanoplastik, Silberputzmittel) oder aus der Goldgewinnung im Bergbau stammen, treten vor allem jedoch bei Begasungsprozessen auf. Zur Schädlingsbekämpfung z. B. im Mehl dienen das „Zyklon B", ein Blausäure-Kieselgur-Präparat, oft mit Reiz- und Warnstoffen versetzt, außerdem Calciumcyanamid (Cyanogasverfahren für Gewächshäuser). Neben der Gefahr gesundheitlicher Schäden beim Menschen ist hier mit der Möglichkeit zu rechnen, daß Blausäure in begasten Lebensmitteln verbleibt oder in diesen Geruchs- und Geschmacksbeeinträchtigung verursacht (Rohkaffee, Tee, Tabakwaren). *Äthylenoxid* in Mischung mit Kohlendioxid („T-Gas", Etox, Cartox) zur Entkeimung pulveriger und körniger Lebensmittel benutzt, kann gleichfalls zu Vergiftungen führen und nach der Begasung in Lebensmitteln, vor allem aber in Gebrauchsgegenständen (Stoffe, Decken) verbleiben. Geschmackliche und geruchliche Minderungen wurden bisher nicht beobachtet, *Methylbromid* als Begasungsmittel (Mehl, Kartoffeln, Gemüse, Getreide) tritt zum Teil in die Lebensmittel über. Weitere gasförmige Stoffe dieser Art sind *Phosphorwasserstoff, Äthylendibromid* u. a. Da ihre Anwendung bei mangelnder Vorsicht zu Vergiftungen über die Atemluft führen kann, ist ihr Gebrauch zum Teil staatlich geregelt.

j) Pesticide

Untersuchungen an Staub und Regenwasser zeigten, daß *Pesticide* gleichfalls als Immissionsquellen in Frage kommen. So wurde γ-HCH (Lindan) zu etwa 4—13 $\mu g/m^2$ Auffangfläche nachgewiesen.

k) Kohlenwasserstoffe

Neben den besprochenen Vertretern (Benzin usw.) finden sich viele andere Kohlenwasserstoffe als Komponenten der *Auspuffgase.* Für ihre direkte gesundheitsschädliche Wirkung gibt es keine Hinweise. Lufthygienisch besonders besorgniserregend ist die Beobachtung, daß auch *cancerogene Kohlenwasserstoffe* darin vorkommen.

2. Corpusculäre Verunreinigungen

a) Staub und Ruß

1969 lag die Emission an Gesamtstaub bei rund 4 Mio t, wovon der Hauptanteil auf Feuerungsanlagen entfällt. Als *Staubquellen* kommen im wesentlichen in Frage: Kohlegewinnung und Kohleverbrauch (Asche, Flugkoks, Ruß), kalkartiger Staub aus Zementfabriken und sonstigen Industriebetrieben der Steine und Erden, eisenhaltiger Staub feinster Teilchengröße (⌀ in μm; aus der Gewinnung und Weiterverarbeitung von Eisen), der durch seine braune bis rotbraune Farbe besonders optisch wirksam ist, staubhaltige Gichtgase der Hochöfen, sonstiger metallhaltiger Staub aus den entsprechenden Hüttenbetrieben (bedenklich für Mensch, Tier und Pflanze, wenn in ihm Arsen, Blei, Zink, Kupfer, Cadmium, Mangan, Molybdän, Fluor enthalten ist) und schließlich Salzstaub sowie Stäube spezieller Herkunft (Flocken organischer Verbindungen wie Phthalsäureanhydrid, Tabakstaub, Thomasschlacke, Beryllium- oder radioaktiver Gesteinsstaub). So vielfältig die Herkunft des Staubes ist, so weit muß auch seine Definition gefaßt werden. Neben grob sichtbaren Partikeln (Sand, Asche, Ruß) kann er feinst verteilte Corpusceln enthalten (Rauch, Mikroorganismen, Pflanzenpollen, Flüssigkeitströpfchen in „Aerosolen“).

Staub ist nach der VDI-Richtlinie 2031 (1962) ein grobdisperser Feststoff beliebiger Form, Struktur und Dichte, dessen Teilchengrößen etwa zwischen 0,5 und 500 μm liegen. Unterhalb von 0,5 μm liegt das Gebiet der *Schwebstoffe* (*Aerosole*) als kolloiddisperser Systeme. Man unterscheidet Grob-, Mittel-, Fein- und Feinststaub.

Teilchen mit mehr als etwa 5 μm Größe unterliegen zunehmend dem Gravitationseinfluß. Nach dem Stokeschen Gesetz sind die in Tabelle 165 aufgeführten Fallgeschwindigkeiten zu erwarten.

Tabelle 165: Fallgeschwindigkeit von kugelförmigen Teilchen der Dichte 2 in Luft

Gruppe	Teilchengröße ⌀ in μm	Fallgeschwindigkeit in mm/sec
Grobstaub	500—50	3000 —150
Mittelstaub	50—10	150 — 6
Feinstaub	10— 0,5	6 — 0,02
Feinststaub	0,5— 0,1	0,02— 0,002

Solche Verhältnisse sind von größter Wichtigkeit für die Beurteilung des Verfrachtungsmodus und der Verweilzeit der radioaktiven fall-out-Partikel (s. oben).

Da Staub fast ausschließlich der Erdoberfläche entstammt, ist der „Kreislauf des Staubes“ ein naturgebundener Vorgang und die Frage nach der hygienischen Bedeutung des Staubes in erster Linie in Hinsicht auf gesundheitsschädliche Wirkungen zu stellen. Man unterscheidet hier *mechanisch füllende*, *mechanisch-verletzende*, *chemisch-schädigende* und *infektiöse* Stäube. Zur ersten Gruppe gehören organische Stäube von Lebensmittelgewerben (Mehl- und Tabakstaub), anorganische Stäube (Kalk- und Zementstaub) sowie Ruß und Kohlenstaub. Beispiele der zweiten Gruppe sind Stahl-, Eisen-, Quarz-, Glas- und Hartholzstaub. Chemisch wirkende Staubarten sind solche, die Arsen, Blei, Zink Thomasschlacke und viele der in Industriezweigen auftretenden Staubbestandteile enthalten, z. B. aromatische Nitro- und Amidoverbindungen, Phthalsäure, Kalkstickstoff, Chromate, radioaktiven Gesteinsstaub u.a.m.

Zwischen den hier genannten Gruppen existieren häufig Übergänge. Dies kann z. B. wie schon früher erwähnt dazu führen, daß mechanisch-füllende (Ruß der Dieselabgase) oder mechanisch-schädigende Staubpartikel chemisch aktive Substanzen als Trägerstoffe aufzunehmen vermögen und so jeweils lokal hohe, hygienisch bedenkliche Konzentrationen an chemischen Stoffen schaffen. Außerdem kann die mechanisch-verletzende Eigenschaft von Stäuben gekoppelt sein mit chemischen Umsetzungen, wie dies z. B. bei der freien Kieselsäure silicathaltigen Staubes oder des Staubes aus Straßenabrieb für die Genese der Staublunge (Pneumokoniose) angenommen wird. Für Mensch und Tier sind derartige Stoffkombinationen von größter Wichtigkeit.

Lebloser Staub als Träger aktiver Wirkstoffe spielt schließlich bei infektiösen Stäuben die Hauptrolle, wo Staub (Fabrikationsräume, Gehöfte, Ställe, Düngerstätten) als Transportmittel z. B. für Tuberkelbacillen, Milzbrandkeime und -sporen und auch für lebensmitteltechnologisch bedeutsame Heubacillen (Mesentericus, Subtilis), fäulniserregende sporentragende Bakterien aus dem Darminhalt von Tieren und verschiedene Schimmelpilzarten dienen kann.

Eine gewisse hygienische Bedeutung besitzen schließlich die unter dem Begriff „*Aeroplankton*“ zusammengefaßten Verunreinigungen (z. B. Samenpollen) als Erreger des Heuschnupfens und anderer Allergien.

Nebel als Stäube, die feinstverteilte feste, vorzugsweise aber flüssige Stoffe (Tröpfchen) enthalten, haben durch die Verwendung neuzeitlicher Schädlingsbekämpfungsmittel besondere Bedeutung erlangt. Insecticid-Stäube enthalten als feste Komponente z.B. „DDT“ und andere Chlorphenyläthanderivate oder γ-Hexachlor-cyclohexan. Arsen- und bleihaltige Stäube finden in der Forstschädlingsbekämpfung Anwendung. Kampfstoffstäube aus der „Blaukreuzgruppe“ als Nasen- und Rachenreizstoffe sind feinste Partikel von Arsinchloriden und Arsincyaniden („Clark“, „Adamsit“). Nebel mit flüssiger Komponente (Tröpfchen) liefern Substanzen öliger Art oder solche, die in Öllösungen versprüht werden (organische Thiophosphorsäureester, Hexa- und Tetraäthylphosphate als Insecticide, 2.4-Dichlorphenoxyessigsäure, Maleinsäurehydrazid als Unkrautvertilgungsmittel). Der Kampfstoff *Lewisit* (β-Chlorvinyldichlorarsin, $ClCH{=}CHAsCl_2$) liefert einen Tröpfchen-Nebel, der sich als „Tau des Todes“ niederschlägt. Stäube der hier genannten Art sind zunächst von Bedeutung im Rahmen „meldepflichtiger“ *Berufskrankheiten* (Gewerbekrankheiten). Sie erfordern weiterhin besondere Beachtung bei der Schädlingsbekämpfung wegen ihrer oft erheblichen Giftigkeit für den Arbeiter und für Weidevieh oder Fische. Und schließlich ist die Ermittlung der auf oder in Lebensmitteln verbleibenden Reste und deren Begrenzung auf „höchstzulässige Mengen“ zu einem wichtigen Aufgabengebiet auch für den Lebensmittelchemiker geworden.

b) Radioaktiver Staub

Die Inhalierbarkeit und Verteilung radioaktiver Partikel als Luftbestandteile aus unlöslichen Verbindungen des Urans und Thoriums ist schon lange bekannt. Besondere Bedeutung besitzt das in Partikelform auftretende, mehr oder minder weit verbreitete radioaktive Material aus dem „fall out“ von Atombombenversuchen, das z. B. bei der Atomexplosion am Bikini-Atoll (1. 3. 1954) radioaktive Verseuchung über ein großes Gebiet brachte. Eigenschaften und Verbreitung derartiger Partikel sind abhängig von Kondensationsbedingungen, von der Einbeziehung des Milieumaterials (Bombenhülle, Träger, Boden, Wasser) und vor allem von der Partikelgröße (s. vorher), die z. B. eine Verfrachtung aus den derzeitigen Atombomben-Testfeldern auch nach Mitteleuropa bedingen kann.

Die horizontalen Verbreitungsbahnen sind im wesentlichen durch meteorologische Vorgänge bedingt. Für die in der Troposphäre oder der unteren Stratosphäre verbreiteten Partikel sind Durchmesser von mehr als 15—20 μm kaum zu erwarten. Verbreitung radioaktiver Partikel durch die Luft, Inhalation radioaktiver Aerosole und Kontamination von Boden, Wasser, Pflanze, Tier und Mensch über den sedimentierenden "fall out" (vgl. S. 765) oder über radioaktive Isotope, wie sie vielfältige Anwendung in Wissenschaft und Technik gefunden haben, sind vordringliche Aufgaben der Luftüberwachung und Luftkontrolle geworden. Wenngleich noch keinerlei Anhalt für eine akute Gefährdung der Bevölkerung vorliegt, so ist es dennoch dringendes Gebot, die radioaktive Verseuchung auch der Luft durch systematische Messungen weiter zu verfolgen.

VII. Auswirkungen von Luftverunreinigungen

Wenngleich durch Zusammenwirken hoher Emissionen und ungünstiger Wetterbedingungen Katastrophenfälle nicht ausgeblieben sind (vgl. S. 760) und hierbei zahlreiche Todesfälle zu verzeichnen waren, so sind dennoch — abgesehen von ausgesprochenen Betriebsunfällen — *beim Menschen* akute primäre Gesundheitsschäden durch Luftverunreinigungen als selten anzusprechen. Auch dürfte es schwierig sein, subakute Krankheitssymptome sicher zu identifizieren und auf bestimmte Ursachen zurückzuführen. Wesentlich häufiger sind Belästigungen in der Lebensführung, Störungen des Wohlbefindens und des ruhigen Schlafes, Faktoren also, die sekundär Einfluß auf die Gesundheit nehmen können. Als allgemeine Einwirkungen können gelten: Fremdgerüche oft ekelerregender Art, Reizungen der Schleimhäute und Bindegewebe (Auge, Nase), verminderter Sonneneinfall und schlechte Sicht durch Dunstglocken, Verschmutzung durch Staub. Über die hygienischen Folgen bestehen noch lückenhafte Erkenntnisse, z.B. über die Bedeutung der Kraftfahrzeugabgase, des Straßen- und Gummiabriebes als cancerogene Faktoren, der Schädigungen durch lungengängigen Feinstaub, an den Schadstoffe absorbiert sein können usw. Für das *Tier* gelten ähnliche Gesichtspunkte. Hinzu kommen hier: Freßunlust bei mit Staub verunreinigtem Futter, Schädigungen durch am Futter haftenden Staub, wenn dieser z.B. Arsen, Blei, Zink oder Fluor enthält, und schließlich tödliche Wirkungen, auch im Rahmen der vorerwähnten Schädlingsbekämpfungsmittel. Tiere, insbesondere Kühe und Schafe, sind gegen fluorhaltiges Weidefutter besonders empfindlich. Bei der *Pflanze* kann Wuchsminderung und Absterben verursacht werden durch Schwefeldioxid, Fluorverbindungen (fluorhaltige Abgase der Aluminiumfabriken), Säurenebel und durch den erwähnten Smog, der offenbar durch seinen Gehalt an organischen Oxydantien schädlich wirkt. Ertragsmindernd sind vor allem die Dunstglocke vieler Industriegebiete, der erwähnte braune Eisenstaub und die Verschmutzung der Gewächshausverglasung, wodurch die für die Pflanze notwendige Lichtenergie geschwächt wird. *Materialschäden* in Gebieten starker Luftverunreinigung sind gesteigerte Verwitterung von Bauwerken, Korrosionen an Metallen, Isolatoren elektrischer Leitungen oder an Lacküberzügen und Schutzanstrichen, Leder oder Bekleidungsstoffen und nicht zuletzt entstehen erhebliche Reinigungskosten auf den verschiedensten Gebieten des privaten und wirtschaftlichen Lebens.

Trotz vieler noch durchaus offener Fragen zur Hygiene der Luftverunreinigung ist der Kampf gegen die Luftverpestung dringendes Anliegen aller Kulturvölker geworden. Vorschläge in dieser Richtung zielen auf Schutzmaßnahmen der einschlägigen Industrie durch Verbesserung von Filteranlagen für Staub und Abgase, Überprüfung der Haushaltsbrennstellen, Schaffung einwandfreier Motorenkraftstoffe, Bau von Motoren mit möglichst rückstandfreier Verbrennung und regelmäßige Überprüfung des Kraftfahrzeugbestandes. Städtebauliche Forderungen gehen nach vermehrter Querbelüftung von Straßenschluchten durch geeignete Stadtplanung, Schaffung verkehrsfreier Zonen in Kurorten und Erholungszentren, vermehrter Anlage von Grünflächen („Hilfe durch Grün"), und schließlich rechnen hierher Bestrebungen, größere Wohnsiedlungen nicht mehr im „Windschatten", d.h. in der vorherrschenden Windrichtung von Industriebetrieben, zu bauen. Vgl. auch die Literatur **103** sowie weitere Arbeiten unter **55**, **88**, **94**, **115** zitiert.

F. Bedarfsgegenstände

In § 2 des Lebensmittelgesetzes in der Fassung vom 21. 12. 1958 ist eine Reihe von Gegenständen und Stoffen aufgeführt, die zwar nicht unter die Lebensmittel rechnen, im alltäglichen Leben jedoch ausgedehnte Verwendung finden und unter Umständen auf die Gesundheit des Menschen einen schädlichen Einfluß ausüben können. Im alten „Nahrungsmittelgesetz" vom 14. 5. 1879 als „Gebrauchsgegenstände" bezeichnet, wurden sie später unter de mBegriff der „*Bedarfsgegenstände*" zusammengefaßt, mit der Begründung, es handle sich hier vielfach um *Verbrauchs*gegenstände.

Der von der Bundesregierung beschlossene „Entwurf eines Gesetzes zur Neuordnung und Bereinigung des Rechts im Verkehr mit Lebensmitteln, Tabakerzeugnissen, kosmetischen Mitteln und sonstigen Bedarfsgegenständen (Gesetz zur Gesamtreform des Lebensmittelrechts)" sieht eine Trennung der kosmetischen Mittel von den sonstigen Bedarfsgegenständen vor und ersetzt die Aufzählung durch die Kennzeichnung nach dem Verwendungszweck, außerdem wird der Kreis der Bedarfsgegenstände in § 5 des Entwurfes erheblich erweitert.

Nr. 1 nennt Bedarfsgegenstände: „Gegenstände, die dazu bestimmt sind, bei dem Herstellen, Behandeln, Inverkehrbringen oder dem Verzehr von Lebensmitteln verwendet zu werden und dabei mit den Lebensmitteln in Berührung zu kommen oder auf diese einzuwirken."

Nr. 2 erwähnt Packungen, Behältnisse oder Umhüllungen für kosmetische Mittel oder Tabakerzeugnisse.

Nr. 3 spricht von Gegenständen in Zusammenhang mit den Schleimhäuten des Mundes (z.B. Triller- oder Tabakpfeifen, Zigarettenspitzen).

Nr. 4 betrifft Gegenstände, die überwiegend zur Körperpflege bestimmt sind.

Nr. 5 setzt neben die Spielwaren auch Scherzartikel.

Nr. 6 nennt u.a. Bekleidungsgegenstände, Bettwäsche, Perücken, Haarteile, künstliche Wimpern, Armbänder und Brillengestelle.

Nr. 7 regelt Reinigungs-, Pflege- und Imprägnierungsmittel (Textilwaschmittel, Silberputzmittel, Mittel zur Fußboden-, Teppich- oder Möbelreinigung, Mottenschutzmittel, Appreturen u.a.m.).

Nr. 8 umfaßt Mittel zur Reinigung und Bekämpfung von Mikroorganismen für Bedarfsgegenstände nach Nr. 1 (z.B. in Molkereien).

Nr. 9 beschäftigt sich mit Mitteln und Gegenständen, die vor allem durch die Atemluft auf den menschlichen Körper einwirken (Sprays, Insektenvernichtungssprays und -strips).

Absatz 3 des § 5 ermöglicht, im Bedarfsfall weitere Gegenstände dem Gesetz zu unterwerfen. Weiterer z.T. bruchstückhafter und verstreuter Rechtsstoff, z.B. das Blei-Zink-Gesetz vom 25. 6. 1887, in der Fassung vom 24. 5. 1968, das (stark überalterte) „Farbengesetz" vom 5. 7. 1887, in der Fassung vom 24. 5. 1968 und — aus neuerer Zeit — Mitteilungen des Bundesgesundheitsamtes zum Begriff „Eignung eines Bedarfsgegenstandes" [Bundesgesundheitsblatt *14*, 244 (1971)] u.a.m. sind in der Spezialliteratur zu finden.

Die kurze Aufzählung aller hier in Frage kommenden Materialien und Gegenstände zeigt, daß aus dem kaum übersehbaren Gebiet der Bedarfsgegenstände nur eine Auswahl besprochen werden kann.

I. Eß-, Trink- und Kochgeschirre sowie anderes Behältermaterial

1. Bedarfsgegenstände aus Metall im allgemeinen Sinne

Hierher rechnen zunächst insbesondere Töpfe, Pfannen, Tiegel, Siebe, Trichter, Reibeisen, Fleischwölfe, Pressen, Backbleche, Krüge, Tassen, Bowlen, Fleischhaken, Flüssigkeitsmaße, Faßhähne, Siphons, Druckvorrichtungen, Leitungen und andere Apparaturen in der Getränkeindustrie, Konservendosen und Lote, Metallfolien als solche oder in Kombination („Kaschierung") mit anderem Material. Unter Eß-, Trink- und Kochgeschirre (Trinkbecher, Teller, Tassen u.a.) fallen auch solche aus Kunststoffen und kunststoffbeschichteter Pappe sowie die später (S. 775) erwähnten, mit Polyfluoräthylen beschichteten Kochgeschirre und Pfannen. Soweit sie für die *Verpackung* der Lebensmittel eine Rolle spielen, werden sie später eingehend besprochen.

Zur Toxikologie der Metalle vgl. S. 121 ff.

Über die einzelnen Metalle läßt sich unter lebensmitteltechnischen Gesichtspunkten folgendes sagen:

a) Silber

als Werkstoff ist gegen Speisen und Getränke praktisch resistent und gibt kein Metall in nennenswerten Mengen an die Lebensmittel ab. Silberionen werden eine gewisse bactericide („oligodynamische") Wirkung zugeschrieben (vgl. Katadyn-Verfahren, S. 291).

b) Zinn

ist gleichfalls gegen Lebensmittel sehr widerstandsfähig. Kochende Flüssigkeiten, die Zucker sowie organische Säuren, Kochsalz oder Nitrate und Nitrite enthalten, lösen zwar geringe Mengen an Zinn, die jedoch nach allgemeiner Auffassung ohne gesundheitheitlich schädigende Wirkung sind. Unter ungünstigen Umständen können, vor allem beim Stehen saurer Speisen an der Luft, aus Zinnbehältern größere Mengen des Metalls (z.B. bis zu 170 mg/kg bei Spargel, bis zu 1000 mg/kg bei Spinat) in Lösung gehen. Die günstige Beurteilung des Zinns in allen Kulturstaaten kommt in der umfangreichen Verwendung von Weißblech als Konservendosenmaterial (S. 271), von verzinnten Geräten des Haushalts und der Technik oder von Zinnfolie („Stanniol") zur Verpackung zum Ausdruck. Von alters her werden Trinkgefäße aus Zinn bevorzugt, da sie den Geschmack der Getränke (Wein, Bier) besonders rein zur Geltung bringen.

c) Aluminium

Durch seine amphoteren Eigenschaften zeigt Aluminium wenig Widerstandsfähigkeit gegen saure oder alkalisch reagierende Lebensmittel, weshalb dieses Material häufig durch Schutzschichten (Eloxierung, Lackierung) veredelt wird. Auch hier hat die erwiesene Unschädlichkeit von Aluminium und Aluminiumsalzen zum großtechnischen Einsatz als Dosen- und Folienmaterial geführt.

d) Nickel

Eingehende Untersuchungen verschiedener Autoren haben die Unbedenklichkeit der aus Reinnickel hergestellten Bedarfsgegenstände erwiesen. Selbst die bei deutlich saurer Reaktion in Lösung gehenden Nickelmengen sind unter normalen Zubereitungsbedingungen unbedenklich. In Form vieler Legierungen wie Neusilber, Nickel- und Chromnickelstahl, Monelmetall (mit 66—70% Nickel und etwa 30% Kupfer) wird es gleichfalls umfangreich im Haushalt und in der Lebensmitteltechnologie verwendet.

e) Kupfer

Wegen seiner leichten Verformbarkeit und Reinigungsmöglichkeit und nicht zuletzt wegen der günstigen thermischen Eigenschaften (gute Wärmeleitfähigkeit) hat Kupfer seit alter Zeit Verwendung zur Herstellung von Küchengerätschaften sowie von Großapparaturen der Lebensmitteltechnik (Brauerei-, Brennerei-, Zucker- und Süßwarenindustrie), außerdem für Trinkwasser- und Schankleitungen gefunden. Bei normaler Lebensmittelverarbeitung werden nur mäßige Kupfermengen gelöst, größere Mengen (etwa 200 mg) geben sich durch einen unangenehmen, metallisch bitteren Geschmack der Speisen zu erkennen. Das viel geübte *Verzinnen* von Kupfer dient zweifellos zur Resistenzsteigerung gegen saure Angriffe, ein schadhaft gewordener Zinnüberzug bewirkt jedoch eine um so schnellere Korrosion. Ein ernsthafter Einwand, der gegen die Verwendung von Kupfergefäßen spricht, ist der Umstand, daß Vitamin C (S. 171) durch Spuren von Kupferionen schnell zerstört wird und daß saure Speisen größere Kupfermengen zu lösen vermögen. Als Cu-Sn-Legierungen haben die verschiedenen *Bronzen* hoher Festigkeitseigenschaften Eingang auch in die Lebensmittelindustrie gefunden, z.B. für Preßmatrizen bei Teigwaren oder für Drahtsiebe der Plansichter oder als Bronzefolien in der Zigarettenindustrie. Ternäre Cu-Zn-Sn-Legierungen (*Rotguß*) sind gleichfalls viel im Gebrauch.

f) Chrom

Dieses Metall dient zur Erzeugung galvanischer, rostschützender Überzüge auf Eßbestecken und Küchengeräten. Bei lückenloser Verchromung ist seine Verwendung als unbedenklich anzusehen. Chrom löst sich nur in geringen Mengen, die zudem physiologisch unbedenklich sind. Es verhindert insbesondere in der Obstverarbeitungsindustrie die bei Berührung mit Zinn oder Eisen oft beobachteten Verfärbungen. Als Chromlegierung hat sich in weitem Umfang der *Chromnickelstahl* (*V_2A-Stahl*) sowohl in der Lebensmitteltechnik (Wannen, Mulden, Tischbeläge, Lagertanks) wie im Haushalt (rostfreie Eßbestecke und Töpfe) eingeführt.

g) Zink und Zinklegierungen

Gleich dem Aluminium zeigt *Zink* amphoteren Charakter, löst sich also sowohl bei saurer wie alkalischer Reaktion in oft großen Mengen. Im Gegensatz zum Aluminium sind gelöste Zinksalze jedoch als physiologisch nicht unbedenklich anzusehen, sie reizen in größerer Menge zum Erbrechen. Die Verwendung von Zinkgeräten wird deshalb im allgemeinen als ungeeignet bei der Herstellung von Lebensmitteln anzusehen sein. Auch im Haushalt sind Gesundheitsschädigungen möglich und beobachtet worden, wenn beispielsweise verzinkte Behälter (Weckwasserbäder, Zinkwannen und -töpfe, Trichter usw.) zum Auffüllen oder Aufbewahren von Essig, Weingeist oder sauren Speisen wie Kartoffelsalat, Sauerkohl und Fruchtsäften benutzt werden. Die in Aussicht stehende Neufassung des „Blei-Zink-Gesetzes" strebt eine weitgehende Ausschaltung des Zinks an. Alle Geräte in Haushalt und Gewerbe, die mit Lebensmitteln in Berührung kommen, dürfen danach — mit wenigen Ausnahmen — nicht verzinkt sein. Als Ausnahmen sind z.B. vorgesehen: Behälter zur Aufbewahrung und Beförderung von Speiseölen, wasserfreien Speisefetten, trockenen Zuckerwaren, Stärkesirup u.a., Kessel zum Vorkochen (Blanchieren), wenn das Kochwasser weggegossen wird, Fleisch-Aufhängevorrichtungen. Bei Milch und Milcherzeugnissen ist ein derartiges Verbot bereits ausgesprochen.

Zinklegierungen sind im allgemeinen wesentlich günstiger zu beurteilen als das Metall selbst. Dies gilt vor allem für *Messing* (25—45 % Zn neben Cu) und *Tombak* (80—90 % Cu) als recht widerstandsfähige Materialien für Küchengeräte und Apparaturen. Ebenso sind die verschiedenen Cu-Zn-Ni-Legierungen, die als *Neusilber* (neben Cu 12—26 % Ni und 15—40 % Zn) unter verschiedenen Bezeichnungen (wie Alfenide, Alpakka, Argentan, Christofle, Pakfong, Weißkupfer, Peru- oder Chinasilber) Eingang zur Herstellung von Tischgeräten, Eßbestecken, Tee- und Kaffeegeschirren gefunden haben, als physiologisch unbedenklich anzusehen. In den genannten Legierungen ist das Zink weitgehend gegen die lösende Wirkung aggressiver Lebensmittel geschützt.

h) Antimon

als solches bildet Salze, die physiologisch bedenkliche Wirkungen entfalten („Brechweinstein") und aus Emaillen oder aus Kautschuk (s. dort) unter Umständen in Lösung gehen können. Wie bei Zink wird auch bei Antimon die Löslichkeit praktisch unterbunden, wenn es in bestimmten Legierungen vorliegt. Eine derartige, physiologisch unbedenkliche und zur Herstellung von Gebrauchsgegenständen viel benutzte Legierung ist das *Britanniametall* (91—94% Sn, 6—9% Sb und wechselnde Mengen an Cu, Zn, Pb, Bi).

i) Blei

Altbekannt ist die Gesundheitsschädlichkeit der Bleisalze, so daß aus Blei oder bleireichen Legierungen hergestellte Geräte von der Benutzung auszuschließen sind. Dies gilt u. a. auch für Wasserleitungen, wo Bleivergiftungen oft großen Ausmaßes bei der Bevölkerung beobachtet wurden (1930, Leipzig). Dementsprechend hat schon das alte „Blei-Zink-Gesetz" weitgehende Schutzvorschriften festgelegt. Danach ist die Verwendung von bleihaltigem Schrot zum Reinigen von Flüssigkeitsbehältern (soweit Schrotrückstände im Behälter verbleiben) und die Verwendung von Blei oder bleihaltigen Stoffen für Mahlflächen von Mühlsteinen, soweit sie der Lebensmittelherstellung dienen, gänzlich verboten. Legierungen mit *höchstens 10% Blei* dürfen lediglich zur Herstellung sowie zum Verlöten von Eß-, Trink- und Kochgeschirr sowie von Flüssigkeitsmaßen benutzt werden. *Höchstens 1%* Bleigehalt darf die Innenverzinnung der obengenannten Gegenstände aufweisen. Dieselbe Begrenzung des Bleigehaltes gilt bei Druckvorrichtungen zum Ausschank von Bier, bei Siphons für kohlensäurehaltige Getränke und bei Metallteilen für Kindersaugflaschen sowie für *Folien* zum Verpacken von Schnupf- und Kautabak und von Käse. Die Bestimmungen dieses Gesetzes gelten insbesondere auch für Geschirre und Gefäße zur Herstellung von Getränken und Fruchtsäften und für *Konservendosen*. Über den zulässigen Bleigehalt von Glasuren, Emaillen und Kautschukgegenständen vgl. unten.

Die *kumulierende Speicherung* von Blei in Mikroorganismen wie Hefen oder Mycelen erfordert besondere Aufmerksamkeit, falls diese Organismen auf technischen Kulturmedien (bleihaltigen Sulfitablaugen) gezüchtet werden, und berührt die Frage der Bedarfsgegenstände, wenn Blei aus den zur Zellstoffgewinnung dienenden Apparaturen stammt.

j) Cadmium

zeigt schon in sehr kleinen Mengen ausgesprochen toxische Wirkungen, die denen von Quecksilber- und Arsensalzen nahestehen. Sein Verbot im Rahmen einer neuen Gesetzgebung erscheint dringend geboten. Ein derartiges Verbot ist bereits durch eine Warnung des ehemaligen Reichsgesundheitsamtes vom 4. 11. 1940 unterbaut. Das Metall dient als rostschützender Überzug, insbesondere auch als guthaftende Zwischenschicht bei elektrolytischer Verzinnung mit an sich unschädlichen Metallen, so daß auch hier die Gefahr des Übertritts in Speisen gegeben ist, wenn die Schutzschicht des inerten Metalles verletzt wird. Cadmium löst sich leicht in Säuren, schon in 0,5—2,5%iger Essigsäure bei Zimmertemperatur.

k) Thallium,

dessen Salze starke Gifte sind, hat Bedeutung erlangt als Bestandteil von Mäuse- und Rattenvertilgungsmitteln (Zeliopaste), im Zusammenhang mit Bedarfsgegenständen vor allem in *Enthaarungsmitteln* (Depilatorien), wo nach längerem Gebrauch Vergiftungen beobachtet wurden.

Im Rahmen der Metallspuren-Analyse (z. B. zur Bestimmung von Quecksilber) hat die *Atomabsorption-Spektrophotometrie* große Bedeutung erlangt.

2. Bedarfsgegenstände aus Porzellan, Ton und emailliertem Metall

Gefäße aus Ton, Porzellan oder Steingut, insbesondere „Feinkeramik", werden zum Schutz gegen Angriffe, vor allem aber zur Dichtung der porösen Struktur mit Überzügen, den sog. *Glasuren*, versehen. Diese bestehen als glasähnliche Massen aus Kieselsäure, Tonerde, Kalk, Magnesiumoxid und Alkalien in Form von Quarz, Feldspat, Kochsalz, Soda, Salpeter und Pottasche sowie aus Flußmitteln, die neben Borax und Kryolith erhebliche Mengen an Blei (bis zu 48,93% PbO oder 10% Mennige) enthalten. Hoher Bleigehalt wird häufig angestrebt, da derartige Kompositionen besonders leichtschmelzende, gut fließende und glänzende Glasuren liefern, wie sie für Material geringer Hitzefestigkeit (billige Töpferwaren) nicht entbehrt werden können.

Emaillen sind (meist undurchsichtige oder gefärbte) Glasflüsse, ähnlich den Glasuren zusammengesetzt, und enthalten als Trübe- sowie als Färbemittel Zusätze von Antimon-, Zirkon-, Zinn- oder Eisenoxid, von Chrom-, Nickel- oder Kobaltverbindungen. Basis der meisten heute verwendeten Emaillen ist ein Borosilicatglas. Auch hier wird (in Deutschland nur noch selten) Blei zur Erzielung eines guten Schmelzflusses in Form von Mennige, Bleiglätte oder Bleicarbonat zugesetzt. Emaille dient vor allem als Schutzüberzug für das leicht angreifbare Eisen und wird als Grund- und Deckglasur aufgebracht.

Die Gesamtproduktion der etwa 180 Emaillierwerke der BRD stellte 1963 einen Wert von mehr als 1 Mia DM dar.

Die Eignung derartiger Flüsse (Glasuren und Emaillen) für Bedarfsgegenstände ist in erster Linie davon abhängig, ob und in welchem Ausmaß unter bestimmten Bedingungen *Blei* in Speisen und Getränke übergeht. Dies kann unter Umständen in beträchtlichem Ausmaß erfolgen, wie Befunde an japanischer und mexikanischer Importware sowie an inländischen Deckglasuren zeigten. Nach dem alten Gesetz von 1887 darf Emaille oder Glasur beim halbstündigen Kochen mit einem 4 Gew.%igen Essig an diesen kein Blei abgeben. Der neue Gesetzentwurf sieht hier eine präzisere Fassung vor. Halbstündiges Kochen mit 4%iger *Essigsäurelösung* soll bei Gefäßen von mindestens 0,5 l Inhalt nicht mehr als 2 mg Pb je Liter Inhalt, bei kleineren Gefäßen maximal 1 mg Pb für den Gesamtinhalt abgeben. Mehr und mehr führt sich die 24-stündige *Kaltbehandlung* ein. Eine ähnliche Begrenzung der *Cadmiumabgabe* erscheint auch hier dringend erforderlich. Die Verwendung von *Antimon* zu den in Rede stehenden Überzügen sollte ursprünglich vollständig verboten werden. Da jedoch nur das *dreiwertige*, nicht aber das fünfwertige *Antimon* physiologisch bedenklich erscheint und die Industrie Emaillen auf der Basis des fünfwertigen Antimons (Natriummetaantimoniat, „Leukonin", „Pentamon") entwickelte, sollen die für Blei erhobenen Forderungen auch auf Antimon ausgedehnt werden. Danach ist vorgesehen, die Menge des in Lösung gehenden Antimons entsprechend auf maximal 6 mg pro Liter Inhalt oder 3 mg für den Gesamtinhalt zu begrenzen, und zwar hier beim halbstündigen Kochen mit einer Lösung von 3 g Weinsäure in 100 g Wasser.

Vgl. auch H. Häffner (in: 54, Bd. IX., S. 106).

3. Bedarfsgegenstände aus Kautschuk

Wie in der Mehrzahl aller technischen Anwendungsbereiche, wird auch zur Herstellung von Bedarfsgegenständen der Rohkautschuk durch Vulkanisation in den *vulkanisierten Kautschuk* umgewandelt, der im Gegensatz zum Rohprodukt die hier geforderten, innerhalb weiter Temperaturgrenzen stabilen und elastischen Eigenschaften aufweist. Neben Naturkautschuk dienen auch synthetisch gewonnene kautschukähnliche Mischpolymerisate zur Herstellung von Gebrauchsgegenständen.

Auf die Technologie der Vulkanisation soll nur insoweit eingegangen werden, als die Mehrzahl der zur Erzielung spezifischer Eigenschaften (Härte, Farbe, Elastizität) zugesetzten *Füllstoffe* hier nicht interessiert, einige jedoch lebensmitteltechnisch von Bedeutung sind.

Es handelt sich insbesondere um Zusätze von *Blei* und *Zink* (als Oxide und Sulfide) sowie von *Antimon* (als Pentasulfid), die im Gegensatz zu den unlöslichen, früher gleichfalls benutzten Verbindungen des Quecksilbers (als Zinnober) und Wismuts (gleichfalls als Sulfid) beim bestimmungsgemäßen Gebrauch aus Kautschuk hergestellter Gebrauchsgegenstände herausgelöst werden können. Dementsprechend verbot schon das Gesetz aus dem Jahre 1887 *blei- und zinkhaltigen Kautschuk* für Mundstücke zu Saugflaschen, für Saugringe und Warzenhütchen, *bleihaltigen Kautschuk* für Trinkbecher, Spielwaren sowie für Leitungen, die zum Transport von Bier, Wein und Essig dienen sollen. Neue gesetzliche Regelungen sehen eine beträchtliche Ausweitung des Verbotes auf viele andere Bedarfsgegenstände vor.

Über Bedarfsgegenstände auf der Basis von Natur- und Synthesekautschuk (Festkautschuk) vgl. die Empfehlung XXIA der Kunststoffkommission am Bundesgesundheitsamt und weitere Mitteilungen. Zu beachten ist hier, daß Gummi bei der Herstellung zahlreiche Fabrikations- und Hilfsstoffe zugesetzt werden, die vom Speichel aufgelöst werden (Schnuller) und die u. a. auf Lebensmittel übergehend können (z. B. Formaldehyd, aromatische Amine).

Für die Untersuchung und Beurteilung zahlreicher anderer Bedarfsgegenstände, wie Spielwaren, Tapeten, Tinte, Gewebe und Gespinste, kosmetische Mittel, Seife, Wasch- und Netzmittel, Zündwaren usw. muß auf die Speziallliteratur verwiesen werden. Vgl. hierzu Literatur 54, Bd. IX. Eine Gruppe jedoch, die Verpackung, Transport, Aufbewahrung usw. unserer Lebensmittel betrifft und damit das Interessengebiet des Lebensmittelchemikers besonders einschneidend berührt, soll hier näher besprochen werden.

II. Bedarfsgegenstände im Rahmen der Verpackung, des Transportes usw.

Die Bestimmungen in § 3, Nr. 2 des Lebensmittelgesetzes über gesundheitliche Anforderungen an Bedarfsgegenstände des täglichen Lebens haben in den letzten Jahren durch die Entwicklung der Verpackungstechnik und die Einführung neuartiger Verpackungsmaterialien eine fast unübersehbare Ausweitung erfahren. Hier spielen wie bei vielen anderen Bedarfsgegenständen nicht nur die *Verpackung* (Papier, Karton, Dose, Glas, Folie), sondern auch die *Aufbewahrung* (Gestelle, Eimer), die *Beförderung* (Körbe, Fässer, Kannen, Kisten), die *Zubereitung* (Kessel, Kühler, Zentrifugen, Filtrierapparate u.a.) und schließlich die *Abfüllung* (Trichter, Flaschenverschlüsse mit Ausgußvorrichtung, Mensuren, Dosierapparaturen) eine Rolle, und zwar stets dann, wenn Stoffe, die hier verwendet werden, mit den Lebensmitteln in unmittelbare Berührung kommen.

Das Problem der *Verpackung* von Lebensmitteln ist wohl so alt wie die Menschheit (Tonkrüge, Holzgefäße, Flechtkörbe, Fasergewebe, Tierschläuche für Wein und Öl u.a.m.). Ursprünglich stand die *Transport*-(Versand-)Packung im Vordergrund, heute hat die *Konsumpackung* ständig steigende Bedeutung erlangt. Etwa 90% aller Waren erfordern eine Verpackung, und durch die Kennzeichnungspflicht für Lebensmittel, die in „Packungen oder Behältnissen" an den Verbraucher abgegeben werden (Lebensmittel-Kennzeichnungs-VO in der Fassung vom 25. 1. 1972), hat die Verpackungsfrage besondere Bedeutung erlangt. Von gleicher verbraucherpolitischer Bedeutung ist die „Fertigpackungs-VO" vom 1. 1. 1972. 1969 erreichte die *Packmittelproduktion* der BRD den Wert von 10,66 Mia DM; davon entfielen auf Packmittel aus Metall 2,32 Mia DM, Glas 907 Mio DM, Holz 286 Mio DM, Papier und Pappe 4,9 Mia DM, Kunststoff 2,18 Mia DM, Textilgewebe 34 Mio DM und Weichgummi 36 Mio DM.

In der Verpackungstechnik haben sich grundsätzliche Wandlungen vollzogen. Sie beginnen mit Fragen der Transport- und Ladebeanspruchungen (*Einheitspackungen* ausreichender Transportstabilität), gehen über zur Umstellung von der Dauer- auf die standardisierte *Einwegpackung* und zur Verwendung rationell benutzbarer Stapel-, Pack- und Transporteinheiten (*Paletten*) und unterscheiden die *Innen-* von der *Außenverpackung*. Die Entwicklung der Selbstbedienungsläden (in den amerikanischen Städten rivalisieren heute mehr als 150000 Markenartikel miteinander) hat einen umfangreichen Stab der Verpackungsindustrie ins Leben gerufen, der sich bemüht, durch besonders hygienische Aufmachung, spezifische Farb- und Formentwicklung, Schaffung von Klarsichtpackungen, leicht und bequem zu lösendes Packmaterial und nicht zuletzt durch neuartige Verpackungsarten (Folienbeutel, Aerosoldose) dem Käufer eine „sprechende" Verpackung (Packung als „Persönlichkeit") vorzuführen. Hinzu kommen (in oft übertriebenem Ausmaß) Packungen, die für andere *Zwecke weiter verwendet* werden können sowie die auf Kaufkraft, Mengenbedürfnis und gedachte Verkaufsmöglichkeit abgestimmten *Portionspackungen*.

Zweck der Verpackung ist Schutz vor mikrobiologischem Verderb, Schimmelpilzen und Insekten und oft vor Licht, vor Abgabe und Aufnahme von Gasen, Luft und Wasserdampf. Die Verpackung muß unter Umständen flüssigkeitsdicht sein, darf im Kontakt mit dem Füllmaterial nicht verformt oder korrodiert werden, keine artfremde, Geruch und Geschmack des Lebensmittels beeinflussende oder gar gesundheitsschädigende Stoffe abgeben. Sie muß ausreichend fest, maßhaltig und gut verschließbar (zum Teil siegelbar), alterungsbeständig, oft tropen- und kältefest oder auch im Gange technologischer Prozesse (Pasteurisieren, Sterilisieren, Gefrieren, Trocknen, chemische Konservierung) widerstandsfähig sein. Gefordert werden weiterhin Zweckmäßigkeit, leichte Handhabung durch den Verbraucher, leichtes Gewicht und markttechnisch günstige Ausstattungsmöglichkeiten (Bedrucken, Färben usw.).

Von diesen weitgespannten Forderungen interessieren hier nur die lebensmittelchemisch wichtigen Gesichtspunkte.

Die einzelnen Verpackungsarten

a) Blechpackungen

Solche sind typische *Kleinpackungen* aus Weißblech oder Aluminiumblech ohne und mit Lacküberzug, wie Dosen, Falzdosen (die bei aromaempfindlichem Füllgut wie Kaffee oft durch eine Zwischenlamelle verschlossen sind) und Schachteln, *Konservendosen*, Marmeladen-, Senf- und Gurkeneimer, Röhrchen, Hülsen und Tuben, *Bierfässer* aus rostfreiem Stahl und Aluminium und schließlich schwere Blechpackungen wie *Trommeln*, *Fässer*, *Tanks*, *Kannen* und *Hobbocks*. Fragen der Eignung und Zulassung einzelner Metalle wurden bereits kurz erwähnt, sie werden außerdem bei der Konservierung, vor allem für Konservendosen, eingehend erörtert (S. 271). Emaillierte Eisengefäße, z. B. Tanks, müssen hinsichtlich der Bleiabgabe den bereits besprochenen gesetzlichen Anforderungen entsprechen.

b) Metallfolien

Die ursprünglich verwendete *Zinnfolie* („Stanniol") ist weitgehend verschwunden. Durchgesetzt hat sich vor allem die *Aluminiumfolie*, entweder als solche oder kaschiert bzw. lackiert in Verbindung mit Papier, Zellglas oder Kunststoffen. Sie ist ungiftig, aroma-, dampf- und lichtdicht, geschmeidig und falzbar und zeigt hohes Rückstrahlvermögen sowie gute Leitfähigkeit. Durch Prägen, Färben oder Bedrucken kann sie weitgehend abgewandelt werden. *Anwendung* findet sie in einer Stärke von 0,01—0,005 mm für die Verpackung von Käse, Butter, Margarine, Trockensuppen, Trockenmilch, Würzen, Kaffee, Brausepulver, für Tabakwaren, Brot, Back- und Süßwaren, Schokolade und schließlich als „Silberhals" bei Bier und Sekt, für Flaschenkapseln und als Auskleidung der Teekisten beim Import.

1956 kamen in der BRD etwa 16% des gesamten Aluminiumverbrauchs (rund 173000 t) auf Verpackungsmaterial, davon wiederum 75% auf Folienmaterial.

c) Glas- und Keramikpackungen

Hier wird versucht, die Entwicklung des *Leichtglases* zu fördern. In Verbindung mit der *Einwegflasche* (Leichtglasflasche) ist dieses Problem noch nicht gelöst. Ausführungsformen sind farblose (Milchflaschen) oder zum Lichtschutz des Füllmaterials oder zur Unterscheidung von Weinsorten grün oder braun gefärbte *Flaschen* für Getränke aller Art, *Verpackungsflaschen* und Gläser für Speiseöl, Honig, Marmelade, Milcherzeugnisse u.a., *Konservengläser* (S. 270), *Ampullen* oder *Röhrchen*. *Großverpackungen* aus Glas sind Glasballons, Demijohns und Korbflaschen. Marmeladen-Einweggläser nehmen an Bedeutung zu und sind als „verlorene Packung" auch in Deutschland üblich geworden. Glas stellt bei sorgfältiger Reinigung trotz mancher Nachteile (Gewicht, Zerbrechlichkeit) ein Behältermaterial besonders guter Eignung dar.

Keramikbehälter sind *Steinzeuggefäße* zum Einlegen von gesäuertem Material, *Dosen*, Kruken und Flaschen aus Porzellan, Steinzeug oder Steingut. Gegen aggressive Füllgüter zeigen sie besondere Widerstandsfähigkeit, ihre Glasur muß den auf S. 772 mitgeteilten Forderungen hinsichtlich Bleiabgabe genügen.

d) Holzpackungen

Hierher rechnen *Kisten* in verschiedenen, dem Gut angepaßten Formen, *Harasse* und *Steigen* für Gemüse, Obst, Räucherfische, Käse u.a., *Leicht-* und *Packfässer* aus Sperrholz, Spezialfässer für die verschiedensten Zwecke wie Pulpe, Kondensmilch, Schmalz, Speisequark, Sauerkraut, eingesalzene Därme, Butter, Margarine usw. *Schwerfässer* finden für Bier, Wein und Spirituosen, *Kübel* für Butter, *Weiden-* und *Spankörbe* für Obst und Gemüse Verwendung. Hier spielt die hygienisch einwandfreie Reinigung vor allem des Rücklaufgutes eine wesentliche Rolle.

Die Beurteilung des Rohstoffes „Holz" als Ausgangsmaterial für Bedarfsgegenstände im Sinne des Lebensmittelgesetzes wird insbesondere dadurch erschwert, daß eine Fülle verschiedenster, regional differierender Holzarten zu diesem Zweck herangezogen wird.

e) Papier- und Pappepackungen

Sie stellen den Hauptteil des Packmaterials (etwa 40%) und finden sich in allen Spielarten, wie Einwickel- und Packpapier, Wellpappe, Versandbehälter mit abgepaßten Einsätzen, Papiersäcke, -beutel und -fässer, Dosen und Flaschen, Geschenk- und Luxuspackungen. Ein Mittelding zwischen Papier- und Metallpackung stellt die „*Kombidose*" dar, bei der Deckel und Boden aus Weißblech, der Rumpf aus Pappe hergestellt sind.

Das Verpackungsgebiet beansprucht fast die Hälfte der gesamten Papier-, Karton- und Pappe-Erzeugung. In der BRD lag der pro Kopf-Verbrauch an Papier und Pappe 1968 bei rund 111 kg, in den USA bei 242 kg. Im gleichen Zeitraum wurden 4,0 Mio t Papier und Pappe produziert; die Weltproduktion betrug 94 Mio t.

Das *Packstoffmaterial* dieser Gruppe ist äußerst vielgestaltig. Gebleichte und ungebleichte „*Kraftpapiere*" sowie Sulfitpapier dienen als mechanisch stark beanspruchbarer Packstoff für Tüten, Beutel, Taschen und Säcke, oft in Mehrlagenschichten (Obst, Gemüse, Zucker, Gewürze, Trockenkartoffeln). Ausrüstung mit Bitumen, Wachs oder Kunststoffen verbessert die Eignung. *Pergamentpapier* ist wasserfest und weitgehend fettdicht (Butter, Margarine, Schmalz, Fleisch, Speck, Käse). Behandlung mit Weichmachern (Glycerin) steigert die Knickfestigkeit, mit Kunststoffen die Wasserdampfdichtigkeit (Butter, Margarine) und macht das Papier heißsiegelfähig. *Pergamin* und Pergamentpapierersatz sind in weitem Ausmaß aromadicht und außerdem transparent (Speck, Schmalz, Schinken, Süßwaren, Backwaren, gesalzene Nüsse und Mandeln, Kartoffelchips). Als Material für Innenbeutel- oder Kartoninnenfutter können sie durch Kaschieren, Lackieren oder Beschichten verbessert werden. *Gewachste* und *paraffinierte* Papiere, auch Ölpapiere, werden für Milch und Milchprodukte, Backwaren, Brot, Gefrierprodukte wie Eiscreme, Gefriermilch, tiefgekühlte und vorgekochte Lebensmittel, für Sahne, Käse, Fruchtsäfte u. dgl. verwendet. Mit Polyäthylen und anderen *Kunststoffen* beschichtete Papiere schützen feuchtigkeitsempfindliche

Produkte (Butter, Margarine, Trockensuppen, Gewürze, Süßwaren und Dauerbackwaren, Kaffee) und gewinnen zunehmende Bedeutung als „verlorene Packungen“ für Frischmilch, Milchprodukte und Eiscreme („Tetrapack“ für Milch). *Kaschierte* Papiere werden durch Beschichtung mit Aluminium- oder Kunststofffolien hergestellt, bei Aluminium oft noch mit Schutz- und Heiß-Siegellackierung versehen oder zur Vermeidung von Knickschäden zwischen zwei Papierschichten gelagert. Auch Kombinationen von Aluminium- und Kunststoffolien (z. B. Polyäthylenfolie von 0,04 mm Dicke) oder Beschichtungen mit Papier und Pappe finden als standfestes, licht,- aroma- und gasdichtes Material vielseitige Verwendung. Und schließlich wird Papier oft *gefärbt* zur Absorption schädlichen Lichtes (Butter, Backwaren), mit *Fungiciden* imprägniert (für Citrusfrüchte, Brot, Käse und zum Abdecken von Marmeladen) oder mit *antioxydativ* wirksamen Stoffen versehen (fetthaltige Lebensmittel), um Metallspuren (Cu, Fe) auszuschalten, die sich vor allem in Papieren aus wiederverarbeitetem Material finden. Hartpapier- und Pappbehältnisse werden als Speiseeis- und Trinkbecher, zur Verpackung von Konfitüren, Fleischwaren usw. sowie zum Transport von Eiern hergestellt. „Fibre“-Trommeln aus ähnlichem Material verdrängen immer mehr die Sperrholzfässer.

Hierher rechnen auch Zigarettenpapiere, Filterpapiere und Filtermassen. Bei Wahl geeigneter Materialien, insbesondere gesundheitlich einwandfreier Kunststoffe, ist diese, meist „verlorene“ Verpackungsart von hohem hygienischen Wert.

Die 36. Mitteilung der Kunststoffkommission am Bundesgesundheitsamt beschäftigt sich mit Papierrohstoffen, Fabrikationshilfsstoffen und speziellen Papierveredlungsstoffen.

f) Gewebspackungen

sind u. a. die (auch kunststoffimprägnierten) *Jutesäcke*, Sackmaterial anderer Art sowie *Ballenverpackungen* (Tabak, Hopfen). Sie spielen beim Export eine wichtige Rolle und können mehrmals verwendet werden.

g) Kunststoffpackungen

Solche Packungen haben erst in den letzten 20 Jahren Eingang gefunden, ihr Anwendungsbereich dehnt sich immer weiter aus. Neben undurchsichtigen Behältern verschiedener Farben und Formen sind vor allem auch Transparent-(*Klarsicht-*)Packungen (Fleisch-, Gemüse-, Fisch-, Teigwarenindustrie) im Gebrauch, und zwar sowohl als Folien, Konsumtüten und -beutel, Säcke, Dosen, Schachteln (Fensterpackungen, Körbchen für Weichobst), Flaschen, Tuben, Flaschenverschlüsse und Schutzüberzüge, wie auch als Schläuche und Leitungen.

Die Welterzeugung der eigentlichen Kunststoffe betrug 1913 etwa 50000 t/Jahr und lag 1968 bei mehr als 20 Mio t/Jahr. Die drei großen Kunststoffgruppen, Polyvinylchlorid, Polystyrol und Polyolefine, hatten an der Gesamtproduktion Anteile von etwa 67%, 13% und 27%. Im Jahr 1965 wurden in Westeuropa 2,66 Mio t dieser drei Thermoplaste hergestellt, wovon 10% in die Lebensmittelindustrie gingen und dabei mit mindestens 5 Mio t Lebensmitteln in Berührung kamen.

Unter den verwendeten Folien stellt *Zellglas* (Cellulosehydrat) die älteste Folienart dar. Zellglas ist transparent, sehr reißfest, dehnbar und fettdicht, jedoch wasserempfindlich. Kunststofflackierung und -beschichtung, Kombination mit Aluminiumfolie oder Pergamentpapier erweitern den Verwendungsbereich. *Celluloseacetat* dient als Sichtfenster in Kartonpackungen oder zum Verpacken von Obst. *Polyäthylenfolien* sind wasser- und wasserdampfdicht, transparent, biegsam und chemisch indifferent und haben gleich dem Zellglas umfangreichen Eingang in die Lebensmittelverpackungen gefunden, z. B. als Frischhaltepackungen bei feuchten und flüssigen Lebensmitteln (Kartoffeln, Gemüse, Salat, Obst, Südfrüchte, tiefgefrorenes Obst und Gemüse) und bei der Sterilisierung abgepackten Brotes.

Die wichtigsten hier interessierenden *Hochpolymeren* sind *Polyäthylen* (PE), *Polypropylen* (PP), *Polyisobutylen* (PIB), *Polyvinylchlorid* (Hart-PVC als besonders dichtes Verpackungsmaterial, weichgemachtes PVC), *Polyvinylidenchlorid* (PVDC), *Polytetrafluoräthylen* (PTFE zum Beschichten von Bratpfannen; vgl. die Stellungnahme des Bundesgesundheitsamtes vom 13. 10. 1967), *Polystyrol* (PS) und Mischpolymerisate, *Polyamide*, *Polyurethane* u. a. m.

Die *Verformung* der Thermoplaste zu Bedarfsgegenständen erfolgt zunächst durch *Extrusion* in Schneckenpressen, die je nach der Austrittsdüse Stränge, Schläuche oder Folien liefern. *Hohlkörper* werden zwischen Formen geblasen. *Folien*, hauptsächlich Polyäthylenfolien, werden auch nach dem Folienblasverfahren hergestellt. *Schrumpffolien* (*Saran*, *Cryovac*) sind monaxial oder biaxial gereckte Folien vornehmlich aus Polyvinylchlorid, Polyvinylidenchlorid oder Polyäthylen. Sie werden bei Vakuum- und Gefrierpackungen eingesetzt und dienen auch als Schrumpfpackungen für Geflügel, Wurst oder Schinken und für Gefrierpackungen, deren Inhalt durch Einstellen in kochendes Wasser direkt aufgetaut und gargemacht werden kann.

Außerdem lassen sich verschiedene Folienarten miteinander beschichten, wie z. B. Zellgas mit Polyäthylen („Cellothene") oder Polyterephthalsäureester mit Polyäthylen („Hostaphan-PE"). Über die Verwendung derartiger Folien in Kombination mit anderem Verpackungsmaterial wurde oben berichtet. Hüllstoffe, bei denen Lichtschutzpigmente in Zwischenschichten des Kunststoff-Films eingearbeitet sind („Iscofol") bleiben auch beim Falten, Knicken und Versiegeln lichtdicht.

Die *Zunahme* der Kunststoffverpackungen bei einer absoluten Steigerung von 200000 t auf 450000 t zwischen 1966 und 1968 betrug rund 80%, bei Papier und Pappe „nur" 45%.

Kunststoffbehälter werden aus den verschiedensten Kunststoffen im Vakuum gezogen, spritzgegossen, geblasen oder gepreßt und für die Verpackung zahlreicher Lebensmittel benutzt. Sie sind für Obst, Gefriergeflügel, Quark und andere Milchprodukte, Schmelzkäse, Fleischsalat, Fischpräserven, Marmelade, Eiscreme, Senf oder Kaffee, als Trinkbecker, Dosen, Flaschen, Tuben, Transportkannen, Kannister, Sektpfropfen, Milchflaschen, als Schleuderformen für Schokolade und als Formköpfe für die Teigwarenherstellung (S. 499) im Handel. Auch in Form von Rohrleitungen beim Milchtransport über weite Strecken werden Kunststoffe eingesetzt. Neue Möglichkeiten der Metallbeschichtung mit Kunststoffen bietet das Aufspritzen der Filme („*Extruder*-Verfahren") oder die Herstellung von „*Plastikblechen*" („*Skinplate*-Material") als Faßmaterial, wobei PVC-Folien (0,15—0,3 mm) unter Druck und Wärme auf Bonderbleche (0,3—2 mm) oder auf Aluminiumblech aufgebracht werden. Eine Sonderstellung nehmen die *Kunststoffschäume* ein (Schaum-Polystyrol, „Iporka", „Moltopren"), die als Isolierstoffe in der Kältetechnik und bei der Verpackung zerbrechlicher Güter Verwendung finden.

Vgl. auch die eingehende Darstellung von G. Thiem (in: 54, Bd. IX, S. 156) sowie R. Heiss (60).

Neben der oben kurz angedeuteten technologischen Eignung von Kunststoffen hat die physiologische Überprüfung besondere Aufmerksamkeit gefunden und zu der Forderung geführt, daß jeder Kunststoff und die benutzten technischen Hilfsstoffe (Katalysatoren, Emulgatoren, Stabilisatoren, Gleitmittel usw.) erst dann für Lebensmittel verwendet werden dürfen, wenn sie bestimmten gesundheitlichen und lebensmittelchemischen Bedingungen genügen. Derartige Forderungen beziehen sich insbesondere auf den Reinheitsgrad, die gesundheitliche Unbedenklichkeit und die Klärung der Fragen, welche Mengen des verarbeiteten Kunststoffes sowie der Kunststoffbestandteile in das Packgut übergehen („*Migration*" von Hilfsstoffen) und welcher Gehalt des Packgutes an diesem Kunststoff als gesundheitlich unbedenklich anzusehen ist. Um hier Klarheit zu schaffen, wurde beim Bundesgesundheitsamt eine „Kommission für die gesundheitliche Beurteilung von Kunststoffen im Rahmen des Lebensmittelgesetzes" errichtet. Über die laufend publizierten Mitteilungen vgl. das Bundesgesundheitsblatt.

Diese Ergebnisse sind als „rechtsweisend" anzusprechen und sollen einer künftigen rechtssatzmäßigen Regelung den Weg bereiten. Wie gefährlich die kritiklose Anwendung eines nicht eingehend geprüften Kunststoffes sein kann, zeigt das Beispiel des *Igelites* und seines Weichmachers, des *o-Trikresylphosphates* (S. 199; 438) nach dem zweiten Weltkrieg.

Für das *Stempeln* von Verpackungsmitteln ist die „Farbstoff-VO" zu berücksichtigen (§ 1, Abs. 1 Nr. 3). Danach dürfen dann, wenn der Stempelfarbstoff bei bestimmungsgemäßem Gebrauch auf Lebensmittel übergehen kann, nur die dort aufgeführten Farbstoffe Verwendung finden.

Wenngleich der Anteil des *Kunststoffmülls* in der BRD 1968 bei maximal 2,5% der Gesamtmüllmenge lag, bringt dessen Beseitigung, vor allem der chlorierten Kunststoffe (PVC, 0,26—0,66% HCl) schwerwiegende Probleme mit sich, zu deren Bewältigung das „*Abfallbeseitigungsgesetz* (AbfG) dienen soll. Für 1980 wird ein *Hausmüllanfall* von 31 Mio t erwartet.

III. Farben für Bedarfsgegenstände

Bedarfsgegenstände im Sinne des Lebensmittelgesetztes sind auch Farben, soweit sie nicht zu den Lebensmitteln gehören (§ 2, Abs. 5). Farben dieser Art sind somit abgegrenzt gegenüber den in der „Farbstoff-VO" in der Fassung vom 28. 3. 1972 erfaßten färbenden Fremdstoffen, die Bestandteile der Lebensmittel werden oder beim Färben, Bedrucken usw. von Verpackungsmaterial, beim Stempeln der Lebensmittel oder bein Färben und Bemalen der Schale von Eiern, in Lebensmittel eindringen können (vgl. oben). Die letztgenannte Farbstoffgruppe wird an anderer Stelle (S. 310) besprochen. Zu den als Bedarfsgegenstände anzusehenden Farben gehören sowohl Stoffe, die anderen Stoffen Farbe zu geben vermögen (*Farbstoffe*), als auch *Zubereitungen* dieser Stoffe als Anstrichfarben (Leim-, Öl-, Lack- und Wasserfarben), als auch Stifte, Pasten oder Steine usw. Hierher rechnen z. B. auch Substanzen, die als solche noch keine Farbstoffe sind, bei bestimmungsgemäßem Gebrauch jedoch solche werden (Bleisalzlösungen sowie Lösungen von Paraphenylendiamin in flüssigen Haarfärbemitteln). Gesundheitsschädlich sind insbesondere Farbstoffe und Farbzubereitungen, die Antimon, Arsen, Barium, Blei, Cadmium, Chrom, Kupfer, Quecksilber, Uran, Zink, Zinn, Gummigutt, Korallin oder Pikrinsäure enthalten, soweit nicht Ausnahmen festgelegt sind („Blei- und Zinkgesetz" vom 25. 6. 1887; Giftverordnungen der Länder u. a. vgl. S. 768). Für sie gilt die Bestimmung des Lebensmittelgesetzes (§ 3, Abs. 2a und b), daß bei bestimmungsgemäßem oder vorauszusehendem Gebrauch die menschliche Gesundheit durch ihre Bestandteile oder Verunreinigungen nicht geschädigt werden kann. Im Rahmen der Bedarfsgegenstände, wie sie dem Lebensmittelchemiker zur Untersuchung und Beurteilung zustehen, kommen hier vor allem in Betracht: Farben, die verwendet werden bei der Herstellung von Gefäßen, Umhüllungen und Schutzbedeckungen für Lebensmittel, von kosmetischen Mitteln, Kleiderstoffen, Tapeten, Masken, Kerzen, künstlichen Blumen, Blättern und Früchten, Lampenschirmen, Blumentopfgittern, Kinderspielwaren (einschließlich Bilderbogen, Bilderbüchern und Tuschkästen für Kinder), Oblaten, Emailleglasuren, Buch- und Steindruck, für den Anstrich von Fußböden, Decken, Wänden, Türen,

Fenstern der Wohn- und Geschäftsräume, von Roll-, Zug- oder Klappläden oder Vorhängen, von Möbeln, von Leitungsrohren usw.

Besonders wichtig ist auch die Empfehlung XL „Lacke und Anstrichstoffe für Lebensmittelbehälter und -verpackungen" (47. Mitteilung im Bundesgesundheitsblatt *11*, 192 (1968)).

Hingewiesen sei auf Länderverordnungen über den Verkehr mit Giften, z.B. auf die Berliner „Gift-VO" in der Fassung vom 18. 1. 1966 sowie auf die „Landes-VO zur Änderung der Gift-VO und der Landes-VO über giftige Pflanzenschutzmittel" Bayerns vom 22. 3. 1966. Für alle anderen dem Gesetz unterworfenen Bedarfsgegenstände muß auf die Literatur 54, Bd. IX, verwiesen werden. Vgl. auch Mitteilung 3 der DFG-Farbstoffkommission „Färbemittel für Kosmetika" (1968, Nachtrag 1971).

G. Literatur

(Von 1. bis 4. vgl. S. 9)

5. Adler, G.: Kartoffeln und Kartoffelerzeugnisse. Berlin: Parey 1971.
6. The Almanac of the Canning, Freezing, Preserving Industries 1966. Westminster/Md.: Judge 1966.
7. Amerine, M. A.: Joslyn, M. A.: Table Wines. The Technology of their Production. 2. Aufl. Berkeley: Univ. Calif. Press 1970.
8. Amino-Acid Content of Foods and Biological Data on Proteins. FAO Nutritional Studies No. 24, 1970.
9. Enzymatische *Analysen* für die Lebensmittelchemie. Mannheim: Böhringer & Söhne, Abt. Lebensmittelchemie 1971.
10. Arbuckle, W. S.: Ice Cream. Westport/Conn.: AVI 1966.
11. Aykroyd, W. R., Doughty, J.: Legumes in Human Nutrition. FAO Nutritional Studies No. 19., 2. Aufl. 1966.
12. Aykroyd, W. R., Doughty, J.: Wheat in Human Nutrition. FAO Nutritional Studies No. 23, 1970.
13. Bäckström, M., Emblik, E.: Kältetechnik. 3. Aufl. Karlsruhe: Braun 1965
14. Bailey, R. W.: Oligosaccharids. Oxford: Pergamon Press 1965.
15. Barman, T. E.: Enzyme Handbook. Bd. I—II. Berlin-Heidelberg-New York: Springer 1969.
16. Baxa, J., Bruhns, G.: Zucker im Leben der Völker. Berlin: Bartens 1967.
17. Bergmeyer, H. U.: Methoden der enzymatischen Analyse. Bd. I—II. Weinheim/Bergstr.: Verlag Chemie 1970.
18. Birch, G. G., Green, L. F., Coulson, C. B.: Glucose Syrups and related Carbohydrates. Amsterdam: Elsevier 1970.
19. Bonner, J., Varner, J. E.: Plant Biochemistry. New York: Academic Press 1965.
20. Borgstrom, G.: Fish as Food. Bd. I—IV. New York: Academic Press 1961/65.
21. Boyer, P. D.: The Enzymes. 3. Aufl. Bd. I—IV. New York: Academic Press 1970.
22. Boyer, P. D., Lardy, H., Myrbäck, K.: The Enzymes. 2. Aufl. Bd. V—VIII. New York: Academic Press 1961/63.
23. Brennan, J. G., Butters, J. R., Cowell, N. D., Lilly, A. E. V.: Food Engineering Operations. Amsterdam: Elsevier 1969.
24. Burger, A. M.: Die natürlichen und künstlichen Aromen. 3. Aufl. Heidelberg: Hüthig 1968.
25. Chatfield, C.: Food Composition Tables — Minerals and Vitamins — for International Use. FAO Nutritional Studies No. 11., 3. Aufl. 1964.
26. Clerck, de, J.: Lehrbuch der Brauerei. 2. Aufl. Bd. I—II. Berlin: Versuchs- und Lehranstalt für Brauerei 1964.
27. Colowick, S. P., Kaplan, N. O.: Methods in Enzymology. Bd. I—XXVIII. New York: Academic Press 1955/72.
28. Cook, A. H.: The Chemistry and Biochemistry of Yeasts. 1. Aufl. New York: Academic Press 1958.
29. Cornelssen, F. A.: Deutschland und seine Weine. Sonderausgabe der Deutschen Weinkorrespondenz Neustadt/Weinstr.: Meininger 1965.
30. Czaja, A. T.: Die Mikroskopie der Stärkekörner. Berlin: Parey 1969.
31. Dassler, E.: Warenkunde für den Fruchthandel. 3. Aufl. Berlin: Parey 1969.
32. Day, E. A.: Some Properties of Carbonyl Compounds Encountered in the Flavor Isolates of Dairy Products — A Review. Food Technol. **19**, No. 10, 129 (1965).
33. De, S. S.: Technology of Production of Edible Flours and Protein Products from Soybean. Rome: FAO 1971.
34. De, S. S., Cornelius, J. A.: Technology of Production of Edible Flours and Protein Products from Groundnuts. Rome: FAO 1971.
35. Diemair, W., Postel, W.: Nachweis und Bestimmung von Konservierungsstoffen in Lebensmitteln. Stuttgart: Wissenschaftliche Verlagsgesellschaft 1967.

36. Eskin, N. A. M., Henderson, H. M., Townsend, R. J.: Biochemistry of Foods. London: Academic Press 1971.
37. Farber, S. M.: Food and Civilisation. Springfield/Ill.: Thomas 1966.
38. Fincke, H.: Handbuch der Kakaoerzeugnisse. 2. Aufl. hrsg. von A. Fincke. Berlin-Heidelberg-New York: Springer 1965.
39. Fishbein, L.: Chromatographic and Biological Aspects of Organomercurials. Chromatog. Rev. **13**, 83 (1970).
40. Florkin, M., Stotz, E. H.: Comprehensive Biochemistry. Bd. VII, VIII, XII, XIII (3. Aufl.), XVIII, XXI. Amsterdam: Elsevier 1963/65, 1970/73.
41. Foote, H. E.: Coffee Processing Technology. Bd. I—II. Westport/Conn.: AVI 1963.
42. Franck, R.: Weinanalytik. Köln: Heymann 1970.
43. George, H.: Likör-Bereitung. 2. Aufl. Stuttgart: Ulmer 1967.
44. Gierschner, K., Baumann, G.: Aromastoffe in Früchten. Riechstoffe, Aromen, Körperpflegemittel **18**, 32 S. (1968).
45. Goldbach, W.: Forschungsergebnisse auf dem Gebiet von Nahrung und Ernährung, ausgewählt aus dem neueren Schrifttum. 3. Die Schimmelpilze in ihrer lebensmittelchemischen und -hygienischen Bedeutung. Nahrung **12**, 283 (1968).
46. Goldblatt, L. A.: Aflatoxin. Scientific Background, Control, and Implications. New York: Academic Press 1969.
47. Goodwin, T. W.: Chemistry and Biochemistry of Plant Pigments. London: Academic Press 1965.
48. Grau, R.: Fleisch und Fleischwaren. 2. Aufl. Berlin: Parey 1969.
49. Grosch, W.: Reaktionswege zur Bildung von Aromastoffen. Umschau **70**, 399 (1970).
50. Großklaus, D.: Fremde Stoffe und gesundheitlich bedenkliche Rückstände in Geflügelfleisch. Bundesgesundheitsbl. **15**, 42 (1972).
51. György, P., Pearson, W. N.: The Vitamins. 2. Aufl. Bd. VI—VII. New York: Academic Press 1967.
52. Hall, C. W., Hedrick, T. I.: Drying Milk and Milk Products. Westport/Conn.: AVI 1966.
53. Hamm, R.: Kolloidchemie des Fleisches. Berlin: Parey 1972.
54. Handbuch der Lebensmittelchemie. Hrsg. von: Acker, L., Bergner, K.-G., Diemair, W., Heinemann, W., Kiermeier. F., Schormüller, J., Souci, S. W. Bd. I—IX. Berlin-Heidelberg-New York: Springer 1965/70.
55. Hanson, N. W.: The Determination of toxic Substances in Air. A. Manual of ICI Practices. Cambridge: Heffer 1965.
56. Harler, C. R.: Tea Manufacture. London: Oxford University Press 1963.
57. Hart, F. L., Fisher, H. J.: Modern Food Analysis. Berlin-Heidelberg-New York: Springer 1971.
58. Heesch, A.: Neuzeitliche Margarine-Herstellung. Fette, Seifen, Anstrichmittel **65**, 125; 205 (1963).
59. Heimann, W.: Grundzüge der Lebensmittelchemie. 2. Aufl. Dresden: Steinkopff 1972.
60. Heiss, R.: Mindestanforderungen an Lebensmittelverpackungen. 1.—8. Mitt. Verpackungs-Rdsch. **19**, No. 6, techn.-wiss. Beil. S. 47 (1968); **20**, No. 8, techn.-wiss. Beil. S. 75 — No. 10, techn.-wiss. Beil. S. 89 — No. 12, 107 (1969); **21**, No. 2, 16 — No. 3, 23 — No. 4, 34 — No. 6, techn.-wiss. Beil. S. 48 — No. 9, techn.-wiss. Beil. S. 71 — No. 11, techn. wiss. Beil. S. 91 — No. 12, techn.-wiss. Beil. S. 99 (1970); **22**, No. 2, techn.-wiss. Beil. S. 18 (1971).
61. Hennig, B.: Taschenbuch für Pilzfreunde. 2. Aufl. Jena: Fischer 1966.
62. Herrmann, K.: Obst, Obstdauerwaren und Obsterzeugnisse. Berlin: Parey 1966.
63. Herrmann, K.: Gemüse und Gemüsedauerwaren. Berlin: Parey 1969.
64. Herrmann, K.: Tiefgefrorene Lebensmittel. Berlin: Parey 1970.
65. Herrmann, K.: Über das Vorkommen und die Bedeutung von Flavonen, Flavonolen und Flavanonen in Lebensmitteln. Z. Lebensmittel-Unters. u.-Forsch. **144**, 191 (1970).
66. Herrmann, K.: Über Bitterstoffe in pflanzlichen Lebensmitteln. Dtsch. Lebensmittel Rdsch. **68**, 105, 139 (1972).
67. Die wünschenswerte *Höhe* der Nahrungszufuhr. 2. Aufl. Frankfurt/M.: Umschau 1962.
68. Hörhammer, L.: Teeanalyse. Eine Anleitung zur Erkennung von Drogen in Teemischungen. 3. Aufl. Berlin-Heidelberg-New York: Springer 1970.
69. Hoffmann, K. M.: Weinkunde in Stichworten. [Kiel]: Hirt 1970.

70. Hoppe-Seyler/Thierfelders Handbuch der physiologisch- und pathologisch-chemischen Analyse für Ärzte, Biologen und Chemiker. 10. Aufl. Bd. VI A—C. Berlin-Göttingen-Heidelberg-New York: Springer 1964/66.
71. Hornstein, I.: Flavor Chemistry. Washington: American Chemical Society 1966.
72. Hough, J. S.: Malting and Brewing Science. London: Chapman & Hall 1971.
73. Hugot, E., Jenkins, G. H.: Handbook of Cane Sugar Engineering. Amsterdam: Elsevier 1964.
74. Hulme, A. C.: The Biochemistry of Fruits and their Products. Bd. I—II. London: Academic Press 1970/71.
75. Jenkins, G. H.: Introduction to Cane Sugar Technology. Amsterdam: Elsevier 1966.
76. Jenness, R., Patton, St.: Grundzüge der Milchchemie. München: BLV 1967.
77. Johnson, H.: Der große Weinatlas. Die Weine und Spirituosen der Welt. Bern: Hallwag 1972.
78. Karlson, P.: Kurzes Lehrbuch der Biochemie für Mediziner und Naturwissenschaftler. 8. Aufl. Stuttgart: Thieme 1972.
79. Kaufmann, H. P.: Analyse der Fette und Fettprodukte einschließlich der Wachse, Harze und verwandter Stoffe. Bd. I—II. Berlin-Göttingen-Heidelberg: Springer: 1958.
80. Keller, K.-D.: Das farbige Pilzbuch. Bearb. von K. u. G. Kronberger. Wiesbaden: Falken-Verlag [1965].
81. Kiermeier, F., Haevecker, U.: Sensorische Beurteilung von Lebensmitteln. München: Bergmann 1972.
82. Kietzmann, U.: Seefisch als Lebensmittel. Berlin: Parey 1969.
83. Kleijn, H.: Großes Fotobuch der Pilze. München: BLV Verlagsges. 1962.
84. Kreuzer, R.: The Technology of Fish Utilization. London: Fishing News (Books) 1965.
85. Kümin, A.: Aspekte der Verpackung von Tiefkühlkost und ähnlichen Erzeugnissen. Alimenta **11**, 71 (1972).
86. Kuprianoff, J.: Probleme der Strahlenkonservierung von Lebensmitteln. Berlin-Göttingen-Heidelberg-New York: Springer 1964.
87. Kuprianoff, J., Lang, K.: Strahlenkonservierung und Kontamination von Lebensmitteln. Darmstadt: Steinkopff 1960.
88. Lahmann, E.: Untersuchungen über Luftverunreinigungen durch den Kraftverkehr. (Schriftenreihe des Vereins für Wasser-, Boden- und Lufthygiene, Heft 28.) Stuttgart: Fischer 1969.
89. Lampert, L. M.: Modern Dairy Products. New York: Chemical Publ. 1965.
90. Lang, K.: Biochemie der Ernährung. 2. Aufl. Darmstadt: Steinkopff 1970.
91. Lange, H.-J.: Untersuchungsmethoden in der Konservenindustrie. Berlin: Parey 1972.
92. Lange, J. E., Lange, M.: 600 Pilze in Farben. München: BLV Verlagsges. 1962.
93. Schweizerisches *Lebensmittelbuch*. Methoden für die Untersuchung und Beurteilung von Lebensmitteln und Gebrauchsgegenständen. 5. Aufl. Bd. I—II. Bern: Eidg. Drucksachen- und Materialzentrale 1964/67.
94. Lehnert, G.: Physikalische Umwelteinflüsse. Meßverfahren für Staub — Klima — Licht — Schall — ionisierende Strahlen — mechanische Schwingungen. München: Goldmann 1971.
95. Levring, T., Hoppe, H. A., Schmid, O. J.: Marine Algae. Hamburg: de Gruyter 1969.
96. Liener, I. E.: Toxic Constituents of Plant Foodstuffs. New York: Academic Press 1969.
97. Lindner, M. W.: Kakao und Kakaoerzeugnisse. Berlin: Hayn's Erben 1953.
98. Loncin, M.: Die Grundlagen der Verfahrenstechnik in der Lebensmittelindustrie. Aarau: Sauerländer 1969.
99. Ludorff, W., Meyer, V.: Fische und Fischerzeugnisse. 2. Aufl. Berlin: Parey 1973.
100. Lück, E.: Sorbinsäure. Bd. III—IV. Hamburg: Behr 1970/73.
101. Mateles, R. I., Tannenbaum, St. R.: Single-cell Protein. Cambridge: M.I.T. Press 1968.
102. Materialband zum Agrarbericht 1972 der Bundesregierung. Deutscher Bundestag. 6. Wahlperiode zu Drucksache VI/3090, Sachgebiet 780.
103. Materialien zum Umweltprogramm der Bundesregierung 1971. Umweltplanung (Materialienband zum Umweltprogramm der Bundesregierung). Hrsg. vom Bundesminister des Innern. Deutscher Bundestag — 6. Wahlperiode zu Drucksache VI/2710.
104. Matz, S. A.: Cereal Science. Westport/Conn.: AVI 1969.

105. McKenzie, H. A.: Milk Proteins. Chemistry and Molecular Biology. Bd. I—II. New York: Academic Press 1970/71.
106. Melnikow, N. N.: Chemistry of Pesticides. Berlin-Heidelberg-New York: Springer 1971.
107. Mercury in the Environment and its Related Toxicological Aspects. A Selected Bibliography. Rome: FAO 1971/72.
108. Mertz, W., Cornatzer, W. E.: Newer Trace Elements in Nutrition. New York: Dekker 1971.
109. Meryman, H. T.: Cryobiology. London: Academic Press 1966.
110. Methodensammlung zur Rückstandsanalytik von Pflanzenschutzmitteln. Weinheim/Bergstr.: Verlag Chemie 1969.
111. *Microbial Toxins*. Hrsg. von Ajl, S. J., Montie, T. C., Kadis, Weinbaum, G., Ciegler, A. Bd. I—VIII. New York: Academic Press 1970/72.
112. Milner, M.: Protein-enriched Cereal Foods for World Needs. St. Paul/Minnesota: Amer. Assoc. of Cereal Chemists 1969.
113. Minifie, B. W.: Chocolate, Cocoa and Confectionery: Science and Technology. Westport/Conn.: AVI 1970.
114. Mücke, D.: Einführung in mikrobiologische Bestimmungsverfahren. Quantitative Bestimmung von Aminosäuren und Vitaminen des B-Komplexes. 2. Aufl. Leipzig: Thieme 1957.
115. National Air Pollution Control Administration (NAPCA). Washington. Publ. No. AP-49 bis AP-52 (Jan. 1969); AP-62 bis AP-68 (März 1970); AP-84 (Jan. 1971).
116. Nehring, P., Krause, H.: Konserventechnisches Handbuch der Obst- und Gemüseverwertungsindustrie. 15. Aufl. Bd. I—II. Braunschweig: Hempel 1969.
117. Nietzke, G.: Die Weinbergschnecke. 2. Aufl. Stuttgart: Ulmer 1970.
118. Nitrates, Nitrites and Methemoglobinemia. Nat. Institute of Environmental Health Sci., Res. Triangle Park, North Carolina, Environmental Rev. No. 2 1970.
119. Nonaka, M., Black, D. R., Pippen, E. L.: Gas Chromatographic and Mass Spectral Analyses of Cooked Chicken Meat Volatiles. J. agric. Food Chem. **15**, 713 (1967).
120. Pallasch, O., Triebel, W.: Lehr- und Handbuch der Abwassertechnik. Bd. I—II. Berlin: Ernst & Sohn 1967/69.
121. Paulus, K.: Kältetechnologie: Übersicht über die technologischen Grundlagen des Abkühlens von Lebensmitteln. Ernährungswirtschaft **19**, 16 (1972).
122. Pigman, W., Horton, D.: The Carbohydrates. Chemistry and Biochemistry. 2. Aufl. Bd. I—II. New York: Academic Press 1970/71.
123. Plank, R.: Handbuch der Kältetechnik. Bd. V, IX—XI. Berlin-Göttingen-Heidelberg: Springer 1952/66.
124. Potter, N. N.: Food Science. Westport/Conn.: AVI 1968.
125. Price, J. F., Schweigert, B. S.: The Science of Meat and Meat Products. 2. Aufl. San Francisco: Freeman 1971.
126. Pyke, M.: Food Science and Technology. 2. Aufl. London: Murray 1968.
127. Qualitätsnormen und Deklarationsvorschriften für verarbeitetes Obst und Gemüse. Braunschweig: Hempel 1965.
128. Rapp, A., Frank, H., Ullemeyer, H.: Die Aromastoffe verschiedener Weine. Dtsch. Lebensmittel-Rdsch. **67**, 81 (1971).
129. Recommandations pour la préparation et la distribution des aliments congelés. 2. Aufl. Paris: Annexe Bulletin de l'Institut International du Froid 1972.
130. Reed, G., Underkofler, L. A.: Enzymes in Food Processing. New York: Academic Press 1966.
131. Rehm, H.-J.: Einführung in die industrielle Mikrobiologie. Berlin-Heidelberg-New York: Springer 1971.
132. Reiff, F.: Die Hefen. Bd. I—II. Nürnberg: Carl 1960/62.
133. Richtlinien für die Deckung des Nährstoffbedarfs. Frankfurt/M.: Umschau 1967.
134. Rinke, W.: Das Bier. Berlin: Parey 1967.
135. Rohrlich, M., Brückner, G.: Das Getreide. 2. Aufl. Bd. I—II. Berlin: Parey 1966/67.
136. Roll, R.: Toxische und kanzerogene Wirkungen der Mykotoxine von Mikroorganismen. Bundesgesundh.-Bl. **13** ,157 (1970).
137. Rose, A. H., Harrison, J. S.: The Yeasts. Bd. I—III. London: Academic Press 1969/71.
138. Rudy, H.: Fruchtsäuren — Wissenschaft und Technik. Heidelberg: Hüthig 1967.

139. Schanderl, H., Koch, J.: Die Fruchtweinbereitung. 5. Aufl. Stuttgart: Ulmer 1965.
140. Schneider, F.: Technologie des Zuckers. 2. Aufl. Hannover: Schaper 1968.
141. Schormüller, J.: Die Erhaltung der Lebensmittel. Stuttgart: Enke 1966.
142. Schroeder, H. A., Balassa, J., Tripton, J. H.: Abnormal Trace Metals in Man: Tin. J. chronic Diseases **17**, 483 (1964).
143. Schultz, H. W., Day, E. A., Libbey, L. M.: The Chemistry ans Physiology of Flavors. Westport/Conn.: AVI 1967.
144. Schuster, K., Weinfurtner, F.: Die Bierbrauerei. Bd. I—II. 5. Aufl., Bd. III. 3. Aufl. Stuttgart: Enke 1963/68.
145. Schwimmer, S.: Trends and Perspectives in the Enzymology of Foods. Lebensmittel-Wiss. u. Technol. **2**, 97 (1969).
146. Sebrell, W. H. jr., Harris, R. S.: The Vitamins. 2. Aufl., Bd. I—V. New York: Academic Press 1967/71.
147. Seidemann, J.: Stärke-Atlas. Berlin: Parey 1966.
148. Sivetz, M., Foote, H. E.: Coffee Processing Technology. Bd. I—II. Westport/Conn.: AVI 1963.
149. Smith, O.: Potatoes. Production, Storing, Processing. Westport/Conn.: AVI 1968.
150. Solms, J., Neukom, H.: Aroma- und Geschmackstoffe in Lebensmitteln. Zürich: Forster 1967.
151. Souci, S. W., Bosch, H.: Lebensmittel-Tabellen für die Nährwertberechnung. Stuttgart: Wissenschaftliche Verlagsges. 1967.
152. Souci, S. W., Fachmann, W., Kraut, H.: Die Zusammensetzung der Lebensmittel — Nährwert-Tabellen. Bd. I—II. Stuttgart: Wissenschaftliche Verlagsges. 1962/64.
153. Stewart, T. F.: A Survey of the Chemistry of Amino Acid-Reducing Sugar Reactions in Relation to Aroma Production. Brit. Food Manufacturing Industr. Res. Assoc., Sci. a. techn. Surveys No. 61 (1969).
154. Stuijvenberg, van, J. H.: La Margarine, Historie et Evolution 1869—1969. Paris: Dunod 1969.
155. Talburt, W. F., Smith, O.: Potato Processing. 2. Aufl. Westport/Conn.: AVI 1967.
156. Tellenbach, H.: Geschmack und Atmosphäre. Salzburg: Otto Müller 1968.
157. Toxicity of Beryllium. Final Technical Engineering Report April 1962. ASD-TR-62-7-665. University of Cincinnati, Ohio. Depart. Preventive Med. a. Industr. Health College of Med. Kettering Labor. (Contract AF 33 (600) 37211).
158. Tressler, D. K., Joslyn, M. A.: Fruit and Vegetable Juice-Processing Technology. 2. Aufl. Westport/Conn.: AVI 1971.
159. Tressler, D. K.: The Freezing Preservation of Foods. 4. Aufl. Bd. I—IV. Westport/Conn.: AVI 1968.
160. Ulmann, M.: Die Stärke. Bibliographie der Weltliteratur. Berlin: Akademie-Verlag 1967.
161. Underwood, E. J.: Trace Elements in Human and Animal Nutrition. 3. Aufl. New York: Academic Press 1971.
162. Wissenschaftliche *Veröffentlichungen* der Deutschen Gesellschaft für Ernährung. Bd. V: Veränderungen der Nahrung durch industrielle und haushaltsmäßige Verarbeitung. Bd. XIV: Ascorbinsäure. Bd. XVI: Tocopherole. Darmstadt: Steinkopff 1960, 1965, 1967.
163. Vogt, E., Bieber, H.: Weinchemie und Weinanalyse. Stuttgart: Ulmer 1970.
164. Wachs, W.: Öle und Fette. Bd. I—II. Berlin: Hayn's Erben u. Parey 1961/64.
165. Westergren, K., Nikkilä, O. E.: Künstliche Süßstoffe und ihre Anwendung in der Lebensmittelindustrie. Helsinki: The State Institute for Technical Research 1968.
166. White, J. W., jr.: Composition of American Honeys. Washington/D. C.: US Dep. of Agric., agric. Res. Serv.; techn. Bull. No. 1261 (1962).
167. Windisch, K., Rüdiger, M.: Die Obstbrennerei. 4. Aufl. Stuttgart: Ulmer 1965.
168. Wirths, W.: Ergebnisse aus Ernährungsstudien in ausgewählten europäischen Ländern. Mitt. Referat Forschungsamml. u. -auswert. (DGE Frankfurt/M.) Folge 38 (1968).
169. Wogan, G. N.: Mycotoxins in Foodstuffs. Cambridge/Mass.: M.I.T. Press 1965.
170. Woodroof, J. G.: Peanuts, Production, Processing, Products. Westport/Conn.: AVI 1966.
171. Wüstenfeld, H., Haeseler, G.: Trinkbranntweine und Liköre. 4. Aufl. Berlin: Parey 1964.

172. Wynder, E. L., Hoffmann, D.: Tobacco and Tobacco Smoke. London: Academic Press 1967.
173. Yudkin, J., Edelman, J., Hough, L.: Sugar. London: Butterworth 1971.
174. Zervas, L.: Peptides. Oxford: Pergamon Press 1966.

Nachtrag

175. Beitr. Tabakforsch. 1 (1961) ff.
176. Ernährungsbericht 1972. Frankfurt/M.: Deutsche Gesellschaft für Ernährung e. V. 1973.
177. Duisberg, H.: Honig und Kunsthonig. In Literatur 54, Bd. V/1., S. 491 (1967).
178. Griebel/Melchior/Kastner: Gewürze und gewürzhaltige Gemenge. 2. Aufl. Berlin: Parey 1974.
179. Kiermeier, F., Lechner, E.: Milch und Milcherzeugnisse. Berlin: Parey 1973.

H. Sachverzeichnis

fettgedruckte Seitenzahl = wichtigste Verweisung
kursivgedruckte Seitenzahl = Formel

GPSR Compliance

The European Union's (EU) General Product Safety Regulation (GPSR) is a set of rules that requires consumer products to be safe and our obligations to ensure this.

If you have any concerns about our products, you can contact us on ProductSafety@springernature.com

In case Publisher is established outside the EU, the EU authorized representative is:

Springer Nature Customer Service Center GmbH
Europaplatz 3
69115 Heidelberg, Germany

Batch number: 10724880

Printed by Printforce, the Netherlands